Holleman / Wiberg
Anorganische Chemie
Band 2

Anorganik bei De Gruyter

Anorganische Chemie.
Band 1: Grundlagen und Hauptgruppenelemente
Holleman, Wiberg, 2016
ISBN 978-3-11-026932-1, e-ISBN 978-3-11-049585-0

Anorganische Chemie.
Set: Band 1 + Band 2
Holleman, Wiberg, 2016
ISBN 978-3-11-051854-2, e-ISBN 978-3-11-051855-9

Anorganische Chemie.
9. Auflage
Riedel, Janiak, 2015
ISBN 978-3-11-035526-0, e-ISBN 978-3-11-035528-4

Übungsbuch.
Allgemeine und Anorganische Chemie
Riedel, Janiak, 2015
ISBN 978-3-11-035517-8, e-ISBN 978-3-11-035518-5

Anorganische Chemie.
Prinzipien von Struktur und Reaktivität
Herausgegeben von Ralf Steudel
Huheey, Keiter, Keiter, 2014
ISBN 978-3-11-030433-6, e-ISBN 978-3-11-030795-5

Moderne Anorganische Chemie.
Herausgegeben von Hans-Jürgen Meyer.
Janiak, Meyer, Gudat, Alsfasser, 2012
ISBN 978-3-11-024900-2, e-ISBN 978-3-11-024901-9

Chemie der Nichtmetalle.
Synthesen - Strukturen - Bindung - Verwendung
Steudel, 2013
ISBN 978-3-11-030439-8, e-ISBN 978-3-11-030797-9

Holleman / Wiberg

Anorganische Chemie

Band 2
Nebengruppenelemente, Lanthanoide, Actinoide,
Transactinoide

103. Auflage

Begründet von A. F. Holleman
Fortgeführt von Egon und Nils Wiberg

Sachregister erstellt von
Gerd Fischer

DE GRUYTER

Autoren

Prof. Dr. Nils Wiberg
(1934 -2007)
Universität München
Mitarbeit an 34. -90. Auflage
91.- 102. Auflage

Prof. Dr. Egon Wiberg
(1901 -1976)
Universität München
22.- 90. Auflage

Prof. Dr. Arnold Frederik Holleman
(1859 – 1953)
Universität Groningen
1.- 21. Auflage
20./21. Auflage stellvertretend E. H. Büchner

1. Aufl. 1900	8. Aufl. 1910	15. Aufl. 1919	22.-23. Aufl. 1943	37.-39. Aufl. 1956	101. Aufl. 1995
2. Aufl. 1903	9. Aufl. 1911	16. Aufl. 1920	24.-25. Aufl. 1945	40.-66. Aufl. 1958	102. Aufl. 2007
3. Aufl. 1904	10. Aufl. 1912	17. Aufl. 1921	26.-27. Aufl. 1951	47.-56. Aufl. 1960	
4. Aufl. 1906	11. Aufl. 1913	18. Aufl. 1925	28.-29. Aufl. 1951	57.-70. Aufl. 1964	
5. Aufl. 1907	12. Aufl. 1914	19. Aufl. 1927	30.-31. Aufl. 1952	71.-80. Aufl. 1971	
6. Aufl. 1908	13. Aufl. 1916	20. Aufl. 1930	32.-33. Aufl. 1953	81.-90. Aufl. 1976	
7. Aufl. 1909	14. Aufl. 1918	21. Aufl. 1937	34.-36. Aufl. 1955	91.-100. Aufl. 1985	

ISBN 978-3-11-049573-7
e-ISBN (PDF) 978-3-11-049590-4
e-ISBN (EPUB) 978-3-11-049339-9

Library of Congress Cataloging-in-Publication Data
A CIP catalog record for this book has been applied for at the Library of Congress.

Bibliografische Information der Deutschen Nationalbibliothek
Die Deutsche Nationalbibliothek verzeichnet diese Publikation in der
Deutschen Nationalbibliografie; detaillierte bibliografische Daten
sind im Internet über http://dnb.dnb.de abrufbar.

© 2017 Walter de Gruyter GmbH, Berlin/Boston
Einbandabbildung: © Charles D. Winters / Science Source /Agentur Focus;
Kristallwachstum von Natriumacetat
Satz: Da-TeX, Leipzig
Druck und Bindung: Hubert & Co. GmbH & Co. KG, Göttingen
♾ Gedruckt auf säurefreiem Papier
Printed in Germany

www.degruyter.com

Vorwort zur 103. Auflage

Die 103. Auflage des »Lehrbuchs für Anorganische Chemie«, die sowohl Grundlagen- als auch Stoffwissen der anorganischen und metallorganischen Chemie vermittelt, wendet sich wie die vorausgehenden Auflagen sowohl an den Studierenden (Anfänger, Fortgeschrittenen) und Doktoranden der Chemie als auch an den mit Chemie Befassten anderer Wissensbereiche (Physik, Geologie, Biologie, industrielle Chemie, Pharmazie, Lebensmittelchemie, Medizin usw.), ferner an den (in Schulen, Fachhochschulen, Universitäten usw.) Lehrenden sowie an den in der chemischen Industrie und anderen Einrichtungen Berufstätigen. Ersterem Personenkreis kann das Lehrbuch zur umfassenden Prüfungsvorbereitung in Chemie, letzterem als Chemie-Nachschlagewerk dienen.

Organisation des Lehrbuchs. Eine wesentliche Neuerung in der Gestaltung der 103. Auflage ist die Aufteilung des Holleman/Wibergs in 2 Bände. 1. Band bespricht in Teil A (»Grundlagen der Chemie«), auf induktivem Wege, im Zusammenhang mit der Zerlegung chemischer Stoffe in zunehmend einfachere Bestandteile die Begriffe des Moleküls, Atoms, Elektrons, Protons und Neutrons abgeleitet und einige für die Chemie grundlegende Gesetze sowie das Periodensystem der Elemente. Auf deduktivem Wege wird dann, im Zusammenhang mit dem Aufbau chemischer Stoffe aus einfachen Bestandteilen der Atom- und Molekülbau diskutiert sowie das chemische Gleichgewicht und wichtige Typen von Molekülumwandlungen (Redox-, Säure-Base-Reaktionen) erläutert. Die erworbenen Kenntnisse finden schließlich mit der Behandlung des Wasserstoffs und seiner Verbindungen ihre Anwendung und Erweiterung. Des Weiteren enthält Band 1 auch die gesamte Hauptgruppenchemie mit Teil B (»Hauptgruppen des Periodensystems«, »s- und p-Block-Elemente«) die systematische Abhandlung der Elemente der acht Hauptgruppen (Ausbau der äußersten Elektronenschalen).

Band 2 fasst wie gewohnt, die Teile C (»Nebengruppen des Periodensystems«; »d-Block-Elemente«) die der äußeren Übergangselemente (Ausbau der zweitäußersten Elektronenschalen) und im Teil D (»Lanthanoide und Actinoide«; »f-Block-Elemente«die der inneren Übergangselemente (Ausbau der drittäußersten Elektronenschalen) zusammen.

Die in der 102. Auflage eingeführten Querverweise wurden gründlich überprüft und neu verankert. Diese ermöglichen dem Leser noch einfacher, in der Regel ohne eingehende Kenntnisse anderer Textabschnitte, sich schnell in jedes Buchkapitel einzulesen. Insbesondere die zahlreich eingefügten Sachgebiets-Überblicke werden dem »eiligen« Studenten die Prüfungsvorbereitung erleichtern und dem sich Orientierenden rasch Einblicke in Interessensgebiete verschaffen. Ein ausführliches Register ermöglicht zudem das Auffinden eines jeden gewünschten Sachverhalts; auch lassen sich den »Tafeln« viele wichtige Kenndaten der Elemente und dem »Anhang« u. a. Informationen über Atomare Konstanten, SI-Einheiten, Natürliche Nuklide, Normalpotentiale, Nobelpreisträger sowie Nomenklaturfragen entnehmen.

Zum besseren Verständnis und zum raschen Erlangen eines Überblicks werden die Teile A–C durch zusammenfassende Artikel grundlegenden Inhalts (Periodensystem sowie Trend der Elementeigenschaften; Grundlagen der Molekül-, Komplex-, Festkörper sowie Kernchemie) eingeleitet, der Teil C zudem durch ein zusammenfassendes Kapitel stofflichen Inhalts (Überblick über wichtige Verbindungsklassen der Übergangsmetalle) abgeschlossen. Im Teil D werden zudem künstlich hergestellten superschweren Elemente (»Transactinoide«) besprochen. Der Anhang enthält Zahlentabellen, einen Abschnitt über SI-Einheiten, ihre Definition und Umrechnung in andere gebräuchliche Maßeinheiten, Tabellen der natürlichen Nuklide, der Radien von Atomen und Ionen, der Bindungslängen zwischen Hauptgruppenelementen, der Normalpotentiale unterschiedlicher Elementwertigkeiten, ferner eine Übersicht über die bisherigen Nobelpreisträger für Chemie und Physik sowie eine kurze Einführung in die Nomenklatur der Elemente und ihrer Verbindungen. »Tafeln« im Vor- und Nachsatz informieren zudem über das Lang- und Kombinierte Periodensystem (Taf. I, VI) über Namen, Nummern, Massen, Entdecker, Häufigkeiten der Elemente (Taf. II) sowie über atomare, physikalische, chemische, biochemische, toxische Elementeigenschaften (Taf. III, IV, V).

Umgestaltungen. In der 103. Auflage wurde die Überarbeitung der Fußnoten fortgesetzt. »Geschichtliches« und »Physiologisches« zu Elementen und Verbindungen wurden als grauhinterlegte »Info-Kästen« in den fortlaufenden Text eingefügt. Zusätzlich wurde die Literatur in separate Verzeichnisse, nach Themen geordnet, an das Ende der jeweiligen Kapitel gesetzt. Damit enthalten die Fußnoten noch zusätzliche Informationen zu weitreichenderen Sachverhalten (Namensherkünfte, Sonderstoffklassen wie Pigmente, Hartstoffe, Keramiken, Wärmespeicher usw).

Drei Lehrbücher in einem. Auch in der 103. Auflage repräsentiert der Holleman/Wiberg sowohl ein umfassendes Lehrbuch über Grundlagen der Chemie (ca. 30 % des Buchtextes), ein Lehrbuch über Elemente und Verbindungen der Anorganischen Chemie (ca. 60 %) sowie ein Lehrbuch über Metallorganische Chemie (ca. 10 %). Die drei Teile sind im Inhaltsverzeichnis durch unterschiedliche Farben hervorgehoben. Der Lehrbuchteil Grundlagenchemie (einschließlich einer Einführung in die Kernchemie; Kap. I–VII, IX, X, XIX–XXI, XXXIII, XXXIV) ist, da er das Kernstück der Ausbildung von Chemieanfängern und Nebenfachstudenten darstellt, in leicht verständlicher Lehrbuchweise abgefasst. Die Grundlagenchemie wurde – in noch stärkerem Maße wie in der vorausgehenden Buchauflage – unter Einbeziehung wichtiger neuer Sachgebiete und Sachverhalte ausgebaut und in eigenen Kapiteln sowie Abschnitten übersichtlich zusammengefasst. Im Lehrbuchteil Elemente und Verbindungen der Anorganischen Chemie (einschließlich der Superschweren Elemente; Kap. VIII, XI–XVIII, XXII–XXXII, XXXIV–XXXVII) wird der derzeitige Stand der Anorganischen Stoffchemie (einschließlich energetischer, kinetischer, mechanistischer Aspekte) umfassend dargestellt. Die Beschreibung bezieht sich hierbei nicht nur auf »normale« chemische Spezies, sondern auch auf solche, die nur unter besonderen Bedingungen (bei niedrigen oder hohen Temperaturen sowie Drücken; kurzzeitig in der Gas- oder Lösungsphase usw.) zugänglich sind bzw. existieren. Die Beschreibung der schweren Homologen der VI.–III. Hauptgruppe (Se, Te, Po; As, Sb, Bi; Ge, Sn, Pb; Ga, In, Tl) erfolgt jeweils zusammen in einem Kapitel.

Im Element- und Verbindungsteil müssen die unterschiedlichen Interessensgruppen (Chemiestudenten im unteren oder höheren Semester, Studenten mit dem Nebenfach Chemie, Chemiedoktoranden, Chemielehrende, Chemieberufstätige usw.) das für sie Wesentliche aus der Stofffülle herauskristallisieren.

Die Beschreibung der Elemente umfasst jeweils Vorkommen, Darstellung (im Labor, in der modernen Technik), Physikalische und Chemische Eigenschaften, Verwendung, Allotrope und Polymorphe Modifikation (neue Schwefel- und Phosphorallotrope, Kohlenstoff-Nanoröhren, kurzlebige Elementspezies wie O_4, S_2, O_3, N_4, P_6 usw.), kationische und anionische Elementformen (Halogen- und Chalkogenkationen sowie -anionen; N^{5+}, N^{2-}, Pentel- Tetrel- und Trielclusterkationen sowie -anionen). Es schließt sich eine Beschreibung des Verhaltens der Elemente in ihren Verbindungen (Oxidationsstufen, Koordinationszahlen, Fähigkeit des Elements zur Ausbildung von Ein- und Mehrfachbindungen, Elementtendenzen zur Clusterbildung in Verbindungen) an. Die Beschreibung anorganischer Elementverbindungen umfasst jeweils ähnliche Unterkapitel wie die Beschreibung der Elemente. Im Zentrum stehen – traditionsbedingt – die Wasserstoffverbindungen der Elemente. Insbesondere die Kapitel über Hydride des Sauerstoffs,

Stickstoffs, Siliciums sowie Bors und ihrer Elementhomologen, enthalten auch sehr kurzlebige oder nur errechenbare Spezies (z. B. H_2O_3, N_2H_2, Si_2H_4, Si_2H_2, B_nH_{n+2}) sorgfältig überarbeitet.

Der Lehrbuchteil Metallorganische Chemie ist das Bindeglied zwischen Anorganischer und Organischer Chemie und wird von Forschern beider Gebiete gleichermaßen eingehend studiert. Gerade in den Verbindungen der Metalle oder Halbmetalle Se, Te, Si–Pb, B–Tl, Be–Ra, Li–Fr, d- und f-Block-Metalle) mit Organyl- bzw. organylverwandten Gruppen zeigen erstere ihre ihnen innewohnenden chemischen Fähigkeiten. Eine kurzgefasste, aber weitestgehend vollständige Abhandlung von Synthesen, Strukturen und Reaktionen der »Metallorganischen Verbindungen« darf infolgedessen auch in einem Lehrbuch für Anorganische Chemie keinesfalls fehlen. Beispielsweise vermögen (insbesondere sterisch überladene) Organyl- oder organylverwandte Reste Elemente u. a. in hohen oder niedrigen Oxidationsstufen, in mehrfach gebundenem Zustande bzw. in Clusterverbänden zu stabilisieren (PR_5, PR_6^-, SiR_2, $R_2Si{=}SiR_2$, $RSi{\equiv}SiR$, Si_4R_4, Sn_6R_6, B_nR_{n+2}, Al_4R_4, $Al_{50}Cp^*12$, $Ga_{84}R_{204}^-$, In_8R_6, $R_6Tl_6Cl_2$, $RCr{\equiv}CrR$ u. v. m.).

Inhaltsverzeichnis

Seitenverweise im Inhaltsverzeichnis ohne besondere Kennzeichnung beziehen sich auf die Grundlagen-chemie, diejenigen mit schwarzem, senkrechten Balken auf die Anorganische Chemie, Seitenzahlen mit Punkt auf die Metallorganische Chemie.

Band 1:
Grundlagen und Hauptgruppenelemente

Anhang

I   Zahlentabellen
II   SI-Einheiten
III   Natürliche Nuklide
IV   Radien von Atomen und Ionen
V   Bindungslängen (ber.) zwischen Hauptgruppenelementen
VI   Normalpotentiale
VII   Nobelpreise für Chemie und Physik
VIII   Nomenklatur der Anorganischen Chemie

Personenregister
Sachregister

Tafeln

(Tafel I siehe vorderer, Tafel IV siehe hinterer Buchdeckel)
I   Langperiodensystem
II   Elemente
III   Hauptgruppenelemente
IV   Nebengruppenelemente
V   Lanthan und Lanthanoide, Actinium und Actinoide
VI   Kombiniertes Periodensystem

Band 2:
Nebengruppenelemente, Lanthanoide, Actinoide, Transactinoide

Anhang

Tafeln
(Tafel I siehe vorderer, Tafel IV siehe hinterer Buchdeckel)

Teil C
Nebengruppenelemente

Periodensystem der Nebengruppenelemente

	III	IV	V	VI	VII	VIII bzw. 0			I	II	
	3	4	5	6	7	8	9	10	11	12	
4	21 Sc 44.956	22 Ti 47.867	23 V 50.942	24 Cr 51.996	25 Mn 54.938	26 Fe 55.845	27 Co 58.933	28 Ni 58.693	29 Cu 63.546	30 Zn 65.39	4
5	39 Y 88.906	40 Zr 91.224	41 Nb 92.906	42 Mo 95.94	43 Tc 97.907	44 Ru 101.07	45 Rh 102.906	46 Pd 106.42	47 Ag 107.868	48 Cd 112.411	5
6	57 La 138.906	72 Hf 178.49	73 Ta 180.948	74 W 183.84	75 Re 186.207	76 Os 190.23	77 Ir 192.217	78 Pt 195.08	79 Au 196.967	80 Hg 200.59	6
7	89 Ac 227.028	104 Rf 267	105 Db 268	106 Sg 271	107 Bh 272	108 Hs 278	109 Mt 276	110 Ds 282	111 Rg 280	112 Cn 286	7
	3	4	5	6	7	8	9	10	11	12	
	III	IV	V	VI	VII	VIII bzw. 0			I	II	

»*Das unterscheidet die naturwissenschaftlichen Entdeckungen von den künstlerischen Schöpfungen, dass erstere im Erkennen zwar verborgener, seit Urbeginn der Welt bereits erschaffener Naturgesetze bestehen, letztere aber in der Neuschaffung individueller, in der Schöpfung noch offen gelassener Werke. Hätten z. B. Männer wie Galvani, Hertz, Keppler, Newton oder Röntgen nicht gelebt, so gäbe es heute trotzdem – natürlich unter anderer Bezeichnung – die galvanischen Erscheinungen, die Hertz'schen Wellen, die Kepler'schen Gesetze, die Newton'schen Axiome und die Röntgenstrahlen; wären aber Männer wie Beethoven, Dante, Goethe, Schubert, Wagner oder Schönberg nicht geboren, so gäbe es unwiderruflich keine Neunte, keine Göttliche, keinen Faust, keine Unvollendete, keinen Ring und keinen Moses und Aron.*«

EGON WIBERG

Kapitel XIX

Nebengruppenelemente (Äußere Übergangsmetalle)

Teil I: S. 78, Teil II: S. 327, Teil IV: S. 2227.

1 Periodensystem (Teil III) der Nebengruppenelemente

Entsprechend dem auf S. 81 Besprochenen zählt man die 68 Elemente mit den Ordnungszahlen 21–30 (Sc bis Zn), 39–48 (Y bis Cd), 57–80 (La bis Hg) und 89–112 (Ac bis Cn), die ausschließlich Metalle darstellen, zu den Nebengruppenelementen bzw. Übergangsmetallen. Bei ihnen erfolgt, wie ebenfalls bereits erläutert wurde (S. 96), ein Ausbau der zweitäußersten Elektronenschalen mit zehn d-Elektronen von 8 auf 18 (»äußere« Übergangsmetalle; »d-Block-Elemente«) bzw. der drittäußersten Elektronenschalen mit vierzehn f-Elektronen von 18 auf 32 Elektronen (»innere« Übergangsmetalle; »f-Block-Elemente«). Im folgenden wollen wir uns etwas näher mit den 40 äußeren Übergangsmetallen (Übergangsmetalle bzw. Nebengruppenelemente im engeren Sinne) befassen, und zwar mit ihren Elektronenkonfigurationen, mit ihrer Einordnung in das Periodensystem sowie mit Trends einiger ihrer Eigenschaften. Die 28 inneren Übergangsmetalle (»Lanthanoide«, »Actinoide«) werden auf S. 2227 behandelt.

1.1 Elektronenkonfiguration der Nebengruppenelemente

Wie auf S. 97 erläutert wurde, bauen nach den Elementen 1–18 (1.–3. Periode) die zwei auf das Edelgas »Argon« folgenden Elemente »Kalium« (Ordnungszahl 19) und »Calcium« (Ordnungszahl 20) ihre beiden neu hinzukommenden Elektronen in der 4. Elektronenschale als s-Elektronen ein, obwohl die vorhergehende 3. Schale mit ihren 8 Elektronen (zwei s- und sechs p-Elektronen) noch nicht gesättigt ist, sondern gemäß der für $n = 3$ geltenden maximalen Elektronenzahl $2 \cdot n^2 = 18$ insgesamt noch weitere zehn d-Elektronen aufnehmen kann (vgl. hierzu Abb. 5.3). Entsprechendes gilt für die zwei neu hinzukommenden Elektronen im Falle der auf die Edelgase »Krypton«, »Xenon« und »Radon« folgenden beiden Elemente. Erst nach Erreichen der s-Zweierschale (»Heliumschale«) in der 4., 5., 6. und 7. Periode erfolgt dann die noch ausstehende weitere Auffüllung der 3., 4., 5. und 6. Schale mit d-Elektronen sowie auch f-Elektronen.

In der 4. Periode füllen demgemäß die auf Kalium und Calcium folgenden 10 Übergangsmetalle (»1. Übergangsreihe«, »3d-Metalle«) »Scandium« (Ordnungszahl 21) bis »Zink« (Ordnungszahl 30) die Elektronenzahl acht der 3. Schale mit 10 d-Elektronen auf die Maximalzahl 18 auf. Vgl. hierzu Tab. 19.1, in welcher die neu hinzugekommenen Elektronen in der Spalte »Schalenaufbau« durch fetteren Druck hervorgehoben sind (bezüglich einer Erläuterung der Spalte »Elektronenkonfiguration« vgl. S. 102). Anschließend vervollständigt sich die 4. Schale

Tab. 19.1 Aufbau der Elektronenhülle der Nebengruppenelementatome (Gasphase) im Grundzustand (über die Elektronenanordnungen der in der Tabelle ausgelassenen Elemente (punktierte Linien) und ihre Einordnung in das Periodensystem wird auf S. 2228 berichtet; die Elektronenanordnung der Elemente 104–112 ist bisher experimentell nicht gesichert).

	Elemente E Nr. E	Name	Elektronenkonfiguration Symbol	Term	Schalenaufbau 1 s	2 sp	3 spd	4 spdf	5 spdf	6 spd	7 s
4. Periode (1. Übergangsreihe)	21 Sc	Scandium	$[Ar]\,3\,d^1\,4\,s^2$	$^2D_{3/2}$	2	8	8 + 1	2			
	22 Ti	Titan	$[Ar]\,3\,d^2\,4\,s^2$	$^3F_2$	2	8	8 + 2	2			
	23 V	Vanadium	$[Ar]\,3\,d^3\,4\,s^2$	$^4F_{3/2}$	2	8	8 + 3	2			
	24 Cr	Chrom	$[Ar]\,3\,d^5\,4\,s^1$	$^7S_3$	2	8	8 + 5	1			
	25 Mn	Mangan	$[Ar]\,3\,d^5\,4\,s^2$	$^6S_{5/2}$	2	8	8 + 5	2			
	26 Fe	Eisen	$[Ar]\,3\,d^6\,4\,s^2$	$^5D_4$	2	8	8 + 6	2			
	27 Co	Cobalt	$[Ar]\,3\,d^7\,4\,s^2$	$^4F_{9/2}$	2	8	8 + 7	2			
	28 Ni	Nickel	$[Ar]\,3\,d^8\,4\,s^2$	$^3F_4$	2	8	8 + 8	2			
	29 Cu	Kupfer	$[Ar]\,3\,d^{10}\,4\,s^1$	$^2S_{1/2}$	2	8	8 + 10	1			
	30 Zn	Zink	$[Ar]\,3\,d^{10}\,4\,s^2$	$^1S_0$	2	8	8 + 10	2			
5. Periode (2. Übergangsreihe)	39 Y	Yttrium	$[Kr]\,4\,d^1\,5\,s^2$	$^2D_{3/2}$	2	8	18	8 + 1	2		
	40 Zr	Zirconium	$[Kr]\,4\,d^2\,5\,s^2$	$^3F_2$	2	8	18	8 + 2	2		
	41 Nb	Niobium	$[Kr]\,4\,d^4\,5\,s^1$	$^6D_{1/2}$	2	8	18	8 + 4	1		
	42 Mo	Molybdän	$[Kr]\,4\,d^5\,5\,s^1$	$^7S_3$	2	8	18	8 + 5	1		
	43 Tc	Technetium	$[Kr]\,4\,d^5\,5\,s^2$	$^6S_{5/2}$	2	8	18	8 + 5	2		
	44 Ru	Ruthenium	$[Kr]\,4\,d^7\,5\,s^1$	$^5F_5$	2	8	18	8 + 7	1		
	45 Rh	Rhodium	$[Kr]\,4\,d^8\,5\,s^1$	$^4F_{9/2}$	2	8	18	8 + 8	1		
	46 Pd	Palladium	$[Kr]\,4\,d^{10}$	$^1S_0$	2	8	18	8 + 10			
	47 Ag	Silber	$[Kr]\,4\,d^{10}\,5\,s^1$	$^2S_{1/2}$	2	8	18	8 + 10	1		
	48 Cd	Cadmium	$[Kr]\,4\,d^{10}\,5\,s^2$	$^1S_0$	2	8	18	8 + 10	2		
6. Periode (3. Übergangsreihe)	57 La	Lanthan	$[Xe]\,5\,d^1\,6\,s^2$	$^2D_{3/2}$	2	8	18	18	8 + 1	2	
	. . . .										
	72 Hf	Hafnium	$[Xe]\,4\,f^{14}\,5\,d^2\,6\,s^2$	$^3F_2$	2	8	18	32	8 + 2	2	
	73 Ta	Tantal	$[Xe]\,4\,f^{14}\,5\,d^3\,6\,s^2$	$^4F_{3/2}$	2	8	18	32	8 + 3	2	
	74 W	Wolfram	$[Xe]\,4\,f^{14}\,5\,d^4\,6\,s^2$	$^5D_0$	2	8	18	32	8 + 4	2	
	75 Re	Rhenium	$[Xe]\,4\,f^{14}\,5\,d^5\,6\,s^2$	$^6S_{5/2}$	2	8	18	32	8 + 5	2	
	76 Os	Osmium	$[Xe]\,4\,f^{14}\,5\,d^6\,6\,s^2$	$^5D_4$	2	8	18	32	8 + 6	2	
	77 Ir	Iridium	$[Xe]\,4\,f^{14}\,5\,d^7\,6\,s^2$	$^4F_{9/2}$	2	8	18	32	8 + 7	2	
	78 Pt	Platin	$[Xe]\,4\,f^{14}\,5\,d^9\,6\,s^1$	$^3D_3$	2	8	18	32	8 + 9	1	
	79 Au	Gold	$[Xe]\,4\,f^{14}\,5\,d^{10}\,6\,s^1$	$^2S_{1/2}$	2	8	18	32	8 + 10	1	
	80 Hg	Quecksilber	$[Xe]\,4\,f^{14}\,5\,d^{10}\,6\,s^2$	$^1S_0$	2	8	18	32	8 + 10	2	
7. Periode (4. Übergangsreihe)	89 Ac	Actinium	$[Rn]\,6\,d^1\,7\,s^2$	$^2D_{3/2}$	2	8	18	32	18	8 + 1	2
	. . . .										
	104 Rf	Rutherfordium	$[Rn]\,5\,f^{14}\,6\,d^2\,7\,s^2$	$^3F_2$	2	8	18	32	32	8 + 2	2
	105 Db	Dubnium	$[Rn]\,5\,f^{14}\,6\,d^3\,7\,s^2$	$^4F_{3/2}$	2	8	18	32	32	8 + 3	2
	106 Sg	Seaborgium	$[Rn]\,5\,f^{14}\,6\,d^4\,7\,s^2$	$^5D_0$	2	8	18	32	32	8 + 4	2
	107 Bh	Bohrium	$[Rn]\,5\,f^{14}\,6\,d^5\,7\,s^2$	$^6S_{5/2}$	2	8	18	32	32	8 + 5	2
	108 Hs	Hassium	$[Rn]\,5\,f^{14}\,6\,d^6\,7\,s^2$	$^5D_4$	2	8	18	32	32	8 + 6	2
	109 Mt	Meitnerium	$[Rn]\,5\,f^{14}\,6\,d^7\,7\,s^2$	$^4F_{9/2}$	2	8	18	32	32	8 + 7	2
	110 Ds	Darmstadtium	$[Rn]\,5\,f^{14}\,6\,d^8\,7\,s^2$	$^3F_4$	2	8	18	32	32	8 + 8	2
	111 Rg	Röntgenium	$[Rn]\,5\,f^{14}\,6\,d^9\,7\,s^2$	$^2D_{5/2}$	2	8	18	32	32	8 + 9	2
	112 Cn	Copernicium	$[Rn]\,5\,f^{14}\,6\,d^{10}\,7\,s^2$	$^1S_0$	2	8	18	32	32	8 + 10	2

durch die 6 Hauptgruppenelemente 31 (Gallium) bis 36 (Krypton) mit sechs p-Elektronen von der Zahl 2 auf die nächststabile Zahl 8 (»Kryptonschale«).

Die Besetzung der für die d-Elektronen zur Verfügung stehenden fünf d-Orbitale der 3. Schale erfolgt gemäß der 1. Hund'schen Regel (S. 102) zunächst einzeln mit Elektronen des gleichen Spins. Dann beginnt die paarige Einordnung der Elektronen. Hierbei kommt – im Sinne des auf S. 102 Erörterten – der »halb-« sowie »vollbesetzten« d-Unterschale (d^5 sowie d^{10}-Konfiguration) eine etwas erhöhte Stabilität zu. Dies äußert sich u. a. darin, dass beim »Chrom« (Ordnungszahl 24) und beim »Kupfer« (Ordnungszahl 29) je eines der beiden s-Elektronen der äußersten Schale in die zweitäußerste Schale als d-Elektron überwechselt, wodurch sich eine halb- bzw. vollbesetzte d-Unterschale ergibt (vgl. Tab 19.1).

In analoger Weise wie in der 4. Periode füllen in der 5. Periode die auf die Hauptgruppenelemente »Rubidium« (Ordnungszahl 37) und »Strontium« (Ordnungszahl 38) folgenden 10 Übergangsmetalle (»2. Übergangsreihe«, »4d-Metalle«) »Yttrium« (Ordnungszahl 39) bis

»Cadmium« (Ordnungszahl 48) die Elektronenzahl 8 der 4. Schale mit zehn d-Elektronen auf die nächststabile Anordnung von 18 Elektronen auf (Tab 19.1), während die dann folgenden 6 Hauptgruppenelemente 49 (Indium) bis 54 (Xenon) mit sechs p-Elektronen die mit Rubidium und Strontium begonnene 5. Schale von der Elektronenzahl 2 zur Zahl 8 (»Xenonschale«) ergänzen. Auch in der 4. Schale zeigt sich die Tendenz zur Ausbildung einer »halb-« und »vollbesetzten« d-Unterschale. Sie führt gemäß Tab 19.1 zur Übernahme eines der beiden Außenelektronen in die zweitäußerste Schale bei den Elementen »Molybdän« (Ordnungszahl 42) und »Silber« (Ordnungszahl 47) und zur Übernahme beider Außenelektronen beim Element »Palladium« (Ordnungszahl 46). Dass allerdings auch andere Faktoren die Stabilität einer Elektronenkonfiguration bestimmen, folgt aus der jeweils nur einfachen Besetzung der äußersten Schale auch in den Fällen der Elemente »Niobium« (Ordnungszahl 41), »Ruthenium« (Ordnungszahl 44) und »Rhodium« (Ordnungszahl 45).

Mit dem in der 6. Periode auf die Hauptgruppenelemente »Cäsium« (Ordnungszahl 55) und »Barium« (Ordnungszahl 56) folgenden »Lanthan« (Ordnungszahl 57) beginnt die Auffüllung der noch unvollständigen 5. Schale mit einem d-Elektron. Dieser Ausbau wird zunächst durch die nachfolgenden 14 Lanthanoide (S. 2288) »Cer« (Ordnungszahl 58) bis »Lutetium« (Ordnungszahl 71) unterbrochen (punktierte Linie der Tab 19.1), welche die noch ungesättigte 4. Schale von 18 Elektronen auf die maximal mögliche Zahl von $2 \cdot 4^2 = 32$ ergänzen. Er setzt sich dann bei den 9 Elementen (zusammen mit Lanthan: »3. Übergangsreihe«, »5d-Metalle«) »Hafnium« (Ordnungszahl 72) bis »Quecksilber« (Ordnungszahl 80) mit neun d-Elektronen bis zur Gesamtelektronenzahl 18 fort, woran sich die Auffüllung der mit Cäsium und Barium begonnenen 6. Schale von der Elektronenzahl 2 auf die Zahl 8 (»Radonschale«) durch sechs p-Elektronen der 6 Hauptgruppenelemente 81 (Thallium) bis 86 (Radon) anschließt. Die Tendenz zum Übertritt von s-Außenelektronen in die d-Unterschale ist bei den Elementen der 6. Periode aufgrund der relativistischen s-Orbitalkontraktion (S. 372) weniger ausgeprägt. Nur beim Element »Platin« (Ordnungszahl 78) sowie »Gold« (Ordnungszahl 79) wird der Wechsel eines Elektrons beobachtet (Tab 19.1).

Der nach den Hauptgruppenelementen »Francium« (Ordnungszahl 87) und »Radium« (Ordnungszahl 88) mit dem Element »Actinium« (Ordnungszahl 89) in der 7. Periode mit einem d-Elektron beginnende Ausbau der 6. Schale wird in analoger Weise wie in der 6. Periode durch die nachfolgenden 14 Actinoide (S. 2312) »Thorium« (Ordnungszahl 90) bis »Lawrencium« (Ordnungszahl 103) unterbrochen (punktierte Linie in Tab 19.1), bei denen die Auffüllung der noch nicht gesättigten 5. Schale von der Zahl 18 auf die nächststabile Anordnung mit 32 Elektronen erfolgt. Die nun folgenden Elemente 104 (Rutherfordium) bis 112 (Copernicium), die in den letzten Jahren alle künstlich erzeugt werden konnten (vgl. S. 2349), setzen den mit dem Actinium begonnenen Ausbau der 6. Schale bis zur Elektronenzahl 18 fort (zusammen mit Actinium: »4. Übergangsreihe«, »6 d-Metalle«), woran sich mit den 6 Hauptgruppenelementen 113 (Nihonium) bis 118 (Oganesson) die Auffüllung der mit Francium und Radium begonnenen 7. Schale von 2 auf 8 Elektronen (»Eka-Radonschale«) anschließt.

Zusammenfassend ist zu bemerken, dass der energetische Unterschied zwischen den d-Elektronen in der zweitäußersten Schale $(n - 1)$ und den s-Elektronen in der äußersten Schale (n) nicht allzu groß ist, sodass bereits kleine Änderungen in der Elektronenabschirmung (s. dort) zum Schalenwechsel eines Elektrons führen können. Ganz allgemein sinkt der Energiegehalt der Elektronen pro Elektron mit wachsender positiver Ladung eines Atoms, wobei die Größe des stabilisierenden Effekts, die wesentlich von der Art der Haupt- und Unterschale abhängt, welche das Elektron besetzt, in der Reihenfolge $ns < (n - 1)d$ anwächst. Als Folge hiervon halten sich die Außenelektronen in positiv geladenen Nebengruppenelement-Ionen – anders als im Falle ungeladener Atome der Nebengruppen – nicht mehr teils in s- und d-Zuständen, sondern ausschließlich in den nunmehr energieärmsten d-Orbitalen auf, sodass sich etwa für zwei- und dreiwertige Ionen folgende Außenelektronenkonfigurationen ergeben:

	Sc/Y/La	Ti/Zr/Hf	V/Nb/Ta	Cr/Mo/W	Mn/Tc/Re	Fe/Ru/Os	Co/Rh/Ir	Ni/Pd/Pt	Cu/Ag/Au	Zn/Cd/Hg
M^{2+}	d^1	d^2	d^3	d^4	d^5	d^6	d^7	d^8	d^9	d^{10}
M^{3+}	d^0	d^1	d^2	d^3	d^4	d^5	d^6	d^7	d^8	d^9

1.2 Einordnung der Nebengruppenelemente in das Periodensystem

Wie bereits auf S. 82 angedeutet wurde, weisen die »langen« Perioden (4., 5., 6. und 7. Periode) im Vergleich zu den beiden vorangehenden »kurzen« Perioden (2. und 3. Periode) eine doppelte Periodizität auf. Denn in der nachfolgenden Zusammenstellung der Elemente können bei den langen Perioden die Elementgruppen sowohl in der linken Hälfte (Edelgase bis Edelmetalle) wie in der rechten Hälfte (Edelmetalle bis Edelgase) unter die entsprechenden Gruppen der darüberstehenden beiden Achterperioden eingeordnet werden (s. Abb. 19.1).

He	**Li**	**Be**	**B**	**C**	**N**	**O**	**F**	**Ne**
Ne	**Na**	**Mg**	**Al**	**Si**	**P**	**S**	**Cl**	**Ar**

Ar	**K**	**Ca**	Sc	Ti	V	Cr	Mn	Fe	Co	Ni	Cu	Zn	**Ga**	**Ge**	**As**	**Se**	**Br**	**Kr**
Kr	**Rb**	**Sr**	Y	Zr	Nb	Mo	Tc	Ru	Rh	Pd	Ag	Cd	**In**	**Sn**	**Sb**	**Te**	**I**	**Xe**
Xe	**Cs**	**Ba**	La	Hf	Ta	W	Re	Os	Ir	Pt	Au	Hg	**Tl**	**Pb**	**Bi**	**Po**	**At**	**Rn**
Rn	**Fr**	**Ra**	Ac	Rf	Db	Sg	Bh	Hs	Mt	Ds	Rg	Cn	**Nh**	**Fl**	**Mc**	**Lv**	**Ts**	**Og**

Abb. 19.1

Die durch fetteren Druck hervorgehobenen Elemente der kurzen und langen Perioden (»Hauptgruppen«; Auffüllung der äußersten Elektronenhauptschalen) zeigen dabei untereinander eine besonders nahe chemische Verwandtschaft, während die durch normalen Druck wiedergegebenen Elemente (»Nebengruppen«; Auffüllung der zweitäußersten Elektronenhauptschalen) den zugehörigen Gruppen der beiden Achterperioden weniger eng verwandt sind (der gestrichelte Pfeil bringt die an dieser Stelle ausgelassenen je 14 Lanthanoide und Actinoide zum Ausdruck).

Diese Beziehungen der Haupt- und Nebengruppen zueinander können in zweierlei Weise – durch das Lang- und das Kurzperiodensystem – zum Ausdruck gebracht werden.

Beim »Langperiodensystem« setzt man, wie auf S. 81 bereits besprochen wurde, die besonders eng verwandten Elemente einfach übereinander und lässt bei den beiden kurzen Achterperioden, bei denen die Übergangselemente der langen Perioden fehlen, einen entsprechenden Raum frei. In den durch arabische Nummern 1 bis 18 bezeichneten Elementgruppen dieses Systems nehmen die Übergangsmetalle die Spalten 3 bis 12 ein, wobei die links stehenden, sich an die Alkali- und Erdalkalimetalle anschließenden Metalle auch als »frühe Übergangsmetalle«, die rechts stehenden, den Elementen der Bor- und Kohlenstoffgruppe vorausgehenden Metalle als »späte Übergangsmetalle« bezeichnet werden. Die Zugehörigkeit der Übergangs- zu den Hauptgruppen kann im Langperiodensystem durch römische Gruppennummern 0 bis VIII angedeutet werden, wobei man die doppelte Periodizität der langen Perioden durch Beifügen der Buchstaben a und b bzw. A und B zum Ausdruck bringt (vgl. S. 82). Die so entstehende Anordnung (Tafel I, vorderer Buchdeckel) ist zwar recht übersichtlich, lässt aber die Zusammenhänge zwischen Haupt- und Nebengruppen nicht deutlich erkennen.

Das unten wiedergegebene »Kurzperiodensystem« bringt diese Zusammenhänge durch Unterteilung der langen Perioden in zwei kurze Perioden zum Ausdruck und unterscheidet die Elemente der Haupt- und Nebengruppen voneinander durch verschiedenes Einrücken. Die so entstehende Anordnung ist zweckmäßiger, aber zugleich weniger übersichtlich als die erstere und täuscht zudem eine engere Verwandtschaft zwischen Haupt- und Nebengruppen vor, als sie in der Tat vorliegt.

Am besten vereinigt man die Übersichtlichkeit des Lang- und die Zweckmäßigkeit des Kurzperiodensystems durch eine Kombination beider Systeme, indem man im Langperiodensystem die Übergangsmetalle wie beim gekürzten Periodensystem (S. 79) nur durch eine gestrichelte senkrechte Linie andeutet und sie als »Nebensystem« unterhalb des »Hauptsystems« in der durch das Kurzperiodensystem zum Ausdruck gebrachten Einteilung anordnet (vgl. Tafel VI, hinterer Buchdeckel, s. Abb. 19.2).

Man kann die zehn Nebengruppen (3.–12. Gruppe des Periodensystems) der Reihe nach als »Scandiumgruppe« (Sc, Y, La, Ac), »Titangruppe« (Tl, Zr, Hf), »Vanadiumgruppe« (V, Nb, Ta), »Chromgruppe« (Cr, Mo, W), »Mangangruppe« (Mn, Te, Re), »Eisengruppe« (Fe, Ru, Os), »Cobaltgruppe« (Co, Rh, Ir), »Nickelgruppe« (Ni, Pd, Pt), »Kupfergruppe« (Cu, Ag, Au) und »Zinkgruppe« (Zn, Cd, Hg) bezeichnen. Abweichend hiervon versteht man unter der »Eisengruppe« auch die in der 8.–10. Gruppe (VIII. Nebengruppe) nebeneinander angeordneten Ele-

	0				I							II	
1					1 H							2 He	1

	0 A ⌣ B		I A B	II A B	III A B	IV A B	V A B	VI A B	VII A B	VIII A ⌣ B		
2	2 He		3 Li	4 Be	5 B	6 C	7 N	8 O	9 F		10 Ne	2
3	10 Ne		11 Na	12 Mg	13 Al	14 Si	15 P	16 S	17 Cl		18 Ar	3
4	18 Ar / 26 27 28 Fe Co Ni		19 K / 29 Cu	20 Ca / 30 Zn	21 Sc / 31 Ga	22 Ti / 32 Ge	23 V / 33 As	24 Cr / 34 Se	25 Mn / 35 Br	26 27 28 Fe Co Ni	36 Kr	4
5	36 Kr / 44 45 46 Ru Rh Pd		37 Rb / 47 Ag	38 Sr / 48 Cd	39 Y / 49 In	40 Zr / 50 Sn	41 Nb / 51 Sb	42 Mo / 52 Te	43 Tc / 53 I	44 45 46 Ru Rh Pd	54 Xe	5
6	54 Xe / 76 77 78 Os Ir Pt		55 Cs / 79 Au	56 Ba / 80 Hg	57 La / 81 Tl	72 Hf / 82 Pb	73 Ta / 83 Bi	74 W / 84 Po	75 Re / 85 At	76 77 78 Os Ir Pt	86 Rn	6
7	86 Rn / 108 109 110 Hs Mt Os		87 Fr / 111 Rg	88 Ra / 112 Cn	89 Ac / 113 Nh	104 Rf / 114 Fl	105 Db / 115 Mc	106 Sg / 116 Lv	107 Bh / 117 Ts	108 109 110 Hs Mt Os	118 Og	7

	0 A B		I A B	II A B	III A B	IV A B	V A B	VI A B	VII A B	VIII A B	

Abb. 19.2

mente Fe, Co, Ni, welche sich chemisch zum Teil ähnlicher als die drei untereinander stehenden Elemente Fe, Ru, Os der 8. Gruppe sind, und unterscheidet sie von den verbleibenden, der »Platingruppe« zugehörigen Elementen Ru, Rh, Pd, Os, Ir, Pt. In analoger Weise könnte man in der 4.–6. Gruppe die drei leichten Elemente Ti, V, Cr einer »Titangruppe«, die sechs schweren Elemente Zr, Nb, Mo, Hf, Ta, W einer »Wolframgruppe« zuordnen.

2   Trends einiger Eigenschaften der Nebengruppenelemente (Tafel IV)

Da sich die in Tab 19.1 enthaltenen Übergangsmetalle nur im Bau der zweitäußersten Hauptschale voneinander unterscheiden, und die zweitäußerste Schale von geringerem Einfluss auf die Eigenschaften eines Atoms ist als die äußerste Schale, sind die Eigenschaften der Nebengruppenelemente einer Periode naturgemäß nicht so charakteristisch voneinander verschieden wie die der Hauptgruppenelemente einer Periode. Das erkennt man schon daran, dass hier nicht wie dort Metalle, Halbmetalle und Nichtmetalle, sondern nur Metalle vorkommen und dass viele Elemente entsprechend der Anwesenheit von 2 Elektronen in der äußersten Schale zweiwertig aufzutreten imstande sind (z. B. Ti^{2+}, V^{2+}, Cr^{2+}, Mn^{2+}, Fe^{2+}, Co^{2+}, Ni^{2+}, Cu^{2+} und Zn^{2+} in der 4. Periode). Immerhin beobachtet man auch bei den Übergangsmetallen eine gewisse – wenn auch gegenüber den Hauptgruppenelementen abgeschwächte – Periodizität, da auch die über das stabile s^2p^6-Oktett hinaus vorhandenen d-Elektronen der zweitäußersten Schale zur chemischen Bindung herangezogen werden können und damit einen Einfluss auf die Eigenschaften der Übergangsmetalle ausüben.

Einige Eigenschaften der äußeren Übergangsmetalle sind in Tafel IV zusammengestellt. Nachfolgend soll zunächst auf die Wertigkeit der Übergangsmetalle eingegangen werden. Anschließende Abschnitte befassen sich dann mit Analogien und Diskrepanzen zwischen Haupt- und Nebensystem sowie mit Periodizitäten im Nebensystem. Bezüglich der Entdeckung der Übergangsmetalle sowie ihrer Verbreitung in der Erdhülle (Atmosphäre, Hydrosphäre, Biosphäre, Erdkruste) und ihrer Toxizität vgl. Tafel II und V sowie S. 82f.

Wertigkeit

Die Maximalwertigkeit der Nebengruppenelemente entspricht wie die der Hauptgruppenelemente in vielen Fällen der Gruppennummer, die den Elementen im kombinierten Periodensystem zukommt (vgl. Periodensystem der Nebengruppenelemente auf S. 1535 und Tafel VI).

So treten die in den einzelnen Übergangsperioden des Langperiodensystems an erster Stelle stehenden Elemente (Sc, Y, La, Ac) maximal dreiwertig, die an zweiter Stelle stehenden (Ti, Zr, Hf) maximal vierwertig, die jeweils nachfolgenden Elemente maximal fünfwertig (V, Nb, Ta), sechswertig (Cr, Mo, W), siebenwertig (Mn, Tc, Re) bzw. achtwertig (Fe, Ru, Os; beim Fe ist bisher nur die maximale Wertigkeit sechs erreicht worden) auf. Dementsprechend lassen sich die ersten sechs Elemente einer jeden Übergangsperiode den Elementen der III. bis VIII. Hauptgruppe zuordnen, welche die gleichen Höchstwertigkeiten aufweisen.

Bei den folgenden Elementen der VIII., I. und II. Nebengruppe nimmt die Fähigkeit zur Abgabe der in der zweitäußersten Schale neu aufgenommenen Elektronen fortschreitend ab. So sind z. B. die an letzter Stelle der Übergangsperioden des Langperiodensystems stehenden Elemente (Zn, Cd, Hg) maximal nur noch zweiwertig, da die zweitäußerste Schale eine stabile Anordnung von $8 + 10 = 18$ Elektronen enthält (vgl. Tab 19.1), welche Edelgascharakter besitzt und sich chemisch nur schwer angreifen lässt (Schalen mit 2, 8, 18 und 32 Elektronen sind besonders stabil, vgl. S. 96). Diese Elemente stehen daher den Elementen der II. Hauptgruppe nahe. Die an zweitletzter Stelle einer jeden Übergangsperiode stehenden Elemente (Cu, Ag, Au) erstreben

Tab. 19.2 [a]

Wertig-keit	III Sc/Y/La	IV Ti/Zr/Hf	V V/Nb/Ta	VI Cr/Mo/W	VII Mn/Tc/Re	VIII bzw. 0			I Cu/Ag/Au	II Zn/Cd/Hg
						Fe/Ru/Os	Co/Rh/Ir	Ni/Pd/Pt		
max.	3/3/3	4/4/4	5/5/5	6/6/6	7/7/7	6/8/8	5/6/6 (7)[a]	4/4/6	4/5/5	2/2/2 (4)[a]
min.	0/0/0	−2/−2/−2	−3/−3/−3	−4/−4/−4	−3/−3/−3	−2/−2/−2	−3/−3/−3	−1/0/−2	0/0/−1	0/0/0

[a] Nach Berechnungen sollten IrF_7, IrF_6^+ und HgF_4 existieren.

in ihrem einwertigen Zustand, der dem der Elemente in der I. Hauptgruppe entspricht, ebenfalls diese beständige Achtzehnerschale, indem bei Valenzbetätigung nur eines Elektrons der äußersten Schale das zweite Elektron für den Bau dieser Achtzehnerschale zur Verfügung steht. Immerhin können die Elemente der I. Nebengruppe andere als die der I. Hauptgruppe – aber insgesamt auch zwei oder drei sowie in Einzelfällen sogar vier oder fünf Valenzelektronen abgeben und damit außer ein- auch zwei- bis fünfwertig auftreten (vgl. S. 1692, 1712, 1727 sowie relativistische Effekte, S. 371, 1728). Die Maximalwertigkeiten der an siebter und achter Stelle (viert- und drittletzter Stelle) jeder Übergangsperiode stehenden Elemente (Co, Rh, Ir bzw. Ni, Pd, Pt) bilden einen Übergang von der hohen Wertigkeit der vorausgehenden (Fe, Ru, Os) zur niedrigen Wertigkeit der nachfolgenden Elemente (Cu, Ag, Au), s. Tab. 19.2.

Zwischen der Maximalwertigkeit eines Übergangsmetalls und seiner Minimalwertigkeit (vgl. obige Zusammenstellung) existieren Zwischenwertigkeiten. So kann etwa das zweiwertige »Mangan« Mn^{2+} die in der 3. Hauptschale neben dem s^2p^6-Oktett noch vorhandenen fünf d-Elektronen stufenweise zur chemischen Bindung heranziehen bzw. stufenweise durch Verbindungsbildung bis auf zehn d-Elektronen (abgeschlossene d-Schale) ergänzen und auf diese Weise außer zwei- auch drei-, vier-, fünf-, sechs- und siebenwertig bzw. ein-, null-, minus ein-, minus zwei- und minus dreiwertig sein. Somit existieren bei Mangan elf Oxidationsstufen. In analoger Weise konnten bei »Chrom«, »Molybdän«, »Wolfram«, »Technetium«, »Rhenium«, »Ruthenium« und »Osmium« elf, bei »Rhodium«, »Iridium« und »Platin« zehn der elf möglichen Oxidationsstufen (d^0 bis d^{10}) verwirklicht werden. In der stufenweisen Abgabe oder Aufnahme von Elektronen (Oxidationsstufenwechsel um jeweils eine Einheit) unterscheiden sich die Übergangselemente von den entsprechenden Hauptgruppenelementen wie Chlor (1-, 3-, 5-, 7-wertig), Schwefel (2-, 4-, 6-wertig) oder Phosphor (3-, 5-wertig), bei denen die äußeren Elektronen – abgesehen von ganz wenigen Ausnahmen – nur paarweise abgegeben werden, sodass sich die verschiedenen Oxidationsstufen um je zwei Einheiten voneinander unterscheiden. Demgemäß bilden z. B. die Hauptgruppenelemente bevorzugt farblose, diamagnetische Ionen (gerade Elektronenzahlen), die Nebengruppenelemente dagegen vielfach farbige, paramagnetische Ionen (ungerade Elektronenzahlen). Der Gang der Oxidationsstufenspannweite der Übergangsmetalle (vgl. obige Zusammenstellung) erklärt sich durch die Erhöhung der Kernanziehungskräfte auf die d-Elektronen innerhalb einer Periode von links nach rechts (»zunehmende Kernladung«) und innerhalb einer Gruppe von unten nach oben (»abnehmender Atomradius«). Als Folge hiervon wird die oxidative Abspaltung von d-Elektronen in gleicher Richtung erschwert. Demgemäß lässt sich die maximal mögliche Oxidationsstufe der Übergangsmetalle (oxidative Abspaltung aller d-Elektronen) in der ersten Übergangsreihe noch bis zum Mangan, in der zweiten und dritten Übergangsreihe noch bis zum Ruthenium und Osmium, jedoch nicht darüber hinaus verwirklichen: bis zu den betreffenden Nebengruppenelementen (Mn, Ru, Os) nimmt die Oxidationsstufenspannweite zu, danach wieder ab, um bei den »späten« Übergangsmetallen Zn, Cd, Hg nur noch zwei Einheiten zu betragen. Auch erhöht sich innerhalb der Eisen-, Cobalt-, Nickel- und Kupfergruppe die maximal erreichbare Oxidationsstufe von oben nach unten (vgl. relativistische Effekte). Die leichte oxidative Abspaltbarkeit von d-Elektronen der »frühen« Übergangsmetalle hat darüber hinaus zur Folge, dass von Sc, Y, La, Zr, Hf bisher keine wahren ein- und zweiwertigen, von Ti keine einwertigen Komplexe isoliert werden konnten, da die betreffenden Oxidationsstufen außerordentlich disproportionierungsinstabil sind (vgl. S. 1787, 1796).

Analogien und Diskrepanzen zwischen Haupt- und Nebensystem

Allgemeines. Wie sich im Periodensystem der Hauptgruppenelemente in der Richtung nach links unten hin die Metalle, nach rechts oben hin die Nichtmetalle konzentrieren, nimmt im Periodensystem der Nebengruppenelemente (vgl. S. 1535 sowie Tafel VI), das ausschließlich aus Metallen besteht, in gleichen Richtungen wenigstens der metallische Charakter dieser Elemente insofern zu bzw. ab, als die Metalle nach links unten hin zunehmend Basebildner (z. B. AgOH, AuOH, $Hg(OH)_2$), nach rechts oben hin zunehmend Säurebildner (z. B. H_2CrO_4, $HMnO_4$, $HTcO_4$ sind. An die Stelle der Edelgase treten im Nebensystem die Edelmetalle. Die Elektronegativitäten (vgl. Tafel IV) steigen im kombinierten System für Neben- wie Hauptgruppen – von einigen Ausnahmen abgesehen – von links unten nach rechts oben hin an[1]. In ihren Verbindungen erstreben die Nebengruppen- wie die Hauptgruppenelemente, durch Elektronenabgabe (oder auch -aufnahme) die Elektronenkonfiguration der VIII. Gruppe (Edelgase bzw. Edelmetalle) zu erlangen. So ist z. B. Cu^+ mit Ni, Cd^{2+} mit Pd und Ac^{3+} mit Rn isoelektronisch.

Insgesamt sind die Eigenschaftsanalogien zwischen Haupt- und Nebensystem aber nicht sehr ausgeprägt und beschränken sich häufig nur auf die gleiche Formelzusammensetzung. So entspricht zwar – wie oben angedeutet wurde – die maximale Wertigkeit der Haupt- und Nebengruppenelemente vielfach übereinstimmend ihrer Gruppennummer. Doch vermögen die Metalle der I. Nebengruppe auch höher als einwertig aufzutreten. Auch unterscheiden sich die einzelnen Wertigkeiten bei den Nebengruppenelementen in der Regel um eine Einheit, bei den Hauptgruppenelementen aber um zwei Einheiten. Schließlich wächst der edle Charakter der Übergangselemente in der I. und II. sowie V., VI., VII. und VIII. Gruppe des Nebensystems entgegen den Verhältnissen bei den Hauptgruppenelementen von oben nach unten (Verschiebung der Normalpotentiale zu positiveren Werten; z. B. Au edler als Cu; Hg edler als Zn; vgl. relativistische Effekte, S. 372), während in den Nebengruppen III und IV, die sich unmittelbar an die Hauptgruppen I und II anschließen, die Verhältnisse gerade umgekehrt – also analog wie bei den Hauptgruppenelementen – liegen (Verschiebung der Normalpotentiale zu negativeren Werten: z. B. La unedler als Sc; Hf unedler als Ti; vgl. hierzu Anhang VI).

Die Beständigkeit der höheren Oxidationsstufen bzw. die Unbeständigkeit der niedrigeren Oxidationsstufen nimmt in den einzelnen Nebengruppen (Ausnahme: II. Gruppe) – anders als in den entsprechenden Hauptgruppen – mit wachsender Atommasse des Gruppenelements einheitlich zu (vgl. Anhang IV und relativistische Effekte, S. 372), z. B.: $Au^{3+}/W^{VI}/Re^{VII}/Os^{VIII}$ stabiler als $Cu^{3+}/Cr^{VI}/Mn^{VII}/Fe^{VIII}$ (unbekannt) (Hauptgruppen: $Tl^{3+}/Pb^{IV}/Bi^V$ instabiler als $Al^{3+}/Si^{IV}/P^V$), dagegen $Au^+/W^{3+}/Re^{2+}$ instabiler als $Cu^+/Cr^{3+}/Mn^{2+}$ (Hauptgruppen: $Tl^+/Pb^{2+}/Bi^{3+}$ stabiler als $Al^+/Si^{2+}/P^{III}$). Innerhalb der Nebenperioden erniedrigt sich die Beständigkeit der Maximalwertigkeit wie in den entsprechenden Hauptperioden, sodass etwa die Oxidationskraft in der Reihenfolge V^V, Cr^{VI}, Mn^{VII}, Fe^{VIII} (nicht gewinnbar) und Co^{IV}, Ni^{IV}, Cu^{IV} steigt (vgl. Anhang VI).

Spezielles. Die Eigenschaftsähnlichkeiten zwischen den Elementen einer gegebenen Neben- und entsprechenden Hauptgruppe wachsen von der I. bis zur III. Gruppe stark an und sinken von da mit zunehmender Auffüllung der d-Schale der Nebengruppenelemente bis zur VIII. Gruppe wieder stark ab. Vergleichsweise große Ähnlichkeit besteht insbesondere bei den mittleren Gruppen zwischen dem 1. Glied der Neben- und dem 2. Glied der entsprechenden Hauptgruppe, also z. B. bei den Elementpaaren Sc/Al, Ti/Si, V/P. Gemäß dem Gesagten sind in der I. Neben- und Hauptgruppe die Elemente Cu, Ag, Au mit K, Rb, Cs kaum zu vergleichen (siehe Tafeln III + IV); die

---

[1] Die Elektronegativitätsabnahme zwischen den Nebengruppenelementen Zn/Y bzw. Cd/La bzw. Hg/Ac geht auf die an der Stelle des Pfeils im Nebensystem (Tafel VI) ausgelassenen Hauptgruppenelemente Ga bis Sr, In bis Ba bzw. Tl bis Ra zurück, bei denen sich an den Stellen Kr/Rb, Xe/Cs bzw. Rn/Fr die Zahl elektronenbesetzter Schalen erhöht, was eine drastische Elektronegativitätsabnahme zur Folge hat.

Analogien beschränken sich hier auf die gleiche Formelzusammensetzung von Verbindungen der Metalle im einwertigen Zustand. So sind die Elemente der Kupfergruppe hoch schmelzende und siedende, edle und deshalb gediegen vorkommende und als Münzmetalle verwendbare Schwermetalle (kleine Atomradien), die Alkalimetalle niedrig schmelzende und siedende, unedle und deshalb nicht gediegen vorkommende Leichtmetalle (große Atomradien). Die Ionen der Kupfergruppe (mehrere Wertigkeitsstufen) sind klein und bilden aufgrund ihrer polarisierenden Wirkung Bindungen mit beachtlichen Kovalenzanteilen aus (höhere Metallelektronegativitäten). Letzteres drückt sich in der Wasserunlöslichkeit vieler Verbindungen und dem hohen Komplexbildungsvermögen aus. Die Alkalimetallionen (nur einwertig) sind andererseits groß und bilden aufgrund ihrer wenig polarisierenden Wirkung Bindungen mit deutlichen Heterovalenzanteilen aus (kleinere Metallelektronegativitäten), was sich in der Wasserlöslichkeit der meisten Verbindungen sowie in der geringeren Komplexbildungstendenz zeigt.

Die Unterschiede in der II. Neben- und Hauptgruppe (Zn, Cd, Hg und Ca, Sr, Ba) sind wegen der ausschließlichen Zweiwertigkeit beider Metallgruppen nicht ganz so ausgeprägt wie in der I. Gruppe, aber gleichwohl noch beträchtlich (Tafeln III + IV). So sind die Elemente der Zinkgruppe – verglichen mit den Erdalkalimetallen – leichter sublimierbar, edler und dichter. Auch haben die kleineren und deshalb polarisierender wirkenden zweiwertigen Ionen der Zinkgruppenelemente eine größere Tendenz zur Bildung wasserunlöslicher Verbindungen bzw. zur Komplexbildung als die zweiwertigen Erdalkalimetalle. Während der edle Charakter beim Übergang von der Kupfer- zur Zinkgruppe sinkt, wächst er umgekehrt beim Übergang von der Alkali- zur Erdalkaligruppe (vgl. Anhang VI).

Die Elemente der III. bzw. IV. Neben- und Hauptgruppe (Sc, Y, La, Ac und Ga, In, Tl bzw. Ti, Zr, Hf und Ge, Sn, Pb) ähneln sich in ihren Eigenschaften (Smp., Sdp., Dichte, Elektronegativität, Gang des edlen Charakters, Zunahme der Basizität der Trihydroxide $M(OH)_3$ bzw. Abnahme der Acidität der Dioxide MO_2 mit wachsender Masse von M, Wasserunlöslichkeit der Oxide usw.; vgl. Tafeln III + IV) stärker, sodass man die Elemente Sc, Y, La bzw. Ti, Zr, Hf schon als Homologe der Hauptgruppenelemente B, Al bzw. C, Si betrachtet hat. Dabei schließen sich die Elemente der Scandium- bzw. Titangruppe (hoch schmelzende und siedende, hauptsächlich drei- bzw. vierwertig auftretende Schwermetalle) in ihrem Verhalten eng an die links im Periodensystem angrenzenden zweiwertigen Erdalkali- und einwertigen Alkalimetalle an. Beispielsweise nimmt die Löslichkeit der Sulfate $M^{III}_2(SO_4)_3$ von Elementen der Scandiumgruppe wie die der Erdalkalimetallsulfate $M^{II}SO_4$ mit steigender Atommasse des Metalls ab. Auch stellen die Elemente der Scandium- und Titangruppe wie die der vorausgehenden Gruppen starke Reduktionsmittel dar, wobei sich allerdings der unedle Charakter der Elemente wegen Ausbildung einer passivierenden Oxidschicht nicht immer auswirkt (vgl. z.B. Aluminium), sodass insbesondere die Metalle der Titangruppe bei Raumtemperatur nicht sehr reaktiv sind. Eine Eigenschaft, worin sich die IV. Neben- und Hauptgruppen drastisch unterscheiden, besteht etwa im verschiedenen Gang der Stabilitäten von Zwei- und Vierwertigkeit (s. oben).

Die abnehmende Verwandtschaft von Neben- und Hauptgruppenelementen mit steigenden Gruppennummern ab der III. Gruppe hat zur Folge, dass sich die Analogien der Elemente in der V., VI., VII. Neben- und Hauptgruppe in der Hauptsache auf die maximale Fünf-, Sechs- und Siebenwertigkeit sowie den Säurecharakter dieser Wertigkeitsstufen beziehen. Bezüglich der Eigenschaften der Vanadium-, Chrom- und Mangangruppe (hoch schmelzende und siedende Schwermetalle) sowie der Pentele, der Chalkogene und Halogene vgl. Tafeln III + IV.

Am krassesten ist die Unähnlichkeit in der VIII. Neben- und Hauptgruppe, wo die Metalle der Eisen-, Cobalt- und Nickelgruppe (Fe, Ru, Os; Co, Rh, Ir; Ni, Pd, Pt; hoch schmelzende und siedende Schwermetalle) mit den Edelgasen Kr, Xe, Rn außer der Reaktionsträgheit der Elemente der 2. und 3. Übergangsperiode (»Platinmetalle«) nichts mehr gemeinsam haben. Ausgeprägt ist bei diesen Nebengruppen zum Unterschied von den entsprechenden Hauptgruppen insbesondere die hohe, auch im Falle der Elemente der vorstehenden Nebengruppen V, VI und VII zu beobachtende Komplexbildungstendenz.

Periodizitäten innerhalb des Nebensystems

Die zur gleichen Nebengruppe gehörenden, also in vertikaler Richtung angeordneten Übergangsmetalle sind wie die senkrecht untereinander stehenden Hauptgruppenelemente in ihren Eigenschaften verwandt. Eine gute Übereinstimmung weisen hierbei alle Elemente der III. Nebengruppe (Sc, Y, La, Ac), eine schlechte Übereinstimmung alle Elemente der I. Nebengruppe (Cu, Ag, Au) auf, während sich im Falle der Elemente anderer Nebengruppen jeweils zwei besonders ähnlich sind, und zwar in der IV.–VIII. Nebengruppe das zweite und dritte Glied (Zr/Hf, Nb/Ta, Mo/W, Tc/Re, Ru/Os, Rh/Ir, Pd/Pt), in der II. Nebengruppe das erste und zweite Glied (Zn/Cd):

Dies hängt damit zusammen, dass sich – anders als im Falle der Elemente Ti bis Zn der 1. Übergangsreihe und Zr bis Cd der 2. Übergangsreihe – vor die Elemente Hf bis Hg der 3. Übergangsreihe zwischen La und Hf noch die 14 Lanthanoide einschieben, was eine zusätzliche Verkleinerung der Atome Hf bis Hg bedingt (vgl. »Lanthanoid-Kontraktion« sowie relativistische Effekte S. 371, 1729, 1768, 2295).

Als Folge hiervon sind etwa die Atom- und Ionenradien der Elementpaare Zr/Hf und Nb/Ta und damit deren chemische Eigenschaften (vgl. Tafel III) so ähnlich, dass ihre Trennung große Schwierigkeiten bereitet. Mit zunehmender Ordnungszahl der Elemente Hf bis Hg nimmt der Einfluss der Lanthanoid-Kontraktion auf die Ionen- (nicht dagegen Atom-) Radien mehr und mehr ab (vgl. Anhang IV). Damit sind die Elementpaare Ag/Au und Cd/Hg in Ionenform viel leichter als die Paare Zr/Hf und Nb/Ta zu trennen; auch tritt hierdurch in der II. Nebengruppe die Ähnlichkeit von Cd mit dem leichteren Homologen der 1. Übergangsreihe (Zn) stärker hervor. So ist etwa $Cd(OH)_2$ wie $Zn(OH)_2$ deutlich basisch, während $Hg(OH)_2$ eine extrem schwache Base darstellt; auch sind die Chloride von Zn und Cd im wesentlichen ionisch aufgebaut, die von Hg dagegen kovalent; ferner lösen sich Zn und Cd in nicht-oxidierenden Säuren unter H_2-Entwicklung, während Hg gegenüber letzteren inert ist. Zn^{2+}- und Cd^{2+}-Komplexe ähneln vielfach den Mg^{2+}-Komplexen und unterscheiden sich hierin von den Hg^{2+}-Komplexen, die zudem im allgemeinen um Größenordnungen stabiler sind.

Beim Fortschreiten von Element zu Element einer Nebenperiode, also beim Gang in horizontaler Richtung des Nebensystems ändern sich die Elementeigenschaften, wie der Tafel IV entnommen werden kann, in der Regel nicht gleichsinnig. So durchlaufen die Metallatomradien der Elemente Sc bis Zn, Y bis Cd und La bis Hg (vgl. Abb. 19.3) ein Minimum in der VIII. Nebengruppe bei Fe, Ru, Os, was darauf zurückzuführen ist, dass sie innerhalb der drei Übergangsreihen die Elemente mit den höchsten Maximalwertigkeiten darstellen (s. oben) und infolgedessen auch besonders viele Elektronen zum Elektronengas der betreffenden Metalle beisteuern.

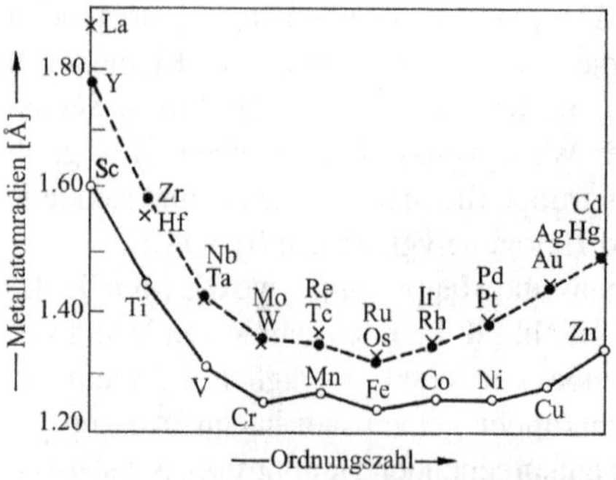

Abb. 19.3 Metallatomradien der Übergangsmetalle (Koordinationszahl 12).

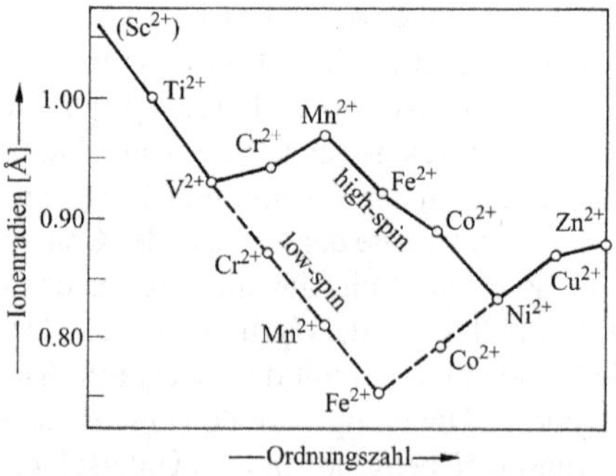

Abb. 19.4 Ionenradien zweiwertiger Metalle der 1. Übergangsreihe (ber. für Koordinationszahl 12).

Die durch die hohe Elektronengaskonzentration bedingten starken Bindungen zwischen den Metallatomen (große »Anziehung« zwischen Metallionen und Elektronengas) haben nicht nur Minima der Metallatomradien, sondern – korrespondierend hiermit – auch Maxima der Dichten (Ni, Ru, Ir), Schmelzpunkte (V, Mo, W) und Siedepunkte (V, Nb, Mo) sowie Sublimationsenthalpien (V, Nb, W) zur Folge, wobei die Lage der betreffenden Maxima innerhalb der Übergangsreihen nicht ausschließlich von der Stärke der Metall-Metall-Bindungen, sondern auch von der räumlichen Anordnung der Metallatome abhängt und demgemäß unterschiedlich sein kann.

Ähnlich wie der Gang der Atomradien weist auch der Verlauf der Ionenradien Extremalstellen auf. So durchlaufen gemäß Abb. 19.4 die Radien der zweiwertigen Ionen der 1. Übergangsreihe Minima bei V^{2+} und Ni^{2+} (ausgezogene Linie; high-spin-Fall) bzw. bei Fe^{2+} (unterbrochene Linie; low-spin-Fall). Die Ursache hierfür lässt sich im Rahmen der Ligandenfeld-Theorie deuten und soll an späterer Stelle (S. 1592) ausführlich besprochen werden. Hier sei nur erwähnt, dass sich für den Radienverlauf der dreiwertigen Ionen der 1. und höheren Übergangsreihen ein der Abb. 19.4 entsprechendes Bild ergibt, wobei die Minima bei den mit V^{2+}, Ni^{2+} sowie Fe^{2+} isoelektronischen Ionen Cr^{3+}, Cu^{3+} (high-spin) und Co^{3+} (low-spin) bzw. den Homologen dieser Ionen liegen (z. B. Rh^{3+} oder Ir^{3+}, low-spin; vgl. Anhang IV).

Den Minima der Ionenradien entsprechen Maxima der (vom Ionenradius abhängigen) Hydratationsenthalpien der zwei- und dreiwertigen Nebengruppenelemente (vgl. Tafel IV sowie S. 1605). Analoges gilt für die Gitterenergien der Halogenide MX_2 und MX_3 (S. 1605).

Entsprechend der größeren Elementähnlichkeiten variieren die Ionisierungsenergien der Übergangsmetalle in den drei Übergangsreihen (vgl. Tafel IV) zum Unterschied von jenen der Elemente in den Hauptreihen (vgl. S. 339) relativ wenig. Die Maxima der ersten Ionisierungsenergien liegen jeweils bei den letzten Elementen Zink (9.393 eV), Cadmium (8.992 eV) und Quecksilber (10.44 eV), welche abgeschlossene d-Unterschalen aufweisen (Tab 19.1), bei den übrigen Elementen zwischen 6.5–7.9 eV (1. Übergangsreihe), 6.4–8.3 eV (2. Reihe) und 5.6–9.2 eV (3. Reihe). Eine ausgeprägte Periodizität weisen jedoch die zweiten Ionisierungsenergien auf (Abb. 19.5 und Tafel IV). Energiemaxima kommen den einwertigen Elementen Cr^+ sowie Cu^+ und ihren Homologen, Energieminima den einwertigen Elementen Ca^+, Mn^+ sowie Zn^+ und ihren Homologen zu. Dies ist darauf zurückzuführen, dass $Cr^+/Mo^+/W^+$ bzw. $Cu^+/Ag^+/Au^+$ eine halb- bzw. vollbesetzte d-Außenschale aufweisen, wogegen $Ca^+/Sr^+/Ba^+$ bzw. $Mn^+/Tc^+/Re^+$ bzw. Zn^+ zusätzlich zur nicht-, halb- bzw. vollbesetzten d-Außenschale ein überzähliges Elektron besitzen. Die Werte der übrigen Ionen M^+ liegen zwischen diesen Extremalwerten,

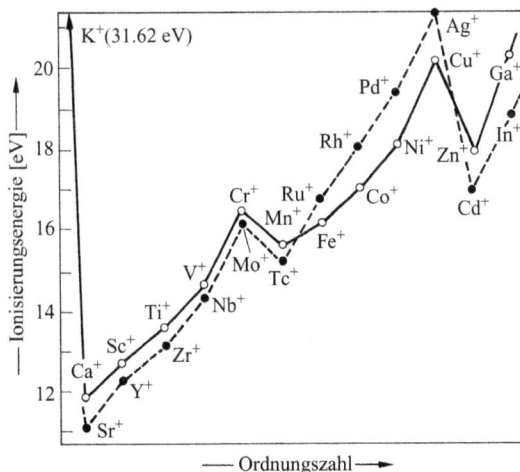

Abb. 19.5 Zweite Ionisierungsenergien von Metallen der 1. und 2. Nebengruppe (einschließlich Ca^+, Ga^+, Sr^+, In^+).

wobei die Ionisierungsenergien innerhalb der Übergangsperioden von links nach rechts aufgrund der wachsenden Kernladung im Mittel steigen.

Einen periodischen Verlauf weisen weiterhin die magnetischen Momente μ_{mag} der Übergangsmetalle auf, die im Falle der Elemente Sc bis Zn bei den d^5-konfigurierten Ionen Mn^{2+} bzw. Fe^{3+} (jeweils high-spin) ein Maximum durchlaufen, wie der Tab. 19.3 zu entnehmen ist, in der Bereiche magnetischer Momente von Metallen der 1. Übergangsreihe wiedergegeben sind (bzgl. magnetischer Grundbegriffe vgl. S. 1658). Die Vorausberechnung derartiger Momente ist recht kompliziert und gelingt nur in einfach gelagerten Fällen, da sich das magnetische Gesamtmoment eines Atoms, Moleküls oder Ions in verwickelter Weise aus magnetischen Einzelspin- und Einzelbahnmomenten zusammensetzt (vgl. S. 1663 und Lehrbücher der physikalischen Chemie). Besonders einfach liegen die Verhältnisse bei den paramagnetischen Ionen der 1. Übergangsperiode, da hier das Bahnmoment vernachlässigt werden kann, sodass sich das magnetische Moment (in Bohr'schen Magnetonen, BM) aus den Spinmomenten gemäß der einfachen Beziehung $\mu_{mag} = 2\sqrt{S(S)+1}$ errechnen lässt (S = Gesamtspin-Quantenzahl = Summe der Spinquantenzahlen $s = \frac{1}{2}$ der ungepaarten Elektronen; vgl. S. 103). Stellt n die Anzahl ungepaarter Elektronen eines Übergangsions dar, so folgt mit $S = n \times s = n/2$ für die »Spin-only-Werte« (»Nur-Spin-Werte«): $\mu_{mag} = 2\sqrt{n(n)+2}$ (vgl. Tab. 19.3). Da das magnetische Moment im Wesentlichen von der Zahl ungepaarter Elektronen und nur untergeordnet von der Zahl der Kernprotonen bestimmt wird, haben Ionen mit verschiedener Kernladung, aber gleicher Elektronenzahl gleiche magnetische Momente (»Kossel'scher Verschiebungssatz«). Einige diesem Verschiebungssatz entsprechende Ionen sind in der Tab. 19.3 wiedergegeben[2].

Im Folgenden werden die 40 äußeren Übergangsmetalle des Nebensystems der Reihe nach von der I. bis zur VIII. Nebengruppe hin einschließlich ihrer Verbindungen abgehandelt. Zuvor ist aber noch ein Kapitel über Grundlagen der Komplexchemie sowie ein Kapitel über einige Grundlagen der Festkörperchemie eingefügt.

---

[2] Ein Vergleich experimentell bestimmter magnetischer Momente mit den für verschiedene Strukturmöglichkeiten berechneten Momenten kann u. a. zur Bestimmung der Wertigkeit von Übergangselementen in ihren Verbindungen genutzt werden. So folgt im Falle von »Kupfer«, »Silber« und »Gold« aus dem Fehlen eines magnetischen Moments (»Diamagnetismus«) nach Abzug des geringen Paramagnetismus des Elektronengases, dass die Metalle aus einwertigen Metallionen aufgebaut sind, dass also jedes Metallatom nur ein Elektron zum Elektronengas beisteuert. Lägen zwei- oder dreiwertige Ionen vor, so müssten die Metalle gemäß Tab. 19.3 paramagnetisch sein. Löst man andererseits »Palladium« – das an sich paramagnetisch ist – in diamagnetischem Kupfer als Grundmetall auf, so wird der Diamagnetismus des Kupfers verstärkt. Pd löst sich also »diamagnetisch« auf und liegt in der Kupferlegierung – entsprechend der Hume-Rothery-Regel (S. 1655) – als nullwertiger Bestandteil vor, da es nur dann eine abgeschlossene und damit diamagnetische Außenschale besitzt. Beim Einbau von Palladium in Kupfer wird also die – den Paramagnetismus des reinen Palladiums bedingende – teilweise Dissoziation des metallischen Palladiums gemäß: Pd (diamagnetisch) Pd$^+$ (paramagnetisch) + e$^-$ (paramagnetisch) infolge der hohen Elektronengaskonzentration des metallischen Kupfers im Sinne des unteren Pfeils zurückgedrängt. In analoger Weise ergibt sich die Zweiwertigkeit des »Silbers« in den durch Oxidation von Ag(I)-Verbindungen mit Peroxodisulfat bei Gegenwart von Komplexbildnern entstehenden Salzen (S. 1714) eindeutig daraus, dass das Verbindungssilber wie das homologe zweiwertige Kupfer ein magnetisches Moment von 1.7 BM aufweist, während das Ag$^+$- wie das Cu$^+$-Ion diamagnetisch ist (Tab. 19.3). Auch folgt aus $\mu_{mag} = 1.7$ BM für rotes M$^I_3$CrO$_8$ (S. 1855), dass das »Chrom« in der Verbindung entsprechend der Formulierung Cr^V(O$_2$)$_4^{3-}$ fünfwertig ist. Bezüglich des Magnetismus von »Übergangsmetallkomplexen« und der Unterteilung in »low spin«- und »high spin«-Komplexe vgl. S. 1663 und S. 1598.

Tab. 19.3 Berechnete und gefundene magnetische Momente μ_{mag} von Metallionen der 1. Übergangsreihe (high-spin) mit $n = 0$ bis 5 ungepaarten Elektronen.

Ionen	Elektronenkonfiguration high-spin	n	$\mu_{mag}^{ber.}$	$\mu_{mag}^{gef.}$
Ca^{II} Sc^{III} Ti^{IV} V^{V} Cr^{VI} Mn^{VII}	$3d^0$	0	0	0
Sc^{II} Ti^{III} V^{IV} Cr^{V} Mn^{VI}	$3d^1$ ↑	1	1.73	1.6–1.8
Ti^{II} V^{III} Cr^{IV} Mn^{V}	$3d^2$ ↑ ↑	2	2.83	2.7–3.1
V^{II} Cr^{III} Mn^{IV}	$3d^3$ ↑ ↑ ↑	3	3.87	3.7–4.0
Cr^{II} Mn^{III}	$3d^4$ ↑ ↑ ↑ ↑	4	4.90	4.7–5.0
Mn^{II} Fe^{III}	$3d^5$ ↑ ↑ ↑ ↑ ↑	5	5.92	5.6–6.1
Fe^{II} Co^{III}	$3d^6$ ↑↓ ↑ ↑ ↑ ↑	4	4.90	4.3–5.7
Co^{II} Ni^{III}	$3d^7$ ↑↓ ↑↓ ↑ ↑ ↑	3	3.87	4.3–5.2
Ni^{II} Cu^{III}	$3d^8$ ↑↓ ↑↓ ↑↓ ↑ ↑	2	2.83	2.8–3.9
Cu^{II}	$3d^9$ ↑↓ ↑↓ ↑↓ ↑↓ ↑	1	1.73	1.7–2.2
Cu^{I} Zn^{II}	$3d^{10}$ ↑↓ ↑↓ ↑↓ ↑↓ ↑↓	0	0	0

Kapitel XX

Grundlagen der Komplexchemie

Geschichtliches. Die erstmalige, um das Jahr 1600 erfolgte Erzeugung eines Komplexes (blaues $[Cu(NH_3)_4]^{2+}$ aus NH_4Cl, $Ca(OH)_2$ und Messing in Wasser) ist dem deutschen Physiker und Alchemisten Andreas Libavius (1540–1615) zuzuschreiben, wie der Tab. 20.1 entnommen werden kann, welche einige frühzeitig entdeckte, teils nach dem Entdecker (linke Tab.), teils nach der Farbe (rechte Tab.) benannte Komplexe wiedergibt. Alfred Werner (1866–1919, Nobelpreis 1913) fand im Jahre 1893 – nach einer nächtlichen Eingebung, wie er berichtet – erstmals eine »richtige«, bis heute gültige Deutung aller damals im Zusammenhang mit Komplexen aufgefundenen experimentellen Beobachtungen wie z. B. der Zahl der existierenden geometrischen und Spiegelbildisomeren oder der Zahl der in wässrigem Medium vorliegenden freien Ionen (z. B. 4, 3, 2, 0 im Falle von $[CoCl_n(NH_3)_{6-n}]Cl_{3-n}$ mit $n = 0, 1, 2, 3$). Und zwar postulierte A. Werner in seiner mit der klassischen Valenz- und Strukturlehre brechenden Theorie Hauptvalenzen, welche die Bildung der Verbindungen erster Ordnung (z. B. $CoCl_3$ aus Cobalt und Chlor) entsprechend der Wertigkeit (heute Oxidationsstufe) der beteiligten Atome verursachen, sowie Nebenvalenzen, die bei der Bildung der Verbindungen höherer Ordnung (z. B. $CoCl_3 \cdot n\,NH_3$ aus $CoCl_3$ und NH_3) zusätzlich wirksam werden und – entsprechend der Koordinationszahl des Zentralmetalls – die Existenz komplexer Ionen mit oktaedrischer, tetraedrischer oder quadratisch-planarer Ligandenanordnung bedingen (nach der Vor-Werner'schen Lehre wurde $[Co(NH_3)_4Cl_2]Cl$ etwa durch die Formel $Cl_2Co-NH_3-NH_3-NH_3-NH_3-Cl$ wiedergegeben). Die von A. Werner entwickelten Vorstellungen fanden ab 1921 durch röntgenstrukturanalytische Klärung vieler kristalliner Komplexe ihre endgültige Bestätigung. In jüngerer Zeit erfuhr das Werner'sche Konzept der Koordinationsverbindungen (»klassische Komplexe«) insbesondere mit der Entdeckung von π- und σ-Komplexen sowie Metallclustern (»nicht-klassische Komplexe«) eine wesentliche Erweiterung (vgl. S. 1553, 1559).

Unter »Komplexen« (»Koordinationsverbindungen«)[1] – einem bei Übergangsmetallen (Nebengruppenelementen) häufig anzutreffenden Verbindungstyp – versteht man Moleküle oder Ionen ZL_n, in denen an ein ungeladenes oder geladenes Zentralatom Z (»Komplexzentrum« bzw. »Koordinationszentrum«) entsprechend seiner »Koordinationszahl« (»Zähligkeit«) n mehrere ungeladene oder geladene, ein- oder mehratomige Gruppen L (»Liganden«), die häufig auch als solche existenzfähig sind, angelagert sind (»Ligandenhülle«, »Koordinationssphäre«, vgl. S. 163). Einige Beispiele sind in Tab. 20.1 aufgelistet. Man spricht hierbei von homoleptischen Komplexen, falls alle Liganden gleichartig sind, anderenfalls von heteroleptischen Komplexen. Die »Komplexbildung« lässt sich im Sinne des auf S. 168 bzw. S. 625 Besprochenen als Lewis-Säure-Base-Reaktion der Lewis-sauren Komplexzentren Z und der Lewis-basischen Liganden (»Donatoren«) $:L$ beschreiben, wobei die sich ausbildenden, für die Komplexeigenschaften (z. B. Struktur, Stabilität, magnetisches und optisches Verhalten) bedeutungsvollen »Komplexbindungen« $Z:L$ teils mehr elektrovalenter, teils mehr kovalenter Natur sind.

Ein in neuerer Zeit zunehmend an Bedeutung gewinnender Forschungszweig der »Komplexchemie«, d. h. der Lehre von Synthese, Struktur und Reaktivität der Koordinationsverbindungen, stellt die »Bioanorganische Chemie« dar, welche sich mit der Wirkungsweise (Funktion) der an organische Stoffe der Lebewesen gebundenen anorganischen Elemente befasst (vgl. z. B. Nitrogenase für die Stickstofffixierung (S. 1967), Chlorophyll für die Photosynthese (S. 1449),

---

[1] complexus (lat.) = Umarmung; coordinare (lat.) = zuordnen.

Tab. 20.1 Entdecker und Farben einiger im 18. und 19. Jahrhundert dargestellter Komplexe.

Komplexe	Entdecker	Jahr	Entdeckung	Komplexe[a]	Farbe	Präfix[b]
$[Cu(NH_3)_4]Cl_2$	Libavius	≈1600	Komplex	$[Co(NH_3)_6]^{3+}$	goldbraun	Luteo-
$K[Fe^{II}Fe^{III}(CN)_6]$	Diesbach	1704	Fe-Komplex	$[Co(NH_3)_5(H_2O)]^{3+}$	rot	Roseo-
$[Co(NH_3)_6]Cl_3$	Tassaert	1798	Co-Komplex	$[Co(NH_3)_5Cl]^{2+}$	purpur	Purpureo-
$[Pd(NH_3)_4][PdCl_4]$	Vauquelin	1813	Pd-Komplex	$[Co(NH_3)_5(NO_2)]^{2+}$	orange	Xantho-
$K[PtCl_3(C_2H_4)]^-$	Zeise	1827	π–Komplex	$[Co(NH_3)_4Cl_2]^+$	cis: violett	Violeo-
$[PtCl_2(NH_3)_2]$-cis	Peyrone	1844	cis-trans		trans: grün	Praseo-
-trans	Reiset	1844	Isomerie	$[Co(NH_3)_4(NO_2)_2]^+$	cis: gelb	Flavo-
$[Cr_2(ac)_4(H_2O)_2]$	Peligot	1844	M≡M-Bindg.		trans: braun	Croceo-

a Viele Cobalt-Komplexe wurden durch F. A. Genth und O. W. Gibbs dargestellt.
b Veraltet.

Cytochrome und andere Eisenkomplexe für Redoxprozesse (S. 1966), Adenosintriphosphat als Energiespeicher (S. 1450), cis-Platin zur Tumorbekämpfung (S. 2049)). Bzgl. der »Metallorganischen Chemie« vgl. S. 1061.

Nachfolgende Kapitel befassen sich mit Strukturen, Stabilität, Bindungsmodellen (S. 1587) sowie Reaktionsmechanismen (S. 1624) der Koordinationsverbindungen.

1 Bau und Stabilität der Übergangsmetallkomplexe

1.1 Die Komplexbestandteile

1.1.1 Komplexliganden

Die Zahl der Liganden, die mit den Übergangsmetallen Komplexe zu bilden vermögen, ist außergewöhnlich groß. Einige wichtige Liganden sind, geordnet nach dem komplexbildenden Ligandenatom (»Ligator«), zusammen mit ihren Symbolen, Namen und Formeln in Tab. 20.2 zusammengestellt (vgl. Abb. 20.5). Die Einteilung der Liganden erfolgt mit Vorteil nach der Zahl ihrer komplexbildenen Atome, mit denen sie sich an ein Zentrum anzulagern vermögen (»Zähnigkeit« der Liganden, einzähnige Liganden und mehrzähnige Chelatliganden), und nach der Art und Weise wie diese Anlagerung (»Koordination«) erfolgt.

Einzähnige Liganden

Ligandentypen. Als einzähnige Liganden können sowohl einatomige Ionen wie Hydrid, Halogenid, Chalkogenid, Nitrid fungieren als auch mehratomige Ionen und Moleküle, die – in aller Regel – ein Donoratom der sechsten bis vierten Hauptgruppe enthalten, z.B. Neutral- oder Aniono-Liganden wie H_2O, SH^-, NH^{2-}, NH_2^-, NH_3, PH_3, CH_3^- und deren organische Derivate, Pseudohalogenide wie CN^-, N_3^-, OCN^-, SCN^-, Säurederivate wie Dimethylsulfoxid $Me_2S{=}O$, Dimethylformamid $Me_2NCH{=}O$, Phosphan- und Arsanchalkogenide $X_3E{=}Y$ ($E = P$, As; $Y = O$, S; $X = Cl$, OR, NR_2, Me, Ph; vgl. Tab. 20.2).

Ligandenkoordination. Einzähnige Liganden wie Cl^-, H_2O, OH^-, NH^{2-} bilden mit Metallzentren über (mehr oder weniger polare) 2-Elektronen-2-Zentrenbindungen nicht ausschließlich »einkernige« Komplexe ML_n, in welchen die Neutral- oder Aniono-Liganden jeweils einem Zentralatom oder -ion zugeordnet sind, sondern sie können durch Betätigung zweier Elektronenpaare auch zwei Zentralatome unter Bildung eines »zweikernigen« Komplexes miteinander

Tab. 20.2 Auswahl einiger wichtiger Komplexliganden. Es wird empfohlen (vgl. Kap. VIII) anionische Liganden durch Anhängen des Buchstabens »o« an den Anionennamen zu benennen, also: »Fluorido« statt Fluoro, »Oxido« statt Oxo, »Cyanido« statt Cyano. Bezüglich der Komplexe vgl. Abb. 20.1a–f, Abb. 20.2g–n, Abb. 20.3o–v und Abb. 20.5.

Donor-atom	Symbol	Namen in Komplexen	Donor-atom	Symbol	Namen in Komplexen
H	H_2	Dihydrogen	N	NCS^-	Thiocyanato-N, Isothiocyanato
	H^-	Hydrido	Forts.	NCR	Nitril, Cyanid
	BH_4^-	Tetrahydroborato		py	Pyridin ---------
				bipy	2,2'-Bipyridyl[a]
Hal	F^-	Fluoro		phen	1,10-Phenanthrolin[a]
	Cl^-	Chloro		terpy	Terpyridyl[a]
	Br^-	Bromo		por	Porphinato, Porphyrinato[a]
	I^-	Iodo		pc	Phthalocyanato[a]
				NO_2^-	Nitrito-N
O	O_2	Dioxygen			
	O_2^-	Hyperoxo } (a–c)	N/O	gly^-	Glycinato[a]
	O_2^{2-}	Peroxo		salen	Bis(salicylat)ethylenbis(imin)[a]
	O^{2-}	Oxo (a–h)		nta^{3-}	Nitrilotriacetat[a]
	OH^-	Hydroxo		$edta^{4-}$	Ethylendiamintetraacetat[a]
	OMe^-	Methoxo		C lmn	Kryptanden[a]
	OPh^-	Phenoxo			
	H_2O	Aqua, aq	P	P^{3-}	Phosphido
	Et_2O	Diethylether		PR^{2-}	Phosphandiido
	THF	Tetrahydrofuran -----		PR_2^-	Phosphanido
	OCN^-	Cyanato-O, Cyanato		PX_3	Phosphane
	ONC^-	Fulminato-O		diphos	Diphosphane[a] }
	glyme	Glycoldimethylether[a]		diop	chirale Diphosphane }
	m-C-n	Kronenether[a]		dipamp	(vgl. allg. Text) }
	DMSO	Dimethylsulfoxid, $Me_2SO \rightarrow$			
	X_3PO	Phosphanoxide	As	AsX_3	Arsane
	DMF	Dimethylformamid, $Me_2NCHO \rightarrow$		diars	o-Phenylendiarsan[a]
	$RCOO^-$	Carboxylato[a] (ac = Acetato)		triars	Diethylentriarsan[a]
	$acac^-$	Acetylacetonato[a]			
	ox^{2-}	Oxalato[a]	C	Me	Methyl, CH_3
	sal^-	Salicylato[a]		Et	Ethyl, C_2H_5
	IO_6^{5-}	Orthoperiodato		Pr	Propyl, C_3H_7
	SO_3^{2-}	Sulfito-O		Bu	Butyl, C_4H_9
	SO_4^{2-}	Sulfato		Cy	Cyclohexyl, C_6H_{11}
	$CF_3SO_3^-$	Triflato		Vi	Vinyl, C_2H_3
	NO_2^-	Nitrito-O		Ph	Phenyl, C_6H_5
	NO_3^-	Nitrato		Bz	Benzyl, $PhCH_2$
				Mes	Mesityl, $Me_3C_6H_2$
S	S^{2-}	Thio, Sulfido		CO	Carbonyl
	S_2^{2-}	Disulfido		CS	Thiocarbonyl
	SH^-	Mercapto (Sulfanido)		CN^-	Cyano-C, Cyano
	H_2S	Sulfan		CNR	Isonitril, Isocyanid
	$S_2C_2R_2$	1,2-Dithiolene[a]		CNO^-	Fulminato-C
	SCN^-	Thiocyanato-S		CR_2	Alkyliden (m)
	X_3PS	Phosphansulfide		CR	Alkylidin (n)
	SO_3^{2-}	Sulfito-S		π-C_2H_4	Ethylen (o)
	$S_2O_3^{2-}$	Thiosulfato-S		π-C_2H_2	Acetylen (p)
				π-C_3H_5	Allyl (q)
N	N_2	Dinitrogen (a–c)		π-C_4H_6	Butadien (r)
	N_3^-	Azido		π-Cp	Cyclopentadienyl, C_5H_5 (s)
	N^{3-}	Nitrido (l)		π-C_6H_6	Benzol (t)
	N_2R^-	Diazenido		π-C_6H_8	Cyclohexadien
	NR^{2-}	Imido (i, k)		π-$C_7H_7^+$	Cycloheptatrienylium
	NR_2^-	Amido		π-C_7H_8	Cycloheptatrien (u)
	NH_3	Ammin		π-C_7H_{10}	Cycloheptadien
	en	Ethylendiamin[a]		π-cot	Cyclooctatetraen, C_8H_8 (v)
	dien	Diethylentriamin[a]		π-C_8H_{10}	1,3,5-Cyclooctatrien
	trien	Triethylentetramin[a]		π-cod	1,5-Cyclooctadien, C_8H_{12}
	tn	Propylendiamin[a]			
	tren	Tris(2-aminoethylamin)[a]	Si, Ge	ER_3	Silyl, Germyl, Stannyl
	dmg^{2-}	Dimethylglyoximato[a]	Sn	ER_2	Silylen, Germylen, Stannylen
	NO	Nitrosyl			
	NC^-	Cyano-N, Isocyano			
	NCO^-	Cyanato-N, Isocyanato			

verbrücken. In analoger Weise lassen sich mehrere Komplexzentren über Brücken zu »mehrker-nigen« (»oligonuklearen«) Komplexen vereinigen (Bildung von Komplexen unterschiedlicher Nuklearität). So vermag ein Oxo-Ligand O^{2-} zwei Metallkationen gewinkelt (Abb. 20.1a) oder digonal (Abb. 20.1b), drei Metallkationen trigonal-pyramidal (Abb. 20.1d) oder trigonal-planar (Abb. 20.1e), vier Metallkationen tetraedrisch (Abb. 20.1f) oder – in Ausnahmefällen – quadra-tisch planar, sechs Metallkationen oktaedrisch und acht Metallkationen kubisch zu koordinieren; auch beobachtet man Verbindungen zweier Metallkationen über zwei Oxo-Ionen (Abb. 20.1c).[2]

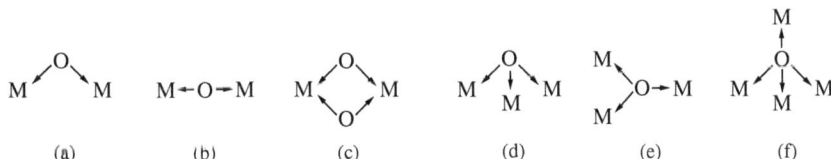

(a)   (b)   (c)   (d)   (e)   (f)

Abb. 20.1

Beispiele für oxoverbrückte Komplexe sind etwa: $O_3CrOCrO_3^{2-}$ (Abb. 20.1a), $Cl_5RuORuCl_5^{4-}$ (Abb. 20.1b), $(H_2O)_2OMo(O)_2MoO(H_2O)_2^{2+}$ (Abb. 20.1c), $O\{MoO(H_2O)_3\}_3^{4+}$ (Abb. 20.1d), $O(HgCl)_3^+$ (Abb. 20.1e), $OBe_4(NO_3)_6$ (Abb. 20.1f), $OCu_4\{B_{20}O_{32}(OH)_8\}^{2-}$ (quadratisch-planare Koordination), $O(MoO_3)_6^{2-}$ (oktaedrische Koordination), Na_2O (kubische Koordination). Man vergleiche hierzu auch das auf S. 1354 über Isopolyoxo-Ionen Besprochene. Entsprechend O^{2-} können etwa NR^{2-}, N^{3-}, CR_2^{2-}, CR^{3-} mehrere Metallzentren verbrücken. Oligonukleare Komple-xe stellen im Sinne des Übergangs:

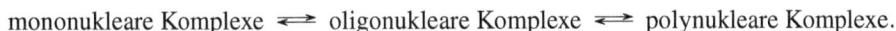

mononukleare Komplexe $\rightleftharpoons$ oligonukleare Komplexe $\rightleftharpoons$ polynukleare Komplexe.

Zwischenglieder auf dem Wege von niedermolekularen Komplexen ML_n zu hochmolekularen Verbindungen (Salzen) MX_n dar (bzgl. des Übergangs: Metallkomplexe $\rightleftharpoons$ Metallcluster $\rightleftharpoons$ Metalle vgl. S. 1439). Verbindungen MX_n wie Li_2O, CuO (s. dort) kann man hiernach als »polynukleare Komplexe« beschreiben.

Liganden vermögen durch »π-Hinbindungen« im Sinne von $M \rightleftharpoons L$ (vgl. S. 1591) auch mehr als zwei Elektronen für eine Koordinationsbindung zur Verfügung zu stellen (Ausbil-dung von Mehrfachbindungen), z.B. die Liganden O^{2-} und NR^{2-} vier oder sechs Elektronen (Abb. 20.2g–k; Bildung von Oxo- und Imino-Komplexen), der Ligand CR_2^{2-} vier Elektronen (Abb. 20.2m; Bildung von Alkyliden- bzw. Carben-Komplexen), die Liganden N^{3-} und CR^{3-} sechs Elektronen (Abb. 20.2l, n; Bildung von Nitrido- und Alkylidin- bzw. Carbin-Komplexen). Entsprechendes gilt für die Gruppenhomologen dieser Liganden (S^{2-}, Se^{2-}, PR^{2-}, AsR^{2-}, SiR_2^{2-}, GeR_2^{2-}, P^{3-}, As^{3-}, SiR^{3-} usw.).[2]

Umgekehrt vermögen eine Reihe von Liganden mit elektronenleeren π*-Orbitalen (z.B. CO, CN^-, CNR) oder d-Orbitalen (z.B. PR_3, AsR_3, SR_2) Mehrfachbindungen durch »π-Rückbindun-gen« im Sinne von $M \rightleftharpoons L$ auszubilden.

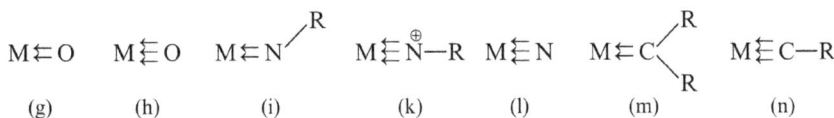

(g)   (h)   (i)   (k)   (l)   (m)   (n)

Abb. 20.2

---

[2] In den Formeln sind die gemäß $M + :L \longrightarrow M \leftarrow L$ zustande kommenden »Koordinationsbindungen« in vereinfachen-der Weise durch Pfeile symbolisiert, deren wahre Bedeutung in späteren Unterkapiteln erhellt wird. Vgl. hierzu auch »Hapto-Symbol« η^n, S. 2174, 2400.

Als Beispiele für Komplexe mit Metall-Ligand-Mehrfachbindungen seien etwa genannt: Cl_4TiO^{2-}, Cl_3VO, Cl_4MO (M = Mo, W, Re, Os), MO_4^{n-} (M z.B. V, Cr, Mn, Re, Ru, Os), $Cl_3VNSiMe_3$, $(Me_2N)_3TaNtBu$, porCrN, Cl_4MoN^-, Cl_5WNiPr^-, F_5ReNCl, O_3OsN^-, $Cp_2MeTaCH_2$, $(CO)_5WCMe(OPh)$, Cp_2WCHPh, $(CO)_4BrCrCPh$, $(tBuO)_3WCPh$, $Ni(CO)_4$, $Fe(CN)_6^{3-}$, $Ni(PF_3)_4$.

Die Koordination der Lewis-basischen Liganden an die Lewis-sauren Metallzentren kann außer über nicht-bindende (n-) Elektronenpaare (Bildung von »n-Komplexen« mit elektrovalenten bis kovalenten Komplexbindungen) auch über bindende π-Elektronenpaare erfolgen, falls die Liganden wie Sauerstoff O_2 (S. 385), Ketone R_2CO, Schwefelkohlenstoff CS_2, Schwefeldioxid SO_2 usw. über π-Bindungen verfügen (Bildung von »π-Komplexen« mit kovalenten Komplexbindungen). Entsprechendes gilt für praktisch alle ungesättigten Kohlenwasserstoffe wie etwa den 2-Elektronendonator Ethylen (Abb. 20.3o), den 2- (bzw. auch 4-) Elektronendonator Acetylen (Abb. 20.3p), die 4-Elektronendonatoren Allyl-Anion und Butadien (Abb. 20.3q, r), die 6-Elektronendonatoren Cyclopentadienyl-Anion, Benzol und Heptatrien (Abb. 20.3s, t, u) sowie den 8- (meist jedoch nur 4-) Elektronendonator Cyclooctatetraen (Abb. 20.3v) (für Verbindungsbeispiele vgl. S. 2173f)[2].

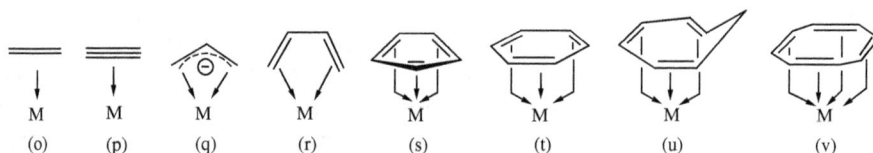

Abb. 20.3

Außer über n- und π-Elektronenpaare werden Liganden darüber hinaus auch über σ-Elektronenpaare an Metallzentren unter Ausbildung von 2-Elektronen-3-Zentrenbindungen koordiniert (Bildung von σ-Komplexen mit Einfachbindungen kovalenter Moleküle $X-Y$; vgl. hierzu Bindungsverhältnisse in Borwasserstoffen, S. 1236). So vermag sich molekularer Wasserstoff – wie in Abb. 20.4w veranschaulicht (vgl. S. 2072) – »side-on« an Metalle unter Bildung von Dihydrogen-Komplexen anzulagern (Verbindungsbeispiele: $[(Cy_3P)_2(CO)_3W(H_2)]$, $[(Ph_3P)_3(H)_2Ru(H_2)]$, $[(Cy_3P)(H)_2Ir(H_2)_2]$). Ebenso gehen σ-Elektronenpaare bestimmter CH-Gruppen eines mit einem Übergangsmetall verknüpften organischen Liganden mit dem betreffenden Metall gemäß Formelbild (Abb. 20.4x) zusätzliche Bindungsbeziehungen ein, die nach einem Vorschlag von M. L. H. Green als agostisch[3] bezeichnet werden (vgl. S. 2169). Analoges gilt für andere Element-Wasserstoff-Gruppen (z. B. SiH, NH) in Übergangsmetallkomplexen (vgl. S. 2173). Des weiteren beobachtet man Beziehungen vom Typ (Abb. 20.4y) zwischen Übergangsmetallkomplexen L_nMH und ML_n (z. B. $(CO)_5CrHCr(CO)_5^-$), wobei die MHM- wie die BHB-Dreizentrenbindungen (S. 1235) gewinkelt sind. Auch vermag Wasserstoff mehrere Metallzentren zu verbrücken, z. B. 3 Rh-Atome in $[(\pi\text{-cod})RhH]_4$ (π-cod)Rh und H abwechselnd in den Ecken eines Würfels) oder 6 Co-Atome in $[(CO)_{15}Co_6H]^-$ (H inmitten eines Co_6-Oktaeders).

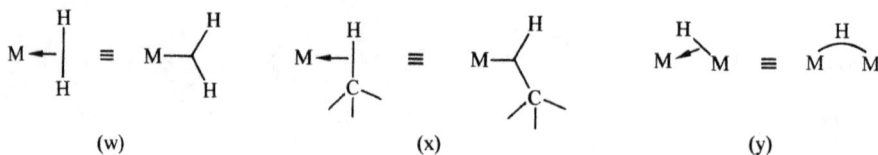

Abb. 20.4

---

[3] agostos (griech.) = einhaken, umranken; chelae (lat.) bzw. chele (griech.) = Krebsschere.

Schließlich kennt man Verknüpfungen zweier Komplexzentren über zwei, drei oder gar vier Wasserstoffbrücken (z. B. $(CO)_4Re(H)_2Re(CO)_4$, $Cp*Ir(H_3)IrCp*$ mit $Cp* =$ Pentamethylcyclopentadienyl, $(PR_3)_2H_2Re(H)_4ReH_2(PR_3)_2)^4$.

Mehrzähnige Liganden: Chelatliganden

Ligandentypen (vgl. Tab. 20.2 und Abb. 20.5). Viele bekannte Donatoren wirken als zweizähnige Liganden und lagern sich gleichzeitig mit zwei Ligatoren an Komplexzentren unter Bildung von »Chelatkomplexen« mit n-gliederigen »Chelatringen« an[3]. Unter letzteren sind fünfgliederige Chelatringe besonders stabil. Zu ihrem Aufbau verwendet man häufig Liganden mit YCCY-Gerüst, z. B. $Y-CH_2-CH_2-Y$, $Y-CR=CR-Y$, $Y-CH_2-CO-Y$, $Y-CO-CO-Y$, $Y=CR-CR=Y$ (Y u. a. OR, NR_2, PR_2, O, S, NR; vergleiche Abb. 20.5 erste und zweite Reihe). Rein anorganische, mit Metallionen unter Bildung fünfgliederiger Ringe reagierende Chelatliganden stellen etwa $^-S-S-S-S^-$, $S=N-S-S^-$ oder $S=N-S-NH^-$ dar (vgl. S. 678). Ähnlich den fünfgliederigen Ringen weisen die sechsgliederigen Chelatringe, die etwa mit Propylendiamin pn, Acetylacetonat acac oder Salicylat sal, d. h. Liganden mit YCCCY-Gerüst entstehen (Abb. 20.5), nur geringe Ringspannung auf und zeigen deshalb eine hohe Bildungstendenz. Doch finden sich auch viele Komplexe mit Chelatringen anderer Größe. Beispielsweise entstehen mit Disauerstoff O_2, Peroxid O_2^{2-}, Ethylen $H_2C=CH_2$, Acetylen $HC\equiv CH$ und vielen entsprechenden Liganden dreigliederige Chelatringe (vgl. Abb. 20.3o, p) mit Anionen von Elementsauerstoffsäuren H_mEO_n (z. B. ClO_3^-, ClO_4^-, SO_4^{2-}, $S_2O_3^{2-}$, NO_3^-, HPO_3^{2-}, PO_4^{3-}, CO_3^{2-}, BO_3^{3-}), mit Anionen von Carbonsäuren RCOOH und Dithiocarbonsäuren RCSSH oder mit Methanderivaten wie $CH_2(PR_2)_2$ viergliederige Chelatringe (vgl. Abb. 20.5: XCO_2^-, diphos).

Zweizähnige Liganden mit YCCY-Gerüst wie glyme, en, diphos, pn (vgl. Abb. 20.5) weisen eine hohe Flexibilität auf, während Liganden wie diars oder phen (vgl. Abb. 20.5) mit starr in ein Atomgerüst eingebundenen Donoratomen unflexibel sind, was Konsequenzen hinsichtlich Stabilität und Struktur haben kann (vgl. S. 1568). Analoges trifft – mehr oder weniger ausgeprägt – für alle höherzähnigen Liganden zu. So sind unter den drei- und vierzähnigen Liganden zwar dien, triars und trien (Abb. 20.5) noch einigermaßen flexibel und stereochemisch weniger anspruchsvoll, wogegen komplexgebundene Liganden wie terpy, salen oder Makrocylen des Typs por und pc (vgl. Abb. 20.5) als sehr starre Donatoren das Komplexzentrum in eine Ebene mit den drei oder vier Donoratomen zwingen und Tripod-Liganden (vgl. Abb. 20.5) trigonalpyramidale Anordnungen bevorzugen. Fünf-, sechs-, sieben- und achtzähnige Liganden stellen etwa der Kronenether 18-C-6, das Komplexion $edta^{4-}$ sowie die Kryptanden C221 und C222 (vgl. Geschichtliches) dar (vgl. Abb. 20.5).

Die mehrzähnigen Donatoren haben als Komplexliganden vielfach praktische Bedeutung in Labor, Technik und Natur. So dient etwa salen (Abb. 20.5) zur Synthese sauerstoffübertragender Komplexe. Mehrzähnige chirale Diphosphane wie »dipamp« $PhRP*-CH_2CH_2-P*RPh$ (R = o-MeOC$_6$H$_4$) und »diop« $Ph_2P-CH_2-C*H-C*H-CH_2-PPh_2^+$ ($\sqcap\, =-OCMe_2O-$) finden als Liganden in Metallkomplexen Verwendung, mit denen der stereospezifische Verlauf einer Synthese katalysiert werden soll. Kronenether und Kryptanden (Abb. 20.5), die u. a. mit Alkali- und Erdalkalimetall-Kationen M^{n+} stabile Chelatkomplexe bilden, können zum Auflösen von Salzen MX oder MX_2 (X = Halogen, Pseudohalogen usw.) in organischen Medien genutzt werden (vgl. S. 1524). In analoger Weise dienen Komplexone wie nta^{3-} (Abb. 20.5, Anm. i) oder $edta^{4-}$ (Abb. 20.5), die mit einer Reihe von Metall-Ionen stabile Komplexe bilden, zur analytischen Bestimmung dieser Ionen durch Titration (S. 1568). Abkömmlinge des Porphins (Abb. 20.5) fungieren im Blutfarbstoff, Cytochromen, Blattgrün bzw. Vitamin B_{12} als Liganden für Eisen-, Magnesium- bzw. Cobalt-Ionen (s. dort). Ebenso wird in der Natur von den Organismen das Komplexbildungsvermögen der α-Aminosäuren (vgl. Abb. 20.5 (gly) und S. 1058) und daraus hervorgehender Oligo- und Polypeptide (Eiweißstoffe), der Nucleobasen und Nucleotide (S. 1058), der Zucker und Polysaccharide (S. 1051), der Polycarbonsäuren usw. genutzt. So spielen etwa Komplexe von Alkalimetall-Ionen mit Phosphorproteinen als vielzähnigen Liganden eine wichtige Rolle beim Transport dieser Kationen durch Membranen (»Natrium-Pumpe«, S. 1050).

Ligandenkoordination. Für die Koordination der Chelatliganden an Metallzentren gilt im Wesentlichen das auf S. 1553 im Zusammenhang mit der Koordination einzähniger Liganden Besprochene.

1.1.2 Komplexzentren

Eine charakteristische Eigenschaft der Komplexzentren stellt die – mit dem betreffenden Übergangsmetall und seiner Oxidationsstufe gegebene – Anzahl x von Elektronen in der d-Valenzschale (»Elektronenkonfiguration«) dar. Sie wird durch das Symbol d^x zum Ausdruck gebracht, wobei die fünf d-Orbitale in normalen Fällen (»high-spin« Komplexe) bis zur Schalenhalbbesetzung zunächst einzeln, dann doppelt, in speziellen Fällen (»low-spin« Komplexe) bereits vor Schalenhalbbesetzung doppelt mit Elektronen gefüllt werden (für Einzelheiten vgl. S. 1591). Die Elektronenkonfiguration bestimmt ihrerseits das auf den S. 1594 und S. 1609 näher besprochene magnetische und optische Verhalten der Komplexe, da die Größe des Paramagnetismus einer Koordinationsverbindung mit der Anzahl ungepaarter Verbindungselektronen zusammenhängt, und die Lichtabsorption (Farbe) von Komplexen u. a. auf einer Anregung von d-Elektronen in energiereichere d-Zustände beruht.

Eine Einteilung der Komplexzentren erfolgt zweckmäßigerweise nach der Zahl von Metallatomen, welche das Komplexzentrum bilden (»einatomige Metallzentren«, »mehratomige Metallclusterzentren«).

Einatomige Metallzentren

Bei den meisten Übergangselementen ist die Fähigkeit zur Ausbildung vieler Oxidationsstufen sehr ausgeprägt (vgl. Oxidationsstufenspannweite, S. 1542); auch kommen den Elementen in ihren einzelnen Oxidationsstufen in der Regel mehrere Koordinationszahlen zu. Infolgedessen ergeben sich zahlreiche Möglichkeiten zur Komplexbildung.

Oxidationsstufen. Der auf S. 239 eingeführte, sehr nützliche und vielseitig anwendbare Begriff der Oxidationsstufe ist ableitungsgemäß nur ein fiktiver. Tatsächlich lässt sich die Frage nach der Oxidationsstufe eines Komplexzentrums häufig nur mit einer gewissen Willkür beantworten. Gut definiert ist sie im Allgemeinen bei großem Elektronegativitätsunterschied von Komplexzentrum und Liganden, also etwa bei Komplexen wie MO_n^{m-}, MF_n, MCl_n. In anderen Fällen legt man die Oxidationsstufe der Liganden und damit auch die der Komplexzentren einfach fest (z. B. $-I$ für H oder ± 0 für CO; hierdurch erhält Rhenium im Hydrid ReH_9^{2-} die Oxidationsstufe $+VII$ (!) und im Carbonylmetallat $[Re(CO)_4]^{3-}$ die Oxidationsstufe $-III$ (!)). Erschwert wird die Festlegung der Oxidationsstufe eines Komplexzentrums insbesondere dann, wenn sich zwischen diesem und seinen Liganden zusätzliche »π-Hinbindungen« bzw. »π-Rückbindungen« ausbilden (S. 1553, 1590), was gegebenenfalls zu einer mehr oder weniger vollständigen Reduktion bzw. Oxidation des Zentralmetalls führt.

Beispielsweise können Imino-Liganden NR in Komplexen $[L_nMNR]$ in Form von Imiden NR^{2-} als 6-Elektronendonatoren bzw. in Form von Nitrenen NR als 4-Elektronendonatoren wirken (vgl. Abb. 20.2k und i), wobei die Oxidationsstufe von M in ersteren Fällen um 2 Einheiten positiver ist (»Imidokomplexe«; lineare MNR-Gruppe) als in letzteren Fällen (»Nitrenkomplexe«; gewinkelte MNR-Gruppe). Analoges gilt für CR_2- und CR-Liganden, welche Komplexe mit höher oxidierten Zentren (»Alkyliden«- oder »Alkylidinkomplexe« mit CR_2^{2-} oder CR^{3-}-Liganden) oder solche mit um 2 oder 3 Einheiten weniger oxidierten Zentren bilden können (»Carben-« oder »Carbinkomplexe« mit neutralen CR_2- oder CR-Liganden). Auch lassen sich Nitrosyl-Komplexe mit linearen bzw. gewinkelten MNO-Gruppen so beschreiben, als wären sie

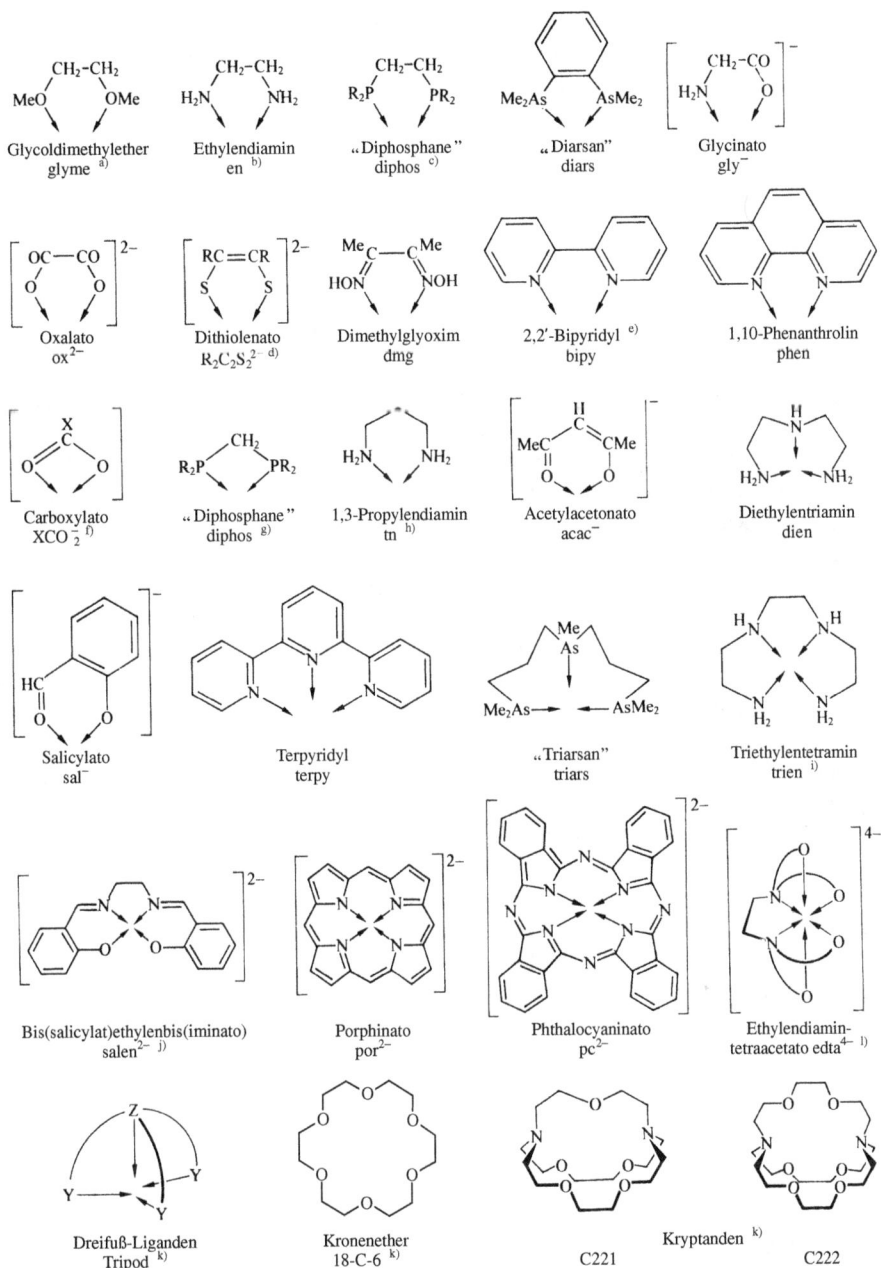

Abb. 20.5 Mehrzählige Komplexliganden. a) glyme = DME (Dimethoxyethan); diglyme, triglyme = MeO(CH$_2$CH$_2$O)$_n$Me (n = 2, 3). – b) tmeda, tmen = Me$_2$NCH$_2$CH$_2$NMe$_2$. – c) dmpe (R = Me), depe (Et), dppe (Ph). – d) Salze der Vinylendithiole HS—CR=CR—SH mit R zum Beispiel H, Ph, CN, CF$_3$. Eingesetzt auch in Form von Dithiodiketonen S=CR—CR=S (»Dithiolene«). – e) Auch 2,2'-Dipyridyl (dipy). – f) Formiato (X = H), Acetato ac$^-$ (Me), Carbonato (O$^-$), Carbamato (NR$_2$) sowie Thio-Analoga XCSO$^-$, XCS$_2^-$. – g) dmpm (R = Me), depm (Et), dppm (Ph). – h) Trimethylendiamin. – i) tren = N(CH$_2$CH$_2$NH$_2$)$_3$; nta^{3-} = N(CH$_2$CO$^-$)$_3$; np^3 = N(CH$_2$CH$_2$PPh$_2$)$_3$; pp^3 = P(CH$_2$CH$_2$PPh$_2$)$_3$. – j) Salen gehört zur Klasse der »Azomethine« (»Schiff Basen«) R$_2$C=NR', unter denen insbesondere die aus mehrzähligen Aldehyden (z. B. sal) und Aminen (z. B. en, dien, trien; vgl. Abb. 20.5) gewinnbaren Spezies als Komplexliganden vielfach Verwendung finden. – k) Man bezeichnet die ringförmigen, aus —CH$_2$—CH$_2$—O oder verwandten Baueinheiten zusammengesetzten Kronenether durch den Wortstamm Krone oder das Symbol C, dem man die Zahl der Ringatome voraus-, die Zahl der Sauerstoffatome nachstellt. Die Kryptanden bestehen häufig aus zwei N-Atomen, die über drei Henkel des Typus (—CH$_2$—CH$_2$—O—)$_n$CH$_2$—CH$_2$— miteinander verbunden sind. Man symbolisiert sie durch den Buchstaben C, dem man die Anzahl von O-Atomen im ersten, zweiten und dritten Henkel in Form von drei Zahlen anfügt. – l) ∩ = —CH$_2$—CO—.

aus Mn^+ bzw. aus $M^{(n-2)+}$ und den 4- bzw. 2-Elektronendonatoren NO^- bzw. NO^+ aufgebaut. Unterschiedliche Formulierungen sind darüber hinaus für Komplexe mit π-Liganden möglich (z. B.: $M(C_5H_5)_2 = M^{2+} + 2\,C_5H_5^-$ oder $M + 2\,C_5H_5$).

Andererseits könnte der »Dithiolenkomplex« $Re(S_2C_2R_2)_3$ formal die Bestandteile $Re(0)$ und $S=CR-CR=S$ (1,2-Dithioketon) oder – nach Elektronenrückkoordinierung seitens Rhenium – $Re(VI)$ und $^-S-CR=CR-S^-$ (Ethylen-1,2-dithiolat) enthalten. Tatsächlich liegt ein Zwischenzustand in Komplexen mit dem »tückischen« Liganden SCRCRS vor. In analoger Weise lassen sich α,α'-Bi-pyridinkomplexe unterschiedlich beschreiben, nämlich als Komplexe von M^{n+}, $M^{(n+1)+}$ oder $M^{(n+2)+}$ mit $bipy^+$, bipy oder $bipy^-$. Da Metallzentren keine hohen negativen Ladungen vertragen, wandern wohl auch in hochgeladenen Carbonylmetallaten wie $[Re(CO)_4]^{3-}$ Ladungseinheiten zu den Carbonyl-Liganden, sodass derartige Komplexe keine Metallzentren besonders niedriger Oxidationsstufe enthalten.

Die Stabilität der Oxidationsstufen von Übergangsmetallzentren in Komplexen wird durch die Liganden wesentlich beeinflusst. So setzt etwa die Wirkung von Liganden wie O^{2-}, NR^{2-}, N^{3-} usw. als 4- oder 6-Elektronendonatoren (Ausbildung von π-Hinbindungen; Abb. 20.2g–l) elektronenleere d-Zustände geeigneter Symmetrie, d. h. eine kleine Zahl von d-Valenzelektronen und damit in der Regel höher oxidierte Komplexzentren voraus. In der Tat weisen die Übergangsmetalle in der überwiegenden Zahl von Oxo-, Imino- und Nitrido-Komplexen d^0-, d^1- oder d^2-Elektronenkonfigurationen auf. Umgekehrt bedingen π-Rückbindungen eine hohe Zahl von d-Valenzelektronen, d. h. Übergangsmetallzentren in niedrigen Oxidationsstufen.

Zu ähnlichen Folgerungen hinsichtlich der durch Liganden beeinflussten Stabilität von Oxidationsstufen der Komplexzentren führen auch Lewis-Säure-Base-Betrachtungen: Die Weichheit (Härte) des Lewis-aciden Zentrums von Übergangsmetallkomplexen wächst mit fallender (steigender) Oxidationsstufe und zunehmender (abnehmender) d-Valenzelektronenzahl (vgl. HSAB-Prinzip, S. 275). Demgemäß werden innerhalb einer Periode von links nach rechts Nebengruppenelemente der gleichen Oxidationsstufe (z. B. Sc(III), Ti(III), V(III), Cr(III), Mn(III), Fe(III), Co(III), Ni(III), Cu(III)) weicher, Nebengruppenelemente mit gleicher d-Valenzelektronenzahl (z. B. Sc(III), Ti(IV), V(V), Cr(VI), Mn(VII)) härter. Innerhalb einer Elementgruppe nimmt die Weichheit (Härte) der Metalle gleicher Oxidationsstufe von oben nach unten zu (ab). Übergangselemente in hoher Oxidationsstufe (wenig d-Valenzelektronen) bilden als harte Lewis-Säuren mit harten Lewis-Basen wie F^- oder O^{2-} Komplexe (z. B. MF_n, MO_n^{m-}), während d-Valenzelektronen-reiche Übergangsmetalle (niedrige Oxidationsstufen) als weiche Lewis-Säuren umgekehrt mit weichen Lewis-Basen wie CO, CN^-, PR_3, Alkenen, Alkinen zu Komplexen zusammentreten (z. B. $M(CO)_n^{m-}$). Die Koordination von Übergangsmetallen mittlerer d-Valenzelektronenzahl wird weniger durch die Ligandenweichheit und -härte bestimmt.

Koordinationszahlen. In Übergangsmetallkomplexen ML_n weisen die Zentren in bisher bekannten Fällen Koordinationszahlen (Zähligkeiten) n von zwei bis zwölf auf. Bezieht man gasförmige und metallorganische n-Komplexe mit in die Betrachtung ein, so lässt sich auch die Koordinationszahl 1 beobachten (z. B. gasförmiges CuX, X = Halogen; M (Mesityl)?), M = Cu, Ag), berücksichtigt man andererseits metallorganische π-Komplexe, so findet man zudem Koordinationszahlen im Bereich 13–16. Die Zuordnung der Zahl von Koordinationsstellen π-gebundener Liganden bereitet allerdings insofern gewisse Schwierigkeiten, als jeder Ligator gezählt werden kann (z. B. 2, 3, 4, 5, 6 Ligatoren im Falle von Ethylen, Allyl, Butadien, Cyclopentadienyl, Benzol) oder nur jedes für die Komplexbindung genutzte Elektronenpaar (z. B. 1, 2, 3 Elektronenpaare im Falle von Ethylen, Butadien, Benzol). Schließlich kann man π-Liganden wie das Allyl-Anion, das Benzol, das Cyclooctatetraen auch als 4-, 6-, 8-Elektronendonator klassifizieren und diese Liganden ähnlich wie andere Mehrelektronendonatoren (z. B. NH^-, N^{3-}) einfach zählen.

Koordinationszahlen < 4 (»niedrige Koordinationszahlen«) beobachtet man bei den Übergangsmetallen vergleichsweise selten. In der Regel bilden sich Komplexe mit zwei- oder dreizähligem Zentralmetall nur bei deren Koordination mit sehr sperrigen Liganden. Von einigen d^{10}-konfigurierten Metallen (insbesondere Ag^+, Au^+, Hg^{2+}) sind – als Folge relativistischer Effekte (S. 372) – allerdings auch Komplexe ML_2 mit »kleinen« Liganden L wie Cl^-, CN^-, NH_3 bekannt. Die »mittleren Koordinationszahlen« 4–6 sind demgegenüber sehr häufig anzutreffen (die meisten Komplexe haben die Zusammensetzung ML_6). Koordinationszahlen > 6 (»hohe und höchste Koordinationszahlen«) werden wiederum seltener und nur unter besonderen Bedingungen aufgefunden. Beispielsweise beobachtet man die Achtfachkoordination bevorzugt bei drei- bis fünfwertigen Übergangsmetallen der zweiten und dritten Übergangsperiode in der II. bis VI. Nebengruppe, die Neunfachkoordination bei dreiwertigen Lanthanoiden und Actinoiden (vgl. Tab. 20.5 und Tab. 36.5).

Das Auftreten hoher und höchster Koordinationszahlen in Komplexen aus Metallzentren und Nichtmetallliganden ist an einige Voraussetzungen gebunden (bzgl. der Komplexe mit Metallliganden vgl. S. 1731, 1741): (i) Die Größe des Komplexzentrums M und der Liganden L muss eine Aneinanderlagerung der Komplexbestandteile zu ML_n räumlich erlauben (bezüglich des Zusammenhangs der Koordinationszahlen mit den Radienverhältnissen der Komplexpartner vgl. S. 138). Hiernach treten hohe und höchste Koordinationszahlen insbesondere bei den schweren und nicht zu hoch geladenen Übergangsmetallen auf (der Radius von Übergangsmetallen nimmt mit steigender Periode zu, mit wachsender Oxidationsstufe ab). Die Liganden müssen zugleich möglichst klein (z. B. F^-, H_2O, NCS^-, CN^-, CNR) oder kompakt sein. Aus letzterem Grunde stabilisieren mehrzähnige Liganden hohe Koordinationszahlen besser als einzähnige (höher als neunzählige Komplexzentren wurden bisher nur in Komplexen mit mehrzähnigen Liganden beobachtet). – (ii) Die Anziehungskräfte Metall/Ligand müssen stärker sein als die Abstoßungskräfte Ligand/Ligand. Hohe und höchste Koordinationszahlen sind hiernach unvereinbar mit Komplexzentren zu kleiner Oxidationsstufe (tatsächlich beobachtet man insbesondere bei d^{10}-Konfiguration niedrigwertiger Metalle Zwei- und Dreifachkoordination, vgl. Tab. 20.5). – (iii) Mit der Anlagerung der n Liganden L an ein Komplexzentrum müssen dessen Ladungen gerade ausgeglichen werden (Elektroneutralitätsprinzip). Demgemäß dürfen Liganden L in Komplexen ML_n nicht zu hoch geladen und nicht sehr polarisierbar sein, falls ein großes n erwünscht ist. Oxoliganden O^{2-} neutralisieren positiv-geladene Komplexzentren etwa so erheblich, dass in der Regel nur Komplexe des Typs MO_4^{m-} mit vierzähligem Zentralmetall gebildet werden. Auch ist die Koordinationszahl eines Zentralmetalls bestimmter Oxidationsstufe im Allgemeinen kleiner hinsichtlich Chlorid Cl^- als hinsichtlich Fluorid F^-, da erstere Ionen polarisierbarer sind.

Mehratomige Metallzentren: Metallcluster

Zu den Metallclusterverbindungen zählt man alle Moleküle mit Metall-Metall-Bindungen (vgl. hierzu Cluster, S. 161). Derartige Cluster sind dem Chemiker bereits seit der Mitte des 19. Jahrhunderts bekannt (z. B. in Form von Hg(I)-Verbindungen wie $ClHg-HgCl$; S. 1771); ihre wahre Natur erkannte er aber erst nahezu hundert Jahre später. Die bei fast jedem Metall (allen Übergangsmetallen) in niederen bis mittleren Oxidationsstufen anzutreffenden, in jüngster Zeit intensiv bearbeiteten und bereits in großer Anzahl bekannten Metallcluster M_pL_n stellen Komplexe mit mehratomigen »Metallclusterzentren« dar und einer »Ligandenhülle« aus n ungeladenen oder geladenen, ein- oder mehrzähnigen Donatoren. Clusterzentren können sowohl aus gleichartigen als auch ungleichartigen Metallatomen zusammengesetzt sein. Auch kann die Ligandenhülle in Ausnahmefällen oder unter besonderen Bedingungen (in der Gasphase, Tieftemperaturmatrix) ganz fehlen (»nackte Metallcluster«, »Clustermetalle«), doch ist sie in der Regel zur Stabilisierung der Metallcluster notwendig (»ligandenstabilisierte Metallcluster«, »Metallcluster« im engeren Sinn).

Die Verbindungsklasse der Übergangsmetallcluster reicht von den Metallhalogeniden und -chalkogeniden mit meist ein- bis dreiwertigen Metallzentren (M insbesondere schwere Metalle der 4.–10. Gruppe (IV.–VIII. Nebengruppe); Cluster vom »Halogenid-Typ«) bis zu den Komplexen mit Carbonyl-, π-Donator-, Phosphanliganden usw., deren Metallzentren meist einwertig oder niedrigwertiger sind (M insbesondere Metalle der VII., VIII. und I. Nebengruppe; Cluster vom »Carbonyl-Typ«). Den Metallatomen der Clusterverbindungen kommen hierbei häufig gebrochene Oxidationsstufen zu, z. B. dem Niobium in $[Nb_6Cl_{12}]^{2+}$ die Oxidationsstufe +2.33, dem Rhodium in $[Rh_7(CO)_{16}]^{3-}$ die Oxidationsstufe –0.43. Dies unterstreicht den formalen Charakter dieser Zahlen für Clustermetallatome in besonderem Maße. Die Zahl der Cluster-Valenzelektronen lässt sich insbesondere bei vielatomigen Clusterzentren nicht eindeutig festlegen; auch sind die Beziehungen zwischen Valenzelektronenzahl und Struktur der Clusterzentren vielfach noch unklar. So enthält z. B. $R_3PAuAuPR_3$ gewinkelt-koordinierte, $ClHgHgCl$ linear-koordinierte Metallatome, obwohl die Metallzentren beider Komplexe, Au_2 und Hg_2^{2+}, isoelektronisch sind (jeweils 11 Valenzelektronen pro Atom, also 22 Elektronen pro Zentrum). Die Koordinationszahlen der Clusterzentren sind in der Regel hoch, wie den weiter unten aufgeführten Verbindungsbeispielen entnommen werden kann (bezüglich der räumlichen Anordnung der Liganden um das Clusterzentrum vgl. S. 1581, S. 2115).

Die Einteilung der Metallcluster kann nach den aus Atomabständen und theoretischen Überlegungen gefolgerten Ordnungen für Metall-Metall-Bindungen in den Clusterzentren oder nach der Struktur der Clusterzentren erfolgen.

Bindungen in Clusterzentren. Die Verknüpfung zweier Metallzentren erfolgt in Clustern wie in $(CO)_5Mn-Mn(CO)_5$, $ClHg-HgCl$, $Ph_3PAu-AuPPh_3$ durch eine Einfachbindung oder in Clustern wie in $(RO)_4Mo=Mo(OR)_4$, $(Me_2N)_3Mo\equiv Mo(NMe_2)_3$, $Cl_4Re\equiv ReCl_4^{2-}$, $Ar'Cr\equiv CrAr'$ ($Ar' = 2{,}6\text{-}Dip_2C_6H_3$) durch eine Mehrfachbindung, wobei in letzterem Falle Zwei-, Drei-, Vier- und Fünffachbindungen – sowie auch Bindungen mit gebrochenen Ordnungen – aufgefunden werden (in nackten Metallclustern M_2 wie Cr_2, Mo_2, die in der Gasphase vorliegen, treten zudem Bindungsordnungen > 5 auf; vgl. hierzu S. 2081). Cluster-Zentren mit einfach verknüpften Metallatomen kennt man von jedem Übergangsmetall; solche mit mehrfach verknüpften Metallatomen werden von Elementen der Vanadium-, Chrom-, Mangan-, Eisen- und Cobaltgruppe (5.–9. Gruppe des Langperiodensystems) gebildet, wobei man Doppel-, Dreifach- bzw. Vierfachbindungen bei d^2-/d^6-, d^3-/d^5- bzw. d^4-Elektronenkonfiguration dieser Übergangsmetalle findet (vgl. S. 2083).

Die Koordination der M_2-Cluster erfolgt zum Teil ausschließlich durch endständige Liganden wie in $ClHg-HgCl$, $(OC)_5Mn-Mn(CO)_5$, $(Me_2N)_3Mo\equiv Mo(NMe_2)_3$, $Cl_4Re\equiv ReCl_4^{2-}$, in der Regel jedoch durch endständige und zugleich brückenständige Liganden (z. B. verbrücken zwei der acht RO-Gruppen in $(RO)_4Mo=Mo(OR)_4$ die beiden Mo-Atome, vgl. S. 1892). Seltener als in zweiatomigen Clusterzentren beobachtet man Metall-Metall-Mehrfachbindungen in mehratomigen Clusterzentren. Als Beispiel sei Re_3Cl_9 genannt, in welchem die an den Ecken eines gleichseitigen Dreiecks angeordneten Rheniumatome doppelt miteinander verbunden sind (S. 1922). Die in drei- und höheratomigen Clusterverbänden vorliegenden Metallatome sind meist durch Bindungen der Ordnung 1 oder < 1 miteinander verknüpft.

Bau der Clusterzentren. Clusterzentren mit mehr als zwei Metallatomen lassen sich vielfach als kleine bis sehr kleine Ausschnitte aus der Struktur von Metallen deuten, deren Atome dichtest gepackt sind. Darüber hinaus liegt ihnen in einer Reihe von Fällen ein ikosaedrisches Bauprinzip zugrunde. Schließlich beobachtet man auch Zentren, die weder dichtest noch ikosaedrisch gepackt sind. In der Regel sind hierbei Cluster mit sieben oder mehr an den Ecken eines Käfigs angeordneten Metallatomen mit einem Metallatom zentriert.

Dichteste Metallatompackungen. In dichtest gepackten Metallatomstrukturen bilden die Atome trigonal gepackte Schichten (vgl. Abb. 20.6a), die in der Folge ABCABC... (kubisch-dichteste Packung) oder ABABAB... (hexagonal-dichteste Packung) so übereinander angeordnet sind, dass die Kugeln einer Schicht in den Mulden der anderen Schicht liegen (s. S. 124).

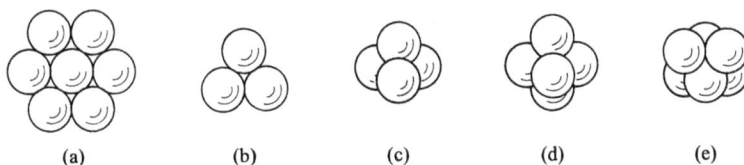

Abb. 20.6 Trigonale Packungen von 3, 4, 5, 6 bzw. 7 Metallatomen.

Drei-, vier-, fünf- bzw. sechsatomige Zentren M_3, M_4, M_5 bzw. M_6, wie sie etwa in den Metallcarbonylen [$Os_3(CO)_{12}$], [$Ir_4(CO)_{12}$], [$Os_5(CO)_{16}$], [$Rh_6(CO)_{16}$] (S. 2108), den Goldkomplexen [$Au_3(PR_3)_3$], [$Au_4(PPh_3)_4I_2$], [$Au_6(PR_3)_6$]$^{2+}$ (S. 1741) und den Metallhalogeniden [M_6X_{12}]$^{2+}$ (M = Nb, Ta; S. 1837), Sc_6@$XNCl_{12}^{3-}$ (S. 1790) sowie [M_6X_8]$^{4+}$ (M = Mo, W; S. 1849, S. 1874) angetroffen werden, sind demzufolge trigonal planar (Abb. 20.6b), tetraedrisch (Abb. 20.6c), trigonal-bipyramidal (Abb. 20.6d) bzw. oktaedrisch (Abb. 20.6e) gebaut (in Abb. 20.6e liegen zwei trigonal angeordnete M_3-Schichten dichtest übereinander; drei derartige M_3-Schichten mit der Folge ABC enthält das Zentrum von [$Pt_9(CO)_{18}$]$^{2-}$). Quadratisch-planar strukturierte M_4-Zentren sind selten, da Metallzentren in der Regel den »kompakteren« tetraedrischen Bau mit trigonal gepackten Flächen anstreben (z. B. liegen in [$Mo_4Cl_8(PR_3)_4$] die Mo-Atome an den Ecken eines Vierecks und sind abwechselnd durch ein- und dreifache MoMo-Bindungen verknüpft).

Ausschnitte aus Metallen mit kubisch- bzw. hexagonal-dichtester Packung stellen auch die in den Abb. 20.7a und b veranschaulichten M_{13}-Cluster mit zentriert-kuboktaedrischer (Abb. 20.7a) oder -antikuboktaedrischer (Abb. 20.7b) Metallatompackung dar. Sie bestehen jeweils aus drei übereinander liegenden, dichtest-gepackten Schichten, wobei die obere und untere dreiatomige Schicht den in Abb. 20.6b, die mittlere siebenatomige Schicht den in Abb. 20.6a wiedergegebenen Bau hat, und die beiden dreiatomigen Schichten – wie bei kubisch- bzw. hexagonaldichtester Packung gefordert – gegeneinander um 60° verdreht bzw. nicht verdreht sind (Folge und Atomzahl der Schichten: $A_3B_7C_3$ und $A_3B_7A_3$). Als Beispiele seien etwa die Carbonylmetallate [$Rh_{13}(CO)_{24}$]$^{5-}$ und [$Ni_{12}(CO)_{21}$]$^{4-}$ (beide Komplexe teilweise protoniert) mit zentrierter (Rh) bzw. nicht-zentrierter (Ni) antikuboktaedrischer Metallatompackung genannt (der Nickelcluster bildet eine Ausnahme von der Regel, wonach Metallcluster mit mehr als sieben Atomen ein Metallzentrum aufweisen).

In kuboktaedrischen M_{13}-Zentren ist ein zentrales Metallatom von einer Schale aus 12 Metallatomen lückenlos umgeben. In entsprechender Weise lassen sich M_{13}-Einheiten ihrerseits mit einer zweiten Schale aus 42 Metallatomen lückenlos bedecken, wobei der M_{13}-Kuboktaeder (Abb. 20.7a) in den größeren M_{55}-Kuboktaeder übergeht (vgl. Abb. 20.7c; Folge und Atomzahl der Schichten: $A_6B_{12}C_{19}A_{12}B_6$). Für die Ummantelung des M_{55}-Clusters mit einer dritten Schale werden weitere 92 Metallatome benötigt. Ganz allgemein erfordert der Aufbau der n-ten Schale eines derartigen Clusters $10n^2 + 2$ Metallatome (12, 42, 92, 162, 252 für $n = 1, 2, 3, 4, 5$), sodass also ein-, zwei-, drei-, vier- oder fünfschalige Zentren (»full-shell-cluster«) aus 13, 55, 147, 309, 561 Metallatomen bestehen (»magische Zahlen« dichtester Metallatompackungen). Beispiele: [$Rh_{55}(PPh_3)_{12}Cl_6$], [$Rh_{55}(PtBu_3)_{12}Cl_{20}$], [$Pt_{55}(AstBu_3)_{12}Cl_{26}$], [$Au_{55}(PPh_3)_{12}Cl_6$], [$Pt_{309}phen^*_{36}O_m$] ($m$ um 30; phen* = phen($C_6H_4SO_3Na$)$_2$) und [$Pd_{561}phen_{38\pm2}O_m$] (m um 200; Sauerstoff in letzteren Verbindungen wohl in Form von Dioxygen O_2 gebunden).

Eine weitere Vergrößerung der ligandenstabilisierten Clusterzentren über fünfschalige Metallcluster hinaus (Durchmesser des Pd_{561}-Clusters um 2.5 nm) führt – gepaart mit wachsendem metallischen Verbindungscharakter – über kleine bis große Kolloide mit Metallatomen in dichtester Packung (Durchmesser 10 bis über 1000 nm; S. 181) schließlich zum Metall selbst (»ligandenstabilisiert« z. B. in Form des eloxierten Aluminiums, S. 1334):

Metallkomplexe $\rightleftharpoons$ Metallcluster $\rightleftharpoons$ Metalle (vgl. Nuklearität, S. 1553).

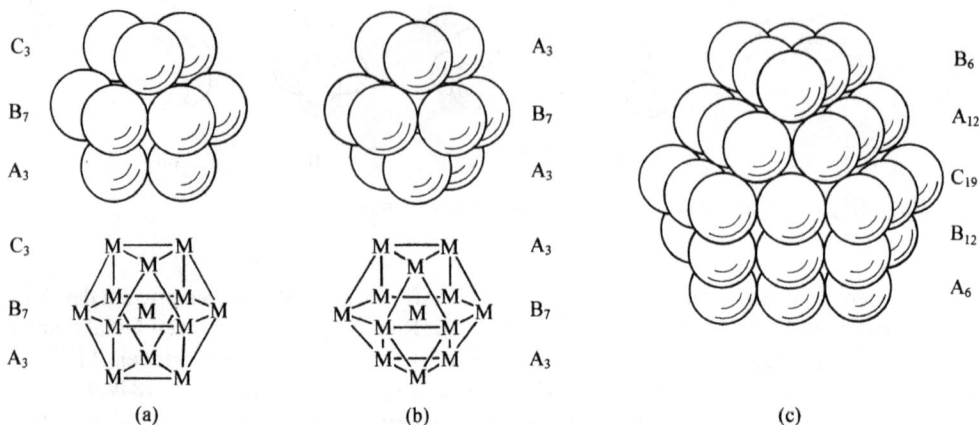

Abb. 20.7 Kuboktaedrische Packung von 13 (a) und 55 (c) Metallatomen sowie antikuboktaedrische Packung von 13 Metallatomen (b).

Allerdings fehlen für den Übergang vom Metallcluster zum Metall bisher noch viele Zwischenglieder. Bezüglich eines Goldkolloids $Au_x(PPh_2R)_y$ (R = $C_6H_4SO_3Na$) mit einem vergleichsweise engen Bereich des Kolloiddurchmessers um 18 nm vgl. S. 1741.

Der energetische Unterschied zwischen Clusterzentren mit einer magischen bzw. einer anderen Zahl von Metallatomen ist nicht allzu groß und nimmt zudem mit wachsender Zahl von Metallatomschalen ab. Als Folge hiervon sind auch Cluster mit Zentren aus 14 bis 54 dichtest gepackten Atomen ohne weiteres zugänglich. Beispiele: $[Rh_{22}(CO)_{37}]^{4-}$ (Folge und Atomzahl der Schichten: $A_6B_7A_6C_3$), $[Pt_{26}(CO)_{32}]^{2-}$ ($A_7B_{12}A_7$), $[Pt_{38}(CO)_{44}]^{2-}$ ($A_7B_{12}C_{12}A_7$).

Ikosaedrische Metallatompackungen. Neben den erwähnten dichtest gepackten kubo- bzw. antikubooktaedrischen M_{13}-Clusterzentren (Abb. 20.7a und b) enthalten Clusterkomplexe vielfach auch weniger dicht gepackte innenzentriert-ikosaedrisch gebaute Zentren (vgl. Abb. 20.8a). Der Unterschied der zentrierten kuboktaedrischen und ikosaedrischen Struktur besteht dabei nur in der Geometrie der mittleren Metallatomschicht. Und zwar liegt das zentrale Metallatom in ersterem Fall (Abb. 20.7a) in der Mitte eines planaren M_6-Rings, in letzterem Fall (Abb. 20.8a) in der

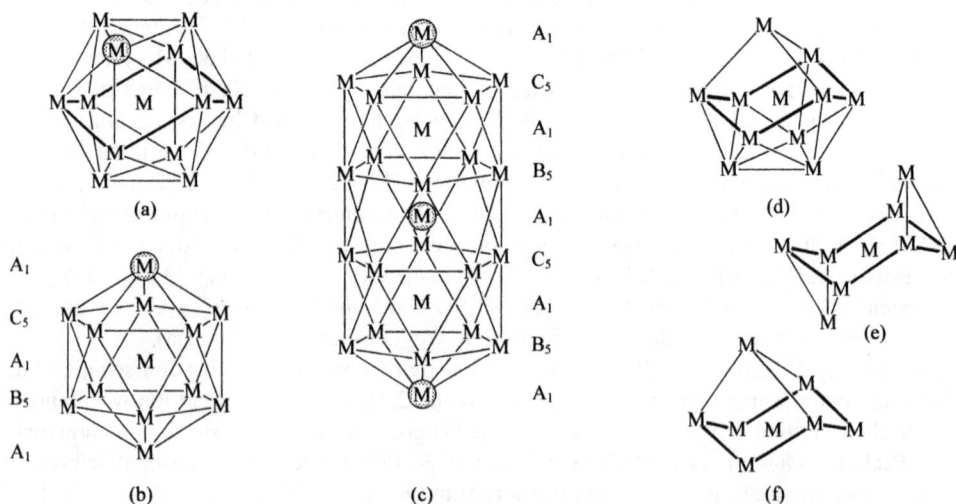

Abb. 20.8 Ikosaeder-, Doppelikosaeder- und Ikosaederfragment-Packungen von Metallatomen.

Mitte eines sesselkonformierten M_6-Rings. Während aber die Metallatome an der Oberfläche eines Kuboktaeders sowohl an den Ecken von Quadraten als auch Dreiecken lokalisiert sind (vgl. Abb. 20.7a) liegen die Atome an der Ikosaederoberfläche ausschließlich an energetisch günstigeren Dreieckspositionen, was wohl u. a. die energetisch ungünstigere, weniger dichte ikosaedrische Atompackung ermöglicht (vgl. hierzu auch Polyborane, S. 1250). Beispiele für Metallcluster mit zentrierten Ikosaederclusterzentren bieten etwa die Goldkomplexe $[Au_{13}(PMe_2Ph)_{10}Cl_2]^{3+}$ und $[Au_{13}(Ph_2PCH_2PPh_2)_6]^{5+}$.

Vielfach bestehen Metallcluster auch aus Ikosaederfragmenten oder Ikosaederüberclustern (vgl. die entsprechenden Verhältnisse bei kubo- und antikubooktaedrisch gepackten Zentren, oben). Die Verkleinerung ikosaedrischer M_{13}-Cluster erfolgt hierbei wie bei den kuboktaedrischen Zentren durch Metallatom-Eliminierung. Mögliche Ikosaederausschnitte (»Ikosaederfragment-Cluster«) sind in den Abb. 20.8d, e und f für M_{11}-, M_9- und M_8-Verbände veranschaulicht (der charakteristische sesselkonformierte und zentrierte M_6-Ring ist jeweils durch Fettdruck hervorgehoben). Beispiele: $[Au_{11}(PR_3)_7X_3]$, $[Au_{11}(Ph_2PCH_2CH_2CH_2PPh_2)_5]^{3+}$, $[Au_9(PR_3)_8]^{3+}$, $[Au_8(Ph_2PCH_2PPh_2)_3]^{2+}$.

Die Vergrößerung ikosaedrischer M_{13}-Clusterzentren erfolgt nicht wie bei den kuboktaedrischen Zentren durch Schalenerweiterung, sondern durch Verknüpfung der M_{13}-Ikosaeder über gemeinsame Metallatome. In Abb. 20.8c ist z. B. das Ergebnis einer Verknüpfung zweier M_{13}-Ikosaeder wiedergegeben (das gemeinsame Metallatom ist schraffiert; dreht man das Ikosaeder Abb. 20.8a in der Weise, dass das schraffierte Metallatom nach oben wandert, so resultiert das Ikosaeder Abb. 20.8b). Ersichtlicherweise ändern sich die Koordinationsverhältnisse der Metallatome als Folge der Ikosaederverdoppelung nur unwesentlich. So baut sich etwa das Doppel- wie das Einfachikosaeder aus Schichten mit abwechselnd einem und fünf Metallatomen auf (Folge und Atomzahl der Schichten: $A_1B_5A_1C_5A_1B_5A_1C_5A_1$). Im Falle des Komplexes $[Au_{13}Ag_{12}(PPh_3)Cl_6]^{m+}$ ist hierbei die 1., 4., 6., 9. Schicht mit Ag-Atomen, die 2., 3., 5., 7., 8. Schicht mit Au-Atomen belegt.

Zentrierte Metallatomikosaeder lassen sich nicht nur zu zwei-, sondern auch zu drei-, vier-, fünf-, sechsteiligen »Superclustern« usw. über gemeinsame Metallatome zusammenfügen, in welchen die einzelnen Ikosaederteile an den Ecken eines Dreiecks, eines Tetraeders, einer trigonalen Bipyramide, eines Ditetraeders mit gemeinsamer Kante angeordnet sind und die aus 25, 36, 46, 56, 67 Metallatomen bestehen (»magische Zahlen« zentriert-ikosaedrischer Atompackungen in Superclustern). Beispiele: $[Ag_{19}Au_{18}(PTol_3)_{12}Br_{11}]^{2+}$ und $[Ag_{20}Au_{18}(PTol_3)_{12}Cl_{14}]$ (M_{36}-Zentren mit einem oder zwei überkappenden Ag-Atomen), $[Ag_{24}Au_{22}(PPh_3)_{12}Cl_{10}]$.

Andere Metallatompackungen. Weder dichtest noch ikosaedrisch gepackt sind die Zentren etwa in folgenden Metallclustern: $[Au_6(Ph_2PCH_2CH_2CH_2PPh_2)_4]^{2+}$ (Au_4-Tetraeder mit zwei überkappten Kanten), $[Au_6(PPh_3)_6]^{2+}$ (zwei M_4-Tetraeder mit gemeinsamer Kante), $[Rh_7(CO)_{16}]^{3-}$ (Rh_6-Oktaeder mit überkappter Rh_3-Fläche), $[Au_9(PPh_3)_8]^{+}$ (Au_8-Würfel mit einem Au-Atom im Zentrum), $[Rh_{12}(CO)_{30}]^{2-}$ (eckenverknüpfte Rh_6-Oktaeder), $[Rh_{14}(CO)_{25}]^{4-}/[Rh_{15}(CO)_{27}]^{3-}$ (Rh_{13}-Antikuboktaeder mit überkappten Rh_4-Flächen).

Neben den zentrierten oder nicht-zentrierten Metallclustern mit begrenzter Ausdehnung der Clusterzentren kennt man auch solche mit unendlicher Ausdehnung. Genannt seien etwa als Beispiele für eindimensionale Metalle $^1_\infty[Pt(CN)_4^{2-}]$ (Ketten von Pt-Atomen; S. 2048) und $^1_\infty[Mo_6Se_6^{2-}]$ (Bänder von Mo_6-Oktaedern mit gemeinsamen Flächen; S. 1874), sowie als Beispiel für ein zweidimensionales Metall $^2_\infty[Ag_2F]$ (Doppelschichten von Ag-Atomen; Anti-CdI$_2$-Struktur, vgl. S. 1713).

1.2 Die Komplexstabilität

Unter der Komplexstabilität versteht man u. a. die thermodynamische Stabilität (Stabilität in engerem Sinne) bzw. die kinetische Stabilität (Labilität) von ML_n in der Gas- oder wässrigen Phase hinsichtlich eines Zerfalls in die geladenen oder ungeladenen Komplexbestandteile M und

L oder auch die Stabilität bzw. Labilität von ML_n hinsichtlich einer Redoxreaktion des Komplexzentrums (z. B. Redoxdisproportionierung). Nachfolgend werden nun thermodynamische Aspekte der Komplexstabilität besprochen (für kinetische Aspekte vgl. S. 1622); auch werden die Betrachtungen auf wässrige Lösungen beschränkt. In derartigen Lösungen liegen die zwei- und dreiwertigen Übergangsmetalle sowie die einwertigen Metalle der Kupfergruppe bei Abwesenheit anderer koordinationsfähiger Liganden in der Regel als Aqua-Komplexe (»Hydrate«) $[M(H_2O)_p]^{m+}$ vor. Die Koordinationszahl p hängt hierbei vom Metall sowie dessen Oxidationsstufe ab: im Falle des niedrig geladenen Ions Ag^+ beträgt sie 4, im Falle der zwei- und dreiwertigen Metalle der 1. Übergangsreihe 6 und im Falle der großen dreiwertigen Lanthanoid- und Actinoid-Ionen 9.

Die zwei- und dreiwertigen hydratisierten Komplexzentren polarisieren die Bindungselektronen der komplexierten Wassermoleküle, was eine Aciditätserhöhung der H_2O-Liganden zur Folge hat (z. B. $M(H_2O)_6^{3+} \rightleftharpoons M(H_2O)_5OH^{2+} + H^+$; $pK_S = 1.26 \cdot 10^{-4}$ (M = Cr), $6.3 \cdot 10^{-3}$ (Fe)). Die Bindungspolarisierung ist insbesondere bei höherwertigen hydratisierten Metallionen so groß, dass derartige Spezies wie etwa $[Zr(H_2O)_6]^{4+}$ nur noch in stark saurem Milieu vorliegen oder überhaupt nicht zugänglich sind. Anstelle von ihnen beobachtet man H_2O-haltige oder -freie Komplexionen mit Hydroxo- und/oder Oxo-Liganden (z. B. $Ti(OH)_2^{2+}$(aq), $VO_2(H_2O)_4^+$, $CrO_3(OH)^-$, MnO_4^-).

1.2.1   Komplexbildungs- und Dissoziationskonstanten

Zahlenmäßig wird die Beständigkeit eines hydratisierten Komplexes ML_n durch die Gleichgewichtskonstante K der Substitution von Wassermolekülen hydratisierter Metallionen $M(H_2O)_p^{m+} = M_{aq}^{m+}$ durch hydratisierte Liganden L zum Ausdruck gebracht (20.1) (n ist häufig gleich p):

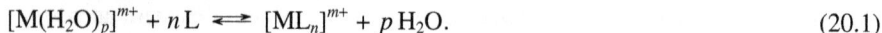

$$[M(H_2O)_p]^{m+} + n\,L \rightleftharpoons [ML_n]^{m+} + p\,H_2O. \tag{20.1}$$

Formuliert im Sinne von (20.2a) heißt die betreffende Konstante »Komplexbildungskonstante«, (»Komplex-Stabilitätskonstante«, »Assoziationskonstante«) K_B bzw. β_n, formuliert im Sinne von (20.2b) »Dissoziationskonstante« K_D des Komplexes ($K_D = 1/K_B$). Statt der Konstanten K werden häufig auch die zugehörigen pK-Werte ($pK = -\log K$) angegeben ($pK_D = -pK_B$):

$$\text{(a) } K_B = \beta_n = \frac{[ML_n^{m+}]}{[M_{aq}^{m+}][L]^n}; \quad \text{(b) } K_D = \frac{[M_{aq}^{m+}][L]^n}{[ML_n^{m+}]} \tag{20.2}$$

Die Beziehungen (20.2) gelten – streng genommen – nur für unendliche Verdünnung. Anderenfalls ist mit Aktivitäten $a = yc$ (y = Aktivitätskoeffizient; vgl. S. 217) zu rechnen. In der Praxis bestimmt man die so genannten »stöchiometrischen Stabilitätskonstanten« bei konstanter hoher Ionenstärke (Zusatz von ca. 3 Molen $NaClO_4$ als inertem Elektrolyten pro Liter Wasser), wodurch die Aktivitätskoeffizienten praktisch unabhängig von der Reaktandenkonzentration werden.

Je größer K_B ist, desto größer ist auch die thermodynamische Beständigkeit eines betrachteten Komplexes in Wasser. Beständige (»starke«) Komplexe ML_n^{m+} haben naturgemäß ganz andere Eigenschaften (z. B. Farbe, Leitfähigkeit, chemische Reaktivität) als die Komponenten M_{aq}^{m+} und L; bei unbeständigen (»schwachen«) Komplexen ist dies nur bedingt der Fall. K_B-Werte einiger Komplexionen sind in Tab. 20.3 zusammengestellt.

Man bezeichnet die Konstante K_B bzw. β_n auch als »Gesamtbildungskonstante« (»Gesamtstabilitätskonstante«) und unterscheidet sie von den »Stufenbildungskonstanten« $K_1, K_2 \ldots K_i \ldots K_n$, welche für die stufenweise Überführung von M_{aq}^{m+} über hydratisierte Komplexe ML^{m+}, $ML_2^{m+} \ldots$ ML_i^{m+} in ML_n^{m+} gelten: $K_1 = [ML^{m+}]/[M_{aq}^{m+}][L]$, $K_2 = [ML_2^{m+}]/[ML_m^+][L] \ldots$, $K_i = [ML_i^{m+}]/$

Tab. 20.3 Stabilitätskonstanten K_B einiger Komplexe in Wasser bei Raumtemperatur.

Komplex	log K_B	Komplex	log K_B	Komplex	log K_B	Komplex	log K_B
Halogenokomplexe		Cyanokomplexe		Amminkomplexe		EDTA-Kompl. (Forts.)[a]	
$CoCl_4^{2-}$	−6.6	$Pb(CN)_4^{2-}$	10.3	$Co(NH_3)_4^{2+}$	5.5	V^{2+}	12.7
$CuCl_4^{2-}$	−3.6	$Cd(CN)_4^{2-}$	19	$Ag(NH_3)_2^+$	7.1	Cr^{2+}	13.6
$FeCl_4^{2-}$	−0.7	$Zn(CN)_4^{2-}$	20	$Cd(NH_3)_4^{2+}$	7.1	Mn^{2+}	13.95
$CuCl^+$	0	$Ag(CN)_2^-$	21	$Ni(NH_3)_6^{2+}$	8.7	Fe^{2+}	14.3
$FeCl^{2+}$	1.4	$Cu(CN)_2^-$	22	$Zn(NH_3)_4^{2+}$	9.6	Co^{2+}	16.49
$CrCl_2^+$	2	$Cu(CN)_3^{2-}$	27	$Cu(NH_3)_2^{2+}$	10.8	Cd^{2+}	16.62
$CuCl_2^-$	4.7	$Cu(CN)_4^{3-}$	28	$Cu(NH_3)_6^{2+}$	13.3	Zn^{2+}	16.68
$AgCl_2^-$	5.4	$Ni(CN)_5^{3-}$	30	$Hg(NH_3)_4^{2+}$	19.3	Sn^{2+}	18.3
$AuCl_2^-$	5.5	$Ni(CN)_4^{2-}$	31	$Co(NH_3)_6^{3+}$	35.1	Pb^{2+}	18.3
$CuBr_2^-$	6	$Fe(CN)_6^{4-}$	37	Oxalatokomplexe		Ni^{2+}	18.67
CdI_4^{2-}	6.3	$Hg(CN)_4^{2-}$	39	$Mnox_3^{4-}$	2.4	Cu^{2+}	18.86
$AuBr_2^-$	8	$Fe(CN)_6^{3-}$	44	$Feox_3^{4-}$	6.7	Hg^{2+}	21.8
CuI_2^-	8.9	$Pd(CN)_4^{2-}$	>44	$Inox_2^-$	8.6	Pd^{2+}	25.5
FeF_5^{2-}	15.4			$Znox_3^{4-}$	9	La^{3+}	15.5
$HgCl_4^{2-}$	16	Thiocyanatokomplexe		$Alox_3^{3-}$	16.3	Ce^{3+}	16.07
$PtCl_4^{2-}$	16	$Ag(SCN)_2^-$	7.9	$Feox_3^{3-}$	19.2	Al^{3+}	16.7
$PtBr_4^{2-}$	18	$Fe(SCN)_6^{3-}$	9.1			Y^{3+}	18.11
$AuCl_4^-$	19	$Au(SCN)_2^-$	13	EDTA-Komplexe[a]		Ti^{3+}	21.5
$HgBr_4^{2-}$	21.7	$Zn(SCN)_4^{2-}$	16.7	Li^+–Cs^+	2.8-0.2	Sc^{3+}	23
AlF_6^{3-}	23.7	$Cd(SCN)_4^{2-}$	18.3	Ba^{2+}	7.73	Cr^{3+}	23.4
$AuBr_4^-$	25	$Au(SCN)_4^-$	37	Sr^{2+}	8.60	Fe^{3+}	25.1
HgI_4^{2-}	29.9	$Hg(SCN)_4^{2-}$	41.5	Mg^{2+}	8.65	V^{3+}	25.9
				Be^{2+}	9.27	Co^{3+}	41.5
		Thiosulfatokomplexe		Ca^{2+}	10.7	Th^{4+}	23.25
		$Cd(S_2O_3)_4^{6-}$	7.4			Zr^{4+}	28.1
		$Ag(S_2O_3)_2^{3-}$	13.6				

a) $\log K'_B = \log K_B + \log \beta_H$ mit $\log \beta_H = 21.1$ (pH = 0), 17.1 (1), 13.4 (2) 10.6 (3), 8.4 (4), 6.5 (5), 4.7 (6), 3.3 (7), 2.3 (8), 1.3 (9), 0.5 (10), 0.1 (11).

$[ML_{i-1}^{m+}][L]\ldots$, $K_n = [ML_n^{m+}]/[ML_{n-1}^{m+}][L]$. Die Gesamtbildungskonstante ergibt sich dann, wie leicht abzuleiten ist, als Produkt der Stufenbildungskonstanten: $K_B = \beta_n = K_1 \cdot K_2 \cdot \ldots K_i \cdot \ldots K_n$.

Die Werte der Stufenbildungskonstanten nehmen häufig in Richtung K_1, $K_2 \ldots K_i \ldots K_n$ ab (Verhältnisse $K_i/K_{i+1} > 1$). Beispielsweise findet man für den Prozess

$$[Cd(H_2O)_6]^{2+} + 4\,NH_3 \rightleftharpoons [Cd(NH_3)_4(H_2O)_2]^{2+} + 4\,H_2O \qquad (20.3)$$

folgende Konstanten: $K_B = K_1 \cdot K_2 \cdot K_3 \cdot K_4 = 447 \times 126 \times 27.5 \times 8.51 = 1.3 \cdot 10^7$. Der Ersatz des fünften und sechsten Wassermoleküls durch Ammoniak erfolgt hier bereits mit kleinem bzw. verschwindendem Ausmaß ($K_5 = 0.48$, $K_6 = 0.02$), sodass beim Lösen von $[Cd(NH_3)_6]^{2+}$ in Wasser umgekehrt unter Austausch von NH_3 gegen H_2O das Komplexion $[Cd(NH_3)_4(H_2O)_2]^{2+}$ entsteht. In anderen Fällen lassen sich aber vielfach alle H_2O- durch NH_3-Moleküle (oder durch andere Liganden) substituieren (z. B. $[Ni(H_2O)_6]^{2+} + 6\,NH_3 \longrightarrow [Ni(NH_3)_6]^{2+} + 6\,H_2O$).

Die Abnahme der K_i-Werte mit zunehmendem i hängt zum Teil mit der wachsenden sterischen und elektrostatischen Ligandenabstoßung im Zuge der sukzessiven Substitution von Wasser durch sperrigere oder negativ geladene Liganden ab. Zum Teil hat die K_i-Abnahme aber auch rein statistische Ursachen und beruht darauf, dass das als Stufenbildungskonstante K_i interpretierbare Verhältnis der Hin- und Rückgeschwindigkeit (S. 212) für Reaktionen des Typus $ML_i^{m+} + L = ML_{i+1}^{m+}$ ($i = 0$ bis n) mit wachsendem i selbst dann abnehmen muss, wenn die ML-Bindungsenergie unabhängig von i ist, weil die Wahrscheinlichkeit (und damit die Geschwindigkeit) der Ligandenaddition an ML_i (Hinreaktion) nicht von i abhängt, während die Wahrscheinlichkeit der Ligandendissoziation (Rückreaktion) mit der Zahl i der Liganden im Komplex ansteigt. In Ausnahmefällen (z. B. abrupter Wechsel der Metall-d-Elektronenkonfiguration beim Übergang von ML_i nach ML_{i+1} von high- nach low-spin) beobachtet man auch

Verhältnisse $K_i/K_{i+1} < 1$. Auch ein Wechsel der Koordinationszahl von M im Zuge des H_2O/L-Austauschs kann zu Unregelmäßigkeiten in der K_i-Abfolge führen.

Die Komplexbildungskonstante K_B (Entsprechendes gilt für eine Stufenbildungskonstante K_i) hängt gemäß Gleichung (20.4a) mit der freien Enthalpie ΔG_B der Komplexbildungsreaktion (20.1) zusammen (S. 215), für die ihrerseits die Gibbs-Helmholtz'sche Gleichung (20.1b) Gültigkeit hat (S. 55):

$$\text{(a) } \Delta G_B = -2.303 \cdot RT \log K_B; \quad \text{(b) } \Delta G_B = \Delta H_B - T\Delta S_B. \tag{20.4}$$

Hiernach bestimmen sowohl die Reaktionsenthalpie ΔH_B als auch die Reaktionsentropie ΔS_B bzw. die gebundene Reaktionswärme $T\Delta S_B$ die Komplexstabilität.

Die Enthalpie ΔH_B der Reaktion (20.1) bringt den Unterschied der bei der Komplexierung von M^{m+} mit p Wassermolekülen bzw. n Liganden L freigesetzten Bindungsenergie zum Ausdruck. ΔH_B ist negativ (positiv), falls die Liganden stärker (schwächer) als Wassermoleküle mit den Metallzentren M^{m+} verknüpft sind (die Hydratationsenergien belaufen sich bei ein-, zwei- bzw. dreiwertigen Metallen auf ca. 500, 2000 bzw. $4500 \, kJ \, mol^{-1}$; vgl. S. 593). Die dreiwertigen Elemente der Scandiumgruppe (3. Gruppe des Langperiodensystems) koordinieren Wasser ähnlich wie die schweren zweiwertigen Erdalkali- und einwertigen Alkalimetalle (2. und 1. Gruppe) stärker als viele andere einzählige Liganden, da sie harte Säuren darstellen; ihre Neigung zur Komplexbildung ist vergleichsweise gering (selbst mehrzählige und deshalb koordinationsfreudigere Liganden (s. unten) bilden mit den betreffenden Ionen schwächere Komplexe als mit gleichgeladenen Ionen höherer Gruppen, vgl. Tab. 20.3). Ab der 4. Gruppe (Titangruppe) weisen Übergangsmetalle wachsende Komplexbildungstendenz hinsichtlich einzähniger Liganden auf. Allerdings kennt man auch bei letzteren Elementen sehr schwache Komplexe. Beispielsweise bringen die kleinen Stabilitätskonstanten von 10^{-6} für $CoCl_4^{2-}$ oder $10^{-3.6}$ für $CuCl_4^{2-}$ die geringe Tendenz der Ionen Co_{aq}^{2+} und Cu_{aq}^{2+} zum Tausch ihrer Wassermoleküle gegen Chlorid-Ionen zum Ausdruck. Ursache hierfür sind weniger besonders schwache Metall/Chlorid-, sondern starke Metall/Wasser-Bindungen. Tatsächlich bilden sich die betreffenden Tetrachloride aus den Dichloriden und Chlorid in Solvenzien geringerer Lewis-Basizität hinsichtlich Co^{2+} und Cu^{2+} (z. B. Acetonitril, Essigsäure) in hohem Ausmaß.

Wegen der Zusammenhänge (20.4) lassen sich allerdings aus Werten der Komplexbildungskonstanten K_B – anders als aus solchen der Bildungsenthalpien ΔH_B – nicht zwangsläufig Folgerungen hinsichtlich der Tendenz zum H_2O/Ligand-Austausch ziehen. Der Befund, dass die dreiwertigen Metalle der Scandiumgruppe, Lanthanoide und Actinoide als harte Lewis-Säuren bevorzugt Komplexe mit harten Donoren bilden (wachsende Komplexstabilität in Richtung $MI_n^{m-} < MBr_n^{m-} < MCl_n^{m-} < MF_n^{m-}$; Tab. 20.3), während die Ionen Pd^{2+}, Pt^{2+}, Cu^+, Ag^+, Au^+, Cd^{2+}, Hg^{2+} als weiche Lewis-Säuren weiche Basen bevorzugen (wachsende Komplexstabilität in Richtung $MF_n^{m-} < MCl_n^{m-} < MBr_n^{m-} < MI_n^{m-}$; Tab. 20.3) weist in diesen Fällen darauf, dass K_B wesentlich durch ΔH_B mitbestimmt ist. Entsprechendes gilt für die Erhöhung bzw. Erniedrigung der Stabilitätskonstanten von Komplexen ML_n^{m+} mit O- und N-haltigen Liganden in folgender Reihe der Komplexzentren $Mn^{2+} < Fe^{2+} < Co^{2+} < Ni^{2+} < Cu^{2+} > Zn^{2+}$ (»Irving-Williams-Reihe«; vgl. Tab. 20.3 sowie S. 1605).

Die Entropie ΔS_B der Umsetzung (20.1) ist ein Maß für die Änderung der molekularen Bewegungsfreiheit (Unordnung) des Reaktionssystems. Nimmt die Unordnung zu (ab), so ist ΔS_B positiv (negativ) und das Gleichgewicht der Reaktion (20.1) verschiebt sich nach rechts (links), entsprechend einer Erhöhung (Erniedrigung) der Stabilität des Komplexes ML_n^{m+} (nach der Gl. (20.4) bedingt ein positiver ΔS_B-Wert einen negativeren bzw. weniger positiven ΔG_B-Wert bzw. einen größeren K_B-Wert und umgekehrt). Beispielsweise besagen die Werte $\Delta H_B = -58.6 \, kJ \, mol^{-1}$ und $\Delta S_B = -59.0 \, J \, K^{-1} \, mol^{-1}$ der Komplexbildung (20.3), dass beim Austausch von $4 \, H_2O$ in $Cd(H_2O)_6^{2+}$ durch $4 \, NH_3$ zwar die Komplexbindungsstärke wächst (Überführung schwächerer $M-OH_2$- in stärkere $M-NH_3$-Bindungen), die Bewegungsfreiheit des Systems aber abnimmt (etwa durch Überführung freier in gebundene NH_3-Moleküle). Auch die Bildung anderer Komplexe ML_n^{m+} mit ungeladenen Liganden L ist vielfach mit negativen Reaktions-entropien verbunden. Positive Reaktionsentropien beobachtet man andererseits häufig bei der Bildung von Komplexen mit geladenen und deshalb stark hydratisierten Liganden als Folge der »Freisetzung« von Wassermolekülen, die an M^{m+} und L^- gebunden waren.

Starke negative (positive) Reaktionsentropien können im Prinzip dazu führen, dass Kom-plexbildungsreaktionen (20.1) nicht ablaufen (ablaufen), obwohl der Wasser/Ligand-Austausch bindungsenergetisch bevorzugt (nicht bevorzugt) ist. Instruktiv ist in diesem Zusammenhang die Bildung der Cyanokomplexe $Fe^{II}(CN)_6^{4-}$ und $Fe^{III}(CN)_6^{3-}$. Spektroskopische Studien sowie Bestimmungen der Bindungsabstände sprechen in beiden Komplexfällen in Übereinstimmung mit den aufgefundenen Komplexbildungsenthalpien von -359 und $-293\,kJ\,mol^{-1}$ für stärkere Fe$-$CN-Bindungen im Eisen(II)-Komplex. Tatsächlich ist jedoch die Stabilitätskonstante von $Fe^{II}(CN)_6^{4-}$ (10^{37}) kleiner als die von $Fe^{III}(CN)_6^{3-}$ (10^{44}), und zwar als Folge der beachtlich stärke-ren Hydratisierung des hoher geladenen Eisen(II)-Komplexes, die zum Verlust von mehr Entro-pie führt (vgl. S. 1570).

Neben den Ladungen einzelner Partner einer Komplexbildungsreaktion spielt, wie nachfol-gend gezeigt wird, die Ligandenzähnigkeit eine wesentliche Rolle für die Reaktionsentropie.

1.2.2 Der Chelat-Effekt

Allgemeines. Beim Vergleich der Komplexbildungskonstanten der Reaktionen (20.5) und (20.6) fällt auf, dass ein Ersatz des einzähnigen Liganden Methylamin CH_3-NH_2 durch den zweizäh-nigen Liganden Ethylendiamin $H_2N-CH_2-CH_2-NH_2$ (en) zu einer beachtlichen Erhöhung von K_B um 4 Zehnerpotenzen führt:

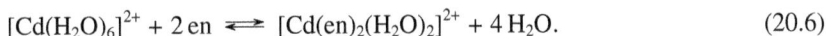

$$[Cd(H_2O)_6]^{2+} + 4\,NH_2Me \;\rightleftharpoons\; [Cd(NH_2Me)_4(H_2O)_2]^{2+} + 4\,H_2O, \qquad (20.5)$$

$$[Cd(H_2O)_6]^{2+} + 2\,en \;\rightleftharpoons\; [Cd(en)_2(H_2O)_2]^{2+} + 4\,H_2O. \qquad (20.6)$$

Der K_B-Wert der Bildung von $[Ni(en)_3]^{2+}$ ist sogar 10^{10}-mal größer als der der Bildung von $[Ni(NH_3)_6]^{2+}$. Dieser als Chelat-Effekt bezeichnete Sachverhalt gilt allgemein: Komplexe mit mehrzähnigen Liganden (Chelatliganden) sind beständiger als Komplexe mit vergleichbaren ein-zähnigen Liganden.

Der Chelat-Effekt ist im Wesentlichen Entropie-bestimmt, sofern den Donoratomen (Ligato-ren) in den ein- und mehrzähnigen Liganden gleiche Lewis-Basizität hinsichtlich des betrach-teten Metallions zukommt. Letzteres trifft z. B. für die Reaktionen (20.5) und (20.6) zu, für die sich aufgrund der komplexchemischen Ähnlichkeit von 2 Liganden NH_2Me mit en praktisch gleiche Enthalpiewerte ergeben (ΔH_B (20.5) $= -57.3\,kJ\,mol^{-1}$; ΔH_B (20.6) $= -56.5\,kJ\,mol^{-1}$). Drastisch unterscheiden sich demgegenüber bei T $= 298\,K$ die Reaktionsentropien (ΔS_B (20.5) $= -67.3\,J\,K^{-1}\,mol^{-1}$; ΔS_B in (20.6) $= +14.1\,J\,K^{-1}\,mol^{-1}$ und die daraus hervorgehenden gebun-denen Reaktionswärmen ($T\Delta S_B$ in (20.5) $=-20.1\,kJ\,mol^{-1}$; $T\Delta S_B$ in (20.6) $= +4.2\,kJ\,mol^{-1}$), was gemäß (20.4b) große Differenzen der freien Reaktionsenthalpien (ΔG_B (20.5) $= -37.2\,kJ\,mol^{-1}$; ΔG_B in (20.6) $= -60.7\,kJ\,mol^{-1}$) und der mit diesen gemäß (20.4a) zusammenhängenden Kom-plexbildungskonstanten (K_B (20.5) $= 3.3\cdot10^6$; K_B in (20.6) $= 4.0\cdot10^{10}$ bedingt.

Zur Erklärung des Chelat-Effekts bestehen zwei Möglichkeiten: (i) Thermodynamisch gese-hen, beruht er darauf, dass die Zahl der auf der Edukt- bzw. Produktseite beteiligten Reaktanden (Komplexionen, Wasser, Liganden) bei Chelatbildungsreaktionen zunimmt (z. B. von 3 auf 5 im Falle der Umsetzung (20.6)), während die Zahl bei Umsetzungen ohne Chelatbildung im allge-meinen gleich bleibt. Der in der Vermehrung der Reaktionspartner zum Ausdruck kommende Gewinn an Bewegungsfreiheit (Entropie) des Systems (vgl. S. 53) führt für den Chelat-Komplex zu einer negativeren (weniger positiven) freien Bildungsenthalpie $\Delta G_B = \Delta H_B - T\Delta S_B$ als für den Normalkomplex (jeweils gleiches ΔH_B), was gemäß $K_B = \exp(-\Delta G_B/RT)$ eine größere Stabilitätskonstante K_B zur Folge hat. – (ii) Kinetisch gesehen lässt sich der Chelat-Effekt nach

G. Schwarzenbach (1952) wie folgt erklären: Bei gleicher Konzentration eines einzähnigen Liganden L bzw. eines zweizähnigen Liganden $L^{\wedge}L$ ist die Wahrscheinlichkeit (Geschwindigkeit) für die Besetzung der ersten Koordinationsstelle eines Metallions (Bildung von $M{\leftarrow}L$ bzw. von $M{\leftarrow}L^{\wedge}L$) näherungsweise gleich groß. Die Wahrscheinlichkeit (Geschwindigkeit) der Besetzung der zweiten Koordinationsstelle (Bildung von ML_2 bzw. $M{\leftarrow}L^{\wedge}L^+$) ist aber für $L^{\wedge}L$ höher als für L, weil die effektive Konzentration des Zweitdonators am Komplexzentrum in Falle von $L^{\wedge}L$ wegen seiner chemischen Verknüpfung mit dem Erstdonator in der Regel viel höher ist als im Falle von L.

Die Größe des Chelat-Effekts wird u. a. durch den Biss (S. 1572), die Beweglichkeit, die Ladung, die Zähnigkeit und den räumlichen Bau der Liganden bestimmt:

Zweizähnige Liganden. Der Chelat-Effekt ist bei der Bildung fünfgliederiger Chelatringe besonders ausgeprägt. Weniger begünstigt ist die Bildung sechsgliederiger, noch weniger begünstigt die Bildung siebengliederiger Chelatringe usw. Demgemäß nehmen etwa die Komplexbildungskonstanten im Falle der Reaktionen $Cu_{aq}^{2+} + L^{\wedge}L^{2-} \rightleftharpoons [Cu(L^{\wedge}L)]_{aq}$ ab, wenn der zweizähnige Ligand $L^{\wedge}L^{2-}$ = Oxalat $^-O{-}CO{-}CO{-}O^-$ ($K_B = 10^{6.1}$) durch $^-O{-}CO{-}CH_2{-}CO{-}O^-$ ($K_B = 10^{5.7}$) oder gar $^-O{-}CO{-}CH_2{-}CH_2{-}CO{-}O^-$ ($K_B = 10^{3.3}$) ersetzt wird. Die Abnahme der Komplexstabilität mit wachsender Gliederzahl des Chelatliganden lässt sich im Sinne der kinetischen Deutung des Chelat-Effekts durch die abnehmende effektive Konzentration des Zweitdonators am Zentrum des Komplexes $M{\leftarrow}L^{\wedge}L$ mit wachsendem Abstand (»Biss«) der Donoratome in $L^{\wedge}L$ erklären. Im Sinne der thermodynamischen Deutung des Chelat-Effekts beruht die betreffende Stabilitätsabnahme auf einer Verminderung des Entropiegewinns bei der Komplexbildung: mit zunehmender Gliederzahl der Chelatliganden geben letztere bei ihrer Koordination in wachsendem Maße Bewegungsfreiheit auf. Demgemäß bilden sich auch mit »unbeweglicheren Chelatliganden« (zum Beispiel $R_2P{-}CH{=}CH{-}PR_2$, phen) stabilere Komplexe als mit »beweglicheren« zum Beispiel ($R_2P{-}CH_2{-}CH_2{-}PR_2$, dipy) und mit »ungeladenen« Chelatliganden (z. B. en) stabilere Komplexe als mit »geladenen« und deshalb stärker solvatisierten (z. B. ox^{2-}). Dass die Bildung viergliederiger Chelatringe im Allgemeinen ungünstiger ist als die Bildung fünfgliederiger Ringe, geht auf die größere Spannung ersterer Ringe zurück.

Mehrzähnige Liganden. Zunehmend ausgeprägt ist der Chelat-Effekt bei der Bildung von Komplexen mit vergleichbaren Liganden »wachsender Zähnigkeit« (z. B. en, dien, trien). Besonders starke Komplexe bildet etwa der sechszähnige Ligand $edta^{4-}$, den man zur quantitativen Titration von Metallionen nutzt (vgl. Komplexometrie, unten). Vier- und höherzähnige »ringförmige Liganden« (z. B. por, pc; Abb. 20.5) bilden ihrerseits stabilere Komplexe als vergleichbare offenkettige Liganden (»makrocyclischer Effekt«). Eine wichtige Voraussetzung für einen starken Chelat- bzw. makrocyclischen Effekt ist eine »komplexgerechte« räumliche Lage der Donoratome in den mehrzähnigen Liganden. So bilden etwa Kronenether $(-CH_2CH_2O-)_n$ selbst mit den schweren Alkalimetallen, die keine ausgesprochene Komplexbildungstendenz aufweisen, so stabile Komplexe, dass in Anwesenheit derartiger Liganden Alkalimetallsalze MX in unpolaren organischen Medien aufgelöst und Alkalimetalle M_x in »Salze« M^+M^- überführt werden können (S. 1505). Besonders stabile Komplexe bilden sich hierbei dann, wenn wie im Falle von 12-Krone-4/Li^+ 15-Krone-5/Na^+, 18-Krone-6/K^+ die Alkalimetallionen M^+ genau in den Hohlraum im Zentrum des Kronenethers hineinpassen (vgl. S. 1524). Der makrocyclische Effekt hat andererseits auch zur Folge, dass die Bildungstendenz von Makrocyclen in Anwesenheit von »Metallionen passender Ausdehnung« größer als in Abwesenheit derartiger Ionen ist (»Templat-Effekt«; von engl. template = Schablone). Beispielsweise liefert die Synthese von Kronenethern in Anwesenheit von Alkalimetallionen höhere Ausbeuten.

Komplexometrie. Die Bildung »starker« Metallkomplexe nach Zugabe geeigneter Liganden zu wässrigen Salzlösungen (z. B. von CN^- zu Hg^{2+}-, Ag^+-, Ni^{2+}-haltigen Lösungen) wird zur maßanalytischen Bestimmung von Kationen genutzt (»Komplexometrie«, »Komplexbildungstitration«; vgl. S. 232, 1474). Wegen ihrer hohen Komplexbildungstendenz bevorzugt man vielzählige Chelatliganden (»Chelatometrie«), unter denen die von G. Schwarzenbach eingeführten Komplexone – u. a. Nitridotriessigsäure $N(CH_2COOH)_3$ (H_3nta; Komplexon I) und insbesondere Ethylendiamintetraessigsäure $(HOOCCH_2)_2N-CH_2CH_2-N(CH_2COOH)_2$ (H_4edta; Komplexon II) bzw. ihr Dinatriumsalz Na_2H_2edta (Komplexon III, Titriplex III, Idranal III, Chelaplex) – große Bedeutung erlangt haben.

Das Verfahren der von G. Schwarzenbach um 1945 entwickelten Chelatometrie sei anhand der komplexometrischen Titration mit Komplexon III näher erläutert (Säurekonstanten von H_4edta: $pK_S = 1.99$; 2.67; 6.16; 10.26). Versetzt man neutrale bis alkalische wässrige Lösungen von Mg^{2+}, Ca^{2+}, Sr^{2+}, Ba^{2+}, Al^{3+}, Sc^{3+}, Y^{3+}, La^{3+}, Ce^{3+}, Mn^{2+}, Fe^{2+}, Fe^{3+}, Co^{2+}, Ni^{2+}, Cu^{2+}, Zn^{2+}, Cd^{2+}, Hg^{2+}, Pb^{2+} usw. mit Na_2H_2edta, so bilden sich im Zuge des stark pH-abhängigen Gleichgewichts

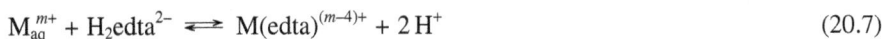

$$M_{aq}^{m+} + H_2edta^{2-} \rightleftarrows M(edta)^{(m-4)+} + 2H^+ \tag{20.7}$$

mehr oder weniger »starke«, farblose bis fast farblose, wasserlösliche, zum Teil hydratisierte Komplexe $M(edta)^{(m-4)+}$, in welchen die Metallkationen unabhängig von ihrer ein- bis vierfachen Ladung mit jeweils einem Chelatmolekül – meist oktaedrisch – koordiniert sind, (vgl. Abb. 20.5 sowie Tab. 20.5) (große Kationen koordinieren zusätzlich bis zu vier H_2O-Moleküle (KZ von M^{m+}: 6–10). Zum Teil wirkt Komplexon III nur als fünf- oder vierzähniger Ligand). Die effektiven, bei bestimmtem pH-Wert für (20.7) gültigen Stabilitätskonstanten K'_B (»Konditionalkonstanten«) ergeben sich hierbei nach $K'_B = K_B \cdot \beta_H$ ($\log K'_B = \log K_B + \log \beta_H$) aus Stabilitätskonstanten K_B (vgl. Tab. 20.3) und pH-abhängigen Wasserstoffkoeffizienten β_H (vgl. Tab. 20.3, Anm. a). Voraussetzung für die Durchführbarkeit einer komplexometrischen Metallionen-Titration ist ein K'_B-Wert $> 10^7$ und die Abwesenheit weiterer Kationen mit K'_B-Werten $> 10^3$. Zur Bestimmung des Titrationsendpunktes verwendet man organische Farbindikatoren (Eriochromschwarz T, Murexid, Calconcarbonsäure usw.), die mit dem zu titrierenden Kation farbige und nicht zu stabile Chelatkomplexe bilden und demgemäß gegen Titrationsende unter Farbwechsel von $edta^{4-}$ verdrängt werden können[4].

1.2.3   Redoxstabilität

Ursachen der Redoxinstabilität bestimmter Oxidationsstufen von Übergangsmetallen (bzw. anderer Elemente) in wässriger Lösung können Reduktions- und Oxidationsreaktionen der Komplexe mit Wasser oder Redoxdisproportionierungen der Koordinationsverbindungen sein.

Nach dem auf S. 253 Besprochenen erfolgt eine Reduktion des Wassers ($2H_2O + 2e^- \rightleftarrows H_2 + 2OH^-$) durch Elemente oder Verbindungen, deren Normalpotentiale bei pH $= 0, 7$ bzw. 14 negativer als 0, -0.414 bzw. -0.828 sind. Gemäß nachfolgender Zusammenstellung einiger Normalpotentiale der Elemente Sc bis Zn in saurer Lösung (s. Tab. 20.4) müssen sich aus der 1. Übergangsreihe alle Metalle mit Ausnahme von Kupfer in Säuren unter Wasserstoffentwicklung lösen, falls kinetische Hemmungen ausgeschlossen werden, und zwar Sc, Ti, V, Cr unter Bildung der dreiwertigen Stufe (Sc^{2+}, Ti^{2+}, V^{2+}, Cr^{2+} sind in Wasser nicht haltbar), Fe, Co, Ni, Zn unter Bildung der zweiwertigen Stufe. In der 2. und 3. Übergangsreihe vermögen nur die Metalle der

---

[4] Die Komplexstabilität nimmt mit der Wertigkeit des Metalls zu. Alkalimetalle bilden nur schwache Komplexe mit $edta^{4-}$ (Tab. 20.3) und stören deshalb die komplexometrische Titration nicht. Drei- und vierwertige Ionen lassen sich wegen der hohen Stabilität der entsprechenden edta-Komplexe bereits im sauren Milieu titrieren. Im Falle der Mg^{2+}-Titration mit Eriochromschwarz T muss der pH-Wert > 8.5 sein, damit $K'_B > 10^7$ wird (wegen der Unlöslichkeit von $Mg(OH)_2$ im alkalischen Milieu muss der pH-Wert zudem < 13 sein; zur Verhinderung von Hydroxidniederschlägen arbeitet man vielfach in Anwesenheit von NH_3 als »Hilfskomplexbildner«). Da nicht nur $edta^{4-}$, sondern auch Eriochromschwarz T mit Ionen wie Fe^{2+}, Fe^{3+}, Co^{2+}, Ni^{2+}, Cu^{2+}, Al^{3+}, Ti^{4+}, Zr^{4+} stärkere Komplexe bildet als $edta^{4-}$ mit Mg^{2+}, stören selbst Spuren dieser Ionen die Mg^{2+}-Bestimmung, falls sie nicht durch Liganden wie CN^- oder Triethanolamin »maskiert« werden.

Tab. 20.4

$E°[V]$ für pH = 0	Sc	Ti	V	Cr	Mn	Fe	Co	Ni	Cu	Zn
M $\rightleftharpoons$ M^{2+} + 2 e$^-$	< −2.5	−1.628	−1.186	−0.913	−1.180	−0.440	−0.277	−0.257	+0.340	−0.763
M^{2+} $\rightleftharpoons$ M^{3+} + e$^-$	< −0.5	−0.369	−0.256	−0.408	+1.51	+0.771	+1.808	?	+1.8	–

III.–VI. Nebengruppe mit Wasser zu reagieren. Mit der Oxidationsstufe n eines Metalls nehmen in der Regel die Normalpotentiale der Systeme M/Mn^+ weniger negative (positivere) Werte an (Anhang VI). Negative Oxidationsstufen der Übergangsmetalle stellen hiernach in Wasser nicht haltbare Reduktionsmittel dar.

Eine Oxidation des Wassers (2 H$_2$O $\rightleftharpoons$ 4 H$^+$ + O$_2$ + 4 e$^-$) erfolgt andererseits durch Systeme, deren Normalpotentiale bei pH = 0, 7 bzw. 14 positiver als +1.229, +0.815 bzw. 0.401 V sind (S. 253). Dies trifft im sauren Milieu etwa für das – in Wasser unbeständige – Ion Au$^+$ zu (Au/Au$^+$: $E° = +1.69$ V; Au/Au^{3+}: $E° = +1.50$ V). Entsprechendes gilt für den Übergang einiger hoher Oxidationsstufen in niedrigere (z. B. Co^{3+}/Co^{2+}: $E° = +1.808$ V; Ag^{2+}/Ag$^+$: $E° = +1.980$ V; MnO$_4^-$/Mn^{2+}: $E° = +1.51$ V). Insgesamt sinkt die Oxidationskraft vergleichbarer Oxidationsstufen bei frühen (späten) Übergangsmetallen des Langperiodensystems innerhalb der Gruppen von oben nach unten (von unten nach oben). Die Oxidationskraft der verschiedenen Oxidationsstufen erniedrigt sich zudem mit zunehmendem pH-Wert der Lösung; Metallate MO$_n^{m-}$ mit M in hoher Oxidationsstufe werden deshalb mit Vorteil im stark alkalischen Milieu synthetisiert.

Eine Redoxdisproportionierung eines Metallkations ist dann möglich, wenn das Potential einer Komplexreduktion positiver (weniger negativ) ist als das Potential einer bestimmten Komplexoxidation (vgl. S. 250). Eine spontane Disproportionierung beobachtet man z. B. im Falle der Ionen Cu$^+$ und Au$^+$, die sich in dieser Hinsicht von Ag$^+$ (disproportionierungsstabil) unterscheiden (Cu$^+$/Cu: $E° = +0.521$ V; Cu$^+$/Cu^{2+}: $E° = +0.159$ V; Ag$^+$/Ag: $E° = +0.800$; Ag$^+$/Ag^{2+}: $E° = +1.980$ V; Au$^+$/Au: $E° = +1.69$ V; Au$^+$/Au^{3+}: $E° = +1.40$ V). Disproportionierungsinstabil sind in saurer Lösung des weiteren Mn^{3+} ($\longrightarrow$ Mn^{2+}/MnO$_2$), MnO$_4^{2-}$ ($\longrightarrow$ MnO$_2$/MnO$_4^-$), CrO$_4^{3-}$ ($\longrightarrow$ Cr^{3+}/Cr$_2$O$_7^{2-}$).

Mit der Komplexbildung (Austausch von koordiniertem Wasser gegen andere Liganden) ändern sich die Redoxstabilitäten von Übergangsmetallen wesentlich. Beispielsweise erhöht sich die Reduktionskraft (erniedrigt sich die Oxidationskraft) des Systems Fe$_{aq}^{2+}$/Fe$_{aq}^{3+}$ ($E° = +0.771$ V) nach Überführung in Fe(CN)$_6^{4-}$/Fe(CN)$_6^{3-}$ ($E° = +0.361$ V) u. a. als Folge des (Entropie-bestimmten) Bestrebens zur Bildung niedrig geladener Reaktanden der Redoxsysteme (vgl. S. 1566). Die Koordination der Übergangsmetallionen mit geeigneten Liganden lässt sich zur Stabilisierung von in Wasser instabilen Oxidationsstufen nutzen, etwa von Cu$^+$ (z. B. in Form von [Cu(CN)$_4$]$^{3-}$), Cu^{3+} (z. B. in Form von Peptidkomplexen in der Natur), Ag^{2+} (z. B. in Form von Ag(py)$_4^{2+}$), Au$^+$ (z. B. in Form von Au(CN)$_2^-$), Au^{3+} (z. B. in Form von AuCl$_4^-$). Erwähnt sei in diesem Zusammenhang auch die Stabilisierung niedriger Oxidationsstufen durch Komplexliganden wie CO, CN$^-$, bipy und hoher Oxidationsstufen durch IO$_6^{5-}$, Makrocyclen.

1.3   Der räumliche Bau der Komplexe

Allgemeines. Die Konfiguration (Stereochemie; S. 1582) von Koordinationsverbindungen (Komplexen) ML$_n$, d. h., die räumliche Anordnung der Liganden L um ein Metallzentrum M hängt bei gegebener Koordinationszahl (Zähligkeit) n von vielen Faktoren wie der d-Elektronenkonfiguration des Zentralmetalls, den elektronischen und sterischen Ligandenabstoßungen, der Zähnigkeit der Liganden ab. Vielfach lässt sich jedoch die Stereochemie der Metallkomplexe ML$_n$ mit gleichen oder unterschiedlichen ein- oder mehrzähnigen Liganden – ähnlich wie jene der Nichtmetallverbindungen (S. 150, 343) – im Sinne des VSEPR-Modells unter der vereinfachenden Annahme näherungsweise vorausbestimmen, dass (i) die s^{2}p^6-Rumpf-

Tab. 20.5 Räumlicher Bau von Komplexen ML_n der Übergangsmetalle (vgl. Tab. 10.3 auf Seite 350 und Tab. 36.5 auf Seite 2324).

Komplexe		Beispiele
Typ	Geometrie	(g = gasförmig, v bzw. b = verzerrte bzw. berechnete Struktur)
ML_2	linear	MCl_2^- (M = Cu, Ag, Au), $M(CN)_2^-/M(PtBu_3)_2^+$ (M = Ag, Au), $Ag(NH_3)_2^+$, $Ag(S_2O_3)_3^{3-}$, $HgCl_2$, Hg_2Cl_2, $M[N(SiMe_3)_2]_2$ (M = Co, Cd), LnX_2 (b)
	gewinkelt	LnH_2 (b), (Eu,Yb)Tsi_2, YH_2^+ (b), ScF_2 (b), ScH_2 (b), (Ti,Zr,Hf)O_2 (b), (Nb,Ta)O_2^+ (b), (Mo,W)O_2^{2+} (b), (Sc,Y,La)$(OH_2,NH_3)_2^{3+}$ (b)
ML_3	trigonal-planar	$Cu(SPMe_3)_3^+$, $Ag(PR_3)_2I$, $Au(PPh_3)_2Cl$, HgI_3^-, $M(PPh_3)_3$ (M = Pd, Pt), $M[N(SiMe_3)_2]_3$ (M = Ti, V, Cr, Fe), $LnHal_3$ (g), ZrH_3^+ (b)
	pyramidal	ScH_3 (b), LaH_3 (b), $Ti(H,CH_3)_3^+$ (b), ZrH_3^+ (b), $TaMe_3^+$ (b), (Cr,Mo,W)O_3 (b), (Sc,Y,La)$(OH_2,NH_3)_3^{3+}$ (b), (La,Sm)Dsi_3
ML_4	tetraedrisch	$TiCl_4$, VCl_4, $MnCl_4^{2-}$, $FeCl_4^{1-/2-}$, $CoCl_4^{2-}$, $CuBr_4^{2-}$, $ZnCl_4^{2-}$, CrO_4^{2-}, MnO_4^-, FeO_4^{2-}, OsO_4, $VOCl_3$, CrO_2Cl_2, OsO_3N^-, $Cu(CN)_4^{3-}$, $Zn(CN)_4^{2-}$, $M(PR_3)_4$ (M = Ni, Pd, Pt, Cu$^+$), $Ni(CO)_4$, $NiCl_2(PPh_3)_2$, TaH_4^- (b), $Ti(CH_3)_4$ (b)
	quadr.-pyramidal	NbH_4^+ (b), TaH_4^+ (b)
	quadratisch-planar	$MCl_4^{2-}/M(NH_3)_4^{2+}$ (M = Pd, Pt), $CuCl_4^{2-}$, AgF_4^-, $AuBr_4^-$, $Co(CN)_4^{2-}$, $Co(SR)_4^-$, $M(CN)_4^{2-}$ (M = Ni, Pd, Pt), $NiCl_2(PMe_3)_2$, $RhCl_2(PR_3)_2$
ML_5	trigonal-bipyramidal	VCl_5^-, $Fe(N_3)_5^{2-}$, CuX_5^{3-} (X = Cl, Br), $CdCl_5^{3-}$, $HgCl_5^{3-}$, $Ni(CN)_5^{3-}$, $Mn(CO)_5^-$, $Fe(CO)_5$, $M(PF_3)_5$ (M = Fe, Ru, Os), $Co(CNMe)_5^+$, (V,Nb,Ta)Hal_5, HfH_5^- (b)
	quadratisch-pyramidal	$Nb(NMe_2)_5$, $CrPh_5^{2-}$, $MnCl_5^{2-}$, $Fe(CNBu)_5$, $Co(CNPh)_5^+$, $Co(CN)_5^{2-}$, $Ni(OAsMe_3)_5^{2+}$, $Ni(CN)_5^{3-}$, $Pt(ECl_3)_5^{3-}$ (E = Ge, Sn), $Ti(H,Me)_5^-$ (b), (Ta,Nb)$(H,Me)_5$ (b), $TaMe_5$ (b), $MoMe_5$ (b), WH_5^+ (?)
ML_6	oktaedrisch ($\hat{=}$ trigonal-antiprismatisch)	$Ti(H_2O)_6^{3-}$, $ZrCl_6^{2-}$, $V(H_2O)_6^{2+}$, $M(CO)_6^-$ (M = V, Nb, Ta), $Cr(NH_3)_6^{3+}$, $MoCl_6^{3-}$, ML_6 (M = Cr, Mo, W; L = CO, PF$_3$), $Cr(CN)_6^{3-}$, $Mn(H_2O)_6^{2+}$, $ReCl_6^{2-}$, $Re(CN)_6^{5-}$, $Fe(H_2O)_6^{2+}$, $FeCl_6^{3-}$, $Fe(CN)_6^{4-}$, $Ru(NH_3)_6^{2+}$, $Co(NH_3)_6^{2+}$, CoF_6^{3-}, $Co(CN)_6^{3-}$, $Rh(H_2O)_6^{3+}$, $IrCl_6^{3-}$, $Ni(NH_3)_6^{2+}$, NiF_6^{2-}, $Cu(NH_3)_6^{2+}$, $Zn(NH_3)_6^{2+}$, d^0-MX_6 (X = Hal, OR, NR$_2$)
	trigonal-prismatisch	$M(Y-CR{=}CR-Y)_3$ (M = Mo,Re,V; Y = S, Se; R = H, CF$_3$, Ph) $Cd(acac)_3^-$, (Sc,Ti,V,Cr,Mn)$H_6^{3-/2-/-/0/+}$ (b), $ZrMe_6^{2-}$, (V,Nb,Ta)Me_6^- (b), $CrMe_6$ (b), (Ta,Re)Me_6, (Nb,Mo,W)Me_6 (v), (Zn/Os)Me_6 (v, b)
ML_7	pentagonal-bipyramidal	ZrF_7^{3-}, LnF_7^{3-} (Ln = Ce, Pr, Nd, Tb), $ReOF_6^-$, $V(CN)_7^{4-}$, $V(CN)_6(NO)^{4-}$, $Mo(CN)_7^{5-}$, $Re(CN)_7^{4-}$, $UO_2F_5^{3-}$, $UO_2(H_2O)_5^{2+}$, ReF_7, HfF_7^{3-}
	überkappt-oktaedrisch	MoF_7^-, WF_7^-, $Mo(CNMe)_7^{2+}$, $MoCl_4(PR_3)_3$, $W(CNMe)_7^{2+}$, $VCl(OPMe_3)_6^{3+}$, $WBr_3(CO)_4^-$, (Mo,W)Me_7^-, (Mo,W)H_7^- (b)
	überkappt-trigonal-prismatisch	NbF_7^{2-}, MF_7^- (M = Nb, Ta), $Mo(CNBu)_7^{2+}$, $MoX(CNBu)_6^+$ (X = Cl, Br), [WF_6-(2-Fluorpyridin)], (Tc,Re)H_7 (b)
ML_8	kubisch	MF_8^{3-} (M = Pa, U, Np)^a, $U(NCS)_8^{4-}$, $U(bipy)_4$, OsH_8 (b), (Tc,Ru,Rn)H_8^- (b)
	quadratisch-antiprismatisch	$Sr(H_2O)_8^{2+}$, ZrF_8^{4-b}, TaF_8^{3-}, $Mo(CN)_8^{4-b}$, $W(CN)_8^{4-}$, $W(CN)_8^{3-}$, $U(NCS)_8^{4-}$, $Zr(acac)_4$, OsF_8 (b), (Ta,W,Re)F_8^- (b), $ReMe_8^{2-}$
	dodekaedrisch	ZrF_8^{4-b}, $Mo(CN)_8^{4-b}$, $Mo(CN)_4(CNMe)_4$, $MoH_4(PR_3)_4$, $M(NCS)_4(H_2O)_4^-$ (M = Nd, Eu), $Cr(O_2)_4^{3-}$, $Mo(O_2)_4^{2-}$, $Ti(NO_3)_4$, $Mn(NO_3)_4^{2+}$, $Fe(NO_3)_4^-$
ML_9	KAP^c	[$LaCl(H_2O)_7]_2^{4+}$, [$Th(O{\equiv}CCF_3{\equiv}CH{\equiv}CMe{\equiv}O)_4(H_2O)$]
	3fach überkappt-trig.-prismatisch	$M(H_2O)_9^{3+}$ (M = Y, Pr, Sm, Ho, Yb), MH_9^{2-} (M = Tc, Re), ReH_7D_2 (D z. B. H_2O, PR_3), IrH_9 (b), (Ru,Os)H_9^- (b), (Tc,Re)H_9^{2-} (b)
ML_{10}	2KAP^d	$M(NO_3)_5^{2-}$ (M = Ce, Er, Ho), $M(CO_3)_5^{6-}$ (M = Th, Ce)
ML_{11}	oktadekaedrisch	$La(NO_3)_3(H_2O)_5$, $Th(NO_3)_4(H_2O)_3$
ML_{12}	ikosaedrisch	$M(NO_3)_6^{3-}$ (M = Ce, La, Th), $Zr(BH_4)_4$

a Mit Na$^+$-Gegenion; es liegt CaF$_2$-Struktur vor, wobei Na $\frac{3}{8}$, M $\frac{1}{8}$ der kubischen Lücken einer einfach kubischen Fluorid-Packung besetzt.
b In Abhängigkeit vom Gegenion quadratisch-antiprismatisch oder dodekaedrisch.
c KAP = überkappt quadratisch-antiprismatisch.
d 2 KAP = zweifach überkappt quadratisch-antiprismatisch.

außenelektronen der Metallatome d^n-M ($n = 0$–10) eine sphärische Verteilung aufweisen und somit keinen Einfluss auf die Anordnung der Liganden von M ausüben (vgl. Ausnahmen bei zwei- und dreizähligen Atomen d^0-M) und dass (ii) die wirksamen Abstoßungskräfte zwischen allen Metall-Ligand-Bindungen und allen Liganden dann so behandelt werden können, als würden sie von einem Punkt der einzelnen Bindungen, den »effektiven Bindungszentren«, ausgehen. Dies führt bei Komplexen Ma_n mit gleichen einzähnigen Liganden L = a dazu, dass sich die effektiven Bindungszentren (und natürlich auch die Liganden a) auf einer Kugelschale mit M als Mittelpunkt möglichst weit voneinander entfernen (der Radius der Kugelschale ist durch die Anziehung Metall/Ligand und Abstoßung Ligand/Ligand gegeben).

Bei Komplexen mit unterschiedlichen ein- und/oder mehrzähnigen Liganden haben die effektiven Bindungszentren naturgemäß verschiedene Abstände (»effektive Bindungslängen«) zum Metallzentrum. Und zwar verringern sich die effektiven Bindungslängen für Liganden hinsichtlich eines bestimmten Zentrums in der Reihe: ungeladene Liganden (OR$_2$, NR$_3$, PR$_3$ usw.) > geladene Liganden (Hal$^-$, OR$^-$ usw.) bzw. F$^-$ > Cl$^-$, Br$^-$ > R$^-$ > O^{2-} > S^{2-}, Se^{2-} bzw. F$^-$ > OR$^-$ > NR$_2^-$ > CR$_3^-$ (R = organischer Rest). In gleicher Reihenfolge wächst dann die Abstoßung der Metall-Ligand-Bindungen. Die effektiven Bindungslängen für nicht-bindende Elektronen in Komplexen (:)$_m$ML$_n$, d.h. die stereochemische Wirkung ungebundener Valenzelektronen hängt von M, L, m und n ab (s. unten). In der Regel sind nichtbindende s,p-Elektronen stereochemisch beachtlich wirksam und stärker abstoßend als Bindungselektronen (S. 150, 343). Nicht-bindenden d-Elektronen kommt mäßige stereochemische Wirksamkeit (vgl. Komplexe mit vier- bis sechszähligem Zentralatom, unten) bzw. keine derartige Wirkung zu (gilt streng bei Komplexzentren, deren fünf d-Orbitale mit keinem, je einem bzw. je zwei Elektronen besetzt sind, also bei Vorliegen von d^0-, high-spin-d^5-, d^{10}-Elektronenkonfiguration). Nicht-bindende f-Elektronen sind stereochemisch unwirksam.

Das Verhältnis R(a/b) zweier effektiver Bindungslängen (»effektives Bindungslängenverhältnis«) ist ein – von Komplex zu Komplex übertragbares – inverses Maß für die relative gegenseitige Abstoßung der Metall-Ligand-Bindungen a und b. Ist R(a/b) > 1 (< 1), so ist die Abstoßung von a kleiner als von b (größer als von b). Vergleicht man somit die effektive Bindungslänge eines Liganden a mit der eines in oben wiedergegebenen Reihen rechts (links) stehenden Liganden b, so ergeben sich R(a/b)-Werte > 1 (< 1). Beispielsweise findet man für R(L$_{ungeladen}$/L$_{geladen}$) häufig Werte um 1.2 und dementsprechend für R(L$_{geladen}$/L$_{ungeladen}$) Werte um 0.8; für Komplexe [MCl$_3$(CH$_3$)]$^-$ mit M = Al, Ga, In beträgt R(Cl/CH$_3$) ca. 1.4, für X$_3$M=O mit M = P, N, S$^+$ ergibt sich R(X/O) zu ca. 1.5 (X = F), 1.2 (Br), 1.1 (Phenyl). Nicht von Komplex zu Komplex übertragbar sind die Werte R(:/L) bzw. R(L/:), da die effektiven Bindungslängen für nicht-bindende Elektronen E in Komplexen (:)$_m$ML$_n$ in stärkerem Maße vom Zentralatom (d. h. von Haupt- und Nebenquantenzahl der mit freien Elektronen besetzten Orbitale), den Liganden L und auch der Koordinationszahl n abhängen.

Nachfolgend werden mögliche ideale Konfigurationen von Komplexen ML$_n$ mit zwei- bis zwölfzähligen Metallzentren besprochen (vgl. Tab. 20.5 sowie Tab. 36.5 auf Seite 2324). Bedingt durch Einflüsse nicht-bindender d-Elektronen, durch eine nicht sphärische Verteilung der Rumpfelektronen sowie durch die Koordination der Metallzentren mit unterschiedlichen ein- und/oder mehrzähnigen Liganden weichen die realen Konfigurationen von den idealen Komplexgeometrien mehr oder weniger ab (Abstands- und/oder Winkelverzerrungen der Koordinationspolyeder; vgl. hierzu auch S. 150, 343). Insbesondere mehrzähnige Liganden mit kleinem Abstand (»Spannweite«, »Biss«) der Donoratome (»Ligatoren«) können erhebliche Abweichungen von der Idealgeometrie bedingen (die Abweichungen wachsen mit zunehmendem Biss, d. h. abnehmendem Verhältnis der Spannweite der effektiven Bindungslängen der Ligaturen L zum ML-Abstand). Führt hierbei die Koordination zu dreigliederigen oder anellierten dreigliederigen Chelatringen, so lassen sich die mehrzähnigen Liganden andererseits vereinfachenderweise wie einzähnige behandeln. In Komplexen wie CrO(O$_2$)$_2$L (zwei dreigliederige CrO$_2$-Chelatringe) bzw. Mn(CO)$_3$(π-C$_5$H$_5$) (fünf anellierte dreigliederige MnC$_2$-Chelatringe) besitzt dann das Metallatom nicht die Koordinationszahl sechs bzw. acht, sondern die Koordinationszahl vier (tetraedrische Umgebung).

In den nachfolgend vorgestellten Liganden-Konfigurationen des Typus $MA_xB_yC_z\ldots$ für Komplexe ML_n bedeuten A, B, C ... Ligandenplätze in Koordinationspolyedern (gleiche Buchstaben weisen auf äquivalente Plätze); in ML_n steht L für gleichartige sowie ungleichartige Liganden oder Ligandenarme (L = a, b, c ..., L/L = $a^\wedge a$, $a^\wedge b$ ... usw.). Bezüglich der Liganden-Koordination für Nichtmetallkomplexe EL_n vgl. S. 343f.

Komplexe mit zwei- bzw. dreizähligem Zentralmetall haben linearen, gewinkelten, trigonalplanaren bzw. pyramidalen Bau (Abb. 20.9a und b):

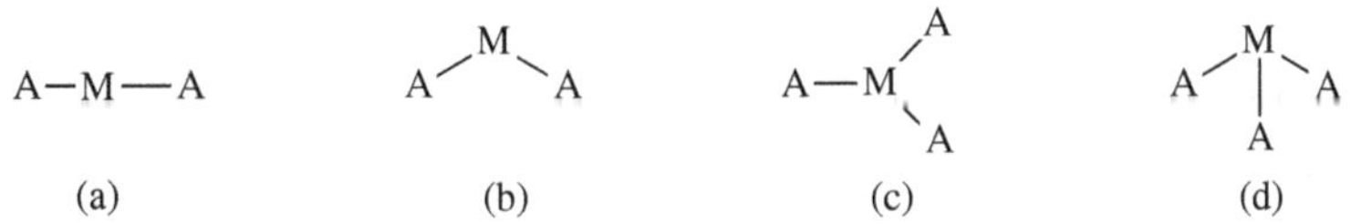

(a)   (b)   (c)   (d)

Abb. 20.9 Lineare (a), gewinkelte (b), trigonal planare (c) bzw. -pyramidale (d) Metallkoordination.

Diese Komplextypen sind nicht sehr verbreitet, da Übergangsmetalle die Ausbildung höherer Koordinationszahlen anstreben. Demgemäß enthalten selbst Komplexe mit der Summenformel ML_2 und ML_3 vielfach keine zwei- oder dreizähligen Metalle, sondern – als Folge einer Polymerisation von ML_2 und ML_3 über L-Brücken (Bildung oligonuklearer Komplexe) – höherzählige Zentren M. Auch vermögen »echte« Komplexe ML_2 und ML_3 in der Regel noch zusätzliche Liganden L zu koordinieren. In der Gasphase sind die Metallzentren der Komplexe ML_2 und ML_3 – falls sich letztere beim Verdampfen nicht zersetzen – naturgemäß zwei- und dreizählig.

Die lineare und trigonal-planare Koordination (vgl. Tab. 20.5) wird in einigen Fällen bei Ni(0), Pd(0), Pt(0), Cu(I), Ag(I), Au(I), Zn(II), Cd(II) und Hg(II) – also Übergangsmetallen mit d^{10}-Elektronenkonfiguration – beobachtet. Sperrige Liganden fördern bei diesen Metallen naturgemäß die »niedrige« Koordination und machen diese bei Ni(0), Zn(II) und Cd(II) erst möglich. Zum Beispiel bilden unter den Übergangsmetallen Ni(0), Pd(0) und Pt(0) tetraedrische Phosphankomplexe $M(PMe_3)_4$. Ein Ersatz der weniger sperrigen Trimethyl- durch sperrigere Triphenyl- oder extrem sperrige Tri-tert-butylphosphan-Liganden führt zur Bildung von trigonal-planar- bzw. linear-gebauten Komplexen ($M(PPh_3)_3$ bzw. $M(PtBu_3)_2$. Sehr sperrige Amid- bzw. Alkyl-Liganden NR_2^- bzw. CHR_2^- (R z.B. $SiMe_3$) führen in Ausnahmefällen auch bei anderen Übergangsmetallen zu niedrigen Koordinationszahlen (Tab. 20.5). Gewinkelte und pyramidale Koordination wird aus den auf S. 353 näher erläuterten Gründen gegebenenfalls bei Komplexen Ml_n mit vergleichsweise heteropolaren ML-Bindungen gefunden (vgl. Tab. 20.5).

Komplexe mit vierzähligem Zentralmetall haben in der Regel tetraedrischen oder quadratisch-planaren Bau (Abb. 20.10a und b):

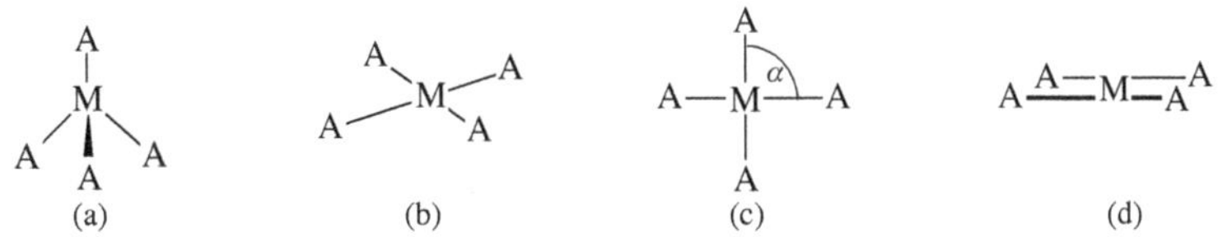

(a)   (b)   (c)   (d)

Abb. 20.10 Tetraedrische (a, c) sowie quadratisch-planare (b, d) Metallkoordination.

In ersterer Struktur nehmen die 4 Liganden gleichwertige tetraedrische, in letzterer Struktur gleichwertige quadratisch-planare Eckplätze ein ($\sphericalangle AMA = 109.5°$ im Tetraeder, 90° im Quadrat). Blickt man hierbei in Richtung M auf eine AA-Kante des Tetraeders oder Quadrats mit dem Zentrum in der Papierebene und projiziert diese sowie die darunter liegende AA-Kante auf die Papierebene, so resultieren die Formelbilder Abb. 20.10 (c) und (d). Gemäß dieser Darstellung stehen die Liganden im Falle des Tetraeders auf Lücke, im Falle des Quadrats auf Deckung. In Übereinstimmung mit Berechnungen nach dem VSEPR-Modell ist infolgedessen der Energieinhalt der quadratisch-planaren Koordination deutlich höher als der der tetraedrischen Koordination (jeweils dieselben Liganden). Auch sind tetraedrische Komplexe vergleichsweise starr, da Pseudorotationen über energiereiche quadratisch-planare Übergangsstufen führen (Gang von α in Abb. 20.10c: $90° \rightleftharpoons 0°$).

Günstige Bedingungen für die tetraedrische Koordination (Tab. 20.5) sind große und/oder hoch geladene Liganden sowie kleine und/oder d^{10}-konfigurierte Metallzentren. Tetraedrisch koordiniert sind demgemäß Übergangsmetalle u. a. in Halogeno- und Oxometallaten MX_4^{n-} (X = Cl, Br, O) und deren Derivaten, in vielen Zn(II)- und Cd(II)-Komplexen mit unterschiedlichen Liganden sowie in Co/Rh/Ir($-$I)-, Ni/Pd/Pt(0)-, Cu/Ag/Au(I)-Komplexen mit Liganden wie CO, CN^-, PR_3, Cl^-/PR_3, Br^-/PR_3 (vgl. Tab. 20.5). Auch Co(0,I,II), Ni(I,II) und Cu(II) sind gelegentlich tetraedrisch koordiniert. Tetraedrische Komplexe des Typs Ma_4 mit vier gleichen Liganden sind in der Regel regulär gebaut. Als Folge geringer Einflüsse nicht-bindender d-Elektronen beobachtet man in wenigen Fällen eine in Richtung der quadratisch-planaren Koordination winkelverzerrte Geometrie (vgl. Formelbild Abb. 20.10c, $\alpha < 90°$ z. B. RuO_4^-, $NiCl_4^{2-}$). Stärkere Wirkungen der d-Elektronen bedingen letztendlich einen quadratisch-planaren Bau von Ma_4- und Mb_4-Komplexen (vgl. weiter unten). Komplexe mit unterschiedlichen Liganden wie Ma_3b oder Ma_2b_2 weisen als Folge ungleicher Abstoßungskräfte der Metall-Ligand-Bindungen selbst in den Fällen, in welchen entsprechende Ma_4-Komplexe regulär-tetraedrisch wären, naturgemäß verzerrt-tetraedrischen Bau auf (vgl. hierzu S. 348).

Hinsichtlich der tetraedrischen (aber auch hinsichtlich der trigonal-bipyramidalen, quadratisch-pyramidalen und oktaedrischen) Koordination ist die quadratische Koordination in der Regel energetisch benachteiligt. Man beobachtet sie insbesondere in den Fällen, in welchen geeignete Liganden eine quadratisch-planare Komplexgeometrie bedingen (z. B. Porphin, Phtalocyanin, S. 1557) oder fördern (z. B. 1,2-Dithiolenate $^-S-CR=CR-S^-$ bzw. in welchen die Metallzentren eine geeignete Elektronenkonfiguration aufweisen (bevorzugt low-spin-d^8-Zentren Co/Rh/Ir(I), Ni/Pd/Pt(II), Cu/Ag/Au(III)). Beispiele letzteren Typs sind etwa cis-$PtCl_2(NH_3)_2$ (»cis-Platin«; Antitumormittel), $RhCl(PR_3)_3$ (»Wilkinsons Katalysator«, vgl. S. 2012), $IrCl(CO)(PPh_3)_2$ (»Vaskas Verbindung«, vgl. S. 2013), NiL_2 mit L = Anion von Diacetyldioxim HON=CMe$-$CMe=NOH (»Tschugaeff Reagens« zum Nachweis von Ni^{2+}, S. 2030) und viele andere Verbindungen (vgl. Tab. 20.5). Aus Berechnungen nach dem VSEPR-Modell folgt hierbei, dass bereits geringe Elektronendichten beiderseits des Ma_4-Quadrats genügen, um – als Folge einer stereochemischen Wirksamkeit von d-Elektronen – die quadratisch-planare Koordination hinsichtlich der tetraedrischen zu stabilisieren. Derartige Elektronendichten werden offensichtlich insbesondere bei low-spin-d^8-Konfiguration wirksam (bezüglich einer Erklärungsmöglichkeit vgl. S. 1601). Die Tendenz zur Umwandlung tetraedrischer in quadratische d^8-Komplexe ML_4 sinkt insgesamt mit wachsender sterischer und elektrostatischer Abstoßung der Liganden sowie in der Reihe Pt(II) > Pd(II) > Ni(II) (Entsprechendes gilt für die Cobalt- und Kupfergruppe). Ni(II) weist bereits vergleichbares Bestreben zur Bildung tetraedrischer und quadratisch planarer Komplexe auf, sodass elektrostatische und sterische Effekte die Komplexkonfiguration in besonderem Maße beeinflussen. Zum Beispiel hat $Ni(CN)_4^-$ quadratisch-planare, $NiCl_4^{2-}$ tetraedrische Struktur; auch ist trans-$NiCl_2(PMe_3)_2$ quadratisch-planar und trans-$NiCl_2(PPh_3)_2$ verzerrt-tetraedrisch gebaut, während trans-$NiCl_2(PPh_2R)_2$ (R = CH_2Ph) sowohl in einer quadratisch-planaren als auch tetraedrischen Form im Gleichgewicht existiert (S. 452). In diesem Zusammenhang sei erwähnt, dass CuX_4^{2-} in $(NH_4)_2CuCl_4$ quadratisch-planar, in Cs_2CuBr_4 (größerer Halogenid-Ligand) tetraedrisch gebaut ist.

Komplexe mit fünfzähligem Zentralmetall haben trigonal-bipyramidalen oder quadratisch-pyramidalen Bau (Abb. 20.11a und b):

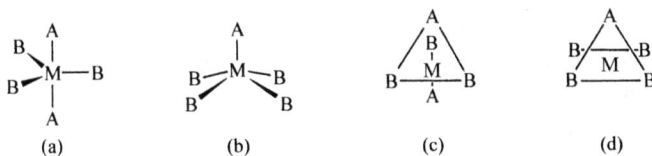

Abb. 20.11 Trigonal-bipyramidale (a, c) sowie quadratisch-pyramidale (b, d) Metallkoordination.

In ersterer Struktur nehmen zwei Liganden axiale Plätze (A), drei Liganden äquatoriale Plätze (B) einer trigonalen Bipyramide ein ($\sphericalangle AMB = 90°$, $\sphericalangle BMB = 120°$; $r_{MA} \geq r_{MB}$), in letzterer Struktur sind Liganden axial (A) und in der Basis der quadratischen Pyramide (B) lokalisiert ($\sphericalangle AMB \approx 100°$; $r_{MA} \leq r_{MB}$). Ein »symmetrischer« Bau mit fünf äquivalenten Metall-Ligand-Bindungen ist im Falle der Fünffachkoordination Ma_5 – anders als bei der Vier- und Sechsfachkoordination Ma_4 und Ma_6 – nicht verifizierbar. Tatsächlich stellen aber Komplexe Ma_5 in der Regel nicht-starre, fluktuierende Moleküle dar (vgl. S. 893), sodass die fünf Liganden a wegen ihres raschen Platzwechsels im zeitlichen Mittel gleichartig an das Zentralmetall geknüpft sind (vgl. hierzu die Berry sowie Turnstile Rotation, S. 199).

Blickt man von oben auf das vordere AB_2-Dreieck der trigonalen Bipyramide oder quadratischen Pyramide, deren Zentrum in der Papierebene lokalisiert sei, so liegen zwei Ligandenplätze (AB in ersterem, BB in letzterem Falle) hinter der Papierebene. Die Projektion der betreffenden AB_2-Dreiecke und der AB- bzw. BB-Kante auf die Papierebene führt zu den Abb. 20.11c und d. Ihnen ist zu entnehmen, dass die Liganden in beiden Anordnungen auf Lücke stehen, was auf einen vergleichbaren Energieinhalt beider Koordinationen weist (nach VSEPR-Modellrechnungen ist die trigonal-bipyramidale Anordung von fünf gleichen Liganden in Komplexen Ma_5 geringfügig stabiler als die quadratisch-pyramidale). Beachtlich instabiler und bisher nicht beobachtet ist die pentagonal-planare Koordination eines Metallzentrums.

Die Fünffachkoordination (Tab. 20.5) ist seltener als die Vier- und Sechsfachkoordination (Analoges gilt für die Koordination von Metallen mit drei oder sieben, d. h. einer ungeraden Anzahl von Liganden). Selbst bei Komplexen mit der Summenformel ML_5 ist die Fünffachkoordination als Folge des Bestrebens zum Übergang in die Vier- und Sechsfachkoordination vielfach nicht realisiert. Der betreffende Übergang wird durch Dissoziation oder Assoziation der Komplexe erzielt ($ML_5 \longrightarrow ML_4 + L$, $2\,ML_5 \longrightarrow ML_4 + ML_6$, $n\,ML_5 \longrightarrow (ML_5)_n$). So liegen etwa im Falle von Cs_3CoCl_5 bzw. $(NH_4)_3ZnCl_5$ Mischkristalle aus Cs_2CoCl_4 bzw. $(NH_4)_2ZnCl_4$ und $CsCl$ bzw. NH_4Cl vor. Auch ist $CoCl_2(dien)$ in kondensierter Phase wie folgt gebaut: $[Co(dien)_2]^{2+}[CoCl_4]^{2-}$. Schließlich haben die festen Pentahalogenide MCl_5 (M = Nb, Ta, Mo, W, Re, Os, U), $M'F_5$ (M' = Nb, Ta, Mo, W, Ru, Os, Rh, Ir, Pt), $M''F_5$ (M'' = Tc, Re, Bi, U) dimere (M), tetramere (M') bzw. polymere (M'') Strukturen mit oktaedrisch-koordinierten Zentren (monomer sind viele Pentahalogenide in der Gasphase).

Tatsächlich ist aber die Fünffachkoordination hinsichtlich der Vier- und Sechsfachkoordination energetisch nur wenig benachteiligt und findet sich bei den Übergangsmetallen (insbesondere der 1. Übergangsreihe) häufiger als früher angenommen wurde (Tab. 20.5). Darüber hinaus verlaufen Substitutionen an tetraedrischen Zentren (S. 1625) vielfach auf assoziativem, Substitutionen an oktaedrischen Zentren (S. 1628) bevorzugt auf dissoziativem Wege über Komplexe mit fünfzähligen Zentren, wobei in beiden Fällen häufig sehr rasche Reaktionen beobachtet werden (kleine Aktivierungsenergien der Substitution).

Bei Komplexen Ma_5 mit fünf gleichen Liganden beobachtet man in der Praxis teils die trigonal-bipyramidale, teils die quadratisch pyramidale Konfiguration (vgl. Tab. 20.5). Allerdings weisen kristalline Ma_5-Komplexe meist keine ideale Geometrie auf: als Folge von Packungseffekten wird die trigonal-bipyramidale Struktur mehr oder weniger in Richtung der quadratisch-pyramidalen Konfiguration verzerrt und umgekehrt (gegenionabhängig können Komplexe Ma_5 sogar in beiden Strukturen existieren). Neben Winkelverzerrungen beobachtet man in Komplexen Ma_5 als Folge von Einflüssen nicht-bindender d-Elektronen in einigen Fällen zudem Abstandsverzerrungen: die axialen Bindungen sind dann bei trigonal-bipyramidaler Koordination nicht länger, sondern kürzer, bei quadratisch-planarer Koordination nicht kürzer, sondern länger als die verbleibenden Bindungen. In derartigen Komplexen Ma_5 werden gewissermaßen lineare bzw. quadratisch-planare Einheiten Ma_2 bzw. Ma_4 zusätzlich von drei bzw. einem Liganden schwach koordiniert. Beispiele ersteren Falles sind etwa $CuCl_5^{3-}$, $CuBr_5^{3-}$, $HgCl_5^{3-}$, Beispiele letzteren Falles $MnCl_5^{2-}$, $Co(CN)_5^{3-}$, $Ni(CN)_5^{3-}$.[5]

In Komplexen Ma_nb_{5-n} ($n = 1$–4) mit unterschiedlichen Liganden a und b nehmen nach dem VSEPR-Modell die Donoren geringerer effektiver Bindungslänge axiale Positionen in der trigonalen Bipyramide ein, während in der quadratischen Pyramide ein derartiger Donor axial, zwei Donoren aber in der Basis an entgegengesetzten Ecken sitzen. Mit abnehmendem effektivem Bindungslängenverhältnis R(a/b) ist dabei zunächst die trigonal-bipyramidale, dann die quadratisch-pyramidale und schließlich (falls ein Ligand ein freies s,p-Elektronenpaar darstellt) wieder die trigonal-bipyramidale Anordnung am stabilsten. Dementsprechend haben Metallkomplexe Ma_4b, Ma_3b_2, Ma_2b_3 und Mab_4 mit einfach-geladenen Li- ganden a und ungeladenen Liganden b in der Regel trigonal-bipyramidale Koordination mit axial gebundenen Liganden b (z. B. Mo(OR)$_4$(N̲H̲M̲e̲$_2$) (R = 1-Adamantyl), VCl$_3$(N̲M̲e̲$_2$)$_2$, CoCl$_3$(P̲E̲t̲$_3$)$_2$, NiBr$_2$(P̲M̲e̲$_3$)$_3$, NiBr(P̲M̲e̲$_3$)$_4^+$; axiale Liganden unterstrichen; in letzteren Beispielen sind ein bis drei PR$_3$-Liganden äquatorial angeordnet). Man beobachtet aber auch quadratisch-pyramidalen Bau wie etwa im Falle von $RuCl_2(PPh_3)_3$ (Chlorid in der Basis). Metallkomplexe Mab_4 mit mehrfach geladenen Liganden a (kurze effektive Bindungslänge) und einfach geladenen Liganden b sind anderseits in der Regel quadratisch-pyramidal mit axialem a gebaut (z. B. $MOCl_4^-$ mit M = Cr, Mo, Re, $MNCl_4^-$ mit M = Mo, Re, Ru, Os).

Komplexe mit sechszähligem Zentralmetall haben in der Regel oktaedrischen oder trigonal-prismatischen Bau (Abb. 20.12a und b):

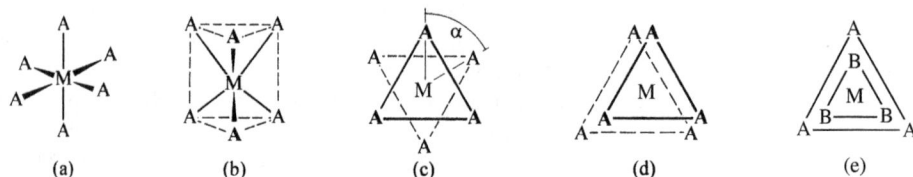

(a)   (b)   (c)   (d)   (e)

Abb. 20.12 Oktaedrische (a, c), trigonal-prismatische (b, d) sowie verzerrt-trigonal-prismatische = spitzengekappt-trigonal-pyramidale (e) Metallkoordination.

In ersteren Strukturen nehmen die 6 Liganden gleichwertige oktaedrische, in letzteren Strukturen gleichwertige trigonal-prismatische Eckplätze (A) ein ($\sphericalangle$AMA = 90°). Blickt man senkrecht auf ein AAA-Dreieck im Oktaeder oder trigonalen Prisma und projiziert dieses sowie das darunter lokalisierte AAA-Dreieck auf die Papierebene, so resultieren die Abb. 20.12c und d, wonach die Liganden im Falle des Oktaeders auf Lücke, im Falle des trigonalen Prismas auf Deckung stehen. In Übereinstimmung mit Berechnungen nach dem VSEPR-Modell ist infolgedessen die oktaedrische Koordination energieärmer als die trigonal-prismatische; auch sind oktaedrische Komplexe vergleichsweise starr, da Pseudorotationen über energiereiche trigonal-prismatische Übergangsstufen führen (Gang von α in Abb. 20.12c: 60° $\rightleftharpoons$ 0°).

---

[5] Die schwache Koordination gewisser Liganden auf einer oder beiden »offenen« Seiten der quadratisch-planaren Komplexe kann mit einem kleinen Energiegewinn verbunden sein. Demgemäß bilden quadratisch-planar-gebaute Komplexe häufig zudem gestreckt-quadratisch-pyramidale bzw. gestreckt-oktaedrisch-gebaute Komplexe: z. B. Pd-Br(PR$_3$)$_3^+$ + Br$^-$ $\longrightarrow$ PdBr$_2$(PR$_3$)$_3$ (Bromid axial und in der Basis); Cu(NH$_3$)$_4^{2+}$ + 2 H$_2$O $\longrightarrow$ Cu(NH$_3$)$_4$(H$_2$O)$_2^{2+}$ (beide H$_2$O-Moleküle axial). In analoger Weise leiten sich von linearen Komplexen gestauchte trigonal- bzw. quadratisch-bipyramidale Komplexe ab.

Die – selten anzutreffende – trigonal-prismatische Koordination (Abb. 20.12d) lässt sich nicht nur durch Vergrößerung des Winkels α verändern (Übergang in die – häufig anzutreffende – trigonal-antiprismatische Koordination, Abb. 20.12c), sondern auch durch Verkleinerung einer A_3-Dreiecksfläche hinsichtlich der gegenüberliegenden A_3-Dreiecksfläche (Übergang in eine – nur bei Vorliegen geeigneter Liganden (s. unten) anzutreffende – »verzerrte trigonal-prismatische = spitzengekappte trigonal-pyramidale Metallatom-Koordination«, Abb. 20.12e). In ersteren (letzteren) Fällen erniedrigt sich die D_{3h}-Symmetrie des trigonalen Prismas nach D_{3d} (nach C_{3v}). Beachtlich instabiler als die oktaedrische Koordination und selten wie die trigonal-prismatische Koordination ist auch die pentagonal-pyramidale Koordination eines Metallzentrums. Somit spielen die trigonal-/quadratisch-/pentagonal-pyramidale Metallatom-Koordinationen eine sehr große/mittlere/sehr kleine Rolle.

Die oktaedrische Koordination (Tab. 20.5) spielt bei allen Elementen bis auf den Wasserstoff und die leichten Hauptgruppenelemente eine mehr oder weniger große Rolle. Sie ist die am meisten beobachtete Konfiguration der Übergangsmetallkomplexe (vgl. Tab. 20.5). Oktaedrische Komplexe des Typs Ma_6 mit sechs gleichen einzähnigen Liganden sind vielfach regulär gebaut. In einer Reihe von Fällen wie etwa Cr(II)-, Mn(III)- oder Cu(II)-Komplexen findet man als Folge von d-Elektroneneinflüssen aber auch verzerrte oktaedrische Geometrien. Die Verzerrungen betreffen hierbei – anders als im Falle der tetraedrischen Koordination – nicht die Bindungswinkel, sondern – wie im Falle der Komplexe mit fünfzähligem Zentrum – die Bindungsabstände: eine Achse des Ma_6-Oktaeders ist, verglichen mit den beiden anderen Oktaederachsen, verlängert oder verkürzt, sodass also sechs a-Liganden in Ma_6 die Ecken einer gestreckten oder gestauchten quadratischen Bipyramide mit M im Mittelpunkt einnehmen (z. B. gestreckt: $Cu(NH_3)_6^{2+}$; sowohl gestreckt wie gestaucht: $Cu(NO_2)_6^{4-}$; fluktuierend: $Cu(py')_6^{2+}$ mit py' = Pyridinoxid; bezüglich einer Erklärungsmöglichkeit des d-Elektroneneinflusses vgl. Ligandenfeld-Theorie, S. 1592).

Komplexe mit unterschiedlichen einzähnigen Liganden wie Ma_5b oder Ma_4b_2 weisen als Folge ungleicher Abstoßungskräfte der Metall-Ligand-Bindungen in Übereinstimmung mit Berechnungen nach dem VSEPR-Modell einen winkelverzerrt-oktaedrischen Bau auf. Ist dabei in Ma_5b-Komplexen die Abstoßung der Mb-Bindung wie im Fall von $OsNCl_5^{2-}$ oder VOF_5^{2-} größer (wie im Falle von $FeCl_5(H_2O)^{2+}$ oder $RhCl_5(H_2O)^{2+}$ kleiner) als die der Ma-Bindungen, dann ist der Winkel aMb > 90° (< 90°) und die axiale Ma-Bindung länger (kürzer) als die übrigen Ma-Bindungen. Ist andererseits bei Ma_4b_2-Komplexen die Abstoßungskraft der Ma-Bindungen nicht sehr verschieden von der der vergleichbaren Mb-Bindungen (sehr viel kleiner als die der Mb-Bindungen), so berechnet sich ein ähnlicher Energiegehalt für die cis- und trans-Konfiguration (ein geringerer Energiegehalt für die trans-Konfiguration). Beispiele für letzteren Fall sind etwa die Komplexe $VO_2X_4^{2-}$, $MoO_2(CN)_4^{3-}$ und $ReO_2(CN)_4^{3-}$ mit trans-konfigurierten MO_2-Gruppen. Verzerrt oktaedrischen Bau findet man naturgemäß auch bei Komplexen Ma_4b_2, deren Metallzentrum bereits bei entsprechenden Komplexen Ma_6 mit gleichen Liganden aufgrund von d-Elektroneneinflüssen verzerrt koordiniert sind (vgl. oben und Anm.[5]).

Verzerrungen des Ligandenoktaeders haben schließlich auch mehrzähnige Liganden zur Folge. Z. B. werden oktaedrische Komplexe $M(a^\frown a)_3$ und $M(a^\frown b)_3$ mit drei gleichen zweizähnigen Liganden im Sinne des VSEPR-Konzepts in Richtung trigonal-prismatischen Koordination verzerrt. Und zwar wächst die Verzerrung mit abnehmendem »Biss« der Donoratome. In gleicher Richtung verkleinert sich dann der Winkel α (vgl. Abb. 20.12c). Als Beispiele seien genannt: $Mo(acac)_3$ ($\alpha = 58°$), $Co(en)_3^{3+}$ (54°), $Cr(ox)_3^{3-}$ (48°), $Co(NO_3)_3$ (40°) ($\alpha = 60$ bzw. 0° bei oktaedrischem bzw. trigonal-prismatischem Komplexbau). In Ausnahmefällen beobachtet man sogar reguläre trigonal-prismatische Koordination wie im Falle von Verbindungen $M(a^\frown a)_3^{n-}$ mit $a^\frown a = {}^-S-CR=CR-S^-$ (vgl. Tab. 20.5, sowie die NiAs-Struktur, S. 136, 2032). Auch Komplexe ML_n mit nicht allzu elektronegativen Liganden L wie etwa die Methylgruppe CH_3 weisen eine trigonal-prismatische Struktur auf, wobei in Abhängigkeit von der Art und Oxidationsstufe des Metallzentrums neben einer regulären auch eine irreguläre (verzerrte) trigonal-prismatische (spitzengekappte trigonal-pyramidale) Koordination (Abb. 20.12d) beobachtet wird. Letztere Sachverhalte folgen weniger aus dem VSEPR-Modell als vielmehr aus dem – mit sd^5-Hybridorbitalen operierenden – VB-Modell (S. 1588).

In anderer Weise als Komplexe M(a$^\wedge$a)$_3$ sind oktaedrische Komplexe M(a$^\wedge$a)$_2$b$_2$ mit zwei *cis-* oder *trans-*ständigen einzähnigen Liganden b und zwei zweizähnigen Liganden a$^\wedge$a verzerrt (*cis-*Konfiguration ist bei kleinem, *trans-*Konfiguration bei großem »Biss« der zweizähnigen Liganden bevorzugt, z. B. *cis-*Co(NO$_3$)$_2$(OPMe$_3$)$_2$, *cis-*MoO$_2$(acac)$_2$, *cis-*Pt(en)$_2$Cl$_2$, *trans-*Mn(acac)$_2$(H$_2$O)$_2$, *trans-*Ni(en)$_2$(H$_2$O)$_2^{2+}$). Besonderes Interesse beanspruchen in diesem Zusammenhang Komplexe des Typs M(a$^\wedge$a)$_2$bc. Derartige Verbindungen weisen eine verzerrt pentagonal-pyramidale Koordination der Metallatome auf, falls sich die einzähnigen Liganden wesentlich in ihren effektiven Bindungslängen unterscheiden und den zweizähnigen Liganden zugleich ein sehr kleiner »Biss« zukommt. Als Beispiele seien die peroxogruppenhaltigen Komplexe CrO(O$_2$)$_2$py und VO(O$_2$)$_2$(NH$_3$)$^-$ genannt, in welchen der Oxo-Sauerstoff eine axiale Position der pentagonalen Pyramide einnimmt. Betrachtet man in letzteren Fällen die zweizähnigen Peroxogruppen vereinfachenderweise als einzähnige Liganden, so geht die pentagonal-pyramidale in eine tetraedrische Koordination über.

Komplexe mit siebenzähligem Zentralmetall leiten sich von den oktaedrischen Komplexen (Abb. 20.12a) durch Einbau eines weiteren Liganden in der Oktaederbasis bzw. durch Liganden-Angliederung über einer Dreiecksfläche und von den trigonal-prismatischen Komplexen (Abb. 20.12b) durch Liganden-Angliederung über einer Vierecksfläche ab. Es resultiert die in Abb. 20.13a, b und c wiedergegebene pentagonal-bipyramidale, überkappt-oktaedrische oder überkappt-trigonal-prismatische Konfiguration mit zwei bzw. drei unterschiedlichen Ligandenplätzen A/B bzw. A/B/C.

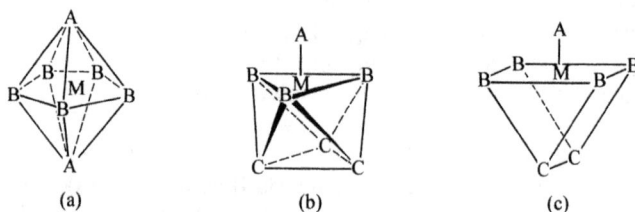

(a)   (b)   (c)

Abb. 20.13 Pentagonal-bipyramidale (a), überkappt-oktaedrische (b) sowie überkappt-trigonalprismatische (c) Metallkoordination.

In den drei Strukturen liegen fünf, drei bzw. vier äquatoriale Ligandenplätze (B) in einer Ebene an den Ecken eines gleichseitigen Fünf-, Drei- bzw. Vierecks. Das Metallzentrum ist in ersterem Falle in der Ebenenmitte ($\sphericalangle$AMB = 90°, $d_{MA} < d_{MB}$), in beiden letzteren Fällen wenig unterhalb dieser Ebene angeordnet ($\sphericalangle$ AMB um 75°, $\sphericalangle$ AMC um 135°, $d_{MA}, d_{MC} > d_{MB}$). Oberhalb des Ligandenfünf-, -drei- bzw. -vierecks befindet sich jeweils ein axialer Ligandenplatz (A), unterhalb ein axialer Ligandenplatz (A) bzw. ein Ligandentriplett (C) oder -dublett (C).

Wie im Falle der Fünffachkoordination Ma$_5$ (s. oben) ist auch bei der Siebenfachkoordination Ma$_7$ kein »symmetrischer« Bau mit äquivalenten Metall-Ligand-Bindungen möglich. Wiederum stellen aber Komplexe Ma$_7$ keine starren, sondern fluktuierende Teilchen dar, sodass die sieben Liganden a wegen ihres raschen Platzwechsels im zeitlichen Mittel gleichartig an das Zentralmetall geknüpft sind. Die gegenseitige Umwandlung der drei – energetisch vergleichbaren – Ma$_7$-Strukturen erfolgt auf dem Wege: pentagonale Bipyramide $\rightleftarrows$ überkapptes Oktaeder $\rightleftarrows$ überkapptes trigonales Prisma (nach VSEPR-Modellrechnungen ist die überkappt oktaedrische Anordnung von sieben gleichen Liganden in Komplexen Ma$_7$ vergleichbar stabil wie die überkappt-trigonal-prismatische und geringfügig stabiler als die pentagonal-bipyramidale).

Die Siebenfachkoordination mit gleichen einzähnigen Liganden ist selten und auf einige wenige Fluoro-, Aqua-, Cyano- und Isonitrilkomplexe von Übergangsmetallen beschränkt (vgl.

Tab. 20.5). Als Folge des ähnlichen Energiegehalts der in Abb. 20.13a–c wiedergegebenen Konfigurationen kommt den Verbindungen allerdings keine ideale, sondern eine reale, mehr oder weniger zwischen den drei idealen Strukturen liegende Geometrie zu. In Komplexen Ma_nb_{7-n} ($n = 1$–6) mit unterschiedlichen einzähnigen Liganden a und b nehmen Donoren geringer effektiver Bindungslänge in Übereinstimmung mit VSEPR-Modellrechnungen axiale Positionen A ein (z. B. pentagonale Bipyramide: $V(CN)_6(NO)^{4-}$, $ReOF_6^-$, $UO_2(H_2O)_5^{2+}$, $UO_2F_5^{3-}$; überkapptes Oktaeder: $UCl(OPMe_3)_6^{3+}$; überkapptes trigonales Prisma: $MoCl(CNBu)_6^+$; vgl. Tab. 20.5) Zahlreicher als Komplexe ML_7 mit einzähnigen Liganden sind solche, die neben einzähnigen auch mehrzähnige Liganden enthalten.

Komplexe mit achtzähligem Zentralmetall haben kubischen, quadratisch-antiprismatischen bzw. dodekaedrischen Bau (Abb. 20.14a, b und c).

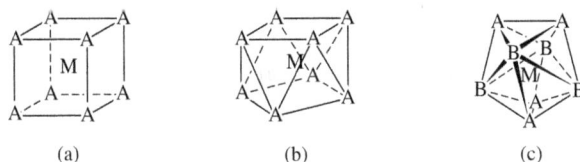

(a)   (b)   (c)

Abb. 20.14 Kubische (a), quadratisch-antiprismatische (b) sowie dodekaedrische (c) Metallkoordination.

In den ersten beiden Strukturen nehmen die 8 Liganden gleichwertige kubische bzw. quadratisch-antiprismatische Eckplätze ein, in letzterer Struktur besetzen jeweils 4 Liganden die Eckplätze A bzw. B zweier ineinander gestellter Tetraeder, von denen ein Tetraeder (A_4) gestreckt, das andere (B_4) gestaucht ist. Nach VSEPR-Modellrechnungen ist die dodekaedrische Konfiguration (Liganden stehen auf Lücke) geringfügig instabiler, die kubische Konfiguration (Liganden stehen auf Deckung) wesentlich instabiler als die quadratisch-antiprismatische Konfiguration (Liganden stehen auf Lücke).

Die Komplexe Ma_8 stellen ähnlich wie die Komplexe Ma_5 und Ma_7 fluktuierende Gebilde dar, wobei der intramolekulare Ligandenaustausch im Zuge einer gegenseitigen Umwandlung der drei Strukturen ineinander erfolgt (durch Drehen einer Basisfläche im Kubus gegen die andere Basisfläche; durch Einebnen des A_2B_2-Daches in Abb. 20.14c und des unteren A_2B_2-Gegenvierecks).

Eine Achtfachkoordination (Tab. 20.5) mit einzähnigen Liganden ist häufiger als eine Siebenfachkoordination: Sie wird bevorzugt im Falle großer 3- bis 5fach geladener Metalle der zweiten und dritten Übergangsreihe (einschließlich Lanthanoide, Actinoide) und dritten bis sechsten Nebengruppe mit kleinen Liganden wie F^-, H_2O, NCS^- gebildet (vgl. Tab. 20.5). In der Praxis sind Komplexe Ma_8 in Lösung oder fester Phase häufig quadratisch-antiprismatisch, seltener dodekaedrisch gebaut; für Komplexe Ma_4b_4 gilt das Umgekehrte (vgl. Tab. 20.5). Komplexe mit der energetisch ungünstigeren kubischen Ligandenkonfiguration existieren andererseits nur dann, falls sich eine energetisch günstige Kristallstruktur ausbilden kann (vgl. Tab. 20.5 sowie auch CaF_2- sowie CsCl-Struktur). Als Folge von Packungseffekten sind die Strukturen der Abb. 20.14b und c naturgemäß mehr oder weniger verzerrt. Gegenionabhängig können Komplexe Ma_8 in einigen Fällen sowohl in der quadratisch-antiprismatischen wie dodekaedrischen Struktur existieren (z. B. $Mo(CN)_8^{4-}$, ZrF_8^{4-}; vgl. Tab. 20.5). Zahlreicher als Komplexe ML_8 mit einzähnigen Liganden sind solche, die zusätzlich zu einzähnigen (oder ausschließlich) mehrzähnige Liganden enthalten. Haben hierbei die Donoratome zweizähniger Liganden wie im Falle von O_2^{2-}, NO_3^-, $RCSS^-$ einen kleinen Abstand voneinander, so bilden sich bevorzugt Komplexe $M(a^\wedge a)_4$ mit dodekaedrischem Bau (Tab. 20.5). Betrachtet man im letzteren Falle die zweizähnigen Liganden vereinfachenderweise als einzähnige ($a^\wedge a = b$), so geht die dodekaedrische $M(a^\wedge a)_4$- in eine tetraedrische Mb_4-Konfiguration über.

Komplexe mit neunzähligem Zentralmetall leiten sich hinsichtlich ihrer Ligandenanordung von den quadratisch-antiprismatischen Komplexen (Abb. 20.14b) durch Ligandenangliederung über einer Basisfläche und von den trigonal-prismatischen Komplexen (Abb. 20.12b) durch Angliederung eines Liganden über jeder Vierecksfläche ab. Es resultieren die in Abb. 20.15a,b wiedergegebenen überkappt-quadratisch-antiprismatischen bzw. dreifach-überkappt-trigonal-prismatischen Konfigurationen mit drei bzw. zwei differierenden Ligandenplätzen A/B/C bzw. A/B.

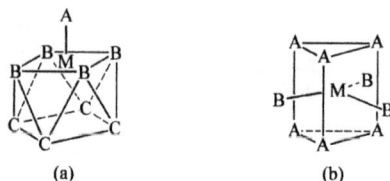

(a)   (b)

Abb. 20.15 Überkappt-quadratisch-antiprismatische (a) sowie dreifach überkappt-trigonal-prismatische (b) Metallkoordination.

In den beiden Strukturen liegen vier bzw. drei äquatoriale Ligandenplätze (B) in einer Ebene an den Ecken eines gleichseitigen Vier- bzw. Dreiecks. Das Metallzentrum ist in ersterem Falle unterhalb dieser Ebene, in letzterem Falle in der Ebenenmitte angeordnet. Oberhalb des Ligandenvier- bzw. -dreiecks befindet sich ein axialer Ligand bzw. ein Ligandentriplett (A), unterhalb ein Ligandenquartett (C) bzw. ein Ligandentriplett (A). Nach VSEPR-Modellrechnungen ist die (fluktuierende) dreifach-überkappt-trigonal-prismatische Koordination geringfügig stabiler als die (ebenfalls fluktuierende) überkappt-quadratisch-antiprismatische Koordination.

Die Neunfachkoordination (Tab. 20.5) ist seltener als die Achtfachkoordination (vgl. entsprechende Verhältnisse beim Übergang von der häufigeren Zwei-, Vier- bzw. Sechsfachkoordination zur weniger häufigen Drei-, Fünf- bzw. Siebenfachkoordination). Koordinationsverbindungen mit neun einzähnigen Liganden sind bisher im Wesentlichen auf einige Hydrate dreiwertiger Lanthanoide und Hydride des Technetiums und Rheniums beschränkt (Tab. 20.5). Sie haben in der Regel dreifach-überkappt-trigonal-prismatische Struktur. Ein Ausnahmefall stellt etwa ein über Chlorid verbrückter Chlorokomplex $[LaC(H_2O)_7]_2^{4+}$ dar, der zwei überkappt-quadratisch-antiprismatische $LaCl_2(H_2O)_7$-Einheiten enthält. Etwas zahlreicher als Komplexe mit einzähnigen sind solche mit mehrzähnigen Liganden (z.B. dreifach-überkappt-trigonal-prismatisch: $M(NO_3)_3(OSMe_2)_3 = M(a^\wedge a)_3b_3$ mit M = Eu, Lu, Yb; überkappt-quadratisch-antiprismatisch): $Th(acac')_4(H_2O) = M(a^\wedge a)_4b$.

Komplexe mit zehn- , elf- oder zwölfzähligem Zentralmetall. In den wichtigsten der möglichen Konfigurationen von Komplexen ML_{10}, ML_{11} oder ML_{12} nehmen Liganden die Eckplätze eines zweifach überkappten quadratischen Antiprismas, eines Oktadekaeders bzw. eines Ikosaeders ein (vgl. Abb. 20.16a, b und c).

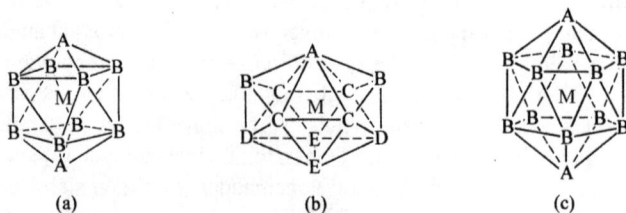

(a)   (b)   (c)

Abb. 20.16 Zweifach-überkappt-quadratisch-antiprismatische (a), oktadekaedrische (b) sowie ikosaedrische (c) Metallkoordination.

In allen drei Fällen existieren – sieht man von einigen Doppeloxiden wie Perowskit (S. 1801) ab – keine Metallkomplexe mit ausschließlich einzähnigen Liganden. Für Beispiele von Verbindungen mit zweizähnigen (NO_3^-, CO_3^{2-}) und dreizähnigen Liganden (BH_4^-) vgl. Tab. 20.5. In letzteren Fällen liegen allerdings nicht mehr »ideale« Geometrien vor. Zum Beispiel führen zweizähnige Liganden mit kleinem Biss zur Verzerrung des Ikosaeders in Richtung Kub- oder Antikuboktaeder (vgl. hierzu Abb. 20.7a, b und Abb. 20.8a). Betrachtet man in Komplexen $M(a^\wedge a)_5$ und $M(a^\wedge a)_6$ die zweizähnigen Liganden vereinfachenderweise als einzähnige ($a^\wedge a = b$), so gehen die in Abb. 20.16a und b wiedergegebenen Strukturen in trigonal-bipyramidale Mb_5- und oktaedrische Mb_6-Konfigurationen über. Komplexe mit mehr als zwölfzähligem Zentralmetall findet man bei metallorganischen Verbindungen.

Zähligkeit der Zentren von Metallclustern M_pL_n. Entsprechend der großen Ausdehnung der Zentren M_p in Clustern M_pL_n ist deren Zähligkeit n meist hoch (vgl. S. 1561f). Die Zahl und Anordnung der Liganden in der Clustersphäre wird – insbesondere bei vielatomigen Clusterzentren – wesentlich durch die Größe und Gestalt des – als großes Metallatom zu betrachtenden – Zentrums M_p sowie den Raumanspruch der n Liganden L bestimmt, wobei eine Minimierung der abstoßenden Kräfte zwischen den Liganden für die Konfiguration der Clustersphäre maßgebend ist. Beispielsweise besetzen die 12 CO-Gruppen in den Komplexen $Fe_3(CO)_{12}$ und $Co_4(CO)_{12}$ – wie bei Komplexen mit zwölfzähligem Zentrum zu erwarten ist (s. oben) – die Ecken eines Ikosaeders (vgl. Abb. 20.16c sowie Abb. 20.8a). Andererseits nehmen die CO-Liganden in den Komplexen $Os_3(CO)_{12}$ oder $Ir_4(CO)_{12}$ die Ecken eines Kuboktaeders ein (vgl. Abb. 20.7a), weil die größeren Komplexzentren Os_3 oder Ir_4 besser in den (verglichen mit einem Ikosaederinnenraum) etwas größeren Innenraum eines Kuboktaeders passen. Als Folge der unterschiedlichen Ligandenanordnung treten in ersterem Metallcarbonylen neben end- auch brückenständige CO-Gruppen auf, während letztere Komplexe ausschließlich endständige CO-Gruppen aufweisen (vgl. S. 2108).

1.4   Die Isomerie der Komplexe

Enthält eine Koordinationsverbindung verschiedenartige Liganden, so beobachtet man das Auftreten von Konstitutions- bzw. von Stereoisomeren (vgl. S. 357 und S. 357).

1.4.1   Konstitutionsisomerie der Komplexe

Die Konstitutionsisomerie äußert sich bei den anorganischen Komplexen häufig darin, dass einzelne Liganden gegenseitig ihre Plätze vertauschen. So kann beispielsweise ein Säurerest einmal ionogen und einmal koordinativ gebunden sein (Ionisations-Isomerie):

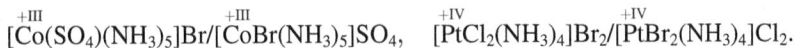

$$\overset{+III}{[Co(SO_4)(NH_3)_5]}Br / \overset{+III}{[CoBr(NH_3)_5]}SO_4, \quad \overset{+IV}{[PtCl_2(NH_3)_4]}Br_2 / \overset{+IV}{[PtBr_2(NH_3)_4]}Cl_2.$$

In gleicher Weise tritt – als Spezialfall der Ionisations-Isomerie – häufig die Aquagruppe einmal komplex gebunden und einmal als Kristallwasser auf (Hydrat-Isomerie):

$$\overset{+III}{[Cr(H_2O)_6]}Cl_3 / \overset{+III}{[CrCl(H_2O)_5]}Cl_2 \cdot H_2O, \quad \overset{+III}{[CoCl(NH_3)_4(H_2O)]}Cl_2 / \overset{+III}{[CoCl_2(NH_3)_4]}Cl \cdot H_2O.$$

Die unterschiedliche Bindung der Säurereste und des Wassers zeigt sich etwa in den Farbunterschieden der Isomeren (z. B. rotes $[Co(SO_4)(NH_3)_5]Br$, violettes $[CoBr(NH_3)_5]SO_4$; violettes $[Cr(H_2O)_6]Cl_3$, grünes $[CrCl(H_2O)_5]Cl_2 \cdot H_2O$; vgl. Ligandenfeld-Theorie, S. 1592). Auch fällt aus einer wässrigen Lösung von $[Co(SO_4)(NH_3)_5]Br$ auf Zusatz von Ag^+-Ionen gelbes AgBr, auf Zusatz von Ba^{2+}-Ionen aber kein farbloses $BaSO_4$, während bei $[CoBr(NH_3)_5]SO_4$ umgekehrt unlösliches $BaSO_4$, aber kein AgBr gebildet wird. In analoger Weise lässt sich das Hydratwasser in $[CoCl_2(NH_3)_4]Cl \cdot H_2O$, aber nicht das Koordinationswasser in $[CoCl(NH_3)_4(H_2O)]Cl_2$ durch Trocknungsmittel entfernen.

Zum Typus der auf Platzvertauschung von Liganden beruhenden Isomerie zählt schließlich noch die Koordinations-Isomerie. Sie tritt bei Salzen auf, die aus zwei komplexen Ionen bestehen:

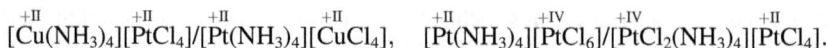

$$[\overset{+II}{Cu}(NH_3)_4][\overset{+II}{Pt}Cl_4]/[\overset{+II}{Pt}(NH_3)_4][\overset{+II}{Cu}Cl_4], \quad [\overset{+II}{Pt}(NH_3)_4][\overset{+IV}{Pt}Cl_6]/[\overset{+IV}{Pt}Cl_2(NH_3)_4][\overset{+II}{Pt}Cl_4].$$

Einen weiteren Fall von Konstitutions-Isomerie bei Komplexen stellt die Bindungs-Isomerie dar, die dann beobachtet wird, wenn Liganden in isomeren Formen gebunden werden können, wie etwa die NO_2-Gruppe über den Stickstoff (»Nitro-Gruppe«) oder den Sauerstoff (»Nitrito-Gruppe«) bzw. die SCN-Gruppe über den Stickstoff (»Isothiocyanato-Gruppe«) oder den Schwefel (»Thiocyanato-Gruppe«):

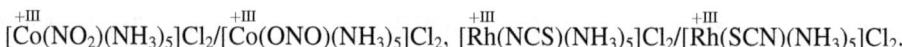

$$[\overset{+III}{Co}(NO_2)(NH_3)_5]Cl_2/[\overset{+III}{Co}(ONO)(NH_3)_5]Cl_2, \quad [\overset{+III}{Rh}(NCS)(NH_3)_5]Cl_2/[\overset{+III}{Rh}(SCN)(NH_3)_5]Cl_2.$$

Liganden-Isomerie liegt im Falle von Komplexen ML_n mit Liganden unterschiedlicher Konstitution vor (z. B. L = o-, m-, oder p-Methylanilin $CH_3C_6H_4NH_2$).

Schließlich kann – in Erweiterung des Isomeriebegriffs – die Konstitutions-Isomerie darauf beruhen, dass Komplexe bei gleicher Zusammensetzung verschiedene Molekülgröße besitzen (Polymerisations-Isomerie):

$$[\overset{+II}{Pt}Cl_2(NH_3)_2]/[\overset{+II}{Pt}(NH_3)_4][\overset{+II}{Pt}Cl_4], \quad [\overset{+III}{Co}(NO_2)_3(NH_3)_3]/[\overset{+III}{Co}(NH_3)_6][\overset{+III}{Co}(NO_2)_6].$$

1.4.2   Stereoisomerie der Komplexe

Geschichtliches. Das Auftreten einer bestimmten Anzahl von Diastereomeren nutzte Alfred Werner bereits um 1910 – also noch vor Entdeckung der Strukturanalyse durch Röntgenbeugung – zur Konfigurationszuordnung von Komplexen. Beispielsweise folgerte er 1907 aus der Beobachtung von 2 (und nicht mehr) diastereomeren Komplexen der Zusammensetzung Ma_4b_2 und Ma_3b_3 oktaedrischen Komplexbau (hexagonal-planare bzw. trigonal-prismatische Konfiguration müsste 3 Diastereomere liefern). Komplexe des Typs $M(a^\wedge a)_2b_2$ konnte er 1911 in 3 Stereoisomere (2 Diastereomere, 1 Enantiomerenpaar), Komplexe des Typs $M(a^\wedge a)_3$ 1912 in 2 Stereoisomere (1 Enantiomerenpaar) spalten. Die Befunde wiesen wiederum auf oktaedrischen Bau (bei hexagonal-planaren bzw. trigonal-prismatischen Komplexen erwartet man für $M(a^\wedge a)_2b_2$ 2 bzw. 5, für $M(a^\wedge a)_3$ kein bzw. 2 Stereoisomere).

Unter den Metallkomplexen ML_n (M = Zentralmetall; L = mit M koordinierte Liganden oder Ligandenarme a, b, c, d ...) bilden solche mit vier- oder höherzähligen Zentren ($n \geq 4$) Stereoisomere, d. h. Diastereomere (S. 450) und/oder Enantiomere (S. 444). Die Komplex-Diastereomerie beruht nun entweder (i) auf einer unterschiedlichen Ligandenanordnung bei gegebener Komplexgeometrie (z. B. *cis*- oder *trans*-Anordnung bei quadratisch-planaren bzw. oktaedrischen Komplexen; vgl. S. 451 sowie Anm.[6])), (ii) auf einer unterschiedlichen Komplexgeometrie (z. B. quadratisch-planare und tetraedrische Komplexgeometrie; vgl. S. 451) und/oder (iii) auf einer unterschiedlichen Konfiguration eines Teils von chiralen Zentren bei Komplexen mit mehreren Asymmetrie-Zentren (vgl. S. 448). Ursachen für Komplex-Enantiomerie sind andererseits (i) die Chiralität des Zentralmetalls als Folge seiner Koordination mit Liganden (konfigurationsbedingte Chiralität, vgl. S. 443), (ii) die Chiralität der Liganden (durch vicinale Effekte bedingte Chiralität; vgl. S. 1586) und/oder (iii) die Chiralität des Systems Metall/Ligand als Folge konformationsisomerer Chelatringe (konformationsbedingte Chiralität; vgl. S. 1585).[7]

---

[6] Unter Bindungslängenisomeren versteht man Moleküle, die sich nur in der Länge einer oder mehrerer Bindungen unterscheiden. Diese Isomerie wird bei Komplexen ML_n beobachtet, deren high- und low-spin Zustände energetisch vergleichbar und durch eine deutliche Aktivierungsbarriere E_a voneinander getrennt sind (Beispiel: FeL_2Cl_2 mit L = $Ph_2P-CH=CH-PPh_2$: d_{FeP} in der high-spin Form 0.28 Å größer als in der low-spin Form). Da E_a meist klein ist, werden beide Komplexformen in der Regel erst bei sehr tiefen Temperaturen isomerisierungsstabil. In kristalliner Form lässt sich low-spin $[FeL_6]^{2+}$ (als BF_4^--Salz) durch grünes Licht in raumtemperaturstabiles high-spin $[FeL_6]^{2+}$ umwandeln (L = 1-Propyltetrazol; Rückwandlung mit rotem Licht möglich).

[7] Bezüglich der Klammerausdrücke vgl. Nomenklatur, Anh. VIII.

Komplexe mit vierzähligem Zentralmetall sind tetraedrisch oder quadratisch-planar konfiguriert (S. 1573), wobei im Sinne des auf S. 444 und S. 451 Besprochenen bei tetraedrischen Metallkomplexen nur Spiegelbild-Isomerie – und diese auch nur bei Verbindungen der Zusammensetzung Mabcd bzw. $M(a^{\wedge}b)_2$ – beobachtet wird, bei quadratisch-planaren Metallkomplexen nur geometrische Isomerie (mögliche Zusammensetzungen: Ma_2b_2, Ma_2bc, Mabcd).

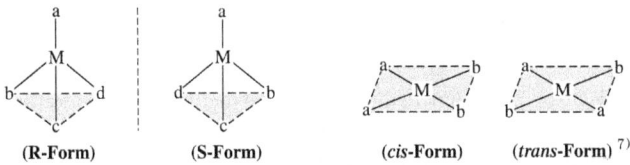

(R-Form)   (S-Form)   (*cis*-Form)   (*trans*-Form) [7]

Abb. 20.17

Alle quadratisch-planaren Komplexe mit einem chiralen Liganden sowie quadratisch-planare Komplexe $M(*a^{\wedge}*a)bc$ mit einem zweizähnigen Liganden $*a^{\wedge}*a$ in der optisch-inaktiven meso-Form (z. B. [Pt $(H_2N-^*CHPh-^*CHPh-NH_2)(H_2N-CMe_2CH_2-NH_2)$]) bilden dagegen optische Antipoden. In der Praxis konnten tetraedrische Komplexe Mabcd mit vier einzähnigen σ-Donoren a, b, c, d wegen der Racemisierungslabilität der betreffenden Enantiomeren allerdings bisher nicht in optische Antipoden gespalten werden. Kinetisch stabile Enantiomere erhält man aber entweder nach Ersatz der vier einzähnigen durch zwei unsymmetrische zweizähnige Liganden $a^{\wedge}b$ wie Benzoylacetonat $O=CPh-CH=CMe-O^-$ oder nach Ersatz von einem σ- durch einen π-Donator wie Cyclopentadienid $C_5H_5^-$ oder Benzol C_6H_6. Beispiele sind etwa: $M(O-CPh-CH-CMe-O)_2$ (M = Be, B^+, Zn, Cu), $[M(CO)(NO)(PR_3)(\pi-C_5H_5)]$ (M = Mo, Mn^+), $[FeCl(CO)(PR_3)(\pi-C_5H_5)]$, $[CoI(CF_3)(PR_3)(\pi-C_5H_5)]$, $[RuCl(CH_3)(PR_3)(\pi-C_6H_6)]$. Bei quadratisch-planaren Komplexen wurde demgegenüber auch für einzähnige σ-Donoren jede geometrische Isomeriemöglichkeit verwirklicht (*cis-trans*-Isomere bei Komplexen Ma_2b_2 und Ma_2bc, drei Diastereomere bei Komplexen Mabcd; Beispiele: $[Pt(NH_3)_2Cl_2]$, $[IrCl(CO)(PPh_3)_2]$, $[Pt(NO_2)(NH_3)(NH_2OH)(py)]$; vgl. S. 451).

Komplexe mit vierfach-koordiniertem Zentralatom, welche sowohl in der tetraedrischen als auch geometrisch isomeren quadratisch-planaren Form existieren (»Allogon-Isomere«; vgl. S. 452) und auch für Komplexe mit vier gleichen Liganden denkbar sind, stellen die seltene Ausnahme dar und wurden z. B. bei Co(II) und insbesondere Ni(II) realisiert (vgl. S. 2035).

Komplexe mit fünfzähligem Zentralmetall sind trigonal-bipyramidal bzw. quadratisch-pyramidal gebaut (S. 1574). Für beide Konfigurationen sind bei Koordination des Zentrums mit unterschiedlichen Liganden Diastereomere und Enantiomere zu erwarten. So existieren zwei geometrisch-isomere Formen für Komplexe der Zusammensetzung Ma_4b mit b in axialer oder Basis-Position und drei geometrisch-isomere Formen für Komplexe Ma_3b_2 (s. Abb. 20.18).

Sind im Falle der quadratischen Pyramide die b-Liganden unterschiedlich (Komplexe des Typs Ma_3bc), so wird die α-*cis*-Form chiral, sodass einschließlich der beiden Enantiomeren 4 Stereoisomere existieren. Bei weiterer Erhöhung der Ligandenvielfältigkeit wächst die Isomerenzahl und beträgt bei trigonal-bipyramidalen Komplexen Mabcde 20 (10 Enantiomeren-

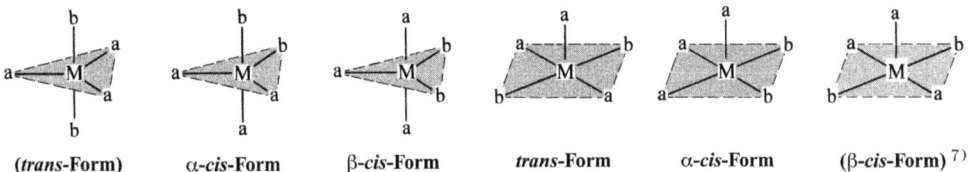

(*trans*-Form)   α-*cis*-Form   β-*cis*-Form   *trans*-Form   α-*cis*-Form   (β-*cis*-Form) [7]

Abb. 20.18

Tab. 20.6

	Ma_4b_2	Ma_3b_3	Ma_4bc	Ma_3b_2c	$Ma_2b_2c_2$	Ma_3bcd	Ma_2b_2cd	Ma_2bcde	Mabcdef
Diastereomere	2	2	2	3	5	4	6	9	15
Enantiomerenpaare	–	–	–	–	1	1	2	6	15
Isomere insgesamt	2	2	2	3	6	5	8	15	30

paare), bei quadratisch-pyramidalen Komplexen Mabcde 30 (15 Enantiomerenpaare). Da sowohl die trigonal-bipyramidale als auch quadratisch-pyramidale Konfiguration in der Regel fluktuierend (nicht starr) ist, konnten bisher keine isomeren Komplexe mit fünf einzähnigen σ-Donoren gewonnen werden, denn es entsteht durch Pseudorotation jeweils rasch das stabilste Isomere. Umlagerungsstabilere quadratisch-pyramidale Komplexe erhält man jedoch nach Ersatz des axial gebundenen σ-durch einen π-Donator wie Cyclopentadienyl $C_5H_5^-$. Dementsprechend ließen sich quadratisch-pyramidal gebaute Verbindungen des Typs Mab_2cd (M = Mo, W; a = axial-symmetrisch gebundenes π-$C_5H_5^-$; b = CO, c/d = I/PR$_3$ oder unsymmetrischer zweizähniger Ligand) in geometrische und Spiegelbild-Isomere auftrennen. In wenigen Fällen konnten darüber hinaus beide Komplexgeometrien und damit Allogon-Isomere verwirklicht werden. Zum Beispiel ist Antimon in $SbPh_5 \cdot \frac{1}{2} C_6H_{12}$ trigonal-bipyramidal und in $SbPh_5$ quadratisch-pyramidal von Phenylgruppen umgeben; auch enthält $[Cr(en)_3][Ni(CN)_5] \cdot 1.5H_2O$ im Kristall neben trigonal-bipyramidalenzudem quadratisch-pyramidale Anionen $Ni(CN)_5^{3-}$.

Komplexe mit sechszähligem Zentralmetall sind meist oktaedrisch und nur ausnahmsweise trigonal-prismatisch gebaut (S. 1576). Wegen ihrer geringen Anzahl wurden trigonal-prismatische Komplexe hinsichtlich ihrer Stereochemie bisher nicht eingehender untersucht. Andererseits spielten oktaedrische Koordinationsverbindungen für die Entwicklung der Stereochemie eine besonders wichtige Rolle. Man beobachtet bei letzteren Komplexen sowohl geometrische als auch Spiegelbild-Isomerie. Allerdings ließen sich oktaedrisch gebaute Verbindungen in vielen Fällen wegen eines raschen gegenseitigen Austauschs der Liganden auf dissoziativem Wege nicht in Diastereomere und Enantiomere trennen (oktaedrische sind wie tetraedrische Komplexe vergleichsweise pseudorotationsstabil). Isomerisierungsstabile und deshalb in Diastereomere und Enantiomere spaltbare oktaedrische Komplexe bilden insbesondere Co(III) (besonders eingehend untersucht), Cr(III), Rh(III), Ir(III), Ru(III), Pt(IV).

Die Isomerisierungsstabilität wächst häufig auch mit der Zähnigkeit der Liganden (vgl. Chelat-Effekt, S. 1567).

Einzähnige Liganden. Die Zahl möglicher diastereomerer und enantiomerer oktaedrischer Komplexe mit einzähnigen Liganden hängt von der Zahl der Ligandensorten und von der Zahl der Liganden einer bestimmten Sorte ab, wie sich nachfolgender Zusammenstellung entnehmen lässt (s. Tab. 20.6). Hiernach bilden oktaedrische Komplexe der Zusammmsetzung Ma_4b_2 und Ma_3b_3 (2 Ligandensorten) kein Enantiomerenpaar, sondern jeweils nur 2 Diastereomere mit *cis*- oder *trans*-Anordnung (Ma_4b_2) bzw. *fac*- oder *mer*-Anordnung der zwei bzw. drei b-Liganden (s. Abb. 20.19).

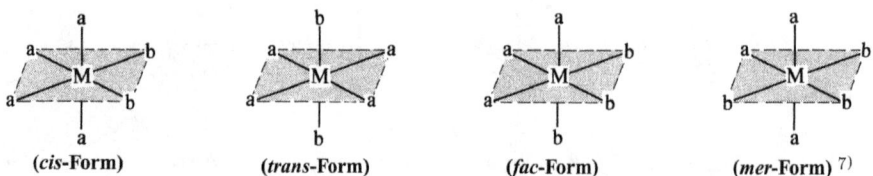

(*cis*-Form)   (*trans*-Form)   (*fac*-Form)   (*mer*-Form) [7)]

Abb. 20.19

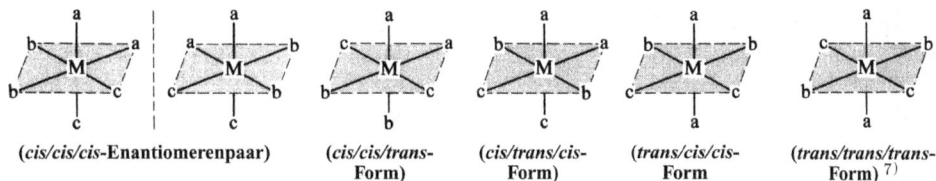

| (*cis/cis/cis*-Enantiomerenpaar) | (*cis/cis/trans*-Form) | (*cis/trans/cis*-Form) | (*trans/cis/cis*-Form | (*trans/trans/trans*-Form) [7] |

Abb. 20.20

Als Beispiele für Komplexe des Typs Ma_4b_2 und Ma_3b_3 seien das *cis*- und *trans*-Tetrammindichlorocobalt(II)-Kation $[CoCl_2(NH_3)_4]^+$ (blauviolette und grüne Form) sowie das *fac*- und *mer*-Triammintrichloroplatin(IV)-Kation $[PtCl_3(NH_3)_3]^+$ genannt. Ähnlich wie Ma_4b_2 und Ma_3b_3 bilden auch Komplexe Ma_4bc (3 Ligandensorten) je ein Diastereomeres mit *cis*- und *trans*-Stellung der Liganden b, c und Komplexe Ma_3b_2c ein Diastereomeres mit *fac*- und zwei Diastereomere mit *mer*-Stellung der drei a-Liganden (in letzterem Falle stehen die beiden b-Liganden *cis*- oder *trans* zueinander).

Komplexe des Typs $Ma_2b_2c_2$ existieren andererseits in fünf diastereomeren Formen mit *cis/cis/cis*-, *cis/cis/trans*-, *cis/trans/cis*-, *trans/cis/cis*- sowie *trans/trans/trans*-Stellung der Liganden $a_2/b_2/c_2$; der Komplex mit all-*cis*-Konfiguration ist zudem chiral und bildet ein Enantiomerenpaar (s. Abb. 20.20).

Während somit im Falle von tetraedrischen Komplexen ML_4 optische Antipoden erst bei einer Metallkoordination mit 4 unterschiedlichen einzähnigen Liganden a, b, c, d auftreten, genügen bei oktaedrischen Komplexen für Enantiomerie bereits 3 Ligandensorten a, b, c in Paaren. Eine (zumindest teilweise) Antipodenspaltung der all-*cis*-Form eines Komplexes vom Typ $Ma_2b_2c_2$ gelang im Falle von Diammindichlorodinitroplatin(IV) $[PtCl_2(NO_2)_2(NH_3)_2]$ am chiralen Quarz (vgl. Enantiomerenspaltung, S. 449). Enantiomerie beobachtet man auch bei oktaedrischen Komplexen mit 4, 5 und 6 Ligandensorten (z.B. $[PtCl_3(NO_2)(NH_3)(py)]$, $[IrBrCl(PPh_3)_2(CO)(CH_3)]$, $[PtBrClI(NO_2)(NH_3)(py)]$), wobei die Zahl der Enantiomerenpaare mit der Ligandenvielfalt wächst und bei Komplexen Mabcdef fünfzehn beträgt (vgl. obige Zusammenstellung).

Zweizähnige Liganden können nur *cis*-, aber keine *trans*-Positionen des Oktaeders einnehmen. Demgemäß verringert sich die Diastereomerenzahl vielfach beim Übergang oktaedrischer Komplexe mit einzähnigen Liganden zu entsprechenden Komplexen mit zweizähnigen Liganden: z.B. 5 Diastereomere im Falle von $Ma_2b_2c_2$ (s. oben), kein Diastereomeres im Falle von $M(a^\wedge a)(b^\wedge b)(c^\wedge c)$. Andererseits kann sich in gleicher Richtung die Enantiomerenzahl erhöhen: z.B. bilden Komplexe Ma_6 keine Stereoisomeren und Komplexe Ma_4b_2 2 Diastereomere, aber keine Enantiomeren, während bei Komplexen des Typs $M(a^\wedge a)_3$ und $M(a^\wedge a)_2b_2$ (Ersatz von jeweils zwei ein- durch einen symmetrisch zweizähnigen Liganden) jeweils ein Enantiomerenpaar existiert (im Falle von $M(a^\wedge a)_2b_2$ ist nur das *cis*-, nicht das *trans*-Isomere chiral) (s. Abb. 20.21).

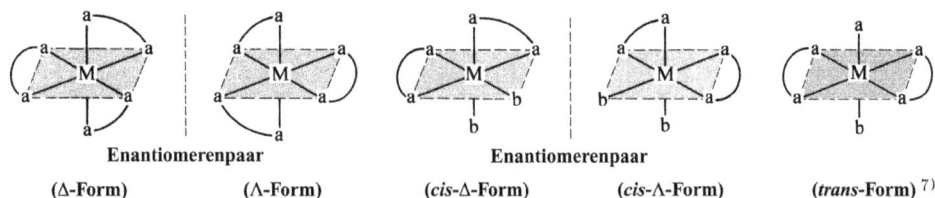

| | Enantiomerenpaar | | Enantiomerenpaar | |
| (**Δ-Form**) | (**Λ-Form**) | (*cis*-**Δ-Form**) | (*cis*-**Λ-Form**) | (*trans*-Form) [7] |

Abb. 20.21

Beispiele für Komplexe des Typs $M(a^\wedge a)_3$ und $M(a^\wedge a)_2b_2$ sind etwa das Δ- und Λ-Tris(ethylen-diamin)cobalt(III)-Kation $[Co(en)_3]^{3+}$ und das cis-Δ-, cis-Λ- sowie trans-Dichlorobis(ethylen-diamin)cobalt(III)-Kation $[Co(en)_2Cl_2]^{2+}$ mit Ethylendiamin $H_2N-CH_2-CH_2-NH_2$ (en) als zweizähnigem Liganden. Acetylacetonat $O^{\cdots}CMe^{\cdots}CH^{\cdots}CMe^{\cdots}O^-$(acac), ein häufig benutzter zweizähniger Ligand, lagert sich in vielen Fällen n-mal an n-fach geladene Metallionen unter Bildung von Komplexen des Typs $M(acac)_n$ (z. B. $Be(acac)_2$, $Al(acac)_3$, $Cr(acac)_3$, $Zr(acac)_4$) an; sie sind ungeladen und daher flüchtig (»acac verleiht den Metallen Flügel«). Von Interesse ist weiterhin Dimethylglyoximat $HON=CMe-CMe=NO^-$ (dmg), das als Paar in oktaedrischen Komplexen $[M(dmg)_2a_2]$ eine trans-Position bevorzugt (Bildung nur eines Isomeren), da nur dann eine günstige räumliche Gegebenheit für starke Wasserstoffbrücken besteht (vgl. S. 2030). Ein rein anorganischer Komplex des Typs $M(a^\wedge a)_3$ ist $\{Co[(HO)_2Co(NH_3)_4]_3\}^{6+}$ (»Werner-Komplex«; OH-Gruppen verbinden die Ligand-Cobaltatome mit dem Cobalt-Komplexzentrum).

Haben die zweizähnigen Liganden nicht wie en, acac oder Oxalat, $^-O-CO-CO-O^-$ (ox) gleiche, sondern wie Glycinat $H_2N-CH_2-COO^-$ (gly) oder Propylendiamin $H_2N-CH_2-*CHMe-NH_2$ (pn) unterschiedliche Ligandenarme, so wächst naturgemäß die Zahl möglicher Stereoisomerer. So existieren bei Komplexen des Typs $M(a^\wedge b)_3$ (z. B. $Cr(gly)_3$) ins-gesamt 4 Stereoisomere, nämlich zwei chirale, d. h. in optische Antipoden spaltbare Diastereo-mere mit fac- und mer-Stellung der a- bzw. b-Ligandenarme. Ist der unsymmetrische Ligand wie pn zusätzlich chiral, so erhöht sich die Zahl möglicher Stereoisomerer weiter, da sowohl (+)- als auch (−)-pn an das Metallzentrum gebunden sein kann. Auch existiert der Chelatring beider Konfigurationen seinerseits in zwei – durch Ringinversion ineinander überführbaren – Konformationen (Entsprechendes gilt natürlich auch für achiral zweizähnige Liganden wie en in $[Co(en)(NH_3)_4]^{3+}$ [8] (s. Abb. 20.22).

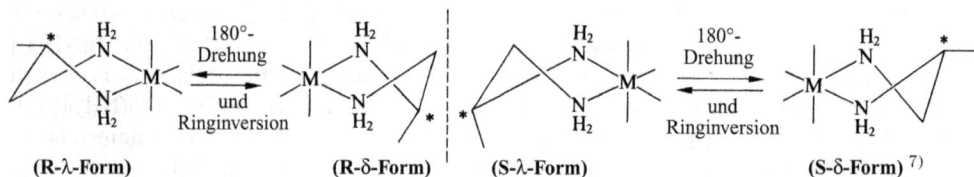

(R-λ-Form)   (R-δ-Form)   (S-λ-Form)   (S-δ-Form) [7)]

Abb. 20.22

Allerdings bevorzugt der Ringsubstituent Methyl im erwähnten Fall eine äquatoriale Position, sodass pn ausschließlich in der R-λ- bzw S-δ-Form vorliegt. Ersichtlicherweise sind also vicina-le und konformative Effekte vielfach nicht unabhängig voneinander, da chirale Zentren mehr-zähniger Liganden wegen der Substitution des Asymmetrie-Zentrums mit (vier) unterschiedli-chen Resten raumbeanspruchend sind und deshalb bestimmte Chelatkonformationen »sterisch erzwingen«, andere Konformationen aber »sperren«.

Vielzähnige Liganden wie dien, trien oder edta^{4-} bilden mit vielen Metallen stabile, in Diastereo-mere und Enantiomere trennbare Komplexe (vgl. Chelateffekt, S. 1567). Beispielsweise existie-ren für $[CoCl_2(trien)]^+$ (allgemeiner: $M(a^\wedge b^\wedge b^\wedge a)c_2$) zwei chirale Diastereomere mit cis- und ein achirales Diastereomeres mit trans-Konfiguration der Chlorid-Liganden (s. Abb. 20.23). Außer diesen, auf konfigurationsbedingte Effekte zurückgehenden Isomeren existieren aber zusätzlich Isomere aufgrund der Chiralität der mittleren N-Atome im komplexgebundenen trien (vicinale

---

[8] Beide $Co(en)(NH_3)_4^{3+}$-Konformere sind energiegleich und lassen sich wegen der kleinen Ringinversionsbarriere nur als Racemat isolieren. Von Verbindungen wie $M(en)_2a_2$ mit 2 gleichen zweizähnigen Liganden existieren andererseits 3 Stereoisomere mit trans-ständigen en-Gruppen, nämlich ein Enantiomerenpaar mit $\delta\delta$- und $\lambda\lambda$- und ein dazu Diaste-reomeres (meso-Form) anderen Energieinhalts mit $\delta\lambda \equiv \lambda\delta$-Konformation der Chelatringe (liegt in Kristallen meist vor).

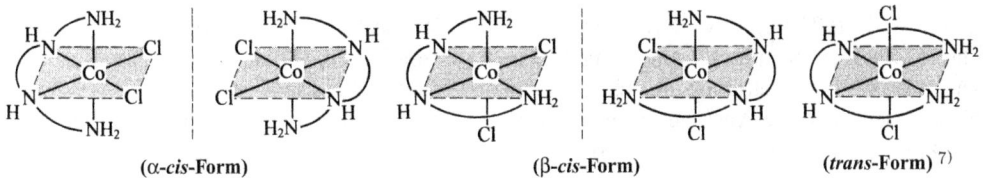

(α-*cis*-Form)   (β-*cis*-Form)   (*trans*-Form) [7]

Abb. 20.23

Effekte) und der Konformation der fünfgliederigen Chelatringe (konformationsbedingte Effekte; in der α-*cis*-Form ist allerdings die Konfiguration der N-Atome und die Konformation der Chelatringe – strukturbedingt – vorgegeben).

Der Ligand edta^{4-} bildet andererseits 1 : 1-Komplexe des Typs M(edta)$^{n-4}$, in welchem die 6 Arme des Liganden das Metallion M^{n+} meist oktaedrisch koordinieren. Auch erlaubt der Bau des Liganden hier nur die Bildung eines Enantiomerenpaares, das in vielen Fällen in die Antipoden gespalten wurde (vgl. Abb. 20.24 und auch Abb. 20.5).

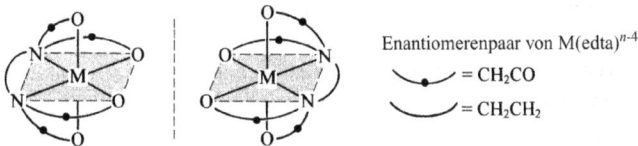

Enantiomerenpaar von M(edta)$^{n-4}$

$\smile\!\!\bullet\!\!\smile$ = CH$_2$CO

$\smile\smile$ = CH$_2$CH$_2$

Abb. 20.24

Komplexe ML$_n$ mit höher als sechszähligem Zentralmetall, für die sowohl Allogon-Isomere (gleiches n, gleiche Liganden) als auch geometrische und Spiegelbildisomere (gleiches n, unterschiedliche Liganden) denkbar sind, wurden bisher nicht eingehender hinsichtlich ihres Isomerieverhaltens untersucht.

2   Bindungsmodelle der Übergangsmetallkomplexe

Die chemische Bindung, Teil III (Teil I: 121; Teil II: 359.)

Der Bindungszustand der Übergangsmetallkomplexe ML$_n$ sowie daraus folgende Eigenschaften wie Komplexstabilität und -zusammensetzung, Koordinationsgeometrie, magnetisches und optisches Verhalten der Verbindungen lassen sich u. a. durch die »Valenzstruktur-Theorie« (»VB-Theorie«) sowie durch die »Ligandenfeld-Theorie« (»LF-Theorie«) erklären. Im Rahmen ersterer Theorie werden die Liganden L und das Metallzentrum M eines Komplexes durch kovalente ML-Bindungen miteinander verknüpft und die polaren Bindungsanteile in zweiter Näherung berücksichtigt, während letztere Methode von Komplexen mit rein elektrovalenten (elektrostatischen) Bindungskräften M und L ausgeht und erst in zweiter Näherung die kovalenten Bindungsanteile einführt. Durch die Ligandenfeld-Theorie ist eine mehr quantitative Beschreibung der Komplexverbindungen möglich geworden. Sie löst daher heute in diesem Bereich die – zunächst (bis 1950) ausschließlich genutzte – Valenzstruktur-Theorie, die mehr qualitativen Charakter besitzt, weitgehend ab. Noch besser lassen sich der Bindungszustand und die Eigenschaften von Komplexen durch die »Molekülorbital-Theorie« (»MO-Theorie«) erklären, welche die wesentlichen Merkmale der Valenzstruktur- und Ligandenfeld-Theorie in sich vereint.

VB- und LF-Theorie erweitern und vertiefen die »Werner'sche Theorie« der Komplexe, welche im Rahmen postulierter Haupt- und Nebenvalenzen bereits einige Komplexeigenschaften wie Isomerie oder Leitfähigkeit richtig zu deuten gestattete (S. 1550), aber über die Natur der Nebenvalenzen keine Aussage machte und demzufolge Eigenschaften wie Zusammensetzung, Struktur, Stabilität, magnetisches und optisches Verhalten der Komplexe nicht vorauszusagen vermochte. VB- und LF-Theorie erweitern auch insofern das »VSEPR-Modell« des Komplexbaus (S. 1570), als sie Erklärungen für Strukturen liefern, die – wie die quadratisch-planare Ligandenanordnung – nach dem VSEPR-Modell unerwartet sind. Andererseits vermag aber das VSEPR-Modell in vielen Fällen (insbesondere bei Komplexen mit unterschiedlichen und/oder mehrzähnigen Liganden) Strukturen vorherzusagen, in welchen eine Strukturdeutung mithilfe der VB- oder LF-Theorie nicht oder nur schwer möglich ist.

2.1   Valenzstruktur-Theorie der Komplexe

Nach der von W. Heitler und F. London im Jahre 1927 entwickelten und insbesondere durch J. C. Slater und L. Pauling ausgebauten Valenzstruktur-Theorie (Valence-Bond-Theorie, »VB-Theorie«, »Elektronenpaar-Theorie«) beruht die chemische Bindung zwischen dem Metallzentrum und einem Liganden eines Komplexes ML_n ähnlich wie die zwischen zwei Nichtmetallatomen einer Molekülverbindung (S. 142) darauf, dass sich die Bindungspartner gemeinsam in ein Elektronenpaar teilen. Nur stammt das Elektronenpaar nicht – wie bei den Nichtmetallverbindungen – hälftig von beiden, sondern im Sinne der Formulierung M←L vollständig von einem Bindungspartner. Dieses Bindungsmodell, wonach Komplexe Produkte Lewis-sauer wirkender Metallatome oder -ionen M und Lewis-basisch wirkender Liganden :L mit kovalenten (koordinativen, dativen) ML-Bindungen darstellen, wurde stillschweigend vielen Ausführungen im vorstehenden Kapitel zugrunde gelegt (vgl. z. B. Formeln auf S. 1573f).

Die Modellvorstellungen eines kovalenten Komplexbaus ermöglichen in vielen Fällen die Vorhersage der Komplexzusammensetzung und -stabilität (vgl. Abschnitt 2.1.1); auch bewähren sie sich bei der Deutung der Struktur und des magnetischen Komplexverhaltens (vgl. Abschnitt 2.1.2), jedoch nicht bei der Deutung der Farbe von Komplexen. Sie seien nachfolgend – obwohl ihnen heute mehr historisches Interesse zukommt – skizziert.

2.1.1   Zusammensetzung und Stabilität von Komplexen

Die Komplexbildungstendenz der Übergangsmetalle hängt ähnlich wie die Tendenz der Nichtmetalle zur Verbindungsbildung in entscheidender Weise mit dem Bestreben dieser Elemente zusammen, durch die Vereinigung mit Bindungspartnern Edelgas-Elektronenschalen zu erlangen (»Edelgasregel«). Dies ist in besonderem Maße bei den CO-, NO-, CN-, Phosphan-, Arsan-, Isonitril- und vergleichbaren Komplexen sowie bei den metallorganischen π-Komplexen der Regelfall, wie der Tab. 20.7 entnommen werden kann, welche Beispiele für die Erlangung von Edelgasschalen für Metalle der 1., 2. und 3. Übergangsreihe durch Komplexbildung enthält.

Man kann den Inhalt der Tab. 20.7 auch durch die so genannte »18-Elektronenregel« zum Ausdruck bringen, wonach die vor einem Edelgas stehenden Übergangselemente (vgl. Langperiodensystem im vorderen inneren Buchdeckel) bestrebt sind, durch Aufnahme von Elektronen bei der Komplexbildung die abgeschlossene äußere 18er-Gruppierung (Oktadezett $d^{10}s^2p^6$) dieses Edelgases zu erlangen. Diese von N. V. Sidgwick (1923) für die Übergangselemente aufgestellte »18-Elektronen-Regel« entspricht ganz der von G. N. Lewis (1916) für die Hauptgruppenelemente ausgesprochenen »8-Elektronenregel« (S. 121), wonach die vor (nach) einem Edelgas stehenden Hauptgruppenelemente (vgl. Langperiodensystem im vorderen inneren Buchdeckel) die Tendenz besitzen, durch Aufnahme (Abgabe) von Elektronen bei der Verbindungsbildung die abgeschlossene äußere 8er-Gruppierung (Oktett s^2p^6) dieses Edelgases zu erreichen.

Tab. 20.7 Komplexe von Metallen der 1., 2. und 3. Übergangsreihe: Bildung einer Krypton-, Xenon-, Radonschale mit 36, 54 bzw. 86 Elektronen bzw. 18 Außenelektronen für ligandenkoordinierte Metallatome oder -ionen (z. B. $[Fe(CN)_6]^{4-}$: 24 Elektronen von Fe^{2+} + 12 Elektronen von 6 CN^- = 36 Elektronen bzw. 6 Valenzelektronen von Fe^{2+} + 12 Elektronen von 6 CN^- = 18 Elektronen).

$28+8=36$ Elektronen	$26+10=36$ Elektronen	$24+12=36$ Elektronen	$22+14=36$ Elektronen
$10+8=18$ Elektronen	$8+10=18$ Elektronen	$6+12=18$ Elektronen	$4+14=18$ Elektronen
$[Mn^{-III}(CO)(NO)_3]$	$[Cr^{-II}(CO)_5]^{2-}$	$[V^{-I}(CO)_6]^{3-}$	$[V^{-I}(CO)_4(\pi\text{-}Ar)]^+$
$[Fe^{-II}(CO)_4]^{2-}$	$[Mn^{-I}(CO)_5]^-$	$[Cr^0(CO)_6]$	$[Cr^{II}H_2(CO)_5]$
$[Fe^{-II}(PF_3)_4]^{2-}$	$[Mn^{-I}(PF_3)_5]^-$	$[Cr^0(\pi\text{-}C_6H_6)_2]$	$[Cr^{II}H(CO)_3(\pi\text{-}C_5H_5)]$
$[Fe^{-II}(CO)_2(NO)_2]$	$[Fe^0(CO)_5]$	$[Cr^0(dipy)_3]$	$[Cr^{II}(CO)_2(diars)_2X]^+$
$[Co^{-I}(CO)_4]^-$	$[Fe^0(PF_3)_5]$	$[Mn^I(CO)_6]^+$	$20+16=36$ Elektronen
$[Co^{-I}(PF_3)_4]^-$	$[Fe^0(CO)_4(NH_3)]$	$[Mn^I(CN)_6]^{5-}$	$2+16=18$ Elektronen
$[Co^{-I}(CO)_3(NO)]$	$[Fe^0(CO)_4(\pi\text{-}C_2H_4)]$	$[Mn^I(CO)_3(\pi\text{-}C_5H_5)]$	$[Ti^{II}(CO)_2(\pi\text{-}C_5H_5)_2]$
$[Ni^0(CO)_4]$	$[Fe^0(CO)_3(PR_3)_2]$	$[Fe^{II}(CN)_6]^{4-}$	$[Cr^{IV}O_4]^{4-}$
$[Ni^0(PF_3)_4]$	$[Fe^0(CO)_2(\pi\text{-}C_5H_5)]^-$	$[Fe^{II}(\pi\text{-}C_5H_5)_2]$	$[Mn^VO_4]^{3-}$
$[Ni^0(CN)_3(NO)]^{2-}$	$[Co^I(CNR)_5]^+$	$[Fe^{II}(CN)_5(NO)]^{2-}$	$[Fe^{VI}O_4]^{2-}$
$[Ni^0(CN)_4]^{4-}$	$[Co^IH(CO)_4]$	$[Co^{III}(CN)_6]^{3-}$	
$[Ni^0(CNR)_4]$	$[Co^I(CO)_2(\pi\text{-}C_5H_5)]$	$[Co^{III}(NO_2)_6]^{3-}$	
$[Cu^I(CN)_4]^{3-}$	$[Co^IH(N_2)(PR_3)_3]$	$[Co^{III}(NH_3)_6]^{3+}$	
$[Zn^{II}Cl_4]^{2-}$	$[Ni^{II}(CN)_5]^{3-}$	$[Ni^{IV}F_6]^{2-}$	
$46+8=54$ Elektronen	$42+12=54$ Elektronen	$40+14=54$ Elektronen	$36+18=54$ Elektronen
$10+8=18$ Elektronen	$6+12=18$ Elektronen	$4+14=18$ Elektronen	$0+18=18$ Elektronen
$[Ru^{-II}(CO)_4]^{2-}$	$[Nb^{-I}(CO)_6]^-$	$[Nb^I(CO)_4(\pi\text{-}C_5H_5)]$	$[Nb^V(\pi\text{-}C_5H_5)_2Br_3]$
$[Rh^{-I}(CO)_4]^-$	$[Mo^0(CO)_6]$	$[Mo^{II}(CNR)_7]^{2+}$	$[Mo^{VI}(\pi\text{-}C_5H_5)_2H_3]^+$
$[Rh^{-I}(PF_3)_4]^-$	$[Mo^0(PF_3)_6]$	$[Mo^{II}H(CO)_3(\pi\text{-}C_5H_5)]$	$[Mo^{VI}O_3N]^{3-}$
$[Rh^{-I}(PF_3)_3(NO)]$	$[Mo^0(\pi\text{-}C_6H_6)_2]$	$[Mo^{II}(CO)_3(\pi\text{-}C_5H_5)Cl]$	$[Tc^{VII}H_9]^{2-}$
$[Pd^0(PF_3)_4]$	$[Mo^0(CO)_3(\pi\text{-}C_5H_5)]^-$	$[Mo^{II}(CO)_4Br_2]_2$	
$44+10=54$ Elektronen	$[Tc^IH(CO)_5]$	$38+16=54$ Elektronen	
$8+10=18$ Elektronen	$[Ru^{II}(NH_3)_6]^{2+}$	$2+16=18$ Elektronen	
$[Mo^{-II}(CO)_5]^{2-}$	$[Ru^{II}(\pi\text{-}C_5H_5)_2]$	$[Mo^{IV}(CN)_8]^{4-}$	
$[Tc^{-I}(CO)_5]^-$	$[Ru^{II}(dipy)_2]^{2+}$	$[Mo^{IV}(CN)_4(CNR)_4]$	
$[Ru^0(CO)_5]$	$[Ru^{II}(N_2)(NH_3)_5]^{2+}$	$[Mo^{II}H_4(PR_3)_4]$	
$[Ru^0(PF_3)_5]$	$[Rh^{III}(NH_3)_6]^{3+}$	$[Mo^{IV}H(\pi\text{-}C_5H_5)_2]$	
$[Ru^0(CO)_3(PR_3)_2]$	$[Rh^{III}(\pi\text{-}C_6H_6)_2]^{3+}$	$[Ru^{VI}O_4]^{2-}$	
$[Rh^IH_5]^{4-}$	$[Rh^{III}Cl_3(PR_3)_3]$		
$[Pd^{II}(diars)_2Cl]^+$	$[Pd^{IV}Cl_6]^{2-}$		
$78+8=86$ Elektronen	$74+12=86$ Elektronen	$72+14=86$ Elektronen	$68+18+=86$ Elektronen
$10+8=18$ Elektronen	$6+12=18$ Elektronen	$4+14=18$ Elektronen	$0+18=18$ Elektronen
$[Os^{-II}(CO)_4]^{2-}$	$[Ta^{-I}(CO)_6]^-$	$[Ta^I(CO)_4(\pi\text{-}C_5H_5)]$	$[Ta^VH_3(\pi\text{-}C_5H_5)_2]$
$[Os^{-II}(PF_3)_4]^{2-}$	$[W^0(CO)_6]$	$[W^{II}(CNR)_7]^{2+}$	$[Ta^VCl_3(\pi\text{-}C_5H_5)_2]$
$[Ir^{-I}(CO)_4]^-$	$[W^0(\pi\text{-}C_6H_6)_2]$	$[W^{II}H(CO)_3(\pi\text{-}C_5H_5)]$	$[W^{VI}H_3(\pi\text{-}C_5H_5)_2]^+$
$[Ir^{-I}(PF_3)_4]^-$	$[Re^I(CO)_6]^+$	$[W^{II}(CO)_4Br_2]_2$	$[Re^{VII}H_9]^{2-}$
$[Pt^0(PF_3)_4]$	$[Re^I(CN)_6]^{5-}$	$[Re^{III}H(\pi\text{-}C_5H_5)_2]$	$[Re^{VII}O_3N]^{2-}$
$76+10=86$ Elektronen	$[Re^I(\pi\text{-}C_6H_6)_2]$	$[Re^{III}(CN)_7]^{4-}$	$[Os^{VIII}O_3N]^-$
$8+10=18$ Elektronen	$[Os^{II}(CN)_6]^{4-}$	$[Os^{IV}H_4(PR_3)_3]$	
$[W^{-II}(CO)_5]^{2-}$	$[Os^{II}(\pi\text{-}C_5H_5)_2]$	$70+16=86$ Elektronen	
$[Re^{-I}(CO)_5]^-$	$[Os^{II}(N_2)(NH_3)_5]^{2+}$	$2+16=18$ Elektronen	
$[Os^0(CO)_5]$	$[Ir^{III}Cl_6]^{3-}$	$[W^{IV}(CN)_8]^{4-}$	
$[Os^0(PF_3)_5]$	$[Ir^{III}(\pi\text{-}C_6H_6)_2]^{3+}$	$[W^{IV}H_2(\pi\text{-}C_5H_5)_2]$	
$[Ir^IH(CO)(PR_3)_3]$	$[Pt^{IV}(NH_3)_6]^{4+}$	$[Re^V(CN)_8]^{3-}$	
$[Ir^I(O_2)Cl(PR_3)_2(CO)]$	$[Pt^{IV}(CN)_6]^{2-}$	$[Re^VH_2(\pi\text{-}C_5H_5)_2]^+$	
$[Pt^{II}(SnCl_3)_5]^{3-}$	$[Pt^{IV}Cl_6]^{2-}$	$[Os^{VI}O_4]^{2-}$	

Neben den zahlreichen Beispielen für Komplexe mit »edelgasartigen« Metallzentren gibt es allerdings auch viele Komplexe, bei denen für das Zentralmetall die nächsthöhere Edelgasschale unter- oder überschritten wird. Der Grund für diese Ausnahmen kann u. a. daher rühren, dass das Komplexzentrum als solches eine ungerade Elektronenzahl aufweist oder dass das Zentralmetall – sterisch bedingt – nicht ausreichend viele Liganden binden kann bzw. – elektrostatisch bedingt – mehr Liganden als notwendig addiert.

Vielfach kann man beobachten, dass Komplexe, deren mit Liganden koordinierte Zentren im Vergleich mit einem Edelgas ein Plus oder Minus von Elektronen aufweisen, chemisch reaktionsfreudiger als die zugehörigen »Edelgaskomplexe« sind und als Reduktions- bzw. Oxidationsmittel oder als Lewisbasen bzw. -säuren wirken (vgl. hierzu auch Redoxadditionen und -eliminierungen, S. 1642). So wirkt der oktaedrische Komplex $[Fe^{III}(CN)_6]^{3-}$ (17 Außenelektronen für ligandenkoordiniertes Fe^{III}) als Oxidationsmittel, da er sich das zur Kryptonschale noch fehlende Elektron zu beschaffen und in den oktaedrischen Komplex $[Fe^{II}(CN)_6]^{4-}$ (18 Außenelektronen) überzugehen sucht ($[Fe^{III}(CN)_6]^{3-} + e^- \longrightarrow [Fe^{II}(CN)_6]^{4-}$; $E° = +0.36\,V$). Umgekehrt besitzt der dem beständigen oktaedrischen Komplex $[Co^{III}(CN)_6]^{3-}$ (18 Außenelektronen) entsprechende Komplex $[Co^{II}(CN)_6]^{4-}$ (19 Außenelektronen) eine so starke Tendenz zur Abspaltung des überschüssigen Elektrons ($E° = -0.83\,V$), dass beim Versuch seiner Darstellung aus Co^{2+} und CN^- in wässriger Lösung statt seiner der Komplex $[Co^{III}(CN)_6]^{3-}$ unter H_2-Entwicklung ($2\,H^+ + 2\,e^- \longrightarrow H_2$) entsteht. Ähnliches gilt für den Komplex $[Cu^{II}(CN)_4]^{2-}$ (17 Außenelektronen), der sich bei seiner Darstellung aus Cu^{2+} und CN^- in wässriger Lösung spontan in den tetraedrischen Komplex $[Cu^I(CN)_4]^{3-}$ (18 Außenelektronen) umwandelt, indem er CN^--Ionen zu freiem Dicyan oxidiert ($2\,CN^- \longrightarrow (CN)_2 + 2\,e^-$). Auch ein größeres Elektronendefizit lässt sich leicht mit Elektronen ausfüllen, wie die Reduktionsmöglichkeit des Komplexes $[Ni^{II}(CN)_4]^{2-}$ (16 Außenelektronen) zum Komplex $[Ni^0(CN)_4]^{4-}$ (18 Außenelektronen), sowie die Akzeptormöglichkeit von $[Ni^{II}(CN)_4]^{2-}$ für eine Cyanidgruppe (Bildung von $[Ni^{II}(CN)_5]^{3-}$; 18 Außenelektronen) zeigt. Eine andere Möglichkeit des Ausgleichs eines Elektronendefizits wählt der Komplex $[Mn^0(CO)_5]$ (17 Außenelektronen), der sich das zur Edelgasschale fehlende Elektron durch Dimerisierung unter Ausbildung einer kovalenten MnMn-Einfachbindung erwirbt: $[(CO)_5Mn-Mn(CO)_5]$ (Entsprechendes gilt für den isoelektronischen Komplex $[Co^{II}(CN)_5]^{3-}$, der dimer in Form von $[(CN)_5CoCo(CN)_5]^{6-}$ existiert). Im Falle des Komplexes $[V^0(CO)_6]$ (17 Außenelektronen) unterbleibt eine entsprechende Dimerisierung aus sterischen Gründen (Entsprechendes gilt für den isoelektronischen Komplex $[Fe^{III} + (CN)_6]^{3-}$).

Pro addiertem Ligand mit freiem Elektronenpaar wird einem Zentralatom oder -ion bei Ausbildung einer kovalenten Bindung eine negative Formalladung zugeführt, was insbesondere bei hochkoordinierten Metallatomen oder -ionen in niedriger Oxidationsstufe zu einer nach der Elektroneutralitätsregel (S. 145) ungünstigen Anhäufung negativer Formalladungen auf dem Metallzentrum führen kann. Diese Ladungsanhäufung kann im Sinne des auf S. 170 Besprochenen durch induktiven sowie mesomeren Ladungsausgleich verringert werden.

So erfährt der Komplex $[Ni^0(CO)_4]$ (18 Außenelektronen), in welchem Ni^0 die Formalladung 4– zukommt, dadurch eine Stabilisierung, dass das Nickel aus dem Vorrat seiner freien 3d-Elektronenpaare (vgl. Tab. 20.8) an die C-Atome der CO-Moleküle gemäß Mesomerieformel (Abb. 20.25a) Elektronenpaare rückkoordiniert (»π-Rückbindung«, »Rückgabebindung«, »back donation«). Ganz allgemein sind aus dem genannten Grunde zur Komplexbildung mit Übergangsmetallen in niedrigen Oxidationsstufen (null und darunter) nur solche Liganden geeignet, die Elektronenpaare seitens des Zentralatoms aufzunehmen vermögen. Derartige »π-Akzeptor-Liganden« sind Liganden mit umstrukturierbaren Mehrfachbindungen wie Cyanid $C\equiv N^-$, Kohlenoxid $C\equiv O$, Fulminat $C\equiv NO^-$, Isonitril $C\equiv NR$, Acetylenid $C\equiv C^{2-}$, Nitrosyl $N\equiv O^+$ (Bildung von $d_\pi p_\pi$-Bindungen) oder Liganden mit Schalenerweiterungsmöglichkeit wie PF_3, PR_3, $AsCl_3$, AsR_3 (Bildung von $d_\pi d_\pi$-Bindungen). Dagegen findet man keine Komplexbildung von Übergangsmetallen in niedriger Oxidationsstufe mit Liganden wie H_2O, R_2O, NH_3, NR_3, bei denen diese Voraussetzung zur Komplexstabilisierung durch mesomeren Ladungsaus-

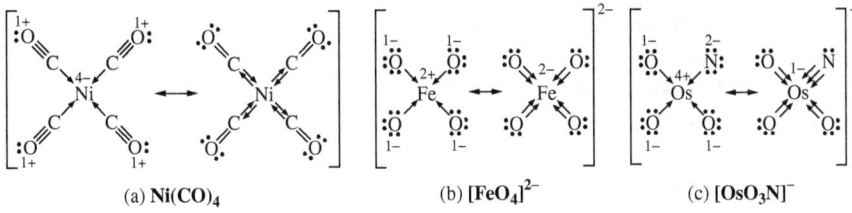

(a) Ni(CO)₄   (b) [FeO₄]²⁻   (c) [OsO₃N]⁻

Abb. 20.25

gleich mangels verfügbarer d-Orbitale am Ligator fehlen. Wohl aber vermögen solche Liganden mit Metallkationen – insbesondere höherwertigen – stabile Komplexe zu bilden, da hier naturgemäß infolge der positiven Ladung des Zentralions kleinere negative Formalladungen des letzteren im Gesamtkomplex auftreten, die sich zudem durch induktiven Ladungsausgleich auffangen lassen.

In Umkehrung der vom Metallzentrum ausgehenden Rückkoordinierung von Elektronenpaaren erfolgt, falls positive Formalladungen am Zentralmetall zu beseitigen sind, eine zusätzliche Elektronenpaar-Koordinierung vom Liganden aus, der dann als »Donator-Ligand« wirkt. So erreicht etwa das d^2-Zentrum im Ferrat-Ion $[Fe^{VI}O_4]^{2-}$ (Abb. 20.25b) (ebenso z. B. $Ru^{VI}O_4^{2-}$, $Os^{VI}O_4^{2-}$) und das d^0-Zentrum im Nitridoosmat-Ion $[Os^{VIII}O_3N]^-$ (Abb. 20.25c) (ebenso z. B. $Mo^{VI}O_3N^{3-}$, $Re^{VII}O_3N^{2-}$) durch Ausbildung solcher »π-Hinbindungen« Edelgasstruktur.

2.1.2 Struktur und magnetisches Verhalten von Komplexen

Nach den auf der Valenzstruktur-Theorie fußenden Vorstellungen von Linus Pauling (»Pauling'sche Theorie der Komplexe«) müssen zwei Arten von d-Elektronenkonfigurationen der Zentralmetalle in Übergangsmetallkomplexen berücksichtigt werden, deren Ursache durch die später (S. 1592) zu behandelnde Ligandenfeld-Theorie gedeutet wird: (i) Die Einzelelektronen in den d-Orbitalen des Zentralatoms rücken paarweise zusammen (vgl. Abb. 20.26, untere Reihe). Hierdurch werden innere d-Orbitale frei, die – nach Hybridisierung mit unbesetzten s-Orbitalen der nächsthöheren Schale (vgl. S. 401) – die Ligandenelektronen aufnehmen; zugleich erniedrigt sich der durch die Anzahl ungepaarter Elektronen gegebene Paramagnetismus (vgl. S. 1658) auf einen möglichst kleinen Wert. Man bezeichnet Koordinationsverbindungen des erwähnten Typs als low-spin-Komplexe (früher auch: »magnetisch-anomale«, »inner-orbital«, »Durchdringungs-Komplexe«). – (ii) Es erfolgt keine Elektronenpaarbildung (kein Zusammenrücken von Elektronen) in den d-Orbitalen (vgl. Abb. 20.26, obere Reihe), sodass der normale Paramagnetismus der Metallzentren erhalten bleibt und gegebenenfalls äußere d-Orbitale für eine Hybridisierung und Aufnahme von Ligandenelektronen genutzt werden müssen. Man bezeichnet Koordinationsverbindungen dieses Typs als high-spin-Komplexe (früher auch: »magnetisch-normale«, »outer-orbital«, »Anlagerungs-Komplexe«).

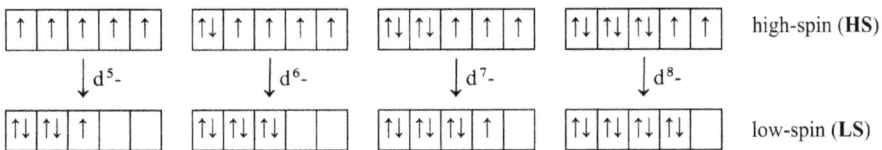

Abb. 20.26 Besetzung der fünf-d-Orbitale mit fünf bis acht Elektronen im high- bzw. low-spin Fall, z. B.: HS: $[Fe^{II}(H_2O)_6]^{2+}$, $[Fe^{III}F_6]^{3-}$, $[Fe^{III}(H_2O)_6]^{3+}$, $[Co(H_2O)_6]^{2+}$, $[Co^{III}F_6]^{3-}$, $[Co^{III}(H_2O)_6]^{3+}$, $[Ni^{II}Cl_4]^{2-}$, $[Ni^{II}(H_2O)_6]^{2+}$. – LS: $[Fe^{II}(CN)_6]^{4-}$, $[Fe^{III}(CN)_6]^{3-}$, $[Fe^{III}(NH_3)_6]^{3+}$, $[Fe^0(CO)_5]$, $[Co^{II}(NO_2)_6]^{4-}$, $[Co^{III}(CN)_6]^{3-}$, $[Co^{III}(NH_3)_6]^{3+}$, $[Ni^{II}(CN)_4]^{2-}$.

Bei gegebener Anzahl von Liganden und bekannter Oxidationsstufe des Zentralmetalls lassen sich bei Berücksichtigung der Regeln (i) und (ii) sowie der Edelgasregel Struktur und Magnetismus betrachteter Komplexe voraussagen und miteinander korrelieren.

So erwartet man nach der Pauling'schen Komplextheorie und der Regel, dass Zentralmetalle durch Ligandenkoordination Edelgasschalen exakt oder wenigstens angenähert erreichen, für Fe^{2+} (sechs d-Elektronen), Fe^{3+} (fünf d-Elektronen) und Co^{3+} (sechs d-Elektronen) eine Sechsfachkoordination ($6 + 12 = 18$ bzw. $5 + 12 = 17$ Außenelektronen) und zudem sowohl im low- als auch high-spin-Fall gleichen (nämlich oktaedrischen) Komplexbau. Im low-spin Fall liegt hierbei d^2sp^3-Hybridisierung vor (inner orbital Komplexe), und Fe^{II} sowie Co^{III} besitzen dann null, Fe^{III} ein ungepaartes Elektron, entsprechend einem Paramagnetismus von 0 bzw. ca. 2 Bohr'schen Magnetonen, während sich im high-spin-Fall sp^3d^2-Hybridisierung ergibt (outer orbital Komplexe) und Fe^{II} sowie Co^{III} vier, Fe^{III} fünf ungepaarte Elektronen aufweisen, entsprechend einem Paramagnetismus von ca. 5 bzw. 6 Bohr'schen Magnetonen (vgl. hierzu die low-spin Komplexe $[Fe^{II}(CN)_6]^{4-}$, $[Fe^{III}(CN)_6]^{3-}$, $[Co^{III}(CN)_6]^{3-}$ und die high-spin-Komplexe $[Fe^{II}(H_2O)_6]^{2+}$, $[Fe^{III}F_6]^{3-}$, $[Co^{III}F_6]^{3-}$ in Tab. 20.8).

Für vierfach koordiniertes, »ungesättigtes« Ni^{2+} ($8 + 8 = 16$ Außenelektronen) erwartet man andererseits nach der Pauling'schen Theorie diamagnetische, quadratisch-planare low-spin-Komplexe (dsp^2-Hybridisierung) und paramagnetische, tetraedrische high-spin-Komplexe (sp^3-Hybridisierung). Paulings »magnetisches Kriterium der Bindungsart« ließ sich wiederum experimentell bestätigen (vgl. $[Ni^{II}(CN)_4]^{2-}$ und $[Ni^{II}Cl_4]^{2-}$ in Tab. 20.8; man kennt Ni^{II}-Komplexe, die sowohl in der quadratisch-planaren als auch in der tetraedrischen Form existieren; vgl. S. 452). Vierzählige, »gesättigte« Ni^0-Komplexe ($10 + 8 = 18$ Außenelektronen) sind nach Pauling in Übereinstimmung mit dem Experiment ähnlich wie vierzählige Cu^+-Komplexe ($10 + 8 = 18$ Außenelektronen) nur tetraedrisch strukturiert (vgl. $[Ni^0(CO)_4]$ und $[Cu^I(CN)_4]^{3-}$ in Tab. 20.8). Auch sollte sechszähliges, »übersättigtes« Ni^{2+} ($8 + 12 = 20$ Außenelektronen) bei oktaedrischer Ligandenanordnung ausschließlich high-spin Komplexe bilden (sp^3d^2-Hybridisierung, vgl. $[Ni^{II}(H_2O)_6]^{2+}$ in Tab. 20.8), da im low-spin-Fall die Zahl freier d-Orbitale nicht für eine d^2sp^3-Hybridisierung ausreicht. Letzteres ist in der Tat die Regel (die »Lifschitz'schen Salze« $Ni^{II}en_2X_2$ liegen in Abhängigkeit von den Reaktionsbedingungen entweder als gelbe bis rote (diamagnetische) quadratisch-planare Komplexe $[Ni^{II}en_2]^{2+}2\,X^-$ oder als grüne bis blaue (paramagnetische) oktaedrische Komplexe $[Ni^{II}en_2X_2]$ vor). Möglich ist bei low-spin Ni^{II}-Komplexen allerdings eine zu fünfzähligem, »gesättigtem« Ni^{2+} ($8 + 10 = 18$ Außenelektronen) führende dsp^3-Hybridisierung (trigonal-bipyramidale oder quadratisch-pyramidale Ligandenanordnung). Letztere wird etwa für $[Ni(CN)_5]^{3-}$ und auch im Falle von low-spin-Komplexen mit Fe^0 ($8 + 10 = 18$ Außenelektronen) aufgefunden (vgl. $[Fe(CO)_5]$ in Tab. 20.8; low-spin $[Ni^{II}(CN)_6]^{4-}$ existiert erwartungsgemäß nicht).

Aus ähnlichen Gründen wie bei sechsfach koordiniertem Ni^{2+} (s. oben) können auch für sechsfach koordiniertes Co^{2+} ($7 + 12 = 19$ Außenelektronen) nur oktaedrische high-spin-Komplexe existieren (vgl. $[Co^{II}(H_2O)_6]^{2+}$ in Tab. 20.8). Tatsächlich sind aber auch einige oktaedrische low-spin-Komplexe wie $[Co(NO_2)_6]^{4-}$ bekannt. Hierin zeigt sich eine von mehreren Schwächen der Pauling'schen Komplextheorie, da die von Pauling angebotene Erklärung einer – aus energetischen Gründen nicht sinnvollen – Überführung eines d-Elektrons in eine höhere Schale (vgl. Tab. 20.8) unbefriedigend ist. Entsprechendes gilt für die quadratisch-planar gebauten Komplexe von vierfach koordiniertem Cu^{2+} ($9 + 8 = 17$ Außenelektronen; vgl. $[Cu(NH_3)_4]^{2+}$ in Tab. 20.8), für die nach dem Valence Bond Formalismus tetraedrische Struktur (sp^3-Hybridisierung) zu erwarten wäre.

2.2   Ligandenfeld-Theorie der Komplexe

Die von H. Bethe sowie J. H. van Vleck um 1930 für Übergangsmetallsalze entwickelte Kristallfeld-Theorie (»CF-Theorie«), welche durch die Arbeiten von F. E. Ilse und H. Hartmann (ab

Tab. 20.8 Elektronenkonfiguration von M in Komplexen ML_n und räumlicher Bau von $ML_n{}^a$

Komplexe ML_n^{p+}	Elektronenanordnung von M (3p / 3d / 4s / 4p / 4d)	Bau von ML_n	Magnetismus von M [f] — Art	$\mu_B^{gef.}$	$\mu_B^{ber.}$
Fe^{2+}	3d: ↑↓ ↑ ↑ ↑ ↑		para	5.2	4.90
Fe^{3+}	3d: ↑ ↑ ↑ ↑ ↑		para	5.9	5.92
$[Fe^{II}(H_2O)_6]^{2+}$	3d: ↑↓ ↑ ↑ ↑ ↑; 4s,4p (hybrid): ↑↓ ↑↓ ↑↓ ↑↓ ↑↓ ↑↓	oktaedrisch	para	5.0	4.90
$[Fe^{II}(CN)_6]^{4-}$	3d: ↑↓ ↑↓ ↑↓; 3d,4s,4p (hybrid): ↑↓ ↑↓ ↑↓ ↑↓ ↑↓ ↑↓	oktaedrisch	dia	0.0	0.00
$[Fe^{III}F_6]^{3-}$ [b]	3d: ↑ ↑ ↑ ↑ ↑; 4s,4p (hybrid): ↑↓ ↑↓ ↑↓ ↑↓ ↑↓ ↑↓	oktaedrisch	para	5.9	5.92
$[Fe^{III}(CN)_6]^{3-}$ [c]	3d: ↑↓ ↑↓ ↑; 3d,4s,4p (hybrid): ↑↓ ↑↓ ↑↓ ↑↓ ↑↓ ↑↓	oktaedrisch	para	2.3	1.73
$[Fe^0(CO)_5]$	3d: ↑↓ ↑↓ ↑↓ ↑↓; 4s,4p (hybrid): ↑↓ ↑↓ ↑↓ ↑↓ ↑↓	trigonal-bipyramidal	dia	0.0	0.00
Co^{2+}	3d: ↑↓ ↑↓ ↑ ↑ ↑		para	4.4	3.87
Co^{3+}	3d: ↑↓ ↑ ↑ ↑ ↑		para	5.2	4.90
$[Co^{II}(H_2O)_6]^{2+}$	3d: ↑↓ ↑↓ ↑ ↑ ↑; 4s,4p (hybrid): ↑↓ ↑↓ ↑↓ ↑↓ ↑↓ ↑↓	oktaedrisch	para	5.0	3.87
$[Co^{II}(NO_2)_6]^{4-}$	3d: ↑↓ ↑↓ ↑↓ ↑↓ ↑↓; 3d,4s,4p (hybrid): ↑↓ ↑↓ ↑↓ ↑↓ ↑↓ ↑	oktaedrisch	para	1.9	1.73
$[Co^{III}F_6]^{3-}$ [d]	3d: ↑↓ ↑ ↑ ↑ ↑; 4s,4p (hybrid): ↑↓ ↑↓ ↑↓ ↑↓ ↑↓ ↑↓	oktaedrisch	para	5.3	4.90
$[Co^{III}(CN)_6]^{3-}$ [e]	3d: ↑↓ ↑↓ ↑↓; 3d,4s,4p (hybrid): ↑↓ ↑↓ ↑↓ ↑↓ ↑↓ ↑↓	oktaedrisch	dia	0.0	0.00
Ni^{2+}	3d: ↑↓ ↑↓ ↑↓ ↑ ↑		para	3.2	2.83
$[Ni^{II}(H_2O)_6]^{2+}$	3d: ↑↓ ↑↓ ↑↓ ↑ ↑; 4s,4p,4d (hybrid): ↑↓ ↑↓ ↑↓ ↑↓ ↑↓ ↑↓	oktaedrisch	para	3.2	2.83
$[Ni^{II}Cl_4]^{2-}$	3d: ↑↓ ↑↓ ↑↓ ↑ ↑; 4s,4p (hybrid): ↑↓ ↑↓ ↑↓ ↑↓	tetraedrisch	para	3.2	2.83
$[Ni^{II}(CN)_4]^{2-}$	3d: ↑↓ ↑↓ ↑↓ ↑↓; 3d,4s,4p (hybrid): ↑↓ ↑↓ ↑↓ ↑↓	quadratisch	dia	0.0	0.00
$[Ni^0(CO)_4]$	3d: ↑↓ ↑↓ ↑↓ ↑↓ ↑↓; 4s,4p (hybrid): ↑↓ ↑↓ ↑↓ ↑↓	tetraedrisch	dia	0.0	0.00
Cu^+	3d: ↑↓ ↑↓ ↑↓ ↑↓ ↑↓		dia	0.0	0.00
Cu^{2+}	3d: ↑↓ ↑↓ ↑↓ ↑↓ ↑		para	1.8	1.73
$[Cu^{I}(CN)_4]^{3-}$	3d: ↑↓ ↑↓ ↑↓ ↑↓ ↑↓; 4s,4p (hybrid): ↑↓ ↑↓ ↑↓ ↑↓	tetraedrisch	dia	0.0	0.00
$[Cu^{II}(NH_3)_4]^{2+}$	3d: ↑↓ ↑↓ ↑↓ ↑↓; 3d,4s,4p (hybrid): ↑↓ ↑↓ ↑↓ ↑↓ ↑	quadratisch	para	1.9	1.73
Kryptonschale	3d: ↑↓ ↑↓ ↑↓ ↑↓ ↑↓; 4s,4p: ↑↓ ↑↓ ↑↓ ↑↓		dia	0.0	0.00

a Jedes Orbital ist durch ein Kästchen dargestellt. Grau unterlegte Kästchen stellen die zur Komplexbildung herangezogenen Hybridorbitale dar. Die in den Kästchen eingetragenen Pfeile symbolisieren die in den Orbitalen enthaltenen Elektronen.

b Analog: $[Fe(H_2O)_6]^{3+}$.

c Analog: $[Fe(NH_3)_6]^{3+}$.

d Analog: $[Co(H_2O)_3F_3]$.

e Analog: $[Co(H_2O)_6]^{3+}$, $[Co(NH_3)_6]^{3+}$.

f Vgl. Kapitel über Magnetismus, S. 1658.

1951) als Ligandenfeld-Theorie (»LF-Theorie«) Eingang zur bindungstheoretischen Behandlung der Übergangsmetall-Komplexe gefunden hat, betrachtet zwecks Deutung der Eigenschaften der Koordinationsverbindungen ML_n in erster Näherung ausschließlich die elektrischen Wirkungen der als Punktladung behandelten Liganden L auf den Energiezustand der äußeren d-Orbitale des Komplexzentrums M (Einelektronennäherung der Kristallfeld-Theorie) bzw. auf die Energieaufspaltung der – auf S. 102 behandelten – Elektronenterme von M (Mehrelektronennäherung der Kristallfeld-Theorie) und dann nachträglich in zweiter Näherung kovalente Bindungsanteile z. B. durch die Racah-Parameter B und C (Ligandenfeld-Theorie). Diese Wirkung ist ganz verschieden, je nachdem ob es sich um ein oktaedrisches, tetraedrisches, quadratisches, trigonal-bipyramidales oder anderes Ligandenfeld handelt. Nachfolgend werden zunächst das magnetische Verhalten (Unterkapitel 2.2.1), die Struktur und Stabilität (2.2.2) sowie die Lichtabsorptionseigenschaften (2.2.3) der Koordinationsverbindungen ML_n im Rahmen der Einelektronen-Kristallfeld-Theorie besprochen und dann anschließend das optische Verhalten von ML_n im Rahmen der Mehrelektronen-Kristallfeld- sowie -Ligandenfeld-Theorie (2.2.3).

Die »Kristallfeld-Theorie« betrachtete ursprünglich den Einfluss des durch benachbarte (nächste, übernächste, überübernächste) Anionen verursachten »Kristallfelds« auf die äußeren d-Elektronen eines herausgegriffenen Übergangsmetallkations und wurde später auf Übergangsmetallkomplexe übertragen. Da letztere praktisch ausschließlich im Mittelpunkt der sich anschließenden Unterkapitel stehen, wird in diesen auch dann von Ligandenfeldern (und nicht Kristallfeldern) sowie – nicht ganz korrekt – von »Ligandenfeld-Theorie« gesprochen, wenn die Deutung von Komplexeigenschaften über die Kristallfeld-Theorie erfolgt.

2.2.1   Energieaufspaltung der d-Orbitale im Ligandenfeld. Magnetisches Verhalten der Komplexe

Allgemeines

Da nach der Ligandenfeld-Theorie (exakter: Kristallfeld-Theorie) der chemische Zusammenhalt eines positiv geladenen Metallzentrums M^{m+} mit seinen n negativ geladenen oder polarisierten Liganden L – ähnlich wie der Zusammenhalt der Kationen und Anionen eines Salzes – auf elektrostatischen (elektrovalenten) Ionen/Ionen- oder Ionen/Dipol-Beziehungen beruht, ergibt sich die im Zuge der Komplexbildung $M^{m+} + n\,L \longrightarrow M_n^{m+}$ insgesamt nach außen abgeführte potentielle Energie E_p – wie die der Salzbildung (S. 131) – als Summe zweier Energieanteile, nämlich dem auf elektrostatischer Anziehung zwischen M^{m+} und den n Liganden beruhenden gewinnbaren Energieanteil E_p' und dem auf elektrostatischer Abstoßung zwischen den Liganden untereinander (ε) sowie zwischen der Elektronenhülle von M^{m+} und den n Liganden beruhenden (ε') aufzuwendenden Energieanteil $E_p'' = \varepsilon' + \varepsilon$ (vgl. Abb. 20.27); die Ligandenfeld-Theorie berücksichtigt zudem durch kovalente ML-Beziehungen erhältliche Energieanteile).

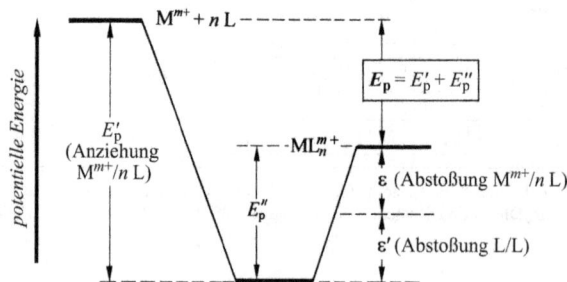

Abb. 20.27 Energie E_p sowie Energieanteile E_p' und $E_p'' = \varepsilon' + \varepsilon$ der Bildung von Komplexen ML_n^{m+} aus positiv geladenen Metallzentren M^{m+} und n negativ geladenen oder polarisierten Liganden am Punkte minimaler Energie E_p (vgl. Abb. 6.8 und bezüglich des ML_n^{m+}-Energieniveaus die Abb. 20.30–20.34).

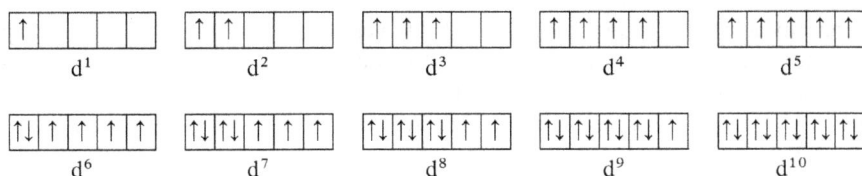

d^1 $\qquad$ d^2 $\qquad$ d^3 $\qquad$ d^4 $\qquad$ d^5

d^6 $\qquad$ d^7 $\qquad$ d^8 $\qquad$ d^9 $\qquad$ d^{10}

Abb. 20.28

Die Ligandenfeld-Theorie (exakter: Kristallfeld-Theorie) befasst sich nun ausschließlich mit dem Energieanteil ε der Abstoßung zwischen der Elektronenhülle von M^{m+} und den n Liganden am Punkte minimaler Energie E_p (vgl. Abb. 6.8) und untersucht die Wirkung der Liganden, die – in grober Vereinfachung – als punktförmige Ladungen behandelt werden, auf die äußeren d-Elektronen der Übergangsmetallkomplexzentren (die Ligandenwirkung auf Elektronen der inneren Schalen der Übergangsmetalle ist vernachlässigbar klein, die Wirkung auf äußere f-Elektronen mindestens 100-mal kleiner als die auf äußere d-Elektronen).

Da die fünf d-Orbitale ($d_{x^2-y^2}$, d_{z^2}, d_{xy}, d_{xz}, d_{yz}) eines unkomplexierten, also ligandenfreien Zentralatoms energiegleich (»entartet«) sind, werden sie nach dem Prinzip der größten Multiplizität (1. Hund'sche Regel, S. 102) zunächst einzeln mit Elektronen gleichen Spins, dann – unter Aufwendung der Spinpaarungsenergie (S. 1598) – doppelt mit Elektronen entgegengesetzten Spins besetzt (s. Abb. 20.28).

Das Einbringen des betreffenden Zentralatoms oder -ions in ein (hypothetisches) kugelsymmetrisches Ligandenfeld führt zu einer gleich großen Erhöhung der Energie jedes der fünf d-Orbitale um den Betrag ε/n. Damit bleiben die d-Zustände nach wie vor entartet. Letzteres ist jedoch bei Einwirkung eines nicht-kugelsymmetrischen (z. B. oktaedrischen, tetraedrischen, quadratischen) Ligandenfeldes keineswegs der Fall: die mehr oder weniger große abstoßende Wirkung des Ligandenfeldes auf Elektronen der Komplexzentren in unterschiedlichen d-Orbitalen führt hier dazu, dass einige der fünf Metall-d-Orbitale entsprechend der vorgegebenen Ligandenfeldsymmetrie energetisch stärker, andere energetisch weniger stark angehoben werden. Für die Energieaufspaltung der d-Orbitale gilt hier der Energieschwerpunkt-Satz (Satz von der »Erhaltung der Summe der Orbitalenergien«), wonach die mittlere Energie der fünf d-Orbitale im nicht-sphärischen Ligandenfeld gleich der (entarteten) Energie dieser Orbitale in einem sphärischen Ligandenfeld gleicher Stärke ist (vgl. z. B. Abb. 29.3).

Oktaedrisches Ligandenfeld

Art der d-Orbitalenergieaufspaltung. Nähern sich sechs negativ geladene (oder polarisierte) Liganden in Richtung der drei Raumkoordinaten x, y und z einem Zentralatom mit d-Orbitalen, so ist die von dem Liganden auf die d-Elektronen ausgeübte Abstoßungskraft wegen der räumlich verschiedenen Anordnung der fünf d-Orbitale (vgl. S. 365) verschieden. Da die Orbitale $d_{x^2-y^2}$ und d_{z^2} ihre größte Elektronendichte längs der x-, y- und z-Achse haben, werden die zugehörigen Elektronen durch die Liganden stärker abgestoßen und damit energiereicher als die Elektronen der Orbitale d_{xy}, d_{xz} und d_{yz}, deren größte Elektronendichte zwischen den Koordinatenachsen liegt und die daher von den Liganden weiter entfernt sind. Es kommt mit anderen Worten zur Aufspaltung der fünf energiegleichen d-Zustände in zwei Gruppen von d-Orbitalen, von denen die energiereichere Gruppe die (entarteten) Orbitale $d_{x^2-y^2}$ und d_{z^2} (e_g-Zustände[9]), die energieärmere die (entarteten) Orbitale d_{xy}, d_{xz} und d_{yz} (t_{2g}-Zustände[9]) umfasst (Abb. 20.29). Die Energieaufspaltung zwischen beiden Gruppen beträgt $\Delta_o \,\hat{=}\, 10\,Dq$ Energieeinheiten[9], wobei

---

[9] Die Bezeichnungen e_g, t_{2g} bzw. e, t_2 (in der älteren Literatur auch d_γ und d_ε) stammen aus der Gruppentheorie. Die Indizes o, q, t, c weisen darauf hin, dass es sich um eine Aufspaltung im oktaedrischen, quadratischen, tetraedrischen, kubischen Ligandenfeld handelt.

der Energiezuwachs der energiereicheren Zustände gegenüber dem Ausgangszustand (sphärisches Ligandenfeld) $\frac{3}{5}\Delta_o = 0.6\,\Delta_o \cong 6\,Dq$ und der Energieabfall der energieärmeren Zustände $\frac{2}{5}\Delta_o = 0.4\,\Delta_o \cong 4\,Dq$ beträgt. Die Koeffizienten $\frac{3}{5}$ und $\frac{2}{5}$ bzw. 0.6 und 0.4 bzw. 6 und 4 resultieren im vorliegenden Fall daraus, dass nach dem Energieschwerpunktsatz (s. oben) der Energiegewinn gleich dem Energieverlust sein muss und ersterer sich auf zwei, letzterer auf drei Orbitale verteilt ($\frac{3}{5} \times 2 = \frac{2}{5} \times 3$ bzw. $0.6 \times 2 = 0.4 \times 3$ bzw. $6 \times 2 = 4 \times 3$).

Größe der d-Orbitalaufspaltung. Das Ausmaß der zwischen 100 und $500\,\mathrm{kJ\,mol^{-1}}$ variierenden, u. a. aus optischen Spektren (S. 1609) oder Gitterenergien (S. 131) bestimmbaren Energieauf spaltung $\Delta_o = 10\,Dq$ hängt von der Natur sowohl der Komplexzentren als auch Komplex-

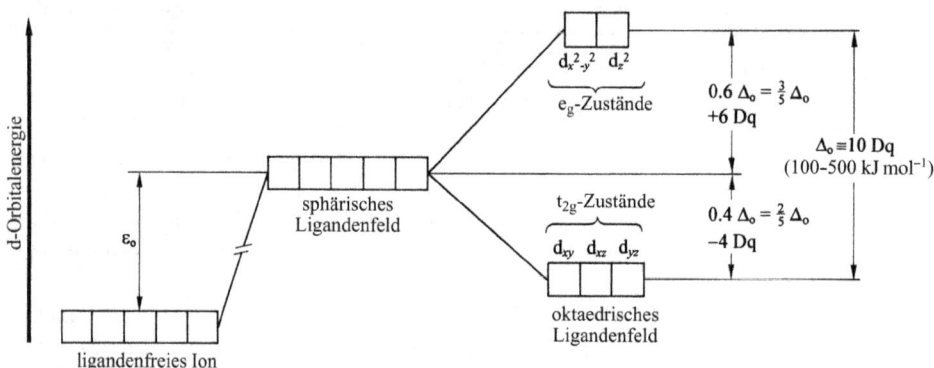

Abb. 20.29 Aufspaltung der fünf energiegleichen d-Zustände eines Zentralatoms oder -ions in zwei energieverschiedene d-Gruppen im oktaedrischen Ligandenfeld[9] (vgl. Abb. 20.27).

liganden ab (darüber hinaus spielt die Zahl und geometrische Anordnung der Liganden – hier sechs, oktaedrisch – eine Rolle).

Komplexzentren. Bei gegebenen Liganden und gleicher Oxidationsstufe der Übergangsmetalle sind die Änderungen von Δ_o innerhalb einer Übergangsmetall-Periode gering, innerhalb einer Übergangsmetall-Gruppe beachtlich. Und zwar verhalten sich die Δ_o-Werte der ersten, zweiten und dritten Übergangsperiode bei vergleichbaren Koordinationsverbindungen etwa wie $1:1.5:2$. Mit wachsender Oxidationsstufe des Zentralmetalls erhöht sich Δ_o ebenfalls stark (z. B. beim Übergang $Cr^{2+}(d^4) \longrightarrow Mn^{3+}(d^4)$ um 50%), da in gleicher Richtung die Liganden wegen der stärkeren elektrostatischen Anziehung näher an das Metallzentrum herankommen, wodurch die Störung der d-Orbitale durch das Ligandenfeld steigt. Die Reihenfolge wachsender Orbitalenergieaufspaltung einiger Metalle in wichtigen Oxidationsstufen durch ein bestimmtes Ligandenfeld (»spektrochemische Reihe der Metallionen«) ist gegeben durch:

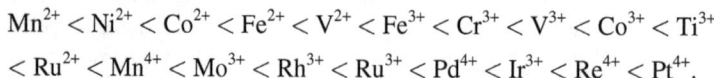

$$Mn^{2+} < Ni^{2+} < Co^{2+} < Fe^{2+} < V^{2+} < Fe^{3+} < Cr^{3+} < V^{3+} < Co^{3+} < Ti^{3+}$$
$$< Ru^{2+} < Mn^{4+} < Mo^{3+} < Rh^{3+} < Ru^{3+} < Pd^{4+} < Ir^{3+} < Re^{4+} < Pt^{4+}.$$

Liganden. Bei gegebenem Zentralmetall hängt die Energieaufspaltung Δ_o in starkem Maße von der Art der Liganden ab. Und zwar erhöht sich Δ_o, wenn man bei gegebenem Komplexzentrum einen Liganden der nachfolgenden Reihe (spektrochemische Reihe im engeren Sinn; »spektrochemische Reihe der Liganden«) durch einen rechts davon stehenden Liganden mit stärkerem Ligandenfeld ersetzt:

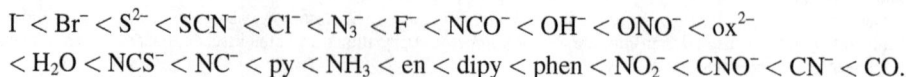

$$I^- < Br^- < S^{2-} < SCN^- < Cl^- < N_3^- < F^- < NCO^- < OH^- < ONO^- < ox^{2-}$$
$$< H_2O < NCS^- < NC^- < py < NH_3 < en < dipy < phen < NO_2^- < CNO^- < CN^- < CO.$$

Die in der Reihe links stehenden Liganden erzeugen mithin ein schwaches Ligandenfeld, die rechts stehenden Liganden ein starkes Ligandenfeld.

Die Bezeichnung »spektrochemische Reihe« rührt daher, dass man die Größe Δ_o z. B. aus spektroskopischen Ergebnissen ableiten kann. So absorbiert etwa das Titan-Ion Ti^{3+} (ein d-Elektron) im Komplex $[Ti(H_2O)_6]^{3+}$ bei Bestrahlung mit sichtbarem Licht Photonen der Energie $h\nu \approx \Delta_o$, die zum »Heben« des d-Elektrons vom energieärmeren t_{2g}- in den energiereichen e_g-Zustand dienen. Dies gibt Veranlassung zu einer Absorptionsbande im sichtbaren Bereich des Spektrums ($490\,nm \cong 20\,300\,cm^{-1}$, die für die violette Farbe des Ions verantwortlich ist und einer Aufspaltungsenergie Δ_o von $243\,kJ\,mol^{-1}$ entspricht, also einer Energie von der Größenordnung chemischer Bindungsenergien. Die Tatsache, dass das hellblaue Kupfer(II)-sulfat (Absorptionsmaximum bei $800\,nm \cong 12\,500\,cm^{-1}$ beim Auflösen in Ammoniak tiefblau (Absorption bei $600\,nm \cong 16\,600\,cm^{-1}$ und beim Entwässern farblos wird (Absorption bei $1000\,nm$), ist darauf zurückzuführen, dass sich die Absorptionsbande beim Übergang vom H_2O-Ligandenfeld zum stärkeren NH_3-Ligandenfeld ($[Cu(H_2O)_6]^{2+} \longrightarrow [Cu(NH_3)_4(H_2O)_2]^{2+}$) nach kleineren, beim Übergang zum schwächeren SO_4^{2-}-Ligandenfeld nach größeren Wellenlängen (ins Infrarot hinein) verschiebt. Ganz allgemein verlagert sich eine Absorptionsbande nach kürzeren Wellenlängen, d. h. »hypsochrom«, wenn man bei gegebenem Komplexzentrum einen Liganden der spektrochemischen Reihe durch einen rechts davon stehenden ersetzt, während in umgekehrter Reihenfolge der Liganden eine »bathochrome« Verschiebung der Absorptionsbande nach längeren Wellenlängen erfolgt (für Einzelheiten vgl. S. 1609).

Nachfolgend sind Δ_o-Werte (in $kJ\,mol^{-1}$) einiger typischer Komplexe zwei- bzw. dreiwertigen Chroms, Mangans, Eisens, Cobalts und Iridiums wiedergegeben (vgl. hierzu die oben wiedergegebenen spektrochemischen Reihen der Metallionen und Liganden):

$[Cr^{II}(H_2O)_6]^{2+}$	166	$[Cr^{III}(NH_3)_6]^{3+}$	258	$[Fe^{II}(CN)_6]^{4-}$	395	$[Co^{III}(NH_3)_6]^{3+}$	274
$[Cr^{III}Cl_6]^{3-}$	158	$[Mn^{II}(H_2O)_6]^{2+}$	93	$[Fe^{III}(H_2O)_6]^{3+}$	164	$[Co^{III}(CN)_6]^{3-}$	401
$[Cr^{III}F_6]^{3-}$	182	$[Mn^{III}(H_2O)_6]^{3+}$	251	$[Co^{II}(H_2O)_6]^{2+}$	111	$[Ir^{III}Cl_6]^{3-}$	299
$[Cr^{III}(H_2O)_6]^{3+}$	208	$[Fe^{II}(H_2O)_6]^{2+}$	124	$[Co^{III}(H_2O)_6]^{3+}$	218	$[Ir^{III}(NH_3)_6]^{3+}$	490

Ersichtlicherweise erhöht sich hiernach die Energieaufspaltung Δ_o beim Auswechseln der anionischen Liganden Cl^-, F^- durch die Dipolmoleküle H_2O, NH_3 oder des Moleküls H_2O (größeres Dipolmoment) durch NH_3 (kleineres Dipolmoment), was bei ausschließlichem Vorliegen elektrostatischer Wechselbeziehungen zwischen Komplexzentren und Liganden unverständlich ist. Tatsächlich lässt sich die spektrochemische Reihe der Liganden nur bei Vorliegen gewisser kovalenter Bindungsanteile im Rahmen der Ligandenfeld-Theorie deuten (vgl. S. 1613). Demgemäß bewirken Liganden wie CO, CN^-, CNO^-, CCH^-, NO_2^-, die – im Sinne der VB-Theorie – Rückbindungen vom Metall zum Liganden ($M \rightleftharpoons L$) ausbilden können, eine stärkere Aufspaltung als Liganden wie I^-, Br^-, F^-, N_3^-, bei denen dies nicht der Fall ist oder bei denen – wie bei O^{2-}, NH_2^- – die zusätzliche Bindung umgekehrt vom Liganden zum Metall hin ($M \leftarrow L$) erfolgt[10].

High- und low-spin Komplexe. Je nachdem, ob die Energieaufspaltung $\Delta_o = 10\,Dq$ im oktaedrischen Ligandenfeld klein oder groß ist, entspricht die Einordnung der d-Elektronen in die fünf d-Orbitale (d-Elektronenkonfiguration, »Spinsystem«) der auf S. 1595 wiedergegebenen Weise (kleines Δ_o) oder weicht davon ab (großes Δ_o). Die Abweichungen können allerdings nur in den Fällen d^4, d^5, d^6 und d^7 auftreten, da bei d^1, d^2 und d^3 (Besetzung der drei ersten d-Orbitale mit je einem Elektron) und bei d^8, d^9 und d^{10} (Elektronenpaarung in den drei letzten d-Orbitalen) die Orbitalbesetzung unabhängig vom Energieinhalt beider Orbitalgruppen in gleicher Weise erfolgen muss (vgl. Abb. 20.30, erste und letzte Spalte). In den Fällen d^4, d^5, d^6 und

---

[10] Δ_o ergibt sich nach C. K. Jørgensen näherungsweise als Produkt von Feldfaktoren g_M und f_L der Metallzentren M und Liganden L: $\Delta_o = g_M f_L$. Will man Δ_o in kJ erhalten dann beträgt: $g_M = 96$ (Mn^{2+}), 104 (Ni^{2+}), 120 (Co^{2+}), 144 (V^{2+}), 167 (Fe^{3+}), 208 (Cr^{3+}), 218 (Co^{3+}), 239 (Ru^{3+}), 294 (Mo^{3+}), 323 (Rh^{3+}), 283 (Ir^{3+}), 431 (Pt^{4+}) und $f_L = 0.72$ (Br^-), 0.73 (SCN^-), 0.78 (Cl^-), 0.83 (N_3^-), 0.9 (F^-), 0.99 (ox^{2-}), 1.00 (H_2O), 1.02 (NCS^-), 1.15 (NC^-), 1.25 (NH_3), 1.7 (CN^-).

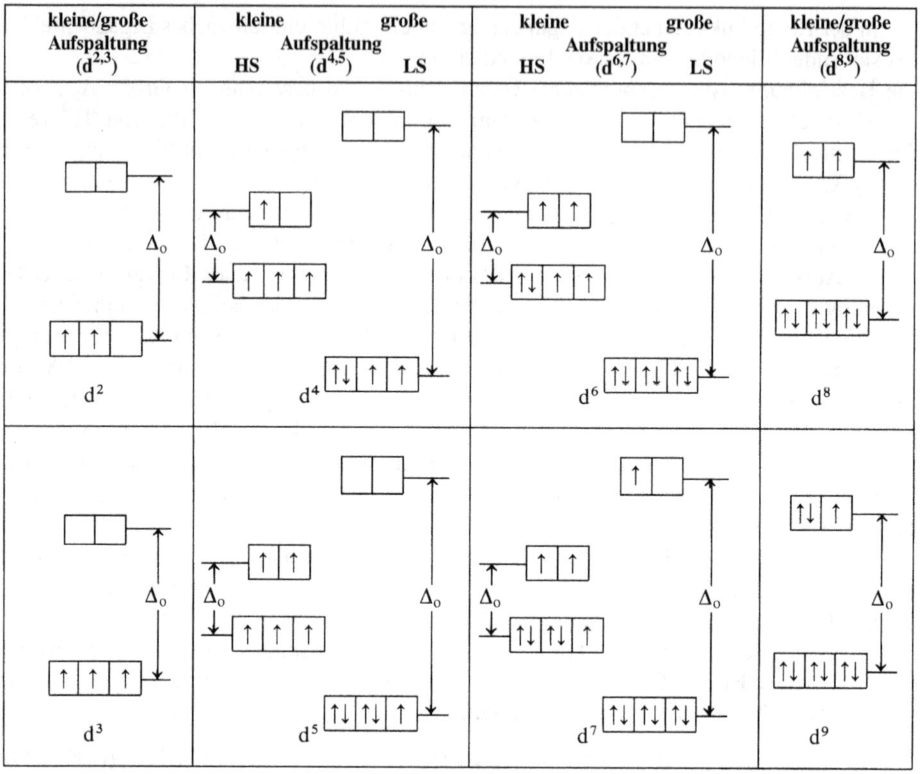

kleine/große Aufspaltung ($d^{2,3}$)	kleine große Aufspaltung HS ($d^{4,5}$) LS	kleine große Aufspaltung HS ($d^{6,7}$) LS	kleine/große Aufspaltung ($d^{8,9}$)
d^2	d^4	d^6	d^8
d^3	d^5	d^7	d^9

Abb. 20.30 Mögliche Konfigurationen von Metallzentren mit zwei bis neun d-Elektronen im oktaedrischen Ligandenfeld (HS = high-spin; LS = low-spin).

d^7 ist dagegen die Orbitalbesetzung nur bei kleinem Δ_o die gleiche wie beim ligandenfreien Ion, bei großem Δ_o aber davon verschieden, weil dann unter Spinpaarung zunächst die wesentlich energieärmeren t_{2g}- und erst anschließend die wesentlich energiereicheren e_g-Zustände besetzt werden (vgl. Abb. 20.30, zweite und dritte Spalte). Da die Spinpaarung Energie erfordert, erfolgt sie naturgemäß erst, wenn die Aufspaltungsenergie Δ_o größer ist als die »Spinpaarungsenergie« (»Paarbildungsenergie«) P[11]. Wegen der beachtlichen Erhöhung von Δ_o beim Ersatz eines Komplexzentrums durch das »schwerere Gruppenhomologe« treten oktaedrische Komplexe von Metallen der zweiten und dritten Übergangsperiode – anders als jene von Metallen der ersten Übergangsperiode – auch im schwachen Ligandenfeld praktisch ausschließlich in der low-spin-Form auf.

Die unterschiedliche d-Elektronenkonfiguration beeinflusst naturgemäß die magnetischen Eigenschaften der betreffenden Komplexe, da der Paramagnetismus von Verbindungen mit der Zahl ungepaarter Elektronen wächst (S. 1658). Bei schwacher energetischer Aufspaltung der d-Orbitale (größere Zahl ungepaarter Elektronen) erhält man daher Komplexe mit großem Elektronenspin (»high-spin-«Komplexe), bei starker energetischer Aufspaltung (Paarung ungepaarter

---

[11] Die Spinpaarungsenergie P besteht aus zwei Anteilen: (i) der natürlichen Abstoßung von zwei Elektronen im gleichen Orbital sowie (ii) dem Verlust an Elektronenaustauschenergie im Zuge der Elektronenpaarung (Grundlage der 1. Hund'schen Regel, S. 102). Typische Werte für P [kJ mol^{-1}] sind für ligandenfreie Ionen etwa folgende (in komplexierten Ionen erniedrigt sich P infolge kovalenter ML-Bindungsanteile um 15–30 %): $P = 281$ (Cr^{2+}, d^4), 335 (Mn^{3+}, d^4), 305 (Mn^{2+}, d^5), 359 (Fe^{3+}, d^5), 211 (Fe^{2+}, d^6), 251 (Co^{3+}, d^6), 269 (Co^{2+}, d^7). Ersichtlicherweise wächst P für isoelektronische Ionen mit deren Ladung, während P innerhalb einer Reihe gleichgeladener Ionen (Cr^{2+}, Mn^{2+}, Fe^{2+}, Co^{2+} bzw. Mn^{3+}, Fe^{3+}, Co^{3+}) bei d^5-Elektronenkonfiguration besonders groß ist (Grund für die auffallende Stabilität halbbesetzter d-Unterschalen).

Elektronen) Komplexe mit kleinem Spin (»low-spin-«Komplexe). Hinsichtlich der Zahl unge-paarter Komplex-Elektronen und dem damit verbundenen Paramagnetismus der Komplexe kommen hierbei die Ligandenfeld-Theorie und die Valenzstruktur-Theorie (vgl. Tab. 20.8) insgesamt zu vergleichbaren Ergebnissen.

Liganden am Anfang der spektrochemischen Reihe (schwache Ligandenfelder) erzeugen high-spin-, Liganden am Ende der Reihe (starke Ligandenfelder) low-spin-Komplexe von Metallen der 1. Übergangsreihe. Hiernach bilden bei gegebenem Metall z. B. die Liganden »Halogeno«, »Hydroxo«, »Nitrito« und »Aqua« bevorzugt high-spin-, die Liganden »Carbonyl«, »Cyano«, »Nitro« und »Ammin« bevorzugt low-spin-Komplexe. Dabei erfolgt der Übergang vom high- zum low-spin-Komplex ML_6 für Liganden innerhalb der spektrochemischen Ligandenreihe relativ früh (spät), wenn das Metallzentrum am Anfang (am Ende) der spektrochemischen Metallionenreihe steht. So bildet etwa das am Anfang der Reihe stehende »zweiwertige Mangan« Mn^{2+} (fünf d-Elektronen) in der Regel high-spin-Komplexe, weil seine Ionenladung von 2+ keine starken Ligandenfelder erzeugt (kleines Δ_o) und seine Elektronenkonfiguration (halbbesetzte d-Unterschale) unter allen möglichen Elektronenbesetzungen die größte Spinpaarungsenergie (großes P^{18}) bedingt. Nur Liganden wie CN^- mit den stärksten Feldern führen hier zu low-spin-Komplexen. Das mit Mn^{2+} isoelektronische »dreiwertige Eisen« Fe^{3+} (fünf d-Elektronen) widerstrebt einer Spinpaarung noch stärker als Mn^{2+}, doch begünstigt die höhere Ionenladung von 3+ die Erzeugung stärkerer Ligandenfelder in solchem Maße, dass auch Liganden wie NH_3 mit mittleren Feldern zur Bildung von low-spin-Komplexen führen können ($[Fe(H_2O)_6]^{3+}$ liegt im Unterschied zu $[Fe(NH_3)_6]^{3+}$ noch in der high-spin-Form vor). Beim Übergang von Fe^{3+} zum benachbarten und gleichgeladenen »dreiwertigen Cobalt« Co^{3+} (sechs d-Elektronen) wächst die Tendenz zur Bildung von low-spin-Komplexen wegen der stark verminderten Spinpaarungsenergie nochmals so drastisch an, dass umgekehrt high-spin-Komplexe zur Ausnahme werden und nur bei Liganden wie F^- mit sehr schwachem Feld entstehen ($[Co(H_2O)_6]^{3+}$ liegt im Unterschied zu $[CoF_6]^{3-}$ bzw. $[Co(H_2O)_3F_3]$ noch in der low-spin-Form vor). Da der Wechsel von Co^{3+} zum elektronenreicheren »zweiwertigen Cobalt« Co^{2+} (sieben d-Elektronen) sowohl mit einer Erhöhung der Spinpaarungsenergie als auch einer Minderung der Tendenz zur Erzeugung starker Ligandenfelder (kleinere Ionenladung) verbunden ist, bildet Co^{2+} wiederum bevorzugt high-spin-Komplexe.

Tetraedrisches und kubisches Ligandenfeld

Auch im tetraedrischen Ligandenfeld tritt wie im oktaedrischen eine Aufspaltung der fünf energiegleichen d-Orbitale in zwei energieverschiedene Gruppen von d-Orbitalen auf, doch sind hier wegen der sich in diesem Fall tetraedrisch (zwischen den Koordinatenachsen) nähernden Liganden die d_{xy}-, d_{xz}- und d_{yz}-Orbitale (t_2-Zustände[9] gemäß Abb. 20.31 energiereicher als die $d_{x^2-y^2}$ und d_{z^2}-Orbitale (e-Zustände[9]. Auch ist natürlich der Energiebetrag ε – d. h. die beim Überführen eines ligandenfreien Ions in ein kugelsymmetrisches Ligandenfeld aufzubringende Elektronen-abstoßungsenergie – im tetraedrischen Feld von nur 4 Liganden kleiner als im oktaedrischen Feld von 6 Liganden ($\varepsilon_t < \varepsilon_o$).

Da die d-Orbitalenergieaufspaltung Δ_t[9] bei Gleichheit von Komplexzentren und Liganden im tetraedrischen Ligandenfeld weniger als halb so groß ist wie die im oktaedrischen ($\Delta_t = 4/9|\Delta_o| \cong 4.45\,Dq$), kennt man bis jetzt praktisch kein gesichertes Beispiel eines tetraedrischen low-spin d^3-, d^4-, d^5- und d^6-Komplexes (nur bei d^3-, d^4-, d^5-, d^6-Elektronenkonfiguration könnte die Orbitalbesetzung mit Elektronen bei großer Energieaufspaltung Δ_t anders als im feldfreien Zustand sein; Ausnahmen sind etwa die tetraedrischen Low-spin Komplexe: d^6-NiBr(Norbornyl)$_3$ und d^6-Co(Norbornyl)$_4$; bzgl. Norbornyl vgl. Abb. 32.61g). Somit sind in der Regel nur high-spin-Komplexe (magnetisch-normale Komplexe) mit Tetraedersymmetrie zu berücksichtigen.

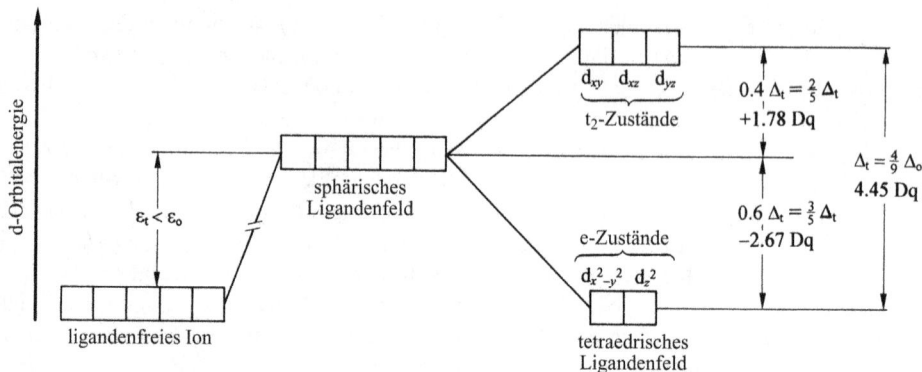

Abb. 20.31 Aufspaltung der fünf energiegleichen d-Zustände eines Zentralatoms oder -ions in zwei energieverschiedene d-Gruppen im tetraedrischen Ligandenfeld[9] ($\Delta_o \cong 10\,Dq$; vgl. auch Abb. 20.27).

Ein kubisches Ligandenfeld führt zur gleichen d-Orbitalenergieaufspaltung wie ein tetraedrisches, nur ist Δ_c[9] bei Gleichheit von Komplexzentrum und Liganden doppelt so groß wie im tetraedrischen Ligandenfeld ($\Delta_c = 2\Delta_t = 8/9\,|\Delta_o| \cong 8.90\,Dq$). Dies rührt daher, dass eine kubische Koordination (Besetzung aller 8 Ecken eines Würfels mit Liganden) durch Entfernen der Hälfte der Liganden in eine tetraedrische Koordination (Besetzung jeder übernächsten Ecke eines Würfels mit Liganden) übergeht.

Quadratisches und quadratisch-bipyramidales Ligandenfeld

Art der d-Orbitalenergieaufspaltung. Entfernt man aus einem oktaedrischen Komplex ML_6 zwei *trans*-ständige, auf der z-Achse lokalisierte Liganden, so gelangt man über quadratisch-bipyramidale Komplexe ML_6 (Liganden an den Ecken eines tetragonal-verzerrten, d. h. gestreckten Oktaeders) schließlich zu quadratisch-planar gebauten Koordinationsverbindungen ML_4. In gleicher Richtung erniedrigt sich gemäß Abb. 20.32 der Energieschwerpunkt der d-Orbitale ($\varepsilon_q < \varepsilon_o$; vgl. hierzu den Übergang vom Oktaeder zum Tetraeder), und es vergrößert sich die d-Orbital-Energieaufspaltung ($\Delta_q > \Delta_o$)[9], wobei die beiden Gruppen von d-Orbitalen im oktaedrischen Ligandenfeld (e_g- und t_{2g}-Zustände) jeweils zusätzlich in zwei Untergruppen aufspalten. Dies rührt daher, dass die elektrostatische Abstoßung für Elektronen in d-Orbitalen mit z-Komponente hinsichtlich der Liganden abnimmt, was eine Erniedrigung der Energie der d_{xz}- und d_{yz}-Orbitale (nunmehr entartete e_g-Zustände) und – in besonderem Maße – des d_{z^2}-Orbitals (a_{1g}-Zustand) zur Folge hat, während die Abstoßung der Elektronen im $d_{x^2-y^2}$-Orbital (b_{1g}-Zustand) sowie d_{xy}-Orbital (b_{2g}-Zustand) hinsichtlich der Liganden und damit die Energie der betreffenden d-Elektronen anwächst, weil 4 Liganden im quadratischen Komplex ML_4 dichter an das Metallzentrum heranrücken als 6 Liganden im oktaedrischen Komplex ML_6 (M und L jeweils gleich). Das Aufspaltungsschema der d-Orbitale im quadratischen Ligandenfeld veranschaulicht die Abb. 20.32 (Kästchen, rechte Seite).

Größe der d-Orbitalenergieaufspaltung. Das Ausmaß der Energieaufspaltung Δ_q hängt wiederum von Art und Ladung des Metallions sowie von der Natur der Liganden ab. Die relative Energieaufspaltung des $d_{x^2-y^2}$ und d_{xy}-Orbitals ändert sich jedoch beim Übergang von oktaedrisch- zu quadratisch-gebauten Komplexen (M und L jeweils gleich) nicht ($= 10\,Dq$). Dagegen ist die relative energetische Lage des d_{xz}-, d_{yz}- und insbesondere des d_{z^2}-Orbitals, das bei quadratischem Ligandenfeld energiereicher (Regelfall) oder -ärmer (z. B. $PtCl_4^{2-}$) als die e_g-Orbitale sein kann, von der Art der Kompexliganden abhängig.

High-, intermediate- und low-spin Komplexe. Für Elektronenkonfigurationen d^2 bis d^8 quadratisch strukturierter Komplexe sind jeweils Elektronenanordnungen mit maximalem oder mi-

Jahn-Teller-Effekt

$d_{x^2-y^2}$ (b_{1g})

+12.28 Dq

+6 Dq

$d_{x^2-y^2}, d_{z^2}$

(e_g)

$+\frac{1}{2}\delta''$

δ''

$-\frac{1}{2}\delta''$

$\Delta_0 \equiv 10$ Dq

Δ_q

d-Orbitalenergie

$\Delta_0 \equiv 10$ Dq

ε_0

+2.28 Dq

d_{xy} (b_{2g})

d_{z^2} (a_{1g})

−4.28 Dq

-4 Dq

δ'

$+\frac{2}{3}\delta'$

$-\frac{1}{3}\delta'$

d_{xy}, d_{xz}, d_{yz}

(t_{2g})

−5.14 Dq

$d_{xz}\ d_{yz}$ (e_g)

ε_q

liganden-freies Ion

oktaedrisches Ligandenfeld

quadratisch-bipyramidales oder -pyramidales Ligandenfeld

quadratisches Ligandenfeld

liganden-freies Ion

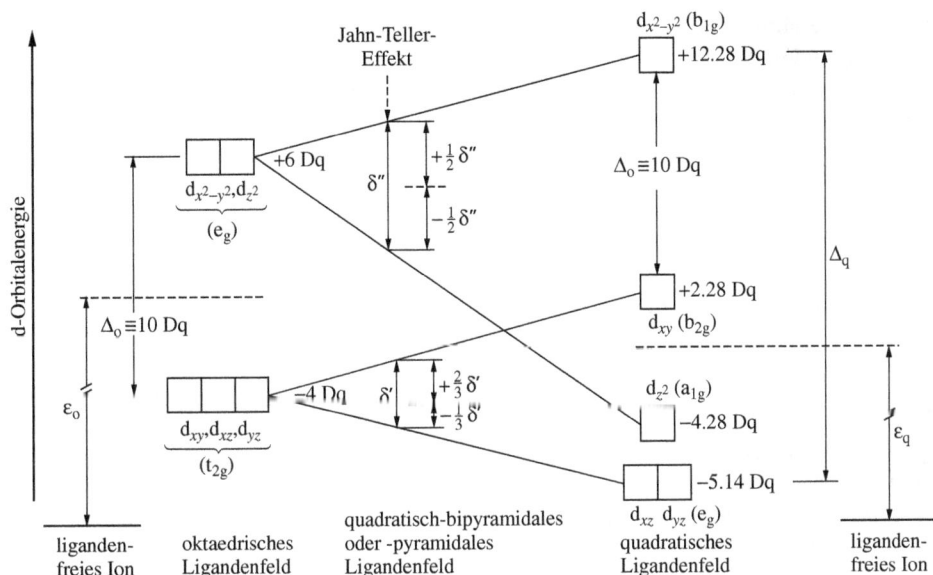

Abb. 20.32 Energieaufspaltung der d-Zustände eines Zentralatoms oder -ions beim Übergang vom oktaedrischen zum quadratisch-planaren Ligandenfeld (Zwischenzustand: gestreckt quadratisch-bipyramidales bzw. -pyramidales Ligandenfeld). Energieschwerpunkte der d-Orbitale gestrichelt[9] (vgl. auch Abb. 20.29). Die Dq-Näherungsangaben beziehen sich auf Metalle der 1. Übergangsreihe (d_{z^2} kann auch energieärmer als d_{xz}, d_{yz} sein). Bezüglich des Jahn-Teller-Effekts vgl. S. 1608.

nimalem Gesamtspin (definitionsgemäß: high- oder low-spin Komplexe), für die Konfigurationen d^4 bis d^6 zusätzlich solche mit dazwischenliegendem Gesamtspin (intermediate-spin Komplexe) denkbar (vgl. hierzu Abb. 29.10). Entsprechendes gilt für quadratisch-bipyramidale Komplexe mit schwach koordinierten axialen Liganden. Da die Energieaufspaltung der Zustände d_{xy}, d_{xz}, d_{yz}, d_{z^2} in der Regel kleiner als die Spinpaarungsenergie ist, werden im Falle beider Koordinationsgeometrien die Orbitale zunächst einzeln mit bis zu vier ungepaarten Elektronen gefüllt, weshalb bei d^2, d^3 bzw. d^4 praktisch nur high-spin Komplexe aufgefunden wurden (Ausnahme: der quadratisch-planare, von zwei N- und zwei P-Ligatoren koordinierte low-spin d^4-Komplex [L_3RuN] ($L_3^- = N(SiMe_2CH_2PtBu_2)_2^-$ mit keinem ungepaarten Elektron). Das fünfte d-Elektron kann dann unter Spinpaarung ein e_g-Orbital oder – ungepaart – das $d_{x^2-y^2}$-Orbital, das sechste d-Elektron zusätzlich ein e_g-Orbital besetzen, sodass bei d^5 bzw. d^6 intermediate- und high-spin Komplexe mit vier und zwei bzw. fünf und drei ungepaarten Elektronen zu erwarten sind (noch kein Beispiel für einen low-spin Komplex mit einem bzw. keinem ungepaarten Elektron). Bei d^7 bzw. d^8 wurden bisher nur low-spin Komplexe mit quadratischem Ligandenfeld aufgefunden (ein bzw. kein ungepaartes Elektron), während man high-spin Komplexe (drei bzw. zwei ungepaarte Elektronen; intermediate-spin Komplexe entfallen hier) selbst unter günstigen Voraussetzungen nicht beobachtet, weil dann andere Ligandenanordnungen bevorzugt sind. Immerhin liegt low-spin d^8-[$Co^I(S_2C_2Tol_2)_2$]$^-$ bei Raumtemperatur mit dem entsprechenden, um 0.1 kJ mol^{-1} energiereicheren high-spin Komplex im Gleichgewicht. Bei d^1, d^9, d^{10} besteht jeweils nur eine Möglichkeit der Orbitalbesetzung.

Quadratisch-planare Komplexe werden insbesondere von Metallzentren mit d^8-Elektronenkonfiguration (Co/Rh/Ir(I), Ni/Pd/Pt(II), Cu/Ag/Au(III); S. 1574) gebildet. Beispiele sind etwa die Komplexe [Ni(CN)$_4$]$^{2-}$, [PdCl$_4$]$^{2-}$, [Pt(NH$_3$)$_4$]$^{2+}$, AuCl$_4^-$. In letzteren Fällen werden daher die zwei ungepaarten Elektronen der ligandenfeldfreien (paramagnetischen) Metallionen Ni^{2+}, Pd^{2+}, Pt^{2+}, Au^{3+} (vgl. S. 1591) bei Bildung der quadratischen (diamagnetischen) Komplexe gepaart im energieärmeren d_{xy}-Orbital aufgenommen, sodass das energiereichste $d_{x^2-y^2}$-Orbital frei bleibt (die übrigen sechs d-Elektronen der Metallionen befinden sich gepaart in den drei energieärmsten Orbitalen: d_{xz}, d_{yz}, d_{z^2}).

Hinsichtlich des magnetischen Verhaltens von quadratisch- sowie tetraedrisch-gebauten d^8-Komplexen kommen somit die Valenzstruktur- und die Ligandenfeld-Theorie zu gleichen Ergebnissen, obwohl beide Theorien von völlig verschiedenen Voraussetzungen (kovalentes und elektrovalentes Bindungsmodell) ausgehen: Tetraedrische d^8-Komplexe sind paramagnetisch (zwei ungepaarte Elektronen), quadratische diamagnetisch (0 ungepaarte Elektronen), wobei die acht Elektronen bei quadratischer Koordination die Orbitale d_{xy}, d_{xz}, d_{yz}, d_{z^2} besetzen, und das $d_{x^2-y^2}$-Orbital in anderer Weise – als Teil einer dsp^2-Hybridisierung (VB-Theorie) oder als unbesetztes, auf die Liganden gerichtetes Orbital (LF-Theorie) –genutzt wird.

Quadratisch-pyramidales sowie trigonal- oder pentagonal-bipyramidales Ligandenfeld

Oktaedrische Komplexe ML_6 können durch Abspaltung eines Liganden unter Änderung der d-Orbitalenergieaufspaltung des Metallzentrums sowohl in quadratisch-pyramidal- oder trigonal-bipyramidal-gebaute Komplexe, durch Anlagerung eines Liganden u. a. in pentagonal-bipyramidale Komplexe übergehen (vgl. Abb. 20.33). Überführt man hierbei das Oktaeder durch Entfernung eines auf der z-Achse lokalisierten Liganden in eine quadratische Pyramide, so erniedrigt sich die Energie des Metall d_{z^2}-Orbitals beachtlich (Verminderung der Elektronen-Ligand-Abstoßung in Richtung der z-Achse; vgl. hierzu auch Abb. 20.32), wandelt man ihn durch Abspaltung eines in der xy-Ebene lokalisierten Liganden in eine trigonale Bipyramide um, so erniedrigt sich insbesondere die Energie des Metall-$d_{x^2-y^2}$-Orbitals (Verminderung der Elektronen-Ligand-Abstoßung innerhalb der xy-Ebene), während sich in beiden Fällen die Energien der verbleibenden vier Metall-d-Orbitale weniger drastisch ändern. Gemäß Abb. 20.33 sind bei d^5, d^6-, d^7- und d^8-Elektronenkonfiguration des Metallzentrums high-spin- und low-spin-Komplexe – teils auch intermediate-spin Komplexe – zu erwarten; sie konnten experimentell realisiert werden. Überführt man andererseits ein Oktaeder durch Anlagerung eines Liganden in der xy-Ligandenebene in eine pentagonale Bipyramide, so verändert (erhöht) sich erwartungsgemäß die Energie des Metall-d_{xy}-Orbitals stärker (Erhöhung der Elektronen-Ligand-Abstoßung innerhalb der xy-Ebene). Wie der Abb. 20.33 entnommen werden kann, bedingen trigonal- und pentagonal-bipyramidale Ligandenfelder eine Aufspaltung der d-Orbitale in d-Orbitalgruppen, die sich hinsichtlich ihrer Art gleichen und hinsichtlich ihrer energetischen Lage unterscheiden. Die relative energetische Lage der einzelnen d-Orbitale hängt – bis auf den Energieabstand des $d_{x^2-y^2}$ und d_{xy}-Orbitals bei quadratisch-pyramidalem Ligandenfeld ($= 10\,Dq$) – im Falle der diskutierten Ligandenanordnungen von der Art der Komplexpartner ab (vgl. hierzu Legende von Abb. 20.33). Die Gesamtenergieaufspaltung der d-Orbitale ändert sich gemäß Abb. 20.33 beim Übergang vom oktaedrischen zum trigonal- bzw. pentagonal-bipyramidalen Ligandenfeld nur unerheblich und beträgt mithin ca. $10\,Dq$. Der Übergang zum quadratisch-pyramidalen Ligandenfeld ist demgegenüber mit einer Vergrößerung der Energieaufspaltung verbunden.

2.2.2   Ligandenfeldstabilisierungsenergie. Stabilität und Struktur der Komplexe

Allgemeines

Nach dem auf S. 1594 Besprochenen ist der Energieinhalt jedes äußeren d-Elektrons eines Metallzentrums im kugelsymmetrischen Ligandenfeld um den Wert ε gegenüber der d-Elektronenenergie des entsprechenden ligandenfreien Metallatoms oder -ions erhöht. Beim Übergang zu einem nicht-kugelsymmetrischen Ligandenfeld ist dieser Betrag wegen der d-Orbitalenergieaufspaltung (S. 1596) für einzelne d-Elektronen teils kleiner, teils größer als ε (vgl. Abb. 20.29–20.33), was – nach Addition der Energiebeträge für die einzelnen d-Elektronen – insgesamt

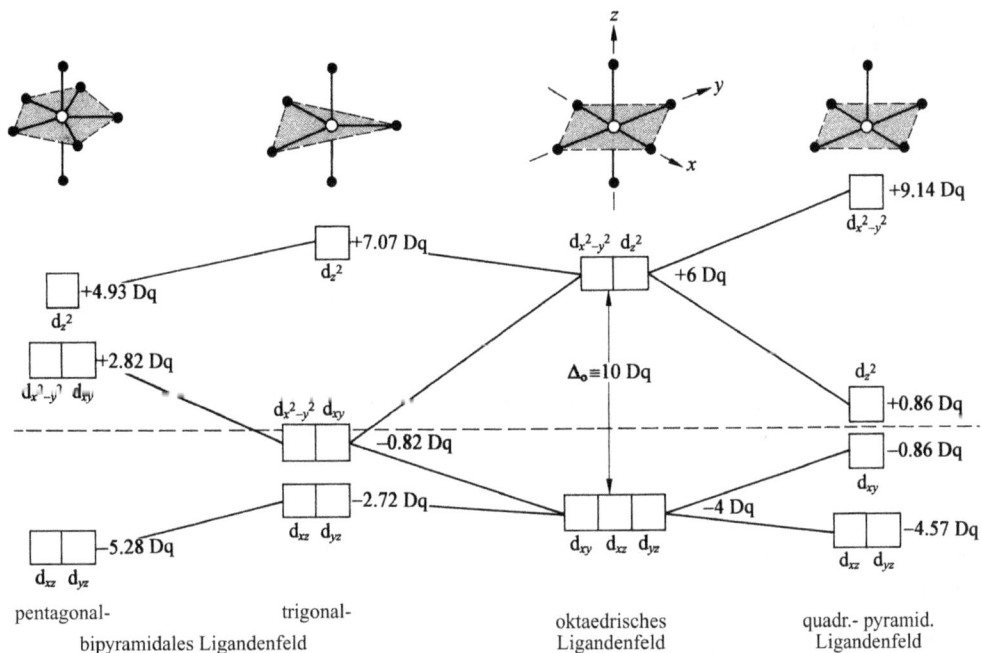

Abb. 20.33 Energieaufspaltung der d-Zustände eines Zentralatoms oder -ions beim Übergang vom oktaedrischen zum quadratisch-pyramidalen sowie trigonal- bzw. pentagonal-bipyramidalen Ligandenfeld (Veränderung der Lage des Energieschwerpunkts (gestrichelt) ist nicht berücksichtigt). Die Dq-Angaben beziehen sich auf Metalle der 1. Übergangsreihe und sind auch da nur Näherungswerte.

zu einem Energiegewinn führen kann. Man bezeichnet diesen Gewinn an d-Elektronen-Ligand-Abstoßungsenergie beim Übergang vom sphärischen zum nicht-sphärischen Ligandenfeld als Ligandenfeldstabilisierungsenergie (»LFSE«).

Beim Übergang vom sphärischen zum oktaedrischen Ligandenfeld wird etwa das d_{xy}-, d_{xz}- sowie d_{yz}-Orbital (t_{2g}-Zustände) energetisch um jeweils $-4\,\mathrm{Dq}$ abgesenkt, das $d_{x^2-y^2}$- sowie d_{z^2}-Orbital (e_g-Zustände) um jeweils $+6\,\mathrm{Dq}$ angehoben (vgl. Abb. 20.29). Damit beträgt die Ligandenfeldstabilisierungsenergie für Metallatome oder -ionen mit einem, zwei bzw. drei d-Elektronen (Besetzung der einzelnen t_{2g}-Zustände mit jeweils einem Elektron gleichen Spins; t_{2g}^1-, t_{2g}^2- bzw. t_{2g}^3-Elektronenkonfiguration) -4, -8 bzw. $-12\,\mathrm{Dq}$, während sich der Energiegewinn im Falle der high-spin Metallzentren mit vier bzw. fünf d-Elektronen (zusätzliche Besetzung der einzelnen e_g-Zustände mit jeweils einem ungepaarten Elektron; $t_{2g}^3\,e_g^1$- bzw. $t_{2g}^3\,e_g^2$-Elektronenkonfiguration) wie folgt berechnet: LFSE $= 3 \times (-4\,\mathrm{Dq}) + 1 \times (+6\,\mathrm{Dq}) = -6\,\mathrm{Dq}$ bzw. LFSE $= 3 \times (-4\,\mathrm{Dq}) + 2 \times (+6\,\mathrm{Dq}) = 0\,\mathrm{Dq}$. Somit führt eine mit fünf Elektronen halbbesetzte (und daher kugelsymmetrische) d-Unterschale im oktaedrischen Ligandenfeld (Entsprechendes gilt für Felder anderer Symmetrie) ähnlich wie eine unbesetzte oder eine mit zehn Elektronen vollbesetzte d-Unterschale zu keiner Stabilisierung (Konsequenz des Energieschwerpunkt-Satzes). Das Ausbleiben einer Stabilisierung bei halbbesetzter d-Schale gilt allerdings nur für den high-spin-Fall. Für low-spin Metallzentren mit fünf d-Elektronen (Besetzung der t_{2g}-Zustände gemäß Abb. 20.30 unter Spinpaarung; t_{2g}^5-Elektronenkonfiguration) ergibt sich nämlich die Stabilisierungsenergie im oktaedrischen Ligandenfeld zu LFSE $= 5 \times (-4\,\mathrm{Dq}) + 2P = -20\,\mathrm{Dq} + 2P$ (da der Übergang vom ligandenfreien Ion mit fünf ungepaarten Elektronen zum low-spin d^5-Ion (ein ungepaartes Elektron) mit 2 Elektronenpaarungen verbunden ist, muss die aufzubringende Spinpaarungsenergie P[11] 2-mal berücksichtigt werden).

Eine Übersicht der sich für high- und low-spin Metallzentren mit einem bis zehn äußeren d-Elektronen in oktaedrischen oder tetraedrischen Feldern ergebenden Ligandenfeldstabilisie-

Tab. 20.9 Ligandenfeldstabilisierungsenergie (LFSE) und Jahn-Teller-Effekt[a] für high-spin und low-spin Metall-Zentren in oktaedrischen und tetraedrischen Ligandenfeldern ($\Delta_o \equiv 10\,\mathrm{Dq}$)

d^n	Oktaedrisches Ligandenfeld[a]				Tetraedrisches Ligandenfeld[a]			
	Konf.[b] schwaches Feld	LFSE Δ_o	Konf.[b] starkes Feld	LFSE Δ_o	Konf.[b] schwaches Feld	LFSE Δ_t	Konf.[b] starkes Feld[c]	LFSE Δ_t
d^0	(0)	$0\,\mathrm{Dq}$			(0)	$0\,\mathrm{Dq}$		
d^1	t_{2g}^1 (1)	$-4\,\mathrm{Dq}$			$\underline{e^1}$ (1)	$-2.67\,\mathrm{Dq}$		
d^2	t_{2g}^2 (2)	$-8\,\mathrm{Dq}$			e^2 (2)	$-5.34\,\mathrm{Dq}$		
d^3	t_{2g}^3 (3)	$-12\,\mathrm{Dq}$			$e^2t_2^1$ (3)	$-3.56\,\mathrm{Dq}$	e^3 (1)	$-8.01\,\mathrm{Dq}+P$
d^4	$\mathbf{t_{2g}^3 e_g^1}$ (4)	$-6\,\mathrm{Dq}$	t_{2g}^4 (2)	$-16\,\mathrm{Dq}+P$	$e^2t_2^2$ (4)	$-1.78\,\mathrm{Dq}$	e^4 (0)	$-10.68\,\mathrm{Dq}+2P$
d^5	$t_{2g}^3 e_g^2$ (5)	$0\,\mathrm{Dq}$	t_{2g}^5 (1)	$-20\,\mathrm{Dq}+2P$	$e^2t_2^3$ (5)	$0\,\mathrm{Dq}$	$\underline{e^4t_2^1}$ (1)	$-8.90\,\mathrm{Dq}+2P$
d^6	$t_{2g}^4 e_g^2$ (4)	$-4\,\mathrm{Dq}$	t_{2g}^6 (0)	$-24\,\mathrm{Dq}+2P$	$e^3t_2^3$ (4)	$-2.67\,\mathrm{Dq}$	$\underline{e^4t_2^2}$ (2)	$-7.12\,\mathrm{Dq}+2P$
d^7	$t_{2g}^5 e_g^2$ (3)	$-8\,\mathrm{Dq}$	$\mathbf{t_{2g}^6 e_g^1}$ (1)	$-18\,\mathrm{Dq}+P$	$e^4t_2^3$ (3)	$-5.34\,\mathrm{Dq}$		
d^8	$t_{2g}^6 e_g^2$ (2)	$-12\,\mathrm{Dq}$			$e^4t_2^4$ (2)	$-3.56\,\mathrm{Dq}$		
d^9	$\mathbf{t_{2g}^6 e_g^3}$ (1)	$-6\,\mathrm{Dq}$			$\underline{e^4t_2^5}$ (1)	$-1.78\,\mathrm{Dq}$		
d^{10}	$t_{2g}^6 e_g^4$ (0)	$0\,\mathrm{Dq}$			$e^4t_2^6$ (0)	$0\,\mathrm{Dq}$		

a Im Falle der unterstrichenen Elektronenkonfigurationen sind Jahn-Teller-Verzerrungen zu erwarten (Normaldruck = schwacher, Fettdruck = starker Jahn-Teller-Effekt).
b In Klammern hinter der Elektronenkonfiguration (Konf.) die Anzahl ungepaarter Elektronen.
c Tetraedrische low-spin-Komplexe wurden bisher nicht aufgefunden.

rungsenergien liefert die Tab. 20.9. Unter gewissen Voraussetzungen (z. B. bei den in Tab. 20.9 unterstrichenen Elektronenkonfigurationen) kann bei Komplexzentren zusätzlich zur besprochenen Ligandenfeldstabilisierung noch eine »Jahn-Teller-Stabilisierung« wirksam werden, deren Ursache weiter unten (S. 1608) diskutiert werden soll. Der Beitrag der »Jahn-Teller-Stabilisierungsenergie« zur LFSE ist aber prozentual klein (fett ausgeführte Konfigurationen in Tab. 20.9) bis vernachlässigbar klein. Nachfolgend sollen die Auswirkungen der LFSE auf die Stabilität und die Struktur der Komplexe besprochen werden.

LFSE und Komplexstabilität

Trägt man die im Zuge des Prozesses

$$M^{2+}(g) + 6\,H_2O(fl) \longrightarrow [M(H_2O)_6]^{2+}(aq)$$

(Überführung gasförmiger Ionen M^{2+} in high-spin-Aquakomplexe) im Falle zweiwertiger Metalle der ersten Übergangsreihe (einschließlich Ca^{2+}) freigesetzten Hydratationsenthalpien $\Delta H_{\mathrm{Hydr.}}$ (S. 593) in Abhängigkeit von der Anzahl der Metall-d-Elektronen auf, so ergibt sich der in Abb. 20.34 dargestellte, doppelhöckerige Kurvenverlauf. Läge keine LFSE vor, so sollten die Hydratationsenthalpien der M^{2+}-Ionen mit wachsender d-Elektronenzahl wegen der in gleicher Richtung abnehmenden Ionenradien (wachsenden Kernladung) näherungsweise auf einer ansteigenden Geraden liegen (gestrichelt in Abb. 20.34). Dies ist für $\Delta H_{\mathrm{Hydr.}}$ der Ionen $Ca^{2+}(d^0)$, Mn^{2+}(high-spin-d^5) und $Zn^{2+}(d^{10})$, für die man keine LFSE erwartet, in der Tat der Fall, während $\Delta H_{\mathrm{Hydr.}}$ der übrigen, LFSE-liefernden Ionen oberhalb dieser Geraden liegen. Entsprechend den aus Tab. 20.10 hervorgehenden Stabilisierungsenergien für high-spin-Metallzentren im oktaedrischen Ligandenfeld ist die Erhöhung der Hydratationsenthalpie im Falle von $V^{2+}(d^3)$ und $Ni^{2+}(d^8)$ besonders groß. Nach Abzug der zu erwartenden, nur einen kleineren Teil (ca. 5–10 %; vgl. S. 1603) der gesamten Hydratationsenergie ausmachenden LFSE liegen die auf diese Weise korrigierten Werte von $\Delta H_{\mathrm{Hydr.}}$ (offene Kreise in Abb. 20.34) in recht guter Näherung auf der gestrichelten Geraden. Dieser Sachverhalt spricht für die Gültigkeit der ligandenfeldtheoretischen Vorstellungen.

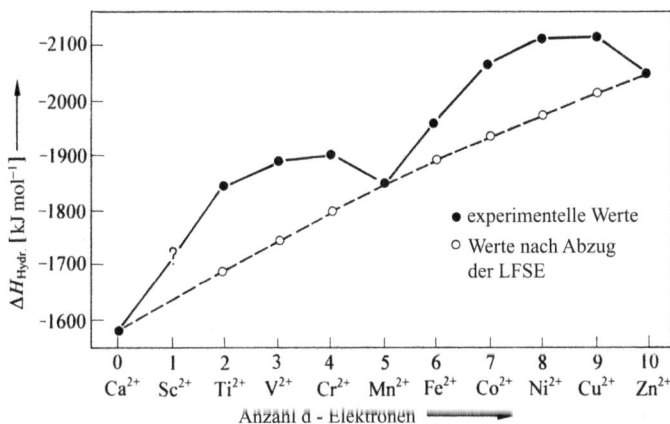

Abb. 20.34 Hydratationsenthalpien zweiwertiger Metallionen der 1. Übergangsreihe (einschließlich Ca^{2+}).

In analoger Weise wie die Hydratationsenthalpien nehmen die Stabilitätskonstanten (S. 1563) von Komplexen der zweiwertigen (high-spin) Ionen Mn^{2+} bis Zn^{2+} mit sauerstoff- oder stickstoffhaltigen Liganden wie folgt zu oder ab: $Mn^{2+} < Fe^{2+} < Co^{2+} < Ni^{2+} > Cu^{2+}$. Hiermit findet die auf S. 1566 vorgestellte Irving-Williams-Reihe ihre Erklärung. Höckerige Kurvenzüge wie die in Abb. 20.34 wiedergegebenen findet man auch für die Gitterenergien (S. 131) der Halogenide MX_2 von zweiwertigen (high-spin) Metallen der 1. Übergangsperiode (einschließlich CaX_2). Die Abweichungen der gefundenen von den berechneten Gitterenergien (letztere sollten auf einer ansteigenden Geraden liegen) gehen wieder auf die LFSE zurück; sie wurden zum Teil umgekehrt zur Bestimmung von $\Delta_o = 10\,Dq$ genutzt.

Die Ligandenfeldstabilisierungsenergien vermögen nicht nur Komplex-Stabilitäten und -Labilitäten zu erklären (vgl. S. 1602, 1629), sondern sie beeinflussen – neben anderen Faktoren (z. B. Entropieeffekte, S. 1569) – wesentlich die Redoxstabilitäten der Komplexe. So wächst etwa die Reduktionskraft oktaedrischer high-spin-Komplexe des zweiwertigen Cobalts (sieben d-Elektronen; Übergang zu oktaedrischen low-spin-Komplexen des dreiwertigen Cobalts mit sechs d-Elektronen) mit wachsender Stärke des durch die 6 Liganden L erzeugten Feldes (z. B. $E^\circ = +1.84, +0.10$ bzw. -0.83 V für L = H_2O, NH_3 bzw. CN^-). Ursache hierfür ist u. a. der mit zunehmender d-Orbitalenergieaufspaltung in zunehmend starken oktaedrischen Ligandenfeldern wachsende Gewinn an LFSE beim Übergang von high-spin-Co^{II} ($-8\,Dq$ laut Tab. 20.10) zu low-spin-Co^{III} ($-24\,Dq$); die aufzuwendende Energie P^{11} für eine Spinpaarung beim Übergang high-spin-$d^7 \longrightarrow$ low-spin-d^6 ist von der Stärke des Ligandenfeldes weniger abhängig und in jedem Redoxfalle vergleichbar groß.

LFSE und Komplexstruktur

Oktaedrische/tetraedrische Komplexe. Die relative Stabilität der oktaedrischen und tetraedrischen Koordination wird durch Faktoren wie die elektrostatische Anziehung zwischen den Komplexzentren und Liganden sowie die elektrostatische und sterische Abstoßung innerhalb der Ligandensphäre beeinflusst (vgl. S. 1594). Große, hochgeladene Metallionen und kleine, niedrig geladene Liganden führen zu einer Stabilisierung der oktaedrischen Koordination (das Umgekehrte gilt für die tetraedrische Koordination). Vielfach sind jedoch die Stabilitäten beider Koordinationsarten von vergleichbarer Größenordnung, sodass auch ein kleiner Effekt wie die LFSE die Präferenz eines Metallions für die oktaedrische oder tetraedrische Ligandenanordnung mitbestimmt. Wie der Tab. 20.10 entnommen werden kann, in welcher u. a. die Differenzen der LFSE für das oktaedrische und tetraedrische Ligandenfeld (Oktaederplatzstabilisierungsenergien, »OPSE«) wiedergegeben sind, begünstigt die Ligandenfeldstabilisierung eine oktaedrische

Tab. 20.10 Unterschiede der Ligandenfeldstabilisierungsenergie Δ LFSE von oktaedrischen und tetraedrischen, von quadratischen und tetraedrischen sowie von quadratischen und oktaedrischen Komplexen in schwachen und starken Ligandenfeldern

Struktur-änderung	Spin-übergang	Δ LFSE [Dq-Einheiten]^{a,b,c}										
		d^0	d^1	d^2	d^3	d^4	d^5	d^6	d^7	d^8	d^9	d^{10}
Tetra- $\rightarrow^b$	high $\rightarrow$ high	0	-1.3	-2.8	-8.5	-4.2	0	-1.3	-2.7	-8.5	-4.2	0
eder	high $\rightarrow$ low^c					-14.2	-20.0	-21.3	-12.7			
Tetra- $\rightarrow$	high $\rightarrow$ high	0	-2.5	-4.9	-11.3	-10.5	0	-2.5	-4.9	-11.0	-10.5	0
eder	high $\rightarrow$ low^c						-17.4	-19.9	-21.5	-21.0		
Okta- $\rightarrow$	high $\rightarrow$ high	0	-1.1	-2.3	-2.6	-6.3	0	-1.1	-2.3	-2.6	-4.5	0
eder	low $\rightarrow$ low^c					+3.7	+2.6	+1.4	-8.8	-12.6		

a Zur Berechnung der Werte vgl. Dq-Angaben in Tab. 20.9 und Abb. 20.32; für weitere Δ LFSE-Werte vgl. Tab. 20.14, S. 1629.

b Δ LFSE (Tetraeder $\longrightarrow$ Oktaeder) = OPSE (Oktaederplatzstabilisierungsenergie). Vgl. Anm.[12].

c Im Falle der Übergänge high-spin $\rightarrow$ low-spin und low-spin $\rightarrow$ low-spin sind noch Spinpaarungsenergien P zu berücksichtigen[11], z. B. für den Wechsel Tetraeder $\longrightarrow$ Oktaeder: $+P$ bei d^4 und d^7, $+2P$ bei d^5 und d^6.

Koordination der Metallionen im Falle jeder Elektronenkonfiguration – mit Ausnahme von d^0, high-spin-d^5, d^{10} (OPSE = 0) – mehr oder weniger stark[12].

Gibt man zwei- oder dreiwertigen high-spin-Metallen der 1. Übergangsperiode die Möglichkeit, in Cl^--haltigen Salzschmelzen Lücken mit oktaedrischer oder tetraedrischer Cl^--Begrenzung frei zu wählen, so bevorzugt das Ion Cr^{3+} (drei d-Elektronen) aufgrund seiner hohen, dreifachen Ladung und zugleich hohen OPSE ausschließlich Oktaederplätze, während die ebenfalls dreiwertigen Ionen Ti^{3+} und V^{3+} (ein und zwei d-Elektronen) wegen ihrer geringeren OPSE und das Ion V^{2+} (drei d-Elektronen, OPSE wie im Falle von Cr^{3+} hoch) wegen der geringeren Ionenladung sowohl oktaedrische als auch tetraedrische Lücken besetzen. Die Ionen Mn^{2+}, Fe^{2+}, Co^{2+} (fünf, sechs, sieben d-Elektronen) bevorzugen schließlich aufgrund ihrer niedrigen, zweifachen Ladung und kleinen OPSE ausschließlich Tetraederplätze. Aus gleichem Grunde sind von letzteren Ionen viele tetraedrische Komplexe mit größeren anionischen Liganden bekannt, während Cr^{3+} in der Regel oktaedrische Komplexe bildet. Entsprechendes gilt – und zwar wegen der sehr hohen OPSE in verstärktem Maße – für low-spin-Komplexe des Ions Co^{3+} (sechs d-Elektronen).

Im Sinne der Ausführungen auf S. 1357 bestehen Spinelle $MM_2'O_4$ aus einer kubisch-dichtesten Packung von O^{2-}-Ionen, in welcher die zwei- und dreiwertigen Metallionen (high-spin bis auf Co^{3+}) wahlweise Lücken mit oktaedrischer oder tetraedrischer O^{2-}-Begrenzung besetzen können. Der energieärmste Zustand liegt dann vor, wenn die Metallionen die Hälfte der Oktaeder- und ein Achtel der Tetraederplätze einnehmen, wobei normalerweise – wie z. B. im Falle von $MgAl_2O_4$ – die niedriger geladenen Ionen M^{2+} die tetraedrische und die höher geladenen Ionen M^{3+} die oktaedrische O^{2-}-Koordination bevorzugen (»normale Spinelle« M^{II} ($M^{III}M^{III}$)O_4. In bestimmten Fällen kann jedoch eine hohe OPSE der zweiwertigen Metallionen bei vergleichsweise niedriger OPSE der dreiwertigen Ionen zu einem Austausch der Hälfte der oktaedrisch koordinierten M^{3+}- gegen M^{2+}-Ionen führen (»inverse Spinelle« M^{III}($M^{II}M^{III}$)O_4, z. B. $NiFe_2O_4 = Fe^{III}(Ni^{II}Fe^{III})O_4$ und $Fe_3O_4 = Fe^{III}(Fe^{II}Fe^{III})$ O_4: keine OPSE für high-spin $Fe^{3+}(d^5)$, hohe bzw. bescheidenere OPSE für high-spin-$Ni^{2+}(d^8)$ und high-spin-$Fe^{2+}(d^6)$ von ca. -95 bzw. $-16\,kJ\,mol^{-1}$; vgl. Tab. 20.10, Anm. c). Spinelle mit hoher OPSE der dreiwertigen Ionen liegen andererseits in der Normalstruktur vor (z. B. $M^{II}Cr_2O_4$, Mn_3O_4, Co_3O_4: OPSE für

---

[12] OPSE $[kJ\,mol^{-1}]$ für $[M(H_2O)_6]^{n+}$: M = $Ti^{3+}(d^1)$: -32; $V^{3+}(d^2)$: -55; $V^{2+}(d^3)$: -132; $Cr^{3+}(d^3)$: -195; $Cr^{2+}(d^4)$: -71; $Mn^{3+}(d^4)$: -106; $Mn^{2+}/Fe^{3+}(d^5)$: 0; $Fe^{2+}(d^6)$: -16; Co^{3+}(low-spin-d^6): -81; $Co^{2+}(d^7)$: -9; $Ni^{2+}(d^8)$: -95; $Cu^{2+}(d^9)$: -65; $Zn^{2+}(d^{10})$: 0.

high-spin $Cr^{3+}(d^3)$, high-spin-$Mn^{3+}(d^4)$ und low-spin-$Co^{3+}(d^6)$ ca. -195, -106, $-81\,kJ\,mol^{-1}$; vgl. Tab. 20.9, Anm. c).

Innerhalb einer Übergangsperiode sollte der Ionenradius gleichgeladener Metalle zunehmender Ordnungszahl bei ausschließlicher Wirkung der (wachsenden) Kernladung stetig abnehmen. Die Besetzung von e_g-Zuständen, die direkt auf die oktaedrisch ausgerichteten Liganden gerichtet sind, mit Elektronen kann eine gleichgroße Abstoßung aller Liganden, d. h. ein »Aufblähen« des Ligandenoktaeders bewirken, wogegen die Besetzung von t_{2g}-Zuständen, die zwischen die Liganden weisen, mit Elektronen umgekehrt dessen »Schrumpfung« zur Folge haben. Trägt man demgemäß die M^{2+}-Radien von Metallen der ersten Übergangsperiode einschließlich Calcium gegen die d-Elektronenzahl auf (mittlere Radien bei Ionen mit Jahn-Teller-Verzerrung, vgl. S. 1608), so liegen zwar die Radien von Ca^{2+} (d^0; 1.14 Å), high-spin-Mn^{2+} (d^5; 0.97 Å) und Zn^{2+} (d^{10}; 0.88 Å) auf einer nach unten geneigten Kurve (vgl. Abb. 19.4, S. 1547; nicht eingezeichnet), die Radien der übrigen Ionen aber mehr oder weniger darunter. Die Abweichungen nehmen in Richtung Sc^{2+}, Ti^{2+}, V^{2+} zu, dann im high-spin-Fall in Richtung Cr^{2+}, Mn^{2+}/Fe^{2+}, Co^{2+}, Ni^{2+}/Cu^{2+}, Zn^{2+} zu/ab/zu (Besetzung der e_g-Orbitale mit 1, 2/der t_{2g}-Orbitale mit 4, 5, 6/der e_g-Orbitale mit 3, 4 Elektronen) und im low-spin-Fall in Richtung Cr^{2+}, Mn^{2+}, Fe^{2+}/Co^{2+}, Ni^{2+}, Cu^{2+}, Zn^{2+} zu/ab (Besetzung der t_{2g}-Orbitale mit 4, 5, 6/der e_g-Orbitale mit 1, 2, 3, 4 Elektronen; vgl. Abb. 20.30). Entsprechendes gilt für die Radien der dreiwertigen Übergangsmetalle (Abnahme der Radienabweichungen beim Übergang von high-spin-$d^3 \longrightarrow d^4$, high-spin-$d^8 \longrightarrow d^9$, low spin-$d^6 \longrightarrow d^7$).

Tetraedrische/quadratische Komplexe. Weniger leicht als im Falle oktaedrischer und tetraedrischer Koordination lässt sich der LFSE-Unterschied im Falle der tetraedrischen und der – vom elektrostatischen Standpunkt energetisch benachteiligten – quadratischen Koordination abschätzen. Die – verglichen mit der Energieaufspaltung im tetraedrischen Ligandenfeld (Abb. 20.31) – hohe d-Orbitalenergieaufspaltung im quadratischen Ligandenfeld (Abb. 20.32) deutet allerdings auf die Möglichkeit einer ligandenfeldbedingten Stabilisierung beim Übergang vom tetraedrischen Ligandenfeld (high-spin) zum quadratischen (high-spin oder low-spin). Tatsächlich ist, wie aus Tab. 20.10 hervorgeht, ΔLFSE (Tetraeder $\longrightarrow$ Quadrat; »Quadratplatzstabilisierungsenergie«) teils null ($d^{0,10}$, high-spin-d^5) bis klein ($d^{1,2}$, high-spin-$d^{6,7}$), teils mittel ($d^{3,4,9}$, high-spin-d^8) bis groß (low-spin-$d^{5,6,7,8}$). Als Folge hiervon sind z. B. high-spin-Komplexe des Typs $[MCl_4]^{n-}$ mit $M = Ti^{4+}(d^0)$, $Mn^{2+}(d^5)$, $Fe^{3+}(d^5)$, $Fe^{2+}(d^6)$ und $Zn^{2+}(d^{10})$ regulär tetraedrisch, solche mit $M = Ni^{2+}(d^8)$ und $Cu^{2+}(d^9)$ in Richtung quadratischer Koordination verzerrt-tetraedrisch strukturiert ($CuCl_4^{2-}$ kann bei geeigneten Gegenionen sogar regulär-quadratisch gebaut sein). Die low-spin-Komplexe $[MCl_4]^{n-}$ mit $M = Pd^{2+}$, Pt^{2+}, Au^{3+} (jeweils d^8) sowie z. B. die low-spin-Verbindungen $[M(CN)_4]^{2-}$ mit $M = Co^{2+}(d^7)$ und $Ni^{2+}/Pd^{2+}/Pt^{2+}(d^8)$ haben quadratisch-planaren Bau (vgl. hierzu nachfolgenden Abschnitt).

Oktaedrische/quadratische Komplexe. Die oktaedrische Koordination ist aus elektrostatischen Gründen stabiler als die quadratische. Auch hinsichtlich der LFSE ist letztere nicht stark bevorzugt. Vergleichsweise günstig liegen die Verhältnisse nur im Falle der Bildung quadratischer low-spin-Komplexe aus vergleichbaren oktaedrischen low-spin-Komplexen, falls die Komplexzentren acht d-Elektronen aufweisen (vgl. Tab. 20.10). Dementsprechend sind von Co/Rh/Ir(I), Ni/Pd/Pt(II) und Cu/Ag/Au(III) eine Reihe diamagnetischer, quadratisch-planar gebauter Komplexe ML_4 bekannt (S. 1574), wobei die Tendenz zur Bildung der quadratischen Koordination innerhalb der Elementgruppen von oben nach unten (also mit wachsender d-Orbitalenenergieaufspaltung) steigt. Demgemäß bildet $[Ni(en)_2]Cl_2$ in Donorlösungsmitteln wie Pyridin oktaedrisch gebaute Komplex-Kationen $[Ni(en)_2D_2]^{2+}$, während die homologen Komplexe $[Pd(en)_2]Cl_2$ und $[Pt(en)_2]Cl_2$ quadratisch strukturierte Kationen $[M(en)_2]^{2+}$ enthalten. Bereits durch gelindes Erhitzen lassen sich aber paramagnetische Salze des Typs $[Ni(en)_2D_2]^{2+}2\,X^-$ in diamagnetische Verbindungen $[Ni(en)_2]^{2+}2\,X^-$ (Lifschitz'sche Salze, S. 2034) umwandeln. Andererseits wächst die Tendenz der Elemente zur Bildung quadratisch-planarer d^8-Komplexe innerhalb einer Periode von links nach rechts. Low-spin-d^8-Komplexe mit Fe/Ru/Os(0), Mn/Te/Re($-$I), Cr/Mo/W($-$II) sind deshalb nicht mehr quadratisch-planar, sondern weisen Fünffachkoordination auf.

Statt eines vollständigen Übergangs in einen quadratischen Komplex beobachtet man, wie weiter unten gezeigt wird, unter bestimmten Voraussetzungen (Jahn-Teller-Effekt) auch einen Übergang der oktaedrischen Koordination in eine quadratisch-bipyramidale (tetragonale) Koordination.

Oktaedrische/pyramidale Komplexe. Aufgrund der sich berechnenden Ligandenfeld-Stabilisierungsenergie ist die quadratische Ligandenpyramide vergleichbar stabil (d^0, high-spin-d^5, d^{10}), oder etwas stabiler als die trigonale Ligandenbipyramide (vgl. Abb. 20.33). Rein elektrostatische Energiebetrachtungen führen zum entgegengesetzten Ergebnis. Bezüglich ΔLFSE (Oktaeder $\longrightarrow$ quadratische Pyramide bzw. pentagonale Bipyramide) vgl. Tab. 20.14.

Jahn-Teller-Effekt und Komplexverzerrungen

Der von H. A. Jahn und E. Teller im Jahre 1937 entdeckte und interpretierte, als »Jahn-Teller-Effekt« bezeichnete Effekt lässt sich dann beobachten, wenn die weiter oben besprochene Ligandenfeldaufspaltung der fünf d-Orbitale wie im Falle oktaedrischer oder tetraedrischer Ligandenfelder zu Gruppen von d-Zuständen führt, die entartet sind (vgl. Abb. 20.29, Abb. 20.31), und wenn darüber hinaus eine dieser Gruppen mit Elektronen weder halb noch ganz besetzt ist. Das Jahn-Teller-Theorem lautet exakt: »Jedes nicht-lineare Molekülsystem ist in einem entarteten elektronischen Zustand instabil und spaltet den entarteten Zustand durch Erniedrigung der Symmetrie energetisch auf.«

Als Beispiel sei ein high-spin-Metallzentrum mit vier d-Elektronen betrachtet ($t_{2g}^3 e_g^1$-Elektronenkonfiguration, vgl. Abb. 20.30). Das vierte d-Elektron kann hier wahlweise das $d_{x^2-y^2}$ oder das energiegleiche d_{z^2}-Orbital besetzen. In ersterem Falle werden durch das betreffende Elektron die in der xy-Ebene angeordneten vier Liganden, in letzterem Falle die beiden auf der z-Achse lokalisierten Liganden abgestoßen. Es kommt zu einer quadratisch-bipyramidalen Verzerrung des Ligandenoktaeders in Richtung eines gestauchten oder gestreckten Ligandenoktaeders. Bei Oktaederstauchung werden die mit der x- und y-Achse verknüpften Orbitale d_{xy} und $d_{x^2-y^2}$ energieärmer, die mit der z-Achse verbundenen Orbitale d_{xz}, d_{yz} und d_{z^2} energiereicher, bei Oktaederstreckung liegen die Verhältnisse entgegengesetzt (letzteren Fall veranschaulicht die Abb. 20.32 im mittleren Teil). Die Besetzung des energetisch abgesenkten $d_{x^2-y^2}$-Orbitals (gestauchtes Oktaeder) bzw. d_{z^2}-Orbitals (gestrecktes Oktaeder) t_{2g}^3-elektronenkonfigurierter Metallzentren mit einem vierten Elektron führt insgesamt zu einem Energiegewinn. Man bezeichnet diesen mit der Verzerrung oktaedrischer oder anderer Ligandenfelder verbundenen (nicht sehr großen) Gewinn an d-Elektronenenergie als Jahn-Teller-Stabilisierungsenergie.

Das Ergebnis des Jahn-Teller-Effekts lässt sich etwa im Falle gestreckt-oktaedrischer Ligandenfelder auch wie folgt veranschaulichen: Bewegt man die beiden auf der z-Achse lokalisierten Liganden eines oktaedrischen Komplexes in Achsenrichtung vom Komplexzentrum weg, so spalten die entarteten t_{2g}- und e_g-Zustände im Sinne der Abb. 20.32 (Mitte) um δ'- bzw. δ''-Energieeinheiten auf. Und zwar wird hinsichtlich des Energieschwerpunktes der d_{xy}-, d_{xz}- und d_{yz}-Zustände sowohl das d_{xz}- wie das d_{yz}-Orbital energetisch um den Betrag $\frac{1}{3}\delta'$ abgesenkt, das d_{xy}-Orbital um $\frac{2}{3}\delta'$ angehoben, während sich die Energie des $d_{x^2-y^2}$-Orbitals hinsichtlich des Schwerpunktes der $d_{x^2-y^2}$- und d_{z^2}-Orbitale um $\frac{1}{2}\delta''$ erhöht, die Energie des d_{z^2}-Orbitals um $\frac{1}{2}\delta''$ erniedrigt (die Energieschwerpunkte der t_{2g}- und e_g-Zustände sinken gemäß Abb. 20.32 ihrerseits im Zuge der Oktaederstreckung ab). Damit führt der Übergang vom regulären zum gestreckten Oktaederfeld für d^1- und d^2-Metallzentren (d_{xz}^1- bzw. $d_{xz}^1 d_{yz}^1$-Elektronenkonfiguration) zu einer Jahn-Teller-Stabilisierung um $-\frac{1}{3}\delta'$ bzw. $-\frac{2}{3}\delta'$, für d^3-Metallzentren ($d_{xz}^1 d_{yz}^1 d_{xy}^1$-Elektronenkonfiguration) aber zu keiner derartigen Stabilisierung. In analoger Weise ergibt sich für d^4-high-spin- bzw. d^4- oder d^5-low-spin-Komplexe ($d_{xz}^1 d_{yz}^1 d_{xy}^1 d_{z^2}^1$- bzw. $d_{xz}^2 d_{yz}^1 d_{xy}^1$- bzw. $d_{xz}^2 d_{yz}^2 d_{xy}^1$-Elektronenkonfiguration) eine Stabilisierung von $-\frac{1}{2}\delta''$ bzw. $-\frac{1}{3}\delta'$ bzw. $-\frac{1}{3}\delta'$, während d^5-high-spin- oder d^6-low-spin-Komplexe keine derartige Stabilisierungsenergie erbingen usw.

Tatsächlich bleiben die Jahn-Teller-Aufspaltungen δ' und δ'' sehr klein, da der Jahn-Teller-Energiegewinn im Zuge der quadratisch-bipyramidalen Oktaederverzerrung durch den Energieverlust der elektrostatischen Anziehung zwischen Metallzentren und Liganden in gleicher Richtung schon nach geringfügiger Auslenkung kompensiert wird. Strukturelle Auswirkungen des Jahn-Teller-Effekts sind nur bei oktaedrischen – nicht jedoch tetraedrischen – Ligandenfeldern zu erwarten, und dann höchstens bei Besetzung der e_g-Zustände, nicht der t_{2g}-Zustände mit Elektronen ($\delta'' > \delta'$).

Eine Zusammenstellung der Elektronenkonfigurationen, für die bei oktaedrischen und tetraedrischen Ligandenfeldern Jahn-Teller-Stabilisierungen denkbar oder ausgeschlossen sind, gibt die Tab. 20.9 wieder. Allerdings lässt sich weder eine Aussage über die Richtung der Verzerrungen (Bildung gestauchter oder gestreckter Oktaeder), noch über deren absolute Größe machen. Beobachtet werden Jahn-Teller-Verzerrungen bei Komplexen im Grundzustand bei high-spin-d^4, low-spin-d^7- und insbesondere d^9-Metallzentren. So weisen etwa Komplexe mit der Koordinationszahl 6 des zweiwertigen Kupfers Cu^{2+} (neun d-Elektronen) teils einen gestreckt-oktaedrischen (z. B. $Cu(NH_3)_6^{2+}$, $Cu(NO_2)_6^{4-}$ mit bestimmten Gegenionen), teils einen gestaucht-oktaedrischen (z. B. $Cu(NO_2)_6^{4-}$ mit bestimmten Gegenionen) oder einen zwischen gestreckt- und gestaucht-oktaedrisch fluktuierenden Bau auf (z. B. $Cu(py')_6^{2+}$ mit py' = Pyridinoxid). In entsprechender Weise kennt man einige sechszählige high-spin-Komplexe des zweiwertigen Chroms Cr^{2+} und dreiwertigen Mangans Mn^{3+} (jeweils vier d-Elektronen) mit quadratisch-bipyramidaler Ligandensphäre, wogegen zweiwertiges Cobalt Co^{2+} (sieben d-Elektronen) in der Regel keine low-spin-Komplexe bildet (vgl. S. 1599), welche für einen Jahn-Teller-Effekt Voraussetzung wären (der Cyanid-Komplex enthält zwar low-spin-Co^{2+}, hat aber die Zusammensetzung $Co(CN)_5^{3-}$).

2.2.3 Energieaufspaltung von Termen im Ligandenfeld. Optisches Verhalten der Komplexe

Farbe von Komplexen

Neben Struktur, Stabilität und Magnetismus stellt die Farbe eine besonders auffallende Eigenschaft der Komplexe dar (vgl. Tab. 20.1). Sie beruht darauf, dass die Verbindungen der Nebengruppenelemente anders als die überwiegend farblosen (im nicht-sichtbaren ultravioletten Bereich absorbierenden) Verbindungen der Hauptgruppenelemente vielfach sichtbares Licht zu absorbieren vermögen. Die absorbierte Lichtenergie dient, wie auf S. 1596 bereits angedeutet wurde, (i) zur Überführung eines d-Elektrons des Koordinationszentrums vom energieärmeren in einen energiereicheren d-Zustand (»d→d-Übergang«; die f→f-Übergänge der Lanthanoid- bzw. Actinoid-Komplexe liegen wegen der geringeren energetischen Aufspaltung der f-Zustände im Ligandenfeld – anders als die »sichtbaren« d→d-Übergänge im »nicht-sichtbaren« infraroten Bereich), (ii) zur Überführung eines Elektrons vom Komplexzentrums zum Liganden bzw. vom Liganden zum Zentralmetall (»Charge-Transfer-(CT-) Übergang«), (iii) zur Überführung eines Ligandenelektrons in einen energiereichen Ligandenzustand (»Innerligand-Übergang«).

Beispielsweise beruht die violette Farbe des Ions $[Ti(H_2O)_6]^{3+}$, in welchem die d-Orbitale von »dreiwertigem Titan« $Ti^{3+}(d^1)$ durch das oktaedrische Ligandenfeld in energieärmere t_{2g}- und energiereichere e_g-Zustände aufgespalten sind (S. 1596), auf dem Übergang des d-Elektrons vom t_{2g}- in den e_g-Zustand. Dass im UV-Spektrum (Abb. 20.35) tatsächlich zwei Banden, v' und v'', im sichtbaren Bereich erscheinen (eine Bande ist nur als Schulter angedeutet), ist eine Folge des Jahn-Teller-Effekts (S. 1608), der eine geringfügige energetische Aufspaltung des e_g-Zustands bedingt (Abb. 20.32), sodass das d-Elektron aus dem Grundzustand nach Lichtabsorption entweder in das d_{z^2}- oder das hiervon energieverschiedene $d_{x^2-y^2}$-Orbital übergehen kann.

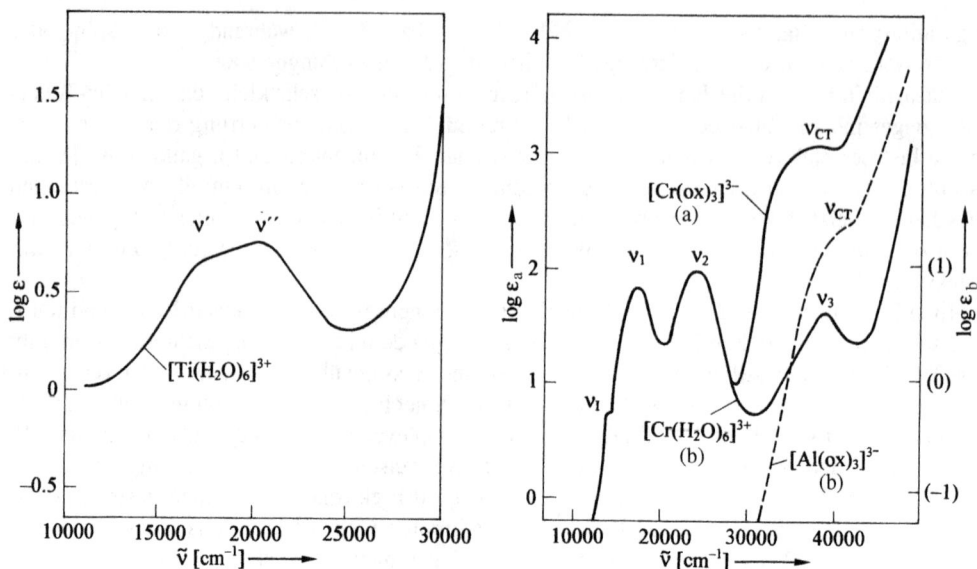

Abb. 20.35 UV-Spektren von $[Ti(H_2O)_6]^{3+}$ (v', v''), $[Cr(H_2O)_6]^{3+}/[Cr(ox)_3]^{3-}$ (v_I, v_1, v_2, v_{CT}; Index I von Interkombination, S. 1612) und $[Al(ox)_3]^{3-}$ (v_{CT}, gestrichelte Linie) in wässriger Lösung ($\log \varepsilon$ ohne Klammern).

Zu mehreren Absorptionsbanden führt auch die Lichtabsorption bei oktaedrischen Komplexen der violetten Ionen $[Cr(H_2O)_6]^{3+}$ und $[Cr(ox)_3]^{3-}$ (Abb. 20.35); sie gehen auf d→d-Elektronenübergänge »dreiwertigen Chroms« $Cr^{3+}(d^3)$ zwischen dem t_{2g}- und e_g-Zustand sowie – gegebenenfalls – auf CT-Absorptionen zurück.

Die Zuordnung der Absorptionsbanden zu d→d-Übergängen (»Zentralionenbanden«), zu CT-Übergängen (»Charge-Transfer-Banden«) oder zu – hier nicht diskutierten – Innerligand-Übergängen (»Ligandenbanden«) lässt sich über den Wellenzahlenbereich und über die Intensitäten der Banden treffen: d→d-Übergänge beobachtet man in der Regel als sehr schwache bis mittel schwache Absorptionen ($\log \varepsilon = 0$–3) im längerwelligen Spektralbereich ($v_{max} = 10000$–$40000\,cm^{-1}$; $\lambda_{max} = 1000$–250 nm), CT-Übergänge als mittel bis sehr intensive Banden ($\log \varepsilon = 3$–5) im kürzerwelligen Teil des Spektrums ($v_{max} => > 30000\,cm^{-1}$; $\lambda_{max} < 350$ nm). Zum Beispiel erscheinen in den Absorptionsspektren von $[Cr(H_2O)_6]^{3+}$ und $[Cr(ox)_3]^{3-}$ (Abb. 20.35) jeweils vier sehr schwache bis schwache, auf d→d-Übergänge zurückgehende Banden v_I, v_1, v_2, v_3 unter denen v_I nur als Schulter erscheint und v_3 im Falle von $[Cr(ox)_3]^{3-}$ nicht beobachtbar ist, weil die Absorption von einer intensiven CT-Bande verdeckt wird (in $[Al(ox)_3]^{3-}$ fehlen d-Elektronen und demgemäß auch die Absorptionsbanden v_I, v_1, v_2, v_3, während die auf einem Elektronenübergang vom Liganden zum Komplexzentrum beruhende CT-Bande erwartungsgemäß erscheint).

Die unterschiedlichen molaren Extinktionen der Absorptionsbanden beruhen darauf, dass der Elektronenübergang zwischen zwei Zuständen unter bestimmten, in Auswahlregeln wie den folgenden zum Ausdruck gebrachten Zusammenhängen mehr oder weniger stark eingeschränkt ist:

(i) In Komplexen mit einem Symmetriezentrum sind nur Übergänge zwischen Zuständen unterschiedlicher Parität erlaubt und mithin alle d→d-Übergänge verboten (»Regel von Laporte«, »Paritätsverbot«)[13]. Tatsächlich wird das Laporte-Verbot bei Komplexen mit Inversionszentren

---

[13] Ein durch eine Wellenfunktion ψ charakterisierter Zustand hat die Parität g (von gerade) bzw. u (von ungerade), wenn Funktionswerte an den Stellen x, y, z und $-x, -y, -z$ gleich bzw. entgegengesetzt sind: $\psi(x, y, z) = +\psi(-x, -y, -z)$ bzw. $-\psi(-x, -y, -z)$. Die s- und d-Orbitale zählen zu ersterem, die p- und f-Orbitale zu letzterem Typ (vgl. Abb. 10.22).

(z. B. oktaedrische Koordinationsverbindungen) wegen interelektronischer Wechselbeziehungen und Ligandenbewegungen (Komplexschwingungen) durchbrochen, doch bleiben die Intensitäten der d→d-Übergänge klein und unterscheiden sich damit von den hohen Intensitäten der ohne Einschränkung erlaubten CT-Übergänge bzw. auch von den mittleren Intensitäten der d→d-Übergänge bei Komplexen ohne Inversionszentrum (z. B. tetraedrische Koordinationsverbindungen).

(ii) Jeder Übergang, bei dem sich der Gesamtspin der Komplexe ändert, ist verboten (»Interkombinationsverbot«). Dementsprechend sind bei den high-spin-Komplexen von d^5-Ionen alle denkbaren d→d-Übergänge verboten, da solche Übergänge zu einer Spinpaarung führen müssten (vgl. Abb. 20.30, S. 1597). Die d→d-Übergänge von oktaedrisch koordiniertem »zweiwertigem Mangan« Mn^{2+} (d^5) oder »dreiwertigem Eisen« Fe^{3+} (d^5) im high-spin-Zustand, für welche sowohl das Paritäts- als auch das strengere Interkombinationsverbot gilt, führen demgemäß zu äußerst schwachen Zentralionenbanden; die betreffenden Komplexe erscheinen – falls CT- oder Innerligandenbanden fehlen – fast farblos.

d→d-Übergänge

Allgemeines. Den bisherigen, mehr »qualitativen« Betrachtungen von Struktur, Stabilität, Magnetismus und Farbe der Komplexe im Rahmen der Ligandenfeld-Theorie lag das Einelektronen-Modell (S. 98) zugrunde. Es gilt streng genommen nur im Falle sehr starker, real nie erreichbarer Ligandenfelder, für welche eine quantenmechanische Wechselbeziehung zwischen den einzelnen d-Elektronen verschwindet. Eine »quantitative« Deutung der Zentralionenbanden von Komplexen kann jedoch nur über ein Mehrelektronen-Modell (S. 103) erfolgen und erfordert eine Berücksichtigung der Elektron-Elektron-Wechselbeziehungen. Man kann hierzu entweder von den – durch das Ligandenfeld hervorgerufenen – »Einzelelektronen-d-Zuständen« ausgehen (vgl. Abb. 20.29–20.33) und nachträglich Spin- und Bahnwechselwirkungen der d-Elektronen berücksichtigen (»Methode des starken Feldes«), oder man kann – was letztendlich zum gleichen Ergebnis führt – zunächst Spin- und Bahnwechselwirkungen der d-Elektronen einschalten und mithin von Mehrelektronenzuständen (»Termen«, vgl. S. 103) der Übergangsmetallkomplexzentren ausgehen und anschließend die Energieaufspaltung der Terme im Ligandenfeld studieren (»Methode des schwachen Feldes«). Letzteres Vorgehen sei nachfolgend anhand oktaedrisch- und tetraedrisch-strukturierter Komplexe erläutert.

Art der Termenaufspaltung im Ligandenfeld und Zahl der d→d-Übergänge. Ein oktaedrisches Ligandenfeld, welches eine d-Orbital-Energieaufspaltung in t_{2g}- und e_g-Zustände bedingt (Abb. 20.29), ermöglicht im Falle von d^1-Komplexzentren zwei Einelektronzustände mit den Konfigurationen $t_{2g}^1 e_g^0$ (energieärmer) und $t_{2g}^0 e_g^1$ (energiereicher). Da bei Vorliegen nur eines d-Elektrons in der fünffach energieentarteten d-Nebenschale (fünf d-Orbitale) die d-Elektronenwechselwirkung naturgemäß entfällt, muss die Energieaufspaltung des fünffachbahnentarteten ^2D-Terms, der als »Russell-Saunders-(RS-)Grundterm« den energieärmsten Zustand einer d^1-Konfiguration charakterisiert (vgl. Tab. 5.6), ebenfalls zu zwei Komponenten (»RS-Spalttermen«) führen, nämlich zu einem $^2T_{2g}$-Spaltterm (= $t_{2g}^1 e_g^0$-Konfiguration) und einem ^2E_g-Spaltterm (= $t_{2g}^0 e_g^1$-Konfiguration). Anders als im Falle der fünf d-Orbitale bewirkt ein oktaedrisches Feld keine Energieaufspaltung der drei p-Orbitale (T_{1u}-Zustände im oktaedrischen Feld), während die sieben f-Orbitale im oktaedrischen Feld in einen nicht-entarteten A_{2u}-, einen dreifachentarteten T_{2u}- und einen dreifach entarteten T_{1u}-Zustand aufspalten. Somit erwartet man bei oktaedrischen p^1-Komplexzentren nur einen, bei oktaedrischen f^1-Zentren aber drei Einelektronen-Zustände und demgemäß einen bzw. drei Mehrelektronen-Zustände ($^2T_{2u}$-Term bzw. $^2A_{2u}$-, $^2T_{2u}$-, $^2T_{1u}$-Spaltterme). In Tab. 20.11 sind alle möglichen Aufspaltungen der Terme freier Atome und Ionen in Spaltterme zusammengestellt; sie gelten nicht nur für die Grundterme, sondern auch für entsprechende Terme angeregter Elektronenzustände von Atomen und Ionen; sie gelten zudem nicht nur für das Oktaederfeld, sondern auch für das Tetraederfeld.

Tab. 20.11 Aufspaltung von Termen freier Atome oder Ionen (vgl. Tab. 5.6) im Oktaeder- oder Tetraederfeld.

Terme	S	P	D	F	G	H	I
Spaltterme[a]	A_1	T_1	$E+T_2$	$A_2+T_1+T_2$	$A_1+E+T_1+T_2$	$E+T_1+T_1+T_2$	$A_1+A_2+E+T_1+T_2+T_2$

a   Nicht nach energetischen Gesichtspunkten geordnet. Spaltterme, die aus s^n- bzw. d^n- (aus p^n- bzw. f^n-) Konfigurationen hervorgehen, enthalten im Oktaederfeld zusätzlich den Index u (g).

Wegen des strengen Übergangsverbots zwischen Termen unterschiedlicher Multiplizität (vgl. Auswahlregeln) rühren die beobachtbaren Zentralionenbanden kleiner bis mittlerer Intensität meist von Übergängen zwischen multiplizitätsgleichen Spalttermen (»spinerlaubte Übergänge«). In Abb. 20.36a – d sind alle möglichen, durch ein oktaedrisches oder tetraedrisches Ligandenfeld bedingten Spaltterme gleicher Multiplizität für die Elektronenkonfigurationen d^1, d^2, d^3, d^4, d^6, d^7, d^8 und d^9 wiedergegeben (ausgezogene Linien; vgl. Tab. 5.6). Ersichtlicherweise vertauscht sich die energetische Reihenfolge der aus dem Grundterm hervorgehenden Spaltterme (i) bei gegebenem Oktaeder- bzw. Tetraederfeld als Folge des Übergangs von einer Konfiguration mit n äußeren d-Elektronen zu einer solchen mit n fehlenden d-Elektronen (»Lochmechanismus«) und (ii) bei gegebener d-Elektronenzahl als Folge des Übergangs vom oktaedrischen zum tetraedrischen Feld. Gemäß Abb. 20.36a – d erwartet man etwa im Falle oktaedrisch gebauter Komplexe einen »spinerlaubten« d→d-Übergang für Übergangsmetallionen M^{n+} bei high-spin-d^1/d^4/d^6/d^9-Konfiguration und drei derartige Banden für Zentren bei high-spin-d^2/d^3/d^7/d^8-Konfiguration. Das Experiment bestätigt diese Vorhersage, wie etwa aus den UV-Spektren oktaedrischer Aqua-Komplexe $[M(H_2O)_6]^{n+}$ im sichtbaren Bereich hervorgeht (die in nachfolgender Zusammenstellung wiedergegebenen Absorptionsmaxima $[cm^{-1}]$ der d→d-Banden können aufgrund des Jahn-Teller-Effekts verbreitert oder aufgespalten sein):

Ti_3^+ (d^1; violett)	Cr_3^+ (d^3; violett)	Fe_2^+ (d^6; blaugrün)

Ti_3^+ (d^1; violett)
   $^2T_{2g} \rightarrow {}^2E_g$: 20 300
V_3^+ (d^2; grün)
   $^3T_{1g} \rightarrow {}^3T_{2g}$: 17 200
   $\rightarrow {}^3T_{1g}$: 25 600
   $\rightarrow {}^3A_{2g}$: 36 000

Cr_3^+ (d^3; violett)
   $^4A_{2g} \rightarrow {}^4T_{2g}$: 17 400
   $\rightarrow {}^4T_{1g}$: 24 500
   $\rightarrow {}^4T_{1g}$: 38 600
Cr_2^+ (d^4; himmelblau)
   $^5E_g \rightarrow {}^5T_{2g}$: 14 000

Fe_2^+ (d^6; blaugrün)
   $^5T_{2g} \rightarrow {}^5E_g$: 10 400
Co_2^+ (d^7; rosa)
   $^4T_{1g} \rightarrow {}^4T_{2g}$: 8700
   $\rightarrow {}^4A_{2g}$: 16 000
   $\rightarrow {}^4T_{1g}$: 19 400

Ni_2^+ (d^8; grün)
   $^3A_{2g} \rightarrow {}^3T_{2g}$: 8500
   $\rightarrow {}^3T_{1g}$: 13 800
   $\rightarrow {}^3T_{1g}$: 25 300
Cu_2^+ (d^9; hellblau)
   $^2E_g \rightarrow {}^2T_{2g}$: 12 500

Die auf Übergängen zwischen multiplizitätsverschiedenen Spalttermen beruhenden, sehr schwachen Absorptionen (»spinverbotene Übergänge«; »Interkombinationsbanden«) sind von den intensiveren spinerlaubten Absorptionen in der Regel mehr oder weniger verdeckt. Als Beispiele seien oktaedrische Komplexe des »dreiwertigen Chroms« betrachtet: Über dem ^4F-Grundterm von Cr^{3+}(d^3) liegt außer dem in Abb. 20.36c wiedergegebenen, nicht aufspaltbaren ^4P-noch ein ^2G-Term in energetischer Nähe. Aus ihm gehen im Oktaederfeld vier Spaltterme hervor, und zwar – geordnet nach steigender Energie – ^2E_g, $^2T_{1g}$, $^2T_{2g}$, $^2A_{1g}$ (weitere, aus Tab. 5.6, S. 103 zu entnehmende Terme spielen aus energetischen Gründen für das sichtbare Spektrum der Cr^{3+}-Komplexe keine Rolle). Die Interkombinationen $\nu_1(^4A_{1g} \longrightarrow {}^2E_g$ bzw. $^4A_{1g} \longrightarrow {}^2T_{2g})$ lassen sich nunmehr gelegentlich als Schulter der spinerlaubten Bande $\nu_1(^4A_{2g} \longrightarrow {}^4T_{2g})$ sowie als intensitätsschwache Bande zwischen den spinerlaubten Absorptionen $\nu_1(^4A_{2g} \longrightarrow {}^4T_{2g})$ und $\nu_2(^4A_{2g} \longrightarrow {}^4T_{1g})$ erkennen (vgl. Abb. 20.35). Sie sind vergleichsweise scharf und bilden im Falle des Rubins[14] die Grundlage des »Rubin-Lasers« (vgl. S. 195). Bei Komplexen mit

---

14   Rubin besteht aus α-Al_2O_3 (S. 1355), in welchem 1–8 % der in oktaedrischen Lücken einer hexagonal-dichtesten O^{2-}-Packung eingelagerten Al^{3+}-Ionen durch Cr^{3+}-Ionen ersetzt sind. Er absorbiert gelbgrünes sowie violettes Licht (ν_1 um 18 000 cm^{-1}, ν_2 um 24 000 cm^{-1}) und ist transparent für einen Teil des blauen Lichts und für das gesamte rote Licht (ν um 21 000 sowie < 14 000 cm^{-1}), was die tiefrote Farbe des Rubins mit ihrem leichten Stich ins Purpurne bedingt. Darüber hinaus phosphoresziert Rubin im rotem Bereich (verbotener Übergang $^2E_g \longrightarrow {}^4A_{1g}$ bei $\nu = 14200\,cm^{-1}$; der ^2E_g-Zustand wird ausgehend vom angeregten $^4T_{1g}$-Zustand erreicht, der u. a. unter Abgabe von IR-Quanten in den ^2E_g-Zustand wechselt).

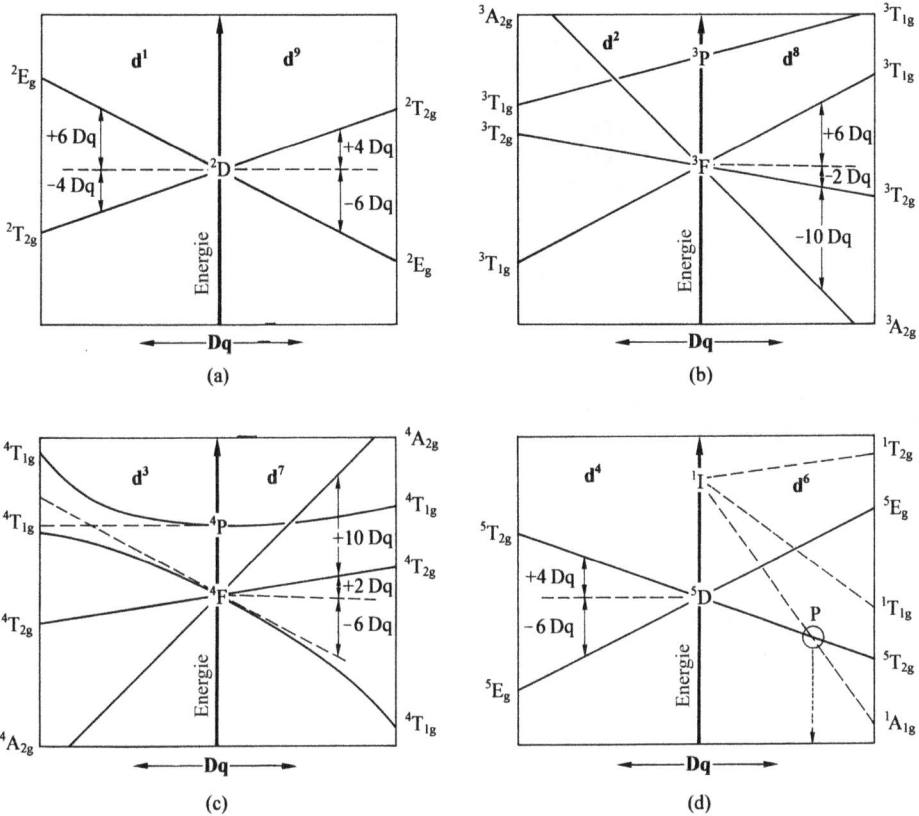

Abb. 20.36 Energieaufspaltung der Grundterme und multiplizitätsgleichen höheren Terme (Orgeldiagramme) für d^n-Elektronenkonfigurationen im Oktaederfeld (im Falle der d^5-Konfiguration existiert neben dem – nicht aufspaltbaren – ^6S-Grundterm kein Term der Multiplizität sechs). Für das Tetraederfeld ist anstelle von d^n jeweils d^{10-n} zu setzen.

high-spin-d^5-konfigurierten Zentren wie Mn^{2+} oder Fe^{3+}, für die keine spinerlaubten Übergänge existieren, sind naturgemäß die Interkombinationen als schwache Banden gut beobachtbar. Weder spinerlaubte noch -verbotene d→d-Absorptionen beobachtet man trivialerweise bei Komplexen mit d^0- bzw. d^{10}-konfigurierten Zentren; derartige Koordinationsverbindungen erscheinen infolgedessen farblos, sofern sie nicht zu CT- oder Innerligand-Absorptionen Veranlassung geben.

Größe der Termaufspaltungen und Lagen der d→d-Übergänge. Mit wachsender Stärke des Ligandenfeldes nimmt die Energieaufspaltung der Mehrelektronenzustände (Terme) ähnlich wie die der Einelektronenzustände zu, wobei die Aufspaltungen dem Energieschwerpunkt-Satz (S. 1595) gehorchen. Demgemäß sind die im oktaedrischen oder tetraedrischen Feld aus einem D-Term (5-fach bahnentartet) gemäß Tab. 20.11 hervorgehenden Spaltterme E (2-fach entartet) bzw. T_2 (3-fach entartet) um 6 Dq bzw. 4 Dq hinsichtlich der Lage des D-Terms in entgegengesetzte Richtungen energetisch verschoben ($6 \times 2 = 3 \times 4$). Andererseits wandern die aus einem F-Term (7-fach entartet) im Oktaeder- oder Tetraederfeld hervorgehenden Spaltterme A_2 (nicht entartet) um 12 Dq sowie T_2 (3-fach entartet) um 2 Dq energetisch in eine Richtung, der Spaltterm T_1 (3-fach entartet) um 6 Dq in die andere Richtung ($1 \times 12 + 3 \times 2 = 3 \times 6$). Die Abb. 20.36a–d geben diesen Sachverhalt für die Grundterme von dn-Elektronenkonfigurationen wieder (D im Falle von d^1, d^4, d^6, d^9; F im Falle von d^2, d^3, d^7, d^8; S im Falle von d^0, d^5, d^{10}).

Tab. 20.12

	$[CrF_6]^{3-}$ (grün)	$[Cr(H_2O)_6]^{3+}$ (violett)	$[Cr(ox)_3]^{3-}$ (rotviolett)	Rubin[14] (rot)	$[Cr(en)_3]^{3+}$ (gelb)	$[Cr(CN)_6]^{3-}$ (gelb)
$\tilde{v}_1(^4A_{2g} \longrightarrow {}^4T_{2g})$	14 900	17 400	17 500	18 000	21 900	26 700 cm^{-1}
$\tilde{v}_2(^4A_{2g} \longrightarrow {}^4T_{1g})$	22 700	24 500	23 900	24 600	28 500	32 200 cm^{-1}
$\tilde{v}_3(^4A_{2g} \longrightarrow {}^4T_{1g})$	34 400	38 600	–	–	–	–

Somit lassen sich aus den Wellenzahlen der gefundenen und zugeordneten Absorptionsmaxima Dq-Werte berechnen.

Beispielsweise beobachtet man in Elektronenspektren von oktaedrischen Komplexen des »dreiwertigen Chroms« $Cr^{3+}(d^3)$ drei spinerlaubte Zentralionenbanden v_1, v_2 und v_3 (s. oben), von denen die Bande v_3 allerdings häufig durch eine intensivere CT-Absorption verdeckt ist (vgl. Abb. 20.35, Tab. 20.12).

Die Energie des Übergangs v_1 entspricht nun nach Abb. 20.36c exakt 10 Dq. Sie nimmt erwartungsgemäß mit wachsender Ligandenfeldstärke – also für $CrL_6^{3+/3-}$ etwa in der Reihe L = F$^-$, $H_2O \approx ox$, en, CN$^-$ – zu (vgl. ektrochemische Reihe, S. 1596). Demgemäß erscheinen Cr^{3+}-Komplexe (und Entsprechendes gilt für Komplexe anderer Metallionen) mit Liganden wie CO, CN$^-$, PR_3, die ein sehr starkes Ligandenfeld erzeugen, mehr oder weniger farblos, falls sie keine CT-Absorptionen aufweisen. Beachtenswert ist ferner die Farbverschiebung von grün nach rot beim Übergang von »Chrom(III)-oxid« Cr_2O_3 zum gleichstrukturierten »Rubin« $Al_2O_3 \cdot 4\%$ Cr_2O_3.[14] Sie beruht darauf, dass die kleineren Al^{3+}-Ionen in »Korund« Al_2O_3 sowie im Rubin eine O^{2-}-Packung mit kleineren Oktaederlücken bedingen als die größeren Cr^{3+}-Ionen in Cr_2O_3, sodass also der Übergang $Cr_2O_3 \longrightarrow$ Rubin, d. h. der Wechsel von Cr^{3+} in kleinere, oktaedrisch durch O^{2-} begrenzte Lücken mit einer Verstärkung des Ligandenfeldes und – als Folge hiervon – mit einer Farbänderung verbunden ist[15].

Kreuzung von Spalttermen und Konsequenzen für d→d-Übergänge. Vielfach überschneiden sich die aus Termaufspaltungen im Ligandenfeld hervorgehenden Spaltterme, was je nachdem, ob die sich kreuzenden Spaltterme gleiche oder ungleiche Bezeichnungen (Symmetrie) aufweisen, unterschiedliche Folgen haben kann:

(i) Spaltterme ungleicher Symmetrie können sich überschneiden. Als Beispiele sind in Abb. 20.36b–d »Kreuzungen« der Spaltterme eines höheren Terms (^3P, ^4P, ^1I) mit dem energieärmsten Spaltterm des Grundterms (^3F, ^4F, ^5D) wiedergegeben. Ersichtlicherweise bildet hierbei der $^1A_{1g}$-Spaltterm des ^1I-Terms von d^6-konfigurierten oktaedrischen Metallzentren, der mit wachsender Ligandenfeldstärke energetisch besonders stark abgesenkt wird, nach seiner Kreuzung mit dem Spaltterm $^5T_{2g}$ des Grundterms ^5D (Punkt P im Diagramm der Abb. 20.36d) den energieärmsten Zustand des Systems. Ganz im Sinne des auf S. 1597 im Rahmen des Einelektronenmodells Besprochenen führen somit d^6-Konfigurationen zu einem Quintett-Grundzustand im schwächeren oktaedrischen Feld (high-spin-Zustand mit 4 ungepaarten Elektronen) und zu einem Singulett-Grundzustand im stärkeren oktaedrischen Feld (low-spin-Zustand mit keinem ungepaarten Elektron). In analoger Weise verwandeln starke Oktaederfelder den ^5E_g-, $^6A_{1g}$- und $^4T_{1g}$-Grundspaltterm der d^4-, d^5- und d^7-Konfiguration in einen $^3T_{1g}$-, $^2T_{2g}$ und ^2E_g-Grundspaltterm kleinerer Multiplizität. Entspricht die Ligandenfeldstärke Dq der Liganden in d^6-Komplexen etwa dem Wert, der sich für den Kreuzungspunkt P ergibt (Abb. 20.36d), so existieren diese

---

[15] Im Smaragd ersetzt Cr^{3+} einen Teil der oktaedrisch von O^{2-}-Ionen umgebenen Al^{3+}-Ionen des Berylls $Be_3Al_2Si_6O_{18}$. Seine grüne Farbe beruht auf der Transparenz im blauen und grünen Bereich (Absorption im violetten sowie gelben und roten Bereich; Phosphoreszenz wie im Falle von Rubin[14] bei $\tilde{v}(^2E_g \longrightarrow {}^4A_{2g}) = 14200$ cm^{-1}). Die mit dem Übergang Rubin $\longrightarrow$ Smaragd verbundene Farbänderung rot $\longrightarrow$ grün beruht nicht auf einer Änderung des Cr^{3+}/O^{2-}-Abstandes, sondern auf einer Erhöhung des Kovalenzanteils der Bindung (s. unten).

Komplexe nebeneinander in der high- und low-spin Form (»Cross over« Komplexe; z. B. [Fe^{II}(o-Phenanthrolin)$_2$(NCS)$_2$].

Mit dem Wechsel der Multiplizität des Grundspaltterms ändert sich zugleich die Zahl zu erwartender spinerlaubter d→d-Übergänge, sodass umgekehrt aus der Zahl beobachtbarer Absorptionen auf den high- oder low-spin-Zustand von Komplexen geschlossen werden kann. Beispielsweise erwartet man laut Abb. 20.36d für oktaedrische Komplexe des »zweiwertigen Eisens« Fe^{2+} bzw. »dreiwertigen Cobalts« Co^{3+} (jeweils sechs d-Elektronen) im high-spin-Fall eine spinerlaubte Absorption im sichtbaren Bereich ($^5T_{2g} \longrightarrow {}^5E_g$), im low-spin-Fall aber zwei derartige Absorptionen ($^1A_{1g} \longrightarrow {}^1T_{1g}$, $^1A_{1g} \longrightarrow {}^1T_{2g}$). In der Tat erscheint in den Elektronenspektren von [Fe(H$_2$O)$_6$]$^{2+}$, [Fe(NH$_3$)$_6$]$^{2+}$, [CoF$_6$]$^{3-}$ eine Bande, in jenen von [Fe(CN)$_6$]$^{4-}$, [Co(H$_2$O)$_6$]$^{3+}$, [Co(NH$_3$)$_6$]$^{3+}$ zwei Banden, was die aus magnetischen Messungen geschlossene high- und low-spin-Zuordnung der Komplexe bestätigt (im Falle von [CoF$_6$]$^{3-}$ ist die Absorption aufgrund des Jahn-Teller-Effekts aufgespalten).

(ii) Spaltterme gleicher Symmetrie können sich nicht überschneiden (»Kreuzungsverbot«). Denn die im Falle gleicher Symmetrie mögliche quantenmechanische Termwechselwirkung, die den oberen Term energetisch anhebt, den unteren Term absenkt, wird umso größer, je weiter sich die betreffenden Terme energetisch annähern. Beispielsweise müssten sich bei d^3-konfigurierten Metallzentren der aus dem ^4F-Term im Oktaederfeld hervorgehende $^4T_{1g}$-Spaltterm mit dem $^4T_{1g}$-Spaltterm des ^4P-Terms kreuzen (Abb. 20.36c, gestrichelte Linien). Tatsächlich gehen sich aber die Termaufspaltungen »aus dem Wege« (Abb. 20.36c, ausgezogene Linien), sodass die energetische Anhebung des aus dem ^4F-Term im Oktaederfeld erzeugten $^4T_{1g}$-Spaltterms weniger als 6 Dq beträgt. Legt man infolgedessen der Energie $\tilde{v}_2$ des Übergangs v_2($^4A_{2g} \longrightarrow {}^4T_{1g}$) bei oktaedrischen Cr^{3+}-Komplexen den Wert 18 Dq zugrunde und berechnet die Energie $\tilde{v}_2 = 1.8\,\tilde{v}_1$ aus der Energie $\tilde{v}_1$ des Übergangs $\tilde{v}_1$($^4A_{2g} \longrightarrow {}^4T_{2g}$), welche 10 Dq beträgt, so ergeben sich zu große Werte (z. B. $\tilde{v}_2$[CrF$_6$]$^{3-}$ = 1.8 × 14 900 = 26 820 cm^{-1}; gefunden 22 700 cm^{-1}).

Berücksichtigung kovalenter Bindungsanteile. Neben einer Berücksichtigung der durch das Kreuzungsverbot bedingten Abweichung der Energie von Spalttermen erfordert eine quantitative Auswertung der Spektren häufig noch Korrekturen, welche die Abnahme der d-Elektron-Elektron-Wechselwirkungen beim Übergang von freien zu komplexierten Metallionen erfassen oder – gleichbedeutend – welche berücksichtigen, dass Metall-Ligand-Bindungen neben elektrovalenten auch kovalente Anteile aufweisen, entsprechend einer gewissen Delokalisation der d-Elektronen in Richtung Liganden. Die interelektronischen Wechselwirkungen der d-Elektronen werden in den »freien Metallionen« durch die Racah-Parameter B und C (»interelektronische Abstoßungsparameter«) erfasst, welche ihrerseits aus den Spektren der freien Ionen erhältlich sind (B ca. 1000 cm^{-1}; C ≈ 4 B). Ihr Wert nimmt als Folge der d-Elektronendelokalisation beim Übergang zu den »ligandenkoordinierten Ionen« ab (»nephelauxetischer Effekt«)[16]. Nach der Stärke des nephelauxetischen Effekts lassen sich Metallionen bzw. Liganden zu »nephelauxetischen Reihen« ordnen, z. B. Mn^{2+} < Ni^{2+} < Fe^{3+} < Co^{3+} bzw. F$^-$ < H$_2$O < NH$_3$ < Cl$^-$ < CN$^-$ < Br$^-$ < N$_3^-$ < I$^-$.

CT-Übergänge

Die CT-Übergänge, die zu intensiven, mit ihren Maxima meist im nichtsichtbaren UV-Bereich liegenden Absorptionsbanden führen (man »sieht« nur den langwelligen Bandenabfall), lassen sich – in grober Näherung (vgl. S. 163) – als Elektronenübergänge zwischen Zentren und Liganden der Komplexe veranschaulichen. Je nachdem ob hierbei das Elektron vom Liganden zum Metallzentrum oder vom Metallzentrum zum Liganden überwechselt, spricht man bei den im Elektronenspektrum beobachtbaren Absorptionen von »Metallreduktions« oder »Metalloxidationsbanden«.

---

[16] nephele (griech.) = Nebel; auxesis (griech.) = Ausbreitung.

Metallreduktionsbanden. Die Lage der Metallreduktionsbanden hängt von der für den Elektronenwechselprozess $e_{Ligand} \longrightarrow e_{Metallzentrum}$ aufzuwendenden Energie ab, wobei sich letztere in Richtung sinkender Ionisierungsenergie der Liganden und wachsender Elektronenaffinität der Metallzentren erniedrigt. So geben etwa »Halogenid«-Liganden in der Reihenfolge $F^- < Cl^- < Br^- < I^-$ zunehmend leichter ein Elektron ab, d. h. sie lassen sich in gleicher Richtung zunehmend leichter oxidieren. Dies hat zur Folge, dass die beiden CT-Absorptionen der Komplexe $[CrX(NH_3)_5]^{2+}$ (X = Halogen) in Richtung X = F, Cl, Br, I zunehmend langwelliger erscheinen (32 000/42 000 für X = Cl; 31 000/41 000 für X = Br; 26 000/33 000 cm^{-1} für X = I). Leichter als die einfach-geladenen Halogenide vermögen die entsprechenden zweifach-geladenen Chalkogenide O^{2-}, S^{2-}, Se^{2-}, Te^{2-} ein Elektron abzugeben. Demgemäß erscheinen Übergangsmetall-»Oxide« im Unterschied zu entsprechenden Fluoriden vielfach bereits farbig. Als Beispiele seien das intensiv gelbe Chromat CrO_4^{2-} und violette Permanganat MnO_4^- genannt, welche d^0-konfigurierte Metallzentren enthalten, sodass die Farbe keinesfalls auf d→d-Übergänge zurückgehen kann. In beiden Komplexen bietet zudem das hoch oxidierte und deshalb besonders leicht Elektronen-aufnehmende, also reduzierbare Metallzentrum eine ideale Voraussetzung für einen CT-Übergang. Das verglichen mit Oxid noch reduktionsfreudigere »Sulfid« bildet schließlich mit den meisten Übergangsmetallkationen farbenprächtige Verbindungen. Entsprechend der wachsenden Stabilität höherer Oxidationsstufen beim Wechsel von (späteren) Übergangsmetallen zu schwereren Gruppenhomologen beobachtet man bei vergleichbaren homologen Komplexen eine Verschiebung der CT-Absorptionen zu höheren Wellenzahlen (kleineren Wellenlängen) bei Ersatz eines Metallzentrums aus der 1. bzw. 2. Periode durch ein solches aus der 2. bzw. 3. Periode (»Farbabnahme«). Beispiele sind etwa die Komplexe MnO_4^- (violett), TcO_4^- (blassgelb), ReO_4^- (farblos).

Wegen der Intensität der CT-Absorptionen wurden Übergangsmetallverbindungen mit CT-Übergängen schon frühzeitig als rote bis gelbe Farbpigmente geschätzt. Beispiele bilden hierfür etwa die gelben bis roten Fe(III)-oxide ($Fe^{3+}O^{2-} \longrightarrow Fe^{2+}O^-$; Ockerfarben der Böden, Venezianischrot Fe_2O_3), die gelben bis roten »Metallsulfide« ($M^{n+}S^{2-} \longrightarrow M^{(n-1)+}S^-$; Cadmiumgelb CdS, Zinnoberrot HgS, Auripigment As_2S_3), das »Neapelgelb« $Pb_3(SbO_4)_2$ ($Sb^{5+}O^{2-} \longrightarrow Sb^{4+}O^-$), das »Chromgelb« $PbCrO_4$ ($Cr^{6+}O^{2-} \longrightarrow Cr^{5+}O^-$) (vgl. hierzu S. 1186). Darüber hinaus wird die Bildung farbiger Komplexe mit CT-Banden in der analytischen Chemie genutzt. Als Beispiele für derartige Farbreaktionen seien die Bildung von blutrotem »Eisenrhodanid« aus Fe^{3+} und SCN^- (S. 1953) sowie von orangefarbenen »Peroxotitanylsulfat« aus $TiOSO_4$ und H_2O_2 (S. 1801) genannt.

Metalloxidationsbanden. Elektronenwechselprozesse des Typs $e_{Metallzentrum} \longrightarrow e_{Ligand}$ sind dann möglich, wenn Liganden wie CO, CN^-, NO, PR_3, AsR_3, Heteroaromaten (z. B. py, bipy, phen) energetisch tiefliegende, elektronenunbesetzte π^*- oder d-Orbitale aufweisen, und die Metallzentren leicht oxidierbar sind. Bei polynuklearen Komplexen mit Metallzentren in verschiedenen Oxidationsstufen kann der durch Lichtenergieaufnahme hervorgerufene Elektronenübergang auch von Zentren kleinerer zu – anders koordinierten – Zentren höherer Oxidationsstufe erfolgen. Demgemäß zeigen viele Verbindungen bei Anwesenheit zweier Oxidationsstufen des gleichen Elements im Komplex intensive Farben. Als Beispiele seien genannt: blaues $[Fe^{II}Fe^{III}(CN)_6]^-$ (»Berliner Blau«, S. 1951), rote »Mennige« $[Pb^{II}_2Pb^{IV}O_2]$ (S. 1188), »Molybdän«- und »Wolframblau« (S. 1877), blaues »Cer(III,IV)-hydroxid«, »blauschwarzes« »Cäsiumantimon(III,V)-chlorid«, schwarzgrünes »Fe(II,III)-hydroxid«. Der Elektronenübergang erfolgt hier über die Liganden zwischen den Metallatomen (vgl. S. 1641).

2.3   Molekülorbital-Theorie der Komplexe

Valenzstruktur- und Ligandenfeld-Theorie sind lediglich spezielle Fälle der allgemeineren, von F. Hund und R. S. Mulliken um 1930 als Bindungsmodell für Moleküle entwickelten und etwas später (1935) von J. H. van Vleck zur Erklärung des Bindungszustands von Komplexen genutzten Molekülorbital-(MO-)Theorie (»Theorie der Molekülzustände«). Im Rahmen dieser Theorie wird – im Sinne des auf S. 375 f. Besprochenen – angenommen, dass sich die Valenzelektronen der Koordinationsverbindungen im Felde der Atomrümpfe sowohl der Metallzentren als auch der Liganden bewegen.

VB- und LF-Theorie stellen – genau genommen – anschaulich vereinfachte, »leicht handhabbare« Abarten der MO-Theorie dar, aus der sie unter Überbewertung gewisser Gesichtspunkte und Vernachlässigung anderer Fakten hervorgehen. So behandelt die VB-Theorie im Wesentlichen nur die kovalenten Bindungsanteile der Komplexe im Grundzustand und untersucht die Folgen, die sich im Rahmen des gewählten (kovalenten) Bindungsmodells hinsichtlich Struktur, Stabilität und Magnetismus der Verbindungen ergeben (S. 1588). Dieses Vorgehen hat sich bei einer Reihe von Komplexen mit Liganden wie CO, CN^-, CNR, NO, PR_3, AsR_3, π-C_nH_m bewährt, kann aber bei Komplexen mit Liganden, die wie F^-, H_2O, NH_3 Koordinationsbindungen mit hohen elektrovalenten Anteilen ausbilden, zu falschen Eigenschaftsvorhersagen führen. Auch lässt sich naturgemäß das optische Verhalten der Komplexe nicht deuten (angeregte Zustände bleiben im Rahmen der einfachen VB-Theorie üblicherweise unberücksichtigt).

Die LF-Theorie stellt andererseits den elektrovalenten Anteil der Koordinationsbindungen in den Vordergrund und untersucht die elektrostatischen Wirkungen der als punktförmige Ladungen behandelten Liganden auf die Energie der d-Valenzelektronen von Komplexzentren (S. 1592). Dieses Vorgehen ermöglicht es, Fragen hinsichtlich Stabilität, Struktur, Magnetismus oder Farbe sehr vieler Komplexe – zumindest qualitativ – ohne großen Aufwand richtig zu beantworten. Tatsächlich spielen aber für Koordinationsverbindungen keineswegs nur Elektrovalenzanteile, sondern auch Kovalenzanteile vielfach eine erhebliche Rolle. Dies ergibt sich schon daraus, dass gerade der Ligand CO, der keine Ionenladung trägt und fast kein Dipolmoment aufweist, eine besonders starke, im Rahmen der LF-Theorie unerwartete Feldwirkung ausübt. Auch deuten die optischen Spektren (vgl. spektrochemische Reihe sowie Racah-Parameter, S. 1596, 1615) sowie ESR- und NMR-spektroskopische Studien in vielen Fällen auf eine Delokalisation der d-Elektronen des Koordinationszentrums über den gesamten Komplex. Demgemäß hat sich die LF-Theorie insbesondere im Falle von Komplexen mit stark gebundenen Liganden wie CO, CN^-, CNR, NO, PR_3, AsR_3, π-C_nH_m als weniger geeignet erwiesen.

Die Molekülorbital-Theorie ermöglicht derzeit die umfassendste Deutung der Eigenschaften von Komplexen, und zwar ungeachtet dessen, ob die koordinativen Bindungen mehr kovalenter oder mehr elektrovalenter Natur sind. Dem Gewinn einer besseren Annäherung an die wahren Bindungsverhältnisse steht aber der Verlust an Anschaulichkeit und ein beträchtliches Anwachsen der – mit modernen Computern allerdings leicht lösbaren – Rechenprobleme entgegen. Mithilfe vereinfachender Annahmen kommt man, wie nachfolgend anhand oktaedrisch gebauter Komplexe und auf S. 1865 sowie S. 2081 anhand von Clustern mit Metall-Metall-Bindungen gezeigt sei, auch im Rahmen der MO-Theorie ohne allzu großen Aufwand zu ersten, qualitativen Aussagen über Eigenschaften von Komplexen.

2.3.1   Molekülorbitalschemata der Komplexe

Molekülorbitale der Komplexe

Ähnlich wie im Falle des mehratomigen Moleküls Wasser (S. 389) lassen sich die Molekülorbitale der aus vielen Atomen bestehenden Komplexe im Rahmen der LCAO-MO-Methode (S. 380) näherungsweise über eine lineare Kombination von Atomorbitalen herleiten. Zur Vereinfachung des Problems geht man allerdings nicht von den Orbitalen aller Atome der Komplexe aus, sondern man berücksichtigt nur die d- und nächst höhere s- sowie p-Valenzschale des Komplexzentrums ($d_{x^2-y^2}$-, d_{z^2}-, d_{xy}-, d_{xz}-, d_{yz}-, s-, p_x-, p_y-, p_z-Orbitale; vgl. S. 362, 364, 365) und für jeden Liganden ein – das »freie« Elektronenpaar beherbergende – Orbital von σ-Symmetrie sowie – gegebenenfalls – weitere besetzte oder unbesetzte Ligandenorbitale von π-Symmetrie. Im Falle oktaedrischer Komplexe führt dann die positive oder negative Überlappung der aus den Metall-orbitalen des Typs s (A_{1g}-Zustand), p_x, p_y, p_z (T_{1u}-Zustände) sowie $d_{x^2-y^2}$, d_{z^2} (e_g-Zustände) her-vorgehenden sechs d^2sp^3-Hybridorbitale (S. 394f) mit den Ligandenorbitalen von σ-Symmetrie (z. B. sp^3-, sp^2-, sp-Hybridorbitale im Falle von :NH_3, :NO_2^-, :CO; π-Mole-külorbital im Falle von $CH_2=CH_2$) zu bindenden oder antibindenden σ-Molekülorbitalen, wie die Abb. 20.37a und b für eine einzige Metall-Ligand-Wechselbeziehung zum Ausdruck bringen (tatsächlich müssen bei oktaedrischen Komplexen alle sechs d^2sp^3-Hybridorbitale oder – gleichbedeutend – die a_{1g}-, t_{2u}- und e_g-Metallzustände mit den σ-Orbitalen der sechs Liganden in der weiter unten disku-tierten Weise kombiniert werden). Die Abb. 20.37c und d veranschaulichen Beispiele bindender σ-Molekülorbitale einer koordinativen Metall-Carbonyl- bzw. Metall-Ethylen-Bindung.

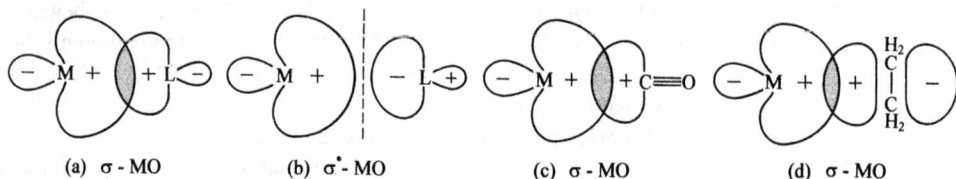

(a) σ - MO   (b) σ^*- MO   (c) σ - MO   (d) σ - MO

Abb. 20.37 Bindende σ-Molekülorbitale aus einem Metall-Hybridorbital und (a) einem Liganden-sp^n-Hybridorbital, (c) einem Carbonyl-sp-Hybridorbital, (d) einem Ethylen π-Molekülorbital sowie (b) anti-bindendes σ-Molekülorbital aus einem Metall- und Liganden-Hybridorbital.

In entsprechender Weise führt die positive und negative Interferenz der Metallorbitale d_{xy}, d_{xz}, d_{yz} (t_{2g}-Zustände) mit Ligandenorbitalen von π-Symmetrie zu bindenden und antibinden-den π-Molekülorbitalen. Als Beispiele sind in den Abb. 20.38a–d bindende π-Molekülorbitale wiedergegeben, die aus einer positiven Überlappung eines d_{xy}-Metallorbitals mit einem p_y-Li-gandenorbital (Abb. 20.38a; L z. B. F^-, O^{2-}, NH_2^-), einem d_{xy}-Ligandenorbital (Abb. 20.38b) ei-nem Carbonyl-π^*-Molekülorbital (Abb. 20.38c) bzw. einem Ethylen-π^*-Molekülorbital (Abb. 20.38d) resultieren.

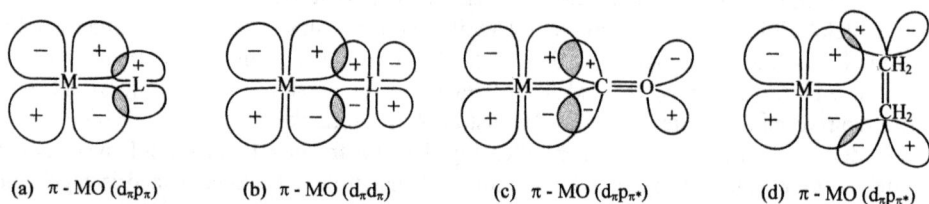

(a) π - MO ($d_\pi p_\pi$)   (b) π - MO ($d_\pi d_\pi$)   (c) π - MO ($d_\pi p_{\pi^*}$)   (d) π - MO ($d_\pi p_{\pi^*}$)

Abb. 20.38 Bindende π-Molekülorbitale aus einem Metall-d-Orbital und (a) einem Liganden-p-Atom-orbital, (b) einem Liganden-d-Atomorbital, (c) einem Carbonyl-π^*-Molekülorbital, (d) einem Ethylen-π^*-Molekülorbital.

Energieniveau-Schema der Molekülorbitale oktaedrischer Komplexe

Zur Aufstellung eines Energieniveau-Diagramms oktaedrischer Komplexe verfährt man am bes-ten in der Weise, dass man zunächst die sechs Ligandenorbitale vom σ-Typ miteinander zu sechs »Liganden-Symmetrieorbitalen« kombiniert, welche die für σ-Beziehungen mit geeigne-ten Metallorbitalen (a_{1g}-, t_{1u}-, e_g-Zustände bei oktaedrischen Komplexen, siehe oben) geforderte Symmetrie (a_{1g}, t_{2u}, e_g) aufweisen. Berücksichtigt man nunmehr, dass (i) die Energie der Metall-orbitale in Richtung d < s < p anwächst, (ii) die σ-Orbitale der Liganden energieärmer als die d-Orbitale des Metalls sind und (iii) die Metall- mit den Ligandenorbitalen in der Reihenfolge $e_g < t_{1u} < a_{1g}$ zunehmend besser überlappen, so erhält man das in Abb. 20.39a wiedergegebene,

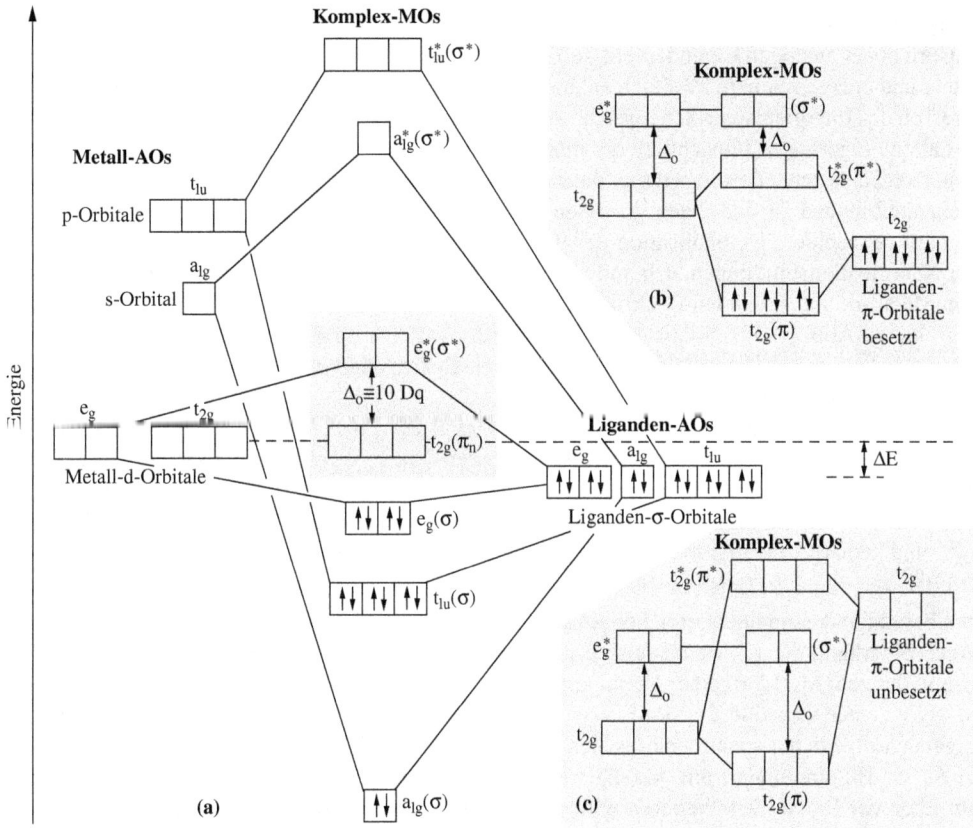

Abb. 20.39 Energieniveau-Schema der Molekülorbitale oktaedrischer Komplexe ohne π-Wechselwirkungen (a) bzw. mit π-Wechselwirkungen im Falle besetzter (b) oder unbesetzter (c) Ligandenorbitale vom π-Typ (AO, MO, LO = Atom-, Molekül-, Ligandenorbital). Nicht berücksichtigt in (b) und (c) sind π-Ligandenorbitale der Symmetrie t_{1g}, t_{1u}, t_{2u}, die nicht oder nur unerheblich mit Metall-Atomorbitalen interferieren[??].

für oktaedrische Komplexe ohne π-Wechselwirkungen charakteristische Energieniveau-Schema. Es umfasst die sieben unterschiedlichen Niveaus der insgesamt 15 Molekülorbitale, von denen 6 bindend (geordnet nach steigender Energie: a_{1g}-, t_{1u}-, e_g-Zustände), 3 nichtbindend (t_{2g}-Zustand) und 6 antibindend sind (e_g^*-, t_{1u}^*-, a_{1g}^*-Zustände).

Die 6 freien Elektronenpaare der Liganden oktaedrischer Komplexe besetzen gemäß Abb. 20.39a die 6 bindenden Molekülorbitale des Typs a_{1g}, t_{1u} und e_g. An ihrer Bildung sind neben den 6 σ-Orbitalen der Liganden zwei d-, ein s- und drei p-Metall-Atomorbitale beteiligt oder – gleichbedeutend – sechs d^2sp^3-Metall-Hybridorbitale. Damit bringt in Abb. 20.39a der untere Teil des Energieniveau-Schemas die Aussagen der VB-Theorie zum Ausdruck (vgl. S. 1587). Die 6 bindenden Molekülorbitale weisen sowohl Metall- als auch Ligandencharakter auf, doch wächst der Liganden- auf Kosten des Metallcharakters mit zunehmendem Elektrovalenzanteil der Koordinationsbindungen, womit sich die experimentell beobachtete, mehr oder weniger große Polarität der ML-Bindungen erklärt (der Elektrovalenzanteil erhöht sich mit zunehmendem Unterschied der Elektronegativität des Metallzentrums und der Liganden; in gleicher Richtung vergrößert sich der Unterschied ΔE (vgl. Abb. 20.39a) der Energie von Metall-d- und Liganden-σ-Orbitalen).

Die Valenz-d-Elektronen des Zentrums oktaedrischer Komplexe besetzen gemäß Abb. 20.39a die Molekülorbitale des Typs t_{2g} (nicht-bindend) und e_g^* (mehr oder minder antibindend), die sich energetisch an die 6 bindenden Molekülorbitale anschließen. Die Energieaufspaltung $\Delta_o \cong 10\,Dq$ entspricht der analogen Ligandenfeld-Aufspaltung der d-Orbitale in energieärmere dreifach-entartete und energiereichere zweifach entartete d-Zustände. Damit bringt in Abb. 20.39a der mittlere Teil des Energieniveau-Schemas die Aussagen der LF-Theorie zum Ausdruck (vgl. S. 1592) mit allen Folgerungen hinsichtlich der magnetischen und optischen Komplexeigenschaften. Der Unterschied besteht allerdings darin, dass das energetisch höher liegende e_g^*-Molekülorbital nunmehr antibindend ist und einen gewissen Ligandencharakter aufweist, womit sich die experimentell beobachtete Delokalisation der d-Elektronen erklärt. Mit wachsendem Kovalenzanteil der Koordinationsbindungen, d. h. mit abnehmendem Unterschied ΔE (Abb. 20.39a) der Energie von Metall-d- und Liganden-σ-Orbitalen wächst der Ligandencharakter des e_g^*-Molekülorbitals (vgl. hierzu Abb. 10.37). Somit wird die Größe $\Delta_o \cong 10\,Dq$ im Rahmen der MO-Theorie nicht wie im Falle der LF-Theorie ausschließlich durch elektrovalente, sondern zusätzlich durch kovalente Einflüsse bestimmt.

Die nicht-bindenden t_{2g}-Zustände sind reine Metall-Zustände, sofern die Liganden keine Orbitale vom π-Typ aufweisen. Ist letzteres jedoch der Fall, so ergeben sich zwei mögliche Situationen für oktaedrische Komplexe mit π-Wechselwirkungen: die aus Ligandenorbitalen mit π-Symmetrie durch Kombination hervorgehenden drei entarteten »Symmetrieorbitale« des Typs t_{2g}[17] sind gemäß Abb. 20.39b (rechte Seite) mit Elektronen besetzt und energieärmer als die t_{2g}-Orbitale des Metalls (Beispiel: $[CoF_6]^{3-}$), gemäß Abb. 20.39c (rechte Seite) nicht mit Elektronen besetzt und dann energiereicher als die t_{2g}-Orbitale des Metalls (Beispiel: $[Co(CN)_6]^{3-}$). Die Wechselwirkung der t_{2g}-Metall- und -Ligandenorbitale führt in ersterem Fall (Abb. 20.39b; π-Hinbindungen: $M \leftrightarrows L$) zu einer Verringerung, in letzterem Fall (Abb. 20.39c; π-Rückbindungen: $M \leftrightarrows L$) zu einer Vergrößerung der Energieaufspaltung $\Delta_o \cong 10\,Dq$. Dieser Sachverhalt erklärt die Ligandenfolge in der spektrochemischen Reihe, d. h. die Stellung von Liganden wie F^-, Cl^-, Br^-, I^-, S^{2-} (π-Hinbindungen) am Anfang, von Liganden wie NO_2^-, CN^-, CO (π-Rückbindungen) am Ende der Reihe. Des Weiteren wird der Befund verständlich, dass Komplexe wie $Cr(CO)_6$ mit Liganden des letzteren Typs häufig farblos sind, falls diese Liganden keine CT-Absorptionen verursachen, da eine größere Energieaufspaltung Δ_o kürzerwellige d→d-Übergänge zur Folge hat. Schließlich ermöglichen Energieniveau-Schemata wie das der Abb. 20.39 auch ein besseres Verständnis der CT-Absorptionen. Diese rühren im Falle der Metallreduktionsbanden (Metalloxidationsbanden) von Übergängen der Elektronen aus energieärmeren, besetzten Molekülorbitalen mit vorwiegend Ligandencharakter (Metallcharakter) zu energiereicheren elektronenfreien Molekülorbitalen mit vorwiegend Metallcharakter (Ligandencharakter). Bei oktaedrischen Komplexen mit π-Wechselwirkungen können CT-Absorptionen etwa auf Elektronenübergängen aus besetzten nicht-bindenden π-Ligandenorbitalen[17] in σ-Komplexorbitale des Typs t_{2g} oder e_g^* bzw. auf Elektronenübergängen aus σ-Komplexorbitalen des Typs t_{2g} oder e_g^* in unbesetzte nicht-bindende π-Ligandenorbitale[17] beruhen.

2.3.2   Edelgasregel, 18-Elektronenregel

Bei Besetzung aller bindenden und nichtbindenden Molekülorbitale mit jeweils 2 Elektronen entgegengesetzten Spins erlangt das oktaedrische Komplexzentrum wie etwa dreiwertiges Cobalt Co^{3+} (d^6) im Komplex $[Co(NH_3)_6]^{3+}$ 18 Außenelektronen ($a_{1g}^2 t_{1u}^6 e_g^4 t_{2g}^6$-Elektronenkonfiguration) und mithin Edelgaskonfiguration. Dieser, die Edelgasregel bestätigende Sachverhalt gilt allgemein für Komplexe ML_n (L = Zweielektronen-Ligand; n = Koordinationszahl von M): von

---

[17] Liganden weisen maximal 2 Orbitale vom π-Typ auf (z. B. p_y, p_z, falls p_x für σ-Bindungen genutzt wird), sodass also maximal $6 \times 2 = 12\,\pi$-Ligandenorbitale zur Verfügung stehen. Sie kombinieren im Falle oktaedrischer Komplexe zu Symmetrieorbitalen des Typs t_{1g}, t_{2g}, t_{1u} und t_{2u} (jeweils dreifach entartet). Unter ihnen interferieren nur die t_{2g}-, nicht aber die t_{1u}-Zustände mit symmetriegleichen Metallzuständen, da die t_{1u}-Metallzustände bereits für σ-Bindungen (s. oben) genutzt werden. Für die t_{1g}- und t_{2u}-Ligandenorbitale stehen keine symmetriegleichen Metallorbitale zur Verfügung. t_{1g}-, und t_{2u}-Zustände stellen somit nicht-bindende Ligandenorbitale dar.

den 9 Valenzorbitalen des Komplexzentrums (fünf d-, ein s-, drei p-Zustände) kombinieren n Orbitale mit den σ-Orbitalen der n Liganden zu n bindenden und n antibindenden Molekülorbitalen. Es verbleiben dann $9 - n$ nichtbindende Molekülorbitale, welche zusammen mit den n bindenden Molekülorbitalen bei doppelter Elektronenbesetzung genau $[(9 - n) + n] \times 2 = 18$ Elektronen aufzunehmen vermögen.

Die MO-Schemata der Komplexe ML_n mit ihren n bindenden, $(9 - n)$ nichtbindenden und n antibindenden Molekülorbitalen liefern schließlich auch Erklärungen für die Beobachtung, dass die 18-Elektronenregel in Abhängigkeit von der Art der Komplexliganden und -zentren mehr oder minder streng befolgt wird. Gemäß oben Besprochenem fordert die 18-Valenzelektronenregel eine Auffüllung sowohl aller bindenden als auch aller nichtbindenden MOs der Komplexe mit Elektronen. Sie ist immer dann gut erfüllt, wenn die nichtbindenden MOs als Folge der gewählten Komplexliganden und -zentren den antibindenden MOs energetisch fern und den bindenden MOs energetisch benachbart sind. Die Zahl von 18 Elektronen kann aber unterschritten bzw. überschritten werden, falls nichtbindende MOs energetisch vergleichsweise hoch bzw. antibindende MOs energetisch vergleichsweise tief liegen. Der Sachverhalt sei anhand oktaedrisch koordinierter Komplexe verdeutlicht, bei denen man wie auch bei anderen Komplexen drei Verbindungsklassen unterscheiden kann.

(i) Wie erwähnt, führen Liganden mit π-Akzeptorcharakter (z. B. CN^-, CO, CNR, PF_3, ungesättigte Kohlenwasserstoffe), d. h. Liganden mit starkem Ligandenfeld (vgl. S. 1596) bei Komplexzentren mit oktaedrischer Koordination zu einer großen Energiedifferenz $\Delta_o \,\hat{=}\, 10\,Dq$ zwischen nichtbindenden und antibindenden MOs und zu einer starken Energieannäherung der nichtbindenden und bindenden MOs (vgl. Abb. 20.39a, c). Demgemäß strebt das Komplexzentrum die Ausbildung einer Edelgasschale an. In entsprechender Weise führen die betreffenden Liganden auch bei nicht-oktaedrischer Koordination in der Regel zu Komplexen, denen Zentren mit 18 Valenzelektronen zukommen (Beispiele: $[V^{-I}(CO)_6]^-$, $[Fe^{II}(CN)_6]^{4-}$, $[Fe^0(PF_3)_5]$, $[Ni^0(CNR)_4]$, $[CpMn^I(CO)_3]$, $[W(CN)_8]^{4-}$).

(ii) Andererseits führen Liganden mit schwachem bis mittlerem Ligandenfeld (z. B. Liganden mit π-Donorcharakter wie Halogenid, Chalkogenid, aber auch Liganden wie Amine; vgl. S. 1596) bei oktaedrisch koordinierten Metallen der 1. Übergangsreihe zu vergleichsweise kleinen Energiedifferenzen $\Delta_o \,\hat{=}\, 10\,Dq$ (vgl. Abb. 20.39a, b). Als Folge hiervon können die nichtbindenden t_{2g}-Zustände (t_{2g}^*-Zustände bei Vorliegen von π-Hinbindungen) wahlweise bis zu 6, die energetisch nicht all zu hoch liegenden e_g^*-Zustände wahlweise bis zu 4 Elektronen aufnehmen, sodass auch Komplexe resultieren, denen Zentren mit weniger oder mehr als 18 Valenzelektronen zukommen (Beispiele: $[Ti^{IV}Fe_6^{2-}]$ mit 12 VE, $[V^{IV}Cl_6]^{2-}$ mit 13 VE, $[V^{III}(H_2O)_6]^{3+}$ mit 14 VE, $[Cr^{III}Cl_6]^{3-}$ mit 15 VE, $[Cr^{II}(H_2O)_6]^{2+}$ mit 16 VE, $[Fe^{III}F_6]^{3-}$ mit 17 VE, $[Co(H_2O)_6]^{2+}$ mit 19 VE, $[Ni(en)_3]^{2+}$ mit 20 VE, $[Cu(NH_3)_6]^{2+}$ mit 21 VE, $[Zn(en)_3]^{2+}$ mit 22 VE). Zu letzterer Klasse von Verbindungen, bei denen die Zusammensetzung im wesentlichen durch eine symmetrische Anordung der Liganden um das Metallzentrum bestimmt wird, zählen auch viele Komplexe mit tetraedrischer Koordination, die in der Regel zu vergleichsweise kleiner Energiedifferenz Δ_t führt (vgl. S. 1599; Beispiele: Metallate MO_4^{n-}).

(iii) Bei oktaedrisch mit Liganden schwachen bis mittleren Feldes koordinierten Metallen der 2. und 3. Übergangsreihe ist $\Delta_o \,\hat{=}\, 10\,Dq$ insgesamt größer als bei entsprechend koordinierten Metallen der 1. Übergangsreihe. Als Folge hiervon können zwar die nichtbindenden t_{2g}-Zustände (t_{2g}^*-Zustände) wahlweise mit bis zu 6 Elektronen besetzt werden, während die nunmehr energetisch deutlich höher liegenden e_g^*-Zustände keine Tendenz zur Elektronenaufnahme aufweisen, sodass Komplexe gebildet werden, denen Zentren mit bis zu 18 Valenzelektronen zukommen (Beispiele $[W^{VI}Cl_6/W^VCl_6^-/W^{IV}Cl_6^{2-}]$ mit 12/13/14 VE bzw. $[Pt^{VI}F_6/Pt^VF_6^-/Pt^{IV}F_6^{2-}]$ mit 16/17/18 VE). Selbst im Falle der Koordination mit starken π-Akzeptor-Liganden (s. oben) lässt sich letzterer Verbindungstyp vielfach verifizieren, wobei die betreffenden Komplexe der frühen bis mittleren Übergangsmetalle dann eine mehr oder weniger hohe Oxidationswirkung aufweisen (Beispiele: $[V^0(CO)_6]$, $[Fe^{III}(CN)_6]^{3-}$ bzw. $[W^V(CN)_8]^{3-}$ mit 17 VE sowie $[Mn^{III}(CN)_6]^{3-}$ mit

16 VE). Bei den späten Übergangsmetallen (ab Cobaltgruppe) bilden sich sogar vergleichsweise stabile Komplexe, deren Zentren nur 16 oder gar nur 14 Außenelektronen aufweisen (Beispiele: $[Rh^I(CO)_2Cl_2]^-$ bzw. $[Ni^{II}(CN)_4]^{2-}$ mit 16 VE sowie $[Ag^I(CN)_2]^-$ bzw. $[Hg^{II}(CN)_2]$ mit 14 VE). Der Grund hierfür rührt daher, dass die Energien der d-Atomorbitale mit wachsender Ladung der Atomkerne stärker absinken als die der s- und p-Orbitale der nächst höheren Hauptschale, so-dass die d-Elektronen von Übergangsmetallen hinsichtlich der betreffenden s- und p-Elektronen innerhalb einer Periode in zunehmendem Maße den Charakter von Rumpfelektronen annehmen und damit immer weniger für π-Rückbindungen zur Verfügung stehen. Beispielsweise bedingt der geringere π-Akzeptorcharakter von PR_3, verglichen mit dem von CO, dass $[Ni^0(PR_3)_4]$ (18 VE) anders als $[Ni^0(CO)_4]$ (18 VE) bei Raumtemperatur in Lösung den Liganden PR_3 reversibel unter Bildung von $[Ni^0(PR_3)_3]$ (16 VE) abgibt; der Cyanokomplex $[Ni^{II}(CN)_5]^{3-}$ (18 VE) zerfällt in wässeriger Lösung sogar weitgehend in $[Ni^{II}(CN)_4]^{2-}$ (16 VE) und den Liganden CN^-, wobei CN^- zwar einen ähnlichen π-Akzeptorcharakter wie CO aufweist, der Übergang von $[Ni^0(CO)_4]$ zu $[Ni^{II}(CN)_5]^{3-}$ jedoch mit einer Erhöhung der Ladung des Zentralmetalls verbunden ist (die Zunahme der positiven Atomladung bei gleicher Kernladung erniedrigt die d-Orbitalenergien stärker als die Zunahme der Kernladung bei gleicher Atomladung):

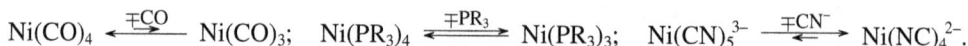

$$Ni(CO)_4 \xrightarrow{\mp CO} Ni(CO)_3; \quad Ni(PR_3)_4 \xrightarrow{\mp PR_3} Ni(PR_3)_3; \quad Ni(CN)_5^{3-} \xrightarrow{\mp CN^-} Ni(NC)_4^{2-}.$$

Der Ligand Cl^-, dem ein schwächeres Feld als dem Liganden CN^- zukommt, addiert sich an Ni^{2+} ausschließlich zum Komplex $[Ni^{II}Cl_4]^{2-}$ (16 VE). Weisen d^{10}-Übergangsmetallionen wie Ag^+, Au^+, Hg^{2+} sowohl hohe Kernladung innerhalb einer Übergangsperiode als auch positive Atomladungen auf, so bilden sie gerne Komplexe mit nur 14 Valenzelektronen (s. oben).

2.3.3   Isolobal-Prinzip

Geschichtliches. Das im Jahre 1968 von J. Halpern erkannte Isolobal-Konzept (formal eine Erweiterung der Edelgasregel) wurde in der Folgezeit von L. F. Dahl, J. Ellis und anderen ausgearbeitet und schließlich von R. Hoffmann (Nobelpreis 1981) erweitert und verallgemeinert.

Aus der Regel vom Bestreben der Atome zur Erzielung einer Edelgaselektronenschale durch Verbindungsbildung (»8- bzw. 18-Elektronenregel«) lässt sich folgender Sachverhalt ableiten: Nichtmetall-Molekülfragmente EX_n und Übergangsmetall-Komplexfragmente ML_n, in welchen den Verbindungszentren gleich viele Elektronen zur Erreichung der nächst-höheren Edelgasschale fehlen, weisen ähnliche chemische Eigenschaften auf. Demgemäß stabilisieren sich die isoelektronischen Fragmente $[Mn(CO)_5]$ oder $[Co(CN)_5]^{3-}$ mit jeweils 17 Außenelektronen des Metalls ähnlich wie die – im weiteren Sinne isoelektronischen – Radikale Cl, OH, NH_2, CH_3 mit jeweils 7 Außenelektronen des Nichtmetalls durch Dimerisierung (Bildung von $[(CO)_5Mn-Mn(CO)_5]$, $[(CN)_5Co-Co(CN)_5]^{6-}$, Cl–Cl, HO–OH, H_2N-NH_2, H_3C-CH_3) oder durch Elektronenaufnahme (Bildung von $[Mn(CO)_5]^-$, $[Co(CN)_5]^{4-}$, Cl^-, OH^-, NH_2^-, CH_3^- mit mehr oder weniger großem Basencharakter), wodurch sie 18 bzw. 8 Außenelektronen (»Elektronen-Oktadezett« bzw. »-Oktett«) für ihre Verbindungszentren erlangen. Fragment-paare wie $[Mn(CO)_5]/Cl$ oder $[Mn(CO)_5]/CH_3$ mit 17/7 Elektronen bzw. $[Fe(CO)_4]/O$ oder $[Fe(CO)_4]/CH_2$ mit 16/6 Elektronen bzw. $[Co(CO)_3]/N$ oder $[Co(CO)_3]/CH$ mit 15/5 Elektronen stellen demnach elektronisch äquivalente Gruppen dar. Aufgrund der elektronischen Äquivalenz von Fragmenten wie $[Mn(CO)_5]$ mit Halogenen bzw. von Fragmenten wie $[Fe(CO)_4]$ mit Chalkogenen spricht man im Falle der Fragmente auch von Pseudohalogenen bzw. von Pseudochalkogenen und bezeichnet etwa $[Mn(CO)_5]^-$ als Pseudohalogenid (S. 777), $[Fe(CO)_4]^{2-}$ als Pseudochalkogenid (S. 779).

Die chemische Ähnlichkeit elektronisch äquivalenter Fragmente beruht im Wesentlichen darauf, dass die Zentren der betreffenden Gruppen eine übereinstimmende Anzahl bindungsbereiter Orbitale (»Grenzorbitale«, S. 440) ähnlicher Gestalt aufweisen (z. B.: $Mn(CO)_5$, $Fe(CO)_4$,

Tab. 20.13 Isolobale Analogien.

Valenz- elektronen	Nichtmetallfragmente (dazu Gruppenhomologe)	Isolobale Übergangsmetallfragmente d^x-$ML_{n-m}{}^a$			
		$n = 5$	6	7	8
7 bzw. 17	CH_3, NH_2, OH, F	d^9-ML_4	d^7-ML_5	d^5-ML_6	d^3-ML_7
6 bzw. 16	CH_2, NH, O	d^{10}-ML_3	d^8-ML_4	d^6-ML_5	d^4-ML_6
5 bzw. 15	CH, N		d^9-ML_3	d^7-ML_4	d^5-ML_5

a x = Anzahl der d-Elektronen von M nach heterolytischer Abspaltung der n-m Zweielektronen-Ligatoren: ML_{n-m} ⟶ M + (n - m) L mit L z. B. Cl^-, R_2S, PR_3, CO, CN^-; $C_5H_5^-$ oder C_6H_6 entspricht drei Ligatoren; n = Koordinationszahl der Übergangsmetalle, auf die sich die isolobale Analogie aufbaut (in ML_n hat M Edelgaskonfiguration).

$Co(CO)_3$ ein, zwei, drei d^2sp^3-Hybridorbitale und CH_3, CH_2, CH ein, zwei, drei sp^3-Hybridorbitale). Die Regel von den elektronisch äquivalenten Gruppen lässt sich dementsprechend auch als Regel von den isolobalen Gruppen[18] wie folgt zum Ausdruck bringen: Zwei Fragmente sind isolobal, wenn Anzahl, Symmetrieeigenschaften, Energie, Gestalt und Elektronenbesetzung ihrer Grenzorbitale vergleichbar sind (vgl. hierzu die im Zusammenhang mit den Metallcarbonylen wiedergegebenen Formeln mit Grenzorbitalen, S. 2113). Im einzelnen bestehen u. a. die in Tab. 20.13 wiedergegebenen isolobalen Analogien. Isolobal mit CH_3 sind hiernach die Fragmente $Mn(CO)_5$, $Mn(PR_3)_5$, $MnCl_5^{5-}$, $CpCr(CO)_3$, $CpFe(CO)_2$ (jeweils 17 Metallaußenelektronen), isolobal mit CH_2 (oder CH_3^+) die Fragmente $Cr(CO)_5$, $Fe(CO)_4$, $Re(CO)_4^-$, $CpRh(CO)$ (jeweils 16 Valenzelektronen) und isolobal mit CH (oder CH_2^+, CH_3^{++}) die Fragmente $Co(CO)_3$, $CpCr(CO)_2$ (jeweils 15 Außenelektronen). Es ist allerdings immer zu berücksichtigen, dass isolobale Gruppen in ihren Eigenschaften bestenfalls graduell ähnlich sind; sowohl die Fragmente selbst als auch ihre Folgeprodukte weisen demzufolge häufig unterschiedliche thermodynamische und kinetische Stabilitäten auf. Beispielsweise dimerisiert sich etwa CH_2 zwecks Erreichung einer Kohlenstoff-Edelgasschale zu stabilem Ethylen $H_2C=CH_2$, während das Dimerisierungsprodukt des isolobalen Fragments $[Fe(CO)_4]$, der Dieisenkomplex $[(CO)_4Fe=Fe(CO)_4]$, sehr instabil ist (stabil ist der Trieisenkomplex $[Fe(CO)_4]_3$, S. 2108).

3 Reaktionsmechanismen der Übergangsmetallkomplexe.

Die chemische Reaktion, Teil IV (Teil I: S. 47, Teil II S. 206, Teil III S. 406)

Reaktionen der Koordinationsverbindungen ML_n können – wie im Falle von Ligandenaustauschreaktionen und -umlagerungen – den gesamten Metallkomplex betreffen oder – wie im Falle von Redoxvorgängen und Ligandenumwandlungen – mehr die Komplexzentren bzw. die Ligandensphäre involvieren. Entsprechend dem Bau von ML_n aus elektrophilen Metallzentren und nucleophilen Liganden bestimmen hierbei nucleophile Substitutionsprozesse die Reaktivität der Komplexe in besonderem Maße. Nachfolgend sollen nunmehr in den Unterkapiteln 3.1, 3.2 und 3.3 Substitutions-, Umlagerungs- und Redoxprozesse der Metallkomplexe eingehender besprochen werden. Bezüglich Reaktionsmechanismen von Nicht- und Halbmetallverbindungen vgl. S. 406.

---

[18] lobos (griech.) bzw. lobe (engl.) = Lappen.

3.1   Nucleophile Substitutionsreaktionen der Komplexe

Mechanismus, Stereochemie und Geschwindigkeit der Substitution eines Liganden (Nucleofugs) X in Metallkomplexen (Substraten) $L_{n-1}MX$ durch andere Liganden (Nucleophile) Nu gemäß[19]

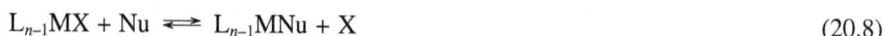

$$L_{n-1}MX + Nu \rightleftharpoons L_{n-1}MNu + X \qquad (20.8)$$

wird durch die reagierenden und nicht reagierenden Gruppen (Nu, M, X und L), das Reaktionsmedium sowie die Zahl und geometrische Anordnung aller Komplexliganden bestimmt. In mechanistischer Sicht kann der Prozess (20.8) sowohl auf dissoziativ- wie auf assoziativ-aktiviertem Wege ablaufen (vgl. S. 431), in stereochemischer Sicht sowohl stereospezifisch (ausschließlich Retention oder Inversion) als auch stereounspezifisch (teils Retention, teils Inversion) erfolgen (S. 455). Die Geschwindigkeit der Substitution (20.8) wird wesentlich durch die Energie mitbestimmt, die für die Abspaltung des Nucleofugs von M bzw. die Anlagerung des Nucleophils an M aufgebracht werden muss. Dieser Energiebetrag ist nach den Vorstellungen der Valence-Bond-Theorie (S. 1588) vergleichsweise klein, wenn es sich um outer-sphere-Komplexe handelt (dissoziative Prozesse) oder wenn das Zentrum der Komplexe ML_n noch »koordinativ ungesättigt« ist (assoziative Prozesse). Andererseits ist nach den Vorstellungen der Ligandenfeld-Theorie der betreffende Energiebetrag vergleichsweise groß, wenn der Wechsel der Koordinationszahl von M im Zuge einer dissoziativen oder assoziativen Substitution mit einer Abnahme der Ligandenfeldstabilisierungsenergie verbunden ist (Näheres vgl. S. 1602).

Substitutionen vom Typ (20.8) können – in thermodynamischer Sicht – mit kleinem bis großem Ausmaß erfolgen (vgl. S. 213). In ersterem Falle handelt es sich um einen hinsichtlich Nu stabilen, in letzterem Falle um einen instabilen Komplex. Andererseits bezeichnet man Koordinationsverbindungen als inert oder labil, wenn – in kinetischer Sicht – die Substitutionen (20.8) mit kleiner oder großer Geschwindigkeit ablaufen (S. 222). Hierbei können Komplexe bezüglich eines thermodynamisch möglichen X/Nu-Austausch – unabhängig von ihrer Hydrolyse-Stabilität oder -Instabilität inert bis labil sein. Beispielsweise erfolgt der $^{13}CN^-/^{14}CN^-$-Austausch in den sehr hydrolysestabilen Komplexen $[Ni(CN)_4]^{2-}$, $[Mn(CN)_6]^{3-}$ bzw. $[Cr(CN)_6]^{3-}$ mit Halbwertszeiten von ca. 0.5, 60 bzw. 35 000 min; auch verläuft der bei niedrigen pH-Werten thermodynamisch mögliche NH_3/H_2O-Austausch in $[Co(NH_3)_6]^{3+}$ (K ca. 10^{25}) extrem langsam.

Nachfolgend werden nucleophile Substitutionen an tetraedrischen, quadratisch-planaren und oktaedrischen Metallzentren eingehender besprochen. Bezüglich entsprechender Substitutionsreaktionen an Nicht- und Halbmetallzentren vgl. S. 430.

3.1.1   Nucleophile Substitution an tetraedrischen Zentren

Mechanismus, Stereochemie und Geschwindigkeit des Ligandenaustausch in tetraedrisch gebauten Metallkomplexen L_3MX (S. 1573) ist bisher aufgrund der vergleichsweise geringen Zahl bekannter Verbindungsbeispiele nur wenig eingehend untersucht worden. Offensichtlich gelten aber für die Substitutionsreaktionen ähnliche Prinzipien wie für den X/Nu-Austausch in entsprechenden tetraedrisch strukturierten Nicht- und Halbmetallverbindungen (vgl. S. 430). Insbesondere wickelt sich der X/Nu-Austausch in der Regel ebenfalls auf assoziativ-aktiviertem Wege ab (S_{N2}-Reaktion; die Geschwindigkeit der Ligandensubstitution in Komplexen wie $[MX_2(PR_3)_2]$ wächst in Richtung M = Co(II) < Ni(II) < Fe(II); bzgl. des O-Austauschs zwischen MO_4^{n-} und H_2O vgl. S. 437). Dissoziativ-aktivierte Substitutionen beobachtet man andererseits nur bei einigen, »koordinativ gesättigten« 18 Elektronen-Komplexen, in welchen die Metallzentren zehn d-Elektronen aufweisen (S. 1591).

---

[19]   Ladungen der Substrate sowie der ein- und austretenden Gruppen blieben unberücksichtigt.

Beispielsweise erfolgt der CO/Nu-Austausch (Nu z. B. CO, PR_3) in Metallcarbonylen $[M(CO)_n]$, die wie $[Ni(CO)_4]$ in der Regel edelgas- und low-spin-konfiguriert sind, auf dissoziativem Wege. Dass hierbei die CO/CO-Austauschgeschwindigkeit für Metallcarbonyle in der Reihe $[Cr(CO)_6] < [Fe(CO)_5] < [Ni(CO)_4]$ drastisch wächst ($\tau_{1/2}$ ca. 250 000 Jahre, 4 Jahre, 1 Minute), rührt daher, dass die Metallzentren den koordinativ ungesättigten Substitutionszwischenzustand mit wachsender d-Elektronenzahl zunehmend leichter tolerieren.

Rascher als im Falle von $[Ni(CO)_4]$ und zudem auf assoziativem Wege verläuft andererseits der CO/CO-Austausch im Falle der NO-haltigen, mit $[Ni(CO)_4]$ isoelektronischen Komplexe $[Co(CO)_3(NO)]$ und $[Fe(CO)_2(NO)_2]$. Der Grund rührt daher, dass der NO-Ligand zwei Elektronen des Komplexzentrums übernehmen kann ($:O\equiv N-\overset{-I}{\underset{}{C}o}(CO)_3 \longrightarrow \overset{..}{\underset{..}{O}}=\overset{+I}{\underset{}{N}}Co(CO)_3$), sodass dieses nunmehr »elektronisch ungesättigt« ist (16 Außenelektronen) und ein Nucleophil addieren kann:

$$[:O\equiv N-\overset{-I}{\underset{}{C}o}(CO)_3] \xrightarrow{\ +\ ^*CO\ } [\overset{..}{\underset{..}{O}}=\overset{+I}{\underset{}{N}}-Co(CO)_3(^*CO)] \xrightarrow{\ -\ CO\ } [:O\equiv N-\overset{-I}{\underset{}{C}o}(CO)_2(^*CO)]$$

Der CO-Austausch erfolgt also im Zuge einer zwischenzeitlichen Erhöhung der Oxidationsstufe des Substitutionszentrums. Dieser Sachverhalt gilt allgemein: Substitutionen an edelgaskonfigurierten Komplexzentren erfolgen auf assoziativem Wege, wenn ein Komplexligand ein Elektronenpaar des Metallzentrums übernehmen kann (Regel von Basolo). Außer NO wirken etwa auch koordinativ-gebundene organische π-Systeme substitutionsfördernd, indem sie ihre Haptizität in der Assoziations-Zwischenstufe durch »Zurseitegleiten« (engl. slip) erniedrigen (»Gleit-« bzw. »Slip-Mechanismus«, z. B. $[(\eta^5\text{-}C_5H_5)Co(CO)_2] + Nu \longrightarrow [(\eta^3\text{-}C_5H_5)Co(CO)_2(Nu)] \longrightarrow [(\eta^5\text{-}C_5H_5)Co(CO)(Nu)] + CO$).

3.1.2 Nucleophile Substitution an quadratisch-planaren Zentren

Unter den quadratisch-planar gebauten Komplexen, die in der Regel ein d^8-konfiguriertes Metall der Cobalt-, Nickel- oder Kupfergruppe enthalten (S. 1574), sind Pt(II)-Komplexe am eingehendsten hinsichtlich ihres Substitutionsverhaltens studiert worden. Untersucht wurden darüber hinaus Substitutionen an quadratischen Rh/Ir(I)-, Ni/Pd(II)- und Au(III)-Zentren. Erschwert ist das Studium des Ligandenaustauschs in quadratischen Co(II)- sowie Cu/Ag(III)-Komplexen, da dieser immer von äußerst rasch ablaufenden Oxidations- und Reduktionsreaktionen begleitet ist.

Substitutionsmechanismen. Der nucleophile X/Nu-Austausch erfolgt an quadratisch-planaren d^8-Metallzentren M der in Solvenzien gelösten Substrate L_3MX (16 Außenelektronen) in der Regel auf assoziativ-aktiviertem Wege unter Zwischenbildung fünffach-koordinierter trigonal-bipyramidal-strukturierter, edelgaskonfigurierter Zwischenprodukte (I_a- bzw. A-Mechanismus, S. 434) und nur äußerst selten auf dissoziativ-aktiviertem Wege. Im Falle der S_N2- Reaktionen bilden sich die Substitutionsprodukte L_3MNu aus L_3MX sowohl direkt unter Verdrängung von X durch Nu als auch indirekt (»kryptosolvolytisch«, S. 437) unter Austausch von X gegen Solvensmoleküle S und anschließend von S gegen Nu:[19]

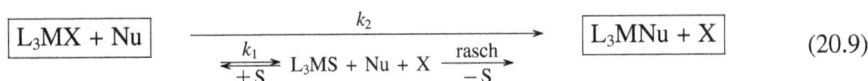

$$\boxed{L_3MX + Nu} \quad \underset{\underset{\pm S}{\overset{k_1}{\rightleftharpoons}} L_3MS + Nu + X \xrightarrow[-S]{rasch}}{\xrightarrow{k_2}} \quad \boxed{L_3MNu + X} \tag{20.9}$$

Verwendet man einen größeren Überschuss an Nucleophil ($c_{Nu} > c_x$), so ergeben sich Geschwindigkeitsgesetze des Typs $v_\rightarrow = k_1[L_3MX] + k_2[L_3MX][Nu] = (k_1 + k_2[Nu])[L_3MX]$ (vgl. S. 406). Bei sehr kleiner Nucleophilität des Solvens hinsichtlich M (z. B. Alkane, Benzol) verschwindet k_1 ($v_\rightarrow = k_2[L_3MX][Nu]$), bei sehr kleiner Nucleophilität von Nu hinsichtlich M (z. B. OH^-, F^-) oder hoher Sperrigkeit von X und Nu verschwindet k_2 ($v_\rightarrow = k_1[L_3MX]$). Die Konstante k_2 entfällt zudem beim Übergang zum S_N1-Mechanismus, der allerdings im Falle quadratisch-planarer Zentren praktisch nicht beobachtet wird.

Die relative Stabilität der fünffach-koordinierten Substitutionszwischenstufe erniedrigt sich bei Komplexen mit vergleichbarer Ligandensphäre in folgender Richtung der Komplexzentren: Ni(II) > Pd(II) > Pt(II) sowie Ir(I) > Pt(II) > Au(III). Demgemäß hat das Energieprofil von Substitutionen an Au(III)-Zentren nur eine sehr kleine Energiedelle (Bildung einer Übergangsstufe), während das von Substitutionen an Pt(II)-Zentren bereits eine deutliche Energiedelle aufweist (Bildung einer Zwischenstufe), und fünffach-koordinierte Ni(II)-Komplexe zum Teil wie etwa $Ni(CN)_5^{3-}$ als solche isolierbar sind (letzteres gilt in verstärktem Maße für die d^8-konfigurierten Zentren Co/Rh(I), Fe/Ru/Os(0), Mn/Tc/Re(−I), Cr/Mo/W(−II)).

Substitutionsgeschwindigkeit. Die Geschwindigkeit des assoziativ-aktivierten X/Nu-Austausches in quadratischen Komplexen L_3MX nimmt beim Ersatz des Zentrums M = Pt(II) durch Pd(II) bzw. Ni(II) bzw. Au(III) um den Faktor 10^5–10^6 bzw. 10^7–10^8 bzw. 10^3–10^4 zu. Die betreffenden Zentren wirken als weiche Lewis-Säuren, weshalb zunehmende Weichheit der eintretenden Gruppen ($F^- < Cl^- < Br^- < I^-$; $R_2O < R_2S$; $R_3N < R_3P$; $Cl^- < R_2S < R_3P$) den X/Nu-Austausch erleichtert[20]. Die Reihenfolge der Nucleophile hängt hierbei etwas vom Metallzentrum und von der Ladung des Komplexes ab, jedoch fast nicht von der austretenden Gruppe, falls sterische Effekte ausgeschlossen werden. Die austretenden Gruppen verändern allerdings insgesamt die Substitutionsgeschwindigkeit; und zwar nimmt im Falle von $[Pt(dien)X]^{2+/1+}$ (dien = $H_2NCH_2CH_2NHCH_2CH_2NH_2$) die Geschwindigkeit des X/Nu-Austauschs für X in der Reihenfolge $H_2O > Cl^- > Br^- > I^- > N_3^- > SCN^- > NO_2^- > CN^-$ ab.

Unter den Einflüssen der nicht reagierenden Gruppen auf die Geschwindigkeit der Substitution an quadratisch-planaren Zentren ist insbesondere der von I. Tschernjaew aufgefundene *trans*-Effekt eingehend untersucht worden, worunter man den elektronischen Effekt eines nicht reagierenden Liganden versteht, den dieser auf die Geschwindigkeit eines Austauschs des *trans* zu ihm stehenden Liganden ausübt. Nach zunehmendem (Substitutionsgeschwindigkeitserhöhendem) *trans*-Effekt geordnet, ergibt sich folgende Reihe *trans*-dirigierender Liganden (unterschiedliche Nucleophile bewirken gegebenenfalls ein Vertauschen benachbarter Liganden):

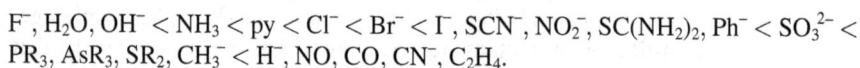

F^-, H_2O, $OH^- < NH_3 < py < Cl^- < Br^- < I^-$, SCN^-, NO_2^-, $SC(NH_2)_2$, $Ph^- < SO_3^{2-} <$ PR_3, AsR_3, SR_2, $CH_3^- < H^-$, NO, CO, CN^-, C_2H_4.

Die Wirkung des *trans*-Effekts, der bei Substraten L_3MX für M in der Reihe Pt(II) > Pd(II) > Ni(II) abnimmt (Analoges gilt für andere Elementgruppen), zeigt sich z.B. im Falle von *trans*-$[Pt(PEt_3)_2LCl]$ darin eindrucksvoll, dass die Geschwindigkeit des Cl/Nu-Austauschs beim Übergang von Substraten mit L = Cl zu solchen mit L = H um einen Faktor von 100 000 zunimmt. Eine Nutzanwendung des *trans*-Effekts besteht u.a. in der stereospezifischen Synthese geometrisch-isomerer Komplexe. Lässt man etwa Ammoniak auf $[PtCl_4]^{2-}$ bzw. Chlorwasserstoff auf $[Pt(NH_3)_4]^{2+}$ einwirken, so erhält man in ersterem Falle ausschließlich *cis*-$[PtCl_2(NH_3)_2]$, in letzterem Falle nur *trans*-$[PtCl_2(NH_3)_2]$, da in den zunächst gebildeten Monosubstitutionsprodukten $[PtCl_3(NH_3)]^-$ bzw. $[PtCl(NH_3)_3]^+$ der Chlor-Ligand stärker *trans*-dirigierende Wirkung zeigt als der Ammoniak-Ligand (s. Abb. 20.40).

In analoger Weise kann man die drei möglichen $[PtBrClpy(NH_3)]$-Stereoisomeren (S. 1582) dadurch gezielt gewinnen, dass $[PtCl_4]^{2-}$ der Reihe nach mit NH_3, Br^-, py bzw. mit py, Br^-, NH_3 bzw. mit 2 NH_3, py, Br^- umgesetzt wird. Zu berücksichtigen ist bei derartigen Synthesen allerdings in jedem Falle der neben dem *trans*-Effekt wirksame Einfluss des Nucleofugs auf die Substitutionsgeschwindigkeit.

---

[20] Der Wert $n_{Pt}^0 = \log k_2 c_{MeOH}/k_1 = \log k_2/k_1 + 1.41$ ist als Nucleophilität der eintretenden Gruppe hinsichtlich eines betrachteten Platin(II)-Komplexes bei Umsetzungen in Methanol (30 °C) definiert ($c_{MeOH} = 24.9\,mol l^{-1}$). In entsprechender Weise sind n_{Au}^0- oder n_{Pd}^0-Werte festgelegt. Die n_{Pt}^0-Werte betragen etwa für die Standard-Reaktion *trans*-$[Ptpy_2Cl_2]$ + Nu $\longrightarrow$ *trans*-$[Ptpy_2ClNu]$ + Cl^- für MeOH 0.00, $F^- < 2.2$, Cl^- 3.04, Br^- 4.18, I^- 5.46, SO_3^{2-} 5.79, $AsPh_3$ 6.89, $S_2O_3^{2-}$ 7.34, PPh_3 8.93.

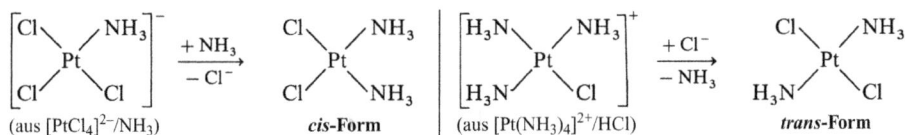

(aus [PtCl$_4$]$^{2-}$/NH$_3$)   *cis*-Form   (aus [Pt(NH$_3$)$_4$]$^{2+}$/HCl)   *trans*-Form

Abb. 20.40

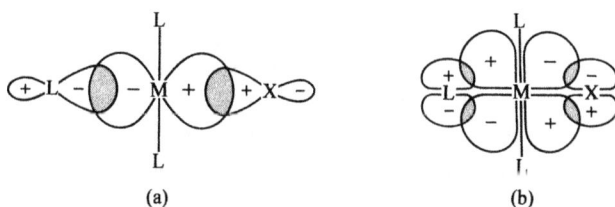

(a)   (b)

Abb. 20.41 σ-Bindungsverknüpfung (a) und π-Bindungsverknüpfung (b) von X, M und *trans*-ständigem L in quadratisch-planaren Komplexen L$_3$MX.

Als Ursachen des *trans*-Effekts vermutet man σ- und π-Bindungseffekte mit unterschiedlicher Auswirkung auf die Stabilität der Ausgangsstufe (»Grundzustand«) und Zwischen- bzw. Übergangsstufe (»Zwischenzustand«) der assoziativ-aktivierten Substitution. Man geht davon aus, dass das Nucleofug X und ein *trans*-ständiger Ligand L im Substitutionsgrundzustand des Substrats L$_3$MX über M dadurch verknüpft sind, dass X- und L-Orbitale mit σ-Symmetrie (jeweils elektronenbesetzt) und gegebenenfalls π-Symmetrie (jeweils elektronenleer) in der in Abb. 20.41a und b veranschaulichten Weise mit einem elektronenleeren p-Metallorbital in ersterem bzw. einem elektronenbesetzten d-Metallorbital in letzterem Fall in konkurrierende Wechselbeziehung treten. Knüpft nunmehr der *trans*-Ligand stärkere σ-Bindungsbeziehungen (stärkere π-Bindungsbeziehungen) als das Nucleofug, dann führen Ladungsübertragungen im Sinne von L→M zu einer Erniedrigung (im Sinne von L←M zu einer Erhöhung) positiver Ladung am Metall. Dies hat eine Verringerung (eine Erhöhung) der elektrostatischen Anziehung des Nucleofugs X$^-$, verbunden mit einer MX-Bindungsverlängerung (-verkürzung) zur Folge. Man bezeichnet diese Wirkung des *trans*-Liganden als *trans*-Einfluss (auch: »statischer *trans*-Effekt«). Beispielsweise bedingen H$^-$, Me$^-$ (starke σ-Bindung, keine π-Rückbindung) bzw. H$_2$O (schwache σ-Bindung, keine π-Rückbindung) bzw. CH$_2$=CH$_2$, CO, CN$^-$ (starke σ- und π-Bindungen) als *trans*-Liganden vergleichsweise große bzw. vergleichsweise kleine bzw. mittlere MX-Abstände, d. h. der *trans*-Einfluss wächst in der Reihe L = H$_2$O < C$_2$H$_4$, CO, CN$^-$ < H$^-$, Me$^-$.

Auch im Substitutionszwischenzustand L$_3$MXNu beeinflussen σ- und π-Bindungsbeziehungen des vordem *trans*-ständigen Liganden L die effektive Ladung des Metallzentrums. Man geht davon aus, dass starke LM-σ-Bindungsbeziehungen die MX-Bindung im Zwischenzustand weniger stark destabilisieren als im Grundzustand, während andererseits starke LM-π-Bindungsbeziehungen die MX-Bindung im Zwischenzustand stärker stabilisieren als im Grundzustand. Dies entspricht in beiden Fällen einer als *trans*-Effekt bezeichneten Verringerung der Substitutionsaktivierungsenergie (Erhöhung der Substitutionsgeschwindigkeit). Die beachtliche Wirkung der LM-π-Bindungsbeziehungen auf die Aktivierungsenergie hat zur Folge, dass Liganden wie C$_2$H$_4$, CO, CN$^-$ mit nur mittlerem *trans*-Einfluss einen starken *trans*-Effekt ausüben.

Neben dem zu X *trans*-ständigen Liganden beeinflussen auch die beiden *cis*-ständigen Liganden durch elektronische Effekte die Geschwindigkeit des X/Nu-Austauschs in L$_3$MX, aber in weit geringerem Maße (*cis*-Effekt). Darüber hinaus spielen sterische Effekte der nicht reagierenden Gruppen (insbesondere der *cis*-Liganden) eine geschwindigkeitsregulierende Rolle. Sie führen im Sinne des auf S. 436 Besprochenen zu einer sterischen Verzögerung der assoziativ-

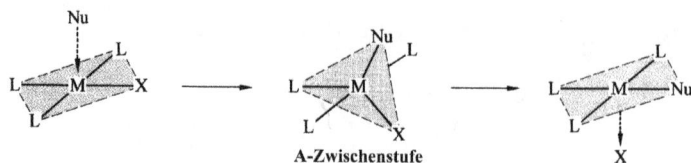

Abb. 20.42

aktivierten und zu einer sterischen Beschleunigung der dissoziativ-aktivierten Substitution am quadratisch-planar-koordinierten Metallzentrum. Sehr sperrige Liganden könnten dementsprechend einen Wechsel vom S_{N2}- zum (bisher in keinem Fall sicher bewiesenen) S_{N1}-Mechanismus bewirken, falls die eintretenden Gruppen zudem vergleichsweise wenig nucleophil wären.

Stereochemie. Der assoziativ-aktivierte X/Nu-Austausch in quadratisch-planaren Komplexen L_3MX (Entsprechendes gilt für den X/S- oder S/Nu-Austausch, vgl. (20.9)) erfolgt auf dem Wege über eine trigonal-bipyramidale Substitutionszwischen- oder -übergangsstufe in der Weise, dass ein- und austretende Gruppen zusammen mit dem »*trans*-Liganden« L äquatorial, die beiden *cis*-Liganden axial angeordnet sind. Mit der Annäherung des Nucleophils Nu auf einer der beiden Seiten des planaren Substrats und der Abspaltung des Nucleofugs X aus der zwischenzeitlich gebildeten trigonal-bipyramidalen Stufe ist hiernach eine Vergrößerung des Winkels $L_{trans}MNu$ von 90° (Edukt) über 120° (Zwischenstufe) auf 180° (Produkt) bzw. eine Verkleinerung des Winkels $L_{trans}MX$ von 180° (Edukt) über 120° (Zwischenstufe) auf 90° (Produkt) verbunden (s. Abb. 20.42).

In »stereochemischer« Sicht (S. 455) verläuft die S_{N2}-Reaktion an quadratisch-planaren Zentren hiernach unter Retention der Konfiguration (*cis* $\longrightarrow$ *cis*; *trans* $\longrightarrow$ *trans*; vgl. hierzu *cis-trans*-Umlagerungen quadratisch-planarer Komplexe, S. 1637).

Der dissoziativ-aktivierte X/Nu-Austausch in quadratisch-planaren Komplexen L_3MX, dessen Existenz bisher noch nicht eindeutig bewiesen werden konnte, würde unter Abspaltung des Nucleofugs zu einem trigonal-planaren Substitutionszwischenprodukt L_3M führen, das sich mit dem Nucleophil Nu zu Produkten sowohl unter Erhalt als auch Umkehr der Substratkonfiguration vereinigen kann.

3.1.3   Nucleophile Substitution an oktaedrischen Zentren

Das Oktaeder ist die bei Metallen am häufigsten anzutreffende Geometrie der Ligandenkoordination (S. 1576). Dementsprechend sind nucleophile Substitutionen an Zentren oktaedrischer Metallkomplexe ML_6 eingehend untersucht worden. Wichtige Studienobjekte stellten bisher insbesondere Co(III) und Cr(III)-Komplexe, aber auch Ru(II,III), Rh/Ir(III)- und Pt(IV)-Komplexe dar, bei denen – wie bei Komplexen mit $d^{3,8}$- sowie low-spin-d^6-konfigurierten Metallzentren ganz allgemein – nucleophile Substitutionen vergleichsweise langsam erfolgen.

Substitutionsmechanismen. Der nucleophile X/Nu-Austausch kann an oktaedrischen Metallzentren M der in Solvenzien gelösten Substrate L_5MX sowohl auf dissoziativ- als auch assoziativ-aktiviertem Wege unter Zwischenbildung von fünffach-koordinierten, quadratisch-pyramidal- bzw. trigonal-bipyramidal strukturierten oder siebenfach-koordinierten, pentagonalbipyramidal gebauten Zwischenprodukten erfolgen (vgl. S. 1602), wobei in der Regel dem eigentlichen X/Nu-Austausch die rasche reversible Bildung von outer-sphere-Komplexen bzw. Ionenpaaren vorgeschaltet ist (I_d- bzw. I_a-Mechanismus, vgl. S. 433)[19]:

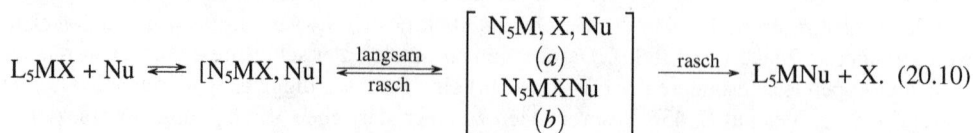

$$L_5MX + Nu \rightleftharpoons [N_5MX, Nu] \underset{rasch}{\overset{langsam}{\rightleftharpoons}} \begin{bmatrix} N_5M, X, Nu \\ (a) \\ N_5MXNu \\ (b) \end{bmatrix} \xrightarrow{rasch} L_5MNu + X. \quad (20.10)$$

3. Reaktionsmechanismen der Übergangsmetallkomplexe.   1629

Ähnlich wie im Falle der Substitutionen an quadratisch-planaren Zentren bilden sich die Substitutionsprodukte hierbei teils direkt unter Verdrängung von X durch Nu, teils indirekt (»kryptosolvolytisch«, S. 437) unter Austausch von X gegen Solvensmoleküle S und anschließend von S gegen Nu.

Substitutionsgeschwindigkeit und Komplexzentren. Komplexe mit kleineren und/oder geringer positiv geladenen Zentren neigen zum dissoziativen X/Nu-Austausch (20.10a), Komplexe mit größeren und/oder höher positiv geladenen Zentren zum – kinetisch von (20.10a) nicht unterscheidbaren (S. 434) – assoziativen X/Nu-Austausch (20.10b). Darüber hinaus wird die Richtung des Substitutionsmechanismus auch durch elektronische und sterische Effekte der aus- und eintretenden sowie der nicht reagierenden Gruppen beeinflusst. Die Substitutionsgeschwindigkeiten überstreichen hierbei einen sehr weiten Bereich (nahezu zwanzig Zehnerpotenzen). Eine qualitative Abschätzung ihrer relativen Größe in Abhängigkeit vom Komplexzentrum ist nach F. Basolo und R. G. Pearson (1958) über Ligandenfeld- (LF-) Betrachtungen, nach H. Taube (1953) über Valence-Bond- (VB-) Betrachtungen möglich.

LF-Deutung der Substitutionsgeschwindigkeiten. In Tab. 20.14 sind die Unterschiede von Ligandenfeld-Stabilisierungsenergien ΔLFSE oktaedrischer und quadratisch-pyramidaler Komplexe (dissoziativer Substitutionsweg) bzw. oktaedrischer und pentagonal-bipyramidaler Komplexe (assoziativer Substitutionsweg) wiedergegeben. In jenen Fällen, in welchen sich positive Werte für ΔLFSE berechnen (insbesondere d^3, d^8, sowie low-spin d^6, darüber hinaus low-spin d^4), addiert sich zur Aktivierungsenergie des dissoziativen oder assoziativen X/Nu-Austauschs, zusätzlich eine – geschwindigkeitshemmende – Ligandenfeld-Aktivierungsenergie. Sie nimmt – laut Tab. 20.14 – in Richtung low-spin d^5-, low-spin d^4-, d^3-, d^8-, low-spin d^6-konfigurierter Metallzentren zu. Auch erhöht sie sich bei zunehmender Periodennummer gleichgeladener Metallzentren einer Elementgruppe wegen der in gleicher Richtung wachsenden d-Orbitalenergieaufspaltung (S. 1596)[21]. Insgesamt sind die LF-Vorhersagen relativer Geschwindigkeiten des X/Nu-Austauschs vergleichsweise gut, was bei der Komplexität des Ablaufs derartiger Substitutionen (vgl. S. 1634) verwundert.

Beispiele. In Abb. 20.43 sind Halbwertszeiten sowie Geschwindigkeitskonstanten für den Wasseraustausch $[M(H_2O)_n]^{m+} + H_2O^* \rightleftharpoons [M(H_2O)_{n-1}(H_2O^*)]^{m+} + H_2O$ (n meist $= 6$) von Aqua-Komplexen einiger Haupt- und Nebengruppenmetall-Kationen wiedergegeben (bezüglich des Sauerstoffaustauschs bei Verbindungen der Nichtmetalle mit Sauerstoff des Wassers vgl. S. 437). Ersichtlicherweise findet man in der Regel kleine bis sehr kleine Austausch-Halbwertszeiten (große bis sehr große Austauschgeschwindigkeiten). Bei vielen Hydraten wie den

Tab. 20.14 Unterschiede der Ligandenfeldstabilisierungsenergie ΔLFSE zwischen oktaedrischen und quadratisch-pyramidalen bzw. pentagonal-bipyramidalen Komplexen im schwachen oder starken Ligandenfeld. Zur Berechnung der Werte vgl. Dq-Angaben in Abb. 20.33.

Struktur-änderung	Spin-übergang	ΔLFSE [Dq-Einheiten]										
		d^0	d^1	d^2	d^3	d^4	d^5	d^6	d^7	d^8	d^9	d^{10}
Okta-	quadr. high → high					−3.1	0	−0.6	−1.1			
→		0	−0.6	−1.1	+2.0					+2.0	−3.1	0
eder	Pyram. low → low					+1.4	−0.9	+4.0	−1.1			
Okta-	pent. high → high					+1.1	0	−1.3	−2.6			
→		0	−1.3	−2.6	+4.3					+4.3	+1.1	0
eder	Bipyr. low → low					+3.0	+1.7	+8.5	+5.3			

---

[21] Die abgeleiteten Schlussfolgerungen gelten ebenso für Übergänge von oktaedrischen zu trigonal-bipyramidalen (dissoziative Prozesse) bzw. überkappt-oktaedrischen Komplexen (assoziative Prozesse). Tatsächlich ist die trigonal-bipyramidale Koordination insgesamt stabiler als die quadratisch-pyramidale (das Umgekehrte folgt bei ausschließlicher Betrachtung von ΔLFSE).

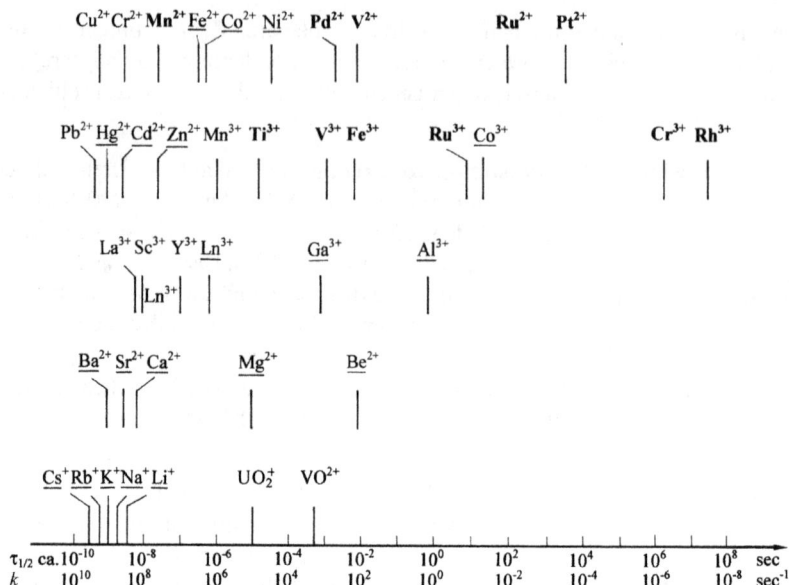

Abb. 20.43 Halbwertszeiten und Geschwindigkeitskonstanten des Wasseraustauschs von Aqua-Komplexen $[M(H_2O)_n]^{m+}$ (n in der Regel gleich 6, bei Be^{2+} 4, bei La^{3+} 9) einiger Haupt- und Nebengruppenmetalle bei 25 °C in Wasser (bezüglich der Halbwertszeiten anderer chemischer Vorgänge vgl. Abb. 10.56). Nicht unterstrichene Elemente unterliegen einem noch unbekannten, einfach unterstrichene einem dissoziativen, fett ausgeführte einem assoziativen H_2O/H_2O^*-Austauschmechanismus.

Alkalimetall- und schweren Erdalkalimetall-Kationen ist die Wassersubstitution nahezu diffusionskontrolliert. Nur in Ausnahmefällen wie den Komplexen $[Cr(H_2O)_6]^{3+}$, $[Ru(H_2O)_6]^{2+}$, $[Co(H_2O)_6]^{3+}$ und $[Rh(H_2O)_6]^{3+}$ werden Halbwertszeiten > 1 s (Geschwindigkeitskonstanten $< 1\,s^{-1}$ aufgefunden.

Für die Aqua-Komplexe d^0- und d^{10}-konfigurierter Metallionen erniedrigt sich die Geschwindigkeit des dissoziativen Wasseraustausches erwartungsgemäß mit zunehmender Stärke der (elektrovalenten) Komplexbindungen, also in Richtung abnehmenden Ionenradius gleichgeladener Metallzentren ($Cs^+ > Rb^+ > K^+ > Na^+ > Li^+$; $Ba^{2+} > Sr^{2+} > Ca^{2+} > Mg^{2+} > Be^{2+}$; $In^{3+} > Ga^{3+} > Al^{3+}$; $Hg^{2+} > Cd^{2+} > Zn^{2+}$) sowie zunehmender Ionenladung gleichgroßer Metallionen ($Li^+ > Mg^{2+} > Ga^{3+}$; $Na^+ > Ca^{2+}$). Das Umgekehrte müsste für einen assoziativen Wasseraustausch zutreffen (vgl. H_2O-Austausch an Sc^{3+} und Y^{3+}; beim Übergang zu La^{3+} wechselt die Koordinationszahl, vgl. Abb. 20.43).

Die besprochenen Zusammenhänge gelten auch für den Wasseraustausch im Falle von Aqua-Komplexen mit d^1- bis d^9-konfigurierten Metallzentren; nur ist hierbei zusätzlich die Wirkung der Ligandenfeld-Aktivierungsenergie, des Jahn-Teller-Effekts sowie des Austausch-Mechanismus auf die Substitutionsgeschwindigkeit zu berücksichtigen. So reagieren innerhalb der Reihe von Hydraten zweiwertiger bzw. dreiwertiger Übergangsmetalle alle Komplexe mit d^3-, low-spin-d^6- oder d^8-konfigurierten Zentren (Abb. 20.43: $[V(H_2O)_6]^{2+}(d^3)$, $[Ni(H_2O)_6]^{2+}(d^8)$, $[Cr(H_2O)_6]^{3+}(d^3)$, $[Co(H_2O)_6]^{3+}(d)^6$, $[Rh(H_2O)_6]^{3+}(d^6)$, $[Ru(H_2O)_6]^{2+}(d^6)$) vergleichsweise langsam unter H_2O-Austausch wegen der in diesen Fällen bedingten Ligandenfeld-Aktivierungsenergie (Tab. 20.14; $[Fe(H_2O)_6]^{2+}(d^6)$ verhält sich wegen seines high-spin-Zustandes weit weniger inert als gruppenhomologes $[Ru(H_2O)_6]^{2+}$ (low-spin-d^6); andererseits ist $[Rh(H_2O)_6]^{3+}$ (low-spin-d^6) wegen der größeren Ligandenfeld-Energieaufspaltung inerter als $[Co(H_2O)_6]^{3+}$ (low-spin-d^6)). Hydrate von $Cr^{2+}(d^4)$, $Cu^{2+}(d^9)$, $Mn^{3+}(d^4)$, welche Jahn-Teller-Verzerrungen aufweisen (S. 1608), sind vergleichsweise labil. Wie der Tab. 20.14 darüber hinaus entnommen werden kann, verläuft der Wasseraustausch teils auf assoziativem Wege (20.10b) (größere Elemente am Anfang einer Übergangsreihe), teils auf dissoziativem Wege (20.10a) (kleinere Elemente am Ende einer Übergangsreihe). Der Wechsel des Mechanismus erfolgt bei den zweiwertigen Ionen der 1. Übergangsperiode zwischen Mn^{2+} und Fe^{2+}, bei den kleineren, aber aufgrund höherer Ladung leichter assoziativ reagierenden dreiwertigen Ionen der gleichen Übergangsreihe sowie bei den größeren, aber gleichgeladenen gruppenhomologen Ionen der höheren Übergangsreihen später (z. B. zwischen Fe^{3+} und Co^{3+} bzw. zwischen Rh^{3+} und Ir^{3+}).

VB-Deutung der Substitutionsgeschwindigkeiten. Nach den Vorstellungen der VB-Theorie sind alle oktaedrischen sp^3d^2-Komplexe labil (gemäß Tab. 20.15 high-spin-d^{4-10}, low-spin-d^{7-10}; Möglichkeit zur dissoziativen Substitution)[22]. Entsprechendes gilt für d^2sp^3-Komplexe mit elektronenleeren inneren d-Valenzorbitalen (d^{0-2}; Möglichkeit zur assoziativen Substitution durch Betätigung leerer d-Valenzorbitale seitens des Nucleophils). Die verbleibenden oktaedrischen Komplexe (d^3, low-spin-d^{4-6}; schraffiert in Tab. 20.15) verhalten sich inert. VB- und LF-Theorie kommen also im Großen und Ganzen zu übereinstimmenden Vorhersagen der Substitutionsgeschwindigkeiten. VB-Betrachtungen sind – neben LF-Betrachtungen – immer dann von Nutzen, wenn Geschwindigkeiten der Substitution an Metallzentren mit stark kovalent koordinierten Liganden wie CO, NO, CN^-, PR_3, π-C_nH_m beurteilt werden sollen.

Tab. 20.15 Elektronenkonfiguration von M labiler oder inerter oktaedrischer Komplexe ML_6 (Komplexe letzteren Typs sind durch Schraffierung hervorgehoben)[a].

	d^2sp^3 (high spin)					d^2sp^3/sp^3d^2 (low-spin)					sp^3d^2 (high-spin)			
	$(n-1)$d	ns	np	nd		$(n-1)$d	ns	np	nd		$(n-1)$d	ns	np	nd
d^0	○ ○	○	○ ○ ○	○	d^4	↑↓ ↑ ↑ ○ ○	○	○ ○ ○	○ ○	d^4	↑ ↑ ↑ ↑	○	○ ○ ○	○ ○
d^1	↑ ○ ○	○	○ ○ ○	○	d^5	↑↓ ↑↓ ↑ ○ ○	○	○ ○ ○	○ ○	d^5	↑ ↑ ↑ ↑ ↑	○	○ ○ ○	○ ○
d^2	↑ ↑ ○ ○	○	○ ○ ○	○	d^6	↑↓ ↑↓ ↑↓ ○ ○	○	○ ○ ○	○ ○	d^6	↑↓ ↑ ↑ ↑ ↑	○	○ ○ ○	○ ○
d^3	↑ ↑ ↑ ○ ○	○	○ ○ ○	○	$d^{>6}$	7–10 Elektronen	○	○ ○ ○	○ ○	$d^{>6}$	7–10 Elektronen	○	○ ○ ○	○ ○

a Die Pfeile symbolisieren die d-Valenzelektronen der Metalle, die Kreise die für die d^2sp^3- bzw. sp^3d^2-Hybridorbitale genutzten Elektronenpaare der Liganden.

Geschwindigkeit der Komplexbildung und -solvolyse. Substitutionen von Solvensmolekülen S solvatisierter Metallionen $[MS_n]^{m+}$ durch andere Komplexliganden (Komplexbildung, Anation; S ist vielfach Wasser, vgl. S. 1563)[23] sowie – umgekehrt – Verdrängungen von Komplexliganden durch Solvensmoleküle (Komplexsolvolyse, Solvatation; für S = H_2O: Hydrolyse, Aquation; wichtig ist insbesondere die saure Hydrolyse)[23] stellen wichtige und mechanistisch eingehend untersuchte Reaktionen der Koordinationsverbindungen dar. Da es sich bei der Mehrzahl der Metallionen-Solvate um oktaedrisch gebaute Komplexe handelt, wobei häufig der Austausch nur eines Moleküls S gegen einen anderen Donor (Nucleophil) Nu = Y untersucht wird, lassen sich Anationen und Solvatationen als Spezialfälle von Reaktionen des Typs (20.10) wie folgt formulieren[19]:

$$[L_5MS] + Y \underset{\text{Solvatation}}{\overset{\text{Anation}}{\rightleftharpoons}} [L_5MY] + S. \tag{20.11}$$

Gleichgewichte des Typs (20.11) liegen teils auf der rechten, teils auf der linken Seite. Da das Solvens Wasser mit Übergangsmetallkationen häufig nur schwach verknüpft ist, erfolgt

---

[22] Gemäß der MO-Theorie (vgl. Abb. 20.39) werden – in Übereinstimmung hiermit – bei oktaedrischen d^{4-10}-high-spin- und d^{7-10}-low-spin-Komplexen antibindende e_g^*-Orbitale mit Elektronen besetzt, was zu einer Schwächung der ML-Bindungen führt und mithin die dissoziativ-aktivierte Substitution erleichtert. Z. B. wird aus diesem Grunde der H_2O-Ligand im d^6-high-spin FeII(Hämoglobin)-Komplex rasch durch O_2 oder CO substituiert.

[23] Anation, Solvatation, Aquation deuten auf die Einführung von Anionen, Solvensmolekülen, Wasser-(Aqua-) molekülen. Der Begriff Anation wird – unlogischerweise – auch für die Einführung von Neutral- und Kationliganden genutzt. Häufig wird Aquation mit saurer Hydrolyse gleichgesetzt. Dies rührt daher, dass Aquationen zur Vermeidung von Kondensationen der gebildeten Aqua-Komplexe im sauren Milieu durchgeführt werden. Bezüglich der basischen Hydrolyse vgl. S. 1633.

die Anation von Aquakomplexen vielfach mit hohem Ausmaß (vgl. Tab. 20.3). Das Anations-Gleichgewicht lässt sich zudem durch Entzug des Lösungsmittels, d. h. durch Austausch von S gegen ein Solvens ohne Koordinationstendenz günstig beeinflussen. Andererseits liegt das Gleichgewicht (20.11) insbesondere im Falle Lewis-basischer Lösungsmittel auf der Seite des Solvats. Es kann aber auch dann, wenn es im Falle wenig basischer Solvenzien (wie z. B. H_2O) nicht beim Solvat liegt, eine Rolle bei nucleophilen X/Nu-Austauschprozessen des allgemeinen Typs (20.10) spielen, wenn letztere »kryptosolvolytisch« (S. 437) auf dem Wege über Solvatations-Zwischenprodukte rascher als auf direktem Wege ablaufen (vgl. Substitution an quadratisch-planaren Zentren, S. 1625).

Bei gegebenem Komplexzentrum und Solvens hängt die Geschwindigkeit der Anation im wesentlichen nur von der Art des Nucleophils und der nicht-reagierenden Gruppen, die der Solvatation vom Nucleofug und den nicht-reagierenden Gruppen ab. Die Reaktionen ermöglichen somit ein Studium des Einflusses von ein- und austretenden sowie nicht-reagierenden Gruppen auf die Geschwindigkeit der Substitution an oktaedrischen Zentren.

Eintretende Gruppen. Im Falle von Anationen wird die Geschwindigkeit des eigentlichen Substitutionsschritts von der Natur des Nucleophils mäßig (I_a-, I_d-Mechanismus) bis verschwindend (D-Mechanismus) beeinflusst[24]. Die Selektionsfähigkeit der I_d- und D-Zwischenstufen für Nucleophile nimmt hierbei mit wachsender Stabilität der Substitutionszwischenstufe zu (also in Richtung I_d-, D-Zwischenstufe), während der Einfluss des Nucleofugs auf die Selektionsfähigkeit der Substitutionszwischenstufe in gleicher Richtung abnimmt. Wachsende Nucleophilität und abnehmende Sperrigkeit der eintretenden Gruppen bewirken andererseits eine Verschiebung eines (durch die Natur des Substrats bestimmten) dissoziativ-aktivierten Mechanismus in Richtung eines assoziativ-aktivierten Mechanismus. Das Umgekehrte gilt für eintretende Gruppen abnehmender Nucleophilität und zunehmender Sperrigkeit.

Beispiele: (i) Im Solvens Wasser erfolgt der H_2O/Y-Austausch in $[Co(NH_3)_5(H_2O)]^{3+}$ nach einem I_d-Mechanismus, der in $[Co(CN)_5(H_2O)]^{2-}$ nach einem D-Mechanismus und – hinsichtlich des eigentlichen Substitutionsschritts – in beiden Fällen unabhängig vom Nucleophil mit vergleichbarer Geschwindigkeit[24, 25]. Der Wechsel des Mechanismus beruht darauf, dass einerseits Cyanidliganden die Zwischenstufe des dissoziativen Prozesses besser stabilisieren als Ammin-Liganden, und andererseits negativ geladene oder polarisierte Nucleophile mit dem positiv geladenen Komplex leichter outer-sphere-Komplexe bilden als mit dem negativ geladenen. Die Selektionsfähigkeit des Ammin-Komplexes für Nucleophile ist dementsprechend kleiner als die des Cyano-Komplexes. Sie erhöht sich in letzterem Falle zudem mit steigender Weichheit der Nucleophile (relative Reaktivitäten von Nu: $H_2O < Cl^-$, $Br^- < NH_3 < I^- < NCS^- < N_3^- < I_3^-$; die weichen Cyanid-Liganden verwandeln das Co^{3+}-Zentrum, welches – wie z. B. im Ammin-Komplex – hart ist, durch ihren synergetischen Effekt in ein weiches Zentrum, vgl. S. 276). Viel ausgeprägter als die Selektionsfähigkeit von $[Co(CN)_5(H_2O)]^{2-}$ für Nucleophile ist jene von $[Co(CN)_4(SO_3)]^{3-}$, was auf eine vergleichsweise höhere Stabilität der Substitutionszwischenstufe deutet. – (ii) Beim Übergang von $[Co(NH_3)_5(H_2O)]^{3+}$ zum gruppenhomologen Komplex $[Rh(NH_3)_5(H_2O)]^{3+}$ wechselt der H_2O/Y-Austauschmechanismus wegen der Vergrößerung des Metallzentrums vom Typ I_d zum Typ I_a (S. 434). Als Folge hiervon erlangen die Nucleophile einen gewissen Einfluss auf die Substitutionsgeschwindigkeit. Entsprechendes gilt im Falle anderer Komplexe wie $[V(H_2O)_6]^{3+}$, $[Cr(H_2O)_6]^{3+}$, $[Mo(H_2O)_6]^{3+}$, $[Mn(H_2O)_6]^{2+}$ oder $[Fe(H_2O)_6]^{3+}$,

---

[24] Ein der Substitution vorgeschaltetes Gleichgewicht der Bildung von outer-sphere-Komplexen hängt demgegenüber von der Natur des Nucleophils (insbesondere von seiner Ladung und Sperrigkeit) ab, sodass auch die Gesamtgeschwindigkeit der I_d-Prozesse von der Art der Nucleophile durchaus stärker beeinflusst werden kann.

[25] Der H_2O/H_2O-Austausch erfolgt in $[Co(NH_3)_5(H_2O)]^{3+}$ ca. 6 mal rascher als der H_2O/Y-Austausch, was damit erklärt werden kann, dass die outer-sphere-Komplexe im Durchschnitt auf sechs austauschbereite H_2O-Moleküle ein Molekül Y enthalten. Allgemein gilt, dass die S/S-Austauschgeschwindigkeit im Falle von D-Mechanismen gleich groß, im Falle von I_d- bzw. I_a-Mechanismen aber größer bzw. weniger groß ist als die S/Y-Austauschgeschwindigkeit.

welche H_2O ebenfalls nach einem I_a-Mechanismus austauschen. – (iii) Der Me_2O/Me_2O-Austausch erfolgt in Komplexen $[MX_5(OMe_2)]$ (M = Nb, Ta; X = Cl, Br) auf dissoziativem Wege; andererseits verläuft der entsprechende Me_2S/Me_2S-, Me_2Se/Me_2Se- bzw. Me_2Te/Me_2Te-Austausch aufgrund der höheren Nucleophilität der eintretenden Gruppe auf assoziativem Wege.

Austretende Gruppen. Die Geschwindigkeit nucleophiler Substitutionen an oktaedrischen Zentren (z.B. die Geschwindigkeit von Solvatationen des Typs (20.11) wird – unabhängig vom Substitutionsmechanismus – durch die Natur des Nucleofugs wesentlich beeinflusst. Die Austrittstendenz des Nucleofugs wächst für Komplexe mit hartem (weichem) Substitutionszentrum in Richtung zunehmender Weichheit (Härte) des Nucleofugs, also etwa in der Reihe $F^- < Cl^- < Br^- < I^-$ (in der Reihe $I^- < Br^- < Cl^- < F^-$). Wachsende Austrittstendenz und Sperrigkeit des Nucleofugs bewirken zudem eine Verschiebung assoziativer Mechanismen in Richtung dissoziativer Mechanismen und umgekehrt.

Beispiele: Die Geschwindigkeit der sauren Hydrolyse von $[Co(NH_3)_5Y]^{2+/3+}$ (hartes Zentrum; I_d-Substitutionsmechanismus) bzw. von $[Cr(NH_3)_5Y]^{2+/3+}$ (hartes Zentrum; I_a-Substitutionsmechanismus) erfolgt in der Reihe der Komplexe mit $Y = N_3^- < F^- < H_2O < Cl^- < Br^- < I^-$ rascher. Im Falle von $[Co(CN)_5Y]^{2-/3-}$ (weiches Zentrum; D-Substitutionsmechanismus) bzw. $[Rh(NH_3)_5Y]^{2+/3+}$ (weiches Zentrum; I_a-Substitutionsmechanismus) nimmt die Geschwindigkeit der Aquation umgekehrt in der Reihe der Komplexe mit $Y = F^- > H_2O > Cl^- > Br^- > I^-$ ab ($[Co(CN)_5F]^{3-}$ ist wegen seiner hohen Hydrolyselabilität bisher nicht dargestellt worden). – (ii) Der TMP/TMP-Austausch (TMP = Trimethylphosphat $(MeO)_3PO$) erfolgt in Nitromethan im Falle von $[Al(TMP)_6]^{3+}$ und $[Ga(TMP)_6]^{3+}$ mit den kleineren Zentren Al^{3+} ($r = 0.51$ Å) und Ga^{3+} ($r = 0.62$ Å) auf dissoziativem Wege, im Falle von $[Sc(TMP)_6]^{3+}$ und $[In(TMP)_6]^{3+}$ mit den größeren Zentren Sc^{3+} ($r = 0.73$ Å) und In^{3+} ($r = 0.81$ Å) auf assoziativem Wege. Andererseits beobachtet man im Falle von $[Sc(TMH)_6]^{3+}$ (TMH = Tetramethylharnstoff $(Me_2N)_2CO$) dissoziativen TMH/TMH-Austausch, da TMH sperriger ist als TMP.

Nicht reagierende Gruppen. Der als *trans*- und *cis*-Effekt bezeichnete Einfluss einer nicht reagierenden Gruppe auf die Geschwindigkeit der nucleophilen Substitution eines in oktaedrischen Komplexen zu ihm *trans*- oder *cis*-ständigen Nucleofugs wird ähnlich wie dessen Einfluss auf die Substitutionsgeschwindigkeit im Falle quadratisch-planarer Komplexe (S. 1625) durch σ- und π-Bindungseffekte bestimmt. Allerdings ergibt sich bisher noch kein einheitliches Bild von Ursache und Wirkung der Effekte, da die σ- und π-Bindungseffekte nicht nur im Ausgangs- und Substitutionszwischenzustand unterschiedlich sind, sondern auch in verwickelter Weise vom Typ des Substitutionsmechanismus, von der Art des Komplexzentrums und dessen d-Elektronenkonfiguration, von der (*trans*- oder *cis*-) Stellung der nicht reagierenden Gruppe hinsichtlich des Nucleofugs sowie – gegebenenfalls – von den Einflüssen weiterer nicht reagierender Gruppen unterschiedlichen Typs abhängt.

Der für dissoziative und assoziative Substitutionen verschieden starke *trans*- und *cis*-Effekt kann zudem zu einer Verschiebung eines S_N1- (S_N2-)Mechanismus in Richtung eines S_N2-(S_N1-)Mechanismus führen. So nimmt man an, dass Amido-Liganden NR_2^- dissoziative Substitutionen an oktaedrischen Zentren in besonderem Maße erleichtern, weil sie die in Substraten $[L_4M(NR_2)Y]$ nach Abdissoziation von Y verbleibende »Elektronenlücke« über eine π-Hinbindung »auffüllen« können (Bildung von $L_4M \leftarrow 2\,NR_2$) und D-Substitutionszwischenstufen dadurch stabilisieren. Die Aquation von Pentaammin-Komplexen $[M(NH_3)_5Y]^{m+}$ im basischen Milieu (basische Hydrolyse) erfolgt infolgedessen um viele Zehnerpotenzen rascher als die entsprechende saure Hydrolyse (L nachfolgend NH_3; Y-Ladungen unberücksichtigt):

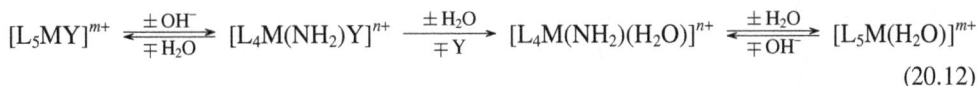

$$[L_5MY]^{m+} \xrightleftharpoons[\mp H_2O]{\pm OH^-} [L_4M(NH_2)Y]^{n+} \xrightarrow{\pm H_2O}_{\mp Y} [L_4M(NH_2)(H_2O)]^{n+} \xrightleftharpoons[\mp OH^-]{\pm H_2O} [L_5M(H_2O)]^{m+}$$

$$(20.12)$$

Tab. 20.16 Relative Geschwindigkeiten sowie Produktausbeuten der Umsetzung (20.13) in saurem Milieu bei 25 °C (Substitutionsmechanismen an der I_a/I_d-Grenze).

cis-[Co(en)$_2$LCl]$^{m+}$		$\longrightarrow$	[Co(en)$_2$L(H$_2$O)]$^{n+}$
L	k_{rel}	% cis	% trans
OH$^-$	24 000	84	16
Cl$^-$	480	76	24
Br$^-$	280	> 95	< 5
NH$_3$	$\equiv$ 1	100	0
CN$^-$	ca. 1	100	0
NO$_2^-$	220	100	0

$trans$-[Co(en)$_2$LCl]$^{m+}$		$\longrightarrow$	[Co(en)$_2$L(H$_2$O)]$^{n+}$
L	k_{rel}	% cis	% trans
OH$^-$	4700	75	25
Cl$^-$	120	26	74
Br$^-$	130	50	50
NH$_3$	$\equiv$ 1	0	100
CN$^-$	240	0	100
NO$_2^-$	2900	0	100

Die Einflüsse nicht reagierender Gruppen auf die Substitutionsgeschwindigkeit sind bisher für Co(III)-Komplexe intensiv, für Cr(III)-Komplexe weniger eingehend und für Rh(III)-, Ir(III)-, Ru(II)- bzw. Ru(III)-Komplexe nur lückenhaft untersucht worden.

Beispiele: (i) Tab. 20.16 gibt relative Geschwindigkeiten sowie Ausbeuten an *cis*- bzw. *trans*-konfigurierten Produkten folgender Aquation wieder:

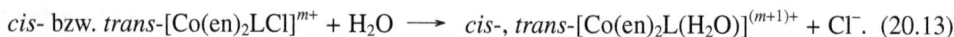

$$cis\text{-}\ bzw.\ trans\text{-}[Co(en)_2LCl]^{m+} + H_2O \longrightarrow cis\text{-},\ trans\text{-}[Co(en)_2L(H_2O)]^{(m+1)+} + Cl^-. \quad (20.13)$$

Ersichtlicherweise haben die Liganden L = OH$^-$, Cl$^-$, Br$^-$, CN$^-$ und NO$_2^-$ hinsichtlich L = NH$_3$ einen positiven, geschwindigkeitserhöhenden *cis*- bzw. *trans*-Effekt (NH$_3$ und en üben näherungsweise den gleichen Effekt auf die Geschwindigkeit des Cl$^-$/H$_2$O-Ersatzes aus, wie den vergleichbaren Werten der Substitutionsgeschwindigkeitskonstanten von 5.0×10^{-7} und $3.5 \times 10^{-7}\,\text{s}^{-1}$ für das *cis*- und *trans*-Edukt entnommen werden kann; $\tau_{1/2}$ ca. 25 Tage). Der *cis*-Effekt ist hierbei für Liganden, die wie OH$^-$, Cl$^-$, Br$^-$, NCS$^-$, RCOO$^-$ oder NR$_2^-$ einen dissoziativ-aktivierten Substitutionszwischenzustand durch π-Hinbindungen stabilisieren können, größer als der *trans*-Effekt, während umgekehrt der *trans*-Effekt (wachsend in Richtung NO$_2^-$ < I$^-$ < CH$_3$SO$_3^-$ < SO$_3^{2-}$ < Me$^-$) für solche Liganden, die starke σ-Hinbindungen und/oder starke π-Rückbindungen eingehen, größer ist als der *cis*-Effekt (letztere Liganden zeigen zudem einen »*trans*-Einfluss«, vgl. S. 1626). – (ii) Führt man die Aquation von [Co(en)$_2$LCl]m$^+$ oder von anderen Co(III)-Komplexen [L$_5$MY]$^{m+}$ (L = NH$_3$, NH$_2$R, NHR$_2$) mit deprotonierbaren Ammin-Liganden nicht im sauren, sondern basischen Milieu durch (basische Hydrolyse), so erhöht sich die Geschwindigkeit der Aquation um 5 bis 13 Zehnerpotenzen. Die Substitution verläuft hierbei entsprechend Gl. (20.12). Führt man hierbei die basische Hydrolyse in einem nicht komplexierenden Lösungsmittel in Anwesenheit eines weiteren Nucleophils Nu neben Wasser durch, so bilden sich erwartungsgemäß Konkurrenzabfangprodukte ([L$_5$M(H$_2$O)]$^{n+}$ und [L$_5$MNu]$^{n+}$); auch ist im Falle der OH$^-$-katalysierten Umsetzung von [L$_5$CoY]$^{m+}$ mit Nucleophilen, die wie NCS$^-$, S$_2$O$_3^{2-}$, NO$_2^-$ zwei verschiedene Ligatoren enthalten, das prozentuale Verhältnis gebildeter Produkte ([L$_5$CoNCS]$^{n+}$/[L$_5$CoSCN]$^{n+}$, [L$_5$CoSSO$_3$]$^{n+}$/[L$_5$CoOSO$_2$S]$^{n+}$, [L$_5$CoNO$_2$]$^{n+}$/[L$_5$CoONO]$^{n+}$) unabhängig vom Nucleofug.

Stereochemie. Nach bisherigen Studien verlaufen Substitutionen an oktaedrischen Zentren bei Vorliegen eines assoziativen oder dissoziativen Interchange-Mechanismus (I_a-, I_d-Mechanismus) meist stereospezifisch unter Erhalt der Konfiguration. Hierzu muss das Nucleophil Nu im outersphere Komplex, der sich zunächst aus dem Substrat L$_5$MX und Nu in rascher reversibler Reaktion bildet (S. 433), auf der gleichen Seite und in äquivalenter Position wie das Nucleofug X lokalisiert sein. Denkbar ist etwa der Nu-Eintritt in eine der vier LX-Kanten des Ligandenoktaeders unter Bildung einer verzerrt pentagonal-bipyramidalen Koordinationsverbindung, in welcher die reagierenden Gruppen zusammen mit drei nicht reagierenden Gruppen L äquatorial, zwei nicht reagierende Liganden axial angeordnet sind[21]. Der Substratrest L$_5$M behält hierbei in der Zwischenstufe seine quadratisch-pyramidale Struktur näherungsweise bei und ist mit X und Nu stärker (I_a) oder schwächer (I_d) verknüpft (S. 434).

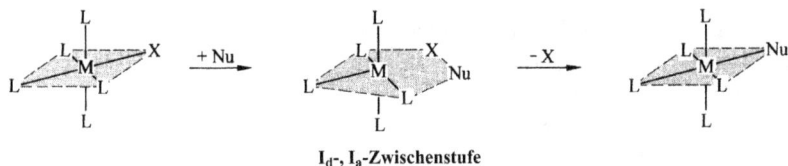

I_d-, I_a-Zwischenstufe

Abb. 20.44

Einen stereounspezifischen Verlauf der Substitution an oktaedrischen Zentren (Konfigurationsumwandlung in mehr oder weniger großem Ausmaß) beobachtet man bei dissoziativen Prozessen, wenn der nach Abspaltung von X aus den Substraten L_5MX hervorgehende Rest L_5M vergleichsweise stabil, d. h. langlebig ist (D-Mechanismus, I_d-Mechanismus an der Grenze zum D-Mechanismus). Der Austritt von X wird in derartigen Fällen von der Aufeinanderzubewegung zweier *trans*-ständiger Liganden, von denen jeder in *cis*-Stellung zur austretenden Gruppe angeordnet ist, begleitet. Nachfolgendes Schema verdeutlicht diesen Vorgang. Jeder oktaedrische Komplex kann hiernach in zwei unterschiedliche trigonal-bipyramidal gebaute Substitutionszwischenstufen (Abb. 20.45a und b) übergehen, welche sich unter Nu-Eintritt in eine der drei Kanten (Abb. 20.45c, d, e bzw. e, f, g) der Ligandenbasis beider Bipyramiden in die Substitutionsprodukte (Abb. 20.45c–g) umwandeln.

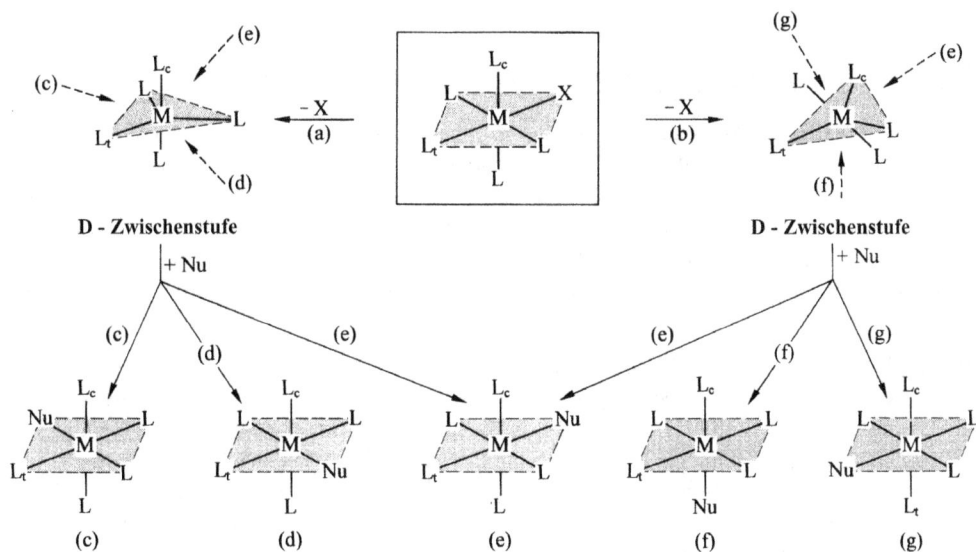

Abb. 20.45

Enthält das Substrat fünf unterschiedliche Komplexliganden, so führen die sechs – in der Praxis mit unterschiedlichem Ausmaß beschritten – Produktbildungswege, wie leicht abzuleiten ist, zu fünf stereoisomeren Produkten, unter denen nur eines, nämlich das auf zwei Wegen gebildete Produkt (e), die Konfiguration des eingesetzten Edukts aufweist. Bei Verringerung der Zahl unterschiedlicher nicht reagierender Gruppen sinkt naturgemäß die Zahl an Produkten unterschiedlicher Konfiguration. Enthält demgemäß ein oktaedrischer Komplex neben dem Nucleofug und einem hierzu *trans*-ständigen Liganden L_t noch vier gleiche Liganden ($L_c = L$ im Schema), so erfolgt der X/Nu-Austausch auf dem Reaktionswege (Abb. 20.45e) unter Erhalt der *trans*-Konfiguration (Bildung des Produkts in Abb. 20.45e), auf den Wegen (Abb. 20.45c, d, f, g) unter Wechsel zur *cis*-Konfiguration (Bildung des isomeren Produkts (c) = (d) = (f) =

(g)), enthält er andererseits das Nucleofug, einen *cis*-ständigen Liganden L_c und vier gleiche Liganden ($L_t = L$ im Schema), so verlaufen die Reaktionen in Abb. 20.45c, d, e, g unter Erhalt der *cis*-Konfiguration (Bildung des Produkts (c) = (d) = (e) = (f)), während nur ein Reaktionsweg (Abb. 20.45f) zum isomeren *trans*-konfigurierten Produkt (Abb. 20.45f) führt.

Beispiele: Die Stabilisierung trigonal-bipyramidaler Übergangsstufen bei Substitutionen an oktaedrischen Zentren erfolgt u. a. durch solche nicht reagierende Gruppen, die wie F^-, OH^-, NH_2^-, Cl^-, Br^-, NCS^-, $RCOO$-π-Hinbindungen im Sinne von $M{\leftarrow}L$ ausbilden (Liganden mit *cis*-Effekt; eine günstige Voraussetzung für starke π-Hinbindungen ist eine äquatoriale Stellung der betreffenden Liganden). Demgemäß führt die saure Hydrolyse von *cis*- bzw. *trans*-$[Co(en)_2LCl]^{m+}$ mit $L = OH^-$, Cl^-, Br^- nicht ausschließlich zu *cis*- bzw. *trans*-$[Co(en)_2L(H_2O)]^{n+}$, sondern in mehr oder weniger großer Ausbeute zusätzlich zu *trans*- bzw. *cis*-$[Co(en)_2L(H_2O)]^{n+}$, während die analogen Umsetzungen mit Liganden, die wie CN^-, NO_2^- keine π-Hinsondern π-Rückbindungen ausbilden ($M{\leftarrow}L$) stereospezifisch verlaufen (vgl. Tab. 20.16). Dass in ersteren Fällen die Ausbeuten an *cis*- und *trans*-$[Co(en)_2L(H_2O)]^{n+}$ (jeweils gleiches L) eduktabhängig sind, deutet darauf, dass die Reaktionswege in Abb. 20.45a und b unterschiedlich stark beschritten werden, je nachdem man von *cis*- oder *trans*-$[Co(en)_2LCl]^{m+}$ ausgeht. Auffallenderweise hat hierbei der *cis*-Produktanteil unabhängig von L immer die gleiche enantiomere Konfiguration wie der eingesetzte Komplex *cis*-$[Co(en)_2LCl]^{m+}$. Letzteres trifft allerdings nur für die saure, nicht jedoch für die basische Hydrolyse zu. Z. B. bilden sich aus Λ-*cis*-$[Co(en)_2Cl_2]^+$ im alkalischen Milieu 21 % Λ-*cis*-, 16 % Δ-*cis*- und 63 % *trans*-$[Co(en)_2Cl(OH)]^+$ neben Cl^- (bezüglich Λ und Δ vgl. Anh. VIII).

3.2   Umlagerungsreaktionen der Komplexe

Übergangsmetallkomplexe sind vielfach konstitutions- oder konfigurationslabil und isomerisieren bei thermischer oder anderer (z. B. photochemischer) Aktivierung. Auch ändern sie ihre Struktur gegebenenfalls im Zuge von Substitutions- und Redoxreaktionen (vgl. Unterkapitel 3.1 und 3.3). Ursachen derartiger Komplexumlagerungen sind sowohl Prozesse, die unter Erhöhung oder Erniedrigung der Koordinationszahl des Metallzentrums erfolgen (Assoziationen und Dissoziationen) als auch solche, bei denen sich die Koordinationszahl nicht ändert (Pseudorotationen).

Assoziationen und Dissoziationen. Wichtige Fälle von Konstitutionsumwandlungen stellen insbesondere Bindungsisomerisierungen dar. Beispielsweise geht der rote, in der Kälte metastabile Nitrito-Komplex $[Co(NH_3)_5(ONO)]Cl_2$ beim Erhitzen in den thermodynamisch stabileren gelben Nitro-Komplex $[Co(NH_3)_5(NO_2)]Cl_2$ über. Diesem Wechsel eines Bindungsisomeren in das andere liegt eine intramolekulare Wanderung des $Co(NH_3)_5$-Restes vom Sauerstoff der NO_2-Gruppe zum Stickstoff zugrunde. Die Umlagerungsübergangsstufe entspricht damit der weiter oben (S. 1634) wiedergegebenen siebenzähligen (pentagonal-bipyramidalen) Zwischenstufe nucleophiler I_a- bzw. I_d-Substitutionen an oktaedrischen Zentren (s. Abb. 20.46).

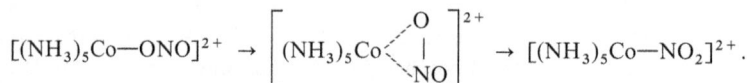

$$[(NH_3)_5Co{-}ONO]^{2+} \;\rightarrow\; \left[(NH_3)_5Co{\ll}\begin{smallmatrix}O\\|\\NO\end{smallmatrix}\right]^{2+} \;\rightarrow\; [(NH_3)_5Co{-}NO_2]^{2+}.$$

Abb. 20.46

Stereochemische Umwandlungen gehen ähnlich wie konstitutionelle vielfach auf Knüpfungen und Spaltungen von Metall-Ligand-Bindungen zurück. So treten derartige Isomerisierungen mit Änderung der geometrischen und/oder enantiomeren Konfiguration unter gewissen Voraussetzungen als Folge der dissoziativ-aktivierten nucleophilen Substitution an oktaedrischen Zentren auf. Ein Beispiel bietet etwa die auf S. 1636 und oben besprochene saure Hydrolyse von *cis*- bzw. *trans*-[Co(en)$_2$LCl]$^{m+}$ (für Einzelheiten vgl. S. 1631). Eine Konfigurationsisomerisierung oktaedrischer Komplexe erfolgt allgemein immer dann, wenn die betreffenden Komplexe unter Erniedrigung der Koordinationszahl des Metallzentrums in trigonal-bipyramidale Komplexfragmente sowie Liganden dissoziieren, und die Fragmente den abgespaltenen Liganden an anderer Stelle des Koordinationspolyeders wieder addieren (Entsprechendes gilt z. B. auch für tetraedrische, in trigonal-planare Fragmente und Liganden dissoziierende Komplexe; vgl. S. 438). Beispiele für isomerisierende oktaedrische Koordinationsverbindungen stellen etwa die in Wasser konfigurationslabilen Aqua-Komplexe des Typs *cis*- bzw. *trans*-[Co(en)$_2$L(H$_2$O)]$^{m+}$ dar (L z. B. H$_2$O). Auch beobachtet man häufig *cis-trans*- sowie Spiegelbild-Isomerisierungen im Falle oktaedrischer Komplexe, die wie *cis*-[Co(diars)$_2$Cl$_2$]$^+$, *trans*-[Co(en)$_2$(OH)(NH$_3$)]$^{2+}$ oder Λ-[Co(acac)$_3$] zweizähnige Liganden enthalten und unter Spaltung einer koordinativen Bindung des zweizähnigen Liganden in das geforderte trigonal-bipyramidal-strukturierte Zwischenprodukt übergehen können (für die betreffenden Verbindungsbeispiele konnte die zwischenzeitliche Abdissoziation eines einzähnigen Liganden ausgeschlossen werden).

Gestattet andererseits der vorliegende X/Nu-Austauschmechanismus wie der der assoziativ aktivierten nucleophilen Substitutionen an quadratisch-planaren Zentren (vgl. S. 1625) keine Konfigurationsänderung, so lässt sich eine stereochemische Komplexumwandlung wie folgt durch Hintereinanderschalten zweier Substitutionsreaktionen erzielen (s. Abb. 20.47)

Abb. 20.47

Im vorliegenden Falle katalysiert mithin der Ligand L′ die *cis-trans*-Isomerisierung des Komplexes *cis*-[ML$_2$L$_2'$], indem er zunächst einen Liganden L unter Bildung des Zwischenprodukts [MLL$_3'$] substituiert. Anschließend wird L′ durch L ersetzt und dadurch zurückgebildet. Bei diesem handelt es sich allerdings nicht um den in *cis*-Position zu L eingetretenen, sondern um einen in *trans*-Position zu L lokalisierten Liganden L′. In der besprochenen Weise wird etwa die *cis-trans*-Umlagerung von *cis*-[Pd(NR$_3$)$_2$Cl$_2$], *cis*-[Pt(Me$_2$S)$_2$Cl$_2$] bzw. *cis*-[Pt(PMe$_3$)$_2$Cl$_2$] durch Amine NR$_3$, Dimethylsulfan Me$_2$S bzw. Trimethylphosphan PMe$_3$ katalysiert (die Zwischenprodukte [Pt(Me$_2$S)$_3$Cl]Cl und [Pt(PMe$_3$)$_3$Cl]Cl ließen sich unter geeigneten Bedingungen isolieren).

Pseudorotationen. Eine *cis-trans*-Isomerisierung quadratisch-planarer Komplexe kann auch ohne Spaltung und Knüpfung von Metall-Ligand-Bindungen durch intramolekulare Ligandenumordnung (Pseudorotation, vgl. S. 763, 893) auf dem Wege über eine Zwischenstufe mit tetraedrischer Ligandenanordnung erfolgen (vgl. hierzu Abb. 20.10). Allerdings sind die Aktivierungsbarrieren für derartige Prozesse meist sehr hoch, sodass die Pseudorotationen nicht mit messbarer Geschwindigkeit ablaufen. Nur im Falle einiger quadratisch-planarer Co(II)- und Ni(II)-Komplexe konnten bisher intermolekulare Ligandenumordnungen nachgewiesen werden (S. 450). Andererseits erfolgen stereochemische Umwandlungen von Komplexen mit fünf-, sieben- und achtzähligem Zentrum in der Regel rasch (S. 1574, 1578, 1579).

Hohe Pseudorotations-Aktivierungsbarrieren weisen nicht nur Komplexe mit vierzähligem, sondern in der Regel auch solche mit sechszähligem Zentrum auf. Ein möglicher Weg für eine intramolekulare stereochemische Umwandlung auch im Falle tetraedrischer, quadratisch-planarer oder oktaedrischer Komplexe besteht hier in deren Überführung in leicht pseudorotierende trigonal-bipyramidale Komplexe durch Ligandenassoziation oder -dissoziation. Allerdings sind derartige Zwischenstufen meist so kurzlebig, dass sich kein Pseudorotationsgleichgewicht einstellen kann. Beispielsweise führt die saure Hydrolyse von *cis*-$[Co(en)_2LCl]^{m+}$ zu einem anderen Produktverhältnis an *cis*- und *trans*-$[Co(en)_2L(H_2O)]^{n+}$ als die von *trans*-$[Co(en)_2LCl]^{m+}$ (jeweils gleiches L), was sich mit der Bildung unterschiedlich konfigurierter, trigonal-bipyramidaler Reaktionszwischenstufen $[Co(en)_2L]^{(m-1)+}$ erklären lässt (S. 1634), die sich offensichtlich wegen ihrer kurzen Lebensdauer nicht ineinander umwandeln.

3.3   Redoxreaktionen der Komplexe

Komplexreaktionen, die unter Änderung der Oxidationsstufe des Komplexzentrums ablaufen, sind äußerst zahlreich. Derartige Redoxprozesse können wie im Falle der nachfolgend aufgeführten Umsetzungen (20.14), (20.15) und (20.16) unter Übertragung (Transfer) von nicht bindenden (oder nahezu nicht bindenden) Elektronen eines Komplexzentrums zum Zentrum einer anderen Koordinationsverbindung erfolgen. Hierbei verbleiben die Redoxpartner teils ohne sichtbare chemische Änderung wie im Falle des »Elektronenaustausches« (20.14), teils unter Erhalt bzw. unter Umwandlung der Ligandensphäre wie im Falle der »Elektronenübertragung« (20.15) bzw. (20.16) als unabhängige Individuen, wobei sich die Koordinationszahlen der reagierenden Zentren in der Regel nicht ändern (s. unten). Vielfach beinhalten Redoxprozesse aber auch eine chemische Verknüpfung der Redoxpartner unter Bildung neuer chemischer Individuen und Änderung der Koordinationszahlen der reagierenden Zentren. Beispiele derartiger, als »oxidative Additionen« und »reduktive Eliminierungen« zu klassifizierende Umsetzungen (vgl. S. 423) bieten die nachfolgend wiedergegebenen Hin- und Rückreaktionen (20.17) und (20.18) (letztere, auf der rechten Seite liegende Gleichgewichte lassen sich durch »Herausfangen« von Cl_2 mit I^- oder »Austreiben« von H_2 mit N_2 auf die linke Seite verschieben):

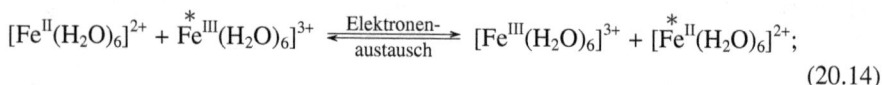

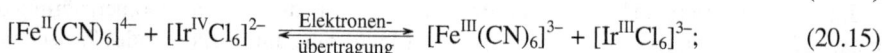

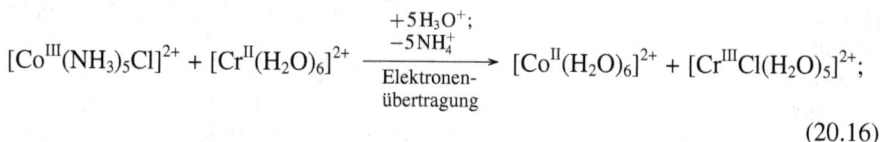

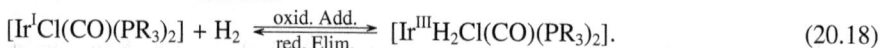

$$[Fe^{II}(H_2O)_6]^{2+} + \overset{*}{Fe}{}^{III}(H_2O)_6]^{3+} \xrightleftharpoons[\text{austausch}]{\text{Elektronen-}} [Fe^{III}(H_2O)_6]^{3+} + [\overset{*}{Fe}{}^{II}(H_2O)_6]^{2+};$$

$$\tag{20.14}$$

$$[Fe^{II}(CN)_6]^{4-} + [Ir^{IV}Cl_6]^{2-} \xrightleftharpoons[\text{übertragung}]{\text{Elektronen-}} [Fe^{III}(CN)_6]^{3-} + [Ir^{III}Cl_6]^{3-}; \tag{20.15}$$

$$[Co^{III}(NH_3)_5Cl]^{2+} + [Cr^{II}(H_2O)_6]^{2+} \xrightarrow[\substack{\text{Elektronen-}\\ \text{übertragung}}]{\substack{+5H_3O^+;\\ -5NH_4^+}} [Co^{II}(H_2O)_6]^{2+} + [Cr^{III}Cl(H_2O)_5]^{2+};$$

$$\tag{20.16}$$

$$[Pt^{II}Cl_4]^{2-} + Cl_2 \xrightleftharpoons[\text{red. Elim.}]{\text{oxid. Add.}} [Pt^{IV}Cl_6]^{2-}; \tag{20.17}$$

$$[Ir^{I}Cl(CO)(PR_3)_2] + H_2 \xrightleftharpoons[\text{red. Elim.}]{\text{oxid. Add.}} [Ir^{III}H_2Cl(CO)(PR_3)_2]. \tag{20.18}$$

Im Zusammenhang mit den Mechanismen von Komplex-Redoxreaktionen, deren eingehende Forschung wir u. a. dem Chemiker Henry Taube (Nobelpreis 1983) verdanken, sollen zunächst Elektronentransfer-Prozesse (Kapitel 3.3.1), dann Redoxadditionen und -eliminierungen (3.3.2) behandelt werden.

3.3.1   Elektronentransfer-Prozesse

Man unterscheidet Elektronentransfer-Prozesse, bei denen ein oder mehrere Elektronen zwischen zwei sich begegnenden Komplexen ohne Änderung der Koordinationssphären ausgetauscht werden (»outer sphere Mechanismen«), und solche, bei denen der Elektronenaustausch erst nach Bildung eines zweikernigen Komplexes mit mindestens einem gemeinsamen Liganden in der ersten Koordinationssphäre erfolgt (»inner sphere Mechanismen«).

Outer sphere Redoxprozesse

Outer sphere Redoxprozesse verlaufen stereoselektiv unter Konfigurationserhalt auf dem Wege über »Kontaktpaare«, wie dies die folgende, die wahren Verhältnisse etwas vereinfachende Redoxgleichung (20.19) zum Ausdruck bringt (m, q, r, s = positive, negative, keine Ladungen: $m + q = r + s$)

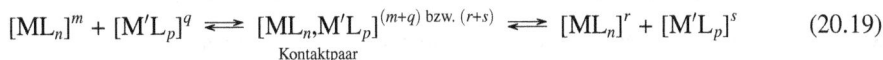

$$[ML_n]^m + [M'L_p]^q \; \rightleftharpoons \; \underset{\text{Kontaktpaar}}{[ML_n,M'L_p]^{(m+q) \; \text{bzw.} \; (r+s)}} \; \rightleftharpoons \; [ML_n]^r + [M'L_p]^s \qquad (20.19)$$

Sind hierbei die Metalle gleich/ungleich, so liegen thermoneutrale/nicht-thermoneutrale Redoxprozesse vor, die man auch als Selbstaustauschprozesse/Kreuzaustauschprozesse bezeichnet, z. B.:

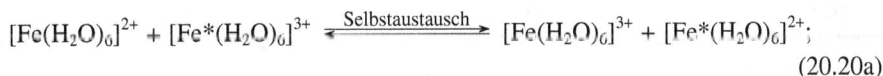

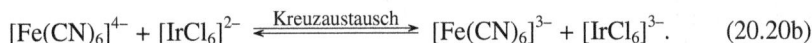

$$[Fe(H_2O)_6]^{2+} + [Fe^*(H_2O)_6]^{3+} \xrightleftharpoons{\text{Selbstaustausch}} [Fe(H_2O)_6]^{3+} + [Fe^*(H_2O)_6]^{2+};$$
$$(20.20a)$$

$$[Fe(CN)_6]^{4-} + [IrCl_6]^{2-} \xrightleftharpoons{\text{Kreuzaustausch}} [Fe(CN)_6]^{3-} + [IrCl_6]^{3-}. \qquad (20.20b)$$

Die Tab. 20.17 gibt Geschwindigkeitskonstanten und Halbwertszeiten einiger Einelektronen-Selbstaustauschprozesse in Wasser bei 25 °C wieder. Ersichtlicherweise überstreichen diese einen sehr weiten Bereich (nahezu 15 Zehnerpotenzen). Die kleinsten, im Nanosekundenbereich liegenden Selbstaustausch-Halbwertszeiten entsprechen hierbei diffusionskontrollierten, die größten, im Monatsbereich angesiedelte Halbwertszeiten sehr langsamen chemischen Reaktionen (vgl. hierzu Abb. 10.56).

Tab. 20.17 Geschwindigkeitskonstanten k und Halbwertszeiten τ einiger outer sphere Elektronentransfer-Prozesse in Wasser bei 25 °C.[a,b,c]

Redox-partner	k [mol^{-1} s^{-1}]	$\tau_{c=1}$ [ca.]	Redox-partner	k [mol^{-1} s^{-1}]	$\tau_{c=1}$ [ca.]	Redox-partner	k [mol^{-1} s^{-1}]	$\tau_{c=1}$ [ca.]
$[W(CN)_8]^{4-/3-}$	$4 \cdot 10^8$	3 ns	$[MnO_4]^{2-/1-}$	$7 \cdot 10^2$	1 ms	$[Co(H_2O)_6]^{2+/3+}$	2	0.5 s
$[IrCl_6]^{3-/2-}$	$2 \cdot 10^5$	5 µs	$[Fe(CN)_6]^{4-/3-}$	$2 \cdot 10^2$	5 ms	$[Ag(H_2O)_6]^{1+/2+}$	$\approx 10^{-1}$	≈ 10 s
$[RuO_4]^{2-/1-}$	$3 \cdot 10^4$	30 µs	$[Ru(H_2O)_6]^{2+/3+}$	$2 \cdot 10^1$	50 ms	$[V(H_2O)_6]^{2+/3+}$	$1 \cdot 10^{-2}$	100 s
$Mo(CN)_8]^{4-/3-}$	$3 \cdot 10^4$	30 µs	$[Ce(H_2O)_9]^{3+/4+}$	4	0.2 s	$[Cr(H_2O)_6]^{2+/3+}$	$2 \cdot 10^{-5}$	56 h
$[Ru(NH_3)_6]^{2+/3+}$	$8 \cdot 10^2$	1 ms	$[Fe(H_2O)_6]^{2+/3+}$	3	0.3 s	$[Co(NH_3)_6]^{2+/3+}$	$8 \cdot 10^{-6}$	92 d

a Hydrate in saurem, Oxometallate im basischen Milieu; Ag$^{1+/2+}$ bei 0 °C.
b Outer sphere Prozesse in MeCN: $[Cr(bipy)_3]^{0/1+}$: $k = 2 \cdot 10^9$ [mol^{-1} s^{-1}] ($\tau = 0.5$ ns); $[Fe(bipy)_3]^{2+/3+}$: $4 \cdot 10^6$ (0.3 µs); $[Ru(bipy)_3]^{2+/3+}$: $8 \cdot 10^6$ (0.1 µs); $[Os(bipy)_3]^{2+/3+}$: $2 \cdot 10^7$ (0.05 µs). In DMSO, DMF: $[Cr(C_6H_6)_2]^{0/1+}$: $6 \cdot 10^7$ (17 ns); $[Fe(C_5H_5)_2]^{0/1+}$: $6 \cdot 10^6$ (0.2 µs).
c Inner sphere Prozesse in H$_2$O: VOH^{2+}/V^{2+}: $k = 0.003$ [mol^{-1} s^{-1}] ($\tau = 333$ s); CrOH^{2+}/Cr^{2+}: 0.66 (1.5 s); CrCl^{2+}/Cr^{2+}: 11 (0.09 s); FeOH^{2+}/Fe^{2+}: 1000 (0.001 s); FeCl^{2+}/Fe^{2+}: 9.7 (0.10 s).

In analoger Weise wie in Wasser ist ein outer sphere Elektronenaustausch zwischen Redoxpartnern in anderen Medien möglich (Tab. 20.17, Anm. b). Auch beobachtet man gelegentlich einen Zweielektronenaustausch (z. B. $Tl_{aq}^+ + Tl_{aq}^{3+} \rightleftharpoons Tl_{aq}^{3+} + Tl_{aq}^+$; $k = 7 \cdot 10^{-5}$ mol^{-1} s^{-1}, τ ca. 5.6 h). Des Weiteren existieren neben Elektronentransfer-Prozessen, bei denen die Zentren der zu oxidierenden und reduzierenden Komplexe ihre Oxidationsstufen um die gleiche Zahl von Einheiten ändern (»komplementäre Reaktionen«), auch solche, bei denen dies nicht der Fall ist (»nicht komplementäre Reaktionen«). Beispiele sind etwa: $Tl_{aq}^{3+} + 2\,Fe_{aq}^{2+} \rightleftharpoons Tl_{aq}^+ + 2\,Fe_{aq}^{3+}$ bzw. $Sn_{aq}^{2+} + 2\,Fe_{aq}^{3+} \longrightarrow Sn_{aq}^{4+} + 2\,Fe_{aq}^{2+}$. Wegen der Unwahrscheinlichkeit von »Dreierstößen« muss sich in letzten Fällen der Elektronentransfer in zwei Schritten unter Zwischenbildung eines Komplexes mit einem Zentrum in »ungewöhnlicher Oxidationsstufe« abwickeln (z. B. $Tl^{3+} + Fe^{2+} \rightleftharpoons Tl^{2+} + Fe^{3+}$; $Tl^{2+} + Fe^{2+} \rightleftharpoons Tl^+ + Fe^{3+}$). Die durch nicht komplementäre Reaktion erzeugten seltenen Oxidationsstufen lassen sich gegebenenfalls durch anwesende Reaktanden abfangen und dadurch eigenschaftsmäßig charakterisieren (z. B. reduziert

Sn^{3+}, aber nicht Sn^{2+} den Komplex $[Co(ox)_3]^{3-}$ rasch zu $[Co(ox)_3]^{4-}$, wodurch sich die intermediären Existenz von Sn^{3+} sichtbar machen lässt).

Um die theoretische Deutung der outer sphere Elektronenübertragungen und der damit verbundenen Energiezustandsänderungen und Reaktionsgeschwindigkeiten hat sich insbesondere der in den USA lebende Physikochemiker Rudolph Arthur Marcus (Nobelpreis 1992) verdient gemacht. Auf die von ihm entwickelte »Marcus-Theorie« sei nachfolgend kurz eingegangen.

Marcus-Theorie. Maßgebend für die Geschwindigkeit der Selbstaustausch-Prozesse des Typs (20.20a) ($\Delta G = 0$) ist die Größe der mit der Geschwindigkeitskonstanten bei gegebener Temperatur gemäß $k \approx \exp(-\Delta G^{\neq}/RT)$ verknüpften freien Aktivierungsenthalpien $\Delta G^{\neq}$ (vgl. S. 211). Sie setzen sich im Wesentlichen aus folgenden Anteilen zusammen: (i) Verlust an Bewegungsenergie $\Delta G^{\neq}_{Solvens}$ der Redoxpartner und ihren äußeren Solvathüllen bei der Bildung des Kontaktpaars, (ii) Zunahme der elektrostatischen Abstoßungsenergie $\Delta G^{\neq}_{Abst.}$ bei der Bildung des Kontaktpaars aus gleichgeladenen Ionen, (Umgekehrtes gilt für die ungleichgeladenen Ionen, (iii) Erhöhung der inneren Energie $\Delta G^{\neq}_{Aust.}$ der Redoxpartner im Zuge des Elektronenaustausches. Da erstere Energieanteile in der Regel weniger von der Art der Komplexpartner abhängen, gehen die beachtlichen Geschwindigkeitsunterschiede der Prozesse des Typs (20.20a) auf letztere Energieanteile zurück: $\Delta G^{\neq} = \Delta G^{\neq}_{Solv.} + \Delta G^{\neq}_{Abst.} + \Delta G^{\neq}_{Aust.} \approx \Delta G^{\neq}_{Aust.}$. Der Anteil $\Delta G^{\neq}_{Aust.}$ erwächst daraus, dass die M−L-Abstände während des rasch (in 10^{-5} s) erfolgenden Elektronenaustausches praktisch gleich bleiben (»Frank-Condon-Prinzip«, vgl. S. 411). Unterscheiden sich demgemäß die ML-Bindungsabstände beider Redoxpartner des Selbstaustausches, so müssen sich diese im günstigsten Falle (kleinst mögliches $\Delta G^{\neq}$) im Sinne der Abb. 20.48a durch Schwingungsanregung vor dem Elektronenaustausch auf gleiche mittlere Werte verändern[26] (Punkt ① der Abb. 20.48a). Ausgehend vom Gleichgewichtsabstand eines Redoxpartners ist der Elektronentransfer wegen des Frank-Condon-Prinzips nur als vertikaler Übergang unter Absorption eines Photons der Energie λ möglich (Punkt ② der Abb. 20.48a), wobei gilt: $4\Delta G^{\neq} = \lambda$. Mit wachsendem Unterschied Δd_{ML} der ML-Abstände in Reaktanden und Produkten verlangsamt sich gemäß Besprochenem der Elektronenaustausch, sofern die ML-Schwingungen durch vergleichbare Parabeln[26] darstellbar sind[27].

Für die Geschwindigkeiten der Kreuzaustauschprozesse des Typs (20.20b) ($\Delta G \neq 0$) gilt die »Kreuzrelation« (»Marcus-Gleichung«):

$$k_{12} = \sqrt{k_{11} \cdot k_{22} \cdot K_{12} \cdot f},$$

worin k_{11} und k_{22} die Geschwindigkeitskonstanten der betreffenden Selbstaustauschprozesse, k_{12} bzw. K_{12} die Geschwindigkeits- bzw. Gleichgewichtskonstante der Kreuzaustauschprozesse und f ein von k_{11}, k_{22} und k_{12} abhängiger Faktor (meist um 1) bedeuten. Hiernach wächst die Geschwindigkeit eines Kreuzaustauschprozesses mit dessem exergonischen Charakter (wachsendes K_{12}). Allerdings durchläuft die Kreuzaustauschgeschwindigkeit mit zunehmend negativem $-\Delta G$ nach einer – erst kürzlich experimentell bestätigten – Vorhersage von R. A. Marcus an der Stelle $\Delta G = \lambda$ ein Maximum (vgl. Abb. 20.48c). Die Abb. 20.48b veranschaulicht diesen Sachverhalt: $\Delta G^{\neq}$ ist beim Schnittpunkt ② beider Kurvenverläufe gleich 0 und darunter beim Punkt ①/darüber beim Punkt ③, bei welchem der rechte/linke Arm der Parabel von R

---

[26] In Abb. 20.48 wurde harmonisches Verhalten der ML-Schwingungen und damit ein parabolischer Verlauf der ML-Auslenkung als Funktion des ML-Abstandes vorausgesetzt. Nicht berücksichtigt ist in Abb. 20.48 das auf S. 1615 besprochene Kreuzungsverbot.

[27] Δd_{ML} hängt wesentlich mit der Änderung der d-Elektronenfiguration im Zuge der outer sphere Redoxprozesse zusammen. Große Δd_{ML}-Werte (kleine Elektronentransfergeschwindigkeiten, vgl. Tab. 20.17) sind die Folge der Besetzung antibindender e_g^*-MOs (vgl. S. 1619) beim Reduktionsschritt (z. B. $Cr(H_2O)_6^{2+/3+}$ mit $\Delta d_{CrO} = 0.20$ Å: $t_{2g}^3 \longrightarrow t_{2g}^3 e_g^{*1}$; $Cr(NH_3)_6^{2+/3+}$ mit $\Delta d_{CoN} = 0.22$ Å: $t_{2g}^6 \longrightarrow t_{2g}^4 e_g^{*2}$ (die Elektronenspinänderung macht sich nach Berechnungen in vorliegenden Falle nicht in einer wesentlichen Erhöhung von $\Delta G^{\neq}$ bemerkbar). Bei Besetzung von nichtbindenden t_{2g}-MOs bleibt demgegenüber Δd_{ML} klein (große Elektronentransfergeschwindigkeit; z. B. $Ru(NH_3)_6^{2+/3+}$ mit $\Delta d_{RuN} = 0.04$ Å: $t_{2g}^5 \longrightarrow t_{2g}^6$; $Fe(H_2O)_6^{2+/3+}$ mit $\Delta d_{FeO} = 0.13$ Å: $t_{2g}^4 e_g^{*2} \longrightarrow t_{2g}^5 e_g^{*2}$).

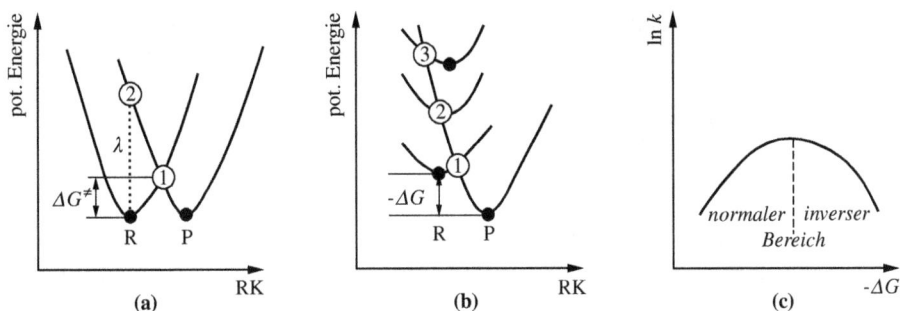

Abb. 20.48 Thermoneutrale (a) und nicht-thermoneutrale (b) outer sphere Redoxreaktionen; Verlauf (c) von $\ln k$ der Reaktionen (b) als Funktion von $-\Delta G$ (ΔG = freie Reaktionsenthalpie, $\Delta G^{\neq}$ freie Aktivierungsenthalpie, k = Geschwindigkeitskonstante des Elektronenaustauschs; R und P symbolisieren den Gleichgewichtsabstand im Reaktanden und im Produkt; RK = Reaktionskoordinate).

den linken Arm der Parabel von P schneidet, > 0. Folgt die Geschwindigkeit bei nicht allzu exergonen Kreuzaustauschprozessen nicht der Marcus-Gleichung, so ist der Elektronentransfer mit einer Elektronenspinumkehr bzw. einer Änderung der Metallkoordination verbunden oder es liegt kein outer sphere, sondern ein inner sphere Mechanismus vor.

Inner sphere Redoxprozesse

Inner sphere Redoxprozesse erfolgen stereospezifisch oder -unspezifisch gemäß folgender, die wahren Verhältnisse vereinfachenden Gleichung (20.21) über einen »Zweikernkomplex«, der zunächst aus den Redoxpartnern im Zuge eines Substitutionsprozesses entsteht (entsprechende Gleichungen gelten für unterschiedliche Redoxpartner):

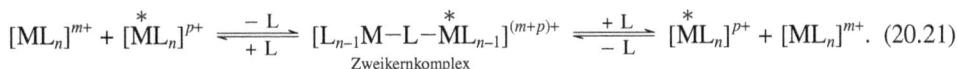

$$[ML_n]^{m+} + [\overset{*}{M}L_n]^{p+} \underset{+\,L}{\overset{-\,L}{\rightleftharpoons}} [L_{n-1}M{-}L{-}\overset{*}{M}L_{n-1}]^{(m+p)+} \underset{-\,L}{\overset{+\,L}{\rightleftharpoons}} [\overset{*}{M}L_n]^{p+} + [ML_n]^{m+}. \quad (20.21)$$
$$\text{Zweikernkomplex}$$

Inner sphere Redoxprozesse wickeln sich neben outer sphere Prozessen ab, falls die Geschwindigkeit beider Prozesse vergleichbar ist. Ist sie wesentlich größer, so bestimmen inner sphere Prozesse den Redoxvorgang ausschließlich. Die Geschwindigkeitskonstanten der inner sphere Reaktionen umfassen dabei einen ähnlich großen Bereich wie jene der outer sphere Umsetzungen (vgl. hierzu Tab. 20.17, Anm. c).

Ein typisches Beispiel für einen inner sphere Redoxvorgang bietet etwa die Oxidation von $[Cr^{II}(H_2O)_6]^{2+}$ mit $[Co^{III}(NH_3)_5X]^{2+}$ ($X^- = Hal^-$, NCS^-, N_3^-, SO_4^{2-}, PO_4^{3-}, CH_3COO^- usw.). Hier ermöglicht der substitutionslabile Aqua-Komplex des zweiwertigen Chroms (vgl. S. 1631) die rasche Bildung eines dinuklearen Komplexes, der – nach Elektronentransfer – einer sauren Hydrolyse am nunmehr zweiwertigen, substitutionslabilen Cobalt unterliegt:

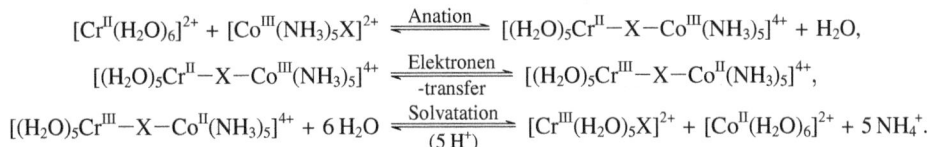

$$[Cr^{II}(H_2O)_6]^{2+} + [Co^{III}(NH_3)_5X]^{2+} \overset{Anation}{\rightleftharpoons} [(H_2O)_5Cr^{II}{-}X{-}Co^{III}(NH_3)_5]^{4+} + H_2O,$$

$$[(H_2O)_5Cr^{II}{-}X{-}Co^{III}(NH_3)_5]^{4+} \underset{\text{-transfer}}{\overset{Elektronen}{\rightleftharpoons}} [(H_2O)_5Cr^{III}{-}X{-}Co^{II}(NH_3)_5]^{4+},$$

$$[(H_2O)_5Cr^{III}{-}X{-}Co^{II}(NH_3)_5]^{4+} + 6\,H_2O \underset{(5\,H^+)}{\overset{Solvatation}{\rightleftharpoons}} [Cr^{III}(H_2O)_5X]^{2+} + [Co^{II}(H_2O)_6]^{2+} + 5\,NH_4^+.$$

Der Elektronenübergang von Cr(II) nach Co(III) ist im vorliegenden Falle mit einem Ligandenwechsel von Co(III) und Cr(II) verbunden. Ein derartiger Austausch stellt jedoch keine Voraussetzung für einen inner sphere Mechanismus dar. Auch sind Redoxprozesse bekannt, bei denen der Elektronentransfer mit der Bildung eines mehrfach verbrückten Komplexes verbunden ist (z. B. zwei Azidobrücken im Falle des Redoxpaares $[Cr(H_2O)_6]^{2+}/[Cr(N_3)_2(H_2O)_4]^+$).

Bei inner sphere Prozessen kann sowohl die Bildung oder Spaltung des Zweikernkomplexes geschwindigkeitsbestimmend sein als auch die Elektronenübertragung, welche ihrerseits zum

Teil in einer Stufe (Elektronentransfer von Metall- zu Metallzentrum), zum Teil in zwei Stufen verläuft (Elektronentransfer vom Komplexzentrum zum Brückenliganden und dann weiter zum anderen Zentrum).

Ist die Elektronenübertragung geschwindigkeitsbestimmend wie im Falle der Oxidation von $[Cr(H_2O)_6]^{2+}$ mit $[Co(NH_3)_5X]^{2+}$ (s. oben), so hängt die Reaktionsgeschwindigkeit ähnlich wie bei outer sphere Prozessen von der Größe des Unterschieds Δr der ML-Abstände in den oxidierten und reduzierten Formen der Redoxpartner ab. Darüber hinaus spielt die Lewis-Basizität der Brückenliganden und die Lewis-Acidität der Metallzentren eine Rolle. Z. B. erfolgt die Oxidation von $[Cr(H_2O)_6]^{2+}$ (weiches Cr^{2+}) oder $[Co(CN)_5(H_2O)]^{3-}$ (sehr weiches Co^{3+}) mit $[Co(NH_3)_5X]^{2+}$ zunehmend langsamer wenn X = Halogen im Oxidationsmittel durch ein leichteres, d. h. härteres Halogen ersetzt wird. Hierbei ist die Geschwindigkeitsabstufung im zweiten Reaktionsfalle so drastisch, dass der Komplex $[Co(CN)_5(H_2O)]^{3-}$ von $[Co(NH_3)_5F]^{2+}$ bereits rascher nach einem outer sphere Mechanismus oxidiert wird. Andererseits sinkt die Geschwindigkeit der Oxidation von $[Fe(H_2O)_6]^{2+}$ (hartes Fe^{2+}) mit $[Co(NH_3)_5X]^{2+}$ umgekehrt bei Substitution von X = Halogen durch ein schwereres, d. h. weicheres Halogen.

Ist andererseits die Bildung des dinuklearen Komplexes wie im Falle der Oxidation von $[V(H_2O)_6]^{2+}$ mit $[Co(NH_3)_5X]^{2+}$ geschwindigkeitsbestimmend, dann sind die Redoxgeschwindigkeiten den Substitutionsgeschwindigkeiten des substitutionslabileren Komplexpartners ähnlich (für $[V(H_2O)_6]^{2+}$ gilt: $k_{redox} \approx k_{subst.} \approx 10^2\,s^{-1}$). Ist schließlich die Spaltung des dinuklearen Komplexes geschwindigkeitsbestimmend, so lässt sich der betreffende Zweikernkomplex gegebenenfalls sogar in Substanz isolieren (z. B. $[Co^{II}(CN)_5(H_2O)]^{3-} + [Fe^{III}(CN)_6]^{3-} \longrightarrow [(NC)_5Co^{III}NCFe^{II}(CN)_5]^{6-} + H_2O$).

Inner sphere Redoxprozesse können für den raschen Ablauf von Komplexsubstitutionen von Bedeutung sein, wenn ein Komplex substitutionsinert, ein daraus erhältlicher Komplex anderer Oxidationsstufe aber substitutionslabil ist. Spuren letzterer Koordinationsverbindung wirken dann katalytisch. Ein Beispiel bietet etwa die durch $[Cr(H_2O)_6]^{2+}$ katalysierte saure Hydrolyse von $[Cr(NH_3)_5X]^{2+}$ (X = Halogen):

$$[Cr(NH_3)_5X]^{2+} + [Cr(H_2O)_6]^{2+} \xrightarrow{\text{Redoxprozess}} [Cr(NH_3)_5(H_2O)]^{2+} + [Cr(H_2O)_5X]^{2+}$$

$$[Cr(NH_3)_5(H_2O)]^{2+} + 5\,H_3O^+ \xrightarrow{\text{Substitution}} [Cr(H_2O)_6]^{2+} + 5\,NH_4^+$$

$$[Cr(NH_3)_5X]^{2+} + 5\,H_3O^+ \longrightarrow [Cr(H_2O)_5X]^{2+} + 5\,NH_4^+.$$

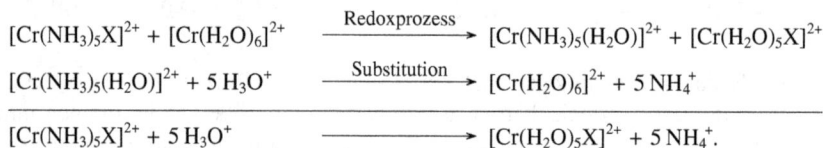

3.3.2   Redoxadditionen und -eliminierungen

Unter Redoxadditionen bzw. -eliminierungen der Übergangsmetall-Komplexe versteht man im Allgemeinen Reaktionen des Typs (20.22), nämlich α-(1,1-)Additionen (»oxidative Additionen«) von Verbindungen XY an das Zentrum eines Komplexes $[ML_n]$ unter Erhöhung der Oxidationsstufe und Koordinationszahl des Zentralmetalls bzw. α-(1,1-)Eliminierungen (»reduktive Eliminierungen«) von Verbindungen XY aus einem Komplex $[ML_nXY]$ unter Erniedrigung der Oxidationsstufe und Koordinationszahl des Zentralmetalls (p meist $= m + 2$):

$$[L_n\overset{+m}{M}] + XY \underset{\text{reduktive Eliminierung}}{\overset{\text{oxidative Addition}}{\rightleftharpoons}} [L_n\overset{+p}{M}XY]. \tag{20.22}$$

Nachfolgend sei auf Redoxreaktionen des Typus (20.22), welche bei vielen, durch Übergangsmetallkomplexe katalysierten Prozessen (z. B. Hydrierung oder Hydroformylierung von Olefinen) eine wichtige Rolle spielen, näher eingegangen.

Oxidative Additionen

Beispiele für Verbindungen X−Y, die sich gemäß (20.22) unter Spaltung der XY-Einfachbindung und Knüpfung neuer MX- und MY-Bindungen an $[ML_n]$ addieren (Einschieben von

ML_n in die σ-Bindung von X–Y, vgl. S. 423) sind u. a. H–H, Hal–Hal, RS–SR, H–Y (Y z. B. Hal, OR, OAc, SR, NR_2, PR_2, CN, C_5H_5, SiR_3, B_5H_8), R–I, Ac–Cl, NC–CN, R_3Si–Cl, Ph_2B–Cl, Cl–HgCl. In analoger Weise lassen sich Verbindungen X=Y wie O=O, O=SO, S=CS, RN=CNR, O=C(CF$_3$)$_2$, F_2C=CF$_2$, RC≡CR' an Komplexe ML_n unter Ausbildung eines Komplexes mit dreigliedrigem MXY-Ring addieren (Einschieben von ML_n in die π-Bindung von X=Y). Eingehender untersucht wurden Redoxprozesse des Typs (20.22) im Falle von Komplexen mit d^6-, d^8- und d^{10}-konfigurierten Zentren (insbesondere Fe^0/Ru^0/Os^0(d^8)), Rh^I/Ir^I(d^8), Pd^{II}/Pt^{II}(d^8), Ni^0/Pd^0/Pt^0(d^{10})). Als besonders wichtiges Studienobjekt sei hier der quadratisch gebaute, d^8-konfigurierte Ir(I)-Komplex trans-[IrCl(CO)(PPh$_3$)$_2$] (»Vaska Komplex«) genannt, dessen Reaktionen mit molekularem Wasserstoff und Sauerstoff als Beispiele für oxidative Additionen nachfolgend formuliert sind:

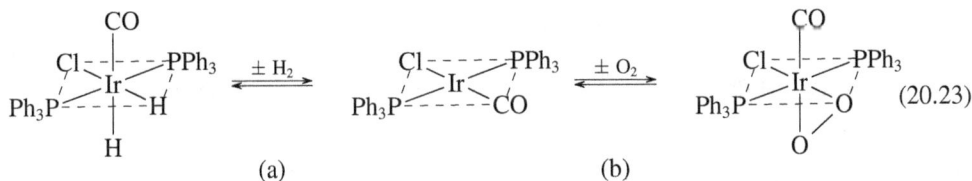

$$\text{(20.23)}$$

Die Redoxadditionen verlaufen in der Regel so, dass das Metallzentrum des Reaktionsprodukts edelgaskonfiguriert ist (vgl. 18-Elektronenregel, S. 1620). Infolgedessen addieren quadratisch-planar koordinierte Komplexe ML_4 mit d^8-konfigurierten Zentren M (8 d-Elektronen + 8 Ligandenelektronen = 16 Außenelektronen) den Partner XY glatt unter Bildung von d^6-[ML$_4$XY] (6 + 12 = 18 Außenelektronen), während sich vor (bzw. während bzw. nach) der Addition von XY an tetraedrisch koordinierte Komplexe [ML$_4$] mit d^{10}-konfigurierten Zentren M (10 + 8 = 18 Außenelektronen) ein Ligand vom Komplex abspalten muss (Bildung von [ML$_3$XY] mit 8 + 10 = 18 Außenelektronen des Komplexzentrums; die Ligandeneliminierung kann z. B. thermisch oder photochemisch induziert werden).

Ohne Ligandeneliminierung setzen sich etwa [Ir^{I}Cl(CO)(PPh$_3$)$_2$] oder [Rh^{I}Cl(PPh$_3$)$_3$] mit Oxidationsmitteln wie H$_2$, Br$_2$, I$_2$, O$_2$, HCl, HBr, MeI, MeCOCl, R$_3$SiH zu [Ir^{III}ClXY(CO)(PPh$_3$)$_2$] oder [Rh^{III}ClXY(PPh$_3$)$_3$] um (vgl. (20.23)). Ligandeneliminierung beobachtet man andererseits bei der oxidativen Addition von I$_2$ an [Ru^0(CO)$_3$(PPh$_3$)$_2$] (Bildung von [Ru$^{III}_2$(CO)$_2$(PPh$_3$)$_2$]), von HgCl$_2$ an [Mo^0(CO)$_4$(bipy)] (Bildung von [Mo^{II}Cl(HgCl)(CO)$_3$(bipy)]) oder von (CF$_3$)$_2$C=O an [Pt^0(PPh$_3$)$_4$] (Bildung von [Pt^{II}((CF$_3$)$_2$CO)(PPh$_3$)$_2$]).

Wie bereits an anderer Stelle (S. 423f) angedeutet wurde, können α-Additionen auf unterschiedlichen Reaktionswegen ablaufen. Im Falle oxidativer Additionen von XY an Übergangsmetallkomplexe sind insbesondere drei Mechanismen zu berücksichtigen.

(i) Konzertierte XY-Addition. Die Bildung von L_nMH_2 aus L_nM und H$_2$ erfolgt in der Regel auf dem Wege über ein Wasserstoffmolekül-Addukt (vgl. S. 1554). Seiner Bildung liegen Wechselwirkungen des elektronenbesetzten σ-Orbitals des Wasserstoffs mit einem elektronenleeren Orbital des Komplexzentrums sowie eines elektronenbesetzten Metall-d-Orbitals geeigneter Symmetrie mit dem elektronenleeren σ^*-Orbital des Wasserstoffs zugrunde (vgl. S. 2072). Mit zunehmendem Transfer von Metallelektronen in letzteres Orbital wird die HH-Bindung in wachsendem Maße geschwächt und schließlich gespalten (vgl. hierzu Erhaltung der Orbitalsymmetrie, S. 439). Ein Beispiel für eine derartige »Hydrierung« bietet die Reaktion (20.23a). In analoger Weise wie H$_2$ vermögen sich andere Elementwasserstoff-Gruppen (z. B. H–Cl, H–NR$_2$, H–SiR$_3$) oder auch Element-Element-Gruppen, die nicht allzu elektronegativ sind, synchron an »ungesättigte« Komplexzentren zu addieren. Charakteristisch für konzertierte XY-Additionen ist die Bildung von Produkten, in welchen die Liganden X und Y stereoselektiv in cis-Stellung zueinander stehen. Auch erfolgt die oxidative Addition unter Retention der Konfiguration, falls XY ein asymmetrisches X- oder Y-Zentrum aufweist.

(ii) Nichtkonzertierte XY-Addition über Ionen. Setzt man [IrCl(CO)(PPh$_3$)$_2$] mit HBr nicht in unpolaren, sondern polaren Medien um, in welchen Bromwasserstoff dissoziiert vorliegt, so verläuft die Produktbildung nicht unter konzertierter, sondern unter stufenweiser, stereounselektiver (*cis*- sowie *trans*-) HBr-Addition auf folgendem Wege:

$$[IrCl(CO)(PPh_3)_2] \xrightarrow{+ \; HBr} [IrBrCl(CO)(PPh_3)_2]^- + H^+ \longrightarrow [IrHBrCl(CO)(PPh_3)_2].$$

Vielfach wirken auch Komplexe hinsichtlich der Reaktanden XY nicht – wie im besprochenen Beispiel – als Elektrophile, sondern als Nucleophile. So reagiert beispielsweise [IrCl(CO)(PPh$_3$)$_2$] mit MeI gemäß

$$[IrCl(CO)(PPh_3)_2] \xrightarrow{+ \; MeI} [IrMeCl(CO)(PPh_3)_2]^+I^- \longrightarrow [IrMeClI(CO)(PPh_3)_2].$$

Optisch aktive Alkylreste erfahren hierbei erwartungsgemäß (S. 437) eine Konfigurationsumkehr.

(iii) Nichtkonzertierte XY-Addition über Radikale. Man beobachtet ferner radikalische Additionen von Organylhalogeniden an Komplexe ML$_n$, wobei Radikalketten- sowie andere Mechanismen aufgefunden werden (L$_n$M + R$^{\cdot}$ $\longrightarrow$ L$_n$MR$^{\cdot}$; L$_n$MR$^{\cdot}$ + RX $\longrightarrow$ L$_n$MRX + R$^{\cdot}$ bzw. L$_n$M + RX $\longrightarrow$ L$_n$MX$^{\cdot}$ + R$^{\cdot}$ $\longrightarrow$ L$_n$MXR).

Reduktive Eliminierungen

Reduktive Eliminierungen sind als Umkehrungen der oxidativen Additionen (S. 423) häufig mit einem Übergang koordinativ-gesättigter Komplexe in einen koordinativ ungesättigten Zustand verbunden und aus diesem Grunde thermodynamisch weniger begünstigt. Die Lage des Gleichgewichts (20.22) hängt im einzelnen von der Natur der abzuspaltenden Gruppe XY sowie von der Art des Zentralmetalls und der Liganden im verbleibenden Komplexfragment ML$_n$ ab (auch das Reaktionsmedium spielt eine gewisse Rolle). Was die abzuspaltenden Gruppen XY betrifft, so erhöhen starke Bindungen zwischen X und Y die Tendenz für reduktive Eliminierungen. Infolgedessen sind viele oxidative Additionen u. a. von H$_2$ (σ-Bindungsenergie = 436 kJ mol^{-1}) oder von Sauerstoff (π-Bindungsenergie ca. 300 kJ mol^{-1}) reversibel (vgl. Gl. (20.23b)). Andererseits nimmt die Stabilität höherer Oxidationsstufen beim Übergang von den leichteren zu den schwereren Übergangsmetallen einer Elementgruppe zu, weshalb etwa Rh(III)-Komplexe leichter unter reduktiver Eliminierung zerfallen als Ir(III)-Komplexe. Schließlich erhöhen Liganden, welche Elektronen vom Metall abziehen oder die sehr sperrig sind, die Tendenz eines Komplexes L$_n$MXY zur reduktiven Eliminierung von XY; denn höher oxidierte bzw. höher koordinierte Zentren M in L$_n$MXY werden mit abnehmender Elektronendichte des Metalls und wachsendem Raumbedarf der Liganden destabilisiert.

Beispielsweise addiert sich Sauerstoff an [IrI(CO)(PPh$_3$)$_2$] irreversibel, an [IrCl(CO)(PPh$_3$)$_2$] jedoch reversibel (vgl. Gl. (20.23b)), da der Halogenligand in letzterem Komplex elektronegativer, das Zentralmetall somit positivierter ist. Des weiteren erhöht sich die Tendenz zur reduktiven Eliminierung von HOAc aus [IrHCl(OAc)(CO)(PR$_3$)$_2$] unter Bildung von [IrCl(CO)(PR$_3$)$_2$] beim Ersatz von PR$_3$ = PMe$_3$ durch den elektronegativeren Liganden PPh$_3$ oder sperrigeren Liganden PEt^tBu$_2$.

Mechanistisch erfolgen die reduktiven Eliminierungen auf den gleichen Wegen wie die oxidativen Additionen (Prinzip der mikroskopischen Reversibilität, vgl. S. 210).

Literatur zu Kapitel XX

Bau und Stabilität der Übergangsmetallkomplexe

[1] **Die Komplexbestandteile**

Allgemein. Compr. Coord. Chem. I/II (vgl. Vorwort); Compr. Organomet. Chem. I/II/III (vgl. Vorwort); L. H. Gade: »Koordinationschemie«, Wiley-VCH, Weinheim 1998; F. A. Cotton, G. Wilkinson, C. A. Murillo, M. Bochmann: »Advanced Inorganic Chemistry«, 6. Edition, Wiley, New York 1999; N. N. Greenwood, A. Earnshaw: »Chemistry of the Elements«, 2. Edition, Pergamon, Oxford 1998; Ch. Elschenbroich: »Organometallchemie«, 5. Edition, Teubner, Wiesbaden 2005. – Liganden. E. I. Stiefel (Hrsg.): »Dithiolene Chemistry – Synthesis, Properties, and Applications«, Progr. Inorg. Chem. **52** (2004) 1–681; G. Hogarth: »Transition Metal Dithiocarbamates«, Progr. Inorg. Chem. **53** (2005) 71–562; C. N. R. Rao et al.: »Offene Metallcarboxylat-Architekturen«, Angew. Chem. **116** (2004) 1490–1521; Int. Ed. **43** (2004) 1466. Vgl. hierzu auch Kap. XXXII. – Chiralität. U. Knof, A. v. Zelewsky: »Prädeterminierte Chiralität an Metallzentren«, Angew. Chem. **111** (1999) 312–333; Int. Ed. **38** (1999) 302; H. Brunner: »Optisch aktive Metallorganische Verbindungen der Übergangsmetalle mit chiralem Metallatom«, Angew. Chem. **111** (1999) 1248–1263; Int. Ed. **38** (1999) 1194. – Clusterverbindungen. T. F. Fässler: »Elementpolyeder als Bausteine in der Chemie«, Angew. Chem. **113** (2001) 4289–4293; Int. Ed. **40** (2001) 4161; mehrere Reviews: »Low valent metal clusters – an overview«, Coord Chem. Rev. **143** (1995) 1–678; W. A. Nugent, J. M. Mayer: »Metal-Ligand Multiple Bonds«, Wiley 1988; F. A. Cotton, R. A. Walton: »Multiple Bonds between Metal Atoms«, 2. Edition, Clarendon, Oxford 1993; M. H. Chisholm, A. M. MacIntosh: »Linking Multiple Bonds between Metal Atoms: Clusters, Dimers of ‚Dimers‘, and Higher Ordered Assemblies«, Chem. Rev. **105** (2005) 2949–2976; T. G. Gray: »Hexanuclear and higher nuclearity clusters of the groups 4–7 metals with stabilizing π-donor Ligands«, Coord. Chem. Rev. **243** (2003) 213–235. D. L. Kepert, K. Vrieze: »Compounds of the Transition Elements Involving Metal-Metal-Bonds«, Compr. Inorg. Chem. **4** (1973) 197–354; J. P. Collman, R. Boulatov: »Heterodinucleare Übergangsmetallkomplexe mit Metall-Metall-Mehrfachbindungen«, Angew. Chem. **114** (2002) 4120–4134; Int. Ed. **41** (2002) 3948; L. H. Gade: »Starke polare Metall-Metall-Bindungen in Heterodimetall-Komplexen des Early-Late-Typs«, Angew. Chem. **112** (2000) 2768–2789; Int. Ed. **39** (2000) 2658; B. F. G. Johnson, J. Lewis: »Transition-Metal-Molecular Clusters«, Adv. Inorg. Radiochem. **24** (1981) 225–355; M. D. Morse: »Clusters of Transition-Metal Atoms«, Chem. Rev. **86** (1986) 1049–1109; R. J. H. Clark: »Syntheses, Structure, and Spectroscopy of Metal-Metal Dimers, Linear Chains, and Dimer Chains«, Chem. Soc. Rev. **19** (1990) 107–131; B. F. G. Johnson (Hrsg.): »Transition Metal Clusters«, Wiley, Chichester 1980; G. Schmid (Hrsg.): »Clusters and Colloids«, VCH, Weinheim 1994; »Nanoparticles – From Theory to Applications«, Wiley-VCH Weinheim 2004; B. Hartke: »Strukturübergänge in Clustern«, Angew. Chem. **114** (2002) 1534–1554; Int. Ed. **41** (2002) 1468. – Bioanorganische Chemie, Medizin. W. Kaim, B. Schwederski: »Bioanorganische Chemie«, 2. Edition, Teubner, Stuttgart 1995; R. W. Hay: »Bio-Inorganic Chemistry«, Elli Horwood, Chichester 1991; J. W. Steed, J. L. Atwood: »Supramolecular Chemistry«, Wiley, Chichester 2000; Z. Guo, P. J. Sadler: »Metalle in der Medizin«, Angew. Chem. **111** (1999) 1610–1630; Int. Ed. **38** (1999) 1512; K. Severin, R. Bergs, W. Beck: »Biometallorganische Chemie – Übergangsmetallkomplexe mit α-Aminosäuren und Peptiden«, Angew. Chem. **110** (1998) 1722–1743; Int. Ed. **37** (1998) 1634; R. Holm, E. I. Solomon (Hrsg.): »Biometric Inorganic Chemistry«, Chem. Rev. **104** (2004) 347–1200; W. Beck, K. Severin: »Biometallorganische Chemie«, Chemie in unserer Zeit **36** (2002) 356–365; G. Jaonen (Hrsg.): »Bioorganometallics«, Wiley 2005. Vgl. auch Anm. [2–6].

[2] **Der räumliche Bau der Komplexe**

Bücher. R. J. Gillespie: »Molecular Geometrie«, Van Nostrand Reinhold, London 1992; R. J. Gillespie, E. A. Robinson: »Elektronendomänen und das VSEPR-Modell der Molekülgeometrie«, Angew. Chem. **108** (1996) 539–560; Int. Ed. **35** (1996) 495; R. J. Gillespie: »Improving an understanding of molecular geometry and the VSEPR model through the ligand close packing model and the analysis ef electron density distributions«, Coord. Chem. Rev. **197** (2000) 51–69; D. L. Kepert: »Inorganic Stereochistry«, Springer Berlin 1982; »Coordination Numbers and Geometries«, Comprehensive Coord. Chem. **1** (1987) 32–107; M. Kaupp: »Nicht-VSEPR-Strukturen und chemische Bindung in d⁰-Systemen«, Angew. Chem. **113** (2001) 3642–3677; Int. Ed. **40** (2001) 3534; G. S. McGrady, A. J. Downs: »Molecules with hydride and alkyl ligands and including d⁰ transition metal clusters: problem cases for the simple VSEPR-model«, Coord. Chem. Rev. **197** (2000) 95–124. – Spezielle Aspekte. J. C. Bailar, jr.: »Some special Aspects of the Stereochemistry of Coordination Compounds«,

Coord. Chem. Rev. **100** (1990) 1–27; W. Preetz, G. Peters, D. Bublitz: »Preparation and Spectroscopic Investigation of Mixed Octahedral Compounds and Clusters«, Chem. Rev. **96** (1996) 977–1025; K. Seppelt: »Nonoctahedral structures« Acc. Chem. Res. **36** (2003) 147–153; I. R. Beattie: »Eine kritische Bewertung der experimentellen Daten über Molekülstrukturen und Spektren der Halogenide, Oxide und Hydride der s-, d- und f-Block-Elemente«, Angew. Chem. **111** (1999) 3494–3507; Int. Ed. **38** (1999) 3294; M. Hargittai: »Molecular Structure of Metal Halides«, Chem. Rev. **99** (1999) 2233–2301; Ch. C. Cummins: »Three-Coordinate Complexes of Hard Ligands: Advances in Synthesis, Structures and Reactivity«, Progr. Inorg. Chem. **47** (1998) 685–836; M. Peruzzini, I. Delos Rios, A. Romerosa: »Coordination Chemistry of Transition Metals with Hydrogenchalkogenide and Hydrochalkogenido Ligands«, Progr. Inorg. Chem. **49** (2001) 169–454.

Bindungsmodelle der Übergangsmetallkomplexe

[3] Valenzstruktur-Theorie der Komplexe

L. Pauling (Übers.: H. Noller). »Die Natur der chemischen Bindung« Verlag Chemie, Weinheim 1976; P. Hoffmann, S. Shaik, P. C. Hiberty: »A Conversation on VB vs MO Theory: A Never-Ending Rivalry«, Acc. Chem. Res. **31** (2003) 739–749.

[4] Ligandenfeld-Theorie der Komplexe

B. N. Figgis: »Ligand Field Theory« in Comprehensiv Coord. Chem. Pergamon, Oxford 1987, 213–279; H. L. Schläfer, G. Gliemann: »Einführung in die Ligandenfeldtheorie«, Akad. Verlagsges., Wiesbaden 1980 (vgl. auch: »Basic Principles of Ligand Field Theory«, Wiley, New York 1969); J. K. Burdett: »A New Look at Structure and Bonding in Transition Metal Complexes«, Adv. Inorg. Radiochem. **21** (1978) 113–146; F. Kober: »Grundlagen der Komplexchemie«, Sauerländer, Frankfurt 1979; C. K. Jørgensen: »Modern Aspects of Ligand Field Theory«, North-Holland Publ., Amsterdam 1971; T. M. Dunn, E. S. McClure, R. G. Pearson: »Some Aspects of Ligand Field Theory«, Harper, New York 1965; C. J. Ballhausen: »Introduction to Ligand Field Theory«, McGraw-Hill, New York 1962; J. K. Beattie: »Dynamics of Spin Equilibria in Metal Complexes«, Adv. Inorg. Chem. **32** (1988) 2–53; S. Alvarez, J. Cirera: »Hoch oder niedrig? Zur Erlaubtheit von Spinzuständen in der Übergangsmetallchemie«, Angew. Chemie **118** (2006) 3078–3087; Int. Ed. **45** (2006) 3012.

[5] Isolobal-Prinzip

R. Hoffmann: »Brücken zwischen Anorganischer und Organischer Chemie«, Angew. Chem. **94** (1982) 725–808; Int. Ed. **21** (1982) 711; F. G. A. Stone: »Metall-Kohlenstoff- und Metall-Metall-Mehrfachbindungen als Liganden in der Übergangsmetallchemie: Die Isolobalbeziehung«, Angew. Chem. **96** (1984) 85–96; Int. Ed. **23** (1984) 89.

Reaktionsmechanismen der Übergangsmetallkomplexe

[6] Nucleophile Substitutionsreaktionen der Komplexe

Bücher. G. Wilkinson, R. D. Gillard, J. A. McCleverty (Hrsg.): »Reaction Mechanisms«, Comprehensive Coordination Chemistry **1** (1987) 281–384; M. L. Tobe: »Reaktionsmechanismen der Anorganischen Chemie«, Verlag Chemie, Weinheim 1976; J. P. Candlin, K. A. Taylor, D. T. Thompson: »Reactions of Transition-Metal Complexes«, Elsevier, London 1968; R. G. Wilkins: »The Study of Kinetics and Mechanisms of Reactions of Transition Metal Complexes«, Allyn and Bacon, Boston 1974; F. Basolo, R. G. Pearson: »Mechanismen in der anorganischen Chemie«, Thieme, Stuttgart 1973; J. O. Edwards (Hrsg.): »Inorganic Reaction Mechanisms«, Progr. Inorg. Chem. **13** (1970) 1–347; **17** (1972) 1–580; S. J. Lippard (Hrsg.): »An Appreciation of Henry Taube«. Progr. Inorg. Chem. **30** (1983) 1–519; M. V. Twigg (Hrsg.): »Mechanisms of Inorganic and Organometallic Reactions«. Plenum, New York, 6 Bände, 1983–1989; A. G. Sykes: »Advances in the Mechanisms of Inorganic and Bioinorganic Reactions«, Academic, London 1982 (Bd. 1), 1983 (Bd. 2), 1985 (Bd. 3), 1986 (Bd. 4); E. C. Constable: »Metals and Ligand Reactivity«, VCH, Weinheim 1996. – Spezielle Aspekte. G. A. Lawrance: »Leaving Groups on Inert Metal Complexes with Inherent or Induced Lability«, Adv. Inorg. Chem. **34** (1989) 145–194; P. van Eldik, C. D. Hubbart: »Aufklärung anorganischer Reaktionsmechanismen. Anwendung von Hochdruck. Teil I: Grundlagen/Thermisch induzierte Reaktionen; Teil II: Elektronentransfer/Photo- und strahlungsinduzierte Reaktionen«, Chemie in unserer Zeit **34** (2000) 240–253; 306–317; R. A. Marus: »Elektronentransferreaktionen in der Chemie – Theorie und Experiment« Angew. Chem. **105** (1993) 1161–1172; Int. Ed. **32** (1993) 1111; F. S. Lincoln, A. E. Merbach: »Substitution Reactions of Solvated Metal Ions«, Adv. Inorg. Chem. **42** (1995) 2–88; P. C. Ford

(Hrsg.): »Inorganic Reaction Mechanisms, an appreciation of Henry Taube in his 90th year«, Coord. Chem. Rev. **249** (2005) 273–516; R. van Eldik, C. D. Hubbard (Hrsg.): »Inorganic Reaction Mechanisms«, Adv. Inorg. Chem. **54** (2003) 1–461; R. van Eldik (Hrsg.): »Redox-active Complexes«, Adv. Inorg. Chem. **56** (2004) 1–260.

Kapitel XXI

Einige Grundlagen der Festkörperchemie

Unter »Festkörperchemie« versteht man die Lehre von der Synthese, der (räumlichen und elektronischen) Struktur, den (mechanischen, thermischen, elektrischen, magnetischen und optischen) Eigenschaften sowie der Reaktivität fester (kristalliner, quasikristalliner und amorpher bzw. glasartiger) Stoffe, deren Bausteine (Ionen, Atome, Moleküle) sich – im Prinzip unbegrenzt – in den drei Raumrichtungen aneinanderreihen. Im engeren Sinne befasst sich hierbei die Festkörperchemie mit Stoffen, die nach der vorherrschenden Bindungsart in Salze (S. 129), hochmolekulare Atomverbindungen (S. 142) sowie Metalle und intermetallische Phasen (Legierungen; S. 122) eingeteilt werden.

Als Folge der verschiedenartigen Verknüpfung der Stoffbestandteile in »hochmolekularen Festkörpern letzteren Typus« (ausschließlich chemische Bindungen) und in »kristallisierten niedermolekularen Verbindungen« (sowohl chemische wie van-der-Waals-Wechselwirkungen) bestehen deutliche Unterschiede zwischen Molekül- und Festkörperchemie (die »Komplexchemie« weist je nach Verbindungstyp Wesenszüge der Molekül- und Festkörperchemie auf; vgl. S. 1550). So erfolgt die Synthese der Festkörper nach speziellen, bei Molekülen und Komplexen nicht angewandten Methoden. Des Weiteren lassen sich die Ionen oder Atome in den Festkörpern meist mehr oder minder weitgehend durch andere Ionen, Atome oder sogar Lücken ersetzen (Bildung »defekter Festkörper«), ohne dass sich hierbei ihre Struktur ändert (es können sogar Ionen oder Atome zwischen den Gitterplätzen des Kristalls eingebaut werden). Infolgedessen stellen Festkörper – anders als die streng stöchiometrisch zusammengesetzten Moleküle und Komplexe – vielfach »nichtstöchiometrische Verbindungen« dar (S. 142), wobei die mechanischen, thermischen, elektrischen, magnetischen und optischen Eigenschaften der Festkörper sowie deren Reaktivität ganz entscheidend durch die erwähnten »Kristalldefekte« geprägt werden (vgl. S. 2088; Leerstellen und Zwischengitterionen oder -atome treten bei endlicher Temperatur im thermodynamischen Gleichgewicht in allen Kristallen auf, da sie die Entropie des Systems erhöhen). Während die Größe und Gestalt der Moleküle und Komplexe aus ihrer Zusammensetzung folgt, unterliegt die Art und Weise der dreidimensionalen Ausdehnung von Festkörpern, welche ebenfalls die Stoffeigenschaften wesentlich mitbestimmt, keiner Begrenzung. So unterscheidet sich die Reaktivität der grobkörnigen Festkörper deutlich von der der fein- bis feinstkörnigen Materialien (»Nanophasen-Materialien«, S. 1682) oder von der der noch stärker zerteilten Stoffe (»Kolloide«, vgl. S. 181). Für die Eigenschaften eines Festkörpers spielt allerdings nicht nur der Zerteilungsgrad, sondern auch die Art und Größe der Oberflächenentwicklung eine entscheidende Rolle. Die Lehren von der Bildung, Struktur und Reaktivität »nanostrukturierter« Festkörper (»Nanophasenchemie«), »kolloidal« zerteilter Stoffe (»Kolloidchemie«) bzw. grenzflächenreicher Festkörper (»Oberflächenchemie«) stellen infolgedessen eigene Zweige der Chemie dar.

Kristalline, quasikristalline und amorphe bzw. glasartige Festkörper unterscheiden sich in der räumlichen Ordnung der Stoffbestandteile. Die vielzählig anzutreffenden Kristalle weisen unabhängig davon, ob sie aus einem großen Molekül oder aus sehr vielen kleinen Molekülen bestehen, eine Orientierungs- und Translationsfernordnung auf; ihr Aufbau lässt sich im Sinne des auf S. 137 Besprochenen über Elementarzellen verstehen, deren dreidimensionales Aneinanderschichten das vollständige Kristallgitter ergibt. Demgegenüber findet man in den – ebenfalls vielzählig aufzufindenden – amorphen Stoffen (»Amorphen«) bzw. Gläsern (»eingefrorenen Flüssigkeiten«) ausschließlich eine Nahordnung der Stoffbestandteile (vgl. S. 1126). Infolgedessen kann ihr Gitter nicht über Elementarzellen beschrieben werden. Die vergleichsweise selten anzutreffenden Quasikristalle (Levine, Steinhardt, 1984) stellen einen Übergang zwischen beiden Festkörperformen dar. In ihnen ist die Translationsinvarianz zugunsten der Quasiperiodizität aufgehoben, weshalb ihnen auch nichtkristallographische Symmetrieelemente (vgl. S. 202) wie 5-, 8-, 10- und 12-zählige Symmetrieachsen zugrundeliegen können. Ihr Gitter kann über Elementarzellen beschrieben werden, deren Abfolge zwar nicht periodisch, aber streng vorausbestimmbar (»quasiperiodisch«) ist (vgl. hierzu Abb. 21.1a, b; z. B. Al_6CuLi_3). Einen Übergang zwischen kristallinen und amorphen Stoffen stellen auch die weitverbreiteten plastischen Kristalle (Timmermans, 1935) und flüssigen Kristalle (Reinitzer, Lehmann, 1886) dar, die sich beim Erwärmen mancher kristallinen, aus kleinen Molekülen aufgebauten Kristalle vor ihrem eigentlichen Schmelzen bilden. Der durch dieses »Teilschmelzen« erreichbare plastische bzw. flüssige Kristallzustand beruht auf einem Verlust der starren Fixierung der Moleküle, welche nunmehr in ersterem Falle um ihren Schwerpunkt rotieren (meist annähernd kugelförmige Moleküle wie CCl_4, P_4, SiH_4, WF_6, HBr, NH_4^+, NO_3^-) bzw. in letzterem Falle Translatationsbewegungen durchführen (meist stäbchenförmige organische Moleküle wie Cholesterinbenzoat).

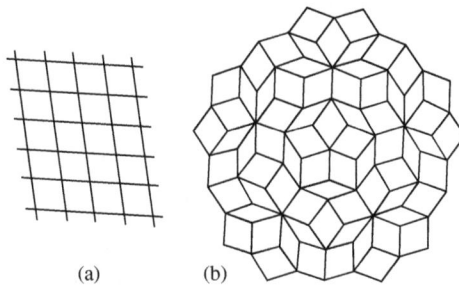

(a)   (b)

Abb. 21.1 Zweidimensionales Kristallgitter (a)/Quasikristallgitter (b) mit zwei-/fünfzähligen Symmetrieachsen (das Gitter (a) enthält eine Sorte Rhomben, das »Penrose«-Gitter (b) zwei Sorten Rhomben gleicher Kantenlänge, aber unterschiedlicher Rhombenwinkel von 36 und 72°).

Im Zusammenhang mit den Grundlagen der Festkörperchemie wurden an früherer Stelle bereits einfache Modelle der elektronischen Struktur von Salzen, Atomverbindungen und Metallen sowie von Festkörpern zwischen diesen »Grenzfällen« vorgestellt (vgl. S. 155f), ferner einige wichtige räumliche Strukturen hochmolekularer Verbindungen abgeleitet (vgl. hierzu Anm.[1]). Nachfolgend sei über Synthesen sowie Eigenschaften von Festkörpern einerseits und oberflächenreiche sowie nanostrukturierte Materialien andererseits berichtet.

---

[1] Mit den Grundlagen der Festkörperchemie befassen sich im vorliegenden Lehrbuch Abschnitte u. a. über folgende Themen: Strukturen der Salze (S. 133, 136), Atomverbindungen (S. 744, 850, 943, 997, 1002, 1219), Metalle (S. 131); Phasendiagramme (S. 609, 1651, 1943); Nichtstöchiometrie (S. 2088); Bindungsmodelle der Salze (S. 131), Atomverbindungen (S. 359), Metalle und Halbmetalle (S. 152, 193, 1672); elektrische und Supra-Leitfähigkeit (S. 1670, 7682a1425); Farbe (S. 193); Ferro-, Ferri- und Antiferro-Magnetismus (S. 1665); Ferro- und Antiferro-Elektrizität (S. 1669); Kolloide (S. 181); aktiver Materiezustand (S. 1680); Nanophasen-Materialien (S. 1682).

1   Synthese von Festkörpern

1.1   Überblick

Die oben angesprochenen Festkörper lassen sich als thermodynamisch oder nur kinetisch stabile Stoffe auf mannigfache Weise gewinnen:

Aufbau von Festkörpern aus ihren Bestandteilen. Eine sehr häufig genutzte Syntheseroute, die Festkörperbildung aus Einzelkomponenten durch »Fest-Fest-Reaktion«, erfordert meist hohe Temperaturen (1000 °C und darüber), da eine – mit hohen Aktivierungsbarrieren verbundene – zur Produktbildung notwendige Diffusion etwa von Ionen zwischen den Einzelkomponenten erfolgen muss (z. B. $MgO + Al_2O_3 \longrightarrow MgAl_2O_4$: Wanderung von Mg^{2+} in die Al_2O_3-Komponente und von Al^{3+} in die MgO-Komponente). Leichter erfolgt naturgemäß eine Produktkristallisation aus Schmelzen von Gemischen der Einzelkomponenten durch »Flüssig-Flüssig-Reaktion« (s. unten). Auch reaktive in der Gasphase bei erhöhter Temperatur erzeugte Reaktionspartner können sich nach ihrer raschen Abkühlung – gewissermaßen als Folge einer »Gas-Gas-Reaktion« – zum Festkörper vereinigen (vgl. z. B. die Bildung von Na_3N aus Na- und N-Atomen, S. 1516, oder die Keramikbildung aus einem geeigneten »Precursor«, z. B. SiC aus CH_3SiCl_3 bei hohen Temperaturen). Neue Festkörper entstehen auch durch Einwirkung von Gasen oder Flüssigkeiten auf Stoffe von festem oder flüssigem Zustand (vgl. z. B. die Bildung von Oxidschichten auf Metallen oder das Rosten von Eisen an der Luft, die Verwitterung von Silicaten in Anwesenheit von Wasser (z. B. Kaolinisierung von Feldspat, S. 1119), die Erzeugung von Li_3N durch Einwirkung von N_2 auf flüssiges Li (S. 1488), die Synthese von Li_7TaN_4 durch Einwirkung von festem Ta und gasförmigem N_2 auf flüssiges Li_3N).

Bildung von Festkörpern aus der Lösungsphase. Ein wichtiges Verfahren für Festkörpersynthesen (»Solvothermalsynthesen«) besteht in einem Umkristallisieren von Festkörpern bzw. miteinander reagierenden Festkörpern aus geeigneten Flüssigkeiten (meist H_2O, NH_3) im überkritischen Zustand (z. B. »Hydrothermal«-, »Amonothermalsynthese«). Vgl. hierzu die hydrothermale Bildung von Quarz SiO_2 (S. 1100) sowie Quarzvarianten wie Amethyst, Citrin, Rauchquarz oder die von Saphir, Rubin, Smaragd. Als weiteres Beispiel sei die hydrothermale Bildung von CrO_2 (für Magnetbänder) gemäß $Cr_2O_3 + CrO_3 \longrightarrow 3\,CrO_2$ bei 300–400 °C und 50–800 bar genannt. Bezüglich der »Transportreaktionen«, die in gewissem Sinne als Umkristallisieren von Festkörpern bzw. miteinander reagierender Festkörper aus der Gasphase interpretierbar sind, vgl. S. 1657.

Umwandlung (Modifizierung) von Festkörpern. Vielfach bewirkt Temperatur und/oder Druck den »Modifikationswechsel« eines Festkörpers (vgl. z. B. Graphit $\longrightarrow$ Diamant; Quarz $\longrightarrow$ Coesit, Stishovit; $[Nd^{2+}][I^-]_2 \longrightarrow [Nd^{3+}][I^-]_2[e^-]$). Des weiteren vermögen eine Reihe von Festkörpern andere Stoffe aufzunehmen. Derartige »Intercalationen« erfolgen bevorzugt in Schichtstrukturen (z. B. Graphit $\longrightarrow$ Graphitverbindungen, S. 1014), aber auch in Raumstrukturen (z. B. $x\,Li + WO_3 \rightleftharpoons Li_xWO_3$ (Wolframbronzen); $LaNi_5 + 3\,H_2 \rightleftharpoons LaNi_5H_6$ (Wasserstoffspeicher)), in Kettenstrukturen (z. B. in NbS_3) oder in Molekülstrukturen (z. B. in C_{60}). Auch lassen sich die Kationen und Anionen geeigneter Salze durch »Ionenaustausch« in andere Salze unter Erhalt des (anionisch oder kationisch geladenen) Wirtsgitters umwandeln (z. B. $Na_2Si_2O_5 + 2\,AgNO_3 \longrightarrow Ag_2Si_2O_5 + 2\,NaNO_3$; vgl. hierzu auch den Ionenleiter »β-Al_2O_3«, S. 1356). Eine Modifizierung eines Festkörpers kann schließlich nicht nur durch Hinzufügen von Stoffen oder Austausch einiger Bestandteile, sondern auch durch »Herausnahme« von Stoffen erfolgen (»chemische Stoffzersetzung« bei erhöhter Temperatur; z. B. $(NH_4)_2Mg(CrO_4)_2 \longrightarrow MgCr_2O_4 + 2\,NH_3 + H_2O + 1.5\,O_2$; $Mg(OH)_2/2\,Al(OH)_3$ als inniges Gemisch (»Gel«) $\longrightarrow MgAl_2O_4 + 4\,H_2O$).

Nachfolgend sei auf Schmelz- und Erstarrungsdiagramme binärer Systeme (vgl. Abschnitt 1.2), aus welchen die Bildung neuer Verbindungen (vgl. Abschnitt 1.3) in einfacher Weise hervorgeht, eingegangen, des weiteren kurz über Transportreaktionen berichtet (vgl. Abschnitt 1.4).

1.2   Schmelz- und Erstarrungsdiagramme binärer Systeme (»Phasendiagramme«)

Wie auf S. 1710 im Einzelnen besprochen wird, kann man nach dem Pattinson-Prozess durch Abkühlen silberhaltigen Bleis das Silber bis zu einem Gehalt von 2.5 % anreichern. Die Frage nun, ob und in welcher Weise und bis zu welchem Grade man ganz allgemein aus einem gegebenen Gemisch mehrerer Metalle einzelne Komponenten in reinem Zustand abscheiden kann, hängt von dem jeweiligen Typus des Schmelz- und Erstarrungsdiagramms des fraglichen Systems ab. Wir wollen uns daher im Folgenden etwas mit einigen Grundtypen solcher Diagramme für den einfachsten Fall der binären Systeme befassen, wobei es für unsere Betrachtungen belanglos ist, ob das binäre flüssige System aus zwei geschmolzenen Metallen oder Salzen oder aus der wässrigen Lösung eines Salzes oder aus einer homogenen Mischung zweier Flüssigkeiten besteht.

Bei der Abkühlung eines solchen flüssigen binären Systems bestehen zwei Möglichkeiten: es können sich entweder reine Stoffe oder Mischkristalle abscheiden.

Abscheidung reiner Stoffe

Keine Verbindungsbildung. Löst man in einer Flüssigkeit A einen Stoff B auf, so wird der Gefrierpunkt von A erniedrigt (vgl. S. 39). Trägt man die Gefrierpunkte in Abhängigkeit von dem Gehalt an B in ein Koordinatensystem (Ordinate: Erstarrungspunkt; Abszisse: Molprozente A bzw. B) ein[2], so erhält man dementsprechend eine abfallende Kurve (Kurve AC in Abb. 21.2). Dasselbe ist der Fall, wenn man in flüssigem B steigende Mengen von A auflöst (Kurve BC in Abb. 21.2). Die beiden Kurven schneiden sich in einem tiefsten Punkt C (»eutektischer Punkt«). Hier scheidet sich beim Abkühlen einer flüssigen Lösung der angegebenen Zusammensetzung C sowohl festes A als auch festes B in Form eines mikroskopischen Gemenges der reinen Kristalle beider Bestandteile (»Eutektikum«; von griech. eutekos = leicht schmelzbar) ab.

Durch die genannten Kurven wird das Diagramm in verschiedene Zustandsfelder eingeteilt. Oberhalb der Kurven befindet sich das Gebiet der Schmelze. Hier können Temperatur und Zusammensetzung der Lösung weitgehend variiert werden, ohne dass es zur Bildung einer festen Phase kommt. Denn da wir hier ein Gleichgewicht zwischen nur 2 Phasen (Lösung unter dem eigenen Dampfdruck) bei 2 Bestandteilen haben, bestehen nach dem Phasengesetz von Gibbs (S. 610) 2 Freiheitsgrade (Zahl der Phasen + Zahl der Freiheitsgrade = Zahl der Bestandteile +2 = 4). Erst dann, wenn beim Abkühlen solcher ungesättigter Lösungen die Temperaturen der Gefrierpunktskurven erreicht werden, kommt es zur Abscheidung von festem A oder B. Kühlen wir z.B. eine Lösung von der Zusammensetzung des Punktes 1 (Abb. 21.2) ab, bewegen wir uns also in der Richtung des gestrichelten Pfeils abwärts, so scheidet sich bei der Temperatur des Schnittpunktes mit der Kurve AC festes A ab, da hier ja der Erstarrungspunkt von A erreicht ist. Dadurch wird die Lösung ärmer an A, was gemäß Kurve AC eine Erniedrigung des Gefrierpunktes bedingt. Wir bewegen uns damit auf der Kurve AC abwärts, bis schließlich beim Punkte C auch der Erstarrungspunkt von B erreicht ist und somit festes A neben festem B erstarrt. In analoger Weise scheidet sich beim Abkühlen einer Lösung von der Zusammensetzung 2 reines B aus.

---

[2] Die einzelnen Gefrierpunkte der Kurve AC werden durch Abkühlen von Schmelzen gegebener A/B-Zusammensetzung und Verfolgung der Temperatur (Ordinate) in Abhängigkeit von der Zeit (Abszisse) ermittelt, indem die Abkühlungskurve beim Erstarrungspunkt der Mischung infolge der dabei auftretenden Erstarrungswärme einen Knick aufweist und von da ab viel flacher (bei reinem A waagerecht, bei mehr oder minder großem Gehalt an B weniger flach) verläuft.

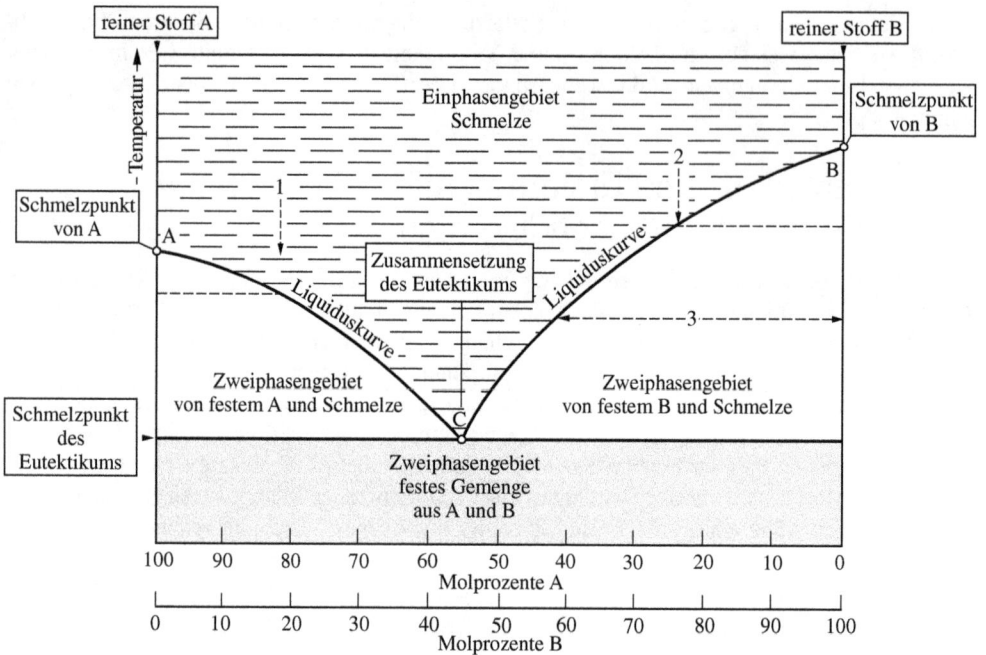

Abb. 21.2   Schmelzdiagramm: Abscheidung reiner Stoffe ohne Verbindungsbildung.

Die Kurven AC und BC stellen die »Liquiduskurven« dar. Hier haben wir 1 Freiheitsgrad weniger als in der Schmelze, da sich hier eine weitere – die feste – Phase mit im Gleichgewicht befindet. Wir können daher entweder die Gefriertemperatur wählen, womit die Zusammensetzung der flüssigen Mischung gegeben ist, oder die Zusammensetzung vorgeben, was eine zwangsläufige Festlegung des Gefrierpunktes bedingt. Unterhalb der Kurven liegt das Zweiphasengebiet von festem A (bzw. B) und Schmelze. Zum Beispiel scheidet sich bei der Zusammensetzung des Punktes 3 (Abb. 21.2) so lange festes B ab, bis die Zusammensetzung dem Schnittpunkt der gestrichelten Linie mit der Linie CB entspricht.

Besonders ausgezeichnet ist der Punkt C. Eine Lösung dieser Zusammensetzung und Temperatur erstarrt bei konstant bleibender Temperatur zu einem feinkristallinen Gemisch von festem A und festem B (Eutektikum). Entsprechend dem Phasengesetz von Gibbs besteht hier keine Wahlfreiheit mehr, da sich vier Phasen (Dampf, Lösung, festes A und festes B) miteinander im Gleichgewicht befinden (»Quadrupelpunkt«). Unterhalb des konstanten Erstarrungspunktes liegt ein Gemenge von festem A und festem B vor.

Beispiele für den durch Abb. 21.2 wiedergegebenen Typus von Schmelz- und Erstarrungsdiagrammen sind die Systeme Silber-Blei (vgl. S. 1710), Aluminiumoxid-Kryolith (vgl. S. 1331) und Wasser-Silbernitrat (S. 1718) (s. Tab. 21.1). Sie lassen sich alle gemäß dem vorstehend

Tab. 21.1

Komponente A		Komponente B		Eutektikum C	
Formel	Smp.	Formel	Smp.	Gew.-%	Smp.
Ag	961 °C	Pb	327 °C	2.5 % Ag	304 °C
Al_2O_3	2045 °C	Na_3AlF_6	1009 °C	18.5 % Al_2O_3	935 °C
$AgNO_3$	212 °C	H_2O	0 °C	47.1 % $AgNO_3$	−7.3 °C

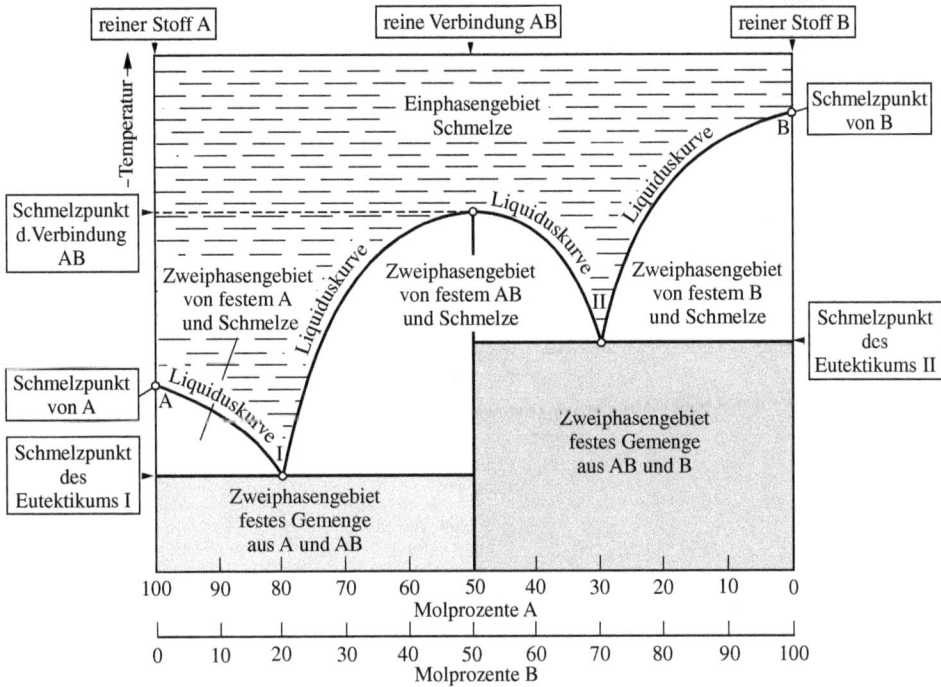

Abb. 21.3 Schmelzdiagramm: Abscheidung reiner Stoffe mit Verbindungsbildung.

Gesagten durch einfaches Erstarrenlassen der flüssigen Mischung in festes A (bzw. B) und Eutektikum trennen.

Bildung einer Verbindung. Bilden die beiden Komponenten A und B des binären Systems miteinander eine Verbindung, z. B. der Formel AB, so kann sowohl der Stoff A wie der Stoff B mit der Verbindung AB ein Diagramm vom Typus der Abb. 21.2 bilden. Fügen wir diese beiden Diagramme an der für beide gemeinsamen Ordinate zusammen, so entsteht ein Diagramm vom Typus der Abb. 21.3, in welcher die Ordinate in der Mitte die gemeinsame Ordinate darstellt. Wie wir daraus ersehen, macht sich die Bildung einer Verbindung im Erstarrungsdiagramm durch das Auftreten eines Maximums in der Gefrierpunktskurve bemerkbar: Schmelzpunkt der Verbindung AB. Von dieser Tatsache macht man häufig zur Ermittlung der Zusammensetzung von Verbindungen Gebrauch. Beispielsweise hat man auf diesem Wege die Hydrate der Schwefelsäure (S. 659) nachgewiesen.

Man spricht im Falle von Abb. 21.3, bei dem Festkörper und Schmelze von AB die gleiche Zusammensetzung haben und ein scharfer Schmelzpunkt beobachtet wird, von einem »kongruenten«[3] Schmelzen der Verbindung AB. Existiert die Verbindung AB nur im festen Zustand und disproportioniert sie sich beim Schmelzen in einen Festkörper und eine davon verschieden zusammengesetzte Schmelze, so spricht man von einem »inkongruenten« Schmelzen der Verbindung AB (Schmelzpunktsintervall im »Peritektikum«)[3]. Im Übrigen liegen die Verhältnisse im hier behandelten Fall der Abb. 21.3 ganz analog wie bei Abb. 21.2. Auch hier lassen sich abgegrenzte Zustandsgebiete erkennen, deren Bedeutung aus der Beschriftung von Abb. 21.3 hervorgeht und deren Lage und Form die Trennung flüssiger Gemische in festes A (bzw. B) und AB ermöglicht.

---

[3] congruens (lat.) = übereinstimmend; peri (griech.) = ringsum; tektos (griech.) = schmelzbar; liquidus (lat.) = flüssig; solidus (lat.) = fest.

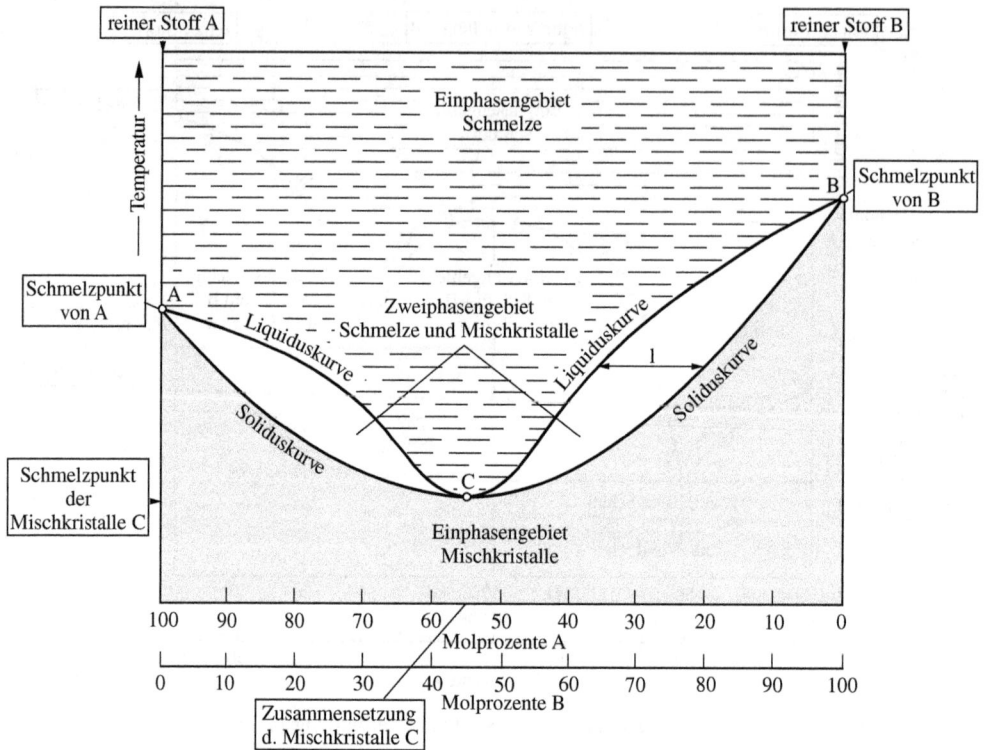

Abb. 21.4   Schmelzdiagramm: Abscheidung von Mischkristallen ohne Mischungslücke.

Abscheidung von Mischkristallen

Lückenlose Mischungsreihe. Scheiden sich beim Abkühlen eines binären Systems keine reinen Stoffe, sondern Mischkristalle (S. 140) aus, so kommen zu den in Abb. 21.2 wiedergegebenen beiden Kurven AC und BC (»Liquiduskurven«)[3] gemäß Abb. 21.4 noch zwei weitere Kurven AC und BC (»Soliduskurven«)[3] hinzu, welche die Zusammensetzung der Mischkristalle angeben, die sich bei den verschiedenen Temperaturen mit den durch die Liquiduskurven gekennzeichneten Schmelzen im Gleichgewicht befinden. Denn im Allgemeinen haben die aus einer Schmelze ausfallenden Mischkristalle eine andere Zusammensetzung als die Lösung.

Wie ein Vergleich von Abb. 21.4 mit Abb. 21.2 zeigt, entsprechen bei ersterer die Soliduskurven den Ordinaten von Abb. 21.2. Dementsprechend scheiden sich im Falle eines Diagramms nach dem Typus von Abb. 21.4 die Schmelzen – wie an einer Schmelze von der Zusammensetzung des Punktes 1 gezeigt ist – nicht in Schmelzen und festes A (bzw. B), sondern in Schmelzen und Mischkristalle. Auch im Falle von Abb. 21.4 ist wie bei Abb. 21.2 eine Trennung des binären Systems in reines A (bzw. B) und Mischkristalle C möglich, jedoch bedarf es hierzu zum Unterschied von dort eines fraktionierenden Schmelzens und Erstarrens. Die Verhältnisse liegen dabei ganz analog wie bei dem früher schon behandelten Fall der Trennung von Sauerstoff-Stickstoff-Gemischen durch fraktionierende Destillation und Kondensation (S. 556). Wir brauchen nur an die Stelle der dort gebrauchten Begriffe Siedekurve, Taukurve, fraktionierende Destillation, fraktionierende Kondensation, flüssig, gasförmig, Verdampfen, Kondensieren usw. die Begriffe Soliduskurve, Liquiduskurve, fraktionierendes Schmelzen, fraktionierendes Erstarren, fest, flüssig, Schmelzen, Gefrieren usw. zu setzen. Genau wie dort werden auch hier die Schmelzpunktsverhältnisse nicht immer durch das etwas komplizierte Bild von Abb. 21.4, sondern häufig auch durch ein dem Zustandsdiagramm der Sauerstoff-Stickstoff-Gemische (Abb. 13.2) analoges ein-

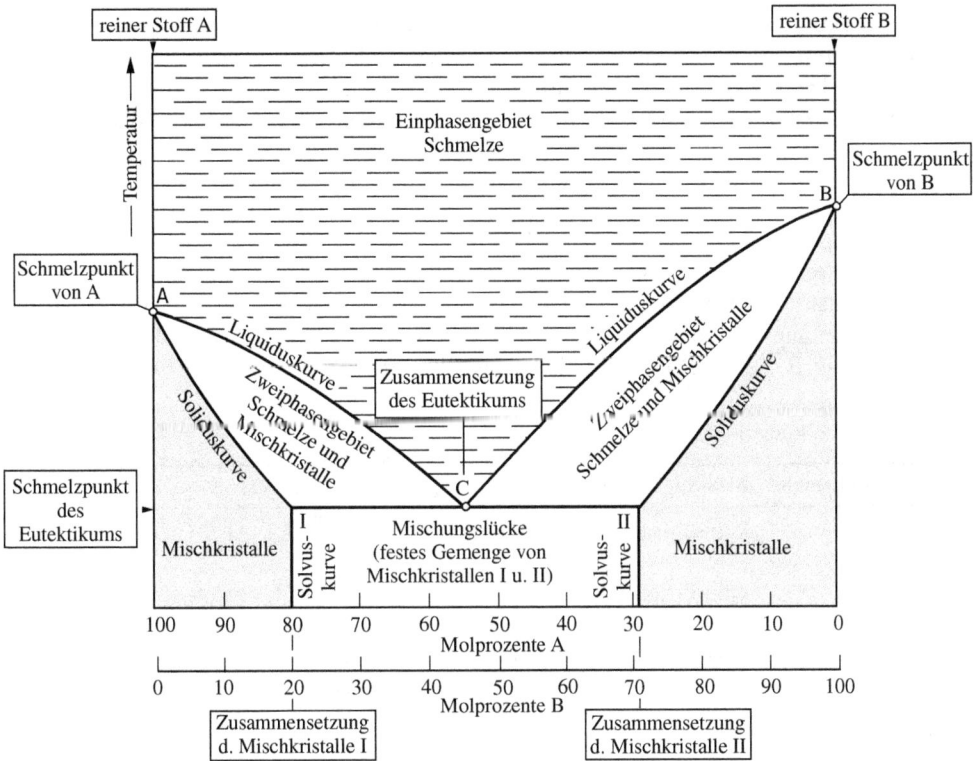

Abb. 21.5 Schmelzdiagramm: Abscheidung von Mischkristallen mit Mischungslücke.

facheres Diagramm (entsprechend dem linken bzw. rechten Teil von Abb. 21.4) wiedergegeben. Als Beispiele für diesen Typus seien die Systeme Cu-Au und KCl-NaCl angeführt.

Vorhandensein einer Mischungslücke. Nicht immer bilden die Komponenten A und B wie im Falle der in Abb. 21.4 wiedergegebenen Systeme eine lückenlose Reihe von Mischkristallen. Vielmehr kann in der Mischungsreihe auch eine mehr oder minder große Mischungslücke (S. 140) vorkommen. Dann geht Abb. 21.4 in Abb. 21.5 über. Der Unterschied zwischen beiden Fällen besteht darin, dass die Schmelze im eutektischen Punkt C bei Abb. 21.4 in einheitliche Mischkristalle der gleichen Zusammensetzung, bei Abb. 21.5 in ein feinkristallines Gemenge von Mischkristallen der Zusammensetzung I und II übergehen. Im Übrigen gilt für solche Systeme mit Mischungslücke das für Systeme ohne Mischungslücke Gesagte. Vgl. hierzu auch das System Eisen-Kohlenstoff, S. 1942.

1.3   Einige wichtige Legierungsphasen

Die Zusammensetzung intermetallischer Verbindungen hat – wie auf S. 129 bereits angedeutet wurde – nur zum Teil mit den Wertigkeiten der Metallkomponenten zu tun und ist vielfach mehr ein formaler Ausdruck der durch räumliche Anordnungsgesetze bedingten Formel. Dementsprechend weisen die betreffenden Verbindungen meist auch eine gewisse Phasenbreite auf.

Hume-Rothery-Phasen

Der Bau von Legierungen scheint zum Teil durch das Verhältnis der Gesamtzahl der Leitungselektronen zur Gesamtzahl der Metall-Kationen bedingt zu werden, da in vielen Fällen

(»Hume-Rothery-Phasen« = Legierungen der d-Block-Elemente mit den Elementen der 12., 13. und 14. Gruppe) bestimmten derartigen Zahlenverhältnissen ganz bestimmte Kristallstrukturen entsprechen (»Regel von Hume-Rothery«). So weisen z. B. die drei Komponenten des Messings – $CuZn$, Cu_5Zn_8 und $CuZn_3$ – entsprechend ihren verschiedenen Verhältniszahlen $(1+2):(1+1) = 3:2$ bzw. $(5 \cdot 1 + 8 \cdot 2):(5+8) = 21:13$ bzw. $(1+3 \cdot 2):(1+3) = 7:4$ und in Übereinstimmung mit vielen Legierungen gleicher Verhältniszahl eine kubisch-raumzentrierte bzw. eine kompliziert kubisch- bzw. eine hexagonal-dichteste Metallatompackung auf (vgl. Tab. 21.2). Wie aus den in Spalte 3 der Tab. 21.2 durch römische Ziffern zum Ausdruck gebrachten Metallwertigkeiten hervorgeht, steuern die Metalle durchwegs eine ihrer Gruppennummern im kombinierten Periodensystem (vgl. hinteren Buchdeckel) entsprechende Zahl von Valenzelektronen (Leitungselektronen) zum Elektronengas bei. Die Elemente der nullten (= achten) Nebengruppe (z. B. Fe, Ni, Pt) werden hierbei als nullwertig angesehen.

Tab. 21.2 Hume-Rothery-Phasen.

Leitungselektronen	Struktur (Kugelpackung)	Beispiele
$21:14 \, (3:2)$	kubisch-raumzentrierte Packung	$Cu^I Zn^{II}$, $Ag^I_3 Al^{III}$, $Cu^I_5 Si^{IV}$, $Cu^I_5 Sn^{IV}$, $Ni^0 Al^{III}$
$21:13$	kompliziert kubische Packung	Cu^I_5, Zn^{II}_8, $Cu^I_9 Al^{III}_4$, $Fe^0_5 Zn^{II}_{21}$, $Co^0_5 Zn^{II}_{21}$, $Pt^0_5 Zn^{II}_{21}$, $Cu^I_{31} Sn^{IV}_8$
$21:12 \, (7:4)$	hexagonal-dichte Packung	$Cu^I Zn^{II}_3$, $Cu^I_3 Sn^{IV}$, $Au^I Zn^{II}_3$, $Ag^I_5 Al^{III}_3$, $Fe^0 Zn^{II}_7$, $Cu^I_3 Si^{IV}$

Zintl-Phasen

Im Falle intermetallischer Verbindungen mit stark heteropolaren Bindungsanteilen (»Zintl-Phasen« = Legierungen aus s-Block-Elementen mit den Metallen bzw. Halbmetallen der 13.–16. Gruppe) spielen die normalen Wertigkeiten der Legierungsbestandteile eine wesentliche Rolle: die »Legierungsstrukturen« stehen – wie auf S. 1069 bereits näher erläutert wurde (s. dort) – vielfach im Einklang mit einer ionischen Bindungsformulierung, wobei die strukturbestimmende Bindigkeit der Atome der anionischen Verbindungskomponente aus der $(8 - N)$-Regel folgt (»Regel von Zintl«).

Laves-Phasen

Unter den »Laves-Phasen«, der größten Gruppe intermetallischer Verbindungen, versteht man Legierungen der Zusammensetzung MM'_2, deren (meist hochzählige) Metallatome durch Metallbindungen verknüpft sind und die ein Radienverhältnis $r_M : r'_M$ von ca. 1.225 aufweisen (die M- und M'-Komponenten stellen in der Regel d-Block-Elemente dar, die M-Komponenten auch vereinzelt s- und p-Block-Elemente, die M'-Komponenten auch Be, Mg, Al, Pb, Bi). Sie kristallisieren in den – miteinander verwandten – Strukturprototypen $MgCu_2$, $MgZn_2$ und $MgNi_2$, von denen nachfolgend kurz der $MgCu_2$-Typ besprochen sei, von dem ca. 170 Verbindungsbeispiele bekannt sind (u. a. $NaAg_2$, $TiBe_2$, $ZrZn_2$, $CaAl_2$, KBi_2, HfV_2, $NbCr_2$, UMn_2, YFe_2, $TaCo_2$, $LiPt_2$). Die Cu-Atome bilden in $MgCu_2$ ein dreidimensionales Netzwerk eckenverknüpfter Cu_4-Tetraeder, das vom Netzwerk der Mg-Atome, die für sich gesehen die Position eines Diamantgitters einnehmen, durchdrungen wird (Raumerfüllung: 71 %; dichtest mögliche Packung: 74 %).

Die Struktur lässt sich über »Frank-Kaspar-Polyeder« verstehen, zu welchen – nur von Dreiecksflächen begrenzte – Polyeder (»Deltapolyeder«) mit 12, 14, 15 sowie 16 Ecken zählen. Die $MgCu_2$-Struktur lässt sich hierbei auf miteinander kondensierte 12-eckige, Cu-zentrierte Mg_6Cu_6- sowie 16-eckige, Mg-zentrierte Mg_4Cu_{12}-Deltapolyeder zurückführen. Vom 12-eckigen

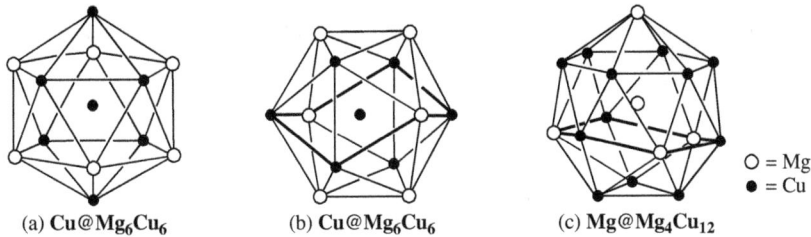

(a) **Cu@Mg₆Cu₆**   (b) **Cu@Mg₆Cu₆**   (c) **Mg@Mg₄Cu₁₂**

$\bigcirc$ = Mg
$\bullet$ = Cu

Abb. 21.6 Polyeder in $MgCu_2$: (a) Cu-zentriertes Mg_6Cu_6-Ikosaeder ($Cu@XMg_6Cu_6$). – (b) Polyeder (a) um 90° gedreht. – (c) Mg-zentriertes Mg_4Cu_{12}-Frank-Kaspar-Polyeder ($Mg@XMg_4Cu_{12}$).

Polyeder mit Ikosaederstruktur (die Abb. 21.6a und b geben verschiedene Ansichten der Polyeder wieder) leitet sich das 16-eckige Polyeder (c) durch Erweiterung des oberen fünfgliedrigen Rings in (a) durch ein Atom und zugleich Ersatz der unteren Spitze durch einen dreigliedrigen Ring ab. Die unteren Hälften von Abb. 21.6b und c gleichen sich.

Nickelarsenid-Phasen

Für den »NiAs-Strukturtyp« MM′, der auf S. 136 bereits behandelt wurde (hexagonal-dichte As-Atompackung mit Ni in allen oktaedrischen Lücken), gibt es zahlreiche Verbindungsbeispiele, wobei M ein Element der IV.–VIII. Nebengruppe, M′ ein Metall oder Halbmetall der III. – VI. Hauptgruppe darstellt (vgl. S. 2032). Die trigonal-prismatisch angeordneten M-Atome gehen, da sie sich recht nahe kommen, metallische Wechselwirkungen ein: Verbindungen des NiAs-Typs sind Halbleiter oder metallische Leiter.

1.4   Transportreaktionen

Zu den chemischen Transportreaktionen (engl. Chemical Vapor Transport CVT) zählt man Umsetzungen, bei denen sich ein ein-, zwei- oder dreidimensional unendlicher Feststoff (»Quellenbodenkörper«) in Gegenwart eines gasförmigen Reaktionspartners (»Transportmittel«) unter bestimmten Bedingungen verflüchtigt und sich an anderer Stelle unter anderen Bedingungen – hier sei nur die Temperatur betrachtet – wieder aus der Gasphase abscheidet (»Senkbodenkörper«). Die Methode, welche die Herstellung reiner und meist auch kristalliner Feststoffe erlaubt, bedient sich mit anderen Worten einer von der Temperatur abhängigen »Löslichkeit« eines Feststoffs in einer vorgegebenen Gasphase. Es findet gewissermaßen ein »Umkristallisieren« eines Feststoffs aus der Gasphase statt, vergleichbar mit dem vielfach genutzten Umkristallisieren eines Feststoffs aus der flüssigen Phase (S. 12), wobei in ersteren Fällen immer, in letzteren häufig eine Reaktion der betreffenden Gas- (Flüssig-)Phase mit dem Feststoff erfolgt. Liegt der betreffenden Reaktion eine endotherme »Auflösung« des Feststoffs wie im Falle der Verflüchtigung von Al und AlX₃ zugrunde (S. 1347), so erfolgt der Stofftransport von heißen zu kalten Orten, liegt ihr eine exotherme »Auflösung« wie im Falle der Verflüchtigung von Ti mit I_2 zugrunde (S. 1795), so erfolgt der Stofftransport von kalten zu heißen Orten. Transportreaktionen haben beträchtliche praktische Bedeutung. Sie bilden etwa die Grundlage der Funktionsweise von Halogenlampen (S. 1868) sowie der Reinigung von Titan (S. 1795) oder Nickel (S. 2024) sowie der Synthese des Spinells $NiCr_2O_4$ gemäß $NiO + Cr_2O_3 \longrightarrow NiCr_2O_4$ in Anwesenheit von O_2 (das aus $Cr_2O_3 + O_2$ gebildete flüchtige CrO_3 zerfällt an NiO in $NiCr_2O_4 + O_2$).

i **Geschichtliches.** Chemische Transportreaktionen wurden von Robert Bunsen 1852 entdeckt, von van Arkel sowie de Boer in der Zeit um 1925 zur Reindarstellung von Metallen wie Titan genutzt und – bedingt durch das technische Interesse an der Herstellung reiner Feststoffe – von Harald Schäfer und anderen ab 1950 eingehend untersucht. Durch Transport lassen sich etwa Feststoffe wie folgende in kristalliner Form erhalten: Metalle (Al, Si, Ge, Metalle der I.–VIII. Nebengruppe), binäre Verbindungen aus Neben- und Hauptgruppenelementen (z. B. Silicide, Germanide, Stannide, Phosphide, Oxide, Sulfide, Halogenide), ternäre Oxide (z. B. Sulfate, Phosphate, Niobate, Tantalate), polynäre Lanthanoidoxidchloride.

2   Einige Eigenschaften der Festkörper

Die folgenden zwei Unterkapitel gehen auf magnetische und elektrische Phänomene der Festkörper ein (»Ferro-«, »Ferri-« und »Antiferromagnetismus«; »Ferro-« und »Antiferroelektrizität«; »Leiter«, »Nichtleiter« und »Halbleiter«; »Supraleiter«) und ergänzen und vertiefen die Vorstellungen über den Bindungszustand der Festkörper. Bezüglich des optischen Verhaltens der Festkörper vgl. die Kapitel über die »Farbe« chemischer Stoffe (S. 193), über den »Rubinlaser« (S. 195), über die Anwendungen der »Halbleiterdioden« (S. 1674) und über den »photographischen Prozess« (S. 1722), bezüglich des mechanischen Verhaltens den Abschnitt über »Hartstoffe« (S. 1889). Verwiesen sei im Zusammenhang mit Festkörpereigenschaften auch auf »anorganische Füllstoffe« (S. 1121), »anorganische Fasern« (»Whiskers«; S. 1119), »Keramiken« (S. 1131), »Pigmente« (S. 1131).

2.1   Magnetische Eigenschaften der Festkörper (»Magnetochemie«)

Wir hatten in den vorstehenden Abschnitten (S. 1547, 1592; vgl. auch S. 2296, 2321) Gelegenheit, auf die Bedeutung magnetischer Messungen für die Lösung chemischer Probleme hinzuweisen. Im folgenden wollen wir uns etwas näher mit diesem Spezialgebiet der Chemie befassen, das als »Magnetochemie« bezeichnet wird und dessen ersten Ausbau wir u. a. dem deutschen Chemiker Wilhelm Klemm verdanken. Hierbei sollen zunächst einige magnetische Grundbegriffe (Unterkapitel 2.1.1), dann der Ferro- und Antiferromagnetismus der Festkörper (Unterkapitel 2.1.2) besprochen werden.

2.1.1   Diamagnetismus und Paramagnetismus

Materie im Magnetfeld. Die magnetische Suszeptibilität

Bringt man einen Körper in ein homogenes Magnetfeld der magnetischen Flussdichte (magnetischen Induktion, magnetischen Kraftflussdichte) B[4], welche durch die Dichte von Feldlinien, die durch ein Einheitsflächenelement hindurchtreten, veranschaulicht werden kann (vgl. Lehrbücher der Physik), so sind zwei Fälle möglich (Abb. 21.7): der Körper verdichtet die Feldlinien in seinem Innern (b) oder er drängt sie auseinander (a). Im ersten Fall nennen wir ihn »paramagnetisch«[5], im zweiten »diamagnetisch«. Ihrem Bestreben nach Verdichtung bzw. Verdünnung der Feldlinien folgend werden paramagnetische Stoffe in einem inhomogenen Magnetfeld zur Stelle höchster Flussdichte und magnetischer Feldstärke[4] hineingezogen, während diamagnetische Stoffe eine Abstoßung zur Stelle niedrigster Induktion erfahren.

---

[4] Die magnetische Flussdichte wird in »Tesla« (Einheitszeichen T) gemessen ($1\,\text{T} = 1\,\text{V}\,\text{s}\,\text{m}^{-2}$). Ein Magnetfeld wird darüber hinaus durch die magnetische Feldstärke (magnetische Erregung) H beschrieben (Dimension A/m). Im Vakuum gilt die Beziehung: $B = \mu_0 H$ (magnetische Feldkonstante $\mu_0 = 4\pi \times 10^{-7}\,\text{V}\,\text{A}^{-1}\,\text{s}\,\text{m}^{-1}$), im materieerfüllten Raum $B = \mu H = \mu_r \mu_0 H$ (μ = Permeabilität [$\text{V}\,\text{A}^{-1}\,\text{s}\,\text{m}^{-1}$], μ_r = relative Permeabilität [dimensionslose Zahl]).

[5] Mit dem Paramagnetismus entfernt verwandt sind die wesentlich stärkeren Erscheinungen des Ferro- und Ferrimagnetismus sowie des Antiferromagnetismus (vgl. S. 1665). Alle Stoffe, bei denen derartige Erscheinungen beobachtet werden, sind oberhalb einer bestimmten Umwandlungstemperatur paramagnetisch.

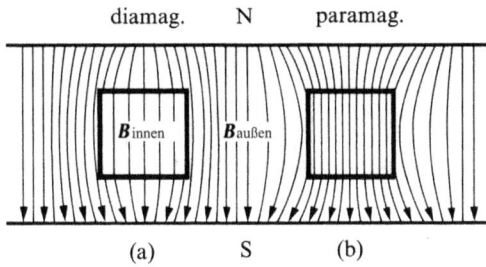

Abb. 21.7 Verhalten diamagnetischer und paramagnetischer Stoffe im homogenen Magnetfeld: (a) diamagnetischer Stoff, (b) paramagnetischer Stoff.

Gemäß Abb. 21.7 haben wir im Inneren eines magnetischen Körpers nicht mehr die ursprüngliche Flussdichte $B_{außen}$, sondern die davon verschiedene neue Flussdichte:

$$B_{innen} = B_{außen} + B'. \tag{21.1}$$

D. h., die ursprüngliche Zahl von B Feldlinien je Flächenelement nimmt um B' Feldlinien zu (B' positiv) bzw. ab (B' negativ)[6].

Die dimensionslose Proportionalitätskonstante μ_r aus der Beziehung (21.2) wird die relative magnetische »Permeabilität« (= Durchlässigkeit)[4], die ebenfalls dimensionslose Proportionalitätskonstante χ_V magnetische »Suszeptibilität« (= Aufnahmefähigkeit) eines Stoffs genannt:

$$B_{innen} = \mu_r \cdot B_{außen}; \qquad B' = \chi_V \cdot B_{außen} \tag{21.2}$$

Die Konstanten stellen gemäß (21.2) den Faktor dar, mit dem man die ursprüngliche Flussdichte multiplizieren muss, um die neue Flussdichte B_{innen} bzw. die hinzukommende oder wegfallende Flussdichte B' zu erhalten. Bei diamagnetischen Stoffen (B' negativ; $B_{innen} < B_{außen}$) ist die Permeabilität gemäß (21.2) stets < 1, die Suszeptibilität < 0, bei paramagnetischen Stoffen (B' positiv; $B_{innen} > B_{außen}$) ist $\mu_r > 1$, $\chi_V > 0$. Einsetzen von (21.2) in (21.1) ergibt den Zusammenhang[6] $\chi_V = \mu_r - 1$.

Die Suszeptibilität kann auf 1 cm³ (Volumensuszeptibilität χ_V) oder auf 1 g Stoff (Gramm- oder Massensuszeptibilität χ_g) bezogen werden, wobei $\chi_V = \chi_g \cdot \rho$ (ρ = Dichte) ist. Durch Multiplikation von χ_V mit dem molaren Volumen V_m oder von χ_g mit der molaren Masse M erhält man die auf 1 Mol des Stoffes bezogene »Molsuszeptibilität« χ_m:

$$\chi_V \cdot V_m = \chi_g \cdot M = \chi_m \tag{21.3}$$

In dieser Form wird die Suszeptibilität vom Chemiker üblicherweise angegeben[7].

Die Volumen- und molaren Suszeptibilitäten dia- und paramagnetischer Stoffe liegen bei 300 K normalerweise in folgenden Bereichen (s. Tab. 21.3):

---

[6] Statt mit der hinzukommenden Flussdichte B' (»magnetische Polarisation«, in V s m⁻²) arbeitet man im Allgemeinen mit der Magnetisierung M (in A/m): $B' = \mu_0 \cdot M$ (μ_0 = magnetische Feldkonstante[4]). Mit $B_{außen} = \mu_0 \cdot H_{außen}$ (vgl. Anm.[4]) folgt somit nach Einsetzen in (21.2): $M = \chi_V \cdot H_{außen}$ oder: $\chi_V = M/H_{außen}$.

[7] a) χ_V ist eine dimensionslose Zahl, χ_g wird üblicherweise in cm³ g⁻¹ und χ_m in cm³ mol⁻¹ bestimmt. Alle hier und folgend wiedergegebenen Suszeptibilitäten sind im verwendeten SI-System um den Faktor 4π größer als die früher benutzten, in der Literatur noch überwiegend zu findenden Suszeptibilitätswerte im CGS-System: $\chi(\mathrm{SI}) = 4\pi\chi(\mathrm{CGS})$.

b) Die Messung der Suszeptibilität erfolgt am einfachsten mithilfe der »Faraday'schen Magnetwaage«, indem man mittels der scheinbaren Massenzunahme (paramagnetischer Stoff) bzw. -abnahme (diamagnetischer Stoff) einer gegebenen, angenähert punktförmigen Substanzprobe P auf einer analytischen Waage die anziehende bzw. abstoßende Kraft K ermittelt, die von einem inhomogenen Magnetfeld auf den Stoff P ausgeübt wird. Denn K wächst in gesetzmäßiger Weise mit der Suszeptibilität und dem Volumen des Stoffs sowie mit der Stärke und dem Gradienten des magnetischen Feldes. Es gilt $K = \mu_0 \cdot \chi_V \cdot V \cdot H \cdot (dH/dx)$ (für μ_0 und H, vgl. Anm.[4]; V = Volumen der Probe). Von der Substanzprobe hängen dabei nur die Größen χ_V und V ab, für die bei sonst unveränderter Messapparatur gilt: $K \sim \chi_V \cdot V$. Die Größe $H \cdot (dH/dx)$ (= Feldstärke × Feldgradient) hängt vom Spulenstrom sowie der Geometrie des Elektromagneten ab und wird normalerweise durch Eichung der Magnetwaage mit einer Substanz bekannter Suszeptibilität bestimmt.

Tab. 21.3

diamag. Stoffe ($\mu_r < 1$)	paramag. Stoffe ($\mu_r > 1$)	ferromag. Stoffe ($\mu_r \gg 1$)
χ_V -10^{-5} bis -10^{-4}	$+10^{-5}$ bis $+10^{-3}$	$+10^4$ bis $+10^5$
χ_m -10^{-4} bis -10^{-2} cm^3 mol^{-1}	$+10^{-4}$ bis $+10^{-1}$ cm^3 mol^{-1}	$+10^5$ bis $+10^7$ cm^3 mol^{-1}

Die Mehrzahl der anorganischen und praktisch alle organischen Verbindungen sind diamagnetisch. Zu den paramagnetischen Stoffen gehören u. a. Sauerstoff O_2, einige Nichtmetallverbindungen (z. B. NO, NO_2, ClO_2), eine Reihe von Metallen (z. B. Na, Al) sowie viele Verbindungen der Übergangsmetalle (vgl. Tab. 20.8).[8] Bezüglich der ferro- und ferrimagnetischen Stoffe (χ_V ca. $+10^4$ bis $+10^5$) sowie auch der antiferromagnetischen Stoffe vgl. S. 1665.

Atomistische Deutung der magnetischen Suszeptibilität

Schickt man durch eine Drahtspule einen elektrischen Strom, so ist der Raum innerhalb und außerhalb der Spule gegenüber dem Normalzustand in charakteristischer Weise verändert, der Strom hat ein Magnetfeld erzeugt. Das Magnetfeld ist dabei ein besonderer Zustand des Raumes, der sich ausschließlich durch seine Wirkung erkennen lässt.[9] Hängt man eine stromdurchflossene Spule frei drehbar an einem dünnen Faden auf, so dreht sie sich im Magnetfeld der Erde mit einem Ende nach Norden. Demgemäß stellt sie einen »magnetischen Dipol« dar und weist ein »magnetisches Moment« (magnetisches Dipolmoment) $\mu_{\text{mag.}}$ auf[10].

Lässt man einen Strom der Stärke I eine Kreisbahn mit dem Radius r durchfließen, welche die Fläche $F = r^2 \cdot \pi$ umschließt (Abb. 21.8), so ist das magnetische Moment $\mu_{\text{mag.}}$ des dieser Strombahn äquivalenten Magneten gleich dem Produkt aus Stromstärke und umflossener Fläche:

$$\mu_{\text{mag.}} = I \cdot F = I \cdot r^2 \cdot \pi$$

Hiernach ist die Einheit des magnetischen Moments gleich Stromstärke $\times$ Länge im Quadrat ($A \cdot m^2$).

Auch ein um einen Atomkern »umlaufendes« Elektron (vgl. hierzu S. 359) bedingt dementsprechend ein magnetisches Feld und besitzt ein magnetisches Bahnmoment, sofern ihm ein

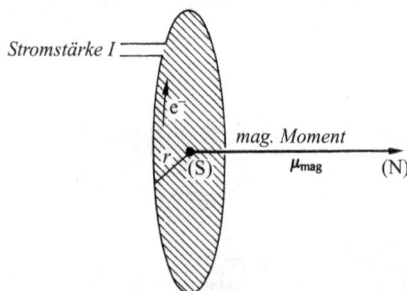

Abb. 21.8 Magnetische Wirkung eines elektrischen Kreisstroms (die Richtung des fettgedruckten Pfeils symbolisiert die Richtung des magnetischen Moments, seine Länge dessen numerische Größe).

---

[8]   Alle paramagnetischen Stoffe besitzen neben einem para- auch einen diamagnetischen Anteil, alle Metalle aus diamagnetischen Atomen weisen auch einen geringen Paramagnetismus (»Pauli-Paramagnetismus«) auf.

[9]   Lässt man z. B. die stromdurchflossene Spule ein mit Eisenfeilspänen bestreutes, waagerecht liegendes Kartenblatt durchqueren und klopft leicht gegen die Unterlage, so ordnen sich die Späne und machen dadurch den Verlauf der Feldlinien des Magnetfeldes sichtbar.

[10] Die Energie E (in Joule), die aufgewendet werden muss, um einen magnetischen Dipol mit dem magnetischen Moment $\mu_{\text{mag.}}$ (in A m^2) aus der Gleichgewichtslage parallel zum äußeren Feld eines Magneten der Flussdichte B^4 in eine Stellung senkrecht zu den Feldlinien dieses Magneten zu drehen, beträgt: $E = \mu_{\text{mag.}} \cdot B$.

Bahndrehimpuls zukommt, was für p-, d-, f-, aber nicht für s-Elektronen zutrifft (vgl. S. 99). Darüber hinaus besitzt es aufgrund seines Eigendrehimpulses (»Spins«, S. 101) ein magnetisches Spinmoment. In Atomen, Ionen und Molekülen mit mehreren Elektronen koppeln die Bahn- und Spindrehimpulse der einzelnen Elektronen miteinander zu einem Gesamtdrehimpuls (vgl. S. 103f), welcher seinerseits ein magnetisches Gesamtmoment des Atoms, Ions oder Moleküls bedingt. Man misst die magnetischen Momente von Atomen, Ionen und Molekülen in »Bohr'schen Magnetonen« μ_B; wobei gilt $\mu_B = 9.27 \times 10^{-24} \, A\,m^2$ (μ_B ist eine Maßeinheit und nicht das mag. Moment eines Elektrons).[11]

Das Bohr'sche Magneton ist wie folgt definiert: $\mu_B = e \cdot \hbar/2m_e$ (e = Elementarladung, m_e = Elektronenmasse, $\hbar = h/2\pi$ mit h = Planck'sches Wirkungsquantum). Es stellt gewissermaßen das elektronische Elementarquantum des Magnetismus dar und ist mit dem magnetischen Moment des Stromes identisch, den ein auf einer Kreisbahn mit dem Bohr'schen Radius r_B (S. 360) umlaufendes Elektron mit dem Bahndrehimpuls $m_e \cdot v_e \cdot r_B$ (dem kleinsten für ein Atomelektron zulässigen Bahndrehimpuls, vgl. S. 96) verursacht.[12]

Diamagnetismus. Diamagnetisch sind alle Stoffe, deren Atome, Ionen oder Moleküle abgeschlossene Elektronenschalen besitzen. Denn in diesem Falle heben sich die magnetischen Einzelmomente der Elektronen gegenseitig auf, sodass nach außen hin kein magnetisches Gesamtmoment in Erscheinung tritt.[8] So zeigen z. B. alle Edelgase und alle Stoffe mit edelgasähnlichen Ionen (K^+, Ca^{2+}, Cl^-, S^{2-} usw.) oder edelgasähnlichen Atomen (wie dies bei den meisten organischen Verbindungen der Fall ist) Diamagnetismus. Ähnliches gilt für das Nebensystem des Periodensystems, wobei die Edelmetalle die Rolle der Edelgase einnehmen. So sind z. B. die Kupfer(I)- und Cadmium(II)-Ionen, die den Alkalimetall- und Erdalkalimetall-Ionen des Hauptsystems entsprechen, diamagnetisch.

Das Zustandekommen des Diamagnetismus kann man sich anschaulich so vorstellen, dass beim Einbringen einer (diamagnetischen) Probe in ein äußeres Magnetfeld in den einzelnen Elektronenbahnen der Proben-Atome, -Ionen oder -Moleküle Zusatzströme induziert werden, deren Magnetfeld nach der »Lenz'schen Regel« (vgl. Lehrbücher der Physik) dem äußeren Magnetfeld entgegengesetzt ist. Das auf diese Weise induzierte magnetische Gesamtmoment ist also dem erzeugenden Magnetfeld stets entgegen gerichtet. Da bei Vorliegen abgeschlossener Elektronenschalen andere magnetische Momente nicht in Erscheinung treten, heben sich infolgedessen die Feldlinien im Inneren des Körpers teilweise auf, und es ergibt sich in summa eine Abnahme der Zahl der Feldlinien: der Körper ist diamagnetisch (vgl. Abb. 21.7a).

Der Betrag des induzierten magnetischen Moments wächst mit der Induktion des Magnetfeldes, mit der Anzahl der Elektronen pro Volumenelement und mit dem Quadrat des durchschnittlichen Abstandes der einzelnen Elektronen von ihrem zugehörigen Kern (vgl. S. 361). Da die mittleren Elektronenabstände praktisch unabhängig von der Temperatur sind, ist die diamagnetische Suszeptibilität temperaturunabhängig.

Anwendungen. Wie der französische Chemiker P. Pascal gezeigt hat, lässt sich die diamagnetische Suszeptibilität eines Moleküls in erster Näherung additiv aus empirischen Einzelwerten für die Atome (χ_{Atom}) und Bindungen ($\chi_{Bindung}$) des Moleküls zusammensetzen:

$$\chi_{dia} = \sum \chi_{Atom} + \sum \chi_{Bindung} \,. \tag{21.4}$$

---

[11] Das magnetische Spin- bzw. Bahnmoment eines p-Elektrons beträgt z. B. $+\sqrt{3}\mu_B$ bzw. $-\sqrt{2}\mu_B$. Ein negatives (positives) Vorzeichen des magnetischen Moments besagt, dass es entgegen der Richtung (in Richtung) des ihm zugeordneten Drehimpulses weist.

[12] Viel kleiner als das magnetische Spinmoment des Elektrons ist das magnetische Spinmoment des Protons oder Neutrons. Misst man es in »Kernmagnetonen« $\mu_K = e \cdot h/2m_p = \mu_B/1836$ (m_p = Protonenmasse = $1836 \times m_e$), so beträgt es $+2.79\mu_K$ (Proton)[11] bzw. $-1.91\mu_K$ (Neutron)[11]. Wegen der sehr kleinen magnetischen Momente der Kernbausteine tragen die Atomkerne praktisch nichts zu den in der Magnetochemie beobachteten Formen des Magnetismus bei, zumal sich die magnetischen Momente in den aus vielen Nukleonen bestehenden Atomkernen gegenseitig zum Teil oder vollständig kompensieren (vgl. Anh I, Anh. III). Für die durch die Suszeptibilitäten ausgedrückten magnetischen Eigenschaften der Materie sind also praktisch nur die Elektronen verantwortlich.

Diese Regel ermöglicht es einerseits, bei mehreren möglichen Konstitutionen eines diamagnetischen Moleküls durch Vergleich der für die einzelnen Formeln berechneten Suszeptibilitäten mit dem experimentell ermittelten Wert die richtige Strukturformel zu finden, und gestattet es andererseits, bei paramagnetischen Stoffen, bei denen ja nur die Gesamtsuszeptibilität χ_m (21.5) bestimmbar ist, den diamagnetischen Anteil χ_{dia} zu errechnen und damit auch den paramagnetischen Anteil χ_{para} zu erfassen. Ein dem Verfahren (21.4) verwandtes Verfahren erlaubt die Berechnung des Diamagnetismus bzw. diamagnetischen Anteils von diamagnetischen bzw. paramagnetischen Ionenverbindungen aus Kationen- und Anionensuszeptibilitäten:

$$\chi_{dia} = \chi_{Kation} + \chi_{Anion} .$$

Paramagnetismus. Der diamagnetische Effekt muss naturgemäß bei allen Stoffen auftreten. Über diesen Effekt kann sich aber in gewissen Fällen noch ein zweiter Effekt lagern, nämlich dann, wenn sich – wie etwa bei den meisten Ionen der Übergangselemente (vgl. S. 1591) oder allgemein bei Molekülen mit ungerader Elektronenzahl – die magnetischen Einzelmomente der Elektronen nicht ausgleichen, sodass die Atome, Ionen oder Moleküle nach außen hin ein permanentes magnetisches Gesamtmoment besitzen. Die so bedingten »Molekularmagnete« sind entsprechend der Temperaturbewegung regellos verteilt. Legt man aber ein äußeres magnetisches Feld an, so richten sich die Molekularmagnete aus, indem sich der Nordpol des Molekularmagneten dem Südpol des äußeren Magneten zukehrt und umgekehrt. Auf diese Weise entsteht ein Magnetfeld, das dem äußeren Feld gleichgerichtet ist. Die Konzentration der Feldlinien im Inneren des Körpers nimmt damit zu: der Körper ist paramagnetisch (Abb. 21.7b).

Die molare Suszeptibilität χ_m eines paramagnetischen Stoffs setzt sich dementsprechend aus zwei Einzelgliedern zusammen, einem diamagnetischen Anteil χ_{dia}, der bei allen Stoffen vorhanden ist, und einem paramagnetischen Anteil χ_{para}, der nur dann auftritt, wenn die Atome, Ionen oder Moleküle eines Stoffs ein permanentes paramagnetisches Moment besitzen:

$$\chi_m = \chi_{dia} + \chi_{para} . \tag{21.5}$$

Da der absolute Betrag des paramagnetischen Anteils meist wesentlich (10 bis 10^3-mal) größer als der des diamagnetischen Anteils ist, sind Stoffe mit magnetischen Momenten im Allgemeinen paramagnetisch (χ_m positiv).

Das diamagnetische Glied χ_{dia} ist aus den oben erwähnten Gründen temperaturunabhängig. Dagegen ist die Temperatur von Einfluss auf das paramagnetische Glied χ_{para}, weil die Temperaturbewegung der Moleküle der Einstellung der Molekularmagnete in die Nord-Süd-Richtung des äußeren magnetischen Feldes entgegenwirkt. Und zwar muss der Richtungseffekt um so geringer sein, je höher die Temperatur ist. Im einfachsten Fall ist die paramagnetische Suszeptibilität der absoluten Temperatur umgekehrt proportional (»Curie'sches Gesetz«):

$$\chi_{para} = \frac{C}{T} . \tag{21.6}$$

Vielfach tritt in (21.6) an die Stelle der absoluten Temperatur T eine um eine Temperatur Θ (Weiss-Konstante) verminderte absolute Temperatur (»Curie-Weiß'sches Gesetz«): $\chi_{para} = C/(T - \Theta)^{13}$.

Die Konstante C (Curie-Konstante) hängt mit dem magnetischen Moment μ_{mag} des Stoffs durch die Beziehung

$$C = \frac{\mu_0 N_A}{3k_B} \mu_{mag}^2 \tag{21.7}$$

---

[13] Trägt man $1/\chi_{para}$ gegen T auf, so erhält man gemäß (21.3) eine Gerade, die jedoch nicht in jedem Falle bei $T = 0\,K$ die Abszisse schneidet. Die Weiss-Konstante Θ, die zum Ausdruck bringt, dass die magnetischen Dipole ihre Orientierung im magnetischen Feld auch gegenseitig beeinflussen, verschiebt die Gerade in den Koordinatenursprung.

(μ_0 = magnetische Feldkonstante[4], N_A = Avogadro'sche Konstante, k_B = Boltzmann'sche Konstante) zusammen. Durch Bestimmung der Temperaturabhängigkeit der paramagnetischen Suszeptibilität eines Stoffs kann man infolgedessen mittels (21.6) und (21.7) sein magnetisches Moment bestimmen.[14]

Anwendungen. Weit wichtiger als der Diamagnetismus ist der Paramagnetismus für die Lösung chemischer Konstitutionsfragen (z. B. Bestimmung der Wertigkeit bzw. Geometrie von Metallzentren in Komplexen). Sie erfolgt zweckmäßig so, dass man das experimentell bestimmte magnetische Moment[14] mit den für die verschiedenen Strukturmöglichkeiten berechneten Momenten vergleicht. Allerdings ist die Vorausberechnung der magnetischen Momente recht kompliziert und gelingt meist nur in einfach gelagerten Fällen, da sich das Gesamtmoment eines kovalent oder ionisch gebauten Moleküls in verwickelter Weise aus Einzelspin- und Einzelbahnmomenten zusammensetzt.

Verhältnismäßig leicht lassen sich die magnetischen Momente errechnen, wenn die Spin-Bahn-Kopplung (ausgedrückt durch die Spin-Bahn-Kopplungskonstante λ in Energieeinheiten cm^{-1}) für den Grundterm eines ungebundenen Ions im betrachteten Temperaturbereich groß bzw. klein gegen die Wärmeenergie $k_B T$ (k_B = Boltzmann'sche Konstante) ist. Ersterer Fall liegt bei den Lanthanoid-Ionen vor (Näheres hierzu S. 2296 sowie bezüglich der Actinoid-Ionen S. 2321), während letzterer Fall näherungsweise für die Ionen der ersten Übergangsperiode gilt, deren magnetisches Moment sich gemäß folgender Gleichung berechnet (L = Gesamtbahnimpuls-Quantenzahl; S = Gesamtspin-Quantenzahl)[15]:

$$\mu_{\text{mag}} = \sqrt{L(L+1) + 4S(S+1)}. \tag{21.8}$$

Tatsächlich findet man für komplexgebundene Ionen in der Regel kleinere als nach (21.8) errechnete magnetische Momente, da äußere elektrische Felder mit geringerer als der Kugelsymmetrie, wie sie von Liganden in Komplexen der betreffenden Ionen erzeugt werden, den Bahnbeitrag zum magnetischen Moment mehr oder minder unterdrücken. Bei den komplexgebundenen Ionen der 1. Übergangsreihe kann also das Gesamtbahnmoment zunächst einmal vernachlässigt werden, sodass das magnetische Moment näherungsweise dem Gesamtspinmoment (21.9)

$$\mu_{\text{mag}} = \sqrt{4S(S+1)} \quad (\text{»spin-only-Werte«}) \tag{21.9}$$

entspricht (diamagnetisch sind d^0- und d^{10}-Ionen, ferner low-spin d^6-Ionen wie Fe^{2+}, Co^{3+} oder das low-spin-d^8-Ion Ni^{2+}). Tatsächlich führen aber Bahnbeiträge zu den spin-only-Werten im Falle der Ionen von Elementen der ersten Übergangsreihe vielfach zu etwas kleineren bzw. größeren effektiven magnetischen Momenten, wie aus nachfolgender Zusammenstellung hervorgeht, während die $\mu_{\text{mag}}^{\text{eff}}$-Werte der Ionen der zweiten und dritten Übergangsreihe deutlich unter den spin-only-Werten liegen. Aus einer Betrachtung der Größe und Richtung der Abweichungen des gemessenen Werts vom spin-only-Wert lassen sich dann strukturelle Fragen in Zusammenhang mit den betreffenden Komplexen beantworten (s. Tab. 21.4).

Wie sich zeigen lässt, hängt $\mu_{\text{mag}}^{\text{eff}}$ eines Komplexes aus Zentralion und Liganden u. a. von folgenden Einflüssen ab: (i) von der Größe der Spin-Bahn-Kopplungskonstanten λ (λ stellt ein

---

[14] Zur Ermittlung des magnetischen Moments misst man zunächst die Volumensuszeptibilität χ_V eines Stoffs[7b], woraus die molare Suszeptibilität χ_m gemäß (21.6) und aus letzterer die paramagnetische Molsuszeptibilität χ_{para} gemäß (21.5) berechnet wird. Aus (21.6) und (21.7) folgt dann: $\mu_{\text{mag}} = \sqrt{3k_B/\mu_0 N_A} \cdot \sqrt{\chi_{\text{para}} \cdot T}$. Nach Einsetzen der Werte für k_B, μ_0 und N_A ergibt sich bei Berücksichtigung eines Umrechnungsfaktors die Beziehung μ_{mag} (in Bohr'schen Magnetonen) = $0.7980\sqrt{\chi_{\text{para}} \cdot T}$ (χ_{para} in cm^3 mol^{-1} und T in Kelvin).

[15] Aus den bekannten Grundtermen der freien Ionen mit 1–9 d-Elektronen (^{2}D für d^1, d^9; ^{3}F für d^2, d^8; ^{4}F für d^3, d^7; ^{5}D für d^4, d^6; ^{6}S für d^5) berechnet sich μ_{mag} nach (21.5) in einfacher Weise mit $L \cong$ S, D, F = 0, 2, 3 und $S \cong$ im Falle von Dublett, Triplett, Quartett, Quintett, Sextett = 1/2, 2/2, 3/2, 4/2, 5/2 zu 2.00 (d^1, d^8), 5.20 (d^3, d^7), 5.48 (d^4, d^6), 4.18 (d^5).

Tab. 21.4

μ_{mag}^{ber}	μ_{mag}^{gef} (high-spin: steil; *low-spin: kursiv*) [BM]							
↑	1.73	Ti^{3+}	1.6–1.8	V^{4+}	1.7–1.8	Cu^{2+}	1.7–2.2	–
		Mn^{2+}	*1.8–2.1*	*Fe^{3+}*	*2.0–2.5*	*Co^{2+}*	*1.8–2.9*	*Ni^{3+}* *1.7–2.1*
↑↑	2.83	V^{3+}	2.7–2.9	Ni^{2+}	2.8–4.0	*Cr^{2+}*	*3.2–3.3*	*Mn^{3+}* *um 3.2*
↑↑↑	3.87	V^{2+}	3.8–3.9	Cr^{3+}	3.7–3.9	Mn^{4+}	3.8–4.0	Co^{2+} 4.3–5.2
↑↑↑↑	4.90	Cr^{2+}	4.7–4.9	Mn^{3+}	4.9–5.0	Fe^{2+}	5.1–5.7	Co^{3+} um 4.3
↑↑↑↑↑	5.92	–		Mn^{2+}	5.6–6.1	Fe^{3+}	5.7–6.0	–

Maß für die Stärke der Kopplung zwischen Gesamtspin- und Gesamtbahnmoment des freien Ions dar), (ii) von der absoluten Temperatur T (das magnetische Moment freier Ionen ist temperaturunabhängig), (iii) von der Geometrie des Ligandenfeldes (mit abnehmender Ligandenfeldsymmetrie werden Bahnmomentbeiträge zunehmend unterdrückt, (iv) von der Elektronenkonfiguration des Zentralions (s. unten). Im Falle oktaedrischer und tetraedrischer Komplexe werden etwa Bahnmomentbeiträge nur im Falle der Besetzung des dreifach-bahnentarteten Elektronenzustands mit 1, 2, 4 oder 5 Elektronen wirksam, d. h. nur im Falle der nachfolgend fett ausgeführten Elektronenkonfigurationen (s. Tab. 21.5).

Tab. 21.5

	high-spin									low-spin			
d-Elektronen:	1	2	3	4	5	6	7	8	9	4	5	6	7
Oktaeder:	$^2\mathbf{T_{2g}}$	$^3\mathbf{T_{2g}}$	$^4A_{2g}$	^5E_g	$^6A_{2g}$	$^5\mathbf{T_{2g}}$	$^4\mathbf{T_{2g}}$	$^3A_{2g}$	^2E_g	$^3\mathbf{T_{2g}}$	$^2\mathbf{T_{2g}}$	$^1A_{1g}$	^2E_g
Tetraeder:	^2E	$^3A_2$	$^4\mathbf{T_1}$	$^5\mathbf{T_2}$	$^6A_2$	^5E	$^4A_2$	$^3\mathbf{T_1}$	$^2\mathbf{T_2}$	Komplexe unbekannt			

Der Sachverhalt lässt sich – übertragen auf Mehrelektronenzustände – auch wie folgt formulieren: Für oktaedrische und tetraedrische Komplexe sind nur bei Vorliegen eines dreifach entarteten Mehrelektronenzustandes (T-Term, vgl. obige Zusammenstellung sowie S. 103f) Bahnmomentbeiträge zum spin-only-Wert zu erwarten. Eine quantenmechanische »Zumischung« von angeregten T-Zuständen zu E- oder A-Grundzuständen ermöglicht aber auch bei Vorliegen von E- bzw. A-Mehrelektronen-Grundsätzen geringe Bahnmomentbeiträge zum spin-only-Wert. Das effektive magnetische Moment ergibt sich dann zu:

$$\mu_{mag}^{eff} = \mu_{spin-only}\left(1 - \frac{4\lambda}{10\,Dq}\right). \tag{21.10}$$

Da die Spin-Bahn-Kopplungskonstanten λ für die Elektronenkonfigurationen $d^{<5}/d^5/d^{>5}$ positiv/null/negativ sind, ist $\mu_{mag}^{eff} < \mu_{spin-only}/= \mu_{spin-only}/> \mu_{spin-only}$, da andererseits die Dq-Werte für tetraedrische Komplexe kleiner als die für oktaedrische sind (gleicher Ligand, gleiches Zentrum), sind die Abweichungen von $\mu_{spin-only}$ im Tetraederfalle (E- oder A-Grundzustand) größer.

In Abb. 21.9 ist das berechnete effektive magnetische Moment für oktaedrische Komplexe mit 1 bis 5 Elektronen in t_{2g}-Zuständen des Zentralions als Funktion von $k_B T/\lambda^*$ aufgetragen ($\lambda^* = n|\lambda|$ mit n = Zahl ungepaarter Elektronen[16]). Es lassen sich hierbei zwei Betrachtungsfälle unterscheiden: (i) μ_{mag}^{eff} von Komplexen bei Raumtemperatur (T = konstant;

---

[16] λ gilt – streng genommen – nur für Komplexe mit rein elektrostatischen Metall-Ligand-Bindungen. Tatsächlich weisen diese Bindungen immer Kovalenzanteile auf, was zu etwas anderen λ-Werten und folglich auch zu veränderten Kurvenverläufen in Abb. 21.9 führen kann.

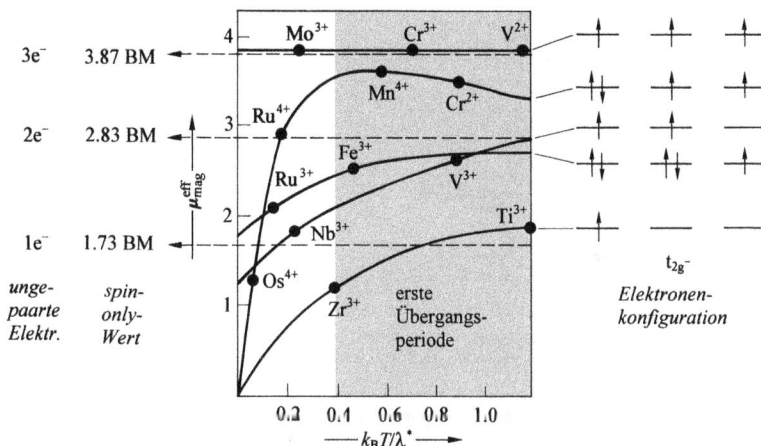

Abb. 21.9 Effektives magnetisches Moment für oktaedrische Komplexe als Funktion von $k_B T/\lambda^*$ (die für einige oktaedrische Ionen eingetragenen Werte gelten für Raumtemperatur).

$k_B T \approx 200\,\text{cm}^{-1}$; λ variabel): Für Ionen der 1. Übergangsperiode werden λ^*-Werte im Bereich $< 500\,\text{cm}^{-1}$, für solche der 2. und 3. Übergangsperiode λ^*-Werte im Bereich $> 500\,\text{cm}^{-1}$ aufgefunden (λ^* wächst für Ionen von Metallen einer Nebengruppe mit zunehmender Ordnungszahl stark an). Die $k_B T/\lambda^*$-Werte oktaedrischer Komplexe dieser Ionen liegen im Bereich > 0.4 (Raster in Abb. 21.9) bzw. < 0.4. Man versteht hiernach, dass bei d^3-Komplexen (drei ungepaarte Elektronen) die experimentell bestimmten magnetischen Momente vergleichsweise gut mit den spin-only-Werten von 3.87 BM übereinstimmen (z. B. Cr^{3+}), während für low-spin-d^4- und -d^5-Komplexe (zwei bzw. ein ungepaartes Elektron) der 1. Übergangsreihe (z. B. Cr^{2+}, Fe^{3+}) höhere und bei entsprechenden Komplexen der 2. und 3. Übergangsreihe (z. B. Ru^{4+}, Os^{4+}) auffallend niedrigere Werte für das magnetische Moment als 2.83 bzw. 1.73 BM (spin-only-Werte) aufgefunden werden. (ii) Temperaturabhängigkeit von $\mu_{\text{mag}}^{\text{eff}}$ eines Ions ($\lambda = $ konstant; $T = $ variabel): Gemäß Abb. 21.9 erniedrigt sich das effektive magnetische Moment eines Ions mit sinkender Temperatur (abnehmender Wärmeenergie $k_B T$), sieht man vom t_{2g}^3-Falle im gesamten Temperaturbereich sowie vom t_{2g}^4-Falle bei höheren Temperaturen ab. Die Momentabnahme entspricht einer wachsenden entgegengesetzten Kopplung des Spin- und Bahnmoments in Richtung abnehmender Temperatur. In Fällen, in welchen Bahnmomentbeiträge zum spin-only-Wert wirksam werden, ist gemäß Abb. 21.9 die Temperaturabhängigkeit von $\mu_{\text{mag}}^{\text{eff}}$ für oktaedrische Ionen im Bereich um Raumtemperatur teils klein (1. Übergangsreihe), teils beachtlich (2., 3. Übergangsreihe). In Fällen, in welchen Bahnbeiträge zum spin-only-Wert nur wegen einer Wechselwirkung von Grund- mit angeregten T-Termen (s. unten) möglich werden, beobachtet man nur eine sehr schwache Temperaturabhängigkeit von $\mu_{\text{mag}}^{\text{eff}}$. Bezüglich einiger Anwendungen des Besprochenen vgl. die Unterabschnitte über Komplexe bei den einzelnen Nebengruppenelementen.

2.1.2 Ferromagnetismus, Ferrimagnetismus und Antiferromagnetismus

Bei der obigen Erörterung des Paramagnetismus wurden nur Stoffe mit magnetisch isolierten Atomen, Ionen oder Molekülen betrachtet, also Stoffe mit Teilchen ohne (bzw. praktisch ohne[13]) gegenseitige Beeinflussung (Abb. 21.10a). Die Wechselwirkungen beruhten ausschließlich auf Bahn- und Spindrehimpulskopplungen ein- und desselben Atoms, Ions oder Moleküls (S. 103) sowie auf dem Einfluss des Ligandenfeldes in Komplexverbindungen auf die Elektronenspinbahnkopplungen des Zentralions (vgl. high- und low-spin Komplexe, S. 1591). Unterhalb bestimmter Temperaturen treten jedoch auch Wechselwirkungen zwischen den Elektronenspins

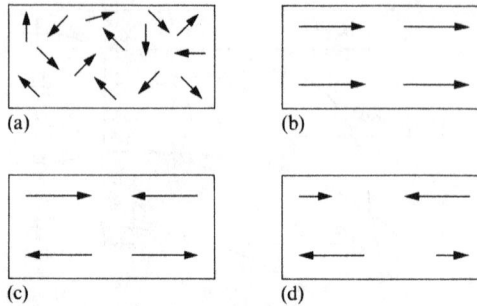

Abb. 21.10 Modelle für die verschiedenen Erscheinungsformen des kooperativen Magnetismus infolge permanenter magnetischer Momente: a) Paramagnetismus, b) Ferromagnetismus, c) Antiferromagnetismus, d) Ferrimagnetismus.

individueller paramagnetischer Stoffteilchen auf (»kooperative« bzw. »kollektive« magnetische Phänomene), die entweder direkt benachbart (»direkte magnetische Wechselwirkung«) oder über diamagnetische Teilchen miteinander verbunden sind (»indirekte Austauschwechselwirkung«, »Superaustausch«; vgl. S. 1668, 1984) und zu einer Ausrichtung der Elektronenspins führen. Letztere bedingt eine entsprechende Ausrichtung der mit den Spins verknüpften magnetischen Momente und hat drei verschiedene Formen des kollektiven Magnetismus zur Folge (Abb. 21.10): Ferro-, Antiferro- und Ferrimagnetismus. »Ferromagnetismus« tritt auf, wenn alle Elektronenspins innerhalb einer sogenannten »Domäne« (»Weiss'scher Bereich«) parallel zueinander ausgerichtet sind (Abb. 21.10b). Kommt es zu einer antiparallelen Einstellung der Elektronenspins in zwei magnetischen Teilgittern, so tritt bei gleicher Größe dieser magnetischen Momente »Antiferromagnetismus« (Abb. 21.10c) und bei verschiedener Größe »Ferrimagnetismus« (Abb. 21.10d) auf.

Ferromagnetismus. Ein ferromagnetischer Stoff wie Eisen oder Gadolinium, bei welchem sich die magnetischen Spinmomente der paramagnetischen Zentren unterhalb einer bestimmten Temperatur, der »ferromagnetischen Curie-Temperatur« T_C, (z. B. 770 °C im Falle von Fe, 16 °C im Falle von Gd), spontan parallel ausrichten, erscheint ohne magnetische Vorbehandlung auch bei Temperaturen $< T_C$ unmagnetisiert. Dies rührt daher, dass sich die Ordnung der Elektronenspins beim Unterschreiten von T_C zunächst nur auf kleine Stoffbezirke (»Weiss'sche Bereiche«) erstreckt, innerhalb derer zwar alle magnetischen Momente parallel ausgerichtet sind und denen infolgedessen ein beachtliches magnetisches Moment zukommt; jedoch sind die Richtungen der Magnetisierung der einzelnen Weiss'schen Bereiche statistisch im Raum verteilt, sodass sich die magnetischen Momente zu einem Gesamtmoment von Null ergänzen. Eine Magnetisierung der Ferromagnetika (parallele Ausrichtung der Momente der Weiss'schen Bereiche) erfolgt erst im Magnetfeld.

Bringt man den ferromagnetischen Stoff in ein Magnetfeld, so richten sich die magnetischen Momente der Weiss'schen Bereiche parallel zum äußeren Feld aus; es erfolgt eine Magnetisierung des betreffenden Stoffs. Der Betrag M dieser Magnetisierung (vgl. Anm.[6]) wächst mit der magnetischen Feldstärke H des Magneten[4] solange, bis bei der Feldstärke H_S eine vollständige Elektronenspinausrichtung erreicht ist (»Sättigungsmagnetisierung« M_S, vgl. die »Neukurve« in Abb. 21.11). Lässt man anschließend die Erregerfeldstärke wieder bis auf Null sinken, so läuft die Magnetisierung nicht auf der ursprünglichen Neukurve zurück, sondern entlang der in Abb. 21.11 wiedergegebenen »Hysterese-Schleife« in Pfeilrichtung. Bei $H = 0$ verbleibt eine mehr oder weniger starke »Remanenzmagnetisierung« M_R; der ferromagnetische Stoff hat sich in einen »Permanentmagneten« umgewandelt. Erst wenn die Feldstärke des äußeren Magneten in entgegengesetzter Richtung zur Magnetisierung der Substanz $(-H)$ die so genannte »Koerzitivfeldstärke« $-H_C$ erreicht (Abb. 21.11), geht die Magnetisierung der Probe auf Null zurück,

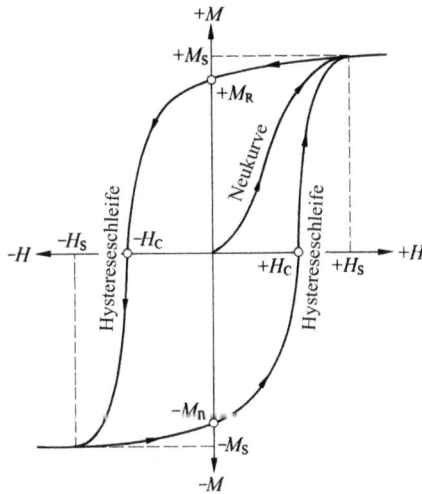

Abb. 21.11 Hysterese-Schleife eines ferromagnetischen (bzw. ferrimagnetischen) Stoffs.

und die Substanz erscheint wieder unmagnetisiert. Bei weiter ansteigender Feldstärke $-H$ wird schließlich beim Feld $-H_S$ die negative Sättigungsmagnetisierung $-M_S$ erreicht. Verringert man nun wieder die Feldstärke, dreht ihre Richtung um und vergrößert sie dann sukzessive, so verläuft die Magnetisierung des ferromagnetischen Stoffs gemäß Abb. 21.11 in Pfeilrichtung von $-M_S$ wieder nach $+M_S$[17].

Werden die ferromagnetischen Stoffe zu Beginn nicht bis zur Sättigung magnetisiert, so werden naturgemäß Hysterese-Schleifen mit kleineren Werten für die Remanenzmagnetisierung und Koerzitivfeldstärke durchlaufen (wichtig bei magnetischen Ton- und Videoaufnahmen). Die Hysterese-Schleifen sind für das jeweilige Ferromagnetikum charakteristisch. »Magnetisch harte« Werkstoffe wie Fe-Al-Ni-Co-Legierungen (u. a. »Alnico«) und Ln-Co-Fe-Legierungen (u. a. $SmCo_5$, $Nd_2Fe_{14}B$) zeigen hohe Remanenzmagnetisierung und große Koerzitivfeldstärke (z. B. für Permanentmagnete), »magnetisch weiche« Werkstoffe wie Fe-Si-, Fe-Al- und Fe-Ni-Legierungen oder das Oxid $(Mn,Zn)Fe_2O_4$ geringe Remanenzmagnetisierung und kleine Koerzitivfeldstärke (z. B. für Transformatorenbleche).

Ferromagnetismus tritt bei Stoffen auf, die Atome bzw. Ionen mit nicht abgeschlossener d- oder f-Schale besitzen und bei denen das Verhältnis des kürzesten Abstandes der paramagnetischen Atome oder Ionen zum durchschnittlichen Radius der nicht abgeschlossenen Schalen ≥ 3 ist. Diese Bedingungen erfüllen Fe, Co, Ni, Gd, Dy sowie eine Reihe von Legierungen aus Kupfer, Aluminium und Mangan (»Heusler'sche Legierungen«).

Die Suszeptibilität χ_{para} (S. 1661) der Ferromagnetika, die unterhalb T_C ca. 10^7 bis 10^{10}-mal größer als die der normalen Paramagnetika ist, hat ihren größten Wert beim absoluten Nullpunkt $T = 0\,\mathrm{K}$. Mit steigender Temperatur verringert sich χ_{para} bei gegebener magnetischer Induktion, da sich die magnetischen Spinmomente innerhalb der Weiss'schen Bereiche unter Energieaufnahme zunehmend auch antiparallel zueinander orientieren.[18] Oberhalb der Curie-Temperatur brechen dann die Spinkopplungen zwischen den paramagnetischen Zentren zusammen (Erlöschen des kooperativen magnetischen Phänomens) und die betreffenden Stoffe verhalten sich normal paramagnetisch, d. h. die paramagnetische Suszeptibilität nimmt mit der Temperatur weiter ab, wobei die Suszeptibilitätsabnahme nunmehr aber dem Curie'schen Gesetz (S. 1662) folgt.

---

[17] Ersichtlicherweise ist somit der für Dia- und Paramagnetika geltende lineare Zusammenhang zwischen M und H ($M \sim H$; Proportionalitätskonstante: $1/\chi_V$, vgl. Anm.[4] und Anm.[6]) für Ferromagnetika nicht mehr gegeben.

[18] Die parallele Spinorientierung ist nur geringfügig energieärmer als die antiparallele, sodass bereits kleine Energiemengen zur »Spinanregung« genügen.

Ferrimagnetismus. Ferrimagnetische Stoffe (z. B. $Fe_3O_4 \mathrel{\hat{=}} FeO \cdot Fe_2O_3$) enthalten zwei Sorten paramagnetischer Zentren (im Falle Fe_3O_4: Fe^{2+} und Fe^{3+}). Unterhalb der »ferrimagnetischen Curie-Temperatur« TC (z. B. 585 °C im Falle von Fe_3O_4) richten sich innerhalb Weiss'scher Bereiche die magnetischen Spinmomente gleichartiger Zentren spontan parallel und ungleichartiger Zentren antiparallel zueinander aus. Sofern sich die antiparallel orientierten magnetischen Momente wie etwa im Falle von Fe_3O_4 nicht kompensieren[19], resultieren beachtliche magnetische Momente für die einzelnen Weiss'schen Bereiche, die aber wegen ihrer statistischen Verteilung im Raum nach außen nicht in Erscheinung treten. Eine Magnetisierung der ferrimagnetischen Stoffe (parallele Ausrichtung der einzelnen Momente der Weiss'schen Bereiche) erfolgt ähnlich wie bei den ferromagnetischen Stoffen erst nach Einwirkung eines äußeren Magnetfeldes ausreichender Stärke.

Auch das sonstige magnetische Verhalten ferrimagnetischer Stoffe (z. B. Hysterese-Schleife, Suszeptibilitätsabnahme mit steigender Temperatur, Gültigkeit des Curie'schen Gesetzes oberhalb T_C) ist jenem ferromagnetischer Stoffe ähnlich. Da Ferrimagnetika zum Unterschied von den Ferromagnetika meistens Nichtleiter sind (Ausnahme Fe_3O_4 oberhalb 120 K) und keine Metalle, sondern ionisch gebaute Stoffe darstellen, ist ihr Einsatz in der Hochfrequenztechnik möglich. Die bekanntesten Ferrimagnetika sind Ferrite des Typus $M^{II}O \cdot Fe_2O_3$ (M^{II} u. a. = Mn, Fe, Co, Ni, Cu, Zn, Mg, Cd). Unter ihnen ist der »Magneteisenstein« (»Magnetit«) Fe_3O_4 der älteste bekannte magnetische Werkstoff. Er gab als »lithos magnetis« (= Stein aus Magnesia) der Erscheinung des Magnetismus ihren Namen.

Die technische Bedeutung ferro- und ferrimagnetischer Werkstoffe in der Stark- und Schwachstromtechnik, in der Nachrichtentechnik und Elektronik und in der Tonaufzeichnungs- und Videotechnik ist so groß, dass sich in diesem Bereich der Magnetochemie eigene Arbeitsgebiete entwickelt haben.

Antiferromagnetismus. Bei antiferromagnetischen Stoffen richten sich die magnetischen Spinmomente der paramagnetischen Zentren unterhalb einer bestimmten Temperatur, der »Neél-Temperatur« T_N (z. B. 475 K (Cr), 95 K (Mn), 122 K (MnO), 198 K (FeO), 955 K (α-Fe_2O_3), ca. 80 K (FeF_2)), spontan antiparallel aus. Beim absoluten Nullpunkt ist die Ausrichtung vollkommen, sodass Antiferromagnetika bei dieser Temperatur nur den normalen Diamagnetismus aufweisen. Mit steigender Temperatur wird diese ideale Ausrichtung der magnetischen Momente infolge der zunehmenden Wärmebewegung mehr und mehr gestört, sodass der Stoff unter Beibehaltung seiner magnetischen Ordnung zunehmend ferrimagnetischer wird.

Dieser Sachverhalt lässt sich mit der Vorstellung erklären, dass das Kristallgitter aus zwei magnetischen Untergittern aufgebaut ist. Innerhalb jedes Untergitters stehen die Spins parallel zueinander, wobei die Kopplungen zwischen den Spins innerhalb eines Untergitters deutlich stärker sind als zwischen den Untergittern. Als Folge hiervon wird mit steigender Temperatur die antiparallele Ausrichtung der beiden Untergitter zueinander in wachsendem Maße gestört (Bildung eines »verkanteten Antiferromagneten« mit der Wirkung eines Ferrimagneten). Oberhalb der Neél-Temperatur brechen die Spinkopplungen zwischen den paramagnetischen Zentren zusammen (Erlöschen des kooperativen magnetischen Phänomens) und die betreffenden Stoffe verhalten sich dann normal paramagnetisch (Gültigkeit des Curie'schen Gesetzes). Die magnetische Suszeptibilität der antiferromagnetischen Stoffe durchläuft somit bei T_N ein Maximum.

Der Antiferromagnetismus ist bei Übergangsmetall-Salzen, in welchen M-Atome gemäß MXM über elektronegative X-Atome wie F, O, N verknüpft sind, weit verbreitet und wird hier in vereinfachender Weise meist damit erklärt, dass eine Kopplung ungepaarter M-Elektronen über X hinweg (»Superaustausch«) zu einer Spinpaarung führt (vgl. S. 1984).

---

[19] Fe_3O_4 enthält pro Formeleinheit ein Fe^{2+}-Ion (4 ungepaarte Elektronen; magnetisches Moment pro Ion 5.2 BM) und zwei Fe^{3+}-Ionen (5 ungepaarte Elektronen; magnetisches Moment pro Ion 5.9 BM). Es sind die Fe^{3+}-Ionen auf Tetraederplätzen mit den Fe^{2+}- und Fe^{3+}-Ionen auf Oktaederplätzen des inversen Spinells Fe_3O_4 antiferromagetisch gekoppelt, sodass das magnetische Moment der Fe^{2+}-Ionen unkompensiert bleibt.

2.1.3   Ferro- und Antiferroelektrizität

Eine dem Ferromagnetismus phänomenologisch ähnliche Erscheinung ist die so genannte »Ferroelektrizität«, bei der permanente elektrische Dipole in »Domänen« eines ferroelektrischen Kristalls, die den Weiss'schen Bereichen beim Ferromagnetismus entsprechen, im gleichen Sinn ausgerichtet sind, sodass eine so genannte »spontane Polarisation« des Kristalls im elektrischen Feld beobachtet werden kann. Dabei erreicht die Dielektrizitätskonstante ε sehr große Werte bis zu $\varepsilon = 10^4$. Die Abhängigkeit der Polarisation von der elektrischen Feldstärke folgt bei derartigen Substanzen einer Hysterese-Schleife mit Sättigung, Remanenz- und Koerzitivfeldstärke (vgl. Abb. 21.11). Diese Effekte zeigen sich unterhalb einer charakteristischen »ferroelektrischen Curie-Temperatur«, oberhalb der die Dielektrizitätskonstante einem Curie-Weiss'schen Gesetz gehorcht. Es gibt auch die dem Antiferromagnetismus entsprechende Erscheinung der »Antiferroelektrizität«.[20]

Das Bariumtitanat $BaTiO_3$ (Perowskit-Struktur, S. 1801) ist die bekannteste und am besten untersuchte ferroelektrische Substanz. Sie wird unterhalb von 393 K ferroelektrisch und geht dabei von der kubischen in die tetragonale Struktur über. Hierbei verschieben sich die von 12 O^{2-}-Ionen koordinierten Ba^{2+}-Ionen und das oktaedrisch von 6 O^{2-}-Ionen koordinierte Ti^{4+}-Ion gegen ihre Oxidionen-Umgebung, sodass die erwähnte Symmetrieerniedrigung eintritt. $BaTiO_3$ findet wie das analog gebaute Oxid $Pb(Zr,Ti)O_3$ in der Hochfrequenztechnik Anwendung.

Ganz allgemein ist das Auftreten der Ferroelektrizität entscheidend von der Kristallstruktur abhängig: Alle bisher bekannten Ferroelektrika sind Ionenkristalle ohne Symmetriezentrum; sie erniedrigen unterhalb des Curie-Punkts ihre Kristallsymmetrie und ihre spontane Polarisation im elektrischen Feld weist in kristallographische Vorzugsrichtungen. Daraus folgt, dass die Ursache der Ferroelektrizität im Wesentlichen auf einer »Ionenpolarisation« beruht, die in hohem Maße anisotrop ist.[21]

2.2   Elektrische Eigenschaften der Festkörper

Wie bei der Besprechung der physikalischen Eigenschaften der Tetrele bereits angedeutet wurde, unterscheiden sich die Elemente der IV. Hauptgruppe auffallend in ihrer spezifischen elektrischen Leitfähigkeit. Diese beträgt für Diamant $\ll 10^{-10}\,\Omega^{-1}\,cm^{-1}$, für reinstes Silicium $10^{-6}\,\Omega^{-1}\,cm^{-1}$, für Germanium $2 \cdot 10^{-2}\,\Omega^{-1}\,cm^{-1}$, für β-Zinn $9 \cdot 10^4\,\Omega^{-1}\,cm^{-1}$ und für Blei $5 \cdot 10^4\,\Omega^{-1}\,cm^{-1}$. Entsprechend der auf S. 160 getroffenen Unterteilung fester Stoffe in elektrisch nicht leitende Nichtmetalle (Leitfähigkeit $< 10^{-8}\,\Omega^{-1}\,cm^{-1}$), elektrisch schlecht leitende Halbleiter (Leitfähigkeit 10^{-6} bis $10^1\,\Omega^{-1}\,cm^{-1}$) und elektrisch leitende Halbmetalle sowie Metalle (Leitfähigkeit $> 10^2\,\Omega^{-1}\,cm^{-1}$) zählt somit Diamant zu den Nichtleitern, Silicium sowie Germanium zu den Halbleitern und β-Zinn sowie Blei zu den Leitern.[22]

Nachfolgend sei nun kurz auf die Ursachen der unterschiedlichen elektrischen Leitfähigkeit chemischer Stoffe eingegangen. Und zwar sollen zunächst Leiter, Nichtleiter und Halbleiter (Unterkapitel 2.2.1), dann Supraleiter (Unterkapitel 2.2.2) behandelt werden. Bezüglich der Ferro-, Antiferro- und Piezoelektrizität vgl. oben und [4].

---

[20] Die Namen Ferro- und Antiferroelektrizität wurden wegen der erwähnten Analogien zum Ferro- und Antiferromagnetismus gewählt. Tatsächlich haben die ferroelektrischen Kristalle nichts mit Eisen oder den Metallen der Eisengruppe zu tun. Auch bleiben die Analogien auf die makroskopischen Erscheinungen und ihre Beschreibung beschränkt; die Ursachen der Ferroelektrizität sind auch völlig anderer Natur (s. oben).

[21] Alle Ferroelektrika sind auch »piezoelektrisch«, d. h. sie werden durch mechanische Druck- oder Zugspannungen polarisiert bzw. ändern ihren Polarisationszustand unter mechanischer Belastung. Umgekehrt sind jedoch nicht alle Piezoelektrika ferroelektrisch.

[22] Graphit ist ein zweidimensionaler Leiter (Halbmetall) und eindimensionaler Halbleiter (vgl. S. 998). Die Leitfähigkeit von grauem α-Zinn (Halbmetall) liegt zwischen der von Germanium und metallischem β-Zinn.

2.2.1   Leiter, Nichtleiter, Halbleiter

Metalle. Elektronische Leiter

Energiebänder. Kombiniert man zwei Li-Atome zum Li_2-Molekül, so resultieren als Folge der Interferenz der s-Atomorbitale – ähnlich wie im Falle der Vereinigung von zwei H-Atomen zum H_2-Molekül (S. 380) – zwei Molekülorbitale, nämlich ein energieärmeres, mit zwei Elektronen entgegengesetzten Spins besetztes σ_s-Orbital und ein energiereicheres, elektronenleeres σ_s^*-Orbital (LiLi-Abstand des in der Gasphase existierenden Li_2-Moleküls = 2.67 Å; Dissoziationsenergie = 109 kJ mol^{-1}). Ganz entsprechend führt die Wechselwirkung der s-Atomorbitale von drei, vier, fünf... n miteinander verknüpften Lithiumatomen zu drei, vier, fünf... n delokalisierten Molekülorbitalen (Abb. 21.12a; LiLi-Abstand in Li_n-Metall = 3.03 Å; Atomisierungsenergie = 163 kJ mol^{-1}). Mit der Zahl kombinierter Lithiumatome nimmt der Abstand zwischen den Energien der einzelnen Molekülorbitale ab, um bei Vereinigung sehr vieler Lithiumatome außerordentlich klein zu werden (bei 1 mol $\approx 10^{23}$ Atome ca. 10^{-23} eV). Der elektronische Zustand metallischen Lithiums ist infolgedessen durch ein »Energieband« aus n praktisch lückenlos aneinandergereihten Energieniveaus charakterisiert. Da jedes Molekülorbital mit maximal 2 Elektronen entgegengesetzten Spins besetzt werden kann (Pauli-Prinzip) und n Valenzelektronen zur Verfügung stehen (jedes Li-Atom steuert 1 Valenzelektron bei), ist das Energieband zur Hälfte elektronenbesetzt, zur Hälfte elektronenleer (Abb. 21.12a; vgl. S. 185).[23]

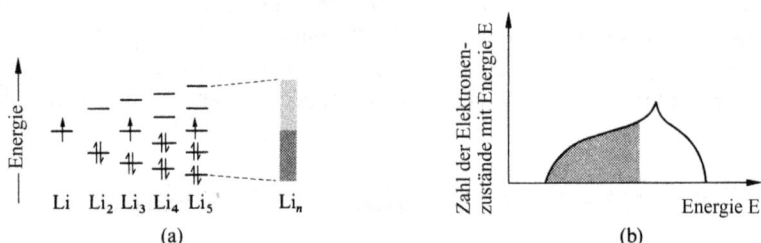

Abb. 21.12 Valenzband des Lithiummetalls: a) Bildung durch Interferenz von s-Orbitalen der Lithiumatome. b) Dichteverteilung der Elektronenzustände (elektronenbesetzte Teile des Valenzbandes sind schraffiert).

Eine charakteristische Eigenschaft des Lithiums wie auch anderer Metalle ist die – über das Elektronengasmodell verständliche – Fähigkeit, Elektronen zu leiten, d. h. Elektronen an einer beliebigen Stelle aufzunehmen und an einer anderen beliebigen Stelle wieder abzugeben. Offensichtlich lassen sich somit unbesetzte Elektronenzustände des Energiebandes eines Lithiumkristalls reversibel mit weiteren Elektronen »füllen« und – wegen der Ausdehnung der Molekülorbitale über den ganzen Kristall – an einer räumlich entfernten Stelle wieder »entleeren«.

Wie sich theoretisch begründen lässt, ist die elektrische Leitfähigkeit chemischer Stoffe an die Existenz von teilweise mit Elektronen besetzten Energiebändern geknüpft.[24] Innerhalb vollständig besetzter oder leerer Energiebänder eines chemischen Stoffs ist auch bei Anlegen einer elektrischen Spannung keine Elektronenleitung möglich. Infolgedessen sollte der rechte Periodennachbar von Lithium, das Beryllium, entgegen der Erfahrung ein Nichtleiter sein, da dessen – ebenfalls aus n Elektronenzuständen zusammengesetztes – Energieband mit den $2n$ zur Verfügung stehenden Elektronen (jedes Be-Atom steuert 2 Valenzelektronen bei) vollständig

---

[23] Alle Metalle weisen einen schwachen, temperaturunabhängigen Paramagnetismus auf (»Pauli-Paramagnetismus«; vgl. Anm.[8], S. 1660 sowie Lehrbücher der Physik).

[24] Ein vollständig mit Elektronen gefülltes Band kann wegen des Pauli-Prinzips (S. 102), ein vollständig elektronenleeres Band trivialerweise nicht zum Stromtransport beitragen.

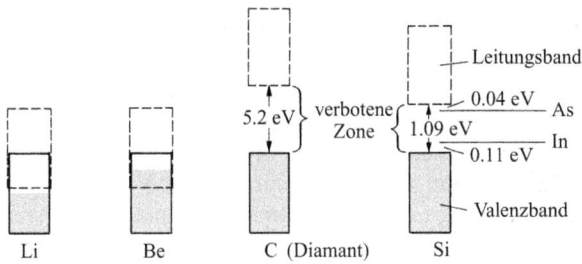

Abb. 21.13 Valenz- und Leitungsbänder im Falle von Li, Be, C, Si (elektronenbesetzte Teile der Bänder sind gerastert, nicht maßstabsgerecht).

besetzt ist. Tatsächlich weist jedoch Beryllium (Analoges gilt für Lithium) nicht nur ein, sondern zwei, sich energetisch teilweise überschneidende Energiebänder auf (Abb. 21.13), von denen das energieärmere Band (»Valenzband«; n Elektronenzustände) aus der Wechselwirkung der s-Atomorbitale, das energiereichere Band (»Leitungsband«; $3n$ Elektronenzustände) aus der Interferenz der p-Atomorbitale resultiert. Die Bänderüberlappung führt zum Übertritt eines Teils energiereicher Valenzbandelektronen in energieärmere Zustände des Leitungsbandes; als Folge hiervon sind beide Energiebänder nur teilweise mit Elektronen besetzt und vermögen – im Sinne der obigen Regel – nunmehr Elektronen zu leiten.

Breite und Besetzungsdichte von Energiebändern. Die Breite der Energiebänder hängt nicht von der Größe der Metallkristalle, sondern vom Ausmaß der Interferenz der einzelnen Orbitale der Metallatome ab. Sie wächst u. a. mit der Energie der Atomorbitale sowie mit zunehmender Annäherung und Koordinationszahl der Atome. Breite Bänder sind naturgemäß eine gute Voraussetzung dafür, dass sich Bänder überlappen[25]. Die Besetzungsdichte der Energiebänder mit Elektronenzuständen ergibt sich als Funktion der energetischen Lage der betreffenden Zustände. Sie ist an den beiden Enden des Bandes im Allgemeinen nahezu Null und weist im oberen Bandteil ein einziges Maximum auf (vgl. Abb. 21.12b). Eine hohe Dichte leerer Elektronenzustände in unmittelbarem Anschluss an elektronenbesetzte Molekülorbitale eines Energiebandes (z. B. als Folge guter Bänderüberlappung) hat eine hohe elektrische Leitfähigkeit zur Folge. Sie ist im Falle der Metalle der I. Nebengruppe (Cu, Ag, Au) besonders hoch (ca. $6 \cdot 10^5 \, \Omega^{-1} \, cm^{-1}$). Etwas kleinere Leitfähigkeit (um $2 \cdot 10^5 \, \Omega^{-1} \, cm^{-1}$) weisen die leichteren Metalle der I. und II. Haupt- und II. Nebengruppe (Li, Na, K, Be, Mg, Ca, Zn, Cd) sowie die Metalle Al, In, Mo, W, Ru, Os, Co, Rh und Ni auf. Die verbleibenden Metalle haben Leitfähigkeiten im Bereich 10^4 bis $10^4 \, \Omega^{-1} \, cm^{-1}$.

Wegen der unmittelbaren Nachbarschaft von besetzten und leeren Elektronenzuständen in unvollständig besetzten Energiebändern lassen sich die Metallelektronen energetisch (durch Wärme, Licht usw.) leicht »anregen«. Hieraus erklärt sich das hohe Absorptions- und Reflexionsvermögen der Metalle für sichtbares Licht, womit der typische Metallglanz zusammenhängt (vgl. S. 193). Auch die hohe Wärmeleitfähigkeit beruht auf der leichten Anregbarkeit der Metallelektronen, welche die Wärmeenergie an einer beliebigen Stelle in Form von Elektronenenergie aufzunehmen und an einer anderen Stelle in Form von Wärmeenergie wieder abzugeben vermögen.

Nichtmetalle. Elektronische Nichtleiter

---

[25] Bei der Konzentrierung der Lösungen von Alkalimetallen in flüssigem Ammoniak (S. 1527) sowie bei der Kompression von überkritischem Quecksilberdampf steigt die elektrische Leitfähigkeit der Lösung bzw. des Dampfes als Folge der sich verbreiternden und damit überlappenden Bänder ab einer gewissen Konzentration oder Kompression sprunghaft an.

Energiebandlücken. Auch im Falle der polyatomaren Nichtmetalle lässt sich der elektronische Zustand durch Energiebänder beschreiben. Zum Unterschied von den Metallen weisen die Nichtmetalle jedoch ein vollständig mit Elektronen besetztes Valenzband auf, das durch eine breite Energiezone (»Verbotene Zone«, »Bandlücke«) vom energiereicheren, elektronenleeren Leitungsband getrennt ist. So enthalten etwa die Valenzbänder des Diamanten C_n jeweils $2n$ σ-Elektronenzustände. Da insgesamt $4n$ Valenzelektronen zur Verfügung stehen (jedes C-Atom steuert 4 Valenzelektronen bei), ist das Valenzband des Diamanten vollständig mit Elektronen gefüllt und steht somit – ebenso wie das durch eine 5.2 eV breite, verbotene Zone von ihm getrennte Leitungsband der σ-Elektronenzustände (vgl. Abb. 21.13) – nicht für eine Elektronenleitung zur Verfügung: Diamant ist – anders als Beryllium (s. oben) – ein typischer Nichtleiter (»Isolator«). Entsprechend der Zunahme des metallischen Elementcharakters innerhalb der Reihe der Elemente der IV. Hauptgruppe nimmt die Breite der jeweils verbotenen Energiezone in Richtung C bis Pb ab (Si_n: 1.09 eV; Ge_n: 0.60 eV; α-Sn_n: 0.08 eV; Pb_n: 0 eV).

Bindungszustand von Nichtleitern. Meist lässt sich der Bindungszustand hochmolekularer Atomverbindungen durch eine einzige Valenzstrichformel beschreiben (vgl. z. B. Diamant C_n, S. 1002). Infolgedessen können die delokalisierten Zustände derartiger Moleküle in lokalisierte Molekülzustände umgewandelt werden (vgl. Regel auf S. 391). Letztere ergeben sich etwa im Falle des Diamanten direkt aus der Wechselwirkung von sp^3-Hybridorbitalen benachbarter Kohlenstoffatome (jedes C-Atom betätigt hierbei pro Bindung mit einem benachbarten C-Atom jeweils eines seiner vier, in die Richtung eines Tetraeders weisenden sp^3-Hybridorbitale).

Halbmetalle. Elektronische Halbleiter

Sind Valenz- und Leitungsband eines chemischen Stoffs durch eine sehr breite verbotene Energiezone $E_g > 4$ eV (Index g von engl. »gap« für Lücke) voneinander getrennt, so liegt – wie besprochen – ein elektrischer Nichtleiter (»Isolator«) vor. Sind andererseits die beiden Energiebänder durch eine nicht allzu breite Bandlücke $E_g < 4$ eV unterbrochen, so handelt es sich um einen elektrischen Halbleiter (»Photohalbleiter« : $E_g = 4$ bis 1.5 eV; thermisch anregbarer Halbleiter oder »Halbleiter« im engeren Sinne: $E_g = 1.5$–0.1 eV). Sind schließlich die Energiebänder durch eine sehr schmale Zone $E_g < 0.1$ eV getrennt oder überlappen sich Valenz- und Leitungsband des Festkörpers, so bezeichnet man letzteren als elektrischen Leiter (s. unten). Man unterteilt hierbei die Leiter ihrerseits in Halbmetalle (sehr schmale Bandlücke bzw. nur geringfügige Bänderüberlappung) und Metalle (deutliche Bänderüberlappung).

Eigenhalbleiter. Bei Vorliegen eines Halbleiters lassen sich die Elektronen durch nicht allzu große Energiezufuhr (z. B. Wärmezufuhr) vom Valenz- in das Leitungsband überführen, womit dann unvollständig besetzte Energiebänder vorliegen, die – im Sinne obiger Regel[24] – eine Elektronenleitung über »positive Elektronenlöcher« im Valenzband (»p-Leitung«) und zugleich »negative Elektronen« im Leitungsband (»n-Leitung«) ermöglichen. In den gängigen »reinen« (fremdstofffreien) Halbleitern (»Eigenhalbleiter«) wie Si, Ge, GaAs, CdS, in welchen naturgemäß ebenso viele Elektronenlöcher im Valenz- wie Elektronen im Leitungsband vorliegen ($n = p$) ist die Konzentration derartiger »Ladungsträger« aber noch äußerst klein (10^9 bis 10^{13} pro Kubikzentimeter); sie wächst jedoch mit zunehmender Temperatur (entsprechendes gilt für abnehmende Bandlückenbreite) exponentiell an. Dementsprechend sind »elektrische Halbleiter« wie Silicium ($E_g = 1.09$ eV), Germanium ($E_g = 0.60$ eV), Galliumarsenid ($E_g = 1.43$ eV) oder Cadmiumsulfid ($E_g = 2.6$ eV) u. a. dadurch charakterisiert, dass ihre elektrische Leitfähigkeit mit steigender Temperatur wächst (»positiver Temperaturkoeffizient«), während sie bei »elektrischen Leitern« als Folge der wachsenden Zahl von Zusammenstößen der Elektronen mit den – bei höheren Temperaturen stärker schwingenden – Atomrümpfen sinkt (»negativer Temperaturkoeffizient«). Je breiter die verbotene Energiezone E_g ist, desto größere Energiemengen benötigt man naturgemäß, um bei einem Halbleiter eine bestimmte Leitfähigkeit zu erreichen.

Dementsprechend muss man Silicium sehr stark erwärmen, damit es vergleichbar leitend wird wie Germanium bei Raumtemperatur.

Ist die verbotene Energiezone E_g eines chemischen Stoffs wie etwa die des Diamanten (5.2 eV) sehr breit, so kann die zur Elektronenanregung erforderliche Energie thermisch bei den zugänglichen Temperaturen nicht mehr aufgebracht werden; es liegt ein sehr guter Isolator vor. Bestrahlt man aber einen Diamanten mit Röntgenlicht, also sehr energiereicher Strahlung, so wird auch er elektrisch leitend. Ganz allgemein benötigt man bei Festkörpern mit einer Bandlücke $E_g > 3.1$ eV (z. B. farbloses TiO_2: 3.1 eV) nicht sichtbares ultraviolettes Licht und bei Festkörpern mit einer Bandlücke E_g im Bereich 1.6–3.1 eV (z. B. gelbes CdS: 2.6 eV; rotes HgS: 2.1 eV) sichtbares Licht, um sie elektrisch leitend zu machen, während die Elektronenanregung von Festkörpern mit Bandlücken $E_g < 1.6$ eV (z. B. schwarzes CdTe: 1.6 eV; dunkelgrau-glänzendes Si: 1.09 eV; grauweiß-glänzendes Ge: 0.60 eV) bereits thermisch erfolgen kann (bezüglich der optischen Eigenschaften von Festkörpern vgl. S. 193, weiter unten sowie Anm [26])

Ist die verbotene Energiezone E_g eines chemischen Stoffs wie die von α-Zinn (0.08 eV) sehr schmal oder wie die von Bismut verschwindend klein, so weist er – wie oben angedeutet wurde – zunehmend metallische Eigenschaften auf. Dies zeigt sich u. a. darin, dass die elektrische Leitfähigkeit solcher »entarteter Halbleiter« (»Halbmetalle«) fast temperaturunabhängig ist oder mit der Temperatur sogar abnimmt. Da in letzteren Fällen die Zustandsdichte (Besetzungsdichte) an der Stelle der Bänderberührung (Fermi-Niveau) sehr klein ist (s. oben), ist die Leitfähigkeit der Halbmetalle zwar um Größenordnungen besser als die von Halbleitern wie Si, Sb, aber auch um Größenordnungen geringer als die von Metallen wie Cu, Zn, Al, Ni.

Fremdhalbleiter. Ersetzt man im Silicium einige Siliciumatome (4 Außenelektronen) durch Atome von Elementen der III. Hauptgruppe (3 Außenelektronen) bzw. von Elementen der V. Hauptgruppe (5 Außenelektronen), so werden Elektronenleerstellen bzw. Stellen mit überschüssigen Elektronen geschaffen. Es bedarf bei derart mit Fremdatomen »dotierten« Siliciumkristallen nur einer geringen Energiezufuhr, um Elektronen aus dem Valenzband in die Elektronenleerstellen bzw. die überschüssigen Elektronen in das Leitungsband überzuführen (vgl. Abb. 21.13) und damit unvollständig besetzte Valenz- bzw. Leitungsbänder zu schaffen, die für die – gegenüber reinem Silicium – verbesserte Leitfähigkeit verantwortlich sind (z. B. bedingt eine Dotierung des Siliciums mit 1 Boratom pro 1 000 000 Siliciumatome einen Anstieg der Leitfähigkeit um etwa 10^6 auf den Wert 0.8 Ω^{-1} cm^{-1}). In analoger Weise lassen sich auch andere Stoffe durch Dotierung (Einbau von Störstellen) in so genannte Fremdhalbleiter verwandeln (selbst Diamant zeigt merkliche Leitfähigkeit, sofern er mit Bor dotiert vorliegt). Man unterteilt sie, je nachdem eine zu Elektronenleerstellen bzw. zu überschüssigen Elektronen führende Dotierung erfolgte, als »Elektronendefekt-Halbleiter« (»p-Leiter«, Leiter positiver Ladung) bzw. als »Elektronenüberschuss-Halbleiter« (»n-Leiter«, Leiter negativer Ladung).

Da für einen bestimmten Halbleiter das Produkt der Konzentration positiver und negativer Ladungsträger p bzw. n im thermodynamischen Gleichgewicht bei festgelegter Temperatur unabhängig von der Dotierungsart und -menge konstant bleibt ($p \times n = k$), führt die Erhöhung der Konzentration einer Ladungsträgersorte (»Majoritätsträger«) durch Dotierung des Halbleiters automatisch zur Erniedrigung der anderen Ladungsträgersorte (»Minoritätsträger«).[27] Da zudem die Zahl der Defektstellen bzw. der überschüssigen Elektronen etwa der Konzentration der eingebauten Fremdatome entspricht, zeigt die elektrische Leitfähigkeit von Fremdhalbleitern

---

[26] Halbleiter mit Bandlücken $E_g = > 3.1/3.1–1.6/< 1.6$ eV ($> 300/300–155/< 155$ kJ mol^{-1}) sind farblos (z. B. CuCl, ZnO, TiO_2)/gelb bis tiefrot (z. B. ZnSe, CdS, GaP, ZnTe, CdSe)/undurchsichtig grau- bis schwarzglänzend (z. B. CdTe, GaAs, Si, Ge, SnSb). Da steigende Temperatur zur Energiebandverbreiterung und damit zur Bandlückenverkleinerung führt, werden farblose Halbleiter mit E_g Werten kurz oberhalb 3.1 eV (z. B. ZnO, TiO_2) beim Erwärmen gelb bis rot.

[27] Der Sachverhalt erinnert an die »Ladungsträger« H^+ und OH^- des Wassers. Eine Zugabe von Säuren zu Wasser erhöht (erniedrigt) hier gemäß der Beziehung $c_{H^+} \times c_{OH^-} = K$ die H^+-Ionen (die OH^--Ionen), wobei die Protonenkonzentration etwa der Konzentration der Säure entspricht, falls diese stark ist. Analoges gilt für das Versetzen von Wasser mit Basen. Insgesamt wächst bei Säure- oder Basenzugabe zu Wasser die Ladungsträgerkonzentration an.

nur noch eine geringe Temperaturabhängigkeit (wegen des geringen Energieunterschieds zwischen Donor-Niveau und Leitungsband bzw. Akzeptor-Niveau und Valenzband geben die für Dotierungen geeigneten Fremdatome ihre überzähligen Elektronen mehr oder minder vollständig in delokalisierte Zustände ab oder nehmen Elektronen vom Halbleiter auf; mit der Dotierung steigt insgesamt die Ladungsträgerkonzentration und damit die elektrische Leitfähigkeit an)[27].

Anwendungen.

Gängige Halbleiter. Man kennt derzeit hunderte von Halbleitern. Beispiele sind etwa Silicium, Germanium, Selen, Kupfer(I)-oxid, Titandioxid oder Verbindungen $E'E''$ von Elementpaaren, deren eines Glied E' im Periodensystem um ebensoviele Gruppen vor C, Si, Ge, Sn (IV. Hauptgruppe bzw. 14. Gruppe des Periodensystems) steht wie das zweite Glied E'' dahinter, sodass die Summe der Außenelektronen beider Bindungspartner gleich 8 wie bei zwei C-, Si-, Ge-, Sn-Atomen des Diamants, Siliciums, Germaniums bzw. grauen Zinns ist. Bei Kombinationen von Elementen der III. und V. Hauptgruppe (13. und 15. Gruppe des Periodensystems; z. B. BN, AlN, AlP, GaN, GaP, GaAs, InSb) spricht man von III/V-Verbindungen, bei solchen von Elementen der II. Neben- und VI. Hauptgruppe (12. und 16. Gruppe des Periodensystems; z. B. ZnO, ZnS, CdS, CdSe, HgS, HgSe, HgTe) von II/VI-Verbindungen und im Falle solcher von Elementen der I. Nebengruppe und VII. Hauptgruppe (11. und 17. Gruppe des Periodensystems; z. B. CuCl, CuI, AgI, AuBr) von I/VII-Verbindungen. Sie sind ähnlich wie C, Si, Ge und Sn gebaut. Auch kommt ihnen ein ähnliches elektrisches und optisches Verhalten wie letzteren Elementen zu. Ihre technische Bedeutung liegt – wie die des Siliciums und Germaniums – vor allem in der Nutzung als Halbleiter (vgl. [6]), deren Eigenschaften (z. B. Größe der Bandlücken) durch Zusammenmischen von Elementen der 13., 12. bzw. 11. Gruppe mit solchen der 15., 16. bzw. 17. Gruppe zu binären, ternären oder quaternären undotierten bzw. dotierten Phasen durch Gastransport-Verfahren (z. B. Molekularstrahl- oder Dampfphasen-Epitaxie) naturgemäß gezielt abgestimmt werden können. Einige Anwendungsgebiete derartiger Halbleiter seien kurz skizziert:

Elektronik-Bauelemente (vgl. hierzu S. 1067, 1403). Kontakte zwischen n- und p-dotierten Halbleitern führen an den Kontaktstellen zur Bildung von »Verarmungszonen« an Elektronen und Elektronenlöchern aufgrund einer Abwanderung der negativen bzw. positiven Ladungsträger in den p- bzw. n-Leiter. Sie sind in np-Richtung hochohmig und werden beim Anlegen einer negativen (einer positiven) Spannung an die n- und positiven (negativen) Spannung an die p-Seite elektrisch leitend (elektrisch noch weniger leitend), da zusätzliche Ladungsträger in die verarmten Zonen getrieben (aus den verarmten Zonen gezogen) werden. Derartige »Halbleiter-Dioden« besitzen also eine »Stromdurchlassrichtung« und eine »Stromsperrrichtung« und können als Diodengleichrichter genutzt werden. Belichten von Halbleiter-Dioden, gepolt in Sperrrichtung, führt zur Ladungsträgervermehrung durch Lichtabsorption in der Verarmungszone, d. h. zur Ausbildung zusätzlicher lokalisierter Elektronen/Loch-Paare (Bildung von »Excitonen«). Die hervorgerufene »Photospannung« kann zur Lichtmessung und IR-Detektierung (Photodioden) sowie zur Stromgewinnung (Photoelemente bzw. Solarzellen) herangezogen werden (als IR-Detektor verwendet man z. B. InSb, für Solarzellen Si, GaAs, Cu_2S/CdS). Die in Photodioden und -elementen erfolgende » photoelektrische Energieumwandlung« lässt sich mit Halbleiter-Dioden, gepolt in Durchlassrichtung, umkehren (Vernichtung von »Excitonen«) und so zu spontaner oder stimulierter Lichtemission in Lumineszenzdioden bzw. lichtemittierenden Dioden (LED) in der Optoelektronik für digitale Anzeigen bei Taschenrechnern, Uhren, elektronischen Geräten, aber auch als IR-Emitter, Photokathoden usw. nutzen. Unter den LEDs, deren ausgestrahlte Lichtwellenlängen durch die Größe der Bandlücke E_g bestimmt wird, dient etwa GaAs für infrarotes Licht ($E_g = 1.43\,\text{eV} \,\widehat{=}\, 138\,\text{kJ mol}^{-1}$; $\lambda = 870\,\text{nm}$), $GaAs_{1-x}P_x$ für orangefarbenes bis rotes Licht (z. B. $GaAs_{0.6}P_{0.4}$: $E_g = 1.91\,\text{eV} \,\widehat{=}\, 184\,\text{kJ mol}^{-1}$; $\lambda = 650\,\text{nm}$), GaP für grünes Licht ($E_g = 2.26\,\text{eV} \,\widehat{=}\, 218\,\text{kJ mol}^{-1}$; $\lambda = 550\,\text{nm}$), GaN oder SiC für blaues Licht (Halbleiter jeweils teils n- und teils p-dotiert). Auch zur Erzeugung von Laserlicht (Laserdioden; z. B. $Al_xGa_{1-x}As$; S. 1403) nutzt man die Umwandlung von Elektrizität in Licht in Halbleiter-Dioden.

Ein weiteres breites Anwendungsgebiet besitzen beidseitige Kontakte eines p-Leiters (»Basis«) mit zwei n-Leitern (Emitter und Kollektor) bzw. eines n-Leiters mit zwei p-Leitern. Derartige »Halbleiter-Transistoren« (npn- bzw. pnp-Leiter) lassen sich u. a. als Verstärker für elektronische Signale nutzen.

2.2.2   Supraleiter

Misst man den elektrischen Widerstand von Festkörpern in Abhängigkeit von der Temperatur, so macht man die überraschende Beobachtung, dass dieser in vielen Fällen bei niedrigen Temperaturen (z. B. 4.15 K im Falle von Quecksilber) innerhalb eines sehr kleinen Temperaturintervalls von wenigen hundertstel Kelvin verschwindet und unterhalb der betreffenden, stoffcharakteristischen »kritischen Temperatur« T_c (»Sprungtemperatur«) gleich null bleibt. Man nennt die Fähigkeit vieler Stoffe (fast aller Metalle und Legierungen, einiger Halbleiter und einiger Oxid-, Sulfid-, Tellurid-, Nitrid-, Carbidkeramiken), unterhalb von T_c den elektrischen Strom verlustfrei zu leiten »Supraleitfähigkeit«, die Erscheinung des verschwindenden Widerstands »Supraleitung«.

Die Sprungtemperaturen der meisten bisher untersuchten supraleitenden Festkörper (»Niedrigtemperatur-Supraleiter«) liegen im Temperaturbereich zwischen 0 bis 40 K, also unterhalb des Siedepunkts von flüssigem Stickstoff (77 K). Es konnten allerdings in jüngerer Zeit (ab 1987) auch Stoffe (»Hochtemperatur-Supraleiter«) mit kritischen Temperaturen oberhalb 40 K und sogar oberhalb des N_2-Siedepunkts aufgefunden werden.

Konventionelle Supraleiter

i   **Geschichtliches.** Der Physiker Heike Kamerlingh-Onnes (1853–1926; Nobelpreis 1913; erstmalige Helium-Verflüssigung 1908) entdeckte im Jahre 1911 bei Untersuchungen zum Verhalten des elektrischen Widerstands von Metallen bei sehr tiefen Temperaturen, dass der elektrische Widerstand von Hg unterhalb 4.15 K abrupt auf einen unmessbar kleinen Wert abfällt. In der Folgezeit wurden Supraleiter mit zunehmend höheren Sprungtemperaturen aufgefunden: 1930: Nb ($T_c = 9.25$ K); 1940: NbN (16 K); 1950: Nb_3Sn (18.1 K); 1973: Nb_3Ge (23.2 K); 1986: gesintertes La/Ba/Cu-oxid (30 K; J. G. Bednorz, K. A. Müller: Nobelpreise 1987); 1987: $YBa_2Cu_3O_7$ (95 K; M. K. Wu aus Huntsville/ Alabama und C. W. Chu aus Houston/Texas sowie unabhängig davon Z. X. Zhao aus Peking). Eine theoretische Deutung der Supraleitung gelang erstmals den Physikern J. Bardeen, L. N. Cooper und J. R. Schrieffer (Nobelpreise 1972) im Jahre 1957 (»BCS-Theorie«).

Experimentelles. Die Sprungtemperaturen der Metalle liegen im Bereich 0.015 K (Wolfram) und 9.25 K (Niobium). Allerdings vermögen offensichtlich nur Metalle mit 2 bis 8 Valenzelektronen in den supraleitenden Zustand überzugehen. Besonders hohe kritische Temperaturen kommen nach B. T. Matthias Legierungen mit einer mittleren Valenzelektronenzahl der Legierungsbestandteile um 4.7 und 6.5 zu (z. B. Valenzelektronenzahl von $Nb_3Sn = (3 \times 5 + 4)/4 = 4.75$). Unter den bis zum Jahre 1986 aufgefundenen Supraleitern zeichneten sich folgende durch besonders hohe Sprungtemperaturen aus: NbN ($T_c = 16$ K), $V_3Si/Nb_3Al/Nb_3Sn/Nb_3Ge$ ($T_c = 17.1/18.0/18.1/23.2$ K). Erstere Verbindung kristallisiert mit »NaCl-Struktur«, während letztere Verbindungen die »W_3O-Struktur« (»β-Wolframstruktur« bzw. »V_3Si-Struktur«) einnehmen, in welcher die Si-, Al-, Sn-, Ge- bzw. O-Atome gemäß Abb. 21.14 ein kubisch innenzentriertes Gitter bilden und jeweils verzerrt-ikosaedrisch von 12 V-, Nb- bzw. W-Atomen umgeben sind (letztere Atome bilden ihrerseits Ketten in Richtung der drei Raumachsen). Eine Sensation stellt die Entdeckung von Jun Akimitsu im Jahre 2001 dar: Leicht zugängliches MgB_2 wird bereits unterhalb 39 K supraleitend. In MgB_2 wechseln sich graphitartige $[B^-]_x$-Schichten mit Schichten aus Mg^{2+}-Ionen ab (Abb. 21.14c).

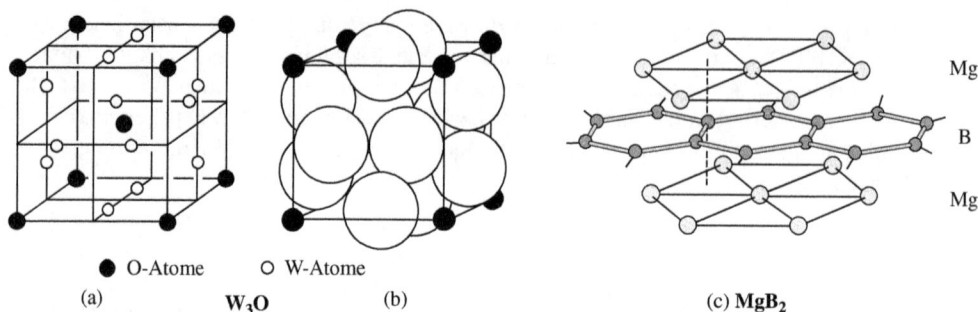

● O-Atome   ○ W-Atome

(a) W_3O (b)   (c) **MgB$_2$**

Abb. 21.14 Kristallstruktur von W_3O (analog gebaut sind V_3Si, Nb_3Al, Nb_3Sn, Nb_3Ge). (a) Ladungs-schwerpunkte der Atome; (b) Raumerfüllung der W-Atome; (c) Schichtgitter von MgB_2.

Theoretisches. Die BCS-Theorie, mit welcher die Supraleitung als ein makroskopisch erkenn-bares Quantenphänomen gedeutet wird, geht davon aus, dass die Leitungselektronen supraleiten-der Festkörper unterhalb der Sprungtemperatur paarweise über gequantelte Gitterschwingungen (»Phononen«) zu so genannten »Cooper-Paaren« gekoppelt werden (vgl. hierzu die durch Elek-tronenaustausch hervorgerufene Kopplung zweier H-Atome zu einem H_2-Molekül). Die Cooper-Paare, deren beide antiparallel spinorientierte Elektronen relativ weit voneinander entfernt sein können (Kohärenzlänge = einige tausend Ångström), haben einen Gesamtelektronenspin = null und gehorchen daher nach den Gesetzen der Quantenphysik als »Bosonen« – anders als Teil-chen mit halbzahligem Spin (»Fermionen«) – nicht der »Fermi-« sondern der »Bose-Einstein-Statistik«. Hiernach gilt für sie kein Pauli-Verbot (S. 102), sodass die Paare alle einen einzigen Quantenzustand bestimmter Energie besetzen können. Dies hat zur Folge, dass kein Energie-austausch mit ihrer Umgebung stattfindet: bei Anlegen einer Spannung fließt elektrischer Strom demgemäß widerstandslos.

Erreicht die kinetische Energie bewegter Cooper-Paare ihre Bindungsenergie, so »brechen« sie auf, und es erfolgt ein Übergang von der verlustfreien zur normalen elektrischen Leitung. Infolgedessen findet die Supraleitung oberhalb einer »kritischen Temperatur« T_c und ab ei-ner »kritischen Stromdichte« I_c ihr Ende. Da die Konzentration der ladungstransportierenden Cooper-Paare mit sinkender Temperatur wächst, steigt in gleicher Richtung auch die kritische Stromdichte.[28]

Supraleiter im Magnetfeld. Materie im supraleitenden Zustand verdrängt wie ein diamagneti-scher Stoff (Abb. 21.7) von außen angelegte Magnetfelder. Tatsächlich ist der Supraleiter perfekt diamagnetisch: M (= Magnetisierung) $= -H_{außen}$ (= magnetische Feldstärke)[4,6]; der Supraleiter verdrängt im Inneren alle magnetischen Feldlinien, d. h. in einem Supraleiter existiert kein Ma-gnetfeld. Man bezeichnet dieses für die Supraleitung charakteristische Verhalten nach den Ent-deckern W. Meißner und R. Ochsenfeld (1933) als »Meißner-Ochsenfeld-Effekt«. Erreicht die Energie der Ladungsträger im induzierten Kreisstrom bei der »kritischen magnetischen Feldstär-ke« H_c die Bindungsenergie der Cooper-Paare, so wird die Supraleitung aufgehoben. Somit sinkt die Sprungtemperatur eines supraleitenden Festkörpers mit wachsender Feldstärke eines äußeren Magnetfelds oder – gleichbedeutend – es erniedrigt sich die kritische magnetische Feldstärke mit steigender Temperatur (Abb. 21.15). Ab einer gewissen Feldstärke H_0 kann der betreffende Stoff

---

[28] Bestätigt wird die BCS-Theorie u. a. durch die Beobachtung, dass der magnetische Fluss (die magnetische Induktion S. 1658) einer stromdurchflossenen, supraleitenden Schleife (vgl. Abb. 21.8) nur in ganzzahligen Vielfachen eines ele-mentaren Flussquants $\phi_0 = h/2e = 2 \times 10^{15}$ [Vs] verändert werden kann. Damit ist auch bewiesen, dass Träger der Ladung $2e$ den Strom bewirken. Darüber hinaus wird im Falle von Zinn unterschiedlicher Isotopenzusammensetzung Proportionalität von der Sprungtemperatur T_c mit der Wurzel $\sqrt{M}$ aus der Isotopenmasse M gefunden ($T_c = 3.65$ bis 3.85 K für $^{112}_{50}Sn$ bis $^{124}_{50}Sn$) und damit bewiesen, dass die Elektronenkopplung zu Cooper-Paaren über Gitterschwingun-gen erfolgt.

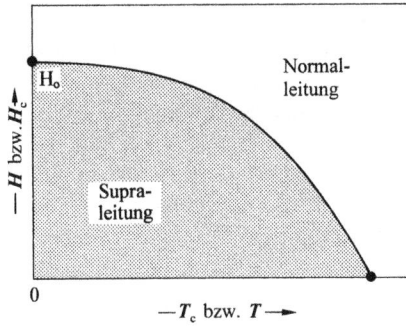

Abb. 21.15 Kritische Temperatur T_c als Funktion des äußeren Magnetfeldes H bzw. kritische Feldstärke H_c als Funktion der Temperatur T.

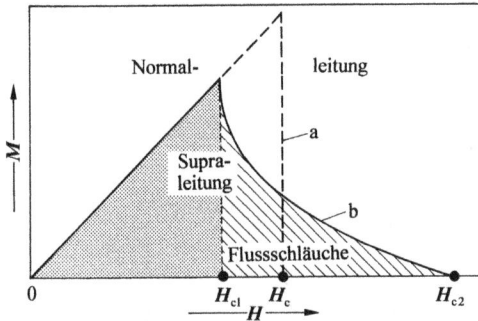

Abb. 21.16 Magnetisierung M als Funktion des äußeren Magentfeldes H. Gestrichelte Linie (a): Typ-I-Supraleiter; ausgezogene Linie (b): Typ-II-Supraleiter (die Flächen unter beiden Linien sind gleich groß).

selbst bei 0 K, ab einer gewissen Temperatur T selbst in äußerst schwachen (verschwindenden) Magnetfeldern nicht mehr in den supraleitenden Zustand überführt werden.

Man unterscheidet Supraleiter erster und zweiter Art. Typ-I-Supraleiter, zu denen die meisten supraleitenden Metalle gehören, zeigen bis zur kritischen magnetischen Feldstärke H_c perfektes Meißner-Ochsenfeld-Verhalten ($M = -H$). Die große Mehrzahl der Supraleiter (Legierungen, Keramiken) stellen jedoch Typ-II-Supraleiter dar, bei denen oberhalb einer magnetischen Feldstärke H_{c1} des äußeren Magnetfeldes die Magnetisierung (die magnetische Induktion, der magnetische Fluss) des Supraleiters mit wachsendem Feld H monoton abnimmt, bis bei der magnetischen Feldstärke H_{c2} die Magnetisierung (abgesehen vom diamagnetischen Stoffanteil) und damit die Supraleitung verschwindet (Abb. 21.16). Im »Mischzustand« der Typ-II-Supraleiter zwischen H_{c1} und H_{c2} ist der magnetische Fluss nicht homogen über den Querschnitt des Supraleiters verteilt, sondern er tritt in einzelnen »Flussschläuchen« auf, die das Material nebeneinander durchziehen und deren Konzentration mit steigenden magnetischen Feldstärken anwächst. Der Suprastrom, der sich im Falle der Typ-I-Supraleiter nur innerhalb einer dünnen Oberflächenschicht bewegt, fließt bei den Typ-II-Supraleitern zudem um die Flussschläuche herum. Deshalb und wegen der höheren kritischen Feldstärke ($H_{c2} > H_c$; vgl. Abb. 21.16) eignen sich Supraleiter vom Typ II für praktische Anwendungen besser als solche vom Typ I (vgl. Anm.[29]).

---

[29] Wird ein elektrischer Strom senkrecht zu den Flussschläuchen durch den Supraleiter geschickt, so wirkt auf die Schläuche eine Kraft (»Lorenz-Kraft«), die sie zum Wandern veranlaßt. Insgesamt geht hierdurch Energie verloren; es wird ein elektrischer Widerstand erzeugt. Durch Kristallfehler lassen sich jedoch die Flussschläuche in vielen Fällen fixieren, sodass man kaltverformte Supraleiter anders als getempertes (»ausgeheiltes«), fast kristallfehlerfreies Material mit erheblichen Strömen belasten kann.

Anwendungen. Supraleitende Spulen werden insbesondere zur Herstellung starker magnetischer Felder verwendet, doch ist die erreichbare Feldstärke aus oben genannten Gründen begrenzt. Die Kosten des relativ teuren Spulenmaterials (praktische Bedeutung haben NbTi sowie Nb_3Sn mit $T_c = 9.6$ bzw. 18.1 K) und der Kühlung mit flüssigem Helium werden dadurch wettgemacht, dass die Spulen sehr kompakt sind sowie wenig Energie verbrauchen und dass keine Stromwärme abgeführt werden muss[30]. Der Verlust an flüssigem Helium ist in der Regel klein. Supraleitende Magnetspulen finden Anwendung in Hochleistungsgeräten zur Messung der kernmagnetischen Resonanz, in Kernspin-Tomographen zur medizinischen Diagnostik, in Teilchenbeschleunigern, Blasenkammern sowie Kernfusionsreaktoren der Hochenergie-Physik und in Josephson-Kontakten (Tunnel-Dioden) für hochempfindliche Magnetfeldmessungen. Noch nicht realisiert sind denkbare Anwendungen von Supraleitern im Bereich der Stromerzeugung und -übertragung, der Elektromotoren, der Energiespeicherung. Eine gewisse Bedeutung hat die Supraleitung aber bereits in der Mikroelektronik z. B. bei schnellen Computern sowie bei den Transportsystemen (z. B. Magnetschwebebahn) erlangt.

Hochtemperatur-Supraleiter

Experimentelles. Während die höchste bisher aufgefundene Sprungtemperatur eines Metalls bzw. einer Legierung bei 9.25 K (Nb) bzw. 23.2 K (Nb_3Ge) liegt, lassen sich mit supraleitenden Oxidkeramiken wie $La_{1.8}Ba_{0.2}CuO_4$ bzw. $La_{1.85}Sr_{0.15}CuO_4$ bzw. $YBa_2Cu_3O_{7-x}$ ($x = 0$) kritische Temperaturen von 30 K bzw. 40 K bzw. 95 K realisieren.[31] Der Sauerstoffgehalt lässt sich im letztgenannten Oxid durch Tempern bei 385–400 °C in Sauerstoffatmosphäre unter verschiedenen O_2-Partialdrücken variieren (im Bereich $x = 0$ bis 0.5 sinkt die Sprungtemperatur von 95 auf 0 K)[31].

Die Strukturen der erwähnten Keramiken enthalten Elemente der Perowskitstruktur (vgl. S. 1801). $La_{2-x}M^{II}_xCuO_4$ kristallisiert mit »K_2NiF_4-Struktur« (vgl. Abb. 21.17a; durch Kalium-Ionen zusammengehaltene Schichten eckenverknüpfter NiF_6-Oktaeder). Das Mischoxid $YBa_2Cu_3O_7$ (auch nach der Y-, Ba-, Cu-Menge als »Einszweidreioxid« bezeichnet) baut sich aus

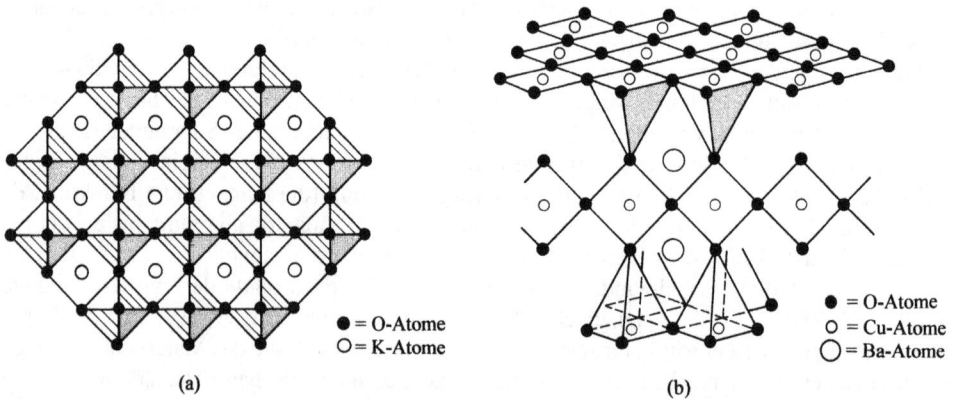

(a)   (b)

●= O-Atome   ●= O-Atome
○= K-Atome   ○= Cu-Atome
              ○= Ba-Atome

Abb. 21.17 Ausschnitte aus Kristallstrukturen: (a) K_2NiF_4 (die wiedergegebenen Oktaeder sind jeweils mit Ni^{2+}-Ionen zentriert); (b) $YBa_2Cu_3O_7$ (die wiedergegebenen Schichtpakete werden durch – nicht gezeigte – Y^{3+}-Ionen zusammengehalten).

---

[30] Die Erzeugung einer magnetischen Induktion von 10 Tesla in einem Volumen von 50 Kubikzentimetern erfordert bei konventionellen Elektromagneten eine elektrische Leistung von 2000 kW. Zur Abfuhr der erzeugten Wärme werden 4 Kubikmeter Kühlwasser pro Minute benötigt. Die Betriebskosten eines derartigen Magneten sind damit etwa zehnmal höher als die einer leistungsgleichen, viel kleineren Spule aus Nb_3Sn-Draht.

[31] Weitere Supraleiter mit hohen Sprungtemperaturen sind etwa: $Tl_2Ba_2CuO_6$ ($T_c = 80$ K), $Bi_{2+x}Ca_{1-x}Sr_2Cu_2O_{8+x/2}$ (83 K), $Tl_2Ba_2CaCu_2O_8$ ($T_c = 110$ K), $Tl_2Ba_2Ca_2Cu_3O_{10}$ ($T_c = 125$ K).

Schichtpaketen auf. Jedes Schichtpaket wird gemäß Abb. 21.17b auf beiden Seiten von einem ebenen Netz aus CuO_4-Quadraten mit vier gemeinsamen Ecken (Zusammensetzung der Schicht: CuO_2) begrenzt. Zwischen diesen parallel übereinander angeordneten CuO_2-Netzen eines Pakets liegen Bänder aus CuO_4-Quadraten mit zwei gemeinsamen Ecken (Zusammensetzung: CuO_3) in parallel hintereinander angeordneten Ebenen, welche senkrecht zu den CuO_2-Netzebenen verlaufen. Die CuO_2-Netze sind hierbei so über und unter den CuO_3-Bändern angeordnet, dass nahezu quadratische CuO_5-Pyramiden entstehen. Die durch die Netze begrenzten Schichtpakete enthalten zudem die Barium-Ionen und werden durch die Yttrium-Ionen sowie über schwache Cu^{2+}/Cu^{2+}-Wechselbeziehungen (Überlappung der mit je einem Elektron besetzten d_{z2}-Orbitale) miteinander verknüpft.

Theoretisches. Den besprochenen und anderen[31] kupferhaltigen supraleitenden Oxidkeramiken gemeinsam sind die CuO_2-Netze, deren Sauerstoffatome meist ein wenig nach der einen oder abwechselnd nach der einen und der anderen Seite aus der Ebene der Kupferatome herausragen. Der Mechanismus der Kopplung zu Cooper-Paaren (Kohärenzabstände um 10 Å) in diesen Systemen ist noch nicht völlig geklärt. Beim Übergang in den supraleitenden Zustand wird das Kristallgefüge merklich verfestigt wie etwa aus dem Anstieg der Schallgeschwindigkeit in den Oxiden hervorgeht. Aus der Anisotropie der Strukturen folgt eine Anisotropie der kritischen Stromdichte (s. oben); sie ist parallel zu den CuO_2-Netzen größer als senkrecht dazu.

Anwendungen. Einer praktischen Anwendung der Hochtemperatur-Supraleiter stehen Schwierigkeiten ihrer Verarbeitung zu Drähten und Spulen entgegen. Es handelt sich um Typ-II-Supraleiter, deren magnetische Flussschläuche bisher nicht genügend fixiert werden konnten, was zu elektrischem Widerstand und damit zu Wärmeentwicklung bei hohen Strömen führt.

3   Oberflächenreiche sowie nanostrukturierte Materialien

> **ℹ Geschichtliches.** Die Erschließung des interessanten Teilgebiets der Chemie: »Der aktive Zustand fester Materie« verdanken wir insbesondere dem deutschen Chemiker Robert Fricke (1895–1950). Der amerikanische Physiker Richard Feynman (1918–1988; Nobelpreis 1965) spekulierte als erster bereits 1959 darüber, »dass sich die Palette möglicher Eigenschaften von Substanzen bei Beeinflussung der Anordnung von Materie auf kleinstem Raum wesentlich erweitern würde«. Die Gedankengänge hinsichtlich nanostrukturierter Materialien wurden ab ca. 1960 von dem Forscher Ryogo Kuto theoretisch und ab ca. 1980 experimentell untermauert (z. B. Arbeiten über nanokristalline Metalle durch Herbert Gleiter über Nanophasen-TiO_2-Keramik durch Horst Haber, Richard W. Siegel).

Herkömmliche Materialien (Metalle, Keramiken, andere Festkörper) bestehen in der Regel aus einem dichten Gefüge homogener, über van-der-Waals- oder chemische Beziehungen miteinander verknüpfter, kristalliner Bereiche (»Körner«) mit Durchmessern von einigen Millimetern ($mm = 10^{-3}$ m) bis Mikrometern ($\mu m = 10^{-3}$ mm). Verkleinert man die Korndurchmesser der Materialien gegebener chemischer Zusammensetzung in den Bereich von Nanometern ($nm = 10^{-3} \mu m$)[32], so macht man die interessante Beobachtung, dass sich die (mechanischen, thermischen, optischen, elektrischen, magnetischen usw.) Eigenschaften der nunmehr nanostrukturierten (aus »Nanopartikeln«, »Clustern« aufgebauten) Materialien mehr oder weniger

---

[32] Eine Laus/eine Bakterie/ein Virus hat einen Durchmesser von ca. 1 mm/1 μm/100 nm. Eine Vorstellung von dem Ausmaß der Gefügeverkleinerung liefert folgender Zusammenhang: von den aus ca. 250 000 Zinnatomen bestehenden Gefügekörnern vom Durchmesser 20 nm passen ca. 250 Milliarden auf einen Punkt (·) der Dicke/Fläche = 5μm/0.2 mm². Ein 3 Nanometerkorn verhält sich zu einem normalen Millimeterkorn hinsichtlich seiner Größe wie ein Haus zum gesamten Erdball. Der Anteil an Oberflächenatomen eines Partikels (»Clusters«) von 10/5/2/1 nm (enthält ca. 30 000/4000/250/30 Atome) beträgt 20/40/80/99 %.

drastisch verändert haben. So beträgt der Schmelzpunkt von »normalem« Zinn 232 °C und nach Verkleinerung seiner Gefügebestandteile auf 20 bzw. 10 nm nur noch 210 bzw. 150 °C.

Wegen ihrer zum Teil »paradoxen« Eigenschaften, die von der Natur seit langem genutzt werden (z. B. in Muschelschalen, Knochengerüsten), stellen die nanostrukturierten Stoffe in vieler Hinsicht Materialien der Zukunft dar (»Nanotechnologie«). Schon jetzt werden Nanopartikel, deren Formen (Kugeln, Platten, Stäbchen, Röhren) bereits wichtige Eigenschaften wie isotropes bzw. anisotropes Verhalten oder ortsabhängige Oberflächenreaktivitäten mitbestimmen, als solche oder im Verband mit anderen Stoffen (»Nanopartikel-Verbundwerkstoffe«) eingesetzt und haben Verwendung in der Katalyse, der Oberflächenbeschichtung, der Fotografie, der Herstellung formbarer Keramiken, der Gewinnung superharter Metalle usw. gefunden (in Form von Ruß bzw. Rauch erzeugten die – des Feuers kundigen – Menschen schon in uralten Zeiten Nanopartikel).

Nachfolgend wird über Struktur und Eigenschaften von »Nanophasen-Materialien« berichtet. Zuvor sei aber noch eine unter dem Begriff »Aktiver Zustand fester Materie« bekannte Stoffform besprochen, deren Aktivität andere Ursachen als eine Gefügeverkleinerung hat.

3.1   Der aktive Zustand fester Materie

Energieinhalt und Oberflächenentwicklung. Während sich Teilchen (»Partikel«) im Flüssigkeitsinneren wie Gasteilchen frei bewegen können, da sich die auf das Teilchen von den allseitig vorhandenen Nachbarteilchen ausgeübten Anziehungskräfte kompensieren (Abb. 21.18), wird ein Teilchen an der (ebenen oder nur schwach gekrümmten) Flüssigkeitsoberfläche durch die – nunmehr einseitig lokalisierten – Nachbarteilchen in das Flüssigkeitsinnere mit der Folge gezogen, dass die Flüssigkeit ihre Oberfläche unter Energiegewinn so weit wie möglich zu verkleinern sucht (Abb. 21.18; Kugelgestalt von Tröpfchen). Die zur Schaffung von 1 cm^2 neuer Flüssigkeitsoberfläche umgekehrt erforderliche Energie wird durch den Zahlenwert der »Oberflächenspannung« γ (ca. 1 bis $50 \cdot 10^{-6}$ J cm^{-2}) zum Ausdruck gebracht. Ganz entsprechend wächst der Energieinhalt der Festkörper (γ ca. $(10$ bis $100) \times 10^{-6}$ J cm^{-2}) mit zunehmender Zerteilung des festen Stoffes unter Beibehaltung des »normalen« Gefüges stark an (zerlegt man etwa einen Würfel mit 1 Kubikdezimeter Inhalt und demgemäß 6 Quadratdezimeter Oberfläche in 10^{21} Würfel mit je 100 Kubikångström Inhalt, was eine Energie von ca. 180 kJ erfordert, so erhöht sich die Oberfläche auf fast 1 Million Quadratmeter)[33]. Teilchen an einer sehr stark gekrümmten Oberfläche haben im Vergleich zu solchen an einer ebenen Oberfläche einen höheren Dampfdruck, weil die auf ein Teilchen an der Oberfläche eines zunehmend gekrümmten festen Stoffes ausgeübten Anziehungskräfte aufgrund der Abnahme der Teilchennachbarn sinken (Abb. 21.18c)[34].

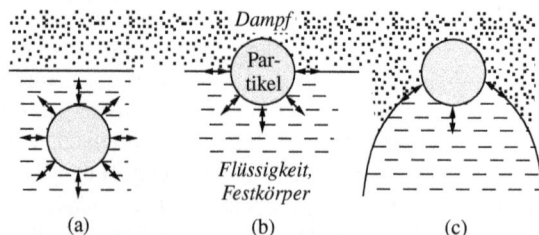

Abb. 21.18   Kohäsionskräfte im Stoffinneren (a), an ebenen (b) und gekrümmten (c) Oberflächen.

---

[33]   Experimentell lässt sich die Energiedifferenz zwischen feinverteiltem und gröber dispersem Zustand eines festen Stoffes in einfacher Weise durch Messung der Lösungswärme beider Formen in einem geeigneten Medium ermitteln.

[34]   Würde etwa das Kuboktaeder, S. 1561, an einer Stoffoberfläche liegen, so verfügte das mittlere Metallatom über 12 Nachbarn und nach Entfernen der oberen 3 Metallatome bzw. der oberen 3 und zusätzlich 6 Atomen des mittleren Rings noch 9 bzw. 3 Nachbarn.

Als Folge des höheren Dampfdrucks kleiner Teilchen wachsen große Teilchen auf Kosten der kleineren und lösen sich kleine Teilchen besser und schneller als große (wegen der hohen Löslichkeit zunächst gebildeter, nur aus wenigen molekularen Einheiten bestehender Keime bilden auszufällende Niederschläge »übersättigte Lösungen«; Gegenmaßnahmen: Impfen mit Kristallen).

Statt durch Zerteilung kann die Oberfläche eines festen Stoffes auch durch »Aufrauhen«, d. h. durch Schaffung von »Spitzen« und »Spalten« vergrößert werden, wobei die an den Spitzen bzw. in Spalten gelegenen Teilchen einen erhöhten bzw. erniedrigten Dampfdruck aufweisen. Beide Fälle entsprechen einem energetischen Spannungszustand der festen Materie, der in den oberflächenärmeren ebenen Flächenzustand überzugehen bestrebt ist. Bei der Katalysatorwirkung von festen Stoffen (heterogene Katalyse, S. 224) spielen gerade solche ausgezeichneten, energiereichen Oberflächenstellen (Gleiches gilt von Ecken und Kanten) eine ausschlaggebende Rolle (»aktive Stellen«). Bei erhöhten Temperaturen können sich die Oberflächenunebenheiten infolge der vorhandenen Dampfdruckunterschiede unter Energieabgabe ausgleichen. Damit verliert der Katalysator an Wirkung. Durch Einlagerung von Fremdstoffen (»Promotoren«, »Aktivatoren«) in den Katalysatorkristall tritt man dieser Erscheinung in der Technik entgegen (S. 224).

Energieinhalt und Gitterstörungen. Außer durch Oberflächenvergrößerung kann der Energieinhalt eines festen Stoffes auch durch Kristallgitterstörungen (hervorgerufen durch Abschrecken erhitzter Stoffe, durch rasche Ausfällung schwerlöslicher Niederschläge bei niedrigen Temperaturen, durch Einbau systemfremder Störsubstanzen) erhöht werden. So kommt es, dass ein fester Stoff im amorphen Zustande stets energiereicher als ein kristallisierter ist. Als Arten von Kristallgitterstörung seien etwa Gitterdehnungen oder -schrumpfungen sowie Verschiebungen oder Verbiegungen von Netzebenen gegeneinander erwähnt. Ein Beispiel für einen solchen Fall ist das »pyrophore Eisen« (S. 1944), das man durch Reduktion von amorphem $Fe(III)$-hydroxid mit H_2 bei niedrigen Temperaturen erhalten kann, während das bei höheren Temperaturen gewonnene Eisen – mit größenordnungsmäßig gleicher Oberflächentwicklung – nicht pyrophor ist (im pyrophoren Eisen weichen die Gitterschwerpunkte der Eisenatome im Mittel um $0.076\,\text{Å}$ von der Normallage im ungestörten Gitter ab). Wie die oberflächenreichen Stoffe lassen sich auch die gittergestörten Stoffe durch längeres Erhitzen (»Tempern«) in einen energieärmeren Zustand überführen.

Energieinhalt und Gleichgewichtskonstante. Nach dem Massenwirkungssatz (S. 213) gilt für die Entwässerung (21.11)a bei konstanter Temperatur die Beziehung (21.11)b:

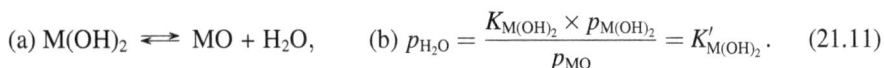

$$\text{(a) } M(OH)_2 \rightleftharpoons MO + H_2O, \qquad \text{(b) } p_{H_2O} = \frac{K_{M(OH)_2} \times p_{M(OH)_2}}{p_{MO}} = K'_{M(OH)_2}. \qquad (21.11)$$

wonach der Wasserdampfdruck p_{H_2O} während der isothermen Entwässerung einen konstanten Wert besitzt. Diese Konstanz gilt aber nur so lange, als die Dampfdrücke $p_{M(OH)_2}$ und p_{MO} als konstant angesehen werden können, was für oberflächenreiche Stoffe nicht streng zutrifft. Je feinteiliger das abzubauende Hydroxid ist, desto größer ist auch der Gleichgewichts-Wasserdampfdruck p_{H_2O}. Und je feinteiliger umgekehrt das entstehende Oxid ist, desto kleiner ist der Wasserdampfdruck über dem festen Gemisch, da das feinteilige Oxid den Wasserdampf leichter aufnimmt als das grobteilige. So lässt sich etwa α-$FeO(OH)$ bei $100\,°C$ im Vakuum über P_2O_5 nicht entwässern, da hierbei zunächst ein energiereiches α-Fe_2O_3 entsteht. Auch sind viele Verbindungen nur deshalb metastabil, weil ihre ersten Abbauprodukte außerordentlich aktiv sind. Z. B. kann kristallines $Cu(OH)_2$, das hinsichtlich CuO instabil ist, nur deshalb erhalten werden, weil das daraus entstehende »aktive CuO« sehr energiereich ist, sodass der Wasserdampf-Zersetzungsdruck bei $20\,°C$ statt $280\,\text{mbar}$ (Gleichgewicht mit »inaktivem CuO«) nur $20\,\text{mbar}$ oder weniger beträgt.

In analoger Weise hängen auch andere chemische Eigenschaften von der Art der Oberfläche und Gitterausbildung der festen Stoffe ab. So ist »Bayerit« $Al(OH)_3$ (hexagonal) stark basisch und schwächer sauer als energieärmerer »Hydrargillit« $Al(OH)_3$ (monoklin). Noch stärker basisch wirkt das besonders aktive, frisch gefällte, röntgenamorphe $Al(OH)_3$. Umgekehrt verstärken sich beim α-Fe_2O_3 mit zunehmendem Energiegehalt die sauren Eigenschaften.

3.2   Nanophasen-Materialien

Synthesen. Die Bildung von Nanophasen-Material kann nicht durch »Mahlprozesse« (Zerkleinern der Materie), mit welchen keine Partikel unter ca. 3 µm zugänglich sind, sondern nur durch »Koagulationsprozesse« (Zusammenlagerung von Atomen bzw. Molekülen) erfolgen. Die Gewinnung eines Großteils der kommerziell erhältlichen Nanophasen-Materialien erfolgt heute via Aerosolverfahren. Hierbei werden etwa gasförmige molekulare Metalloxide in »Flammenreaktoren« (oder auch »Plasma«- bzw. »Laserreaktoren«) erzeugt (z. B. TiO_2-, SiO_2-, Fe_3O_4-Moleküle durch Oxidation von $TiCl_4$, $SiCl_4$, $Fe(CO)_5$ in CH_4/O_2-Flammen) und dann durch rasche Abkühlung der Metalloxidgase mittels zugeführter Inertgase zu Nanopartikeln koaguliert, welche sich in Pulverform auf geeigneten Filtern ansammeln. In entsprechender Weise erhält man durch Verdampfen von Metallen in »Heißwandreaktoren« Metallatomdämpfe, die im Zuge ihrer raschen Abkühlung durch Inertgase einerseits bzw. Sauerstoff andererseits Nanophasen-Metalle bzw. -Keramiken liefern. Die Clustergröße lässt sich hierbei u. a. über die Verdampfungsgeschwindigkeit sowie Art und Druck der Kühlgase zwischen einem und hundert Nanometern einstellen. Anstelle der Metalle lassen sich auch andere Materialien verdampfen, anstelle der Heißwandreaktoren kann die Verdampfung auch durch Beschuss von Materieoberflächen mit Laserstrahlen, Ionen oder Elektronen erfolgen. Als weitere derzeit durchgeführte, hier nicht näher erläuterte Verfahren seien »Sprüh«- und »Gefriertrocknungsprozesse« (= Partikelbindung an Tropfen) sowie Sol-Gel-Prozesse (= Partikelbildung durch Substanzfällung) genannt. Man vergleiche auch die Synthese von Fulleren sowie ein- und mehrwandigen Kohlenstoffnanoröhren (außer Röhren aus C lassen sich solche aus MoS_2, WS_2, TiO_2, BN, $NiCl_2$ usw. gewinnen).

Eigenschaften. Die nanostrukturierten Materialien verkörpern aufgrund ihrer enormen Oberflächenentwicklung einen »besonders aktiven Zustand fester Materie« und eignen sich deshalb hervorragend als Adsorptionsmittel, Wärmeaustauschmaterial u. v. m. Auch weisen sie eine gesteigerte chemische und katalytische Aktivität auf. So katalysiert Nano-TiO_2 die – z. B. für Autoabgasreinigung wichtige – H_2S-Zersetzung in Wasserstoff und Schwefel bei 500 °C unter Beibehaltung seiner Aktivität deutlich rascher als kompaktes TiO_2. Auch wurden ultrafeine Partikel von Pt oder Rh auf geeigneter Keramik schon lange als Katalysatoren eingesetzt.

Mechanisches und thermisches Verhalten. Ein abnehmender Partikeldurchmesser des Materiegefüges führt nicht nur zu einer Schmelzpunktserniedrigung, sondern auch zu einer deutlichen Sintererleichterung nanostrukturierten Pulvermaterials. Z. B. sintert Nano-TiO_2-Pulver sowohl rascher als zudem bei ca. 800 °C, also 600 °C unter der herkömmlichen Temperatur für TiO_2-Pulver. Hierbei erfahren gesinterte nanokristalline Werkstücke aus Metall (z. B. Cu, Fe) als Folge fehlender Gitterstörungen eine Steigerung ihrer Härte hinsichtlich normalkristallinem Metall um den Faktor 3–7, falls die Clustergrößen auf 15–4 nm reduziert werden (die Metallhärte sinkt mit wachsender Zahl von Gitterstörungen). Des weiteren beobachtet man als Folge des nanostrukturierten Materialgefüges eine Duktilitätserhöhung (Verformbarkeitssteigerung) nicht nur der Metalle, sondern auch der – an sich spröden – Keramiken. So lässt sich etwa Nano-TiO_2 sogar bei Raumtemperatur verformen, was die Möglichkeit eröffnet, komplizierte Keramikteile (z. B. für Automotoren) direkt zu formen (»endkonturgenaue Formung«, »net-shape-forming«), statt Rohlinge nachträglich abtragend zu bearbeiten. Dabei sind die nanostrukturierten Keramikteile zudem härter und widerstandsfähiger als die normalstrukturierten (Nano-TiO_2 kann bei 800 °C unter Druck bis 60 % verformt werden). Die erstaunliche Keramikduktilität beruht darauf, dass nanometerkleine Körner unter Druck leichter übereinandergleiten als millimetergroße. Auch füllen kleinere Körner aus der Nachbarschaft kleine Risse zwischen miteinander verknüpften Körnern leichter heilend auf als größere, da sie geringere Entfernungen zurücklegen müssen (Gesteine der Erdkruste können sich immerhin über geologische Zeiträume hinaus auf diese Weise verformen aber – als Folge des Verformungsprozesses – auch plötzlich unter hoher Energieabgabe Spannungen abbauen).

Magnetisches Verhalten. Da die Durchmesser der superfeinen Partikel im Bereich der Ausdehnung der Weiß'schen Bezirke liegt (10–100 nm; vgl. S. 1666), stellt das gesamte Nanoteilchen jeweils einen in einer Richtung magnetisierten Permanentmagneten dar. Bei der Umpolung muss daher das gesamte Teilchen und nicht nur ein Partikelunterteil ummagnetisiert werden, was weniger Energie erfordert. Infolgedessen beobachtet man eine erhöhte magnetische Aufnahmekapazität von Nanophasen-Materialien; auch sind die magnetischen Eigenschaften von Nanopartikeln wesentlich unempfindlicher gegenüber Temperaturschwankungen.

Elektrisches Verhalten. Im Magnetfeld weisen eine Reihe nanostrukturierter Materialien einen erniedrigten elektrischen Widerstand auf. Dieser Sachverhalt kann für die Informationsspeicherung wichtig werden.

Optisches Verhalten. Partikel mit Durchmessern zwischen 1–50 nm vermögen sichtbares Licht (350–800 nm) nicht zu streuen und erscheinen deshalb durchsichtig (z. B. lässt sich trübes Y_2O_3 durch Nanostrukturierung in eine transparente Keramik verwandeln). Strahlung kürzerer Wellenlänge durchdringen demgegenüber auch feinkörnige Materialen z. B. aus Zink-, Titan- oder Eisenoxid nicht, sodass letztere Stoffe als Ultraviolettabsorber wirken und heute in Sonnenschutzmitteln sowie auch Polymerwerkstoffen zur Steigerung der Lichtechtheit eingesetzt werden (z. B. absorbieren bereits geringe Mengen an 10 nm-TiO_2-Teilchen in Polymermaterial die UV-Strahlung nachhaltig ohne die Werkstofftransparenz zu erniedrigen). Des weiteren variiert bei bunten Nanophasenmaterialien (z. B. CdS) die Farbe mit der Größe der Gefügekörner, was zum Einsatz von Nanophasenpulvern in Kosmetikartikeln sowie in Flüssigkristallanzeigen der Displays geführt hat. Die Eigenschaft der Nanophasen-Materialien einer Verringerung des Brechungsindex mit abnehmendem Durchmesser der Gefügebausteine kann dazu genutzt werden, den Brechungsindex eines Kunststoffs (ca. 1.3–1.7) durch Verbund mit Partikeln bestimmten Durchmessers eines stark lichtbrechenden Materials wunschgemäß einzustellen (z. B. wichtig für Solarzellen, Faseroptik).

Literatur zu Kapitel XXI

Festkörperchemie

[1] **Grundlagen der Festkörperchemie**

Bücher. A. R. West: »Solid State Chemistry and its Applications«, Wiley, Chichester 1989; »Basic Solid State Chemistry«, Wiley, Chichester 1988; A. F. Wells: »Structural Inorganic Chemistry«, 5. Aufl., Clarendon Press, Oxford 1984; U. Müller: »Anorganische Strukturchemie«, Teubner, Stuttgart 1991; H. Krebs: »Grundzüge der anorganischen Kristallchemie«, Enke Verlag, Stuttgart 1968; F. S. Galasso: »Structure and Properties of Inorganic Solids«, Pergamon Press, Oxford 1970; N. N. Greenwood (Übersetzer H. G. von Schnering, B. Kolloch): »Ionenkristalle, Gitterdefekte und Nichtstöchiometrische Verbindungen«, Verlag Chemie 1968; D. M. Adams: »Inorganic Solids: An Introduction to Concepts in Solid-State Structural Chemistry«, Wiley, London 1974; C. N. R. Rao: »Modern Concepts of Solid State Chemistry«, Plenum Press, New York 1970; D. J. Shaw: »Introduction to Colloid and Surface Chemistry«, Butterworth, 3. Aufl., London 1989; K. Schmalzried: »Festkörperreaktionen«, Verlag Chemie, Weinheim 1971; C. Janot: »Quasicrystals: A primer«, Clarendon, Oxford 1998; M. V. Jarié, D. Gratias (Hrsg.): »Aperiodicity and Order«, Acad. Press, San Diego 1989; G. W. Gray: »Thermotropic Liquid Crystals«, Wiley, New York 1987; F. Vögtle: »Supramolekulare Chemie«, Teubner,

Stuttgart 1992, J. N. Sherwood: »The Plastically Crystalline State«, Wiley, New York 1979; H. J. Meyer: »Festkörperchemie« in E. Riedel (Hrsg.): »Moderne Anorganische Chemie«, 2. Auflage, de Gruyter, Berlin 2002, S. 351. – Spezielle Aspekte. J. Maier: »Defektchemie: Zusammensetzung, Transport und Reaktionen im festen Zustand – Teil I: Thermodynamik; Teil II: Kinetik«, Angew. Chem. **105** (1993) 333–354 und 558–571; Int. Ed. **32** (1993) 313 und 528; S. Möhr, H. Müller-Buschbaum: »Präparative Festkörperchemie mit CO_2-Hochleistungslasern«, Angew. Chem. **107** (1995) 691–697; Int. Ed. **34** (1995) 634; H. N. Waltenburg, J. T. Yates, jr.: »Surface Chemistry«, Chem. Rev. **95** (1995) 1589–1673; A. Simon: »From a molecular view on solids to molecules in solids«, J. Alloys and Compounds **229** (1995) 158–174; J. C. Schön, M. Jansen: »Auf dem Wege zur Syntheseplanung in der Festkörperchemie existenzfähiger Strukturkandidaten mit Verfahren zur globalen Strukturoptimierung«, Angew. Chem. **108** (1996) 1358–1377; Int. Ed. **35** (1996) 1286; W. S. Sheldrick, M. Wachhold: »Solvatothermale Synthese von Chalkogenidometallaten«, Angew. Chem. **109** (1997) 214–233; Int. Ed. **36** (1997) 206; G. Patzke, M. Binnewies: »Feste Lösungen«, Chemie in unserer Zeit **33** (1999) 33–44; S. Andersson, S. Lidin, M. Jacob, O. Terasaki: »Über den quasikristallinen Zustand«, Angew. Chem. **103** (1991) 771–775; Int. Ed. **30** (1991) 754. Vgl. auch [2–4,6–8] und Anm.[22] auf Seite 1669.

[2] **Transportreaktionen**

M. Binnewies: »Chemische Transportreaktionen – Die Gasphase als Lösungsmittel«, Chemie in unserer Zeit **32** (1998) 15–21; R. Gruehn, R. Glaum: »Neues zum chemischen Transport als Methode zur Präparation und thermodynamischen Untersuchung von Festkörpern«, Angew. Chem. **112** (2000) 706–731; Int. Ed. **39** (2000) 692.

Einige Eigenschaften der Festkörper

[3] **Magnetische Eigenschaften der Festkörper**

Bücher. W. Klemm: »Magnetochemie«, Akad. Verlagsges., Leipzig 1936; J. B. Goodenough: »Magnetism and the Chemical Bond«, Wiley, New York 1966; A. Earnshaw: »Introduction to Magnetochemistry«, Academic Press, New York 1968; L. W. Kirenski: »Magnetismus«, Verlag Chemie, Weinheim 1969; A. Weiss, H. Witte: »Magnetochemie, Grundlagen und Anwendungen«, Verlag Chemie, Weinheim 1973. Spezielle Aspekte. M. Gerloch: »A Local View in Magnetochemistry«, Progr. Inorg. Chem. **26** (1979) 1–43; C. J. O: »Magnetochemistry–Advances in Theory and Experimentation«, Progr. Inorg. Chem. **29** (1982) 203–283; R. L. Carlin: »Magnetism and Magnetic Transitions of Transition Metal Compounds at Low Temperatures«, Acc. Chem. Res. **9** (1976) 67–74; R. D. Shannon, H. Vincent: »Relationship between Covalency, Interatomic Distances and Magnetic Properties in Halides and Chalcogenides«, Struct. Bond. **19** (1974) 1–44.

[4] **Ferromagnetismus, Ferrimagnetismus und Antiferromagnetismus**

P. Day: »New Transparent Ferromagnets«, Acc. Chem. Res. **12** (1979) 236–243; Ullmann (5. Aufl.): »Magnetic Materials« **A 16** (1990) 1–51; H. Hibst: »Hexagonale Ferrite aus Schmelzen und wäßrigen Lösungen, Materialien für magnetische Aufzeichnung«, Angew. Chem. **94** (1982) 263–274; Int. Ed. **21** (1982) 270; A. Tressaud, J. M. Dance: »Ferrimagnetic Fluorides«, Adv. Inorg. Radiochem. **20** (1977) 133–188; J. Portier: »Feststoffchemie ionischer Fluoride«, Angew. Chem. **88** (1976) 524–535; Int. Ed. **15** (1976) 475.

[5] **Elektrische Eigenschaften der Festkörper, Leiter, Nichtleiter, Halbleiter**

W. Tremel, R. Seshadri, E. W. Finakl: »Metall oder Nichtmetall? Das ist hier die Frage«, Chemie in unserer Zeit **35** (2001) 42–58; P. Bateil: »Molecular Conductors«, Chem. Rev **104** (2004) 4887–5782; G. Schmid: »Metallnanopartikel als Elektronenschalter«, Chemie in unserer Zeit **39** (2005) 8–15.

[6] **Elektrische Eigenschaften der Festkörper, Halbmetalle. Elektronische Halbleiter**

R. K. Willardson, H. L. Goering (Hrsg.): »Compound Semiconductors«, Band 1: »Preparation of III.-V. Compounds«, Reinhold, New York 1962; N. A. Goryunova: »The Chemistry of Diamond-like Semiconductors« Chapman and Hall, London 1965; N. Kh. Abrikosov: »Semiconducting II–IV-, IV–VI-, and V–VI-Compounds«, Plenum Press, New York 1969; M. A. Hermann, H. Sitter: »Molecular Beam Epitaxy«, Springer, Berlin 1989; H. Ibach, H. Lüth: »Festkörperphysik«, Springer, Berlin 1988; C. Kittel: »Festkörperphysik«, Oldenbourg, München 1988; K. Kopitzki: »Einführung in die Festkörperphysik« Teubner, Stuttgart 1988; K. Seeger: »Semiconductor Physics«, Series in Solid State Sciences 40, Springer, Berlin 1985; K. J. Ebeling: »Integrierte Optoelektronik«, Springer, Berlin 1989; D. A. Fraser: »Halbleiterphysik«, Oldenbourg München 1981; M. X. Tan, P. E. Laibinis, S. T. Nguyen,

J. M. Kesselman, C. E. Stanton, N. S. Lewis: »Principles and Applications of Semiconductor Photo-electrochemistry«, Progr. Inorg. Chem. **41** (1994) 21–144; Ullmann (5. Aufl.): »Thermoelectricity«, **A 26** (1994); F. Kuchar: »Halbleiterdotieren mit Neutronen«, Spektrum der Wiss. (1999) 80–84.

[7] **Elektrische Eigenschaften der Festkörper, Supraleiter**

W. Buckel: »Supraleitung. Grundlagen und Anwendungen«, 4. Aufl., Physik Verlag, Weinheim 1990; C. N. Rao: »Chemistry of Oxide Superconductors«, Blackwell Scientific Publications, Oxford 1988; H. Müller-Buschbaum: »Zur Kristallchemie der oxidischen Hochtemperatur-Supraleiter und deren kristallchemischen Verwandten«, Angew. Chem. **101** (1989) 1503–1524; Int. Ed. **28** (1989) 1472; H. Stuhl, B. M. Maple: »Superconductivity in d- and f-Band Metals«, Acad. Press, New York 1980; S. V. Vonsovsky (Hrsg.): »Superconductivity of Transition Metals. Their Alloys and Compounds«, Springer, Berlin 1982; Ullmann (5. Aufl.): »Superconductors«, **A 25** (1994); A. Simon: »Supraleitung – ein chemisches Phänomen ?«, Angew. Chem. **99** (1987) 602–606; Int. Ed. **26** (1987) 579; J. H. Perlstein: »Organische Metalle – Die intermolekulare Wanderung der Aromatizität«, Angew. Chem. **89** (1977) 534–549; Int. Ed. **16** (1977) 519; J. M. Williams, K. Carneivo: »Organic Supercon-ductors: Synthesis, Structure, Conductivity, and Magnetic Properties«, Adv. Inorg. Chem. **29** (1985) 249–296; A. Simon: »Supraleitung und Chemie«, Angew. Chem. **109** (1997) 1872–1891; Int. Ed. **36** (1997) 1788; J. R. Kirtley, C. C. Tsuei: »Ein Quantenmodell der Hochtemperatur-Supraleitung«, Spektrum der Wiss. (1996) 86–92; F. Schwaigerer, B. Sailer, J. Glaser, H.-J. Meyer: »Supraleitung – Strom eiskalt serviert«, Chemie in unserer Zeit **36** (2002) 108–124.

Oberflächenreiche sowie nanostrukturierte Materialien

[8] **Der aktive Zustand fester Materie, Nanophasen-Materialien**

H. N. Waltenburg, J. T. Yates, jr.: »Surface Chemistry«, Chem. Rev. **95** (1995) 1589–1673; R. W. Sie-gel: »Nanophasen-Materialien und ihre paradoxen Eigenschaften«, Spektrum der Wiss. (1997) 62–67; J. P. Spatz: »Funktionalisierte Nanopartikel als Basis für neue Technologien«, Nachr. Chem. Tech. Lab. **46** (1998) 1056–1062; Ch. Göltner, H. Cölfen, M. Antonietti: »Nanostrukturierung von Festkör-pern mit amphiphilen Polymeren«, Chemie in unserer Zeit **33** (1999) 200–205; R. Nesper, G. R. Patz-ke: »Nanoröhren – Funktionsteilchen des 21. Jahrhunderts?«, Nachr. Chem. **49** (2001) 886–890; A. Rössler, G. Skillas, S. E. Pratsinis: »Nanopartikel, Materialien der Zukunft«, Chemie in un-serer Zeit **35** (2001) 32–41; G. R. Patzke, F. Krumeich, R. Nesper: »Nanoröhren und Nanostäbe auf Oxidbasis – anisotrope Bausteine für künftige Nanotechnologien«, Angew. Chem. **114** (2002) 2554–2571; Int. Ed. **41** (2002) 2446; G. Schmid: »Nanoparticles – From Theory to Application«, Wiley-VCH, Weinheim 2004; S. J. Stupp (Hrsg.): »Functional Nanostructures«, Chem. Rev. **105** (2005) 1023–1562; C. N. R. Rao, J. Jortner (Hrsg.): »Nanostructured Advanced Materials«, Pure Ap-pl. Chem. **74** (2002) 1491–1784; F. Raimondi, G. G. Scherer, R. Kötz, A. Wokaun: »Nanopartikel in der Energietechnik – Beispiele aus der Elektrochemie und Katalyse«, Angew. Chem. **117** (2005) 2228–2248; Int. Ed. **44** (2005) 2190.

Kapitel XXII

Die Kupfergruppe

Zur Kupfergruppe (I. Nebengruppe bzw. 11. Gruppe des Periodensystems) gehören die (diamagnetischen) Metalle Kupfer (Cu), Silber (Ag), Gold (Au) und Röntgenium (Rg; Eka-Gold, Element 111). Sie werden zusammen mit ihren Verbindungen unten (Cu), auf S. 1709 (Ag) und 1725 (Au) sowie im Kap. XXXVII besprochen. Man bezeichnet erstere drei Elemente auch als »Münzmetalle«, weil sie wegen ihrer Korrosionsbeständigkeit schon von alters her zur Herstellung von Geldmünzen dienten.

Zum Unterschied von den unedlen Alkalimetallen (I. Hauptgruppe bzw. 1. Gruppe des Periodensystems) sind die Münzmetalle edle Metalle. Dies findet seinen Ausdruck in den im Vergleich mit den Alkalimetallen viel höheren ersten Ionisierungsenergien der Münzmetalle gleicher Periode und den viel positiveren Normalpotentialen für den Übergang M/M^+ (vgl. Tafeln III und IV)[1]. Mit wachsender Kernladung des Münzmetalls steigt zudem dessen edler Charakter, während bei den Alkalimetallen in gleicher Richtung umgekehrt der unedle Charakter zunimmt. Insgesamt unterscheiden sich die einzelnen Münzmetalle stärker untereinander als die entsprechenden Alkalimetalle und auch stärker untereinander als die Elemente jeder der übrigen Nebengruppen. Vgl. hierzu auch S. 1729.

Am Aufbau der Erdhülle sind die Münzmetalle mit 5×10^{-3} (Cu), 7×10^{-6} (Ag) und 4×10^{-7} (Au) Gew.-% beteiligt, entsprechend einem Massenverhältnis von ca. 12 000 : 18 : 1. Dass sie trotz dieses geringen Vorkommens schon seit den ältesten Zeiten bekannt sind, ist darauf zurückzuführen, dass sie wegen ihres edlen Charakters in der Natur gediegen vorkommen bzw. aus ihren Erzen schon bei verhältnismäßig niedrigen Temperaturen gewonnen werden können. Silber ist unter den 8 Edelmetallen (6 Platinmetalle + Ag + Au) das häufigste.

1 Das Kupfer

Geschichtliches. Kupfer, das schon den ältesten Kulturvölkern (seit ca. 5000 v. Chr.) bekannt war, hat seinen Namen von »aes cyprium« (lat.) = Erz aus Cypern, weil die auf Cypern vorkommenden Kupfererze schon im Altertum ausgebeutet wurden (Reduktion mit Holzkohle). Aus Cyprium wurde cuprum (lat.) = Kupfer, wovon sich das Symbol Cu für Kupfer ableitet. Um 3000 v. Chr. (Beginn der Bronzezeit) erkannte man in Indien, Mesopotamien und Griechenland die Verbesserung der Eigenschaften von Kupfer durch Zulegieren von Zinn (Bildung von Bronze).

---

[1] Da die Außenelektronen der Münzmetalle Cu, Ag, Au verglichen mit denen der Alkalimetalle K, Rb, Cs gleicher Periode (keine d-Elektronen in der zweitäußersten, keine f-Elektronen in der drittäußersten Hauptschale), aufgrund der größeren Kernladungszahl der Metalle und geringeren Elektronenabschirmung seitens der vorhandenen d- bzw. f-Elektronen fester gebunden sind, weisen Cu, Ag, Au neben höheren ersten Ionisierungsenergien und positiveren Normalpotentialen auch kleinere Metallatom- sowie Ionenradien, stärkere, auf s^1s^1-Wechselwirkungen zurückgehende Metallbindungen (d. h. höhere Schmelzpunkte, größere Härten), größere Pauling-Elektronegativitäten und höhere Kovalenzanteile der Bindungen (Folge: Unlöslichkeit der Chloride, Bromide, Iodide, Sulfide) als K, Rb, Cs auf. Da andererseits die d-Elektronen der zweitäußersten Schale der Münzmetalle leichter abionisierbar sind als die p-Elektronen der zweitäußersten Schale der Alkalimetalle gleicher Periode (vgl. Tafeln III, IV), treten erstere Elemente zum Unterschied von letzteren auch mit Oxidationsstufen >I auf. Vgl. hierzu auch relativistische Effekte, S. 273.

ⓘ **Physiologisches.** Kupfer ist in Form von Kupfer-Ionen für den Menschen, der ca. 3 mg pro kg enthält, essentiell (tägliche Cu-Aufnahme und -Abgabe insgesamt 3–5 mg; unter den Übergangsmetallen wird nur Eisen und Zink in noch größeren Mengen benötigt. Die Unfähigkeit zur Cu-Abgabe bezeichnet man als Wilsonsche Krankheit). Auch für höhere Tiere, für eine Reihe niederer Lebewesen und für viele Pflanzen wirkt kationisches (ein-, zwei- und in Ausnahmefällen sogar dreiwertiges) Kupfer essentiell (Kupfer-Metall wirkt dadurch physiologisch, dass es in saurer Lösung in Spuren Kupferverbindungen abgibt). Menschen und höhere Tiere benötigen Kupfer für den Aufbau von Kupferproteinen mit Enzymfunktion (Kupfermangel führt zur Anämie), Weichtiere und Krebse für den Aufbau von kupferhaltigem Hämocyanin als Atmungskatalysator (anstelle von Hämoglobin), Pflanzen für den Aufbau von kupferhaltigem Plastocyanin als Förderer der Chlorophyllbildung (Düngung mit Kupferverbindungen führt zu sattem Pflanzengrün). Vgl. hierzu auch S. 1706. Die löslichen Kupferverbindungen sind für den Menschen und andere höhere Organismen nur mäßig giftig (eine tägliche Aufnahme von 0.5 mg Kupfer pro kg ist für den Menschen unbedenklich) und wirken erst in größeren Dosen als Brechmittel (»Emetika«); auch kommt ihnen wohl ein gewisses mutagenes und carcinogenes Potential zu (MAK-Wert = 0.1 mg Rauch bzw. 1 mg Staub pro Kubikmeter). Dagegen stellen Kupferverbindungen für niedere Organismen (Algen, Kleinpilze, Bakterien) bereits in geringen Mengen ein starkes Gift dar. So sterben z. B. Bakterien und Fäulniserreger in Wasser, das sich in einem kupfernen Gefäß befindet, rasch ab. Daher halten sich auch Blumen in kupfernen Vasen besser als in gläsernen. In gleicher Weise wirkt eine in das Wasser gelegte blankgeriebene Kupfermünze günstig. An Kupfermünzen und Messinggriffen halten sich dementsprechend keine Bakterien. Andererseits tolerieren Thiobacillus-Arten, die u. a. zum Auslaugen kupferarmer Erze benutzt werden (»Bioleaching«), bis zu 50 g pro Liter Wasser.

1.1   Das Element Kupfer

Vorkommen

Kupfer findet sich als edles Metall ($E° = +0.337$ V) in kleineren Mengen gediegen in Nordamerika, Chile und Australien. Gebunden kommt es in der »Lithosphäre« entsprechend seinem metallischen Charakter nur kationisch, und zwar hauptsächlich in Form von Oxiden, Sulfiden und Carbonaten vor. Die wichtigsten sulfidischen Erze sind: »Kupferkies« (»Chalkopyrit«) $CuFeS_2$, »Buntkupfererz« (»Bornit«) Cu_5FeS_4, »Cubanit« $CuFe_2S_3$ und »Kupferglanz« (»Chalkosin«) Cu_2S. Unter den oxidischen Erzen sind namentlich das rote »Rotkupfererz« (»Cuprit«) Cu_2O, der schwarze »Tenorit« CuO, unter den CO_3^{2-} und Cl^--haltigen Erzen der grüne »Malachit« $Cu_2(OH)_2(CO_3)$ (= »$CuCO_3 \cdot Cu(OH)_2$«), die blaue »Kupferlasur« (»Azurit«) $Cu_3(OH)_2(CO_3)_2$ (= »$2\,CuCO_3 \cdot Cu(OH)_2$«) und der grasgrüne »Atacamit« $Cu_2(OH)_3Cl$ (= $Cu(OH)_2 \cdot Cu(OH)Cl$) zu nennen. Besonders reiche Lager von Kupfererzen finden sich in den USA, in Kanada, im asiatischen Russland, in Chile, im Kongogebiet und in Simbabwe. Das meiste in Deutschland gewonnene Kupfer stammt aus spanischen Kiesen, ein kleinerer Teil wird aus dem Mansfelder Kupferschiefer (südöstlich vom Harz) gewonnen.

In der »Biosphäre« kommt Kupfer in einem dem Blutfarbstoff ähnlich gebauten Komplex mit Cu statt Fe als Zentralmetall vor (z. B. im Blut einiger Schneckenarten und Krebse, wo es wie im Falle des Eisens im Hämoglobin von Säugetieren die Rolle der Sauerstoffübertragung im Organismus übernimmt). Von Interesse ist auch das Vorkommen des in Chile aufgefundenen Atacamits $Cu_2(OH)_3Cl$, dispergiert in einer Proteinmatrix im »Kiefer« des Meeresblutwurms Glycera dibranchiata, mit welchem er Opfer beißt und ihm Gift injiziert.

Isotope (vgl. Anh. III). Das in der Natur vorkommende Kupfer besteht aus den Isotopen $^{63}_{29}Cu$ (69.17 %) und $^{65}_{29}Cu$ (30.83 %), die sich beide für NMR-spektroskopische Untersuchungen eignen. Die künstlichen Nuklide $^{64}_{29}Cu$ (β^-- und β^+-Strahler, Elektroneneinfang; $\tau_{1/2} = 12.9$ Stunden) und $^{67}_{29}Cu$ (β^--Strahler; $\tau_{1/2} = 30.83$ Stunden) werden als Tracer genutzt, ersteres Nuklid dient zudem in der Medizin.

Darstellung

Wichtige Rohstoffe zur Darstellung von Kupfer sind der weit verbreitete Kupferkies $Cu^IFe^{III}S_2$ (34.6 Gew.-% Kupfer), der Buntkupferkies $Cu^I_5Fe^{III}S_4$ (63.3 Gew.-% Kupfer) und der Kupferglanz Cu^I_2S (79.8 Gew.-% Kupfer). In Industrieländern wird Kupfer zudem aus Kupfer-, Messing-, Bronze- und Rotguss-Schrott zurückgewonnen sowie aus kupferhaltigen Aschen, Zwischenprodukten und sonstigem Abfallmaterial in Freiheit gesetzt.

Der Kupfergehalt der bergmännisch gewonnenen und zur Verhüttung kommenden kupferhaltigen Erze ist infolge des Begleitgesteins (»Gangart«) häufig sehr gering (0.4–2 Gew.-%). Durch »Flotation« (»Schwimmaufbereitung«) lassen sich die kupferarmen Gesteine aber meist in »angereicherte« Erze (»Kupferkonzentrate«) mit 20–30 Gew.-% Kupfer überführen. Hierzu wird das feinzerteilte Ausgangsmaterial mit viel Wasser und etwas Öl (speziell Holzteeröl) angerührt, wobei sich das vom Öl benetzte Kupfererz in der stark schäumenden Oberflächenschicht ansammelt, während die – im Vergleich zum Erz zwar spezifisch leichtere, aber von Wasser benetzbare – Gangart zu Boden sinkt. Nach dem Abpressen des Öls erhält man so ein konzentriertes Erz.

Die technische Gewinnung des Kupfers aus den eisenhaltigen Kupfersulfiderzen erfolgt hauptsächlich (zu 75–80 %) auf trockenem Wege durch das schmelzmetallurgische Verfahren (»pyrometallurgische Verf.«). Hierbei macht man sich den Sachverhalt zu Nutze, dass die Einwirkung von Sauerstoff auf die Kupfereisensulfide bei erhöhter Temperatur (»Röstung«) zunächst nur zu Eisenoxiden führt, welche mit Quarz SiO_2 Eisensilicat-Schlacken bilden, die sich in flüssigem Zustande nicht mit flüssigem Kupfersulfid mischen und infolgedessen abgetrennt werden können. Durch »Röstreaktion« setzt man dann aus dem verbleibenden Kupfer(I)-sulfid bei erhöhter Temperatur metallisches »Rohkupfer« in Freiheit:

$$3\,Cu_2S + 3\,O_2 \longrightarrow 6\,Cu + 3\,SO_2 + 652.3\,kJ.$$

Aus kupferarmen Erzen und Abfallmaterialien (z. B. den bei der Schwefelsäurefabrikation anfallenden kupferhaltigen Pyritabbränden), deren Kupfergehalt durch Flotation nicht erhöht werden kann, wird das Kupfer zweckmäßig auf nassem Wege nach dem hydrometallurgischen Verfahren gewonnen, indem man aus diesen Ausgangsmaterialien – nötigenfalls nach vorherigem Rösten – das Kupfer durch »Auslaugen« herauslöst. So führt die Behandlung von Cu_2S-haltigen Materialien mit schwefelsaurem Eisen(III)-sulfat gemäß $Cu_2S + 2\,Fe_2(SO_4)_3 \longrightarrow 2\,CuSO_4 + 4\,FeSO_4 + \frac{1}{8}\,S_8$ zu Lösungen von Kupfer(II)-sulfat (Lösedauer je nach Zerteilungsgrad der Ausgangsmaterialien Stunden bis Jahre), aus denen man metallisches Kupfer elektrolytisch an der Kupferkathode abscheidet (»Gewinnungselektrolyse«: $Cu^{2+} + 2\,e^- \longrightarrow Cu$); an der Pb-, (Pb,Ag,Sb)- oder (Cu,Si)-Anode wird gegebenenfalls das $Fe_2(SO_4)_3$ oder H_2SO_4 regeneriert: $Fe^{2+} \longrightarrow Fe^{3+} + e^-$; $SO_4^{2-} + H_2O \longrightarrow H_2SO_4 + \frac{1}{2}\,O_2 + 2\,e^-$. Man kann das Kupfer auch durch Zugabe von Eisenschrott ausfällen (»Zementieren«: $Cu^{2+} + Fe \longrightarrow Cu + Fe^{2+}$). Das entstehende Kupfer heißt in letzterem Falle »Zementkupfer«.

Nachfolgend sei auf Einzelheiten der schmelzmetallurgischen Gewinnung von »Rohkupfer« sowie auf dessen Überführung in »Reinkupfer« näher eingegangen.

Gewinnung von Kupferstein. Die Aufarbeitung der Kupferkonzentrate (20–30 Gew-% Cu) erfolgt in der Weise, dass man diese in einer ersten Stufe zur Beseitigung eines Teils des eisengebundenen Schwefels in »Röstöfen« (z. B. Wirbelschichtöfen, S. 655) bei 700–800 °C mit Sauerstoff umsetzt (»Röstprozess«). Anschließend verschmilzt man in einer zweiten Stufe das so erhaltene, zur Hauptsache aus Cu_2S, FeS und Fe_3O_4 bestehende »Röstgut« (»Rohstein«) zwecks Beseitigung des Eisenoxids in 1.5 m tiefen, 3–10 m breiten und 9 m hohen »Wassermantel-Schachtöfen« mit Koks und kieselsäurehaltigen Zuschlägen bei 1200–1500 °C unter Sauerstoffzutritt (»Schmelzprozess«). Die Verbrennung des Kokses durch den von unten in den Ofen strömenden Sauerstoff liefert hierbei die zum Schmelzen des Röstguts benötigte Wärme und das zur Überführung des Eisen(II,III)-oxids Fe_3O_4 in – verschlackbares – Eisen(II)-oxid FeO benötigte

Kohlenmonoxid (bezüglich Einzelheiten vgl. Eisendarstellung, S. 1936):

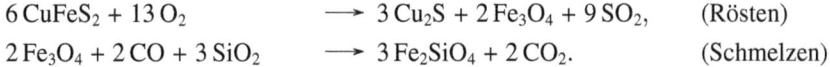

$$6\,CuFeS_2 + 13\,O_2 \longrightarrow 3\,Cu_2S + 2\,Fe_3O_4 + 9\,SO_2, \quad \text{(Rösten)}$$
$$2\,Fe_3O_4 + 2\,CO + 3\,SiO_2 \longrightarrow 3\,Fe_2SiO_4 + 2\,CO_2. \quad \text{(Schmelzen)}$$

Das unter Entwicklung von Kohlenoxiden (»Gichtgas«) gebildete flüssige Reaktionsgemisch fließt durch Öffnungen in Vorherde, wo es sich in spezifisch leichtere Eisensilicatschlacke (Dichte = 3.0–$3.5\,g\,cm^{-3}$ und spezifisch schwereren Kupferstein (Cu_2S+ variable Mengen FeS; mit insgesamt 30–70 Gew.-% Cu; Dichte $= 4$–$6\,g\,cm^{-3}$) auftrennt. Die Schlacke fließt über und kann bei geeigneter Zusammensetzung als Schotter für Bahn- und Wegebauten oder zur Herstellung von Pflastersteinen großer Härte und Festigkeit verwendet werden. Der Kupferstein wird von Zeit zu Zeit am Boden abgestochen.

Man verwendet für den Schmelzprozess auch »Flammöfen«, in welchen der Brennstoff (Koks, Öl, Gas) getrennt von der Beschickung verbrannt wird, und »Elektroöfen«, in welchen die Wärme durch Stromdurchgang durch die Beschickung erzeugt wird; der Koks wirkt hierbei als Reduktionsmittel für Fe_3O_4. Auch lässt sich der Röst- und Schmelzprozess in geeigneten Reaktoren kombinieren.

Gewinnung von Rohkupfer. Der flüssige Kupferstein wird in einen mit Magnesiasteinen ausgefütterten »Konverter« von 9 m Länge und 4 m Durchmesser (vgl. Eisenerzeugung) eingegossen, worauf man zwecks Beseitigung des Eisensulfids und Entschwefelung des Kupfersulfids Luft von der Seite her durch 40–50 Winddüsen in die 1150–1250 °C heiße Steinschmelze einbläst (»Verblaserösten«). In der ersten Stufe des Verblasens (»Schlackenblasen«) wird das Eisensulfid FeS des Kupfersteins zum Oxid FeO abgeröstet (22.1), welches mit zugeschlagenem Quarz verschlackt (22.2):

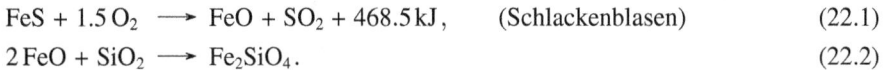

$$FeS + 1.5\,O_2 \longrightarrow FeO + SO_2 + 468.5\,kJ, \quad \text{(Schlackenblasen)} \quad (22.1)$$
$$2\,FeO + SiO_2 \longrightarrow Fe_2SiO_4. \quad (22.2)$$

Nach 40–60 Minuten ist die Verschlackung beendet, worauf man die Schlacke abgießt. Sie enthält einige Prozent Kupfer und wird beim Rohsteinschmelzen wieder zugeschlagen. In der zweiten Stufe des Verblasens (»Garblasen«) wird das verbliebene geschmolzene Kupfersulfid Cu_2S (»Sparstein«) teilweise (zwei Drittel) in Kupferoxid Cu_2O umgewandelt (22.3), welches sich mit unverändertem Kupfersulfid (restliches Drittel) unter Bildung von metallischem Kupfer umsetzt (22.4):

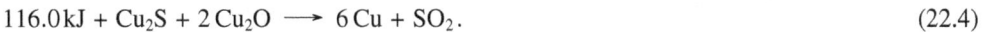

$$2\,Cu_2S + 3\,O_2 \longrightarrow 2\,Cu_2O + 2\,SO_2 + 768.3\,kJ, \quad \text{(Garblasen)} \quad (22.3)$$
$$116.0\,kJ + Cu_2S + 2\,Cu_2O \longrightarrow 6\,Cu + SO_2. \quad (22.4)$$

Die Reaktionen (22.1) und (22.3) liefern die Wärme für die beiden Stufen des Blaseprozesses; zu Beginn des Verblasens muss der Konverter stark angewärmt werden. Das durch das »Röstreaktionsverfahren« ((22.3) und (22.4)) erhaltene Konvertkupfer heißt Rohkupfer (»Schwarzkupfer«, »Blasenkupfer«, »Blisterkupfer«; 94–97 Gew.-% Cu).

Reinigung (»Raffination«) von Rohkupfer. Zur Befreiung von Beimengungen aus Zinn, Blei, Arsen, Antimon, Bismut, Eisen, Cobalt, Nickel, Schwefel, Tellur sowie gegebenenfalls aus den Edelmetallen Silber, Gold und Platin wird das Rohkupfer (Entsprechendes gilt für Zementkupfer) zunächst einer schmelzmetallurgischen dann einer elektrolytischen Raffination unterworfen.

Die schmelzmetallurgische Raffination besteht aus einem zuerst oxidierenden und dann reduzierenden Schmelzen. Znächst wird in das in kleinen Flammöfen zusammen mit schlackenbildenden Zuschlägen bei 1200 °C geschmolzene Rohkupfer Luft eingeblasen, wobei sich Zink, Blei, Arsen sowie Antimon teilweise als Oxide verflüchtigen und teilweise – zusammen mit Zinn-, Eisen-, Cobalt- sowie Nickeloxid – verschlacken. Nach einigen Stunden wirkt entstandenes Kupferoxid auf noch vorhandenes Kupfersulfid gemäß (22.4) unter SO_2-Entwicklung

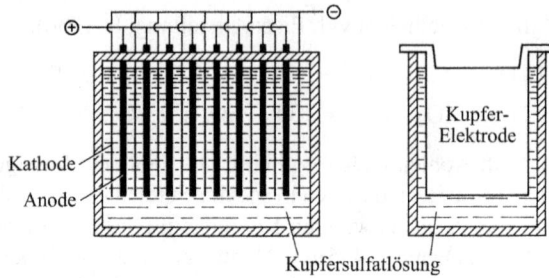

Abb. 22.1 Elektrolytische Kupfer-Raffination.

ein. Zur Beseitigung von noch vorhandenem Kupferoxid sowie von überschüssigem Sauerstoff wird – nach Abtrennung von flüssiger Schlacke und gasförmigem Schwefeldioxid – anschließend mit Erdgas reduziert. Das so erhaltene »Garkupfer« (»Anodenkupfer«; s. unten) besteht zu 99 % und mehr aus Kupfer und enthält noch die gesamten Edelmetalle.

Zur elektrolytischen Raffination gießt man das Garkupfer in die Form großer, 3 cm dicker Anodenplatten, welche man in einer als Elektrolyt dienenden schwefelsauren Kupfersulfatlösung in der aus Abb. 22.1 ersichtlichen Weise mit Kathodenplatten aus Feinkupferblech zusammenschaltet. Beim Einschalten des Stromes (wenige Zehntel Volt Spannung, Stromdichte 150–$240\,\mathrm{A\,m^{-2}}$, Energieverbrauch 0.20–$0.25\,\mathrm{kW\,h^{-1}}$ je kg Kupfer) geht Kupfer an der Anode hauptsächlich in Form von Cu^{2+}, untergeordnet in Form von Cu^{+}, in Lösung, während sich an der Kathode aus der Kupfersulfatlösung reines Kupfer (»Reinkupfer«, »Elektrolytkupfer«, »Kathodenkupfer«; Reinheit 99.95 %) als hochroter, dichter Niederschlag, der zu Platten verschmolzen wird, abscheidet:

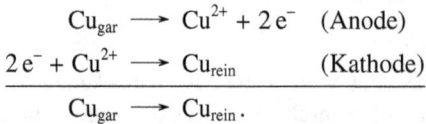

$$Cu_{\mathrm{gar}} \longrightarrow Cu^{2+} + 2\,e^{-} \quad \text{(Anode)}$$
$$\underline{2\,e^{-} + Cu^{2+} \longrightarrow Cu_{\mathrm{rein}} \qquad \text{(Kathode)}}$$
$$Cu_{\mathrm{gar}} \longrightarrow Cu_{\mathrm{rein}}\,.$$

Von den Beimengungen gehen die unedleren Metalle (wie Eisen, Nickel, Cobalt, Zink), die ein negativeres Potential als Kupfer besitzen, mit dem Kupfer anodisch in Lösung, ohne sich mit ihm kathodisch abzuscheiden, während die edleren Metalle (Silber, Gold, Platin), die ein positiveres Potential als Kupfer aufweisen, als Staub von der sich auflösenden Anode abfallen und mit anderen festen Abfallstoffen (z.B. dem durch Disproportionierung gemäß $2\,Cu^{+} \longrightarrow$ $Cu + Cu^{2+}$ gebildeten elementaren Kupfer) den »Anodenschlamm« bilden, der als Ausgangsmaterial zur Gewinnung der enthaltenen Edelmetalle dient (vgl. S. 1832, 1726) und sich nicht mehr am elektrolytischen Vorgang beteiligt. Der Erlös für die Edelmetalle ist ein wesentlicher Aktivposten für die Kosten der Kupferraffination.

Physikalische Eigenschaften

Festes Kupfer stellt ein hellrotes[2], verhältnismäßig weiches, aber sehr zähes, schmiedbares und dehnbares Metall dar, welches sich zu sehr feinem Draht ausziehen und zu äußerst dünnen, grün durchscheinenden Blättchen ausschlagen lässt. Es kristallisiert wie viele andere Metalle in kubisch-dichtester Packung (»Cu-Typ«) und besitzt nach dem Silber die beste elektrische Leitfähigkeit unter allen Metallen (bei $18\,°\mathrm{C}$ $5.959 \times 10^{5}\,\Omega^{-1}\,\mathrm{cm^{-1}}$, also rund 60 mal größer als bei Quecksilber). Die Dichte beträgt $8.92\,\mathrm{g\,cm^{-3}}$, der Schmelzpunkt $1083.4\,°\mathrm{C}$, der Siedepunkt

---

[2] Kupfer gehört neben Gold und (extrem reinem) Cäsium, Calcium, Strontium und Barium zu den »farbigen« Metallen. Diese reflektieren das sichtbare Spektrum nicht vollständig, sondern absorbieren im grünen und teilweise im blauen Bereich.

2595 °C. Kupferdampf enthält oberhalb des Siedepunktes Dimere Cu_2 (Dissoziationsenergie: 194 kJ mol^{-1}). Bezüglich weiterer Eigenschaften des Kupfers vgl. Tafel IV.

Feste Kupfer-Silber-, Kupfer-Gold- bzw. auch Silber-Gold-Lösungen existieren für jedes Mischungsverhältnis von Cu/Ag, Cu/Au, Ag/Au. In ihnen sind mehr oder weniger Atome von Kupfer, Silber oder Gold (jeweils kubisch-dichteste Atompackung) durch Atome eines homologen Elements in ungeordneter Weise (bei hohen Temperaturen) bzw. geordneter Weise (bei niedrigen Temperaturen) substituiert (»substitutielle feste Lösungen«; vgl. hierzu »interstitielle feste Lösungen«, S. 308). Abb. 22.2 veranschaulicht die unterhalb 400 °C aufgefundene geordnete »CuCu«- bzw. »Cu$_3$Au-Struktur«.

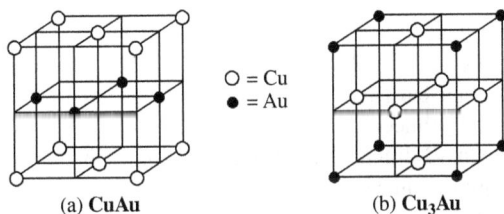

O = Cu
● = Au

(a) CuAu   (b) Cu₃Au

Abb. 22.2 Geordnete substitutielle feste Lösungen CuAu (a) und Cu$_3$Au (b).

Substitutielle feste Lösungen bilden sich in der Regel aus Metallen der I. und II. Haupt- und Nebengruppe, Metallen der Nebengruppen sowie Metallen der gleichen Gruppe des Periodensystems (z. B. K/Rb, Ag/Au, Cu/Au, Mo/W, Ni/Pd). Ist der Atomradienunterschied der Legierungsmetallatome größer als 15 %, besteht keine volle Mischbarkeit der beiden Metallsorten. In letzteren Fällen lässt sich darüber hinaus das mehr Elektronen liefernde Metall weitgehender in dem weniger Elektronen liefernden Metall lösen als umgekehrt (z. B. maximal 37.8 % bzw. 38.4 % Zn in Ag bzw. Cu und maximal 6.3 % Ag bzw. 2.3 % Cu in Zn).

Chemische Eigenschaften

An der Luft oxidiert sich Kupfer oberflächlich langsam zu rotem Kupfer(I)-oxid Cu_2O, das an der Oberfläche fest haftet und dem Kupfer die bekannte rote Kupferfarbe verleiht (die also gar nicht die eigentliche Farbe des – hellroten – Metalls selbst ist). Bei Gegenwart von Kohlendioxid (in Städten), von Schwefeldioxid (in Industrienähe) oder von chloridhaltigen Sprühnebeln (an der Küste) bildet sich auf dem Kupfer allmählich ein Überzug von grünem basischem Carbonat $CuCO_3 \cdot Cu(OH)_2$, basischem Sulfat $CuSO_4 \cdot Cu(OH)_2$ oder basischem Chlorid $CuCl_2 \cdot 3\,Cu(OH)_2$, den man als »Patina« bezeichnet und der das darunterliegende Metall vor weiterer Zerstörung schützt.

Seiner Stellung in der Spannungsreihe entsprechend ($E°$ für Cu/Cu^{2+} +0.340, für Cu/Cu$^+$ +0.521 und für Cu$^+$/Cu^{2+} +0.159 V; vgl. Anh. VI) wird das Halbedelmetall Kupfer (ohne Wasserstoffentwicklung) nur von oxidierenden Säuren (zum Beispiel Salpetersäure; $E° = +0.959$ V), nicht dagegen – bei Abwesenheit von Sauerstoff – von nichtoxidierenden Säuren (z. B. Schwefelsäure; $E° = \pm 0$ V) gelöst und aus seinen Salzlösungen durch unedlere Metalle wie Eisen, Magnesium abgeschieden (»Zementation«). In Lösungen, die Kupferkomplexe (z. B. Cu(NH$_3$)$_2^+$ oder Cu(CN)$_2^-$) oder schwerlösliche Kupferverbindungen (z. B. Cu_2O oder Cu_2S) zu bilden vermögen (Herabsetzung der Kupferionen-Konzentration) ist Kupfer wesentlich unedler und daher bei Anwesenheit von Sauerstoff löslich ($E°$ für Cu/Cu(NH$_3$)$_2^+$ −0.100, für Cu/Cu(CN)$_2^-$ −0.44, für Cu/Cu$_2$O −0.358, für Cu/Cu$_2$S −0.89 V).

Verwendung, Legierungen

Das Kupfermetall (Weltjahresproduktion: einige zig Megatonnen; ca. $\frac{1}{3}$ aus Altmetall) dient wegen seiner ausgezeichneten »elektrischen Leitfähigkeit« zur Herstellung elektrischer Leitungen, wegen seiner »Oxidationsbeständigkeit« zu Dachbedeckungen und wegen seiner »Wärmeleit-fähigkeit« zur Herstellung von Koch- oder Kühlgeräten (z. B. Kochgeschirr, Heizrohre, Kühl-schlangen, Braupfannen, Wärmeaustauscher). Die leichte »Polierfähigkeit« wurde schon früh-zeitig in der Drucktechnik für so genannte »Kupferstiche« genutzt, Kupfer- (bzw. Messing- oder Bronze-)Flitter von wenigen Milli- oder Mikrometern Durchmesser werden in Lacken, Druck-farben oder Kunststoffen als Metalleffektpigmente eingesetzt.

Kupfer findet darüber hinaus in ausgedehntem Maße zur Herstellung von Legierungen Ver-wendung. Unter ihnen bezeichnet man solche mit Zink (und gegebenenfalls zusätzlichen ande-ren Metallen) als Messing, solche mit weniger als 40 % Zinn bzw. anderen Metallen außer Zink (z. B. Pb, Al, Ni) als Bronzen.

Die Kupfer-Zink-Legierungen (»Messing«) unterteilt man je nach dem Zinkgehalt in Rot-, Gelb- und Weißmessing (vgl. Hume-Rothery-Phasen, S. 1655). Das rötlich-goldähnliche »Rot-messing« (»Tombak«) enthält bis zu 20 % Zink und ist sehr dehnbar, sodass man es zu feins-ten Blättchen (»Blattkupfer«, »unechtes Blattgold«, »Bronzefarbe«) aushämmern kann. Vergol-det ist es unter dem Namen »Talmi« bekannt. Das »Gelbmessing« enthält 20–40 % Zink und dient besonders zur Fertigung von Maschinenteilen. Das blaßgelbe »Weißmessing« enthält bis zu 80 % Zink, ist spröde und kann wegen dieser Sprödigkeit nur gegossen werden. Eine Legie-rung von 45–67 % Cu, 12–38 % Zn und 10–26 % Ni wird als »Nickelmessing« bzw. »Neusilber« (versilbert: »Alpaka«, »Argentan«) bezeichnet.

Die Kupfer-Zinn-Legierungen (»Zinnbronzen«, »Bronzen« im engeren Sinne) sind seit ältes-ten Zeiten bekannt (»Bronzezeit«). So besteht z. B. die für besonders zähfeste Maschinenteile (z. B. Achsenlager) verwendete »Phosphorbronze« aus 92.5 % Cu, 7 % Sn und 0.5 % Phosphor, welcher die Oxidbildung beim Guß verhindert und so die Dichtigkeit und Festigkeit erhöht. Ähn-liche Zusammensetzung besaß die bis zur Einführung der Gußstahlrohre für Kanonenläufe ver-wendete »Kanonenbronze« (»Geschützbronze«). Eine mechanisch besonders widerstandsfähige Bronze (»Siliciumbronze«) erhält man durch Zusatz von 1–2 % Silicium, welches die elektri-sche Leitfähigkeit wenig verändert, das Material aber besonders fest, hart und widerstandsfähig macht, sodass es z. B. für die Herstellung der Oberleitungsdrähte und Schleifkontakte der Stra-ßenbahnen geeignet ist. Die zum Glockenguss dienende »Glockenbronze« besteht aus 75–80 % Kupfer und 25–20 % Zinn. Die modernen Kunstbronzen (»Statuenbronze«) enthalten außer bis zu 10 % Zinn zwecks Erhöhung der Gießbarkeit und Bearbeitungsfähigkeit noch etwas Zink und Blei. Die früheren deutschen Kupfermünzen enthielten 95 % Cu, 4 % Sn und 1 % Zn.

Die Kupfer-Blei-Legierungen (»Bleibronzen«; bis zu 28 % Pb) dienen als Verbund- und For-menguss sowie als Gleitwerkstoffe (z. B. Lagermetall für Eisenbahnachsen mit 78 % Cu, 7 % Sn, 15 % Pb).

Die Kupfer-Aluminium-Legierungen (»Aluminiumbronzen« mit 5–12 % Al) besitzen gold-ähnliche Farbe und Glanz, sind im Vergleich zum Kupfer zäher, härter und schmelzbarer und dienen wegen ihrer großen Festigkeit und Elastizität z. B. zur Herstellung von Waagebalken und Uhrfedern. Weiterhin bestanden früher die deutschen 5- und 10-Pfennigstücke aus Kupfer (91.5 %) und Aluminium (8.5 %).

Unter den Kupfer-Nickel-Legierungen (»Nickelbronzen«) ist auf das »Konstantan« (54 % Cu, 45 % Ni, 1 % Mn) hinzuweisen, dessen elektrischer Widerstand fast unabhängig von der Tempe-ratur ist, was ihm seinen Namen gegeben hat. Die früheren deutschen Nickelmünzen enthielten 75 % Cu und 25 % Ni. Eine weitere wichtige Nickelbronze ist das fluorbeständige »Monelme-tall« (bis zu 67 % Ni einschließlich Co) sowie das oben erwähnte Neusilber.

Kupfer in Verbindungen

In seinen chemischen Verbindungen tritt das Kupfer mit den Oxidationsstufen +I (z. B. CuH, CuCl, Cu_2O) und vor allem +II auf (z. B. CuF_2, CuO). Doch sind auch Verbindungen mit der

Oxidationsstufe 0 (z. B. $Cu_2(CO)_6$, nur bei tiefen Temperaturen metastabil), +III (z. B. CuF_6^{3-} und +IV (z. B. CuF_6^{2-}) bekannt.

Das farblose, diamagnetische, mit Ni isoelektronische Ion Cu^+ disproportioniert in wässriger Lösung infolge der im Vergleich zum Cu^+-Ion weit höheren Hydratationsenergie des in Wasser hellblauen[3], paramagnetischen, mit Co isoelektronischen Ions Cu^{2+} ($\Delta H_{Hydr.}$ = 582 bzw. 2100 kJ mol^{-1}) gemäß $2\,Cu_{aq}^+ \rightleftharpoons Cu + Cu_{aq}^{2+}$ in Cu und Cu^{2+}, der stabilsten Wertigkeitsstufe des Kupfers in Wasser ($K = [Cu^{2+}]/[Cu^+]^2 \approx 10^6$)[4]. Dieser Sachverhalt folgt in einfacher Weise aus nachfolgenden Potentialdiagrammen der Oxidationsstufen + III, + II, + I und 0 des Kupfers für die pH" Werte 0 und 14, wonach sich Cu^+ in saurer (und neutraler) wässriger Lösung in Cu und Cu^{2+} disproportionieren muss, während Cu^{2+} in diesem Medium nicht in Cu (bzw. Cu^+) und Cu^{3+} übergehen kann (s. Abb. 22.3).

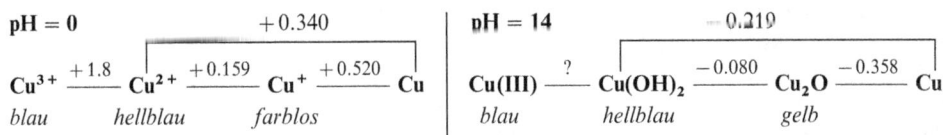

pH = 0		+ 0.340			pH = 14		− 0.219		
Cu^{3+} $\xrightarrow{+1.8}$	Cu^{2+} $\xrightarrow{+0.159}$	Cu^+ $\xrightarrow{+0.520}$	Cu		Cu(III) $\xrightarrow{?}$	Cu(OH)$_2$ $\xrightarrow{-0.080}$	Cu$_2$O $\xrightarrow{-0.358}$	Cu	
blau	*hellblau*	*farblos*			*blau*	*hellblau*	*gelb*		

Abb. 22.3

Nur in solchen Fällen, in welchen Cu^+ mit anwesenden geladenen oder ungeladenen Liganden Kupfer(I)-Salze oder -Komplexe wie CuCl, CuBr, CuI, CuCN oder $Cu(NH_3)_2^+$, $Cu(CN)_2^-$ bildet, die unlöslicher als entsprechende Kupfer(II)-Salze oder stabiler als analog zusammengesetzte Kupfer(II)-Komplexe sind, stellt einwertiges Kupfer in Wasser die stabilste Oxidationsstufe dar (vgl. Tab. 22.1).

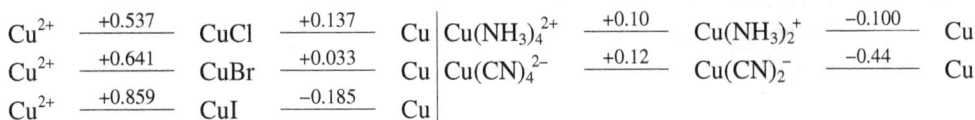

Cu^{2+} $\xrightarrow{+0.537}$	CuCl $\xrightarrow{+0.137}$	Cu	$Cu(NH_3)_4^{2+}$ $\xrightarrow{+0.10}$	$Cu(NH_3)_2^+$ $\xrightarrow{-0.100}$	Cu
Cu^{2+} $\xrightarrow{+0.641}$	CuBr $\xrightarrow{+0.033}$	Cu	$Cu(CN)_4^{2-}$ $\xrightarrow{+0.12}$	$Cu(CN)_2^-$ $\xrightarrow{-0.44}$	Cu
Cu^{2+} $\xrightarrow{+0.859}$	CuI $\xrightarrow{-0.185}$	Cu			

Tab. 22.1

Demgemäß entsteht etwa CuI bei Zugabe von Iodid zu einer Cu^{2+}-Salzlösung (Cu^{2+} + $2\,I^- \longrightarrow CuI + \frac{1}{2}\,I_2$) bzw. $Cu(NH_3)_2^+$ aus $Cu(NH_3)_4^{2+}$ in Anwesenheit von Kupfer (Cu + $Cu(NH_3)_4^{2+} \longrightarrow 2\,Cu(NH_3)_2^+$). Auch sind natürlich Cu(I)-Salze wie Cu_2SO_4 bei Ausschluss von Wasser existenzfähig.

Ersichtlicherweise stabilisieren mittelweiche bis weiche Lewis-Basen das Kupfer(I)-Ion, das unter den Kupferionen die weichste Lewis-Säure darstellt (S. 275). Das als Lewis-Säure härtere Kupfer(II)-Ion bzw. noch härtere Kupfer(III)-Ion (S. 276) vereinigt sich lieber mit weniger weich wirkenden Liganden, wobei die Komplexstabilität durch Nutzung des Chelat-Effekts (S. 1567)

---

[3] Das in Abhängigkeit von Liganden farblose, blaue bis grüne Cu^{2+}-Ion (d^9) liefert im sichtbaren Bereich meist eine (asymmetrische) Absorptionsbande mit einem Wellenzahlenmaximum zwischen 11 000–16 000 cm^{-1} (vgl. Ligandenfeld-Theorie; S. 1592). In entsprechender Weise ist die Farbe des Ag^{2+}- bzw. Au^{2+}-Ions ligandenabhängig. Das Cu^+-Ion ist entsprechend seiner d^{10}-Elektronen-Konfiguration demgegenüber farblos, falls es keine leicht polarisierbaren Liganden wie S^{2-} koordiniert. Analog verhält sich Ag^+ und Au^+.

[4] Der exotherme Charakter der Disproportionierung gilt nur für die wässerige Lösung. Im Gaszustand ist beispielsweise die Disproportionierung $2\,Cu^+ \longrightarrow Cu + Cu^{2+}$ wegen der hohen 2. Ionisierungsenergie des Kupfers mit 1214 kJ endotherm. Auch bilden sich in Acetonitril CH_3CN als Solvens, in welchem die wasserunlöslichen Kupferhalogenide CuX (X = Cl, Br, I) gut löslich sind, stabile Kupfer(I)-Lösungen, da die beim Übergang von Cu^+ (solv.) nach Cu^{2+} (solv.) freiwerdende Solvatationsenthalpie nicht zur Verschiebung des Gleichgewichtes $2\,Cu^+ \rightleftharpoons Cu + Cu^{2+}$ nach rechts ausreicht. Da andererseits $H_2NCH_2CH_2NH_2$ (en) beständigere Komplexe mit Cu^{2+} als mit Cu^+ bildet, disproportionieren die Halogenide CuX in Anwesenheit von en, z. B. $2\,CuCl + 2\,en \longrightarrow Cu(en)_2^{2+} + Cu + 2\,Cl^-$ ($K \approx 10^5$).

weiter erhöht werden kann. So ist zwar in wässriger NH_3-Lösung Cu^+ stabiler als Cu^{2+}, in wässriger $H_2NCH_2CH_2NH_2$-Lösung aber Cu^+ instabiler als Cu^{2+}.

Als Koordinationszahl betätigt Kupfer(I) hauptsächlich vier (tetraedrisch in $Cu(CN)_4^{3-}$, $Cu(py)_4^+$), daneben drei (trigonal-planar in $Cu(CN)_3^{2-}$) sowie zwei (linear in $CuCl_2^-$, Cu_2O). Die kovalenten Cu(I)-Verbindungen $Cu-X$, in denen das Kupferatom nur eine Zweierschale besäße, suchen durch Anlagerung von Donoren im Zuge einer Polymerisation oder Adduktbildung maximal 8 Außenelektronen, d.h. die Edelgasschale des Kryptons zu erreichen, wie etwa die farblosen Zinkblende-analogen Halogenide $(CuX)_x$ oder die farblosen Komplexe $Cu(CN)_4^{3-}$, $Cu(NH_3)_4^+$ oder $CuCl(CO)(H_2O)_2$ zeigen, in denen Cu(I) die Koordinationszahl 4 hat. Doch kommen – wie erwähnt – auch die niedrigeren Koordinationszahlen 2 und 3 vor. Kupfer(II) betätigt insbesondere die Koordinationszahlen vier (tetraedrisch in Cs_2CuCl_4, quadratisch-planar in $(NH_4)_2CuCl_4$, CuO) bzw. sechs (s. unten), daneben fünf (z.B. trigonal-bipyramidal in $CuI(bipy)_2^+$) und größer sechs. In dem in Wasser vorliegenden $[Cu(H_2O)_6]^{2+}$-Ion besetzen 4 der 6 H_2O-Moleküle um das Cu^{2+}-Ion die Ecken eines Quadrats, die verbleibenden zwei weiteren H_2O-Moleküle sind ober- und unterhalb der quadratischen Ebene – in größerem Abstand und schwächer – unter Ergänzung des Quadrats zum tetragonal verzerrten Oktaeder gebunden. Auch in anderen koordinativ 4-zähligen Komplexen wie $[Cu(NH_3)_4]^{2+}$ oder dem Chelatkomplex mit Acetylaceton $MeC(O)CH_2C(O)Me$ weist das zentrale Cu^{2+}-Ion eine quadratisch planare Anordnung auf, die durch zwei zusätzliche schwache Ligandenbeziehungen zur verzerrt oktaedrischen Anordnung ergänzt wird. Diese Verzerrung symmetrischer Strukturen ist eine Folge des Jahn-Teller-Effekts (S. 1608), wonach Cu(II)-Verbindungen (paramagnetisch; μ_{mag} 1.7–2.2 BM) meist ein gestrecktes, gelegentlich aber auch ein gestauchtes Liganden-Oktaeder anstreben (4 + 2 bzw. 2 + 4 Koordination; letzterer Fall liegt etwa in $K^+Al^{3+}CuF_6^{4-}$ oder in $2 K^+CuF_4^{2-}$ vor). Kupfer(III) existiert mit den Koordinationszahlen vier (quadratisch-planar in $Cu(IO_6H)_2^{5-}$) und sechs (oktaedrisch in CuF_6^{3-}).

Bezüglich der Elektronenkonfiguration, der Radien, der magnetischen und optischen Eigenschaften von Kupferionen vgl. Ligandenfeld-Theorie (S. 1592) sowie Anh. IV, bezüglich eines Eigenschaftsvergleichs der Metalle der Kupfergruppe S. 1544f, 1729 sowie Anm.[1]

1.2   Verbindungen des Kupfers

1.2.1   Kupfer(I)-Verbindungen (d^{10})

Wasserstoffverbindungen

Ein polymeres Kupfer(I)-hydrid CuH (»Wurtzit Struktur«) bildet sich durch Reduktion von Kupfer(II)-sulfat in Wasser mit Phosphinsäure (S. 905): $2 Cu^{2+} + 3 H_3PO_2 + 3 H_2O \longrightarrow$ $2 CuH + 3 H_3PO_3 + 4 H^+$ als braunroter, mit Cu und Cu_2O verunreinigter, beim Erhitzen in Kupfer und Wasserstoff zerfallender Niederschlag. Darüber hinaus entsteht es in Form einer blutroten Lösung aus CuI und $LiAlH_4$ in Ether/Pyridin. Durch Zusatz von viel Ether lässt es sich hieraus als rotbraunes, mit Pyridin, LiI und CuI verunreinigtes Pulver fällen. Es dient als Reduktionsmittel, z.B. $CuH + PhCOCl \longrightarrow CuCl + PhCHO$.

Unter den Addukten von CuH^5 bildet sich das Phosphan-Addukt Ph_3CuH durch Reduktion der Komplexverbindung Ph_3PCuCl mit $Na[HB(OMe)_3]$ in Dimethylformamid. Es ist zum Unterschied vom tetrameren Ausgangsprodukt $[Ph_3PCuCl]_4$ (tetraedrische Anordnung von Cu(I), keine CuCu-Bindungen) hexamer: $[Ph_3PCuH]_6$ (verzerrt-oktaedrische Anordnung von Cu(I) zu ei-

---

[5] Man kennt auch niedrigwertige Kupferverbindungen wie diamagnetisches »Tetrakis(triphenylphosphan)-dikupfer(0)« $(Ph_3P)_2CuCu(PPh_3)_2$ (Smp. 160 °C; gewinnbar durch Reduktion von $(Ph_3P)_3CuCl$ mit Hydrazin). Es geht beim Erhitzen in »Tetrakis(triphenylphosphan)-kupfer(0)« $(Ph_3PCu)_4$ (Smp. 225 °C) über. Durch Tieftemperaturkondensation lässt sich aus gasförmigem Kupfer und Kohlenmonoxid unterhalb 10 K paramagnetisches »Kupfer(0)-tricarbonyl« $Cu(CO)_3$ erzeugen, das sich bei 30 K zu diamagnetischem »Dikupfer(0)-hexacarbonyl« $Cu_2(CO)_6$ dimerisiert und bei noch höheren Temperaturen in Kupfer und Kohlenmonoxid zerfällt (Näheres vgl. Kap. XXXII).

Tab. 22.2 Halogenide, Oxide und Sulfide des Kupfers (Smp./Sdp.; ΔH_f in kJ mol^{-1}).[a]

	Fluoride	Chloride	Bromide	Iodide	Oxide	Sulfide
Cu(I)	CuF Nur in der Gasphase nachgewiesen	CuCl, farbl. 430/1490 °C ΔH_f −137 kJ ZnS-Strukt., KZ = 4	CuBr, farbl. 504/1345 °C ΔH_f −105 kJ ZnS-Strukt., KZ = 4	CuI, farbl. 606/1290 °C ΔH_f −67.8 kJ ZnS-Strukt., KZ = 4	Cu$_2$O, gelb 1235/1800 °C/Z ΔH_f −169 kJ Cu$_2$O-Strukt., KZ = 2	Cu$_2$S, schwarz Smp. 1127 °C ΔH_f −79.5 kJ
Cu(II)	CuF$_2$, farbl. Smp. 785 °C ΔH_f −543 kJ Rutil,[b] KZ = 6	CuCl$_2$, braun Smp. 785 °C ΔH_f −220 kJ CdI$_2$-Strukt.[b] KZ = 6	CuBr$_2$, schwarz 498/900 °C ΔH_f −142 kJ CdI$_2$-Strukt.[b] KZ = 6	CuI$_2$ Zerfall in CuI + I$_2$	CuO, schwarz Smp. 1326 °C ΔH_f −157 kJ CuO-Strukt., KZ = 4	CuS, schwarz[c] Smp. 200 °C ΔH_f −53.2 kJ Cu$^I_2$Cu^{II}S(S$_2$) KZ$_{Cu^I/Cu^{II}}$ = 4/6

a Man kennt auch Selenide und Telluride. Darüber hinaus existieren Pentelide, Tetrelide, Trielide (S. 1699).
b Jahn-Teller-verzerrt.
c Man kennt auch CuS$_2$ = Cu^{II}(S$_2$) mit NaCl-Struktur (KZ = 6).

nem Kupfer-Atomcluster mit schwachen CuCu-Bindungen; vgl. Abb. 22.4a und c). Das Hydrid-Addukt CuH$_4^{3-}$ bildet sich beim Aufdrücken von Wasserstoff H$_2$ auf eine Ba/Cu-Legierung. Bezüglich der Boran-Addukte CuBH$_4$ sowie (Ph$_3$P)CuBH$_4$ und (Ph$_3$P)$_2$CuBH$_4$ vgl. S. 1248, 2067.

Eine Bildung von Kupferhydrid aus den Elementen, d. h. aus metallischem Kupfer und Wasserstoffmolekülen oder -atomen erfolgt nicht. Allerdings vermag molekularer Wasserstoff oberhalb 450 °C durch sauerstofffreies Kupfer zu diffundieren. Gasförmiges Kupfer setzt sich demgegenüber mit Wasserstoff zu gasförmigem monomerem »Kupfer(I)-hydrid« CuH um (CuH-Abstand 1.463 Å; CuH-Dissoziationsenergie 281 kJ mol^{-1}). In analoger Weise lässt sich von Silber und Gold, die keine festen Hydride bilden, ein monomeres »Silber(I)-hydrid« AgH (r_{AgH} = 1.618 Å; DE = 226 kJ mol^{-1}) und ein monomeres »Gold(I)-hydrid« AuH (r_{AuH} = 1.524 Å; DE = 301 kJ mol^{-1}) in der Gasphase erzeugen.

Halogen- und Pseudohalogenverbindungen

Halogenide (vgl. Tab. 22.2 und S. 2074). Unter den Kupfer(I)-halogeniden entsteht das Kupfer(I)-chlorid CuCl (Tab. 22.2) beim Erwärmen von Kupfer(II)-chlorid und metallischem Kupfer (CuCl$_2$ + Cu $\longrightarrow$ 2 CuCl) in konzentrierter Salzsäure als komplexe Säure H[CuCl$_2$]. Beim Verdünnen der Lösung zerfällt diese Säure unter Abspaltung von Salzsäure und Bildung eines weißen, schwerlöslichen (L_{CuCl} = 1.0 × 10^{-6}) Niederschlags von CuCl, der bei 178 °C tiefblau wird und bei 422 °C unter Bildung einer tiefgrünen Flüssigkeit schmilzt. Im trockenen Zustand ist die Verbindung an der Luft beständig. Im feuchten Zustand oxidiert sie sich an der Luft leicht zu grünem basischem Kupfer(II)-chlorid:

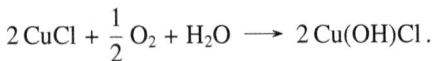

$$2\,CuCl + \tfrac{1}{2}\,O_2 + H_2O \longrightarrow 2\,Cu(OH)Cl\,.$$

Strukturen. CuCl besitzt im kristallisierten Zustande eine Diamant-analoge Zinkblende-Struktur ZnS (S. 1760), indem jedes Cu-Atom tetraedrisch von 4 Cl- und jedes Cl-Atom tetraedrisch von 4 Cu-Atomen in einem Abstand von 2.27 Å (berechnet für eine kovalente Cu−Cl-Einfachbindung: 2.27 Å) umgeben ist. Die gleiche Diamantstruktur findet sich häufig auch bei anderen kovalenten Verbindungen, wenn die beiden strukturbildenden Atome zusammen ebensoviele Valenzelektronen aufweisen wie zwei Kohlenstoffatome (vgl. III/V-, II/VI- und I/VII-Verbindungen, S. 1403).

Auf den hochpolymeren Charakter des mehr kovalent gebauten Kupfer(I)-chlorids ist seine Schwerlöslichkeit in Wasser (1.0 × 10^{-3} mol CuCl in 1 Liter Wasser) zum Unterschied von der Leichtlöslichkeit der ionisch gebauten Alkalichloride MCl zurückzuführen. Analoge kovalente Zinkblende-Struktur wie CuCl besitzen auch CuBr (Cu−Br-Abstand: gef. 2.46, ber. 2.42 Å) und CuI (Cu−I-Abstand: gef. 2.62, ber. 2.61 Å). CuF ist in reiner Form unbekannt; es liegt in einer CuF$_2$-Schmelze in Anwesenheit von Cu im Gleichgewicht vor und disproportioniert bei Abkühlen der Schmelze wieder zu Cu + CuF$_2$. Im Gaszustande bildet Kupfer(I)-chlorid trimere Moleküle (CuCl)$_3$.

Komplexe. In konzentrierter Salzsäure und in Ammoniak löst sich Kupfer(I)-chlorid farblos unter Komplexbildung: CuCl + HCl $\longrightarrow$ H[CuCl$_2$] bzw. CuCl + 2 NH$_3$ $\longrightarrow$ [Cu(NH$_3$)$_2$]Cl (lineares, hydratisiertes [Cu(NH$_3$)$_2$]$^+$-Ion) und CuCl + 4 NH$_3$ $\longrightarrow$ [Cu(NH$_3$)$_4$]Cl (tetraedrisches [Cu(NH$_3$)$_4$]$^+$-Ion). Von H[CuCl$_2$] leiten sich Salze des Typs M[CuCl$_2$], M$_2$[CuCl$_3$] bzw. M$_3$[CuCl$_4$] mit [CuCl$_2^-$]-Inseln (linear), [CuCl$_3^{2-}$]$_x$-Ketten (CuCl$_4$-Tetraeder mit gemeinsamen Ecken) bzw. [CuCl$_4^{3-}$]-Inseln (tetraedrisch) ab. Die salzsauren Lösungen besitzen die Fähigkeit, unter Bildung einer Komplexverbindung der Formel [Cu(CO)Cl(H$_2$O)$_2$] Kohlenoxid zu absorbieren, wovon man zur CO-Entfernung aus Konvertgasen (S. 287) oder zur quantitativen CO-Bestimmung in Gasgemischen Gebrauch machen kann (in 98 %-iger H$_2$SO$_4$ bilden sich aus Cu$^+$ und CO unter Druck Cu(CO)$^+$, Cu(CO)$_3^+$ oder sogar Cu(CO)$_4^+$ (isoelektronisch mit Ni(CO)$_4$, vgl. S. 2108). An der Luft oxidieren sich die farblosen [Cu(NH$_3$)$_4$]$^+$-Lösungen leicht zu blauen [Cu(NH$_3$)$_4$]$^{2+}$-Lösungen. Wie AgCl ist CuCl nicht nur in HCl- und NH$_3$-haltigen, sondern auch in CN$^-$- und S$_2$O$_3^{2-}$-haltigen Lösungen unter Komplexbildung löslich (vgl. S. 1715).

Mit Donatoren (Liganden) L wie Aminen, Phosphanen, Arsanen bildet CuCl (Analoges gilt für CuBr, CuI) des weiteren Komplexe des Typus [L$_4$Cu]$^+$X$^-$ (L z. B. C$_5$H$_5$N, PR$_3$, R$_3$PO), [L$_3$CuX] (L z. B. PR$_3$, AsR$_3$), [L$_2$CuX]$_2$ (L z. B. Ph$_2$NH; dimer über zwei Cl-Brücken) und [LCuX]$_4$ (L z. B. PR$_3$, AsR$_3$; würfelartiger (Abb. 22.4a) bzw. stufenartiger Bau (Abb. 22.4b). Die Reduktion von (Ph$_3$P)$_3$CuCl mit N$_2$H$_4$ führt zu (Ph$_3$P)$_4$Cu$_2$ (vgl. Anm. [3]), die Reduktion von [Ph$_3$PCuCl]$_4$ mit BH(OMe)$_3^-$ zu [Ph$_3$PCuH]$_6$ (Abb. 22.4c).

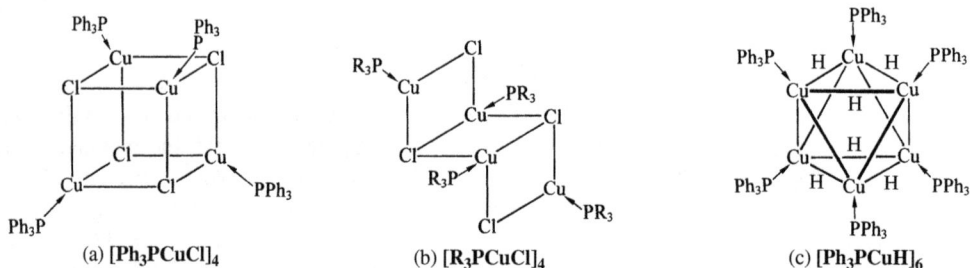

(a) [Ph$_3$PCuCl]$_4$ (b) [R$_3$PCuCl]$_4$ (c) [Ph$_3$PCuH]$_6$

Abb. 22.4

Durch Einwirkung von R$_2$PSiMe$_3$, RP(SiMe$_3$)$_2$, E(SiMe$_3$)$_2$ mit E = S, Se, Te auf [LCuCl]$_4$ (L u. a. PMe$_3$, PEt$_3$, PiPr$_3$, PtBu$_3$, PPh$_3$) entstehen unter Me$_3$SiCl-Abspaltung eine Vielzahl farbiger Heterokupfercluster, z. B. [Cu$_5$(PPh$_2$)$_5$(PMe$_3$)$_3$], [Cu$_{12}$(PPh)$_6$(PPh$_3$)$_6$], [Cu$_{20}$Se$_{13}$(PEt$_3$)$_{12}$], [Cu$_{29}$Te$_{16}$(PiPr$_3$)$_{12}$], die in der Regel einen mehrschaligen sphärischen Bau aufweisen[4]. Auch Komplexe mit Ag anstelle von Cu sind zugänglich. Bezüglich einiger Cu^I-Komplexe mit O- bzw. N-haltigen Liganden vgl. S. 1697 bzw. S. 1703.

Kupfer(I)-bromid CuBr (Tab. 22.2) entsteht u. a. beim Auflösen von Kupfer in etherischem Bromwasserstoff, wobei sich zunächst das Dietherat einer Bromosäure HCuBr$_2$ bildet (gelbes Öl), das bei der Zersetzung mit Wasser die Verbindung CuBr ($L_{CuBr} = 4.2 \times 10^{-8}$) als farbloses, kristallines Pulver ergibt. Kupfer(I)-iodid CuI (Tab. 22.2) bildet sich im Gemisch mit Iod als bräunlich-weißer Niederschlag ($L_{CuI} = 5.1 \times 10^{-12}$) beim Versetzen einer Kupfer(II)-sulfatlösung mit Kaliumiodid, da das zweiwertige Kupfer durch das Iodid unter Iodausscheidung zu einwertigem Kupfer reduziert wird, welches mit weiterem Iodid schwerlösliches, weißes Kupfer(I)-

iodid bildet:

$$Cu^{2+} + I^- \longrightarrow Cu^+ + \frac{1}{2} I_2$$

$$\underline{Cu^+ + I^- \longrightarrow CuI}$$

$$Cu^{2+} + 2\,I^- \longrightarrow CuI + \frac{1}{2} I_2.$$

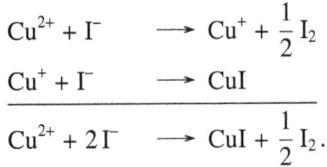

Aus diesem Grunde ist Kupfer(II)-iodid CuI_2 zum Unterschied von $CuBr_2$ und $CuCl_2$ (geringere Reduktionskraft von Br^- bzw. Cl^-) instabil (S. 1699) und zerfällt gemäß $CuI_2 \longrightarrow$ $CuI + \frac{1}{2} I_2 + 60.3\,kJ$. Man benutzt die Reaktion zur »quantitativen Bestimmung von Kupfer«, indem man das freigewordene Iod mit Natriumthiosulfatlösung titriert (vgl. S. 670).

Cyanide (vgl. S. 2084). Das farblose Kupfer(I)-cyanid CuCN (Smp. 473 °C) kann auf analoge Weise wie Kupfer(I)-iodid durch Zusammengeben von Kupfer(II)-sulfat- und Kaliumcyanidlösung unter Dicyan-Entwicklung als Niederschlag erhalten werden:

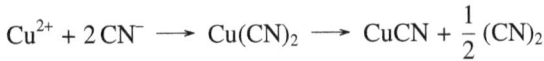

$$Cu^{2+} + 2\,CN^- \longrightarrow Cu(CN)_2 \longrightarrow CuCN + \frac{1}{2} (CN)_2$$

indem sich der – bei Vermeidung eines KCN-Überschusses – primär entstehende braungelbe Niederschlag von $Cu(CN)_2$ unter Abspaltung von Dicyan (Dicyandarstellung) in weißes CuCN umwandelt. In Alkalicyanid-haltigem Wasser löst sich CuCN zu farblosen, sehr beständigen Cyanokomplexen auf:

$$CuCN \xrightarrow{\;+\;CN^-\;} [Cu(CN)_2]^- \xrightarrow{\;+\;CN^-\;} [Cu(CN)_3]^{2-} \xrightarrow{\;+\;CN^-\;} [Cu(CN)_4]^{3-}.$$

Dass wirklich Komplexsalze und nicht nur Doppelsalze $CuCN \cdot MCN$, $CuCN \cdot 2\,MCN$ bzw. $CuCN \cdot 3\,MCN$ (vgl. S. 1361) entstanden sind, erkennt man hier wie in anderen Fällen daran, dass die Komplex-Ionen keine der gewöhnlichen Reaktionen ihrer Bestandteile (Cu^+ und CN^-) zeigen. So fällt z. B. beim Einleiten von Schwefelwasserstoff in die Komplexsalzlösung kein Kupfer(I)-sulfid Cu_2S aus, weil die Komplexe so beständig, d. h. so wenig in $Cu^+ + CN^-$ dissoziiert sind, dass das Löslichkeitsprodukt von Cu_2S nicht erreicht wird. Die Stabilität der Komplexe erkennt man auch daraus, dass sich Kupfer in KCN-Lösungen unter H_2-Entwicklung auflöst ($Cu + 2\,CN^- \longrightarrow Cu(CN)_2^- + e^-$; $E^\circ = -0.44\,V$, entsprechend einer Erniedrigung des Kupferpotentials Cu/Cu^+ (+0.520 V) um 0.96 V infolge Verringerung der Cu^+-Konzentration durch Komplexbildung). – Strukturen. Das Kupfer(I)-cyanid CuCN bildet wie AgCN und AuCN ein polymeres lineares Molekül (Abb. 22.5d) mit der Koordinationszahl 2 des Kupfers. Eine trigonal-planare Koordination des Kupfers mit Cyanogruppen (KZ = 3) liegt dem isolierten Anion $[Cu(CN)_3]^{2-}$ (Abb. 22.5e) im kristallisierten Cyanokomplex $Na_2[Cu(CN)_3] \cdot 3\,H_2O$ (CN/CuC-Abstände 1.13/1.93 Å), dem polymeren spiraligen Anion $[Cu(CN)_2^-]_x$ (Abb. 22.5f) im Cyanokomplex $Na[Cu(CN)_2] \cdot 2\,H_2O$ (CN/CuC/CuN-Abstände in der Kette 1.14/1.92/2.05 Å) bzw. dem polymeren netzartigen Anion $[Cu_2(CN)_3^-]_x$ (Abb. 22.5h) im Cyanokomplex $K[Cu_2(CN)_3] \cdot H_2O$ zugrunde (die Komplexe $M(CN)_2^-$ mit M = Ag, Au enthalten anders als solche mit M = Cu lineare $NC-M-CN^-$-Inseln). Die Koordinationszahl 4 weist Kupfer im Cyanokomplex $K_3[Cu(CN)_4]$ auf, der isolierte tetraedrische Anionen $[Cu(CN)_4]^{3-}$ (Abb. 22.5g) enthält.

Azide (S. 2087). Das mit Pseudohalogenid CuCN verwandte, gemäß Abb. 22.5i gebaute Kupfer(I)-azid CuN_3 lässt sich u. a. durch Einwirkung von HN_3 in Wasser auf Kupfer als weißes, explosives Pulver gewinnen ($\sphericalangle NCuN = 180°$). Von CuN_3 leiten sich Azido- und andere Komplexe ab, z. B. $[Cu(N_3)_4]^{3-}$ und $CuN_3 \cdot 2\,PPh_3$ (dimer; über zwei Azidobrücken analog (Abb. 22.5i); tetraedrische Cu-Koordination).

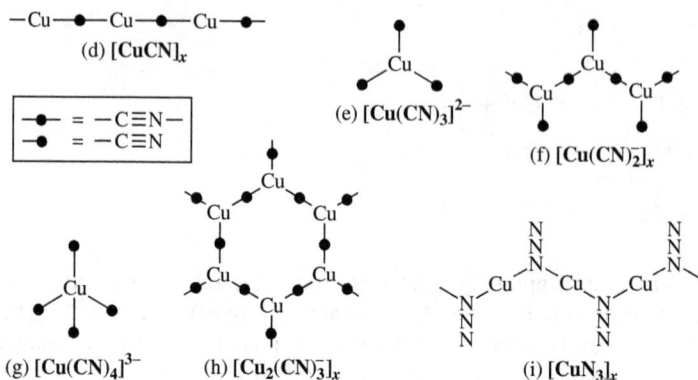

(d) [CuCN]$_x$

$-\bullet-$ = $-C\equiv N-$
$-\bullet$ = $-C\equiv N$

(e) [Cu(CN)$_3$]$^{2-}$

(f) [Cu(CN)$\overline{_2}$]$_x$

(g) [Cu(CN)$_4$]$^{3-}$ (h) [Cu$_2$(CN)$\overline{_3}$]$_x$ (i) [CuN$_3$]$_x$

Abb. 22.5

Chalkogenverbindungen

Sauerstoffverbindungen (vgl. Tab. 22.2 sowie S. 2088). Versetzt man Kupfer(I)-Salzlösungen mit Alkalilauge, so entsteht ein gelber Niederschlag von Kupfer(I)-oxid Cu$_2$O, der beim Erwärmen in gröberkristallines rotes, auch durch Erhitzen von CuO erhältliches Kupfer(I)-oxid übergeht:

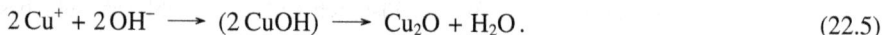

$$2\,Cu^+ + 2\,OH^- \longrightarrow (2\,CuOH) \longrightarrow Cu_2O + H_2O. \tag{22.5}$$

Man benutzt diese charakteristische Fällung von rotem Kupfer(I)-oxid bei der »Fehling'schen Probe« zum Nachweis von Zucker, indem man die auf Zucker zu prüfende Lösung (z. B. Harn) mit einer alkalischen Komplexlösung von Kupfer(II)-sulfat und Seignettesalz (»Fehling'sche Lösung«, S. 1702) kocht, wobei der Zucker das zweiwertige Kupfer zum einwertigen reduziert, welches gemäß (22.5) reagiert und mit Seignettesalz zum Unterschied vom zweiwertigen Kupfer keinen Komplex bildet.

Struktur. Die Struktur von kristallisiertem Kupfer(I)-oxid baut sich aus zwei, sich durchdringenden, miteinander nicht verknüpften Systemen auf. Jedem System liegt die kubische, sehr offene Anticristobalit-Struktur SiO$_2$ zugrunde (SiOSi durch OCuO ersetzt), in welcher jedes O-Atom tetraedrisch von 4 Cu- und jedes Cu-Atom linear von 2 O-Atomen umgeben ist.

Eigenschaften. Im feuchten Zustand oxidiert sich Kupfer(I)-oxid an der Luft leicht zu blauem Kupfer(II)-hydroxid Cu(OH)$_2$: Cu$_2$O $+ \frac{1}{2}$O$_2$ $+ 2$H$_2$O $\longrightarrow$ 2Cu(OH)$_2$. Aus dem gleichen Grunde färbt sich eine farblose Lösung von Kupfer(I)-oxid in Ammoniak durch Sauerstoffabsorption rasch blau (vgl. unten). Im trockenen Zustand oxidieren sich Kupfer(I)-Verbindungen an der Luft nicht. Beim Erhitzen von Cu$_2$O mit K$_2$O bildet sich farbloses Cuprat(I) KCuO (isostrukturell mit KAgO; enthält Cu$_4$O$_4^{4-}$ Ringe mit linearen OCuO-Gruppierungen).

Zum Unterschied vom instabilen Kupfer(I)-hydroxid CuOH, lassen sich »Kupfer(I)-alkoholate« CuOR durch Umsetzung von CuCl mit LiOR sowie »Kupfer(I)-carboxylate« CuOAc durch Reduktion von Cu(OAc)$_2$ gewinnen. Unter ihnen sind CuOMe und Cu(O$_2$CMe) polymer, CuOtBu (Abb. 22.6a) und Cu(O$_2$CPh) (Abb. 22.6b) tetramer (in letzteren beiden Fällen ist Cu jeweils diagonal von 2 O-Atomen umgeben). Ähnlich wie (Abb. 22.6b) sind Ci(I)-triazenide [CuX]$_4$ (X$^-$=RN$\cdots$N$\cdots$NR$^-$) gebaut.

Kupfer(I)-Salze von Oxosäuren. Das ionisch aufgebaute Kupfer(I)-sulfat Cu$_2$SO$_4$ kann wegen der Empfindlichkeit des Cu$^+$-Ions gegenüber Wasser (S. 1693) nur unter Ausschluss von Wasser z. B. durch Erwärmen von Kupfer(I)-oxid Cu$_2$O mit Dimethylsulfat Me$_2$SO$_4$ auf 100 °C gemäß Cu$_2$O + Me$_2$SO$_4$ $\longrightarrow$ Cu$_2$SO$_4$ + Me$_2$O dargestellt werden und disproportioniert in wässeriger

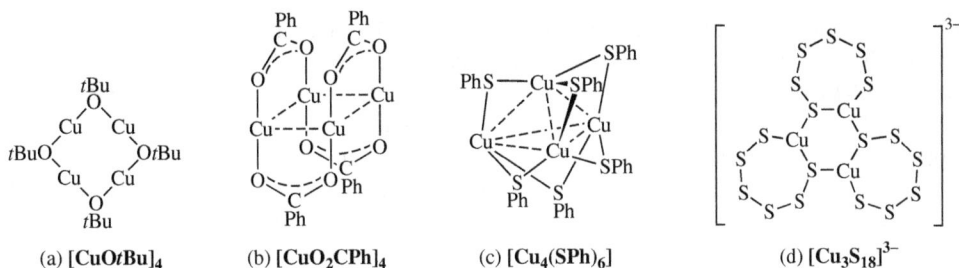

(a) [CuO*t*Bu]₄   (b) [CuO₂CPh]₄   (c) [Cu₄(SPh)₆]   (d) [Cu₃S₁₈]³⁻

Abb. 22.6

Lösung sofort gemäß $Cu_2SO_4 \longrightarrow Cu + CuSO_4$. Durch Komplexbildung mit Ammoniak lässt sich die Verbindung stabilisieren: $[Cu(NH_3)_4]_2SO_4$.

Sonstige Chalkogenverbindungen. Unter den weiteren Kupfer(I)-chalkogeniden seien genannt: metallisch schwarzes Kupfer(I)-sulfid Cu_2S (exakter: $Cu_{2-x}S$ mit $x = 0$ bis 0.2; gewinnbar beim Erhitzen von Kupfer in einer Schwefel- oder Schwefelwasserstoffatmosphäre; mehrere Modifikationen mit kubisch- oder hexagonal-dichtester Sulfidpackung und Cu^+ bzw. Cu^{2+} in tetraedrischen, trigonalen oder anderen Lücken) und metallisch schwarzes Kupfer(I,II)-sulfid $CuS = Cu^I_2Cu^{II}(S_2)S$ (vgl. S. 1706). Auch die Chalkogenide $CuSe$, Cu_3Se_2, $CuSe_2$, $CuTe$, Cu_3Te_2, $CuTe_2$ von metallischem Charakter enthalten einwertiges Kupfer. In dem vom $Cu(I)$-thiophenolat $CuSPh$ abgeleiteten Komplex $[Cu_4(SPh)_6]$ (Abb. 22.6c) besetzen die Kupferatome die Ecken eines Tetraeders, dessen Seiten von SPh-Gruppen überspannt werden. Erwähnt sei des Weiteren der $Cu(I)$-polysulfido-Komplex $[Cu_3S_{18}]^{3-}$ (Abb. 22.6d).

Pentel-, Tetrel-, Trielverbindungen

Kupfer bildet eine Reihe von Penteliden, so das Kupfernitrid Cu_3N (aus CuF_2/NH_3 bei 280 °C, Zerfall in $Cu + N_2$ um 300 °C, ΔH_f ca. 75 kJ mol⁻¹), die Kupferphosphide Cu_3P und CuP_2 sowie das Kupferarsenid Cu_3As. Das »Trikupfernitrid« hat wie Na_3N anti-ReO_3-Struktur. Durch Nitridierung von Kupfer in Anwesenheit von Alkali- oder Erdalkalimetallnitriden bzw. Alkalimetallaziden unter Druck in der Hitze entstehen Nitridocuprate(I) (S. 2098): $[CuN^{2-}]_x$ (lineare/zickzackförmige/helicale $\cdots N-Cu-N-Cu-\cdots$ Ketten in $SrBa(CuN)_2$,/in $CaCuN$, $SrCuN$, $BaCuN$/in $Ba_{16}(CuN)_8(Cu_2N_3)(Cu_3N_4)$; die Zickzackketten weisen lineare NCuN- und teils lineare, teils gewinkelte CuNCu-Unterabschnitte auf); $[CuN_2]^{5-}$ (isolierte lineare NCuN-Einheiten in $Ca_4Ba(CuN_2)_2$, $Sr_6(CuN)_2(Cu_2N_3)$); $[Cu_2N_3]^{7-}$ (isolierte lineare/V-förmige NCuNCuN-Einheiten in $Ba_{16}(CuN)_8(Cu_2N_3)(Cu_3N_4)$/in $Sr_6(CuN)(Cu_2N_3)$), $[Cu_3N_4]^{9-}$ (isolierte Z-förmige NCuNCuNCuN-Einheiten in $Ba_{16}(CuN)_8(Cu_2N_3)(Cu_3N_4)$). Bezüglich $Li_2[Li_{1-x}Cu_xN]$ vgl. S. 2098. Man kennt ferner viele Cu-Verbindungen mit stickstoffhaltigen Resten (z. B. $Cu^I(N_3)$, $Cu^{II}(N_3)_2$, $Cu^I(N_3)_4^{3-}$, $Cu^{II}(N_3)_4^{2-}$, Ammin-Komplexe; s. dort). Als Beispiele für Tetrelide und Trielide sei das Kupfercarbid Cu_2C_2 (explosives Acetylenderivat), das Kupfersilicid Cu_3Si (katalysiert den Rochow-Mueller-Prozess, S. 1141; man kennt auch Cu_6Si, Cu_5Si, $Cu \cdot 4 Si$), das Kupferborid CuB_{22} (Zusammensetzung nicht gesichert) sowie Kupfer-Aluminium-Legierungen (z. B. Cu_3Al, Cu_2Al, $CuAl$, $CuAl_2$) genannt. Bezüglich Cu-Verbindungen mit kohlenstoffhaltigen Resten vgl. Organische Verbindungen des Kupfers (S. 1707).

1.2.2   Kupfer(II)-Verbindungen (d⁹)

Halogen- und Pseudohalogenverbindungen

Halogenide (vgl. Tab. 22.2 sowie S. 2074). Unter den Kupfer(II)-halogeniden entsteht das Kupfer(II)-chlorid $CuCl_2$ beim Auflösen von Kupfer(II)-oxid in Salzsäure und Eindampfen der Lösung als grünes Di- oder Tetrahydrat $CuCl_2(H_2O)_2$ und $CuCl_2(H_2O)_4$. Sehr verdünnte wässerige Lösungen des Chlorids sind hellblau gefärbt und enthalten wie alle verdünnten Kupfer(II)-Salzlösungen das Komplexion $[Cu(H_2O)_6]^{2+}$; die grünbraune Farbe konzentrierter, namentlich salzsaurer Lösungen ist wohl auf die Bildung hydratisierter komplexer Ionen des Typus $[CuCl_4]^{2-}$ zurückzuführen; halbkonzentrierte Lösungen zeigen die grüne Farbe des Tetrahydrats $[CuCl_2(H_2O)_4]$. In $CuCl_2 \cdot 2\,H_2O$ ist jedes Cu-Atom von 2 O-Atomen des Wassers, 2 Cl-Atomen sowie 2 Cl-Atomen benachbarter Moleküle unter Ausbildung eines gestreckten Oktaeders (s. oben) umgeben ($d_{CuO/CuCl(Cu\cdots Cl)} = 2.01/2.31/2.98\,\text{Å}$).

Beim Erhitzen auf 150 °C im Chlorwasserstoffstrom entsteht das braungelbe, wasserfreie, in Wasser leicht lösliche, auch aus den Elementen zugängliche Chlorid $CuCl_2$. Dieses wird in der Wärme durch Sauerstoff in Chlor und Kupferoxid übergeführt (22.6), welches sich durch Chlorwasserstoff wieder in das Chlorid zurückverwandeln lässt (22.7):

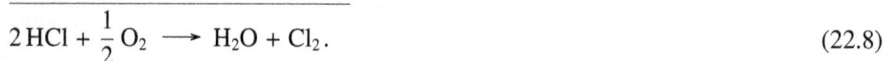

$$CuCl_2 + \frac{1}{2}O_2 \longrightarrow CuO + Cl_2 \qquad (22.6)$$

$$\underline{CuO + 2\,HCl \longrightarrow CuCl_2 + H_2O} \qquad (22.7)$$

$$2\,HCl + \frac{1}{2}O_2 \longrightarrow H_2O + Cl_2. \qquad (22.8)$$

Auf dem Wechselspiel beider Reaktionen beruht z. B. die katalytische Wirkung des Kupferchlorids bei der Chlordarstellung aus Chlorwasserstoff und Luft (22.8) nach dem Deacon-Verfahren (S. 481).

Strukturen. $CuCl_2$ hat im wasserfreien kristallisierten Zustande eine polymere Kettenstruktur (Abb. 22.7a) mit quadratisch-ebenen $CuCl_4$-Einheiten (CuCl-Abstand 2.30 Å, berechnet für kovalente Einfachbindung 2.3 Å), wobei die $(CuCl_2)_x$-Ketten zum Unterschied von ähnlichen polymeren Chloriden $(MCl_2)_x$ zweiwertiger Metalle (wie $PdCl_2$) so angeordnet sind, dass die Cl-Brückenatome jeweils die Cu-Atome zweier benachbarter Ketten in längerem CuCl-Abstand (2.95 Å) koordinativ zu (tetragonal verzerrten) Oktaedern ergänzen (s. oben). Auch $CuBr_2$ besitzt diese zu Schichten verbrückte Kettenstruktur mit 4 kurzen (2.40 Å) und 2 langen (3.18 Å) CuBr-Abständen (CuI_2 ist unbekannt; vgl. S. 1697), während CuF_2 mehr ionisch nach einer verzerrten Rutil-Struktur mit tetragonal verzerrten CuF_6-Oktaedern (4 kurze CuF-Abstände von 1.93 Å, 2 lange CuF-Abstände von 2.27 Å) aufgebaut ist.

Komplexe. Durch geeignete Donoren D kann die $(CuCl_2)_x$-Kette unter Bildung von Verbindungen $[Cu_nCl_2D_2]$ mit kleinerer Gliederzahl depolymerisiert werden, z. B.: Abb. 22.7b, c, d. Auch durch Einwirkung von Chlorid Cl^- lässt sich die $[CuCl_2]_x$-Kette depolymerisieren und gegebenenfalls modifizieren. Die Strukturen der aus Lösungen auskristallisierenden Chlorokomplexe werden hierbei wesentlich durch Art und Größe des Gegenions diktiert. So liegen dem Komplex $[AsPh_4][CuCl_3]$ isolierte planare Ionen $[Cu_2Cl_6]^{2-}$ (Abb. 22.7c), dem Komplex $Cs[CuCl_3]$ polymere spiralförmige Kettenionen $[CuCl_3^-]_x$ (Abb. 22.7g), dem Komplex [Methadonium] $[CuCl_4]$ isolierte quadratisch-planare Ionen $[CuCl_4]^{2-}$ (Abb. 22.7d), dem Komplex $Cs_2[CuCl_4]$ isolierte tetraedrische Ionen $[CuCl_4]^{2-}$ (Abb. 22.7e) und dem Komplex $[Cr(NH_3)_6]\,[CuCl_5]$ isolierte trigonal-bipyramidale Ionen $[CuCl_5]^{3-}$ (Abb. 22.7f) zugrunde (man kennt auch Salze mit quadratisch-pyramidal gebautem Ion $CuCl_5^{3-}$). Die quadratischen Tetrachloro-Komplexe $[CuCl_4]^{2-}$ vermögen durch Aufnahme von $2\,H_2O$-Molekülen in gestreckt-oktaedrische Anordnungen überzugehen.

Das Kupfer(II)-fluorid CuF_2 (Tab. 22.2) entsteht aus Kupfer und Fluor bzw. Kupferoxid und Fluorwasserstoff bei 400 °C als kristalline, farblose Substanz. Die Verbindung verliert in der Schmelze (Smp. 950 °C) langsam elementares Fluor ($CuF_2 \rightleftharpoons CuF + \frac{1}{2}F_2$; $2\,CuF \rightleftharpoons CuF_2 + Cu$) und wirkt bei höheren Temperaturen als Fluorierungsmittel (z. B. $2\,Ta + 5\,CuF_2 \longrightarrow 2\,TaF_5 + 5\,Cu$). Mit Fluorid bildet CuF_2 Fluorokomplexe CuF_3^-, CuF_4^{2-} und CuF_6^{4-} (in jedem Falle ist Cu^{2+} tetragonal-verzerrt oktaedrisch von F^- umgeben), mit Wasser ein Dihydrat $CuF_2(H_2O)_2$.

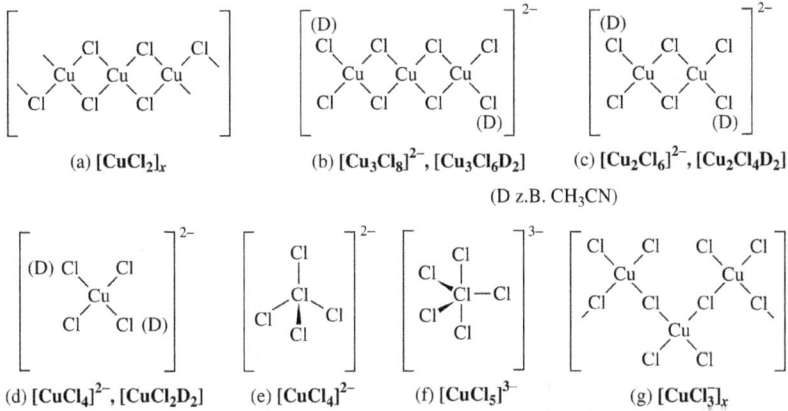

(a) $[CuCl_2]_x$ (b) $[Cu_3Cl_8]^{2-}$, $[Cu_3Cl_6D_2]$ (c) $[Cu_2Cl_6]^{2-}$, $[Cu_2Cl_4D_2]$

(D z.B. CH_3CN)

(d) $[CuCl_4]^{2-}$, $[CuCl_2D_2]$ (e) $[CuCl_4]^{2-}$ (f) $[CuCl_5]^{3-}$ (g) $[CuCl_3]_x$

Abb. 22.7

Kupfer(II)-bromid $CuBr_2$ (Tab. 22.2); gewinnbar aus den Elementen (Struktur s. oben), ist braunschwarz, in Wasser leicht löslich und bildet mit Ammoniak ein Di-ammoniakat $CuBr_2(NH_3)_2$, mit NH_4Br einen oktaedrischen Bromokomplex $(NH_4)_2[CuBr_4(H_2O)_2]$. Kupfer(II)-iodid CuI_2 ist unbeständig und zerfällt sofort in Kupfer(I)-iodid CuI und Iod (S. 1697).

Alle Kupferhalogenide (die bei höherer Temperatur flüchtig sind) färben die Bunsenflamme intensiv grün. Diese Erscheinung verwendet man zum »qualitativen Nachweis von Halogen« in organischen Verbindungen, indem man eine kleine Menge der zu untersuchenden Substanz an einen Kupferdraht bringt und diesen Draht in die Flamme hält. Schon sehr geringe Mengen Halogen geben sich dabei durch Grünfärbung der Flamme zu erkennen (»Beilstein-Probe«).

Cyanide (S. 2084). Ähnlich wie CuI_2 ist das braungelbe Kupfer(II)-cyanid $Cu(CN)_2$ unbeständig und zerfällt in $CuCN$ und $(CN)_2$. Mit KCN bildet es den farblosen Komplex $K_2[Cu(CN)_4]$, der in Cyanid-Lösung gemäß $[Cu(CN)_4]^{2-} + CN^- \longrightarrow [Cu(CN)_4]^{3-} + \frac{1}{2}(CN)_2$ zerfällt.

Azide (S. 2087). Das mit dem Pseudohalogenid $Cu(CN)_2$ verwandte Kupfer(II)-azid $Cu(N_3)_2$ entsteht bei Zugabe von NaN_3 zu einer wässerigen Cu^{2+}-Salzlösung als dunkelvioletter, explosiver Niederschlag. Das Diazid kristallisiert mit polymerer Kettenstruktur (Abb. 22.8h), wobei die $[Cu(N_3)_2]_x$-Ketten ihrerseits über α-N-Atome der Azidgruppen zu Doppelketten und diese über γ-N-Atome der Azidgruppe zu Schichten verknüpft sind. Jedes Cu^{2+}-Ion weist somit eine verzerrt-oktaedrische Koordination mit sechs Azidgruppen auf (CuNCu-Bindungen innerhalb einer Kette stark und zwischen den Ketten einer Doppelkette schwächer, CuNNNCu-Bindungen zwischen den Doppelketten der Schichten sehr schwach); jedes NNN^--Ion ist in α,α,α- oder α,α,γ-Stellung dreimal mit Cu^{2+} verbunden. $Cu(N_3)_2$ bildet mit Donoren Komplexe wie $[Cu(N_3)_2(NH_3)_2]$, $[PPh_4^+]_2[Cu_2(N_3)_6]^{2-}$ und $[Ph_3PNPPh_3^+]_2[Cu(N_3)_4]^{2-}$, in welchen Cu^{2+} jeweils quadratisch-planar von vier N-Atomen koordiniert vorliegt.

Anders als $[PPh_4][Cu(N_3)_4]$, enthält $[NMe_4][Cu(N_3)_3]$ kein gemäß Abb. 22.8i dimer gebautes Anion $[Cu(N_3)_3^-]_2$, sondern ein gemäß Abb. 22.8k polymer strukturiertes Anion $[Cu(N_3)_3^-]_x$ (gestreckt-oktaedrische Koordination von Cu^{2+} mit sechs N-Atomen; die N_3-Gruppen sind sowohl in α,α-Stellung ($1\times$) als auch in α,γ-Stellung ($2\times$) gebunden; vgl. S. 2087).

Chalkogenverbindungen

Sauerstoffverbindungen (vgl. Tab. 22.2 sowie S. 2088). Beim Erhitzen von metallischem Kupfer an der Luft auf Rotglut entsteht Kupfer(II)-oxid CuO als schwarzes Pulver:

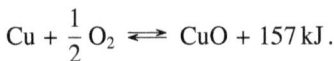

$$Cu + \frac{1}{2}O_2 \rightleftharpoons CuO + 157\,kJ.$$

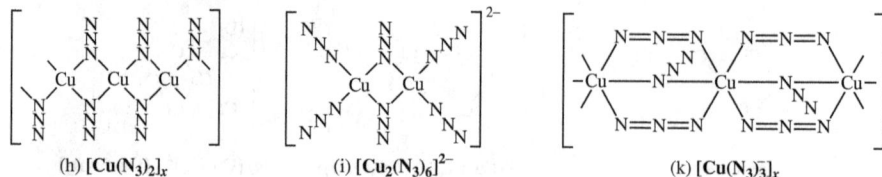

(h) $[Cu(N_3)_2]_x$ (i) $[Cu_2(N_3)_6]^{2-}$ (k) $[Cu(N_3)_3^-]_x$

Abb. 22.8

Umgekehrt gibt es an reduzierende Substanzen wie Wasserstoff oder Kohlenoxid bei erhöhter Temperatur (250 °C) seinen Sauerstoff leicht wieder ab: $CuO + H_2 \longrightarrow Cu + H_2O + 129\,kJ$, wovon man bei der »organischen Elementaranalyse« zur Bestimmung von Wasserstoff (Verbrennung zu Wasser) und Kohlenstoff (Verbrennung zu Kohlendioxid) Gebrauch macht. Beim Erhitzen für sich geht CuO, das auch beim Erhitzen von Kupfer(II)-nitrat oder -carbonat gewonnen wird, bei 900 °C gemäß $146\,kJ + 2\,CuO \longrightarrow Cu_2O + \frac{1}{2}O_2$ in Kupfer(I)-oxid über.

Die Struktur des Kupfer(II)-oxids CuO (4 : 4-Koordination) ist eigenartig und dadurch charakterisiert, dass je 4 O-Atome quadratisch-eben um 1 Cu-Atom und je 4 Cu-Atome tetraedrisch um 1 O-Atom angeordnet sind (CuO-Abstand 1.95 Å, ber. für kovalente Einfachbindung 1.94 Å).

Versetzt man eine Kupfer(II)-Salzlösung mit Alkalilauge, so scheidet sich Kupfer(II)-hydroxid $Cu(OH)_2$ als flockiges, voluminöses, hellblaues Oxid-Hydrat ab:

$$Cu^{2+} + 2\,OH^- \longrightarrow Cu(OH)_2 \,.$$

Beim Kochen der Flüssigkeit – langsam auch schon bei gewöhnlicher Temperatur – färbt sich der Niederschlag unter Abspaltung von Wasser und Bildung von Kupfer(II)-oxid schwarz: $Cu(OH)_2 \longrightarrow CuO + H_2O$. Beständiges, makrokristallines, himmelblaues, in starken Säuren leicht lösliches Hydroxid (»Bremerblau«) erhält man, wenn man zuerst mit Ammoniak basisches Kupfersalz fällt und das gut ausgewaschene basische Salz dann mit Natronlauge behandelt. Da $Cu(OH)_2$ eine schwache Base ist, reagieren die Kupfer(II)-Salze in wässeriger Lösung sauer: $[Cu(H_2O)_6]^{2+} \rightleftharpoons [Cu(OH)(H_2O)_5]^+ + H^+$ (vgl. S. 1353).

Bei Gegenwart von »Seignettesalz«[6], einem Kalium-Natrium-Salz der Weinsäure $C_4H_6O_6$, werden Kupfer(II)-Salze durch Alkalilaugen nicht gefällt; vielmehr entsteht in diesem Falle gemäß $2\,[C_4H_4O_6]^{2-} + Cu(OH)_2 \longrightarrow [Cu(C_4H_3O_6)_2]^{4-} + 2\,H_2O$ eine tiefblaue Lösung, in welcher ein »Kupfer-Tartrat-Komplex« nachstehender Konstitution (a) mit quadratisch koordiniertem Kupfer vorliegt (s. Abb. 22.9).

Unter dem Namen »Fehling'sche Lösung«[6] dienen derartige alkalische Kupfersalzlösungen zum »Nachweis reduzierender Stoffe« wie Zucker (S. 1051).

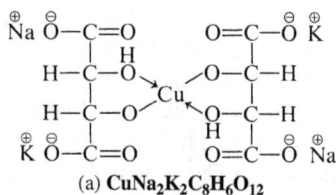

(a) $CuNa_2K_2C_8H_6O_{12}$

Abb. 22.9

---

[6] Salze der Weinsäure. Das Kaliumnatriumtatrat $KNaC_4H_4O_6$ ist nach seinem Entdecker Pierre Seignette (1660–1719, franz. Apotheker) benannt, das Monokaliumsalz $KHC_4H_4O_6$ wird als »Weinstein« bezeichnet (kristallisiert bei besseren Weinen beim Lagern aus). Die »Fehling'sche Lösung« geht auf Hermann v. Fehling (1812–1885, deutscher Chemieprofessor) zurück. Da sich letztere nicht lange halten, werden sie jedes mal vor Gebrauch aus einer NaOH-haltigen Lösung von Seignettesalz (»Fehling(I)«) und einer verdünnten Cu(II)-sulfat-Lösung (»Fehling(II)«) bereitet.

In konzentrierten Alkalilaugen löst sich Kupfer(II)-hydroxid mit tiefblauer Farbe merklich unter Bildung von Hydroxocupraten(II): $Cu(OH)_2 + 2\,OH^- \rightleftharpoons [Cu(OH)_4]^{2-}$. Ebenso ist $Cu(OH)_2$ in wässerigem Ammoniak mit intensiv kornblumenblauer Farbe als hydratisiertes Komplexsalz $[Cu(NH_3)_4](OH)_2$ löslich; die Lösung heißt »Schweizer's Reagens« und besitzt die Eigenschaft, Zellulose (z. B. Watte) aufzulösen, wovon man bei der Herstellung von »Kupferseide« Gebrauch macht. In starken Säuren löst sich $Cu(OH)_2$ unter Bildung des Hexaaquakupfer(II)-Ions $[Cu(H_2O)_6]^{2+}$ auf (bei nicht zu niedrigem pH-Wert bildet sich auch das hydratisierte »Isopolyoxo-Kation« $[Cu_2(OH)_2]^{2+}$, vgl. S. 1353). Schließlich entstehen beim Erhitzen von CuO mit CaO oder SrO Cuprate(II) (»Cuprite«) $M^{II}_2CuO_3$ (enthält Ketten aus *trans*-eckenverknüpften CuO_4-Quadraten), $M^{II}CuO_2$ (enthält Bänder aus *trans*-kantenverknüpften CuO_4-Quadraten) und $M^{II}Cu_2O_3$ (enthält Schichten aus ecken- und kantenverknüpften CuO_4-Quadraten).

Unter den Sauerstoffverbindungen des zweiwertigen Kupfers sind ferner dessen Superoxo- (»Hyperoxo«-) und Peroxokomplexe von Interesse (vgl. hierzu auch S. 2093). Sie entstehen unter Normalbedingungen durch Einwirkung molekularen Sauerstoffs O_2 auf gelöste Kupfer(I)-Komplexe L^*Cu, in welchen Cu^+ mit geeigneten drei- oder vierzähnigen Liganden L^* koordiniert vorliegt (der Stern soll die Mehrzähnigkeit andeuten), unter Oxidation von Cu(I) zu Cu(II) (die Ligatoren stellen bisher ausschließlich N-Atome dar; im Falle dreizähniger Liganden ist Cu^+ außer mit L^* noch mit einem Donor D wie CH_3CN, CO verknüpft: L^*CuD):

$$L^*Cu + O_2 \longrightarrow L^*Cu \cdot O_2; \quad 2\,L^*Cu + O_2 \longrightarrow (L^*Cu)_2 \cdot O_2.$$

In bisher isolierten oder nachgewiesenen Komplexen $L^*Cu \cdot O_2$ bzw. $(L^*Cu)_2 \cdot O_2$ ist das O_2-Molekül end-on gemäß Abb. 22.10b oder c bzw. side-on gemäß Abb. 22.10d oder e gebunden (Ladungen in Gleichungen und Formeln nicht berücksichtigt; in Abb. 22.10b–f sind empfohlene, im Text bisher übliche Namen für den O_2-Liganden wiedergegeben).

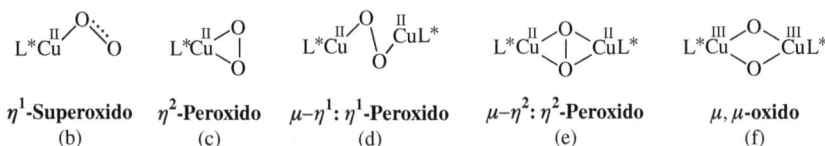

η^1-**Superoxido**	η^2-**Peroxido**	μ–η^1: η^1-**Peroxido**	μ–η^2: η^2-**Peroxido**	μ,μ-**oxido**
(b)	(c)	(d)	(e)	(f)

Abb. 22.10

Viele Cu(I)-Komplexe mit vierzähnigen Tripodliganden (L^* z. B. Abb. 22.11g) reagieren mit O_2 zu blauen Peroxokomplexen $[(L^*Cu)_2 \cdot O_2]^{2+}$ (Abb. 22.10d) ($d_{CuCu/OO}$ ca. 3.5/1.5 Å). Der Ligand (Abb. 22.11h), der aus zwei miteinander verknüpften Tripodliganden besteht, führt dabei nach Koordination von 2 Cu^+-Ionen und anschließend O_2 zu einem violetten, stark gewinkelten μ-η^1:η^1-Peroxokomplex (Abb. 22.10d) (d_{CuCu} nur 2.84 Å). Intermediate der Bildung von Komplexen (Abb. 22.10d) sollten Superoxokomplexe (Abb. 22.10b) sein. Tatsächlich entsteht bei tiefen Temperaturen aus dem trigonal-bipyramidalen Komplex $[L^*Cu]^+$ mit sterisch überladenem $L^* =$ (Abb. 22.11h) in O_2-Anwesenheit ein tiefgrüner, relativ stabiler η^1-Superoxokomplex $[L^*Cu \cdot O_2]^+$. Ein dunkelroter μ-η^2:η^2-Peroxokomplex (Abb. 22.10e) bildet sich andererseits bei der Einwirkung von O_2 auf L^*Cu mit $L^* =$ Tris(pyrazolyl)hydroborat $[HB(3,5-R_2C_3N_2H)_3]^-$ (Abb. 22.11k) (R = Me, Ph, *i*Pr; vgl. S. 2093); die zentrale Cu_2O_2-Raute des neutralen Komplexes $[(L^*Cu)_2 \cdot O_2]$ weist hier OO-/CuO-Abstände von 1.41/ca. 1.91 Å und CuOCu-/OCuO-Winkel von 136.7/43.3° auf. In analoger Weise stabilisieren Liganden (L) purpurrote, kationische O_2-Komplexe $[(L^*Cu)_2 \cdot O_2]^{2+}$ (Abb. 22.10e), die zur reversiblen Abgabe von O_2 bei 80 °C (R = H) bzw. 40 °C (R = Me) fähig sind. Intermediate der Bildung von Komplexen (Abb. 22.10e) sollten η^2-Peroxokomplexe (c) sein. Eine derartige Verbindung $[L^*Cu \cdot O_2]$ bildet sich etwa durch Einwirkung von H_2O_2 in Methanol auf den Cu^{2+}-Komplex $[L^*Cu]^{2+}$ ($L^* =$ (Abb. 22.11m)) bei tiefen Temperaturen. Ein $[L^*Cu]^{2+}$-Überschuss führt hierbei leicht zu $[(L^*Cu)_2 \cdot O_2]^{2+}$ (Abb. 22.10e). Eine reversible Spaltung der O—O-Bindung in einem μ-η^2:η^2-Peroxokomplex (Abb. 22.10e) unter Bildung eines μ,μ-Oxokomplexes (Abb. 22.10f) bei gleichzeitiger Oxidation von Cu(II) zu Cu(III) wurde im Falle eines zweikernigen Triazacyclononan-Komplexes in Aceton bei Temperaturen $< -50\,°C$ aufgefunden: $[L^*Cu(\mu$-$\eta^{2'}$:η^2-$O_2)CuL^*]^{2+} \rightleftharpoons [L^*Cu(\mu$-$O)_2CuL]$ ($L^* = $ (Abb. 22.11n); stabile Komplexe des Typs (Abb. 22.10f) sind bereits länger bekannt).

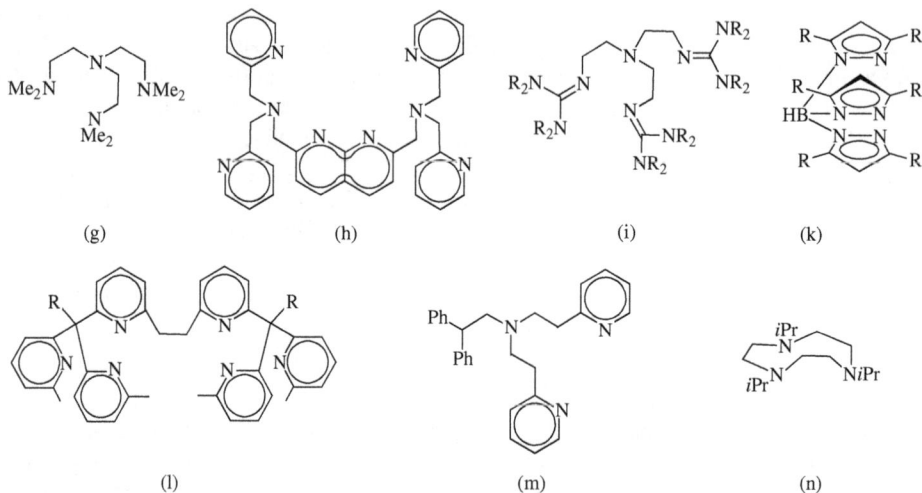

(g)   (h)   (i)   (k)

(l)   (m)   (n)

Abb. 22.11

Kupfer(II)-Salze von Oxosäuren. Das bekannteste unter den Kupfersalzen ist das Kupfer(II)-sulfat $CuSO_4$. Es entsteht beim Auflösen von Kupfer in heißer verdünnter Schwefelsäure bei Luftzutritt gemäß

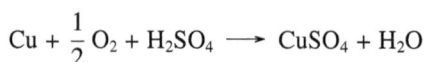

$$Cu + \frac{1}{2}O_2 + H_2SO_4 \longrightarrow CuSO_4 + H_2O$$

und kristallisiert aus der Lösung als Pentahydrat $CuSO_4 \cdot 5\,H_2O$ (»Kupfervitriol«) in Form großer, blauer durchsichtiger trikliner Kristalle aus. Von den fünf Molekülen Kristallwasser des Hydrats sitzen vier in komplexer, quadratisch-planarer Cu—O-Bindung am Kupfer, das fünfte über H-Brücken am Sulfat-Ion (S. 1449): $[Cu(H_2O)_4]SO_4 \cdot H_2O$. In wässeriger Lösung sind an das $[Cu(H_2O)_4]^{2+}$- bzw. $[Cu(NH_3)_4]^{2+}$-Ion noch 2 Moleküle H_2O mit größerem Abstand unter Bildung eines (tetragonal verzerrten) Oktaeders $[Cu(H_2O)_6]^{2+}$ bzw. $[Cu(NH_3)_4(H_2O)_2]^{2+}$ angelagert (vgl. S. 1577). In analoger Weise koordiniert das Kupfer im festen Kupfersulfat $[Cu(H_2O)_4]SO_4$ neben den planar angeordneten vier O-Atomen der vier H_2O-Moleküle noch zwei O-Atome von zwei SO_4-Ionen in axialer Stellung. Bei $100\,°C$ getrocknet, verliert Kupfervitriol – unter Zwischenbildung eines Trihydrats (S. 234) – vier Mol Wasser; das so gebildete Monohydrat $CuSO_4 \cdot H_2O$ gibt das letzte Mol Wasser erst oberhalb von $200\,°C$ ab. Die wasserfreie Verbindung $CuSO_4$, die sich bei höherem Erhitzen in $CuO + SO_3$ spaltet, ist weiß und nimmt unter Blaufärbung leicht wieder Wasser auf[3]. Man benutzt diese Farbänderung zum »Nachweis kleiner Mengen Wasser«, z. B. im Alkohol.

Versetzt man Kupfersulfatlösungen (himmelblau) mit Ammoniakwasser, so bildet sich zunächst ein bläulicher Niederschlag von basischem Sulfat; dieser löst sich im Ammoniaküberschuss unter Bildung einer intensiv kornblumenblauen Lösung (empfindlicher Kupfernachweis)[3], aus der sich das kristalline Komplexsalz $[Cu(NH_3)_4]SO_4 \cdot H_2O$ isolieren lässt. Die tiefblaue Farbe kommt dem – in wässerigem Milieu mit zwei zusätzlichen H_2O-Molekülen komplexierten –

»Tetraamminkupfer(II)-Ion« [Cu(NH$_3$)$_4$]$^{2+}$ (ungerade Elektronenzahl) zu, welches zum Unterschied vom entsprechenden tetraedrischen, farblosen Kupfer(I)-Komplex [Cu(NH$_3$)$_4$]$^+$ (gerade Elektronenzahl) quadratisch-eben aufgebaut ist. In sehr konzentrierter NH$_3$-Lösung entsteht auch das »Hexaamminkupfer(II)-Ion« [Cu(NH$_3$)$_6$]$^{2+}$, das dem hellblauen »Hexaaquakupfer(II)-Ion« [Cu(H$_2$O)$_6$]$^{2+}$ (s. oben) entspricht. Der Tetraammin-Komplex [Cu(NH$_3$)$_4$]$^{2+}$ ist nicht so stabil wie der erwähnte Tetracyano-Komplex [Cu(CN)$_4$]$^{3-}$ (vgl. S. 1701). Daher reicht die im Gleichgewicht befindliche Kupferionen-Konzentration (Cu(NH$_3$)$_4^{2+}$ $\rightleftharpoons$ Cu^{2+} + 4 NH$_3$) in diesem Falle dazu aus, um mit Schwefelwasserstoff schwerlösliches Kupfersulfid zu ergeben, und um die tiefblauen Lösungen durch Zugabe von CN$^-$ zu entfärben (Bildung von Cu(CN)$_4^{3-}$).

Kupfersulfatlösungen finden unter anderem in der »Galvanoplastik« zur Vervielfältigung von Kunst- und kunstgewerblichen Gegenständen, Münzen usw. Verwendung. Zu diesem Zwecke schaltet man die durch Überbürsten mit Graphit leitend gemachte, vertiefte Gips-, Wachs- oder Siliconkautschuk-Matrize als Kathode in einer Kupfersulfatlösung mit einer Anodenplatte aus reinem Kupfer zusammen. Bei gut geregelter Elektrodenspannung scheidet sich dann auf der Kathode eine leicht ablösbare, dünne Kupferschicht ab, die alle Einzelheiten der Matrize mit größter Genauigkeit wiedergibt. Zur haltbaren elektrolytischen »Verkupferung« dienen zweckmäßig Lösungen von Alkali-cyanocupraten(I). Kupfer(II)-sulfat dient ferner als Fungizid (z. B. Kartoffelpflanzungen) sowie als Algizid bei der Wasseraufbereitung.

Hydratisiertes Kupfer(II)-nitrat [Cu(H$_2$O)$_6$](NO$_3$)$_2$ kristallisiert aus Lösungen von Kupfer in Salpetersäure nach weitgehendem Eindampfen in Form blauer, säulenförmiger, bei 26 °C in ihrem Kristallwasser schmelzender und an der Luft leicht zerfließender Prismen, die nicht ohne Zersetzung entwässert werden können (das Nitrat gehört wie das Perchlorat zu den wenigen Kupfer(II)-Salzen, die das Ion Cu(H$_2$O)$_6^{2+}$ enthalten). Das durch Auflösen von Cu in einer Essigesterlösung von N$_2$O$_4$ und durch Erhitzen der dabei entstehenden Verbindung Cu(NO$_3$)$_2 \cdot$ N$_2$O$_4$ = [NO]$^+$[Cu(NO$_3$)$_3$]$^-$ auf 90 °C gebildete blaue, wasserfreie Cu(NO$_3$)$_2$ (Reinigung durch Sublimation im Hochvakuum bei 150–200 °C) besitzt in der Gasphase eine planare Struktur (Abb. 22.12b) mit dem Kupfer(II)-Atom zwischen den beiden kovalent gebundenen NO$_3$-Gruppen und ist sowohl im Dampf wie in organischen Lösungsmitteln (Dioxan, Essigester, Nitrobenzol) monomer. Von Kupfer(II)-carbonat kennt man basische Carbonate wechselnder Zusammensetzung, welche beim Versetzen von Kupfer(II)-Salzlösungen mit Alkalicarbonaten entstehen. Von den in der Natur vorkommenden basischen Carbonaten wurden bereits der als Halbedelstein geschätzte grüne Malachit CuCO$_3 \cdot$ Cu(OH)$_2$ und der blaue Azurit 2 CuCO$_3 \cdot$ Cu(OH)$_2$ erwähnt (S. 1687). Reines CuCO$_3$ entsteht aus Malachit bzw. Azurit durch Reaktion mit CO$_2$ bei 20 kbar und 500 °C; es verbleibt beim Abkühlen der Produkte als graues Pulver, welches bei 260 °C gemäß CuCO$_3$ $\longrightarrow$ CuO + CO$_2$ zerfällt. Das bei der Einwirkung von Essigsäuredämpfen auf Kupferplatten entstehende basische Kupferacetat ist unter dem Namen »Grünspan« bekannt und wird wie Malachit und Kupferlasur als Malerfarbe verwendet (andere grüne Kupfer-Malerfarben sind das »Scheele'sches Grün«, ein Gemisch von basischem und normalem Kupferarsenit, und das »Schweinfurter Grün«, ein gemischtes Kupfer-arsenit-acetat 3 Cu(AsO$_2$)$_2 \cdot$ Cu(CH$_3$CO$_2$)$_2$). Reines Kupfer(II)-acetat Cu(CH$_3$CO$_2$)$_2 \cdot$ H$_2$O bildet sich bei der Einwirkung von Essigsäure auf CuO bzw. CuCO$_3$. Die Verbindung ist dimer (Abb. 22.12c), wobei die beiden, über 4 Acetatgruppen, aber nicht chemisch miteinander verknüpften Kupfer(II)-Ionen (ein ungepaartes Elektron) antiferromagnetisch gekoppelt sind (S. 1668). Die Verbindung (Entsprechendes gilt allgemein für Carboxylate Cu(RCO$_2$)$_2$ sowie für Triazenide Cu(RNNNR)$_2$) ist infolgedessen bei 0 K diamagnetisch und wird mit steigender Temperatur zunehmend paramagnetisch (magnetisches Moment bei 25 °C 1.4 Bohrsche Magnetonen; Erwartungswert bei fehlender Kopplung, 1.78 BM): Von Interesse ist in diesem Zusammenhang der blaue Komplex [Cu^{II}(Phthalocyanin)] (22.12d), der in kristallisierter Form über schwache CuCu-Kontakte zu Stapeln verknüpft ist und sich unzersetzt bei 500 °C sublimieren lässt. Auch viele andere Metalle (die meisten zwei- und dreiwertigen Hauptgruppen- und Nebengruppenmetalle) bilden sehr beständige Komplexe mit

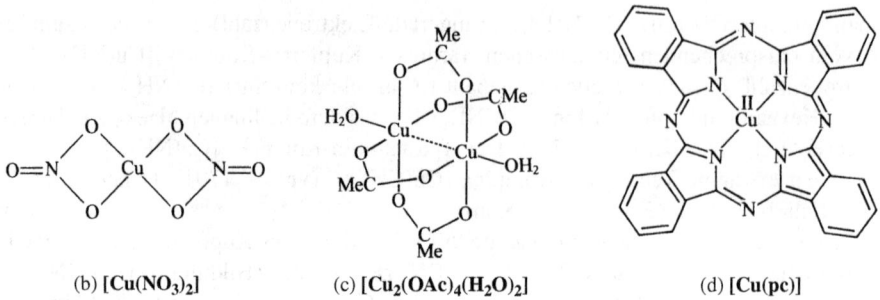

(b) [Cu(NO₃)₂]   (c) [Cu₂(OAc)₄(H₂O)₂]   (d) [Cu(pc)]

Abb. 22.12

Phthalocyanin, die meist überraschend einfach aus Harnstoff, Metallsalz und Phthalsäure durch Zusammenschmelzen bei 180 °C zugänglich sind.

Sonstige Chalkogenverbindungen. Leitet man H_2S in eine Cu^{2+}-haltige Lösung, so fällt metallisch schwarzes Kupfer(II)-sulfid CuS (»Covellin«) aus, das gemäß der Formulierung $[(Cu^+)_2(Cu^{2+})(S^{2-})(S_2^{2-})]$ in Wirklichkeit ein »Kupfer(I,II)-sulfid« darstellt (die Verbindung enthält tetraedrisch von S^{2-}-Ionen umgebenes Cu^+ sowie trigonal von S_2^{2-}-Hanteln umgebenes Cu^{2+}). Beim Erhitzen von CuS mit Schwefel unter Druck bei 350 °C entsteht ein »Kupfer(II)-disulfid« $Cu(S_2)$ (verzerrte »NaCl-Struktur«; vgl. Pyrit FeS₂), das ausschließlich zweiwertiges Kupfer enthält. Ab 200 °C geht $Cu(S_2)$ unter Schwefelabgabe in Kupfer(I,II)-sulfid CuS über, das seinerseits ab 400 °C in Schwefel und Cu₂S zerfällt. »Kupfer(II)-selenide« und -»telluride« sind unbekannt.

Kupfer in der Biosphäre

Kupfer(I)-, Kupfer(II)- und – gelegentlich – Kupfer(III)-haltige enzymatisch wirkende Proteine erfüllen viele lebenswichtige Funktionen (Redox-Reaktionen, Sauerstoff- bzw. Elektronentransport) der tierischen und pflanzlichen Organismen. Man teilt die Cu-Enzyme ein in den »Typ 1 oder blauen Typ« (enthält koordinierte Cu(II)- bzw. Cu(I)-Ionen, wobei die vier Donoratome an den Ecken eines in Richtung eines Quadrats verzerrten Tetraeders lokalisiert sind), in den »Typ 2 oder nicht blauen Typ« (enthält Cu(II)-Ionen mit quadratisch-planarer Koordination) und den »Typ 3/4 oder zwei-/dreikernigen Typ« (enthält Paare von Cu(I)-Ionen, die 3.60/3.40 Å voneinander entfernt und an Histidinreste der Proteine gebunden sind; bei Typ 4 befindet sich ein drittes Cu-Ion ca. 4.0 Å von ersteren beiden Ionen entfernt). Der Sauerstofftransport vieler Weichtiere erfolgt nicht mit eisenhaltigem Hämoglobin, sondern mit kupferhaltigem »Hämocyanin« des Typs 3 (Molmasse um 10^6) gemäß Abb. 22.13.

Als gutes Modell des Oxy-Hämocyanins werden die weiter oben besprochenen μ-η^2:η^2-Peroxokomplexe (Abb. 22.10e) mit Liganden (Abb. 22.11k oder l) angesehen. In vielen Pflanzen bewirken Cu-haltige Proteine vom blauen Typ die Oxidation von Phenolen, Zuckern, Aminen, Ascorbinsäure durch Sauerstoff, der hierbei zum Teil in H_2O_2 übergeht (z.B. »Plastocya-

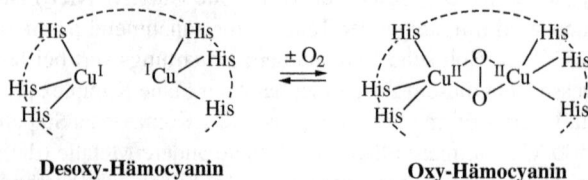

Desoxy-Hämocyanin   Oxy-Hämocyanin

Abb. 22.13

nin«, »Galactose-Oxidase«, »Ascorbinsäure-Oxidase«, »Monoamin-Oxidase«, »Cytochrom-c-Oxidase«, »Laccase«). Das in allen Säugetieren aufgefundene »Ceruloplasmin« dient für den Kupfertransport, für die Kupferlagerung sowie für Oxidationsprozesse; sein Mangel verursacht die Wilson'sche Krankheit (vgl. Physiologisches auf Seite 1687).

1.2.3   Kupfer(III)- und Kupfer(IV)-Verbindungen (d^8, d^7)

Die Oxidation von Cu(II) zu Cu(III) (blaues Cu^{3+} isoelektronisch mit Ni^{2+}, Co^+ und Fe) gelingt nur mit starken Oxidationsmitteln ($E°$ für Cu^{2+}/CuO^+= +1.8 V, vgl. Potentialdiagramm, S. 1693). Allerdings ist Cu(III) in wässeriger Lösung wegen seiner hohen Oxidationskraft instabil und oxidiert das Reaktionsmedium ($E°$ für H_2O/O_2= +1.23 V). In Anwesenheit von Komplexliganden kann sich das Redoxpotential des dreiwertigen Kupfers allerdings beachtlich (bis auf Werte von +0.45 V) erniedrigen. Dementsprechend hat man es – koordiniert an Peptide – sogar in biologischen Systemen aufgefunden. Auch eine Reihe anorganischer Kupfer(III)-Komplexe ist bekannt. So erhält man durch Oxidation eines Gemischs von KCl und $CuCl_2$ mit Fluor eine blassgrüne, kristalline, paramagnetische (high-spin) Fluoroverbindung K_3CuF_6 mit oktaedrisch gebautem CuF_6^{3-}-Ion. Ein CuF_3 ist jedoch unbekannt. Diamagnetische (low-spin) Kupfer(III)-Salze der Periodsäure $IO(OH)_5$ und Tellursäure $Te(OH)_6$ wie $K_5[Cu(IO_6H)_2]$, $K_5[Cu(TeO_6H_2)_2]$ und $Na_5[Cu(TeO_6H_2)_2]$ (planare Anordnung der 4 O-Atome) entstehen durch Oxidation von Cu^{2+} mit Peroxodisulfat $S_2O_8^{2-}$ in stark alkalischen Lösungen von Salzen dieser Säuren (s. Abb. 22.14).

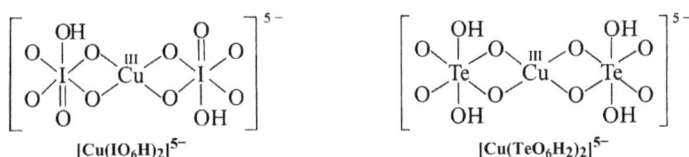

$$[Cu(IO_6H)_2]^{5-} \qquad [Cu(TeO_6H_2)_2]^{5-}$$

Abb. 22.14

Die Oxidation von blauen Cuprat(II)-Lösungen ($\hat{=}$ $Cu(OH)_2$ in starken Laugen) mit Hypobromit oder von Metalloxid/CuO-Mischungen mit Sauerstoff führt zu diamagnetischen (low-spin) »Cupraten(III)« wie $Na[Cu(OH)_4]$ (rotbraun), $KCuO_2$ (stahlblau) und $Ba(CuO_2)_2$ (rotbraun). Ein Cu_2O_3 ist unbekannt.

Durch Druckfluorierung (350 bar) eines vorfluorierten Gemischs von CsCl und $CsCu^{II}Cl_3$ bei 410 °C erhält man mit $Cs_2[Cu^{IV}F_6]$ einen Kupfer(IV)-Komplex (oktaedrisch):

$$Cs_2[Cu^{II}F_4] + F_2 \longrightarrow Cs_2[Cu^{IV}F_6]$$

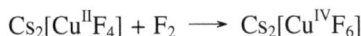

in Form einer prächtig orangeroten, paramagnetischen (low-spin), mit Wasser stürmisch unter Zersetzung reagierenden Verbindung.

1.2.4   Organische Verbindungen des Kupfers

Darstellung. Während bisher keine »Kupfer(II)-organyle« CuR_2 bekannt geworden sind (Zerfall unter Spaltung der CuR-Bindungen) lassen sich Kupfer(I)-organyle CuR durch »Metathese« aus Kupfer(I)-halogeniden CuX (man verwendet vielfach $[(Bu_3P)CuI]_4$) und Lithiumorganylen LiR oder Grignardverbindungen RMgBr bzw. Zinkorganylen ZnR_2 in Ethern gewinnen und gegebenenfalls mit überschüssigem Lithiumorganyl weiter zu »Organocupraten« $LiCuR_2$ (kein ionischer Aufbau $Li^+CuR_2^-$!) umsetzen:

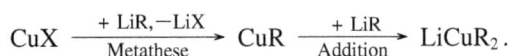

$$CuX \xrightarrow[\text{Metathese}]{+ LiR, -LiX} CuR \xrightarrow[\text{Addition}]{+ LiR} LiCuR_2.$$

»Kupfer(I)-alkinyle« (Kupferacetylenide) $CuC \equiv CR$ und $CuC \equiv CCu$ entstehen auch durch »Metallierung« von Acetylenen $HC \equiv CR$ und $HC \equiv CH$ mit Kupfer(I)-Verbindungen wie $Cu(NH_3)_2^+$ oder $CuOtBu$ (Cu_2C_2 wurde als erstes Kupferorganyl 1859 von Wilhelm Böttger gewonnen). Mit Kohlenmonoxid oder Alkenen $>C=C<$ reagieren Kupfer(I)-Verbindungen wie $CuCl$ oder $CuOSO_2CF_3$ darüber hinaus bereitwillig unter »Addition« und Bildung von Kupfercarbonylen $Cu(CO)X$ (s. oben) oder π-Komplexen (vgl. S. 2175).

Eigenschaften. Unter den (luft-- und feuchtigkeitsempfindlichen) Kupferorganylen CuR zersetzen sich die Verbindungen mit weniger sperrigen Alkylgruppen R mit Ausnahme des leuchtend gelben, polymer gebauten, in organischen Medien unlöslichen »Kupfer(I)-methyls« $[CuMe]_x$ (explosiv, Zers. ab $-15\,°C$) sehr rasch. Stabiler sind Kupfer(I)-alkyle mit sperrigen Alkylresten wie farbloses tetrameres »Kupfer(I)-trimethylsilylmethyl« $[CuCH_2SiMe_3]_4$ (Smp. $78\,°C$) oder Kupfer(I)-aryle wie farbloses polymeres »Kupfer(I)-phenyl« CuPh (Zers. $200\,°C$), tetrameres »Kupfer(I)-pentafluorphenyl« CuC_6F_5 (Zers. $220\,°C$) oder das monomere Phosphanaddukt von »Kupfer(I)-cyclopentadienyl« $Cu(C_5H_5)$ mit σ-gebundenem C_5H_5-Rest. Stabiler sind in der Regel auch Organocuprate(I) wie »Lithium-dimethylcuprat« $LiCuMe_2$ (unter Normalbedingungen kinetisch stabil) oder $[Li(THF)_4][Cu\{C(SiMe_3)_3\}_2]$ bzw. das sehr beständige Cuprat (Abb. 22.15c).

Strukturen. In den tetrameren »Kupfer(I)-organylen« (z. B. $CuCH_2SiMe_3$, CuC_6F_5, CuC_6H_4Me) liegen – anders als in den tetraedrisch gebauten tetrameren Lithiumorganylen (vgl. S. 1491) – achtgliederige Ringe (Abb. 22.15a) vor, in welchen Kupfer linear von zwei Organylgruppen koordiniert ist, welche ihrerseits jeweils zwei Cu-Atome durch Zweielektronendreizentrenbindungen verbrücken (vgl. Al_2R_6). CuPh hat einen mit (Abb. 22.15a) verwandten tetrameren Bau, $CuSi(SiMe_3)_3$ ist trimer. Die polymeren Verbindungen sind wohl gemäß Abb. 22.15b strukturiert. In Lösung dominieren Dimere. Das dimere Cuprat $[LiCuMe_2]_2$ besitzt keine entsprechende Struktur wie $[LiMe]_4$ (Ersatz von 2 Li- durch Cu-Atome) mit trigonal-pyramidalem Kupfer, sondern eine Struktur analog $[CuR]_4$ mit linearem Kupfer (Ersatz von 2 Cu- durch Li-Atome). Hiermit in Übereinstimmung enthalten die aus $CuCl$ und $LiC(SiMe_3)_3$ oder $Me_3P=CH_2$ gewinnbaren Cuprate $[Cu\{C(SiMe_3)_3\}_2]^-$ (monomer) und (Abb. 22.15c) lineare CCuC-Gruppen. Monomere Cuprate lassen sich durch Komplexierung von Li^+ in $[LiCuR_2]_x$ mit Kronenether erhalten: $[Li(12-K-4)_2]^+CuR_2^-$ (R = Me, Ph). Analoges gilt für CuR ($\longrightarrow$ $CuD_4^+CuR_2^-$). Im blassgelben Cuprat $[Li(THF)_4]^+[Cu_5Ph_6]^-$ (gewinnbar aus CuBr und LiPh in Et_2O bei $-20\,°C$) bilden die Cu-Atome des Anions eine trigonale Bipyramide, deren geneigte Kanten durch Ph-Gruppen überbrückt sind. Die Acetylenide $CuC \equiv CR$ sind wie $CuC \equiv N$ polymer gebaut, nur dass hier die Verknüpfung über π-Bindungen erfolgt (vgl. $AuC \equiv CR$, S. 1743).

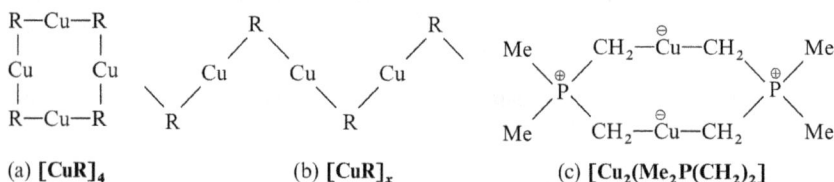

(a) $[CuR]_4$ (b) $[CuR]_x$ (c) $[Cu_2(Me_2P(CH_2)_2]$

Abb. 22.15

Reaktivität. Organocuprate $LiCuR_2$, die man in der Regel wegen ihrer höheren Beständigkeit statt der Kupfer(I)-organyle CuR einsetzt und vor ihrer Verwendung in situ erzeugt, haben vor den Lithiumorganylen LiR und Grignardverbindungen RMgX den Vorteil, dass die kupfergebundenen Organylgruppen schwächer nucleophil als die lithium- oder magnesiumgebundenen organischen Reste wirken, sodass »nucleophile Kupplungen« des Typs

$$LiCuR_2 + R'X \longrightarrow R-R' + LiX + CuR$$

selektiver und stereospezifischer erfolgen (Geschwindigkeitsabstufungen für $R'X = AcCl >$ $R'I > R'Br > R'Cl > AcOR$; R reagiert unter Retention, R' unter Inversion). Eine weitere wichtige Reaktion in der organischen Synthese, dem Hauptverwendungsbereich der Kupferorganyle, stellt die formal gemäß $2\,CuR \longrightarrow 2\,Cu + R-R$ ablaufende »oxidative Kupplung« dar.

2   Das Silber

2.1   Das Element Silber

Geschichtliches. Gediegenes Silber war bereits den alten Kulturvölkern bekannt und wurde wohl ab ca. 3000 v. Chr. aus Silbererzen durch Reduktion mit Blei (»Kupellieren«, »Treibverfahren«) gewonnen. Das Symbol Ag für Silber leitet sich von argentum (lat.) = Silber ab. Auch der Argentit hat daher seinen Namen. Die südamerikanischen Vorkommen von Silbererzen haben ihrerseits dem Lande Argentinien seinen Namen gegeben; es ist das einzige nach einem Element benannte Land, während der umgekehrte Fall der Bezeichnung eines Elementes nach einem Land viel häufiger ist (z. B. Californium, Francium, Gallium, Germanium, Polonium, Rhenium, Ruthenium, Scandium).

Physiologisches. Silber wirkt als solches oder in Verbindungsform für den Menschen, der normalerweise silberfrei ist, weder essentiell noch toxisch (MAK-Wert: $0.01\,\mathrm{mg\,m^{-3}}$), stellt aber für Mikroorganismen ein starkes Gift dar (Ag-Ionen blockieren die Wirkung der Thio-Enzyme). Bereits kleinste Mengen von kolloidem Silber machen Wasser keimfrei (»Silberung«). Nimmt man lösliche Silberverbindungen über längere Zeiträume ein, so schwärzt sich die Körperhaut (aber auch die Leber, die Niere usw.) infolge der Abscheidung von unlöslichem Silbersulfid Ag_2S dauerhaft schwarz (»Argyrie«, »Argyrose«). Auch eine Berührung mit Silbernitrat führt zur Hautschwärzung.

Vorkommen

Silber Ag kommt als edles Metall ($E° = +0.7991\,\mathrm{V}$) wie Kupfer in der Natur gediegen vor. In gebundenem Zustande findet es sich insbesondere in Form von Sulfiden in sulfidischen Silbererzen und silberhaltigen Erzen. Die hauptsächlichsten Silbererzlagerstätten liegen in Mexiko, Nevada (USA), Südamerika und Kanada. Unter den sulfidischen Silbererzen (die allerdings meist nur wenige Prozent Silber enthalten) seien als wichtigste genannt: der dem Kupferglanz Cu_2S entsprechende »Silberglanz« (»Argentit«) Ag_2S, der »Kupfersilberglanz« (»Stromeyerit«) $CuAgS$ (= »$Cu_2S \cdot Ag_2S$«), das »Fahlerz« $(Cu,Ag)_3(Sb,As)S_3$, der »Proustit« (»lichtes Rotgültigerz«) Ag_3AsS_3 (= »$3\,Ag_2S \cdot As_2S_3$«), der »Pyrargyrit« (dunkles Rotgültigerz) Ag_3SbS_3 (= »$3\,Ag_2S \cdot Sb_2S_3$«) und der »Silberantimonglanz« (»Margyrit«) $AgSbS_2$ (=»$Ag_2S \cdot Sb_2S_3$«). In kleiner Menge tritt das Silber auch als Halogenid in Form von »Hornsilber« $AgCl$ (»Chlorargyrit«) bzw. $AgBr$ (»Bromargyrit«) auf. Unter den silberhaltigen Erzen ist vor allem der Bleiglanz PbS zu nennen, welcher $0.01-1\,\%$ Silber in Form von Silbersulfid Ag_2S enthält. Ebenso ist häufig der Kupferkies $CuFeS_2$ silberhaltig. Bei der Gewinnung von Blei und Kupfer aus diesen Erzen sammelt sich das Silber im Rohblei (S. 1160) und Rohkupfer (S. 1688) an, aus denen es dann isoliert wird.

Isotope. (vgl. Anh. III) Natürliches Silber enthält die Isotope $^{107}_{47}Ag$ (51.83 %) und $^{109}_{47}Ag$ (48.17 %), die beide der NMR-Spektroskopie zugänglich sind. Die künstlichen Nuklide $^{111}_{47}Ag$ (β^--Strahler; $\tau_{1/2} = 7.5$ Tage) und metastabiles $^{110m}_{47}Ag$ (β^--Strahler; $\tau_{1/2} = 253$ Tage) werden als Tracer genutzt.

Darstellung

Ausgangsmaterialien für die technische Gewinnung von Silber stellen sowohl Silbererze als auch silberhaltige Erze insbesondere des Bleis und Kupfers dar.

Rohsilber aus Silbererzen. Die Gewinnung des Silbers aus seinen Erzen erfolgt meist auf nassem Wege durch die »Cyanidlaugerei«. Bei diesem Verfahren wird das zu feinem Schlamm zerkleinerte Material unter guter Durchlüftung mit 0.1–0.2 %-iger Natriumcyanidlösung ausgelaugt, wobei sowohl metallisches Silber wie Silbersulfid und Silberchlorid als Dicyanoargentat(I) in Lösung gehen:

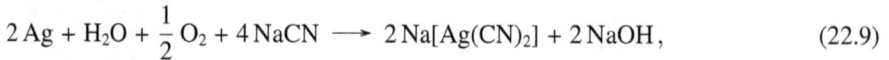

$$2\,Ag + H_2O + \frac{1}{2}\,O_2 + 4\,NaCN \longrightarrow 2\,Na[Ag(CN)_2] + 2\,NaOH\,, \tag{22.9}$$

$$Ag_2S + 4\,NaCN \rightleftharpoons 2\,Na[Ag(CN)_2] + Na_2S\,, \tag{22.10}$$

$$2\,AgCl + 4\,NaCN \longrightarrow 2\,Na[Ag(CN)_2] + 2\,NaCl\,. \tag{22.11}$$

Da die Reaktion (22.11) zu einem Gleichgewicht führt, muss bei der Auslaugung sulfidischer Silbererze das gebildete Natriumsulfid Na_2S durch Einblasen von Luft oxidiert ($2\,S^{2-} + 2\,O_2 + H_2O \longrightarrow S_2O_3^{2-} + 2\,OH^-$) oder durch Zusatz von Bleisalz gefällt ($Pb^{2+} + S^{2-} \longrightarrow PbS$) und so aus dem Gleichgewicht entfernt werden.

Aus den erhaltenen klaren Laugen fällt man das (edlere) Silber durch Eintragen von (unedlerem) Zink- oder Aluminiumstaub (vgl. S. 241) aus ($2\,Ag^+ + Zn \longrightarrow 2\,Ag + Zn^{2+}$):

$$2\,Na[Ag(CN)_2] + Zn \longrightarrow Na_2[Zn(CN)_4] + 2\,Ag$$

filtriert dann die Aufschlämmung durch Filterpressen und schmilzt die so erhaltenen, zu 95 % aus Silber bestehenden Presskuchen ein. Die Reinigung dieses Rohsilbers erfolgt wie später (S. 1711) beschrieben.

Rohsilber aus Bleierzen. Bei der Bleigewinnung aus Bleiglanz findet sich der Silbergehalt des Bleiglanzes (gewöhnlich 0.01–0.03, selten über 1 %) im Werkblei (S. 1161) wieder. Um das Silber aus diesem zu isolieren, muss es vorher durch »Parkesieren« bzw. – weniger gebräuchlich – »Pattinsonieren« angereichert werden.

Das Verfahren des Parkesierens (seit 1842; Erfinder A. Parkes) bedient sich der Tatsache, dass bei Temperaturen unterhalb von etwa 400 °C Zink und Blei praktisch nicht miteinander mischbar sind, sodass sich geschmolzene Zink-Blei-Mischungen beim Abkühlen unter 400 °C in zwei Schichten – eine flüssige Schicht von Blei (Smp. 327 °C) und eine darauf schwimmende, spezifisch leichtere Schicht von festem Zink (Smp. 419 °C) – trennen, wobei Silber in geschmolzenem Zink leicht löslich ist und sich beim Erstarren der Zinkschmelze in Form von Zink-Silber-Mischkristallen ausscheidet (vgl. S. 1651). Man kann dementsprechend das in geschmolzenem Blei enthaltene Silber gewissermaßen mit geschmolzenem Zink ($1–1\frac{1}{2}$ des Bleigewichts) in Form eines auf dem Blei schwimmenden »Zinkschaums« »ausschütteln«.

Dieser silberhaltige, durch anhängendes entsilbertes Blei (»Armblei«) verunreinigte Zinkschaum wird nun in einem Seigerkessel vorsichtig bis über den Schmelzpunkt des Bleis erwärmt, wobei das anhängende Armblei ausseigert, das dann zum Armblei des Entsilberungskessels zurückgegeben wird. Der nach der Ausseigerung zurückbleibende Zinkschaum (»Reichschaum«) enthält rund 75 % Blei und bis zu 10 % Silber. Aus ihm wird durch Erhitzen das Zink (Sdp. 908 °C) abdestilliert. Das so gewonnene »Reichblei«, das 8–12 % Silber enthält, geht zum »Treibprozess« (s. unten).

Die theoretischen Grundlagen des Pattinsonierens (seit 1833; Erfinder H. L. Pattinson) ergeben sich aus dem Schmelzdiagramm der Silber-Blei-Legierungen (vgl. S. 1652). Nach diesem Diagramm scheidet sich beim Abkühlen von geschmolzenem silberhaltigem Blei so lange reines Blei ab, bis der Gehalt an Silber auf 2.5 % (entsprechend dem bei 304 °C schmelzenden Eutektikum) gestiegen ist. Läßt man daher geschmolzenes silberhaltiges Werkblei erkalten und schöpft die dabei sich ausscheidenden Bleikristalle laufend mit siebartigen Schöpflöffeln ab, so bleibt zum Schluss ein »Reichblei« zurück, welches bis zu 2.5 % Silber enthält.

Während beim Parkesieren etwa vorhandenes Bismut im Armblei zurückbleibt, wird beim Pattinsonieren auch das Bismut zusammen mit dem Silber entfernt. Daher wird das – gegenüber dem Zinkentsilberungsverfahren sonst ganz zurücktretende – Verfahren des Pattinsonierens bei der Entsilberung bismuthaltigen Werkbleis angewandt (vgl. S. 943).

Zur Isolierung des angereicherten Silbers wird das Reichblei der »Treibarbeit« (»Kuppellation«) unterworfen. Sie besteht darin, dass man auf das in einem Flammofen (»Treibherd«) geschmolzene Metall einen Windstrom leitet, wodurch das Blei, nicht aber das edlere Silber oxidiert wird. Die so gebildete Bleiglätte PbO wird laufend durch seitliche Rinnen flüssig (Smp. 884 °C) abgezogen; ein Teil der Glätte wird auch vom Ofenfutter aufgenommen oder dampft weg. Etwa vorhandenes Bismut reichert sich in der zuletzt gebildeten Glätte an. Gegen Ende des Prozesses bleibt auf dem flüssigen Silber nur noch ein feines Häutchen Bleiglätte zurück, das bald hier bald dort zerreißt und dabei die glänzende Oberfläche des geschmolzenen Silbers durchblicken lässt (»Silberblick«). Das gewonnene Rohsilber enthält 95 % und mehr Silber und heißt »Blicksilber«.

Rohsilber aus Kupfererzen. Bei der Kupferdarstellung aus Kupfererzen findet sich der Silbergehalt im Anodenschlamm der Kupferraffination (S. 1690). Zur Gewinnung des Silbers hieraus löst man zunächst die Hauptmenge des noch vorhandenen Kupfers durch Behandlung des Schlamms mit Schwefelsäure und Luft. Anschließend wird der so vorbehandelte Schlamm im Doré-Ofen mit Schlackenbildnern mehrere Tage oxidierend geschmolzen, wobei außer der Rohsilber-Fraktion (»Doré-Silber«) Silicat-, Selenit-, Tellurit- und Nitratschlacken entstehen, welche die unedlen Metalle sowie Arsen und Antimon enthalten.

Reinigung von Rohsilber. Die Reinigung des nach einem der vorstehend beschriebenen Verfahren gewonnenen Rohsilbers erfolgt zweckmäßig auf elektrolytischem Wege (»Möbius-Verfahren«). Zu diesem Zwecke vergießt man das Rohsilber zu etwa 1 cm starken Anodenplatten, die in analoger Weise wie bei der elektrolytischen Kupferraffination (vgl. Abb. 22.1) in einer als Elektrolyt dienenden salpetersauren Silbernitratlösung mit Kathoden aus dünn gewalztem Feinsilberblech zusammengeschaltet werden. Bei der Elektrolyse gehen an der Anode Silber und die unedleren Beimengungen an Kupfer und Blei in Lösung, während etwa vorhandenes edleres Gold und Platin als solches abfällt und sich zusammen mit anderen Resten als »Anodenschlamm« in einem »Anodensack« sammelt. An der Kathode scheidet sich reines Elektrolytsilber (»Feinsilber«) aus.

Da die Abscheidung nicht in Form eines glatten, zusammenhängenden Überzugs, sondern in Form loser, verästelter Kristalle (»Dendriten«; von griech. dentron = Baum) erfolgt, sind zur Vermeidung eines zwischen Anode und Kathode auftretenden Kurzschlusses scherenförmige Abstreifer vorhanden, die sich während der Elektrolyse hin und her bewegen und die Silberkristalle in einen Einsatzkasten abstreifen. Der goldreiche Anodenschlamm wird mit Schwefelsäure oder Salpetersäure ausgekocht, eingeschmolzen und für die Goldelektrolyse zu 95–97 %-igen Goldanoden vergossen (S. 1727).

Physikalische Eigenschaften

Silber ist ein weißglänzendes[3], in regulären Oktaedern (kubisch-dichteste Kugelpackung) kristallisierendes Metall der Dichte 10.491 g cm^{-3}, welches bei 961.9 °C schmilzt und bei 2215 °C unter Bildung eines mehratomigen, blauen Dampfes siedet (Dissoziationsenergie von Ag_2 = 159 kJ mol^{-1}). Es leitet die Wärme und Elektrizität am besten unter allen Metallen (spez. elektr. Leitf. bei 18 °C = 6.305 × 10^5 Ω^{-1}cm^{-1}) und lässt sich wegen seiner Weichheit und Dehnbarkeit leicht zu feinsten, blaugrün durchscheinenden Folien von nur 2 μm Dicke aushämmern und zu dünnsten, bei 2 km Länge nur 1 g wiegenden Drähten (»Filigrandraht«) ausziehen. Silber ist demnach ein besonders duktiles Metall. In geschmolzenem Zustande löst es leicht Sauerstoff, der dann beim Erstarren des Silbers unter Aufplatzen der Oberfläche (»Spratzen«) wieder entweicht. Bezüglich der Lösungen von Cu und Au in Silber vgl. S. 1691. Bezüglich weiterer Eigenschaften von Silber vgl. Tafel IV.

Chemische Eigenschaften

Entsprechend seiner Stellung in der Spannungsreihe (S. 245) ist das Silber ein edles Metall ($E°$ für Ag/Ag$^+$ = +0.7991 V; vgl. Anh. VI). Als solches ist es weniger reaktiv als das homologe Kupfer und oxidiert sich auch bei höherer Temperatur nicht an der Luft. Erst bei Anwendung höherer Sauerstoffdrücke (15 bar) verbindet es sich in der Wärme (300 °C) mit Sauerstoff gemäß dem Gleichgewicht $2 Ag + \frac{1}{2} O_2 \rightleftharpoons Ag_2O + 29.8 kJ$. Wegen dieser Luftbeständigkeit werden Gebrauchs- und Ziergegenstände aus Kupfer oder Kupferlegierungen häufig mit einem Silberüberzug versehen.

Die Versilberung geschieht zweckmäßig auf »elektrolytischem Wege« (»galvanische Versilberung«), indem man auf den Gegenständen das Silber kathodisch aus einer Lösung von Kaliumcyanoargentat(I) K[Ag(CN)$_2$] niederschlägt, aus der sich das Silber nicht wie aus Silbernitratlösungen in gröberen Kristallen (s. oben), sondern in zusammenhängender und daher leicht polierbarer Schicht abscheidet. Dagegen erfolgt die Versilberung von Glas zur Herstellung von Spiegeln zweckmäßig auf »chemischem Wege« durch Aufgießen und Erwärmen einer mit einem geeigneten Reduktionsmittel (z.B. Seignettesalz, Hydrazin, Phosphonsäure) versetzten ammoniakalischen Silbernitratlösung.

Bei Metallen, die in der Spannungsreihe oberhalb des Silbers stehen (z.B. Kupfer oder Messing) ist eine Versilberung auch ohne elektrischen Strom durch einfaches Verreiben einer aus Silbernitrat, Thiosulfat und Schlämmkreide gewonnenen wässerigen Aufschlämmung auf der Oberfläche des zu versilbernden Gegenstandes möglich (»Anreibeversilberung«): $2 Ag^+ + Cu \longrightarrow 2 Ag + Cu^{2+}$.

Das schwärzliche »Anlaufen« des reinen Silbers an der Luft beruht auf einer Reaktion mit dem in bewohnten Räumen stets spurenweise enthaltenen Schwefelwasserstoff, wobei sich schwarzes Silbersulfid Ag$_2$S bildet: $2 Ag + H_2S + \frac{1}{2} O_2 \longrightarrow Ag_2S + H_2O$, das z.B. durch Berühren mit Al-Folie in verd. Na$_2$CO$_3$-Lösung leicht wieder zu blankem Ag reduziert werden kann: $3 Ag_2S + 2 Al + 3 CO_3^{2-} + 3 H_2O \longrightarrow 6 Ag + 2 Al(OH)_3 + 3 CO_2 + 3 S^{2-}$.

Nichtoxidierende Säuren wie Salzsäure greifen Silber nicht an. In Salpetersäure löst sich Silber leicht, in konzentrierter Salpeter- und Schwefelsäure erst bei erhöhter Temperatur (Bildung einer schwerlöslichen Schutzschicht von AgNO$_3$ bzw. Ag$_2$SO$_4$). Die Auflösung von Silber in Cyanidlösungen bei Gegenwart von Sauerstoff (S. 1710) ist auf die starke Verschiebung des Silberpotentials (+0.80 V) um 1.11 V infolge der großen Komplexbildungstendenz zurückzuführen: $Ag + 2 CN^- \longrightarrow Ag(CN)_2^- + e^-$; $E° = -0.31 V$. Gegen Ätzalkalien ist Silber besonders widerstandsfähig, weshalb man im Laboratorium Ätzalkalischmelzen in Silbertiegeln durchführt, da Porzellan- und auch Platintiegel dabei angegriffen werden.

Verwendung, Legierungen

Silber (Weltjahresproduktion: einige zig Megatonnen) wird nicht in reinem Zustand verarbeitet, da es für die gewöhnlichen Zwecke zu weich ist. Durch Legierung mit Kupfer wird es härter, ohne seinen Glanz zu verlieren. Daher bestehen die meisten silbernen Gegenstände aus Silber-Kupfer-Legierungen. So enthalten z.B. die Silbermünzen[7] der meisten Staaten 90 % Ag und 10 % Cu, während die silbernen Gebrauchsgegenstände meist aus 80 % Ag und 20 % Cu bestehen. Man bezieht den Silbergehalt silberner Gegenstände gebräuchlicherweise auf 1000 Gewichtsteile und nennt den so sich ergebenden ‰-Gehalt »Feingehalt«. Ein 80 %-iges Silber weist also beispielsweise einen Feingehalt von 800 auf. »Echte« Silberbestecke müssen nach den deutschen Vorschriften einen Feingehalt von mindestens 800 aufweisen; in den englisch sprechenden Ländern beträgt der Mindestfeingehalt 925 (»Sterling-Silber«). Beträchtliche Mengen an

---

[7] Besonders erwähnenswert sind hier die zuerst in St. Joachimsthal (Böhmen) seit etwa 1515 geprägten Silbermünzen (»Thaler«, »Taler«), die von 1566–1750 die amtliche Währungsmünze des Deutschen Reiches darstellten und 1908 durch das Dreimarkstück ersetzt wurden. Den Namen Taler übernahmen früh auch andere Länder (z.B. USA seit 1792: »Dollar«).

reinem Silber werden weiterhin zum Versilbern von Gebrauchsgegenständen (s. oben) (Feinge-halt des Silberüberzugs in diesem Falle angegeben in Gew.-% statt in Gew.-‰), zur Herstellung von Spiegeln und in der Elektronik verbraucht. Im chemischen Apparatebau wird zur Erhöhung der chemischen Widerstandsfähigkeit dünnes Silberblech porenfrei auf Stahlunterlagen aufge-walzt. Wie Kupfer wirkt auch Silber in kolloidaler oder ionischer Form keimtötend. Kolloide, proteinhaltige (Schutzkolloid-Wirkung) Lösungen von metallischem Silber (»Kollargol«, »Prot-argol«), Silberfolien, -salben und -tabletten dienen in der Medizin seit langem als bakterien- und pilztötende Mittel (»Antiseptika, Antimykotika«). Die keimtötende Wirkung der Silber-Ionen ist noch in außerordentlich großer Verdünnung (bis etwa $2 \times 10^{-11}\,\mathrm{mol\,l^{-1}}$) feststellbar (»oligo-dynamische Wirkung«). Solche Spuren von Silber-Ionen gehen infolge der normalen Verunreinigungen des Silbers (Lokalströme) immer in Lösung, weshalb silberne Essgeräte nicht nur ästhetisch, sondern auch hygienisch sind (kupferne Essgeräte sind weniger empfehlenswert, weil sich an der Luft Spuren löslicher Kupferverbindungen bilden, die den Geschmack der Spei-sen stark beeinträchtigen). Bezüglich der Verwendung von Verbindungen des Silbers (AgHal) in der photographischen Industrie vgl. S. 1722.

Silber in Verbindungen

Wie das Kupfer tritt auch das Silber in seinen chemischen Verbindungen mit der Oxidations-stufe $<\mathrm{I}^8$, $+\mathrm{I}$ (z. B. AgF, Ag_2O), $+\mathrm{II}$ (z. B. AgF_2), $+\mathrm{III}$ (z. B. AgF_4^-, Ag_2O_3) und $+\mathrm{IV}$ (z. B. Cs_2AgF_6) auf. In diesem Falle ist aber die einwertige Stufe die beständigere, wogegen sich die zwei-, drei- und vierwertige Stufe – abgesehen von Silber(II)-fluorid AgF_2, Silber(II,III)-oxid Ag_3O_4 sowie Silber(III)-oxid Ag_2O_3 – nur bei Stabilisierung durch Komplexbildung erhalten lässt.

Das farblose, diamagnetische, mit Pd isoelektrische Ion Ag^+ ist zum Unterschied zum ho-mologen Cu^+-Ion auch in wässriger Lösung wegen der vergleichsweisen kleinen Hydratisie-rungsenergie des orangefarbenen, diamagnetischen mit Rh isoelektrischen Ions Ag^{2+} (die Far-be ist ligandenabhängig[4]) beständig und stellt – ganz allgemein – die stabilste und beherrschende Oxidationsstufe des Silbers dar. In wässriger Lösung liegt Ag^+ als Tetrahydrat $[Ag(H_2O)_4]^+$ vor (fast alle Ag(I)-Salze kristallisieren aber – von wenigen Ausnahmen wie AgF und $AgClO_4$ ab-gesehen – wasserfrei). Das Ion Ag^{2+}, welches in wässriger Lösung analog Cu^{2+} als Hexahy-drat $[Ag(H_2O)_6]^+$ mit verzerrt-oktaedrischer Koordination der H_2O-Moleküle vorliegt (s. un-ten), ist nicht nur hinsichtlich der Reaktion $Ag + Ag_{aq}^{2+} \rightleftharpoons 2\,Ag_{aq}^+$ komproportionierungslabil ($K = [Ag^+]^2/[Ag^{2+}] \approx 10^{20}$), sondern es vermag zudem das Lösungsmittel Wasser zu Sauerstoff zu oxidieren: $2\,Ag^{2+} + H_2O \longrightarrow 2\,Ag^+ + 2\,H^+ + \frac{1}{2}\,O_2$. Demgemäß existiert es in Wasser, wenn man es etwa durch Oxidation von Ag(I)-Salzen mit Ozon in stark saurer Lösung erzeugt, nur

---

[8] Man kennt auch niedrigwertige Silberverbindungen. »Disilbermonofluorid« Ag_2F (Silbersubfluorid) entsteht durch Re-aktion von fein verteiltem Silber mit AgF in Fluorwasserstoff oder elektrolytisch aus AgF bei niedrigen Stromdich-ten an der Silberkathode als plättchenförmig kristallisierende, bronzefarbene, den elektrischen Strom leitende, ober-halb 100 °C in Ag und AgF zerfallende Verbindung (Tab. 22.3). In Ag_2F (anti-CdI_2-Struktur) wechseln sich Ag-Doppelschichten (metallische AgAg-Bindungen; Abstände 2.996 Å; zum Vergleich: in Ag-Metall 2.89 Å, AgAg-Van-der-Waals-Kontakt 3.40 Å) mit F-Schichten ab (ionische AgF-Bindungen im Sinne einer Verbindungsformulierung $[Ag_2]^+F^-$; Abstände 2.814 Å). Eine Ag_2F-ähnliche Schichtstruktur weist auch $Ag_2NiO_2 = [Ag_2]^+[NiO_2]^-$ auf (demge-genüber: $Ag_2PdO_2 = [Ag^+]_2[PdO_2]^{2-}$). Ähnlich wie in Ag_2F leitet auch »Trisilberoxid« Ag_3O (Silbersuboxid) den elek-trischen Strom. Der durch Erhitzen von AgO in einem Ag-Gefäß in Anwesenheit von H_2O bei 80 °C und 4000 bar gewinnbaren Verbindung kommt näherungsweise die anti-BiI_3-Struktur zu (Sauerstoff in $2/3$ der Oktaederlücken jeder übernächsten Schicht einer hexagonal-dichtesten Ag-Packung). Die Struktur von Ag_3O lässt sich allerdings auch im Sin-ne von $[Ag_6^{4+}][O^{2-}]_2$ als Folge von Schichten aus Ag_6^{4+}-Oktaedern und O^{2-}-Ionen formulieren (AgAg-Abstände innerhalb Ag_6^{4+} zwischen $Ag_6^{4+} = 2.757$ und $2.863 \geq 2.986$ Å; AgO-Abstand = 2.29 Å). Auch andere Verbindungen mit Silberclus-tern wurden aufgefunden (vgl. hierzu Goldcluster, S. 1741). So enthalten die aus Ag und EO_2 (E = Si, Ge) bei hohen Sau-erstoffdrücken gebildeten Verbindungen $Ag_5EO_4 = [Ag_6^{4+}][Ag_4(EO_4)_2]^{4-}$ ebenfalls Ag_6^{4+}-Oktaeder mit AgAg-Abständen von 2.7–2.9 Å neben Ag^+-Ionen und die aus Ag, Os sowie O_2 zugängliche Substanz $Ag_{13}OsO_6 = [Ag_{13}^{4+}][OsO_6]^{4-}$ silber-zentrierte Ag_{12}-Ikosaeder mit AgAg-Abständen von 2.5–3.0 Å. Analog Cu bildet Silber auch »Silbercarbonyle« $Ag(CO)_3$ und $Ag_2(CO)_6$, die allerdings nur bei tiefen Temperaturen (10 K bzw. 30 K) existieren (vgl. Anm. [3]).

vorübergehend. Das gelbe(?), mit Ni^{2+} bzw. Ru isoelektronische, diamagnetische Ion Ag^{3+} ist in Wasser unbeständig (Oxidation von H_2O zu O_2).

Der besprochene Sachverhalt folgt in einfacher Weise aus Potentialdiagrammen der Oxidationsstufen $+III$, $+II$, $+I$ und 0 des Silbers für die pH-Werte 0 und 14 (vgl. Abb. 22.16), wonach Ag^+ – anders als Cu^+ (vgl. Potentialdiagramme des Kupfers in Abb. 22.3) – nicht zur null- und zweiwertigen Stufe disproportionieren kann. Darüber hinaus zeigt Ag^{2+} – analog Cu^{2+} – keine Tendenz zum Übergang in die ein- und dreiwertige Stufe, vermag aber – anders als Cu^{2+} – Wasser zu oxidieren ($E°$ für $H_2O/O_2 = +1.229\,V$; vgl. hierzu auch Potentialdiagramme des Goldes in Abb. 22.20) (s. Abb. 22.16).

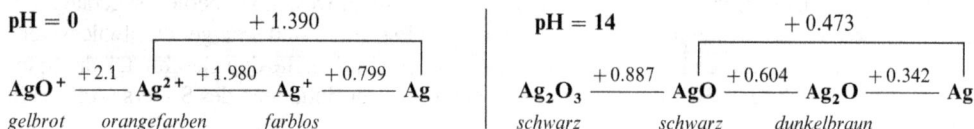

pH = 0				pH = 14			
		+1.390				+0.473	

$$AgO^+ \xrightarrow{+2.1} Ag^{2+} \xrightarrow{+1.980} Ag^+ \xrightarrow{+0.799} Ag \qquad\qquad Ag_2O_3 \xrightarrow{+0.887} AgO \xrightarrow{+0.604} Ag_2O \xrightarrow{+0.342} Ag$$

gelbrot   orangefarben   farblos   schwarz   schwarz   dunkelbraun

Abb. 22.16

Insgesamt wirken ein-, zwei- und dreiwertiges Silber in Wasser weit stärker oxidierend als entsprechende Oxidationsstufen des Kupfers. So beträgt das Normalpotential für den Übergang Cu^+/Cu nur $+0.520\,V$ anstelle $+0.799\,V$ für den Prozess Ag^+/Ag. In letzteren Fällen lässt sich das Potential allerdings durch Koordination der M^+-Ionen mit weichen Liganden erniedrigen, z.B. AgCl/Ag: $+0.222$; AgBr/Ag: $+0.071$; AgI/Ag: -0.152; $Ag(S_2O_3)_2^{3-}$/Ag: $+0.017\,V$. In Anwesenheit geeigneter Komplexliganden für zweiwertiges oder dreiwertiges Silber können naturgemäß auch deren Redoxpotentiale deutlich erniedrigt werden (vgl. hierzu die Ausführungen bei Kupfer, S. 1693).

Die vorherrschende Koordinationszahl von Silber(I) ist wie bei Au(I) und Hg(II) gleich zwei (linear in $Ag(NH_3)_2^+$, $Ag(CN)_2^-$), doch kommen auch die Koordinationszahlen drei (trigonalplanar in $AgI(PR_3)_2$), vier (tetraedrisch in $Ag(PPh_3)_4^+$, $Ag(SCN)_4^{3-}$), und sechs vor (oktaedrisch in AgF, AgCl, AgBr). In den Silber(II)-Verbindungen liegt wie im Falle der Cu(II)-Verbindungen eine quadratisch-planare Koordination von vier Liganden (z.B. $Ag(py)_4^{2+}$) oder – selten – eine gestreckt- oder gestaucht-oktaedrische Koordination mit sechs Liganden vor (z.B. Ag(2,6-Pyridindicarboxylato)$_2$) bzw. eine lineare/quadratisch-pyramidale/trigonal-bipyramidale Koordination mit zwei/fünf/fünf Liganden vor. Auch Silber(III) existiert mit Koordinationszahlen vier (quadratisch-planar in AgF_4^-) und sechs (oktaedrisch in AgF_6^{3-}).

Bezüglich der Elektronenkonfiguration, der Radien, der magnetischen und optischen Eigenschaften von Silberionen vgl. Ligandenfeld-Theorie (S. 1592) sowie Anh. IV, bezüglich eines Eigenschaftsvergleichs der Metalle der Kupfergruppe S. 1544f und S. 1729 sowie Anm.[1].

2.2   Verbindungen des Silbers

2.2.1   Silber(I)-Verbindungen (d^{10})

Wasserstoffverbindungen

Anders als Cu bildet Ag kein festes, polymeres Silber(I)-hydrid AgH. Doch setzt sich gasförmiges Silber mit Wasserstoff zu gasförmigem, monomerem Hydrid AgH um, das sich durch Abschrecken in Anwesenheit eines Edelgases in einer Tieftemperaturmatrix isolieren lässt ($d_{AgH} = 1.618\,\text{Å}$; DE $= 226\,\text{kJ}\,\text{mol}^{-1}$). Das Boran-Addukt $AgBH_4$ (farblos) zersetzt sich oberhalb $-30\,°C$ in Ag, B_2H_6 und H_2, das Alan-Addukt $AgAlH_4$ (gelb) oberhalb $-50\,°C$ in Ag, $(AlH_3)_x$ und H_2.

Halogen- und Pseudohalogenverbindungen

Halogenide (vgl. Tab. 22.3 sowie S. 2074). Unter den Silberhalogeniden kommt das Silberchlorid AgCl in der Natur als Hornsilber vor und fällt als charakteristischer »käsiger«, weißer, am Licht sich dunkel färbender (S. 1722) Niederschlag beim Versetzen einer Silbernitratlösung mit Chlorid-Ionen aus:

$$Ag^+ + Cl^- \longrightarrow AgCl.$$

Diese Fällung von schwerlöslichem Silberchlorid dient sowohl zum »qualitativen Nachweis« wie zur »quantitativen Bestimmung von Silber bzw. Chlorid«.

Die quantitative Bestimmung kann »gravimetrisch« (»gewichtsanalytisch«) durch Wägen des ausgefällten Silberchlorids oder »titrimetrisch« (»maßanalytisch«) durch Titration der Silbersalzlösung mit eingestellter Chloridlösung bzw. der Chloridlösung mit eingestellter Silbersalzlösung (»Argentometrie«) erfolgen (»Fällungsanalyse«). Der Endpunkt bei der Titration macht sich durch ein plötzliches Klarwerden der über dem Niederschlag stehenden Lösung bemerkbar (»Klarpunkt«). Solange die Lösung nämlich noch überschüssige Chlorid- oder Silber-Ionen enthält, wirken diese stabilisierend auf das bei der Fällung neben dem käsigen Niederschlag gebildete kolloide Silberchlorid ein (vgl. S. 181), sodass die Lösung über dem Niederschlag trübe erscheint. In dem Augenblick, in dem die letzte Menge des stabilisierenden Ions ausgefällt ist, flockt das Kolloid aus. Zur scharfen Erkennung und Bestimmung der Opaleszenz und des Klarpunktes bedient man sich bei Präzisionsanalysen eines Trübungsmessers (»Nephelometer«; von griech. nephele = Nebel).

1 Liter Wasser löst bei 25 °C nur 1.3×10^{-5} mol Silberchlorid auf ($L_{AgCl} = 1.7 \times 10^{-10}$). Auch in Salpetersäure ist Silberchlorid praktisch unlöslich. Sehr leicht löst es sich unter Komplexsalzbildung in Ammoniak-, Natriumthiosulfat- und Kaliumcyanidlösungen:

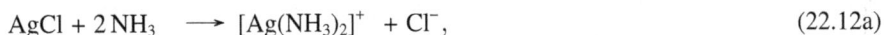

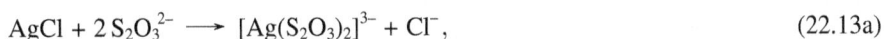

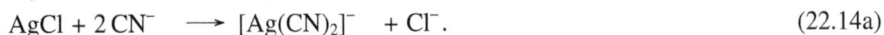

$$AgCl + 2\,NH_3 \longrightarrow [Ag(NH_3)_2]^+ + Cl^-, \tag{22.12a}$$

$$AgCl + 2\,S_2O_3^{2-} \longrightarrow [Ag(S_2O_3)_2]^{3-} + Cl^-, \tag{22.13a}$$

$$AgCl + 2\,CN^- \longrightarrow [Ag(CN)_2]^- + Cl^-. \tag{22.14a}$$

wobei die Komplexstabilität in der angegebenen Reihenfolge zunimmt.

In entsprechender Weise wie AgCl fällt Silberbromid AgBr (Tab. 22.3) beim Zusammengeben einer Silbersalzlösung und Bromidlösung als käsiger, gelblichweißer, lichtempfindlicher Niederschlag aus. Es ist in Wasser noch schwerer löslich als Silberchlorid ($L_{AgBr} = 5.0 \times 10^{-13}$) und löst sich in Ammoniak schwer, in Thiosulfat- und Cyanidlösung leicht auf. Das in Wasser noch schwerer lösliche gelbe, lichtempfindliche Silberiodid AgI ($L_{AgI} = 8.5 \times 10^{-17}$) löst sich weder in Ammoniak noch in Thiosulfatlösung, sondern nur noch in Cyanidlösung auf. Zum Unterschied von den übrigen Ag(I)-halogeniden ist gelbes Silber(I)-fluorid AgF (Tab. 22.3) nicht lichtempfindlich, in Wasser sehr leicht löslich (1800 g pro Liter bei 25 °C und bildet Hydrate wie AgF·4 H$_2$O (stabil von −14 bis +18.7 °C) und AgF·2 H$_2$O (stabil bis 39.5 °C). AgF, das aus AgO und Fluorwasserstoff gewinnbar ist, wirkt als mildes Fluoridierungsmittel für Elementhalogenide. – Bezüglich der Lichtempfindlichkeit der Silberhalogenide vgl. S. 1722.

Strukturen. Unter den Silber(I)-halogeniden kristallisieren das Fluorid AgF, Chlorid AgCl und Bromid AgBr nicht mit ZnS-Struktur, wie bei Vorliegen einer »I/VII-Verbindung« (S. 1403) erwartet würde, sondern mit der NaCl-Struktur. Das Iodid AgI bildet demgegenüber sowohl eine kubische Zinkblende-Struktur (γ-AgI; bis 136 °C stabil) als auch eine hexagonale Wurtzit-Struktur aus (β-AgI; beständig zwischen 136–146 °C). Bei der bei 146 °C einsetzenden Phasenumwandlung von β-AgI in kubisches α-AgI bleibt das Iodid-Teilgitter – abgesehen von kleinen Lageänderungen der Anionen – starr, während das Silber-Teilgitter »schmilzt«, was eine starke Erhöhung der Ionenleitfähigkeit von 3.4×10^{-4} auf $1.31\ \Omega^{-1}\text{cm}^{-1}$ zur Folge hat. In α-AgI

Tab. 22.3 Halogenide, Oxide und Sulfide des Silbers (Smp./Sdp.; ΔH_f in kJ/mol).[a]

	Fluoride	Chloride	Bromide	Iodide	Oxide	Sulfide
Ag($<$ I)	Ag$_2$F, bronzef. Zers. 100 °C ΔH_f −212 kJ anti-CdCl$_2$-Str.	–	–	–	Ag$_3$O, dunkel näherungsweise anti-BiI$_3$-Str. 18	–
Ag(I)	AgF, gelb 435/1150 °C ΔH_f −204 kJ NaCl-Strukt., KZ = 6	AgCl, farbl. 455/1550 °C ΔH_f −127 kJ NaCl-Strukt., KZ = 6	AgBr, hellgelb 430/1533 °C ΔH_f −100 kJ NaCl-Strukt., KZ = 6	AgI, gelb 558/1504 °C ΔH_f −61.9 kJ ZnS-Strukt., KZ = 4	Ag$_2$O, dunkel Zers. > 200 °C ΔH_f −30.7 kJ Cu$_2$O-Strukt. KZ = 2	Ag$_2$S, dunkel Zers. > 200 °C ΔH_f −31.8 kJ Raumstrukt. KZ = 2, 3
Ag(II, III)	AgF$_2$, blau[b,c] Ag$_2$F$_5$, braun [c] Ag$_3$F$_8$, rot-braun [c] AgF$_3$, rot	–	–	–	AgO, dunkel[d] Ag$_3$O$_4$, dunkel [d] Ag$_2$O$_3$, dunkel [d] Raumstrukt.	–

a Man kennt auch Selenide und Telluride. Darüber hinaus existieren Pentelide, Tetrelide, Trielide (S. 1718).
b Jahn-Teller-verzerrt.
c α-AgF$_2$ = Ag^{II}F$_2$ (Normaltemperaturform; Smp. 690 °C; ΔH_f = −365 kJ mol^{-1}; KZ = 4+2); β-AgF$_2$ = Ag^{I}Ag^{III}F$_4$ (Hochtemperaturform); Ag$_2$F$_5$ = [Ag^{II}F][Ag^{III}F$_4$] (KZ = 2+4 (Ag^{II}), 4+2 (Ag^{III})), Ag$_3$F$_8$ = Ag^{II}[Ag^{III}F$_4$]$_2$ (KZ = 4+2 (Ag^{II}, Ag^{III})), Ag^{III}F$_3$ (KZ = 4+2; AuF$_3$-Struktur).
d AgO = Ag^{I}Ag^{III}O$_2$ (Zers. > 100 °C in Ag + O$_2$; KZ = 2 (Ag^I), 4 (Ag^{III})); Ag$_3$O$_4$ = Ag^{II}Ag^{III}$_2$O$_4$ (Zers. in AgO + O$_2$; KZ = (4 Ag^{II}, Ag^{III})), Ag^{III}$_2$O$_3$ (Zers. > 20 °C; KZ = 4; Au$_2$O$_3$-Struktur).

mit kubisch-raumzentriertem Iodid-Teilgitter sind die Ag$^+$-Ionen auf insgesamt 42 Plätze statistisch verteilt (6/12/24 Plätze mit zwei/drei/vier Iodnachbarn in Abständen von 2.52/2.67/2.86 Å). Einen anderen derartigen »Schnellionenleiter« stellt etwa Ag$_2$HgI$_4$ dar, einen noch besseren RbAg$_4$I$_5$ (Ionenleitfähigkeit 30 Ω^{-1}cm^{-1}).

Komplexe. Das unterschiedliche Verhalten der drei Silberhalogenide gegenüber Ammoniak, Thiosulfat und Cyanid ist darauf zurückzuführen, dass die Komplexionen (22.12a), (22.13a) und (22.14a), wenn auch nur spurenweise, so doch in der Richtung vom Ammoniak- zum Cyanidkomplex hin merklich abnehmend dissoziiert sind:

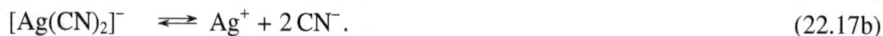

$$[Ag(NH_3)_2]^+ \rightleftharpoons Ag^+ + 2\,NH_3, \qquad (22.15b)$$

$$[Ag(S_2O_3)_2]^{3-} \rightleftharpoons Ag^+ + 2\,S_2O_3^{2-}, \qquad (22.16b)$$

$$[Ag(CN)_2]^- \rightleftharpoons Ag^+ + 2\,CN^-. \qquad (22.17b)$$

Daher überschreitet zwar die Silberionen-Konzentration einer gesättigten Lösung des leichter löslichen und in Lösung praktisch vollkommen dissoziierten Silberchlorids die Silberionen-Konzentration aller drei Komplexionen, sodass sich bei Zugabe von Ammoniak, Thiosulfat oder Cyanid zu einer Silberchlorid-Aufschlämmung die Gleichgewichte (22.15b), (22.16b) und (22.17b) nach links verschieben, entsprechend einer Auflösung des Chlorids. Dagegen reicht die wesentlich geringere Silberionen-Konzentration im Falle einer gesättigten Silberbromidlösung nur zur Verschiebung der Gleichgewichte (22.16b) und (22.17b), im Falle einer gesättigten Silberiodidlösung nur noch zur Verschiebung des Gleichgewichts (22.17b) nach links aus. Die Tatsache, dass aus allen drei Silberkomplexsalz-Lösungen mit Schwefelwasserstoff schwarzes Silbersulfid Ag$_2$S ausgefällt wird, zeigt, dass die dem Löslichkeitsprodukt des Silbersulfids (L_{Ag_2S} = 5.5 × 10^{-51}) entspr. Silberionen-Konzentration noch kleiner als selbst die des Silbercyanidkomplexes ist. Damit ergibt sich für die genannten Silberverbindungen folgende Reihe abnehmender Ag$^+$-Ionenkonzentration:

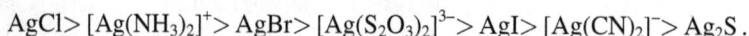

$$AgCl > [Ag(NH_3)_2]^+ > AgBr > [Ag(S_2O_3)_2]^{3-} > AgI > [Ag(CN)_2]^- > Ag_2S.$$

Dieser Reihe entsprechend können aus den verschiedenen Komplexsalzlösungen durch Zusatz löslicher Halogenide bzw. durch Einleiten von Schwefelwasserstoff nur die rechts, nicht aber

die links neben den Komplexen stehenden binären Silberverbindungen ausgefällt werden. Umgekehrt wird jedes Silberhalogenid nur von dem rechts, nicht von dem links stehenden Komplexbildner aufgelöst.

Analog den Kupfer(I)-halogeniden CuX (S. 1695) bilden auch die Silber(I)-halogenide AgX ($X = Cl$, Br, I) mit Phosphanen oder Arsanen $L = PR_3$, AsR_3 Komplexe des Typus $[L_3AgX]$, $[L_2AgX]_2$ und $[LAgX]_4$, in welchen dem Silber-Ion aber nicht wie in den weiter oben besprochenen Komplexen die Koordinationszahl 2, sondern 4 zukommt. Neben cubanartig gebautem $[LAgX]_4$ existieren auch stufenartig strukturierte $[LAgX]_4$-Komplexe mit der Koordinationszahl 3 der Ag-Atome (vgl. $[LCuX]_4$, S. 1696). Ferner kennt man Halogenoargentate wie $Ag_2Cl_4^{2-}$, $Ag_2Br_4^{2-}$, $Ag_3I_4^-$, $Ag_4I_8^{4-}$. Bzgl. der Bildung von Komplexen wie $[Ag_6(PPh_2)_6(PtBu_3)_2]$, $[Ag_{18}(PPh)_8(PhPSiMe_3)_2(PPr_3)_8]$ oder $[Ag_{114}Se_{34}(SeBu)_{46}(PtBu_3)_{14}]$ vgl. bei Kupfer, S. 1696.

Cyanide (vgl. S. 2084). Das beim Versetzen einer Silbernitrat-Lösung mit Cyanid-Ionen anfallende farblose Silber(I)-cyanid AgCN bildet wie CuCN und AuCN (s. dort) ein lineares Kettenmolekül (a) und ist damit zugleich ein Cyanid (AgCN) und ein Isocyanid (AgNC).

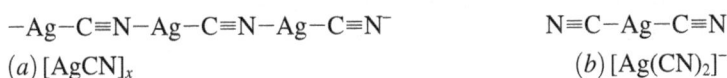

$$-Ag-C\equiv N-Ag-C\equiv N-Ag-C\equiv N^- \qquad\qquad N\equiv C-Ag-C\equiv N$$

$$(a)\ [AgCN]_x \qquad\qquad\qquad\qquad (b)\ [Ag(CN)_2]^-$$

Da die AgC-Bindungen fester sind als die AgN-Bindungen, entstehen bei der Umsetzung von AgCN mit Alkylhalogeniden RX hauptsächlich Isonitrile RNC, während die entsprechende Umsetzung der salzartigen Alkalicyanide M^+CN^- hauptsächlich Nitrile RCN ergibt. Ähnlich wie AgCN ist auch der beim Auflösen von AgCN in Cyanid-Lösungen entstehende Cyanokomplex $[Ag(CN)_2]^-$ (b) (Verwendung zur galvanischen Versilberung) linear aufgebaut. Das mit dem Pseudohalogenid AgCN verwandte Silber(I)-thiocyanat AgSCN (»Silber(I)-rhodanid«) bildet eine am S-Atom gewinkelte Kette $-Ag-S-C\equiv N-Ag-S-C\equiv N-$ und ist damit zugleich ein Thiocyanat (AgSCN) und Isothiocyanat (AgNCS).

Azide (S. 2087). Das explosive, aus Silber(I)-Salzen und Natriumazid in Wasser als farbloser Niederschlag erhältliche Silber(I)-azid AgN_3 enthält demgegenüber Silberionen, die tetraedrisch von vier Azidgruppen umgeben sind (jede N_3-Gruppe koordiniert ihrerseits 4 Ag^+-Ionen tetraedrisch). Es geht, innig mit einer äquimolaren Menge CsN_3 vermischt, bei Drücken > 10 kbar in den Azidokomplex $[Ag(N_3)_2]^-$ über, in welchem Ag^+ digonal von zwei N-Atomen koordiniert vorliegt: $N=N=N-Ag-N=N=N$ (das komplexe Anion ist nicht linear, sondern am α-N-Atom gewinkelt)

Chalkogenverbindungen

Sauerstoffverbindungen (vgl. Tab. 22.3 sowie S. 2088). Unter den Silberoxiden fällt das Silber(I)-oxid Ag_2O beim Versetzen einer Silbersalzlösung mit Laugen als dunkelbrauner Niederschlag aus:

$$2\,Ag^+ + 2\,OH^- \longrightarrow 2\,AgOH \rightleftharpoons Ag_2O + H_2O.$$

Die Zwischenstufe, Silber(I)-hydroxid AgOH, kann aus alkoholischer Lösung gefällt werden. Ag_2O (Struktur wie Cu_2O, S. 1698) löst sich nur wenig in Wasser (0.2 mmol l^{-1} bei 25 °C); die Lösung reagiert infolge Anwesenheit von AgOH basisch und absorbiert aus der Luft CO_2 unter Bildung von Ag_2CO_3. Wegen des stark basischen Charakters von AgOH reagieren die Silbersalze zum Unterschied von den meisten anderen Schwermetallsalzen in wässeriger Lösung neutral, unterliegen also nicht wie diese der Hydrolyse. Beim Erhitzen auf über 160 °C unter Normaldruck zerfällt Ag_2O, das thermisch wesentlich instabiler als Cu_2O ist, vollständig in seine Elemente: 31.1 kJ $+ Ag_2O \rightleftharpoons 2\,Ag + \frac{1}{2}\,O_2$. Will man es daher bei erhöhter Temperatur aus den Elementen gewinnen, so muss man einen Sauerstoffdruck wählen, der höher als der

Dissoziationsdruck ist (vgl. S. 1712). Reduktionsmittel wie Wasserstoff oder Wasserstoffper-oxid reduzieren das Oxid leicht (wesentlich leichter als Cu_2O) zum Metall. In stark alkalischer Lösung bildet Ag_2O das Hydroxoargentat(I) $Ag(OH)_2^-$. Die Behandlung wasserlöslicher Halo-genide mit einer Ag_2O-Suspension ($MX_n + n\,AgOH \longrightarrow M(OH)_n + n\,AgX$) stellt wegen der Unlöslichkeit der Silberhalogenide (S. 1715) eine bequeme Methode zur Darstellung von Hy-droxiden dar. Beim Erhitzen von Ag_2O mit K_2O oder Cs_2O bildet sich »Argentat(I)« M^IAgO (enthält $Ag_4O_4^{4-}$-Ringe mit linearen OAgO-Gruppierungen).

Silber(I)-Salze von Oxo- und anderen Säuren. Das wichtigste Silbersalz ist Silber(I)-nitrat $AgNO_3$. Es dient als Ausgangsmaterial für die Darstellung aller anderen Silberverbindungen. Man gewinnt es durch Auflösen von Silber in Salpetersäure:

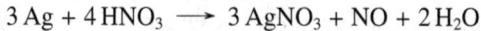

$$3\,Ag + 4\,HNO_3 \longrightarrow 3\,AgNO_3 + NO + 2\,H_2O$$

in Form farbloser rhombischer, bei 212 °C schmelzender Kristalle. Es löst sich, ohne hygrosko-pisch zu sein, in Wasser sehr leicht (215 g bei 20 °C, 910 g bei 100 °C in 100 g Wasser) und mit beträchtlicher Abkühlung zu einer neutral reagierenden Lösung. Mit der Haut reagiert festes $AgNO_3$ unter Abscheidung von Ag schwärzend sowie zugleich unter Bildung von HNO_3 ätzend ein (schematisch: $AgNO_3 + H(aus der Haut) \longrightarrow Ag + HNO_3$). Daher dienen Stäbchen von Silbernitrat als »Höllenstein« (»Lapis infernalis«) in der Medizin zur Beseitigung von Wuche-rungen.

Das durch Lösung von Silber in heißer konzentrierter Schwefelsäure erhältliche Silbersul-fat Ag_2SO_4 löst sich in Wasser nur wenig. Silberperchlorat $AgClO_4$ löst sich dagegen nicht nur leicht in Wasser, sondern auch in organischen Lösungsmitteln wie Benzol, Toluol und Nitro-methan. Hellgelbes Silbercarbonat Ag_2CO_3 wird aus $AgNO_3$-Lösungen durch K_2CO_3 gefällt. Außer Oxosäuren liefern auch viele andere starke Säuren Ag(I)-Salze, z. B. $AgAsF_6$, $AgSbF_6$, $AgBF_4$, $AgBR^F_4$, $AgAl(CR^F_3)_4$ ($R^F = CF_3$). Die Ag^+-Ionen solcher Salze wirken als Lewis-Säu-ren hinsichtlich weicher Lewis-Basen wie I_2, S_8, Se_6, P_4, CO, $H_2C{=}CH_2$, $HC{\equiv}CH$: Bildung von Komplexen wie $[AgI_2^+]_x$, $[AgS_8]^+$, $[Ag(S_8)_2]^+$, $[AgSe_6^+]_x$, $[Ag(P_4)_2]^+$, $[Ag(CO)_n]^+$ ($n = 1{-}4$), $[Ag(C_2H_4)_3]^+$, $[Ag(C_2H_2)_3]^+$ (vgl. bei den betreffenden Liganden).

Sonstige Chalkogenverbindugen. Das beim Einleiten von Schwefelwasserstoff in Silbersalz-Lösungen als schwarzer Niederschlag ausfallende Silber(I)-sulfid Ag_2S (Tab. 22.3) ist das schwerstlösliche Silbersalz ($L_{Ag_2S} = 5.5 \times 10^{-51}$). Das Sulfid (Ag mit 2 sowie 3 Schwefelnach-barn) bildet sich auch glatt aus den Elementen oder bei der Einwirkung von H_2S auf Silber-metall. Die Ag_2S-Bildung nutzt man bei der »Heparprobe« (von griech. heper = Leber) zum qualitativen Nachweis von S in Schwefelverbindungen, indem man letztere bei Gegenwart ei-nes Na_2CO_3-Überschusses mit Kohle zu Na_2S reduziert, welches mit Wasser befeuchtet auf ei-nem Silberblech einen braunen (leberfarbenen) Fleck von Ag_2S erzeugt. Unter den weiteren »Silber(I)-chalkogeniden« seien genannt: $AgSe$, Ag_2Se_3, $AgSe_2$; Ag_5Te_3, $AgTe$, $AgTe_3$ (jeweils metallischer Charakter).

Pentel-, Tetrel-, Trielverbindungen

Unter den Penteliden sind sowohl das Silbernitrid Ag_3N (bildet sich bei Zugabe von Ag_2O zu ei-ner ammoniakalischen Acetonlösung als explosives, oberhalb 140 °C in Ag und N_2 zerfallendes Pulver) als auch das Silberazid AgN_3 thermolabil, die Silberphosphide Ag_3P, AgP, Ag_2P_3, AgP_2, AgP_3 deutlich thermostabiler. Nitridokomplexe des Silbers kennt man bisher nicht. Als Beispiel für Tetrelide sei das Silbercarbid Ag_2C_2 (explosives Acetylenderivat), als Beispiele für Trie-lide das Silberborid AgB_2 und Silber-Aluminium-Legierungen (z. B. Ag_3Al, Ag_2Al) genannt. Man kennt ferner viele Ag(I)-Verbindungen mit stickstoff- und kohlenstoffhaltigen Resten (z. B. Ammin-Komplexe, Organische Verbindungen des Silbers; s. dort).

2.2.2   Silber(II)-Verbindungen (d^9)

Silber(II)-Fluoride (Tab. 22.3). Das Silber(II)-fluorid AgF_2 entsteht bei Einwirkung von Fluor auf sehr fein verteiltes Silber (»molekulares Silber«) unter starker Wärmeentwicklung in seiner »α-Form« (Niedertemperaturform) als eine im reinen Zustande blaue, antiferromagnetische Verbindung ($T_c = 163\,\text{K}$), welche bei Luftkontakt braun wird und bei höheren Temperaturen in seine »β-Form« (Hochtemperaturform) übergeht:

$$Ag + F_2 \rightleftarrows AgF_2 + 365\,\text{kJ}.$$

In α-AgF_2 liegen gemäß Abb. 22.17a gefaltete Schichten eckenverknüpfter AgF_4-Quadrate vor (Ag in Papierebene, Kolumnen von F-Atomen abwechselnd ober- und unterhalb der Ebene), die in der Weise übereinander liegen, dass Ag^{2+} zusätzlich von 2 F-Atomen und damit insgesamt von 6 F-Atomen gestreckt-oktaedrisch koordiniert wird (AgF-Abstände in/zwischen den Schichten 2.07/2.38 Å). β-AgF_2 enthält demgegenüber im Sinne der Formulierung $Ag^IAg^{III}F_4$ kein zweiwertiges, sondern ein- und dreiwertiges Silber (bzgl. der Koordination von Ag^I und Ag^{III} vgl. das vor- und nachstehende Unterkapitel).

AgF_2 ist vergleichsweise thermostabil (Dissoziationsdruck beim Smp. von 690 °C 0.1 bar), aber wasserempfindlich. Es wirkt als gutes Fluorierungsmittel ($161\,\text{kJ} + AgF_2 \longrightarrow AgF + \frac{1}{2}F_2$) und kann an Stelle von freiem Fluor benutzt werden, da bei seiner Verwendung die Schwierigkeiten wegfallen, welche die Verunreinigungen des elementaren Fluors – namentlich O_2 – mit sich zu bringen pflegen. Die hervorragende katalytische Wirkung des Silbers bei der Umsetzung von Gasen mit Fluor dürfte ebenfalls auf die intermediäre Bildung von AgF_2 zurückzuführen sein. Mit Fluoriddonatoren (M^IF, $M^{II}F_2$) bildet AgF_2 häufig blaue »Fluoroargentate(II)« des Typs AgF_3^-, AgF_4^{2-} und AgF_6^{4-} (z. B. M^IAgF_3 und $M^I_2AgF_4$ mit M^I = K, Rb, Cs; $M^{II}AgF_4$ mit M^{II} = Ca, Sr, Ba; Ba_2AgF_6) und Fluoridakzeptoren (EF_3, EF_4, EF_5) blaue, grüne, braune »Silber(II)-Salze« mit Kationen Ag^{2+} sowie AgF^+ (z. B. $Ag^{II}[Ag^{III}F_4]_2 = Ag_3F_8$, $Ag^{II}[SnF_6]$, $Ag^{II}[SbF_6]_2$, $[Ag^{II}F][Ag^{III}F_4] = Ag_2F_5$, $Ag^{II}F[SbF_6]$).

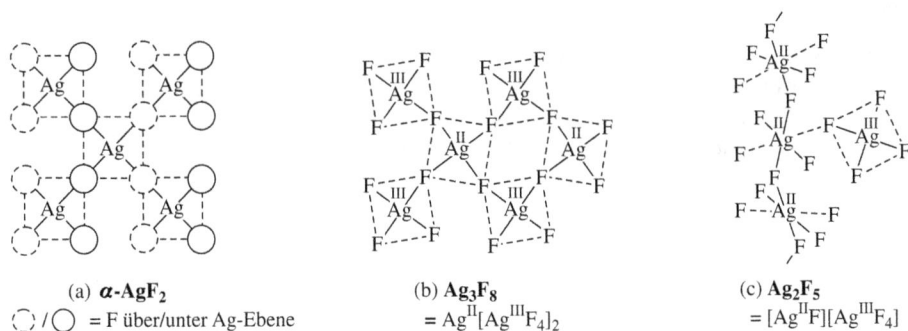

(a) α-AgF_2
◌ / ○ = F über/unter Ag-Ebene

(b) Ag_3F_8
= $Ag^{II}[Ag^{III}F_4]_2$

(c) Ag_2F_5
= $[Ag^{II}F][Ag^{III}F_4]$

Abb. 22.17

Unter den Fluoroargentaten(II) enthält $CsAgF_3$ dreidimensional eckenverknüpfte, gestreckte AgF_6-Oktaeder (vgl. ReO_3- sowie Perowskit-Struktur), Cs_2AgF_4 zweidimensional eckenverknüpfte, gestauchte AgF_6-Oktaeder, $BaAgF_4$ isolierte AgF_4-Quadrate und Ba_2AgF_6 isolierte AgF_6-Oktaeder. In Silber(II)-Salzen wie etwa $Ag[SbF_6]_2$ werden die Silberionen häufig gestreckt oktaedrisch von sechs F-Atomen koordiniert, welche im vorliegenden Falle von sechs SbF_6-Ionen stammen (neben paramagnetischem α-$Ag^{II}[SbF_6]_2$ existiert auch diamagnetisches β-$Ag[SbF_6]_2 = Ag^IAg^{III}[SbF_6]_4$). Die AgF^+-Salze enthalten demgegenüber $[AgF^+]_\infty$-Ketten ($\cdots F{-}Ag{-}F{-}Ag{-}F{-}Ag\cdots$), die wie in $[AgF][BF_4]$ linear, wie in $[AgF]_2[AsF_6][AgF_4]$ an den F-Atomen gewinkelt oder wie in $[AgF][AsF_6]$ an den F- und Ag-Atomen gewinkelt sein können. Die Ag-Ionen sind in jedem Falle zusätzlich mit vier F-Atomen der Anionen schwach verbunden und liegen demnach in Form gestauchter AgF_6-Oktaeder mit gemeinsamen *trans*-ständigen F-Atomen vor. Von besonderem Interesse sind in diesem Zusammenhang die Strukturen der oben wiedergegebenen gemischt-valenten Silberhalogenide Ag_3F_8 und Ag_2F_5. In $Ag_3F_8 = Ag^{II}[Ag^{III}F_4]_2$ liegen – in Längsrichtung gefaltete – Bänder eckenverknüpfter $Ag^{II}F_4$- und $Ag^{III}F_4$-Quadrate vor (Abstände $Ag^{II}F/Ag^{III}F = 2.1$–$2.2/1.8$–1.9 Å; vgl. Abb. (22.17b)). Die Ag-Ionen werden zusätzlich von zwei F-Atomen paralleler verlaufender Bänder schwach koordiniert (Abstände AgF 2.6–3.3 Å) und liegen somit in Form gesteckter AgF_6-Oktaeder vor. Das Fluorid $Ag_2F_5 = [Ag^{II}F][Ag^{III}F_4]$ enthält gemäß (22.17c) und im Sinne des oben Besprochenen $[AgF]_\infty$-Ketten (Abstände AgF ca. 2.02 Å; $\sphericalangle AgFAg/FAgF$ ca. 145/178°), wobei die Ag-Ionen zusätzlich von vier F-Atomen aus vier quadratisch-planaren AgF_4^--Ionen schwach verknüpft sind (Abstände $Ag^{III}F/Ag^{II}F$ 1.89–1.92/2.14–2.58 Å; nur eine AgF_4-Gruppe ist in Abb. 22.17c wiedergegeben). Die Koordination von Ag^{II} ist somit gestaucht-oktaedrisch.

Silber(II)-Oxide (Tab. 22.3). Die Zweiwertigkeit des Silbers in AgF_2 sowie auch in $Ag(OSO_2F)_2$ und anderen Salzen wird durch magnetische Messungen (S. 1663) bestätigt. Das u. a. durch Oxidation von Ag_2O mit $S_2O_8^{2-}$ in alkalischer Lösung bei 90 °C gewinnbare schwarze, halbleitende, bis etwa 100 °C beständige Silbermonoxid AgO (Tab. 22.3) ist gemäß seinem Diamagnetismus kein Silber(II)-oxid (das paramagnetisch sein müsste) und auch kein Silber(I)-peroxid Ag_2O_2 (das beim Ansäuern H_2O_2 ergeben müsste), sondern ein Silber(I,III)-oxid $Ag^IAg^{III}O_2$ (jedes Ag^+ ist linear von 2, jedes Ag^{3+} quadratisch-eben von 4 O-Atomen umgeben). Folglich disproportioniert Ag^{2+} zwar nicht in einer Fluoridionen-, aber in einer Oxidionen-Umgebung in Ag^+ und Ag^{3+}. Beim Auflösen von AgO in starken Säuren wird intermediär $Ag(H_2O)_6^{2+}$ gebildet, während in alkalischer Lösung in Gegenwart komplexbildender Agentien Ag(III)-Komplexe erhalten werden. Anders als in Silbermonoxid liegt in Trisilbertetraoxid Ag_3O_4 (Tab. 22.3) entsprechend der Formulierung $Ag^{II}Ag^{III}_2O_4$ auch zweiwertiges Silber vor. Es wird durch anodische Oxidation einer wässerigen Lösung von AgF bzw. $AgClO_4$ als kristalliner, bei 63 °C in AgO und O_2 zerfallender Feststoff erhalten (in Ag_3O_4 ist jedes Ag^{2+}- und Ag^{3+}-Ion quadratisch-planar von vier O-Atomen umgeben; die AgO_4-Quadrate bilden über gemeinsame Ecken und Kanten einen Raumnetzverband).

Silber(II)-Komplexe mit neutralen Donoren. Als geeignete Oxidationsmittel für die Bildung von Silber(II)-Komplexen aus Silber(I)-Salzen haben sich Peroxodisulfate ($S_2O_8^{2-} + 2\,e^- \longrightarrow 2\,SO_4^{2-}$) und der elektrische Strom (anodische Oxidation), als Komplexbildner u. a. Pyridin C_5H_5N (d) 2,2'-Bipyridyl $C_{10}H_8N_2$ (Abb. 22.18e) und *o*-Phenanthrolin $C_{12}H_8N_2$ (Abb. 22.18f) bewährt (quadratisch-planare Anordnung der 4 N-Atome um das Ag^{2+}-Ion in allen drei Fällen).

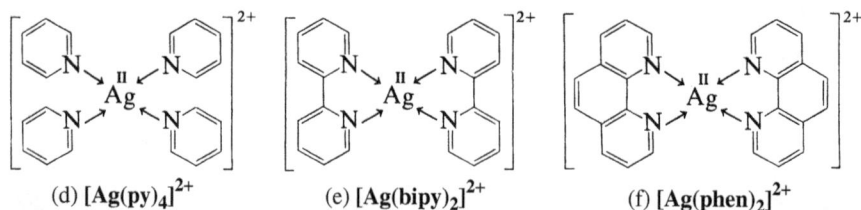

(d) $[Ag(py)_4]^{2+}$ (e) $[Ag(bipy)_2]^{2+}$ (f) $[Ag(phen)_2]^{2+}$

Abb. 22.18

So erhält man z. B. durch Zufügen einer halb gesättigten Lösung von Kaliumperoxodisulfat zu einer Lösung von Silbernitrat und Pyridin C_5H_5N (»py«) prächtig orangefarbene Prismen des Peroxodisulfats $[Ag(py)_4]S_2O_8$ (Abb. 22.18d). Durch elektrolytische Oxidation einer Lösung von Silbernitrat und Pyridin ist das – gleichfalls in orangeroten Kristallen kristallisierende – Nitrat $[Ag(py)_4](NO_3)_2$ erhältlich. Bei der Oxidation einer Lösung von Silbernitrat und *o*-Phenanthrolin $C_{12}H_8N_2$ (»phen«) mit Ammoniumperoxodisulfat fällt das schokoladebraune Peroxodisulfat

[Ag(phen)$_2$]S$_2$O$_8$ (Abb. 22.18f) aus, das sich in konzentrierter Salpetersäure durch Umsatz mit den entsprechenden Salzen in das Perchlorat, Chlorat, Nitrat und Sulfat überführen lässt. Die Salze bilden mit den analogen Verbindungen des zweiwertigen Kupfers und Cadmiums Mischkristalle und machen aus Iodidlösungen die berechnete Menge Iod frei: $Ag^{2+} + I^- \longrightarrow Ag^+ + \frac{1}{2} I_2$. Durch Umsatz von Silbernitrat, 2.2'-Bipyridyl C$_{10}$H$_8$N$_2$ (»bipy«) und Kaliumperoxodisulfat kommt man zum rötlich-braunen Peroxodisulfat [Ag(bipy)$_2$]S$_2$O$_8$ (e), das sich durch doppelte Umsetzung mit anderen Salzen in das Nitrat, Chlorat, Perchlorat und Hydrogensulfat überführen lässt.

2.2.3   Silber(III)- und Silber(IV)-Verbindungen (d^8, d^7)

Die Oxidation von Ag(I) zu Ag(III) (Ag^{3+} isoelektronisch mit Pd^{2+} und Ru) gelingt ebenfalls nur mit starken Oxidationsmitteln, insbesondere in Anwesenheit von Komplexbildnern (E° für Ag$^+$/ AgO$^+$ = $\sim +2$ V; vgl. Potentialdiagramm, S. 1714). So erhält man etwa durch Oxidation von Ag$^+$ mit S$_2$O$_8^{2-}$ in stark alkalischen Lösungen von Salzen der Periodsäure IO(OH)$_5$ und Tellursäure Te(OH)$_6$ diamagnetische, gelbe Silber(III)-Komplexe dieser Säuren wie K$_5$[Ag(IO$_6$)$_2$] (Abb. 22.19a) und Na$_5$[Ag(TeO$_6$H$_2$)$_2$] (planare Anordnung der 4 O-Atome (vgl. entsprechende Cu(III)-Verbindungen, S. 1707); auch bildet sich in Gegenwart von Ethylendibiguanidiniumsulfat ein roter, diamagnetischer, sehr beständiger Ag(III)-Komplex (Abb. 22.19b) (planare Anordnung der 4 N-Atome), der pro Ag erwartungsgemäß 2 I$^-$ zu I$_2$ oxidiert: $Ag^{3+} + 3 I^- \longrightarrow AgI + I_2$.

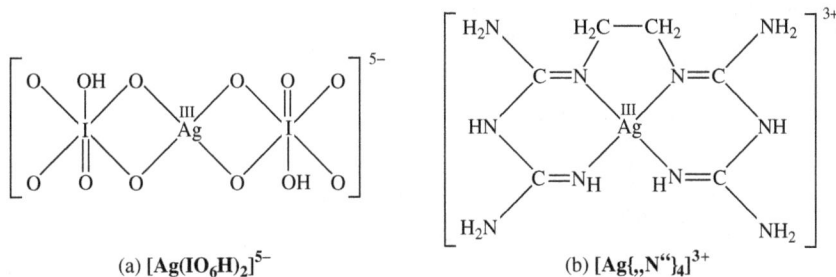

(a) [Ag(IO$_6$H)$_2$]$^{5-}$ (b) [Ag{„N"}$_4$]$^{3+}$

Abb. 22.19

Die durch Oxidation einer Mischung von Alkalimetall- und Silber(I)-halogenid mit Fluor in alkalischer Lösung entstehenden, diamagnetischen (low-spin), sehr feuchtigkeitsempfindlichen, gelben »Tetrafluoroargentate(III)« M[AgF$_4$] (M = Na, K, Rb, Cs, AgF, XeF$_5$) sowie M[AgF$_4$]$_2$ (M z. B. Ag) enthalten ein planares [AgF$_4$]$^-$-Ion. Ebenso kennt man gemischte Salze wie Cs$_2$KAgF$_6$ mit dem oktaedrischen [AgF$_6$]$^{3-}$-Ion. Ein rotes Silber(III)-fluorid AgF$_3$ (analog AuF$_3$ gebaut, S. 1736) fällt aus Lösungen von AgF$_4^-$ in fl. HF bei Zugabe von BF$_3$ aus: $AgF_4^- + BF_3 \longrightarrow AgF_3 + BF_4^-$.

Anodische Oxidation von Ag$^+$ in neutraler Lösung (Gegenionen ClO$_4^-$, BF$_4^-$, PF$_6^-$) führt zu schwarzem, metallisch glänzendem, bei 20 °C metastabilem und bei Raumtemperatur langsam unter O$_2$-Abgabe zerfallendem, säurezersetzlichem Disilbertrioxid Ag$_2$O$_3$ (Tab. 22.3; isotyp mit Au$_2$O$_3$; im Falle des Kupfers nicht verwirklichbar; enthält quadratisch-planare AgO$_4$-Einheiten).

Durch Druckfluorierung entsteht aus einem Gemisch von CsCl und AgCl ein Silber(IV)-Komplex, nämlich das »Cäsium-fluoroargentat(IV)« Cs$_2$[Ag^{IV}F$_6$] (vgl. die entsprechende Cu(IV)-Verbindung, S. 1707).

2.2.4   Organische Verbindungen des Silbers

Siber(I)-organyle AgR sind thermisch und photochemisch noch unbeständiger als Kupfer(I)-organyle (S. 1707). So thermolysiert »Silber(I)-methyl« AgMe bereits bei $-50\,°C$ (CuMe bei $-15\,°C$), »Silber(I)-phenyl« AgPh bei $74\,°C$ (CuPh bei $100\,°C$). Stabiler sind »Perfluoralkyle« wie AgC_3F_7 oder polymere »Silber(I)-acetylenide« $AgC\equiv CR$ (Zers. bei $100–200\,°C$). AgMes liegt anders als CuMes nicht penta-, sondern hexamer vor (Mes $= 2,4,6\text{-}C_6H_2Me_3$). Die Darstellung von AgR kann u. a. durch »Metathese« (z. B. $AgNO_3 + PbR_4 \longrightarrow AgR + R_3PbNO_3$; $AgNO_3 + ZnPh_2 \longrightarrow AgPh + PhZnNO_3$), durch »Argentofluorierung« (z. B. $AgF + CF_2{=}CF{-}CF_3 \longrightarrow AgC_3F_7$) sowie durch »Metallierung« erfolgen (z. B. $Ag(NH_3)_2^+ + HC\equiv CR \longrightarrow AgC\equiv CR + NH_4^+ + NH_3$). Beim Einleiten von Acetylen in eine wässerige Ag^+-Lösung fällt explosives, oberhalb von $120\,°C$ zersetzliches gelbes »Silber(I)-acetylenid« ($\Delta H_f = 243\,kJ\,mol^{-1}$) aus: $2\,Ag^+ + C_2H_2 \longrightarrow Ag_2C_2 + 2\,H^+$. Mit $Ag^+[Al(OR)_4]^-$ ($R = C(CF_3)_3$) reagiert $C\equiv O$ unter Silbercarbonylbildung ($\longrightarrow Ag(CO)_n^+$), mit $HC\equiv CH$ bzw. $H_2C{=}CH_2$ in CH_2Cl_2 demgegenüber bei tiefen Temperaturen unter π-Komplexbildung: $Ag^+ + 3\,HC\equiv CH$ bzw. $3\,H_2C{=}CH_2 \longrightarrow [Ag(C_2H_2)_3]^+$ bzw. $[Ag(C_2H_4)_3]^+$.

Eigenschaften. Mit überschüssigen Lithiumorganylen bilden Silber(I)-Verbindungen gemäß $AgX + 2\,LiR \longrightarrow LiAgR_2 + LiX$ Organoargentate(I) $LiAgR_2$, welche thermostabiler als die zugrundeliegenden Ag(I)-organyle sind (vgl. hierzu Organocuprate(I), S. 1707). Silber(III)-organyle konnten mit $[Ag(CF_3)_4]^-$ in Form eines Organoargentats(III) isoliert werden.

2.3   Der photographische Prozess

Geschichtliches. Die erstmalige Entwicklung eines latenten Silberbildes gelang im Jahre 1838 (Geburtsjahr der Photographie) durch Zufall dem französischen Maler Louis Jacques Mandé Daguerre (1787–1851), als er eine in einer »camera obscura« belichtete, mit Ioddämpfen behandelte versilberte Kupferplatte (= mit AgI überzogene Platte) in einem dunklen Schrank aufhob, in welchem Quecksilber verspritzt war. Hierbei entwickelte sich das latente Bild von selbst, indem sich der Hg-Dampf bevorzugt an Stellen der durch die Belichtung entstandenen Silberkeime kondensierte. Die Bildfixierung erfolgte durch Herauslösen von unbelichtetem AgI mit einer Kochsalz-(später Thiosulfat)-Lösung. Nach dem Verfahren von Daguerre (»Daguerrotypie«) ließen sich allerdings nur Unikate, keine Abzüge gewinnen. Die Lichtempfindlichkeit von Silbersalzen war vor Daguerre bereits durch J. R. Glauber (1658), die Möglichkeit der Herstellung von Abbildungen mittels Silberhalogeniden von J. H. Schulze (1727), H. Davy und T. Wedgewood (1802) sowie J. N. Niépce (1829: erste permanente Abbilder) erkannt worden. Nach Daguerre erfand W. H. F. Talbot (1841) ein Verfahren zur Erzeugung von kopierbaren Negativen (»Talbotypie«; Einführung der Begriffe »Photographie«, »Negativ«, »Positiv« durch Sir J. Herschel). Den Grundstein der später von H. W. Vogel (1873) entwickelten Farbphotographie legte der Physiker C. Maxwell (1861)

Silberchlorid-, bromid und -iodid färben sich am Licht infolge photochemischer Zersetzung in Silber und Halogen langsam erst hell-, dann dunkelviolett und schließlich schwarz:

$$h\nu + AgX \longrightarrow Ag + \frac{1}{2}X_2. \tag{22.18}$$

Von dieser Lichtempfindlichkeit, namentlich des Silberbromids ($100.4\,kJ + AgBr \longrightarrow Ag + \frac{1}{2}Br_2$), macht man bei der »Photographie«[9] Gebrauch. Nachfolgend sei kurz auf die Schwarz-Weiß-Photographie eingegangen. Bezüglich der Farbphotographie vgl. die Anm.[10].

---

[9] phos (griech.) = Licht und graphein (griech.) = schreiben (Photographie = Herstellung dauerhafter Abbildungen durch Einwirkung von Strahlung auf sich dadurch veränderndes Material); latens (lat.) = verborgen; orthos (griech.) = richtig; chroma (griech.) = Farbe; pan (griech.) = alles; sensibilis (lat.) = empfindlich.

Die lichtempfindliche Schicht. Zur Herstellung der lichtempfindlichen Schicht auf Platten, Filmen und Papieren wird eine wässerige Lösung von Silbernitrat in eine 40–90 °C warme wässerige Lösung von Kaliumbromid, die Gelatine und meist noch 3–5 mol-% Kaliumiodid enthält, unter intensivem Rühren eingetragen (in die um 40 °C erwärmten Lösungen gibt man zusätzlich Ammoniak im Überschuss). Hierbei scheidet sich das »Silberbromid« AgBr zusammen mit geringen Mengen »Silberiodid« AgI (AgNO$_3$ + KX $\longrightarrow$ AgX + KNO$_3$) nicht wie bei der Vermischung entsprechender wässeriger Lösungen in flockiger Form, sondern in so feiner Verteilung (»Körnung«) aus, dass es nur an einem schwachen Opaleszieren der beim Abkühlen erstarrenden Masse zu erkennen ist. Diese kolloide Verteilung des Silberbromids (meist als »Emulsion«, richtiger als »Dispersion« bezeichnet) ist auf die Schutzkolloidwirkung der – zugleich auch als Bindemittel für die Schicht auf der Platten-, Film- oder Papierunterlage dienenden – Gelatine zurückzuführen. Die frisch bereitete »Bromsilbergelatine« ist zunächst noch wenig lichtempfindlich und muss noch »reifen«, zu welchem Zwecke sie längere Zeit mit Thiosulfaten oder Polythionaten erwärmt und der Einwirkung von Ammoniak ausgesetzt wird. Hierbei wird sie undurchsichtig und weißgelb, weil sich die kolloiden Silberbromidteilchen zu größeren Körnchen von ca. 0.001 mm Durchmesser vereinigen (ca. 10^{12} Ag-Atome pro Korn); auch bilden sich Keime von »Silbersulfid« Ag$_2$S (»Reifkeime«) auf den Kornoberflächen, welche die Lichtempfindlichkeit beträchtlich erhöhen. Neben der »Bromsilbergelatine« (Normalfall) benutzt man für weniger empfindliche Platten, Filme und Papiere auch »Chlorsilbergelatine« und für empfindlichere »Iodsilbergelatine«.

Das latente Bild. Bei der Belichtung der lichtempfindlichen Gelatineschicht auf einem geeigneten Papier (»Film«), welche – oberflächlich mit Ag$_2$S-Keimen besetzte – AgBr-Körner enthält, entstehen im photographischen Apparat an der belichteten Stelle infolge der oben erwähnten photochemischen Zersetzung (22.18) des Silberbromids in Silber und Brom auf der Oberfläche der einzelnen AgBr-Körner Ansammlungen von einigen Silberatomen (»Silberflecke« bzw. »Silberkeime« mit bis zu 10 Ag-Atomen bei hochempfindlichen, kurzbelichteten und mit bis zu 100 Ag-Atomen bei normalen lichtempfindlichen Schichten). Das gleichzeitig gebildete freie Brom wird durch die Gelatine gebunden. Je intensiver die Belichtung an einer Stelle ist, umso größer ist auch der Silberfleck und die Anzahl der an dieser Stelle gebildeten Körnchen mit Silberkeim. Die ausgeschiedene Silbermenge ist im ganzen genommen so gering, dass das auf diese Weise gewonnene Bild dem Auge unsichtbar ist (»latentes[2,3] Bild«). Es muss daher erst noch zum sichtbaren Bild »entwickelt« werden (s. unten).

Trifft nach den Theorien von Gurney und Mott (1938), von Hamilton (1968) sowie von Mitchell (1978) ein Photon ausreichender Energie auf ein Halogenid-Ion eines Silberchlorid-, -bromid- oder -iodid-Korns, so gibt es ein Elektron an das Leitungsband der I/VII-Verbindung AgX ab (22.19a) (Bildung eines Elektron/Loch-Paars oder Excitons; vgl. S. 1673). Es wandert rasch an die Kornoberfläche, wo es an der Stelle eines Reifkeims ein Silberion entladen kann (22.19b).

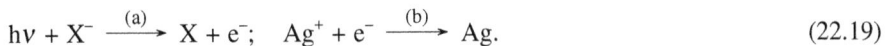

$$h\nu + X^- \xrightarrow{\text{(a)}} X + e^-; \quad Ag^+ + e^- \xrightarrow{\text{(b)}} Ag. \tag{22.19}$$

Die Reifkeime wirken gewissermaßen als »Elektronenfallen« (fehlerfreie AgX-Kristalle zeigen auch bei starker Bestrahlung keine Photolyse). Die wegen der Elektronenaufnahme (22.19b) negativ aufgeladenen Reifkeime ziehen ihrerseits Ag$^+$-Ionen zu sich, welche wiederum entladen werden können, sodass sich Ag-Atomaggregate (»Latentbildkeime«) bilden. Wesentlich für das reibungslose Entstehen des Latentbildes ist hierbei das Vorhandensein besonders beweglicher Ag$^+$-Ionen auf Zwischengitterplätzen der AgX-Kristalle (»Frenkel-Defekte«; vgl. S. 2087).

Das Entwickeln. Zur Intensivierung (»Entwicklung«) des latenten Bildes behandelt man die lichtempfindliche Schicht in einer »Dunkelkammer« bei rotem, auf die Schicht praktisch nicht einwirkendem Licht mit reduzierenden Lösungen (z. B. von Hydrochinon). Diese »Entwickler«

vermögen das Silberbromid zu Silber zu reduzieren:

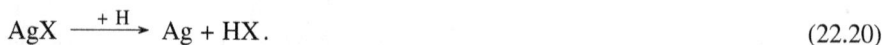

$$AgX \xrightarrow{\; + H \;} Ag + HX.$$ (22.20)

Die Reduktion setzt aber nur von den Stellen aus ein, an denen sich bereits Silberkeime befinden; und zwar geht sie an stark belichteten und daher Silberkeim-reicheren Stellen rascher vor sich als an schwach belichteten, Silberkeim-armen Stellen. So kommt es, dass durch die Entwicklung das photographische Bild zum sichtbaren Bild verstärkt wird (bei vollständiger Reduktion eines Korns (10^{12} Ag^+-Ionen) mit 10 bis 100 entladenen Ag-Atomen beträgt der Faktor der Intensivierung 10^{10} bis 10^{11}. Die unbelichteten (silberkeimfreien) Stellen der photographischen Schicht werden vom Entwickler erst bei sehr langen Entwicklungszeiten angegriffen: das Bild »verschleiert«.

Das Fixieren. Das durch die Entwicklung gewonnene sichtbare Bild kann noch nicht ans Tageslicht gebracht werden, da es noch unverändertes Silberbromid enthält, welches eine Schwärzung des ganzen Bildes im Licht hervorrufen würde. Daher muss erst das überschüssige AgBr entfernt werden. Die Operation (»Fixieren«) erfolgt mithilfe von Ammonium- oder Natriumthiosulfat (»Fixiersalz«), welches das unlösliche Silberbromid gemäß (22.21) in lösliches Komplexsalz umwandelt:

$$AgX + 2\,Na_2S_2O_3 \longrightarrow Na_3[Ag(S_2O_3)_2] + NaX.$$ (22.21)

Das nach dem Fixieren und Auswaschen mit Wasser (»Wässern«) vorliegende, lichtbeständige Bild heißt »Negativ« und ist lichtverkehrt, d. h. dunkel an den hellbelichteten Stellen und umgekehrt.

Das Kopieren. Zur Herstellung eines wirklichkeitsgetreuen Bildes (»Positiv«) wird das durchsichtige Negativ in der Dunkelkammer mit lichtempfindlichem Papier bedeckt und dieses Papier durch das Negativ hindurch belichtet (22.19) und dann in gleicher Weise wie vorher entwickelt (22.20) und fixiert (22.21). Da jetzt bei der Belichtung die dunklen Stellen des Negativs das Licht nur wenig durchlassen und umgekehrt, entsteht bei diesem Prozess ein Papierbild (»Abzug«) mit wirklichkeitsgetreuen Schwarz-Weiß-Werten, ein Vorgang (»Kopieren«; von lat. copia = große Zahl), der beliebig oft wiederholt werden kann. Das gewonnene Positiv lässt sich durch »Tonen« noch im Farbton verschönern. Zu diesem Zwecke bringt man den Papierabzug in sehr verdünnte Gold- oder Platinlösungen, wobei entsprechend der Stellung der Metalle in der Spannungsreihe Silber in Lösung geht und Gold bzw. Platin an dessen Stelle tritt: $3\,Ag + Au^{3+} \longrightarrow 3\,Ag^+ + Au$.

Das Sensibilisieren. Wie schon an früherer Stelle (S. 110) betont wurde, können nur solche Lichtstrahlen gemäß (22.18) photochemisch wirksam sein, welche von dem photochemisch umzusetzenden Stoff absorbiert werden. Die gelbe Farbe des Silberbromids zeigt, dass AgBr im Bereich der Komplementärfarbe zu Gelb, nämlich im Blauen absorbiert. Deshalb ist Silberbromid gerade gegenüber den Strahlen, die dem Auge am hellsten erscheinen, den gelben sowie grünen und erst recht natürlich den roten, unempfindlich (der Sehpurpur des Auges »sieht« im Bereich 400 (violett) bis 800 nm (dunkelrot) und absorbiert am stärksten im Gelbgrünen (560 nm; Komplementärfarbe: Purpur)). Um daher beim Photographieren eine dem Helligkeitsempfinden des menschlichen Auges entsprechende Verteilung der photochemischen Einwirkung der verschiedenen Lichtwellenlängen zu erzielen (»orthochromatische«[9], »orthopanchromatische«[9] Platten, Filme), muss das Silberbromid mit geeigneten Farbstoffen (»Sensibilisatoren«[9] angefärbt werden, welche rotes, gelbes und grünes Licht absorbieren und dessen Energie auf das Silberbromid übertragen[10]. Durch geeignete Sensibilisatoren kann man photographische Schichten selbst für Infrarotstrahlung bis zur Wellenlänge von ca. $1.3\,\mu$m empfindlich machen.

3   Das Gold

3.1   Das Element Gold

Geschichtliches. Gold wurde schon in vorgeschichtlicher Zeit gesammelt, verarbeitet und als Zahlungsmittel genutzt. Die ältesten, in Mesopotamien gefundenen Goldgegenstände stammen aus dem 6. Jahrtausend v. Chr. Viele alte Völker (z. B. Ägypter, Azteken, Inkas) häuften beträchtliche Goldmengen an. Die Weltjahresproduktion an Gold lag vor 1849 um 12 Tonnen und erhöhte sich dann mit dem Auffinden neuer Lagerstätten stark (Zeitalter der »Goldräusche« in Kalifornien ab 1849, New-Süd-Wales/Australien ab 1851, Transvaal ab 1884, Klondike/Kanada ab 1896, Nome/Alaska ab 1900). Heute liegt der größte Goldschatz in den Tresoren der US Federal Reserve Bank in New York. Das Symbol für Gold leitet sich vom lat. aurum für Gold ab.

Physiologisches. Gold und Goldverbindungen sind für Lebewesen nicht essentiell, zum Teil aber toxisch (der Mensch enthält normalerweise kein Gold). Der wasserlösliche Au_{55}-Cluster $Au_{55}(Ph_2C_6H_4SO_3H)_{12}Cl_6$ (vgl. S. 1561, 1741) hat sich im Gegensatz zu größeren Nanopartikeln aus Goldatomen als extrem toxisch gegenüber einer Reihe menschlicher Tumorzellen erwiesen. Der Grund für die Toxizität, die hinsichtlich gesunder Zellen deutlich niedriger ist, wird zum einen darin gesehen, dass die erwähnten Au_{55}-Cluster durch die negativ geladenen Phosphatgruppen der »Watson-Crick-Doppelhelix« der Gene (DNA; vgl. S. 1059) stark angezogen und unter Abgabe eigener Liganden komplexiert werden. Zum anderen passen die 1.4 nm messenden Au_{55}-Partikel exakt in die große Furche der Doppelhelix. Hierdurch bilden sich extrem stabile Au_{55}-DNA-Komplexe. Verglichen mit dem bekannten Antitumorreagens *cis*-Platin (vgl. S. 2049) ist die Toxizität bis um das Zweihundertfache (z. B. bei Hautkrebszellen) größer.

Vorkommen

Gold Au findet sich als sehr edles Metall ($E°$ von $Au/Au^{3+} = +1.498\,V$) in der Natur hauptsächlich in gediegenem Zustand (z. B. als goldhaltiger Quarz SiO_2 und goldhaltiger Pyrit FeS_2), daneben auch gebunden in Form von Telluriden als »Schrifterz« (»Sylvanit«) $AuAgTe_4$, als »Blättererz« (»Nagyagit«) $(Pb,Au)(S,Te,Sb)_{1-2}$ und als »Calaverit« (»Krennerit«) $AuTe_2$. Die bedeutendsten Goldvorkommen finden sich in Südafrika, Australien und Kalifornien. In Europa ist Siebenbürgen das Hauptgoldland. Das natürlich vorkommende gediegene Gold ist nie chemisch rein, sondern meist ziemlich stark mit Silber sowie mit kleinen Mengen Kupfer, Platin und anderen Metallen verunreinigt. Das auf seiner ursprünglichen Lagerstätte (meist in Quarzschichten) gefundene silberhaltige Gold heißt »Berggold«. Bei der Verwitterung der goldführenden Schichten wurde es vom Wasser weggewaschen und findet sich dann als silberarmes »Seifengold« oder »Waschgold« in den Flusssanden und Ablagerungen in Form von Goldstaub oder Goldkörnern.

Das »Meerwasser« enthält 0.001 bis 0.01 mg Gold je m, sodass der Goldgehalt aller Weltmeere (1370 Millionen km) zusammengenommen mehrere Millionen Tonnen beträgt; die Isolierung aus dem Meerwasser ist aber mit den bisher zur Verfügung stehenden Methoden wegen der großen Verdünnung praktisch unrentabel.

---

[10] Durch geeignete Sensibilisatoren werden in Filmen für die Farbphotographie drei übereinander angeordnete AgBr-Schichten derart sensibilisiert, dass sie der Reihe nach die Komplementärfarbe von gelb, purpur und blaugrün, nämlich blau, grün und rot absorbieren. Die Verarbeitung des belichteten Materials (Entwicklung, Fixieren) erfolgt ähnlich wie im Falle der Schwarz-Weiß-Photographie. Bei der chromogenen Entwicklung werden die erwünschten Farbstoffe (blau, grün, rot) im Zuge des Entwickelns aufgebaut, und zwar durch Reaktion des oxidierten Entwicklers, der zuvor Ag^+ zu Ag reduziert hat, mit einer zugesetzten Kupplungskomponente (»Agfacolor«, »Kodacolor«, »Ektachrome«, »Kodachrome«). Bei der chromolytischen Entwicklung werden demgegenüber eingelagerte Farbstoffe durch Reduktion abgebaut (»gebleicht«), und zwar durch das bei der Entwicklung freigesetzte Silber (»Cibachrome«).

Isotope (vgl. Anh. III). Natürliches Gold besteht zu 100 % aus dem Nuklid $^{197}_{79}$Au (für NMR-Untersuchungen). Die künstlichen Nuklide $^{195}_{79}$Au (Elektroneneinfang; $\tau_{1/2} = 183$ Tage), $^{198}_{79}$(β^--Strahler; $\tau_{1/2} = 2.693$ Tage) und $^{199}_{79}$Au (β^--Strahler; $\tau_{1/2} = 3.15$ Tage) werden als Tracer genutzt, $^{197}_{79}$Au dient zudem in der Medizin.

Darstellung

Gewinnung von Rohgold. Die älteste Methode der Goldgewinnung ist die Goldwäsche, bei der die zerkleinerten goldhaltigen Gesteine und Sande in Wasser aufgeschlämmt werden, wobei sich die Goldflitter und Goldkörnchen wegen ihrer großen Dichte ($19.32\,g\,cm^{-3}$) rascher absetzen als die leichteren Begleitmaterialien. Das Verfahren ist primitiv und bringt nur einen Teil des Goldes aus. Bei den modernen Methoden der technischen Gewinnung von Gold wird das Golderz in Steinbrechern zerkleinert oder in Pochwerken bzw. Nassgrießmühlen zu einem feinen Pulver vermahlen. Die hierdurch freigelegten Goldteilchen trennt man dann durch Amalgambildung oder durch Cyanidlaugerei von anderen Begleitstoffen.

Zur Amalgambildung arbeitet man das zerkleinerte Golderz gründlich mit Wasser und Quecksilber durch, wobei sich ein großer Teil des Goldes mit dem Quecksilber amalgamiert. Der gleichzeitig entstehende, immer noch goldhaltige grobteilige Schlamm (»Pochtrübe«) läuft dann über geneigt liegende amalgamierte Kupferplatten, welche einen weiteren Teil des Goldes zurückhalten. Das entstandene Goldamalgam kratzt man von den Platten mehrmals am Tage mit einem Schaber ab. Insgesamt lassen sich so über 60 % des vorhandenen Goldes ausbringen. Aus dem Goldamalgam wird das Quecksilber durch Erhitzen abdestilliert und durch Kondensation in einem Kühlsystem wieder zurückgewonnen. Das zurückbleibende »Rohgold« schmilzt man in Graphittiegeln ein.

Zur Gewinnung des Goldes durch Cyanidlaugerei wird das aus Golderz oder aus der Pochtrübe (s. oben) durch Nassmahlen erhaltene goldhaltige Pulver in »Agitatoren« unter lebhafter Durchmischung und Durchlüftung mit Pressluft durch 0.1–0.25 %-ige Kalium- oder Natriumcyanidlösung ausgelaugt. Hierbei geht das Gold als farbloses komplexes Cyanid in Lösung:

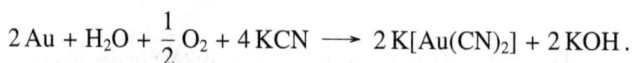

$$2\,Au + H_2O + \frac{1}{2}\,O_2 + 4\,KCN \longrightarrow 2\,K[Au(CN)_2] + 2\,KOH\,.$$

Zur Trennung der goldhaltigen Cyanidlösung von den Laugerückständen nutzt man das Verfahren der Gegenstrom-Dekantation (Anm.[13] auf Seite 1513). Die Fällung des Goldes aus den Cyanidlaugen erfolgt wie beim Silber (S. 1710) mit Zinkstaub: $2\,K[Au(CN)_2] + Zn \longrightarrow K_2[Zn(CN)_4] + 2\,Au$, wobei sich das Gold als Schlamm abscheidet, der abfiltriert und zu »Rohgold« verschmolzen wird.

Außer Golderzen werden für die Goldgewinnung auch technische Nebenprodukte wie Elektrolyseschlämme (S. 1690 und S. 1711) aufgearbeitet.

Reinigung von Rohgold. Die Reinigung des Rohgoldes von Silber und anderen Verunreinigungen kann auf chemischem Wege (durch Behandeln mit konzentrierter Schwefelsäure, in welcher sich die Verunreinigungen lösen) oder durch Elektrolyse erfolgen. Bei der elektrolytischen Goldraffination werden Anoden aus Rohgold (S. 1711) in einer salzsauren Goldchloridlösung mit Kathoden aus Feingoldblech zusammengeschaltet (vgl. S. 1689 und S. 1711). Das entstehende Elektrolytgold ist 99.98 %-ig. Der gleichzeitig gebildete Anodenschlamm dient als Ausgangsmaterial für die Gewinnung der enthaltenen Platinmetalle (S. 2039).

Nanokristallines Gold. »Nanogoldpartikel« lassen sich durch Injektion einer Glykol-Lösung von $HAuCl_4 \cdot H_2O$ und Polyvinylpyrrolidon in siedendes Glykol $HOCH_2CH_2OH$ (Sdp. 197°) gewinnen. Hierbei wirkt $HOCH_2CH_2OH$ als Reduktionsmittel und das Polymer als Stabilisator und Formbildner der Partikel (je nach Prozedur erhält man tetraedrische, ikosaedrische oder kubische Partikel von kräftig roter Farbe; die kolloiden Lösungen sind blauschillernd). Durch Reduktion von $HAuCl_4$ in Wasser mit ortho-Phenylendiamin erhält man »hexagonale Plättchen« (ca. 50 nm dick). Auch lassen sich »Nanogoldröhren« oder »Goldnanodrähte« gewinnen oder nanokristalline Goldpartikel auf Flächen von Metalloxiden (z. B. Al_2O_3, SiO_2, TiO_2) sowie Metallen aus wässeriger Lösung (Reduktion von Goldverbindungen) bzw. aus der Dampfphase abscheiden. In diesem Zusammenhang ist die Möglichkeit einer Verticillium-Pilzart, $AuCl_4^-$ in Wasser biochemisch zu Au-Nanopartikeln vom Durchmesser ca. 20 nm zu reduzieren, von Interesse, welche an den Oberflächen der Pilzzellen gebunden werden.

Physikalische Eigenschaften

Reines Gold (kubisch-dichteste Packung) ist ein rötlichgelbes (»goldgelbes«; s. unten) weiches Metall hoher Dichte (19.32 g cm^{-3}), welches bei 1064.4 °C zu einer grün leuchtenden Flüssigkeit schmilzt und bei 2660 °C siedet (dass die Dichte von Gold doppelt so groß wie die von Kupfer und Silber ist, beruht auf der »Lanthanoid-Kontraktion« und »relativistischen Effekten«, vgl. S. 2295, 372). Der Golddampf besteht oberhalb des Siedepunktes hauptsächlich aus Dimeren Au_2 (Dissoziationsenergie $E_D = 221.3 \text{ kJ mol}^{-1}$; zum Vergleich: $E_D(Cl_2) = 243 \text{ kJ mol}^{-1}$). Besonders charakteristisch für Gold ist seine Dehn- und Walzbarkeit, die die aller anderen Metalle übertrifft. So kann man Gold z. B. zu blaugrün durchscheinenden, in der Aufsicht goldgelben Blättchen von nur 0.0001 mm Dicke ($\sim \frac{1}{10}$ der Wellenlänge von rotem Licht) ausschlagen (»Blattgold«; die dünnen Plättchen sehen in der Durchsicht blaugrün aus, weil Gold aus dem durchfallenden Licht den gelben und roten Anteil absorbiert). Elektrische und thermische Leitfähigkeit betragen rund 70 % der des Silbers. Bezüglich der Lösungen von Cu und Ag in Gold vgl. S. 1691, bezüglich weiterer Eigenschaften des Goldes vgl. Tafel IV.

Chemische Eigenschaften

Gemäß seiner Stellung in der Spannungsreihe ($E°$ für $Au/Au^+ = +1.69$ V; für $Au/Au^{3+} = +1.50$ V; für $Au^+/Au^{3+} = +1.40$ V) stellt Gold einen typischen Vertreter der edlen Metalle dar. Da es positivere Potentiale als alle anderen Metalle aufweist, ist Gold gewissermaßen der »König der Metalle«. Als solcher wirkt Gold naturgemäß weniger reaktiv als das homologe Silber: es wird von Luft nicht angegriffen und adsorbiert auf seiner kompakten Oberfläche praktisch keine Moleküle aus der Gasphase. Letzteres gilt allerdings nicht mehr für nanokristallines Gold, das Gasmoleküle wie H_2, O_2, CO zu adsorbieren vermag und als Katalysator für Hydrierungen, Oxidationen (z. B. CO $\longrightarrow$ CO_2) usw. wirkt. Auch stellt es das einzige Metall dar, das sich nicht direkt mit Schwefel umsetzt. Lösungsmittel für Gold sind nur starke Oxidationsmittel wie Sauerstoff in Anwesenheit von Komplexbildnern für Au^+ (Cl$^-$ aus HCl, CN$^-$ aus KCN) oder wie Chlorwasser (Cl_2/HCl) und Königswasser (HNO_3/HCl) (Verschiebung des Au/Au(I)-Normalpotentials des Golds (+1.69 V) in einer Cl$^-$ oder CN$^-$-Lösung infolge der Bildung der stabilen Komplexe $AuCl_2^-$ oder $Au(CN)_2^-$ um 0.54 oder 1.49 V). Auch setzt sich Gold trotz seines hohen Schmelzpunktes (1064 °C) bereits unter sehr milden Bedingungen mit geschmolzenen Alkalimetallen um. In nicht oxidierenden Säuren wie Salzsäure oder wässeriger Schwefelsäure löst sich Gold nicht auf.

Verwendung, Legierungen

Gold (Jahresweltproduktion: einige Kilotonnen) wird zur Herstellung von »Schmuckstücken« und Luxusgegenständen aller Art sowie zu »Münzzwecken« verwendet. Da es in reinem Zustande hierfür zu weich ist, legiert man es mit anderen Metallen, meist Kupfer oder Silber (unter den Legierungen finden sich viele intermetallische Verbindungen, die – wie AlAu oder NiAu – sogar im gasförmigen Zustand stabil sind). So bestehen z. B. die Goldmünzen der meisten Staaten aus 90 % Gold und 10 % Kupfer. Wie beim Silber (S. 1712) gibt man auch hier gebräuchlicherweise den Feingehalt an Gold in Tausendsteln an. Früher rechnete man nach Karat und bezeichnete reines Gold als »24-karätig«. Ein 18-karätiger goldener Gegenstand besitzt also einen Gold-

Feingehalt von 750, d. h. er besteht zu 75 % aus Gold. Eine Legierung aus Gold ($\frac{1}{3}$ bis $\frac{3}{4}$ des Gewichts), Kupfer, Nickel und Silber wird als »Weißgold« für Schmuckzwecke verwendet. Mit Goldlegierungen schweißplattierte Bleche (gewöhnlich auf Messingunterlage) bezeichnet man als »Doublé«; es dient hauptsächlich zur Herstellung billiger Schmuckwaren und von Uhrgehäusen. »Dukatengold« hat einen Feingoldgehalt von 986. Eine wichtige Rolle spielen Goldlegierungen mit 70 % Au und mehr neben Pt-Metallen, Ag, Cu, Zn in der »Dentaltechnik« als Zahnersatz).

Genutzt wird reines Gold u. a. in der »Glas-« und »Keramikindustrie« (Herstellung dekorativer Überzüge), der »Elektrotechnik« (leitende Beschichtungen), der »Elektronik« (Trägermetall für Dotierungsstoffe, elektrische Kontaktierung von Halbleitern) und der »Optik« (hochwertige Spiegel, Zonenplatten in UV-Spektrometern usw.).

In Form von »Cassius'schem Goldpurpur« (benannt nach dem Arzt Andreas Cassius, der den Purpur 1663 entdeckte), einer beim Zusammengeben von Goldsalzlösung und Zinn(II)-chloridlösung entstehenden Adsorptionsverbindung von kolloidem Gold und kolloidem Zinndioxid ($2\,Au^{3+} + 3\,Sn^{2+} + 6\,H_2O \longrightarrow 2\,Au + 3\,SnO_2 + 12\,H^+$) dient Gold zum Färben von Glasflüssen (vgl. S. 1131) und Porzellan (vgl. S. 1135). So stellt z. B. das prächtig rot gefärbte »Goldrubinglas« eine kolloide Lösung von Gold in Glas dar. Die Bildung von Cassius'schem Purpur ist ein sehr empfindlicher analytischer Nachweis auf Gold. Mit Goldnanopartikeln belegte Oberflächen (z. B. von TiO_2) wirken als Katalysatoren der Luftoxidation von CO zu CO_2 unter sehr milden Bedingungen ($< -200\,°C$) und werden zur Luftreinigung eingesetzt. Vielversprechende Entwicklungen lassen die optischen Eigenschaften der Goldnanomaterialien erwarten. Goldverbindungen können in der homogenen Katalyse etwa für die Alkoholaddition an Alkine oder zur selektiven Oxidation von Methan mit H_2SeO_4 zu Methanol genutzt werden.

Gold in Verbindungen

In seinen Verbindungen tritt Gold hauptsächlich mit den Oxidationsstufen +I (z. B. AuCl, AuI, Au_2S) sowie +III (z. B. $AuCl_3$, Au_2O_3) auf und unterscheidet sich hierin von Kupfer und Silber, die hauptsächlich die Oxidationsstufen +I/+II bzw. +I betätigen. Es sind allerdings auch einzelne Verbindungen mit Gold in der Oxidationsstufe -I (z. B. CsAu), 0 bis +I (vgl. Goldcluster, S. 1561, 1741), +II (z. B. $Au[S_2C_2(CN)_2]_2^{2-}$) und +V (z. B. AuF_5) bekannt.

Das farblose, diamagnetische, mit Pt isoelektrische Ion Au^+ tritt in wässriger Lösung nicht auf, da es wie das Cu^+-Ion (S. 1693) und im Gegensatz zum stabilen Ag^+-Ion (S. 1713) eine große Neigung besitzt, gemäß $3\,Au_{aq}^+ \rightleftharpoons 2\,Au + Au_{aq}^{3+}$ zu disproportionieren. Auch könnte Gold(I) – falls es nicht rascher disproportionieren würde – aus H_2O Sauerstoff freisetzen. Nur in Form schwer löslicher Verbindungen AuX oder stabiler Komplexe AuX_2^-, die in Wasser eine sehr kleine Au^+-Konzentration ergeben (Verschiebung des vorstehenden Gleichgewichts nach links), ist die einwertige Oxidationsstufe des Golds wasserbeständig. Auch das grüne (?), paramagnetische, mit Ir isoelektrische Ion Au^{2+} (die Farbe ist ligandenabhängig[4]) ist gemäß $2\,Au_{aq}^{2+} \rightleftharpoons Au_{aq}^+ + Au_{aq}^{3+}$ disproportionierungslabil (das hellblaue Cu^{2+}-Ion ist die stabilste Oxidationsstufe des Kupfers in Wasser, das orangefarbene Ag^{2+}-Ion ist in Wasser hinsichtlich der Disproportionierung $2\,Ag_{aq}^{2+} \rightleftharpoons Ag_{aq}^+ + Ag_{aq}^{3+}$ noch stabil, wenn es auch wegen seiner – verglichen mit Cu^{2+} – viel stärkeren Oxidationskraft H_2O zu O_2 zu oxidieren vermag, sodass es nur vorübergehend existiert). Das gelbe, mit Pt^{2+} bzw. Os isoelektrische, diamagnetische Ion Au_3^+ ist in wässriger Lösung als Hydrat unbeständig (Oxidation von H_2O zu O_2), aber in Form von Komplexen wie $AuCl_3(H_2O)$, $Au(N_3)_4^-$, $Au(NH_3)_4^{3+}$ haltbar (Au^{3+} weist eine starke Neigung zur Bildung von Komplexen – meist mit der Koordinationszahl 4 – auf).

Nachfolgend sind Potentialdiagramme der Oxidationsstufen +III, +II, +I und 0 des Golds im sauren und (für einen Übergang) im basischen Milieu wiedergegeben (s. Abb. 22.20).

Aus ihnen folgt der besprochene Sachverhalt, dass ein- und zweiwertiges Gold in Wasser in höhere und niedere Oxidationsstufen disproportioniert und dass die hohe Oxidationskraft von

Au^+, Au^{2+} und Au^{3+} eine Oxidation von H_2O zu O_2 ermöglicht ($E°$ für $H_2O/O_2 = 1.229\,V$; die Oxidationskraft von Au^{2+} ist kleiner als die von Ag^{2+}; vgl. hierzu relativistische Effekte, unten).

Die Koordinationszahl von Gold(I) ist vorwiegend – viel häufiger als bei Silber(I) – zwei (linear in $Au(CN)_2^-$, $(AuI)_x$) und nur selten drei (trigonal-planar in $AuCl(PR_3)_2$) und vier (tetraedrisch in $Au(diars)_2^+$, $Au(PR_3)_4^+$). Die Affinität von Au^+-Ionen für Liganden L wächst in der Reihe $L = Xe < C_6F_6 < H_2O < CO < H_2S < CH_3CN, C_2H_4, NH_3, CH_3NC < Me_2S < PH_3$ (es konnte mit $[LAuXe]^+[Sb_2F_{11}]^-$ ($L = AsF_3$) aber selbst ein Gold(I)-Xenonkomplex isoliert werden). In den zweifach koordinierten Komplexen $AuL_2^+ = L-Au-L^+$ tragen nicht nur das s-AO, sondern auch die 5d- und 6p-AOs des Metalls entscheidend zur Gold-Ligand-Bindung bei (elektronegative »elektronenziehende« Liganden begünstigen die Beteiligung von 5d-AOs, elektropositive »elektronenschiebende« Liganden die Beteiligung von 6p-AOs).

Gold(II) und Gold(III) betätigen hauptsächlich die Koordinationszahl vier (quadratisch-planar in $Au^{II}\{S_2C_2(CN)_2\}_2^{2-}$, $Au^{III}Br_4^-$), Gold(III) ferner fünf (trigonal-bipyramidal in $AuI(diars)_2^{2+}$, quadratisch-pyramidal in $AuCl_3$(Bichinolin)) sowie sechs (oktaedrisch in $AuI_2(diars)_2^+$).

Bezüglich der Elektronenkonfiguration, der Radien, der magnetischen und optischen Eigenschaften von Goldionen vgl. Ligandenfeld-Theorie (S. 1592) sowie Anh. IV, bezüglich eines Eigenschaftsvergleichs der Metalle der Kupfergruppe untereinander und mit den Alkalimetallen S. 1544f, Anm.[1] und unten.

Vergleichende Betrachtungen

Gold und dessen Verbindungen weisen unter den benachbarten Elementen der 11. Gruppe Cu, Ag, Au sowie 6. Periode ..., Ir, Pt, Au, Hg, Tl, ... und deren Verbindungen eine Reihe außergewöhnlicher Eigenschaften auf. So besitzt das elektrisch gut leitende Gold unter allen Metallen das positivste Redoxpotential ($E° = +1.50\,V$ für Au/Au^{3+}), die größte Pauling-Elektronegativität (EN $= 2.4$), die negativste Elektronenaffinität (EA $= -2.31\,eV$) sowie – abgesehen von Zn und Hg – die positivste Ionisierungsenergie (IE $= +9.22\,eV$; vgl. Tafel IV). Auch bildet es anders als die benachbarten Metalle im Periodensystem, die typischerweise nur als Kationen, aber nicht als Anionen existieren, ein Monoanion und verhält sich hierin »halogenanalog«. Somit weist das Gold als »König der Metalle« (s. oben) nicht nur metallisches Verhalten (elektrische Leitfähigkeit, Bildung von Kationen), sondern auch nichtmetallisches Verhalten auf (Werte für EN, EA, IE sind gemäß Tafel III mit denen der schweren Halogene vergleichbar; Cs^+Au^- kristallisiert mit Cs^+I^--Struktur). Andere Eigenschaften sind wiederum mit einem »wasserstoffanalogen« Verhalten von Au bzw. AuL^+ ($\hat= H$ bzw. H^+) vereinbar (vgl. z. B. H_2 und Au_2, NH_4^+ und $N(AuL)_4^+$; s. unten). Hervorgehoben sei ferner die als »Aurophilie« bezeichnete Tendenz des Goldes zur Ausbildung von $Au^+\cdots Au^+$- (d^{10}-d^{10}-) Wechselbeziehungen. Sie dokumentiert sich etwa darin, dass elementares Gold Au_x unter den Münzmetallen eine vergleichsweise große Atomisierungsenergie (AE $= 336\,kJ\,mol^{-1}$) und dimeres, in der Gasphase existierendes Gold Au_2 eine hohe Dissoziationsenergie aufweist (DE $= 221\,kJ\,mol^{-1}$; Tafel IV); auch neigt Gold deutlich zur Clusterbildung (s. unten).

Die erwähnten und viele nicht erwähnten außergewöhnlichen Goldeigenschaften gehen u. a. darauf zurück, dass die Goldaußenelektronen besonders hohen relativistischen Effekten (S. 372)

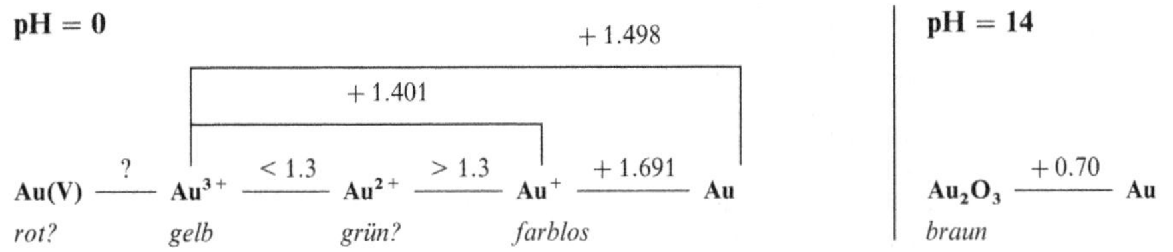

Abb. 22.20

mit der Folge einer deutlichen 6s- und schwächeren 6p-Orbitalkontraktion (-Energieabsenkung) sowie einer 5d-Orbitalexpansion (-Energieanhebung) unterliegen[11].

Infolgedessen nimmt der Metallatomradius gemäß Tab. 22.5 zwar beim Übergang von Cu nach Ag aufgrund des größeren Kernabstands der 5s- gegenüber den 4s-Elektronen zu, beim Übergang von Ag nach Au wegen der relativistischen s-Orbitalkontraktion aber wieder ab (einen analogen Gang findet man in der Nickelgruppe, während in der Zinkgruppe die Atomradien einsinnig mit steigender Ordnungszahl der Elemente anwachsen; letzteres gilt verständlicherweise auch für die Radien der Monokationen Cu^+, Ag^+, Au^+ wegen des Fehlens von s-Außenelektronen). Aus gleichen Gründen wächst die Elektronenaffinität beim Übergang von Ag nach Au (Analoges gilt für den Übergang von Pd nach Pt) besonders stark an (Gold bildet deshalb in Verbindung mit Rb oder Cs sogar ein Monoanion Au^- mit abgeschlossener s-Schale; die Zinkgruppenelemente mit bereits abgeschlossenen s-Außenschalen zeigen keine Affinität für Elektronen). Des Weiteren nimmt gemäß folgender Zusammenstellung die erste Ionisierungsenergie ($M \longrightarrow M^+ + e^-$) beim Übergang von Cu nach Ag aufgrund des größeren Kernabstands des 5s- gegenüber dem 4s-Elektron ab und beim Übergang von Ag nach Au wegen der relativistischen Energieabsenkung des 6s-Elektrons wieder zu (Gold ist daher deutlich edler als Silber; einen analogen Gang findet man in der Zinkgruppe; Palladium, dessen Außenschale anders als die von Nickel und Platin keine s-Elektronen aufweist, lässt sich nicht in die Betrachtung mit einbeziehen):

Tab. 22.4

			Atomradien [Å]			Elektronenaffinitäten [eV]			1. Ionisierungsenergien [eV]		
Ni	Cu	Zn	1.246	1.278	1.335	−1.15	−1.24	≈ 0	7.635	7.726	9.393
Pd	Ag	Cd	1.376	1.445	1.489	−0.62	−1.30	≈ 0	8.34	7.576	8.992
Pt	Au	Hg	1.373	1.442	1.62	−2.13	−2.31	≈ 0	9.02	9.226	10.44

Die zweite Ionisierungsenergie ($M^+ \longrightarrow M^{2+} + e^-$) erhöht sich umgekehrt beim Übergang von Cu (20.29 eV) nach Ag (21.48 eV) wegen der Zunahme der Kernladung und erniedrigt sich dann beim Übergang von Ag (21.48 eV) nach Au (20.52 eV) wegen der relativistischen Energieanhebung der 5 d-Elektronen. Demgemäß ist die Tendenz zur Ausbildung höherer Wertigkeiten bei Kupfer und Gold größer als bei Silber, was sich etwa darin zeigt, dass die stabilsten Oxidationsstufen von Cu, Ag, Au in Wasser +II, +I, +III betragen[12]. Allerdings spielen für die Stabilität einer Metallwertigkeit M^{n+} außer der Ionisierungsenergie des Vorgangs $M \longrightarrow M^{n+} + n\,e^-$ auch die Hydratisierungsenergie von M^{n+} (wächst mit zunehmender Ladung und abnehmendem Ionenradius) eine Rolle[12].

Der Sachverhalt, dass die äußeren d-Elektronen von Kupfer und Gold weniger fest, die äußeren s-Elektronen beider Elemente aber fester als die entsprechenden Elektronen des Silbers

---

[11] Gemäß Abb. 10.26 sind die relativistischen Effekte für die Außenelektronen des Goldes etwa vergleichbar denen für die Platinelektronen, aber erheblich größer als jene für die Iridium-, Quecksilber- und Thalliumelektronen und kleiner als jene für die Elektronen des Röntgeniums = Eka-Gold (der Effekt zeigt sich u. a. in der Außenelektronen-Konfiguration von Pt ($5d^{10}\,6s^1$) und Rg ($6d^9\,7s^2$)). Die Silber- und insbesondere Kupferelektronen unterliegen nur geringen relativistischen Effekten. – Außer relativistischen Effekten bedingen auch die schlecht abschirmenden f-Elektronen der drittäußersten Schale von Elementen der 6. Periode eine 6s-Orbitalkontraktion (vgl. Lanthanoid-Kontraktion; Elemente der 5. Periode weisen noch keine f-Elektronen auf). Würden allerdings ausschließlich Abschirmungseffekte wirksam sein, so käme Gold bestenfalls der gleiche Metallatomradius wie Silber zu, aber kein kleinerer.

[12] Im Falle von Ag ist die 1. Ionisierungsenergie kleiner als die von Cu bzw. Au, im Falle von Kupfer die Summe der 1., 2. Ionisierungsenergie kleiner als die von Ag bzw. Au, im Falle von Gold die Summe der 1., 2. und 3. Ionisierungsenergie kleiner als die von Cu bzw. Ag (vgl. Tafel IV). Die Ionenradien wachsen in Richtung Cu^{n+}, Ag^{n+}, Au^{n+} und M^{3+}, M^{2+}, M^+. Da die Hydratationsenthalpien von $Cu^+/Cu^{2+}/Ag^+/Ag^{2+}$ −582/−2100/−486/−1720 kJ mol^{-1} betragen, ist der Gewinn an Hydratationsenergie im Falle des Übergangs $Cu^+ \longrightarrow Cu^{2+}$ (−1518 kJ mol^{-1}) größer als der im Falle des Übergangs $Ag^+ \longrightarrow Ag^{2+}$ (−1234 kJ mol^{-1}). Dreiwertigem Gold Au^{3+} kommt bei quadratischer Koordination eine hohe Ligandenfeldstabilisierungsenergie zu (S. 1602).

Tab. 22.5

	Au_2	$Au^{II}-Au^{II}$	Au_x	$Au^I \cdots Au^I$	van der Waals
Au-Au-Abstände [Å]	2.50	≈ 2.60	2.884	2.75–3.40	3.4

gebunden sind, zeigt sich auch in der Farbe der Münzmetalle. Die erwähnten Energielagen der d- und s-Elektronen bedingen eine energetische Annäherung des äußeren, mit Elektronen vollbesetzten d-Valenzbandes und des äußeren, mit Elektronen halbbesetzten s-Valenzbandes. Als Folge hiervon vergrößert sich der Energieabstand zwischen der Obergrenze des d- zur Obergrenze (»Fermigrenze«) des s-Valenzbandes beim Übergang von Cu (2.3 eV) bzw. Au (2.4 eV) zu Ag (3.5 eV) deutlich. Entsprechend des Energieunterschieds vermag Kupfer grüne und blaue, Gold blaue und violette Lichtanteile durch d ⟶ s Anregung zu absorbieren, sodass orangefarbene bis rote bzw. rote bis gelbe Lichtanteile reflektiert werden, während Silber alles sichtbare Licht durch s ⇌ s-Übergänge reflektiert und infolgedessen anders als hellrotes Kupfer oder rotgelbes Gold weiß erscheint.

Die Einbeziehung relativistischer Effekte ermöglicht schließlich auch ein tieferes Verständnis der chemischen Bindungen in Goldverbindungen. So lässt sich die bei einwertigem Gold zu beobachtende Dominanz der Koordinationszahl zwei mit der vergleichsweise großen 6s/6p-Energieseparation (starke 6s-, weniger starke 6p-Energieabsenkung) erklären, welche die Bildung von sp-Hybridorbitalen mit hohem s-Anteil (und gegebenenfalls d-Anteil) vor der von sp^2- bzw. sp^3-Hybridorbitalen begünstigt (analoge Verhältnisse beobachtet man beim isoelektronischen zweiwertigen Quecksilber oder dreiwertigen Thallium; die bevorzugte Koordinationszahl einwertigen Kupfers ist demgegenüber vier; das Koordinationsverhalten von einwertigem Silber liegt zwischen dem von Cu^+ und Au^+).

Ferner gelangen die 6s- bzw. 5d-Elektronen des Goldes durch die relativistische Orbitalkontraktion bzw. -expansion in Energiebereiche, welche die Bildung starker kovalenter Gold-Gold- und anderer Bindungen mit 6s-Elektronenbeteiligung in ersteren und schwacher (metallischer) Gold-Gold-Bindungen mit 5d-Elektronenbeteiligung in letzterem Falle ermöglichen. Ausgesprochen starke Gold-Gold-Kontakte, an denen 6s-Elektronen des Goldes beteiligt sind, liegen in elementarem Gold Au_x, in gasförmigem Gold Au_2 oder in Goldclustern (S. 1561f, 1741) vor (2.5–2.6 Å; vgl. nachfolgende Zusammenstellung). So nimmt die Dissoziationsenergie DE zwar beim Übergang von Cu_2 (202 kJ mol^{-1}) nach Ag_2 (163 kJ mol^{-1}) erwartungsgemäß ab, beim Übergang von Ag_2 (163 kJ mol^{-1}) nach Au_2 (221 kJ mol^{-1}) wegen der relativistischen s-Orbitalkontraktion aber wieder beachtlich zu (einen entsprechenden DE-Gang findet man für gasförmiges CuH/AgH/AuH: DE = 281/226/301 kJ mol^{-1}; fast 50 % der DE gehen im Falle von AuH auf relativistische Effekte zurück).

Dass sich an den Gold-Gold-Bindungen außer 6s- auch 5d-Elektronen beteiligen, folgt daraus, dass Komplexe AuL_2^+, LAuX oder AuX_2^- (L = neutraler, X = anionischer Donor) des einwertigen und deshalb 6s-elektronenfreien Goldes Au^+ in kristallinem Zustande untereinander »nicht gerichtete« schwache Gold-Gold-Kontakte (2.75–3.40 Å) ausbilden. Diese d^{10}-d^{10}-Wechselwirkungen wurden mit dem phänomenologisch begründeten Begriff »Aurophilie« belegt, den man später durch den allgemeineren Begriff »Metallophilie« zur Bezeichnung schwach bindender Wechselwirkungen zwischen $d^{8,9,10}$- und s^2-Metallzentren (also auch zwischen Au^I und Au^{III} oder Au^I und Hg bzw. Tl^I usw.) erweiterte. Bei letzteren handelt es sich um einen klassischen Dispersions-(van-der-Waals-)Effekt, der durch relativistische Einflüsse (im besonderen Maße also bei Gold) verstärkt wird (auch elektrostatische Beiträge und charge-Transfer-artige Dispersionswechselwirkungen können zudem eine Rolle spielen). Weiche Liganden führen hierbei zu einer höheren Aurophilie und damit zu kürzeren und stärkeren Gold-Gold-Kontakten (bei einem Au$\cdots$Au-Abstand von 2.73 Å beträgt die Wechselwirkungsenergie ca. 100 kJ mol^{-1}, fällt aber dann mit der Bindungsverlängerung rasch ab und beträgt beim Abstand 3.48 Å 10 kJ mol^{-1}).

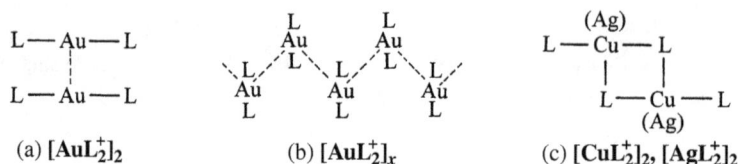

(a) $[AuL_2^+]_2$ (b) $[AuL_2^+]_x$ (c) $[CuL_2^+]_2$, $[AgL_2^+]_2$

Abb. 22.21

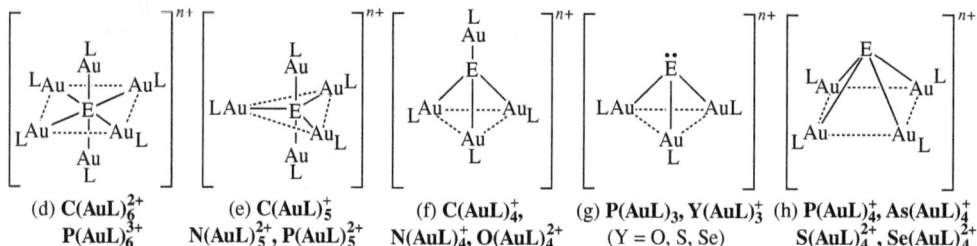

(d) $C(AuL)_6^{2+}$
$P(AuL)_6^{3+}$

(e) $C(AuL)_5^+$
$N(AuL)_5^{2+}$, $P(AuL)_5^{2+}$

(f) $C(AuL)_4^+$,
$N(AuL)_4^+$, $O(AuL)_4^{2+}$

(g) $P(AuL)_3$, $Y(AuL)_3^+$
$(Y = O, S, Se)$

(h) $P(AuL)_4^+$, $As(AuL)_4^+$
$S(AuL)_4^{2+}$, $Se(AuL)_4^{2+}$

Abb. 22.22

Als Folge der d^{10}–d^{10}-Wechselwirkungen liegen AuL_2^+-, LAuX- bzw. AuX_2-Spezies bei großen Liganden als Dimere (Abb. 22.21a) und bei kleinen Liganden als Kettenpolymere (Abb. 22.21b), Ringe oder gar Schichtpolymere vor, wobei die AuAu-Abstände mit ca. 3.0 Å deutlich kleiner als der van-der-Waals-Abstand mit ca. 3.4 Å sind (AuAu-Dissoziationsenergien mit $30\,kJ\,mol^{-1}$ in der Größenordnung der Energien von H-Brücken). Beispiele bieten etwa dimeres Mes^*AuCl ($Mes^* = 2,4,6$-$tBu_3C_6H_2$), kettenpolymeres TolAuCl bzw. schichtpolymeres (CO)AuCl (vgl. verwandtes d^{10}-Pd, das als Metall ein Raumpolymeres bildet).

Die entsprechenden Komplexe der Ionen Cu^+ und Ag^+ der leichteren Münzmetalle polymerisieren demgegenüber nicht über Metall-Metall-, sondern über Metall-Ligand-Bindungen (vgl. Abb. 22.21c sowie S. 1697 und S. 1717). Schwache Gold-Gold-Kontakte stabilisieren offensichtlich auch Komplexe des Typus $E(AuL)_m^{n+}$, in welchen Nichtmetallanionen E^{N-8} (N = Hauptgruppe) oktaedrisch (Abb. 22.22d), trigonal-bipyramidal (Abb. 22.22e), tetraedrisch (Abb. 22.22f), einseitig trigonal (Abb. 22.22g) oder einseitig quadratisch (Abb. 22.22h) von Resten AuL^+ »vergoldet« vorliegen ($m = 6, 5, 4, 3$; L insbesondere PPh_3; zur Darstellung s. unten; in nachfolgenden Formeln blieben der Übersichtlichkeit halber einige AuAu-Kontakte unberücksichtigt).

Im Falle der Komplexe (Abb. 22.22h) mit vergleichsweise großen Zentralatomen E führt die AuAu-Wechselwirkung zu einer ungewöhnlichen quadratisch-pyramidalen Komplexstruktur, in welcher sich die Goldatome näher kommen als bei tetraedrischer Anordnung der AuL-Reste um die E-Atome. Als weitere Beispiele seien genannt: $HC(AuL)_4^+$ (quadratisch-pyramidal; formal Protonenaddukt der tetraedrisch gebauten, nur bei Verwendung sehr raumerfüllender Phosphorliganden isolierbaren Verbindung $C(AuL)_4$ (Abb. 22.22f); Protonenaffinität von $C(AuPPh_3)_4$ $1213\,kJ\,mol^{-1}$); $N_2(AuL)_6$ (= $(LAu)_3N-N(AuL)_3$ mit D_{3d}-Symmetrie; NN-Einfachbindung); $S(AuL)_2$ (gewinkelt; $\sphericalangle AuSAu$ nur 88.7°); $(CO)_xM(AuL)_y$ (das Übergangsmetall M befindet sich in der Mitte eines aus den CO- und AuL-Gruppen gebildeten Polyeders).

3.2 Verbindungen des Golds

3.2.1 Gold(I)-Verbindungen (d^{10})

Wasserstoffverbindungen

Anders als Cu und analog Ag bildet Au kein festes polymeres Gold(I)-hydrid AuH. Doch setzt sich gasförmiges Gold mit Wasserstoff zum gasförmigen monomeren Hydrid AuH um, das sich durch rasches Abschrecken in Anwesenheit eines Edelgases in einer Tieftemperaturmatrix isolieren lässt (Abb 22.23a). In Gegenwart von H_2 entsteht hieraus in exothermer Reaktion der Komplex H_2AuH (Abb 22.23b) (Y-förmig), aber kein »Gold(III)-hydrid« AuH$_3$ (nach Berechnung T-förmig), und gegebenenfalls der Komplex H_2AuH$_3$ (c). Die Deprotonierung von (Abb 22.23b) und (Abb 22.23c) seitens der Matrix ($\longrightarrow$ EgH$^+$) führt darüber hinaus zu den bei tiefen Temperaturen stabilen Anionen AuH$_2^-$ (Abb 22.23d) (linear) und AuH$_4^-$ (Abb 22.23e) (quadratisch). Auch planares Au$_2$H$_6$ (Abb 22.23f) soll nach Berechnungen bei tiefen Temperaturen existieren.

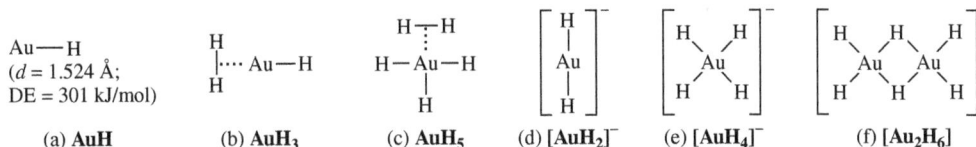

Au—H ($d = 1.524$ Å; DE = 301 kJ/mol)					
(a) **AuH**	(b) **AuH$_3$**	(c) **AuH$_5$**	(d) **[AuH$_2$]$^-$**	(e) **[AuH$_4$]$^-$**	(f) **[Au$_2$H$_6$]**

Abb. 22.23

Halogen- und Pseudohalogenverbindungen

Halogenide (vgl. Tab. 22.6). Unter den Halogenverbindungen des Goldes entsteht Gold(I)-chlorid AuCl beim Erhitzen von Gold(III)-chlorid auf 250 °C (AuCl$_3$ $\longrightarrow$ AuCl + Cl$_2$) als blassgelbes, in Wasser unlösliches Pulver. Analog bildet sich gelbes Gold(I)-bromid AuBr durch Erhitzen von AuBr$_3$ und kräftig gelbes Gold(I)-iodid AuI beim Versetzen einer Gold(III)-Salzlösung mit Kaliumiodid (Au^{3+} + 3 I$^-$ $\longrightarrow$ AuI + I$_2$), ferner aus den Elementen. Gold(I)-fluorid AuF ließ sich bisher nicht in fester Phase gewinnen. Es entsteht beim Leiten von Au-Dampf, CF$_4$ und O$_2$ durch ein heißes Plasma (8000–10 000 °C) im Zuge des Abkühlens neben CO in der Gasphase.

Strukturen. AuX (X = Cl, Br, I) bildet anders als CuX (ZnS-Struktur) und AgX (NaCl-Struktur) polymere Zick-Zack-Ketten (Abb 22.24g) mit kovalenten AuX-Bindungen, linearen XAuX-Gruppen und aurophilen AuAu-Wechselwirkungen (s. oben: $\sphericalangle$AuXAu = 92° (Cl), 77° (Br), 72° (I)).

Beim Erwärmen zerfällt AuX (X = Cl, Br, I) leicht in seine Elemente (AuX $\longrightarrow$ Au + $\frac{1}{2}$ X$_2$, während AuF disproportioniert (3 AuF $\longrightarrow$ 2 Au + AuF$_3$). In Wasser disproportioniert AuCl

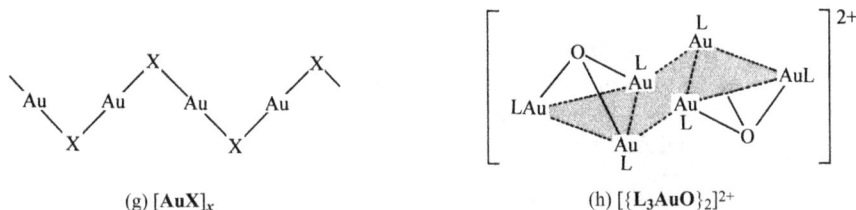

(g) **[AuX]$_x$**	(h) **[{L$_3$AuO}$_2$]$^{2+}$**

Abb. 22.24

Tab. 22.6 Halogenide, Oxide und Sulfide des Goldes (ΔH_f in kJ mol^{-1}).[a]

	Fluoride	Chloride	Bromide	Iodide	Oxide	Sulfide
Au(I)	AuF Nur in der Gasphase nachgewiesen	AuCl, hellgelb metastabil[b] ΔH_f −34 kJ Kette, KZ 2	AuBr, hellgelb metastabil[b] ΔH_f −14 kJ Kette, KZ 2	AuI, gelb Zers. 100 °C ΔH_f +0.8 kJ Kette, KZ 2	Au$_2$O (?), violett	Au$_2$S, schwarz Zers. 197 °C
Au(III)	AuF$_3$, golden[c] ΔH_f −348 kJ Spirale, KZ 4	AuCl$_3$, rot[c] Smp. 200 °C ΔH_f −118 kJ Dimer, KZ 4	AuBr$_3$, rotbraun ΔH_f −54.4 kJ Dimer, KZ 4	nur AuI$_4^-$	Au$_2$O$_3$, braun Zers. 160 °C ΔH_f −81 kJ	Au$_2$S$_3$, schwarz Zers. 197 °C
Au(V)	AuF$_5$, rot[d]	−	−	−	−	−

a Man kennt auch Selenide und Telluride. Darüber hinaus existieren Pentelide, Tetrelide, Trielide (S. 1735).
b Hinsichtlich Au und AuX$_3$ (bei Raumtemp.).
c Man kennt auch Au$_3$F$_8$ = Au^{II}(Au^{III}F$_4$)$_2$ (vgl. Ag$_3$F$_8$) sowie AuCl$_2$ = Au^I[Au^{III}Cl$_4$]
d Ketten aus eckenverknüpften AuF$_6$-Oktaedern.

beim Erwärmen in Au und AuCl$_3$ (Entsprechendes gilt für AuBr), während es in Anwesenheit von Liganden L wie Cl$^-$ oder PR$_3$, AsR$_3$, SbR$_3$ Gold(I)-Komplexe LAuCl mit digonalkoordinierten Au-Atomen bildet, die vielfach über schwache AuAu-Bindungen oligo- oder polymerisiert vorliegen (d^{10}d^{10}-Wechselwirkungen; vgl. S. 1731):

$$3\,AuCl \xrightarrow[\Delta]{(H_2O)} 2\,Au + AuCl_3; \quad AuCl + L \longrightarrow LAuCl$$

Phosphane, Arsane und Stibane ER$_3$ = L bilden mit AuX (X = Cl, aber auch Br, I) allerdings nicht nur digonal-strukturierte Komplexe des Typus LAuX und L$_2$Au$^+$X$^-$, sondern auch trigonal-planar strukturierte Komplexe L$_2$AuX und L$_3$Au$^+$X$^-$ sowie tetraedrisch strukturierte Komplexe L$_3$AuX und L$_4$Au$^+$X$^-$ (z. B. Ph$_3$PAuCl, (Ph$_3$P)$_2$Au$^+$X$^-$, (Ph$_3$P)$_2$AuCl, (Ph$_3$P)$_3$Au$^+$BF$_4^-$, (Ph$_3$P)$_3$AuCl, (Ph$_3$P)$_4$Au$^+$BPh$_4^-$; X = Tetracyanochinodimethanid). Die Bildung dissoziierter Komplexformen wird hierbei durch weniger weiche Lewis-Basen X$^-$ wie Cl$^-$ (aber nicht Br$^-$, I$^-$) sowie insbesondere ClO$_4^-$, BF$_4^-$, PF$_6^-$ begünstigt, die Bildung von Komplexformen mit der Koordinationszahl > 2 des Goldes erst durch weniger sperrige Liganden ER$_3$ ermöglicht. Die Substitution von Halogenid in AuX durch voluminösere Reste führt zur Umwandlung der Ketten in Ringe (z. B. ist AuN(SiMe$_3$)$_2$ tetramer).

Komplexe des Typs LAuCl (L insbesondere Phosphan) eignen sich für Aurierungen (Übertragungen der LAu-Gruppe). So bildet das aus LAuCl (L = Ph$_3$P) und AgBF$_4$ in Methanol zugängliche Salz LAu$^+$BF$_4^-$ (LAuCl + AgBF$_4$ $\longrightarrow$ AgCl + LAuBF$_4$) mit Kalilauge das bei 221 °C schmelzende, in CHCl$_3$ und CH$_2$Cl$_2$ lösliche und in Alkoholen bzw. Ethern sowie Kohlenwasserstoffen wenig bis nicht lösliche Salz (LAu)$_3$O$^+$BF$_4^-$. Es enthält das Kation [(LAu)$_3$O]$^+$ (schwache d^{10}d^{10}-Wechselwirkungen; AuAu-Abstände im Bereich 3.03–3.21 Å), das im Festkörper dimer (Abb. 22.24h) vorliegt. Das Monokation lässt sich offensichtlich weiter zum Dikation (LAu)$_4$O^{2+} aurieren. Auch führt die Einwirkung von (LAu)$_3$O$^+$BF$_4^-$ auf Ammoniak zu (LAu)$_4$N$^+$ und (LAu)$_5$N^{2+}, die von LAuCl auf C(BR$_2$)$_4$ zu (LAu)$_5$C$^+$ und (LAu)$_6$C^{2+} (vgl. Abb. 22.22). Bezüglich der bei der Reduktion von Komplexen LAuCl (L insbesondere Phosphan) entstehenden Goldcluster siehe weiter unten.

Cyanide (S. 2084). Das beim Auflösen von Gold in einer Kalium-cyanid-Lösung bei Luftzutritt entstehende Kalium-dicyanoaurat(I) K[Au(CN)$_2$] dient zur galvanischen Vergoldung und enthält linear gebaute Au(CN)$_2^-$-Anionen (k). Das durch Erwärmen mit Salzsäure daraus gebildete, unlösliche Gold(I)-cyanid AuCN stellt ein lineares Polymeres (i) dar:

−Au−C≡N−Au−C≡N−Au−C≡N$^-$ [N≡C−Au−C≡N]$^-$

(i) [AuCN]$_x$ (k) [Au(CN)$_2$]

Azide (S. 2087). Das mit dem Goldpseudohalogenid AuCN verwandte Gold(I)-azid AuN_3 ist in Form von Azidokomplexen $[Au(N_3)_2]^-$ isolierbar (z. B. $AsPh_4^+$-Salz).

Chalkogenverbindungen

Unter den Goldchalkogeniden fällt dunkelviolettes Gold(I)-hydroxid AuOH bei Einwirkung von Kalilauge auf Gold(III)-Salzlösungen bei Gegenwart eines Reduktionsmittels (z. B. Schweflige Säure) aus: $Au^{3+} + 2e^- + OH^- \longrightarrow AuOH$ ($[Au(H_2O)_n]^+$ ist nur in der Gasphase, nicht in wässeriger Lösung nachweisbar). Es geht leicht in zersetzliches Gold(I)-oxid Au_2O über, das noch nicht eindeutig charakterisiert ist. Gut untersucht sind demgegenüber die Aurate(I) CsAuO (isostrukturell mit KAgO; enthält $Au_4O_4^{4-}$-Ringe mit linearen OAuO-Gruppen) sowie M_3AuO_2 (M = Rb, Cs; enthält lineare AuO_2^{3-}-Ionen). Beim Einleiten von H_2S in eine wässerige Au(I)-Lösung erhält man Gold(I)-sulfid Au_2S als schwarzen Niederschlag.

Pentel-, Tetrel-, Trielverbindungen

Unter den Penteliden ist die Existenz des Goldnitrids Au_3N fraglich, nicht dagegen die der Goldphosphide Au_3P und Au_2P_3 (man kennt auch Goldarsenide und -antimonide). Nitridokomplexe des Golds kennt man bisher nicht. Als Beispiel für Tetrelide sei das Goldcarbid Au_2C_2 (explosives Acetylenderivat), als Beispiel für Trielide das Goldborid AuB_2 genannt. Man kennt ferner viele Au-Verbindungen mit stickstoff- und kohlenstoffhaltigen Resten (z. B. $Au^I(N_3)$, $Au^{III}(N_3)_3$, $Au^I(N_3)_2^-$, $Au^{III}(N_3)_4^{2-}$, Ammin-Komplexe, Organische Verbindungen des Golds; s. dort).

3.2.2 Gold(II)-Verbindungen (d^9)

Man kennt eine Anzahl von Verbindungen, die man aufgrund ihrer Zusammensetzung für Gold(II)-Verbindungen halten könnte. Alle Anzeichen (z. B. Diamagnetismus) sprechen aber dafür, dass es sich – als Folge der Disproportionierungstendenz von Au^{2+} – wie im Falle der Verbindung AgO (S. 1720) nicht um Verbindungen des zwei-, sondern um Doppelverbindungen des ein- und dreiwertigen Goldes handelt, z. B. $AuCl_2 \cong Au^I Au^{III} Cl_4$ (Abb. 22.25a), $CsAuCl_3 \cong Cs_2[Au^I Cl_2][Au^{III} Cl_4]$ (Abb. 22.25b), $AuY \cong Au^I Au^{III} Y_2$ (Y = O, S, Se). Nur wenige Formen echter mononuklearer Gold(II)-Komplexe sind bis jetzt bekannt geworden, z. B. in Gestalt des quadratisch-planar gebauten, grünen Dithiomaleodinitril-Komplexes $[AuS_2C_2(CN)_2_2]^{2-}$ (Abb. 22.25c) oder in Form eines »Phthalocyanin«-Komplexes. Ein Au^{II}-Ion in einer reinen Fluoridumgebung liegt des weiteren in $Au(SbF_6)_2$ vor (vgl. $Ag(SbF_6)_2$; S. 1719); in ähnlicher Weise ist das gemischt-valente Goldfluorid Au_3F_8 im Sinne von $Au^{II}(Au^{III}F_4)_2$ zu formulieren; offensichtlich enthält auch $CsAuCl_3$ unter hohem Druck Au^{2+}-Ionen. Des weiteren ließen sich die »Golddihalogenide« $AuCl_2$ und $AuBr_2$ in monomerer Form als kurzlebige Spezies in der Gasphase nachweisen, und schließlich bildet sich Au^{2+} wohl als Intermediat einiger Redoxübergänge $Au^+ \rightleftharpoons Au^{3+} + 2e^-$. Von besonderem Interesse ist in diesem Zusammenhang die Bildung der auf S. 473 näher besprochenen Xenonkomplexe des zweiwertigen Goldes, z. B. $[AuXe_4]^{2+}[Sb_2F_{11}^-]_2$.

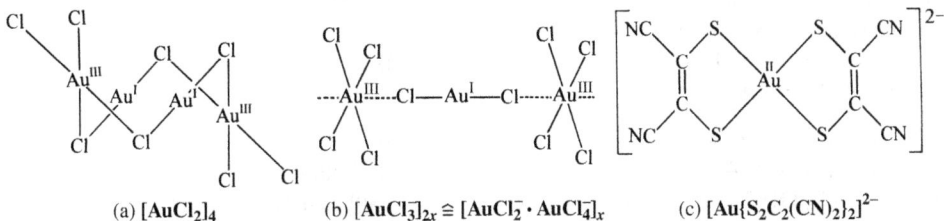

(a) $[AuCl_2]_4$ (b) $[AuCl_3^-]_{2x} \cong [AuCl_2^- \cdot AuCl_4^-]_x$ (c) $[Au\{S_2C_2(CN)_2\}_2]^{2-}$

Abb. 22.25

Die Bildung diamagnetischer dinuklearer Ionen Au_2^{4+} aus zwei paramagnetischen Ionen $Au^{2+}(d^9)$ im Sinne einer »Radikaldimerisierung« $2\,Au^{2+} \rightleftharpoons Au-Au^{4+}$ kann eine Alternative zur Disproportionierung $2\,Au^{2+}(d^9) \rightleftharpoons Au^+(d^{10}) + Au^{3+}(d^8)$ sein. So liegt dem »Gold(II)-sulfat« $AuSO_4$ – anders als dem festen Dichlorid $AuCl_2$ (Abb. 22.25a) – ein dinuklearer Gold(II)-Komplex (Abb. 22.26d) zugrunde (jedes Au^{2+}-Ion ist zusätzlich mit einem O-Atom einer anderen $Au_2(SO_4)_2$-Einheit verknüpft und somit quadratisch-planar von 1 Au und 3 O koordiniert; $d_{AuAu} = 2.490\,\text{Å}$). Des weiteren sind etwa die Komplexe in Abb. 22.26f und h bekannt, die sich durch Oxidation der Gold(I)-Komplexe (Abb. 22.26e und g) (R = Me, Et, Pr, Bu, tBu, Ph) mit Halogenen oder verwandten Verbindungen X_2 (z. B. Cl_2, Br_2, I_2, $(SCN)_2$, $(R_2NCS)_2$ bilden und lange AuAu-Abstände (ca. 2.6 Å) sowie quadratisch-planar koordinierte Au-Atome aufweisen.

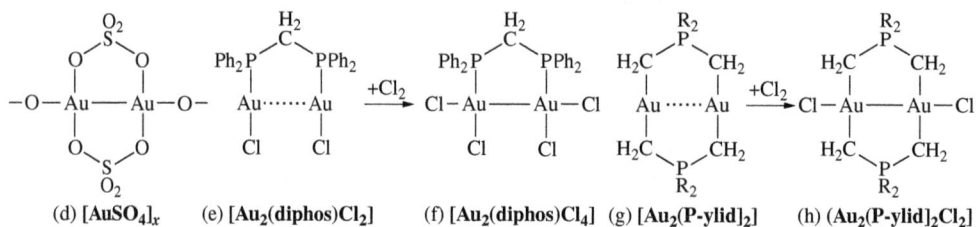

(d) $[AuSO_4]_x$ (e) $[Au_2(diphos)Cl_2]$ (f) $[Au_2(diphos)Cl_4]$ (g) $[Au_2(P\text{-}ylid)_2]$ (h) $(Au_2(P\text{-}ylid)_2Cl_2]$

Abb. 22.26

3.2.3   Gold(III)-Verbindungen (d^8)

Halogen- und Pseudohalogenverbindungen

Halogenide (vgl. Tab. 22.6 sowie S. 2074). Unter den Goldverbindungen ist das Gold(III)-chlorid $AuCl_3$ besonders wichtig. Es entsteht beim Überleiten von Chlor über feinverteiltes Gold bei 180 °C und bildet rote Nadeln, die unter erhöhtem Chlordruck bei 288 °C schmelzen (unter Normaldruck spaltet $AuCl_3$ bei 250 °C Chlor ab: $AuCl_3 \longrightarrow AuCl + Cl_2$).

Strukturen. Sowohl im Kristall wie im Dampf ist $AuCl_3$ (Gleiches gilt vom Bromid $AuBr_3$) dimer (Abb. 22.27a). Zum Unterschied von dimerem Aluminiumtrichlorid $AlCl_3$ liegen hier aber die beiden Chlorbrücken nicht oberhalb und unterhalb, sondern innerhalb der Papierebene; die über gemeinsame Kanten verknüpften Komplexeinheiten $AuCl_4$ sind mit anderen Worten nicht tetraedrisch, sondern quadratisch-planar (Abstände $AuCl_{exo}/AuCl_{endo} = 2.24/2.34$ Å). Damit unterscheiden sich $AuCl_3$ (und $AuBr_3$) strukturell vom Fluorid AuF_3, in welchem quadratisch-planare AuF_4-Einheiten über jeweils zwei cis-ständige Ecken untereinander zu einer polymeren spiralförmigen Kette verknüpft sind (Abb. 22.27b). Die parallel zueinander liegenden Spiralen sind über schwache Au$\cdots$F-Kontakte in der Weise verknüpft, dass jedes Au-Atom gestreckt-oktaedrisch von vier näher und zwei weiter entfernt lokalisierten F-Atomen umgeben ist. Die in der Gasphase bzw. Tieftemperaturmatrix erzeugbaren monomeren Trihalogenide AuX_3 weisen wie AuH_3 (vgl. S. 1733) eine T-förmige (X = Cl, Br) bzw. wie $(H_2)AuH$ eine Y-förmige Struktur auf (X = I; AuI_3 enthält hiernach nicht drei-, sondern einwertiges Gold).

Eigenschaften. In Wasser löst sich das Chlorid mit gelbroter Farbe unter Bildung eines – auch durch Hydrolyse von $AuCl_4^-$ (s. unten) zugänglichen – Hydrats $AuCl_3(H_2O)$, das sich wie eine Säure $H[AuCl_3(OH)]$ verhält und beim Versetzen mit Silbernitrat ein schwer lösliches gelbes Silbersalz $Ag[AuCl_3(OH)]$ ergibt. In Salzsäure löst sich das Gold(III)-chlorid in analoger Weise mit hellgelber Farbe unter Bildung von Tetrachlorogoldsäure $H[AuCl_4]$, welche beim

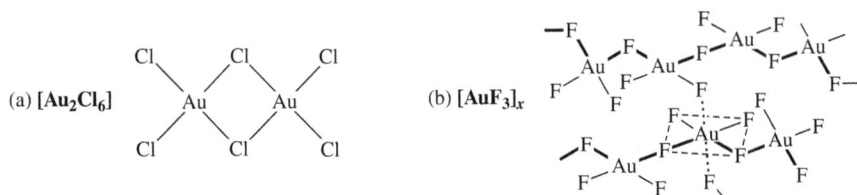

(a) [Au₂Cl₆]   (b) [AuF₃]ₓ

Abb. 22.27

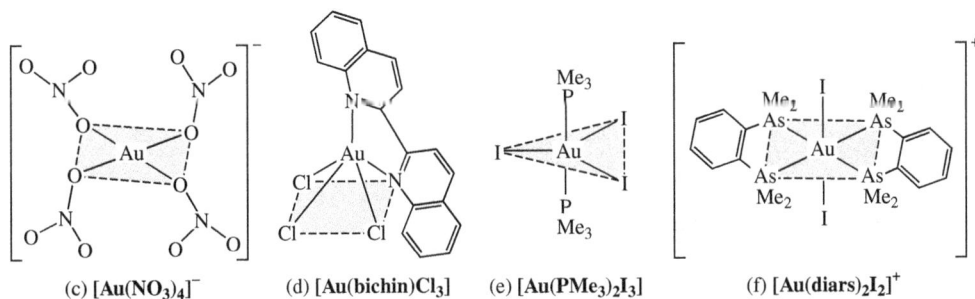

(c) [Au(NO₃)₄]⁻   (d) [Au(bichin)Cl₃]   (e) [Au(PMe₃)₂I₃]   (f) [Au(diars)₂I₂]⁺

Abb. 22.28

Einengen der Lösung als Trihydrat $H[AuCl_4] \cdot 3\,H_2O = [H_7O_3]^+AuCl_4^-$ in Form langer, hellgelber, sehr zerfließlicher Nadeln erhalten werden kann. Die Salze dieser Säuren (»Tetrachloroaurate« $AuCl_4^-$; genutzt wird meist $K[AuCl_4]$) geben in wässeriger Lösung die gewöhnlichen Gold-Reaktionen, sodass man annehmen muss, dass das (quadratisch-planare) Komplex-Ion $AuCl_4^-$ nicht sehr beständig ist. Dementsprechend lassen sich Tetrachloro-aurate in andere quadratisch-planare Aurate(III) AuX_4^- (X^- z. B. Halogenid, Pseudohalogenid, Oxosäurereanion), aber auch in quadratisch-planare Gold(III)-Komplexkationen AuL_4^{3+} (L z. B. NH_3, Pyridin, $H_2NCH_2CH_2NH_2$, 2,2′-Bipyridyl, o-Phenanthrolin) überführen. Erwähnt seien in diesem Zusammenhang etwa das »Tetrathiocyanato-aurat« $[Au(SCN)_4]^-$ mit S-gebundener Rhodanidgruppe (analog: $K[Au(CN)_2(SCN)_2]$; aber $NEt_4[Au(CN)_2(NCS)_2]$), das »Tetranitrato-aurat« $[Au(NO_3)_4]^-$ (Abb. 22.28c), in welchem die Nitrat-Gruppe – ausnahmsweise – als einzähniger Ligand wirkt, sowie das Tetraammingold(III)-Kation $[Au(NH_3)_4]^{3+}$, das als schwache Säure wirkt ($pK_S = 7.5$). Beispiele für Gold(III)-Verbindungen, in welchen Gold die Koordinationszahl fünf und sechs zukommt, stellen die Komplexe von $AuCl_3$ mit 2,2′-Dichinolyl (Abb. 22.28d) (quadratisch-pyramidal) und von AuI_3 mit Trimethylphosphan (Abb. 22.28e) (trigonal-bipyramidal) sowie mit 1,2-Bis(dimethylarsanyl)benzol (Abb. 22.28f) (oktaedrisch) dar.

Durch Reduktionsmittel wie Wasserstoffperoxid, Hydroxylamin, Hydrazin, Schweflige Säure, Eisen(II)-Salze wird aus Gold(III)-Salzlösungen leicht elementares Gold als brauner bis schwarzer Niederschlag (zunächst Bildung eines blauen Kolloids) abgeschieden oder – in Anwesenheit von Liganden wie Gelatine, Albumin und anderen Peptiden, Polyvinylalkohol, Phosphanen wie sulfoniertem Triphenylphosphan – in ein rotes Kolloid übergeführt (vgl. S. 1741).

Analog $AuCl_3$ bildet sich Gold(III)-bromid $AuBr_3$ (Tab. 22.6) aus den Elementen. Es addiert Bromid zu quadratisch-planar gebautem »Tetrabromo-aurat« $[AuBr_4]^-$, das sich mit weiterem Bromid nicht – wie früher angenommen – zu oktaedrisch gebautem Hexabromo-aurat $[AuBr_6]^{3-}$, sondern zu $[AuBr_4]^-$ und Br_3^- vereinigt. Gold(III) weist ganz allgemein nur eine geringe Tendenz auf zur Erhöhung seiner Koordinationszahl über vier hinaus, sodass fünf- und sechszählige Gold(III)-Komplexe die seltene Ausnahme darstellen. Bei nucleophilen Substitionen wie dem Ersatz von Chlorid gegen Bromid in $[AuCl_4]^-$ bildet sich fünfzähliges Gold als reaktive Zwischenstufe: $[AuCl_4]^- + 4\,Br^- \rightleftharpoons [AuBr_4]^- + 4\,Cl^-$ (das Gleichgewicht liegt auf der rechten Seite, da das Ion Br^- mit der weichen Säure Au^{3+} stabilere Komplexe bildet als das Ion Cl^-, welches eine weniger weiche Lewis-Base darstellt). Ein Gold(III)-iodid AuI_3 existiert nicht (Zerfall in AuI und I_2), aber ein »Tetraiodo-aurat« $[AuI_4]^-$, z. B. in Form von $NEt_4[AuI_4]$ (gewinnbar aus $NEt_4[AuCl_4]$ mit wasserfreiem Iodwasserstoff; quadratisch-planares AuI_4^-). Das Gleichgewicht $[AuI_2]^- + I_2 \rightleftharpoons [AuI_4]^-$ liegt in mit Iod gesättigter Lösung zu 25 % auf der rechten Seite. Es sind auch quadratisch-planare Komplexe von AuI_3 mit Neutralliganden bekannt (z. B. $L = AsMe_3$). Das Gold(III)-fluorid AuF_3 (Tab. 22.6; zur Struktur s. oben) entsteht u. a. durch Fluorierung von $AuCl_3$ bei 200 °C als orangefarbener, bis 500 °C beständiger kristalliner Festkörper. AuF_3 wirkt als starkes Fluorierungsmittel und reagiert mit Fluorid unter Bildung von quadratisch-planar gebautem »Tetrafluoro-aurat« $[AuF_4]^-$.

Cyanide (S. 2084). Durch Zugabe von KCN werden die gelben Gold(III)-Salzlösungen unter Bildung des beständigen, farblosen »Tetracyano-aurats« $[Au(CN)_4]^-$ (quadratisch-planarer Bau) entfärbt. Ein »Gold(III)-cyanid« $Au(CN)_3$ ist unbekannt.

Azide (S. 2087). Das mit letzterem Pseudohalogenid verwandte »Gold(III)-azid« $Au(N_3)_3$ ist ebenfalls nur als Azidokomplex $[Au(N_3)_4]^-$ isolierbar (z. B. $AsPh_4^+Au(N_3)_4^-$).

Chalkogenverbindungen

Versetzt man die Lösung eines Tetrachloro-aurats $AuCl_4^-$ mit Alkalilauge, so fällt gelbes Gold(III)-hydroxid $Au(OH)_3$ aus, das amphoter ist und sich in Säuren unter Bildung von »Gold(III)-Salzen« und im Überschuss von Alkalilauge MOH unter Bildung von »Tetrahydroxo-auraten« $[Au(OH)_4]^-$ löst. Es ist als solches nicht isolierbar, sondern geht beim Trocknen in der Wärme auf dem Wege über das braune Hydroxidoxid $AuO(OH)$ in braunes wasserhaltiges Gold(III)-oxid Au_2O_3 (Tab. 22.6) über, welches sich oberhalb von 160 °C unter O_2-Abgabe zu Au_2O und Au zersetzt.

Das leuchtend gelbe, diamagnetische Aurat(III) $LaAuO_3$ bildet sich aus $Au_2O_3 \cdot 2\,H_2O$ und La_2O_3 in Anwesenheit von Sauerstoff (2 kbar) und KOH bei 600 °C. In $LaAuO_3$ sind die O^{2-}-Ionen wie die F^--Ionen in CaF_2 kubisch einfach gepackt, wobei $\frac{1}{3}$ der kubischen Lücken von La^{3+} und zugleich gemeinsame Flächen zweier benachbarter leerer Würfel von Au^{3+} zentriert werden (kubisches La^{3+}, quadratisch-planares Au^{3+}). Weitere Aurate(III) M^IAuO_2 (Ketten kantenverknüpfter AuO_4-Quadrate), bilden sich beim Erhitzen einer Mischung von feinverteiltem Gold mit M^IO_2 auf 420 °C ($M^I = K, Rb, Cs$) als hygroskopische Feststoffe. Darüber hinaus kennt man $Na_6Au_2O_6$ mit planaren $Au_2O_6^{6-}$-Gruppen aus kantenverknüpften AuO_4-Quadraten. Leitet man H_2S durch eine kalte Lösung von $AuCl_3$ in Diethylether, so entsteht schwarzes Gold(III)-sulfid Au_2S_3 (Tab. 22.6), das bei Zusatz von Wasser rasch in Schwefel sowie Au_2S bzw. Au zerfällt. Man kennt auch $AuSe$, Au_2Se_3, Au_2Te_3 und $AuTe_2$.

3.2.4   Gold(IV)- und Gold(V)-Verbindungen (d^7, d^6)

Bisher ist es nicht gelungen, Gold(IV)-Verbindungen zu isolieren (Au betätigt wie ein Nichtmetall in »mononuklearen« Verbindungen im Wesentlichen nur um 2 Einheiten differierende Oxidationsstufen, hier: $-I$, $+I$, $+III$, $+V$). Man nimmt jedoch an, dass der in Anwesenheit von Sauerstoff bewirkte Zerfall des Aurats $[AuMe_4]^-$ in Gold und Ethan ($AuMe_4^- + O_2 \longrightarrow Au + 2\,C_2H_6 + O_2^-$) auf dem Wege über »Goldtetramethyl« $AuMe_4$ als reaktives Reaktionszwischenprodukt verläuft.

Demgegenüber lassen sich Gold(V)-Komplexe in Substanz isolieren. So erhält man etwa das Salz $Cs[Au^VF_6]$ durch Druckfluorierung von $Cs[Au^{III}F_4]$ bei erhöhten Temperaturen:

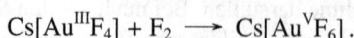

$$Cs[Au^{III}F_4] + F_2 \longrightarrow Cs[Au^VF_6].$$

Fluorierung von AuF_3 bei 400 °C in Gegenwart eines XeF_6-Überschusses ergibt ein analoges Komplexsalz $[Xe_2F_{11}]^+[Au^VF_6]^-$ (vgl. S. 468), das bei 110 °C mit CsF unter Entbindung von XeF_6 ebenfalls in das obige Cäsiumsalz $Cs[Au^VF_6]$ übergeht. Auch durch Reaktion von elementarem Gold mit KrF_2 bei 20 °C bzw. durch Umsetzung von Au mit einem O_2/F_2-Gemisch (1 : 3) bei 300–350 °C und 5 bar Druck erhält man Salze mit dem (oktaedrisch gebauten) AuF_6^--Ion, die ihrerseits durch Vakuumthermolyse in Gold(V)-fluorid AuF_5 übergehen:

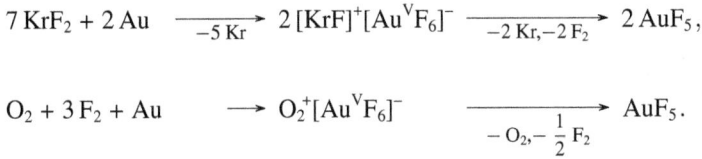

$$7\,KrF_2 + 2\,Au \xrightarrow[-5\,Kr]{} 2\,[KrF]^+[Au^VF_6]^- \xrightarrow[-2\,Kr,-2\,F_2]{} 2\,AuF_5,$$

$$O_2 + 3\,F_2 + Au \longrightarrow O_2^+[Au^VF_6]^- \xrightarrow[-O_2,-\frac{1}{2}F_2]{} AuF_5.$$

Das Goldpentafluorid fällt in dunkelroten, diamagnetischen Kristallen an, die thermisch leicht in AuF_3 und F_2 übergehen. Es ist – als bisher einziges Pentafluorid – im festen Zustand dimer (zwei AuF_6-Oktaeder mit gemeinsamer Kante; andere Pentafluoride EF_5 sind monomer (E = P, As, Cl, Br, I), tetramer (Nb, Ta, Cr, Mo, W, Tc, Re, Ru, Os, Rh, Ir, Pt) oder polymer (Bi, V, U)). In der Gasphase liegt AuF_5 di- und trimer (ca. 4 : 1) vor; das Monomere ist quadratisch-pyramidal gebaut. Ein »Gold(VI)-fluorid« AuF_6 – formal ein Oxidationsprodukt von AuF_6^- – soll nach Berechnungen nicht existieren (der linke Periodennachbar von Au, das Platin, bildet auch ein Hexafluorid, der rechte Periodennachbar, das Quecksilber, nur ein Difluorid).

3.2.5   Niedrigwertige Goldverbindungen

Gold(-I)-Verbindungen. Gold bildet – ähnlich wie seine rechten Periodennachbarn Quecksilber, Thallium, Blei, Bismut – eine Reihe binärer Verbindungen mit Alkali- und Erdalkalimetallen (vgl. Anm.[13] sowie S. 1778, 1383, 1165, 948), welche sich mehr oder weniger ausgeprägt metallisch verhalten: die Valenzelektronen der elektropositiven Bindungspartner sind demzufolge in unterschiedlichem Ausmaße an elektronegatives Gold gebunden und im Leitungsband (S. 1670) frei beweglich (Elektronegativitäten EN von Li−Cs im Bereich 1.0–0.9, von Au 2.4; zum Vergleich EN von Cu, Ag: 1.9; Br/I: 2.7/2.2; aufgrund der – relativistisch begründeten – hohen EN, erwartet man für Au ein iod- bis bromanaloges Verhalten). In der Reihe LiAu – CsAu nimmt der metallische Verbindungscharakter ab, wobei die ungewöhnlichen Eigenschaften der Cäsium-Gold-Verbindung – nämlich u. a. die gelbbraune Farbe (statt metallischen Glanzes), das halbleitende Verhalten (statt metallischer Leitfähigkeit wie noch bei RbAu) sowie die Cäsiumchlorid-Struktur (starke Volumenkontraktion im Zuge der Verbindungsbildung aus Cs und Au) – nur mit einem hohen ionischen Bindungsanteil, d. h. einer Formulierung als Cäsiumaurid Cs^+Au^- vereinbar ist (Oxidationsstufe von Au: −I; $d^{10}s^2$-Elektronenkonfiguration; Entsprechendes gilt für »Tetramethylammonium-aurid« $NMe_4^+Au^-$ sowie »Bariumdiaurid« $Ba^{2+}2\,Au^-$). Das Aurid CsAu, das nach Berechnungen ohne »Relativistik« ein Metall wäre, schmilzt bei 590 °C unter Bildung einer Cs^+- und Au^--haltigen Flüssigkeit und siedet unter Bildung eines CsAu-haltigen Dampfes (CsAu-Dissoziationsenergie = $460\,kJ\,mol^{-1}$; zum Vergleich CsCl-Dampf: $444\,kJ\,mol^{-1}$).

In flüssigem Ammoniak löst sich das »Salz« CsAu unter Bildung einer gelben Lösung; nach Abkondensieren von NH_3 verbleibt $CsAu \cdot NH_3$ als tiefblaues, wasser- und luftempfindliches, oberhalb von −50 °C in CsAu und NH_3 übergehendes Ammoniakat. In $CsAu \cdot NH_3$ wechseln sich Schichten aus parallel angeordneten, von Cs^+-Ionen umgebenen ···AuAuAu···-Zick-Zack-

---

[13] Binäre Alkalimetall-Gold-Verbindungen. $Li_{15}Au_4$, LiAu, Li_4Au; Na_2Au, NaAu, $NaAu_2$, $NaAu_5$; K_2Au, KAu, K_2Au_3, KAu_2KAu_5; RbAu, $RbAu_2$, Rb_3Au_7, $RbAu_5$; CsAu.

Ketten ($d_{AuAu} = 3.02\,\text{Å}$) mit Schichten aus NH_3 ab; jedes NH_3-Molekül ist hierbei über sein freies Elektronenpaar mit $2\,Cs^+$-Ionen (aus benachbarten Schichten) verknüpft[14].

Durch Reaktion von MAu (M = K, Rb, Cs) mit Alkalimetalloxiden M_2O lassen sich durch Interdiffusion der Reaktanden rotbraune (Cs) bzw. schwarze (Rb, K), hydrolyse- und luft-empfindliche Aurate(-I) M_3AuO gewinnen. K_3AuO und Rb_3AuO kristallisieren mit kubischer anti-$CaTiO_3$-Struktur (anti-Perowskit; dreidimensional-eckenverknüpfte OM_6-Oktaeder mit Au^- in kuboktaedrischen Lücken, vgl. S. 1801), Cs_3AuO mit hexagonaler anti-$CsNiCl_3$-Struktur (eindimensional-flächenverknüpfte OM_6-Oktaeder mit Au^- in antikuboktaedrischen Lücken). In diesem Zusammenhang seien auch die Aurate $M_7Au_5O_2$ (M = Rb, Cs) erwähnt, die sich im Sinne der Formulierung $[MAu]_4[M_3AuO_2]$ aus Aurid(−I)- sowie Aurat(+I)-Schichten aufbauen (bzgl. der Struktur von M_3AuO_2 vgl. S. 1735). Sie bilden sich aus Alkalimetallen, Gold und Al-kalimetalloxiden bei 425 °C und stellen formal Produkte der Disproportionierung von Au gemäß

$$2\,Au + 2\,O^{2-} \longrightarrow Au^- + Au^IO_2^{3-}$$

dar, worin sich das halogenanaloge Verhalten von Gold eindrucksvoll dokumentiert (zum Ver-gleich: $Hal_2 + 2\,OH^- \rightleftharpoons Hal^- + Hal^IO^- + H_2O$; in $MAu/MAuO_2$ wird zur Strukturstabilisierung noch zusätzlich gemäß M + Au $\longrightarrow$ MAu gebildetes Aurid eingebaut)[15].

Gold(0)-Verbindungen. Die in der Gasphase bzw. Schmelzen bei hohen Temperaturen vorlie-genden Goldatome Au und Digoldmoleküle Au_2 bzw. ikosaedrischen und verzerrt oktaedrischen Gold-Struktureinheiten lassen sich in einer Inertgasmatrix bei tiefen Temperaturn isolieren, vereinigen sich aber im Zuge des Abdampfens der Matrix zu kompaktem Gold. Nach Berech-nungen weisen die Goldatom-Cluster Au_n bis n = 7 oder 8 einen zweidimensionalen, planaren, ab n = 7 oder 8 einen dreidimensionalen Bau auf, wobei Goldclustern bestimmter Zahl und An-ordnung der Au-Atome herausragende Stabilitäten zukommen sollen (z. B. Au_{20}, Au_{32})[16]. Vgl. hierzu die Erzeugung von nanokristallinen Goldclustern auf Oberflächen (S. 1726). Durch Anla-gerung geeigneter Liganden lässt sich die Bildung von kompakten Gold mehr oder weniger be-hindern. Vergleichsweise labil sind die in einer Neonmatrix nachgewiesenen Goldatom-Komple-xe $Au(O_2)$ und $Au(O_2)_2$ mit side-on gebundenem Sauerstoff (es konnten auch die Spezies AuO und OAuO nachgewiesen werden), weniger labil die oberhalb von −196 °C zersetzlichen Kom-plexe Au(CO), $Au(CO)_2$ und $Au(CO)_3$ mit end-on gebundenem Kohlenmonoxid und vergleichs-weise stabil der oberhalb von −20 °C unter Bildung von Gold zerfallende Komplex (Abb. 22.29a) mit einem starren, planaren, vierzähnigen Liganden. Durch Reduktion des Gold(I)-Komplexes

---

[14] Die noch nicht ganz verstandenen Bindungsverhältnisse ließen sich etwa damit deuten, dass sich die Goldanionen nach teilweiser Abgabe ihrer Elektronen an NH_3 (blaue Farbe wie im Falle von Na/NH_3-Lösungen) zu Ketten verknüpfen. Die intermetallische Phase Na_2Au weist lineare Ketten mit einem AuAu-Abstand von 2.76 Å auf

[15] Gold als Halogen. Das »halogenanaloge« Verhalten von Gold zeigt sich u. a. in der Elektronegativität (Au/Br: 2.4/2.7), Elektronenaffinität (Au/Br −2.3/−3.4 eV), Ionisierungsenergie (Au/Br: 9.2/11.8 eV), Dissoziationsenergie von E_2 (Au/Br: 221/194 kJ mol^{-1}), negativen Oxidationsstufe (CsAu/CsBr), Disproportionierung im Alkalischen (s. oben), Bildung isotyper Alkaliaurid- und -halogenidoxide, strukturellen Ähnlichkeit von Elementauriden (ber.) mit Elementha-logeniden (z. B. EAu_4 mit E = Si, Ti, Zr, Hf, Th, U: tetraedrisch; $SiAu_3$: pyramidal; EAu_2: gewinkelt). – Gold als Chalko-gen. Wenn Gold einem Halogen gleicht, sollte sich Au^+ »chalkogenanalog« verhalten. In diesem Sinne lassen sich die massenspektrometrisch nachgewiesenen Spezies CAu^+, CAu_2^{2+} und CAu_3^+ als Analoga von CO, CO_2 und CO_3^{2-} be-trachten (C≡Au^+, Au=C=Au^{2+}, C(−$Au)_3^+$) und $SiAu_4$, $TiAu_4$ usw. als Analoga von SiO_4^{4-}, TiO_4^{4-} usw. – Gold als Wasserstoff. Viele Hydrido- und $AuPR_3$-Komplexe weisen erstaunlich ähnliche Strukturen auf (z. B. $HCo(CO)_4$/ $R_3PAuCo(CO)_4$; vgl. hierzu S. 1732). Auch leiten sich von Elementwasserstoffen EH_n und ihren Protonenaddukten $AuPR_3$-Derivate ab (z. B. H−H/R_3PAu−$AuPR_3$, $H_3O^+/(R_3PAu)_3O^+$; vgl. hierzu S. 1732). Den side-on H_2-Komplexen entsprechen side-on $R_3PAuAuPR_3$-Komplexe (z. B. [η^2-$Au_2(PPh_3)_2Cr(CO)_4(PPh_3)$] mit $d_{AuAu} = 2.694\,\text{Å}$).

[16] Au_{20}, gewinnbar durch Entladung der durch Laser-Verdampfung von Gold in Helium erhältlichen Au_{20}^--Ionen, ist als »kompakter« tetraedrischer Ausschnitt aus einer kubisch-dichtesten Au-Atompackung zu beschreiben (Schichtfolge: $A_{10}B_6C_3A_1$). Au_{32} leitet sich von C_{60} (S. 1005) durch Ersatz jeder der 32 Flächen gegen ein Au-Atom ab und bildet mithin eine »Hohlkugel«, deren Au-Oberflächenatome teils 5, teils 6 Au-Atomnachbarn haben. Metallzentrierten Hohl-kugeln aus Au-Atomen wie WAu_{12} oder $MoAu_{12}$ (Au-Ikosaeder) soll ebenfalls höhere Stabilität zukommen. Letzterer Cluster, deren Goldschale gemäß der Formulierung $M^{6+}Au_{12}^{6-}$ insgesamt $12 \times 1 + 6 = 18$ Elektronen zukommt (vgl. 18-Elektronenregel), lassen sich durch Laserverdampfung von M/Au in Helium gewinnen.

Ph$_3$PAuI mit Natriumnaphthalenid NaC$_{10}$H$_8$ in THF soll der diamagnetische Digoldmolekül-Komplex Ph$_3$P−Au−Au−PPh$_3$ entstehen (AuAu-Abstand 2.76 Å; AuAuP-Winkel nicht 180°, sondern 129°; nach Berechnungen ist H$_3$P−Au−Au−PH$_3$ linear mit $d_{AuAu} = 2.55$ Å). Lineares R$_3$PAuAuPR$_3$ liegt einer Reihe von Komplexen zugrunde.

In diesem Zusammenhang sei auch die Bildung von Goldkolloiden in Lösung genannt. Beispielsweise lassen sich wasserlösliche, tiefdunkelrote ligandenstabilisierte Goldcluster mit einem Durchmesser von ca. 18 nm = 180 Å dadurch gewinnen, dass man eine wässerige Lösung von HAuCl$_4$ mit Trinatriumcitrat in der Siedehitze reduziert und die gebildete, nicht sehr stabile Lösung kolloidalen Golds durch Zugabe des wasserlöslichen Phosphans PPh$_2$R oder PR$_3$ (R = m-C$_6$H$_4$(SO$_3$Na)$_2$) stabilisiert (das nach Ethanolzugabe ausfallende Goldkolloid enthält Au und PPh$_2$R im Molverhältnis ca. 20 : 1). Auch die als »flüssiges Gold« bezeichneten, durch Behandlung von Chlorogold(III)-Komplexen mit sulfonierten Terpenen gebildeten goldhaltigen Terpenlösungen enthalten Gold-Clusterverbindungen. Die Lösungen zersetzen sich bereits bei niedrigen Temperaturen unter Goldausscheidung und werden deshalb zum Vergolden von Porzellan oder Glas verwendet (vgl. hierzu auch den »Cassius'schen Goldpurpur«, S. 1728). Die Reduktion von HAuCl$_4$ mit Oxalsäure oder Hydroxylammoniumchlorid führt in Wasser zu blauen Goldkolloiden. Nach Versetzen der instabilen kolloidalen Goldlösungen mit H$_2$PtCl$_6$ bzw. H$_2$PdCl$_6$ und Hydroxylammoniumchlorid (Reduktionsmittel) werden die Goldkolloidteilchen mit Pt-Atomclustern bzw. einer Pd-Atomschale bedeckt. Eine Stabilisierung der gebildeten braunschwarzen, wasserlöslichen Bimetall-Kolloide mit Teilchendurchmessern von ca. 35 nm = 350 Å kann durch Zugabe von p-H$_2$NC$_6$H$_4$SO$_3$Na erfolgen.

Goldclusterverbindungen. Ligandenstabilisierte Goldatomcluster mit Oxidationsstufen des Goldes im Bereich 0 bis +I sind bisher in großer Anzahl synthetisiert worden. Reduziert man etwa o-Tol$_3$PAuX (X = NO$_3^-$, PF$_6^-$, BF$_4^-$) bzw. Ph$_3$PAuCl mit NaBH$_4$ in Ethanol, so resultieren die diamagnetischen Komplexkationen [Au$_6$(Po−Tol$_3$)$_6$]$^{2+}$ (Abb. 22.29b) (gelb) und [Au$_9$(PPh$_3$)$_8$]$^{3+}$ (Abb. 22.29c) (grün) mit der Oxidationsstufe +1/3 der Goldatome. Die Photolyse von Ph$_3$PAuN$_3$ führt in Ab- bzw. Anwesenheit von Ph$_3$AuCl zu [Au$_8$(PPh$_3$)$_8$]$^{2+}$ (mit Au(PPh$_3$) überkappter und zentrierter (Ph$_3$PAu)$_6$-Sessel; vgl. Abb. 20.8f) bzw. [Au$_{11}$Cl$_2$(PPh$_3$)$_8$]$^+$ (Abb. 22.29d) (ersteres bzw. letzteres Clusterkation entsteht auch aus Au$_9$(PPh$_3$)$_8$$^{3+}$ (Abb. 22.29c) durch Einwirkung von PPh$_3$ bzw. Cl$^-$). Die Photolyse von Ph$_3$PAuN$_3$/Ph$_3$PAuCl liefert in Anwesenheit von Na$_2$[CpV(CO)$_3$] demgegenüber das Kation [Au$_{10}$Cl(PPh$_3$)$_8$]$^+$ (Abb. 22.29e).

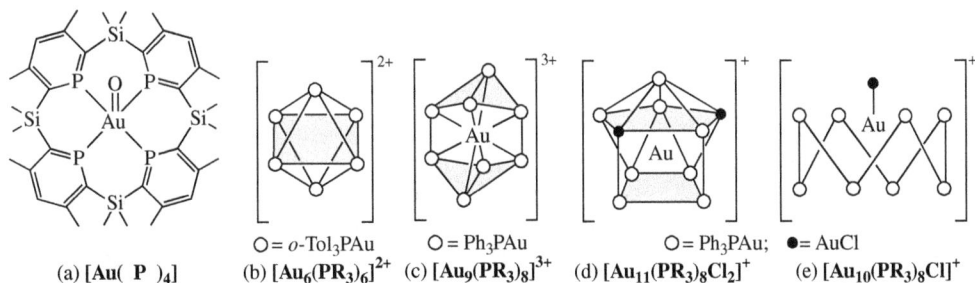

O = o-Tol$_3$PAu   O = Ph$_3$PAu   O = Ph$_3$PAu; ● = AuCl

(a) [Au(P)$_4$]   (b) [Au$_6$(PR$_3$)$_6$]$^{2+}$ (c) [Au$_9$(PR$_3$)$_8$]$^{3+}$ (d) [Au$_{11}$(PR$_3$)$_8$Cl$_2$]$^+$ (e) [Au$_{10}$(PR$_3$)$_8$Cl]$^+$

Abb. 22.29

In entsprechender Weise lassen sich Verbindungen mit Goldatomclustern Au$_n$ anderer Größen n darstellen (n z. B. 3–13). Bei ihnen sind die Goldatome jeweils an den Ecken von Polyedern mit Drei- oder Viereckpolyederflächen lokalisiert, und das Polyederzentrum ist ab 7 Goldatomen mit Gold zentriert (Näheres vgl. S. 1561). Die Größe und die Struktur der durch Clusteraufbau (Reduktion von Gold(I)-Verbindungen, Photolyse von Gold(I)-azid-Phosphanaddukten) oder durch Clusterabbau (Einwirkung von Liganden auf Gold-Clusterverbindungen) zugänglichen Komplexe hängt wesentlich von der Sperrigkeit und der Lewis-Basizität der clustergebundenen Liganden ab. So bilden sich in Anwesenheit kleiner Liganden bevorzugt größere Cluster, in Anwesenheit sperriger Liganden bevorzugt kleinere Cluster. Auch können die Au-Atome z. B. eines 6atomigen Goldclusters $Au_6L_m^{p+}$ in Abhängigkeit vom Liganden L an den Ecken eines Oktaeders (L z. B. Po-Tol_3; vgl. Abb. 22.29b), eines zweifach-kantenüberkappten Tetraeders (L z. B. $Ph_2PCH_2CH_2CH_2PPh_2$) oder eines Doppeltetraeders mit gemeinsamer Tetraederkante lokalisiert sein (L z. B. PPh_3).

Die Gold-Clusterverbindungen mit bis zu 7 Goldatomen leiten sich meist vom Tetraeder, von der trigonalen-Bipyramide, vom Oktaeder ab (vgl. z. B. Abb. 22.29b), solche mit 8–13 Goldatomen gemäß dem auf S. 1560 Besprochenen vom Ikosaeder, das mit einem Au-Atom zentriert ist (vgl. z. B. Abb. 22.29c, dessen Au-Gerüst mit dem in Abb. 20.8e wiedergegebenen identisch ist), solche mit mehr als 13 Goldatomen u. a. auch von zentrierten Kub- oder Antikuboktaedern ab (vgl. S. 1561).

Besonders große Goldcluster mit der Summenzusammensetzung $[Au_{55}Cl_6(PPh_3)_{12}]$ entstehen durch Reduktion von Ph_3PAuCl mit Diboran B_2H_6 in warmem Benzol und lassen sich in Form eines dunkelbraunen Pulvers isolieren. Nach eingehenden Studien weisen etwa 30 % des Produkts die wiedergegebene Stöchiometrie auf, während ca. 70 % aus Clustern mit weniger oder mehr als 55 Au-Atomen bestehen. Den Clustern, welche sich an Luft langsam in thermodynamisch stabiles Gold verwandeln und in Argonatmosphäre metastabil sind, liegen wohl kub- bzw. antikuboktaedrische oder ikosaedrische Au-Atompackungen zugrunde. Bezüglich des physiologischen Verhaltens von Au_{55}-Clustern (vgl. Physiologisches auf Seite 1725).

3.2.6   Organische Verbindungen des Golds

Gold(I)-organyle. Die thermische Stabilität der Monoorganyle MR der Münzmetalle nimmt in Richtung M = Cu > Ag > Au ab, sodass Gold(I)-organyle AuR bisher nur im Falle spezieller Reste R (z. B. Mesityl, Alkinyl) isoliert werden konnten. Stabiler und deshalb leichter gewinnbar sind demgegenüber Organoaurate(I) des Typus LAuR (L = Ligand wie R_3P, RNC) oder AuR_2^- (z. B. ist $Li(pmdta)^+AuMe_2^-$ mit pmdta = $Me_2NCH_2CH_2N(Me)CH_2CH_2NMe_2$ etwa bis 120 °C stabil).

Darstellung. Die Gewinnung organischer Gold(I)-Verbindungen kann analog der von Kupfer(I)- und Silber(I)-organylen (S. 1707, 1722) durch »Metathese« aus Gold(I)-Komplexen wie R_3PAuX (X = Halogen) und Lithiumorganylen LiR erfolgen:

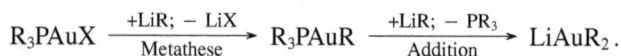

$$R_3PAuX \xrightarrow[\text{Metathese}]{+LiR;\ -\ LiX} R_3PAuR \xrightarrow[\text{Addition}]{+LiR;\ -\ PR_3} LiAuR_2.$$

Auf entsprechendem Wege lassen sich bei Verwendung von Lithiumsilylen $LiSiR_3$ (R z. B. Ph, $SiMe_3$) komplexstabilisierte Gold(I)-silyle $R_3PAuSiR_3$ erzeugen. Auch das Phosphorylid $[Me_3P=CH_2 \longleftrightarrow Me_3P^+ - CH_2^-]$ vermag R_3PAuX im Zuge einer »Metathesereaktion« in komplexstabilisiertes Gold(I)-organyl zu verwandeln: $2 R_3PAuCl + 4 CH_2=PMe_3 \longrightarrow 2 [Au(CH_2PMe_3)_2]^+Cl^- + 2 PR_3 \longrightarrow [Me_2P(CH_2)_2Au]_2 + 2 PMe_4^+Cl^- + 2 PR_3$ (vgl. hierzu Formel (Abb. 22.26g). Gold(I)-alkinyle (Goldacetylide) $AuC\equiv CR$ und $AuC\equiv CAu$ bilden sich durch »Metallierung« von Acetylenen $HC\equiv CR$ und $HC\equiv CH$ mit $AuBr_2^-$ in Anwesenheit von Basen (z. B. Acetat) als wasserunlösliche, gelbe Niederschläge. Mit Kohlenmonoxid CO, Isonitrilen RNC oder Alkenen $>C=C<$ reagieren Gold(I)-Verbindungen unter »Addition« und Bildung von Goldcarbonylen $Au(CO)Cl$ und $[Au(CO)_n]X$ ($n = 1, 2, 3$; X^- = schwach koordinierendes Anion), von »Goldisonitrilen« $Au(CNR)Cl$ und $[Au(CNR)_2]X$ sowie von »π-Komplexen« (Näheres S. 2174). Die Behandlung von Goldisonitrilen mit OH- bzw. NH-aciden Verbindungen führt zu »Goldcarbenen«, z. B.: $(ArNC)AuCl/MeOH \longrightarrow (ArNH)(MeO)C-AuCl$; $[(tBuNC)_2Au]^+PF_6^-/tBuNH_2 \longrightarrow [(tBuNH)_2C-Au-C(NHtBu)_2]^+PF_6^-$.

Strukturen. Unter den Gold(I)-organylen AuR ist »Gold(I)-mesityl« AuMes im Sinne von Abb. 22.30a pentamer (die Mesitylgruppen überbrücken jeweils AuAu-Gruppen unter Ausbildung von Zweielektronen-Dreizentrenbindungen), »Gold(I)-phenylacetylid« $AuC \equiv CPh$ polymer und »Gold(I)-tert-butylacetylid« $AuC \equiv CtBu$ im Sinne von Abb. 22.30b tetramer (Verbrückung über π-Bindungen; unter geeigneten Bedingungen entsteht auch hexameres $AuC \equiv CtBu$, wobei die Ringe ineinander verschränkt vorliegen). AuTip bildet in Anwesenheit von $Ag^+CF_3SO_3^-$ Hexamere $(AuTip)_6$ (vgl. Abb. 22.30a, wobei der Au_6-Ring mit Ag^+ zentriert ist. Benzol liefert mit Au^+ einen η^2-π-Komplex. Die Aurate LAuR wie R_3PAuR, $R_3PAuSiR_3$ oder AuR_2^- liegen andererseits monomer vor und weisen digonal strukturiertes Gold auf (Abb. 22.30c) ($AuMe_2^-$ ist isoelektronisch mit linearem $HgMe_2$, $TlMe_2^+$, $PbMe_2^{2+}$). In dem auf S. 1736 wiedergegebenen Diaurat (Abb. 22.26g) sind die beiden Goldatome durch schwache Au-Au-Wechselwirkungen miteinander verknüpft (Au-Au-Abstand 3.03 Å; vgl. S. 1731).

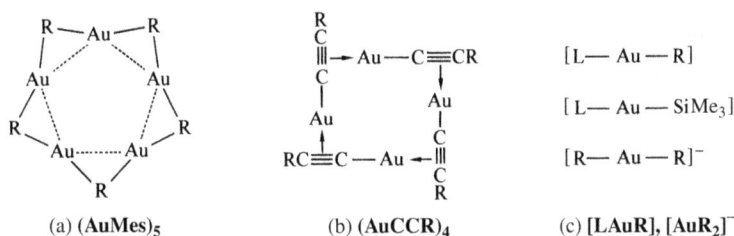

(a) (AuMes)₅   (b) (AuCCR)₄   (c) [LAuR], [AuR₂]⁻

Abb. 22.30

Gold(II)-organyle. Bezüglich einer der wenigen organischen Verbindungen mit Gold(II) vgl. Abb. 22.26g. Gold(III)-organyle. Den unkomplexierten Gold(III)-organylen AuR_3 kommt wie den donorfreien Gold(I)-organylen nur geringe Beständigkeit zu. Stabiler sind Derivate dieser Triorganyle des Typus R_3AuL, R_2AuX (stabilste Form der Gold(III)-organyle) und $RAuX_2$.

Darstellung. Die erwähnten organischen Gold(III)-Verbindungen lassen sich wie die organischen Gold(I)-Verbindungen durch »Metathese« aus Gold(III)-halogeniden (z. B. $AuBr_3$) und Lithiumorganylen LiR oder Grignard-Verbindungen RMgX gewinnen:

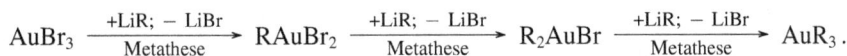

$$AuBr_3 \xrightarrow[\text{Metathese}]{+LiR;\ -LiBr} RAuBr_2 \xrightarrow[\text{Metathese}]{+LiR;\ -LiBr} R_2AuBr \xrightarrow[\text{Metathese}]{+LiR;\ -LiBr} AuR_3 \,.$$

Die doppelte Umsetzung von R_2AuBr mit Silbersalzen AgX führt in einfacher Weise zu weiteren Diorganylgold-Verbindungen. Verbindungen des Typs $ArAuCl_2$ entstehen auch beim Vereinigen von $AuCl_3$ mit Aromaten (»Aurierung«), z. B.: $2\,AuCl_3 + C_6H_6 \longrightarrow PhAuCl_2 + H[AuCl_4]$.

Eigenschaften, Strukturen. Während sich das in Lösung bereitete »Goldtrimethyl« $AuMe_3$ bereits oberhalb $-40\,^\circ C$ zersetzt, ist das Triphenylphosphan-Addukt Ph_3PAuMe_3 (aus $LiAuMe_2$, MeI und Ph_3P) bis 115 °C stabil ($ArPh_3$ ist nicht zugänglich). Es bildet mit LiMe das »Tetramethylaurat« $Li[AuMe_4]$. In beiden Komplexen wie auch anderen Goldorganylen weist das Gold stets eine quadratisch-planare Ligandenkoordination auf. Demgemäß sind etwa das »Phenylgolddichlorid« $PhAuCl_2$, das »Dimethylgoldbromid« $MeAuBr_2$ (Abb. 22.31d) sowie -»azid« Me_2AuN_3 (Abb. 22.31e) dimer, das »Dimethylgoldcyanid« Me_2AuCN tetramer (Abb. 22.31f) (da in letztem Molekül die Brücken $-C \equiv N-$ linear sind, ist das ganze Molekül planar aufgebaut). In saurer wässeriger Lösung bildet sich aus Me_2AuX das vergleichsweise stabile »Dimethylauronium-Kation« $Me_2Au(H_2O)_2^+$.

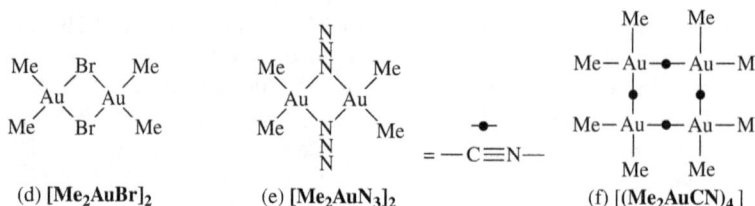

Me   Br   Me
   Au   Au
Me   Br   Me

(d) [Me$_2$AuBr]$_2$

$$N \equiv N$$
Me   N   Me
   Au   Au
Me   N   Me
$$N \equiv N$$
$= -C\equiv N-$

(e) [Me$_2$AuN$_3$]$_2$

Me   Me
Me—Au—•—Au—M
Me—Au—•—Au—M
Me   Me

(f) [(Me$_2$AuCN)$_4$]

Abb. 22.31

Literatur zu Kapitel XXII

Das Kupfer

[1] **Münzmetalle**

D. Krug: »Metallische Münzwerkstoffe«, Chemie in unserer Zeit **7** (1973) 65–74.

[2] **Das Element Kupfer**

A. G. Massey: »Copper«, Comprehensive Inorg. Chem. **3** (1973) 1–78; Compr. Coord. Chem. I/II: »Copper« (vgl. Vorwort); Ullmann: »Copper«, »Copper Alloys«, »Copper Compounds«, **A 7** (1986) 471–593; Gmelin: »Copper«, Syst.-Nr. **60**. Vgl. auch Anm. 9, 12, 13.

[3] **Verbindungen des Kupfers**

R. Colton, J. H. Canterford: »Copper«, in »Halides of the First Row Transition Metals«, Wiley 1969, 485–574; R. J. Doedens: »Structure and Metal-Metal Interactions in Copper(II) Carboxylate Complexes«, Progr. Inorg. Chem. **21** (1976) 209–231; H. S. Maslen, T. N. Waters: »The Conformation of Schiff-base Complexes of Copper(II): A Stereoelectronic View«, Coord. Chem. Rev. **17** (1975) 137–176; D. W. Smith: »Chlorocuprates(II)«, Coord. Chem. Rev. **21** (1976) 93–158; B. J. Hathaway: »Stereochemistry and Electronic Properties of the Copper(II) Ion«; Essays in Chemistry **2** (1971) 61–92; J. M. Lehn: »Perspektiven der Supramolekularen Chemie – Von der molekularen Erkennung zur molekularen Informationsverarbeitung und Selbstorganisation«, Angew. Chem. **102** (1990) 1347–1362; Int. Ed. **29** (1990) 1304; H. Müller-Buschbaum: »Zur Kristallchemie von Kupferoxometallaten«, Angew. Chem. **103** (1991) 741–761; Int. Ed. **30** (1991) 723; I. D. Salter: »Heteronuclear Cluster Chemistry of Copper, Silver and Gold« Adv. Organomet. Chem. **29** (1989) 249–343; S. Jagner, G. Helgesson: »On the Coordination Number of the Metal in Crystalline Halogenocuprates(I) and Halogenoargentates(I)«, Adv. Inorg. Chem. **37** (1991) 1–47; S. Dehnen, A. Eichhöfer, D. Fenske: »Chalcogen-Bridged Copper Clusters«, Eur. J. Inorg. Chem. (2002) 279–317; L. Que, jr., W. B. Tolman: »Biochemisch relevante rautenförmige Bis(μ-oxo)dimetall-Kerne in Kupfer- und Eisenkomplexen«, Angew. Chem. **114** (2002) 1160–1185; Int. Ed. **41** (2002) 1114; N. Kitajiama, Y. Moro-oka: »Copper-Dioxygen Complexes. Inorganic and Bioinorganic Perspectives«, Chem. Rev. **94** (1994) 737–757.

[4] **Kupfer in der Biosphäre**

H. Beinert: »Structure and Function of Copper Proteins«, Cord. Chem. Rev. **23** (1977) 119–129; H. Sigel (Hrsg.): »Metal Ions in Biological Systems. Copper Proteins«, Bd. **13**, Marcel Dekker, New York 1981; N. Kitajama: »Synthetic Approach of the Structure and Function of Copper Proteins«, Adv. Inorg. Chem. **39** (1992) 1–77; M. N. Hughes: »The Biochemistry of Copper«, Comprehensive Coord. Chem. **6** (1987) 646–656; A. Messerschmidt: »Blue Copper Oxidase«, Adv. Inorg. Chem. **40** (1993) 121–185.

[5] **Organische Verbindungen des Kupfers**

Compr. Organomet. Chem. I/II/III: »Copper« (vgl. Vorwort); Houben-Weyl: »Organische Kupfer-, Silber,- Goldverbindungen«, **13/1** (1970); G. H. Posner: »An Introduction of the Synthesis Using Organocopper Reagents«, Wiley, New York (1980); J. F. Normant et. al.: »Organocopper Reagents for the Synthesis of Saturated and α,β-Ethylenic Aldehydes and Ketones«, Pure Appl. Chem. **56** (1984) 91–98; »Stoichiometric versus Catalytic Use of Copper(I)-Salts in the Synthetic Use of Main Group

Organometallics«, Pure Appl. Chem. **50** (1978) 709–715; P. P. Power: »The Structures of Organo-cuprates and Heteroorganocuprates and Related Species in Solution and in the Solid State«, Progr. Inorg. Chem. **39** (1991) 75–112; N. Krause, A. Gerold: »Regio- und stereoselektive Synthese mit Organokupferreagentien«, Angew. Chem. **109** (1997) 194–213; Int. Ed. **36** (1997) 186.

Das Silber

[6] **Das Element Silber**

N. R. Thompson: »Silver«, Comprehensive Inorg. Chem. **3** (1973) 79–128; Compr. Coord. Chem. I/II: »Silver« (vgl. Vorwort); Ullmann: »Silver and silver alloys«, »Silver Compounds« **A 24** (1993); Gmelin: »Silver«, Syst.-Nr. **61**.

[7] **Verbindungen des Silbers**

J. H. Canterford, R. Colton: »Silver and Gold«, in »Halides of the second and third row transition metals«, Wiley 1969, 390–402; J. A. McMillan: »Higher Oxidation States of Silver«, Chem. Rev. **62** (1962) 65–80; I. D. Salter: »Chemistry of Copper, Silver and Gold«, Adv. Organomet. Chem. **29** (1989) 249–343; S. Jagner, G. Helgesson: »On the Coordination Number of the Metal in Crystalline Halogenocuprates(I) and Halogenoargentates(I)«, Adv. Inorg. Chem. **37** (1991) 1–47. W. Grochala, R. Hoffmann: »Existierende und hypothetische intermediärvalente Ag^{II}/Ag^{III}- und Ag^{II}/Ag^{I}-Fluoride als potentielle Supraleiter«, Angew. Chem. **113** (2001) 2816–2859; Int. Ed. **40** (2001) 2742; M. Jansen: »Homoatomare d^{10}-d^{10}-Wechselwirkungen – Auswirkungen auf Struktur- und Stoffeigenschaften«, Angew. Chem. **99** (1987) 1136–1149; Int. Ed. **26** (1987) 1098.

[8] **Organische Verbindungen des Silbers**

Compr. Organomet. Chem. I/II/III: »Silver« (vgl. Vorwort); Houben-Weyl: »Organische Kupfer-, Silber-, Goldverbindungen«, **13/1** (1970).

[9] **Der photographische Prozess**

C. E. K. Mees, T. H. James: »The Theory of the Photographic Process«, Macmillan, New York 1966; M. Schellenberg, H. P. Schlunke: »Die Silberfarbbleich-Farbphotographie«, Chemie in unserer Zeit **10** (1976) 131–138; C. C. Van de Sande: »Farbstoffdiffusionssysteme in der Farbphotographie«, Angew. Chem. **95** (1983) 165–184; Int. Ed. **22** (1983) 191; J. F. Hamilton: »The Photographic Process«, Solid State Chem. **8** (1973) 167–188; H. Gernsheim, W. H. Fox: »Talbot and the History of Photography«, Endeavour **1** (1977) 18–22; Ullmann (5. Aufl.): »Photographie« **19** (1992) 1–159; D. D. Chapman, E. R. Schmitton: »Photographic Applications«, Comprehensive Coord. Chem. **6** (1987) 95–132; U. Nickel: »Wie entstehen farbige Sofortphotographien?«, Chemie in unserer Zeit **19** (1985) 1–10; J. Sýkora, J. Šima: »Photochemistry of Coordination Compounds«, Coord. Chem. Rev. **107** (1990).

Das Gold

[10] **Das Element Gold**

B. F. G. Johnson: »Gold«, Comprehensive Inorg. Chem. **3** (1974) 128–186; R. J. Puddephatt: »The Chemistry of Gold«, Elsevier, Amsterdam 1978; Compr. Coord. Chem. I/II: »Gold« (vgl. Vorwort); Ullmann: »Gold, Gold Alloys, and Gold Compounds«, **A 12** (1985) 499–533; Gmelin: »Gold«, Syst.-Nr. **62; Enzyclopedia of Inorg. Chem.**: »Gold«, Vol. 3, Wiley, Chichester 1994, 1320–1340; P. Pyykkö: »Theoretische Chemie des Goldes«, Angew. Chem. **116** (2004) 4512–4557; Int. Ed. **43** (2004) 4412; H. Schmidbaur: »Gold«, Progr. Chem., Biochem, Techn., Wiley, Chichester 1999, 894; P. Pyykkö: »Relativistic Theory of Atoms and Molecules«, Bd. III, Springer, Berlin, 108–111; »Relativität, Gold, Wechselwirkungen zwischen gefüllten Schalen von $CsAu \cdot NH_3$«, Angew. Chem. **114** (2002) 3723–3728; Int. Ed. **41** (2002) 3573; P. Schwerdtfeger: »Relativistic Effects in Properties of Gold«, Heteroatomic Chem. **13** (2002) 578–584; M. Jansen: »Homoatomare d^{10}-d^{10}-Wechselwirkungen – Auswirkungen auf Struktur- und Stoffeigenschaften«, Angew. Chem. **99** (1987) 1136–1149; Int. Ed. **26** (1987) 1098. M.-Ch. Daniel, D. Astruc: »Gold Nanoparticles: Assembly, Supramolecular Chemistry, Quantum-Size-related Properties, and Applications toward Biology, Catalysis, and Nano-technology«, Chem. Rev. **104** (2004) 293–346; G. Schmid, U. Simon: »Gold nanoparticles: assembly and electrical properties in 1–3 dimensions«, Chem. Commun. (2005) 697–710.

[11] **Verbindungen des Golds**

H. Schmidbaur: »Ist Gold-Chemie aktuell?«, Angew. Chem. **88** (1987) 830–843; Int. Ed. **15** (1976) 728; H. Schmidbaur, K. C. Dash: »Compounds of Gold in unusual Oxidation State«, Adv. Inorg. Chem. **25** (1982) 239–266; H. Schmidbaur: »Gold Chemistry is Different«, Interdisciplinary Science Rev. **17** (1992) 213–220; »The Fascinating Implications of New Results in Gold Chemistry«, Gold Bull. **23** (1990) 11–21; »High-carat Gold Compounds«, Chem. Soc. Rev. **24** (1995) 391–400; I. D. Salter: »Heteronuclear Cluster Chemistry of Copper, Silver, and Gold«, Adv. Organomet. Chem. **29** (1989) 249–342; K. P. Hall, D. M. P. Mingos: »Homo- and Heteronuclear Compounds of Gold« Progr. Inorg. Chem. **31** (1984) 237–325; D. Michael, D. M. P. Mingos, M. J. Watson: »Heteronuclear Gold Cluster Compounds«, Adv. Inorg. Chem. **39** (1992) 327–399; J. Strähle: »Synthesis of cluster compounds by photolysis of Azido complexes«, J. Organomet. Chem. **488** (1995) 15–24; M. C. Gimeno, A. Laguna: »Three- and Four-Coordinate Gold(I) Complexes«, Chem. Rev. **97** (1997) 511–522; A. Laguna, M. Laguna: »Coordination Chemistry of Gold(II) complexes«, Coord. Chem. Rev. **195** (1999) 837–856; M.-J. Crawford, T. M. Klapötke: »Hydride und Iodide des Goldes«, Angew. Chem. **114** (2002) 2373–2375; Int. Ed. **41** (2002) 2269; M. Jansen: »Homoatomare d^{10}-d^{10}-Wechselwirkungen – Auswirkungen auf Struktur- und Stoffeigenschaften«, Angew. Chem. **99** (1987) 1136–1149; Int. Ed. **26** (1987) 1098; L. H. Gade: »In Käfigen, in Sandwichstrukturen oder an der Peripherie: bindende Wechselwirkungen zwischen d^{10}-Metallzentren von Thallium(I)«, Angew. Chem. **113** (2001) 3685–3688; Int. Ed. **40** (2001) 3573; A. Grohmann: »Gold in Ketten, Selbstorganisation eines Gold(I)-Catenans«, Angew. Chem. **107** (1995) 2279–2281; Int. Ed. **34** (1995) 2107; D. E. DeVos, B. F. Sels: »Gold-Redoxkatalyse für selektive Oxidation von Methan zu Methanol«, Angew. Chem. **117** (2005) 30–32; Int. Ed. **44** (2005) 30; V. W.-W. Yam, E. C.-C. Cheng: »Molekulares Gold – mehrkernige Gold(I)-Komplexe«, Angew. Chem. **112** (2000) 4410–4412; Int. Ed. **39** (2000) 4240; S. Ahmad: »The chemistry of cyano complexes of gold(I) with emphasis on the Ligand scrambling reactions«, Coord. Chem. Rev. **248** (2004) 231–243; G. Schmid, B. Corain: »Nanoparticulated Gold: Syntheses, Structures, Electronics, and Reactions«, Eur. J. Inorg. Chem. (2003) 3080–3098.

[12] **Organische Verbindungen des Golds**

Compr. Organomet. Chem. I/II/III: »Gold« (vgl. Vorwort); G. K. Anderson: »The Organic Chemistry of Gold«, Adv. Organomet. Chem. **20** (1982) 139–141; Houben-Weyl: Organische Kupfer-, Silber-, Goldverbindungen, **13/1** (1970); E. J. Fernandez, A. Laguna, M. E. Olmos: »Recent Development in Arylgold(I) Chemistry«, Adv. Organomet. Chem. **52** (2005) 77–142.

Kapitel XXIII

Die Zinkgruppe

Zur Zinkgruppe (II. Nebengruppe bzw. 12. Gruppe des Periodensystems) gehören die (diamagnetischen) Metalle Zink (Zn), Cadmium (Cd), Quecksilber (Hg) und Copernicium (Cn, Element 112). Sie werden zusammen mit ihren Verbindungen unten (Zn, Cd), auf S. 1764 (Hg) und im Kap. XXXVII (Cn) behandelt. Die Elemente Zn, Cd, Hg nehmen insofern eine Sonderstellung unter den Übergangselementen ein, als alle ihre Elektronenschalen in Analogie zu den Erdalkalimetallen (II. Hauptgruppe) eine stabile Elektronenzahl von $2n^2$ (2, 8, 18, 32) aufweisen (vollbesetzte s-, p-, d-, f-Unterschalen).

Im Unterschied zu den unedlen Erdalkalimetallen stellen die Metalle der Zinkgruppe edle Metalle dar, wie u. a. aus ihren höheren ersten Ionsierungsenergien und positiveren Normalpotentialen hervorgeht (vgl. Tafel III und IV)[1]. Mit wachsender Kernladung des Zinkgruppenmetalls steigt zudem wie im Falle der Kupfergruppenmetalle dessen edler Charakter, während bei den Erdalkalimetallen in gleicher Richtung der unedle Charakter zunimmt. Verglichen mit den Metallen der Kupfergruppe sind die der Zinkgruppe unedler, während umgekehrt die Erdalkalimetalle edleren Charakter zeigen als die Alkalimetalle. Innerhalb der II. Nebengruppe sind sich Zink und Cadmium chemisch sehr ähnlich; beide Elemente unterscheiden sich in ihren Eigenschaften aber deutlich vom Quecksilber. Vgl. hierzu auch S. 1768.

Am Aufbau der Erdhülle sind die Metalle der Zinkgruppe mit 0.007 (Zn), $2 \cdot 10^{-5}$ (Cd) und $8 \cdot 10^{-6}$ Gew.-% (Hg) beteiligt, entsprechend einem Massenverhältnis von rund $1800 : 5 : 2$.

1   Das Zink und Cadmium

Geschichtliches. In Europa hat erstmals der sächsische Naturforscher und Arzt Georg Bauer, bekannt als Georgius Agricola (1494–1555), durch Zufall metallisches Zink in Händen gehabt. Genauere Kenntnis des metallischen Zinks besitzt man erst seit dem 18. Jahrhundert. Eine Gewinnung von Zink durch Reduktion von ZnO mit Holzkohle bei 1000 °C erfolgte aber offensichtlich in Indien bereits im 13. Jahrhundert, die entsprechende Herstellung von Messing (Cu/Zn-Legierung) aus Cu/Zn-Erzmischungen bereits im Altertum. Als Element erkannt wurde Zink 1746 durch A. S. Margraf. Der Name rührt daher, dass das Zinkmineral Galmei häufig Zinken (Zacken) aufweist. T. Paracelsus gebrauchte daher das Wort Zinck für dieses Mineral, eine Bezeichnung, die dann auf das daraus gewinnbare Metall übertragen wurde. Der Name Cadmium rührt her von dem griechischen Wort kadmeia, das für Mineralien gebraucht wurde, die wie der (cadmiumhaltige) Galmei (gleicher

---

[1] Da die Außenelektronen der Zinkgruppenmetalle verglichen mit denen der Erdalkalimetalle (keine d-Elektronen in der zweit-, keine f-Elektronen in der drittäußersten Schale) aufgrund der größeren Kernladungszahl der Metalle und geringeren Elektronenabschirmung seitens der vorhandenen d- bzw. f-Elektronen fester gebunden sind, haben Zn, Cd, Hg neben höheren Ionisierungsenergien und positiveren Nomalpotentialen zudem kleinere Metallatom- sowie Ionenradien, schwächere, auf s^2-Wechselwirkungen beruhende Metallbindungen, größere Pauling-Elektronegativitäten und höhere Kovalenzanteile der Bindungen als Ca, Sr, Ba (Folge z. B. Unlöslichkeit der Oxide, Sulfide). Auch betätigen die Zinkgruppenmetalle anders als die Kupfergruppenmetalle keine über die Gruppenzahl hinausgehende Wertigkeit (II bei Zn, Cd, Hg; I bei Cu, Ag, Au), da die d-Elektronen nach Abgabe der s-Außenelektronen im Falle von Zn^{2+}, Cd^{2+}, Hg^{2+} wegen der höheren Kern- und Ionenladung viel stärker gebunden werden als im Falle von Cu^+, Ag^+, Au^+. Vgl. hierzu auch relativistische Effekte, S. 372.

Wortstamm) beim Verarbeiten mit Kupfererzen Messing ergaben. Entdeckt wurde das Cadmium 1817 von Friedrich Stromeyer (1776–1835), Professor der Chemie in Göttingen als Vorgänger F. Wöhlers, bei der Untersuchung eines gelblichen (Cd-haltigen) Zinkoxids, das ihm anlässlich einer Apothekenrevision in die Hände gekommen war. Elementares Cadmium wurde dann durch Reduktion des Oxids mit Kienruß erhalten.

Physiologisches. Für Menschen, Tiere, Pflanzen und Mikroorganismen ist Zink essentiell (biologisch nach Eisen am wichtigsten). Der Mensch enthält durchschnittlich 40 mg Zink pro kg (Blut 6–12, Leber 15–93, Gehirn 5–15, Prostata 9000 mg pro kg), wobei Zink Bestandteil von über 200 Enzymen ist. Zinkmangel äußert sich bei Säugern u. a. in Wachstumsverzögerungen, Veränderungen an Haut und Knochenbau (arthritisähnliche Erkrankungen), Atrophie der Samenbläschen, Verlust der Geschmacksempfindung (»Hypogensie«), Appetitmangel, Störungen des Immunsystems. Der Erwachsene benötigt etwa 22 mg Zn pro Tag, die im Allgemeinen mit der Fleisch-, Milch-, Fisch-, Getreidenahrung problemlos zur Verfügung stehen. Einige Pflanzenkrankheiten wie Rosettenkrankheit, Zwergwuchs, Chlorophyll-Defekt lassen sich durch geringe Zn-Gaben heilen. Zinküberschuss durch orale Aufnahme von 1–2 g Zn-Salzen führt beim Menschen zur vorübergehenden Übelkeit (Erbrechen, Durchfall), Schwindel, Kolik (Zn-Salze können sich z. B. bei der Aufbewahrung von Salaten, Früchten, Säften in verzinkten Behältern bilden). Einmaliges Einatmen von ZnO-Dämpfen verursacht das nach mehreren Stunden abklingende »Grießfieber«. Chronische Zn-Vergiftungen sind nicht mit Sicherheit bekannt. Zum Unterschied von Zink ist Cadmium in der Regel nicht essentiell und ausgesprochen giftig für Lebewesen (MAK-Wert = 0.05 mg m^{-3}. Cadmium kann Zink in einigen Enzymen mit der Folge einer deutlichen Aktivitätsminderung ersetzen. Kürzlich wurde zudem das erste Cd-spezifische Enzym aufgefunden; es wirkt in einer marinen Kieselalge als Carbonanhydrase (Katalyse der Hydratation von CO_2). Der Mensch enthält ca. 0.4 mg Cadmium pro kg (bei Rauchern ca. 0.8 mg) und nimmt mit der täglichen Nahrung ca. 0.03 mg auf (tolerierbarer Grenzwert ca. 0.07 mg; Cd-Ablagerung hauptsächlich in Leber und Nieren). Die orale Aufnahme von Cadmiumsalzen kann zum Erbrechen, zu Störungen im Gastrointestinaltrakt, Leberschädigungen und Krämpfen, die Inhalation von Cd-Dämpfen zu Reizungen der Luftwege und zu Kopfschmerzen führen. Chronische Vergiftungen haben Anosmie, Gelbfärbung der Zahnhälse, Anämie, Wirbelschmerzen und in fortgeschrittenen Stadien Knochenmarkschädigungen, Osteoporose und schwere Skelettveränderungen zur Folge (tödlich endende »Itai-Itai-Krankheit« in Japan).

1.1   Die Elemente Zink und Cadmium

Vorkommen

Zink und Cadmium kommen in der Natur nur gebunden vor. In der »Lithosphäre« finden sich beide Elemente kationisch vorwiegend in Form von Sulfiden und Oxosalzen. Das für die Verhüttung wichtigste Zinkerz ist das Zinksulfid ZnS, das in der Natur als kubische »Zinkblende« (»Sphalerit«) und als hexagonaler »Wurtzit« vorkommt. In zweiter Linie sind der »Zinkspat« (»edler Galmei«, »Smithsonit«) $ZnCO_3$ und das »Kieselzinkerz« (»Kieselgalmei«, »Hemimorphit«) $Zn_4(OH)_2[Si_2O_7] \cdot H_2O$ zu nennen. Die anderen Erze sind von untergeordneter Bedeutung. Die Hauptfundstätten der Zinkblende und des Zinkspats sind Polen (früheres Oberschlesien), Belgien, Frankreich, England, Australien, Kanada, Mexiko und die Vereinigten Staaten. Cadmium kommt in der Natur als »Cadmiumblende« (»Greenockit«) CdS und als »Cadmiumcarbonat« (»Otavit«) $CdCO_3$ vor, und zwar fast immer als Begleiter der Zinkblende ZnS und des Galmei $ZnCO_3$. Zink stellt ferner in der »Biosphäre« ein wichtiges Element vieler Enzyme dar (S. 1761, s. Tab. 23.1).

Tab. 23.1 Isotope (vgl. Anh. III). Natürliches Zink besteht aus 5, natürliches Cadmium aus 8 Isotopen:

Zn:	$^{64}_{30}$Zn (48.6 %),	$^{66}_{30}$Zn (27.9 %),	$^{67}_{30}$Zn (4.1 %),	$^{68}_{30}$Zn (18.8 %),	$^{70}_{30}$Zn (0.6 %),
Cd:	$^{106}_{48}$Cd (1.25 %),	$^{108}_{48}$Cd (0.89 %),	$^{110}_{48}$Cd (12.51 %),	$^{111}_{48}$Cd (24.13 %),	
	$^{112}_{48}$Cd (24.13 %),	$^{113}_{48}$Cd (12.22 %),	$^{114}_{48}$Cd (28.72 %),	$^{116}_{48}$Cd (7.47 %) .	

Die Nuklide $^{67}_{30}$Zn, $^{111}_{48}$Cd und $^{113}_{48}$Cd Cd dienen für NMR-Untersuchungen, die künstlichen Nuklide $^{65}_{30}$Zn (β^+-Strahler, Elektroneneinfang; $\tau_{1/2} = 243.6$ Tage), metastabiles $^{69m}_{30}$Zn ($\tau_{1/2} = 13.9$ Stunden), $^{109}_{48}$Cd (Elektroneneinfang; $\tau_{1/2} = 450$ Tage), $^{115}_{48}$Cd (β^--Strahler; $\tau_{1/2} = 53.5$ Stunden) und metastabiles $^{115}_{48}$Cd (β^--Strahler; $\tau_{1/2} = 43$ Tage) als Tracer.

Darstellung

Zink. Die technische Darstellung von Zink kann auf trockenem Wege durch Reduktion von Zinkoxid mit Kohle oder – falls billiger Strom zur Verfügung steht – auf nassem Wege durch Elektrolyse von Zinksulfatlösungen erfolgen. Nach dem ersteren Verfahren werden etwa 60 %, nach dem letzteren 40 % der Welterzeugung gewonnen. Das erforderliche Zinkoxid wird aus der Zinkblende durch Rösten (S. 655) oder aus dem Zinkspat durch Brennen (S. 1461) erzeugt:

$$ZnS + 1\frac{1}{2}O_2 \longrightarrow ZnO + SO_2 + 349.40 \text{kJ}; \quad 71.05 \text{kJ} + ZnCO_3 \longrightarrow ZnO + CO_2.$$

Die Zinksulfatlösungen gewinnt man aus den so erhaltenen Zinkoxid-haltigen Produkten durch Behandeln mit Schwefelsäure:

$$ZnO + H_2SO_4 \longrightarrow ZnSO_4 + H_2O.$$

Beim trockenen Verfahren (erstmals eingeführt 1749 durch A. S. Marggraf in Berlin) wird die geröstete Zinkblende (»Röstblende«) bzw. der gebrannte Galmei mit gemahlener Kohle im Überschuss vermischt und in geschlossenen Gefäßen (»Muffeln«) aus feuerfestem Ton (Schamotte) oder – vorteilhafter – im Gebläseschachtofen auf 1100–1300 °C erhitzt. Hierbei findet eine Reduktion des Oxids durch – zunächst aus ZnO und C gebildetes – Kohlenmonoxid zu elementarem Zink statt (23.1), worauf gebildetes CO$_2$ von überschüssigem Koks erneut in CO übergeführt wird (23.2):

$$196.1 \text{kJ} + ZnO(f) + CO \rightleftharpoons Zn(g) + CO_2 \tag{23.1}$$
$$\underline{172.6 \text{kJ} + CO_2 + C \rightleftharpoons 2CO} \quad \text{(Boudouard-Gleichgewicht)} \tag{23.2}$$
$$368.7 \text{kJ} + ZnO(f) + C \rightleftharpoons Zn(g) + CO.$$

Wegen der hohen Temperatur entweicht das Zink (Sdp. 908.5 °C) dampfförmig und wird in Vorlagen aus Schamotte, die vor den Muffeln angebracht sind (Abb. 23.1), zu flüssigem Metall kondensiert. Die Reste des Zinkdampfes (5–13 %) schlagen sich in außen auf die Vorlagen aufgesteckten Blechbehältern (»Vorstecktuten«) als Zinkstaub nieder. Die Beheizung der Zink-Muffelöfen erfolgt in der Regel mit Generatorgas, wobei die Verbrennungsluft im Gegenstrom durch die heißen Verbrennungsabgase vorgewärmt wird (vgl. S. 1941).

Der geschilderte, diskontinuierlich in liegenden Muffeln (Abb. 23.1) oder besser kontinuierlich in stehenden Muffeln durchgeführte Prozess ist der unvollkommenste aller Verhüttungsprozesse, da 10–15 % des im Erz ursprünglich enthaltenen Metalls verlorengehen, und zwar durch unvollständige Reduktion, durch Entweichen von Zinkdämpfen aus den Vorlagen und durch das Muffelmaterial sowie insbesondere durch Oxidation der Zinkdämpfe durch CO$_2$ während des Abkühlens (Umkehrung von (23.1)). Letztere Schwierigkeit lässt sich durch Vereinigung der Gase mit feinversprühten Bleitröpfchen (»Sprühkondensation«; »Bleitröpfchenschaum«) umgehen, wobei die hierdurch erzielte rasche Abkühlung (auf ca. 560 °C) nicht nur die Rückoxidation zurückdrängt, sondern auch die Bildung von Zinkstaub weitestgehend unterbindet. Nach letzterer Methode arbeitet in einem Gebläseschachtofen das »Imperial Smelting-Verfahren« (»Zink-Schachtofen-Verfahren«).

Das in den Vorlagen erhaltene flüssige Rohzink ist 97–98 %-ig und enthält stets mehrere Prozente Blei und einige Zehntelprozente Eisen, sowie kleine Mengen von Cadmium und Arsen. Die Reinigung dieses Rohzinks erfolgt durch fraktionierende Destillation, wobei Zink (Sdp.

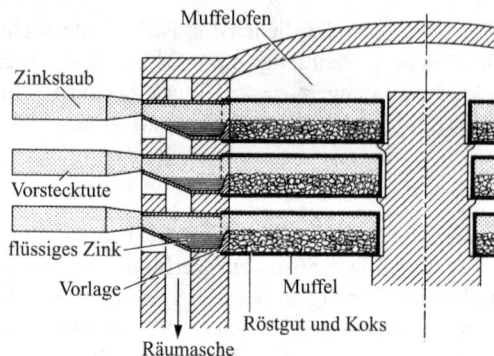

Abb. 23.1 Zink-Muffelofen.

908.5 °C) und Cadmium (Sdp. 767.3 °C) zuerst übergehen, während Blei (Sdp. 1751 °C) und Eisen (Sdp. 3070 °C) im Rückstand zurückbleiben. Das blei- und eisenfreie Zink wird dann nochmals destilliert und kondensiert, wobei sich der größte Teil des Zinks als Feinzink (99.99 %) verflüssigt, während sich das flüchtigere Cadmium zusammen mit Zinkdampf als »Cadmiumstaub« ($\sim$ 40 % Cd) niederschlägt.

Der bei der Zinkerzverhüttung in den luftkalten Blechtuten sich ansammelnde Zinkstaub stellt ein feines, graublaues Pulver von Zinkmetall dar, dessen Partikelchen von extem dünnen Oxidhäutchen umhüllt sind, sodass der Staub nicht ohne weiteres zu Metall zusammengeschmolzen werden kann. Er enthält zusammen mit dem erwähnten Cadmiumstaub etwa 90 % des Cadmiumgehaltes der ganzen Beschickung und bildet das Ausgangsmaterial für die Cadmiumgewinnung (s. unten).

Bei dem nassen Verfahren werden die durch Extrahieren von gerösteter Zinkblende oder gebranntem Galmei mit Schwefelsäure erhaltenen Zinksulfatlösungen unter Verwendung von Bleianoden und Aluminiumkathoden elektrolysiert, wobei sich das Zink als Elektrolytzink auf dem Aluminium niederschlägt und alle 24 Stunden abgezogen und umgeschmolzen wird. Das so gewonnene »Feinzink« ist wie das nach dem Trockenverfahren erhaltene und gereinigte 99.99 %-ig.

Die Abscheidung des Zinks aus den sauren Lösungen wird trotz der im Vergleich zu den Zn^{2+}-Ionen leichteren Entladbarkeit der H^+-Ionen durch die hohe Überspannung des Wasserstoffs (S. 258) am Zink ermöglicht. Um eine glatte Abscheidung des Zinks zu erzielen, müssen allerdings die verwendeten Zinksalzlösungen außerordentlich rein sein, da nur dann die Überspannung auftritt. Die Reinigung erfordert recht erhebliche Kosten und umfangreiche Anlagen. Daher hat die Elektrolyse das Muffelverfahren noch nicht ganz verdrängt. Bei Verwendung von Quecksilber als Kathodenmaterial kann auf die Hochreinigung der Zinksalzlösungen verzichtet werden, da Zink dann durch Amalgambildung edler wird. Man erhält dabei auf dem Wege über das Zinkamalgam ein 99.999 %-iges, nur noch 0.001 % Verunreinigungen enthaltendes Feinstzink.

Cadmium. Entsprechend seines gemeinsamen Vorkommens mit Zink erfolgt die technische Darstellung von Cadmium stets als Nebenprodukt der Zinkgewinnung – sowohl beim trockenen, wie beim nassen Verfahren.

Bei der trockenen Zinkgewinnung wird Cadmium als edleres (ε_{Cd} = -0.4025 V; ε_{Zn} = -0.7626 V) und niedriger siedendes (Sdp.$_{Cd}$ = 767.3 °C; Sdp.$_{Zn}$ = 908.5 °C) Metall in Form des bei der Röstung von Zinkblende mitentstehenden Cadmiumoxids CdO leichter reduziert und nach der Reduktion zum Metall leichter verdampft. Daher destilliert es bei der Reduktion der Zinkerze (s. oben) bevorzugt aus der Muffel ab und verbrennt in den Vorlagen mit brauner Flamme zu Cadmiumoxid. Der in den ersten Stunden übergegangene Cadmiumoxid-haltige

Zinkstaub (3–4 % Cd) wird dann mit Koks vermischt und in besonderen, kleineren Muffeln bei mittlerer Rotglut destilliert. Hierbei geht zuerst das Cadmium über und kondensiert sich in der Vorlage teils als Metall, teils als Staub. Der an Cadmium angereicherte Staub wird nochmals mit Koks bei etwas höherer Temperatur destilliert und liefert weiteres Metall mit 99.5 % Cadmium, das in Form dünner Stangen aus Feincadmium in den Handel kommt.

Im Rahmen der nassen Zinkgewinnung verfährt man so, dass man aus den Zinksulfatlösungen das enthaltene Cadmium durch Zinkstaub fällt ($Zn + Cd^{2+} \longrightarrow Zn^{2+} + Cd$), den so gewonnenen Cadmiumschwamm oxidiert ($Cd + \frac{1}{2}O_2 \longrightarrow CdO$) und dann in Schwefelsäure auflöst ($CdO + H_2SO_4 \longrightarrow CdSO_4 + H_2O$). Bei der Elektrolyse der auf diese Weise gewonnenen Cadmiumsulfatlösung unter Verwendung von Aluminiumkathoden und Bleianoden scheidet sich das Cadmium als sehr reines Elektrolytcadmium ab.

Physikalische Eigenschaften

Zink ist ein bläulich-silberglänzendes Metall der Dichte $7.140\,\text{g cm}^{-3}$ und bildet eine Art hexagonal-dichtester Kugelpackung, die in Richtung der Gitterachse senkrecht zu den Kugelschichten gestreckt ist (gestrecktes Antikuboktaeder; die Abstände von Zn zu den 6 äquatorialen/6 axialen Zn-Atomen betragen 2.644/2.912 Å). Bei gewöhnlicher Temperatur ist es ziemlich spröde; bei 100–150 °C wird es aber so weich und dehnbar, dass es zu dünnem Blech ausgewalzt und zu Draht gezogen werden kann; oberhalb von 200 °C wird es wieder spröde. Der Schmelzpunkt liegt bei 419.6 °C, der Siedepunkt bei 908.5 °C. Zinkdampf ist nach der Dampfdichtebestimmung einatomig. Cadmium ist wie Zink ein bläulich-silberglänzendes ziemlich weiches Metall der Dichte $8.642\,\text{g cm}^{-3}$, welches bei 320.9 °C schmilzt und bei 767.3 °C unter Bildung eines einatomigen Dampfes siedet. Die Cd-Atome sind wie die Zn-Atome verzerrt hexagonal-dichtest gepackt (gestrecktes Antikuboktaeder; die Abstände von Cd zu den 6 äquatorialen/6 axialen Cd-Atomen betragen 2.979/3.293 Å).

Chemische Eigenschaften

An der Luft sind Zink und Cadmium beständig, da sie sich mit einer dünnen, festhaftenden Schutzschicht von Oxid und basischem Carbonat überziehen, die zum Unterschied von der entsprechenden grünen Kupfer- bzw. schwarzen Silberschutzschicht aus basischem Carbonat bzw. Sulfid farblos ist. Wegen dieser Luftbeständigkeit findet insbesondere Zink vielfach Verwendung für Dachbedeckungen sowie zum »Verzinken« von Eisenblech und Eisendraht (in Industriegegenden mit einem merklichen SO_2-Gehalt der Luft werden Zinkdächer allerdings ziemlich rasch infolge Bildung löslichen Zinksulfats zerfressen). Beim Erhitzen an der Luft verbrennen beide Metalle mit grünlich-blauer Lichterscheinung unter Bildung eines farblosen ZnO- bzw. braunen CdO-Rauches (Zn- und Cd-Staub reagieren bereits bei Raumtemperatur mit Luft):

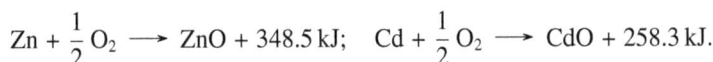

$$Zn + \frac{1}{2}O_2 \longrightarrow ZnO + 348.5\,\text{kJ}; \quad Cd + \frac{1}{2}O_2 \longrightarrow CdO + 258.3\,\text{kJ}.$$

Ebenso setzen sich beide Metalle in der Wärme mit Halogenen, Schwefel oder Phosphor, aber nicht mit Wasserstoff, Stickstoff, Kohlenstoff um.

Entsprechend ihrer Stellung in der Spannungsreihe entwickeln Zink ($E^\circ = -0.7626\,\text{V}$) bzw. Cadmium ($E^\circ = -0.4025\,\text{V}$) zum Unterschied vom links benachbarten edleren Kupfer ($E^\circ = +0.340\,\text{V}$) bzw. Silber ($E^\circ = +0.799\,\text{V}$) mit Säuren Wasserstoff:

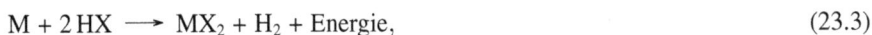

$$M + 2\,HX \longrightarrow MX_2 + H_2 + \text{Energie}, \tag{23.3}$$

wovon man im Falle des Zinks zur H_2-Darstellung im Kipp'schen Apparat Gebrauch macht (S. 286).

Dass Zink mit Wasser nicht ebenfalls gemäß (23.3) (X = OH) unter Wasserstoffbildung reagiert ($Zn + 2\,HOH \longrightarrow Zn(OH)_2 + H_2$), ist auf die Bildung einer schützenden, schwerlöslichen

Hydroxidschicht auf der Oberfläche zurückzuführen (S. 254). Diese kann sich in saurer Lösung naturgemäß nicht ausbilden (Bildung von »Zinksalzen«; $Zn(OH)_2 + 2H^+ \longrightarrow Zn^{2+} + 2H_2O$). Gleiches ist in alkalischer Lösung (Bildung von Zinkaten) der Fall ($Zn(OH)_2 + 2OH^- \longrightarrow Zn(OH)_4^{2-}$), weshalb Zink nicht nur mit Säuren, sondern auch mit Laugen H_2 entwickelt. Im Falle des Cadmiums ist dies nicht der Fall, weil Cadmium als stärker basisches Metall keine analogen »Cadmate« bildet, sodass es insbesondere in Säuren unter Bildung von »Cadmium-salzen« löslich ist. In nichtoxidierenden Säuren wie verdünnter Salz- oder Schwefelsäure löst es sich hierbei schwerer, in oxidierenden Säuren wie verdünnter Salpetersäure leichter auf. Bei Vergrößerung der Zinkoberfläche wird die Einwirkung des Wassers merklicher; so zersetzt oxid-schichtfreier Zinkstaub Wasser bereits bei gewöhnlicher Temperatur.

Sehr reines Zink entwickelt mit Säuren bei gewöhnlicher Temperatur fast keinen Wasser-stoff. Dies rührt daher, dass die bei der Lösung von Zink gebildeten positiven Zink-Ionen ($Zn \longrightarrow Zn^{2+} + 2e^-$) eine Annäherung und Entladung der ebenfalls positiven Wasserstoff-Io-nen ($2H^+ + 2e^- \longrightarrow H_2$) am Zink erschweren. Berührt man aber das sehr reine Zink mit einem Platindraht, sodass die Elektronen zum Platin abfließen und sich hier mit den Wasserstoff-Ionen vereinigen können, so geht das Zink – unter Wasserstoffentwicklung am Platin – in Lösung. Beim gewöhnlichen Handelszink spielen die Verunreinigungen an Kupfer usw. die Rolle des Platins. Man kann solche Fremdmetalle auch künstlich auf Zink niederschlagen. So dienen z. B. mit Kupfersulfatlösung behandelte Zinkgranalien ($Zn + Cu^{2+} \longrightarrow Zn^{2+} + Cu$) als »Zink-Kupfer-Paar« zu Reduktionszwecken.

Auch sonst kommt den durch die Verunreinigung von Metallen mit anderen Metallen beding-ten »Lokalelementen« hohe praktische Bedeutung zu; so z. B. bei der Erscheinung der »Korro-sion«, d. h. der allmählichen Zerstörung metallischer Werkstoffe durch chemische Einwirkung von außen. Auch hier wird die Auflösung von Metallen in Flüssigkeiten durch die Anwesenheit von Fremdmetallen (als Verunreinigungen, als Überzüge usw.) häufig beschleunigt. So rostet z. B. ein mit Zinn überzogenes Eisenblech (»Weißblech«) bei einer Beschädigung der Zinnhaut rascher als unverzinntes Eisen, weil in dem bei Zutritt von Wasser entstehenden Lokalelement das Eisen die elektronen-abgebende, d. h. sich oxiderende Elektrode darstellt. Dagegen bildet verzinktes Eisen bei einer Beschädigung der Zinkschicht keine Spur Eisenrost, weil Zink in der Spannungsreihe über dem Eisen steht und in diesem Fall daher das Zink die negative, sich auflösende Anode darstellt.

Verwendung, Legierungen, Zink-Batterien

Außer zur Erzeugung von Zink-Legierungen, unter denen die beim Kupfer (S. 1692) bereits be-sprochenen Zink-Kupfer-Legierungen (»Messing«) die wichtigsten sind, wird Zink (Weltjahres-produktion: Mehrere Megatonnen) zur »Verzinkung« von Eisenblech und -draht verwendet (Ein-tauchen in flüssiges Zink, Besprühen mit flüssigen Zink = Metallspritzverfahren, Erhitzen mit gepulvertem Zink, elektrolytische Verzinkung), ferner im »Zinkdruckguss«, Cadmium (Welt-jahresproduktion: einige zig Kilotonnen) für galvanisch abgeschiedene »Cadmiumüberzüge« (insbesondere auf Eisen) sowie in der Technologie der »Kernreaktoren« (Brenn- und Kontroll-stäbe). Verbindungen beider Elemente nutzt man als »Farben« (z. B. Zinkweiß ZnO, Cadmium-gelb CdS) und zur Herstellung von »Batterien« (s. unten), Verbindungen des Cadmiums zudem bei »Kunststoffen« in Form von Stearat zur Stabilisierung, in Form von Dithiocarbamat als Vul-kanisationsbeschleuniger.

Zink-Batterien (S. 260). Galvanische Elemente mit Zinkelektroden als negativem Aktivma-terial beherrschen in Form von Kleinformat-Batterien schon lange den Weltmarkt (Analoges gilt für Elemente mit Cadmiumelektroden; vgl. bei Nickel, S. 2025). Eine Zelle der von Geor-ges Leclanché (1839–1882) im Jahre 1860 entdeckten »Zink-Mangan-Batterie« (»Leclanché-Element«) besteht hierbei aus einem elektronenliefernden (also anodisch fungierenden) Zink-blechzylinder, der eine konzentrierte, durch saugfähige Stoffe eingedickte Elektrolytlösung von

Ammoniumchlorid enthält, darüber hinaus als elektronenaufnehmende Gegenelektrode einen aus Braunstein/Graphit/Schlacke zusammengepressten Stab (man bezeichnet die Zelle wegen des festen Elektrolyten auch als Trockenbatterie, wegen des eingelagerten Kohlenstoffs gelegentlich als »Zink-Kohle-Batterie«):

$$\text{Negativer Pol: } Zn + 2\,NH_4Cl \quad\rightleftharpoons\quad [Zn(NH_3)_2Cl_2] + 2\,H^+ + 2\,e^-$$

$$\underline{\text{Positiver Pol: } 2\,MnO_2 + 2\,H^+ + 2\,e^- \quad\rightleftharpoons\quad 2\,MnO(OH)}$$

$$Zn + 2\,NH_4Cl + 2\,MnO_2 \quad\rightleftharpoons\quad [Zn(NH_3)_2Cl_2] + 2\,MnO(OH) + \text{Energie}.$$

Der am Graphit nebenbei gebildete Wasserstoff ($2\,H^+ + 2\,e^- \rightleftharpoons H_2$), welcher zur Ausbildung einer Gegenspannung an der Kathode führen würde (»Polarisation«), wird durch den Braunstein oxidiert ($2\,MnO_2 + H_2 \rightleftharpoons 2\,MnO(OH)$; »Depolarisation«). Das für Taschenlampen, Taschenrechner, Blitzgeräte, Taschenradios, Filmkameras eingesetzte Trockenelement (1.5 V) ist in Form von Einzelzellen (Mono-, Baby-, Mignon-, Micro-, Ladyzelle) oder als normale Flachbatterie (3 Zellen; 4.5 V) sowie als Transistorblock (6 Zellen; 9 V) im Handel.

Das Funktionsprinzip der Alkali-Mangan-Batterie (»Alkaline«), welche die Zink-Mangan-Batterie mehr und mehr ersetzt, gleicht dem des Leclanché-Elements. Nur arbeitet man im alkalischen statt schwach sauren Milieu (KOH leitet den Strom besser als NH_4Cl), und der positive Pol (MnO_2/Graphit) umgibt den negativen Pol (Paste aus Zn und KOH): $Zn + 2\,MnO_2 \longrightarrow ZnO + Mn_2O_3 +$ Energie (der Einsatz von ultrareinem Zn verhindert die Bildung unerwünschten Wasserstoffs). In den für besonders kleine Geräte benötigten Knopfzellen nutzt man Platten aus gepresstem amalgamiertem Zn-Pulver als Anode, KOH als Elektrolyten und – hiervon getrennt durch ein Diaphragma – HgO/Graphit als Anode: $Zn + HgO + H_2O \longrightarrow Zn(OH)_2 + Hg +$ Energie (Zink-Quecksilber-Batterie). Letztere Zellen liefern verlässlich 1.35 V, und ihre Energiedichte ist etwa viermal höher als die der Alkaline und achtmal höher als die der Leclanché-Zellen.

Um die alkalischen, nicht aufladbaren Zn/Mn-Primärbatterien in aufladbare Zn/Mn-Sekundärbatterien umzuwandeln, beschränkt man die Entladereaktion durch Unterdimensionierung der Zn-Aktivmasse auf die (reversible) Reduktion von MnO_2 nur bis $MnO_{<1.6}$ ($MnO_{>1.6}$ lässt sich nicht mehr reversibel oxidieren). Letztere, als RAM-Zellen (von rechargeable alkaline manganese) bezeichnete, 1993 eingeführte Akkumulatoren gehören zu den meist verkauften sekundären Kleinformat-Zellen (zumindest in USA). Ein Vorteil der RAM-Zellen ist die geringe Selbstentladungsrate selbst bei hohen Temperaturen (wichtig für Schnellentladungen, für Nutzung in heißen Ländern).

Als weiteres Beispiel für Zn-Sekundärbatterien seien die Zink-Luft- und die Zink-Brom-Batterie genannt. Erstere Batterie ist wie folgt aufgebaut: Zn-Anode/KOH-Elektrolyt/ mit O_2 beladene poröse Kathode: $Zn + \frac{1}{2}O_2 + H_2O \rightleftharpoons Zn(OH)_2 +$ Energie. In der Zn/Br-Zelle spielt eine wässerige $ZnBr_2$-Lösung die Rolle der Aktivmasse sowie des Elektrolyten. Während der Ladung werden Br^-- und Zn^{2+}-Ionen an den Elektroden, welche selbst nicht an der elektrochemischen Reaktion beteiligt sind, zu Br und Zn umgesetzt (Energie $+ ZnBr_2 \longrightarrow Zn + Br_2$), wobei Br_2 vom Elektrolyten in Form von Polybromiden (Br_3^-, Br_5^-; s. dort) gebunden wird. Letztere setzen sich als Sumpf ab, der in einem Tank gespeichert und während der Entladung dem Reaktionsraum wieder zugeführt wird.

Zink und Cadmium in Verbindungen

In ihren Verbindungen treten Zink und Cadmium praktisch nur mit der Oxidationsstufe +II auf (z. B. ZnH_2, $ZnCl_2$, ZnO, $CdBr_2$, CdS). Für die Oxidationsstufe +I gibt es einige wenige Verbindungsbeispiele (vgl. S. 1762).

Zink und Cadmium existieren in wässriger Lösung nur in der zweiwertigen Stufe als Zn^{2+}-Ion (isoelektronisch mit Cu^+, Ni) und als Cd^{2+}-Ion (isoelektronisch mit Ag^+, Pd). Die Ionen liegen in Form des farblosen Hexahydrats $[M(H_2O)_6]^{2+}$ vor. Auch in ihren wasserfreien Verbindungen sind beide Metalle in der Regel zweiwertig. Die wenigen bekannt gewordenen Verbindungsbeispiele mit einwertigem Zink bzw. Cadmium weisen eine sehr große Neigung zur Disproportionierung auf[2] (vgl. S. 1762). Im Falle von Cadmium folgt letzterer Sachverhalt aus dem Potentialdiagramm der Oxiationsstufen $+II$, $+I$ und 0 in saurem Milieu, wonach Cd_2^{2+} in Wasser disproportionieren muss (s. Abb. 23.2).

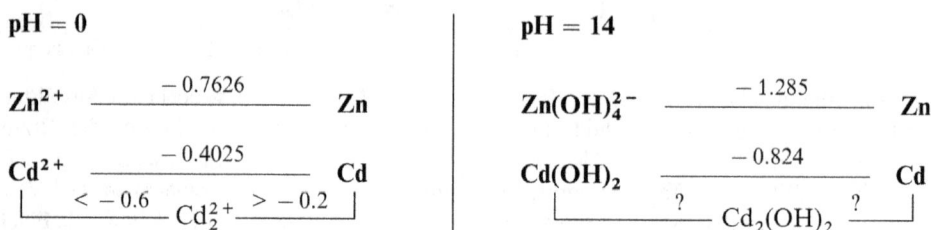

pH = 0

$$Zn^{2+} \xrightarrow{\;-0.7626\;} Zn$$

$$Cd^{2+} \xrightarrow{\;-0.4025\;} Cd$$

$$\underset{Cd_2^{2+}}{\underbrace{\overset{<\,-0.6}{\rule{2cm}{0.4pt}}\qquad\overset{>\,-0.2}{\rule{2cm}{0.4pt}}}}$$

pH = 14

$$Zn(OH)_4^{2-} \xrightarrow{\;-1.285\;} Zn$$

$$Cd(OH)_2 \xrightarrow{\;-0.824\;} Cd$$

$$\underset{Cd_2(OH)_2}{\underbrace{\overset{?}{\rule{2cm}{0.4pt}}\qquad\overset{?}{\rule{2cm}{0.4pt}}}}$$

Abb. 23.2

Durch Komplexierung von Zn^{2+} bzw. Cd^{2+} mit geeigneten Liganden wie OH^-, CN^- oder NH_3 lässt sich die zweiwertige Stufe in Wasser zusätzlich stabilisieren (für OH^- vgl. Potentialdiagramm, $pH = 14$; E° für $Zn(CN)_4^{2-}/Zn = -1.26$, für $Cd(CN)_4^{2-}/Cd = -1.09$, für $Cd(NH_3)_4^{2+}/Cd = -0.622\,V$).

Als Koordinationszahlen betätigt das Zink(II) bevorzugt vier (tetraedrisch in $Zn(NH_3)_4^{2+}$, $Zn(CN)_4^{2-}$; planar in $Zn\,(Glycinyl)_2$) sowie – bei hoher Ligandenkonzentration oder in Anwesenheit großer Gegenionen – sechs (oktaedrisch in $Zn(H_2O)_6^{2+}$, $Zn(NH_3)_6^{2+}$) und das größere Cadmium(II) sechs (oktaedrisch in $Cd(NH_3)_6^{2+}$) sowie – bei Koordination größerer Liganden – vier (tetraedrisch in $CdCl_4^{2-}$)[2]. Seltener beobachtet man die Koordinationszahlen zwei (digonal in $ZnMe_2$, $CdEt_2$), drei (trigonal-planar in $[MeZnNPh_2)_2]_2$), fünf (quadratischpyramidal in $[Zn(S_2CNEt_2)_2]_2$, $[Cd(S_2CNEt_2)_2]_2$; trigonal-bipyramidal in $[Zn(acac)_2(H_2O)]$, $CdCl_5^{3-}$) und größer sechs (z. B. verzerrt-dodekaedrisch in $Zn(NO_3)_4^{2-}$; pentagonal-bipyramidal in $[Cd(Chinolin)_2(NO_3)_2(H_2O)]$).

Die Zink- und Cadmiumsalze MX_2 (diamagnetisch; d^{10}) sind zum Unterschied von den benachbarten blauen Kupfer- bzw. orangefarbenen Silbersalzen MX_2 (paramagnetisch; d^9) farblos, falls die Liganden X nicht zu leicht polarisierbar sind und zu charge-transfer-Absorptionen Veranlassung geben (aus letzterem Grunde sind insbesondere Cadmiumsalze häufiger farbig). Zinksalze ZnX_2 und auch Cadmiumsalze CdX_2 weisen viele Ähnlichkeiten mit den ebenfalls farblosen und diamagnetischen Magnesiumsalzen MgX_2 auf (z. B. Bildung isomorpher Verbindungen). Zn^{2+} ist als Lewis-Säure jedoch deutlich weicher als Mg^{2+} und bildet sowohl mit harten Basen (z. B. O-Donoren) und mittelharten Basen (z. B. N-Donoren) als auch mit weichen Basen (z. B. Cl^-, Br^-, I^-, S^{2-}, CN^-) stabile Komplexe. Analoges gilt für Cd^{2+}. Es wirkt jedoch als Lewis-Säure etwas weicher als Zn^{2+}, was sich etwa darin zeigt, dass in $[Zn(NCS)_4]^{2-}$ die Rhodanid-Liganden N-gebunden, in $[Cd(SCN)_4]^{2-}$ aber S-gebunden vorliegen.

Bezüglich der Elektronenkonfiguration, der Radien, der magnetischen und optischen Eigenschaften der Zink- und Cadmiumionen vgl. Ligandenfeld-Theorie (S. 1592) sowie Anh. IV, bezüglich eines Eigenschaftsvergleichs der Metalle der Zinkgruppe S. 1545f und S. 1768 sowie Anm.[1].

---

[2] Alle Ionen mit d^{10}-Konfiguration (z. B. Zn^{2+}, Cd^{2+}; Cu^+, Ag^+) bilden bei 4 Liganden tetraedrische, bei 6 Liganden oktaedrische Komplexe, während Ionen mit d^9-Konfiguration (z. B. Cu^{2+}) bei 4 Liganden eine quadratisch-planare, bei 6 Liganden eine verzerrt-oktaedrische Anordnung ergeben (vgl. S. 1600, 1694).

1.2   Verbindungen des Zinks und Cadmiums

1.2.1   Zink(II)- und Cadmium(II)-Verbindungen (d^{10})

Wasserstoffverbindungen

Bei der Umsetzung von Lithium- oder Natriumhydrid LiH bzw. NaH mit Zinkbromid oder -iodid ZnX_2 in Tetrahydrofuran fällt Zinkdihydrid ZnH_2 als festes, farbloses binäres Hydrid aus (LiBr bzw. NaI bleibt in Lösung):

$$2\,MH + ZnX_2 \longrightarrow ZnH_2 + 2\,MX.$$

Das hochoxidable Hydrid zerfällt oberhalb von 90 °C – rasch bei 105 °C – in die Elemente. Wesentlich instabiler sind die homologen Verbindungen CdH_2 und HgH_2, die sich bereits unterhalb bzw. weit unterhalb 0 °C zersetzen (vgl. hierzu auch S. 301, 2067).

Auch durch Reaktion von Zinkdiiodid ZnI_2 mit Lithiumalanat $LiAlH_4$ ist ZnH_2 in etherischer Lösung erhältlich ($ZnI_2 + 2\,LiAlH_4 \longrightarrow ZnH_2 + 2\,LiI + 2\,AlH_3$; analog soll sich CdH_2 bzw. HgH_2 aus CdI_2 bzw. HgI_2 bei sehr tiefen Temperaturen bilden). Setzt man Zinkate Li_nZnMe_{n+2} mit $LiAlH_4$ um, so entstehen, neben ZnH_2 die ternären Hydride $LiZnH_3$, Li_2ZnH_4 und Li_3ZnH_5 als farblose Pulver. Analog Berylliumwasserstoff BeH_2 ist schließlich durch Einwirkung von Diboran $(BH_3)_2$ auf Dialkylzink R_2Zn oder Zinkdialkoxide $Zn(OR)_2$ der Zinkwasserstoff in Form eines Boran-Addukts als Zinkboranat $Zn(BH_4)_2$ zugänglich (vgl. S. 1248):

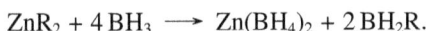

$$ZnR_2 + 4\,BH_3 \longrightarrow Zn(BH_4)_2 + 2\,BH_2R.$$

Halogen- und Pseudohalogenverbindungen

Halogenide. Gemäß Tab. 23.2 sind von Zink und Cadmium alle Zink- und Cadmiumdihalogenide MX_2 bekannt. Ihre Darstellung kann aus den Elementen, durch Einwirkung von Halogenwasserstoffen auf Zink bzw. Cadmium bei erhöhter Temperatur oder durch Auflösen der Metalle bzw. Metallcarbonate in den Halogenwasserstoffsäuren erfolgen. Die im letzteren Falle gebildeten Hydrate lassen sich u. a. durch Thionylchlorid in der Wärme entwässern. Wichtig ist insbesondere Zinkdichlorid $ZnCl_2$.

Eigenschaften. Unter den wasserfreien Salzen MX_2 lösen sich ZnF_2 und CdF_2 schlecht (1.62 bzw. 4.35 g pro 100 g H_2O bei 20 °C), die übrigen Dihalogenide gut in Wasser (ca. 400 g ZnX_2 bzw. 100 g CdX_2 in 100 g H_2O bei 20 °C; vgl. hierzu Magnesiumdihalogenide). Bis auf CdF_2 und CdI_2 bilden alle Dihalogenide Hydrate. $ZnCl_2$ kristallisiert aus wässeriger Lösung als Tetrahydrat $ZnCl_2 \cdot 4\,H_2O$ aus (man kennt auch Hydrate $ZnCl_2 \cdot n\,H_2O$ mit $n = 1$, 1.5, 2.5, 3 sowie Ammoniakate wie $ZnCl_2(NH_3)_2$). Wässerige Lösungen von $ZnCl_2$ wirken schwach bis stark

Tab. 23.2 Halogenide, Oxide und Sulfide des Zinks sowie Cadmiums (2. Reihe: Smp./Sdp.)[a]

	Fluoride	Chloride	Bromide	Iodide	Oxide[b]	Sulfide
Zn(II)	ZnF_2, farbl.	$ZnCl_2$, farbl.	$ZnBr_2$, farbl.	ZnI_2, farbl.	ZnO, farbl.	ZnS, farbl.[c]
	872/1500 °C	290/732 °C	394/650 °C	446/624 °C	Smp. 1975 °C	Sblp. 1180 °C
	$\Delta H_f = -765\,kJ\,mol^{-1}$	$\Delta H_f = -415\,kJ\,mol^{-1}$	$\Delta H_f = -329\,kJ\,mol^{-1}$	$\Delta H_f = -208\,kJ\,mol^{-1}$	$\Delta H_f = -349\,kJ\,mol^{-1}$	$\Delta H_f = -206\,kJ\,mol^{-1}$
	Rutil, KZ 6	$ZnCl_2$-Str., KZ 4	$ZnCl_2$-Str.; KZ 4	$ZnCl_2$-Str., KZ 4	Wurtzit, KZ 4	Zinkblende, KZ 4
Cd(II)	CdF_2, farbl.	$CdCl_2$, farbl.	$CdBr_2$, hellgelb	CdI_2, farbl.	CdO, gelb	CdS, gelb
	1078/1748 °C	568/970 °C	570/863 °C	388/796 °C	Sblp. 1559 °C	Sblp. 1000 °C
	$\Delta H_f = -701\,kJ\,mol^{-1}$	$\Delta H_f = -392\,kJ\,mol^{-1}$	$\Delta H_f = -316\,kJ\,mol^{-1}$	$\Delta H_f = -204\,kJ\,mol^{-1}$	$\Delta H_f = -258\,kJ\,mol^{-1}$	$\Delta H_f = -162\,kJ\,mol^{-1}$
	Fluorit, KZ 8	$CdCl_2$-Str., KZ 6	CdI_2-Str., KZ 6	CdI_2-Str., KZ 6	NaCl-Str., KZ 6	ZnS-Str., KZ 4

a Man kennt auch Selenide und Telluride. Darüber hinaus existieren Pentelide und Tetrelide (vgl. S. 1761).
b Man kennt auch Peroxide.
c Zinkblende geht bei 1020 °C in Wurtzit über.

sauer (z. B. pH $= 1$ für $c = 6\,mol\,l^{-1}$) und enthalten in verdünntem Zustande oktaedrisch gebaute $Zn(H_2O)_6^{2+}$-Ionen, in konzentrierter Form die Säure $[ZnCl_2(H_2O)_2]$ (vgl. $[AuCl_3(H_2O)]$ und $[PtCl_4(H_2O)_2]$) sowie tetraedrisch gebaute $ZnCl_4^{2-}$-Ionen. Konzentrierte $ZnCl_2$-Lösungen vermögen Stärke, Cellulose und Seide aufzulösen und lassen sich deshalb nicht durch Papier filtrieren. Mit Halogenid bilden die Dihalogenide »Halogenokomplexe« MX_3^- und MX_4^{2-}. Große Kationen wie $[Co(NH_3)_6]^{3+}$ stabilisieren auch das trigonal-bipyramidal gebaute $CdCl_5^{3-}$-Ion.

Strukturen. Unter den wasserfreien Dihalogeniden kristallisieren ZnF_2 mit Rutil-, CdF_2 mit Fluorit-Struktur. Als Folge der Zunahme des Ionenradius in Richtung Zn^{2+}, Cd^{2+} erhöht sich in den Difluoriden somit die Koordinationszahl der Metallionen von 6 bei Zn^{2+} (oktaedrische Koordination) nach 8 bei Cd^{2+} (kubische Koordination). In analoger Weise wächst bei den verbleibenden Dihalogeniden MCl_2, MBr_2 und MI_2, die statt der salzartigen Raumstruktur weniger salzartige Schichtstrukturen einnehmen, die M^{2+}-Koordinationszahl von 4 bei Zn^{2+} auf 6 bei Cd^{2+}. Und zwar besetzen die Zn^{2+}- bzw. Cd^{2+}-Ionen jeweils tetraedrische bzw. oktaedrische Lücken jeder übernächsten Schicht hexagonal- oder kubisch-dichtest gepackter X^--Ionen (vgl. »$CdCl_2$-« und »CdI_2-Struktur«, S. 136). $ZnCl_2$ existiert auch in einer Raumstruktur (»α-$ZnCl_2$-Struktur«) mit Zn in $1/4$ der tetraedrischen Lücken einer kubisch-dichtesten Cl-Packung.

Verwendung. Mischungen von Zinkoxid und konzentrierter $ZnCl_2$-Lösung ergeben wie beim Magnesium (S. 1448) eine infolge Bildung von basischem Zinkchlorid $Zn(OH)Cl$ erhärtende Masse, die man einst zu Zahnfüllungen verwandte. Da flüssiges $ZnCl_2$ viele Metalloxide zu lösen vermag, ist es in vielen metallurgischen Flussmitteln enthalten. So macht die beim Löten genutzte Mischung aus $ZnCl_2$ und NH_4Cl die Metalle blank, da sie die Metalloxid-Schicht entfernt: $ZnCl_2 + MO \longrightarrow M[ZnCl_2O]$. Weiterhin kann $ZnCl_2$ als Holzimprägnierungsmittel genutzt werden, da das Zn^{2+}-Ion ein Gift für Mikroorganismen ist und daher die Fäulnis des Holzes unterbindet (noch wirksamer ist für diesen Zweck das Elementhomologe $HgCl_2$). Schließlich dient $ZnCl_2$ in der Textilverarbeitung, z. B. um Textilien feuersicher zu machen.

Cyanide (S. 2084). Bei Zugabe von Cyanid zu Zn- bzw. Cd-Salzlösungen fällt farbloses Zinkdicyanid $Zn(CN)_2$ (anti-Cuprit-Struktur mit linearen $Zn-C\equiv N-Zn$-Gruppen und tetraedrisch koordiniertem Zn; Löslichkeit 0.5 mg pro 100 g Wasser bei 20 °C) und farbloses Cadmiumdicyanid $Cd(CN)_2$ aus (Struktur analog $Zn(CN)_2$; Löslichkeit 1.7 g pro 100 g Wasser bei 15 °C). In Mineralsäuren lösen sich die Cyanide unter HCN-Entwicklung und in Ammoniak unter Komplexbildung. In wässeriger KCN-Lösung entstehen das stabile farblose Tetracyanozinkat und -cadmat $K_2M(CN)_4$ (Stabilitätskonstanten ca. 10^{17}), aber offensichtlich keine Penta- oder Hexacyanokomplexe. Es lässt sich aber das Ion $Cd_2(CN)_7^{3-}$ (Bau: $(NC)_3Cd-C\equiv N-Cd(CN)_3$ mit tetraedrisch koordiniertem Cd-Ion) als farbloses Salz $[PPh_4]_3[Cd_2(CN)_7]$ isolieren. Die Tetracyanokomplexe spielen eine Rolle bei der elektrolytischen Abscheidung von Zink- oder Cadmiumüberzügen.

Azide (S. 2087). Als weitere Beispiele für Pseudohalogenide seien farbloses, zersetzliches Zinkdiazid $Zn(N_3)_2$ und farbloses, außerordentlich explosives Cadmiumdiazid $Cd(N_3)_2$ genannt, welche durch Komplexbildung mit Azidionen stabilisierbar sind. $M^I_2[Zn(N_3)_4]$ enthält hierbei isolierte Ionen $[Zn(N_3)_4]^{2-}$ mit tetraedrisch koordiniertem Zn^{2+}, $K_2Cd(N_3)_4$ anionische Ketten (Abb. 23.3a) aus $Cd(N_3)_6$-Oktaedern mit gemeinsamen gegenüberliegenden Kanten und $KCd(N_3)_3 \cdot H_2O$ (Abb. 23.3b) anionische Doppelketten (Abb. 23.3b) aus kantenverknüpften $Cd(N_3)_6$-Oktaedern (analog gebaut sind $RbCdCl_3$, NH_4CdCl_3 mit Cl in Abb. 23.3b anstelle von N_3).

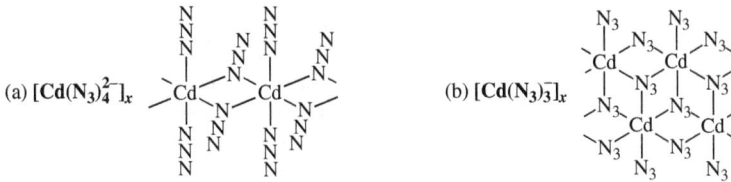

(a) $[Cd(N_3)_4^{2-}]_x$ (b) $[Cd(N_3)_3^-]_x$

Abb. 23.3

Chalkogenverbindungen

Man kennt alle Chalkogenide MY des Zinks und Cadmiums. Sie haben mit Ausnahme des Cadmiumoxids (NaCl-Struktur) als »II/VI-Verbindungen« (S. 1403) Wurtzit- oder Zinkblende Struktur (s. unten).

Sauerstoffverbindungen. Das praktisch wasserunlösliche Zinkoxid ZnO (Tab. 23.2 sowie S. 2088) kommt in der Natur als »Rotzinkerz« bzw. »Zinkit« vor (die rote Farbe geht auf Fe- oder Mn-Spuren zurück). Die technische Darstellung erfolgt in größerer Menge durch Verbrennen von Zinkdampf an der Luft, indem man Mischungen von oxidischem Zinkerz und Koks in einem Drehrohrofen bei Luftüberschuß der Flamme einer Kohlenstaubfeuerung entgegenschickt (»amerikanisches« Verfahren):

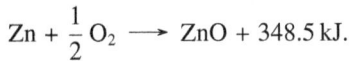

$$Zn + \frac{1}{2}O_2 \longrightarrow ZnO + 348.5\,kJ.$$

Die mit ZnO beladenen Reaktionsgase passieren eine Flugstaubkammer, in welcher sich das so genannte »Voroxid« absetzt, das in den Drehrohrofen zurückkehrt. Das gewonnene Produkt (»Zinkoxid«) besteht zu 90–95 % aus ZnO. Ein reineres Produkt (»Zinkweiß«) erhält man durch Verbrennen von dampfförmigem Reinzink (»französisches« Verfahren). Schließlich lässt sich »Zinkoxid« auch »naßchemisch« durch Fällung des Zinks aus gereinigten Zink-Salzlösungen als Hydroxid, basisches Carbonat oder Carbonat und anschließendem »Calcinieren« der Fällung erzeugen.

Strukturen. Beim Erhitzen nimmt das weiße Zinkoxid ZnO (Wurtzit-Struktur; Halbleiter mit einer Bandlücke von 3.2 eV) ohne Änderung der äußeren Struktur zunehmend eine gelbe Farbe an, die beim Abkühlen an der Luft wieder verschwindet (»Thermochromie«, S. 1774). Die Farbänderung ist auf eine geringfügige Abgabe von Sauerstoff unter Bildung des Oxids $Zn_{1+x}O$ (bei 800 °C: $Zn_{1+0.00007}O$) zurückzuführen. Die überzähligen Zinkatome des Defektoxids (n-Halbleiter) wandern dabei auf Zwischengitterplätze und bedingen die gelbe Stofffarbe durch Anregung der Zinkelektronen (vgl. S. 2088). Ferner lassen sich durch Erhitzen von ZnO mit Zinkdampf dotierte Kristalle $Zn_{1+x}O$ (x bis 0.03) erzeugen, deren Farben von gelb über grün und braun bis rot reichen. Außer sauerstoffarmem ZnO kennt man mit Zinkperoxid ZnO_2 (analog CdO_2) auch eine sauerstoffreiche Zn-Verbindung. Beim Glühen mit Cobaltoxid CoO geht ZnO in ein schön grünes Pulver (»Rinmans-Grün«) $ZnCo_2O_4$ mit Spinell-Struktur über.

Verwendung. Zinkoxid ZnO wurde unter dem Namen »Zinkweiß« (»Chinesischweiß«) als weiße Malerfarbe, die zum Unterschied von »Bleiweiß« $2\,PbCO_3 \cdot Pb(OH)_2$ ungiftig, schwefelwasserstoff- und lichtbeständig ist, verwendet, ist aber heute weitestgehend vom besser deckenden (stärker lichtbrechenden) »Titanweiß« TiO_2 verdrängt. Man nutzt es heute hauptsächlich in der Gummiindustrie als Vulkanisationsaktivator. Weitere Anwendungsgebiete für ZnO: Zusatz zu Gläsern zur Erhöhung von deren chemischen Stabilität, Herstellung von Seifen (z. B. Zn-Stearat, -Palmitat für Farbtrockner, Kunststoffstabilisatoren, Fungizide), Erzeugung von Ferriten $Zn_xM_{1-x}Fe_2O_4$ (M = Mn, Ni; über den Zn-Gehalt lassen sich die magnetischen Eigenschaften des Ferrits steuern). Wegen der Fähigkeit, bei gewöhnlichen Temperaturen ultraviolettes Licht stark zu absorbieren, kann ZnO als Zusatz von Sonnenschutz-Salben verwendet werden (vgl. S. 1683). Auch in anderen Salben (»Zinksalben«) und Pflastern (z. B.: »Leukoplast«) befindet sich ZnO als Bestandteil. Zinkperoxid ZnO_2 ist als Antiseptikum in vielen Kosmetika enthalten.

Beim Versetzen von Zinksalzlösungen mit Alkalilaugen fällt Zinkdihydroxid $Zn(OH)_2$ (6 Modifikationen) als weißer, gelatinöser Niederschlag aus, der sich sowohl in Säuren wie in Basen löst, also amphotere Eigenschaften hat. Im ersteren Fall bilden sich (sauer reagierende) Zinksalze $[Zn(H_2O)_6]X_2$, im letzteren (basisch reagierende) Hydroxozinkate $M_2[Zn(OH)_4]$ (bei geringeren OH^--Konzentrationen: $M[Zn(OH)_3(H_2O)]$):

$$Zn(OH)_2 + 2\,H^+ \longrightarrow Zn^{2+} + 2\,H_2O; \quad Zn(OH)_2 + 2\,OH^- \longrightarrow [Zn(OH)_4]^{2-}.$$

In Ammoniak ist Zinkdihydroxid wie Kupferdihydroxid $Cu(OH)_2$ (S. 1702) unter Komplexsalzbildung $[Zn(NH_3)_4]^{2+}$ (in konz. NH_3-Lösungen: $[Zn(NH_3)_6]^{2+}$) farblos löslich:

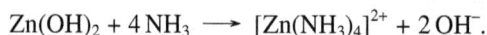

$$Zn(OH)_2 + 4\,NH_3 \longrightarrow [Zn(NH_3)_4]^{2+} + 2\,OH^-.$$

Beim Zusammenschmelzen von ZnO mit Alkali- bzw. Erdalkalimetalloxiden erhält man Zinkate wie etwa K_2ZnO_2 (enthält Ketten aus kantenverknüpften ZnO_4-Tetraedern), $SrZnO_2$ (enthält Schichten aus allseitig eckenverknüpften ZnO_4-Tetraedern) und $BaZnO_2$ (enthält eine dem Cristobalit ähnliche Raumstruktur aus eckenverknüpften ZnO_4-Tetraedern).

Analog ZnO entsteht Cadmiumoxid CdO (Tab. 23.2) beim Verbrennen von Cadmium an der Luft ($Cd + \frac{1}{2}\,O_2 \longrightarrow CdO + 258\,kJ$), beim Rösten des Sulfids sowie beim Erhitzen des Hydroxids, Nitrats oder Carbonats als braunes, amorphes, leicht reduzierbares Pulver, das sich bei starkem Erhitzen in Sauerstoffatmosphäre in tiefrote, kubische Kristalle von NaCl-Struktur umwandelt und beim Erhitzen für sich seine Farbe bis fast nach Schwarz hin variiert (vgl. die analoge Farbänderung beim ZnO, oben, sowie S. 2088). Das (größere) Cd^{2+}-Ion (Cd^{2+}-Ionen in den (größeren) oktaedrischen Lücken der kubisch-dichtesten Packung von O^{2-}-Ionen) weist also im Oxidgitter zum Unterschied vom (kleineren) Zn^{2+}-Ion (Zn^{2+}-Ionen in der Hälfte der (kleineren) tetraedrischen Lücken der kubisch-dichtesten Packung von O^{2-}-Ionen) keine 4 : 4-, sondern eine 6 : 6-Koordination auf. Man verwendet CdO zur Herstellung dekorativer Gläser und Emaillen, in Nickel-Cadmium-Zellen (S. 2025) sowie als Katalysator für Hydrierungs- und Dehydrierungsreaktionen. Beim Versetzen von Cadmiumsalzlösungen mit Alkalilaugen bildet sich Cadmiumdihydroxid $Cd(OH)_2$ als weißer Niederschlag (kristallisiert: Brucit-Struktur, S. 1446). Es wirkt basischer als $Zn(OH)_2$ und ist in Säuren (Bildung von $[Cd(H_2O)_6]^{2+}$) sowie in sehr starken Alkalilaugen (Bildung von $[Cd(OH)_4]^{2-}$) löslich. In Ammoniak löst es sich wie Zinkdihydroxid (s. oben) unter Komplexbildung: $Cd(OH)_2 + 4\,NH_3 + 2\,H_2O \longrightarrow [Cd(NH_3)_4(H_2O)_2](OH)_2$ (in konzentrierten Ammoniaklösungen entstehen Hexaammin-Komplexkationen $[Cd(NH_3)_6]^{2+}$). Beim Zusammenschmelzen von CdO mit Metalloxiden erhält man Cadmate $BaCdO_2$ (ähnlich gebaut wie $BaZnO_2$) sowie $MCdO_2$ (M = Sn, Ti, Zr, Ce, Th; verzerrte Perowskitstruktur).

Zink- und Cadmiumsalze von Oxosäuren. Durch vorsichtiges oxidierendes Rösten von Zinkblende ($ZnS + 2\,O_2 \longrightarrow ZnSO_4$) oder durch Behandeln oxidischer Zinkerze mit Schwefelsäure ($ZnO + H_2SO_4 \longrightarrow ZnSO_4 + H_2O$) lässt sich Zinksulfat $ZnSO_4$ gewinnen. Es kristallisiert aus Wasser in Form großer, farbloser Kristalle der Zusammensetzung $ZnSO_4 \cdot 7\,H_2O$ = $[Zn(H_2O)_6]SO_4 \cdot H_2O$ als »Zinkvitriol« aus, welches mit anderen Vitriolen $MSO_4 \cdot 7\,H_2O$ (M z. B. Mg, Fe) isomorph ist, mit Alkalisulfaten Doppelsulfate vom Typus $M_2Zn(SO_4)_2 \cdot 6\,H_2O$ (isomorph mit den entsprechenden Doppelsalzen des Magnesiums) bildet und sich vom Kupfervitriol $CuSO_4 \cdot 5\,H_2O$ durch einen größeren Wassergehalt unterscheidet, da das Zink-Ion 6 Moleküle H_2O koordinativ bindet (auch gegenüber NH_3 kann Zn^{2+} die Koordinationszahl 6 betätigen). Die bakterientötende Wirkung des Zn^{2+}-Ions ermöglicht die Anwendung sehr verdünnter $ZnSO_4$-Lösungen (0.1–0.5 %) als Augenwasser bei Bindehautentzündungen (zum Teil im Gemisch mit Borwasser; S. 1290).

Andere wasserlösliche Zinksalze sind das Nitrat $Zn(NO_3)_2$, das Sulfit $ZnSO_3$, das Perchlorat $Zn(ClO_4)_2$ und das Acetat $Zn(OAc)_2$ (Ac = Acetylrest CH_3CO). Letzteres bildet bei der Destillation im Vakuum ein mit dem Oxoacetat des Berylliums (S. 1438) isomorphes »Oxoacetat« $Zn_4O(OAc)_6$. Beim Erhitzen auf 770 °C wird wasserfreies $ZnSO_4$ gemäß $ZnSO_4 \longrightarrow ZnO + SO_2 + \frac{1}{2}O_2$ zersetzt. In analoger Weise zerfallen $ZnCO_3$ und $Zn(NO_3)_2$ bei 300 bzw. 140 °C: $ZnCO_3 \longrightarrow ZnO + CO_2$; $Zn(NO_3)_2 \longrightarrow ZnO + 2NO_2 + \frac{1}{2}O_2$. Dagegen ist das Diphosphat $Zn_2P_2O_7$ sehr stabil, weshalb man es zur gravimetrischen Bestimmung von Zn verwendet. Ähnlich wie von Zink existiert auch von Cadmium ein wasserlösliches Cadmiumsulfat $CdSO_4$, das als Vitriol $CdSO_4 \cdot 7H_2O$ aber auch als Hydrat der Zusammensetzung $3CdSO_4 \cdot 8H_2O$ isoliert werden kann. Darüber hinaus sind viele weitere Cadmiumsalze von Oxosäuren bekannt.

Feinkristalline Schichten aus Zinkphosphat $Zn_3(PO_4)_2 \cdot 4H_2O$ (»Hopeit«) – zum Teil im Gemisch mit $Zn_2Fe(PO_4)_2 \cdot 4H_2O$ (»Phosphophyllit«) – dienen als Korrosionsschutz und »Lackhaftgrund« für Haushaltsgeräte (Kühlschränke, Waschmaschinen) und Autokarosserien. Sie werden durch Behandlung der stählernen Werkstücke mit einer wässerigen Lösung von »Zinkdihydrogenphosphat« $Zn(H_2PO_4)_2$ gebildet (»Phosphatierung«).

Die Ausfällung von Hopeit auf dem Werkstück erfolgt hierbei durch Reduktion der im Gleichgewicht (23.4) gebildeten Protonen nach (23.5) mit dem Eisen des Werkstückes (»Beizreaktion«):

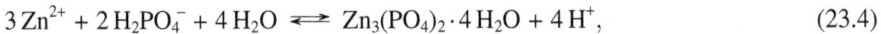

$$3Zn^{2+} + 2H_2PO_4^- + 4H_2O \rightleftharpoons Zn_3(PO_4)_2 \cdot 4H_2O + 4H^+, \qquad (23.4)$$

$$2Fe + 4H^+ \longrightarrow 2Fe^{2+} + 2H_2. \qquad (23.5)$$

Die entstehenden Fe^{2+}-Ionen werden zum Teil durch Phosphoryllit-Bildung, zum Teil durch Reaktion mit zugesetzten Oxidationsmitteln wie Nitrit, Nitrat, Chlorat (Bildung von unlöslichem $Fe^{III}PO_4$) verbraucht (die Oxidationsmittel oxidieren zudem nach (23.5) gebildeten Wasserstoff zu Wasser). Für einfachen Korrosionsschutz ist nicht die besprochene »schichtbildende«, sondern nur eine »nichtschichtbildende« Phosphatierung durch Behandlung der Werkstücke mit einer Lösung von Alkalimetalldihydrogenphosphat MH_2PO_4 notwendig, wobei die Kationen der Korrosionsschutzschicht aus dem Werkstück stammen: $Fe + 2H_2PO_4^- \longrightarrow FePO_4 + HPO_4^{2-} + 1.5H_2$. Die aufgebrachten Schichten wirken – insbesondere in Verbindung mit Öl oder Metallseife – zugleich als »anorganisches Schmiermittel«, die gegebenenfalls die Reibung zwischen Werkzeug und Werkstück mindern. Gleichzeitig wird durch die Schichten eine Korrosion während der Bearbeitung des Werkstücks verhindert.

Das Zinksulfid ZnS (Tab. 23.2) kommt in der Natur als kubische Zinkblende (Sphalerit) und (weniger häufig) als hexagonaler Wurtzit vor (s. unten) und enthält als Mineral fast immer Fe und Cd als substitutionelle Verunreinigungen, daneben häufig seltenere Elemente wie In, Ga und Ge. Es fällt beim Einleiten von Schwefelwasserstoff in Zinksalzlösungen als amorpher weißer Niederschlag ($L_{ZnS} = 1.1 \cdot 10^{-24}$) aus:

$$Zn^{2+} + H_2S \rightleftharpoons ZnS + 2H^+.$$

sofern man die dabei entstehende freie Säure bindet. Bei längerem Stehen altert (vgl. S. 1111) der in Säuren leicht lösliche Niederschlag unter Bildung höherpolymerer Produkte, die sich in Säuren weniger leicht lösen und beim Erhitzen mit wässerigem H_2S unter Druck Zinkblende, beim Erhitzen mit gasförmigem H_2S Wurtzit ergeben.

Die Reinigung von ZnS kann durch endothermen Transport mit Iod im Temperaturgefälle $1000 \rightarrow 900$ °C erfolgen (vgl. S. 1657): $ZnS(f) + I_2(g) \rightleftharpoons ZnI_2(g) + \frac{1}{2}S_2(g)$. Der Transport wickelt sich hier gleichermaßen beim Einsatz eines stöchiometrischen Gemenges von Zink und Schwefel in Anwesenheit von Iod ab. Diese vorteilhafte transportunterstützte Synthese kristalliner Feststoffe aus den Elementen gelingt in vielen Fällen.

Gelbes Zinkselenid ZnSe (Smp. > 1100 °C) sowie rotes Zinktellurid ZnTe (Smp. 1239 °C, Halbleiter) werden aus den Elementen gewonnen. Beide Verbindungen zersetzen sich an feuchter Luft.

(a)   ● Zn ○ S   (b)

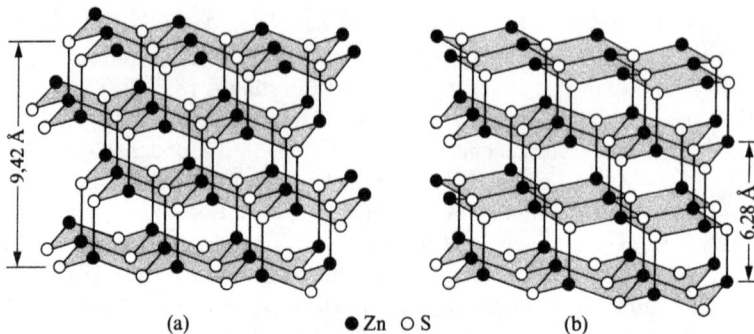

Abb. 23.4 Zinkblende- (a) und Wurtzit-Struktur (b) des Zinksulfids ZnS (Schraffur nur zur Strukturverdeutlichung).

Strukturen. Die kubische »Zinkblende-Struktur« bzw. hexagonale »Wurtzit-Struktur« leitet sich nach Abb. 23.4a bzw. b vom kubischen bzw. hexagonalen Diamantgitter ab (Abb. 15.2a bzw. b, S. 1003; abwechselnd Zn und S). Beide Strukturen unterscheiden sich lediglich in der gegenseitigen Orientierung der einzelnen ZnS_4- und SZn_4-Tetraeder. Man kann die Struktur der Zinkblende und des Wurtzits auch als eine kubisch- bzw. hexagonal-dichteste Kugelpackung von S^{2-}-Ionen beschreiben, in der jeweils die Hälfte aller tetraedrischen Lücken mit Zn^{2+}-Ionen besetzt ist. Man findet die »Zinkblende-Struktur« (Schichtenfolge A, B, C; A, B, C usw.) und die »Wurtzit-Struktur« (Schichtenfolge A, B; A, B usw.), von denen beim ZnS die erstere die Nieder-, die letztere die Hochtemperaturform ist:

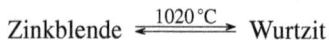

$$\text{Zinkblende} \xrightleftharpoons{\text{1020 °C}} \text{Wurtzit}$$

(ZnS-Abstände in beiden Fällen 2.35 Å), auch bei vielen anderen Verbindungen, insbesondere bei Verbindungen von Elementpaaren, deren eines Glied im Periodensystem um ebensoviele Gruppen vor den Elementen C, Si, Ge, Sn (IV. Gruppe) steht wie das zweite dahinter, sodass die Summe der Außenelektronen beider Bindungspartner gleich 8 wie bei zwei C-Atomen des Diamants ist (z. B. CuCl, CuBr, CuI, AgI; BeO, BeS, BeSe, BeTe, MgTe, ZnO, ZnS, ZnSe, ZnTe, CdS, CdSe, CdTe, HgS, HgSe, HgTe; BN, AlN, AlP, GaN, GaP, GaAs, InSb; vgl. I/VII-, II/VI-, III/V-Verbindungen, S. 1403).

Ersetzt man in der Zinkblende die Zinkatome hälftig durch Cu und hälftig durch Fe, so kommt man zum Kupferkies $CuFeS_2$; ersetzt man in diesem Kupferkies die Hälfte der Eisenatome durch Sn, so erhält man den Zinnkies Cu_2FeSnS_4. Auch in diesen Fällen liegen also Kugelpackungen von S-Ionen vor, in deren Lücken in diesem Falle Cu-, Fe- bzw. Sn-Ionen eingebaut sind.

Verwendung. Kristallisiertes Zinksulfid ZnS, welches Spuren von Kupfer oder Silber ($\sim 0.01\%$) enthält, hat wie die Sulfide der Erdalkalimetalle (S. 1463) die Fähigkeit, nach Belichtung im Dunkeln weiterzuleuchten. Diese Lumineszenz-Erscheinung (»Phosphoreszenz«) tritt auch beim Bestrahlen mit unsichtbaren Strahlen (ultraviolettes Licht, Röntgenstrahlen, Kathodenstrahlen, radioaktive Strahlen) auf. Daher benutzt man aktivierte Zinkblende (»Sidot'sche Blende«, benannt nach dem Entdecker T. Sidot) in dünner Schicht auf Plexiglas oder anderem durchsichtigem Material als Leuchtschirm zum Sichtbarmachen von Röntgenstrahlen und radioaktiven Zerfallsprodukten (S. 2232, 2241). Im Gemisch mit $BaSO_4$ dient ZnS als weiße Malerfarbe (»Lithopone«, S. 1473). Wegen seiner Ungiftigkeit kann es als Pigment zum Anfärben von Kinderspielzeug genutzt werden.

Beim Einleiten von Schwefelwasserstoff in alkalische oder mäßig saure Cadmiumsalzlösungen fällt Cadmiumsulfid CdS (Tab. 23.2) als schön gelber, amorpher Niederschlag aus ($L_{CdS} = 1.0 \cdot 10^{-28}$). Es kommt in der Natur sowohl mit Zinkblende- als auch Wurtzit-Struktur vor und dient in der Malerei unter dem Namen »Cadmiumgelb« als sehr dauerhafte gelbe

Farbe. Die auf gelbem CdS bzw. auf CdS-Mischphasen ($+$ ZnS: grünlich-gelb; $+$ HgS oder CdSe: orange bis bordeaux-farben) basierenden, praktisch unlöslichen und deshalb wenig giftigen Cd-Pigmente gehören zu den thermostabilsten und brillantesten anorganischen Buntpigmenten. Sie werden zum Einfärben von Kunststoffen mit hoher Verarbeitungstemperatur (Polystyrol, -ethylen, -propylen usw.), von Lacken und von Gläsern genutzt. Dunkelrotes, wasserunlösliches, sehr giftiges Cadmiumselenid CdSe (Smp. 1350 °C) wird als »Cadmiumpigment« (meist gemischt mit CdS) sowie in Photozellen und Gleichrichtern als Halbleiter verwendet. Dunkelbraunes, nur in HNO_3 lösliches, gesundheitsschädliches Cadmiumtellurid CdTe dient ebenfalls als »Cadmiumpigment« und wird in der Halbleitertechnik zum Herstellen von Leuchtstoffen verwendet.

Pentel-, Tetrel-, Trielverbindungen

Aus der Klasse der Pentelide seien die Nitride Zn_3N_2/Cd_3N_2 (grau/schwarz; hydrolyse- und luftlabil; thermisch beständig bis ca. 600 °C; vgl. S. 747), die Azide $Zn(N_3)_2/Cd(N_3)_2$ (farblos, bilden Azidokomplexe $[M(N_3)_4]^{2-}$, vgl. S. 1756) sowie die Phosphide M_3P_2 (dunkelgrau; wasserlöslich, giftig; Smp. > 420/ca. 700 °C; gewinnbar aus den Elementen; man kennt auch M_7P_{10}, Cd_6P_7, MP_2, MP_4, Arsenide; vgl. S. 861, 948) genannt. Man nutzt Zn_3N_2 in Keramiken, Zn_3P_2 in photoelektrischen Solarzellen und als Rodentizid zur Bekämpfung von Nagetieren – insbesondere Ratten, Mäusen – (von lat. rodere = nagen, ... cida = ... töten). Rotbraune Nitridozinkate $M^{II}_2ZnN_2$ (M^{II} = Ca, Sr, Ba) bilden sich aus den Elementen (als N-Lieferant kann NaN_3 genutzt werden). Sie enthalten das mit CO_2 valenzisoelektronische Anion $[ZnN_2]^{4-} \stackrel{\wedge}{=} [N=Zn=N]^{4-}$. Darüber hinaus entsteht schwarzes LiZnN durch Erhitzen von Li_3N und Zn_3N_2 auf 400 °C im NH_3-Strom. Das Nitridozinkat baut sich aus ZnN_4-Tetraedern auf, die über gemeinsame N-Atome zu einer Zinkblende-Raumstruktur verknüpft sind (jedes N-Atom gehört 4 ZnN_4-Tetraedern an; Li besetzt tetraedrische Lücken im ZnN-Teilgitter); LiZnN kommt somit CaF_2-Struktur zu (geordnete Besetzung der tetraedrischen Lücken einer kubisch-dichtesten N-Atompackung mit Zn und Li; Näheres S. 2098). Beispiele für Tetrelide sind die Carbide ZnC_2/CdC_2 (Salze des Acetylens; S. 1021). Die Tendenz zur Bildung von Trieliden ist im Falle von Zn und Cd offensichtlich nicht sehr groß.

Man kennt des weiteren viele Zn- sowie Cd-Verbindungen mit stickstoff- und kohlenstoffhaltigen Resten (vgl. Ammin-Komplexe sowie Organische Verbindungen des Zinks und Cadmiums, S. 1758, 1762).

Zink in der Biosphäre

Zn-haltigen Enzymen kommt eine große biochemische Bedeutung für Organismen zu (vgl. hierzu Physiologisches). So katalysiert etwa die »Carboxypeptidase A« (Molmasse rund 34000), welche ein tetraedrisch von zwei Histidin-N-Atomen, einem Glutamat-O-Atom und dem O-Atom eines H_2O-Moleküls koordiniertes Zn^{2+}-Ion aufweist, die Hydrolyse endständiger Peptidbindungen im Zuge der Verdauung von Proteinen (S. 1058):

$$\cdots NH-CHR'-CO-NH-CHR-CO_2^- + H_2O \longrightarrow \cdots NH-CHR'-CO_2^- + NH_3^+-CHR'-CO_2^-.$$

Der erste Schritt der Katalyse besteht wohl in einer Koordination von Zn^{2+} an die Carbonylgruppe $\rangle C=O$, wodurch der H_2O-Angriff am C-Atom dieser Gruppe erleichtert wird. Die »Cabonanhydrase« (Molmasse rund 30000), welche tetraedrisch von Histidin-N-Atomen und einem Wasser-O-Atom koordiniertes Zn-Atom enthält, beschleunigt den Prozess: $CO_2 + H_2O \rightleftharpoons HCO_3^- + H^+$ um den Faktor von rund 1 Million (in den roten Blutkörperchen wird die CO_2-Hydratation, in der Lunge die CO_2-Dehydratation katalysiert). Der erste Schritt der Katalyse besteht wohl in einer Deprotonierung des Zn^{2+}-gebundenen Wassers, worauf CO_2 rasch die Zn-gebundene OH^--Gruppe addiert: $CO_2 + OH^- \rightleftharpoons HCO_3^-$. Weitere Zn-haltige Enzyme sind »Superoxid-Dismutasen« »Malat«-, »Glutamat«- und »Alkohol-Dehydrogenasen«, »Phosphatasen«. Andere Enzyme wie die »Oxidoreduktasen« oder die für die Nucleinsäuresynthese benötigten »Polymerasen« werden durch Zn^{2+} aktiviert. Wichtig sind ferner die so genannten »Zink-Finger-Proteine« (enthalten 9 oder 10, jeweils an 4 Aminosäuren koordinierte Zn^{2+}-Ionen), welche den ordnungsgemäßen Transfer des genetischen Materials im Zuge der Replikation der DNA (S. 1058) gewährleisten.

1.2.2 Zink(I)- und Cadmium(I)-Verbindungen ($d^{10}s^1$)

Zink(I)-Verbindungen. Zink zeigt in Gegenwart von Zinkchlorid bei 285–350 °C eine erhöhte Flüchtigkeit, die gemäß $Zn + ZnCl_2 \longrightarrow Zn_2Cl_2$ auf die Existenz eines Zink(I)-chlorids Zn_2Cl_2 (vgl. Hg_2Cl_2, S. 1770) hinweist, welches allerdings bei Raumtemperatur wieder in die Ausgangsstoffe Zn und $ZnCl_2$ disproportioniert. Bei der Umsetzung von Zn mit einer $ZnCl_2$-Schmelze bei 500–700 °C erhält man nach dem Abschrecken ein gelbes, diamagnetisches Glas, das nach Raman- und anderen Spektren Zn_2^{2+} in Form von Zn_2Cl_2 enthält. Eine isolierbare Zn(I)-Verbindung stellt $Cp^*Zn-ZnCp^*$ dar ($Cp^* = C_5Me_5$; vgl. S. 1763). – Cadmium(I)-Verbindungen. Als Beispiel für die selten auftretende Einwertigkeit des Cadmiums sei die diamagnetische Verbindung $Cd_2[AlCl_4]_2$ angeführt, die sich beim Auflösen von Cd in geschmolzenem $CdCl_2$ ($Cd + CdCl_2 \longrightarrow Cd_2Cl_2$) und Zugabe von $AlCl_3$ ($Cd_2Cl_2 + 2 AlCl_3 \longrightarrow Cd_2(AlCl_4)_2$ bildet und deren Cd_2^{2+}-Ion in Wasser sofort zu Cd und Cd^{2+} disproportioniert. Beim schwereren Homologen, dem Quecksilber, beobachtet man diese Einwertigkeit in Form von Hg_2X_2-Verbindungen weit häufiger (vgl. S. 1768). – Niedrigwertige Zn- und Cd-Verbindungen liegen auch in den Alkali- und Erdalkalimetall-Zink- und -Cadmium-Verbindungen M_mZn_n und M_mCd_n vor (vgl. niedrigwertige Hg-Verbindungen, S. 1777), in welchen Zn und Cd formal Oxidationsstufen < 0 zukommen.

1.2.3 Organische Verbindungen des Zinks und Cadmiums

Geschichtliches. Edward Frankland entdeckte die flüssigen Zinkdialkyle $ZnMe_2$ und $ZnEt_2$ im Jahre 1849 beim Versuch, aus Alkyliodiden mithilfe von Zink die Radikale Me˙ und Et˙ in Freiheit zu setzen, nachdem bereits zuvor »halbmetallorganische Verbindungen« mit σ-Arsen-Kohlenstoff-Bindungen ($Me_2AsOAsMe_2$: L. C. Cadet 1760; $Me_2AsAsMe_2$, Me_2AsX: R. W. Bunsen 1840) und »metallorganische Verbindungen« mit π-Platin-Kohlenstoff-Bindungen ((C_2H_4)$PtCl_3^-$: W. C. Zeise 1827) dargestellt worden waren.

Die zinkorganischen Verbindungen sind deshalb von historischer Bedeutung, weil sie die ersten überhaupt dargestellten »metallorganischen Verbindungen« mit σ-Metall-Kohlenstoff-Bindung waren (vgl. Geschichtliches). Sie wurden für synthetische Zwecke zwar weitgehend von den ein halbes Jahrhundert später (um 1900) entdeckten Grignard-Verbindungen (S. 1450) verdrängt, sind aber wegen ihres schonenden Reaktionsverhaltens gegenüber bestimmten organischen funktionellen Gruppen (s. unten) auch heute noch für selektive Alkylierungen und Arylierungen von Interesse. Cadmiumorganische Verbindungen wirken hierbei chemisch noch schonender.

Darstellung. Analog den magnesiumorganischen Verbindungen RMgX und MgR_2 (S. 1450) gewinnt man die Organylzinkhalogenide RZnX durch Einwirkung von Organylhalogeniden RX (R insbesondere Alkyl; X insbesondere I, aber auch Br) in Kohlenwasserstoffen unter Inertatmosphäre (N_2, CO_2) auf mit Kupfer aktiviertes Zink (»Direktverfahren«) und anschließend aus RZnX durch thermische »Dismutation« Zinkdiorganyle ZnR_2 (die Methode ist zur RCdX- und R_2Cd-Gewinnung weniger geeignet). Darüber hinaus entstehen sowohl ZnR_2 als auch Cadmiumdiorganyle CdR_2 einerseits durch »Metathese« aus Zink- bzw. Cadmiumdihalogeniden MX_2 und Lithiumorganylen LiR oder Grignard-Verbindungen RMgX, andererseits durch »Transmetallierung« aus Zink bzw. Cadmium und Quecksilberdiorganylen HgR_2:

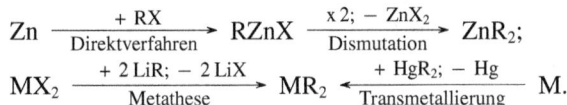

$$Zn \xrightarrow[\text{Direktverfahren}]{+ RX} RZnX \xrightarrow[\text{Dismutation}]{x\,2;\ -\ ZnX_2} ZnR_2;$$

$$MX_2 \xrightarrow[\text{Metathese}]{+\ 2\,LiR;\ -\ 2\,LiX} MR_2 \xleftarrow[\text{Transmetallierung}]{+\ HgR_2;\ -\ Hg} M.$$

Eigenschaften. Die Zink- sowie Cadmiumdiorganyle stellen farblose, in organischen Medien gut lösliche unpolare Flüssigkeiten oder niedrigschmelzende Feststoffe dar, z. B.:

»Dimethylzink«	$ZnMe_2$	Smp./Sdp.	$-29/46\,°C$	»Dimethylcadmium«	$CdMe_2$	Smp./Sdp.	$-4.5/106\,°C$
»Diethylzink«	$ZnEt_2$	Smp./Sdp.	$-28/114\,°C$	»Diethylcadmium«	$CdEt_2$	Smp.	$-21\,°C$
»Diphenylzink«	$ZnPh_2$	Smp./Sdp.	$107/280\,°C$	»Diphenylcadmium«	$CdPh_2$	Smp.	$174\,°C$

Die Zinkorganyle sind vergleichsweise thermostabil und lichtbeständig, entzünden sich an der Luft zum Teil von selbst und reagieren mit Wasser stürmisch, die Cadmiumdiorganyle sind weniger temperaturbeständig als ihre Zinkanaloga, zersetzen sich am Licht, entzünden sich an Luft normalerweise nicht, reagieren aber mit Wasser. Mit Donoren D wie Ethern, Aminen, Organylanionen bilden die Diorganyle Komplexe des Typus R_2MD und R_2MD_2. Die »Tetraorganylcadmiate« CdR_4^{2-} sind hierbei instabiler als die »Tetraorganylzinkate« ZnR_4^{2-}.

Strukturen. Anders als die Magnesiumdiorganyle MgR_2 treten die weniger Lewis-aciden Zinkdiorganyle ZnR_2 und noch weniger Lewis-aciden Cadmiumdiorganyle CdR_2 (R = Alkyl, Aryl) stets monomer mit linearem Molekülbau $R-M-R$ auf. Polymeren Bau weisen demgegenüber Acetylide $Zn(C{\equiv}CR)_2$ auf (Abb. 23.5a). Entsprechendes gilt für das Cyclopentadienid CpZnMe (Abb. 23.5b), in welchem der Cyclopentadienylrest pentahapto (η^5) an Zink geknüpft ist. In $ZnCp_2$ ist ein Cp-Rest π-, der andere σ-gebunden (monomer in der Gasphase und Lösung, polymer analog (Abb. 23.5b) in fester Phase. In diesem Zusammenhang sei das durch Reaktion von $ZnCp^*_2$ ($Cp^* = C_5Me_5$) mit $ZnEt_2$ bei $-10\,°C$ in Et_2O gewinnbare Bis(pentamethylcyclopentadienyl)zink $ZnCp^*_2$ (Abb. 23.5c) mit formal einwertigem (aber ebenfalls »zweibindigem«) Zink erwähnt (erste isolierte Zn(I)-Verbindung).

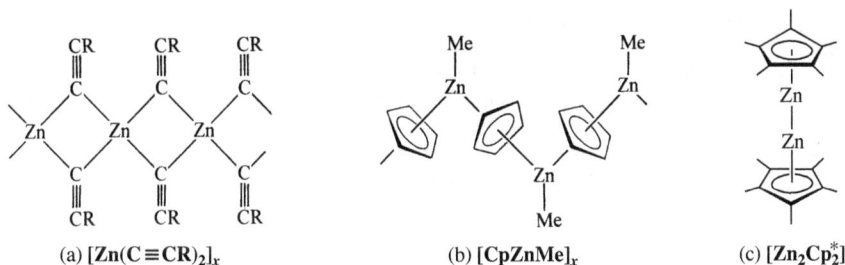

(a) $[Zn(C{\equiv}CR)_2]_x$ (b) $[CpZnMe]_x$ (c) $[Zn_2Cp^*_2]$

Abb. 23.5

Die Donoraddukte R_2MD wie $Me_2Zn(OMe_2)$ weisen trigonal-planaren, die Donoraddukte R_2MD_2 wie $Bu_2Zn(Me_2NCH_2CH_2NMe_2)$ oder $ZnMe_4^{2-}$ tetraedrischen Bau auf.

Reaktivität. Zinkdiorganyle werden anstelle von Lithium- und Magnesiumorganylen eingesetzt, wenn unter relativ milden und nichtbasischen Bedingungen organyliert werden soll (z. B. $NbCl_5 + ZnMe_2 \longrightarrow Me_2NbCl_3 + ZnCl_2$), die noch milder wirkenden Cadmiumdiorganyle, wenn Carbonsäurechloride in Ketone überführt werden sollen ($2\,R'COCl + CdR_2 \longrightarrow 2\,R'COR + CdCl_2$; Cadmiumorganyle addieren sich anders als Magnesiumorganyle nicht an $>C{=}O$ und verwandte Gruppen). Eine wichtige Rolle spielen wegen ihrer vergleichsweise hohen Stabilität darüber hinaus Organozinkcarbenoide wie ICH_2ZnI (aus $CH_2I_2 + Zn$) als Überträger von Carbenen auf organische Doppelbindungssysteme (Bildung von Cyclopropanen).

Derivate. Die durch Reaktion der Zink- bzw. Cadmiumdiorganyle R_2M mit ZnH_2, $ZnCl_2$, HOR oder HNR_2 gemäß $MR_2 + MX_2 \longrightarrow 2\,RMX$ bzw. $MR_2 + HX \longrightarrow RMX + RH$ zugänglichen Hydride RZnH, Halogenide RMHal, Alkoxide RMOR, Amide $RMNR_2$ sind in der Regel über MXM-Brücken assoziiert und bilden z. B. Dimere (Abb. 23.6d), Trimere (Abb. 23.6e), Tetramere (Abb. 23.6f) oder Polymere.

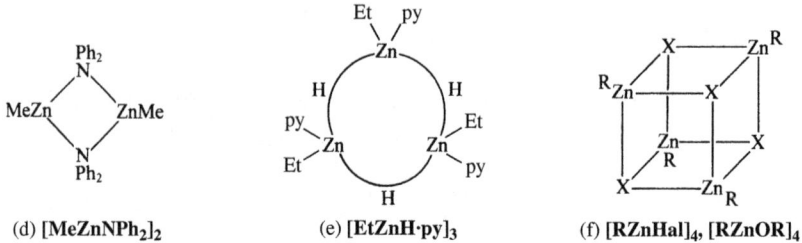

(d) [MeZnNPh₂]₂   (e) [EtZnH·py]₃   (f) [RZnHal]₄, [RZnOR]₄

Abb. 23.6

2   Das Quecksilber

Geschichtliches. Elementares Quecksilber war bereits den alten Ägyptern (als Cu- und Sn-Amalgam) bekannt, die alten Griechen und Römer verstanden bereits Hg aus HgO zu gewinnen). Das Symbol Hg für das Quecksilber leitet sich ab vom griechischen Namen Hydrargyrum = Wassersilber (flüssiges Silber): hydor (griech.) = Wasser, argyros (griech.) = Silber. Der deutsche Name Quecksilber (quick = beweglich) besagt dasselbe. Die im Englischen und Französischen gebräuchlichen Namen mercury und mercure für Quecksilber gehen zurück auf die Alchemistenzeit, in der man die Metalle mit den Planeten und der Mythologie verknüpfte und dem Quecksilber das Symbol des »beweglichen« Handelsgottes Merkur gab.

Physiologisches (vgl. [5]). Quecksilber und Quecksilberverbindungen sind für Lebewesen nicht essentiell (der Mensch enthält normalerweise kein Quecksilber, s. unten), aber stark toxisch. Und zwar wirken Quecksilberdämpfe (MAK-Wert = $0.1\,\mathrm{mg\,m^{-3}}$) viel giftiger als flüssiges Quecksilber, lösliche Quecksilber-Verbindungen viel giftiger als unlösliche (bei vergleichbarer Löslichkeit wächst die Giftigkeit in Richtung anorganischer Hg(I)-, anorganischer Hg(II)-, organischer Hg(II)-Verbindungen; MAK-Wert in letzterem Falle = $0.01\,\mathrm{mg\,m^{-3}}$, ber. auf Hg). Akute Quecksilbervergiftungen geben sich in leichtem Bluten des Zahnfleischs, einem dunklen Saum von HgS im Zahnfleisch, Kopfschmerzen und Verdauungsstörungen, chronische Quecksilbervergiftungen anfangs durch ein feines Zittern der Hände (»Quecksilber-Zittern«), schwere Magen- und Darmkoliken, Nierenversagen, Gedächtnisschwäche, später durch schwerste Schädigungen des zentralen Nervensystems und Verblödung sowie schließlich durch den Tod zu erkennen. Quecksilber sollte daher stets in geschlossenen Behältern aufbewahrt und nur in gut belüfteten Räumen gehandhabt werden, zumal Quecksilber nur sehr langsam im Harn ausgeschieden wird ($\tau_{1/2}$ = 80–100 Tage). Als Mittel (»Antidot«) gegen Hg-Vergiftungen können Tierkohle (bindet Hg-Salze), Penicillamin (= 2-Amino-3-methyl-3-thiobuttersäure) oder Dimercaprol verabreicht werden. Mit der Giftwirkung des Quecksilbers ist naturgemäß auch eine Heilwirkung verbunden. Daher wurden Hg und Hg-Verbindungen seit T. Paracelsus vielfach in der Medizin angewandt. Feinverteiltes Hg war z. B. in der »grauen Salbe« enthalten, die bei Hautkrankheiten sowie als Spezifikum gegen Syphilis Anwendung fand. Gelbes HgO war Bestandteil einer »gelben Salbe«, die man bei der Entzündung der Augenlidränder benutzte. Die bei Hautaffektionen und in der Augenheilkunde verwendete »Quecksilberpräcipitatsalbe« enthielt Hg(NH₂)Cl als wirksame Komponente. Hg₂Cl₂ diente als Abführmittel (HgCl₂ lässt sich wegen seiner Giftigkeit nur äußerlich als Antiseptikum anwenden). Heute spielen Hg und Hg-Verbindungen in der Medizin kaum noch eine Rolle. Besondere Bedeutung im biogeochemischen Kreislauf von Quecksilber, dessen Vorhandensein in der Umwelt zur Hälfte teils natürliche Ursachen (z. B. Vulkanismus, Gesteinsverwitterung), zur Hälfte anthropogene Ursachen hat (Gewinnung von Hg, Chloralkalielektrolyse, Fungizide,

Verbrennung fossiler Brennstoffe), kommt der biologischen Methylierung von Hg(II)-Salzen zu löslichen MeHg$^+$-Salzen durch Mikroorganismen zu (vgl. S. 1781). Letztere Salze gelangen über die Nahrungskette (Meerestiere vermögen MeHgX gut zu speichern) in die menschliche Blutbahn, wo sich MeHg$^+$ an Zentren mit freien SH-Gruppen bindet und dadurch die Wirkung vieler Enzyme blockiert (möglicherweise erfolgt zudem Reaktion mit den N-Atomen von Uracil und Thymin der Gene, da MeHgX auch mutagen wirkt). Zu spektakulären Fällen chronischer Hg-Vergiftungen kam es insbesondere in Japan (Minamata, Niigata) als Folge des Einleitens von Hg-haltigen Industrieabwässern ins Meer und Verzehrens dadurch »verseuchter« Meeresfische und im Irak als Folge des Verzehrens von mit Ethylquecksilber-*p*-toluol-sulfonanilid gebeiztem Weizen. Auch andere Lebewesen werden naturgemäß durch aufgenommene MeHgX-Salze geschädigt (z. B. hemmt MeHg$^+$ bereits in äußerst geringen Konzentrationen die Photosynthese in Phytoplankton).

2.1　Das Element Quecksilber

Vorkommen

Das Quecksilber kommt in der Natur hauptsächlich gebunden in Form von Sulfiden als »Zinnober« HgS und als »Levingstonit« Hg[Sb$_4$S$_7$] (= »HgS · 2 Sb$_2$S$_3$«), seltener gediegen in Tröpfchen – eingeschlossen in Gesteinen – vor. Die europäischen Hauptfundorte sind Almadén (Spanien), Idria (Krain) und der Bezirk von Monte Amiata (Toscana). In Deutschland findet sich etwas Quecksilber in der Rheinpfalz.

Isotope (vgl. Anh. III). Natürliches Quecksilber besteht aus den 7 Isotopen $^{196}_{80}$Hg (0.2 %), $^{198}_{80}$Hg (10.1 %), $^{196}_{80}$Hg (17.0 %; für NMR), $^{200}_{80}$Hg (23.1 %), $^{201}_{80}$Hg (13.2 %; für NMR), $^{202}_{80}$Hg (29.6 %) und $^{204}_{80}$Hg (6.8 %). Die künstlichen Nuklide $^{197}_{80}$Hg (Elektroneneinfang, $\tau_{1/2} = 65$ Stunden) und $^{203}_{80}$Hg (β^--Strahler; $\tau_{1/2} = 46.59$ Tage) werden für Tracerexperimente und in der Medizin genutzt.

Darstellung

Als Ausgangsmaterial für die technische Gewinnung von Quecksiber dient fast immer der Zinnober. Die zinnoberhaltigen Erze werden in Schachtöfen (großstückige Erze) oder in Schüttröstöfen (feinere Erzsorten) bei Luftzutritt erhitzt, wobei das entstehende Quecksilber zusammen mit dem gleichzeitig gebildeten Schwefeldioxid dampfförmig entweicht:

$$\text{HgS} + \text{O}_2 \longrightarrow \text{Hg} + \text{SO}_2.$$

Die Quecksilberdämpfe werden dann in wassergekühlten Röhrenkondensatoren aus glasiertem Steinzeug kondensiert, wobei sich das flüssige Quecksilber in mit Wasser gefüllten, zementgefütterten Eisenkästen sammelt. Das auf diese Weise bei der Destillation gewonnene Quecksilber, das in schmiedeeisernen Flaschen in den Handel kommt, ist sehr rein und bedarf keiner Raffination mehr. Beim weniger edlen Zink und Cadmium führt die Röstung zu den Oxiden ZnO und CdO (vgl. S. 1757 und S. 1758). Beim edleren Quecksilber ist das Oxid (das bereits oberhalb 400 °C zerfällt, S. 14) bei der Rösttemperatur nicht beständig.

Ein Teil des Quecksilberdampfes kondensiert sich nicht zu flüssigem Metall, sondern zu einem aus Quecksilber, Quecksilbersalzen, Flugstaub, Ruß und Teer bestehenden Staub (»Stupp«). Dieser – zu etwa 80 % aus Quecksilber bestehende – Stupp wird durch eine eiserne Presse (»Stupp-Presse«) gepresst, wobei 80 % des Quecksilbergehaltes in einen Sammelbehälter ausfließen. Der Stupprückstand wird wieder den Röstöfen zugeführt.

Unreines Quecksilber wird zweckmäßig in der Weise gereinigt, dass man es durch ein mit 20 %-iger Salpetersäure gefülltes, senkrecht gestelltes, langes Glasrohr hindurchtropfen lässt, wobei die Salpetersäure die verunreinigenden Metalle herauslöst, und es dann nach dem Waschen und Trocknen im Vakuum destilliert.

Physikalische Eigenschaften

Quecksilber ist das einzige bei Raumtemperatur flüssige Metall (Ga bzw. Cs schmelzen bei 29.78 bzw. 28.45 °C). Es erstarrt bei −38.84 °C und siedet bei 356.6 °C unter Bildung eines einatomigen Dampfes, in welchem sich allerdings Spuren diatomarer Spezies Hg_2 nachweisen lassen. Wegen seiner hohen Dichte (13.595 bzw. 13.534 g cm^{-3} bei 0° bzw. 25 °C) dient das silberglänzende Metall zum Füllen von Barometern und Manometern (eine Hg-Säule von 76 cm hält dem normalen Luftdruck das Gleichgewicht; die im Vergleich zu Zn und Cd fast doppelt so hohe Dichte von Hg beruht auf der Lanthanoid-Kontraktion, s. dort). Die elektrische Leitfähigkeit ist verhältnismäßig gering[3].

Der Dampfdruck des Quecksilbers beträgt bei Zimmertemperatur nur 0.0013 mbar. Immerhin enthält aber eine mit Hg-Dampf gesättigte Luft hiernach rund 15 mg Hg je m^3. Da die Quecksilberdämpfe sehr giftig sind, genügen die in schlechtgelüfteten chemischen und physikalischen Laboratorien aus verspritztem Quecksilber in die Luft gelangenden Quecksilberdampfmengen vielfach zur Hervorrufung chronischer Quecksilbervergiftungen (s. unten).

Durch elektrische Entladungen wird der Quecksilberdampf zu intensivem Leuchten angeregt, wobei er ein an ultravioletten Strahlen reiches Licht ausstrahlt, das bei Umhüllung des Lichtbogens mit Quarz- oder Uviolglas (gewöhnliches Glas absorbiert ultraviolettes Licht) großenteils nach außen austreten kann. Derartige »Quecksilberlampen« dienen als Lichtquellen in der Reproduktionstechnik sowie zur Auslösung photochemischer Reaktionen und zu Heilzwecken (»künstliche Höhensonne«). Das geisterbleiche Aussehen von Menschen im Quecksilberbogenlicht beruht darauf, dass Quecksilber im sichtbaren Bereich nur gelbe, grüne und blaue, aber keine roten Linien ausstrahlt (vgl. S. 462).

Struktur. Die Hg-Atome in festem Quecksilber sind wie die Zn- und Cd-Atome in festem Zink und Cadmium verzerrt-dichtest-gepackt, doch bildet Hg – anders als Zn und Cd (S. 1751) – eine Art kubisch-dichtester Kugelpackung, die in Richtung der Gitterachsen senkrecht zu den Kugelschichten gestaucht ist (gestauchtes Kuboktaeder; die Abstände von Hg zu den 6 äquatorialen/ 6 axialen Hg-Atomen betragen 3.465/2.993 Å). Neben dieser rhomboedrischen Modifikation (α-Hg) existiert unterhalb 79 K (−194 °C) noch eine tetragonale (β-Hg), die allerdings – kinetisch bedingt – nur bei Anwendung hoher Drücke (> 4 kbar) entsteht. Die Hg-Atome bilden in β-Hg eine innenzentrierte tetragonale Kristallstruktur aus (die Abstände von Hg zu den 8 Hg-Atomen der tetragonalen Zelle betragen 3.158 Å, zum Hg im Zentrum der darüber und darunter liegenden Zelle 2.825 Å; $KZ_{\alpha\text{-Hg}} = 6 + 6$ und $KZ_{\beta\text{-Hg}} = 2 + 8$).

Chemische Eigenschaften

Reines, silberglänzendes Quecksilber verändert sich bei gewöhnlicher Temperatur an der Luft nicht, während sich unreines Quecksilber an der Luft mit einem Oxidhäutchen überzieht. Die durch die Oxidhaut bewirkte Veränderung der Oberflächenspannung des Quecksilbers hat z. B. zur Folge, dass Hg (das in reinem Zustande beim Schütteln in einem Glasgefäß die Wandungen nicht benetzt) nach dem Überleiten von Ozon (Bildung eines Oxidhäutchens) beim Schwenken des Gefäßes an der Glaswand unter Ausbildung eines silberglänzenden Hg-Spiegels haftet. Oberhalb von 300 °C vereinigt sich Quecksilber mit Sauerstoff zum Oxid HgO, das bei noch stärkerem Erhitzen (oberhalb von 400 °C) wieder in die Elemente zu zerfallen beginnt (S. 14). Mit Halogenen und mit Schwefel verbindet sich Quecksilber leicht, mit Phosphor, Stickstoff, Wasserstoff und Kohlenstoff nicht. In Wasser und Salzlösungen löst sich Quecksilber in Gegenwart von Luft spurenweise. Von verdünnter Salz- und Schwefelsäure wird es praktisch nicht, von verdünnter Salpetersäure ohne H_2-Entwicklung langsam angegriffen (vgl. S. 245f, 833).

---

[3] Der Widerstand einer Quecksilbersäule von 1 mm^2 Querschnitt und 106.300 cm Länge bei 0 °C (entsprechend 14.4521 g Hg) stellt die Einheit des elektrischen Widerstandes (»1 Ohm«) dar (Kehrwert: »1 Siemens« als Einheit der elektrischen Leitfähigkeit), benannt nach dem deutschen Physiker Georg Simon Ohm (1787–1854).

Viele Metalle lösen sich in Quecksilber unter Bildung von »weichen« Legierungen auf, die man in diesem Falle als »Amalgame« bezeichnet (von griech. amalgos = weich, gamos = Vereinigung, Hochzeit; arab. al-gina = Akt der körperlichen Vereinigung). Sie sind bei kleineren Metallgehalten flüssig, bei größeren Metallgehalten fest. Natrium-Quecksilber-Legierungen sind bereits bei Gehalten von > 1.5 % Na fest. Die Amalgambildung erfolgt bei einigen Metallen (z. B. Zinn) unter Wärmeverbrauch, meist aber unter merklicher Wärmeentwicklung. Besonders heftig ist die Reaktion bei der Natrium- und Kaliumamalgam-Bildung. Unter den Nebengruppenmetallen ergeben bevorzugt die schwereren Metalle Amalgame, während die leichteren mit Ausnahme von Mangan und Kupfer in Quecksilber unlöslich sind, weshalb man Hg auch in Eisenbehältern aufbewahren kann.

Verwendung, Amalgame

Reines Quecksilber (Weltjahresproduktion: mehrere Kilotonnen) wurde in großem Umfange für die – heute mehr und mehr durch das Membranverfahren abgelöste – »Chloralkali-Elektrolyse« nach dem Amalgamverfahren (S. 480) gebraucht. Weiterhin dient es zur Füllung von »Thermometern« und »Hochvakuumpumpen«, für »elektrische Kontrollinstrumente«, zur »Goldherstellung« sowie im Labor. Der Einsatz seiner Verbindungen als »Farbmittel« bzw. als »Schädlingsbekämpfungsmittel« ist wegen deren Giftigkeit stark zurückgegangen. Unter den Amalgamen dienen Alkalimetall- sowie Zinkamalgame als »Reduktionsmittel« in wässerigen Lösungen. Da reines Natriumamalgam durch Wasser nur langsam zersetzt wird, katalysiert man bei der Chloralkali-Elektrolyse (S. 478) die Zersetzung durch Eisen oder Graphit. Die früher vielfach als Zahnfüllmassen verwendeten Silberamalgame wurden verlassen, da sie im Laufe der Zeit unter Freiwerden von Quecksilber angegriffen werden, was bei der Giftigkeit des Quecksilbers (s. oben) bedenklich ist. Aus dem gleichen Grunde ist man von der früher üblichen Belegung der Spiegel mit Zinnamalgam ganz abgekommen und benutzt jetzt nur noch Silberspiegel.

Quecksilber in Verbindungen

In seinen chemischen Verbindungen tritt Quecksilber mit den Oxidationsstufen < I (vgl. S. 1777), +I (z. B. Hg_2Cl_2, $Hg_2(NO_3)_2$) und +II auf (z. B. $HgCl_2$, HgO, HgS). Die Verbindungen des einwertigen Quecksilbers enthalten im Sinne der Formulierungen $X-Hg-Hg-X$ (linear) bzw. $Hg-Hg^{2+}2X^-$ immer einen Dimetallatom-Cluster, wogegen die Verbindungen des zweiwertigen Quecksilbers gemäß $X-Hg-X$ (linear) bzw. $Hg^{2+}2X^-$ aufgebaut sind.

Aus den Normalpotentialen für die Systeme Hg/Hg(I) und Hg(I)/Hg(II) geht gemäß nachfolgenden Potentialdiagrammen hervor, dass sich aus Hg und Hg^{2+} in wässriger Lösung bei den Einheiten der Ionenkonzentrationen Hg_2^{2+} bildet (s. Abb. 23.7).

Dementsprechend können Hg(I)-Salze durch Einwirkung von Hg auf Hg(II)-Salze gewonnen werden ($K = c_{Hg_2^{2+}}/c_{Hg^{2+}} = 87$). Die Reaktion kehrt sich allerdings um (Zerfall von Hg(I)-Salzen in Hg und Hg(II)-Salze), wenn etwa infolge Schwerlöslichkeit (z. B. HgO, HgS) oder mangelnder elektrolytischer Dissoziation (z. B. $Hg(CN)_2$) die Konzentration von Hg^{2+} in merklich größe-

$$\textbf{pH} = \textbf{0:} \quad Hg^{2+} \xrightarrow{\ +0.920\ } Hg_2^{2+} \xrightarrow{\ +0.7889\ } Hg \quad \Big| \quad \textbf{pH} = \textbf{14:} \quad HgO \xrightarrow{\ ?\ } Hg_2(OH)_2 \xrightarrow{\ ?\ } Hg$$
$$\underset{+0.8545}{\Big\lfloor\!\underline{\hspace{4cm}}\!\Big\rfloor} \qquad\qquad \underset{+0.0977}{\Big\lfloor\!\underline{\hspace{4cm}}\!\Big\rfloor}$$

Abb. 23.7

rem Ausmaß herabgesetzt ist als die von Hg_2^{2+}, sodass sich das Gleichgewicht $Hg + Hg^{2+} \rightleftharpoons Hg_2^{2+}$ nach der linken Seite verschiebt. Da dies sehr häufig der Fall ist, z. B.:

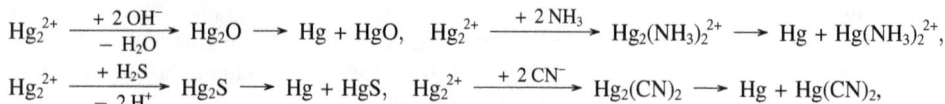

$$Hg_2^{2+} \xrightarrow[-\,H_2O]{+\,2\,OH^-} Hg_2O \longrightarrow Hg + HgO, \quad Hg_2^{2+} \xrightarrow{+\,2\,NH_3} Hg_2(NH_3)_2^{2+} \longrightarrow Hg + Hg(NH_3)_2^{2+},$$

$$Hg_2^{2+} \xrightarrow[-\,2\,H^+]{+\,H_2S} Hg_2S \longrightarrow Hg + HgS, \quad Hg_2^{2+} \xrightarrow{+\,2\,CN^-} Hg_2(CN)_2 \longrightarrow Hg + Hg(CN)_2,$$

sind stabile Hg(I)-Verbindungen auf solche Fälle beschränkt, in denen das Gleichgewicht $Hg + Hg^{2+} \rightleftharpoons Hg_2^{2+}$ z. B. infolge Schwerlöslichkeit der Hg(I)-Verbindung (wie bei den Hg(I)-halogeniden und Hg(I)-sulfat) oder infolge Komplexbildung des Hg(I)-Ions (wie beim Hg(I)-nitrat und Hg(I)-perchlorat) umgekehrt nach der rechten Seite hin verschoben ist. Letzteres Verhalten spiegelt sich in Potentialdiagrammen, z. B.:

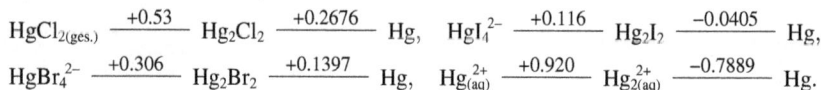

$$HgCl_{2(ges.)} \xrightarrow{+0.53} Hg_2Cl_2 \xrightarrow{+0.2676} Hg, \quad HgI_4^{2-} \xrightarrow{+0.116} Hg_2I_2 \xrightarrow{-0.0405} Hg,$$

$$HgBr_4^{2-} \xrightarrow{+0.306} Hg_2Br_2 \xrightarrow{+0.1397} Hg, \quad Hg_{(aq)}^{2+} \xrightarrow{+0.920} Hg_{2(aq)}^{2+} \xrightarrow{-0.7889} Hg.$$

Man nutzt eine Halbzelle mit Hg-Elektrode, die mit einer an Hg_2Cl_2 (Kalomel, s. unten) gesättigten KCl-Lösung in Kontakt steht (»Kalomel-Elektrode«, »Kalomel-Halbzelle«), anstelle einer Normalwasserstoffelektrode (S. 243) häufig zu Potentialmessungen: $2\,Hg + 2\,Cl^- \longrightarrow Hg_2Cl_2 + 2\,e^-$ ($E^\circ + 0.241$ V bei Vorliegen einer gesättigten KCl-Lösung). Die bevorzugte Koordinationszahl von Quecksilber ist zwei (linear in Hg_2Cl_2, $HgCl_2$, $Hg(NH_3)_2^{2+}$). Es betätigt aber auch die Koordinationszahlen drei (trigonal-planar in HgI_3^-), vier (tetraedrisch in $Hg(SCN)_4^{2-}$), fünf (trigonal-bipyramidal in $Hg(terpy)Cl_2$, quadratisch-pyramidal in $Hg[N(C_2H_4NMe_2)_3]I$), sechs (oktaedrisch in $[Hg(H_2O)_6]^{2+}2\,ClO_4^-$, $Hg[C_6H_4(AsMe_2)_2]_2(SCN)_2$) und größer sechs (z. B. verzerrt quadratisch-antiprismatisch in $Hg(NO_2)_4^{2-}$). Meist sind 6 Liganden verzerrt-oktaedrisch um das Hg^{2+}-Ion so angeordnet, dass 2 digonal-koordinierte, deutlich kovalent gebundene Liganden kürzere, 4 quadratisch-koordinierte, vorwiegend elektrovalent gebundene Liganden längere bis sehr lange Koordinationsbindungen ausbilden. In letzten Fällen betätigt Quecksilber somit näherungsweise die Koordinationszahl 2 (z. B. enthält $Hg(NH_3)_2Cl_2$ digonal gebautes $[Hg(NH_3)_2]^{2+}$, s. unten). Die beiden kovalenten Bindungen resultieren hierbei aus einer Überlappung der beiden digonal ausgerichteten sp-Hybridorbitale der Hg-Atome mit Atom- bzw. Hybridorbitalen der Hg-gebundenen Reste in HgX_2 oder Liganden in HgL_2^{2+}. In ersteren Fällen stammen die Bindungselektronen hälftig von Hg und X, in letzteren Fällen von L (Entsprechendes gilt für Hg(I)-Verbindungen Hg_2X_2 oder $Hg_2L_2^{2+}$).

Bezüglich der Elektronenkonfiguration, der Radien, der magnetischen und optischen Eigenschaften von Quecksilberionen Hg_2^{2+} und Hg^{2+} (beide farblos und diamagnetisch) vgl. Ligandenfeld-Theorie (S. 1592) sowie Anh. IV, bezüglich eines Eigenschaftsvergleichs der Metalle der Zinkgruppe untereinander und mit den Erdalkalimetallen vgl. S. 1545f und Nachfolgendes.

Vergleichende Betrachtungen

Quecksilber und dessen Verbindungen weisen (analog dem benachbarten Gold und dessen Verbindungen, S. 1729) eine Reihe außergewöhnlicher Eigenschaften auf, sodass sich das schwere Homologe Hg chemisch deutlich von den leichteren, sich chemisch gleichenden Homologen Cd und Zn unterscheidet. Z. B. ist Quecksilber unter allen Elementen das einzige flüssige Metall. Auch besitzt nur Quecksilber unter den Elementen der II. Nebengruppe ein positives Redoxpotential (vgl. Anh. VI) und ist damit viel edler als Zink und Cadmium. Seine Pauling-Elektronegativität (1.9) ist unter den Zinkgruppenmetallen am höchsten, seine erste Ionisierungsenergie (s. unten) unter allen Nebengruppenmetallen am größten. Schließlich neigt Quecksilber als Folge seiner vergleichsweise hohen Elektronegativität – anders als die leichteren Homologen – zur Ausbildung deutlich kovalenter Bindungen, wie sich etwa in der Bildung von Hg(I)-Verbindungen mit stabilen HgHg-Gruppen, in der Flüchtigkeit vieler Hg(II)-Verbindungen (z. B. $HgCl_2$ mit

Tab. 23.3

	[eV]		$M \longrightarrow M^+ + e^-$			$M^+ \longrightarrow M^{2+} + e^-$			$M^{2+} \longrightarrow M^{3+} + e^-$		
Cu	Zn	Ga	7.725	9.393	5.998	20.29	17.96	20.51	36.84	39.72	30.71
Ag	Cd	In	7.576	8.992	5.786	21.48	16.90	18.87	34.83	37.47	28.02
Au	Hg	Tl	9.22	10.44	6.107	20.52	18.76	20.43	30.05	34.20	29.83

Molekülgitter) und der Hydrolyse- und Luftbeständigkeit von Quecksilberamiden und -imiden sowie organischer Quecksilberverbindungen zeigt (vgl. hierzu das bei den Hg(II)-Verbindungen Gesagte, S. 1772).

Die erwähnten und nicht erwähnten außergewöhnlichen Quecksilbereigenschaften (vgl. Tafel IV) gehen wie beim Gold (S. 1729) u. a. darauf zurück, dass die d- und insbesondere s-Außenelektronen des Quecksilbers durch die f-Elektronen der drittinnersten Schale schlecht abgeschirmt werden und dass durch relativistische Effekte (S. 372) die s-Außenelektronen eine zusätzliche Energieabsenkung ($\hat{=}$ Orbitalkontraktion), die d-Außenelektronen eine schwache Energieanhebung ($\hat{=}$ Orbitalexpansion) erfahren.

Demgemäß vergrößert sich der Metallatomradius beim Übergang von Cd nach Hg weniger stark (von 1.49 nach 1.62 um 0.13 Å) als beim Übergang von Zn nach Cd (von 1.33 nach 1.49 um 0.16 Å). Auch steigt die Ionisierungsenergie (Abspaltung eines s-Elektrons: $M \longrightarrow M^+ + e^-$), die beim Übergang von Zn nach Cd aufgrund des größeren Kernabstands der 5s- gegenüber den 4s-Elektronen abnimmt, beim Übergang von Cd nach Hg aufgrund der relativistischen 6s-Energieabsenkung sogar wieder an. Analoges gilt für die 2. Ionisierungsenergie (Abspaltung des zweiten s-Elektrons: $M^+ \longrightarrow M^{2+} + e^-$), während die 3. Ionisierungsenergie (Abspaltung eines d-Elektrons: $M^{2+} \longrightarrow M^{3+} + e^-$) wegen der relativistischen 5d-Energieanhebung in Richtung Zn, Cd, Hg einsinnig abnimmt (s. Tab. 23.3).

Die 1. Ionisierungsenergien der benachbarten Metalle der Kupfer-, Zink- und Galliumgruppe weisen bei der Zinkgruppe ein Maximum auf, was für die besondere Stabilität der abgeschlossenen s^2-Außenschale dieser Gruppe spricht (entfernt: Edelgascharakter). Diese »Helium«-Elektronenkonfiguration des Hg-Atoms wird auch von den nachfolgenden Hauptgruppenelementen Tl, Pb, Bi usw. in ihren gegenüber den Gruppennummern III, IV, V usw. um zwei Einheiten niedrigeren Wertigkeiten +1, +2, +3 usw. erstrebt (»Effekt des inerten Elektronenpaars«; vgl. hierzu das Goldanion Au⁻). Da die 1. Ionisierungsenergie in die Elektronegativität der Elemente mit eingeht, ist diese im Falle von Hg mit der Folge vergleichsweise hoch, dass die von Hg ausgehenden Bindungen deutliche Kovalenzanteile aufweisen.

Die große Beständigkeit der Zweiwertigkeit der Zinkgruppenelemente erklärt sich u. a. damit, dass die Summe der 1. und 2. Ionisierungsenergie vergleichsweise klein ist (kleiner als im Falle der entsprechenden Elemente der Kupfergruppe). Die Nichterreichbarkeit von Wertigkeiten >II wird andererseits dadurch verständlich, dass die Summe der 1., 2. und 3. Ionisierungsenergie der Zinkgruppenmetalle wegen der hohen 3. Ionisierungsenergien vergleichsweise hoch ist (höher als im Falle der entsprechenden Elemente der Kupfergruppe).

Die starke Bindung der d-Elektronen an die Zn-, Cd- und Hg-Kerne ist auch der Grund dafür, dass die M^{2+}-Ionen in der Regel keine Komplexe mit Liganden wie CO, NO oder Alkenen bilden, für deren Stabilität »Rückbindungen« vom Metall zum Liganden wesentlich sind. Da die polarisierende Wirkung der M^{2+}-Ionen in Richtung Mg^{2+}, Zn^{2+}, Cd^{2+}, Hg^{2+} zunimmt, vereinigen sich die Ionen in gleicher Richtung bevorzugt mit zunehmend weicheren Lewis-basischen Donoren. Bezüglich der Bevorzugung der Koordinationszahl zwei bei Hg(II)-Komplexen vgl. das bei Au(I)-Komplexen Besprochene (S. 1731).

Die starke Bindung der s-Außenelektronen an den Hg-Kern ist auch der Grund für die nur schwachen Quecksilber-Quecksilber-Kontakte im elementaren Quecksilber und für die starken HgHg-Kontakte in Hg(I)-Verbindungen (die Atomisierungsenergien betragen im Falle von Zn/Cd/Hg = 131/112/61 kJ mol^{-1}, die Kraftkonstanten im Falle von Zn$_2^{2+}$/Cd$_2^{2+}$/Hg$_2^{2+}$ = 0.6/1.1/2.5 N cm^{-1}). Da – anders als im Falle von Gold – auch die d-Außenelektronen des Quecksilbers vergleichsweise fest an den Hg-Kern gebunden sind (Abnahme des relativistischen Effekts und Zunahme der Kernladung in Richtung Au, Hg), weist Hg wie Cd eine silberglänzende Farbe auf, während das benachbarte Element Au zum Unterschied von silberglänzendem Ag gelbglänzend ist (vgl. S. 1730).

2.2   Verbindungen des Quecksilbers

2.2.1   Quecksilber(I)-Verbindungen (d^{10}s^1)

Halogen- und Pseudohalogenverbindungen

Halogenide (vgl. Tab. 23.4). Unter den Quecksilberhalogeniden kann Quecksilber(I)-chlorid Hg$_2$Cl$_2$ (HgHg-Abstand 2.53 Å) durch Sublimieren eines äquivalenten Gemischs von Quecksilber(II)-chlorid und Quecksilber oder durch Versetzen einer Quecksilber(I)-Salzlösung mit Salzsäure oder einem löslichen Chlorid als AgCl-ähnlicher (»käsiger«) Niederschlag erhalten werden:

$$HgCl_2 + Hg \rightleftharpoons Hg_2Cl_2; \quad Hg^{2+} + 2\,Cl^- \longrightarrow Hg_2Cl_2.$$

Im sublimierten Zustande stellt es eine weiße, faserig-kristalline, bei 383 °C sublimierende, wasserunlösliche Substanz dar. Am Licht färbt sich Quecksilber(I)-chlorid wie Silberchlorid (S. 1722) infolge Abscheidung von Metall dunkel. Beim Übergießen mit Ammoniak wird es schwarz, da es sich dabei in ein Gemenge von weißem Quecksilber(II)-amid-chlorid Hg(NH$_2$)Cl (S. 1773) und feinverteiltem, schwarzem metallischem Quecksilber verwandelt:

$$Hg_2Cl_2 + NH_3 \longrightarrow Hg + Hg(NH_2)Cl + HCl(\ \xrightarrow{\ +\,NH_3\ }\ NH_4Cl).$$

Wegen dieser Schwarzfärbung trägt das Quecksilber(I)-chlorid auch den Namen »Kalomel«[4]. Man benutzt die Reaktion, die schon den Alchemisten bekannt war, zum analytischen Nachweis von Hg(I), indem man das mit Salzsäure gefällte Hg$_2$Cl$_2$ mit Ammoniakwasser übergießt und durch die dabei auftretende Schwarzfärbung von AgCl unterscheidet.

Tab. 23.4 Halogenide, Oxide und Sulfide des Quecksilbers (2. Reihe: Smp./Sdp.).[a]

	Fluoride[b]	Chloride	Bromide	Iodide	Oxide	Sulfide
HgX$_2$	HgF$_2$, farblos	HgCl$_2$, farblos	HgBr$_2$, farblos	HgI$_2$, rot[c]	HgO, rot[d]	HgS, rot[e]
	Zers. 645 °C	280/303 °C	238/318 °C	257/351 °C	Zers.	Smp. 850 °C
	$\Delta H_f = -294\,\text{kJ mol}^{-1}$	$\Delta H_f = -224\,\text{kJ mol}^{-1}$	$\Delta H_f = -171\,\text{kJ mol}^{-1}$	$\Delta H_f = -106\,\text{kJ mol}^{-1}$	$\Delta H_f = -91\,\text{kJ mol}^{-1}$	$\Delta H_f = -56.9\,\text{kJ mol}^{-1}$
	Fluorit, KZ 8	Monomer, KZ 2	Monomer, KZ 2	Schicht, KZ 4	Kette, KZ 2	Spirale, KZ 2+4
Hg$_2$X$_2$	Hg$_2$F$_2$, gelb	Hg$_2$Cl$_2$, farblos	Hg$_2$Br$_2$, farblos	Hg$_2$I$_2$, gelb	–	–
	Smp. 570 °C	Zers. 383 °C	Zers. 345 °C	Smp. 290 °C		
	ΔH_f ca. $-440\,\text{kJ mol}^{-1}$	$\Delta H_f = -265\,\text{kJ mol}^{-1}$	$\Delta H_f = -171\,\text{kJ mol}^{-1}$	$\Delta H_f = -106\,\text{kJ mol}^{-1}$		
	Monomer, KZ 2	Monomer, KZ 2	Monomer, KZ 2	Monomer, KZ 2		

a Man kennt auch Selenide und Telluride. Darüber hinaus existieren Pentelide und Tetrelide (vgl. S. 1772).
b Nach Berechnungen soll ein HgF$_4$ existieren.
c Rotes HgI$_2$ geht bei 127 °C in gelbes HgI$_2$ (ΔH_f –103 kJ mol^{-1}) über; Monomer, KZ 2.
d Orthorhombische Form mit Zick-Zack-Ketten geht bei 220 °C in eine metastabile, hexagonale, gelbe Form über (Spirale KZ = 2+4, ΔH_f –90.5 kJ mol^{-1}); man kennt auch Peroxide.
e α-Form $\hat{=}$ verzerrte NaCl-Struktur; geht bei 344 °C in schwarzes β-HgS mit Zinkblende-Struktur, KZ 4, über (ΔH_f –53.6 kJ mol^{-1}).

---

[4] Kalonid von kalos (griech.) = schön; melas (griech.) = schwarz. Präzipitat von praetipitatum (lat.) = Niederschlag.

Noch schwerer löslich als Quecksilber(I)-chlorid sind Quecksilber(I)-bromid Hg_2Br_2 (HgHg-Abstand 2.58 Å) und Quecksilber(I)-iodid Hg_2I_2 (HgHg-Abstand 2.69 Å). Auch hier nimmt also wie bei den Silberhalogeniden die Löslichkeit mit steigender Atommasse des Halogens ab, was auch in der Wasserlöslichkeit von Quecksilber(I)-fluorid Hg_2F_2 (wasserunbeständig; HgHg-Abstand 2.51 Å) und Silberfluorid zum Ausdruck kommt.

Strukturen. Die festen Hg(I)-halogenide Hg_2X_2 bilden Kristallstrukturen mit linearen $X-Hg-Hg-X$-Molekülen. Die Dampfdichte oberhalb von 400 °C entspricht einer rel. Molekülmasse von 237 und damit der Molekülformel HgCl ($M_r = 236.04$). Dies rührt aber daher, dass sich der Dampf bei dieser Temperatur aus einem äquimolekularen gasförmigen Gemisch von Quecksilber ($M_r = 200.59$) und Quecksilber(II)-chlorid ($M_r = 271.49$) zusammensetzt: $Hg_2Cl_2 \rightleftharpoons Hg + HgCl_2$ (Rückreaktion der Hg_2Cl_2-Synthese; ein in den Dampf gebrachtes Goldblättchen wird amalgamiert). Verhindert man die Dissoziation durch sorgfältige Trocknung, so entspricht die Dampfdichte der Formel Hg_2Cl_2 (der Dampf ist diamagnetisch; HgCl wäre paramagnetisch). Die in geschmolzenem Quecksilber(II)-chlorid als Lösungsmittel gemessene Gefrierpunktserniedrigung von gelöstem Hg(I)-chlorid stimmt mit der Formel Hg_2Cl_2 überein.

Azide, Cyanide (S. 2084, 2087). Ein thermolabiles, farbloses Quecksilber(I)-azid $Hg_2(N_3)_2$ bildet sich bei der Einwirkung von HN_3 auf $Hg_2(NO_3)_2$. Anstelle von $Hg_2(CN)_2$ erhält man $Hg(CN)_2$.

Chalkogenverbindungen

Beim Versetzen einer Quecksilber(I)-nitratlösung mit Alkalilauge bildet sich über das bei 0 °C einigermaßen haltbare Quecksilber(I)-hydroxid $Hg_2(OH)_2$ hinweg gemäß $Hg_2(NO_3)_2 \longrightarrow Hg_2(OH)_2 \longrightarrow Hg_2O$ das Quecksilber(I)-oxid Hg_2O, das in Quecksilber(II)-oxid und metallisches Quecksilber zerfällt: $Hg_2O \longrightarrow Hg + HgO$.

Darüber hinaus kennt man einige Quecksilber(I)-Salze von Oxosäuren. So entsteht bei der Einwirkung von kalter verdünnter Salpetersäure auf überschüssiges Quecksilber (s. oben) oder bei der Einwirkung von Quecksilber auf Quecksilber(II)-nitratlösung Quecksilber(I)-nitrat $Hg_2(NO_3)_2$:

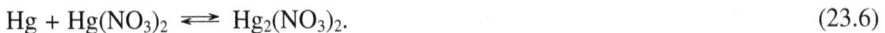

$$Hg + Hg(NO_3)_2 \rightleftharpoons Hg_2(NO_3)_2. \qquad (23.6)$$

Da es durch Wasser unter Abscheidung eines gelben basischen Salzes $Hg_2(OH)NO_3$ hydrolytisch gespalten wird: $Hg_2(NO_3)_2 + HOH \rightleftharpoons Hg_2(OH)NO_3 + HNO_3$, ist es nur in verdünnter Salpetersäure ohne Zersetzung löslich. Aus der Lösung kristallisiert das Quecksilber(I)-nitrat in Form eines wasserlöslichen Dihydrats $Hg_2(NO_3)_2 \cdot 2\,H_2O$, welches das kovalente Ion $[H_2O-Hg-Hg-OH_2]^{2+}$ mit kovalent gebundenen H_2O-Molekülen enthält (HgHg-Abstand 2.508 Å), das dem Diammoniakat $[H_3N-Hg-NH_3]^{2+}$ des zweiwertigen Quecksilbers (etwa im schmelzbaren Präzipitat, S. 1773) entspricht. Auch das (ebenfalls leichtlösliche) Dihydrat des Quecksilber(I)-perchlorats, $Hg_2(ClO_4)_2$ enthält das Ion $[H_2O-Hg-Hg-OH_2]^{2+}$. Weitere bekannte Hg(I)-Salze sind das schwerlösliche Sulfat Hg_2SO_4 (HgHg-Abstand 2.500 Å), das Bromat $Hg_2(BrO_3)_2$ (2.507 Å), das Acetat $Hg_2(CH_3CO_2)_2$ (2.50 Å) und das Dihydrogenphosphat $Hg_2(H_2PO_4)_2$ (2.499 Å). Ganz allgemein lassen sich schwerlösliche Hg(I)-Verbindungen wie die erwähnten Halogenide oder Salze von Oxosäuren bequem durch Zugabe der entsprechenden Anionen zu den Lösungen von Hg(I)-nitrat darstellen.

Die Existenz von Quecksilber(I)-sulfid Hg_2S (Analoges gilt für Hg_2Se oder Hg_2Te) ist nicht gesichert. Die Verbindung entsteht wohl bei der Einwirkung von trockenem H_2S auf Hg_2Cl_2 oder $Hg_2(OAc)_2$ als schwarzes Pulver, das sich bei 0 °C in Hg und HgS zersetzt.

Pentel-, Tetrel-, Trielverbindungen

Beispiele für Pentelide bilden die vergleichsweise thermolabilen Nitride Hg^I_3N (grau, hydroly-seempfindlich), $Hg^{II}_2N_2$ (aus HgO und NH_3) und Azide $Hg^I_2(N_3)_2$, $Hg^{II}(N_3)_2$ (vgl. S. 1771, 1776; Bildung des Azidokomplexes $[Hg(N_3)_3]^-$ möglich) sowie die deutlich stabileren Phosphide und Arsenide Hg^I_3P, $Hg^{II}_3P_2$, $Hg^{II}_3As_2$. Vgl. hierzu auch das Kation $Hg^{II}_2N^+$ der »Millon'schen Base« sowie Ammin-, Amido- und Imido-Komplexe (S. 1773). Beispiele für Tetrelide sind die thermolabilen Carbide HgI_2C_2 (gewinnbar als Hydrat aus $Hg_2(OAc)_2$ und C_2H_2 in Wasser) und $Hg^{II}C_2$ (gewinnbar aus K_2HgI_4 und C_2H_2 in Wasser). Quecksilber weist keine Tendenz zur Bildung von Trieliden auf.

Bezüglich Hg-Verbindungen mit kohlenstoffhaltigen Resten vgl. Organische Verbindungen des Quecksilbers (S. 1780).

2.2.2   Quecksilber(II)-Verbindungen (d^{10})

Nachfolgend werden die Halogen-, Pseudohalogen- und Chalkogenverbindungen von zweiwertigem Quecksilber abgehandelt. Bezüglich der Hg(II)-pentelide und -tetrelide s. oben.

Halogen- und Pseudohalogenverbindungen

Unter den Quecksilberhalogeniden sublimiert Quecksilber(II)-chlorid $HgCl_2$ (»Sublimat«) bei der Darstellung in der Technik durch Erhitzen von Quecksilbersulfat und Natriumchlorid als weiße, zum Unterschied von Quecksilber(I)-chlorid in Wasser ziemlich leicht lösliche (6.6 g in 100 g H_2O), bei 280 °C schmelzende und bei 303 °C siedende Substanz ab:

$$HgSO_4 + 2\,NaCl \longrightarrow HgCl_2 + Na_2SO_4,$$

welche durch Reduktionsmittel wie $SnCl_2$ leicht zu Hg(I)-chlorid (weiß) und darüber hinaus zu Hg (schwarz) reduzierbar ist. Mit Chloriden bildet $HgCl_2$ Chlorokomplexe u. a. der Zusammensetzung $HgCl_3^-$ und $HgCl_4^{2-}$. (Zur Bildung von $HgCl_2$-Addukten mit PR_3, SR_2 und anderen Donoren s. unten.)

Strukturen. $HgCl_2$ besteht sowohl im Dampf (HgCl-Abstand 2.28 Å) als auch in fester Phase (HgCl-Abstand 2.25 Å) und in der wässrigen Lösung aus linear gebauten, isolierten Molekülen $Cl-Hg-Cl$. In fester Phase vervollständigen 4 entferntere Cl-Atome ($d_{HgCl} = 3.38$ (2×), 3.46 Å (2×)) eine verzerrt-oktaedrische Hg-Koordination. Es resultiert eine verzerrte CdI_2-Schichtstruktur.

In den von $HgCl_2$ abgeleiteten Chlorokomplexen $HgCl_3^-$ liegen – abhängig vom Gegenion – teils polymere $[HgCl_3^-]_x$-Ionen vor (z. B. $NH_4[HgCl_3]$: über gemeinsame Ecken zu zweidimensionalen Schichten verbrückte $HgCl_6$-Oktaeder mit kurzen axialen und langen äquatorialen Bindungen), teils auch isolierte $HgCl_3^-$-Ionen (z. B. $NMe_4[HgCl_3]$: planar-koordiniertes Hg), isolierte $Hg_2Cl_6^{2-}$-Ionen (z. B. $[Co(en)_2Cl_2]_2[Hg_2Cl_6]$: über eine gemeinsame Kante gemäß Abb. 23.8a verbrückte $HgCl_4$-Tetraeder) und andere Ionen. Auch die Chlorokomplexe $HgCl_4^{2-}$ weisen teils polymeren (z. B. Abb. 23.8b), teils isolierten Bau auf (z. B. Abb. 23.8c).

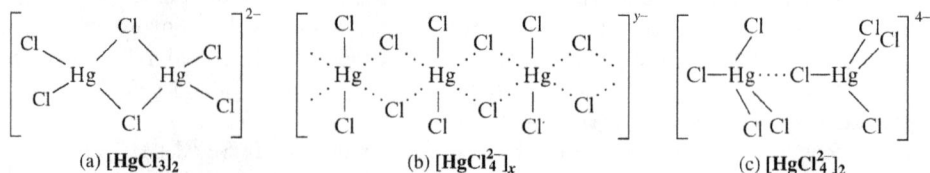

(a) **$[HgCl_3]_2$**   (b) **$[HgCl_4^{2-}]_x$**   (c) **$[HgCl_4^{2-}]_2$**

Abb. 23.8

Von Interesse ist schließlich der Komplex $[Cr(NH_3)_6][HgCl_5]$, in welchem isolierte trigonal-bipyramidale $HgCl_5^{3-}$-Einheiten auftreten.

Reaktion mit Wasser. Die wässrige Lösung von Quecksilber(II)-chlorid leitet den elektrischen Strom nur wenig, d. h. das Quecksilber(II)-chlorid ist in wässriger Lösung nur sehr wenig ionisiert. Daher verhalten sich derartige Lösungen in mancher Hinsicht anders als normale Salzlösungen. Schüttelt man z. B. Quecksilberoxid mit einer Alkalichloridlösung, so wird die Lösung infolge Freiwerdens von Alkalihydroxid (Bildung von undissoziiertem $HgCl_2$) stark alkalisch:

$$2\,Cl^- + Hg(OH)_2 \rightleftharpoons HgCl_2 + 2\,OH^-.$$

In Umkehrung dieses Gleichgewichts werden Quecksilber(II)-chlorid-Lösungen durch Alkalilaugen nur bei Anwendung eines beträchtlichen Überschusses an OH^- quantitativ hydrolysiert.

Reaktion mit Ammoniak. Bei der Einwirkung von gasförmigem oder stark angesäuertem Ammoniak geht $HgCl_2$ gemäß $HgCl_2 + 2\,NH_3 \longrightarrow Hg(NH_3)_2Cl_2$ in das weiße »schmelzbare Präzipitat«[4] $[Hg(NH_3)_2]Cl_2$ (Smp. 300 °C) über, das sich aus isolierten, in saurer Lösung beständigen, linearen Kationen $[Hg(NH_3)_2]^{2+}$ aufbaut (lineare Koordination am Hg, tetraedrische Koordination am N, freie Rotation der NH_3-Moleküle um die $Hg-N$-Achse):

$$\overset{\oplus}{H_3N}-Hg-\overset{\oplus}{NH_3},$$

wobei das Zentralmetall zusätzlich von vier Cl^--Ionen schwach koordiniert wird (kubisch-einfache Cl^--Packung mit Hg in der Mitte von Cl^--Quadraten und NH_3 in allen Würfeln). In Anwesenheit eines Überschusses an $NH_4^+X^-$ mit X^- z. B. NO_3^-, ClO_4^- lässt sich aus $HgCl_2$ auch das Ion $Hg(NH_3)_4^{2+}$ aufbauen.

Behandlung von $HgCl_2$ mit wässrigem Ammoniak gibt gemäß $HgCl_2 + 2\,NH_3 \longrightarrow Hg(NH_2)Cl + NH_4Cl$ das weiße »unschmelzbare Präzipitat«[4] $[HgNH_2]Cl$, das lange, gewinkelte Kation-Ketten $(HgNH_2^+)_x$ (Abb. 23.9d) bildet (lineare $N-Hg-N$-Gruppierungen), die den $(HgO)_x$-Ketten (s. unten) bzw. den $(HgOH^+)_x$-Ketten in basischen Hg(II)-Salzen entsprechen (O durch isoelektronisches NH_2^+ bzw. OH^+ ersetzt) und im Kristall durch die Cl^--Ionen zusammengehalten werden. Beim Kochen der Lösung geht dieses Präzipitat gemäß $2\,Hg(NH_2)Cl \longrightarrow Hg_2NCl + NH_4Cl$ in eine Verbindung $[Hg_2N]Cl$ über, ein Chlorid der »Millon'schen Base« $[Hg_2N]OH$, deren $[Hg_2N]^+$-Kationen ein kovalentes dreidimensionales Netzwerk von Cristobalit-Struktur (SiO_2) aufbauen, in dessen großen kanalförmigen Hohlräumen sich die Cl^--Ionen sowie auch Hydratwasser aufhalten (vgl. S. 1101). Die HgN-Abstände sind in allen drei genannten Verbindungen ähnlich (~ 2.06 Å) und entsprechen kovalenten Einfachbindungen.

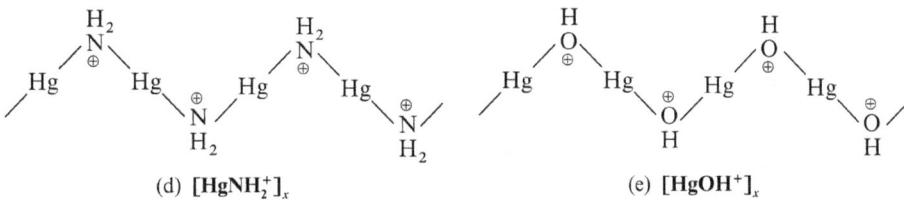

(d) $[HgNH_2^+]_x$ (e) $[HgOH^+]_x$

Abb. 23.9

Verwendung. Sublimat $HgCl_2$ ist ein sehr starkes Gift, das in Mengen von 0.2–0.4 g einen erwachsenen Menschen tötet. Wegen seiner pilztötenden Wirkung dient es als Imprägnierungsmittel zum Konservieren von Holz und wegen seiner antiseptischen Wirkung als Desinfektionsmittel bei der Behandlung kleiner Wunden. Zu diesem Zwecke kommt es in Form von »Sublimatpastillen« in den Handel, die kein reines Quecksilber(II)-chlorid darstellen, sondern aus einem

Gemisch von Sublimat und Natriumchlorid bestehen. Der Natriumchloridgehalt verhindert eine hydrolytische Spaltung des Sublimats in wässriger Lösung gemäß

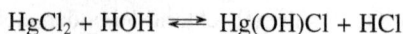

$$HgCl_2 + HOH \rightleftharpoons Hg(OH)Cl + HCl$$

und damit eine durch die hierbei gebildete Säure verursachte ätzende Wirkung der Lösung, da sich aus Natriumchlorid und Sublimat ein »Chlorokomplex« $Na_2[HgCl_4]$ bildet, der nicht der Hydrolyse unterliegt. Zugleich ist dieses Komplexsalz leichter löslich als das reine Quecksilber(II)-chlorid und wird auch nicht wie dieses durch Leitungswasser mit der Zeit unter Fällung von Oxidchloriden (Abfangen von HCl durch das Hydrogencarbonat des Leitungswassers: $H^+ + HCO_3^- \longrightarrow H_2O + CO_2$) zersetzt.

Sonstige Halogenide (Tab. 23.4). Anders als das kovalent gebaute Quecksilber(II)-chlorid ist das farblose aus den Elementen oder durch Disproportionierung von Hg_2F_2 bei 450 °C zugängliche, als mildes Fluorierungsmittel wirkende Quecksilber(II)-fluorid HgF_2 (Tab. 23.4) ionogen aufgebaut (Fluorit-Struktur) und wird von Wasser als Salz einer schwachen Säure und sehr schwachen Base vollständig zersetzt. Andererseits ist die schon beim Quecksilber(II)-chlorid kaum noch ausgeprägte Salznatur der aus den Elementen erhältlichen Verbindungen Quecksilber(II)-bromid $HgBr_2$ und insbesondere Quecksilber(II)-Iodid HgI_2 (Tab. 23.4; Strukturen analog $HgCl_2$, S. 1772) ganz verschwunden, sodass sie mit verdünnter Alkalilauge bzw. Silbernitrat keine Reaktion auf Quecksilber- bzw. Halogenid-Ionen ergeben (keine Bildung von HgO bzw. AgX).

Das Diiodid kommt in zwei enantiotropen Modifikationen, einer gelben und einer roten, vor. Der Umwandlungspunkt liegt bei 127 °C, unterhalb dieser Temperaturen ist die rote ($KZ_{Hg} = 4$, s. unten), oberhalb die gelbe Form ($KZ_{Hg} = 2+4$, s. unten) die beständigere (»Thermochromie«):

$$HgI_{2\,rot} \xrightleftharpoons{127\,°C} HgI_{2\,gelb}.$$

Bei der Darstellung von Quecksilber(II)-iodid durch Verreiben der Elemente bei Zimmertemperatur erhält man die rote Modifikation; dagegen entsteht bei der Vereinigung von Quecksilberdampf und Ioddampf bei erhöhter Temperatur unter Leuchterscheinung die gelbe Form. Beim Versetzen einer Quecksilber(II)-Salzlösung mit Kaliumiodid fällt zuerst – der Ostwald'schen Stufenregel (S. 609) entsprechend – gelbes Quecksilber(II)-iodid aus, das aber bald rot wird.

Analoge Farbänderungen zeigen auch zwei Komplexverbindungen des Quecksilber(II)-iodids mit Kupfer(I)- bzw. Silber(I)-iodid:

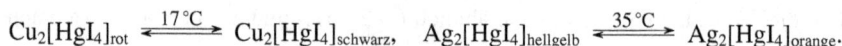

$$Cu_2[HgI_4]_{rot} \xrightleftharpoons{17\,°C} Cu_2[HgI_4]_{schwarz}, \quad Ag_2[HgI_4]_{hellgelb} \xrightleftharpoons{35\,°C} Ag_2[HgI_4]_{orange}.$$

Auch das einfache Quecksilber(II)-iodid HgI_2 gehört formal als »autokomplexes Salz« $Hg[HgI_4]$ zu dieser Reihe der komplexen Iodide. Wegen der verhältnismäßig großen Umwandlungsgeschwindigkeit kann man die obigen (und viele andere) Verbindungen als – optische Thermometer verwenden, um z. B. das Heißwerden von Apparaturteilen anzuzeigen.

Das in Wasser sehr schwer lösliche Quecksilber(II)-iodid (0.006 g in 100 g H_2O) löst sich im Überschuss von Kaliumiodid leicht unter Bildung einer farblosen Lösung von »Kaliumtetraiodomercurat(II)« $K_2[HgI_4]$ auf:

$$HgI_2 + 2\,KI \longrightarrow K_2[HgI_4].$$

dem ein tetraedrisches $[HgI_4]^{2-}$-Ion zugrunde liegt. Eine mit Kalilauge alkalisch gemachte Lösung dieses Komplexsalzes dient unter dem Namen »Nesslers Reagens« als außerordentlich empfindliches Reagens auf Ammoniak (z. B. in Trinkwasser als »Verwesungsprodukt« eiweißhaltiger Substanzen), da bereits Spuren von Ammoniak die Lösung infolge Bildung von $[Hg_2N]I$, einem Iodid der Millon'schen Base $[Hg_2N]OH$ (S. 1773, 1777), orangebraun färben, während größere Ammoniakmengen orangebraune bis tiefbraune Fällungen ergeben:

2 HgI_2 + NH_4OH $\longrightarrow$ [Hg_2N]OH + 4 HI. Die Farbreaktion kann auch zur »quantitativen Bestimmung kleiner Ammoniakmengen« verwendet werden, da man aus der Intensität der Farbe durch Vergleich mit der durch eine bekannte Ammoniakmenge hervorgerufenen Färbung auf den Ammoniakgehalt der untersuchten Lösung schließen kann[5].

Strukturen. Zum Unterschied von $HgCl_2$ (isolierte $HgCl_2$-Moleküle in Dampf und Kristall) bildet das Iodid HgI_2 nur im Dampfzustand (HgI-Abstand 2.57 Å) lineare Einzelmoleküle, während im Kristall unterhalb 127 °C eckenverknüpfte HgI_4-Tetraeder (HgI-Abstand 2.78 Å) vorliegen, die dadurch zustandekommen, dass in einer kubisch-dichtesten Packung von I^--Ionen in die Hälfte der tetraedrischen Lücken übernächster I^--Schichten Hg^{2+}-Ionen eingebaut sind. Bei 127 °C geht rotes HgI_2 in eine gelbe Form über (s. oben) mit isolierten HgI_2-Molekülen. Das Bromid $HgBr_2$ bildet insofern einen Übergang von der $HgCl_2$- zur HgI_2-Struktur, als darin zwar wie bei $HgCl_2$ isolierte lineare Moleküle Br−Hg−Br mit einem HgBr-Abstand von 2.48 Å (im Dampfzustand 2.40 Å) zu erkennen sind, dass aber vier weitere Br-Atome anderer $HgBr_2$-Moleküle in einem wesentlich größeren HgBr-Abstand von 3.23 Å nach Art der $CdCl_2$-Struktur die Koordinationsanordnung um das Hg^{2+}-Ion zu einem (verzerrten) Oktaeder $HgBr_6$ ergänzen. In wässriger Lösung existieren die kovalenten Moleküle $HgCl_2$, $HgBr_2$ und HgI_2 praktisch ausschließlich in Form undissoziierter HgX_2-Moleküle.

Donoren D wie R_2S oder R_3P depolymerisieren HgX_2 (X = Cl, Br, I) analog $CuCl_2$ (S. 1700) unter Bildung z. B. von (f), (g) oder (h) mit jeweils tetraedrischer Hg-Koordination (s. Abb. 23.10).

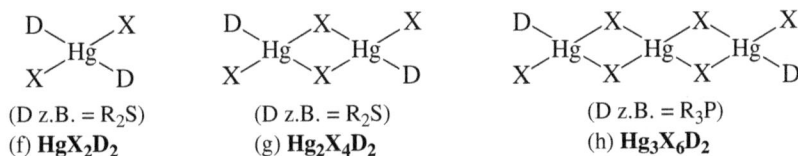

(D z.B. = R_2S) (D z.B. = R_2S) (D z.B. = R_3P)
(f) HgX_2D_2 (g) $Hg_2X_4D_2$ (h) $Hg_3X_6D_2$

Abb. 23.10

Cyanide (vgl. S. 2084). Durch Erwärmen von Quecksilber(II)-oxid und Wasser mit Cyaniden kann Quecksilber(II)-cyanid $Hg(CN)_2$ gewonnen werden:

$$HgO + H_2O + M(CN)_2 \longrightarrow Hg(CN)_2 + M(OH)_2.$$

Wegen seiner minimalen elektrolytischen Dissoziation zeigt es keine der gewöhnlichen Quecksilberreaktionen außer der Fällung von Quecksilbersulfid HgS, das ein extrem kleines Löslichkeitsprodukt (s. unten) besitzt. Es ist aus linearen Molekülen N≡C−Hg−C≡N aufgebaut (HgC--Abstand 1.986 Å) und bildet mit überschüssigem Cyanid tetraedrische Cyano-Komplexe [$Hg(CN)_4$]$^{2-}$. Wie Sublimat kann es in der Medizin als Antiseptikum verwendet werden, und zwar zum Unterschied von $HgCl_2$ auch zur Desinfektion metallischer Instrumente (Metalle wie Fe, Ni, Cu setzen aus $HgCl_2$ Quecksilber in Freiheit).

Aus $Hg(NO_3)_2$-Lösungen fällt bei Zusatz von Alkalithiocyanat Quecksilber(II)-thiocyanat $Hg(SCN)_2$ als ziemlich schwer löslicher, farbloser, kristalliner Niederschlag aus, der sich beim Erhitzen unter Hinterlassung eines sehr voluminösen, aus N, C und S bestehenden Rückstandes außerordentlich stark aufbläht (»Pharaoschlangen«). Mit überschüssigem Thiocyanat bildet das kovalente, lineare $Hg(SCN)_2$-Molekül einen tetraedrischen Thiocyanatokomplex [$Hg(SCN)_4$]$^{2-}$.

---

[5] Hier wie in anderen Fällen erfolgt dabei der Farbvergleich (»Kolorimetrie«; vom lat. color = Farbe) zweckmäßig in einem »Kolorimeter«, welches es gestattet, festzustellen, bei welcher Schichtdicke der untersuchten farbigen Lösung Farbgleichheit mit der Vergleichslösung vorliegt. Dann sind in beiden – von oben betrachteten – Schichten gleichviele farbige Teilchen enthalten, sodass sich die Schichtdicken umgekehrt wie die Konzentrationen des farbigen Stoffs verhalten (»Beer'sches Gesetz«; vgl. S. 189).

Azide (S. 2087). Die Reaktion von $HgCl_2$ mit NaN_3 führt zu farblosem Quecksilber(II)-azid $Hg(N_3)_2$ und darüber hinaus zum Azidokomplex $[Hg(N_3)_3]^-$.

Chalkogenverbindungen

Sauerstoffverbindugnen (vgl. Tab. 23.4 sowie S. 2088). Unter den Quecksilberchalkogeniden entsteht Quecksilber(II)-oxid HgO beim Erhitzen von Quecksilber an der Luft auf 300–350 °C ($Hg + \frac{1}{2}O_2 \longrightarrow HgO$; Wiederzerfall oberhalb 400 °C) sowie beim Erhitzen von Hg(I)-nitrat auf 350 °C ($Hg_2(NO_3)_2 \longrightarrow 2\,HgO + 2\,NO_2$) und beim Versetzen einer Hg(II)-Salzlösung mit heißer Sodalösung ($Hg(NO_3)_2 + Na_2CO_3 \longrightarrow HgO + 2\,NaNO_3 + CO_2$) als rotes kristallines Pulver, beim Versetzen von einer Hg(II)-Salzlösung mit kalter Alkalilauge ($Hg^{2+} + 2\,OH^- \longrightarrow Hg(OH)_2 \longrightarrow HgO + H_2O$) dagegen als gelber amorpher Niederschlag.

Der Farbunterschied ist nicht auf eine unterschiedliche Struktur zurückzuführen, sondern wird hauptsächlich durch die verschiedene Korngröße der beiden Präparate bedingt (es spielen auch Gitterdefekte eine gewisse Rolle). Und zwar ist das gelbe Oxid ($\Delta H_f = -90.52\,\mathrm{kJ\,mol^{-1}}$) feiner verteilt als das rote ($\Delta H_f = -90.90\,\mathrm{kJ\,mol^{-1}}$), wie sich überhaupt ganz allgemein die Farbe einer Substanz mit zunehmendem Zerteilungsgrad der Probe aufhellt. Beim Erhitzen färbt sich das gelbe Oxid infolge Kornvergrößerung rot; die rote Farbe bleibt dann beim Abkühlen erhalten. Bei 220 °C wandelt sich rotes orthorhombisches in gelbes hexagonales HgO um, das auch beim Behandeln von K_2HgI_4 mit NaOH bei 50 °C als metastabile Modifikation entsteht. Mit $HgCl_2$ bildet HgO basische Chloride $HgCl_2 \cdot n\,HgO$, z. B. ein $HgCl_2 \cdot 2\,HgO$.

Strukturen. Kristallines Quecksilber(II)-oxid HgO baut sich aus Zickzack-Ketten (Abb. 23.11i) auf (vgl. hierzu die isovalenzelektronischen Gold(I)-halogenide AuX, S. 1733), die im Falle der orthorhombischen/hexagonalen Form planar/spiralig konformiert sind. Der Abstand HgO beträgt 2.03 Å, was einer Einfachbindung (ber. 2.16 Å) entspricht; die OHgO-Gruppe ist linear, der Winkel am O-Atom ein Tetraederwinkel. Bei den basischen Chloriden $HgCl_2 \cdot n\,HgO$ ist die Kette an den Enden mit Cl abgesättigt (Abb. 23.11k, l), beim Mercurat(II) Na_2HgO_2 liegen lineare $O-Hg-O^{2-}$-Inseln vor.

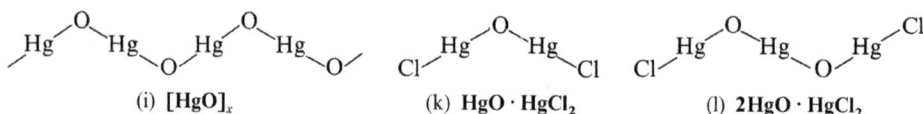

(i) $[HgO]_x$ (k) $HgO \cdot HgCl_2$ (l) $2HgO \cdot HgCl_2$

Abb. 23.11

In Wasser löst sich HgO ein wenig ($10^{-4}\,\mathrm{mol\,l^{-1}}$) zu einer Lösung, die man als Lösung von Quecksilber(II)-hydroxid $Hg(OH)_2$ (extrem schwache Base, Basenkonstante $1.8 \cdot 10^{-22}$) anspricht, welches als solches aber nicht isolierbar ist.

Quecksilber(II)-Salze von Oxosäuren. Hg(II)-Salze werden in Wasser wegen des schwach basischen Charakters der zugrunde liegenden Base $Hg(OH)_2$ leicht hydrolysiert. Solche Lösungen müssen daher angesäuert werden, um stabil zu sein, da ansonsten sehr leicht basische Salze u. a. der Formel Hg(OH)X ausfallen, die mehrkernige, hydroxoverbrückte Kationen $[HgOH^+]_x$ des in Abb. 23.9e wiedergegebenen Typs enthalten.

Unter den Hg(II)-Salzen wird Quecksilber(II)-sulfat $HgSO_4$ durch Erhitzen von Quecksilber mit konzentrierter Schwefelsäure erhalten,

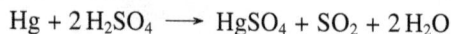

$$Hg + 2\,H_2SO_4 \longrightarrow HgSO_4 + SO_2 + 2\,H_2O$$

und aus schwefelsaurer Lösung auskristallisiert. Mit den Sulfaten der Alkalimetalle bildet es Doppelsalze der Zusammensetzung $HgSO_4 \cdot M_2SO_4 \cdot 6\,H_2O$, welche mit den analog zusammengesetzten Doppelsalzen des Magnesiums, Eisens usw. isomorph sind. Quecksilber(II)-nitrat

$Hg(NO_3)_2$ kristallisiert aus der Lösung von Quecksilber in heißer Salpetersäure in großen, farblosen, rhombischen Kristallen der Zusammensetzung $Hg(NO_3)_2 \cdot 8\,H_2O$ aus. Bei hohen NO_3^--Konzentrationen bildet sich der Komplex $[Hg(NO_3)_4]^{2-}$ (verzerrt quadratisch-antiprismatische Koordination von Hg mit O-Atomen).

Versetzt man Quecksilber(II)-nitrat-Lösungen mit Ammoniak, so erhält man nicht wie mit Alkalilaugen gelbes Quecksilberoxid, sondern ein unlösliches, gelblichweißes, von der »Millon'schen Base« $[Hg_2N]OH$ abgeleitetes Salz $[Hg_2N]NO_3$ (vgl. S. 1773): $2\,Hg(NO_3)_2 + NH_3 \longrightarrow [Hg_2N]NO_3 + 3\,HNO_3$. Auch viele andere Salze der Millon'schen Base (die in freiem Zustande durch Einwirkung von wässerigem Ammoniak auf HgO gewonnen werden kann) sind bekannt, z. B. das Chlorid, Bromid, Iodid und Perchlorat. Die Anionen sind dabei wie im Falle des Chlorids (S. 1773) zusammen mit etwaigem Kristallwasser in den großräumigen Kanälen des SiO_2-analogen NHg_2-Netzwerks untergebracht. Sowohl die Millon'sche Base selbst wie ihre Salze sind wenig beständig und explodieren teilweise in trockenem Zustande auf Stoß oder Schlag.

Sonstige Chalkogenverbindungen. In der Natur findet sich das Quecksilber(II)-sulfid HgS in roten hexagonalen Kristallen als »Zinnober«[6] (α-HgS) sowie – selten – in einer schwarzen Modifikation als »Metacinnabarit« (β-HgS). Letztere Form bildet sich beim Einleiten von Schwefelwasserstoff in Quecksilber(II)-Salzlösungen als schwarzer, in Wasser und Säuren unlöslicher Niederschlag ($Hg^{2+} + S^{2-} \rightleftharpoons HgS$; $L_{HgS} = 1.6 \cdot 10^{-54}$). Auch bei der Reaktion von wasserunlöslichem HgO (s. oben) mit H_2S entsteht wegen der hohen Affinität von Hg(II) zu Schwefel rasch HgS[7].

Da die rote Modifikation als die beständigere in Lösungsmitteln schwerer löslich als die unbeständige schwarze Form ist, gelingt es, das schwarze Quecksilbersulfid durch Erwärmen mit einer zur vollkommenen Auflösung unzureichenden Lösungsmittelmenge in roten Zinnober umzuwandeln, indem sich die schwarze Form in dem Maße nachlöst, in welchem die rote infolge Übersättigung der Lösung ausfällt. Als Lösungsmittel benutzt man in der Technik zur Herstellung derartigen »künstlichen Zinnobers«, der wegen seiner prachtvollen roten Farbe für Malereizwecke dient, Natriumsulfidlösungen. Auch durch Sublimation von schwarzem Quecksilbersulfid kann Zinnober künstlich gewonnen werden, da letzterer einen geringeren Dampfdruck besitzt als ersteres.

Analog HgS bildet sich grauschwarzes Quecksilber(II)-selenid HgSe (Smp. 790 °C) beim Einleiten von H_2Se in Hg(II)-Salzlösungen, während Quecksilber(II)-tellurid HgTe (Schmp. 670 °C) aus den Elementen gewonnen wird.

Strukturen. Das rote Sulfid HgS (α-HgS) bildet wie hexagonales HgO (Abb. 23.11i) eine gewinkelte Kettenstruktur (HgS-Abstand 2.36 Å). Diese $(HgS)_x$-Ketten sind im Kristall so angeordnet, dass jedes Hg-Atom in weiterem Abstand (3.10 bzw. 3.30 Å) von 2 Paaren weiterer S-Atome aus zwei benachbarten Ketten unter Ausbildung eines verzerrten HgS_6-Oktaeders umgeben ist (verzerrtes Steinsalzgitter). Schwarzem HgS (β-HgS) kommt wie dem Selenid HgSe und Tellurid HgTe eine Zinkblende-Struktur zu.

HgS vermag weiteres Sulfid unter Bildung von Thiomercuraten wie z. B. Na_2HgS_2 und K_2HgS_2 (isolierte lineare Anionen $SHgS^{2-}$), Ba_2HgS_3 (unendliche Ketten $[HgS_3^{4-}]_x$ aus eckenverknüpften HgS_4-Tetraedern) oder K_6HgS_4 und Rb_6HgS_4 (isolierte tetraedrische HgS_4^{6-}-Gruppen) aufzunehmen.

2.2.3 Niedrigwertige Quecksilberverbindungen

Quecksilber(<1)-Verbindungen. Bei der Oxidation von Quecksilber mit Arsenpentafluorid in flüssigem SO_2 bilden sich gemäß $n\,Hg + 3\,AsF_5 \longrightarrow Hg_n(AsF_6)_2 + AsF_3$ Salze $Hg_n(AsF_6)_2$, die

---

[6] Griech.: kinnabari; lat.: cinnabaris; altfranz.: cinobre; engl.: cinnabar; altdeutsch: zinober.

[7] In analoger Weise entstehen aus Mercaptanen RSH und HgO »Quecksilber(II)-mercaptide« $Hg(SR)_2$. Die Bezeichnung für RSH geht auf W. C. Zeise, dem Entdecker dieser Reaktion, zurück (1834): mercurium captans (lat.) = Quecksilber einfangend.

positiv geladene Quecksilbercluster enthalten: farbloses $Hg_2(AsF_6)_2$ (enthält $Hg-Hg^{2+}$-Ionen, Oxidationsstufe von $Hg = +1.00$, HgHg-Abstand 2.50 Å), gelbes $Hg_3(AsF_6)_2$ (enthält lineare $Hg-Hg-Hg^{2+}$-Ionen, Oxidationsstufe von $Hg = +0.67$, HgHg-Abstand 2.52 Å), dunkelrotes $Hg_4(AsF_6)_2$ (enthält fast lineare $Hg-Hg-Hg-Hg^{2+}$-Ionen, Oxidationstufe von $Hg = +0.50$, HgHg-Abstände 2.57 Å (außen) und 2.70 (innen)) und goldgelbes $Hg_{\approx 5.7}(AsF_6)_2$ (enthält eindimensional unendliche, fast lineare Hg-Atomketten, Oxidationsstufe von $Hg = +0.35$, HgHg-Abstand im Mittel 2.64 Å). Das Hg_3^{2+}-Kation liegt auch den Salzen $Hg_3(Sb_2F_{11})_2$ (gewinnbar aus $Hg + SbF_5$ in flüssigem SO_2) und $Hg_3(AlCl_4)_2$ (gewinnbar aus $Hg + HgCl_2$ in geschmolzenem $AlCl_3$) zugrunde. $Hg_{\approx 2.90}(SbF_6)_2$ enthält eindimensionale lineare Hg-Atomketten, $Hg_6(MF_6)_2$ (M = Nb, Ta) zweidimensionale, hexagonale Hg-Atomschichten. Bezüglich der Bindungsverhältnisse in den Kationen Hg_n^{2+} s. unten.

Quecksilber(<0)-Verbindungen.

Allgemeines. Quecksilber bildet wie seine Periodennachbarn Au, Tl, Pb, Bi eine Reihe binärer Verbindungen mit Alkali- und Erdalkalimetallen (vgl. Anm.[8] sowie S. 1739, 1383, 1165, 948), welche sich mehr oder weniger ausgeprägt metallisch verhalten: die Valenzelektronen der elektropositiven Bindungspartner sind in unterschiedlichem Ausmaße an elektronegatives Quecksilber gebunden (Besetzung von elektronenleeren 6p-Atomorbitalen) sowie zudem im Leitungsband frei beweglich (Elektronennegativitäten von Li − Cs im Bereich 1.0–0.9, von Hg 1.9; zum Vergleich: $EN_{Zn/Cd} = 1.6/1.7$). Im Unterschied zu den oben erwähnten salzartigen, transparenten, halbleitenden Hg(<I)-Verbindungen $Hg_n(AsF_6)_2$ mit kationischen Hg_n^{2+}-Clustern weisen demgemäß die – durchwegs luftempfindlichen Hg(<0)-Verbindungen M_mHg_n – nur partiell negativ geladene $Hg_n^{\delta-}$-Cluster auf und zeigen silberhellen, goldgelben bis schwarzroten metallischen Glanz, Paramagnetismus sowie elektrische Leitfähigkeit. Auch resultieren die »starken« Bindungen innerhalb der Hg_n^{2+}-Cluster ($d_{HgHg} \approx 2.5$ Å) aus Wechselwirkungen von s-Atomorbitalen (endständige Hg-Atome) mit sp-Hybridorbitalen (mittelständige Hg-Atome) und die »schwachen« Bindungen der $Hg_n^{\delta-}$-Cluster ($d_{HgHg} \approx 3.0$) hauptsächlich aus Überlappungen von p-Atomorbitalen (zum Vergleich: d_{HgHg} in elementarem Hg 3.3 Å). Als Folge hiervon betragen die HgHgHg-Winkel in ersteren Clustern ca. 180° und in letzteren Clustern vielfach 90° (Bildung von Hg_4-Quadraten).

Die zu den Amalgamen bzw. Mercuriden zu zählenden Verbindungen M_mHg_n (M = Alkali-, Erdalkalimetall) stellen keine typischen Legierungen dar, da sie stöchiometrisch zusammengesetzt sind (sehr enge Homogenitätsbereiche). Auch ist die Bildung der Amalgame aus den Elementen – wie die der Salze – mit einer deutlichen Volumenkontraktion von 20–30 % sowie einer Schmelzpunktserhöhung verbunden. Und schließlich existieren offensichtlich negativ geladene Hg_n-Cluster als Intermediate in flüssigem Ammoniak ($Mg(NH_3)_6Hg_{22}$ konnte isoliert werden).

Strukturen. Alkalimetallamalgame mit geringem Quecksilbergehalt (z.B. α/β-Na_3Hg, α-/β-/γ-Na_8Hg_3, Na_2Hg) sind durch isolierte, mit Alkalimetall-Kationen koordinierte, partiell negativ geladene Hg-Atome charakterisiert ($d_{HgHg} > 5$ Å); α-Na_3Hg/β-Na_3Hg kristallisieren mit Na_3As-/Li_3Bi-Struktur, α-/β-/γ-Na_8Hg_3 mit Na_3As-/Li_3Bi-Defektstruktur; die Partialladung der Hg-Atome beträgt – laut Berechnung – maximal −0.5. Alkalimetallamalgame mit mittlerem Quecksilbergehalt enthalten einerseits in Alkalimetall-Kationen eingebettete, partiell negativ geladene Hg_2-Hanteln (z.B. in Ca_5Hg_3, Sr_3Hg_2; KZ_{Hg} der mit Hg koordinierten Hg-Atome = 1), Hg_4-Quadrate (Abb. 23.12a) (z.B. in KHg, RbHg, CsHg, Na_3Hg_2; $KZ_{Hg} = 2$), Hg_8-Würfel (Abb. 23.12b) (in $Rb_{15}Hg_{16}$ neben Hg_4-Quadraten: $KZ_{Hg} = 3$) bzw. gewinkelte $[Hg_4]_x$-Zick-Zack-Leitern (Abb. 23.12c) (in α-NaHg: KZ = 3). Andererseits weisen die Amalgame mit mittlerem Hg-Gehalt auch dreidimensionale Hg_x-Netzwerke mit eingebetteten Alkalimetall-

---

[8] Binäre Alkalimetall-Quecksilber-Verbindungen (-Amalgame, -Mercuride): Li_3Hg, $LiHg$, $LiHg_3$; Na_3Hg, Na_8Hg_3, Na_3Hg_2, NaHg, $NaHg_2$; KHg, K_5Hg_7, KHg_2, K_3Hg_{11}, K_2Hg_7, K_7Hg_{31}, KHg_{11}; $Rb_{15}Hg_{16}$, RbHg, $RbHg_2$, Rb_5Hg_{19}, Rb_7Hg_{31}, $RbHg_{11}$; CsHg, $CsHg_2$, Cs_5Hg_{19}, Cs_3Hg_{20}.

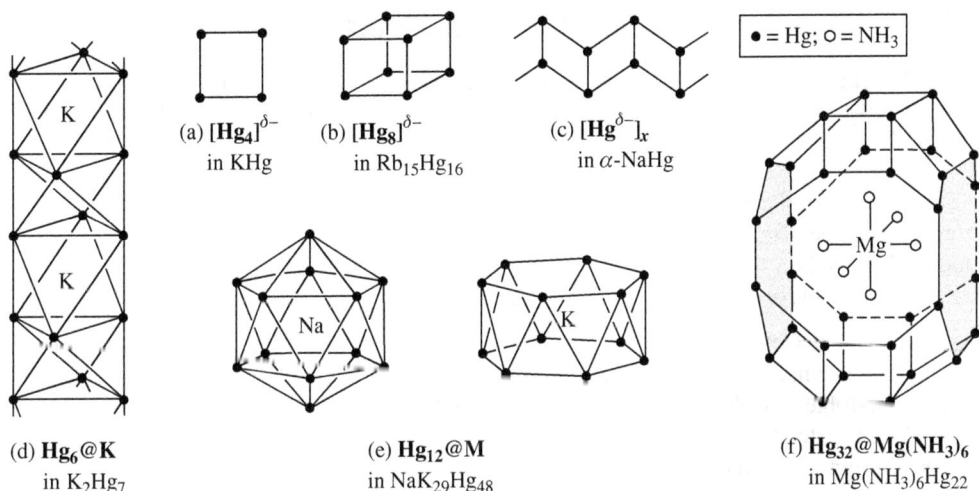

(a) $[Hg_4]^{\delta-}$ in KHg

(b) $[Hg_8]^{\delta-}$ in $Rb_{15}Hg_{16}$

(c) $[Hg^{\delta-}]_x$ in α-NaHg

$\bullet$ = Hg; $\circ$ = NH_3

(d) $Hg_6@K$ in K_2Hg_7

(e) $Hg_{12}@M$ in $NaK_{29}Hg_{48}$

(f) $Hg_{32}@Mg(NH_3)_6$ in $Mg(NH_3)_6Hg_{22}$

Abb. 23.12

Kationen auf. So kristallisieren γ-NaHg (Hochtemperaturform von α-NaHg) mit unverzerrter, β-NaHg mit verzerrter NaTl-Struktur (Diamantgitter der Hg-Atome, $KZ_{Hg} = 4$; analog γ-NaHg sind LiZn und LiCd gebaut) und LiHg mit verzerrter CsCl-Struktur (einfach kubisches Gitter der Hg-Atome; $KZ_{Hg} = 6$; analog LiHg sind SrCd, BaCd, SrHg, BaHg, gebaut). $NaHg_2$ bzw. $KHg_2/RbHg_2/CsHg_2$ ($LiHg_2$ ist unbekannt) enthalten Netzwerke aus miteinander verknüpften ebenen $C_{Graphit}$-Schichten aus Hg-Atomen (hexagonal-prismatisch-einfache Packung) bzw. aus miteinander verknüpften Ketten des in Abb. 23.12c wiedergegebenen Typs (in ersterem/letzterem Falle besteht das Netzwerk aus Hg_4- und Hg_6-/aus Hg_4- und Hg_8-Ringen).

Alkalimetallamalgame mit hohem Quecksilbergehalt bauen sich vielfach aus M^+-zentrierten Polyedern auf ($d_{HgHg} \geq 3.0\,\text{Å}$), die über gemeinsame Flächen miteinander verknüpft sind. So enthält $K_2Hg_7K^+$-zentrierte Hg_6-Oktaeder; und zwar sind Stränge flächenverknüpfter Hg_6-Oktaeder abwechselnd mit K^+ besetzt oder leer (Abb. 23.12d) (zwischen den Strängen sind noch Kalium-Kationen eingelagert). In $NaK_{29}Hg_{48}$ (dem einzigen wohl definierten ternären Alkalimetallamalgam) finden sich Na^+-zentrierte Hg_{12}-Ikosaeder und K^+-zentrierte hexagonale Antiprismen (Abb. 23.12e). Das NH_3-haltige »Amalgam« $Mg(NH_3)_6Hg_{22}$ zeichnet sich durch besonders große $Mg(NH_3)_6^{2+}$-zentrierte Hg_{32}-Käfige aus (Abb. 23.12f), die über gemeinsame achteckige Flächen zu zweidimensionale Schichten verknüpft sind, welche ihrerseits zusammen mit Hg-Atomen ein dreidimensionales Netzwerk aufbauen. Viele andere Amalgame mit hohem Hg-Gehalt enthalten M^+-zentrierte, miteinander zu dreidimensionalen Netzwerken verknüpfte Hg_n-Polyeder wie etwa $Hg_{15}@K$ und $Hg_{16}@K$ in K_7Hg_{31} oder $Hg_{17}@Rb$ in Rb_9Hg_{19}.

Metallhaltige Quecksilbercluster. Quecksilber verbindet sich nicht nur gerne mit Nichtmetallen (Bildung von Halogeniden, Chalkogeniden, Penteliden, Organyliden, sondern auch mit Metallen der Übergangsreihen, wobei in letzteren Fällen Verbindungen mit metallhaltigen Hg-Clustern entstehen. Beispielsweise liefert die Umsetzung von $[RhCl(PMe_3)_3]$ mit Natriumamalgam die Verbindung $Hg_6[Rh(PMe_3)_3]_4$, in welcher vier Flächen eines Hg_6-Oktaeders durch $Rh(PMe_3)_3$-Gruppen überkappt vorliegen. $Hg_3[Os_3(CO)_{11}]_3$ enthält andererseits einen planaren Hg_3Os_9-Cluster, bestehend aus einem zentralen, von drei Os_3-Dreiecken koordinierten Hg_3-Dreieck.

2.2.4   Organische Verbindungen des Quecksilbers

Geschichtliches. Die quecksilberorganischen Verbindungen wurden aufgrund ihrer Luft- und Wasserbeständigkeit vergleichsweise früh entdeckt (1852 durch E. Frankland) und wegen ihrer pharmakologischen Wirkungen (Verwendung als Fungizide, Antiseptika, Bakterizide) sehr eingehend studiert.

Die organische Chemie des Quecksilbers ist auf die Oxidationsstufe +II, d. h. auf Verbindungen des Typus HgR_2 und $RHgX$ beschränkt. Spezies Hg_2R_2 mit der Oxidationsstufe +I des Quecksilbers stellen wie Verbindungen Zn_2R_2 und CdR_2 die seltene Ausnahme dar. Allerdings kennt man Komplexe von Hg_2^{2+} mit Aromaten.

Darstellung. Die Gewinnung der Quecksilberdiorganyle HgR_2 kann wie die der Zink- und Cadmiumdiorganyle nach dem »Direktverfahren« aus Natriumamalgam Na_xHg und Organylhalogeniden RX erfolgen (auch zur Gewinnung von »Quecksilberdisilylen« $(R_2Si)_2Hg$ geeignet), ferner nach dem »Metatheseverfahren« aus Quecksilberdihalogeniden HgX_2 und Lithiumorganylen LiR oder Grignardverbindungen $RMgX$, wobei als isolierbare Zwischenstufen Organylquecksilberhalogenide $RHgX$ entstehen, die auch gemäß $R_2Hg + HgX_2 \rightleftharpoons 2\,RHgX$ ($K = 10^5 - 10^{11}$) erhältlich sind:

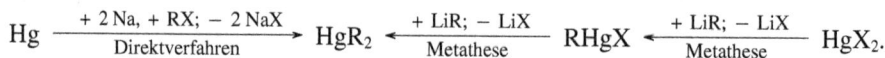

$$Hg \xrightarrow[\text{Direktverfahren}]{+\,2\,Na,\,+\,RX;\,-\,2\,NaX} HgR_2 \xleftarrow[\text{Metathese}]{+\,LiR;\,-\,LiX} RHgX \xleftarrow[\text{Metathese}]{+\,LiR;\,-\,LiX} HgX_2.$$

Monoorganylquecksilber-Verbindungen $RHgX$ lassen sich auch durch »Mercurierung« von Aromaten ArH in wässerigen Säuren wie $HClO_4$ sowie von Alkenen in Solventien HY wie H_2O, HOR, $HOAc$, HNR_2 mit Quecksilberdiacetat $Hg(OAc)_2$ oder -dinitrat $Hg(NO_3)_2$ gewinnen:

$$Hg(OAc)_2 \xrightarrow[\text{Mercurierung}]{+\,ArH;\,-\,HOAc} ArHgOAc; \; Hg(OAc)_2/HY \xrightarrow[\text{Solvomercurierung}]{+\,RCH=CH_2;\,-\,HOAc} \underset{\underset{Y}{|}\;\underset{H}{|}}{RCH\text{-}CHHgOAc}.$$

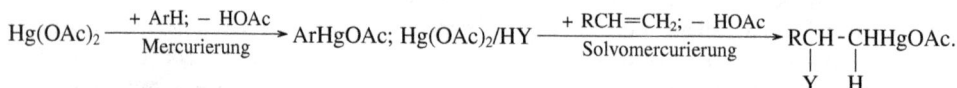

Wegen der Möglichkeit des Ersatzes der HgOAc-Reste durch Wasserstoff, Halogene oder andere Gruppen (Einwirkung von $NaBH_4$ oder Hal_2 usw.) ist die Mercurierung bedeutungsvoll für die synthetische organische Chemie (die Addition von $YHgOAc$ erfolgt in Markownikov-Richtung; vgl. hierzu Hydroborierung, S. 1246).

Salzartige Hg(II)-Verbindungen wie $Hg(SbF_6)_2$ bilden mit Alkenen sowie Aromaten Komplexe, z. B.: $Hg(SbF_6)_2 + 2\,C_6H_6 \longrightarrow (C_6H_6)_2Hg(SbF_6)_2$ (Medium: flüssiges SO_2; Benzol offensichtlich η^2-gebunden).

Eigenschaften. Die quecksilberorganischen Verbindungen HgR_2 stellen farblose, toxisch wirkende in Wasser schlecht lösliche Flüssigkeiten (z. B. »Dimethylquecksilber« $HgMe_2$, Sdp. $92.5\,°C$, $d_{HgC} = 2.083\,Å$) bzw. tiefschmelzende Feststoffe (z. B. »Diphenylquecksilber« $HgPh_2$, Sblp. $121.8\,°C$) dar, die hydrolyse- und luftbeständig sind, aber bei Einwirkung von Wärme oder Licht leicht unter Hg-Ausscheidung zerfallen, da die HgC-Bindungen in der Regel vergleichsweise schwach sind (Bindungsenthalpien um $60\,kJ\,mol^{-1}$; die MC-Bindungsstärke nimmt in Richtung ZnC, CdC, HgC ab). Dass HgR_2 trotzdem unter Normalbedingungen nicht mit Wasser und Sauerstoff reagiert, hängt damit zusammen, dass die HgO-Bindungen vergleichbar schwach wie die HgC-Bindungen sind (thermodynamischer Grund) und dass sich die Organyle HgR_2 hinsichtlich O-Donatoren äußerst schwach Lewis-acid verhalten (kinetischer Grund; die MR_2-Lewis-Acidität sinkt in Richtung ZnR_2, CdR_2, HgR_2).

Die quecksilberorganischen Verbindungen $RHgX$ (X = Cl, Br, I, CN, SCN, OH, NO₃, ClO₄ usw.) stellen kristalline Feststoffe dar, unter denen Verbindungen mit kleinen Alkylresten R bei vermindertem Druck sublimierbar und Verbindungen mit harten X-Liganden wasserlöslich sind.

Strukturen. Die Moleküle HgR_2 und $RHgX$ existieren in monomerer Form und sind linear gebaut (sp-Hybridisierung). Sie zeigen kovalenten Charakter, außer im Falle der Verbindungen

RHgX mit harten Liganden X wie F, NO_3, $\frac{1}{2}$ SO_4, die im Sinne von $RHg^{\delta+}X^{\delta-}$ ionisch strukturiert sind und in Wasser unter Bildung von $RHg(H_2O)^+$ und X^- dissozieren. In analoger Weise
bildet RHg^+ mit vielen anderen Donoren D linear gebaute Komplexe $RHgD^+$ und mit einigen
zweizähnigen Donoren D_2 wie α,α'-Bipyridin sogar planare Komplexe $RHgD_2^+$. Die Zweibin-
digkeit des Quecksilbers in den Diorganylen bleibt auch in »Bis(cyclopentadienyl)quecksilber«
$HgCp_2$ erhalten, in welchem die C_5H_5-Reste monohapto (η^1) an Quecksilber gebunden sind.
Allerdings wandert (fluktuiert) Hg rasch im Zuge einer »Haptotropie« von einem zum nächsten
C-Atom des Cp-Ring (s. Abb. 23.13).

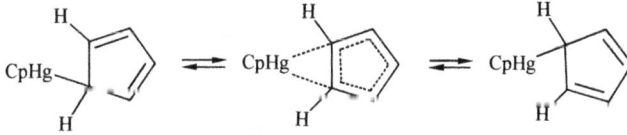

Abb. 23.13

Leichter als zweiwertiges Quecksilber betätigen zweiwertiges Zink und Cadmium Koordinationszahlen größer zwei; in $ZnCp_2$ und $CdCp_2$ liegen demgemäß ein Cp-Rest pentahapto, der
andere monohapto gebunden vor.

Reaktivität. Diorganoquecksilber-Verbindungen HgR_2 übertragen ihre Organylgruppen sehr
leicht gemäß

$$\frac{n}{2}\,R_2Hg + M \longrightarrow MR_n + \frac{n}{2}\,Hg$$

auf andere Metalle wie Alkali-, Erdalkalimetalle, Zn, Cd, Al, Ga, In, Tl, Sn, Pb, Sb, Bi, Se,
Te, sodass man solche »Transmetallierungen« zur Herstellung anderer metallorganischer Verbindungen nutzen kann. Da HgR_2 andererseits thermisch oder photochemisch leicht unter ho-
molytischer HgC-Spaltung zerfällt:

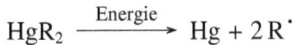

$$HgR_2 \xrightarrow{\text{Energie}} Hg + 2\,R^{\bullet}$$

verwendet man die quecksilberorganischen Verbindungen vielfach als »Quellen für Radikale«
(R = Alkyl, Aryl, Silyl, Germyl usw.). Ferner wirken Quecksilberorganyle $RHgCHal_3$ mit einem
Trihalogenmethylrest als »Quellen für Carbene« ($RHgCHal_3 \longrightarrow RHgHal + CHal_2$; »Seyferth-
Reagens«), die sich etwa mit Alkenen oder Alkinen unter Cyclopropan- oder Cyclopropenbil-
dung abfangen lassen. Von chemischem und biologischem Interesse sind schließlich Verbindun-
gen MeHgX als »Quellen für das Methylquecksilber-Kation« $HgMe^+$. Es liegt in Wasser als
Hydrat $MeHg(H_2O)^+$ vor (s. oben), welches seinerseits sauer wirkt und zur Kondensation neigt:

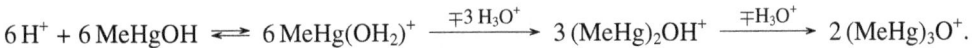

$$6\,H^+ + 6\,MeHgOH \rightleftharpoons 6\,MeHg(OH_2)^+ \xrightarrow{\mp 3\,H_3O^+} 3\,(MeHg)_2OH^+ \xrightarrow{\mp H_3O^+} 2\,(MeHg)_3O^+.$$

$MeHg^+$ stellt eine weiche Säure dar. Infolgedessen nimmt die Dissoziation MeHgX $\rightleftharpoons$
$MeHg^+ + X^-$ in wässerigem Medium in der Reihenfolge MeHgSH < MeHgCN < MeHgI <
MeHgBr < MeHgCl < $MeHgNO_2$ < MeHgF zu (Untersuchungen der Dissoziationsstabilität
von MeHgX trugen wesentlich zur Entwicklung des Konzepts der harten und weichen Säuren
und Basen bei; vgl. S. 275).

Die hohe Toxizität von Quecksilber-Verbindungen beruht, wie besprochen (S. 1764), darauf, dass HgX_2 von Mikroorganismen durch »Methylcobalamin« $CH_3[Cob]$, einem Derivat des
Vitamin B_{12}-Coenzyms, gemäß $Hg_{aq}^{2+} + CH_3[Cob] \longrightarrow CH_3Hg_{aq}^+ + [Cob]_{aq}^+$ in wasserlösliches
$MeHg^+$ verwandelt wird (vgl. S. 2003) und in dieser Form leicht in andere Organismen gelangt,
wo $MeHg^+$ – wegen der hohen Affinität des Quecksilbers zu Schwefel – Thiolgruppen von Enzymen durch Mercurierung blockiert.

Literatur zu Kapitel XXIII

Das Zink und Cadmium

[1] **Die Elemente Zink und Cadmium**

B. J. Aylett: »Group IIB«, Comprehensive Inorg. Chem. **3** (1973) 187–328; Compr. Coord. Chem. I/II: »Zink«, »Cadmium« (vgl. Vorwort); Ullmann: »Zinc, Zinc Alloys, Zinc Compounds«, **A28** (1995); »Cadmium and Cadmium Compounds«, **A4** (1985) 499–514; Gmelin: »Zinc«, Syst.-Nr. **32**; »Cadmium«, Syst.-Nr. **33**; H. Vahrenkamp: »Zink, ein langweiliges Element?«, Chemie in unserer Zeit **22** (1988) 73–84. Vgl. auch [2,3].

[2] **Zink in der Biosphäre**

R. H. Prince: »Some Aspects of Bioinorganic Chemistry of Zinc«, Adv. Inorg. Radiochem. **22** (1979) 349–440; Compr. Coord. Chem. I/II; »Zink« (vgl. Vorwort); J. H. Mennear: »Cadmium Toxicity«, Dekker, New York 1979; E. Kimura: »Macrocyclic Polymeric Zinc(II) Complexes as Advanced Models for Zinc(II) Enzymes«, Progr. Inorg. Chem. **41** (1994) 443–491.

[3] **Organische Verbindungen des Zinks und Cadmiums**

Compr. Organomet. Chem. I/II/III: »Zink«, »Cadmium« (vgl. Vorwort); Houben-Weyl: »Organische Verbindungen des Zinks und Cadmiums« **13/2** (1973/74); B. J. Wakefield: »Alkyl Derivatives of the Group II Metals«, Adv. Inorg. Radiochem. **11** (1968) 341–425; N. I. Sheverdina, K. A. Kocheskov: »The Organic Compounds of Zinc and Cadmium«, North Holland, Amsterdam 1967; P. R. Jones, P. J. Desio: »The Less Familiar Reactions of Organocadmium Reagents«, Chem. Rev. **78** (1978) 491–516.

Das Quecksilber

[4] **Das Element Quecksilber**

B. J. Aylett: »Group II B«, Comprehensive Inorg. Chem. **3** (1973) 187–328; Compr. Coord. Chem. I/II: »Mercury« (vgl. Vorwort); Ullmann: »Mercury, Mercury Alloys and Mercury Compounds«, **A16** (1990) 269–298; Gmelin: »Mercury«, Syst.-Nr. **34**; C. A. McAuliffe (Hrsg.): »The Chemistry of Mercury«, Macmillan, London 1977; R. Winter: »Flüssige Metalle«, Chemie in unserer Zeit **22** (1988) 185–192; Vgl. [6,7].

[5] **Physiologisches**

G. Tölg, I. Lorenz: »Quecksilber – ein Problemelement für den Menschen«, Chemie in unserer Zeit **11** (1977) 150–156; D. L. Rabenstein: »The Aqueous Solution Chemistry of Methylmercury and its Complexes«, Acc. Chem. Res. **11** (1978) 100–107; L. T. Friberg, J. J. Vostal: »Mercury in the Environment«, CRC Press, Cleveland 1972; D. L. Rabenstein: »The Chemistry of Methylmercury Toxicology«, J. Chem. Ed. **55** (1978) 292–296.

[6] **Verbindungen des Quecksilbers**

D. Grdenic: »The Structural Chemistry of Mercury«, Quart. Rev. **19** (1965) 303–328; H. L. Roberts: »Some General Aspects of Mercury Chemistry«, Adv. Inorg. Radiochem. **11** (1968) 309–339; P. A. W. Dean: »The Coordination Chemistry of the Mercury Halides«, Progr. Inorg. Chem. **24** (1978) 109–178; J. D. Corbett: »Homopolyatomic Ions of the Post-Transition Elements – Synthesis, Structure and Bonding«, Progr. Inorg. Chem. **21** (1976) 129–158; D. Breitinger, K. Brodersen: »Entwicklung und Problematik der Chemie der Quecksilber-Stickstoff-Verbindungen«, Angew. Chem. **82** (1972) 379–389; Int. Ed. **9** (1972) 357; H.-J. Deiseroth: »Alkalimetall-Amalgame«, Chemie in unserer Zeit **25** (1991) 83–86; ,Discrete and Extended Metal Clusters in Alloys with Mercury and Other Group 12 Elements, in M. Driess, H. Nöth: »Molecular Clusters of Main Group Elements«, Wiley-VCH, Weinheim 2004, 169–187; L. H. Gade: »Quecksilber, struktureller Baustein und Quelle lokalisierter Reaktivität in Metallclustern«, Angew. Chem. **105** (1993) 25–42; Int. Ed. **32** (1993) 24.

[7] **Organische Verbindungen des Quecksilbers**

Compr. Organomet. Chem. I/II/III: »Mercury« (vgl. Vorwort); Houben-Weyl: »Organische Verbindungen des Quecksilbers« **B/2** (1973/1974); B, J. Wakefield: »Alkyl Derivatives of the Group II Metals«, Adv. Inorg. Radiochem. **11** (1968) 341–425, L. G. Makarova, A. N. Nesmeyanov: »The Organic Compounds of Mercury«, North Holland, Amsterdam 1967; R. C. Larock: »Organoquecksilber-Verbindungen in der organischen Synthese«, Angew. Chem. **90** (1978) 28–38; Int. Ed. **17** (1978) 27.

Kapitel XXIV

Die Scandiumgruppe

Zur Scandiumgruppe (III. Nebengruppe bzw. 3. Gruppe des Periodensystems) gehören die Elemente Scandium (Sc), Yttrium (Y), Lanthan (La) und Actinium (Ac). Die auf das Lanthan folgenden 14 Elemente der Atomnummern 58–71 (»Lanthanoide«; Ausbau der 4f-Schale) und die auf das Actinium folgenden 14 Elemente der Atomnummern 90–130 (»Actinoide«; Ausbau der 5f-Schale) werden auf S. 2288 und S. 2312 behandelt.

Vom chemischen Standpunkt aus sind die (von seltenen Ausnahmen abgesehen nur dreiwertigen) Elemente der III. Nebengruppe den unmittelbar vorausgehenden Metallen der II. Hauptgruppe (2. Gruppe: Calcium, Strontium, Barium, Radium) ähnlicher als den Metallen der erst später folgenden III. Hauptgruppe (3. Gruppe: Gallium, Indium, Thallium) und schließen sich ganz den Eigenschaften des Aluminiums aus der III. Hauptgruppe an (vgl. S. 1327). Elektrochemisch sind sie unedler als das leichtere Aluminium, wobei ihr unedler Charakter wie bei den – insgesamt unedleren – Elementen der II. Hauptgruppe mit steigender Atommasse zunimmt. Vgl. hierzu auch S. 1787.

Am Aufbau der Erdhülle sind die Elemente der Scandiumgruppe mit $2.1 \cdot 10^{-3}$ (Sc), $3.2 \cdot 10^{-3}$ (Y), $3 \cdot 10^{-3}$ (La) und $6 \cdot 10^{-14}$ (Ac) Gew.-% beteiligt, entsprechend einem Massenverhältnis von ca. $1 : 1 : 1 : 10^{-11}$.

1 Die Elemente Scandium, Yttrium, Lanthan und Actinium

Geschichtliches Das von Mendelejew 1871 vorausgesagte »Eka-Bor« wurde 1879 von dem Schweden Lars Frederik Nilson im schwedischen Mineral Gadolinit und Euxenit als neue »Erde« (= Oxid) entdeckt. Zu Ehren seines skandinavischen Vaterlandes gab er dem Element den Namen Scandium (man bezeichnet Ge, Ga, Sc wegen ihrer Benennung nach Nationen scherzhaft auch als »patriotische Elemente«). Elementares Scandium konnte erstmals 1937 durch Elektrolyse einer Schmelze aus Lithium-, Kalium- und Scandiumchlorid gewonnen werden. – Yttrium wurde im Jahre 1794 von dem Finnen Johann Gadolin in einem 7 Jahre zuvor bei Ytterby in Schweden aufgefundenen Mineral Ytterbit (später Gadolinit genannt) als Oxid (»Yttererde«) entdeckt. Elementares Yttrium erhielt erstmals F. Wöhler 1828 durch Reduktion des Trichlorids mit Kalium. Die Namen Yttrium (wie auch Erbium, Terbium, Ytterbium) leiten sich von dem Ort Ytterby ab, der Fundstätte der Yttererde (in den Schären nördlich von Stockholm). – Lanthan wurde 1839 von C. G. Mosander entdeckt, der in mehrjähriger, sehr mühsamer Arbeit die von seinem Lehrer J. J. Berzelius 1803 aus einem (später als »Cerit« bezeichneten) schwedischen Mineral isolierte Ceriterde in Oxide von Cer, Didym (= Neodym + Praseodym) und Lanthan trennen konnte (vgl. S. 2288). Da das im letztgenannten Oxid enthaltene Element infolge Fehlens spezifischer Reaktionen schwierig aufzufinden war, gab er dem Element den Namen Lanthan (von griech. lanthanein = verborgen sein). Durch Reduktion des von ihm erstmals gewonnenen Trichlorids mit Kalium gelang ihm auch die erstmalige Darstellung des elementaren Lanthans. In relativ reiner Form wurde Lanthan erst 1923 durch Elektrolyse einer Halogenidschmelze erhalten. – Actinium wurde 1899 von A. Debierne in Pechblenderückständen entdeckt und trägt wie das Radium seinen Namen nach seiner radioaktiven Strahlung (vom griech. aktinoeis = strahlend).

Physiologisches Die Metalle der Scandiumgruppe sind für den Menschen und andere Organismen nicht essentiell (der Mensch enthält keines dieser Elemente). Yttrium gilt als giftig (MAK-Wert = $5\,mg\,m^{-3}$, Actinium ruft wegen seiner von ihm ausgehenden radioaktiven Strahlung Schädigungen hervor (vgl. S. 2334).

Vorkommen

Das Scandium, Yttrium und Lanthan sind zwar ebenso häufig wie Blei, Cobalt oder Kupfer, kommen aber in der Natur so feinverteilt vor, dass sie für seltene Elemente gehalten werden. In den meisten Mineralien liegen sie – in dreiwertiger Form – an die Oxo-Anionen Phosphat, Silicat oder – seltener – Carbonat gebunden vor. Man kennt nur ein einziges Scandium-reiches Mineral, den in Norwegen und auf Madagaskar vorkommenden »Thortveitit« $(Sc,Y)_2[Si_2O_7]$ mit durchschnittlich 35 (Norwegen) bzw. 20 Gew.-% (Madagaskar) Sc_2O_3. Yttrium sowie Lanthan finden sich stets vergesellschaftet mit den Lanthanoiden Ln^{3+} (vgl. S. 2288) und zwar Yttrium mit den schweren Lanthanoiden (»Ytererden«) als »Xenotim« $(Ln,Y)PO_4$, »Gadolinit« $(Ln^m,Y^m)_2(Be^{II}Fe^{II})_3[Si_2O_{10}]$ oder »Euxenit« (einem Th- und Ca-haltigen Niobat, Titanat und Tantalat des Yttriums), Lanthan mit den leichteren Lanthanoiden (»Ceriterden«) als »Monazit« $(Ln,La,Th)[(P,Si)O_4]$, »Bastnäsit« $(Ln,La)[CO_3F]$ oder »Cerit« und »Orthit« (komplizierter zusammengesetzte Cersilicate). Ein an Yttrium reiches Mineral stellt der »Thalenit« $Y_2[Si_2O_7]$ dar, der dem Thortveitit (s. oben) entspricht. Das Actinium findet sich als radioaktives Zerfallsprodukt des Urans (S. 2312) in sehr geringen Mengen (etwa 0.1 %) des Radiumgehaltes) in Uranerzen (0.15 mg Ac in 1000 kg Pechblende).

Isotope (vgl. Anh. III). Nachfolgende Zusammenstellung gibt Massenzahlen und Häufigkeiten der natürlich vorkommenden Isotope des Scandiums (1 Nuklid), Yttriums (1 Nuklid) und Lanthans (2 Nuklide) zusammen mit wichtigen künstlich hergestellten Isotopen dieser Elemente sowie Anwendungen der Nuklide in der NMR-Spektroskopie und der Tracer-Technik wieder. Alle bisher bekannten 24 Isotope des Actiniums (Massenzahlen 209–232; je zwei Kernisomere der Massenzahlen 216 und 222, drei Kernisomere der Massenzahl 217) sind radioaktiv und teils α-, teils β^--Strahler (Halbwertszeiten von 8 Nanosekunden bis zu 21.77 Jahren). Natürlich treten die Nuklide $^{227}_{89}Ac$ β^--Strahler; $\tau_{1/2} = 21.77$ Jahre) und $^{228}_{89}Ac$ (β^--Strahler; $\tau_{1/2} = 6.13$ Stunden) in Spuren auf. Das Nuklid $^{227}_{89}Ac$ wird für NMR-Untersuchungen, das Nuklid $^{225}_{89}Ac$ (α-Strahler; $\tau_{1/2} = 10.0$ Tage) für Tracer-Experimente genutzt (s. Tab. 24.1).

Darstellung

Die technische Darstellung der Elemente der Scandiumgruppe erfolgt hauptsächlich auf chemischem Wege, ferner – nur im Falle von Scandium – auch auf elektrochemischem Wege. Zur Gewinnung von Scandium geht man zum Teil von Thortveitit aus, der in Scandiumtrifluorid oder -trichlorid verwandelt wird, zum Teil von Sc-haltigen, im Zuge der Urangewinnung (S. 2314) anfallenden Nebenprodukten. Die eigentliche Darstellung erfolgt dann durch Schmelzelektrolyse einer Mischung von $ScCL_3$, KCl und LiCl an einer Zinkkathode oder durch Reduktion von ScF_3 mit Calcium in Gegenwart von Zink und LiF bei 1100 °C (Tantaltiegel, He-Atmosphäre).

Tab. 24.1

$_{21}$Sc	Gew.-%	$\tau_{1/2}$	Verw.	$_{39}$Y	Gew.-%	$\tau_{1/2}$	Verw.	$_{57}$La	Gew.-%	$\tau_{1/2}$	Verw.
^{44}Sc	künstl.	3.92 h(β^-)	Tracer	^{88}Y	künstl.	106.6 d (β^+)	Tracer	^{138}La	0.09	stabil	NMR
^{45}Sc	100	stabil	NMR	^{89}Y	100	stabil	NMR	^{139}La	99.91	stabil	NMR
^{46}Sc	künstl.	83.80 d (β^-)	Tracer	^{90}Y	künstl.	64 h (β^-)	Tracer	^{140}La	künstl.	40.22 h (β^-)	Tracer
^{47}Sc	künstl.	3.43 d (β^-)	Tracer								

In beiden Fällen erhält man eine Sc/Zn-Legierung, aus der sich das Zink (Sdp. 909 °C unterhalb des Sc-Schmelzpunktes (1539 °C) abdestillieren lässt. Eine Reinigung des Metalls kann durch Destillation im Hochvakuum bei 1700 °C erfolgen.

Als Ausgangsmaterial für die technische Gewinnung von metallischem Yttrium oder Lanthan dienen die Fluoride MF_3, die sich etwa aus Xenotimsand (Y) oder Monazitsand (La) durch Aufschluss mit Schwefelsäure, Abtrennung der dabei gebildeten Sulfate nach dem Ionenaustauschverfahren, Fällung von Yttrium oder Lanthan als Oxalat, Verglühen der Oxalate zu Oxiden und Fluoridierung der Oxide mit Fluorwasserstoff im Drehrohrofen gewinnen lassen (Näheres vgl. S. 2291). Die Reduktion der Fluoride YF_3 und LaF_3 zum Metall erfolgt mit Calcium, wobei Calciumlegierungen entstehen, aus denen im Hochvakuum Calcium bei 1000–1200 °C abdestilliert wird. Durch Schmelzen im Lichtbogen kann aus den verbleibenden Metallschwämmen kompaktes Yttrium und Lanthan gewonnen werden.

Die Darstellung des Actiniums erfolgt künstlich durch Bestrahlung von Radium mit Neutronen:

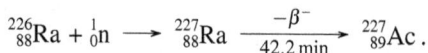

$$^{226}_{88}Ra + {}^{1}_{0}n \longrightarrow {}^{227}_{88}Ra \xrightarrow[42.2\,min]{-\beta^-} {}^{227}_{89}Ac \, .$$

Das reine Metall (bisher nur in Grammmengen isoliert), das wegen seiner Radioaktivität im Dunkeln leuchtet (β^--Strahler; $\tau_{1/2} = 21.77$ Jahre), lässt sich aus dem Oxid nach Umwandlung in das Fluorid AcF_3 oder Chlorid $AcCl_3$ durch Reduktion mit Lithium oder Kalium gewinnen.

Physikalische Eigenschaften

Alle Glieder der Scandiumgruppenelemente sind silberglänzende, an Luft bleigrau anlaufende relativ weiche Metalle. Und zwar stellen Scandium (Dichte $= 2.985\,\text{g}\,\text{cm}^{-3}$) und Yttrium (Dichte $= 4.472\,\text{g}\,\text{cm}^{-3}$) Leichtmetalle, Lanthan (Dichte $= 6.162\,\text{g}\,\text{cm}^{-3}$) und Actinium (Dichte $= 10.07\,\text{g}\,\text{cm}^{-3}$) Schwermetalle dar, die mit hexagonal-dichtester (Sc, Y, La) bzw. kubisch-dichtester (Ac) Metallatompackung kristallisieren (Sc: kein Modifikationswechsel bis über 1000 °C; Y: Umwandlung bei 1478 °C in eine kubisch-raumzentrierte Metallatompackung; La: Umwandlung bei 310/868 °C in eine kubisch-dichteste/kubisch raumzentrierte Metallatompackung). Die Metalle lassen sich zu Folien sowie Blechen walzen und sind gegen Atmosphärilien bei Raumtemperatur wegen Bildung einer Oxidschutzschicht beständig. Die Schmelz-/Siedepunkte betragen für Scandium 1539/2832 °C, für Yttrium 1523/3337 °C, für Lanthan 920/3454 °C, für Actinium 1050/3300 °C, die elektrischen Leitfähigkeiten $[\Omega^{-1}\,\text{cm}^{-1}]$ $1.64 \cdot 10^4$ (Sc), $1.75 \cdot 10^4$ (Y), $1.75 \cdot 10^5$ (La), ? (Ac). Lanthan wird unterhalb -268 °C supraleitend. Vgl. Tafeln IV und V.

Chemische Eigenschaften

Alle Elemente der Scandiumgruppe sind starke Reduktionsmittel (stärker als Aluminium: $E°$ für $Al/Al^{3+} = -1.676\,V$ und $-2.310\,V$ für pH $= 0$ und 14). Sie werden deshalb an der Luft rasch matt (Bildung einer schützenden Oxidhaut) und verbrennen bei erhöhter Temperatur glatt zu Oxiden M_2O_3. Ferner reagieren sie mit Halogenen bereits bei Raumtemperatur, mit den meisten anderen Nichtmetallen in der Wärme. Wasser reduzieren sie in feinverteiltem Zustand oder beim Erhitzen unter Wasserstoffentwicklung; auch sind sie in verdünnten Säuren unter H_2-Entwicklung löslich.

Verwendung, Legierungen

Scandium hat bisher keine Anwendung gefunden. Andererseits stellt Yttrium ein großtechnisches Produkt dar und wird z. B. in der »Reaktortechnik« aufgrund seines geringen Neutroneneinfangquerschnitts für gezogene Rohre zur Aufnahme von Uranstäben sowie in Form von Kontrollstäben genutzt. Des weiteren dienen Yttriumoxide als »Luminophore«[1], nämlich mit Eu^{3+} aktiviertes Y_2O_3 (rote Fluoreszenz) für Fernsehbildröhren und Leuchtstofflampen, mit Tb^{3+} aktiviertes Y_2O_2S (grüne und blaue Fluoreszenz) für Fernsehbildröhren und Radarröhren, mit Ce^{3+} aktiviertes $Y_3Al_5O_{12}$ (gelbe Fluoreszenz) für Lichtpunktabtaströhren. Dichte »Y_2O_3-Keramik« (Smp. 2432 °C) zeichnet sich durch hervorragende Korrosionsbeständigkeit bei hohen Temperaturen aus. Eine Y/Co-Legierung ist zurzeit eine der besten Materialien für »Permanentmagnete«. Yttriumgranate $Y_3M_5O_{12}$ dienen als »Mikrowellenfilter« in Radarsystemen (M = Fe) sowie als »Schmucksteine« (M = Al; Diamantersatz), das Yttriumcuprat $YBa_2Cu_3O_7$ stellt einen »Supraleiter« mit einer Sprungtemperatur von 95 K dar. Unter den Legierungen von Lanthan wirken $LaCo_5$ als »Dauermagnet«, $LaNi_5$ als »Wasserstoffspeicher«. Hochreines La_2O_3 dient wegen seines hohen Brechungsindex als Additiv zu optischen »Gläsern« für Kameralinsen. Mit seltenen Erden dotierte La-Verbindungen fluoreszieren bei Elektronenstrahlanregung mit roter Farbe. In diesem Zusammenhang hat $LaCl_3$ in der Festkörperspektroskopie Bedeutung erlangt (beim Einbau kleiner Mengen von Actinoidtrichloriden in $LaCl_3$-Einkristalle lassen sich die Fluoreszenzspektren der betreffenden Actinoide bei tiefen Temperaturen anregen). Vgl. bzgl. Sc, Y, La auch Interstitielle Verbindungen (S. 308). Actinium findet in Verbindung mit Beryllium Verwendung zur »Erzeugung von Neutronen« für die Aktivierungsanalyse u. a. von Erzen, Legierungen.

Scandium, Yttrium, Lanthan und Actinium in Verbindungen

In ihren Verbindungen betätigen die Elemente der Scandiumgruppe praktisch nur die Oxidationsstufe +III (z. B. MF_3, M_2O_3, $M(OH)_3$). Zwar bilden die Metalle Verbindungen wie ScH_2, ScI_2, ScO, YH_2, YC_2, LaH_2, LaI_2, LaS, LaC_2, in denen sie zweiwertig zu sein scheinen. Diese Verbindungen sind aber metallische Leiter und dementsprechend als $M^{3+}[(H^-)_2e^-]$, $M^{3+}[(I^-)_2e^-]$, $M^{3+}[(O^{2-})e^-]$, $M^{3+}[(S^{2-})e^-]$ oder $M^{3+}[(C\equiv C^{2-})e^-]$ mit dreiwertigen Metallionen zu formulieren. Es sind nur einige echte niedrigwertige Elementclusterhalogenide mit formalen Oxidationsstufen von M kleiner +III bekannt. Somit verhalten sich die Scandiumgruppenmetalle als Übergangselemente atypisch, da man für letztere u. a. die Bildung der Oxidationsstufe +II (Abgabe der beiden s-Außenelektronen) erwartet.

Die allgemeine Reaktionsfähigkeit (der unedle Charakter) der Elemente der Scandiumgruppe wächst mit steigender Ordnungszahl von Scandium über Yttrium bis Lanthan und sinkt dann – u. a. als Folge relativistischer Effekte (S. 372) – wieder zum Actinium hin ab, wie unter anderem aus den nachfolgend wiedergegebenen Potentialdiagrammen für den Übergang der Metalle in wässeriger Lösung in den dreiwertigen Zustand bei pH = 0 (erste Zeile) und 14 (zweite Zeile) hervorgeht:

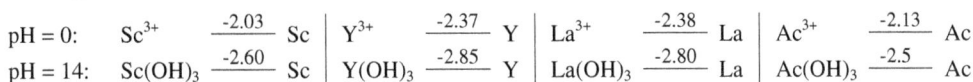

$$pH = 0: \quad Sc^{3+} \xrightarrow{-2.03} Sc \quad \vert \quad Y^{3+} \xrightarrow{-2.37} Y \quad \vert \quad La^{3+} \xrightarrow{-2.38} La \quad \vert \quad Ac^{3+} \xrightarrow{-2.13} Ac$$
$$pH = 14: \quad Sc(OH)_3 \xrightarrow{-2.60} Sc \quad \vert \quad Y(OH)_3 \xrightarrow{-2.85} Y \quad \vert \quad La(OH)_3 \xrightarrow{-2.80} La \quad \vert \quad Ac(OH)_3 \xrightarrow{-2.5} Ac$$

Die bevorzugte Koordinationszahl von Scandium(III) ist sechs (oktaedrisch in $[ScF_6]^{3-}$, $[Sc(OSMe_2)_6]^{3+}$, $[Sc(bipy)_3]^{3+}$, $[Sc(acac)_3]$ mit bipy = 2,2'-Bipyridyl, acac = Acetylacetonat). Es treten aber auch niedriger und höher koordinierte Komplexe des Scandiums auf

---

[1] Luminophore (»Leuchtstoffe«) emittieren nach Bestrahlung die gespeicherte Energie augenblicklich (»Lumineszenz«) oder bis zu mehrere Stunden verzögert (»Phosphoreszenz«) in Form sichtbaren Lichts. Sie bestehen aus feinen, 1 bis 5 μm großen Teilchen aus farblosen Oxiden, Oxidsulfiden, Sulfiden, Phosphaten, Halogeniden vorwiegend der Erdalkalimetalle, des Zinks oder Yttriums, in welche Aktivatoren (Übergangsmetall, Lanthanoide) als Leuchtzentren und gegebenenfalls Sensibilisatoren (z. B. Sb^{3+}, Pb^{2+}, Ce^{3+}) in Konzentrationen von 10^{-2} bis 10^{-4} g mol^{-1} eingebaut sind (Gewinnung durch Glühen homogen vermahlener Rohstoffmischungen bei 1000 °C bis 1400 °C). Beispiele für Luminophore, die jeweils in dünner Schicht aufgebracht werden, sind neben den erwähnten Y-haltigen Stoffen Y_2O_3, Y_2O_2S und $Y_3Al_5O_{12}$ mit Mn^{4+} aktiviertes $Mg_2GeO_4 \cdot 1.5\,MgO \cdot 0.5\,MgF_2$ (rot; Hg-Hochdrucklampen), mit Mn^{2+}/Sb^{3+} aktiviertes $Ca_5(PO_4)_3(Cl,F)$ (blau und gelborange; Leuchtstofflampen), $CaWO_4$ ohne Aktivator (blauviolett; für Leuchtstofflampen), Sn^{2+} aktiviertes $(Sr,Mg)_3(PO_4)_2$ (rosarot; für Leuchtstofflampen, Hg-Hochdrucklampen), mit Eu^{2+} aktiviertes $BaF(Cl,Br)$ (blau, in der Röntgentechnik), mit Mn^{2+} aktiviertes Zn_2SiO_4 (grün; für Oszillographen), mit Ag^+/Cl^- bzw. Cu^+/Cl^- aktiviertes ZnS (grün; für Radarröhren), mit Zn^{2+} aktiviertes ZnO (grün; für Lichtpunktabtaströhren).

(KZ z. B. fünf in $Sc(CH_2SiMe_3)_3(THF)_2$ und neun in $[Sc(NO_3)_5]^{2-}$). Bevorzugte Koordinations-zahlen von Yttrium(III) und Lanthan(III) sind acht (quadratisch-antiprismatisch in $[Y(H_2O)_8]^{3+}$, $[Y(acac)_3(H_2O)_2]$; dodekaedrisch in $[Y(acac^F)_4]^-$ mit $acac^F = CF_3COCHCCF_3^-$; kubisch in $[La(bipyO_2)_4]^{3+}$ mit $bipyO_2 = 2,2'$-Bipyridyldioxid) und neun (dreifach-überkappt-trigonal-prismatisch in $[Y(OH)_3]$, $[La(H_2O)_9]^{3+}$, $LaCl_3$. Man kennt jedoch auch Komplexe, in welchen dreiwertiges Yttrium und Lanthan Koordinationszahlen kleiner acht (z. B. sechs in $[M(NCS)_6]^{3-}$ und sieben in $[Y(acac)_3(H_2O)]$ mit oktaedrischem bzw. überkappt-oktaedrischem Bau) und grö-ßer neun aufweisen (z. B. zehn in $[Y(NO_3)_5]^{2-}$ und $[La(EDTA)(H_2O)_4]$ mit EDTA = Ethylendia-mintetraacetat; zwölf in $La_2(SO_4)_3 \cdot 9\,H_2O$).

Die zu elektronegativeren Partnern ausgehenden Bindungen der Elemente der Scandiumgrup-pe sind im wesentlichen elektrovalenter Natur. Die Metallionen M^{3+} stellen hierbei harte Lewis-Säuren dar, die bevorzugt mit harten Lewis-Basen wie F^- oder O-haltigen Liganden Komplexe bilden, wobei die Stabilität der Komplexe ML_n für M^{3+} in Richtung Sc^{3+}, Y^{3+}, La^{3+} abnimmt (z. B. Stabilitätskonstanten der 1 : 1-Komplexe von M^{3+} und $EDTA^{4-} = 10^{23}$ (Sc), 10^{18} (Y), 10^{16} (La)). Insgesamt gleicht die Komplexchemie von Sc^{3+} mehr der von Al^{3+}, die Komplexche-mie von Y^{3+} bzw. La^{3+} mehr der der Lanthanoid-Ionen Ln^{3+}, da die Radien von Sc^{3+} und Al^{3+} sowie die von Y^{3+}, La^{3+} und Ln^{3+} in ähnlichen Bereichen liegen (0.7–0.9 bzw. 1.0–1.2 Å; vgl. S. 2290 sowie Anh. IV).

Vergleichende Betrachtungen

Wie bereits erwähnt (S. 1784), ähneln die Metalle Sc, Y, La, Ac der III. Nebengruppe in ihren Eigenschaften vielfach mehr den Anfangsgliedern B und Al der III. Hauptgruppe, als dies die Endglieder Ga, In, Tl der III. Hauptgruppe tun (vgl. hierzu das zu Beginn des Kapitels XVI Ge-sagte). Dies betrifft allerdings nur die dreiwertigen Stufen M^{3+}, für welche die Außenelektronen im Falle von B^{3+}, Al^{3+}, Sc^{3+}, Y^{3+}, La^{3+}, Ac^{3+} übereinstimmend einer mit 8 Elektronen vollbesetz-ten s- und p-Unterschale angehören, während sich die Außenelektronen im Falle von Ga^{3+}, In^{3+}, Tl^{3+} in mit 18 Elektronen vollbesetzten s-, p- und d-Unterschalen befinden. So nimmt etwa in Richtung B, Al, Sc, Y, La (III. Haupt- und III. Nebengruppe) wie in Richtung Be, Mg, Ca, Sr, Ba der unedle Charakter der Elemente E sowie die Basizität der Hydroxide $E(OH)_3$ einsinnig zu und die Wasserlöslichkeit der Sulfate $E_2(SO_4)_3$ einsinnig ab, während in Richtung B, Al, Ga, In, Tl (III. Hauptgruppe) der unedle Elementcharakter ab Al abnimmt, die Basizität von $E(OH)_3$ beim Übergang von Al nach Ga hin sinkt und sich die Sulfatlöslichkeiten in Richtung E = Ga, In, Tl erhöhen.

In der nullwertigen Stufe befinden sich die drei Valenzelektronen von Ga, In und Tl anderer-seits wie die der leichteren Homologen B und Al in einer s- (2 Elektronen) und p-Nebenschale (1 Elektron), die betreffenden drei Elektronen von Sc, Y, La und Ac in einer s- (2 Elektronen) und einer d-Nebenschale (1 Elektron), weshalb man ja auch erstere Elemente zur III. Haupt-, letztere zur III. Nebengruppe rechnet. Naturgemäß kommen dem p-Außenelektron der Borgrup-penelemente etwas andere Bindungseigenschaften als dem d-Außenelektron der Scandiumgrup-penelemente zu, was sich in unterschiedlichen Element-Eigenschaftsänderungen beim Übergang von B und Al zu Sc, Y, La, Ac bzw. zu Ga, In, Tl äußert. So nimmt etwa die Atomisierungs-energie der Metalle in Richtung B, Al, Ga, In, Tl (563, 326, 277, 243, 182 kJ mol^{-1}) einsinnig ab, beim Übergang von Al (326 kJ mol^{-1}) zu Sc, Y, La (378, 421, 431 kJ mol^{-1}) aber abrupt zu. Offensichtlich führen also die Wechselwirkungen der d-Elektronen zu stärkeren Bindungen als die der p-Elektronen. Unterschiede zwischen den Elementen der III. Haupt- und Nebengruppen bestehen auch in der Beständigkeit von Zwischenwertigkeiten. So bilden Ga, In, Tl Verbindun-gen des Typs MX mit einwertigen Metallen (Abgabe des p-Außenelektrons), während Sc, Y, La solche des Typs MX_2 mit (formal) zweiwertigen Metallen (Abgabe der beiden s-Elektronen) anstreben.

2 Verbindungen des Scandiums, Yttriums, Lanthans und Actiniums

Wasserstoffverbindungen

Die Metalle Sc, Y, La und Ac nehmen Wasserstoff bei 200 °C und darunter unter Bildung elektrisch gut leitender, nicht-stöchiometrischer dunkelfarbiger, spröder binärer Hydride bis zur Grenzstöchiometrie ScH_2, YH_2, LaH_2, AcH_2 auf (S. 312, 2067), in welchen die H-Atome tetraedrische Lücken einer kubisch-dichtesten Packung von M^{3+}-Ionen besetzen (Abgabe eines Metallelektrons an das Leitungsband des Hydrids (vgl. Interstitielle Verbindungen, S. 308)). YH_2 und LaH_2 vermögen unter Abnahme der elektrischen Leitfähigkeit weiteren Wasserstoff bis zur Grenzstöchiometrie YH_3 und LaH_3 (blauschwarze Stoffe) aufzunehmen, in welchen die H-Atome tetraedrische und oktaedrische Lücken einer kubisch-dichtesten (La) bzw. hexagonal-dichtesten Packung (Y) von M^{3+}-Ionen besetzen. Bezüglich der Boran-Addukte $M(BH_3)_3$ vgl. S. 1248, 2067.

Halogenverbindungen

Von Scandium, Yttrium, Lanthan und Actinium ist jeweils ein Fluorid, Chlorid, Bromid und Iodid MX_3 bekannt (bezüglich Farbe, Smp., Sdp., ΔH_f vgl. Tab. 24.2; von AcX_3 sind die Kenndaten noch nicht sicher bekannt). Ferner existieren niedrigwertige Chloride und Bromide der Zusammensetzung $MX_{<2}$, sowie elektrisch-leitende Iodide $MI_2 = M^{3+}[(I^-)_2e^-]$. Die Darstellung der wasserfreien Halogenide MX_3 erfolgt mit Vorteil aus den Elementen (im Falle der Fluoride besser M_2O_3 + gasförmiges HF), die der Hydrate $MX_3 \cdot n\,H_2O$ durch Auflösen der Oxide M_2O_3

Tab. 24.2 Halogenide und Oxide von Sc, Y, La[a]

	Fluoride	Chloride[b]	Bromide[b]	Iodide[c]	Oxide[c]
Sc	ScF_3, weiß	$ScCl_3$, weiß	$ScBr_3$, weiß	ScI_3, gelb	Sc_2O_3, weiß
	Smp./Sdp.	Smp./Sdp.	Smp. 970 °C	Smp. 953 °C	Smp. 2403 °C
	1552/1607 °C	968/1342 °C			
	–	ΔH_f −925.7 kJ mol^{-1}	ΔH_f −623.0 kJ mol^{-1}	ΔH_f ca. −600 kJ mol^{-1}	ΔH_f −1910 kJ mol^{-1}
	VF_3-Strukt., KZ 6[d]	$CrCl_3$-Strukt., KZ 6[d]	BiI_3-Strukt., KZ 6[d]	BiI_3-Strukt., KZ 6[d]	(vgl. Ln_2O_3-Strukt.)[d]
Y	YF_3, weiß	YCl_3, weiß	YBr_3, weiß	YI_3, gelb	Y_2O_3, weiß
	Smp./Sdp.	Smp./Sdp.	Smp./Sdp.	Smp./Sdp.	Smp. 2432 °C
	1155/2230 °C	721/1507 °C	904/1470 °C	997/1310 °C	
	ΔH_f −1720 kJ mol^{-1}	ΔH_f −1001 kJ mol^{-1}	–	ΔH_f −599.5 kJ mol^{-1}	ΔH_f −1907 kJ mol^{-1}
	YF_3-Strukt., KZ 9[d]	$CrCl_3$-Strukt., KZ 6[d]	BiI_3-Strukt.? KZ 6[d]	BiI_3-Strukt., KZ 6[d]	(vgl. Ln_2O_3-Strukt.)[d]
La	LaF_3, weiß	$LaCl_3$, weiß	$LaBr_3$, weiß	LaI_3, gelb	La_3O_3, weiß
	Smp./Sdp.	Smp./Sdp.	Smp./Sdp.	Smp./Sdp.	Smp./Sdp.
	1493/2330 °C	860/1730 °C	783/1580 °C	779/1405 °C	2256/4200 °C
	–	ΔH_f −1104 kJ mol^{-1}	–	ΔH_f −700.9 kJ mol^{-1}	ΔH_f −1918 kJ mol^{-1}
	LaF_3-Strukt., KZ 11[d]	UCl_3-Strukt., KZ 9[d]	UCl_3-Strukt., KZ 9[d]	$PuBr_3$-Strukt., KZ 8[d]	(vgl. Ln_2O_3-Strukt.)[d]

a Man kennt auch Sulfide, Selenide, Telluride. Darüber hinaus existieren Pentelide, Tetrelide, Trielide (S. 1791).
b Man kennt auch niedrigwertige Chloride und Bromide von Sc, Y und La der Stöchiometrie $MX_{<2}$ (z. B. $ScCl_{1.7}$, $ScCl_{1.6}$, $ScCl_{1.4}$, ScCl).
c Man kennt auch Iodide der Stöchiometrie $MI_2 = M^{3+}[(I^-)_2e^-]$ (z. B. metallisch blauschwarzes ScI_2 und LaI_2; Smp. 892 und 820 °C) und Oxide der Stöchiometrie $MO = M^{3+}[(O^{2-})e^-]$ (z. B. goldgelbes LaO).
d VF_3-Struktur = verzerrte ReO_3-Struktur: oktaedrische Koordination (S. 1828); YF_3-Struktur = verzerrte UCl_3-Struktur (S. 2338) mit dreifach-überkappt-trigonal-prismatischer Koordination; LaF_3-Struktur: fünffach-überkappt-trigonal-prismatische Koordination; YCl_3- ($CrCl_3$-, $AlCl_3$-) BiI_3-Struktur: Y bzw. Bi in oktaedrischen Lücken jeder übernächsten Schicht einer kubisch-dichtesten bzw. hexagonal-dichtesten Metallatompackung (S. 953, 1345); $PuBr_3$-Struktur = UCl_3-Struktur: Schichtstruktur mit Pu in zweifach überkappt-trigonal-prismatischen Lücken der Koordinationszahl 8.

in Halogenwasserstoffsäure (die Entwässerung der Hydrate ist infolge Hydrolyse meist nur im HX-Strom möglich). Beim Zusammenschmelzen von MX_3 und M bilden sich die erwähnten Halogenide mit geringem Halogengehalt.

Strukturen. Wie im Falle der Erdalkalimetalldihalogenide wächst die Koordinationszahl der Metallionen der Trihalogenide von Elementen der Scandiumgruppe mit zunehmender Ordnungszahl des Metalls und – weniger einschneidend – mit abnehmender Ordnungszahl des Halogens (vgl. Tab. 24.2). Hierbei bilden die Fluoride MF_3 (einschließlich AcF_3), das Chlorid $LaCl_3$ und das Bromid $LaBr_3$ Raumstrukturen, die verbleibenden Halogenide MX_3 Schichtstrukturen aus (vgl. Tab. 24.2). Die niedrigwertigen Iodide kristallisieren mit CdI_2-Struktur (ScI_2) bzw. $MoSi_2$-Struktur (LaI_2), die niedrigwertigen Scandiumchloride (Entsprechendes gilt für die Bromide) enthalten andererseits Metallcluster von Scandiumatomen: ScCl (schwarz, Schichtstruktur mit der Schichtfolge . . . ClScScClClScScCl. . . ; schwächere ScSc-Bindungen innerhalb und stärkere zwischen den Scandiumschichten), $Sc_7Cl_{10} = ScCl_{1.4}$ (mit Chlorid komplexierte, positiv-geladene Doppelketten von Sc_6-Oktaedern mit gemeinsamen Kanten sowie – parallel hierzu – negativ-geladene Ketten von $ScCl_6$-Oktaedern mit gemeinsamen Kanten), $Sc_2Cl_3 = ScCl_{1.5}$ (Struktur unbekannt), $Sc_5Cl_8 = ScCl_{1.6}$ (mit Chlorid komplexierte Ketten von Sc_6-Oktaedern mit gemeinsamen Kanten sowie – parallel hierzu – negativ-geladene Ketten von $ScCl_6$-Oktaedern mit gemeinsamen Kanten), $Sc_7NCl_{12} = Sc^{3+}[Sc_6(@N)Cl_{12}]^{3-}$ (früher als $Sc_7Cl_{12} = ScCl_{1.7}$ formuliert; der Bau des (hier) mit N^{3-} zentrierten Sc_6Cl_{12}-Clusters entspricht dem von isoelektronischem $Nb_6Cl_{12}^{2+}$ bzw. $Tc_6Cl_{12}^{2+}$ (S. 1838); das zentrale Atom kann auch C oder B sein). Entsprechende Strukturen kommen wohl auch den niedrigwertigen Chloriden und Bromiden von Yttrium und Lanthan zu (z. B. YX, Y_2X_3, LaBr).

Eigenschaften. Die Fluoride MF_3 sind in Wasser schlecht, die übrigen Halogenide (»zerfließlich«) gut löslich. ScF_3 löst sich anders als YF_3 und LaF_3 in Anwesenheit von überschüssigem Fluorid unter Bildung von $[ScF_6]^{3-}$. Es sind auch andere Halogenokomplexe $[ScCl_6]^{3-}$, $[YF_4]^-$, $[LaF_4]^-$, $[LaF_6]^{3-}$, $[LaCl_6]^{3-}$ gewinnbar. Beim Erhitzen der Hydrate $MX_3 \cdot n\,H_2O$ bilden sich Halogenidoxide MOX. Bezüglich der Verwendung von $LaCl_3$ vgl. S. 1787).

Chalkogenverbindungen

Die Oxide M_2O_3 (vgl. Tab. 24.2) bilden sich beim Verbrennen von Sc, Y, La, Ac an der Luft oder beim Glühen der Oxalate, Nitrate und anderer Salze als weiße Pulver (sechsfache Metall-koordination im Falle von Sc_2O_3 und Y_2O_3 mit O-Atomen, siebenfache im Falle von La_2O_3. Bezüglich der Verwendung von Y_2O_3 u. a. als Luminophor und als Keramik vgl. S. 1786. Lanthanoxid La_2O_3 reagiert in frisch bereitetem Zustande mit Wasser so heftig, dass es sich ähnlich wie gebrannter Kalk löschen lässt; geglüht kann man es zu Tiegeln verarbeiten. Die Trihydroxide $M(OH)_3$ erhält man durch Zugabe von Alkalimetallhydroxid zu den Metallsalzlösungen in Form gelatinöser Niederschläge (*L* für $Sc(OH)_3/Y(OH)_3/La(OH)_3 = 1 \cdot 10^{-23}/8 \cdot 10^{-23}/1 \cdot 10^{-20}$). $Sc(OH)_3$ ist eine schwache Base (schwächer als $Al(OH)_3$; Sc-Salze hydrolysieren in Wasser stark), $La(OH)_3$ eine starke Base $La(OH)_3$ absorbiert an der Luft CO_2). $Y(OH)_3$ nimmt eine Mittelstellung hinsichtlich seiner Basizität ein. Mit Säuren reagieren die Trihydroxide unter »Salzbildung« (in saurer Lösung liegen neben hydratisiertem Sc^{3+} auch hydratisierte Ionen $Sc(OH)^{2+}$, $Sc(OH)_2^+$, $Sc_2(OH)_2^{4+}$, $Sc_3(OH)_4^{5+}$ und $Sc_3(OH)_5^{4+}$ vor):

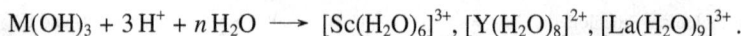

$$M(OH)_3 + 3\,H^+ + n\,H_2O \longrightarrow [Sc(H_2O)_6]^{3+},\ [Y(H_2O)_8]^{2+},\ [La(H_2O)_9]^{3+}.$$

Nur $Sc(OH)_3$ und Sc_2O_3 wirken auch als Säuren und setzen sich mit Alkalimetallhydroxiden bzw. Oxiden zu »Scandaten« um:

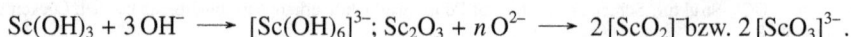

$$Sc(OH)_3 + 3\,OH^- \longrightarrow [Sc(OH)_6]^{3-};\ Sc_2O_3 + n\,O^{2-} \longrightarrow 2\,[ScO_2]^- \text{ bzw. } 2\,[ScO_3]^{3-}.$$

Bei der Reaktion von Sc, Y, La und Ac mit Schwefel-, Selen- oder Tellurdampf bilden sich Sulfide, Selenide und Telluride der Stöchiometrie MY bzw. M_2Y_3.

Salze von Oxosäuren. Beim Auflösen der Hydroxide $M(OH)_3$ in verdünnter Schwefelsäure und Eindunsten der Lösungen kristallisieren die »Sulfate« $Sc_2(SO_4)_3 \cdot 6\,H_2O$ (geht bei Entwässerung in ein Penta-, Tetra- und Dihydrat bzw. – bei 250 °C – in wasserfreies Sulfat über und bildet Doppelsulfate des Typus $MSc(SO_4)_2$ sowie $M_3Sc(SO_4)_3$), $Y_2(SO_4)_3 \cdot 8\,H_2O$ (bildet Doppelsulfate) und $La_3(SO_4)_3 \cdot 6\,H_2O$ aus. Die Löslichkeit der Sulfate nimmt wie im Falle der Sulfate der links benachbarten Erdalkalimetalle mit steigender Atommasse ab.

In analoger Weise wie die Sulfate lassen sich Salze anderer Oxosäuren (»Nitrate«, »Carbonate«, »Oxalate«, »Phosphate«) der dreiwertigen Elemente der Scandiumgruppe durch Auflösen der Trihydroxide in den entsprechenden Säuren gewinnen. Die Schwerlöslichkeit der Oxalate kann zur Fällung der dreiwertigen Ionen genutzt werden. In einer wässerigen Oxalatlösung löst sich $Sc_2(ox)_3$ gut, $Y_2(ox)_3$ mittelmäßig und $La_2(ox)_3$ schlecht unter Komplexsalzbildung auf.

Pentel-, Tetrel-, Trielverbindungen

Die Elektronegativitäten von Sc (1.2), Y (1.1), La (1.1), Ac (1.0) sind kleiner als die von Al (1.5) bzw. liegen im Bereich von Na (1.0), Mg (1.2). Demgemäß kommt den aus den Elementen gewinnbaren, sehr stabilen, hochschmelzenden Verbindungen der Sc-Gruppenelemente mit den nicht- oder halbmetallischen Pentelen, Tetrelen und Trielen ein vergleichsweise hoher elektrovalenter Bindungscharakter zu. Gleichwohl sind die Nitride MN (NaCl-Struktur; formal liegen dreiwertige Sc-Gruppenelemente vor; S. 747), Phosphide MP (NaCl-Struktur, S. 861), Carbide MnC ($n = 3, 2, 1$; Besetzung oktaedrischer Lücken einer kubisch-dichtesten M-Atompackung) bzw. MC_2 (CaC_2-Struktur mit Acetylenidionen; man kennt auch $M_2C_3 \cong M_4(C_2)_3$; vgl. S. 1021) und Boride MB_n ($n = 2, 4, 6, 12$; vgl. S. 1222) Metalle oder Halbleiter. Sie dienen u. a. als Hydrierungskatalysatoren für Alkine (z. B. YC_2, LaC_2, zur Herstellung elektrisch leitender Keramiken (z. B. YC_2, LaC_2, für die Umwandlung *ortho*-H_2 $\rightleftarrows$ *para*-H_2 (z. B. ScC).

Neben Nitriden der Sc-Gruppenmetalle kennt man Nitridometallate (S. 2098): $[Sc^{III}N_2]^{3-}$ (blassgelb; Li^+-Ionen in einem Raumnetz aus vierfach eckenverknüpften ScN_4-Tetraedern in $Li_3Sc^{III}N_2$ (vgl. SiO_2); gewinnbar gemäß $LiN_3 + ScN \rightleftarrows Li_3ScN_2$: Hin-/Rückreaktion bei 750/780 °C). Der Verbindung $InNLa_3$ kommt $CaTiO_3$-Struktur zu (kubisch-dichteste La_3In-Packung vom geordneten Cu_3Au-Typ (S. 1691) mit N in oktaedrischen Lücken NLa_6; ferner kennt man auch $InCLa_3$). Auch bilden die Sc-Gruppenelemente flüchtige Verbindungen mit stickstoffhaltigen Resten (z. B. $[M\{N(SiMe_3)_2\}_3]$; gewinnbar aus MCl_3 und $LiN(SiMe_3)_2$; pyramidaler Bau(!) mit M an der Pyramidenspitze und $\sphericalangle$NMN um 115°; Bildung von Donoraddukten möglich), des weiteren mit kohlenstoffhaltigen Resten (vgl. nachfolgendes Unterkapitel).

Organische Verbindungen des Scandiums, Yttriums und Lanthans

Unter den wenigen bisher gewonnenen Triorganylen von Sc, Y und La seien genannt: »Trialkylmetalle« MR_3 (R z. B. CH_2tBu, CH_2SiMe_3, $CH(SiMe_3)_2$; Ditetrahydrofuranate $MR_3(THF)_2$ mit trigonal-bipyramidalem Bau gewinnbar), »Triphenylmetalle« MPh_3 (M = Sc, Y; für M = La in Form von $LiLaPh_4$ isoliert) und »Tricyclopentadienylmetalle« MCp_3 (gewinnbar aus MCl_3 und NaCp in THF). Im Falle von $ScCp_3$ bzw. $LaCp_3$ sind $M(\eta^5\text{-}Cp)_2$-Gruppen über η^1, η^1- bzw. η^5, η^2-gebundene Cp-Gruppen zu Ketten verknüpft. Die Derivate Cp_2MX haben dimeren Bau: $Cp_2M(\mu\text{-}X)_2MCp_2$ (X u. a. H, Cl, CN, OMe, NH_2, Alkyl). Die Verbindung $M(\eta^6\text{-}Mes^*)_2$ (M = Sc, Y; $Mes^* = 2,4,6\text{-}C_6H_2tBu_3$) stellen die ersten Beispiele für Organyle mit nullwertigen Elementen der Scandiumgruppe dar.

Literatur zu Kapitel XXIV

[1] **Die Elemente Scandium, Yttrium, Lanthan und Actinium und ihre Verbindungen**

R. C. Vickery: *»Scandium, Yttrium and Lanthanum«*, Comprehensive Inorg. Chem. **3** (1973) 329–353; Compr. Coord. Chem. I/II, and Compr. Organomet. Chem. I/II/III: *»Scandium, Yttrium, Lanthanium, Actinium«* (vgl. Vorwort); Gmelin: *»Sc, Y, La-Lu; Rare Earth Elements«*, Syst.-Nr. **39**; C. T. Horovitz (Hrsg.): *»Scandium: Its Occurrence, Chemistry, Physics, Metallurgy, Biology and Technology«*, Acad. Press, New York 1975; G. A. Melson, R. W. Stotz: *»The Coordination Chemistry of Scandium«*, Coord. Chem. Rev. **7** (1971) 133–160; P. R. Meeham, D. R. Aris, G. R. Willey: *»Structural chemistry of Sc(III): an ovierwiew«*, Coord. Chem. Rev. **181** (1999) 121–146; H. Gysling, M. Tsutsui: *»Organolanthanides and Organoactinides«*, Adv. Organomet. Chem. **9** (1970) 361–395.

Kapitel XXV

Die Titangruppe

Zur Titangruppe (IV. Nebengruppe bzw. 4. Gruppe des Periodensystems) gehören die Elemente Titan (Ti), Zirconium (Zr), Hafnium (Hf) und Rutherfordium (Rf, Eka-Hafnium, Element 104). Sie werden zusammen mit ihren Verbindungen unten (Ti), auf S. 1809 (Zr, Hf) und im Kap. XXXVII (Rf) besprochen.

Die Elemente der Titangruppe schließen sich, abgesehen von der um 1 Einheit erhöhten Wertigkeit, in ihren Eigenschaften an die unmittelbar vorausgehende III. Nebengruppe (3. Gruppe) an, treten allerdings in mehreren Oxidationsstufen auf und zeigen eine höhere Komplexbildungstendenz. Auch zu den Elementen der IV. Hauptgruppe (14. Gruppe) besteht noch eine gewisse Verwandtschaft, mit dem Unterschied, dass die Metalle der IV. Nebengruppe viel unedler sind.

Während Titan und Zirconium 4 Stellen nach einem Edelgas (Ar bzw. Kr) folgen, steht Hafnium 18 Stellen nach einem solchen (Xe), weil sich hier noch die Gruppe der 14 Lanthanoide (Ausbau der 4f-Schale) einschiebt. Da mit diesem Einbau (Erhöhung der – von den f-Elektronen nur unvollkommen abgeschirmten – Kernladungszahl um 14 Einheiten) eine Kontraktion der Atome (»Lanthanoid-Kontraktion«, S. 2295) verbunden ist, haben Zirconium und Hafnium trotz ihrer um den Faktor 2 verschiedenen Atommasse praktisch gleiche Metallatom- (Zr: 1.59, Hf: 1.56 Å) und Ionenradien (Zr^{IV}: 0.86, Hf^{IV}: 0.85 Å für KZ 6), was einerseits eine um den Faktor 2 größere Dichte des Hafniums (Zr: 6.51, Hf: 13.31 g cm^{-3}) und andererseits eine außerordentliche Ähnlichkeit der chemischen Eigenschaften von Zirconium und Hafnium zur Folge hat (vgl. S. 1810). Diese Ähnlichkeit war der Grund dafür, dass das Hafnium als geringfügiger Mineral-Begleiter des Zirconiums erst 134 Jahre nach letzterem entdeckt wurde (S. 1809).

Am Aufbau der Erdhülle sind die Elemente der Titangruppe mit 0.42 (Ti), 0.016 (Zr) und 0.0003 Gew.-% (Hf) beteiligt, entsprechend einem Massenverhältnis Ti : Zr : Hf von rund 1400 : 50 : 1.

1 Das Titan

1.1 Das Element Titan

Geschichtliches. Titan wurde 1791 von dem Engländer William Gregor (in einem Eisensand aus Cornwall, der das Mineral Ilmenit enthielt) und 4 Jahre später (1795), unabhängig hiervon, von dem Deutschen Martin Heinrich Klaproth (im Mineral Rutil) entdeckt, der dem Element nach den mythologischen Titanen, den ersten Söhnen der Erde, den Namen gab. Elementares Titan wurde erstmals von J. J. Berzelius 1825 durch Reduktion von K_2TiF_6 mit Natrium als schwarzes Pulver gewonnen. Die erste technische Darstellung erfolgte 1938 durch W. Kroll (s. unten).

Physiologisches. Titan ist für Organismen nicht essentiell (der Mensch enthält normalerweise kein Titan) und gilt als nicht toxisch.

Vorkommen

Titan gehört nicht zu den seltenen Elementen, sondern ist häufiger als selbst so wohlbekannte Elemente wie Stickstoff, Chlor, Kohlenstoff, Phosphor, Fluor, Mangan, Schwefel, Barium, Chrom, Zink, Nickel, Kupfer (vgl. S. 83) und steht in der Reihenfolge der Häufigkeit an 10. Stelle nach dem Magnesium und Wasserstoff. Da es aber in der Natur sehr verteilt und daher jeweils nur in kleinen Konzentrationen – und zwar nur in gebundener Form als Oxid – vorhanden ist, macht seine Anreicherung Schwierigkeiten. Besonders verbreitet ist das Titan in eisenhaltigen Erzen, namentlich im »Ilmenit« $FeTiO_3$ (S. 1802; schwarzes, körniges, in USA, Kanada, Australien, Skandinavien, Malaysia abgebautes Material). Weiterhin kommt das Titan in der Natur als »Titanit« $CaTiO[SiO_4]$, als »Perowskit« $CaTiO_3$ (S. 1801) und vor allem als Titandioxid TiO_2 vor. Letzteres Mineral existiert in drei verschiedenen Kristallformen: gewöhnlich als tetragonaler »Rutil«[1] (technisch wichtigstes vorwiegend in Australien gewonnenes Ti-Mineral neben Ilmenit), seltener als tetragonaler »Anatas«[1] und rhombischer »Brookit«[1]; S. 1801).

Isotope (vgl. Anh. III). Natürliches Titan besteht aus den 5 Isotopen $^{46}_{22}Ti$ (8.2 %), $^{47}_{22}Ti$ (7.4 %; für NMR), $^{48}_{22}Ti$ (73.8 %), $^{49}_{22}Ti$ (5.4 %; für NMR) und $^{50}_{22}Ti$ (5.2 %). Das künstliche Nuklid $^{44}_{22}Ti$ (Elektroneneinfang; $\tau_{1/2} = 48$ Jahre) wird in der Tracertechnik genutzt.

Darstellung

Die Darstellung des Titans kann nicht durch Reduktion des Oxids mit Kohlenstoff erfolgen, da sich hierbei Carbid TiC (Smp. 3070 °C) bzw. bei Anwesenheit von Luft zusätzlich noch Nitrid TiN (Smp. 950 °C) – in Form kupferroter Mischkristalle $TiC \cdot 4\,TiN$ – bildet. Als Titanschwamm erhält man das Metall jedoch bei der Reduktion von Titantetrachlorid mit Magnesium (»Kroll-Prozess«). Die technische Gewinnung beinhaltet hiernach die Herstellung von $TiCl_4$ aus TiO_2, die Reduktion von $TiCl_4$ zu Ti[2] sowie gegebenenfalls die Reinigung des erhaltenen Titans.

Herstellung von Titantetrachlorid aus Titanoxiden. $TiCl_4$ (S. 1798) entsteht beim Überleiten von Chlor über ein glühendes Gemenge von Koks und Titandioxid bei 700–1000 °C:

$$TiO_2 + 2\,C + 2\,Cl_2 \longrightarrow TiCl_4 + 2\,CO + 80.4\,kJ. \tag{25.1}$$

Wichtigster technischer Rohstoff für diesen Prozess ist der Ilmenit $FeTiO_3$, der natürlich meist in Verbindung mit Fe_3O_4 vorkommt (normalerweise 42–60 % TiO_2 und 58–40 % Eisenoxide). Da der hohe Eisengehalt bei der Chlorierung stört, erfolgt zunächst eine Anreicherung des TiO_2-Gehalts.

Hierzu wird das $FeTiO_3/Fe_3O_4$-Gemisch im elektrischen Lichtbogenofen (S. 848) bei hohen Temperaturen mit Koks reduziert, wobei flüssiges Eisen entsteht, das sich am Boden des Ofens ansammelt und periodisch abgestochen wird. Abstechen der auf dem Eisen schwimmenden flüssigen Ti-haltigen Phase liefert eine Titanschlacke (80–87 % TiO_2), die gemahlen, mit Kokspulver vermischt und dann mit Chlor bei 700–1000 °C umgesetzt wird (die Chlorierung erfolgt entweder stationär in einem Ofen oder nicht-stationär in einem, durch eine heiße Zone führenden Fließbett im Cl_2-Gegenstrom).

Das gebildete rohe, eisenhaltige Titantetrachlorid ($2\,FeTiO_3 + 7\,Cl_2 + 6\,C \longrightarrow 2\,TiCl_4 + 2\,FeCl_3 + 6\,CO$) wird durch fraktionierende Destillation gereinigt.

---

[1] Rutil: von rutilus (lat.) = rötlich, nach der roten Farbe des natürlichen Rutils; Anatas: von anateinein (griech.) = emporstrecken; Brookit: nach dem engl. Kristallographen H. J. Brook (1771–1857).

[2] Mit CaH_2 lässt sich TiO_2 auch direkt zu Ti bzw. Titanhydriden $TiH_{<2}$ reduzieren (»Hydrimet-Verfahren«, S. 323). $TiO_2 + 2\,CaH_2 \longrightarrow Ti + 2\,CaO + 2\,H_2$.

Reduktion von Titantetrachlorid zu Titan. Das auf die oben beschriebene Weise gewonnene $TiCl_4$ leitet man in einen auf 900–1000 °C erhitzten, unter einer Helium- oder Argonatmosphäre stehenden Eisenbehälter, an dessen Boden sich ein Bad aus flüssigem Magnesium (Smp. 650 °C) befindet. Gemäß

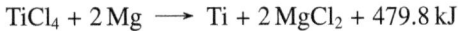

$$TiCl_4 + 2\,Mg \longrightarrow Ti + 2\,MgCl_2 + 479.8\,kJ$$

setzt sich hierbei das Titantetrachlorid mit dem Magnesium in exothermer Reaktion zu Titanschwamm sowie zu Magnesiumchlorid um, welches sich als Flüssigkeit (Smp. 714 °C) am Boden des Behälters ansammelt und periodisch abgestochen wird. Die Aufbereitung des aus dem Reaktionsgefäß herausgespanten und vermahlenen Titanschwamms, der aus ca. 55–65 % Ti, 25 % $MgCl_2$ und 10–20 % Mg besteht, erfolgt durch Auslaugen mit 10 %-iger Salzsäure bzw. mit Königswasser oder – besser – durch Abdestillation von $MgCl_2$ und Mg im Vakuum. Im letzteren Falle erhält man ein Titan, das im Mittel noch 0.0002 % H, 0.05 % O, 0.007 % N, 0.07 % Cl, 0.08 % Mg, 0.13 % Fe, 0.03 % Si und 0.1 % C enthält.

Das erhaltene $MgCl_2$ wird der Elektrolyse zur Gewinnung von Magnesium (S. 1441), das seinerseits wieder in den Kroll-Prozess zurückgeht, zugeführt. Insgesamt wird somit Titantetrachlorid in Titan und Chlor übergeführt: $804.7\,kJ + TiCl_4 \longrightarrow Ti + 2\,Cl_2$.

Statt mit Magnesium wird die Reduktion von $TiCl_4$ in der Technik auch mit Natrium im Temperaturbereich 801 °C (Smp. von NaCl) bis 881 °C (Sdp. von Na) durchgeführt: $TiCl_4 + 4\,Na \longrightarrow Ti + 4\,NaCl + 810.3\,kJ$. Die Vorteile dieses Verfahrens sind: niedrigerer Schmelzpunkt des Reduktionsmittels, höhere Reaktionsgeschwindigkeit, leichtere Auslaugung des Titanschwamms. Als Nachteil erweist sich, dass gebildetes NaCl wegen seines hohen Schmelzpunktes (801 °C) nicht abgestochen werden kann.

Auch durch Schmelzelektrolyse in Alkalimetallchloriden als Elektrolyt lässt sich $TiCl_4$ in Titan umwandeln. Elektrolytische Verfahren zur Gewinnung von Titan spielen insbesondere zur Aufarbeitung von Titanschrott (Anode) eine Rolle (Abscheidung von reinem Titan an einer Stahlkathode). Bedeutung könnte die schmelzelektrolytische Darstellung von Titan aus gesintertem oder gepresstem TiO_2-Pulver in Calciumchlorid als Elektrolyt erlangen (TiO_2-beladene Kathode, Graphitanode, 800–950 °C, 2.8–3.2 V Elektrodenspannung).

Reinigung von Titan. Sehr reines Titan ist durch thermische Zersetzung des Tetraiodids erhältlich:

$$376\,kJ + TiI_4 \longrightarrow Ti + 2\,I_2\,.$$

Hierzu (vgl. Transportreaktionen, S. 1657) erwärmt man nach dem »Verfahren von van Arkel und de Boer« in einem evakuierten, einer Wolfram-Glühlampe ähnlichen Gefäß eine Mischung von pulverförmigem Titan und wenig Iod auf 500 °C, wobei sich das Tetraiodid bildet, welches verdampft und sich an einem elektrisch auf 1600 °C erhitzten, sehr dünnen Wolframdraht zersetzt. Das Titan scheidet sich am Wolframdraht mit der Zeit in Form eines Stabes ab; das freiwerdende Iod bildet mit dem Titanpulver immer wieder von neuem Iodid (vgl. hierzu »Halogenlampen«, S. 1868). Eine Ultrareinigung des gebildeten Titans kann durch »Elektromigration«[3] erfolgen.

---

[3] Bei dem Verfahren der »Elektromigration« wird der metallene Aufwachsstab (z. B. Ti, Zr, Hf, V, Th) zwischen zwei massive Cu-Elektroden eingespannt und im Hochvakuum ($< 10^{-8}$ mbar) durch einen Gleichstrom auf eine ca. 50 °C unter dem Schmelzpunkt liegende Temperatur erhitzt. Dabei wandern die elektropositiven Verunreinigungen zur Kathode, die elektronegativen zur Anode, während das Mittelstück nach einiger Zeit mit einer Reinheit von > 99.99 % hinterbleibt (vgl. das »Zonenschmelzen«, S. 1064).

Physikalische Eigenschaften

Reines Titan ist silberglänzend, duktil und gut schmiedbar, schmilzt bei 1667 °C, siedet bei 3285 °C, leitet den elektrischen Strom sowie die Wärme sehr gut (besser als Scandium) und besitzt als »Leichtmetall« die Dichte 4.506 g cm^{-3} (vgl. Tafel IV). Unter Normalbedingungen kristallisiert es mit hexagonal-dichtester Metallatompackung (α-Ti), oberhalb 882.5 °C mit kubisch-innenzentrierter Packung (β-Ti).

Chemische Eigenschaften

Eine charakteristische Eigenschaft von Titan ist seine Korrosionsbeständigkeit gegen Atmosphärilien (Luft, Wasser usw.), die sich dadurch erklärt, dass es sich leicht durch Überziehen mit einer äußerst dünnen zusammenhängenden Oxidschutzhaut chemisch wie die Nachbarelemente Sc, V, Cr passiviert. Beim Erhitzen verbrennt es andererseits lebhaft; in fein verteiltem Zustand ist es sogar pyrophor.

Setzt man eine frische Bruchfläche von Titan der Einwirkung von Sauerstoff von 25 bar bei Zimmertemperatur aus, so verbrennt das Metall spontan und vollständig zum Dioxid. Das Phänomen ist auf oberflächliches Schmelzen des Titans infolge der Reaktionswärme und schnelle Diffusion des gebildeten Oxids in das geschmolzene Metall zurückzuführen, wobei immer wieder eine neue Metalloberfläche für die weitere Verbrennung zur Verfügung steht. Zirconium verhält sich in dieser Hinsicht ganz analog, weil auch hier das Oxid im geschmolzenen Metall löslich ist, während Magnesium und Aluminium, bei denen dies nicht der Fall ist, keine analoge Erscheinung zeigen.

Ähnlich wie sich Titan bei Erwärmung mit Sauerstoff zu TiO$_2$ vereinigt, reagiert es mit den meisten anderen Nichtmetallen, z. B. mit Wasserstoff zu TiH$_2$ (reversibler Prozess), mit Stickstoff zu TiN (Titan »brennt« in Stickstoff), mit Halogenen zu TiHal$_4$, mit Schwefel zu TiS$_2$, mit Kohlenstoff zu TiC, mit Silicium zu TiSi, mit Bor zu TiB. Bereits durch Spuren von H, O, N bzw. C wird das Metall spröde, was seine Verarbeitung erheblich erschwert.

Gemäß seinen Normalpotentialen (siehe Potentialdiagramme, unten) ist Titan ein unedles Metall (unedler als Zink, etwas edler als Scandium, vgl. Anh. VI). Trotzdem löst es sich wegen der erwähnten Passivierung meist nicht in kalten Mineralsäuren auf. In heißer Salzsäure bildet sich demgegenüber violettes TiCl$_3$, in Flusssäure – selbst in der Kälte – farbloses H$_2$TiF$_6$. Durch wässeriges Alkali wird Titan selbst beim Erhitzen nicht angegriffen.

Verwendung, Legierungen

Da Titanmetall (Weltjahresproduktion: über 100 Kilotonnen) die Qualität von Aluminiumlegierungen und von rostfreiem Stahl in sich vereinigt und weitere »hervorragende Eigenschaften« wie große mechanische Festigkeit bei geringem Gewicht, hohem Schmelzpunkt, niedrigem thermischen Ausdehnungskoeffizienten, Korrosionsbeständigkeit gegenüber Atmosphärilien, Meerwasser, Bleichlaugen, Salpetersäure, Königswasser besitzt, ist es seit 1945 als besonders vielseitig geeigneter – wenn auch vergleichsweise teurer – Werkstoff in den Mittelpunkt des Interesses gerückt. Technische Verwendung findet das Titan demgemäß in der Stahlindustrie zur Herstellung eines »Titanstahls«, der besonders widerstandsfähig gegen Stöße und Schläge ist und daher u. a. zur Herstellung von Eisenbahnrädern und von Turbinen dienen kann. Ferner verwendet man Titan – gegebenenfalls mit geringen Mengen anderer Metalle wie Al, Sn legiert – als Werkstoff im Flugzeug- und Schiffsbau, in der Raketen- und der Reaktor-Technik, in der Medizin (Knochennägel, Prothesen, Nadeln aus 90 % Ti/6 % Al/4 % V, wegen geringer Scherfestigkeit nicht für Schrauben, Platten geeignet), sowie für chemische Industrieanlagen. Auch sind Kochtöpfe, Uhr-Armbänder, Modeschmuck aus Titan im Handel. Eine besondere Anwendung findet Titan bei der Herstellung dünner und leichter Brillengläser hoher Brechkraft, darüber hinaus bei farbigem Mischschmuck, den man erhält, wenn man eine (NH$_4$)$_2$SO$_4$-Lösung auf dem Metall elektrochemisch zersetzt. Elektroden aus mit Edelmetallen oder Edelmetalloxiden überzogenem Titan (»aktivierte Elektroden«) finden bei der Chloralkali-Elektrolyse, der Perchlorat-Herstellung, der Elektrodialyse, der Galvanotechnik usw. Anwendung. Unter den Titan-Verbindungen werden TiB, TiN, TiC als »Hartstoffe« (vgl. Interstitielle Verbindungen), TiO_2 als »Weißpigment« genutzt.

Titan in Verbindungen

In seinen Verbindungen betätigt Titan insbesondere die Oxidationsstufe +IV (z. B. $TiCl_4$, TiO_2), ferner +III (z. B. $TiCl_3$, Ti_2O_3) sowie +II (z. B. $TiCl_2$, TiO). Man kennt allerdings auch Verbindungen mit Titan in den Oxidationsstufen +I, 0, −I und −II (zum Beispiel $[Ti(NR_2)_2((N_2)]_2^-$ mit R = $SiMe_3$; $[Ti(bipy)_3]$, $[Ti(bipy)_3]^-$ mit bipy = 2,2′-Bipyridyl; $[Ti(CO)_6]^{2-}$).

Während die Titan(II)-Verbindungen nur in fester Form, nicht dagegen wassergelöst beständig sind (Wasserstoffentwicklung), existieren die Titan(III)- und Titan(IV)-Verbindungen auch in wässriger Lösung, und zwar Ti(III) als violettes Hexahydrat $[Ti(H_2O)_6]^{3+}$, Ti(IV) in saurer Lösung in Form farbloser hydratisierter Ionen $[Ti(OH)_2]^{2+}$ und $[Ti(OH)_3]^+$. Die Instabilität der zweiwertigen Titanstufe in Wasser ergibt sich auch aus Potentialdiagrammen der Oxidationsstufen +IV, +III, +II und 0 des Titans (s. Abb. 25.1) für den sauren und alkalischen Bereich, wonach Ti^{2+} aus Wasser Wasserstoff freisetzen muss (Analoges gilt für elementares Titan; Ti^{3+} ist bei pH 14 instabil).

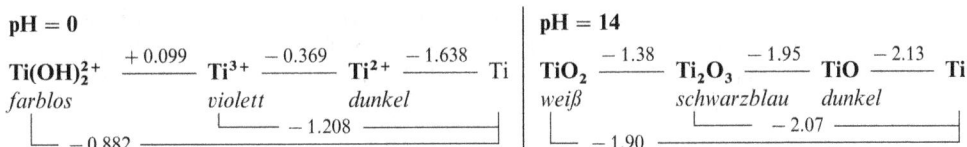

pH = 0

$$Ti(OH)_2^{2+} \xrightarrow{+0.099} Ti^{3+} \xrightarrow{-0.369} Ti^{2+} \xrightarrow{-1.638} Ti$$

farblos — violett — dunkel

−0.882

−1.208

pH = 14

$$TiO_2 \xrightarrow{-1.38} Ti_2O_3 \xrightarrow{-1.95} TiO \xrightarrow{-2.13} Ti$$

weiß — schwarzblau — dunkel

−1.90

−2.07

Abb. 25.1

Weder Ti^{2+} noch Ti^{3+} vermögen in Wasser in eine höhere und eine niedrigere Oxidationsstufe zu disproportionieren. Die bevorzugte Koordinationszahl von Titan(IV) ist sechs (oktaedrisch in TiF_6^{2-}, TiO_2). Es betätigt aber auch die Zahlen vier (tetraedrisch in $TiCl_4$), fünf (trigonal-bipyramidal in $[TiOCl_2(NMe_3)_2]$, quadratisch-pyramidal in TiF_4^{2-}, TiO(porphyrin)), sieben (pentagonal-bipyramidal in $[TiCl(S_2CNMe_2)_3]$, überkappt-trigonal-prismatisch in $[Ti(O_2)F_5]^{3-}$) und acht (dodekaedrisch in $Ti(NO_3)_4$, $Ti(S_2CNEt_2)_4$). Titan(III) tritt u. a. mit den Zähligkeiten drei (trigonal-planar in $Ti[N(SiMe_3)_2]$), fünf (trigonal-bipyrimidal in $[TiBr_3(NMe_3)_2]$) und sechs (oktaedrisch in TiF_6^{3-}, $TiCl_3(THF)_3$), Titan (II,I,0,-I) mit der Zähligkeit sechs auf (oktaedrisch in $TiCl_2$, $[Ti(bipy)_3]$, $[Ti(bipy)_3]^-$). Die 6-fach koordinierten Ti(−II)- und 7-fach koordinierten Ti(0)-Verbindungen besitzen Edelgas-Elektronenkonfiguration.

Die Bindungen des besonders beständigen vierwertigen Titans weisen deutliche kovalente Anteile auf, weswegen z. B. $TiCl_4$ – anders als das höchstoxidierte Chlorid des Periodennachbarn Scandium – molekular gebaut und unter Normalbedingungen flüssig ist. Die vierwertige Titanstufe ähnelt dabei entfernt der vierwertigen Zinnstufe (Ionenradius Ti^{4+} 0.745, Sn^{4+} 0.830 Å für KZ = 6; Atomradius Ti(IV) 1.32, Sn(IV) 1.40 Å).

Bezüglich der Elektronenkonfiguration der Radien, der magnetischen und optischen Eigenschaften der Titanionen vgl. Ligandenfeld-Theorie (S. 1592) sowie Anh. IV, bezüglich eines Eigenschaftsvergleichs der Metalle der Titangruppe S. 1544f und S. 1810.

1.2   Verbindungen des Titans

1.2.1   Titan(IV)-Verbindungen (d⁰)

Wasserstoffverbindungen

Ein dem Silicium-, Germanium- und Zinntetrahydrid entsprechendes Titantetrahydrid TiH_4 ließ sich bisher nicht gewinnen. Seine Existenz konnte jedoch in der Gasphase nachgewiesen werden. Mit Lithiumalanat $LiAlH_4$ reagiert Titantetrachlorid andererseits in etherischer Lösung bei $-110\,°C$ unter Bildung eines farblosen, festen, etherunlöslichen AlH_3-Addukts $Ti(AlH_4)_4 = TiH_4 \cdot 4\,AlH_4$ (»Titan(IV)-alanat«), das oberhalb von $-90\,°C$ in Titan, Aluminium und Wasserstoff zu zerfallen beginnt.

Halogen- und Pseudohalogenverbindungen

Halogenide. Darstellung. Unter den Titanhalogeniden (Tab. 25.1) wird Titantetrachlorid $TiCl_4$ großtechnisch durch »Carbochlorierung« von TiO_2 bei $700–1000\,°C$ gewonnen (vgl. S. 1794), analog entsteht das Tetrabromid $TiBr_4$ durch »Carbobromierung« von TiO_2:

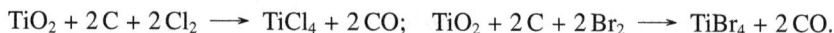

$$TiO_2 + 2\,C + 2\,Cl_2 \longrightarrow TiCl_4 + 2\,CO; \quad TiO_2 + 2\,C + 2\,Br_2 \longrightarrow TiBr_4 + 2\,CO.$$

Die Darstellung des Tetrafluorids TiF_4 und Tetraiodids TiI_4 erfolgt andererseits durch »Halogenidierung« bei über $100\,°C$:

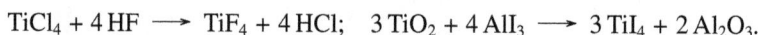

$$TiCl_4 + 4\,HF \longrightarrow TiF_4 + 4\,HCl; \quad 3\,TiO_2 + 4\,AlI_3 \longrightarrow 3\,TiI_4 + 2\,Al_2O_3.$$

Eigenschaften (vgl. Tab. 25.1). $TiCl_4$ stellt wie $SnCl_4$ eine stechend riechende, wasserhelle, an feuchter Luft rauchende farblose Flüssigkeit dar, welche durch Wasser leicht unter Bildung von hydratisiertem Titandioxid zersetzt wird: $TiCl_4 + 2\,H_2O \longrightarrow TiO_2 + 4\,HCl$ (durch Einwirkung von As_2O_3 oder Cl_2O lässt sich $TiOCl_2$ gewinnen, z. B.: $TiCl_4 + Cl_2O \longrightarrow TiOCl_2 + 2\,Cl_2$). Die Hydrolysetendenz wächst hierbei in Richtung TiF_4 (farblos), $TiCl_4$ (farblos), $TiBr_4$ (orangefarben), TiI_4 (rotbraun), sodass von TiF_4 sogar ein Hydrat $TiF_4 \cdot 2\,H_2O$ isoliert werden kann.

Tab. 25.1 Halogenide, Oxide und Sulfide des Titans (zweite Zeile Smp./Sdp.; ΔH_f in $kJ\,mol^{-1}$)[a]

	Fluoride	Chloride[b]	Bromide[b]	Iodide	Oxide[c]	Sulfide[d]
Ti(II)	–	TiCl₂, schwarz[c]	TiBr₂, schwarz[c]	TiI₂, schwarz	TiO, bronzef.	TiS, goldbraun
		1035/1500 °C	Zers. 400 °C	Zers. 400 °C	1737/3227 °C	Smp. 1927 °C
		ΔH_f $-477\,kJ$	ΔH_f $-398\,kJ$	ΔH_f $-255\,kJ$	ΔH_f $-517\,kJ$	
		CdI₂-Typ, KZ 6	CdI₂-Typ, KZ 6	CdI₂-Typ, KZ 6	NaCl-Typ, KZ 6	NiAs-Typ, KZ 6
Ti(III)	TiF₃, violett	α-TiCl₃, violett[e]	TiBr₃, violett	TiI₃, violett	Ti₂O₃, schwarz	Ti₂S₃, schwarz
	Dispr. 0/IV 950 °C	Dispr. II/IV 475 °C	Dispr. II/IV 400 °C	Dispr. II/IV 350 °C	Smp. 2127 °C	
	ΔH_f $-1319\,kJ$	ΔH_f $-691\,kJ$	ΔH_f $-553\,kJ$	ΔH_f $-335\,kJ$	ΔH_f $-1537\,kJ$	
	≈ VF₃-Typ, KZ 6	BiI₃-Typ, KZ 6	BiI₃-Typ, KZ 6	NbI₃-Typ, KZ 6	Korund-Str., KZ 6	≈ NiAs-Typ, KZ 6
Ti(IV)	TiF₄, weiß	TiCl₄, farblos	TiBr₄, orangef.	TiI₄. rotbraun	TiO₂, weiß[f]	TiS₂, bronzef.
	Sblp. 284 °C	-24.1/136.5 °C	38.3/233.5 °C	155/377 °C	Smp. 1843 °C	
	ΔH_f $-1549\,kJ$	ΔH_f $-750.6\,kJ$	ΔH_f $-649\,kJ$	ΔH_f $-427\,kJ$	ΔH_f $-945\,kJ$	
	SnF₄-Typ, KZ 6	T_d-Symmetrie, KZ 4	T_d-Symmetrie, KZ 4	T_d-Symmetrie, KZ 4	Rutil-Typ, KZ 6	CdI₂-Typ, KZ 6

a Man kennt auch Selenide und Telluride. Darüber hinaus existieren Pentelide, Tetrelide und Trielide (vgl. S. 1805).
b Man kennt auch schwarze, hydrolyse- und sauerstoffempfindliche Chloride sowie Bromide Ti_7X_{16}, die im Sinne von $TiX_4 \cdot 6\,TiX_2$ zwei- und vierwertiges Titan enthalten, wobei die Ti^{2+}-Ionen an den Ecken eines Dreiecks lokalisiert sind.
c Man kennt ferner »Suboxide« Ti_2O, Ti_3O, Ti_6O (O in Lücken einer hexagonal-dichten Ti-Atompackung) sowie Magnéli-Phasen Ti_nO_{2n-1} mit Scherstruktur ($n = 3–10, 20$).
d Man kennt ferner Sulfide im Bereich TiS bis TiS₂ wie Ti_3S_4, Ti_4S_5, Ti_4S_8, Ti_8S_9 (Ti in oktaedrischen Lücken dichtester S-Atompackungen).
e Braunes β-TiCl₃ (flächenverknüpfte Oktaeder) geht bei ca. 300 °C in α-TiCl₃ über.
f Außer Rutil (Dichte = 4.27 g cm⁻³) kennt man Anatas (Smp. 1560 °C; Dichte = 3.9 g cm⁻³; ΔH_f ca. $-955\,kJ\,mol^{-1}$) und Brookit (Dichte = 4.17 g cm⁻³; Anatas und Brookit gehen beide beim Erhitzen in Rutil über).

Wie $SnCl_4$ bildet $TiCl_4$ mit vielen Donoren wie Ethern R_2O, Aminen NR_3, Phosphanen PR_3, Arsanen AsR_3, Phosphorylhalogeniden POX_3 stabile Komplexe wie etwa $[TiCl_4 \cdot 2\,PR_3]$ (R z. B. Et, Ph; oktaedrisch) oder $[TiCl_4(OPCl_3)_2]$ (oktaedrisch, $OPCl_3$-Liganden in cis-Stellung), $[TiCl_4(OPCl_3)]_2$ (zwei Cl-Brücken zwischen den beiden oktaedrisch koordinierten Ti-Atomen). Umsetzung von $TiCl_4$ mit Alkoholen ROH ergibt gemäß $TiCl_4 + 2\,HOR \longrightarrow TiCl_2(OR)_2 + 2\,HCl$ und $TiCl_2(OR)_2 + 2\,HOR \longrightarrow Ti(OR)_4 + 2\,HCl$ Titansäureester $TiCl_2(OR)_2$ und $Ti(OR)_4$, die durch ihre oligomere Natur charakterisiert sind. So ist etwa der Ethylester $Ti(OEt)_4$ in festem Zustand tetramer (Abb. 25.2a), in Benzollösung trimer. Koordinationszahlen größer sechs liegen etwa in dem aus $TiCl_4$ und o-Bis(dimethylarsanyl)benzol $(Me_2As)_2C_6H_4$ (diars) zugänglichen Komplex $[TiCl_4(diars)_2]$ (Abb. 25.2b) (antikubisch) und in dem aus $TiCl_4$ und N_2O_5 erhältlichen Tetranitrat $Ti(NO_3)_4$ (Abb. 25.2c) (dodekaedrisch) vor. Durch Anlagerung von Alkalichloriden an $TiCl_4$ entstehen die gelben »Hexachlorotitanate« $M^I_2[TiCl_6]$ mit oktaedrischem $TiCl_6^{2-}$-Ion. Auch TiF_4 und $TiBr_4$ bilden solche Halogenokomplexe TiX_6^{2-}, während TiI_4 dazu nicht befähigt ist.

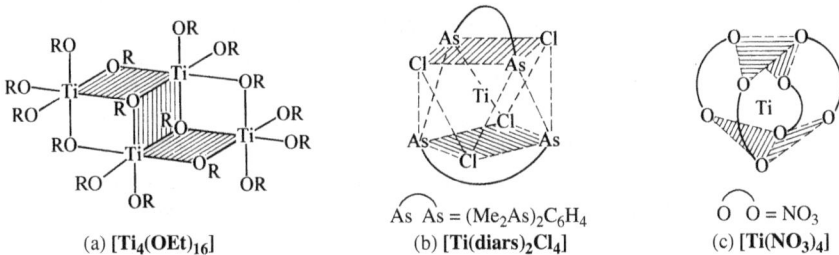

(a) $[Ti_4(OEt)_{16}]$

$\overset{\frown}{As\ As} = (Me_2As)_2C_6H_4$

(b) $[Ti(diars)_2Cl_4]$

$\overset{\frown}{O\ O} = NO_3$

(c) $[Ti(NO_3)_4]$

Abb. 25.2

Strukturen. In der Gasphase sind die Tetrahalogenide TiX_4 monomer und weisen tetraedrischen Bau auf (T_d-Molekülsymmetrie). TiF_4 liegt in fester Phase als fluoridverbrücktes Polymer mit TiF_6-Oktaedern vor (vgl. SnF_4, S. 1175) während $TiCl_4$, $TiBr_4$, TiI_4 die TiX_4-Tetraederstruktur beibehalten und Molekülgitter bilden.

Verwendung. $TiCl_4$ kommt große Bedeutung als Zwischenprodukt bei der Herstellung von Titan (S. 1794), Titandioxid (s. unten) und Ziegler-Natta-Katalysatoren (S. 1368, 1807) zu. Ferner dient es als Edukt für die meisten technisch wichtigen titanorganischen Verbindungen (s. dort). Das Iodid TiI_4 spielt eine Rolle bei der Reinigung von Titan nach van Arkel und de Boer (S. 1795).

Cyanide (S. 2084). Braunes Titan(IV)-cyanid $Ti(CN)_4$ entsteht durch Einwirkung von Ac−CN (Ac $= CH_3CO$) auf $Ti(OiPr)_4$ in Aceton als in organischen Medien unlösliches Pulver.

Azide (S. 2087). Die Reaktion von TiF_4 mit Me_3SiN_3 liefert in Acetonitril das mit dem Pseudohalogenid $Ti(CN)_4$ verwandte Titan(IV)-azid $Ti(N_3)_4$. Es fällt als amorpher orangefarbener, explosiver Festkörper an, welcher sich – anders als $Si(N_3)_4$ bzw. $Ge(N_3)_4$ – nicht aus isolierten, sondern aus N-verbrückten $Ti(N_3)_4$-Molekülen aufbaut. Mit $Ph_4P^+N_3^-$ bilden sich aus $Ti(N_3)_4$ in CH_3CN die orangefarbenen Azidokomplexe $Ti(N_3)_5^-$, bzw. $Ti(N_3)_6^{2-}$ (trigonal-pyramidaler bzw. oktaedrischer Bau; die Thermostabilität nimmt mit wachsendem Azidgehalt der Verbindungen zu: $[PPh_4^+]_2[Ti(N_3)_6]$ schmilzt bei 191 °C ohne Zersetzung).

Chalkogenverbindungen

Sauerstoffverbindungen (S. 2088). Unter den Titanoxiden (Tab. 25.1) existiert Titandioxid TiO_2 in drei Modifikationen als Rutil, Anatas und Brookit (vgl. Geschichtliches auf Seite 1793), unter denen erstere beiden Formen begehrte Weißpigmente sind (s. unten).

Darstellung. Natürlich vorkommendes TiO_2 ist meist mit Eisenoxiden verunreinigt und deshalb dunkel bis schwarz. Es muss vor seiner Verwendung als Weißpigment gereinigt werden. TiO_2 wird technisch darüber hinaus in großem Maße aus Ilmenit $FeTiO_3$ nach dem älteren Sulfatverfahren (ca. $2/3$ der Welterzeugung) sowie nach dem neueren Chloridverfahren, das auch zur Reinigung von TiO_2 genutzt wird, gewonnen.

Zur Herstellung von TiO_2 nach dem Sulfatverfahren behandelt man die aus Ilmenit $FeTiO_3$ durch Reduktion mit Koks bei über 1200 °C erhältliche Titanschlacke (vgl. Ti-Darstellung) mit konzentrierter Schwefelsäure bei 100–180 °C und behandelt den hierbei gewonnenen Aufschlusskuchen – gegebenenfalls unter Zusatz von Eisenschrott zur Reduktion von dreiwertigem Eisen ($2\,Fe^{3+} + Fe \longrightarrow 3\,Fe^{2+}$; Fe^{3+} würde neben TiO_2 in störender Weise als braunes $Fe(OH)_3$ ausfallen) – mit Wasser bei Temperaturen unterhalb 85 °C, wobei Ti in Form von Titanylsulfat $TiOSO_4$ in Lösung geht. Nach Lösungsfiltration kristallisiert man dann durch Abkühlen $FeSO_4 \cdot 7\,H_2O$ (»Grünsalz«) aus, das abgetrennt und zum Teil auf dem Wege über SO_2 wieder in Schwefelsäure zurückverwandelt wird (vgl. S. 655). Anschließend hydrolysiert man gelöstes $TiOSO_4$ durch Erwärmen auf 95–110 °C und fällt durch gleichzeitiges Eindampfen der Lösung Titandioxid-Hydrat $TiO_2 \cdot x\,H_2O$ aus, welches in Drehrohröfen bei 800–1000 °C zu feinkörnigem Anatas, oberhalb 1000 °C zu grobkörnigem Rutil gebrannt wird (in Anwesenheit von Rutilkeimen entsteht bei 800–1000 °C feinkörniger Rutil).

Zur Erzeugung von TiO_2 nach dem Chloridverfahren führt man Ilmenit $FeTiO_3$ oder auch natürlichen Rutil mit Chlor und Koks bei 950 °C zunächst in Titantetrachlorid über (s. oben), welches nach seiner Reinigung durch Destillation mit Wasserdampf bei erhöhter Temperatur oder mit Sauerstoff bei 1000–1400 °C zu feinkörnigem Rutil umgesetzt wird:

$$TiCl_4 + 2\,H_2O \longrightarrow TiO_2 + 4\,HCl, \quad TiCl_4 + O_2 \longrightarrow TiO_2 + 2\,Cl_2 + 145\,kJ.$$

Letzteres Verfahren ist wegen der Rückbildung von Chlor, welches zur erneuten Chlorierung von Ilmenit bzw. TiO_2 verwendet werden kann, bevorzugt.

Der nicht als Weißpigment dienende Brookit lässt sich hydrothermal (S. 1100) aus amorphem TiO_2 in Anwesenheit von Natriumhydroxid erzeugen.

Eigenschaften. Rutil (vgl. Tab. 25.1), die häufigste Form des Titandioxids in der Natur, ist eine weiße, in der Hitze gelbe bis orangegelbe bei rund 1843 °C unter merklichem O_2-Partialdruck schmelzende Verbindung (Zusammensetzung beim Smp. $TiO_{1.985}$; Smp. unter O_2-Druck: 1892 °C). Die ebenfalls weißen TiO_2-Modifikationen Anatas und Brookit (Tab. 25.1) verwandeln sich, ehe sie schmelzen, in Rutil. Eine besonders charakteristische, für die Verwendung als Weißpigment erwünschte Eigenschaft von Rutil und Anatas sind deren hohe Brechungsindizes von 2.80 und 2.55 (andere Weißpigmente zum Vergleich: 2.37/2.01/1.64 im Falle von Zinkblende ZnS/Zinkit ZnO/Baryt $BaSO_4$).

Bei hohen Temperaturen (900 °C und darüber) lässt sich Rutil mit Wasserstoff oder Titan zu den Oxiden Ti_nO_{2n-1} ($n = {}> 9$ bis 4: Magnéli-Phasen; $n = 3$: Ti_3O_5; $n = 2$: Ti_2O_3), $TiO_{0.7-1.3}$, $TiO_{<5}$ reduzieren. In ihnen hat Titan die Oxidationsstufen +IV/+III, +III, +III/+II, +II, +II/0 (bezüglich der Strukturen s. weiter unten sowie S. 2087). In analoger Weise lässt sich Na_2TiO_3 (s. unten) mit Wasserstoff bei hohen Temperaturen zu schwarzblauen, metallisch-glänzenden, den elektrischen Strom leitenden, chemisch beständigen »Titanbronzen« $Na_{0.2-0.3}TiO_2$ reduzieren (vgl. Wolframbronzen, S. 1881).

TiO_2 besitzt sowohl saure wie basische Eigenschaften, wobei der saure Charakter schwächer, der basische stärker als beim Siliciumdioxid ausgeprägt ist. So löst es sich in starken Säuren unter Bildung von »Titan-Salzen«, z. B. konzentrierter Schwefelsäure unter Bildung von wasserzersetzlichem »Titan(IV)-sulfat« $Ti(SO_4)_2$ (farblos, auch gemäß $TiCl_4 + 6\,SO_3 \longrightarrow Ti(SO_4)_2 + 2\,S_2O_5Cl_2$ zugänglich), in konzentrierter Salpetersäure unter Bildung von hydratisiertem »Titan(IV)-nitrat«, das sich beim Behandeln mit N_2O_5 in die oben bereits erwähnte hydrolyseempfindliche wasserfreie Verbindung $Ti(NO_3)_4$ (Abb. 25.2c) (farblos, Smp. 58 °C) überführen lässt.

In schwefelsaurer Lösung liegt Ti(IV) in Form von $[Ti(OH)_2]^{2+}$ und $[Ti(OH)_3]^+$-Ionen vor, die zusätzlich komplexgebundenes Wasser und/oder Hydrogensulfat enthalten (z. B. $[Ti(OH)_2(HSO_4)]^+_{aq}$, $[Ti(OH)_3(HSO_4)]_{aq}$). Ein reines hydratisiertes Ti(IV)-Ion $[Ti(H_2O)_6]^{4+}$ existiert auch bei sehr kleinem pH-Wert der Lösung nicht. Aus den schwefelsauren Ti(IV)-Lösungen, die etwa beim Behandeln von Titan(IV)-sulfat $Ti(SO_4)_2$ mit Wasser entstehen, lässt sich das Titanoxidsulfat (Titanylsulfat) $TiOSO_4 \cdot H_2O$ gewinnen. Eine schwefelsaure Lösung von Ti(IV) ist das beste »Reagens auf Wasserstoffperoxid« (und umgekehrt), da die vorliegenden farblosen hydratisierten Ti(IV)-Ionen in orangegelbe hydratisierte Ionen $[Ti(O_2)OH]^+$ übergeführt werden:

$$[Ti(OH)_3]^+ + H_2O_2 \longrightarrow [Ti(O_2)OH]^+ + 2\,H_2O.$$

In $TiOSO_4$ liegen $-Ti-O-Ti-O-Ti-O-$Zickzackketten vor, wobei die Titanatome zusätzlich mit Sulfat und Wasser in der Weise koordiniert sind, dass sich eine KZ = 6 für jedes Titanatom ergibt. Eine Ti=O-Gruppierung mit doppelt gebundenem Sauerstoff liegt in TiO(porphyrin) vor (TiO-Abstand 1.619 Å). Die Peroxogruppe in $Ti(O_2)(OH)^+$ ist »side-on« (S. 560, 2093) an das Ti gebunden. Es lassen sich aus den Lösungen kristalline Titanperoxid-Salze (Peroxotitanyl-Salze) wie $[Ti(O_2)(SO_4)_2]^{2-}$, $[Ti(O_2)F_5]^{3-}$ fällen.

Beim Schmelzen von Titandioxid mit Alkalihydroxiden oder -carbonaten bilden sich andererseits Ortho- und Metatitanate(IV) $M^I_4TiO_4$ und $M^I_2TiO_3$, die durch Wasser leicht wieder zu Titandioxid (hydratisiert) hydrolysiert werden: $Na_4TiO_4 + (2+x)\,H_2O \longrightarrow 4\,NaOH + TiO_2 \cdot x\,H_2O$. Als weitere, durch Zusammenschmelzen von Metalloxiden und Titandioxid erhältliche Mischoxide der Zusammensetzung $M^{II}TiO_3$ und $M^{II}_2TiO_4$ seien $MgTiO_3$, $MnTiO_3$, $FeTiO_3$, $CoTiO_3$, $NiTiO_3$ mit Ilmenit-Struktur (FeTiO_3-Struktur), $CaTiO_3$, $SrTiO_3$ und $BaTiO_3$ mit Perowskit-Struktur (CaTiO_3-Struktur) sowie Mg_2TiO_4, Zn_2TiO_4, Mn_2TiO_4 mit Spinell-Struktur (MgAl_2O_4-Struktur) genannt.

Strukturen. Wie auf S. 134 angedeutet, kann man die »Rutil-Struktur« als eine (etwas verzerrte) hexagonal-dichteste Packung von O^{2-}-Ionen beschreiben, deren oktaedrische Lücken zur Hälfte so mit Ti-Ionen gefüllt sind, dass diese ihrerseits eine raumzentrierte tetragonale Elementarzelle bilden. Dabei ergeben sich in Richtung einer Gitterachse lange Ketten von TiO_6-Oktaedern, in denen jedes Oktaeder zwei (gegenüberliegende) Kanten mit zwei anderen Oktaedern gemeinsam hat und die untereinander über die sechs Oktaederecken zu einem dreidimensionalen Netzwerk verknüpft sind (vgl. Abb. 6.11). Jedes Ti-Ion ist auf diese Weise oktaedrisch von 6 O- und jedes O-Ion trigonal-planar von 3 Ti-Ionen umgeben, was zur Zusammensetzung $TiO_{6/3} = TiO_2$ führt. Die Rutilstruktur wird bevorzugt von ionischen Metalldioxiden MO_2 und -difluoriden MF_2 eingenommen, bei denen das Ionenradienverhältnis eine oktaedrische Kationenkoordination begünstigt (vgl. S. 138), z. B. von TiO_2, VO_2, NbO_2, CrO_2, MoO_2, WO_2, MnO_2, RuO_2, OsO_2, IrO_2, GeO_2, SnO_2, PbO_2, TeO_2 und MnF_2, FeF_2, CoF_2, NiF_2, PdF_2, ZnF_2, MgF_2.

Der »Brookit-« und »Anatas-Struktur« liegt anders als der Rutil-Struktur eine kubisch-dichteste O-Atompackung zugrunde, deren oktaedrische Lücken so zur Hälfte mit Ti-Ionen gefüllt sind, dass jeder TiO_6-Oktaeder nicht nur zwei (Rutil), sondern drei (Brookit) oder sogar vier Kanten (Anatas) mit anderen TiO_6-Oktaedern gemeinsam hat.

In den »Magnéli-Phasen« sind Rutil-Blöcke mit einer Stärke von n TiO_6-Oktaedern in der Weise gegeneinander versetzt, dass TiO_6-Oktaeder an Flächen zusammenstoßender Blöcke vermehrt gemeinsame Kanten aufweisen. Durch eine derartige kristallographische »Scherung« nimmt naturgemäß das Molverhältnis von Sauerstoff zu Metall ab (vgl. S. 1877, 2088); die mit der O-Atomabnahme verbundene Verringerung der Ladung des Anionenteilgitters wird durch Ersatz einer entsprechenden Zahl vier- durch dreiwertige Ti-Atome ausgeglichen.

In der »Perowskit-Struktur« $CaTiO_3$ bilden die Ionen Ca^{2+} und O^{2-} zusammen eine kubisch-dichteste Packung, in deren O_6-Oktaeder-Lücken die kleinen Ti^{4+}-Ionen untergebracht sind. Man kann die Perowskit-Struktur aber auch von der ReO_3-Struktur (Abb. 28.10) ableiten, indem man in die Mitten der Kuboktaeder einer entsprechenden TiO_3-Anordnung die Ca-Atome einfügt. Andere Doppeloxide mit Perowskit-Struktur sind $SrTi^{IV}O_3$, $BaTi^{IV}O_3$, $CaZr^{IV}O_3$ und $CuSn^{IV}O_3$ sowie $YAl^{III}O_3$, $LaAl^{III}O_3$, $LaGa^{III}O_3$; $NaNb^VO_3$, NaW^VO_3; KI^VO_3. Die Perowskitstruktur tritt bei vielen ABO_3-Oxiden (Summe der Ladungen von A und B = 6) auf, bei denen eines der beiden Kationen eine dem O^{2-} vergleichbare Größe aufweist (KZ 12) und das andere wesentlich kleiner ist (KZ 6). Auch Doppelfluoride wie $KZnF_3$ oder $KNiF_3$ kristallisieren in der Perowskitstruktur.

Die »Ilmenit-Struktur« $FeTiO_3$ leitet sich von der des Korunds (α-Al_2O_3) dadurch ab, dass die Al-Atome des Korunds (etwas verzerrte hexagonal-dichteste Packung von O^{2-}-Ionen) abwechselnd gegen Ti- und Fe-Atome ausgetauscht sind (vgl. S. 1356). Auch viele andere Metalltitanate $M^{II}TiO_3$ kristallisieren in der Ilmenit-Struktur (M^{II} z. B. = Co, Ni, Mn, Cd, Mg). Die Ilmenitstruktur tritt bei vielen ABO_3-Oxiden auf, wenn beide Kationen A und B (Summe ihrer Ladungen gleich 6) annähernd gleich groß sind, z. B. bei $FeVO_3$, $LiNbO_3$, α-$NaSbO_3$, $CrRhO_3$, $FeRhO_3$, $NiMnO_3$, $CoMnO_3$.

Über die »Spinell-Struktur« (kubisch-dichteste Packung von O^{2-}-Ionen) wurde bereits auf S. 1358 berichtet.

Titanate(IV) kristallisieren auch mit anderen Strukturen als den erwähnten. So enthält Ba_2TiO_4 (ausnahmsweise) isolierte TiO_4-Tetraeder, homologes Sr_2TiO_4 demgegenüber Schichten aus eckenverknüpften TiO_6-Oktaedern. Titanat-Schichten weisen auch $K_2Ti_2O_5$ und $Na_2Ti_3O_7$ auf, während dem Mischoxid $Na_2Ti_7O_{15}$ eine Titanat-Raumstruktur zugrunde liegt.

Verwendung. Rutil – und in geringerem Ausmaß – Anatas TiO_2 (Weltjahresproduktion: mehrere Megatonnen) sind wegen ihrer außerordentlich hohen, für großes Aufhellungs- und Brechungsvermögen sorgenden Brechungsindizes, ihrer Ungiftigkeit und chemischen Beständigkeit die meistverwandten »Weißpigmente« (vgl. S. 1131). Kaum ein weiß gefärbter oder hell getönter Gegenstand unserer Umwelt enthält keine TiO_2-Pigmente. So stellt man Lacke, Anstrichstoffe, Kunststoffe, Druckfarben, Fasern, Papiere, Baustoffe, Email, Keramik, Puder, Salben, Zahnpasten, Salamis (weiße Umhüllung), Zigarren (weiße Asche) unter Verwendung von TiO_2-Pigmenten in Form hochkonzentrierter, fließfähiger, pumpbarer und volumetrisch dosierbarer Suspensionen her. Durch eine Reihe von Maßnahmen (Dotierung des $TiOSO_4$-Hydrolysats mit Zn^{2+}, Al^{3+}, Zr(IV), Si(IV) vor dem Glühen, Auffällen farbloser Verbindungen wie SiO_2, ZrO_2, $Al(OH)_3$ auf die Pigmentteilchen) wird noch die Wetterstabilität und Dispergierbarkeit der TiO_2-Pigmente verbessert (insbesondere UV-bestrahlter Anatas führt auf dem Wege der Bildung von OH- und O_2H-Radikalen zum beschleunigten Abbau des organischen Pigmentbindemittels und zu einer – als Kreidung bezeichneten – Freilegung der TiO_2-Teilchen. Wegen guter dielektrischer Eigenschaften findet TiO_2 auch in der »Elektroindustrie« (z. B. in Kondensatoren), ferner wegen seines schönen Aussehens zur Herstellung von »Schmuck« Verwendung. Ferner stellt TiO_2 im Bereich der »Buntpigmente« für Keramik, Email, Lacke, Kunststoffe vielfach das Wirtsgitter für farbgebende Übergangsmetallionen dar, z. B. das von »Chrom-Rutil-Gelb« $(Ti,Cr,Sb)O_2$, von »Nickel-Rutil-Gelb« $(Ti,Ni,Sb)O_2$, von »Mangan-Rutil-Braun« $(Ti,Mn,Sb)O_2$, von »Vanadium-Rutil-Schwarz« $(Ti,V,Sb)O_2$ oder von »Pseudobrookit-Gelb« $Fe_2O_3 \cdot x\,TiO_2$. In gleicher Weise dienen die blauschwarzen »Magnéli-Phasen« Ti_nO_{2n-1} als Buntpigmente[4].

Das Bariumtitanat $BaTiO_3$ (aus $BaCO_3$ und TiO_2 bei 1000 °C) zeichnet sich unter den Perowskiten durch außergewöhnliche dielektrische Eigenschaften aus (Dielektrizitätskonstante bis 10 000; die ferro- und piezoelektrischen Eigenschaften von $BaTiO_3$ sind die Folge davon, dass die Ti^{4+}-Ionen für die in $BaTiO_3$ aufgeweiteten Oktaederlücken zu klein sind). Man verwendet es u. a. zur Herstellung von Kompaktkondensatoren und keramischen Umwandlern in Mikrophonen, Tonabnehmern usw.

---

[4] Weitere wichtige Wirtsgitter für Buntpigmente sind außer dem erwähnten Rutilgitter, das auch den Pigmenten $(Zr,V)O_2$ (gelb), $(Sn,Cr)O_2$ (violett) und $(Sn,Sb)O_2$ (grau) zugrunde liegt, u. a. das Spinellgitter (vgl. S. 1358), das Korundgitter (z. B. rot bis schwarzbraunes $(Fe,Cr)_2O_3$, rosafarbenes $(Al,Mn)_2O_3$, braunes $(Fe,Mn)_2O_3$) und das Zirkongitter (z. B. blaues $(Zr,V)SiO_4$, gelbes $(Zr,Pr)SiO_4$, rosafarbenes $(Zr,Fe)SiO_4$).

Wegen der leichten Hydrolysierbarkeit der Titansäureester $Ti(OR)_4$ (»organische Titanate«; $Ti(OR)_4 + 2\,H_2O \longrightarrow TiO_2 + 4\,HOR$) nutzt man diese zum Aufbringen wasserabweisender, dünner, transparenter, festhaftender TiO_2-Überzüge auf eine Reihe von Materialien (Textilien, Farben, Glas, Emaillen) sowie zur Herstellung nicht laufender (»thixotroper«) Farben.

Sonstige Chalkogenverbindungen. Bei der Umsetzung von Titantetrachlorid mit Schwefelwasserstoff bildet sich das diamagnetische, bronzefarbene, hydrolysestabile Titandisulfid TiS_2 (Tab. 25.1), welches eine CdI_2-Schichtstruktur aufweist (Halbleiter vom n-Typ) und sich mit geeigneten Stoffen zu Intercalationsverbindungen vereinigt. Ein schwarzes, graphitähnliches Titantrisulfid TiS_3 entsteht aus den Elementen bis 600 °C. In analoger Weise lassen sich Selenide $TiSe_2$ (CdI_2-Struktur) und $TiSe_3$ und das Tellurid $TiTe_2$ (CdI_2-Struktur) gewinnen.

1.2.2   Titan(III)-Verbindungen (d^1)

Wasserstoffverbindungen

Ein Titantrihydrid TiH_3 konnte ebenso wie das Tetrahydrid TiH_4 (S. 1798) bisher nicht isoliert werden. Man kennt aber ein schwarzes Addukt TiH_3L_2 des Hydrids mit dem Liganden $L_2 = Me_2PCH_2CH_2PMe_2$ (gewinnbar aus $(PhCH_2)_4Ti$ und H_2 bei 200 bar in L_2-haltigem Benzol). Ferner wird das Trichlorid $TiCl_3$ – wie auch das Tetrachlorid $TiCl_4$ – durch Lithiumboranat in das BH_3-Addukt $Ti(BH_4)_3 = TiH_3 \cdot 3\,BH_3$ (»Titan(III)-boranat«; vgl. S. 1248, 2068), die bisher flüchtigste Ti(III)-Verbindung, übergeführt: $TiCl_3 + 3\,LiBH_4 \longrightarrow Ti(BH_4)_3 + 3\,LiCl$. Die BH_4-Gruppen des oberhalb 20 °C in TiB_2 zerfallenden Doppelhydrids wirken in festem $Ti(BH_4)_3$ offensichtlich als zweizähnige Liganden (TiH_6-Oktaeder), in gasförmigem $Ti(BH_4)_3$ als dreizähnige Liganden (TiH_9-Gerüst mit C_{3v}-Symmetrie). $Ti(BH_4)_3$ addiert in Monoglym $MeOCH_2CH_2OMe$ eine zusätzliche Boranatgruppe unter Bildung von $[Ti(BH_4)_4]^-$.

Halogen- und Pseudohalogenverbindungen

Halogenide (vgl. Tab. 25.1). Darstellung, Strukturen. Leitet man ein Gemisch von $TiCl_4$-Dampf und Wasserstoff durch ein auf 500 °C erhitztes Rohr, so entsteht dunkelviolettes, kristallines Titantrichlorid α-$TiCl_3$ (»BiI_3-Schichtstruktur« mit kantenverknüpften $TiCl_6$-Oktaedern). Wird andererseits $TiCl_4$ mit Aluminiumalkylen in inerten organischen Medien reduziert, so erhält man das braune, ebenfalls kristalline β-$TiCl_3$ (Kettenstruktur mit flächenverknüpften $TiCl_6$-Oktaedern; »ZrI_3-Struktur«). In analoger Weise lassen sich das violette Fluorid TiF_3 (aus $TiH_{<2}$ + HF bei 700 °C; »VF_3-Struktur« = verzerrte »ReO_3-Struktur«), das schwarzviolette Bromid $TiBr_3$ (»BiI_3- sowie ZrI_3-Struktur«) und das dunkelviolette Iodid TiI_3 (»ZrI_3-Struktur«) gewinnen (vgl. hierzu auch S. 2074).

Eigenschaften. (vgl. Tab. 25.1) Abgesehen von TiF_3 (magnetisches Moment = 1.75 BM, entsprechend dem Vorliegen einer d^1-Elektronenkonfiguration) weisen die Trihalogenide nur kleinen Paramagnetismus auf (antiferromagnetisches, auf Titan-Titan-Wechselwirkungen deutendes Verhalten; Neél-Temperaturen 217, 180 und 434 K für $TiCl_3$, $TiBr_3$, TiI_3). β-$TiCl_3$ wandelt sich ohne Lösungsmittel bei 250–300 °C und in inerten Medien bei 40–80 °C in stabiles α-$TiCl_3$ um, das seinerseits bei 475 °C in Titan(IV)- und Titan(II)-chlorid disproportioniert. In analoger Weise gehen $TiBr_3$ und TiI_3 beim Erhitzen in die zwei- und vierwertige, TiF_3 aber in die null- und vierwertige Stufe über (Tab. 20.2; im Vakuum lassen sich TiF_3 und $TiCl_3$ bei 930 bzw. 425 °C sublimieren). Unter den sauerstoffempfindlichen Trihalogeniden bildet $TiCl_3$ mit Wasser wie Chrom(III)-chlorid (S. 1856) Hydrate von grüner ($[Ti(H_2O)_4Cl_2]Cl$) und violetter Farbe ($[Ti(H_2O)_6]Cl_3$).

Komplexe des dreiwertigen Titans (μ_{mag} 1.6–1.8 BM, entsprechend einem ungepaarten Elektron) haben meist die Zusammensetzung TiL_6^{3+}, $TiX_2L_4^+$, TiX_3L_3 oder TiX_6^{3-}, sind oktaedrisch gebaut und weisen in Abhängigkeit vom Liganden L Farben (vgl. S. 1609) im Bereich purpurrot (z. B. $Ti(H_2O)_6^{3+}$) über blau (z. B. $TiCl_3(NCMe)_3$), grün (z. B. $TiCl_3(py)_3$), blaugrün (z. B. $TiCl_3(THF)_3$), purpurfarben (z. B. TiF_6^{3-}) und orangefarben (z. B. $TiCl_6^{3-}$) bis dunkelviolett auf (z. B. $Ti(NCS)_6^{3-}$).

Cyanide (vgl. S. 2084). Lässt man auf TiX_3 in flüssigem Ammoniak Alkalimetallcyanide einwirken, so bilden sich graugrüne Komplexe der Zusammensetzung $K_3Ti(CN)_6$ ($KZ_{Ti} = 6$) sowie $M^I_4TiCN_7$ (M^I = K, Rb, Cs, $KZ_{Ti} = 7$). Kalium-hexacyanotitanat(III) $K_3Ti(CN)_6$ lässt sich mit Kalium in flüssigem Ammoniak zu Kalium-tetracyanotitanat(II bzw. 0) reduzieren: $K_4Ti(CN)_6$, $K_4Ti(CN)_4$.

Chalkogenverbindungen

Intensiv schwarzblaues Dititantrioxid Ti_2O_3 (Titan-(III)-oxid; »α-Al_2O_3-Struktur«) bildet sich durch Reduktion von TiO_2 mit Wasserstoff bei 1000 °C oder mit Titan bei 1600 °C. In analoger Weise erhält man aus TiO_2 und H_2 bei 900 °C schwarzblaues Ti_3O_5. Beide Oxide (Tab. 25.1 sowie S. 2088) stellen Halbleiter dar, die bei 200 °C (Ti_2O_3) bzw. 175 °C (Ti_3O_5) in einen metallisch-leitenden Zustand übergehen.

Das in Säuren schlecht lösliche Ti(III)-oxid verhält sich basischer als das Ti(IV)-oxid (Ti_2O_3 + $6 H^+ + 9 H_2O \longrightarrow 2 Ti(H_2O)_6^{3+}$). Ganz allgemein enthalten die violetten Titan(III)-Salzlösungen das oktaedrisch gebaute, paramagnetische Hexaaqua-Ion $[Ti(H_2O)_6]^{3+}$ (bezüglich der Farbe vgl. Ligandenfeld-Theorie). Auch in den Titanalaunen wie $CsTi^{III}(SO_4)_2 \cdot 12 H_2O$ tritt das Hexaaqua-Ion auf. Wässerige $[Ti(H_2O)_6]^{3+}$-Lösungen wirken schwach sauer $[Ti(H_2O)_6]^{3+} \longrightarrow [Ti(OH)(H_2O)_5]^{2+} + H^+$ (K_S ca. $5 \cdot 10^{-3}$; in konz. HCl liegt $[TiCl(H_2O)_5]^{2+}$ vor). Sie lassen sich leicht zu solchen des vierwertigen Titans oxidieren und wirken daher reduzierend ($E°$ für $Ti^{3+}/Ti(OH)_2^{2+} = +0.099 V$), z. B. auf Fe^{3+} ($\longrightarrow Fe^{2+}$) oder auf Sauerstoff ($\longrightarrow H_2O$). Von dieser Reduktionswirkung macht man in der Maßanalyse Gebrauch (»Titanometrie«), etwa zur analytischen Bestimmung von Eisen.

Schwarzes Dititantrisulfid Ti_2S_3 (»Titan(III)-sulfid«; NiAs-Defektstruktur; Tab. 25.1) entsteht beim Erhitzen von TiS_2 auf 1000 °C im Vakuum.

1.2.3   Titan(II)-Verbindungen (d²)

Wasserstoffverbindungen

Titan absorbiert bei 300–500 °C Wasserstoff reversibel bis zur Grenzstöchiometrie eines Titandihydrids TiH_2 (H in tetraedrischen Lücken einer kubisch-dichtesten Ti-Atompackung; vgl. S. 308, 2068). Das Hydrid fällt als graues, luft- und wasserbeständiges Pulver an, das seinen Wasserstoff bei 1000 °C wieder vollständig verliert (»Wasserstoffspeicher«) und sich oberhalb 400 °C an der Luft entzündet. Matrixisoliertes monomeres TiH_2 ist linear gebaut. Das technisch aus den Elementen gewonnene Hydrid der ungefähren Zusammensetzung $TiH_{1.95}$ wird zur Desoxidation von Metallen, zur Herstellung von reinem Titanpulver, von äußerst feinteiligem Titannitrid oder eines festen Verbunds zwischen Keramik (Glas, Porzellan) und Metallen, des weiteren zur Beschichtung von Legierungen (Korrosionsschutz) und zur Gewinnung von geschäumten Metallen verwendet.

Halogenverbindungen

Schwarzes Titandichlorid $TiCl_2$ entsteht durch Disproportionierung von $TiCl_3$ bei 500 °C ($2 TiCl_3 \longrightarrow TiCl_2 + TiCl_4$; wegen seiner Flüchtigkeit ist $TiCl_4$ leicht abtrennbar). Entsprechend $TiCl_2$ erhält man das schwarze Bromid $TiBr_2$ oder das schwarzbraune Iodid TiI_2. Die Dihalogenide (»CdI_2-Struktur«; vgl. S. 2074), deren sehr kleiner Paramagnetismus wieder auf TiTi-Wechselwirkungen deutet, zersetzen Wasser als starkes Reduktionsmittel. $TiCl_2$ weist in $AlCl_3$-

Schmelzen oder in NaCl-Kristallen – laut Elektronenspektren – oktaedrische Ti^{2+}-Umgebung und d^2-Elektronenkonfiguration auf.

Die Dihalogenide vermögen Liganden wie $Me_2NCH_2CH_2NMe_2$ (tmeda) unter Bildung von Komplexen zu addieren, z. B.: $TiCl_2$ + 2 tmeda $\longrightarrow$ $TiCl_2(tmeda)_2$. Der nach Substitution eines Cl- gegen den NR_2-Liganden (R = $SiMe_3$) hieraus gemäß: $TiCl_2(tmeda)_2$ + $LiNR_2$ $\longrightarrow$ $TiCl(NR_2)(tmeda)$ + tmeda + LiCl erhältliche Komplex $TiCl(NR_2)$ (tmeda) lagert molekularen Stickstoff unter Bildung des braunen Komplexes (Abb. 25.3a) an (NN-Abstand des end-on gebundenen Stickstoffs 1.289 Å; fast lineare TiNNTi-Gruppierung; quadratisch-pyramidal koordiniertes Ti). Überschüssiges $LiNR_2$ verwandelt $TiCl_2(tmeda)_2$ in Anwesenheit von N_2 unter Reduktion des Titans von der zwei- zur einwertigen Stufe in den purpurschwarzen LTi(I,II)-Stickstoffkomplex (Abb. 25.3b) (NN-Abstand der side-on gebundenen Stickstoffmoleküle 1.379 Å; verzerrt trigonal-prismatische Ti-Koordination; vgl. S. 2013).

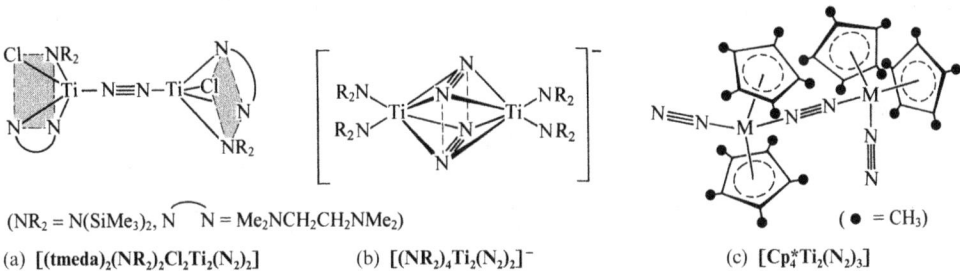

$(NR_2 = N(SiMe_3)_2, N\frown N = Me_2NCH_2CH_2NMe_2)$ $(\bullet = CH_3)$

(a) $[(tmeda)_2(NR_2)_2Cl_2Ti_2(N_2)_2]$ (b) $[(NR_2)_4Ti_2(N_2)_2]^-$ (c) $[Cp_4^*Ti_2(N_2)_3]$

Abb. 25.3

Chalkogenverbindungen

Das aus Ti und TiO_2 bei 1500 °C zugängliche bronzefarbene Titanmonoxid TiO^5 (verzerrte NaCl-Struktur; metastabil; vgl. Tab. 25.1) stellt eine nichtstöchiometrische Verbindung mit Leerstellen sowohl im Kationen- als auch Anionenteilgitter dar: $TiO_{0.7}$ bis $TiO_{1.3}$ (in den Oxiden $TiO_{0.86}/TiO_{1.00}/TiO_{1.20}$ sind z. B. 11/15/22 % der Ti-Plätze und 23/15/6 % der O-Plätze unbesetzt; vgl. S. 2088). Lösungen von TiO sind in verdünnter Salzsäure bei 0 °C kurze Zeit beständig und zersetzen sich dann unter H_2-Entwicklung (Ti^{2+} + H^+ $\longrightarrow$ Ti^{3+} + $\frac{1}{2}H_2$; $E° = -0.369$ V).

Pentel-, Tetrel-, Trielverbindungen

Unter den u. a. aus den Elementen gewinnbaren, thermostabilen, hochschmelzenden Titannitriden TiN (goldgelb; Smp. 2950 °C, NaCl-Struktur; man kennt auch Ti_2N mit anti-Rutilstruktur; ein Nitrid Ti_3N_4 des vierwertigen Titans (vgl. Si_3N_4, Ge_3N_4) ist noch unbekannt; vgl. S. 747), Titanphosphiden TiP ($\approx$ NiAs-Struktur; man kennt auch Ti_3P, Ti_5P, TiP_2 und Arsenide; vgl. S. 948), Titancarbiden TiC (titanähnlicher spröder Stoff, Smp. um 3140 °C; NaCl-Struktur; man kennt auch Ti_2C mit defekter NaCl-Struktur; vgl. S. 1021), Titansiliciden $TiSi_2$ (Smp. 1545 °C; man kennt auch TiSi, Ti_5Si_3; vgl. S. 1068) und Titanboriden TiB_2 (metallisch-braun, Smp. 2980 °C, härtestes Borid; man kennt auch Ti_4B_3, TiB, TiB_5; vgl. S. 1222) zählen die Nitride,

---

[5] Man kennt zudem niedrigwertige Titanverbindungen. So ist Sauerstoff in elementarem Titan bis zu einer Zusammensetzung $TiO_{0.5}$ (u. a. Ti_2O, Ti_3O, Ti_6O mit den Oxidationsstufen $+\frac{1}{2}$, $+\frac{1}{3}$, $+\frac{1}{6}$ des Titans) löslich. In diesen »Titansuboxiden« besetzen O^{2-}-Ionen einen Teil der oktaedrischen Lücken der hexagonal-dichtesten Ti-Atompackung. Reduziert man $TiCl_4$ in Anwesenheit von 2,2'-Bipyridyl (bipy) in Tetrahydrofuran, so erhält man $Ti(bipy)_3$ und $Ti(bipy)_3^-$ (Oxidationsstufen von Titan formal 0, $-I$; d^4- bzw. d^5-Elektronenkonfiguration), durch Reduktion von $K_3Ti(CN)_6$ mit K in fl. NH_3 $K_4Ti(CN)_4$ (nullwertiges Ti), durch Abschrecken eines Ti-Atomdampfes, CO und viel Edelgas auf 10–15 K $Ti(CO)_6$ (nullwertiges Ti), durch Reduktion von $TiCl_4$ in $MeOCH_2CH_2OMe$ mit $KC_{10}H_8$/THF in Anwesenheit von CO und Kronenether $Ti(CO)_6^{2-}$ (Oxidationsstufe von Ti $-II$).

Carbide, Boride zu den Hartstoffen (S. 1889), wobei die elektrisch leitenden Nitride und Carbide analog den Hydriden TiH, TiH$_2$ interstitielle Verbindungen (S. 308) darstellen und demgemäß Homogenitätsbereiche aufweisen (z. B. TiN$_{0.6-1.0}$, Ti$_{0.8-1.0}$C). Aus TiN (Analoges gilt für ZrN) werden Tiegel für Schmelzen von Lanthanlegierungen gefertigt. Dünne goldgelbe TiN-Beschichtungen dienen zur Erhöhung der Verschleißfestigkeit von Werkzeugen, Maschinenteilen, zur Auskleidung von Reaktoren und für dekorative Überzüge. TiC (neben WC technisch wichtigster Hartstoff) dient zur Festigkeitserhöhung von Edelstählen in der Kerntechnik und in Form von (Ti,W)C bzw. (Ti,Ta,W)C bzw. (Ti,Ta,Nb,W)C für widerstandsfähige Spitzen schnelllaufender Werkzeuge. TiB$_2$ findet als Elektroden- und Tiegelmaterial bei elektrometallurgischen Prozessen, als Ersatz für Diamantstaub sowie für Beschichtungen Verwendung. Durch Einlagerung von TiB$_2$-Partikel in Al lassen sich die Eigenschaften (z. B. Härte) des Aluminiums verbessern; die »leichte« Legierung Al·x TiB$_2$ nutzt man demgemäß anstelle schwerer Legierungen wie Stahl z. B. beim Fahrrad-, Motoren-, Flugzeugbau (Gewinnung in flüssigem Al nach $3\,K_2TiF_6 + 6\,KBF_4 + 10\,Al \longrightarrow 3\,TiB_2 + 4\,K_3AlF_6 + 6\,AlF_3$: ISPRAM-Verfahren = *in situ* processing of aluminum matrix composites).

Außer Ti-Nitriden existieren auch Nitridotitanate (vgl. S. 2101): $[Ti^{IV}N_3]^{5-}$ (gelb; Kettenfragmente aus TiN$_4$-Tetraedern mit gemeinsamen N-Atomen in Li$_5$TiN$_3$; letzterer Verbindung kommt anti-Fluorit-Struktur zu: N$_3$[Li$_5$Ti] $\cong$ Ca$_3$F$_6$ mit kubisch dichtester N-Atompackung und Ti sowie Li in jeder Tetraederlücke; gewinnbar aus Li$_3$N und TiN), $[Ti^{IV}_4N_{12}]^{20-}$ (rotbraun; Ringe aus vier eckenverknüpften TiN$_4$-Tetraedern (vgl. cyclische Tetrasilicate) in Ba$_{10}$Ti$_4$N$_{12}$; gewinnbar aus Ba$_3$N$_2$, TiN, N$_2$), $[Ti^{IV}N_2]^{2-}$ (schwarz; Schichten aus allseits basiskantenverknüpften quadratischen TiN$_5$-Pyramiden mit N-Spitzen abwechselnd nach oben und unten in SrTiN$_2$; gewinnbar aus Sr$_2$N und TiN).

Des weiteren kennt man Ti-Verbindungen mit stickstoffhaltigen Resten (z. B. Ti(N$_3$)$_4$, Ti(N$_3$)$_6^{2-}$; Ammin-Komplexe) sowie kohlenstoffhaltigen Resten (vgl. nachfolgendes Unterkapitel).

1.2.4   Organische Verbindungen des Titans

Im Unterschied zu den Tetraorganylen SiR$_4$ des Siliciums (IV. Hauptgruppe) verhalten sich die Tetraorganyle TiR$_4$ des Titans (IV. Nebengruppe) vergleichsweise hydrolyse- und oxidationsempfindlich sowie Lewis-sauer, darüber hinaus thermolabil (Verbindungen TiR$_4$, in welchen R ein β-H-Atom aufweist, sind – wie etwa TiEt$_4$ – unzugänglich, vgl. S. 1061). Andererseits sind Di- und Triorganyle TiR$_3$ und TiR$_2$ des Titans thermostabiler als die des Siliciums.

Titan(IV)-organyle. Unter den Titantetraorganylen TiR$_4$ ließ sich »Tetramethyltitan« TiMe$_4$ (tetraedrischer Bau nach ab initio Berechnungen) bisher nicht in Substanz, sondern nur in Form gelber bis roter Donoraddukte TiMe$_4$·D bzw. TiMe$_4$·2 D isolieren (D = OR$_2$, NR$_3$, PR$_3$). So bildet sich durch Reaktion von TiCl$_4$ mit LiMe in Diethylether bei $-78\,°$C eine orangefarbene, bis ca. $-20\,°$C metastabile Lösung von TiMe$_4$·2 OEt$_2$ (oktaedrische Struktur), aus der trigonal-bipyramidal gebautes TiMe$_4$·OEt$_2$ (Ether axial gebunden) in Form orangefarbener Kristalle gewonnen werden kann, die oberhalb $-75\,°$C unter Bildung eines orangefarbenen Öls schmelzen (Sublimation bei $-30\,°$C/Hochvakuum möglich). Beim Versetzen der etherischen TiMe$_4$-Lösungen mit LiMe entstehen hellgrünes Li(OEt$_2$)$_2^+$[TiMe$_5$]$^-$ und gelbgrünes Li(OEt$_2$)$_3^+$[Ti$_2$Me$_9$]$^-$ (ein Salz mit dem [TiMe$_6$]$^{2-}$-Ion ist bisher unbekannt). Ersteres Salz enthält zwei unterschiedlich gebaute Anionen, in welchen gemäß Abb. 25.4a die Ti-Atome verzerrt-trigonal-bipyramidal bzw. verzerrt-quadratisch-pyramidal von Me-Gruppen koordiniert sind (nach Berechnungen« sollte TiMe$_5^-$ analog TaMe$_5$ quadratisch-pyramidalen Bau aufweisen; vgl. hierzu S. 347). Die Anionen [Ti$_2$Me$_9$]$^-$ bestehen näherungsweise aus zwei trigonal-bipyramidalen TiMe$_5$-Gruppen mit einer gemeinsamen axialen, fast planaren, asymmetrisch zwischen den Ti-Atomen lokalisierten Methylgruppe (Abb. 25.4b).

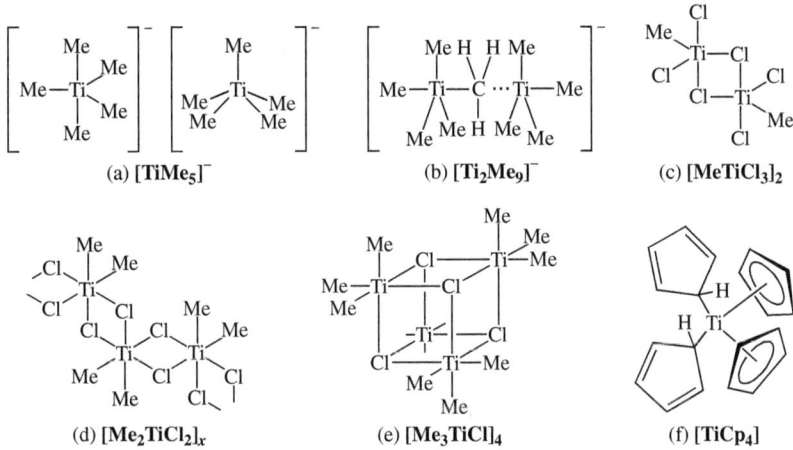

(a) [TiMe$_5$]$^-$ (b) [Ti$_2$Me$_9$]$^-$ (c) [MeTiCl$_3$]$_2$

(d) [Me$_2$TiCl$_2$]$_x$ (e) [Me$_3$TiCl]$_4$ (f) [TiCp$_4$]

Abb. 25.4

Anders als TiMe$_4$ ist gelbes »Tetraphenyltitan« TiPh$_4$ in etherischer Lösung selbst bei Raumtemperatur metastabil (in fester Phase nur unterhalb −10 °C). Noch stabiler sind Tetraorganyle TiR$_4$ mit sperrigen Gruppen R wie CH$_2$Ph (rote Kristalle; Smp. 70 °C), CH$_2$SiMe$_3$ (gelbgrüne Flüssigkeit) oder 1-Norbornyl C$_7$H$_{11}$ und insbesondere das aus TiCl$_4$ und NaCp gewinnbare, hydrolyse- und luftstabile violette bis grünschwarze »Tetracyclopentadienyltitan« TiCp$_4$ (Smp. 128 °C), in welchem zwei Cp-Reste im Sinne der Formel in Abb. 25.4f monohapto, die beiden anderen pentahapto gebunden vorliegen (rascher gegenseitiger Übergang: $\eta^5 \rightleftarrows \eta^1$; rasche Wanderung von Ti um den η^1-gebundenen Ring).

Thermostabiler als die Tetraorganyle sind auch die Derivate R$_{4-n}$TiX$_n$. Erwähnt seien in diesem Zusammenhang die Zwischenprodukte der Reaktion von TiCl$_4$ mit LiMe in Diethylether: Schwarzes, dimeres »Methyltitantrichlorid« MeTiCl$_3$ (Abb. 25.4c) mit trigonal-bipyramidaler Koordination der Ti-Atome (im schwarzen Etherat [MeTiCl$_3$·OEt$_2$]$_2$ ist jedes – nunmehr oktaedrisch koordiniertes – Ti-Atom in Abb. 25.4c zusätzlich mit einem Et$_2$O-Molekül koordiniert); dunkelviolettes, polymeres »Dimethyltitandichlorid« Me$_2$TiCl$_2$ (Abb. 25.4d) mit oktaedrischer Koordination der Ti-Atome; dunkelrotes, tetrameres im Sinne von Abb. 25.4e kubisch gebautes »Trimethyltitanchlorid« Me$_3$TiCl (im orangefarbenen, monomeren Etherat Me$_3$TiCl·OEt$_2$ ist Ti trigonal-bipyramidal koordiniert; Cl und OEt$_2$ in axialer Position).

Besonders thermostabil und für die Chemie von hoher Bedeutung sind unter den Derivaten R$_{4-n}$TiX$_n$ die »Dicyclopentadienyltitandihalogenide« Cp$_2$TiX$_2$ (X = F, Cl, Br, I; Farbe gelb/rot/dunkelrot/schwarz; Smp. 280/291/313/317 °C) mit pentahaptogebundenen Cp-Gruppen. Die beiden Halogenatome der aus TiCl$_4$ und NaCp gewinnbaren Verbindungen lassen sich leicht durch zwei andere anionische Gruppen wie SCN, N$_3$, OR, SR, NR$_2$, S$_3$ oder auch einer dianionische Gruppe wie Y$_2^{2-}$ (Y = S, Se; $n = 3, \geq 5$) ersetzen (vgl. hierzu auch Cp$_2$*TiY$_n$, unten).

Titan(III)-organyle. Ähnlich wie die Titantetraorganyle TiR$_4$ sind auch die Titantriorganyle TiR$_3$ insbesondere mit sperrigen Gruppen R wie CH(SiMe$_3$)$_2$ (blaugrün, luftempfindliche Kristalle) oder mit Cp-Resten (grüne Kristalle; zwei Cp-Reste pentahapto, ein Rest dihapto gebunden) thermostabil. – Derivate R$_{3-n}$TiX$_n$ wie z.B. die Verbindungen Cp$_2$TiX und Cp$_2$*TiX (Cp = C$_5$H$_5$, Cp* = C$_5$Me$_5$ jeweils pentahapto gebunden; X = Cl, Br, I; dimer/monomer im ersten/zweiten Falle). Man kennt auch ein Cp·TiH, das mit elementarem Selen oder Tellur (= Y) unter Bildung von Cp$_2$*Ti−Y−TiCp$_2$* bzw. Cp$_2$*Ti(−Y−Y−) sowie Cp$_2$*Ti(−Se−Se−Se−) abreagiert.

Das aus TiCl$_4$ und AlEt$_3$ in Heptan entstehende, ethylgruppenhaltige β-TiCl$_3$ (»braune Suspension«; R′ in Abb. 25.5 zunächst Et) ist ein bei Raumtemperatur wirksamer heterogener Katalysator aus der Gruppe der »Ziegler-Natta-Katalysatoren« zur stereospezifischen, isotaktischen bzw. syndiotaktischen Polymerisation von Olefinen $H_2C=CHR$ (R = organischer Rest bzw. auch Wasserstoff; bei isotaktischen/syndiotaktischen/ataktischen Polymeren ... $-CH_2-CHR-CH_2-CHR-$... befinden sich die Reste R auf der gleichen Seite/alternierend auf beiden Seiten/ungeordnet auf beiden Seiten). Die vielmalige Einschiebung der Olefine $H_2C=CHR$ in TiC-Bindungen führt im vorliegenden Falle an der Katalysatoroberfläche unter Normalbedingungen zu hochwertigen isotaktischen Polyolefinen mit Molmassen von 10^5-10^6 g nach folgendem Mechanismus (die auf S. 1366 besprochene $AlEt_3$-katalysierte Polymerisation von $H_2C=CH_2$ erfolgt bei 1000 bis 3000 bar zu Polyethylen mit Molmassen von 10^3-10^4 g).

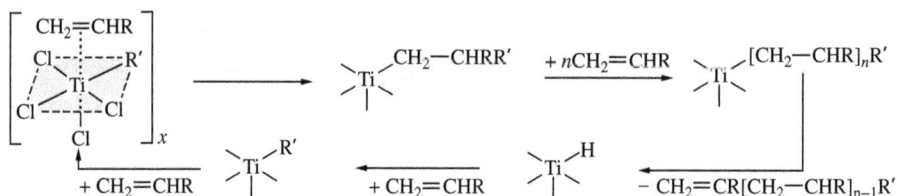

Abb. 25.5

Titan(II)-organyle. Aus der noch kleinen Gruppe der Titandiorganyle TiR_2 seien »Diphenyltitan« $TiPh_2$ (schwarz, gewinnbar durch thermische Zersetzung von festem $TiPh_4$ bei $-10\,°C$), »Dibenzyltitan« $Ti(CH_2Ph)_2$ (gewinnbar durch Thermolyse von $Ti(CH_2Ph)_4$) und »Bis(trimethylsilyl methyl)titan« $Ti(CH_2SiMe_3)_2$ (gewinnbar aus $TiCl_3$ und $LiCH_2SiMe_3$) genannt. Während sowohl ein Tetra- als auch ein Tricyclopentadienyltitan $TiCp_4$ und $TiCp_3$ zugänglich sind, existiert kein »Dicyclopentadienyltitan« $TiCp_2$. Dem durch Reduktion von Cp_2TiCl_2 mit Na oder durch Thermolyse von Cp_2TiMe_2 bzw. Cp_2TiPh_2 gebildeten grünen kristallinen Produkt kommt nämlich die Struktur in Abb. 25.6g zu; es enthält demnach nicht zwei-, sondern dreiwertiges Titan. Man kann aber ein rotes kristallines Dicarbonyl-Addukt (Abb. 25.6h) des »Titanocens« $TiCp_2$ durch Reduktion von Cp_2TiCl_2 in Anwesenheit von CO sowie ein kristallines Decamethylderivat $TiCp^*_2$ (Abb. 25.6i) des Titanocens durch Reduktion von $Cp^*_2TiCl_2$ mit $KC_{10}H_8$ in THF gewinnen. Gelbes $TiCp^*_2$ steht in Lösung bei Raumtemperatur mit dem grünen, durch intramolekulare Insertion von Ti in eine CH-Bindung gebildetem Isomer (Abb. 25.6k) im Gleichgewicht.

TiCp$^*_2$ bildet mit N_2 Komplexe des Typs $Cp^*_2Ti-N\equiv N-TiCp^*_2$ sowie $(Cp^*_2Ti)_2(N_2)_3$ (vgl. Abb. 25.3c). Bezüglich weiterer organischer Verbindungen des Titans (z. B. CO-, C_5H_5-, C_6H_6-Komplexe) vgl. S. 2109, 2189, 2208.

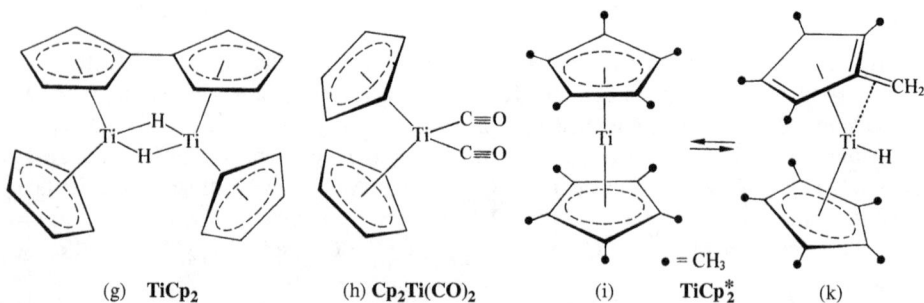

(g) **TiCp$_2$**   (h) **Cp$_2$Ti(CO)$_2$**   (i) **TiCp$_2^*$**   (k)

Abb. 25.6

2   Das Zirconium und Hafnium

i **Geschichtliches.** Das Zirconium wurde erstmals 1789 von M. H. Klaproth als Dioxid aus dem Mineral Zirkon $ZrSiO_4$ isoliert. Die erstmalige Darstellung elementaren Metalls gelang 1824 J. J. Berzelius durch Reduktion von K_2ZrF_6 mit Kalium. Reines Zr erhielten 1925 A. E. van Arkel und J. H. de Boer mithilfe des von ihnen entwickelten Iodidzerfallsprozesses (vgl. S. 1795). Der Name des Elements soll sich entweder von zargun (pers.) = goldfarben oder vom Mineral Zirkon ableiten. Hafnium ist in der Natur häufiger als Actinium, Quecksilber, Cadmium, Bismut, Silber, Gold und Platin, wird aber wegen der Gleichheit der Zr^{4+}- und Hf^{4+}-Ionenradien vom Zirconium so getarnt, dass es erst im 20. Jahrhundert aufgespürt wurde. Und zwar konnten G. v. Hevesy und D. Coster 1923 mithilfe der Röntgenspektroskopie zeigen, dass – wie Niels Bohr 1922 prophezeite – alle Zirconium-Mineralien das – fälschlicherweise zunächst bei den Lanthanoiden gesuchte – Element 72 enthielten. Hevesy gab dem neuen Element den Namen nach Hafniae (lat.) = Kopenhagen, der Stadt, in der er es entdeckte und in der die Bohr'sche Theorie entwickelt wurde, die den Weg seiner Auffindung wies (Hf ist das erste mithilfe der Röntgenspektroskopie entdeckte Element). Die Gewinnung elementaren Hafniums gelang dann Hevesy nach fraktionierender Kristallisation eines Gemischs komplexer Fluoride von Zr und Hf (z. B. Löslichkeiten von $(NH_4)_2[MF_6]$ = 1.050 (M = Zr), 1.425 mol dm^{-3} (Hf) bei 20 °C) mit anschließender Reduktion des Hafniumfluorids mit Natrium.

i **Physiologisches.** Das Zirconium ist für Organismen nicht essentiell (der Mensch enthält ca. 4 mg kg^{-1}) und gilt als nicht toxisch, wirkt aber möglicherweise cancerogen (MAK-Wert = 5 mg m^{-3}, ber. auf Zr). Zr(IV) wird, falls durch den menschlichen Verdauungstrakt resorbiert, an Plasmaproteine gebunden und in den Knochen gespeichert. Auch Hafnium ist für Organismen nicht essentiell (der Mensch enthält normalerweise kein Hf) und nicht giftig.

2.1   Die Elemente Zirconium und Hafnium

Vorkommen

Das Zirconium kommt in der Natur nur gebunden, und zwar hauptsächlich als Silicat $ZrSiO_4$ (»Zirkon«, »Alvit«) und als Dioxid ZrO_2 (»Zirkonerde«, »Baddeleyit«) vor. Wichtige Fundstätten liegen in Australien, USA, Brasilien. Das Hafnium findet sich nicht in Form selbständiger Mineralien, sondern nur als Begleiter des Zirconiums mit Gehalten von 1–5 Gew.-% Hf (ca. 2 % des Zr-Gehalts; in Alvit kann der Hf-Gehalt den von Zr übersteigen).

Isotope (vgl. Anh. III). Natürliches Zirconium besteht aus 5, natürliches Hafnium aus 6 Isotopen:

Zr: $^{90}_{40}Zr$ (51.45 %), $^{91}_{40}Zr$ (11.32 %), $^{92}_{40}Zr$ (17.19 %), $^{94}_{40}Zr$ (17.28 %), $^{96}_{40}Zr$ (2.76 %)

Hf: $^{174}_{72}Hf$ (0.2 %), $^{176}_{72}Hf$ (5.2 %), $^{177}_{72}Hf$ (18.6 %), $^{178}_{72}Hf$ (27.1 %), $^{179}_{72}Hf$ (13.7 %), $^{180}_{72}Hf$ (35.2 %)

Unter ihnen sind die Nuklide $^{96}_{40}Zr$ (β^--Strahler; $\tau_{1/2}$ > 3.6 · 10^{17} Jahre) und $^{174}_{72}Hf$ (α-Strahler; $\tau_{1/2}$ = 2 · 10^{15} Jahre) schwach radioaktiv, die Nuklide $^{91}_{40}Zr$, $^{177}_{72}Hf$ und $^{179}_{72}Hf$ für NMR-Untersuchungen geeignet. Die künstlichen Nuklide $^{95}_{40}Zr$ (β^--Strahler; $\tau_{1/2}$ = 65 Tage), $^{97}_{40}Zr$ (β^--Strahler; $\tau_{1/2}$ = 17 Stunden), $^{172}_{72}Hf$ (Elektroneneinfang; $\tau_{1/2} \approx$ 5 Jahre), $^{175}_{72}Hf$ (Elektroneneinfang; $\tau_{1/2}$ = 70 Tage), $^{181}_{72}Hf$ (β^--Strahler; $\tau_{1/2}$ = 42.5 Tage) und $^{182}_{72}Hf$ (β^--Strahler; $\tau_{1/2}$ = 9 · 10^6 Jahre) dienen für Tracerexperimente.

Darstellung

Die technische Gewinnung von Zirconium erfolgt analog der Gewinnung von Titan (S. 1794), indem man Zirconiumdioxid ZrO_2 (erhältlich mittels alkalischen Aufschlusses von $ZrSiO_4$) durch Carbochlorierung bzw. Zirconiumcarbonitrid Zr(C,N) (erhältlich aus ZrO_2 oder $ZrSiO_4$ mit Koks im Lichtbogenofen) durch Chlorierung in Zirconiumtetrachlorid $ZrCl_4$ überführt und dieses anschließend mit Magnesium in einer He-Atmosphäre bei erhöhter Temperatur (Kroll-Prozess) zu Zirconiumpulver reduziert, das gegebenenfalls nach dem Verfahren von van Arkel und de Boer auf dem Wege der Bildung und des Zerfalls von Zirconiumtetraiodid gereinigt wird ($Zr + 2\,I_2 \rightleftharpoons ZrI_4$; man erhält Aufwachsstäbe bis zu 5 cm Durchmesser und 25 kg Masse). Das so erzeugte, noch hafniumhaltige Zirconium wird in der Regel genutzt bzw. weiter verarbeitet. In der Reaktor-Technik benötigt man andererseits hafniumfreies Zirconium (vgl. Verwendung). Die Abtrennung des Hafniums vom Zirconium erfolgt (i) durch Extraktionsverfahren (Nutzung der höheren Löslichkeit von Hafniumthiocyanat in organischen Phasen, der leichteren Adsorption von $HfCl_4$ an Silicagel); (ii) durch Ionenaustauscher (bevorzugte Eliminierung von Zr(IV) mit einer 0.09-molaren Citronensäurelösung in 0.45-molarer Salpetersäure, vgl. S. 2293); (iii) durch fraktionierende Destillation der $POCl_3$-Komplexe von $ZrCl_4$ und $HfCl_4$. Die Reduktion von $HfCl_4$ mit Magnesium (Kroll-Prozess) liefert dann elementares Hafnium, das gegebenenfalls nach dem Verfahren von van Arkel und de Boer gereinigt wird ($Hf + 2\,I_2 \rightleftharpoons HfI_4$, Gefäßtemperatur 400–600 °C, W-Draht 1750 °C). Technisch fällt Hafnium derzeit nur als Nebenprodukt der Herstellung von Hf-freiem Zr (»reactor grade zirconium«) an.

Physikalische Eigenschaften

Reines Zirconium ist wie reines Hafnium ein verhältnismäßig weiches, biegsames, walz-, hämmer- und schmiedbares, den elektrischen Strom und die Wärme besser als der linke Periodennachbar leitendes, silbrig-glänzendes Metall (Zr ähnelt äußerlich rostfreiem Stahl). Beide Metalle kristallisieren unter Normalbedingungen mit hexagonal-dichtester Metallatompackung (α-Zr, α-Hf), bei erhöhter Temperatur (β-Zr: > 876 °C; β-Hf: > 1775 °C) mit kubisch-raumzentrierter Packung. Die Schmelz- und Siedepunkte beider Metalle liegen in vergleichbaren Bereichen (Zr: 1857/4200 °C; Hf: 2227/4450 °C). Entsprechendes gilt u. a. für die Ionisierungsenergien, Atomradien, Ionenradien, Schmelz- und Verdampfungsenthalpien (vgl. Tafel IV). Beide Elemente unterscheiden sich jedoch erheblich bezüglich ihrer Dichten (6.508 und 13.31 g cm^{-3}), ihrer Sprungtemperaturen (0.55 und 0.08 K) und ihrer Fähigkeit zur Neutronenabsorption (bei Hf 600 mal größer).

Chemische Eigenschaften

Ähnlich wie Titan sind auch das Zirconium und das Hafnium korrosionsbeständige Metalle, da sie sich wie dieses durch Überziehen mit einer äußerst dünnen zusammenhängenden Oxidschutzhaut vor dem Angriff von Atmosphärilien schützen. In Pulverform verbrennen die Metalle unterhalb Rotglut zu Oxiden MO_2, Nitriden MN und Nitridoxiden, während die kompakteren Metalle von Sauerstoff oder Stickstoff unter Atmosphärendruck erst bei Weißglut oxidiert werden (bei wesentlich niedrigeren Temperaturen erfolgt die Oxidation unter O_2-Druck; vgl. bei Titan). In analoger Weise reagieren Zr und Hf in der Wärme auch mit anderen Nichtmetallen wie Wasserstoff ($\longrightarrow MH_2$), Kohlenstoff ($\longrightarrow$ MC) oder Halogen ($\longrightarrow MHal_4$; mit Chlorgas z. B. unter Feuererscheinung). Bereits Spuren von gebundenem H, O, N bzw. C machen die Metalle spröde.

Verwendung, Legierungen

Metallisches Zirconium (Weltjahresproduktion: einige Megatonnen) findet wegen seiner überaus hohen Korrosionsbeständigkeit in der chemischen Verfahrenstechnik zur Herstellung spezieller »Apparateteile« (Spinndüsen, Ventile, Pumpen, Rührer, Rohre, Verdampfer, Wärmeaustauscher) und in der Reaktortechnik beim Bau von »Atomreaktoren« sowie »Brennelementumhüllungen« Verwendung (in letzterem Falle muss Zr wegen des höheren Hf-Neutroneneinfangquerschnitts Hf-frei sein; meist nutzt man Legierungen mit 1.5 % Zinn oder anderen Metallen). Weiterhin dient es als »Getter« (Fangstoff) zur Beseitigung von Spuren Sauerstoff und Stickstoff aus Glühlampen sowie Ultrahochvakuumanlagen (»Getterpumpen«) und in der »Metallurgie« zur Beseitigung von Sauerstoff, Stickstoff sowie Schwefel aus Stahl. – Zirconiumdioxid ZrO_2 dient u. a. zur Herstellung von »Pigmenten« (Druckfarben) und »Feuerfestmaterialien« (Keramik, Email, Glas). – Hafnium (Weltjahresproduktion: 100 Tonnenmaßstab) wird wegen seines hohen Neutroneneinfangquerschnitts (600 mal größer als bei Zr) als »Neutronenabsorber« in Reaktorkontroll- und -regelstäben sowie der Wiederaufbereitung von bestrahlten Kernbrennstoffen eingesetzt. Ferner dient es als »Getter« (s. oben) sowie als festigkeitssteigernder Zusatz zu Legierungen von Nb, Ta, Mo, W. Vgl. auch interstitielle Verbindungen, S. 308.

Zirconium und Hafnium in Verbindungen

In ihren Verbindungen betätigen Zirconium und Hafnium bevorzugt die Oxidationsstufe +IV (z. B. ZrF_4, ZrO_2, $HfCl_4$, HfO_2). Doch treten beide Metalle auch in den Stufen +III (z. B. $ZrCl_3$, HfI_3), +II (z. B. ZrF_2, ZrO, $HfCl_2$, HfS), +I (z. B. $ZrCl$, $HfBr$), 0 und < 0 auf (z. B. $K_5[M(CN)_5]$, $[M(bipy)_3]$, $[M(Toluol)_2(PMe_3)]$, $[Zr(bipy)_3]^-$, $[Zr(bipy)_3]^{2-}$, $[Zr(CO)_6]^{2-}$).

Wie aus den Normalpotentialen hervorgeht (vgl. Potentialdiagramme), sind Zirconium und Hafnium wie Titan unedle Metalle (edler als Yttrium und Lanthan; vgl. Anh. VI), wobei der unedle Charakter in Richtung Ti, Zr, Hf zunimmt (vgl. wachsenden unedlen Charakter in Richtung Sc, Y, La, S. 1787).

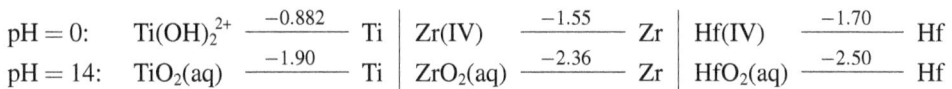

$$pH = 0: \quad Ti(OH)_2^{2+} \xrightarrow[-1.90]{-0.882} Ti \;\Big|\; Zr(IV) \xrightarrow[-2.36]{-1.55} Zr \;\Big|\; Hf(IV) \xrightarrow[-2.50]{-1.70} Hf$$

$$pH = 14: \quad TiO_2(aq) \xrightarrow{} Ti \;\Big|\; ZrO_2(aq) \xrightarrow{} Zr \;\Big|\; HfO_2(aq) \xrightarrow{} Hf$$

Wegen ihrer Passivierung lösen sie sich aber wie Titan weder in kalten Mineralsäuren (Ausnahme: Flusssäure), noch in kalten wässerigen Alkalien. Anders als im Falle von Titan existiert keine wässerige Chemie des dreiwertigen Zirconiums und Hafniums, da Zr^{3+} und Hf^{3+} Wasser zu Wasserstoff reduzieren.

Häufig anzutreffende Koordinationszahlen von Zirconium(IV) und Hafnium(IV) sind sechs (oktaedrisch in Li_2ZrF_6, $ZrCl_4$, MCl_6^{2-}, trigonal-prismatisch in $[Zr(S_2C_6H_4)_3]^{2-}$), sieben (pentagonal-bipyramidal in $(NH_4)_3[ZrF_7]$, überkappt-trigonal-prismatisch in $Ba_2Zr_2F_{12}$) und acht (dodekaedrisch in K_2ZrF_6, $[Hf(SO_4)_4(H_2O)_2]^{4-}$, $[M(ox)_4]^{4-}$, quadratisch-antiprismatisch in $Zr(acac)_4$, $[Cu(H_2O)_6]_2[ZrF_8]$, zweifach überkappt-trigonal-prismatisch in $TlZrF_5$, $(N_2H_6)ZrF_6$). Man kennt jedoch auch Verbindungen, in denen die Metalle die Zähligkeiten fünf (trigonal-bipyramidal in $[ZrCl_5]^-$) und vier aufweisen (tetraedrisch in $MCl[N(SiMe_3)_2]_3$ und in gasförmigem MCl_4).

Bezüglich der Elektronenkonfigurationen, der Radien, der magnetischen und optischen Eigenschaften der Zirconium- und Hafniumionen vgl. Ligandenfeld-Theorie (S. 1592) sowie Anh. IV, bezüglich eines Eigenschaftsvergleichs der Metalle der Titangruppe S. 1544f und Nachfolgendes.

Vergleichende Betrachtungen

Ähnlich wie die Metalle der Scandiumgruppe (III. Nebengruppe) ähneln auch die Metalle der Titangruppe (IV. Nebengruppe) – wenn auch etwas weniger deutlich – in manchen Eigenschaften (z. B. wachsender unedler Charakter der Metalle sowie zunehmende Basizität der Tetrahydroxide; vgl. hierzu die Alkali- und Erdalkalimetalle sowie -hydroxide) mehr den Anfangsgliedern C und Si der zugehörigen Hauptgruppe, als dies die Endglieder der Hauptgruppe tun. In anderen Eigenschaften wie den Atomisierungsenergien, den Schmelz- und Siedepunkten, der Stabilität von Zwischenwertigkeiten schließen sich aber umgekehrt die schwereren Hauptgruppenelemente denen der leichteren an (vgl. hierzu S. 1788 und Tafel III sowie IV). So verstärkt das bei den Metallen der Titangruppe gegenüber den Metallen der Scandiumgruppe neu hinzukommende d-Elektron die Metallbindungen zusätzlich (vgl. S. 1870), und zwar in Richtung Ti, Zr, Hf in wachsend stärkerem Ausmaß. Infolgedessen steigen etwa die Siedepunkte sowie Atomisierungsenergien der Elemente beim Übergang von der 3. zur 4. Nebengruppe sowie von Ti über Zr nach Hf, während bei den Hauptgruppenelementen die betreffenden Kenndaten zwar beim Übergang von der 3. zur 4. Hauptgruppe zunehmen (zusätzliches p-Außenelektron), aber innerhalb der Kohlenstoffgruppe ähnlich wie im Falle der Alkali- und Erdalkalimetalle mit wachsender Ordnungszahl der Elemente abnehmen.

Bereits angesprochen wurde das ähnliche physikalische und chemische Verhalten von Zirconium und Hafnium (S. 1793), das auf die vergleichbaren Atom- und Ionradien beider Metalle im null- und vierwertigen Zustand zurückgeht. Die geringe Ausdehnung der Hf-Atome und -Ionen ist hierbei eine Folge der schlechten Abschirmung der Kernladung durch die 4f-Elektronenschale (zwischen La und Hf schieben sich 14 Lanthanoide mit ihren f-Elektronen ein), wodurch die 6s- und 5d-Außenelektronen der nullwertigen und die 5s- sowie 5p-Außenelektronen des vierwertigen Hafniums einer starken elektrostatischen Anziehung durch die positive Hf-Kernladung unterliegen (zwischen Y und Zr schieben sich keine f-Elemente ein, sodass bei Zr für die Zr-Außenelektronen diese zusätzliche Anziehung fehlt). Die radienvergrößernden und -verkleinernden relativistischen Effekte (6s-Orbitalkontraktion; 5d- und 4f-Orbitalexpansion; vgl. S. 372) heben sich im Falle von Hf gerade auf und tragen somit nichts zur sog. »Lanthanoid-Kontraktion« im Falle nullwertigen Hafniums bei.

2.2   Verbindungen des Zirconiums und Hafniums

2.2.1   Wasserstoffverbindungen

Die bisher flüchtigsten Zr- und Hf-Verbindungen sind das Zirconium- und Hafnium(IV)-boranat $M(BH_4)_4$, die sich aus MCl_4 und $LiBH_4$ in Diethylether als farblose, hydrolyse- und lichtinstabile, niedrig-schmelzende Verbindungen ($Zr(BH_4)_4$: Smp. 28.7 °C, Sdp. extrap. 123 °C) gewinnen lassen und sich in der Wärme unter MB_2-Bildung zersetzen. In den »fluktuierenden« Molekülen $M(BH_4)_4$ (T_d-Molekülsymmetrie) koordinieren die BH_4-Gruppen – jeweils über 3 H-Brücken – das Zentralmetall tetraedrisch (vgl. S. 1248, 2068). Die den Doppelhydriden (»$MH_4 \cdot 4 BH_3$«) zugrundeliegenden Tetrahydride MH_4 sind unbekannt.

Bei 100 °C absorbieren Zirconium und Hafnium Wasserstoff bis zur Grenzstöchiometrie eines Zirconium- und Hafniumdihydrids MH_2. Bei 1000 °C geben die Hydride ihren Wasserstoff wieder vollständig ab. Die H-Atome besetzen in MH_2 die tetraedrischen Lücken einer kubisch-dichtesten M-Atompackung (S. 306). Allerdings ist diese Phase nur bei hohen Temperaturen (ZrH_2: > 900 °C; HfH_2: > 407 °C) oder – bei Raumtemperatur – mit H-Atomunterschuss stabil ($ZrH_{< 1.61}$; $HfH_{< 1.80}$). Mit zunehmender Unterschreitung der Temperaturen, bei welchen MH_2 existieren, tritt zunehmende Verzerrung des Metallgitters ein (Bildung einer verzerrt-tetragonalen = tetragonal-innenzentrierten Phase).

2.2.2   Halogen- und Pseudohalogenverbindungen

Halogenide (vgl. S. 2074). Wie aus Tab. 25.2 hervorgeht, kennt man von Zirconium und Hafnium – mit Ausnahme von ZrF, HfF_n ($n = 1, 2, 3$), HfI_n ($n = 1, 2$) – alle binären Halogenide MX_4, MX_3, MX_2 und MX.

Darstellung. Unter den »Tetrahalogeniden« stellt man nur die Chloride $ZrCl_4$ bzw. $HfCl_4$ und Bromide $ZrBr_4$ bzw. $HfBr_4$ mit Vorteil aus Zirconium- bzw. Hafniumdioxid MO_2, Chlor oder Brom X_2 und Koks bei hohen Temperaturen dar: $MO_2 + 2X_2 + 2C \longrightarrow MX_4 + 2CO$ (»Carbochlorierung« oder »Carbobromierung«), die Fluoride ZrF_4 bzw. HfF_4 und Iodide ZrI_4 bzw. HfI_4 durch Behandeln von MCl_4 mit HF sowie von MO_2 mit AlI_3 bei erhöhter Temperatur. Durch Reduktion der Tetrahalogenide mit Zirconium oder Hafnium bzw. mit Wasserstoff lassen sich unter geeigneten Bedingungen die »Tri-«, »Di-« und »Monohalogenide« erzeugen.

Tab. 25.2 Halogenide, Oxide und Sulfide von Zirconium und Hafnium^a (ΔH_f in kJ mol^{-1})

	Fluoride	Chloride	Bromide	Iodide	Oxide	Sulfide
M(I)	–	ZrCl, schwarz	ZrBr, schwarz	ZrI, schwarz	–	–
		ZrCl-Typ, KZ 6	ZrCl-Typ, KZ 6			
	–	HfCl, schwarz	HfBr, schwarz	–	–	Hf$_2$S anti-NbS$_2$-
		ZrCl-Typ, KZ 6	ZrCl-Typ, KZ 6			Raumstrukt., KZ 6
M(II)	ZrF$_2$, schwarz Dispr. 0/IV 800 °C	ZrCl$_2$, schwarz^b Dispr. 0/IV 650 °C ΔH_f −500 kJ Hexamer, KZ 5	ZrBr$_2$, schwarz Dispr. 0/IV 400 °C ΔH_f −410 kJ Hexamer, KZ 5	ZrI$_2$, schwarz Dispr. 0/IV 600 °C ΔH_f −280 kJ Hexamer, KZ 5	ZrO verzerrte NaCl-Typ, KZ 6	ZrS NaCl-Typ, KZ 6
	–	HfCl$_2$, schwarz Dispr. 0/IV 400 °C Hexamer? KZ 5	HfBr$_2$, schwarz Dispr. 0/IV 400 °C Hexamer? KZ 5		HfO	HfS
M(III)	ZrF$_3$, blaugrau Dispr. 0/IV 850 °C ReO$_3$-Typ, KZ 6	ZrCl$_3$, dunkelblau^c Dispr. II/IV 475 °C ΔH_f −710 kJ ZrI$_3$-Typ, KZ 6	ZrBr$_3$, dunkelblau Dispr. II/IV 300 °C ΔH_f −729 kJ ZrI$_3$-Typ, KZ 6	ZrI$_3$, dunkelblau Dispr. II/IV 275 °C ΔH_f −524 kJ ZrI$_3$-Typ, KZ 6	–	–
	–	HfCl$_3$, dunkelblau Dispr. II/IV ΔH_f < −475 kJ ZrI$_3$-Typ? KZ 6	HfBr$_3$, schwarz Dispr. II/IV 350 °C ΔH_f < −475 kJ ZrI$_3$-Typ? KZ 6	HfI$_3$, schwarz Dispr. II/IV ΔH_f −475 kJ ZrI$_3$-Typ, KZ 6	–	–
M(IV)	ZrF$_4$, weiß Smp. 932 °C ΔH_f −1913 kJ Raumstr., KZ 8	ZrCl$_4$, weiß Smp. 437 °C ΔH_f −981.8 kJ Kette, KZ 6	ZrBr$_4$, weiß Smp. 450 °C ΔH_f −760 kJ Kette, KZ 6	ZrI$_4$, gelb Smp. 500 °C ΔH_f −485.3 kJ Kette, KZ 6	ZrO$_2$, weiß^d $^{2710}/_{4300}$ °C^f ΔH_f −1089 kJ Raumstr., KZ 7	ZrS$_2$, violett^e CdI$_2$-Str., KZ 6
	HfF$_4$, weiß Smp. 1025 °C ΔH_f −1932 kJ Raumstr., KZ 8	HfCl$_4$, weiß Smp. 434 °C ΔH_f −992 kJ Kette? KZ 6	HfBr$_4$, weiß Smp. 424.5 °C ΔH_f −837 kJ Kette? KZ 6	HfI$_4$, gelb Smp. 449 °C Kette, KZ 6	HfO$_2$, weiß^d 2812/5100 °C^f ΔH_f −1146 kJ Raumstr., KZ 6	HfS$_2$^{e}, violett^e CdI$_2$-Str., KZ 6

a Man kennt auch Selenide und Telluride. Darüber hinaus existieren Pentelide, Tetrelide und Trielide (vgl. S. 1816).
b Fremdatomhaltig, vgl. Text; man kennt auch ein ZrCl$_{2.5}$ = Zr$_6$Cl$_{15}$.
c Man kennt auch eine weitere ZrCl$_3$-Modifikation mit »BiI$_3$-Struktur«
d α-ZrO$_2$ (monoklin) $\rightleftarrows$ (1100 °C) $\rightleftarrows$ β-ZrO$_2$ (tetragonal) $\rightleftarrows$ (2300 °C) $\rightleftarrows$ γ-ZrO$_2$ (kubisch, CaF$_2$-Struktur); α-HfO$_2$ (monoklin) $\rightleftarrows$ (1790 °C) $\rightleftarrows$ β-HfO$_2$ (tetragonal) $\rightleftarrows$ (1900 °C) $\rightleftarrows$ γ-HfO$_2$ (kubisch).
e Man kennt auch orangefarbenes ZrS$_3$ und HfS$_3$
f Smp./Sdp.

Strukturen (vgl. Tab. 25.2 sowie S. 2074). In gasförmigem Zustande sind die »Tetrahalogenide« MX$_4$ des Zirconiums und Hafniums wie die des Titans monomer und weisen tetraedrische Struktur auf (T$_d$-Molekülsymmetrie). In kondensierter Phase bilden die Tetrachloride, -bromide und -iodide eine kubisch-dichteste Halogenidpackung, in der $\frac{1}{4}$ der oktaedrischen Lücken in der Weise von Zr- bzw. Hf-Ionen besetzt sind, dass Zick-Zack-Ketten von ZrX$_6$-Oktaedern mit je 2 gemeinsamen, zueinander *gauche*-ständigen Kanten (vgl. S. 2076) zustandekommen. Den Tetrafluoriden liegt andererseits keine Ketten-, sondern eine Raumstruktur mit den Zr- bzw. Hf-Ionen in antikubischen Lücken einer Fluoridpackung zugrunde. In analoger Weise nehmen auch unter den »Trihalogeniden« MX$_3$ die Trifluoride eine Raumstruktur (»ReO$_3$-Struktur«) ein, während die Trichloride, -bromide und -iodide Ketten (Abb. 25.7a) aus flächenverknüpften MX$_6$-Oktaedern bilden, die so zusammengelagert sind, dass die X-Atome in festem ZrX$_3$ eine hexagonal-dichteste Packung bilden (»ZrI$_3$-Struktur«). Die Zr-Atome besetzen somit in der hexagonal-dichtesten X-Atompackung alle Oktaederlücken jeder übernächsten »Röhre« (vgl. das auf S. 125 sowie S. 2077 Besprochene).

Unter den »Dihalogeniden« MX$_2$ ist die Struktur von ZrF$_2$ noch unbekannt. Das Chlorid, Bromid und Iodid des Zirconiums (möglicherweise auch des Hafniums) bilden Hexamere Zr$_6$X$_{12}$, in welchen die 6 Zr-Atome gemäß Abb. 25.7b die Ecken eines Oktaeders und die 12 X-Atome die Plätze über den Oktaederkanten besetzen (»ZrI$_2$-Struktur«; vgl. hierzu S. 2078 PdCl$_2$-,

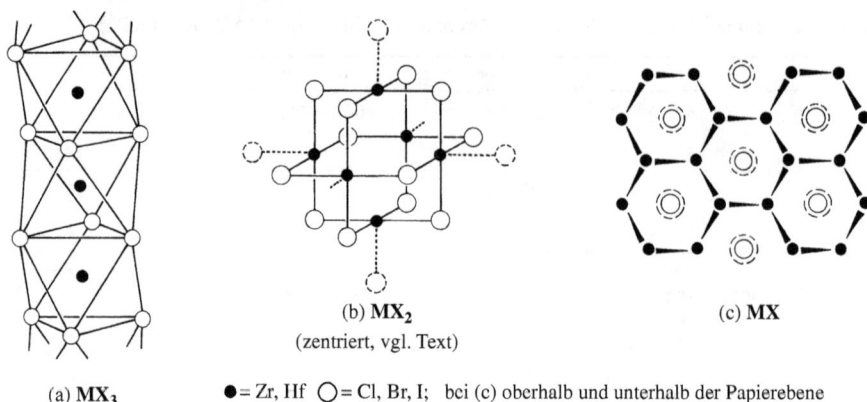

(a) **MX₃**

(b) **MX₂**
(zentriert, vgl. Text)

(c) **MX**

● = Zr, Hf   ○ = Cl, Br, I;   bei (c) oberhalb und unterhalb der Papierebene

Abb. 25.7

PtCl₂-Struktur). Die Zr_6X_{12}-Cluster sind dabei so angeordnet, dass jeweils X-Atome benachbarter Zr_6X_{12}-Einheiten durch Addition die Koordinationszahl der Zr-Atome auf Fünf erhöhen (quadratisch-pyramidale Zr-Umgebung). Allerdings sind die Zr_6-Oktaeder durch Fremdatome Z wie H, Br, B, C, N Cr, Mn, Fe, Co zentriert, sodass die wahren Formeln der Dihalogenide $Zr_6X_{12}Z$ lauten (die reinen Phasen mit Z = Nichtmetall sind dunkelorangefarben bis rot, mit Z = Metall grün bis blau, die schwarzen Produkte stellen Gemische dar). In Zr_6Cl_{15} sind (leere) $Zr_6Cl_{12}^{3+}$-Einheiten mit der Oxidationsstufe +1.5 der Zr-Atome über jeweils $\frac{6}{2}$ Cl⁻-Ionen verbrückt; in (leerem) $Zr_6Cl_{12}(PMe_2Ph)_6$ bzw. (leerem) $[Zr_6X_{18}H_5]^{3-}$ (X = Cl, Br) mit den Oxidationsstufen +2.0 bzw. ca. 1.7 der Zr-Atome sind andererseits die 6 Zr···X-Gruppen in (Abb. 25.7b) durch Zr−PR₃- bzw. ZrX-Gruppen ersetzt (die Protonen letzterer Anionen überkappen Flächen des Zr_6-Oktaeders).

Die »Monohalogenide« MX schließlich enthalten gemäß Abb. 25.7c von Halogenid-Ionen eingehüllte Zr-Doppelschichten, die analog den Schichten im grauen Arsen (S. 980) strukturiert sind. Charakteristisch für die Chloride, Bromide und Iodide der drei-, zwei- und einwertigen Metalle sind gewisse Metall-Metall-Wechselwirkungen (z. B. ZrZr-Abstand in ZrCl 3.03 Å, in Zr-Metall 3.19 Å).

Eigenschaften. Unter den Zirconium- und Hafniumhalogeniden, deren physikalische Eigenschaften der Tab.20.3 entnommen werden können, bildet Zirconiumtetrachlorid ZrCl₄, ein weißes, an der Luft rauchendes Pulver, das durch Wasser zu einem basischen Chlorid ZrOCl₂ hydrolysiert wird, dessen wasserlösliches Hydrat ZrOCl₂·8 H₂O (Struktur s. unten, Abb. 25.8e) ein vielbenutztes Zirconiumsalz darstellt. In analoger Weise setzen sich die anderen Tetrachloride, -bromide und -iodide zu basischen Salzen um, während die Tetrafluoride mit Wasser u. a. Hydrate MF₄·3 H₂O bilden (dodekaedrische Koordination von Zr bzw. Hf: $[(H_2O)_3F_3Zr(\mu\text{-}F)_2ZrF_3(H_2O)_3]$ und $[\cdots(\mu\text{-}F)_2HfF_2(H_2O)_2\cdots]_x\cdot x\,H_2O$). Die drei-, zwei- und einwertigen Zr- und Hf-Halogenide lösen sich andererseits in Wasser nur unter Wasserstoffentwicklung (Oxidation zur vierwertigen Stufe). Halogenid-Ionen werden von den Tetrahalogeniden MX₄ unter Bildung von Komplexen MX_{4+n}^{n-} addiert, deren Stabilitäten in Richtung Iodo-, Bromo-, Chloro-, Fluorometallate wachsen und in welchen Zirconium oder Hafnium die Koordinationszahlen sechs, sieben oder acht aufweisen, z. B. (in Klammern Koordinationsgeometrie): $M_2^IMX_6$ mit X = Cl, Br, I und Rb₂MF₆ (oktaedrisch), Na₃ZrF₇/BaZrF₆ (pentagonal-bipyramidal/überkappt-trigonal-prismatisch), K₂ZrF₆/[Cu(H₂O)₆]₂ZrF₈/TlZrF₅ (dodekaedrisch/antikubisch/zweifach-überkappt-trigonal-prismatisch). Auch mit anderen Donoren (z. B. Ethern OR₂, Aminen NR₃, Phosphanen PR₃, Arsanen AsR₃, Acetylacetonat acac⁻, Oxalat ox²⁻) vereinigen sich die Tetrahalogenide zu Komplexen, z. B.: [MCl₂(acac)₂] (oktaedrisch mit Cl in *cis*-Stellung), [MCl(acac)₃] (pentagonal-bipyramidal), [M(acac)₄] (antikubisch), $Na_4[M(ox)_4] \cdot 3\,H_2O$ (dodekaedrisch). Die Tendenz von Zr(IV) und Hf(IV) zur Bildung von »Cyanokomplexen« ist offensichtlich wie die von Ti(IV) nicht besonders groß.

Cyanide, Azide (S. 2084, 2087). Ein Zirconium(IV)-cyanid $Zr(CN)_4$ entsteht offensichtlich analog $Ti(CN)_4$ durch Einwirkung von $CH_3C(O)-CN$ auf $Zr(OiPr)_4$ in Aceton. Auch bilden sich die Komplexe $M^I_5Zr(CN)_5$ mit dem Pentacyanozirconat(0) $Zr(CN)_5^{5-}$ durch Reduktion von $ZrBr_3$ und KCN bzw. RbCN in fl. NH_3: $4\,ZrBr_3 + 5\,M^ICN + 6\,NH_3 \longrightarrow M^I_5Zr(CN)_5 + 3\,ZrBr_3(NH_2) + 3\,NH_4Br$. Analog $Ti(N_3)_{4+n}^{n-}$ sind wohl auch entsprechende »Zirconium«- und »Hafniumazide« zugänglich.

2.2.3   Chalkogenverbindungen

Sauerstoffverbindungen. Unter den Zr- und Hf-Chalkogeniden wurden Zirconiumdioxid ZrO_2 (in der Natur als »Baddeleyit«, »Zirkonerde«) und Hafniumdioxid HfO_2 (vergesellschaftet mit Baddeleyit) eingehend charakterisiert. Ihre Darstellung kann u. a. durch Hydrolyse der – im Zuge der Gewinnung von Zr und Hf anfallenden – Tetrachloride MCl_4 erfolgen. Die hierbei zunächst gebildeten Hydroxid-Hydrate gehen beim Glühen in Dioxide MO_2 über. Der Hauptrohstoff für ZrO_2 ist der Zirkon $ZrSiO_4$, aus dem nach Schmelzen mit Kalk und Koks (Reduktion von SiO_2) in der Technik reines ZrO_2 gewonnen wird.

Eigenschaften (Tab. 25.2). ZrO_2 und HfO_2 sind weiße, gegen Säuren und Alkalien sehr beständige Pulver, die sich erst bei sehr hohen Temperaturen zu glasartigen, dem Quarzglas ähnelnden Massen zusammenschmelzen lassen. Die aus sauren Zr(IV)- und Hf(IV)-Salzlösungen durch Ammoniak als voluminöse Niederschläge gefällten weißen Tetrahydroxid-Hydrate (s. unten) sind stärker basisch und schwächer sauer als die entsprechende Titanverbindung (wachsende Basizität und abnehmende Acidität in Richtung Titan-, Zirconium-, Hafniumdioxid-Hydrat) und sind infolgedessen in Alkalilaugen unlöslich. Als Basen lösen sie sich in starken Säuren wie Salzsäure, Schwefelsäure, Salpetersäure unter Bildung von Salzen auf, die u. a. in Form von »Zirconiumdichloridoxid« (»Zirconylchlorid«) $ZrOCl_2 \cdot 8\,H_2O$, »Hafniumdichloridoxid« $HfOCl_2 \cdot 8\,H_2O$, »Zirconiumdisulfat« $Zr(SO_4)_2 \cdot 4\,H_2O$, »Hafniumdisulfat« $Hf(SO_4)_2 \cdot 4\,H_2O$ (Löslichkeitsprodukt geringer als das des Zirconiumsulfats), »basischem Zirconiumsulfat« $Zr(OH)_2SO_4$, »basischem Hafniumsulfat« $Hf(OH)_2SO_4 \cdot H_2O$, »basischem Zirconiumnitrat« $Zr(OH)_2(NO_3)_2 \cdot 4\,H_2O$ auskristallisieren (aus MCl_4 und N_2O_5 erhält man die reinen Nitrate $M(NO_3)_4$).

Beim Schmelzen mit Alkalimetallhydroxiden oder -oxiden wirken ZrO_2 und HfO_2 als Säuren und gehen in Zirconate(IV) bzw. Hafnate(IV) über, die wie Na_2MO_3 und Na_4MO_4 durch Wasser leicht zersetzt werden und wie $CaMO_3$ und Ca_2MO_4 Doppeloxide mit Perowskit- bzw. Spinell-Struktur (S. 1801, 1358) darstellen.

Strukturen. Die unter normalen Bedingungen stabilen monoklinen MO_2-Modifikationen (α-MO_2) des Zirconiums und Hafniums kristallisieren nicht wie TiO_2 im Rutilgitter ($KZ_{Ti} = 6$), sondern besitzen eine komplexere Struktur. Und zwar ist Zr(IV) sowie Hf(IV) jeweils von sieben O-Atomen umgeben ($KZ_M = 7$), von denen gemäß Abb. 25.8d vier O-Atome die Ecken einer Würfelfläche drei O-Atome eine Ecke und zwei Kantenmitten der gegenüberliegenden Fläche des Würfels mit Zr sowie Hf in der Würfelmitte besetzen; erstere vier O-Atome sind jeweils von vier M-Atomen tetraedrisch, letztere drei O-Atome von drei M-Atomen planar koordiniert. Bei 1100 °C (Zr) bzw. 1790 °C (Hf) verwandeln sich die α-Formen in tetragonales β-MO_2, bei 2300 bzw. 1900 °C die β-Formen in kubisches γ-MO_2 (CaF_2-Struktur; $KZ_M = 8$).

Das in Wasser lösliche Zirconylchlorid-Octahydrat $ZrOCl_2 \cdot 8\,H_2O$ stellt strukturell näherungsweise einen Ausschnitt aus der Struktur von γ-ZrO_2 dar: es enthält gemäß $[Zr_4(OH)_8(H_2O)_{16}]^{8+} 8\,Cl^- \cdot 12\,H_2O$ Kationen (Abb. 25.8e), in welchen Zr^{4+}-Ionen durch Paare von OH^--Ionen zu einem Ring verknüpft sind; jedes Zr-Atom ist dodekaedrisch-verzerrt antikubisch von 4 OH^-- und 4 H_2O-Liganden koordiniert ($KZ_{Zr} = 8$). Das Kation (Abb. 25.8e) liegt

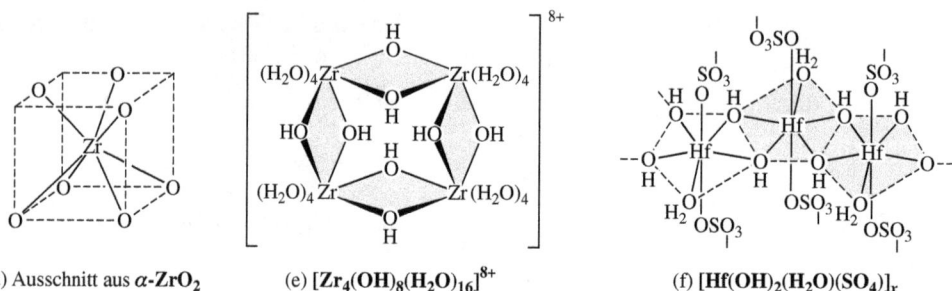

(d) Ausschnitt aus α-ZrO_2 (e) $[Zr_4(OH)_8(H_2O)_{16}]^{8+}$ (f) $[Hf(OH)_2(H_2O)(SO_4)]_x$

Abb. 25.8

als solches oder in deprotonierter Form auch einigen anderen Zirconium-Salzen zugrunde. So stellt das bei NH_3-Zugabe zu Zr-Salzen zunächst ausfallende Tetrahydroxid-Hydrat $Zr(OH)_4 \cdot aq$ offensichtlich $[Zr_4(OH)_8(OH)_8(H_2O)_8]$ dar (durch Alterung geht es in $ZrO(OH)_2 \cdot aq$, durch Erhitzen in ZrO_2 über). In $Zr(OH)_2SO_4$ bzw. $Zr(OH)_2(NO_3)_2 \cdot 4 H_2O$ sind die Zr^{4+}-Ionen durch Paare von OH^--Ionen nicht zu Ringen, sondern zu unendlichen Zick-Zack-Ketten verknüpft, die durch Sulfat- bzw. Nitrat-Ionen verbunden werden. Jedes Zr-Atom ist dadurch antikubisch (Sulfat) oder dodekaedrisch (Nitrat) von 8 O-Atomen der Liganden OH^-, H_2O und SO_4^{2-} bzw. NO_3^- koordiniert. Nicht in jedem Falle gleichen die Strukturen von Zr- und Hf-Salzen einander. So ist etwa Hf in $Hf(OH)_2SO_4 \cdot H_2O$ nicht antikubisch, sondern gemäß Abb. 25.8f pentagonal-bipyramidal von 7 O-Atomen der Liganden OH^-, H_2O und SO_4^{2-} koordiniert.

Verwendung. ZrO_2 (Jahresweltproduktion: einige Megatonnen) dient wie TiO_2 als »Weißpigment« (hauptsächlich für weißes Porzellan). Wegen seiner chemischen, thermischen und mechanischen Widerstandsfähigkeit findet es jedoch insbesondere als »Keramik« im Ofenbau zur Herstellung von Schmelztiegeln (z. B. Stahlindustrie), Auskleidungen, Stranggussdüsen und anderen chemischen Geräten Verwendung. Allerdings setzt man hierzu nicht monoklines α-ZrO_2 ein, dessen Umwandlung in tetragonales β-ZrO_2 bei 1000–1200 °C unter Sinterung zum Zerfall der ZrO_2-Keramik führen würde, sondern das durch Zusatz von 10–15 % CaO oder MgO stabilisierte kubische γ-ZrO_2 (bis 2600 °C nutzbar). Die hohe elektrische Leitfähigkeit eines mit ca. 15 % Y_2O_3 stabilisierten Zirconiumdioxids (»Nernst-Masse«) nutzte man früher bei »Nernst-Lampen«, weil Nernst-Stifte aus ZrO_2/Y_2O_3 nach elektrischer Erwärmung auf 1000 °C ein blendend-weißes Licht ausstrahlen. Heute setzt man ZrO_2/Y_2O_3 noch als Lichtquelle in IR-Apparaten sowie als »Widerstandsheizelemente« und »Feststoffelektrolyte« (z. B. in Brennstoffzellen) ein. Bezüglich der Verwendung von ZrO_2/Y_2O_3 als λ-Sonde vgl. S. 809. Hf-freies ZrO_2 dient in der Reaktortechnik als »Neutronenreflektor«. »ZrO_2-Fasern« nutzt man wegen ihrer Thermostabilität zur Wärmedämmung von Hochtemperaturanlagen.

Sonstige Chalkogenverbindungen (vgl. Tab. 25.2). Außer den Dioxiden sind von Zr und Hf Monoxide MO(NaCl-Struktur) bekannt, die beim Erhitzen von M und MO_2 bei 1550–1900 °C im Vakuum entstehen. ZrO findet Verwendung in Feuchtigkeitssensoren. Die aus Zr bzw. Hf und Schwefel, Selen oder Tellur zugänglichen Sulfide (Tab. 25.2) und ähnlich zusammengesetzten Selenide oder Telluride stellen nichtstöchiometrische Phasen dar. Unter ihnen haben die metallisch-glänzenden violetten Disulfide MS_2 (CdI_2-Struktur) Halbleitereigenschaften.

2.2.4   Pentel-, Tetrel-, Trielverbindungen

Unter den u. a. aus den Elementen gewinnbaren, sehr stabilen und hochschmelzenden Zirconium- und Hafniumnitriden MN (Smp. 2585/3350 °C, NaCl-Struktur; man kennt auch die Phasen M_3N_4 mit formal vierwertigem Zr, Hf; vgl. S. 747), -phosphiden MP (NaCl-Struktur; man kennt auch M_3P, M_2P, M_3P_2, MP_2, ferner Arsenide), -carbiden MC (Smp. 3420/3930 °C; NaCl-Struktur; man kennt auch Zr_2C mit defekter NaCl-Struktur; vgl. S. 1021), -siliciden MSi_2 (Smp. 1550/

1545 °C; man kennt auch Zr_3Si, Hf_2Si, Hf_3Si_2, M_5Si_4, MSi; vgl. S. 1068) sowie -boriden MB_2 (Smp. 3040/3200 °C; man kennt auch MB, ZrB_6, ZrB_{12}; vgl. S. 1222) zählen die Nitride, Carbide und Boride zu den Hartstoffen (S. 1889), wobei die metallreichen, elektrisch leitenden Nitride und Carbide analog MH_2 nichtstöchiometrische Interstitielle Verbindungen (S. 308) darstellen. Unter ihnen dienen die Nitride MN, die Supraleiter mit vergleichsweise hohen Sprungtemperaturen von 16.8 bzw. 10.0 K sind, als Elektrodenmaterial für elektrische Röhren, $ZrSi_2$ zur Herstellung von »Zirconiumsilicat« $ZrSiO_4$ ($ZrSi_2 + 3\,O_2 \longrightarrow ZrSiO_4 + SiO_2$; findet als »nicht geschrumpfte« Oxidkeramik Verwendung).

Außer Zr- und Hf-nitriden existieren Nitridometallate (vgl. S. 2101): $[M^{IV}N_2]$ (dunkelrot/orangerot, grün; Schichten aus allseitig basiskantenverknüpften quadratischen MN_5-Pyramiden mit N-Spitzen abwechselnd nach unten und oben in $BaZrN_2$, $BaHfN_2$; Schichten aus kantenverknüpften MN_6-Oktaedern in $SrZrN_2$, $SrHfN_2$; gewinnbar aus Ba_2N/Sr_2N und ZrN, HfN; man kennt auch Li_2ZrN_2).

Darüber hinaus existieren Zr- und Hf-Verbindungen mit stickstoffhaltigen Resten (vgl. Ammin-Komplexe) und kohlenstoffhaltigen Resten (vgl. hierzu nachfolgendes Unterkapitel).

2.2.5   Organische Verbindungen des Zirconiums und Hafniums

Zirconium- und Hafniumorganyle

Ähnlich wie die Titantetraorganyle sind auch die Zirconium- und Hafniumtetraorganyle MR4 normalerweise (R z. B. Me) instabil und nur mit sperrigen Organylgruppen (R z. B. $PhCH_2$, Me_3CCH_2, Me_3SiCH_2, 1-Norbornyl C_7H_{11}), in komplexierter Form (z. B. trigonal-prismatisch gebautes $[MMe_6]^{2-}$) oder mit Cyclopentadienylgruppen C_5H_5 isolierbar. Das »Tetracyclopentadienylzirconium« enthält dabei – anders als $TiCp_4$ – drei pentahapto- und einen monohaptogebundenen Cp-Rest, während »Tetracyclopentadienylhafnium« $HfCp_4$ wie $TiCp_4$ strukturiert ist (zwei η^5- und zwei η^1-gebundene Cp-Reste). Die wichtigsten Derivate der Tetraorganyle stellen die »Dicyclopentadienylmetalldihalogenide« und verwandte Verbindungen Cp_2MX_2 (X = Halogen, OR, SR, NR_2) dar. Zirconium- und insbesondere Hafniumtri- bzw. -diorganyle MR_n ($n = 3, 2$) sind weniger bekannt als solche des Titans und enthalten in der Regel Cyclopentadienyl-Liganden sowie hiermit verwandte Gruppen. »Tri-« und »Dicyclopentadienylmetalle« MCp_3 und MCp_2 lassen sich nicht gewinnen. Das Decamethylderivat $ZrCp^*_2$ von $ZrCp_2$ liegt offenbar vollständig in einer isomeren Form vor (vgl. Abb. 25.6k, Zr anstelle Ti). Nachgewiesen werden konnten Verbindungen des Typs Cp_2MR und $CpMR_2$ mit sperriger Alkylgruppe R sowie Donoraddukte einiger Tri- und Diorganylmetallverbindungen wie $[Cp_2ZrR(N_2)]$, $[Cp_2RZr-N{\equiv}N-ZrRCp_2]$ (R = CH_2SiMe_3), $[Cp^*_2Zr-N{\equiv}N-ZrCp^*_2]$, $[\{Cp^*_2Zr(N_2)\}_2(N_2)]$ (vgl. Abb. 25.3c). Das Diorganyl $Zr(\eta^6\text{-}C_7H_8)_2$ enthält formal nullwertiges Zr.

Katalytische Prozesse mit Beteiligung von Zr-organylen

Von technischer Bedeutung ist die Hydrozirconierung von Alkenen mit Cp_2ZrHCl, die zu – ihrerseits in Alkohole und andere Produkte überführbaren – »Dicyclopentadienylalkylzirconiumchloriden« führt: $Cp_2ZrHCl + CH_2{=}CHR \longrightarrow Cp_2Zr(CH_2CH_2R)Cl$ (ZrC-Spaltung mit Halogen, H_2O_2 usw. zu XCH_2CH_2R, $HOCH_2CH_2R$). Ferner vermag das aus Cp_2ZrCl_2 und $(MeAlO)_n$ (MAO = Methylalumoxan) in Anwesenheit von Alkenen gebildete (solvatisierte) Kation Cp_2ZrMe^+ (Struktur des Gegenions unbekannt) als Katalysator der Alkenpolymerisation zu wirken, z. B.:

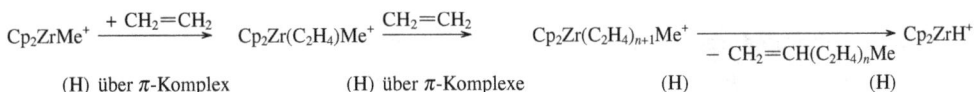

$$Cp_2ZrMe^+ \xrightarrow{+\ CH_2=CH_2} Cp_2Zr(C_2H_4)Me^+ \xrightarrow{CH_2=CH_2} Cp_2Zr(C_2H_4)_{n+1}Me^+ \xrightarrow[-\ CH_2=CH(C_2H_4)_nMe]{} Cp_2ZrH^+$$

(H) über π-Komplex   (H) über π-Komplexe   (H)   (H)

Gebildetes Cp_2ZrH^+ wirkt dann auf gleiche Weise als Polymerisationskatalysator (Ersatz von Me durch H in der Gleichung). Gute Katalysatoren R_2ZrMe^+ (R_2 z. B. über Ethylene verbrückte

Cp-Derivate) vermögen Propylen in guter Ausbeute in – erwünschtes – isotaktisches Polypropylen umzuwandeln.

Literatur zu Kapitel XXV

Das Titan

[1] **Das Element Titan**

R. J. H. Clark: »Titanium«, Comprehensive Inorg. Chem. **3** (1973) 355–417; Compr. Coord. Chem. I/II: »Titanium« (vgl. Vorwort); Ullmann: »Titanium and Titanium Alloys«, »Titanium Compounds«, **A27** (1995); Gmelin: »Titanium«, Syst.-Nr. **41**; R. J. H. Clark: »The Chemistry of Titanium and Vanadium«, Elsevier, New York 1968; R. I. Jaffee, N. E. Promisel (Hrsg.): »The Science, Technology and Applications of Titanium«, Pergamon Press, New York 1970. Vgl. auch Anm. [4].

[2] **Verbindungen des Titans**

T. Mukaiyama: »Titantetrachlorid in der organischen Synthese«, Angew. Chem. **89** (1977) 858–866; Int. Ed. **16** (1977) 817; R. Colton, J. H. Canterford: »Titanium« in Halides of the First Row Transition Metals, Wiley 1969, 37–106; P. Mountford: »New titanium imido chemistry«, Chem. Commun. (1997) 2127–2134; mehrere Autoren: »Properties of Nanostructured TiO_2 working Elektrode«, Coord. Chem. Rev. **248** (2004) 1161–1530.

[3] **Organische Verbindungen des Titans**

Compr. Organomet. Chem. I/II/III (vgl. Vorwort); G. P. Pez, J. N. Amor: »Chemistry of Titanocene and Zirconocene«, Adv. Organomet. Chem. **19** (1981) 2–50; H. Sinn, W. Kaminsky: »Ziegler-Natta Catalysis«, Adv. Organomet. Chem. **18** (1980), S. 99–149; J. Boor: »Ziegler-Natta Catalysts and Polymerizations«. Acad. Press, New York 1979; G. Erker: »Metallocen-Carbenkomplexe und verwandte Verbindungen des Titans, Zirkoniums und Hafniums«, Angew. Chem. **101** (1989) 411–426; Int. Ed. **28** (1989) 397; M. T. Reetz: »Organotitanium Reagents in Organic Synthesis. Simple Means to Adjust Reactivity and Selectivity of Carbanions«, Topics Curr. Chem. **106** (1982) 1–54; Houben-Weyl: »Organische Titanverbindungen« **13/7** (1975).

Das Zirconium und Hafnium

[4] **Die Elemente Zirconium und Hafnium**

D. C. Bradley, P. Thornton: »Zirconium and Hafnium«, Comprehensive Inorg. Chem. **3** (1973) 419–490; Compr. Coord. Chem. I/II: »Zirconium, Hafnium« (vgl. Vorwort); Ullmann: »Zirconium and Zirconium Compounds«, **A28** (1995); »Hafnium and Hafnium Compounds«, **A12** (1989) 559–569; Gmelin: »Zirconium«, Syst.-Nr. **42**; »Hafnium«, Syst.-Nr. **43**.

[5] **Verbindungen des Zirconiums und Hafniums**

E. M. Larsen: »Zirconium and Hafnium Chemistry«, Adv. Inorg. Radiochem. **13** (1970) 1–133; D. A. Miller, R. D. Bereman: »The Chemistry of d^1-Complexes of Niobium, Tantalum, Zirconium and Hafnium«, Coord. Chem. Rev. **9** (1972) 107–143; T. E. MacDermott: »The Structural Chemistry of Zirconium Compounds«, Coord. Chem. Rev. **11** (1973) 1–20; G. Erker: »Metallocen-Carbenkomplexe und verwandte Verbindungen des Titans, Zirkoniums und Hafniums«, Angew. Chem. **101** (1989) 411–426; Int. Ed. **28** (1989) 397; R. P. Ziebarth, J. D. Corbett: »Centered Zirconium Chloride Clusters. Synthetic and Structural Aspects of a Broad Solid-State Chemistry«, Accounts Chem. Res. **22** (1989) 256–262; P. Kleinschmidt: »Zirkonsilicat-Farbkörper«, Chemie in unserer Zeit **20** (1986) 182–190; J. H. Canterford, R. Colton: »Zirconium and Hafnium« in »Halides of the Second and Third Row Transition Metals«, Wiley 1968, S. 110–144.

[6] **Organische Verbindungen des Zirconiums und Hafniums**

Compr. Organomet. Chem. I/II/III: »Zirconium, Hafnium« (vgl. Vorwort); Houben-Weyl: »Organische Zirconium-, Hafnium-Verbindungen«, **13/7** (1975); D. J. Cardin, M. F. Lappert, C. L. Raston: »Chemistry of Organo-Zirconium and -Hafnium Compounds«, Horwood, Chichester 1986.

Kapitel XXVI

Die Vanadiumgruppe

Zur Vanadiumgruppe (V. Nebengruppe bzw. 5. Gruppe des Periodensystems) gehören die Elemente Vanadium (V), Niobium (Nb), Tantal (Ta) und Dubnium (Db; Eka-Tantal, Element 105). Sie werden zusamen mit ihren Verbindungen unten (V), auf S. 1831 (Nb, Ta) und im Kap. XXXVII (Db) behandelt.

Wie im Falle der links benachbarten Titangruppe (vgl. S. 1793) sind auch bei der Vanadiumgruppe wegen der vorher (nach dem Lanthan) erfolgten Lanthanoid-Kontraktion (S. 2026) die Atom- und Ionenradien (vgl. Anh. IV) und damit die chemischen Eigenschaften der beiden schweren Glieder, hier des Niobiums und Tantals, einander sehr ähnlich (wenn auch nicht ganz in demselben Ausmaß wie bei Zirconium und Hafnium), sodass die beiden Metalle in der Natur vergesellschaftet und schwer zu trennen sind. Dagegen weichen die Verbindungen des Niobiums und Tantals nach Formel und Struktur von denen des leichteren Vanadiums in bemerkenswerter Weise ab. Vgl. hierzu auch S. 1833.

Am Aufbau der Erdhülle sind die Elemente der Vanadiumgruppe mit 0.013 (V), 0.0019 (Nb) und 0.0002 Gew.-% (Ta) beteiligt, entsprechend einem Massenverhältnis 65 : 10 : 1.

1   Das Vanadium

Geschichtliches. Das Vanadium wurde 1801 von A. M. del Rio als Bestandteil eines mexikanischen Bleierzes vermutet und dann 1830 vom Schweden Nils Gabriel Selfström (1787–1845) in einem schwedischen Eisenerz entdeckt. Selfström gab ihm wegen der Vielfalt seiner Verbindungsarten nach Freja, der nordischen Göttin der Schönheit, die den Beinamen Vanadis trug, den Namen. Elementares Vanadium wurde erstmals 1867 von H. Roscoe durch Reduktion von Vanadiumdichlorid mit Wasserstoff gewonnen.

Physiologisches. Vanadium bzw. dessen Verbindungen sind für Menschen, Tiere und Pflanzen essentiell und – in größeren Mengen – giftig (MAK-Wert = 0.05 mg V_2O_5 pro m^3. Der Mensch enthält etwa 0.3 mg pro kg (hauptsächlich in den Zellkernen und Mitochondrien von Leber, Milz, Nieren, Hoden, Schilddrüsen) und sollte täglich 1–2 mg Vanadium zu sich nehmen (besonders V-reich sind linolsäurehaltige Öle). Seescheiden (Ascidien) reichern Vanadium im Meer bis zur 10^7 fachen Konzentration an. Auch Fliegenpilze akkumulieren Vanadium. Vanadium greift einerseits in anionischer Form als Vanadat(V) kompetitiv zu Phosphat(V) in den biologischen P-Stoffwechsel ein (Inhibierung oder Stimulierung von Enzymen) und tritt andererseits in kationischer Form als VO_2^+, VO^{2+} und V^{3+} mit biogenen Liganden wie Proteinen in Wechselwirkung. Die längere Einnahme überphysiologischer Mengen an Vanadiumverbindungen führen zur grünschwarzen Verfärbung der Zunge, Asthma, Übelkeit, Krämpfen und gegebenenfalls Bewusstlosigkeit (»Vanadismus«). Als therapeutisch wirksam erwiesen sich Peroxovanadate wie $[VO(O_2)_2(ox)]^{3-}$ oder $[VO(O_2)_2]_2^{2-}$ als Cytostatika für bestimmte Leukämie-Formen.

1.1   Das Element Vanadium

Vorkommen

Spuren von Vanadium finden sich – ausschließlich in gebundener Form – in zahlreichen Eisenerzen, Tonen, Basalten und Ackerböden. Unter den ausgesprochenen Vanadiumerzen der »Lithosphäre« sind zu nennen: der in Peru vorkommende »Patronit« VS_4, der mit dem Apatit $Ca_5(PO_4)_3F$ isomorphe »Vanadinit« $Pb_5(VO_4)_3Cl$, der in Colorado vorkommende »Roscoelit« (»Vanadiumglimmer«) $K(Al,V)_2(OH,F)_2[AlSi_3O_{10}]$ und das Uranerz »Carnotit« $K(UO_2)(VO_4) \cdot 1.5\,H_2O$. Die wichtigsten Lagerstätten finden sich in Südafrika, China, Russland und USA. Auch in der »Biosphäre« ist Vanadium weit verbreitet (siehe Physiologisches auf der vorherigen Seite) und kommt als Folge hiervon in bestimmten Erdölsorten (vor allem den venezuelanischen und kanadischen) vor.

Isotope (vgl. III). Natürlich vorkommendes Vanadium besteht aus den Isotopen $^{50}_{23}V$ (0.250 %; radioaktiv, Elektroneneinfang, $\tau_{1/2} = 6 \cdot 10^{15}$ Jahre; für NMR-Untersuchungen) und $^{51}_{23}V$ (99.750 %; für NMR). Die künstlich erzeugten Nuklide $^{48}_{23}V$ (β^+-Strahler; $\tau_{1/2} = 16.0$ Tage) und $^{49}_{23}V$ (Elektroneneinfang; $\tau_{1/2} = 330$ Tage) dienen für Tracerexperimente.

Darstellung

Die technische Darstellung des Metalls erfolgt durch Reduktion von Vanadiumpentaoxid V_2O_5 mit Aluminium oder Ferrosilicium (Bildung von weniger reinem Vanadium) sowie mit Calcium (Bildung von reinem Vanadium):

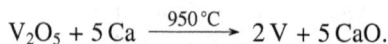

$$V_2O_5 + 5\,Ca \xrightarrow{\;950\,°C\;} 2\,V + 5\,CaO.$$

Statt V_2O_5 kann auch das aus diesem Oxid erhältliche Vanadiumtrichlorid VCl_3 mit Magnesium zu einem Vanadiumschwamm reduziert werden (vgl. Ti-Gewinnung, S. 1794).

Die als technische Rohstoffe für V_2O_5 benötigten Vanadiumerze (V-Gehalt normalerweise < 12 %) werden durch oxidierendes Rösten mit Alkalisalzen (meist NaCl oder Na_2CO_3) bei 850 °C, Auslaugen der hierbei gebildeten Alkalivanadate mit Wasser, Fällen von $V_2O_5 \cdot x\,H_2O$ aus der Vanadatlösung mit Schwefelsäure bei pH = 2–3 und Rösten von $V_2O_5 \cdot x\,H_2O$ bei 700 °C in schwarzes, pulverförmiges Divanadiumpentaoxid umgewandelt. V_2O_5 stellt darüber hinaus ein technisches Nebenprodukt der Uranaufbereitung dar (vgl. S. 2314). Die Reduktion mit Al führt zu einer Al/V-Legierung, aus der Al im Vakuum bei 1700 °C abdestilliert wird, die Reduktion mit Fe/Si wird in Anwesenheit von $CaCO_3$ durchgeführt, um SiO_2 in Form von $CaSiO_3$ abtrennen zu können.

In Form einer Eisenlegierung mit etwa 50 % V (»Ferrovanadium«) wird Vanadium im elektrischen Ofen durch Reduktion von Vanadium- und Eisenoxid mit Kohle gewonnen und als Zusatz zur Fabrikation eines zähen, harten, schmiedbaren, schlagfesten Spezialstahls (»Vanadiumstahl«) verwendet.

Die Reindarstellung von Vanadium erfolgt nach dem Verfahren von van Arkel und de Boer (S. 1795) über die Sublimation und thermische Zersetzung des aus Vanadium und Iod zugänglichen Vanadiumtriiodids VI_3. Auch eine elektrolytische Raffination des Vanadiums ist möglich (V-Anoden, geschmolzenes NaCl als Elektrolyt, Ta- oder Mo-Kathoden).

Physikalische Eigenschaften

Reines Vanadium (kubisch-raumzentriert; Dichte 6.092 g cm^{-3}) ist stahlgrau-metallisch, nicht brüchig, sehr weich, lässt sich kalt bearbeiten, schmilzt bei 1915 °C, siedet bei 3350 °C und ist in seinen Eigenschaften dem links benachbarten Titan sehr ähnlich. Geringe Mengen von eingelagertem H, C, N, O erhöhen den Schmelzpunkt und die Sprödigkeit von V, Nb, Ta beträchtlich; so schmilzt z. B. Vanadium mit 10 % C bei etwa 2700 °C.

Chemische Eigenschaften

An der Luft bleibt Vanadium wochenlang blank infolge der Bildung einer sehr dünnen Oxidschutzschicht. Es wird aber in der Hitze von Sauerstoff unter Bildung von V_2O_5 angegriffen. Auch mit anderen Nichtmetallen reagiert es bei mehr oder minder hohen Temperaturen, so mit Fluor und Chlor bei Raum- und leicht erhöhter Temperatur zu VF_5 bzw. VCl_4, mit Stickstoff und Kohlenstoff bei Weißglut zu VN bzw. VC.

Von nichtoxidierenden Säuren wird es – abgesehen von Flusssäure – trotz seines unedlen Charakters (vgl. Potentialdiagramm, unten) wegen der erwähnten Passivierung bei Raumtemperatur nicht angegriffen, während es sich in oxidierenden Säuren (heißer Salpetersäure, konzentrierter Schwefelsäure, Königswasser) löst. Auch Alkalischmelzen wirken lösend.

Verwendung, Legierungen

Seine wichtigste Anwendung findet Vanadium (Weltjahresproduktion: um fünfzig Kilotonnen) in Form der Legierung Ferrovanadium (s. oben) als »Stahlzusatz« (Baustähle $< 0.2\%$; Werkzeugstähle bis 0.5%, Schmelzdrehstähle bis 5% V). Der Zusatz führt zur V_4C_3-Bildung, wodurch der Stahl feinkörniger, verschleißfester und – bei hohen Temperaturen – zäher wird, sodass er sich gut für die Herstellung von mechanisch beanspruchten Werkzeugen oder Federn eignet. Einige Vanadiumlegierungen dienen als »Hochtemperaturwerkstoffe« (z. B. Legierungen mit Ti), als »Magnetstähle« (z. B. Legierungen mit Fe und Co) und als »Hüllwerkstoffe für Kernbrennelemente«. Unter den Verbindungen des Vanadiums finden Oxide als »heterogene Katalysatoren« bei der Schwefelsäureproduktion (S. 654), bei der Rauchgasentstickung und bei der Hydrierung in organischen Medien, ferner lösliche Komplexe als »homogene Katalysatoren« bei zahlreichen organischen Prozessen (z. B. Ethylenpolymerisation) Verwendung. Vgl. auch Interstitielle Verbindungen (S. 308).

Vanadium in Verbindungen

In seinen Verbindungen betätigt Vanadium insbesondere die Oxidationsstufen $+V$, $+IV$, $+III$ und $+II$ (z. B. VF_5, V_2O_5, VCl_4, VO_2, VBr_3, V_2O_3, VI_2, VO). Man kennt jedoch auch Verbindungen, in welchen Vanadium die Oxidationsstufen $+I$, 0, $-I$ und $-III$ aufweist (z. B. $[CpV(CO)_4]$, $[V(bipy)_3]^+$, $[V(CO)_6]$, $[V(bipy)_3]$, $[V(CO)_6]^-$, $[V(CN)_5(NO)]^{5-}$, $[Ph_3SnV(CO)_5]^{2-}$, $[V(bipy)_3]^{3-}$). Die beständigste und wichtigste Stufe ist neben der vierwertigen insbesondere die fünfwertige, die in ihren Eigenschaften nur geringe Ähnlichkeiten zur entsprechenden Stufe des Phosphors aufweist.

Reduziert man Vanadium(V) in saurer wässriger Lösung, welche das Vanadium in Form von farblosen Kationen $[V^VO_2(H_2O)_4]^+$ enthält, so färbt sie sich unter Bildung von Salzen des vier-, drei- und zweiwertigen Vanadiums mit den Kationen $[V^{IV}O(H_2O)_5]^{2+}$, $[V^{III}(H_2O)_6]^{3+}$ und $[V^{II}(H_2O)_6]^{2+}$ zunächst blau, dann grün und schließlich grauviolett (vgl. unten). An der Luft werden diese niedrigen Oxidationsstufen wieder zur Stufe des fünfwertigen Vanadiums oxidiert. Der darin zum Ausdruck kommende leichte Wechsel der Oxidationsstufe, der dem Vanadium eigentümlich ist, bedingt seine Verwendbarkeit als sauerstoffübertragender Katalysator bei Oxidationsreaktionen (vgl. Verwendung von Vanadium). Dieser Sachverhalt ergibt sich auch aus nachfolgenden Potentialdiagrammen für pH $=< 0$ sowie 14 (s. Abb. 26.1).

Die V^{2+}-Salze, die mit den Cr^{3+}-Salzen isoelektronisch sind, entwickeln hiernach in wässriger Lösung Wasserstoff, wobei im sauren Milieu die violette Farbe nach Grün umschlägt. Zwischenoxidationsstufen sind – laut Potentialdiagramm – disproportionierungsstabil. Hingewiesen sei auf die hohe Tendenz fünfwertigen Vanadiums zum Übergang in vierwertiges Vanadium, das unter Normalbedingungen die stabilste Stufe des Systems darstellt (VO_2^+ oxidiert in stark saurer Lösung Cl^- zu Cl_2).

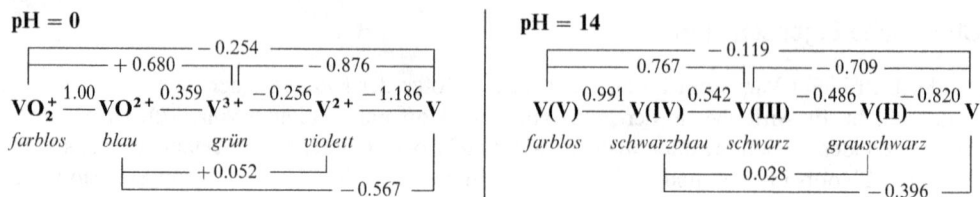

pH = 0

$$\text{VO}_2^+ \xrightarrow{1.00} \text{VO}^{2+} \xrightarrow{0.359} \text{V}^{3+} \xrightarrow{-0.256} \text{V}^{2+} \xrightarrow{-1.186} \text{V}$$

with overarching potentials: $+0.680$, -0.254, -0.876 above; $+0.052$, -0.567 below.

farblos *blau* *grün* *violett*

pH = 14

$$\text{V(V)} \xrightarrow{0.991} \text{V(IV)} \xrightarrow{0.542} \text{V(III)} \xrightarrow{-0.486} \text{V(II)} \xrightarrow{-0.820} \text{V}$$

with overarching potentials: 0.767, -0.119, -0.709 above; 0.028, -0.396 below.

farblos *schwarzblau* *schwarz* *grauschwarz*

Abb. 26.1

Die vorherrschende Koordinationszahl des Vanadiums in seinen Verbindungen ist sechs (oktaedrisch in $[\text{V}^V\text{F}_6]^-$, $\text{V}^V\text{F}_5(\text{f})$, V^{IV}O_2, $[\text{V}^{IV}\text{Cl}_4(\text{bipy})]$, V^{III}F_3, $[\text{V}^{III}(\text{NH}_3)_6]^{3+}$, $[\text{V}^{III}(\text{CN})_6]^{3-}$, $[\text{V}^{II}(\text{H}_2\text{O})_6]^{2+}$, $[\text{V}^{II}(\text{CN})_6]^{4-}$, $[\text{V}^{I}(\text{bipy})_3]^+$, $[\text{V}^0(\text{CO})_6]$, $[\text{V}^{-I}(\text{CO})_6]^-$; trigonal-prismatisch in V^{II}S). Darüber hinaus beobachtet man bei V(III,IV,V)-Verbindungen aber auch die Koordinationszahlen vier (tetraedrisch in V^VOCl_3, V^{IV}Cl_4, $[\text{V}^{III}\text{Cl}_4]^-$) und fünf (trigonal-bipyramidal in $\text{V}^V\text{F}_5(\text{g})$, $[\text{V}^{IV}\text{OCl}_2(\text{NMe}_3)_2]$, $[\text{V}^{III}\text{Cl}_3(\text{NMe}_3)_2]$; quadratisch-pyramidal in $[\text{V}^V\text{OF}_4]^-$, $[\text{V}^{IV}\text{O}(\text{acac})_2]$). Selten sind die Koordinationszahlen drei (z.B. trigonal-planar in $\text{V}^{III}[\text{N}(\text{SiMe}_3)_2]_3$), sieben (z.B. pentagonal-bipyramidal in $[\text{V}^V\text{O}(\text{NO}_3)_3(\text{CH}_3\text{CN})]$, $[\text{V}^V\text{O}(\text{S}_2\text{CNEt}_2)_3]$, $[\text{V}^{III}(\text{CN})_7]^{4-}$) und acht (z.B. dodekaedrisch in $[\text{V}^V(\text{O}_2)_4]^{3-}$, $[\text{V}^{IV}\text{Cl}_4(\text{diars})_2]$). Die 5fach koordinierten V(−III), 6-fach koordinierten V(−I) und 7-fach koordinierten V(I)-Komplexverbindungen besitzen Edelgas-Elektronenkonfiguration.

Bezüglich der Elektronenkonfiguration, der Radien, der magnetischen und optischen Eigenschaften von Vanadiumionen vgl. Ligandenfeld-Theorie (S. 1592) sowie IV, bezüglich eines Eigenschaftsvergleichs der Metalle der Vanadiumgruppe S. 1544f und S. 1833.

1.2   Verbindungen des Vanadiums

1.2.1   Vanadium(V)-Verbindungen (d⁰)

Halogenverbindungen

Von den binären Halogenverbindungen (vgl. Tab. 26.1) ist im Falle des fünfwertigen Vanadiums nur das aus den Elementen bei 300 °C darstellbare, farblose, viskose (vgl. SbF_5), in Wasser mit rotgelber Farbe lösliche, bei 19.5 °C in einen weißen Feststoff übergehende und bei 48.3 °C siedende Vanadiumpentafluorid VF_5 bekannt (Gaszustand: trigonale Bipyramide mit D_{3h}-Molekülsymmetrie; Kristall: Ketten aus *cis*-eckenverknüpften VF_6-Oktaedern, vgl. S. 2076).

Von VF_5 sowie hypothetischen VCl_5 bzw. VBr_5 leiten sich hydrolyseempfindliche Halogenokomplexe MVF_6 (VF_6^--Oktaeder; VCl_6^- und VBr_6^- sind unbekannt) sowie hydrolyseempfindliche Oxidhalogenide VOX_3 und VO_2X (vgl. Tab. 20.5) ab: gelbes VOF_3 (im Dampf dimer, im Festzustand polymer), braunes VO_2F (polymer im Sinne VO_2^+F^-), gelbes VOCl_3 (tetraedrisch; VO/VCl-Abstände 1.57/2.14 Å), orangefarbenes VO_2Cl, tiefrotes VOBr_3 (tetraedrisch). Das Vanadiumtrichloridoxid VOCl_3 bildet mit Donoren wie NEt_3 oder MeCN Addukte des Typus $\text{VOCl}_3(\text{NEt}_3)_2$ und $\text{VOCl}_3(\text{NCMe})_2$ (oktaedrisch).

Chalkogenverbindungen

Sauerstoffverbindungen (vgl. S. 2088). Das – in Sauerstoffatmosphäre – beständigste der Oxide des Vanadiums (vgl. Tab. 26.1) ist das Divanadiumpentaoxid V_2O_5, das aber gleichwohl oxidierende Wirkung besitzt und beispielsweise mit konzentrierter Salzsäure Chlor entwickelt (Unterschied zu Diphosphorpentaoxid). Sonstige Vanadium(V)-chalkogenide sind unbekannt. Darstellung. V_2O_5 entsteht beim Verbrennen des feinverteilten Metalls in überschüssigem

Tab. 26.1 Halogenide, Oxide und Halogenidoxide[a] von Vanadium[b].

	Fluoride	Chloride	Bromide	Iodide	Oxide
V(V)	VF_5, farblos Smp./Sdp. 19.5/48.3 °C $\Delta H_f = -1481$ kJ mol^{-1} Ketten-Strukt., KZ 6	–	–	–	V_2O_5, orangefarben[c] Smp./Sdp. 677/1750 °C $\Delta H_f = -1552$ kJ mol^{-1} Raumstruktur, KZ 6
V(IV)	VF_4, grün Smp. 325 °C $\Delta H_f = -1340$ kJ mol^{-1} Schicht-Strukt., KZ 6	VCl_4, rotbraun Smp./Sdp. $-28/\approx$ 150 °C $\Delta H_f = -570$ kJ mol^{-1} T_d-Symmetrie, KZ 4	VBr_4, purpurrot Zers. -23 °C ΔH_f (g) $= -454$ kJ mol^{-1} T_d-Symmetrie, KZ 4	–	VO_2, blauschwarz[c]) Smp. 1967 °C $\Delta H_f = -714$ kJ mol^{-1} Rutil-Strukt., KZ 6
V(III)	VF_3, gelbgrün Smp. ca. 1400 °C Raum-Strukt., KZ 6	VCl_3, rotviolett Dispr. II/IV 400 °C $\Delta H_f = -581$ kJ mol^{-1} BiI$_3$-Strukt., KZ 6	VBr_3, schwarz Dispr. II/IV $\Delta H_f = -447$ kJ mol^{-1} BiI$_3$-Strukt., KZ 6	VI_3, braunschwarz Zers. 300 °C $\Delta H_f = -280$ kJ mol^{-1} BiI$_3$-Strukt., KZ 6	V_2O_3, schwarz Smp. 1970 °C $\Delta H_f = -1229$ kJ mol^{-1} Korund-Strukt., KZ 6
V(II)	VF_2, blau Rutil-Strukt., KZ 6	VCl_2, blassgrün Smp. 1350 °C $\Delta H_f = -460$ kJ CdI$_2$-Strukt., KZ 6	VBr_3, orangebraun Sblp. 800 °C $\Delta H_f = -347$ kJ CdI$_2$-Strukt., KZ 6	VI_2, rotviolett Smp. $\approx$ 800 °C $\Delta H_f = -252$ kJ CdI$_2$-Strukt., KZ 6	VO, grauschwarz Smp. 950 °C $\Delta H_f = -431$ kJ NaCl-Strukt., KZ 6

a Halogenidoxide. Gelbes V^VOF_3 (Smp. 300 °C, Sdp. 480 °C; Schicht-Struktur), braunes V^VO_2F (Smp. 350 °C), gelbes $V^{IV}OF_2$; gelbes $VVOCl_3$ (Smp. -79.5, Sdp. 127 °C, ΔH_f -741 kJ mol^{-1}, tetraedrischer Bau), orangefarbenes V^VO_2Cl (Zers. 180 °C, pyramidaler Bau, ΔH_f -777 kJ mol^{-1}), grünes $V^{IV}OCl_2$ (Ketten-Struktur, ΔH_f -691 kJ mol^{-1}), gelbbraunes $V^{III}OCl$ (Sdp. 127 °C, Schicht-Struktur, ΔH_f -600 kJ mol^{-1}), tiefrotes V^VOBr_3 (Smp. -59, Sdp. 170 °C, tetraedrischer Bau), gelbbraunes $V^{IV}OBr_2$ (Zers. 180 °C, Ketten-Struktur), violettes $V^{III}OBr$ (Zers. 480 °C, Schicht-Struktur).
b Man kennt auch Sulfide, Selenide, Telluride. Darüber hinaus existieren Pentelide, Tetrelide, Trielide (S. 1830).
c Man kennt auch vom V_2O_5 und VO_2 abgeleitete, sauerstoffärmere Phasen V_nO_{2n+1} (n z. B. 3, 4, 6) und V_nO_{2n-1} (Magnéli-Phasen; $n = 4$–9).

Sauerstoff und beim Glühen vieler Vanadiumverbindungen an der Luft (z. B. 2 NH$_4$VO$_3$ $\longrightarrow$ V_2O_5 + 2 NH$_3$ + H$_2$O). In ersterem Falle ist V_2O_5 häufig durch »niedrigere« Oxide V_nO_{2n+1} verunreinigt, in letzterem Falle bildet sich »stöchiometrisches« V_2O_5.

Eigenschaften (Tab. 26.1). Das, wie besprochen, gewonnene V_2O_5 stellt ein orangefarbenes (charge-transfer-Übergang), in Wasser unter saurer Reaktion nur wenig lösliches, bei 677 °C unzersetzt schmelzendes und in Basen nicht lösliches Pulver dar, welches aus der Schmelze in orangefarbenen, rhombischen Nadeln auskristallisiert und leicht kolloide Lösungen mit stäbchenförmigen Ultramikronen (vgl. S. 181) bildet.

Beim Erhitzen gibt V_2O_5 in reversibler Reaktion leicht Sauerstoff unter Bildung schwarzer Oxide V_nO_{2n+1} (z. B. isoliert mit $n = 3, 4, 6$) ab. Als Folge hiervon wirkt das V_nO_{2n+1}-System (wichtig: V_6O_{13}) als heterogener Katalysator bei Oxidationen mit Luft oder Wasserstoffperoxid (z. B. Überführung von SO$_2$ in SO$_3$, Dehydrierung organischer Stoffe) sowie bei Reduktionen mit Wasserstoff (z. B. Hydrierung von Olefinen, Aromaten). V_2O_5 lässt sich bei erhöhter Temperatur durch Alkali- und Erdalkalimetalle bzw. durch ein VO_4^{3-}/VO_2-Gemisch zu farbigen, metallisch leitenden »Vanadiumbronzen« M_xVO_y (Oxidationsstufe von Vanadium im Bereich $+V$ bis $+VI$) reduzieren.

V_2O_5 besitzt sowohl saure wie basische Eigenschaften, wobei der saure Charakter überwiegt (wässrige V_2O_5-Suspensionen reagieren sauer). Demgemäß vereinigt sich das Pentaoxid in stark alkalischer Lösung analog P$_2$O$_5$ zu farblosen Vanadaten(V) M_3VO_4 wie Na$_3$VO$_4 \cdot$ 10 H$_2$O, die mit den entsprechenden Phosphaten(V), Arsenaten(V) und Manganaten(V) isomorph sind und das tetraedrisch gebaute Vanadat-Ion VO_4^{3-} enthalten. Bei Zusatz von Säure zu den Vanadatlösungen erfolgt auf dem Wege über die – nur in stark verdünnten Lösungen existenzfähigen – protonierten Formen des Vanadats HVO_4^{2-}, $H_2VO_4^-$ und H_3VO_4 (»Orthovanadium(V)-säure«) Kondensation unter Wasserabspaltung, wobei Salze von »Oligo«- und »Polyvanadiumsäuren« entstehen. Durch besondere Stabilität zeichnen sich dabei im pH-Bereich 13 bis 8 die farblosen »Monovanadate« HVO_4^{2-}, »Divanadate« $V_2O_4^{4-}$, »Meta-« und »Polyvanadate« $(VO_3^-)_n$ mit $n = 3, 4, x$

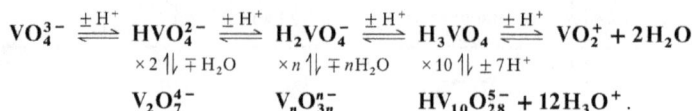

$$VO_4^{3-} \xrightarrow{\pm H^+} HVO_4^{2-} \xrightarrow{\pm H^+} H_2VO_4^- \xrightarrow{\pm H^+} H_3VO_4 \xrightarrow{\pm H^+} VO_2^+ + 2H_2O$$

$$\times 2 \updownarrow \mp H_2O \qquad \times n \updownarrow \mp nH_2O \qquad \times 10 \updownarrow \pm 7H^+$$

$$V_2O_7^{4-} \qquad\qquad V_nO_{3n}^{n-} \qquad\qquad HV_{10}O_{28}^{5-} + 12H_3O^+.$$

Abb. 26.2

aus, während im pH-Bereich 6 bis 2 die orangefarbenen »Decavanadate« $V_{10}O_{28}^{6-}$, $HV_{10}O_{28}^{5-}$ und $H_2V_{10}O_{28}^{4-}$ sowie schließlich die hydratisierten Dioxovanadium(V)-Salze existent sind; schematisch in Abb. 26.2 (vgl. hierzu Isopolysäuren).

Letztere Salze enthalten das blassgelbe, gewinkelte Vanadyl(V)-Ion VO_2^+, das in Form des Tetrahydrats $[VO_2(H_2O)_4]^+$ vorliegt. Beim längeren Erhitzen der Decavanadat-Lösungen fallen unlösliche Vanadate wie $Na_6V_{10}O_{28} \cdot 18\,H_2O$, KV_3O_8, $K_3V_5O_{14}$ oder KVO_3 aus, bei pH = 2 bildet sich ein (in Säuren und Basen löslicher) Niederschlag von hydratisiertem V_2O_5. Ein Beispiel für ein Vanadyl(V)-Salz ist $VO_2[NO_3]$, Beispiele für Vanadyl(V)-Komplexe sind $[VO_2(H_2O)_4]^+$ und $[VO_2(ox)_2]^{3-}$. Salze von V^{5+} mit Oxosäuren existieren nicht.

Strukturen. In V_2O_5 sind quadratisch-pyramidale VO_5-Gruppen (Abstände $VO_{axial/basal}$ = 1.54/ 1.77 2 02Å) kanten- und eckenverknüpft zu Schichten vereinigt, die über lange Bindungen $V\cdots O$-axial (2.81 Å) miteinander schwach verbunden sind. Jedes V-Atom ist damit verzerrt oktaedrisch von sechs O-Atomen umgeben. Die Phasen V_nO_{2n+1} leiten sich von V_2O_5 durch Scherung ab (vgl. S. 1877, 2088).

Die Mono-, Di- und Metavanadate VO_4^{3-}, $V_2O_7^{4-}$ und $V_4O_{12}^{4-}$ sind wie die entsprechenden Phosphate PO_4^{3-}, $P_2O_7^{4-}$ und $P_4O_{12}^{4-}$ (S. 901, 922) gebaut (tetraedrische Umgebung von Vanadium mit Sauerstoff). Auch im Polyvanadat KVO_3 liegen VO_4-Tetraeder vor, die über Ecken zu unendlichen Ketten verknüpft sind (Abb. 26.3b). Das Decavanadat-Ion $V_{10}O_{28}^{6-}$ (z. B. in $Ca_3V_{10}O_{28} \cdot 18\,H_2O$) setzt sich aus zehn miteinander kondensierten VO_6-Oktaedern (kantenverknüpft; vgl. Abb. 26.3a), das Polyvanadat $KVO_3 \cdot H_2O$ aus miteinander kondensierten, trigonal-bipyramidal gebauten VO_5-Baugruppen (kantenverknüpft; vgl. Abb. 26.3c) zusammen (man kennt auch ein Ion $V_{12}O_{32}^{4-}$). Die Vanadate $K_3V_5O_{14}$ und KV_3O_8 enthalten schichtförmige Anionen (verzerrt oktaedrische Umgebung des Vanadiums mit Sauerstoff, vgl. V_2O_5). Das Dioxovanadium(V)-Ion VO_2^+, das in Wasser als Tetrahydrat $[VO_2(H_2O)_4]^+$ vorliegt, ist gewinkelt und enthält V=O-Doppelbindungen.

Peroxoverbindungen (S. 2093). Bei der Zugabe von H_2O_2 zu sauren Vanadium(V)-Lösungen bilden sich Peroxoverbindungen, in welchen Wassermoleküle oder Oxogruppen durch »side-on« gebundene Peroxogruppen ersetzt sind, z. B. gelbes $[VO_2(O_2)_2]^{3-}$ in neutraler bis alkalischer Lö-

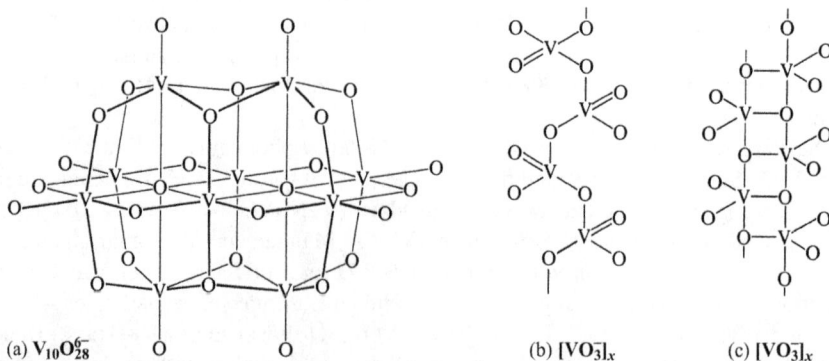

(a) $V_{10}O_{28}^{6-}$ (b) $[VO_3^-]_x$ (c) $[VO_3^-]_x$

Abb. 26.3 Strukturen des Decavanadats $V_{10}O_{28}^{6-}$ (a) und Metavanadats $[VO_3^-]_x$ in KVO_3 (b) und $KVO_3 \cdot H_2O$ (c) (bezüglich $V_{10}O_{28}^{6-}$ vgl. auch Abb. 27.12d).

sung und rotbraunes $[V(O_2)_4]^{3-}$ in stark saurer Lösung. Aus derartigen Lösungen konnten u. a. Salze mit den Anionen $[VO_2(O_2)_2]^{3-}$ (oktaedrische Anordnung der O-Atome), $[VO(O_2)_2(NH_3)]^-$ (pentagonal-pyramidal), $[VO(O_2)_2(ox)]^{3-}$ (pentagonal-bipyramidal), $[V(O_2)_4]^{3-}$ (dodekaedrisch) isoliert werden.

Sonstige Chalkogenverbindungen. Ähnlich wie mit den schwereren Halogenen (vgl. Tab. 26.1) bildet fünfwertiges Vanadium auch mit den schwereren Chalkogenen keine binären Verbindungen. Man kennt jedoch vom gelben Vanadat(V) VO_4^{3-} abgeleitete rotviolette Thiovanadate(V) VS_4^{3-} und violette Selenovanadate(V) VSe_4^{3-}, die durch Festkörperreaktion aus den Elementen oder durch Reaktion einer wässerigen Vanadatlösung mit H_2S bzw. H_2Se gewinnbar sind (in letzterem Falle entstehen zunächst der Reihe nach die isolierbaren Anionen $VO_{4-n}Y_n^{3-}$ mit $n = 1–3$ und $Y = S$, Se, z. B. orangegelbes $VO_2S_2^{3-}$, rotes VOS_3^{3-}, rotes $VO_2Se_2^{3-}$, rotviolettes $VOSe_3^{3-}$).

1.2.2   Vanadium(IV)-Verbindungen (d^1)

Halogen- und Pseudohalogenverbindungen

Halogenide (Tab. 26.1 und S. 1822).

Darstellung. Als höchste binäre Halogenide des Vanadiums lassen sich Vanadiumtetrachlorid und -bromid VCl_4 und VBr_4 aus den Elementen bei 300 °C oder durch Disproportionierung von VCl_3 bzw. VBr_3 oberhalb 300 °C gewinnen (wegen der Zersetzlichkeit des Bromids in fester Phase wird es durch Kondensation des VBr_4-Gases an auf -78 °C gekühlten Flächen isoliert). Durch Fluoridierung von VCl_4 mit HF in Trichlorfluormethan erhält man das Vanadiumtetrafluorid VF_4. Ein Tetraiodid VI_4 ist unbekannt.

Außer Tetrahalogeniden existieren auch Dihalogenidoxide VOF_2 (gewinnbar aus $VOBr_2$ + HF), $VOCl_2$ (gewinnbar nach $V_2O_5 + 3\,VCl_3 + VOCl_3 \longrightarrow 6\,VOCl_2$), $VOBr_2$ (gewinnbar durch Thermolyse von $VOBr_3$).

Eigenschaften, Strukturen. Während dem grünen, wenig flüchtigen und in unpolaren Lösungsmitteln unlöslichen, hygroskopischen, festen VF_4 eine Schichtstruktur zukommt (über Fluorid verbrückte VF_6-Oktaeder), liegt rotbraunes, öliges, in Wasser mit blauer Farbe als $VOCl_2$ lösliches, flüssiges VCl_4 und purpurrotes, zersetzliches VBr_4 auch in kondensierter Phase in Form tetraedrisch gebauter Moleküle vor (die gefundenen magnetischen Momente entsprechen der d^1-Elektronenkonfiguration). Beim Erhitzen disproportioniert VF_4 in das Tri- und Pentafluorid, während VCl_4 ab Raumtemperatur und VBr_4 oberhalb -23 °C in festes Trihalogenid und Halogen übergehen (in der Gasphase sind beide Halogenide disproportionierungsstabil). Die Tetrahalogenide wirken als Lewis-Säuren und bilden mit Donoren D eine Vielzahl paramagnetischer (μ_{mag} 1.7–1.8 BM) Komplexe, z. B. $[VX_6]^{2-}$ (X = F, Cl; oktaedrisch), $[VCl_4 \cdot 2\,D]$ (D z. B. Pyridin, Acetonitril; oktaedrisch), $[VCl_4(diars)_2]$ (dodekaedrisch).

Cyanide (vgl. S. 2084). In Anwesenheit großer Kationen wie Cs^+ oder NMe_4^+ bildet sich aus $VOSO_4$ und NaCN in wässeriger Lösung das Pentacyanooxovanadat(IV) $[VO(CN)_5]_3^-$ (oktaedrischer Bau). Salze mit dem Hexacyanovanadat(IV) $[V(CN)_6]^{2-}$ sind unbekannt.

Chalkogenverbindungen

Sauerstoffverbindungen (vgl. S. 2088). Beim Erhitzen mit gelinden Reduktionsmitteln wie mit Kohlenoxid, Schwefeldioxid oder Oxalsäure geht Divanadiumpentaoxid in das schwarzblaue Vanadiumdioxid VO_2 (Tab. 26.1) über. Es wirkt wie TiO_2 amphoter und reagiert mit starken Säuren unter Bildung von »Vanadyl(IV)-Salzen« $[VO(H_2O)_5]^{2+}$, mit starken Basen unter Bildung von »Hydroxovanadaten(IV)« $[VO(OH)_3]^-$.

Strukturen. VO_2 besitzt eine verzerrte Rutilstruktur, welche durch Paare aneinander gebundener V-Atome charakterisiert ist. Bei 70 °C wandelt sich das Dioxid unter Aufbrechen der VV-Bindungen und starker Erhöhung des Paramagnetismus sowie der elektrischen Leitfähigkeit in eine Modifikation um, der ein unverzerrtes Rutilgitter zugrunde liegt. Analog TiO_2 lässt sich VO_2 bei erhöhten Temperaturen mit H_2, C oder CO zu Oxiden V_nO_{2-1} ($n = 9$ bis 4: Magnéli-Phasen; $n = 3$: V_3O_5) reduzieren, denen Scherstrukturen wie den entsprechenden Phasen Ti_nO_{2n-1} zukommen (s. dort und S. 2088; Ti(IV) und Ti(III) durch V(IV) und V(III) ersetzt).

Das blaue Oxovanadium(IV)-Ion VO^{2+}, das hydratisiert in Form von $[VO(H_{22}O)_5]_2^+$ in wässriger Lösung und in Salzen wie $VO(SO_4) \cdot 5\,H_2O$, ferner nicht hydratisiert in Salzen VOY (Y z. B. SO_4, MoO_4, Se_2O_5) vorliegt, enthält zum Unterschied von TiO^{2+}, das nur in hydratisierter Form $Ti(OH)_2^{2+} \cdot aq$ oder in polymerer Form $-Ti-O-Ti-O-$ auftritt (S. 1801), eine VO-Doppelbindung (VO-Abstand 1.57–1.68 Å).

In VOY bilden die VO^+-Ionen lineare Ketten $\cdots V=O\cdots V=O\cdots$ ($d_{VO/O\cdots V} = 1.6/2.5$ Å), in welchem die V-Atome verzerrt-oktaedrisch von einem doppelt sowie einem schwach gebundenen O-Atom der Kette und von 4 O-Atomen der Anionen Y koordiniert vorliegen. $[VO(H_2O)_5]^{2+}$ bildet eine quadratische $VO(H_2O)_4$-Pyramide mit dem O-Atom an der Pyramidenspitze; ein weiter entferntes H_2O-Molekül ergänzt die Pyramide zu einem verzerrten Oktaeder ($\tau_{1/2}$ für Austausch von $O_{axial}/H_2O_{basal}/H_2O$ entfernt in Wasser ca. $10^4/10^{-3}/10^{-11}$ s). Bei Zusatz einer Base zu den Vanadyl(IV)-Lösungen erfolgt zunehmende Deprotonierung von $[VO(H_2O)_5]^{2+}$, verbunden mit einem Übergang in das Hydroxovanadat(IV)-Ion $[VO(OH)_3]^-$, das formal ein Deprotonierungsprodukt der nicht existenten »Vanadium(IV)-säure« (Vanadiumtetrahydroxid) $H_4VO_4 = V(OH)_4$ darstellt (in nachfolgender Gleichung wurden die H_2O-Moleküle der Übersichtlichkeit halber weggelassen):

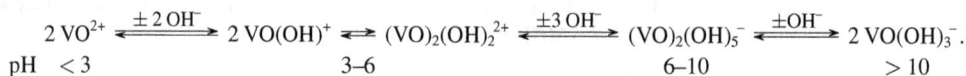

$$2\,VO^{2+} \xrightleftharpoons[\,]{\pm 2\,OH^-} 2\,VO(OH)^+ \rightleftharpoons (VO)_2(OH)_2^{2+} \xrightleftharpoons[\,]{\pm 3\,OH^-} (VO)_2(OH)_5^- \xrightleftharpoons[\,]{\pm OH^-} 2\,VO(OH)_3^-.$$

pH   < 3   3–6   6–10   > 10

Aus den wässrigen Lösungen fällt im pH-Bereich 4–8 das Oxid VO_2 aus, während sich aus alkalischen Lösungen mit pH > 8 u. a. das Isopolyvanadat(IV)-Ion $V_{18}O_{42}^{12-}$ z. B. in Form von $Na_{12}V_{18}O_{42} \cdot 24\,H_2O$ isolieren lässt. Es besteht aus 18 quadratisch-pyramidalen OVO_4-Baueinheiten, die im Sinne der Abb. 20.38a über gemeinsame Basissauerstoffatome unter Kantenverknüpfung (vgl. 26.4c) miteinander zu einer kugelförmigen Clusterschale kondensiert sind (kürzere $O=V$-, längere $V-O$-Abstände; die Metallzentren sind antiferromagnetisch gekoppelt). Der große Hohlraum innerhalb des Ions (Abstand vom Clusterzentrum zu den O-Zentren bzw. V-Zentren der Peripherie: 3.675 bzw. 3.750 Å) ermöglicht den Einschluss von Anionen X^- wie Cl^-, Br^-, I^- oder EO_4^{n-} wie VO_4^{3-}, SO_4^{2-} im Zuge der Bildung der $V_{18}O_{42}^{12-}$-Kugelschale. So konnten wasserlösliche Salze mit den Anionen $[H_4V_{18}O_{42}(Br)]^{9-}$, $[H_4V_{18}O_{42}(I)]^{9-}$, $[H_9V_{18}O_{42}(VO_4)]^{6-}$ isoliert werden (vgl. hierzu Einschlussverbindungen von Teilchen in wasserunlöslichen oxidierten Festkörpern (z. B. Zeolithe, S. 1122)) oder von Kationen in Makrocyclen (S. 1524). Die Knüpfung der Ionen an $V_{18}O_{42}^{12-}$ erfolgt über lange schwache Bindungen zu den V(IV)-Ionen hin, deren quadratisch-pyramidale Koordination hierdurch zu einer verzerrt-oktaedrischen ergänzt wird (vgl. Struktur von $VO(H)_2O_5^{2+}$, oben).

Als Folge der schwachen aber endlichen Wirt-Gast-Beziehungen wirken die in $V_{18}O_{42}^{12-}$ eingeschlossenen Anionen als Templat (s. dort) für die Organisation der Hohlkugel. Sie führen etwa im Falle der kugelsymmetrischen Halogenid-Ionen zur Bildung einer $V_{18}O_{42}$-Clusterschale mit $D_{4d} = S_{8v}$-Symmetrie (O-Atome an den Ecken eines Antirhombenkuboktaeders; vgl. Abb. 26.4a), im Falle der tetraedrisch strukturierten VO_4^{3-}- und SO_4^{2-}-Ionen zur Bildung einer $V_{18}O_{42}$-Clusterschale mit T_d-Symmetrie (O-Atome an den Ecken eines Rhombenkuboktaeders; vgl. Abb. 26.4b)[1]. Andere Anionen (oder auch Kationen bzw. Moleküle) induzieren – insbesondere in Anwesenheit von Vanadium(V), das Vanadium(IV) teilweise ersetzen kann – zudem Polyvanadatschalen von anderer Größe und Form. Beispiele sind Salze mit Anionen wie: $[V_{15}O_{36}(Cl)]^{6-}$ bzw. $[V_{15}O_{36}(CO_3)]^{7-}$ (D_{3h}-Symmetrie, acht V(IV)- und sieben V(V)-Zentren), $[V_{12}O_{32}(CH_3CN)]^{4-}$, $[H_2V_{18}O_{44}(N_3)]^{5-}$, $[HV_{22}O_{54}(ClO_4)]^{6-}$, $[V_{30}O_{74}(V^{II}_4O_8)]^{10-}$. Gewinnbar durch Erhitzen von V_2O_5 in Wasser mit N_2H_4 und dem einzuschließenden Partner.

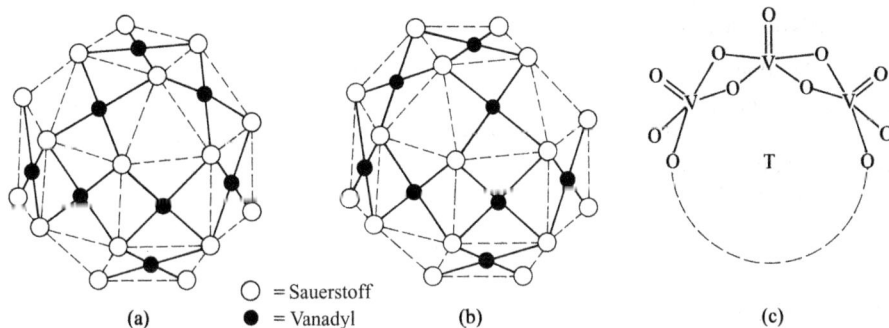

○ = Sauerstoff
● = Vanadyl

(a)   (b)   (c)

Abb. 26.4 $V_{18}O_{42}^{1}$-Clusterschalen mit der T_d-Symmetrie des Antirhombenkuboktaeders (a) bzw. der D_{4d}-Symmetrie des Rhombenkuboktaeders (b) sowie Bildung von Clusterschalen aus quadratisch-pyramidalen OVO_4-Einheiten um ein Templat T.

Der Grund dafür, dass Vanadat(IV) zu »hohlen Clusterschalen« kondensiert, die sogar Anionen einschließen können, beruht auf der singulären Bevorzugung des Vanadiums(IV) zur Ausbildung tetragonal-pyramidal strukturierter OVO_4-Gruppen in den Isopolyvanadaten(IV) (vgl. Abb. 26.4c) und der Tendenz von OVO_4 zur Wechselwirkung mit einem weiteren Donor. Da andererseits Vanadat(V), Molybdat(VI), Wolframat(VI) usw. in Polykondensaten eine oktaedrische MO_6-Koordination anstreben, bilden die Isopolyvanadate(V), -molybdate(VI), -wolframate(VI) usw. »gefüllte Clusterschalen« (vgl. hierzu S. 1824, 1881f). Die beobachtete Strukturvielfalt der gemischten Polyvanadate(IV,V), geht andererseits darauf zurück, dass in ihnen (i) die V(IV)- und V(V)-Zentren in nahezu beliebigem Verhältnis vorliegen können und (ii) die V-Atome hierbei vielfältige Koordinationsgeometrien einnehmen (V(V): tetraedrisch, trigonal-bipyramidal, quadratisch-pyramidal, oktaedrisch; V(IV): quadratisch-pyramidal, oktaedrisch). Zum Beispiel besteht das – als Ellipsoid geformte – Clusterschalenanion des aus Amoniumvanadat in Wasser bei 70 °C nach Versetzen mit Hydraziniumsulfat langsam auskristallisierende schwarze $(NH_4)_8[V_{19}O_{41}(OH)_9] \cdot 11\,H_2O$ aus zwölf $V^{IV}O_6$-Oktaedern, sechs V^VO_4-Tetraedern sowie einer zentralen V^VO_4-Einheit (D_3-Symmetrie ohne das Clusterzentrum).

Komplexe. Das Vanadyl(IV)-Kation VO^{2+} bildet als harte Lewis-Säure bevorzugt Komplexe mit Fluorid, Chlorid, O- oder N-haltigen Donoren, die grün bis blaugrün sind. Meist ist Vanadium in ihnen verzerrt-oktaedrisch koordiniert (doppelt gebundenes O-Atom an der Spitze einer quadratischen Bipyramide, s. oben). Man beobachtet jedoch gelegentlich auch trigonal-bipyramidale Koordination, z. B. $[VOCl_2(NMe_3)_2]$ (NMe_3-Liganden axial). Der Paramagnetismus der Komplexe entspricht einem ungepaarten d-Elektron. Bezüglich der Farbe der Komplexe vgl. Ligandenfeld-Theorie.

---

[1] Das Rhombenkuboktaeder sowie – als Grenzfall – das Antirhombenkuboktaeder gehören wie das Kub- sowie Antikuboktaeder (S. 1562), die Prismen sowie Antiprismen usw. zu den dreizehn (vierzehn) »Archimedischen Körpern«, die sich von den fünf »Platonischen Körpern« (S. 170; äquivalente Flächen, Kanten, Ecken) dadurch unterscheiden, dass sie nur äquivalente Polyederecken aufweisen (allgemein gilt für Polyeder: Flächenzahl = Kantenzahl − Eckenzahl + 2). Beide Polyedergruppen gehören – mit Ausnahme des Antirhombenkuboktaeders (»14. Archimedischer Körper«, entdeckt 1930) zu den »uniform konvexen Körpern«, worunter man Polyeder mit symmetrieäquivalenten Ecken versteht (man kennt darüber hinaus 92 »nicht-uniform konvexe Körper« mit mindestens zwei Arten von unterschiedlichen Ecken; im Antirhombenkuboktaeder sind die Ecken zwar nicht symmetrieäquivalent, aber insofern äquivalent, als an jeder Ecke 3 Quadrate und 1 Dreieck zusammenstoßen).

Sonstige Chalkogenverbindungen. Vanadium bildet keine dem Dioxid entsprechenden Sulfide, sondern nur die diamagnetische Verbindung VS_4, in welcher Disulfidgruppen S_2^{2-} vorliegen (verzerrt kubische Koordination der V- mit S-Atomen, VV-Bindungen). Das Selenid VSe_2 (CdI_2-Struktur) und das Tellurid VTe_2 stellen elektrische Leiter dar.

1.2.3   Vanadium(III)- und Vanadium(II)-Verbindungen (d^2, d^3)

Wasserstoffverbindungen

Vanadium[2] absorbiert bei 300–400 °C bei Normaldruck Wasserstoff bis zur Grenzstöchiometrie eines Vanadiumhydrids VH, unter Wasserstoffdruck bis zur Grenzstöchiometrie VH_2 (Wasserstoff in tetraedrischen Lücken einer kubisch-dichtesten V-Atompackung; vgl. S. 308). Bei sehr hohen Temperaturen wird H_2 wieder vollständig abgegeben. Bzgl. der Addukte $VH(PF_3)_5$ und $VH_2 \cdot 2\,BH_3$ vgl. u. a. Tab. 32.1.

Halogen- und Pseudohalogenverbindungen

Halogenide. Gemäß Tab. 26.1 sind von Vanadium alle Trihalogenide VX_3 und Dihalogenide VX_2 bekannt. Ihre Darstellung erfolgt im Falle von VCl_3, VBr_3 und VI_3 aus den Elementen, im Falle von VF_3 durch Fluoridierung von VCl_3 mit HF und im Falle der Dihalogenide durch Reduktion der Trihalogenide.

Eigenschaften (vgl. Tab. 26.1). Unter den Tri- und Dihalogeniden, die alle farbig sind (vgl. Tab. 26.1 und Ligandenfeld-Theorie, S. 1592) ist VF_3 wasserunlöslich und luftstabil, während alle übrigen Halogenide hygroskopisch und oxidationsempfindlich sind. Sie lösen sich in Wasser unter Bildung der oktaedrisch gebauten Ionen $[V(H_2O)_6]^{3+}$ und $[V(H_2O)_6]^{2+}$. Auch die isolierbaren Hydrate $VX_2 \cdot 6\,H_2O$ (X = Br, I) enthalten das $[V(H_2O)_6]^{2+}$-Ion, wogegen die Hydrate $VX_3 \cdot 6\,H_2O$ (X = Cl, Br) nicht die Struktur $[V(H_2O)_6]X_3$, sondern den Aufbau *trans*-$[VX_2(H_2O)_4]X \cdot 2\,H_2O$ haben, den man auch bei entsprechenden Hydraten von Fe(III) (S. 1948) und Cr(III) (S. 1856) findet. Die Dihalogenide VX_2 (X insbesondere Cl) in wässrigen und nichtwässrigen Lösungsmitteln stellen kräftige, vielfach genutzte Reduktionsmittel für organische und anorganische Substrate dar (z. B. $2\,RX \longrightarrow R{-}R$, $ArN_3 \longrightarrow ArNH_2$, $R_2SO \longrightarrow R_2S$, $H_2O_2 \longrightarrow OH + OH^-$; $H_2O \longrightarrow H_2$). In Anwesenheit von $Mg(OH)_2$ vermag V^{2+} sogar molekularen Stickstoff zu Hydrazin und – darüber hinaus – zu Ammoniak zu reduzieren.

Strukturen (vgl. S. 2074). Sowohl VF_3 als auch VF_2 bilden Raumstrukturen mit oktaedrischen VF_6-Baueinheiten aus, und zwar kristallisiert das Trifluorid mit »VF_3«-, das Difluorid mit »Rutil-Struktur«. Die »VF_3-Struktur« (= FeF_3-Struktur) leitet sich von der in (Abb. 26.5a) wiedergegebenen, durch Eckenverknüpfung von MX_6-Oktaedern nach den drei Raumrichtungen zustandekommenden, z. B. auch von NbF_3 und TaF_3 (X = F) eingenommenen »ReO_3-Struktur« (X = O; MOM- bzw. MFM-Winkel = 180°) durch gegenseitige Verkippung der MX_6-Oktaeder ab: (Abb. 26.5a) → (Abb. 26.5b) (jeweils Erweiterung der angedeuteten Oktaederverknüpfung nach den drei Raumrichtungen; MFM-Winkel um 150°). Ähnlich wie »Metalltrifluoride« MF_3 unverzerrte und verzerrte Raumstrukturen des Typus (Abb. 26.5a und b) bilden (der Endpunkt der Verzerrung liegt dann vor, wenn die F-Atome eine hexagonal-dichteste Packung wie in der

---

[2] Man kennt zudem niedrigwertige Vanadiumverbindungen mit Vanadium der Wertigkeiten −III, −II, −I, 0, +I (formal d^8- d^7-, d^6-, d^5-, d^4-Elektronenkonfiguration; z. B. $[V(bipy)_3]^n$ ($n = 1+, 0, 1-, 3-$: gewinnbar durch Reduktion von $[V(bipy)_3]_2^+$ mit Alkalimetallen), $K_2V(CN)_2 \cdot 0.5\,NH_3$ (aus VBr_3, KCN und Kalium in fl. NH_3), $[V(CO)_6]^n$ ($n = 0, 1-$), $[V^{-II}(NO)_2(CN)_4]^{4-}$, $[V(N_2)_6]_2$ (gewinnbar durch Cokondensation von V-Atomen und N_2-Molekülen bei tiefen Temperaturen), $[(diphos)(CO)_3V^I{\equiv}Y{\equiv}V^I(CO)_3(diphos)]$ (VYV-Gruppe linear für Y = S, Se, gewinkelt für Y = Te(165.9 °C); kurze VY-Abstände von 2.172 (S), 2.298 (Se), 2.522 Å (Te); diphos = $Ph_2PCH_2CH_2PPh_2$; gewinnbar aus $[V(CO)_4(diphos)]^-$ und H_2S, SeO_3^{2-}, TeO_3^{2-}).)

»RhF$_3$-Struktur« mit MFM-Winkeln von 132° einnehmen), existieren auch die mit Schichtstruktur kristallisierenden »Metalltetrafluoride« MF$_4$ unverzerrt gemäß Abb. 26.5a (»SnF$_4$-Struktur«; z. B. NbF$_4$) und verzerrt gemäß Abb. 26.5b (»VF$_4$-Struktur« z. B. VF$_4$, RuF$_4$; leicht gewellte Schichten; die Oktaederschichten ober- und unterhalb der Papierebene in Abb. 26.5a und b fehlen bei der MF$_4$-Struktur).

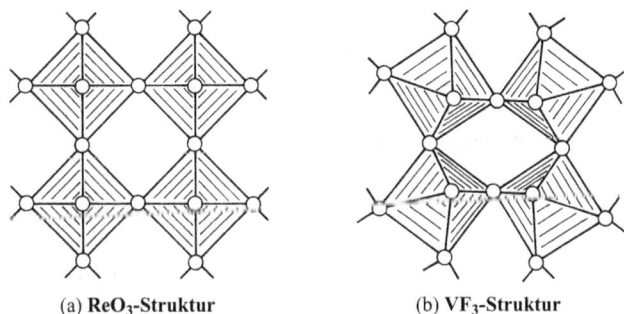

(a) **ReO$_3$-Struktur**   (b) **VF$_3$-Struktur**

Abb. 26.5 Veranschaulichung des Übergangs ReO$_3$-Struktur (z. B. NbF$_3$, TaF$_3$) $\longrightarrow$ VF$_3$-Struktur (z. B. VF$_3$) (analoge Oktaederschichten liegen ober- und unterhalb der Papierebene; jeweils Eckenverknüpfung).

Die übrigen Tri- und Dihalogenide des Vanadiums weisen Schichtstrukturen auf, und zwar kristallisieren VCl$_3$, VBr$_3$ und VI$_3$ mit »BiI$_3$-Struktur«, VCl$_2$, VBr$_2$ und VI$_2$ mit »CdCl$_2$-Struktur«. Offensichtlich bestehen in letzteren Halogeniden Vanadium-Vanadium-Wechselwirkungen, da die magnetischen Verbindungsmomente kleiner sind, als bei Anwesenheit von zwei oder drei ungepaarten d-Elektronen zu erwarten wäre.

Komplexe des dreiwertigen Vanadiums (μ_{mag} 2.75–2.85 BM) weisen Zusammensetzungen wie VL$_6^{3+}$, VX$_2$L$_4^+$, VX$_3$L$_3$ oder VX$_6^{3-}$ auf und sind oktaedrisch gebaut. Ihre Farben reichen von blauviolett (z. B. V(H$_2$O)$_6^{3+}$) über grün (z. B. VCl$_3$(NCMe)$_3$, VF$_6^{3-}$) sowie orangefarben (z. B. VCl$_3$(THF)$_3$) bis violettrosa (z. B. VCl$_6^{3-}$) und beruhen auf zwei Absorptionsbanden im sichtbaren Bereich, die auf d-d-Übergänge zurückgehen (eine dritte Bande liegt im Ultravioletten; Näheres S. 1609f). Neben oktaedrisch koordinierten V(III)-Komplexen existieren u. a. auch solche mit tetraedrischem Bau (z. B. VCl$_4^-$, VBr$_4^-$), mit trigonal-bipyramidalem Bau (z. B. VCl$_3$(NMe$_3$)$_2$, VBr$_3$(NMe$_3$)$_2$), mit trigonal-planarem Bau (z. B. V[N(SiMe$_3$)$_2$]$_3$ oder mit pentagonal-bipyramidalem Bau (z. B. V(CN)$_7^{4-}$, s. unten)).

Analog den Komplexen des dreiwertigen Vanadiums sind auch die des zweiwertigen Vanadiums (μ_{mag} 3.8–3.9 BM) meist oktaedrisch strukturiert und z. B. vom Typus VL$_6^{2+}$, VX$_2$L$_4$. Die magnetischen und spektroskopischen Eigenschaften komplex-gebundenen Vanadiums(II) gleichen denen des isoelektronischen Chroms(III) (jeweils drei d-Elektronen; s. dort). Auch verlaufen Substitutionsreaktionen am V(II)-Zentrum ähnlich langsam wie am Cr(III)-Zentrum. Besonderes Interesse beansprucht der Komplex V(form)$_2$ mit form = Di-*p*-tolylformamidato Tol$-$N$\cdots$CH$\cdots$N$-$Tol$^-$, der nicht monomer, sondern im Sinne von V(μ-form)$_4$V dimer gebaut ist, wobei die beiden Vanadium(II)-Atome durch eine Dreifachbindung V$\equiv$V sowie durch vier brückenständige form-Liganden miteinander verknüpft sind (VV-Abstand = 1.978 Å; zum Vergleich VV-Einfachbindung ca. 2.45 Å; vgl. hierzu S. 2081).

Cyanide (vgl. S. 2084). Gibt man zu einer wässrigen Lösung von VCl$_3$ Kaliumcyanid, so bildet sich paramagnetisches Heptacyanovanadat(III) [V(CN)$_7$]$^{4-}$ (zwei ungepaarte d-Elektronen; 16 Elektronensystem), in welchem Vanadium pentagonal-bipyramidal von sieben CN$^-$-Gruppen umgeben ist. Der Komplex lässt sich durch Zink zum gelben, oktaedrisch gebauten Hexacyanovanadat(II) [V(CN)$_6$]$_4^-$ (drei ungepaarte d-Elektronen; 15 Elektronensystem) oder mit Kalium in fl. NH$_3$ zu polymerem Dicyanovanadat(0) [V(CN)$_2$]$_z^-$ reduzieren.

Chalkogenverbindungen

Beim Glühen im Wasserstoffstrom verwandelt sich das Divanadiumpentaoxid in das glänzend schwarze, hochschmelzende, basische, in Säuren unter Bildung von $[V(H_2O)_6]^{3+}$ lösliche Diva-nadiumtrioxid V_2O_3 (Korund-Struktur, meist mit O-Defizit; vgl. Tab. 26.1 sowie S. 2088) und darüber hinaus in das grauschwarze, metallisch glänzende und leitende, basische, in Säuren un-ter Bildung von $[V(H_2O)_6]^{2+}$ lösliche, nichtstöchiometrische Vanadiummonoxid VO (verzerrte NaCl-Struktur; vgl. TiO).

Das grüne, sechsfach hydratisierte Vanadium(III)-Ion $[V(H_2O)_6]^{3+}$, das gemäß $2\,[V(H_2O)_6]^{3+}$ $\rightleftharpoons 2\,[V(OH)(H_2O)_5]^{2+} + 2\,H^+ \rightleftharpoons [V_2(OH)_2(H_2O)_8]^{4+} + 2\,H^+ + 2\,H_2O$ sauer wirkt, liegt au-ßer in sauren wässerigen V(III)-Salzlösungen auch in den Alaunen $M^I V^{III}(SO_4)_2 \cdot 12\,H_2O$, das violette Vanadium(II)-Ion $[V(H_2O)_6]^{2+}$ außer in wässrigen V(II)-Salzlösungen auch in den Doppelsalzen $M^I_2 V^{II}(SO_4)_2 \cdot 6\,H_2O$ (»Tutton'sche Salze«) vor. Versetzt man $[V(H_2O)_6]^{3+}$- bzw. $[V(H_2O)_6]^{2+}$-Lösungen mit Natronlauge, so fällt in ersterem Falle ab pH ca. 4 V_2O_3, in letz-tem Falle ab pH ca. 7 VO aus. Vanadium bildet ferner Sulfide, Selenide und Telluride wie V_nY_{n+1} ($n = 2, 3, 7$), VY, V_5Y_4 (Y = S, Se, Te). Bezüglich eines V(III)-Komplexes mit zentraler $[V_3(\mu_3\text{-}S)(\mu\text{-}S_2)_3]^+$-Einheit vgl. S. 1889.

Pentel-, Tetrel-, Trielverbindungen

Unter den u. a. aus den Elementen gewinnbaren Vanadiumnitriden VN (Smp. 2350 °C; NaCl-Struktur; man kennt auch V_8N, V_2N; S. 148), Vanadiumphosphiden VP (NiAs-Struktur; man kennt auch V_3P, V_2P, VP_2, VP_4, darüber hinaus Arsenide, Antimonide, Bismutide; S. 948), Va-nadiumcarbiden VC (Smp. 2684 °C; NaCl-Struktur; man kennt auch V_2C, V_4C_3, V_6C_5, V_8C_7; S. 1021), Vanadiumsiliciden VSi_2 (Smp. 1680 °C; man kennt auch V_3Si, V_5Si_3, V_6Si_5; S. 1068) und Vanadiumboriden VB_2 (Smp. 2684 °C; man kennt auch V_3B, V_4B_3, VB, V_3B_4; vgl. S. 1222) zählen die Nitride, Carbide, Boride zu den Hartstoffen, wobei analog VH und VH_2 (S. 1828) die metallreichen Nitride und Carbide elektrisch leitende, interstitielle Verbindungen (S. 308) darstellen. Unter ihnen wird das spröde VC als Kornwachstuminhibitor in (W,Co)-Legierungen, das Nitrid VN in Schneidwerkzeugen aus Stahl verwendet. V_3Si besitzt als Supraleiter eine hohe Sprungtemperatur.

Darüber hinaus existieren Nitridovanadate (S. 2101): $[VVN_4]^{7-}$ (gelb; isolierte Einheiten aus VN_4-Tetraedern in Li_7VN_4; letzterer Verbindung kommt anti-Fluorit-Struktur zu: $N_4[Li_7V] \mathrel{\widehat{=}}$ Ca_4F_8 mit kubisch-dichtester N-Atompackung und V sowie Li in jeder Tetraederlücke; ge-winnbar aus Li_3N und VN), $[V^V N_3]^{4-}$ (rot; Ketten aus verknüpften VN_4-Tetraedern in Ca_2VN_3, Sr_2VN_3, Ba_2VN_3; gewinnbar aus $M^{II}_3N_2$, LiN und VN), $[V^{III}N_3]^{6-}$ (braun; trigonal-planare VN_3-Einheiten in Ca_3VN_3, Sr_3VN_3, Ba_3VN_3; gewinnbar aus M^{II}_2N und VN).

Des weiteren kennt man V-Verbindungen mit stickstoffhaltigen Resten (z. B. Ammin-Kom-plexe) sowie kohlenstoffhaltigen Resten (vgl. nachfolgendes Unterkapitel).

1.2.4   Organische Verbindungen des Vanadiums

Vanadium(II)-organyle. Beispiele für donorfreie Vanadiumdiorganyle VR_2 bieten nur »Bis(cy-clopentadienyl)vanadium« VCp_2 (beide C_5H_5-Reste pentahapto-gebunden) und dessen Deriva-te (vgl. S. 2189). Unter den donorhaltigen Diorganylen seien das Organovanadat(II) $[VPh_6]^{4-}$ $(Li(OEt_2)^+$-Salz) sowie das Addukt von »Dimethylvanadium« VMe_2 mit zwei Donoren diphos = $Me_2PCH_2CH_2PMe_2$, das wohl wie $[Me_2M(diphos)_2]$ (M = Ti, Cr, Mn) ein oktaedrisch-koor-diniertes M^{II}-Zentrum mit transständigen Me-Gruppen aufweist (vgl. S. 2159). Als Beispie-le für niedrigwertige Verbindungen mit VC-Bindung seien genannt: $[Cp V^I(CO)_4]$, $[V^0(CO)_6]$, $[V^0(\eta^6\text{-Mes})_2]$, $[V^{-I}(CO)_6]^-$, $[V^{-III}(CO)_6]^{3-}$. Näheres S. 2108f, S. 2208.

Vanadium(III)-organyle. Als Beispiele der Vanadiumtriorganyle VR_3 seien die aus Cp_2VHal mit LiR zugänglichen Verbindungen Cp_2VR (R z. B. CH_2CMe_3, CH_2SiMe_3, Ph, C_6F_5) genannt.

Leichter zugänglich sind Donoraddukte des Typus [VR$_3$(THF)] unter denen das tiefblaue aus VCl$_3$(THF)$_3$ und MesMgBr in THF zugängliche [VMes$_3$(THF)] mit tetraedrisch koordiniertem V(III) bis 100 °C stabil ist. Von Interesse ist des weiteren das aus VCl$_3$(THF)$_3$ und Neopentyllithium LiCH$_2$tBu = LiNp synthetisierbare Triorganyl VNp$_3$, das in Anwesenheit von molekularem Stickstoff in Form des N$_2$-Addukts Np$_3$V$-$N$\equiv$N$-$VNp$_3$ stabilisiert werden kann.

Vanadium(IV)- und (V)-organyle. Beispiele für Vanadiumtetraorganyle VR$_4$ bieten [(VCH$_2$SiMe$_3$)$_4$] und [V(1-norbornyl)$_4$]. »Vanadiumpentaorganyle« VR$_5$ sind unbekannt. Doch bilden V(IV) und V(V) eine Reihe von Verbindungen, in welchen Vanadium außer mit organischen zudem mit anorganischen Gruppen verbunden ist, z. B.: [Me$_3$(SiCH$_2$)$_3$V^V=O] und [Mes$_3$V^V=O] (tetraedrisch; gewinnbar durch Luftoxidation von V(CH$_2$SiMe$_3$)$_3$ bzw. VMes$_3$(THF), s. oben), [Mes$_3$V^{IV}$-$O$-$V^{IV}Mes$_3$] (gewinnbar aus Mes$_3$V=O und VMes$_3$(THF); rot), [Cp$_2$V^{IV}Hal$_2$] und [Cp$_2$V^{V}Cl$_2$]$^+$AsF$_6^-$ (schwarz). Von Interesse ist auch das Organovanadat(V) [VMe$_6$]$^-$.

2   Das Niobium und Tantal

Geschichtliches. Entdeckt wurde Niobium 1801 durch den englischen Chemiker Charles Hatchett in einem in Columbien vorkommenden Mineral, Tantal 1802 durch den schwedischen Forscher Anders Gustaf Ekeberg in einem in Massachusetts aufgefundenen Mineral. Nachdem beide Elemente in der Folgezeit für identisch gehalten wurden, wies Heinrich Rose 1844 ihre unterschiedliche Natur nach. Der Name Tantal wurde von Ekeberg gewählt, weil Ta$_2$O$_5$ mit Säuren kein Salz bildet und daher unter der Säure »schmachten muss und seinen Durst nicht löschen kann wie Tantalus in der Unterwelt«. Das Niobium (vielfach auch kurz: Niob), das in der Natur stets mit dem Tantal vergesellschaftet ist, wurde von Rose nach der Tantalustochter Niobe benannt (im ausländischen Schrifttum wurde Niobium früher – nach einem Vorschlag von Ch. Hatchett – auch als Columbium (Cb) bezeichnet, nach dem in Columbien vorkommenden Columbit (Fe,Mn)(NbO$_3$)$_2$). Elementares Tantal gewann erstmals J. J. Berzelius 1815 (Reduktion des Fluorids mit Kalium), elementares Niobium C. W. Bloomstrand 1864 (Reduktion des Chlorids durch Wasserstoff). Reines Niobium und Tantal erhielt W. von Bolton 1907 durch Reduktion der Fluorometallate mit Natrium.

Physiologisches. Das Niobium und Tantal sind nicht essentiell (der Mensch enthält ca. 0.8 mg Nb pro kg und kein Ta). Die Metalle verhalten sich gegen Körperflüssigkeiten völlig indifferent. Niobium-Verbindungen gelten als toxisch (physiologische Funktionen bisher wenig bekannt).

2.1   Die Elemente Niobium und Tantal

Vorkommen

In der Natur finden sich Niobium hauptsächlich als Eisenniobat (Fe,Mn)(NbO$_3$)$_2$ und Tantal als Eisentantalat (Fe,Mn)(TaO$_3$)$_2$ in dem gleichen Mineral, das nach dem jeweils überwiegenden Metall als »Niobit« (»Columbit«, »Pyrochlor«) oder als »Tantalit« (»Tapiolith«, »Mikrolith«, »Thoreaulith«) bezeichnet wird.

Isotope (vgl. Anh. III). Natürliches Niobium besteht praktisch nur aus dem Nuklid $^{93}_{41}$Nb (für NMR; enthält 10^{-11} % radioaktives $^{92}_{41}$Nb: β^--Strahler; $\tau_{1/2} = 2 \cdot 10^4$ Jahre), natürliches Tantal aus dem Nuklid $^{181}_{73}$Ta (für NMR; enthält 0.012 % radioaktives $^{180}_{73}$Ta: Elektroneneinfang, β^--Strahler; $\tau_{1/2}$ über $1 \cdot 10^{12}$ Jahre). Das künstliche Nuklid $^{182}_{73}$Ta β^--Strahler; $\tau_{1/2} = 115.1$ Tage) dient für Traceruntersuchungen.

Darstellung

Die freien Metalle erhält man technisch durch elektrochemische Reduktion (Schmelzelektrolyse) der komplexen Fluoride $K_2[NbOF_5]$ und $K_2[TaF_7]$ sowie durch chemische Reduktion dieser Fluoride mit Natrium bei 800 °C oder den aus ihnen zugänglichen Oxiden Nb_2O_5 und Ta_2O_5 mit Kohlenstoff bei 1700–2300 °C; schematisch:

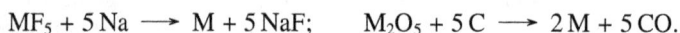

$$MF_5 + 5\,Na \longrightarrow M + 5\,NaF; \qquad M_2O_5 + 5\,C \longrightarrow 2\,M + 5\,CO.$$

Die Gewinnung der benötigten Fluoride erfolgt aus den Nb- und Ta-haltigen Erzen am besten durch Aufschluss mit einem Gemisch von konzentrierter Fluss- und Schwefelsäure in der Siedehitze. Die Trennung von hierbei gebildeten komplexen Fluoriden $[NbOF_5]^{2-}$ und $[TaF_7]^{2-}$ gelingt durch »fraktionierende Kristallisation« der Dikalium-Salze, von denen das Nb-Salz in Wasser leicht-, das Ta-Salz in Wasser schwerlöslich ist (Verfahren von M. C. Marignac , 1866). Eine wesentliche Rolle spielt jedoch heute (ab 1955) nur noch die »fraktionierende Extraktion« beider komplexen Fluoride aus der verdünnten wässerigen HF-Phase mit Ketonen (z. B. Methylisobutylketon), wobei zunächst das Niobiumfluorid, anschließend – nach Absenken des pH-Werts und Ersatz von Me(iBu)CO – das Tantalfluorid in die organische Phase übergeht. Aus den Extrakten lässt sich durch Zusatz von KF sehr reines $K_2[NbOF_5]$ bzw. $K_2[TaF_7]$ oder durch Zusatz von Ammoniak Nb_2O_5- bzw. Ta_2O_5-Hydrat fällen und – wie oben besprochen – zu freiem Niobium bzw. Tantal reduzieren.

Auch durch »fraktionierende Destillation« der Pentachloride $NbCl_5$ und $TaCl_5$, die sich durch Chlorierung der Nb- und Ta-haltigen Erze mit Chlor in Anwesenheit von Koks bei hohen Temperaturen gewinnen lassen, können Nb und Ta getrennt werden. Die Reduktion der Chloride zu Metall kann dann mit Natrium bei 800 °C erfolgen. In Form von Eisenlegierungen werden Niobium (»Ferroniobium«) und Tantal (»Ferrotantal«) durch Reduktion von Nb- und Ta-haltigen Erzen mit Aluminium gewonnen.

Physikalische Eigenschaften

Das metallische, hellgrau glänzende, bei 2468 °C schmelzende und bei 4758 °C siedende Niobium (kubisch-raumzentriert; Dichte = 8.581 g cm^{-3} gleicht an Härte dem Schmiedeeisen, lässt sich gut walzen und schweißen und ist in Säuren – selbst in Königswasser – unlöslich. Die gleiche chemische Widerstandsfähigkeit und stahlähnliche Festigkeit zeigt das Tantal (kubisch-raumzentriert; Dichte = 16.677 g cm^{-3}; Smp. 3000 °C; Sdp. 5534 °C), das noch dehnbarer als das Niobium ist und einen weit höheren Schmelzpunkt als dieses besitzt. Wegen dieses hohen Schmelzpunktes wurde das Tantal eine Zeit lang als Glühdraht in den »Tantallampen« verwendet; heute dient für diese Zwecke das noch höher schmelzende Wolfram (Smp. 3410 °C). Geringe Mengen von eingelagertem H, C, N, O erhöhen den Schmelzpunkt und die Sprödigkeit von Nb und Ta beachtlich.

Chemische Eigenschaften

Wie Vanadium werden auch Niobium und Tantal von Luft bei Raumtemperatur wegen der Bildung einer dünnen, schützenden Oxidhaut nicht angegriffen, reagieren aber bei 300 °C mit Sauerstoff zu Pentaoxiden M_2O_5. Ebenso werden sie von anderen Nichtmetallen wie den Halogenen oder – bei sehr hohen Temperaturen – auch von Stickstoff oder Kohlenstoff oxidiert.

Verwendung, Legierungen

Das Niobium (Weltjahresproduktion: einige zig Kilotonnen) findet hauptsächlich als Legierungsbestandteil zur Herstellung von temperaturbeständigen Werkstoffen (FeNb-, FeNbTa-Stähle für Autos, Hochspannungsmasten, Rohrleitungen), Supraleitern (Nb_3Cu; Nb/Ti; Nb/Zr),

Kernbrennstabumhüllungen (Zr/tantalfreies Nb), Thermoelementen (Nb/W für Temperaturen bis 2000 °C) Verwendung. Ebenso ist Tantal (Weltjahresproduktion: einige Kilotonnen) ein temperaturbeständiger Werkstoff (Ta/Nb für den Triebwerksbau, Ta/W mit Hf-, Nb/Zr-, Nb-Zusätzen für den Raketenbau). Seine große chemische Beständigkeit (bei nicht zu hohen Temperaturen) macht das elementare Tantal als Platinersatz und Werkstoff zur Herstellung chemischer und anderer Geräte (Spatel, Schalen, Spinndüsen) sowie zahnärztlicher und chirurgischer Instrumente und Materialien (Knochennägel, Prothesen, Klammern, Kiefernschrauben) geeignet. Erwähnungswert ist weiterhin die Verwendung von Tantal für Auskleidungen (z. B. Reaktionskessel), zur Herstellung von Kondensatorplatten sowie als Fasermaterial. Vgl. auch Interstitielle Verbindungen (S. 308).

Niobium und Tantal in Verbindungen

Wie Vanadium treten auch Niobium und Tantal in ihren chemischen Verbindungen mit den Oxidationsstufen +V, +IV, +III, +II, +I, 0, −I und −III auf (z. B. MF_5, M_2O_5, MCl_4, MO_2, MBr_3, MO, $[CpM(CO)_4]$, $[M(bipy)_3]$, $[M(CO)_6]^-$, $[M(CO)_5]^{3-}$), wobei hier die fünfwertige Stufe die beständigste ist. Die Stabilität der mittleren Oxidationsstufe nimmt in der Reihenfolge V, Nb, Ta ab. Darüber hinaus kennt man eine Reihe von Halogeniden und Metalloxidationsstufen im Bereich +II/+III und +I/+II (z. B. $MX_{1.83}$, $MX_{2.33}$, $MX_{2.67}$).

Anders als von Vanadium kennt man von Niobium und Tantal keine Chemie in wässriger Lösung. Wie den Potentialdiagrammen für pH = 0 entnommen werden kann, sind Niobium und Tantal unedle Metalle, wobei der unedle Charakter der Elemente der V. Nebengruppe geringer als der der benachbarten Elemente der IV. Nebengruppe ist, aber ähnlich wie der der Metalle der IV. und III. Nebengruppe in Richtung wachsender Ordnungszahlen zunimmt (S. 1787, 1811). Hinsichtlich des Übergangs M/M(III) und M/M(V) werden die Potentiale in Richtung V, Nb, Ta negativer; dreiwertiges Tantal (E° für Ta/Ta^{3+} negativ) würde Wasser zu H_2 reduzieren und wäre in Wasser – anders als Ti(III) und Nb(III) – zudem disproportionierungsinstabil (s. Abb. 26.6).

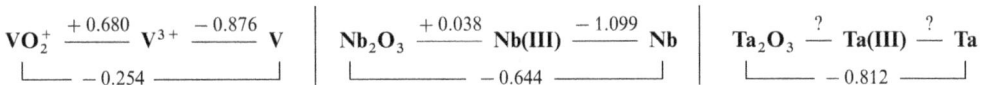

$$VO_2^+ \xrightarrow{+0.680} V^{3+} \xrightarrow{-0.876} V \quad\Big|\quad Nb_2O_3 \xrightarrow{+0.038} Nb(III) \xrightarrow{-1.099} Nb \quad\Big|\quad Ta_2O_3 \xrightarrow{?} Ta(III) \xrightarrow{?} Ta$$
$$\underset{-0.254}{\rule{0pt}{0pt}} \qquad\qquad \underset{-0.644}{\rule{0pt}{0pt}} \qquad\qquad \underset{-0.812}{\rule{0pt}{0pt}}$$

Abb. 26.6

Wegen ihrer Passivierung lösen sich Nb und Ta wie V nicht in kalten Mineralsäuren (Ausnahme Fluorwasserstoffsäure). Heiße Mineralsäuren wirken jedoch wie Alkalischmelzen auf die Metalle oxidierend ein. Als Koordinationszahlen von Nb und Ta in M(V)-, M(IV)-, M(III)- und M(II)-Verbindungen findet man vielfach sechs (oktaedrisch in $[M^V F_6]^-$, $[M^{IV}Cl_6]^{2-}$, $[NbIII_2Cl_9]^{3-}$; trigonal-prismatisch in $[M^V(S_2C_6H_4)_3]^-$, $LiNb^{III}O_2$). Selten beobachtet man auch die niedrigen Koordinationszahlen fünf (trigonal-bipyramidal in $M^V F_5$(g), quadratisch-pyramidal in $M^V(NMe_2)_5$) und – bei Niobium – vier (tetraedrisch in $ScNb^V O_4$, $Nb^{IV}(NEt_2)_4$), häufiger die Koordinationszahlen sieben (pentagonal-bipyramidal in $K_3[Nb^V OF_6]$, $[Ta^V S(S_2CNEt_2)_3]$, $K_3[Nb^{IV}F_7]$; überkappt-trigonal-prismatisch in $K_2[M^V F_7]$; überkappt-oktaedrisch in $[Ta^I H(CO)_2(dmpe)_2]$) und acht (dodekaedrisch in $[M^V(O_2)_4]^{3-}$, $[Nb^{IV}Cl_4(diars)_2]$, $[Nb^{IV}(CN)_8]^{4-}$; antikubisch in $[M^V F_8]^{3-}$).

Bezüglich der Elektronenkonfiguration, der Radien, der magnetischen und optischen Eigenschaften von Niobium- und Tantalionen vgl. Ligandenfeld-Theorie (S. 1592) sowie Anh. IV, bezüglich eines Eigenschaftsvergleichs der Metalle der Vanadiumgruppe S. 1544 f und Nachfolgendes.

Vergleichende Betrachtungen

Die Analogie der V. Neben- und Hauptgruppe beschränkt sich in der Hauptsache auf die maximale Fünfwertigkeit und den sauren Charakter der Pentaoxide. Während aber in der Stickstoffgruppe die Beständigkeit der fünfwertigen Stufen mit steigender Atommasse des Elements (im Mittel) vom Phosphor bis zum Bismut hin abnimmt, steigt sie bei der Vanadiumgruppe in gleicher Richtung, sodass die Vanadium(V)- zum Unterschied von den Tantal(V)-Verbindungen ziemlich leicht reduzierbar sind.

Das gegenüber den Titangruppenmetallen bei den Vanadiumgruppenmetallen neu hinzukommende d-Elektron verstärkt die Bindungen im Metall zusätzlich (vgl. S. 1811, 1870), sodass Schmelz- und Siedepunkte sowie Atomisierungsenergien bei letzteren Metallen höher als bei ersteren sind (Maximalwerte bei Vanadium innerhalb der 3. Nebenperiode); innerhalb beider Gruppen nehmen die betreffenden Kenndaten mit steigender Ordnungszahl des Elements zu (vgl. Tafel IV).

Wie eingangs bereits erwähnt, weicht das leichteste Glied der IV. Nebengruppe, das Vanadium, in seinen Eigenschaften (z. B. Sublimationsenthalpie, Atom- und Ionenradius, Elektronegativität, Normalpotential, Bindungsenthalpie von Verbindungen; vgl. Tafel IV) merklich von den schwereren, untereinander viel ähnlicheren Gliedern, dem Niobium und Tantal, ab.

2.2   Verbindungen des Niobiums und Tantals

2.2.1   Wasserstoffverbindungen

Hydride der Zusammensetzung $MH_{>2}$ sind unbekannt, doch lassen sich einige Phosphan-Addukte der betreffenden Wasserstoffverbindungen herstellen. So kann etwa $TaCl_5$ mit H_2 in Gegenwart von $Me_2PCH_2CH_2PMe_2$ (= dmpe) in den Komplex $[TaH_5(dmpe)_2]$ umgewandelt werden, der seinerseits durch Reduktion mit tBu$-$O$-$O$-t$Bu in $[TaH_4(dmpe)_2]$ übergeht (vgl. Tab. 32.1). Andererseits absorbieren Niobium und Tantal bei 300–400 °C unter Normaldruck Wasserstoff bis zur Grenzstöchiometrie MH und unter Druck bis zur Grenzstöchiometrie MH_2 (nur für M = Nb verwirklichbar). Letztere binären Hydride stellen Einlagerungsverbindungen dar (H in tetraedrischen Lücken einer tetragonal-flächenzentrierten ($MH_{<1}$) bzw. kubisch-flächenzentrierten M-Atompackung, vgl. S. 308, 2068). Bei hoher Temperatur wird Wasserstoff wieder vollständig abgegeben.

2.2.2   Halogen- und Pseudohalogenverbindungen

Pentahalogenide (Tab. 26.2). Niobium und Tantal bilden mit allen vier Halogenen »Pentahalogenide« MX_5 (d^0), die u. a. aus den Elementen zugänglich sind. Sie stellen thermostabile, hydrolyseempfindliche, luftstabile, im Vakuum sublimierbare Feststoffe dar, deren Schmelz- und Siedepunkte in Richtung MF_5, MCl_5, MBr_5, MI_5 ansteigen (vgl. Tab. 26.2; die Sublimation muss im Falle der Bromide und Iodide in

Gegenwart von Halogenen erfolgen). In gleicher Richtung vertieft sich die Verbindungsfarbe und verkleinert sich die Bildungsenthalpie (die Halogenide NbX_5 sind jeweils farbiger und thermodynamisch weniger stabil als entsprechende Halogenide TaX_5; vgl. Tab. 26.2).

Strukturen (vgl. S. 2074). In den Pentafluoriden MF_5 liegen $(MF_5)_4$-Einheiten des Typus (Abb. 26.7a) mit jeweils 4 zu einem Ring über F-Brücken verknüpften MF_5-Molekülen vor (oktaedrische Anordnung von je 6 F-Atomen um die an den Ecken eines Quadrats angeordneten Nb- bzw. Ta-Atome; nahezu lineare M$-$F$-$M-Gruppierungen; bzgl. der MF_5-Strukturen vgl. S. 2076). Diese tetrameren Struktureinheiten bleiben in der (hochviskosen) Schmelze erhalten, während im Dampf Monomere (trigonal-bipyramidal) existieren. Die Pentachloride, -bromide und -iodide MX_5 (X = Cl, Br, I) sind zum Unterschied von den tetrameren Pentafluoriden in fes-

Tab. 26.2 Halogenide, Oxide und Halogenidoxide^a von Niobium und Tantal^b

	Fluoride	Chloride	Bromide	Iodide	Oxide
M(V)	NbF$_5$, weiß	NbCl$_5$, gelb	NbBr$_5$, orangefarben	NbI$_5$, messingfarben	Nb$_2$O$_5$, weiß^c
	Smp./Sdp. 79/234 °C	Smp./Sdp. 203.4/247.4 °C	Smp./Sdp. 254/365 °C		
	ΔH_f −1810 kJ mol^{-1}	ΔH_f −796 kJ mol^{-1}	ΔH_f −556 kJ mol^{-1}	ΔH_f −270 kJ mol^{-1}	ΔH_f −1901 kJ mol^{-1}
	Tetramer, KZ 6	Dimer, KZ 6	Dimer, KZ 6	Dimer, KZ 6	Raumstruktur, KZ 6
	TaF$_5$, weiß	TaCl$_5$, weiß	TaBr$_5$, hellgelb	TaI$_5$, schwarz	Ta$_2$O$_5$, weiß
	Smp./Sdp. 97/229 °C	Smp./Sdp. 215.9/232.9 °C	Smp./Sdp. 256/344 °C	Smp./Sdp. 496/543 °C	Smp. 1872 °C
	ΔH_f −1902 kJ mol^{-1}	ΔH_f −857 kJ mol^{-1}	ΔH_f −598 kJ mol^{-1}	ΔH_f −293 kJ mol^{-1}	ΔH_f −2047 kJ mol^{-1}
	Tetramer, KZ 6	Dimer, KZ 6	Dimer, KZ 6	Dimer, KZ 6	Raumstrukt., KZ 6, 7
M(IV)	NbF$_4$, schwarz	NbCl$_4$, violettschwarz	NbBr$_4$, dunkelbraun	NbI$_4$, dunkelgrau	NbO$_2$, blauschwarz
	Dispr. < III/V 400 °C	Dispr. III/V 800°		Smp. 503 °C	
		ΔH_f −695 kJ mol^{-1}		ΔH_f −260 kJ mol^{-1}	ΔH_f −797 kJ mol^{-1}
	SnF$_4$-Strukt., KZ 6	Kette, KZ 6	Kette, KZ 6	Kette, KZ 6	Rutil-Strukt., KZ 6
	–	TaCl$_4$, dunkelgrün	TaBr$_4$, dunkelblau	TaI$_4$, dunkelgrau	TaO$_2$, dunkelgrau
		Dispr. III/V	Smp. 392 °C		
		ΔH_f −702 kJ mol^{-1}	ΔH_f −520 kJ mol^{-1}		
		Kette, KZ 6	Kette, KZ 6	Kette ? KZ 6	Rutil-Strukt., KZ 6
M(III)	NbF$_3$, schwarz	NbCl$_3$, schwarz	NbBr$_3$, schwarz	NbI$_3$, schwarz	–
	sauerstoffhaltig	nichtstöchiometr.^{d}	nichtstöchiometr.^{d}	Dispr. < III/IV 510 °C	
		ΔH_f −586 kJ mol^{-1}			
	ReO$_3$-Strukt., KZ 6	Nb$_3$Cl$_8$-Strukt., KZ 6	Nb$_3$Cl$_8$-Strukt., KZ 6	Nb$_3$Cl$_8$-Strukt., KZ 6	
	TaF$_3$, schwarz	TaCl$_3$, schwarz	TaBr$_3$, schwarz	–	–
	sauerstoffhaltig	nichtstöchiometr.	nichtstöchiometr.		
		ΔH_f −540 kJ mol^{-1}	Dispr. 220 °C		
	ReO$_3$-Strukt., KZ 6	Nb$_3$Cl$_8$-Strukt.? KZ 6	Nb$_3$Cl$_8$-Strukt.? KZ 6		
M(< III)	–	Nb$_3$Cl$_8$, grün^e	Nb$_3$Br$_8$, schwarz^e	Nb$_3$I$_8$, schwarz^e	NbO, grau
		ΔH_f −538 kJ mol^{-1}			ΔH_f −406 kJ mol^{-1}
		Nb$_3$Cl$_8$-Strukt., KZ 6	Nb$_3$Cl$_8$-Strukt., KZ 6	Nb$_3$Cl$_8$-Strukt., KZ 6	NaCl-Defektstr., KZ 6
	Nb$_6$F$_{15}$, braun^e	Nb$_6$Cl$_{14(15)}$, dunkel$^{e\,f}$	Nb$_6$Br$_{14(15)}$, dunkel^e	Nb$_6$I$_{11}$, dunkel^e	TaO, dunkel
		Ta$_6$Cl$_{15}$, dunkel$^{d\,e}$	Ta$_6$Br$_{14(15)}$, dunkel^e	Ta$_6$I$_{14(15)}$, dunkel^e	NaCl-Defektstr., KZ 6

a Halogenidoxide: M^{V}OX$_3$ (mit Ausnahme von TaOI$_3$); M^{V}O$_2$X (mit Ausnahme von NbO$_2$Br); M^{IV}OX$_2$ (mit Ausnahme von TaOF$_2$).

b Man kennt auch Sulfide, Selenide, Telluride. Darüber hinaus existieren Pentelide, Tetrelide, Trielide (vgl. S. 1841).

c Sauerstoffärmere Phasen: Nb$_{3n+1}$O$_{8n-2}$ (n = 5–8).

d Phasenbreiten NbCl$_{2.67-3.13}$, NbBr$_{2.67-3.03}$.

e M$_3$X$_8 \,\widehat{=}\,$ M$_6$X$_{16} \,\widehat{=}\,$ MX$_{2.67}$; M$_6$X$_{15} \,\widehat{=}\,$ MX$_{2.50}$; M$_6$X$_{14} \,\widehat{=}\,$ MX$_{2.33}$; M$_6$X$_{11} \,\widehat{=}\,$ MX$_{1.83}$. Man kennt in Form von Hydraten auch M$_6$X$_{16} \,\widehat{=}\,$ MX$_{2.67}$ (M = Nb, Ta; X = Cl, Br), sodass also NbCl$_{2.67}$ und NbBr$_{2.67}$ in unterschiedlichen Formen mit Nb$_3$- bzw. Nb$_6$-Clustern existieren.

f ΔH_f für Nb$_6$Cl$_{14}$ sowie Ta$_6$Cl$_{15}$ 475 kJ mol^{-1}.

tem (und gelöstem) Zustand dimer (Abb. 26.7b), während sie im gasförmigen Zustande ebenfalls trigonal-bipyramidale Monomere MX$_5$ bilden.

Komplexe. Die Pentafluoride MF$_5$ bilden mit Donoren D monomere Komplexe MF$_5 \cdot$ D (oktaedrisch; z. B. [NbF$_5$(OEt$_2$)]) und dimere Komplexe (MF$_5 \cdot 2$ D)$_2$ = [MF$_4 \cdot 4$ D]$^+$[MF$_6^-$]. Mit Alkalimetallfluoriden M^{I}F erhält man Fluorokomplexe des Typus M^I[MF$_6$] (oktaedrisches MF$_6^-$-Ion), M$^I_2$[MF$_7$] (überkappt-trigonal-prismatisches MF$_7^{2-}$-Ion) und M$^I_3$[MF$_8$] (quadratisch-antiprismatisches MF$_8^{3-}$-Ion). In wässrigem Fluorowasserstoff bilden sich bei niedriger/hoher/sehr hoher HF-Konzentration die Ionen [MOF$_5$]$^{2-}$/[MF$_6^-$]/[MF$_7^{2-}$]. Die Pentachloride MCl$_5$ ergeben mit Donoren D die oktaedrisch gebauten, monomer löslichen Addukte MCl$_5 \cdot$ D (z. B. [NbCl$_6$]$^-$, [NbCl$_5$(OR$_2$)], [TaCl$_5$(SR$_2$)]). Wie AlCl$_3$ sind sie wirksame Friedel-Crafts-Katalysatoren. Die Neigung zur Bildung von Addukten MX$_5 \cdot$ D nimmt in Richtung MF$_5$, MCl$_5$, MBr$_5$, MI$_5$ ab und ist bei den Pentaiodiden bereits sehr klein.

Halogenidoxide (Tab. 26.2). Die geringere Flüchtigkeit des Niobiumtrichloridoxids NbOCl$_3$ im Vergleich zum Niobiumpentachlorid NbCl$_5$ ist darauf zurückzuführen, dass hier im festen Zustand die planaren Nb$_2$Cl$_6$-Gruppen des Pentachlorids (Abb. 26.7b) gemäß Abb. 26.7c durch die senkrecht dazu angeordneten O-Atome zu langen Ketten verbrückt werden (im Gaszustand ist

NbOCl$_3$ wie NbCl$_5$ monomer). Analoges gilt für die übrigen Halogenidoxide MOX$_3$. Die Fluo-
riddioxide MO$_2$F sind deshalb erwähnenswert, weil sie die gleiche Struktur besitzen wie das
isoelektronische Rhenium(VI)-oxid ReO$_3$ (ReO$_6$-Oktaeder mit gemeinsamen O-Atomen zu anderen ReO$_6$-Oktaedern nach allen drei Richtungen des Raums; vgl. Abb. 28.10). Die Trifluorid-
oxide MOF$_3$ bilden sich bei der partiellen Hydrolyse von MF$_5$ bzw. der thermischen Zersetzung
von MF$_3$(SO$_3$F)$_2$ bei 175 °C (Nb) oder 225 °C (Ta). Insbesondere NbOF$_3$ neigt zur Komplexbildung mit F$^-$ ($\longrightarrow$ NbOF$_4^-$, NbOF$_5^{2-}$, NbOF$_6^{3-}$). Das Ion NbOF$_5^{2-}$ entsteht auch beim Lösen von
Nb$_2$O$_5$ in Flusssäure (vgl. S. 1832).

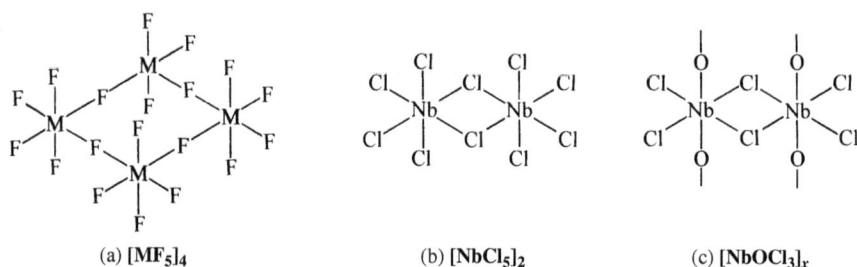

(a) [MF$_5$]$_4$ (b) [NbCl$_5$]$_2$ (c) [NbOCl$_3$]$_x$

Abb. 26.7

Tetrahalogenide (Tab. 26.2). Mit Ausnahme von TaF$_4$ sind alle »Tetrahalogenide« MX$_4$ (d^1) von
Niobium und Tantal bekannt (Tab. 26.2). Das Tetrafluorid NbF$_4$ entsteht bei der Reduktion von
NbF$_5$ mit Nb als schwarzer, nicht flüchtiger, sehr hygroskopischer, paramagnetischer Festkörper.
Zum Unterschied von NbF$_4$ enthalten die durch Reduktion der entsprechenden Pentahalogenide
gewinnbaren dunkelfarbigen, hydrolyseempfindlichen, bei höheren Temperaturen disproportio-
nierenden Tetrachloride, -bromide und -iodide von Nb und Ta Metall-Metall-Bindungen und
sind infolgedessen diamagnetisch.

Strukturen. Während NbF$_4$ eine Schichtstruktur (Abb. 26.8d) aufweist (»SnF$_4$-Struktur«; über
gemeinsame F-Atome in einer Ebene verbrückte NbF$_6$-Oktaeder), liegen in MX$_4$ (X = Cl, Br, I)
Kettenstrukturen (Abb. 26.8e) aus kantenverknüpften MX$_6$-Oktaedern vor, wobei sich kurze mit
langen MM-Bindungen abwechseln (z. B. NbNb-Abstände in NbCl$_4$ = 3.029 und 3.794 Å).

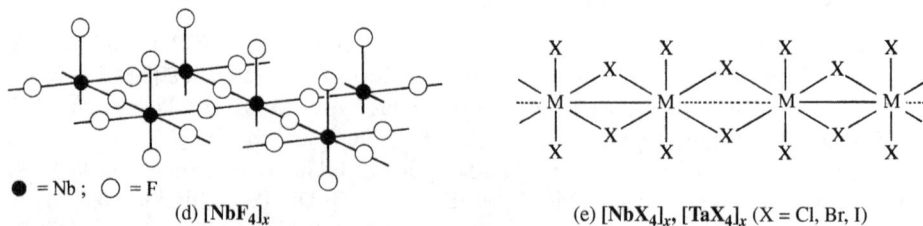

● = Nb ;   ○ = F

(d) [NbF$_4$]$_x$ (e) [NbX$_4$]$_x$, [TaX$_4$]$_x$ (X = Cl, Br, I)

Abb. 26.8

Komplexe. Mit Fluorid bildet NbF$_4$ den Halogenokomplex [NbF$_7$]$^{3-}$ (pentagonal-bipyramidal),
während MCl$_4$ und MBr$_4$ mit Chlorid und Bromid zu Addukten [MX$_6$]$^{2-}$ (oktaedrisch) zusam-
mentritt. Höhere Koordinationszahlen erlangen die Metalle letzterer Halogenide mit Chelatliganden wie (Me$_2$As)$_2$C$_6$H$_4$ (= diars), z. B. [MCl$_4$(diars)$_2$] (dodekaedrisch).

Trihalogenide (Tab. 26.2). Mit Ausnahme von TaI_3 kennt man alle »Trihalogenide« MX_3 (d^2) von Niobium und Tantal (Tab. 26.2). Ihre Darstellung erfolgt durch Reduktion der Pentahalogenide MX_5 mit H_2, Al oder M bzw. durch Disproportionierung der Tetrahalogenide: $2\,MX_4 \longrightarrow MX_5 + MX_3$. Bei den Trichloriden und -bromiden handelt es sich um nichtstöchiometrische Verbindungen mit MM-Bindungen (zur Struktur s. unten); NbI_3 ist stöchiometrisch gebaut, NbF_3 und TaF_3 konnten bisher nicht in reiner Form gewonnen werden. Mit Halogeniden bilden die Trihalogenide paramagnetische Komplexe der Zusammensetzung $[M_2X_9]^{3-}$ ($X = Cl$, Br, I; zwei MX_6-Oktaeder mit gemeinsamer Fläche; D_{3h}-Symmetrie), in welchen die Metallatome durch eine Doppelbindung miteinander verknüpft vorliegen (2 ungepaarte Elektronen). Als Beispiele für mononukleare Komplexe seien genannt: $[NbCl_3(py)_3]$, $[NbBr_3(PMe_2Ph)_3]$, $[TaX_3(PMe_3)_3]$ mit $X = Cl$, Br, I (oktaedrisch; jeweils 2 ungepaarte Elektronen).

Niedrigwertige Halogenide (Tab. 26.2). Zum Unterschied von den Trihalogeniden existieren von Niobium und Tantal keine donorfreien »Dihalogenide« MX_2 (d^3), sondern nur Komplexe der Zusammensetzung $MX_2 \cdot 4\,D$ wie z. B. $[MCl_2(dmpe)_2]$ und $[MCl_2(PMe_3)_4]$ (oktaedrisch mit den Cl-Atomen in *trans*-Stellung). Man kennt ferner Komplexe $MX \cdot 6\,D$ der Monohalogenide MX (d^4), z. B. $[MX(CO)_2(dmpe)_2]$ ($M = Nb$, Ta; $X = Cl$, Br; dmpe $= Me_2PCH_2CH_2PMe_2$) und $[MCl(CO)_3(PMe_3)_3]$ ($M = Nb$, Ta); jeweils überkappt-trigonal-prismatisch. Statt der binären Halogenide MX_2 erhält man bei der weitestgehenden Reduktion höherwertiger Niobium- und Tantalhalogenide mit Niobium und Tantal gemäß Tab. 26.2 dunkelfarbige »gemischtvalente Halogenide« der Zusammensetzung $MX_{2.67/2.50/2.33/1.83}$, die teils M_3-, teils M_6-Metallcluster enthalten.

Strukturen der gemischtvalenten Halogenide. Die »Triniobiumoctahalogenide« $Nb_3X_8 \mathbin{\hat=} NbX_{2.67}$ bilden Schichtstrukturen. Und zwar besetzen die Nb-Atome jeweils $3/4$ der oktaedrischen Lücken zwischen jeder übernächsten Schicht hexagonal-dichtester Chlorid-, Bromid- bzw. Iodidpackungen in der Weise, dass Nb_3X_{13}-Einheiten (Abb. 26.8f) aus drei miteinander kantenverknüpften NbX_6-Oktaedern entstehen (die Nb_3X_{13}-Einheiten sind über gemeinsame X-Atome mit benachbarten Nb_3X_{13}-Einheiten verbrückt). Von den 15 der aus den drei Nb-Atomen stammenden Elektronen werden 8 von den X-Atomen ($\longrightarrow X^-$) und 6 von den drei NbNb-Bindungen des dreigliederigen Nb-Rings verbraucht (die Nb-Atome des Nb_3-Rings sind außer durch Einfachbindungen durch drei X-Brücken unterhalb der NbNb-Bindungen und durch ein X-Atom oberhalb der Nb_3-Fläche verknüpft, in Abb. 26.8f durch Fettdruck hervorgehoben), während ein Elektron den Paramagnetismus der Verbindung bedingt. In oxidierten Formen des Triniobiumoctahalogenids Nb_3X_8 fehlen einige Nb-Atome; statt der Nb_3-Ringe liegen dann einige Nb_2-Einheiten wie in NbX_4 (Abb. 26.8e) vor. In diesem Sinne stellen die oben erwähnten Niobiumtrihalogenide NbX_3 nur einen beliebigen Punkt innerhalb einer breiten homogenen Phase dar, aus der sich – ab einer Grenzstöchiometrie (vgl. Tab. 26.2, Anm. c) – letztendlich die Niobiumtetrahalogenide NbX_4 abscheiden. Entsprechendes gilt offensichtlich auch für die nichtstöchiometrischen Tantaltrihalogenide TaX_3 (Tritantaloctahalogenide $Ta_3X_8 \mathbin{\hat=} TaX_{2.67}$ existieren nicht, s. Abb. 26.9).

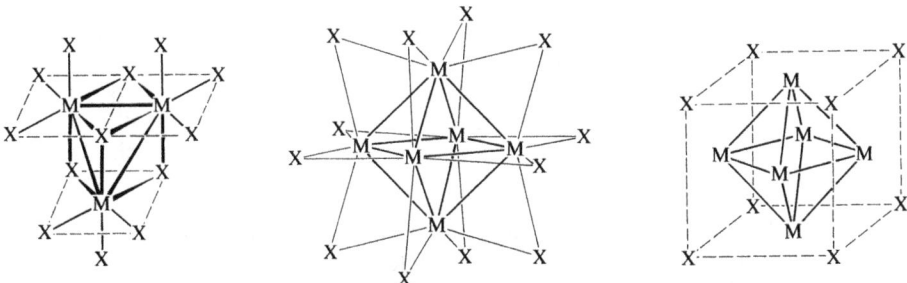

Abb. 26.9

Die Halogenide $M_6X_{14} \cong MX_{2.33}$ (M = Nb, X = Cl, Br; M = Ta, X = Br, I) enthalten gemäß der Formulierung $[M_6X_{12}]X_2$ (nur 2 der 14 Halogenid-Ionen lassen sich in wässerigen M_6X_{14}-Lösungen unmittelbar mit Ag^+ ausfällen) eine diamagnetische Kationeinheit $[M_6X_{12}]^{2+}$ mit nicht zentrierter »ZrI_2-Struktur«, bei der sechs Nb- bzw. Ta-Atome oktaedrisch zu einem Metallcluster (S. 1559) vereinigt sind (16 Clusterelektronen; MM-Abstand in Nb_6Cl_{14} 2.89–2.96, in Ta_6I_{14} 2.80–3.08 Å), wobei jede der 12 Kanten des Oktaeders von einem X-Atom überspannt wird (Abb. 26.9g). Die Cluster $[M_6X_{12}]^{2+}$ liegen in festem M_6X_{14} über die beiden freien Halogenid-Ionen miteinander zu Schichten verknüpft vor: $M_6X_{14} = [M_6X_{12}]X_{4/2}$ (vier M-Atome von M_6X_{14} haben somit fünf, zwei M-Atome vier Halogenidnachbarn). Die freien Halogenid-Ionen lassen sich durch andere Anionen ersetzen. Mit Wasser bilden die Halogenide ferner Hydrate $M_6X_{14} \cdot 8\,H_2O$, mit Halogeniden Komplexe $[M_6X_{18}]^{4-}$, in welchen jedes M-Atom von $[M_6X_{12}]^{2+}$ zusätzlich mit einem H_2O-Molekül bzw. X^--Ion koordiniert vorliegt. Die diamagnetischen $[M_6X_{12}]^{2+}$-Ionen (grün) lassen sich in wässriger Schwefelsäure durch Iod, Chlor, Sauerstoff, Vanadium(V), Cobalt(III) usw. zu paramagnetischen $[M_6X_{12}]^{3+}$-Ionen (gelb) und – darüber hinaus – diamagnetischen $[M_6X_{12}]^{4+}$-Ionen (rotbraun) ohne eingreifende Änderung der Cluster-Struktur (Abb. 26.9g) oxidieren. Eine Reduktion letzterer Ionen erfolgt umgekehrt mit Chrom(III) oder Vanadium(II).

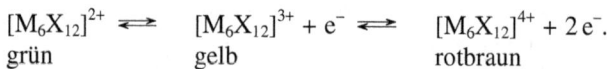

$$[M_6X_{12}]^{2+} \; \rightleftharpoons \; [M_6X_{12}]^{3+} + e^- \; \rightleftharpoons \; [M_6X_{12}]^{4+} + 2\,e^-.$$
$$\text{grün} \qquad\qquad \text{gelb} \qquad\qquad\qquad \text{rotbraun}$$

Die paramagnetische Kationeinheit $[M_6X_{12}]^{3+}$ ist am Aufbau der Halogenide $[M_6X_{12}]X_3 = M_6X_{15} \cong MX_{2.50}$ (M = Nb, X = Cl, Br; M = Ta, X = Cl, Br, I) beteiligt, in welcher (in fester Phase) Cluster $[M_6X_{12}]^{3+}$ (15 Clusterelektronen, 1 ungepaartes Elektron) über die drei freien Halogenid-Ionen miteinander zu einer Raumstruktur verknüpft sind $M_6X_{15} = [M_6X_{12}]X_{6/2}$ (alle M-Atome von M_6X_{15} haben fünf Halogenidnachbarn). Andererseits liegen die diamagnetischen Kationeinheiten $[M_6X_{12}]^{4+}$ (14 Clusterelektronen) u. a. den aus den Halogeniden $M_6X_{16} = MX_{2.67}$ nach Addition von zwei Halogenid-Ionen oder von Wassermolekülen hervorgehenden Halogenokomplexen $[M_6X_{18}]^{2-} = [M_6X_{12}]^{4+}6\,X^-$ (isolierbar als NR_4^+-Salze) oder Hydraten $[M_6X_{12}]X_4 \cdot n\,H_2O$ zugrunde (M jeweils Nb, Ta; X = Cl, Br).

Niobium bildet keine Iodide Nb_6I_{14}, Nb_6I_{15} und Nb_6I_{16}, sondern die Verbindung $Nb_6I_{11} \cong NbI_{1.83}$. Sie enthält im Sinne von $[Nb_6I_8]I_3$ eine paramagnetische Kationeinheit $[Nb_6I_8]^{3+}$ (19 Clusterelektronen, ein ungepaartes Elektron bei niedrigen, drei ungepaarte Elektronen bei hohen Temperaturen), welche aus einem Nb-Oktaeder besteht, dessen acht Flächen von I-Atomen überspannt werden (Abb. 26.9h). Die Verknüpfung der einzelnen Cluster erfolgt über die freien Iodid-Ionen zu einem Raumnetzverband: $Nb_6I_{11} = [Nb_6I_8]I_{6/2}$ (alle Nb-Atome haben fünf Iodidnachbarn). Bei 300 °C setzt sich Nb_6I_{11} mit Wasserstoff zu HNb_6I_{11} um (H in der Mitte des Nb_6-Oktaeders). Durch Cäsium lässt sich der dem Iodid Nb_6I_{11} zugrundeliegende Cluster $[Nb_6I_8]^{3+}$ reduzieren: $[Nb_6I_8]^{3+} + e^- \rightleftharpoons [Nb_6I_8]^{2+}$.

Cyanide (vgl. S. 2084) sind von Niobium(V,IV,III) bekannt. Und zwar addiert Niobiumpentachlorid das Pseudohalogenid CN^- unter Bildung des Komplexes $[Nb^VCl_5(CN)]^-$ (oktaedrisch), während die elektrochemische Reduktion von $NbCl_5$ in methanolischer Lösung in Gegenwart von Cyanid zum Cyanokomplex $[Nb^{III}(CN)_8]^{5-}$ führt, der sich an Luft oder in Gegenwart von Wasserstoffperoxid zum lichtempfindlichen Cyanokomplex $[Nb^{IV}(CN)_8]^{4-}$ oxidieren lässt (beide Komplex-Ionen sind in Salzen $K_{5(4)}[Nb(CN)_8] \cdot 2\,H_2O$ dodekaedrisch (D_{2d}-Symmetrie), in Lösung antikubisch (D_{4d}-Symmetrie) gebaut).

Azide (S. 2087). Die Pentafluoride NbF_5 und TaF_5 reagieren mit Me_3SiN_3 in fl. SO_2 bei $-20\,°C$ zu gelbem, bei Raumtemperatur festem und thermostabilem, aber explosivem (stoßempfindlichem) Niobium- bzw. Tantalpentaazid $M(N_3)_5$ (trigonal-bipyramidal; die analoge Reaktion mit stärker oxidierend wirkendem VF_5 verläuft – wohl als Folge der Oxidation von Azid – uneinheitlich).

Auch die aus $M(N_3)_5$ und $PPh_4^+N_3^-$ erhältlichen orangegelben Komplexe $[M(N_3)_6]^-$ (oktaedrisch) sind bei Raumtemperatur thermostabil.

Die Pentaazide $M(N_3)_5$ weisen besondere Strukturmerkmale auf: während etwa in $As(N_3)_5$ oder $Sb(N_3)_5$ (trigonal-bipyramidal) alle fünf MNN-Gruppierungen stark gewinkelt und die axialen MN-Abstände länger als die äquatorialen sind, beobachtet man in $Nb(N_3)_5$ und $Ta(N_3)_5$ zwar gewinkelte äquatoriale, aber fast lineare axiale MNN-Gruppierungen, darüber hinaus fünf fast gleiche MN-Abstände. Zur Erklärung des Sachverhalts wird angenommen, dass das Azid-Anion an ein frühes oder mittleres Übergangsmetall-Kation M^{n+} über ein, zwei oder drei Elektronenpaare des α-N-Atoms koordiniert sein kann, wobei in gleicher Richtung der MNN-Winkel wächst (s. Abb. 26.10).

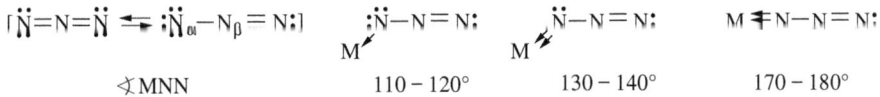

Abb. 26.10

Insgesamt soll die Azidkoordination dem d^n-konfigurierten Metallkation durch Wechselwirkung der α-N-Elektronenpaare eine $d^{10}s^2$- (Zwölfer-) Außenelektronenschale erbringen (späte Übergangsmetall-Kationen streben eine $d^{10}s^2p^6$- (Achtzehner-) Außenschale an; die Azidgruppen können natürlich auch durch Brückenbildung Elektronen liefern, vgl. $Cd(N_3)_3^-$). Die Beziehung »$12 = d^n + Z' \times 1 + Z'' \times 2 + Z''' \times 3$« ($Z'$, Z'', Z''' = Zahl der ein-, zwei-, dreifach wechselwirkenden N_3-Gruppen) ermöglicht hierbei Strukturvorhersagen. Und zwar sollten – in Übereinstimmung mit dem Experiment – die Zentren von d^0-$M(N_3)_5$ (M = Nb, Ta) zwei lineare und drei mittelstark gewinkelte MNN-Gruppen aufweisen ($3 \times 2 + 2 \times 3 = 12$), während d^0-$M(N_3)_4$ (M = Zr, Hf; $4 \times 3 = 12$) bzw. d^6-$Fe(N_3)_2$ ($6 + 2 \times 3 = 12$) vier bzw. zwei lineare und d^0-$M(N_3)_6^-$ (M = Ta, Nb; $6 \times 2 = 12$) bzw. d^0-$M(N_3)_6$ (M = Mo, W; $6 \times 2 = 12$) sechs mittelstark gewinkelte MNN-Gruppen enthalten.

2.2.3 Chalkogenverbindungen

Sauerstoffverbindungen (vgl. S. 2088). Unter den Sauerstoffverbindungen des Niobiums und Tantals (Tab. 26.2) stellen die aus den Elementen bei hohen Temperaturen zugänglichen Pentaoxide M_2O_5 (d^0) weiße, wasserunlösliche, luftstabile, relativ reaktionsträge Feststoffe mit vergleichsweise komplexen Strukturen dar (man kennt insbesondere von Nb_2O_5 viele Modifikationen). Ta_2O_5 lässt sich hierbei durch die Transportreaktion $Ta_2O_5(f) + 6\,HCl(g) \rightleftharpoons 2\,TaOCl_3(g) + 3\,H_2O(g)$ im Temperaturgefälle 1000–600 °C reinigen (in analoger Weise kann die Reinigung der Oxide von V, Nb, Cr, Mo, W, Re in höheren Oxidationsstufen erfolgen).

Als saure Oxide werden Nb_2O_5 und Ta_2O_5 von Säuren nicht angegriffen. Eine Ausnahme bildet lediglich Fluorwasserstoff, der M_2O_5 unter Bildung von Fluorokomplexen löst (vgl. Darstellung von Nb, Ta). Basen reagieren demgegenüber unter drastischen Bedingungen mit M_2O_5. Die durch Zusammenschmelzen mit überschüssigen Alkalimetallhydroxiden oder -carbonaten erhaltenen Niobate(V) bzw. Tantalate(V) lösen sich in Wasser in Form der »Isopolyoxoanionen« $[M_6O_{19}]^{8-}$, die oberhalb der pH-Werte 7 (Nb) bzw. 10 (Ta) stabil sind (bei pH-Werten < 11 geht $Nb_6O_{19}^{8-}$ in $HNb_6O_{19}^{7-}$ und $H_2Nb_6O_{19}^{6-}$ über). Unterhalb von pH = 7 bzw. 10 fallen aus den Lösungen die wasserhaltigen Pentaoxide aus, bei sehr hohen pH-Werten existieren möglicherweise auch diskrete Niobat- und Tantalat-Ionen MO_4^{3-}. Aus den alkalischen Lösungen lassen sich Salze wie $K_8M_6O_{19} \cdot 16\,H_2O$ auskristallisieren, welche Ionen $[M_6O_{19}]^{8-}$ enthalten, die aus sechs kantenverknüpften MO_6-Oktaedern aufgebaut sind (Abb. 26.11i) (bezüglich eines Polyedermodells vgl. Abb. 27.12).

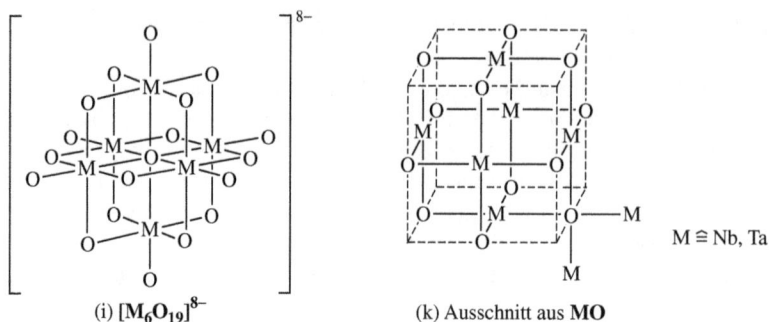

(i) $[M_6O_{19}]^{8-}$ (k) Ausschnitt aus **MO**

$M \cong Nb, Ta$

Abb. 26.11

Schmelzen aus Nb_2O_5 bzw. Ta_2O_5 und M^I_2O im Molverhältnis 1 : 1 sind anders als die oben beschriebenen Schmelzen praktisch wasserunlöslich. Nach ihrer Extraktion mit Wasser hinterbleiben »Niobate« M^INbO_3 bzw. »Tantalate« M^ITaO_3, die keine isolierten NbO_3^- bzw. TaO_3^--Ionen enthalten, sondern Doppeloxide mit Perowskit-Struktur ($CaTiO_3$) darstellen. In analoger Weise sind Niobate $M^{II}(NbO_3)_2$ und Tantalate $M^{II}(TaO_3)_2$ zweiwertiger Metalle M wie Fe oder Mn Doppeloxide. Die Lanthanoidniobate und -tantalate $LnNbO_4$ und $LnTaO_4$ enthalten demgegenüber isolierte MO_4^{3-}-Ionen. Die Metallate $LiNbO_3$ und $LiTaO_3$ sind attraktive Alternativen zu SiO_2 als Frequenzfilter (z. B. in der Holographie).

Die Pentaoxide Nb_2O_5 und Ta_2O_5 sind schwerer zu reduzieren als V_2O_5 und ergeben hierbei die in Tab. 26.2 ausgeführten, wasser- und säureunlöslichen Dioxide MO_2 (d^1), denen eine verzerrte Rutil-Struktur zukommt, in welcher Paare von M-Atomen jeweils näher benachbart sind (vgl. hierzu VO_2). Im Falle von Niobium existieren zwischen Nb_2O_5 und NbO_2 noch Phasen der Zusammensetzung $Nb_{3n+1}O_{8n-2}$ mit $n = 5$–8. Auch erhält man durch Einwirkung von Alkali- bzw. Erdalkalimetallen auf M_2O_5 farbige, metallisch leitende »Niobium«- und »Tantalbronzen«.

Weitergehende Reduktion führt zu den Monoxiden MO (d^3) mit defekter NaCl-Struktur (vgl. S. 2088): gemäß Abb. 26.11k fehlen in der NaCl-Elementarwürfelzelle (M besetzt Ecken und Flächenmitten, O Kantenmitten und das Würfelzentrum) alle M-Atome an den Ecken sowie das O-Atom im Würfelzentrum, das heißt $Nb_{0.75}O_{0.75}$. Die verbleibenden M-Atome in den Flächenmitten bilden einen oktaedrischen M_6-Cluster mit MM-Bindungen, dessen Kanten durch Sauerstoff überspannt werden (vgl. hierzu Abb. 26.9g, M = Nb und wohl auch Ta, X = O); die M_6-Cluster sind ihrerseits über gemeinsamen Ecken zu einem dreidimensionalen Netzwerk verknüpft, worin dann die O-Atome jeweils 4 Oktaederkanten überkappen und demgemäß quadratisch-planar von M koordiniert sind (Abb. 26.11k). In der Ausbildung von Clusterstrukturen bei niedrigwertigen Niobium- und Tantalhalogeniden bzw. -oxiden dokumentiert sich die hohe NbNb- bzw. TaTa-Bindungsenergie der Metalle Nb und Ta, die auch hohe Sublimationsenthalpien der Elemente zur Folge hat. Aufgrund der deutlich niedrigeren VV-Bindungsenergie in Vanadiummetall vermag VO noch ein NaCl-entsprechendes Ionengitter ohne VV-Bindungen auszubilden. Über O-Atome verbrückte Nb_6O_{12}-Einheiten bzw. Aggregate dieser Einheiten mit isolierten bzw. über gemeinsame Ecken verknüpften Nb_6-Cluster liegen auch niedrigwertigen Niobaten zugrunde, z. B. $Mg_3Nb_6O_{11}$ (diskrete Nb_6O_{12}-Einheiten mit Nb_6-Oktaeder), $K_2Al_2Nb_{11}O_{21}$ (diskrete $Nb_{11}O_{30}$-Einheiten mit Nb_{11}-Cluster aus zwei kondensierten Nb_6-Oktaedern), $BaNb_4O_6$ (Schichten mit zweidimensional kondensierten Nb_6-Oktaedern, die von O-Atomen umhüllt sind, [5]).

Sonstige Chalkogenverbindungen. Niobium und Tantal bilden eine große Anzahl von Sulfiden, Seleniden und Telluriden, z. B. MY_4 (Y = Se, Te; vgl. VS_4), MY_3 (Y = S, Se), MY_2 (Y = S, Se, Te; strukturverwandt mit MoS_2; CdI_2, $CdCl_2$), MY (Y = S, Se, Te; NiAs-Struktur).

2.2.4 Pentel-, Tetrel-, Trielverbindungen

Unter den u. a. aus den Elementen gewinnbaren, sehr stabilen und hochschmelzenden Niobium-
und Tantalnitriden MN (Smp. 2205/3095 °C; NaCl-Struktur; man kennt auch M_4N_5, M_5N_6,
$Ta^{III}_2N_3$ und $Ta^V_3N_5$ (rot; vgl. S. 747), -phosphiden MP (man kennt auch M_3P, M_2P, MP_2 und Arsenide, Antimonide, Bismutide; S. 861, 948), -carbiden MC (Smp. 3613/3985 °C; NaCl-Struktur; man kennt auch M_2C, Nb_3C_2, M_4C_3; S. 1021), -siliciden MSi_2 (Smp. 1950/2300 °C; man
kennt auch Nb_7Si, M_3Si, Ta_2Si, M_5Si_3; S. 1068)) sowie -boriden MB_2 (Smp. 3000/3150 °C; man
kennt auch Ta_2B, M_3B_2, M_4B_3, MB, M_3B; vgl. S. 1222) zählen die Nitride, Carbide, Boride
zu den Hartstoffen (S. 1889), wobei die metallreichen, elektrisch leitenden Nitride und Carbide nicht stöchiometrische Einlagerungsverbindungen darstellen. Die Carbide NbC sowie TaC
(bzw. Mischkristalle beider Carbide) werden wegen ihrer Zunderbeständigkeit anstelle von TiC
in Schneidwerkzeugen, darüber hinaus – wie VC – in Keramiken als Kornwachstumsinhibitoren
verwendet. NbB- sowie Ta_5Si_3-Elektroden sind sehr widerstandsfähig (z. B. Ta_5Si_3 für Brennstoffzellen). NbN besitzt als Supraleiter eine vergleichsweise hohe Sprungtemperatur von 16.8 K
(Analoges gilt für Nb_7Si).

Außer Nb- und Ta-nitriden existieren aus Li_3N, M^INH_2, M^{II}_2N, $M^{III}_3N_2$ und Nb, Ta bzw. Nb-,
Ta-Verbindungen zugängliche Nitridometallate $[M^VN_4]^{7-}$ (farblos bis hellgelb; isolierte MN_4-
Tetraeder in Li_7MN_4, $Li_3Sr_2MN_4$, $Li_3Ba_2MN_4$), $[Nb^V_2N_7]^{11-}$ (orangefarben; Nb_2N_7-Einheiten aus
zwei NbN_4-Tetraedern mit gemeinsamem N-Atom in $Ba_{16}(NbN_4)_3(Nb_2N_7)$), $[M^VN_3]^{4-}$ (farblos
bis gelb; über gemeinsame N-Atome zu Ketten verknüpfte MN_4-Tetraeder in Li_4TaN_3, Sr_2MN_3,
Ba_2MN_3), $[M^VN_2]^-$ (gelb; Schichten aus kantenverknüpften MN_6-Oktaedern in $NaMN_2$; Raum-
netze aus eckenverknüpften MN_4-Tetraedern in KMN_2, $RbMN_2$, $CsMN_2$, (vgl. SiO_2)), $[M^{IV}N_2]^{2-}$
(Schichten aus kantenverknüpften MN_6-Oktaedern in $CaTaN_2$), $[M^{III}N_2]^{3-}$ (grau; Schichten aus
kantenverknüpften trigonalen MN_6-Prismen, verknüpft durch oktaedrisch von N koordinierten
Sc^{3+}-Ionen in $ScTaN_2$). Näheres Kap. XXXII.

Niobium und Tantal bilden darüber hinaus Verbindungen mit stickstoffhaltigen Resten (vgl.
z. B. $M(N_3)_5$, $M(N_3)_6^-$; S. 1354) und kohlenstoffhaltigen Resten (vgl. hierzu nächstes Unterkapitel).

2.2.5 Organische Verbindungen des Niobiums und Tantals

Beispiele für organische Nb- und Ta-Verbindungen sind u. a.: »Pentamethylniobium« und -tantal
MMe_5 (M = Nb; sehr instabil; M = Ta: explosiv; stabiler sind die Addukte MMe_5(diphos) mit
diphos = $Me_2PCH_2CH_2PMe_2$). Sie sind anders als trigonal-bipyramidal strukturiertes $SbMe_5$
und $BiMe_5$ quadratisch-pyramidal gebaut (C_{4v}-Molekülsymmetrie mit Abständen TaC_{ax}/TaC_{ba}
= 2.18/2.11 Å). Auch die Komplexe $[MMe_6]^-$ (M = V, Nb, Ta; trigonal-prismatisch) weisen
andere Strukturen als die verwandten Komplexe $[M'Me_6]^-$ (M' = As, Sb, Bi; oktaedrisch) auf.
Als weitere Nb- und Ta-organische Verbindungen seien genannt: »Cyclopentadienylmetalle«
wie MCp_4 (zwei C_5H_5-Ringe η^5-, zwei η^1-gebunden), $(\eta^5$-Cp$)_2MX_3$, $(\eta^5$-Cp$)_2MX_2$ (X jeweils
Cl, Br), $NbCp_2 = [(\eta^5$-$C_5H_5)(\eta^5$-$C_5H_4)NbH]_2$ und $(\eta^5$-Cp$)_2MeTa=CH_2$, ferner »Carbonylmetallate« $[M(CO)_6]^-$, $[M(CO)_5]^{3-}$ und »Cyanoverbindungen« (s. oben). Näheres S. 2108, 2189,
2208.

Literatur zu Kapitel XXVI

Das Vanadium

[1] **Das Element Vanadium**

R. J. H. Clark: »Vanadium«, Comprehensive Inorg. Chem. **3** (1973) 491–551; Compr. Coord. Chem. I/II; »Vanadium« (vgl. Vorwort); Ullmann: »Vanadium and Vanadium Compounds«, **A27** (1995); Gmelin: »Vanadium«, Syst.-Nr. **48**; R. J. H. Clark: »The Chemistry of Titanium and Vanadium«, Elsevier, New York 1968. Vgl. auch Anm. [2,3].

[2] **Verbindungen des Vanadiums**

M. T. Pope, B. W. Dale: »Isopoly-vanadates, -niobates, and -tantalates«, Quart. Rev. **22** (1968) 527–548; J. O. Hill, I. G. Worsley, L. G. Hepler: »Thermochemistry and Oxidation Potentials of Vanadium, Niobium, and Tantalum«, Chem. Rev. **71** (1971) 127–137; K. F. Jahr, J. Fuchs: »Neue Wege und Ergebnisse der Polysäureforschung«, Angew. Chem. **78** (1966) 725–735; Int. Ed. **5** (1966) 689; D. L. Kepert: »Isopolyanions and Heteropolyanions«, Comprehensive Inorg. Chem. **4** (1973) 607–672; P. Hagenmuller: »Tungsten Bronzes, Vanadium Bronzes and Related Compounds«, Comprehensive Inorg. Chem. **4** (1973) 541–605; A. Müller: »Chemie der Polyoxometallate: Aktuelle Variationen über ein altes Thema mit interdisziplinären Zügen«, Angew. Chem. **103** (1991) 56–70; Int. Ed. **30** (1991) 34; R. Colton, J. H. Canterford: »Vanadium« in »Halides of the First Row Transition Metals«, Wiley 1969, S. 107 – 160; M. I. Khan, J. Zubieta: »Oxovanadium and Oxomolybdenum Clusters Incorporating Oxygen-Donor Ligands«, Progr. Inorg. Chem. **43** (1995) 1–150; T. Hirao (Hrsg.): »Aspects of vanadium science and biological chemistry of vanadium«, Coord. Chem. Rev. **237** (2003) 1–286; M. Sokolov, V. P. Fedin: »Chalcogenide clusters of vanadium, niobium and tantalum«, Coord. Chem. Rev. **248** (2004) 925–944.

[3] **Organische Verbindungen des Vanadiums**

Compr. Organomet. Chem. I/II/III: »Vanadium« (vgl. Vorwort); Houben-Weyl: »Organische Vanadiumverbindungen«, **13/7** (1975).

Das Niobium und Tantal

[4] **Die Elemente Niobium und Tantal**

D. Brown: »The Chemistry of Niobium and Tantalum«, Comprehensive Inorg. Chem. **3** (1973) 553–622; Compr. Coord. Chem. I/II: »Niobium«, »Tantalum« (vgl. Vorwort); L. G. Hubert-Pfalzgraf, M. Postel, J. G. Riess: »Niobium and Tantalum«, Comprehensive Coord. Chem. **3** (1987) 585–697; Ullmann: »Niobium and Niobium Compounds«, **A17** (1991) 251–264; »Tantalum and Tantalum Compounds«, **A26** (1994); Gmelin: »Niobium«, Syst.-Nr. **49**; »Tantalum«, Syst.-Nr. **50**; A. G. Quarrell: »Niobium, Tantalum, Molybdenum, and Tungsten«, Elsevier, New York 1961; N. Prokupuk, D. F. Shriver: »The Octahedral M_6Y_8- and M_6Y_{12}-Clusters of Group 6 and 5 Transition Metals«, Adv. Inorg. Chem. **46** (1999) 1–50. Vgl. auch Anm. [5,6].

[5] **Verbindungen des Niobiums und Tantals**

J. H. Canterford, R. Colton: »Niobium and Tantal« in »Halides of the Second and Third Row Transition Metals«, Wiley 1968, 145–205; M. T. Pope, B. W. Dale: »Isopoly-vanadates, -niobates, and -tantalates«, Quart. Rev. **22** (1968) 527–548; J. O. Hill, I. G. Worsley, L. G. Hepler: »Thermochemistry and Oxidation Potentials of Vanadium, Niobium, and Tantalum«, Chem. Rev. **71** (1971) 127–137; F. Fairbrother: »The Chemistry of Niobium and Tantalum«, Elsevier, New York 1967; »The Halides of Niobium and Tantalum«, in V. Gutman: »Halogen Chemistry« **3** (1967) 123–178 (Acad. Press, London); D. A. Miller, R. D. Boreman: »The Chemistry of d^1-Complexes of Niobium, Tantalum, Zirconium, and Hafnium«, Coord. Chem. Rev. **9** (1972) 107–143; D. L. Kepert: »Isopolyanions and Heteropolyanions«, Comprehensive Inorg. Chem. **4** (1973) 607–672; J. Köhler, G. Svensson, A. Simon: »Reduzierte Oxoniobate mit Metallclustern«, Angew. Chem. **104** (1992) 1463–1483. Int. Ed. **3** (1992) 1437; M. Sokolov, V. P. Fedin: »Chalcogenide clusters of vanadium, niobium and tantalum«, Coord. Chem. Rev. **248** (2004) 925–944.

[6] **Organische Verbindungen des Niobiums und Tantals**

Compr. Organomet. Chem. I/II/III: »Niobium, Tantalum« (vgl. Vorwort); Houben-Weyl: »Organische Niobium- und Tantalverbindungen«, **13/7** (1975).

Kapitel XXVII

Die Chromgruppe

Zur Chromgruppe (VI. Nebengruppe bzw. 6. Gruppe des Periodensystems) gehören die Elemente Chrom (Cr), Molybdän (Mo), Wolfram (W) und Seaborgium (Sg, Eka-Wolfram, Element 106). Sie werden zusammen mit ihren Verbindungen unten (Cr), auf S. 1867 (Mo, W) und im Kap. XXXVII behandelt.

Wie bei den vorausgehenden Nebengruppen (vgl. S. 1793 und S. 1819) sind sich auch hier aus den dort schon erörterten Gründen (praktisch gleiche Atom- und Ionenradien von Mo und W infolge der Lanthanoid-Kontraktion, S. 2026) die beiden schwereren Glieder (Molybdän und Wolfram) hinsichtlich ihres Vorkommens, ihrer Häufigkeit, ihrer Metallurgie und ihrer Eigenschaften sehr ähnlich, während das leichte Glied (Chrom) in seinem Verhalten etwas stärker von den beiden höheren Homologen abweicht (vgl. S. 1870).

Am Aufbau der Erdhülle sind die Metalle der Chromgruppe mit $1.2 \cdot 10^{-2}$ (Cr), $1.4 \cdot 10^{-4}$ (Mo) und $6.4 \cdot 10^{-4}$ (W) beteiligt, entsprechend einem Massenverhältnis von rund $100 : 1 : 1$.

1 Das Chrom

1.1 Das Element Chrom

i **Geschichtliches.** Im Rotbleierz wurde das Chrom im Jahre 1797 von dem französischen Chemiker Louis Nicolas Vauquelin entdeckt. Er erzeugte 1798 durch Reduktion eines aus dem Erz zunächst gewonnenen Chromoxids mit Kohlenstoff erstmals (mit C verunreinigtes) elementares Chrom. Reines Chrom wurde von Hans Goldschmidt 1894 aluminothermisch gewonnen. Der Name Chrom leitet sich von der für das Element charakteristischen Vielfalt der Farben seiner Verbindungen ab: chroma (griech.) = Farbe.

i **Physiologisches.** Chrom bzw. dessen Verbindungen sind für den Menschen, der etwa 0.03 mg pro kg enthält, essentiell (täglicher Bedarf: 0.05–0.5 mg Cr). Sie haben für ihn und Säugetiere, zusammen mit dem Insulin, Bedeutung für den Glucoseabbau im Blut. Von toxikologischer Bedeutung sind nur die Chrom(VI)-Verbindungen (CrO_3, CrO_4^{2-}, $Cr_2O_7^{2-}$), die – auf die Haut oder Schleimhäute gebracht – zu schlecht heilenden Geschwüren und – oral aufgenommen – zu Magen-/Darmentzündungen, Durchfall, Kollaps, Leber- und Nierenschäden führen. Chrommetall sowie Chrom(III)-Verbindungen sind demgegenüber weder hautreizend noch mutagen oder cancerogen.

Vorkommen

Chrom kommt in der »Lithosphäre« nur gebunden, und zwar hauptsächlich als »Chromeisenstein« (»Chromit«) $FeCr_2O_4$ (Fe^{2+} meist teilweise durch Mg^{2+} ersetzt, Cr^{3+} durch Al^{3+} und Fe^{3+}; vgl. S. 1358), seltener als »Rotbleierz« (»Krokoit«) $PbCrO_4$ (S. 1160) und Chromocker Cr_2O_3 (S. 1858) vor. Die Hauptfundorte sind Südafrika, die Philippinen und Kleinasien. Bezüglich Chrom in der »Biosphäre« vgl. Physiologisches.

Isotope (vgl. Anh. III). Natürliches Chrom besteht aus den Isotopen $^{50}_{24}\mathrm{Cr}$ (4.35 %), $^{52}_{24}\mathrm{Cr}$ (83.79 %), $^{53}_{24}\mathrm{Cr}$ (9.50 %, für NMR) und $^{54}_{24}\mathrm{Cr}$ (2.36 %). Das künstliche Nuklid $^{51}_{24}\mathrm{Cr}$ (Elektroneneinfang; $\tau_{1/2} = 27.8$ Tage) wird als Tracer und in der Medizin genutzt.

Darstellung

Rohstoffe. Zur Gewinnung von Chrom und Chromverbindungen (insbesondere Chromate, Chromoxide) geht man ausschließlich von Chromeisenstein (Chromit) $\mathrm{Fe^{II}Cr^{III}_2O_4}$, einem schwarzen Spinell aus. Er enthält als Nebenbestandteile gemäß der Formulierung $(\mathrm{Fe^{II},Mg})(\mathrm{Cr^{III},Al^{III},Fe^{III}})_2\mathrm{O_4}$ außer Eisen und Chrom vor allem Magnesium und Aluminium, ferner kleine Mengen Calcium, Silicium sowie (gegebenenfalls) Vanadium und wird hauptsächlich in Südafrika (ca. 75 %) und Simbawe-Rhodesien (ca. 20 %), aber auch in Albanien, Brasilien, Finnland, Indien, Iran, Madagaskar, Philippinen, Türkei und Russland gefördert (Weltjahresproduktion: Zig Megatonnenmaßstab). Etwa drei Viertel der Förderung dienen zur Herstellung von Ferrochrom (s. unten), je ein Achtel zur Erzeugung von Feuerfestprodukten (s. dort) und von metallischem Chrom sowie anderen Chromverbindungen.

Die technische Darstellung von »metallischem Chrom« erfolgt sowohl auf chemischem Wege aus Chrom(III)-oxid $\mathrm{Cr_2O_3}$ als auch auf elektrochemischem Wege aus Chrom(III)- bzw. Chrom(VI)-Salzlösungen.

Herstellung von Chrom auf chemischem Wege. Zur Gewinnung des für die chemische Darstellung von Chrom benötigten Chrom(III)-oxids aus Chromeisenstein muss Eisen abgetrennt werden. Hierzu führt man das enthaltene Eisen(II)-oxid durch Oxidation mit Sauerstoff in wasserunlösliches Eisen(III)-oxid, das Chrom(III)-oxid zugleich auf dem Wege über wasserlösliches Chromat(VI) $\mathrm{Na_2CrO_4}$ in Dichromat(VI) $\mathrm{Na_2Cr_2O_7}$ über, schematisch:

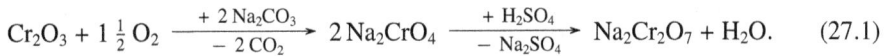

$$\mathrm{Cr_2O_3} + 1\tfrac{1}{2}\,\mathrm{O_2} \xrightarrow[-\,2\,\mathrm{CO_2}]{+\,2\,\mathrm{Na_2CO_3}} 2\,\mathrm{Na_2CrO_4} \xrightarrow[-\,\mathrm{Na_2SO_4}]{+\,\mathrm{H_2SO_4}} \mathrm{Na_2Cr_2O_7} + \mathrm{H_2O}. \qquad (27.1)$$

Gewonnenes Dichromat wird dann durch Koks, Schwefel oder Ammoniumchlorid zu Dichromtrioxid und letzteres anschließend mit Aluminium oder Kohlenstoff zu Chrom reduziert:

$$\mathrm{Cr_2O_3} + 2\,\mathrm{Al} \longrightarrow 2\,\mathrm{Cr} + \mathrm{Al_2O_3} + 536\,\mathrm{kJ}; \quad 809\,\mathrm{kJ} + \mathrm{Cr_2O_3} + 3\,\mathrm{C} \longrightarrow 2\,\mathrm{Cr} + 3\,\mathrm{CO}. \quad (27.2)$$

Zur Gewinnung von Ferrochrom, einer Chromeisenlegierung, reduziert man direkt Chromeisenstein mit Koks.

Herstellung von Dichromat aus Chromeisenstein. In der Technik werden 100 Teile feingemahlener Chromeisenstein $\mathrm{Fe^{II}Cr^{III}_2O_4}$ ($\mathrm{FeO\text{-}/Cr_2O_3\text{-}/MgO\text{-}/Fe_2O_3\text{-}/Al_2O_3\text{-}/SiO_2}$-Gehalte meist 8–22/40–55/9–15/3–8/9–16/2–6 %) mit 60–75 Teilen fein gemahlener Soda sowie 50–200 Teilen eines Magerungsmittels (meist $\mathrm{Fe_2O_3}$) gut gemischt und unter reichlicher Luftzufuhr in Drehrohr- oder Ringherdöfen auf 1000–1100 °C erhitzt[1]:

$$4\,\mathrm{FeCr_2O_4} + 8\,\mathrm{Na_2CO_3} + 7\,\mathrm{O_2} \longrightarrow 2\,\mathrm{Fe_2O_3} + 8\,\mathrm{Na_2CrO_4} + 8\,\mathrm{CO_2}.$$

Der $\mathrm{Fe_2O_3}$-Zuschlag verhindert das Zusammenschmelzen von Soda und Natriumchromat (Smp. 792 °C) und hält auf diese Weise die Masse porös, sodass die Luft ungehindert als Oxidationsmittel hinzutreten kann. Das entstehende, in Naßrohr-Mühlen gemahlene Röstgut wird mit Wasser ausgelaugt, wobei nur Natriumchromat $\mathrm{Na_2CrO_4}$ (gegebenenfalls etwas Natriumvanadat) in Lösung gehen, während Al, Si, V (Hauptmenge), Fe und Mg als Natriumaluminat, -silicat, -vanadat, $\mathrm{Fe_2O_3}$ und $\mathrm{Mg(OH)_2}$ zurückbleiben und mit Dreh- oder Bandfiltern abgetrennt

---

[1] Heizmaterialien sind Schweröl, Erdgas oder Braunkohlenstaub. Die Aufschlussmischung ($\mathrm{FeCr_2O_4}$, $\mathrm{Na_2CO_3}$) und die Heizgase (überschüssige Luft, Brennstoffe) werden im Gegenstrom geführt. Die Verweilzeit der Aufschlussmischung beträgt im Ofen rund 4 Stunden. Die austretenden Gase enthalten bis zu 10 % der Aufschlussmischung als Staub, der durch elektrostatische Gasreinigung zurückgehalten wird.

werden[2]. Die filtrierte Lösung mit ca. 500 g Na_2CrO_4 pro Liter wird zwecks Bildung des chromreicheren Natriumdichromats $Na_2Cr_2O_7$ noch heiß mit konzentrierter Schwefelsäure versetzt (bis zum pH-Wert 3; vgl. (27.1)) und anschließend teilweise eingedampft. Hierbei fällt praktisch alles gebildete Natriumsulfat aus[3]. Nach weiterem Konzentrieren der Lösung auf ca. 1600 g $Na_2Cr_2O_7$ pro Liter kristallisiert beim Erkalten Natriumdichromat als Dihydrat $Na_2Cr_2O_7 \cdot 2 H_2O$ je nach Schnelligkeit der Abkühlung in feinen orangeroten Nadeln oder in großen Kristallen aus. Es stellt das wichtigste Chromat dar, das in andere technisch wichtige Chromverbindungen überführt wird, u. a. in das zur Gewinnung von metallischem Chrom wichtige Chrom(III)-oxid Cr_2O_3.

Herstellung von Chrom(III)-oxid aus Dichromat. Die Reduktion von $Na_2Cr_2O_7$ zu Cr_2O_3 kann durch Erhitzen des Dichromats mit Kohlenstoff (in Form organischer Stoffe, Holzkohle), Schwefel oder Ammoniumchlorid bei 800–1000 °C erfolgen:

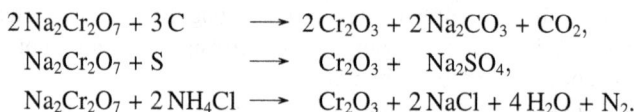

$$2 Na_2Cr_2O_7 + 3 C \longrightarrow 2 Cr_2O_3 + 2 Na_2CO_3 + CO_2,$$
$$Na_2Cr_2O_7 + S \longrightarrow Cr_2O_3 + Na_2SO_4,$$
$$Na_2Cr_2O_7 + 2 NH_4Cl \longrightarrow Cr_2O_3 + 2 NaCl + 4 H_2O + N_2.$$

Das nach letzterem Verfahren gewonnene Dichromtrioxid ist – anders als das nach der ersten bzw. zweiten Methode gewonnene Produkt – schwefelarm und wird (da für Anwendungen meist schwefelarmes Chrom benötigt wird) bevorzugt zur Chrom-Darstellung eingesetzt.

Reduktion von Chrom(III)-oxid zu Chrom. Zur Erzeugung von Chrom durch Reduktion von Cr_2O_3 mit Aluminium gemäß (27.2) (»aluminothermischer Prozess«, »Thermitverfahren«) zündet man ein Gemisch aus Dichromtrioxid, Aluminiumgrieß, gebranntem Kalk (zur Schlackenbildung) und Oxidationsmitteln wie $K_2Cr_2O_7$, CrO_3, $KClO_4$, BaO_2 (zur Gewinnung zusätzlicher, zum Schmelzen von Chrom benötigter Wärme) in Behältern, die mit feuerfestem Material ausgekleidet sind. Die Reaktion ist nach ca. 10 Minuten beendet. Während des Abkühlens der Reaktionsprodukte trennt sich die spezifisch leichtere Schlacke von spezifisch schwererem, 97–99 %-igem, flüssigem Chrommetall (Hauptverunreinigungen: Si, Al, Fe), das nach Erstarren als Block entnommen wird (ein aluminothermischer Ansatz von 1560 kg Cr_2O_3, 662 kg Al, 25 kg CaO, 340 kg $K_2Cr_2O_7$ liefert ca. 1060 kg Cr, des weiteren 1450 kg Schlacke für feuerfeste Steine oder Schleifmittel).

Schwieriger als die Reduktion von Cr_2O_3 mit Aluminium gestaltet sich die Reduktion mit Kohlenstoff, da bei der erforderlichen hohen Temperatur der stark endothermen Reaktion (27.2) Carbide gebildet werden. Ein vergleichsweise kohlenstoffarmes Chrom erhält man beim 4–5 tägigen Erhitzen von Briketts aus Chrom(III)-oxid und der berechneten Menge Kohlenstoff im rohrförmigen Vakuumofen auf 1275–1400 °C (Graphitabheizelemente) bei Drücken von 0.3 mbar (»Simplex-Prozess«). Das gemäß (27.2) gebildete Kohlenoxid wird hierbei abgepumpt.

Herstellung von Ferrochrom. Das zur Herstellung chromhaltiger, nicht rostender Spezialstähle dienende Chrom wird nicht als solches, sondern als Ferrochrom mit ca. 60 % Cr zugesetzt. Letzteres erhält man durch Erhitzen von Briketts oder Pellets aus $FeCr_2O_4$, Koks und Quarz im elektrischen Ofen auf 1600–1700 °C. Das hierbei neben Gichtgas (CO) zunächst gebildete Chromeisencarbid $(Fe,Cr)C_x$ (»Ferrochrom carbure«; x ca. 0.4) muss noch im Sauerstoffkonverter (vgl. Eisendarstellung) durch Einblasen von O_2 in das flüssige Carbid entkohlt werden (»Ferrochromsuraffine«).

---

[2] Der Rückstand wird entweder – nach Trocknung – der Aufschlussmischung als Magerungsmittel wieder zugeführt oder zur Abtrennung von restlichem Chromit mit Reduktionsmitteln wie $FeSO_4$ oder SO_2 behandelt.
[3] $Na_2Cr_2O_7$ bildet sich auch durch Einpressen von CO_2 in die Na_2CrO_4-Lösung bei 7–15 bar: $2 Na_2CrO_4 + 2 CO_2 +$ $H_2O \rightleftharpoons Na_2Cr_2O_7 + 2 NaHCO_3$. Das ausfallende $NaHCO_3$ kann durch Calcinieren oder durch NaOH-Zusatz in Soda verwandelt werden, die in den Aufschluss zurückgeführt wird.

Herstellung von Chrom auf elektrochemischem Wege. Die zur Gewinnung von kompaktem Chrom auf elektrolytischem Wege benötigten Chrom(III)-Salzlösungen erhält man durch Auflösen von Chrom(III)-oxid (s. oben) oder – vorteilhafter – von Ferrochrom (s. oben) in Schwefelsäure. In letzterem Falle wird das neben Cr^{3+} gebildete Fe^{2+} durch Zusatz von Ammoniumsulfat zur Lösung als – in der Kälte auskristallisierendes – Ammoniumeisensulfat $(NH_4)_2Fe(SO_4)_2 \cdot 6\,H_2O$ (s. dort) abgetrennt. Anschließend kristallisiert man den Chromalaun $NH_4Cr(SO_4)_2 \cdot 12\,H_2O$ aus, löst ihn wieder auf und scheidet aus der Lösung elektrochemisch Elektrolytchrom ab (Diaphragmazelle, Edelstahlkathode). Es muss durch einen Entgasungsprozess noch von »eingelagertem« Wasserstoff befreit werden.

Zur elektrochemischen Erzeugung von Chromüberzügen (z. B. auf Stahl) taucht man den betreffenden – meist vorher elektrolytisch vernickelten – Gegenstand als Kathode in eine schwefelsaure Lösung von Chrom(VI)-säure ein (sollte ca. 300 g CrO_3 pro Liter enthalten):

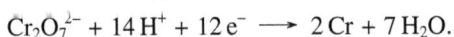

$$\overset{+VI}{Cr_2}O_7^{2-} + 14\,H^+ + 12\,e^- \longrightarrow 2\,Cr + 7\,H_2O.$$

Die auf diese Weise »galvanisch verchromten« Gegenstände sind wesentlich widerstandsfähiger gegen Luft und mechanische Beanspruchungen als vernickelte und zeigen einen schönen bläulichen, jedoch etwas kalt wirkenden Metallglanz.

Reinigung von Chrom. Die Reinigung von Chrom erfolgt nach dem Verfahren von van Arkel und de Boer (S. 1657) auf dem Wege über Chrom(II)-iodid CrI_2 (Bildung bei 900 °C, Zerfall bei 1000–1300 °C).

Physikalische Eigenschaften

Chrom (α-Cr: kubisch-raumzentriert; β-Cr: hexagonal-dichtest) ist ein silberglänzendes, im reinen Zustande zähes, dehn- und schmiedbares, bei Verunreinigung mit H oder O hartes, sprödes Metall der Dichte 7.14 g cm^{-3}, das bei 1903 °C schmilzt und bei etwa 2640 °C siedet. Bezüglich weiterer Kenndaten vgl. Tafel IV.

Chemische Eigenschaften

Chrom oxidiert sich bei gewöhnlichen Temperaturen weder an der Luft noch unter Wasser. Deshalb werden vielfach andere Metalle durch Überziehen mit einer dünnen (0.3 µm) starken Chromschicht (»Verchromen«) vor der Oxidation geschützt (s. oben). Bei erhöhten Temperaturen reagiert Chrom mit den meisten Nichtmetallen, so mit Chlor ($\longrightarrow$ $CrCl_3$), Sauerstoff ($\longrightarrow$ Cr_2O_3), Schwefel ($\longrightarrow$ Sulfide wie CrS), Stickstoff ($\longrightarrow$ Nitride wie CrN), Kohlenstoff ($\longrightarrow$ Carbide wie CrC), Silicium ($\longrightarrow$ Silicide wie $CrSi$), Bor ($\longrightarrow$ Boride wie CrB).

Das Verhalten des Chroms gegen Säuren hängt von seiner Vorbehandlung ab. Taucht man Chrom in starke Oxidationsmittel wie Salpetersäure oder Chromsäure oder macht man das Metall in einer wässerigen Lösung zur Anode, so löst es sich nach dem Herausnehmen nicht in verdünnten Säuren auf. Sein Normalpotential beträgt in diesem »passiven« Zustand +1.33 V, entsprechend einer Stellung in der Spannungsreihe zwischen den edlen Metallen Quecksilber (+0.86 V) und Gold (+1.50 V). Macht man das passive Chrom aber zur Kathode oder taucht man es in eine reduzierende Lösung, so löst sich das so behandelte Chrom in verdünnten Säuren unter Wasserstoffentwicklung auf, da es in diesem »aktiven« Zustand (in welchem es z. B. Cu, Sn und Ni aus den wässerigen Lösungen ihrer Salze zu verdrängen vermag) ein Normalpotential von nur −0.74 V besitzt, entsprechend einer Stellung in der Spannungsreihe zwischen den unedlen Metallen Zink (−0.76 V) und Eisen (−0.44 V).

Man erklärt diese Erscheinung in Analogie zum Aluminium (S. 1333) durch die Annahme einer äußerst dünnen, zusammenhängenden Chrom(III)-oxid-Schutzhaut auf dem passiven Metall, welche bei der chemischen oder anodischen Oxidation gebildet und bei der chemischen oder kathodischen Reduktion wieder entfernt wird, entsprechend einem Potential $E°$ von +1.33 V für das passive (Vorgang Cr(III) $\longrightarrow$ Cr(VI) + e⁻) und von −0.74 V für das aktive Metall (Vorgang Cr $\longrightarrow$ Cr(III) + 3 e⁻). Unter bestimmten Bedingungen (Gegenwart katalytisch wirkender dritter Substanzen) kann die Schutzschicht periodisch gebildet und zerstört werden. Dann beobachtet man in verdünnten Säuren eine rhythmische – d. h. abwechselnd zu- und abnehmende – Wasserstoffentwicklung.

Verwendung, Legierungen

Chrom (Jahresweltproduktion: einige zig Kilotonnen) ist ein wichtiger Legierungsbestandteil z. B. in Form des Ferrochroms (wichtigstes Legierungselement für die Herstellung nichtrostender und hitzebeständiger Stähle) oder in Form von eisenfreien, hitzebeständigen Chrom-Nickel- und Chrom-Cobalt-Legierungen. Metallisches Chrom dient in geringem Umfange zur Herstellung von Turbinenschaufeln und von Metallkeramiken (»Cermets«, z. B. aus 77 % Cr und 23 % Al_2O_3). Bezüglich des »Verchromens« s. oben. Vgl. auch Interstitielle Verbindungen (S. 308).

Chrom in Verbindungen

In seinen chemischen Verbindungen tritt Chrom hauptsächlich mit den Oxidationsstufen +II, +III und VI auf (z. B. $CrCl_2$, $CrCl_3$, Cr_2O_3, CrO_3, CrO_2Cl_2), doch existieren auch Verbindungen mit den Oxidationsstufen +IV und +V (z. B. $CrCl_4$, CrO_2, CrF_5) sowie +I, 0, −I und −II (z. B. $Cr(CNR)_6^+$, $Cr(PF_3)_6$, $Cr_2(CO)_{10}^{2-}$, $Cr(CO)_5^{2-}$). Die wichtigsten Verbindungen neben den Chrom(III)-Verbindungen sind die von sechswertigem Chrom abgeleiteten Chromate und Dichromate, welche in ihrer Zusammensetzung den Sulfaten und Disulfaten der VI. Hauptgruppe entsprechen und auch in der Natur vorkommen (Rotbleierz). In der niedrigen zweiwertigen Stufe besitzt das Chrom rein basischen Charakter (Kationenbildung) und starke Reduktionskraft, in der hohen sechswertigen Stufe ist es rein sauer und von großem Oxidationsvermögen; die mittlere, besonders stabile dreiwertige Oxidationsstufe ist sowohl hinsichtlich ihres Säure-Base- wie ihres Redox-Verhaltens amphoter.

Die Verbindungen des dreiwertigen Chroms Cr^{3+} sind sehr beständig gegen Oxidation und Reduktion in saurer wässriger Lösung, sodass die Chromate(VI) bei ihrer Oxidationswirkung und die Chrom(II)-Salze wie auch das elementare Chrom bei ihrer Reduktionswirkung in Chrom(III)-Verbindungen übergehen. In alkalischer Lösung ist die Oxidationswirkung der Chromate viel geringer, die Reduktionswirkung des elementaren Chroms viel höher. Dieser Sachverhalt lässt sich den nachfolgend wiedergebenen Potentialdiagrammen einiger Oxidationsstufen des Chroms bei pH = 0 und 14 entnehmen (vgl. Anh. V), wonach die Tendenz zur Komproportionierung von Cr(VI) und Cr(0) unter Bildung von Chrom(III) im sauren Milieu größer, im alkalischen Milieu kleiner ist, und Cr(III) keinerlei Neigung zur Disproportionierung in irgendeine höhere und tiefere Oxidationsstufe aufweist (s. Abb. 27.1).

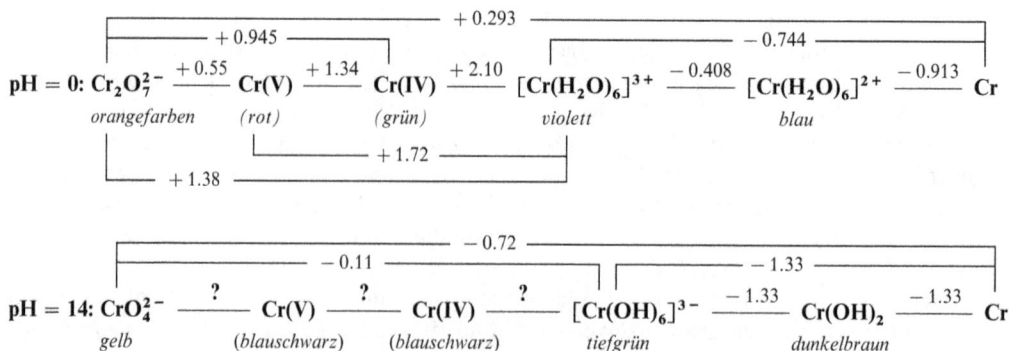

Abb. 27.1

In der Übergangsreihe Ti^{3+}, V^{3+}, Cr^{3+}, Mn^{3+}, Fe^{3+}, Co^{3+} sind die beiden vor Cr^{3+} stehenden Ionen Reduktionsmittel, die drei nach Cr^{3+} folgenden Ionen Oxidationsmittel (vgl. Potentialdiagramme bei den betreffenden Elementen), da Ti^{3+} und V^{3+} durch Abgabe von Elektronen eine Edelgasschale (Ar) zu erreichen suchen, während Mn^{3+}, Fe^{3+} und Co^{3+} durch Aufnahme von Elektronen ihre – bereits stärker an den Atomrumpf gebundene – 3d-Schale aufzufüllen bestrebt sind (vgl. hierzu S. 1870).

In saurer Lösung stellt Chrom(VI) hinsichtlich Cr(III) ein starkes Oxidationsmittel dar (zum Vergleich: $E°$ für SO_4^{2-}/SO_2 bzw. $SeO_4^{2-}/H_2SeO_3 = +0.158$ bzw. $+1.15$ V für pH = 0), während Cr(III) in alkalischer Lösung hinsichtlich Cr(VI) eher schwach reduzierende Eigenschaften aufweist (zum Vergleich SO_4^{2-}/SO_3^{2-} bzw. $SeO_4^{2-}/SeO_3^{2-} = -0.936$ bzw. $+0.03$ V bei pH = 14).

Von einer Chemie des Chroms(V) und des Chroms(IV) in wässeriger Lösung kann man wegen der leichten Disproportionierung von Cr(V) bzw. Cr(IV) zu Cr(III) und Cr(VI) nicht sprechen. Demgegenüber ist Chrom(II) in saurer Lösung disproportionierungsstabil (vgl. Potentialdiagramm), wird allerdings durch Luftsauerstoff zu Cr(III) oxidiert ($E°$ für $O_2/H_2O = +1.229$ V).

Die vorherrschende Koordinationszahl von Chrom(VI) ist vier (tetraedrisch in $Cr^{VI}O_3$, $Cr^{VI}O_4^{2-}$, $Cr^{VI}O_2Cl_2$), von Chrom(III) sechs (oktaedrisch in $[Cr^{III}(NH_3)_6]^{3+}$, $[Cr^{III}(acac)_3]$; pentagonal-pyramidal in $[Cr^{VI}O(O_2)_2(py)]$ und von Chrom(II) sechs, fünf, vier (low-spin: oktaedrisch in $[Cr^{II}(CN)_6]^{4-}$; high-spin: verzerrt-oktaedrisch in $[Cr^{II}(en)_3]^{2+}$, quadratisch-pyramidal in $[Cr^{II}(NH_3)_4(H_2O)]^{2+}$, planar in $[Cr^{II}(S_2C_2H_4)_2]^{2-}$). Man kennt aber auch Verbindungen des sechswertigen Chroms mit den Koordinationszahlen sechs und sieben (oktaedrisch in $[Cr^{VI}O_2F_4]^{2-}$, pentagonal-bipyramidal in $[CrO(O_2)_2(bipy)]$ und des dreiwertigen Chroms mit den Koordinationszahlen drei, vier und fünf (trigonal-planar in $[Cr^{III}(NiPr_2)_3]$, tetraedrisch in $[Cr^{III}Cl_4]^-$, trigonal-bipyramidal in $[Cr^{III}Cl_3(NMe_3)_2]$). Chrom(IV,V) betätigt die Koordinationszahlen vier bis acht (tetraedrisch in $Cr^{IV}Cl_4$, $Cr^VO_4^{3-}$; quadratisch-pyramidal in $[Cr^VOCl_4]^-$, trigonal-bipyramidal in Cr^VF_5; oktaedrisch in $[Cr^{IV}F_6]^{2-}$, $[Cr^VOCl_5]^{2-}$; pentagonal-bipyramidal in $[Cr^{IV}(O_2)_2(NH_3)_3]$; dodekaedrisch in $[Cr^{IV}H_4(diphos)_2]$, $[Cr^V(O_2)_4]^{3-}$), Chrom(I,0,−I) die Koordinationszahl sechs (oktaedrisch in $[Cr^I(CNR)_6]^+$, $[Cr^0(bipy)_3]$, $[Cr^{-I}_2(CO)_{10}]^{2-}$). Die 5-fach koordinierten Cr(−II)-, 6-fach koordinierten Cr(0)- und 7-fach koordinierten Cr(II)-Komplexverbindungen besitzen die Elektronenfiguration des Kryptons.

Bezüglich der Elektronenkonfiguration, der Radien, der magnetischen und optischen Eigenschaften von Chromionen vgl. Ligandenfeld-Theorie (S. 1592) sowie Anh. IV, bezüglich eines Eigenschaftsvergleichs der Metalle der Chromgruppe S. 1544f und S. 1870.

1.2 Verbindungen des Chroms

1.2.1 Chrom(VI)-Verbindungen (d^0)

Im sechswertigen Zustand bildet Chrom mit Halogenen keine Verbindungen, mit Chalkogenen nur Oxochromate(VI) wie M_2CrO_4, $M_2Cr_2O_7$ und – davon abgeleitet – Chrom(VI)-oxid CrO_3, Chrom(VI)-halogenidoxide wie $CrOF_4$, CrO_2Cl_2 (Tab. 27.1) und einige Derivate, ferner Peroxochromate(VI) wie $CrO(O_2)_2$, $MHCrO_2(O_2)_2$ sowie mit Pentelen nur Nitridochromate(VI) wie M_6CrN_4 und Iminochromate(VI) $M_2Cr(NR)_4$, aber kein hiervon abgeleitetes Chrom(VI)-nitrid CrN_2.

Chromate(VI). Darstellung. Die technische Gewinnung von Chromaten CrO_4^{2-} und Dichromaten $Cr_2O_7^{2-}$ erfolgt durch oxidierenden Aufschluss des Chromeisensteins $FeCr_2O_4$ mit Soda und Luft, wobei auf dem Wege über »Natriumchromat« Na_2CrO_4 hygroskopisches »Natriumdichromat« $Na_2Cr_2O_7 \cdot 2H_2O$ erhalten wird (Näheres S. 1846). Durch Umsetzung mit Kaliumchlorid kann es in nicht-hygroskopisches »Kaliumdichromat« $K_2Cr_2O_7$, durch Reaktion mit Ammoniumchlorid in »Ammoniumdichromat« $(NH_4)_2Cr_2O_7$ umgewandelt werden:

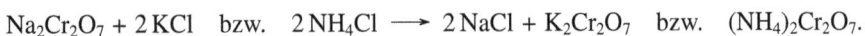

$$Na_2Cr_2O_7 + 2\,KCl \quad \text{bzw.} \quad 2\,NH_4Cl \longrightarrow 2\,NaCl + K_2Cr_2O_7 \quad \text{bzw.} \quad (NH_4)_2Cr_2O_7.$$

Große technische Bedeutung hat auch die Regenerierung von Chromat aus den in den Farbstoff-Fabriken anfallenden schwefelsauren Chrom(III)-sulfat-Lösungen. Sie erfolgt ausschließlich auf elektrolytischem Wege durch anodische Oxidation:

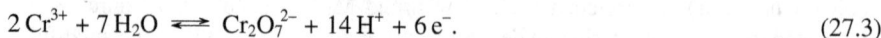

$$2\,Cr^{3+} + 7\,H_2O \;\rightleftharpoons\; Cr_2O_7^{2-} + 14\,H^+ + 6\,e^-. \tag{27.3}$$

Man verwendet Blei-Elektroden: Kathoden- und Anodenraum sind durch ein Diaphragma von-einander getrennt. Im Kathodenraum erfolgt bei der Chromsäure-Regenerierung eine Wasser-stoffentwicklung, also Abnahme der Säure-Konzentration ($6\,H^+ + 6\,e^- \longrightarrow 3\,H_2$), im Anoden-raum dagegen gemäß (27.3) eine Zunahme der Wasserstoffionen-Konzentration. Daher verfährt man in der Praxis so, dass man jeweils nur die säurereiche Anodenflüssigkeit zu neuen Oxida-tionszwecken benutzt, während die an Säure verarmte Kathodenflüssigkeit anschließend in den Anodenraum und die ausgebrauchte Chromatlösung des Oxidationsbetriebes in den Kathoden-raum übergeführt werden usw. Im Laboratorium benutzt man zur Oxidation von Chrom(III)-oxid zu Chromat Salpeter als Oxidationsmittel, wobei die Gelbfärbung der »Oxidationsschmelze« als »Nachweis für Chrom(III)-Verbindungen« genutzt wird:

$$\overset{+III}{Cr_2O_3} + 2\,Na_2CO_3 + 3\,\overset{+V}{KNO_3} \longrightarrow 2\,Na_2\overset{+VI}{CrO_4} + 3\,\overset{+III}{KNO_2} + 2\,CO_2.$$

Unter den Eigenschaften der Chromate seien das Kondensations-, Redox- und Säure-Base-Ver-halten besprochen:

Kondensations-Verhalten. Säuert man die verdünnte Lösung eines Chromats CrO_4^{2-} mit ver-dünnter Säure an, so schlägt die gelbe Farbe der Chromatlösung in die orangene Farbe des Di-chromats $Cr_2O_7^{2-}$ um, da das beim Ansäuern primär entstehende Hydrogenchromat ($CrO_4^{2-} + H^+ \longrightarrow HCrO_4^-$) nicht wie das entsprechende Hydrogensulfat HSO_4^- erst in der Hitze und bei Was-serausschluss, sondern bereits in wässeriger Lösung und bei Zimmertemperatur Wasser abspaltet ($2\,HCrO_4^- \rightleftharpoons H_2O + Cr_2O_7^{2-}$; $K = 10^{2.2}$):

$$\underset{\text{gelb}}{2\,CrO_4^{2-}} + 2\,H^+ \;\rightleftharpoons\; \underset{\text{orange}}{Cr_2O_7^{2-}} + H_2O. \tag{27.4a}$$

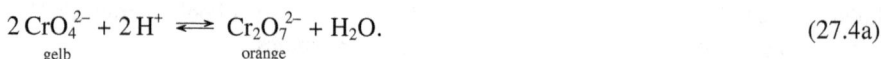

Entsprechend diesem Gleichgewicht (27.4a) enthält jede Chromatlösung auch Dichromat-Ionen $Cr_2O_7^{2-}$ und jede Dichromatlösung auch Chromat-Ionen CrO_4^{2-}. Durch Vergrößerung und Ver-kleinerung der Wasserstoffionen-Konzentration (Zusatz von Säure oder Base) kann das Gleich-gewicht nach rechts und links verschoben werden (pH $>$ 8: praktisch nur CrO_4^{2-}; pH 2–6: $HCrO_4^-$ und $Cr_2O_7^{2-}$ im Gleichgewicht; pH $<$ 1: $Cr_2O_7^{2-}$ sowie dessen Kondensationsproduk-te, s. unten). Von dieser Gleichgewichtsverschiebung macht man zur »Trennung von Barium und Strontium« Gebrauch, indem man in einer Dichromatlösung durch Einstellung eines be-stimmten pH-Wertes (mit Natriumacetat abgestumpfte essigsaure Lösung) eine Chromationen-Konzentration erzeugt, die zur Ausfällung des schwerer löslichen Bariumchromats (L_{BaCrO_4} = $8.5 \cdot 10^{-11}$), nicht aber zur Überschreitung des größeren Löslichkeitsprodukts von Strontium-chromat ($L_{SrCrO_4} = 3.6 \cdot 10^{-5}$) ausreicht.

In konzentrierter und stärker saurer Lösung findet eine Kondensation über die Stufe des Di-chromats hinaus unter Bildung von »Trichromat« $Cr_3O_{10}^{2-}$ ($Cr_2O_7^{2-} + CrO_4^{2-} + 2\,H^+ \rightleftharpoons Cr_3O_{10}^{2-} + H_2O$), »Tetrachromat« $Cr_4O_{13}^{2-}$ ($2\,Cr_2O_7^{2-} + 2\,H^+ \rightleftharpoons Cr_4O_{13}^{2-} + H_2O$) und noch hö-heren Polychromaten $[Cr_nO_{3n+1}]^{2-}$ statt (vgl. etwa die analoge Kondensation der Kieselsäure, Phosphorsäure oder Schwefelsäure); allgemein:

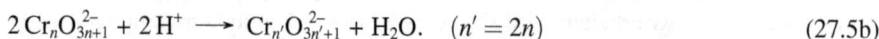

$$2\,Cr_nO_{3n+1}^{2-} + 2\,H^+ \longrightarrow Cr_{n'}O_{3n'+1}^{2-} + H_2O. \quad (n' = 2n) \tag{27.5b}$$

Parallel damit verschiebt sich die Farbe der Lösung von ursprünglich gelb über orange nach hochrot. Versetzt man schließlich eine konzentrierte Chromatlösung mit konzentrierter Schwe-felsäure, so erhält man das intensiv rote, polymere Chromsäure-Anhydrid $(CrO_3)_x$ (s. unten).

Redox-Verhalten. Die charakteristischste Eigenschaft der Chromate ist ihre starke oxidierende Wirkung, da sie ein großes Bestreben haben, bei Zugabe oxidierbarer Stoffe (z. B. H_2SO_3, HNO_2) in die Stufe des dreiwertigen (grünen) Chroms überzugehen:

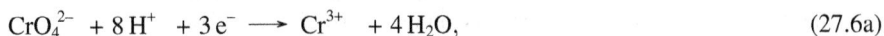

$$CrO_4^{2-} + 8\,H^+ + 3\,e^- \longrightarrow Cr^{3+} + 4\,H_2O, \tag{27.6a}$$

$$Cr_2O_7^{2-} + 14\,H^+ + 6\,e^- \longrightarrow 2\,Cr^{3+} + 7\,H_2O. \tag{27.6b}$$

Die Oxidationswirkung ist in saurer Lösung besonders stark (vgl. Potentialdiagramm auf S. 1848). Daher finden schwefelsaure Dichromatlösungen in der Analytik für Redox-Titrationen (Dichromatometrie; z. B. zur Fe-Bestimmung) und in der Technik (z. B. in Farbstoff-Fabriken) Verwendung zu Oxidationszwecken.

Im Laboratorium benutzte man konzentrierte »Chromschwefelsäure« wegen ihrer starken Oxidationswirkung zum Reinigen verschmutzter Glasgeräte. Beim längeren Stehen scheidet sich aus Chromschwefelsäure rotes, nadelförmiges CrO_3 sowie braunes, pulverförmiges CrO_2SO_4 aus. Es lässt sich auch $CrO_2(HSO_4)_2$ isolieren.

Säure-Base-Verhalten. Die den normalen Chromaten zugrunde liegende Chromsäure H_2CrO_4, die zum Unterschied von der (stärkeren) Schwefelsäure H_2SO_4 nur in verdünnter wässeriger Lösung bekannt ist, ist in erster Stufe ($H_2CrO_4 \rightleftharpoons H^+ + HCrO_4^-$) stark ($pK_1 = -0.61$), in zweiter Stufe ($HCrO_4^- \rightleftharpoons H^+ + CrO_4^{2-}$) dagegen nur wenig dissoziiert ($pK_2 = 6.488$). Dementsprechend reagieren die Alkalichromate in wässeriger Lösung alkalisch:

$$CrO_4^{2-} + HOH \rightleftharpoons HCrO_4^- + OH^-.$$

Die Hydrogenchromate $HCrO_4^-$, die zum Unterschied von den Hydrogensulfaten HSO_4^- nur in wässeriger Lösung bekannt sind und bei pH-Werten von 2–6 mit den Dichromaten $Cr_2O_7^{2-}$ im Gleichgewicht stehen (s. oben), reagieren in rein wässeriger Lösung schwach sauer. Die – ebenfalls nur in verdünnter Lösung existierende – Dichromsäure $H_2Cr_2O_7$ ist stärker sauer ($pK_1 = $ groß; $pK_2 = 0.07$) als die Chromsäure H_2CrO_4.

Isolierbare Salze der Chromsäure enthalten die Ionen CrO_4^{2-} (tetraedrischer Bau mit Doppelbindungscharakter der CrO-Bindungen; CrO-Abstände $= 1.66\,\text{Å}$), $Cr_2O_7^{2-}$ (zwei CrO_4-Tetraeder mit gemeinsamem O-Atom: $O_3Cr-O-CrO_3$; CrO-Abstände $= 1.63$ und $1.79\,\text{Å}$ (Brücke); CrOCr-Winkel $= 126°$), $Cr_3O_{10}^{2-}$ und $Cr_4O_{13}^{2-}$ (Kette aus CrO_4-Tetraedern mit gemeinsamen Ecken; CrOCr-Winkel um $120°$).

Dichromate sind jeweils leichter löslich als Monochromate. Vergleichsweise gut lösen sich die Alkalimetallchromate. Das schwerstlösliche Chromat ist das rote »Quecksilber(I)-chromat« Hg_2CrO_4. Es löst sich zum Unterschied von allen anderen schwerlöslichen Chromaten (z. B. »Bleichromat« $PbCrO_4$, »Bariumchromat« $BaCrO_4$, »Silberchromat« Ag_2CrO_4) auch nicht in verdünnter Salpetersäure und wird zur »quantitativen Fällung und Bestimmung von Chrom« benutzt, da es beim Glühen in das direkt wiegbare Chrom(III)-oxid Cr_2O_3 übergeht.

Verwendung. Wie erwähnt, finden Chromate in der organischen Chemie (z. B. in Farbstoff-Fabriken) als starke »Oxidationsmittel« Verwendung. Auch dienen sie als »Korrosionsschutzpigmente« (z. B. $SrCrO_4$, basisches $ZnCrO_4$ bzw. basisches $3\,ZnCrO_4 \cdot K_2CrO_4$) und stellen »Ausgangsmaterialien« für Gerbstoffe, Cr(III)-Salze, Holzimprägnierungsmittel dar. Einige Bleichromate sind wegen ihrer brillanten Farbtöne, ihrer hohen Farbstärke sowie Lichtechtheit, ihrem großen Deckvermögen und ihrer chemischen Beständigkeit geschätzte »Buntpigmente« für Lacke, Druckfarben, Keramiken, Kunststoffe, so etwa »Chromgelb« (in Form von goldgelbem $PbCrO_4$ (frühere Postwagenfarbe) oder hellgelbem monoklinem bzw. grünstichig gelbem orthorhombischen $Pb(Cr,S)O_4$), »Molybdatorange« bzw. »Molybdatrot« $Pb(Cr,Mo,S)O_4$ und »Chromorange« bzw. »Chromrot« $PbCrO_4 \cdot PbO$. Man stellt die Pigmente durch Mischfällungsreaktionen her und verbessert die Lichtechtheit, Temperaturbeständigkeit und Chemikalienresistenz durch geeignete chemische Nachbehandlung. Durch Abmischen von Chromgelb mit

Berliner Blau oder Phthalocyaninblau entstehen die »Chromgrün-Pigmente«. Wegen des Blei- und Chromatgehalts sind die erwähnten Farben allerdings giftig.

Chrom(VI)-oxid (vgl. S. 2088). Darstellung, Eigenschaften. Zur technischen Darstellung von Chromtrioxid CrO_3 erhitzt man eine Mischung von $Na_2Cr_2O_7 \cdot 2\,H_2O$ und konz. H_2SO_4 bis auf 200 °C und trennt anschließend spezifisch schwereres, flüssiges CrO_3 (Schmp. 197 °C) vom spezifisch leichterem, flüssigem $NaHSO_4$ (Schmp. 170 °C). Das äußerst giftige (schleimhautkrebserregende) Trioxid bildet lange, dunkelrote, in Wasser leicht lösliche, bei 197 °C schmelzende Nadeln, die sich in viel Wasser mit gelber Farbe zu Chromsäure H_2CrO_4, in wenig Wasser mit gelblichroter bis roter Farbe zu Polychromsäuren $H_2Cr_nO_{3n+1}$ lösen (s. oben). Mit Halogeniden bildet CrO_3 leichthydrolysierbare »Halogenochromate« $[CrO_3X]^-$. Es zersetzt sich ab 220 °C über Zwischenstufen (Cr_3O_8, Cr_2O_5, Cr_5O_{12}, CrO_2; vgl. Tab. 27.1) leicht in Chrom(III)-oxid Cr_2O_3 und Sauerstoff nach

$$39\,kJ + 2\,CrO_3 \longrightarrow Cr_2O_3 + 1\tfrac{1}{2}\,O_2$$

und stellt wegen der leichten Sauerstoffabgabe ein sehr kräftiges Oxidationsmittel dar. So kann man beispielsweise eine wässerige Lösung nicht durch Papierfilter filtrieren, da diese oxidiert werden. Methanol entzündet sich beim Auftropfen auf CrO_3 von selbst. Leitet man trockenes Ammoniak über CrO_3-Kristalle, so wird es unter Feuererscheinung zu Stickstoff oxidiert:

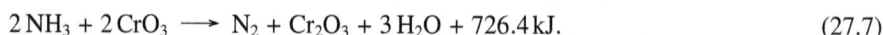

$$2\,NH_3 + 2\,CrO_3 \longrightarrow N_2 + Cr_2O_3 + 3\,H_2O + 726.4\,kJ. \tag{27.7}$$

Erhitzt man daher einen großen Ammoniumdichromat-Kristall an einer Stelle: $(NH_4)_2Cr_2O_7 \longrightarrow 2\,NH_3 + 2\,CrO_3 + H_2O$, so schreitet die gemäß (27.7) beginnende Reaktion unter lebhaftem Glühen und Rauschen (Stickstoffentwicklung) und unter Bildung von lockerem, grünem Cr_2O_3-Pulver durch die ganze Masse hindurch fort.

Struktur. $(CrO_3)_x$ ist ähnlich wie $(SO_3)_x$ aus einer Kette von CrO_4-Tetraedern aufgebaut (vgl. S. 642), die je zwei Tetraederecken mit anderen CrO_4-Tetraedern teilen, sodass jedes Cr von vier O und die Hälfte dieser O von zwei Cr umgeben ist, entsprechend einer Zusammensetzung $CrO_2O_{2/2} = CrO_3$. Die CrO-Bindungen innerhalb der Kette (CrO-Abstand 1.748 Å) entsprechen Einfachbindungen, die terminalen CrO-Bindungen (CrO-Abstand 1.599 Å) Doppelbindungen. Andere Struktur (oktaedrische Umgebung) besitzen MoO_3 und WO_3 (vgl. S. 1876).

Verwendung Man nutzt CrO_3 zur galvanischen Verchromung, als Oxidationsmittel, im Holzschutz, zur Herstellung von CrO_2 sowie Cr-haltiger Katalysatoren.

Chrom(VI)-halogenidoxide. Darstellung, Eigenschaften. Als Chlorid der Chromsäure kann das (lichtempfindliche) Chromylchlorid CrO_2Cl_2 (Tetraeder-Struktur) durch Einwirkung von Salzsäure auf Chromsäure gewonnen werden:

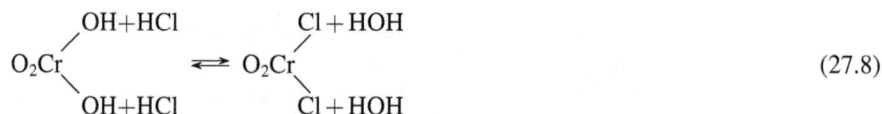

$$O_2Cr\overset{\displaystyle OH+HCl}{\underset{\displaystyle OH+HCl}{\big\langle}} \;\rightleftharpoons\; O_2Cr\overset{\displaystyle Cl+HOH}{\underset{\displaystyle Cl+HOH}{\big\langle}} \tag{27.8}$$

Da die Reaktion umkehrbar ist, und das Chromylchlorid durch Wasser leicht wieder rückwärts in Chromsäure und Salzsäure zerlegt wird, muss man bei der Darstellung das entstehende Wasser durch konzentrierte Schwefelsäure binden. Dementsprechend erhitzt man ein Gemisch von Kaliumchromat (oder -dichromat) und Kaliumchlorid mit konzentrierter Schwefelsäure. Das stark oxidierend wirkende Chromylchlorid destilliert dabei als dunkelrote Flüssigkeit vom Siedepunkt 116.7 °C und Erstarrungspunkt −96.5 °C.

In analoger Weise entsteht aus Kaliumchromat und wasserfreier Flusssäure das gasförmige, rotbraune, sehr stabile Chromylfluorid CrO_2F_2, das sich bei 30 °C zu einem tiefvioletten

Feststoff (Smp. 31.6 °C) kondensieren lässt. In beiden Fällen treten als Zwischenstufen der Chromylhalogenid-Bildung starke einbasige »Halogeno-chromsäuren« der Formel $CrO_2(OH)X$ auf (X = F, Cl), deren Salze $M[CrO_3X]$ sich wohlkristallisiert isolieren lassen. Auch ein durch Fluorierung von Cr gewinnbares Chromtetrafluoridoxid $CrOF_4$ ist bekannt, ein Chromylbromid bzw. -iodid CrO_2Br_2 bzw. CrO_2I_2 unbekannt ($H_2CrO_4 + 2\,HBr/2\,HI \longrightarrow CrO_2 + 2\,H_2O + Br_2/I_2$).

Strukturen. CrO_2F_2 und CrO_2Cl_2 bilden Monomere mit tetraedrischer Koordination des Chroms ($d_{CrO/CrX} = 1.58/1.74$ bzw. $1.57/2.12$ Å; $\sphericalangle OCrO/XCrX = 102/119°$ bzw. $105/113°$).

Verwendung. In der analytischen Chemie macht man von der umkehrbaren Reaktion (27.8) zum »Nachweis von Chloriden« neben Bromiden und Iodiden Gebrauch, indem man die auf Chloride zu prüfende Substanz nach Zusatz von Dichromat mit konzentrierter Schwefelsäure (Verschiebung des Gleichgewichts (27.8) nach rechts) erhitzt und die entstehenden Dämpfe in Natronlauge (Verschiebung des Gleichgewichts (27.8) nach links) einleitet. Die Anwesenheit von Chloriden gibt sich dabei durch die Bildung von gelbem Chromat zu erkennen, das als solches nachgewiesen werden kann. Bromide und Iodide gehen bei der Reaktion zum Unterschied von den Chloriden in elementares Brom und Iod über. Chromylchlorid dient des weiteren als Oxidations- und Chlorierungsmittel, zur Synthese von Cr(III)-Komplexen, Cr-haltigen Farbstoffen, ferner zur Epoxidation von Olefinen.

Peroxochromate(VI) (vgl. S. 2093). Durch vorsichtiges Zugeben von 30 %-igem Wasserstoffperoxid zu sauren Chromatlösungen unter Eiskühlung werden Peroxochromate(VI) $MHCrO_6$ gewonnen:

$$HCrO_4^- + 2\,H_2O_2 \longrightarrow HCrO_6^- + 2\,H_2O.$$

Sie bilden blauviolette, diamagnetische Kristalle und unterscheiden sich in ihrem Aufbau dadurch von den Chromaten, dass zwei Sauerstoffatome des Chromat-Ions (a) unter Erhalt der Sechswertigkeit des Chroms durch O_2-Gruppen (Peroxo-Gruppen) ersetzt sind (b):

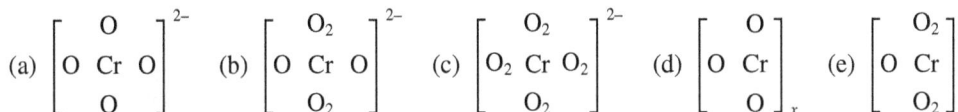

$$(a)\ \begin{bmatrix} & O & \\ O & Cr & O \\ & O & \end{bmatrix}^{2-} \quad (b)\ \begin{bmatrix} & O_2 & \\ O & Cr & O \\ & O_2 & \end{bmatrix}^{2-} \quad (c)\ \begin{bmatrix} & O_2 & \\ O_2 & Cr & O_2 \\ & O_2 & \end{bmatrix}^{2-} \quad (d)\ \begin{bmatrix} & O & \\ O & Cr & \\ & O & \end{bmatrix}_x \quad (e)\ \begin{bmatrix} & O_2 & \\ O & Cr & \\ & O_2 & \end{bmatrix}$$

Produkte einer vollständigen Substitution der Sauerstoffatome in CrO_4^{2-} (a) durch Peroxogruppen, die Peroxochromate(VI) CrO_8^{2-} (c), entstehen möglicherweise als Zwischenprodukte der zu roten, paramagnetischen Peroxochromaten(V) CrO_8^{3-} führenden Einwirkung von 30 %-igem Wasserstoffperoxid auf alkalische Chromatlösungen (s. unten).

Die blauen, wässerigen Lösungen der Peroxochromate(VI) CrO_6^{2-} zersetzen sich leicht unter Sauerstoffentwicklung und Rückbildung der ursprünglichen Chromate: $HCrO_6^- \longrightarrow HCrO_4^- + O_2$. Bei gleichzeitiger Gegenwart von Wasserstoffperoxid erfolgt in saurer Lösung darüber hinaus eine Reduktion bis zur Stufe des grünen dreiwertigen Chroms ($2\,HCrO_6^- + 3\,H_2O_2 + 8\,H^+ \longrightarrow 2\,Cr^{3+} + 8\,H_2O + 5\,O_2$).

Man kann das Peroxochromat-Ion $HCrO_6^- = CrO_5(OH)^-$ der Peroxochromate(VI) $M[HCrO_6]$ (M z.B. = K, NH_4, Tl(I)) auch als Additionsverbindung eines Peroxids CrO_5 an OH^- ansehen, wobei sich dieses Peroxid CrO_5 (e) vom Chromoxid CrO_3 (d) durch Ersatz zweier Sauerstoffatome durch Peroxogruppen ableitet. Schüttelt man wässrige blaue Peroxochromat-Lösungen mit Ether aus, so lässt sich dieses Chrom(VI)-peroxid CrO_5 als beständige blaue »Ether-Anlagerungsverbindung« $CrO_5(OR_2)$ in den Ether überführen:

$$CrO_5(OH)^- + OR_2 \rightleftharpoons CrO_5(OR_2) + OH^-. \tag{27.9}$$

Hiervon macht man zum analytischen »Nachweis von Chromaten und Dichromaten« Gebrauch, indem man eine mit Ether versetzte schwefelsaure Wasserstoffperoxidlösung mit der auf Chromat zu prüfenden Lösung schüttelt; die Anwesenheit von Chromat macht sich dann durch eine intensive Blaufärbung der – spezifisch leichteren und daher auf der wässrigen Lösung schwimmenden – Etherschicht bemerkbar.

Durch bloße Zugabe von Hydroxid OH^- kann das Peroxid $CrO_5(OR_2)$ in Umkehrung von (27.9) wieder in die Peroxochromate $CrO_5(OH)^-$ rückverwandelt werden. Bei Zufügen von Pyridin (py) zur etherischen Lösung von $CrO_5(OR_2)$ lässt sich das diamagnetische, in Benzol monomer lösliche Pyridinat $CrO_5(py)$ erhalten: $CrO_5(OR_2) + py \longrightarrow CrO_5(py) + OR_2$, dessen Moleküle (Analoges gilt für $CrO_5(OR_2)$ und $CrO_5(OH)^-$) eine pentagonale Pyramide mit einem O-Atom an der Spitze bilden (Abb. 27.2f). Das aus $CrO_5(OH_2)$ und 2,2'-Bipyridyl (bipy) zugängliche Addukt $Cr(O_5)(bipy)$ weist andererseits einen pentagonal-bipyramidalen Bau (Abb. 27.2g) auf, während das als Zwischenprodukt der Umsetzung von H_2O_2 mit alkalischen CrO_4^{2-}-Lösungen postulierte Peroxochromat CrO_8^{2-} wohl verzerrt-dodekaedrische Struktur (Abb. 27.2h) besitzt (O_2-Gruppen in den Ecken eines Tetraeders).

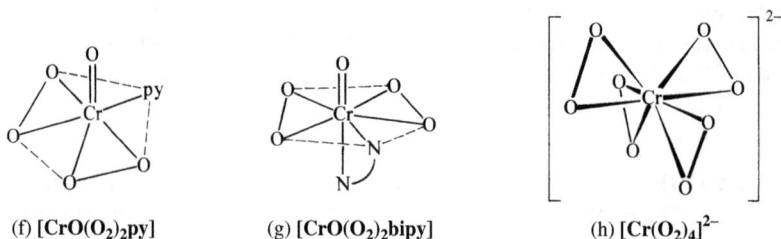

(f) **[CrO(O₂)₂py]**   (g) **[CrO(O₂)₂bipy]**   (h) **[Cr(O₂)₄]²⁻**

Abb. 27.2

1.2.2   Chrom(V)- und Chrom(IV)-Verbindungen (d^1, d^2)

Man kennt von fünfwertigem ähnlich wie von sechswertigem Chrom außer einem Oxid und einigen Chromaten, Peroxochromaten sowie Halogenidoxiden nur wenige Verbindungen (z.B. ein Pentafluorid). Vierwertige Chromverbindungen sind zwar etwas zahlreicher und beständiger aber doch noch relativ selten. Für beide Oxidationsstufen existiert keine wässrige Chemie; allerdings treten sie bei vielen Redoxreaktionen in Wasser als Reaktionszwischenprodukte auf.

Halogenverbindungen

Unter den Chromhalogeniden des fünfwertigen Chroms (Tab. 27.1) ist das Chrompentafluorid CrF_5 die einzige binäre Verbindung. Es stellt einen karmesinroten, stark oxidierend wirkenden, flüchtigen Feststoff dar, der durch direkte Einwirkung von Fluor auf Chrom bei 400 °C und 200 bar gewonnen werden kann. CrF_5 liegt wie VF_5 in der Gasphase monomer (trigonal-bipyramidal), in kondensierter Phase polymer vor (*cis*-verknüpfte CrF_6-Oktaeder; vgl. S. 2076) und bildet den »Fluorokomplex« CrF_6^- (oktaedrisch). Die zugehörigen hydrolyseempfindlichen, stark oxidierend wirkenden Chrom(V)-halogenidoxide $CrOF_3$ und $CrOCl_3$ (Tab. 27.1; $CrOCl_3$ disproportioniert oberhalb 0 °C in Cr(VI) und Cr(III)) ergeben mit Halogenid »Halogenokomplexe« $CrOX_4^-$ (für X = Cl: trigonal-bipyramidal) und $CrOX_5^{2-}$ (oktaedrisch). Von vierwertigem Chrom sind alle binären Chromtetrahalogenide CrX_4 bekannt (Tab. 27.1). α-CrF_4 ist ein grünschwarzer, durch Einwirkung von F_2 auf CrF_3, $CrCl_3$ oder Cr bei 300–350 °C gewinnbarer, bei 100 °C sublimierender, leicht hydrolysierbarer Feststoff, β-CrF_4 eine dunkelviolette, durch Langzeitthermolyse von CrF_5 (130 °C, 5 Monate) erhältliche kristalline Verbindung. Erstere Verbindung baut sich aus Ketten *trans*-kantenverknüpfter CrF_6-Oktaeder auf, letzteres Fluorid aus Ringen von 4 *cis*-eckenverbrückten CrF_6-Oktaeder, die über gemeinsame *trans*-ständige F-Atome zu Röhren verknüpft sind (jedem CrF_6-Oktaeder verbleiben zwei *cis*-ständige freie F-Atome). Die Tetrahalogenide $CrCl_4$, $CrBr_4$ und CrI_4 existieren nicht als Feststoffe, sondern

Tab. 27.1 Halogenide, Oxide und Halogenidoxide^a von Chrom^b.

	Fluoride	Chloride	Bromide	Iodide	Oxide^c
Cr(VI)	$-^d$	–	–	–	CrO_3, tiefrot Smp. 197 °C ΔH_f −590 kJ mol^{-1} Kette, KZ 4
Cr(V)	CrF_5, blutrot Smp./Sdp. 30/117 °C Kettenstr. KZ 6	–	–	–	Cr_2O_5, schwarz Zers.200 °C ^{c}
Cr(IV)	CrF_4, dunkelgrün Smp. 277 °C ΔH_f −1248 kJ mol^{-1} Kette, KZ 6	$CrCl_4$, braun Zers. −28 °C stabile Gasphase T_d-Symmetrie, KZ 4	$(CrBr_4)$ nur in der Gasphase stabil T_d-Symmetrie, KZ 4	(CrI_4) nur in der Gasphase stabil T_d-Symmetrie, KZ 4	CrO_2, schwarz Zers. > 200 °C ΔH_f −599 kJ mol^{-1} Rutil-Strukt., KZ 6
Cr(III)	CrF_3, grün Smp. 1404 °C ΔH_f −1160 kJ mol^{-1} VF$_3$-Strukt., KZ 6	$CrCl_3$, violettrot Smp. 1152 °C ΔH_f −557 kJ mol^{-1} CrCl$_3$-Strukt., KZ 6	$CrBr_3$, dunkelgrün Smp. 812 °C BiI$_3$-Strukt.?, KZ 6	CrI_3, dunkelgrün Zers. 500 °C ΔH_f −205 kJ mol^{-1} BiI$_3$-Strukt., KZ 6	Cr_2O_3, grün Smp. 2275 °C ΔH_f −1140 kJ mol^{-1} Korund-Strukt., KZ 6
Cr(II)	CrF_2, blaugrün Smp. 894 °C ΔH_f −703 kJ mol^{-1} Rutil-Strukt.^{e}, KZ 6	$CrCl_2$, weiß Smp./Sdp. 815/1120 °C ΔH_f −396 kJ mol^{-1} Rutil-Strukt.^{e}, KZ 6	$CrBr_2$, weiß Smp. 842 °C ΔH_f −302 kJ mol^{-1} CdI$_2$-Strukt.^{e}, KZ 6	CrI_2, rotbraun Smp. 868 °C ΔH_f −157 kJ mol^{-1} CdI$_2$-Strukt.^{e}, KZ 6	CrO, schwarz Dispr. Cr/Cr(III) NaCl-Strukt.^{e}, KZ 6

a Man kennt eine Reihe von Chromhalogenidoxiden: rotes $Cr^{VI}OF_4$ (Smp. 55 °C), violettes $Cr^{VI}O_2F_2$ (Smp. 32 °C), rotes $Cr^{VI}O_2Cl_2$ (Smp. −96.5 °C, Sdp. 117 °C, ΔH_f = −580 kJ mol^{-1}), rotes CrO_2Br_2 (Zers. unterhalb Raumtemp.), purpurfarbenes Cr^VOF_3 (Zers. 500 °C; Raumstruktur), dunkelrotes Cr^VOCl_3, grünes $Cr^{III}OCl$ und $Cr^{III}OBr$.

b Man kennt auch Sulfide, Selenide, Telluride. Darüber hinaus existieren Pentelide, Tetrelide, Trielide (S. 1863)

c Neben den aufgeführten Oxiden kennt man ferner farbige Peroxide $CrO_5 = CrO(O_2)_2$ und $CrO_4 = Cr(O_2)_2$ (nur in Form von Donoraddukten isolierbar: blaues $CrO_5 \cdot D$ und braunes $CrO_4 \cdot 3\,D$), schwarze III/VI- und II/III-Oxide wie $Cr_2O_5 = Cr^{III}_2Cr^{VI}O_{15}$, $Cr_5O_{12} = Cr^{III}_2Cr^{VI}_3O_{12}$ (kantenverknüpfte $Cr^{III}O_6$-Oktaeder, welche mit $Cr^{VI}O_4$-Tetraedern eckenverknüpft sind) und $Cr_3O_4 = Cr^{II}Cr^{III}_2O_4$ (vgl. Spinelle).

d CrF_6 soll neben $CrOF_4$ und CrF_5 (tiefrote Feststoffe) bei der Fluorierung von Chrom mit Fluor bei 400 °C und 350 bar als sehr unbeständiges, zitronengelbes, im Vakuum oberhalb etwa −100 °C in CrF_5 übergehendes Pulver entstehen. Tatsächlich handelt es sich aber wohl um CrO_2F_2/HF.

e Strukturen jeweils Jahn-Teller-verzerrt

nur im Dampfphasengleichgewicht des Trihalogenids mit Halogen ($2\,CrX_3 + X_2 \longrightarrow 2\,CrX_4$). Mit Fluoriden bildet CrF_4 »Fluorokomplexe« CrF_5^- (CrF_6-Oktaederkette mit gemeinsamen F-Atomen), CrF_6^{2-} (oktaedrisch) und CrF_7^{3-}. Bezüglich Strukturen vgl. S. 2074.

Sauerstoffverbindungen

Als reine Oxoverbindungen des fünfwertigen Chroms sind Chromate(V) wie Na_3CrO_4 und $Ba_3(CrO_4)_2$ bekannt, schwarze oder blauschwarze, hygroskopische Feststoffe, die unter Disproportionierung in Cr(VI) und Cr(III) hydrolysieren und paramagnetische, isolierte CrO_4^{3-}-Ionen von Tetraedergestalt enthalten. Die Verbindung KCr_3O_8 enthält kein Cr(V), wie man aus der Zusammensetzung schließen könnte, sondern ist ein Kalium-chrom(III)-chromat(VI) $KCr(CrO_4)_2$. Bezüglich des »Dichrompentaoxids« Cr_2O_5 s. unten.

Die roten Peroxochromate(V) M_3CrO_8 (vgl. S. 2091) entstehen bei der Einwirkung von 30 %-igem Wasserstoffperoxid auf alkalische Chromatlösungen unter Eiskühlung. Bei dieser Umsetzung wären eigentlich diamagnetische Peroxochromate(VI) der Zusammensetzung M_2CrO_8 mit sechswertigem Chrom zu erwarten (27.10). Diese sind aber nicht fassbar und gehen als starke Oxidationsmittel – formal unter Oxidation von OH$^-$ zu H_2O_2 ($2\,OH^- \longrightarrow H_2O_2 + 2\,e^-$) gemäß (27.11) – in paramagnetische Peroxochromate(V) M_3CrO_3 mit fünfwertigem Chrom über

$(CrO_8^{2-} + e^- \longrightarrow CrO_8^{3-})^4$:

$$2\,CrO_4^{2-} + 8\,H_2O_2 \longrightarrow 2\,CrO_8^{2-} + 8\,H_2O \tag{27.10}$$

$$2\,CrO_8^{2-} + 2\,OH^- \longrightarrow 2\,CrO_8^{3-} + H_2O_2 \tag{27.11}$$

$$2\,CrO_4^{2-} + 7\,H_2O_2 + 2\,OH^- \longrightarrow 2\,CrO_8^{3-} + 8\,H_2O.$$

Die Reaktion verläuft über das oben (S. 1853) erwähnte Peroxochromat $HCrO_6^-$, welches mit weiterem Wasserstoffperoxid zum Peroxochromat CrO_8^{3-} reagiert: $HCrO_6^-$, (violett) + $1\frac{1}{2}\,H_2O_2 \rightleftharpoons CrO_8^{3-}$ (rot) + $2\,H^+ + H_2O$. Das wiedergegebene Gleichgewicht ist reversibel. Im (quasi-dodekaedrischen) Peroxochromat-Ion CrO_8^{3-} (vgl. Abb. 27.2h) sind die Sauerstoffatome O des CrO_4^{3-}-Ions durch Peroxogruppen O_2 ersetzt (tetraedrische Anordnung der vier O_2-Zentren um das Cr-Atom unter Ausbildung einer Dodekaeder-Struktur von acht O-Atomen).

Unter den Verbindungen mit vierwertigem Chrom besitzt das durch thermischen Abbau von Chromtrioxid CrO_3 unter Sauerstoffatmosphäre auf dem Wege über fünfwertiges »Dichrompentaoxid« Cr_2O_5 erhältliche, ferromagnetische, metallisch leitende, für Ton- und Videobänder als Magnetpigment[5] verwendete Chromdioxid CrO_2 Rutil-Struktur (Tab. 27.1; vgl. S. 2088). Von ihm leiten sich Chromate(IV) wie Ba_2CrO_4 und Sr_2CrO_4 als blauschwarze, luftbeständige, paramagnetische Verbindungen ab, welche isolierte, tetraedrische CrO_4^{4-}-Ionen enthalten und unter Disproportionierung in Cr(VI) und Cr(III) hydrolysieren. Darüber hinaus ist ein Chrom(IV)-peroxid $CrO_4 = Cr(O_2)_2$ bekannt (Tab. 27.1). Es entsteht in Form eines braunen Triammoniakats $[CrO_4(NH_3)_3]$ (pentagonale Bipyramide mit $2\,NH_3$-Molekülen an den beiden Spitzen und einem NH_3-Molekül in der Äquatorebene) gemäß $2\,(NH_4)_3CrO_8 \longrightarrow 3\,H_2O + 2\,[CrO_4(NH_3)_3] + 2\frac{1}{2}\,O_2$ beim Erhitzen von $(NH_4)_3CrO_8$ auf $50\,°C$ und geht bei gelindem Erwärmen mit einer KCN-Lösung gemäß $[CrO_4(NH_3)_3] + 3\,CN^- \longrightarrow [CrO_4(CN)_3]^{3-} + 3\,NH_3$ in einen »Cyanokomplex« des Peroxids CrO_4 über. Erwähnenswerte Chrom(IV)-Verbindungen sind noch Alkoxide $Cr(OR)_4$ und Amide $Cr(NR_2)_4$ (R jeweils Alkylrest); bzgl. organischer Cr-Verb. vgl. S. 1866).

1.2.3   Chrom(III)-Verbindungen (d^3)

Halogen- und Pseudohalogenverbindungen

Halogenide. Vom dreiwertigen Chrom kennt man alle (aus den Elementen gewinnbaren) Halogenide CrX_3 (vgl. Tab. 27.1). Unter ihnen sublimiert wasserfreies Chromtrichlorid $CrCl_3$ beim Erhitzen von metallischem Chrom oder von Chrom(III)-oxid und Koks im Chlorstrom oberhalb von $1200\,°C$ ab und kondensiert sich in Form glänzender, violettroter Kristallblättchen, welche im Chlorstrom bei $600\,°C$ sublimieren und in Abwesenheit von Chlor bei gleicher Temperatur in $CrCl_2 + Cl_2$ zerfallen.

---

[4]   Auch andere Metalle, z. B. Titan, Zirconium, Vanadium, Niobium, Tantal, Molybdän, Wolfram, Mangan und Uran sind imstande, Peroxoverbindungen der allgemeinen Zusammensetzung $[M(O_2)_4]^{n-8}$ zu bilden, wobei n meist die höchstmögliche Wertigkeitsstufe (= Gruppennummer), gelegentlich (z. B. Cr, Mn) auch eine niedrigere Wertigkeit des Zentralatoms darstellt.

[5]   Die magnetische Informationsspeicherung auf Bändern, Trommeln, Platten usw. beruht auf der Magnetisierung nadelförmiger, in organischen Bindemitteln verteilten Magnetpigmenten (Länge 0.15–0.1 μm, Durchmesser 0.03–0.1 μm) aus ferromagnetischem CrO_2 sowie Fe bzw. ferrimagnetischem γ-Fe_2O_3 sowie Fe_3O_4. Durch Form und Größe der Nadeln sowie Füllgrad des Bandes bestimmt man die Magneteigenschaften im Speichermedium, nämlich die »Koerzitivkraft« (Widerstand des Bandes gegen eine Um- oder Entmagnetisierung; erwünschte Werte zwischen 300–1500 Oersted $\approx$ 4–20 A m^{-1}) und die »Remanenz« (verbleibende Magnetisierung nach Abschalten des magnetisierenden Feldes; erwünschte Werte zwischen 1200–3200 Gauß = 0.12–0.32 Tesla).

Strukturen. Die schuppige Form der CrCl$_3$-Kristalle ist durch die Struktur (»CrCl$_3^-$«, »AlCl$_3^-$«, »YCl$_3$-Struktur«) bedingt: kubisch-dichteste Packung von Cl-Ionen, in der $2/3$ der oktaedrischen Lücken zwischen jeder übernächsten Cl-Schicht mit Cr-Ionen ausgefüllt sind. Dadurch besitzt der Kristall eine ausgeprägte Spaltbarkeit zwischen den nicht mit Cr-Ionen besetzten, nur durch van der Waals'sche Kräfte zusammengehaltenen Cl-Schichten. Die »CdCl$_2$-Schichtenstruktur« (S. 128) ist insofern mit der CrCl$_3$-Struktur verwandt, als beim CdCl$_2$ nicht $2/3$, sondern alle Oktaederlücken zwischen alternierenden Cl-Doppelschichten mit Metall-Ionen ausgefüllt sind. Eine ähnliche Struktur wie CrCl$_3$ besitzt CrBr$_3$ und die unter ca. $-30\,°C$ stabile »Tieftemperaturform von CrCl$_3$«, nur dass die Halogenid-Ionen hier wie in der CdI$_2$-Schichtenstruktur in einer hexagonal-dichtesten Kugelpackung angeordnet sind (»BiI$_3$-Struktur«, S. 953). CrF$_3$ hat eine dreidimensionale Raumstruktur (»RhF$_3$-Struktur«; vgl. S. 2010).

Eigenschaften. In reinem Zustande ist CrCl$_3$ in Wasser unlöslich. In Gegenwart von Spuren Chrom(II)-Salz oder – einfacher – von Spuren eines Reduktionsmittels löst es sich dagegen unter starker Wärmeentwicklung leicht als Hexahydrat CrCl$_3 \cdot 6\,H_2O$ mit dunkelgrüner Farbe auf. Diese Erscheinung wird dadurch bedingt, dass durch Elektronenübergang vom gelösten Cr^{2+} (Cr$^{2+} \longrightarrow$ Cr^{3+} + e$^-$) zum ungelösten Cr^{3+} (e$^-$ + Cr$^{3+} \longrightarrow$ Cr^{2+}) das Cr^{2+} als Cr^{3+} in Lösung verbleibt, und das leichter lösliche und deshalb in Lösung gehende Cr^{2+} seinerseits in gleicher Weise auf Cr^{3+} (Kristall) einwirkt usw. (vgl. S. 1638). Beim Stehen färbt sich die Lösung langsam heller blaugrün, um schließlich eine violette Farbe anzunehmen. Dieser Farbwechsel beruht auf einer »Hydrat-Isomerie« (S. 1581), indem das beim Lösen primär komplexgebundene Chlor allmählich im Austausch gegen Wasser in ionogen gebundenes Chlor übergeht (auch das Bromid CrBr$_3$ bildet zwei Hydrat-Isomere, ein violettes [Cr(H$_2$O)$_6$]Br$_3$ und ein grünes [Cr(H$_2$O)$_4$Br$_2$]Br $\cdot$ 2 H$_2$O):

$$[CrCl_3(H_2O)_3] \cdot 3\,H_2O \; \rightleftarrows \; [CrCl_2(H_2O)_4]Cl \cdot 2\,H_2O \; \rightleftarrows \; [CrCl(H_2O)_5]Cl_2 \cdot H_2O \; \rightleftarrows \; [Cr(H_2O)_6]Cl_3.$$

dunkelgrün	dunkelgrün	hellblaugrün	violett

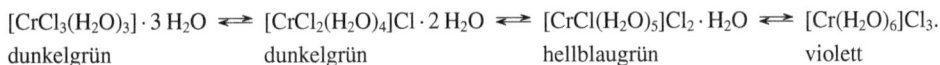

Beim Erwärmen der violetten Lösung spielt sich der umgekehrte Vorgang ab, sodass die Lösung wieder grün wird; nach dem Erkalten färbt sich die Lösung allmählich (im Laufe von Wochen) von neuem violett usw. (die handelsübliche Form ist [CrCl$_2$(H$_2$O)$_4$]Cl $\cdot$ 2 H$_2$O mit Cl in *trans*-Stellung).

Die drei letztgenannten Chrom(III)-chlorid-Hydrate CrCl$_3 \cdot 6$ H$_2$O der obigen Komplexreihe, die sich mit Thionylchlorid SOCl$_2$ (S. 652) leicht zum wasserfreien Chrom(III)-chlorid entwässern lassen, können einzeln isoliert werden. Ihre Konstitution geht eindeutig aus dem Verhalten gegenüber Silbernitratlösung und beim vorsichtigen Entwässern im Exsiccator hervor, da jeweils nur die ionogen gebundenen (außerhalb der eckigen Klammer geschriebenen) Chloratome als Silberchlorid fällbar sind und die als Kristallwasser gebundenen (außerhalb der eckigen Klammer geschriebenen) Wassermoleküle leichter als die komplex gebundenen abgegeben werden. Auch folgt die Konstitution der einzelnen »Hydrat-Isomeren« aus dem elektrischen Leitvermögen (S. 60) und aus der Gefrierpunktserniedrigung (S. 59) der Lösung, da Leitfähigkeit und Gefrierpunktserniedrigung bei gleicher molarer Konzentration naturgemäß mit der Zahl der Ionen wachsen, in die das Salz dissoziiert. Aus der Tatsache, dass in den mittleren Chrom(III)-chlorid-Hydraten der obigen Reihe die Zahl der locker gebundenen H$_2$O-Moleküle mit der Zahl der komplex gebundenen Cl-Atome übereinstimmt, kann man schließen, dass letztere die Hydratwasser binden«.

Mit Ethern wie Tetrahydrofuran (THF) oder Alkoholen wie Ethanol (EtOH) bildet CrCl$_3$ »Ether-« bzw. »Alkoholaddukte« des Typus CrCl$_3$(THF)$_3$ (violett) bzw. CrCl$_3$(EtOH)$_3$, mit Chloriden »Chlorokomplexe« CrCl$_6^{3-}$ (Oktaeder) und Cr$_2$Cl$_9^{3-}$ (dunkelblau) = Cl$_3$CrCl$_3$CrCl$_3$ (zwei CrCl$_6$-Oktaeder mit gemeinsamer Oktaederfläche); Cr$_2$Cl$_9^{3-}$ weist anders als W$_2$Cl$_9^{3-}$ keine Metall-Metall-Bindungen auf). Auch »Aminaddukte« des Typus CrCl$_3$(NMe)$_2$ (trigonale Bipyramide mit axialem NMe$_3$) sind bekannt.

Cyanide (vgl. S. 2084). Gibt man Chromtriacetat $Cr(O_2CCH_3)_3$ (gewinnbar aus CrO_3 und H_2O_2 in Eisessig) zu einer wässerigen Lösung von KCN, so entsteht wasserlösliches, gelbes Hexa-cyanochromat(III) $[Cr(CN)_6]^{3-}$ (oktaedrisch) als Kaliumsalz. Das in saurem Medium langsam über Zwischenstufen zu $[Cr(H_2O)_6]^{3+}$ hydrolysierende Anion lässt sich mit Kalium in flüssigem Ammoniak zu $[Cr(CN)_6]^{n-}$ ($n = 4, 5, 6$) reduzieren ($E°$ für $Cr^{III}(CN)_6^{3-}/Cr^{II}(CN)_6^{4-} = -1.28\,V$).

Azide (S. 2087). Das mit dem Pseudohalogenokomplex $[Cr(CN)_6]^{3-}$ verwandte violette Hexa-azidochromat(III) $[Cr(N_3)_6]^{3-}$ entsteht – als bei 255 °C themolysierendes – Tetramethylammoni-umsalz aus $CrCl_3 \cdot 6\,H_2O$, NaN_3 und NMe_4Cl in wässeriges H_2SO_4. Es existiert auch ein purpur-farbenes Hexaisothiocyanatochromat(III) $[Cr(NCS)_6]^{3-}$.

Chalkogenverbindungen

Sauerstoffverbindungen. Beim Versetzen einer Chrom(III)-Salzlösung mit Ammoniak fällt Chromtrihydroxid $Cr(OH)_3$ als bläulich-graugrüner, wasserreicher Niederschlag aus. Als am-photeres Hydroxid löst es sich wie Aluminiumhydroxid $Al(OH)_3$ sowohl in Säuren wie in Basen auf. Im ersteren Falle entstehen oxidationsstabile Chrom(III)-Salze Cr^{3+} (in wässriger Lösung grün oder violett; vgl. S. 1859), im letzteren leicht (z. B. mit Br_2) zu gelben Chromatlösungen oxidierbare Hydroxochromate(III) $Cr(OH)_6^{3-}$ (tiefgrün):

$$[Cr(H_2O)_6]^{3+} \xleftarrow{\;+\,3\,H^+,\,+\,3\,H_2O\;} Cr(OH)_3 \xrightarrow{\;+\,3\,OH^-\;} [Cr(OH)_6]^{3-}.$$

Das Hexaaqua-Ion $[Cr(H_2O)_6]^{3+}$ ist regulär-oktaedrisch gebaut und reagiert in wässeriger Lö-sung sauer ($pK_S = 3.95$). Das bei der Dissoziation auftretende Kation $[Cr(OH)(H_2O)_5]^{2+}$ kon-densiert leicht über Hydroxobrücken auf dem Wege über $[(H_2O)_5Cr(\mu\text{-}OH)Cr(H_2O)_5]^{4+}$ (CrOCr-Winkel ca. 165°) zu $[(H_2O)_4Cr(\mu\text{-}OH)_2Cr(H_2O)_4]^{4+}$ (a):

$$2\,[Cr(H_2O)_6]^{3+} \xrightleftharpoons[\;+\,2\,H^+\;]{\;-\,2\,H^+\;} 2\,[Cr(OH)(H_2O)_5]^{2+} \xrightleftharpoons[\;+\,2\,H_2O\;]{\;-\,2\,H_2O\;} [(H_2O)_4Cr\underset{\underset{\displaystyle H}{O}}{\overset{\overset{\displaystyle H}{O}}{\big<\;\;\big>}}Cr(H_2O)_4]^{4+}$$

(a) $[Cr_2(\mu\text{-}OH)_2(H_2O)_8]^{4+}$

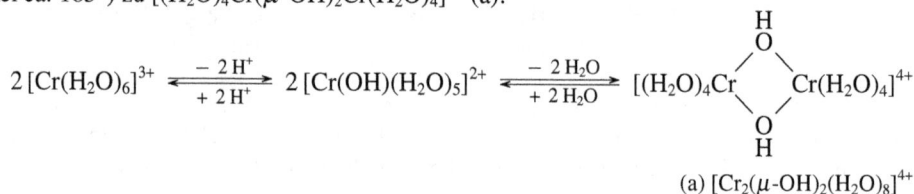

Bei weiterer Basezugabe bilden sich dann aus dem zweikernigen Komplex höherkerni-ge Hydroxokomplexe wie etwa $[Cr_3(OH)_4(H_2O)_9]^{5+}$ (Abb. 27.3b) und $[Cr_4(OH)_6(H_2O)_{12}]^{6+}$ (Abb. 27.3c) und schließlich dunkelgrüne Chrom(III)-hydroxid-Gele (s. oben). Im Kom-plex $[(H_2O)_4Cr(OH)_2Cr(H_2O)_4]^{4+}$ (oktaedrische Sauerstoffanordnung um jedes Cr-Ion) beträgt der Chrom-Chrom-Abstand $> 3\,\text{Å}$, sodass keine Metall-Metall-Bindung (kein Metall-Cluster, S. 1864) vorliegt. Die Cr^{3+}-Ionen stoßen sich sogar ab und liegen demgemäß nicht in der Mitte des jeweiligen Sauerstoffoktaeders, sondern sind in Richtung der 4O-Atome der H_2O-Liganden

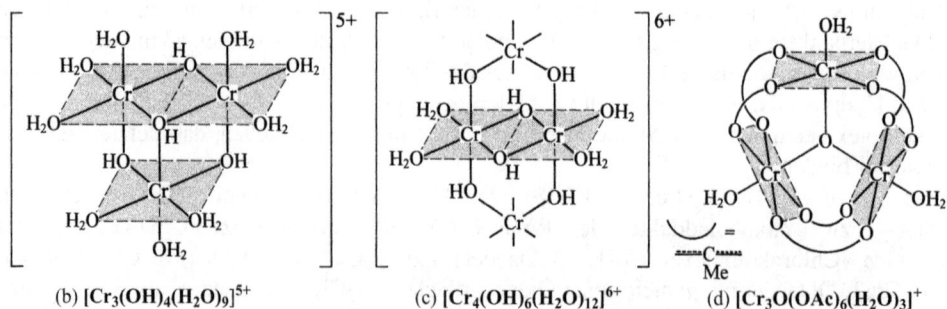

(b) $[Cr_3(OH)_4(H_2O)_9]^{5+}$ (c) $[Cr_4(OH)_6(H_2O)_{12}]^{6+}$ (d) $[Cr_3O(OAc)_6(H_2O)_3]^+$

Abb. 27.3

verschoben. Man beobachtet jedoch antiferromagnetische Spinwechselwirkungen zwischen den ungepaarten Elektronen beider Cr-Ionen (»Superaustausch«; S. 1668, 1984). Sauerstoff kann nicht nur zwei Cr-Atome wie in (a), sondern auch drei Chrom(III)-Einheiten wie im Komplex $[Cr_3(OH)_4(H_2O)_9]^{5+}$ (Abb. 27.3b) oder im Komplex $[Cr_3O(OAc)_6(H_2O)_3]^+$ (Ac = CH_3CO) (Abb. 27.3d) verknüpfen (trigonal-planare Anordnung von Cr um O; 2 Ac-Gruppen verbinden jeweils 2 – zusätzlich mit je einem H_2O koordinierte – Cr-Ionen des Cr_3O-Sterns) (Abb. 27.3d). Im Komplex $[Cr_4(OH)_6(H_2O)_6(H_2O)_{12}]^{6+}$ (Abb. 27.3c) werden durch OH-Gruppen sogar vier Cr(III)-Gruppen verbrückt.

Beim Erwärmen geht das Chrom(III)-hydroxid unter Wasserabspaltung über CrO(OH) in das Chrom(III)-oxid Cr_2O_3 (vgl. S. 2088) über: $2 Cr(OH)_3 \longrightarrow Cr_2O_3 + 3 H_2O$. Dieses hinterbleibt als stabilstes Oxid des Chroms ganz allgemein beim Glühen höherer Sauerstoffverbindungen des Chroms (z. B. von $(NH_4)_2Cr_2O_7$, S. 1864) als graugrüner, in Wasser, Säuren und Alkalilaugen unlöslicher Rückstand und entsteht auch beim Verbrennen des Metalls im Sauerstoffstrom als eine bei 2275 °C schmelzende Verbindung von Korund-Struktur (vgl. Tab. 27.1), die als Halbleiter wirkt und unterhalb 35 °C antiferromagnetisch ist (bezüglich der Gewinnung durch Reduktion von Chromat mit Koks oder Schwefel vgl. bei Chromdarstellung):

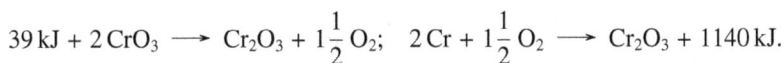

$$39\,kJ + 2\,CrO_3 \longrightarrow Cr_2O_3 + 1\tfrac{1}{2}\,O_2; \quad 2\,Cr + 1\tfrac{1}{2}\,O_2 \longrightarrow Cr_2O_3 + 1140\,kJ.$$

Entsprechend seiner amphoteren Natur geht es beim Abrauchen mit Schwefelsäure in Chrom(III)-sulfat und beim Verschmelzen mit Alkalihydroxiden bei Luftabschluss in Chromate(III) (»Chromite«) CrO_2^- bzw. in oxidierendem Medium in Chromate(VI) CrO_4^{2-} über (S. 1849), während beim Zusammenschmelzen mit den Oxiden einer Reihe zweiwertiger Metalle wohlkristallisierte Doppeloxide $MO \cdot Cr_2O_3 = MCr_2O_4$ (»Chromitspinelle«; vgl. S. 1358) entstehen.

Verwendung. Dichromtrioxid Cr_2O_3 (Jahresweltproduktion: 50 Kilotonnenmaßstab) wird als grünes, hitze- und chemisch beständiges »Buntpigment« für Anstrichstoffe, Kunststoffe, Baustoffe, Email, Glasflüsse genutzt (mit wachsender Teilchengröße geht die Farbe von Grün nach Grünblau, durch Auffällen von Al- bzw. Ti-hydroxiden auf Cr_2O_3 von Grün nach Gelbgrün über). Cr_2O_3 dient darüber hinaus als »Feuerfestkeramik« in Form von Chromoxidsteinen (95 % Cr_2O_3) für spezielle Bedürfnisse und in Form von Chromkorundsteinen (5–10 % Cr_2O_3 neben Al_2O_3) für Hochofenteilbereiche. Ferner nutzt man Cr_2O_3-Pulver als »Poliermittel«. In großer Menge wird das Oxid zur »Herstellung von Chrom« benötigt. Schließlich bildet Cr_2O_3 mit Al_2O_3 Mischkristalle (Ionenradien von Al^{3+} 0.675, von Cr^{3+} 0.755 Å für KZ = 6), die mit geringerem Cr_2O_3-Gehalt als rosafarbene »Rubine« in der Natur vorkommen und auch synthetisch hergestellt werden (zur Farbe vgl. S. 1612). Die synthetischen Rubine spielen nicht nur als Edelsteine, sondern auch in der »Lasertechnik« (vgl. S. 194) eine Rolle, da große Rubin-Einkristalle bei Bestrahlung mit Licht geeigneter Frequenzen und bei bestimmter Versuchsanordnung (S. 195) zur Emission extrem intensiver, monochromatischer Strahlung angeregt werden, die im Nachrichtenwesen und als Energiequelle Verwendung finden kann.

Chrom(III)-Salze von Oxosäuren. Chrom(III) bildet mit allen Oxosäuren stabile Salze. Unter ihnen ist Chrom(III)-sulfat $Cr_2(SO_4)_3$ besonders wichtig. Es kommt in Form gelatineartiger, tiefdunkelgrüner Blätter (»in lamellis«) in den Handel, entsteht beim Auflösen von Chrom(III)-hydroxid in Schwefelsäure und kristallisiert bei längerem Stehenlassen der Lösung in Form violetter Kristalle der Zusammensetzung $Cr_2(SO_4)_3 \cdot 12 H_2O$ aus, welche die Konstitution $[Cr(H_2O)_6]_2(SO_4)_3$ besitzen. Die violette Farbe der wässrigen Lösung schlägt beim Erwärmen in grün um, da hierbei – in Analogie zu der beim Chrom(III)-chlorid geschilderten Erscheinung – komplex gebundenes Wasser durch Sulfatgruppen ersetzt wird.

»Chromalaun« $KCr(SO_4)_2 \cdot 12 H_2O$ kristallisiert aus den mit Kaliumsulfat versetzten Chrom(III)-sulfatlösungen in Form großer, dunkelvioletter Oktaeder von bis zu mehreren Zentimetern Kantenlänge (unter geeigneten Kristallisationsbedingungen sogar in Form kilogramm-schwerer Kristalle) aus (vgl. S. 1361). Er dient wie das Chrom(III)-sulfat und das »basi-sche Chromsulfat« $Cr(OH)SO_4$ (gewinnbar durch Reduktion von $Na_2Cr_2O_7$ mit Anthracen, Melasse oder Schwefeldampf) zur Gerbung von Leder (»Chromgerbung«, »Chromleder«; im Zuge der Chromgerbung werden die $-COOH$-Gruppen des Kollagens der Tierhaut vernetzt ($\longrightarrow$ z. B. $-COO-Cr(H_2O)_4-OOC-$), was zu einer Erhöhung der Temperaturstabilität und Verringerung der Quellbarkeit des Materials führt).

Sonstige Chalkogenverbindungen. Beim Erhitzen von gepulvertem Chrom mit Schwefel oder von Chromtrichlorid bzw. Dichromtrioxid mit gasförmigem Schwefelwasserstoff bildet sich als »höchstes« Chromsulfid halbleitendes Dichromtrisulfid Cr_2S_3, (»Chromsesquisulfid« $CrS_{1.50}$), das beim Erhitzen über metallisch leitende intermediäre Phasen der ungefähren Zu-sammensetzung Cr_3S_4, Cr_5S_6, $Cr_7S_8 \cong CrS_{1.33}$, $CrS_{1.20}$, $CrS_{1.14}$ letztendlich in Chrom(II)-sulfid CrS (Halbleiter) übergeht. Beim Erhitzen von Cr_2S_3 unter Schwefeldruck entsteht andererseits $Cr_5S_8 = CrS_{1.60}$. Die Strukturen von CrS_n ($n = 1.14-1.60$) leiten sich von der »NiAs-Struktur« (Ni in allen oktaedrischen Lücken einer hexagonal-dichtesten As-Atompackung) ab. Und zwar fehlen in jeder übernächsten Schicht hexagonal-dichtest gepackter S-Atome mehr oder weni-ger viele Cr-Atome (z. B. $^2/_3$ in Cr_2S_3, $^1/_2$ in Cr_3S_4, $^1/_3$ in Cr_5S_6, $^1/_4$ in Cr_7S_8; bei – nicht er-reichbarer – Entfernung aller Cr-Atome jeder übernächsten Schicht würde die Zusammenset-zung CrS_2 mit CdI_2-Struktur resultieren). In Richtung $Cr_2S_3 \longrightarrow Cr_7S_8$ werden Cr(II)-Atome in das Sulfid-Gitter eingebaut, wobei zur Ladungsneutralisation einige vorhandene drei- durch zweiwertige Cr-Atome ausgetauscht werden müssen. In den Cr(III)/Cr(II)-sulfiden liegen CrCr-Metallbindungen vor.

Ähnliche Zusammensetzung und Struktur weisen auch die Selenide (Cr_7Se_{12}, Cr_5Se_8, Cr_2Se_3, Cr_3Se_4, Cr_7Se_8, CrSe) sowie Telluride auf ($CrTe_{\sim 2}$, Cr_5Te_8, Cr_2Te_3, Cr_3Te_4, Cr_5Te_6, Cr_7Te_8, CrTe).

Chrom(III)-Komplexe

Die Cr^{3+}-Ionen zeichnen sich durch eine hohe Tendenz zur Bildung von kationischen, neutra-len oder anionischen klassischen Komplexen aus, von denen Tausende bekannt sind und in de-nen das Chrom fast immer sechsfach (oktaedrisch) koordiniert ist. Dreifach (trigonal-planar) koordiniert ist Cr^{3+} etwa in $[Cr(NiPr_2)_3]$, vierfach (verzerrt-tetraedrisch) in $[PCl_4^+][CrCl_4^-]$ und $[Cr(CH_2SiMe_3)_4]^-$, fünffach (trigonal-bipyramidal) in $[CrCl_3(NMe_3)_2]$. Am besten untersucht ist hier die Klasse der Komplexe mit Ammoniak NH_3 (»Amminkomplexe«). In dem »Grenz-Ion« $[Cr(NH_3)_6]^{3+}$ kann hierbei Ammoniak ganz oder teilweise durch Amine RNH_2, R_2NH, NR_3 (»Aminkomplexe«), Wasser (»Aquakomplexe«), Alkohole ROH, Ether OR_2, Halogenid bzw. Pseudohalogenid X^- und/oder mehrzählige Liganden $L-L$ (»Chelatkomplexe«; $L-L$ z. B. Oxalat Ox^{2-}, Ethylendiamin en, 2.2'-Bipyridyl bipy, o-Phenanthrolin, β-Diketonate wie etwa Acetylacetonat acac$^-$, α-Aminosäureanionen) ersetzt sein, z. B. $[Cr(NH_3)_{6-n}(H_2O)_n]^{3+}$, $[Cr(NH_3)_{6-n}X_n]^{(3-n)+}$ ($n = 0-6$), $[Cr(L-L)_3]^{(3-n)+}$ ($n = 3, 0, -3$).

Als Beispiele wurden vorstehend bereits einige einkernige-Komplexe des dreiwertigen Chroms mit gleichen und unterschiedlichen Liganden wie $[CrCl_6]^{3-}$, $[Cr(CN)_6]^{3-}$, $[Cr(N_3)_3]^{3-}$, $[Cr(H_2O)_6]^{3+}$, $[Cr(OH)_6]^{3-}$, $[CrCl_2(H_2O)_4]^+$ (*trans*-ständiges Chlor), $[Cr(OH)(H_2O)_5]^{2+}$ erwähnt. Ein gemischtes mononukleares, NH_3-haltiges Cr(III)-Komplexion weist etwa das »Reinecke-Salz« $NH_4[Cr(NH_3)_2(NCS)_4] \cdot H_2O$ auf, in welchem die beiden NH_3-Moleküle zwei gegenüber-liegende Oktaederecken einnehmen und das man zur Salzbildung mit großen (organischen wie anorganischen) Kationen zwecks deren Reinabscheidung benutzt. Beispiele für mehrkernige Komplexe des dreiwertigen Chroms sind die bereits erwähnten Kationen $[Cr_2(OH)_2(H_2O)_8]^{4+}$ (Formel (a) auf Seite 1858), $[Cr_3(OH)_4(H_2O)_9]^{5+}$ (Abb. 27.3b), $[Cr_4(OH)_6(H_2O)_{12}]^{6+}$ (Abb. 27.3c) und $[Cr_3O(OAc)_6(H_2O)_3]^+$ (Abb. 27.3d), ferner das System $[(NH_3)_5Cr(\mu\text{-}OH)Cr(NH_3)_5]^{5+}$(rot) $\rightleftharpoons$ $[(NH_3)_5CrOCr(NH_3)_5]^{4+}$(blau) $+ H^+$ (Winkel CrOHCr/CrOCr $= 166/\approx 180°$). Beispiele für Chelatkomplexe sind etwa $[Cr(ox)_3]^{3-}$, $[Cr(acac)_3]$, $[Cr(en)_3]^{3+}$ und $[(en)_2Cr(\mu\text{-}OH)_2Cr(en)_2]^{4+}$.

Ein Charakteristikum der oktaedrischen Cr(III)-Komplexe ist ihre kinetische Stabilität hinsichtlich einer Substitution und Umlagerung von Liganden, wodurch in vielen Fällen eine Isolierung thermodynamisch instabiler Komplexe erst ermöglicht wird (vgl. hierzu Ligandenfeld-Theorie, S. 1592 (neben Cr^{3+} bilden vor allem Co^{3+}, Ru^{2+}, Ru^{3+}, Rh^{3+}, Ir^{3+} und Pt^{4+} kinetisch beständige und vielseitig zusammengesetzte Komplexe). Wegen des sehr langsam erfolgenden Substituententauschs stellt die Umsetzung eines Cr(III)-Komplexes wie z. B. $[Cr(H_2O)_6]^{3+}$ mit Liganden in Wasser häufig keine gute Methode zur Synthese eines ligandenhaltigen Cr(III)-Komplexes dar (vgl. hierzu $CrCl_3$-Hydrate, oben). Zum erwünschten Cr(III)-Komplex gelangt man vielfach leichter durch Luftoxidation wässeriger $[Cr(H_2O)_6]^{2+}$-Lösungen oder durch Reduktion wässeriger $Cr_2O_7^{2-}$-Lösungen in Anwesenheit der betreffenden Liganden. Auch durch direkte Einwirkung der Liganden auf die Trihalogenide CrX_3 unter Wasserausschluss in der Wärme (z. B. $CrX_3 + NH_3$; CrX_3-Schmelze $+ MX$) lassen sich Cr(III)-Komplexe gewinnen.

Die einkernigen oktaedrischen Cr(III)-Komplexe weisen entsprechend der vorhandenen drei ungepaarten d-Elektronen des Chroms einen temperaturunabhängigen Magnetismus von ca. 3.87 BM auf (vgl. S. 1664). In mehrkernigen Komplexen beobachtet man als Folge antiferromagnetischer Spinwechselwirkungen der Cr(III)-Ionen (»Superaustausch«) kleinere und zudem temperaturabhängige magnetische Momente (z. B. μ_{mag} für $[(NH_3)_5Cr-O-Cr(NH_3)]^{4-} =$ 1.3 BM bei 293 K und 0 bei 100 K, für $[Cr_3O(OAc)_6(H_2O)_3]^+ = 2$ BM bei 293 K). Als Folge von d $\rightarrow$ d-Elektronenübergängen weisen oktaedrische Cr(III)-Komplexe in Abhängigkeit von den Liganden Farben von violett (z. B. $K_3[Cr(ox)_3] \cdot 3 H_2O$) über purpur (z. B. $K_3[Cr(NCS)_6] \cdot 4 H_2O$) bis gelb (z. B. $[Cr(NH_3)_6]^{3+}$, $[Cr(CN)_6]^{3-}$) auf, die auf drei Absorptionsbanden im sichtbaren Bereich zurückgehen (die hochfrequente dritte Bande ist häufig von einer charge-transfer-Bande überdeckt; Näheres S. 1613).

1.2.4   Chrom(II)-Verbindungen (d^4)

Da die Chrom(II)-Verbindungen[6] eine sehr große Neigung zeigen, in Chrom(III)-Verbindungen überzugehen und daher starke (und schnell wirkende) Reduktionsmittel darstellen (vgl. Potentialdiagramm, S. 1848), lassen sie sich umgekehrt aus Chrom(III)-Verbindungen nur durch Einwirkung starker Reduktionsmittel gewinnen. Die in einigen Fällen auch durch Oxidation von elementarem Chrom erhältlichen Verbindungen des zweiwertigen Chroms weisen – anders als die höheren Wertigkeiten – eine deutliche Tendenz zur Clusterbildung auf.

Wasserstoffverbindungen

Hydride der Zusammensetzung $CrH_{>2}$ sind unbekannt, doch lassen sich Phosphan-Addukte von Chromwasserstoffen mit bis zu 4 H-Atomen pro Cr-Atom gewinnen. Beispielsweise kann $CrCl_2$ in Gegenwart von $Me_2PCH_2CH_2PMe_2$ (dmpe) durch molekularen Wasserstoff in das diamagnetische »Chromtetrahydrid« $[CrH_4(dmpe)_2]$ (Smp. 130 °C, dodekaedrischer Bau; D_{2d}-Molekülsymmetrie) und in Gegenwart von $P(OR)_3$ durch Hydrid in das »Chromdihydrid« $[CrH_2\{P(OR)_3\}_5]$ verwandelt werden (vgl. Tab. 32.1). Beispiele für Boran- und Carbonyl-Addukte des Dihydrids sind $Cr(BH_4)_2 = CrH_2 \cdot 2 BH_3$ (als Ditetrahydrofuranat; aus $CrCl_3 + B_2H_6$ in Tetrahydrofuran) und $CrH_2(CO)_5$ (nur in Lösung; vgl. S. 2136).

Andererseits bilden sich im Zuge der elektrolytischen Abscheidung von Chrom aus schwefelsauren CrO_3-Lösungen binäre Hydride bis zur Grenzstöchiometrie $CrH_{<1}$ (anti-NiAs-Struktur; hexagonal-dichteste M-Packung) bzw. $CrH_{<2}$ (anti-Li_2O-Struktur; kubisch-dichteste

---

[6]   Man kennt zudem niedrigwertige Chromverbindungen mit Chrom in den Wertigkeiten $-II$, $-I$, 0, $+I$ (formal d^8-, d^7-, d^6-, d^5-Elektronenkonfiguration) wie $[Cr(bipy)_3]^n$ ($n = 1+, 0$; gewinnbar durch Reduktion von $[Cr(dipy)_3]^{2+}$ mit Na in THF), $K_6[Cr^0(CN)_6]$ (gewinnbar aus $K_6[Cr^0(CN)_6]$ durch Reduktion mit K in fl. NH_3), $[Cr(CNR)_6]^n$ ($n = 1+, 0$; gewinnbar durch Reduktion von $Cr(OAc)_3$ in THF mit Na in Anwesenheit von RNC), $[Cr^0(CO)_6]$, $[Cr^0(C_6H_6)_2]$, $[Cr^{-I}_2(CO)_{10}]^{2-}$ sowie $[Cr^{-II}(CO)_5]^{2-}$, $[Cr^0(N_2)_2(dmpe)_2]$ (dmpe $= Me_2PCH_2CH_2PMe_2$), $[Cr(NO)_4]$. Näheres vgl. Kap. XXXII.

M-Packung), die bei hohen Temperaturen in Chrom und Wasserstoff zerfallen (vgl. Cr-Darstellung sowie S. 308).

Halogen- und Pseudohalogenverbindungen

Halogenide (Tab. 27.1 sowie S. 2074). Unter den Chrom(II)-halogeniden (Tab. 27.1) lässt sich wasserfreies Chromdichlorid $CrCl_2$ (verzerrte »Rutilstruktur«; CrCl-Abstände $= 4 \times 2.39$ und $2 \times 2.90\,\text{Å}$) durch Reduktion von wasserfreiem Chromtrichlorid mit Wasserstoff bei 600 °C oder durch Oxidation von Chrom mit Chlorwasserstoff bei 1000 °C darstellen; Analoges gilt für die Gewinnung von CrF_2 (verzerrte »Rutilstruktur«), sowie für $CrBr_2$ (verzerrte »CdI_2-Struktur«), während CrI_2 (verzerrte »CdI_2-Struktur«) aus den Elementen gewonnen wird, z. B.:

$$Cr + 2\,HCl \longrightarrow CrCl_2 + H_2; \quad CrCl_3 + \frac{1}{2}\,H_2 \longrightarrow CrCl_2 + HCl.$$

Wasserhaltiges $CrCl_2$ erhält man andererseits durch Reduktion einer salzsauren Cr(III)-chlorid-Lösung mit Zink bei Luftausschluss, wobei die gebildete Lösung mit dem himmelblauen $[Cr(H_2O)_6]^{2+}$-Ion (Absorptionsbande bei 700 nm) viel schneller als irgendein anderes Absorptionsmittel Sauerstoff aufnimmt, aber auch bei Ausschluss von Sauerstoff in der salzsauren Lösung in Anwesenheit katalytisch aktiver Verunreinigung unter Wasserstoffentwicklung wieder in grünes Cr(III)-chlorid $[Cr(H_2O)_5Cl]^{2+}$ übergeht ($E°$ für $Cr^{2+}/Cr^{3+} = -0.408$, für H_2/H^+ in saurer Lösung $= -0.000\,\text{V}$):

$$2\,Cr^{3+} + Zn \longrightarrow 2\,Cr^{2+} + Zn^{2+}; \quad Cr^{2+} + H^+ \longrightarrow Cr^{3+} + \frac{1}{2}\,H_2.$$

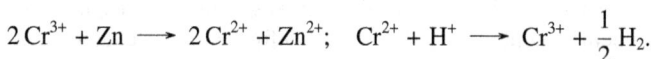

Dagegen sind sehr reine (aus reinstem Elektrolytchrom und Säuren herstellbare), neutrale Cr(II)-Salzlösungen unter Luftabschluss unbegrenzt haltbar ($E°$ für H_2/H^+ in neutraler Lösung $= -0.414\,\text{V}$).

Die hygroskopischen Chromdihalogenide nehmen leicht Wasser unter Bildung von $[Cr(H_2O)_6]^{2+}$ oder gasförmiges Ammoniak unter Bildung von $[Cr(NH_3)_6]^{2+}$ auf und reagieren mit Alkali- und Erdalkalimetallhalogeniden zu »Halogenokomplexen« u. a. des Typus $M^I CrF_3$ (hellblau; ferromagnetisch; Perowskitstruktur mit tetragonal-gestauchten CrF_6-Oktaedern), $M^I CrX_3$ (X $=$ Cl, Br, I; gelb bis braun; antiferromagnetisch; polymere Kette aus flächenverknüpften CrX_6-Oktaedern), $M^I_2 CrX_4$ (X $=$ Cl, Br; grün bis braun, ferromagnetisch; K_2NiF_4-Struktur mit Schichten aus eckenverknüpften, tetragonalgedehnten CrX_6-Oktaedern), $(R_3NH)_2 CrX_4$ (X $=$ Cl, Br; gelb bis grün, antiferromagnetisch; Inseln aus drei flächenverknüpften CrX_6-Oktaedern: $X_3CrX_3CrX_3CrX_3$), Tl_4CrI_6 (Inseln aus CrI_6-Oktaedern). Chromdichlorid bildet in Toluol mit $Me_2PCH_2CH_2PMe_2$ (dmpe) den gelbgrünen Komplex $[CrCl_2(dmpe)_2]$ (Smp. 270 °C; oktaedrisch; Cl in *trans*-Stellung), der mit Methyllithium in Diethylether unter Substitution von Chlorid in den orangeroten Komplex $[Cr^{II}Me_2(dmpe)_2]$ (Smp. 195 °C; oktaedrisch; Me in *trans*-Stellung), mit Natriumamalgam in THF und Anwesenheit von N_2 oder CO unter Reduktion in die orangeroten Komplexe $[Cr^0(N_2)_2(dmpe)_2]$ und $[Cr^0(CO)_2(dmpe)_2]$ (oktaedrisch; N_2 und CO in *trans*-Stellung) sowie mit Wasserstoff in Anwesenheit von BuLi unter Oxidation in gelbes $[Cr^{IV}H_4(dmpe)_2]$ (Smp. 130 °C; dodekaedrisch) übergeht.

Cyanide (vgl. S. 2084). Bei Zugabe von Cyanid zu einer neutralen wässerigen Cr(II)-Salzlösung fällt dunkelgrünes $Cr(CN)_2 \cdot 2\,H_2O$ aus, das sich im Vakuum bei 100 °C zu hellbraunem Chromdicyanid $Cr(CN)_2$ entwässern lässt und mit überschüssigem Cyanid zum low-spin Hexacyanochromat(II) $[Cr(CN)_6]^{4-}$ reagiert. Das blaue Natrium- bzw. grüne Kaliumsalz lässt sich mit Natrium bzw. Kalium in flüssigem NH_3 zu dunkelgrünem $M_6[Cr(CN)_6]$ reduzieren. Aus Acetonitrilverbindungen von $[Cr^{II}_2(OAc)_4]$ erhält man in Anwesenheit von $NEt_4^+CN^-$ dunkelpurpurfarbenes Pentacyanochromat(II) $[Cr(CN)_5]^{3-}$. Das NEt_4-Salz enthält sowohl quadratisch-pyramidal als auch trigonal-bipyramidal koordiniertes, high-spin-Cr(II) (die Metallzentren oktaedrischer Cyanokomplexe sind normalerweise low-spin-konfiguriert). Unter CN^--Abspaltung kann $[Cr(CN)_5]^{3-}$ in dunkelbraunes $[Cr_2(CN)_9]^{5-}$ übergehen (quadratisch-pyramidal koordiniertes Cr(II) mit gemeinsamer axialer CN-Gruppe: $[(CN)_4Cr-C\equiv N-Cr(CN)_4]^{5-}$).

Chalkogenverbindungen

Das mit Natronlauge aus Cr(II)-Salzlösungen fällbare Chromdihydroxid $Cr(OH)_2$ ist dunkelbraun und geht auch bei vorsichtigstem Wasserentzug unter H_2-Entwicklung teilweise in Cr_2O_3 über. Schwarzes Chromoxid CrO (vgl. Tab. 27.1, sowie S. 2088) entsteht bei der thermischen Zersetzung von $Cr(CO)_6$ (S. 2108) bei 250–550 °C im Vakuum und disproportioniert bei höheren Temperaturen in Cr und Cr_2O_3. Das kubische Chrom(II,III)-oxid $Cr_3O_4 = »CrO \cdot Cr_2O_3«$ (»Chromitspinell«) erhält man neben Chrom aus $CrCl_2$ und Li_2O in LiCl/KCl-Schmelzen bei 400 °C.

Man kennt auch ein dem CrO entsprechendes Sulfid CrS, Selenid CrSe und Tellurid CrTe mit Halbleitereigenschaften, von denen letztere beiden Chalkogenide mit NiAs-Struktur kristallisieren, während CrS eine in Richtung PtS-Struktur verzerrte NiAs-Struktur einnimmt.

Chrom(II)-Salze von Oxosäuren. Die einfachen, hydratisierten Cr(II)-Salze der Oxosäuren lassen sich durch Reaktion der betreffenden verdünnten (nicht oxidierend wirkenden) Säuren mit reinem Chrommetall unter strengem Sauerstoffausschluss gewinnen. Verhältnismäßig beständig ist das leichtlösliche blaue Chrom(II)-sulfat $CrSO_4 \cdot 5 H_2O$ (isotyp mit $CuSO_4 \cdot 5 H_2O$) und das grüne Chrom(II)-oxalat $CrC_2O_4 \cdot 2 H_2O$, während sich ein Chrom(II)-nitrat $Cr(NO_3)_2$ wegen seiner Zersetzlichkeit (intramolekulare Redoxprozesse) nicht isolieren lässt. Bezüglich des dimeren, schwerlöslichen, roten Chrom(II)-acetats $Cr_2(OAc)_4 \cdot 2 H_2O$ s. unten.

Pentel-, Tetrel-, Trielverbindungen

Unter den u. a. aus den Elementen zugänglichen stabilen, hochschmelzenden Chromnitriden CrN/Cr_2N (Smp. 1500/1590 °C; S. 747), Chromphosphiden CrP (man kennt auch Cr_3P, Cr_2P, CrP_2 sowie Arsenide; S. 861, 948), Chromcarbiden Cr_3C_2 (Smp. 1810 °C; man kennt auch Cr_4C, Cr_7C_3, CrC; S. 1021), Chromsiliciden $CrSi_2$ (Smp. 1520 °C; man kennt auch Cr_3Si, Cr_2Si, Cr_3Si_2, CrSi; S. 1068) und Chromboriden CrB/CrB_2 (Smp. 2050/2150 °C; man kennt auch Cr_3B, Cr_5B_3, Cr_4B_3, Cr_3B_4; S. 1222) zählen die Nitride, Carbide und Boride zu den Hartstoffen (S. 1889), wobei die metallreichen, elektrisch leitenden Nitride und Carbide nicht stöchiometrische interstitielle Verbindungen (S. 308) darstellen. Man nutzt CrB, CrB_2 und Cr_3C_2 für Verschleißschutzschichten und zunderbeständige Verbundwerkstoffe.

Außer Cr-nitriden existieren Nitridochromate (S. 2101): $[Cr^{VI}N_4]^{6-}$ (braun, isolierte CrN_4-Tetraeder in Sr_3CrN_4, Ba_3CrN_4, Li_6CrN_4; letzterer Verbindung kommt anti-Fluorit-Struktur zu: $N_4[Li_6\square Cr] \,\hat{=}\, Ca_4F_8$ mit kubisch-dichtester N-Atompackung und Cr sowie Li in $^7/_8$ der Tetraederlücken; gewinnbar aus Sr_2N, Ba_2N, Li_3N und CrN in N_2-Atmosphäre), $[Cr^VN_4]^{7-}$ (schwarz; isolierte CrN_4-Tetraeder in $Ba_5CrN_4[N]$, wobei das isolierte N^{3-}-Ion oktaedrisch von sechs Ba^{2+}-Ionen umgeben ist; gewinnbar aus Li_3N, Ba_2N, CrN/Cr_2N in N_2-Atmosphäre), $[Cr^V_2N_6]^{8-}$ (schwarz, isolierte Cr_2N_6-Einheiten aus kantenverbrückten CrN_4-Tetraedern in $Li_4Sr_2Cr_2N_6$, $Ca_4Cr_2N_6$, $Ba_4Cr_2N_6$; gewinnbar aus den Elementen), $[Cr^{III}N_3]^{6-}$ (grün, low-spin-d^3; trigonalplanare CrN_3-Einheiten in Ca_3CrN_3, Sr_3CrN_3, Ba_3CrN_3; gewinnbar aus Ca_3N_2, Sr_2N, Ba_2N und Cr bzw. Cr_2N), $[Cr_2N_6]^{11-}$ (schwarz; Cr-Oxidationsstufe formal +3.5; isolierte, gestaffelt konformierte $N_3Cr-CrN_3$-Einheiten ($d_{CrCr} = 2.26\,\text{Å}$) in $Ca_6Cr_2N_6[H]$, wobei das isolierte H^--Ion oktaedrisch von sechs Ca^{2+}-Ionen umgeben ist: $[Ca_6H]^{11+}[Cr_2N_6]^{11-}$; gewinnbar aus Ca_3N_2, CrN und CaH_2), $[Cr^IN_3]^{8-}$ (Ketten aus eckenverknüpften quadratisch-planaren CrN_4-Einheiten in Ce_2CrN_3, Th_2CrN_3, U_2CrN_3). Näheres S. 2098.

Darüber hinaus bildet Chrom viele Verbindungen mit stickstoffhaltigen Resten (z. B. $Cr(N_3)_6^{3-}$, Ammin-Komplexe) sowie mit kohlenstoffhaltigen Resten (vgl. hierzu Organische Verbindungen des Chroms).

Chrom(II)-Komplexe

Von zweiwertigem Chrom sind ähnlich wie von dreiwertigem Chrom sehr viele Komplexe bekannt (s. oben), welche zum Teil einen hohen Paramagnetismus (klassische »high-spin-Komplexe«), zum Teil einen mittleren Paramagnetismus (klassische »low-spin-Komplexe«) oder praktisch keinen Paramagnetismus (nichtklassische »Dichrom(II)-Clusterkomplexe«) aufweisen.

Klassische high-spin-Komplexe. Liganden wie Wasser, Alkohole, Ether, Ammoniak (und dessen Derivate), Halogenid und Oxid (schwaches Ligandenfeld) bedingen im allgemeinen high-spin-Komplexe des Chroms(II) (vier ungepaarte Elektronen $\mu_{mag.} \approx 4.9\,BM$, vgl. S. 1664). Der in diesem Fall wirksame Jahn-Teller-Effekt (S. 1608) führt zu einer tetragonalverzerrt-oktaedrischen Anordnung von 6 Liganden (z. B. in $[Cr(H_2O)_6]^{2+}$, $[Cr(NH_3)_6]^{2+}$, $[Cr(en)_3]^{2+}$, $CrCl_2$, $[CrCl_4]^{2-}$) und im Grenzfall zu einer quadratisch-planaren Anordnung von 4 Liganden (z. B. in $[Cr(acac)_2]$, $[Cr(NR_2)_2(THF)_2]$ mit $R = SiMe_3$). Gelegentlich beobachtet man auch eine verzerrt-tetraedrische Vierer-Koordination (z. B. in $[CrCl_2(CH_3CN)_2]$) und eine trigonal-bipyramidale Fünfer-Koordination (z. B. in $[CrLBr]^+$ mit $L = N(CH_2CH_2NMe_2)_3$). Die Komplexe sind meist blau bis grün (2 Absorptionsbanden im Bereich von 16 000–10 000 cm^{-1})[7].

Klassische low-spin-Komplexe. Mit Liganden wie Cyanid, α,α'-Bipyridin (bipy) und $(Me_2As)_2C_6H_4$ (diars) bilden sich low-spin-Komplexe des Chroms(II) (zwei ungepaarte Elektronen, $\mu_{mag.} = 3.2$–$3.3\,BM$, vgl. S. 1664). Als Beispiele letzteren Komplextyps seien $[Cr(CN)_6]^{4-}$, $[Cr(bipy)_3]^{2+}$ und $[CrCl_2(diars)_2]$ genannt (jeweils oktaedrische Ligandenanordnung).

Nichtklassische Komplexe (»Metallcluster«; vgl. S. 2081). Die zweikernigen Chrom(II)-Komplexe $Cr_2(RCO_2)_4 \cdot 2\,L$ wie z. B. das oben erwähnte Chrom(II)-acetat (Abb. 27.4a) sind zum Unterschied von den besprochenen blauen bis grünen, paramagnetischen einkernigen Komplexen rot und diamagnetisch (null ungepaarte Elektronen) und weisen eine kurze Cr−Cr-Bindung auf (2.3–2.5 Å; im Cr-Metall 2.58 Å). Noch kürzer ist der CrCr-Abstand im gasförmigen Cr(II)-acetat ohne axiale H_2O-Liganden (1.97 Å) oder in den ebenfalls diamagnetischen, ligandenärmeren Komplexen (Abb. 27.4b) $Cr_2Me_8^{4-}$ (1.98 Å) und (Abb. 27.4c) $Cr_2(Me_2P(CH_2)_2)_4$ (1.89 Å) (kleinste CrCr-Abstände um 1.83 Å).

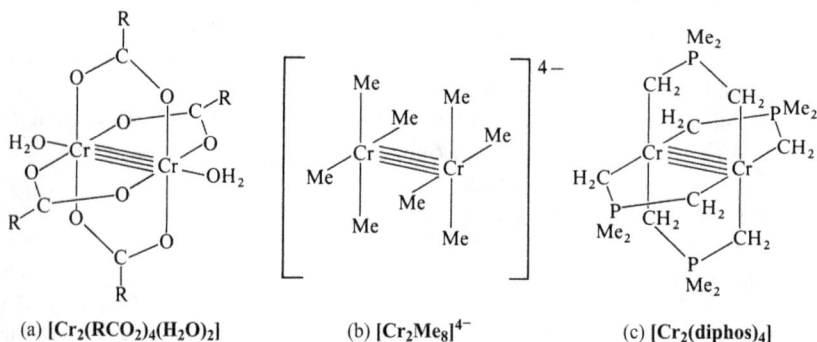

(a) $[Cr_2(RCO_2)_4(H_2O)_2]$ (b) $[Cr_2Me_8]^{4-}$ (c) $[Cr_2(diphos)_4]$

Abb. 27.4

---

[7] Für high-spin-d^4-Komplexe erwartet man nur einen d → d-Übergang: $^5E_g \rightarrow \,^5T_{2g}$ (S. 1612). Tatsächlich spaltet der Grund- und angeregte Zustand wegen des wirksamen, zur tetragonalen Komplexverzerrung führenden Jahn-Teller-Effekts in jeweils zwei Zustände ($^5B_{1g}/^5A_{1g}$ bzw. $^5B_{2g}/^5E_g$) auf, wobei die beiden Absorptionen den Übergängen $^5B_{1g} \rightarrow \,^5A_{1g}$ sowie den sich überlagernden Übergängen $^5B_{1g} \rightarrow \,^5B_{2g}$ bzw. ^5E_g zugeordnet werden.

In den dinuklearen Cr(II)-Verbindungen sind die beiden Cr-Atome durch eine Vierfachbindung Cr≣Cr miteinander verknüpft, an welcher die insgesamt acht d-Elektronen (= 4 Elektronenpaare) beider Cr-Atome beteiligt sind und die – im Falle des Vorliegens kurzer CrCr-Bindungen eine σ-, zwei π- und eine δ-Bindung (S. 384, 1866) beinhalten ($\sigma^2\pi^4\delta^2$-Elektronenkonfiguration) (bezügl. der Cr(I)-Verbindung Cr_2Ar_2', in welcher die Cr-Atome durch eine Fünffachbindung Cr≣Cr verknüpft sind, vgl. S. 1866)[8]. Jedes Cr-Atom besitzt somit in den Komplexen des Typus (Abb. 27.4a) 4 Metall-Metall-Bindungselektronenpaare sowie 5 Ligandenelektronenpaare und erzielt hierdurch eine abgeschlossene 18er Außenschale (Kryptonschale). Im Falle der Komplexe Abb. 27.4b und c erreichen die Cr-Atome mit 16 Elektronen fast eine Edelgasschale.

Die Bindungsverhältnisse lassen sich im Sinne der »Theorie der lokalisierten Molekülorbitale« (S. 391) wie folgt beschreiben: Jedes Chromatom betätigt sechs, aus der Hybridisierung von $d_{x^2-y^2}$-, d_{z^2}-, s-, p_x-, p_y- und p_z-Atomorbitalen resultierende d^2sp^3-Hybridorbitale, von denen jeweils fünf mit Ligandenorbitalen überlappen (in den Komplexen Abb. 27.4b und c entfällt der fünfte Ligand), während das sechste Hybridorbital des Cr-Atoms mit einem entsprechenden Hybridorbital des benachbarten Cr-Atoms in Wechselwirkung tritt (Abb. 27.5a). Insgesamt resultieren aus dieser Orbitalinterferenz neben sechs (bzw. fünf) antibindenden σ^*-Molekülorbitalen sechs (bzw. fünf) bindende lokalisierte σ-Molekülorbitale für die fünf (bzw. vier) Ligandenelektronenpaare sowie eines der insgesamt vier Elektronenpaare der beiden Cr^{2+}-Ionen. Die

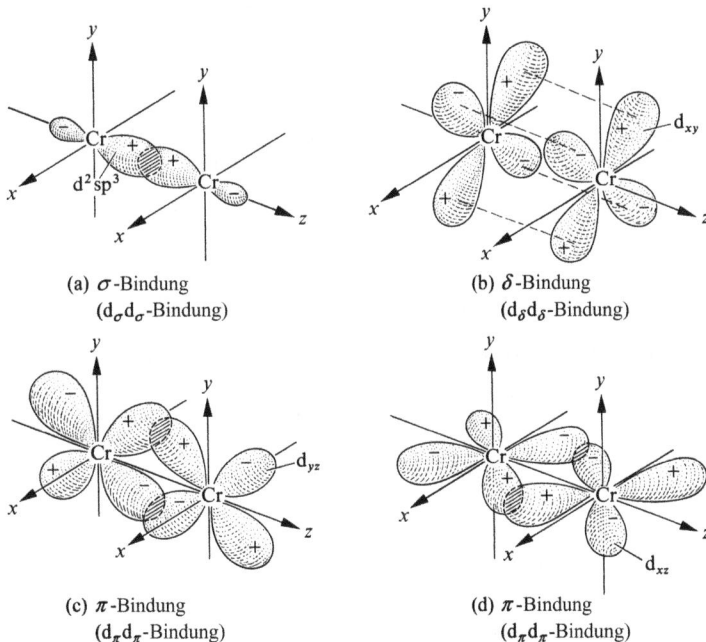

(a) σ-Bindung
($d_\sigma d_\sigma$-Bindung)

(b) δ-Bindung
($d_\delta d_\delta$-Bindung)

(c) π-Bindung
($d_\pi d_\pi$-Bindung)

(d) π-Bindung
($d_\pi d_\pi$-Bindung)

Abb. 27.5 Bindungsverhältnisse in zweikernigen Chrom(II)-Komplexen.

---

[8] Die Existenz von Metall-Metall-Bindungen und ihre Ordnung ergibt sich u. a. aus dem Metall-Metall-Bindungsabstand. So liegen etwa die Cr(II)-Atome im Komplex (Abb. 27.4a) nicht in der Mitte des durch die 5 Liganden sowie einem Cr-Atom gebildeten Oktaeders, sondern sind in Richtung aufeinander verschoben (vgl. hierzu das entgegengesetzte Verhalten der Cr-Atome im Falle des dinuklearen (keine CrCr-Bindung enthaltenden) Cr(III)-Komplexes $[Cr_2(OH)_2(H_2O)_8]^{4+}$, S. 1858). Das Verhältnis von Bindungslänge zum doppelten Metalleinfachbindungsradius (formal shortness- oder FS-Verhältnis) liegt im Falle von Cr(II)-Clustern im Bereich (1.83–2.53)/2.58 = 0.70–0.98 (z. B. 0.89/0.76/0.73 im Falle von Abb. 27.4a, b, c). Darüber hinaus zeichnen sich Metall-Metall-Mehrfachbindungen durch hohe Bindungsenergien (bis über 450 kJ mol^{-1}) und hohe Kraftkonstanten aus.

beiden lokalisierten, bindenden π-Molekülorbitale sowie das δ-Molekülorbital für die verbleibenden drei d-Elektronenpaare der Cr^{2+}-Ionen ergeben sich dann (neben zwei π^* und einem δ^*-MO; jeweils unbesetzt und antibindend) durch Interferenz der nicht in die Hybridisierung mit einbezogenen d_{yz}-Orbitale ($\rightarrow \pi$-MO; Abb. 27.5c), d_{xz}-Orbitale ($\rightarrow \pi$-MO; Abb. 27.5d) und d_{xy}-Orbitale ($\rightarrow \delta$-MO; Abb. 27.5b; der elektronische Übergang $\delta^2 \rightarrow \delta^1 \delta^{*1}$ bedingt die Farbe der Cluster mit CrCr-Vierfachbindung). Aus der oktaedrischen Orientierung der sechs d^2sp^3-Hybridorbitale längs der drei Raumachsen und der Orientierung des d_{xy}-Atomorbitals längs der Winkelhalbierenden im xy-Achsenkreuz folgt damit, dass die in Richtung der x- und y-Achse angeordneten Liganden zweikerniger Chrom(II)-Komplexe eine ekliptische und nicht die sterisch günstigere gestaffelte Konformation (S. 771) einnehmen (vgl. z. B. $Cr_2Me_8^{4-}$ (27.5b); läge nur eine $\sigma^2\pi^4$-Dreifachbindung vor, so würde eine gestaffelte Konformation eingenommen, vgl. $(Me_2N)_3Mo\equiv Mo(NMe_2)_3$ auf S. 1892).

Zum gleichen Ergebnis führt eine Betrachtung der Bindungsverhältnisse der dinuklearen Cr(II)-Komplexe im Sinne der »Ligandenfeldtheorie« (S. 1592): Umgibt man ein Cr^{2+}-Ion, das sich im Ursprung eines Koordinatenkreuzes befinden solle, in der Weise quadratisch mit 4 Liganden, dass diese auf der x- und y-Achse liegen, so spalten die fünf entarteten d-Atomorbitale in ein besonders energiearmes d_{z^2}-Orbital sowie energiereichere d_{xz}- und d_{yz}-Orbitale, ein noch energiereicheres d_{xy}-Orbital und ein besonders energiereiches $d_{x^2-y^2}$-Orbital auf (S. 1600). Bei der Vereinigung zweier derartiger Komplexeinheiten zu einem dinuklearen Molekül interferieren jeweils nur d-Orbitale gleicher Sorte (vgl. hierzu S. 383f), wobei die Orbitalwechselwirkung mit steigender Energie der d-Orbitale abnimmt und im Falle der $d_{x^2-y^2}$-Orbitale praktisch verschwindet. Somit resultiert aus der Interferenz d_{z^2}/d'_{z^2} ein energieärmeres σ-Molekülorbital (starke σ-Bindung; Abb. 27.5a), aus der Interferenz d_{xz}/d'_{xz} bzw. d_{yz}/d'_{yz} je ein weniger energiearmes π-Molekülorbital (schwache π-Bindung; Abb. 27.5c, d) und aus der Interferenz d_{xy}/d'_{xy} ein energiereiches δ-Molekülorbital (sehr schwache δ-Bindung; Abb. 27.5b). Bei Koordination der Cr-Atome mit je einem weiteren auf der z-Achse lokalisierten Liganden nimmt die Energie der d_{z^2}-Atomorbitale und damit die des σ-Molekülorbitals zu. Als Folge hiervon sinkt die Stärke der σ-Bindung und damit die der CrCr-Bindung, was eine CrCr-Abstandsvergrößerung bedingt.

1.2.5   Organische Verbindungen des Chroms

Chrom(IV)-organyle. Vierwertiges Chrom bildet überraschend stabile organische Verbindungen CrR_4 (R z. B. tBu, CH_2SiMe_3, 1-Norbornyl C_7H_{11}). Sie stellen flüchtige, monomere, tetraedrisch gebaute, blaue, paramagnetische Substanzen dar.

Chrom(III)-organyle. Die Alkyle des dreiwertigen Chroms CrR_3 sind recht unbeständig und werden durch Komplexbildung (z. B. $Li_3[CrMe_6]$) etwas stabilisiert. Erheblich beständiger sind Komplexe der Chrom(III)-aryle wie $CrPh_3 \cdot 3\,THF$, die durch Einwirkung von Grignardverbindungen auf $CrCl_3 \cdot 3\,THF$ gewinnbar sind.

Chrom(II)-organyle. Die organischen Verbindungen des zweiwertigen Chroms CrR_2 sind ähnlich wie die des dreiwertigen Chroms CrR_3 nicht sehr beständig. Etwas stabiler sind derartige Verbindungen nur mit sperrigen Alkylresten (R z. B. CH_2SiMe_3) oder mit Arylresten (R z. B. Ph, Tol: polymere gelbe Substanzen). Auch die Komplexbildung führt zu einem Stabilitätsgewinn: vgl. hierzu z. B. $[CrPh_2(PEt_3)_2]$ (vier ungepaarte Elektronen), $[Cr(CN)_6]^{4-}$ (s. oben; zwei ungepaarte Elektronen), dimeres $Li_2[CrMe_4]$ (Abb. 27.4b; keine ungepaarte Elektronen), $[\eta^1\text{-}Cp^*\cdot CrH_4]_4$ ($Cp^* = C_5Me_5$; Cr_4H_4-Cubanstruktur) sowie $Cr(C_5H_5)_2$ (η^5-gebundene Cyclopentadienylreste).

Chrom(I)-organyle. Die Reduktion von $[Ar'CrCl]_2$ ($Ar' = 2,6\text{-}Dip_2C_6H_3$, Dip $= 2,6\text{-}iPrC_6H_3$) mit KC_8 in THF liefert planares, $trans$-abgewinkeltes $Ar'Cr\equiv CrAr'$ (dunkelrot; thermostabil bis über 200 °C; sauerstofflabil) mit einer CrCr-Fünffachbindung. Letztere resultiert aus einer Überlappung der fünf d-Orbitale beider Cr-Atome (d_σ: d_{x^2}/d_{x^2}; d_π: d_{xy}/d_{xy}, d_{xz}/d_{xz}; d_σ: $d_{x^2-y^2}/d_{x^2-y^2}$; Cr−Ar′: s–sp). Für die CrCr-Bindung liefert jedes Cr-Atom 5 Elektronen, für die CrAr′-Bindung 1 Elektron; in der Verbindung kommen dann jedem Cr-Atom 12 Elektronen zu. Als weitere Cr(I)- und noch niedrigwertigere Chromorganyle seien genannt $[Cr^I(CNR)_6]^{2+}$, $[Cr^0(\eta^6\text{-}C_6H_6)]$ und $[Cr^{-II}(CO)_5]^{2-}$ (vgl. Kap. XXXVII).

2 Das Molybdän und Wolfram

[i] **Geschichtliches.** Elementares Molybdän gewann erstmals P. J. Hjelm 1782 durch Reduktion des von K. W. Scheele 1778 aus Molybdänglanz bei Behandlung mit Salpetersäure erhaltenen Oxids (»Wasserbleyerde« MoO_3) mit Kohlenstoff. Das griechische Wort molybdos für Blei, das ursprünglich für Bleiglanz und andere wie Blei abfärbende Minerale (z. B. Graphit, Molybdänglanz) gebraucht wurde, ist im Namen des Elements Molybdän erhalten geblieben, obwohl die Metalle Blei und Molybdän sonst wenig miteinander gemeinsam haben. – Elementares Wolfram wurde erstmals von den Brüdern J. J. und F. d'Elhuyar 1783 durch Reduktion eines aus Wolframit durch K. W. Scheele isolierten Oxids (WO_3) mit Kohlenstoff dargestellt. Schon bei G. Agricola findet sich für das heute als Wolframit bezeichnete Mineral der Name lupi spuma (lat.) = Wolf-Schaum, Wolf-Rahm, weil der häufig in Zinnerzen vorkommende Wolframit das Erschmelzen des Zinns erschwerte, indem er dieses verschlackte, es gleichsam »auffraß«. Aus Wolf-Rahm wurde dann der Name Wolfram für das darin enthaltene Metall. Vom Namen Tungstein (schwedisch = schwerer Stein) stammt der im Englischen und Französischen gebräuchliche Name Tungsten für Wolfram.

[i] **Physiologisches.** Molybdän ist für Menschen und Tiere essentiell. Der Mensch enthält ca. 0.07 mg Mo pro kg und sollte täglich etwa 2 μg pro kg zu sich nehmen. Höhere Mo-Aufnahmen können zu Durchfall und Wachstumsstörungen führen (MAK-Wert: 5 mg lösliche bzw. 15 mg unlösliche Mo-Verbindungen pro m^3, jeweils bezogen auf Mo). Biologisch wirken die im Körper gebildeten organischen Molybdänverbindungen als Atmungskatalysatoren. Molybdän begünstigt ferner die Karies-schützende Fluorid-Einlagerung in Zahnschmelz. Darüber hinaus ist Molybdän als Bestandteil der Enzyme Nitrogenase und Nitratreduktase an der Stickstoff-Fixierung durch Blaualgen und Knöllchenbakterien sowie der Nitratassimilation und -dissimilation in grünen Pflanzen und Bakterien beteiligt. Molybdändüngung bewirkt aus diesem Grunde Ertragssteigerungen. Das Wolfram ist für Menschen und Tiere nicht essentiell (der Mensch enthält normalerweise kein Wolfram), aber toxisch (MAK-Werte in USA: 1 mg lösliche bzw. 5 mg unlösliche W-Verbindungen pro m^3, jeweils bezogen auf W). Wolfram bewirkt in biologischer Sicht als »Antagonist des Molybdäns« einen Aktivitätsverlust der molybdänhaltigen Atmungskatalysatoren.

2.1 Die Elemente Molybdän und Wolfram

Vorkommen

In der »Lithosphäre« finden sich Molybdän und Wolfram nur gebunden, und zwar insbesondere als Oxide (Mo, W) bzw. davon abgeleiteten Molybdaten und Wolframaten, ferner als Sulfid (Mo). Molybdän ist darüber hinaus in der »Biosphäre« weitverbreitet (vgl. Physiologisches). Das wichtigste Erz des Molybdäns ist der »Molybdänglanz« (»Molybdänit«) MoS_2, der sich hauptsächlich in Nordamerika (Colorado) und in Norwegen, aber auch in Kanada, Chile und Deutschland (Erzgebirge) findet. Ferner kommt »Gelbbleierz« (»Wulfenit«) $PbMoO_4$ in geringen Mengen vor (z. B. in Kärnten, Oberbayern). Sehr selten ist »Powellit« $Ca(Mo,W)O_4$. Die wichtigsten Erze des Wolframs sind der »Wolframit« $(Mn,Fe^{II})WO_4$ (eine isomorphe Mischung von »Hübnerit« $MnWO_4$ und »Ferberit« $FeWO_4$), der »Scheelit« (»Tungstein«, »Scheelspat«) $CaWO_4$, das »Scheelbleierz« (»Stolzit«) $PbWO_4$ und der »Wolframocker« (»Tuneptit«) $WO_3 \cdot H_2O$. Die Hauptfundstätten liegen in China und Nordamerika. Man findet Wolframerze ferner in Südkorea, Bolivien, Portugal, Deutschland (Erzgebirge), Russland.

Isotope (vgl. Anh. III). Natürliches Molybdän besteht aus den 7 Isotopen $^{92}_{42}$Mo (14.84 %), $^{94}_{42}$Mo (9.25 %), $^{95}_{42}$Mo (15.92 %; für NMR), $^{96}_{42}$Mo (16.86 %), $^{97}_{42}$Mo (9.55 %; für NMR), $^{98}_{42}$Mo (24.13 %) und $^{100}_{42}$Mo (9.63 %), natürliches Wolfram aus den 5 Isotopen $^{180}_{74}$W (0.10 %), $^{182}_{74}$W (26.3 %), $^{183}_{74}$W (14.3 %; für NMR), $^{184}_{74}$W (30.7 %) und $^{186}_{74}$W (28.6 %). Die künstlich gewonnenen Nuklide $^{99}_{42}$Mo (β^--Strahler; $\tau_{1/2} = 66.69$ Stunden), $^{185}_{74}$W (β^--Strahler; $\tau_{1/2} = 75$ Tage) und $^{187}_{74}$W (β^--Strahler; $\tau_{1/2} = 23.9$ Stunden) nutzt man für Tracerexperimente.

Darstellung

Die reinen Metalle Molybdän und Wolfram gewinnt man technisch durch Reduktion der Trioxide mit Wasserstoff bei 1000 bzw. 800 °C in Stufen (über MO_2) als stahlgraue Pulver:

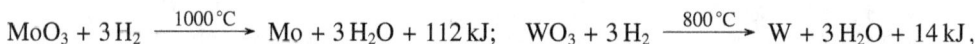

$$MoO_3 + 3\,H_2 \xrightarrow{\;1000\,°C\;} Mo + 3\,H_2O + 112\,kJ; \quad WO_3 + 3\,H_2 \xrightarrow{\;800\,°C\;} W + 3\,H_2O + 14\,kJ,$$

welche man in feste Stücke presst und zu kompaktem Metall in einer Wasserstoffatmosphäre schmilzt oder elektrisch sintert.

Die Gewinnung der benötigten Oxide MoO_3 und WO_3 erfolgt durch oxidierendes Rösten von Molybdänglanz MoS_2 bei 400–650 °C mit Luft: $MoS_2 + 3\frac{1}{2}\,O_2 \longrightarrow 2\,SO_2 + MoO_3$ (»Rösterz«) bzw. von Wolfram-Mineralien (insbesondere Wolframit (Mn,Fe)WO_4) mit Soda bei 800–900 °C. Das in letzterem Falle gebildete wasserlösliche Natriumwolframat Na_2WO_4 (z. B. $3\,MnWO_4 + 3\,Na_2CO_3 + \frac{1}{2}\,O_2 \longrightarrow Mn_3O_4 + 3\,Na_2WO_4 + 3\,CO_2$) lässt sich durch Ansäuern des wässerigen, Na_2WO_4-haltigen Röstgut-Extrakts in das Oxid-Hydrat $WO_3 \cdot H_2O$ verwandeln. Konzentrate von Scheelit $CaWO_4$ mit mehr als 65 % WO_3 können bei 80 °C auch mit konzentrierter Salzsäure aufgeschlossen werden: $CaWO_4 + 2\,HCl \longrightarrow CaCl_2 + WO_3 \cdot H_2O$ (Abfiltration des unlöslichen Oxid-Hydrats). Zur Reinigung der Trioxide laugt man das MoO_3-Rösterz bzw. das WO_3-Hydrat mit Ammoniak-Lösung aus und fällt dann Molybdän(VI) bzw. Wolfram(VI) als Paramolybdat $(NH_4)_6[Mo_7O_{24}] \cdot 4\,H_2O$ sowie Parawolframat $(NH_4)_{10}[H_2W_{12}O_{42}] \cdot 4\,H_2O$, welche man durch Erhitzen auf 600 °C in die Trioxide MoO_3 und WO_3 umwandelt. Reines MoO_3 lässt sich auch aus dem Rösterz absublimieren.

Zur Herstellung von Wolfram-Glühdrähten wird Wolframtrioxid oder Wolframblauoxid (aus Parawolframat und H_2 bei 450 °C erhaltenes Gemenge aus Wolframbronze und Wolframsuboxiden) nach Zusatz der »Dopingelemente« K, Si und Al in Form von Kaliumsilicat- sowie Aluminiumsalz-Lösung mit Wasserstoff in 2 Stufen zu α-Wolframpulver reduziert, welches nach Verpressung zu Stäben unter Schutzgas bei 1100–1300 °C »vorgesintert« und dann durch Stromdurchgang unter H_2-Gas bei 3000 °C »dichtgesintert« wird. Hierbei dampfen die zugegebenen Dopingelemente vollständig, Spurenverunreinigungen teilweise ab (Dichte des erhaltenen Wolframs 17–18 g cm^{-3}, statt theoretisch 19.3 g cm^{-3} wegen des Verbleibs einer Restporosität). Die Sinterstäbe werden bei erhöhter Temperatur durch Hämmern und Walzen und dann durch mehrstufiges Ziehen zu Drähten weiterverarbeitet. Da die Duktilität der Wolframstäbe mit abnehmendem Durchmesser zunimmt, kann die Verarbeitungstemperatur von zunächst 1600 °C kontinuierlich gesenkt werden. Eine beachtliche Steigerung der Glühfadentemperatur und damit der Lichtausbeute ermöglichen in den so genannten Halogenlampen sehr geringe (praktisch unsichtbare) Mengen an Iod durch Rücktransport der verdampften, an der Innenseite des Lampenkolbens abgeschiedenen Metalls über Wolframiodide, welche sich am heißeren Glühfaden in Wolfram und Iod zersetzen (Vorteile: der Lampenkolben wird nicht mehr geschwärzt, der Glühfaden behält seinen ursprünglichen Durchmesser).

Das zur Herstellung von »Molybdänstahl« dienende Molybdän (kleinere Zusätze von Mo erhöhen die Härte und Zähigkeit des Stahls) wird dem Eisen nicht als solches, sondern in Form von »Ferromolybdän«, eine durch Zusammenschmelzen von Molybdän- und Eisenoxid mit Koks im elektrischen Ofen entstehende Legierung mit 50–85 % Mo, zugesetzt. In analoger Weise entsteht Ferrowolfram mit 60–80 % W durch Zusammenschmelzen von Wolfram- und Eisenerz mit Koks im elektrischen Ofen.

Physikalische Eigenschaften

Molybdän und Wolfram stellen weißglänzende, harte, in reinem Zustand dehnbare Metalle von großer mechanischer Festigkeit dar (Dichten 10.28 bzw. 19.26 g cm^{-3}), welche bei 2620 bzw. 3410 °C schmelzen und bei 4825 bzw. ca. 5700 °C sieden (Wolfram besitzt – abgesehen von Kohlenstoff – den höchsten Schmelzpunkt aller Elemente). Beide Metalle kristallisieren kubisch-raumzentriert (»α-W-Typ«, S. 128). Neben der α-Form existiert Wolfram noch in einer metastabilen β-Form mit speziellem kubischen Gitter (»V$_3$Si-Struktur«, S. 1676), die sich – abhängig von der Art stabilisierender Zusätze – bei 520–820 °C irreversibel in die stabilere α-Form verwandelt (tatsächlich handelt es sich bei β-Wolfram um das Oxid W$_3$O). Bezüglich weiterer Kenndaten von Molybdän und Wolfram vgl. Tafel IV.

Chemische Eigenschaften

Die Elemente Molybdän und Wolfram sind an der Luft infolge Passivierung sehr beständig; bei Rotglut verbrennen sie mit Sauerstoff zu den Trioxiden MoO$_3$ und WO$_3$. Auch mit vielen anderen Nichtmetallen reagieren sie in der Wärme, so mit Fluor ($\longrightarrow$ MoF$_6$,WF$_6$), Chlor ($\longrightarrow$ MoCl$_5$, WCl$_6$), Brom ($\longrightarrow$ MoBr$_3$, WBr$_6$) sowie mit Bor, Kohlenstoff, Silicium, Stickstoff. Von nichtoxidierenden Säuren werden beide Elemente nicht gelöst (Passivierung). Oxidierende Säuren wie heiße konzentrierte Schwefelsäure oder Königswasser greifen Molybdän lebhaft, Wolfram nur sehr langsam an; dagegen löst sich Wolfram rasch in Wasserstoffperoxid oder in einem Gemisch aus Salpeter- und Flusssäure. Beim oxidierenden Schmelzen mit Alkalimetallhydroxiden gehen Molybdän in Molybdate und Wolfram in Wolframate über.

Verwendung, Legierungen

Die hauptsächlichste Anwendung finden Molybdän und Wolfram in Form von Ferromolybdän und -wolfram bei der Herstellung legierter Stähle (vgl. S. 1945). Reines Molybdän (Jahresweltproduktion: einige 100 Kilotonnen) wird u. a. als Material für Elektroden sowie für Katalysatoren (petrochemische Prozesse) verbraucht. Reines Wolfram (Jahresweltproduktion: über 50 Kilotonnen) findet wegen seines »hohen Schmelzpunktes« überall dort Verwendung, wo bei hohen Temperaturen noch hohe Festigkeit verlangt wird, so für Lampen- und Röhren-Glühdrähte (2–4 % der Weltproduktion), als Anodenmaterial in Röntgenröhren, als Heizleiter in Hochtemperaturöfen, für Raketendüsen und Hitzeschilde bei Raumkapseln. Wegen seiner »hohen Dichte« wird Wolfram auch dort benutzt, wo große Massen auf möglichst kleinem Raum untergebracht werden müssen (z. B. Trimmgewichte bei Schwungmassen in Armbanduhren). Durch besonders »hohe Härte« zeichnet sich »Widiametall« (ein Sinterwerkstoff aus Wolframcarbid und 10 % Cobalt) aus, das so hart wie Diamant ist. Vgl. auch Interstitielle Verbindungen (S. 308).

Molybdän und Wolfram in Verbindungen

In ihren Verbindungen treten Molybdän und Wolfram wie Chrom in den Oxidationsstufen +II, +III, +IV, +V, +VI auf (z. B. MCl$_2$, MCl$_3$, MO$_2$, MF$_5$, MF$_6$, MO$_3$). Die wichtigsten und beständigsten Verbindungen sind die des sechswertigen Molybdäns und Wolframs. Allerdings ist der für Chrom gut definierte zweiwertige Zustand für Molybdän und insbesondere Wolfram weniger vorherrschend, und die große Stabilität des dreiwertigen Chroms hat kein vergleichbares Gegenstück in der Mo- und W-Chemie. Die niedrigen Oxidationsstufen +I, 0, −I, und −II des Molybdäns und Wolframs sind etwa in den Verbindungen [(C$_6$H$_6$)$_2$M]$^+$, [M(CO)$_6$], [M$_2$(CO)$_{10}$]$^{2-}$ und [M(CO)$_6$]$^{2-}$ realisiert.

    Wie aus nachfolgenden Potentialdiagrammen einiger Oxidationsstufen von Mo und W für pH = 0 und 14 in wässriger Lösung hervorgeht (vgl. auch Anh. V), sind Molybdän und Wolfram – ähnlich wie Chrom (vgl. Diagramm auf S. 1848) – unedle Metalle, wobei der unedle Charakter (der negative Wert des Potentials) der Elemente der VI. Nebengruppe ähnlich wie der

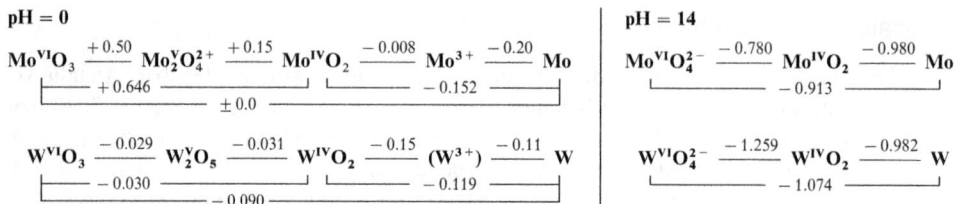

pH = 0

$$\text{Mo}^{VI}\text{O}_3 \xrightarrow{+0.50} \text{Mo}^{V}_2\text{O}_4^{2+} \xrightarrow{+0.15} \text{Mo}^{IV}\text{O}_2 \xrightarrow{-0.008} \text{Mo}^{3+} \xrightarrow{-0.20} \text{Mo}$$

$$\underbrace{\qquad +0.646 \qquad}\quad\underbrace{\pm 0.0}\quad\underbrace{\qquad -0.152 \qquad}$$

$$\text{W}^{VI}\text{O}_3 \xrightarrow{-0.029} \text{W}^{V}_2\text{O}_5 \xrightarrow{-0.031} \text{W}^{IV}\text{O}_2 \xrightarrow{-0.15} (\text{W}^{3+}) \xrightarrow{-0.11} \text{W}$$

$$\underbrace{\qquad -0.030 \qquad}\quad\underbrace{\qquad\qquad -0.119 \qquad}$$
$$\underbrace{\qquad\qquad\qquad -0.090 \qquad\qquad\qquad}$$

pH = 14

$$\text{Mo}^{VI}\text{O}_4^{2-} \xrightarrow{-0.780} \text{Mo}^{IV}\text{O}_2 \xrightarrow{-0.980} \text{Mo}$$

$$\underbrace{\qquad\qquad -0.913 \qquad\qquad}$$

$$\text{W}^{VI}\text{O}_4^{2-} \xrightarrow{-1.259} \text{W}^{IV}\text{O}_2 \xrightarrow{-0.982} \text{W}$$

$$\underbrace{\qquad\qquad -1.074 \qquad\qquad}$$

Abb. 27.6

der – insgesamt unedleren – Elemente der V. Nebengruppe in Richtung wachsender Ordnungs-zahlen und in Richtung steigender pH-Werte zunimmt (gilt nicht für alle W-Oxidationsstufen, s. Abb. 27.6).

Molybdän weist hierbei analog Chrom eine ausgeprägte wässrige Chemie auf, wobei im Wasser unterhalb pH = 2 folgende, nur Wasser, Hydroxid und/oder Oxid enthaltende ein- und mehrker-nige Kationen existieren (im Falle von Mo(VI) liegen im pH-Bereich > 7 Anionen MoO_4^{2-}, im pH-Bereich 2–7 Anionen $\text{Mo}_2\text{O}_7^{2-}$, $\text{Mo}_7\text{O}_{24}^{6-}$, $\text{Mo}_8\text{O}_{26}^{4-}$ u. a. vor):

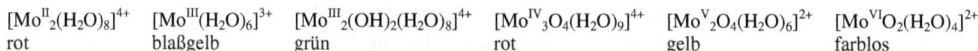

$[\text{Mo}^{II}_2(\text{H}_2\text{O})_8]^{4+}$	$[\text{Mo}^{III}(\text{H}_2\text{O})_6]^{3+}$	$[\text{Mo}^{III}_2(\text{OH})_2(\text{H}_2\text{O})_8]^{4+}$	$[\text{Mo}^{IV}_3\text{O}_4(\text{H}_2\text{O})_9]^{4+}$	$[\text{Mo}^{V}_2\text{O}_4(\text{H}_2\text{O})_6]^{2+}$	$[\text{Mo}^{VI}\text{O}_2(\text{H}_2\text{O})_4]^{2+}$
rot	blaßgelb	grün	rot	gelb	farblos

Allerdings sind die zwei- und dreiwertigen Stufen nur unter extremem Sauerstoffanschluss be-ständig. Im Falle des Wolframs ließen sich niedrige Wertigkeiten in Wasser nicht mit Sicherheit nachweisen; auch enthalten höhere Wertigkeiten neben den Elementen des Wassers zusätzlich immer andere Donoren. Die Koordinationszahlen der zwei- bis sechswertigen Metalle Mo und W reichen von vier (tetraedrisch in $[\text{M}^{III}_2\text{X}_6]$ mit X = OR, NR_2, $[\text{Mo}^{IV}(\text{NMe}_2)_4]$, $[\text{M}^{VI}\text{O}_4]^{2-}$) und fünf (quadratisch-pyramidal in $[\text{M}^{IV}_2\text{X}_8]^{4-}$, trigonal-bipyramidal in M^{V}Cl_5 (g)), über sechs (oktaedrisch in $[\text{M}^{II}(\text{diars})_2\text{I}_2]$, $[\text{M}^{III}_2\text{Cl}_9]^{3-}$, $[\text{M}^{V}\text{F}_6]^-$, M^{VI}F_6; trigonal-prismatisch in M^{IV}S_2, $[\text{M}^{VI}(\text{S}_2\text{C}_2\text{H}_2)_3]$) und sieben (überkappt-trigonal-prismatisch in $[\text{Mo}^{II}(\text{CNR})_7]^{2+}$, pentagonal-bipyramidal in $[\text{W}^{VI}\text{OCl}_4(\text{diars})]$ bis acht (dodekaedrisch in $[\text{Mo}^{III}(\text{CN})_7(\text{H}_2\text{O})]^{4-}$, $[\text{M}^{V}(\text{CN})_8]^{3-}$) sowie höher. In seinen niedrigwertigen Verbindungen haben Mo und W meist die Koordinations-zahl sechs. Die 5-fach koordinierten M(−II)-, 6-fach koordinierten M(0)-, 7-fach koordinierten M(II)-, 8-fach koordinierten M(IV)- und 9-fach koordinierten M(VI)-Komplexverbindungen ha-ben Xenon- bzw. Radonelektronenkonfigurationen.

Bezüglich der Elektronenkonfiguration, der Radien, der magnetischen und optischen Eigen-schaften von Molybdän- und Wolframionen vgl. Ligandenfeld-Theorie (S. 1592) sowie Anh. IV, bezüglich eines Eigenschaftsvergleichs der Metalle der Chromgruppe S. 1544f und Nachfolgen-des.

Vergleichende Betrachtungen

Zwischen der VI. Neben- und Hauptgruppe gibt es außer der maximalen Sechswertigkeit und stöchiometrischen Analogien (z. B. SF_6/WF_6, $\text{SO}_4^{2-}/\text{MoO}_4^{2-}$) keine engere Verwandtschaft. Zu-dem sinkt in der Sauerstoffgruppe die Beständigkeit der sechswertigen Stufe ab Schwefel mit steigender Atommasse des Elements (im Mittel) von oben nach unten hin, während sie in der Chromgruppe in gleicher Richtung zunimmt, sodass etwa die Chromate zum Unterschied von den Wolframaten starke Oxidationsmittel sind (Sulfate wirken im Gegensatz zu Bismutaten als schwache Oxidationsmittel) und im Falle der Fluoride die Sechswertigkeit zwar bei Schwefel, aber nicht bei Chrom erreichbar ist. Dafür nimmt in Richtung Cr, Mo, W die Stabilität der Drei-wertigkeit ab, sodass die Komplexchemie des dreiwertigen Chroms vor der des dreiwertigen Wolframs besonders ausgedehnt und vielseitig ist.

Chrom, Molybdän und Wolfram sind hochschmelzende und -siedende Schwermetalle. Die Schmelz- und Siedepunktskurve der Übergangsmetalle erreicht in der 3. Periode bei Vanadium, in der 4. und 5. Periode bei Molybdän bzw. Wolfram ihr Maximum (vgl. Tafel IV). Aus dem Abfall des Schmelz- und Siedepunktes (Abnahme der Atomisierungsenergie) beim Übergang von Vanadium zum Chrom und darüber hinaus zu Mangan, Eisen usw. bzw. von Molybdän sowie Wolfram zu Technetium sowie Rhenium und darüber hinaus zu Ruthium sowie Osmium usw. ist zu schließen, dass die 3d-Elektronen ab Chrom, die 4d- sowie 5d-Elektronen ab Technetium sowie Rhenium zunehmend wirkungsvoller an den Atomrumpf gebunden werden und somit als »innere Elektronen« trotz ihrer wachsenden Anzahl weniger zur Bildung von Metallbindungen zur Verfügung stehen. Dementsprechend erniedrigt sich auch die stabilste Oxidationsstufe beim Übergang von Vanadium über Chrom zu Mangan von +IV über +III nach +II. während im Falle der Übergänge Nb, Mo, Tc und Ta, W, Re die Stabilität der höchsten Oxidationsstufen (+V, +VI, +VII) erst zu- und dann wieder abnimmt.

Die zwischen Molybdän und Wolfram bei den Elementen La bis Lu erfolgende Lanthanoid-Kontraktion bedingt, wie angedeutet (S. 1844), dass Mo und W in ihren Eigenschaften (Sublimationsenthalpien, Atom- und Ionenradien, Elektronegativität, Normalpotentiale, Bildungsenthalpien von Verbindungen) sehr ähnlich sind, während sich das leichtere Chrom von ihnen merklich unterscheidet (vgl. Tafel IV).

Die Tendenz zur Bildung von Metallclustern wächst mit zunehmender Ordnungszahl und abnehmender Wertigkeit des Chromgruppenelements. So bildet Chrom ausschließlich in der zweiwertigen Stufe mit speziellen Liganden (insbesondere Carboxylat- und verwandte Chelatliganden), Molybdän und Wolfram zudem in der drei-, vier- und fünfwertigen Stufe mit verschiedensten Liganden Metallcluster. Da die Metallzentren der M^V-, M^{IV}-, M^{III}- und M^{II}-Komplexe 1, 2, 3 bzw. 4 d-Außenelektronen aufweisen, kann es bei den betreffenden Komplexen zu Clustern M^V_2, M^{IV}_2, M^{III}_2 bzw. M^{II}_2 mit Ein-, Zwei-, Drei- bzw. Vierfachbindung kommen (zum Beispiel $[Mo^V_2Cl_4(OR)_6]$, $[Mo^{IV}_2(OR)_8]$, $[Mo^{III}_2(OR)_6]$, $[M^{II}_2Cl_8]^{4-}$ oder zu Clustern M^{IV}_3, M^{III}_4 bzw. M^{II}_6 mit trigonal-planarem, tetraedrischem bzw. oktaedrischem Metallgerüst (zwei, drei, vier von M ausgehende MM-Einfach-Bindungen; z. B. $[Mo^{IV}_3O_4(H_2O)_9]^{4+}$, $[Mo^{III}_4S_4(CN)_{12}]^{8-}$, $[M^{II}_6Cl_8]^{4+}$). Die MM-Abstände [Å] betragen rund (Abweichung ±0.05 bis ±0.1 Å; der CrCr-Abstand bezieht sich auf Cr_2^{4+} mit 8 Liganden):

						Cr≡Cr	1.9 Å
Mo−Mo	2.7 Å	Mo=Mo	2.4 Å	Mo≡Mo	2.2 Å	Mo≡Mo	2.1 Å
W−W	2.7 Å	W=W	2.6 Å	W≡W	2.3 Å	W≡W	2.2 Å

2.2 Verbindungen des Molybdäns und Wolframs

{indexMolybdänverbindungen!niedrigwertige}

Nachfolgend werden Wasserstoff-, Halogen-, Chalkogen-, Pentel-, Tetrel- und Trielverbindungen des zwei bis sechswertigen Molybdäns und Wolframs (d^4-, d^3-, d^2-, d^1-Elektronenkonfiguration)[9] ferner Komplexe sowie Organische Verbindungen von Mo und W besprochen.

2.2.1 Wasserstoffverbindungen

Binäre Hydride MH_n ($n = 1–6$; M = Mo, W) sind unbekannt (interstitielle Hydride MH und MH_2 werden nicht gebildet), doch lassen sich Phosphanaddukte der betreffenden Wasserstoffverbindungen gewinnen (vgl. Tab. 32.1), und zwar $[MoH_6(PR_3)_3]$ durch Reaktion von $MoCl_4(THF)_2$ mit $Na[AlH_2(OR_2)_2]$ in Tetrahydrofuran bei $-80\,°C$ und $[WH_6(PR_3)_3]$ durch Reaktion von WMe_6 mit molekularem Wasserstoff jeweils in Anwesenheit von Phosphan PR_3, ferner $[MH_4(PR_3)_4]$

---

[9] Man kennt auch niedrigwertige Molybdän- und Wolframverbindungen mit Metallen der Wertigkeiten −II, −I, 0, +I (d^8-, d^7-, d^6-, d^5-Elektronenkonfiguration), z. B. $[M^{-II}(CO)_4]^{2-}$, $[M^{-II}_2(CO)_{10}]^{2-}$, $M^0(CO)_6$, cis- und trans-$[M^0(N_2)_2(PR_3)_4]$, $[M^I(CO)_2(bipy)_2]^+$ (gewinnbar durch Oxidation von $M(CO)_6$ mit I_2 in Anwesenheit von 2,2′-Bipyridyl).

(die W-Verbindung lässt sich zu $[WH_5(PR_3)_4]^+$ protonieren) und $[MH_2(PMe_3)_5]$. Von Interesse ist in diesem Zusammenhang der klassische Wasserstoffkomplex $[WH_2(CO)_3(PR_3)_2]$ mit zwei Hydridliganden (R = Cyclohexyl C_6H_{11}), der im – sich langsam einstellenden – Gleichgewicht mit dem nichtklassischen Wasserstoffkomplex $[W(H_2)(CO)_3(PR_3)_2]$ mit η^2-gebundenem H_2-Molekül steht ($d_{HH} = 0.86\,\text{Å}$):

$$[W^{II}(H)_2(CO)_3(PR_3)_2] \rightleftharpoons [W^0(H_2)(CO)_3(PR_3)_2].$$

G. J. Kubar et al. entdeckten in diesem Zusammenhang erstmals die Existenz nichtklassischer Hydride (vgl. S. 2071).

2.2.2   Halogen- und Pseudohalogenverbindungen

Halogenide

Sechswertige Stufe. Die Oxidationsstufe sechs ist mit Molybdän- und Wolframhexafluorid MF_6 (oktaedrisch; Tab. 27.2) vertreten, die beim schwachen Erwärmen von Mo oder W im Fluorstrom als farblose, hydrolyseempfindliche, diamagnetische Substanzen entstehen (MoF_6 wird unterhalb 17.4 °C fest, WF_6 oberhalb 17.1 °C gasförmig) und mit Fluoriden farblose, starre »Fluorokomplexe« MF_7^- und MF_8^{2-} bilden (überkappt-oktaedrisch und quadratisch-antiprismatisch; vgl. pentagonal-bipyramidales IF_7). Die Existenz eines Molybdänhexachlorids $MoCl_6$ (aus $MoO_3 + SO_2Cl_2$) ist noch unsicher. Dunkelblaues Wolframhexachlorid WCl_6 (Tab. 27.2) entsteht bei dunkler Rotglut aus den Elementen und stellt eine bei 275 °C schmelzende und bei 337 °C siedende Masse dar (der Dampf besteht aus WCl_6-Molekülen). Dunkelblaues Wolframhexabromid WBr_6 (Tab. 27.2) bildet sich bei der Reaktion von $W(CO)_6$ mit Brom. Bezüglich der Halogenidoxide MOX_4 und MO_2X_2 vgl. Tab. 27.2. Das Halogenid von MoF_6 und WCl_6 lässt sich leicht durch andere Reste Y unter Bildung von Derivaten MY_6 substituieren. So reagiert z. B. WCl_6 mit Me_3SiOR oder $LiNMe_2$ zu »Wolframhexaalkoxid« $W(OR)_6$ (R = Me, Et, iPr, Ph) bzw. »Wolframhexadimethylamid« $W(NMe_2)_6$ mit $N(SiMe_3)_3$ zu »Wolframtrichloridnitrid« $WNCl_3$ (vgl. auch Bildung von $W(N_3)_6$, WMe_6; S. 1874, 1893).

Fünf- und vierwertige Stufe. Gelbes, u. a. aus den Elementen zugängliches flüchtiges Molybdän- bzw. Woframpentafluorid MF_5 ist im festen Zustand analog NbF_5 tetramer, blassgrünes Molybdäntetrafluorid MoF_4 (gewinnbar durch Erhitzen von MoF_6 in Benzol bei 110 °C) und rotbraunes Wolframtetrafluorid WF_4 (gewinnbar durch Disproportionierung von WF_5) analog NbF_4 polymer. Bei der Fluorierung von $Mo(CO)_6$ entsteht bei −75 °C zunächst das gemischtvalente Dimolybdännonafluorid Mo_2F_9, das bei 150 °C in MoF_4 und MoF_5 zerfällt. Die Penta- und Tetrafluoride bilden mit Fluorid die »Fluorokomplexe« $M^VF_6^-$, $M^VF_8^{3-}$, $M^{IV}F_6^{2-}$ und $M^{IV}F_7^{3-}$. Dunkelgrünes, paramagnetisches, leicht hydrolysierbares, flüchtiges Molybdän- bzw Wolframpentachlorid MCl_5 (gewinnbar aus den Elementen unter sorgfältig kontrollierten Bedingungen) bildet in festem Zustand wie $NbCl_5$ dimere, chlorverbrückte, im Gaszustand monomere Moleküle. Erstere enthalten oktaedrisch-koordinierte Metallatome, die nicht durch MM-Bindungen verknüpft sind (μ_{mag} um 1.6 BM, entsprechend 1 d-Elektron), letztere trigonal-bipyramidale Metallatome. Die Pentachloride ergeben mit Chlorid grüne »Chlorokomplexe« MCl_6^- (oktaedrisch). Braunschwarzes Molybdäntetrachlorid α-$MoCl_4$ (erhältlich durch Disproportionierung von $MoCl_3$) und schwarzes Wolframtetrachlorid WCl_4 (gewinnbar durch Reduktion von WCl_6 mit Al oder P_4) bilden Ketten aus *trans*-kantenverknüpften MCl_6-Oktaedern) und weisen MM-Wechselbeziehungen auf (Paarung des Elektronenspins; diamagnetisch; abwechselnd kurze und lange MM-Bindungen; vgl. S. 1889), das aus α-$MoCl_4$ bei 250 °C hervorgehende β-$MoCl_4$ (Ringe aus sechs *cis*-kantenverknüpften $MoCl_6$-Oktaedern) dagegen nicht (μ_{mag} ca. 2.4 BM; gleichlange MoMo-Abstände). Die Tetrachloride sind äußerst hydrolyse- und oxidationsempfindlich und bilden mit Chlorid »Chlorokomplexe« $MoCl_6^{2-}$ (dunkelgrün, oktaedrisch) und WCl_6^{2-} (rot, oktaedrisch). WCl_4 disproportioniert beim Erhitzen gemäß

Tab. 27.2 Halogenide, Oxide und Halogenidoxide^a von Molybdän und Wolfram^b.

	Fluoride	Chloride	Bromide	Iodide	Oxide
M(VI)	MoF$_6$, farblos Smp./Sdp. 17.4/35 °C ΔH_f −1587 kJ mol^{-1} O$_h$-Symmetrie, KZ 6	MoCl$_6$(?), schwarz O$_h$-Symmetrie, KZ 6	–	–	MoO$_3$, weiß^c Smp. 795 °C ΔH_f −746 kJ mol^{-1} Schichtstruk., KZ 6
	WF$_6$, hellgelb Smp./Sdp. 1.9/17.1 °C ΔH_f −1749 kJ mol^{-1} O$_h$-Symmetrie, KZ 6	WCl$_6$, dunkelblau Smp./Sdp. 275/337 °C ΔH_f −603 kJ mol^{-1} O$_h$-Symmetrie, KZ 6	WBr$_6$, dunkelblau Smp. 309 °C O$_h$-Symmetrie, KZ 6	–	WO$_3$, zitronengelb Smp. 1473 °C ΔH_f −843 kJ mol^{-1} ReO$_3$-Strukt., KZ 6
M(V)	MoF$_5$, gelb Smp. 67 °C Dispr. VI/IV 165 °C Tetramer, KZ 6	MoCl$_5$, schwarzgrün Smp./Sdp. 204/268 °C ΔH_f −528 kJ mol^{-1} Dimer, KZ 6	MoBr$_5$, dunkelblau Dimer, KZ 6	–	»Mo$_2$O$_5$«, dunkelblau^d
	WF$_5$, gelb Dispr. VI/IV 20 °C Tetramer, KZ 6	WCl$_5$, dunkelgrün Smp./Sdp. 248/286 °C Dimer, KZ 6	WBr$_5$, dunkelbraun Smp./Sdp. 276/333 °C Dimer, KZ 6	–	»W$_2$O$_5$«, dunkelblau^d
M(IV)	MoF$_4$, blassgrün^e Dispr. Schichtstrukt., KZ 6	MoCl$_4$, braunschwarz^f Dispr. III/V ΔH_f −481 kJ mol^{-1} Kette, KZ 6	MoBr$_4$, schwarz Zers. MoBr$_3$/Br$_2$ ΔH_f −322 kJ mol^{-1} Kette, KZ 6	MoI$_4$, schwarz Zers.100 °C Kette? KZ 6	MoO$_2$, braunviolett ΔH_f −589 kJ mol^{-1} Rutil-Strukt., KZ 6
	WF$_4$, rotbraun Dispr. 800 °C Raumstrukt.? KZ 6	WCl$_4$, schwarz Dispr. II/V 300 °C ΔH_f −469 kJ mol^{-1} Kette, KZ 6	WBr$_4$, schwarz ΔH_f −348 kJ mol^{-1} Kette? KZ 6	WI$_4$, schwarz	WO$_2$, braun Smp./Sdp. 1500/1730 °C ΔH_f −590 kJ mol^{-1} Rutil-Strukt., KZ 6
M(III)	MoF$_3$, gelbbraun Smp. > 600 °C VF$_3$-Strukt., KZ 6	MoCl$_3$, schwarzrot Dispr. II/IV 500 °C ΔH_f −387 kJ mol^{-1} verzerrt CrCl$_3$, KZ 6	MoBr$_3$, dunkelgrün Smp. 977 °C ZrI$_3$-Strukt., KZ 6	MoI$_3$, schwarz Smp. 927 °C	Mo$_2$O$_3$
	–	WCl$_3$, dunkelrot Smp. 550 °C Dispr. II/V 50 °C [M$_6$X$_{12}$]X$_6$-Strukt.	WBr$_3$, schwarz Zers. > 90 °C zu WBr$_2$ ΔH_f −172 kJ mol^{-1} [M$_6$X$_8$]X$_6$-Strukt.^{g}	WI$_3$ Zers. Raumtemp.	
M(II)	–	MoCl$_2$, gelb ^{g} Zers. > 530 °C ΔH_f −282 kJ mol^{-1} [M$_6$X$_8$]X$_4$-Strukt.	MoBr$_2$, gelbrot ^{g} Smp. 842 °C ΔH_f −261 kJ mol^{-1} [M$_6$X$_8$]X$_6$-Strukt.	MoI$_2$ ^{g}	MoO, schwarz NaCl-Strukt., KZ 6
	–	WCl$_2$, grau Zers. 0/IV 500 °C [M$_6$X$_8$]X$_4$-Strukt.	WBr$_2$, gelb ^{h} [M$_6$X$_8$]X$_4$-Strukt.	WI$_2$, braun ^{h} [M$_6$X$_8$]X$_4$-Strukt.	–

a Von den Halogenidoxiden seien genannt: MoOF$_4$ (weiß; aus MoO$_3$ + F$_2$; Smp./Sdp. 97/186 °C; über F verbrückte MoOF$_5$-Oktaederketten bildet MoOF$_5^-$), MoOCl$_4$ (grün; aus MoO$_3$ + SOCl$_2$; Smp./Sdp. 103/159 °C), WOF$_4$ (weiß; Smp./Sdp. 101/186 °C; bildet WOF$_5^-$), WOCl$_4$ (rot; Smp./Sdp. 211/233 °C), WOBr$_4$ (dunkelbraun; Smp. 277 °C). – MoO$_2$F$_2$ (weiß; aus MoO$_2$Cl$_2$ + HF; Sblp. 270 °C; bildet MoO$_2$F$_4^{2-}$), MoO$_2$Cl$_2$ (blassgelb; aus MoO$_2$ + Cl$_2$; Smp./Sdp. 175/250 °C), MoO$_2$Br$_2$ (rotbraun), WO$_2$F$_2$ (weiß; bildet WO$_2$F$_4^{2-}$), WO$_2$Cl$_2$ (blassgelb; Smp. 265 °C), WO$_2$Br$_2$ (rot; Dispr. WO$_3$/WOBr$_4$ ab 200 °C), WO$_2$I$_2$ (dunkelbraun). – MoOCl$_3$ (schwarz; Zers. > 200 °C; bildet MoOCl$_5^{2-}$), MoOBr$_3$ (schwarz, Sblp. 270 °C im Vakuum), WOCl$_3$ (olivgrün), WOBr$_3$ (dunkelbraun). – MoO$_2$Cl (blauschwarz).
b Man kennt auch Sulfide, Selenide, Telluride. Darüber hinaus existieren Pentelide, Tetrelide, Trielide (S. 1889).
c α-Form. Metastabiles gelbes β-MoO$_3$ mit ReO$_3$-Struktur.
d Zufällige Zusammensetzung von Oxiden MO$_{2-3}$ (meist M$_n$O$_{3n-1}$ oder M$_n$O$_{3n+2}$: Mo$_4$O$_{11}$, Mo$_5$O$_{14}$, Mo$_8$O$_{23}$, Mo$_9$O$_{26}$, Mo$_{10}$O$_{29}$, Mo$_{13}$O$_{38}$; W$_{10}$O$_{29}$, W$_{20}$O$_{58}$, W$_{40}$O$_{119}$, W$_{50}$O$_{148}$).
e Man kennt auch ein grünes Mo$_2$F$_9$ das beim Erhitzen in MoF$_4$ und MoF$_5$ disproportioniert.
f α-Form. β-MoCl$_4$ enthält Hexamere aus sechs miteinander kantenverknüpften MoCl$_6$-Oktaedern.
g [W$_6$Br$_8$]$^{6+}$ · 2 Br$^-$ · 2 (Br$_4$)$^{2-}$.
h α-Formen. Man kennt auch β-Formen, zudem [Mo$_5$Cl$_{13}$]$^{2-}$ und [Mo$_4$I$_{11}$]$^{2-}$, die sich von Halogeniden der Zusammensetzung [Mo$_5$Cl$_{11}$] = MoCl$_{2.20}$ und [Mo$_4$I$_9$] = MoI$_{2.25}$ ableiten.

$3\,WCl_4 \longrightarrow WCl_2 + 2\,WCl_5$. Von WCl_4 leiten sich »Alkoxide« $M(OR)_4$ ab, denen die dimere Struktur $[(RO)_3M(\mu\text{-}OR)_2M(OR)_3]$ (MoMo-Doppelbindung; $d_{MoMo} = 2.52\,\text{Å}$) und die tetramere Struktur $[W_4(\mu\text{-}OR)_4(\mu_3\text{-}OR)_2(OR)_{10}]$ zukommt (WW-Einfachbindungen; d_{WW} ca. $2.7\,\text{Å}$). Bezüglich MBr_5, MBr_4 sowie MI_4, ferner MOX_3 sowie MO_2X vgl. Tab. 27.2.

Drei- und zweiwertige Stufe. Darstellung, Eigenschaften. Unter den Halogeniden MX_3 und MX_2 (M = Mo, W) kennt man zwar nur ein Fluorid (MoF_3), jedoch alle Chloride, Bromide, Iodide (vgl. Tab. 27.2). Gelbbraunes Molybdäntrifluorid MoF_3 erhält man aus MoF_6 und Mo bei $400\,°C$. Es bildet »Fluorokomplexe« MoF_6^{3-} (oktaedrisch). Durch Reduktion von $MoCl_5$ mit H_2 oder Mo bzw. Oxidation von WCl_2 mit Cl_2 bei $400\,°C$ entstehen andererseits dunkelrotes Molybdän- und Wolframtrichlorid MCl_3. Beide Verbindungen ergeben mit Chlorid bzw. Donoren »Chlorokomplexe« MCl_6^{3-} (oktaedrisch) und $M_2Cl_9^{3-}$ (siehe unten) bzw. »Addukte« mer-$MCl_3 \cdot 3\,D$ (D z. B. py, THF). Das durch elektrolytische Reduktion aus MoO_3 in konz. HCl/KCl erhältliche, in trockener Luft beständige, hydrolyse- und oxidationsempfindliche Komplexsalz K_3MoCl_6 stellt ein wichtiges Ausgangsprodukt der Mo(III)-Chemie dar ($+\,H_2O/+\,CN^-/+\,NCS^- \longrightarrow [Mo(H_2O)_6]^{3+}/[Mo(CN)_7]^{4-}/[Mo(NCS)_6]^{3-}$). Molybdän- und Wolframtribromid MBr_3 sind aus $MoBr_4$ und Mo sowie WBr_2 und Br_2 gewinnbar. Gelbes Molybdän- und graues Wolframdichlorid MCl_2 lassen sich durch Dispropoportionierung des Tetrachlorids MCl_4 oder durch Chlorierung von Mo mit Phosgen $COCl_2$ bei $750\,°C$ gewinnen. Molybdän- und Wolframtribromid MBr_3 sowie -diiodid MI_2 entstehen aus $MoCl_2$ und NaBr sowie NaI bzw. durch Disproportionierung von WBr_4 bzw. durch Reaktion von W mit I_2 bei Rotglut.

Strukturen (S. 2074). MoF_3 besitzt »VF_3-Schichtstruktur«. Sowohl $MoCl_3$ als auch $[M_2Cl_9]^{3-}$ enthalten – anders als $CrCl_3$ und $[Cr_2Cl_9]^{3-}$ – Mo_2- bzw. W_2-Metallatomcluster. In $MoCl_3$ liegt eine kubisch-dichteste Cl^--Packung vor, in welcher Mo(III)-Ionen paarweise benachbarte oktaedrische Lücken übernächster Cl^--Schichten besetzen (verzerrte »$CrCl_3$-Struktur«, $d_{MoMo} = 2.76\,\text{Å}$), in $[M_2Cl_9]^{3-}$ sind zwei MCl_6-Oktaeder über eine gemeinsame Fläche miteinander verknüpft ($d_{MoMo/WW} = 2.67/2.41\,\text{Å}$; letzterem Abstand entspricht eine WW-Dreifachbindung; wegen der hohen Bildungstendenz von $W_2Cl_9^{3-}$ bereitet die Synthese von WCl_6^{3-} Schwierigkeiten). WCl_3 hat demgegenüber eine hexamere Struktur (s. unten). Die Strukturen von $CrBr_3$ (BiI_3-Schichtstrukturen), $MoBr_3$ (ZrI_3-Kettenstruktur), WBr_3 (hexamere Clusterstruktur, s. unten) unterscheiden sich nicht nur untereinander, sondern auch von den – ebenfalls nicht übereinstimmenden – Strukturen der Halogenide $CrCl_3$ ($CrCl_3$-Schichtstruktur), $MoCl_3$ (s. oben) und WCl_3 (s. oben).

$MoCl_2$ und WCl_2 besitzen wie $MoBr_2$ und MoI_2 und zum Unterschied von polymerem $CrCl_2$ die sechsfache Molmasse M_6X_{12}. Die Verbindungen enthalten gemäß der Formulierung $[M_6X_8]X_4 \stackrel{\wedge}{=} [M_6X_8]X_2X_{4/2}$ über Halogenid in zwei Raumrichtungen verbrückte $[M_6X_8]^{4+}$-Metallcluster (4 der 12 X^--Ionen sind mit Ag^+ fällbar und können gegen andere Anionen, z. B. OH^-, ausgetauscht werden). Die 8 X^--Ionen von $M_6X_8^{4+}$ besetzen die Ecken eines Würfels, in dessen Flächenmitten die 6 M^{2+}-Ionen angeordnet sind, welche so ein Oktaeder bilden (Abb. 27.7b; $d_{MoMo} = 2.62\text{–}2.64\,\text{Å}$). Die Summe der Bindungselektronen im Cluster beträgt $6 \times 6(M) + 8(X) - 4(\text{positive Ladungen}) = 40$ Elektronen. Zieht man hiervon $8 \times 2 = 16$ Elektronen für die 8 Bindungen zu den Halogenid-Ionen ab, so verbleiben für den M_6-Metallkäfig – wie gefordert – 24 Elektronen, die sich auf die 12 MM-Bindungen des M_6-Oktaeders verteilen.

Der $[Mo_6X_8]^{4+}$-Cluster ist gegen Oxidation stabil ($MoCl_2$ wird von Königswasser nicht angegriffen), wogegen der $[W_6X_8]^{4+}$-Cluster leicht oxidiert werden kann, sodass er ein wirksames Reduktionsmittel darstellt, das z. B. Wasser unter Wasserstoffentwicklung zersetzt. Die Reaktion von $[W_6Cl_6]Cl_4 \stackrel{\wedge}{=} WCl_2$ mit Chlor bei $150\,°C$ führt hierbei zu einem Produkt der Zusammensetzung WCl_3, das im Sinne der Formulierung $[W_6Cl_{12}]Cl_6$ den Cluster $[W_6Cl_{12}]^{6+}$ (Abb. 27.7a) enthält. Die Reaktion von $[W_6Br_8]Br_4 = WBr_2$ mit Brom führt andererseits zu Produkten der Zusammensetzung W_6Br_{14}, W_6Br_{16} und W_6Br_{18} ($\stackrel{\wedge}{=} WBr_{2.33}$, $WBr_{2.67}$, WBr_3), die im Sinne der

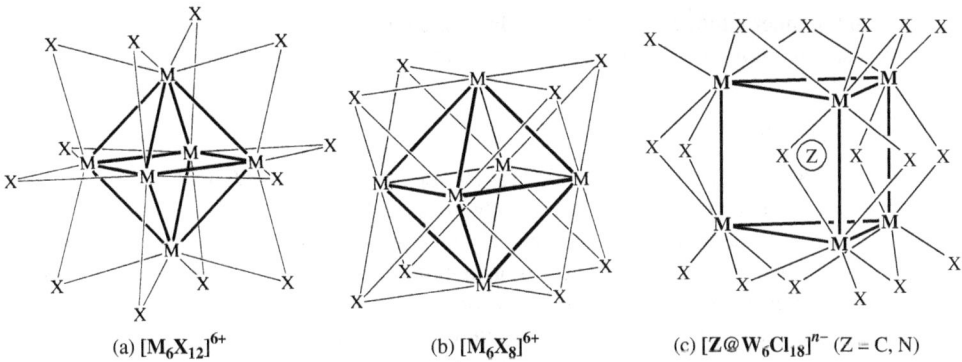

(a) $[M_6X_{12}]^{6+}$ (b) $[M_6X_8]^{6+}$ (c) $[Z@W_6Cl_{18}]^{n-}$ (Z = C, N)

Abb. 27.7 Strukturen (a) der Clustereinheit $[M_6X_{12}]^{6+}$ in WCl_3 und (b) der Clustereinheit $[M_6X_8]^{4+}$ in MX_2 (M = Mo, W; X = Cl, Br, I) sowie $[M_6X_8]^{6+}$ in WBr_3 und $WI_3(?)$ und (c) der Clustereinheit in $[Z@W_6Cl_{18}]^{n-}$ (Z = C, N).

Formulierungen $[W_6Br_8]Br_6$, $[W_6Br_8]Br_4(Br_4)$ und $[W_6Br_8]Br_2(Br_4)_2$ den Cluster $[W_6Br_8]^{6+}$ enthalten (Abb. 27.7b; Br^-- bzw. Br_4^{2-}-Gegenionen).

Die $[M_6X_8]X_4$-Cluster vermögen ihrerseits unter Addition von zwei Halogeniden in die »Halogenokomplexe« $[M_6X_{14}]^{2-}$ überzugehen ($\hat{=}$ Abb. 27.7b + sechs axial mit M verknüpfte X^--Ionen). In entsprechender Weise bilden sich unter Addition von Wasser bei gleichzeitigem Tausch der 4 labilen X^--Ionen »Hydrate« $[M_6X_8(H_2O)_6]^{4+}$.

Eine Substitution der 8 Halogenid-Ionen des Clusters $[M_6Cl_8]^{4+}$ ist u. a. durch Iodid I^-, Sulfid S^{2-}, Selenid Se^{2-} sowie Tellurid Te^{2-} möglich. In ersterem Falle entsteht etwa aus $MoCl_2$ oder WCl_2 in einer KI/LiI-Schmelze MoI_2 bzw. WI_2, in letzten Fällen gelangt man zu den Clusterionen $[Mo_6Y_8]^{4-}$ (Y = S, Se, Te), die leicht oxidiert werden können ($\longrightarrow$ $[Mo_6Y_8]^{2-}$) und die in den – auch in starken Magnetfeldern – bei tiefen Temperaturen supraleitend wirkenden »Chevrel-Phasen« M_xMoY_8 (z. B. MMo_6Y_8 mit M = Ca, Sr, Ba, Sn^{II}, Pb^{II}, Übergangsmetalle, Lanthanoide) vorliegen. In letzteren Phasen teilen sich im Sinne der Formulierung $[\{Mo_6Y_2Y_{6/2}\}Y_{6/2}]^{4-}$ Clustereinheiten $[Mo_6Y_8]^{4-}$ einige ihrer Y^{2-}-Ionen: sie sind zu einem dreidimensionalen Netzwerk verknüpft, wobei 6 der 8 flächenüberkappenden Y^{2-}-Ionen eines Clusters (Abb. 27.7b) zugleich die Rolle des fünften Y^{2-}-Liganden benachbarter Cluster übernehmen, sodass also jedes Mo^{6+}-Ion quadratisch-pyramidal von 5 Y^{2-}-Ionen koordiniert vorliegt. Die $[Mo_6S_8]^{2-}$-Ionen vermögen durch Addition von Sulfid in – ihrerseits verbrückte – Dimere $[Mo_{12}S_{18}]^{8-}$ überzugehen. Auch kennt man das Anion $[Mo_9S_{11}]^{2-}$, welches einen zentralen, aus zwei flächenverknüpften Mo_6-Oktaedern aufgebauten Mo_9-Cluster enthält.

Ausschnitte aus den $[Mo_6X_8]^{4+}$-Clustern stellen die »Halogenokomplexe« $[Mo_5Cl_{13}]^{2-}$ und $[Mo_4I_{11}]^{2-}$ dar (gewinnbar aus $Mo_2(OAc)_4$ und HX), welche einen quadratisch-pyramidalen bzw. einen verzerrt-tetraedrischen Cluster aus fünf bzw. vier Mo-Atomen enthalten. Bezüglich der Halogenokomplexe $[M_2X_8]^{4-}$ (X = Cl, Br; M = Mo, W) s. unten.

Die mit C- und N-Atomen (Z) zentrierten W_6-Cluster der schwarzen Verbindungen $[C@W_6Cl_{18}]$ und $[N@W_6Cl_{18}]^-$ (vgl. Abb. 27.7c) enthalten anstelle eines oktaedrisch strukturierten einen trigonal-prismatisch gebauten W_6-Cluster (auch in den Hartstoffen WC und WN sind die C-Atome trigonal-prismatisch von W-Atomen koordiniert; die mit Fremdatomen zentrierten Zr_6-Cluster der Zirconiumdihalogenide $(ZrCl_2)_6$ weisen demgegenüber oktaedrischen Bau auf, vgl. S. 1812). Die betreffenden Verbindungen lassen sich durch Reduktion von WCl_6 mit Bi in Anwesenheit der C- und N-Atomlieferanten wie CCl_4 und NaN_3 bei erhöhten Temperaturen gewinnen (z. B. $6 WCl_6 + NaN_3 + 6 Bi \longrightarrow Na[W_6NCl_{18}] + 6 BiCl_3 + N_2$ bei 500 °C). In den zu $[C@W_6Cl_{18}]^{1-/2-/3-}$ und $[N@W_6Cl_{18}]^{2-/3-/4-}$ reduzierbaren Clustern (Abstände innerhalb/zwischen den W_3-Baueinheiten ca. 2.65/3.07 Å; zum Vergleich d_{WW} in $[W_6Cl_{14}]^{2-}$: 2.61 Å) sind die Kanten innerhalb/zwischen den W_3-Baueinheiten durch 1 Cl/2 Cl überbrückt und jedes W-Atom zusätzlich mit einem exoständigen Cl-Atom verknüpft (Abb. 27.7c).

Pseudohalogenide

Cyanide (S. 2084). Bei der Luftoxidation wässeriger Mo(III)- bzw. W(III)-Salzlösungen entsteht in Anwesenheit von Cyanid gelbes, diamagnetisches Octacyanomolybdat(IV) bzw. -wolframat(IV) $[M(CN)_8]^{4-}$, dessen Salze in Abhängigkeit vom Gegenion teils dodekaedrisch, teils quadratisch-antiprismatisch strukturierte Anionen enthalten. Im Wasser hydrolysieren die Cyanokomplexe nur bei Bestrahlung (Bildung oktaedrischer Komplexe $[MO_2(CN)_4]^{2-}$). Durch Oxidation lassen sich die Anionen $[M(CN)_8]^{4-}$ in Octacyanomolybdat(V) bzw. -wolframat(V) $[M(CN)_8]^{3-}$ (dodekaedrisch sowie quadratisch-antiprismatisch) überführen. Heptacyanomolybdat(II) bzw. -wolframat $[M(CN)_7]^{5-}$ (schwarz; pentagonal-bipyramidal) entstehen andererseits aus $MoCl_6^{3-}$ und $W_2Cl_9^{3-}$ in Anwesenheit von Cyanid. Letzterer Komplex addiert als Base leicht ein Proton ($\longrightarrow [HW(CN)_7]^{4-}$). Erwähnt sei auch das schwefelhaltige »Dodecacyanomolybdat« $[Mo_4S_4(CN)_{12}]^{8-}$ (Mo_4-Tetraeder, dessen Dreiecksflächen mit S überspannt sind; jedes Mo ist oktaedrisch von 3 S und 3 CN koordiniert). Der dem Cluster zugrundeliegende verzerrt-kubische $[Mo_4S_4]^{4+}$-Käfig liegt (in oxidierter Form) auch dem Komplex $[Mo_4S_4(H_2O)_{12}]^{5+}$ zugrunde.

Azide, Rhodanide (S. 2087). WCl_6 reagiert mit Rhodanid SCN^- zu Wolframhexaisothiocyanat $W(NCS)_6$ (oktaedrisch), MoF_6 bzw. WF_6 (CrF_6 existiert nicht) mit Me_3SiN_3 in Acetonitril bei $-30\,°C$ zu dunkelrotem, sehr explosivem, festem Molybdän- bzw. Wolframhexaazid $M(N_3)_6$ (oktaedrisch; bzgl. der Strukturverhältnisse vgl. S. 2087; teilsubstituiertes WCl_5N_3 erhält man durch Einwirkung von N_3^- auf WCl_6). Noch unbeständiger sind die aus $M(N_3)_6$ und $NMe_4^+N_3^-$ oder $PPh_4^+N_3^-$ erhältlichen roten Heptaazidokomplexe $[M(N_3)_7]^-$ (anders als überkappt-oktaedrisch gebautes MF_7^- pentagonal-bipyramidal oder überkappt-trigonal-prismatisch struktuiert); sie zerfallen in fl. SO_2 oder CH_3CN bei Raumtemperatur unter N_2-Eliminierung glatt in die dunkelroten Nitridotetraazidokomplexe $[MN(N_3)_4]^-$ (quadratisch-pyramidal).

2.2.3   Chalkogenverbindungen

Sauerstoffverbindungen

Sechswertige Stufe (vgl. S. 2088). Darstellung. Das beim Rösten vieler Mo- und W-Verbindungen hinterbleibende pulverförmige weiße Molybdäntrioxid MoO_3 bzw. zitronengelbe Wolframtrioxid WO_3 (Tab. 27.2) schmilzt bei 795 °C bzw. 1473 °C (WO_3 bildet eine tiefgelbe Flüssigkeit; der Smp. des homologen Chromtrioxids CrO_3 liegt mit 197 °C deutlich niedriger). MoO_3 ist zudem im guten Vakuum um 800 °C sublimierbar, wobei der Dampf u. a. die Moleküle Mo_3O_9, Mo_4O_{12} und Mo_5O_{15} enthält (ab 1000 °C zersetzt sich MoO_3, ab 1300 °C WO_3 unter Sauerstoffabgabe).

Säuert man andererseits wässrige Lösungen von Molybdat MoO_4^{2-} oder Wolframat WO_4^{2-} (vgl. S. 1879) kräftig an, so fallen gelbes Molybdän- oder Wolframtrioxid-Dihydrat $MO_3 \cdot 2\,H_2O$ aus, die bei gelindem Erwärmen in Monohydrate $MO_3 \cdot H_2O$ (gelbe monokline Mo- bzw. W-, farblose trikline Mo-Verbindung) und beim starken Erhitzen über Zwischenstufen hinweg (z. B. farbloses monoklines/orthorhombisches $MoO_3 \cdot \frac{1}{2}\,H_2O/MoO_3 \cdot \frac{1}{3}\,H_2O$) in die wasserfreien Trioxide MO_3 übergehen. Die Hydrate – insbesondere $MO_3 \cdot H_2O = H_2MO_4$ – werden häufig als »Molybdän«- bzw. »Wolframsäure« bezeichnet.

Beim Erhitzen von MoO_3 bzw. WO_3 mit Molybdän bzw. Wolfram (ca. 700 °C), Wasserstoff (Mo: $< 470\,°C$; W: 800 °C) oder ohne Reaktionspartner (Mo: $> 1000\,°C$; W: $> 1300\,°C$) gehen die Trioxide über violette bis blauschwarze, metallisch leitende Phasen MO_{3-2} schließlich in die Dioxide MO_2 über (Tab. 20.9), die ihrerseits von Wasserstoff bei höheren Temperaturen (Mo: $> 470\,°C$; W: 1000 °C) weiter zum Metall reduziert werden (vgl. Darstellung

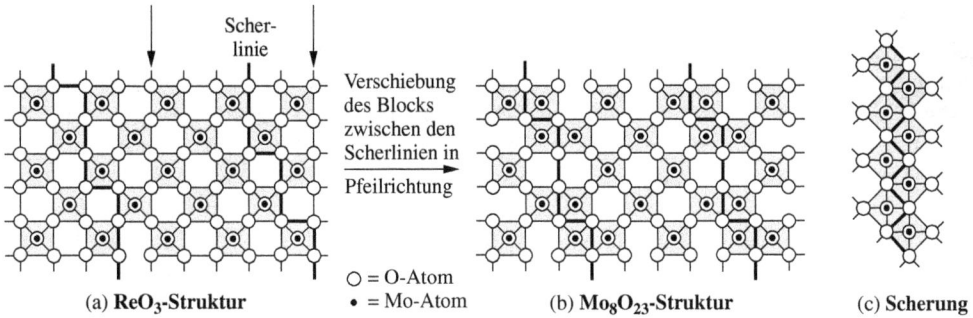

(a) **ReO$_3$-Struktur** $\bigcirc$ = O-Atom   (b) **Mo$_8$O$_{23}$-Struktur**   (c) **Scherung**
$\bullet$ = Mo-Atom

Abb. 27.8 Veranschaulichung einer Scherung: Übergang der ReO$_3$-Struktur (a) in die Mo$_8$O$_{23}$-Scher-struktur (b) (unter- und oberhalb der gezeichneten Oktaederschicht (Aufsicht) liegen entsprechende Schich-ten; die Oktaeder der einzelnen Schichten haben gemeinsame Ecken). (c) *cis* kantenverknüpfte MoO$_6$-Oktaeder.

von Mo und W). Behandelt man andererseits frisch gefälltes Trioxid-Hydrat MO$_3 \cdot n\,H_2O$ oder MoO$_3$-Suspensionen mit Reduktionsmitteln wie Zinn(II), Zink in Salzsäure, Schwefelwasser-stoff, Schweflige Säure oder Hydrazin, so erhält man gemäß MO$_3 + x\,H \longrightarrow MO_{3-x}(OH)_x$ tief-blaue, kolloide Lösungen von hydratisierten Mischoxiden des sechs- bis fünfwertigen Molyb-däns bzw. Wolframs ($x = 0$ bis 1; »Molybdänblau«, »Wolframblau« bzgl. der Strukturen vgl. Isopolymetallate, S. 1880), die zum Teil M$_3$-Metallcluster enthalten. Die Reaktionen dienen als »empfindliche Nachweise von Molybdän- und Wolframsäuren bzw. von Reduktionsmitteln«.

Strukturen. Das Trioxid MoO$_3$ bildet eine selten anzutreffende Schichtstruktur, welche sich aus stark verzerrten MoO$_6$-Oktaedern aufbaut, die über gemeinsame *cis*-gelegene Oktaederkanten zu Zick-Zack-Ketten verknüpft sind (vgl. Abb 27.8c), wobei die Ketten ihrerseits über gemein-same *trans*-ständige Ecken der MoO$_6$-Oktaeder (in Abb 27.8c durch $\odot$ symbolisiert) untereinan-der zu Schichten verbunden sind (MoO-Abstände = 1.671, 1.734, 1.948, 2.251 und 2.332 Å)[10]. Neben dieser normalen farblosen Modifikation (α-MoO$_3$) existiert zusätzlich eine gelbe Form (β-MoO$_3$), die sich z.B. durch Entwässern des Hydrats MoO$_3 \cdot \frac{1}{3}\,H_2O$ bei 300 °C im Sauer-stoffstrom herstellen lässt. Sie besitzt analog dem Trioxid WO$_3$ eine ReO$_3$-Struktur (nach den 3 Raumrichtungen eckenverknüpfte ReO$_6$-Oktaeder, vgl. Abb 27.8a). Es existieren eine Reihe polymorpher WO$_3$-Modifikationen, denen aber allen eine (mehr oder minder verzerrte) ReO$_3$-Struktur zugrunde liegt.

Die gelben monoklinen Monohydrate MO$_3 \cdot H_2O$ (»Molybdänsäure« bzw. »Wolframsäure«) bilden im Sinne der Formulierung [MO$_{4/2}$OH$_2$O] Schichten eckenverknüpfter MO$_6$-Oktaeder (vgl. Abb 27.8a), wobei jedes Mo von 4 O-Atomen, die jeweils zwei MO$_6$-Oktaedern gleichzei-tig angehören, einem isolierten O-Atom sowie einem dazu *trans*-ständigen H$_2$O-Molekül umge-ben ist. In den Dihydraten MO$_3 \cdot 2\,H_2O$ ist das zweite Wassermolekül zwischen den betreffenden Schichten eingelagert. Der Ersatz der M-gebundenen H$_2$O-Moleküle einer Schicht durch die endständigen O-Atome der benachbarten Schicht führt auf dem Wege über H$_2$O-ärmere Trioxi-de schließlich zu den wasserfreien gelben Trioxiden β-MoO$_3$ bzw. WO$_3$ mit ReO$_3$-Struktur. Das weiße trikline Monohydrat MO$_3 \cdot H_2O$ bildet im Sinne der Formulierung [MoO$_{3/3}$O$_2$(H$_2$O)] Zick-Zack-Ketten *cis*-kantenverknüpfter MO$_6$-Oktaeder (vgl. Abb 27.8a und α-MoO$_3$), wobei jedes Mo von 3 O-Atomen, die jeweils drei MoO$_6$-Oktaedern gleichzeitig angehören, zwei isolierten O-Atomen sowie einem H$_2$O-Molekül umgeben ist.

---

[10] Bei Vernachlässigung der beiden langen MoO-Abstände (2.30 Å) lässt sich die MoO$_3$-Struktur auch als Anordnung aus verzerrten MoO$_4$-Tetraedern beschreiben, wobei jedes Tetraeder mit zwei unmittelbar benachbarten Tetraedern ecken-verknüpft ist. MoO$_3$ (Koordinationszahl von Mo = 4 + 2) ist somit strukturell zwischen CrO$_3$ (KZ = 4) und WO$_3$ (KZ = 6) angesiedelt.

Die Strukturen der Phasen MO_{3-2} (z. B. Mo_8O_{23}, Mo_9O_{26}, $W_{20}O_{58}$, $W_{24}O_{70}$, $W_{25}O_{73}$, $W_{40}O_{118}$) leiten sich von der ReO_3-Struktur (Abb 27.8a) durch Versetzung benachbarter, sich über den gesamten Kristall erstreckender, blockartiger Bereiche um jeweils eine Oktaederkante ab (Abb. 27.7b). Hierdurch resultiert aus der ReO_3-Struktur eine »Scherstruktur« mit Schichten aus Oktaedern, die nicht wie im Falle der ReO_3-Struktur nur ecken-, sondern auch teilweise kantenverknüpft sind (Übergang von der ReO_3-artigen MO_3- in die TiO_2-artige MO_2-Struktur; vgl. hierzu S. 2088). Durch die »Scherung« der ReO_3-Struktur nimmt das Molverhältnis von Sauerstoff zu Metall ab. Die mit der Sauerstoffabnahme verbundene Verringerung der Ladung des Anionenteilgitters wird durch Ersatz einer entsprechenden Zahl sechs- durch fünfwertiger Metallatome kompensiert, wobei die M(V)-Atome ihr d-Außenelektron in ein Leitungsband abgeben. Die Strukturen anderer Phasen MO_{3-2} weisen neben MO_6-Oktaedern auch MO_4-Tetraeder (z. B. Mo_4O_{11}) bzw. pentagonale MO_7-Bipyramiden auf (z. B. Mo_5O_{14}, $Mo_{17}O_{47}$, $W_{18}O_{49}$).

Eigenschaften. Die Trioxide MoO_3 sowie WO_3 sind in Wasser (saure Reaktionen) praktisch nicht, in Alkalilauge dagegen gut unter Bildung von Molybdat(VI) MoO_4^{2-} sowie Wolframat(VI) WO_4^{2-} löslich (beide Ionen tetraedrisch; die in kleiner Konzentration bei niedrigeren pH-Werten vorliegende protonierten Formen HMO_4^- und H_2MO_4 mit $pK_S = 3.9$ und 3.7 (Mo) bzw. 4.6 und 3.5 (W) enthalten wohl oktaedrisch koordinierte M-Atome $[MO_2(OH)_3(H_2O)]^-$ und $[MO_2(OH)_2(H_2O)_2]$). MoO_3 ist – anders als WO_3 – deutlich amphoter und löst sich in starken Säuren unter Bildung von Salzen wieder auf, welche das gewinkelte Dioxomolybdän(VI)-Ion (»Molybdänyl(VI)-Ion«) MoO_2^{2+} in hydratisierter Form $[MoO_2(H_2O)_4]^{2+}$ enthalten. Möglicherweise bildet WO_3 in stark saurem Milieu ein entsprechendes Kation in kleiner Konzentration:

$$MO_3 + 2\,OH^- \rightleftharpoons MO_4^{2-} + H_2O; \quad MoO_3 + 2\,H^+ \rightleftharpoons MoO_2^{2+} + H_2O.$$

Sowohl Mo(VI) als auch W(VI) weisen eine ausgeprägte wässerige Chemie auf, die auf S. 1880f eingehender besprochen wird.

Fünf- und vierwertige Stufe (vgl. S. 2088). Darstellung. Bei der Reduktion von MoO_3 und WO_3 mit Wasserstoff unterhalb 470 °C (Mo) bzw. 800 °C (W) bildet sich auf dem Wege über »Mischoxide« MO_{3-2} (vgl. S. 1876) braunviolettes Molybdändioxid MoO_2 bzw. braunes Wolframdioxid WO_2 (vgl. Tab. 27.2). Die diamagnetischen, metallisch leitenden Festsubstanzen sind in nichtoxidierenden Säuren unlöslich, werden von konzentrierter Salpetersäure unter Oxidation zu den Trioxiden aufgelöst und disproportionieren beim Erhitzen:

$$MO_2 \xrightleftharpoons[+\,H_2;\,-\,H_2O]{+\,HNO_3;\,-\,HNO_2} MO_3; \quad 3\,MO_2 \xrightarrow{\text{T}} M + 2\,MO_3.$$

Strukturen. Molybdän- und Wolframdioxid MO_2 kristallisieren mit Rutilstruktur, die allerdings dadurch verzerrt ist, dass M-Atome paarweise zusammenrücken und durch MM-Bindungen (MoMo/WW-Abstände = 2.51/2.49 Å) verknüpft sind. Bezüglich der Strukturen von MO_{3-2} (s. oben). Mit Metalloxiden wie ZnO ergibt MoO_2 Oxoverbindungen $M^{II}_2Mo^{IV}_3O_8$ (s. unten).

Eigenschaften. Fünf- und vierwertiges Molybdän weisen anders als fünf- und vierwertiges Wolfram eine ausgeprägte wässerige Chemie auf. Gibt man zu einer wässerigen Mo(VI)-Lösung Mo^{3+} in verdünnter Trifluormethansulfonsäure CF_3SO_3H, so erhält man das Molybdänyl(V)-Ion MoO_2^+ in dimerer Form als diamagnetisches, gelbes, hydratisiertes Tetraoxodimolybdän(V)-Ion $Mo_2O_4^{2+}$ (Abb. 27.9b), welches bei weiterer Zugabe von Mo^{3+} in das Molybdänyl(IV)-Ion MoO^{2+} übergeht, das in trimerer Form als diamagnetisches, dunkelrotes, hydratisiertes Tetraoxotrimolybdän(IV)-Ion $Mo_3O_4^{4+}$ (Abb. 27.9a) vorliegt. Ersteres Ion enthält einen Cluster aus zwei, letzteres Ion einen Cluster aus drei einfach miteinander zu einer Mo_2-Gruppe bzw. einem Mo_3-Dreiring verknüpften Mo^V- bzw. Mo^{IV}-Ionen (die $2 \times 1 = 2$ Außenelektronen der zwei Mo^V-Ionen ergeben 1 Zweielektronenbindung, die $3 \times 2 = 6$ Außenelektronen der drei Mo^{IV}-Ionen 3 Zweielektronenbindungen). Die beiden Mo-Atome in $Mo_2O_4^{2+}$ werden zusätzlich durch zwei O-Atome verbunden (zwei O-Atome sind endständig), während die drei Mo-Atome in $Mo_3O_4^{4+}$ zusätzlich durch vier O-Atome verknüpft werden, von denen drei jeweils zwei Mo-Atomen zugeordnet sind und eines allen drei Mo-Atomen gemeinsam angehört (alternativ lässt sich die Struktur von $Mo_3O_4^{4+}$ von einem Mo_4O_4-Würfel, in dessen Ecken abwechselnd Mo- und O-Atome lokalisiert sind, dadurch ableiten, dass man eine Mo-Ecke entfernt). Entsprechende hydratisierte Ionen $W_2O_4^{2+}$ und $W_3O_4^{4+}$ des homologen Wolframs in fünf- und vierwertigem Zustand existieren nicht. Man kennt jedoch Komplexe dieser Ionen, so z. B. $[W_2O_4F_6]^{4-}$ mit dem zentralen Tetraoxodiwolfram(V)-Ion $W_2O_4^{2+}$ (WW-Abstand 2.62 Å) oder die durch Reaktion von $W(CO)_6$ (vgl. S. 2108) mit Carbonsäuren erhältlichen, luftbeständigen Komplexe $[W_3O_2(O_2CR)_6(H_2O)_3]^{2+}$ (Abb. 27.9d), die das gelbe Dioxotriwolfram(IV)-Ion $W_3O_2^{8+}$ enthalten. Letzteres weist einen W_3-Dreiringcluster mit WW-Einfachbindungen auf, dessen W-Atome zusätzlich durch jeweils ein O-Atom oberhalb und unterhalb der Ringebene verknüpft werden.

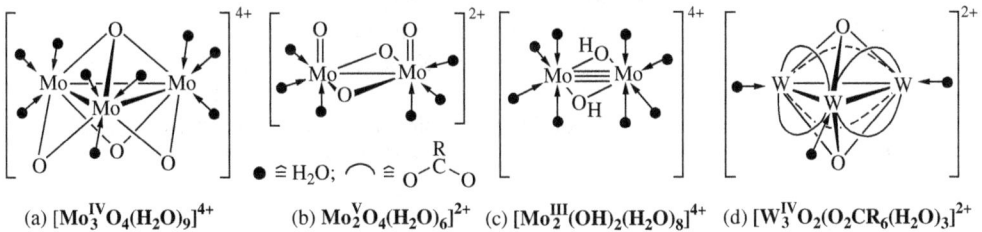

(a) $[Mo_3^{IV}O_4(H_2O)_9]^{4+}$ (b) $Mo_2^VO_4(H_2O)_6]^{2+}$ (c) $[Mo_2^{III}(OH)_2(H_2O)_8]^{4+}$ (d) $[W_3^{IV}O_2(O_2CR_6(H_2O)_3]^{2+}$

Abb. 27.9

Vom Mo(V)-Kation (Abb. 27.9b) leiten sich wie vom homologen W(V)-Kation (s. oben) Komplexe ab, in denen Wassermoleküle durch andere Liganden ersetzt sind, z. B. $[Mo^V_2O_4(ox)_2H_2O_2]^{2-}$ (H_2O in der Molekülebene). Ferner stellen viele M(V)-Komplexe Substitutionsprodukte der aus dem Ion (Abb. 27.9b) unter Spaltung einer oder beider O-Brücken z. B. gemäß $[Mo_2O_4(H_2O)_6]^{2+} + 4 H^+ + 2 H_2O \rightleftharpoons [Mo_2O_3(H_2O)_8]^{4+} + 2 H^+ + H_2O \rightleftharpoons 2 [MoO(H_2O)_5]^{3+}$ gebildeten Kationen dar (z. B. $[Mo^V_2O_3(S_2COEt)_4]$, $[Mo^VOCl_4(H_2O)]^-$, $[Mo^VOX_5]^{2-}$ mit X = Cl, Br, NCS und $[W^VOX_5]^{2-}$ mit X = Cl, Br). Während die zweikernigen Komplexe alle diamagnetisch sind, also deutliche MM-Wechselwirkungen aufweisen, verhalten sich die einkernigen Komplexe paramagnetisch (1 ungepaartes Elektron).

Vom Mo(IV)-Kation (Abb. 27.9a) leiten sich ebenfalls eine Reihe von Substitutionsprodukten ab wie etwa die bei Zugabe von Oxalat, Fluorid oder Cyanid zu einer $[Mo_3O_4(H_2O)_9]^{4+}$-Lösung entstehenden Komplexe $[Mo_3O_4(ox)_3(H_2O)_3]^{2-}$, $[Mo_3O_4F_9]^{5-}$ und $[Mo_2O_4(CN)_9]^{5-}$. In analoger Weise lässt sich das Anion $[W_3O_4F_9]^{5-}$ synthetisieren. Die weiter oben erwähnte Oxoverbindung $Zn_2Mo^{IV}_3O_8$ enthält ebenfalls – durch 9 Oxid-Ionen ergänzte – Mo_3O_4-Untereinheiten.

Drei- und zweiwertige Stufe. Mo(II,III) weisen anders als W(II,III) eine ausgeprägte wässerige Chemie auf. Das blassgelbe Hexaaquamolybdän(III)-Ion $[Mo(H_2O)_6]^{3+}$ (oktaedrisch; paramagnetisch mit $\mu_{mag.} = 3.69$ Bohr'sche Magnetonen, entsprechend 3 ungepaarten d-Elektronen) entsteht langsam (in Tagen) durch Hydrolyse von $[MoCl_6]^{3-}$ oder rasch (in Minuten) durch Hydrolyse von $[Mo(HCO_2)_6]^{3-}$. Es ist in verdünnter CF_3SO_3H-Lösung (pH < 2) unter Sauerstoffausschluss beständig und liegt auch dem gelben Alaun $CsMo(SO_4)_2 \cdot 12 H_2O$ zugrunde. Von Sauerstoff wird es in Wasser rasch zu gelbem $[Mo^V_2O_4(H_2O)_6]^{2+}$ oxidiert (2 $Mo^{3+} + O_2 + 2 H_2O \longrightarrow Mo_2O_4^{2+} + 4 H^+$; vgl. Abb. 27.9b). Die assoziativ-aktivierte Substitution der H_2O-Moleküle durch andere Liganden erfolgt im Falle von $[Mo(H_2O)_6]^{3+}$ rund 10^5-mal so rasch wie die entsprechende Substitution im Falle von $[Cr(H_2O)_6]^{3+}$ (kleineres Zentralmetall, vgl. S. 1629). Nach Zugabe von Hydroxid zu einer $[Mo(H_2O)_6]^{3+}$-Lösung fällt Molybdäntrihydroxid $Mo(OH)_3$ aus, das sich zum Sesquioxid Mo_2O_3 (vgl. S. 2088) entwässern lässt.

Die Bildung von $Mo(OH)_3$ erfolgt wohl auf dem Wege über eine Deprotonierungs- und Kondensationsreaktion des hydratisierten Mo(III)-Ions: $2\,[Mo(H_2O)_6]^{3+} \rightleftharpoons$ $2\,[Mo(OH)(H_2O)_5]^{2+} + 2\,H^+ \rightleftharpoons [(H_2O)_4Mo(\mu\text{-}OH)_2Mo(H_2O)_4]^{4+} + 2\,H_2O + 2\,H^+$ (vgl. das Verhalten von $[Cr(H_2O)_6]^{3+}$). Letzterer Komplex, das grüne Octaaquadi-μ-hydroxydimolybdän(III)-Ion $[Mo_2(OH)_2(H_2O)_8]^{4+}$ (Abb. 27.9c), gewinnt man durch Reduktion von $Mo^{VI}O_4^{2-}$ oder $[Mo^V_2O_4(H_2O)_6]^{2+}$ mit Zink in saurem Medium. Es weist verzerrt-oktaedrisch von 2 OH und 4 H_2O koordiniertes Molybdän und eine MoMo-Dreifachbindung auf (s. unten).

Ein dem verzerrt-oktaedrisch gebauten Ion $[Cr(H_2O)_6]^{2+} \cong [Cr(H_2O)_4(H_2O)_2]^{2+}$ (tetragonale Jahn-Teller-Verzerrung) entsprechendes Ion $[Mo(H_2O)_6]^{2+}$ existiert wohl wegen der Neigung des zweiwertigen Molybdäns zur Ausbildung von MoMo-Clustern mit einer Metall-Metall-Vierfachbindung (s. unten) nicht: $2\,[Mo(H_2O)_4(H_2O)_2]^{2+} \longrightarrow$ $2\,H_2O + [(H_2O)(H_2O)_4Mo\equiv Mo(H_2O)_4(H_2O)]^{4+}$. Das diamagnetische rote Octadimolybdän(II)-Ion $[Mo_2(H_2O)_8]^{4+}$ (vgl. Abb. 27.9d) lässt sich durch Hydrolyse des Sulfatokomplexes $[Mo(SO_4)_4]^{4+}$ (s. unten) gewinnen. Es ist unter Sauerstoff- und Lichtausschluss in verdünnter CF_3SO_3H-Lösung (pH < 2) haltbar (an Licht tritt Oxidation zu $[Mo_2(OH)_2(H_2O)_8]^{4+}$ unter H_2-Entwicklung ein). Jedes Mo-Atom ist im Komplex von einem Mo-Atom und vier H_2O-Molekülen quadratisch-pyramidal koordiniert; ein fünftes, sehr schwach mit Mo verknüpftes H_2O-Molekül ergänzt die Koordinationssphäre zum stark verzerrten Oktaeder. Die H_2O-Moleküle lassen sich durch andere Liganden wie z.B. SCN^- oder CrO_4^{2-} substituieren.

Molybdate(VI) und Wolframate(VI)

Oxomolybdate und - wolframate. Die durch Zugabe von MoO_3 sowie WO_3 zu Alkalilaugen gebildeten Molybdate und Wolframate haben in alkalischer bis neutraler Lösung oder in fester Form die Formeln M_2MoO_4 sowie M_2WO_4 und enthalten diskrete, tetraedrisch gebaute MoO_4^{2-}-Ionen (MoO-Abstände in K_2MoO_4 1.76 Å; WO-Abstände in WO_4^{2-} vergleichbar lang). Ihre Oxidationskraft ist deutlich geringer als die der homologen Chromate CrO_4^{2-} (vgl. Potentialdiagramme auf S. 1848 und S. 1870). Sie gehen beim Ansäuern unter Kondensation letztendlich in die Trioxide MoO_3 über, bilden bei Zugabe geeigneter Liganden Komplexe (s. unten) und lassen sich bei erhöhter Temperatur zu Molybdän- und Wolframbronzen (s. unten) reduzieren.

Kondensationsreaktionen. Beim Ansäuern wandelt sich in Wasser gelöstes MoO_4^{2-} bzw. WO_4^{2-} ab pH ca. 7 sehr rasch (Mo) bzw. recht langsam (W) in ein Gleichgewichtsgemisch aus Polymolybdaten bzw. Polywolframaten um, und zwar insbesondere in nicht- oder teilprotoniertes Hepta-, Octa- und Oligomolybdat (letzteres 36-kernig) bzw. Tetra-, Deca- und Dodecawolframat (neben dem Wolframat $H_2W_{12}O_{40}^{6-}$ entsteht auch $H_2W_{12}O_{42}^{10-}$; als niedermolekulare Isopolysäureanionen lassen sich noch Dimolybdat $[Mo_2O_7]^{2-}$ und Tetrawolframat $[W_4O_{16}]^{8-}$, als höhermolekulare Spezies u.a. – Mo(V)-haltiges – $[Mo_{154}O_{496}(OH)_{32}(H_2O)_{80}]$ und $[Mo_{368}O_{1032-x}(OH)_x(SO_4)_{48}(H_2O)_{240}]_8^{4-}$ nachweisen):

$$7\,[MoO_4]^{2-} \underset{\mp 4\,H_2O}{\overset{\pm 8\,H^+}{\rightleftharpoons}} [Mo_7O_{24}]^{6-} \underset{\mp 2\,H_2O}{\overset{\pm MoO_4^{2-},\pm 4\,H^+}{\rightleftharpoons}} [Mo_8O_{26}]^{4-} \underset{\mp 10\,H_2O}{\overset{\pm 28\,MoO_4^{2-},\pm 52\,H^+}{\rightleftharpoons}} [Mo_{36}O_{112}(H_2O)_{16}]^{8-},$$

$$7\,[WO_4]^{2-} \underset{\mp 4\,H_2O}{\overset{\pm 8\,H^+}{\rightleftharpoons}} [W_7O_{24}]^{6-} \underset{\mp 4\,H_2O}{\overset{\pm 3\,WO_4^{2-},\pm 8\,H^+}{\rightleftharpoons}} [W_{10}O_{32}]^{4-} \underset{}{\overset{\pm 2\,WO_4^{2-},\pm 2\,H^+}{\rightleftharpoons}} [H_2W_{12}O_{40}]^{6-}.$$

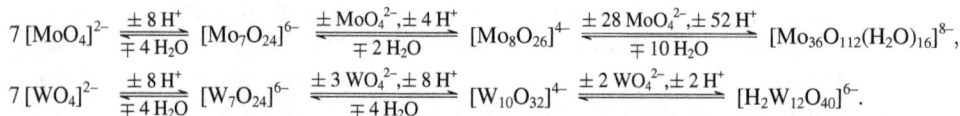

Die gebildeten Isopolymolybdate und -wolframate leiten sich von sehr starken »Isopolysäuren« ab und weisen in der Regel oktaedrisch koordinierte Metallzentren auf (Näheres zur Struktur s. unten). Noch stärkeres Ansäuern führt bei pH-Werten < 2 schließlich zur teilweisen Ausfällung der hochmolekularen Trioxid-Hydrate $MoO_3 \cdot n\,H_2O$ (s. oben) und im Falle von $MoO_3 \cdot n\,H_2O$ schließlich zur Wiederauflösung des Niederschlags bei pH-Werten < 0 (außer Mo(VI) und W(VI) zeigen insbesondere V(V), V(IV), Nb(V), Ta(V) sowie U(VI) ein ähnliches Verhalten; bei Cr(VI) bricht die Kondensation zunächst bei $Cr_2O_7^{2-}$ ab).

Komplexbildungsreaktionen. Eine Reihe von Donoren reagieren mit Molybdat MoO_4^{2-} und Wolframat WO_4^{2-} unter Substitution von Sauerstoff. Es können hierbei ein, zwei, drei oder alle vier O^{2-}-Ionen durch Liganden ersetzt werden, wobei Komplexe mit der MO_3-Gruppe (faciale Anordnung der O-Atome), der MO_2-Gruppe (*cis*-ständige Anordnung der O-Atome), der MO-Gruppe und der M(VI)-Ionen selbst entstehen (jeweils kurze, für Doppelbindungen sprechende MO-Abstände zwischen M und terminalen O-Atomen um 1.75 Å). So erhält man aus MoO_4^{2-} mit 6- bzw. 12 molarer Salzsäure oder mit Flusssäure die »Halogenokomplexe« $[MoO_2Cl_2(H_2O)_2]$ bzw. $[MoO_2Cl_4]^{2-}$ (oktaedrisch) oder $[MoO_3F]^-$, $[MoO_3F_2]^{2-}$, $[MoO_3F_3]^{3-}$, mit Wasserstoffperoxid »Peroxomolybdate« (s. unten), mit Schwefelwasserstoff »Thiomolybdate« $[MoO_{4-n}S_n]^{2-}$ (s. unten) und mit mehrzähnigen Liganden wie Oxalat, dien (= $H_2NCH_2CH_2NHCH_2CH_2NH_2$), Ethylendiamintetraacetat (S. 1557) oder *ortho*-Aminomercaptobenzol o-$C_6H_4(NH_2)(SH)$ »Chelatkomplexe« wie z. B. $[MoO_3(dien)]$ (oktaedrisch) oder $[Mo(C_6H_4NHS)_3]$ (trigonal-prismatisch). Das $[MoO_2(oxinat)]$ von MoO_2^{2+} mit 8 Hydroxychinolin spielt eine wichtige Rolle bei der »gravimetrischen Mo-Bestimmung«. In analoger Weise leiten sich von WO_4^{2-} Halogenokomplexe wie $[WO_3X]^-$ (X = F, Cl), $[WO_3F_2]^{2-}$, $[WO_3F_3]^{2-}$, Peroxokomplexe (s. unten), Thiokomplexe $[WO_{4-n}S_n]^{2-}$ (s. unten) und Chelatkomplexe wie $[WO_3(dien)]$ ab.

Redoxreaktionen. Durch teilweise chemische oder elektrochemische Reduktion von geschmolzenen Alkalimetallmolybdaten oder -wolframaten mit Wasserstoff, Zink, Molybdän, Wolfram oder Strom kommt es zu intensiv gefärbten, als Deckfarben geschätzten Mischverbindungen (»Molybdän-« bzw. »Wolfram-Bronzen«) der Zusammensetzung M_xMoO_3 bzw. M_xWO_3 ($x = 0$ bis 1, in der Praxis 0.3 (blauviolett) bis 0.9 (goldgelb); M = Alkalimetall, Erdalkalimetall oder Lanthanoid), welche den elektrischen Strom leiten, metallisches Aussehen besitzen und niedrige paramagnetische Suszeptibilitäten aufweisen (Wolframbronzen sind leichter zugänglich und chemisch beständiger als Molybdänbronzen). Den Strukturen der Wolfram- und Hochdruckmolybdänbronzen liegt ein dreidimensionales Netzwerk aus allseitig eckenverknüpften WO_6- bzw. MoO_6-Oktaedern zugrunde, deren Lücken in unterschiedlichem Ausmaße mit M-Kationen besetzt sind. Es existieren drei strukturelle Grundtypen: »kubische« (Abb. 27.10a), »tetragonale« (Abb. 27.10b) und »hexagonale« (Abb. 27.10c) Bronzen: wiedergegeben sind jeweils die M-Atome einer Schicht als graue und die Mo- bzw. W-Atome als schwarze Kugeln (nicht alle M-Plätze sind besetzt). Die nicht eingezeichneten O-Atome liegen auf den Linien und ober- sowie unterhalb von Mo bzw. W, wobei die Schichten über gemeinsame O-Atome untereinander verknüpft vorliegen (die Struktur in Abb. 27.8a geht damit in die Formel aus Abb. 27.10a – ohne M – über; mit voller M-Besetzung repräsentiert Abb. 27.10a den kubischen »Perowskit-Typ« $CaTiO_3$). Man kennt darüber hinaus »Verwachsungsbronzen«. In den Normaldruckmolybdänbronzen findet man auch kantenverknüpfte MoO_6-Oktaeder (vgl. Abb 27.8b, c). Die metallische Leitfähigkeit der Bronzen M_xMoO_3 und M_xWO_3 beruht darauf, dass die x Überschusselektronen an ein Leitungsband abgegeben werden, sodass also alle Mo- und W-Atome kristallographisch äquivalent und sechswertig sind.

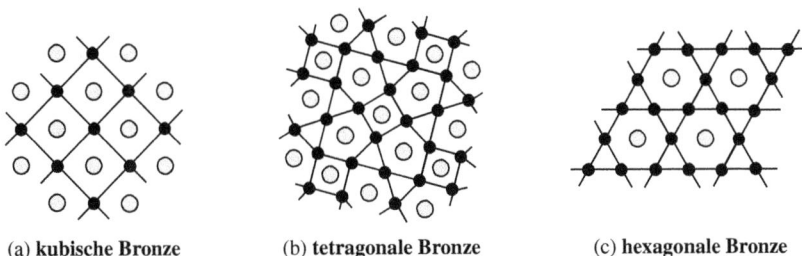

(a) **kubische Bronze**   (b) **tetragonale Bronze**   (c) **hexagonale Bronze**

Abb. 27.10

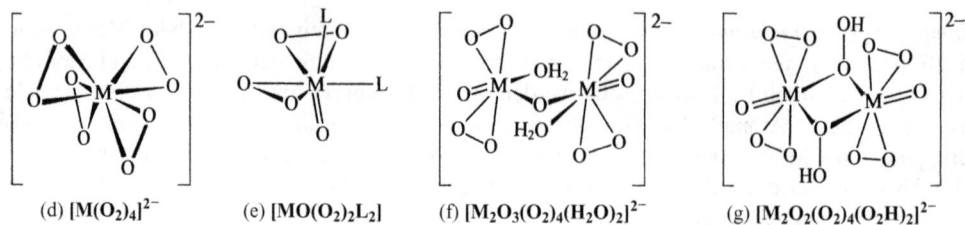

(d) $[M(O_2)_4]^{2-}$ (e) $[MO(O_2)_2L_2]$ (f) $[M_2O_3(O_2)_4(H_2O)_2]^{2-}$ (g) $[M_2O_2(O_2)_4(O_2H)_2]^{2-}$

Abb. 27.11

Peroxomolybdate und -wolframate (vgl. S. 2093). Die Einwirkung von Wasserstoffperoxid auf wässrige Lösungen von Molybdat- und Wolframat MO_4^{2-} führt analog der Einwirkung von H_2O_2 auf CrO_4^{2-} je nach den Reaktionsbedingungen zu Peroxometallaten $[M(O_2)_4]^{2-}$ (Abb. 27.11d) (dodekaedrische Koordination von M mit O-Atomen; tetraedrische Koordination von M mit O_2-Gruppen) oder $[MO(O_2)_2(H_2O)_2]$ (Abb. 27.11e) (pentagonal-bipyramidale Koordination von M mit O-Atomen; trigonal-bipyramidale Koordination von M mit 1 O-, 2 H_2O-, 2 O_2-Gruppen). Allerdings wächst die Stabilität von $[M(O_2)_4]^{2-}$ hinsichtlich intramolekularer Redoxdisproportionierungen in Richtung M = Cr, Mo, W, sodass sich $[Mo(O_2)_4]^{2-}$ – anders als $[Cr(O_2)_4]^{2-}$ – bereits als (zersetzliches) braunrotes Zinksalz $[Zn(NH_3)_4][Mo(O_2)_4]$ isolieren lässt (Abstände MoO/OO = 1.97/1.55 Å). Auch bedingt die Tendenz von Mo(VI) und W(VI) zur Ausbildung höherer Koordinationszahlen, dass $[MO(O_2)_2]$ in wässrigem Milieu für M = Cr als Monohydrat, für M = Mo, W aber als Dihydrat vorliegt, wobei sich das komplex gebundene Wasser jeweils durch andere Liganden ersetzen lässt (im Falle von $CrO(O_2)_2$ ergeben nur Chelatliganden die Struktur in Abb. 27.11e). Schließlich enthalten H_2O_2/MO_4^{2-}-Lösungen für M = Mo, W gegebenenfalls auch dinukleare Peroxometallate $[M_2O_3(O_2)_4(H_2O)_2]^{2-}$ (Abb. 27.11f) und $[M_2O_2(O_2)_4(O_2H)_2]^{2-}$ (Abb. 27.11g).

Isopolymolybdate und -wolframate. Darstellung. Aus angesäuerten wässerigen Molybdat- und Wolframatlösungen (s. oben) lassen sich eine Reihe von »Isopolymolybdaten« kristallisieren, denen gute Wasserlöslichkeit, geringe Basizität, Strukturen mit dichten O-Atompackungen und Reduzierbarkeit zu »Isopolyblau« mit gemischt-relevantem Mo und W (M^{VI}/M^{V}; vgl. Mo- und W-Blau) gemeinsam sind. Der Kondensationsgrad und die Anordnung der Metallat-Einheiten in den isolierten Isopolymetallaten wird im wesentlichen durch die anwesenden Gegenkationen, die Metallatkonzentration, das Alter der Lösung und die Fällungstemperatur bestimmt. Die Strukturen der gelösten und gefällten Isopolymetallate gleichen sich zum Teil (z. B. $[Mo_7O_{24}]^{6-}$, $[Mo_{36}O_{112}(H_2O)_{16}]^{8-}$, $[H_2W_{12}O_{40}]^{6-}$, $[H_2W_{12}O_{42}]^{10-}$), zum Teil aber auch nicht. Die aus organischen Lösungsmitteln oder aus Schmelzen präparierten Isopolymetallate besitzen generell einen anderen Aufbau als die in Wasser gelösten Spezies.

Strukturen. Die Anionen der isolierten Isopolymolybdate bzw. -wolframate bilden sowohl mehr oder weniger ausgedehnte oligomere Inselstrukturen als auch polymere ein-, zwei- bzw. dreidimensionale Ketten-, Schicht- und Raumstrukturen. Die oligomeren Spezies existieren ihrerseits in Form kompakter Anordnungen aus vorrangig kantenverknüpften MO_6-Oktaedern, ferner (bei Isopolymolybdaten) in Form weniger dichter Anordnungen aus zusätzlich eckenverknüpften MO_6-Oktaedern (von den sechs mit M verknüpften O-Atomen sind in der Regel maximal zwei O-Atome endständig).

Unter den Isopolymolybdaten kommt dem in Form von Natrium-, Kalium-, Ammonium- und anderen Salzen aus wässeriger Lösung isolierbaren Heptamolybdat $[Mo_7O_{24}]^{6-}$ (»Paramolybdat«) die in Abb. 27.12a wiedergegebene »gewinkelte« Struktur zu, die einen Ausschnitt ($\frac{7}{10}$) der Struktur des Decavanadats = $[V_{10}O_{28}]^{6-}$ (Abb. 27.12d) darstellt. Die ursprünglich von Anderson für $[Mo_7O_{24}]^{6-}$ vorgeschlagene »planare« Struktur (Abb. 27.12b) erwies sich nur für Heteromolybdate $[EMo_6O_{24}]^{n-12}$ aus E^{n+}-Kationen und dem Hexamolybdat $[Mo_6O_{24}]^{12-}$

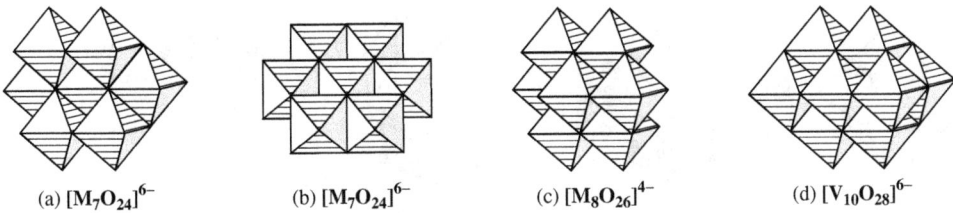

(a) $[M_7O_{24}]^{6-}$ (b) $[M_7O_{24}]^{6-}$ (c) $[M_8O_{26}]^{4-}$ (d) $[V_{10}O_{28}]^{6-}$

Abb. 27.12 Polyedermodelle: (a) des Heptamolybdats und -wolframats $[M_7O_{24}]^{6-}$, (b) des bisher nur als Heteropolymetallat (»Anderson-Evans-Ion«) nachgewiesenen Heptamolybdats und -wolframats $[M_7O_{24}]^{6-}$, (c) des β-Octamolybdats $[Mo_8O_{26}]^{4-}$ und (d) des Decavanadats $[V_{10}O_{28}]^{6-}$.

(Abb. 27.12b ohne mittleres Mo(VI)) als zutreffend (s. unten). Das ebenfalls aus Wasser isolierbare β-Octamolybdat β-$[Mo_8O_{26}]^{4-}$ mit der in Abb. 27.12c wiedergegebenen Struktur kann ebenfalls als Ausschnitt (8/10) aus der Decavanadatstruktur (Abb. 27.12d) interpretiert werden, während sich das aus nichtwässrigem Milieu isolierte α-Octamolybdat α-$[Mo_8O_{26}]^{4-}$ von der in Abb. 27.12b wiedergegebenen $[Mo_7O_{24}]^{6-}$-Struktur durch Herausnahme des Mo-Atoms aus der Mitte und Hinzufügen zweier MoO_4-Tetraeder ableitet, die oberhalb und unterhalb der Scheibenmitte lokalisiert sind und jeweils drei gemeinsame O-Atome mit der Mo_6O_{24}-Einheit haben.

Unter nicht-wässerigen Bedingungen lassen sich ferner Mo(VI)-Salze mit dem farblosen Hexamolybdat-Ion $[Mo_6O_{19}]^{2-}$ isolieren, das analog $[Nb_6O_{19}]^{8-}$ bzw. $[Ta_6O_{19}]^{8-}$ aufgebaut ist (vgl. Abb. 27.13a) und zu gelben Anionen $[Mo_6O_{19}]^{3-}$ und $[Mo_6O_{19}]^{4-}$ reduziert werden kann. Das aus Wasser kristallisierbare $(NH_4)_2Mo_2O_7$ enthält polymeres Dimolybdat $[Mo_2O_7]^{2-}$, das aus Acetonitril gewonnene $(NBu_4)_2Mo_2O_7$ monomeres Dimolybdat $Mo_2O_7^{2-}$ (in ersterem Falle sind Mo_2O_6-Einheiten, bestehend aus zwei kantenverbrückten MoO_6-Oktaedern, mit MoO_4-Tetraeder zu Ketten verbunden, und zwar ist jede Mo_2O_6- mit 4 MoO_4- und jede MoO_4- mit 2 Mo_2O_6-Einheiten eckenverknüpft; die Struktur der monomeren $Mo_2O_7^{2-}$-Ionen gleicht der von $Cr_2O_7^{2-}$: 2 MoO_4-Tetraeder mit gemeinsamer Ecke). Das einigen, aus Wasser kristallisierbaren Salzen zugrunde liegende Isopolymolybdat $[Mo_{36}O_{112}(H_2O)_6]^{8-}$ enthält neben miteinander kondensierten MoO_6-Oktaedern überraschenderweise auch pentagonale MoO_7-Bipyramiden (Abb. 27.13d).

Unter den Isopolywolframaten besitzt das in $Na_6[W_7O_{24}] \cdot 21\,H_2O$ vorliegende Heptawolframat $[W_7O_{24}]^{6-}$ (»Parawolframat A«) die gleiche Struktur wie Paramolybdat $[Mo_7O_{24}]^{6-}$ (Abb. 27.13a). Es steht in wässeriger Lösung mit Hexawolframat $[H_3W_6O_{22}]^{5-}$ und offensichtlich auch Pentawolframat $[HW_5O_{19}]^{7-}$ im Gleichgewicht. Letztere Ionen kristallisieren aus schwach alkalischen Lösungen mit Na_2WO_4 bzw K_2WO_4 in hoher Konzentration als $Na_5[H_3W_6O_{22}] \cdot 18\,H_2O$ bzw. $K_7[HW_5O_{19}] \cdot 10\,H_2O$ aus. Der Bau der Ionen leitet sich von der in Abb. 27.13a wiedergegebenen Struktur durch Wegfall des linken Oktaeders der mittleren Reihe bzw. zusätzlich des linken Oktaeders der oberen Reihe ab.

Des Weiteren konnten aus wässeriger Lösung Dodecawolframate als Salze isoliert werden, nämlich α- und β-$[H_2W_{12}O_{40}]^{6-}$ (»Metawolframate«) und $[H_2W_{12}O_{42}]^{10-}$ (»Parawolframat B«). Erstere beide Anionen weisen »Keggin-Strukturen« auf, d. h. sie bilden eine Hohlkugel aus 12 WO_6-Oktaedern, die sich in α-$[H_2W_{12}O_{40}]^{6-}$ gemäß Abb. 27.13c, in vier Gruppen miteinander kantenverknüpfter WO_6-Oktaeder unterteilt, wobei in jeder Gruppe 1 O-Atom allen 3 Oktaedern gemeinsam angehört. Diese vier O-Atome sind an den Ecken eines zentralen Tetraeders lokalisiert, in dessen Mitte sich in den Heteropolymetallaten (s. unten) ein zusätzliches Atom befindet. Die Bindung jeder Dreiergruppe mit den anderen Dreiergruppen erfolgt durch gemeinsame Ecken jedes Oktaeders (bei jedem Oktaeder bleibt eine Ecke unverbunden). Die zwei (nicht austauschbaren) H-Ionen von α-$[H_2W_{12}O_{40}]^{6-}$ befinden sich im zentralen O_4-Tetraeder ($d_{HH} = 1.92\,\text{Å}$). Im Anion β-$[H_2W_{12}O_{40}]^{6-}$ ist eine der Dreiergruppen von α-$[H_2W_{12}O_{40}]^{6-}$ um die dreizählige Achse um $60°$ gedreht, wodurch sich die Gesamtsymmetrie des Ions von T_d auf C_{3v} erniedrigt. Parawolframat-B bildet wie Metawolframat $[H_2W_{12}O_{40}]^{6-}$ gemäß Abb. 27.13b

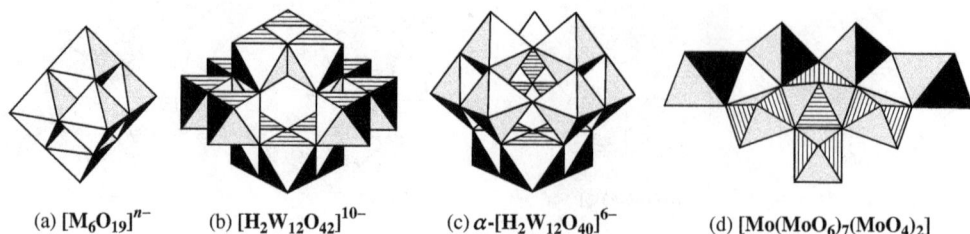

(a) $[M_6O_{19}]^{n-}$ (b) $[H_2W_{12}O_{42}]^{10-}$ (c) α-$[H_2W_{12}O_{40}]^{6-}$ (d) $[Mo(MoO_6)_7(MoO_4)_2]$

Abb. 27.13 Polyedermodelle: (a) des Hexaniobats, -tantalats, -molybdats und -wolframats $[M_6O_{19}]^{n-}$, (b) des Dodecawolframats (Parawolframats-B) $[H_2W_{12}O_{42}]^{10-}$, (c) des Dodecawolframats (Metawolframats) α-$[H_2W_{12}O_{40}]^{6-}$ (gefüllt: »Keggin-Ion«), (d) der pentagonal-bipyramidalen MoO_7-Einheit und ihrer Verknüpfung mit MoO_6-Oktaedern in größeren Polymolybdaten.

eine Hohlkugel aus 12 WO_6-Oktaedern, wobei wiederum 4 Dreiergruppen erkennbar sind, von denen zwei den ringförmigen Bau der Dreiergruppen des Metawolframats (obere und untere Ebene) und zwei einen kettenförmigen Bau aufweisen (mittlere Ebene). Die nicht austauschbaren H-Ionen sind wiederum im Käfiginneren lokalisiert ($d_{HH} = 2.24$ Å).

Weitere, aus wässriger Lösung in Form von Salzen isolierte Dodecawolframate haben die Zusammensetzung $[H_2W_{12}O_{40}]^{6-}$ (»Metawolframate«) und existieren in einer α- und einer β-Form. Die Metawolframat-Gruppierungen (nach dem Entdecker auch »Keggin-Strukturen« genannt) stellen hierbei eine hohle »Kugelschale« aus 12 verknüpften WO_6-Oktaedern dar. Wie Abb. 27.13c im einzelnen zeigt, lassen sich in α-Metawolframat 4 Gruppen von je 3 WO_3-Oktaedern erkennen. In jeder der vier Gruppen gehört 1 O-Atom allen 3 Oktaedern gemeinsam an, wobei diese 4 O-Atome die Ecken eines zentralen Tetraeders bilden, in dessen Mitte sich in Heteropolymetallaten (s. unten) ein zusätzliches Atom befindet. Innerhalb jeder Oktaeder-Dreiergruppe ist jeder Oktaeder durch 2 gemeinsame Kanten mit den beiden anderen Oktaedern verbunden, während die Bindung jeder Dreiergruppe mit den 3 anderen Dreiergruppen durch 2 gemeinsame Ecken jedes Oktaeders erfolgt, sodass bei jedem Oktaeder eine Ecke unverbunden bleibt. Die zwei (nicht austauschbaren) H-Atome des Ions $[\alpha$-$H_2W_{12}O_{40}]^{6-}$ befinden sich im zentralen O_4-Tetraeder (H−H-Abstand 1.92 Å).

Schließlich seien noch genannt: das Hexawolframat $[W_6O_{19}]^{2-}$, dem die Struktur des $[Nb_6O_{19}]^{8-}$-Ions zukommt (Abb. 27.13a), das Decawolframat $[W_{10}O_{32}]^{4-}$, das ein Dimeres des um eine WO-Ecke verkleinerten $[W_6O_{19}]^{2-}$-Ions darstellt (die beiden $W_5O_{18}^{2-}$-Einheiten haben 4 gemeinsame O-Atome; vgl. Abb. 27.13a und 27.15b) und das Tetrawolframat $[W_4O_{16}]^{8-}$ (Abb. 27.15a), dem eine Anordnung von 4 kantenverknüpften WO_6-Oktaedern zugrunde liegt, deren Zentren die Ecken eines Tetraeders einnehmen, und das Diwolframat $[WO_2O_7]_2^{-}$, dem eine polymere Struktur zukommt.

Reduzierte Isopolymolybdate. Die bisher atomreichsten Polymetallate mit Inselstrukturen stellen Mo^{VI}/Mo^{V}-gemischtvalente Isopolymolybdate dar, die durch mehr oder weniger durchgreifende Reduktion erwärmter und angesäuerter Molybdat-Lösungen, als blaue, wasserlösliche(!), meist anionisch geladene Spezies entstehen (ihre Erforschung verdanken wir insbesondere dem Bielefelder Professor Achim Müller). Das auf diese Weise durch Reduktion mit NH_2OH erhältliche blaue Isopolymolybdat $[Mo_{154}O_{420}(NO)_{14}(OH)_{28}(H_2O)_{70}]^{n-}$ ($n = 25 \pm 5$; isoliert als NH_4^+-Salz mit zusätzlichen ca. 350 Molekülen Hydratwasser) besteht aus 14 pentagonalen $\{MoO_6(NO)\}$-Bipyramiden, welche im Sinne von Abb. 27.13d über Ecken und Kanten mit 7 MoO_6-Oktaedern zu 14 $\{Mo_8\}$-Fragmenten und letztere über weitere mit O-koordinierte Mo-Zentren zu einem großen, autoreifenähnlichen Rad (»Bielefelder Rad«) verknüpft sind (innerer Ringhohlraum: ca. 2 nm; Wulstdurchmesser ca. 1.5 nm). In verwandten Polymolybdaten sind im Bereich des Hohlraums Mo-Zentren gegen V^{IV}- bzw. Fe^{III}-Zentren ausgetauscht. »Molybdänblau« (S. 1877) leitet sich vom besprochenen Isopolymolybdat offensichtlich durch Substitution der 14 $\{Mo(NO)\}^{3+}$ - gegen eine entsprechende Zahl an $\{MoO\}^{4+}$-Gruppen ab (formal Ersatz von NO^{3-} = deprotonisiertes NH_2OH gegen O^{2-}). Ein noch größeres Rad bildet das Isopolymolybdat $[Mo_{176}O_{496}(OH)_{32}(H_2O)_{80}]$ (Hohlraum: 2.3 nm; Wulst: 1.3 nm).

Führt man die erwähnte Molybdat-Reduktion in Anwesenheit von Essigsäure CH_3COOH = AcOH durch, so entsteht mit $[Mo_{132}O_{354}(OAc)_{30}(H_2O)_{72}]_2^{4-}$ (isoliert als NH_4^+-Salz mit zusätzlichen ca. 300 Molekülen H_2O sowie 10 Molekülen $AcONH_4$) eine von Poren durchsetzte, mit wasserstoffverbrückten H_2O-Molekülen gefüllte, sehr robuste Hohlkugel, welche sich im Sinne der Formulierung $\{P_{12}B_{30}\}_2^{4-}$ aus 12 $\{(Mo^{VI})Mo^{VI}{}_5O_{21}(H_2O)_6\}$-Einheiten mit zentralem, pentagonal-bipyramidal koordiniertem Mo^{VI} und 30 verbrückenden Einheiten $\{Mo^V{}_2O_4(OAc)\}$ aufbaut (bezüglich ersterer Einheiten vgl. die in Abb. 27.13d wiedergegebenen Spezies, abzüglich des äußeren linken und rechten MoO_6-Oktaeders; die Poren sind durch große Gegenkationen wie $C(NH_2)_3^+$ »verstöpselbar«). Im Anion $\{P_{12}B_{30}\}_2^{4-}$ lässt sich Acetat OAc^-, das an der Innenwand der Hohlkugel lokalisiert ist, durch andere ein- bzw. zweiwertige Anionen wie $H_2PO_2^-$, SO_4^{2-} teilweise bis vollständig ersetzen (zweiwertige Anionen erhöhen die Ladung von $\{P_{12}B_{30}\}_2^{4-}$ und damit die Tendenz Gegenkationen neben H_2O im »Clusterhohlraum« aufzunehmen). Erwähnt sei in diesem Zusammenhang ein SO_4^{2-} und $H_2PO_2^-$-haltiges Polymolybdat (Formel: vgl. Legende von Abb. 27.14), dessen eingeschlossene H_2O-Moleküle eine innere $(H_2O)_{20}$-, mittlere $(H_2O)_{20}$- und äußere $(H_2O)_{60}$-Schale bilden (O-Atome an den Ecken eines Pentagondodekaeders, Pentagondodekaeders, Rhombicosidodekaeders lokalisiert; vgl. Abb. 27.14); der sich rasch auf- und abbauende kurzlebige Bestandteil $(H_2O)_{280}$ des flüssigen Wassers (vgl. S. 591) besteht aus fünf Schalen, nämlich den erwähnten drei Schalen, dann einer weiteren $(H_2O)_{60}$-Schale und schließlich einer $(H_2O)_{120}$-Schale $(20 + 20 + 60 + 60 + 120 = 280)$.

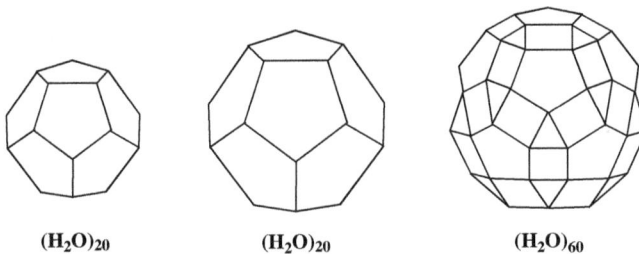

(H₂O)₂₀   (H₂O)₂₀   (H₂O)₆₀

Abb. 27.14 H_2O-Molekülschalen im Hohlraum von $\{(Mo^{VI})Mo^{VI}{}_6O_{21}(H_2O)_6\}_{12}\{Mo^V{}_2O_4(SO_4)\}_{10}\{Mo^V{}_2O_4(H_2PO_2)\}_{20} \cdot 100\,H_2O$

Die Oxoionen-haltigen Polymolybdate (größtes charakterisiertes Ion: $[Mo_{368}O_{1016}(OH)_{16}(SO_4)_{48}(H_2O)_{240}]^{4-}$) stellen – genau genommen – Heteromolybdate dar, auf die nachfolgend näher eingegangen sei.

Heteropolymolybdate und -wolframate. Darstellung. Säuert man wässrige Lösungen von Molybdat bzw. Wolframat an, die zugleich noch Element-Kationen oder Elementsauerstoffsäuren enthalten, so entsteht in vielen Fällen unter Einbau der betreffenden Elemente E (»Hetero-Atome«) in die sich bildenden Isopolymolybdate bzw. -wolframate Mischverbindungen, die man als Heteropolymolybdate bzw. -wolframate $[E_aM_bO_c]^{d-}$ bezeichnet. Beispielsweise entsteht aus Molybdat in stark salpetersaurer Lösung mit Phosphorsäure H_3PO_4 ein gelber, kristalliner Niederschlag der Zusammensetzung $(NH_4)_3[PMo_{12}O_{40}]$ (»Triammonium-dodecamolybdato-phosphat«)[11], der sich von der Heteropolysäure $H_3[PMo_{12}O_{40}]$ (»Dodecamolybdatophosphorsäure«)[11] ableitet und für den analytischen »Nachweis von Phosphor bzw. Molybdän« wichtig

---

[11] Nomenklatur. Bei den Heteropolysäuren und -säureanionen werden in einfacher Weise zuerst die Anzahl und dann die Art der »Polyatome« (Mo, W, V, Nb, Ta) und schließlich das »Heteroatom« mit der Endung »at« (deprotonierte Anionen) oder »säure« (protonierte Anionen) genannt. Die exakte, von der IUPAC-Nomenklaturkommission ausgearbeitete Nomenklatur der Verbindungen ist umständlich, lang und wenig durchsichtig.

ist. In entsprechender Weise bildet sich aus sauren Lösungen von Wolframat und Phosphorsäure H_3PO_4 oder Kieselsäure H_4SiO_4 das »Dodecawolframatophosphat« $[PW_{12}O_{40}]^{3-}$ bzw. »-silicat« $[SiW_{12}O_{40}]^{4-}$ oder aus sauren Lösungen von Molybdat sowie Wolframat und Periodsäure H_5IO_6 oder Tellursäure H_6TeO_6 »Hexamolybdato-« sowie »Hexawolframatoperiodat« $[IMo_6O_{24}]^{5-}$ sowie $[IW_6O_{24}]^{5-}$ oder »Hexamolybdato-« sowie »Hexawolframatotellurat« $[TeMo_6O_{24}]^{6-}$ sowie $[TeW_6O_{24}]^{6-}$, z. B.:

$$12\,MO_4^{2-} + PO_4^{3-} + 24\,H^+ \longrightarrow [PM_{12}O_{40}]^{3-} + 12\,H_2O,$$
$$6\,MO_4^{2-} + IO_6^{5-} + 12\,H^+ \longrightarrow [IM_6O_{24}]^{5-} + 6\,H_2O.$$

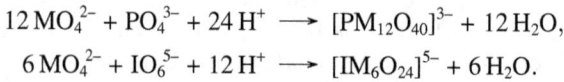

Wie ein Vergleich dieser Heteropolysäure-Anionen mit den entsprechenden Isopolysäure-Anionen $[M_{12}O_{40}]^{8-}$ und $[M_6O_{24}]^{12-}$ zeigt, kommen erstere formal dadurch zustande, dass in das Anion der Isopolysäuren die den genannten Nichtmetallsäuren formal zugrundeliegenden Kationen P^{5+}, Si^{4+}, I^{7+} bzw. Te^{6+} eingebaut werden, z. B.:

$$[Mo_6O_{24}]^{12-} + Te^{6+} \longrightarrow [TeMo_6O_{24}]^{6-}; \quad [W_{12}O_{40}]^{8-} + Si^{4+} \longrightarrow [SiW_{12}O_{40}]^{4-}.$$

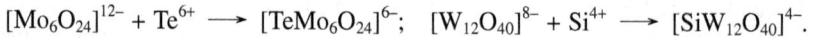

Rund 70 Elemente des Periodensystems können auf diese Weise in unterschiedlichen Heteropolymolybdaten und -wolframaten als Heteroatome fungieren.

Strukturen. Die Strukturen der Heteropolymolybdate und -wolframate, aber auch der Heteropolyvanadate, -niobate und -tantalate $[E_aM_bO_c]^{d-}$ lassen sich anschaulich durch Ecken-, Kanten- und Flächenverknüpfung von MO_6-Oktaedern untereinander und mit EO_m-Polyedern darstellen, wobei die Heteroatome E tetraedrisch, oktaedrisch, quadratisch-antiprismatisch oder ikosaedrisch von Sauerstoff koordiniert sein können ($m = 4, 6, 8, 12$). Es ergeben sich hierbei die nachfolgend näher diskutierten Strukturen, die Fragmenten von dicht oder dichtest gepackten Oxidgittern ähneln. Vielfach enthält ein Isopolysäureanion nur ein einziges Heteroatom; man kennt aber auch Heteropolysäureanionen mit zwei und mehr Heteroatomen[12].

Besonders gut untersucht sind die – meist wasserlöslichen – Heterododecametallate $[EM_{12}O_{40}]^{n-8} \cong [(EO_4)M_{12}O_{36}]^{n-8}$ (»Keggin-Anionen«; n = Wertigkeit des Heteroatoms) mit tetraedrisch koordiniertem Heteroatom. Dem Isopolysäureanion $[M_{12}O_{40}]^{8-}$ liegt hierbei vielfach die α-Keggin-Hohlkugelstruktur (Abb. 27.13c) zugrunde, in deren Mitte das Heteroatom lokalisiert ist (vgl. das weiter oben Besprochene). Gelegentlich beobachtet man aber auch die β-Struktur oder davon abgeleitete Strukturen. Unter den wolframhaltigen Verbindungen ist die $[\alpha\text{-}EW_{12}O_{40}]^{n-8}$-Struktur für die Heteroatome B^{III}, Al^{III}, Ga^{III}, C^{IV}, Si^{IV}, Ge^{IV}, P^V, As^V, Fe^{III}, Co^{II}, Co^{III}, Cu^{II} und Zn^{II} gesichert. Wichtige Beispiele sind insbesondere »α-Dodecawolframatophosphat« $[PW_{12}O_{40}]^{3-}$, »-silicat« $[SiW_{12}O_{40}]^{4-}$ und »-borat« $[BW_{12}O_{40}]^{5-}$. Die analogen molybdänhaltigen Verbindungen sind für die Heteroatome Si^{IV}, Ge^{IV}, P^V, As^V und Sb^V bekannt[13].

In allen Keggin-Ionen $[EM_{12}O_{40}]^{n-8}$ ist das Heteroatom E vergleichsweise klein und weist daher die Koordinationszahl 4 auf. Ist E größer, so tritt u. a. der Heterohexametallat-Typus $[EM_6O_{24}]^{n-12} \cong [(EO_6)M_6O_{18}]^{n-12}$ (»Anderson-Evans-Anionen«; n = Wertigkeit des Heteroatoms) auf, dem die in Abb. 27.12b veranschaulichte Struktur zugrunde liegt und in welchem

---

[12] Zum Beispiel enthält das cyclisch gebaute Heteropolymolybdat-Anion des Salzes $(NH_4)_{12}[Te_6Mo_{12}O_{60}] \cdot 8\,H_2O$ neben 12 Mo(VI)-Atomen noch 6 Te(VI)-Atome und lässt sich als Mischkondensat aus cyclisch gebauter Hexatellursäure $(H_4TeO_5)_6$ mit Dimolybdänsäure $H_6Mo_2O_9$ (flächenverknüpfte O_6-Oktaeder mit Mo im Oktaederzentrum) beschreiben. Weitere Heteroatom-reiche Molybdate sind etwa $[Se^{IV}{}_2MoO_8]_n^{2n-}$ (Kettenstruktur) und $[Se^{IV}S^{VI}{}_3Mo_6O_{33}]^{8-}$ (Ringstruktur). Vgl. auch Anm.[13].

[13] Aus Wolframatlösungen bilden sich in Anwesenheit eines großen Überschusses an Phosphat oder Arsenat EO_4^{3-} zitronengelbe Ionen der Formel $[E_2W_{18}O_{62}]_6^-$ (»Dawson-Ionen«), die im Sinne der Formulierung $[(EO_4)_2W_{18}O_{54}]^{6-}$ zwei tetraedrisch koordinierte Elementatome enthalten. Das $W_{18}O_{62}$-Teilchen besteht aus zwei identischen Hälften, die sich von $[\alpha\text{-}W_{12}O_{40}]^{8-}$ durch Weglassen je eines WO_6-Oktaeders aus drei der vier Dreiergruppen von Oktaedern ableitet (C_{3v}-Molekülsymmetrie).

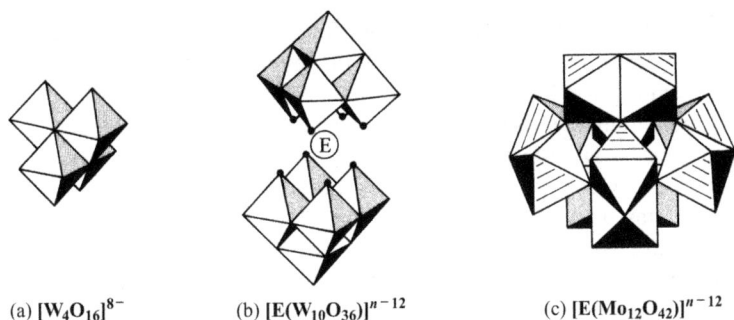

(a) $[W_4O_{16}]^{8-}$ (b) $[E(W_{10}O_{36})]^{n-12}$ (c) $[E(Mo_{12}O_{42})]^{n-12}$

Abb. 27.15 Polyedermodelle: (a) des Tetrawolframats $[W_4O_{16}]^{8-}$, (b) des Heterodecawolframats $[EW_{10}O_{36}]^{n-12}$ (»Weakly-Ion«) und (c) des Heterododecamolybdats $[EMo_{12}O_{42}]^{n-12}$ (»Dexter-Silverton-Ion«; E im Käfiginneren nicht sichtbar).

das zentrale Heteroatom oktaedrisch von sechs O-Atomen umgeben ist. Unter den molybdän-haltigen Verbindungen ist die $[EM_6O_{24}]^{n-12}$-Struktur für die Heteroatome Te^{VI}, I^{VII}, Cr^{III} und Ni^{II}, unter den wolframhaltigen Verbindungen für Te^{VI}, I^{VII}, Mn^{IV}, Ni^{II}, Ni^{IV}, Pt^{IV} bekannt.

Die Struktur des Heterodecawolframats $[EW_{10}O_{36}]^{n-12} \widehat{=} [(EO_8)W_{10}O_{28}]^{n-12}$ (»Weakly-Anio-nen«; n = Wertigkeit des Heteroatoms) mit quadratisch-antiprismatisch koordiniertem Hetero-atom ist für die dreiwertigen Ionen Y, La, Ce, Pr, Nd, Sm, Eu, Gd, Ho, Er, Yb und Am sowie die vierwertigen Ionen Zr, Ce, Th, U und Np gesichert. Die Abb. 27.15b gibt das Polyedermodell des Heteropolyanions wieder, dessen Isopolyanionen-Teil aus zwei $W_5O_{18}^{6-}$-Einheiten aufgebaut ist, die ihrerseits durch Entfernen eines W-Atoms sowie des zugehörigen endständigen Sauer-stoffatoms aus $W_6O_{19}^{2-}$ (vgl. Abb. 27.13a) entstehen.

Die Abb. 27.15c gibt das Polyedermodell des Heterododecamolybdats $[EMo_{12}O_{42}]^{n-12} \widehat{=}$ $[(EO_{12})Mo_{12}O_{30}]^{n-12}$ (»Dexter-Silverton-Anionen«; n = Wertigkeit des Heteroatoms) wieder, in welchem das Heteroatom ikosaedrisch von 12 Sauerstoffatomen umgeben ist und welches flä-chenverknüpfte MoO_6-Oktaeder als Besonderheit aufweist. Dieser mit den Heteroatomen Zr^{IV}, Ce^{IV}, Ce^{III}, Th^{IV}, U^{IV}, U^V und Np^{IV} realisierbare Struktur-Typus konnte bisher nicht für Wolfram als Polyatom realisiert werden.

Anwendungen. Die Bildung von Heteropolymetallaten wird seit langem zum qualitativen Nach-weis, zur quantitativen Bestimmung und zur Trennung von Elementen in der analytischen Che-mie und Medizin genutzt (es können rund 25 Elemente auf gravimetrischem Wege bzw. über die Farbe der Heteropolymetallate oder daraus durch Reduktion hervorgehender »Heteropolyblau-Verbindungen« bestimmt werden). Wegen ihrer Redox- und Säure-Base-Eigenschaften eignen sich die Heteropolymetallate ferner als Oxidations- und Säurekatalysatoren, wegen ihrer Elek-tronenleitereigenschaften als Elektrolyte in Brennstoffzellen. Unlösliche Molybdatophosphate werden als Materialien für Ionenaustauscher verwendet. Schließlich erweisen sich Heteropoly-metallate als biologisch aktiv (hochselektive Inhibierung von Enzymfunktionen, antitumorale und antivirale Wirkungen z. B. gegenüber den Erregern der Tollwut oder der Traberkrankheit, antiretrovirale Wirkungen z. B. gegen HIV-Erkrankungen).

Sonstige Chalkogenide und Chalkogenidokomplexe

Sechswertige Stufe. Hydratisiertes Molybdän- und Wolframtrisulfid bzw. -triselenid MY_3 (M = Mo, W; Y = S, Se; aber nicht Te) entstehen beim Einleiten von H_2S bzw. H_2Se in schwach saure Molybdat- und Wolframat-Lösungen als braune Niederschläge, die zu schwarzen Trichalkoge-niden MY_3 entwässert werden können und sich an der Luft bei erhöhten Temperaturen in MO_3 umwandeln. MoS_3 enthält im Sinne der Formulierung $Mo^V S_2(S_2)_{0.5}$ eigentlich fünfwertiges Mo-lybdän (Mo trigonal-prismatisch von S-Atomen koordiniert; Mo bildet MM-Bindungen zu benachbarten Mo-Zentren; analog gebaut ist wohl $MoSe_3$). Sechswertiges Molybdän enthält offensichtlich Molybdäntetrasulfid $MoS_4 = MoS_2(S_2)$. In wässerigem Alkalisulfid bzw. -selenid löst sich MY_3 unter Bildung von braunrotem Thio- bzw. Selenomolybdat(VI) und -wolframat(VI) MY_4^{2-}, deren Ammoniumsalze $(NH_4)_2MY_4$ ihrerseits zu den Trichalkogeniden MY_3 thermisch zersetzt werden können. Die Metallate MY_4^{2-} neigen anders als MO_4^{2-} nicht zur Bildung von Isopolysäureanionen. Auch enthalten die betreffenden Heterometallate wie z. B. $[Ni^{II}(WS_4)_2]^{2-}$ oder $[Co^I(MoS_4)_2]^{3-}$ fast ausschließlich nur einkernige Metallat-Liganden (MS_4^{2-}-Komplexe u. a. mit Kationen von Mo, W, Fe, Ru, Co, Ni, Pd, Pt, Cu, Ag, Au, Zn, Cd, Hg, Sn, Pb; $W_3S_9^{2-} = S_2W(\mu\text{-}S)_2WS(\mu\text{-}S)_2WS_2$ ist ein Beispiel eines Dreikernkomplexes). MY_4^{2-} vermag noch Y unter Bildung von MY_n-Ringen aufzunehmen, z. B. $MoS_4^{2-} + 5\,S \longrightarrow MoS_9^{2-} (= MoS(S_4)_2^{2-})$. MY_4^{2-} geht unter intramolekularer Oxidation von Sulfid bzw. Selenid leicht in niedrigere Wertigkeiten über (z. B. zersetzt sich $W^{VI}S_4^{2-}$ beim Erhitzen in $[W^{IV}S(W^{VI}S_4)_2]^{2-}$). Auch zerfällt MY_3 unter Chalkogenabgabe in der Wärme leicht in MY_2.

Fünf- und vierwertige Stufe. Unter den Schwefelverbindungen des Molybdäns(IV) und Wolframs(IV) sind das schwarze Molybdän- und Wolframdisulfid MS_2, deren weiche, sich fettig anfühlende, auf Papier grau abfärbende Blättchen äußerlich dem Graphit ähneln und die in der Natur als »Molybdänglanz« (wirtschaftlich bedeutendste Mo-Quelle) bzw. »Tungstenit« vorkommen, die wichtigsten und bei höheren Temperaturen beständigsten Verbindungen, in welche die schwefelreichen Sulfide beim Erhitzen im Vakuum übergehen. Man gewinnt sie durch Erhitzen von MoO_2, WO_2, MoO_3, WO_3 bzw. $(NH_4)_6[Mo_7O_{24}] \cdot 4\,H_2O$ im H_2S-Strom. Darüber hinaus kennt man schwarzes blättchenförmiges Molybdän(IV)- und Wolfram(IV)-diselenid MSe_2 sowie -ditellurid MTe_2 (gewinnbar aus den Elementen) und dunkelrotes Dimolybdän(V)-pentasulfid und -pentaselenid Mo_2Y_5 (gewinnbar durch Einleiten von H_2S bzw. H_2Se in Mo(V)-Lösungen). Man verwendet MoS_2 wie Graphit als ausgezeichnetes Schmiermittel (»Molykote«) besonders bei hohen Temperaturen, und zwar sowohl im Trockenzustand als auch Suspension in Öl, ferner als Katalysator bei Hydrierungsreaktionen. Auch $MoSe_2$ dient als Schmiermittel, $MoTe_2$ zur katalytischen Alkylierung von Aromaten.

Strukturen. Die bemerkenswert leichte Spaltbarkeit und hohe Schmierfähigkeit von MoS_2 ist auf seine Schichtenstruktur zurückzuführen, bei der jede Schicht von Mo-Atomen auf beiden Seiten sandwichartig von je einer Schicht aus S-Atomen eingehüllt ist. Längs der Dreierschichten $\cdots|SMoS|SMoS|\cdots$ besteht zwischen den nicht mit Mo-Atomen ausgefüllten, nur durch van-der-Waals'sche Kräfte zusammen gehaltenen S-Doppelschichten naturgemäß leichte Spalt- und Verschiebbarkeit, ähnlich wie beim Graphit (vgl. S. 997). Die Schwefelschichtfolge lautet: $\cdots$AABBAABB$\cdots$; die Mo(IV)-Atome besetzen hierbei trigonal-prismatische Lücken zwischen gleichgelagerten Schichten AA bzw. BB. Entsprechende Strukturen weisen $MoSe_2$, $MoTe_2$, WS_2, WSe_2 bzw. WTe_2 auf.

Man kennt eine Reihe kationischer und anionischer Teilchen, die fünf- bzw. vierwertiges Molybdän oder Wolfram neben Schwefel enthalten. Nach ähnlichen Methoden wie die Kationen $Mo^V_2O_4^{2+}$ und $Mo^{IV}_3O_4^{4+}$ lassen sich etwa die Thiomolybdän-Kationen $Mo^V_2S_4^{2+}$ (Struktur analog Abb. 27.9b) sowie $Mo^{IV}_3S_4^{4+}$ (z. B. $[Mo_3S_4(H_2O)_9]^{4+}$; Struktur analog Abb. 27.9a) synthetisieren. Beispiele für Thiomolybdate(V,IV) bzw. Thiowolframate(V) sind $[Mo^V_2(S_2)_6]^{2-}$ (Abb. 27.16a), $[M^V_2S_4(S_2)(S_4)]^{2-}$ (Abb. 27.16b) mit M = Mo, W und $[Mo^V_3S(S_2)_6]^{2-}$ (Abb. 27.16c).

Auch gemeinsam mit anderen Metallen bildet Molybdän Thiomolybdate. Die Verbindungen $[Mo^{II}Fe_6S_8(SR)_6]$ (Abb. 27.17d) und $[Mo_2Fe_6S_{11}(SR)_6]^{3-}$ (Abb. 27.17e) mit $[MoFe_3S_4]$-Würfeln als Strukturmerkmalen mögen als Beispiele dienen (sind die Fe-Atome in Abb. 27.17d und e dreiwertig, so liegt vierwertiges Mo vor).

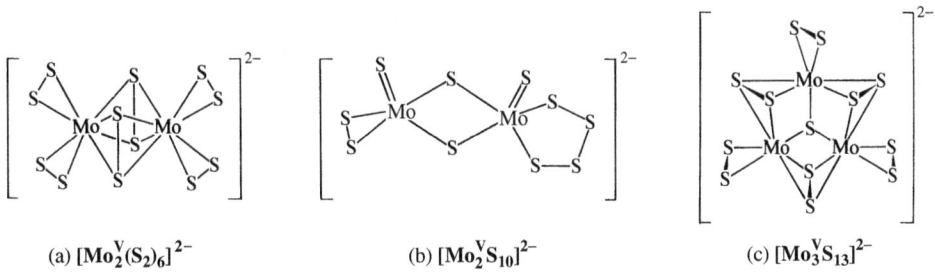

(a) $[Mo_2^V(S_2)_6]^{2-}$ (b) $[Mo_2^V S_{10}]^{2-}$ (c) $[Mo_3^V S_{13}]^{2-}$

Abb. 27.16

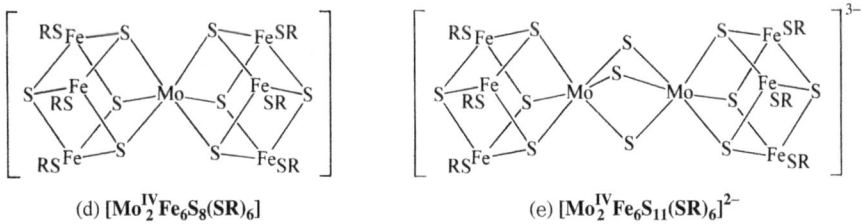

(d) $[Mo_2^{IV} Fe_6 S_8 (SR)_6]$ (e) $[Mo_2^{IV} Fe_6 S_{11} (SR)_6]^{2-}$

Abb. 27.17

In allen Mo-haltigen Enzymen spielen Thiomolybdate eine wesentliche Rolle, so in der Nitrogenase, welche die Bindung des Luftstickstoffs unter Bildung von Ammoniak bewirkt (vgl. S. 1967, 2103):

$$N_2 + 8\,e^- + 8\,H^+ \longrightarrow 2\,NH_3 + H_2.$$

Drei- und vierwertige Stufe. Molybdän vereinigt sich bei erhöhten Temperaturen (um 1000 °C) mit Schwefel, Selen bzw. Tellur zu stahlgrauem Dimolybdäntrisulfit Mo_2S_3 (oktaedrische Koordination von Mo mit S; MoMo-Zick-Zack-Ketten) sowie dunklem Trimolybdäntetrasulfid, -tetraselenid bzw.-tetratellurid M_3Y_4. Letztere Chalkogenide setzen sich aus M_6Y_8-Clustern zusammen (vgl. Abb. 27.7b) und werden zur Gewinnung der »Chevrel-Phasen« $M_xMo_6Y_8$ (S. 1874) genutzt.

2.2.4   Pentel-, Tetrel- und Trielverbindungen

Unter den u. a. aus den Elementen zugänglichen, sehr stabilen und hochschmelzenden Molybdän- und Wolframnitriden M_2N/MN (nach Berechnungen sollte WN_2 bei hohem Druck in der Hitze entstehen; vgl. S. 747), -phosphiden MP (man kennt auch Mo_3P, MP_2, Arsenide; vgl. S. 861, 948), -carbiden MC (Smp. 2692/2755 °C; man kennt auch Mo_6C, Mo_4C; vgl. S. 1021), -siliciden MSi_2 (Smp. 2050/2163 °C; man kennt auch M_3Si, M_5Si, M_2Si; vgl. S. 1068) und -boriden α- bzw. β-MB (Smp. 2180/2350 °C bzw. 2600/2800 °C; man kennt auch M_2B, M_4B_3, MB_2, M_2B_5, MB_4; vgl. S. 1222) sind die Nitride, Carbide, Boride Hartstoffe[14], wobei die metallreichen, elektrisch leitenden Nitride und Carbide zu den Interstitiellen Verbindungen (S. 308)

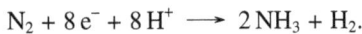

[14] Unter Hartmetallwerkstoffen versteht man Sinterlegierungen aus hochschmelzenden metallischen Boriden, Carbiden usw. und niedrig schmelzenden Metallen der Eisengruppe (vor allem Cobalt) als Bindemittel (»Metallkeramiken« oder »Kerametalle«; engl.: »Cermets«, von ceramics und metals). Erstere Bestandteile sorgen für Verschleißfestigkeit, letztere für eine gewisse Zähigkeit und Biegefestigkeit der Werkstoffe. Beispiele sind etwa ZrO_2/Mo, WC/Co, TiC/Fe, TiC/Co, TiC/Ni, TiB_2/Fe, TiB_2/Co, TiB_2/Ni, $MoSi_2/Fe$, $MoSi_2/Co$, $MoSi_2/Ni$, TiN/Ni. Die Cermets ergänzen die bekannten Hartstoffe (z. B. Diamant, Bornitrid) in willkommener Weise.

zählen. Man verwendet Mo_2B und MoB als Hartlöte sowie für Schneidwerkzeuge, Mo_2C in Verbindung mit TiC/Ni für Schneidwerkzeuge, feuerfeste Überzüge, WC in Verbindung mit Co für Werkzeuge zur Bearbeitung kurzspanender Werkstoffe, zur spanlosen Formgebung, zur Bearbeitung von Bohrplatten für Schlagbeanspruchung, WC in Verbindung mit Ti, Nb, Ta zur Bearbeitung langspanender Werkstoffe, $Mo_2N/MoN/W_2N/WSi_2$ für feuerfeste Legierungen, $MoSi_2$ für Heizelemente, Thermoelemente. Stähle enthalten Mo-carbide als Mikrobestandteile.

Außer Mo- und W-nitriden existieren auch Nitridometallate (S. 2101): $[M^{VI}N_4]^{6-}$ (farblos, gelb bis rot; isolierte MN_4-Tetraeder in Sr_3MN_4, Ba_3MN_4, Ca_2SrWN_4, Ba_2CaWN_4; gewinnbar aus Erdalkalimetallnitriden und Mo, W bzw. Mo-, W-nitriden), $[M^V_2N_7]^{9-}$ (schwarz; gestaffelt-konformierte M_2N_7-Einheiten aus eckenverbrückten MN_4-Tetraedern in $LiBa_4Mo_2N_7$, $LiBa_4W_2N_7$ mit fast linearer MNM-Gruppe; gewinnbar aus Li, Ba_2N und Mo/W), $[M^{VI}N_3]^{3-}$ (gelb bis orangefarben; Ketten aus eckenverknüpften MN_4-Tetraedern in Na_3MoN_3, Na_3WN_3, Na_2KWN_3, $Na_5Rb(WN_3)_2$, $Na_5Cs(WN_3)_2$, $Na_{11}Rb(WN_3)_4$; gewinnbar aus Mo/W und M^INH_2), $[M^{VI}_6N_{15}]^{9-}$ (rot; Ringe aus sechs über N verbrückten MN_4-Tetraedern – vgl. cyclische Hexasilicate –, die über einige gemeinsame N-Atome zu einem Raumverband verknüpft sind, in $Rb_9M_6N_{15}$, $Cs_9M_6N_{15}$ (die Verbindungen, die im Sinne der Formulierung $M^I_{9+x}M_6N_{15}$ mit $x = 0$ bis 1 zusätzliches Alkalimetall enthalten, sind aus M^INH_2 bzw. M^IN_3 und Mo/W gewinnbar), $[W^{VI}_7N_{19}]^{15-}$ (rot; Schichten aus MN_4-Tetraedern mit gemeinsamen N-Atomen in $Na_2K_{13}W_7N_{19}$; gewinnbar aus M^INH_2 und W), $[W^{VI}_4N_{10}]^{5-}$ (rot; Raumstruktur aus WN_4-Tetraedern mit jeweils drei gemeinsamen N-Atomen in $Cs_5NaW_4N_{10}$; der Verbindungsteil $[NaW_4N_{10}]$ hat Cristobalit-Struktur), $[W^{VI}_2N_6]^{8-}$ (isolierte Mo_2N_6-Einheiten aus kantenverbrückten MoN_4-Tetraedern in $Sr_{10}[Mo^V_2N_6][Mo^{VI}N_4]_2$; gewinnbar aus Sr und Mo in einer NaN_3-haltigen Na/Ga-Schmelze).

Darüber hinaus existieren flüchtige Mo- und W-Verbindungen mit stickstoffhaltigen Resten. Hier seien die Molybdän(VI)- bzw. Wolfram(VI)-trihalogenidnitride $X_3M\equiv N$ mit einer MN-Dreifachbindung genannt, die sich u. a. aus $Mo(CO)_6$ und NCl_3 ($\longrightarrow Cl_3MoN$), $MoBr_4$ und IN_3 ($\longrightarrow Br_3MoN$), WCl_6 und $N(SiMe_3)_3$ ($\longrightarrow Cl_3WN$) oder WBr_6 und $[Hg_2N]Br$ ($\longrightarrow Br_3WN$) gewinnen lassen und über nahezu lineare $M\equiv N\cdots M$-Brücken ($d_{M\equiv N/N\cdots M}$ um 1.65/2.15 Å) zu Tetrameren verknüpft sind (M an den Quadratecken, N auf den Quadratkanten). Die Tetrameren sind ihrerseits über Halogenobrücken zu Schichtpolymeren aneinandergelagert (auch andere Übergangsmetalle – insbesondere Ti, V, Nb, Ta, Tc, Re, Ru, Os – bilden Halogenidnitride). Donoren vermögen die Verbindungen zu depolymerisieren, z. B.: polymeres Cl_3MoN + $Cl_3PO \longrightarrow$ tetrameres $(Cl_3PO)Cl_3MoN$ (verzerrt oktaedrisches Mo), polymeres Cl_3MoN + $Cl^- \longrightarrow$ kettenpolymeres Cl_4MoN^-. Das Halogenid X^- kann durch andere Substituenten Y^- wie OR^-, NR_2^-, N_3^- ersetzt werden, wobei die resultierenden Nitride $Y_3M\equiv N$ vielfach monomer vorliegen (verzerrt tetraedrisches M = Mo, W). Die Azide $(N_3)_3M\equiv N$ stellen hierbei formal »Decanitride« MN_{10}, die Azide $M(N_3)_6$ »Octanitride« MN_{18} des Molybdäns und Wolframs dar. Erstere lassen sich in »Azidokomplexe« $[MN(N_3)_4]^-$ (quadratisch-pyramidal) verwandeln (vgl. S. 1876). Sperrige Reste Y (z. B. NtBuAr mit Ar = $3,5\text{-}C_6H_3Me_2$) stabilisieren auch (monomere) Molybdän(VI)- bzw. Wolfram(VI)-phosphide $Y_3M\equiv P$ mit einer MP-Dreifachbindung. Interessanterweise lässt sich sowohl der Nitrid- als auch der Phosphidligand Z in $Y_3M\equiv Z$ unter geeigneten Bedingungen auf MY_3' wie folgt übertragen:

$$Y_3M\equiv Z + MY_3' \; \rightleftharpoons \; Y_3M=Z=MY_3' \; \rightleftharpoons \; Y_3M + Z\equiv MY_3'$$

(die Zwischenprodukte $Y_3M=Z=MY_3'$ ließen sich in einigen Fällen isolieren). Darüber hinaus sind Imidoderivate $[M(NtBu)_4]^{2-}$ des Molybdats und Wolframats $[MO_4]^{2-}$ bekannt.

Des weiteren sei auf flüchtige Mo- und W-Verbindungen mit kohlenstoffhaltigen Resten hingewiesen (vgl. Organische Verbindungen des Molybdäns und Wolframs).

Tab. 27.3

Ion (Außenelektronen)	M_2^{4+} (8 e$^-$)	M_2^{5+} (7 e$^-$)	M_2^{6+} (6 e$^-$)	M_2^{8+} (4 e$^-$)	M_2^{10+} (2 e$^-$)
Elektronenkonfiguration	$\sigma^2\pi^2\delta^2$	$\sigma^2\pi^4\delta^1$	$\sigma^2\pi^4$	$\sigma^2\pi^2$ (od. δ^2)	σ^2
Bindungsordnung	4.0	3.5	3.0	2.0	1.0
Beispiele	[$M_2(O_2CR)_4$]	[$Mo_2(SO_4)_4$]$^{3-}$	$M_2(OR)_6$	[$Mo_2(OR)_8$]	[$Mo_2X_4(OR)_6$]
	[M_2X_8]$^{4-}$	[W_2Cl_9]$^{2-}$	$M_2(NR_2)_6$	[$W_2S_2\{S_2P(OR)_2\}_4$]	[$W_2(OR)_6(O_2C_2R_2)_2$]

Darüber hinaus existieren Komplexe mit größeren Metallatomclusterzentren beider Elemente (vgl. z. B. die Komplexe [M_6X_8]$^{4+/6+}$ und [W_6X_{12}]$^{6+}$, S. 1875).

2.2.5 Molybdän- und Wolfram-Komplexe

Drei- und zweiwertiges Molybdän bzw. Wolfram bilden wie drei- und zweiwertiges Chrom (S. 1856, 1860) paramagnetische klassische Komplexe (drei bzw. zwei ungepaarte Elektronen; low-spin im Falle von M(II)), z. B. [$M^{III}Cl_6$]$^{3-}$ (oktaedrisch), [$M^{III}Cl_3(py)_3$] (oktaedrisch), [$Mo^{III}(acac)_3$] (oktaedrisch, flüchtig), [$Mo^{III}(CN)_7$]$^{4-}$ (pentagonal-bipyramidal), [$M^{II}(CN)_7$]$^{5-}$ (pentagonal-bipyramidal), [$M^{II}(CNR)_7$]$^{2+}$ (überkappt-trigonal-prismatisch), trans-[$Mo^{II}Cl_2(PR_3)_4$] (oktaedrisch), [$Mo^{II}H_2(PR_3)_5$] (pentagonal-bi-pyramidal), [$W^{II}Br_3(CO)_4$]$^-$ (überkappt-oktaedrisch), [$W^{II}(CO)_4(diars)$]$^+$ (überkappt-trigonal-prismatisch).

Darüber hinaus kennt man diamagnetische nichtklassische Komplexe (»Metallcluster«; vgl. S. 2081) von dreiwertigem Mo und W (MM-Dreifachbindung; bei dreiwertigem Chrom unbekannt) sowie von zweiwertigem Mo und W (MM-Vierfachbindung; bei zweiwertigem Chrom ebenfalls bekannt). Die Bindungsordnungen der Dimolybdän- und Diwolfram-Clusterionen M_2^{n+} mit zwei- bis fünfwertigem M ergeben sich gemäß dem bei den Dichromkomplexen (S. 1865) sowie an anderen Stellen (S. 1934, 1984, 2018, 2056) Besprochenen aus der Zahl der elektronenbesetzten bindenden bzw. antibindenden σ-, π_x-, π_y- und δ-Molekülorbitale der M_2-Gruppen (s. Tab. 27.3).

Dimolybdän(II)- und Diwolfram(II)-Cluster (vgl. [6]). Lässt man Essigsäure HOAc in Diglyme auf Mo(CO)$_6$ (S. 2108) einwirken, so bildet sich in über 80 %-iger Ausbeute eine gelbe, thermisch stabile und praktisch luftunempfindliche Molybdän(II)-Verbindung der Zusammensetzung Mo$^{II}_2$(OAc)$_4$. Sie enthält gemäß Abb. 27.18c einen Cluster aus zwei Mo-Atomen, die durch eine Vierfachbindung und zusätzlich vier zweizähnige Acetatgruppen OAc=O−CMe−O miteinander verknüpft sind (MoMo-Abstand 2.093 Å; zum Vergleich: MoMo-Abstand in [Mo_6Cl_8]$^{4+}$ 2.63 Å; bezüglich der Bindungsverhältnisse vgl. Cr$_2$(OAc)$_4$ S. 1865). In analoger Weise bilden andere Carbonsäuren Komplexe Mo$_2$(O$_2$CR)$_4$ (MoMo-Abstände 2.01–2.24 Å). Die Reaktion von W(CO)$_6$ mit Carbonsäuren führt demgegenüber zu Komplexen [$W^{IV}_3O_2(O_2CR)_6(H_2O)_3$], die einen W$_3$-Cluster enthalten (vgl. S. 1879; Mo(CO)$_6$/W(CO)$_6$-Gemische mit Essigsäure liefern [MoW(OAc)$_4$]). Es sind jedoch Verbindungen des Typus [W$_2$(O$_2$CR)$_4$] bzw. [W$_2$(O$_2$CR)$_4$L$_2$] (R z. B. Me, Ph, CF$_3$, tBu) auf anderen Wegen zugänglich (WW-Abstände 2.18–2.25 Å).

Durch Reaktion mit konzentrierter wässriger HCl bzw. HBr können die OAc-Gruppen unter Erhalt des Mo$_2$-Clusters durch Halogenid substituiert werden, z. B.: Mo$_2$(OAc)$_4$ + 8 HCl $\longrightarrow$ 4 HOAc + 4 H$^+$ + [Mo$_2$Cl$_8$]$^{4-}$ (Abb. 27.18b) (MoMo-Abstand 2.14 Å; gasförmige Halogenwasserstoffe HCl, HBr, HI führen MO$_2$(OAc)$_4$ bei 300 °C in β-MoX$_2$ über, das anders als α-MoX$_2$ ($\widehat{=}$ Mo$_6$X$_{12}$, s. oben) keine MoMo-Einfach-, sondern Vierfachbindungen enthält). In analoger Weise gelingt der OAc-Ersatz in [Mo$_2$(OAc)$_4$] oder der Chlorid-Ersatz in [Mo$_2$Cl$_8$]$^{4-}$ durch viele andere Liganden wie etwa Acetylacetonat ($\longrightarrow$ [Mo$_2$(OAc)$_2$(acac)$_2$] mit einem MoMo-Abstand von 2.13 Å), Sulfat ($\longrightarrow$ [Mo$_2$(SO$_4$)$_4$]$^{4-}$ mit einem MoMo-Abstand von 2.11 Å; lässt sich zu [Mo$_2$(SO$_4$)$_4$]$^{3-}$ mit MoMo-Abstand 2.17 Å oxidieren), Glycin ($\longrightarrow$ [Mo$_2$(gly)$_4$]$^{4+}$), Methyl ($\longrightarrow$ [Mo$_2$Me$_8$]$^{4-}$, vgl. Abb. 27.18c; MoMo-Abstand 2.15 Å) und Wasser ($\longrightarrow$ [Mo$_2$(H$_2$O)$_8$]$^{4+}$, vgl. Abb. 27.18d). An den freien axialen Positionen lässt sich unter Erhalt der ekliptischen Konformation jeweils noch ein Ligand wie H$_2$O, Me$_2$SO, THF, R$_3$PO, py, PR$_3$ ohne wesent-

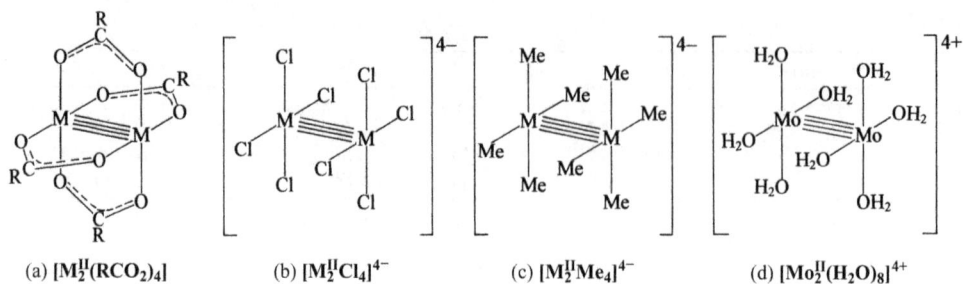

(a) $[M_2^{II}(RCO_2)_4]$ (b) $[M_2^{II}Cl_4]^{4-}$ (c) $[M_2^{II}Me_4]^{4-}$ (d) $[Mo_2^{II}(H_2O)_8]^{4+}$

Abb. 27.18

liche Verlängerung der MoMo-Bindung addieren. Das dem $[Mo_2Cl_8]^{4-}$-Ion entsprechende, oxi-dationsempfindlichere Ion $[W_2^{II}Cl_8]^{4-}$ (WW-Abstand 2.25 Å) kann man durch Reduktion von $[W_2Cl_6(THF)_4]$ (s. unten) mit Natriumamalgam darstellen. Es oxidiert sich leicht zu $[W_2^{III}Cl_9]^{3-}$ und kann in Derivate wie $[W_2Cl_4(PMe_3)_4]$ (WW-Abstand 2.26 Å) oder $[W_2Me_8]^{4-}$ (Abb. 27.18c) (WW-Abstand 2.264 Å), die wiederum 2 zusätzliche Liganden zu addieren vermögen, überführt werden.

Einige dinukleare Cluster $M_2X_4L_4$ (X = Halogen; L = neutraler Ligand, insbesondere PR_3) dimerisieren sich unter Abgabe von L zu tetranuklearen Clustern $M_4X_8L_4$ (z.B. bildet sich $Mo_4Cl_8(PR_3)_4$ durch Erhitzen von $Mo_2Cl_8^{4-}$ und PR_3 in Methanol). Ihnen liegen planare M_4-Ringe zugrunde mit abwechselnd MM-Drei- und -Einfachbindungen (z.B. $M_4Cl_8(PR_3)_4$ mit MoMo- bzw. WW-Abständen von 2.226 und 2.878 bzw. 2.309 und 2.840 Å; die beiden langen MM-Bindungen werden zusätzlich mit jeweils 2 Cl-Brücken überspannt).

Dimolybdän(III)- und Diwolfram(III)-Cluster (vgl. [6]). Bei der Umsetzung von $MoCl_3$ bzw. WCl_4 mit $LiNMe_2$ entstehen u.a. Verbindungen der Zusammensetzung $M_2(NMe_2)_6$ (Abb. 27.19e), die ebenfalls Cluster aus zwei Mo- bzw. W-Atomen enthalten. Für diesen Fall sind die Metallatome jedoch durch eine Dreifachbindung miteinander verknüpft (MoMo-/WW-Abstände = 2.214/2.292 Å), wobei die beiden $M(NMe_3)_3$-Verbindungshälften zueinander eine gestaffelte Konformation einnehmen. Dies rührt daher, dass die $\sigma^2\pi^4$-Elektronenkonfiguration (S. 1865) der MM-Dreifachbindung – anders als im Falle einer $\sigma^2\pi^4\delta^2$-Elektronenkonfiguration (S. 1865) der MM-Vierfachbindung – eine Rotation der $M(NMe_2)_3$-Hälfte um die MM-Bindung erlaubt, und die gestaffelte Konformation aufgrund sterischer Abstoßung der Aminogrup-pen am energieärmsten ist. Auch hier lassen sich die M-gebundenen Liganden unter Erhalt des M_2-Clusters durch andere Gruppen ersetzen, z.B. durch Alkoxygruppen ($\longrightarrow$ $[M_2(OR)_6]$; R z.B. tBu; MoMo-/WW-Abstände ca. 2.21/2.20 Å), Chlorid ($\longrightarrow$ $[MCl_2(NMe_2)_4]$; MoMo-/WW-Abstände 2.201/2.285 Å), Trimethylsilylmethyl ($\longrightarrow$ $[Mo_2(CH_2SiMe_3)_6]$; MoMo/WW-

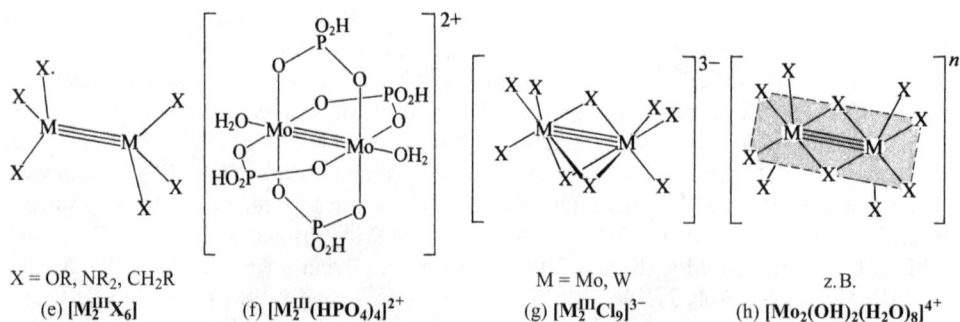

X = OR, NR$_2$, CH$_2$R   M = Mo, W   z.B.
(e) $[M_2^{III}X_6]$ (f) $[M_2^{III}(HPO_4)_4]^{2+}$ (g) $[M_2^{III}Cl_9]^{3-}$ (h) $[Mo_2(OH)_2(H_2O)_8]^{4+}$

Abb. 27.19

Abstände 2.167/2.255 Å). Die Cluster M_2X_6 mit 12 Valenzelektronen vermögen noch zwei Liganden ohne wesentliche Änderung des MM-Abstandes zu addieren, wobei die tetraedrische M-Koordination von (Abb. 27.19e) (KZ = 4) in eine quadratisch-pyramidale M-Koordination (KZ = 5) übergeht (gestaffelte Konformation der beiden MX_3L-Hälften; z. B. $[M^{II}_2(OR)_6(NR_3)_2]$, $[M_2(OR)_6(PR_3)_2]$). Stellen einige Reste X in M_2X_6-Clustern Chelatliganden dar, so kann sich eine oktaedrische M-Koordination (KZ = 6) ausbilden. So liegt etwa dem purpurfarbenen Ion $[Mo^{II}_2(HPO_3)_4(H_2O)_2]^{2+}$ (gewinnbar aus wässeriger $[Mo^{II}_2Cl_8]^{4-}$-Lösung mit HPO_4^{2-} an der Luft) die Struktur aus Abb. 27.19f mit ekliptischer Konformation zugrunde. In den weiter oben erwähnten Halogenokomplexen $[M_2X_9]^{3-}$ (X = Cl, Br; flächenverknüpfte MX_6-Oktaeder) kommt den überkappt-oktaedrisch-koordinierten M-Atomen sogar die Koordinationszahl 7 zu (Abb. 27.19g). Allerdings sprechen die MM-Abstände in letzteren Ionen nur im Falle M = W für eine Dreifachbindung (WW-Abstand in $W_2Cl_9^{3-}$ 2.418 Å), im Falle M = Mo aber für eine Einfachbindung (MoMo Abstand in $Mo_2Cl_9^{3-}$ 2.655 Å), im Falle M = Cr für keine MM-Bindung. Mit Pyridin lässt sich in $W_2Cl_9^{3-}$ eine Chlorbrücke aufspalten und es entsteht unter gleichzeitiger Substitution von 3 Cl^- durch Pyridin und WW-Bindungsverlängerung der Komplex $[W_2Cl_6py_4]$ mit der Struktur aus Abb. 27.19h (2 brücken- und 2 endständige Chlorid-Liganden, 4 endständige Pyridin-Liganden; WW-Abstand 2.737 Å). Strukturen des Typus (Abb. 27.19h) weisen auch die Komplexe $[W_2Cl_6(PMe_3)_4]$, $[W_2Cl_6(THF)_4]$ und höchstwahrscheinlich $[Mo_2(OH)_2(H_2O)_8]^{4+}$ auf (OH in Brückenpositionen).

Die Metall-Metall-Mehrfachbindungen gehen ähnliche Reaktionen wie die Mehrfachbindungen zwischen Nichtmetallen ein. So beobachtet man etwa eine zu $[Mo_2(OR)_6(CO)]$ (Abb. 27.20l) bzw. $[Mo_2(OR)_8]$ (Abb. 27.20k) bzw. $[Mo_2(OR)_6Cl_4]$ (Abb. 27.20l) führende »oxidative Addition« von CO bzw. ROOR bzw. Cl_2 an $[Mo_2(OR)_6]$, eine zu $[Mo_2(O_2CNR_2)_4]$ (Abb. 27.18a) führende »reduktive Eliminierung« von 2 Ethylgruppen bei der Einwirkung von CO_2 auf $[Mo_2Et_2(NR_2)_4]$ oder eine zu $(RO)_3W\equiv N$ und $(RO)_3W\equiv CtBu$ führende »Spaltung« der WW-Dreifachbindung in $(RO)_3W\equiv W(OR)_3$ (R = tBu) durch $tBuC\equiv N$. Die MM-Bindung lässt sich auch durch »Redoxprozesse« verändern. So wird etwa $W_2Cl_9^{3-}$ (Abb. 27.19g) durch Oxidation (z. B. mit Cl_2) in $[W_2Cl_9]^{2-}$ übergeführt: WW-Abstand 2.540 Å; vgl. auch die erwähnte Oxidation von $[Mo_2(SO_4)_4]^{4-}$ zu $[Mo_2(SO_4)_4]^{3-}$). Schließlich vermag $W_2(OiPr)_6$ reversibel zum Cluster $W_4(OiPr)_{12}$ zu »dimerisieren«. Er weist einen W_4-Ring mit abwechselnd WW-Drei- und -Einfachbindungen auf (alle Bindungen mit 1 OiPr überspannt). Tetranukleare Cluster enthalten auch die Mo-Verbindungen $Mo_4X_4(OiPr)_8$ (X = Cl, Br, I).

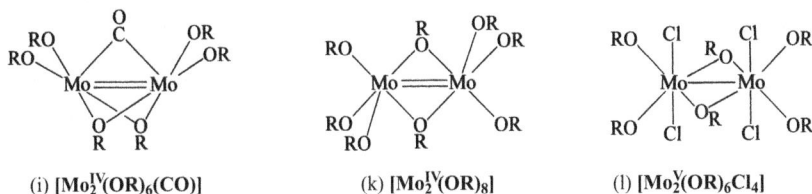

(i) $[Mo^{IV}_2(OR)_6(CO)]$ (k) $[Mo^{IV}_2(OR)_8]$ (l) $[Mo^V_2(OR)_6Cl_4]$

Abb. 27.20

2.2.6   Organische Verbindungen des Molybdäns und Wolframs

Molybdän- und Wolframorganyle

Molybdän(VI)- und Wolfram(VI)-organyle. Sechswertiges Molybdän und Wolfram bilden anders als sechswertiges Chrom Verbindungen mit einfach gebundenen Kohlenstoffresten. So entstehen durch Methylierung mit $ZnMe_2$ aus MoF_6 in Et_2O bei −78 °C bzw. aus WF_6 oder WCl_6 bei −35 °C Hexamethylmolybdän bzw. -wolfram $MoMe_6/WMe_6$, die sich in Form

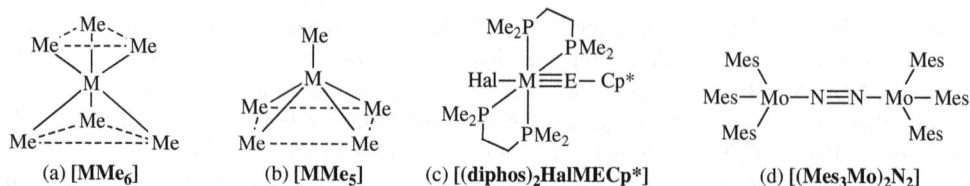

(a) [MMe₆]   (b) [MMe₅]   (c) [(diphos)₂HalMECp*]   (d) [(Mes₃Mo)₂N₂]

Abb. 27.21

dunkelorangebrauner/dunkelroter, sich oberhalb $10\,°C$ unter Methaneliminierung zersetzender, bei Raumtemperatur explodierender Nadeln isolieren lassen (die Methylierung verläuft über Zwischenprodukte Me_nMX_{6-x}, unter denen $MeWX_5$ nachgewiesen ($X = F$) bzw. isoliert ($X = Cl$) werden konnten). Anders als der homologen oktaedrisch gebauten Hauptgruppenelementverbindung $TeMe_6$ kommt $MoMe_6/WMe_6$ eine trigonal-prismatische Struktur zu, die allerdings im Sinne von Abb. 27.19a verzerrt ist (C_{3v}- anstelle von D_{3h}-Symmetrie): drei MC-Bindungen zu einer Prismendreiecksfläche/zur anderen Prismendreiecksfläche sind länger/kürzer, die zugehörigen CMC-Winkel kleiner/größer, wobei WMe_6 als Folge relativistischer Effekte weniger verzerrt ist als $MoMe_6$ (die Verzerrungen lassen sich sowohl im Rahmen des VSEPR- als auch LCAO-MO-Modells erklären, vgl. S. 343, 380). Beide Verbindungen addieren Me^- (eingesetzt als LiMe) in Et_2O zu überkappt-oktaedrisch gebauten Komplexen $[MMe_7]^-$ (hellgelbe Nadeln/rubinrote Plättchen; die Bildung von antikubisch gebautem $[WMe_8]^{2-}$ ist noch unsicher). Mo(VI) und W(VI) bilden darüber hinaus Verbindungen mit mehrfach gebundenen Kohlenstoffresten. Als Beispiele für Alkyliden- und Alkylidinkomplexe (»Carben- und Carbinkomplexe«) seien $(NpO)_3XM{=}CHtBu$, $Np_3M{\equiv}CtBu$ ($Np = CH_2tBu$), $(tBuO)_3W{\equiv}C{-}C{\equiv}W(OtBu)_3$ sowie $(R_3P)_2W({-}CH_2tBu)({=}CHtBu)({\equiv}CtBu)$ genannt. Verbindungen des Typs $X_4M{=}C\overset{\displaystyle\diagup}{\diagdown}$ / $X_3M{\equiv}C{-}$ sind nach *ab initio* Berechnungen (sowie einigen experimentell bestimmten Strukturen) trigonal-bipyramidal (äquatoriales $=C\overset{\displaystyle\diagup}{\diagdown}$) bzw. tetraedrisch (fast linearer Kohlenstoff $\equiv C{-}$) gebaut. Bis(carbin)-Komplexe $RC{\equiv}M{\equiv}CR$ sind unbekannt. Es existieren Mo-/W-Komplexe mit Carben- bzw. Carbinhomologen (vgl. S. 2165, 2168).

Molybdän(V,IV)- und Wolfram(V,IV)-organyle. Einfach gebundene Kohlenstoffreste. Durch Methylierung von $MeCl_5$ mit $ZnMe_2$ in Et_2O bei $-78\,°C$ bis $-20\,°C$ entsteht Pentamethylmolybdän $MoMe_5$, durch Methylierung von WCl_6 mit $AlMe_3$ Pentamethylwolfram WMe_5. $MoMe_5$ lässt sich in Form türkisblauer, oberhalb $-10\,°C$ zersetzlicher Nadeln isolieren. Anders als die trigonal-bipyramidal gebauten Hauptgruppenelementverbindungen $AsMe_5$ sowie $SbMe_5$ nehmen $MoMe_5$ und wohl auch WMe_5 (analog $NbMe_5$ oder $TaMe_5$) eine quadratisch-pyramidale Struktur wie in Abb. 27.21b ein (vgl. hierzu das auf S. 347 und S. 2159 Besprochene). Man kennt auch ein $W(C_6F_5)_5$. Die Existenz eines »Tetramethylwolframs« als Reaktionszwischenprodukt der Umsetzung von WCl_6 mit $LiCH_2SiMe_3$ ist fraglich. Doch konnten Tetraarylmolybdän und -wolfram $MoAr_4$ (rot) und WAr_4 (blau) aus $MoCl_3(THF)$ + LiAr (Ar = 1-Norbonyl), aus $MoCl_4(THF)_2$ + LiAr (Ar = o-Tol) sowie aus WCl_6 + LiAr (Ar = o-Tol) bzw. ArMgBr (Ar = $2,5{-}C_6H_3Me_2$) synthetisiert werden, denen in fester Phase tetraedrischer Bau zukommt. Beispiele für M(V,IV)-organyle mit mehrfach gebundenen Kohlenstoffresten bieten etwa $(Me_3SiCH_2)_3Mo{=}CHSiMe_3$ sowie $(Me_3SiCH_2)_2Mo{\equiv}CSiMe_3$. Wiederum lassen sich auch Verbindungen (Abb. 27.21c) mit Homologen des Methylen- bzw. Methylin-Rests synthetisieren ($Cp^* = C_5Me_5$ in (Abb. 27.21c) η^1-gebunden, E = Si−Pb; S. 1151, 1201).

Molybdän(III,II)- und Wolfram(III,II)-organyle stellen etwa die aus $MoCl_3$ bzw. WCl_4 und $LiCH_2SiMe_3$ resultierenden »Triorganyle« Tris(trimethylsilylmethyl)molybdän bzw. -wolfram $M(CH_2SiMe_3)_3$ dar, die im Sinne der Formulierung $(Me_3SiCH_2)_3M{\equiv}M(CH_2SiMe_3)_3$ dimer sind, und die »Diorganyle« Dimethylmolybdän bzw. -wolfram MMe_2, welche nur in Form der Addukte $[MMe_4]^{2-}$ als Dimere $[Me_4M{\equiv}MMe_4]^{4-}$ existieren (s. weiter oben). Monomer existiert demgegenüber $M(\eta^5\text{-Cp})_2$. Auch das in Lösung durch Arylierung von $MoCl_4$ in $MeOCH_2CH_2OMe$ mit $MesMgBr$ entstehende »Trimesitylmolybdän« $MoMes_3$ ($Mes = 2,4,6\text{-}C_6H_2Me_3$) verbleibt offensichtlich monomer. Die Lösung absorbiert unter Farbwechsel von Blaugrün nach Rot molekularen Stickstoff, wobei der isolierbare N_2-Komplex (Abb. 27.21d) bei Bestrahlung in Benzol in zwei $Mes_3Mo{\equiv}N$-Hälften ($\widehat{=} M'{\equiv}N$) zerfällt, die mit dem Edukt wie folgt abreagieren:

$$2\,M'{\equiv}N + M'{=}N{=}N{=}M' \longrightarrow M'{=}N{-}M'{=}N{=}N{=}M'{-}N{=}M' \longrightarrow 2\,M'{=}N{=}M' + N_2.$$

Als niedrigwertige Molybdän- und Wolframorganyle seien genannt: $[\eta^5\text{-CpM}^I(CO)_3]$, $[M^0(CO)_6]$, $[\eta^6\text{-Mo}^0(C_6H_6)_2]$, $[M^{-I}{}_2(CO)_{10}]^{2-}$, $[M^{-II}(CO)_5]^{2-}$. Näheres vgl. Kap. XXXII.

Katalytische Prozesse unter Beteiligung von Mo- und W-organylen

Alkenmetathese. Systeme wie $Mo(CO)_6/Al_2O_3$ (heterogene Reaktionsführung) oder WCl_6/R_2AlCl in Alkoholen (homogene Reaktionsführung) katalysieren die »Alkenmetathese«[15], worunter man den kreuzweisen Austausch von CR_2- gegen CR'_2-Gruppen in Alkenen $R_2C{=}CR'_2$ versteht[15] (s. Abb. 27.22) (z. B. lässt sich auf diese Weise Propen $CH_2{=}CH{-}CH_3$ in Ethen

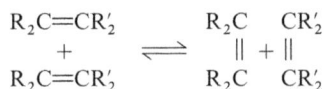

$$
\begin{array}{ccc}
R_2C{=}CR'_2 & & R_2C \quad CR'_2 \\
+ & \rightleftharpoons & \| + \| \\
R_2C{=}CR'_2 & & R_2C \quad CR'_2
\end{array}
$$

Abb. 27.22

$CH_2{=}CH_2$ und Buten $CH_3{-}CH{=}CH{-}CH_3$ verwandeln). Der eigentliche Katalysator der homogen geführten Reaktion ist ein Metallcarbenkomplex (Bildung z. B. gemäß $WCl_6/Me_2AlCl \longrightarrow Cl_4WMe_2 \longrightarrow Cl_4W{=}CH_2 + CH_4$; vgl. S. 2167), der das Edukt-Alken unter Bildung eines $[2+2]$-Cycloaddukts anlagert. Letzteres spaltet seinerseits das Produkt-Alken unter $[2+2]$-Cycloreversion und Rückbildung des Katalysators ab (»Chauvin-Mechanismus«; Anlagerung und Abspaltung der Alkene erfolgen jeweils über die Zwischenbildung von π-Alkenkomplexen; vgl. S. 2174), schematisch für $2\,ab \rightleftharpoons a_2 + b_2$ (s. Abb. 27.23).

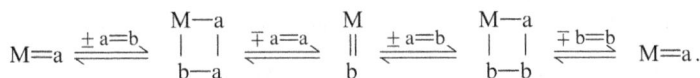

$$
M{=}a \;\underset{\pm\,a{=}b}{\rightleftharpoons}\;
\begin{array}{c} M{-}a \\ | \quad | \\ b{-}a \end{array}
\;\underset{\mp\,a{=}a}{\rightleftharpoons}\;
\begin{array}{c} M \\ \| \\ b \end{array}
\;\underset{\pm\,a{=}b}{\rightleftharpoons}\;
\begin{array}{c} M{-}a \\ | \quad | \\ b{-}b \end{array}
\;\underset{\mp\,b{=}b}{\rightleftharpoons}\; M{=}a\,.
$$

Abb. 27.23

In analoger Weise vermögen einige Metallcarbinkomplexe die »Alkinmetathese« $2\,RC{\equiv}CR' \rightleftharpoons RC{\equiv}CR + R'C{\equiv}CR'$ zu katalysieren.

---

[15] Unter Metathese (vom griech. metathesis = Umstellung, Versetzung) versteht man ganz allgemein einen kreuzweisen Gruppenaustausch: $ab + cd \rightleftharpoons ac + bd$. Neben der Alken- und Alkinmetathese sei in diesem Zusammenhang insbesondere noch auf die Bildung von Metallorganylen gemäß der Metathesereaktion: $EX_n + n\,RLi \longrightarrow ER_n + n\,LiX$ verwiesen.

Literatur zu Kapitel XXVII

Das Chrom

[1] **Das Element Chrom**

C. L. Rollinson: »Chromium«, Comprehensive Inorg. Chem. **3** (1973) 624–700; Compr. Coord. Chem. I/II: »Chromium« (vgl. Vorwort); Ullmann (5. Aufl.): »Chromium and Chromium Alloys«, »Chromium Compounds« **A7** (1986) 43–97; Gmelin: »Chromium«, Syst.-Nr. **52**. Vgl. auch [2,3].

[2] **Verbindungen des Chroms**

R. Colton, J. H. Canterford: »Chromium« in »Halides of the First Row Transition Metals«, Wiley 1969, S. 161–211; A. Bakac, J. H. Espenson: »Chromium Complexes Derived from Molecular Oxygen«, Acc. Chem. Res. **26** (1993) 519–523; S. A. Connor, E. A. V. Ebsworth: »Peroxy-Compounds of Transition Metals«, Adv. Inorg. Radiochem. **6** (1964) 279–381; J. E. Fergusson: »Halide Chemistry of Chromium, Molybdenum, and Tungsten«, in V. Gutmann (Hrsg.) »Halogen Chemistry« **3** (1968) 227–302; D. A. House: »Recent Developments in Chromium Chemistry«, Adv. Inorg. Chem. **44** (1997) 341–374; T. Saito: »Group 6 Metal Chalcogenide Cluster Complexes and Their Relationships to Solid State Cluster Compounds«, Adv. Inorg. Chem. **44** (1997) 45–92; A. Levina, R. Codd, C. T. Dillon, P. A. Lay: »Chromium in Biology: Toxicology and Nutritional Aspects«, Progr. Inorg. Chem. **51** (2003) 145–250; W. H. Leung: »Synthesis and Reactivity of Organoimido Complexes of Chromium«, Eur. J. Inorg. Chem. (2003) 583–593.

[3] **Organische Verbindungen des Chroms**

Compr. Organomet. Chem. I/II/III: »Chromium« (vgl. Vorwort); S. W. Kirtley: »Chromium Compounds η^1-Carbon Ligands« und R. Davis, L. A. P. Kane-Maguire: »Chromium Compounds with $\eta^2-\eta^8$-Ligands«, Comprehensive Organomet. Chem. **3** (1982) 783–1077; Gmelin: »Organochromium Compounds«, New Suppl. Ser. Vol. **3**, Houben-Weyl: »Organische Chromverbindungen« **13/7** (1975); J. H. Espenson: »Chemistry of Organochromium (III) Complexes« Acc. Chem. Res. **25** (1992) 222–227; K. H. Leopold: »Homogeneous Chromium Catalysts for Olefin Polymerization«, Eur. J. Inorg. Chem. (1998) 15–24; J. J. Brunet: »Pentacarbonylhydridochromates M≡[HCr(CO)$_5$]: Reactivity in Organic Syntheses and Homogeneous Catalyses«, Eur. J. Inorg. Chem. (2000) 1377–1390.

Das Molybdän und Wolfram

[4] **Die Elemente Molybdän und Wolfram**

C. L. Rollinson: »Molybdenum«, »Tungsten«, Comprehensive Inorg. Chem. **3** (1973) 700–742, 742–769; Compr. Coord. Chem. I/II: »Molybdenum«, »Tungsten« (vgl. Vorwort); Ullmann: »Molybdenum and Molybdenum Compounds« **A16** (1990) 655–698; »Tungsten, Tungsten Alloys and Tungsten Compounds« **A27** (1995); Gmelin: »Molybdenum«, Syst.-Nr. **53**; »Tungsten«, Syst.-Nr. **54**; G. D. Rieck: »Tungsten and its Compounds«, Pergamon, New York 1967; S. W. H. Yih, C. T. Wang: »Tungsten: Sources, Metallurgy, Properties and Applications«, Plenum Press, New York 1979; E. Pink, L. Bartha (Hrsg.): The Metallurgy of Doped/Non-Sag Tungsten", Elsevier, London 1979. Vgl. auch [6–8].

[5] **Bioanorganische Chemie des Molybdäns**

E. I. Stiefel: »The Coordination and Bioinorganic Chemistry of Molybdenum«, Progr. Inorg. Chem. **22** (1977) 1–223; M. Coughlin (Hrsg.): »Molybdenum and Mo Containing Enzymes«, Pergamon Press, Oxford 1980; G. E. Callis, R. A. D. Wentworth: »Tungsten vs. Molybdenum in Models for Biological Systems«, Bioinorg. Chem. **7** (1977) 57–70.

[6] **Verbindungen des Molybdäns und Wolframs**

Halogenverb. J. E. Fergusson: »Halide Chemistry of Chromium, Molybdenum and Tungsten« in V. Gutmann (Hrsg.): »Halogen Chemistry« **3** (1968) 227–302; M. Binnewies: »Chemie in Glühlampen«, Chemie in unserer Zeit **20** (1986) 141–145; J. H. Canterford, R. Colton: »Molybdenum and Tungsten, in Halides of the Second and Third Row Transition Metals«, Wiley 1968, S. 206– 271. – Sauerstoffverb. M. T. Pope: »Isopolyanions and Heteropolyanions«, Comprehensive Coord. Chem. **3** (1987) 1023–1058; »Heteropoly and Isopoly Oxometallates«, Springer, Berlin 1983; D. L. Kepert: »Isopolyanions and Heteropolyanions«, Comprehensive Inorg. Chem. **4** (1973) 607–672; K.-H. Tytko,

O. Glemser: »Isopolymolybdates and Isopolytungstates«, Adv. Inorg. Radiochem. **19** (1976) 239–315; G. A. Tsigdinos: »Heteropoly Compounds of Molybdenum and Tungsten«, Topics Curr. Chem. **76** (1978) 1–64; A. Müller: »Chemie der Polyoxometallate: Aktuelle Variationen über ein altes Thema mit interdisziplinären Zügen«, Angew. Chem. **103** (1991) 56–70; Int. Ed. **30** (1991) 34; M. T. Pope: »Molybdenum Oxygen Chemistry: Oxides, Oxo Complexes, and Polyoxoanions«, Progr. Inorg. Chem. **39** (1991) 181–258; H. J. Lunck, S. Schönherr: »Struktur, Eigenschaften und Anwendungen von Heteropolyverbindungen«, Z. Chem. **27** (1987) 157–170; P. Hagenmuller: »Tungsten Bronzes, Vanadium Bronzes and Related Compounds«, Comprehensive Inorg. Chem. **4** (1973) 541–605; G. A. Ozin, S. Özkar, R. A. Prokopowicz: »Smart Zeolites: New Forms of Tungsten and Molybdenum Oxides«, Acc. Chem. Res. **25** (1992) 553–560; M. I. Khan, J. Zubieta: »Oxovanadium and Oxomolybdenium Clusters Incorporating Oxygen-Donor Ligands«, Progr. Inorg. Chem. **43** (1995) 1–150; A. Müller, S. Roy: »Linking Giant Molybdenum Oxide Based Nano Objects Based on Well-Defined Surfaces in Different Phases«, Eur. J. Inorg. Chem. (2005) 3561–3570; A. Müller: »Bringing inorganic chemistry to life«, Chem. Commun. (2003) 803–806. – Schwefelverb. G. A. Tsigdinos: »Inorganic Sulfur Compounds of Molybdenum and Tungsten – Their Preparation, Structure, and Properties«, Topics Curr. Chem. **76** (1978) 65–105; T. Shibakava: »Cubane and Incomplete Cubane Type Molybdenum and Tungsten Oxo/Sulfido Clusters«, Adv. Inorg. Chem. **37** (1991) 143–147; A. Müller: »Coordination Chemistry of Mo- and W-S Compounds and Some Aspects of Hydrodesulfurization«, Polyhedron **5** (1986) 323–340; A. Müller, E. Diemann: »Polysulfide Complexes of Metals«, Adv. Inorg. Chem. **31** (1987) 89–122; A. Müller, E. Diemann, R. Jostes, H. Bögge: »Thioanionen der Übergangsmetalle: Eigenschaften und Bedeutung für die Komplexchemie und Bioanorganische Chemie«, Angew. Chem. **93** (1981) 957–977; Int. Ed. **20** (1981) 934; R. Hernandez-Molina, M. N. Sokolov, A. G. Sykes: »Behavior Patterns of Heterometallic Cuboidal Derivatives of $[M_3Q_4(H_2O)_9]^{4+}$ (M = Mo, W; Q = S, Se)«, Acc. Chem. Res. **34** (2001) 223–230; S. H. Laurre: »Thiomolybdates – Simple but Very Versatile Reagents«, Eur. J. Inorg. Chem. (2000) 2443–2450; T. Saito: »Group 6 Metal Chalcogenide Cluster Complexes and Their Relationships to Solid-State Cluster Compounds«, Adv. Inorg. Chem. **44** (1997) 45–92; N. Prokopuk, D. F. Shriver: »The Octahedral M_6Y_8 and M_6Y_{12} Clusters of Group 6 and 5 Transition Metals«, Adv. Inorg. Chem. **46** (1999) 1–50. – Stickstoffverb. K. Dehnicke, J. Strähle: »Nitrido-Komplexe von Übergangsmetallen«, Angew. Chem. **104** (1992) 978–1000; Int. Ed. **31** (1992) 955; »Die Übergangsmetall-Stickstoff-Mehrfachbindung«, Angew. Chem. **93** (1981) 451–564; Int. Ed. **20** (1981) 413; R. R. Schrock: »Catalytic reduction of dinitrogen under mild conditions«, Chem. Commun. (2003) 2389–2391. – Komplexe. S. J. Lippard: »Seven and Eight Coordinate Molybdenum Complexes, and Related Molybdenum(IV) Oxo Complexes with Cyanide and Isocyanide Ligands«, Progr. Inorg. Chem. **21** (1976) 91–103; R. V. Parish: »The Coordination Chemistry of Tungsten«, Adv. Inorg. Radiochem. **9** (1966) 315–354; Z. Dori: »The Coordination Chemistry of Tungsten«, Progr. Inorg. Chem. **28** (1981) 239–307; R. Colton: »Molybdenum and Tungsten«, Coord. Chem. Rev. **90** (1988) 29–109. – Cluster. M. H. Chisholm: »Die $\sigma^2\pi^4$-Dreifachbindung zwischen Molybdän- und Wolframatomen – eine anorganische funktionelle Gruppe«, Angew. Chem. **97** (1985) 21–30; Int. Ed. **24** (1985) 56; »The Coordination Chemistry of Dinuclear Molybdenum(III) and Tungsten(III): d^3-d^3-Dimers«, Acc. Chem. Res. **23** (1990) 419–425; F. A. Cotton, D. G. Nocera: »The Whole Story of the Two-Electron Bond, with the δ Bond as a Paradigm«, Acc. Chem. Res. **33** (2000) 483–499; J. P. Collman, R. Boulatov: »Heterodinucleare Übergangsmetallkomplexe mit Metall-Mehrfachbindungen«, Angew. Chem. **114** (2002) 4120–4134; Int. Ed. **41** (2002) 3948; C. C. Cummins: »Reductive cleavage and related reactions leading to molybdenum – element multiple bonds: new pathways offered by three-coordinate molybdenum(III)«, Chem. Commun. (1998) 1777–1786.

[7] **Organische Verbindungen des Molybdäns und Wolframs**

Compr. Organomet. Chem. I/II/III: »Molybdenum«, »Tungsten« (vgl. Vorwort); Gmelin: »Organomolybdenum Compounds«, Syst.-Nr. **53**; Houben-Weyl: »Organische Molybdän- und Wolframverbindungen«, **13/7** (1975); M. H. Chisholm, D. Clark, M. J. Hampden-Smith, D. M. Hollman: »Organometallchemie mit Molybdän- und Wolframalkoxidclustern: Vergleich mit Carbonylclustern der späten Übergangsmetalle«, Angew. Chem. **101** (1989) 446–458; Int. Ed. **28** (1989) 432; T. Kauffmann: »Neue Reaktionen molybdän- und wolframorganischer Verbindungen: additiv-reduktive Carbonyldimerisierung, spontane Umwandlung von Methyl- und μ-Methylen. Liganden und selektive Carbonylmethylenierung«, Angew. Chem. **109** (1997) 1312–1329; Int. Ed. **36** (1997) 1258; D. V. Deubel, G. Frenking, P. Gisdakis, W. A. Herrmann, N. Rösch, J. Sundermeyer: »Olefin Epoxidation with Inorganic Peroxides. Solutions to Four Long-Standing Controversies on the Mechanism of Oxygen Transfer«, Acc. Chem. Res. **37** (2004) 645–652.

[8] **Katalytische Prozesse unter Beteiligung von Mo- und W-organylen**

N. Calderon, E. A. Ofstead, W. A. Judy: »Mechanistische Aspekte der Olefin-Metathese«, Angew. Chem. **88** (1976) 433–442; Int. Ed. **15** (1976) 401; H. Weber: »Die Olefin-Metathese«, Chemie in unserer Zeit **11** (1977) 22–27; R. H. Grubbs: »Alkene and Alkyne Metathesis Reactions«, Comprehensive Organomet. Chem. **8** (1982) 499–551; T. J. Katz: »The Olefin Metathesis Reaction«, Adv. Organomet. Chem. **16** (1976) 283–317; N. Calderon, J. P. Lawrence, E. A. Ofstead: Olefin Metathesis", Adv. Organomet. Chem. **17** (1977) 449–492.

Kapitel XXVIII

Die Mangangruppe

Die Mangangruppe (VII. Nebengruppe bzw. 7. Gruppe des Periodensystems) umfasst die Elemente Mangan (Mn), Technetium (Tc), Rhenium (Re) und Bohrium (Bh; Eka-Rhenium, Element 107). Sie werden zusammen mit ihren Verbindungen unten (Mn), auf S. 1915 (Tc, Re) und im Kap. XXXVII besprochen.

Wie im Falle der vorausgehenden Nebengruppen (S. 1793, 1819, 1844) besitzen dabei die beiden schweren Glieder Tc und Re wegen der Lanthanoid-Kontraktion praktisch gleiche Atom- und Ionenradien (S. 2026) und sind sich daher in ihren – vom leichten Gruppenglied Mn deutlich abweichenden – Eigenschaften sehr ähnlich. Die Analogie der Metalle mit den Nichtmetallen der VII. Hauptgruppe beschränkt sich darauf, dass sie wie letztere maximal elektropositivsiebenwertig aufzutreten vermögen (z. B. $HMnO_4/HClO_4$). Im Übrigen ähneln die Metalle der VII. Nebengruppe mehr den Nachbarmetallen der VI. und VIII. Nebengruppe, sodass z. B. das Mangan in der Natur mit dem Eisen, das Rhenium mit dem Molybdän vergesellschaftet ist. Vgl. hierzu auch S. 1918.

Am Aufbau der Erdhülle sind die Metalle Mn und Re mit $9.1 \cdot 10^{-2}$ bzw. $\sim 10^{-7}$ Gew.-% beteiligt, während Tc in der Natur nur in Spuren als radioaktives Spaltprodukt des Urans vorkommt.

1 Das Mangan

Geschichtliches. Der Name Mangan rührt von Braunstein MnO_2 her, den man früher mit dem bei der kleinasiatischen Stadt Magnesia vorkommenden Magnetit Fe_3O_4 oder Magneteisenstein »Magnes« (Lithos magnetis = Stein aus Magnesia) verwechselte. Der Name Magnes wurde später, als man die Eigenschaften des Braunsteins, eisenhaltiges Glas zu entfärben, erkannte, in Manganes umgeändert, wohl in Anklang an das griechische Wort manganizein = reinigen. Als dann C. W. Scheele 1774 nachwies, dass der Braunstein kein Eisenerz sei, sondern ein bis dahin noch unbekanntes Metall enthalte, isolierte im gleichen Jahr Johann Gottlieb Gahn auf Scheeles Anregung erstmals (verunreinigtes) elementares Mangan durch Reduktion von MnO_2 mit einer Mischung aus Tierkohle und Öl. Das neue Element erhielt zunächst den Namen »Manganesium« (daher französisch heute noch manganèse), der schließlich zur Vermeidung einer Verwechslung mit dem inzwischen entdeckten Magnesium in »Mangan« (»Manganium«) umgeändert wurde.

Physiologisches. Mangan ist ein essentielles Spurenelement, das – in Verbindungsform – in allen lebenden Zellen vorkommt. Der menschliche Körper enthält ca. 0.3 mg pro kg (hauptsächlich in Mitochondrien, Zellkernen, Knochen) und sollte täglich mindestens 3 mg Mn aufnehmen (manganreich sind Vollkornprodukte, Nüsse, Keimlinge, Kakao, manganarm ist z. B. Milch). Das in zahlreichen Enzymen enthaltene Mangan wird im Menschen und in Tieren zum Aufbau von Cholesterin, Mucopolysacchariden und Blutgerinnungsfaktoren sowie für Atmungskettenphosphorylierungen benötigt. Manganmangel kann u. a. Sterilität hervorrufen, Manganüberschuss (MAK-Wert = 5 mg Mn-Staub pro m^3, 0.1 mg pro Liter Trinkwasser) führt zur Reizung der Atemwege und der Haut, zu Bronchitiden und schließlich zu Schädigungen des Nervensystems mit Sprach- und Bewegungsstörungen (»Manganismus«). In Pflanzen spielt Mn eine wichtige Rolle bei der Photosynthese (im Photosystem II wirken vier Mn-Zentren, die möglicherweise eine Anordnung wie in Abb. 28.3 einnehmen, mit bei der durch Licht ausgelösten Oxidation von Wasser zu Sauerstoff). Manganmangel bewirkt in Pflanzen eine Minderung des Wachstums (Gegenmaßnahmen: Mn-Düngung).

1.1   Das Element Mangan

Vorkommen

Mangan ist in der Natur (in gebundener Form) recht verbreitet und am Aufbau der Erdhülle mit 0.091 % beteiligt, also etwa ebenso häufig wie Phosphor und Kohlenstoff (dreizehnthäufigstes Element, dritthäufigstes Übergangselement nach Eisen und Titan). Die nutzbaren Manganvorkommen in der »Lithosphäre« sind durch Verwitterung primärer Silicatsedimente entstanden und leiten sich im Wesentlichen von Manganoxiden ab. Wichtige Manganerze sind: der »Braunstein« (z. B. »Pyrolusit«)[1] $MnO_{1.7-2.0}$, der dem Roteisenstein Fe_2O_3 entsprechende Braunit Mn_2O_3 und seine eisenhaltige Abart, der »Bixbyit« $(Mn^{III}, Fe^{III})_2O_3$, weiterhin der dem Goethit $FeO(OH)$ entsprechende »Manganit« $MnO(OH)$ (= »$Mn_2O_3 \cdot H_2O$«), der in seiner Zusammensetzung dem Magneteisenstein Fe_3O_4 entsprechende »Hausmannit« Mn_3O_4 (= »$MnO \cdot Mn_2O_3$«), der »schwarze Glaskopf« (»Psilomelan«[2]; ein Na-, K- und Ba-haltiges, amorphes MnO_2), der mit dem Spateisenstein $FeCO_3$ isomorphe »Manganspat« (»Himbeerspat«, »Rhodochrosit«)[3] $MnCO_3$ und der »Rhodonit«[3] $MnSiO_3$. Meist finden sich diese Erze in Gesellschaft von Eisenerzen. Reiche Lagerstätten liegen an der Ostküste des Schwarzen Meeres, in Indien, in Brasilien, in Australien, in China und in Südafrika. Deutschland ist arm an Manganerzen. Große Mengen von Mangan finden sich in den Manganknollen der Tiefsee, die durch Agglomeration von Metalloxidkolloiden entstanden sind und 15–20 % Mn, ferner Fe und kleinere Mengen Co, Ni, Cu enthalten (die Kolloide haben sich ihrerseits bei der Verwitterung primärer Silicatsedimente gebildet und wurden ins Meer gespült. Bezüglich Mangan in der Biosphäre (vgl. Physiologisches).

Isotope (vgl. III). Natürliches Mangan besteht zu 100 % aus dem Nuklid $^{55}_{25}Mn$ (für NMR-Untersuchungen). Die künstlich gewonnenen Nuklide $^{54}_{25}Mn$ (Elektroneneinfang; $\tau_{1/2} = 303$ Tage) und $^{56}_{25}Mn$ (β^--Strahler; $\tau_{1/2} = 2.576$ Stunden) dienen als Tracer.

Darstellung

Elementares Mangan kann nicht wie das im Periodensystem rechts benachbarte Eisen durch Reduktion seiner Oxide mit Kohle gewonnen werden, da man hierbei wie im Falle des Chroms nur zu Carbiden kommt. Die beste technische Darstellungsmethode ist die Elektrolyse von $MnSO_4$-Lösungen (Kathoden aus rostfreiem Stahl):

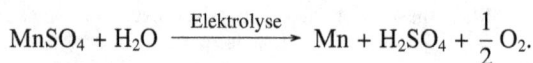

$$MnSO_4 + H_2O \xrightarrow{\text{Elektrolyse}} Mn + H_2SO_4 + \frac{1}{2}O_2.$$

Weiterhin ist es auf alumino- und silicothermischem Wege aus Mangan(II)-oxid MnO, das bei den Reduktionstemperaturen aus den höheren Manganoxiden unter O_2-Abgabe entsteht, erhältlich: $3\,MnO + 2\,Al \longrightarrow 3\,Mn + Al_2O_3 + 518\,kJ$; $2\,MnO + Si \longrightarrow 2\,Mn + SiO_2 + 140\,kJ$. Beide Verfahren haben aber keine große technische Bedeutung, da das reine Metall nur wenig verwendet wird.

---

[1] Der Name Braunstein rührt daher, dass das – meist schwarzgraue – Mineral auf Tonerden braune Glasuren bildet. Die Bezeichnung Pyrolusit leitet sich von seiner Verwendung als »Glasseife« (Entfärbung eisenhaltiger grüner Gläser, S. 1131) ab: pyr (griech.) = Feuer, louein (griech.) = waschen.

[2] Eigentlich: schwarzer Glatzkopf (nach seinem Aussehen): psilos (griech.) = kahl; melas (griech.) = schwarz.

[3] rhodeios (griech.) = rosenrot.

Von technischer Bedeutung sind dagegen die Eisen-Mangan-Legierungen mit einem Mangangehalt von 2–5 % (Stahleisen), 5–30 % (Spiegeleisen) und 30–80 % (Ferromangan bzw. bei zusätzlichem Si-Gehalt: Silicomangan). Sie werden aus einem Gemisch von Koks, Mangan- und Eisenoxiden sowie Kalk (zur Schlackenbildung) im Hochofen bzw. elektrischen Ofen gewonnen (vgl. S. 1936, 848).

Physikalische Eigenschaften

Mangan existiert in vier verschiedenen Modifikationen (α-, β-, γ-, δ-Mangan), von denen das α-Mangan (verzerrt-kubisch-dichte Metallatompackung) die bei Raumtemperatur stabile Form darstellt. Letztere ist silbergrau, hart und sehr spröde und ähnelt im Übrigen weitgehend dem im Periodensystem rechts benachbarten Eisen. Es schmilzt bei 1244 °C, siedet bei 2030 °C und besitzt die Dichte 7.44 g cm^{-3}.

Chemische Eigenschaften

Mangan ist etwas reaktionsfähiger als seine benachbarten Metalle Cr, Tc und Fe im Periodensystem. In kompakter Form wird es von Sauerstoff nur oberflächlich angegriffen, doch reagiert es in feinverteiltem Zustand mit Luft unter Feuererscheinung zu Mn_3O_4. Auch ist es gegenüber anderen Nichtmetallen bei Raumtemperatur noch einigermaßen inert, setzt sich aber mit diesen Elementen bei erhöhter Temperatur heftig um. So verbrennt es im Chlor-Strom zu $MnCl_2$, reagiert mit Fluor zu MnF_2 und MnF_3, brennt oberhalb 1200 °C in Stickstoff ($\longrightarrow Mn_3N_2$) und vereinigt sich ferner mit B, C, Si, P, As, S, dagegen nicht mit H_2.

Da Mangan in der Spannungsreihe oberhalb des Wasserstoffs steht (vgl. Potentialdiagramm, unten), also ein unedles Metall ist, wird es von Säuren (langsam auch schon von Wasser) unter Wasserstoffentwicklung angegriffen (keine passivierende Oxidhaut wie bei Chrom).

Verwendung, Legierungen

Mangan (Jahresweltproduktion: 10 Megatonnenmaßstab) hat bisher nur in Verbindung mit anderen Elementen größere praktische Bedeutung gefunden. Unter den Legierungen dient Ferromangan, Spiegeleisen und Silicomangan (vgl. Darstellung) als »Desoxidations-« und »Entschwefelungsmittel« bei der Erzeugung von Stahl, Nickel und Kupfer (Nutzung von 90 % des gewonnenen Mangans), darüber hinaus als Zusatz zu Stahl (Erhöhung der Härte; z. B. schlag- und verschleißfester Hadfield-Stahl mit 13 % Mn für Baumaschinen, Eisenbahnweichen usw.), Aluminium, Magnesium (jeweils Erhöhung der Korrosionsbeständigkeiten), Bronzen. Da »Manganin« (84 % Cu, 12 % Mn, 4 % Ni) praktisch keine Temperaturabhängigkeit des elektrischen Widerstands aufweist, nutzt man es für elektrische Instrumente. Die Verbindungen des Mangans (hergestellt werden insbesondere die Oxide MnO, Mn_2O_3, Mn_3O_4, MnO_2, das Permanganat $KMnO_4$, das Chlorid $MnCl_2$ und die Salze $MnSO_4$, $MnCO_3$) finden u. a. Verwendung zur Herstellung von »Pigmenten«, »Metallseifen«, »Magneten«, »Trockenbatterien«, im »Korrosionsschutz« (Manganphosphate), als Zusatz zu »Futter-« und »Düngemitteln« und als »Oxidationsmittel« (org. Synthese, Wasseraufbereitung, Abluftreinigung, Oxidimetrie, Medizin). Bezüglich der Interstitiellen Verbindungen vgl. S. 308.

Mangan in Verbindungen

In seinen chemischen Verbindungen tritt Mangan hauptsächlich mit den Oxidationsstufen +II, +III, +IV und +VII auf (z. B. $MnCl_2$, MnF_3, MnO_2, Mn_2O_7), doch existieren auch Verbindungen mit den Oxidationsstufen +V und +VI (z. B. MnO_4^{3-}, MnO_4^{2-}) sowie +I, 0, −I, −II und −III (z. B. $Mn^I(CN)_6^{5-}$, $Mn^0{}_2(CO)_{10}$, $Mn^{-I}(CO)_5^-$, $Mn^{-II}(Phthalocyanin)^{2-}$, $Mn^{-III}(NO_3)(CO)$). Wichtige Oxidationsstufen sind die des zwei- und siebenwertigen Mangans. Die Basizität der Oxide in Wasser nimmt mit steigender Wertigkeit des Mangans ab, ihre Acidität zu. So ist das

Mangan(II)-oxid ein ausgesprochenes Base-Anhydrid, das Mangan(VII)-oxid Mn_2O_7 dagegen ein ausgesprochenes Säure-Anhydrid, während das Mangan(IV)-oxid MnO_2 amphoter ist. Wie die Acidität nimmt auch die Oxidationskraft der Oxide mit steigender Wertigkeit des Mangans zu. Das Mangan(II)-Ion Mn^{2+} (halbbesetzte 3d-Schale), die wichtigste Oxidationsstufe des Mangans (isoelektronisch mit Fe^{3+}), zeichnet sich in saurer Lösung durch besondere Stabilität gegen Oxidation und Reduktion aus.

Dieser Sachverhalt lässt sich den in Abb. 28.1 wiedergegebenen Potentialdiagrammen einiger Oxidationsstufen des Mangans bei pH = 0 und 14 in wässriger Lösung entnehmen, wonach Mn(II) keine Neigung zur Disproportionierung in eine niedrigere und höhere Oxidationsstufe zeigt, während Mangan(VII) in saurer Lösung hinsichtlich Mangan(IV) bzw. Mangan(II) ein starkes Oxidationsmittel darstellt. Mn^{2+} ist insgesamt oxidationsbeständiger als die Nachbarelemente Cr^{2+} und Fe^{2+} (Folge der halbbesetzten d-Außenschale).

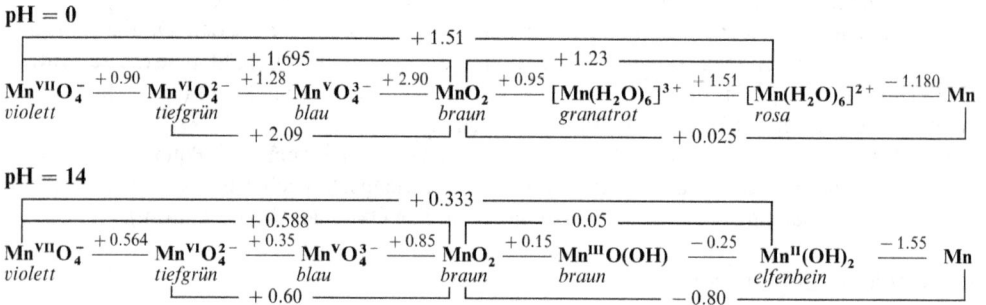

pH = 0

pH = 14

Abb. 28.1

Das Mangan(II) existiert mit den Koordinationszahlen vier bis acht (tetraedrisch in $[MnBr_4]^{2-}$, quadratisch-planar in [Mn(Phthalocyanin)], trigonal-bipyramidal in $[MnBr(pmdta)]^+$ mit pmdta = $MeN(CH_2CH_2NMe_2)_2$, oktaedrisch unter anderem in $[Mn(H_2O)_6]^{2+}$, überkappt-trigonal-prismatisch in $[Mn(edta)(H_2O)]^{2-}$ mit edta = $[(O_2CCH_2)_2NCH_2CH_2N(CH_2CO_2)_2]^{4-}$, dodekaedrisch in $[Mn(NO_3)_4]^{2-}$), Mangan(III) u. a. mit den Koordinationszahlen fünf bis sieben (quadratisch-pyramidal in $[MnCl_5]^{2-}$, oktaedrisch in $[Mn(CN)_6]^{3-}$, pentagonal-bipyramidal in $[Mn(NO_3)_3(bipy)]$). Mangan(IV,I,0) tritt im Wesentlichen mit der Koordinationszahl sechs auf (oktaedrisch in $[Mn^{IV}F_6]^{2-}$, $[Mn^I(CN)_6]^{5-}$, $Mn_2(CO)_{10}$), Mangan(V,VI,VII) mit der Koordinationszahl vier (tetraedrisch in $Mn^VO_4^{3-}$, $Mn^{VI}O_4^{2-}$, $Mn^{VII}O_4^-$). Die Koordinationszahl vier findet sich auch bei Mangan(−I, −II, −III) (quadratisch-planar in $[Mn^{-I/-II}(Phthalocyanin)]^{1-/2-}$, tetraedrisch in $[Mn^{-III}(NO)_3(CO)]$), die Koordinationszahl fünf bei Mangan(−I) (trigonal-bipyramidal in $[Mn^{-I}(CO)_5]^-$). Die 4-fach koordinierten Mn(−III)-, 5-fach koordinierten Mn(−I)- und 6-fach koordinierten Mn(I)-Verbindungen haben Kryptonelektronenkonfiguration.

Bezüglich der Elektronenkonfiguration, der Radien, der magnetischen und optischen Eigenschaften von Manganionen vgl. Ligandenfeld-Theorie (S. 1592) sowie Anh. IV, bezüglich eines Eigenschaftsvergleichs der Metalle der Mangangruppe S. 1544f und S. 1918.

1.2   Verbindungen des Mangans

1.2.1   Mangan(II)-Verbindungen (d^5)

Wasserstoffverbindungen

Mangan[4] bildet wie einige im Periodensystem benachbarte Elemente (Molybdän, Wolfram, Technetium, Rhenium, Eisen, Ruthenium, Osmium, Cobalt, Rhodium, Iridium, Platin, Silber, Gold) keine binären Verbindungen mit Wasserstoff, die unter Normalbedingungen isolierbar wären (»Wasserstofflücke«). Das Dihydrid MnH_2 konnte jedoch in einer Ar- bzw. N_2-Matrix bei tiefen Temperaturen isoliert werden. Auch lassen sich Donoraddukte dieses Hydrids (z. B. $MnH_2 \cdot 2\,BH_3 = Mn(BH_4)_2$, $MnH_2 \cdot 2\,AlH_3 = Mn(AlH_4)_2$) wie auch des Monohydrids MH (z. B. $MnH(CO)_5$), jedoch – anders als beim linken und rechten Periodennachbarn Chrom (vgl. S. 1861) und Eisen (S. 1948) – nicht solche der höheren Manganhydride herstellen (vgl. Tab. 32.1).

Halogen- und Pseudohalogenverbindungen

Halogenide (vgl. S. 2074). Alle vier binären Halogenide des zweiwertigen Mangans sind bekannt (vgl. Tab. 28.1). Mangandichlorid $MnCl_2$ kristallisiert aus wässriger Lösung (gewinnbar durch Lösen von Mn oder $MnCO_3$ in Salzsäure) als blassrotes Tetrahydrat $MnCl_2 \cdot 4\,H_2O$ (oktaedrisch; *cis*-ständige H_2O-Moleküle) aus. Es kann zum Dihydrat $MnCl_2 \cdot 2\,H_2O$ (polymere Ketten aus eckenverknüpften *trans*-$[MnCl_2(H_2O)_4]$-Oktaedern) entwässert werden. Das wasserfreie rosafarbene Chlorid $MnCl_2$ (»$CdCl_2$-Struktur«) lässt sich aus den Hydraten nur durch Erhitzen im HCl-Strom entwässern, da sonst Hydrolyse unter Chlorwasserstoffbildung erfolgt. Mit Chloriden bildet $MnCl_2$ Chlorokomplexe $MnCl_3^-$ (oktaedrisch mit Cl-Brücken; $M^I MnCl_3$ kommt »Perowskitstruktur« zu), $MnCl_4^{2-}$ (teils tetraedrisch ohne, teils oktaedrisch mit Cl-Brücken) und $MnCl_6^{4-}$ (oktaedrisch). Technisch wird $MnCl_2$ aus Ferromangan und Chlor bzw. aus Manganoxiden MnO, MnO_2 und Chlorwasserstoff gewonnen. Es dient zur Herstellung von Manganlegierungen, zum Färben von Ziegelsteinen und für Trockenbatterien.Das Manganfluorid MnF_2 (»Rutilstruktur«) fällt aus HF-haltigen Mn(II)-Salzlösungen als blassrosa, wasserunlösliches, antiferromagnetisches Salz aus (Néel-Temperatur 72 K). Es bildet mit Alkalifluoriden Fluorokomplexe $M^I MnF_3$ (Perowskitstruktur) und $M^I_2 MnF_4$. Pinkfarbenes Mangandibromid $MnBr_2$ und -diiodid MnI_2 (CdI_2-Struktur; vgl. Tab. 28.1) lassen sich aus den Elementen sowie durch Einleiten von HX in wässerige $MnCO_3$-Lösungen gewinnen (in letzterem Falle entstehen Hydrate, die entwässerbar sind). MnI_2 wird zur Synthese manganorganischer Verbindungen genutzt.

Cyanide (S. 2084). Antiferromagnetisches Mangandicyanid $Mn(CN)_2$ (Néel-Temperatur 65 K) fällt unmittelbar nach Versetzen einer wässrigen Lösung von $[(Ph_3P)_2N^+]_2[Mn(CN)_4]^{2-}$ mit einer äquimolaren Menge $[Mn(N\equiv CMe)_6]^{2+}[BR_4^-]_2$ (R = 3,5-$C_6H_3(CF_3)_2$) als roter Niederschlag aus. Der polymeren Verbindung liegt in gewissem Sinne die kubische Diamantstruktur zugrunde: Ersatz von C−C durch Mn−C≡N−Mn; sie ist folglich als $Mn^{II}[Mn^{II}(CN)_4]$ zu formulieren. Mit Donoren lässt sich $Mn(CN)_2$ depolymerisieren. So existiert $Mn(CN)_2$ in Form von $[Mn(CN)_2(OSMe_2)]$. Das der Verbindung $Mn(CN)_2$ zugrundeliegende Tetracyanomanganat(II) $[Mn(CN)_4]^{2-}$ entsteht aus wässrigen $[(Ph_3P)_2N^+]_2[Mn^{IV}(CN)_6]^{2-}$-Lösungen (vgl. S. 1907) bei Lichteinwirkung auf komplexe Weise neben $[C_{12}N_{12}]^{2-} = [XN−CX=N−CX_2−N=CX−NX]^{2-}$ (X = CN). d^5-$Mn(CN)_4^{2-}$ ist erstmals ein paramagnetisches tetraedrisch-gebautes high-spin Cyanometallat (vgl. hierzu diamagnetisches, tetraedrisches d^8-$Mn(CN)_4^{2-}$ mit M = Ni^{II}, Pd^{II},

---

[4] Man kennt zudem niedrigwertige Manganverbindungen mit Mangan der Wertigkeiten −III, −II, −I, 0, +I (formal d^{10}-, d^9-, d^8-, d^7-, d^6-Elektronenkonfiguration), in welchen Mangan mit Liganden wie Kohlenoxid (z. B. $[Mn^{-I}(CO)_5]^-$, $Mn_2^0(CO)_{10}$), Cyanid (z. B. $[MnI(CN)_6]^{5-}$), Stickoxid (z. B. $[Mn^{-I}(CN)_4(NO)_2]^{3-}$, $[Mn^{-III}(CO)(NO)_3]$), Organylgruppen koordiniert wird (Näheres vgl. Kap. XXXII).

Tab. 28.1 Halogenide, Oxide und Halogenidoxide^a von Mangan^b .

	Fluoride	Chloride	Bromide	Iodide	Oxide^c
Mn(II)	MnF$_2$, blaßrosa Smp. 920 °C ΔH_f −791 kJ mol^{-1} Rutil-Strukt., KZ6	MnCl$_2$, rosa Smp. 652 °C ΔH_f −482 kJ mol^{-1} CdCl$_2$-Strukt., KZ6	MnBr$_2$, rosa Smp. 695 °C ΔH_f −385 kJ mol^{-1} CdI$_2$-Strukt., KZ6	MnI$_2$, rosa Smp. 613 °C ΔH_f −331 kJ mol^{-1} CdI$_2$-Strukt., KZ6	MnO, graugrün Smp. 1850 °C ΔH_f −385 kJ mol^{-1} NaCl-Strukt., KZ6 Mn$_3$O$_4{}^c$, Mn$_5$O$_8{}^c$
Mn(III)	MnF$_3$, rotviolett ΔH_f −996 kJ mol^{-1} VF$_3$-Strukt.^{d}, KZ6	MnCl$_3$, schwarz Zers. −40 °C	–	–	Mn$_2$O$_3$, braun Smp. ca. 880 °C ΔH_f −960 kJ mol^{-1} Raumstrukt.^{d}, KZ6
Mn(IV)	MnF$_4$, blau Zers. Raumtemp.	–	–	–	MnO$_2$, grauschwarz^e Zers. > 527 °C ΔH_f −529 kJ mol^{-1} Rutil-Strukt., KZ6
Mn(> IV)	–	–	–	–	Mn$_2$O$_7{}^c$, grün

a Man kennt folgende, molekular gebaute Manganhalogenidoxide: grünes, oberhalb 0 °C zersetzliches, flüssiges Mn^{V}OCl$_3$ (C$_{3v}$-Molekülsymmetrie; MnO/MnCl-Abstände 1.56/2.12 Å); braunes, oberhalb −30 °C zersetzliches, flüssiges Mn^{VI}O$_2$Cl$_2$ (C$_{2v}$-Molekülsymmetrie); dunkelgrünes, bei Raumtemperatur zersetzliches, flüssiges Mn^{VII}O$_3$F (gewinnbar aus KMnO$_4$ und HF; Smp. −38.2 °C; C$_{3v}$-Molekülsymmetrie; MnO/MnF-Abstände 1.586/1.724 Å); dunkelgrünes, oberhalb 0 °C zersetzliches, flüssiges Mn^{VII}O$_3$Cl (gewinnbar aus KMnO$_4$ und HCl; Smp. ∼ −68 °C; C$_{3v}$-Molekülsymmetrie; MnO/MnCl-Abstände 1.586/2.10 Å).

b Man kennt auch Sulfide, Selenide und Telluride. Darüber hinaus existieren Pentelide, Tetrelide, Trielide (S. 1906).

c Rotviolettes Mn$_3$O$_4$ = Mn^{II}Mn^{III}$_2$O$_4$ (ΔH_f −1389 kJ mol^{-1}; Spinellstruktur mit Mn^{III}O$_4$-Tetraedern und Mn^{II}O$_6$-Oktaedern); schwarzes Mn$_5$O$_8$ = Mn^{II}$_2$Mn^{IV}$_3$O$_8$ (verzerrte Mn^{IV}O$_6$-Oktaeder und trigonale Mn^{II}O$_6$-Prismen); grünes Mn$_2$O$_7$ (Smp. 5.9 °C (Zers.), explodiert bei 95 °C; MnO$_4$-Tetraeder mit gemeinsamer Ecke).

d Jahn-Teller-verzerrt.

e β-Form.

Pt^{II} und diamagnetisches, tetraedrisches d^{10}-Mn(CN)$_4^{2-}$ mit M = Zn^{II}, Cd^{II}, Hg^{II}. In wässrigen Mn^{2+}-Salzlösungen bildet sich in Anwesenheit überschüssigen Cyanids gelbes Hexacyanomanganat(II) [Mn(CN)$_6$]$_4^-$ (oktaedrisch). Es lässt sich in Form von Salzen wie Na$_4$[Mn(CN)$_6$] · 12 H$_2$O oder K$_4$[Mn(CN)$_6$] isolieren. In Abwesenheit von CN$^-$ setzt sich [Mn(CN)$_6$]$^{4-}$ in Wasser zu [Mn(CN)$_n$(H$_2$O)$_{6-n}$]$^{(n-2)-}$ (n = 1–5) und [Mn$_2$(CN)$_{11}$]$^{7-}$ (Mn(CN)$_6$-Oktaeder mit gemeinsamer Mn−C≡N−Mn-Einheit) um. Das aus derartigen »hydrolysierten« Lösungen auskristallisierende KMn(CN)$_3$ besitzt den Bau K$_2$Mn^{II}[Mn^{II}(CN)$_6$] (Struktur analog M^I$_2$Fe^{II}[Fe^{II}(CN)$_6$], S. 1952). Die Oxidation [Mn(CN)$_6$]$^{4-}$ ⇌ [Mn(CN)$_6$]$^{3-}$ + e$^-$ ($E°$ = −0.22 V) zu rotem Hexacyanomanganat(III) [Mn(CN)$_6$]$^{3-}$ erfolgt wesentlich leichter als die Oxidation [Mn(H$_2$O)$_6$]$^{2+}$ ⇌ [Mn(H$_2$O)$_6$]$^{3+}$ + e$^-$ ($E°$ = +1.5 V; vgl. die Verhältnisse bei [Fe(CN)$_6$]$^{4-/3-}$ S. 1569), die Reduktion [Mn(CN)$_6$]$^{4-}$ + e$^-$ ⇌ [Mn(CN)$_6$]$^{5-}$ zu gelbem, stark reduzierend wirkendem Hexacyanomanganat(I) [Mn(CN)$_6$]$_5^-$ erfordert starke Reduktionsmittel wie Alkalimetallamalgame.

Azide (S. 2087). Das mit dem Pseudohalogenid Mn(CN)$_2$ verwandte Mangandiazid Mn(N$_3$)$_2$ ist bisher unbekannt, existiert aber als gelbes Addukt [Mn(N$_3$)$_2$(bipy)] mit 2,2′-Bipyridyl = bipy (gewinnbar aus Mn(ClO$_4$)$_2$, NaN$_3$, bipy in Methanol). Es bildet im Kristall eindimensionale Ketten (Abb. 28.2a), bei denen die Mn(II)-Ionen abwechselnd über zwei α,α- und zwei α,γ-gebundene N$_3$-Brücken verknüpft sind (die bipy-Liganden vervollständigen die Koordinationsphäre von Mn(II) zu einem verzerrten Oktaeder; die MnNMnN-Ringe stehen senkrecht zueinander. Das in [NMe$_4$]$^+$[Mn(N$_3$)$_3$]$^-$ vorliegende farblose Triazidomanganat(II) [Mn(N$_3$)$_3$]$^-$ (gewinnbar aus Mn(NO$_3$)$_2$, NMe$_4$N$_3$ in Wasser) stellt ein weiteres Addukt von Mn(N$_3$)$_2$ dar. Es bildet im Kristall ein dreidimensionales durch NMe$_4^+$ gefülltes Raumnetz (Abb. 28.2b) allseitig eckenverknüpfter Mn(N$_3$)$_6$-Oktaeder, wobei die Mn(II)-Ionen über α,γ-gebundene N$_3$-Brücken verknüpft vorliegen (vgl. hierzu Cu(N$_3$)$_3^-$, das Ketten bildet, in welchen Cu(II)-Ionen über eine α,α- und zwei α,γ-Brücken verknüpft sind, S. 2087). Schließlich entsteht das tetraedrisch gebaute, monomer vorliegende Tetraazidomanganat(II) [Mn(N$_3$)$_4$]$^{2-}$ (PPh$_4^+$-Salz) in Form hell-

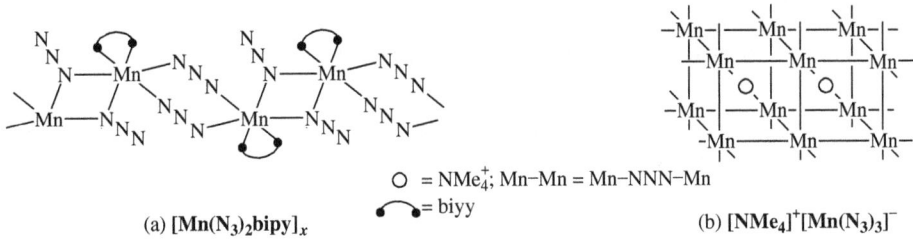

$\bigcirc$ = NMe$_4^+$; Mn–Mn = Mn–NNN–Mn

$\frown$ = biyy

(a) [Mn(N$_3$)$_2$bipy]$_x$ (b) [NMe$_4$]$^+$[Mn(N$_3$)$_3$]$^-$

Abb. 28.2

brauner, hydrolysestabiler, nicht explosiver Kristalle durch Umsetzung von (PPh$_4$)$_2$[MnCl$_4$] mit überschüssigem AgN$_3$ in CH$_2$Cl$_2$.

Chalkogenverbindungen

Sauerstoffverbindungen (vgl. Tab. 28.1 sowie S. 2088). Das Manganmonoxid MnO, das in der Natur als graugrüner »Manganosit« (»Steinsalz-Struktur«) vorkommt, hinterbleibt beim Glühen der höheren Manganoxide im H$_2$-Strom oder bei der thermischen Zersetzung von Mangan(II)-carbonat bzw. -oxalat in H$_2$- oder N$_2$-Atmosphäre als grasgrünes bis graues Pulver MnO$_{1.00–1.15}$ (antiferromagnetisch; Néel-Temperatur −155 °C), welches sich nicht in Wasser, dagegen leicht in Säuren mit schwacher Rosafarbe unter Bildung von Mangan(II)-Salzen (s. unten) löst und sich beim Erhitzen an der Luft auf 250–300 °C in Mn$_2$O$_3$, bei 1000 °C in Mn$_3$O$_4$ umwandelt. Man nutzt das technisch aus Mangandioxid und Koks bei 400–1000 °C gewonnene MnO zur Herstellung von Mn(II)-Salzen, als Zusatz zu Düngemitteln sowie zur Herstellung von Oxid-keramiken. Das dem Monoxid entsprechende Mangan(II)-hydroxid Mn(OH)$_2$, das man in der Natur als farblosen, blättrigen »Pyrochroit« (Brucit-Struktur) findet, fällt beim Versetzen von Mangan(II)-Salzlösungen mit Alkalilaugen unter Luftabschluss als elfenbeinfarbener Niederschlag aus, der sich zum Mangan(II)-oxid MnO entwässern lässt: Mn(OH)$_2$ $\longrightarrow$ MnO + H$_2$O, während MnO durch Wasseranlagerung nicht umgekehrt wieder in das Hydroxid übergeht. Nimmt man die Fällung des Hydroxids an der Luft vor, so färbt sich der weiße Niederschlag infolge Oxidation zu Mangan(III)- und Mangan(IV)-oxid-Hydrat rasch braun (vgl. Potential-diagramm, S. 1902). Mn(OH)$_2$ wirkt basisch: Mn(OH)$_2$ + 2 H$^+$ + 4 H$_2$O $\rightleftharpoons$ [Mn(H$_2$O)$_6$]$^{2+}$: Bildung von Mangan(II)-Salzen mit dem blassrosafarbenen, oktaedrisch gebauten Hexaaqua-Ion [Mn(H$_2$O)$_6$]$^{2+}$ (high-spin). Gegenüber sehr starken Basen entwickelt Mn(OH)$_2$ auch saure Eigenschaften: Mn(OH)$_2$ + OH$^-$ + 3 H$_2$O $\longrightarrow$ [Mn(OH)$_3$(H$_2$O)$_3$]$^-$ ($K \approx 10^{-5}$: Bildung von Hydroxomanganaten(II).

Mangan(II)-Salze von Oxosäuren. Technisch wichtig ist insbesondere das Mangan(II)-sulfat MnSO$_4$, das beim Abrauchen aller Manganoxide mit Schwefelsäure bis zur beginnenden Rotglut als weißer Rückstand hinterbleibt, der aus wässeriger Lösung je nach der Temperatur als monoklines Heptahydrat (»Mallardit«) MnSO$_4 \cdot$ 7 H$_2$O (< 9 °C), triklines Pentahydrat (»Manganvitriol«) MnSO$_4 \cdot$ 5 H$_2$O (9–26 °C), rhombisches Tetrahydrat MnSO$_4 \cdot$ 4 H$_2$O (26–27 °C) oder monoklines Monohydrat MnSO$_4 \cdot$ H$_2$O (> 27 °C) aus kristallisiert und im wasserfreien Zustand, wie andere wasserfreie Mn(II)-Salze, ein Hexaammoniakat [Mn(NH$_3$)$_6$]$^{2+}$ bildet. Das Mangan-sulfat des Handels (technisch gewonnen u. a. aus MnO und H$_2$SO$_4$) stellt ein beim Eindunsten von MnSO$_4$-Lösungen um 35 °C auskristallisierendes, metastabiles, monoklines Tetrahydrat dar. Mangan(II)-sulfat bildet mit den Alkalisulfaten Doppelsalze vom Typus K$_2$Mn(SO$_4$)$_2 \cdot$ 6 H$_2$O (= »K$_2$SO$_4 \cdot$ MnSO$_4 \cdot$ 6 H$_2$O«), welche mit den entsprechenden Verbindungen des Magnesiums (S. 1448), Zinks (S. 1758), Eisens (S. 1958) usw. isomorph sind und wie MnSO$_4 \cdot$ 7 H$_2$O ein blassrosafarbenes Hexaaqua-Ion [Mn(H$_2$O)$_6$]$^{2+}$ enthalten. Als weiteres wichtiges Mn(II)-Salz sei Mangan(II)-carbonat MnCO$_3$ genannt, das aus einer wässerigen MnSO$_4$-Lösung durch Fällung mit Na_2CO_3 oder NH_4HCO_3 gewonnen wird. Man benutzt Mangansulfat und Mangancarbonat z. B. zum Anreichern manganarmer Böden (Düngung) sowie zur Herstellung von elementarem Mangan durch Elektrolyse sowie von nahezu allen Mn-Chemikalien.

Sonstige Chalkogenverbindungen. Das beim Versetzen von Mn(II)-Salzlösungen mit Ammoniumsulfidlösung ausfallende, in Säuren leicht lösliche, wasserstoffhaltige Manganmonosulfid MnS ($L_{MnS} = 7.0 \times 10^{-16}$; »NaCl-Struktur«) besitzt eine charakteristische Fleischfarbe, welche sonst keinem anderen Sulfid eigen ist. Es geht sehr langsam in die wasserfreie grüne Modifikation (»NaCl-Struktur«, antiferromagnetisch: Néel-Temp. $-121\,°C$) über, die auch beim Erhitzen des aus Mn^{2+} und S_2^{2-}-Ionen zusammengesetzten Mangandisulfids $Mn^{II}S_2$ (»Pyrit-Struktur«) entsteht. Daneben existiert noch eine metastabile orangefarbene MnS-Form. Von Interesse ist des weiteren der orangerote »Polysulfido-Komplex« $[MnS_{11}]^{2-} \cong [Mn(S_5)(S_6)]^{2-}$ (vgl. hierzu S. 2053). Den Sulfiden vergleichbar sind die Selenide $Mn^{II}Se_2$ (»Pyrit-Struktur«) und MnSe (»NaCl-Struktur«; antiferromagnetisch; Néel-Temp. $-100\,°C$) sowie die Telluride $Mn^{II}Te_2$ (»Pyrit-Struktur«) und MnTe (»Nickelarsenid-Struktur«).

Pentel-, Tetrel- und Trielverbindungen

Beispiele für einige, u. a. aus den Elementen zugängliche Pentelide, Tetrelide und Trielide sind Mangannitride Mn_4N, Mn_2N, Mn_3N_2, Mn_6N_5 (zersetzen sich bei hohen Temperaturen in MnN oder Mn und N_2; vgl. auch S. 747) sowie hochschmelzende Manganphosphide Mn_3P, Mn_2P, MnP_3 (S. 861; man kennt auch entsprechende Arsenide, Antimonide; S. 948), Mangancarbide Mn_4C, Mn_3C, Mn_5C_2, Mn_7C_3, MnC, MnC_3, Mn_2C_7 (S. 1021), Mangansilicide Mn_3Si, Mn_5Si_2, Mn_5Si_3, MnSi, $MnSi_2$ (S. 1068), Manganboride Mn_4B, Mn_2B, Mn_4B_3, MnB_3, MnB, Mn_3B_4, MnB_2 (S. 1222). Die metallreichen, elektrisch leitenden oder halbleitenden Nitride, Carbide und Boride sind Hartstoffe (S. 1889) und zu den Interstitiellen Verbindungen (S. 308) zu zählen. Allerdings weisen insbesondere die – in Stählen genutzten – Nitride und Carbide wegen der vergleichsweise niedrigen Elektronegativität von Mangan (Mn ist elektropositiver als alle seine Elementnachbarn im Periodensystem) einen deutlichen Salzcharakter auf.

Außer Mn-nitriden existieren – aus Li_3N, M^{II}, Ca_3N_2, Sr_2N, Ba_2N, Mn, Mn_4N (gegebenenfalls in einer N_2-Atmosphäre) zugängliche – Nitridomanganate (S. 2101): $[Mn^IN]^{2-}$ (lineare Ketten $\cdots Mn-N-Mn-N\cdots$ in $CaLi_2(MnN)_2$), $[Mn^IN_3]^{8-}$ (Ketten aus eckenverknüpften quadratisch-planaren MnN_4-Einheiten in Ce_2MnN_3, Th_2MnN_3, U_2MnN_3), $[Mn^{III}N_3]^{6-}$ (isolierte trigonal-planare MnN_3-Einheiten in Ca_3MnN_3, Sr_3MnN_3, Ba_3MnN_3), $[Mn^{IV}_2N_6]^{10-}$ (gestaffelt konformierte Einheiten $N_3Mn-MnN_3$ ($d_{MnMn} = 2.54\,Å$) mit tetraedrisch koordiniertem Mn in $Li_6Ca_2Mn_2N_6$, $Li_6Sr_2Mn_2N_6$), $[Mn^V_2N_4]^{7-}$ (isolierte MnN_4-Tetraeder in Li_7MnN_4). Bezüglich $Li_2[Li_{1-x}Mn_xN]$ vgl. S. 2098.

Darüber hinaus existieren noch viele Mn-Verbindungen mit stickstoffhaltigen Resten (z. B. $Mn(N_3)_2$, $Mn(N_3)_3^-$, $Mn(N_3)_4^{2-}$, Ammin-Komplexe) sowie mit kohlenstoffhaltigen Resten (vgl. Organische Verbindungen des Mangans).

Mangan(II)-Komplexe

Die meisten Mangan(II)-Verbindungen stellen high-spin-Komplexe dar mit 5 ungepaarten Elektronen und einem magnetischen Moment von ca. 5.9 BM. Hierbei ergibt sich keine Kristallfeldstabilisierungsenergie (vgl. S. 1602), weshalb von Mn^{2+} auch keine speziellen Koordinationsgeometrien bevorzugt werden. Die Stereochemie der Mn^{2+}-Ionen ist demzufolge sehr vielfältig. Als Beispiele für Mn(II)-Koordinationsverbindungen seien genannt: $[MX_4]^{2-}$ (X = Cl, Br, I; tetraedrischer Bau), $[MnX_2L_2]$ (L = NR_3, PR_3, AsR_3; tetraedrischer bzw. oktaedrischer Bau), [Mn(Phthalocyanin)] (quadratisch-planarer Bau; Manganporphyrine spielen bei der Photosynthese eine wichtige Rolle), $[Mn(S_2CNEt_2)]$ (quadratisch-planarer Bau), $[Mn(H_2O)_6]^{2+}$ (oktaedrischer Bau; blassrosa), $[Mn(edta)(H_2O)]^{2+}$ (überkappt-trigonal-prismatischer Bau; $edta^{4-}$ =

{CH$_2$N(CH$_2$COO$^-$)$_2$}$_2$), [Mn(NO$_3$)$_4$]$^{2-}$ (dodekaedrischer Bau). Die Farbe der Mn(II)-Komplexe geht auf d → d-Übergänge in der d-Außenschale zurück. Da diese verboten sind – und zwar im Falle der meist blassrosafarbenen oktaedrischen Komplexe strenger als im Falle der meist grün-gelbfarbenen tetraedrischen (vgl. S. 1602) – sind die Lichtabsorptionen sehr schwach, die Farben demgemäß sehr blass (die Absorptionen von [Mn(H$_2$O)$_6$]$^{2+}$ liegen etwa bei 18 600, 22 900, 24 900, 25 150, 27 900, 29 700 cm^{-1})[5].

Low-spin-Komplexe (μ_{mag} 1.8–2.1 BM; ein ungepaartes Elektron) erhält man nur mit den stärksten Liganden, die wie CN$^-$ oder CNR zu einer hohen Ligandenfeldaufspaltung führen (z. B. [Mn(CN)$_6$]$^{4-}$, [Mn(CNR)$_6$]$^{2+}$). Wegen der vorhandenen π-Rückbindungen wirken solche Komplexe als Reduktionsmittel.

1.2.2   Mangan(III)- u. Mangan(IV)-Verbindungen (d^4, d^3)

Halogen- und Pseudohalogenverbindungen

Halogenide (vgl. S. 2074). Entsprechend der in Richtung V, Cr, Mn abnehmenden Tendenz des Mangans[4] zur Ausbildung höherer Elementwertigkeiten, kennt man mit MnF$_3$ und MnCl$_3$ nur noch zwei Mangan(III)-halogenide und mit MnF$_4$ nur noch ein Mangan(IV)-halogenid, während von fünf- bis siebenwertigem Mangan keine binären Halogenide existieren (vgl. Tab. 28.1). Offensichtlich fehlen Halogenide MnX$_5$, MnX$_6$ und MnX$_7$ aber auch deshalb, weil fünf- bis siebenwertiges Mangan aus sterischen Gründen Koordinationszahlen > 4 nur ungern ausbildet. Demgemäß existieren immerhin einige Mangan(V)-, Mangan(VI)- und Mangan(VII)-halogenidoxide (MnOCl$_3$, MnO$_2$Cl$_2$, MnO$_3$F, MnO$_3$Cl; vgl. Anm. ^{a} der Tab. 28.1), in welchen Mangan jeweils die Zähligkeit vier zukommt.

Unter den binären Halogeniden des drei- und vierwertigen Mangans kristallisiert rotviolettes Manganantrifluorid MnF$_3$ (gewinnbar aus MnF$_2$ und F$_2$; Schichten eckenverknüpfter MnF$_6$-Oktaeder; vgl. Tab. 28.1) aus wässerigen Lösungen in rubinroten Kristallen als Dihydrat aus und bildet mit Fluoriden dunkelrote Fluorokomplexe MnF$_4^-$ und MnF$_5^{2-}$ (polymer; oktaedrisch). Das schwarze, oberhalb −40 °C zu MnCl$_2$ und Cl$_2$ zerfallende Manganantrichlorid MnCl$_3$ ist nur in Form dunkelroter Chlorokomplexe MnCl$_5^{2-}$ stabil (quadratisch-pyramidal mit dem Gegenion [bipyH$_2$]$^{2+}$). Von Manganantribromid und -iodid lassen sich selbst Halogenokomplexe nicht gewinnen, da Br$^-$- und I$^-$-Ionen das Mn^{3+}-Ion zu Mn^{2+} reduzieren. Instabiler als MnF$_3$ ist das blaugraue, feste, sehr reaktionsfreudige, flüchtige, sich bei Raumtemperatur langsam in MnF$_3$ und F$_2$ zersetzende Mangantetrafluorid MnF$_4$ (gewinnbar aus den Elementen), welches mit Fluoriden stabile Fluorokomplexe MnF$_6^{2-}$ (oktaedrisch) bildet. Auch von Mangantetrachlorid MnCl$_4$, das wohl als – nicht isolierbares – Zwischenprodukt der Umsetzung von Braunstein mit HCl-Gas entsteht (MnO$_2$) + 4 HCl $\longrightarrow$ MnCl$_4$ + 2 H$_2$O; MnCl$_4$ $\longrightarrow$ MnCl$_2$ + Cl$_2$; vgl. Deaconverfahren der Chlordarstellung, existieren isolierbare Chlorokomplexe wie K$_2$MnCl$_6$ (MnCl$_6$-Oktaeder).

Cyanide (vgl. S. 2084). Mangan(III)-cyanid Mn(CN)$_3$ und Mangan(IV)-cyanid Mn(CN)$_4$ sind unbekannt. Rotes Hexacyanomanganat(III) [Mn(CN)$_6$]$^{3-}$ (oktaedrisch; z. B. isoliert als K$_3$Mn(CN)$_6$ oder Cs$_2$LiMn(CN)$_6$) bildet sich leicht beim Einleiten von Luft in eine Mn^{2+}- und CN$^-$-haltige wässerige Lösung. Es hydrolysiert u. a. zu [Mn$_2$O(CN)$_{10}$]$^{6-}$ (MnO(CN)$_5$-Oktaeder

---

[5] Die d $\longrightarrow$ d-Übergänge für high-spin-d^5-Komplexzentren sind unausweichlich mit einem Multiplizitätswechsel verbunden (führt zu starkem Übergangsverbot), d. h., außer dem nicht aufspaltbaren ^{6}S-Grundterm (liefert im Oktaederfeld den Spaltterm ^{6}A$_{1g}$) existiert kein höherer Term der Multiplizität sechs. Unter Berücksichtigung des aus dem energiereicheren ^{4}G-Term im oktaedrischen Feld hervorgehenden ^{4}T$_{1g}$-, ^{4}T$_{2g}$-, ^{4}E$_g$- und ^{4}A$_{1g}$- sowie aus dem energiereicheren ^{4}D-Term hervorgehenden ^{4}T$_{2g}$- und ^{4}E$_g$-Spalttermen ergeben sich dann folgende d $\longrightarrow$ d-Übergänge, geordnet nach steigender Energie:
Oktaeder: ^{6}A$_{1g}$(S) $\longrightarrow$ ^{4}T$_{1g}$(G); $\longrightarrow$ ^{4}T$_{2g}$(G); $\longrightarrow$ ^{4}E$_g$(G); $\longrightarrow$ ^{4}A$_{1g}$(G); $\longrightarrow$ ^{4}T$_{2g}$(D); $\longrightarrow$ ^{4}E$_g$(D).

mit gemeinsamem O-Atom; lineare MnOMn-Gruppierung) und bildet in Perchlorsäure das grüne Cyanid $Mn(CN)_3 \cdot n\,H_2O$, das entsprechend der Formulierung $Mn^{II}[Mn(CN)_6] \cdot n\,H_2O$ (Struktur analog Berliner-Blau; S. 1951) Hexacyanomanganat(IV) $[Mn(CN)_6]^{2-}$ enthält. Das gelbe u. a. als $(Ph_3P)_2N^+$-Salz isolierbare Ion (oktaedrisch; low-spin) bildet sich als solches durch Oxidation von $[Mn(CN)_6]^{3-}$ in Dimethylformamid mit NOCl; es hydrolysiert in Wasser rasch zu MnO_2.

Azide des Mangans mit Mn-Oxidationsstufen $>$ II sind bisher unbekannt.

Chalkogenverbindungen

Sauerstoffverbindungen (Tab. 28.1 sowie S. 2088). Darstellung. Sowohl Mangan(III)- als auch Mangan(IV)-oxide werden technisch hergestellt. Beim Erhitzen von Braunstein MnO_2 an Luft auf über 550 °C entsteht Dimangantrioxid Mn_2O_3 (Mangansesquioxid) in seiner α-Form als braunes Pulver und geht – wie alle anderen Manganoxide – bei noch stärkerem Erhitzen auf über 900 °C in das rotbraune Trimangantetraoxid Mn_3O_4 (»Mangan(II,III)-oxid« $Mn^{II}Mn^{III}_2O_4$) über, welches sich auch in der Natur als »Hausmannit« findet. Die schwarze γ-Form von Mangan(III)-oxid lässt sich durch Oxidation von frisch gefälltem $Mn(OH)_2$ an der Luft mit anschließender Dehydratisierung des gebildeten Hydrats $Mn_2O_3 \cdot x\,H_2O$ oberhalb 500 °C gewinnen. Als Dehydratisierungszwischenprodukt bildet sich bei 100 °C Manganhydroxidoxid MnO(OH) ($= Mn_2O_3 \cdot H_2O$), das in der Natur als »Manganit« vorkommt und als Bestandteil der Malerfarbe »Umbra« eine Rolle spielt. Bei 300–500 °C geht MnO(OH) an der Luft in Mn_5O_8 über (auch durch Erhitzen von Mn_3O_4 an Luft auf 250–550 °C erhältlich).

Die beständigste und wichtigste Mangan(IV)-Verbindung ist das Mangandioxid MnO_2. Es kommt natürlich in reiner Form als grauschwarzer »Pyrolusit« (β-MnO_2) vor, der auch eine wichtige Komponente der sogenannten »Braunsteine« darstellt, welche neben β-MnO_2 u. a. noch wasser- und kationenhaltige »Manganomelane« (»α-MnO_2«) sowie »Ramsdellite« (»γ-MnO_2«) enthalten. Die technische Darstellung von MnO_2 erfolgt, geordnet nach steigender Bedeutung (i) durch Nachbehandlung von Natur-Braunstein (Disproportionierung von thermisch aus MnO_2 erhaltenem Mn_2O_3 mit Schwefelsäure: $Mn_2O_3 + H_2SO_4 \longrightarrow MnO_2 + MnSO_4 + H_2O$ oder thermische Zersetzung des zunächst aus MnO_2 nach $MnO_2 + N_2O_4 \longrightarrow Mn(NO_3)_2$ mit nitrosen Gasen gebildeten Nitrats: $Mn(NO_3)_2 \longrightarrow MnO_2 + N_2O_4$, (ii) durch Oxidation von Mangan(II)-carbonat zunächst mit Luft ($\longrightarrow MnO_{1.85}$), dann mit Natriumchlorat in H_2SO_4, (iii) durch anodische Oxidation von Mangan(II)-sulfat in Wasser an Pb-, Ti- oder Graphit-Anoden bei 90–95 °C.

Strukturen. Die strukturellen Beziehungen zwischen Mn_3O_4 und γ-Mn_2O_3 entsprechen denen zwischen Fe_3O_4 und γ-Fe_2O_3 (vgl. S. 1954): Dem Mangan(II,III)-oxid $Mn^{II}Mn^{III}_2O_4$ kommt die normale Spinellstruktur zu (Mn^{2+} auf tetraedrischen Mn^{3+} auf doppelt so vielen »Jahn-Teller«-verzerrt-oktaedrischen Plätzen einer kubisch-dichtesten O^{2-}-Ionenpackung), dem Mangan(III)-oxid γ-Mn_2O_3 demgemäß eine hiervon abgeleitete Struktur (statistische Verteilung von $21\frac{1}{3}$ Mn^{3+}-Ionen auf jeweils 8 tetraedrische und 16 oktaedrische, im Falle von Mn_3O_4 mit Mn^{2+} und Mn^{3+} besetzte Lücken). α-Mn_2O_3 (unterhalb -230 °C ferromagnetisch) besitzt – wohl aus Gründen des beim oktaedrisch-koordinierten Mn^{3+}-Ion wirksamen Jahn-Teller-Effekts – nicht die normale Struktur mit regelmäßigen, sondern die C-Sesquioxid-Struktur mit verzerrten MO_6-Oktaedern (vgl. S. 2305; die Struktur lässt sich als kubisch-dichte Mn^{3+}-Ionenpackung mit O-Atomen in $3/4$ der tetraedrischen Lücken beschreiben). Dem u. a. durch sorgfältig kontrollierten Zerfall von $Mn(NO_3)_2$ zugänglichen β-MnO_2 (Phasenbreite $MnO_{1.93-2.00}$; unterhalb -181 °C antiferromagnetisch) kommt die Rutilstruktur zu, wogegen die durch Fällen von Mn(IV) aus wässeriger Lösung und Entwässern der Niederschläge erhältlichen Formen des Mangan(IV)-oxids (Phasenbreite: $Mn_{1.93-2.00}$) offenere Strukturen aufweisen, deren Kanäle durch Wassermoleküle und zusätzlich durch Kationen besetzt sind (Mn(IV)-Niederschläge lassen sich nicht ohne geringen Sauerstoffverlust, d. h. ohne Bildung von Mn^{3+}- bzw. Mn^{2+}-Spuren entwässern; in α-MnO$_2$ ist Mn^{II} zum Teil durch Mn^{2+} + M^{2+} (M = 2 K, Ba, Pb, Zn) ersetzt). In Mn$_5$O$_8$ = Mn$^{II}_2$Mn$^{IV}_3$O$_8$ liegen dicht-gepackte O^{2-}-Schichten mit der Folge $\cdots$ABBAAB$\cdots$ vor. Mn(IV) besetzt hierbei $3/4$ der oktaedrischen Lücken zwischen A und B bzw. B und A, Mn^{2+} $\frac{1}{2}$ der trigonal-prismatischen Lücken zwischen A und A bzw. B und B.

Eigenschaften. Von konz. Schwefelsäure, Phosphorsäure, Salzsäure usw. wird Mangansesquioxid Mn$_2$O$_3$ unter Bildung rotvioletter leicht hydrolysierender Mangan(III)-Salze gelöst:

$$Mn_2O_3 + 6\,H^+ + 9\,H_2O \rightleftharpoons 2\,[Mn(H_2O)_6]^{3+}$$

(granatrotes, oktaedrisches Hexaaqua-Ion; high-spin), die oxidierend wirken und gemäß

$$2\,Mn^{3+} + 2\,H_2O \longrightarrow Mn^{2+} + MnO_2 + 4\,H^+$$

leicht in Mn(II)-Salze und Mn(IV)-oxid disproportionieren (stabiler sind Komplexe des dreiwertigen Mangans z. B. mit O-Donorliganden wie Oxalat, Acetylacetonat, Acetat (s. unten).

Unter den Salzen des dreiwertigen Mangans sei Mangan(III)-sulfat Mn$_2$(SO$_4$)$_3$ erwähnt, das mit Alkalimetallsulfiden Alaune (M^{I}Mn(SO$_4$)$_2$·12 H$_2$O bildet (besonders stabil CsMn(SO$_4$)$_2$· 12 H$_2$O), die das granatrote Hexaaqua-Ion [Mn(H$_2$O)$_6$]$^{3+}$ enthalten. Das durch Oxidation von Mangan(II)-acetat mit Permanganat in heißem Eisessig entstehende dunkelrote, hydratisierte Mangan(III)-acetat hat nicht – wie früher angenommen – die Zusammensetzung Mn(OAc)$_3$, sondern Mn$_3$O(OAc)$_7$ (das O-Atom verknüpft in der Verbindung entsprechend der Formulierung [Mn$_3$O(OAc)$_6$]$^+$OAc$^-$ drei Mn-Atome, wobei die OAc-Gruppen paarweise je zwei Mn-Atome überbrücken). Wasserfreies Mn(OAc)$_3$ entsteht durch Einwirkung von Acetanhydrid auf hydratisiertes Mn(NO$_3$)$_3$.

Moosgrüne Hydroxomanganate(III) der Zusammensetzung M$^I_3$Mn(OH)$_6$ erhält man, wenn man Hydroxomanganate(II) mit starker Alkalilauge unter Luftzutritt erwärmt:

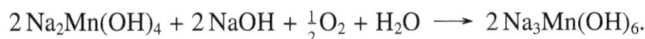

$$2\,Na_2Mn(OH)_4 + 2\,NaOH + \tfrac{1}{2}O_2 + H_2O \longrightarrow 2\,Na_3Mn(OH)_6.$$

Durch Umsetzung des Natriumsalzes mit Strontium- und Bariumsalzen entstehen die entsprechenden Strontium- und Bariumverbindungen.

Oberhalb 527 °C beginnt Mangandioxid MnO$_2$ merklich in Sauerstoff und das Oxid Mn$_2$O$_3$ zu dissoziieren, das seinerseits bei höheren Temperaturen unter O$_2$-Abgabe auf dem Wege über Mn$_3$O$_4$ in MnO übergeht (vgl. Darstellung); beim Erhitzen von Mn$_3$O$_4$ an Luft entsteht Mn$_5$O$_8$:

$$MnO_2 \xrightarrow[-\frac{1}{4}O_2]{>527\,°C} \tfrac{1}{2}\,Mn_2O_3 \xrightarrow[-\frac{1}{12}O_2]{>900\,°C} \tfrac{1}{3}\,Mn_3O_4 \xrightarrow[-\frac{1}{6}O_2]{>1172\,°C} MnO; \quad \tfrac{1}{3}\,Mn_3O_4 \xrightarrow[+\frac{2}{15}O_2]{>250\,°C} \tfrac{1}{5}\,Mn_5O_8.$$

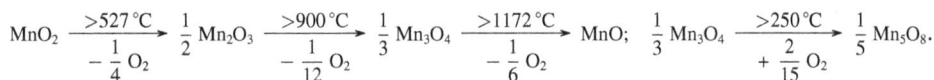

Als amphoteres Oxid setzt sich MnO$_2$ sowohl mit Säuren als auch mit Basen um. Im ersteren Falle entstehen sehr unbeständige und daher meist nicht isolierbare Mangan(IV)-Salze (z. B. 2 MnO$_2$ + 2 H$_2$SO$_4$ {2 MnO(SO)$_4$ + 2 H$_2$O} $\longrightarrow$ 2 MnSO$_4$ + O$_2$ + 2 H$_2$O), im letzteren Falle Manganate(IV) (»Manganite«), die sich von einer – für sich nicht existierenden – »Manganigen Säure« H$_4$MnO$_4$ bzw. H$_2$MnO$_3$ ableiten (z. B. MnO$_2$ + Ca(OH)$_2$ $\longrightarrow$ CaMnO$_3$ + H$_2$O).

Manganate(III,IV) vermögen – insbesondere in Anwesenheit von Donoren – zu kationischen, neutralen bzw. anionischen Isopolyoxosäuren zu kondensieren. So bilden sich aus Mn(OAc)$_2$ (OAc = Acetat) bei Einwirkung von NBu$_4^+$MnO$_4^-$ in Ethanol und Anwesenheit von Eisessig sowie Pyridin py bzw. Bipyridyl bippy die (reduzierbaren) Kationen [Mn$^{III}_3$O(OAc)$_6$py$_3$]$^+$ bzw. [Mn$^{IV}_4$O$_2$(OAc)$_7$bipy$_2$]$^+$ mit zentralem Mn$_3$O-Stern bzw. Mn$_2$O$_4$-Ring (jedes Mn ist in letzterem Falle über O mit einem exoständigem Mn-Atom verknüpft). Ein weiteres Beispiel bietet die Verbindung in Abb. 28.3a mit zentralem Mn$_4$O$_4$-Cubangerüst (jedes Mn-Atom ist über O mit einem exoständigen Mn-Atom verknüpft), die in Methanol bei Einwirkung von NBu$_4^+$MnO$_4^-$ und Eisessig in die Verbindung in Abb. 28.3b übergeht, in welcher sechs Mn$_{14}$-Einheiten des wiedergegebenen Typs zu einem Reifen verknüpft vorliegen (Durchmesser 4.2 nm, Hohlraum: 1.9 nm,

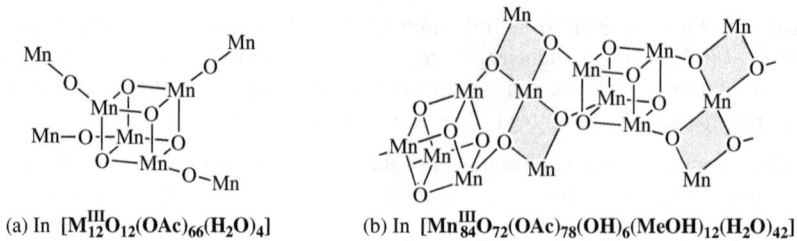

(a) In $[M_{12}^{III}O_{12}(OAc)_{66}(H_2O)_4]$ (b) In $[Mn_{84}^{III}O_{72}(OAc)_{78}(OH)_6(MeOH)_{12}(H_2O)_{42}]$

Abb. 28.3

Wulst: 1.2 nm; vgl. Isopolymolybdate, S. 1881). Die Reifen liegen übereinander, wobei die hierbei resultierenden Röhren parallel nebeneinander mit hexagonal-dichtester Packung angeordnet sind. Die Verbindung wirkt bei tiefen Temperaturen als so genannter single-molecule-magnet (SMM; Einzelmolekülmagnet).

Verwendung. Die Oxide Mn_nO_m des zwei- und dreiwertigen Mangans dienen als Ausgangsmaterial für die »Herstellung von Mangan« (aluminothermisches Verfahren), »Magnetwerkstoffen« (z. B. $Mn^{II}Fe_2O_4$ für Fernsehgeräte) und »Halbleitern«. MnO_2 (Jahresweltproduktion: mehrere hundert Kilotonnen) verwendet man zudem als »Depolarisator« in Trockenbatterien (insbesondere Zink-Mangan-Batterien von Leclanché, S. 1752), als »Farbmittel« für Ziegel (rot über braun bis grau), als »Oxidationsmittel« (z. B. Gewinnung von Hydrochinon aus Anilin, Herstellung von Polysulfidkautschuken), als »Katalysator« zur Sauerstoffübertragung, zur Herstellung von »Mangan(II)-Salzen« wie $MnSO_4$ (s. oben) und als »Glasmacherseife« (Entfärbung von eisenhaltigem, grünen Glas). Die Wirkung als Glasmacherseife beruht darauf, dass MnO_2 mit Glas ein violettes Silicat des dreiwertigen Mangans bildet (Absorption im Grünlichgelb), das die Komplementärfarbe zum Grün von Eisen(II)-silicat (Absorption im Violettrot) darstellt, sodass dem durch das Glas hindurchgehenden Licht zwei Komplementärfarben fehlen, was ein Farblos ergibt. Im Laufe der Zeit werden die mit MnO_2 entfärbten Gläser infolge Oxidation des grünlichen Eisen(II)-silicats zu schwachgelblichem Eisen(III)-silicat, dessen Farbe sich nicht mehr mit der violetten Farbe des Mangan(III)-silicats auslöscht, violett. Man sieht solches schwachviolettes Glas gelegentlich in den Fensterrahmen sehr alter Häuser.

Sonstige Chalkogenverbindungen. Mangansulfide, -selenide und -telluride mit Mn-Oxidationsstufen >II sind unbekannt. Es existieren aber Halogenid- und Oxidchalkogenide des drei- und vierwertigen Mangans wie z. B. $Mn^{III}SBr$, $Mn^{III}SI$, $Mn^{III}SeCl$, $Mn^{IV}SCl_2$, $Mn^{IV}SeBr_2$ (?), $Mn^{IV}OS$.

Mangan(III)- und Mangan(IV)-Komplexe

Die Mangan(III)-Verbindungen enthalten vielfach oktaedrisch-koordiniertes Mangan und stellen wie die Mangan(II)-Verbindungen meistens high-spin-Komplexe dar (4 ungepaarte Elektronen mit einem magnetischen Moment von ca. 4.9 BM), welche entsprechend der Chrom(II)-Komplexe (4 ungepaarte Elektronen) zu Jahn-Teller-Verzerrungen neigen (z. B. MnF_3, Mn_3O_4, Mn_2O_3, $[Mn(C_2O_4)_3]^{3-}$, $[Mn(acac)_3]$; eine Ausnahme bildet das Kation $[Mn(H_2O)_6]^{3+}$ im Alaun $CsMn(SO_4)_2 \cdot 12 H_2O$, dessen MnO_6-Oktaeder nicht merklich verzerrt ist). Ein Beispiel eines low-spin-Komplexes ist das Ion $[Mn(CN)_6]^{3-}$. Bezüglich der Peroxokomplexe vgl. S. 2093.

Während eine große Anzahl von Mn(III)-Komplexen bekannt sind, existieren nur verhältnismäßig wenige Mangan(IV)-Komplexe und praktisch keine Komplexe mit Mangan der Wertigkeit > 4. Als Beispiele seien etwa die Komplexe K_2MnX_6 (X = F, Cl, CN, IO_3) genannt. Bezüglich der Nitridomanganate (III) und (IV) vgl. S. 1904.

1.2.3   Mangan(V)-, (VI)-, (VII)-Verbindungen (d^2, d^1, d^0)

Im fünf-, sechs- und siebenwertigen Zustand bildet Mangan[4] nur Manganate MnO_4^{n-} ($n = 3, 2, 1$), ein Manganoxid Mn_2O_7 sowie Manganhalogenidoxide $MnOCl_3$, MnO_2Cl_2, MnO_3F, MnO_3Cl und einige Derivate (z. B. $Mn(NtBu)_3Cl$) (vgl. Tab. 28.1), ferner ein Nitridomanganat(V) Li_7MnN_4 und ein Imidomanganat(VI) $M^I_2Mn(NtBu)_4$. In jedem Falle ist Mangan tetraedrisch von Sauerstoff (bzw. Sauerstoff und Halogen) koordiniert (MnO-Abstand in MnO_4^{2-}: 1.659, in MnO_4^-: 1.629 Å), in MnN_4^{7-}: 1.82 Å). Aus der Gruppe von Mn(V,VI,VII)-Komplexen sei auf den Nitridokomplex $(Sal')_2Mn^V{\equiv}N$ mit einer MnN-Dreifachbindung verwiesen (Sal' = Iminosalicylatderivat, vgl. S. 1557).

Manganate. Darstellung. Beim Eintragen von Braunstein MnO_2 und Natriumoxid Na_2O in eine Natriumnitrit-Schmelze $NaNO_2$ wird MnO_2 zu blauem, paramagnetischem Manganat(V) MnO_4^{3-} (»Hypomanganat«) in Form von »Natriumhypomanganat« Na_3MnO_4 mit fünfwertigem Mangan oxidiert:

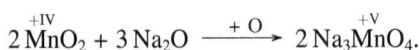

$$2\,\overset{+IV}{Mn}O_2 + 3\,Na_2O \xrightarrow{\;+\,O\;} 2\,Na_3\overset{+V}{Mn}O_4.$$

Auch durch Reduktion von Manganat(VII) oder Manganat(VI) (s. unten) in 25–30 %-iger Natronlauge mit Na_2SO_3 bei 0 °C kann Natriumhypomanganat gewonnen werden (vgl. Potentialdiagramm, S. 1902).

Die in wässriger NaOH schwer-, in wässriger KOH leichtlösliche Verbindung kristallisiert aus konzentrierter Natronlauge als NaOH-haltiges Decahydrat $Na_3MnO_4 \cdot 10\,H_2O \cdot 0.25\,NaOH$ in Form hellblauer Prismen aus und bildet mit Na_3PO_4, Na_3AsO_4 und Na_3VO_4 Mischkristalle. »Erdalkalihypomanganate« $M^{II}_3(MnO_4)_2$ lassen sich in erdalkalischer Lösung durch vorsichtige Reduktion von Kaliumpermanganat (s. unten) mit Alkohol oder durch Oxidation von Erdalkalimanganiten (s. oben) mit Luftsauerstoff gewinnen. Bezüglich eines Nitridomanganats(V) vgl. S. 1904.

Das tiefgrüne, paramagnetische Manganat(VI) MnO_4^{2-} (»Manganat«) wird technisch als Zwischenprodukt der Kaliumpermanganatgewinnung (s. unten) durch Erhitzen von Braunstein und Ätzkali an der Luft und Behandeln des Produkts mit Wasser oder – besser – durch Erhitzen von MnO_2 in konz. KOH unter Luftzutritt bei 200–260 °C in Form einer grünen Lösung von »Kaliummanganat« K_2MnO_4 erhalten:

$$MnO_2 + \frac{1}{2}\,O_2 + 2\,KOH \longrightarrow K_2MnO_4 + H_2O.$$

Zur Darstellung im Laboratorium fügt man dem Schmelzgemisch zweckmäßigerweise ein geeignetes Oxidationsmittel wie Salpeter oder Kaliumchlorat zu (die Grünfärbung dieser »Oxidationsschmelze« ist ein empfindlicher »Nachweis auf Manganverbindungen«). Bei Verdunsten der wässrigen Lösungen im Vakuum kristallisiert K_2MnO_4 in Form dunkelgrüner, metallglänzender, rhombischer Kristalle aus, welche mit K_2SO_4 oder K_2CrO_4 isomorph sind.

Will man die durch Oxidationsschmelze aus Braunstein gewonnenen grünen K_2MnO_4-Lösungen quantitativ in Lösungen des violetten, diamagnetischen Manganats(VII) MnO_4^- (»Permanganat«) überführen, so muss man ein Oxidationsmittel zugeben:

$$MnO_4^{2-} \longrightarrow MnO_4^- + e^-.$$

Früher benutzte man Chlor ($Cl_2 + 2\,e^- \longrightarrow 2\,Cl^-$) oder Ozon ($O_3 + 2\,H^+ + 2\,e^- \longrightarrow O_2 + H_2O$; Sauerstoff vermag MnO_4^{2-} nicht in MnO_4^- überzuführen; vgl. Potentialdiagramme; S. 1902). Heute erfolgt die Oxidation in der Technik ausschließlich durch anodische Oxidation an Nickel- oder Monel-Elektroden in ca. 15%-iger KOH. Im Zuge der Elektrolyse kristallisiert hierbei »Kaliumpermanganat« $KMnO_4$ in Form tiefpurpurfarbener, metallisch glänzender, in Wasser mit violetter Farbe löslicher Prismen aus, welche mit $KClO_4$ isomorph sind. Das an der Kathode

(Stahl) gleichzeitig gebildete Ätzkali ($2 H_2O + 2 e^- \longrightarrow H_2 + 2 OH^-$) wird durch Eindampfen der Lösungen isoliert und dient zu neuem Aufschluss von Braunstein. Auch Mangan(II)-Salze lassen sich (z. B. im Laboratorium) in Permanganat überführen, wenn man sie mit konz. Salpetersäure und Bleidioxid kocht; wegen der intensiven Violettfärbung ist dies eine »empfindliche Reaktion auf Manganverbindungen«.

Eigenschaften. Hypomanganat MnO_4^{3-}, von dem auch ein Nitridoderivat MnN_4^{7-} bekannt ist (S. 1904), steht mit der vier- und sechswertigen Stufe des Mangans im »Disproportionierungs-Gleichgewicht«:

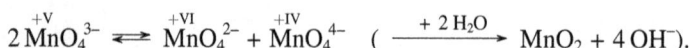

$$2 \overset{+V}{Mn}O_4^{3-} \; \rightleftharpoons \; \overset{+VI}{Mn}O_4^{2-} + \overset{+IV}{Mn}O_4^{4-} \quad (\; \xrightarrow{\; + 2 H_2O \;} \; MnO_2 + 4 OH^-).$$

Dieses liegt in stark alkalischer Lösung auf der linken Seite und verschiebt sich beim Verdünnen, schwachem Ansäuren oder Erhitzen nach rechts, sodass die blaue Farbe der Hypomanganat-Lösung unter gleichzeitiger Ausscheidung von Braunstein in die grüne Farbe des Manganats MnO_4^{2-} umschlägt (vgl. Potentialdiagramme, S. 1902).

In analoger Weise schlägt die grüne Farbe des Manganats MnO_4^{2-}, von dem auch ein Imidoderivat $[Mn(N\mathit{t}Bu)_4]^{2-}$ bekannt ist, in die violette Farbe des Permanganats MnO_4^- um, wenn man MnO_4^{2-}-Lösungen ansäuert (»mineralisches Chamäleon«):

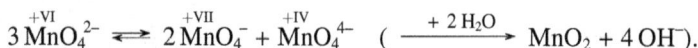

$$3 \overset{+VI}{Mn}O_4^{2-} \; \rightleftharpoons \; 2 \overset{+VII}{Mn}O_4^- + \overset{+IV}{Mn}O_4^{4-} \quad (\; \xrightarrow{\; + 2 H_2O \;} \; MnO_2 + 4 OH^-).$$

In alkalischer Lösung bleibt die Disproportionierung aus (vgl. Potentialdiagramme, S. 1902), weil das wiedergegebene Gleichgewicht dann auf der linken Seite liegt. Daher sind Manganate in Natrium- oder Kalilauge unzersetzt löslich.

Das Permanganat-Ion MnO_4^- stellt – auch in verdünnter Lösung – ein sehr starkes »Oxidationsmittel« dar (wesentlich stärker als $KClO_4$) und geht bei Oxidationsreaktionen in stark alkalischer Lösung in Manganat MnO_4^{2-}, in weniger alkalischer Lösung in Braunstein MnO_2 und in saurer Lösung bei sehr hoher/nicht zu hoher MnO_4^--Konzentration in Braunstein MnO_2/Mangan(II)-Salze Mn^{2+} über (vgl. Potentialdiagramme auf S. 1902); die Braunfärbung der Finger bei Berührung mit einer Permanganatlösung beruht auf einer Reduktion des Permanganats durch die organische Substanz der Haut zu Braunstein; sie kann durch Schweflige Säure leicht wieder beseitigt werden (schematisch: $MnO_2 + SO_2 \longrightarrow MnSO_4$):

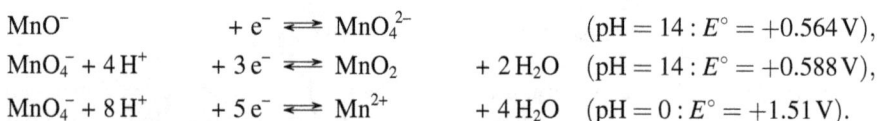

$$MnO^- \qquad\qquad\quad + e^- \rightleftharpoons MnO_4^{2-} \qquad\qquad\qquad (pH = 14 : E^\circ = +0.564\,V),$$

$$MnO_4^- + 4 H^+ \quad + 3 e^- \rightleftharpoons MnO_2 \qquad + 2 H_2O \quad (pH = 14 : E^\circ = +0.588\,V),$$

$$MnO_4^- + 8 H^+ \quad + 5 e^- \rightleftharpoons Mn^{2+} \qquad + 4 H_2O \quad (pH = 0 : E^\circ = +1.51\,V).$$

Da bei Oxidationsreaktionen in saurer Lösung (28.3) die intensiv violette Farbe des Permanganats durch die sehr schwache Farbe des Mn^{2+}-Ions ersetzt wird, kann man mit Permanganat in saurer Lösung ohne Indikator titrieren (»Manganometrie«) und auf diese Weise Eisen(II)-sulfat ($Fe^{2+} \longrightarrow Fe^{3+} + e^-$), Oxalsäure ($C_2O_4^{2-} \longrightarrow 2 CO_2 + 2 e^-$), Salpetrige Säure ($HNO_2 + H_2O \longrightarrow HNO_3 + 2 H^+ + 2 e^-$), Schweflige Säuren ($H_2SO_3 + H_2O \longrightarrow H_2SO_4 + 2 H^+ + 2 e^-$) oder Wasserstoffperoxid ($H_2O_2 \longrightarrow O_2 + 2 H^+ + 2 e^-$) manganometrisch bestimmen (wegen des langsamen Zerfalls von MnO_4^- in MnO_2 und O_2 an Licht sollten MnO_4^--Normallösungen in dunklen Flaschen aufbewahrt werden). Seltener führt man Titrationen mit Permanganat in neutraler Lösung (28.2) oder gar stark alkalischer Lösung (28.1) durch.

Wie aus Vorstehendem hervorgeht, kann das Tetraoxomanganat-Ion in verschiedenen Oxidationsstufen als Permanganat, Manganat, Hypomanganat und Manganit auftreten:

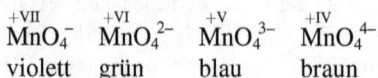

$$\begin{array}{llll} \overset{+VII}{Mn}O_4^- & \overset{+VI}{Mn}O_4^{2-} & \overset{+V}{Mn}O_4^{3-} & \overset{+IV}{Mn}O_4^{4-} \\ \text{violett} & \text{grün} & \text{blau} & \text{braun} \end{array}$$

Sehr schön lassen sich diese verschiedenen Wertigkeitsstufen des Mangans hintereinander beobachten, wenn man Kaliumpermanganat mit Perborat (S. 1294) reduziert. Innerhalb von 1–2 Minuten werden dann die Farbtöne rotviolett – tiefgrün – himmelblau – braungelb durchlaufen. Bei Verwendung geeigneter Redoxsysteme lässt sich Mn(VII) selektiv zu Mn(VI), Mn(V) oder Mn(IV) reduzieren und Mn(IV) umgekehrt selektiv zu Mn(V), Mn(VI) oder Mn(VII) oxidieren (vgl. die Potentiale auf S. 1902). So geht etwa MnO_2 – wie oben erwähnt – beim Verschmelzen mit $NaNO_2$ und Na_2O in Mn(V), beim Verschmelzen mit $NaNO_3$ und $NaOH$ in Mn(VI) und beim Kochen mit konz. HNO_3 und PbO_2 in Mn(VII) über.

Die – zum Unterschied von H_3PO_4, H_2SO_4 und $HClO_4$ in freiem Zustande nicht isolierbaren – »Säuren« H_3MnO_4 (»Hypomangansäure«), H_2MnO_4 (»Mangansäure«) und $HMnO_4$ (»Permangansäure«) wirken sehr schwach bis stark sauer (pK_S für $HMnO_4$ −2.25). Demgemäß sind die Hypomanganate und Manganate in wässeriger Lösung weitgehend hydrolysiert, während die Permanganate neutrale Reaktionen zeigen. Bei tiefer Temperatur ist die violette »Heteropolysäure« $(H_2O)_2[Mn^{II}(Mn^{VII}O_4)_6] \cdot 11\,H_2O$ erhältlich.

Oxide (vgl. Tab. 28.1, sowie S. 2088). Anhydride der Hypomangan- bzw. Mangansäure sind unbekannt. Das Anhydrid der Permangansäure, das Dimanganheptaoxid Mn_2O_7 lässt sich durch vorsichtige Einwirkung von konz. H_2SO_4 auf trockenes, gepulvertes Permanganat auch bei Raumtemperatur in freiem Zustande gewinnen: $2\,MnO_4^- + 2\,H^+ \longrightarrow Mn_2O_7 + H_2O$. Es stellt ein flüchtiges, in der Aufsicht grün-metallisch glänzendes, in der Durchsicht dunkelrotes Öl von eigenartigem Geruch dar (Smp. 5.9 °C; $d = 2.396\,g\,cm^{-3}$), das molekular aufgebaut ist (MnO_4-Tetraeder mit gemeinsamer Ecke; MnO-Abstände 1.585/1.77 Å; MnOMn-Winkel 120.7°), das unterhalb −10 °C im Vakuum sublimiert werden kann und in CCl_4 löslich ist. Beim Erwärmen zersetzt sich das Oxid ab −10 °C langsam, ab 95 °C explosionsartig gemäß $2\,Mn_2O_7 \longrightarrow 4\,MnO_2 + 3\,O_2$. Mit überschüssigem Wasser bildet es eine Lösung von »Permanganat« MnO_4^- und mit der starken Säure H_2SO_4 »Permanganyl-hydrogensulfat« $MnO_3(HSO_4)$ (auch direkt aus $KMnO_4$ und H_2SO_4 zugänglich), das formal ein mit CrO_3 isoelektronisches, grünes Trioxomangan-Ion MnO_3^+ enthält.

1.2.4 Organische Verbindungen des Mangans

Mangan bildet in den Oxidationsstufen −III bis +VII Verbindungen mit MnC-Bindungen, wobei diese vielfach nur donorstabilisiert zugänglich sind oder nicht ausschließlich MnC-Bindungen enthalten. Unter den Methylverbindungen $MnMe_n$ lässt sich $MnMe_2$ isolieren; darüber hinaus existieren die Anionen $[Mn^{II}Me_4]^{2-}$, $[Mn^{III}Me_4]^-$, $[Mn^{III}Me_5]^{2-}$, $[Mn^{IV}Me_6]^{2-}$.

Mangan(II)-organyle. Gemäß $MnX_2 + 2\,RMgBr \longrightarrow MnR_2 + 2\,MgBrX$ lassen sich aus Mangandihalogeniden MnX_2 (X = Cl, Br, I) und Grignard-Verbindungen luft- und hydrolyseempfindliche, mono-, oligo- und polymere blassgelbe Mangandiorganyle MnR_2 (R z. B. Me, Et, Pr, Bu, iPr, tBu, CH_2CMe_3, CH_2SiMe_3, Ph) gewinnen, die – falls möglich – leicht unter β-Eliminierung in MnH-haltige Spezies thermolysieren und nur bei Vorliegen sperriger Reste R stabiler sind (in den oligo-/polymeren Diorganylen liegen wie in Al_2R_6 MRM-Brücken vor). Als Beispiele seien genannt: monomeres »Bis(trisyl)«- und »Bis(disyl)mangan« $[Mn\{C(SiMe_3)_3\}_2]$ und $[Mn\{CH(SiMe_3)_2\}_2]$ (lineare CMnC-Gruppierung; auch oligo- und polymere Mangandiorganyle liegen in der Gasphase monomer vor, sofern sie unzersetzt verdampft werden können), bis 80 °C stabiles dimeres »Bis(2,2,2-dimethylphenyl)mangan« $[Mn(CH_2CMe_2Ph)_2]_2$, trimeres »Dimesitylmangan« $[Mn(2,4,6-C_6H_2Me_3)_2]_3 = [MnMes_3]_3$ (Abb. 28.4b), tetrameres »Bis(neopentylmangan)« $[Mn(CH_2CMe_3)_2]_4 = [MnNp_2]_4$ (b), polymeres, bei 150 °C im Vakuum sublimierendes »Bis(monosyl)mangan« $[Mn(CH_2SiMe_3)_2]_x = [MnMsi_2]_x$ (Abb. 28.4b). Die Monomeren weisen high-spin-Mn(II)-Zentren auf ($\mu_{mag.}$ ca. 5.5 BM), die Polymeren antiferromagnetisch gekoppelte Mn(II)-Zentren ($\mu_{mag.}$ ca. 2.4 BM).

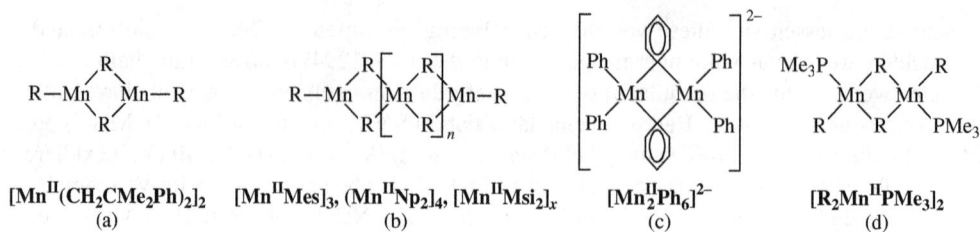

$[Mn^{II}(CH_2CMe_2Ph)_2]_2$ $[Mn^{II}Mes]_3$, $(Mn^{II}Np_2]_4$, $[Mn^{II}Msi_2]_x$ $[Mn_2^{II}Ph_6]^{2-}$ $[R_2Mn^{II}PMe_3]_2$

(a)   (b)   (c)   (d)

Abb. 28.4

Als weiteres Mn(II)-organyl sei polymeres bei 100–130 °C im Vakuum sublimierbares braunes Dicyclopentadienylmangan MnCp$_2$ (Smp. 172 °C, Halbsandwich mit η^5-CpMn-Einheiten, verbrückt über η^2-gebundene C$_5$H$_5$-Reste; aus NaCp und MnCl$_2$ gewinnbar) genannt. Das Mn-Zentrum von MnCp$_2$ weist offensichtlich 5 ungepaarte Elektronen in fester Phase (antiferromagnetisch; Néel-Temperatur 134 °C), aber nur 1 ungepaartes Elektron in verdünnter Lösung auf, d. h. selbst der starke Ligand Cp$^-$ kann in festem Zustand gerade noch keinen low-spin-Mn(II)-Zustand erzeugen. MnCp$^*_2$ mit dem noch stärkeren Liganden Cp^{*-} = C$_5$Me$_5$ (Sandwich mit zwei η^5-gebundenen Cp*-Resten) enthält in fester Phase low-spin-Mn(II)-Zentren.

Eine Depolymerisation und Stabilisierung der Diorganyle MnR$_2$ ist durch Donoraddition unter Bildung von Organomanganaten R$_2$Mn(D)$_n$ (D = R$^-$, Neutraldonor; n = 1, 2) möglich. Als Beispiele seien genannt: [MnMes$_3$]$^-$ mit trigonal-planar koordiniertem Mn(II), des weiteren [MnMe$_4$]$^{2-}$, [MnPh$_3$]$_2^{2-}$ (Abb. 28.4c), [R$_2$Mn(PMe$_3$)$_2$]$_2$ $\rightleftharpoons$ [R$_2$Mn(PMe$_3$)$_2$]$_2$ (Abb. 28.4d) + 2 PMe$_3$ (R = CH$_2$CMe$_2$Ph) mit jeweils tetraedrisch koordiniertem Mn(II) und schließlich [Me$_2$Mn(diphos)$_2$] (diphos = Me$_2$PCH$_2$CH$_2$PMe$_2$) mit oktaedrisch koordiniertem Mn(II) (Me-Gruppen in *trans*-Stellung).

Beispiele für niedrigwertige Verbindungen mit MnC-Bindungen sind [Mn^I(CO)$_6$]$^+$, (Mn^I(C$_6$H$_6$)(C$_6$Me$_6$)]$^+$ (η^6-gebundenen Arenreste), [Mn$^0_2$(CO)$_{10}$], [Mn^{-I}(CO)$_5$]$^-$, [Mn^{-III}(CO)$_4$]$^{3-}$. Näheres vgl. Kap. XXXII.

Mangan(III)-organyle vom Typ MnR$_3$ neigen zum Zerfall in Mn(II)-organyle MnR$_2$ (Abspaltung von R) oder zur Disproportion in Mn(II)- und Mn(IV)-organyle. Durch Addition von Donoren lassen sie sich in Form von Organomanganaten(III) stabilisieren. So gewinnt man die high-spin Anionen [MnMe$_4$]$^-$ mit quadratisch-planarem sowie [MnMe$_5$]$^{2-}$ mit quadratisch-pyramidalem Mn(III) (Gegenion jeweils Li(tmeda)$_2^+$) durch Reaktion von Mn(acac)$_3$ mit LiMe in Et$_2$O, durch Luftoxidation von [Mn^{II}Me$_4$]$^{2-}$ in Gegenwart von LiMe bzw. durch Reduktion von [Mn^{IV}Me$_6$]$^{2-}$ in Et$_2$O oder Toluol. Anders als [TcMe$_4$]$^-$ oder [ReMe$_4$]$^-$ weist [MnMe$_4$]$^-$ keine Neigung zur Dimerisierung unter Ausbildung einer MM-Vierfachbindung auf (vgl. S. 1928). Als Beispiel für ein donorstabilisiertes Mangantriorganyl MnR$_3$ sei die gelbe trigonal-bipyramidal gebaute Verbindung MnMe(CH$_2$CH$_2$CH$_2$NMe$_2$)$_2$ (Abb. 28.5e) genannt (Me- und NMe$_2$-Gruppen äquatorial), als Beispiel für eine Verbindung mit kationischem Diorganylmanganyl R$_2$Mn$^+$ das rote, aus Mn(acac)$_3$ in Gegenwart von Al$_2$Me$_6$ und Me$_2$PCH$_2$CH$_2$PMe$_2$ gewinnbare Salz [Me$_2$Mn(diphos)$_2$]$^+$AlMe$_4^-$ (Abb. 28.5f) mit oktaedrisch koordiniertem Mn(III) genannt (Me-Gruppen in *trans*-Stellung).

Mangan(IV)-organyle. Anders als Mangantriorganyle lassen sich Mangantetraorganyle MnR$_4$ auch donorfrei als monomere, grüne, thermolabile Verbindungen mit tetraedrisch koordiniertem Mn(IV) u. a. durch Reaktion von Mn(acac)$_3$ mit LiR unter Disproportionierung intermediär gebildeter Triorganyle in Di- und Tetraorganyle gewinnen, z. B.: »Tetrakis(2,2,2-dimethylphenyl)mangan« [Mn(CH$_2$CMe$_2$Ph)$_4$], »Tetrakis(neopentyl)mangan« [Mn(CH$_2$CMe$_3$)$_4$], »Tetrakis(monosyl)mangan« [Mn(CH$_2$SiMe$_3$)$_4$], »Tetrakis(1-norbornyl)mangan« Mn(C$_7$H$_{11}$)$_4$. Weitere Beispiele bieten die aus Manganocen MnCp$_2$ und Cadmiumdiorganylen synthetisierbaren orangefarbenen »Cyclopentadienyltrialkylmangan«-Verbindungen CpMnR$_3$ (Abb. 28.5g) mit R =

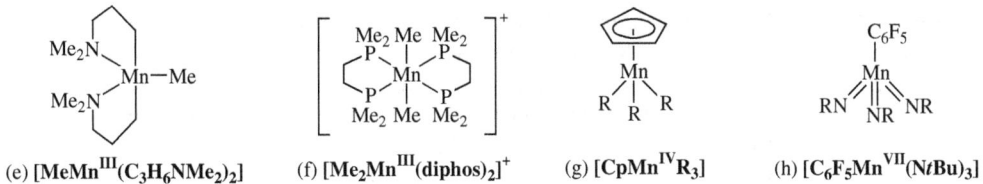

(e) $[MeMn^{III}(C_3H_6NMe_2)_2]$ (f) $[Me_2Mn^{III}(diphos)_2]^+$ (g) $[CpMn^{IV}R_3]$ (h) $[C_6F_5Mn^{VII}(NtBu)_3]$

Abb. 28.5

Me, Et, Pr, Bu, iBu. »Tetramethylmangan« $MnMe_4$ liegt dem Organomanganat(IV) $[MnMe_6]^{2-}$ (oktaedrisch) zugrunde. Es bildet sich durch Reaktion des aus $Mn(acac)_3$ und $LiMe/PMe_3$ zugänglichen Phosphanaddukts $Me_4Mn(PMe_3)_2$ (PMe_3-Gruppen cis-ständig) mit LiMe.

Beispiele für höherwertige Verbindungen mit MnC-Bindung sind »Cyclopentadienyl-Mangandioxid« $CpMn^VO_2$ sowie das grünbraune »Pentafluormangantriimid« $C_6F_5Mn(NtBu)_3$ (Abb. 28.5h), das aus dem Imidoderivat $Mn^{VII}(NtBu)_3Cl$ von MnO_3Cl und AgC_6F_5 zugänglich ist.

2   Das Technetium und Rhenium

Geschichtliches. Im Jahre 1925 hatten Walther Noddack und Ida Tacke (später Frau Noddack) auf der Suche nach den – bereits früher vorausgesagten – Elementen 43 und 75 in Anreicherungsfraktionen von aufgearbeitetem Columbit (Fe, Mn) $[NbO_3]_2$ und Tantalit (Fe, Mn) $[TaO_3]_2$ röntgenstrukturanalytisch nachweisbare Mengen der beiden Elemente erhalten und ihnen nach ihren Heimatländern (Masurenland und Rheinland) die Namen »Masurium« (Ma) und »Rhenium« (Re) gegeben. Im Einklang mit der Mattauchschen Isobarenregel (S. 93) gelang es allerdings nicht, das natürliche Vorkommen von Masurium präparativ zu stützen. Das Element 43 (»Eka-Mangan«) wurde dann im Jahre 1937 von den italienischen Forschern C. Perrier und E. Segré als Reaktionsprodukt der Bestrahlung von Molybdän mit Deuteronen entdeckt und erhielt 1947 auf Vorschlag der Entdecker den Namen Technetium (Tc), da es nur künstlich darstellbar ist (von griech. technetos = künstlich). Die Entdeckung des Rheniums ließ sich andererseits bestätigen. Bei der Anreichung und Isolierung des Elements aus einer Gadolinit-Probe im Jahre 1926 diente W. Noddack, I. Tacke und O. Berg die röntgenspektroskopische Methode als wertvolles Hilfsmittel.

Physiologisches. Technetium ist als radioaktives Element mehr oder weniger giftig für Organismen. Rhenium stellt ein für lebende Organismen nicht essentielles Element dar und zählt bisher zu den arbeitshygienisch unbedenklichen Stoffen.

2.1   Die Elemente Technetium und Rhenium

Vorkommen

Das Technetium kommt in der Natur praktisch nicht vor. Es finden sich allenfalls Spuren als kurzlebige Produkte des Spontanzerfalls von Uran (in den Sternen ließ sich Tc als Bestandteil nachweisen). Das Rhenium ist in der Natur so häufig wie Rh und Ru, kommt aber stets nur verstreut in sehr geringer Konzentration (< 0.001 %) und ausschließlich gebunden vor. Verhältnismäßig rheniumreich sind Molybdänerze wie der Molybdänglanz MoS_2 (S. 1888). Andere rheniumhaltige Mineralien sind »Columbit« $(Fe,Mn)[NbO_3]_2$, »Gadolinit« (»Ytterbit«) $Y_2(Fe^{II},Mn^{II})Be_2O_2[SiO_4]_2$ und Alvit $ZrSiO_4$. Das einzige Rheniummineral, gefunden am Kudriavy-Vulkan auf der Insel Iturup (Kurilen, Russland), stellt »Rhenit« (oder »Iturupit«?) Re_2S_{3-4} dar.

Isotope (vgl. Anh. III). In der Natur treten Nuklide des Technetiums praktisch nicht auf (s. oben). Unter den künstlich gewonnenen Nukliden verwendet man das Nuklid $^{99}_{43}\text{Tc}$ (β^--Strahler; $\tau_{1/2} = 2.12 \cdot 10^5$ Jahre) für NMR-Untersuchungen, das metastabile Nuklid $^{99}_{43}\text{Tc}$ (γ-Strahler; $\tau_{1/2} = 6.049$ Stunden) als Tracer und in der Medizin. Natürliches Rhenium besteht aus den Isotopen $^{185}_{75}\text{Re}$ (37.40 %; für NMR) und $^{187}_{75}\text{Re}$ (62.60 %; β^--Strahler; $\tau_{1/2} = 4.3 \cdot 10^{10}$ Jahre; für NMR in der Medizin). Die künstlich erzeugten Nuklide $^{186}_{75}\text{Re}$ (β^--Strahler; $\tau_{1/2} = 88.9$ Stunden) und $^{188}_{75}\text{Re}$ (β^--Strahler; $\tau_{1/2} = 16.7$ Stunden) dienen als Tracer.

Darstellung

Das Rhenium reichert sich beim Rösten von Molybdänsulfiderzen (s. dort) in Form von Re_2O_7 in der Flugasche an und wird daraus nach Überführung in NH_4ReO_4 durch Reduktion mit H_2 bei höheren Temperaturen gewonnen.

Die längstlebigen Isotope des Technetiums sind $^{97}_{43}\text{Tc}$ ($\tau_{1/2} = 2.6 \cdot 10^6$ Jahre), $^{98}_{43}\text{Tc}$ ($\tau_{1/2} = 4.2 \cdot 10^6$ Jahre) und $^{99}_{43}\text{Tc}$ ($\tau_{1/2} = 2.12 \cdot 10^5$ Jahre). Unter ihnen lässt sich das besonders wichtige Nuklid $^{99}_{43}\text{Tc}$ industriell als Spaltprodukt des Urans $^{235}_{92}\text{U}$ in Kernreaktoren mit über 6 %-iger Spaltungsausbeute gewinnen (Uranreaktoren mit einer Leistung von 100 MW ($\sim 100\,000\,\text{kJ}\,\text{s}^{-1}$) produzieren täglich etwa 4 g $^{99}_{43}\text{Tc}$). Zu seiner Isolierung extrahiert man die durch Oxidation erhaltenen, einige Jahre gelagerten (Abbau hochradioaktiver Spezies), von U und Pu befreiten wässrigen Pertechnat-Lösungen mit Methylpyridinen, wobei TcO_4^- in die organische Phase übergeht, aus der sich die Methylpyridine durch Wasserdampfdestillation abtrennen lassen (eine Isolierung von TcO_4^--Salzen gelingt außer durch Lösungsmittelextraktionen auch durch Ionenaustausch). Das Metall selbst kann dann durch Reduktion von NH_4TcO_4 oder – daraus darstellbarem – Tc_2S_7 mit Wasserstoff bei hohen Temperaturen gewonnen werden. Möglich ist ferner die Abscheidung von Tc aus TcO_4^--Lösungen durch kathodische Reduktion oder durch Zink. $^{99}_{43}\text{Tc}$, das sich wegen seiner langen Halbwertszeit wie ein gewöhnliches stabiles Element handhaben lässt, ist käuflich.

Man kennt bis heute bereits 21 künstliche Tc-Nuklide, deren Massenzahlen von 90 bis 110 (je 2 Kernisomere der Massenzahlen 90, 91, 93, 94, 95, 96, 97, 99 und 102) und deren Halbwertszeiten von 0.83 Sekunden bis zu $4.2 \cdot 10^6$ Jahren variieren. Einige von ihnen seien im folgenden angeführt (^mTc = metastabiles Kernisomeres; K = Elektroneneinfang):

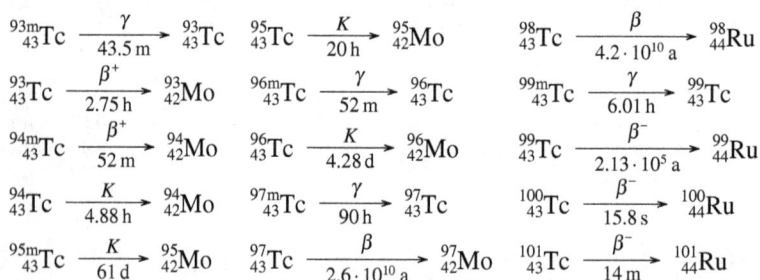

$$^{93m}_{43}\text{Tc} \xrightarrow[43.5\,\text{m}]{\gamma} {}^{93}_{43}\text{Tc} \qquad {}^{95}_{43}\text{Tc} \xrightarrow[20\,\text{h}]{K} {}^{95}_{42}\text{Mo} \qquad {}^{98}_{43}\text{Tc} \xrightarrow[4.2 \cdot 10^{10}\,\text{a}]{\beta} {}^{98}_{44}\text{Ru}$$

$$^{93}_{43}\text{Tc} \xrightarrow[2.75\,\text{h}]{\beta^+} {}^{93}_{42}\text{Mo} \qquad {}^{96m}_{43}\text{Tc} \xrightarrow[52\,\text{m}]{\gamma} {}^{96}_{43}\text{Tc} \qquad {}^{99m}_{43}\text{Tc} \xrightarrow[6.01\,\text{h}]{\gamma} {}^{99}_{43}\text{Tc}$$

$$^{94m}_{43}\text{Tc} \xrightarrow[52\,\text{m}]{\beta^+} {}^{94}_{42}\text{Mo} \qquad {}^{96}_{43}\text{Tc} \xrightarrow[4.28\,\text{d}]{K} {}^{96}_{42}\text{Mo} \qquad {}^{99}_{43}\text{Tc} \xrightarrow[2.13 \cdot 10^5\,\text{a}]{\beta^-} {}^{99}_{44}\text{Ru}$$

$$^{94}_{43}\text{Tc} \xrightarrow[4.88\,\text{h}]{K} {}^{94}_{42}\text{Mo} \qquad {}^{97m}_{43}\text{Tc} \xrightarrow[90\,\text{h}]{\gamma} {}^{97}_{43}\text{Tc} \qquad {}^{100}_{43}\text{Tc} \xrightarrow[15.8\,\text{s}]{\beta^-} {}^{100}_{44}\text{Ru}$$

$$^{95m}_{43}\text{Tc} \xrightarrow[61\,\text{d}]{K} {}^{95}_{42}\text{Mo} \qquad {}^{97}_{43}\text{Tc} \xrightarrow[2.6 \cdot 10^{10}\,\text{a}]{\beta} {}^{97}_{42}\text{Mo} \qquad {}^{101}_{43}\text{Tc} \xrightarrow[14\,\text{m}]{\beta^-} {}^{101}_{44}\text{Ru}$$

Sie lassen sich hauptsächlich durch Einwirkung von Neutronen, Protonen, Deuteronen oder α-Teilchen auf das Nachbarelement Molybdän ($_{42}\text{Mo}$) sowie durch die Urankernspaltung (S. 2279f) gewinnen und gehen beim radioaktiven Zerfall entweder (niedere Massenzahlen) unter β^+-Strahlung (bzw. K-Einfang; S. 2268) in Molybdän ($_{42}\text{Mo}$) oder (höhere Massenzahlen) unter β^--Strahlung in Ruthenium ($_{44}\text{Ru}$) über.

Physikalische Eigenschaften

Die Elemente Technetium und Rhenium (hexagonal-dichteste Metallatompackungen) stellen weißglänzende, harte, luftbeständige, im Aussehen dem Palladium und Platin ähnelnde Metalle von hohen Dichten (11.49 bzw. 21.03 g cm^{-3}) und hohen Schmelzpunkten (2172 bzw. 3180 °C) sowie Siedepunkten dar (4700 bzw. 5870 °C). Rhenium besitzt unter den Metallen den zweit-höchsten Schmelzpunkt nach Wolfram.

Chemische Eigenschaften

Technetium und Rhenium sind weniger reaktionsfähig als Mangan und in kompakter Form gegen Luft stabil. In Sauerstoff verbrennen beide Metalle aber oberhalb 400° zu den flüchtigen Oxiden M_2O_7 und bilden beim Erhitzen mit Fluor, Chlor bzw. Schwefel TcF_5/TcF_6, ReF_6/ReF_7, MCl_6, MS_2. Oxidierende Schmelzen führen die Metalle rasch in Technate bzw. Rhenate MO_4^{2-} über. Von Fluor- und Chlorwasserstoff werden Tc und Re nicht angegriffen. Beide Elemente lösen sich aber leicht in oxidierenden Säuren wie HNO_3, konz. H_2SO_4 (für Potentialdiagramme vgl. S. 1918).

Verwendung, Legierungen

Bisher gibt es für Technetium – außer seinem Einsatz in »Radiopharmaka« – noch kein besonderes Verwendungsgebiet. Denkbar wäre eine Nutzung als Korrosionsinhibitor für Eisen (einsetzbar in Form von TcO_4^-), als Katalysator für Hydrierungen und Dehydrierungen, als β^--Strahler (zur Eichung von β^--Detektoren), zur Herstellung von Hochtemperatur-Thermoelementen. Als Radionuklid für die medizinische Diagnose ist das kurzlebige $^{99m}_{43}Tc$ (γ-Strahler) besonders wichtig geworden. Es entsteht zu 86 % aus dem Mutternuklid $^{99}_{42}Mo$. Für die Anwendung in der Klinik dient eine mit diesem beladene Al_2O_3-Säule als Generator. $^{99m}_{43}Tc$ wird daraus jeweils mit einer Natriumchlorid-Lösung als $NaTcO_4$ eluiert. Da Rheniummetall (Weltjahresproduktion: um zehn Kilotonnen) im Hochvakuum auch bei hohen Temperaturen keine Neigung zum Zerstäuben zeigt, eignet es sich z. B. als »Glühkathode« in elektronenerzeugenden Systemen (z. B. Massenspektrometer). »Spiegel« aus Rhenium zeigen große Beständigkeit und hohes Reflexionsvermögen. Rheniumlegierungen mit Ta, Nb, W, Fe, Co, Ni, Rh, Ir, Pt und Au sind in Säuren sehr schwer löslich und an der Luft auch beim Erhitzen sehr stabil. Besonders vorteilhaft ist die Verwendung von Rhenium bei der Herstellung von »Thermoelementen« (z. B. Pt/Re gegen Pt, Pd oder Rh; Rh/Re gegen Pt), die bis nahezu 900 °C anwendbar sind und deren Thermokraft 3–4 mal größer als die der gebräuchlichen Edelmetallkombinationen ist; sie finden z. B. Verwendung in der Raumfahrttechnik. Einige Rheniumverbindungen eignen sich als »Katalysatoren« für Hydrierungen und Dehydrierungen. Vgl. auch Interstitielle Verbindungen (S. 308).

Technetium und Rhenium in Verbindungen

Wie Mangan treten Technetium und Rhenium in ihren chemischen Verbindungen mit den Oxidationsstufen $-III$ bis $+VII$ auf (z. B. $[M^{-III}(CO)_4]^{3-}$, $[M^{-I}(CO)_5]^-$, $[M^0_2(CO)_{10}]$, $[M^I(CN)_6]^{5-}$, $[M^{II}Cl_2(diars)_2]$, $[M^{III}(CN)_7]^{4-}$, $M^{IV}O_2$, M^VF_5, $M^{VI}F_6$, $M_2^{VII}O_7$), doch sind die niedrigeren Oxidationsstufen unbeständiger (die beim Mn besonders beständige zweiwertige Stufe ist bei Tc und Re fast unbekannt), die höheren beständiger als die entsprechenden des Mangans.

Dies geht aus einer Gegenüberstellung der in nachfolgenden Potentialdiagrammen einiger Oxidationsstufen von Tc und Re bei pH = 0 und 14 in wässriger Lösung wiedergegebenen Normalpotentiale mit entsprechenden Potentialen von Mn (S. 1902) hervor (vgl. Anh. V, s. Abb. 28.6).

Technetium und Rhenium, deren wässrige Chemie weit weniger ausgeprägt ist als die des Mangans (M^{2+}- und M^{3+}-Kationen existieren in Wasser nicht), weisen insgesamt einen edleren Charakter als ihre linken Periodennachbarn, Molybdän und Wolfram, auf (vgl. Potentialdiagramme auf S. 1870; die Potentiale von Tc und Re sind weniger negativ bzw. positiver als die von Mo und W).

Die drei- bis siebenwertigen Metalle Tc und Re bevorzugen höhere Koordinationszahlen als drei- bis siebenwertiges Mangan. Sie reichen von vier (tetraedrisch in $[M^{VI}O_4]^{2-}$, $[M^{VII}O_4]^-$) über

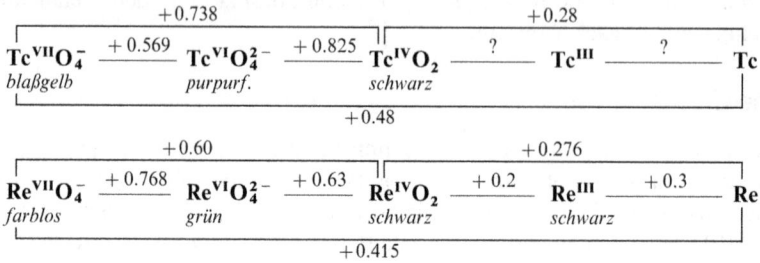

Abb. 28.6

fünf (z. B. quadratisch-pyramidal in $[Re^{III}Cl_5]^{2-}$, $[Re^VOBr_4]^-$, $[Re^{VI}NCl_4]^-$; trigonal-bipyramidal in Re^VF_5, *cis*-$[Me_3Re^{VII}O_2]$ und sechs (oktaedrisch in $[M^{III}Cl_2(diars)_2]^+$, $[M^{IV}I_6]^{2-}$, $[M^V(NCS)_6]^-$, $[Re^{VI}OCl_4(H_2O)]$, $[Re^{VII}O_3Cl_3]^{2-}$; trigonal-prismatisch in $[Re^{VI}(S_2C_2Ph_2)_3]$, $[Re^{VII}(HNC_6H_4S)_3]^+$) bis sieben (pentagonal-bipyramidal in $[M^{III}(CN)_7]^{4-}$, $[Re^{VI}F_7]^-$, $Re^{VII}F_7$), acht (z. B. dodeka-edrisch in $[M^{IV}Cl_4(diars)_2]$, $[Re^{VI}Me_8]^{2-}$; quadratisch-antiprismatisch in $[Re^{VI}F_8]^{2-}$, $[Re^{VII}F_8]^-$) und neun (dreifach-überkappt-trigonal-prismatisch in $[M^{VII}H_9]^{2-}$). In den Wertigkeiten zwei bis null haben Tc und Re die Koordinationszahlen sechs (oktaedrisch in $[M^{II}Cl_2(diars)_2]$, $[M^I(CN)_6]^{5-}$, $[M^0_2(CO)_{10}]$), in den Wertigkeiten kleiner null die Koordinationszahlen kleiner sechs (trigonal-bipyramidal in $[M^{-I}(CO)_5]^-$, tetraedrisch in $[M^{-III}(CO)_4]^{3-}$. Die 5-fach koordi-nierten $M(-I)$-, 6-fach koordinierten $M(I)$-, 7-fach koordinierten $M(III)$-, 8-fach koordinierten $M(V)$- und 9-fach koordinierten $M(VII)$-Komplexverbindungen besitzen Xenon- bzw. Radon-elektronenkonfiguration.

Bezüglich der Elektronenkonfiguration, der Radien, der magnetischen und optischen Eigen-schaften von Technetium- und Rheniumionen vgl. Ligandenfeldtheorie (S. 1592) sowie Anh. IV, bezüglich eines Eigenschaftsvergleichs der Metalle der Mangangruppe S. 1544f und Nach-folgendes.

Vergleichende Betrachtungen

Die Verwandtschaft der VII. Neben- und Hauptgruppe beschränkt sich auf die maximale Sie-benwertigkeit und den Säurecharakter dieser Wertigkeitsstufe. Im Übrigen sind die Metalle der Mangangruppe von den Nichtmetallen der Halogengruppe ganz verschieden (vgl. hierzu die entsprechenden Verhältnisse im Falle der VI. Neben- und Hauptgruppe, S. 1847). Tatsächlich ähnelt etwa Mangan mehr dem links benachbarten Chrom und rechts benachbarten Eisen, mit dem Unterschied, dass es über deren Sechswertigkeit hinaus auch in der Oxidationsstufe sieben auftreten kann.

Im Mn-Atom sind die äußeren d-Elektronen infolge ihrer nicht allzu großen Entfernung vom positiven Atomkern fester gebunden als im Tc- bzw. Re-Atom (größere Entfernung der äußeren d-Elektronen vom Atomkern) sowie im Cr-Atom (kleinere Ladung des Atomkerns), sodass sie schwerer abgegeben und leichter aufgenommen werden als die letzterer Atome. Dem entspricht die große Stabilität des zweiwertigen Mangans bzw. siebenwertigen Technetiums und Rheniums und die starke Oxidationswirkung des siebenwertigen Mangans bzw. Reduktionswirkung des zweiwertigen Technetiums und Rheniums. Auch erniedrigen sich beim Übergang Cr $\longrightarrow$ Mn die Stabilitäten entsprechender Oxidationsstufen (besonders stabil +III bei Cr, +II bei Mn; höchste Fluoride: CrF_5, MnF_4), ferner die Kräfte, welche die Atome im Metall zusammenhalten (Abnahme von Schmelz- und Siedepunkten, Atomisierungsenergien).

Die zwischen Technetium und Rhenium bei den Elementen La bis Lu erfolgende Lanthanoid-Kontraktion bedingt, dass Tc und Re in ihrem physikalischen und chemischen Eigenschaften sehr ähnlich sind (vgl. S. 1899). So kommen etwa Technetium und Rhenium fast gleiche Ionen-radien zu; auch lässt sich Technetium analog dem Rhenium und zum Unterschied vom Mangan aus stark salzsaurer Lösung mit H_2S quantitativ fällen.

Die Tendenz zur Bildung von Metallclustern wächst mit zunehmender Ordnungszahl und ab-nehmender Wertigkeit des Mangangruppenelements (vgl. hierzu das bei den Chromgruppenele-menten Gesagte). Element-Element-Vierfachbindungen wurden bisher nur im Falle von Tc und Re, nicht im Falle von Mn aufgefunden. Demgemäß erniedrigt sich also in Übereinstimmung mit der Abnahme der Bindungskräfte im Metall (s. oben) beim Übergang vom Chrom (Vierfachbin-dungen aufgefunden) zum Mangan die Clusterbildungstendenz, während diese für Tc und Re etwa der von Mo und W entspricht. Die MM-Abstände [Å] betragen rund (Abweichung $\pm$ 0.05 bis $\pm$ 0.1 Å):

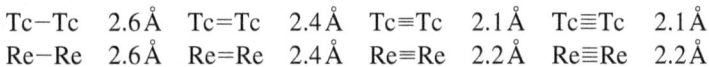

$$\text{Tc–Tc} \quad 2.6\,\text{Å} \quad \text{Tc=Tc} \quad 2.4\,\text{Å} \quad \text{Tc≡Tc} \quad 2.1\,\text{Å} \quad \text{Tc≣Tc} \quad 2.1\,\text{Å}$$
$$\text{Re–Re} \quad 2.6\,\text{Å} \quad \text{Re=Re} \quad 2.4\,\text{Å} \quad \text{Re≡Re} \quad 2.2\,\text{Å} \quad \text{Re≣Re} \quad 2.2\,\text{Å}$$

2.2   Verbindungen des Technetiums und Rheniums

2.2.1   Wasserstoffverbindungen

Überblick. Ähnlich wie von Mangan kennt man von Technetium und Rhenium keine binären Hydride. Es existieren aber Donoraddukte der betreffenden Technetium- und Rheniumhydride MH_n ($n = 7, 5, 4, 3, 2, 1$). So bildet sich bei der Hydrierung von Perrhenaten ReO_4^- mit kräftigen Reduktionsmitteln (z. B. Natrium oder Kalium in wässerigem Ethylendiamin) das diamagneti-sche komplexe Hydrid $[ReH_9]^{2-}$, dem im Sinne der Formulierung $ReH_7 \cdot 2\,H^-$ Rheniumheptahy-drid ReH_7 mit formal siebenwertigem Rhenium zugrunde liegt. Ein analoger Hydridokomplex $[TcH_9]^{2-}$ wird von Technetium gebildet. Die Salze $K_2[MH_9]$ können ohne Zersetzung auf 200 °C erhitzt werden, zeigen in wässeriger Lösung (in der sehr langsame hydrolytische Zersetzung erfolgt) stark reduzierende Eigenschaften und entwickeln bei der Behandlung mit Säuren unter Metallabscheidung Wasserstoff. Die H^--Ionen können in MH_9^{2-} durch Phosphane PR_3 und Arsa-ne AsR_3 (R = Et, Bu, Ph) substituiert werden. Und zwar entstehen die Komplexe $[ReH_8(PR_3)]^-$ durch Reaktion von $[ReH_9]^{2-}$ mit PR_3 in 2-Propanol, die Komplexe $[ReH_7(PR_3)_2]$ u. a. durch Hy-drierung von $[ReCl_4(PR_3)_2]$ mit $LiAlH_4$ in Ether. Im Falle des Rheniums kennt man ferner Phos-phanaddukte $ReH_5(PR_3)_3$, $ReH_4(PR_3)_2$ (dimer), $ReH_3(PR_3)_4$, $ReH_2(PR_3)_3$ (dimer) und $ReH(PR_3)_5$ des Rheniumpenta-, -tetra-, -tri-, -di- bzw. -monohydrids ReH_5, ReH_4, ReH_3, ReH_2 und ReH mit formal fünf- bis einwertigem Rhenium (vgl. Tab. 32.1 auf Seite 2069).

Darstellung. Die Adduktdarstellung erfolgt u. a. durch Hydrierung von Rheniumhalogeniden oder -halogenidoxiden mit $LiAlH_4$ (z. B. $ReOCl_3/PR_3$ $\longrightarrow$ $ReH_5(PR_3)_3$, $ReCl_3(PR_3)_3/PR_3$ $\longrightarrow$ $PH_3(PR_3)_4$, $ReCl(PR_3)_5$ $\longrightarrow$ $ReH(PR_3)_5$) oder mit H_2 (z. B. $ReH(PR_3)_5$ $\longrightarrow$ $ReH_3(PR_3)_4$) in An- oder Abwesenheit von PR_3 bzw. durch thermische Dehydrierung (z. B. $ReH_7(PR_3)_2$ $\longrightarrow$ $ReH_5(PR_3)_3$ $\longrightarrow$ $ReH_4(PR_3)_2$ $\longrightarrow$ $ReH_3(PR_3)_4$). Ähnlich wie von den Hydriden des Rheni-ums existieren von einigen Hydriden des Technetiums Phosphankomplexe. Ferner lässt sich $Mg_3ReH_7 \stackrel{\frown}{=} MgH_2 \cdot Mg_5(ReH_6)_2$ aus den Elementen bei 150–155 bar und 510–520 °C synthe-ti-sieren (enthält formal ReH_6^{5-}). Bezüglich K_2MH_9 s. oben.

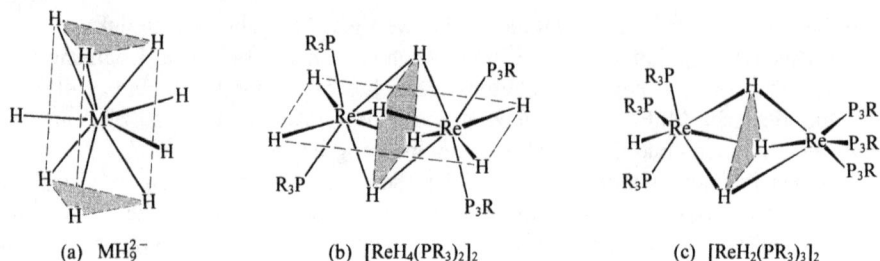

(a) MH_9^{2-} (b) $[ReH_4(PR_3)_2]_2$ (c) $[ReH_2(PR_3)_3]_2$

Abb. 28.7

Strukturen. In den Ionen MH_9^{2-} der ternären Hydride K_2MH_9 kommen den Zentralmetallen Xenon- bzw. Radonelektronenkonfigurationen, d. h. 18 Außenelektronen zu, die alle verfügbaren neun Außenorbitale (fünf d-, ein s-, drei p-Orbitale) des Tc- und Re-Atoms besetzen (Edelgaselektronenkonfiguration). Entsprechendes gilt für die Addukte $MH_8(PR_3)^-$ und $MH_7(PR_3)_2$ (Substitution von Hydrid H^- in MH_9^{2-} durch PR_3). Sechs der neun H-Atome in MH_9^{2-} befinden sich gemäß Abb. 28.7a an den Ecken eines trigonalen Prismas um das im Mittelpunkt des Prismas lokalisierte M-Atom. Die drei übrigen sind senkrecht zu den drei Prismenflächen in äquatorialer Stellung um das M-Atom angeordnet, sodass also M dreifach-überkappt-trigonalprismatisch von H koordiniert ist. Allerdings verhält sich die Gruppierung MH_9^{2-} nicht starr, sondern fluktuierend (S. 893). In $MgH_2 \cdot Mg_5(ReH_6)_2$ sind ReH_6^{5-}-Oktaeder (Edelgaskonfiguration) kubisch von $8\,Mg^{2+}$-Ionen (vgl. Mg_2MH_6 mit M = Ru, Os; S. 2349) und H^--Ionen trigonalbipyramidal von $5\,Mg^{2+}$-Ionen koordiniert.

In den Phosphan-Addukten $[MH_8(PR_3)]^-$ und $[MH_7(PR_3)_2]$ nehmen die Liganden PR_3 mit R = Alkyl äquatoriale Stellungen ein. Analoges gilt für $[ReH_7(Ph_2PCH_2CH_2PPh_2)]$. Andererseits stellt $[ReH_7(PR_3)_2]$ mit R = Aryl im Sinne der nicht-klassischen Formulierung $[ReH_5(H_2)(PR_3)_2]$ einen Komplex des fünfwertigen Rheniums mit η^2-gebundenem Diwasserstoff dar (HH-Abstand im Bereich 1.3 Å; vgl. S. 2071). Rhenium ist in ihm dodekaedrisch von fünf H-Atomen, einem H_2- und 2 PR_3-Molekülen koordiniert (hierbei zählt der Mittelpunkt des H_2-Liganden als eine Koordinationsstelle). Die ebenfalls fluktuierenden, aber klassisch gebauten Hydride $ReH_4(PR_3)_3$, $ReH_3(PR_3)_4$ und $ReH(PR_3)_5$ (jeweils Edelgaselektronenkonfiguration des Rheniums) sind wie $MH_7(PR_3)_2$ monomer und weisen zweifach-überkappt-oktaedrische (bzw. dodekaedrische), pentagonal-bipyramidale und oktaedrische Koordination von M auf, während die fluktuierenden Hydride $ReH_4(PR_3)_2$ und $ReH_2(PR_3)_2$ über vier bzw. drei Wasserstoffbrücken dimerisiert vorliegen (Abb. 28.7b, c). Hierdurch erreichen die Re-Atome Schalen von 17 Außenelektronen. Tatsächlich sprechen die ReRe-Abstände in beiden Verbindungen (z. B. 2.538 Å in $Re_2H_8(PEt_2Ph)_4$) für eine zusätzliche ReRe-Bindung. Bezüglich der Carbonyl-Addukte $MH(CO)_5$ vgl. S. 2136.

2.2.2   Halogen- und Pseudohalogenverbindungen

Halogenide (S. 2074). Wie aus Tab. 28.2 folgt, hat man bisher nur drei Technetiumhalogenide, andererseits aber dreizehn Rheniumhalogenide charakterisiert. ReF_7 gehört hierbei neben OsF_7 und IF_7 zu den einzigen Elementheptahalogeniden (höchste Mn- und Tc-halogenide: MnF_4 und TcF_6). Elementoctahalogenide existieren nicht. Die Halogenide, deren Kenndaten Tab. 28.2 wiedergibt (bzgl. Struktur vgl. unten und S. 2074), sind mehr oder minder hydrolyseempfindlich, wobei mit Wasser auf dem Wege über Halogenidoxide (vgl. Tab. 28.2) letztendlich – und vielfach unter Disproportionierung – Oxide bzw. deren wasserlösliche Formen entstehen (z. B. $3\,ReF_6 + 10\,H_2O \longrightarrow ReO_2 + 2\,HReO_4 + 18\,HF$).

Tab. 28.2 Halogenide, Oxide und Halogenidoxide[a] von Technetium und Rhenium (Smp./Sdp.; ΔH_f in kJ mol^{-1})[b].

	Fluoride		Chloride		Bromide, Iodide		Oxide	
M(VII)	–	ReF_7, gelb 48.3/73.7 °C Monomer D_{5h}-Symm., KZ7	–	–	–	–	Tc_2O_7, gelb 120/311 °C Monomer, KZ4	Re_2O_7, gelb 300/360 °C ΔH_f –1128 kJ Schichtstrukt. KZ 4,6
M(VI)	TcF_6, gelb 37.4/55.3 °C Monomer, O_h-Symm. KZ6	ReF_6, gelb 18.5/33.7 °C Monomer, O_h-Symm. KZ6	$TcCl_6$? grün	$ReCl_6$, grüngelb Smp. 29 °C Monomer, O_h-Symmetrie KZ6	–	–	TcO_3, purpur	ReO_3, rot Zers. 400 °C ΔH_f –605 kJ Raumstrukt. KZ6
M(V)	TcF_5, gelb Smp. 50 °C Zers. 60 °C Kette, KZ6	ReF_5, grün Smp. 48 °C Sdp. 220 °C Kette, KZ6	–	$ReCl_5$, schwarz Smp. 261 °C ΔH_f –373 kJ Dimer, KZ6	–	$ReBr_5$, schwarz Zers. 110 °C Dimer, KZ6	–	Re_2O_5, dunkelblau Zers. > 200 °C
M(IV)	– nur TcF_6^{2-}	ReF_4, blau Smp. 124.5 °C Sblp. >300 °C Kette ? KZ6	$TcCl_4$ rot	$ReCl_4$, schwarz Zers. 300 °C Kette, KZ6	$TcBr_4$?	$ReBr_4$/ReI_4 schwarzrot Kette? KZ6	TcO_2, schwarz Zers. >1100 °C Rutilstrukt.	ReO_2, Zers. > 900° Rutilstrukt.
M(III)	–	– nur $Re_2F_8^{2-}$	– nur $Tc_2Cl_8^{2-}$	$(ReCl_3)_3$, rot Sblp. 450 °C ΔH_f –264 kJ Schicht, KZ7	– nur $Tc_2Br_8^{2-}$	$(ReBr_3)_3$/$(ReI_3)_3$ schwarz ΔH_f –167/? kJ Schicht/Kette	–	$Re_2O_3 \cdot 3\,H_2O$ schwarz Zers. > 500 °C ΔH_f –621 kJ
M(II)	–	–	–[c]	–	–[c]	–[c]	–[c]	–

a Man kennt folgende Technetium- und Rheniumhalogenidoxide: $TcOF_5$ wie TeF_7 unbekannt; TcO_2F_3; gelbes TcO_3F (Smp. 18.3 °C, Sdp. ~ 100 °C; C_{3v}-Molekülsymmetrie); farbloses TcO_3Cl (C_{3v}-Molekülsymmetrie); orangefarbenes $ReOF_5$ (Smp. 43.8 °C, Sdp. 73.0 °C; C_{4v}-Molekülsymmetrie; ReO/ReF-Abstände 1.642/1.81 Å; FReO-Winkel 93.1°; bildet den pentagonal-bipyramidal gebauten, starren Komplex $ReOF_6$ mit O in axialer Position); gelbes ReO_2F_3 (Smp. 90 °C, Sdp. 185.4 °C; polymer); weißes ReO_3F (Smp. 147 °C, Sdp. 164 °C; polymer); orangefarbenes ReO_2Cl_3 (Schmp. 35–38 °C; über 2 Cl-Brücken dimer mit oktaedrischem Re, in CCl_4 monomer mit trigonal-bipyramidalem Re; O-Atome äquatorial); farbloses ReO_3Cl (Smp. 4.5 °C, Sdp. 131 °C; C_{3v}-Molekülsymmetrie; Bildung des Chlorokomplexes $ReO_3Cl_2^{2-}$); farbloses ReO_3Br (Smp. 39.5 °C). – Blaues $TcOF_4$ (Smp. 134 °C, Sdp. 165 °C; Kettenstruktur); blaues $TcOCl_4$; blaues $ReOF_4$ (Smp. 107.8 °C; Sdp. 171 °C; Kettenstruktur; Bildung des Fluorokomplexes $ReOF_5^-$); dunkelblaues $ReOCl_4$ (Smp. 30.0 °C, C_{4v}-Molekülsymmetrie; Bildung des Chlorokomplexes $ReOCl_5^-$); blauschwarzes $ReOBr_4$ (Zers. > 80 °C; C_{4v}-Molekülsymmetrie). – Schwarzes $TcOCl_3$; $TcOBr_3$; schwarzes $ReOF_3$ (polymer; Bildung des Fluorokomplexes $ReOF_4^-$), $ReOCl_3$ (Bildung von quadratisch-pyramidalen und oktaedrischen Chlorokomplexen $ReOCl_4^-$, $ReOCl_5^{2-}$ sowie von trans-Addukten $ReOCl_3(PR_3)_2$); $ReOBr_3$ (Bildung des quadratisch-pyramidalen Bromokomplexes $ReOBr_4^-$).
b Man kennt auch Sulfide, Selenide, Telluride. Darüber hinaus existieren Pentelide, Tetrelide, Trielide (S. 1927).
c Neutrale Tc(II)- und Re(II)-Halogenide sind unbekannt. Es existieren aber Donoraddukte von $(MX_2)_2$ (X = Cl, Br), z. B.: $[Tc_2Cl_6]^{2-}$, $[Tc_2Br_6]^{2-}$, $[Re_2Cl_4(PR_3)_2]$, $[Re_2Br_4(PR_3)_2]$.

Siebenwertige Stufe (d^0). Das aus den Elementen bei 400 °C unter leichtem Druck gebildete Rheniumheptafluorid ReF_7, eine hellgelbe Substanz (pentagonal-bipyramidal, fluktuierend) bildet mit Fluorid den gelben Fluorokomplex ReF_6^- (antikubisch) und mit Fluoridakzeptoren (z. B. SbF_5) das Kation ReF_6^+ (oktaedrisch).

Sechswertige Stufe (d^1). Sehr flüchtiges, oktaedrisch gebautes, blassgelbes Technetium- bzw. Rheniumhexafluorid MF_6 bildet sich aus den Elementen bei 400 °C bzw. 125 °C (TcF_6 lässt sich nicht weiter zu TcF_7 fluorieren; es bildet wie ReF_6 Fluorokomplexe MF_7^- und MF_8^{2-} mit pentagonal-bipyramidalem und antikubischem Bau; ReF_7^-: orangefarben, ReF_8^{2-} violett). Das aus den Elementen zugängliche grüngelbe Rheniumhexachlorid $ReCl_6$ hat oktaedrischen Bau. Die Existenz von grün beschriebenem Technetiumtetrachlorids $TcCl_6$ ist noch nicht ganz gesichert.

Fünfwertige Stufe (d^2). Gelbes Technetium- bzw. grünes Rheniumpentafluorid MF_5 (jeweils Ketten aus cis-eckenverknüpften MF_6-Oktaedern wie in VF_5) entsteht aus Tc und F_2 bzw. durch

Reduktion von ReF_6 an 600 °C heißem W-Draht (Bildung von Fluorokomplexen MF_6^-), dunkelbraunes Rheniumpentachlorid $ReCl_6$ und schwarzes Rheniumpentabromid $ReBr_5$ (dimer: kantenverknüpfte ReX_6-Oktaeder ohne ReRe-Bindungen) werden aus den Elementen bei 500 bzw. 600 °C gewonnen.

Vierwertige Stufe (d^3). Von rotem Technetiumtetrachlorid $TcCl_4$ (gewinnbar aus Tc + HCl-Gas, wichtigstes Tc-Halogenid; Kette aus *gauche*-kantenverknüpften $TcCl_6$-Oktaedern ohne TcTc-Bindungen), von blauem Rheniumtetrafluorid ReF_4 (gewinnbar durch Reduktion von ReF_6 mit H_2, SO_2, Re, Zn, Al), von dunkelrotem bis schwarzem Rheniumtetrachlorid $ReCl_4$, -bromid $ReBr_4$ bzw. -iodid ReI_4 (gewinnbar aus Re + $SbCl_5$ bzw. $HReO_4$ + HBr oder + HI; Ketten aus eckenverknüpften Re_2X_9-Einheiten, welche ihrerseits aus flächenverknüpften ReX_6-Oktaedern (Abb. 28.8d) bestehen; ReRe-Abstand in $ReCl_4$ 2.728 Å) und von nicht isolierbaren Tetrahalogeniden leiten sich Halogenokomplexe MX_6^{2-} (oktaedrisch) (M = Tc, Re; X = F, Cl, Br, I) sowie $Re_2X_9^-$ (flächenverknüpfte ReX_6-Oktaeder, ReRe-Abstand in $Re_2Cl_9^-$ 2.70 Å) ab. Die Tetrahalogenide bilden zudem Phosphanaddukte des Typus $MX_4(PR_3)_2$ (M = Re: X = Cl, Br, I; M = Tc: X = Cl, Br).

Dreiwertige Stufe (d^4). Besonders interessant sind die Strukturen der durch thermische Zersetzung höherer Halogenide ($ReCl_5$, $ReBr_5$, ReI_4) darstellbaren Halogenide Rheniumtrichlorid $ReCl_3$ (dunkelrot), -bromid $ReBr_3$ und -iodid ReI_3 (schwarz). Gemäß Abb. 28.8e (ohne L) kommt $ReCl_3$ die trimere Formel zu, wobei die Re_3Cl_9-Baueinheiten Metallclusterionen Re_3^{3+} enthalten, in welchen jedes Re-Atom von zwei Re-Atomen, zwei brückenständigen und zwei endständigen Halogenatomen koordiniert ist. Die ReRe-Bindungen (Abstand 2.489 Å) sind stark und entsprechen »Zweifachbindungen« (s. unten). In analoger Weise liegen das Tribromid und Triiodid in trimerer Form vor. Die sehr beständigen, selbst bei 600 °C in der Gasphase noch bestehenden Re_3X_9-Einheiten sind in fester Phase über 6 gemeinsame Cl bzw. Br-Atome zu Schichten bzw. über zwei gemeinsame I-Atome zu Ketten verknüpft. Jedes Re-Atom in Re_3X_9 kann noch ein Halogenid X^- unter Bildung von Halogenokomplexen $Re_3X_{10}^-$, $Re_3X_{11}^{2-}$, $Re_3X_{12}^{2-}$ aufnehmen (Formel in Abb. 28.8e mit L = X^-)[6]. In analoger Weise werden andere Liganden L wie Wasser H_2O, Tetrahydrofuran C_4H_8O, Pyridin C_5H_5N, Phosphane PR_3, Arsane AsR_3 unter Bildung von Komplexen $Re_3X_9L_3$ addiert (Abb. 28.8e, vgl. [5]). Technetium-Komplexe dieses Typus sind bislang unbekannt.

Schmilzt man das Chlorid $(ReCl_3)_3$ mit Diethylammoniumchlorid Et_2NH_2Cl zusammen, so entsteht ein Salz des Octachlorodirhenats(III) $Re_2Cl_8^{2-}$, das im Sinne der Formulierung $[Cl_4Re≡ReCl_4]^{2-}$ ein Re_2^{6+}-Metallclusterion mit einer »Vierfachbindung« enthält (ReRe-Abstand 2.237 Å; ekliptische Konformation; Näheres s. unten bei Komplexen). Es bildet ein Dihydrat (z. B. $K_2Re_2Cl_8 \cdot 2\,H_2O$) und Addukte mit anderen Donoren[6]. Auch ein Fluorokomplex $Re_2F_8^{2-}$ (ReRe-Abstand 2.188 Å), ein Bromokomplex $Re_2Br_8^{2-}$ (ReRe-Abstand 2.228 Å) und ein Iodokomplex $Re_2I_8^{2-}$ (ReRe-Abstand 2.245 Å; Darstellung s. unten) sowie ein analoger Chlorokomplex des Technetiums, Octachloroditechnetat(III) $Tc_2Cl_8^{2-}$ (gewinnbar durch Reduktion von $TcCl_6^{2-}$ mit Zn in Salzsäure; TcTc-Abstand 2.044 Å) sind bekannt. Der Chlorokomplex $Re_2Cl_8^{2-}$ lässt sich elektrochemisch und chemisch ohne Spaltung der ReRe-Bindung zu $Re_2Cl_8^{3-}$ »reduzieren« bzw. zu $Re_2Cl_8^-$ »oxidieren«, wobei letzteres Ion leicht Chlorid zum – seinerseits zu $Re_2Cl_9^-$ (s. oben) oxidierbarem – Chlorokomplex $Re_2Cl_9^{2-}$ addiert:

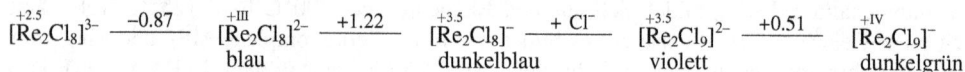

$$\overset{+2.5}{[Re_2Cl_8]^{3-}} \xrightarrow{-0.87} \overset{+III}{[Re_2Cl_8]^{2-}} \xrightarrow{+1.22} \overset{+3.5}{[Re_2Cl_8]^-} \xrightarrow{+\ Cl^-} \overset{+3.5}{[Re_2Cl_9]^{2-}} \xrightarrow{+0.51} \overset{+IV}{[Re_2Cl_9]^-}$$

| blau | dunkelblau | violett | dunkelgrün |

---

[6] In den Re_3X_9-Einheiten erreicht das Rhenium nicht ganz die Radonelektronenkonfiguration von 86 Elektronen: 72 (Re^{3+}) +4 (zwei doppelt gebundene Re-Atome) +8 (vier X^--Liganden) = 84 Elektronen. Durch Koordination eines weiteren Liganden :L (z. B. ein :X-Ligand einer anderen Re_3X_9-Einheit oder ein :PR_3-Ligand) werden die zur Vervollständigung der Radonschale je Re-Atom erforderlichen 86 Elektronen geliefert. In analoger Weise erreicht Re in $Re_2X_8^{2-}$ nur 72 (Re^{3+}) +4 (Vierfachbindung) +8 (4 X^-) = 84 Elektronen und bildet dementsprechend Addukte $Re_2X_8L_2^{2-}$.

Noch leichter als $Re_2Cl_8^{2-}$ lässt sich grünes $Tc_2Cl_8^{2-}$ zu $Tc_2Cl_8^{3-}$ reduzieren ($E° = +0.12\,V$). Das Halogenid in $Re_2X_8^{2-}$ kann durch andere Gruppen »substituiert« werden, z. B. $Re_2Cl_8^{2-}$ + Fluorid, Bromid, Iodid, Carbonsäuren, Sulfat $\longrightarrow$ $Re_2F_8^{2-}$, $Re_2Br_8^{2-}$, $Re_2I_8^{2-}$, $[Re_2(O_2CR)_4Cl_2]$, $[Re_2(SO_4)_4(H_2O)_2]^{2-}$. In analoger Weise lässt sich $Tc_2Cl_8^{2-}$ derivatisieren, z. B. $Tc_2Cl_8^{2-}$ + Bromid, Carbonsäuren, Sulfat $\longrightarrow$ $Tc_2Br_8^{2-}$, $[Tc_2(O_2CR)_4Cl_2]$, $[Tc_2(SO_4)_4(H_2O)_2]^{2-}$. Unter »Spaltung« der ReRe-Bindung verläuft demgegenüber die Umsetzung mit Acetonitril: $Re_2Cl_8^{2-}$ + 4 MeCN $\longrightarrow$ 2 $[ReCl_4(NCMe)_2]^-$. Auch bei der Einwirkung von Phosphanen PR_3 auf $Re_2Cl_8^{2-}$ entstehen (meist untergeordnet) einkernige Komplexe $ReCl_3(PR_3)_3$ des Rheniumtrichlorids, die in guter Ausbeute gemäß $ReOCl_3(PR_3)_2$ + 2 PR_3 $\longrightarrow$ $ReCl_3(PR_3)_3$ + R_3PO dargestellt werden können.

Der Übergang des Clusterions Re_2^{6+} der Komplexe $Re_2X_8^{2-}$ mit $2 \times 4 = 8$ Clusteraußenelektronen in das Clusterion Re_3^{9+} der Komplexe $Re_3X_{12}^{3-}$ mit $3 \times 4 = 12$ Clusteraußenelektronen (jeweils dreiwertiges Rhenium) ist erwartungsgemäß mit einem Erhalt der Zahl 4 der ReRe-Bindungen verbunden, nur dass sich diese Bindungen in letzterem Falle auf zwei Re-Nachbarn verteilen. Entsprechendes ist von einem Übergang der trigonalen Clusterionen Re_3^{9+} in oktaedrische Clusterionen Re_6^{18+} zu erwarten (jeweils »Einfachbindungen« zu den vier Re-Nachbarn jedes Re-Atoms). Allerdings sind bisher Komplexe der Zusammensetzung $M_6X_{12}^{6+}$ und davon abgeleitete neutrale Trihalogenide $(MX_3)_6 = M_6X_{18}$ unbekannt (M = Tc, Re; vgl. hierzu die hexameren Dihalogenide des Molybdäns und Wolframs, S. 1874). Es existieren jedoch Chalkogenide mit den M_6^{18+}-Clustern (s. unten).

Zweiwertige Stufe (d^5). Mit überschüssigem Phosphan kann $Re_2Cl_8^{2-}$ gemäß $Re_2Cl_8^{2-}$ + 5 PR_3 $\longrightarrow$ $Re_2Cl_4(PR_3)_4$ + R_3PCl_2 + 2 Cl^- zu einem Phosphankomplex der in Substanz nicht erhältlichen Rheniumdihalogenide ReX_2 reduziert werden (der ReRe-Dreifachbindungsabstand in $Re_2Cl_4(PR_3)_4$ beträgt ca. 2.24 Å). Auch lassen sich durch Reduktion von TcO_4^- mit Wasserstoff in konzentrierten Halogenwasserstoffsäuren unter geeigneten Bedingungen Halogenokomplexe der Clusterionen $Tc_6^{10+/11+/12+}$, $Tc_8^{12+/13+}$ und Tc_2^{4+} der in Substanz nicht erhältlichen Technetiumdihalogenide TcX_2 darstellen: $[Tc_6X_{12}]^{2-/1-/0}$, $[Tc_8X_{12}]^{0/1+}$, und $Tc_2X_6^{2-}$ (X = Cl, Br). Die ebenfalls für zweiwertiges Rhenium zugänglichen $[M_6X_{12}]^{n-}$-Cluster enthalten trigonal-prismatische Metallcluster-Ionen (Abb. 28.8f), in welchen jedes M-Atom mit einem exoständigen und zwei μ_2-brückenständigen X-Atomen verknüpft ist. Die TcTc-Abstände betragen in $[Tc_6Cl_{12}]^-$ 2.16 Å für die Bindungen zwischen den Tc_3-Dreiecken bzw. 2.70 Å für die Bindungen innerhalb der Tc_3-Gruppen, was einer Verknüpfung von drei Tc_2-Einheiten mit TcTc-Dreifachbindungen über Einfachbindungen zu $(Tc_2)_3$-Clusterionen entspricht. In analoger Weise lassen sich die Komplexe mit Tc_8-Clusterionen, welche rhombisch-prismatisch strukturiert sind (trigonale Tc_6-Prismen mit gemeinsamer Rechteckfläche) im Sinne der Formulierung $(Tc_2)_4$ interpretieren (TcTc-Abstände 2.14/2.69/2.52 Å für die Rhomboederverknüpfung/Rhomboederkanten/kurze Rhomboederdiagonale). In $Tc_2X_6^{2-}$ liegen über gemeinsame X-Atome verknüpfte Tc_2X_8-Einheiten vor (gestaffelte Konformation), in deren zentralen Metallclusterionen Tc_2^{6+} die Tc-Atome durch eine Dreifachbindung miteinander verknüpft sind (TcTc-Abstand in $Tc_2Cl_6^{2-}$ 2.044 Å; Näheres vgl. unten bei Komplexen).

Einwertige Stufe (d^6). Der Phosphankomplex $ReCl(PMe_3)_5$ eines Rheniummonohalogenids ReX entsteht durch Reduktion von $ReCl_4(THF)_2$ mit Na/Hg in Anwesenheit von PMe_3.

Cyanide (vgl. S. 2084). Von Technetium und Rhenium existieren keine binären Cyanide, sondern nur Cyanokomplexe (vgl. S. 2084). So reagieren wässerige $ReCl_6^{2-}$-Lösungen mit Cyanid zu blaßgelbem, diamagnetischem Heptacyanorhenat(III) $[Re(CN)_7]^{4-}$ (low-spin d^4; pentagonalbipyramidal; z. B. isolierbar als $K_4Re(CN)_7 \cdot 2\,H_2O$), in welchem Rhenium formal eine Edelgaselektronenkonfiguration (Radon) zukommt. Es existiert wohl auch ein entsprechendes Technetat $[Tc(CN)_7]^{4-}$, wogegen dem Isothiocyanat die Form $[Tc(NCS)_6]^{3-}$ zukommt. In Anwesenheit von Boranat BH_4^- führt die Umsetzung von $ReCl_6^{2-}$ mit CN^- zu grünem, diamagnetischem Hexacya-

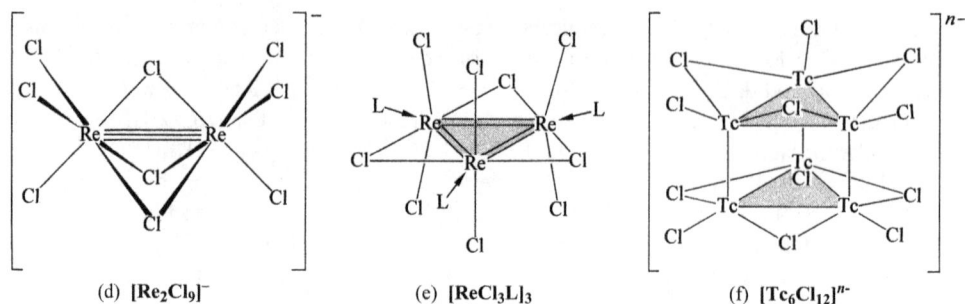

(d) [Re₂Cl₉]⁻   (e) [ReCl₃L]₃   (f) [Tc₆Cl₁₂]ⁿ⁻

Abb. 28.8

norhenat(I) $[Re(CN)_6]^{5-}$ (low-spin d^2; oktaedrisch, z. B. isolierbar als $K_5Re(CN)_6$), das ebenfalls eine Radonelektronenkonfiguration des Zentralmetalls aufweist. Es existieren auch ein analoges grünes Technetat $[Tc(CN)_6]^{5-}$.

Radonelektronenkonfigurierte Cyanokomplexe der Zusammensetzung $[M^V(CN)_8]^{3-}$ sowie $[M^{VII}(CN)_9]^{2-}$ sind unbekannt. Es lässt sich aber der orangefarbene Komplex $[Re^VO_2(CN)_4]^{3-}$ (oktaedrisch: lineare O=Re=O Gruppierung mit einem ReO-Abstand von 1.78 Å) durch Reduktion von ReO_4^- mit Hydrazin in Anwesenheit von Cyanid gewinnen. In saurem Milieu wandelt sich $[ReO_2(CN)_4]^{3-}$ auf dem Wege über $[ReO(OH)(CN)_4]^{2-}$ in $[Re^V{}_2O_3(CN)_8]^{4-}$ um (oktaedrisch koordiniertes Re; lineare Gruppierung O=Re–O–Re=O mit Re=O/Re–O-Abständen von 1.698/1.915 Å). Man kennt ferner schwefelhaltige Cyanokomplexe: rotbraunes $[Re^{IV}{}_4(\mu_3\text{-}S)_4(CN)_{12}]^{4-}$ (vierfach mit S überkapptes Re_4-Tetraeder = Re_4S_4-Würfel; ReRe-Abstand = 2.755 Å) und blaugrünes $[Re^{IV}{}_4(\mu_2\text{-}S)_2(CN)_8]^{4-}$ ($ReS_2(CN)_4$-Oktaeder mit gemeinsamer Kante; ReRe-Abstand 2.60 Å).

2.2.3 Chalkogenverbindungen

Sauerstoffverbindungen. Gemäß Tab. 28.2 (vgl. auch S. 2088) kennt man bisher drei Oxide des Technetiums (Tc_2O_7, TcO_3, TcO_2) und fünf des Rheniums (Re_2O_7, ReO_3, Re_2O_5, ReO_2, Re_2O_3). Von den isolierbaren und unbekannten Oxiden des sieben-, sechs- und fünfwertigen Technetiums und Rheniums leiten sich Halogenidoxide ab (vgl. Tab. 28.2).

Siebenwertige Stufe. Das beständigste Oxid des Rheniums ist das gelbe, hygroskopische Dirheniumheptaoxid Re_2O_7. Es entsteht beim Erhitzen von Rheniumpulver oder niederen Rheniumoxiden an der Luft, schmilzt bei 300.3 °C und kann unzersetzt destilliert werden (Sdp. 360.3 °C), ist also viel stabiler als das explosive Mangan(VII)-oxid Mn_2O_7. Das dem Oxid entsprechende hellgelbe Ditechnetiumheptaoxid Tc_2O_7 (Tab. 28.2) lässt sich wie jenes verflüchtigen; dies muss aber – da es beim Erhitzen auf 200–300 °C in niedere Oxide übergeht – im Sauerstoffstrom erfolgen, während für die Überführung von Re_2O_7 in niederwertige Oxide elementares Rhenium benötigt wird. In Wasser lösen sich die Heptaoxide unter Bildung der starken Pertechnetiumsäure $HTcO_4$ bzw. sehr starken Perrheniumsäure $HReO_4$ (die Lösungen entstehen auch bei der Umsetzung von niedrigwertigen Tc- bzw. Re-Verbindungen mit Oxidationsmitteln wie H_2O_2 oder HNO_3). Die Säuren lassen sich durch vorsichtiges Abkondensieren des Wassers in dunkelrote Kristalle $HTcO_4$ bzw. blassgelbe Kristalle $2\,HReO_4 \cdot H_2O = O_3Re–O–ReO_3(H_2O)_2$ isolieren. Durch langsames (monatedauerndes) Auskristallisieren aus einer konz. wässrigen Re_2O_7-Lösung erhält man zudem farblose Kristalle $HReO_4 \cdot H_2O = H_3O^+ReO_4^-$. Die durch Neutralisation gebildeten Salze, die Technate(VII) TeO_4^- bzw. Rhenate(VII) ReO_4^- (»Pertechnetate«, »Perrhenate«), sind, zum Unterschied vom violetten und oxidationsfreudigen »Permanganat« MnO_4^-, blassgelb bis farblos und viel schlechtere Oxidationsmittel. Mit Tetraphenylarsoniumchlorid $AsPh_4^+Cl^-$ bilden TcO_4^- und ReO_4^- schwerlösliche Niederschläge $AsPh_4^+MO_4^-$, was zur

»gravimetrischen Bestimmung von Tc oder Re« dienen kann, durch konzentrierte Schwefelsäure werden sie in Heptaoxide M_2O_7 übergeführt. Man kennt auch ein Nitridoderivat ReN_4^{5-} und ein Imidoderivat $Re(NtBu)_4^-$ von ReO_4^-.

In Alkalilauge lösen sich die Perrhenate unter Bildung von Orthoperrhenaten $[ReO_4(OH)_2]^{3-}$ (vgl. $[IO_4(OH)_2]^{3-}$); dementsprechend kennt man neben den »Metaperrhenaten« $M^I ReO_4$ auch »Mesoperrhenate« $M^I_3 ReO_5$ und »Orthoperrhenate« $M^I_5 ReO_6$, die sich durch Zusammenschmelzen von ReO_4^- mit basischen Oxiden gewinnen lassen (Analoges gilt für TcO_4^-). Eine Tendenz zur Bildung von Re(VII)-Isopolysäuren wie bei Mo(VI) und W(VI) besteht nicht. Mit Wasserstoffperoxid verwandelt sich die dehydratisierte Perrheniumsäure Re_2O_7 in Et_2O gemäß $Re_2O_7 + 4H_2O_2 \longrightarrow H_4Re_2O_{13} + 2H_2O$ in die »Peroxorheniumsäure« $H_4Re_2O_{13} = (H_2O)(O_2)_2ORe-O-ReO(O_2)_2(OH_2)$, die sich in Form orangeroter, explosiver Kristalle isolieren lässt und in trockenen organischen Medien langsam (in Anwesenheit von Wasser rasch) unter O_2-Eliminierung in Perrheniumsäure zerfällt: $H_4Re_2O_{13} \longrightarrow Re_2O_7 \cdot 2H_2O + 2O_2$. Da die Säure organische ungesättigte Verbindungen zu oxidieren vermag und dabei in Perrheniumsäure übergeht, wirkt Re_2O_7/H_2O_2 (bzw. ReO_3/H_2O_2) als Katalysator für derartige Umsetzungen. Chelatliganden mit drei Donoratomen wie $MeN(CH_2CH_2NMe_2)_2 = pmdta$ reagieren mit Re_2O_7 zu $[ReO_3 \cdot 3D]^+ReO_4^-$ (z.B. $[ReO_3(pmdta)]^+ReO_4^-$) mit dem donorstabilisierten »Perrhenylion« ReO_3^+.

Strukturen. Das Metapertechnat und -rhenat MO_4^- ist wie das Permanganat MnO_4^- tetraedrisch strukturiert (die Meso- und Orthoformen weisen oktaedrisch koordiniertes Tc und Re auf). Tc_2O_7 liegt in fester Phase in Form von $O_3Tc-O-TcO_3$-Molekülen mit tetraedrisch koordiniertem Tc vor, während in Re_2O_7 gemäß Abb. 28.9a abwechselnd ReO_4-Tetraeder und ReO_6-Oktaeder über gemeinsame Ecken zu Doppelschichten verknüpft sind. In der Gasphase bilden sowohl Tc_2O_7 als auch Re_2O_7 Moleküle aus zwei MO_4-Tetraedern mit gemeinsamer Ecke (MOM-Winkel 180°). Durch Einwirkung von Donoren D wie Wasser H_2O, Ether R_2O, Nitrile RCN, Dimethoxyethan $MeOCH_2CH_2OMe$ lässt sich der polymere Re_2O_7-Strukturverband unter Erhalt einer asymmetrischen Einheit $O_3Re-O-ReO_3(D)_2$ mit tetraedrischer und oktaedrischer Re-Koordination (Abb. 28.9b) aufbrechen (bzgl. der Spaltung der verbliebenen ReORe-Brücke durch Chelatliganden D–D–D vgl. oben), Wasserstoffperoxid H_2O_2 depolymerisiert Re_2O_7 andererseits unter Bildung einer symmetrischen Einheit $H_4Re_2O_{13} = O[ReO(O_2)_2(H_2O)]_2$ (Abb. 28.9c) mit pentagonal-bipyramidal koordiniertem Re (Winkel ReORe ca. 150°).

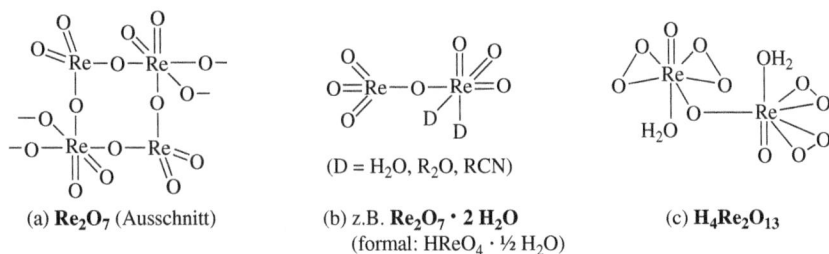

(a) **Re_2O_7** (Ausschnitt)

(b) z.B. **$Re_2O_7 \cdot 2H_2O$**
(formal: $HReO_4 \cdot \frac{1}{2}H_2O$)

(D = H_2O, R_2O, RCN)

(c) **$H_4Re_2O_{13}$**

Abb. 28.9

Dass sich die auf charge-transfer-Übergänge zurückgehende (S. 1615) Farbe von MO_4^- in Richtung MnO_4^-, TcO_4^-, ReO_4^- »aufhellt«, beruht darauf, dass in gleicher Richtung die Oxidationstendenz der siebenwertigen Zentralmetalle abnimmt (Verschiebung des CT-Absorptionsmaximums in den nicht sichtbaren UV-Bereich). Hierbei setzt die CT-Absorption von TcO_4^- in Abhängigkeit von äußeren Einflüssen (z.B. Lokalsymmetrie) teils vor, teils nach der Grenze des sichtbaren Bereichs ein, sodass Pertechnetium-Verbindungen rot (z.B. festes $HTcO_4$) bis farblos erscheinen.

Sechswertige Stufe. Noch wenig eingehend charakterisiert ist purpurrotes Technetiumtrioxid TcO_3, das als Zwischenprodukt der Tc_2O_7-Thermolyse entstehen soll. Beim Schmelzen mit Alkalihydroxiden gehen die Perrhenate in grüne Rhenate(VI) ReO_4^{2-} über, die sich in wässriger Lösung leichter als die Manganate MnO_4^{2-} unter Bildung von Perrhenaten und Rheniger Säure disproportionieren: $3\,Re^{VI}O_4^{2-} + 4\,H^+ \rightleftharpoons 2\,Re^{VII}O_4^- + H_2Re^{IV}O_3 + H_2O$. Das den Rhenaten(VI) zugrunde liegende, elektrisch leitende rote Rheniumtrioxid ReO_3 (Zersetzung 400 °C sich zum Unterschied vom homologen Mangantrioxid isolieren lässt, kann durch Reduktion des Heptaoxids mit metallischem Rhenium bei 250 °C erhalten werden. Es reagiert nicht mit Wasser sowie verdünnten Säuren oder Alkalien, disproportioniert aber beim Erhitzen in Re(VII)- und Re(IV)-oxid ($3\,ReO_3 \longrightarrow Re_2O_7 + ReO_2$ bzw. beim Kochen mit konz. Alkali: $3\,ReO_3 + 2\,OH^- \longrightarrow 2\,ReO_4^- + ReO_2 + H_2O$) und bei noch stärkerem Erhitzen in Re_2O_7 und Re.

Die Struktur des Rhenium(VI)-oxids (ReO_3-Struktur) ist sehr einfach und besteht aus lauter ReO_6-Oktaedern, die gemäß Abb. 28.10b über gemeinsame Ecken nach allen drei Richtungen des Raums hin mit anderen ReO_6-Oktaedern verknüpft sind. Die Struktur geht aus der des Perowskits $CaTiO_3$ hervor, wenn man aus letzterem die Ca^{2+}-Ionen entfernt, die sich jeweils im Mittelpunkt des in Abb. 28.10a wiedergegebenen Würfels zwischen den 8 MO_6-Oktaedern befinden.

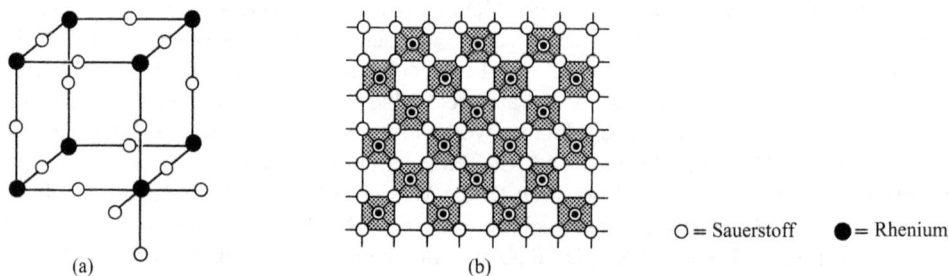

O = Sauerstoff $\bullet$ = Rhenium

(a)   (b)

Abb. 28.10 Rheniumtrioxid-Struktur. (a) Räumlicher Ausschnitt (jedes Re-Atom ist – wie rechts unten angedeutet – oktaedrisch von O-Atomen umgeben). (b) Sicht auf eine Oktaederschicht (entsprechende Schichten liegen unter- und oberhalb der gezeichneten Schicht; die Schichten sind über gemeinsame Oktaederecken verknüpft).

Fünf-, vier- und dreiwertige Stufe. Wenig eingehend untersucht ist blaues Dirheniumpentaoxid Re_2O_5, das als Zwischenprodukt der elektrolytischen Reduktion von ReO_4^- in saurem Milieu entstehen soll. Das schwarze leicht aus TcO_4^- und Zn/HCl zugängliche Technetiumdioxid TcO_2 entsteht als stabilstes Oxid beim Erhitzen aller Tc-oxide auf genügend hohe Temperaturen an der Luft, wogegen das braunschwarze, wasserlösliche, durch Umsetzung von Re_2O_7 mit Re bei 600 °C gewinnbare Rheniumdioxid ReO_2 beim Erhitzen auf 900 °C in Umkehrung seiner Bildung in Re_2O_7 und Re zerfällt. Beide Oxide weisen analog MoO_2 eine verzerrte Rutilstruktur auf. Beim Schmelzen mit Alkalihydroxiden geht ReO_2 in Rhenate(IV) ReO_3^{2-} (»Rhenite«) über. Auch bildet es mit Metalloxiden $M^{II}O$ Doppeloxide $M^{II}ReO_3$ von Perowskitstruktur. Die Hydrolyse von $ReCl_3$ liefert bei 100 °C unter Luftausschluss schwarzes Dirheniumtrioxid Re_2O_3 als Hydrat. Das gleiche Produkt entsteht bei der Reduktion von NH_4ReO_4 in Wasser mit $NaBH_4$. Das »getrocknete« Oxid hat die Formel $Re_2O_3 \cdot 3\,H_2O$, gibt bei 200 °C ein Molekül H_2O ab und zerfällt bei 500 °C in Re und ReO_2.

Schwefel-, Selen-, Tellurverbindungen. Technetium Tc und Rhenium Re (M) bilden schwarze Sulfide, Selenide und Telluride (Y) der Zusammensetzung MY_2 (verzerrte $CdCl_2$-Struktur mit M_4-Clustern), M_2Y_7 (enthält ebenfalls M_4-Cluster) und Re_2Te_5 (enthält $[R_6Te_8]^{2+}$-Cluster, s. unten). Die Chalkogenide entstehen aus den Elementen ($ReTe_2$ unter Druck), durch Sulfidierung saurer wässriger MO_4^--Lösungen mit H_2S bzw. H_2Se ($\longrightarrow M_2Y_2$) sowie durch thermische Zersetzung von M_2Y_7 ($\longrightarrow MY_2$).

Darüber hinaus existieren Chalkogenidometallate: Leitet man H_2S in neutrale ReO_4^--Lösungen, so bildet sich auf dem Wege über das gelbe ReO_3S^--Ion, das orangefarbene $ReO_2S_2^-$-Ion und das rote $ReOS_3^-$-Ion letztendlich das rotviolette Thiorhenat(VII) ReS_4^- (analoge Ionen existieren wohl vom siebenwertigen Tc). Von Interesse sind ferner die durch Reaktion von Rhenium mit H_2S bzw. H_2Se in Anwesenheit von $M_2^I CO_3$ oder $M^{II}CO_3$ bei 800–900 °C entstehenden roten bis schwarzroten Thiorhenate(III) $[Re_6S_n]^{4-}$ ($n = 11, 12, 13, 14$) und Selenorhenate(III) $[Re_6Se_n]^{4-}$ ($n = 12, 13$). Man kennt auch $[Tc_6S_n]^{4-}$ ($n = 12, 13$). Die betreffenden Anionen enthalten $[M_6Y_8]^{2+}$-Einheiten (Abb. 28.11a) mit M_6-Oktaedern (ReRe-Abstand um 2.6 Å; vgl. W_6Br_8-Einheit in WBr_3, S. 1874). Letztere sind in $Re_6S_{11}^{4-}$ über gemeinsames Sulfid S^{2-} nach allen drei Raumrichtungen miteinander verknüpft, was der Formulierung $\{Re_6(\mu_3\text{-}S)_8(\mu_2\text{-}S_{6/2})\}^{4-}$ entspricht. Da hierbei der Re_6^{18+}-Metallcluster $6 \times 4 = 24$ Valenzelektronen aufweist, kommen jeder der 12 ReRe-Bindungen 2 Elektronen zu, die Außenelektronenzahl jedes Re-Atoms entspricht dann 4 (Re^{3+}) $+ 4$ (vier Re-Nachbarn) $+ 8$ (μ_3-S) $+ 2$ (μ_2-S) $= 18$. Zwei, vier bzw. alle sechs S^{2-}-Ionen, welche die $[Re_6S_8]$-Einheiten verbinden, lassen sich durch Disulfid S_2^{2-} ersetzen, was zu Formeln $Re_6S_{12}^{4-}$, $Re_6S_{13}^{4-}$ und $Re_6S_{14}^{4-}$ führt (in letzterem Falle lassen sich nur Mischkristalle $Cs_4Re_6S_{14}/Cs_2S$ isolieren). Analogen Bau haben $Re_6Se_{12}^{4-}$, $Re_6Se_{13}^{4-}$, $Tc_6S_{12}^{4-}$ und $Tc_6S_{13}^{4-}$. Als Beispiele für polysulfidhaltige Thiorhenate seien genannt: $[Re^{III}_4S_4(S_3)_6]^{4-}$ (Abb. 28.11b) und $[Re^V S(S_4)_2]^-$ (Abb. 28.11c).

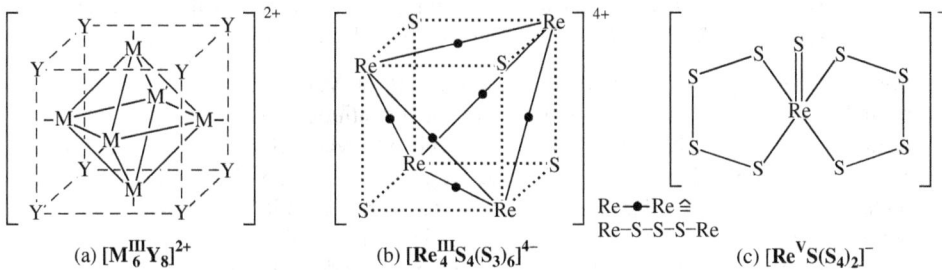

$$\text{(a) } [M_6^{III}Y_8]^{2+} \qquad \text{(b) } [Re_4^{III}S_4(S_3)_6]^{4-} \qquad \text{(c) } [Re^V S(S_4)_2]^-$$

Re$-\bullet-$Re $\hat{=}$
Re$-$S$-$S$-$Re

Abb. 28.11

2.2.4 Pentel-, Tetrel-, Trielverbindungen

Beispiele für einige, u. a. aus den Elementen zugängliche Pentelide, Tetrelide, Trielide sind die Rheniumnitride Re_2N, ReN (Zerfall bei Raumtemperatur; S. 747) sowie hochschmelzende Rheniumphosphide Re_2P, ReP, Re_3P_7 (S. 861; man kennt auch Arsenide; S. 948), Rheniumcarbide ReC (kubische und hexagonale Form; S. 1021), Rheniumsilicide $ReSi_2$ (S. 1068) und Rheniumboride Re_3B, Re_7B_3, ReB, ReB_2 (S. 1222). Es sind auch entsprechende Technetiumverbindungen zugänglich (z. B. Tc_3B, Tc_7B_3, TcB, TcB_2). Die metallreichen, elektrisch leitenden oder halbleitenden Nitride, Carbide und Boride sind Hartstoffe (S. 1889) und zu den Interstitiellen Verbindungen (S. 308) zu zählen.

Neben Re-nitriden existieren auch Nitridorhenate (S. 2101): $[Re^V N_3]^{4-}$ (isolierte, sehr flache ReN_3-Pyramide in Na_4ReN_3; gewinnbar aus Re/$NaNH_2$; man vergleiche hierzu $M^{II}_3MN_3$ ($M = V^{III}$, Cr^{III}, Mn^{III}, Fe^{III}) mit planaren MN_3^{6-}-Ionen), $[Re^{VII}N_4]^{5-}$ (isolierte ReN_4-Tetraeder in Li_5ReN_4, $LiSr_2ReN_4$, $LiBa_2ReN_4$; gewinnbar aus Li, M^{II}, Re in N_2-Atmosphäre).

Darüber hinaus existieren viele Tc- und Re-Verbindungen mit stickstoffhaltigen Resten, z. B. $[O_3Re^{VII}\equiv N]^{2-}$ (tetraedrisch; aus Re_2O_7/KNH_2 in fl. NH_3), $[Cl_4Re^V N]^{2-}$ (quadratisch-pyramidal; aus $NCl_3/ReCl_5$). In den Komplexen $[O_3M^{VII}N]^{2-}$ ($M = Tc$, Re) weist das Zentralatom wie in $[O_3Mo^{VI}N]^{3-}$ sowie $[O_3Os^{VIII}N]^-$ formal Edelgaskonfiguration auf. Neben letzteren Komplexen mit ReN-Dreifachbindungen kennt man eine Reihe von Verbindungen, in denen Tc und Re einfach oder zweifach mit stickstoffhaltigen Resten verknüpft sind. Beispiele für Imidorhenate und -technetate sind etwa das PPh$_3$-Adukt von Cl$_3$Re^V=NAr oder die Verbindung Tc$^{VI}_2$(=NAr)$_6$ mit TcTc-Bindung, Beispiele letzteren Typs bieten Ammin-Komplexe.

Bezüglich Verbindungen mit kohlenstoffhaltigen Resten vgl. Organische Verbindungen von Tc und Re (S. 1929).

2.2.5   Technetium- und Rheniumkomplexe

Klassische Komplexe. Komplexe des Technetiums und Rheniums ohne Metallclusterzentren sind nicht sehr zahlreich und beschränken sich bei den höheren Oxidtionsstufen (> 3) im wesentlichen auf einige Hydridokomplexe (vgl. z. B. M^{VII}H$_9^{2-}$), Halogenokomplexe (vgl. z. B. Re^{VII}F$_8^-$, M^{IV}X$_6^{2-}$), Cyanokomplexe (vgl. z. B. Re^{IV}(CN)$_7^{3-}$) und Oxokomplexe (vgl. MO$_4^{n-}$). Ferner kennt man gemischte Komplexe wie [M^{V}OCl$_5$]$^{2-}$ (oktaedrisch), [M^{V}OX$_4$]$^-$ (quadratisch-pyramidal), [Cl$_5$Re^{IV}–O–Re^{IV}Cl$_5$]$^{4-}$ (ReORe-Winkel $= 180°$). Bemerkenswert ist, dass höherwertiges (insbesondere fünfwertiges) Rhenium zu Sauerstoff vielfach doppelte Bindungen ausbildet und in Form der donorstabilisierten linearen Gruppen [Re=O]$^{3+}$, [O=Re=O]$^+$ oder [O=Re–O–Re=O]$^{4+}$ vorliegt (Entsprechendes gilt für Technetium). Bezüglich der donorstabilisierten M≡N- und M=N-Gruppen s. oben, bezüglich der Frage der Oxidationsstufe von Re in Dithiolatkomplexen [Re(S$_2$C$_2$R$_2$)$_3$] S. 1557. In den niedrigeren Oxidationsstufen ($\leq$ III) existieren zudem viele Phosphan-, Arsan-, Isonitril- und Cyanokomplexe (vgl. S. 1917). Erwähnt seien in diesem Zusammenhang auch Komplexe mit end-on gebundenem molekularem Stickstoff wie z. B. [Re^{I}Cl(PR$_3$)$_4$(N$_2$)], [Re^{II}Cl(PR$_3$)$_4$(N$_2$)]$^+$ oder [Re^{III}H$_2$(PR$_3$)$_4$(N$_2$)]$^+$ (vgl. S. 2103).

Nichtklassische Komplexe (»Metallcluster«, vgl. S. 2081). Von zwei- bis vierwertigem Technetium und Rhenium sind viele Komplexe mit Ditechnetium- und Dirhenium-Clusterionen M$_2^{n+}$ bekannt, wobei beide Elemente ein-, zwei-, drei- oder vierfach aneinander gebunden sein können. Und zwar ergibt sich die Bindungsordnung gemäß dem auf S. 2081 und S. 1865 im Zusammenhang mit der LCAO-Methode und den Dichrom(II)-Komplexen Besprochenen aus der Zahl der besetzten bindenden σ-, π_x-, π_y- und δ-sowie antibindenden σ^*-, π_x^*-, π_y^*- und δ^*-Molekülorbitale der M$_2$-Gruppe (jedes Elektron in einem bindenden bzw. antibindenden MO führt zu einer halben Bindung bzw. zum Abzug einer halben Bindung). Es folgt dann für Tc$_2$- und Re$_2$-Clusterionen unterschiedlicher Oxidationsstufen (vgl. auch S. 1891, 1984, 2018, 2056):

Tab. 28.3

Ion (Außenelektronen)	M$_2^{4+}$(10 e$^-$)	M$_2^{5+}$(9 e$^-$)	M$_2^{6+}$(8 e$^-$)	M$_2^{8+}$(6 e$^-$)
Elektronenkonfiguration	$\sigma^2\pi^4\delta^2\delta^{*2}$	$\sigma^2\pi^4\delta^2\delta^{*1}$	$\sigma^2\pi^4\delta^2$	$\sigma^2\pi^4$
Bindungsordnung	3.0	3.5	4.0	3.0
Beispiele	[Re$_2$Cl$_4$(PR$_3$)$_4$]	[Re$_2$Cl$_5$(PR$_3$)$_3$]	[Re$_2$Cl$_8$]$^{2-}$	[Re$_2$Cl$_9$]$^-$

Die Komplexe des Typs [Re$^{II}_2$Cl$_4$(PR$_3$)$_4$] bzw. [Re$^{II}_2$Cl$_4$(R$_2$PCH$_2$CH$_2$PR$_2$)$_2$] mit einer Dreifachbindung weisen hierbei die in Abb. 28.12a bzw. b wiedergegebene ekliptische bzw. gestaffelte Konformation auf (bei $\sigma^2\pi^4\delta^2\delta^{*2}$-Elektronenkonfiguration besteht freie Drehbarkeit um die M≡M-Bindung, sodass sterische Effekte die Konformation bestimmen). Auf Lücke stehen auch die Cl-Atome im Chlorokomplex Tc$^{II}_2$Cl$_6^{2-}$, der sich aus Tc$_2$Cl$_8$-Einheiten mit gemeinsamen Cl-Atomen aufbaut (TcTc-Abstand $= 2.044$ Å). Bezüglich der Struktur des Komplexes [Re$^{III}_2$Cl$_9$]$^-$ mit ReRe-Dreifachbindung (vgl. Abb. 28.8d). Komplexe des Typs [M$^{III}_2$X$_8$]$^{2-}$ (M = Tc, Re; X = Halogen, Methyl) oder [M$^{III}_2$(O$_2$CR)$_4$X$_2$] mit einer Vierfachbindung (ReRe-Abstände ≈ 2.24 Å bzw. TcTc-Abstände ~ 2.17 Å) haben ausschließlich die ekliptische Konfiguration in Abb. 28.12c bzw. d. Dass sich die Bindungsabstände beim Übergang von M≡M nach

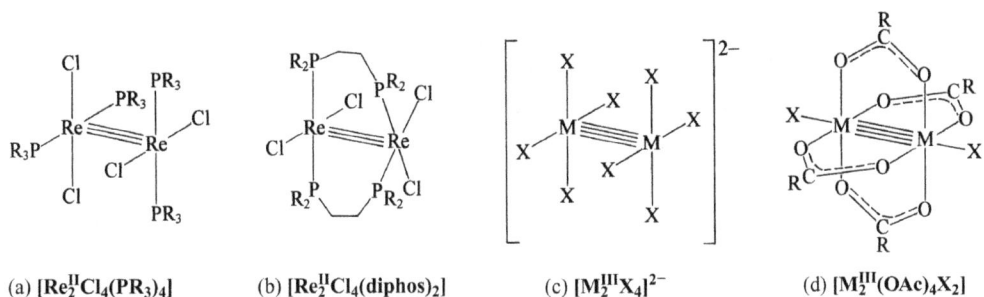

(a) [Re$_2^{II}$Cl$_4$(PR$_3$)$_4$]   (b) [Re$_2^{II}$Cl$_4$(diphos)$_2$]   (c) [M$_2^{III}$X$_4$]$^{2-}$ (d) [M$_2^{III}$(OAc)$_4$X$_2$]

Abb. 28.12

M≡M nicht deutlich verkürzen (Re) bzw. sogar verlängern (Tc), hängt damit zusammen, dass die Erhöhung der Metallatomladung (hier von M^{2+} nach M^{3+}) allgemein mit einer Schwächung der σ- und/oder π-Bindungen verbunden ist (vgl. die Länge der ReRe-Bindung in Re$^{IV}_2$Cl$_9^-$ von 2.70 Å). Eine Schwächung der δ-Bindung ist in der Regel die Folge der Addition zusätzlicher Liganden an [M$_2$X$_8$]$^{2-}$ (⟶ [M$_2$X$_8$L$_2$]$^{2-}$), da deren Elektronenpaare u. a. mit den δ*-MOs in Wechselwirkung treten und diese mit Elektronen »füllen«.

Darüber hinaus existieren Komplexe mit größeren Metallclusterzentren des Technetiums und Rheniums. Einige M$_3$-, M$_6$- und M$_8$-Clusterverbindungen wurden hierbei im Zusammenhang mit den Halogenverbindungen eingehender besprochen.

2.2.6   Organische Verbindungen des Technetiums und Rheniums

Technetium- und Rheniumorganyle

Rhenium bildet wie Mangan in der minus drei- bis plus siebenwertigen Stufe organische Verbindungen, die vielfach farbenprächtig sind. Analoges gilt wohl auch für Technetium, doch wurden dessen organische Verbindungen bisher noch weniger intensiv studiert. Vgl. hierzu S. 2108f.

Organische Verbindungen des zweiwertigen Rheniums, die Rheniumdiorganyle ReR$_2$, existieren offensichtlich nur in Form von Addukten mit geeigneten Donoren. Beispielsweise lässt sich ein Phosphankomplex Ph$_2$Re(PR$_3$)$_2$ (polymer) und ein purpurfarbener Stickstoffkomplex R$_2$Re−N≡N−ReR$_2$ (R = CH$_2$SiMe$_3$) gewinnen. Selbst ein Cyclopentadienylkomplex ist bisher nicht als solcher, sondern nur als purpurfarbenes Pentamethylderivat ReCp$_2$* isolierbar (Cp* = C$_5$Me$_5$; ReCp$_2$ lässt sich in einer Tieftemperaturmatrix bei 20 K isolieren). Sowohl TcCp$_2$ als auch ReCp$_2$ existieren aber in Form der Hydride Cp$_2$MH mit dreiwertigem Zentralatom (zueinander geneigte η^5-gebundene Cp-Ringe). Rheniumtriorganyle ReR$_3$ (z. B. rotes, diamagnetisches »Trimethylrhenium« ReMe$_3$) bilden sich auf dem Wege über R$_2$ReCl (z. B. blaues, diamagnetisches »Dimethylrheniumchlorid« Me$_2$ReCl) durch Reaktion von LiR oder RMgX mit ReCl$_3$. Die Verbindungen liegen ähnlich wie ReCl$_3$ in trimeren Formen (Abb. 28.13a) vor. Das sich von ReMe$_3$ ableitende »Tetramethylrhenat(III)« [ReMe$_4$]$^-$ (gewinnbar durch Reaktion von ReCl$_5$ und LiMe) ist analog [ReCl$_4$]$^-$ dimer: [Me$_4$Re≡ReMe$_4$]$^{2-}$ (rot, diamagnetisch, vgl. Abb. 28.13c). Die Einwirkung von MgR$_2$ auf ReCl$_4$(THF)$_2$ in organischen Medien führt zu dunkelbraunen, schwach paramagnetischen Rheniumtetraorganylen ReR$_4$ (trimer) mit vierwertigem Rhenium, die Einwirkung von LiMe in Et$_2$O auf R$_4$ReO (s. unten) zu grünem, explosivem paramagnetischem Rheniumhexaorganyl ReR$_6$ mit R = Me, das eines der wenigen bisher bekannten Elementhexaorganyle darstellt (man kennt auch TeMe$_6$, MoMe$_6$, WMe$_6$; neutrale Elementorganyle mit mehr als sechs Organylgruppen sind unbekannt). Der Verbindung kommt – anders als verzerrt-trigonal-prismatisch gebautem MoMe$_6$ bzw. WMe$_6$ (S. 1893) oder oktaedrisch gebautem TeaMe$_6$ – eine regulär-trigonal-prismatische Struktur zu. Das sich von ReMe$_6$ ableitende braune »Octamethylrhenat(VI)« [ReMe$_8$]$^{2-}$ (als Li(OEt$_2$)$^+$-Salz) ist antikubisch gebaut. »Rheni-

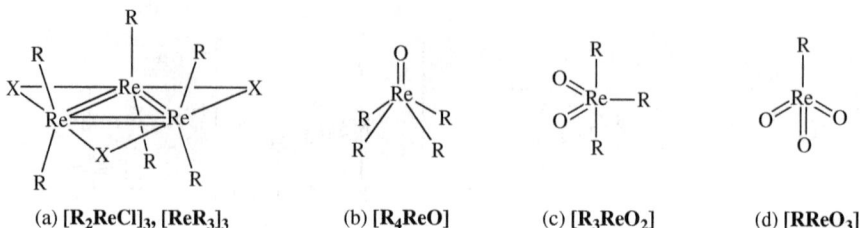

(a) [R$_2$ReCl]$_3$, [ReR$_3$]$_3$ (b) [R$_4$ReO]   (c) [R$_3$ReO$_2$]   (d) [RReO$_3$]

Abb. 28.13

umpenta«- sowie »heptaorganyle« ReR$_5$ sowie ReR$_7$ mit fünf- und siebenwertigen Rhenium sind unbekannt.

Beispiele für niedrigwertige Verbindungen mit TcC- und ReC-Bindungen sind [M^I(CN)$_5$]$^{5-}$, [M^I(CNR)$_6$]$^+$, [M^I(C$_6$H$_6$)$_2$]$^+$, [M$^0_2$(CO)$_{10}$], [Re^0(C$_6$Me$_6$)$_2$], [M^{-I}(CO)$_5$]$^-$, [M^{-III}(CO)$_4$]$^{3-}$. Näheres vgl. Kap. XXXII.

Organylrhenium- und -technetiumoxide sowie Derivate. Kinetisch stabiler als die erwähnten rheniumorganischen Verbindungen verhalten sich deren Oxoderivate. So ist etwa das Methyl-derivat unter den Tetraorganylrheniumoxiden R$_4$Re^{VI}O (Abb. 28.13b) (quadratisch-pyramidal mit O in axialer Stellung), das sich vom zersetzlichen ReMe$_6$ durch Ersatz zweier Me-Gruppen gegen ein O-Atom ableitet, bis 200 °C stabil; auch lassen sich stabile Triorganylrheniumdioxi-de R$_3$ReO$_2$ (Abb. 28.13c) sowie Organylrhenium- und -technetiumtrioxide RMO$_3$ der in Sub-stanz unbekannten Heptaorganyle ReR$_7$ und TcR$_7$ gewinnen (R$_3$ReO$_2$ weist trigonal-bipyrami-dalen Bau auf mit äquatorial gebundenen O-Atomen; ∢OReO/MeReMe ca. 124/74.3°; RReO$_3$ ist tetraedrisch strukturiert). Die kinetische Stabilisierung metallorganischer Verbindungen in hohen Wertigkeiten durch O-Liganden beruht auf deren σ-und π-Donorwirkung: [M←Ö: ⟷ M⁼ÖM⁼O:] (Verringerung der positiven Metallladung). Da die NR-Gruppe einen besse-ren π-Donor als das O-Atom darstellt: [M⁼N̈R ⟷ M⁼NR], ist die kinetische Stabi-lität von Iminoderivaten RRe(NR)$_3$ höher als die der Oxoderivate RReO$_3$ (z. B. zerfällt EtReO$_3$ oberhalb 0 °C, EtRe(NR)$_3$ mit R = 2,6-C$_6$H$_3$$iPr_2$ bis 200 °C nicht). Eine entspre-chende Stabilisierung durch Methylene CR$_2$ anstelle von O ist nicht möglich; Verbindungen RRe(CR$_2$)$_3$ wurden dementsprechend bisher nicht aufgefunden (das Tautomeriegleichgewicht: H$_3$C−ReO$_3$ ⇌ H$_2$C=ReO$_2$(OH) liegt auf der linken Seite, stellt sich aber möglicherweise nach Adsorbtion von MeReO$_3$ an Al$_2$O$_3$-Pulver ein, s. unten).

Die Darstellung von R$_4$ReO (R z.B. Me, CH$_2$$tBu, CH_2$SiMe$_3$) kann aus ReOCl$_4$ und LiR, die von R$_3$ReO$_2$ (R = Me) durch Oxidation von Me$_4$ReO mit NO oder von Me$_3$Re(O)−O−Re(O)Me$_3$ mit Me$_3$NO erfolgen. Wegen der katalytischen Nutzbarkeit von RMeO$_3$ (R insbesondere Me, aber auch Alkyl, Alkenyl, Alkinyl, Aryl, η^5-Cyclopentadienyl) wurde die Synthese der Organyltrioxide eingehend studiert. Sie kann – unter Re-Verlust – durch Organylierung von Re$_2$O$_7$ mit SnR$_4$ oder ZnR$_4$ erfolgen und – ohne Re-Verlust – durch Reaktion von Re$_2$O$_7$ in THF zunächst mit Me$_3$SiCl, dann mit Bu$_3$SnR, z. B.:

$$Re_2O_7 \xrightarrow[-Me_3SnOReO_3]{+Me_4Sn} MeReO_3; \quad 2\,Re_2O_7 \xrightarrow[-Zn(ReO_4)_2]{+Cp_2Zn} 2\,(\eta^5\text{-}C_5H_5)ReO_3;$$

$$Re_2O_7 \xrightarrow[-(Me_3Si)_2O]{+2\,Me_3SiCl} 2\,ReO_3Cl; \quad ReO_3Cl \xrightarrow[-Bu_3SnCl]{Bu_3SnMe} MeReO_3.$$

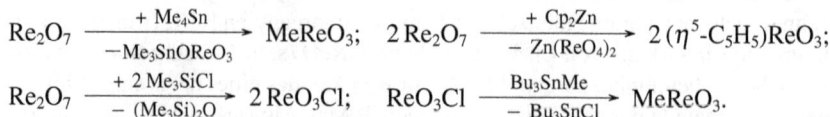

Effizient verläuft auch die Umsetzung von Ac^{F}OReO$_3$ (aus Re$_2$O$_7$ und Ac$^F_2$O in 99 % Ausbeute; Ac^F = CF$_3$CO) mit Zinntetraorganylen: Ac^{F}OReO$_3$ + Bu$_3$SnR ⟶ RReO$_3$ + Ac^{F}OSnBu$_3$. Ein willkommener Zugang zu MeReO$_3$ direkt aus Re-Metall (z. B. aus Katalysatorabfällen) besteht in dessen Oxidation mit H_2O_2 zur Säure $HReO_4$, die nach Überführung in $AgReO_3$ ($HReO_4$ + $AgNO_3 \longrightarrow AgReO_4$ + HNO_3) mit Me_3SiCl in das Oxidchlorid ReO_3Cl und dann mit $SnMe_4$ in $MeReO_3$ überführt wird.

Eigenschaften. »Methylrheniumtrioxid« $MeReO_3$ (MTO) ist farblos, luftstabil, bei $25\,°C$ im Vakuum sublimierbar, in organischen Medien löslich und oberhalb $300\,°C$ thermolabil. Aus erwähnten wässrigen $MeReO_3$-Lösungen fällt langsam (in Stunden) goldfarbenes polymeres $(MeReO_3)_x$ aus, das sich unter Druckeinwirkung wieder zu $MeReO_3$ depolymerisieren lässt (es entsteht hierbei etwas CH_4 und ReO_3). Als Lewis-Säure bildet $MeReO_3$ mit Donoren Addukte $MeReO_3(D)$ und $MeReO_3(D)_2$. So löst sich $MeReO_3$ in Wasser mit saurer Reaktion unter Bildung von (Abb. 28.14e), in Basen unter Methanentwicklung ($MeReO_3$ + $OH^- \longrightarrow$ $\{MeReO_3(OH)\}^- \longrightarrow MeH + ReO_4^-$), in Wasserstoffperoxid unter Bildung eines Mono- und Diperoxids (Abb. 28.14f und g), in Pyridin unter Koordination des Donors (Abb. 28.14h). Weniger Lewis acid als $MeReO_3$ wirkt gelbes, luftstabiles, sublimierbares »Cyclopentadienylrheniumtrioxid« $CpReO_3$ (Abb. 28.14i) infolge der π-Donorbindung durch den η^5-gebundenen C_5H_5-Rest.

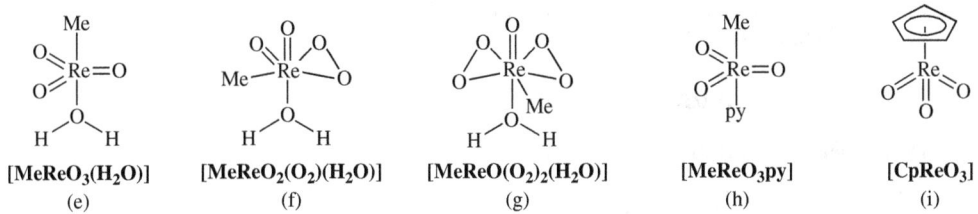

[MeReO$_3$(H$_2$O)]	[MeReO$_2$(O$_2$)(H$_2$O)]	[MeReO(O$_2$)$_2$(H$_2$O)]	[MeReO$_3$py]	[CpReO$_3$]
(e)	(f)	(g)	(h)	(i)

Abb. 28.14

Katalytische Prozesse unter Beteiligung von Re-organylen

$MeReO_3$ wirkt in CH_2Cl_2 oder C_6H_5Cl unter milden Bedingungen als Katalysator bei der Olefinmetathese (28.4), der Olefinepoxidation (28.5) und der Aldehydolefinierung (28.6), z. B.:

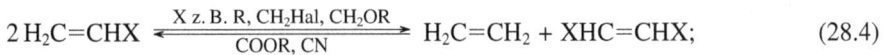

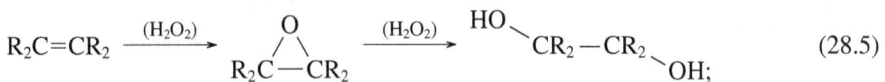

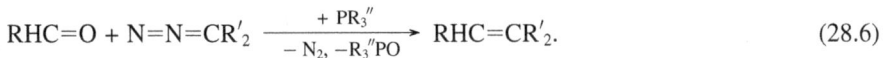

$$2\,H_2C{=}CHX \underset{\text{COOR, CN}}{\overset{\text{X z. B. R, CH}_2\text{Hal, CH}_2\text{OR}}{\rightleftharpoons}} H_2C{=}CH_2 + XHC{=}CHX; \tag{28.4}$$

$$R_2C{=}CR_2 \xrightarrow{\text{(H}_2\text{O}_2)} \overset{O}{R_2C{-}CR_2} \xrightarrow{\text{(H}_2\text{O}_2)} \overset{HO}{CR_2{-}CR_2}_{OH}; \tag{28.5}$$

$$RHC{=}O + N{=}N{=}CR_2' \xrightarrow[-\,N_2,\,-R_3''PO]{+\,PR_3''} RHC{=}CR_2'. \tag{28.6}$$

Für die Olefinmetathese (28.4) muss der Katalysator auf sauren Trägern verankert sein, wobei möglicherweise aus $MeReO_3$ zunächst die – katalytisch wirksame – Spezies $CH_2{=}ReO_2(OH)$ entsteht (bzgl. des Metathesemechanismus vgl. S. 1895). Die Olefinepoxidation (28.5) verläuft über den Diperoxo-Komplex (Abb. 28.14g), der ein Sauerstoffatom direkt auf $R_2C{=}CR_2$ überträgt und hierbei zu einem – seinerseits mit H_2O_2 in (Abb. 28.14g) zurückverwandelbaren – Monoperoxo-Komplex (Abb. 28.14f) abreagiert. Die erhältlichen Epoxide lassen sich in *trans*-1,2-Dihydroxyalkane umwandeln (das mit $MeReO_3$ isovalenzelektronische OsO_4 verwandelt demgegenüber Olefine im Zuge eines Cycloadditionsmechanismus in *cis*-1,2-Dihydroxyalkane; vgl. S. 1978). Im Zuge der Aldehydolefinierung (28.6) wird $MeReO_3$ durch das Phosphan zunächst in ein ligandenstabilisiertes Dioxid verwandelt ($MeReO_3$ + $3\,PPh_3 \longrightarrow$ $MeReO_2(PPh_3)_2 + Ph_3PO$), das mit der Diazoverbindung zu einem Alkylenderivat von $MeReO_3$ reagiert ($MeReO_2(PPh_3)_2 + R_2'C{=}N{=}N \longrightarrow MeReO_2({=}CR_2') + 2\,PPh_3 + N_2$). Durch Metathese entsteht dann aus letzterem Produkt mit dem Aldehyd $RHC{=}O$ unter Rückbildung von $MeReO_3$ der olefinierte Aldehyd ($MeReO_2({=}CR_2') + RHC{=}O \longrightarrow MeReO_3 + RHC{=}CR_2'$).

Literatur zu Kapitel XXVIII

Das Mangan

[1] **Das Element Mangan**

R. D. W. Kemmitt: »Manganese«, Comprehensive Inorg. Chem. **3** (1973) 772–876; Compr. Coord. Chem. I/II: »Manganese« (vgl. Vorwort); Ullmann: »Manganese and Manganese Alloys«, »Manganese Compounds« **A16** (1990) 77–143; Gmelin: »Manganese«, Syst.-Nr. **56**. Vgl. auch Anm. 7, 10.

[2] **Verbindungen des Mangans**

T. A. Zordan, L. G. Hepler: »Thermochemistry and Oxidation Potentials of Manganese and its Compounds«, Chem. Rev. **68** (1968) 737–745; M. B. Robin, P. Day: »Mixed Valence Chemistry – A Survey and Classification«, Adv. Inorg. Radiochem. **10** (1967) 248–422; R. Colton, J. H. Canterford: »Manganese«, in »Halides of the First Row Transition Metals«, Wiley 1969, 212–270.

[3] **Organische Verbindungen des Mangans**

Compr. Organomet. Chem. I/II/III: »Manganese« (vgl. Vorwort); Houben-Weyl: »Organische Manganverbindungen«, **13/9** (1984/86).

Das Technetium und Rhenium

[4] **Die Elemente Technetium und Rhenium**

R. D. Peacock: »Technetium«, »Rhenium«, Comprehensive Inorg. Chem. **3** (1973) 877–903, 905–978; Compr. Coord. Chem. I/II: »Technetium«, »Rhenium« (vgl. Vorwort); Ullmann: »Rhenium and Rhenium Compounds«, **A23** (1993); Gmelin: »Technetium«, Syst.-Nr. **69**; »Rhenium«, Syst.-Nr. **70**; R. D. Peacock: »The Chemistry of Technetium and Rhenium«, Elsevier, Amsterdam 1966; R. Colton: »The Chemistry of Rhenium and Technetium«, Wiley, New York 1966; K. B. Lebedev; »Chemistry of Rhenium«, Plenum Press, New York 1962; Vgl. auch Anm. 14, 16.

[5] **Verbindungen des Technetiums und Rheniums**

J. H. Canterford, R. Colton: »Technetium and Rhenium«, in »Halides of the Second and Third Row Transition Metals«, Wiley 1968, 272–321; R. A. Walton: »Ligand-Induced Redox Reactions of Low Oxidation State Rhenium Halides and Related Systems in Nonaqueous Solvents«, Prog. Inorg. Chem. **21** (1976) 105–127; K. Schwochau: »The Analytical Chemistry of Technetium«, Topics Curr. Chem. **96** (1981) 109–147; M. J. Clarke, P. H. Fackler: »The Analytical Chemistry of Technetium«: Toward Improved Diagnostic Agents", Struct. Bond. **50** (1982) 57–78; G. Rouschias: »Recent Advances in the Chemistry of Rhenium«, Chem. Rev. **74** (1974) 531–566; M. Melnik, J. E. van Liev: »Analysis of Structural Data of Technetium Compounds«, Coord. Chem. Rev. **77** (1987) 277–324; M. C. Chakravorti: »The Chemistry of Coordinated Perrhenate (ReO)$_4^-$«, Coord. Chem. Rev. **106** (1990) 205–225; J. Baldas: »The Coordination Chemistry of Technetium«, Adv. Inorg. Chem. **41** (1994) 1–123; J. R. Dilworth, S. J. Parrott: »The biomedical chemistry of technetium and rhenium«, Chem. Soc. Rev. **27** (1998) 43–56; G. Bandoli, A. Domella, M. Porchias, F. Refosco, F. Tisato: »Structural overviews of technetium compounds«, Coord. Chem. Rev. **214** (2001) 43–90.

[6] **Organische Verbindungen des Technetiums und Rheniums**

Literatur. Compr. Organomet. Chem. I/II/III: »Technetium«, »Rhenium« (vgl. Vorwort); Gmelin: »Organorhenium Compounds«, Syst.-Nr. **70**; Houben-Weyl: »Organische Rheniumverbindungen«, **13/9** (1984/86); G. Bandoli et al.: »Crystal Structures of Technetium Compounds«, Coord. Chem. Rev. **44** (1982) 191–227; W. A. Herrmann: »Organometallchemie in hohen Oxidationsstufen, eine Herausforderung – das Beispiel Rhenium«, Angew. Chem. **100** (1988) 1269–1286; Int. Ed. **27** (1988) 1297; »The Methylene Bridge: A Challenge to Synthetic, Mechanistic and Structural Organometallic Chemistry«, Comments on Inorg. Chem. **7** (1988) 73–107; »Stand und Aussichten der Rhenium-Chemie in der Katalyse«, J. Organomet. Chem. **383** (1990) 1–18; K. P. Gable: »Rhenium and Technetium Oxo Complexes in the Study of Organic Oxidation Mechanisms«, Adv. Organomet. Chem. **41** (1997) 127–164; C. C. Romao, F. E. Kühn, W. A. Herrmann: »Rhenium(VII) Oxo and Imido Complexes: Syntheses, Structures, and Applications«, Chem. Rev. **97** (1997) 3197–3246; W. A. Herrmann, F. E. Kühn: »Organorhenium Oxides«, Acc. Chem. Res. **30** (1997) 169–180: F. E. Kühn, R. W. Fischer,

W. A. Herrmann: »Methyltrioxorhenium«, Chemie in unserer Zeit **33** (1999) 192–199; H. J. Espenso: »Atom-transfer reactions catalyzed by methyltrioxorhenium(VII)-mechanisms and applications«, Chem. Commun. (1999) 479–488.

Kapitel XXIX

Die Eisengruppe

Die Eisengruppe (8. Gruppe bzw. 1 Spalte der VIII. Nebengruppe des Periodensystems) umfasst die Elemente Eisen (Fe), Ruthenium (Ru), Osmium (Os) und Hassium (Hs; Eka-Osmium, Element 108). Sie werden zusammen mit ihren Verbindung unten (Fe), auf S. 1970 (Ru, Os) und im Kap. XXXVII (Hs) behandelt. Am Aufbau der Erdhülle sind die Metalle Fe, Ru und Os mit 4.7 bzw. $1 \cdot 10^{-6}$ bzw. $5 \cdot 10^{-7}$ Gew.-% beteiligt (Massenverhältnis rund $10^7 : 2 : 1$).

Man fasst die auf die Mangangruppe (Mn, Tc, Re, Bh) folgenden drei vertikalen Spalten der Elemente, nämlich die Eisengruppe (Fe, Ru, Os, Hs; ohne Hs: Eisentriade), Cobaltgruppe (Co, Rh, Ir, Mt; ohne Mt: Cobalttriade) und Nickelgruppe (Ni, Pd, Pt, Ds; ohne Ds: Nickeltriade) zur VIII. Nebengruppe des Periodensystems zusammen und ordnet sie damit der VIII. Hauptgruppe zu. Allerdings haben VIII. Haupt- und Nebengruppe nur noch insofern eine gewisse Beziehung zueinander, als erstere die Edelgase (He, Ne, Ar, Kr, Xe, Rn), letztere die Edelmetalle (Ru, Os, Rh, Ir, Pd, Pt) enthält. Im übrigen sind aber die Eigenschaften der beiden Elementfamilien ganz verschieden, da es sich bei der VIII. Hauptgruppe um gasförmige Nichtmetalle, bei der VIII. Nebengruppe um feste Metalle handelt, unter denen die jeweiligen Kopfelemente sogar unedlen Charakter aufweisen (das Kopfelement der VIII. Hauptgruppe, Helium, ist besonders edel).

Wegen vieler Ähnlichkeiten der Elemente in den horizontalen Reihen der VIII. Nebengruppe (z.B. Dichten, Smp., Sdp., Radien, Atomisierungsenergien; vgl. Tafel IV) fasst man vielfach auch diese zu Elementgruppen zusammen und bezeichnet sie als Eisengruppe (Fe, Co, Ni), Gruppe der leichteren Platinmetalle (Ru, Rh, Pd; Dichte ca. $12 \, \text{g cm}^{-3}$) und Gruppe der schwereren Platinmetalle (Os, Ir, Pt; Dichte ca. $22 \, \text{g cm}^{-3}$). Die sechs Edelmetalle Ru, Os, Rh, Ir, Pd, Pt werden in ihrer Gesamtheit zu den Platinmetallen gezählt (der sinnvollere Name »Eisenmetalle« für die drei Elemente Fe, Co, Ni ist unüblich; die senkrechten Gruppen der Platinmetalle werden auch als Osmium-, Iridium- und Platingruppe bezeichnet, s. Tab. 29.1).

Tab. 29.1

	Eisengruppe (bzw. -triade)	Cobaltgruppe (bzw. -triade)	Nickelgruppe (bzw. -triade)	
Eisengruppe	Fe	Co	Ni	} Eisenmetalle
Leichte Platinmetalle	Ru	Rh	Pd	} Platinmetalle
Schwere Platinmetalle	Os	Ir	Pt	
»Hassiumgruppe«	Hs	Mt	Ds	} »Hassiummetalle«
	8. Gruppe	9. Gruppe	10. Gruppe	

(VIII. Nebengruppe)

1   Das Eisen

i **Geschichtliches.**Das Eisen war schon in den ältesten historischen Zeiten (vor ca. 6000 Jahren) als Meteoreisen bekannt und wird schon seit 3000 v. Chr. wie heute durch Erhitzen von Eisenerzen mit Kohle dargestellt (erste Hochöfen im 14. Jahrhundert). Die Kunst des Eisenschmelzens und der Eisenverarbeitung war den Hethitern in Kleinasien wohl seit 3000 v. Chr. bekannt und wurde als Geheimnis gehütet. Mit dem Verfall des hethitischen Reichs ab ca. 1200 v. Chr. konnte sich das Wissen über Eisen ausbreiten; es begann die »Eisenzeit«. Der Name Eisen leitet sich von der gotischen Bezeichnung »isarn« für festes Metall (im Gegensatz zur weichen Bronze) ab, das Symbol Fe vom lateinischen Namen »ferrum« für Eisen.

i **Physiologisches.** Eisen ist als Fe^{2+} bzw. Fe^{3+} essentiell für alle Organismen. Der Mensch enthält ca. 60 mg kg^{-1} (täglicher Bedarf 5–9 mg für Männer, 14–28 mg für Frauen im gebärfähigen Alter). Die tägliche Aufnahme über die Nahrung beträgt um 20 mg (besonders reich an Fe sind Schnittlauch, Kakao, Kaviar mit ca. 12 mg/100 g, durchschnittlichen Fe-Gehalt weisen Eier, Teigwaren, Nüsse, Spinat, Fleisch mit ca. 3 mg/100 g auf, arm an Fe sind Fette und Milchprodukte mit ca. 0.3 mg/100 g). Das Eisen wird aus der Nahrung durch die Magensäure herausgelöst (HCl-Mangel kann daher zu Bleichsucht führen), teilweise durch den Darm resorbiert, dann als »Plasmaeisen« (»Transferrin«) ins Blut transportiert und zum Aufbau von Hämoglobin (Bildung im Knochenmark; enthält 75 % des menschlichen Eisens), Ferritin (in der Leber; 16 % des Gesamteisens), Myoglobin (im Muskel; 3 % des Gesamteisens), Cytochrom (im Muskel; 0.1 % des Gesamteisens), Catalase (0.1 % des Gesamteisens) und anderen Enzymen genutzt, die wichtige Funktionen in Atmungs- und anderen Sauerstofftransport-Vorgängen ausüben (vgl. S. 1965). In Pflanzen beeinflussen Fe-haltige Enzyme die Photosynthese sowie die Chlorophyllbildung (vgl. S. 1449). Wichtig ist Fe neben Mo auch in der für die Stickstofffixierung verantwortlichen Nitrogenase (vgl. S. 1967).

1.1   Das Element Eisen

1.1.1   Vorkommen

Das Eisen ist nach dem Aluminium das zweithäufigste Metall und am Aufbau der Erdhülle als vierthäufigstes Element überhaupt mit 4.7 Gew.-% beteiligt (S. 84). Es tritt in der »Lithosphäre« meist gebunden in Form von Oxiden, Sulfiden und Carbonaten auf. Und zwar enthalten die aus dem Magma (S. 2289) abgeschiedenen Gesteine das Eisen in der Regel in zweiwertiger Form, während die Verwitterungsprodukte meist dreiwertiges Eisen aufweisen. Die roten, braunen und gelben Farbtöne des Erdbodens rühren von Fe_2O_3 bzw. $Fe_2O_3 \cdot x\,H_2O$ her. In gediegenem Zustande findet sich Eisen auf der Erde nur selten (z. B. in »Eisenmeteoriten« neben etwas Ni und anderen Metallen). Dagegen besteht der »Erdkern« (S. 84) mit einem Radius von 3500 km (mehr als die Hälfte des gesamten Erdradius) aus etwa 86 % Fe (besonders beständiges Element nach der Kernbindungsenergie-Kurve, S. 2245) neben 7 % Ni, 1 % Co, 6 % S. Ebenso enthalten die »Fixsterne« nach ihren Spektren viel Eisen, und auch die vielen Eisenmeteoriten zeugen davon, dass das Metall im gesamten Sonnensystem häufig vorkommt. Wichtig ist ferner das Vorkommen des Eisens in der »Biosphäre« (vgl. Physiologisches).

Die wichtigsten Eisenerze auf der Erde (abbauwürdig ca. 85 Milliarden Tonnen, und zwar in Asien/Südamerika/Nordamerika/Europa ca. 28/20/14/16 Milliarden Tonnen) sind: (i) Der dem Chromeisenstein $FeCr_2O_4$ (= »FeO · Cr_2O_3«) entsprechende Magneteisenstein Fe_3O_4 (= »FeO · Fe_2O_3«; »Magnetit«). Er enthält bei den wirtschaftlich nutzbaren Erzen 45–70 % Eisen und kommt in riesigen Lagern in Nord- und Mittelschweden, in Norwegen, im Ural, in Nordafrika und in den Vereinigten Staaten vor. Da die Bundesrepublik Deutschland nur wenig Magneteisenstein besitzt, führt sie große Mengen aus Schweden ein. – (ii) Der Roteisenstein Fe_2O_3 enthält bei den wirtschaftlich genutzten Erzen 40–65 % Eisen und kommt in verschiedenen Erscheinungsformen als »Eisenglanz«, »roter Glaskopf«[1], »Hämatit« und eigentlicher »Roteisenstein« vor. Das größte Roteisensteinlager findet sich am Oberen See in Nordamerika und liefert $3/4$ des Erzbedarfs für die amerikanische Eisenerzeugung. In der Bundesrepublik Deutschland kommen größere Roteisensteinlager in den Gebieten an der Lahn und Dill vor. Größere Mengen exportieren auch Spanien und Nordamerika. Der Brauneisenstein $Fe_2O_3 \cdot x\,H_2O$ (x ca. 1.5) ist das verbreitetste Eisenerz und enthält bis zu 60 % Eisen. Wichtige Brauneisensteinlager liegen in Lothringen in der Gegend von Metz und Diedenhofen und zeichnen sich durch einen hohen Gehalt an Phosphor aus (in der »Minette« z. B. enthalten als »Vivianit« $Fe_3(PO_4)_2 \cdot 8\,H_2O$). Zwei deutsche Lager liegen bei Salzgitter und Peine in der Gegend von Hildesheim. Hüttenmännisch wichtige Abarten des Brauneisensteins sind z. B. der »Limonit«[2] und der »braune Glaskopf«[1]. – (iii) Der Spateisenstein $FeCO_3$ (»Siderit«) enthält 25–40 % Eisen und findet sich in Deutschland vor allem im Siegerland. Eine Besonderheit bildet der Erzberg bei Eisenerz in der Obersteiermark, an dem ein Spateisenstein mit 40 % Eisen im Tagebau gewonnen wird. Abarten des Spateisensteins sind der »Toneisenstein« (Gemenge von Spateisenstein, Ton und Mergel) und der »Kohleneisenstein« (kohlendurchsetzer Spateisenstein). – (iv) Der Eisenkies FeS_2 (»Schwefelkies«, »Pyrit«) wird bei uns namentlich aus Spanien eingeführt und dient hauptsächlich zur Gewinnung von Schwefelsäure (S. 655). Die dabei anfallenden, 60–65 % Eisen enthaltenden »Kiesabbrände« stellen ein Material zur Eisengewinnung dar. Eine seltenere FeS_2-Form ist der unbeständigere »Markasit«, der sich an der Luft verhältnismäßig leicht zu $FeSO_4$ oxidiert. – (v) Der Magnetkies $Fe_{1-x}S$ (»Pyrrhotin«, vgl. »Wüstit« $Fe_{1-x}O$, S. 1954), der fast immer Cobalt- und Nickel-haltig ist und daher für die Cobalt und Nickelgewinnung von Bedeutung ist. – (vi) Die kupferhaltigen Eisenerze Kupferkies $CuFeS_2$ (»Chalkopyrit«) und Buntkupfererz Cu_3FeS_3 (»Bornit«).

Isotope (vgl. Anh. III). Natürliches Eisen besteht aus den Isotopen $^{54}_{26}Fe$ (5.8 %), $^{56}_{26}Fe$ (91.7 %), $^{57}_{26}Fe$ (2.2 %); für NMR-Mößbauer-Untersuchungen) und $^{58}_{26}Fe$ (0.3 %). Die künstlichen Nuklide $^{52}_{26}Fe$ (β^+-Strahler, Elektroneneinfang: $\tau_{1/2} = 8.2$ Stunden), $^{55}_{26}Fe$ (Elektroneneinfang: $\tau_{1/2} = 2.6$ Jahre), $^{59}_{26}Fe$ (β^--Strahler, $\tau_{1/2} = 45.1$ Tage) werden als Tracer, $^{55}_{26}Fe$ und $^{59}_{26}Fe$ zudem in der Medizin genutzt.

1.1.2   Darstellung

Die technische Darstellung von Eisen ist im Prinzip einfach und besteht in der Reduktion von oxidischen Eisenerzen mit Koks im Hochofen (die von A. Darby 1773 durch Koks ersetzte Holzkohle verbilligte die Stahlerzeugung und eröffnete das Zeitalter der modernen Eisenindustrie; die Reduktion kann auch im Wirbelschichtofen mit H_2, CO, CH_4 oder Erdgas erfolgen). Das durch Reduktion entstehende Eisen enthält durchschnittlich 4 % Kohlenstoff und wird »Roheisen« genannt, wobei man ganz allgemein unter der Bezeichnung Roheisen Eisensorten mit einem Kohlenstoffgehalt > 1.7 % versteht. Roheisen ist spröde, daher nicht schmiedbar und schmilzt beim Erhitzen plötzlich. Durch Verringerung seines Kohlenstoffgehaltes kann man es in den schmiedbaren und beim Schmelzen allmählich erweichenden »Stahl« (< 1.7 % C) überführen. Dementsprechend unterscheidet man bei der Eisengewinnung die Erzeugung von Roheisen (> 1.7 % C) und die Gewinnung von Stahl (< 1.7 % C).

Erzeugung von Roheisen

Die Roheisenerzeugung durch Reduktion oxidischer Eisenerze (bzw. sulfidischer Eisenerze nach ihrer »Röstung« mit Luftsauerstoff) mit Koks erfolgt nahezu ausschließlich in hohen Gebläse-

---

[1] Traubenförmige Aggregate mit glatter Oberfläche. Daher der Name roter sowie brauner Glaskopf (verballhornt zu Glatzkopf). »Schwarzer Glaskopf« ist kein Eisenerz, sondern ein Manganmineral, das auch als Psilomelan (S. 1900) bezeichnet wird.

[2] Hauptbestandteile des Limonits sind der nadelige Goethit (Nadeleisenerz) FeO(OH) und der tafelige Rubinglimmer (Lepidokrokit) von gleicher Formel (vgl. S. 1956).

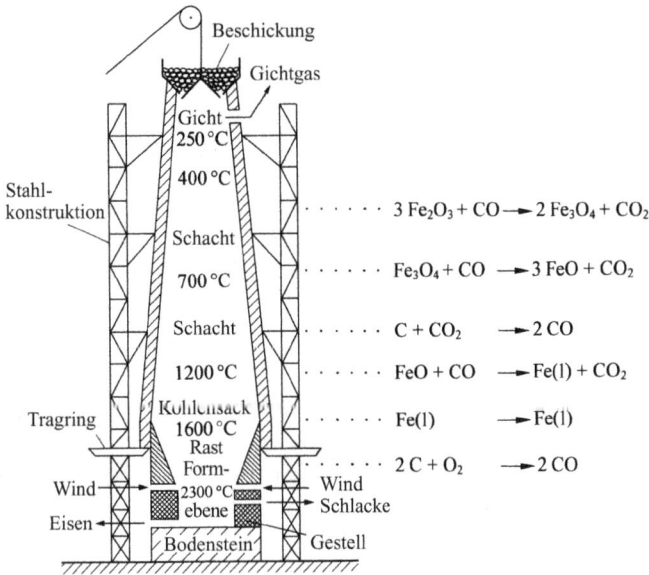

$3\,Fe_2O_3 + CO \longrightarrow 2\,Fe_3O_4 + CO_2$

$Fe_3O_4 + CO \longrightarrow 3\,FeO + CO_2$

$C + CO_2 \longrightarrow 2\,CO$

$FeO + CO \longrightarrow Fe(l) + CO_2$

$Fe(l) \longrightarrow Fe(l)$

$2\,C + O_2 \longrightarrow 2\,CO$

Abb. 29.1 Schematische Darstellung eines Hochofens zur Eisenerzeugung.

Schachtöfen (»Hochöfen«). Lediglich in Ländern mit billigen Wasserkräften und teurer Kohle spielt die Erzeugung in elektrischen Öfen eine begrenzte Rolle.

Hochofen. Ein Hochofen (Abb. 29.1) besitzt im Allgemeinen eine Höhe von 25–30 m bei einem Durchmesser von rund 10 m und einem Rauminhalt von 500–800 m^3 und vermag jährlich etwa 1 Million Tonnen Eisen aus durchschnittlich 3.5 Millionen Tonnen festem Rohmaterial zu erzeugen (täglich über 10 000 t Eisen; s. unten). Er besteht im Prinzip aus zwei mit den breiten Enden zusammenstoßenden, abgestumpften Kegeln (von kreisrundem Querschnitt) aus feuerfesten, dichten Schamottesteinen. Der obere Kegel (»Schacht«), der etwa drei Fünftel der gesamten Höhe ausmacht und dessen oberes Ende »Gicht« genannt wird, ruht getrennt vom unteren auf einem Tragring, der von einer Stahlkonstruktion gehalten wird. Der untere Kegel (»Rast«) sitzt auf einem 3 m hohen und 4 m weiten zylindrischen Teil (»Gestell«) auf, das seinerseits auf einer aus feuerfestem Material bestehenden Unterlage (»Bodenstein«) ruht. Die Wandstärke der beiden Kegel beträgt etwa 70 cm, die des Gestells 100–150 cm. Der breiteste Teil des Ofens (»Kohlensack«) hat einen Durchmesser von rund 10 m; der »Rastwinkel« (gemessen gegen eine im Kohlensack gedachte Horizontale) beträgt durchschnittlich 75°, der »Schachtwinkel« 85°. Eine gerade Zylinderform (Winkel von 90°) ist für den Hochofen nicht möglich, weil die Beschickung während des Niedergehens (Zunahme der Temperatur) anschwillt und ein »Hängen« des Hochofens verursachen würde, falls man nicht durch Verbreiterung des Durchmessers nach unten dieser Volumenvergrößerung Rechnung trüge. Im unteren Teil des Hochofens ist wiederum eine Verkleinerung des Durchmessers möglich, da hier wegen der noch höheren Temperatur die Beschickung unter Volumenverminderung zum Schmelzen kommt. Rast und Gestell werden mit Wasser, der Schacht dagegen nur mit Luft gekühlt.

Hochofenprozess. Die Beschickung des Hochofens erfolgt in der Weise, dass man das mittels eines Schrägaufzugs nach oben beförderte Ausgangsmaterial durch die Gicht in den Ofen einfüllt, und zwar wird zuerst – ohne strenge Schichtung – eine Schicht Koks (»Koksgicht«), dann eine Schicht Eisenerz mit Zuschlag (»Erzgicht«, »Möller«), dann wieder eine Schicht Koks, darauf wieder eine Schicht Eisenerz mit Zuschlag usw. eingebracht. Die mit dem Erz aufgegebenen »Zuschläge« dienen dazu, die Beimengungen des Erzes (»Gangart«) während des

Hochofenprozesses in leicht schmelzbare Calcium-aluminium-silicate $x\,CaO \cdot y\,Al_2O_3 \cdot z\,SiO_2$ (»Schlacke«) überzuführen. Handelt es sich z. B. um Tonerde- und Kieselsäure-haltige Gangarten ($Al_2O_3 + SiO_2$), was meist der Fall ist, so schlägt man dementsprechend kalkhaltige, d. h. basische Bestandteile (z. B. Kalkstein, Dolomit) zu; im Falle kalkhaltiger Gangarten (CaO) werden umgekehrt Tonerde- und Kieselsäure-haltige, d. h. saure Zuschläge (z. B. Feldspat, Tonschiefer) zugegeben.

Um die Eisenreduktion in Gang zu setzen, wird die unterste Koksschicht entzündet. Die erforderliche, zweckmäßig mit Sauerstoff angereicherte Verbrennungsluft (»Wind«), die man in »Winderhitzern« auf 900–1300 °C vorgewärmt hat und deren Menge durchschnittlich 5400 t je 1000 t Eisen beträgt, wird durch 6–12 in einer waagerechten Ebene (»Formebene«) über den oberen Umfang des Gestells gleichmäßig verteilte »Windformen« mit leichtem Überdruck eingeblasen (vgl. Abb. 29.1). Durch die Verbrennung der Kohle gemäß

$$2\,C + O_2 \longrightarrow 2\,CO + 221.2\,kJ$$

steigt die Temperatur im unteren Teil des Hochofens bis auf 1600 °C (an der Einblasstelle sogar bis auf 2300 °C). Das gebildete heiße Kohlenstoffmonoxid gelangt, da der angeblasene Hochofen wie ein Schornstein zieht, in die darauffolgende Eisenoxidschicht, die an dieser Stelle (s. unten) neben kleineren Anteilen Hämatit Fe_2O_3 und Magnetit Fe_3O_4 hauptsächlich Wüstit FeO enthält, reduziert dort das Oxid zum Metall und wird dabei selbst zu Kohlenstoffdioxid oxidiert:

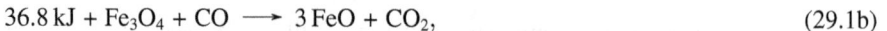

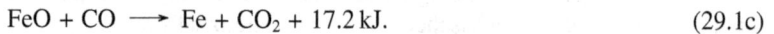

$$3\,Fe_2O_3 + CO \longrightarrow 2\,Fe_3O_4 + CO_2 + 47.3\,kJ, \tag{29.1a}$$

$$36.8\,kJ + Fe_3O_4 + CO \longrightarrow 3\,FeO + CO_2, \tag{29.1b}$$

$$FeO + CO \longrightarrow Fe + CO_2 + 17.2\,kJ. \tag{29.1c}$$

In der anschließenden heißen Koksschicht wandelt sich das Kohlenstoffdioxid gemäß dem Boudouard-Gleichgewicht (S. 1036) wieder in Kohlenstoffmonoxid um (29.2), das von neuem gemäß (29.1a–29.1c) als Reduktionsmittel wirkt usw. In summa erfolgt somit eine Reduktion der Eisenoxide durch den Kohlenstoff (stark endotherme »direkte Reduktion«), wobei sich Eisen als Endprodukt bildet, z. B. (analoge Gleichungen gelten für die Fe_2O_3- und Fe_3O_4-Reduktion):

$$\begin{array}{c} 172.6\,kJ + CO_2 + C \longrightarrow 2\,CO \\ \underline{2\,FeO + 2\,CO \longrightarrow 2\,Fe + 2\,CO_2 + 34.4\,kJ} \\ 138.2\,kJ + 2\,FeO + C \longrightarrow 2\,Fe + CO_2. \end{array} \tag{29.2}$$

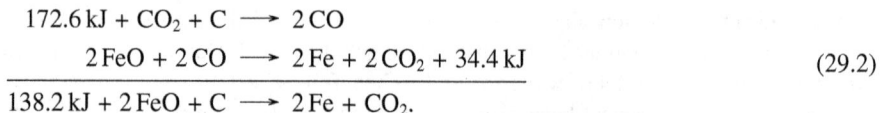

In den weniger heißen, höheren Schichten (500–900 °C der »Reduktionszone« stellt sich das Boudouard-Gleichgewicht nicht mehr mit ausreichender Geschwindigkeit ein, sodass die Reduktion der Eisenoxide nur durch das im aufsteigenden CO/CO_2-Gasgemisch enthaltene Kohlenstoffmonoxid erfolgt (schwach exotherme bis endotherme »indirekte Reduktion« mit Kohlenstoff). Hierbei bildet sich FeO gemäß (29.1a) und (29.1b), welches sich nur zum kleinen Teil nach (29.1c) in Eisen verwandelt, bevor es in die heißeren, tieferen Schichten (> 900 °C) gelangt, um dort durch direkte Reduktion in Eisen verwandelt zu werden. Durch zusätzliche Aufnahme von Kohlenstoff in Eisen sinkt der Schmelzpunkt des reduzierten Eisens, der beim reinen Eisen 1535 °C beträgt, bis auf 1100–1200 °C, sodass das Eisen in der unteren heißen »Schmelzzone« (1300–1600 °C) tropfenförmig durch den glühenden Koks läuft und sich im Gestell unterhalb der spezifisch leichteren, aus Gangart und Zuschlag entstandenen flüssigen Schlacke ansammelt (vgl. Abb. 29.1). Auf diese Weise wird es durch die Schlacke gegen die oxidierende Einwirkung der Gebläseluft geschützt. In den oberen kälteren Teilen des Schachts (250–400 °C) erfolgt keine Reduktion mehr. Das Kohlenstoffoxid-Kohlenstoffdioxid-Gemisch wärmt hier nur die frische Beschickung vor (»Vorwärmzone«) und entweicht durch die Gicht als »Gichtgas« (vgl. Abb. 29.1).

Hochofenprodukte. Die Erzeugnisse des Hochofenprozesses sind: Roheisen, Schlacke und Gichtgas. Und zwar erhält man durchschnittlich auf 1 t Eisen (zu deren Gewinnung 2 t Erz, 1 t Koks, 0.5 t Zuschlag und 5.5 t »Wind« erforderlich sind) 1 t Schlacke und 7 t Gichtgas.

Das sich im Gestell ansammelnde flüssige Roheisen wird von Zeit zu Zeit durch ein »Stichloch« abgestochen und entweder flüssig dem Stahlwerk (s. unten) zugeführt oder zu Roheisenblöcken vergossen. Es enthält im Allgemeinen 2.5–4 % Kohlenstoff, sowie wechselnde Mengen Silicium (0.5–3 %), Mangan (0.5–6 %), Phosphor (0–2 %) und Spuren Schwefel (0.01–0.05 %). Nimmt man die Abkühlung des Roheisens sehr langsam, z. B. in Sandformen (»Masselbetten«) vor, so scheidet sich der gelöste Kohlenstoff als Graphit aus und man erhält das so genannte »graue Roheisen« mit grauer Bruchfläche (Smp. ∼ 1200 °C). Mitbedingend für diese Ausscheidung des Kohlenstoffs als Graphit ist ein Überwiegen des Siliciumgehalts gegenüber dem Mangangehalt ($> 2 \%$ Si; $< 0.2 \%$ Mn). Bei rascherer Abkühlung, z. B. in Eisenschalen (»Kokillen«), verbleibt der Kohlenstoff als Eisencarbid Fe_3C (»Cementit«), sodass ein »weißes Roheisen« mit weißer Bruchfläche (Smp. ∼ 1100 °C) entsteht. Hier ist ein Überwiegen des Mangangehalts ($< 0.5 \%$ Si; $> 4 \%$ Mn) mitbedingend, der der Graphitausscheidung entgegenwirkt. Dass in ersterem Falle der Cementit nicht erhalten wird, beruht darauf, dass er als endotherme Verbindung ($21.8 \text{ kJ} + 3 \text{ Fe} + \text{C} \longrightarrow Fe_3C$) nur bei hoher Temperatur stabil ist und bei ausreichend langsamem Abkühlen dementsprechend in seine Bestandteile Eisen und Graphit zerfällt. Das siliciumhaltige graue Roheisen wird wegen seiner dünnflüssigen Beschaffenheit vorzugsweise zu Gusswaren verarbeitet und zu diesem Zwecke nochmals umgeschmolzen (»Gusseisen«). Das manganhaltige weiße Roheisen dient zu über 80 % zur Herstellung von Stahl (s. unten).

Stark manganhaltiges Eisen kann besonders viel Kohlenstoff aufnehmen und heißt bei 2–5 % Mn »Stahleisen« (3.5–4.5 % C), bei 5–30 % Mn »Spiegeleisen« (4.5–5.5 % C) und bei 30–80 % Mn »Ferromangan« (6–8 % C; vgl. S. 1900). Solche Eisenmangane dienen als Zusatz zu anderen Eisensorten, als Desoxidationsmittel und zur Rückkohlung von entkohltem Eisen (s. unten).

Die Schlacke fließt durch eine unterhalb der Formebene befindliche wassergekühlte Öffnung (»Schlackenform«) ständig ab. Sie stellt ein Calcium-aluminium-silicat dar und wird je nach ihrer Zusammensetzung als Straßenbaumaterial oder zur Herstellung von Mörtel, Bausteinen bzw. Eisenportlandzement oder Hochofenzement (S. 1479) verwendet. Die anfallende Menge ist etwa so groß wie die des Roheisens.

Das aus dem Hochofen kommende Gichtgas wird vom mitgeführten Staub befreit und dient zum Betrieb der für das Hochofenverfahren erforderlichen Winderhitzer, Gebläse, Pumpen, Beleuchtungs-, Gasreinigungs- und Transportvorrichtungen. Der Überschuss wird für den Stahlwerksbetrieb oder sonstige industrielle Zwecke verwendet. Die Zusammensetzung des Gases schwankt in den Grenzen 50–55 % N_2, 25–30 % CO, 10–16 % CO_2, 0.5–5 % H_2, 0–3 % CH_4 (Heizwert etwa 4000 kJ m^{-3}. Der Staub besteht im Wesentlichen aus den Umsetzungsprodukten des Kokses mit dem Wind (»Heizkohlenstoff«, »Heizkoks«) sowie mit den Eisenoxiden (»Reduktionskohlenstoff«).

Gewinnung von Stahl

Das Roheisen ist wegen seines verhältnismäßig hohen Kohlenstoffgehaltes (bis 4 %) spröde und erweicht beim Erhitzen nicht allmählich, sondern plötzlich. Es kann daher weder geschmiedet noch geschweißt werden. Um es in schmiedbares Eisen (»Stahl«) überzuführen, muss man es bis zu einem Gehalt von 1.7 % C »entkohlen«.

Beträgt der Kohlenstoffgehalt 0.4–1.7 %, so lässt sich das Eisen durch Erhitzen auf etwa 800 °C und darauffolgendes sehr rasches Abkühlen (»Abschrecken«) »härten«. Solchen härtbaren Stahl nennt man auch »Werkzeugstahl« (»Stahl« im engeren Sinne), während der nichthärtbare Stahl mit $< 0.4 \%$ C häufig als »Baustahl« (»Schmiedeeisen«) davon unterschieden wird. Die Härtung beruht darauf, dass die im gewöhnlichen Stahl vorliegende feindisperse Mischung von α-Eisen und Cementit Fe_3C beim Erhitzen in eine feste Lösung von Kohlenstoff in γ-Eisen (»Austenit«) übergeht, die bei sehr raschem Abkühlen unter Umwandlung von γ- in α-Eisen als metastabile Phase großenteils erhalten bleibt (»Martensit«) und in dieser Form die im Vergleich mit Schmiedeeisen erhöhte Härte und Elastizität des Stahls bedingt, während sie sich bei langsamem Abkühlen unter Ausscheidung von Cementit wieder entmischt, wodurch der Stahl seine ursprüngliche Härte und Schmiedbarkeit zurückerlangt.

Durch Erhitzen des gehärteten Stahls auf verschiedene Temperaturen (»Anlassen«) können Zwischenzustände zwischen dem stabilen und metastabilen Zustand des Stahls erhalten werden (»Sorbit«), denen ganz bestimmte Härte- und Zähigkeitseigenschaften zukommen (»Vergüten«). Durch Zulegierung kleiner Mengen Ni, Mn, Cr, Mo oder W kann die kritische Abkühlgeschwindigkeit darüber hinaus so stark herabgesetzt werden, dass bereits bei normaler Luftabkühlung der Austenit-Zerfall (Fe_3C-Ausscheidung) unterbleibt, sodass der metastabile Martensit (»martensitischer Stahl«) oder sogar der metastabile Austenit (»austenitischer Stahl«) erhalten wird (in letzterem Falle unterbleibt auch die Umwandlung von γ- in α-Eisen).

Die Entkohlung des Roheisens bis zum Kohlenstoffgehalt des Stahls (»Frischen«) kann entweder so erfolgen, dass man zuerst vollkommen entkohlt und dann nachträglich wieder rückkohlt, oder so, dass man gleich von vornherein bis zum gewünschten Kohlenstoffgehalt entkohlt. Der erste Weg wird beim »Windfrischverfahren«, der zweite beim »Herdfrischverfahren« eingeschlagen.

Windfrischverfahren. Beim Windfrischverfahren wird der Kohlenstoff des Eisens zusammen mit den übrigen Verunreinigungen (Silicium, Phosphor, Mangan) durch Einpressen von Luft in das geschmolzene Roheisen (u. a. Thomas[3]-Verfahren) und neuerdings durch Aufblasen von Sauerstoff mit 7–10 bar auf das geschmolzene Roheisen (u. a. »Linz-Donauwitzer-(LD-) Verfahren«) oxidiert, wobei man eine Oxidschlacke und reines Eisen erhält, da die Verunreinigungen rascher verbrennen als das Eisen. Man erhält auf diese Weise den »Thomas-Stahl« bzw. den »Blasstahl«.

Für das Windfrischverfahren verwendet man große, kippbare, feuerfest ausgekleidete eiserne Gefäße (»Konverter« von lat. convertere = umwenden, umkippen; auch als »Birnen«, »Tiegel« bezeichnet; vgl. Abb. 29.2a). Bei phosphorhaltigen Eisensorten muss die feuerfeste Auskleidung aus basischen Stoffen wie Calcium- und Magnesiumoxid bestehen (»basisches Futter«)

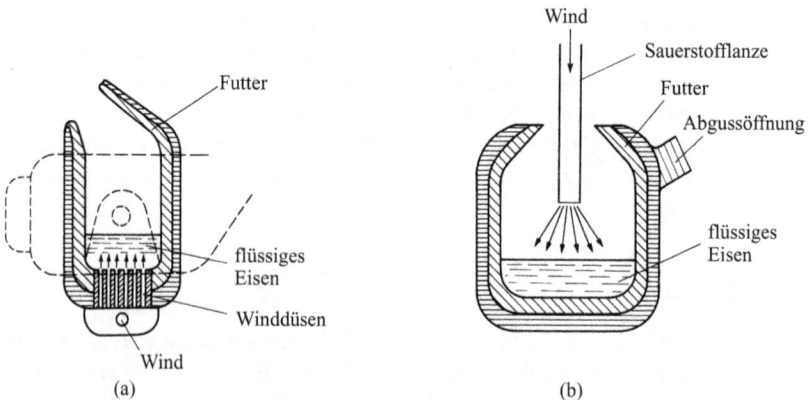

Abb. 29.2 Schematische Darstellung der Tiegel zur Stahlerzeugung: (a) Thomas-Verfahren, (b) LD-Verfahren.

---

[3] Thomas-Verfahren (entwickelt 1879): Benannt nach Sidney Gilchrist Thomas (1850–1885), einem Gerichtsschreiber, der nebenher Chemie studierte und mit 35 Jahren an Tuberkulose starb. Bessemer-Verfahren (entwickelt 1855): Benannt nach Sir Henry Bessemer (1813–1898), dem Begründer des »Iron and Steel Institute«.

und mit dem Roheisen ein Kalkzuschlag zugegeben werden, um das beim Frischen gebildete Phosphorpentaoxid als Calciumphosphat zu binden und so vor der Rückreduktion durch Eisen zu Phosphor zu bewahren. Phosphorfreie Eisensorten dagegen können auch in Konvertern mit »saurem Futter« (Quarz-Ton-Material) verblasen werden (heute kaum noch praktiziertes »Bessemer«-Verfahren[3]).

Das Füllen der Konverter erfolgt durch Eingießen des (gegebenenfalls vorentschwefelten) flüssigen, 1300 °C heißen Roheisens (bis zu 400 t im Falle des LD-Verfahrens). Der Füllungsgrad liegt etwa bei $1/7$. Dann wird Luft entweder durch hunderte von Bodenöffnungen (Thomas-Verfahren; Abb. 29.2a) oder durch eine in ihrer Höhe verstellbare Sauerstofflanze (LD-Verfahren; Abb. 29.2b) eingepresst. Die bei der Verbrennung von Silicium, Phosphor, Kohlenstoff, Mangan, Eisen, Schwefel freiwerdende Wärme:

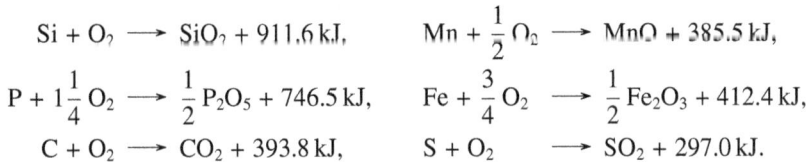

$$Si + O_2 \longrightarrow SiO_2 + 911.6\,kJ, \qquad Mn + \frac{1}{2}O_2 \longrightarrow MnO + 385.5\,kJ,$$

$$P + 1\frac{1}{4}O_2 \longrightarrow \frac{1}{2}P_2O_5 + 746.5\,kJ, \qquad Fe + \frac{3}{4}O_2 \longrightarrow \frac{1}{2}Fe_2O_3 + 412.4\,kJ,$$

$$C + O_2 \longrightarrow CO_2 + 393.8\,kJ, \qquad S + O_2 \longrightarrow SO_2 + 297.0\,kJ.$$

gleicht den durch das Einblasen des kalten Windes auftretenden Wärmeverlust mehr als aus und verhindert so ein Erstarren des flüssigen Eisens. Die Hauptwärmelieferanten sind Silicium und Phosphor. Daher ist ein ausreichender Siliciumgehalt (1.5–2 %) und/oder Phosphorgehalt (1.0–2.5 %) erforderlich. Der Eisenabbrand beträgt etwa 10–12 %.

Zuerst verbrennen Silicium und Mangan, dann folgt der Kohlenstoff. Die Verbrennung des Kohlenstoffs macht sich durch eine lange, blendend weiße, mit donnerndem Geräusch brennende Flamme bemerkbar. Phosphor und Schwefel verbrennen in Gefäßen mit alkalischer Auskleidung nach dem Kohlenstoff (»Nachblasen«), in Gefäßen mit saurer Auskleidung nicht. Nach etwa $1/4$ Stunde ist der Prozess beendet. Man kippt dann die Birne und fügt nach Abgießen der Schlacke zur »Rückkohlung« eine entsprechende Menge kohlenstoffhaltiges Spiegeleisen oder Ferromangan zu. Der Mangangehalt des Spiegeleisens (Ferromangan) wirkt dabei gleichzeitig als Desoxidationsmittel zur Entfernung des im Eisen gelösten Eisenoxids (FeO + Mn $\longrightarrow$ Fe + MnO), welches den Stahl brüchig machen würde (Desoxidationsmittel sind auch Aluminium bzw. Ferrotitan, -zirconium, -chrom, -silicium).

Die beim Windfrischen phosphorhaltiger Eisensorten anfallende »Thomas-Schlacke«, die wegen ihres hohen Phosphorgehalts (10–25 %) ein wichtiges Düngemittel darstellt, kommt in feingemahlenem Zustande (»Thomas-Mehl«) direkt in den Handel. Ihr Hauptbestandteil ist das – eine erhebliche Phasenbreite aufweisende – Phosphatsilicat $Ca_5(PO_4)_2[SiO_4]$ ($= $»5 CaO · P_2O_5 · SiO_2«).

Herdfrischverfahren. Beim Herdfrischverfahren (»Siemens-Martin-Verfahren«)[4] erfolgt die Oxidation des Kohlenstoffs im Roheisen wesentlich langsamer als beim Windfrischverfahren, sodass man durch Unterbrechung des Prozesses zu gegebener Zeit bereits während des Frischens auf einen gewünschten Kohlenstoffgehalt des Stahls (»Siemens-Martin-Stahl«) hinarbeiten kann.

Die Oxidation wird in diesem Falle durch sauerstoffhaltige, über das 1500 °C heiße flüssige Roheisen streichende Flammengase bewirkt und durch den Sauerstoffgehalt von gleichzeitig zugegebenem »Schrott«, d. h. altem verrostetem Eisen, das dabei zu metallischem Eisen regeneriert wird (»Schrott-Verfahren«), oder von oxidischem Eisenerz (»Roheisen-Erzprozess«) unterstützt. Als Ofen dient beim Siemens-Martin-Verfahren ein basisch gefütterter, kippbarer, 100–500 t fassender, eiserner Trog (»Herd«). In diesen kommen als Ausgangsmaterial beim

---

[4] Friedrich und Wilhelm Siemens lösten 1856 das Problem der Erzeugung hoher Temperaturen durch ihre »Regenerativfeuerung«, die Gebrüder Emile und Pierre Martin wandten diese Regenerativfeuerung erstmals 1864 zur Stahlerzeugung an.

»Schrottverfahren« Roheisen (20–35 %) und Schrott (80–65 %), beim »Roheisen-Erzprozess« Roheisen (80 %), Schrott und Rot- oder Magneteisenstein (20 %), sowie in beiden Fällen – zur Beseitigung des Phosphorgehaltes – Kalk.

Zum Unterschied vom Windfrischverfahren setzt man beim Herdfrischverfahren nicht flüssiges, sondern festes Eisen ein, welches zunächst geschmolzen werden muss. Um die für diesen Schmelzprozess erforderlichen hohen Temperaturen zu erzielen, müssen Heizgas (Generatorgas, Erdgas, Erdöl) und Verbrennungsluft, die zur Erzeugung der Flammengase dienen, vor ihrer Vereinigung und Verbrennung hoch erhitzt werden. Dies geschieht in »Wärmeaustauschern« (S. 752), in denen die Verbrennungsgase jeweils ihre Wärme auf die frischen Ausgangsgase übertragen (»Siemens'sche Regenerativfeuerung«[4]. Der hierdurch gewonnene Stahl heißt »Flussstahl«. Statt durch chemische Verbrennung kann die Wärme auch auf elektrischem Wege erzeugt werden (u. a. »Elektrolichtbogenverfahren«). Der in diesem Falle gewonnene Stahl wird als »Elektrostahl« bezeichnet.

Außer dem Windfrisch- und Herdfrischverfahren gibt es noch eine Anzahl seltener angewandte Methoden zur Entkohlung von Roheisen. Erwähnt sei hier z. B. der »Puddelprozess«, bei dem das Roheisen in mit Eisenoxid gefütterten Flammöfen bis nahe an seinen Schmelzpunkt erhitzt und durch Umrühren mit Stangen der Einwirkung des Sauerstoffs der Verbrennungsgase und des Ofenfutters ausgesetzt wird. Das in dieser Weise im halbfesten Zustande entkohlte Eisen heißt »Schweißstahl«.

Weiterhin kann man aus kohlenstoffreichem Eisen gegossene Gegenstände wie Schlüssel, Fenster- und Türbeschläge usw. nachträglich durch »Tempern« in kohlenstoffarmen schmiedbaren Stahl verwandeln, indem man sie mit Eisenoxid umpackt und 4–6 Tage bei 850–1000 °C in besonderen Öfen glüht, wobei der Kohlenstoff verbrennt. Auf diese Weise wird bei Massenartikeln die mühsame Einzelschmiedung von Hand vermieden. Die Umkehrung des Temperns ist die »Cementation«, bei der kohlenstoffarmes Eisen durch Erhitzen in Kohlepulver oberflächlich oder vollkommen in Stahl verwandelt wird (gleichzeitiges »Aufkohlen« und »Nitrieren« durch Kohlenwasserstoff- und ammoniakhaltige Gase härtet die Oberfläche in besonderem Maße).

Ähnliche Eigenschaften wie Stahl besitzt das »Sphäroeisen« (Gusseisen mit Kugelgraphit = »Sphärographit« im Gefüge).

1.1.3   Physikalische Eigenschaften

Chemisch reines Eisen ist ein silberweißes, verhältnismäßig weiches, dehnbares, recht reaktionsfreudiges Metall der Dichte 7.873 g cm^{-3}, welches bei 1535 °C schmilzt und bei 3070 °C siedet (für weitere Eigenschaften vgl. Tafel IV). Es kommt in drei enantiotropen Modifikationen als α- (kubisch-raumzentriert, ferromagnetisch), γ- (kubisch-dichtest, paramagnetisch) und δ-Eisen (kubisch-raumzentriert, paramagnetisch) vor, deren Umwandlungspunkte bei 906 °C und 1401 °C liegen:

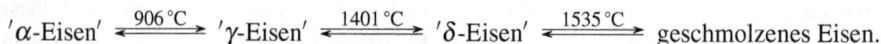

$$'\alpha\text{-Eisen}' \xrightleftharpoons{906\,°C} '\gamma\text{-Eisen}' \xrightleftharpoons{1401\,°C} '\delta\text{-Eisen}' \xrightleftharpoons{1535\,°C} \text{geschmolzenes Eisen.}$$

Bei 768 °C (»Curie-Temperatur«) verliert α-Eisen seine ferromagnetischen Eigenschaften und wird paramagnetisch. Früher nahm man irrtümlich an, dass sich bei 768 °C eine andere Modifikation des Eisens (»β-Eisen«) bilde. Der Magnetismus des reinen α-Eisens verliert sich wieder bei Entfernung des äußeren magnetischen Feldes, ist also nur temporär; dagegen besitzt kohlenstoffhaltiges Eisen, besonders Stahl, permanenten Magnetismus, der auch nach Entfernung des magnetischen Feldes erhalten bleibt.

Die Löslichkeit von Kohlenstoff in α-Eisen ist sehr gering und beträgt maximal 0.018 % (bei 738 °C), wie aus dem in Abb. 29.3 wiedergegebenen Ausschnitt aus dem Zustandsdiagramm des Systems Eisen-Kohlenstoff hervorgeht (schraffiertes Gebiet links unten). Wesentlich mehr Kohlenstoff (bis zu 2.1 % bei 1153 °C) vermag sich in γ-Eisen, der zweiten festen Fe-Modifikation, zu lösen (gerastertes Gebiet, Mitte links). In geschmolzenem Eisen beträgt die

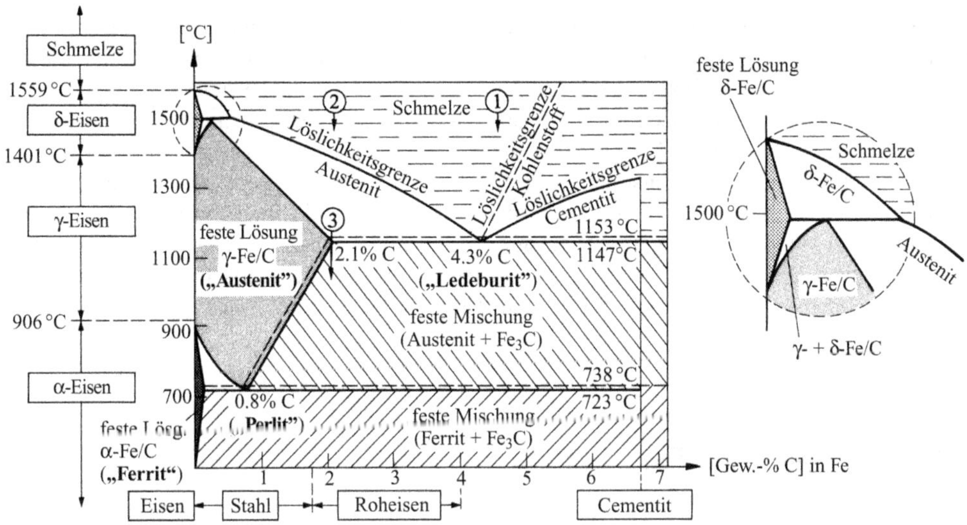

Abb. 29.3 Ausschnitt aus dem Zustandsdiagramm Eisen-Kohlenstoff (die ausgezogenen Linien gelten für die Fe₃C-Ausscheidung, die gestrichelten für die C-Ausscheidung).

Löslichkeit von Kohlenstoff bei 1153 °C ca. 4.3 %. Sie nimmt mit steigender Temperatur noch zu (gestrichelte Linie rechts oben).

Kühlt man eine Eisenschmelze mit einem C-Gehalt über 4.3 % (Punkt 1 in Abb. 29.3) sehr langsam ab, so scheidet sich aus ihr bis zu einem C-Gehalt von 4.3 % Graphit aus (Abb. 29.3, gestrichelte Linie rechts oben). Dann erstarrt sie bei 1153 °C unter Bildung eines Eutektikums aus C-haltigem γ-Eisen und Kohlenstoff (gestrichelte Linie bei 1153 °C). Allerdings ist die Kohlenstoffausscheidung mit Annäherung an den Erstarrungspunkt des Eutektikums zunehmend gehemmt, sodass sich leicht C-übersättigte Eisenlösungen bilden, aus denen neben oder statt Kohlenstoff Cementit Fe₃C ausfällt (Abb. 29.3; ausgezogene Linie rechts oben).[5] Eine nicht zu langsam abgekühlte Fe/C-Schmelze (C-Gehalt > 4.3 %) liefert demgemäß Cementit, und zwar so lange, bis sie einen C-Gehalt von 4.3 % aufweist. Dann erstarrt sie unter Bildung eines als »Ledeburit« bezeichneten Eutektikums aus C-haltigem γ-Eisen und Cementit (Abb. 29.3, ausgezogene Linie bei 1147 °C). Kühlt man andererseits eine Eisenschmelze mit einem C-Gehalt unter 4.3 % (Punkt 2 in Abb. 29.3) ab, so kristallisiert aus ihr so lange eine feste Lösung von γ-Eisen und Kohlenstoff (»Austenit«), bis sie wiederum 4.3 % C enthält und dann bei 1147 °C in Ledeburit übergeht (Abb. 29.3).

Kühlt man andererseits C-gesättigten, 2.1 % C enthaltenden Austenit unter 1147 °C ab, so kristallisiert gemäß Abb. 29.3 (Punkt 3) Cementit unter Erniedrigung des C-Gehalts von Austenit aus. Beträgt der C-Gehalt nur noch 0.8 %, so wandelt sich Austenit in eine feste lamellenartig strukturierte, perlmutt-glänzende und deshalb als »Perlit« bezeichnete Mischung von C-haltigem α-Eisen (»Ferrit«) und Cementit um (vgl. Abb. 29.3; ausgezogene Linie bei 723 °C). Bei sehr raschem Abkühlen (100 °C pro Sekunde) lässt sich die Fe₃C-Ausscheidung aus Austenit verhindern, sodass Austenit unter Umwandlung von γ- in tetragonal-verzerrtes α-Eisen (vgl. S. 1940) in eine metastabile, als »Martensit« bezeichnete feste Lösung von Kohlenstoff in α-Eisen übergeht.Footnote Austenit besteht aus γ-Eisen, in welchem die oktaedrischen Lücken teilweise durch C-Atome besetzt sind. Bei langsamem Abkühlen diffundiert Kohlenstoff aus

---

[5] Cementit Fe₃C ist als endotherme Verbindung bei hohen Temperaturen stabil, bei mittleren instabil und bei niedrigen metastabil. Das Carbid wird infolgedessen zweckmäßig durch Eingießen einer mit Kohlenstoff gesättigten Eisenschmelze in Wasser und anschließendem Weglösen des überschüssigen Eisens von der verfestigten Schmelze mittels verdünnter Säuren gewonnen.

lamellenartigen Austenitbereichen in benachbarte lamellenartige Bereiche; erstere gehen hierbei in Ferrit, letztere in Cementit über. Bei raschem Abkühlen unterbleibt die C-Diffusion wegen der hohen Geschwindigkeit der Umwandlung von kubisch-flächenzentriertem γ-Eisen in kubisch-raumzentriertes α-Eisen (der Übergang einer kubisch-flächen- in eine -innenzentrierte Kugelpackung ist, wie auf S. 127 erläutert, nur mit einer geringen Kugelverschiebung verbunden; nach Bildung eines Martensitkeims wächst dieser in ca. 10^{-7} s zum endgültigen Kristall). Man nennt Festkörperreaktionen wie die besprochene »martensitische Umwandlungen«. Da eine kubisch-raumzentrierte Kugelpackung nur »gestauchte« oktaedrische Lücken enthält, und der in diese Lücken eingelagerte Kohlenstoff eine unverzerrte oktaedrische Koordination mit Fe-Atomen anstrebt, liegt dem Martensit eine tetragonal-verzerrte kubisch-innenzentrierte Fe-Packung zugrunde.

1.1.4   Chemische Eigenschaften

An trockener Luft und in luft- und kohlendioxidfreiem Wasser sowie auch in Laugen verändert sich kompaktes Eisen nicht. Diese Beständigkeit rührt wie im Falle etwa des Aluminiums oder Chroms von der Anwesenheit einer zusammenhängenden Oxid-Schutzhaut her. Die Bildung einer derartigen dünnen Deckschicht bedingt auch die Unangreifbarkeit des Eisens durch konzentrierte Schwefelsäure und konzentrierte Salpetersäure (»Passivität«; vgl. S. 254), sodass man zum Transport konzentrierter Schwefel- und Salpetersäure eiserne Gefäße verwenden kann. An feuchter, kohlendioxidhaltiger Luft oder in kohlendioxid- und lufthaltigem Wasser wird Eisen unter Bildung von Eisen(III)-oxidhydroxid FeO(OH) angegriffen (»Rosten«), indem sich zunächst Eisencarbonate bilden (formal: $Fe + 2 H_2CO_3 \longrightarrow Fe^{2+} + 2 HCO_3^- + H_2$), die dann der Oxidation unterliegen (formal: $2 Fe^{2+} + 4 OH^- + \frac{1}{2} O_2 \longrightarrow 2 FeO(OH) + H_2O$; besonders aggressiv verhält sich elektrolythaltiges Meerwasser oder SO_2-haltiges Wasser in Industriegebieten). Die auf diesem Weg gebildete Oxidschicht stellt keine zusammenhängende festhaftende Haut dar, sondern springt in Schuppen ab und legt dabei frische Metalloberflächen frei, sodass der Rostvorgang weiter in das Innere des Eisens fortschreiten kann.

Der durch Rosten eisenhaltiger Materialien verursachte Schaden stellt ein weltweites Problem, der Rostschutz somit ein allgemeines Anliegen dar. Die Haltbarkeit des Eisens gegenüber feuchter Luft lässt sich durch Anstriche (z. B. eine Mennige-Grundierung mit 1 oder 2 Deckanstrichen) oder durch Überziehen mit Zink (»verzinktes Eisenblech«) oder Zinn (»Weißblech«) erhöhen. Die rostschützende Wirkung der Mennige Pb_3O_4 beruht auf Passivierung durch oxidative Bildung eines Eisenoxid-Überzuges. Das unedlere Zink bildet mit dem edleren Eisen ein galvanisches Element, bei welchem das Eisen Kathode ist, sodass kein Rost gebildet wird (S. 1752). Das edlere Zinn schützt das Eisen vor dem Rosten, solange der Überzug unverletzt ist; tritt allerdings an einer Stelle erst einmal das Eisen zutage; so erfolgt infolge der Ausbildung eines Lokalelements (S. 1752) eine rasche oxidative Zerstörung des als Anode fungierenden Eisens. Eiserne Kochtöpfe können durch einen Überzug von Emaille (S. 1131) vor dem Rosten geschützt werden. Ein weiteres Oberflächenschutzverfahren besteht im Einbringen von Al in die Stahloberfläche (»Alitieren«), z. B. durch Glühen der Eisengegenstände, die in flüssiges Al eingetaucht oder mit pulverförmigem Al behandelt werden. Stahllegierungen mit einem Gehalt an Chrom und Nickel rosten nicht (s. unten).

Als unedles Metall verbrennt Eisen in fein verteiltem Zustand beim Einblasen in eine Bunsenbrennerflamme zu Oxid. In gittergestörter Form wird es schon bei gewöhnlicher Temperatur durch den Sauerstoff der Luft unter lebhafter Wärmeentwicklung und Verglimmen oxidiert (»pyrophores Eisen«; vgl. S. 1681). In nichtoxidierenden Säuren wie Salzsäure oder verdünnter Schwefelsäure löst sich Eisen entsprechend seiner Stellung in der Spannungsreihe ($E^\circ = -0.440$ V) leicht unter Wasserstoffentwicklung und Bildung von Fe(II) (bei Abwesenheit von Luftsauerstoff):

$$Fe + 2\,HCl \rightleftharpoons FeCl_2 + H_2\,.$$

Auch von Wasser wird es oberhalb von 500 °C, ebenso von heißen Laugen in umkehrbarer Reaktion zersetzt:

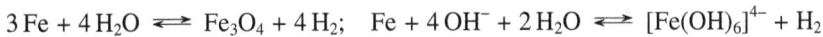

$$3\,Fe + 4\,H_2O \rightleftharpoons Fe_3O_4 + 4\,H_2;\quad Fe + 4\,OH^- + 2\,H_2O \rightleftharpoons [Fe(OH)_6]^{4-} + H_2$$

(Bezügl. der Reaktivität gegen Wasser bei Normaltemperatur, gegen Laugen sowie gegen oxidierende Säuren s. oben). Beim Erhitzen vereinigt es sich leicht mit Chlor und vielen anderen Nichtmetallen wie S, P, C, Si, B (vgl. S. 1962). Trockenes Chlor greift Eisen bei Raumtemperatur zum Unterschied von feuchtem Chlor nicht an, sodass man zum Aufbewahren von flüssigem Chlor Stahlflaschen verwenden kann.

1.1.5 Verwendung, Legierungen

Chemisch reines Eisen besitzt im Gegensatz zum kohlenstoffhaltigen Eisen (s. unten) nur eine untergeordnete technische Bedeutung und wird etwa als Material für Katalysatoren u. a. des Haber-Bosch-Verfahrens oder der Fischer-Tropsch-Synthese genutzt (die Weltjahresproduktion von C-freiem und C-haltigem Eisen beträgt zusammengenommen über 1000 Megatonnen). Viele Verbindungen des Eisens haben etwa als Arzneimittel (»Eisenpräparate«), chemische Reagenzien (s. unten), Pigmente (bezüglich der »Magnetpigmente« vgl. bei Eisenoxiden, bezüglich der »Buntpigmente« bei Eisenoxiden und -cyaniden) erhebliche Bedeutung.

Wichtige kohlenstoffhaltige Eisensorten sind: das spröde, gießbare, aber nicht schmiedbare, beim Erstarren sich nicht zusammenziehende Gusseisen (graphithaltiger »Grauguss«; cementithaltiger »Weiß-« bzw. »Hartguss«; im Kern graphithaltiger, in der Schale graphitfreier »Schalenguss«) mit 2–4 % Kohlenstoff (vgl. S. 1939), welches sich zur Herstellung maßgenauer Formguss-Stücke eignet (Ofen- und Herdplatten, Maschinenteile, Rohre, Kessel usw.), sowie die mehr oder weniger elastisch harten und schmiedbaren Eisenstähle mit < 1.7 % Kohlenstoff (vgl. S. 1939), nämlich die Werkzeugstähle mit 0.4–1.7 % (für Werkzeuge zum Sägen, Spanen, Bohren, Fräsen, zur Kalt- und Warmverformung, zur Kunststoffverarbeitung) und die Baustähle mit < 0.4 % C. Beispiele aus letzterer Stahlgruppe sind (i) Grund- und Qualitätsstähle als allgemeine Baustähle mit mehr oder minder großer Zugfestigkeit, Zähigkeit, Schweißeignung; (ii) Vergütungs-, Nitrier-, Einsatzstähle für Maschinen-, Getriebe-, Automobilbau usw.; (iii) Sonderstähle für Walzlager (in Fahrzeugen, Triebwerken, Steuer- und Messgeräten), Federn, schwere Schmiedestücke (wie Wellen, Achsen, Stangen, Zahnkränze, Walzen, Apparate in der Kerntechnik) oder mit anderen Sondereigenschaften (nichtmagnetisierbar, weichmagnetisch, geringe Wärmeausdehnung); (iv) Nichtrostende Stähle für Anwendungen im Haushalt, Behälterbau, Bauwesen, Chemie; (v) Schienen-, Schiffsbau-, Automatenstähle (letztere sind leicht spanbar und eignen sich deshalb für automatisch arbeitende Drehbänke).

Im Allgemeinen verwendet man keine »unlegierten Stähle«, mit einem Gehalt an Si/Mn/Al/Ti/Cu/S/P von höchstens 0.5/0.8/0.1/0.1/0.25/0.06/0.09 %, sondern »legierte Stähle«, die durch Metall- oder Nichtmetallzusätze zum Stahl gewonnen werden und deren Eigenschaften in gewünschter Weise positiv verändern. Zusätze sind in alphabethischer Reihenfolge: Al, Cr, Mn, Mo, N, Nb, Ni, S, Si, Ti, V, W.

Ein Zusatz von Nickel erweitert den Austenitbereich und verzögert die Umwandlungsgeschwindigkeit, sodass Austenit vor dem Abschrecken (es genügt Luftkühlung) länger im unterkühlten Bereich gehalten werden kann, wodurch thermische Spannungen beim Abschmelzen vermindert werden. Auch sind Nickelstähle sehr zäh (Stücke einer Legierung mit 25 % Ni können, ohne zu zerreißen, auf die doppelte Länge ausgezogen werden). Nickelstahl mit 36 % Ni (»Invarstahl«) dehnt sich beim Erwärmen praktisch nicht aus und wird daher vielfach für Präzisionsinstrumente benutzt.

Ein Zusatz von Chrom unterdrückt als starker Carbidbildner die Ausscheidung von Cementit mehr oder minder stark. Die anstelle von Fe_3C gebildeten Cr-carbide setzen die kritische Abkühlungsgeschwindigkeit herab (Lufthärtung möglich), die Anlassbeständigkeit herauf; ferner erhöhen sie die Härte, die Warmfestigkeit und die Resistenz des Stahls gegenüber korrosiv wirkenden Stoffen. Chromstähle mit 6–20 % Cr sind bis 1000 °C, solche mit 20–28 % bis 1200 °C hitzebeständig (Bildung einer nicht abplatzenden Schutzschicht). Die Beständigkeit gegenüber korrosiven Medien kann durch Nickelzusatz zum Chromstahl wesentlich gesteigert werden. Der Chromnickelstahl mit 18 % Cr und 8 % Ni (aus der Gruppe der »Nirosta«-Stähle) stellt einen besonders wichtigen rost- und säurebeständigen Stahl (s. oben) dar. Zusätze von Mangan zu Stahl führen zu besonders hoher Festigkeit bei gleichzeitiger Gewichtsreduktion. Auch lassen sich derartige austenitische Manganstähle (15 % Mangan und mehr) bis zu 90 % dehnend verformen, bevor sie reißen (zum Vergleich Gold: 60 %). Dies macht sie für die Herstellung von Automobil-Karosserieblechen nach Tief- und Streckziehungsverfahren bedeutungsvoll. Die Eigenschaft des Blechmaterials, sich Sekunden nach einem »Crash« durch Verfestigung einer weiteren Verformung zu widersetzen (Verhinderung der Einklemmung der Insassen eines Unfallautos), kommt noch hinzu.

Die Zusätze von Vanadium, Molybdän und Wolfram schränken das Austenitgebiet ein und bilden beständige, sehr harte Carbide. Vanadium wird deshalb in Bau- und Werkzeugstählen zur Verbesserung der Zähigkeit, Molybdän in Stählen für den Dampfkessel- und Turbinenbau, Wolfram in Schnelldrehstählen verwendet. Als Zusatz zu nichtrostenden Stählen erhöht Molybdän die Korrosionsbeständigkeit. Gewisse Wolframstähle mit Zusatz von Cobalt zeichnen sich durch besonders gute magnetische Eigenschaften aus und dienen daher zur Herstellung von Permanentmagneten. Ein Zusatz von Silicium dient als Desoxidationsmittel und ist deshalb in vielen Stählen mit 0.2–0.5 % enthalten. Er führt (wie Aluminium oder Chrom) zu festhaftenden Zunderschichten und ist deshalb in hitzebeständigen Stählen mit bis zu 3 % enthalten.

1.1.6   Eisen in Verbindungen

In seinen chemischen Verbindungen tritt Eisen hauptsächlich mit den Oxidationsstufen $+II$, $+III$, ferner $+VI$ auf (z. B. $FeCl_2$, FeF_3, FeO, Fe_2O_3, FeO_4^{2-}), doch existieren auch Verbindungen mit den Oxidationsstufen $-II$, $-I$ und 0 (z. B. $[Fe(CO)_4]^{2-}$, $[Fe_2(CO)_8]^{2-}$, $Fe(CO)_5$) sowie $+I$, $+IV$ und $+V$ (z. B. $[Fe(NO)(H_2O)_5]^{2+}$, $[FeCl_2(diars)_2]^{2+}$, FeO_4^{3-}). In keiner Verbindung tritt das Eisen – zum Unterschied vom homologen Ruthenium und Osmium – in der seiner Nebengruppennummer VIII entsprechenden Oxidationsstufe $+VIII$ auf (in Richtung Sc $\rightarrow$ Zn der ersten Übergangsreihe erreicht erstmals Fe nicht die Gruppenwertigkeit). Selbst Verbindungen mit Eisen der Oxidationsstufe $+VII$ sind unbekannt. Die Verbindungen des (sauer und stark oxidierend wirkenden) sechswertigen Eisens, die in KOH-Schmelze bei 300–400 °C in Gegenwart von Sauerstoff die stabilsten Phasen darstellen, sich aber in Wasser zersetzen, sind von geringer praktischer Bedeutung. Wichtig sind demgegenüber die – leicht ineinander überführbaren – auch in wässerigem Milieu beständigen zwei- und dreiwertigen Stufen, in welchen Eisenverbindungen vorwiegend basischen Charakter aufweisen ($Fe(OH)_2$ basischer als $Fe(OH)_3$); Salze des dreiwertigen Eisens sind demnach stärker hydrolytisch gespalten als solche des zweiwertigen Eisens.

Wie aus nachfolgenden Potentialdiagrammen einiger Oxidationsstufen des Eisens bei pH = 0 und 14 in wässriger Lösung hervorgeht, liegt E° für das Redoxsystem Fe^{2+}/Fe^{3+} so, dass molekularer Sauerstoff in saurer Lösung (E° für $O_2/H_2O = +1.229\,V$) Fe(II)- in Fe(III)-Salze überführen kann. So oxidiert sich z. B. eine $FeSO_4$-Lösung an Luft leicht zu $Fe(OH)SO_4$, und Eisensäuerlinge scheiden ihr gelöstes $Fe(HCO_3)_2$ mit der Zeit als $FeO(OH)$ aus. Viel leichter erfolgt die Oxidation in alkalischer Lösung (E° für $O_2/OH^- = +0.401\,V$), sodass z. B. frisch gefälltes, weißes $Fe(OH)_2$ an der Luft rasch in rotbraunes $FeO(OH)$ übergeht. Schneller als mit O_2 erfolgt die Oxidation mit Oxidationsmitteln wie Cl_2, Br_2, HNO_3. Umgekehrt kann Fe(III) durch geeignete Reduktionsmittel leicht zu Fe(II) reduziert werden. So erhält man aus sauren Fe(III)-Lösungen mit Sn(II), Fe, Mg oder Zn Lösungen von Fe(II), die frei von Fe(III) sind (keine Rotfärbung mit SCN^-), was man zur »quantitativen Bestimmung von Eisen(III)« verwenden kann (Titration von gebildetem Fe^{2+} mit MnO_4^-). Zweiwertiges Eisen ist in saurem, luftfreiem Wasser stabil, da weder Oxidation unter H_2-Entwicklung ($E^\circ = +0.414\,V$) noch Reduktion unter O_2-Entwicklung ($E^\circ = +0.815\,V$) möglich ist (s. Abb. 29.4).

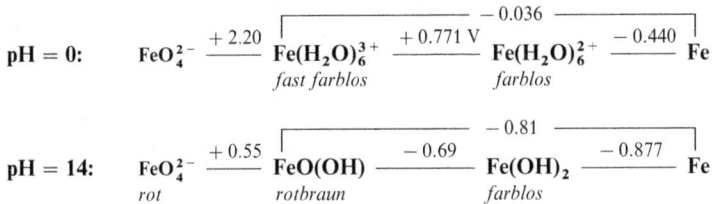

$$\text{pH} = 0: \quad FeO_4^{2-} \xrightarrow{\ +2.20\ } \underset{\textit{fast farblos}}{Fe(H_2O)_6^{3+}} \xrightarrow{\ +0.771\,V\ } \underset{\textit{farblos}}{Fe(H_2O)_6^{2+}} \xrightarrow{\ -0.440\ } Fe$$
$$\overset{-0.036}{\overline{\qquad\qquad\qquad\qquad}}$$

$$\text{pH} = 14: \quad \underset{\textit{rot}}{FeO_4^{2-}} \xrightarrow{\ +0.55\ } \underset{\textit{rotbraun}}{FeO(OH)} \xrightarrow{\ -0.69\ } \underset{\textit{farblos}}{Fe(OH)_2} \xrightarrow{\ -0.877\ } Fe$$
$$\overset{-0.81}{\overline{\qquad\qquad\qquad\qquad}}$$

Abb. 29.4

Die Größe des Redox-Potentials für den Übergang Fe^{3+}/Fe^{2+} hängt entscheidend vom pH-Wert der wässerigen Lösung ab, wobei die beim Übergang von pH = 0 zu pH = 14 zu beobachtende besonders starke Verschiebung zu negativen Werten auf die vergleichsweise geringe Löslichkeit der Fe(III)-hydroxide in alkalischem Milieu zurückgeht. Darüber hinaus beeinflussen anwesende Liganden die Lage des Fe^{3+}/Fe^{2+}-Redoxpotentials entscheidend. So wirken etwa die Systeme $[Fe(phen)_3]^{3+/2+}$ ($E^\circ = +1.12\,V$; phen = o-Phenanthrolin) und $[Fe(bipy)_3]^{3+/2+}$ ($E^\circ = +0.96\,V$; bipy = 2,2'-Bipyridyl) stärker oxidierend als $[Fe(H_2O)_6]^{3+/2+}$, die Systeme $[Fe(CN)_6]^{3-/4-}$ ($E^\circ = +0.361\,V$), $[Fe(ox)_3]^{3-/4-}$ ($E^\circ = 0.02\,V$; ox = Oxalat) und $[Fe(edta)]^{1-/2-}$ ($E^\circ = -0.12\,V$; $edta^{4-}$ = Ethylendiamintetraacetat) schwächer.

Das Eisen(II) weist insbesondere die Koordinationszahlen vier bis sechs auf (z. B. tetraedrisch in $[FeCl_4]^{2-}$, quadratisch-planar in $[FeporPh_4]$, trigonal-bipyramidal in $[FeBr(N_4)]^+$ mit $N_4 = N(CH_2CH_2NMe_2)_3$, oktaedrisch in $[Fe(H_2O)_6]^{2+}$), Eisen(III) die Koordinationszahlen drei bis acht (z. B. trigonal-planar in $[Fe(NR_2)_3]$ mit R = $SiMe_3$, tetraedrisch in $[FeCl_4]^-$, quadratisch-pyramidal in $[FeCl(acac)_2]$ bzw. $[FeCl(S_2CNR_2)]$, oktaedrisch in $[Fe(H_2O)_6]^{3+}$, pentagonal-bipyramidal in $[Fe(edta)(H_2O)]^-$, dodekaedrisch in $[Fe(NO_3)_4]^-$). Eisen($-$II) besitzt die Zähligkeit vier (z. B. tetraedrisch in $[Fe(CO)_4]^{2-}$, $[Fe(CO)_2(NO)_2]$), Eisen(0) die Zähligkeiten fünf bis sieben (z. B. trigonal-bipyramidal in $[Fe(CO)_5]$, $[Fe(PF_3)_5]$, oktaedrisch in $[Fe(bipy)_3]$, überkappt-oktaedrisch in $[Fe_2(CO)_9]$), Eisen(I,IV) meist die Zähligkeit sechs (oktaedrisch in $[Fe^I(H_2O)_3(NO)]^{2+}$, $[Fe^{IV}Cl_2(diars)_2]^{2+}$), Eisen(V,VI) die Zähligkeit vier (tetraedrisch in FeO_4^{3-}, FeO_4^{2-}). Die 4-fach koordinierten Fe($-$II)-, 5-fach koordinierten Fe(0)- und 6-fach koordinierten Fe(II)-Verbindungen besitzen Kryptonelektronenkonfiguration. Hinsichtlich der Elektronenkonfiguration von Fe-Ionen unterschiedlicher Oxidationsstufe und Koordinationsgeometrie s. S. 1963.

Bezüglich der Elektronenkonfiguration, der Radien, der magnetischen und optischen Eigenschaften von Eisenionen vgl. Ligandenfeld-Theorie (S. 1592) sowie Anh. IV, bezüglich eines Eigenschaftsvergleichs der Metalle der Eisengruppe S. 1544f und S. 2349.

1.2   Verbindungen des Eisens

1.2.1   Eisen(II)- und Eisen(III)-Verbindungen (d^6, d^5)

Wasserstoffverbindungen

Eisen[6] bildet als Element der »Wasserstofflücke« ähnlich wie Mo, W, Mn, Tc, Re, Ru, Os, Co, Rh, Ir, Pt, Ag, Au keine unter Normalbedingungen stabilen binären Hydride, wirkt aber als Hydrierungskatalysator (vgl. z. B. NH_3-Synthese nach Haber-Bosch) und bekundet damit eine Affinität zu Wasserstoff. Es existieren demgemäß – wie bei vielen anderen Elementen der Wasserstofflücke – ternäre Hydride wie $Mg_2FeH_6 = 2\,MgH_2 \cdot FeH_2$ und Donoraddukte wie $[FeHL_4]$, $[FeH_2L_4]$, $[FeH_4L_3]$ sowie ein Bis(boranat) $Fe(BH_4)_2$, welche Eisenwasserstoffe der Zusammensetzung FeH, FeH_2 und FeH_4 enthalten. Vgl. hierzu Tab. 32.1.

Das aus den Elementen zugängliche dunkelgrüne ternäre Hydrid Mg_2FeH_6 kristallisiert im K_2PtCl_6-Typ, wobei oktaedrisch gebaute FeH_6^{4-}-Komplexanionen (Fe im Oktaederzentrum) die Positionen einer kubisch dichtesten Kugelpackung, die Mg^{2+}-Kationen die Positionen aller tetraedrischen Lücken besetzen. Die Mg^{2+}-Ionen sind hiernach wie die F^--Ionen im CaF_2 (»Fluorit-Struktur«) bzw. die Na^+-Ionen im Na_2O (»Antifluorit-Struktur«) kubisch-einfach gepackt. Das formal zweiwertige Eisen (d^6-Elektronenkonfiguration; low-spin) weist im Komplexanion $6(Fe^{2+}) + 12(6\,H^-) + 2(Komplexladung) = 18$ Elektronen auf und hat mithin Edelgaskonfiguration (Krypton). In entsprechender Weise kommt dem Eisen der oktaedrisch gebauten Phosphan-Addukte $[FeH_2(PR_3)_4]$ (R z. B. F, Me) Edelgaskonfiguration zu (Ersatz von $4\,H^-$ in FeH_6^{4-} durch $4\,PR_3$). Andererseits stellen die Komplexe $[FeH_4(PR_3)_3]$ im Sinne der Formulierung $[FeH_2(H_2)(PR_3)_3]$ nicht solche des vier-, sondern des zweiwertigen Eisens dar, das oktaedrisch von zwei H^--Ionen, einem η^2-gebundenen H_2-Molekül und drei Phosphanliganden koordiniert ist und $6(Fe^{2+}) + 4(2\,H^-) + 2(H_2) + 6(3\,PR_3) = 18$ Außenelektronen (Kryptonschale) aufweist (vgl. S. 2068). Kein Oktadezett kommt dem Eisen im Phosphanaddukt $[FeH(dppe)_2]$ mit dppe $= Ph_2PCH_2CH_2PPh_2$ sowie im Boran-Addukt $Fe(BH_4)_2$ zu. Bezüglich des Carbonyl-Addukts $FeH_2(CO)_4$ vgl. S. 2136.

Halogen- und Pseudohalogenverbindungen

Halogenide. (S. 2074) Eisen bildet gemäß Tab. 29.2 binäre Halogenide der Formeln FeX_2 und FeX_3 (X $=$ F, Cl, Br, I). Wichtiger unter ihnen sind insbesondere $FeCl_2$ und $FeCl_3$. Überraschenderweise kennt man von Eisen keine Halogenide (selbst keine Fluoride) der Oxidationsstufen größer +III. Tab. 29.2 informiert ferner über Halogenidoxide des Eisens.

Darstellung. Beim Auflösen von Eisen in Salzsäure entsteht Eisendichlorid $FeCl_2$ (Fe + $2\,HCl \longrightarrow FeCl_2 + H_2$). Es kristallisiert aus der Lösung als Hexahydrat $FeCl_2 \cdot 6\,H_2O$ in Form blassgrüner monokliner Prismen aus, die kein Hexaaqua-Ion $Fe(H_2O)_6^{2+}$, sondern den *trans*-Chlorokomplex $[FeCl_2(H_2O)_4] \cdot 2\,H_2O$ enthalten. Das wasserfreie Salz erhält man als weiße, sublimierbare Masse beim Erhitzen von Eisen in trockenem Chlorwasserstoff (mit Cl_2 entsteht $FeCl_3$, s. unten) oder durch Reduktion von $FeCl_3$ mit H_2 oder Fe. In analoger Weise gewinnt man FeF_2 und $FeBr_2$ aus Fe und HX, während FeI_2 aus Fe und I_2 zugänglich ist. Offensichtlich spielt FeI_2 eine Rolle beim Transport von Eisen mit Iod in die heiße Zone ($800 \rightarrow 1000\,°C$; Reinigung von Eisen nach van Arkel und de Boer): $I_2(g) \rightleftharpoons 2\,I(g)$; $Fe(f) + 2\,I(g) \rightleftharpoons FeI_2(g)$. Das Eisentrichlorid $FeCl_3$ entsteht beim Einleiten von Chlor in eine wässrige Eisendichlorid-Lösung ($2\,FeCl_2 + Cl_2 \longrightarrow 2\,FeCl_3$) oder bei der Oxidation von $FeCl_2$ mit Schwefeldioxid

---

[6]   Man kennt zudem eine Reihe niedrigwertiger Eisenverbindungen, in welchen Eisen der Wertigkeiten $-2, -1, 0, +1$ (d^{10}-, d^9-, d^8-, d^7-Elektronenkonfiguration) mit Liganden koordiniert, ist wie Kohlenoxid (z. B. $[Fe^{-II}(CO)_4]^{2-}$, $[Fe_2^{-I}(CO)_8]^{2-}$, $Fe^0(CO)_5$), Cyanid (z. B. $[Fe^I(CN)_5]^{4-}$), Stickoxid (z. B. $[Fe^{II}(CO)_2(NO)_2]$, $[Fe^I(CN)_5(NO)]^{3-}$, $[Fe^I(H_2O)_5(NO)]^{2+}$), α,α-Bipyridyl (z. B. $[Fe^{-I}(bipy)_3]^-$, $[Fe^0(bipy)_3]$), Phosphanen (z. B. $[Fe^0(PF_3)_5]$, $[Fe^0(CO)_3(PR_3)_2]$, $[Fe^IX(Ph_2PCH_2CH_2PPh_2)]$ mit X $=$ H, Cl, Br, I), Organylgruppen (z. B. $[(C_5H_5)(C_6Me_6)Fe^I]$) koordiniert ist. Näheres vgl. Kap. XXXII.

Tab. 29.2 Halogenide, Oxide und Halogenidoxide^a von Eisen^b.

	Fluoride	Chloride	Bromide	Iodide	Oxide
Fe(II)	FeF$_2$, weiß Smp. 1020 °C Rutil-Strukt., KZ6	FeCl$_2$, weiß Smp./Sdp. 676/1012 °C ΔH_f −342 kJ mol^{-1} CdCl$_2$-Strukt., KZ6	FeBr$_2$, gelbbraun Smp. 684 °C ΔH_f −250 kJ mol^{-1} CdI$_2$-Strukt., KZ6	FeI$_2$, dunkelviolett Smp. 177 °C ΔH_f −113 kJ mol^{-1} CdI$_2$-Strukt., KZ6	FeO, schwarz^c Smp. 1368 °C ΔH_f −266.4 kJ mol^{-1} NaCl-Strukt., KZ6 Fe$_3$O$_4$, schwarz^d
Fe(III)	FeF$_3$, blassgrün Smp. 1000 °C VF$_3$-Strukt., KZ6^f	FeCl$_3$, dunkelgrün Smp. 306 °C ΔH_f −400 kJ mol^{-1} BiI$_3$-Strukt., KZ6	FeBr$_3$, rotbraun Zers. Fe(II) >120 °C ΔH_f −268 kJ mol^{-1} BiI$_3$-Strukt., KZ6	FeI$_3$, schwarz zersetzlich	Fe$_2$O$_3$, rotbraun^e Smp. 1565 °C ΔH_f −824.8 kJ mol^{-1} Korund-Str., KZ6

a Rotes FeOCl (aus FeCl$_3$ + Fe$_2$O$_3$; ΔH_f −377 kJ mol^{-1}; Schichtstruktur); FeOF (Rutil-Struktur).
b Man kennt auch Sulfide, Selenide, Telluride. Darüber hinaus existieren Pentelide, Tetrelide, Trielide (S. 1962).
c Nichtstöchiometrisch: Fe$_{0.84-0.95}$O.
d Zers. 1538 °C in Fe$_2$O$_3$; ΔH_f −1119 kJ mol^{-1}; inverse Spinell-Struktur, KZ6
e α-Form (rhomboedrisch); γ-Fe$_2$O$_3$ (kubisch) geht bei 300 °C/O$_2$-Druck, β-Fe$_2$O$_3$ bei 500 °C in α-Fe$_2$O$_3$ über.
f Auch als FeF$_3$-Struktur bezeichnet.

in Salzsäure ($4\,FeCl_2 + SO_2 + 4\,HCl \longrightarrow 4\,FeCl_3 + 2\,H_2O + \frac{1}{8}\,S_8$) und kristallisiert aus den Lösungen je nach der Temperatur in Form verschiedener isomerer Hydrate FeCl$_3 \cdot 6\,H_2O$ mit den Strukturen [FeCl$_n$(H$_2$O)$_{6-n}$]Cl$_{3-n} \cdot n\,H_2O$ (farblos für $n = 0$, intensiv gelb für $n = 1, 2, 3$) aus. Beim Entwässern durch Erhitzen zersetzen sich die Hydrate großenteils unter HCl-Abgabe und Zwischenbildung von FeOCl (rote Nädelchen; vgl. Tab. 29.2). Wasserfreies FeCl$_3$ erhält man durch Erhitzen von Eisen- oder Eisen(III)-oxid im Chlorstrom in Form grünlich metallglänzender (rotbraun durchscheinender) Kristalle. Analog FeCl$_3$ sind FeF$_3$ und FeBr$_3$ aus den Elementen zugänglich (mit Br$_2$-Unterschuss entsteht Fe$_3$Br$_8 \widehat{=}$ MFeBr$_2 \cdot 2\,FeBr_2$; bildet tieffarbige Bromokomplexe Fe$_3$Br$_9^-$), während FeI$_3$ aufgrund seiner Zersetzlichkeit ($2\,FeI_3 \rightleftharpoons 2\,FeI_2 + I_2$) nicht auf diese Weise, sondern aus Fe(CO)$_5$ und I$_2$ durch Bestrahlung bei −20 °C gewonnen wird. In wässriger Lösung reagieren Fe^{3+} und I$^-$ demgemäß quantitativ nach

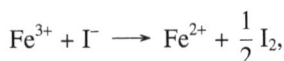

$$Fe^{3+} + I^- \longrightarrow Fe^{2+} + \frac{1}{2}\,I_2,$$

was man zur »Bestimmung von Eisen(III)« verwenden kann (Titration des ausgeschiedenen Iods mit Thiosulfat; vgl. Fe-Potentialdiagramme auf S. 1947; $E°$ für I$^-$/I$_2$ = +0.5355 V).

Eigenschaften. Einige Kenndaten und die Strukturen der Eisenhalogenide gibt Tab. 29.2 wieder (vgl. auch S. 2074). Die Thermostabilität der Verbindungen ist bis auf die von FeBr$_3$ (Zerfall oberhalb 200 °C in FeBr$_2$) und FeI$_3$ (nicht rein erhältlich) recht groß. FeCl$_3$ lässt sich schon oberhalb 120 °C sublimieren. Bei 400 °C entspricht die Dampfdichte der Formel Fe$_2$Cl$_6$ (vgl. Al$_2$Cl$_6$, S. 1345); oberhalb 800 °C sind nur FeCl$_3$-Moleküle stabil. Die Löslichkeit der Halogenide in Wasser ist bis auf die von FeF$_3$ (auch als blaßrosafarbenes Hydrat FeF$_3 \cdot 4.5\,H_2O$ erhältlich) gut. Mit Donoren bilden die Eisenhalogenide eine Reihe von Fe(II)- und Fe(III)-Komplexen. Z. B. entstehen aus FeCl$_2$ mit KCl, NH$_4$Cl oder NMe$_4$Cl gut kristallisierende Chlorokomplexe [FeCl$_4$]$^{2-}$ (z. B. K$_2$[FeCl$_4$(H$_2$O)$_2$]: oktaedrische Fe-Koordination, (NMe$_4$)$_2$[FeCl$_4$]: tetraedrische Koordination), mit NH$_3$ das Hexaammoniakat FeCl$_2 \cdot 6\,NH_3$ = [Fe(NH$_3$)$_6$]Cl$_2$ (s. unten), mit Phosphanen PR$_3$ oder R$_2$PCH$_2$CH$_2$PR$_2$ (= diphos) Phosphankomplexe [FeCl$_2$(PR$_3$)$_4$] oder *trans*-[FeCl$_2$(diphos)$_2$]. Aus letzteren lassen sich etwa durch Hydrierung mit LiAlH$_4$ in THF die Hydridokomplexe *trans*-[FeHCl(diphos)$_2$] und *trans*-[FeH$_2$(diphos)$_2$] gewinnen (s. oben), welche durch Luft nicht oxidiert werden und gute thermische Beständigkeit besitzen. Ähnlich wie FeCl$_2$ bildet FeCl$_3$ wasserunbeständige Chlorokomplexe u. a. des Typus [FeCl$_4$]$^-$ (tetraedrisch; aus konz. HCl in Anwesenheit von NR$_4^+$ isolierbar), [Cl$_3$Fe−O−FeCl$_3$]$^{2-}$ (tetraedrisch koordiniertes Fe(III); ∡FeOFe 140−180° je nach Gegenion), [FeCl$_4$(H$_2$O)$_2$]$^-$ (oktaedrisch), [FeCl$_6$]$^{3-}$ (oktaedrisch) und [Fe$_2$Cl$_9$]$^{3-}$ (zwei FeCl$_6$-Oktaeder mit gemeinsamer Fläche; vgl. die analogen Chlorokomplexe von Cr(III), S. 1856). Der aus $FeCl_3$ und diars zugängliche Komplex $[Fe^{III}Cl_2(diars)_2]^+$ lässt sich mit HNO_3 zu $[Fe^{IV}Cl_2(diars)_2]^{2+}$, einem der seltenen Komplexe mit Eisen in einer Oxidationsstufe größer +III, oxidieren. Die von FeF_3 abgeleiteten Fluorokomplexe sind in Wasser recht beständig, wobei $[FeF_6]^{3-}$ in diesem Medium überwiegend als $[FeF_5(H_2O)]^{2-}$ vorliegt.

Verwendung. $FeCl_3$ ist ein wichtiges Ätzmittel (u. a. zur Kupferätzung bei der Herstellung gedruckter elektronischer Schaltkreise) und wird als Koagulationsmittel bei der Wasseraufbereitung genutzt.

Cyanide (vgl. S. 2084). Unter den komplexen Eisenverbindungen gehören die Cyanokomplexe (»Hexacyanoferrate«) zu den beständigsten. Sie entstehen beim Zusammengeben von Eisen- und Cyanid-Ionen und haben je nach der Oxidationsstufe des Eisen-Ions die Formel $M^I_4[Fe^{II}(CN)_6]$ bzw. $M^I_3[Fe^{III}(CN)_6]$:

$$Fe^{2+} + 6\,CN^- \longrightarrow [Fe(CN)_6]^{4-} + 359\,kJ,$$

$$Fe^{3+} + 6\,CN^- \longrightarrow [Fe(CN)_6]^{3-} + 293\,kJ.$$

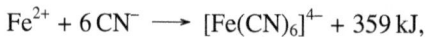

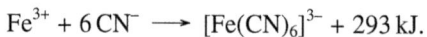

$Fe(CN)_6^{4-}$ ist dabei thermodynamisch und auch kinetisch stabiler als $Fe(CN)_6^{3-}$, da es zum Unterschied von letzterem eine Edelgaskonfiguration aufweist (vgl. S. 1590). Besonders charakteristische Vertreter der beiden Verbindungstypen sind das »gelbe« und das »rote Blutlaugensalz« (zum Namen vgl. unten).

Darstellung, Eigenschaften. Versetzt man eine Eisen(II)-Salzlösung mit einer Kaliumcyanid-Lösung, so bildet sich – wohl auf dem Wege über Eisendicyanid $Fe(CN)_2$ ($= Fe^{II}[Fe^{II}Fe^{II}(CN)_6]$, das in Form eines blassgrünen Feststoffs durch Thermolyse von $(NH_4)_4[Fe(CN)_6]$ bei 320 °C gewonnen werden kann (zur Struktur siehe unten) – blassgelbes Kaliumhexacyanoferrat(II) $K_4[Fe(CN)_6]$ (»gelbes Blutlaugensalz«; oktaedrisches $Fe(CN)_6^{4-}$-Ion):

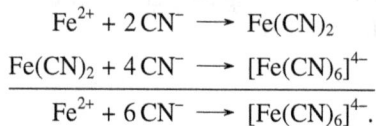

$$Fe^{2+} + 2\,CN^- \longrightarrow Fe(CN)_2$$
$$\underline{Fe(CN)_2 + 4\,CN^- \longrightarrow [Fe(CN)_6]^{4-}}$$
$$Fe^{2+} + 6\,CN^- \longrightarrow [Fe(CN)_6]^{4-}.$$

Beim Eindampfen der Lösung kristallisiert das Salz in Form großer, schwefelgelber, monokliner Kristalle der Formel $K_4[Fe(CN)_6] \cdot 3\,H_2O$ aus. Sein Name rührt daher, dass es früher u. a. durch Erhitzen von Blut (Fe-, C- und N-haltig) mit Kaliumcarbonat und Auslaugen der dabei erhaltenen Schmelze mit Wasser gewonnen wurde. Zu einer Erzeugung kann man von verbrauchter Gasreinigungsmasse (»Luxmasse«, »Lautamasse« der Kokereigasreinigung = getrockneter »Rotschlamm«, S. 1329) ausgehen, welche infolge des Cyanwasserstoffgehaltes des rohen Heizgases bereits Eisencyanide enthält. Heute gewinnt man die Verbindung technisch aus $Ca(OH)_2$, HCN und $FeCl_2$ gemäß $FeCl_2 + 6\,HCN + 3\,Ca(OH)_2 \longrightarrow Ca_2[Fe(CN)_6] + CaCl_2 + 6\,H_2O$ als Calciumsalz, aus dem durch Umsetzung mit Alkalicarbonat die Alkalisalze entstehen.

Die »Dissoziation« des Komplex-Ions $[Fe(CN)_6]^{4-}$ (Kryptonschale des Eisens von 36 Elektronen) in wässeriger Lösung gemäß $[Fe(CN)_6]^{4-} \rightleftharpoons Fe^{2+} + 6\,CN^-$ ist so gering, dass alle gewöhnlichen Fe^{2+} und CN^--Reaktionen ausbleiben. So gibt die Lösung z. B. mit Natronlauge oder Ammoniumsulfid keine Fällung von $Fe(OH)_2$ bzw. FeS und mit Silbernitrat keine Fällung von AgCN, sondern von $Ag_4[Fe(CN)_6]$. Bei Zugabe verdünnter Salzsäure entsteht unter »Assoziation« eine wässrige Lösung der starken, vierbasigen »Hexacyanoeisen(II)-Säure« $H_4Fe(CN)_6 = [Fe(CN)_2(CNH)_4]$, dic beim Kochen Cyanwasserstoff entwickelt ($4\,HCN + Fe(CN)_2$) und sich durch Zugabe von Ether R_2O als R_2OH^+-Salz ausfällen lässt, das bei Entfernung des Ethers die freie Säure $H_4[Fe(CN)_6]$ als weißes wasserlösliches, sich an Luft blaufärbendes Pulver hinterlässt (Bindung der Protonen an die Stickstoffatome der CN-Gruppen). Die Säure löst sich in flüssigem Fluorwasserstoff unter Bildung des Protonenaddukts $[Fe(CNH)_6]^{2+}$.

Die elektrolytische »Reduktion« einer wässrigen $Fe(CN)_6^{4-}$-Lösung in Anwesenheit von CN^- ergibt farbloses »Pentacyanoferrat(I)« $[Fe(CN)_5]^{4-}$ bzw. $[HFe(CN)_5]^{3-}$, die »Oxidation« rotes »Hexacyanoferrat(III)« $[Fe(CN)_6]^{3-}$ (s. unten).

Mit Fe^{2+} setzt sich gelbes Blutlaugensalz zu $K_2[Fe^{II}Fe^{II}(CN)_6]$ um, mit Cu^{2+} reagiert es unter Bildung eines Kupfersalzes $Cu_2Fe(CN)_6 = Cu[CuFe(CN)_6]$ (s. unten). Die durch Fällung von $[Fe(CN)_6]^{4-}$ mit Fe^{2+} enthaltene weiße Masse (»Weißteig«) wird in der Technik durch Oxidation mit Chloraten oder Dichromaten in Eisen-Blaupigmente übergeführt (s. unten, Berliner Blau).

Behandelt man eine Lösung von gelbem Blutlaugensalz mit Chlor- oder Bromwasser oder oxidiert man eine solche Lösung anodisch ($E^\circ = +0.361\,V$), so entsteht eine rötlichgelbe Lösung, aus der sich dunkelrote Prismen von Kalium-hexacyanoferrat(III) $K_3[Fe(CN)_6]$ (»rotes Blutlaugensalz«; oktaedrisches $Fe(CN)_6^{3-}$-Ion) gewinnen lassen:

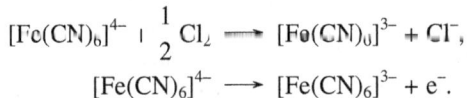

$$[Fe(CN)_6]^{4-} + \tfrac{1}{2}\,Cl_2 \longrightarrow [Fe(CN)_6]^{3-} + Cl^-,$$

$$[Fe(CN)_6]^{4-} \longrightarrow [Fe(CN)_6]^{3-} + e^-.$$

Mit Fe^{3+} reagiert $[Fe(CN)_6]^{3-}$ unter Bildung von braunem Eisentricyanid $Fe(CN)_3 = Fe^{III}[Fe^{III}(CN)_6]$. Es lässt sich leicht in grünes »$Fe(CN)_3$« (»Berlinergrün«) verwandeln, welches sich von der braunen Form durch den Gehalt einer geringen Menge an Fe^{2+} unterscheidet und als »Reagens auf Reduktionsmittel« dienen kann (Bildung von »Berliner-Blau«, s. unten).

Die wässrige Lösung von $Fe(CN)_6^{3-}$, die mit SCN^- keine Rotfärbung und mit Ag^+ kein $AgCN$, sondern $Ag_3[Fe(CN)_6]$ ergibt, ist viel unbeständiger als die von $Fe(CN)_6^{4-}$ und wirkt zum Unterschied von letzterer infolge spurenweiser Abgabe von Blausäure HCN (Übergang von $Fe(CN)_6^{3-}$ in $[Fe(CN)_5(H_2O)]^{2-}$) giftig, weil sich CN^- an Schwermetallzentren von Enzymen addiert und diese dadurch unwirksam macht. Die Lösung wird bisweilen als Oxidationsmittel benutzt, da das Eisen im $Fe(CN)_6^{3-}$-Ion (effektive Elektronenzahl 35) durch Aufnahme eines Elektrons die beständige Edelgasschale des Kryptons (effektive Elektronenzahl 36) zu erreichen sucht (vgl. S. 1590, 2084):

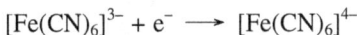

$$[Fe(CN)_6]^{3-} + e^- \longrightarrow [Fe(CN)_6]^{4-}$$

($E^\circ = +0.361\,V$). Die dem Salz zugrunde liegende freie »Hexacyanoeisen(III)-säure« $H_3Fe(CN)_6$ kristallisiert in braunen Nadeln und ist sehr unbeständig.

Versetzt man eine Lösung des gelben Blutlaugensalzes mit Eisen(III)-Salz oder eine Lösung des roten Blutlaugensalzes mit Eisen(II)-Salz, so entsteht in beiden Fällen bei Anwendung eines Molverhältnisses 1 : 1 infolge des ganz auf der rechten Seite liegenden Gleichgewichts $Fe^{2+} + Fe^{III}(CN)_6^{3-} \rightleftharpoons Fe^{3+} + Fe^{II}(CN)_6^{4-}$ das gleiche, kolloid gelöste lösliche Berliner-Blau $K[Fe^{III}Fe^{II}(CN)_6]$ (»lösliches Turnbullsblau«; K^+ kann durch Na^+ oder Rb^+, nicht aber durch Li^+ oder Cs^+ ersetzt werden):

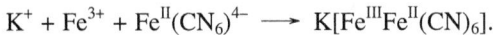

$$K^+ + Fe^{3+} + Fe^{II}(CN_6)^{4-} \longrightarrow K[Fe^{III}Fe^{II}(CN)_6].$$

Die intensive Farbe ist dabei hier wie in vielen anderen Fällen (z.B. rote Mennige, Molybdän- und Wolframblau, blaues Cer(III,IV)-hydroxid, blauschwarzes Cäsium-antimon(III,V)-chlorid, schwarzgrünes Eisen(II,III)-hydroxid) auf die gleichzeitige Anwesenheit zweier Wertigkeitsstufen des gleichen Elements in ein und demselben komplexen Molekül zurückzuführen (vgl. hierzu farbloses $K_2[Fe^{II}Fe^{II}(CN)_6]$ sowie S. 193).

Bei Zugabe überschüssiger Eisen(III)- bzw. Eisen(II)-Ionen zu Hexacyanoferrat(II bzw. III) $Fe^{II}(CN)_6^{4-}$ bzw. $Fe^{III}(CN)_6^{3-}$ entstehen blaue Niederschläge, die als unlösliches Berliner-Blau $Fe^{III}[Fe^{III}Fe^{II}(CN)_6]_3$ (»unlösliches Turnbulls-Blau«) bezeichnet werden:

$$4\,Fe^{3+} + 3\,Fe^{II}(CN)_6^{4-} \longrightarrow Fe^{III}[Fe^{III}Fe^{II}(CN)_6]_3.$$

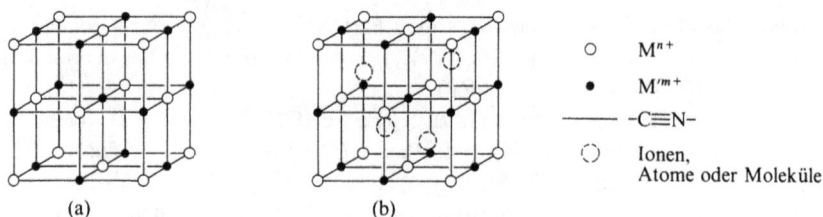

○ M^{n+}

● M'^{m+}

——— $-C\equiv N-$

◌   Ionen,
      Atome oder Moleküle

(a)   (b)

Abb. 29.5 Zur Struktur komplexer Cyanide des Eisens und anderer Metalle: (a) »Leere« kubische Elementarzelle. (b) Halbbesetzte kubische Elementarzelle.

Strukturen. Die Strukturen der [FeFe(CN)$_6$]-Gruppierungen in den verschiedenen Verbindungen [Fe^{II}Fe^{II}(CN)$_6$]$^{2-}$ (farblos), [Fe^{III}Fe^{II}(CN)$_6$]$^-$ (blau) und [Fe^{III}Fe^{III}(CN)$_6$] (braun) leitet sich von einem einfachen Würfelgitter ab, in welchem die Würfelecken von Fe-Ionen und die Würfelkanten zwischen den Fe-Ionen von längs dieser Kante angeordneten CN-Ionen [:C≡N:]$^-$ besetzt sind. Letztere sind mit den beiden Fe-Ionen auf der einen Seite über C (stärkere Bindung), auf der anderen Seite über N (schwächere Bindung) verknüpft, sodass jedes Fe-Ion oktaedrisch von sechs CN und jedes CN digonal von zwei Fe-Ionen umgeben ist (Abb. 29.5), was einer Zusammensetzung Fe(CN)$_{6/2}$ = Fe(CN)$_3$ bzw. $\frac{1}{2}$ [FeFe(CN)$_6$] entspricht. Im Falle des Vorhandenseins von Fe(II) und Fe(III) ist das weichere Lewis-basische Kohlenstoffende von CN$^-$ mit dem weicheren Lewis-sauren Fe^{2+}, das härtere Lewis-basische Stickstoffende mit dem härteren Lewis-sauren Fe^{3+} verknüpft.

Allerdings findet sich die besprochene Struktur im Falle der komplexen Eisencyanide – wenn überhaupt – nur bei Eisen(II)-cyanid Fe^{II}[Fe^{II}Fe^{II}(CN)$_6$] ideal verwirklicht, in welchem die Hälfte aller kubischen Lücken der [Fe^{II}Fe^{II}(CN)$_6$]-Teilstruktur (Abb. 29.5a) durch Fe^{2+}-Ionen besetzt sind (Abb. 29.5b). Vielen anderen komplexen Cyaniden liegt demgegenüber, wie sich durch Röntgenstrukturanalyse beweisen ließ, die ideale in Abb. 29.5a veranschaulichte Struktur zugrunde, z. B. den eisenhaltigen Cyanokomplexen Cs$_2$[MgFe^{II}(CN)$_6$] und Cs$_2$[LiFe^{III}(CN)$_6$] (○ = Fe; ● = Mg oder Li in Abb. 29.5 a; alle kubischen Lücken sind mit Cs-Ionen besetzt) oder den Hexacyanopalladaten bzw. -platinaten [M^{II}Pd^{IV}(CN)$_6$] bzw. [M^{II}Pt^{IV}(CN)$_6$] (○ = Mn, Fe, Co, Ni, Zn, Cd, Hg und ● = Pd, Pt in Abb. 29.5a; die kubischen Lücken sind leer, können aber von Fremdatomen oder -molekülen besetzt werden; vgl. S. 2049).

Die Struktur des unlöslichen Berliner-Blaus, das immer als Hydrat Fe^{III}$_4$[Fe^{II}(CN)$_6$]$_3 \cdot$ 14 bis 16 H$_2$O erhalten wird, leitet sich von der in Abb. 29.5a veranschaulichten Struktur dadurch ab, dass $1/4$ der Fe^{2+}-Plätze (gefüllte Kreise) – also etwa das Zentrum der wiedergegebenen Elementarzelle – frei bleiben und dass darüber hinaus $3/4$ der Fe^{3+}-Ionen (leere Kreise) – also etwa alle Flächenmitten der wiedergegebenen Elementarzelle – von nur 4 Cyanogruppen und dafür 2 Wassermolekülen koordiniert sind: [Fe^{III}(NC)$_4$(H$_2$O)$_2$], wobei die H$_2$O-Moleküle in das (leere) Innere der Elementarzellen weisen. Die verbleibenden Fe^{3+}- und alle Fe^{2+}-Ionen haben die erwartete Koordination: [Fe^{III}(NC)$_6$] und [Fe^{II}(CN)$_6$]. Die Oktanden der Elementarzellen sind zusätzlich mit Wassermolekülen gefüllt. Analoge Strukturen kommen auch den anderen komplexen Eisencyaniden zu.

Verwendung. »Eisen-Blaupigmente« M^I[Fe^{II}Fe^{III}(CN)$_6$] (früher auch als »Berliner-«, »Turnbulls-«, »Preussisch-«, »Milori-Blau« bezeichnet; M^I = Na, K, NH$_4$) sind extrem farbstark (fast schwarz bis hellblau je nach Partikeldurchmesser im Bereich 0.01 bis 0.20 µm) und kurzfristig bis 180 °C thermostabil. Man nutzt sie für Druckfarben (insbesondere Tiefdruck), Lacke (insbesondere Automobile), Buntpapiere (u. a. auch Blaupausen), Tinten. In Form von »Wäscheblau« dienen sie zum Weißen von Wäsche, da ihre Farbe als Komplementärfarbe den oft gelblichen Ton der Wäsche zu Weiß ergänzt. Mischungen von Eisen-Blaupigmenten mit Chromgelb oder Zinkgelb finden als »Chromgrün« oder »Zinkgrün« in Lacken und Druckfarben Verwendung. Hexacyanoferrate dienen darüber hinaus als milde »Sauerstoffüberträger«, vor allem in der Farbstoffchemie. $K_4[Fe(CN)_6]$ ist zur »Weinschönung« zugelassen, da es durch Ausfällung von Eisen-Ionen deren Farbe und Aussehen verbessert. $K_3[Fe(CN)_6]$ hat ein spezifisches Einsatzgebiet bei der »Farbfilmentwicklung« gefunden. $Cu_2Fe(CN)_6$ kann zur Herstellung von »semipermeablen Membranen« in osmotischen Zellen dienen.

Prussiate. Komplexionen $[Fe(CN)_5X]^{n-}$, bei denen eine Cyanogruppe des $Fe(CN)_6$-Ions durch andere Gruppen ersetzt ist, heißen »Prussiate« (rationell: Pentacyanoferrate). Erwähnt seien hier zum Beispiel: das »Natrium-nitrosyl-prussiat« $Na_2[Fe^{II}(CN)_5NO]$ (NO ist in dieser aus HNO_3 und $Fe(CN)_6^{4-}$ zugänglichen Verbindung als Kation $:N{\equiv}O{:}^+$ enthalten), das »Natrium-carbonyl-prussiat« $Na_3[Fe^{II}(CN)_5CO]$, das »Natrium-ammin-prussiat« $Na_3[Fe^{II}(CN)_5NH_3]$, das »Natrium-nitro-prussiat« $Na_4[Fe^{II}(CN)_5NO_2]$, das »Natrium-sulfito-prussiat« $Na_5[Fe^{II}(CN)_5SO_3]$ sowie das »Natrium-thionitro-prussiat« $Na_4[Fe^{II}(CN)_5NOS]$. Die Bildung letzterer roten Verbindung aus wässerigen Nitro-prussiat-Lösungen und Sulfid dient zum »qualitativen Nachweis für Schwefel«. Bei der Oxidation mit Brom gehen die Eisen(II)-prussiate in Eisen(III)-prussiate über: $[Fe^{II}(CN)_5X]^{n-} + \frac{1}{2}Br_2 \longrightarrow [Fe^{III}(CN)_5X]^{(n-1)-} + Br^-$. Es lassen sich auch mehrere CN^--Ionen in $Fe(CN)_6^{4-}$ durch andere Liganden ersetzen. Z. B. entsteht aus einer wässerigen $FeCl_2$-Lösung in Anwesenheit von CN^- und CO leicht der low-spin-Komplex *trans*-$[Fe(CN)_2(CO)_2]^{2-}$ (farblos). Da CO einen besseren π-Akzeptor als CN^- darstellt, erniedrigt sich die Reduktionskraft von $[Fe^{II}(CN)_{6-n}(CO)_n]^{(4-n)-}$ mit wachsendem n (vgl. hierzu Ersatz von CO in $Fe^0(CO)_5$ durch CN^-, S. 2084).

Rhodanide. Beim Zusammengeben einer Eisen(III)- und Thiocyanat-Salzlösung wird Eisentrithiocyanat $Fe(SCN)_3$ (»Eisentrirhodanid«) in Form einer blutroten Lösung erhalten:

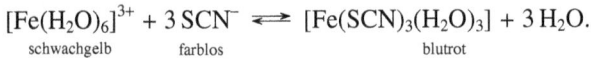

$$[Fe(H_2O)_6]^{3+} + 3\,SCN^- \rightleftharpoons [Fe(SCN)_3(H_2O)_3] + 3\,H_2O.$$

schwachgelb   farblos   blutrot

Die von den Komplexen $[Fe(SCN)(H_2O)_5]^{2+}$, $[Fe(SCN)_2(H_2O)_4]^+$ und $[Fe(SCN)_3(H_2O)_3]$ herrührende Farbe ist so intensiv, dass selbst »geringste Spuren von Eisen(III)-Ionen« auf diese Weise »analytisch nachgewiesen« werden können. Bei Verdünnen der Lösung (Zunahme der elektrolytischen Dissoziation; Verschiebung des obigen Gleichgewichts nach links) geht die blutrote in eine schwachgelbe Lösung über, welche sich bei Zusatz von Fe^{3+}- oder SCN^--Ionen (Verschiebung des obigen Gleichgewichts nach rechts) wieder blutrot färbt (vgl. S. 218). Auch durch Zusatz von F^--Ionen (Bildung von farblosem $[FeF_6]^{3-}$ bzw. $[FeF_5(H_2O)]^{2-}$) lässt sich eine Eisen(III)-thiocyanat-Lösung entfärben, was zum »Nachweis von Fluorid« dienen kann.

Azide (S. 2087). Das mit dem Pseudohalogenkomplex verwandte, oktaedrisch gebaute high-spin Hexaazidoferrat(III) $[Fe(N_3)_6]^{3-}$ entsteht als rotes Salz $[NMe_4]_3[Fe(N_3)_6]$ (Smp. 270–280 °C) durch Umsetzung von $NMe_4^+Br^-$ mit $FeCl_3$ in Anwesenheit von NaN_3. Unter den Azidogruppen-ärmeren Verbindungen $[Fe(N_3)_{6-n}]^{(3-n)-}$ lässt sich das trigonal-bipyramidal gebaute Pentaazidoferrat(III) $[Fe(N_3)_5]^{2-}$ als rotes Salz $[NEt_4]_2[Fe(N_3)_5]$ (Smp. 135 °C) aus $NEt_4^+FeBr_4^-$ und AgN_3 in Aceton gewinnen (man kennt auch $[AsPh_4]_2[Fe(N_3)_5]$). Im Salz $[Fe^{II}(bpym)_3]_2[Fe^{II}_2(N_3)_{10}]$ mit dem sehr raumerfüllenden Kation $[Fe(bpym)_3]^{2+}$ (bpym = 2,2′-Bipyramidyl) liegt $Fe(N_3)_5^{2-}$ dimer als $[Fe_2(N_3)_{10}]^{4-}$ mit oktaedrisch koordiniertem Fe(III) vor (mit zwei end-on gebundenen N_3-Gruppen verbrückte $(N_3)_4Fe(III)$-Einheiten; vgl. hierzu $[Cu_2(N_3)_6]^{2-}$, S. 1701). Binäre Eisen(II)- und Eisen(III)-azide $Fe(N_3)_2$ und $Fe(N_3)_3$ sind bisher unbekannt. In $[Fe(N_3)_2]_2 \cdot$ bpym sind $Fe_2(N_3)_4$-Einheiten (mit zwei end-on gebundenen N_3-Gruppen verbrückte $Fe(N_3)_4$-Einheiten) über bpym zu Schichten verknüpft.

Chalkogenverbindungen

Eisen bildet die drei (nicht stöchiometrisch zusammengesetzten) »Oxide« FeO, Fe_3O_4 ($\hat{=} FeO \cdot Fe_2O_3$) und Fe_2O_3, ferner die »Hydroxide« $Fe(OH)_2$, $Fe(OH)_3$ und FeO(OH). Sie wirken basisch und nur hinsichtlich sehr starker Basen auch sauer (Bildung von »Eisensalzen« und

»Ferraten«). Auch existieren »Sulfide«, »Selenide« und »Telluride« der Zusammensetzung FeY, FeY_2 sowie Fe_2S_3.

Eisenoxide (Tab. 29.2 sowie S. 2088).

Darstellung, Eigenschaften. Reduziert man Eisen(III)-oxid mit trockenem Kohlenoxid bzw. Wasserstoff ($Fe_2O_3 + H_2 \longrightarrow 2\,FeO + H_2O$) oder oxidiert man Eisen mit Sauerstoff unter vermindertem Partialdruck ($Fe + \frac{1}{2}\,O_2 \longrightarrow FeO + 266\,kJ$) bzw. mit Wasserdampf oberhalb 560 °C (s. unten), so erhält man Eisenmonoxid FeO (»Eisen(II)-oxid«) als schwarzes Produkt $Fe_{1-x}O$ (»Wüstit-Phase«; antiferromagnetisch, Neél-Temperatur 198 K), das einen mehr oder minder großen Eisenunterschuss gegenüber der Formel FeO aufweist (normale Zusammensetzung $Fe_{0.84}O$ bis $Fe_{0.95}O$; stöchiometrisch zusammengesetztes FeO bildet sich aus $Fe_{1-x}O$ und Fe bei 770 °C und einem Sauerstoffdruck von 50 kbar; es ist um ca. 0.4 % weniger dicht als »normales« $Fe_{1-x}O$). FeO ist nur oberhalb 560 °C stabil; unterhalb dieser Temperatur neigt es zur Disproportionierung gemäß $4\,FeO \rightleftharpoons Fe + Fe_3O_4$, sodass man es nur durch Abschrecken der Hochtemperaturprodukte oder durch Synthese bei nicht allzu hohen Temperaturen (z. B. Thermolyse von Eisen(II)-oxalat im Vakuum: $FeC_2O_4 \longrightarrow FeO + CO + CO_2$) als bei Raumtemperatur metastabiles Oxid erhalten kann. Wegen seiner leichten Oxidierbarkeit (das durch FeC_2O_4-Pyrolyse gewonnene FeO-Pulver ist pyrophor) kommt FeO in der Natur nicht vor.

Oxidiert man Eisen mit Wasserdampf nicht oberhalb, sondern unterhalb 560 °C, so entsteht anstelle von Eisenmonoxid Trieisentetraoxid Fe_3O_4 (»Eisen(II, III)-oxid«), als schwarzes, thermostabiles Oxid (ferrimagnetisch):

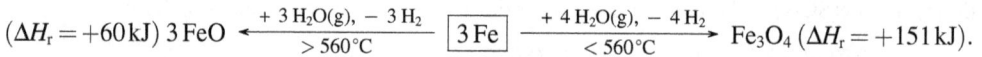

$$(\Delta H_r = +60\,kJ)\ 3\,FeO \xleftarrow[> 560\,°C]{+\ 3\,H_2O(g),\ -\ 3\,H_2}\ \boxed{3\,Fe}\ \xrightarrow[< 560\,°C]{+\ 4\,H_2O(g),\ -\ 4\,H_2}\ Fe_3O_4\ (\Delta H_r = +151\,kJ).$$

Es findet sich in der Natur als »Magneteisenstein« (»Magnetit«) und entsteht u. a. beim kräftigen Glühen von α-Fe_2O_3 sowie als »Hammerschlag« beim Verbrennen der beim Schmieden von glühendem Eisen abspringenden Eisenteilchen ($3\,Fe + 2\,O_2 \longrightarrow Fe_3O_4 + 1119\,kJ$). Das Oxid zeichnet sich durch große Säure- und Base- sowie Chlor-Beständigkeit aus.

Das in der Natur in verschiedenen Formen vorkommende Dieisentrioxid Fe_2O_3 (»Eisen(III)-oxid«, vgl. S. 1935) existiert in drei Modifikationen, und zwar als rotbraunes, rhomboedrisches α-Fe_2O_3 (»Hämatit«; antiferromagnetisch, Neél-Temp. 955 K; vgl. S. 1668), das durch Oxidation von Eisen mit Sauerstoff unter Druck ($2\,Fe + 1\frac{1}{2}\,O_2 \longrightarrow Fe_2O_3 + 825\,kJ$), durch Erhitzen von Eisen(III)-Salzen flüchtiger Säuren oder durch Entwässern von Eisen(III)-hydroxid oberhalb 200 °C gewinnbar ist, ferner als paramagnetisches, kubisches β-Fe_2O_3, das man durch Hydrolyse von $FeCl_3 \cdot 6\,H_2O$ oder bei der chemischen Gasabscheidung von Fe_2O_3 erhält, und schließlich als ferromagnetisches, kubisches schwarzes γ-Fe_2O_3, das bei vorsichtigem Oxidieren von Fe_3O_4 mit Sauerstoff entsteht. Letztere (metastabile) γ-Form lässt sich bei 200 °C im Vakuum wieder in Fe_3O_4 zurückverwandeln und geht beim Erhitzen auf über 300 °C unter Sauerstoffdruck in die stabile α-Form über, welche sich ihrerseits beim Erhitzen auf 1000 °C im Vakuum oder auf über 1200 °C an der Luft unter O_2-Abspaltung in Fe_3O_4 umwandelt (metastabiles β-Fe_2O_3 verwandelt sich bei 500 °C in α-Fe_2O_3, s. Abb. 29.6).

Die »Säurebeständigkeit« und die »Härte« des durch Entwässerung von $Fe(OH)_3$ gebildeten α-Eisen(III)-oxids hängt wie die des Aluminium(III)-oxids (S. 1355) weitgehend von der Vorbehandlung ab. So löst sich z. B. sehr schwach erhitztes α-Fe_2O_3 schon bei Raumtemperatur

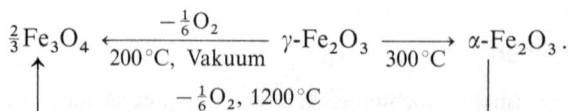

$$\tfrac{2}{3}Fe_3O_4 \xleftarrow[200\,°C,\ Vakuum]{-\frac{1}{6}O_2} \gamma\text{-}Fe_2O_3 \xrightarrow{300\,°C} \alpha\text{-}Fe_2O_3\,.$$

$$-\tfrac{1}{6}O_2,\ 1200\,°C$$

Abb. 29.6

langsam in verdünnten Säuren, wogegen sehr stark geglühtes α-Fe_2O_3 auch in heißen konzentrierten Säuren nahezu unlöslich ist. Während sich frisch gefälltes Oxid-Hydrat schwammig und weich anfühlt, ist das geglühte Oxid hart. Je nach der Korngröße des Materials kann man dabei Farben erzielen, die zwischen Hellrot und Purpurviolett variieren.

Strukturen. Die Struktur des idealen stöchiometrischen Eisen(II)-oxids FeO entspräche einer kubisch-dichtesten Packung von O^{2-}-Ionen mit Fe^{2+}-Ionen in allen oktaedrischen Lücken (»NaCl-Struktur«). Ersetzt man in diesem FeO je drei Fe^{2+}-Ionen durch die ladungsäquivalente Zahl von zwei Fe^{3+}-Ionen und verteilt jeweils 21$\frac{1}{3}$ Fe^{3+}-Ionen auf alle in Spinellen besetzten 8 tetra- und einen Teil der 16 oktaedrischen Lücken, so kommt man zur Struktur des Eisen(III)-oxids γ-Fe_2O_3 ($\hat{=}$ »$Fe_{0.67}O$«). Nimmt man diesen Austausch von je drei Fe^{2+} gegen zwei Fe^{3+} nur mit $3/4$ der Fe^{2+}-Ionen vor, so gelangt man zum Eisen(II,III)-oxid Fe_3O_4 ($\hat{=}$ »$Fe_{0.75}O$« $\hat{=}$ »$Fe_{0.25}^{II}Fe_{0.50}^{III}O$«), dem eine inverse Spinell-Struktur zukommt (kubisch-dichteste Packung von O^{2-}-Ionen; Fe^{2+} in oktaedrischen, Fe^{3+} zur Hälfte in oktaedrischen, zur Hälfte in tetraedrischen Lücken; vgl. S. 1358 und wegen des Grundes für die inverse Spinellstruktur[9]. Die Neigung aller drei Oxide FeO, Fe_3O_4 und Fe_2O_3 zu nicht-stöchiometrischer Zusammensetzung ist auf diese enge Verwandtschaft ihrer Struktur zurückzuführen: (i) So entspricht etwa die oben erwähnte Zusammensetzung $Fe_{0.95}O$ des Eisen(II)-oxids einem Zwischenzustand zwischen FeO und Fe_2O_3, bei dem nicht wie im Eisen(II,III)-oxid Fe_3O_4 75 %, sondern nur 15 % der Fe^{2+}-Ionen des Eisen(II)-oxids durch eine ladungsäquivalente Zahl von Fe^{3+}-Ionen ersetzt sind (»$Fe_{0.95}O$« $\hat{=}$ »$Fe_{0.85}^{II}Fe_{0.10}^{III}O$«). (ii) Bei der vorsichtigen Oxidation von Fe_3O_4 mit O_2 lagern sich neue kubisch-dichtest gepackte Sauerstoffschichten unter Elektronenaufnahme aus Fe^{2+} an die Fe_3O_4-Kristalle, in die dann Eisenionen aus dem Kristall einwandern. Die Struktur des Eisen(III)-oxids α-Fe_2O_3 leitet sich schließlich vom Korund ab (hexagonal-dichteste Packung von O^{2-}-Ionen mit Verteilung der Fe^{3+}-Ionen auf $2/3$ der vorhandenen oktaedrischen Lücken). Vgl. hierzu auch S. 2088f.

Verwendung. Eisenoxide (Weltjahresproduktion an natürlichem bzw. synthetischem Material: über 500 bzw. 100 Kilotonnen) sind ein wichtiges Ausgangsmaterial für die »Eisengewinnung« und stellen die mit Abstand wichtigste und billigste Gruppe der »Buntpigmente« (»Eisenoxid-Pigmente«) dar, welche im wesentlichen die Farben Rot (α-Fe_2O_3), Braun (γ-Fe_2O_3), Schwarz (Fe_3O_4), Gelb (α-$FeOOH$) und Orangegelb (γ-$FeOOH$) sowie Braun (Eisenoxid-Mischungen) umfasst (natürliche Eisenoxid-Pigmente für Gelb: »Limonit«, »gelber Ocker«; für Rot: »Persischrot«, »Spanischrot«, »Venezianischrot«, »Pompejanischrot«, »roter Ocker«, »Siderit«, »Siene«; Braun: »Umbra«, »Siderit«, »Siena«; für Schwarz: »Magnetit«). Das Deckvermögen (Streuvermögen) und der Farbton der durch »Echtheit« ausgezeichneten Farben (farbige Höhlenmalereien von 15 000 v. Chr. bestehen noch heute) lässt sich durch die Teilchengröße der Oxide variieren (Teilchendurchmesser um 0.02 µm: Deckkraft der Pigmente am größten; Durchmesser < 0.01 µm: Pigmente werden transparent, vgl. S. 1683). In der Technik gewinnt man die Eisen-Pigmente hauptsächlich durch oxidative Abröstung oder durch Hydrolyse von Eisen(II)-sulfat ($6\,FeSO_4 + \frac{3}{2}O_2 \longrightarrow 3\,Fe_2O_3 + 6\,SO_3$; $2\,FeSO_4 + 4\,NaOH + \frac{1}{2}O_2 \longrightarrow 2\,FeOOH + 2\,Na_2SO_4 + H_2O$), durch Oxidation von Eisen mit Nitrobenzol (z. B. $4\,PhNO_2 + 9\,Fe + 4\,H_2O \longrightarrow 4\,PhNH_2 + 3\,Fe_3O_4$; zugleich zur Anilinerzeugung) sowie durch Calcinieren von $FeOOH$ oder Fe_3O_4. Man nutzt sie für Baustoffeinfärbungen (Beton-, Pflastersteine, Dachpfannen, Asbestzement, Mörtel, Bitumen, Fassadenputze), Kunststoffeinfärbungen, zur Herstellung von Farben und Lacken (transparente Pigmente für Metallic-Lacke; billige natürliche Pigmente für Grundierungen, Schiffs- und Hausanstriche).

Die Eisenoxide γ-Fe_2O_3 und Fe_3O_4 werden darüber hinaus als »Magnetpigmente« in Audiocassetten, Ton- und Videobändern, sowie als Edukte für die Herstellung von ferrimagnetischen Hart- und Weichferriten (vgl. S. 1668) verwendet. Geglühtes Fe_2O_3 dient wegen seiner Härte zum »Polieren« (»Polierrot«, »Englischrot«) von Glas, Metallen und Edelsteinen, Fe_3O_4 wegen seiner Säure-, Base- und Chlor-Beständigkeit zur Herstellung von »Elektroden« (»Magnetitelektroden«; die elektrische Leitfähigkeit von Fe_3O_4 ist millionenmal größer als die von Fe_2O_3).

Eisenhydroxide.

Darstellung. Aus Eisen(II)-Salzlösungen fällt auf Zusatz von Alkalilauge bei Luftausschluss Eisendihydroxid $Fe(OH)_2$ (»Eisen(II)-hydroxid«, »Brucit-Struktur« $\hat{=}$ »CdI_2-Struktur«) als weißer, flockiger Niederschlag aus: $Fe^{2+} + 2\,OH^- \longrightarrow Fe(OH)_2$. Bei Lufteinwirkung ($E°$ für $O_2/OH^- = +0.401\,V$) oxidiert sich dieser Niederschlag außerordentlich leicht und geht dabei über graugrüne, dunkelgrüne und schwärzliche Fe^{2+}- und Fe^{3+}-haltige Zwischenstufen schließlich in rotbraunes Eisentrihydroxid $Fe(OH)_3$ (»Eisen(III)-hydroxid«) über: $2\,Fe(OH)_2 + H_2O + \frac{1}{2}\,O_2 \longrightarrow 2\,Fe(OH)_3$ (vgl. Potentialdiagramm, S. 1947). Langsam oxidiert sich $Fe(OH)_2$ in Anwesenheit von Wasser auch bei O_2-Ausschluss unter H_2-Entwicklung. Letztere Reaktion erfolgt rasch unter Lichteinwirkung: $2\,Fe_{aq}^{2+} + 2\,H^+ + h\nu \longrightarrow 2\,Fe_{aq}^{3+} + H_2$. Auch wirkt Ozon stark oxidierend: $Fe_{aq}^{2+} + O_3 \longrightarrow Fe^{II}O_{aq}^{2+} + O_2$; u. a. $Fe^{II}O_{aq}^{2+} + Fe_{aq}^{2+} + 2\,H^+ \longrightarrow 2\,Fe_{aq}^{3+} + H_2O$ (vgl. S. 1969). Eisen(III)-hydroxid fällt beim Versetzen einer Eisen(III)-Salzlösung mit Alkalilauge als wasserreiches Hydrogel der Formel $Fe_2O_3 \cdot x\,H_2O$ (»Eisen(III)-oxid-Hydrat«) aus. Durch Trocknen bei Raumtemperatur geht es allmählich – schneller beim Erwärmen – in kristallisierten »Hämatit« α-Fe_2O_3 (s. oben) über. Die Existenz eines definierten Trihydroxids lässt sich bei dieser Entwässerung nicht erkennen.

Beim Behandeln des frisch gefällten »Eisen(III)-hydroxids« mit überhitztem Wasserdampf bildet sich die α-Form von Eisenhydroxidoxid $FeO(OH)$ (»Goethit«, »Rubinglimmer«), die sich auch in der Natur als dunkelbraunes »Nadeleisenerz« findet. Beim Erhitzen von α-$FeO(OH)$ auf $220\,°C$ entsteht infolge weiterer Wasserabspaltung rotbraunes α-Fe_2O_3 (»Hämatit«; s. oben). Eine unbeständige γ-Form des Hydroxidoxids ist der rote »Lepidokrokit«, der bei der Wasserabspaltung zunächst in das γ-Fe_2O_3 und dann in das beständigere α-Fe_2O_3 übergeht (s. oben). Der bei der Oxidation des Eisens an feuchter Luft sich bildende »Rost« (S. 1944) besteht aus solchem γ-$FeO(OH)$.

Der Mechanismus der Niederschlagsbildung von Eisenhydroxidoxid (»Schichtstruktur«) ist noch weitgehend ungeklärt. Aus Studien der Kondensation von ligandenstabilisiertem $Fe(OH)_3$ folgt jedoch, dass die Kondensation von $Fe(OH)_3$ über kugelförmige Teilchen aus ecken- und kantenverknüpften FeO_6-Oktaedern wie in Abb. 29.7a, b, c, d erfolgt, in welchen Sauerstoff von einem, zwei, drei, vier oder gar sechs Eisenatomen koordiniert wird.

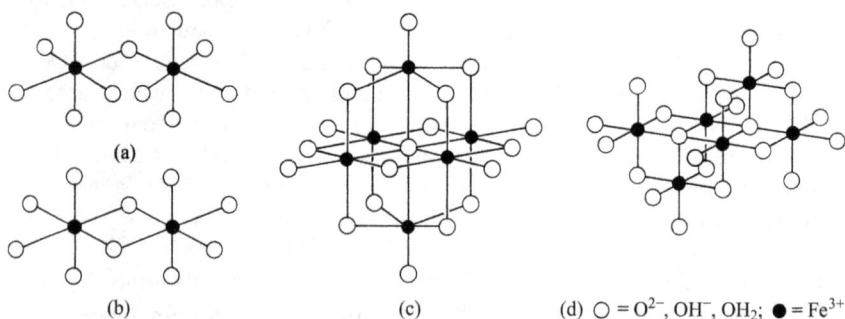

(a)

(b)   (c)   (d) $\bigcirc = O^{2-}$, OH^-, OH_2; $\bullet = Fe^{3+}$

Abb. 29.7

Eigenschaften. Bezüglich des Redoxverhaltens der Eisenhydroxide $Fe(OH)_2/Fe(OH)_3$ vgl. das oben Besprochene. Beide Verbindungen sind vorwiegend basisch und lösen sich leicht in Säuren unter Bildung von Eisen(II)- bzw. Eisen(III)-Salzen mit dem blassblauen »Hexaaquaeisen(II)-Ion« $[Fe(H_2O)_6]^{2+}$ bzw. dem fast farblosen »Hexaaquaeisen(III)-Ion« $[Fe(H_2O)_6]^{3+}$ (jeweils oktaedrisch), während die sauren Eigenschaften der Hydroxide wenig ausgeprägt sind, sodass sie sich in siedenden konzentrierten Laugen nur geringfügig unter Bildung von blaugrünem »Hexahydroxoferrat(II) [Fe(OH)$_6$)]$^{4-}$ bzw. farblosem »Tetra-« sowie »Hexahydroxoferrat(III)« [Fe(OH)$_4$]$^-$ und [Fe(OH)$_6$]$^{3-}$ lösen (beim Kochen von Fe^{3+}-Salzen in konzentrierter Sr(OH)$_2$- bzw. Ba(OH)$_2$-Lösung entstehen die Hexahydroxoferrate(III) M$^{II}_3$[Fe(OH)$_6$]$_2$ als kristalline Pulver):

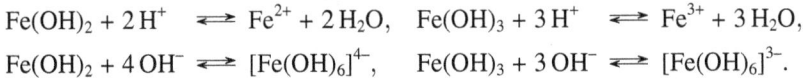

$$Fe(OH)_2 + 2\,H^+ \rightleftharpoons Fe^{2+} + 2\,H_2O, \quad Fe(OH)_3 + 3\,H^+ \rightleftharpoons Fe^{3+} + 3\,H_2O,$$

$$Fe(OH)_2 + 4\,OH^- \rightleftharpoons [Fe(OH)_6]^{4-}, \quad Fe(OH)_3 + 3\,OH^- \rightleftharpoons [Fe(OH)_6]^{3-}.$$

Eisen(III)-hydroxid ist deutlich weniger sauer als Aluminium(III)-hydroxid (amphoter) und löst sich daher zum Unterschied von diesem nicht in konzentrierten Laugen, was man zur Trennung von Fe und Al bei der Gewinnung von Al$_2$O$_3$ aus eisenhaltigem Bauxit ausnutzt (S. 1329).

Das Ion [Fe(H$_2$O)$_6$]$^{3+}$ (pK_S 3.05) ist nur bei pH-Werten < 0 stabil und geht bei $pH = 0\text{--}2$ in gelbbraunes [Fe(OH)(H$_2$O)$_5$]$^{2+}$ (pK_S 3.26) bzw. [Fe(OH)$_2$(H$_2$O)$_4$]$^+$ über:

$$[Fe(H_2O)_6]^{3+} \xleftrightarrow{\mp H^+} [Fe(OH)(H_2O)_5]^{2+} \xleftrightarrow{\mp H^+} [Fe(OH)_2(H_2O)_4]^+,$$

bei pH = 2–3 in den gelbbraunen zweikernigen Eisenkomplex [(H$_2$O)$_4$Fe(μ-OH)$_2$Fe(H$_2$O)$_4$]$^{4+}$ + H$_2$O $\rightleftharpoons$ [(H$_2$O)$_5$Fe$-$O$-$Fe(H$_2$O)$_5$]$^{4+}$ (Gleichgewicht rechts; das Nitrat enthält oktaedrisch koordiniertes Fe(III) und eine lineare FeOFe-Brücke) und bei pH = 3–5 in mehrkernige Isopoly-oxo-Kationen (vgl. S. 1354). Es lassen sich auf diese Weise ziemlich konzentrierte kolloide »Fe(III)-hydroxid-Lösungen« mit hochmolekularen Isopolyoxo-Kationen gewinnen (das kolloide Fe(III)-hydroxid bleibt bei der Dialyse zurück). Schließlich – bei weiterer Zugabe von Base – fällt amorphes »Eisen(III)-hydroxid« Fe$_2$O$_3 \cdot x$ H$_2$O in Form einer rotbraunen, gallertartigen Masse aus. Durch Zusatz von Salpetersäure wird das Kondensationsgleichgewicht nach links verschoben, sodass die braune Farbe wieder verschwindet. Beim Kochen der Fe(III)-hydroxid-Lösung vertieft sich andererseits die Farbe infolge Zunahme der endothermen Hydrolyse und Kondensation (Umkehrung der Neutralisation von Fe(OH)$_3$ mit Säuren); beim Abkühlen hellt sie sich wieder auf.

Mit O- und N-haltigen Donoren bilden Fe^{2+} und Fe^{3+} Komplexe. In konzentriertem Ammoniak verwandelt sich etwa der »Hexaaquakomplex« [Fe(H$_2$O)$_6$]$^{2+}$ von Eisen(II) in das »Hexaammineisen(II)-Ion«: [Fe(H$_2$O)$_6$]$^{2+}$ + 6 NH$_3$ $\rightleftharpoons$ [Fe(NH$_3$)$_6$]$^{2+}$ + 6 H$_2$O. Die Reaktion ist umkehrbar, sodass beim Verdünnen der betreffenden Lösungen mit Wasser wieder [Fe(H$_2$O)$_6$]$^{2+}$ entsteht. Stabilere Komplexe bilden sich mit mehrzähnigen Aminliganden wie Ethylendiamin (en) oder o-Phenanthrolin (phen) als stickstoffhaltige Liganden: [Fe(en)(H$_2$O)$_4$]$^{2+}$, [Fe(en)$_2$(H$_2$O)$_2$]$^{2+}$, [Fe(en)$_3$]$^{2+}$, [Fe(phen)(H$_2$O)$_4$]$^{2+}$, [Fe(phen)$_2$(H$_2$O)$_2$]$^{2+}$, [Fe(phen)$_3$]$^{2+}$ mit oktaedrisch koordiniertem Fe(II). Geeignete Komplex-Liganden stabilisieren auch niedrigere Koordinationszahlen von Fe(II) (z.B. dreizähniges Fe^{2+} in [(N $\cap$ N)FeCl] mit N $\cap$ N = β-Diketiminat ArN$\dddot{}$CMe$\dddot{}$CH$_2\dddot{}$CMe$\dddot{}$NAr$^-$, Ar = 2,6-C$_6$H$_3$iPr$_2$). Vergleichsweise stabil ist auch der braune, aus [Fe(H$_2$O)$_6$]$^{2+}$ und NO leicht entstehende und zum »Nachweis von Nitrit und Nitrat« genutzte Komplex [Fe(H$_2$O)$_5$NO]$^{2+}$ (vgl. S. 805), der allerdings kein zwei-, sondern einwertiges Eisen enthält (NO ist als NO$^+$ gebunden; $\mu_{mag} = 3.9$ BM entsprechend 3 ungepaarten Elektronen).

Die Affinität von Eisen(III) für Ammoniak ist gering, sodass sich beim Versetzen von [Fe(H$_2$O)$_6$]$^{3+}$ mit NH$_3$ kein »Hexaammineisen(III)-Ion« [Fe(NH$_3$)$_6$]$^{3+}$, sondern nur Fe(III)-hydroxid bildet. Sind stickstoffhaltige Liganden aber mehrzähnig, so vermögen sie auch Fe^{3+} zu koordinieren. So bildet sich mit zweizähnigen o-Phenanthrolin das tiefblaue Komplexion [Fe(phen)$_3$]$^{3+}$, das allerdings in Wasser langsam zu hydroxogruppenhaltigen Fe(III)-Spezies hydrolysiert (tiefrotes [Fe(phen)$_3$]$^{2+}$ ist demgegenüber in Wasser unbegrenzt haltbar). Das System [Fe(phen)$_3$]$^{2+}$(rot) $\rightleftharpoons$ [Fe(phen)$_3$]$^{3+}$(blau) + e$^-$ (»Ferroin«) findet als »Redoxindikator« Verwendung. Besonders stabil ist der mit dem sechszähnigen Liganden edta^{4-} gebildete, pentagonal-bipyramidale Fe(III)-Komplex [Fe(edta)(H$_2$O)]$^-$ mit der Koordinationszahl 7 des Eisens (man vgl. hierzu auch das Hämoglobin, S. 1965).

Eine große Affinität zeigt Fe^{3+} außer für F^-, SCN^- und CN^- (s. oben) insbesondere für sauerstoffhaltige Liganden (z. B. Bildung von stabilem tiefrotem oktaedrischem $[Fe(acac)_3]$, grünem oktaedrischem $[Fe(ox)_3]^{3-}$ bzw. analog $[Cr_3O(OAc)_6(H_2O)_3]^+$ gebautem $[Fe_3O(OAc)_6(H_2O)_3]^+$ mit acac = Acetylacetonat, ox = Oxalat, OAc = Acetat). Bei dem mit Fe^{3+} verwandten Cr^{3+} ist die Affinität für N- und O-Donatoren vergleichbar groß. Man hat auch die Bildung einiger Fe(III)-Komplexe mit η^2-Peroxo- und η^1-Hydroperoxo-Liganden nachgewiesen (vgl. hierzu S. 1997 und S. 2093).

Eisensalze von Oxosäuren. Zwei- und dreiwertiges Eisen bilden fast mit jeder Oxosäure Salze, von denen die Fe^{2+}-Salze (grünlich) den Mg^{2+}-, die Fe^{3+}-Salze (gelblich) den Al^{3+}-Salzen ähneln und mit ihnen isomorph sind (vgl. häufige Vergesellschaftung von Al^{3+} und Fe^{3+} z. B. in Bauxit). Entsprechend dem leicht erfolgenden Übergang $Fe^{2+} \rightleftarrows Fe^{3+} + e^-$ wirken die Fe(II)-Salze als Reduktions-, die Fe(III)-Salze als Oxidationsmittel. Entsprechend der Zunahme der Hydrolyseneigung mit wachsender Wertigkeit eines Metalls sind die Fe(III)-Salze stärker hydrolytisch gespalten als die Fe(II)-Salze[7]. Nachfolgend seien nur die Sulfate und Carbonate eingehender besprochen.

Unter den Fe(II)-Salzen wird Eisen(II)-Sulfat $FeSO_4$ technisch durch Lösen von Eisenabfällen in Schwefelsäure ($Fe + H_2SO_4 \longrightarrow FeSO_4 + H_2$) oder durch Oxidation von teilweise geröstetem Pyrit an der Luft ($FeS + 2O_2 \longrightarrow FeSO_4$) oder als Nebenprodukt bei der Fällung von Zementkupfer (S. 1688) aus Kupfersulfatlösungen ($CuSO_4 + Fe \longrightarrow FeSO_4 + Cu$) gewonnen. Es kristallisiert aus wässriger Lösung in Form großer, hellgrüner, monokliner Prismen der Zusammensetzung $FeSO_4 \cdot 7H_2O$ (»Eisenvitriol«), welche mit den entsprechenden Vitriolen des Magnesiums, Mangans, Cobalts, Nickels und Zinks isomorph sind und das (blassgrüne) Hexaaqua-Ion $Fe(H_2O)_6^{2+}$ enthalten. An trockener Luft verwittert Eisenvitriol, das man zur Tintenfabrikation, in der Färberei und zur Unkrautvernichtung nutzt, unter Verlust von Wasser und Gelbbraunfärbung (Oxidation zu Fe(III)). Die infolge Hydrolyse sauer reagierende Lösung oxidiert sich an der Luft leicht unter teilweiser Abscheidung von basischem Eisen(III)-sulfat: $2FeSO_4 + H_2O + \frac{1}{2}O_2 \longrightarrow 2Fe(OH)SO_4$.

Wesentlich luftbeständiger ist das Doppelsalz mit Ammoniumsulfat $(NH_4)_2Fe(SO_4)_2 \cdot 6H_2O$ (»Mohr'sches Salz«). Es eignet sich daher zum Unterschied von $FeSO_4 \cdot 7H_2O$ gut zur Herstellung von Fe(II)-Normallösungen und zur Einstellung von Permanganatlösungen: $2MnO_4^- + 10Fe^{2+} + 16H^+ \longrightarrow 2Mn^{2+} + 10Fe^{3+} + 8H_2O$. Beim Erhitzen von $FeSO_4 \cdot 7H_2O$ auf 300 °C unter Luftabschluss hinterbleibt das wasserfreie, weiße Sulfat $FeSO_4$. Mit NO bildet $FeSO_4$ in wässriger Lösung ein braunes Addukt $[Fe(H_2O)_5NO]SO_4$, was man u. a. zum »Nachweis von Salpetersäure« verwendet (Reduktion von HNO_3 zu NO durch Fe^{2+}, S. 805).

Das Eisen(III)-sulfat $Fe_2(SO_4)_3$ entsteht beim Abrauchen von Eisen(III)-oxid mit konzentrierter Schwefelsäure als weißes, wasserfreies Salz: $Fe_2O_3 + 3H_2SO_4 \longrightarrow Fe_2(SO_4)_3 + 3H_2O$. In Wasser löst es sich unter starker Hydrolyse mit gelbbrauner Farbe (Bildung u. a. von $[Fe(OH)(H_2O)_5]^{2+}$, $[(H_2O)_4Fe(\mu\text{-}OH)_2Fe(H_2O)_4]^{2+}$, s. oben). Beim Kochen wässriger Lösungen fallen demgemäß basische Sulfate aus. Die gelbbraunen wässrigen $Fe_2(SO_4)_3$-Lösungen werden beim Versetzen mit Phosphorsäure aufgrund der Bildung stabiler Phosphatokomplexe $[Fe(PO_4)_3]^{6-}$ und $[Fe(HPO_4)_3]^{3-}$ entfärbt. Bei niedrigen pH-Werten lässt sich das Fe(III)-sulfat in Form fast farbloser Hydrate $Fe_2(SO_4)_3 \cdot nH_2O$ ($n = 3, 6, 7, 9, 10, 12$) auskristallisieren. Mit Alkalisulfaten bildet es blassrotviolette »Eisenalaune« $M^IFe^{III}(SO_4)_2 \cdot 12H_2O$, die mit den entsprechenden Alaunen von Al und Cr isomorph sind und das nahezu farblose Hexaaqua-Ion $[Fe(H_2O)_6]^{3+}$ enthalten (s. oben). Man verwendet $Fe_2(SO_4)_3$ als »Koagulationsmittel« u. a. bei der Trinkwasseraufbereitung und der Industriewasserentsorgung. Die Eisenalaune dienen wie die Chromalaune als »Beizmittel« bei Färbeprozessen.

---

[7] Von der leichteren Hydrolysierbarkeit der höheren Wertigkeitsstufe macht man bei der »Natriumacetatmethode zur Trennung zwei- und dreiwertiger Metalle« Gebrauch. Beim Kochen eines solchen Salzgemisches mit neutraler Natriumacetatlösung fallen die dreiwertigen Metalle als Oxid-Hydrate aus, während die zweiwertigen in Lösung bleiben.

Das Eisen(II)-carbonat $FeCO_3$ kommt in der Natur als »Eisenspat« (»Siderit«) vor (S. 1936) und fällt aus Eisen(II)-Salzlösungen beim Versetzen mit Alkalicarbonat unter Luftabschluss als weißer, amorpher Niederschlag aus, der sich an der Luft infolge Oxidation unter Abgabe von Kohlendioxid bald in rotbraunes Eisen(III)-hydroxid verwandelt. Ähnlich den Erdalkalicarbonaten löst sich auch Eisen(II)-carbonat in kohlendioxidhaltigem Wasser unter Bildung von »Eisen(II)-hydrogencarbonat« auf: $FeCO_3 + H_2O + CO_2 \longrightarrow Fe(HCO_3)_2$. Als solches kommt es in manchen Mineralwässern (»Eisensäuerlinge«, »Eisenwässer«) vor, die zur Bekämpfung der Anämie Verwendung finden, sowie in Mooren (als »Weißeisenerz«). An der Luft scheiden solche Eisenwässer Eisen(III)-oxid-Hydrat aus. In dieser Weise sind die als »Eisenocker« (in Form von »Ocker« als billige gelbbraune Maler- und Anstrichfarbe viel verwendet), »Raseneisenerz« und »Sumpferz« bekannten Ablagerungen entstanden, aus denen wohl auch das Brauneisenerz hervorgegangen ist. Die Reinigung von eisenhaltigen Wässern für Trink- und Waschzwecke erfolgt durch Sättigung der Lösungen mit Luft oder Ozon (Ausfällung des Eisens als Eisen(III)-hydroxid).

Ein Eisen(III)-carbonat $Fe_2(CO_3)_3$ ist wegen der geringen Basizität des dreiwertigen Eisens instabil: $Fe_2(CO_3)_3 \longrightarrow Fe_2O_3 + 3\,CO_2$.

Ferrate. Beim Vereinigen der Hydroxide $Fe(OH)_2$ und $Fe(OH)_3$ mit Alkali- und Erdalkalimetallhydroxiden entstehen – wie oben bereits angedeutet wurde – »Hydroxoferrate(II)« $[Fe(OH)_6]^{4-}$ und »Hydroxoferrate(III)« $[Fe(OH)_6]^{3-}$, beim Zusammenschmelzen von Metalloxiden M^I_2O oder MIIO »Ferrate(II)« wie z. B. Na_4FeO_3 mit trigonal-planaren FeO_3^{3-}-Ionen und »Ferrate(III)« (»Ferrite«) wie z. B. α-/β-$NaFeO_2$ mit FeO_2^--Cristobalit-/Tridymitstruktur. Ein granatrotes »Ferrat(I)« K_3FeO_2 entsteht beim 40-tägigen Tempern von $K_6CdO_4/CdO = 1:1.16$ in verschlossenen Eisenzylindern auf 450 °C (enthält in K^+-Ionen eingebettete lineare Ionen $[O{=}Fe{=}O]^{3-}$). Bezüglich der Ferrate(IV,V,VI) vgl. S. 1969.

Strukturen. Ferrite enthalten vielfach FeO_4-Tetraeder, welche entsprechend den Silicaten (S. 1114) und Aluminaten (S. 1357) isoliert vorkommen oder über gemeinsame Sauerstoffecken zu Anionen mit begrenzter sowie unbegrenzter Größe verknüpft sein können. Hiervon abweichend existieren aber auch Ferrite mit kantenverknüpften FeO_4-Tetraedern sowie mit ecken-, kanten- und flächenverknüpften FeO_6-Oktaedern. Beispiele für Ferrite vom Silicat-Typ stellen etwa die Verbindungen Na_5FeO_4 (isoliert FeO_4^{5-}-Tetraeder), $Na_8Fe_2O_7$ (Gruppen aus zwei eckenverknüpften FeO_4-Tetraedern), K_3FeO_3 (Ketten aus unendlich vielen eckenverknüpften FeO_4-Tetraedern), $Na_{14}Fe_6O_{16}$ (zwei so über FeO_4-Tetraederecken verknüpfte $[FeO_3]$-Ketten, dass ein Band aus anellierten $[FeO_3]_n$-Ringen entsteht, wobei n abwechselnd gleich 4 und 6 ist), $Na_4Fe_2O_5$ (Schichten aus unendlich vielen eckenverknüpften FeO_4-Tetraedern). Als Beispiele für Ferrite mit silicatfremden Strukturen seien genannt: $K_3FeO_3 \,\hat{=}\, K_6Fe_2O_6$ (Gruppen aus zwei kantenverknüpften FeO_4-Tetraedern), $Ca_2Fe_2O_5$ (Raumstruktur; Fe-Ionen teils in Oktaeder-, teils in Tetraederlücken einer O^{2-}-Ionenpackung), $M^{III}_3Fe_5O_{12}$ (»Eisengranate«, M^{III} z. B. Y; Raumstruktur vom Typ des auf S. 1114 besprochenen »Granats« mit Fe-Ionen teils in Oktaeder-, teils in Tetraederlücken einer O^{2-}-Ionenpackung[8]).

Vielen Ferriten kommen darüber hinaus Strukturen vom Typ des auf S. 1358 besprochenen Spinells $M^{II}M^{III}_2O_4$ mit $M^{III} = Fe$ zu, die man ebenfalls nicht bei Silicaten, wohl aber bei den Aluminaten ($M^{III} = Al$) auffindet. Einige unter diesen Ferritspinellen nehmen hierbei die norma-

---

[8] Wie auf S. 1114 besprochen, stellen Granate Orthosilicate $M^{II}_3M^{III}_2(SiO_4)_3$ mit M^{II} z. B. Mg, Ca, Fe und M^{III} z. B. Al, Cr, Fe dar, in welchen M^{II}, M^{III} bzw. Si dodekaedrische, oktaedrische bzw. tetraedrische Lücken einer O-Atompackung besitzen (jeder $M^{III}O_6$-Oktaeder ist hierbei über SiO_4-Tetraeder mit sechs $M^{III}O_6$-Oktaedern, jeder SiO_4-Tetraeder über $M^{III}O_6$-Oktaeder mit vier SiO_4-Tetraedern verknüpft). Analogen Granataufbau haben Oxide, in welchen Si durch M^{III} und dafür M^{II} durch ein anderes M^{III}-Ion ersetzt ist, z. B. $Mg^{II}_3Fe^{III}_2Si^{IV}_3O_{12} \longrightarrow Y^{III}_3Fe^{III}_5O_{12}$.

le Spinellstruktur ein (z. B. $MnFe_2O_4$, $ZnFe_2O_4$), die meisten haben jedoch die inverse Spinell-struktur (z. B. $FeFe_2O_4 = Fe_3O_4$, $CoFe_2O_4$, $NiFe_2O_4$, $CuFe_2O_4$, $MgFe_2O_4$)[9].

Eine weitere technisch wichtige und deshalb gut untersuchte Gruppe von Ferriten stellen die »hexagonalen Ferrite« wie $BaFe_{12}O_{19}$, $BaFe_{15}O_{23}$, $BaFe_{18}O_{27}$ dar. In ihnen liegt eine hexagonal-dichteste O^{2-}-Ionenpackung vor, in welcher in einigen Schichten (z. B. jeder fünften Schicht in $BaFe_{12}O_{19}$) $1/4$ der O^{2-}-Ionen durch Ba^{2+}-Ionen ersetzt sind, und in der die Fe^{3+}-Ionen tetraedri-sche O_4- und oktaedrische O_6-Lücken besetzen.

Verwendung. Die »ferrimagnetischen Ferritspinelle« und »hexagonalen Ferrite« (s. oben) wer-den als »Magnete« (»Hart«- und »Weichferrite«) u. a. in der Radio-, Fernseh- und Fernmelde-technik, ferner als Klebemagneten, in Dynamos, in Gleichstrommotoren und in Hochfrequenz-Öfen sowie -Transformatoren verwendet. Der »Yttriumeisengranat« $Y_3Fe_5O_{12}$ (s. oben) dient u. a. als Mikrowellenfilter in Radarsystemen). Eisensulfide, -selenide, -telluride.

Darstellung, Eigenschaften. Die schweren Eisen-chalkogenide erhält man sowohl aus den Ele-menten als auch durch Chalkogenidierung von Eisenverbindungen. So entsteht beim Versetzen einer Fe(II)-Salzlösung mit $(NH_4)_2S$ Eisenmonosulfid FeS (»Eisen(II)-sulfid«; natürlich in Form von Magnetkiesen wie »Troilit«, »Mackinawit«, »Pyrrhotin«) als grünlich-schwarzer, in Säure leicht löslicher Niederschlag, der sich im feuchten Zustande an der Luft zu Fe(III)-hydroxid und Schwefel oxidiert. In analoger Weise fällt man aus gekühlten, wässrigen Fe(III)-Salzlösungen bei Zusatz von Na_2S schwarzes, in Wasser unlösliches und in Säure lösliches Dieisentrisulfid Fe_2S_3 (»Fe(III)-sulfid«) aus, das oberhalb $20\,°C$ in FeS und S_8 bzw. FeS_2 zerfällt ($Fe_2S_3 \longrightarrow$ $2\,FeS + \frac{1}{8}\,S_8$ bzw. $\longrightarrow FeS + FeS_2$). Technisch wird FeS durch Zusammenschmelzen von Ei-senabfällen mit Schwefel ($Fe + \frac{1}{8}\,S_8 \longrightarrow FeS$) oder Pyrit ($Fe + FeS_2 \longrightarrow 2\,FeS$) als kristalline, braunschwarz-glänzende, bei $195\,°C$ schmelzende Masse erhalten, während man Eisendisulfid FeS_2 (»Fe(II)-disulfid«; natürlich in Form von »Pyrit«, »Markasit«) durch Abbau natürlicher Vorkommen gewinnt. Synthetisch lässt sich Fe(II)-disulfid, das beim Erhitzen im Vakuum in FeS und S_8, beim Erhitzen an der Luft in Fe_2O_3 und SO_2 übergeht, durch Erhitzen von Fe_2O_3 im H_2S-Strom erzeugen. Darüber hinaus existiert pinkfarben-metallglänzendes Trieisentetrasulfid Fe_3S_4 (»Fe(II,III)-sulfid«) das bei $282\,°C$ im Vakuum in FeS übergeht (natürlich in Form von »Grei-git«, »Melnikovit«, »Smythit«). Analog FeS lassen sich luftstabiles, wasserlösliches, schwarz-metallglänzendes, halbleitendes Eisenmonoselenid bzw. -tellurid FeY (»Fe(II)-selenid«, -»tellu-rid«) aus den Elementen bei erhöhter Temperatur synthetisieren. Eisendiselenid bzw. -ditellurid FeY_2 gewinnt man aus $FeCl_3$ und H_2Se bei $500\,°C$ sowie aus Fe und Selen bzw. Tellur bei er-höhter Temperatur. Man kennt auch ein Trieisentetraselenid Fe_3Se_4 (»Fe(II,III)-selenid«) sowie ein Trieisenmonosulfid Fe_3S.

Strukturen. FeY (Y = S, Se, Te) kristallisieren mit »Nickelarsenid-Struktur«, wobei wie im Falle von FeO (s. oben) bei »irdischem« FeS (Analoges gilt für FeSe, FeTe) entsprechend der Formulierung $Fe_{1-x}S$ ein Unterschuss an Fe gegenüber der Formel FeS beobachtet wird ($10\,\%$ im Mineral Pyrrhotin), während »kosmisches FeS (Troilit«) in Steinmeteoriten stöchio-metrisch zusammengesetzt ist und »Mackinawit« sogar einen $10\,\%$-igen Überschuss an Fe (z. T. substituiert durch Ni) aufweist. FeY_2 kristallisiert mit verzerrter »Natriumchlorid-Struktur« (Fe^{2+}- und $S_2^{2-}/Se_2^{2-}/Te_2^{2-}$-Ionen anstelle von Na^+ und Cl^-; diamagnetisch, low-spin-d^6). Im Fal-le des Fe(II)-disulfids existiert neben dieser »Pyrit«- noch eine »Markasit-Form« mit verzerrter

---

[9] Wie im Zusammenhang mit der Ligandenfeldstabilisierungsenergie auf S. 1602 sowie den Spinellen auf S. 1358 ausein-andergesetzt wurde, führt eine hohe Oktaederplatzstabilisierungsenergie OPSE für M^{III} (z. B. Mn^{3+}; low-spin-Co^{3+}) bei gleichzeitig kleiner OPSE für M^{II} (z. B. Mn^{2+}, Co^{2+}) zur normalen Spinellstruktur (z. B. Mn_3O_4, Co_3O_4), eine kleine OP-SE für M^{III} (z. B. Fe^{3+}) und größere OPSE für M^{II} (z. B. Fe^{2+}, Co^{2+}, Ni^{2+}, Cu^{2+}) zur inversen Spinellstruktur (z. B. Fe_3O_4, $CoFe_2O_4$, $NiFe_2O_4$, $CuFe_2O_4$). Verschwindet die OPSE für M^{III} und M^{II}, so bilden sich sowohl normale Strukturen (z. B. $MgAl_2O_4$, $MnFe_2O_4$, $ZnFe_2O_4$) als auch inverse Strukturen (z. B. $MgFe_2O_4$). Aus elektrostatischer Sicht alleine ist die normale Spinellstruktur $M^{II}M^{III}_2O_4$ stabiler.

»Rutil-Struktur« (enthält S_2^{2-}-Ionen; durch gegenläufige Rotation der kantenverknüpften FeS$_6$-Oktaeder $\hat{=}$ TiO$_6$-Oktaeder in TiO$_2$ (S. 1801) verkürzen sich die SS-Abstände innerhalb der parallel verlaufenden Ketten auf 2.21 Å). Als Folge der struktuellen Verwandtschaft von FeS und FeS$_2$ wirkt FeS formal als Akzeptor für Schwefel: Fe^{II}S(f) + $\frac{1}{8}$ S$_8$(f) $\longrightarrow$ Fe^{II}S$_2$(f) + 78 kJ und vermag z. B. H$_2$S zu Wasserstoff zu desulfurieren: FeS(f) + H$_2$S(aq) $\longrightarrow$ FeS$_2$(f) + H$_2$(g) ($\Delta G = -38.6$ kJ mol^{-1}). Da das Sulfid zugleich die NH$_3$-Bildung aus N$_2$ und H$_2$ katalysiert, entsteht beim Durchleiten von N$_2$ durch eine mit H$_2$SO$_4$ angesäuerte, auf 80 °C erwärmte wässerige schwarze FeS-Suspension (pH = 3–4; FeS + 2 H$^+$ $\rightleftarrows$ Fe^{2+} + H$_2$S) Ammoniumsulfat (NH$_4$)$_2$SO$_4$. Die Reaktion stellt eine präbiotische Bildungsmöglichkeit für Ammoniak aus molekularem Stickstoff auf FeS-Oberflächen dar (S. 1059).

Sulfido-Komplexe. Des Weiteren wirkt FeS formal als Akzeptor für Sulfid bzw. Mercaptiden S^{2-} bzw. SR^-. Behandelt man etwa FeCl$_4^-$ mit S_2^- und SR$^-$, so bilden sich unter bestimmten Bedingungen Eisen-Schwefel-Cluster u. a. der Typen in Abb. 29.8a, b und c. Sie lassen sich unter Erhalt der Clusterstruktur leicht reversibel oxidieren, z. B.:

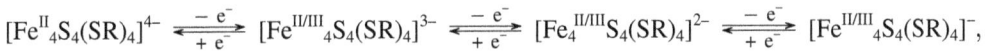

$$[\text{Fe}^{II}_4\text{S}_4(\text{SR})_4]^{4-} \underset{+\,e^-}{\overset{-\,e^-}{\rightleftarrows}} [\text{Fe}^{II/III}_4\text{S}_4(\text{SR})_4]^{3-} \underset{+\,e^-}{\overset{-\,e^-}{\rightleftarrows}} [\text{Fe}_4^{II/III}\text{S}_4(\text{SR})_4]^{2-} \underset{+\,e^-}{\overset{-\,e^-}{\rightleftarrows}} [\text{Fe}^{II/III}_4\text{S}_4(\text{SR})_4]^-,$$

wobei auch in Clustern mit formal zwei- und dreiwertigem Eisen alle Fe-Atome gleichartig sind (»Elektronendelokalisation« infolge von FeFe-Wechselwirkungen). Sie ähneln strukturell den aktiven Zentren vieler Redoxenzyme in lebenden Organismen (vgl. S. 1965).

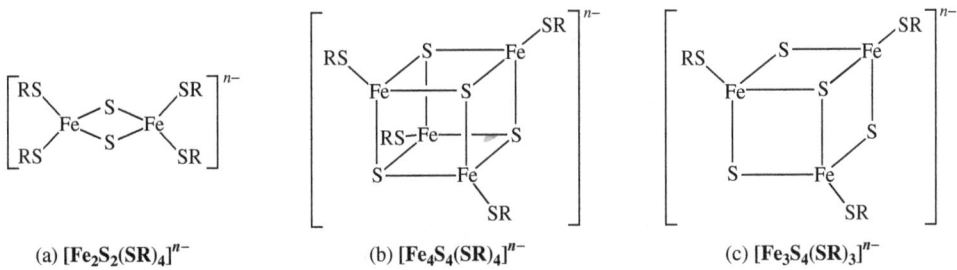

(a) $[\text{Fe}_2\text{S}_2(\text{SR})_4]^{n-}$　　(b) $[\text{Fe}_4\text{S}_4(\text{SR})_4]^{n-}$　　(c) $[\text{Fe}_3\text{S}_4(\text{SR})_3]^{n-}$

Abb. 29.8

Als weitere Eisen-Schwefel-Cluster seien das beim Durchleiten von NO durch eine Suspension von Eisen(II)-sulfid in verdünnter Alkalisulfidlösung entstehende »rote Roussin'sche Salz« M$^I_2$[Fe$_2$(NO)$_4$S$_2$] (Abb. 29.9d) sowie das »schwarze Roussin'sche Salz« M^I[Fe$_4$(NO)$_7$S$_3$] (Abb. 29.9e) und die Verbindung [Fe$_4$(NO)$_4$S$_4$] (Abb. 29.9f) genannt, in welchem die Fe-Atome tetraedrisch von NO und S koordiniert sind (diamagnetisch mit FeFe-Wechselwirkungen).

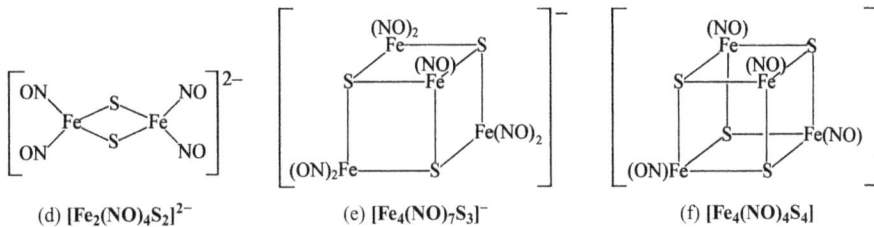

(d) $[\text{Fe}_2(\text{NO})_4\text{S}_2]^{2-}$　　(e) $[\text{Fe}_4(\text{NO})_7\text{S}_3]^-$　　(f) $[\text{Fe}_4(\text{NO})_4\text{S}_4]$

Abb. 29.9

Verwendung. FeS dient u. a. zur Herstellung von Keramiken, Pigmenten sowie Elektroden, ferner zur Erzeugung von Schwefelwasserstoff in Laboratorien, FeS_2 findet u. a. Verwendung für Batterien, Kathoden, Solarzellen und wird zur technischen Gewinnung von Schwefelsäure eingesetzt.

Pentel-, Tetrel-, Trielverbindungen

Anders als mit Wasserstoff bildet Eisen mit Pentelen, Tetrelen und Trielen binäre Verbindungen. So entstehen durch Einwirkung von elementarem Stickstoff auf Eisen bei erhöhter Temperatur bis auf FeN eine Reihe dunkelfarbiger Eisennitride Fe_nN ($n = 10, 8, 4, 3, 2, 1$) vom Typus der Interstitiellen Verbindungen (S. 308), und zwar besetzen die Stickstoffatome oktaedrische Lücken einer kubisch dichtesten ($n = 10, 4, 1$) bzw. hexagonal-dichtesten ($n = 3, 2$) Eisenatompackung. Die Phasen bilden sich bei der zur »Stahlhärtung« durchgeführten Nitridierung von Eisen; sie dienen zudem als »Magnetmaterial« für Tonbänder (wichtig: Fe_8N). Führt man die Nitridierung von Eisen in Anwesenheit von Alkali- oder Erdalkalimetallnitriden unter Druck in der Hitze durch, so bilden sich Nitridoferrate mit zwei- und dreiwertigem Eisen: $[Fe^{II}N_2]^{4-}$ (isolierte Hanteln $N{=}Fe{=}N^-$ in Li_4FeN_2; isolierte $N{-}Fe(\mu\text{-}N)_2Fe{-}N$-Einheiten mit trigonal-planar koordiniertem Fe in Ca_2FeN_2, dazu noch isolierte lineare FeN_2-Einheiten in $Sr_2FeN_2 \widehat{=} Sr_6(Fe_2N_4)(FeN_2))$, $[Fe^{II}{}_2N_3]^{5-}$ (Ketten $\cdots N{-}Fe(\mu\text{-}N)_2Fe{-}N{-}Fe(\mu\text{-}N_2)Fe\cdots$ mit trigonal-planar koordiniertem Fe in $LiM^{II}Fe_2N_3$, $M^{II} = Sr, Ba$), $[Fe^{III}N_2]^{3-}$ (Ketten aus kantenverknüpften FeN_4-Tetraedern in Li_3FeN_2), $[Fe^{III}N_3]^{6-}$ (isolierte trigonal-planare FeN_3-Einheiten in $M^{II}{}_3FeN_3$, $M^{II} = Ca, Ba$). Bzgl. $Li_2[Li_{1-x}Fe^I{}_xN]$ vgl. S. 2098, bzgl. der Azidoferrate $[Fe^{III}(N_3)_5]^{2-}$ und $[Fe^{III}(N_3)_6]^{3-}$ S. 1953. Darüber hinaus bildet Eisen viele Verbindungen mit stickstoffhaltigen Resten (vgl. hierzu Komplexe mit N-haltigen Donoren, S. 1957). Als Beispiele der zu den Nitriden homologen Eisenphosphide, -arsenide und -antimonide (S. 861, 948) seien genannt: Fe_3P/Fe_2P (dienen als Stahlzusatz), FeP/FeAs/FeSb (»NiAs-Struktur«) und $FeP_2/FeAs_2/FeSb_2$ (»Markesit-(FeS_2-)Struktur). Die Eisencarbide, -silicide und -boride (vgl. S. 1021, 1068, 1222) haben große Bedeutung für die Stahlherstellung«. Bezüglich des dunkelgrauen, luftempfindlichen »Cementits« Fe_3C (Smp. 1837 °C; C in verzerrt trigonal-prismatischen Lücken einer stark verzerrten hexagonal-dichtesten Fe-Atompackung) und seiner Lösungen in Eisen (»Austenit«, »Martensit«, »Sorbit«, »Pearlit«), vgl. S. 1943. Die »Cementit-Struktur« ist verbreitet und wird u. a. von Boriden (Cr_3B, Fe_3B, Ni_3B, Pd_3B), Carbiden (Cr_3C, Mn_3C, Fe_3C, Co_3C), Siliciden (z. B. Pt_3Si), Phosphiden (z. B. Sc_3P, Pd_3P), Sulfiden (z. B. Fe_3S) und vielen Lanthanoid-Legierungen MLn_3 des Nickels sowie der Platinmetalle eingenommen. Man kennt ferner die Carbide $Fe_{10}C$, Fe_4C, Fe_5C_2, Fe_7C_3, $Fe_{20}C_9$, Fe_2C, auch bildet Eisen viele Verbindungen mit kohlenstoffhaltigen Resten (vgl. Organische Verbindungen des Eisens, S. 1969). Verbindungsbeispiele für Boride und Silicide sind: Fe_3B (Fe_3C-Struktur), Fe_2B (Smp. 1390 °C), Fe_4B_3, FeB (1540 °C; hydrolyselabil; Hydrierungskatalysator), FeB_2 (1410 °C), Fe_3Si (Fe_3Al-Struktur; im Stahl zur Erhöhung der Hitzebeständigkeit, Komponente in Magnetbändern), FeSi (1410 °C; in Keramiken), $FeSi_2$ (in Feuchtigkeitssensoren). Die Silicide Fe_2Si (»Hapheit«), Fe_3Si (»Grupeeit«), Fe_5Si_3 (»Xifengit«) finden sich als Meteoriteneinschlüsse.

Eisen(II)- und Eisen(III) -Komplexe

Die Elektronenkonfiguration von komplexgebundenem Eisen ist sehr variabel. So existieren neben Komplexen mit keinem ungepaarten Fe-Elektron (low-spin-Fe(II) z. B. in $[Fe(CN)_6]^{4-}$, vgl. Abb. 29.10a) solche mit einem bis fünf ungepaarten Fe-Elektronen, und zwar ($\uparrow$): low-spin-Fe(III) z. B. in $[Fe(CN)_6]^{3-}$ und low-spin-Fe(I) z. B. in $[Fe^I(CO)_2(diars)]$ (Abb. 29.10a); ($\uparrow\uparrow$): low-spin-Fe(IV) z. B. in $[FeCl_2(diars)_2]^{2+}$, intermediate-spin-Fe(II) z. B. in $[Fe(porPh_4)]$ (Abb. 29.10d); ($\uparrow\uparrow\uparrow$): intermediate-spin-Fe(III) bei quadratisch-pyramidalem Ligandenfeld z. B. in $[FeCl(S_2CNR_2)_2]$ (vgl. Abb. 29.10d); ($\uparrow\uparrow\uparrow\uparrow$): high-spin-Fe(II) z. B. in $[Fe(H_2O)_6]^{2+}$ (vgl. Abb. 29.10b).; ($\uparrow\uparrow\uparrow\uparrow\uparrow$): high-spin-Fe(III) z. B. in $[Fe(acac)_3]$ (vgl. Abb. 29.10b).

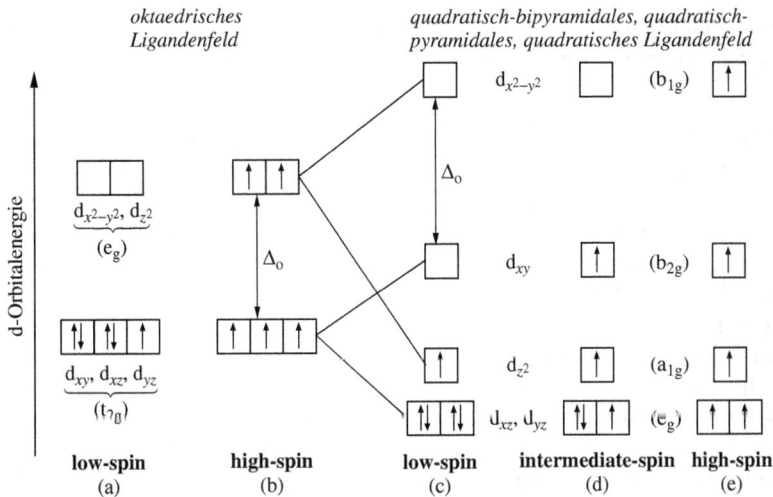

Abb. 29.10 d^5-Elektronenkonfiguration von Übergangsmetallionen (hier d^5-Fe^{3+}) im oktaedrischen, quadratisch-bipyramidalen, quadratisch-pyramidalen und quadratischen Ligandenfeld. Hierbei beträgt die Zahl der ungepaarten Elektronen bei low-spin 1 (a, c), bei intermediate-spin 3 (d) und bei high-spin 5 (b, e). Analoges gilt für d^6-Fe^{2+} bzw. d^4-Fe^{4+}: anstelle von 1, 3, 5 nun mehr 0 (a, c), 2 (d), 4 (b, e) bzw. 2 (a) oder 0 (c), 2 (d), 4 (b, e) ungepaarte Elektronen (für d^7-Fe(I) und d^3-Fe(V) entfällt der nunmehr mit (e) identische Zustand (d)). Bei den intermediate-spin Komplexen ist das magnetische Moment von Komplex zu Komplex zum Teil sehr unterschiedlich, so dass kein begrenzter Bereich für μ_{mag} angegeben werden kann. Vgl. hierzu auch S. 1601.

Wie aus dem vorangegangenen Unterabschnitten u. a. über Halogen-, Sauerstoff- und Stickstoffverbindungen hervorgeht, weisen Fe(III) und Fe(II) eine hohe Komplexbildungstendenz auf. Demgemäß sind von drei- und zweiwertigem Eisen viele klassische Koordinationsverbindungen bekannt, und selbst die lebende Natur bedient sich vielfach komplexierter Eisenionen als Wirkstoffzentren (vgl. nachfolgendes Unterkapitel). Bezüglich der nichtklassischen Koordinationsverbindungen des Eisens (»Eisenclusterverbindungen«) vgl. S. 2081, bezüglich der π-Komplexe des Eisens S. 2174f.

Eisen(III)-Komplexe (d^5) enthalten in der Regel high-spin-Metallzentren, die eine stabile halbbesetzte d-Unterschale aufweisen ($t_{2g}^3 e_g^2$-Elektronenkontiguration; fünf ungepaarte Elektronen mit μ_{mag} um 5.9 BM; vgl. S. 1664 und Abb. 29.10b). Die oktaedrische Koordination stellt hierbei die häufigste Anordnung dar, es werden aber auch viele andere Koordinationsgeometrien angetroffen (KZ = 3 bis 8; vgl. S. 1676). Nur mit den stärksten Liganden wie CN^-, o-Phenanthrolin (= phen), 2,2′-Bipyridyl (= bipy) bilden sich oktaedrisch gebaute Komplexe mit low-spin-Metallzentren (t_{2g}^5-Elektronenkonfiguration; ein ungepaartes Elektron mit μ_{mag} um 2.3 BM; vgl. S. 1664 und Abb. 29.10a). Bei anderen Koordinationsgeometrien (z. B. quadratisch-pyramidal) kann der intermediate-spin Zustand mit drei ungepaarten Elektronen auftreten (vgl. Abb. 29.10d).

Komplexstabilitäten. Eine high-spin d^5-Elektronenkonfiguration liefert unabhängig von der Zahl und Anordnung der Liganden keine Ligandenfeldstabilisierungsenergie (S. 1602), sodass auch keine spezielle Komplexgeometrie bevorzugt ist, sofern andere Einflüsse unberücksichtigt bleiben, und es erklärt sich so die Vielfältigkeit der Stereochemie von Fe(III). High-spin-Fe^{3+} ist eine härtere Lewis-Base als high-spin-Fe^{2+} und koordiniert deshalb lieber härtere Lewis-Basen (u. a. sauerstoffhaltige, weniger stickstoffhaltige Liganden). Anders als die high-spinliefert die low-spin-d^5-Elektronenkonfiguration Ligandenfeldstabilisierungsenergie (S. 1602), sodass Fe(III)-Komplexe mit »starken«, einen low-spin-Zustand ermöglichenden Liganden eine zusätzliche

Stabilisierung erfahren. Demgemäß bildet dreiwertiges Eisen zwar nicht mit einzähnigen, wohl aber mit mehrzähnigen stickstoffhaltigen Liganden noch vergleichsweise stabile oktaedrische Komplexe.

Magnetisches Verhalten. Im Falle oxoverbrückter high-spin-Komplexe des dreiwertigen Eisens (z. B. $[Fe_3O(OAc)_6(H_2O)_3]$) liegen die magnetischen Momente vielfach deutlich unterhalb des erwarteten Wertes von 5.9 BM, da zum Teil eine Kopplung des Eisen-Elektronenspins in mehrkernigen Komplexen über das Brückensauerstoffatom erfolgt (»Superaustausch«) oder μ_{mag} aus anderen Gründen zufälligerweise im mittleren Bereich zwischen high- und low-spin liegt (z. B. Fe(III) im Dialkylthiocarbamato-Komplexen $[Fe(S_2CNR_2)_3]$).

Bei einigen Fe(III)-, aber auch anderen Übergangsmetallkomplexen (z. B. Fe(II)-, Co(III)-Komplexen) führen die Feldstärken der Liganden gerade noch zu einem low-spin-Zustand des Zentralmetalls. Dieser liegt aber energetisch so wenig (um einige hundert Wellenzahlen) unterhalb des high-spin-Zustands, dass bereits geringe Wärmeenergien genügen, um die Komplexmoleküle in den angeregten high-spin-Zustand zu überführen. Dieses als »Spincrossover« bezeichnete Phänomen (»thermischer Spinübergang«) führt bei einer Vielzahl von Komplexen ab einer gewissen Temperatur zu einem vollständigen Spinübergang (tiefe Temperatur = low-spin, höhere Temperatur = high-spin). Bei einigen Verbindungen ist dieser Spinübergang bei Raumtemperatur noch unvollständig und man beobachtet »Spingleichgewichte« mit gemittelten magnetischen Momenten (siehe auch Fe(II)-Komplexe).

Optisches Verhalten. Weil die Anregung von d → d-Übergängen durch Licht im Falle von high-spin-Fe^{3+} ähnlich wie die von isoelektronischem high-spin-Mn^{2+} streng verboten ist, da er nur unter Spinumkehr eines Elektrons erfolgen kann, sollten die Farben von high-spin-Fe(III)-Komplexen ähnlich blass wie die von high-spin-Mn(II)-Komplexen sein. Tatsächlich ist das Ion $[Fe(H_2O)_6]^{3+}$ fast farblos. Dass andererseits hydroxo- und oxogruppenhaltige Fe(III)-Komplexe anders als entsprechende Mn(II)-Komplexe kräftige Farben aufweisen (rot bis braun; vgl. Verwendung von Fe_2O_3 oder FeOOH als Farbpigmente), geht auf die Erhöhung der positiven Ladung beim Übergang von Mn^{2+} nach Fe^{3+} und der damit verbundenen bathochromen Verschiebung von Ligand → Metall-CT-Absorptionen in den sichtbaren Bereich zurück.

Eisen(II)-Komplexe (d^6) enthalten in der Regel oktaedrisches, seltener tetraedrisches und nur ausnahmsweise quadratisch-planares (mit vierzähnigen makrocyclischen Liganden) oder fünfzähliges Eisen (S. 1947). Die oktaedrisch gebauten Fe^{2+}-Komplexe stellen häufig, die tetraedrisch gebauten durchwegs high-spin-Komplexe dar ($t_{2g}^4 e_g^2$- bzw. $e^3 t_2^3$-Elektronenkonfiguration mit vier ungepaarten Elektronen und μ_{mag} um 5.2 BM; vgl. S. 1664). Beispiele für oktaedrisch gebaute low-spin-Komplexe von Fe(II) (t_{2g}^6-Elektronenkonfiguration; kein ungepaartes Elektron) sind $[Fe(CN)_6]^{4-}$, $[Fe(CNR)_6]^{2+}$, $[Fe(phen)_3]^{2+}$, $[Fe(bipy)_3]^{2+}$ (phen = o-Phenanthrolin; bipy = 2,2'-Bipyridyl).

Komplexstabilitäten. High-spin-Fe^{2+} ist eine weichere Lewis-Base als high-spin-Fe^{3+} und koordiniert deshalb lieber weichere Lewis-Basen (u. a. stickstoffhaltige, weniger sauerstoffhaltige Liganden). Da die Ligandenfeldstabilisierungsenergie im oktaedrischen Falle für die low-spin-d^6-Elektronenkonfiguration wesentlich größer ist als für die high-spin-d^6-Elektronenkonfiguration, erfahren oktaedrische Fe(II)-Komplexe mit »starken«, zum low-spin-Zustand führenden Liganden eine zusätzliche Stabilisierung. Demgemäß bildet sich etwa bei der Zugabe von o-Phenanthrolin zu einer $[Fe(H_2O)_6]^{2+}$-haltigen Lösung auf dem Wege über $[Fe(H_2O)_4(phen)]^{2+}$ (high-spin) und $[Fe(H_2O)_2(phen)_2]^{2+}$ (high-spin) direkt $[Fe(phen)_3]^{2+}$ (low-spin).

Magnetisches Verhalten. Ähnlich wie im Falle oktaedrischer Fe(III)-Komplexe (s. oben) liegt der low-spin-Zustand auch im Falle einer Reihe von Fe(II)-Komplexen energetisch nur wenig unterhalb des high-spin-Zustandes, sodass bereits geringe Änderungen im Ligandenbereich einen Übergang vom low- zum high-spin-Zustand herbeiführen können. Substituiert man etwa o-Phenanthrolin in low-spin-$[Fe(phen)_3]^{2+}$ durch 2-Methylphenanthrolin, so erhält man bereits einen high-spin-Komplex, da sich letzterer Ligand dem Fe^{2+} aus räumlichen Gründen weniger annähert und infolgedessen eine etwas kleinere d-Orbitalenergieaufspaltung bewirkt. In analoger Weise führt der Ersatz von einem phen in $[Fe(phen)_3]^{2+}$ durch weniger »starke« H_2O-Liganden zum Multiplizitätswechsel des Komplexes (s. oben). Auch weist der Komplex $[Fe(phen)_2(ox)]$ (ox = Oxalat) mit einem verzerrt-oktaedrischen Ligandenfeld (S. 1600) einen intermediaten Zustand mit zwei ungepaarten Elektronen auf ($\mu_{mag} = 3.90\,BM$). Und schließlich beobachtet man bei einer Reihe von oktaedrischen Fe(II)-Komplexen (z. B. $[Fe(phen)_2X_2]$ mit X = NCS, NCSe) wie im Falle einiger oktaedrischer Fe(III)-Komplexe (s. oben) »Spincrossover-Phänomene« (s. oben; bei tieferen Temperaturen: diamagnetisch $\hat{=}$ low-spin-Zustand; bei höheren Temperaturen: paramagnetisch $\hat{=}$ high-spin-Zustand).

Optisches Verhalten. Die für oktaedrische bzw. tetraedrische high-spin-Fe(II)-Komplexe jeweils mögliche eine d → d-Absorption ($^5T_{2g} \longrightarrow {}^5E_g$ bzw. $^5E_g \longrightarrow {}^5T_2$; vgl. S. 1612), liegt in ersterem Falle im gerade noch sichtbaren Bereich um $11\,000\,cm^{-1}$ (blaugrün; z. B. blassblaugrünes $Fe(H_2O)_6^{2+}$) und in letzterem Falle im unsichtbaren Bereich um $4000\,cm^{-1}$. Bei zusätzlich auftretenden Metall → Ligand-CT-Übergängen sind allerdings auch Fe(II)-Komplexe kräftig farbig (vgl. z. B. rotes Hämoglobin, blaues $[Fe(phen)_3]^{2+}$). Die beiden möglichen d → d-Absorptionen der oktaedrischen low-spin-Fe(II)-Komplexe ($^1A_{1g} \longrightarrow {}^1T_{1g}$ bzw. $^1T_{2g}$ vgl. S. 1612) finden sich im nichtsichtbaren ultavioletten Bereich. Allerdings sind etwa $[Fe(phen)_3]^{2+}$ und $[Fe(bipy)_3]^{2+}$ aufgrund von zusätzlichen Metall → Ligand-CT-Übergängen prächtig rot. Eine besonders interessante Rolle spielen »Fe(II)-Spincrossover-Komplexe«, in denen der Spinübergang durch Bestrahlung in fester Phase mit Licht bestimmter Wellenzahl vom low- zum high-spin-Zustand erfolgt. Dieser kann als metastabiler Zustand bei ausreichend tiefen Temperaturen eine nahezu unendlich lange Lebensdauer haben (Light-induced excited spin state trapping = LIESST) und lässt sich gegebenenfalls durch Bestrahlung mit einer anderen Wellenzahl wieder in den low-spin-Zustand zurückschalten (z. B. low-spin-$[Fe^{II}L_6]^{2+}[BF_4^-]_2 \rightleftharpoons$ high-spin-$[Fe^{II}L_6]^{2+}[BF_4^-]_2$ (mit L = Propyltetrazol): Hinreaktion mit grünem Licht eines Ar^+-Lasers (514.5 nm), Rückreaktion thermisch oberhalb 40 K oder durch rotes Licht). Die Möglichkeit des Schaltens zwischen zwei Phasen mit stark voneinander abweichenden magnetischen und optischen Eigenschaften legen Anwendungen von low-spin-Komplexen, deren nur wenig energiereicherer high-spin-Zustand bei Raumtemperatur metastabil ist, in der optischen Informationstechnik nahe.

Eisen in der Biosphäre

Eisen übt unter allen Elementen besonders viele Funktionen in der lebenden Natur aus und ist in Organismen in Form von »Eisenproteinen« wesentlich am Sauerstofftransport sowie an Elektronenübertragungsreaktionen (»Elektronentransfer«) beteiligt. Man unterteilt die Eisenproteine in »Hämproteine«, welche Eisen-Porphin-Komplexe enthalten (vgl. Chlorophyll, S. 1449), sowie in »Nichthämproteine«, welche Eisen-Schwefel-Cluster (S. 1961) oder reine Eisen-Protein-Komplexe aufweisen. Die Wirkstoffe (Enzyme bei katalytischer Funktion) aus der Häm- und Nichthämreihe haben die in Tab. 29.3 wiedergegebenen Funktionen. Nachfolgend sei auf Hämoglobin, Cytochrome, Ferredoxine, Nitrogenasen, Transferrine und Ferritine kurz eingegangen:

Hämoglobin der roten Blutkörperchen (»Erythrocyten«) bewerkstelligt den Sauerstofftransport von der Lunge zum ortsfesten »Myoglobin« in den Muskeln, das den Sauerstoff bei Bedarf zur Energiegewinnung durch metabolische Oxidation von Glucose freisetzt (»Atmung«). Das im Zuge letzteren Prozesses gebildete CO_2 wird durch Hämoglobin umgekehrt vom Muskel zur Lunge befördert. In sauerstofffreiem Hämoglobin (»Desoxyhämoglobin«) ist high-spin-Fe^{2+} quadratisch-pyramidal mit einem Porphinliganden (»Protoporphyrin«; Abb. 29.11a) und einem Imidalzolrest aus dem zugehörigen Protein (»Globin«; M_r rund 64 500) gebunden, wobei das

Tab. 29.3 Eisenhaltige Wirkstoffe der Biosphäre (T = tierisch, B = bakteriell, P = pflanzlich).

Hämproteine		Nichthämoproteine	
Eisenporphinproteine	Funktion	Eisenschwefelproteine	Funktion
Hämoglobin	O_2-Transport (T)	Rubridoxine	Elektronentransfer (B)
Myoglobin	O_2-Speicherung (T)	Ferredoxine[a]	Elektronentransfer (T, B, P)
Cytochrome	Elektronentransfer (T, B, P)	Nitrogenasen	N_2-Redukt. zu NH_3 (B, P)
Oxygenasen	Oxygenierungen mit O_2[b]		
Oxidasen	O_2-Redukt. zu O_2^-, O_2^{2-}, O^{2-}	Eisenproteine	Funktion
Peroxidasen	Oxidation mit H_2O_2	Transferrine	Eisentransport (T)
Catalasen	H_2O_2-Dispr. zu H_2O/O_2	Ferritine	Eisenspeicherung (T, B, P)

a Ferredoxine sind in Kombination mit anderen Enzymen u. a. an der »Stickstoffixierung«, der »Photosynthese«, der »Atmung« in den Zellmitochondrien, der »Kohlendioxidfixierung« beteiligt.

b Einführung von O-Atomen aus O_2-Molekülen in Biosubstrate (Monooxygenierungen: $O_2 \longrightarrow$ O (inkorporiert) + H_2O; Dioxygenierungen: $O_2 \longrightarrow$ 2 O (inkorporiert)).

Eisen ca. 0.8 Å oberhalb der Porphinebene lokalisiert ist (Abb. 29.11b):

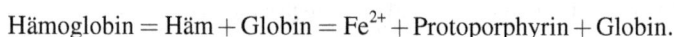

$$\text{Hämoglobin} = \text{Häm} + \text{Globin} = Fe^{2+} + \text{Protoporphyrin} + \text{Globin}.$$

Die Porphine der verschiedenen Eisenporphinproteine unterscheiden sich in der Art der in Position 1–8 gebundenen Reste (Abb. 29.11) und sind anders als Protoporphyrin im Hämoglobin zum Teil auch direkt über eine derartige Position mit dem Protein verknüpft.

Mit der »end-on-Addition« von molekularem Sauerstoff an Eisen(II) (Bildung von »Oxyhämoglobin«) geht letzteres unter Verkleinerung des Ionenradius in einen oktaedrischen low-spin-Zustand über und ist nunmehr in der Porphinebene lokalisiert (Abb. 29.11c)[10]. In der Lunge mit einem O_2-Partialdruck von ca. 100 mbar tritt fast vollständige, in den Muskelzellen mit einem O_2-Partialdruck von ca. 40 mbar etwa 60 %-ige Sättigung des Hämoglobins mit O_2 ein (die Sättigung von Myoglobin beträgt unter Zellbedingungen über 90 %). Das Globin umhüllt die Häm-Gruppierung[10] und schützt Fe(II) vor der Oxidation mit O_2 zu Fe(III) (andere Mittel vermögen Desoxyhämoglobin allerdings zu Fe(III)-haltigem »Methämoglobin« zu oxidieren, während Fe^{2+}-haltiges proteinfreies Häm andererseits auch durch O_2 zu »Hämatin« oxidiert wird und deshalb keine O_2-Transportfähigkeit besitzt). Die Giftwirkung von Substanzen wie CN^-, CO, PF_3 beruht u. a. auf ihrer starken Bindung an das Hämoglobineisen, wodurch ein O_2-Transport unmöglich wird.

Cytochrome (Tab. 29.3) existieren in zahlreichen, meist nur wenig voneinander unterschiedenen Arten und dienen der Elektronen- und damit der Energieübertragung in lebenden Zellen. Beispielsweise wird die Energie aus der Glucoseoxidation über Cytochrome letztendlich in Form von Adenosintriphosphat (vgl. S. 924) gespeichert. Als gemeinsames Merkmal weisen Cytochrome ein low-spin-Fe(II)- bzw. -Fe(III)-Atom auf, das oktaedrisch an einen Porphinliganden sowie an ein Imidazol-N- und ein Methionin-S-Atom des zugehörigen Proteins (Molmasse rund 12 400 g mol^{-1}) gebunden ist, wobei der Elektronentransfer über den leicht erfolgenden Übergang $Fe^{2+} \rightleftharpoons Fe^{3+} + e^-$ bewerkstelligt wird. Das sechszählige Eisen weist keine Sauerstoffaffinität auf, sodass Cytochrome keinen O_2-Transport übernehmen können, aber auch nicht durch

---

[10] Hämoglobin setzt sich aus vier tetraedrisch angeordneten und durch Ionenbindungen verknüpften Untereinheiten zusammen, von denen jede Einheit aus einer gefalteten, an der Außenseite hydrophilen Polypeptidhelix aus kondensierten Aminosäuren mit einer taschenartigen hydrophoben Öffnung besteht, in der die Häm-Gruppe gehalten wird. Die Anlagerung eines O_2-Moleküls und die damit verbundene Störung der Salzbrücken bewirkt eine Öffnung der Taschen der drei verbleibenden Untereinheiten, verbunden mit einer Affinitätszunahme der betreffenden Häm-Gruppen für O_2 (Verschiebung des O_2-Additionsgleichgewichts auf die Sättigungsseite durch das Phänomen der »Kooperativität«). Umgekehrtes gilt für die O_2-Abspaltung, wobei das durch Muskeltätigkeit freigesetzte CO_2 und die damit verbundene pH-Erniedrigung die O_2-Abgabetendenz zusätzlich erhöht, sodass also mit der Muskelaktivität auf dem Wege erhöhten CO_2-Freisetzung die zur Deckung des Energiebedarfs notwendige O_2-Übertragung von Oxyhämoglobin auf Myoglobin (besteht nur aus einer Eisenporphinprotein-Einheit) unterstützt wird.

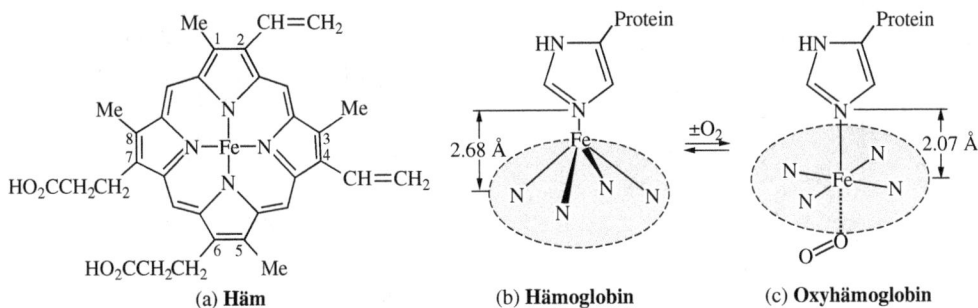

Abb. 29.11 Struktur von Hämoglobin. (a): Häm-Gruppe; (b, c): Hämoglobin in O_2-unbeladenem (b) und -beladenem (c) Zustand (der Übersichtlichkeit halber ist die Häm-Gruppe in (b, c) nur angedeutet).

CN^-, CO, PF_3 »vergiftbar« sind. Eine Ausnahme bildet nur »Cytochromoxidase«, die neben Fe auch Cu enthält, und deren Eisen O_2 anlagert und demgemäß auch CN^-, CO, PF_3 (die Giftigkeit von CN^- geht wesentlich auf eine Blockierung von Cytochromoxidase zurück).

Ferredoxine (Tab. 29.3) sind wie die Cytochrome an Elektronentransferreaktionen beteiligt, z. B. im Zusammenhang mit der Stickstofffixierung (s. unten), Photosynthese (S. 1449), Glucoseoxidation (hier: den Cytochromen vorangesetzt). In ihnen liegen Eisen-Schwefel-Cluster vom bereits erwähnten Typus $Fe_2S_2(SR)_2$ und $Fe_4S_4(SR)_4$ vor (vgl. Abb. 29.8a sowie b), in welchen high-spin-Fe(II,III) tetraedrisch von Sulfid-Schwefel (»säurelabiler Schwefel«, da zu H_2S protonierbar) und Schwefel aus Cystein (SR in Abb. 29.8a, b = $SCH_2CH(NH_2)COOH$) des zugehörigen Proteins koordiniert ist (Rubridoxine enthalten gemäß der Formulierung $Fe(SR)_4$ keinen labilen Schwefel). Die Eisen-Schwefel-Cluster fungieren als Eineleketronenüberträger, z. B. $[Fe_4S_4(SR)_4]^{3-} \rightleftharpoons [Fe_4S_4(SR)_4]^{2-} + e^-$.

Nitrogenasen (Tab. 29.3) bewirken die Reduktion von Luftstickstoff zu Ammoniak, wobei die N_2-Reduktion in Anwesenheit der – besonders eingehend untersuchten – »FeMo-Nitrogenase« (man kennt auch eine FeV- sowie FeFe-Nitrogenase) stets »obligatorisch« zur Bildung von 1 mol H_2 pro 1 mol NH_3 führt. Diese u. a. durch Bakterien an Wurzelknöllchen von Hülsenfrüchten betriebene »Stickstofffixierung« (»Stickstoffassimilation«; vgl. S. 742) ist neben der »Photosynthese« (»Kohlendioxidassimilation«; vgl. S. 1449) der wichtigste Elementarprozess für das Leben auf der Erde (biologische Jahresweltproduktion von NH_3 aus N_2: im Bereich von 100 Kilotonnen).

Die FeMo-Nitrogenase besteht aus dem »Fe-Protein« sowie aus dem »FeMo-Protein«, welches sich seinerseits aus dem ausschließlich Eisen enthaltenden »P-Cluster« sowie dem »FeMo-Cofaktor« zusammensetzt. Im Zuge der Mg^{2+}-katalysierten, enzymatischen Hydrolyse von zwei Adenosintri- zu Adenosindiphosphaten (S. 924) wird ein Elektron auf das Fe-Protein übertragen und über den P-Cluster auf den FeMo-Cofaktor weitergeleitet. Letzterer bindet molekularen Stickstoff, aktiviert diesen und reduziert ihn sukzessive (s. unten) zu Ammoniak. Der Vorgang lässt sich wie folgt summarisch formulieren:

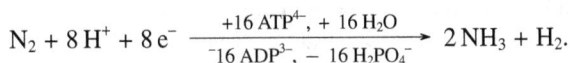

$$N_2 + 8\,H^+ + 8\,e^- \xrightarrow[^-16\,ADP^{3-},\ -\ 16\,H_2PO_4^-]{+16\,ATP^{4-},\ +\ 16\,H_2O} 2\,NH_3 + H_2.$$

Das Fe-Protein ist ein Dimer aus identischen Untereinheiten, die über Cysteinschwefel des Proteins (Molmasse rund $60\,000\,\text{g}\,\text{mol}^{-1}$) durch einen $[F_4S_4]$-Kubancluster verbrückt werden (bzgl. Fe_4S_4 vgl. S. 1961). Zur Elektronenweitergabe lagert sich das Fe-Protein an das FeMo-Protein, um sich anschließend wieder von diesem zu trennen. Zur Gesamtreduktion von einem Molekül N_2 muss diese (geschwindigkeitsbestimmende) Addition und Dissoziation mehrmals ablaufen. Das braune Fe-Mo-Protein (Molmasse rund $220\,000\,\text{g}\,\text{mol}^{-1}$) besteht im Sinne der Formulierung $(\alpha\beta)_2$ aus zwei identischen, unabhängig N_2-reduzierenden Paaren $\alpha\beta$. Der P-Cluster, ein

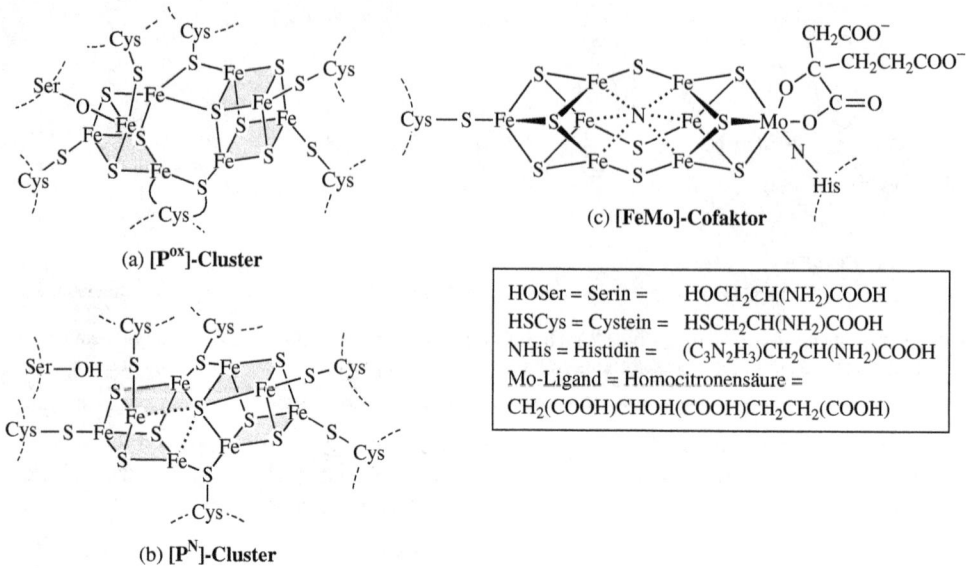

(a) [P^{ox}]-Cluster

(b) [P^N]-Cluster

(c) [FeMo]-Cofaktor

HOSer = Serin =	HOCH$_2$CH(NH$_2$)COOH
HSCys = Cystein =	HSCH$_2$CH(NH$_2$)COOH
NHis = Histidin =	(C$_3$N$_2$H$_3$)CH$_2$CH(NH$_2$)COOH
Mo-Ligand = Homocitronensäure =	
CH$_2$(COOH)CHOH(COOH)CH$_2$CH$_2$(COOH)	

Abb. 29.12 Struktur des P-Clusters und FeMo-Cofaktors des FeMo-Proteins (jeweils oxidierte und native reduzierte Form).

[Fe$_8$S$_7$]-Cluster, besteht in seiner oxidierten Form [P^{ox}] gemäß Abb. 29.12a aus einem Fe$_4$S$_3$-Untercluster, der über Cystein-Schwefel und einer FeS-Bindung mit einem Fe$_4$S$_4$-Untercluster verknüpft ist, wobei Fe$_4$S$_3$ an die α- und Fe$_4$S$_4$ an die β-Untereinheit gebunden vorliegt. Die reduzierte, nur Fe(II) enthaltende »native« Form [P^N] des P-Clusters besteht gemäß Abb. 29.12b demgegenüber aus zwei Fe$_4$S$_4$-Untereinheiten mit gemeinsamem – oktaedrisch von Fe koordiniertem – Schwefelatom. Die im Zuge der Oxidation [P^N=] $\rightleftharpoons$ [P^{ox}] + 2 e$^-$ bei gleichzeitigem Ersatz zweier zentraler FeS-Bindungen (punktiert) durch eine FeO(Serin)- und eine FeN(Cystin)-Bindung freigesetzten Elektronen und Protonen werden auf den FeMo-Cofaktor, ein Fe$_7$MoS$_9$-Cluster, weitergegeben. Der – in oxidierter und reduzierter Form gleich strukturierte – Cofaktor [FeMo] enthält wie der P-Cluster nur vier-zählige Eisenatome, dazu ein sechszähliges Molybdänatom. Im Sinne der Abb. 29.12c besteht er aus einem Fe$_4$S$_3$-Untercluster, der über 3 S-Atome mit einem Fe$_3$MoS$_3$-Untercluster verbunden ist, wobei ein durch 6 Fe- und 3 S-Atome begrenzter Hohlraum entsteht, der mit einem sechsfach koordiniertem Atom, vermutlich Stickstoff, zentriert ist.

Der Ort der N$_2$-Koordination (vermutlich Mo nach Abdissoziation von Homocitrat und/oder Histiden), die Art der N$_2$-Koordination (vermutlich einfach- und nicht zweifach-end-on) sowie der Weg der Reduktion koordinierten Stickstoffs zu Ammoniak (z.B. über M=N−NH$_2$ oder M−NH−NH−M) bei »obligatorischer« Wasserstoffbildung ist bisher ungeklärt (vgl. S. 2106).

Transferrine (Tab. 29.3) stellen Proteine für den Transport von Fe(III) dar. Sie enthalten in der Regel zwei für den Einbau von Eisen geeignete Zentren, in welchen Fe(III) oktaedrisch von zwei Tyrosinat- und zwei Imidazol-Liganden aus dem Protein (Molmasse rund 80 000 g mol^{-1}) sowie Carbonat (bzw. Hydrogencarbonat) und Wasser (bzw. Hydroxid) koordiniert vorliegt. Das durch den Zwölffingerdarm in die Blutbahn gelangende Fe(II) muss hierbei vor seinem Einbau in das »Serumtransferrin« enzymatisch oxidiert werden (die Stabilität der Transferrin-Eisen-Komplexe ist hoch, sodass Transferrin selbst Fe(III) aus Phosphat- oder Citratkomplexen im Blutplasma wirkungsvoll abfängt). Eisenbeladene Transferrine geben ihr Eisen an vielen Stellen im Organismus wieder ab, insbesondere an Ferritin (im Knochenmark).

Ferritine (Tab. 29.3) bestehen aus Proteinen (»Apoferritine«, Molmasse rund 450 000 g mol^{-1}) sowie gespeichertem Fe(III). Die Apoferritine bewahren das schlecht lösliche aber unentbehrliche dreiwertige Eisen davor, auszuflocken, und bestehen aus 24 nicht notwendigerweise identischen Untereinheiten, die sich zu einer Kugelschale zusammenlagern. In dem dadurch entstehenden, durch Kanäle von außen erreichbaren Hohlraum können bis zu 4500 Fe(III)-Ionen in Form von übereinander liegenden, am Rande miteinander verknüpften und teilweise mit Phosphaten veresterten FeO(OH)-Schichten gespeichert werden (oktaedrische Koordination von Fe(III) mit O-Atomen). Die Eisenspeicherung erfolgt auf dem Wege über Fe(II), welches sich auf der Oberfläche des Ferritin-gebundenen FeO(OH)-Kristalls anlagert und dann durch O_2 oxidiert wird. In analoger Weise erfolgt eine Reduktion von Ferritin-gebundenem Fe(III) zu Fe(II) vor seiner Freisetzung, z. B. für die Synthese von Hämoglobin im Knochenmark.

1.2.2   Eisen(VI)-, (V)-, (IV)-Verbindungen (d^2, d^3, d^4)

Eisen(VI). Durch Oxidation von Eisen(III)-hydroxid mit Chlor in konzentrierter Alkalilauge oder durch elektrochemische Oxidation von metallischem Eisen entstehen purpurrote, mit den entsprechenden Sulfaten SO_4^{2-} und Chromaten CrO_4^{2-} isomorphe, paramagnetische (2 ungepaarte Elektronen) Ferrate(VI) FeO_4^{2-} (tetraedrisch) wie Na_2FeO_4, K_2FeO_4 und $BaFeO_4$ (vgl. Potentialdiagramme, S. 1947):

$$Fe^{3+} + 4 H_2O \rightleftharpoons FeO_4^{2-} + 8 H^+ + 3 e^- \quad (E^\circ = +2.20\,V);$$

$$Fe + 4 H_2O \rightleftharpoons FeO_4^{2-} + 8 H^+ + 6 e^- \quad (E^\circ = +1.08\,V).$$

Sie sind in alkalischer Lösung einigermaßen beständig, zerfallen aber in neutraler oder saurer Lösung unter Oxidation von Wasser zu Sauerstoff und Bildung von Fe(III):

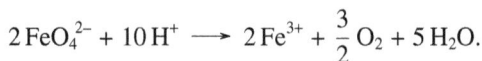

$$2 FeO_4^{2-} + 10 H^+ \longrightarrow 2 Fe^{3+} + \frac{3}{2} O_2 + 5 H_2O.$$

In analoger Weise oxidieren sie Ammoniak zu Stickstoff. Ihre Oxidationskraft übertrifft selbst die der Permanganate MnO_4^- (s. dort).

Eisen(IV) und (V). Auch Ferrate(V) FeO_4^{3-} (tetraedrisch) sind bekannt. Dagegen enthalten die Ferrate(IV) wie Sr_2FeO_4 und Ba_2FeO_4 kein isoliertes FeO_4^{4-}-Ion, sondern sind Doppeloxide von »Spinell-Struktur« (tetraedrische Koordination von Fe^{IV}). Fünfwertiges Eisen stellt in Form des hydratisierten »Oxoeisen(V)-Ions« FeO^{3+} (»Ferryl(V)«) möglicherweise ein Zwischenprodukt der katalytischen Zersetzung von Wasserstoffperoxid mit Fe^{3+} in H_2O und O_2 dar ($Fe^{3+} + H_2O_2 \longrightarrow FeO^{3+} + H_2O$; vgl. S. 598); vierwertiges Eisen ist in Form des hydratisierten »Oxoeisen(IV)-Ions« FeO_2^+ (»Ferryl(IV)«) ein Zwischenprodukt der katalytischen Zersetzung von Ozon ($Fe^{2+} + O_3 \longrightarrow FeO^{2+} + O_2$). Der Zerfall von FeO^{2+} erfolgt in Anwesenheit von überschüssigem Eisen(II) nach $FeO^{2+} + Fe^{2+} + 2 H^+ \longrightarrow 2 Fe^{3+} + H_2O$, in Anwesenheit von überschüssigem Ozon nach: $FeO^{2+} + H_2O \longrightarrow Fe^{3+} + OH + OH^-$; $FeO^{2+} + OH + H^+ \longrightarrow Fe^{3+} + H_2O_2$; $FeO^{2+} + H_2O_2 \longrightarrow Fe^{3+} + HO_2 + OH^-$; $FeO^{2+} + HO_2 \longrightarrow Fe^{3+} + O_2 + OH^-$. Die Oxidation von Fe^{2+} mit H_2O_2 führt nicht zu Fe(IV), sondern gemäß $Fe^{2+} + H_2O_2 \longrightarrow FeOH^{2+} + OH$ (»Fentons Reagens«) zu Fe(III)). Erwähnenswert sind auch die durch Oxidation von $[Fe(diars)_2X_2]^+$ (X = Cl, Br; diars = o-$C_6H_4(AsMe_2)_2$) mit konz. HNO_3 erhältlichen Komplexe $[Fe(diars)_2X_2]^{2+}$ mit vierwertigem Eisen (*trans*-ständige X-Liganden; tetragonal-verzerrt-oktaedrisch) sowie der mit $\{N_2S_2\}^{4-}$ erhältliche Komplex $[Fe^V\{N_2S_2\}I]$ mit fünfwertigem Eisen (quadratisch-pyramidal mit axialem I; $\{N_2S_2\}^{4-}$ = $ArNCH_2CH_2NAr^{4-}$ mit Ar = 2-$C_6H_4S^-$). »Ferrate(VII) Fe$^{VII}O_4^-$« sind wie »Eisentetraoxid« Fe$^{VIII}O_4$ unbekannt (vgl. hierzu RuO_4 und OsO_4).

1.2.3   Organische Verbindungen des Eisens

Von Eisen sind bisher nur vergleichsweise wenige »einfache«, unter Normalbedingungen metastabile Organylverbindungen FeR_n ($n = 2, 3, 4$) mit σ-gebundenen organischen Resten R bekannt, aber eine große Anzahl von Verbindungen FeR_n mit donorstabilisiertem Fe, mit π-gebundenen Resten bzw. mit anorganischen neben organischen Resten.

Eisen(II)-organyle. Vergleichsweise stabil ist das aus $FeHal_2$ und MesMgBr gewinnbare Eisendiorganyl »Dimesityleisen« $FeMes_2$ (Mes $= 2,4,6\text{-}C_6H_2Me_3$), dessen magnetisches Moment von $2.69\,BM$ für eine Konfiguration des Eisens mit 2 ungepaarten Elektronen spricht. Als weiteres Fe(II)-organyl sei das sehr stabile Bis(cyclopentadienyl)eisen(II) $FeCp_2$ (»Ferrocen«) mit η^5-gebundenen C_5H_5-Resten genannt, das als solches sowie in Form von Derivaten eines der meist untersuchten metallorganischen Spezies darstellt (Näheres S. 2189; mit $FeCp_2$ wurde erstmals die Existenz von »Sandwich-Komplexen« bewiesen: E. O. Fischer, G. Wilkinson, Nobelpreis 1973. »Dimethyleisen« $FeMe_2$ entsteht offensichtlich in Lösung durch Reaktion von $FeCl_2$ mit LiMe bei tiefen Temperaturen als Zwischenprodukt des – nur bis ca. $-20\,°C$ metastabilen – Addukts $[FeMe_4]^{2-}$. Stabilere Organoferrate(II) stellen $[Fe(Mes)_3]^-$, $[Fe(Naphthyl)_4]^{2-}$, $[FePh_6]^{4-}$ dar. Letzteres Anion zerfällt bei $20\,°C$ unter Abspaltung von Diphenyl Ph_2 in $[FePh_4]^{4-}$, das H_2 unter Bildung von $[FeH_2Ph_4]^{4-}$ aufnimmt ($[FeH_2Ph_4]$ zerfällt seinerseits in $[Ph_3Fe(\mu\text{-}H)_3FePh_3]^{5-} + Ph_2$). Isolierbare Donoraddukte von FeR_2 sind etwa $[Mes_2FeD_2]$ (D $=$ Pyridin, PhCN; $D_2 =$ Bipyridyl) oder $[R_2Fe(diphos)]$ (diphos $= Ph_2PCH_2CH_2PPh_2$ und R $= CH_2Ph$, CH_2CMe_2Ph, CH_2tBu, CH_2SiMe_3), ferner von $Fe=CR_2$ etwa $(CO)_4Fe=C(OEt)R$ mit R $= Me, Bu, t$Bu, Ph.

Beispiele für niedrigwertige Verbindungen mit FeC-Bindungen sind $[Fe^0(CO)_5]$, $[Fe^0(C_6H_6)_2]$ (instabil), $[Fe^{-II}(CO)_4]_2^-$. Näheres vgl. Kap. XXXII.

Eisen(III)-organyle vom Typ FeR_3 neigen zum Zerfall in Fe(II)-organyle (Abspaltung von R). Durch Addition von Donoren lassen sie sich in Form von Organoferraten(III) stabilisieren. So entsteht $[FeR_6]^{3-}$ (R $= C\equiv CPh$) durch Oxidation von $[Fe(C\equiv CPh)_6]^{4-}$ mit Sauerstoff.

Eisen(IV)-organyle. Eine höhere Oxidationsstufe als $+III$ kommt Eisen in dem aus 1-Norbornyllithium LiC_7H_{11} und $FeCl_3$ in Pentan erhältlichen diamagnetischen (!), purpurfarbenen, tetraedrisch gebauten, monomeren Eisentetraorganyl »Tetranorbonyleisen« $Fe(C_7H_{11})_4$ (low-spin-d^4-Elektronenkonfiguration) zu. Es zerfällt bei Raumtemperatur ($\tau_{1/2} = 30\,h$ bei $23\,°C$) und reagiert langsam mit Sauerstoff sowie verdünnter Säure.

2   Das Ruthenium und Osmium

Geschichtliches. Das Ruthenium wurde als letztes Glied aller Platinmetalle im Jahre 1844 durch den russischen Chemiker Carl E. Claus entdeckt und Osmium 1804 durch den Engländer Smithon Tennant. Ru erhielt seinen Namen nach Russland (lat. Ruthenia), dem Lande des Entdeckers, Os nach dem stark riechenden Tetraoxid OsO_4: osme (griech.) = Geruch.

Physiologisches. Ruthenium ist weder essentiell noch toxisch (giftiges RuO_4 bildet sich unter normalen Bedingungen nicht), Osmium nicht essentiell, aber etwas toxisch (Bildung von giftigem OsO_4 aus feinverteiltem Os bereits bei Raumtemperatur in Spuren).

2.1 Die Elemente Ruthenium und Osmium

Vorkommen

Die Edelmetalle Ruthenium und Osmium werden in der Regel vergesellschaftet mit den übrigen »Platinmetallen« Rhodium, Iridium, Palladium und Platin aufgefunden, und zwar sowohl in gediegener Form als auch in gebundenem Zustand (hier zusammen mit Fe-, Cr-, Ni- und Cu-Erzen; Näheres siehe bei Platin, dem häufigsten Platinmetall). Ruthenium findet sich in der Natur zudem als »Laurit« RuS_2, dem Homologen des Pyrits FeS_2.

Isotope (vgl. Anh. III). Natürliches Ruthenium besteht aus den 7 Isotopen $^{96}_{44}Ru$ (5.52 %), $^{98}_{44}Ru$ (1.88 %), $^{99}_{44}Ru$ (12.7 %; für NMR-Untersuchungen), $^{100}_{44}Ru$ (12.6 %), $^{101}_{44}Ru$ (17.0 %; für NMR-Untersuchungen), $^{102}_{44}Ru$ (31.6 %), $^{104}_{44}Ru$ (18.7 %), natürliches Osmium aus den 7 Isotopen $^{184}_{76}Os$ (0.020 %), $^{186}_{76}Os$ (1.58 %; sehr schwach radioaktiv), $^{187}_{76}Os$ (1.6 %; für NMR-Untersuchungen), $^{188}_{76}Os$ (13.3 %), $^{189}_{76}Os$ (16.1 %; für NMR-Untersuchungen), $^{190}_{76}Os$ (26.4 %), $^{192}_{76}Os$ (41.0 %). Die künstlich gewonnenen Nuklide $^{97}_{44}Ru$ (Elektroneneinfang; $\tau_{1/2} = 2.88$ Tage), $^{103}_{44}Ru$ (β^--Strahler; $\tau_{1/2} = 39.6$ Tage), $^{106}_{44}Ru$ (β^--Strahler; $\tau_{1/2} = 367$ Tage), $^{185}_{76}Os$ (Elektroneneinfang: $\tau_{1/2} = 96.6$ Tage), $^{191}_{76}Os$ (β^--Strahler; $\tau_{1/2} = 15.0$ Tage) nutzt man für Tracerexperimente, das Nuklid $^{106}_{44}Ru$ dient zudem in der Medizin.

Darstellung

Die technische Gewinnung der einzelnen Platinmetalle ist eine schwierige, zeitraubende Operation, die sich zur Hauptsache auf unterschiedliche Oxidierbarkeit, Flüchtigkeit, Löslichkeit, und Beständigkeit der verschiedenen Wertigkeiten gründet.

Im Einzelnen gewinnt man beide Elemente wie folgt: (i) Darstellung des Rohplatins (= Platinkonzentrat der Elemente Ru, Os, Rh, Ir, Pd, Pt und gegebenenfalls Ag, Au u. a. aus den Anodenschlämmen der elektrolytischen Reinigung des Nickels oder Goldes (Näheres S. 2039) und Abtrennung zunächst von Ag, Au, Pt sowie Pd (Näheres S. 2039), dann von Rh und Ir (Näheres S. 2006). – (ii) Verflüchtigung der verbliebenen Mischung aus Ru(VI) und Os(VIII) durch chlorierende Röstung als RuO_4 und OsO_4. – (iii) Trennung des Oxidgemischs MO_4 durch Behandlung mit Salzsäure ($\longrightarrow H_3RuCl_6$-Lösung) sowie alkoholischer Natronlauge ($\longrightarrow OsO_2(OH)_4^{2-}$-Lösung). – (iv) Komplexierung der gebildeten Metallate mit Ammoniumchlorid ($\longrightarrow (NH_4)_3[RuCl_6]$ bzw. $[OsO_2(NH_3)_4]Cl_2$). – (v) Reduktion der Komplexe mit Wasserstoff zu metallischem Ruthenium bzw. Osmium. – Das mit hoher Ausbeute bei der Uranspaltung (S. 2279f) neben Plutonium auftretende »Spaltruthenium« stellt ein lästiges, schwer von Pu abzutrennendes Beiprodukt dar.

Physikalische Eigenschaften

Die Elemente Ruthenium und Osmium stellen spröde, silberweiße (Ru) bzw. graublaue Metalle der Dichten 12.45 bzw. 22.61 g cm^{-3} dar, die bei 2310 bzw. 3045 °C schmelzen sowie bei 4150 bzw. 5020 °C sieden und mit hexagonal-dichtester Metallatompackung kristallisieren. Für weitere Eigenschaften vgl. Tafel IV.

Chemische Eigenschaften

Die Elemente Ruthenium und Osmium unterscheiden sich in ihren Eigenschaften deutlich vom leichteren Homologen Eisen und sind als typische Vertreter der edlen Metalle vergleichsweise reaktionsträge. So werden sie von Mineralsäuren (einschließlich Königswasser) unterhalb 100 °C nicht angegriffen; beste Lösungsmittel sind für beide Elemente alkalische Oxidationsschmelzen (z. B. NaOH-Schmelze mit Na_2O_2). Sauerstoff greift Ru und Os bei Rotglut unter

Bildung von RuO_2 und OsO_4 an (feinverteiltes Os riecht an Luft nach OsO_4, das sich in Spuren bildet). Auch Fluor und Chlor reagieren mit beiden Metallen (Bildung von MF_6, MCl_3).

Verwendung, Legierungen

Ruthenium, das seltenste unter den Platinmetallen, dient zum Härten von Platin und Palladium; ebenso wird Osmium zur Herstellung harter Legierungen genutzt (z. B. für Gelenke und Lager von Instrumenten). Beide Elemente (Jahresweltproduktion: einige Tonnen) sowie geeignete Verbindungen vermögen als »Hydrierungskatalysatoren« zu wirken und werden hierzu bisweilen verwendet. Osmium diente wegen seines hohen Schmelzpunktes früher zur Herstellung von Glühlampenfäden (zunächst durch Ta, dann durch W verdrängt; der aus Osmium und Wolfram gebildete Name »Osram« deutet auf diese Entwicklung hin).

Ruthenium und Osmium in Verbindungen

Die maximale Oxidationsstufe von Ru und Os beträgt in Verbindungen +VIII (z. B. MO_4). Als Beispiele für Verbindungen mit den Oxidationsstufen +VII bis −II von Ru und Os seien genannt: $[Ru^{VII}O_4]^-$, $Os^{VI}F_6$, $[Ru^{VI}O_4]^{2-}$, $[Os^{VI}NCl_4]^-$, $[M^VCl_6]^-$, $[M^{IV}Cl_6]^{2-}$, $[M^{III}Cl_6]^{3-}$, $[M^{II}(CN)_6]^{4-}$, $[Os^I(NH_3)_6]^+$, $[M^0(CO)_5]$, $[M^{-II}(CO)_4]^{2-}$. Die am häufigsten angetroffenen Oxidationsstufen sind für Ru +III und für Os +IV.

Während Ruthenium in seinen niedrigen Oxidationsstufen analog Eisen eine Kationenchemie in wässriger Lösung aufweist, findet sich keine entspr. Chemie des Osmiums. In den höheren Oxidationsstufen existiert im Gegensatz zu Eisen von beiden Elementen gleichermaßen eine wässrige Anionenchemie. Vgl. die Potentialdiagramme für Ru und OS bei pH = 0:

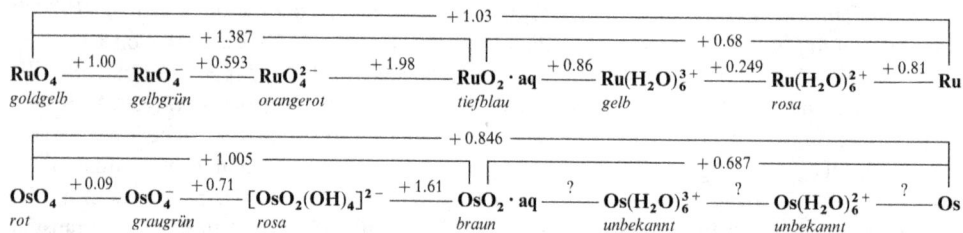

Abb. 29.13

Hiernach kann sich M in saurem Milieu nicht auflösen; auch vermag sich M(IV) wie auch M(VI) nicht zu disproportionieren (Analoges gilt für Ru^{3+}).

Die Koordinationszahlen von zwei- bis siebenwertigem Ru und Os liegen im Bereich von vier bis sechs (z. B. tetraedrisch in $[Ru^{VI}O_4]^{2-}$, $[Ru^{VII}O_4]^-$, $M^{VIII}O_4$; quadratisch-pyramidal in $[Ru^{II}Cl_2(PR_3)_3]$, $[Os^{VI}NCl_4]^-$; oktaedrisch in $[M^{II}(CN)_6]^{4-}$, $[M^{III}Cl_6]^{3-}$, $[M^{IV}Cl_6]^{2-}$, $[M^VCl_6]^-$, $[Os^{VI}O_2(OH)_4]^{2-}$, $[Os^{VII}OF_5]$, $[Os^{VIII}O_4(OH)_2]^{2-}$). Osmium strebt häufig höhere Koordinationszahlen an als Ruthenium (z. B. $[RuO_4]^{2-}$ und $[OsO_2(OH)_4]^{2-}$) und vermag sogar siebenzählig aufzutreten (pentagonal-bipyramidal in $Os^{VII}F_7$). 4-fach koordinierte M(−II)-, 5-fach koordinierte M(0)- sowie 6-fach koordinierte M(II)-Komplexe haben Edelgaselektronenkonfiguration (Xe bzw. Rn).

Bezüglich der Elektronenkonfiguration, der Radien, der magnetischen und optischen Eigenschaften von Ruthenium- und Osmiumionen vgl. Ligandenfeld-Theorie (S. 1592) sowie Anh. IV, bezüglich eines Eigenschaftsvergleichs der Metalle der Eisengruppe S. 1544f und Nachfolgendes.

Vergleichende Betrachtungen

Im Fe-Atom sind die äußeren d-Elektronen fester an den Atomkern gebunden als im homologen größeren Ru- oder noch größeren Os-Atom bzw. im benachbarten Mn-Atom mit geringerer Kernladung. Infolgedessen erniedrigt sich die maximal erreichbare Wertigkeit beim Übergang von Ru/Os/Mn zu Fe von VIII/VIII/VII nach VI. Auch sinkt die Zahl der maximal gebundenen F-Atome in gleicher Richtung ($OsF_7 \rightarrow RuF_6 \rightarrow FeF_3 \leftarrow MnF_4$). Die am häufigsten angetroffenen Oxidationsstufen sind +II/+III für Fe, +III/+IV für Ru und +IV für Os. Demgemäß bilden sich beim Erhitzen der Eisengruppenmetalle mit Sauerstoff Fe_3O_4/Fe_2O_3, RuO_2 bzw. OsO_4. Dass die Schmelzpunkte und damit die Bindungskräfte der Metalle in Richtung Mn $\rightarrow$ Fe bzw. Tc $\rightarrow$ Ru nicht abnehmen, sondern zunehmen (vgl. Tafel IV), hängt möglicherweise mit der besonderen Stabilität der d^5-Elektronenkonfiguration (halbbesetzte d-Außenschale) zusammen und der Delokalisation von nur 2 Elektronen im Falle von metallischem Fe, Ru. In der Reihe W $\rightarrow$ Re $\rightarrow$ Os nimmt der Schmelzpunkt einsinnig ab.

Ähnlich wie die Nebengruppenmetalle bis zur 7. Gruppe zeigen auch die der 8. Gruppe eine Tendenz zur Bildung von Metallclustern. Von Ruthenium und Osmium sind z. B. Dimetallcluster M_2^{n+} mit Bindungen der Ordnung 2 ($n = 4$), 2.5 ($n = 5$) und 3 ($n = 6$) und Bindungsabständen von 2.3 Å (± 0.05 bis 0.1 Å) bekannt.

2.2 Verbindungen des Rutheniums und Osmiums

2.2.1 Wasserstoffverbindungen

Ähnlich wie von Eisen kennt man von Ruthenium und Osmium, die beide als Hydrierungskatalysatoren fungieren, keine binären Hydride, wohl aber ternäre Hydride wie Mg_2RuH_6 (analog: Ca_2RuH_6, Sr_2RuH_6, Ba_2RuH_6), Mg_2RuH_4, Mg_3RuH_3, Mg_2OsH_6, wobei die komplexen Hexahydride im Sinne der Formulierung $2\,MgH_2 \cdot MH_2$ Dihydride MH_2 mit formal zweiwertigem Ruthenium und Osmium (d^6-Elektronenkonfiguration) enthalten. Es existieren darüber hinaus Donoraddukte des Dihydrids sowie auch des Tetra- und Hexahydrids MH_4 und MH_6 mit formal vier- und sechswertigen Metallen (d^4- und d^2-Elektronenkonfiguration, z. B. $[MH_2(PR_3)_4]$, $[MH_4(PR_3)_3]$, $[MH_6(PR_3)_2]$; vgl. hierzu Tab. 32.1).

Strukturen. Die aus den Elementen zugänglichen ternären Hydride Mg_2MH_6, Ca_2RuH_6, Sr_2RuH_6 und Ba_2RuH_6 kristallisieren wie Mg_2FeH_6 im K_2PtCl_6-Typ, wobei oktaedrisch gebaute MH_6^{4-}-Anionen (O_h-Symmetrie: M im Oktaederzentrum mit insgesamt 18 Außenelektronen) die Position einer kubisch-dichtesten Packung einnehmen. Die Erdalkalimetall-Kationen besetzen hierin alle tetraedrischen Lücken. Die Struktur lässt sich gemäß Abb. 29.14a auch ausgehend vom »Flussspat« CaF_2 beschreiben, in welchem man die F^--Positionen durch Erdalkalimetallkationen, die Ca^{2+}-Positionen durch MH_6^{4-}-Anionen substituiert. Die Baueinheit RuH_4^{4-} und RuH_3^{6-} der ternären Hydride Mg_2RuH_4 (dunkelrot) und Mg_3RuH_3 (dunkelgrau) leiten sich von der Gruppierung RuH_6^{4-} gemäß Abb. 29.14b und c durch Entfernen zweier

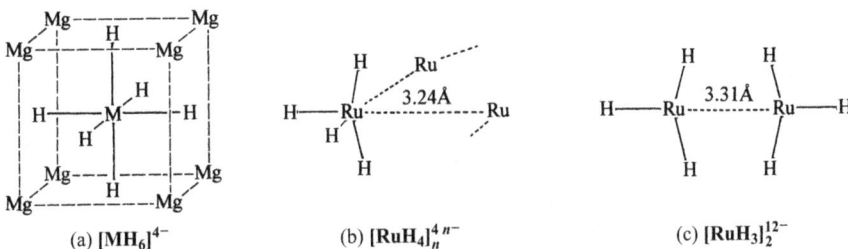

(a) $[MH_6]^{4-}$ (b) $[RuH_4]_n^{4n-}$ (c) $[RuH_3]_2^{12-}$

Abb. 29.14 Ternäre Ruthenium- und Osmiumhydride.

cis- bzw. dreier mer-ständiger H-Atome ab und weisen demgemäß näherungsweise wippen-bzw. T-förmigen Bau auf (C_{2v}-Symmetrie). Die Rutheniumzentren, denen in RuH_4^{4-} und RuH_3^{6-} 16 bzw. 17 Außenelektronen zukommen, vervollständigen offensichtlich über lange RuRu-Wechselwirkungen ihr Elektronenoktadezett. Demgemäß liegen in Mg_2RuH_4 polymere Einheiten $[RuH_4]_n^{4n-}$ mit $\cdots RuRuRu\cdots$-Zick-Zack-Ketten (Abb. 29.14b), in Mg_3RuH_3 dimere Einheiten $[RuH_3]_2^{12-}$ (Abb. 29.14c) vor.

Unter den Phosphan-Addukten haben die Komplexe $[MH_2(PR_3)_4]$ der Dihydride (gewinnbar durch Hydrierung von $MCl_2(PR_3)_4$) oktaedrischen Bau mit (meist) *cis*-ständigen H-Atomen. Sie dissoziieren in Lösung teilweise in PR_3 und $[MH_2(PPh_3)_3]$ (dimer über zwei H-Bindungen), lassen sich zu $[MH_3(PR_3)_4]^+ = [MH(H_2)(PR_3)_4^+]$ mit η^2-gebundenen H_2-Molekülen protonieren (vgl. S. 2071) und können mit starken Basen zu $[MH(PR_3)_4]^+$ deprotoniert werden. Die Tetrahydride $[MH_4(PR_3)_3]$ haben für M = Ru im Sinne der Formulierung $[RuH_2(H_2)(PR_3)_3]$ wohl vielfach oktaedrischen Bau (zwei η^1-gebundene H-Atome, ein η^2-gebundenes H_2-Molekül, drei Phosphanliganden; formal zweiwertiges Ruthenium mit 18 Valenzelektronen; vgl. S. 2071), für M = Os pentagonal-bipyramidalen Bau (vier η^1-gebundene H-Atome in äquatorialen Positionen, drei Phosphanliganden in einer äquatorialen und beiden axialen Positionen; formal vierwertiges Osmium mit 18 Valenzelektronen). Unter den Hexahydriden $[MH_6(PR_3)_2]$ nimmt nach Berechnungen die Ru-Verbindung eine nicht-klassische Struktur mit η^2-gebundenen H_2-Molekülen, die Os-Verbindung die klassische Struktur mit sechs η^1-gebundenen H^--Ionen ein (vgl. S. 2071). Bezüglich der Carbonyl-Addukte $MH_2(CO)_4$ vgl. S. 2108.

2.2.2   Halogen- und Pseudohalogenverbindungen

Halogenide. Tab. 29.4 gibt alle von Ruthenium und Osmium gebildeten binären Halogenide, nachfolgende Zusammenstellung die höchst- und niedrigstwertigen Halogenide beider Elemente wieder (Zwischenglieder jeweils bekannt):

RuF_6	$RuCl_4$	$RuBr_3$	RuI_3	OsF_7	$OsCl_5$	$OsBr_4$	OsI_3
RuF_3	$RuCl_2$	$RuBr_2$	RuI	OsF_4	$OsCl_3$	$OsBr_3$	OsI

Hiernach nimmt die Stabilität der Verbindungen mit Metallen hoher Oxidationsstufen in Richtung Ru → Os sowie I → Br → Cl → F zu und in umgekehrter Richtung ab. Die fehlenden Hepta-, Hexa-, Penta- und Trihalogenide existieren selbst als Halogenokomplexe nicht, während von den unbekannten Tetrahalogeniden ($RuBr_4$, RuI_4, OsI_4) derartige Komplexe bekannt sind ($RuBr_6^{2-}$, OsI_6^{2-}). Die Di- und Monohalogenide sind schlecht bis nicht charakterisiert. Man kennt jedoch viele Donoraddukte der Dihalogenide, z. B. oktaedrische Phosphankomplexe $[MX_2(PR_3)_4]$ (oktaedrisch), in welchen M ein Elektronenoktadezett zukommt. Die Tab. 29.4 informiert ferner über die von Ru und Os gebildeten Halogenidoxide.

Wichtiger unter den in Tab. 29.4 aufgeführten Verbindungen ist insbesondere »Rutheniumtrichlorid« $RuCl_3$, das in Form des handelsüblichen, in Wasser, Alkohol, Aceton usw. löslichen, dunkelroten Komplexes $RuCl_3 \cdot 3\,H_2O = [RuCl_3(H_2O)_3]$ (oktaedrisch) als Ausgangsmaterial für die Darstellung der meisten Ru-Verbindungen und -Komplexe dient.

Darstellung. Ruthenium sowie Osmium gehen bei der Fluorierung unter Druck und erhöhter Temperatur in braunes Ruthenium- sowie zitronengelbes Osmiumhexafluorid MF_6 (d^2-Elektronenkonfiguration) über. OsF_6 lässt sich unter drastischen Bedingungen (400 bar, 600 °C) darüber hinaus zu gelbem, unter Normalbedingungen zersetzlichem Osmiumheptafluorid OsF_7 (d^1) fluorieren (ReF_7 und instabileres OsF_7 stellen die höchstwertigen Halogenide der Übergangselemente dar; vgl. IF_7 bei den Hauptgruppenelementen). Unter normalen oder leicht erhöhtem Druck werden Ru und Os in der Hitze nur zu dunkelgrünem Ruthenium- sowie blaugrünem Osmiumpentafluorid MF_5 (d^3) fluoriert (die Pentafluoride entstehen auch als Produkte der thermischen Zersetzung der Hexafluoride). Sie lassen sich mit Iod bzw. Wasserstoff bzw.

Wolframhexacarbonyl zu ockergelbem Ruthenium- sowie gelbem Osmiumtetrafluorid MF_4 (d^4), RuF_5 mit I_2 bei 250 °C zudem zu braunem Rutheniumtrifluorid RuF_3 (d^5) reduzieren.

Unter den übrigen dunkelroten bis schwarzen Halogeniden (Tab. 29.4) entsteht sehr zersetzliches Osmiumpentachlorid $OsCl_5$ (d^3) durch Einwirkung von Bortrichlorid auf OsF_6 bei −196 °C, Ruthenium- sowie Osmiumtetrachlorid MCl_4 bzw. Osmiumtetrabromid $OsBr_4$ (d^4) aus den Elementen unter Druck bei erhöhter Temperatur. Rutheniumtrichlorid $RuCl_3$ (d^5) ist ebenfalls aus den Elementen darstellbar, und zwar bildet sich aus metallischem Ruthenium und Chlor (mit CO verdünnt) bei 330 °C dunkelbraunes β-$RuCl_3$, das beim Erhitzen in einer Cl_2-Atmosphäre bei 450 °C in schwarzes α-$RuCl_3$ übergeht. Andererseits erhält man beim Eindampfen einer Lösung von RuO_4 in Salzsäure dunkelrotes $RuCl_3 \cdot 3\,H_2O$ (s. oben). Schwarzes Rutheniumtribromid $RuBr_3$ bzw. -triiodid RuI_3 (d^5) bildet sich wie $RuCl_3$ aus den Elementen bzw. aus RuO_4 und HX. Die in Tab. 29.4 zudem aufgeführten Halogenide OsX_3 (X = Cl, Br, I; gewinnbar durch thermische Zersetzung von $OsCl_4$, $OsBr_4$ bzw. $(H_3O)_2OsI_6$), RuX_2 (X = Cl, Br, I) und OsI, stellen schlecht charakterisierte, graue bis schwarze Feststoffe dar.

Reduziert man salzsaure Lösungen von $RuCl_3$ elektrochemisch oder chemisch (mit Ti^{3+} oder H_2/Pt-Schwamm), so entstehen tintenblaue Lösungen, die zweiwertiges Ruthenium in Form hy-

Tab. 29.4 Halogenide, Oxide und Halogenidoxide[a] von Ruthenium und Osmium[b] (ΔH_f in kJ mol^{-1}).

	Fluoride		Chloride		Bromide		Iodide		Oxide	
M(VIII)	–		–	–			–	–	RuO_4 [c]	OsO_4 [c]
M(VII)	–	OsF_7 gelb Zers. D_{5h} (7)	–	–	Verbindung Farbe Smp.*) ΔH_f Struktur (KZ)*) *) Z = Zersetzung Tetr. = Tetramer Dim. = Dimer		–	–	gelb 25 °C −239 kJ T_d (4)	gelb 40 °C −386 kJ T_d (4)
M(VI)	RuF_6 [c] braun 54 °C O_h (6)	OsF_6 [c] gelb 34 °C O_h (6)	–	–			–	–	RuO_3 nur in Gasphase	OsO_3 nur in Gasphase
M(V)	RuF_5 [c] grün 86.5 °C Tetr. (6)	OsF_5 [c] braun 70 °C Tetr. (6)	–	$OsCl_5$ schwarz 160 °C Dim. (6)	–	–	–	–	–	–
M(IV)	RuF_4 rot ? VF_4 (6)	OsF_4 gelb 230 °C IrF_4 (6)	$RuCl_4$ rot −30 °C ? (6)	$OsCl_4$ [c] rot ? ? (6)	– nur $RuBr_6^{2-}$	$OsBr_4$ schwarz 350 °C ? (6)	– nur OsI_6^{2-}		RuO_2 blau −305 kJ TiO_2 (6)	OsO_2 gelb ? TiO_2 (6)
M(III)	RuF_3 braun 650 °C ? VF_3 (6)	–	$RuCl_3$ [d] dunkel 730 °C (Z) −250 kJ $CrCl_3$ (6)	$OsCl_3$ dunkel 450 °C (Z) −190 kJ $CrCl_3$ (6)	$RuBr_3$ dunkel 500 °C (Z) −184 kJ ZrI_3 (6)	$OsBr_3$ dunkel 340 °C −98 kJ ZrI_3 (6)	RuI_3 schwarz ? (Z) −159 kJ ZrI_3 (6)	OsI_3 schwarz ? ? ZrI_3 (6)	Ru_2O_3 nur als Hydrat	
M(II)	–	–	$(RuCl_2)$ [e] braun	–[e]	$(RuBr_2)$ [e] schwarz	–[e]	(RuI_2) [e] dunkel	OsI_2 dunkel	–	–
M(I)	–	–	–[e]	–	–[e]	–	–[e]	OsI [f]		

a Von den Halogenidoxiden seien genannt: orangefarbenes $Os^{VIII}O_3F_2$ (molekulare α-Form mit D_{3h}-Symmetrie; polymere β-Form; Smp. 170 °C); burgunderrotes $Os^{VIII}O_2F_4$; (C_{2v}-Symmetrie, Smp. 90 °C); $Os^{VIII}OF_6$; gelbgrünes $Os^{VII}O_2F_3$ (D_{3h}-Symmetrie; Zers. 60 °C); $Ru^{VI}OF_4$ (schlecht charakterisiert); blaugrünes $Os^{VI}OF_4$ (C_{4v}-Symmetrie; Smp. 82 °C); dunkelbraunes $Os^{VI}OCl_4$ (Smp. 32 °C, Sdp. 200 °C; schwach assoziierte quadratische $OsOCl_4$-Pyramiden).
b Man kennt auch Sulfide, Selenide, Telluride. Darüber hinaus existieren Pentelide, Tetrelide, Trielide (S. 1981).
c RuO_4/OsO_4: Sdp. 40/130 °C; RuF_6: Zers. 200 °C in RuF_5; OsF_6: Sdp. 47.5 °C; RuF_5: Sdp. 227 °C, ΔH_f −843 kJ mol^{-1}; OsF_5: Sdp. 233 °C; $OsCl_4$: ΔH_f −255 kJ mol^{-1}.
d α-Form; β-$RuCl_3$ (dunkelbraun, »ZrI_3-Struktur«; Zers. 450 °C in α-$RuCl_3$).
e Die Halogenide RuX_2 und RuX (X = Cl, Br, I) sollen sich als Zwischenprodukte der Reduktion von RuX_3 mit H_3PO_2 bilden. MX_2 existiert in Form vieler Donoraddukte wie $[MX_2(PR_3)_4]$; einfache MX-Donoraddukte sind unbekannt.
f Metallisch grau.

dratisierter Chlorokomplexe enthalten und zur Präparation von Ru(II)-Komplexen genutzt werden. Sie lassen sich durch Zugabe von $AgBF_4$ (Fällung von Cl^- als AgCl) in Lösungen des rosafarbenen Ions $[Ru(H_2O)_6]^{2+}$ verwandeln (s. unten).

Strukturen. (vgl. Tab. 29.4 sowie S. 2074) Während die Halogenide MX_7 und MX_6 auch in kondensierter Phase als Monomere vorliegen (D_{5h}- bzw. O_h-Molekülsymmetrie), bilden die Halogenide MX_5 Tetramere bzw. Dimere (Tab. 29.4), die Halogenide MX_4 Raumstrukturen (OsF_4 mit »IrF_4-Struktur«), Schichtstrukturen (RuF_4 mit »VF_4-Struktur«) bzw. Kettenstrukturen ($OsCl_4$ mit *trans*-kantenverknüpften $OsCl_6$-Oktaedern; Strukturen von $RuCl_4$ und $OsBr_4$ unbekannt) und die Halogenide MX_3 Raumstrukturen (RuF_3 mit »VF_3-Struktur«), Schichtstrukturen (α-$RuCl_3$, $OsCl_3$ mit »$CrCl_3$-Struktur«) und Kettenstrukturen (β-$RuCl_3$, $RuBr_3$, RuI_3 mit nicht zentrierter »ZrI_3-Struktur« und abwechselnd kurzen sowie langen RuRu-Bindungen von ca. 2.7 und 3.1 Å; Strukturen von $OsBr_3$ und OsI_3 wohl analog).

Eigenschaften. Einige Kenndaten der Ruthenium- und Osmiumhalogenide sind in der Tab. 29.4 wiedergegeben. – Die Thermostabilität von MX_n sinkt, wie oben bereits erwähnt, mit wachsendem n und in Richtung X = F > Cl > Br > I. Demgemäß geht das Heptafluorid OsF_7 leicht in das Hexafluorid OsF_6 über, und selbst die Hexafluoride MF_6 zerfallen beim gelinden Erwärmen noch leicht in die Pentafluoride MF_5, welche ihrerseits aber unzersetzt verdampfbar sind (die farblosen Dämpfe enthalten monomere, trigonal-bipyramidale Moleküle MF_5). Die höchsten Chloride, $RuCl_4$ bzw. $OsCl_5$, zersetzen sich bereits bei tiefen Temperaturen in $RuCl_3$ bzw. $OsCl_4$, die Tetrahalogenide $OsCl_4$, $OsBr_4$ bzw. OsI_4 (nur als OsI_6^{2-} bekannt) beim mehr oder minder starken Erwärmen in OsX_3. Die Hydrolyseneigung ist bei den höherwertigen Halogeniden MF_5 und insbesondere MF_6 sehr groß, während die dreiwertigen Halogenide – aus kinetischen Gründen – wasserbeständiger sind. So enthält eine frisch bereitete Lösung von $[RuCl_3(H_2O)_3]$ kein freies Chlorid (keine Fällung von AgCl bei Zusatz von Ag^+). Mit der Zeit – insbesondere in verdünnter Salzsäure – erfolgt jedoch Hydrolyse unter Bildung von Chlorid sowie der gelben Komplexe *cis*- und *trans*-$[RuCl_2(H_2O)_4]^+$, $[RuCl(H_2O)_5]^{2+}$ und schließlich $[Ru(H_2O)_6]^{3+}$ (bezüglich des Substitutionsmechanismus vgl. S. 1629). Aufgrund der nur sehr langsam erfolgenden Substitution von Halogenid gegen Wasser ist die Löslichkeit von RuX_3 (X = Cl, Br, I; Analoges gilt für OsX_3) »augenscheinlich« gering.

Komplexe der Ru- und Os-Halogenide. In konzentrierter Salzsäure bildet sich aus $[RuCl_3(H_2O)_3]$ auf dem Wege über dunkelgrünes *trans*-$[RuCl_4(H_2O)_2]^-$ und rotes $[RuCl_5(H_2O)]^{2-}$ der rote M(III)-Komplex $[RuCl_6]^{3-}$ (die Hydrolysegeschwindigkeit der Chlorokomplexe $[RuCl_n(H_2O)_{6-n}]^{(3-n)+}$ nimmt mit n zu und beträgt für $RuCl_6^{3-}$ in H_2O nur wenige Sekunden, für $RuCl(H_2O)_5^{2+}$ ca. 1 Jahr). Die erwähnten Chlororuthenate(III) katalysieren die Reduktion von Fe^{3+} durch H_2O_2 und die Wasseranlagerung an Acetylen. Als weitere Halogenokomplexe der Ruthenium(III)- und Osmium(III)-halogenide seien genannt: $[RuF_6]^{3-}$, $[MCl_6]^{3-}$, $[MBr_6]^{3-}$ und $[OsI_6]^{3-}$. Man kennt auch das Ion $[Ru^{III}_2X_9]^{3-}$ (X = Cl, Br; RuX_6-Oktaeder mit gemeinsamer Fläche und kurzem, für eine RuRu-Bindung sprechenden RuRu-Abstand von 2.72 bzw. 2.86 Å, das zu $Ru^{II/III}_2Cl_9^{4-}$ reduzierbar und zu $Ru^{III/IV}_2Cl_9^{2-}$ sowie $Ru^{IV}_2Cl_9^-$ oxidierbar ist, ferner das Ion $[Os^{III}_2X_8]^{2-}$ (X = Cl, Br) mit einer OsOs-Dreifachbindung (s. unten). Es ist auch eine Reihe von Addukten der Trihalogenide mit neutralen Donoren, z. B. $[MX_3(PR_3)_3]$ (X = Cl, Br, I) bekannt. Beispiele für M(V)- und M(IV)-Komplexe sind die von MX_5 sowie MX_4 abgeleiteten oktaedrischen Halogenokomplexe $[MF_6]^-$, $[OsCl_6]^-$ sowie $[MF_6]^{2-}$, $[MCl_6]^{2-}$, $[MBr_6]^{2-}$, $[OsI_6]^{2-}$ ($RuBr_4$ und OsI_4 existieren nur in Form derartiger Komplexe, welche sich durch Oxidation HX-saurer MX_3-Lösungen mit Halogen gewinnen lassen).

Von Ru- und Os-Halogeniden sind darüber hinaus sehr viele M(II)-Komplexe bekannt. So setzt sich etwa $RuCl_3 \cdot 3H_2O$ mit Triphenylphosphan in Ethanol zur rotbraunen Verbindung $[RuCl_2(PPh_3)_3]$ (quadratisch-pyramidal) um, die mit $NaBH_4$ in Anwesenheit von PPh_3 in den Komplex $[RuH_2(PPh_3)_4]$ (oktaedrisch; nimmt N_2 zu $[RuH_2(N_2)(PPh_3)_3]$ auf), mit H_2 in den Komplex $[RuHCl(PPh_3)_3]$ (trigonal-bipyramidal) überführbar ist. Letzterer Komplex ist einer der aktivsten Hydrierungskatalysatoren (vgl. S. 2019). Behandelt man andererseits eine alkoholische $RuCl_3 \cdot 3\,H_2O$-Lösung mit PPh_3 in Anwesenheit von CO, so entsteht die Verbindung $[RuCl_2(CO)(PPh_3)_2]$, die sich mit Zink in Anwesenheit von CO zu $[Ru(CO)_3(PPh_3)_2]$ reduzieren lässt. Aus der Reihe der Os(II)-Komplexe seien genannt: $[OsCl_2(PR_3)_4]$, $[OsCl_2(PPh_3)_3]$, $[OsCl_2(N_2)(PR_3)_2]$, $[OsH_2(PR_3)_4]$.

Cyanide (vgl. S. 2084). Binäre Cyanide sind nur von Ruthenium bekannt, und zwar soll sich bei Zugabe von KCN zur oben erwähnten »blauen $RuCl_2$-Lösung« das Dicyanid $Ru(CN)_2$, bei der Oxidation von $[Ru(NH_2Me)_6]^{2+}$ mit Luftsauerstoff das hydratisierte Tricyanid $Ru(CN)_3$ bilden. Ruthenium und Osmium bilden ferner farblose Hexacyanometallate(II) $[M(CN)_6]^{4-}$ und gelbe Hexacyanometallate(III) $[M(CN)_6]^{3-}$ (jeweils oktaedrisch; mit 18- bzw. 17-Außenelektronen für M; vgl. hierzu S. 2084). Die Verbindungen $K_4[Ru(CN)_6]$ und $K_4[Os(CN)_6]$ entstehen etwa beim Kochen wässriger Lösungen von K_2RuO_4, $K_2OsO_2(OH)_4$ oder von $RuCl_3$ mit KCN, die Verbindungen $K_3[Ru(CN)_6]$ und $K_3[Os(CN)_6]$ bei der Oxidation von $K_4[M(CN)_6]$ mit MnO_4^-, H_2O_2 oder Ce(IV). Die Redoxsysteme $[M(CN)_6]^{4-}/[M(CN)_6]^{3-}$ wirken hierbei stärker oxidierend ($E°$ für die Ru- bzw. Os-Verbindungen $= +0.860$ bzw. $+0.634$ V) als das vergleichbare System $[Fe(CN)_6]^{4-}/[Fe(CN)_6]^{3-}$ ($E° = +0.361$ V; vgl. S. 1950). Analog $[Fe(CN)_6]^{4-}$ lassen sich die Cyanoruthenate(II) und -osmate(II) $[M(CN)_6]^{4-}$ zu $H_4M(CN)_6$ protonieren (enthalten MCNH-Gruppen) und zu $[M(CNMe)_6]^{2+}$ methylieren. Auch führt die Einwirkung von Fe(III) ebenfalls zu farbigen Produkten (»Ruthenium-Purpur« $Fe^{III}_4[Ru^{II}(CN)_6]_3$, $Fe^{III}[OsII(CN)_6]^-$; vgl. »Berliner Blau«). Schließlich lassen sich Prussiat-analoge Komplexe wie $[Ru(CN)_5NO]^{2-}$, $[Ru(CN)_5NO_2]^{4-}$ synthetisieren. Durch Röntgenbestrahlung von $K_4[Rn(CN)_6]$ bzw. Elektronenbeschuss von $K_4[Os(CN)_6]$ sollen Pentacyanometallate(I) $[M(CN)_5]^{4-}$ entstehen.

Azide (S. 2087). Analog $[M(CN)_6]^{3-}$ bildet Ru(III) ein ziegelrotes, sehr explosives Hexazidoruthenat(III) $[Ru(N_3)_6]^{3-}_3$ (wohl oktaedrisch, aus $RuCl_3$ mit überschüssigem N_3^-).

2.2.3   Chalkogenverbindungen

Ruthenium und Osmium bilden die binären »Oxide« MO_4, MO_3 und MO_2 (MO_3 nur in der Gasphase; vgl. Tab. 29.4 sowie S. 2088), Ruthenium ferner ein »Hydroxid« $Ru_2O_3 \cdot x\,H_2O$. Auch existieren von einigen Oxidationsstufen beider Elemente »Salze« bzw. »Metallate« (formal Produkte der Umsetzung von isolierten bzw. nicht isolierbaren Oxiden mit Säuren bzw. Basen). Schließlich kennt man binäre »Sulfide«, »Selenide« und »Telluride« MY_2.

Ruthenium- und Osmiumoxide.

Darstellung. Starke Oxidationsmittel wie HNO_3, $KMnO_4$, HIO_4, Ce(IV) oder Cl_2 oxidieren zwei- bis siebenwertiges, in Wasser gelöstes Ruthenium bzw. Osmium zu goldgelbem Ruthenium- bzw. Osmiumtetraoxid MO_4. Die (flüchtigen) Verbindungen, welche die höchstwertigen Oxide der Übergangselemente darstellen (vgl. XeO_4 bei den Hauptgruppenelementen), lassen sich durch Absublimieren, Ausblasen mit inerten Gasen oder Extrahieren mit CCl_4 von der wässrigen Lösung trennen. Auch beim Erhitzen von metallischem Ru und Os im Sauerstoffstrom auf 800 bzw. 300 °C verflüchtigen sich die Metalle als MO_4, während bei höheren Temperaturen (1200 °C) und niedrigem Sauerstoffdruck die Verflüchtigung im wesentlichen als Ruthenium- bzw. Osmiumtrioxid MO_3 (nur in der Gasphase stabil) erfolgt. Beim Erhitzen von Ru mit Sauerstoff im abgeschlossenen System auf 1000 °C bzw. von Os mit OsO_4 oder NO auf 600–650 °C entsteht andererseits tiefblaues Ruthenium- bzw. dunkelbraunes Osmiumdioxid MO_2 (die blaue Farbe von RuO_2 geht möglicherweise auf Spuren $Ru^{3+/2+}$ zurück). Hydratisiertes, nicht entwässerbares Dirutheniumtrioxid $Ru_2O_3 \cdot x\,H_2O$ bildet sich beim Versetzen einer wässerigen $RuCl_3 \cdot 3\,H_2O$-Lösung mit NaOH als schwarzes Produkt (vgl. $Fe_2O_3 \cdot x\,H_2O$).

Eigenschaften. Die Tab. 29.4 gibt einige Kenndaten der Ru- und Os-Oxide wieder. Die Dioxide MO_2 (»Rutil-Struktur«) verflüchtigen sich erst bei hohen Temperaturen und sind wasser-

und säureunlöslich. Die gelben flüchtigen Tetraoxide MO_4 (tetraedrisch; RuO/OsO-Abstände = 1.705/1.711 Å) riechen nach Ozon (Ru) bzw. Chlordioxid (Os), lösen sich in Wasser mäßig, in verdünnten Säuren (H_2SO_4) gut (Ru) bzw. mäßig (Os), in Alkalilaugen gut (Bildung von Metallaten, s. unten), in CCl_4 sehr gut, schmelzen bei niedrigen Temperaturen (25 bzw. 40 °C) und sieden bei 40 bzw. 130 °C unter Bildung gelber, die Atmungsorgane empfindlich angreifender giftiger Dämpfe (OsO_4 verursacht gefährliche Augenerkrankungen). Beide Tetraoxide besitzen saure Eigenschaften und wirken als sehr kräftige (Ru) bzw. kräftige Oxidationsmittel (vgl. Potentialdiagramm, S. 2349).

Demgemäß zerfällt RuO_4 beim gelinden Erhitzen – zum Teil explosionsartig – in RuO_2 und O_2, wogegen OsO_4 gegen Zerfall thermostabiler ist. Auch löst sich RuO_4 in verdünnter bzw. konzentrierter KOH-Lösung bei 0 °C unter Reduktion zu Ruthenat(VII) bzw. Ruthenat(VI):

$$4\,RuO_4 \xrightarrow[-\,2\,H_2O',' -\,O_2]{+\,4\,OH^-} 4\,RuO_4^- \xrightarrow[-\,2\,H_2O',' -\,O_2]{+\,4\,OH^-} 4\,RuO_4^{2-},$$

während sich OsO_4 in Alkalilaugen ohne Reduktion zu Osmat(VIII) unter Bildung von $[OsO_4(OH)_2]^{2-}$ auflöst. Verdünnte HCl reduziert RuO_4 zu tiefrotem $[Ru^{VI}O_2Cl_4]^{2-}$ bzw. zu $[Ru^{IV}_2OCl_{10}]^{4-}$ (lineare RuORu-Gruppe), konzentrierte HCl greift auch OsO_4 an (Bildung von $[Os^{IV}Cl_6]^{2-}$).

Verwendung. Osmiumtetraoxid dient in der organischen Chemie als Oxidationsmittel. Und zwar reagiert es in organischen Lösungsmitteln (Ether, Benzol) mit Olefinen unter Bildung von 1,2-Diolato-Komplexen (s. Abb. 29.15), die hydrolytisch in organische *cis*-Diole $>COH-COH<$ und Osmat(VI) gespalten werden können. Da sich letzteres durch H_2O_2 oder ClO_3^- wieder zu OsO_4 oxidieren lässt, können Alkene in Anwesenheit von H_2O_2 oder ClO_3^- durch OsO_4 als Katalysator in *cis*-Diole überführt werden.

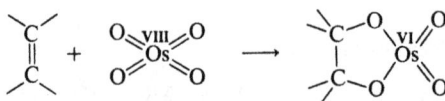

Abb. 29.15

Ruthenate und Osmate (Oxokomplexe von Ru, Os). Aus den beim Auflösen von OsO_4 in starken Alkalilaugen entstehenden roten Lösungen des diamagnetischen Hydroxoosmats(VIII) $[OsO_4(OH)_2]^{2-}$ (d^0-Elektronenkonfiguration; »Perosmat«) lassen sich rote Alkalimetallsalze wie $M^I_2[OsO_4(OH)_2]$ (M^I = Alkalimetall oder $1/2$ Erdalkalimetall; oktaedrisches Anion mit *cis*-ständigen OH-Gruppen) isolieren. In Fluorid-haltigem Wasser entsteht analog gebautes, gelbes »Fluoroosmat(VIII)« *cis*-$[OsO_4F_2]^{2-}$. Bei Einwirkung von konzentriertem Ammoniak geht Osmat(VIII) andererseits in orangefarbenes »Nitridoosmat(VIII)« $[OsO_3N]^-$ (tetraedrisch; isolierbar z.B. als Kaliumsalz) über, das eine kovalente Os^+N-Dreifachbindung enthält (OsO-/OsN-Abstände 1.78/1.63 Å; vgl. S. 1591).

Die Reduktion von $[OsO_3N]^-$ mit HX (X = Cl, Br, I) führt zu roten diamagnetischen »Halogenonitrido-osmaten(VI)«: $[OsNX_5]^{2-}$ (oktaedrisch; isolierbar mit kleinen Kationen; X *trans*-ständig zu N schwächer gebunden: OsN-/OsCl$_{cis}$-/OsCl$_{trans}$-Abstände = 1.614/2.361/2.605 Å) und $[OsNX_4]^-$ (quadratisch-pyramidal; isolierbar mit großen Kationen; OsN-/OsCl-Abstände = 1.604/2.310 Å). Man kennt auch entsprechende Ionen $[RuNX_5]^{2-}$ und $[RuNX_4]^-$.

Den Osmaten(VIII) analoge »Ruthenate(VIII)« sind unbekannt (es soll Donoraddukte $RuO_4 \cdot D$ mit D = Amin geben, die möglicherweise analogen Bau wie $OsO_4 \cdot D$ (trigonal-bipyramidal) aufweisen). Wie oben bereits angedeutet, bildet sich beim Auflösen von RuO_4 in Alkalilaugen das mit Permanganat MnO_4^- formelgleiche Ruthenat(VII) RuO_4^- (d^1; »Perruthenat«; paramagnetisch, tetraedrisch gebautes Ion), das auch beim Behandeln von Ruthenium mit einer Salpeter-haltigen Alkalischmelze sowie durch Oxidation von Ruthenat(VI)-Lösungen mit der stöchiometrischen Menge Chlor ($RuO_4^{2-} + \frac{1}{2}Cl_2 \longrightarrow RuO_4^- + Cl^-$) und anderen starken Oxidationsmitteln (z. B. ClO^-, Br_2) entsteht. Es wirkt wie RuO_4 stark oxidierend und wird z. B. von Alkalilauge (s. oben) oder Iodid ($RuO_4^- + I^- \longrightarrow RuO_4^{2-} + \frac{1}{2}I_2$) zu orangefarbenem alkalistabilem Ruthenat(VI) RuO_4^{2-} (d^2, paramagnetisches, tetraedrisches Ion), welches in Form von Salzen wie $M_2^I[RuO_4]$ oder $Ba[RuO_3(OH)_2]$ (trigonal-bipyramidales Ion mit *trans*-ständigen OH-Gruppen) isolierbar ist.

Anders als bei Ru(VIII) lässt sich die Reduktion von Os(VIII) nur schwer auf der siebenwertigen Stufe aufhalten. Graugrünes Osmat(VII) OsO_4^- (d^1, paramagnetisch) lässt sich etwa aus OsO_4 durch Reduktion mit I^- in Anwesenheit großer Kationen gewinnen (Bildung von $Ph_4As[OsO_4]$; man kennt auch $M_5^I[OsO_6]$ mit $M^I = Li, Na$). Die meisten Reduktionsmittel wie Nitrit oder Alkohol führen Osmat(VIII) in wässriger Lösung in diamagnetisches rosafarbenes Osmat(VI) $[OsO_2(OH)_4]^{2-}$ (d^2, oktaedrisch; transständige O-Atome) über, das sich z. B. in Form des dunkelvioletten, diamagnetischen Salzes $K_2OsO_4 \cdot 2H_2O = K_2[OsO_2(OH)_4]$ auskristallisieren lässt. Das Kaliumosmat(VI) entsteht auch aus metallischem Osmium beim Schmelzen mit KOH/KNO_3. Die OH^--Gruppen in $[OsO_2(OH)_4]^{2-}$ lassen sich durch andere Donatoren (z. B. Cl^-, Br^-, CN^-, NO_2^-, $\frac{1}{2}C_2O_4^{2-}$) unter Bildung orangefarbener bis roter Komplexionen $[OsO_2X_4]^{2-}$ (»Osmyl(VI)-Verbindungen« mit linearer O=Os=O-Gruppe; OsO-Abstände um 1.75 Å) austauschen. Auch Ethylendiamin wirkt substituierend ($\longrightarrow [OsO_2(en)_2]^{2+}$). Man kennt darüber hinaus einige wenige analog gebaute rotviolette Ruthenium(VI)-Komplexe wie $[RuO_2Cl_4]^{2-}$ (aus RuO_4 + HCl, s. oben).

Oxometallate mit Ru und Os in den Oxidationsstufen V (d^3) und IV (d^4) (Ruthenate(V, IV) bzw. Osmate(V, IV)) lassen sich offensichtlich in Mischoxiden stabilisieren (z. B. $M_2^I Ln^{III} RuVO_6$, $M^{II} Ru^{IV}O_3$; Ln = Lanthanoid). Ferner existieren diamagnetische rote »Halogenooxometallate(IV)« des Typus $[M^{IV}_2OX_{10}]^{4-} = [X_5M-O-MX_5]^{4-}$ (X = Cl, Br; oktaedrische M-Koordination, lineare MOM-Gruppierung; MO-/MX$_{cis}$-/M$_{trans}$-Abstände z. B. 1.778/2.370/ 2.433 Å), die aus HX-sauren Lösungen in Anwesenheit von Alkalimetallhalogenid MX entstehen (im Falle M = Os muss $FeSO_4$ als Reduktionsmittel zugegeben werden). Man kennt auch entsprechende diamagnetische Nitridokomplexe $[M^{IV}_2NX_{10}]^{5-} = [X_5M \cdots N \cdots MX_5]^{5-}$ (Ersatz von O^{2-} durch N^{3-}), in welchen der Unterschied der MX$_{cis}$-/MX$_{trans}$-Abstände größer ist und die demgemäß leicht zu $[(H_2O)X_4M \cdots N \cdots MX_4(H_2O)]^{3-}$ hydrolysiert werden (hiervon abgeleitete NH$_3$-Komplexe: $[(NH_3)_4XM \cdots N \cdots MX(NH_3)_4]^{3+}$ mit vierwertigem M).

Aqua- und verwandte Komplexe von Ru, Os.

Aqua-Komplexe. »Hexaaquaruthenium(IV)«- und »-osmium(IV)-Ionen« $[M(H_2O)_6]^{4+}$ sind unbekannt. Es sollte sich jedoch ein Hexahydroxo-Komplex $[Os(OH)_6]^{2-}$ des vierwertigen Osmiums gewinnen lassen.

Wässrige $RuCl_3 \cdot 3H_2O$-Lösungen lassen sich elektrochemisch oder chemisch (z. B. H_2/Pt) in Lösungen des oktaedrischen, rosafarbenen Hexaaquaruthenium(II)-Ions $[Ru(H_2O)_6]^{2+}$ (d^6, diamagnetisch) überführen, welches an Luft rasch zum oktaedrischen, gelben Hexaaquaruthenium(III)-Ion $[Ru(H_2O)_6]^{3+}$ (d^6, paramagnetisch) oxidiert wird. In Abwesenheit von Sauerstoff erfolgt die Oxidation langsam bereits durch Wasser (H_2-Entwicklung). Ru(II) ist damit in wässriger Lösung ein stärkeres Reduktionsmittel als das leichtere Homologe Fe(II) (vgl. Potentialdiagramme in Abb. 29.4 und Abb. 29.13). Die Aquaionen lassen sich z. B. als Tosylate oder Perchlorate $[Ru(H_2O)_6]X_n$ ($X^- = TolSO_3^-$, ClO_4^-; $n = 2, 3$) isolieren. Entsprechende »Hexaaquaosmium-Ionen« $[Os(H_2O)_6]^{n+}$ sind unbekannt, doch sollte sich ein »Hexahydroxoosmat(III)« $[Os(OH)_6]^{3-}$ darstellen lassen.

Bei Einwirkung von Liganden mit π-Akzeptoreigenschaften unter mehr oder minder hohem Druck geht $[Ru(H_2O)_6]^{2+}$ in oktaedrische Komplexe $[Ru(H_2O)_5L]^{2+}$ über (die Ru(H$_2$O)$_5^{2+}$-Gruppe ist ein guter π-Donor). So führt etwa die Einwirkung von Kohlenoxid CO zu $[Ru(H_2O)_5(CO)]^{2+}$

(lineare RuCO-Gruppierung), von Distickstoff N_2 zu $[Ru(H_2O)_5(N_2)]^{2+}$ (lineare RuNN-Gruppierung), von Ethylen C_2H_4 zu $[Ru(H_2O)_5(\eta^2\text{-}C_2H_4)]^{2+}$ (Ligand side-on gebunden) und ferner von Wasserstoff H_2 zu $[Ru(H_2O)_5(\eta^2\text{-}H_2)]^{2+}$ (Ligand side-on gebunden; erster »Dihydrogen-aqua-Komplex«; zu $[Ru(H_2O)_5H]^+$ deprotonierbar).

Als weitere M(II,III)-Komplexe mit sauerstoffhaltigen Liganden seien erwähnt: $[Ru^{II}(OSMe_2)_6]^{2+}$, $[Ru^{III}(ox)_3]^{3-}$, $[Ru^{III}(acac)_3]$, $[Ru^{III}_3O(OAc)_6(H_2O)_3]^+$, $[Os^{II}(SO_3)_3]^{4-}$, $[Os^{III}(SO_3)Cl(NH_3)_4]$. Vgl. hierzu auch die Carboxylato-Komplexe $[M_2(OAc)_4]^{n+}$ mit MM-Bindungen (S. 1984).

Ammin-Komplexe. Ähnlich wie von Fe^{2+} und im Gegensatz zu Fe^{3+} (S. 1963) lassen sich sowohl von Ru^{2+} sowie Ru^{3+} als auch von Os^{2+} sowie Os^{3+} Hexaammoniakate gewinnen. Das orangefarbene, oktaedrische Hexammin-ruthenium(II)-Ion $[Ru(NH_3)_6]^{2+}$ (d^6, diamagnetisch) bildet sich bei der Reduktion einer stark ammoniakalischen, NH_4Cl-haltigen Ruthenium(III)-chlorid-Lösung mit Zinkstaub (isolierbar als Dichlorid). Es wird von Wasser langsam unter Bildung des »Pentaammin-aquaruthenium(II)-Ions« $[Ru(NH_3)_5(H_2O)]^{2+}$ angegriffen, welches seinerseits Ausgangsprodukt für die Gewinnung vieler Komplexe des Typs $[Ru(NH_3)_5L]^{2+}$ ist (die $Ru(NH_3)_5^{2+}$-Gruppe ist ein guter π-Donor). So führt etwa die Einwirkung von Distickstoffoxid N_2O zu $[Ru(NH_3)_5(N_2O)]^{2+}$ (lineare RuNNO-Gruppierung), von Cyaniden RCN zu $[Ru(NH_3)_5(NCR)]^{2+}$, von Kohlenoxid CO zu $[Ru(NH_3)_5(CO)]^{2+}$ und ferner von Stickstoff zu $[Ru(NH_3)_5(N\equiv N)]^{2+}$ und weiter zu $[(NH_3)_5Ru-N\equiv N-Ru(NH_3)_5]^{4+}$. Mit $[Ru(NH_3)_5(N_2)]^{2+}$ wurde 1965 erstmals ein »Distickstoffkomplex« aufgefunden (vgl. S. 742). Er lässt sich, außer wie erwähnt, auch durch Reduktion von $[Ru(NH_3)_5(N_2O)]^{2+}$ mit Cr^{2+}, durch thermische Zersetzung von $[Ru(NH_3)_5(N_3)]^{2+}$ sowie durch Einwirkung von NO auf eine alkalische $[Ru(NH_3)_6]^{3+}$-Lösung gewinnen:

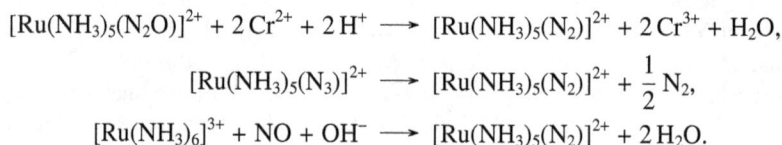

$$[Ru(NH_3)_5(N_2O)]^{2+} + 2\,Cr^{2+} + 2\,H^+ \longrightarrow [Ru(NH_3)_5(N_2)]^{2+} + 2\,Cr^{3+} + H_2O,$$

$$[Ru(NH_3)_5(N_3)]^{2+} \longrightarrow [Ru(NH_3)_5(N_2)]^{2+} + \frac{1}{2}\,N_2,$$

$$[Ru(NH_3)_6]^{3+} + NO + OH^- \longrightarrow [Ru(NH_3)_5(N_2)]^{2+} + 2\,H_2O.$$

$[Ru(NH_3)_6]^{2+}$ lässt sich leicht zum farblosen Hexaamminruthenium(III)-Ion $[Ru(NH_3)_6]^{3+}$ (d^5, paramagnetisch) oxidieren (vgl. Potentialdiagramm, Abb. 29.13), das ähnlich wie $[Ru(NH_3)_6]^{2+}$ unter NH_3/L-Austausch in Komplexe des Typs $[Ru(NH_3)_5L]^{3+}$ übergeführt werden kann (die $Ru(NH_3)_5^{3+}$-Gruppe ist ein guter π-Akzeptor). So entsteht etwa mit Wasser (sehr langsam) $[Ru(NH_3)_5(H_2O)]^{3+}$, mit Azid N_3^- $[Ru(NH_3)_5(N_3)]^{2+}$, mit Cyaniden RCN $[Ru(NH_3)_5(NCR)]^{3+}$ und mit Stickstoffmonoxid NO in saurer Lösung $[Ru(NH_3)_5(NO)]^{2+}$ (ganz allgemein bildet Ru gerne NO-Komplexe, z.B. zu $[Fe(H_2O)_5(NO)]^{2+}$ homologes $[Ru(H_2O)_5(NO)]^{2+}$, ferner $[RuCl_5(NO)]^{2-}$, $[RuCl(NH_3)_4(NO)]^{2+}$). Setzt man eine ammoniakalische Ru(III)-Lösung mehrere Tage der Luft aus, so bildet sich eine rote Lösung, aus welcher der Komplex $[Ru_3O_2(NH_3)_{14}]Cl_6 \cdot 4\,H_2O$ (»Ruthenium Rot«) auskristallisiert werden kann. Er enthält das Kation $[(NH_3)_5Ru^{III}-O-Ru^{IV}(NH_3)_4-O-Ru^{III}(NH_3)_5]^{6+}$ mit linearer RuORuORu-Gruppierung, das sich mit Ce^{4+} zum Kation $[Ru_3O_2(NH_3)_{14}]^{7+}$ oxidieren lässt und als empfindlicher »Indikator für Oxidationsmittel« Verwendung findet.

Auch aromatische Amine werden von Ru^{2+} bzw. Ru^{3+} komplex gebunden. So kennt man etwa Komplexe mit Pyridin wie $[Ru(py)_6]^{2+}$ und mit 2,2'-Bipyridyl wie $[Ru(bipy)_3]^{2+}$. Der Komplex $[Ru(bipy)_3]^{2+}$, der sich zu $[Ru^0(bipy)_3]$ reduzieren lässt (Elektronen möglicherweise in Lücken der dichtest-gepackten $Ru(bipy)_3$-Kugeln) und zu $[Ru^{III}(bipy)_3]^{3+}$ oxidiert werden kann, vermag im photochemisch angeregten Zustand, in welchem ein Elektron von Ru^{2+} auf den Liganden bipy übertragen vorliegt, seine Energie an andere Moleküle (z.B. $[Ni(CN)_4]^{2-}$) abzugeben bzw. andere Ionen zu reduzieren (z.B. $[Co(NH_3)_5py]^{3+}$) oder zu oxidieren (z.B. Eu^{2+}). Es wird untersucht, ob entsprechende Derivate möglicherweise Wasser zu H_2 reduzieren und damit Sonnenenergie in Wasserstoff umwandeln können.

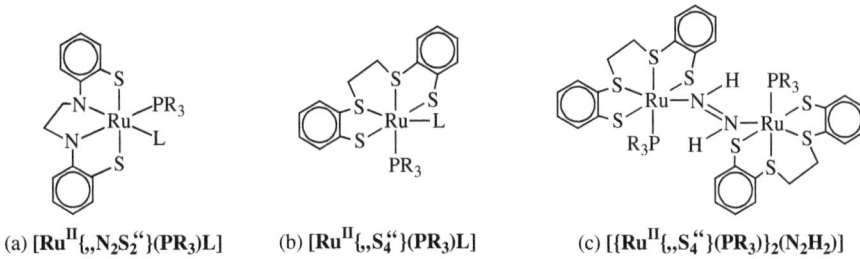

(a) $[Ru^{II}\{,,N_2S_2\text{''}\}(PR_3)L]$ (b) $[Ru^{II}\{,,S_4\text{''}\}(PR_3)L]$ (c) $[\{Ru^{II}\{,,S_4\text{''}\}(PR_3)\}_2(N_2H_2)]$

Abb. 29.16

Das farblose Hexaamminosmium(III)-Ion $[Os(NH_3)_6]^{3+}$ (d^5, paramagnetisch) bildet sich etwa durch Reduktion von $[OsCl_6]^{2-}$ in wässerigem Ammoniak mit Zinkstaub und setzt sich mit Donoren L unter NH_3/L-Substitution zu $[Os(NH_3)_5L]^{3+}$ um (L z. B. H_2O, Cl^-, Br^-, I^-, H_2). Es lässt sich zum Hexaamminosmium(II)-Ion $[Os(NH_3)_6]^{2+}$ (d^6, diamagnetisch) reduzieren, von dem sich ebenfalls Substitutionsprodukte wie die Stickstoffkomplexe $[Os(NH_3)_5(N_2)]^{2+}$ und *cis*-$[Os(NH_3)_4(N_2)_2]^{2+}$ ableiten.

Ruthenium- und Osmiumsulfide, -selenide, -telluride haben die Zusammensetzung MY_2 und weisen wie Pyrit eine verzerrte »NaCl-Struktur« mit M^{2+}- und Y_2^{2-}-Ionen auf. Sie sind aus den Elementen als dunkle, halbleitende, diamagnetische Feststoffe zugänglich.

Ähnlich wie von zwei- und dreiwertigem Eisen sind auch von zwei- und dreiwertigem Ruthenium und Osmium eine Reihe von Sulfido-Komplexen bekannt. Der aus $[RuCl_2(NCMe)_4]$ und $Li_2\{N_2S_2\}$ in Anwesenheit von $PiPr_3$ gewinnbare Komplex (Abb. 29.16a) tauscht unter Normalbedingungen reversibel Acetonitril (L = MeCN) gegen molekularen Stickstoff aus (jeweils lineare RuNCMe-, RuNN-Gruppierung). Der aus $[RuCl_2(OSMe_2)_4]$ und $Li_2\{S_4\}$ in Anwesenheit von $P(C_6H_{11})_3$ gebildete Komplex (Abb. 29.16b) fängt andererseits intermediär durch Ansäuern von $[O_2C-N=N-CO_2]^{2-}$ (K^+-Salz) erzeugbares Diimin (S. 779) unter Bildung des Komplexes (Abb. 29.16c) ab (es lässt sich auch ein entsprechender Eisenkomplex mit PR_3 synthetisieren). Interessanterweise vermag (Abb. 29.16c) in CH_2Cl_2 bei Einwirkung von Deuterium seinen stickstoffgebundenen Wasserstoff leicht gegen das schwerere Isotop austauschen.

2.2.4   Pentel-, Tetrel-, Trielverbindungen

Bisher kennt man keine »Ruthenium«- und »Osmiumnitride« M_nN bzw. »Nitridoruthenate« und »-osmate« MN_m^{p-}, wohl aber Nitridokomplexe, die neben Nitridoliganden noch andere anorganische Reste enthalten, z. B. $[O_3Os^{VII}\equiv N]^-$, $[Hal_5M^{VI}\equiv N]^{2-}$, $[Hal_4M^{VI}\equiv N]^-$ (vgl. S. 2101). Ferner existieren der Azidokomplex $[Ru(N_3)_6]^{3-}$ (S. 1977) sowie binäre Verbindungen mit Stickstoffhomologen, z. B.: M_2P, RuP, MAsY (Y = S, Se, Te), MSbS. Die Ruthenium- und Osmiumboride (z. B. Ru_7B_3, $Ru_{14}B_8$, RuB, Ru_2B_3, MB_2) sowie -carbide und -silicide (z. B. RuC, OsC, Ru_2Si, Ru_4Si_3, RuSi, Ru_2Si) sind weit weniger eingehend untersucht als die des Eisens. Bezüglich der Ru- und Os-Verbindungen mit stickstoff- oder kohlenstoffhaltigen Resten vgl. Ammin-Komplexe bzw. Organische Verbindungen des Rutheniums und Osmiums (S. 1978, 1985).

2.2.5   Ruthenium- und Osmiumkomplexe

Die Elemente Ruthenium und Osmium zeichnen sich durch eine besonders große Vielfalt an Oxidationsstufen aus, die sie bei Koordination mit geeigneten Liganden in Komplexen erreichen können (Oxidationsstufenspannweite $-II$ bis $+VIII$ mit Elektronenkonfigurationen d^{10} bis d^0; Oxidationsstufenvielfalt findet man unter den Übergangselementen zudem bei Mn, Tc, Re (VII. Nebengruppe) und – weniger ausgeprägt – bei Cr, Mo, W (VI. Nebengruppe)). Hierbei sind

Komplexe beider Elemente in hohen und niedrigen Oxidationsstufen ($>$ IV und $<$ II) nicht sehr zahlreich. Zur Stabilisierung der betreffenden Wertigkeiten bedarf es kleiner π-Donorliganden wie F$^-$, O^{2-} und N^{3-} in ersteren und starker π-Akzeptorliganden wie NO$^+$, PR$_3$, CO, CN$^-$, CNR in letzteren Fällen. Eine reichhaltige Komplexchemie beobachtet man insbesondere für Ru und Os in mittleren Oxidationsstufen (II bis IV), wobei Komplexe sowohl ohne als auch mit Metallcluster-Zentren existieren, wie nachfolgend nun erläutert sei (bezüglich der π-Komplexe vgl. S. 2174).

Anwendungen haben Ru- und Os-Verbindungen bisher nur vereinzelt gefunden. Erwähnt sei die Verwendung von Oxokomplexen insbesondere des Osmiums in hohen Oxidationsstufen als Oxidationskatalysator (S. 1978), ferner einige katalytische Prozesse mit Ammin- und -Phosphorkomplexen von Ru(II) (hierzu sind etwa Studien zur Photochemie und -physik von [M(bipy)$_3$]$^{2+}$ und verwandten Systemen mit dem Ziel zu zählen, Katalysatoren für die sonnenlichtenergetische Freisetzung von Wasserstoff aus Wasser aufzufinden; vgl. S. 1980).

Klassische Komplexe wurden in den vorstehenden Unterkapiteln bereits besprochen (vgl. Hydrido-, Cyano-, Oxo-, Aqua-, Amminkomplexe usw.). Folgendes sei hierzu noch nachgetragen:

Metall(VIII,VII)-Komplexe (d^0, d^1) beschränken sich, wie oben angedeutet, auf einige Fluoro-, Oxo- und Nitridokomplexe, z. B. [M^{VIII}O$_4$] (tetraedrisch, MO-Doppelbindungen), [Os^{VIII}O$_3$N]$^-$ (tetraedrisch; MN-Dreifachbindung), [Os^{VIII}O$_4$F$_2$]$^{2-}$ (oktaedrisch; *cis*-ständige F-Atome), Os^{VII}F$_7$ (pentagonal-bipyramidal), [M^{VII}O$_4$]$^-$ (tetraedrisch), Os^{VII}OF$_5$ (oktaedrisch). Die M(VIII)-Komplexe sind diamagnetisch, die M(VII)-Komplexe paramagnetisch (ein ungepaartes Elektron).

Metall(VI)-Komplexe (d^2). Sechswertiges Ru und Os bilden paramagnetische tetraedrische und regulär-oktaedrische Komplexe (RuO$_4^{2-}$, MF$_6$; zwei ungepaarte Elektronen) sowie diamagnetische tetragonalverzerrt-oktaedrische Komplexe ([MO$_2$X$_4$]$^{2-}$, [MNX$_5$]$^{2-}$ mit MO-Doppel- bzw. MN-Dreifachbindungen), ferner einen trigonal-bipyramidalen Rutheniumkomplex ([RuO$_3$(OH)$_2$]$^{2-}$ mit *trans*-ständigen OH-Gruppen, nur in Salzen) sowie quadratisch-pyramidale Komplexe ([MOX$_4$], [MNX$_4$]$^-$ mit MO-Doppel- bzw. MN-Dreifachbindungen).

Als charakteristische Strukturmerkmale enthalten die diamagnetischen »Ruthenyl(VI)-Komplexe« [RuO$_2$X$_4$]$^{2-}$ (nicht sehr zahlreich; X$^-$ z. B. Cl$^-$, $\frac{1}{2}$ SO$_4^{2-}$) und »Osmyl(VI)-Komplexe« [OsO$_2$X$_4$]$^{2-}$ (zahlreich; X$^-$ z. B. Cl$^-$, Br$^-$, CN$^-$, OH$^-$, $\frac{1}{2}$ C$_2$O$_4^{2-}$, NO$_2^-$, en) linear gebaute Ruthenyl- bzw. Osmyl-Dikationen MO$_2^{2+}$, die entsprechend der Formulierung O=M=O kurze, für Doppelbindungen sprechende MO-Abstände aufweisen (z. B. 1.75 Å In K$_2$OsO$_4$Cl$_4$ und 1.77 Å in K$_2$OsO$_2$(OH)$_4$; zum Vergleich: 1.72 Å in OsO$_4$) und von vier weiter entfernten X-Liganden so umgeben werden, dass eine gestauchte oktaedrische M-Koordination resultiert. Analog koordiniert ist Re(V) in den mit [OsO$_2$X$_4$]$^{2-}$ isoelektronischen Komplexen [ReO$_2$X$_4$]$^{3-}$ (X$^-$ z. B. Hal$^-$, CN$^-$, NH$_3$, en, py, PR$_3$). Auch einige andere Nebengruppenelemente enthalten Kationen MO$_2^{n+}$ mit doppelt gebundenen, aber *cis*-ständig orientierten O-Atomen, nämlich fünfwertiges Vanadium in »Vanadyl-Komplexen« wie [VO$_2$(H$_2$O)$_4$]$^+$ sowie sechswertiges Chrom und Molybdän in »Chromyl«- und »Molybdänyl-Komplexen« wie CrO$_2$X$_2$ (X = Halogen, Oxosäureanion), [MoO$_2$(H$_2$O)$_4$]$^{2+}$.

Der aufgefundene Diamagnetismus der Komplexe erklärt sich hierbei wie folgt: Die Streckung oder Stauchung eines Ligandenoktaeders führt gemäß dem auf S. 1600 Besprochenen zu einer energetischen Aufspaltung der im regulär-oktaedrischen Ligandenfeld entarteten d$_{xy}$-, d$_{xz}$- sowie d$_{yz}$-Orbitale einerseits und d$_{x^2-y^2}$- sowie d$_{z^2}$-Orbitale andererseits in energieärmere und -reichere Orbitale (vgl. Abb. 29.17a, b, c). Wegen des nicht ausreichenden Energieabstandes des d$_{xy}$-Orbitals von den entarteten d$_{xz}$-/d$_{yz}$-Orbitalen bei Vorliegen eines gestauchtoktaedrischen Ligandenfelds müssten diese von den beiden d-Elektronen der Ru(VI)- bzw. Os(VI)-Zentren wie bei regulär-oktaedrischen Ligandenfeldern einzeln mit je einem ungepaarten Elektron besetzt werden (Abb. 29.17b, c). Tatsächlich führt die π-Wechselwirkung der p$_x$-

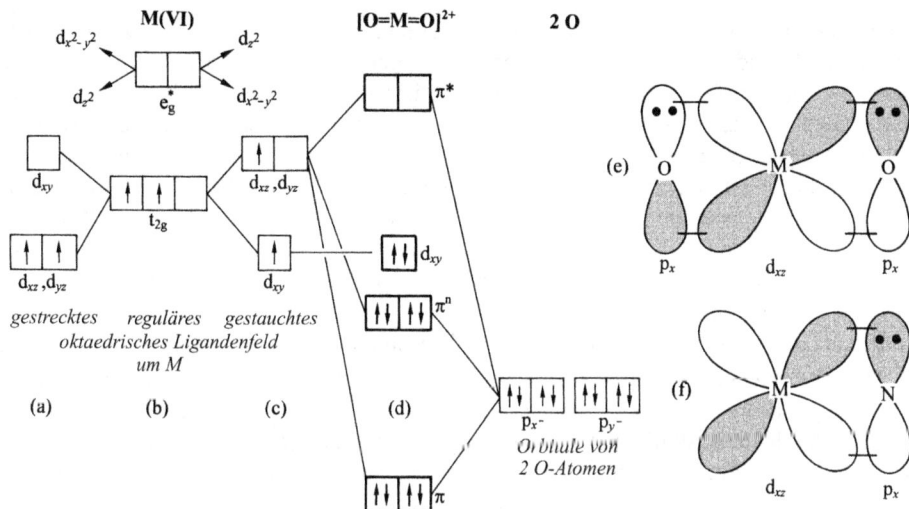

Abb. 29.17 Bindung in MO_2^{2+}- und MN^{3+}-haltigen Komplexen (M = Ru, Os). (a, b, c, d): Ausschnitt des MO-Schemas für $[MO_2X_4]^{2-}$ (z-Achse gleich OMO-Achse; vgl. Abb. 20.32, 20.33). (e, f): π-Bindungen der MO_2- und MN-Gruppe in $[MO_2X_4]^{2-}$, $[MNX_5]^{2-}$, $[MNX_4]^-$ (entsprechende Wechselwirkungen von p_y mit d_{yz} führen zu einer weiteren π-Bindung; z-Achse = OMO- bzw. MN-Achse).

und p_y-Orbitale beider an M(VI) geknüpften O-Atome mit den energiereichen d_{xz}- und d_{yz}-Orbitale von M(VI) zu einer so beachtlichen Anhebung der d_{xz}- und d_{yz}-Orbitale, dass nunmehr das eine Elektron aus letzteren Orbitalen unter Spinpaarung in das energieärmere d_{xy}-Orbital wandert (Abb. 29.17d). Insgesamt führt die betreffende Wechselwirkung zu jeweils zwei bindenden π, nichtbindenden π_n- und antibindenden π^*-MOs, von denen die π- und π_n-MOs entsprechend dem Vorliegen von zwei $d_\pi p_\pi$-Dreizentren-Vierelektronenbindungen vollständig mit Elektronen besetzt sind (Abb. 29.17d, e). Gemäß dem MO-Schema enthält somit das Kation MO_2^{2+} zwei π-Bindungen: O=M=O. Entsprechende Überlegungen gelten für Komplexe des Typus $[MNX_5]^{2-}$ (oktaedrisch) und $[MNX_4]^-$ (quadratisch-pyramidal) und erklären den Diamagnetismus sowie die Dreifachbindung der Komplexe (vgl. Abb. 29.17f; MN-Abstände z. B. 1.614/1.604 Å in $K_2[OsNCl_5]/(Ph_4As)[OsNCl_4]$). Auf die vergleichsweise schwache Bindung des *trans* zu N stehenden Liganden X in $[MNX_5]^{2-}$ (»statischer *trans*-Effekt«) wurde bereits hingewiesen (S. 1626).

Metall(V)-Komplexe (d^3) sind in Lösung wenig stabil und werden nur selten angetroffen, z. B. MF_6^- (oktaedrisch; paramagnetisch mit drei ungepaarten Elektronen; μ_{mag} um 3.2 BM.

Metall(IV)-Komplexe (d^4) spielen insbesondere beim Osmium eine größere Rolle. Sie besitzen meist oktaedrische bzw. verzerrt-oktaedrische Strukturen (z. B. $[MX_6]^{2-}$ bzw. $[M_2OX_{10}]^{4-}$, $[M_2NX_{10}]^{5-}$ mit X z. B. Halogen). Die paramagnetischen Hexahalogenometallat(IV)-Ionen $[MX_6^{2-}]$ (low-spin[11]; zwei ungepaarte Elektronen) weisen andererseits ein ungewöhnliches magnetisches Verhalten auf. Ihre magnetischen Momente verringern sich mit abnehmender Temperatur sehr stark. Die Ursache sind Spin-Bahn-Kopplungen, die für Elemente innerhalb einer

---

[11] Die Tendenz zur Bildung von low-spin-Komplexen wächst mit zunehmender Ordnungszahl eines Elements einer Nebengruppe (vgl. S. 1596), weil in gleicher Richtung die Kernladung und die d-Orbitalausdehnung der Elemente zunimmt (stärkere Anziehung der Liganden führt zu stärkerem Ligandenfeld; größerer Aufenthaltsraum der Elektronen führt zu geringerer interelektronischer Abstoßung nach Spinpaarung). – Die low-spin-Konfiguration von M(IV) (d^4) mit gestaucht-oktaedrischem Ligandenfeld lautet gemäß Abb. 29.17c: $d_{xy}^2d_{xz}^1d_{yz}^1$. Die Wechselwirkung von zwei d_{xz}- bzw. d_{yz}-Orbitalen (jedes M(IV) steuert ein d_{xz}- und ein d_{yz} bei) mit dem p_x- bzw. p_y-Orbital vom Sauerstoff führt wieder zu jeweils zwei π-, π^*- und π^*-MOs (vgl. Abb. 29.17d), wobei die π- und π_n-MOs paarweise mit 4 (ungepaarte Elektronen von M(IV)) +4 (p_x- und p_y-Elektronen von O) = 8 Elektronen besetzt werden (die elektronenbesetzten d_{xy}-AOs der beiden Metallzentren gehen gemäß Abb. 29.17 keine Wechselwirkungen mit den Sauerstofforbitalen ein).

Nebengruppe allgemein mit wachsender Ordnungszahl zunehmen und bei low-spin-d^4-Ionen besonders stark sind (vgl. S. 1664). Die entgegengesetzte Kopplung der etwa gleich großen Gesamtspin- mit den Gesamtbahnmomenten führt in letzteren Fällen zu einem Verschwinden des nach außen wirksamen Paramagnetismus bei sehr tiefen Temperaturen. Mit der bei der Temperaturerhöhung erfolgenden Entkopplung beider Momente wächst das magnetische Moment an und erreicht schließlich bei erhöhten Temperaturen (im Falle von Ru(IV) früher als im Falle von Os(IV)) den für zwei ungepaarte Elektronen zu erwartenden Wert von rund 3.6 BM, der sich aus dem spin-only-Wert (2.83 BM) und einem bestimmten Bahnmomentbeitrag zusammensetzt (gefunden bei Raumtemperatur für Ru(IV)-/Os(IV)-Komplexe: $\mu_{mag} = 2.9/1.5$ BM; für d^4-Cr^{2+}/ d^4-Mn^{3+} ca. 3.6 BM; vgl. S. 1665).

Anders als die besprochenen paramagnetischen Komplexe $[MX_6]^{2-}$ verhalten sich die Komplexe $[X_5M\cdots O\cdots MX_5]^{4-}$ und $[X_5M\cdots N\cdots MX_5]^{5-}$ (lineare MOM- bzw. MNM-Gruppierungen, vgl. S. 1980) diamagnetisch, ein Sachverhalt, der sich ähnlich wie im Falle von $[MO_2X_4]^{2-}$-Komplexen durch die Ausbildung von π-Bindungen zwischen M(IV) und Sauerstoff erklärt (vgl. Abb. 29.17 sowie Anm.[11]) und der dem Phänomen des Superaustauschs zugerechnet wird.

Metall(III,II)-Komplexe enthalten fast ausschließlich oktaedrisch koordinierte low-spin-Zentren und sind im Falle von M(III) paramagnetisch mit einem Elektron, im Falle von M(II) diamagnetisch. Für Beispiele vgl. u. a. bei Halogen-, Cyano- und Sauerstoffverbindungen, oben.

Niedrigwertige M-Komplexe. Als Beispiel für Komplexe von Ruthenium und Osmium mit Wertigkeiten kleiner zwei seien genannt Kohlenoxid-Komplexe (z. B. $[M^{-II}(CO)_4]$, $[M^0(CO)_5]$), Stickoxid-Komplexe (Os- und insbesondere Ru bilden mehr NO-Komplexe als alle anderen Übergangsmetalle, z. B. $[M^{-II}(NO)_2(PR_3)_2]$, $[M^{-I}(NO)(depe)_2]$, $[M^0Cl(NO)(PR_3)_2]$), Bipyridyl-Komplexe (z. B. $M(bipy)_3^{-/0/+}$), Phosphan-Komplexe (z. B. $[M^0(PF_3)_5]$, $[M^0\{P(OMe)_3\}_5]$), Organyl-Komplexe (s. unten). Näheres vgl. Kap. XXXII.

Nichtklassische Komplexe (»Metallcluster«; vgl. S. 2081). Von ein- bis dreiwertigem Ruthenium und Osmium kennt man eine Reihe von Komplexen mit Diruthenium- und Diosmium-Clustern M_2^{m+}, deren Stabilitäten in Richtung $Ru_2^{5+} > Ru_2^{4+} > Ru_2^{6+}$ bzw. $Os_2^{6+} > Os_2^{5+} > Os_2^{4+}$ abnehmen (Ru_2^{2+} tritt selten, Os_2^{2+} nicht auf) und die gemäß folgender Zusammenstellung Einfach- bis Dreifachbindungen enthalten (vgl. hierzu S. 1864, 1928, 2018, 2056, s. Tab. 29.5).

Tab. 29.5

Ion (Außenelektronen)	M_2^{2+} (14 e$^-$)	M_2^{4+} (12 e$^-$)	M_2^{5+} (11 e$^-$)	M_2^{6+} (10 e$^-$)
Elektronenkonfiguration	$\sigma^2\pi^4\delta^2\delta*^2\pi*^4$	$\sigma^2\pi^4\delta^2\delta*^2\pi*^2$	$\sigma^2\pi^4\delta^2(\delta*\pi*)^3$	$\sigma^2\pi^4\delta^2\delta*^2$
Bindungsordnung	1.0	2.0	2.5	3.0
Beispiele	$[Ru_2Cl_2(PMe_3)_4]$	$[Ru_2(O_2CR)_4]$	$[Ru_2(O_2CR)_4]^+$	Ru_2R_6
	–	$[Os_2(porph)_2]$	$[Os_2(O_2CR)_4]^+$	$[Os_2X_8]^{2-}$

Erwärmt man etwa eine Lösung von $RuCl_3 \cdot 3\,H_2O$ mit $AcOH/Ac_2O$ (Ac = AcylrestRCO mit R z. B. Me, Et, Pr), so bilden sich rot- bis dunkelbraune paramagnetische Verbindungen $Ru_2(OAc)_4Cl$, in welchen $Ru_2(OAc)_4^+$-Ionen (vielfach ekliptisch, aber auch gestaffelt) mit Ru_2^{5+}-Clustern (Bindungsordnung BO = 2.5; RuRu-Abstände 2.24–2.30 Å; drei ungepaarte Elektronen) über gemeinsame Chlorid-Ionen zu Ketten verknüpft sind ($\hat{=}$ (Abb. 29.18a) mit 2.5fach Bindung und positiver Ladung, $L = \frac{1}{2} Cl^-$; die Cl^--Ionen lassen sich durch andere schwach gebundene Liganden L wie THF ersetzen). Die Reduktion der Cluster $[Ru_2(OAc)_4]^+$ führt zu ligandenstabilisierten paramagnetischen Komplexen $[Ru_2(OAc)_4]$ (Abb. 29.18a) mit Ru_2^{4+}-Clustern (BO = 2.0; zwei ungepaarte Elektronen). Dass sich hierbei die RuRu-Abstände nur wenig ändern; lässt sich damit erklären, dass im Zuge der Reduktion von $Ru_2(OAc)_4^+$ ein $\delta*$-Elektron eingebaut wird. Eine Oxidation von $[Ru_2(OAc)_4]^+$ zu $[Ru_2(OAc)_4]^{2+}$ gelingt nicht.

Man kennt jedoch ligandenstabilisierte paramagnetische, purpurfarbene bis dunkelblaue Os-Komplexe des Typus $[Os_2(OAc)_4]^{2+}$ (Abb. 29.18b) mit Os_2^{6+}-Clustern (BO = 3; Elektronenkonfiguration $\sigma^2\pi^4\delta^2\pi^{*2}$ bei OsOs-Abständen von 2.35–2.47 Å und Elektronenkonfiguration $\sigma^2\pi^4\delta^2\delta^{*2}$ bei OsOs-Abständen von 2.27–2.31). Die Komplexe lassen sich durch Umsetzung von $[OsCl_6]^{2-}$ mit AcOH/Ac$_2$O gewinnen und zu ligandenstabilisierten paramagnetischen Komplexen $[Os_2(OAc)_4]^+$ mit Os_2^{5+}-Clustern (BO = 2.5) reduzieren. Von Ru (nicht aber Os) existieren darüber hinaus gestaffelt konformierte, dunkelblaue Cluster des Typus Ru$_2$R$_6$ (Abb. 29.18c) (R z. B. CH$_2$CMe$_3$, CH$_2$SiMe$_3$; BO = 3, RuRu-Abstände 2.31 Å; s. unten), von Os (nicht aber Ru) gestaffelt konformierte, grüne bis dunkelgrüne, diamagnetische Cluster des Typus $[Os_2X_8]^{2-}$ (Abb. 29.18d) (X = Halogen; BO = 3; OsOs-Abstände um 2.20 Å). Letztere bilden sich u. a. aus $Os_2(OAc)_4^{2+}$ und gasförmigem HX (X = Cl, Br, I). Schließlich liegen auch einigen mehrkernigen Ru- und Os-Komplexen mit kanten- oder flächenverknüpften ML$_6$-Baueinheiten (z. B. $[Ru_2Cl_9]^{3-}$) M$_2$-Cluster zugrunde. Vgl. hierzu Ruthenium- und Osmiumcarbonyle (S. 2108).

Ru_2^{2+}-Cluster (BO = 1.0) liegen Komplexen wie $[Ru_2Cl_7(PMe_3)_4]$ (Ligandenanordnung wie in Abb. 29.18c mit tetraedrischem Ru) und $[Ru_2(OAc)_2(CO)_6]$ (Ligandenanordnung wie in Abb. 29.18a; 2 OAc und 2 L durch 6 CO ersetzt; oktaedrisches Ru) zugrunde. Letztere Verbindung bildet sich aus Ru$_3$(CO)$_{12}$ in siedenden Carbonsäuren unter CO-Druck (50 bar) und stellt einen Katalysator z. B. für die »Isomerisierung von Alkenen« dar. Von Ruthenium und Osmium existieren darüber hinaus Komplexe mit größeren Metallclusterzentren (vgl. hierzu bei Pd, Pt; S. 2056).

2.2.6   Organische Verbindungen des Rutheniums und Osmiums

Ruthenium- und Osmiumorganyle. Homoleptische Organyle RuR$_n$ und OsR$_n$ mit acht-, sieben-, sechs- und fünfwertigem Ruthenium und Osmium ($n = 8, 7, 6, 5$) sind unbekannt. Es existieren aber sowohl Ruthenium- als auch Osmiumtetraorganyle MR$_4$ mit tetraedrischem Bau. Beispielsweise bilden sich »Tetracyclohexylruthenium« und »-osmium« MCy$_4$ durch Reaktion von K$[RuCl_5(THF)]$ bzw. $[Os(\mu\text{-}OAc)_4Cl_2]$ mit CyMgCl. Erhältlich sind auch Tetraorganyle MAr$_4$ mit Arylgruppen wie Phenyl, o-Tolyl, Mesityl. Die bereits erwähnten dunkelblauen, luftstabilen Rutheniumtriorganyle RuR$_3$ (R = CH$_2$CMe$_3$, CH$_2$SiMe$_3$; gewinnbar aus Ru$_2$(OAc)$_4$Cl$_2$ + 6 RMgCl) weisen dimeren Bau auf (vgl. Abb. 29.18c). »Osmiumtriorganyle« OsR$_3$ sind bisher unbekannt, doch existieren heteroleptische Organylverbindungen des dreiwertigen Osmiums wie etwa $[OsR_2(OAc)]$, oder $[OsR_2[\eta^3\text{-}C_3H_5]]_2$ (R = CH$_2$CMe$_3$, CH$_2$SiMe$_3$). Als homoleptische Ruthenium- und Osmiumdiorganyle MR$_2$ sind die Verbindungen MCp$_2$ (»Ruthenocen«, »Osmocen«) und deren Derivate zugänglich (η^5-gebundene C$_5$H$_5$-Reste; Näheres S. 2189), doch keine Dialkyle oder Diaryle. Es existieren jedoch eine große Zahl donorstabilisierter, oktaedrisch gebauter heteroleptischer Ru(II)- und Os(II)-organyle des Typs $[MR_2(D)_4]$ und $[MXR(D)_4]$ (X = H, Hal usw.), z. B.: cis-$[MMe_2(CO)_4]$, cis-$[MMe_2(PMe_3)_4]$, cis-$[MMe_2(diphos)_2]$, $trans$-$[MMe_2(PPh_3)_4]$, cis-$[MClMe(PMe_3)_4]$, cis-

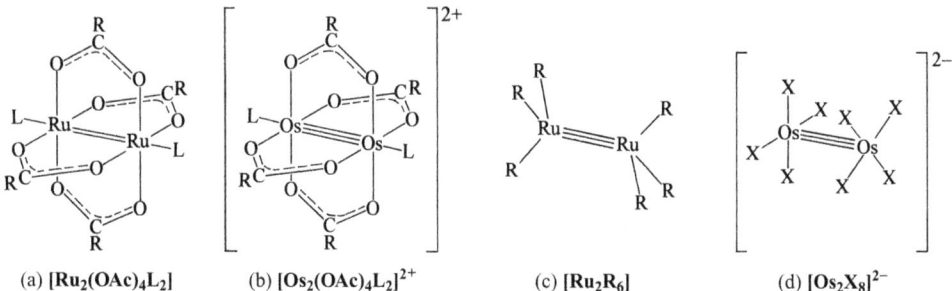

(a) **[Ru$_2$(OAc)$_4$L$_2$]**   (b) **[Os$_2$(OAc)$_4$L$_2$]$^{2+}$**   (c) **[Ru$_2$R$_6$]**   (d) **[Os$_2$X$_8$]$^{2-}$**

Abb. 29.18

[MHMe(CO)$_4$], *cis*-[MHR(PMe$_3$)$_4$] mit R = Me, CH$_2t$Bu, CH$_2$SiMe$_3$, CH$_2$Ph, Ph. Von Interesse sind in diesem Zusammenhang auch die Verbindungen (Abb. 29.19e) mit Ru(III) sowie (Abb. 29.19f) mit Ru(II)/Ru(IV) (orange bis dunkelrot), die sich u. a. bei der Einwirkung von MgMe$_2$ auf [Ru$_3$O(OAc)$_6$(H$_2$O)$_3$]$^+$ in Anwesenheit von PMe$_3$ bilden und kurze, für Einfachbindungen sprechende RuRu-Abstände aufweisen (2.650/2.637 Å), ferner die Verbindung (Abb. 29.19g) mit Os(III). Des weiteren existieren heteroleptische Komplexe, in welchen Kohlenstoffreste doppelt oder dreifach an geeignete Ruthenium- bzw. Osmiumfragmene L$_n$M gebunden sind, z. B.: [Cp*(ClCH$_2$)(NO)Ru≡CH$_2$]$^+$, [(PPh$_3$)$_2$(NO)ClIOs=CF$_2$]$^+$, [(PPh$_3$)$_2$Cl$_3$Os≡CMe] (die Gruppen CH$_2$ in Ethylen/CH in Acetylen bzw. Aromaten/C in Arinen können durch 16-/15-/14-Elektronenübergangsmetallfragmente [L$_n$M] ersetzt werden).

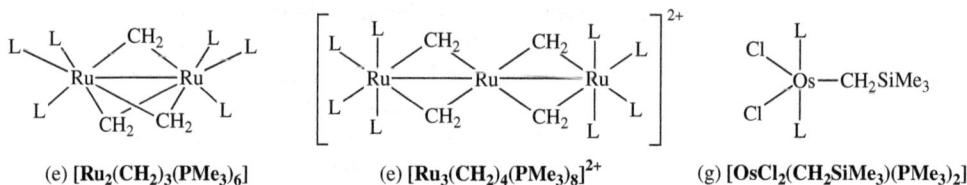

(e) [Ru$_2$(CH$_2$)$_3$(PMe$_3$)$_6$]   (e) [Ru$_3$(CH$_2$)$_4$(PMe$_3$)$_8$]$^{2+}$ (g) [OsCl$_2$(CH$_2$SiMe$_3$)(PMe$_3$)$_2$]

Abb. 29.19

Beispiele für niedrigwertige Verbindungen mit RuC- und OsC-Bindungen sind [M^I(CN)$_5$]$^{4-}$, [M^I(η^6-C$_6$Me$_6$)$_2$]$^+$, [M^0(CO)$_5$], [M^0(η^6-C$_6$Me$_6$)(η^4-C$_6$Me$_6$)], [M^{-II}(CO)$_4$]$^{2-}$. Näheres vgl. Kap. XXXII.

Organylruthenium- und -osmiumoxide sowie Derivate. In Anwesenheit von Oxo-, Imido-, oder Nitridoliganden lassen sich auch organische Verbindungen mit höheren Oxidationsstufen von Ruthenium und Osmium stabilisieren (vgl. entsprechende Technetium- und Rheniumverbindungen, S. 1930). Als Beispiele für M^{II}-Verbindungen seien genannt: [R$_4$M=O] (quadratisch-pyramidal; R = Me, Et, CH$_2$CMe$_3$, CH$_2$SiMe$_3$), *cis-cis-trans*-[Me$_2$(py)$_2$OsO$_2$] (oktaedrisch mit linearer O=Os=O-Gruppe), [R$_4$M≡N]$^-$ (quadratisch-pyramidal; R = Me, CH$_2$Ph, CH$_2$CMe$_3$, CH$_2$SiMe$_3$), [Me$_4$Os=NMe] (quadratisch-pyramidal), [(Me$_3$SiCH$_2$)$_3$Os≡N] (tetraedrisch), [Me$_2$(PMe$_2$Ph)Os(NAr)$_2$] (trigonal-bipyramidal mit Me und PMe$_2$Ph in axialer Stellung, Ar = 2,6-C$_6$H$_3i$Pr$_2$).

Literatur zu Kapitel XXIX

Das Eisen

[1] **Das Element Eisen**

D. Nicholls: »Iron«, Comprehensive Inorg. Chem. **3** (1973) 979–1051; Compr. Coord. Chem. I/II: »Iron« (vgl. Vorwort); Gmelin: »Iron«, Syst.-Nr. **59**; Gmelin-Durrer: »Metallurgy of Iron«; Ullmann: »Iron Compounds«, **A14** (1989) 461–610; »Ferroalloys«, **A10** (1987) 305–307; »Steel«, **A25** (1994). Vgl. auch [2], [3], [4].

[2] **Die Verbindungen des Eisens**

R. Colton, J. H. Canterford: »Iron« in »Halides of the First Row Transition Metals«, Wiley 1969, S. 271–326; A. Ludi: »Berliner Blau«, Chemie in unserer Zeit **22** (1988) 123–127; K. S. Murray: »Binuclear Oxo-bridged Iron(III) Complexes«, Coord. Chem. Rev. **12** (1974) 1–35; B. Krebs, G. Henkel: »Übergangsmetallthiolate – Von molekularen Fragmenten sulfidischer Festkörper zu Modellen aktiver Zentren in Biomolekülen«, Angew. Chem. **103** (1991) 785–804; Int. Ed. **30** (1991) 769; P. Zanello: »Electrochemistry of Metal-Sulfur Clusters: Stereochemical Consequences of Thermodynamically Characterized Redox Changes. Part I. Homometal Clusters. Part II. Heterometal Clusters«, Coord.

Chem. Rev. **83** (1988) 190–275, **87** (1988) 1–54; P. Gütlich, A. Hauser, H. Spiering: »Thermisch und optisch schaltbare Eisen(II)-Komplexe«, Angew. Chem. **106** (1994) 2109–2141; Int. Ed. **33** (1994) 2024; J. A. Olabe: »Redox Reactivity of Coordinated Ligands in Pentacyano(L)Ferrate Complexes«, Adv. Inorg. Chem. **55** (2004) 61–127; J.-P. Jolivet, C. Chanéac, E. Tronc: »Iron oxide chemistry. From molecular clusters to extended solid networks«, Chem. Commun. (2004) 481–487.

[3] **Eisen in der Biosphäre**

Bücher. H. Sigel (Hrsg.): »Iron in Model and Natural Compounds«, Dekker, New York 1978; J. Chatt, L. M. da Pina, R. L. Richards: »New Trends in the Chemistry of Nitrogen Fixation«, Acad. Press, London 1980; vgl. auch Chem. Rev. **78** (1978) 589–652; J. R. Postgate: »The Fundamentals of Nitrogen Fixation«, Cambridge University Press 1982; A. Müller, W. E. Newton (Hrsg.): »Nitogen Fixation – The Chemical-Biochemical-Genetic Interface«, Plenum Press, New York 1983; R. J. Gallon, A. E. Chaplin: »An Introduction to Nitrogen Fixation«, Cassell Education Limited, London 1987; Ullmann: »Nitrogen Fixation«, **A17** (1991) 471–484. – Reviews. H. Rüdiger: »Die biologische Fixierung von Stickstoff«, Chemie in unserer Zeit **6** (1972) 59–64; H. Vahrenkamp: »Metalle in Lebensprozessen«, Chemie in unserer Zeit **7** (1973) 97–103; D. O. Hall, R. Cammack, K. K. Rao: »Chemie und Biologie der Eisen-Schwefel-Proteine«, Chemie in unserer Zeit **11** (1977) 165–173; A. V. Xavier, J. J. Moura, I. Moura: »Novel Structures in Iron Sulfur Proteins«, Struct. Bond. **43** (1981) 187–213; B. A. Averill: »Fe−S and Mo−Fe−S Clusters as Models for the Active Site of Nitrogenase«, Struct. Bond. **53** (1983) 59–104; R. H. Holm: »Metal Clusters in Biology: Quest for a Synthetic Representation of the Catalytic Site of Nitrogenase«, Chem. Soc. Rev. **10** (1981) 455–490; J. Erfkamp, A. Müller: »Die Stickstofffixierung – Aktuelle chemische und biologische Aspekte«, Chemie in unserer Zeit **24** (1990) 267–278; R. R. Eady: »The Mo-, V-, and Fe-Based Nitrogenase Systems of Azobacter«, Adv. Inorg. Chem. **36** (1991) 77–102; Mehrere Autoren: »Iron-Sulfur Proteins«, Adv. Inorg. Chem. **38** (1992) 1–470 sowie **47** (1999) 1–498; D. C. Rees, M. K. Chan, J. Kim: »Structure and Function of Nitrogenase«, Adv. Inorg. Chem. **40** (1993) 89–119; A. Müller, E. Krahn: »Zur Bildung des FeMo-Cofaktors der Nitrogenase in der Natur und im Reagensglas – ein Zusammenspiel von Genetik und Chemie«, Angew. Chem. **107** (1995) 1172–1179; Int. Ed. **34** (1995) 1071; Mehrere Autoren: »Nitrogen Fixation in Solution«, Coord. Chem. Rev. **144** (1995) 69–146; I. Dance: »Understanding structures and reactivity of new fundamental inorganic molecules: metal sulfides, metallocarbohedranes, and nitrogenase«, Chem. Commun. (1998) 523–530; D. Sellmann, J. Otz, N. Blum, F. W. Heinemann: »On the Formation of Nitrogenase FeMo cofactors and competive catalysts: chemical principles, structural blue-prints and the relevance of iron complexes for N_2 fixation«, Coord. Chem. Rev. **190–192** (1999); S. M. Malissak: »The Chemistry of the Synthetic Fe−Mo−S Clusters and Their Relevance to the Structure and Function of the Fe−Mo−S Cluster in Nitrogenase«, Progr. Inorg. Chem. **49** (2001) 599–662; Ch. M. Kozak, P. Mountford: »Distickstoffaktivierung und -funktionalisierung durch Metallkomplexe: ein Durchbruch«, Angew. Chem. **116** (2004) 1206–1209; Int. Ed. **43** (2004) 1186; D. M. Kurtz, Jr.: »Microbial Detoxification of Superoxide: The None-Heme Iron Reductive Paradigm for Combating Oxidative Stress«, Acc. Chem. Res. **37** (2004) 902–908; F. Barrière: »Modeling of the molybdenum center in the nitrogenase FeMo-cofactor«, Coord. Chem. Rev. **236** (2003) 71–89.

[4] **Organische Verbindungen des Eisens**

Compr. Organomet. Chem. I/II/III: »Iron« (vgl. Vorwort); Gmelin: »Organoiron Compounds«, Syst.-Nr. **59**; Houben-Weyl: »Organoiron Compounds« **13/9** (1984/86); P. J. Verganini, G. J. Kubas: »Synthesis, Structure and Properties of Some Organometallic Sulfur Cluster Compounds«, Progr. Inorg. Chem. **21** (1976) 261–282.

Das Ruthenium und Osmium

[5] **Die Elemente Ruthenium und Osmium**

S. E. Livingstone: »The Platinum Metals«, »Ruthenium«, »Osmium«, Comprehensive Inorg. Chem. **3** (1973) 1163–1189, 1189–1209, 1209–1233; Compr. Cord. Chem. I/II: »Ruthenium«, »Osmium« (vgl. Vorwort); Gmelin: »Ruthenium«, Syst.-Nr. **63**; »Osmium«, Syst.-Nr. **66**; W. P. Griffith: »The Chemistry of the Rarer Platinum Metals: Os, Ru, Ir, Rh«, Wiley, New York 1968. Vgl. Geschichtliches auf S. 1970, [6].

[6] **Verbindungen des Rutheniums und Osmiums**

P. A. Lay, W. D. Harman: »Recent Advances in Osmium Chemistry«, Adv. Inorg. Chem. **37** (1991) 219–380; Ch.-M. Che., V. W.-W. Yam: »High-Valent Complexes of Ruthenium and Osmium«, Adv. Inorg. Chem. **39** (1992) 233–325; F. Bottomley: »Nitrosyl Complexes of Ruthenium«, Coord. Chem.

Rev. **26** (1978) 7–32; P. J. Dyson: »Chemistry of Ruthenium-Carbide Clusters $Ru_5C(CO)_{15}$ and $Ru_6C(CO)_{17}$«, Adv. Organomet. Chem. **43** (1998) 44–124; G. Lavigne: »Effect of Halides and Related Ligands on Reactions of Carbonylruthenium Complexes (Ru^0-Ru^{II})«, Eur. J. Inorg. Chem. (1999) 917–930; E. Baranoff, J.-P. Collin, L. Flamigni, J.-P. Sauvage: »From Ru(II) to Ir(III): 15 years of triads based on bis-terpyridine complexes«, Chem. Soc. Rev. **33** (2004) 147–155; H. Hofmeier, U. S. Schubert: »Recent developments in the Supramolecular chemistry of terpyridine-metal complexes«, Chem. Soc. Rev. **33** (2004) 373–399; E. A. Medlycott, G. S. Hanan: »Designing tridentate Ligands for Ru(II)complexes with prolonged room temperature luminescence Lifetimes«, Chem. Soc. Rev. **34** (2005) 133–142; G. Malliares et al.: »Solid-state electroluminescent devices based on transition metal complexes«, Chem. Commun. (2003) 2392–2399.

[7] **Organische Verbindungen des Rutheniums und Osmiums**

Compr. Organomet. Chem. I/II/III: »Ruthenium«, »Osmium« (vgl. Vorwort); Houben-Weyl: »Ruthenium«, »Osmium«, **13/9** (1984/86); A. J. Deeming: »Triosmium Clusters«, Adv. Organomet. Chem. **26** (1986) 1–96; B. M. Trost, M. U. Frederiksen, M. T. Rudd: »Ruthenium-katalysierte Reaktionen – eine Schatzkiste für atomökonomische Umwandlungen«, Angew. Chem. **117** (2005) 6788–6825; Int. Ed. **44** (2005) 6630.

Kapitel XXX

Die Cobaltgruppe

Die Cobaltgruppe (9. Gruppe bzw. 2. Spalte der VIII. Nebengruppe des Periodensystems; vgl. S. 1538) umfasst die Elemente Cobalt (Co), Rhodium (Rh), Iridium (Ir) und Meitnerium (Mt); Eka-Iridium, Element 109. Sie werden zusammen mit ihren Verbindungen unten (Co), auf S. 2006 (Rh,Ir) und im Kap. XXXVII (Mt) behandelt. Am Aufbau der Erdhülle sind die Metalle Co, Rh und Ir mit $2.4 \cdot 10^{-3}$ bzw. $5 \cdot 10^{-7}$ bzw. $1 \cdot 10^{-7}$ Gew.-% beteiligt (Massenverhältnis rund $10^4 : 5 : 1$).

1 Das Cobalt

i **Geschichtliches.** Das Metall Cobalt wurde zum ersten Mal 1735 von dem schwedischen Chemiker Georg Brand dargestellt und als neues Element erkannt. Cobalt und Nickel verdanken ihre Namen den bösen Erdgeistern Kobold und Nickel, die man dafür verantwortlich machte, dass die zugehörigen Erze (z. B. CoAs, NiAs), die ein schönes, vielversprechendes Aussehen besaßen, beim Rösten einen üblen, Knoblauch-ähnlichen Geruch entwickelten (Arsengehalt) und dass sich aus den Rückständen in den damaligen Zeiten kein wertvolles Metall – etwa Kupfer – gewinnen ließ.

i **Physiologisches.** Cobalt ist ein essentielles Spurenelement für den Menschen, der ca. 0.03 mg pro kg enthält (Tagesbedarf ca. 0.1 μg). Es wird hauptsächlich zur Bildung von Vitamin B_{12} benötigt (vgl. S. 2003), das seinerseits an der Erneuerung roter Blutkörperchen beteiligt ist. Wiederkäuer in Regionen mit Co-armen Böden werden von Mangelkrankheiten wie der Hinsch-Krankheit befallen (Gegenmaßnahme: Gabe von Co(II)-Salzen). Kleine Dosen von Co-Verbindungen sind für den Menschen nur wenig giftig, größere Dosen (25–30 mg pro Tag) führen zu Haut- und Lungenerkrankungen, Magenbeschwerden, Leber-, Herz-, Nierenschäden, Krebsgeschwüren.

1.1 Das Element Cobalt

Vorkommen

Cobalt findet sich gediegen (legiert mit Eisen) in »Eisenmeteoriten« (zu ca. 0.6 %) sowie im »Erdkern« (zu ca. 1 %) und kommt in der »Lithosphäre« gebunden in Form von Cobalterzen sowie cobalthaltigen Erzen vor. Ferner spielt es in der »Biosphäre« eine bedeutende Rolle (s. Physiologisches). Der größte Teil der Weltproduktion an Cobalt wird aus den in Katanga (Zaire) vorkommenden Kupfererzen und aus dem in Ontario (Kanada) gefundenen kupferhaltigen Magnetkies (Pyrrhotin) $Fe_{1-x}S$ (S. 1773) gewonnen. Die bekanntesten Cobalterze sind der »Speiscobalt« (»Smaltit«) $CoAs_{2-3}$, der »Cobaltglanz« (»Cobaltit«) CoAsS und der »Cobaltkies« (»Linneit«) Co_3S_4. Sie finden sich u. a. in geringeren Mengen im sächsischen Erzgebirge. Ganz allgemein kommt das Cobalt in der Natur als Begleiter des Nickels vor (es ist etwa dreimal weniger häufig als dieses, S. 83).

Isotope (vgl. Anh. III). Natürliches Cobalt besteht zu 100 % aus dem Nuklid $^{59}_{27}$Co, das für NMR-Untersuchungen dient. Die künstlich hergestellten Nuklide $^{56}_{27}$Co (β^+-Strahler, Elektroneneinfang; $\tau_{1/2} = 77$ Tage), $^{57}_{27}$Co (Elektroneneinfang; $\tau_{1/2} = 270$ Tage), $^{58}_{27}$Co (β^+-Strahler, Elektroneneinfang; $\tau_{1/2} = 71.3$ Tage) und $^{60}_{27}$Co (β^--Strahler; $\tau_{1/2} = 5.26$ Jahre) werden als Tracer und bis auf $^{56}_{27}$Co auch in der Medizin genutzt.

Darstellung

Zur technischen Darstellung von Cobalt werden die Nickel-Cobalt-Kupfer-Erze in der beim Nickel (S. 2024) geschilderten Weise aufgearbeitet, wobei man einen Rohstein (»Speise«) erhält, der das Nickel, Cobalt und Kupfer in Form von Sulfiden und Arseniden enthält. Dieses Rohmaterial wird dann mit Soda und Salpeter abgeröstet, wobei Schwefel und Arsen teils entweichen, teils zusammen mit den Oxiden von Kupfer, Nickel und Cobalt als Sulfat und Arsenat im Röstgut zurückbleiben. Sulfat und Arsenat lassen sich mit Wasser auslaugen. Die beim Auslaugen ungelöst bleibenden Metalloxide werden in heißer Salzsäure oder Schwefelsäure gelöst und mit Kalkmilch und Chlorkalk fraktionierend gefällt. Hierbei resultiert schließlich Cobalt(II,III)-oxid CO_3O_4, das mit Koks oder aluminothermisch zu metallischem Cobalt reduziert wird.

Physikalische Eigenschaften

Cobalt ist ein stahlgraues, glänzendes, ferromagnetisches (Curie-Temperatur 1150 °C) bei 1495 °C schmelzendes und bei 3100 °C siedendes, hartes Metall (härter als Fe) der Dichte 8.89 g cm^{-3} (α-Co: hexagonal-dichteste, β-Co: kubisch-dichteste Metallpackung; der Übergang $\alpha \rightleftharpoons \beta$ erfolgt – langsam – bei 450 °C). Durch Thermolyse von $[Co_2(CO)_8]$ in Toluol und Gegenwart von viel Phosphorsäureestern PO(OR)$_3$ oder durch Reduktion von Co-Salzen in Lösung und Gegenwart von Alkylphosphanen erhält man nanokristallines ε-Co, das weniger dicht ist als α-und β-Co, strukturelle Verwandtschaft mit β-Mn aufweist und bei ca. 500 °C in β-Co übergeht. Bezüglich weiterer Eigenschaften vgl. Tafel IV.

Chemische Eigenschaften

Cobalt ist oxidationsbeständiger als Eisen und unterscheidet sich in seiner Reaktionsfähigkeit weniger deutlich von den schwereren Homologen als dieses. Wie Nickel wird es von feuchter Luft nicht, von nichtoxidierenden Säuren nur langsam, von verdünnter Salpetersäure leicht angegriffen, während es von konzentrierter Salpetersäure analog Eisen und Nickel passiviert wird. In der Hitze setzt es sich mit Sauerstoff (Bildung von CO_3O_4, bei 900 °C von COO), mit Halogenen, Schwefel, Phosphor, Arsen, Kohlenstoff, Bor, aber nicht mit Wasserstoff oder Stickstoff um.

Verwendung, Legierungen

Ein Teil des Cobalts (Weltjahresproduktion: einige Kilotonnen) wird zu Verbindungen verarbeitet. So dient es in Form von »Smalte« (gepulvertes Kalium-cobaltsilicat) zur Blaufärbung farbloser Glasflüsse (→ »Cobaltblau«, »Cobaltglas«) oder zur Entfärbung eisenhaltiger und deshalb gelber Glasflüsse in der Keramik- und Glasindustrie. Einige Verbindungen des Cobalts wirken als Katalysatoren für die Oxosynthese (z. B. Hydroformylierung) oder für Hydrierungs- und Dehydrierungsreaktionen. Einen weiteren Teil von Cobalt nutzt man als Legierungsbestandteil, z. B. zur Herstellung korrosionsbeständiger Legierungen oder von Legierungen für Permanentmagnete (z. B. Al-und Ni-haltiges »Alnico« sowie Y/Co-und La/Co-Legierungen). Eine Legierung von 50–60 % Co, 30–40 % Cr und 8–20 % W (»Stellit«) wird zur Herstellung von Meißelspitzen benutzt, da sie wie der Schnelldrehstahl (s. d.) ihre Härte bis über 600 °C beibehält, eine entsprechende Legierung mit 65 % Co und 25 % Cr (»Vitallium«) zur Herstellung von Endprothesen. Ein Sinterwerkstoff aus Wolframcarbid WC und 10 % Co dient als »Wiedia« (hart wie

Diamant) zur Herstellung von Schneidwerkzeugen und anstelle von Diamanten für Gesteinbohrer. Das Nuklid $^{60}_{27}$Co wird als Quelle für γ-Strahlen in der Medizin genutzt.

Cobalt in Verbindungen

In seinen Verbindungen tritt Cobalt hauptsächlich mit den Oxidationsstufen $+II$ und $+III$ auf (z. B. $CoCl_2$, CoF_3, CoO, Co_2O_3; Co^{2+} ist das einzige häufiger vorkommende d^7-Ion). Darüber hinaus sind aber auch Verbindungen von Cobalt der Oxidationsstufen $-I$, 0, $+I$, $+IV$ und $+V$ bekannt (z. B. $[Co(CO)_4]^-$, $[Co_2(CO_8)]$, $[Co(NCMe)_5]^+$, $[CoF_6]^{2-}$, $[CoO_4]^{3-}$). Im Gegensatz zum homologen Rhodium und Iridium und zum linken Periodennachbarn Eisen tritt Cobalt in keiner Verbindung mit der Oxidationsstufe $+VI$ auf (die maximale Oxidationsstufe des rechten Periodennachbarn Nickel beträgt $+IV$).

Die zweiwertige Stufe ist in wässriger Lösung wesentlich beständiger als die dreiwertige, wie sich aus nachfolgenden Potentialdiagrammen einiger Oxidationsstufen des Cobalts für pH $= 0$ und 14 ergibt (Entsprechendes gilt für den Periodennachbarn Ni (S. 2026), nicht aber für den Periodennachbarn Fe (S. 1947)) (s. Abb. 30.1).

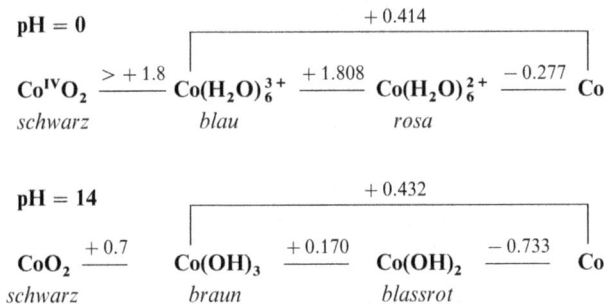

Abb. 30.1

Hiernach lassen sich Co^{3+}-Salze mit dem low-spin-Ion $[Co(H_2O)_6]^{3+}$ nur durch starke Oxidationsmittel (Ozon, elektrochemisch) aus Co^{2+}-Salzen mit den high-spin Ion $[Co(H_2O)_6]^{2+}$ darstellen und oxidieren Wasser in saurer Lösung unter Übergang in Co^{2+}-Salze zu O_2 ($E°$ für $H_2O/O_2 = +1.229$ V). Wie im Falle des Redoxsystems Fe(III)/Fe(II) verschiebt sich das Potential auch für das Redoxsystem Co(III)/Co(II) beim Übergang von pH $= 0$ zu pH $= 14$ auffallend zu weniger positiven Werten wegen der geringen Löslichkeit der dreiwertigen Stufe im alkalischen Milieu, sodass frisch mit NaOH gefälltes blassrosa $Co(OH)_2$ an der Luft analog $Fe(OH)_2$ zu braunem CoO(OH) oxidiert wird ($E°$ für $O_2/OH^- = +0.401$ V). Viele Komplexpartner wie Ammoniak, mehrzähnige Liganden oder Liganden mit π-Akzeptorcharakter stabilisieren die dreiwertige low-spin-Stufe zusätzlich, sodass etwa die – aus entsprechenden CO^{2+}-Komplexen durch Oxidation leicht gewinnbaren – Ammoniak- und Cyanokomplexe von CO^{3+} weniger oxidierend und in Wasser beständig sind ($E°$ für $[Co(ox)_3]^{3-/4-} = +0.57$ V; für $[Co(edta)]^{1-/2-} = +0.37$ V; für $[Co(bipy)_3]^{3+/2+} = +0.31$ V; für $[Co(en)_3]^{3+/2+} = +0.18$ V; für $[Co(NH_3)_6]^{3+/2+} = +0.058$ V; für $[Co(CN)_6]^{3-}/[Co(CN)_5]^{3-} = -0.83$ V; jeweils pH $= 0$).

Das Cobalt(II) betätigt in seinen Verbindungen hauptsächlich die Koordinationszahlen vier bis sechs (z. B. tetraedrisch in $[CoCl_4]^{2-}$, quadratisch-planar in $[Co(Phthalocyanin)]$, quadratisch-pyramidal in $[Co(CN)_5]^{3-}$, trigonal-bipyramidal in $[CoBr(N_4)]^+$ mit $N_4 = N(CH_2CH_2NMe_2)_3$, oktaedrisch in $[Co(H_2O)_6]^{2+}$), selten die Koordinationszahlen zwei, drei und acht (linear in $[Co(NR_2)_2)]$, trigonal-planar in $[Co(NR_2)_2(PR_3)]$ mit R jeweils $SiMe_3$, dodekaedrisch in $[Co(NO_3)_4]^{2-}$). Cobalt(III) ist insbesondere sechs-zählig (oktaedrisch in $[Co(H_2O)_6]^{3+}$ und unzähligen anderen Komplexen), selten vier-zählig (z. B. tetraedrisch in $[CoW_{12}O_{40}]^{5-}$. Cobalt($-I$) existiert mit der Zähligkeit vier (tetraedrisch in $[Co(CO)_4]^-$, $[Co(CO)_3(NO)]$), Cobalt(0) mit vier und sechs (tetraedrisch in $[Co(PMe_3)_4]$, oktaedrisch in $[Co_2(CO)_8]$), Cobalt(I) mit fünf bis sechs (tetraedrisch in $[Co(CN)_3(CO)]^{2-}$, trigonal-bipyramidal in $[Co(CNMe)_5]^+$, oktaedrisch in $[Co(bipy)_3]^+$), Cobalt(IV) mit sechs (oktaedrisch in $[CoF_6]^{2-}$, Cobalt(V) mit vier (tetraedrisch in CoO_4^{3-}). Die 4-fach koordinierten Co(−I)-, 5-fach koordinierten Co(I)-und 6-fach koordinierten Co(III)-Komplexe haben Kryptonelektronenkonfiguration.

Bezüglich der Elektronenkonfiguration, der Radien, der magnetischen und optischen Eigenschaften von Cobaltionen vgl. Ligandenfeld-Theorie (S. 1592) sowie Anh. IV, bezüglich eines Eigenschaftsvergleichs der Metalle der Cobaltgruppe S. 1545f und S. 2036.

1.2   Verbindungen des Cobalts

1.2.1   Cobalt(II)- und Cobalt(III)-Verbindungen (d^7, d^6)

Wasserstoffverbindungen

Cobalt[1] bildet, ähnlich wie eine Reihe benachbarter Metalle (Mo, W, Mn, Tc, Re, Fe, Ru, Os, Rh, Ir, Pt, Ag, Au) unter Normalbedingungen keine binäre Wasserstoffverbindung (»Wasserstofflücke«), vermag aber Hydrierungen zu katalysieren. Auch existieren – wie bei den benachbarten Metallen – Donoraddukte einiger Hydride, nämlich des Mono-, Di- und Trihydrids CoH, CoH_2 und CoH_3 (vgl. S. 2067).

So lässt sich von Cobalt – wie im Falle von Tc, Re, Fe, Ru, Os, Rh, Ir, Ni, Pd, Pt (vgl. S. 2067) mit Mg_2CoH_5 ein ternäres Hydrid synthetisieren, welches analog der Eisenverbindung Mg_2FeH_6 (S. 1948; K_2PtCl_6-Struktur) aufgebaut ist. Statt der FeH_6^{4-}-Oktaeder sind allerdings tetragonale CoH_5^{4-}-Pyramiden (Co(I) mit low-spin d^8-Konfiguration in der Pyramidenbasis) in die kubisch-einfache Mg^{2+}-Ionenpackung eingelagert (Co kommt in CoH_5^{4-}-Edelgaskonfiguration zu; anders als von den Elementen Fe, Rh und Ir ließ sich von Co bisher kein ternäres Hydrid mit MH_6-Baueinheiten synthetisieren).

Gemäß der Formulierung $2\,MgH_2 \cdot CoH$ stellt Mg_2CoH_5 ein Hydrid-Addukt des Cobaltmonohydrids dar, von dem darüber hinaus viele Addukte mit neutralen Donoren existieren, z. B. Phosphan-Addukte $[CoH(PR_3)_4]$ (R u. a. F, Alkyl, Aryl, OR; verzerrtes CoP_4-Tetraeder mit Co im Tetraederzentrum und H fluktuierend über den Tetraederflächen). $CoH(PR_3)_4$ lässt sich zu Kationen $[CoH_2(PR_3)_4]^+$ protonieren, in welchen die beiden H-Atome in Abhängigkeit vom Phosphan und vom Gegenion teils η^1 als H^- teils η^2 als H_2-Molekül gebunden vorliegen (vgl. S. 2067). Beispiele für Addukte des Cobaltdihydrids und -trihydrids sind: $[CoH_2(PPh_3)_2]$, $[CoH_3(PR_3)_3]$ (R = Et, Ph, OiPr).

Bezüglich des Boran-Addukts $Co(BH_4)_2 = CoH_2 \cdot 2\,BH_3$ vgl. S. 1248, bezüglich des Carbonyl-Addukts $CoH(CO)_4$ S. 2137.

Halogen-und Pseudohalogenverbindungen

Halogenide (S. 2074). Cobalt bildet die binären Halogenide CoX_2 (X = F, Cl, Br, I) und CoF_3 (vgl. Tab. 30.1). Die Trihalogenide CoX_3 (X = Cl, Br, I) existieren nicht, da dreiwertiges Cobalt

---

[1] Man zählt Verbindungen mit ein-, null-und minus-einwertigem Cobalt (d^8-, d^9-, d^{10}-Elektronenkonfiguration) zu den niedrigwertigen Cobaltverbindungen (vgl. Kap. XXXVII. Da Co unter den Metallen der ersten Übergangsperiode noch vergleichsweise leicht einwertige Komplexverbindungen bildet (z. B. durch Reduktion von Co(II)-Verbindungen; noch leichter entstehen Cu(I)-Verbindungen), werden die betreffenden Komplexe (z. B. $[(R_3P)_3CoCl]$, $[(R_3P)_4CoH]$, $[(R_3P)_4CoMe]$, $[(R_3P)_2(CO)_2CoCl]$, $[(R_3P)_3(N_2)CoH]$, $[(R_3P)_5Co]^+$, $[(RNC)_5Co]^+$) zum Teil zusammen mit den Co(II)-und Co(III)-Verbindungen abgehandelt. Die Zahl der Co(I)-Verbindungen ist – verglichen mit den M(I)-Komplexen der homologen Elemente Rh und Ir im einwertigen Zustand – allerdings eher bescheiden. Verbindungsbeispiele für Null-, minus-ein- und minus-zweiwertige Komplexverbindungen sind etwa die Carbonyle $[Co_2^0(CO)_8]$, $[Co^{-I}(CO)_4]^-$, die Cyanide und Nitrosyle $[Co_2^0(CN)_8]^{8-}$, $[Co^{-I}(CN)_3(NO)]^{3-}$, die Amine $[Co^0(terpy)_3]$ und $[Co^{-I}(terpy)_3]$, die Phosphane $[Co^0(PMe_3)_4]$, $[\{P_3\}Co^0{-}N{\equiv}N{-}Co^0\{P_3\}]$ (P_3 = $MeC(CH_2PPh_2)_3$; $d_{NN} = 1.18\,Å$), $[Co^{-I}(PMe_3)_4]^{-1}$, $[Co^{-II}(N_2)(PMe_3)_4]^{2-}$ sowie $[Co_2^0\{P(OMe)_3\}_8]$, $[Co^0\{P(O$i$Pr)_3\}_4]$ und die organische Verbindung $[Co^0(C_6Me_6)_2]_x$ (vgl. hierzu auch das superreduzierte Carbonylat $[Co(CO)_3]^{3-}$, S. 2130).)

Tab. 30.1 Halogenoide und Oxide von Cobalt[a] (ΔH_f in kJ mol^{-1})

	Fluoride	Chloride	Bromide	Iodide	Oxide
Co(I)	–	–[b]	–[b]	–[b]	–
Co(II)	CoF$_2$, rosa Smp. $\sim$ 1200 °C ΔH_f −692 kJ Rutil-Strukt., KZ 6	CoCl$_2$, blau Smp. 724 °C ΔH_f −313 kJ CdCl$_2$-Strukt., KZ 6	CoBr$_2$, grün Smp. 678 °C ΔH_f −221 kJ CdI$_2$-Strukt., KZ 6	CoI$_2$, dunkelblau Smp. 515 °C ΔH_f −89 kJ CdI$_2$-Strukt., KZ 6	CoO, olivgrün Smp. 1935 °C ΔH_f −238 kJ NaCl-Strukt., KZ 6
Co(>II)	CoF$_3$, hellbraun Zers. 350 °C ΔH_f −811 kJ VF$_3$-Schicht, KZ 6	–	–	–	Co$_3$O$_4$, schwarz[c] Smp. 895 °C ΔH_f −892 kJ Spinell-Strukt., KZ 6
					Co$_2$O$_3$[d], CoO$_2$[d]

a Man kennt auch Sulfide, Selenide, Telluride. Darüber hinaus existieren Pentelide, Tetrelide, Trielide (S. 2000).
b Man kennt von CoX (X = Cl, Br, I) u. a. Phosphan-Komplexe CoX(PR$_3$)$_3$ tetraedrisch.
c Co$_3$O$_4$ $\widehat{=}$ Co^{II}Co$^{III}_2$O$_4$.
d Nur in unreiner, hydratisierter Form bekannt.

aufgrund seiner hohen Oxidationskraft (vgl. Potentialdiagramm) die Halogenid-Ionen mit Ausnahme von F$^-$ zu elementaren Halogenen zu oxidieren vermag. Auch Monohalogenide CoX sind unbekannt. Es lassen sich aber Donoraddukte von CoX (X = Cl, Br, I), z. B. Phosphankomplexe [CoX(PR$_3$)$_3$] (d^8, tetraedrisch, 16-Außenelektronen) gewinnen. Halogenidoxide konnten bisher nicht eindeutig charakterisiert werden.

Darstellung. Blaues Cobaltdichlorid CoCl$_2$ lässt sich aus den Elementen und durch Entwässerung von blassrosafarbenem »Hexaaquacobalt(II)-chlorid« [Co(H$_2$O)$_6$]Cl$_2$ gewinnen. Die Wasserabspaltung gelingt schon bei 35 °C, und die Farbe einer wässrigen CoCl$_2$-Lösung variiert demgemäß mit steigender Temperatur und Konzentration von Rosa nach Blau.

Schreibt man daher mit einer verdünnten Cobalt(II)-chlorid-Lösung einen Brief, so sind die Schriftzüge bei gewöhnlicher Temperatur fast nicht zu sehen, während sie bei leichtem Erwärmen schön blau erscheinen (»sympathetische Tinte«, von griech. Sympatheia = Zuneigung, Sympathie). An feuchter Luft färbt sich das wasserfreie blaue Cobalt(II)-Salz infolge Wasseraufnahme wieder rosa. Auf dem gleichen Vorgang beruht der Farbumschlag von blauem Silicagel (»Blaugel«), der anzeigt, dass das Trocknungsvermögen des Silicagels erschöpft ist und das nunmehr rosafarbene Trockenmittel durch Erhitzen (Wasserabgabe unter Rückkehr der blauen Farbe) wieder regeneriert werden muss.

Rosafarbenes CoF$_2$ bildet sich bei der Fluoridierung von CoCl$_2$ mit HF und grünes CoBr$_2$ sowie blauschwarzes CoI$_2$ ebenso wie braunes CoF$_3$ durch direkte Vereinigung der Elemente (in letzterem Falle muss auf 300–400 °C erhitzt werden). Die Hydrate der Dihalogenide lassen sich besonders bequem durch Reaktion von Cobalt, Cobaltoxid bzw. Cobaltcarbonat mit den entsprechenden Halogenwasserstoffsäuren gewinnen (aus den Lösungen kristallisieren die Hexahydrate).

Eigenschaften. Einige Kenndaten und die Strukturen der Cobalthalogenide gibt Tab. 30.1 wieder. Die Wasserlöslichkeit von CoF$_2$ ist schlecht, die der übrigen Halogenide gut. Das Trifluorid CoF$_3$, eines der wenigen einfachen Co(III)-Salze, stellt ein starkes Oxidationsmittel dar und wird demgemäß von Wasser augenblicklich unter O$_2$-Entwicklung zu Co(II) reduziert (vgl. hierzu die Nichtexistenz von CoCl$_3$, CoBr$_3$ und CoI$_3$, oben). Es dient in der organischen Chemie als Fluorierungsmittel.

Während vom Co(III)-halogenid CoF_3 außer einem paramagnetischen, oktaedrischen high-spin-Fluorokomplex $[CoF_6]^{3-}$ (μ_{mag} ca. 5.8 BM) nur noch wenige Komplexe bekannt sind (z. B. diamagnetisches low-spin-$[CoF_3(H_2O)_3]$), bilden die Co(II)-halogenide eine große Zahl von Donoraddukten (vgl. S. 2001). So entstehen aus $CoCl_2$ mit Chloriden tetraedrisch gebaute, blaue Chlorokomplexe $[CoCl_4]^{2-}$. Neutrale Donatoren D bilden tetraedrische Addukte $CoCl_2 \cdot 2\,D$, die sich in Anwesenheit von D leicht zu – ihrerseits chemisch umwandelbaren – Addukten $CoCl \cdot 3\,D$ von Cobaltmonochlorid $CoCl$ reduzieren lassen (z. B. $[CoCl(PR_3)_3]$, $[CoH(PR_3)_4]$, $[CoMe(PR_3)_4]$, $[CoCl(CO)_2(PR_3)_2]$, $[CoH(N_2)(PR_3)_3]$, $[Co(PR_3)_5]^+$, $[Co(CNR)_5]^+$). Ammoniak schließlich addiert sich leicht zum Hexaammoniakat $CoCl_2 \cdot 6\,NH_3 = [Co(NH_3)_6]^{2+}2\,Cl^-$ (d^7, oktaedrisch), das leicht zu $[Co(NH_3)_6]^{3+}$ (d^6) oxidiert werden kann (s. unten).

Cyanide (S. 2084). Versetzt man eine Cobalt(II)-Salzlösung mit der doppelt äquivalenten Menge an Kaliumcyanid, so fällt hydratisiertes Cobaltdicyanid $Co(CN)_2$ aus, das sich zu einer blauen, polymeren Verbindung entwässern lässt. Mit einem Überschuss von KCN bildet sich eine grüne Lösung des paramagnetischen, hydratisierten Ions Pentacyanocobaltat(II) $[Co(CN)_5]^{3-}$, aus der das rotviolette Komplexsalz $K_6[Co^{II}_2(CN)_{10}]$ ausfällt (vgl. hierzu auch S. 1995; ein dem gelben Blutlaugensalz $K_4[Fe(CN)_6]$ entsprechendes Cyanid $K_4[Co(CN)_6]$ existiert nicht). Das Kaliumsalz enthält wie das Bariumsalz $Ba_3[Co_2(CN)_{10}] \cdot 13\,H_2O$ das zweikernige, diamagnetische Metallclusterion Decacyanodicobaltat(II) $[Co_2(CN)_{10}]^{6-} = [(CN)_5CoCo(CN)_5]^{6-}$ (oktaedrische Koordination (Abb. 30.2b) des Cobalts; D_{4d}-Symmetrie). Die CoCo-Bindung ist nicht sehr stark (CoCo-Abstand 2.794 Å im Ba-Salz) und fehlt im gelben Komplexsalz $[NEt_2iPr_2]_3[Co(CN)_5]$ vollständig (quadratisch-pyramidale Koordination (Abb. 30.2a) des Cobalts; C_{4v}-Symmetrie; low-spin, ein ungepaartes Elektron). $[Ph_3PNPPh_3]_2[Co(CN)_4] \cdot DMF$ enthält das CN^--ärmere quadratisch-planar gebaute, paramagnetische Tetracyanocobalt(II) $[Co(CN)_4]^{2-}$ (low-spin, ein ungepaartes Elektron; Dimethylformamid ist nur schwach an Co^{2+} gebunden). Die gebildete grüne Lösung von $[Co(CN)_5]^{3-}$ vermag Wasserstoff, Sauerstoff, Ethylen und viele andere kleinere Moleküle unter Oxidation des Cobalts(II) zu Cobalt(III) zu addieren:

$$2\,[Co^{II}(CN)_5]^{3-} + H_2 \longrightarrow 2\,[Co^{III}(CN)_5H]^{3-},$$

$$2\,[Co^{II}(CN)_5]^{3-} + O_2 \longrightarrow [(NC)_5Co^{III}-O-O-Co^{III}(CN)_5]^{6-},$$

$$2\,[Co^{II}(CN)_5]^{3-} + C_2H_4 \longrightarrow [(NC)_5Co^{III}-CH_2-CH_2-Co^{III}(CN)_5]^{6-}.$$

KCN-haltige $[Co(CN)_5]^{3-}$-Lösungen gehen bei Luftabschluss unter Wasserstoffentwicklung und an der Luft ohne eine solche in die mit dem roten Blutlaugensalz $K_3[Fe(CN)_6]$ isomorphe, extrem stabile, hellgelbe Verbindung $K_3[Co(CN)_6]$, die das gelbe diamagnetische Ion Hexacyanocobaltat(III) $[Co^{III}(CN)_6]^{3-}$ (oktaedrisch, O_h-Symmetrie) enthält, über:

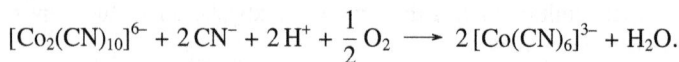

$$[Co_2(CN)_{10}]^{6-} + 2\,CN^- + 2\,H^+ \longrightarrow 2\,[Co(CN)_6]^{3-} + H_2,$$

$$[Co_2(CN)_{10}]^{6-} + 2\,CN^- + 2\,H^+ + \frac{1}{2}O_2 \longrightarrow 2\,[Co(CN)_6]^{3-} + H_2O.$$

(letztere Reaktion verläuft über das oben wiedergegebene peroxogruppenhaltige Ion $[(NC)_5Co-O-O-Co(CN)_5]^{6-}$). Die Stabilitätsverhältnisse liegen also im Falle der Cyanocobaltate gerade umgekehrt (Co^{III}-Komplexe beständiger als Co^{II}-Komplexe) wie bei den entsprechenden Cyanoferraten (Fe^{II}-Komplexe beständiger als Fe^{III}-Komplexe), was durch die unterschiedliche Elektronenkonfiguration (Fe^{2+} und Co^{3+}: gerade, Fe^{3+} und Co^{2+}: ungerade Elektronenzahlen) bedingt wird (S. 1573).

Die Reduktion von $K_3[Co(CN)_6]$ mit Kalium in flüssigem Ammoniak führt zum luftempfindlichen, braunvioletten Komplex $K_8[Co^0_2(CN)_8]$, welcher das Ion Octacyanodicobaltat(0) $[Co_2(CN)_8]^{8-}$ (trigonal-bipyramidale Koordination (Abb. 30.2c) des Cobalts; D_{3d}-Symmetrie) aufweist. Das Ion Pentacyanocobaltat(I) $[Co(CN)_5]^{4-}$, in welchem dem Co^I ein Elektronenoktadezett zukommt, ist als Zwischenprodukt der elektronischen Reduktion von $[Co(CN)_5]^{3-}$ beobachtbar. Es wird von Wasser zu $[CoH(CN)_5]^{3-}$ protoniert.

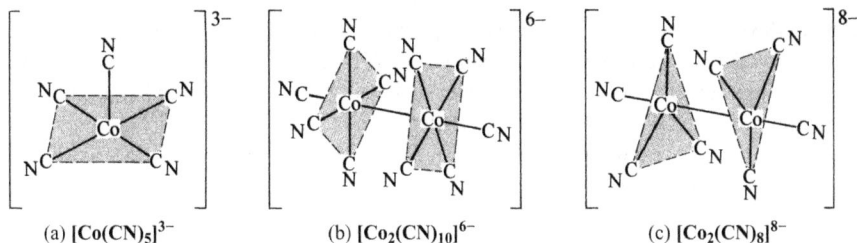

(a) $[Co(CN)_5]^{3-}$ (b) $[Co_2(CN)_{10}]^{6-}$ (c) $[Co_2(CN)_8]^{8-}$

Abb. 30.2

Azide (S. 2087). Neutrale Cobaltazide zählen zu den höchstexplosiven Verbindungen und wurden aus diesem Grunde bisher noch nicht charakterisiert. Mit Tetraazidocobalt(II) $[Co(N_3)_4]^{2-}$ und Hexazidocobalt(III) $[Co(N_3)_6]^{3-}$ ließen sich aber den Cyanokomplexen $[Co(CN)_4]^{2-}$ und $[Co(CN)_6]^{3-}$ (s. oben) entsprechende Pseudohalogenkomplexe des Cobalts synthetisieren. Ein weiteres komplexes Azid $[Co_3(N_3)_8]^{2-}$ Cs$^+$-Salz besitzt einen polymeren Bau (enthält endständig und α,α- sowie α,γ-brückenständig gebundenes Azid).

Chalkogenverbindungen

Cobalt bildet gemäß Tab. 30.1 die »Oxide« CoO, $Co_3O_4 \,\hat{=}\, CoO \cdot Co_2O_3$, Co_2O_3 (nicht rein erhältlich) und CoO_2 (Existenz der nicht rein erhältlichen Verbindung noch unsicher), ferner die »Hydroxide« $Co(OH)_2$, $Co(OH)_3$ und CoO(OH). Sie wirken wie die entsprechenden Sauerstoffverbindungen des Eisens basisch und nur hinsichtlich starker Basen auch sauer (Bildung von »Cobaltsalzen« und »Cobaltaten«). Auch existieren »Sulfide«, »Selenide« und »Telluride« der Zusammensetzung CoY, CoY_2 sowie Co_3S_4.

Cobaltoxide (vgl. Tab. 30.1 sowie S. 2088). Darstellung, Eigenschaften. Beim starken Erwärmen von Cobalt(II)-hydroxid, -nitrat oder -carbonat sowie beim kräftigen Erhitzen von Cobalt in Luft auf 1100 °C entsteht Cobaltmonoxid CoO (»Cobalt(II)-oxid«; unterhalb 16 °C antiferromagnetisch) als olivgrünes, in trockenem Zustande beständiges Pulver. In feuchtem Zustande oxidiert es sich leicht zu braunem CoO(OH) (s. unten), beim Erhitzen mit Sauerstoff auf 400–500 °C zu schwarzem Tricobalttetraoxid Co_3O_4 (»Cobalt(II,III)-oxid«).

Letztere Verbindung vermag noch weiteren Sauerstoff aufzunehmen, wobei das in reiner Form unbekannte, auch durch sanftes Erhitzen von Cobalt(II)-nitrat (2 Co(NO)$_{32}$) $\longrightarrow$ Co$_2$O$_3$ + 4 NO$_2$ + $\frac{1}{2}$ O$_2$ als braunschwarzes Pulver gewinnbare Dicobaltrioxid Co_2O_3 (»Cobalt(III)-oxid«) entsteht. Es geht bei stärkerem Glühen in das schwarze Oxid Co_3O_4 und schließlich oberhalb 900 °C in das olivfarbene Oxid CoO über. Bezüglich Cobaltdioxid CoO vgl. S. 2088).

Strukturen. Cobalt(II)-oxid CoO (d^7-Elektronenkonfiguration) kristallisiert wie FeO (S. 1954) mit »NaCl-Struktur«; auch weist es wie FeO meist einen geringen Co-Unterschuß auf. Cobalt(II,III)-oxid Co_3O_4 kommt anders als Fe$_3$O$_4$ (inverse Spinell-Struktur) eine »normale Spinell-Struktur« zu, da die Oktaederplatz-Stabilisierungsenergie des vorliegenden low-spin-Co(III) vergleichsweise hoch ist (vgl. hierzu Anm.^{12} auf Seite 1606), sodass Co^{3+} anstelle der Al^{3+}-Ionen auf oktaedrische, Co^{2+} anstelle der Mg^{2+}-Ionen auf tetraedrische Plätze des gewöhnlichen Spinells MgAl$_2$O$_4$ (S. 1358) tritt.

Cobalthydroxide. Darstellung. Beim Versetzen einer Co(II)-Salzlösung mit Alkalilauge bei 0 °C entsteht Cobaltdihydroxid Co(OH)$_2$ (»Cobalt(II)-hydroxid«) zuerst als unbeständiger blauer Niederschlag, der beim Erwärmen in eine beständigere blaßrote Form übergeht ($L_{Co(OH)_2}$ = $2.5 \cdot 10^{-6}$). Letztere oxidiert sich bei Luftzutritt langsam zu braunem »Cobalt(III)-oxid-Hydrat« Co$_2$O$_3 \cdot x$ H$_2$O (vgl. Fe(OH)$_2$-Oxidation). Schneller erfolgt die Oxidation bei Zugabe von starken Oxidationsmitteln wie ClO$^-$, Cl$_2$, Br$_2$, H$_2$O$_2$, wobei sie teilweise bis zu schwarzem »Cobalt(IV)-oxid-Hydrat« $CoO_2 \cdot x\,H_2O$ fortschreitet (S. 2004). Cobalttrihydroxid $Co(OH)_3$ (»Cobalt(III)-hydroxid«) fällt beim Versetzen von Co(III)-Salzlösungen mit Laugen als brauner Niederschlag aus, der sich nur unter besonderen Bedingungen bei 150 °C – ähnlich wie das oben erwähnte Cobalt(III)-oxid-Hydrat – auf dem Wege über Cobalthydroxidoxid $CoO(OH)$ zum Co(III)-oxid Co_2O_3 entwässern lässt, wobei vor der völligen Abgabe des Wassers schon Sauerstoffabspaltung unter Bildung von sauerstoffärmeren Produkten (vielfach Co_3O_4) erfolgt.

Strukturen. Dem Hydroxid $Co(OH)_2$ kommt wie anderen Dihydroxiden $M(OH)_2$ M = Mg, Ca, Mn, Fe, Ni, Cd die »Brucit-Struktur« = »CdI_2-Struktur« zu (S. 136, 1446). Auch dem Hydroxid $CoO(OH)$ liegt eine Schichtstruktur zugrunde, und zwar lautet die Folge dichtest-gepackter Oxidionen-Schichten: AABBCCAA..., wobei die Co^{3+}-Ionen alle oktaedrischen Lücken zwischen den Schichtpaaren AB, BC und CA besetzen, während die Protonen zwischen den übereinanderliegenden O-Atomen der Schichtpaare AA, BB, CC asymmetrisch lokalisiert sind (OHO-Abstände 2.47 Å). In entsprechender Weise ist $CrO(OH)$ gebaut.

Eigenschaften. Bezüglich des Redoxverhaltens der Cobalthydroxide $Co(OH)_2/Co(OH)_3$ vgl. das im Zusammenhang mit den Co-Potentialdiagrammen (S. 1991) und das oben bei der Darstellung der Oxide und Hydroxide Besprochene. Beide Hydroxide verhalten sich vorwiegend basisch (vgl. $Fe(OH)_2$, $Fe(OH)_3$). $Co(OH)_2$ bildet mit Säuren Cobalt(II)-Salze mit dem roten, oktaedrischen »Hexaaquacobalt(II)-Ion« $[Co(H_2O)_6]^{2+}$ (high-spin), welches in geringem Ausmaß mit dem tetraedrischen »Tetraaquacobalt(II)-Ion« $[Co(H_2O)_4]^{2+}$ (high-spin) im Gleichgewicht steht. Das als Produkt der Umsetzung von $Co(OH)_3$ mit Säuren zu erwartende blaue, oktaedrische »Hexaaquacobalt(III)-Ion« $[Co(H_2O)_6]^{3+}$ (low-spin), das in wässeriger Lösung teilweise gemäß $[Co(H_2O)_6]^{3+} \rightleftharpoons [Co(OH)(H_2O)_5]^{2+} + H^+$ dissoziiert ist, lässt sich – wie erwähnt – durch elektrolytische oder O_3-Oxidation von $[Co(H_2O)_6]^{2+}$ gewinnen. Die sauren Eigenschaften der Hydroxide sind weniger ausgeprägt, doch bildet $Co(OH)_2$ in starken Basen tiefblaue »Cobaltate(II)« $[Co(OH)_4]^{2-}$ und $[Co(OH)_6]^{4-}$:

$$Co(OH)_2 + 2\,H^+ \rightleftharpoons Co^{2+} + 2\,H_2O, \qquad Co(OH)_3 + 3\,H^+ \rightleftharpoons Co^{3+} + 3\,H_2O;$$

$$Co(OH)_2 + 4\,OH^- \rightleftharpoons [Co(OH)_6]^{4-}, \qquad Co(OH)_3 + 3\,OH^- \rightleftharpoons [Co(OH)_6]^{3-}.$$

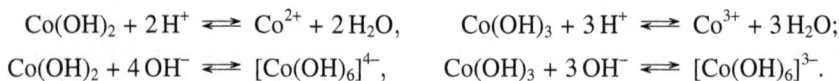

Mit O-oder N-haltigen Donoren bilden Co^{2+} und Co^{3+} Komplexe. Während sich das »Hexaaquacobalt(III)-Ion« $[Co(H_2O)_6]^{3+}$. in Wasser unter Sauerstoffentwicklung zum »Hexaaquacobalt(II)-Ion« $[Co(H_2O)_6]^{2+}$ reduziert, wird das in konzentriertem Ammoniak aus $[Co(H_2O)_6]^{2+}$ hervorgehende rote, oktaedrische Co(II)-haltige Komplex »Hexaammincobalt(II)-Ion« $[Co(NH_3)_6]^{2+}$ mit dem stickstoffhaltigen Liganden NH_3 von Sauerstoff umgekehrt zum orangefarbenen, oktaedrischen »Hexaammincobalt(III)-Ion« $[Co(NH_3)_6]^{3+}$ oxidiert. Hierbei ist $[Co(NH_3)_6]^{2+}$ thermodynamisch wesentlich instabiler ($K_B = 10^{4.4}$) als der Komplex $[Co(NH_3)_6]^{3+}$ ($K_B = 10^{35.1}$) und hydrolysiert in Wasser in Umkehrung seiner Bildung zu $[Co(H_2O)_6]^{2+}$ (auch in ammoniakalischer Lösung liegen in gewissem Ausmaß $[Co(NH_3)_5(H_2O)]^{2+}$ und $[Co(NH_3)_4(H_2O)_2]^{2+}$ vor). Stabilere Komplexe bilden sich erwartungsgemäß mit mehrzähnigen stickstoffhaltigen Liganden wie Ethylendiamin (en), 2,2'-Bipyridyl (bipy), o-Phenanthrolin (phen) oder Ethylendiamintetraacetat (edta^{4-}), sodass etwa die oktaedrischen Komplexe $[Co(en)_3]^{2+}$, $[Co(bipy)_3]^{2+}$, $[Co(phen)_3]^{2+}$ und $[Co(edta)(H_2O)]^{2-}$ (edta^{4-} hier ausnahmsweise nur 5-zählig) sogar weniger leicht oxidierbar sind als $[Co(NH_3)_6]^{2+}$.

Der Co(III)-haltige Komplex $[Co(NH_3)_6]^{3+}$ wird erst in stark saurem Milieu, in welchem abhydrolysiertes NH_3 als NH_4^+ gebunden wird, thermodynamisch instabil. Da sich aber oktaedrische Co(III)-Zentren analog oktaedrischen Cr(III)-, Ru(II)-, Ru(III)-, Rh(III)-, Ir(III)- und Pt(IV)-Zentren auffallend substitutionsinert verhalten (vgl. S. 1628), ist $[Co(NH_3)_6]^{3+}$ auch unter sauren Bedingungen kinetisch vergleichsweise stabil. So verwundert es nicht, dass von Co(III) eine reichhaltige wässrige Komplexchemie bekannt ist und sich etwa amidogruppenhaltige zweikernige Komplexe wie in Abb. 30.3a, b, c oder der Vierkernkomplex in Abb. 30.3d in Wasser synthetisieren lassen (vgl. hierzu auch S. 2000). Demgemäß lässt sich auch im

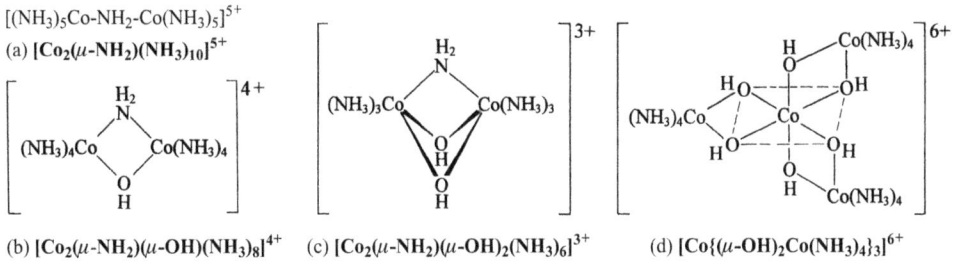

$[(NH_3)_5Co-NH_2-Co(NH_3)_5]^{5+}$

(a) $[Co_2(\mu\text{-}NH_2)(NH_3)_{10}]^{5+}$

$$\left[\begin{array}{c} H_2 \\ N \\ (NH_3)_4Co \quad Co(NH_3)_4 \\ O \\ H \end{array} \right]^{4+}$$

$$\left[\begin{array}{c} H_2 \\ N \\ (NH_3)_3Co \quad Co(NH_3)_3 \\ O \\ H \end{array} \right]^{3+}$$

$$\left[\begin{array}{c} H \quad Co(NH_3)_4 \\ O \\ HO \quad OH \\ (NH_3)_4Co \quad Co \\ H \quad O \quad OH \\ H \quad Co(NH_3)_4 \end{array} \right]^{6+}$$

(b) $[Co_2(\mu\text{-}NH_2)(\mu\text{-}OH)(NH_3)_8]^{4+}$ (c) $[Co_2(\mu\text{-}NH_2)(\mu\text{-}OH)_2(NH_3)_6]^{3+}$ (d) $[Co\{(\mu\text{-}OH)_2Co(NH_3)_4\}_3]^{6+}$

Abb. 30.3

»Pentaamminaquacobalt(III)-Ion« $[Co(NH_3)_5(H_2O)]^{3+}$, das durch Oxidation ammoniakalischer $[Co(H_2O)_6]^{2+}$-Lösungen mit H_2O_2 gewinnbar ist, das H_2O-Molekül durch andere Liganden X^- wie Cl^-, Br^-, SCN^-, N_3^-, NO_2^- unter Bildung stabiler »Acidopentaammincobalt(III)-Ionen« $[CoX(NH_3)_5]^{2+}$ substituieren.

Die Co(III)-Komplexe mit sauerstoffhaltigen Liganden sind thermodynamisch vielfach weniger stabil als analog gebaute Komplexe mit stickstoffhaltigen Liganden (die Affinität von Cr(III) ist für O- und N-Donatoren vergleichbar groß, die von Fe(III) für O-Donatoren größer als für N-Donatoren). Stabiler sind wiederum oktaedrische Komplexe mit mehrzähnigen Liganden wie Acetylacetonat ($acac^-$) oder Oxalat (ox^{2-}): Bildung von dunkelgrünem $[Co(acac)_3]$ bzw. $[Co(ox)_3]^{3-}$. Analoges gilt für Co(II)-Komplexe: Bildung von orangefarbenem $[Co(acac)_2(H_2O)_2]$ mit *trans*-ständigen H_2O-Molekülen, das sich zu $[Co(acac)_2]_4$ entwässern lässt (vgl. $[Ni(acac)_2]_3$, S. 2034).

Von besonderem Interesse sind in diesem Zusammenhang Superoxo- (»Hyperoxo-«) und Peroxo-Cobaltkomplexe (vgl. hierzu S. 2093). So erfolgt die Oxidation von $[Co(NH_3)_6]^{2+}$ mit Sauerstoff auf dem Wege einer reversiblen Addition von O_2 an Co(II) unter Bildung eines (nicht isolierbaren) η^1-Superoxokomplexes mit der Gruppierung in Abb. 30.3e, welcher unter Addition eines weiteren $Co(NH_3)_5$-Komplexions in einen braunen zweikernigen $\eta^1{:}\eta^1$-Peroxokomplex des dreiwertigen Cobalts mit der Gruppierung in Abb. 30.3f übergeht:

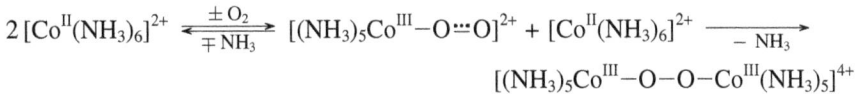

$$2\,[Co^{II}(NH_3)_6]^{2+} \xrightleftharpoons[\mp NH_3]{\pm O_2} [(NH_3)_5Co^{III}-O{\cdots}O]^{2+} + [Co^{II}(NH_3)_6]^{2+} \xrightarrow{-NH_3}$$

$$[(NH_3)_5Co^{III}-O-O-Co^{III}(NH_3)_5]^{4+}$$

(OO-Abstand in letzterem Komplex 1.473 Å; CoOOCo-Diederwinkel 146°). In analoger Weise entsteht aus $[Co^{II}(CN)_5(H_2O)]^{3-}$ auf dem Wege über den isolierbaren Superoxokomplex $[(NC)_5Co^{III}-O{\cdots}O]^{3-}$ OO-Abstand $= 1.240$ Å; CoOO-Winkel 120°) der Peroxokomplex $[(NC)_5Co^{III}-O-O-Co^{III}(CN)_5]^{6-}$ OO-Abstand $= 1.447$ Å; CoOOCo-Diederwinkel 180°). Beide Peroxokomplexe lassen sich durch Oxidation in grüne $\eta^1{:}\eta^1$-Superoxokomplexe $[L_5Co^{III}-O{\cdots}O-Co^{III}L_5]^{5+/5-}$ ($L = NH_3$ bzw. CN^-; OO-Abstand 1.317 bzw. 1.26 Å; CoOOCo-Diederwinkel 180 bzw. 166°) mit der Gruppierung in Abb. 30.3g umwandeln. Bei einigen Co-Komplexen mit geeigneten Liganden erfolgt nur die reversible O_2-Aufnahme unter Bildung von η^1-Superoxo-Verbindungen, sodass diese als O_2-Speicher zu wirken vermögen. Als Beispiele seien genannt: $[Co^{II}(salen)]$ mit salen $=$ Bis(salicylat)ethylendiamin (vgl. S. 1557) und $[Co^{II}(his)_2]$ mit his $=$ Histidin (letzterer Komplex absorbiert O_2 in wässeriger Lösung und gibt O_2 bei Temperaturerhöhung oder Druckerniedrigung wieder ab).

$\eta^1{:}\eta^1$-Peroxo- und Superoxogruppen verknüpfen in vielen Fällen zwei Co-Atome neben einer weiteren Brücke. So entsteht etwa bei der Einwirkung von wässeriger Kalilauge auf den Peroxokomplex $[(NH_3)_5Co(\mu\text{-}O_2)Co(NH_3)_5]^{4+}$ der braune Peroxokomplex $[(NH_3)_4Co(\mu\text{-}O_2)(\mu\text{-}NH_2)Co(NH_3)_4]^{n+}$; ($n = 3$), der sich zu einem analog gebauten grünen Superoxokomplex ($n = 4$) oxidieren lässt. Letzterer Komplex entsteht neben rotem $[(NH_3)_4Co(\mu\text{-}OH)(\mu\text{-}NH_2)Co(NH_3)_4]^{4+}$; auch bei der Oxidation ammoniakalischer Lösungen

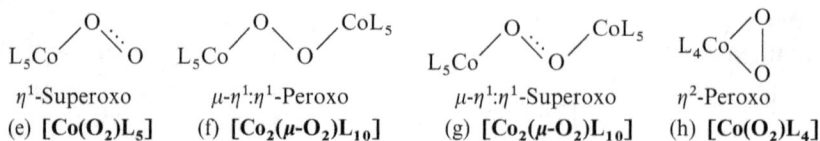

$$\underset{\eta^1\text{-Superoxo}}{\underset{\text{(e) }[\mathbf{Co(O_2)L_5}]}{L_5Co\diagup O\cdots O}} \qquad \underset{\mu\text{-}\eta^1\!:\!\eta^1\text{-Peroxo}}{\underset{\text{(f) }[\mathbf{Co_2(\mu\text{-}O_2)L_{10}}]}{L_5Co\diagup O\diagdown O\diagup CoL_5}} \qquad \underset{\mu\text{-}\eta^1\!:\!\eta^1\text{-Superoxo}}{\underset{\text{(g) }[\mathbf{Co_2(\mu\text{-}O_2)L_{10}}]}{L_5Co\diagup O\cdots O\diagup CoL_5}} \qquad \underset{\eta^2\text{-Peroxo}}{\underset{\text{(h) }[\mathbf{Co(O_2)L_4}]}{L_4Co\diagup O\diagdown O}}$$

Abb. 30.4

von Cobalt(II)-nitrat mit Luftsauerstoff und nachträglicher Neutralisation mit Schwefelsäure als Sulfat (»Vortmann'sche Sulfate«). In der Regel ist die Disauerstoffgruppe an Cobalt end-on und nur sehr selten side-on-gebunden. Als Beispiel für letzteren Fall sei der η^2-Peroxo-Komplex cis-$[Co(diars)_2(O_2)]^+$ mit der Gruppierung in Abb. 30.3h genannt (anders als an Co ist O_2 an Cr in der Regel side-on gebunden).

Cobaltsalze von Oxosäuren. Zweiwertiges Cobalt bildet mit praktisch allen Oxosäuren einfache Salze, die als Hydrate leicht aus wässeriger Lösung auskristallisieren und das rosarote Ion $[Co(H_2O)_6]^{2+}$ enthalten, während dreiwertiges Cobalt, das wegen seiner hohen Oxidationskraft in Wasser instabil ist (s. oben), nur mit einigen, hinsichtlich einer Oxidation stabilen Oxosäuren wie H_2SO_4-Salze mit dem blauen Ion $[Co(H_2O)_6]^{3+}$ liefert.

Unter den Sulfaten bildet Cobalt(II)-sulfat $CoSO_4\cdot 7\,H_2O$ dunkelrote Prismen, die mit Eisen(II)-sulfat und anderen Vitriolen isomorph sind und mit Alkalisulfaten Doppelsalze des Typus $K_2Co(SO_4)_2\cdot 6\,H_2O$ ergeben. Blaues Cobalt(III)-sulfat $Co_2(SO_4)_3\cdot 18\,H_2O$ entsteht in der Kälte bei anodischer oder chemischer Oxidation (mit O_3 oder F_2) von Co(II)-sulfat in konz. Schwefelsäure: $2\,CoSO_4 + SO_4^{2-} \rightleftharpoons Co_2(SO_4)_3 + 2\,e^-$. Es wird von Wasser unter O_2-Entwicklung zersetzt und ergibt mit Kaliumsulfat einen den anderen Alaunen (s. dort) entsprechenden dunkelblauen, diamagnetischen, ebenfalls wasserzersetzlichen »Cobaltalaun« $KCo(SO_4)_2\cdot 12\,H_2O$. Unter den Nitraten kristallisiert Cobalt(II)-nitrat $Co(NO_3)_2\cdot 12\,H_2O$ aus wässriger Lösung in Form roter monokliner Tafeln. Einwirkung von N_2O_3 auf CoF_3 bei $-70\,°C$ führt zu Cobalt(III)-nitrat $Co(NO_3)_3$. Zur »Abtrennung des Cobalts vom Nickel« sowie zum »Nachweis von Cobalt«, ferner zur »quantitativen« Fällung von »Kalium« eignet sich das orangegelbe, kristalline, schwerlösliche Kalium-hexanitrocobaltat(III) $K_3[Co(NO_2)_6]$, das beim Versetzen essigsaurer Co(II)-Salzlösungen mit überschüssigem Nitrit in Anwesenheit von K^+ ausfällt: $Co^{2+} + NO_2^- + 2\,H^+ \longrightarrow Co^{3+} + NO + H_2O$; $Co^{3+} + 6\,NO_2^- \longrightarrow [Co(NO_2)_6]^{3-}$ (beim Versetzen mit Fluorid verwandelt sich $K_3[Co(NO_2)_6]$ in $K_3[CoF_6]$). Rotes, aus $Co(OH)_2$ und Essigsäure zugängliches Cobalt(II)-acetat $Co(OAc)_2\cdot 4\,H_2O$ ($Ac = CH_3CO$) verwendet man zur Herstellung von Katalysatoren für Oxidationen in der organischen Chemie und ferner als Trockenmittel für Ölfarben und Lacke.

Grenzfälle von Cobaltsalzen stellen die aus Cobaltoxid mit sauren Oxiden wie SiO_2, B_2O_3 bzw. Al_2O_3 erhältlichen Verbindungen dar. So löst sich CoO in Phosphat-, Silicat-, Borat-und Aluminat-Schmelzen mit schön blauer Farbe unter Bildung derartiger »Salze«. Auch blaues Glas ist gewöhnlich durch CoO gefärbt. Da solches Cobaltglas sehr stark gelbes Licht absorbiert, verwendet man es in der »Spektroskopie« zum Erkennen der »Flammenfärbung des Kaliums neben der des Natriums«. In gepulvertem Zustande dient Cobaltglas als blaue Malerfarbe.

Cobaltate. Erhitzt man CoO mit der doppelt äquivalenten Menge Na_2O im abgeschlossenen Rohr auf $550\,°C$, so bildet sich das leuchtend rote Cobaltat(II) Na_4CoO_3, welches trigonal-planare, carbonatähnliche Ionen CoO_3^{4-} mit kurzem CoO-Abstand von $1.86\,Å$ enthält (vgl. das analog gebaute Ferrat(II) Na_4FeO_3). Es lässt sich ferner ein rotglänzendes »Tetracobaltat(II)« $Na_{10}Co_4O_9$ mit dem Ion $O_2Co-O-CoO-O-CoO-O-CoO_2^{10-}$ (jeweils trigonal-planares Co) gewinnen. Glüht man andererseits Co(II)-nitrat mit Zinkoxid in Gegenwart von Sauerstoff bei $800–900\,°C$, so entsteht ein grüner Zink-Cobaltatspinell $ZnCo_2O_4$, der formal »Cobaltat(III)«

CoO_2^- enthält. Man nutzt die beim Schmelzvorgang auftretende Grünfärbung zum »Nachweis von Zink«.

Erhitzt man Co(II)-nitrat mit Aluminiumsulfat, so entsteht aus den den beiden Salzen zugrundeliegenden Oxiden ein blauer Cobalt(II)-aluminatspinell $CoAl_2O_4$ (»Thenards Blau«), der weniger zu den Salzen als vielmehr zu den Mischoxiden des Cobalts zu zählen ist. Seine Blaufärbung ist so intensiv, dass man sie zum »Nachweis von Aluminium« verwenden kann. Co(II)-haltige Spinelle dienen wegen ihrer kräftigen Farbe zudem als Buntpigmente (blau: $CoAl_2O_4$; grünstichig blau: $Co(Al,Cr)O_4$; grün: $(Co,Ni,Zn)_2TiO_4$).

Dunkelrote Cobaltate(I) Na_3CoO_2, K_3CoO_2 sowie CsK_2CoO_2 entstehen bei längerem Tempern von Mischoxiden aus M_2O und CdO in verschiedenen Co-Zylindern auf rund 500 °C (enthalten lineare Ionen $[O=Co=O]^{3-}$, eingebettet in Na^+, K^+ bzw. K^+/Cs^+).

Cobaltsulfide, -selenide, -telluride. Darstellung, Eigenschaften. Die aus den Elementen oder durch Einwirkung von Schwefelwasserstoffgas auf Co-Pulver bei erhöhten Temperaturen gewinnbaren binären Sulfide, Selenide und Telluride des Cobalts haben die Zusammensetzung CoS (rot, nicht stöchiometrisch; Smp.: > 1116 °C), CoS_2 (metallisch glänzend; in der Natur als »Linneit«) und Co_3S_4 (metallisch glänzend; nicht stöchiometrisch; Zerfall ab 650 °C in CoS_2 und CoS), CoSe, $CoSe_2$, CoTe, $CoTe_2$. Schwarzes, amorphes Hydrogensulfid $Co(OH,SH)_2$ (»α-CoS«; OH/SH-Verhältnis variabel) bildet sich andererseits durch Zugabe von ammoniakalischer Ammoniumsulfid-Lösung zu Co(II)-Salzlösungen unter Luftabschluss. Es löst sich im frisch gefällten Zustande in kalter verdünnter Salzsäure leicht unter H_2S-Entwicklung:

$$\alpha\text{-CoS} + 2\,HCl \longrightarrow CoCl_2 + H_2S,$$

in gealtertem Zustande jedoch nicht mehr. Im Zuge der Alterung geht es in kristallines, teils aus $Co_{1-n}S$, teils aus $Co_{1+x}S$ (Co_9S_8) bestehendes Co(II)-sulfid »β-CoS« über. Unter Luftzutritt oxidiert sich α-CoS in alkalischem Milieu rasch zu säurelöslichem basischem Co(III)-sulfid Co(OH)S:

$$2\,\alpha\text{-CoS} + \tfrac{1}{2}\,O_2 + H_2O \longrightarrow 2\,Co(OH)S,$$

das bei Gegenwart von überschüssigem Ammoniumsulfid in säureunlösliche, Co(III)-haltige Sulfide übergeht.

Strukturen. Dem Sulfid $Co^{II}S$ mit Co-Unterschuss kommt wie $Co^{II}Se$ und $Co^{II}Te$ die »NiAs-Struktur« zu, während $Co^{II}S_2$ sowie $Co^{II}Se_2$ und $Co^{II}Te_2$ mit »Pyrit-Struktur« kristallisieren und $Co^{II,III}_3S_4$ eine »Spinell-Struktur« mit großer Phasenbreite aufweist, da die Möglichkeit zum Ersatz von 3 Co^{2+} durch 2 Co^{3+} und umgekehrt wie im Falle von Fe_3O_4 besteht. Die untere Grenzstöchiometrie liegt bei Co_9S_8 8/9 der Co-Atome auf tetraedrischen, 1/9 auf oktaedrischen Plätzen der kubisch-dichtesten S-Atompackung), die obere nahezu bei Co_2S_3.

Verwendung. (i) Auf dem Übergang des säurelöslichen in das oxidierte säureunlösliche Cobaltsulfid in alkalischer Lösung (Analoges gilt für das Nickel, S. 2031) beruht die Möglichkeit der analytischen »Abtrennung des Cobalts und Nickels von den Elementen der Schwefelwasserstoff- und Ammoniumsulfidgruppe« (S. 627), indem CoS und NiS beim Fällen der Schwefelwasserstoffgruppe aus saurer Lösung infolge ihrer Leichtlöslichkeit nicht ausfallen, während sie beim Fällen der Ammoniumsulfidgruppe aus ammoniakalischer Lösung infolge des Übergangs in säureunlösliche Sulfide leicht von den säurelöslichen übrigen Sulfiden dieser Gruppe zu trennen sind (Behandlung des Ammoniumsulfid-Niederschlags mit verdünnter Salzsäure). – (ii) Das oben erwähnte basische Cobalt(III)-sulfid Co(OH)S (Analoges gilt vom basischen Nickel(III)-sulfid Ni(OH)S ist ein Oxidationsmittel und vermag im feuchten Zustande beispielsweise CO zu CO_2 zu oxidieren $2\,Co(OH)S + CO \longrightarrow 2\,\alpha\text{-CoS} + CO_2 + H_2O$. Ist dem Kohlenstoffoxid Luft oder Sauerstoff beigemischt, so geht die Reaktion infolge dauernder Regeneration des basischen Sulfids weiter, sodass feuchtes Co(OH)S die Oxidation des CO zu CO_2 durch Luftsauerstoff katalysiert. Die Katalyse ist nicht unbegrenzt fortsetzbar, da das Cobaltsulfid CoS infolge teilweiser Selbstoxidation zu Cobaltsulfat $CoSO_4$ allmählich verbraucht wird.

Pentel-, Tetrel-, Trielverbindungen

Anders als mit Wasserstoff bildet Cobalt mit Pentelen, Tetrelen und Trielen binäre Verbindungen. So entstehen durch Einwirkung von Ammoniak auf Cobalt bei erhöhten Temperaturen dunkle Cobaltnitride Co_nN ($n = 1, 2, 3, 4$; vgl. S. 747) vom Typ der Interstitiellen Verbindungen (S. 308); Azide $Co(N_3)_2$ bzw. $Co(N_3)_3$ sind wegen ihrer Explosivität bisher nicht näher charakterisiert worden). Führt man die Nitrierung von Cobalt mit Stickstoff in Gegenwart von Erdalkali-und gegebenenfalls Alkalimetallen durch, so bilden sich Nitridocobaltate mit formal ein-bzw. dreiwertigem Co (vgl. S. 2098), z. B. $[Co^I N]^{2-}$ (gewinkelte Ketten $\cdots$Co-N-Co-N$\cdots$ in BaCoN), $[Co^I N_2]^{5-}$ (isolierte lineare Anionen in $LiSr_2CoN_2$), $[Co^{III}N_3]^{6-}$ (isolierte, planare Anionen in Ca_3CoN_3). Bzgl. $Li_2[Li_{1-x}Co^I_xN]$ vgl. S. 2098, bzgl. der Azidocobaltate $[Co(N_3)_4]^{2-}$, $[Co(N_3)_6]^{3-}$, $[Co_3(N_3)_8]^{2-}$ S. 1994, 2087. Als Beispiele der zu den Nitriden homologen Eisenphosphide und -arsenide seien genannt: Co_2P/Co_2As, CoP, $CoP_3/CoAs_3$ (vgl. S. 861, S. 948; »Safflorit« $CoAs_2$ und – meist Ni-haltiger – »Skutterudit« (»Smaltin«, »Speiscobalt«) $CoAs_3$ finden sich in der Natur als Minerale). Unter den Cobaltcarbiden (bisher Co_2C, Co_3C; vgl. S. 1021) hat Co_3C Cementitstruktur. Die Cobaltboride (bisher Co_3B, Co_2B, Co_4B_3, CoB, CoB_2; S. 1222) haben Bedeutung als Katalysatoren für Hydrierungen von Olefinen und Acetylenen.

Darüber hinaus bildet Cobalt viele Verbindungen mit stickstoff-und kohlenstoffhaltigen Resten (vgl. hierzu Komplexe mit N-haltigen Donoren sowie Organische Verbindungen des Cobalts, S. 1996, S. 2005).

Cobalt(II)-und Cobalt(III)-Komplexe

Zwei-und dreiwertiges Cobalt weisen ähnlich wie zwei-und dreiwertiges Eisen (s. dort) eine hohe Komplexbildungstendenz auf und treten auch in der lebenden Natur als Wirkstoffzentren in klassischen Komplexen auf (S. 1965). Bezüglich der niedrigwertigen Cobalt-Komplexe ohne oder mit Metallcluster-Zentren vgl. Anm.[1] bezüglich der π-Komplexe S. 2174f).

Cobalt(III)-Komplexe (d^6). Die Zahl der kationischen, neutralen sowie anionischen ein- und mehrkernigen Ammin-, Aqua-und Acido-Komplexe von Co^{3+}, von denen einige in den vorstehenden Unterkapiteln über Halogen-und Sauerstoffverbindungen des dreiwertigen Cobalts besprochen wurden, ist außerordentlich groß. Man kennt allein etwa 2000 Ammoniak-Komplexe (»Cobaltammine«, »Cobaltiake«). Ein Großteil unseres Wissens über Isomerieverhältnisse, allgemeine Eigenschaften und Reaktionsweisen sowie -mechanismen oktaedrischer Komplexe fußt auf Untersuchungen an Co^{3+}-Komplexen (vgl. Grundlagen der Komplexchemie, S. 1550). Co^{3+} (isoelektronisch mit Fe^{2+}) bildet in der Regel oktaedrische low-spin-Komplexe (kein ungepaartes Elektron; t_{2g}^6-Elektronenkonfiguration), da nur so eine besonders hohe Ligandenfeldstabilisierungsenergie erzielbar ist. Oktaedrische high-spin-Komplexe sind die Ausnahme; sie entstehen nur mit den »schwächsten« Liganden (Fluorid): $[CoF_6]^{3-}$, $[CoF_3(H_2O)_3]$ (dem Ion $[Co(H_2O)_6^{3+}]$ liegt bereits ein low-spin-Zustand zugrunde). Die Co(III)-Komplexe sind also hinsichtlich Geometrie und Elektronenkonfiguration eher eintönig.

Wie oben bereits erwähnt wurde, stellt die kinetische Stabilität der oktaedrischen Co(III)-Komplexe hinsichtlich eines Ligandenersatzes ein Charakteristikum der Verbindungsklasse dar. Sie beruht u. a. auf dem Verlust von Ligandenstabilisierungsenergie im Zuge assoziativ- bzw. dissoziativ-aktivierter Substitutionsreaktionen (Übergang vom sechszähligen Co^{3+} in sieben-bzw. fünfzähliges Co^{3+}; vgl. S. 1628). Die Synthese der Co(III)-Komplexe erfolgt deshalb mit Vorteil durch Oxidation geeigneter Co(II)-Salze in Gegenwart der erwünschten Liganden (Co(II)-Komplexe sind wesentlich substitutionslabiler als Co(III)-Komplexe). Oxidationsmittel ist häufig Sauerstoff; schneller wirken allerdings andere Reaktanden wie etwa Wasserstoffperoxid. Dass oktaedrische Co^{3+}-Komplexe in magnetischer Sicht meist im low-spin-Zustand vorliegen, während oktaedrische Komplexe des isoelektronischen Fe^{2+}-Ions meist den high-spin-Zustand bevorzugen, beruht auf der mit der Ladungszunahme beim Übergang $Fe^{2+} \longrightarrow Co^{3+}$ einhergehenden Vergrößerung der Ligandenfeldaufspaltung δ_0 (S. 1594). In optischer Sicht beeindrucken die Co(III)-Komplexe durch ihre Farbenvielfalt, und in der Tat wurden die betreffenden Komplexe früher häufig nach ihren Farben benannt (vgl. S. 1551). Die Farben der oktaedrischen low-spin-Co(III)-Komplexe gehen im wesentlichen auf die zwei möglichen, dem d→d-Übergang $t_{2g}^6 e_g^0 \longrightarrow t_{2g}^5 e_g^1$ zuzuordnenden Absorptionen in den Wellenzahlenbereichen $16\,000$–$33\,000\,cm^{-1}$ bzw. $23\,000$–$39\,000\,cm^{-1}$ zurück ($^1A_{1g} \longrightarrow {}^1T_{1g}$; $^1A_{1g} \longrightarrow {}^1T_{2g}$; vergleiche S. 1611f). Eine gelegentlich zu beobachtende Bande bei $11\,000$–$14\,000\,cm^{-1}$ geht auf den spinverbotenen Übergang $^1A_{1g} \longrightarrow {}^3T_{1g}$ zurück. Auch spalten die entarteten Zustände $^1T_{1g}$ und $^1T_{2g}$ bei der mit der teilweisen Substitution von L in CoL_6-Oktaedern durch andere Liganden L' einhergehende Symmetrieerniedrigung energetisch in zwei bzw. drei Zustände auf. Die Absorptionen überdecken den Farbbereich von Blau (z. B. $[Co(H_2O)_6]^{3+}$), Dunkelgrün (z. B. $[Co(ox)_3]^{3-}$, cis-$[CoCl_2(NH_3)_4]^+$) und Blauviolett (z. B. cis-$[CoCl_2(NH_3)_4]^+$) über Rot (z. B. $[CoCl(NH_3)_5]^{2+}$, $[Co(H_2O)(NH_3)_5]^{3+}$) und Orangegelb (z. B. $[Co(NH_3)_6]^{3+}$, $[Co(en)_3]^{3+}$) bis Gelb (z. B. $[Co(CN)_6]^{3-}$).

Cobalt(II)-Komplexe (d7). Die Zahl der Co^{2+}-Komplexe ist geringer als die der Co^{3+}-Komplexe. Da jedoch in ersteren Fällen bei oktaedrischer Koordination nur viel geringere Ligandenfeldstabilisierungsenergien als in letzten Fällen erzielt werden können, sind die (bei Koordination mit »starken« Liganden oxidationsempfindlichen) Co(II)-Komplexe zwar substitutionslabiler als die Co(III)-Komplexe, weisen aber zugleich eine größere Vielfalt hinsichtlich ihrer Geometrien und Elektronenkonfigurationen auf. Besonders häufig findet man oktaedrische high-spin-Co(II)-Komplexe (drei ungepaarte Elektronen mit $\mu_{mag} = 4.8$–$5.2\,BM$). Nur mit den stärksten Donatoren wie CN^- oder mehrzähnigen Liganden (diars, salen usw.) entstehen auch low-spin-Co(II)-Komplexe (ein ungepaartes Elektron mit $\mu_{mag} = 2.1$–$2.9\,BM$), die allerdings aufgrund des wirksamen starken Jahn-Teller-Effekts (S. 1608) verzerrt-oktaedrisch, quadratisch-pyramidal oder quadratisch-planar gebaut sind (s. unten). Tetraedrische high-spin-Co(II)-Komplexe (drei ungepaarte Elektronen) findet man demgegenüber fast so häufig wie entsprechende oktaedrische Komplexe.

Tatsächlich sind von Co^{2+} mehr tetraedrische Komplexe als von jedem anderen Übergangselement mit einer von 0, 5 und 10 verschiedenen Zahl an d-Elektronen bekannt, da die Oktaederplatzstabilisierungsenergie (S. 1605) im Falle von high-spin-d^7-Ionen vergleichsweise klein ist. Nur unter besonderen Koordinationsbedingungen bilden sich Co(II)-Komplexe mit anderen als den aufgeführten Geometrien (z. B. trigonal-bipyramidales Cobalt(II) in $[CoBrN_4]^+$ (Abb. 30.5a) mit $N_4 = N(CH_2CH_2NMe_2)_3$).

Komplexstabilitäten. Weniger polarisierbare Liganden mit Fluor, Sauerstoff oder Stickstoff als Donoratomen führen in der Regel zu oktaedrischen, polarisierbare Liganden wie Cl^-, Br^-, I^-,

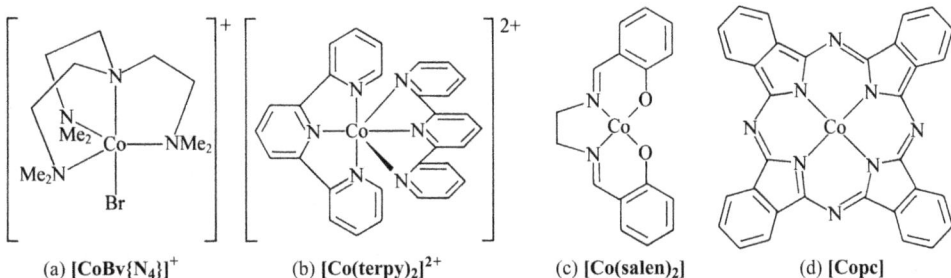

(a) $[CoBv\{N_4\}]^+$ (b) $[Co(terpy)_2]^{2+}$ (c) $[Co(salen)_2]$ (d) $[Copc]$

Abb. 30.5

SCN⁻, PR₃, AsR₃ zu tetraedrischen high-spin-Co(II)-Komplexen. Demgemäß ist die Substitution von Wasser im rosafarbenen $[Co(H_2O)_6]^{2+}$ durch Chlorid (Bildung von blauem $[CoCl_4]^{2-}$) mit einem Wechsel von der oktaedrischen zur tetraedrischen Co(II)-Koordination verbunden:

$$[Co(H_2O)_6]^{2+} + 4\,Cl^- \rightleftharpoons [CoCl_4]^{2-} + 6\,H_2O.$$

Gelegentlich existieren Co(II)-Komplexe sowohl mit oktaedrischem als auch tetraedrischem Bau. So wurde bereits erwähnt, dass neben $[Co(H_2O)_6]^{2+}$ in Wasser in geringer Gleichgewichtskonzentration auch $[Co(H_2O)_4]^{2+}$ vorliegt; ferner kristallisiert $[CoCl_2(py)_2]$ in einer blauen Form mit tetraedrischem Co^{2+} und einer (stabileren) violetten Form mit oktaedrischem Co^{2+} (Chlorid-Brücken).

Magnetisches Verhalten. μ_{mag} liegt für oktaedrische high-spin- bzw. low-spin-Co^{2+}-Komplexe (drei bzw. ein ungepaartes Elektron) im Bereich 4.8–5.2 BM bzw. 2.1–2.9 BM, für tetraedrische high-spin-Co^{2+}-Komplexe (drei ungepaarte Elektronen) im Bereich 4.4–4.8 BM. Dass die μ_{mag}^{eff}-Werte für die oktaedrischen high-spin-Komplexe deutlich höher als für die tetraedrischen high-spin-Komplexe liegen, rührt daher, dass der Bahnmomentbeitrag zum »spin-only-Wert« in ersterem Falle wegen des dreifach entarteten Grundzustandes $^4T_{2g}$ groß, in letzterem Falle wegen des nicht entarteten Grundzustandes ($^4A_2$) klein ist. In ersteren Fällen ist demzufolge auch die Temperaturabhängigkeit des effektiven magnetischen Moments deutlich (vgl. S. 1665).

Während der zweizähnige Ligand 2,2'-Bipyridyl einen high-spin-Co(II)-Komplex $[Co(bipy)_3]^{2+}$ bildet (μ_{mag} um 5.0 BM), führt die Koordination von Co^{2+} mit dem dreizähnigen Liganden Terpyridyl zum Komplex $[Co(terpy)_2]^{2+}$ (Abb. 30.5b), dessen Zentralion bei Raumtemperatur in Abhängigkeit vom Gegenion teils im high-, teils im low-spin-Zustand existiert (vgl. »Spingleichgewichte«, S. 1964; μ_{mag} bei Anwesenheit der Gegenionen ClO_4^-/ Cl^-/NCS^-/Br^- = 4.65/4.49/4.00/2.96 BM). Anders als bipy und terpy addiert sich der stärkere Ligand Cyanid an Co^{2+} nicht mehr unter Bildung eines 6-, sondern maximal unter Bildung eines 5-zähligen, paramagnetischen, low-spin-Komplexes $[Co(CN)_5]^{3-}$ (abhängig vom Gegenion quadratisch-pyramidal oder trigonal-bipyramidal). Er bindet in wässeriger Lösung noch ein H_2O-Molekül schwach und steht zudem im Gleichgewicht mit seinem diamagnetischen Dimeren $[(CN)_5Co-Co(CN)_5]^{6-}$ (Paarung des einen ungepaarten low-spin-Co(II)-Elektrons durch Ausbildung einer CoCo-Bindung; vgl. S. 1995). In analoger Weise bildet Co^{2+} mit Isonitrilen quadratisch-pyramidale Komplexe $[Co(CNR)_5]^{2+}$. In Komplexen $[Co(salen)]$ (Abb. 30.5c) und $[Co(pc)]$ (Abb. 30.5d) mit den ebenfalls sehr starken, vierzähnigen Liganden Bis(salicylat)ethylendiamin und Phthalocyanin ist Co^{2+} sogar nur 4zählig (quadratisch-planar; Analoges gilt für den tiefroten Dimethylglyoxim-Komplex, S. 2031). Letztere Komplexe vermögen Sauerstoff unter gleichzeitiger Addition eines basischen Lösungsmittelmoleküls L mehr oder minder reversibel unter Ausbildung oktaedrischer low-spin-Superoxo-Komplexe $[(salen)LCo-O\overset{\cdots}{=}O]$ und $[(pc)LCo-O\overset{\cdots}{=}O]$ aufzunehmen (S. 1997, 2093; in den Komplexen liegt O_2 in der Singulettform und Co – entsprechend dem durch L geregelten Ausmaße des Transfers eines Elektrons auf O_2 – als Co(II) bzw. Co(III) vor). Die Addition von NO an $[Co(salen)]$ unter Bildung des schwarzen, diamagnetischen, quadratisch-pyramidalen Komplexes $[(salen)CoaN=O]$ (CoNO-Winkel 127°) führt ebenfalls zu einer Oxidation von Co(II) zu Co(III) (NO als NO^- gebunden).

Optisches Verhalten. Oktaedrische high-spin-Co(II)-Komplexe wie $[Co(H_2O)_6]^{2+}$ oder $[Co(NH_3)_6]^{2+}$ erscheinen vielfach rosa bis violett, tetraedrische Co(II)-Komplexe wie $[CoCl_4]^{2-}$ oder $[Co(NCS)_4]^{2-}$ blau. Die Farben gehen in ersteren Fällen auf eine Hauptabsorption um $20\,000\,\text{cm}^{-1}$ ($^4T_{1g} \longrightarrow {}^4T_{2g}$)(P) mit einer Schulter bei kleineren Wellenzahlen zurück ($^4T_{1g} \longrightarrow {}^4A_{2g}$(F)), in letzteren Fällen auf eine Absorption um $13\,000\,\text{cm}^{-1}$ ($^4A_2 \longrightarrow {}^4T_1$(P))[2].

Cobalt in der Biosphäre

Spuren von Cobalt (2.5 mg im erwachsenen Menschen) haben im lebenden Organismus in Form des mit verschiedenen Apoenzymen gekoppelten Coenzyms[3] »Adenosylcobalamin« (s. unten), einem dem Chlorophyll (Mg-Komplex, S. 1450) oder Hämoglobin (Fe-Komplex, S. 1967) verwandten Co(III)-Komplex mit hydriertem, leicht verändertem Porphin-Liganden (»Corrin-Ligand«) eine Reihe von Funktionen bei der Erythrocytenbildung im Knochenmark, ferner bei der Nervenleitung und beim Wachstum. Da das Cobalaminsystem von Menschen und Tieren nicht selbst erzeugt werden kann, muss es u. a. in Form von »Vitamin B$_{12}$« (s. unten) von außen zugeführt werden (zur Synthese von Vitamin B$_{12}$ sind nur Mikroorganismen, z. B. die der Darmflora von Wildtieren, in der Lage). Der Mangel an Cobalt (menschlicher Tagesbedarf rund 0.1 µg) führt beim Menschen zur »perniziösen Anämie«, verbunden mit einer zu nervösem Kribbeln, zu Gefühlsstörungen und Lähmungen führenden Rückenmarksveränderung (da Pflanzen so gut wie kein Vitamin B$_{12}$ enthalten, können Cobalamin-Mangelerscheinungen u. a. bei Vegetariern sowie auch bei Rindern und Schafen auftreten).

Nachfolgend sei kurz auf die Struktur, Reaktivität und Wirkungsweise von Cobalamin und Modellverbindungen des Cobalamins eingegangen.

Struktur von Cobalaminen. Im orangefarbenen, diamagnetischen Adenosylcobalamin ist low-spin-Cobalt(III) oktaedrisch von 5 N-und einem C-Atom umgeben (vgl. Abb. 30.6a, b). Und zwar ist Co^{3+} in der Mitte eines vierzähnigen Makrocyclus (substituiertes Corrin) quadratisch-planar an vier N-Atome koordiniert, die gemäß $-N=C-C=C-N=C-C=C-N=C-C=C-N^\ominus-$ miteinander elektronisch konjugiert sind. In den axialen Positionen dieses quadratisch-planaren Komplexes koordiniert Co(III) zusätzlich ein Benzimidazol einer Corrin-Seitenkette (Abb. 30.6b), ferner ein Ribosekohlenstoffatom von 5′-Desoxyadenosin (Abb. 30.6c). Letzteres Teilchen spielt – in einer in 5-Stellung hydroxylierten Form – als Adenosintriphosphat (ATP; Abb. 30.6d) eine große Rolle in Organismen als Energiespeicher (vgl. S. 924)[4]. Das Vitamin B$_{12}$ leitet sich von Adenosylcobalamin (Abb. 30.6b) durch Ersatz des Restes R$^-$ gegen CN$^-$ ab. Man erhält es bei den üblichen Isolierungstechniken des Coenzyms im Zuge mikrobiologischer Gewinnungsmethoden.

Reaktivität von Cobalaminen. Der Rest R in Adenosylcobalamin lässt sich leicht gegen andere organische Gruppen wie den Methylrest (»Methylcobalamin«; bewirkt Methylierungen von

---

[2] Die energetische Reihenfolge der aus einem Grundterm (für d^7-Co^{2+} : ^{4}F-Grundterm) hervorgehenden Spaltterme vertauscht sich gemäß dem auf S. 1613 Besprochenen beim Übergang vom Oktaederfeld (für d^7-Co^{2+}: $^4T_{1g}$, $^4T_{2g}$, $^4A_{2g}$) zum Tetraederfeld (für d^7-Co^{2+}: $^4A_2$, $^4T_2$, $^4T_1$). Unter Berücksichtigung des aus dem energiereicheren ^{4}P-Term von d^7-Co^{2+} im oktaedrischen und tetraedrischen Feld hervorgehenden $^4T_{1g}$- bzw. $^4T_1$-Term ergeben sich folgende d→d-Übergänge, geordnet nach steigender Energie (Fettdruck = λ_{max} im sichtbaren Bereich; Normaldruck = λ_{max} im infraroten Bereich):

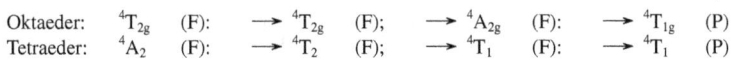

| Oktaeder: | $^4T_{2g}$ | (F): | $\longrightarrow {}^4T_{2g}$ | (F); | $\longrightarrow {}^4A_{2g}$ | (F): | $\longrightarrow {}^4T_{1g}$ | (P) |
| Tetraeder: | $^4A_2$ | (F): | $\longrightarrow {}^4T_2$ | (F); | $\longrightarrow {}^4T_1$ | (F): | $\longrightarrow {}^4T_1$ | (P) |

[3] Die als spezifische »Biokatalysatoren« zur Umwandlung von »Substraten« in der Biosphäre wirksamen Enzyme (von griech. en zyme = in der Hefe, im Sauerteig) stellen »Proteine« dar, die teils als solche wirken, teils als »Apoenzyme« (von griech. apo = entstehend aus) nur in Anwesenheit von »Cofaktoren« (chemisch an das Protein gebundene »prosthetische Gruppen« bzw. nicht chemisch an das Protein gebundene »Coenzyme« bzw. »Metallionen«) aktiv werden: Cofaktor + Apoenzym = »Holoenzym«.

[4] ATP stellt einen Adenosinester des Triphosphats (S. 921) dar, wobei Adenosin seinerseits aus Adenin (gerasterter Teil von Abb. 30.6d; mit H abgesättigt) und Ribose (zwischen Adenin und Triphosphat; in 1-und 5SStellung des Rings jeweils OH) besteht. Desoxyribose leitet sich von Ribose durch Ersatz von OH in 2- oder 5-Stellung des Rings gegen H ab (2′- bzw. 5′-Desoxyribose).

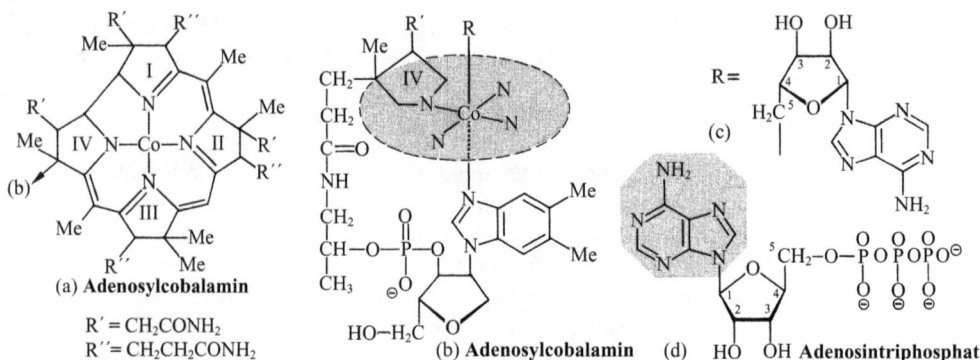

Abb. 30.6 Strukturen von Adenosylcobalamin (a, b), 5′-Desoxyadenosin (c) und Adenosintriphosphat (d) (der Übersichtlichkeit halber ist in (a) der oberhalb/unterhalb von Co^{3+} koordinierte R-Ligand/Corrin-Seitenkettenligand weggelassen, in (b) der Corrin-Ligand nur angedeutet).

Schwermetallen in Organismen) oder die Cyanogruppe (»Cyanocobalamin« = Vitamin B_{12}), ferner gegen anorganische Gruppen wie das Wassermolekül (»Aquacobalamin«; wirkt z. B. als Mittel gegen Cyanidvergiftungen) ersetzen. Auch können die Cobalamine (R = variabel; z. B. purpurfarbenes Hydroxycobalamin) zu analog gebauten, aber R-freien Komplexen des Cobalts(II) (braunes Vitamin B_{12r}) oder sogar des Cobalts(I) (blaugrünes Vitamin B_{12s}, starkes Reduktionsmittel und starkes Nucleophil, das etwa von MeX unter Übergang von Co(I) nach Co(III) methyliert wird) reduziert werden. Überraschend ähnlich verhalten sich chemisch einfach gebaute Modellverbindungen der Cobalamine wie etwa [Co(salen)] (Abb. 30.5c) oder [Co(glyoxymato)$_2$] mit einem axial gebundenen Organylrest R (z. B. Me) und einer Base (z. B. H_2O).

Wirkungsweise von Adenosylcobalamin. Adenosylcobalamin [Co^{III}−R] ist in vivo wesentlich an Redoxreaktionen sowie insbesondere Gruppenaustauschreaktionen beteiligt. Erstere Reaktionen werden mithilfe des Ferrodoxins bewerkstelligt. Letztere Reaktionen des allgemeinen Typus

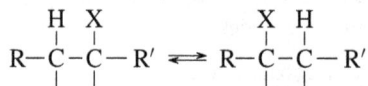

$$R-\underset{|}{\overset{|}{C}}H-\underset{|}{\overset{|}{C}}X-R' \;\rightleftharpoons\; R-\underset{|}{\overset{|}{C}}X-\underset{|}{\overset{|}{C}}H-R'$$

(z. B. Isomerisierung der Glutaminsäure: $HOOC-CH(NH_2)-CH_2-CH_2-X \longrightarrow HOOC-CH(NH_2)-CHX-CH_3$ mit X = COOH) werden wohl durch eine homolytische CoC-Bindungsspaltung, gesteuert durch das Apoenzym und das Substrat, eingeleitet: [Co^{III}−R] $\longrightarrow$ [Co^{II}] + ·R. Das gebildete Adenosyl-Radikal ·R entreißt dann dem Substrat unter Bildung von R−H ein H-Atom. Schließlich sättigt sich das Substrat-Radikal nach seiner Umlagerung durch H-Abstraktion aus R−H und Rückbildung des Adenosyl-Radikals, das sich mit [Co(II)] vereinigt, ab.

1.2.2   Cobalt(IV)- und Cobalt(V)-Verbindungen (d^5, d^4)

Cobalt(IV). Vierwertiges Cobalt findet sich z. B. im paramagnetischen Hexafluorocobaltat(IV) CoF_6^{2-} (Cs$^+$-Salz; oktaedrisch, ein ungepaartes Elektron mit $\mu_{mag} = 2.46$ BM, gewinnbar durch Fluorierung von $CoCl_4^{2-}$). Ferner liegt es im paramagnetischen Tetraoxocobaltat(IV) CoO_4^{4-} (z. B. Na$^+$- oder Ba^{2+}-Salz; tetraedrisch; gewinnbar durch Oxidation von Co_3O_4 mit Na_2O_2 bzw. $Co(OH)_2/Ba(OH)_2$ mit Sauerstoff bei 1050 °C) vor. Auch das durch Oxidation alkalischer Co^{2+}-Lösungen mit Cl_2 oder O_3 erhältliche, wasserhaltige schwarze Produkt enthält offensichtlich Cobalt in der Oxidationsstufe +IV (»Cobaltdioxid« CoO_2?). Schließlich seien CoO_6^{8-} (Li$^+$-Salz;

oktaedrisch), $Co_2O_7^{6-}$ (K^+-Salz; eckenverknüpfte CoO_4-Tetraeder) und CoO_3^{2-} (K^+-Salz; Ketten eckenverknüpfter CoO_4-Tetraeder) erwähnt.

Cobalt(V). Erhitzt man die Cobaltoxide CoO bzw. Co_3O_4 zusammen mit Alkalimetalloxiden M^I_2O und mit Sauerstoff unter erhöhtem Druck, so bilden sich Oxokomplexe $M^I_3CoO_4$ des fünfwertigen Cobalts, die das stark oxidierend wirkende tetraedrische Tetraoxocobaltat(V) CoO_4^{3-} enthalten.

1.2.3   Organische Verbindungen des Cobalts

Cobaltorganyle

»Einfache« Organylverbindungen CoR_n ($n = 2, 3, 4$) mit σ-gebundenen organischen Resten existieren in der Regel nicht als solche, man kennt aber zahlreiche Verbindungen CoR_n mit donorstabilisiertem Co, mit π-gebundenen Liganden bzw. mit anorganischen neben organischen Resten.

Cobalt(I,II)-organyle. So kennt man eine Reihe von gelben bis orangefarbenen Komplexen $RCoD_4$ des Cobaltmonoorganyls CoR (D z.B. CO, PR_3, D_2 z.B. diphos, D_4 z.B. $N(CH_2CH_2PR_2)_3$; vgl hierzu auch die weiter unten beschriebene Hydroformylierung). Des weiteren existieren Komplexe des Cobaltdiorganyls CoR_2 so die Organocobaltate(II) $[CoMe_4]^{2-}$ (blau, aus $CoCl_2$ und LiMe in Anwesenheit von tmeda = $Me_2NCH_2CH_2NMe_2$), $[Co(C≡CR)_6]^{4-}$ (orangefarben) sowie Donoraddukte $[CoR_2(D)_3]$ (z.B. $[CoMe_2(PMe_3)_3]$) sowie $[CoR_2(D_2)]$ z.B. $[Co(CH_2tBu)_2(tmeda)]$, $[Co(CH_2SiMe_3)_2(tmeda)]$, $[Co(C_6F_5)_2D_2]$; teils tetraedrisch, teils planar). Als weiteres Co(II)-organyl sei purpurschwarzes, paramagnetisches, luftempfindliches Bis(cyclopentadienyl)cobalt(II) $CoCp_2$ (»Cobaltocen«) mit η^5-gebundenen C_5H_5-Resten genannt, das als solches sowie in Form von Derivaten existiert und leicht zum gelbgrünen Kation $CoCp_2^+$ oxidiert werden kann, ferner das »Bis(hexamethylbenzol)cobalt(II)-Dikation« $[Co(C_6Me_6)_2]^{2+}$. Beispiele für niedrigwertige Verbindungen mit CoC-Bindungen sind $Co^0_2(CO)_8$, $[Co^0(\eta^6-C_6Me_6)_2]$. Näheres vgl. Kap. XXXII.

Cobalt(III,IV)-organyle. Beispiele für donorstabilisiertes Triorganylcobalt CoR_3 bieten $[Co(C≡CR)_6]^{3-}$ (gelb bis grün), $[CoMe_3(PMe_3)_3]$ (orangegelb, aus $Co(acac)_3$ + LiMe in Anwesenheit von PMe_3), η^5-$CpCoR_2(D)$, Beispiele für Co(III)-Verbindungen, die weniger als drei Organylgruppen aufweisen, $[Co(\eta^5-Cp)_2]^+$, $[CoMe_2X(PR_3)]$ (rot; X = Hal), [Methylcobalamin] (s. oben). Mit rotbraunem, paramagnetischem »Tetrakis(1-norbornyl)cobalt« $Co(C_7H_{11})_4$ konnte schließlich ein Beispiel eines homoleptischen Cobalttetraorganyls CoR_4 gewonnen werden (Oxidation zu grünem $CoR_4^+BF_4^-$ mit fünfwertigem Co möglich). Die Verbindung ist der erste aufgefundene low-spin-Komplex (ein ungepaartes Elektron, $\mu_{mag} = 2.00\,BM$ mit tetraedrischem Bau.

Katalytische Prozesse unter Beteiligung von Co-organylen

Hydroformylierung (Oxosynthese) mit $Co_2(CO)_8$ als Katalysator. Unter der katalytischen Wirkung von $Co_2(CO)_8$ lassen sich H_2 und CO in Form von Formaldehyd H−CHO an Alkene bei 90–250 °C und 100–400 bar Druck addieren:

$$CH_2=CH_2 + CO + H_2 \longrightarrow CH_3-CH_2-CH=O.$$

Durch die von O. Roelen im Jahre 1938 entdeckte »Hydroformylierung« (»Oxosynthese«) werden in der Technik Aldehyde $C_nH_{2n+1}CHO$ ($n = 3–15$) produziert, welche Edukte für die Erzeugung technisch wichtiger Amine, Alkohole (insbesondere Butanol und 2-Ethylhexanol) sowie Carbonsäuren darstellen (Weltjahresproduktion an Aldehyden: über 5 Megatonnen). Im Zuge der Katalyse lagert sich Alken an den aus $Co_2(CO)_8$ gemäß $\frac{1}{2}Co_2(CO)_8 + \frac{1}{2}H_2 \longrightarrow$ $HCo(CO)_4 \rightleftharpoons HCo(CO)_3 + CO$ *in situ* gebildeten eigentlichen Katalysator $HCo(CO)_3$ zu einem π-Alkenkomplex (Abb. 30.7a) an. Dieser verwandelt sich dann in einen Alkylkomplex

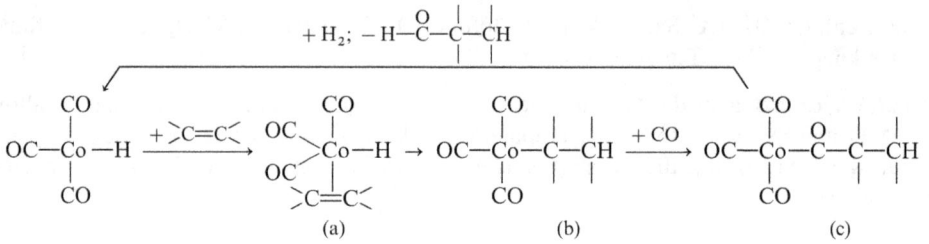

$$+ H_2; - H-\overset{\overset{O}{\|}}{C}-\overset{|}{C}-\overset{|}{C}H$$

(a)   (b)   (c)

Abb. 30.7

(Abb. 30.7b), welcher CO in die CoC-Bindung unter Bildung des Acylkomplexes (Abb. 30.7c) einschiebt. Letzterer wird von H_2 unter Bildung von Aldehyd und Rückbildung des Katalysators $HCo(CO)_3$ hydrierend gespalten (die Insertion von Kohlenoxid sowie die hydrierende Spaltung erfolgt wohl auf dem Wege einer Addition von CO bzw. H_2 an das Co-Atom, verbunden mit einer Erhöhung der Co-Koordinationszahl von 4 auf 5 bzw. von 4 auf 6; die Addition von H_2 ist offensichtlich der geschwindigkeitsbestimmende Schritt der Katalyse); schematisch in Abb. 30.7.

Nachteile des Verfahrens sind (i) die drastischen Reaktionsbedingungen, (ii) Verluste des leicht flüchtigen Katalysators $HCo(CO)_4$, (iii) Alkenverluste aufgrund der hydrierenden CoC-Spaltung von $RCo(CO)_3$ vor der CO-Insertion, (iv) die Bildung von verzweigten Aldehydmolekülen (vgl. hierzu Hydroformylierung mit $[RhH(CO)(PPh_3)_3]$ als Katalysator; S. 2005).

Alkenisomerisierungen (Olefinisomerisierung) mit $CoH(CO)_4$ als Katalysator. Ligandenstabilisierte Cobalt-oder auch Nickelmonohydride wie $CoH(CO)_4$ oder $NiH(PR_3)_2$ katalysieren die Alken-Doppelbindungsverschiebung unter Bildung der thermodynamisch stabilsten Alkene (bevorzugt: Alkene mit nicht-terminalen oder mit konjugierten Doppelbindungen):

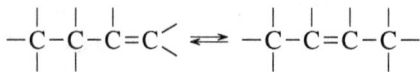

$$-\overset{|}{C}-\overset{|}{C}-\overset{|}{C}=C\!\!< \quad \rightleftharpoons \quad -\overset{|}{C}-\overset{|}{C}=\overset{|}{C}-\overset{|}{C}-$$

Die Reaktionen verlaufen auf dem Wege einer β-Addition von L_nM-H an die Doppelbindung (H addiert sich gemäß Markownikow an das H-reichere ungesättigte C-Atom). Das Addukt unterliegt anschließend einer β-Eliminierung von L_nM-H und Bildung des Alkenisomerisierungsprodukts, z. B.: Allylalkohol $CH_2=CH-CH_2OH + HCo(CO)_3$ (aus $HCo(CO)_4$) $\longrightarrow$ $CH_3-CH\{Co(CO)_3\}-CH_2OH \longrightarrow CH_3-CH=CH-OH + HCo(CO)_3 \longrightarrow$ Propionaldehyd $CH_3-CH_2-CH=O + HCo(CO)_3$).

Bezüglich eines weiteren Isomerisierungsmechanismus vgl. S. 2186.

2   Das Rhodium und Iridium

2.1   Die Elemente Rhodium und Iridium

i **Geschichtliches.** Die Entdeckung von Rhodium erfolgte 1803 durch die Engländer William Hyde Wollaston, die von Iridium 1804 durch den Engländer Smithon Tennant. Rhodium enthielt seinen Namen von der rosaroten Farbe vieler seiner Verbindungen: rhodeos (griech.) = rosenrot, Iridium nach der Vielfarbigkeit seiner Verbindungen: iridios (griech.) = regenbogenfarbig.

i **Physiologisches.** Rhodium und Iridium sind für Lebewesen nicht essentiell, aber in gewissem Umfange toxisch.

Vorkommen

Analog Ruthenium und Osmium sowie Palladium und Platin werden die Elemente Rhodium und Iridium meist zusammen mit den anderen »Platinmetallen« angetroffen und zwar sowohl gediegen als gebunden in Cr-, Fe-, Ni-und Cu-Erzen (Näheres siehe bei Pt, dem häufigsten Platinmetall). Allerdings enthalten die einzelnen Vorkommen unterschiedliche Mengen der einzelnen Metalle. Relativ Rhodium-reich sind einige Nickelkupfersulfide in Südafrika und Kanada (bei Sudbury), relativ Iridium-reich gediegenes, in Südafrika und Alaska aufgefundenes »Osmiridium« ($\sim 50\%$ Ir) und »Iridosmium« ($\sim 70\%$ Ir).

Isotope (vgl. Anh. III). Natürliches Rhodium besteht zu 100% aus dem Nuklid $^{103}_{45}$Rh, natürliches Iridium aus den Isotopen $^{191}_{77}$Ir (37.3%) und $^{193}_{77}$Ir (62.7%). Alle drei Nuklide können für NMR-Untersuchungen genutzt werden. Die künstlich gewonnenen Nuklide $^{105}_{45}$Rh (β^--Strahler; $\tau_{1/2} = 35.88$ Stunden) und $^{192}_{77}$Ir (β^--Strahler; $\tau_{1/2} = 74.2$ Tage) werden als Tracer, letzteres Nuklid zudem in der Medizin genutzt.

Darstellung

Zur Isolierung der einzelnen, miteinander im »Rohplatin« (= Platinkonzentrate der Elemente Ru, Os, Rh, Ir, Pd, Pt und gegebenenfalls Ag, Au) vergesellschafteten »Platinmetalle« in der Technik (zur Gewinnung des Rohplatins vgl. S. 2039) nutzt man die unterschiedliche Oxidierbarkeit der einzelnen Metalle sowie die unterschiedliche Löslichkeit geeigneter Komplexsalze aus. Ausgangsmaterial für Rhodium sind häufig Nickelkupfersulfide (s. oben), für Iridium Iridosmium oder Osmiridium (s. oben).

Im Einzelnen gewinnt man Rhodium und Iridium wie folgt: (i) Nach Herauslösen von Pt, Pd, Ag und Au aus dem Rohplatin (das hierbei gebildete unlösliche AgCl wird nach Erhitzen mit PbCO$_3$ ($\longrightarrow$ PbCl$_2$) mit HNO$_3$ ($\longrightarrow$ AgNO$_3$) weggelöst; die verbleibende Lösung dient zur Gewinnung von Pd und Pt, S. 2040) schmilzt man den Ru-, Os-, Rh-, Ir und auch noch Pd-sowie Pt-haltigen Rückstand mit Natriumhydrogensulfat NaHSO$_4$ und trennt durch Auslaugen des Schmelzkuchens mit Wasser lösliches Rh$_2$(SO$_4$)$_3$ ab. – (ii) Der verbleibende Ru-, Os-, Ir-, Pd-und Pt-haltige Rückstand wird mit Natriumperoxid Na$_2$O$_2$ verschmolzen. Nach Auslaugen des Schmelzkuchens mit Wasser (RuO$_4^-$ und OsO$_4$(OH)$_2^{2-}$ gehen in Lösung und werden zu Ru und Os weiterverarbeitet, S. 1971) verbleibt unlösliches IrO$_2$. – (iii) Gelöstes Rh$_2$(SO$_4$)$_3$ wird auf dem Wege über unlösliches Rh(OH)$_3$ (Zugabe von NaOH zur Lösung), lösliches H$_3$RhCl$_6$ (Aufnehmen des Hydroxids in Salzsäure), unlösliches (NH$_4$)$_3$[Rh(NO$_2$)$_6$] (Versetzen des Chlorokomplexes mit NaNO$_2$ und NH$_4$Cl) in lösliches (NH$_4$)$_3$[RhCl$_6$] überführt (Digerieren des Nitrokomplexes mit Salzsäure). IrO$_2$ wird andererseits in Königswasser gelöst und anschließend durch Zugabe von NH$_4$Cl zur Lösung in unlösliches (NH$_4$)$_3$[IrCl$_6$] verwandelt. – (iv) Die Reduktion beider Komplexe (NH$_4$)$_3$[MCl$_6$] mit Wasserstoff liefert metallisches Rhodium bzw. Iridium.

Physikalische Eigenschaften

Die Elemente Rhodium und Iridium stellen silberweiße, dehnbare (Rh) bzw. spröde (Ir) Metalle der Dichten 12.41 bzw. 22.65 g cm^{-3} dar (Ir besitzt die größte Dichte aller Elemente), die sehr hart sind (härter als Co), bei 1966 bzw. 2410 °C schmelzen sowie bei 3670 bzw. 4530 °C sieden und mit kubisch-dichtester Metallatompackung kristallisieren (bezüglich weiterer Eigenschaften von Rh und Ir vgl. Tafel IV).

Chemische Eigenschaften

Ähnlich wie Ruthenium und Osmium sind auch Rhodium und Iridium (das chemisch inaktivste Platinmetall) in kompakter Form gegen Säuren beständig (Königswasser sowie konzentrierte Schwefelsäure vermögen allerdings feinstgepulvertes Rh und Ir sehr langsam zu lösen). Die

Auflösung beider Metalle erfolgt am Besten in konzentrierter $NaClO_3$-haltiger Salzsäure bei 125–150 °C. Möglich ist auch eine Auflösung von Rh bzw. Ir in konzentrierter Salzsäure unter O_2-Druck, sowie von Rh in einer Natriumhydrogensulfatschmelze $NaHSO_4$ bzw. von Ir in einer alkalischen Oxidationsschmelze (z. B. Na_2O_2 oder KOH/KNO_3). Sauerstoff greift Rh und Ir bei Rotglut unter Bildung von Rh_2O_3 und IrO_2 an (geschmolzenes Rhodium löst Sauerstoff, der beim Erstarren unter Spritzen wieder abgegeben wird). Fluor reagiert in der Hitze zu RhF_6 und IrF_6, Chlor zu $RhCl_3$ und $IrCl_3$ bzw. $IrCl_4$.

Verwendung, Legierungen

Sowohl Rhodium als auch Iridium (Weltjahresproduktion: einige Tonnen) finden vorwiegend in Form von Legierungen Anwendung. Wichtig sind Platinlegierungen mit einem Gehalt von 1–10 % Rh als Katalysatoren bei der Ammoniakverbrennung (s. dort; Rh/Pt zeichnet sich vor Pt durch erhöhte NO-Ausbeute und gute Haltbarkeit aus), bei der Autoabgasreinigung (s. dort) und bei Hydrierungs-sowie Hydroformylierungsreaktionen. Erwähnt sei auch die Verwendung von Rh/Pt-Legierungen in »Thermoelementen« (Rh/Pt-Plusschenkel, Pt-Minusschenkel). Platinlegierungen mit 10–20 % Ir dienen wegen ihrer großen Härte und chemischen Widerstandsfähigkeit zur Herstellung »chemischer Geräte« (Tiegel, Schalen, Instrumentenzapfen), langlebigen »Elektroden« (z. B. für Zündkerzen). Auch der in Sevre bei Paris aufbewahrte Normalstab (»Urmeter«) und Normalzylinder (»Urkilogramm«) bestehen aus einer Legierung mit 10 % Ir/90 % Pt. Rhodiummetall kann wegen seiner Korrosionsbeständigkeit zum Überzug von Gewichtssätzen, wegen seines hohen Reflexionsvermögens als Belagmaterial hochwertiger Spiegel genutzt werden. Geeignete Rhodiumverbindungen (Phosphankomplexe) katalysieren Hydrierungen und Hydroformylierungen wirksamer als Cobaltverbindungen.

Rhodium und Iridium in Verbindungen

Die maximale Oxidationsstufe von Rh und Ir beträgt in Verbindungen +VI (z. B. MF_6; maximale Oxidationsstufen der linken und rechten Periodennachbarn +VIII (Ru, Os), +V (Pd) und +VI (Pt), des leichteren Homologen +V (Co)). Die der Nebengruppennummer VIII entsprechende Wertigkeit wird also von Rh und Ir nicht erreicht (vgl. hierzu auch S. 1543). Als Beispiel für Verbindungen mit Rh und Ir in den Oxidationsstufen +V bis −I seien genannt: $[M^VF_6]^-$, $[M^{IV}Cl_6]^{2-}$, $[M^{III}Cl_6]^{3-}$, $[Rh^{II}Cl_2(PR_3)_2]$, $[Rh^ICl(PR_3)_3]$, $[Ir^ICl(CO)(PR_3)_2]$, $[M^0_4(CO)_{12}]$, $[Rh^I(CO)_4]^-$, $[Ir^I(CO)_3(PR_3)_3]^-$. Die am häufigsten angetroffenen Oxidationsstufen sind für Rh +III und für Ir +III sowie +IV.

Rhodium weist analog Cobalt und im Gegensatz zu Iridium in wässriger Lösung in seinen wichtigsten Oxidationsstufen eine Kationen-und Anionenchemie auf. Über die Potentiale einiger Redoxvorgänge des Rhodiums und Iridiums bei pH = 0 in nicht-komplexierenden Säuren bzw. in Salzsäure informieren folgende Potentialdiagramme (s. Abb. 30.8).

Während bei Cobalt in Wasser die zweiwertige Stufe als stabilste Wertigkeit nur durch starke Oxidationsmittel in die dreiwertige Stufe übergeführt werden kann und Co(III) Wasser unter O_2-Entwicklung zersetzt, ist umgekehrt dreiwertiges Rhodium aufgrund der viel größeren

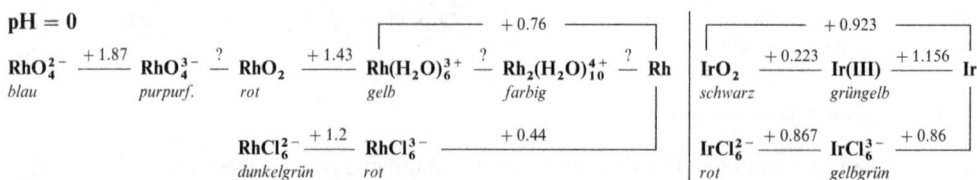

Abb. 30.8

Ligandenfeldaufspaltung im oktaedrischen Feld und der somit gewinnbaren hohen Ligandenfeldstabilisierungsenergie viel beständiger als zweiwertiges Rhodium, das als starkes Reduktionsmittel leicht mit Luftsauerstoff reagiert (Rh(III) ist wasserstabil). Die Koordinationszahlen von zwei-und dreiwertigem Rh und Ir liegen im Bereich vier bis sechs (z. B. quadratisch-planar in $[Rh^{II}Cl_2(PR_3)_2]$, quadratisch-pyramidal in $[Rh^{II}(O_2CMe)_4]$, trigonal-bipyramidal in $[Ir^{III}H_3(PR_3)_2]$, oktaedrisch in $[MCl_6]^{3-}$). Die einwertigen Metalle weisen Zähligkeiten im Bereich von drei bis fünf auf (z. B. T-förmig in $[Rh^I(PR_3)_3]^+$, quadratisch-planar in $[Rh^ICl(PR_3)_3]$, $[Ir^ICl(CO)(PPh_3)_2]$, trigonal-biypramidal in $[Rh^IH(PF_3)_4]$, $[Ir^IH(CO)(PR_3)_3]$), die nullwertigen Metalle die Zähligkeiten sechs (oktaedrisch in $[M^0_4(CO)_{12}]$), die negativ einwertigen Metalle die Zähligkeiten vier auf (tetraedrisch in $[Rh^{-I}(CO)_4]^-$, $[Ir^I(CO)_3(PPh_3)]$). Die Metalle im vier- bis sechswertigen Zustand (z. B. $[M^{IV}Cl_6]^{2-}$, $[M^VF_6]^-$, $[M^{VI}F_6]$) sind oktaedrisch gebaut.

Bezüglich der Elektronenkonfiguration, der Radien, der magnetischen und optischen Eigenschaften von Rhodium- und Iridiumionen vgl. Ligandenfeld-Theorie (S. 1592) sowie Anh. IV, bezüglich eines Eigenschaftsvergleichs der Metalle der Cobaltgruppe S. 1545f und Nachfolgendes.

Vergleichende Betrachtungen

Die wachsende Bindung der d-Außenelektronen an die Atomkerne der Übergangsmetalle innerhalb einer Periode aufgrund der zunehmenden Kernladung führt selbst in der zweiten und dritten Periode ab Ru und Os zu einer Erniedrigung der maximal erreichbaren Oxidationsstufe beim Übergang zu den rechten Periodennachbarn (innerhalb der Gruppe erhöht sich die maximal erreichbare Oxidationsstufe wegen des zunehmenden Abstands der d-Außenelektronen vom Kern):

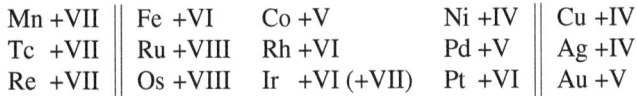

Mn +VII	Fe +VI	Co +V		Ni +IV	Cu +IV
Tc +VII	Ru +VIII	Rh +VI		Pd +V	Ag +IV
Re +VII	Os +VIII	Ir +VI (+VII)		Pt +VI	Au +V

Aus gleichem Grunde sind die Oxidationsstufen +IV bei Co, +IV und +V bei Rh sowie +V bei Ir selten. Auch sinken die Schmelz-und Siedepunkte beim Übergang von Fe, Ru, Os zu Co, Rh, Ir als Folge der Abnahme der Bindungstendenz der d-Elektronen, und es nimmt die Tendenz der Metalle zur Bildung von Oxokomplexen ab (die Stärke von MO-Bindungen beruht auf der π-Rückkoordination seitens des Sauerstoffs; man kennt zwar $[Co^{II}O_3]^{4-}$, $[Co^VO_4]^{3-}$, aber keine Oxokomplexe von Rh und Ir).

Die Metalle Co, Rh und Ir tendieren wie die vorangehenden Elemente zur Bildung von Metallatomclustern. Von Co, Rh bzw. Ir sind Dimetallclusterionen M_2^{4+} (Bindungsordnung BO = 1) und Bindungsabständen von rund 2.3, 2.4 bzw. 2.8 Å bekannt, von Rh auch Clusterionen Rh_2^{5+} (BO = 1.5).

2.2 Verbindungen des Rhodiums und Iridiums

2.2.1 Wasserstoffverbindungen

Rhodium und Iridium bilden wie das leichtere Homologe Cobalt keine unter Normalbedingungen isolierbaren binären Hydride, obwohl beide Metalle Hydrierungen katalysieren. Man kennt jedoch ternäre Hydride der Zusammensetzung Li_3RhH_4, Ca_2MH_5 (M = Rh, Ir; analog: Sr_2MH_5) und Na_3MH_6 (M = Rh, Ir; analog: Li_3IrH_6), die im Sinne der Formulierungen 3 LiH·RhH, 2 CaH₂·MH, 2 SrH₂·MH, 3 LiH·IrH₃, 3 NaH·MH₃ Mono-und Trihydride MH und MH₃ des Rhodiums und Iridiums enthalten. Es existieren von beiden Hydriden mit ein-und dreiwertigen Metallen (d^8-und d^6-Elektronenkonfiguration) zudem Addukte mit neutralen Donoren wie $[MH(PR_3)_4]$ (R = F, OR′, Organyl) und $[MH_3(PR_3)_3]$ (vgl. Tab. 32.1). Von Rh ist ein Komplex $[RhH_3(triphos)]$ mit dem Chelatliganden triphos = $MeC(CH_2PPh_2)_3$ bekannt, der erwähnenswerterweise mit P_4 unter PH_3-Eliminierung zu $[RhP_3(triphos)]$ mit RhP_3-Tetraeder reagiert.

$IrH_3(PMe_2Ph)_3$ lässt sich zum »Tetrahydrid« $[IrH_4(PMe_2Ph)_3]^+$ protonieren. Mit $[IrH_5(PR_3)_2]$ (R z. B. Me, Cy $= C_6H_{11}$) kennt man darüber hinaus die Addukte des Pentahydrids IrH_5 mit fünfwertigem Ir (d^4). Die Verbindung $[IrH_5(PCy_3)_2]$ lässt sich zum »Hexahydrid« $[IrH_2(H_2)_2(PCy_3)_2]^+$ protonieren.

Strukturen. Die aus den Elementen zugänglichen ternären Hydride enthalten im Falle der farblosen Verbindungen Li_3IrH_6 und Na_3MH_6 MH_6^{3-}-Oktaeder (M im Oktaederzentrum), im Falle der farblosen Verbindungen Ca_2MH_5 und Sr_2MH_5 tetragonale MH_5^{4-}-Pyramiden und im Falle der metallisch-glänzenden Verbindungen Li_3RhH_4 planare RhH_4^{3-}-Einheiten. Unter den Phosphan-Addukten sind die Verbindungen $[MH(PR_3)_4]$ analog $[CoH(PR_3)_4]$ strukturiert (MP_4-Tetraeder mit M im Tetraederzentrum und H fluktuierend über den Tetraederflächen), die Verbindungen $[IrH_3(PR_3)_3]$ mit *mer*- und *fac*-ständigen H-Atomen (z. Teil dimer). $[IrH_5(PMe_3)_2]$ stellt ein fluktuierendes Molekül dar. Bezüglich der Carbonyl-Addukte vgl. S. 2136.

2.2.2   Halogen-und Pseudohalogenverbindungen

Halogenide (S. 2074). Wie aus Tab. 30.2 hervorgeht, existieren als binäre Halogenide von sechs-, fünf-und vierwertigem Rhodium und Iridium ausschließlich Fluoride MF_6, MF_5 und MF_4 (die Existenz von $IrCl_4$ ist unsicher; man kennt jedoch die Halogenokomplexe MCl_6^{2-} und $IrBr_6^{2-}$ der unbekannten Tetrahalogenide MCl_4 und $IrBr_4$). RhF_6 und RhF_5 stellen die einzigen binären sechs-und fünfwertigen Rh-Verbindungen dar. Andererseits kennt man alle dreiwertigen Halogenide MX_3 der Elemente, während Di-und Monohalogenide MX_2 und MX nur in Form von Donoraddukten wie $[RhX_2(PR_3)_2]$ und $[MX(PR_3)_3]$ isolierbar sind (jeweils quadratisch; X = Cl, Br, I; die Existenz von IrBr und IrI ist unsicher). Wie von Co sind auch von Rh und Ir keine Halogenidoxide eindeutig charakterisiert. Wichtige Ru-und Os-Halogenide stellen insbesonders $RhCl_3$ und $IrCl_3$ in Form der Trihydrate $MCl_3 \cdot 3H_2O \,\hat{=}\, [M(H_2O)_3Cl_3]$ dar. Sie dienen für die Darstellung vieler Rh-und Ir-Verbindungen.

Darstellung. Erhitzt man Rhodium und Iridium in einer Fluoratmosphäre, so gehen sie in schwarzes Rhodium- sowie gelbes Iridiumhexafluorid MF_6 (d^3-Elektronenkonfiguration) über. Beide Fluoride müssen wegen ihrer Zersetzlichkeit aus dem Reaktionsgas »ausgefroren« werden und lassen sich durch kontrollierten thermischen Abbau in dunkelrotes Rhodium- sowie gelbes Iridiumpentafluorid MF_5 (d^3) überführen, welche ihrerseits durch Rh- oder Ir-Schwarz bei erhöhter Temperatur (400 °C) zu purpurrotem Rhodium- sowie braunem Iridiumtetrafluorid MF_4 (d^5) reduzierbar sind (RhF_4 wird auch durch Fluorierung von $RhBr_3$ mit BrF_3, MF_4 aus den Elementen bei 250 °C gewonnen). Alle Rhodium- sowie Iridiumtrihalogenide MX_3 (d^6) bilden sich aus den Elementen ((RhI_3) durch Einwirkung wässriger KI-Lösungen auf $RhBr_3$). Die Hydrate $MX_3 \cdot 3H_2O$ (M = Rh, X = Cl, Br; M = Ir, X = Cl, Br, I) erhält man durch Lösen von M_2O_3 in den betreffenden Halogenwasserstoffsäuren; sie verbleiben beim Eindunsten der Lösungen.

Strukturen (vgl. Tab. 30.2 sowie S. 2074). Rh und Ir weisen in den Halogeniden MX_n oktaedrische X-Koordination auf. Während die Halogenide MF_6 auch in kondensierter Phase als Monomere vorliegen (O_h-Symmetrie), bilden die Halogenide MF_5 Tetramere, die Halogenide MF_4 und MF_3 Raumstrukturen (s. unten) und die Halogenide MCl_3, MBr_3, MI_3 Schichtstrukturen mit »$CrCl_3$-Struktur« (s. dort). Mit der Struktur von IrF_4, die auch RhF_4 zukommt, wurde erstmals für ein Tetrafluorid eine »Raumstruktur« aufgefunden. Die »IrF_4-Struktur« unterscheidet sich von der auf S. 1829 besprochenen »SnF_4«-und »VF_4«-Struktur durch eine Verknüpfung der MF_6-Oktaeder mit vier benachbarten MF_6-Oktaedern in der Weise, dass nicht zwei *trans*-, sondern zwei *cis*-ständige Fluorid-Ionen unverbrückt bleiben. Es resultiert näherungsweise eine Raumstruktur vom Rutil-Typ (vgl. S. 135), wobei alternierende M-Positionen der Bänder aus kantenverbrückten TiO_6-Oktaedern unbesetzt bleiben. In der auch für IrF_3 zutreffenden »RhF_3-Struktur« besetzen die Rh-Ionen $\frac{1}{3}$ der oktaedrischen Lücken einer hexagonal-dichtesten Fluorid-Packung.

Tab. 30.2 Halogenide und Oxide von Rhodium und Iridium.[a]

	Fluoride		Chloride		Bromide		Iodide		Oxide	
M(VI)	RhF$_6$ schwarz 70 °C O$_h$ (6)	IrF$_6$[b] gelb 44 °C O$_h$ (6)	–	–	Verbindung Farbe Smp. Struktur (KZ)* *Tetr. = Tetramer		–	–	RhO$_3$ nur in Gasphase	IrO$_3$ nur in Gasphase
M(V)	RhF$_5$ rot 95.5 °C Tetr. (6)	IrF$_5$ gelb 104.5 °C Tetr. (6)	–	–			–	–	–	–
M(IV)	RhF$_4$ rot IrF$_4$ (6)	IrF$_4$ braun IrF$_4$ (6)	– nur RhCl$_6^{2-}$	IrCl$_4$? sicher IrCl$_6^{2-}$	– nur IrBr$_6^{2-}$	–	–	–	RhO$_2$ schwarz TiO$_2$ (6)	IrO$_2$[c] schwarz TiO$_2$ (6)
M(III)	RhF$_3$ rot RhF$_3$ (6)	IrF$_3$ schwarz RhF$_3$ (6)	RhCl$_3$[d] braun CrCl$_3$ (6)	IrCl$_3$[d] rot CrCl$_3$ (6)	RhBr$_3$ rotbraun CrCl$_3$ (6)	IrBr$_3$ rotbraun CrCl$_3$ (6)	RhI$_3$ dunkel CrCl$_3$ (6)	IrI$_3$ dunkel CrCl$_3$ (6)	Rh$_2$O$_3$[c] dunkel Al$_2$O$_3$ (6)	Ir$_2$O$_3$ dunkel –[e]
M(II,I)	–	–	–[f]	–	–[f]	IrBr[g]	–[f]	IrI[g]	–	–

a Man kennt auch Sulfide, Selenide, Telluride. Darüber hinaus existieren Pentelide, Tetrelide, Trielide (S. 2016).
b IrF$_6$: Sdp. 53.6 °C; ΔH_f −580 kJ mol^{-1}; IrF$_7$ soll nach Berechnungen existieren.
c Nicht wasserfrei isolierbar.
d ΔH_f für IrO$_2$/Rh$_2$O$_3$ = −274/−343 kJ mol^{-1}.
e ΔH_f für RhCl$_3$/IrCl$_3$ = −299/−246 kJ mol^{-1}. Nicht wasserfrei isoliert.
f Man kennt von MX$_2$ und MX (X = Cl, Br, I) u. a. Phosphankomplexe RhX$_2$(PR$_3$)$_2$ und MX(PR$_3$)$_3$.
g Rotbraunes IrBr und IrI sollen sich beim Erhitzen von IrX$_3$ auf 440 bzw. 330 °C im HX-Strom bilden.

Eigenschaften. Einige Kenndaten der Rhodium-und Iridiumhalogenide sind in der Tab. 30.2 wiedergegeben. – Die Thermostabilität der Halogenide MX$_n$ von Rh und Ir nimmt ähnlich wie die der Halogenide von Ru und Os (S. 1974) beim Übergang vom schwereren zum leichteren Element sowie mit wachsendem n ab. Demgemäß zerfallen die Hexafluoride (und hier hauptsächlich RhF$_6$) leicht unter Fluorabgabe in die Pentafluoride, welche einigermaßen thermostabil sind. Flüchtiges IrF$_5$ (doch nicht RhF$_5$) entsteht sogar bei 400 °C als Folge der Disproportionierung: 2 MF$_4$ $\longrightarrow$ MF$_3$ + MF$_5$. Entsprechend der geringen Thermostabilität haben IrF$_6$ und insbesondere RhF$_6$ eine hohe Oxidationskraft (in H$_2$O entwickelt RhF$_6$ Sauerstoff). Die Hydrolyseneigung der höherwertigen Rh-und Ir-Halogenide ist wie die der höherwertigen Ru-und Os-Halogenide groß, sodass es sich bei den Penta-und insbesondere Hexafluoriden um äußerst reaktionsfähige, ätzende Verbindungen handelt. RhF$_6$ setzt sich als instabiles Halogenid selbst mit sorgfältig getrocknetem Glas um. Demgegenüber sind die dreiwertigen Rh-und Ir-Halogenide – aus kinetischen Gründen – wasserbeständig und weisen demgemäß nur geringe Löslichkeiten auf. Man gewinnt die leichter löslichen Trihydrate RhCl$_3 \cdot$ 3 H$_2$O (dunkelrot) und IrCl$_3 \cdot$ 3 H$_2$O (dunkelgrün) aus diesem Grunde durch direkte Methoden (»Naßmethoden«; s. oben). Darüber hinaus lässt sich das Hydrat RhCl$_3 \cdot$ 3 H$_2$O durch Erhitzen in trockenem HCl-Strom auf 180 °C zu einem reaktionsfähigen, in Wasser und Tetrahydrofuran löslichen Produkt RhCl$_3$ entwässern.

Komplexe der Rh-und Ir-Halogenide. Behandelt man die M(III)-Komplexe MCl$_3 \cdot$ 3 H$_2$O = [MCl$_3$(H$_2$O)$_3$] (M = Rh bzw. Ir; d^6-Elektronenkonfiguration) mit kochendem Wasser oder Mineralsäuren, so bilden sich auf dem Wege über [MCl$_2$(H$_2$O)$_4$]$^+$ und [MCl(H$_2$O)$_5$]$^{2+}$ die »Hexaaquametall(III)-Ionen« [M(H$_2$O)$_6$]$^{3+}$ (gelb bzw. grüngelb), digeriert man sie mit Alkalilauge, so fallen dunkelfarbige »Metall(III)-Oxid-Hydrate« M$_2$O$_3 \cdot x$ H$_2$O (nicht entwässerbar) aus, versetzt man sie mit konzentrierter Salzsäure, so entstehen auf dem Wege über [MCl$_4$(H$_2$O)$_2$]$^-$ und [MCl$_5$(H$_2$O)]$^{2-}$ die »Hexahalogenokomplexe« [MCl$_6$]$^{3-}$ (rot bzw. olivgrün). Letztere bilden gut kristallisierende Alkalimetall-sowie Ammoniumsalze ((NH$_4$)$_3$[RhCl$_6$] lässt sich zur Abscheidung von Rh(III) nutzen). Die Komplexe [MCl$_6$]$^{3-}$ hydrolysieren in Wasser langsam über »Aquachlorokomplexe« [MCl$_n$(H$_2$O)$_{6-n}$]$^{(3-n)+}$ (n = 5, 4, 3, 2, 1) zu [M(H$_2$O)$_6$]$^{3+}$ (es wird jeweils Cl$^-$ in *cis*-Stellung zu H$_2$O leichter substituiert, sodass die Hydrolyse über *cis*-[MCl$_4$(H$_2$O)$_2$]$^-$ und *fac*-[MCl$_3$(H$_2$O)$_3$] führt; Ligandensubstitutionen verlaufen aber an Ir(III)-Komplexen erheblich langsamer ab als an Rh(III)-Komplexen; vgl. S. 1629). In analoger Weise reagiert Ammoniak mit [MCl$_6$]$^{3-}$ bzw. [MCl$_3$(H$_2$O)$_3$] zu »Amminchlorokomplexen« [MCl$_n$(NH$_3$)$_{6-n}$]$^{(3-n)+}$ (die Unlöslichkeit von [RhCl(NH$_3$)$_5$]Cl$_2$ nutzt man zur Abtrennung des dreiwertigen Rhodiums von Ir(III)). Man kennt auch analog [MCl$_6$]$^{3-}$ gebaute Halogenokomplexe [RhF$_6$]$^{3-}$, [RhF$_5$]$^{2-}$, [MBr$_6$]$^{3-}$ und [IrI$_6$]$^{3-}$ (jeweils ein ungepaartes Elektron; μ_{mag} = 1.6–1.7BM). Typische Formeln für weitere, häufig gelb-bis orangefarbene Rh(III)-und Ir(III)-Komplexe sind [MCl$_3$L$_3$] (L z. B. = py, PR$_3$, AsR$_3$, SR$_2$, CO usw.), [MCl$_4$L$_2$]$^-$ (L z. B. py = Pyridin), [MCl$_2$L$_4$]$^+$ (L$_2$ z. B. en = Ethylendiamin).

Beispiele für M(V)-Komplexe von Rh und Ir sind die Halogenokomplexe [MF$_6$]$^-$ (d^4; oktaedrisch; 2 ungepaarte Elektronen; μ_{mag} = 1.25BM) z. B. mit Na$^+$ bis Cs$^+$, XeF$^+$ als Gegenionen. Noch unbekanntes KrF$^+$IrF$_6^-$ soll nach Berechnungen in exothermer Reaktion in Kr und (isolierbares) IrF$_7$ übergehen (pentagonal-bipyramidaler Bau). Beispiele für M(IV)-Komplexe bieten die Verbindungen [MX$_6$]$^{2-}$ (d^5; X = F, Cl, Br; oktaedrisch; ein ungepaartes Elektron; μ_{mag} = 1.6–1.8BM). Die zuletzt angesprochenen Hexahalogenometallate(IV) lassen sich durch Oxidation von MX$_6^{3-}$ mit Chlor bzw. von [IrBr$_6$]$^{3-}$ mit Brom bei 0°C gewinnen. Besondere Bedeutung kommt dem Hexachloroiridat(IV) [IrCl$_6$]$^{2-}$ zu. Man stellt es bequem durch Chlorierung von Ir-Pulver oder Eintragen von IrO$_2$ in konzentrierte Salzsäure jeweils in Anwesenheit von Alkalimetallchlorid dar. »Natrium-hexachloroiridat(IV)« Na$_2$IrCl$_6$ wird als Ausgangsmaterial für die Darstellung anderer Ir(IV)-Verbindungen wie etwa [IrCl$_3$(H$_2$O)$_3$]$^+$, [IrCl$_4$(H$_2$O)$_2$], [IrCl$_5$(H$_2$O)]$^-$ (vgl. Tab. 30.2 sowie S. 2014) genutzt. [IrCl$_6$]$^{2-}$ zersetzt sich in alkalischer Lösung unter O$_2$-Entwicklung: 2[IrCl$_6$]$^{2-}$ + 2OH$^-$ $\rightleftharpoons$ 2[IrCl$_6$]$^{3-}$ + $\frac{1}{2}$O$_2$ + H$_2$O. In starker Säure wird [IrCl$_6$]$^{3-}$ umgekehrt durch Sauerstoff zu [IrCl$_6$]$^{2-}$ oxidiert. [IrCl$_6$]$^{2-}$ wirkt nicht nur bezüglich OH$^-$, sondern auch bezüglich Iodid, Oxalat, Ethanol und einer Reihe organischer Substanzen als Oxidationsmittel.

Die M(II)-Komplexe des Rhodiums und Iridiums sind im Gegensatz zu den Co(II)-Verbindungen sehr selten (deutliche Abnahme der Tendenz zur Bildung von Komplexen der zweiwertigen Metalle in Richtung Co(II) > Rh(II) > Ir(II)). Isolierbar sind im Falle der Rhodiumdihalogenide paramagnetische, quadratische Komplexe des Typs [RhX$_2$(PR$_3$)$_2$] mit sperrigen Phosphanliganden (z.B. R = Cyclohexyl C$_6$H$_{11}$) sowie diamagnetische Komplexe mit RhRh-Clustern (s. unten). Andererseits deuten ESR-Studien an einem durch Elektronenbestrahlung von [IrCl$_6$]$^{3-}$ in Kochsalz erhältlichen Produkt auf die Anwesenheit des paramagnetischen Chlorokomplexes [IrCl$_6$]$^{4-}$. Die M(I)-Komplexe des Rhodiums und Iridiums enthalten in der Regel immer π-Akzeptor-Liganden. So existiert das »Rhodium(I)-chlorid« RhCl bzw. »Iridium(I)-chlorid« IrCl nicht als solches, sondern nur in Form gelber bis roter Addukte mit Triphenylphosphan, Ethylen, Kohlenoxid usw. Besondere Bedeutung hat hier das diamagnetische Chloro-tris(triphenylphosphan)rhodium(I) [RhCl(PPh$_3$)$_3$] (rotviolette sowie orangefarbene Kristalle; rote Benzollösung; 16 Außenelektronen) als Katalysator für Hydrierungen sowie Hydroformylierungen von Alkenen in homogener Lösung erlangt (»Wilkinsons Katalysator«, s. unten). Es lässt sich durch Reduktion einer alkoholischen Lösung von RhCl$_3 \cdot 3$H$_2$O in Anwesenheit von PPh$_3$ gewinnen und ist quadratisch gebaut (geringfügige Verzerrung in Richtung tetraedrischer Koordination). Man kennt auch einen entsprechenden Iridiumkomplex [IrCl(PPh$_3$)$_3$]. In Benzol beobachtet man im Falle der Rhodium-, nicht jedoch der Iridium-Verbindung das Dissoziationsgleichgewicht:

$$\text{RhCl(PPh}_3)_3 \rightleftharpoons \text{RhCl(PPh}_3)_2 + \text{PPh}_3,$$

das allerdings weitgehend auf der linken Seite liegt (K = 1.4·10^{-4}, stabiler ist [RhCl(PR$_3$)$_2$] mit sperrigen PR$_3$-Liganden). Das Spaltungsprodukt »Chlorobis(triphenylphosphan)rhodium« (KZ = 3, nur 14 Außenelektronen), das zum Teil über Chlorbrücken dimer vorliegt (2RhCl(PPh$_3$)$_3$ $\rightleftharpoons$ (Rh$_3$P)$_2$Rh(μ-Cl)$_2$Rh(PPh$_3$)$_2$ + 2PPh$_3$; K = 3·10^{-4}), vermag seinerseits eine Reihe von π-Akzeptorliganden L wie Kohlenoxid, Sauerstoff, Ethylen zu addieren, sodass sich also $RhCl(PPh_3)_3$ mit den betreffenden Liganden insgesamt wie folgt umsetzt:

$$RhCl(PPh_3)_3 + L \;\rightleftharpoons\; \textit{trans-}RhClL(PPh_3)_2 + PPh_3.$$

Die Phosphangruppen stehen in $RhCl(CO)(PPh_3)_2$ (gelb; quadratischer Bau) in *trans*-Stellung. Die Verbindung, die auch aus $RhCl_3 \cdot 3\,H_2O$ und Formaldehyd (Lsm.: Alkohol), sowie $[RhCl(CO)_2]_2$ und PPh_3 zugänglich ist, lässt sich mit $NaBH_4$ in Anwesenheit von PPh_3 in den gelben, kristallinen Hydridokomplex $RhH(CO)(PPh_3)_3$ (trigonal-bipyramidal) verwandeln. Behandelt man $RhCl(PPh_3)_3$ mit Thalliumperchlorat in Aceton, so lässt sich statt des Triphenylphosphanliganden Chlorid unter Bildung des T-förmig gebauten Tris(triphenylphosphan)rhodium(I)-Ions $Rh(PPh_3)_3^+$ abspalten (entsprechende Komplexe des Iridiums haben die Zusammensetzung $[Ir(PR_3)_4]^+$:

$$RhCl(PPh_3)_3 + TlClO_4 \;\longrightarrow\; Rh(PPh_3)_3^{3+} + ClO_4^- + TlCl.$$

Wasserstoff wird von $RhCl(PPh_3)_3$ unter oxidativer Addition (S. 423) addiert. Das hierbei entstehende »Chlorodihydridotris(triphenylphosphan)rhodium(III)« $RhH_2Cl(PPh_3)_3$ (oktaedrisch; *mer-*$(PPh_3)_3$- sowie *cis-*H_2-Anordnung) vermag reversibel Triphenylphosphan unter Bildung von »Chloro-dihydridobis(triphenylphosphan)rhodium(III)« $RhH_2Cl(PPh_3)_2$ (trigonal-bipyramidal; Cl sowie 1 H axial gebunden) abzuspalten:

$$Rh^ICl(PPh_3)_3 + H_2 \;\rightleftharpoons\; Rh^{III}H_2Cl(PPh_3)_3 \;\rightleftharpoons\; Rh^{III}H_2Cl(PPh_3)_2 + PPh_3.$$

Auch $[IrCl(PPh_3)_3]$ addiert Wasserstoff unter Bildung von $[IrClH_2(PPh_3)_3]$. Da letztere Verbindung nicht unter Abspaltung von PPh_3 zerfällt, eignet sie sich im Gegensatz zu $[RhClH_2(PPh_3)_3]$ nicht als Katalysator für Hydrierungen von Alkenen (vergleiche S. 2019). Besonders bekannt geworden ist unter den Ir(I)-Verbindungen gelbes, diamagnetisches *trans*-Carbonylchlorobis(triphenylphosphan) $[IrCl(CO)(PPh_3)_2]$ (»Vaskas Komplex«; 16 Außenelektronen), das man durch Rückflusskochen einer Lösung von Triphenylphosphan und Hexchloroiridat(III) $IrCl_6^{3-}$ in Diethylenglycol in einer Kohlenmonoxid-Atmosphäre darstellen kann. Es addiert in einem vom CO-Druck abhängigen Gleichgewicht

$$\textit{trans-}[IrCl(CO)(PPh_3)_2] + CO \;\rightleftharpoons\; [IrCl(CO)_2(PPh_3)_2].$$

ein weiteres Molekül Kohlenstoffmonoxid unter Bildung des Komplexes $[IrCl(CO)_2(PPh_3)_2]$ (trigonal-bipyramidal; 18 Außenelektronen), der von $NaBH_4$ in Alkohol in das Hydrid $[IrH(CO)_2(PPh_3)_2]$ überführt wird. Letztere Verbindung wirkt – wie die weniger stabile Rhodiumverbindung $[RhH(CO)(PPh_3)_2]$ – als Katalysator für die Alkenformylierung. Besonders charakteristisch für Vaskas Komplex ist seine Neigung zur oxidativen Addition von Molekülen wie H_2, O_2, N_2, SO_2, Alkenen, z. B.:

$$\textit{trans-}[IrCl(CO)(PPh_3)_2] + H_2 \;\longrightarrow\; \textit{trans-}[IrClH_2(CO)(PPh_3)_2].$$

Weitere Ir(I)-Halogenokomplexe sind etwa: $[IrCl(C_2H_4)_4]$, $[IrCl(CNR)_4]$, $[IrCl(NO)(PPh_3)_2]^+$.

Besondere Bedeutung haben »Wilkinsons Katalysator« $[RhCl(PPh_3)_3]$ bzw. »Vaskas Komplex« *trans*-$[IrCl(CO)(PPh_3)_2]$ als Katalysatoren für Hydrierungen und Hydroformylierungen von Alkenen in homogener Lösung erlangt (vgl. S. 2019, 2005).

Cyanide (S. 2084). Binäre Cyanide existieren nur von Rh(III) und Ir(III): $M(CN)_3$ (gewinnbar durch Einwirkung von KCN auf $RhCl_3 \cdot 3\,H_2O$ bzw. durch Thermolyse von $(NH_4)_3[Ir(CN)_6]$). Von ihnen leiten sich die diamagnetischen, oktaedrischen Hexacyanometallate(III) $[M(CN)_6]^{3-}$ ab (vgl. $Co(CN)_6^{3-}$), die bei Zugabe von Kaliumcyanid zu einer $RhCl_3 \cdot 3\,H_2O$- bzw. $(NH_4)_3[IrCl_6]$-Lösung als diamagnetische, farblose Teilchen (18 Außenelektronen; vgl. S. 2085) entstehen und in Form von $K_3[M(CN)_6]$ auskristallisieren. Durch Photolyse lassen sich die Komplexe $[M(CN)_6]^{3-}$ in Wasser in die Ionen $[M(CN)_5(H_2O)]^{2-}$ überführen, die ihrerseits leicht in $[M(CN)_5X]^{n-}$ (X = Halogenid, OH^-, NCR) umwandelbar sind. Tetracyanorhodat(I) $[Rh(CN)_4]^{3-}$ (16 Außenelektronen; vgl. S. 2085) bildet sich als Produkt der Reaktion von CN^- mit $[RhCl(CO)_2]_2$; es addiert leicht HCN zum »Pentacyanohydridorhodat(III)« $[RhH(CN)_5]^{3-}$.

Azide (S. 2087). Die dem Pseudohalogeno-Komplex $[M(CN)_6]^{3-}$ entsprechenden Hexaazidometallate(III) $[M(N_3)_6]^{3-}$ sind als NBu_4^+-Salze auch ersteren zugänglich ($NBu_4^+N_3^-$ anstelle von K^+Cu^-).

2.2.3   Chalkogenverbindungen

Rhodium und Iridium bilden die binären »Oxide« MO_3, MO_2 und M_2O_3 (MO_3 nur in der Gasphase, vergleiche Tab. 30.2 sowie Tab. 32.8), ferner schlecht charakterisierte »Hydroxide« $M_2O_3 \cdot x\,H_2O$. Auch existieren von einigen Oxidationsstufen beider Elemente »Salze« und »Metallate« (formal Umsetzungsprodukte der isolierten bzw. nicht isolierten Oxide mit Säuren bzw. Basen). Darüber hinaus existieren »Sulfide«, »Selenide« und »Telluride« der Zusammensetzung MY, M_2Y_3, MY_2, M_2Y_5 und MY_3.

Rhodium- und Iridiumoxide. Im Gegensatz zu Ru und Os bilden Rhodium und Iridium keine flüchtigen »Tetraoxide« MO_4. Ein grünes, durch Oxidation von Rh(III)-sulfat z. B. mit O_3 oder mit elektrischem Strom erhältliches Hydrat $RhO_2 \cdot x\,H_2O$ des Rhodiumdioxids RhO_2 (»Rhodium(IV)-oxid«) zersetzt sich beim Entwässern unter Sauerstoffabgabe zu Rh_2O_3. Das wasserfreie, schwarze Dioxid lässt sich aber durch Erhitzen von Rh_2O_3 in Sauerstoff unter erhöhtem Druck gewinnen. Andererseits lässt sich das beim vorsichtigen Versetzen einer $IrCl_6^{2-}$-Lösung mit Alkali ausfallende blauschwarze Hydrat $IrO_2 \cdot x\,H_2O$ des Iridiumdioxids IrO_2 (»Iridium(IV)-oxid«) in wasserfreies – auch direkt durch Erhitzen von Iridium in Sauerstoff erhältliches – Dioxid verwandeln. Beide Verbindungen (»Rutil-Struktur«) verflüchtigen sich bei hohen Temperaturen als Rhodium- und Iridiumtrioxide MO_3 (RhO_3: Bildung bei 850 °C, Zerfall bei 1050 °C in Rh und O_2; IrO_3: Bildung aus Ir und O_2 bei 1200 °C), die sich allerdings nicht in die kondensierte Phase überführen lassen. Versetzt man andererseits eine wässrige Rh(III)-Salzlösung mit Alkali, so fällt ein gelbes, nicht entwässerbares Hydrat $Rh_2O_3 \cdot x\,H_2O$ des Dirhodiumtrioxids Rh_2O_3 (»Rhodium(III)-oxid«) aus. Es entsteht in wasserfreier, dunkelgrauer Form (»Korund-Struktur«) beim Erhitzen von Rh oder $RhCl_3$ in Sauerstoff auf 600 °C bzw. durch thermisches Zersetzen von Rh(III)-sulfat. Das grüne bis blauschwarze Hydrat $Ir_2O_3 \cdot x\,H_2O$ des Diiridiumtrioxids Ir_2O_3 (»Iridium(III)-oxid«) fällt langsam aus einer alkalischen Lösung von $[IrCl_6]^{3-}$ aus. Es soll in wasserfreier Form beim Erhitzen von $K_3[IrCl_6]$ mit Na_2CO_3 entstehen.

Rhodate, Iridate (Oxokomplexe von Rh, Ir). Bei der Oxidation alkalischer Lösungen von Rh(III)-Salzen mit ClO^-, BrO^-, $S_2O_8^{2-}$ bzw. von RhO_2 in konz. KOH-Lösung mit Cl_2 oder in verdünnter $HClO_4$-Lösung mit elektrischem Strom bilden sich brilliant-blaue Lösungen des Rhodats(VI) RhO_4^{2-} (wohl tetraedrisch). Der Paramagnetismus des Ba^{2+}-Salzes entspricht einem ungepaarten Elektron, wonach RhO_4^{2-} (d^3) eine – bei Vorliegen eines tetraedrischen Ligandenfeldes – ungewöhnliche low-spin-(e^3-)Elektronenkonfiguration besäße. Gibt man zu alkalischen Rh(III)-Salzlösungen weniger Oxidationsmittel, so erhält man orangegelbe Lösungen des Rhodats(V) RhO_4^{3-}, das in saurer Lösung gemäß $3\,RhO_4^{3-} + 5\,H^+ \longrightarrow 2\,RhO_4^{2-} + Rh(OH)_3 + H_2O$ disproportioniert ($E°$ für $RhO_4^{2-}/RhO_4^{3-} = 1.87\,V$). Analoge »Iridate(IV,V)« sind bisher unbekannt. Beim Schmelzen von Rhodium bzw. Iridium mit Natriumcarbonat an Luft entstehen andererseits sowohl Rhodat(IV) als auch Iridat(IV) MO_3^{2-} in Form der Natriumsalze (»Na_2SnO_3-Struktur« im Falle von Na_2RhO_3).

Aqua-und verwandte Komplexe von Rh, Ir. Aqua-Komplexe. »Hexaaquarhodium(IV)«-und »-iridium(IV)«-Ionen $[M(H_2O)_6]^{4+}$ sind unbekannt. Es existieren nur die hydratisierten Metalldioxide $MO_2 \cdot x\,H_2O$ (s. oben) sowie von Iridium ein durch Behandlung von $Na_2[IrCl_6]$ mit KOH gewinnbares Hexahydroxoiridat(IV) $[Ir(OH)_6]^{2-}$ (isolierbar als Zn^{2+} bzw. Cd^{2+}-Salz).

Beim Kochen einer wässrigen $RhCl_3 \cdot 3\,H_2O$-Lösung bildet sich das gelbe – auch beim Auflösen von $Rh_2O_3 \cdot x\,H_2O$ in Mineralsäure erhältliche – Hexaaquarhodium(III)-Ion $[Rh(H_2O)_6]^{3+}$, welches als Säure wirkt:

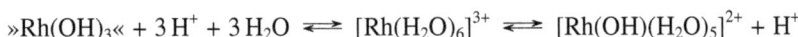

$$\text{»}Rh(OH)_3\text{«} + 3\,H^+ + 3\,H_2O \rightleftharpoons [Rh(H_2O)_6]^{3+} \rightleftharpoons [Rh(OH)(H_2O)_5]^{2+} + H^+$$

(pK_S ca. 3.3; undissoziiertes $[Rh(H_2O)_6]^{3+}$ existiert nur bei pH-Werten < 1). Beim Versetzen einer Lösung des Hexaaquarhodium(III)-Ions, das auch im wasserhaltigen Perchlorat $Rh(ClO_4)_3 \cdot 6\,H_2O$ (gelb), im Sulfat $Rh_2(SO_4)_3 \cdot n\,H_2O$ (gelb: $n = 12$; rot: $n = 6$) sowie im Alaun $M^IRh(SO_4)_2 \cdot 12\,H_2O$ vorliegt, mit Alkali fällt $Rh_2O_3 \cdot x\,H_2O$ aus (s. oben). Weniger leicht bildet sich das Hexaaquairidium(III)-Ion $[Ir(H_2O)_6]^{3+}$; es liegt in Lösungen von $Ir_2O_3 \cdot x\,H_2O$ in starken Mineralsäuren sowie analog $[Rh(H_2O)_6]^{3+}$ in Form von Perchlorat, Sulfat und Alaunen vor.

Wie im Falle des Rutheniumkomplexes $[Ru(H_2O)_6]^{3+}$ lässt sich auch im Falle des Rhodiumkomplexes $[Rh(H_2O)_6]^{3+}$ ein Wassermolekül durch andere Liganden L ersetzen:

$$[Rh(H_2O)_6]^{3+} + L^{0/-} \rightleftharpoons [Rh(H_2O)_5L]^{3+/2+} + H_2O.$$

Derartige »Anationen« (L z. B. Cl^-, Br^-, NCS^-, NH_3) verlaufen allerdings langsam (vgl. S. 1631). Das »Pentaaquachlororhodium(III)-Ion« kann seinerseits durch das Hexaaquachrom-(II)-Ion zum blauen Decaaquadirhodium(II)-Ion $[Rh_2(H_2O)_{10}]^{4+}$ reduziert werden (vgl. S. 2018):

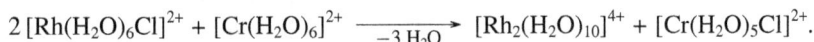

$$2\,[Rh(H_2O)_6Cl]^{2+} + [Cr(H_2O)_6]^{2+} \xrightarrow{-3\,H_2O} [Rh_2(H_2O)_{10}]^{4+} + [Cr(H_2O)_5Cl]^{2+}.$$

Die Isolierung eines Salzes dieses Kations mit einer RhRh-Bindung (s. unten) scheiterte bisher. Ein analoger Aquakomplex von Ir(II) ist unbekannt.

Als weitere Rh(III)-und Ir(III)-Komplexe mit sauerstoffhaltigen Liganden seien die sehr stabilen, aus Rh(III)-Salzen bzw. dem Iridium(III)-Komplex $[IrCl_6]^{3-}$ mit Oxalat oder Acetylacetonat gewinnbaren roten Verbindungen $[M(ox)_3]^{3-}$ sowie $[M(acac)_3]$ genannt. Ir(III) bildet auch mit vielen Oxosäureanionen Komplexe wie $[Ir(SO_4)_3]^{3-}$, $[Ir(NO_3)_6]^{3-}$. Beispiele für Rh(II)-Komplexe mit O-haltigen Liganden sind etwa die durch Erhitzen von $RhCl_3 \cdot 3\,H_2O$ mit Carbonsäure-Salzen (z. B. Natriumacetat) in Methanol zugänglichen Ionen $[Rh_2(O_2CR)_4]^+$ bzw. die aus $[Rh_2(H_2O)_{10}]^{4+}$ und Sulfat sowie Carbonat erhältliche Ionen $[Rh_2(SO_4)_4]^{4-}$ sowie $[Rh_2(CO_3)_4]^{4-}$ (jeweils RhRh-Bildung; s. unten). Von Ir(II) sind keine einfachen Komplexe mit sauerstoffhaltigen Liganden bekannt. Als Beispiele für Ir(IV)-Komplexe mit sauerstoffhaltigen Liganden seien genannt: $[Ir_3O(O_2CR)_6(py)_3]^{2+}$, $[Ir_3O(SO_4)_9]^{10-}$ und $[Ir_3N(SO_4)_6(H_2O)_3]^{4-}$ genannt, die durch Kochen von Na_2IrCl_6 mit Pyridin in Essigsäure oder mit K_2SO_4 bzw. $(NH_4)_2SO_4$ in konz. H_2SO_4 entstehen und Strukturen analog $[Cr_3O(O_2CR)_6(H_2O)_3]^+$ (S. 1859) aufweisen (Kanten eines O-bzw. N-zentrierten Ir_3-Rings jeweils doppelt mit RCO_2^- oder SO_4^{2-} überbrückt; jedes Ir-Atom koordiniert zusätzlich py, SO_4^{2-} bzw. H_2O als exocyclischen Liganden). Rein formal enthält der erste und zweite Komplex 1 Ir(IV) und 2 Ir(III), der dritte Komplex 2 Ir(IV) und 1 Ir(III). Der erste Komplex lässt sich leicht zu $[Ir_3O(O_2CR)_6(py)_3]^+$ reduzieren (in $[M_3O(O_2CR_2)_6L_3]^+$ sind die Zentralmetalle M = Cr, Fe, Ru, Ir ausschließlich dreiwertig). Entsprechende Rh(IV)-Komplexe sind unbekannt.

Ammin-Komplexe. Erhitzt man $RhCl_3 \cdot 3\,H_2O$ bzw. $Na_3[IrCl_6]$ in konzentriertem Ammoniak mehrere Tage im abgeschlossenen Rohr auf 100 bzw. 140 °C, so bilden sich die Komplexe $[M(NH_3)_6]Cl_3$, welche das farbige Hexaamminrhodium(III)-Ion $[Rh(NH_3)_6]^{3+}$ bzw. Hexaamminiridium(III)-Ion $[Ir(NH_3)_6]^{3+}$ (oktaedrisch) enthalten. In beiden Ionen lässt sich – in langsamen Reaktionen bei Raumtemperatur – ein NH_3-Molekül gegen Chlorid unter Bildung von »Pentaamminchlorometall(III)-Ionen« $[MCl(NH_3)_5]^{2+}$ ersetzen, welche auch aus $RhCl_3 \cdot 3\,H_2O$ bzw. $[IrCl_6]^{3-}$ und Ammoniak direkt zugänglich sind und in Komplexe des Typus $[ML(NH_3)_5]^{n+}$

(L z.B. Br⁻, I⁻, NCS⁻, $\frac{1}{2}$ SO$_4^{2-}$, N$_3^-$, $\frac{1}{2}$ C$_2$O$_4^{2-}$, H$_2$O) überführbar sind (vgl. bezüglich des Substitutionsmechanismus S. 1629). [RhCl(NH$_3$)$_5$]$^{2+}$ lässt sich im wässrigen Medium durch Zink in »Pentaamminhydridorhodium« [RhH(NH$_3$)$_5$]$^{2+}$ verwandeln, das als farbiges, luftstabiles Sulfat isolierbar ist und Alkene wie CH$_2$=CH$_2$ unter Bildung stabiler Alkylrhodiumverbindungen (z.B. [Rh(C$_2$H$_5$)(NH$_3$)$_5$]$^{2+}$) addiert.

Superoxo-und Peroxokomplexe (vgl. S. 2093). Ähnlich wie von Co(III) sind auch von Rh(III) und Ir(III) eine Reihe von Komplexen mit Disauerstoff-Liganden bekannt. Alle Ir-Komplexe enthalten O$_2$ als side-on- (η^2-)gebundenen Peroxo-Rest mit OO-Abständen von 1.4–1.5 Å (vgl. Formel (h) auf S. 1854; Co(III)-Komplexe mit side-on gebundenem O$_2$-Rest stellen die Ausnahme dar). Sie bilden sich u.a. durch Addition von O$_2$ an Vaskas und ähnliche Komplexe (S. 2013) sowie den Komplex [Ir(PR$_3$)$_4$]$^+$: *trans*-[IrX(CO)(PR$_3$)$_2$] + O$_2$ ⟶ *trans*-[IrX(CO)(O$_2$)(PR$_3$)$_2$]; [Ir(PR$_3$)$_4$]$^+$ + O$_2$ ⟶ [Ir(O$_2$)(PR$_3$)$_4$]$^+$. Die O$_2$-Aufnahme ist vielfach reversibel. z.B. nimmt der Vaska-Komplex [IrCl(CO)(PR$_3$)$_2$] Sauerstoff reversibel unter Farbwechsel von gelb nach orangefarben auf, während der verwandte Komplex [IrI(CO)(PR$_3$)$_2$] Sauerstoff irreversibel addiert, was man durch den geringeren Elektronenzug des Iods hinsichtlich Iridium erklären kann, das seine Elektronen deshalb bereitwilliger für die IrO$_2$-Bildung zur Verfügung stellt und diese Bindung dadurch stärkt. Ähnlich gebaute Komplexe existieren auch von Rh(III), das aber zudem auch Superoxokomplexe sowie Komplexe mit end-on- (η^1-)gebundenem Sauerstoff bildet (zum Beispiel [(porph)Rh^{III}−O⋯O], [(py)$_4$ClRh−O−O−RhCl(py)$_4$]$^{n+}$ ($n = 3, 2$).

Rhodium- und Iridiumsulfide, -selenide, -telluride sind aus den Elementen bzw. durch Sulfidierung von Rh-und Ir-Salzen mit H$_2$S als meist dunkelfarbige elektrisch halbleitende oder leitende Feststoffe MY (RhS, IrS, RhTe; Tellurid mit »NiAs-Struktur«), M$_2$Y$_3$ (Rh$_2$S$_3$, Ir$_2$S$_3$, Ir$_2$Se$_3$, Rh$_2$Te$_3$; Sulfide bilden Einheiten aus zwei flächenverknüpften MS$_6$-Oktaedern, die über gemeinsame S-Atome zu Schichten verknüpft sind), MY$_2$ (RhS$_2$, IrS$_2$, RhSe$_2$, IrSe$_2$, RhTe$_2$, IrTe$_2$: verzerrte FeS$_2$-Strukturen), M$_2$Y$_5$ (Rh$_2$S$_5$) und MY$_3$(IrS$_3$, IrSe$_3$, RhTe$_3$; reaktionsträge, lösen sich selbst in Königswasser nicht) zugänglich.

Neben den erwähnten Sulfiden und Seleniden sind einige Polysulfido- und -selenido-Komplexe des Rhodiums und Iridiums durch Reaktion von Ir(III)-Salzen mit (NH$_4$)$_2$S$_n$ und (NH$_4$)$_2$Se$_n$ zugänglich: [Rh^{III}S$_{15}$]$^{3-}$ ≙ [Rh(S$_5$)$_3$]$^{3-}$, [Ir^{III}S$_{16}$]$^{3-}$ ≙ [Ir(S$_4$)(S$_6$)$_2$]$^{3-}$, [Ir^{III}S$_{18}$]$^{3-}$ ≙ [Ir(S$_6$)$_3$]$^{3-}$ und [Ir^{III}Se$_{12}$]$^{3-}$ ≙ [Ir(Se$_4$)$_3$]$^{3-}$ (vgl. hierzu Abb. 31.16 auf Seite 2054).

2.2.4   Pentel-, Tetrel-, Trielverbindungen

Bisher sind noch keine Nitride sowie Nitridokomplexe bzw. Carbide des Rhodiums und Iridiums bekannt. Entsprechendes gilt für Azide M(N$_3$)$_n$, doch existieren Azidokomplexe [M(N$_3$)$_6$]$^{3-}$ (S. 2014) und Verbindungen von Rh und Ir mit den Stickstoff-und Kohlenstoffhomologen sowie Bor: die Phosphide, Arsenide, Antimonide MZ$_3$ (»CoAs$_3$-Struktur« mit 4 As-Atomen in einem Ring; S. 861, 948), die Silicide M$_3$Si, MSi, M$_2$Si$_3$, RhSi$_2$, IrSi$_3$ (1068), die Boride Rh$_7$B$_3$, Rh$_5$B$_4$, MB$_{1.1}$, MB$_2$ (S. 1222; einige Boride werden für Hydrierungen von Nitrilen genutzt).

Darüber hinaus bilden Rhodium und Iridium viele Verbindungen mit stickstoff-und kohlenstoffhaltigen Resten (vgl. hierzu Ammin-und verwandte Komplexe sowie Organische Verbindungen des Rhodiums und Iridiums; S. 2015, 2019).

2.2.5   Rhodium-und Iridiumkomplexe

Das Ausmaß der mit geeigneten Liganden erreichbaren Oxidationsstufen-Spannweite nimmt beim Übergang von Ruthenium und Osmium (−II bis +VIII) zu Rhodium und Iridium deutlich ab (−I bis +VI mit Elektronenkonfigurationen d^{10} bis d^3). Zudem beschränken sich die Komplexe der sechs-und fünfwertigen Metalle im wesentlichen auf MF$_6$, RhO$_4^{2-}$, MF$_5$ und RhO$_4^{3-}$. Eine reichhaltige Komplexchemie weisen demgegenüber die drei-und einwertigen Metalle auf (die Tendenz zur Bildung einwertiger Verbindungen des Gruppenhomologen (Cobalt) bzw. der Periodennachbarn Ru und Os ist geringer bzw. sehr klein), ferner – weniger ausgeprägt – zweiwertiges Rhodium und vierwertiges Iridium. Von beiden Elementen kennt man hierbei Komplexe ohne und mit Metallclusterzentren wie nachfolgend kurz erläutert wird (bezüglich der π-Komplexe vgl. S. 2174).

Anwendungen haben insbesondere Rh(I)-Komplexe als Hydrierungs-und Formylierungskatalysatoren gefunden (vgl. S. 2019f).

Klassische Komplexe fanden bereits in den vorstehenden Unterkapiteln Erwähnung (vgl. Hydrido-, Halogeno-, Cyano-, Oxo-, Aqua-, Amminkomplexe usw.).

Metall(IV)-Komplexe (d^5). Vierwertiges Rh und Ir bilden paramagnetische, oktaedrische low-spin-Komplexe (t_{2g}^5-Elektronenkonfiguration; ein ungepaartes Elektron mit μ_{mag} von 1.8 BM; vgl. S. 1664)

Metall(III)-Komplexe (d^6). Den zahlreichen Komplexen des dreiwertigen Rh und Ir liegt im Allgemeinen ein oktaedrischer Bau zugrunde. Meist handelt es sich dabei um diamagnetische low-spin-Komplexe mit der stabilen t_{2g}^6-Elektronenkonfiguration (hohe Ligandenfeldstabilisierungsenergie, vgl. S. 1602; beim leichteren Homologen Co sind in der dreiwertigen Stufe vereinzelt noch high-spin-Komplexe bekannt, z. B. CoF_6^{3-}). Die »Farbe« der Komplexe geht wie die der analogen Co(III)-Komplexe auf zwei, am hochfrequenten Ende des sichtbaren Spektrums liegende Absorptionsbanden zurück, die $t_{2g}^6 e_g^0 -> t_{2g}^5 e_g^1$-Übergängen zuzuordnen und für die gelben bis roten Komplexfarben verantwortlich sind ($^1A_{1g} \longrightarrow {}^1T_{1g}$ bzw. $^1T_{2g}$; vgl. S. 1613). CT-Banden führen insbesondere bei Ir(III)-Komplexen auch zu anderen Farben. Die Rh(III)-und Ir(III)-Komplexe zeichnen sich wie die Co(III)-Komplexe durch mehr oder minder große »Stabilität« in kinetischer Sicht aus; in thermodynamischer Sicht erhöht sich die Stabilität der M(III)-Komplexe hinsichtlich weicher Donoren (z. B. CO, PR_3, AsR_3, SR_2) in Richtung Co(III), Rh(III), Ir(III), während sie bezüglich harter Liganden in gleicher Richtung abnimmt (SCN^- ist etwa an Co(III) über N, an Rh(III) und Ir(III) über S koordiniert; unter den Halogenokomplexen MX_6^{3-} bildet Co ausschließlich Fluorokomplexe, Rh alle bis auf den Iodokomplex und Ir keine Fluorokomplexe).

M(II)-Komplexe (d^7). Die Tendenz zur Bildung von M(II)-Komplexen nimmt in Richtung Co(II), Rh(II), Ir(II) stark ab und ist bei Rh und Ir zudem an die Anwesenheit von Liganden mit π-Akzeptorcharakter gebunden. Demgemäß lassen sich von den – in Substanz unbekannten – Dihalogeniden nur die Rh, nicht jedoch die Ir-Verbindungen durch Phosphanaddition stabilisieren (Bildung von $RhX_2(PR_3)_2$). Einkernige Ir(II)-Komplexe sind in der Tat nur in Ausnahmefällen gewinnbar. Man findet in der Regel paramagnetische quadratisch-planare low-spin-M(II)-Komplexe (ein ungepaartes Elektron, $\mu_{mag} = 2.0-2.3$ BM), deren »Farbe« variabel ist (grün, rot, blau).

Niedrigwertige M-Komplexe. Komplexe mit Rh und Ir in Oxidationsstufen kleiner +II enthalten immer π-Akzeptorliganden wie CO, PR_3, AsR_3, aromatische Systeme. Rh und Ir bilden hierbei vergleichsweise viele, häufig quadratisch-planare (z. B. $MX(PR_3)_3$; Analoges gilt für andere d^8-Ionen wie Co^+, Ni^{2+}, Pd^{2+}, Pt^{2+}, Au^{3+}, selten trigonal-bipyramidale, aber immer diamagnetische M(I)-Komplexe. In den quadratischen Komplexen kommen Rh und Ir – einschließlich der Ligandenelektronenpaare – 16 Außenelektronen, in der trigonal-bipyramidalen 18 Außenelektronen (Edelgasschale) zu. Als Beispiele für M(0)- und M(-I)-Komplexe seien genannt: Kohlenoxid-Komplexe (z. B. $M_4^0(CO)_{12}$, $[Rh^{-I}(CO)_4]^-$, $[Ir^{-I}(CO)_3(PPh_3)]^-$), Stickoxid-Komplexe (z. B. $[Ir^0(NO)(CO)(PPh_3)_2]^+$, $[Ir^{-I}(NO)(PPh_3)_3]$), Phosphan-Komplexe (z. B. $[Rh^0(diphos)_2]$, $[Rh^{-I}(PF_3)_4]$), Organyl-Komplexe (s. unten). Vgl. auch superreduziertes $[M(CO)_3]^{3-}$. Näheres vgl. Kap. XXXII.

Tab. 30.3

Ion (Außenelektronen)	M_2^{2+} (16 e⁻)	M_2^{4+} (14 e⁻)	M_2^{5+} (13 e⁻)	M_2^{6+} (12 e⁻)
Elektronenkonfiguration	?	$(\sigma\pi\delta)^8\delta^{*2}\pi^{*4}$	$(\sigma\pi\delta)^8\delta^{*2}\pi^{*3}$	$(\sigma\pi\delta)^8\delta^{*2}\pi^{*2}$
Bindungsordnung		1.0	1.5	2.0

Nichtklassische Komplexe (»Metallcluster«; vgl. S. 2081). Von ein-bis dreiwertigem Rhodium und Iridium kennt man eine Reihe von Komplexen mit Dirhodium- und Diiridium-Clusterionen M_2^{n+} (M = Rh: $n = 4, 5, 6$; M = Ir: $n = 2, 4$; vgl. S. 1864, 1891, 1984, 2056, s. Tab. 30.3)

Darüber hinaus existieren Komplexe mit größeren Metallclusterzentren beider Elemente (vgl. hierzu bei Pd und Pt, S. 2056).

Beispiele für Verbindungen mit M_2^{4+}-Zentren sind die bereits erwähnten, u. a. aus $RhCl_3 \cdot 3 H_2O$ und $RCOO^-$ in Alkoholen zugänglichen, diamagnetischen grünen Komplexe $[Rh_2(O_2CR)_4]$ mit einer RhRh-Einfachbindung (RhRh-Abstände = 2.35–2.45 Å). Sie enthalten immer im Sinne der Formulierung $[Rh_2(O_2CR)_4L_2]$ (s. Abb. 30.9a) zwei zusätzliche Liganden L wie H_2O, THF, py, PR_3, DMF, Me_2SO, S_8 in axialen Positionen (in ligandenfreiem $[Rh_2(O_2CR)_4]$ übernehmen O-Atome benachbarter Moleküle die Funktionen der Liganden). Entsprechende Carboxylate des zweiwertigen Cobalts enthalten keine Co_2^{4+}-Cluster. Carboxylate des zweiwertigen Iridiums ließen sich bisher nicht synthetisieren. Liganden-brückenfreies $[Rh_2(H_2O)_{10}]^{4+}$ bildet sich bei der Reduktion von $[RhCl(H_2O)_5]^{2+}$ mit Cr^{2+}; es lässt sich mit Sulfat bzw. Carbonat in $[Rh_2X_4(H_2O)_2]^{4-}$ verwandeln (anstelle von $RCOO^-$ in Abb. 30.9a SO_4^{2-} bzw. CO_3^{2-}). Bei Einwirkung von Acetonitril auf den Sulfatokomplex wird dieser in das Ion $[Rh_2(NCMe)_{10}]^{10+}$ (Abb. 30.9b) mit gestaffelter L-Konformation umgewandelt (L = NCMe; analog gebaut ist wohl der Aquakomplex, L = H_2O). Die Oxidation der Dirhodiumkomplexe führt unter Erhöhung der Bindungsordnung um 0.5 Einheiten zu Komplexen des Typs $[Rh_2(O_2CR)_4L_2]^+$, $[Rh_2X_4(H_2O)_2]^{3-}$ (Abstandskürzung im Falle der Oxidation von $[Rh_2(O_2CMe)_4(H_2O)_2]$ z. B. um 0.103 Å von 2.419 Å auf 2.316 Å). Einige Studien weisen auf die Möglichkeit einer weiteren Oxidation der oxidierten Spezies zu solchen mit Rh_2^{6+}-Clustern (RhRh-Bindungsordnung 2.0).

Weniger eingehend untersucht sind bisher die Ir_2-Clusterkomplexe. Beispiele für Ir-Komplexe, die analog $[Rh_2(O_2CR)_4]$ vier gleichartige Bindungsliganden aufweisen, sind der Komplex $[Ir_2(form)_4]$ (Abb. 30.9c) mit form = $(p\text{-Tol})N\text{⋯}CH\text{⋯}N(p\text{-Tol})^-$ (IrIr-Einfachbindung; IrIr-Abstand 2.524 Å) sowie der Octaisonitrilkomplex $[Ir_2L_4X_2]^{2+}$ mit L = 2,5-Diisonitrilcyclohexan ($\cap = C_6H_{10}$), der durch Oxidation von $[Ir_2L_4]^{2+}$ (Abb. 30.9d) (einwertiges Iridium) mit X_2 (X = Cl, Br, I) entsteht.

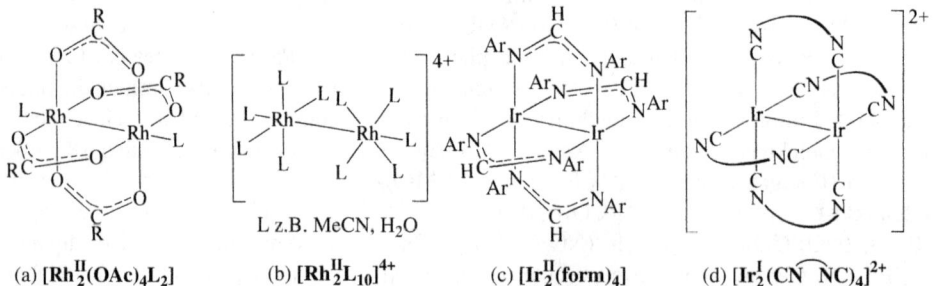

(a) $[Rh_2^{II}(OAc)_4L_2]$ (b) $[Rh_2^{II}L_{10}]^{4+}$ (c) $[Ir_2^{II}(form)_4]$ (d) $[Ir_2^{I}(CN\frown NC)_4]^{2+}$

Abb. 30.9

2.2.6   Organische Verbindungen des Rhodiums und Iridiums

Rhodium-und Iridiumorganyle

Homoleptische Organyle RhR_n und IrR_n mit σ-gebundenen organischen Resten existieren ähnlich wie die Organyle CoR_n in der Regel nicht als solche; doch existieren zahlreiche Verbindungen RhR_n und IrR_n mit donorstabilisiertem Rh und Ir mit π-gebundenen Liganden bzw. mit anorganischen neben organischen Resten. Ihre Darstellung erfolgt (i) durch Metathese $(M-X + LiR \longrightarrow M-R + LiX; X = Hal)$, gegebenenfalls in Anwesenheit von Donatoren, (ii) durch oxidative Addition $(M + RX \longrightarrow RMX; X = Hal, H)$ und (iii) durch Kohlenoxid- oder Alkeninsertion $(M-R + CO \longrightarrow M-COR; M-H + CH_2{=}CHR \longrightarrow M-CH_2-CH_2R)$, wobei letztere Reaktionen von einiger Bedeutung für die weiter unten besprochenen technischen Prozesse sind. Während von Rh(VI) und Ir(VI) bisher keine Derivate der Hexaorganyle MR_6 bekannt sind, existieren solche der Rhodium- und Iridiumpentaorganyle sowie -tetraorganyle MR_5 sowie MR_4, z.B.: $[\eta^5\text{-}C_5Me_5Rh^VI_4]$ (aus $[C_5Me_5Rh^{III}I_2]_2$ und I_2), $[\eta^5\text{-}C_5Me_5Ir^VH_4]$ (aus $[C_5Me_5Ir(\mu\text{-}H)_3IrC_5Me_5]^+$ und $LiH \cdot BEt_3$), $Np_3Rh-O-RhNp_3$ (aus $RhCl_3(THF)_3/LiCH_2tBu = LiNp$ in Anwesenheit von Sauerstoff). Im Falle der Rhodium- und Iridiumtriorganyle MR_3 konnte z.B. mit $RhMes_3$ (aus $RhCl_3(THF)_3/LiMes$, Mes = $2,4,6\text{-}C_6H_2Me_3$) ein homoleptisches Rhodiumorganyl synthetisiert werden, das als Lewis-Säure leicht Donoren wie PR_3 addiert ($\longrightarrow RhMes_3(PR_3)_3$). Als weitere Beispiele donorstabilisierter Triorganyle seien genannt: Organometallate(III) wie $[RhMe_6]^{2-}$ (Li(tmeda)$^+$-Salz, oktaedrisch; aus $RhCl_3(THF)_3/$ LiMe in Anwesenheit von $Me_2NCH_2CH_2NMe_2$ = tmeda), $[Rh(C_6F_5)_5]^{2-}$ (Ph$_3$Bz$^+$-Salz, quadratisch-pyramidal; aus $RhCl_3(THF)_3/LiC_6H_5$; addiert CO unter Bildung von oktaedrisch gebautem $[Rh(C_6H_5)_5(CO)]^{2-}$), ferner Donoraddukte wie $fac\text{-}[RhMe_3(PMe_3)_3]$ (oktaedrisch; aus $Rh_2(OAc)_4/MgMe_2/PMe_3$), $fac\text{-}[IrMe_3(PEt_3)_3]$ (oktaedrisch; aus $IrCl_3(PEt_3)_3/MeMgBr$). Dreiwertiges Iridium enthält auch das Kation $[Ir(C_5Me_5)(C_6Me_6)]^{2+}$ mit η^5- sowie η^6-gebundenen C_5Me_5- und C_6Me_6-Resten. Als homoleptische Rhodium- und Iridiumdiorganyle MR_2 sind die Cyclopentadienylverbindungen MCp_2 (»Rhodocen«, »Iridocen«; unter Normalbedingungen dimer; leicht zu MCp_2^+ oxidierbar) und deren Derivate zugänglich. Es existieren darüber hinaus donorstabilisierte Diorganyle, z.B. $[Ir(Mes)_2(PMe_3)_2]$ (aus $IrCl_3(SEt)_3/MgMes_2/PMe_3$). Zweiwertiges Rhodium liegt auch dem Dikation $[Rh(C_6Me_6)_2]^{2+}$ zugrunde (η^6-gebundene Hexamethylbenzolliganden; Näheres S. 2208). Rhodium- und Iridiummonoorganyle MR treten nur donorstabilisiert auf. Als Beispiele aus dieser großen Verbindungsklasse seien genannt: orangefarbenes, luft-und wasserstabiles $[RhMe(PPh_3)_3]$ (quadratisch-planar; aus $IrCl(PPh_3)_3/MeMgBr$) sowie $[IrMe(CO)(PPh_3)_2]$ (quadratisch-planar aus $IrCl(CO)(PPh_3)_2/LiMe$). Einwertiges Ir liegt auch in $[Ir(\eta^6\text{-}C_6Me_6)(\eta^4\text{-}C_8H_{12})]^+$ vor.

Beispiele für niedrigwertige Verbindungen mit RhC-und IrC-Bindungen sind $[Rh^0_2(CO)_8]$, $[Ir^0_4(CO)_{12}]$, $[M^{-III}(CO)_3]^{3-}$.

Katalytische Prozesse unter Beteiligung von Rh-organylen

Alken-und Alkinhydrierungen mit Rh(I) als Katalysator. Da das aus $[RhCl(PPh_3)_3]$ (»Wilkinsons Katalysator«) durch H_2-Addition und PPh_3-Abspaltung hervorgehende $[RhH_2Cl(PPh_3)_2]$ (trigonal-bipyramidal; vgl. S. 2012) Alkene unter Übergang in $[RhCl(PPh_3)_2]$ zu Alkanen hydriert (30.1) und das gebildete $[RhCl(PPh_3)_2]$ seinerseits leicht H_2 unter Rückbildung zu $[RhH_2Cl(PPh_3)_2]$ oxidativ addiert (30.2), wirkt $[RhH_2Cl(PPh_3)_2]$ bzw. dessen Vorstufe $[RhCl(PPh_3)_3]$ insgesamt als Hydrierungskatalysator (wirksam bei 25 °C und 1 bar H_2):

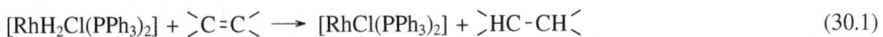

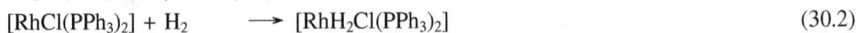

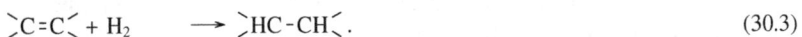

$$[RhH_2Cl(PPh_3)_2] + {>}C{=}C{<} \longrightarrow [RhCl(PPh_3)_2] + {>}HC{-}CH{<} \tag{30.1}$$

$$[RhCl(PPh_3)_2] + H_2 \longrightarrow [RhH_2Cl(PPh_3)_2] \tag{30.2}$$

$$\overline{{>}C{=}C{<} + H_2 \longrightarrow {>}HC{-}CH{<}.} \tag{30.3}$$

Die Wasserstoffübertragung vom Hydridokomplex (Abb. 30.10a) auf das Alken (Analoges gilt für Alkine) erfolgt auf dem Wege über einen π-Alken-Komplex (Abb. 30.10b), der sich unter Wanderung eines H-Atoms in einen Alkylkomplex (Abb. 30.10c) verwandelt. Letzterer zerfällt unter reduktiver Eliminierung von Alkan in den Komplex (Abb. 30.10d), welcher wiederum unter oxidativer Addition von H_2 in den Ausgangskomplex (a) zurückverwandelt wird (bezüglich der oxidativen Addition und reduktiven Eliminierung vgl. S. 423).

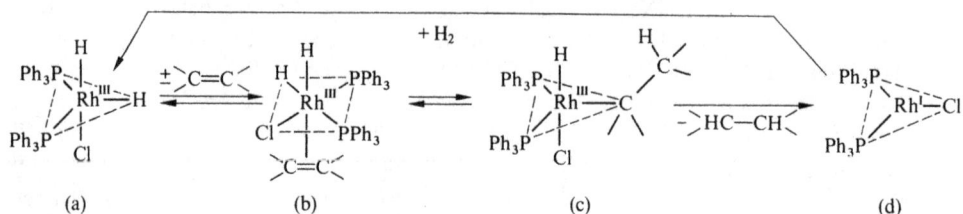

(a)   (b)   (c)   (d)

Abb. 30.10

Da die Geschwindigkeit der Wasserstoffübertragung wesentlich von den räumlichen Verhältnissen der Alkene abhängt, verlaufen die homogenen Hydrierungen bei Verbindungen mit mehreren hydrierfähigen Doppelbindungen in einem Molekül selektiv an einer Doppelbindung (es werden sowohl 1-als auch 2-Alkene hydriert).

Außer $RhH_2Cl(PPh_3)_2$ kennt man eine Reihe anderer Verbindungen, welche die Hydrierung von Alkenen katalysieren. Man benötigt hierzu ganz allgemein koordinativ ungesättigte Komplexe, welche unter Erhöhung der Koordinationszahl und gegebenenfalls Erhöhung der Oxidationsstufe um zwei Einheiten Liganden addieren können. So wirkt etwa das Hydrid $[RhH(CO)(PPh_3)_3]$ (trigonal-bipyramidal) über das mit ihm im Gleichgewicht stehende PPh_3-ärmere $[RhH(CO)(PPh_3)_2]$ (Abb. 30.11e) auf dem Wege über einen π-Alken-Komplex (Abb. 30.11ef) und dem hieraus unter Wanderung eines H-Atoms entstehenden Alkylkomplex (Abb. 30.11g), der seinerseits von Wasserstoff unter Bildung von Alkan und Rückbildung des Ausgangskomplexes (Abb. 30.11e) gespalten wird, als Hydrierungskatalysator.

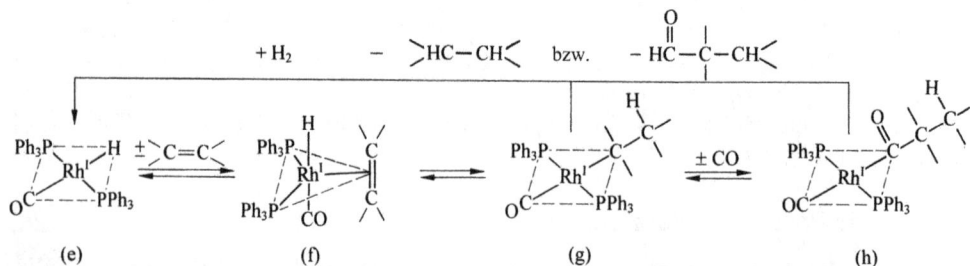

(e)   (f)   (g)   (h)

Abb. 30.11

Es werden hierbei – sterisch bedingt – nur 1-Alkene $CH_2=CHR$, nicht dagegen 2-Alkene $CH_3-CH=CHR$ hydriert.

Weitere Katalysatoren für die Alkenhydrierung sind Rh(I)-Komplexe des Typus $[RhL_2S_2]^+$ (Abb. 30.12i) (L_2 = Diphosphan wie $Ph_2PCH_2CH_2PPh_2$), die in situ aus $[(COD)RhL_2]^+$ (COD = 1,5-Cyclooctadien) in Solvenzien S wie Tetrahydrofuran oder Acetonitril gebildet werden. Die Katalyse verläuft hierbei auf folgendem Wege: Alkenaddition an den Katalysator (Abb. 30.12k); oxidative Addition von H_2 (Abb. 30.12l); Insertion des Alkens in eine RhH-Bindung (Abb. 30.12m); Eliminierung von Alkan mit Rückbildung des Katalysators.

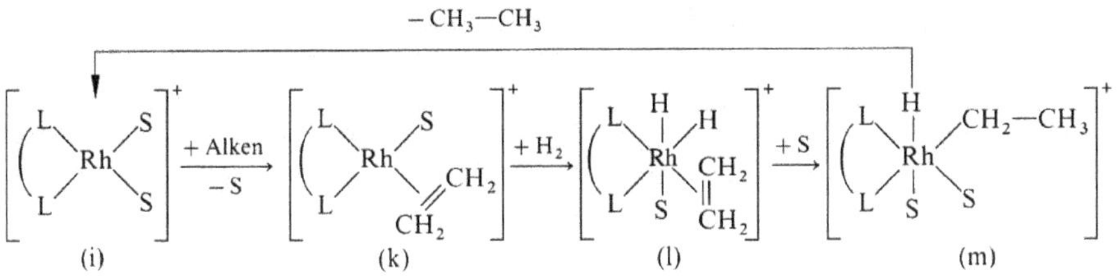

$$-\,CH_3\!-\!CH_3$$

$$
\left[\begin{array}{c} L \\[2pt] \left(\!\!\begin{array}{c} \\ Rh \\ \\ \end{array}\!\!\right)\!\!\begin{array}{c} S \\ \\ S \end{array} \\[2pt] L \end{array}\right]^{+} \xrightarrow[-\,S]{+\ \text{Alken}}
\left[\begin{array}{c} L \\ \left(\!\!\begin{array}{c} \\ Rh \\ \\ \end{array}\!\!\right)\!\!\begin{array}{c} S \\ CH_2 \\ CH_2 \end{array} \\ L \end{array}\right]^{+} \xrightarrow{+\ H_2}
\left[\begin{array}{c} L\ \ H\ \ H \\ \left(\!\!\begin{array}{c} \\ Rh \\ \\ \end{array}\!\!\right)\!\!\begin{array}{c} CH_2 \\ \| \\ CH_2 \end{array} \\ L\ \ S \end{array}\right]^{+} \xrightarrow{+\ S}
\left[\begin{array}{c} L\ \ H \\ \left(\!\!\begin{array}{c} \\ Rh \\ \\ \end{array}\!\!\right)\!\!\begin{array}{c} CH_2\!-\!CH_3 \\ \\ S \end{array} \\ L\ \ S \end{array}\right]^{+}
$$

(i)   (k)   (l)   (m)

Abb. 30.12

Verwendet man chirale Phosphane wie »diop« (vgl. S. 1555), so lassen sich prochirale Alkene zu chiralen Produkten hoher optischer Reinheiten hydrieren (z. B. wichtig für die Synthese der bei der ParkinsonKrankheit verwendeten Aminosäure L-Dopa).

Hydroformylierung (Oxosynthese) mit [RhH(CO)(PPh₃)₃] als Katalysator. Arbeitet man im Falle der Hydrierung von 1-Alkenen in Anwesenheit von [RhH(CO)(PPh₃)₃] als Hydrierungskatalysator mit einem äquimolaren Gemisch von Wasserstoff und Kohlenstoffoxid, so lagert das Reaktionszwischenprodukt (Abb. 30.11g) zunächst CO in die RhC-Bindung unter Bildung des Acylkomplexes (Abb. 30.11h) ein, ehe dieser in den Ausgangskomplex (Abb. 30.11e) und H−CO−CH₂CH₂R hydrierend gespalten wird. Insgesamt haben sich somit – unter der katalytischen Wirkung von [RhH(CO)(PPh₃)₃] – Wasserstoff und Kohlenoxid in Form von Formaldehyd H−CHO an das Alken addiert (»Hydroformylierung« oder »Oxosynthese«):

$$
\begin{array}{c}
\diagup \\ C=C \\ \diagdown
\end{array}\
\begin{array}{c}
\diagdown
\end{array}
\xrightarrow[(\widehat{=}\ H-CHO)]{+\ H_2,\ +\ CO}
\ \ \begin{array}{c} | \quad | \\ -C-C- \\ | \quad | \\ H\ \ CHO \end{array}\ .
$$

Die Oxosynthese mit dem Rh(I)-Katalysator umgeht einige Nachteile der Hydroformylierung mit dem Co(I)-Katalysator (S. 2005). So arbeitet das Verfahren bei milden Bedingungen 100 °C, 10–20 bar); auch entstehen nur unverzweigte Aldehyde, die sich in einer Folgereaktion zu technisch vielseitig nutzbaren unverzweigten Alkoholen reduzieren lassen (hydriert werden vielfach langkettige 1-Alkene).

Methanolcarbonylierung mit [RhI₂(CO)₂]⁻ als Katalysator. Methanol lässt sich mit Kohlenstoffoxid in Anwesenheit von *cis*-[RhI₂(CO)₂]⁻ (Abb. 30.13n) als Katalysator bei 180 °C und 30 bar in Essigsäure umwandeln, welche sich ihrerseits nach Überführung in den Methylester katalytisch weiter zu Acetanhydrid carbonylieren lässt (Weltjahresproduktion: Megatonnenmaßstab):

$$
CH_3OH \xrightarrow{\ +\ CO\ }_{[Kat]} CH_3COOH \xrightarrow[-HOH]{+\ MeOH} CH_3COOCH_3 \xrightarrow{\ +\ CO\ }_{[Kat]} (CH_3CO)_2O.
$$

$$-\,MeCOI$$

$$
\left[\begin{array}{c} I\ \ \ CO \\ \diagdown\ \diagup \\ Rh \\ \diagup\ \diagdown \\ I\ \ \ CO \end{array}\right]^{-} \xrightarrow{+\ MeI}
\left[\begin{array}{c} Me \\ I\ |\ CO \\ \diagdown|\diagup \\ Rh \\ \diagup|\diagdown \\ I\ \ I\ \ CO \end{array}\right]^{-} \longrightarrow
\left[\begin{array}{c} I\ \ \ COMe \\ \diagdown\ \diagup \\ Rh \\ \diagup\ \diagdown \\ I\ \ \ CO \\ I \end{array}\right]^{-} \xrightarrow{+\ CO}
\left[\begin{array}{c} I\ |\ COMe \\ \diagdown|\diagup \\ Rh \\ \diagup|\diagdown \\ OC\ \ I\ \ CO \end{array}\right]^{-}
$$

(n)   (o)   (p)   (q)

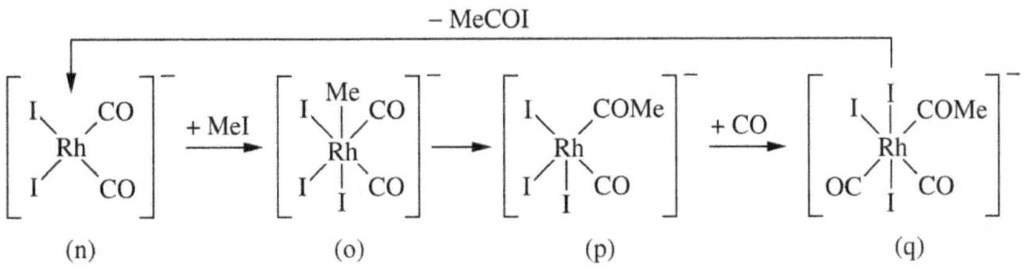

Abb. 30.13

Die Essigsäurebildung verläuft hierbei wie folgt: oxidative Addition von MeI, gebildet nach MeOH + HI $\longrightarrow$ MeI + H_2O, an den Katalysator (Abb. 30.13o); Insertion von CO in die RhC-Bindung (Abb. 30.13p); Addition von CO an das Rhodium (Abb. 30.13q); Rückbildung des Katalysators unter Abspaltung von Acetyliodid, das gemäß CH_3COI + H_2O $\longrightarrow$ CH_3COOH + HI zu Essigsäure und Iodwasserstoff hydrolysiert.

Literatur zu Kapitel XXX

Das Cobalt

[1] **Das Element Cobalt**

D. Nicholls: »Cobalt«, Comprehensive Inorg. Chem. **3** (1973) 1052–1107; Compr. Coord. Chem. I/II: »Cobalt« (vgl. Vorwort); Gmelin: »Cobalt«, Syst.-Nr. **58**, bisher 8 Bände; Ullmann (5. Aufl.): »Cobalt and Cobalt Compounds« **A7** (1986) 281–313; D. Buckingham, C. R. Clark: »Cobalt«, Comprehensive Coord. Chem. **4** (1987) 635–900. Vgl. auch [2–4].

[2] **Verbindungen des Cobalts**

T. D. Smith, J. R. Pilbrow: »Recent Developments in the Studies of Molecular Oxygen Adducts of Cobalt(II) Compounds and Related Systems«, Coord. Chem. Rev. **39** (1981) 295–383; A. G. Sykes, J. A. Weil; »The Formation, Structure and Reactions of Binuclear Complexes of Cobalt«, Progr, Inorg. Chem. **13** (1970) 1–106; R. Colton, J. H. Canterford: »Cobalt« in »Halides of First Row Transition Metals«, Wiley 1969, 327–405.

[3] **Cobalt in der Biosphäre**

M. V. Hughes: »The Biochemistry of Cobalt«, Comprehensive Coord. Chem. **6** (1987) 637–643; G. N. Schrauzer: »Neuere Entwicklungen auf dem Gebiet des Vitamins B_{12}: Reaktionen am Cobaltatom in Corrin-Derivaten und Vitamin B_{12}-Modell-Verbindungen«, Angew. Chem. **88** (1976) 465–475; Int. Ed. **15** (1976) 417; R. S. Young: »Cobalt in Biology and Biochemistry«, Acad. Press, London 1979.

[4] **Organische Verbindungen des Cobalts**

Compr. Organomet. Chem. I/II/III: »Cobalt« (vgl. Vorwort); Gmelin: »Organocobalt Compounds«, Syst.-Nr. **58**; Houben-Weyl: »Organocobalt Compounds« **13/9** (1984/1986).

Das Rhodium und Iridium

[5] **Die Elemente Rhodium und Iridium**

S. E. Livingstone: »The Platinum Metals«, »Rhodium«, »Iridium«, Comprehensive Inorg. Chem. **3** (1973) 1163–1189, 1233–1253, 1254–1274; Compr. Coord. Chem. I/II: »Rhodium«, »Iridium« (vgl. Vorwort); Gemlin: »Rhodium«, Syst.-Nr. **64**; »Iridium«, Syst.-Nr. **67**; W. P. Griffith: »The Chemistry of the Rarer Platinum Metals: Os, Ru, Ir, Rh«, Wiley, New York 1968. Vgl. auch [6,7].

[6] **Verbindungen des Rhodiums und Iridiums**

T. R. Felthouse: »The Chemistry, Structure, and Metal-Metal-Bonding in Compounds of Rhodium(II)«, Prog. Inorg. Chem. **29** (1982) 73–166; J. H. Canterford, R. Colton: »Rhodium and Iridium« in »Halides of the Second and Third Row Transition Metals«, Wiley 1968, 346–357.

[7] **Organische Verbindungen des Rhodiums und Iridiums**

Compr. Organomet. Chem. I/II/III: »Rhodium«, »Iridium« (vgl. Vorwort); Houben-Weyl: »Rhodium, Iridium«, **13/9** (1984/1986); B. R. James: »Hydrogenation Reactions Catalyzed by Transition Metal Complexes«, Adv. Organomet. Chem. **17** (1979) 319–405; R. L. Pruett: »Hydroformylation«, Adv. Organomet. Chem. **17** (1979) 1–60.

Kapitel XXXI

Die Nickelgruppe

Die Nickelgruppe (10. Gruppe bzw. 3. Spalte der VIII. Nebengruppe des Periodensystems) umfasst die Elemente Nickel (Ni), Palladium (Pd), Platin (Pt) und Darmstadtium (Ds; Eka-Platin,
Element 110). Sie werden zusammen mit ihren Verbindungen unten (Ni), auf S. 2038 (Pd, Pt)
und im Kap. XXXVII (Ds) behandelt. Am Aufbau der Erdhülle sind die Metalle Ni, Pd und Pt
mit $7.2 \cdot 10^{-3}$, $1 \cdot 10^{-6}$ und $1 \cdot 10^{-6}$ Gew.-% beteiligt (Massenverhältnis rund 1000 : 1 : 1).

1 Das Nickel

Geschichtliches. Nickel wurde erstmals 1751 von dem Schweden Alexander F. Cronsted als neues
Metall aufgefunden (isoliert aus schwedischen Erzen) und 1775 von dem Schweden Tornbern Bergmann (1735–1784) näher charakterisiert. Zum Namen vgl. bei Cobalt (S. 1989).

Physiologisches. Nickel ist für den Menschen und viele andere Lebewesen essentiell. Der Mensch
enthält ca. 0.014 mg Ni pro kg (Blut ca. $0.003 \, \mathrm{mg} \, \mathrm{l}^{-1}$, Haare ca. 0.22 mg kg). Es scheint am Kohlenhy-
drat-Stoffwechsel beteiligt zu sein. Stäube mit Nickel oder Nickelverbindungen sind stark toxisch
sowie krebserzeugend und lösen bei empfindlichen Personen Dermatitis aus. Schwefelbakterien tolerieren andererseits Konzentrationen bis 50 g Ni pro Liter. Manche Pflanzen reichern Ni aus dem
Boden an (Kiefern z. B. bis auf das 700-fache).

1.1 Das Element Nickel

Vorkommen

Nickel findet sich wie Cobalt gediegen (legiert mit Eisen) in »Eisenmeteoriten« (zu ca. 9 %)
und im »Erdkern« (zu ca. 7 %) und kommt in der »Lithosphäre« gebunden in Nickelerzen sowie
nickelhaltigen Erzen vor. Ferner spielt es in der »Biosphäre« eine wichtige Rolle (vgl. Physiologisches).

Etwa 70 % der Weltproduktion an Nickel werden aus dem insbesondere in Kanada, aber auch
in der Russland, Skandinavien, Simbabwe und Australien vorkommenden kupfer- und nickelhaltigen Magnetkies (Pyrrhotin) $Fe_{1-x}S$ erzeugt. Er enthält Kupfer als Kupferkies $CuFeS_2$ und Nickel als eisenhaltigen »Pentlandit« $(Ni,Fe)_9S_8$ sowie Spuren von Gold, Silber und Platinmetallen.
Weiterhin ist für die Nickelgewinnung das Nickelerz Garnierit $(Mg,Ni^{II})_3(OH)_4[Si_2O_5]$ wichtig,
das sich vor allem in lateritischen Nickelerzen[1] findet. Von sonstigen Nickelerzen sind zu erwähnen: der »Gelbnickelkies« (»Nickelblende«, »Millerit«) NiS, der »Rotnickelkies« (»Nickelit«)

---

[1] Unter »Lateriten« (von lat. later = Ziegelstein) versteht man ziegelrote, rotbraune bis schwarze Rückstandsgesteine
aus Eisenoxiden bzw. -hydroxiden (Farbe) sowie Aluminiumhydroxiden und Kaoltnit, aus denen die Alkali- und Erd-
alkalimetallionen sowie SiO_2 abtransportiert worden sind; überwiegen die Al-Verbindungen, so spricht man von Bauxit
(S. 1327). Zur Gruppe der Rückstandslagerstätten gehören lateritische Golderze (z. B. in West-Australien), lateritische
Eisen-/Nickel-/Cobalterze (Albanien, Guinea, Kuba, Philippinen) und wirtschaftlich bedeutende lateritische Nickelerze
(Neukaledonien, Philippinen, Kuba, Brasilien). Letztere Erze enthalten etwa $3/4$ der terristischen Nickelvorkommen.

NiAs, der »Weißnickelkies« (»Chloanthit«) $NiAs_{2-3}$, der »Arsennickelkies« (»Gersdorffit«) NiAsS, der »Breithauptit« (»Antimonnickel«) NiSb und der »Antimonnickelglanz« (»Ullmannit«) NiSbS. Insgesamt ist Nickel in der Erdrinde etwa 3-mal häufiger als Cobalt.

Isotope (vgl. Anh. III). Natürliches Nickel besteht aus den 5 Isotopen $^{58}_{28}Ni$ (68.27 %), $^{60}_{28}Ni$ (26.10 %), $^{61}_{28}Ni$ (1.13 %; für NMR-Untersuchungen), $^{62}_{28}Ni$ (3.59 %) und $^{64}_{28}Ni$ (0.91 %). Das künstlich gewonnene Nuklid $^{63}_{28}Ni$ (β^--Strahler; $\tau_{1/2} = 92$ Jahre) dient als Tracer.

Darstellung

Die technische Darstellung des Nickels aus den kanadischen Magnetkiesen erfolgt analog der Kupfergewinnung (S. 1688) in der Weise, dass man das – zur Entfernung eines Teils des Schwefels vorgeröstete – Material, das zur Hauptsache aus NiS, Cu_2S, FeS und Fe_2O_3 besteht, mit kieselsäurehaltigen Zuschlägen und Koks verschmilzt. Hierbei verschlackt das Eisenoxid nach Reduktion zu FeO großenteils zu Eisensilicat, welches ständig aus dem Ofen abfließt, während der gleichzeitig gebildete, hauptsächlich aus NiS, Cu_2S und FeS bestehende, spezifisch schwerere Kupfer-Nickel-Rohstein periodisch abgestochen wird und zur weiteren Abtrennung des Eisens in den Konverter gelangt. Hier wird das Eisensulfid durch eingeblasene Luft oxidiert und mit zugesetztem SiO_2 verschlackt. Zurück bleibt der zur Hauptsache aus NiS und Cu_2S bestehende Kupfer-Nickel-Feinstein mit 80 % Cu + Ni und 20 % S. Er wird in Formen gegossen und zerkleinert. Die Konvertergase dienen zur Schwefelsäuregewinnung.

Die Weiterverarbeitung des zerkleinerten Kupfer-Nickel-Feinsteins kann in verschiedener Weise erfolgen. Entweder verzichtet man auf eine Trennung von Kupfer und Nickel und röstet den Feinstein bei etwa 1100 °C zu einem Gemisch von Nickel- und Kupferoxid ab, welches sich mit Kohlenstoff in Flammöfen zu einer Kupfer-Nickel-Legierung mit durchschnittlich 70 % Ni und 30 % Cu (Monelmetall) reduzieren lässt, oder man verschmilzt den Feinstein mit Natriumsulfid Na_2S (Natriumsulfat und Koks), wobei nur das Kupfersulfid ein leicht schmelzendes Doppelsulfid bildet, sodass sich das flüssige Schmelzgemisch in zwei scharf getrennte Schichten – den aus Nickelsulfid bestehenden »Boden« und den das Kupfersulfid enthaltenden »Kopf« – trennt; die »Böden« werden dann zu Nickeloxid geröstet und mit Kohlenstoff zu metallischem Nickel (Rohnickel) reduziert, das zur weiteren Reinigung schließlich noch (unter gleichzeitiger Gewinnung von Silber, Gold und Platinmetallen, s. dort) elektrolytisch zu Reinnickel raffiniert wird.

Ein wesentlich reineres Nickel (Reinstnickel; 99.90–99.99 %) lässt sich aus dem Feinstein nach dem »Mond-Verfahren«, einem Transportprozess (S. 1657), gewinnen; es beruht auf der Bildung und Zersetzung von Nickeltetracarbonyl (S. 2109):

$$Ni + 4\,CO \;\rightleftharpoons\; Ni(CO)_4 + 162\,kJ.$$

Dieser »Mond'sche Nickelprozess« verläuft im Einzelnen so, dass man den bei 700 °C totgerösteten Feinstein in 10 m hohen und 2 m weiten Türmen bei etwa 400 °C mit Wassergas reduziert ($NiO + CO \longrightarrow Ni + CO_2$) und das reduzierte Material in ähnlichen Türmen (»Verflüchtiger«) bei 80 °C einem von unten aufsteigenden Kohlenstoffoxidstrom entgegenführt. Das hierbei gebildete und anschließend von Flugstaub befreite Nickeltetracarbonyl gelangt dann in gusseiserne, übereinander angeordnete, mit Nickelkügelchen von 2–5 mm Durchmesser gefüllte und auf 180 °C angeheizte Zersetzungskammern (»Zersetzer«), in welchen sich Nickel auf den Kugeln mit einer Reinheit von 99.9 % abscheidet. Das freigewordene Kohlenstoffoxid kehrt wieder in den Prozess zurück. Etwa vorhandenes Cobalt gibt mit CO schwerflüchtige, leichter zerfallende Carbonyle.

Physikalische Eigenschaften

Nickel ist ein silberweißes, zähes, dehnbares, bei 1453 °C schmelzendes und bei 2730 °C siedendes schwach ferromagnetisches (Curie-Temp. 375 °C), passivierbares Metall (kubisch-dichtest) der Dichte 8.908 g cm^{-3}, das sich ziehen, walzen, schweißen und schmieden lässt und die Wärme und den elektrischen Strom gut leitet (etwa 15 % der Leitfähigkeit des Silbers). Wegen seiner Polierbarkeit und Widerstandsfähigkeit gegenüber Luft und Wasser (Passivität) werden Haus- und Küchengeräte vielfach galvanisch vernickelt oder mit Nickelblech verschweißt (»Plattierung«).

Chemische Eigenschaften

Von nichtoxidierenden Säuren wird Nickel bei Raumtemperatur nur langsam, von verdünnter Salpetersäure leicht gelöst, während es von konzentrierter Salpetersäure wegen Passivierung nicht angegriffen wird. Gegenüber Alkalihydroxiden ist Nickel selbst bei 300–400 °C beständig; deshalb lassen sich Nickeltiegel in Laboratorien gut zum Schmelzen von Natrium- und Kaliumhydroxid gebrauchen. Luft macht kompaktes Nickel beim Erhitzen matt. Bei erhöhter Temperatur verbrennt es in Sauerstoff; allerdings kann feinverteiltes Nickel sogar pyrophor sein, weshalb man feinkörnige Nickelkatalysatoren von Luft fernhalten sollte. In der Hitze reagiert Nickel auch mit anderen Nichtmetallen, so mit Halogenen, Schwefel, Phosphor, Silicium, Bor, allerdings setzt sich Fluor mit Nickel langsamer als mit vielen anderen Metallen um.

Verwendung, Legierungen, Nickel-Batterien

Die Hauptmenge des erzeugten Nickels (Weltjahresproduktion: einige Megatonnen) findet in Form von Legierungen Anwendung und wird insbesondere von der Stahlindustrie verbraucht, da durch Zusatz einiger Prozente Nickel zum Stahl dessen Härte, Zähigkeit und Korrisionsbeständigkeit stark erhöht wird (Nickelstahl), insbesondere bei gleichzeitiger Anwesenheit von Chrom (Chromnickelstahl: siehe bei Eisen). Die Kupfernickel-Legierungen zeichnen sich durch große Korrosionsbeständigkeit aus und werden deshalb in Form von »Monelmetall« (68 % Ni, 32 % Cu, Spuren Mn, Fe) für Apparaturen zum Arbeiten mit Fluor, in Form von »Neusilber« (10–35 % Ni, 55–65 % Cu, Rest Zn) für Essbestecke und in Form von »Cupronickel« (bis 80 % Cu) für Münzen genutzt. Für die Nickelchrom-Legierung »Nichrom« ist wie für das »Konstantan« (40 % Ni, 60 % Cu) ein sehr kleiner Temperaturkoeffizient des elektrischen Widerstands charakteristisch. Erwähnenswert ist schließlich die Nickeltitan-Legierung NiTi (»Nitinol«), die z. B. als Draht in beliebige Formen gebogen und zu wirren Knäueln zusammengerollt werden kann und beim Eintauchen in heißes Wasser wieder in ihre ursprüngliche, gestreckte Form zurückschnellt (»Memory-Effekt«; kann u. a. zur Aufweitung = Dilatation von Herzkranzgefäßen genutzt werden, in die man – sich bei Körpertemperatur aufweitende – Spiralen = »Stents« kleineren Durchmessers einführt. Reines Nickel dient in feinverteilter Form als technischer »Hydrierungs-Katalysator« (z. B. bei der Fetthärtung), in kompakter Form zur Herstellung von Gebrauchsgegenständen und Münzen.

Erwähnt seien des weiteren die Nickelbatterien (vgl. S. 260). Man nutzt den Übergang Ni(OH)$_2$ $\longrightarrow$ NiO(OH) + H$^+$ + e$^-$ zur Stromerzeugung in Sekundärbatterien (S. 260). Und zwar bestand der alte »Eisen-Nickel-Akkumulator« (»Edison-Akkumulator«) aus einer Fe- und einer NiO(OH)-Elektrode in Kalilauge als Elektrolyt (wässrige KOH hat eine höhere Leitfähigkeit als wässrige NaOH). Die Energielieferung erfolgt unter diesen Bedingungen gemäß: Fe + 2 NiO(OH) + 2 H$_2$O $\longrightarrow$ Fe(OH)$_2$ + 2 Ni(OH)$_2$ + Energie (vereinfacht: Fe + 2 Ni^{3+} $\longrightarrow$ Fe^{2+} + 2 Ni^{2+} oder, da NiO(OH) wohl als NiO$_2 \cdot$ Ni(OH)$_2$ zu formulieren ist (S. 2029): Fe + Ni^{4+} $\longrightarrow$ Fe^{2+} + Ni^{2+}). Der Vorgang kehrt sich beim Aufladen wieder um. Die Eigenschaften konnten 1899 durch den Schweden Waldemar Jungner (1869–1924) dadurch verbessert werden, dass Fe durch Cd ersetzt wurde (»Cadmium-Nickel-Akkumulator«; »Jungner-

Akkumulator«): $Cd + 2\,NiO(OH) + 2\,H_2O \;\rightleftharpoons\; Cd(OH)_2 + 2\,Ni(OH)_2 +$ Energie (Redoxteilre-aktion: $Cd + 2\,OH^- \;\rightleftharpoons\; Cd(OH)_2 + 2\,e^-;\; 2\,NiO(OH) + 2\,H_2O + 2\,e^- \;\rightleftharpoons\; 2\,Ni(OH)_2 + 2\,OH^-$). Beim Aufladen des Akkumulators erfolgen die Reaktionen in der umgekehrten Richtung. Die Ni/Cd-Zelle wird bevorzugt für Hochstrom-Anwendungen genutzt (Akkubohrer, Autobatterie, Notstrom, Raum- und Luftfahrt). Die kinetische Hemmung für die Wasserelektrolyse an den Elektroden der Ni/Cd-Batterien ist deutlich niedriger als beim Pb-Akku (15–30 % Selbstent-ladung im Monat bei 20 °C). Durch eine Reihe von »Tricks« lässt sich die Elektrolyse aber weitestgehend unterdrücken. Der Cd/Ni-Akkumulator wurde 1990 nochmals durch Tausch des giftigen Cadmiums gegen weniger giftiges Metallhydrid verbessert (»MH/Ni-Akkumulator«, vgl. S. 323).

Nickel in Verbindungen

In seinen chemischen Verbindungen betätigt Nickel hauptsächlich die Oxidationsstufe +II (z. B. $NiCl_2$, NiO). Man kennt jedoch auch Verbindungen mit Nickel der Oxidationsstufen −I, 0, +I (z. B. $[Ni_2(CO)_6]^{2-}$, $[Ni(CN)_4]^{4-}$, $[NiCl(PR_3)_3]$), ferner +III, +IV (z. B. NiO(OH), NiO_2). Die wässrige Chemie des Nickels beschränkt sich im Wesentlichen auf die zweiwertige Stufe.

Dieser Sachverhalt folgt auch aus Potentialdiagrammen einiger Oxidationsstufen des Nickels bei pH = 0 und 14 in wässriger Lösung, wonach sich Ni(II) in saurer Lösung sowohl aus Ni(0) unter Wasserstofffreisetzung ($E°$ für $H_3O^+/H_2 = 0\,V$) als auch aus Ni(IV) (Entsprechendes gilt für Ni(III)) unter Sauerstofffreisetzung aus dem Wasser ($E°$ für $H_3O^+/O_2 = +1.229\,V$) bilden kann:

pH = 0   pH = 14

$$NiO_2 \cdot aq \xrightarrow{\;+\,1.678\;} Ni(H_2O)_6^{2+} \xrightarrow{\;-\,0.257\;} Ni \qquad\qquad NiO_2 \xrightarrow{\;+\,0.490\;} Ni(OH)_2 \xrightarrow{\;-\,0.72\;} Ni\,.$$

schwarz   grün   schwarz   grün

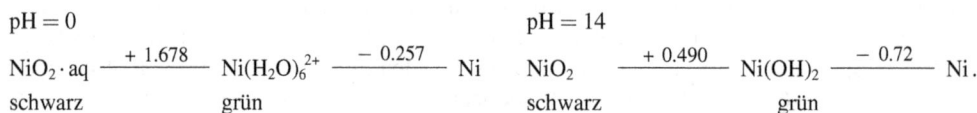

In alkalischer Lösung ist die Oxidationskraft von Ni(IV) (Analoges gilt für Ni(III)) kleiner, doch kann Wasser auch unter diesen Bedingungen oxidiert werden ($E°$ für $OH^-/O_2 = +0.401\,V$). Bei Gegenwart von Komplexbildnern wie Ammoniak, die stärker basisch als Wasser sind, ist das Potential Ni^{2+}/Ni, wie zu erwarten, negativer ($E°$ für $[Ni(NH_3)_6]^{2+}$/Ni $= -0.476\,V$). Das Nickel(II) weist in seinen Verbindungen im Wesentlichen die Koordinationszahlen vier (z. B. tetraedrisch in $[NiCl_4]^{2-}$, quadratisch-planar in $[Ni(CN)_4]^{2-}$), fünf (z. B. quadratisch-pyramidal in $[Ni(CN)_5]^{3-}$, trigonal-bipyramidal in $[Ni(CN)_2(PR_3)_3]$), sechs (z. B. oktaedrisch in $[Ni(H_2O)_6]^{2+}$, trigonal-prismatisch in NiAs) auf. Nickel(0) existiert mit den Koordinationszah-len drei und vier (trigonal-planar in $[Ni(PR_3)_3]$ mit sperrigem Rest R, tetraedrisch in $[Ni(CO)_4]$, $[Ni(CN)_4]^{4-}$, $[Ni(PF_3)_4]$), Nickel(I) mit der Zähligkeit vier (tetraedrisch in $[NiBr(PR_3)_3]$) und fünf (trigonal-bipyramidal in $NiI(np_3)$ mit $np_3 = N(CH_2CH_2PR_2)_3$), Nickel(III) mit den Zähligkeiten fünf und sechs (trigonal-bipyramidal in $[NiBr_3(PR_3)_2]$, oktaedrisch in $[NiF_6]^{3-}$), Nickel(IV) mit der Zähligkeit sechs (oktaedrisch in $[NiF_6]^{2-}$). Die 4-fach koordinierten Ni(0)-, 5-fach koordi-nierten Ni(II)- und 6-fach koordinierten Ni(IV)-Komplexe besitzen Kryptonelektronenkonfigu-ration.

Bezüglich der Elektronenkonfiguration, der Radien, der magnetischen und optischen Eigen-schaften von Nickelionen vgl. Ligandenfeld-Theorie (S. 1592) sowie Anh. IV, bezüglich eines Eigenschaftsvergleichs der Metalle der Nickelgruppe S. 1544f und S. 2041.

1.2   Verbindungen des Nickels

1.2.1   Nickel(II)- und Nickel(III)-Verbindungen (d^8, d^7)

Wasserstoffverbindungen

Nickel[2] absorbiert Wasserstoff bei Raumtemperatur nur unter hohem Druck (3400 bar und darüber) bis zur Grenzstöchiometrie eines Nickelhydrids NiH (Struktur wohl analog PdH$_x$ mit Wasserstoff in tetraedrischen und oktaedrischen Lücken einer kubisch-dichtesten Ni-Atompackung; vgl. S. 308). Eine weitere H$_2$-Aufnahme unter Bildung von NiH$_2$ wird nicht beobachtet. Das (nichtstöchiometrische) binäre Hydrid NiH$_x$ ist wesentlich instabiler als das – unter Normalbedingungen erhältliche – Hydrid PdH$_x$ des Palladiums (vgl. S. 2043; H$_2$-Dissoziationsdruck für PdH$_x$ rund 10^5-mal geringer als für NiH$_x$).

Nickel bildet – wie Tc, Re, Fe, Ru, Os, Rh, Ir, Pd, Pt (vgl. S. 2067) – ein ternäres Hydrid, Mg$_2$NiH$_4$, das analog der Eisenverbindung Mg$_2$FeH$_6$ und der Cobaltverbindung Mg$_3$CoH$_5$ (S. 1948, 1992; jeweils K$_2$PtCl$_6$-Struktur) aufgebaut ist, wobei anstelle der FeH$_6^{4-}$-Oktaeder bzw. tetragonalen CoH$_5^{4-}$-Pyramiden allerdings NiH$_4^{4-}$-Tetraeder in die kubischen Lücken einer verzerrt-kubisch-einfachen Mg^{2+}-Ionenpackung eingelagert sind (Ni kommt in NiH$_4^{4-}$, einem Hydridaddukt von NiH$_2$, Edelgaselektronenkonfiguration zu). Wie Mg$_2$FeH$_6$ und Mg$_2$CoH$_6$ stellt Mg$_2$NiH$_4$ somit eine »salzartige Verbindung« (mit Halbleitereigenschaften) dar; doch nimmt der salzartige Charakter in gleicher Richtung ab, wie u. a. daraus folgt, dass die Energielücken zwischen Valenz- und Leitungsband abnehmen (1.8, 1.92 bzw. 1.36 eV), und dass der Wasserstoff des Hydrids Mg$_2$NiH$_4$ bereits wie bei typischen metallartigen Hydriden reversibel abgespalten werden kann, weshalb das (vergleichsweise leichte) Hydrid als potentieller Wasserstoffspeicher (z. B. für H$_2$-getriebene Automobile) gilt.

Von den Hydriden des Nickels existieren ferner – wie von den Hydriden benachbarter Elemente (vgl. Tab. 31.1, S. 2056) – einige Addukte mit Neutraldonatoren, z. B. Boran- und Phosphan-Addukte. So enthält der aus [NiCl$_2$(PR$_3$)$_2$] (R = Cyclohexyl C$_6$H$_{11}$) und NaBH$_4$ zugängliche Komplex [NiH(μ_2-BH$_4$)(PR$_3$)$_2$] (trigonal-bipyramidal; PR$_3$ axial) im Sinne der Formulierung NiH$_2 \cdot$ BH$_3 \cdot$ 2 PR$_3$ Nickeldihydrid NiH$_2$. Als erste Produkte der Hydrierung von [NiX$_2$(PR$_3$)$_2$] (X = Halogen, R variabel) entstehen hierbei Hydride des Typs [NiHX(PR$_3$)$_2$] (diamagnetisch; quadratisch-planar). Als Beispiele für Addukte des Nickelmonohydrids NiH seien genannt: [Ni(BH$_4$)(PPh$_3$)$_3$], [NiH(dppe)] mit dppe = Ph$_2$PCH$_2$CH$_2$PPh$_2$ (beide Komplexe dimer).

Halogen- und Pseudohalogenverbindungen

Halogenide (S. 2074). Nickel bildet gemäß Tab. 31.1 die binären Halogenide NiX$_2$ (X = F, Cl, Br, I) NiF$_3$ und NiF$_4$. Trihalogenide NiX$_3$ (X = Cl, Br, I) sowie Monohalogenide NiX (X = F, Cl, Br, I) sind wie im Falle des linken Periodennachbarn, Cobalt, unbekannt. Es existieren aber Donoraddukte von NiX$_3$ (X = Cl, Br; vgl. S. 2036) und NiX (X = Cl, Br, I), z. B. dunkelfarbige Phosphankomplexe [NiX$_3$(PR$_3$)$_2$] (d^7; trigonal-bipyramidal; 17 Außenelektronen) und gelbe bis orangefarbene Komplexe [NiX(PR$_3$)$_3$] (d^9; tetraedrisch; 17 Außenelektronen). Halogenidoxide des Nickels sind unbekannt.

---

[2] Man kennt zudem eine Reihe niedrigwertiger Nickelverbindungen, in welchen Nickel mit Liganden koordiniert ist wie Kohlenoxid (z. B. [Ni^0(CO)$_4$]), Cyanid (z. B. [Ni^0(CN)$_4$]$^{4-}$), Stickoxid (z. B. [Ni^0(CN)$_3$(NO)]$^{2-}$), Amine (z. B. [Ni^I(bipy)$_3$]$^+$), Phosphane, Arsane und Stibane (z. B. Ni^0(ER$_3$)$_4$ und Ni^{I}X(ER$_3$)$_3$ mit X = Halogen, E = P, As, Sb und R = Halogen, Organyl, OR), Sauerstoff (z. B. [NiO$_2$]$^{3-}$), Organylgruppen (z. B. [Ni^0(C$_2$H$_4$)(PR$_3$)$_2$]). Einen besonderen Fall stellt das aus NiCl$_2$ + P$_3$tBu$_3$ zugängliche »Cyclohexaphosphannickel(0)« Ni(P$_6$tBu$_6$) dar, in welchem Nickel der Koordinationszahl 6 in der Mitte eines leicht gewellten, sechsgliedrigen P$_6$tBu$_6$-Rings lokalisiert ist. In einigen Fällen enthalten niedrigwertige Ni-Komplexe Metall-Metall-Bindungen, so Ni(I) in [Ni$_2$(CN)$_6$]$^{4-}$ (S. 2028; formal Ni$_2^{2+}$-Zentren) und Ni($-$I) in [Ni$_2$(CO)$_6$]$^{2-}$ (S. 2130; formal Ni$_2^{2-}$-Zentren). Ferner bildet Ni(II) schwache NiNi-Bindungen, z. B. in festem Bis(dimethylglyoximato)nickel (vgl. Abb. 31.1a) oder in [Ni$_2$(S$_2$CMe)$_4$] bzw. [Ni$_2$(form)$_4$(H$_2$O)$_2$] mit form = $(p$-Tol)N=CH=N$(p$-Tol)$^-$. Die in letzteren Komplexen enthaltenen Ni$_2^{4+}$-Ionen mit sehr schwachen NiNi-Beziehungen (2.564 bzw. 2.485 Å) lassen sich zu Komplexen [Ni$_2$(S$_2$CMe)$_4$]$^+$ bzw. [Ni$_2$(form)$_4$]$^+$, die Ni$_2^{5+}$-Ionen mit etwas stärkeren NiNi-Beziehungen (NiNi-Abstände 2.514 bzw. 2.418 Å; 0.5 fache Bindung) enthalten, oxidieren.

Tab. 31.1 Halogenide und Oxide von Nickel ^{a} (ΔH_f in kJ mol^{-1}).

	Fluoride	Chloride	Bromide	Iodide	Oxide
Ni(II)	NiF$_2$, gelb	NiCl$_2$, gelb	NiBr$_2$, gelb	NiI$_2$, schwarz	NiO, grün
	Smp. 1450 °C	Smp. 1001 °C	Smp. 963 °C	Smp. 797 °C	Smp. 1984 °C
	ΔH_f −652 kJ	ΔH_f −305.5 kJ	ΔH_f −212 kJ	ΔH_f −78 kJ	ΔH_f −240 kJ
	≈ Rutilstr.,	CdCl$_2$-Strukt.,	CdI$_2$-Strukt.,	CdI$_2$-Strukt.?	NaCl-Strukt.,
	KZ 6	KZ 6	KZ 6	KZ 6	KZ 6
Ni(III)	NiF$_3$, schwarz ^{b}	– ^{c}	– ^{c}	–	Ni$_2$O$_3$, schwarz ^{d}
Ni(IV)	NiF$_4$, schwarz ^{b}	–	–	–	NiO$_2$, schwarz ^{d}

a Man kennt auch Sulfide, Selenide, Telluride. Darüber hinaus existieren Pentelide, Tetrelide, Trielide (S. 2031).
b NiF$_4$ zersetzt sich in fester Phase oberhalb −55 °C und in HF-Lösung oberhalb 0 °C in NiF$_3$ (Bildung der P- und R-Form). NiF$_3$ thermolysiert in fester Phase oberhalb 39 °C (R-Form) und in Lösung oberhalb 20 °C (R- und P-Form) in NiF$_2$.
c Ni(I)- und Ni(III)-Halogenide NiX (X = Cl, Br, I) und NiX$_3$ (X = Cl, Br) sind u. a. in Form von Phosphanaddukten NiX(PR$_3$)$_3$ (tetraedrisch) und NiX$_3$(PR$_3$)$_2$ (trigonal-bipyramidal) bekannt.
d Ni$_2$O$_3$: $\Delta H_f = -490$ kJ mol^{-1}. Es soll auch ein schwarzes Ni$_3$O$_4$ existieren. NiO$_2$: nur als Hydrat erhältlich.

Darstellung. Das Hexahydrat NiCl$_2$ · 6 H$_2$O = *trans* -[NiCl$_2$(H$_2$O)$_4$] · 2 H$_2$O kristallisiert aus wässerigen NiCl$_2$ Lösungen (gewinnbar z. B. aus Ni(OH)$_2$ + Salzsäure) in Form grüner, monokliner Prismen aus und lässt sich nur im Chlorwasserstoffstrom zu wasserfreiem, gelbem Nickeldichlorid NiCl$_2$ entwässern. Es kann wie gelbes NiF$_2$ und gelbes NiBr$_2$ auch aus den Elementen in der Hitze synthetisiert werden (z. B. NiF$_2$ bei 550 °C; NiF$_2$ wird auch aus Ni + HF sowie NiCl$_2$ + F$_2$ gewonnen). Zur Darstellung von NiI$_2$ iodiert man NiCl$_2$ mit Natriumiodid.

Durch Umsetzung von K$_2$NiF$_6$ (S. 2036) mit AsF$_5$ in wasserfreiem, flüssigem Fluorwasserstoff bei 0 °C erhält man auf dem Wege über NiF$_4$ (S. 2036) hexagonales Nickeltrifluorid NiF$_3$ als schwarzen Niederschlag (NiF$_6^{2-}$ + 2 AsF$_5$ $\longrightarrow$ NiF$_4$ + 2 AsF$_6^-$, 2 NiF$_4$ $\longrightarrow$ 2 NiF$_3$ + F$_2$). Ihm kommt die allgemein für Trifluoride der 1. Übergangsreihe aufgefundene verzerrte ReO$_3$-Struktur = »VF$_3$-Struktur« (S. 1828) zu. Zwei andere – geringfügig K$^+$-haltige – NiF$_3$-Formen werden durch Thermolyse von – geringfügig K$^+$-haltigem – NiF$_4$ in fester Phase oder in fl. HF bei 20 °C gebildet, nämlich braunschwarzes rhomboedrisches NiF$_3$ in ersterem Falle (Raumnetz aus eckenverknüpften NiF$_6$-Oktaedern mit K$^+$ in Lücken) und schwarzes hexagonales NiF$_3$ in letzterem Falle (hexagonale Na$_x$WO$_3$-Struktur; S. 1881). NiF$_3$ enthält wohl in geringem Umfange Ni^{2+}/Ni^{4+} anstelle von Ni^{3+}/Ni^{3+}. Es zersetzt sich in fl. HF oberhalb 20 °C in NiF$_2$ (2 NiF$_3$ $\longrightarrow$ 2 NiF$_2$ + F$_2$; in fester Phase ist NiF$_3$ etwas stabiler) und wirkt als starkes Oxidationsmittel und Fluorierungsmittel (z. B.: + Cl$^-$ $\longrightarrow$ Cl$_2$; + Xe $\longrightarrow$ XeF$_2$, XeF$_4$, XeF$_6$).

Eigenschaften. Über einige Kenndaten und Strukturen der Nickel(II)-halogenide, die bis auf NiF$_2$ (bildet ein Trihydrat) in Wasser gut als Hexahydrate löslich sind, informiert Tab. 31.1 (vgl. auch S. 2074). Von den Dihalogeniden sind viele Komplexe bekannt (vgl. S. 2032). So bildet etwa NiCl$_2$ mit Chloriden Chlorokomplexe NiCl$_3^-$ (stabil mit großen Kationen wie Cs$^+$; flächenverknüpfte NiCl$_6$-Oktaeder wie im Falle von ZrI$_3$, S. 1812), NiF$_2$ mit Fluoriden Tetrafluorokomplexe NiF$_4^{2-}$ (eckenverknüpfte NiF$_6$-Oktaeder wie im Falle von SnF$_4$: »K$_2$NiF$_4$-Struktur«; vgl. S. 2081). Ammoniak führt es – wie der deutsche Chemiker Heinrich Rose (1795–1864) bereits 1830 feststellte – in das blauviolette Ammoniakat NiCl$_2$ · 6 NH$_3$ (oktaedrisches [Ni(NH$_3$)$_6$]$^{2+}$-Ion; d^8) über. Andere neutrale Donatoren D wie PR$_3$, AsR$_3$, OPR$_3$, OAsR$_3$ bilden mit den Dihalogeniden tetraedrisch und zum Teil auch quadratisch-planar konformierte Addukte NiX$_2$ · 2 D, z. B. [NiX$_2$(PR$_3$)$_2$] (vgl. hierzu S. 2032). Das Trihalogenid NiF$_3$ lagert Alkalifluoride zum stark oxidierend wirkenden, violetten Fluorokomplex NiF$_6^{3-}$ (oktaedrisch, Jahn-Teller-verzerrt) an. Man erhält M$_3$NiF$_6$ zweckmäßig durch Fluorierung von Ni(II)-Salzen bei 350–400 °C in Anwesenheit von Alkalimetallchloriden.

Cyanide (S. 2084). Beim Versetzen einer Ni(II)-Salzlösung mit Cyanid fällt graublaues, polymeres, hydratisiertes Nickeldicyanid $Ni(CN)_2$ aus, in welchem Ni(II) gemäß (Abb. 31.1a) an den Schnittpunkten eines quadratischen Netzes lokalisiert ist und durch Cyanid verbrückt vorliegt (quadratische $Ni(CN)_4$- und oktaedrische $Ni(NC)_4(OH_2)_2$-Gruppen, $L = H_2O$). In Ammoniak bildet sich ein analoges Ammoniakat des Nickeldicyanids ($L = NH_3$ in Abb. 31.1a). $Ni(CN)_2$ löst sich im Überschuß von KCN unter Bildung der gelben Komplexverbindung $K_2[Ni(CN)_4]$ (Komplexbildungskonstante ca. 10^{30}). Das in ihr enthaltene diamagnetische, quadratisch-planare Ion Tetracyanonickelat(II) $[Ni(CN)_4]^{2-}$ (16 Außenelektronen; vgl. S. 2085) wird schon durch Salzsäure unter Wiederabscheidung von $Ni(CN)_2$ zerlegt und mit konzentrierter Cyanidlösung in das diamagnetische rote Ion Pentacyanonickelat(II) $[Ni(CN)_5]^{3-}$ (18 Außenelektronen; vgl. S. 2085) überführt, das im Salz $[Cr(NH_3)_6][Ni(CN)_5]$ quadratisch-pyramidal gebaut ist (Abb. 31.1b) und im hydratisierten Salz $[Cr(en)_3][Ni(CN)_5]$ sowohl mit quadratisch-pyramidaler als auch trigonal-bipyramidaler Struktur (Abb. 31.1c) vorliegt (vgl. S. 2085). $K_2[Ni(CN)_4]$ lässt sich mit Kalium in flüssigem Ammoniak zum diamagnetischen, dunkelroten Ion Hexacyanodinickelat(I) $[Ni_2(CN)_6]^{4-} \stackrel{\wedge}{=} [(CN)_3Ni-Ni(CN)_3]^{4-}$ (NiNi-Abstand 2.32 Å; quadratisch-ebene Ni-Koordination; vgl. Abb. 31.1d) und darüber hinaus zum luft- und wasserlabilen diamagnetischen gelben Ion Tetracyanonickelat(0) $[Ni(CN)_4]^{4-}$ (tetraedrisch; 18 Außenelektronen; in Wasser H_2-Entwicklung) reduzieren. Hydrazin führt $[Ni(CN)_4]^{2-}$ in stark alkalischem Milieu in das sehr reaktive paramagnetische Ion Tetracyanonickelat(I) $[Ni(CN)_4]^{3-}$ (17 Außenelektronen; vgl. S. 2085) über.

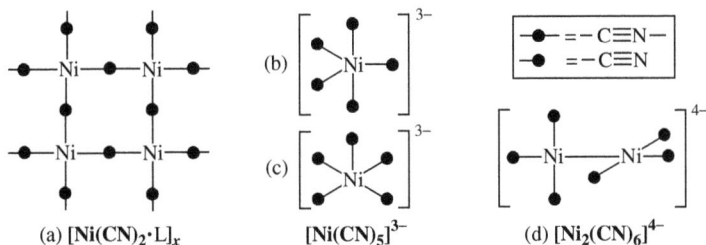

(a) $[Ni(CN)_2 \cdot L]_x$ (b) $[Ni(CN)_5]^{3-}$ (c)   (d) $[Ni_2(CN)_6]^{4-}$

$\bullet\!-\!\bullet = -C\equiv N-$
$\bullet\!-\!\bullet = -C\equiv N$

Abb. 31.1

Azide (S. 2087). Analog $Ni(CN)_2$ bildet Ni(II) das Pseudohalogenid Nickeldiazid $Ni(N_3)_2$, das mit überschüssigem Azid in Hexaazidonickelat(II) $[Ni(N_3)_6]^{4-}$ übergeht (grüne K^+; Cs^+; Ba^{2+}-Salze). Auch lässt sich $[Ni(NCS)_6]^{4-}$ gewinnen.

Chalkogenverbindungen

Gemäß Tab. 31.1 bildet Nickel ähnlich wie Cobalt die »Oxide« NiO, Ni_3O_4 (nicht rein erhältlich), Ni_2O_3 (nicht rein erhältlich) und NiO_2 (Existenz der als Hydrat erhältlichen Verbindungen noch unsicher), ferner die »Hydroxide« $Ni(OH)_2$ und NiO(OH). Sie wirken wie die analogen Cobaltoxide und -hydroxide basisch und nur bezüglich sehr starker Basen auch sauer (Bildung von »Nickel-Salzen« und »Nickelaten«). Auch existieren »Sulfide«, »Selenide« und »Telluride« der Zusammensetzung MY, NiS_2, Ni_3S_4 und Ni_3S_2. Nachfolgend werden Ni(II)- und Ni(III)-Oxide, auf S. 2036 Ni(IV)-Oxide besprochen.

Nickeloxide und -hydroxide (vgl. Tab. 31.1 sowie S. 2088).

Darstellung, Eigenschaften. Beim Glühen von Nickel(II)-hydroxid, -nitrat, -carbonat, -oxalat hinterbleibt Nickelmonoxid NiO (»Nickel(II)-oxid«; antiferromagnetisch; »NaCl-Struktur«, nicht stöchiometrisch) als grünlich-graues, in Wasser unlösliches, in Säure leicht lösliches, thermisch stabiles Pulver (vgl. Tab. 31.1; NiO ist in reiner Form aus den Elementen schlecht zugänglich). Es wird – in feinverteilter Form – von Sauerstoff in der Hitze zu »höheren Oxiden« variabler Zusammensetzung oxidiert (vgl. unten) und beim Überleiten von Wasserstoff bei 200 °C zu feinverteiltem Nickel reduziert. Als ein Produkt der Oxidation von NiO soll das schwarze Oxid Ni_3O_4 (»Spinellstruktur?«), als Produkt der Thermolyse von Nickeldinitrat $Ni(NO_3)_2$ bei 250 °C das schwarze Oxid Ni_2O_3 entstehen. Beide Oxide wirken stark oxidierend und setzen z. B. aus Chlorwasserstoff Chlor wieder in Freiheit. Grünes Nickeldihydroxid $Ni(OH)_2$ (»Nickel(II)-hydroxid«; »CdI_2-Struktur«) fällt aus Ni(II)-Salzlösungen bei Zusatz von Alkalilauge als voluminöser, an der Luft beständiger Niederschlag aus, der bei längerem Stehen kristallisiert. Bei der Oxidation mit BrO^- im alkalischen Milieu (Brom + Kalilauge) geht $Ni(OH)_2$ in schwarzes, säureunlösliches Nickelhydroxidoxid NiO(OH) über (β-/γ-Form mit »CdI_2«-/»$CdCl_2$«-Struktur; enthält möglicherweise Ni(II) und Ni(IV) in gleichen Anteilen: $2\,NiO(OH) \cong NiO_2 \cdot Ni(OH)_2$). Die Oxidation mit ClO^- oder $S_2O_8^{2-}$ führt darüber hinaus zu schwarzem hydratisiertem Nickeldioxid NiO_2 (vgl. S. 2036). Das Dihydroxid wirkt als Base und löst sich leicht in Säuren unter Bildung des grünen »Hexaaquanickel(II)-Ions«, das – bei nicht allzu kleinem pH-Wert – mit dem »Isopolyoxo-Kation« $[Ni(OH)]_4^{4+}$ (Ni und OH besetzen abwechselnd die Ecken eines Würfels) im Gleichgewicht steht. Die sauren Eigenschaften von $Ni(OH)_2$ sind nur sehr schwach ausgeprägt; sodass nur im äußerst basischen Medium »Hydroxokomplexe« entstehen (im alkalischen Milieu ist $Ni(OH)_2$ unlöslich):

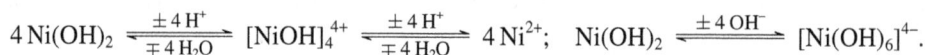

$$4\,Ni(OH)_2 \underset{\mp 4\,H_2O}{\overset{\pm 4\,H^+}{\rightleftharpoons}} [NiOH]_4^{4+} \underset{\mp 4\,H_2O}{\overset{\pm 4\,H^+}{\rightleftharpoons}} 4\,Ni^{2+}; \quad Ni(OH)_2 \overset{\pm 4\,OH^-}{\rightleftharpoons} [Ni(OH)_6]^{4-}.$$

NiO(OH) oxidiert in saurem Milieu Wasser zu Sauerstoff; ein denkbares »Hexaaquanickel(III)-Ion« sowie »Nickel(III)-Salze« existieren demgemäß nicht ($[Ni(H_2O)_6]^{3+}$ wirkt wohl stärker oxidierend als $[Co(H_2O)_6]^{3+}$). Man kennt jedoch »Nickelate(III)« (s. unten).

Man verwendet NiO zur Herstellung von Keramiken, Gläsern, Elektroden sowie – nach Reduktion mit H_2 – als Katalysator für Hydrierungen organischer Verbindungen. Bezüglich NiO(OH) in Ni-Batterien vgl. S. 2025.

Mit O- und N-haltigen Donoren bildet Ni^{2+} zahlreiche Komplexe. Grünes $Ni(OH)_2$ bzw. $[Ni(H_2O)_6]^{2+}$ löst sich in wässerigem Ammoniak mit blauer Farbe unter Bildung des Ammoniakats $Ni(OH)_2 \cdot 6\,NH_3$ mit dem blauen »Hexaamminnickel(II)-Ion« $[Ni(NH_3)_6]^{2+}$ (oktaedrisch). In analoger Weise verdrängen andere neutrale oder anionische stickstoffhaltige Liganden wie Ethylendiamin (en), 2,2'-Bipyridyl (bipy), Phenanthrolin (phen), Rhodanid SCN^-, Azid N_3^- oder Nitrit NO_2^- Wassermoleküle in $[Ni(H_2O)_6]^{2+}$, unter Bildung paramagnetischer (2 ungepaarte Elektronen), oktaedrischer Komplexe: $[Ni(bipy)_3]^{2+}$, $[Ni(phen)_3]^{2+}$, $[Ni(en)_3]^{2+}$, $[Ni(NCS)_6]^{4-}$, $[Ni(N_3)_6]^{4-}$, $[Ni(NO_2)_6]^{4-}$. Zu einem diamagnetischen, quadratisch-planaren, scharlachroten Komplex (Abb. 31.2a), »Bis(dimethylglyoximato)nickel(II)«, führt demgegenüber die Umsetzung von $[Ni(H_2O)_6]^{2+}$ mit Dimethylglyoxim (Diacetyldioxim; »Tschugaeffs Reagens«) $HON{=}CMe{-}CMe{=}NOH$. Er dient als schwerlösliche, im Festzustand über NiNi-Bindungen (Abstände 3.25 Å) zu Molekülstapeln (Abb. 31.4a') verknüpfte Chelatverbindung zur »analytischen Bestimmung von Nickel« und zu seiner »Abtrennung von Cobalt(II)«, das einen analogen, aber löslichen Komplex bildet. Im kristallinen Komplex (a') ist hiernach die Koordination von Nickel eher als oktaedrisch anzusehen; in festem Bis(diethylglyoximato)nickel(II), das sich von (Abb. 31.2a) durch Ersatz der Methyl- gegen Ethylgruppen ableitet, liegen aber auch in fester Phase isolierte quadratisch-planare Moleküle vor (NiNi-Abstände 4.75 Å). Ein aus Ni^{2+} und *N*-Methylsalicylaldimin gebildeter roter Komplex (vgl. Abb. 31.4a) stellt ein weiteres Beispiel für quadratisch-planare Ni-Koordination dar. Ni(II)-Komplexe mit sauerstoffhaltigen Liganden sind vielfach thermodynamisch weniger stabil als analog gebaute Komplexe mit stickstoffhaltigen Liganden (man vergleiche $Ni(H_2O)_6^{2+}$ und $Ni(NH_3)_6^{2+}$). Höhere Stabilitätskonstanten haben insbesondere Komplexe mit mehrzähnigen O-haltigen Liganden (vgl. entsprechende Co(II)-Komplexe). So bildet sich etwa mit Acetylaceton in wässerigem Ethanol der paramagnetische Komplex $[Ni(acac)_2(H_2O)_2]$ mit *trans*-ständigen H_2O-Molekülen, der sich zu paramagnetischem

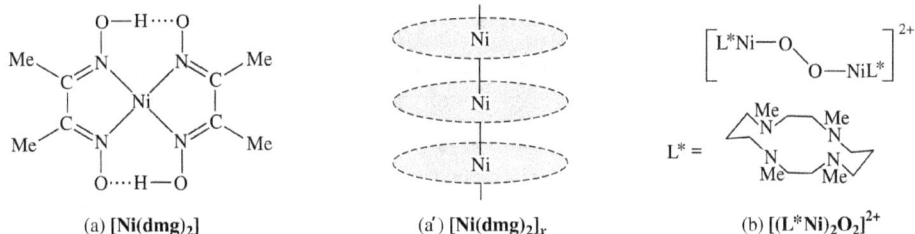

(a) [Ni(dmg)$_2$] (a') [Ni(dmg)$_2$]$_x$ (b) [(L*Ni)$_2$O$_2$]$^{2+}$

Abb. 31.2

grünen [Ni(acac)$_2$]$_3$ entwässern lässt (jeweils oktaedrische Koordination; vgl. (31.1)f). Bezüglich eines diamagnetischen, quadratisch-planaren O-haltigen Komplexes (vgl. Abb. 31.4c). Die Existenz von Superoxo- bzw. peroxogruppenhaltigen Ni(II,III)-Verbindungen (vgl. S. 1997) ist bisher in einem Falle, dem grünen Komplex (Abb. 31.2b) sicher nachgewiesen (Bildung aus blauem L · Ni$^+$ und O$_2$ in Acetonitril bei Raumtemperatur).

Nickelsalze von Oxosäuren. Zweiwertiges Nickel bildet mit praktisch allen Oxosäuren einfache Salze, die aus Wasser als Hydrate auskristallisieren und das grüne Ion [Ni(H$_2$O)$_6$]$^{2+}$ enthalten. Als typisches Salz sei das Nickel(II)-sulfat NiSO$_4$ genannt, das sich aus wässrigen Lösungen in Form eines smaragdgrünen Heptahydrats NiSO$_4$ · 7 H$_2$O (»Nickelvitriol«) gewinnen lässt. Letzteres ist mit Vitriolen analoger Zusammensetzung isomorph, bildet wie diese Doppelsalze, wie etwa K$_2$Ni(SO$_4$)$_2$ · 6 H$_2$O. Weitere Beispiele für Ni(II)-Salze sind; Ni(NO$_3$)$_2$ · 6 H$_2$O, Ni(ClO$_4$)$_2$ · 6 H$_2$O. Vom dreiwertigen Nickel sind bisher keine Salze bekannt.

Nickelate. Während beim Kochen von Ni(OH)$_2$ mit Sr(OH)$_2$- bzw. Ba(OH)$_2$-Lösungen »Hexahydroxonickelate(II)« M$_2$[Ni(OH)$_6$] entstehen (man kennt auch Na$_2$[Ni(OH)$_4$]), bildet sich beim Zusammenschmelzen von NiO mit BaO das Nickelat(II) Ba$_3$NiO$_4$. Von Ni$_2$O$_3$ leiten sich andererseits »Nickelate(III)« MNiO$_2$ (M = Li, Na) ab, die aus MOH, Ni und O$_2$ bei 800 °C gewinnbar sind (LiNiO$_2$ hat »α-NaFeO$_2$-Struktur«). Rote Nickelate(I) K$_3$NiO$_2$, KNa$_2$NiO$_2$, RbNa$_2$NiO$_2$ entstehen aus K$_6$CdO$_4$/CdO in Nickelzylindern bzw. NaNiO$_2$ und K$_2$O oder Rb$_2$O bei 600 °C (enthalten in M$^+$-Ionen eingebettete lineare Ionen [O=Ni=O]$^{3-}$). Bezüglich der Nickelate(IV) vgl. S. 2036.

Nickelsulfide, -selenide, -telluride. Schwarzes, säurelösliches Nickelmonosulfid NiS (»NiAs-Struktur«, nicht stöchiometrisch) lässt sich aus Ni(II)-Salzlösungen nicht in saurer, sondern nur in ammoniakalischer Lösung mit H$_2$S (liegt als (NH$_4$)$_2$S vor) niederschlagen und löst sich dann nach Alterung in verdünnter Säure nicht mehr auf. Wie CoS kann man auch NiS mit Sauerstoff in Anwesenheit von Polysulfid auf dem Wege über Ni(OH)S zu säureunlöslichen, Ni(III)-haltigen Sulfiden oxidieren. Ein dunkelgraues, antiferomagnetisches Nickeldisulfid NiS$_2$ (»Pyrit-Struktur«) mit Ni^{2+} und S$_2^{2-}$-Ionen bildet sich aus NiCO$_3$, K$_2$CO$_3$ und Schwefel, das grauschwarze Trinickeltetrasulfid Ni$_3$S$_4$ (»Spinell-Struktur«) findet sich in der Natur als »Polydymit«, das aus NiSO$_4$ und H$_2$S/H$_2$ zugängliche bronzefarbene Trinickeldisulfid Ni$_3$S$_2$ als Mineral »Heazlewoodit« (Ni$_3$S$_2$ ist die handelsübliche Form von Nickelsulfid). Es existieren darüber hinaus viele metallische Phasen im Bereich NiS bis Ni$_3$S$_2$. Dunkelgraues Nickelmonosulfid und -tellurid MY (»NiAs-Struktur«) sind aus den Elementen gewinnbar.

Zweiwertiges Nickel bildet zudem Sulfidokomplexe. So führt die Einwirkung von (PhCH$_2$)$_2$S$_3$ auf [Ni(SPh)$_4$]$^{2-}$ zu braunrotem [NiS$_8$]$^{2-}$ = [Ni(S$_4$)$_2$]$^{2-}$ (Abb. 31.3c) (quadratisch-planar). Als weitere Verbindungsbeispiele seien die Komplexe [NiS(StBu)$_5$]$^-$ (Abb. 31.3d) (pentagonale Ni$_5$S-Pyramide mir NiNi-Bindungen und fünfzähligem Sulfidion) und [Ni$_6$(SR)$_{12}$] (vgl. Abb. 31.3e; R = CH$_2$CH$_2$OH; Doppelkronenform) genannt.

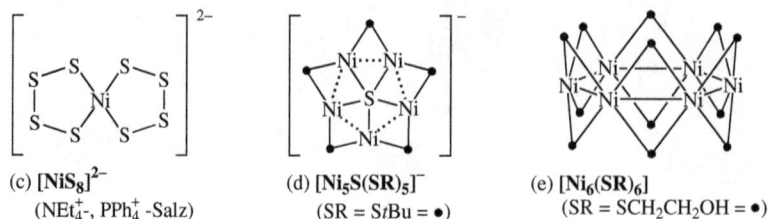

(c) $[NiS_8]^{2-}$ (d) $[Ni_5S(SR)_5]^-$ (e) $[Ni_6(SR)_6]$
$(NEt_4^+-, PPh_4^+ -Salz)$ $(SR = StBu = •)$ $(SR = SCH_2CH_2OH = •)$

Abb. 31.3

Pentel-, Tetrel-, Trielverbindungen

Ähnlich wie mit Wasserstoff, Halogenen und Chalkogenen bildet Nickel mit Pentelen, Tetrelen und Trielen binäre Verbindungen. Allerdings kennt man mit Ni_3N und Ni_3C nur ein einziges gut charakterisiertes Nickelnitrid und -carbid (vgl. S. 747, 1021), ferner ein Azid $Ni(N_3)_2$ (S. 2029), doch existieren eine Reihe »schwererer« Pentelide: die Nickelphosphide, -arsenide, -antimonide, -bismutide NiP_2 und NiP_3 (enthalten P_2- bzw. P_4-Struktureinheiten), rotes NiAs (Smp. 968 °C; in der Natur als »Rotnickelkies«, »Nickelit«), kupferrotes NiSb (Smp. 1158 °C; in der Natur als »Breithauptit«) und NiBi (S. 861, 948). Letzteren Verbindungen kommt »Nickelarsenid-Struktur« (S. 136) zu, die sehr weit verbreitet ist und von vielen Chalkogeniden MY (M = Ti−Ni, Y = S, Se Te) sowie intermetallischen Phasen MM′ (z. B. MSn mit M = Rh, Ir, Ni, Pd, Pt, Cu, Ag, Au; MSb mit M = Cr, Mn, Fe, Ir, Ni, Pd, Pt, Cu) eingenommen wird. Beispiele für »schwerere« Tetrelide sind Nickelsilicide Ni_nSi (Ni_2Si, NiSi und $NiSi_2$), Beispiele für Trielide Nickelboride Ni_nB (Ni_3B mit Fe_3C-Struktur, Smp. 1165 °C; Ni_2B: schwarz, Smp. 1230 °C; Ni_4B_3: 2 Formen mit Smp. 1025/1900 °C; NiB Smp. 1080 °C; NiB_2; vgl. S. 1222).

Durch Nitrierung von Ni oder Ni-Verbindungen mit Alkali- oder Erdalkalinitriden bzw. mit N_2 in Anwesenheit von Alkali- und Erdalkalimetallen bei erhöhten Temperaturen sind eine Reihe von Nitridonickelaten mit formal ein- oder zweiwertigem Ni zugänglich (S. 2098), nämlich $[Ni^IN]^{2-}$ (lineare Ketten ···N−Ni−N−Ni··· in CaNiN; planare Zickzackketten mit einem Richtungswechsel an den Endstickstoffatomen linearer NNiNNiNNiN-Einheiten in SrNiN und BaNiN ($Li_3Sr_3(NiN)_4$ mit Ni der Oxidationsstufe +0.75 weist lineare NiN-Ketten auf), $[Ni^{II}N]^-$ (lineare Ketten ···NiNNiN··· in LiNiN), $[Ni^{II}N_2]^{4-}$ (lineare NNiN-Einheiten in Sr_2NiN_2), $[Ni_3N_2]^{4-}$ (Oxidationsstufe von Ni formal +0.67; NiNNiN-Zickzackketten (Richtungswechsel an jedem N-Atom), zu Schichten verbrückt über ebenfalls 2-fach-koordiniertes Ni in $Ba_2Ni_3N_2$). Bzgl. $Li_2[Li_{1-x}Ni^I_xN]$ vgl. S. 2099, bzgl. des Azidonickelats $[Ni(N_3)_6]^{4-}$ S. 2029.

Darüber hinaus bildet Nickel viele Verbindungen mit stickstoff- und kohlenstoffhaltigen Resten (vgl. hierzu Komplexe mit N-haltigen Donoren sowie Organische Verbindungen des Nickels, S. 2030, 2036).

Nickel(II)- und Nickel(III)-Komplexe

Zweiwertiges Nickel (isoelektronisch mit Co^+) bildet eine sehr große, dreiwertiges Nickel (isoelektronisch mit Co^{2+}) nur eine bescheidene Zahl von klassischen Komplexen; auch ist die Vielfalt der Geometrien der Nickel(II)-Komplexe viel größer als die von Nickel(III)-Komplexen, wie nachfolgend demonstriert sei. Beide Wertigkeiten treten auch in der lebenden Natur als Komplexzentren von Wirkstoffen auf. Bezüglich der niedrigwertigen Nickel-Komplexe sowie der nicht-klassischen Komplexe mit Metallclusterzentren vgl. Anm.[2] (diamagnetische und paramagnetische Ni(0)- und Ni(I)-Komplexe (d^{10}, d^9) mit null und einem ungepaarten Elektron (μ_{mag} = 1.7–2.48) sind häufig tetraedrisch, im Falle von Ni(I) zudem trigonal-bipyramidal gebaut).

Nickel(II)-Komplexe (d^8). Besonders zahlreich findet man paramagnetische Ni(II)-Komplexe, und zwar oktaedrische high-spin Ni(II)-Komplexe (zwei ungepaarte Elektronen; μ_{mag}. 2.9–3.3 BM) mit der Koordinationszahl KZ$_{Ni}$ = 6 des Nickels, ferner quadratisch-pyramidale und – in Anwesenheit geeigneter mehrzähniger Liganden – trigonal-bipyramidale high-spin-Ni(II)-Komplexe (zwei ungepaarte Elektronen; μ_{mag} 3.2–3.4 BM) mit KZ$_{Ni}$ = 5 sowie – seltener – tetraedrische high-spin-Ni(II)-Komplexe (zwei ungepaarte Elektronen; μ_{mag} 3.3–4.0 BM)[3] mit KZ$_{Ni}$ = 4. Nur mit den stärkeren Donatoren oder mit mehrzähnigen Liganden bildet Ni(II) diamagnetische low-spin-Komplexe, in denen Nickel ausschließlich die Koordinationszahl 5 (quadratisch-pyramidal und trigonal-bipyramidal) sowie 4 (quadratisch-planar), aber nicht 6 besitzt.

Komplexstabilitäten, Spinmultiplizitäten. Unter den einzähnigen Liganden führen die Halogenid-Anionen sowie solche mit N- oder O-Donoratomen (Ligatoren) zu high-spin, solche mit C-, P-, As-, S-, Se- Ligatoren zu low-spin-Komplexen, wobei die größeren oder sperriger substituierten Ligatoren – insbesondere wenn sie negativ geladen sind – niedrige Koordinationszahlen des Nickels bedingen. Demgemäß ist die Substitution von Wasser in grünem high-spin-[Ni(H$_2$O)$_6$]$^{2+}$ durch Trimethylarsanoxid bzw. Chlorid-Ionen mit einem Wechsel der oktaedrischen zur quadratisch-pyramidalen bzw. zur tetraedrischen Ni(II)-Koordination verbunden (ein Multiplizitätswechsel erfolgt hierbei nicht):

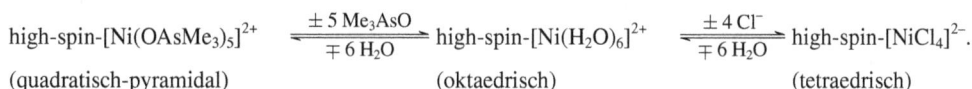

$$\text{high-spin-[Ni(OAsMe}_3)_5]^{2+} \; \underset{\mp 6\,\text{H}_2\text{O}}{\overset{\pm 5\,\text{Me}_3\text{AsO}}{\rightleftharpoons}} \; \text{high-spin-[Ni(H}_2\text{O})_6]^{2+} \; \underset{\mp 6\,\text{H}_2\text{O}}{\overset{\pm 4\,\text{Cl}^-}{\rightleftharpoons}} \; \text{high-spin-[NiCl}_4]^{2-}.$$

(quadratisch-pyramidal)   (oktaedrisch)   (tetraedrisch)

Andererseits führt der Ersatz von Wasser im Hexaaquanickel(II) durch Cyanid zu einem Wechsel sowohl der Spinmultiplizität (paramagnetisch $\longrightarrow$ diamagnetisch) als auch der oktaedrischen in die quadratische bzw. – bei CN$^-$-Überschuss – in die quadratisch-pyramidale Ni(II)-Koordinationsgeometrie:

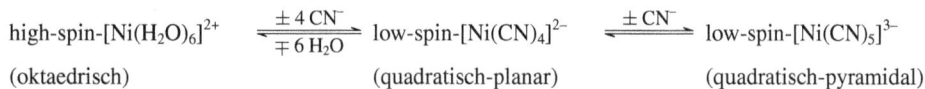

$$\text{high-spin-[Ni(H}_2\text{O})_6]^{2+} \; \underset{\mp 6\,\text{H}_2\text{O}}{\overset{\pm 4\,\text{CN}^-}{\rightleftharpoons}} \; \text{low-spin-[Ni(CN)}_4]^{2-} \; \underset{}{\overset{\pm\,\text{CN}^-}{\rightleftharpoons}} \; \text{low-spin-[Ni(CN)}_5]^{3-}$$

(oktaedrisch)   (quadratisch-planar)   (quadratisch-pyramidal)

(in [Cr(en)$_3$][Ni(CN)$_5$] liegt das Pentacyanonickelat(II) mit quadratisch-pyramidalem und trigonal-bipyramidalem Bau vor; S. 2028). Der Übergang vom oktaedrischen high-spin-Zustand des zweiwertigen Nickels zum quadratisch-pyramidalen bzw. tetraedrischen high-spin-Zustand ist hierbei mit einem Verlust, der vom oktaedrischen high-spin-Zustand zum quadratisch-pyramidalen bzw. quadratisch-planaren low-spin-Zustand mit einem Gewinn an Ligandenfeldstabilisierungsenergie verbunden (vgl. S. 1592).

Unter den mehrzähnigen Liganden bewirken solche, die eine quadratisch-planare Koordination des Metallzentrums ermöglichen, einen low-spin-Zustand von Ni(II) (vgl. Abb. 31.4a mit R = Me, Abb. 31.1e mit R = CMe$_3$, sowie Glyoximato-Komplexe, S. 2030), während solche, die zu quadratisch-pyramidal oder trigonal-bipyramidal gebauten Ni(II)-Komplexen führen, teils einen high-spin-, teils einen low-spin-Zustand bedingen, je nachdem, ob die Liganden harte oder weiche Ligatoren aufweisen. So liegt etwa [NiBrL]$^+$ mit L = Me$_2$AsCH$_2$CH$_2$CH$_2$As(Ph)CH$_2$As(Ph)CH$_2$CH$_2$CH$_2$AsMe$_2$ in der quadratisch-pyramidalen low-spin-Form (Abb. 31.4b), mit L = N(CH$_2$CH$_2$NMe$_2$)$_3$ in der trigonal-bipyramidalen high-spin-Form (Abb. 31.4c) und mit L = N(CH$_2$CH$_2$PMe$_2$)$_3$ in der trigonal-bipyramidalen low-spin-Form (Abb. 31.4d).

---

[3] Dass die μ_{mag}-Werte für die tetraedrischen high-spin-Komplexe deutlich höher als die für die oktaedrischen high-spin-Komplexe liegen, rührt daher, dass der Bahnbeitrag zum »spin-only-Wert« des magnetischen Moments in ersterem Falle wegen des dreifach entarteten Grundzustandes (^{3}T$_1$) groß, in letzterem Falle wegen des nicht entarteten Grundzustandes (^{3}A$_{2g}$) klein ist. In ersteren Fällen ist demzufolge auch die Temperaturabhängigkeit von μ_{mag} deutlich (vgl. S. 1663).

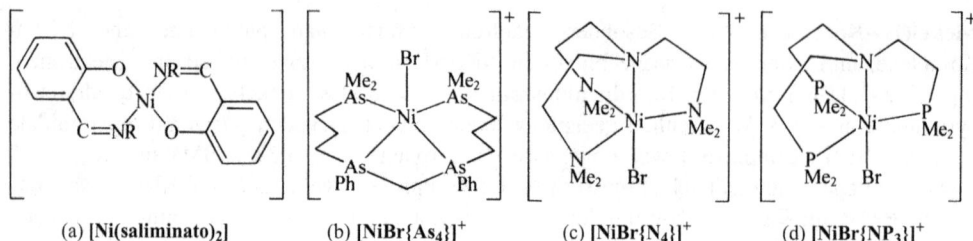

(a) [Ni(saliminato)$_2$]   (b) [NiBr{As$_4$}]$^+$ (c) [NiBr{N$_4$}]$^+$ (d) [NiBr{NP$_3$}]$^+$

Abb. 31.4

In einer Reihe von Fällen beobachtet man Ni(II)-Komplexe mit variablen Geometrien. So existiert etwa im Falle der »β-Ketoenolatkomplexe« NiL$_2$ mit L = [O$\cdots$CR$\cdots$CH$\cdots$CR$\cdots$O]$^-$ ein Gleichgewicht (31.1) zwischen den diamagnetischen roten NiL$_2$-Monomeren (31.1e) (quadratisch-planare Ni(II)-Koordination) und seinen Polymerisations-Isomeren, den paramagnetischen grünen NiL$_2$-Trimeren (31.1f) (oktaedrische Ni(II)-Koordination). Das Gleichgewicht liegt bei Raumtemperatur, falls R sperrig ist (z. B. CMe$_3$), vollständig auf der linken Seite (31.1e), falls R jedoch klein ist (z. B. H, Me), vollständig auf der rechten Seite (31.1f). Stellt R einen Substituenten mittlerer Sperrigkeit dar, so beobachtet man in unpolaren Lösungsmitteln ein temperatur- und konzentrationsabhängiges Gleichgewicht (e) $\rightleftharpoons$ (f) zwischen der roten monomeren und grünen dimeren Form (in sehr verdünnter Lösung ist selbst Ni(acac)$_2$ mit R = Me gemäß Abb. 31.1e monomer). In analoger Weise liegt das diamagnetische »Bis(N-methylsalicylaldiminato)nickel(II)« (Abb. 31.4a; R = Me) in Benzol oder Chloroform mit seinem Dimeren im Gleichgewicht (KZ$_{Ni}$ > 4).

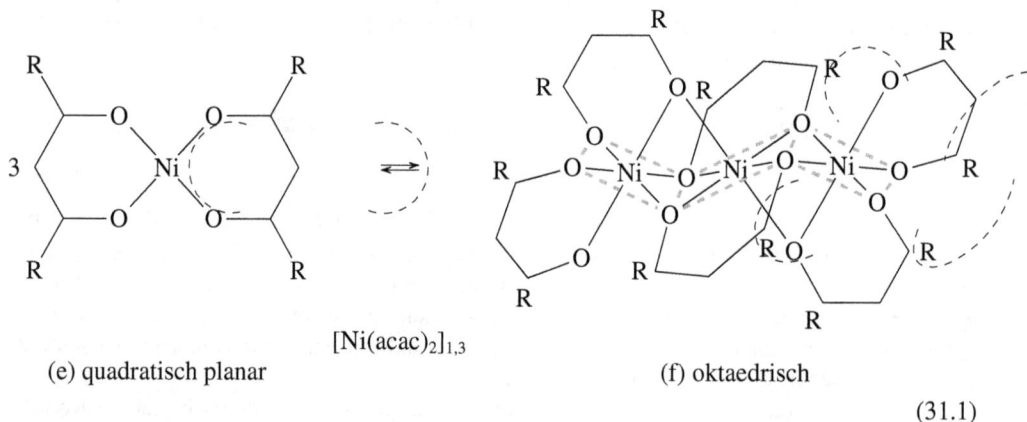

[Ni(acac)$_2$]$_{1,3}$

(e) quadratisch planar   (f) oktaedrisch

(31.1)

Löst man diamagnetische, quadratisch-planare, rote »Bis(ketoenolat)nickel(II)-Komplexe« NiL$_2$ (31.1e) in polaren Lösungsmitteln D wie Wasser, Alkohol, Ether, Pyridin, so bilden sich unter Koordinationserweiterung paramagnetische, oktaedrische, monomere, grüne Addukte NiL$_2 \cdot 2$ D (in entsprechender Weise bilden sich aus (NiL$_2$)$_3$ unter Depolymerisation Addukte NiL$_2 \cdot 2$ D):

$$[NiL_2](\text{quadratisch-planar}) + 2\,D \rightleftharpoons [NiL_2D_2](\text{oktaedrisch}). \tag{31.2}$$

Beim Erwärmen der Addukte werden die Donormoleküle leicht wieder abgegeben. Auch Bis(salicylaldiminato)nickel (Abb. 31.4a) oder Bis(glyoximato)nickel (vgl. Abb. 31.2a) vermögen Lewis-Basen unter Änderung der Komplex-Multiplizität und der -Geometrie zu addieren. Gleichgewichte zwischen quadratisch-planaren und oktaedrischen Ni(II)-Komplexen beobachtet man auch im Falle der »Lifschitz'schen Salze« NiL$_2$X$_2$ (L = substituiertes Ethylendiamin; X = Monoanion), welche – abhängig vom Lösungsmittel und der Temperatur – teils im Sinne von

$[NiL_2]^{2+}2X^-$ diamagnetisch, quadratisch und gelb, teils im Sinne von $[NiL_2X_2]$ paramagnetisch, oktaedrisch und blau sind (S. 1607). Man vergleiche in diesem Zusammenhang auch die Verbindungen $[Ni(CN)_2 \cdot L]_x$ mit L = H_2O, NH_3, die sowohl quadratisch-planare als auch oktaedrische Zentren enthalten (S. 2028).

Im Falle der Phosphanaddukte $NiX_2(PR_3)_2$ (X = Cl, Br) existiert schließlich ein Gleichgewicht zwischen meist gelben bis roten, diamagnetischen, quadratisch-planaren Formen und ihren Allogon-Isomeren (S. 451, 1583), den meist grün bis blauen, paramagnetischen, tetraedrischen Formen:

$$[NiX_2(PR_3)_2](\text{quadratisch-planar}) \rightleftharpoons [NiX_2(PR_3)_2](\text{tetraedrisch}). \qquad (31.3)$$

Es liegt bei Raumtemperatur z. B. im Falle R = Aryl und X = Cl vollständig auf der linken Seite, im Falle R = Alkyl und X = I vollständig auf der rechten Seite und im Falle R = Aryl und Alkyl in der Mitte ($\tau_{1/2}$ der gegenseitigen Umwandlung ca. 10^{-5} bis 10^{-6} s). Gelegentlich lassen sich die Konformationsisomeren in kristalliner Form getrennt isolieren (z. B. $NiBr_2(PEtPh_2)_2$ als diamagnetische, quadratische, braune sowie als paramagnetische, tetraedrische, grüne Form). In analoger Weise bilden Bis(salicylaldiminato)nickel-Komplexe (Abb. 31.4a) mit sperrigen Gruppen R (z. B. iPr, tBu) in nicht komplexbildenden Lösungsmitteln Mischungen aus tetraedrischen und planaren Allogon-Isomeren.

Magnetisches Verhalten (vgl. hierzu Anm.[3]). Da sich an den Gleichgewichten wie (31.1), (31.2) oder (31.3) sowohl high- als auch low-spin-Komplexe beteiligen, beobachtet man im Falle der betreffenden Systeme magnetische Momente im Bereich zwischen 0 (diamagnetische low-spin-Komplexe) und 4 (paramagnetische high-spin-Komplexe mit zwei ungepaarten Elektronen). Dieses Verhalten wurde früher als »anomal« bezeichnet (»anomale Ni(II)-Komplexe«). Von Interesse ist weiterhin der high-spin-Komplex $[Ni(acac)_2]_3$ (31.1f), dessen für zwei ungepaarte Ni-Elektronen sprechender Paramagnetismus $\mu_{mag} = 3.2$ BM bei tiefen Temperaturen (ab $-200\,°C$) bis auf $\mu_{mag} = 4.3$ BM (bei $-270\,°C$) anwächst, was mit ferromagnetischer Elektronenkopplung erklärbar ist.

Optisches Verhalten. Oktaedrische high-spin-Ni(II)-Komplexe erscheinen vielfach grün (z. B. $Ni(H_2O)_6^{2+}$) bis blau (bei stärkerem Ligandenfeld; z. B. $Ni(NH_3)_6^{2+}$, $Ni(en)_3^{2+}$), tetraedrische high-spin-Ni(II)-Komplexe blau (z. B. NiX_4^{2-} mit X = Cl, Br, I), selten grün. Die Farben gehen in ersteren Fällen auf Absorptionen im Bereich 13 000–19 000 cm^{-1} ($^3A_{2g} \longrightarrow {}^3T_{1g}(F)$) sowie 24 000 bis über 26 000 cm^{-1} ($^3A_{2g} \longrightarrow {}^3T_{1g}(P)$)[4], in letzteren Fällen auf eine Absorption im Bereich 14 000–16 000 cm^{-1} ($^3T_1 \longrightarrow {}^3T_1(P)$) zurück[4]. Die tetraedrischen Komplexe führen hierbei zu intensiveren Banden (die d $\longrightarrow$ d-Übergänge sind im Falle der Symmetrie T_d ohne Inversionszentrum weniger stark verboten als im Falle der Symmetrie O_h mit Inversionszentrum). Bandenaufspaltungen (-schultern) rühren von schwachen, durch Spin-Bahn-Kopplung[3] ermöglichten Triplett-Singulett-Übergängen. Die quadratischen low-spin-Ni(II)-Komplexe sind meist gelb bis rot (z. B. orangefarbenes $Ni(CN)_4^{2-}$, rotes Bis(glyoximato)nickel). Die Farben gehen hier auf eine Absorption im blauen bis gelben Wellenzahlbereich (17 000–22 000 cm^{-1}) zurück. Metall $\longrightarrow$ Ligand-CT-Banden verursachen aber auch andere Farben (z. B. grünes $NiI_2(Chinolin)_2$).

---

[4] Die energetische Reihenfolge der aus einem Grundterm (für d^8-Ni^{2+}: ^3F-Grundterm) hervorgehenden Spaltterme vertauscht sich gemäß dem auf S. 1612 Besprochenen beim Übergang vom Oktaederfeld (für d^8-Ni^{2+}: $^3A_{2g}$, $^3T_{2g}$, $^3T_{1g}$) zum Tetraederfeld (für d^8-Ni^{2+}: $^3T_1$, $^3T_2$, $^3A_2$). Unter Berücksichtigung des aus dem energiereicheren ^3P-Term von d^8-Ni^{2+} im oktaedrischen und tetraedrischen Feld hervorgehenden $^3T_{1g}$- bzw. $^3T_1$-Term ergeben sich folgende d→d-Übergänge, geordnet nach steigender Energie (Fettdruck = sichtbarer Bereich; Normaldruck = infraroter Bereich):

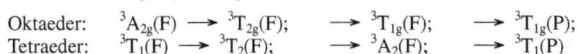

Oktaeder: $^3A_{2g}(F) \longrightarrow {}^3T_{2g}(F)$; $\longrightarrow {}^3T_{1g}(F)$; $\longrightarrow {}^3T_{1g}(P)$;
Tetraeder: $^3T_1(F) \longrightarrow {}^3T_2(F)$; $\longrightarrow {}^3A_2(F)$; $\longrightarrow {}^3T_1(P)$

Nickel(III)-Komplexe (d^7). Die meisten der – nicht sehr zahlreich – isolierten Komplexe des dreiwertigen Nickels weisen Liganden mit F-, O- oder N-Donoratome auf (z. B. [NiF$_6$]$^{3-}$, [Ni(bipy)$_3$]$^+$, [Ni(phen)$_3$]$^{3+}$, Komplexe mit Oximen, Aminosäuren) und stellen paramagnetische, oktaedrische (Jahn-Teller-verzerrte) low-spin-Komplexe dar (ein ungepaartes Elektron; μ_{mag} 1.7 bis 2.1 BM). Man kennt allerdings auch einige durch weiche Liganden wie PR$_3$ oder o-(R$_2$As)$_2$C$_6$H$_4$ (diars) stabilisierte low-spin-Komplexe der Nickel(III)-halogenide wie [NiX$_3$(PR$_3$)$_2$] (X = Cl, Br; trigonal-bipyramidal) oder [NiCl$_2$(diars)$_2$]$^+$ (oktaedrisch). Während Co^{2+} im Komplex CoF$_6^{4-}$ einen high-spin-Zustand einnimmt, hat isoelektronisches Ni^{3+} wegen seiner hohen Ionenladung in NiF$_6^{3+}$ einen low-spin-Zustand. Der Dublett-Zustand von NiF$_6^{3+}$ (ein ungepaartes Elektron) liegt allerdings energetisch nur um 700 cm^{-1} unter dem Quartett-Zustand (drei ungepaarte Elektronen).

Nickel in der Biosphäre

Nickelkationen finden sich in der Biosphäre als Komplexzentren von Wirkstoffen wie Ureasen und Hydrogenasen. Das Protein der aus gewöhnlichen Bohnen isolierten, der Hydrolyse von Harnstoff zu NH$_3$ und CO$_2$ dienenden Urease besteht aus 6 Untereinheiten mit jeweils 2 Ni-Atomen. Die in einigen Bakterien aufgefundenen Ni-haltigen Hydrogenasen katalysieren Redoxprozesse wie die Oxidation von Wasserstoff zu Wasser, die Reduktion von Sulfat, die Bildung von Methan.

1.2.2   Nickel(IV)-Verbindungen (d^6)

Vierwertiges Nickel liegt in den roten Fluorokomplexen M$_2$NiF$_6$ (M = Na, K, Rb, Cs, $^1/_2$ Sr, $^1/_2$ Ba usw.) vor (gewinnbar aus Ni(II)-Salzen + F$_2$ bei hohem Druck und über 400 °C). Nickeltetrafluorid NiF$_4$ bildet sich bei der Umsetzung von K$_2$NiF$_6$ mit BF$_3$, AsF$_5$, SbF$_5$ BiF$_5$ in flüssigem, wasserfreiem Fluorwasserstoff bei −65 °C als gelbbrauner Feststoff (optimale Synthesemethode in fl. HF: (XeF$_5$)$_2$NiF$_6$ + 2 AsF$_5$ $\longrightarrow$ NiF$_4$(↓) + 2 (XeF$_5$)AsF$_6$). Mit überschüssigem MF$_5$ erhält man NiF$_3^+$MF$_6^-$, wobei das Kation NiF$_3^+$ analog AgF$_3$ die Anionen PtF$_6^-$ sowie RhF$_6^-$ zu PtF$_6$ sowie RhF$_6$ oxidiert. Die Thermolyse von NiF$_4$ führt zu NiF$_3$ (S. 2028). Vierwertiges Nickel enthält auch hydratisiertes Nickeldioxid NiO$_2$ (gewinnbar durch Oxidation von Ni(OH)$_2$ mit S$_2$O$_8^{2-}$). Von NiO$_2$ leiten sich Nickelate(IV) wie MNiO$_2$ (M = Sr, Ba; flächenverknüpfte NiO$_6$-Oktaeder) ab. Ein stickstoffhaltiger Ligand, der Ni(IV) in Form eines Komplexes [NiL$_2$]$^{2+}$ zu stabilisieren vermag, ist H$_2$N−CH$_2$−CH$_2$−N=CMe−CMe=N−O$^-$. In allen Verbindungen liegt das mit Co(III) isoelektronische Ni(IV) erwartungsgemäß im diamagnetischen low-spin-Zustand vor.

1.2.3   Organische Verbindungen des Nickels

Nickelorganyle

Einfache Nickeldiorganyle NiR$_2$ (Entsprechendes gilt für RNiX) sind in der Regel instabil und nicht isolierbar. Ein Verbindungsbeispiel ist Dimesitylnickel NiMes$_2$, das durch Abkondensieren des mit Mes$_2$Ni(PR$_3$)$_2$ im Gleichgewicht stehenden Phosphans PR$_3$ im Hochvakuum zugänglich ist. Stabiler sind Organonickelate(II) [NiR$_4$]$^{2-}$, z. B. planares, aus Ni(II)-Komplexen und LiMe in THF als Li(THF)$_2^+$-Salz gewinnbares [NiMe$_4$]$^{2-}$ oder planares, aus Ni(CN)$_4^{2-}$ und KC≡CR erhältliches [Ni(C≡CR)$_4$]$^{2-}$. Noch stabiler – und deshalb sehr zahlreich – sind Addukte NiR$_2$D$_2$ mit zwei anionischen oder neutralen Donoren z. B.: über Halogenobrücken dimeres [R$_2$NiX]$^-$ $\hat{=}$ [R$_2$Ni(μ-X)$_2$NiR$_2$]$^{2-}$ (planar; R u. a. C$_6$F$_5$), [Me$_2$NiD$_2$] (planar; D$_2$ u. a. 2 PR$_3$, Me$_2$NCH$_2$CH$_2$NMe, 2,2′-Bipyridyl, R$_2$PCH$_2$CH$_2$PR$_2$), (C$_6$F$_5$)$_2$NiD$_2$ (planar; D$_2$ u. a. 2 PR$_3$, MeOCH$_2$CH$_2$OMe, 2 PhCN, η^6-Toluol). Als weiteres Ni(II)-organyl sei grünes Bis(cyclopentadienyl)nickel(II) NiCp$_2$ (Nickelocen) und das Tris(cyclopentadienyl)dinickel-

Kation $[Ni_2Cp_3]^+ = CpNiCpNiCp^+$ mit η^5-gebundenen C_5H_5-Resten genannt. π-Komplexe des Nickels spielen eine Rolle bei einigen technischen Prozessen (s. unten). Beispiele für niedrigwertige Verbindungen mit NiC-Bindungen sind etwa $[Ni^0(CO)_4]$, $[Ni^0Me(\pi\text{-}C_2H_4)_2]^-$, $[Ni^0(\pi\text{-}C_2H_4)_3]$, $[Ni^{-I}(CO)_3]_2^{2-}$. Näheres vgl. Kap. XXXII.

Nickel(III,IV)-organyle sind bisher in Form von NiR_3 und NiR_4 unbekannt, doch lässt sich etwa $NiCp_2$ zu einem orangefarbenen Monokation $[Ni^{III}Cp_2]^+$ und $NiCp^*_2$ sogar zu einem Dikation mit drei- bzw. vierwertigem Ni oxidieren ($Cp^* = C_5Me_5$).

Katalytische Prozesse unter Beteiligung von Ni-organylen

Alkinoligomerisation mit Ni(II)-Katalysatoren. Nickel(II) bewirkt in Tetrahydrofuran oder Dioxan bei erhöhter Temperatur (80–100 °C) – in Verbindung mit O-haltigen Liganden wie Acetylacetonat oder Salicylaldehyd – eine Tetramerisierung oder – in Verbindung mit P-haltigen Liganden wie PPh_3 – eine Trimerisierung von Acetylen (15 bar Druck) oder von monosubstituierten Alkinen (Reppe-Prozess der BASF; disubstituierte Alkine reagieren nicht) (vgl. Abb. 31.5).

Abb. 31.5

Die Oligomerisierung der Alkine erfolgt wohl auf dem Wege über π-Alkinkomplexe am Ni(II)-Zentrum.

Butadienoligomerisation mit Ni(Allyl)$_2$ als Katalysator. Diallylnickel $Ni(C_3H_5)_2$ ermöglicht die Cyclotrimerisierung bzw. – in Anwesenheit von Phosphanen wie PPh_3 – die Cyclodimerisierung von Butadien (Wilke-Prozess) (s. Abb. 31.6).

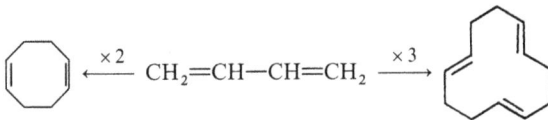

Abb. 31.6

Im Zuge dieser Katalyse lagert das aus $Ni(C_3H_5)_2$ (Abb. 31.7a) durch Verdrängung von C_3H_5 gegen Butadien hervorgehende $Ni(C_4H_6)_2$ (Abb. 31.7b) unter Butadienverknüpfung ein weiteres Molekül Butadien bzw. ein Molekül Phosphan an. Die gebildeten Komplexe (Abb. 31.7c) verwandeln sich dann in die Verbindung (Abb. 31.7d bzw. e), aus welchen *trans,trans,trans*-1,5,9-Cyclododecatrien bzw. 1,5-Cyclooctadien gegen Butadien unter Rückbildung von (Abb. 31.7b) verdrängt werden.

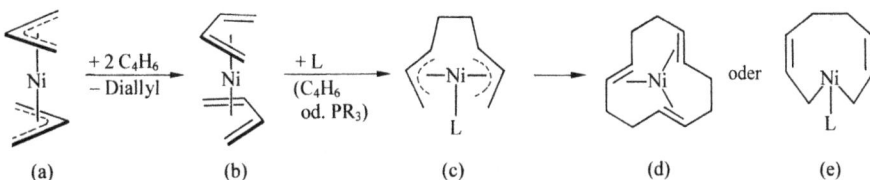

Abb. 31.7

In diesem Zusammenhang sei erwähnt, dass sich mit $TiCl_4/R_3Al_2Cl_3$ Butadien zu *cis,trans, trans*-1,5,9-Cyclododecatrien trimerisieren lässt (Firma Hüls), einer Vorstufe des Polyamid-Bausteins $HOOC-(CH_2)_{10}-COOH$.

Alken- und Alkin-Carbonylierung mit Ni(CO)₄ als Katalysator. Nickeltetracarbonyl $Ni(CO)_4$ katalysiert wie Eisenpentacarbonyl $Fe(CO)_5$ oder Cobalthydridtetracarbonyl $HCo(CO)_4$ die Carbonylierung von Alkenen und Alkinen bei gleichzeitiger Addition von protonenaktiven Teilchen HX wie ROH, z. B.:

$$HC\equiv CH + CO + ROH \longrightarrow H_2C=CH-COOR.$$

Hierbei lagert der in situ aus $Ni(CO)_4$ und HX hervorgehende eigentliche Katalysator $[NiHX(CO)_2]$ zunächst C_2H_2 (Analoges gilt für Alkene) in die NiH-, dann CO in die NiC-Bindung des gebildeten Komplexes ein; letzterer Komplex reagiert mit HX unter Eliminierung des Katalysators $[NiHX(CO)_2]$ zum Produkt $CH_2=CH-COX$ (z. B. Acrylsäureester für $X = OR$) ab (vgl. Abb. 31.8).

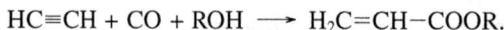

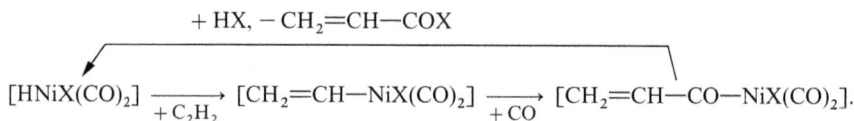

Abb. 31.8

In Abwesenheit von CO erfolgt unter geeigneten Bedingungen auch eine katalytische HX-Addition an Alkene (z. B. Hydrocyanierung von Butadien in Anwesenheit von $Ni(PR_3)_4$ mit R = OEt zu Adiponitril $NC(CH_2)_4CN$, einem Vorprodukt des Polyamidbausteins $H_2N(CH_2)_6NH_2$); Katalysator ist hierbei aus NiL_4 (L = PR_3) hervorgehendes $[NiL_2]$, das zunächst HCN zu $L_2NiH(CN)$, dann $CH_2=CHR$ zu $L_2Ni(CH_2CH_2R)(CN)$ addiert, das in $[NiL_2]$ und RCH_2CH_2CN zerfällt).

Alkenisomerisierungen mit $NiH(PR_3)_2$ als Katalysator. Vgl. S. 2005.

2   Das Palladium und Platin

Geschichtliches. Während das erste Glied der Platinmetalle, Ruthenium, als letztes Metall dieser Elementgruppe aufgefunden wurde (s. dort), ist das letzte Glied der Platinmetalle, Platin, am längsten bekannt. Man fand es gediegen im Sand der Flüsse Kolumbiens. Die mittleren Glieder der Platinmetalle – Os, Rh, Ir, Pd – wurden nach der Entdeckung der ausgedehnten Platinlagerstätten im Ural alle in der kurzen Zeitspanne von 1803 bis 1804 entdeckt, und zwar Palladium im Jahre 1803 von dem Engländer William Hyde Wollaston. Palladium erhielt seinen Namen nach dem kurz vorher (1802) entdeckten, und nach Pallas Athene bezeichneten Planetoiden Pallas, Platin nach seiner dem Silber ähnlichen, nur etwas matteren Farbe (von spanisch plata = Silber bzw. platina = Silberchen). Man nannte letzteres Element seinerseits in Europa auch das achte Metall, da es die damals – schon seit dem Altertum – allein bekannten sieben Metalle Ag, Au, Hg, Cu, Fe, Sn und Pb um ein weiteres Glied bereicherte.

Physiologisches. Palladium und Platin sind für Lebewesen nicht essentiell und toxikologisch unbedenklich, doch können Pt-Verbindungen (Analoges gilt wohl für Pd-Verbindungen) bei exponierten Personen Allergien auslösen (MAK-Wert für Pt = $0.002\,mg\,m^{-3}$). Pharmakologisch ist Cisplatin $[PtCl_2(NH_3)_2]$ von großer Bedeutung für die Krebstherapie (vgl. Lit. [6]).

2.1   Die Elemente Palladium und Platin

Vorkommen

Platin und Palladium kommen in der Lithosphäre nur vergesellschaftet mit den übrigen Platinmetallen Ruthenium, Osmium, Rhodium und Iridium sowie den Münzmetallen Silber und Gold vor, wobei die einzelnen Platinmetalle mit 10^{-6} bis 10^{-7} Gew.-% am Aufbau der Erdhülle beteiligt sind (Mengenverhältnis Ru : Os : Rh : Ir : Pd : Pt ca. 10 : 5 : 5 : 1 : 10 : 10). Größere Mengen an Platinmetallen sollen sich im Erdkern aus Eisen und Nickel befinden.

Bei dem Vorkommen der Platinmetalle muss man zwischen primären und sekundären Lagerstätten unterscheiden. Der Platingehalt der primären Lagerstätten (Eisen-, Chrom-, Nickel-, Kupfererze) ist gering. Die wichtigsten derartigen Platinmetallvorkommen sind die kanadischen Kupfer-Nickel-Eisen-Kiese in Ontario (Sudbury-Becken) und die südafrikanischen bzw. sibirischen Kupfer-Nickel-Chrom-Kiese bei Bushfeld bzw. im Ural, in welchen die Platinmetalle gebunden als Sulfide ferner als Selenide, Telluride enthalten sind. Durch Verwitterung solcher primären Lagerstätten und durch einen durch fließende Gewässer bedingten natürlichen Schwemmprozess haben sich die Platinmetalle, dank ihrer hohen Dichten, an bestimmten – von den primären Stätten nicht allzu weit entfernten – Stellen angereichert. Derartige sekundäre Lagerstätten »Seiten« finden sich vor allem am Ost- und Westabhang des Urals sowie in Kolumbien, Äthiopien und Borneo. Sie enthalten die Platinmetalle u. a. auch in gediegenem Zustande z. B. in Form von Osmiridium (80 % Os neben Ir und anderen Platinmetallen), Iridosmium (77 % Ir neben Osmium und anderen Platinmetallen), oder Ferroplatin (mit bis zu 95 % Pt neben Fe; im Ural wurde 1843 ein 12 kg schwerer Pt-Brocken aufgefunden). Als Platin- und Palladiumerze seien genannt: der Sperrlith $PtAs_2$, der Cooperit PtS und der Braggit (Pt,Pd,Ni)S. Sie entsprechen den Nickelmineralien $NiAs_2$ und NiS (s. dort).

Isotope (vgl. Anh.III). Natürliches Palladium besteht aus den 6 Isotopen $^{102}_{46}Pd$ (1.02 %), $^{104}_{46}Pd$ (11.14 %), $^{105}_{46}Pd$ (22.33 %; für NMR-Untersuchungen) $^{106}_{46}Pd$ (27.33 %), $^{108}_{46}Pd$ (26.46 %) und $^{110}_{46}Pd$ (11.72 %), natürliches Platin aus den 6 Isotopen $^{190}_{78}Pt$ (0.010 %; α-Strahler; $\tau_{1/2} = 6.9 \cdot 10^{11}$ Jahre), $^{192}_{78}Pt$ (0.79 %; α-Strahler; $\tau_{1/2} = 10^{15}$ Jahre), $^{194}_{78}Pt$ (32.9 %), $^{195}_{78}Pt$ (33.8 %; für NMR-Untersuchungen), $^{196}_{78}Pt$ (25.3 %) und $^{198}_{78}Pt$ (7.2 %). Die künstlich erzeugten Nuklide $^{103}_{46}Pd$ (Elektroneneinfang; $\tau_{1/2} = 17$ Tage), $^{109}_{46}Pd$ (β-Strahler; $\tau_{1/2} = 13.47$ Stunden), $^{195}_{78}Pt$ (γ-Strahler; $\tau_{1/2} = 4.1$ Tage) und $^{197}_{78}Pt$ (β^--Strahler; $\tau_{1/2} = 18$ Stunden) werden als Tracer genutzt.

Darstellung

Für die technische Gewinnung der Platinmetalle in Form des – durch Komplexbildungs- und Redoxprozesse weiter in die einzelnen Platinelemente (hier: Palladium, Platin) aufgetrennten – Rohplatins dienen heute vorwiegend Erze aus primären Lagerstätten. Ausgebeutet werden hierzu insbesondere die Mercusky-Ader (Südafrika; über 50 % der Jahresweltproduktion an Platinmetallen), ferner Lagerstätten im Ural (Russland) und im Sudbury-Becken (Kanada). Eine wichtige zusätzliche Quelle für Rohplatin (Scheidegut) stellen Edelmetallabfälle (Gekrätz) wie Fotopapiere, Fixierbäder, Batterien, ferner Edelmetallaltmaterialien wie Schmuck, gebrauchte Katalysatoren der Kraftwagen oder der Ammoniakverbrennung sowie Elektrolyseschlämme (S. 1726) dar.

Die Gewinnung des Rohplatins geschieht bei den gediegenden Vorkommen durch Wasch- und Sedimentationsprozesse (Trennung der spezifisch schweren Rohplatinteilchen vom spezifisch leichteren Sand und Geröll) und bei den gebundenen Vorkommen im Zuge der Erzaufarbeitung auf Kupfer (S. 1687) bzw. Nickel (S. 2023) wobei sich das Rohplatin bei der elektrolytischen Reinigung der Metalle im Anodenschlamm, bei der Reinigung nach dem Mond-Verfahren im Rückstand der CO-Behandlung ansammelt. Im Falle stark silber- und goldhaltigen Rohplatins erfolgt anschließend zunächst eine elektrolytische Abtrennung von Silber (S. 1687) und Gold (S. 1725). Die in Scheideanstalten (z. B. Degussa = Deutsche Gold- und Silber-Scheideanstalt) durchgeführte, arbeitsintensive Trennung des Rohplatins und die Gewinnung der einzelnen Platinmetalle, die auf der Bildung und Reduktion der Komplexe $(NH_4)_3[RuCl_6]$, $[OsO_2(NH_3)_4]Cl_2$, $(NH_4)_3[RhCl_6]$, $(NH_4)_3[IrCl_6]$, $[Pd(NH_3)_2Cl_2]$ und $(NH_4)_2[PtCl_6]$ beruht, kann u. a. nach folgenden Verfahren erfolgen:

(i) Man löst aus den Platinkonzentraten mit Königswasser nur einen Teil der Elemente, nämlich die leichter oxidierbaren Metalle Au, Pd und Pt heraus (der Ru-, Os-, Rh-, Ir- und AgCl-haltige Rückstand dient zur Gewinnung von Ru, Os, Rh und Ir; vgl. S. 1970 und S. 2006) und fällt aus der Lösung zunächst elementares Gold durch Zugabe eines Reduktionsmittels wie $FeCl_2$, dann gelöstes Pt durch Zusatz von Ammoniumchlorid als $(NH_4)_2[PtCl_6]$ und schließlich gelöstes Pd durch Zusatz von Ammoniak und anschließend Salzsäure als $[Pd(NH_3)_2Cl_2]$ aus. Letztere beiden Fällungen werden durch wiederholtes Lösen (Zugabe von Königswasser bzw. Ammoniak) und Fällen (Zusatz von NH_4Cl bzw. Salzsäure) gereinigt. Die thermische Zersetzung führt $(NH_4)_2[PtCl_6]$ bzw. $[Pd(NH_3)_2Cl_2]$ in schwammartiges, die Reduktion mit Hydrazin in pulverförmiges metallisches Platin und Palladium über.

(ii) Anders als unter (i) besprochen, können die Platinkonzentrate zunächst durch Behandlung mit Königswasser in der Hitze bzw. durch Schmelzen mit Natriumperoxid oder KOH/KNO_3 bzw. mit anderen stark oxidierend wirkenden Agentien vollständig gelöst werden. Man trennt aus der Lösung dann die Unedelmetalle ab (z. B. durch Kationenaustauscher), fällt die Edelmetalle Ag und Au aus (z. B. als AgCl bzw. Au) und sublimiert Ru und Os als Tetraoxide ab (vgl. S. 1972). Zur Trennung von gelöstem Rh, Ir, Pd und Pt nutzt man die Schwerlöslichkeit der Hexachlorometallate und die Möglichkeit zur selektiven Oxidation der Metalle mit Chlor aus (zunächst wird Pt dann Ir und schließlich Pd zur vierwertigen Stufe oxidiert und als $(NH_4)_2[MCl_6]$ gefällt; zum Abschluss fällt man Rh(III) als $(NH_4)_3[RhCl_6]$). Die erhaltenen Komplexe $(NH_4)_2[PdCl_6]$ und $(NH_4)_2[PtCl_6]$ werden wie unter (i) beschrieben gereinigt und thermisch oder durch Reduktion in Pd bzw. Pt umgewandelt.

(iii) Anders als durch »Fällungstrennung« (i) bzw. (ii) lassen sich die Platinmetalle auch durch Extraktionstrennung gewinnen. So können etwa aus der gemäß (ii) erhaltenen Rh-, Ir-, Pd- und Pt-haltigen Lösung $[PdCl_4]^{2-}$ durch Aldoxime $RHC{=}NOH$ und $[PtCl_6]^{2-}$ durch Tributylphosphat $PO(OBu)_3$ extrahiert werden und wie unter (i) beschrieben in Pd und Pt umgewandelt werden (die Weiterverarbeitung der Rh- und Ir-haltigen Lösung erfolgt durch extrahierende Abtrennung von $[IrCl_6]^{2-}$ von $[RhCl_6]^{3-}$ mit organischen Aminen).

Eine gute, in Technik und Laboratorium durchgeführte Methode zur Gewinnung von feinverteiltem Palladium oder Platin besteht in der Reduktion von MCl_2 mit Ethanol oder Hydrazin in warmer wässriger KOH-Lösung ($\rightarrow$ Palladiummohr, Palladiumschwarz, Platinmohr, Platinschwarz). Führt man die Reduktion in Gegenwart von Asbest durch, so schlägt sich das feinverteilte Pd bzw. Pt auf dem oberflächenreichen Asbest nieder (Palladiumasbest, Platinasbest). Bezüglich des durch Erhitzen von $(NH_4)_2[MCl_6]$ gebildeten Palladiumschwamms bzw. Platinschwamms siehe oben.

Feinstverteiltes Palladium und **Platin** (nanostrukturiertes Palladium und Platin) erhält man wie andere kolloidale Übergangsmetalle durch reduktive Stabilisierung, d. h. durch Reduktion geeigneter Metallverbindungen in Anwesenheit von Stabilisatoren für die Nanopartikel (vgl. S. 1680). Trimethylaluminium $AlMe_3$ (Entsprechendes gilt für andere Triorganyle AlR_3) kann sowohl als Reduktionsmittel als auch als Stabilisator dienen und etwa gelbes $Pt(acac)_2$ in Toluol (Argon-Atmosphäre) in ein schwarzes Pt-Kolloid mit Partikeln von ca. 1.2 nm Durchmesser verwandeln, das bei Verwendung eines $AlMe_3$-Überschusses zur Partikelstabilisierung redispergierbar bleibt, ansonsten nicht redispergierbar ist. Die Reduktion verläuft gemäß $Pt(acac)_2 + 3\,AlMe_3 \longrightarrow \frac{1}{2}\,Pt_2Al_2Me_{10} + 2\,AlMe_2(acac)$ auf dem Wege über $Me_4Pt(\mu\text{-}AlMe)_2PtMe_4$, das auf dem Wege über $PtMe_2$ (mit Alkenen abfangbar) in – sich ihrerseits zusammenlagerde – Pt-Atome zerfällt. Ferner lassen sich nanostrukturierte Palladium- und Platinhohlkugeln ähnlich wie andere Hohlkugeln aus Übergangsmetallen durch Reduktion von Pd- und Pt-Verbindungen in Anwesenheit von nanostrukturierten Partikeln als Templaten, die durch geeignete Methoden von Pd und Pt weggelöst werden können, erzeugen. Pt-Hohlkugeln von ca. 24 nm Durchmesser und 2 nm Wandstärke entstehen etwa durch Zugabe von H_2PtCl_6 zu einem wässrigen Co-Kolloid (hergestellt durch Reduktion von $CoCl_2$ mit $NaBH_4$ in Anwesenheit von Zitronensäure als Stabilisator). Hierbei wird Pt(IV) durch Co zu Pt(0) reduziert ($2\,Co + PtCl_6^{2-} \longrightarrow Pt + 2\,Co^{2+} + 6\,Cl^-$), welches die Oberfläche der Co-Partikel belegt, gebildetes $CoCl_2$ tritt durch verbleibende Löcher in der Pt-Schale in die wässrige Phase über.

Physikalische Eigenschaften

Die Elemente Palladium und Platin stellen dehnbare silberweiße (Pd) bzw. grauweiße (Pt) Metalle der Dichten 12.02 bzw. 21.45 g cm^{-3} dar, die nicht sehr hart sind, bei 1554 bzw. 1772 °C schmelzen sowie bei 2930 bzw. 3830 °C sieden und mit kubisch-dichtester Metallatompackung kristallisieren. Palladium weist unter allen Platinmetallen die geringste Dichte sowie den niedrigsten Schmelzpunkt auf und ist etwas härter und zäher als Platin. Bezüglich weiterer Eigenschaften von Pd und Pt vgl. Tafel IV.

Chemische Eigenschaften

Reaktiver als Ru, Os, Rh und Ir sind Palladium (das chemisch aktivste Platinmetall) und Platin. Pd reagiert mit konzentrierter Salpetersäure unter Bildung von [Pd^{IV}(NO$_3$)$_2$(OH)$_2$] (Pt ist in HNO$_3$ bis 100 °C beständig); ferner lösen sich beide Metalle in Königswasser und selbst in Salzsäure bei Gegenwart von Luft unter Bildung von Pd^{II}Cl$_4^{2-}$, Pt^{II}Cl$_4^{2-}$ und Pt^{IV}Cl$_6^{2-}$ (vgl. Potentialdiagramme, unten). Von geschmolzenen Hydroxiden, Cyaniden und Sulfiden der Alkalimetalle wird Pt und Pd wegen der großen Neigung zur Komplexbildung ebenfalls aufgelöst; diese Stoffe dürfen daher in Platintiegeln nicht erhitzt werden.

Sauerstoff oxidiert Palladium bei dunkler Rotglut zu PdO, während Platin bei starkem Erhitzen an der Luft nur in geringem Umfange PtO$_2$ bildet, das sich verflüchtigt (PtO$_2$ zerfällt bei 560 °C in Pt und O$_2$). Pd und Pt setzen sich darüber hinaus mit vielen anderen Elementen wie Si, P, As, Sb, S, Se, Pb (sowie anderen Schwermetallen) um, sodass sie nicht in Platinschalen geschmolzen werden dürfen (für Alkalischmelzen verwendet man Silbertiegel). Eine sehr charakteristische Eigenschaft des Palladiums und des heißen Platins ist es, große Mengen von Wasserstoff zu absorbieren.

So löst kompaktes Palladium bei Raumtemperatur rund das 600-fache, feinverteiltes Pd (Palladiumschwamm) das 850-fache, eine wässerige Suspension von feinstverteiltem Pd (Palladiummohr) das 1200-fache und eine kolloidale Pd-Lösung sogar das 3000-fache Volumen Wasserstoff (vgl. S. 289, 2043). Der in Palladium gelöste Wasserstoff ist besonders reaktionsfähig und lässt sich zur Hydrierung z. B. von organischen Mehrfachbindungen nutzen. Durch ein heißes Palladiumblech diffundiert Wasserstoff im Gegensatz zu anderen Gasen (z. B. N$_2$) so leicht hindurch, als ob überhaupt keine Trennungswand vorhanden wäre, weshalb man auf diese Weise Wasserstoff reinigen kann. Auch die feinverteilten Formen des Platins (s. oben) dienen als Katalysatoren bei Hydrierungen. Allerdings absorbiert Pt unter Normalbedingungen Wasserstoff nur untergeordnet; auf Rotglut erhitztes Pt ist aber für H$_2$ merklich durchlässig.

Verwendung, Legierungen

Sowohl Platin- als auch Palladiummetall (Weltjahresproduktion an Pt: um die hundert Tonnen, an Pd: weitaus geringere Mengen) werden vornehmlich als Katalysatoren eingesetzt: Palladium und Platin dienen in fein- und feinstverteilter Form in Laboratorien für Hydrierungsreaktionen, Pt in der Technik zur Ammoniakoxidation (S. 830) und zur Herstellung von Kunststoff-, Gummi-, Textil-, Waschmittel-, Lebensmittelprodukten aus den Rohstoffen Erdöl sowie Erdgas (Petrochemie), ferner in der Autoabgasreinigung (S. 809), zur Produktion von Wasserstoff aus CH_4, für Methanol-Brennstoffzellen (die Pd-katalysierte Hydrierung von Alkenen erfordert anders als die Pt-katalysierte Pd-Nanoteilchen, in welche Wasserstoff nicht weit ins Innere diffundieren kann und damit für die Hydrierung verfügbar bleibt). Weiterhin sind Elektroden aus Pt für manche technische Elektrolysen unersetzlich. Wegen seines hohen Schmelzpunkts und seiner chemischen Wiederstandsfähigkeit dient Pt zur Herstellung chemischer Geräte (Tiegel, Schalen, Anoden, Heizdrähte). Große Mengen Pt werden auch in der Schmuckindustrie und in der Zahntechnik verarbeitet. Da Pt und Glas fast denselben Ausdehnungs-Koeffizienten haben, lassen sich leicht Glaseinschmelzungen von Pt-Draht herstellen (in der Glühlampenindustrie verwendet man hierzu Chromnickelstahl bestimmter Zusammensetzung). Genutzt werden des weiteren auch Legierungen von Pt mit anderen Edelmetallen wegen ihrer Härte und chemischen Resistenz (vgl. bei anderen Platinmetallen). Zum Beispiel bilden Platin-Gold-Legierungen den besten Werkstoff für Spinndüsen zur Herstellung von Zellwolle und Kunstseide. Bezüglich der Verbindung $PdCl_2$ als Katalysator der Olefinoxidation (Wacker-Verfahren) vgl. S. 2062, bzgl. cis-$PtCl_2(NH_3)_2$ als Cytostatikum S. 2040.

Palladium und Platin in Verbindungen

Die wichtigsten Oxidationsstufen von Pd und Pt sind $+II$ (z. B. MCl_2, MO) und $+IV$ (z. B. MF_4, MO_2; insbesondere bei Pt häufig anzutreffende Wertigkeit). Beide Elemente bilden auch eine Reihe von Verbindungen mit der Oxidationsstufe 0 (z. B. $[M(PR_3)_4]$), $+I$ (z. B. $[M_2(CNMe)_6]^{2+}$, $[M_2X_2(Ph_2PCH_2PPh_2)_2]$), $+III$ (selten bei Pd, z. B. $[Pd\{S_2C_2(CN)_2\}]$; häufiger bei Pt, z. B. $[Pt(Diphenylglyoximato)_2]^+$, $[Pt_2(SO_4)_4(H_2O)_2]^{2-}$; Verbindungen wie MF_3 oder MCl_3 enthalten nicht M(III), sondern M(II,IV)) und $+V$, $-I$, $-II$ (z. B. $[MF_6]^-$, BaPt, Cs_2Pt), ferner $+VI$ (nur Pt, z. B.: PtF_6, PtO_3).

Wie im Falle der übrigen Metalle der VIII. Nebengruppe sind in wässriger Lösung Aquakomplex-Kationen nur von den ersten beiden, nicht vom dritten Element der drei Untergruppen (Fe-, Co-, Ni-Gruppe) bekannt (Rh(II) liegt nicht als $Rh(H_2O)_6^{2+}$, sondern als $[Rh_2(H_2O)_{10}]^{4+}$ vor):

$$[Fe(H_2O)_6]^{2+/3+}(\text{farblos}) \qquad [Co(H_2O)_6]^{2+/3+}(\text{rosa/blau}) \qquad [Ni(H_2O)_6]^{2+}(\text{grün})$$

$$[Ru(H_2O)_6]^{2+/3+}(\text{rosa/gelb}) \qquad [Rh(H_2O)_6]^{2+/3+}(\text{farbig/gelb}) \qquad [Pd(H_2O)_4]^{2+}(\text{braun})$$

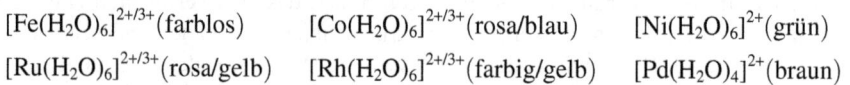

Wasserbeständige Oxokomplex-Anionen werden von Pd und Pt nicht gebildet (vgl. S. 2051), während sie für Elemente der VI., VII. und zum Teil VIII. Gruppe eine bedeutende Rolle spielen.

Über die Potentiale einiger Redoxvorgänge des Palladiums und Platins bei pH = 0 in nicht-komplexierenden Säuren bzw. in Salzsäure informieren folgende Potentialdiagramme bei pH = 0 (vgl. Abb. 31.9).

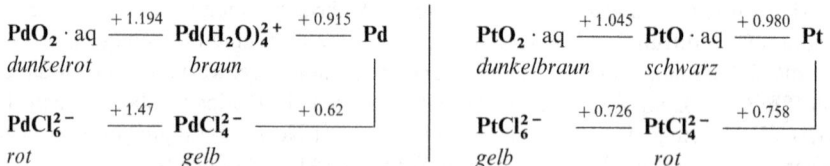

Abb. 31.9

Ersichtlicherweise vermag sich weder Pd noch Pt (Analoges gilt für die anderen Platinmetalle, s. dort) in Säure unter H_2-Entwicklung zu lösen, auch ist weder eine Disproportionierung von Pd(II) und Pt(II) in die vier und nullwertige Stufe, noch eine Oxidation von Wasser seitens Pd(IV) und Pt(IV) unter O_2-Entwicklung möglich. Die Oxidationstendenz der den sauerstoffhaltigen Verbindungen entsprechenden Chlorokomplexe von $PdCl_4^{2-}$, $PtCl_6^{2-}$ und $PtCl_4^{2-}$ ist geringer.

Die Koordinationszahl von zweiwertigem Pd und Pt ist in der Regel vier (quadratisch-planar, z. B. $[MCl_4]^{2-}$), die von vierwertigem Pd und Pt sechs (oktaedrisch, z. B. $[MCl_6]^{2-}$; man kennt auch oktaedrisch gebautes zweiwertiges Pd, z. B. $[PdCl_2(diars)_2]$). Die nullwertigen Metalle haben meist die Zähligkeit vier (tetraedrisch in $M(PR_3)_4$), seltener drei (trigonal-planar in $M(PR_3)_3$), die einwertigen Metalle vier (quadratisch-planar in $[M_2(NCMe)_6]^{2+}$). Die drei-, fünf- und sechswertigen Metalle sind meist sechszählig (oktaedrisch). Die 4fach koordinierten M(0)-, 5fach koordinierten M(II)- und 6fach koordinierten M(IV)-Komplexe haben Edelgaselektronenkonfiguration (Xe bzw. Rn).

Bezüglich der Elektronenkonfiguration, der Radien, der magnetischen und optischen Eigenschaften von Palladium- und Platinionen vgl. Ligandenfeld-Theorie (S. 1592) sowie Anh. IV, bezüglich eines Eigenschaftsvergleichs der Metalle der Nickelgruppe S. 1542f und Nachfolgendes.

Vergleichende Betrachtungen

Die zunehmenden Anziehungskräfte der Atomkerne auf die äußeren d-Elektronen innerhalb einer Übergangsperiode mit steigender Ordnungszahl (wachsender Kernladung) und innerhalb der Elementgruppen mit abnehmender Ordnungszahl (sinkende Abstände) verringern die Beständigkeit hoher Wertigkeiten in gleicher Richtung. Demgemäß erniedrigt sich beim Übergang Co $\longrightarrow$ Ni und Rh $\longrightarrow$ Pd die Maximalwertigkeit um eine Einheit von V nach IV und VI nach V; auch nimmt die Beständigkeit der Hexafluoride der Platinmetalle (wie in der vorausgehenden 7. und 6. Nebengruppe) in der Richtung von links nach rechts ($RuF_6 > RhF_6 >$ unbekanntes PdF_6; $OsF_6 > IrF_6 > PtF_6$) und von unten nach oben ab ($OsF_6 > RuF_6$; $IrF_6 > RhF_6$; $PtF_6 >$ unbekanntes PdF_6).

Auch von den Metallen Ni, Pd, Pt sind – wie von den vorausgehenden Metallen – Metallatomcluster Dimetallionen M_2^{4+} (M = Ni, Pd, Pt) und Pt_2^{6+} bekannt (MM-Abstände 2.60 ± 0.15 Å, entsprechend MM-Einfachbindungen). Als außergewöhnliche Eigenschaft weist Platin mit 2.13 eV vor Gold (2.31 eV) die zweitgrößte Elektronenaffinität auf. Bemerkenswerterweise übersteigt diese sogar diejenige von Schwefel, die mit 2.08 eV den höchsten Wert der Chalkogene erreicht. Tatsächlich bildet Pt ein Dicäsiumplatinat(–II) Cs_2Pt. Die Verbindung weist im Sinne der Formulierung $Cs^+Pt^{2-}Cs^+$ eine vollständige Ladungstrennung und demgemäß eine hohe Bandlücke auf (S. 1671), auch ist sie durchsichtig. Das dunkelrote extrem luft- und feuchtigkeitsempfindliche, thermisch stabile Salz erhält man nach langsamem Abkühlen einer auf 700 °C erhitzten Mischung von Cs und Pt-Schwamm (Molverhältnis 3 : 1) in Form hexagonaler Säulen. Die Struktur von $CsPt_2$ ist der von $PbCl_2$ (S. 1172) verwandt ($KZ_{Pt} = 9$: dreifach-überkappttrigonalprismatisch von Cs^+ koordiniertes Pt^{2-}). Das weniger elektropositive Barium vermag Pt in BaPt nur bis zum Platinat(–I) zu reduzieren, welches Ketten $\cdots Pt-Pt-Pt-Pt \cdots$ bildet. Die Ba-reichere Verbindung Ba_3Pt_2 (Analoges gilt für Ca_3Pt_2) enthält $[PtPt]^{3-}$-Inseln, die noch Ba-reichere, schwarze, luft- und wasserempfindliche, thermostabile, metallisch leitende Verbindung Ba_2Pt isolierte $[Pt]^{2-}$-Ionen und ist im Sinne von $[Ba^{2+}]_2[Pt^{2-}][e^-]_2$ zu formulieren. Sie kristallisiert wie formelgleiches $Ba_2N = [Ba^{2+}]_2[N^{3-}][e^-]$ mit anti-$CdCl_2$-Struktur.

2.2　Verbindungen des Palladiums und Platins

2.2.1　Wasserstoffverbindungen

Anders als Nickel absorbiert festes Palladium bereits unter Normalbedingungen Wasserstoff bis zur Grenzstöchiometrie $PdH_{0.7}$ (vgl. S. 307, 2067). Unter Druck wird weiterer Wasserstoff unter Bildung binärer Hydride der Grenzstöchiometrie PdH oder gar PdH_2 aufgenommen. Der Wasserstoff der Phase $PdH_{<1}$ besetzt bei niedrigen Temperaturen (4.2 K) tetraedrische, bei Raumtemperatur oktaedrische Lücken einer kubisch-dichtesten Pd-Atompackung. Festes Platin zeigt keine Neigung zur Absorption von Wasserstoff, doch katalysiert es (wie Pd) Hydrierungen und wird, auf Rotglut gebracht, für H_2 durchlässig (S. 2041).

Sowohl Palladium als auch Platin bilden – analog den linken Periodennachbarn (vgl. S. 2067) – ternäre Hydride und zwar der Zusammensetzung Na_2PdH_2 (analog: Li-, Cs-Salz), K_3PdH_3, Na_2PtH_4 (analog: K-, Rb-, Cs-Salz), K_3PtH_5 (analog: Rb-, Cs-Salz), $Li_5Pt_2H_9$ und K_2PtH_6. Sie lassen sich aus MH (M = Alkalimetall) Pd bzw. Pt und H_2 unter Druck bei höheren Temperaturen (z. B. 1500–1800 bar bei 500 °C im Falle von K_2PtH_6 mit K_2PtCl_6-Struktur) gewinnen und enthalten von Pd, PtH_2 und PtH_4 abgeleitete Baugruppen: lineares PdH_2^{2-} in M_2PdH_2, M_3PdH_3, quadratisch-planares PtH_4^{2-} in M_2PtH_4, M_3PtH_5, quadratisch-pyramidales $PtH_5^{2.5-}$ in $M_5Pt_2H_9$ (zwei PtH_5-Einheiten mit gemeinsamem axialem H) und oktaedrisches PtH_6^{2-} in M_2PtH_6 (das überschüssige H^- in K_3PdH_3 und K_3PtH_5 ist wie im binären Kaliumhydrid KH oktaedrisch von K^+ umgeben).

Vom Dihydrid PtH_2 existieren ferner Phosphan-Addukte wie *cis*- und *trans*-$[PtH_2(PR_3)_2]$ (planar), die u. a. durch Hydrierung von $PtCl_2(PR_3)_2$ mit $NaBH_4$ auf dem Wege über $[PtHCl(PR_3)_2]$ gewinnbar sind. Unter einem Druck von 1 bar D_2 tauscht $[PtH_2(PR_3)_2]$ seine H-Atome möglicherweise auf dem Wege über ein Donoraddukt des dideuterierten Tetrahydrids PtH_4 gegen D-Atome aus (vgl. Tab. 32.1). Palladium bildet weder H^-- noch Phosphanaddukte eines hypothetischen Dihydrids PdH_2.

2.2.2   Halogen- und Pseudohalogenverbindungen

Halogenide (S. 2074). Gemäß Tab. 31.2 bildet nur Platin, nicht aber Palladium im sechs- und fünfwertigen Zustande binäre Halogenide, nämlich die Fluoride PtF_6 sowie PtF_5 (von Pd(V) kennt man den Fluorokomplex PdF_6^-). Von den möglichen Halogeniden der vierwertigen Metalle existiert im Falle des Palladiums das Fluorid PdF_4, von Platin sowohl das Fluorid, als auch das Chlorid, Bromid und Iodid PtX_4 (von Pd(IV) kennt man alle Halogenokomplexe PdX_6^{2-}). Von den drei- und zweiwertigen Stufen sind bis auf PtF_2 alle Halogenide MX_3 und MX_2 bekannt (die M(III)-Halogenide stellen tatsächlich M(II,IV)-Mischhalogenide dar). Als Ausgangsprodukte für andere Pd- und Pt-Verbindungen sind $PdCl_2$ und $PtCl_4$ bzw. daraus zugängliches $[PdCl_4]^{2-}$, $[PdCl_2(NCPh)_2]$ sowie $[PtCl_6]^{2-}$ wichtig. Von den Halogenidoxiden ist bisher nur $PtOF_3$ eindeutig charakterisiert worden.

Darstellung. Durch kontrollierte Fluorierung von Pt und Pd mit Fluor in der Wärme und gegebenenfalls unter Druck entstehen tiefrotes Platinhexafluorid PtF_6 (d^4-Elektronenkonfiguration) und -pentafluorid PtF_5 (d^5) sowie rotes Palladiumtetrafluorid PdF_4(d^6) und -trifluorid PdF_3 (d^6/d^4). Der Fluorokomplex $[PdF_6]^-$ von PdF_5 (d^5) lässt sich durch Oxidation von PdF_4 mit KrF_2 in Anwesenheit von flüssigem HF sowie gelöstem NaF synthetisieren (Bildung von $NaPdF_5$), braunes Platintetrafluorid PtF_4 (d^6) durch Einwirkung von BrF_3 auf $PtCl_2$ bei 200 °C. Die übrigen, dunkelfarbenen Tetrahalogenide PtX_4 (d^6) sowie die dunkelgrünen bis schwarzen Platintrihalogenide PtX_3 (d^6/d^4; X jeweils Cl, Br, I) lassen sich aus den Elementen in der Hitze gewinnen. Von den Palladium- und Platindihalogeniden erhält man blaßviolettes PdF_2 (d^8) durch Reduktion von PdF_4 mit Pd bei 930 °C bzw. von PdF_3 mit SeF_4 bei 100 °C, die übrigen dunkelroten Halogenide PdX_2 und PtX_2 (d^8; X jeweils Cl, Br, I) aus den Elementen (oberhalb 550 °C bildet sich rotes α-$PdCl_2$ und durch dessen Umwandlung unterhalb 550 °C schwarzrotes β-$PdCl_2$; aus Pt + Cl_2 entsteht schwarzrotes α-$PtCl_2$ und durch Thermolyse von $(H_3O)_2[PtCl_6]$ bei 250–300 °C graugrünes β-$PtCl_2$, das sich durch Tempern bei 500 °C in α-$PtCl_2$ umwandelt). Aus halogenidhaltigen wässrigen Pd(II)-Salzlösungen lassen sich $[PdCl_2(H_2O)_2]$, $[PdBr_2(H_2O_2)_2]$ und PdI_2 (unlöslich) auskristallisieren bzw. fällen.

Strukturen (vgl. Tab.31.2 sowie S. 2081). Die isolierbaren Hexa-, Penta- und Tetrahalogenide des Palladiums und Platins kristallisieren – wie die analogen Halogenide der linken Periodennachbarn, Rhodium und Iridium – in Form von Monomeren (PtF_6 mit O_h-Symmetrie),

Tab. 31.2 Halogenide, Oxide und Halogenidoxide[a] von Palladium und Platin[b].

	Fluoride		Chloride		Bromide		Iodide		Oxide	
M(VI)	–	PtF$_6$[c] tiefrot 61.3 °C	–	–	Verbindung Farbe* Smp.* Struktur (KZ)*		–	–	–	PtO$_3$ braun rot
M(V)	– PdF$_6^-$	PtF$_5$[c] nur 80 °C Tetr (6)	tiefrot	–	*Z = Zersetzung d = dunkel HEX = Hexamer Tetr = Tetramer		–	–	–	–
M(IV)	PdF$_4$ rot ? IrF$_4$ (6)	PtF$_4$ braun 600 °C IrF$_4$ (6)	nur PdCl$_6^{2-}$	PtCl$_4$ d'rot 370 °C Kette (6)	nur PdBr$_6^{2-}$	PtBr$_4$ d'braun 180 °C Kette (6)	nur PdI$_6^{2-}$	PtI$_4$ dunkel 130 °C Kette (6)	PdO$_2$ dunkel 200 °C (Z) ?	PtO$_2$[d] dunkel 450 °C CaCl$_2$ (6)
M(III)	PdF$_3$ orangef. Pd$^{II/IV}$[f]	–	–	PtCl$_3$ d'grün 435° (Z) Pt$^{II/IV}$[d]	–	PtBr$_3$ d'grün 200° (Z) Pt$^{II/IV}$[d]	–	PtI$_3$ dunkel 310° (Z) Pt$^{II/IV}$	–[e]	Pt$_2$O$_3$[e] d'braun Pt$^{II/IV}$
M(II)	PdF$_2$ blass-violett TiO$_2$ (6)	–	α-PdCl$_2$[g] rot 600° (Z) Kette (4)	β-PtCl$_2$[h] grün 581° (Z) Hex (4)	PdBr$_2$ dunkel Zers.? Kette (4)	PtBr$_2$ dunkel 250° (Z) Hex (4)	PdI$_2$ schwarz Zers.?	PtI$_2$ schwarz 360° (Z)	PdO schwarz 870 °C PtS (4)	PtO schwarz-violett PtS (4)

a Von den Halogenidoxiden ist Pt^{V}OF$_3$ (starkes Oxidationsmittel) sicher nachgewiesen, Pt^{VI}OF$_4$ noch unsicher.
b Man kennt auch Sulfide, Selenide, Telluride. Darüber hinaus existieren Pentelide, Tetrelide, Trielide (S. 2054).
c PtF$_6$: Sdp. 69.1 °C; O$_h$-Symmetrie, KZ 6; PtF$_5$: Sdp. ca. 300 °C.
d β-Form. α-PtO$_2$: Struktur noch unbekannt.
e Man kennt auch Na$_x$M$_3$O$_4$ ($x < 1$; für M = Pt auch $x = 0$).
f PdF$_3$-Struktur: hexagonal-dichteste F-Packung mit Pd(II) und Pd(IV) in $1/3$ der oktaedrischen Lücken; bezüglich PtX$_3$-Strukturen vgl. Text.
g β-PdCl$_2$ (schwarzrot) enthält wie β-PtCl$_2$ M$_6$Cl$_{12}$-Einheiten (β-PtCl$_2$-Struktur).
h Die schwarzrote Hochtemperaturform (α-PtCl$_2$) soll ecken- und kantenverbrückte PtCl$_4$-Einheiten enthalten.

Tetrameren (PtF$_5$ mit VF$_5$-Struktur, Raumstrukturen (PdF$_4$, PtF$_4$ mit IrF$_4$-Struktur und Ketten-strukturen (PtCl$_4$, PtBr$_4$, PtI$_4$; über gemeinsame *gauche*-ständige Kanten zu Zick-Zack-Ketten verknüpfte PtX$_6$-Oktaeder). Unter den Trihalogeniden nimmt paramagnetisches PdF$_3$ die RhF$_3$-Raumstruktur ein, wobei die in $\frac{1}{3}$ der oktaedrischen Lücken einer hexagonal dichtesten F$^-$-Packung lokalisierten Metallatome im Sinne der Formulierung Pd^{II}[Pd^{IV}F$_6$] abwechselnd zwei- und vierwertig sind (das enthaltene Pd(II) ist paramagnetisch (zwei ungepaarte Elektronen, $\mu_{\mathrm{mag}} = 2.88$ BM), das Pd(IV) diamagnetisch). In analoger Weise enthalten die diamagnetischen Platintrihalogenide PtX$_3$ (X = Cl, Br, I) gemäß der Formulierung PtX$_2 \cdot$ PtX$_4$ zwei- und vier-wertiges Metall. Im PtCl$_3$ bildet etwa der PtCl$_4$-Teil polymere Ketten kantenverknüpfter PtCl$_6$-Oktaeder und der PtCl$_2$-Teil hexamere Baueinheiten (PtCl$_2$)$_6$ (s. unten). Unter den Dihalogeniden kristallisiert (paramagnetisches) PdF$_2$ mit einer Raumstruktur (Rutil-Struktur), während die übrigen (diamagnetischen) Dihalogenide PdX$_2$ und PtX$_2$ (X = Cl, Br, I) sowohl Ketten- als auch Inselstrukturen aufweisen. Und zwar bildet α-PdCl$_2$ und PdBr$_2$ ebene Bänder mit quadratisch-planarer Anordnung der Halogen- um die M-Atome (Abb. 31.10a; bzgl. α-PdCl$_2$ vgl. Tab. 31.2), β-PdCl$_2$, β-PtCl$_2$ und PtBr$_2$ hexamere Moleküle [MCl$_2$]$_6$ mit quadratisch-ebener X-Koordination der M-Atome (Abb. 31.10b; vgl. nicht-zentrierte ZrI$_2$-Struktur; Struktur von α-PtCl$_2$ bisher un-bekannt).

Eigenschaften. Einige Kenndaten der Halogenide des Palladiums und Platins sind in Tab. 31.2 wiedergegeben. – Die Thermostabilität der höheren Halogenide MX$_n$ der Platinmetalle (Ru/Os; Rh/Ir; Pd/Pt) sinkt mit wachsendem n, mit zunehmender Ordnungszahl des Halogens und für M in Richtung von links unten nach rechts oben. Hiernach stellt PdF$_6$ das instabilste Hexafluo-rid eines Platinmetalls dar. Tatsächlich lässt es sich (wie auch noch PdF$_5$) nicht synthetisieren,

(a) α-PdCl$_2$, PdBr$_2$ (b) β-PdCl$_2$, β-PtCl$_2$, PtBr$_2$

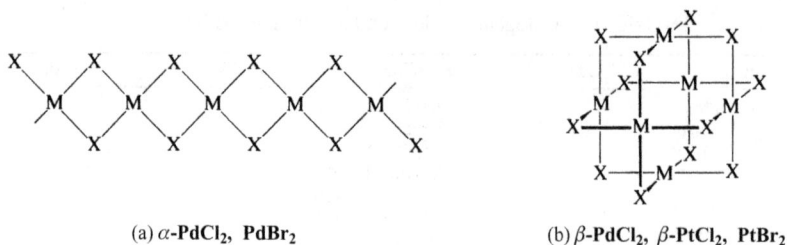

Abb. 31.10 Strukturen von α-PdCl$_2$ und PdBr$_2$ (a) sowie von β-PdCl$_2$, β-PtCl$_2$ und PtBr$_2$ (b).

sodass RhF$_6$ das am wenigsten stabile, PtF$_6$ das zweitinstabilste Hexafluorid hinsichtlich eines »Zerfalls« unter F$_2$-Abspaltung in die Elemente darstellt. Dass PtF$_5$ thermisch unbeständiger als PtF$_6$ ist, rührt daher, dass sich das Pentafluorid unter »Disproportionierung« in stabiles PtF$_4$ und flüchtiges PtF$_6$ umwandeln kann. Entsprechend der Stabilitätsabnahme in Richtung Fluorid, Chlorid, Bromid, Iodid zersetzen sich PtCl$_4$/PtBr$_4$/PtI$_4$ um 370/180/130 °C in PtX$_2$, während sich PtF$_4$ auf über 600 °C unzersetzt erhitzen lässt.

Redoxreaktionen. Das Hexafluorid PtF$_6$ ist eines der stärksten Oxidationsmittel:

$$PtF_6 + e^- \;\rightleftharpoons\; PtF_6^-$$

und kann selbst Xenon zu XeF$_2$ sowie O$_2$ zu O$_2^+$ (S. 562) oxidieren. PtF$_5$ weist ebenfalls stark oxidierende Eigenschaften auf und vermag Wasser noch zu O$_2$ zu oxidieren. Aufgrund des edlen Charakters von Pd und Pt stellen aber selbst die zweiwertigen Metalle Oxidationsmittel dar. So lässt sich PdCl$_2$ in wässriger Lösung sehr leicht zu metallischem, feinverteiltem Palladium reduzieren, wovon man zum Nachweis von Kohlenoxid und Wasserstoff Gebrauch macht (vgl. S. 293, 1037):

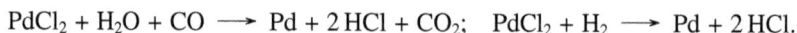

$$PdCl_2 + H_2O + CO \;\longrightarrow\; Pd + 2\,HCl + CO_2; \quad PdCl_2 + H_2 \;\longrightarrow\; Pd + 2\,HCl.$$

In analoger Weise entsteht feinverteiltes Platin, wenn man eine wässrige Lösung von PtCl$_4$ (eingesetzt in Form von H$_2$PtCl$_6$, s. unten) mit Reduktionsmitteln umsetzt (vgl. Pd- und Pt-Mohr, -Schwarz, -Asbest, S. 2040).

Säure-Base-Reaktionen. Die Hexa- und Pentahalogenide PtF$_6$ und PtF$_5$ reagieren mit Wasser heftig unter Redoxreaktion. Die Tetrahalogenide PtF$_4$ und PdF$_4$ hydrolysieren in Wasser, wogegen die Hydrolyse von PtCl$_4$, PtBr$_4$ und PtI$_4$ (analoge Pd-Halogenide sind unbekannt) kinetisch gehemmt ist, sodass das Tetrachlorid sogar aus Wasser umkristallisiert werden kann (PtBr$_4$ und PtI$_4$ sind wasserunlöslich). PtCl$_4$ löst sich in Wasser analog dem rechts benachbarten AuCl$_3$ zu einer Chlorohydroxosäure PtCl$_4 \cdot 2\,$H$_2$O $\hat{=}$ H$_2$[PtCl$_4$(OH)$_2$] und in Salzsäure unter Bildung der hydratisierten Hexachloroplatin(IV)-säure H$_2$[PtCl$_6$], die auch beim Lösen von Platin in Königswasser entsteht. Sie lässt sich aus der wässerigen Lösung in Form gelber Kristalle der Zusammensetzung H$_2$[PtCl$_6$] $\cdot$ 6 H$_2$O $\hat{=}$ (H$_7$O$_3$)$_2$[PtCl$_6$] auskristallisieren, welche bis zum Dihydrat der Formel H$_2$[PtCl$_6$] $\cdot$ 2 H$_2$O $\hat{=}$ (H$_3$O)$_2$[PtCl$_6$] entwässert werden können. Eine der Hexachloroplatin(IV)-säure entsprechende, nicht isolierbare, hydratisierte Hexachloropalladium(IV)-säure H$_2$[PdCl$_6$], die sich beim Auflösen von feinverteiltem Palladium in Königswasser bildet, ist sehr instabil (Übergang in H$_2$[PdCl$_4$] unter Cl$_2$-Abgabe).

Die komplexe Natur der sehr starken Säure (H$_3$O)$_2$[PtCl$_6$] (Smp. 60 °C) ergibt sich daraus, dass Silbernitrat kein Silberchlorid, sondern ein gelbes Silbersalz Ag$_2$[PtCl$_6$] fällt. Unter den Salzen sind die in Form goldgelber Oktaeder kristallisierenden »Hexachloroplatinate(IV)« (NH$_4$)$_2$[PtCl$_6$], K$_2$[PtCl$_6$], Rb$_2$[PtCl$_6$] und Cs$_2$[PtCl$_6$] (oktaedrisches PtCl$_6^{2-}$-Ion, s. unten) im Gegensatz zum entsprechenden Li- und Na-Salz sowie der ebenfalls als »Salz« beschreibbaren Verbindung (H$_3$O)$_2$[PtCl$_6$] in Wasser schwer löslich, sodass sie zur Trennung der schwereren Alkalimetalle von den leichteren benutzt werden können. In analoger Weise bildet $[PdCl_6]^{2-}$ (oktaedrisch, gewinnbar aus $PdCl_4^{2-}$ und Cl_2) schwerlösliche Hexachloropalladate(IV) $(NH_4)_2[PdCl_6]$ und $M_2[PdCl_6]$ (M = K, Rb, Cs; oktaedrisches $PdCl_6^{2-}$-Ion, s. unten). Erhitzt man die Hexachloroplatin(IV)-säure auf 250–300 °C bzw. auf 400 °C bzw. auf schwache Rotglut, so erfolgt ein Zerfall unter Bildung von Platintetrachlorid bzw. von Platindichlorid bzw. von metallischem Platin in Form einer grauen, locker zusammenhängenden Masse (»Pt-Schwamm«):

$$(H_3O)_2[PtCl_6] \xrightarrow[-2\,H_2O,\,-2\,HCl]{300\,°C} PtCl_4 \xrightarrow[-Cl_2]{ab\,370\,°C} PtCl_2 \xrightarrow[-Cl_2]{Rotglut} Pt.$$

Die thermolabilere Hexachloropalladium(IV)-säure zerfällt viel leichter; demgemäß geben die Hexachloropalladate(IV) bereits beim Kochen Chlor unter Übergang in $[PdCl_4]^{2-}$ ab. Das Ammonium-Salz lässt sich wie das der Hexachloroplatin(IV)-säure thermisch bis zum Metall zersetzen (vgl. Darstellung von Pd, Pt).

Beim Versetzen einer wässerigen Lösung von Platintetrachlorid bzw. von Hexachloroplatin(IV)-säure mit Alkalilauge werden die Chlorid-Ionen stufenweise durch Hydroxid-Ionen unter Bildung von $[PtCl_{6-n}(OH)_n]^{2-}$ ersetzt. Die als Endstufe ($n = 6$) entstehenden blassgelben Hexahydroxoplatinate(IV) $[Pt(OH)_6]^{2-}$ gehen beim Entwässern der angesäuerten Lösungen in fast wasserfreies PtO_2 über (s. unten). In analoger Weise bildet sich beim Versetzen von $[PdCl_6]^{2-}$ mit Alkalilauge wasserhaltiges PdO_2.

Unter den Dihalogeniden hydrolysiert PdF_2 bereits an feuchter Luft, während PdX_2 und PtX_2 analog PtX_4 (X jeweils Cl, Br, I) – kinetisch bedingt – nicht mit Wasser reagieren. Nur α-$PdCl_2$ ist in Wasser unter Bildung von dunkelrotem $[PdCl_2(H_2O)_2]$, das auskristallisiert werden kann, löslich, die übrigen Dihalogenide stellen wasserunlösliche Verbindungen dar (es lassen sich aber Benzollösungen erhalten). Beim Versetzen von MX_2 (X = Cl, Br, I) mit den entsprechenden Halogenwasserstoffsäuren HX lösen sich die Dihalogenide unter Bildung hydratisierter Tetrahalogenometall(II)-säuren $H_2[MX_4]$ auf, die beim Behandeln mit Alkalilaugen in der Wärme in unlösliches, wasserhaltiges PdO und PtO übergeführt werden (s. unten).

Von der Tetrachloropalladium(II)-säure $H_2[PdCl_4]$, welche sich auch beim Auflösen von feinverteiltem Palladium in heißem Königswasser bildet (in der Kälte entsteht $H_2[PdCl_6]$), und von der Tetrachloroplatin(II)-säure $H_2[PtCl_4]$ existieren gelbbraune bzw. rote Alkalimetall-Salze (auch durch Reduktion von $[MCl_6]^{2-}$ mit Hydrazin oder Oxalsäure erhältlich; quadratisch-planare $[MCl_4]^{2-}$-Ionen). Sie hydrolysieren in Wasser zum Teil gemäß:

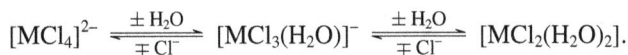

$$[MCl_4]^{2-} \underset{\mp Cl^-}{\overset{\pm H_2O}{\rightleftharpoons}} [MCl_3(H_2O)]^- \underset{\mp Cl^-}{\overset{\pm H_2O}{\rightleftharpoons}} [MCl_2(H_2O)_2].$$

Komplexe der Pd- und Pt-Halogenide. Mit Halogenid-Ionen bilden die Palladium- und Platinhalogenide unter Depolymerisation eine Reihe von Halogenokomplexen, so die Pentahalogenide PtF_5 und das nicht existierende PdF_5 Fluorokomplexe $[MF_6]^-$ (d^5, oktaedrisch), existierende und nicht existierende Tetrahalogenide MX_4 Halogenokomplexe $[MX_6]^{2-}$ (d^6; oktaedrisch; aus $[MX_4]^{2-} + X_2$ bzw. $[PdCl_6]^{2-} + CsI$; M = Pd/Pt: orangef./gelb (X = F), dunkelrot/dunkelgelb (Cl), schwarz/dunkelrot (Br), schwarz/schwarz (I)) und die Dihalogenide MX_2 Halogenokomplexe $[MX_4]^{2-}$ (d^8; quadratisch; M = Pd/Pt: gelb/rot (X = Cl), dunkelrot/dunkelrot (Br), schwarz/schwarz (I); bei Cl^- bzw. Br^--Überschuss Bildung von $PdCl_5^{2-}$, $PdBr_5^{2-}$, $PdBr_6^{3-}$) sowie $[M_2X_6]^{2-}$ (M = Pd/Pt; X = Cl, Br, I; nur mit großen Gegenionen wie NR_4^+ stabil; kantenverknüpfte MX_4-Quadrate ohne MM-Bindungen; vgl. Abb. 31.11a mit D = X^-). In der K_2PtCl_6-Struktur besetzen die $PtCl_6$-Anionen (oktaedrischer Bau) jede übernächste kubische Lücke eines von den K-Kationen gebildeten einfachen Würfelgitters (anti-CaF_2-Struktur). Die Struktur lässt sich auch als kubisch-dichteste Packung von $PtCl_6$-Baueinheiten beschreiben, deren tetraedrische Lücken durch Kalium besetzt sind.

Des weiteren bilden die vier- und dreiwertigen Halogenide mit anderen Donoren wie Aminen, Phosphanen, Sulfanen usw. Addukte. – M(IV)-Donoraddukte. Unter den Tetrahalogeniden MX_4 existiert $PdCl_4$ außer als $[PdCl_6]^{2-}$ z.B. auch als tieforangefarbenes Pyridinaddukt $[PdCl_4py_2]$

(oktaedrisch), das an feuchter Luft rasch Chlor abgibt. PtX_4 bildet sogar – im ausgeprägten Gegensatz zu PdX_4 – eine sehr große Zahl beständiger, diamagnetischer, oktaedrischer Komplexe, die sich von $[PtX_6]^{2-}$ durch Ersatz von X^- durch D ableiten: $[PtX_5D]^-$, cis- und trans-$[PtX_4D_2]$, mer- und fac-$[PtX_3D_3]^+$, cis- und trans-$[PtX_2D_4]^{2-}$, $[PtXD_5]^{3+}$ und $[PtD_6]^{4+}$ (X^- außer Halogenid auch als Pseudohalogenid, ferner OH^-, NO^{2-}). Die Komplexe $[PtX_4(PR_3)_2]$ lassen sich mit $LiAlH_4$ in destillierbare Hydridokomplexe wie $[PtHCl_3(PEt_3)_2]$ oder cis, cis-$[PtH_2Cl_2(PR_3)_2]$ umwandeln. – M(II)-Donorkomplexe. In den von den Dihalogeniden MX_2 abgeleiteten diamagnetischen, quadratisch-planaren Komplexen $[MX_4]^{2-}$ können ebenfalls Halogenid-Ionen durch geeignete Donoren ersetzt sein: $[MX_3D]^-$, cis- und trans-$[MX_2D_2]$, $[MXD_3]^+$, $[MD_4]^{2+}$ (X^- außer Halogenid auch Pseudohalogenid, ferner OH^-, NO_2^-). Die Komplexe $[PdX_2(PR_3)_2]$ lassen sich mit $LiAlH_4$ in – nicht sehr stabile – Hydridokomplexe wie $[PdHCl(PEt_3)_2]$ umwandeln (ein $[NiHCl(PEt_3)_2]$ existiert nicht), die Komplexe $[PtX_2D_2]$ unter Beibehaltung ihrer quadratischen Konfiguration durch Anlagerung von Halogenen in oktaedrische Pt(IV)-Komplexionen $[PtX_4D_2]$ überführen. Die Addukte $[MX_2D_2]$ (Abb. 31.11b) entstehen etwa durch Einwirkung von D auf MX_2 (M = Pd, Pt) unter Depolymerisation des Halogenids auf dem Wege über die isolierbaren Komplexe $[MX_2D]_2$ (Abb. 31.11a) mit ebenfalls quadratisch-planarer Ligandenanordnung (letztere Komplexe bilden sich aus ersteren im Vakuum durch Donor-Eliminierung). Von Interesse ist in diesem Zusammenhang der unter CO-Druck aus $PdCl_2$ erhältliche Carbonylkomplex $[PdCl_2(CO)]_2$, dessen – wie in $BH_3 \cdot CO$ (S. 1242) – schwach gebundenes Kohlenoxid leicht wieder unter Bildung von $[PdCl_2]_x$ abgespalten werden kann (das in $SOCl_2$ gelöste Carbonyl liefert hierbei kristallines β-$PdCl_2$). Mit sehr sperrigen Phosphanen D = PR_3 (R = 3.5 -C_6H_3(Dip)$_2$; Dip = 2.6 -$C_6H_3iPr_2$) erfolgt die Depolymerisation von $PdCl_2$ nur bis zur Stufe (Abb. 31.11c).

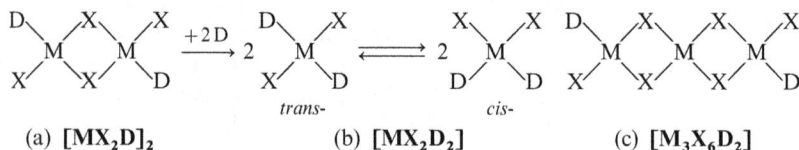

(a) $[MX_2D]_2$ (b) $[MX_2D_2]$ (c) $[M_3X_6D_2]$

Abb. 31.11

In Abb. 31.11a kann wiederum Halogenid X^- durch andere Säurereste und auch neutrale Donatoren ersetzt sein. Die Tendenz von Liganden X', die bei gemischten Komplexen $[Pt_2X_4X_2']^{2-}$ die Brückenstellung einnehmen, wächst in der Reihenfolge $X^- = SnCl_3^- < Cl^- < Br^- < I^- < SR^- < PR_2^-$.

Die zunächst durch Spaltung von (Abb. 31.11a) erhältlichen trans-konfigurierten Komplexe (Abb. 31.11b) isomerisieren sich gegebenenfalls in cis-konfigurierte Komplexe. Der Konfigurationswechsel wird hierbei durch Basen (= Donoren oder Lösungsmittel) katalysiert (bezüglich des Mechanismus der thermischen Isomerisierung vgl. S. 1637; die photochemische Isomerisierung erfolgt über einen tetraedrischen Zwischenzustand). Cis- und trans-Formen lassen sich aber auch gezielt synthetisieren. Zum Beispiel erhält man cis-$[PtCl_2(NH_3)_2]$, wenn man in dem von $[PtCl_4]^{2-}$ abgeleiteten Komplex $[PtCl_3(NH_3)]^-$ ein weiteres Cl^- durch NH_3 ersetzt, während trans-$[PtCl_2(NH_3)_2]$ entsteht, wenn man umgekehrt in dem von $[Pt(NH_3)_4]^{2+}$ abgeleiteten Komplex $[PtCl(NH_3)_3]^+$ ein weiteres NH_3 durch Cl^- substituiert (vgl. hierzu trans-Effekt, S. 1627).

Die quadratisch-planaren Baueinheiten der Pt(II)-Komplexe sind vielfach parallel übereinander geschichtet, sodass die Pt-Atome in einer Reihe liegen. Als Beispiel veranschaulicht Abb. 31.12 die Stapelung der $[PtCl_4]^{2-}$-Ionen (anders als angedeutet nicht gestaffelt; die K^+-Ionen verknüpfen im Kristall die einzelnen $[PtX_4]^{2-}$-Stapel miteinander über ionische Bindungen). Der relativ große PtPt-Abstand von 3.5 Å spricht dabei gegen wesentliche Bindungsbeziehungen zwischen den einzelnen Pt-Atomen (die längs der PtPt-Achse ausgerichteten d_{z^2}-Orbitale sind mit je 2 Elektronen besetzt). Auch bei vielen anderen Komplexen der d^8-Ionen

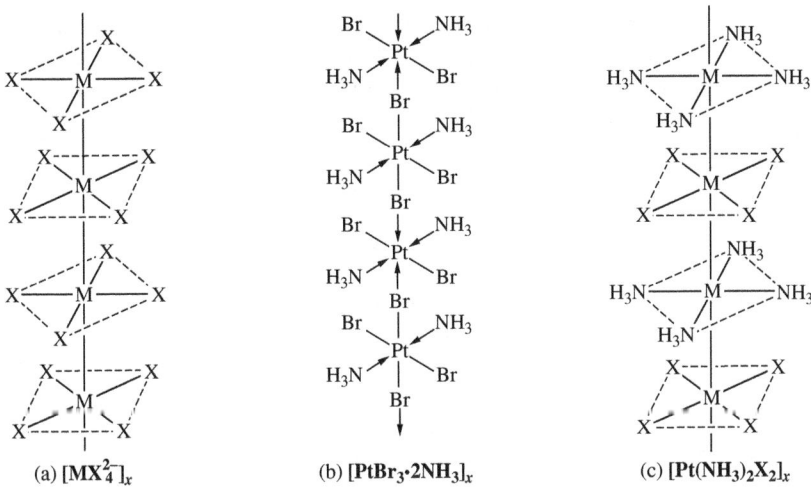

Abb. 31.12 Struktur von $[MX_4^{2-}]_x$ (a) (M = Pd, Pt; X = Cl, CN), von $[PtBr_3 \cdot 2\,NH_3]_x$ (b), von $[M(NH_3)_2X_2]_x$ (c) (M/X = Pd/Cl, Pt/Cl, Pd/N_3).

(Co$^+$, Rh$^+$, Ir$^+$, Ni^{2+}, Pd^{2+}) wie z.B. $[Rh(CO)_2(acac)]$ oder $[(Dimethylglyoximato)_2Ni]$ (vgl. Abb. 31.2a) ist das Stapel-Bauprinzip verwirklicht. Erwähnenswert erscheint in diesem Zusammenhang das mit dem »Reiset'schen Salz« $[PtCl_2(NH_3)_2]$ (s. oben) isomere »grüne Magnus'sche Salz« $[Pt(NH_3)_4][PtCl_4]$ ($PtCl_2 \cdot 2\,NH_3$), das 1828 von Gustav Magnus beschrieben wurde und der ältestbekannte Amminkomplex des Platins ist. In ihm sind gemäß Abb. 31.12c alternierend die quadratisch-ebenen Kationen $Pt(NH_3)_4^{2+}$ und Anionen $PtCl_4^{2-}$ übereinander geschichtet (PtPt-Abstände ca. 3.3 Å), ein Bauprinzip, das sich auch bei vielen anderen Verbindungen $[MD_4]^{2+}[MFX_4]^{2-}$ wiederfindet (M = Pd, Pt, Cu; MF = Pd, Pt; D = NH_3, NH_2Me; X = Cl, SCN, CN, N_3). Gemischte Komplexe der »Trihalogenide« wie etwa $PtBr_3 \cdot 2\,NH_3$ enthalten in der Regel wie MX_3 keine dreiwertigen, sondern zwei- und vierwertige Metalle. Demgemäß baut sich die Verbindung $PtBr_3 \cdot 2\,NH_3$ gemäß dem in Abb. 31.12b veranschaulichten Strukturbild aus planaren $PtBr_2(NH_3)_2$- und oktaedrischen $PtBr_4(NH_3)_2$-Einheiten auf.

Verwendung. $PdCl_2$ hat in Verbindung mit Kupferchlorid besondere Bedeutung als homogener Katalysator für die technisch durchgeführte Luftoxidation von Alkenen zu Aldehyden und Ketonen erlangt, z.B. $CH_2{=}CH_2 + \frac{1}{2}O_2 \longrightarrow CH_3{-}CH{=}O$ (Wacker-Hoechst-Prozess von J. Smidt und Mitarbeitern; Näheres S. 2062). *Cis*-$[Pt(NH_3)_2Cl_2]$ (Cisplatin) verhindert im Organismus die Teilung von Zellen – insbesondere von Krebszellen – und hatte deshalb große Bedeutung als »Antitumormittel« (»Cytostatikum«) erlangt (die *trans*-Verbindung ist wirkungslos) [6]. Ein großes medizinisches Problem stellt allerdings die hohe Toxizität der Verbindung dar. Man sucht deshalb nach alternativen Mitteln, unter denen Carboplatin, das sich von Cisplatin durch Ersatz von 2 Cl gegen O-haltige Chelatliganden ableitet, am wichtigsten ist.

Cyanide (S. 2084). Versetzt man Pd^{2+}- bzw. $PtCl_4^{2-}$-Salzlösungen mit $Hg(CN)_2$ so erhält man gelbe Niederschläge von polymerem Palladium- und Platindicyanid $M(CN)_2$ (das Dicyanid $Pt(CN)_2$ ist auch durch Erhitzen von $(NH_4)_2Pt(CN)_4$ oder aus $K_2Pt(CN)_4$ + HCl zugänglich). Sie lösen sich in Anwesenheit von KCN unter Bildung der diamagnetischen farblosen Tetracyanometallat(II)-Ionen $[M(CN)_4]^{2-}$ (16 M-Außenelektronen; vgl. S. 2085), welche aus Wasser in Form von Salzen wie $K_2[Pd(CN)_4] \cdot 3\,H_2O$ (weiß, der Komplex geht bei 100 °C in das Monohydrat über), $K_2[Pt(CN)_4] \cdot 3\,H_2O$ (gelbgrün; kann zum gelben Monohydrat entwässert werden), $Cs_2[Pt(CN)_4] \cdot H_2O$ (hellblau), $Ba[Pt(CN)_4] \cdot 4\,H_2O$ (gelbgrün, fluoresziert grüngelblich bei Einwirkung von Kathoden-, Röntgen- sowie radioaktiven Strahlen und dient zum »Nachweis dieser Strahlen«) auskristallisieren.

In Tetracyanoplatinaten(II) liegen Stapel von quadratisch-planaren $Pt(CN)_4^{2-}$-Ionen vor (Abb. 31.12a), die durch die Kationen verknüpft sind (analogen Bau weisen wohl die Tetracyanopalladate(II) auf). Durch Oxidation mit Chlor oder Brom lässt sich das farblose Trihydrat von $K_2[Pt(CN)_4] \cdot 3\,H_2O$ (Oxidationsstufe von Pt: +II) in das bronzefarbene Trihydrat von $K_2[Pt(CN)_4]X_{0.3}$ (Oxidationsstufe von Pt: +2.3) verwandeln. Die Verbindung (Krogmanns Salz) hat noch die gleiche Struktur wie nichtoxidiertes $K_2[Pt(CN)_4] \cdot 3\,H_2O$ (die Halogenid-Ionen besetzen mit den Kalium-Ionen Lücken zwischen den $[Pt(CN)_4]^{2-}$-Stapeln, Abb. 31.12a), die PtPt-Abstände haben sich jedoch von $3.48\,Å$ im Ausgangsprodukt auf $2.87\,Å$ verkürzt (PtPt-Abstand im Pt-Metall: $2.775\,Å$), sodass also nunmehr PtPt-Wechselwirkungen bestehen (teilweiser Elektronenabzug aus den d_{z^2}-Orbitalen). Die Verbindung stellt nun gewissermaßen ein eindimensionales Metall dar und wirkt dementsprechend als eindimensionaler elektrischer Leiter (elektrische Leitfähigkeit ca. $400\,\Omega^{-1}\,cm^{-1}$; zum Vergleich $K_2[Pt(CN)_4] \cdot 3\,H_2O$: $5 \cdot 10^{-7}\,\Omega^{-1}\,cm^{-1}$; Pt: $9.4 \cdot 10^4\,\Omega^{-1}\,cm^{-1}$). Analoge lineare Metalle liegen etwa in $[Pt(CN)_4]^{1.75-}$, $[Ptox_2]^{1.64-}$, $[Ir(CO)_2Cl_2]^{1.75-}$ vor.

Die Oxidation von $K_2[Pt(CN)_4]$ mit Chlor, Brom oder Iod X_2 führt über teilhalogenierte Stufen (s. oben) letztendlich zu $K_2[Pt(CN)_4X_2]$, einem Cyanokomplex des vierwertigen Platins. Die farblosen, diamagnetischen, oktaedrischen Hexacyanometallat(IV)-Ionen $[M(CN)_6]^{2-}$ (18 M-Außenelektronen; vgl. S. 2085) bilden sich andererseits durch Einwirkung von KCN auf $[PdCl_6]^{2-}$ (in Anwesenheit von $S_2O_8^{2-}$) bzw. $[PtF_6]^{2-}$. Von Interesse sind hierbei eine Reihe von Hexacyanoplatinaten (IV) $M^{II}[Pt(CN)_6]$ ($M^{II} =$ Mn, Fe, Co, Ni, Zn, Cd, Hg), die beim Vereinigen wässeriger Lösungen von $K_2[Pt(CN)_6]$ und $M(NO_3)_2$ als kristalline Stoffe ausfallen und – falls die Fällung in Anwesenheit von Gasen wie Ar, Kr, Xe, N_2, O_2, CO, CH_4, CH_3F, CH_2F_2, H_2S unter Druck vorgenommen wurde – Gasmoleküle in ihre Kristallstruktur einschließen (ähnlich verhalten sich die Palladate $M^{II}[Pd(CN)_6]$). In den Kristallen liegen die Gasmoleküle hierbei maximal so verdichtet vor, wie in freien Gasen erst bei Drücken um 240 bar und Normaltemperatur (die Gasdichte hängt von den Gitterkonstanten, d. h. von der Art der zweiwertigen Kationen ab). Zerstört man derartige Einschlussverbindungen (Clathrate, vgl. S. 591) durch Erhitzen, Zermahlen oder Auflösen, so entweichen pro 1 cm^3 Einschlussverbindung maximal 227.6 cm^3 Gas unter Normalbedingungen. Den »Wirtskristallen« kommt hierbei die in Abb. 29.5a, S. 1952 veranschaulichte Struktur zu; die »Gastgasmoleküle« besetzen die kubischen Lücken (der Wirtskristall kann gemäß Abb. 29.5a maximal 8 Gasmoleküle pro Elementarzelle beherbergen; in Abb. 29.5b ist eine halbbesetzte Elementarzelle wiedergegeben).

Azide (S. 2087). Die Einwirkung von 2 Äqivalenten NaN_3 auf $Pd(NO_3)_2$ in Wasser liefert hochexplosives Palladiumdiazid $Pd(N_3)_2$ als braunschwarzen, bei 117 °C detonierenden Niederschlag. Es ist polymer und bildet Ketten (Abb. 31.13f) mit α,α-Azidbrücken und quadratisch-planar koordiniertem Pd(II). Eine Depolymerisation des Diazids erfolgt einerseits mit Pyridin unter Bildung des orangegelben, nicht explosiven, oberhalb 161 °C thermolysierenden Addukts $[Pd(N_3)_2py_2]$ (quadratisch-planar, gewinnbar aus $Pd(NO_3)_2$ und NaN_3 in Pyridin/Wasser; man kennt auch $[Pd(N_3)_2(PPh_3)_2]$), andererseits mit Azid unter Bildung von orangebraunem Tetraazidopalladat(II) $[Pd(N_3)_4]^{2-}$ (quadratisch-planar). Letzteres Ion ist als $[Pd(NH_3)_4]^{2+}$-Salz aus $Pd(NH_3)_4Cl_2$ und NaN_3 in Wasser gewinnbar. In ihm liegen gemäß (Abb. 31.13f) Stapel von sich abwechselnden quadratisch-planaren Ionen $[Pd(NH_3)_4]^{2+}$ und $[Pd(N_3)_4]^{2-}$ vor (PdPd-Abstände $3.04\,Å$). Ein weiteres Azidopalladat(II) stellt $[Pd_2(N_3)_6]^{2-}$ (Abb. 31.13g) dar (isoliert als $AsPh_4^+$-Salz, quadratisch-planar koordinierte Pd^{2+}-Ionen). Palladiumtetraazid $Pd(N_3)_4$ sowie Platindi- und Platintetraazid $Pt(N_3)_2$ und $Pt(N_3)_4$ sind bisher unbekannt. Von letzteren beiden Aziden leiten sich jedoch orangerotes Tetraazidoplatinat(II) $[Pt(N_3)_4]^{2-}$ (quadratisch-planar; bei 185 °C zersetzliches $AsPh_4^+$-Salz, gewinnbar aus K_2PtCl_4, NaN_3 und $AsPh_4^+Cl^-$) sowie orangerotes Hexaazidoplatinat(IV) $[Pt(N_3)_6]^{2-}$ ab (oktaedrisch; bei 205 °C zersetzliches $AsPh_4^+$-Salz, gewinnbar

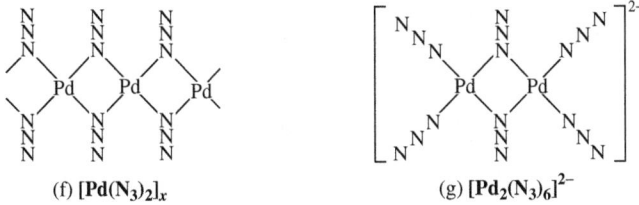

(f) $[Pd(N_3)_2]_x$

(g) $[Pd_2(N_3)_6]^{2-}$

Abb. 31.13

aus H_2PtCl_6, NaN_3 und $AsPh_4^+Cl^-$). Man kennt darüber hinaus das farblose Phosphanaddukt $[Pt(N_3)_2(PPh_3)_2]$.

2.2.3 Chalkogenverbindungen

Mit Sauerstoff bilden Palladium und Platin gemäß Tab. 31.2 (S. 2045) die binären Verbindungen PtO_3 (schlecht charakterisiert), MO_2, Pt_2O_3 (H_2O-haltig), M_3O_4 (Na-haltig) und MO, ferner $M(OH)_2$ (schlecht charakterisiert), von Schwefel, Selen und Tellur kennt man u. a. die Verbindungen MX_2 und MY.

Palladium- und Platinoxide sowie -hydroxide (vgl. Tab. 31.2, sowie S. 2088). Darstellung, Eigenschaften. Fügt man zu einer wässrigen $PdCl_6^{2-}$ bzw. $PtCl_6^{2-}$-Lösung verdünnte Natronlauge (z. B. in Form von Na_2CO_3), so scheidet sich dunkelrotes, wasserhaltiges Palladiumdioxid PdO_2 (Palladium(IV)-oxid; nach Trocknung schwarz und säure- sowie alkaliunlöslich) bzw. gelbes, wasserhaltiges Platindioxid PtO_2 (Platin(IV)-oxid; nach Entwässerung schwarz und alkaliunlöslich; auch aus $PtCl_4^{2-}$ + $NaNO_3$ zugänglich) ab. Beide Dioxide wirken als starke Oxidationsmittel (vgl. Potentialdiagramm, S. 2042) und zerfallen ab 200 °C (PdO_2) bzw. über 400 °C (PtO_2) rasch in Sauerstoff und die Monoxide (PdO_2 gibt bereits bei Raumtemperatur langsam Sauerstoff ab). Bei der anodischen Oxidation von PtO_2 in KOH entsteht rotbraunes Platintrioxid PtO_3 (Platin(VI)-oxid), das als starkes Oxidationsmittel u. a. HCl in Cl_2 überführt.

Beim Erhitzen von Pd auf 600 °C bzw. von Pt auf 430 °C bildet sich in einer Sauerstoffatmosphäre (im Falle von Pt unter 8 bar Druck) schwarzes, in Säure unlösliches Palladiummonoxid PdO (»Palladium(II)-oxid«; auch durch Schmelzen von $PdCl_2$ + $NaNO_3$ bei 600 °C erhältlich) bzw. in Säuren unlösliches schwarzviolettes Platinmonoxid PtO (»Platin(II)-oxid«; bei längerer O_2-Einwirkung auf Pt soll Pt_3O_4 entstehen). Versetzt man andererseits Pd(II)- und Pt(II)-haltige Lösungen mit Natronlauge, so fällt säurelösliches, gelbbraunes Pd(II)- und schwarzes Pt(II)-oxid-Hydrat $MO \cdot x\,H_2O \approx M(OH)_2$ aus. Ersteres Hydrat lässt sich zum Unterschied von letzterem nicht ohne geringfügige Sauerstoffabgabe zu MO entwässern, letzteres Hydrat wird im Gegensatz zu ersterem von Luftsauerstoff zu hydratisiertem Pt_2O_3 oxidiert. Beide Monoxide stellen Oxidationsmittel dar (PdO wird bereits bei Raumtemperatur von H_2 unter Aufglühen zum Metall reduziert) und zerfallen ab 875 °C (PdO) bzw. ab 950 °C (PtO) in die Elemente.

Von den M(II)- und M(IV)-Sauerstoffverbindungen wirken erstere als Basen, letztere als Säuren und – wenig ausgeprägt – auch als Basen. So bilden sich beim Lösen von Pd(II)- und Pt(II)-oxid-Hydrat in starker wässeriger Perchlorsäure die Tetraaquametall(II)-Ionen $[M(H_2O)_4]^{2+}$ (quadratisch-planar; zur Gewinnung von $[Pt(H_2O)_4]^{2+}$ setzt man wässrige Lösungen von $[PtCl_4]^{2-}$ mit Ag^+-Salzen um: $PtCl_4^{2-}$ + 4 Ag^+ + 4 $H_2O \longrightarrow Pt(H_2O)_4^{2+}$ + 4 AgCl), während sich Pd(IV)- und Pt(IV)-oxid-Hydrat in starker Natronlauge zu Hexahydroxometallaten(IV) $[M(OH)_6]^{2-}$ umsetzen (oktaedrisch; zur Gewinnung setzt man wässrige Lösungen von $[MCl_6]^{2-}$ mit OH^- um):

$$M(OH)_2 + 2\,H^+ \rightleftharpoons M^{2+} + 2\,H_2O; \quad MO_2 + 2\,OH^- + 2\,H_2O \longrightarrow [M(OH)_6]^{2-}.$$

Bei der – ebenfalls möglichen – Auflösung der hydratisierten Dioxide in Salzsäure entstehen gemäß $MO_2 + 6\,HCl \longrightarrow H_2MCl_6 + 2\,H_2O$ Hexachlorometallate(IV) $[MCl_6]^{2-}$.

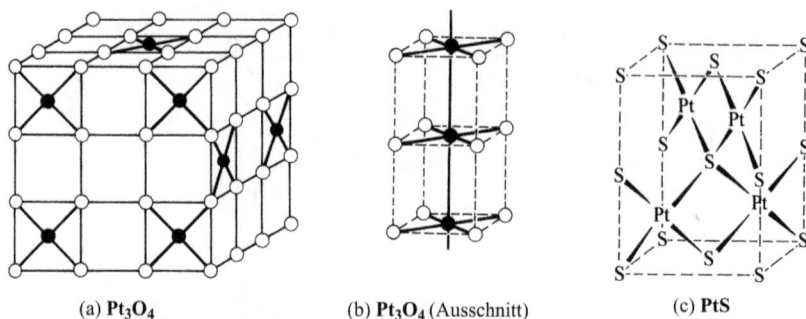

(a) **Pt₃O₄**   (b) **Pt₃O₄** (Ausschnitt)   (c) **PtS**

Abb. 31.14   (a, b) Ausschnitt aus der Struktur von Pt₃O₄ (meist Na-haltig); ○ = O-Atome; ● = Pt-Atome;
die Pt-Atome durchziehen in linearen Ketten (b) den Kristall in den drei Raumrichtungen. – (c) Ausschnitt
aus der PtS-Struktur.

Strukturen. PdO und wohl auch PtO kristallisieren anders als viele Monoxide nicht mit der
NaCl-, sondern mit der PtS-Struktur (s. unten sowie Abb. 31.14c). Demgegenüber weist PtO₂
die für Dioxide übliche Rutil-Struktur auf, allerdings in einer verzerrten Form (CaCl₂-Struktur).
Der Bau von PdO₂ ist noch unbekannt. Eine ungewöhnliche Struktur besitzt schließlich Pt₃O₄.
Sie leitet sich von der Na$_x$M₃O₄-Struktur (M = Pd, Pt; $x < 1$) ab. Und zwar bilden die O-Atome
in NaPt₃O₄ eine kubisch-einfache Packung, deren kubische Lücken zu $\frac{1}{4}$ mit Na$^+$ besetzt sind,
während die Pt-Atome jeweils zwei gegenüberliegende Flächen von Na-freien O₈-Würfeln zentrieren (vgl. Abb. 31.14a). Die Pt-Atome bilden demgemäß lineare Ketten in den drei Raumrichtungen (keine gemeinsamen Pt-Atome; PtPt-Abstände 2.79 Å) und sind quadratisch-bipyramidal
von vier O- und zwei Pt-Atomen koordiniert (vgl. Abb. 31.14b; die Na$^+$-Ionen besetzen Würfel,
deren Flächen Pt-frei sind). Im Falle von Na$_x$Pt₃O₄ – aber nicht Na$_x$Pd₃O₄ – existiert das MO-
Gerüst auch in Abwesenheit von Natrium. Man nutzt PdO sowie PtO₂ (Adams Katalysator) als
Katalysatoren bei Hydrierungen.

Dampft man die Lösung von PdO · x H₂O in Säuren wie Schwefel-, Salpeter-, Essigsäure
ein, so hinterbleiben kristalline Salze von Oxosäuren des zweiwertigen Metalls, z. B. rotbraunes Palladium(II)-sulfat PdSO₄ · 2 H₂O (olivgrünes Monohydrat), braunes Palladium(II)-nitrat
Pd(NO₃)₂ · 2 H₂O bzw. braunes Palladium(II)-acetat Pd(OAc)₂. Letzteres Salz ist trimer, und
zwar werden in ihm gemäß Abb. 31.15a Pd-Atome, die an den Ecken eines gleichseitigen Dreiecks lokalisiert sind, paarweise durch jeweils zwei Acetatreste verbunden (die PdPd-Abstände
von 3.15 Å sprechen gegen Metallkontakte). Das analoge Platin(II)-acetat Pt(OAc)₂ ist tetramer. In ihm werden gemäß Abb. 31.15b die Pt-Atome, welche hier die Ecken eines Quadrats
besetzen, ebenfalls paarweise durch jeweils zwei Acetatreste verknüpft (die PtPt-Abtände von
2.495 Å deuten auf PtPt-Wechselwirkungen). Als Beispiele für Salze der vierwertigen Metalle
seien [Pd(OH)₂(NO₃)₂] und [Pt(SO₃F)₄] genannt.

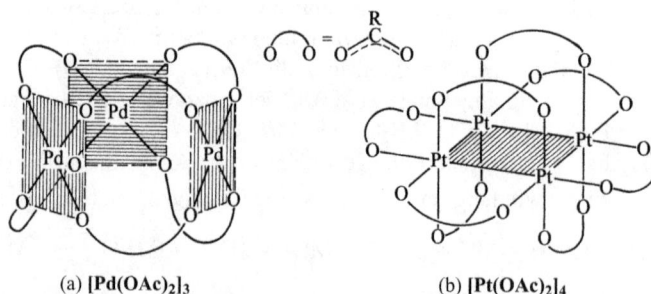

(a) **[Pd(OAc)₂]₃**   (b) **[Pt(OAc)₂]₄**

Abb. 31.15

Palladate, Platinate (Oxokomplexe von Pd, Pt). Da die Neigung der Bildung von Übergangs-Metallaten mit wachsender Ordnungszahl eines Metalls innerhalb der Perioden abnimmt, verwundert es nicht, dass bisher nur vergleichsweise wenige Palladate und Platinate bekannt geworden sind, z. B. $Na_xM_3O_4$ (vgl. Abb.31.12a, b),$Na_2Pd(OH)_6$ (rotbraun, Zerfall $> 170\,°C$; analog: K-, Cs-Salz), $BaPt(OH)_6$ (gelb), $BaPtO_3$ (aus $BaPt(OH)_6$), $SrPtO_6$.

Aqua- und verwandte Komplexe von Pd, Pt. Aqua-Komplexe. Hexaaquapalladium(IV)- und -platin(IV)-Ionen $[M(H_2O)_6]^{4+}$ sind unbekannt; es existieren nur die hydratisierten Metalldioxide $MO_2 \cdot x\,H_2O$ (s. oben). Demgegenüber lassen sich die sauer wirkenden Tetraaquapalladium(II)- und -platin(II)-Ionen $[M(H_2O)_4]^{2+}$ gewinnen (s. oben), welche bisher nicht in Form von Salzen kristallisiert werden konnten. Als weitere M(II)- und M(IV)-Komplexe mit sauerstoffhaltigen Liganden seien folgende, aus M(II)-Salz- bzw. wässrigen MX_6^{2-}-Lösungen mit Oxosäureanionen hervorgehenden Acidokomplexe genannt: $[M^{II}(ox)_2]^{2-}$, $[M^{II}(NO_2)_4]^{2-}$, $[Pt^{IV}(NO_2)_6]^{2-}$, $[Pt^{IV}(NO_3)_6]^{2-}$. Von besonderem Interesse ist in diesem Zusammenhang der gemäß $2\,Pt(PPh_3)_3 + 3\,O_2 \longrightarrow 2\,(Ph_3P)_2PtO_2 + 2\,Ph_3PO$ zugängliche »Peroxokomplex« $(Ph_3P)_2PtO_2$, in welchem O_2^{2-} side-on an zweiwertige Pt gebunden ist (die beiden P- und O-Atome liegen mit Pt in einer Ebene; vgl. S. 2085); er reagiert mit vielen ungesättigten Verbindungen X=Y wie SO_2, CO_2, R_2CO, $R_2C=C(CN)_2$ unter Einschiebung von XY in die PtO-Bindung (Ausbildung fünfgliedriger PtOOXY-Ringe).

Ammin-Komplexe. Löst man Hexahalogenoplatinate(IV) $[PtX_6]^{2-}$ (X = Cl, Br, I) in flüssigem Ammoniak, so entsteht auf dem Wege über $[PtX_n(NH_3)_{6-n}]^{(4-n)+}$ ($n = 5 - 1$) sowie $[(NH_3)_4Pt(\mu\text{-}NH_2)_2Pt(NH_3)_4]^{6+}$ letztendlich das Hexaamminplatin(IV)-Ion $[Pt(NH_3)_6]^{4+}$ (oktaedrisch; isolierbar z. B. als Halogenid, als Sulfat). Die Ammoniakate $[Pd(NH_3)_6]^{4+}$ (bisher unbekannt) und $[Pt(NH_3)_6]^{4+}$ sind isoelektronisch mit $[Rh(NH_3)_6]^{3+}/[Ir(NH_3)_6]^{3+}$ (vgl. S. 2015) sowie $[Ru(NH_3)_6]^{2+}/[Os(NH_3)_6]^{2+}$ (vgl. S. 1980). Dementsprechend bildet $[Pt(NH_3)_6]^{4+}$ wie letztere mit Liganden L Monosubstitutionsprodukte $[PtL(NH_3)_5]^{n+}$ (L z. B. H_2O, Cl^-, Br^-, I^-, NCS^-, NO_2^-, SO_3^{2-}). Zu ihrer Bildung geht man u. a. von $[PtCl(NH_3)_5]^{3+}$ (gewinnbar aus $PtCl_6^{2-}$ und NH_3) aus, dessen Chlorid sich in langsamer Reaktion durch L substituieren lässt. Unter den weiteren Komplexen mit stickstoffhaltigen Liganden seien das aus PtX_6^{2-} und KNH_2 in fl. NH_3 gewinnbare Hexaamidoplatinat(IV) $[Pt(NH_2)_6]^{2-}$ sowie die Tetraamminpalladium(II) sowie -platin(II)-Ionen $[M(NH_3)_4]^{2+}$ erwähnt, die sich durch Einwirkung von NH_3 auf $[MCl_4]^{2-}$ gewinnen und u. a. als Halogenide oder Nitrate isolieren lassen (vgl. auch »Magnus'sches Salz« $[Pt(NH_3)_4][PtCl_4]$, S. 2049). Analog NH_3 bildet $H_2NCH_2CH_2NH_2$ mit den zweiwertigen Metallen Komplexe $[M(en)_2]^{2+}$.

Palladium- und Platinsulfide, -selenide, -telluride. Beim Erwärmen von Pd oder Pt mit Schwefel bilden sich die in Salpetersäure unlöslichen, aber in $(NH_4)_2S$ löslichen Metallmonosulfide MS und – darüber hinaus – die in HNO_3 löslichen Metalldisulfide MS_2 als braune (PdS), grüne (PtS) sowie stahlgraue Pulver (PdS_2, PtS_2). Das Sulfid PdS lässt sich auch in Form blauer, das in der Natur als Cooperit vorkommende Sulfid PtS in Form stahlgrauer Kristalle erhalten. Analog den Sulfiden sind die Selenide und Telluride MSe, MTe sowie MSe_2, MTe_2 aus den Elementen zugänglich (man kennt darüber hinaus Pd_4Se und $PdSe_3$ sowie Pt_3Te und Pt_2Te_3).

Strukturen. Den Disulfiden, die oberhalb $600\,°C$ (PdS_2) bzw. $225\,°C$ (PtS_2) zerfallen, liegt im Falle von PdS_2 (quadratisch-planares Palladium) die Pyrit-Struktur mit zweiwertigem Pd und Disulfid-Anionen S_2^{2-}, im Falle von PtS_2 (oktaedrisches Platin) CdI_2-Struktur mit vierwertigem Pt und Monosulfid-Anionen S^{2-} zugrunde, während PdS und PtS nicht die für Monosulfide typische NiAs-Struktur, sondern die PtS-Struktur einnehmen. Gemäß Abb. 31.14c liegen hierbei planare Bänder aus *trans*-kantenverknüpften PtS_4-Quadraten parallel nebeneinander. Sie sind auf beiden Seiten über gemeinsame Schwefelatome mit entsprechenden Bändern, die senkrecht zu ersteren verlaufen, verknüpft. Platin ist hiernach planar von 4 S-Atomen, Schwefel verzerrt tetraedrisch von vier Pt-Atomen koordiniert (PtSPt-Winkel je zweimal 97.5° und 115°, SPtS-

Winkel je zweimal 82.5° und 97.5°). PdO und PtO sind analog, CuO und AgO ähnlich wie PdS und PtS gebaut (die zwei Sätze von Bändern verlaufen bei CuO und AgO nicht senkrecht zueinander). Von den Seleniden und Telluriden haben PdTe bzw. PtTe die für Monohalogenide typische Nickelarsenid-Struktur, $PdSe_2$ wie PdS_2 die Pyrit-Struktur und $PdTe_2$ bzw. $PtTe_2$ die CdI_2-Struktur.

Neben MS und MS_2 sind einige Polysulfido- und Polyselenido-Komplexe von Pd und Pt von Interesse, die aus MX_4^{2-} sowie MX_6^{2-} und Polysulfiden bzw. -seleniden zugänglich sind. Erwähnt seien $[Pd^{II}S_9]^{2-} \mathrel{\widehat{=}} [Pd(S_4)(S_5)]^{2-}$ (Abb. 31.16c) (analog: $[Pd(S_5)(S_6)]^{2-}$), dimeres $[Pd^{II}S_{14}]^{2-} \mathrel{\widehat{=}} [Pd_2(S_7)_4]^{4-}$ (Abb. 31.16e), $[Pt^{II}S_{10}]^{2-} \mathrel{\widehat{=}} [Pt(S_5)_2]^{2-}$ (Abb. 31.16d), $[Pt^{IV}S_{15}]^{2-} \mathrel{\widehat{=}} [Pt(S_5)_3]^{2-}$ (Abb. 31.16f) (analog $[Pt(S_6)_3]^{2-}$, $[Pt(S_5)(S_6)_2]^{2-}$), $[Pt^{IV}Se_{12}]_2^- \mathrel{\widehat{=}} [Pt(Se_4)_3]^{2-}$ (vgl. $Pt(S_5)_3^{2-}$). In ihnen ist M(II) quadratisch-planar von 4 bzw. M(IV) oktaedrisch von 6 Y-Atomen umgeben (in letzteren Fällen Edelgaskonfiguration). Auch existieren Verbindungen des Typs $(R_3P)_2Pt^{II}Y_n$, z.B. $[(PPh_3)_2PtS_4]$, $[(diphos)PtSe_4]$ mit fünfgliedrigen MY_4-Ringen, ferner aus $(R_3P)_2Pt$ ($R_3P = ArMe_2P$; Ar z.B. $2,4,6-C_6H_2(Bsi)_3$; $Bsi = (Me_3Si)_2CH$) und Schwefel bzw. Selen zugängliche Disulfido- und Diselenidokomplexe $(R_3P)_2PtY_2$, in welchen S_2^{2-} und Se_2^{2-} side-on am zweiwertigen Pt gebunden vorliegt (dreigliedrige PtY_2-Ringe; planare P_2PtY_2-Gerüste). Letztere Verbindungen sind in fester Phase luftstabil und zerfallen in Lösung langsam gemäß $(R_3P)_2PtY_2 \longrightarrow 2 R_3PY + Pt$ (s. Abb. 31.16).

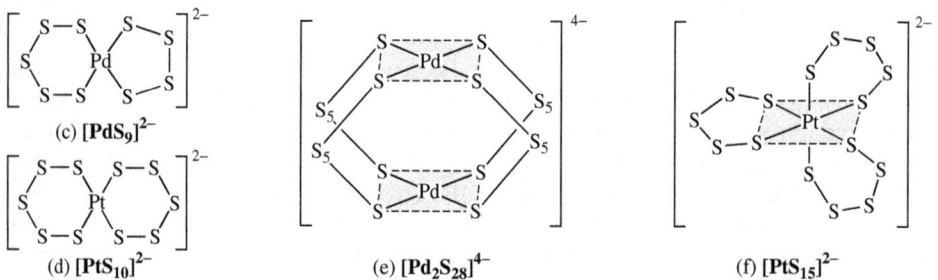

(c) $[PdS_9]^{2-}$

(d) $[PtS_{10}]^{2-}$

(e) $[Pd_2S_{28}]^{4-}$

(f) $[PtS_{15}]^{2-}$

Abb. 31.16

2.2.4 Pentel-, Tetrel-, Trielverbindungen

Die Bildungstendenz von Nitriden sowie Nitridokomplexen bzw. von Carbiden des Palladiums und Platins ist wie die der übrigen Platinmetalle (Rh, Ir, Ru, Os) gering (Pt- und N-Atome bilden in der Gasphase bei hohen Temperaturen die kurzlebigen Moleküle PtN, PtN_2 und $(PtN)_2$). Eine Nitrierung kann aber offensichtlich bei hohen N_2-Drücken und Temperaturen erzwungen werden, wie die Bildung von Platinmononitrid PtN bei einem Druck von 450–500 kbar und einer Temperatur von über 2000 K (1727 °C) lehrt. Die schwarze Verbindung (Struktur bisher unbekannt) ist unter Normalbedingungen metastabil und zerfällt um 200 °C in Pt-Metall und molekularen Stickstoff. Als weitere binäre PdN- bzw. PtN-Verbindung sei das Azid $PdN_6 = Pd(N_3)_2$ sowie die hiervon sowie von $Pt(N_3)_4$ abgeleiteten Azidopalladate und -platinate $[Pd(N_3)_4]^{2-}$, $[Pd_2(N_3)_6]^{2-}$ und $[Pt(N_3)_6]^{2-}$ genannt (S. 2050). Mit den Stickstoff- und Kohlenstoffhomologen sowie mit Bor vereinigen sich Pd und Pt zu einer Reihe von Verbindungen, so den Phosphiden und Arseniden PdP_2, $PdAs_2$, PtP_2, $PtAs_2$, den Siliciden Pd_3Si, Pd_2Si, PdSi, Pt_5Si_2, Pt_2Si, PtSi, $PtSi_2$ sowie den Boriden Pd_3B, Pd_5B_2, Pt_2B (vgl. S. 861, 948, 1068, 1222).

Darüber hinaus bilden Palladium und Platin viele Verbindungen mit stickstoff- und kohlenstoffhaltigen Resten (vgl. hierzu Ammin- und verwandte Komplexe sowie Organische Verbindungen des Palladiums und Platins, S. 2053, 2059).

2.2.5   Palladium- und Platinkomplexe

Ähnlich wie im Falle des Übergangs von Ru/Os zu Rh/Ir (vgl. S. 2008) sinkt die Oxidations-stufenspannweite beim Übergang von Rh/Ir zu Pd/Pt – wenn auch weniger einschneidend – von $-I$ bis $+VI$ auf 0 bis $+V/+VI$ mit d^{10}- bis $d^{5/4}$-Elektronenkonfiguration. Auch nimmt die Zahl der Komplexe der sechs- und fünfwertigen Metalle in gleicher Richtung deutlich ab, sodass man von Pd(VI) bisher keinen, von Pd(V) nur einen Komplex (PdF_6^-) kennt, und selbst im Falle von Platin, das wie alle schwereren Übergangsmetall-Homologen noch leichter hohe Oxidationsstufen bildet, existieren nur wenige Verbindungsbeispiele der Wertigkeiten VI und V (PtF_6, PtO_3?, $PtOF_4$?, PtF_5, $PtOF_3$). Eine reichhaltige Komplexchemie weisen insbesondere die null-, zwei- und vierwertigen Metalle auf, wobei die Bildungstendenz der vierwertigen Stufe beim Platin erwartungsgemäß stärker als beim Palladium ausgeprägt ist. Komplexe der ein- und dreiwertigen Metalle weisen andererseits in der Regel Metall-Metall-Bindungen auf.

Anwendung haben u. a. Pd(II)-Komplexe als Katalysatoren für die Alkenoxidation (»Wacker-Prozess«; vgl. S. 2062), ferner als Katalysatoren für die Olefinorganylierung (S. 2063) gefunden. Nachfolgend sei kurz auf klassische sowie Metallcluster-Komplexe eingegangen (bezüglich der π-Komplexe von Pd und Pt vgl. S. 2063, 2174f).

Klassische Komplexe fanden bereits in den vorstehenden Unterkapiteln Erwähnung (vgl. Hydrido-, Halogeno-, Cyano-, Aqua-, Amminkomplexe usw.).

Metall(IV)-Komplexe (d^6). Alle Komplexe mit vierwertigem Palladium oder Platin sind diamagnetisch (low-spin; t_{2g}^6-Elektronenkonfiguration) und weisen oktaedrischen Bau auf. Die Pt(IV)-Komplexe sind thermodynamisch stabiler und kinetisch inerter als die Pd(IV)-Komplexe (bezüglich der Substitutionsgeschwindigkeiten und -mechanismen vgl. S. 1627).

Metall(III)-Komplexe (d^7) · Klassische Komplexe des dreiwertigen Palladiums und Platins konnten bis heute nicht mit Sicherheit nachgewiesen werden. Wo die stöchiometrische Zusammensetzung M(III)-Verbindungen nahelegt, handelt es sich in der Regel um Pt(II,IV)-Verbindungen (vgl. z. B. die Trihalogenide MX_3 sowie das Addukt $PtBr_3 \cdot 2\,NH_3$; S. 2049). Und wo sowohl die Zusammensetzung als auch die Gleichartigkeit aller Metallzentren wie im Falle der durch Einelektronen-Oxidation von M(II)-1,2-Dithiolatkomplexen erzeugbaren Verbindungen auf eine Dreiwertigkeit der Metalle weisen (s. Abb. 31.17), deuten ESR-spektroskopische Untersuchungen darauf, dass im Wesentlichen eine Oxidation der Liganden und nur untergeordnet eine solche der Metallzentren erfolgt. Analoges gilt auch noch für $[M(S_2C_2R_2)_2]$. Am ehesten ist dreiwertiges Platin noch in $[Pt(C_6Cl_5)_4]^-$ verwirklicht. Komplexe mit Pt_2^{6+}-Clusterionen mit dreiwertigem Pt treten demgegenüber häufig auf (s. unten).

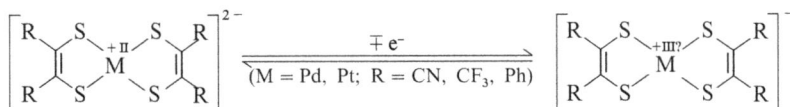

$$\begin{bmatrix} R & S & S & R \\ & \diagdown & {}^{+II} & \diagup & \\ & & M & & \\ & \diagup & & \diagdown & \\ R & S & S & R \end{bmatrix}^{2-} \xrightarrow[\text{(M = Pd, Pt; R = CN, CF_3, Ph)}]{\mp e^-} \begin{bmatrix} R & S & S & R \\ & \diagdown & {}^{+III?} & \diagup & \\ & & M & & \\ & \diagup & & \diagdown & \\ R & S & S & R \end{bmatrix}^-$$

Abb. 31.17

Metall(II)-Komplexe (d^8). Die – sehr zahlreichen – Komplexe des zweiwertigen Palladiums und Platins, welche den homologen Ni(II)-Verbindungen ähneln, aber thermodynamisch stabiler und kinetisch inerter als letztere sind (vgl. hierzu S. 1625), weisen im Allgemeinen einen quadratisch-planaren Bau auf und sind diamagnetisch ($e_g^4 a_{1g}^2 b_{2g}^2$-Elektronenkonfiguration; vgl. S. 1600). Der im Falle von d^8-Ionen wirksame Jahn-Teller Effekt und die Tatsache, dass bei den Elementen der 2. und insbesondere 3. Übergangsreihe die Aufspaltung der d-Atomorbitale im oktaedrischen Ligandenfeld stärker als bei den Elementen der 1. Übergangsreihe ist (S. 1596), hat also bei Pd(II) und Pt(II) im Normalfalle eine vollständige Abdissoziation zweier *trans*-ständiger Liganden des Ligandenoktaeders zur Folge. Man kennt aber auch diamagnetische M(II)-Komplexe mit oktaedrischem, quadratisch-pyramidalem oder trigonal-bipyramidalem Bau wie [PdCl$_2$(diars)$_2$], [PdClL]$^+$ und [MIL']$^+$ (diars = o-(Me$_2$As)$_2$C$_6$H$_4$, L' = As(o-Ph$_2$AsC$_6$H$_4$)$_3$, L = o-(o-Me$_2$AsC$_6$H$_4$AsMe)$_2$C$_6$H$_4$). Ferner werden fünffach koordinierte Zwischenstufen bei nucleophilen Substitutionsreaktionen an quadratisch-planaren Pd(II)- und Pt(II)-Komplexen durchlaufen (S. 1624).

Niederwertige M-Komplexe. Man kennt eine Reihe diamagnetischer und tetraedrisch gebauter M(0)-Komplexe (d^{10}) des Palladiums und Platins, so etwa »Phosphankomplexe« wie M(PF$_3$)$_4$ (S. 2124) bzw. M(PR$_3$)$_4$ (gelb, gewinnbar aus MCl$_4^{2-}$ + PR$_3$ durch Reduktion mit Hydrazin oder NaBH$_4$ in H$_2$O/EtOH). Die Triorganylphosphankomplexe geben in Lösung bei Raumtemperatur PR$_3$ in einer Gleichgewichtsreaktion ab, z.B.: M(PPh$_3$)$_4$ $\rightleftharpoons$ M(PPh$_3$)$_3$ + PPh$_3$ $\rightleftharpoons$ M(PPh$_3$)$_2$ + 2PPh$_3$. Die Neigung zur Abspaltung von Phosphanmolekülen wächst mit deren Sperrigkeit. So lässt sich Pt(PR$_3$)$_2$ mit den sperrigen Resten R = Cyclohexyl sogar in Substanz isolieren. Die wichtigsten Reaktionen von M(PR$_3$)$_4$ (R insbesondere Ph) sind oxidative Additionen der nach PR$_3$-Abspaltung enstehenden »ungesättigten« M(0)-Komplexe. So wird etwa Pt(PPh$_3$)$_4$ mit HCl in PtHCl(PPh$_3$)$_2$, mit CO in Pt(CO)(PPh$_3$)$_3$, mit O$_2$ in Pt(O$_2$)(PPh$_3$)$_2$, mit S$_8$ in Pt(S$_4$)(PPh$_3$)$_2$, mit C$_2$H$_4$ in Pt(C$_2$H$_4$)(PPh$_3$)$_2$ und mit CY$_2$ (Y = O, S) in Pt(CY$_2$)(PPh$_3$)$_2$ überführt (es existieren analoge Pd-Komplexe). Näheres S. 2145f.

Im Unterschied zu M(0,II,IV)-Komplexen und in Analogie zu M(III)-Komplexen existieren M(I)-Komplexe (d^9) des Palladiums und Platins in der Regel nur in nicht-klassischer, diamagnetischer Form mit Metallclusterzentren (s. unten).

Nichtklassische Komplexe (Metallcluster). Von ein- bis dreiwertigem Palladium und Platin kennt man ähnlich wie von den linken Periodennachbarn Rh/Ir, Ru/Os, Tc/Re und Mo/W (vgl. S. 1864, 1891, 1984, 2018) eine Reihe von Komplexen mit Dipalladium- und Diplatin-Clusterionen M$_2^{n+}$ ($n \leq 6$) (s. Tab. 31.3).

Darüber hinaus sind Komplexe mit größeren Metallclusterzentren beider Elemente bekannt.

Dipalladium(III)- und Diplatin(III)-Cluster. Lässt man auf [Pt(NO$_2$)$_3$]$^{2-}$ Schwefelsäure einwirken, so bildet sich das Ion [Pt$_2$(SO$_4$)$_4$(H$_2$O)$_2$]$^{2-}$ (Abb. 31.18a) mit einem Pt$_2^{6+}$-Komplexzentrum (PtPt-Einfachbindung; PtPt-Abstand 2.461 Å). Das Ion (Abb. 31.18a) entspricht dem Ion [Rh$_2$(SO$_4$)$_4$(H$_2$O)$_2$]$^{4-}$ (Pt$_2^{6+}$ ist isoelektronisch mit Rh$_2^{4+}$; man vergleiche hierzu auch [Mo$_2$(SO$_4$)$_4$(H$_2$O)$_2$]$^{4-}$ und [Re$_2$(SO$_4$)$_4$(H$_2$O)$_2$]$^{2-}$ mit Mo$_2^{4+}$- und Re$_2^{6+}$-Clusterionen: jeweils MM-Vierfachbindung). Die axialen H$_2$O-Moleküle von [Pt$^{III}_2$(SO$_4$)$_4$(H$_2$O)$_2$]$^{2-}$ lassen sich leicht durch andere Liganden wie Me$_2$SO, NH$_3$, Cl$^-$, Br$^-$, CN$^-$, NO$_2^-$ oder OH$^-$ austauschen; auch existieren Komplexe, in denen die Sulfatreste in Abb. 31.18a durch Hydrogenphosphat HPO$_4^{2-}$, Pyrophosphit H$_2$P$_2$O$_5^{2-}$ $\hat{=}$ O$_2$PH$-$O$-$HPO$_2^{2-}$, Carboxylat RCO$_2^{2-}$ und ähnliche Liganden substituiert sind. Das durch Reaktion von [PtCl$_4$]$^{2-}$ mit Pyrophosphoriger Säure erhältliche Ion [Pt$^{II}_2$(H$_2$P$_2$O$_5$)$_4$]$^{4-}$ lässt sich etwa mit Halogenen X$_2$ auf dem Wege über [Pt$_2$X(H$_2$P$_2$O$_5$)$_4$]$^{4-}$ (Pt$_2^{5+}$; PtPt-Abstand 2.793 Å für X = Br) zu [Pt$^{III}_2$X$_2$(H$_2$P$_2$O$_5$)$_4$]$^{4-}$ oxidieren (Pt$_2^{6+}$; PtPt-Abstand

Tab. 31.3

Ion (Außenelektronen)	M$_2^{2+}$ (18 e$^-$)	M$_2^{4+}$ (16 e$^-$)	M$_2^{5+}$ (15 e$^-$)	M$_2^{6+}$ (14 e$^-$)
Elektronenkonfiguration		$(\sigma\pi\delta)^8(\sigma\pi\delta)^{*8}$	$(\sigma\pi\delta)^8(\sigma\pi\delta)^{*7}$	$(\sigma\pi\delta)^8\delta^{*2}\pi^{*4}$
Bindungsordnung	1	0	0.5	1.0
Beispiele^a	[Pd$_2$Cl$_2$(dppm)$_2$]	[Pd$_2$(form)$_4$]	[Pd$_2$(form)$_4$]$^+$	[Pd$_2$Cl(pyS)$_4$]$^+$
	[Pt$_2$Cl$_2$(dppm)$_2$]	[Pt$_2$(pop)$_4$]$^{4-}$	[Pt$_2$Br(pop)$_4$]$^{4-}$	[Pt$_2$(SO$_4$)$_4$(H$_2$O)$_2$]$^{2-}$
PdPd-Abstände [ÅÅ]	2.6 ± 0.1	>3.0	?	?
PtPt-Abstände [ÅÅ]	2.7 ± 0.1	2.9 ± 0.1	≈ 2.8	2.60 ± 0.15

a dppm = Ph$_2$PCH$_2$PPh$_2$; pop = Pyrophosphit H$_2$P$_2$O$_5^{2-}$; form = Bis(tolyl)formamid (p-Tol)N$\cdots$CH$\cdots$N(p-Tol)$^-$; pySH = 2-Mercaptopyridin.

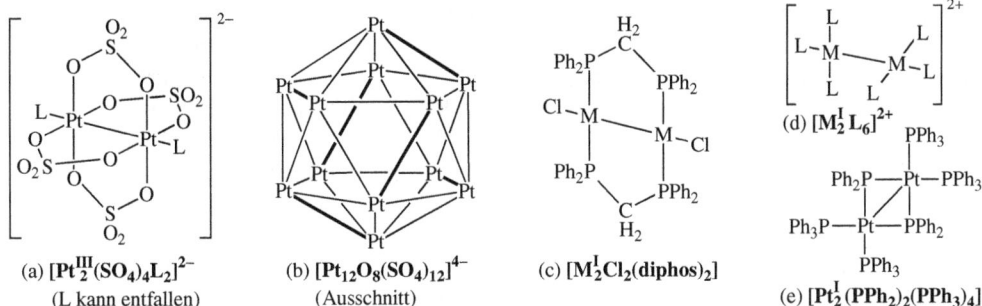

(a) $[Pt^{III}_2(SO_4)_4L_2]^{2-}$
(L kann entfallen)

(b) $[Pt_{12}O_8(SO_4)_{12}]^{4-}$
(Ausschnitt)

(c) $[M^I_2Cl_2(diphos)_2]$

(d) $[M^I_2 L_6]^{2+}$

(e) $[Pt^I_2(PPh_2)_2(PPh_3)_4]$

Abb. 31.18

2.723 Å für X = Br). In analoger Weise führt die Oxidation von $[Pd^{II}_2(form)_4]$ zu $[Pd_2(form)_4]^+$ (Pd_2^{5+}; form = ArN⋯CH⋯NAr, Ar = *para*-Tolyl), die von ($Pd^{II}_2(pyS)_4$) in Anwesenheit von Cl⁻ über $[Pd_2(pyS)_4]^+$ (Pd_2^{5+}) zu $[Pd^{III}_2Cl(pyS)_4]^+$ (Pd_2^{6+}; pyS⁻ = Deprotonierungsprodukt von 2-Mercaptopyridin). Beim Erhitzen von $Pt(NO_3)_2$ mit konz. H_2SO_4 auf 350 °C entsteht neben $[Pt(SO_4)_4(H_2O)_2]^{2-}$ (Abb. 31.18a) – als erstes Oxidsulfat des Platins – das dunkelrote Ion $[Pt_{12}O_8(SO_4)_{12}]^{4-}$ (jeweils NH_4^+-Salze), das sich aus sechs, über 8 O^{2-}-Ionen verknüpfte $[Pt^{III}_2(SO_4)_2]^{2+}$-Ionen aufbaut, und zwar besetzen hierbei die Pt-Atome die 12 Ecken eines Ikosaeders (Abb. 31.18b) mit abwechselnd kürzeren (Pt₂-Hanteln; fette Bindungen) und längeren Kanten, die O-Atome zentrieren von den 20 Dreiecksflächen jene 8 nur durch längere Kanten begrenzten Flächen und verknüpfen dadurch jeweils 3 Pt₂-Hanteln, die SO₄-Ionen überdachen die restlichen 12 Dreiecksflächen (jeweils 2 O-Atome von SO_4^{2-}-Tetraedern sind hierbei chelatisierend an eine Pt₂-Hantel gebunden, ein weiteres O-Atom besetzt die terminale Position einer weiteren Hantel; jede Pt₂-Hantel wird von 2 SO_4^{2-}-Ionen überbrückt).

Dipalladium(II)- und Diplatin(II)-Cluster. Die zweiwertigen Ionen der Nickelgruppenelemente sollten keine M_2^{4+}-Gruppen mit MM-Bindungen bilden, da sowohl alle bindenden als auch antibindenden σ-, π-, und δ-Molekülorbitale mit den vorhandenen 2 × 8 = 16-Außenelektronen der beiden M^{2+}-Ionen besetzt wird. Tatsächlich bilden jedoch einige quadratisch-planar koordinierte M^{2+}-Komplexe wie Bis(glyoximato)nickel(II) (S. 2030) oder Tetracyanoplatinat(II) (S. 2049) in fester Phase Stapel mit schwachen MM-Bindungen (MM-Abstände > 3 Å). Analoge schwache Bindungsbeziehungen liegen wohl auch in den oben erwähnten Komplexen $[Pt_2(H_2P_2O_5)_4]^{4-}$, $[Pd_2(form)_4]$ oder $[Pd_2(pyS)_4]$ vor. In jedem Falle führt eine Oxidation zur deutlichen MM-Bindungsverstärkung in den betreffenden Komplexen (s. oben und »Krogmanns Salz«, S. 2050). Eine besondere Tendenz zur Ausbildung von MM-Bindungen zeigt das zweiwertige Platin, wie aus der tetrameren Struktur von $Pt(OAc)_2$ mit einem Pt_4^{8+}-Zentralcluster (quadratisch, kurze PtPt-Bindungen von 2.495 Å; vgl. S. 2052) hervorgeht.

Dipalladium(I)- und Diplatin(I)-Cluster. Ersetzt man die härteren O- und N-haltigen Donatoren durch weichere C-, P-, As- und S-haltige Liganden, so bilden sich Metallclusterkomplexe auch mit einwertigem Palladium und Platin. So lassen sich etwa durch Einwirkung von Methylisonitril auf die Chlorokomplexe $[MCl_4]^{2-}$ gemäß $2 MCl_4^{2-} + 8 MeNC + 2 H_2O \longrightarrow [M_2(CNMe)_6]^{2+} + 8 Cl^- + CO_2 + 2 MeNH_3^+$ Hexakis(isonitril)dimetall(I)-Ionen $[M_2(CNMe)_6]^{2+}$ (Abb. 31.18b) gewinnen (quadratisches Pd(I) bzw. Pt(I); PdPd-Abstand 2.531 Å; man kennt auch einen entsprechend gebauten Komplex $[Ni_2(CO)_6]^{2-}$ des minus einwertigen Nickels). Als weitere Beispiele seien die Komplexe $[M^I_2Cl_2(diphos)_2]$ (Abb. 31.18c) (quadratisch-planares M^I = Pd^I, Pt^I, PdPd-Abstand 2.652 Å), $[Pt^{II}_2(PPh_3)_2(diphos)_2]^{2+}$ (PPh₃ anstelle Cl⁻ in Abb. 31.18c) sowie $[Pt_2(PPh_2)_2(PPh_3)_4]$ (Abb. 31.18d) genannt, ferner $[M_2Cl_4(CO)_2]^{2-}$ (M = Pd, Pt; gewinnbar aus MCl_4^{2-} und CO; Struktur: $Cl_2M(\mu\text{-}CO)_2MCl_2$ mit MM-Einfachbindung, PtPt-Abstand 2.58 Å).

Oligopalladium- und Oligoplatin-Cluster. Liganden wie CO, CNR oder PR_3 stabilisieren zudem Cluster mit mehr als zwei einwertigen oder geringerwertigen Pd- bzw. Pt-Atomen. So entsteht z. B. bei der Reaktion von $[Pd_2(CNMe)_6]^{2+}$ (Abb. 31.18d) mit $[Pd(CNMe)_2]_x$ das Ion $[Pd_3(CNMe)_8]^{2+} = L_3Pd-PdL_2-PdL_3^{2+}$ (jeweils quadratisch-planare Pd-Koordination, gestaffelte Anordnung der Liganden L = CNMe wie in Abb. 31.18d). Andererseits bildet sich beim Kochen einer Benzollösung von $[Pt(PPh_3)_4]$ neben (Abb. 31.18e) (PtPt-Abstand 2.60 Å) der Komplex (Abb. 31.19f) (PtPt-Abstand 2.79 Å) und beim Kochen von $[PdCl(PPh_3)_3]^+$ unter reduzierenden Bedingungen in Anwesenheit von PEt_3 der Komplex (Abb. 31.19g) (PdPd-Abstand 2.90 Å). Analog (Abb. 31.19g) sind die aus $Pd^0_2dba_3$ (Abb. 31.21b) und Isonitrilen gewinnbaren Komplexe $[Pd(CNR)_2]_3$ gebaut (Pd(I) gegen Pd(0), PPh_2 und PPh_3 gegen C≡NR ersetzt; R z. B. Cyclohexyl C_6H_{11}: PdPd-Abstand 2.65 Å).

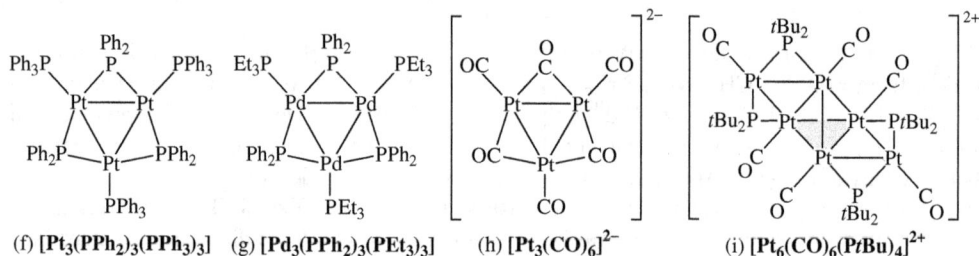

(f) **[Pt₃(PPh₂)₃(PPh₃)₃]**   (g) **[Pd₃(PPh₂)₃(PEt₃)₃]**   (h) **[Pt₃(CO)₆]²⁻**   (i) **[Pt₆(CO)₆(P***t***Bu)₄]²⁺**

Abb. 31.19

Erwähnt seien des Weiteren die Komplexe $[Pt_3(CO)_6]_n^{2-}$ ($n = 2 - 10$; gewinnbar aus $[Pt_2Cl_4(CO)_2]^{2-}$/Na/CO ($n = 2 - 6$) bzw. $[Pt_3(CO)_6]_2^{2-}$/SbCl₃ ($n = 8$)), in welchen Bausteine des Typs (Abb. 31.19h) übereinander geschichtet und durch PtPt-Bindungen miteinander verbunden sind ($n = 2 - 6$; für $n = 8$: $[Pt_3(CO)_6]_7$-Einheiten über $Pt_3(CO)_6$ zu eindimensionalen Ketten (Platinkabel) verknüpft (vgl. S. 2049). Beim Kochen von $[Pt_9(CO)_{18}]^{2-}$ in Acetonitril bildet sich zudem der Komplex $[Pt_{19}(CO)_{22}]^{4-}$, dessen Pt_{19}^{4-}-Cluster die Struktur eines doppelt-zentrierten Doppelikosaeders hat (vgl. S. 2131). Auch die übrigen Metalle der VIII. Nebengruppe bilden derartige Carbonylate mit kompakten Metallatomclusterzentren unterschiedlicher Struktur (vgl. S. 2130). Erwähnt sei auch der durch Einwirkung von CF_3SO_3H auf $[Pt_3H(PtBu_2)_3(CO)_2]$ (Ersatz von PPh_2 in Abb. 31.19f gegen $PtBu_2$, von 2 PPh_3 gegen 1 H und 2 CO) hervorgehende Komplex $[Pt_6(PtBu_2)_4(CO)_6]^{2+}$.

Während der CO-Ligand dreidimensionale Metallatomcluster stabilisiert, können geeignete Chelatliganden wie D_n (vgl. Abb. 31.20) mit aufgereihten Donoratomen eindimensionale Metallatomcluster zugänglich machen. Letztere sind als eindimensionale Metallleiter von Interesse. Beispielsweise konnten mit $D_3/D_5/D_7/D_9$ Ketten aus drei M-Atomen (M = Cr, Ru, Co, Rh, Ni, Cu)/fünf M-Atomen (M = Cr, Ni)/sieben M-Atomen (M = Cr, Ni)/neun M-Atomen (M = Ni) hergestellt werden (X jeweils Halogen).

Nichtklassische Komplexe mit Metallatomketten lassen sich auch aus M_2- oder M-haltigen Komplexen (vgl. S. 1891, 1926, 1984, 2018) durch reduktive oder oxidative Verknüpfung der Metallatome erzeugen. Voraussetzung für deren Bildung ist die Anwesenheit sterisch anspruchsloser Donoren, die die intermolekularen Wechselwirkungen in axialer Richtung nicht behindern. So erhält man etwa durch Reaktion von *cis*-$[Pt(NH_3)_2(H_2O)_2]^{2+}$ mit Pyridinolat D′ (vgl. Abb. 31.20) auf dem Wege über einen Diplatinkomplex den blauen Tetraplatinkomplex $[Pt_4\{D'\}_4(NH_3)_8]^{5+}$ (vgl. Abb. 31.20i: M = Pt; L = NH_3; X entfällt). Ein anderer Platinblau-Komplex ist etwa $[Pt_8(CH_3CONH)_8(NH_3)_{16}]^{10+}$ (vgl. (Abb. 31.20i: M = Pt; CH_3CONH^- anstelle von D′; L = NH_3, X entfällt). In entsprechender Weise bilden auch andere Metalle der Platingruppe nichtklassische Komplexe mit Metallatomketten. Beispiele sind:

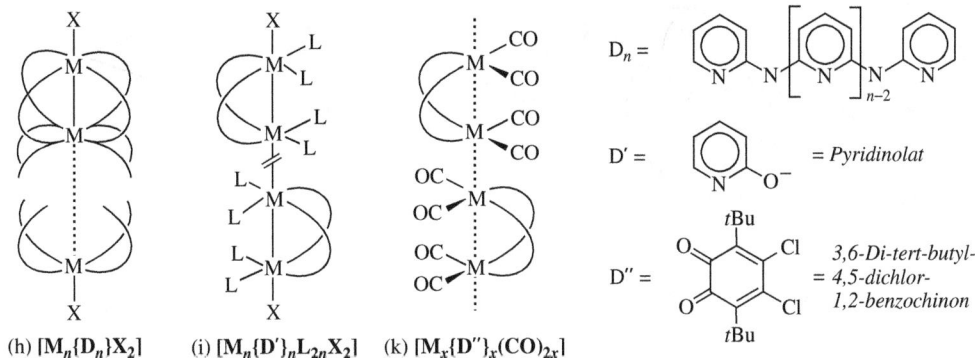

(h) $[M_n\{D_n\}X_2]$ (i) $[M_n\{D'\}_nL_{2n}X_2]$ (k) $[M_x\{D''\}_x(CO)_{2x}]$

Abb. 31.20

$[Rh_4(Pyrazolato)_4(CNtBu)_8]^{2+}/[Ir_4I(Pyrazolato)_4(CNtBu)_8]^{1+}$ (vgl. Abb. 31.20i: M = Rh, Ir; Pyrazolato $C_3H_3N_2^-$ anstelle von D'; X entfällt ganz oder zur Hälfte; L = $tBuNC$), $[Ir_6I_2\{D'\}_6(CO)_{12}]$ (vgl. Abb. 31.20i: M = Ir; L = CO; X = I). Eine solvatisierte eindimensionale Rh-Atomkette liegt dem durch langsame Reduktion von $[Rh_2(MeCN)_{10}]^{4+}$ (vgl. Abb. 30.13b) an einer Pt-Elektrode gebildeten Komplex $[Rh(MeCN)_4^{1.5+}]_\infty [\,1.5\,BF_4^-]_\infty$ zugrunde. In ihm sind quadratisch-planare $Rh(MeCN)_4$-Einheiten über RhRh-Bindungen zu einer unendlichen Kette mit RhRh-Abständen von – alternierend – 2.84 und 2.93 Å verknüpft (vgl. hierzu Stapelkomplexe anderer Metalle, S. 2049). Der Komplex wirkt als Halbleiter. In analoger Weise sind in dem aus $Rh_4(CO)_{12}$ mit dem 1,2-Benzochinonderivat D″ (vgl. Abb. 31.20) in Pentan erhältlichen Komplex (Abb. 31.20k) (schwarze Nadeln) Einheiten $Rh_2\{D''\}_2(CO)_4$ mit quadratisch-planar koordiniertem Rh über RhRh-Bindungen zu einer unendlichen Kette verknüpft. Die Rh-Atome geben hierbei unter Übergang in Rh^+- bzw. Rh^{2+}-Ionen teils ein, teils zwei Elektronen an D″ ab (mittlere Oxidationsstufe von Rh: +1.33). Der Komplex wirkt als metallischer Leiter!

2.2.6 Organische Verbindungen des Palladiums und Platins

Palladium- und Platinorganyle

Homoleptische Palladium- und Platinorganyle PdR_n und PtR_n mit σ-gebundenen organischen Resten R existieren wie entsprechende Organyle des gruppenhomologen Nickels (S. 2036) bzw. der Periodennachbarn Rhodium und Iridium (S. 2018) in der Regel nicht als solche. Doch kennt man Organyle des null- bis vierwertigen Palladiums und Platins mit donorstabilisiertem Zentralelement, mit π-gebundenen organischen Liganden sowie mit anorganischen neben organischen Resten. M(V)- und M(VI)-organyle sind noch unbekannt. Die Darstellung der Pd- und Pt-organyle erfolgt auf ähnlichen Wegen wie die der Rh- und Ir-organyle (s. dort).

Palladium(0)- und Platin(0)-organyle (d^{10}). Man kennt von Pd und Pt eine Reihe von Tris(η^2-alken)- und Bis(carben)-palladium(0)- sowie -platin(0)-Komplexen (Abb. 31.21a und c) mit trigonal-planar und digonal-koordiniertem Zentralelement. Beispiele für π-Komplexe sind etwa $[M(Norbornen)_3]$, $[Pt(CH_2=CH_2)_2(CF_2=CF_2)]$. Besonders leicht lässt sich purpurrotes $[Pd(dba)_3]$ (Abb. 31.21a) aus Na_2PdCl_4 und überschüssigem Dibenzylidenaceton $PhCH=CH-CO-CH=CHPh$ (dba) in Ethanol und Gegenwart von NaOAc synthetisieren (Analoges gilt für Pt). Gelöst in organischen Medien, geht der Komplex unter Abspaltung von dba in die Pd(0)-Verbindung $Pd_2(dba)_3$ (Abb. 31.21b) über, welche in Form von $Pd_2(dba)_3 \cdot dba \,\widehat{=}\,$ $Pd(dba)_2$ auskristallisiert. $Pd(dba)_2$ stellt eine häufig genutzte Pd(0)-Quelle dar. In analoger Weise stabilisiert die Ph-freie Verbindung $(CH_2=CH)_2CO$, aber auch $(CH_2=CH-CH_2)_2O$ oder $(CH_2=CH-SiMe_2)_2O$ nullwertiges Pd und Pt. Auch kennt man Bis(η^3-allyl)-palladium(0)- und -platin(0)-Komplexe $[M(CH_2\cdots CH\cdots CH_2)_2]$ mit digonal-koordiniertem M. Unter den Carben-

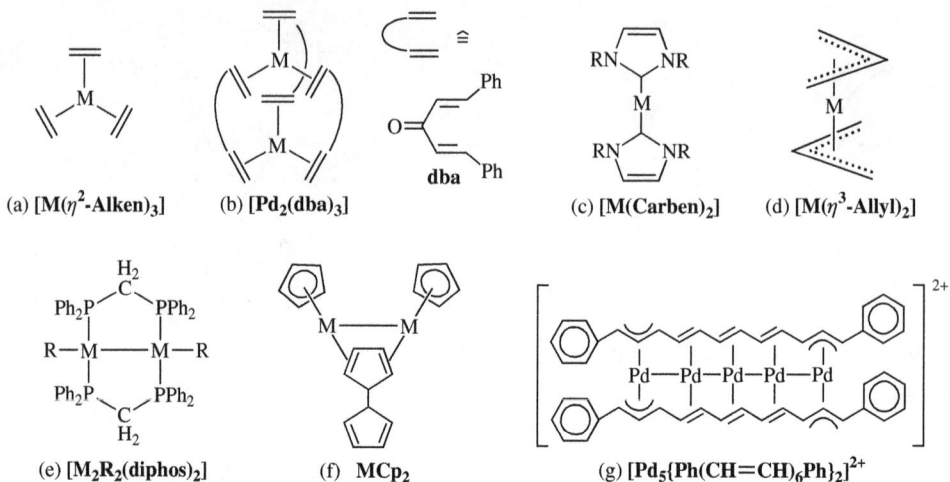

(a) [M(η^2-Alken)$_3$]   (b) [Pd$_2$(dba)$_3$]   (c) [M(Carben)$_2$]   (d) [M(η^3-Allyl)$_2$]

(e) [M$_2$R$_2$(diphos)$_2$]   (f) MCp$_2$ (g) [Pd$_5$\{Ph(CH=CH)$_6$Ph\}$_2$]$^{2+}$

Abb. 31.21

Komplexen sind solche des Typs (Abb. 31.21e) mit sperrig-substituierten nucleophilen Carbenen isolierbar (sie stellen Beispiele homoleptischer Pd- und Pt-Komplexe mir σ-gebundenen Organylgruppen dar). Erwähnt seien in diesem Zusammenhang die mit (Abb. 31.21c) verwandten Phosphan-Komplexe M(PR$_3$)$_n$ ($n = 4, 3, 2$) mit tetraedrisch-/trigonal-planar-/ und digonal-koordiniertem Metall (mit der Raumerfüllung von PR$_3$ wächst die Tendenz der Komplexe zur Abspaltung von PR$_3$; als Intermediate treten offensichtlich auch Komplexe M(PR$_3$) auf). Man kennt ferner gemischt-alken- und phosphanhaltige M(0)-Komplexe [M(PR$_3$)(η^2-Alken)$_2$] und [M(PR$_3$)$_2$(η^2-Alken)]. Des Weiteren sei auf den aus [Pd$_2$(dba)$_3$] und [Pd(NCMe)$_4$]$^{2+}$ in Anwesenheit von *all-trans*-1,12-Diphenyl-1,3,5,7,9,11-dodecahexaen Ph(CH=CH)$_6$Ph gebildeten Komplex (Abb. 31.21g) mit einer linearen Kette aus sechs Pd-Atomen hingewiesen. In analoger Weise lassen sich mit Ph(CH=CH)$_5$Ph und Ph(CH=CH)$_4$PhPd$_4^{2+}$- und Pd$_3^{2+}$-Ketten stabilisieren. In letzteren drei Komplexen weisen die Pd-Atome formal Oxidationsstufen > 0 auf (+0.40, +0.50, +0.67). Ein Beispiel eines Komplexes, in welchem Pt-Atome Oxidationsstufen < 0 aufweisen (−0.33) ist das Carbonylat [Pt$_6$(CO)$_{12}$]$^{2-}$.

Palladium(I)- und Platin(I)-organyle (d^9). Die Palladium- und Platinmonorganyle MR existieren in Form donorstabilisierter Dimerer M$_2$R$_2$(D)$_4$, z. B. des Typs (Abb. 31.21e) (M/R = Pd/Me, Pd/C$_6$Cl$_5$, Pt/C≡CPh usw.; gewinnbar aus [M$_2$Cl$_2$(diphos)$_2$] und LiR bzw. RMgX). Auch die Verbindungen der Zusammensetzung MCp$_2$ (Cp = C$_5$H$_5$) sind im Sinne der Formulierung (Abb. 31.21f) als Pd(I)- und Pt(I)-organyle zu klassifizieren (sie stellen also anders als RhCp$_2$ und IrCp$_2$ (S. 2189) kein Palladocen und Platocen dar).

Palladium(II)- und Platin(II)-organyle (d^8) bilden eine große Klasse organischer Metallverbindungen. Allerdings existieren Palladium- und Platindiorganyle MR$_2$ in der Regel nur donorstabilisiert mit quadratisch-planar koordiniertem Metallzentrum. Als Beispiele für Tetraorganometallate(II) [MR$_4$]$^{2-}$ seien etwa die durch Einwirkung von Organylanionen auf [R$_2$MD$_2$] erhältlichen Komplexe [Pd(C$_6$F$_6$)$_4$]$^{2-}$, [PtMe$_4$]$^{2-}$ und [Pt$_2$(C$_6$F$_5$)$_4$(μ-C≡CPh)$_2$]$^{2-}$ genannt. Donoraddukte [MR$_2$D$_2$], [MXRD$_2$], [MXRD]$_2$, [MXR$_2$]$_2$ (R = organischer Rest; X z. B. Halogen; die Dimerisierung erfolgt über zwei X-Brücken) erhält man durch Metathese aus Dihalogeniden MX$_2$ und R$^-$-Überträgern wie LiR oder RMgBr in Anwesenheit von Donoren D wie z. B. organisch substituierten Phosphanen, Arsanen, Sulfanen, Selanen und – seltener – Aminen, Ethen. Als Beispiele seien genannt [MMe$_2$(PMe$_3$)$_2$], [MPh$_2$(PEt$_3$)$_2$], [MXMe(PPh$_3$)$_2$], [PdFPh(PiPr$_3$)]$_2$, [PtCl(C$_6$F$_5$)$_2$]$_2$. In Abwesenheit von Donoren oder in Anwesenheit schlecht koordinierender Donoren wie Et_2O erfolgt Zerfall der gebildeten Diorganyle, z. B. $PdCl_2 + 2\,EtMgBr \longrightarrow Pd + C_2H_4 + C_2H_6 + 2\,MgBrCl$ (Lsm. $= Et_2O$). Als Beispiele für Pd(II)- bzw. Pt(II)-organyle mit π-gebundenen Organylresten (S. 2174) oder mit Carbonylgruppen seien genannt: das Zeise'sches Salz, $K[PtCl_3(C_2H_4)] \cdot H_2O$ mit dem Anion $[PtCl_3(\pi\text{-}C_2H_4)]^-$, die Cyclopentadienyl(phosphan)metallhalogenide $[(\eta^5\text{-Cp})MX(PR_3)]$, die Cyclopentadienylallylmetalle $[(\eta^5\text{-Cp})M(\eta^3\text{-}C_3H_5)]$ sowie die Dicarbonylmetalldihalogenide $[MX_2(CO)_2]$. Die Bildung von π-Komplexen spielt eine Rolle bei einigen mit Pd-Verbindungen katalysierten technischen Prozessen (s. unten).

Palladium(III)- und Platin(III)-organyle (d^7) sind normalerweise nicht zugänglich (Pd) bzw. selten (Pt) und beschränken sich im Wesentlichen auf überbrückte nichtklassische Komplexe mit Metallclustern, welche durch Oxidation aus nichtklassischen M(II)-Komplexen hervorgehen. Die größere Bildungstendenz von Pt(III) gegenüber Pd(III) zeigt sich etwa in der Oxidation des Komplexes (Abb. 31.22i), die zwar M(II) $\hat{=}$ Pt(II) in Pt(III) überführt (Bildung von (Abb. 31.22k), aber M(II) $\hat{=}$ Pd(II) unangegriffen lässt (Bildung von (Abb. 31.22h); Oxidationsreaktion: $2\,PPh_2^- \longrightarrow P_2Ph_4 + 2\,e^-$).

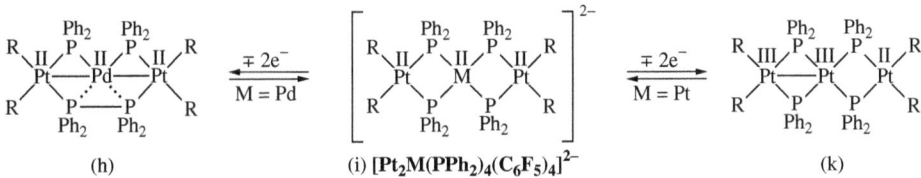

(h)   (i) $[Pt_2M(PPh_2)_4(C_6F_5)_4]^{2-}$ (k)

Abb. 31.22

Ein Beispiel für einen klassischen Donorkomplex eines Platintriorganyls PtR_3 ist das durch Oxidation von $(NBu_4)_2[Pt(C_6Cl_5)_4]$ mit Halogenen erhältliche blaue, luft- und wasserempfindliche Tetraorganometallat(III) $[Pt(C_6Cl_5)_4]^-$ (NBu_4^+-Salz).

Palladium(IV)- und Platin(IV)-organyle (d^6) sind in Form donorstabilisierter Palladium- und Platinorganyle MR_4 nicht zugänglich (Pd) bzw. selten (Pt). Beispiele bieten etwa das Hexaorganometallat(IV) $[PtMe_6]^{2-}$ (Li^+-Salz) sowie das Donoraddukt $[PtMe_4(PMePh_2)_2]$. Ein Umsetzungsprodukt von $[Me_3PtI]_4$ (s. unten) mit $NaMe$ (H. Gilman, 1938), das zunächst als Platintetramethyl $PtMe_4$ gehalten wurde, erwies sich als Hydrolyseprodukt $[Me_3PtOH]$ des Edukts (tatsächlich ist $PtMe_4$ bis heute unbekannt, ließ sich aber, in Form von $PtMe_6^{2-}$ (s. oben) stabilisieren; von Interesse ist in diesem Zusammenhang auch das »Cyclopentadienylplatintrimethyl« $(\eta^5\text{-Cp})PtMe_3$. Nicht allzu häufig sind des weiteren donorstabilisierte Halogenderivate $R_{4-n}PdX_n$ der Palladiumtetraorganyle (z. B. $[PdIMe_3(bipy)]$, $[PdCl_2(C_6F_5)_2(en)]$, $[PdCl_3(C_6F_5)(en)]$; jeweils oktaedrisch). Demgegenüber kennt man eine große Anzahl von sehr stabilen Derivaten $R_{4-n}PtX_n$ der Platintetraorganyle, die vielfach oligomer sind und stets oktaedrisch koordiniertes Platin enthalten. So besitzt etwa das aus $PtCl_4$ oder $PtCl_6^{2-}$ mit $MeMgI$ neben $MePtI_3$ und Me_2PtI_2 gemäß $PtCl_4 + 3\,MeMgI \longrightarrow Me_3PtI + 2\,MgCl_2 + MgI_2$ zugängliche orangefarbene Trimethylplatiniodid Me_3PtI tetramere Struktur und bildet gemäß Abb. 31.23l Würfelmoleküle, in welchen die an den vier Würfelecken lokalisierten Pt-Atome oktaedrisch von drei endständigen Methylgruppen und drei Iodbrücken umgeben sind. Analogen Aufbau haben die aus $[Me_3PtI]_4$ durch Einwirkung von $MeMgHal$ oder Ag_2O erhältlichen Verbindungen $[Me_3PtX]_4$ (X = Cl, Br, OH; auch Me_2PtI_2 und $MePtI_3$ sind tetramer), während die durch Einwirkung neutraler Donoren wie Wasser oder Ammoniak gebildeten oktaedrischen Komplexe $[Me_3PtD_3]^+$ monomer gebaut sind ($Me_3Pt(OH_2)_3^+$ ist sehr beständig). Man kennt auch Komplexe $[Me_3PtX_3]^{2-}$ mit X = Cl, Br, I, CN, SCN, NO_2, OH sowie $[Me_3PtD_2]^+$ mit D_2 = en, bipy, $2\,NH_3$, $2\,py$. Dimer sind etwa die β-Diketonate (Abb. 31.23m) wie $[Me_3Pt(acac)]_2$ oder das

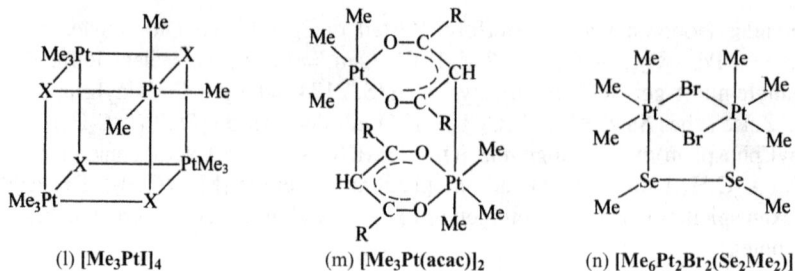

(l) [Me₃PtI]₄ — $\text{(l) [Me}_3\text{PtI]}_4$ (m) [Me₃Pt(acac)]₂ — $\text{(m) [Me}_3\text{Pt(acac)]}_2$ (n) [Me₆Pt₂Br₂(Se₂Me₂)] — $\text{(n) [Me}_6\text{Pt}_2\text{Br}_2\text{(Se}_2\text{Me}_2\text{)]}$

Abb. 31.23

Diselan-Addukt an Me_3PtBr (Abb. 31.23n) (jeweils oktaedrisches Pt). Pt(IV) lässt sich auch in ringförmige Kohlenwasserstoffe einbauen, z. B. $[(\text{CH}_2)_n\text{PtCl}_2\text{D}_2]$ mit $n = 3,4$. Das Cyclo-butanderivat $[(-\text{PhCH}-\text{CH}_2-\text{CH}_2-)\text{PtCl}_2\text{py}_2]$ mit viergliederigem C_3Pt-Ring lagert sich bei 50 °C – wohl auf dem Wege über ein pyridinärmeres Zwischenprodukt mit C_3Pt-Tetraeder – in $[(-\text{CH}_2-\text{CHPh}-\text{CH}_2-)\text{PtCl}_2\text{py}_2]$ um (Blockierung der Isomerisierung durch Pyridiüber-schuss).

Katalytische Prozesse unter Beteiligung von Pd-organylen

Für eine Reihe organischer Prozesse bedient man sich des Palladiums und seiner Verbindun-gen als homogene Katalysatoren. Ihr Vorteil beruht auf einer hohen Befähigung u. a. für Dis-soziationen, Insertionen, oxidative Additionen, reduktive Eliminierungen, β-H-Eliminierungen (Pd(0) reagiert mit RX wie Mg(0) unter Bildung von Verbindungen RMX, die mit R′Y nur in ersterem Falle unter Rückbildung von Mg(0) abreagieren, was Katalysecyclen ermöglicht: $\text{RPdX} + \text{R}'\text{Y} \longrightarrow \text{R}-\text{R}' + \text{Pd} + \text{XY}$; $\text{RMgX} + \text{R}'\text{Y} \longrightarrow \text{R}-\text{R}' + \text{MgXY}$). Willkommene Ei-genschaften von Pd und Pd-Verbindungen sind darüber hinaus Toleranz bezüglich zahlreicher funktioneller Gruppen der Edukte, geringe Luft- und Wasserempfindlichkeit, kleine Toxizität sowie Wirtschaftlichkeit (verglichen mit den Periodennachbarn Rh, Ir, Pt und deren Verbindun-gen). Nachfolgend sei auf die Pd-katalysierte Olefinoxidation sowie auf einige Pd-katalysierte »Kreuzkupplungen« des Typs $\text{A}-\text{B} + \text{C}-\text{D} \longrightarrow \text{A}-\text{C} + \text{B}-\text{D}$ eingegangen.

Olefinoxidation mit PdCl_2 als Katalysator.

> **i** **Geschichtliches.** Seit über 100 Jahren ist bekannt, dass wässrige PdCl_2-Lösungen Ethylen in Acetal-dehyd CH_3CHO überführen, seit rund 50 Jahren (I. I. Moiseev und Mitarbeiter 1960), dass Ethylen durch Essigsäure in Anwesenheit von PdCl_2 in Vinylacetat $\text{CH}_3\text{CO(OVi)}$ übergeht (jeweils zusätzlich Bildung von metallischem Pd). Die Reduktionen wurden dann von den Firmen Wacker und Hoechst (R. Jira, J. Sedlmeier, J. Smidt, ab 1966) zu einem katalytischen Prozess zur Darstellung u. a. von Acetaldehyd, Vinylmethylether, Vinylacetat ausgebaut.

Palladiumchlorid hat – in Verbindung mit Kupferchlorid – besondere Bedeutung als homo-gener Katalysator für die technisch durchgeführte Luftoxidation von Alkenen zu Aldehyden und Ketonen bzw. zu Vinyl-acetat, -methylether und -chlorid erlangt (Wacker-Hoechst-Prozess). So lässt sich etwa Ethylen in PdCl_2- und CuCl_2-haltiger verdünnter Salzsäure rasch und quanti-tativ durch Luftsauerstoff gemäß (31.6) in Acetaldehyd überführen, schematisch:

$$\text{CH}_2\!\!=\!\!\text{CH}_2 + \text{PdCl}_2 + \text{H}_2\text{O} \longrightarrow \text{CH}_3-\text{CH}\!\!=\!\!\text{O} + \text{Pd} + 2\,\text{HCl} \tag{31.4}$$

$$\text{Pd} + 2\,\text{CuCl}_2 \longrightarrow \text{PdCl}_2 + 2\,\text{CuCl} \tag{31.5}$$

$$2\,\text{CuCl} + 2\,\text{HCl} + \tfrac{1}{2}\,\text{O}_2 \longrightarrow 2\,\text{CuCl}_2 + \text{H}_2\text{O} \tag{31.6}$$

$$\text{CH}_2\!\!=\!\!\text{CH}_2 + \tfrac{1}{2}\,\text{O}_2 \longrightarrow \text{CH}_3-\text{CH}\!\!=\!\!\text{O}. \tag{31.7}$$

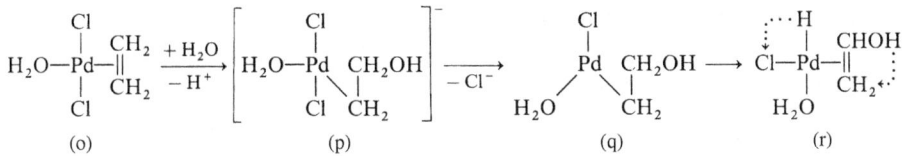

(o)　　　　　　　　　(p)　　　　　　　　　(q)　　　　　　　　　(r)

Abb. 31.24

Die Teilreaktion (31.4) erfolgt hierbei in der Weise, dass das in Salzsäure vorliegende Tetrachloropalladat $PdCl_4^{2-}$ unter Substitution zunächst von einem Cl^- durch ein Molekül C_2H_4, dann von einem zweiten Cl^- durch ein Molekül H_2O in den π-Ethylenkomplex (Abb. 31.24o) übergeht, welcher sich durch nucleophilen Angriff eines weiteren H_2O-Moleküls an ein Ethylenkohlenstoffatom in den Hydroxyethyl-Komplex (Abb. 31.24p) verwandelt ((Abb. 31.24p) ist formal das Ergebnis einer »Hydroxypalladierung« von C_2H_4). Der Komplex (Abb. 31.24p) eliminiert Cl^- unter Bildung eines Komplexes (Abb. 31.24q), in welchem Pd nur 14 Valenzelektronen zukommen (geschwindigkeitsbestimmender Schritt der Katalyse). Der hieraus durch H-Wanderung hervorgehende π-Hydroxyethylen-Komplex (Abb. 31.24r) zerfällt anschließend unter Protonenverschiebung in der angedeuteten Weise in Acetaldehyd $CH_3-CH=O$, Palladium, Chlorwasserstoff und Wasser.

Einzelheiten des Mechanismus der Teilreaktion (31.5) sind noch ungeklärt. Die Teilreaktion (31.6) spielt sich wahrscheinlich auf folgendem Wege ab: $CuCl + O_2 + HCl \longrightarrow CuCl(O_2) + HCl \longrightarrow CuCl_2 + HO_2$; weitere Oxidation von CuCl durch HO_2. Analog (31.4) – (31.6) lassen sich Olefine $RHC=CH_2$ bzw. $RHC=CHR'$ durch katalytische Oxidation in wässerigem Milieu in Aldehyde RH_2C-CHO bzw. Ketone $RH_2C-CO-R'$ verwandeln (z. B. Propen $\longrightarrow$ Aceton). Führt man die Luftoxidation von Ethylen nicht in Wasser, sondern in Methanol bzw. in Essigsäure bzw. in inerten Medien durch, so bildet sich nicht Acetaldehyd, sondern Vinylmethylether bzw. Vinylacetat bzw. Vinylchlorid (Reaktion von CH_3OH, CH_3COOH bzw. HCl anstelle von H_2O mit $PdCl_4^{2-}$ sowie mit dem π-Ethylenkomplex). Die Addition von Wasser, Alkoholen, Carbonsäuren, Chlorwasserstoff an Ethylen lässt sich technisch kostengünstiger als die der betreffenden Verbindungen an Acetylen (frühere Verfahren) bewerkstelligen.

Alkenorganylierung mit $Pd(OAc)_2/PPh_3$ als Katalysator. Palladiumdiacetat/Triphenylphosphan bewirkt – in Verbindung mit tertiären Aminen – bei erhöhter Temperatur (100 °C) die Vinylierung, Benzylierung bzw. Arylierung von $CH_2=CHR$ mit Vinyl-, Benzyl- bzw. Arylhalogeniden $R'X$ (Heck-Reaktion; $R'X$ z. B. $Me_2C=CHX$, $PhCH_2X$, PhX):

$$R'X + CH_2=CHR + NR_3 \longrightarrow R'CH=CHR + R_3NHX.$$

Hierbei reagiert $R'X$ zunächst mit dem aus $Pd(OAc)_2$ *in situ* mit PPh_3 als Liganden gebildeten Pd(0)-Katalysator $[PdL_2]$ unter oxidativer Addition zum quadratisch-planaren Pd(II)-Komplex (Abb. 31.25s), der $CH_2=CHR$ in die PdC-Bindung unter Bildung des quadratisch-planaren Pd-Komplexes (Abb. 31.25t) einschiebt. Letzterer zerfällt unter Eliminierung von $R'CH=CHR$ in den Pd(II)-Komplex (Abb. 31.25u), welcher durch NR_3-induzierte HX-Eliminierung (Bildung von R_3NHX) in den Pd(0)-Ausgangskomplex $[PdL_2]$ zurückverwandelt wird.

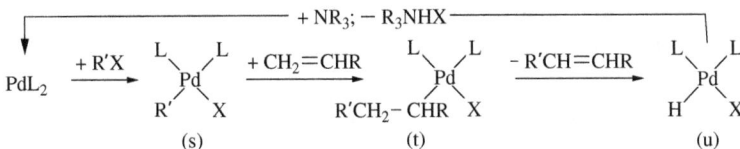

(s)　　　　　　　　　(t)　　　　　　　　　(u)

Abb. 31.25

Besäße R′ in Abb. 31.25s ein β-H-Atom wie der organische Rest in Abb. 31.25t, so würde bereits (Abb. 31.25s) unter Alkeneliminierung zerfallen. R′ darf demgemäß wie in R′X = R$_2$C=CHX, ArCH$_2$X oder ArX kein abspaltbares β-H-Atom enthalten.

Organylorganylierung mit Pd(OAc)$_2$/PR$_3$ als Katalysator. Pd(OAc)$_2$/PR$_3$ bewirkt – in Verbindung mit Basen (z. B. NaOH, NaOR, Na$_2$CO$_3$, Bu$_4$NF) – eine Organylierung der in Form von Boronsäuren RB(OH)$_2$ (nicht toxisch) oder deren Estern eingesetzten Organylgruppen R mit R′X (Suzuki-Reaktion; R = Alkyl, Alkenyl, Aryl; R′ = Allyl, Benzyl, Aryl, Alkenyl, Alkinyl; wachsende RG für X = Cl ≪ Br < I):

$$RB(OH_2) + R'X + OH^- \longrightarrow R{-}R' + BX(OH)_3^-.$$

Hierbei reagiert R′X wie im Falle der Heck-Reaktion (s. oben) zunächst mit dem aus Pd(OAc)$_2$ in situ mit PR$_3$ gebildeten Katalysator [PdL$_2$] unter oxidativer Addition zum quadratisch-planarem Komplex (Abb. 31.25s). Es folgt dann anstelle einer Alkeninsertion in die R′−Pd-Bindung ein X/R-Austausch (Bildung von (Abb. 31.26w)) mit nachfolgender R−R′-Eliminierung (hohe Regio- und Stereospezifität).

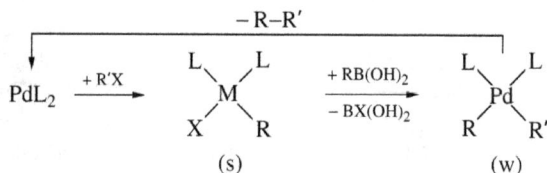

Abb. 31.26

Analog lässt sich R der Stannane RSn(Alkyl)$_3$ (toxisch) auf R′X palladiumkatalysiert – in Anwesenheit von Basen (z. B. CsF) – übertragen (Stille-Reaktion; wachsende RG für R = Alkyl < Acetonil < Benzyl, Allyl < Alkenyl < Alkinyl; X = Br, I, OSO$_2$CF$_3$):

$$RSn(Alkyl)_3 + R'X \longrightarrow R{-}R' + (Alkyl)_3SnX$$

(der mechanistische Ablauf entspricht der Suzuki-Reaktion; Ersatz von RB(OH)$_2$ gegen RSn(Alkyl)$_3$). In Gegenwart von CO entstehen Ketone R−CO−R′ (auch direkt aus R′COCl und RSn(Alkyl)$_3$ erhältlich; zwischen (Abb. 31.26s) und (Abb. 31.26w) tritt hier noch eine CO-Insertion in die Pd−R′-Bindung).

Aminoorganylierungen mit Pd-Spezies als Katalysatoren. Geeignete Pd(0)-Spezies wie Pd$_2$(dba)$_3$ (Abb. 31.21b) oder sperrig-substituiertes Pd(carben)$_2$ (Abb. 31.21c) katalysieren die Substitution von Cl in Arylchloriden durch X = CR$_3$, NR$_2$, OR, SR (die rascher reagierenden Arylbromide und -iodide sind technisch weniger leicht zugänglich; M z. B. Alkalimetall):

$$Ar{-}Cl + MX \longrightarrow Ar{-}X + MX.$$

Hierbei wirkt offensichtlich intermediär erzeugtes Pd(PtBu$_3$) als eigentlicher Wirkstoff, der nach Addition von ArCl und Austausch von Cl durch X das Produkt Ar−X unter Rückbildung von Pd(PtBu$_3$) eliminiert. Als Beispiel diene die Aminierung von Arylchloriden:

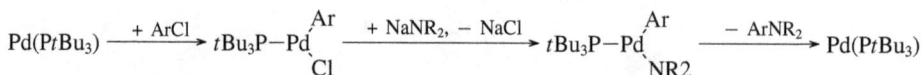

Anwesendes Alkoholat NaOR′ verwandelt hierbei HNR$_2$ in NaNR$_2$.

Literatur zu Kapitel XXXI

Das Nickel

[1] **Das Element Nickel**

D. Nicholls: »Nickel«, Compr. Inorg. Chem. (1973) 1109–1161; Compr. Coord. Chem. I/II: »Nickel« (vgl. Vorwort); Gmelin: »Nickel«, Syst.-Nr. **57**; Ullmann: »Nickel Alloys«, »Nickel Compounds«, **A17** (1991) 157–249. Vgl. auch [2–4].

[2] **Verbindungen des Nickels**

R. Colton, J. H. Canterford: »Nickel« in »Halides of the First Row Transition Metals«, Wiley, London 1969, 406–484.

[3] **Nickel in der Biosphäre**

J. R. Landcaster: »The Bioorganic Chemistry of Nickel«, Verlag Chemie, Weinheim 1988; A. F. Kolodziej: »The Chemistry of Nickel-Containing Enzymes«, Progr. Inorg. Chem. **41** (1994) 493–597.

[4] **Organische Verbindungen des Nickels**

Compr. Organomet. Chem. I/II/III: »Nickel« (vgl. Vorwort), Gmelin: »Organonickel Compounds«, Syst.-Nr. **57**; Houben-Weyl: »Organonickel Compounds«, **13/9** (1984/86); P. W. Jolly, G. Wilke: »The Organic Chemistry of Nickel«, Acad. Press, London 1974/75.

Das Palladium und Platin

[5] **Die Elemente Palladium und Platin**

S. E. Livingstone: »The Platinium Metals«, »Palladium«, »Platin«, Comprehensive Inorg. Chem. **3** (1973) 1163–1189, 1274–1370; Compr. Coord. Chem. I/II: »Palladium«, »Platin« (vgl. Vorwort); Gmelin: »Palladium«, Syst.-Nr. **65**, »Platin«, Syst.-Nr. **68**. Vgl. auch [6–8].

[6] **Die Elemente Palladium und Platin, Physiologisches**

S. J. Lippard: »Platinum Complexes: Probes of Polynucleotide Structure and Antitumor Drugs«, Acc. Chem. Res. **11** (1978) 211–217; E. Wiltshaw: »Cisplatin in the Treatment of Cancer«, Platinum Metals Rev. **23** (1979) 90–98; B. Lippert: »Impact of cisplatin on the recent development of Pt coordination chemistry: a case study« Coord. Chem. Rev. **182** (1999) 263–296.

[7] **Verbindungen des Palladiums und Platins**

F. A. Lewis: »The Palladium Hydrogen System«, Acad. Press, London 1967; F. R. Hartley: »The Chemistry of Platinum and Palladium«, Appl. Science Publishers, London 1973; J. H. Canterford, R. Colton: »Palladium and Platinum« in »Halides of the Second and Third Row Transition Metals«, Wiley 1968, 358–389; K. Umakoshi, Y. Sasaki: »Quadruply Bridged Dinuclear Complexes of Platinum, Palladium, and Nickel«, Adv. Inorg. Chem. **40** (1993) 187–239; R. J. Puddephatt: »Platinium(IV)hydride chemistry«, Coord. Chem. Rev. **218** (2001) 157–186; T. Yamaguchi, T. Ito: »Tetra- and Trinuclear Platin(II) Cluster Complexes«, Adv. Inorg. Chem. **52** (2001) 205–249; J. K. Bera, K. R. Dunbar: »Verbindungen mit Übergangsmetallhauptketten: frischer Wind für ein altes Thema«, Angew. Chem. **114** (2002) 4633–4637; Int. Ed. **41** (2002) 4453; V. K. Jain, L. Jain: »The chemistry of binuclear palladium(II) and platinum(II)complexes«, Coord. Chem. Rev. **249** (2005) 3075–3197.

[8] **Organische Verbindungen des Palladiums und Platins**

Compr. Organomet. Chem. I/II/III: »Palladium«, »Platinum« (vgl. Vorwort); Houben-Weyl: »Palladium, Platinium«, **13/9** (1984/86); P. M. Maitlis: »The Organic Chemistry of Palladium«, Acad. Press, London 1971/75; U. Belluco: »Organometallic and Coordination Chemistry of Platinum« Acad. Press, London 1974; J. Smidt, W. Hafner, R. Jira, R. Sieber, J. Sedlmeier, A. Sabel: »Olefinoxydation mit Palladiumchlorid-Katalysatoren«, Angew. Chem. **74** (1962) 93–102; Int. Ed. **1** (1962) 80; A. Angulié: »Olefin Oxidation with Palladium(II) Catalysis in Solution«, Adv. Organomet. Chem. **5** (1967) 321–352; V. K. Jain, G. S. Rao, L. Jain: »The Organic Chemistry of Platinum(IV)«, Adv. Organomet. Chem. **27** (1987) 113–168; L. J. Farrugia: »Heteronuclear Clusters Containing Platinum and the

Metals of the Iron, Cobalt, and Nickel Triads«, Adv. Organomet. Chem **31** (1990) 301–391; U. Christmann, R. Vilar: »Einfach koordinierte Palladiumspezies als Katalysatoren in Kreuzkupplungen«, Angew. Chem. **117** (2005) 370–378; Int. Ed. **44** (2005) 366; T. Murahashi, H. Kurosawa: »Organopalladium complexes containing palladium-palladium bonds«, Coord. Chem. Rev. **231** (2002) 207–228; M. T. Reetz, J. G. de Vries: »Ligand-free Heck reactions using Low Pd-Loading«, Chem. Commun. (2004) 1559–1563.

Kapitel XXXII

Überblick über wichtige Verbindungsklassen der Übergangsmetalle

Zur Vertiefung der Kenntnisse über die chemischen Eigenschaften von Übergangsmetallen empfiehlt es sich in vielen Fällen, nicht nur unterschiedliche Verbindungsklassen (Wasserstoff-, Halogen-, Chalkogenverbindungen usw.) eines bestimmten Metalls, sondern darüber hinaus auch bestimmte Verbindungstypen (Wasserstoff-, Sauerstoff-, Carbonyl-, π-Organyl-Komplexe usw.) aller Übergangselemente zusammenfassend zu betrachten. Ersteres Verfahren wurde in den vorstehenden Kapiteln XXII–XXXI praktiziert, während das anstehende Kapitel XXXII letzterer Vorgehensweise folgt und einen Überblick über wichtige Klassen anorganischer sowie organischer Übergangsmetallverbindungen sowie der Verbindungsklasse der Metallcarbonyle und verwandter Komplexe vermittelt.

1 Einige Klassen anorganischer Übergangsmetallverbindungen

Die nachfolgenden Unterkapitel geben kurze Überblicke über die Hydride, Halogenide, Pseudohalogenide, Oxide und Nitride der Übergangsmetalle und behandeln in diesem Zusammenhang auch Komplexe des Diwasserstoffs, Disauerstoffs und Distickstoffs sowie die Nichtstöchiometrie der Oxide und Nitride.

Bezüglich der Carbide, Boride, Phosphide und Silicide der Übergangsmetalle vgl. S. 861, 1021, 1068 und S. 1222, bezüglich der schweren Chalkogenide und Pentelide siehe bei den einzelnen Übergangsmetallen. Letzteres gilt auch für Verbindungen der Übergangsmetalle mit chalkogen- sowie pentelhaltigen Resten, während solche mit kohlenstoffhaltigen Resten (einschließlich der Kohlenmonooxidgruppe) auf S. 2108 und S. 2158 besprochen werden. Weitere Hinweise über das Komplexverhalten Lewis-basischer, neutraler oder anionisch geladener Hauptgruppenelementverbindungen (z. B. E_mH_n, EO_n, EO_n^{m-}, E_mN_n) hinsichtlich der Übergangsmetallkationen finden sich bei den betreffenden Elementen.

1.1 Wasserstoffverbindungen

Geschichtliches. Nachdem von den Nebengruppenelementen lange Zeit hindurch nur $[FeH_2(CO)_4]$ und $[CoH(CO)_4]$ (W. Hieber, 1930), bekannt geworden waren, nahm man in der 1. Hälfte des 20. Jahrhunderts an, dass ihnen – anders als den Hauptgruppenelementen – keine besondere Wasserstoffaffinität zukomme. Diese Vorstellung musste in der 2. Hälfte des 20. Jahrhunderts (ab 1955 mit der Entdeckung und Strukturklärung von Cp_2ReH), in welcher sich die Chemie der Hydridokomplexe stürmisch entwickelte, revidiert werden: Man fand zunächst, dass sich ligandenstabilisierte Übergangsmetalle sehr gerne mit Wasserstoffatomen vereinigen (End- und Brückenstellung), dann, dass Übergangsmetalle wie etwa Wolfram im Komplex $[W(H_2)(CO)_3(PiPr_3)_2]$ (G. G. Kubas, 1984) zudem

Wasserstoffmoleküle side-on zu binden vermögen (analoge »σ-Komplexe« bilden auch Moleküle mit EH-Gruppen; E z. B. N, P, C, Si, Ge, B) und schließlich, dass Übergangsmetall-Hydridokomplexe wichtige Funktionen katalytischer – und möglicherweise auch enzymatischer – Prozesse (z. B. Alkenhydrierung, -hydroformylierung, -isomerisierung; biologische H_2-Bindung bzw. -Freisetzung mit Ni-haltiger Hydrogenase) übernehmen können. Nach heutigen Erkenntnissen ist Wasserstoff in Übergangsmetallkomplexen fast allgegenwärtig. Seine Nichtbeachtung hat in den vergangenen Jahren häufig zu falschen Schlussfolgerungen hinsichtlich vorliegender Komplexstrukturen geführt.

Wie die Tabelle 32.1 veranschaulicht, bilden die Übergangsmetalle M mit Wasserstoff eine Reihe nichtstöchiometrisch zusammengesetzter binärer Hydridphasen MH_n (vgl. S. 307) sowie stöchiometrisch zusammengesetzter ternärer Hydride $M^I_m MH_{n+m}$ (M^I = Alkali- bzw. $1/2$ Erdalkalimetall; vgl. bei den einzelnen Übergangsmetallen), ferner Boranate $M(BH_4)_n$ (S. 1248) und verwandte Verbindungen (vgl. Alanate, S. 1704). Darüber hinaus existieren sehr viele Hydridokomplexe MH_nL_m (L = neutraler Ligand wie PR_3, $R_2PCH_2CH_2PR_2$, CO; H^- kann teilweise durch Anionoliganden wie F^-, Cl^-, Br^-, I^-, CN^-, NO^-, Cp^- ersetzt sein), die teils ausschließlich metallgebundenen (terminal oder brückenständigen) Monowasserstoff, teils zusätzlich metallgebundenen Diwasserstoff enthalten, wie nachfolgend besprochen sei.

1.1.1 Übergangsmetallhydride

Der Tab. 32.1, welche neben den binären und ternären Hydriden sowie Boranaten Beispiele für Donoraddukte einkerniger Hydridokomplexe der Übergangsmetalle wiedergibt, ist zu entnehmen, dass (i) im Wesentlichen solche Elemente, von denen keine binären H-Verbindungen existieren (»Wasserstofflücke«), Hydridokomplexe bilden, (ii) die Zahl der ligandenstabilisierten Hydride EH_n mit unterschiedlichem H-Gehalt n beim Fortschreiten von einem zum nächsten Element E einer Periode zunächst bis zur VII. Nebengruppe zu-, dann wieder abnimmt, (iii) sich die Oxidationsstufen der einkernigen Hydride eines bestimmten Übergangselements jeweils um zwei Einheiten unterscheiden und (iv) die Zentralmetalle in den Hydridokomplexen in der Regel Edelgaselektronenkonfiguration aufweisen (Ausnahmen: binäre Metallhydride, Metallboranate, Hydridoplatinate(II)). Man kennt auch eine Reihe von Nebengruppenelementhydriden, deren Zentralmetalle »Zwischenoxidationsstufen« einnehmen; es liegen aber dann nicht mehr ein-, sondern zwei- oder mehrkernige Hydridokomplexe vor (vgl. z. B. dimeres $[ReH_4(PR_3)_2]$ oder $[ReH_2(PR_3)_3]$; S. 1919).

Die Liganden L der Hydride MH_nL_m (n = Wertigkeit von M) weisen wie etwa PR_3, AsR_3, CO, CNR, CN^-, NO^- in der Regel π-Akzeptorcharakter auf. Beispiele für die seltener anzutreffenden, ebenfalls meist edelgaskonfigurierten Verbindungen mit anderen Liganden stellen etwa die »homoleptischen« Hydridokomplexe $[MH_{n+m}]^{m-}$ (vgl. Tab. 32.1) sowie der stabile Komplex $[RhH(NH_3)_5]^{2+}$ und der instabile Komplex $[CrH(H_2O)_5]^{2+}$ dar. Vielfach lassen sich die Wasserstoffanionen H^- in MH_nL_m teilweise durch andere Anionen wie Halogenid X^- oder Cyclopentadienid $C_5H_5^-$ ersetzen (zum Beispiel $[PtClH(PR_3)_2]$, $[Cp_2ReH]$). Auch in letzteren Komplexen kommt dem Zentralmetall meist Edelgaselektronenkonfiguration zu. Beispiele für selten anzutreffende paramagnetische Hydridokomplexe sind $[TaH_2Cl_2(Me_2PCH_2CH_2PMe_2)_2]$ und $[IrH_2Cl_2(PiPr_3)_2]$ (jeweils 17 Außenelektronen).

Strukturen und Bindungsverhältnisse. Bezüglich der Strukturen binärer Übergangsmetallhydride sowie der Übergangsmetall-Boranate vgl. S. 307, 1248. In den einkernigen Hydridokomplexen MH_nL_m der Übergangsmetalle, die häufig fluktuierend sind, betätigt das Metallatom laut Tab. 32.1 u. a. folgende Koordinationszahlen: vier (planar), fünf (verzerrt-trigonal-bipyramidal), sechs (oktaedrisch), sieben (pentagonal-bipyramidal), acht (dodekaedrisch), neun (dreifach-überkappt-trigonal-prismatisch), wobei der Wasserstoff teils als Atom η^1-, teils als Molekül η^2-gebunden vorliegt. Erstere, nachfolgend behandelten Verbindungen werden zu den »klassischen Wasserstoffkomplexen« gezählt (bezüglich letzterer Verbindungen, den »nichtklassischen Was-

Tab. 32.1 Einkernige Übergangsmetall-Hydridokomplexe $MH_nL_m{}^a$; ferner (grau unterlegt) binäre Übergangsmetall-Hydride MH_n (bis auf CuH, ZnH$_2$, CdH$_2$ nichtstöchiometrisch), ternäre Übergangsmetall-Hydride $M^I_m MH_{n+m}$ sowie Übergangsmetall-Boranate $M(BH_4)_n$

4	5	6	7	8	9	10
IV	V	VI	VII	VIII		
MH_2 (d^2)	MH (d^4)	MH_2 (d^4)	MH (d^6)	MH_2 (d^6)	MH (d^8)	MH_2 (d^8)
–	$VH(PF_3)_6$	CrH_2L_5	$MnH(PF_3)_5$	FeH_2L_4	$CoHL_4$	NiH_2L_3 [b]
–	–	MoH_2L_5	$TcHL_5$ (?)	RuH_2L_4	$RhHL_4$	–
–	–	WH_2L_5	$ReHL_5$	OsH_2L_4	$IrHL_4$	PtH_2L_2
MH_4 (d^0)	MH_3 (d^2)	MH_4 (d^2)	MH_3 (d^4)	MH_4 (d^4)	MH_3 (d^6)	MH_4 (d^6)
$TiH_4 \cdot 4\,AlH_3$	–	CrH_4L_4	–	FeH_4L_3	CoH_3L_3	–
$ZrH_4 \cdot 4\,BH_3$ [b]	–	MoH_4L_4	TcH_3L_4 (?)	RuH_4L_3	RhH_3L_3 [b]	–
$HfH_4 \cdot 4\,BH_3$ [b]	–	WH_4L_4	ReH_3L_4	OsH_4L_3	IrH_3L_3	PtH_4L_2 [c]
Binäre Hydride	MH_5 (d^0)	MH_6 (d^0)	MH_5 (d^2)	MH_6 (d^2)	MH_5 (d^4)	**Binäre Hydride**
ScH_2 TiH_2 VH_2	–	–	–	–	–	CrH_2 NiH CuH
YH_3 ZrH_2 NbH_2	–	MoH_6L_3	TcH_5L_3 (?)	RuH_6L_2	=	Mo PdH ZnH_2
LaH_3 HfH_2 TaH	TaH_5L_4	WH_6L_3	ReH_5L_3	OsH_6L_2	IrH_5L_2	W Pt CdH_2

Ternäre Hydride $M^I_m MH_{n+m}$ [d] — NiH_4^{4-} — MH_7 (d^0) — Boranate $MH_n \cdot n\,BH_4$

					NiH_4^{4-}	MH_7 (d^0)
TcH_9^{2-}	FeH_6^{4-}	–	CoH_5^{4-}	RhH_4^{3-}	PdH_2^{2-}	–
ReH_9^{2-}	RuH_6^{4-}	RuH_4^{4-}	RhH_5^{4-}	RhH_3^{4-}	PtH_2^{2-}	TcH_7L_2
ReH_6^{5-}	OsH_6^{4-}	RuH_3^{6-}	IrH_5^{4-}	IrH_6^{3-}	PtH_6^{2-}	ReH_7L_2

Boranate $MH_n \cdot n\,BH_4$:

$Sc(BH_4)_3$	$Ti(BH_4)_3$	$V(BH_4)_2$	$Fe(BH_4)_2$	$CuBH_4$
$Y(BH_4)_3$	$Zr(BH_4)_4$	$Cr(BH_4)_2$	$Co(BH_4)_2$	$Zn(BH_4)_2$
$La(BH_4)_3$	$Hf(BH_4)_4$	$Mn(BH_4)_2$	$Ni(BH_4)_2$	–

a L meist ER_3 oder $R_2ECH_2CH_2ER_2$ (E = P, As), aber auch CO (vgl. S. 2136) usw.; die H⁻-Liganden lassen sich in MH_nL_m (bekannt oder unbekannt) teilweise durch F⁻, Br⁻, Cl⁻, I⁻, CN⁻, NO⁻, Cp⁻ usw. ersetzen; im Falle der kursiv gedruckten Komplexe (meist substituierte Formen) wurde zudem die Existenz von Diwasserstoffkomplexen [$MH_{n-2x}(H_2)_xL_m$] mit M der Oxidationstufe $n - 2x$ nachgewiesen bzw. wahrscheinlich gemacht.
b Unsicher; aber $NiH_2L_2 \cdot BH_3$ und RhH_2XL_3 mit X = Cl, Br, I.
c $PtH_2D_2L_2$ ist wohl Zwischenprodukt des H/D-Austauschs: $PtH_2L_2 + D_2 \rightleftharpoons PtHDL_2 + HD \rightleftharpoons PtD_2L_2 + H_2$.
d M^I = Alkali- bzw. ½ Erdalkalimetall. Man kennt auch ZnH_3^-, ZnH_4^{2-}, ZnH_5^{3-}.

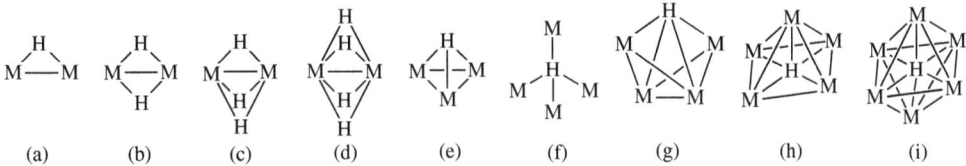

(a) (b) (c) (d) (e) (f) (g) (h) (i)

Abb. 32.1

serstoffkomplexe«, vgl. nächstes Unterkapitel). In den mehrkernigen Hydridokomplexen können zwei Metallatome gemäß Abb. 32.1a, b, c, d durch ein, zwei, drei oder gar vier H-Brücken verknüpft sein; auch kennt man Hydridokomplexe, in denen Wasserstoff Cluster aus drei, vier, fünf oder sechs Metallatomen, die ein M_3-Dreieck (Abb. 32.1e), ein M_4-Tetraeder (Abb. 32.1f), einen M_4-Schmetterling (Abb. 32.1g), eine quadratische M_5-Pyramide (Abb. 32.1h) oder ein M_6-Oktaeder (Abb. 32.1i) bilden, zentriert.

Die Wasserstoffbrücken in Hydriden des Typs (Abb. 32.1a) wie z. B. [$(CO)_5M(\mu\text{-}H)M(CO)_5$]⁻ (M = Cr, Mo, W) sind gewinkelt ($\sphericalangle$ MHM 120–160°). Doch wurde mit (Abb. 32.2k) erstmals eine Verbindung mit linearer NiHNi-Brücke aufgefunden. »Gebogene« MHM-Brücken des Typs in Abb. 32.1b, c, d enthalten auch Hydride wie z. B. [$Cp^*(CO)Ru(\mu\text{-}H)_2Ru(CO)Cp^*$], [$MesOs(\mu\text{-}H)_3OsMes$]⁺, [$Cp^*Ru(\mu\text{-}H)_4RuCp^*$] ($Cp^*$ = C_5Me_5, Mes = $2,4,6\text{-}C_6H_2Me_3$; bzgl. weiterer Verbindungen des Typs in Abb. 32.1c–e vgl. Formeln in Abb. 32.98). Beispiele für Hydride des Typs in Abb. 32.1e–i stellen die Komplexe in Abb. 32.2l–p dar (der Cluster in Abb. 32.2o ist bezüglich H fluktuierend). Die Metallatome der mehrkernigen Hydridatome sind meist durch zusätzliche MM-Einfach- oder Mehrfachbindungen miteinander verknüpft. Eine Ausnahme bildet das μ_4-Hydrid (Abb. 32.2m), dessen Rh-Atome nicht verbunden sind. Die H-zentrierten Cluster in Abb. 32.1e, g und h stellen Teilstrukturen chemiesorbierten Wasserstoffs auf Metalloberflächen dar (z. B. wandert H bevorzugt in Rh$_4$-Quadra-

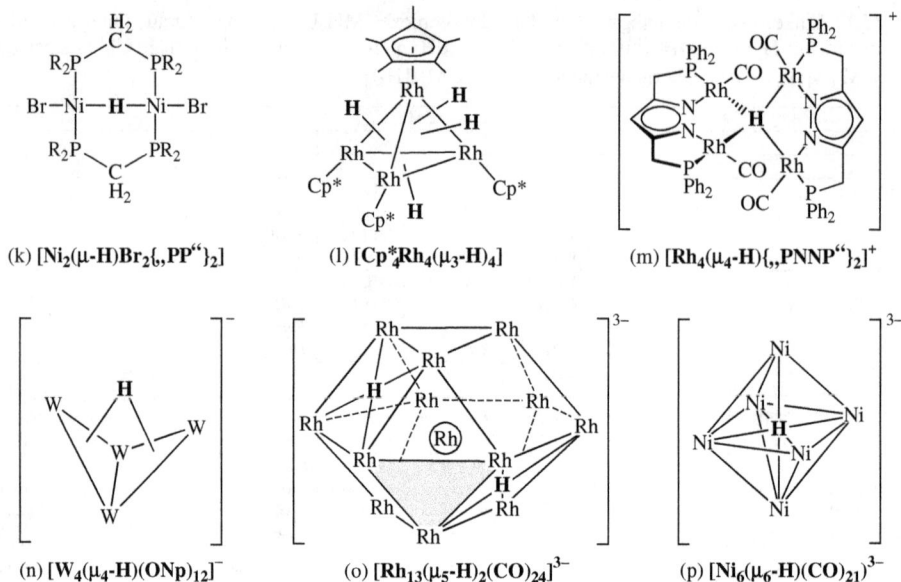

(k) $[Ni_2(\mu\text{-}H)Br_2\{,,PP''\}_2]$ (l) $[Cp^*_4Rh_4(\mu_3\text{-}H)_4]$ (m) $[Rh_4(\mu_4\text{-}H)\{,,PNNP''\}_2]^+$

(n) $[W_4(\mu_4\text{-}H)(ONp)_{12}]^-$ (o) $[Rh_{13}(\mu_5\text{-}H)_2(CO)_{24}]^{3-}$ (p) $[Ni_6(\mu_6\text{-}H)(CO)_{21}]^{3-}$

Abb. 32.2

te auf Rh-Oberflächen). Die Clusterhydride nehmen Wasserstoff in der Regel nicht reversibel auf. So führt die Einwirkung von H_2 auf den – aus $Pt(PtBu_3)_2$ und $Re_2(CO)_{10}$ zugänglichen Cluster $[Pt_3Re_2(CO)_6(PtBu_3)_3]$ (trigonal-bipyramidal mit axialem $Re(CO)_3$) irreversibel zu $[Pt_3Re_2(\mu\text{-}H)_6(CO)_6(PtBu_3)_3]$ (Überbrückung der RePt-Bindungen mit H). Andererseits lassen sich die – thermisch aus $(R_3P)_2Rh(\eta^2\text{-}H_2)_2H_2^{2+}$ (R = iPr, Cy; Gegenion: $B\{3,5\text{-}(CF_3)_2C_6H_3\}_4^-$ hervorgehenden – Komplexe $(R_3P)_6Rh_6(\mu\text{-}H)_{12}^{2+}$ (Rh_6-Oktaeder; Überbrückung aller RhRh-Bindungen mit H) reversibel mit 2 H_2 beladen unter Bildung des Komplexes $(R_3P)_6Rh_6(\mu\text{-}H)(\mu\text{-}H)_{15}^{2+}$ (mit H zentriertes Rh_6-Oktaeder; die 15 fluktuierenden H-Atome konnten bisher nicht lokalisiert werden).

Darstellung. Die Übergangsmetall-Hydridokomplexe MH_nL_m lassen sich wie die binären Metallhydride MH_n (vgl. S. 307) durch Hydridolyse, Protolyse und Hydrogenolyse, ferner durch Dehydrometallierung (β-Eliminierung) gewinnen. Zur Hydridolyse setzt man meist Halogenokomplexe MX_nL_m in geeigneten Lösungsmitteln (z. B. Ethern) mit Hydridlieferanten wie LiH, $NaBH_4$, $LiAlH_4$, aber auch mit Ethylat $CH_3CH_2O^-$ ($\longrightarrow CH_3CHO + H^-$) oder Übergangsmetallhydridokomplexen um, z. B.:

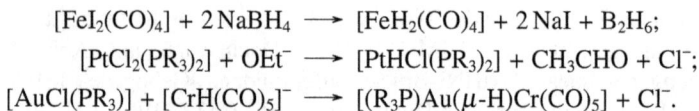

$$[FeI_2(CO)_4] + 2\,NaBH_4 \longrightarrow [FeH_2(CO)_4] + 2\,NaI + B_2H_6;$$
$$[PtCl_2(PR_3)_2] + OEt^- \longrightarrow [PtHCl(PR_3)_2] + CH_3CHO + Cl^-;$$
$$[AuCl(PR_3)] + [CrH(CO)_5]^- \longrightarrow [(R_3P)Au(\mu\text{-}H)Cr(CO)_5] + Cl^-.$$

Durch Protolyse können andererseits Anionen ML_n^{m-} und zum Teil auch Neutralkomplexe ML_n in Hydridokomplexe übergeführt werden, z. B.:

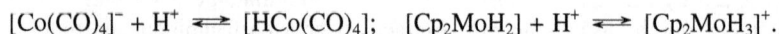

$$[Co(CO)_4]^- + H^+ \rightleftharpoons [HCo(CO)_4]; \quad [Cp_2MoH_2] + H^+ \rightleftharpoons [Cp_2MoH_3]^+.$$

Die Protolysereaktionen erfolgen häufig im Zuge einer oxidativen Addition (zum Beispiel $[PtCl_2(PR_3)_2] + HCl \rightleftharpoons [PtHCl_3(PR_3)_2]$).

Typische Beispiele der Hydrogenolyse stellen die hydrierende Spaltung von MM- und MC-Bindungen sowie die oxidative Addition von H_2 an ein Metallzentrum dar, z. B.:

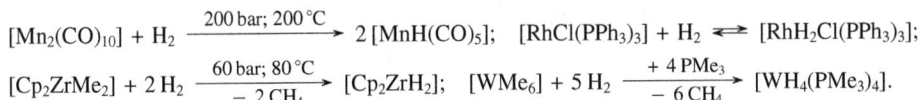

$$[Mn_2(CO)_{10}] + H_2 \xrightarrow{200\,\text{bar};\,200\,°C} 2\,[MnH(CO)_5]; \quad [RhCl(PPh_3)_3] + H_2 \rightleftarrows [RhH_2Cl(PPh_3)_3];$$

$$[Cp_2ZrMe_2] + 2\,H_2 \xrightarrow[-\,2\,CH_4]{60\,\text{bar};\,80\,°C} [Cp_2ZrH_2]; \quad [WMe_6] + 5\,H_2 \xrightarrow[-\,6\,CH_4]{+\,4\,PMe_3} [WH_4(PMe_3)_4].$$

Die Umkehrung der Hydrogenolyse, die (thermisch oder photolytisch induzierte) Dehydrogenolyse führt wasserstoffreichere Hydridokomplexe in Anwesenheit geeigneter Liganden in wasserstoffärmere Komplexe über (z. B. $[ReH_7(PR_3)_2] + PR_3 \longrightarrow [ReH_5(PR_3)_3] + H_2$). Schließlich sind Hydridokomplexe in einigen Fällen durch Dehydrometallierung aus geeigneten Vorstufen zugänglich, z. B.:

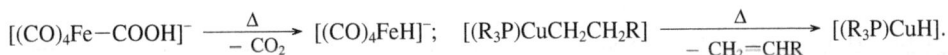

$$[(CO)_4Fe{-}COOH]^- \xrightarrow[-\,CO_2]{\Delta} [(CO)_4FeH]^-; \quad [(R_3P)CuCH_2CH_2R] \xrightarrow[-\,CH_2{=}CHR]{\Delta} [(R_3P)CuH].$$

Eigenschaften. Übergangsmetall-Hydridokomplexe vermögen als Brönsted- und Lewis-Säuren sowie -Basen Protonen bzw. Hydridionen sowohl abzugeben als auch aufzunehmen. Die Neigung zur Protonenabgabe von MH_nL_m wächst mit dem π-Akzeptorvermögen der Liganden L und nimmt etwa in Richtung Cp_2ReH (sehr schwache Säure), $[CoH(CO)_3(PPh_3)]$ (pK_S ca. 7), $[CoH(CO)_4]$ (sehr starke Säure) zu. Umgekehrt zeigen elektronenreichere Hydridokomplexe mit Liganden von geringerem π-Akzeptorcharakter Protonenaufnahmetendenz, z. B.: $[Cp_2ReH] + H^+ \longrightarrow [Cp_2ReH_2]^+$; $[IrH_3(PR_3)_3] + H^+ \longrightarrow [IrH_4(PR_3)_3]^+$; $[WH_4(PR_3)_4] + H^+ \longrightarrow [WH_5(PR_3)_4]^+$. Beispiele für Hydridabspaltungen stellen die Umsetzungen $[RuH_2(PR_3)_4] + Ph_3C^+ \longrightarrow [RuH(PR_3)_4]^+ + Ph_3CH$ sowie $[WH_6(PMe_3)_3] + 2\,H^+ +$ MeCN $\longrightarrow [WH_2(NCMe)(PMe_3)_3]^{2+} + 3\,H_2$ dar ($[CpTaH_4(PR_3)_2]$ hydrolysiert sogar in MeOH unter Bildung von H_2 und $[CpTa(OMe)_4]$). Die Einwirkung von Hydrid auf einen Hydridokomplex führt vielfach zur Deprotonierung, z. B.: $[Cp_2ReH] + H^- \longrightarrow [Cp_2Re]^- + H_2$; $[WH_6(PMe_3)_3] + H^- \longrightarrow [WH_5(PMe_3)_3]^- + H_2$. Bzgl. der Oxidation der Hydridokomplexe mit H_2 vgl. oben.

Eine weitere charakteristische Eigenschaft der Hydridokomplexe besteht in ihrer Fähigkeit zur Insertion ungesättigter Moleküle in die MH-Bindungen. So erfolgt die Addition von Alkenen $CH_2{=}CHR$, Alkinen $RC{\equiv}CR$, Isonitrilen $RN{\equiv}C$, Kohlenstoffdioxid CO_2 oder Sauerstoff unter Bildung von Alkylkomplexen $M{-}CH_2{-}CH_2R$, Vinylkomplexen $M{-}CR{=}CHR$, Carbenkomplexen $M{=}C{-}NHR$, Formiaten $MOOCH$ oder Peroxiden $MOOH$. Eine Reihe von Übergangsmetallhydriden haben technische bis großtechnische Bedeutung für homogen- und heterogenkatalysierte Hydrierungen (vgl. S. 2216; z. B. $RhH(CO)(PPh_3)_3$ für die Hydroformylierung, $NiH(CN)(PR_3)_3$ für die Hydrocyanierung, Cp_2ZrH^+ für die Olefinpolymerisation, H-bedeckte Fe- bzw. Ru-Oberflächen für die Fischer-Tropsch-Synthese, H-haltiges polymeres $TiCl_3$ für die Ziegler-Natta-Olefinpolymerisation.

1.1.2   Diwasserstoffkomplexe der Übergangsmetalle

Wie oben bereits angedeutet wurde, ist der Wasserstoff der Hydridokomplexe MH_nL_m teils in Form von Hydrid über das freie n-Elektronenpaar von H^-, teils in Form von Diwasserstoff H_2 »side-on« über das gebundene σ-Elektronenpaar von H_2 an ein Übergangsmetall koordiniert. Man bezeichnet erstere, zu den n-Komplexen (S. 1554) zu zählende Verbindungen als »klassische Wasserstoffkomplexe« (s. oben), letztere, zu den σ-Komplexen (vgl. S. 1554) zu zählende Verbindungen als »nichtklassische Wasserstoffkomplexe«.

Nachfolgend sei kurz auf die Bindungsverhältnisse in nichtklassischen Hydridokomplexen eingegangen, die ihrerseits die Grundlage zur Erklärung von deren thermischem Verhalten, und ihren Redox- sowie Säure-Base-Eigenschaften bilden.

σ-Hinbindung   π-Rückbindung
(a)   (b)

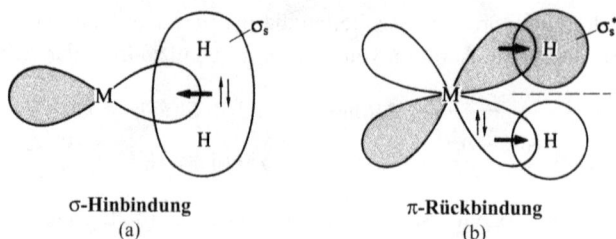

Abb. 32.3 Veranschaulichung der Bindungsverhältnisse in nichtklassischen Wasserstoffkomplexen: (a) σ-Donator-Bindung, (b) π-Akzeptor-Bindung (jeweils hinsichtlich des Liganden gesehen; dunkle und helle Orbitalbereiche deuten auf unterschiedliche Orbitalphasen).

Strukturen und Bindungsverhältnisse. In den nichtklassischen Komplexen besetzt das H_2-Molekül formal eine Koordinationsstelle des Metallzentrums, sodass also dem Rhenium im klassischen Komplex d^0-[ReH$_7$L$_2$] (L$_2$ = Ph$_2$PCH$_2$CH$_2$PPh$_2$) die Koordinationszahl neun (dreifach-überkappt-trigonal-prismatischer Bau) und im ähnlich zusammengesetzten nichtklassischen Komplex d^2-[ReH$_5$(H$_2$)L$_2$] (L = PPh$_3$) die Koordinationszahl acht zukommt (dodekaedrischer Bau; es zählt der Mittelpunkt des H_2-Liganden). Die bisher nachgewiesenen Diwasserstoffkomplexe sind alle entweder neutral oder kationisch und weisen vielfach einen oktaedrischen Bau auf. Sehr häufig kommen Komplexe mit d^6-Elektronenkonfiguration des Zentralmetalls vor; man findet aber auch Komplexe mit d^8-, d^4- und d^2-Elektronenkonfiguration von M.

Eine η^2-Koordination von H_2 an Mn^+ stellt hierbei den einfachsten Fall eines Metall-σ-Komplexes bzw. eines Komplexes mit »side-on« gebundenen Liganden dar. In ihm fungiert das – die HH-Bindung repräsentierende – elektronenbesetzte Wasserstoff-σ-Molekülorbital im Sinne der Abb. 32.3a als Zweielektronen-Donator hinsichtlich eines elektronenleeren Orbitals des als Lewis-Säure wirkenden Metallions. Die resultierende »σ-Hinbindung« (»Dreizentren-Zweielektronen-Bindung«; vgl. Borwasserstoffe, S. 1236) erfährt durch »π-Rückbindung« dadurch zusätzliche Verstärkung, dass ein elektronenbesetztes Metall-d-Orbital von π-Symmetrie hinsichtlich H_2 eine Wechselbeziehung mit dem elektronenleeren σ*-Molekülorbital des H_2-Moleküls eingeht (vgl. Abb. 32.3b).

Mit zunehmender π-Rückkoordination der Metallelektronen in das antibindende σ*-MO des Diwasserstoffs H_2 wächst der HH-Abstand und zudem die Stärke der MH-Bindung. Schließlich geht der nichtklassische in einen klassischen Hydridokomplex über (s. Abb. 32.4).

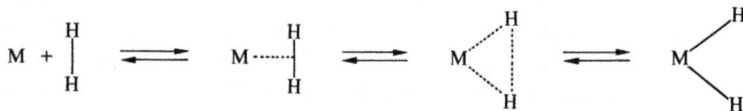

Abb. 32.4

Die Tendenz zur Bildung eines nichtklassischen H_2-Komplexes MH$_n$L$_m$ nimmt demgemäß mit sinkender Neigung des Zentralmetalls zur Elektronenabgabe an H_2 zu, also etwa mit steigender »Wertigkeit« n der Metalle ([ReH$_5$(PR$_3$)$_3$] = klassisch; [ReH$_7$(PPh$_3$)$_2$] = [Re(H$_2$)H$_5$(PPh$_3$)$_2$] = nicht-klassisch; s. unten) bzw. mit abnehmender Ordnungszahl eines Gruppenmetalls ([OsH$_4$(PR$_3$)$_3$] = klassisch; [FeH$_4$(PR$_3$)$_3$] = [Fe(H$_2$)H$_2$(PR$_3$)$_3$] = nichtklassisch), ferner mit wachsendem π-Akzeptorcharakter (sinkendem σ-Donatorcharakter) der Liganden L ([ReH$_7$(Ph$_2$PCH$_2$CH$_2$PPh$_2$)] = klassisch; [ReH$_7$(PPh$_3$)$_2$] = [Re(H$_2$)H$_5$(Ph$_3$)$_2$] = nichtklassisch). Vielfach lassen sich sogar klassische und nichtklassische Formen im Gleichgewicht als »Tautomere« nebeneinander nachweisen, z. B. (Cy = Cyclohexyl C_6H_{11}; depe = Et$_2$PCH$_2$CH$_2$PEt$_2$):

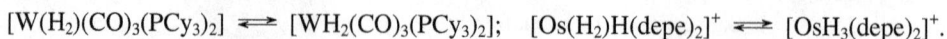

[W(H$_2$)(CO)$_3$(PCy$_3$)$_2$] $\rightleftharpoons$ [WH$_2$(CO)$_3$(PCy$_3$)$_2$];   [Os(H$_2$)H(depe)$_2$]$^+$ $\rightleftharpoons$ [OsH$_3$(depe)$_2$]$^+$.

Ersteres Gleichgewicht stellt sich langsamer ein (größere Aktivierungsenergie von fast 50 kJ mol^{-1}) als letzteres, da im Zuge der Gleichgewichtseinstellung teils eine zusätzliche Ligandenumorientierung so erfolgt, dass die beiden aus dem H$_2$-Molekül hervorgehenden H-Atome im klassischen Komplex [WH$_2$(CO)$_3$(P(Cy$_3$)$_2$] nicht mehr benachbart vorliegen, während sie in [OsH$_3$(depe)]$^+$ benachbarte Positionen einnehmen. Eine hohe Isomerisierungsbarriere ermöglicht etwa die Isolierung des metastabilen nichtklassischen Komplexes [CpRu(H$_2$)(PPh$_3$)$_2$]$^+$, der sich erst beim Erhitzen in den klassischen Komplex [CpRuH$_2$(PPh$_3$)$_2$]$^+$ umlagert (Cp begünstigt als starker σ-Donator meist die Bildung von klassischen H-Komplexen).

Die experimentell aufgefundenen HH-Abstände der nichtklassischen H$_2$-Komplexe liegen entweder im Bereich 0.8–0.9 Å (HH-Abstand im H$_2$-Molekül = 0.74 Å) oder im Bereich 1.1–1.6 Å. Man spricht in ersterem Falle von nichtklassischen Komplexen im eigentlichen Sinne (»Diwasserstoffkomplexe«; z. B. [W(H$_2$)(CO)$_3$(PR$_3$)$_2$]) in letzterem Falle von nichtklassischen Komplexen mit verlängerter HH-Bindung (»gestreckte Diwasserstoffkomplexe«; z. B. [Re(H$_2$)H$_5$(PAr$_3$)$_2$]), während Verbindungen mit HH-Abständen um 1.7 Å und darüber zu den »klassischen Wasserstoffkomplexen« gezählt werden (z. B. [ReH$_7$(Ph$_2$PCH$_2$CH$_2$PPh$_2$)]). Der auf elektronische Ligandeneinflüsse empfindlich ansprechende HH-Abstand in gestreckten H$_2$-Komplexen wächst etwa im Falle von [Re(H$_2$)H$_5$(PR$_3$)$_2$] beim Ersatz von R = p-C$_6$H$_4$CF$_3$(1.24 Å) durch stärker elektronenschiebende Reste R = p-C$_6$H$_4$CH$_3$(1.36 Å) oder insbesondere R = p-C$_6$H$_4$OMe(1.42 Å) stark an. Entsprechend der nicht sehr großen π-Rückbindungsanteile in nicht gestreckten H$_2$-Komplexen sind die H$_2$-Rotationsbarrieren nichtklassischer H$_2$-Komplexe (hervorgerufen durch die π-Rückbindung, vgl. Abb. 32.3) klein (5–8 kJ mol^{-1}). H$_2$-Rotation erfolgt aber auch noch in gestreckten H$_2$-Komplexen, während naturgemäß keine Rotation zweier H-Atome um ihre gemeinsame Achse in klassischen Hydridokomplexen beobachtet wird.

Eigenschaften. Thermisches Verhalten. Eine wichtige Reaktion der »Diwasserstoffkomplexe« ist die chemisch (oder photochemisch) induzierte Wasserstoffeliminierung, durch welche Komplexe mit Koordinationslücken gebildet werden, die sich durch anwesende andere Liganden besetzen lassen (vgl. katalytische Prozesse mit Hydridokomplexen; S. 2216), z. B.:

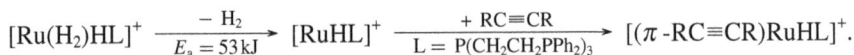

$$[\text{Ru(H}_2)\text{HL}]^+ \xrightarrow[E_a = 53\,\text{kJ}]{-\,\text{H}_2} [\text{RuHL}]^+ \xrightarrow[\text{L} = \text{P(CH}_2\text{CH}_2\text{PPh}_2)_3]{+\,\text{RC} \equiv \text{CR}} [(\pi\text{-RC} \equiv \text{CR)RuHL}]^+.$$

Insbesondere die nicht gestreckten Diwasserstoffkomplexe geben H$_2$ thermisch leicht ab (z. B. [W(H$_2$)(CO)$_3$(PCy$_3$)$_2$] bei 60 °C), während gestreckte und insbesondere klassische H$_2$-Komplexe thermostabiler sind ([ReH$_7$(Ph$_2$PCH$_2$CH$_2$PPh$_2$)] zerfällt selbst bei 120 °C nicht). Einige H$_2$-Komplexe mit kurzem HH-Abstand sind derart zersetzlich, dass man sie nur unter H$_2$-Druck gewinnen kann (z. B. [Cr(H$_2$)(CO)$_3$(P(Cy$_3$)$_2$] bei 60 bar). Enthalten Komplexe neben Di- auch Monowasserstoff, so erfolgt ein gegenseitiger Austausch der H-Atome – zumindest in einigen Fällen – auf dem Wege über »Triwasserstoffkomplexe« (s. Abb. 32.5).

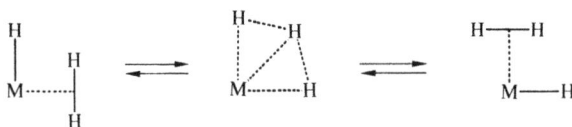

Abb. 32.5

Säure-Base-Verhalten. Mit der Addition von H$_2$ an ein Metallzentrum zu einem nichtklassischen H$_2$-Komplex wächst die Acidität und Elektrophilie des H$_2$-Moleküls beträchtlich an (»Aktivierung von molekularem Wasserstoff«). So kann die Bildung eines σ-Komplexes mit kurzer HH-Bindung zu einer Erniedrigung des pK$_S$-Werts von H$_2$ (ca. 35) auf 10 bis −2 führen. Geringer ist die pK_S-Erniedrigung im Zuge der Bildung eines σ-Komplexes mit langer HH-Bindung. Somit ist (paradoxerweise) die H_2-Aktivierung insbesondere bei schwacher Koordination des H_2-Liganden an das Metallzentrum groß.

Liegt ein klassischer H_2-Komplex mit einem nichtklassischen H_2-Komplex im Gleichgewicht, z. B. (L = $Me_2PCH_2CH_2PMe_2$):

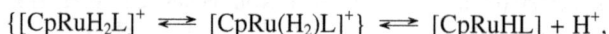

$$\{[CpRuH_2L]^+ \rightleftharpoons [CpRu(H_2)L]^+\} \rightleftharpoons [CpRuHL] + H^+,$$

so ist die Hauptgleichgewichtskomponente die schwächere Säure (CpRu(H$_2$)L$^+$ mit pK_S = 17.5 in Acetonitril), da beide Tautomeren die gleiche konjugierte Base haben. Es lässt sich in solchen Fällen nachweisen, dass die Deprotonierungsgeschwindigkeit des nichtklassischen Komplexes wesentlich größer als die des klassischen Komplexes ist. Umgekehrt führt demnach die Protonierung eines klassischen Hydridokomplexes rascher zu einem nichtklassischen Diwasserstoff-Komplex, der sich dann gegebenenfalls langsamer in einen klassischen Hydridokomplex umlagert, falls dieser thermodynamisch stabiler ist. Z. B. wird [Cp*FeHL] bei −80 °C zum Komplex [Cp*Fe(H$_2$)L]$^+$ protoniert, der sich dann bei −40 °C in [Cp*FeH$_2$L]$^+$ umlagert (Cp* = C_5Me_5; L = $Ph_2PCH_2CH_2PPh_2$).

Redox-Verhalten. Mit dem Übergang eines klassischen in einen nichtklassischen Komplex vermindert sich die Oxidationsstufe des Zentralmetalls eines Hydridokomplexes um 2 Einheiten, mit der Protonierung des Zentrums erhöht sie sich andererseits um 2 Einheiten, schematisch (z = Oxidationsstufe):

$$\overset{z}{M}H_n \rightleftharpoons [\overset{z-2}{M}H_{n-2}(H_2)]; \qquad \overset{z}{M}H_n + H^+ \rightleftharpoons [\overset{z+2}{M}H_{n+1}]^+.$$

Hiernach lassen sich klassische d^0-Komplexe, wie etwa [WH$_6$(PR$_3$)$_3$], die sich ja nicht mehr weiter oxidieren lassen, nur unter gleichzeitiger Umwandlung in den nichtklassischen Zustand protonieren (da für die Stabilität eines H_2-Komplexes eine gewisse π-Rückkoordination notwendig ist, enthält das aus [WH$_6$(PR$_3$)$_3$] zugängliche Monoprotonierungsprodukt wohl mindestens zwei side-on gebundene H_2-Gruppen). Man versteht auch, dass der Hydridokomplex [IrH$_6$(PCy$_3$)$_2$]$^+$ kein siebenwertiges Ir enthält (die höchste erreichbare Ir-Oxidationsstufe stellt +VI dar), sondern im Sinne der Formulierung [Ir(H$_2$)$_2$H$_2$(PCy$_3$)$_2$]$^+$ dreiwertiges Ir aufweist.

Andere σ-Komplexe. Analog H−H vermögen sich Moleküle H−X mit E−H-Gruppierungen (E z. B. N, P, C, Si, Ge, B) »side-on« an Metallzentren geeigneter Komplexfragmente unter Bildung von σ-Komplexen M(HX)L$_m$ zu addieren. Hierbei erfolgt wiederum eine »Aktivierung« der betreffenden Moleküle, d. h. eine Erhöhung der Acidität sowie Elektrophilie von HX. Auch führen starke π-Rückbindungen zum Bruch der HX-Bindungen, d. h. zum Übergang der nichtklassischen in klassische Komplexe MXHL$_m$ (bezüglich nichtklassischer Alkan- und Silankomplexe vgl. S. 2169).

1.2   Halogen- und Pseudohalogenverbindungen

1.2.1   Übergangsmetallhalogenide

Jedes Übergangsmetall bildet mindestens ein binäres Fluorid, Chlorid, Bromid und Iodid (vgl. nachfolgende Zusammenstellungen und die Tabellen 32.2–32.4). Charakteristika dieser, bei den einzelnen Nebengruppenelementen (Kapitel XXII–XXXI) bereits eingehend besprochenen Verbindungen sind u. a. ihr meist polymerer Bau, die Möglichkeit zu ihrer Depolymerisation durch Halogenid-Addition (Bildung von Halogenokomplexen) sowie die Tendenz ihrer Metallbestandteile zu gegenseitigen Wechselbeziehungen (Bildung von Metallclustern). Anders als der Diwasserstoff (vgl. S. 2070) bilden die Dihalogene aufgrund ihrer hohen Elektronegativität keine σ-Komplexe.

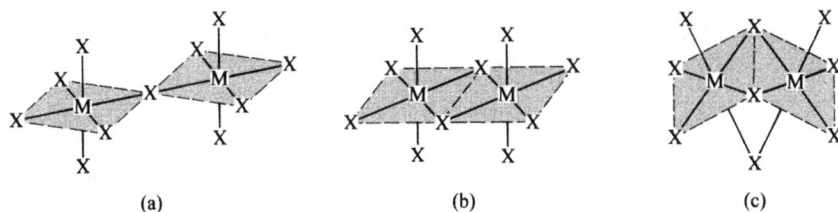

(a)   (b)   (c)

Abb. 32.6

Struktur- und Bindungsverhältnisse

Typisch für die Strukturen fast aller Fluoride und vieler Chloride, Bromide sowie Iodide MX_n ist eine oktaedrische Koordination der Metall-Kationen M^{n+} mit Halogenid-Anionen X^-.

Diese Anordnung wird bei den Halogeniden $MX_{<6}$ dadurch erreicht, dass einige oder alle X-Anionen gleichzeitig zwei oder mehreren M-Kationen angehören, dass also benachbarte MX_6-Oktaeder im Sinne von Abb. 32.6a, b oder c gemeinsame Ecken, Kanten oder Flächen aufweisen. Bei den Fluoriden tritt hierbei bevorzugt die Ecken-, ferner die Kanten-, nicht aber die Flächenverknüpfung, bei den Chloriden, Bromiden und Iodiden bevorzugt die Kanten-, ferner die Flächen-, nicht aber die Eckenverknüpfung auf. Auch tendieren die Fluoride mehr zur Ausbildung von Raumstrukturen mit hohen Ionenanteilen der MX-Bindungen, die schwereren Halogenide zur Ausbildung von Schicht- und Kettenstrukturen mit deutlichen MX-Kovalenzanteilen. In den überwiegenden Fällen bevorzugen die Halogenid-Anionen im Festkörper dichteste Packungen.

Strukturen mit anderer Koordination der Metallkationen haben im Falle der Fluoride[1] häufig Metallzähligkeiten > 6 und selten < 6, im Falle der übrigen Halogenide[2] häufig Metallzähligkeiten < 6 und selten > 6. Die Bildung solcher Strukturen ohne MX_6-Oktaeder beruht zum Teil auf dem gegebenen großen bzw. kleinen Ionenradienverhältnis r_M/r_X (schwerere frühe Übergangsmetalle Y, La, Zr, Hf bzw. leichtere späte Übergangsmetalle Cu, Zn), zum Teil auf einem speziellen Koordinationsverhalten der Metallzentren (schwerere späte Übergangsmetalle mit der Neigung zur Bildung quadratisch-planarer (Pd^{II}, Pt^{II}, Au^{III}) oder digonaler Koordination (Au^I, Hg^{II})).

Ein strukturbestimmender Faktor ist darüber hinaus für viele Übergangsmetallchloride, -bromide und -iodide die Neigung ihrer Metallkonstituenten zur Bildung von Metallclustern[3], wodurch die Metallkationen meist ungewöhnliche Koordinationszahlen erlangen (Fluoride enthalten – abgesehen von Ag_2F und Hg_2F_2 – keine Metallcluster). Auch hat die Metallclusterbildung vielfach von der Ganzzähligkeit abweichende Oxidationsstufen der Metallatome zur Folge (unterschiedliche Metallwertigkeiten treten, wenn man von PdF_3 und PtX_3 absieht, in ein und demselben Halogenid normalerweise nicht auf).

---

[1] Fluoride ohne MF_6-Oktaeder: Die Fluoride AcF_3, LaF_3 sowie YF_3 bilden Raumstrukturen mit den Metallzähligkeiten elf (Ac, La) sowie neun (Y), ZrF_4, HfF_4, CdF_2 und HgF_2 solche der Metallzähligkeiten acht (eckenverknüpfte MF_8-Antiwürfel (Zr, Hf; analog M = Ce, Pr, Tb, Th—Bk), kantenverknüpfte MF_8-Würfel (Cd, Hg) = »CaF_2-Struktur«). ReF_7 und OsF_7 sind monomer und pentagonal-bipyramidal (KZ = 7). AuF_3 besitzt Kettenspiralstruktur mit KZ_M = vier.

[2] Chloride, Bromide, Iodide ohne MX_6-Oktaeder: AuX: digonal (KZ = 2; Zick-Zack-Ketten); HgX_2: digonal (KZ = 2; Monomere), TiX_4, VX_4: tetraedrisch (KZ = 4; Monomere); CuX, AgI: tetraedrisch (KZ = 4; »ZnS-Struktur«); ZnX_2: tetraedrisch (KZ = 4; Raumstruktur); PdX_2, PtX_2: quadratisch-planar (KZ = 4; Ketten sowie Hexamere); AuX_3: quadratisch-planar (KZ = 4; Dimere); LaX_3: zweifach- bzw. dreifach-überkappt-trigonal-prismatisch (KZ = 9, 8; Raumstruktur).

[3] Metallclusterhaltige Halogenide. M_x-Cluster: $ScX_{<2}$/$YX_{<2}$/$LaX_{<2}$ (X = Cl, Br; S. 1790), ZrX/HfX (X = Cl, Br, I; S. 1814), Ag_2F (S. 1716). – M_6-Cluster: ZrX_2 (X = Cl, Br, I; HfX_2 möglicherweise analog gebaut; S. 1814), $NbX_{2.33/2.50}$ (X = Cl, Br; S. 1837), $TaX_{2.33/2.50}$ (X = Cl, Br, I; S. 1837), WCl_3 (S. 1873), $NbI_{1.81}$ (S. 1837), MoX_2 (X = Cl, Br, I; S. 1874), WX_2 (X = Cl, Br, I; S. 1873), Br_3 (S. 1873). – M_3-Cluster: ReX_3 (X = Cl, Br, I; S. 1873). – M_2-Cluster: Hg_2X_2 (X = F, Cl, Br, I; S. 1922), MX_4 (M = Nb, Ta, Mo, W, Re; X = Cl, Br, I; S. 1836, 1872, 1922), MoX_3 (X = Cl, Br; S. 1873), RuX_3 (X = Cl, Br, I; S. 1975). (Vgl. hierzu auch S. 2080).

Heptahalogenide MX$_7$. Als einzige Nebengruppenelemente bilden Rhenium und Osmium Heptahalogenide (Octahalogenide sind unbekannt):

MX$_7$:   ReF$_7$, OsF$_7$.

Ihnen kommt wie dem Hauptgruppenfluorid IF$_7$ pentagonal-bipyramidale Struktur zu, die auch in fester Phase (Molekülgitter) erhalten bleibt.

Hexahalogenide MX$_6$. Folgende Verbindungsbeispiele für Hexahalogenide konnten verifiziert werden:

MX$_6$:	M = Mo/W	Tc/Re	Ru/Os	Rh/Ir	Pt
Beispiele:	MF$_6$, MCl$_6$, WBr$_6$	MF$_6$, MCl$_6$	MF$_6$	MF$_6$	PtF$_6$

Sie bilden auch in fester Phase wie SF$_6$, SeF$_6$, TeF$_6$, PoF$_6$ ein Molekülgitter mit oktaedrischen MX$_6$-Inseln.

Pentahalogenide MX$_5$ enthalten in fester Phase stets MX$_6$-Oktaeder, die für X = F über jeweils zwei gemeinsame Ecken zu Ringen (Abb. 32.7d, e) oder Ketten (Abb. 32.7g), für X = Cl, Br, I über jeweils zwei gemeinsame Kanten zu Dimeren (Abb. 32.6b) verknüpft sind. Die Ringe bestehen stets aus vier MF$_5$-Molekülen mit MFM-Winkeln von 180° (Abb. 32.7d) (Folge der kubisch dichtesten Fluorid-Packung) bzw. um 140 °C (Abb. 32.7e) (Folge der hexagonal-dichtesten Fluorid-Packung); in den Ketten liegt immer eine *cis*-Oktaederverknüpfung (Abb. 32.7g) mit MFM-Winkeln um 150° vor (T bzw. T = Tetramere (Abb. 32.7d bzw. e); K = Ketten (Abb. 32.7g); D = Dimere.

MF$_5$:	M = V/Cr	Nb/Ta	Mo/W	Tc/Re	Ru/Os	Rh/Ir	Pt/Au
Beispiele:	MF$_5$(K)	MF$_5$(T) MX$_5$(D)	MF$_5$(T) MCl$_5$, MBr$_5$(D)	MF$_5$(K) ReCl$_5$, ReBr$_5$(D)	MF$_5$(T) OsCl$_5$(D)	MF$_5$(T) –	MF$_5$(T) –

Ketten aus *cis*- oder *trans*-verknüpften MF$_6$-Oktaedern (Abb. 32.7f oder h) mit MFM-Winkeln von 180° werden bei neutralen Übergangsmetallfluoriden nicht aufgefunden (die Struktur in Abb. 32.7h liegt den Spezies BiF$_5$, α-UF$_5$ sowie CrF$_5^{2-}$ zugrunde).

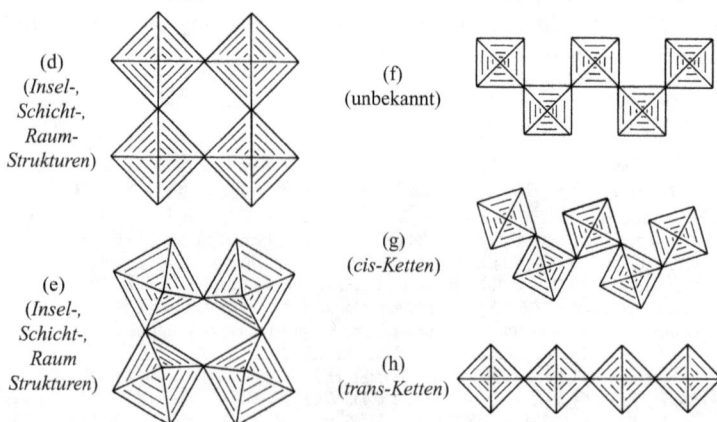

(d) (Insel-, Schicht-, Raum-Strukturen)

(e) (Insel-, Schicht-, Raum Strukturen)

(f) (unbekannt)

(g) (cis-Ketten)

(h) (trans-Ketten)

Abb. 32.7

Tab. 32.2 MX$_4$-Strukturen^{a,b}

MX$_4$	Ti	V	Cr	Mn	Zr/Hf	Nb/Ta	Mo/W	Tc/Re	Ru/Os	Rh/Ir	Pd/Pt
F	c	S	c	R	d	S/–	S/R	?/R	S/R	R/R	R/R
Cl	I	I	I	–	K/K	K/K	K/K^e	K/K^e	?/K	–	–/K
Br	I	I	I	–	K/K	K/K	K/K	?/?	–/?	–	–/K
I	I	I	I	–	f	K/K	?/?	–/?	–	–	–/K

a I = tetraedrische MX$_4$-Inseln, K,K = lineare bzw. Zick-Zack-Ketten (Abb. 32.8i bzw. k); S,S = planare bzw. gewellte Schichten (Abb. 32.7d bzw. e); R = IrF$_4$-Raumstruktur; ? = Struktur unsicher.

b Von Fe, Co, Ni, ist bisher nur NiF$_4$ mit unbekannter Struktur gewonnen worden.

c Über *trans*-ständige gemeinsame F-Atome zu Röhren verbundene Ringe aus drei *cis*-eckenverknüpften TiF$_6$-Oktedern (TiF$_4$), aus vier *cis*-eckenverknüpften CrF$_6$-Oktaedern (β-CrF$_4$) bzw. aus zwei kantenverknüpften CrF$_6$-Oktaedern (α-CrF$_4$).

d Dreidimensional eckenverknüpfte MF$_8$-Dodekaeder (α-ZrF$_4$) bzw. MF$_8$-Antiwürfel (β-ZrF$_4$, HfF$_4$).

e α-MoCl$_4$ und α-ReCl$_4$; β-MoCl$_4$: cyclische Hexamere ohne MoMo-Bindungen, β-ReCl$_4$ flächenverknüpfte Dimere mit ReRe-Bindungen, welche über gemeinsame Ecken zu Ketten verknüpft sind.

f In ZrI$_4$ und HfI$_4$ liegen die Verknüpfungspartner (Abb. 32.8i und k) zugleich vor.

Tetrahalogenide MX$_4$. Bei den Tetrafluoriden MF$_4$ führt die Eckenverknüpfung der MF$_6$-Oktaeder mit jeweils vier MF$_6$-Oktaedern unter Verbleib von zwei unverbrückten F-Atomen in *trans*- bzw. *cis*-Stellung zu zweidimensionalen planaren oder leicht gewellten Schichten (Abb. 32.7d, e) im ersten Falle (VF$_4$, NbF$_4$, RuF$_4$) bzw. zu dreidimensionalen Raumstrukturen im zweiten Falle (»IrF$_4$-Struktur«; auch MnF$_4$, ReF$_4$, OsF$_4$, RhF$_4$, PdF$_4$, PtF$_4$). Abweichend hiervon sind in TiF$_4$ nicht vier TiF$_6$-Oktaeder im Sinne von Abb. 32.7d unter Ausbildung von Ti$_4$F$_4$-Ringen, sondern nur drei TiF$_6$-Oktaeder unter Ausbildung von Ti$_3$F$_3$-Ringen über gemeinsame *cis*-ständige F-Atome verknüpft, wobei die Ringe ihrerseits über gemeinsame *trans*-ständige F-Atome zu eindimensionalen Röhren verbunden sind. β-CrF$_4$ bildet zwar Ringe (Abb. 32.7d) aus vier CrF$_6$-Oktaedern, diese bilden aber ebenfalls Röhren mit gemeinsamen *trans*-ständigen F-Atomen. In α-CrF$_4$ liegen Paare kantenverknüpfter CrF$_6$-Oktaeder vor, welche über *trans*-ständige gemeinsame F-Atome zu Bändern verknüpft sind (die bei MF$_4$ ungewöhnliche Kantenverknüpfung führt dazu, dass Cr^{4+} deutlich aus dem Zentrum des jeweiligen Oktaeders ausgelenkt ist). Schließlich enthalten Tetrafluoride MF$_4$ mit voluminösen M^{4+}-Zentren keine MF$_6$-Oktaeder sondern MF$_8$-Dodekaeder (α-ZrF$_4$) oder -Antiwürfel (β-ZrF$_4$), die über gemeinsame Ecken zu einer dreidimensionalen Raumstruktur verknüpft sind (analog β-ZrF$_4$ ist auch HfF$_4$, CeF$_4$, PrF$_4$, TbF$_4$, (Th−Bk)F$_4$ gebaut). Bei den Tetrachloriden, -bromiden und -iodiden MX$_4$ (X = Cl, Br, I) führt die Kantenverknüpfung der MX$_6$-Oktaeder mit zwei MX$_6$-Oktaedern unter Verbleib von zwei unverbrückten X-Atomen in *trans*- bzw. *cis*-Stellung zu linearen Ketten (Abb. 32.8i) im ersten Falle bzw. zu Zick-Zack-Ketten (Abb. 32.8k) im zweiten Falle. Die Tetrachloride, -bromide-, -iodide mit *trans*-kantenverknüpften MX$_6$-Oktaedern weisen zum Teil (NbX$_4$, TcX$_4$, MoX$_4$, WX$_4$, ReX$_4$) Dimetallcluster auf (abwechselnd kurze und lange MM-Bindungen). Tab. 32.2 fasst die aufgefunden MX$_4$-Strukturen zusammen.

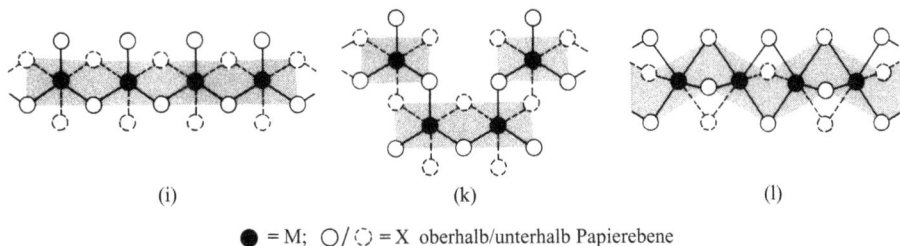

(i)   (k)   (l)

● = M; ○/◌ = X oberhalb/unterhalb Papierebene

Abb. 32.8

Tab. 32.3 MX$_3$-Strukturen[a,b]

MX$_3$	Sc	Ti	V	Cr	Mn	Fe	Co	Y/La	Zr/Hf	Nb/Ta	Mo/W	Tc/Re	Ru/Os	Rh/Ir
F	*R*	*R*	*R*	*R*	*R*	*R*	*R*	[4]	*R/–*	*R*	*R/–*	–	*R/–*	*R'*
Cl	*S*	*S*[c]	*S*	*S*	?	*S*	–	*S*/[5]	*K*	*S*	*S*[6]	–/[6]	*S*[c]	*S*
Br	*S*	*S*	*S*	*S*	–	*S*	–	*S*/[5]	*K*	*S*	*K*[6]	–/[6]	*K*	*S*
I	*S*	*S*	*S*	*S*	–	*S*	–	*S*/[5]	*K*	*S/–*	*K*/?	–/[6]	*K*	*S*

a R, R, R' = ReO$_3$-, VF$_3$-, IrF$_3$-Raumstruktur; S, S = CrCl$_3$-, BiI$_3$-Schichtstruktur, K = ZrI$_3$-Kettenstruktur (Abb. 32.8l); ? = Struktur unsicher.

b Die NiF$_3$-Struktur ist unbekannt. PdF$_3$: IrF$_3$-Struktur mit Pd^{2+} und Pd^{4+} abwechselnd in oktaedrischen Lücken. Auch PtCl$_3$, PtBr$_3$ und PtI$_3$ enthalten zwei und vierwertige Metalle. AuF$_3$: vgl. Anm.[1]

c α-Form; β-Form besitzt die ZrI$_3$-Struktur (Abb. 32.8l).

Trihalogenide MX$_3$. In den Trihalogeniden liefert die Eckenverknüpfung von MF6-Oktaedern mit jeweils sechs MF$_6$-Oktaedern für MFM-Winkel von 180° bzw. um 150° bzw. von 132° die kubische »ReO$_3$-Raumstruktur« (Abb. 32.7d) bzw. eine verzerrte »ReO$_3$-Struktur« = »VF3-Raumstruktur« (Abb. 32.7e) bzw. die hexagonale »RhF$_3$-Raumstruktur« (vgl. S. 1828, 1926, 2010), während die Kantenverknüpfung von MX$_6$-Oktaedern (X = Cl, Br, I) mit drei MX$_6$-Oktaedern zur kubischen »CrCl$_3$-« sowie hexagonalen »BiI$_3$-Schichtstruktur« (Abb. 32.9m) und die Flächenverknüpfung von MX$_6$-Oktaedern mit zwei MX$_6$-Oktaedern zur »ZrI$_3$-Kettenstruktur« (Abb. 32.8l) führt (Tab. 32.3).

Die Trihalogenide mit flächenverknüpften MX$_6$-Oktaedern (Abb. 32.8l) weisen zum Teil (MoX$_3$, RuX$_3$) Metallcluster aus zwei M-Atomen auf (abwechselnd kurze und lange MM-Bindungen). M$_2$- und M$_3$-Cluster liegen auch den nichtstöchiometrischen Halogeniden NbX$_3$ und TaX$_3$ (MX$_{2.67–4.00}$) zugrunde, während die Halogenide WX$_3$ bzw. ReX$_3$ Baueinheiten des Typs (Abb. 32.10o, p, r) enthalten[3] (vgl. S. 1837, 1874).

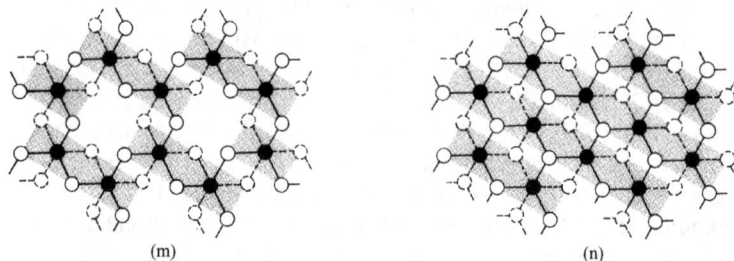

(m) (n)

Abb. 32.9

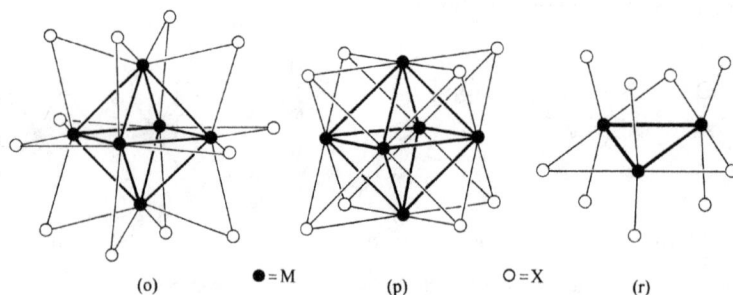

(o) ●=M (p) ○=X (r)

Abb. 32.10

Tab. 32.4 MX$_2$-Strukturen[a,b]

MX$_2$	Ti	V	Cr	Mn	Fe	Co	Ni	Cu	Zn	Zr/Hf	Nb/Ta	Mo/W	Pd/Pt	Ag/Au	Cd/Hg
F	–	R	R	R	R	R	R	R	R	?/–	–	–	R/–	R/–	[4]
Cl	S	S	R	S	S	S	S	S	[8]	[6]	[6]	[6]	[6]	–	S/[5]
Br	S	S	S	S	S	S	S	S	[8]	[6]	[6]	[6]	[6]	–	S/[5]
I	S	S	S	S	S	S	S	–	[8]	S	[6]	[6]	[6]	–	S/[5]

a R = Rutil-Raumstruktur; S, S = CdCl$_2^-$, CdI$_2$-Schichtstruktur; ? = Struktur unsicher
b Jahn-Teller-Verzerrungen im Falle der Cr-, Cu- und Ag-Verbindungen.

Dihalogenide MX$_2$. Unter den Dihalogeniden mit oktaedrisch koordinierten Metallatomen nehmen die Difluoride MF$_2$ die »Rutil-Raumstruktur« ein (MF$_6$-Oktaeder sind hierbei über sechs Ecken und zwei Kanten mit sechs MF$_6$-Oktaedern verknüpft, vgl. S. 134), die Dihalogenide MX$_2$ (X − Cl, Br, I) die kubische »CdCl$_2$-« bzw. hexagonale »CdI$_2$-Schichtstruktur« mit Baueinheiten des Typs (Abb. 32.9n), wobei im Falle von CrX$_2$, CuX$_2$ und AgF$_2$ Strukturverzerrungen aufgrund des wirksamen Jahn-Teller-Effekts (S. 1612) beobachtet werden (vgl. Tab. 32.4). Die schweren Dihalogenide der schweren Metalle der 4.–10. Gruppe des Periodensystems enthalten Metallcluster, welche in der Regel aus M$_6$-Baueinheiten bestehen[3].

Monohalogenide MX. Von den bisher bekannt gewordenen Monohalogeniden (vgl. Tab. 32.5) enthalten die Verbindugen von Sc, Y, La, Zr, Hf und Hg Metallcluster, während von den verbleibenden Münzmetallhalogeniden nur AgF, AgCl und AgBr (»NaCl-Struktur«) MX$_6$-Oktaeder aufweisen (vgl. Anm. [2,3]).

Tab. 32.5

MX:	M = Sc/Y/La	Zr/Hf	Cu, Ag, Au	Hg
Beispiele:	MCl$_{<2}$, MBr$_{<2}$	MCl, MBr, ZrI	AgF, MCl, MBr, MI	Hg$_2$X$_2$

Darstellung und Eigenschaften

Wie an früherer Stelle bereits besprochen wurde (vgl. Kapitel XXII–XXXI), erfolgt die Gewinnung der Übergangsmetallhalogenide MX$_n$ durch »Halogenierung« der Metalle M (Erhöhung der Metalloxidationsstufe), durch »Halogenidierung« von Metallverbindungen MY$_n$ (Erhalt der Metalloxidationsstufe) bzw. durch »Dehalogenierung« von Metallhalogeniden MX$_{n+m}$ (Erniedrigung der Metalloxidationsstufe); schematisch:

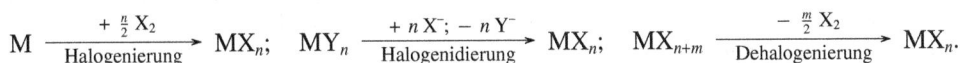

$$M \xrightarrow[\text{Halogenierung}]{+\frac{n}{2}X_2} MX_n; \quad MY_n \xrightarrow[\text{Halogenidierung}]{+nX^-;\, -nY^-} MX_n; \quad MX_{n+m} \xrightarrow[\text{Dehalogenierung}]{-\frac{m}{2}X_2} MX_n.$$

Wie des Weiteren besprochen wurde (vgl. Eigenschaften), »thermolysieren« die Metallhalogenide vielfach unter Halogeneliminierung oder Verbindungsdisproportionierung. Auch wirken niedrigere bzw. höhere Metallhalogenide häufig als »Redoxmittel« (Reduktionsmittel bzw. Oxidationsmittel) und schließlich stellen die Halogenide meist »Lewis-Säuren«, dar, welche neutrale oder anionische Donatoren zu addieren vermögen (z. B. Bildung von Halogenokomplexen).

Nachfolgend sei auf die Darstellung der Halogenide sowie auf Bildung und Strukturen der Halogenkomplexe etwas näher eingegangen.

Halogenierungen von Übergangsmetallen mit Halogenen X$_2$ oder Halogenierungsmitteln wie HX, XeF$_2$, ClF$_3$, BrF$_3$, CoF$_3$, BiF$_5$ usw. spielen für die Gewinnung von MX$_n$ eine große Rolle. Häufig erhält man mit den elementaren Halogenen (schärfere Halogenierungsmittel) höhere, mit den Halogenwasserstoffen (mildere Halogenierungsmittel) niedrigere Halogenide, z. B.:

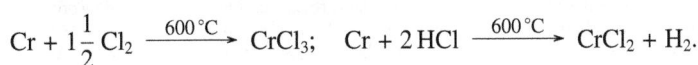

$$\text{Cr} + 1\tfrac{1}{2}\,\text{Cl}_2 \xrightarrow{600\,°C} \text{CrCl}_3; \quad \text{Cr} + 2\,\text{HCl} \xrightarrow{600\,°C} \text{CrCl}_2 + \text{H}_2.$$

Setzt man die Übergangsmetalle mit Fluor bei 400–600 °C um, so resultieren folgende Übergangsmetallfluoride:

ScF_3	TiF_4	VF_5	$CrF_{4/5}$	$MnF_{3/4}$	FeF_3	CoF_3	NiF_2	CuF_2	ZnF_2
YF_3	ZrF_4	NbF_5	MoF_6	TcF_6	$RuF_{5/6}$	$RhF_{5/6}$	$PdF_{3/4}$	AgF_2	CdF_2
LaF_3	HfF_4	TaF_5	WF_6	ReF_7	OsF_6	IrF_6	$PtF_{5/6}$	AuF_3	HgF_2

Der hierdurch erreichbare Fluorierungsgrad veranschaulicht den bekannten Sachverhalt, dass die Bindungsbereitschaft der d-Elektronen innerhalb der Nebenperioden in Richtung höherer Gruppen und innerhalb der Gruppen in Richtung niedrigerer Perioden abnimmt.

Die niedrigeren Halogenide lassen sich vielfach auch in Wasser bereiten (z. B. $Fe + 2 HCl(aq)$ $\longrightarrow [Fe(H_2O)_6]Cl_2 + H_2$; $Cr + 2 HCl(aq) \longrightarrow [Cr(H_2O)_6]Cl_2 + H_2$). Doch müssen sie – da sie dann meist als Hydrate anfallen – thermisch oder chemisch (z. B. mit $SOCl_2$) entwässert werden, falls man »reine« Halogenide benötigt. Ferner halogeniert man in einigen Fällen die betreffenden Metalloxide (Oxidation des enthaltenen O^{2-} zu O_2), wobei man zur Unterstützung der Bildung der Chloride und insbesondere der Bromide Kohlenstoff zur O_2-Bindung verwendet (»Carbochlorierung«, »Carbobromierung«; z. B. $TiO_2 + 2 Cl_2 + C$ (1200 °C) $\longrightarrow TiCl_4 + CO_2$; $2 Ta_2O_5 + 10 Br_2 + 5 C$ (500 °C) $\longrightarrow 4 TaBr_5 + 5 CO_2$). Zur Darstellung höchster Halogenide setzt man in der Regel die Übergangsmetalle in der Hitze mit Halogenen unter Druck um.

Halogenidierungen lassen sich wie Halogenierungen im »Trockenen« oder im »Nassen« durchführen. Man setzt hierzu Oxide sowie Halogenide mit gasförmigen Halogenwasserstoffen bzw. mit Elementhalogeniden in der Hitze um oder Oxide, Hydroxide, Carbonate, Nitrate mit wässrigen Halogenwasserstoffsäuren, z. B.:

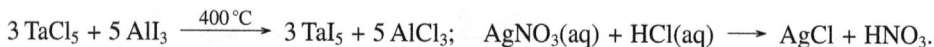

$$3 TaCl_5 + 5 AlI_3 \xrightarrow{400\,°C} 3 TaI_5 + 5 AlCl_3; \quad AgNO_3(aq) + HCl(aq) \longrightarrow AgCl + HNO_3.$$

Dehalogenierungen von MX_n werden vielfach mit den betreffenden Metallen M oder mit deren Carbonylen durchgeführt, es lassen sich aber auch andere Reduktionsmittel wie Fremdmetalle sowie Wasserstoff oder ganz einfach die Wärme einsetzen, z. B.:

$$2 IrF_6 + Ir \xrightarrow{170\,°C} 3 IrF_4; \quad MoI_3 \xrightarrow{100\,°C} MoI_2 + \tfrac{1}{2} I_2;$$

$$3 WBr_5 + 2 Al \xrightarrow{450–250\,°C} 3 WBr_3 + 2 AlBr_3; \quad AuCl_3 \xrightarrow{160\,°C} AuCl + Cl_2.$$

Halogenokomplexe. (vgl. hierzu auch S. 499) Durch Addition von Halogenid lassen sich die polymeren Übergangsmetallhalogenide mehr oder minder weitgehend depolymerisieren. Die Strukturen der resultierenden metallclusterfreien Halogenokomplexe entsprechen – hinsichtlich ihrer Konstitution (aber nicht Konfiguration) – vielfach den neutralen Halogeniden mit gleicher Anzahl von Halogenatomen. So weisen die von MX_5, MX_4 bzw. MX_3 durch Addition von 1, 2 bzw. 3 X^- hervorgehenden Komplexe MX_6^{n-} oktaedrische Struktur auf. Die als direkte Vorstufen der vollständigen Depolymerisation von MX_n mit X^--Anionen auftretenden zweikernigen Komplexe (Dimere) bestehen dann für $X = F$ erwartungsgemäß aus zwei eckenverknüpften MF_6-Oktaedern (z. B. $Nb_2F_{11}^-$) bzw. für $X = Cl$, Br, I aus zwei kanten- oder flächenverknüpften MX_6-Oktaedern (z. B. $Ti_2Cl_{10}^{2-}$, $Cr_2Cl_9^{3-}$, $Mo_2Br_9^{3-}$). Es lassen sich vielfach auch höherkernige Vorstufen der vollständigen Depolymerisation mit X^- gewinnen. So besitzen etwa die aus CrF_3 bzw. NiF_2 bzw. $NiCl_2$ hervorgehenden Komplexe CrF_5^{2-} Kettenstruktur (cis-Verknüpfung (Abb. 32.7g) der CrF_6-Oktaeder in Rb_2CrF_5, trans-Verknüpfung (Abb. 32.7h) in $CaCrF_5$) bzw. NiF_4^- Schichtstruktur (Verknüpfung (Abb. 32.7d) der NiF_6-Oktaeder in K_2NiF_4) bzw. $NiCl_3^-$ Kettenstruktur (Verknüpfung (Abb. 32.8l) der $NiCl_6$-Oktaeder in $CsNiCl_3$)[4].

---

[4] Ersichtlicherweise enthalten die Oktaederschichten (Abb. 32.9m und n) (= Ausschnitte aus dichtesten Halogenid-Packungen) die Strukturelemente der Oktaederinseln, der kantenverbrückten Oktaederdimeren (Abb. 32.6b) sowie der trans- bzw. gauche-kantenverknüpften Oktaederketten (Abb. 32.8i bzw. k) und die Oktaederketten (Abb. 32.8l) (= Ausschnitte aus hexagonal dichtesten Halogenid-Packungen) die flächenverknüpften Oktaederdimeren (Abb. 32.6c).

Allerdings können die Halogenokomplexe auch Strukturen aufweisen, die von denen der neutralen Halogenide konstitutionell abweichen. So erfolgt etwa die Verknüpfung der CrF_4^--Anionen in $CsCrF_4$ unter Ausbildung eines polymeren Anions, in welchem drei (und nicht vier) CrF_6-Oktaeder über *cis*-ständige F-Atome zu Ringen verknüpft sind, welche ihrerseits über gemeinsame *trans*-ständige F-Atome kettenförmige Stapel bilden. Des Weiteren leitet sich die Struktur des Anions in $RbCdCl_3$ nicht von der Schichtstruktur (Abb. 32.9m), sondern von der Kettenstruktur (Abb. 32.8i) ab (Kantenverknüpfung zweier Ketten aus Abb. 32.8i zu einem Band). Ferner baut sich $Fe_2F_9^{3-}$ aus zwei FeF_6-Oktaedern mit – bei neutralen Fluoriden unbekannter – Flächenverknüpfung auf. Ferner konnten in einigen Fällen höhere Halogenide, die in neutraler Form mehr oder weniger unbeständig sind, durch Bildung von Halogenokomplexen MX_6^{n-} stabilisiert werden (z. B. $RhCl_6^{2-}$, $IrCl_6^{2-}$, NiF_6^{2-}, PdF_6^-, CuF_6^{2-}, AgF_6^{2-}). Schließlich existieren auch Halogenidokomplexe, in welchem die Koordinationszahlen der Zentralelemente > 6 sind, z. B.: $(Zr,Hf)F_7^{3-}$ (pentagonal-bipyramidal), $(Mo,W)F_7^-$ (überkappt-oktaedrisch), $(Nb,Ta)F_7^{2-}$ (überkappt-prismatisch).

Auch die metallclusterhaltigen Halogenide lassen sich depolymerisieren, und zwar vielfach unter Erhalt der Metall-Metall-Wechselbeziehungen (z. B. Bildung von $Mo_2X_8^{4-}$, $W_2X_8^{4-}$, $Tc_2X_8^{4-}$, $Re_2X_8^{2-}$, $Os_2X_8^{2-}$ mit X = Cl, Br, I; Stabilisierung von nicht zugänglichem ReF_3 in Form von $Re_2F_8^{2-}$ mit MM-Bindung möglich). Metallcluster-Halogenide und -Halogenokomplexe weisen hierbei häufig einen kleineren Paramagnetismus auf, als er sich aufgrund der d-Elektronenzahl des Metalls (high-spin-Zustand) berechnen würde, da die »direkte Wechselwirkung« der M-Atome (Ausbildung von MM-Bindungen) eine Elektronenspinpaarung bewirkt (s. unten). Auch im Falle der metallclusterfreien Halogenide (insbesondere Fluoride) beobachtet man gelegentlich aufgrund einer »indirekten Wechselwirkung« der M-Atome über verbrückende Halogenid-Ionen als Vermittler zu kleinen Paramagnetismus (»Super-Austausch«; vgl. S. 1668, 1984).

1.2.2   Metallcluster-Komplexe vom Halogenid-Typ

Wie aus dem vorstehenden Unterabschnitt hervorgeht, enthalten die Halogenide MX_n sowie Halogenokomplexe MX_{n+m}^{m-} (X = Chlor, Brom, Iod; selten Fluor) folgender Übergangsmetalle Metallcluster:

	Sc/Y/La	Zr/Hf	Nb/Ta	Mo/W	Tc/Re	Ru/Os	Pd/Pt	Hg
Oxidationsstufen:	+I bis +II	+I bis +III	+1.8 bis +IV	+II bis +IV	+III bis +IV	+III	(+II)	+I

In entsprechender Weise bilden viele Derivate dieser und anderer Halogenverbindungen (X z. B. OR, OAc, SR, NR_2 anstelle der Halogene; jeweils π-Donatorcharakter) derartige Metallcluster vom Halogenid-Typ (vgl. S. 1559). Eine weitere große Gruppe von metallclusterhaltigen Verbindungen, die Metallcluster vom Carbonyl-Typ (S. 1559), enthalten Metallatome in Oxidationsstufen kleiner +I (häufig um null) sowie Liganden, die wie CO, CNR, PR_3, Cp^- (jeweils π-Akzeptorcharakter) in der spektroskopischen Reihe auf der Seite der sehr starken Liganden stehen.

Strukturverhältnisse. Die Metallzentren M_p^{n+} der hier zu behandelnden Metallcluster vom Halogenid-Typ bestehen häufig aus zwei – gegebenenfalls auch unterschiedlichen[5] – Metallatomen (p = 2), die durch eine Ein-, Zwei-, Drei- oder Vierfachbindung (es treten auch halbzahlige Bindungsordnungen auf) miteinander verknüpft sind (vgl. Tab. 32.6, Abb. 32.11). Außer von benachbarten M-Atomen werden die Metallatome der Dimetallcluster zusätzlich von Liganden koordiniert, die gemäß Abb. 32.11a die Ecken einer quadratischen Pyramide oder eines Quadrats (ohne L) bzw. gemäß Abb. 32.11b die Ecken eines Dreiecks bzw. gemäß Abb. 32.11c und d die

---

[5] Mit $[(tpp)Mo\equiv Re(oep)]^+PF_6^-$ wurde erstmals ein Komplex mit einem Cluster aus zwei unterschiedlichen Metallatomen aufgefunden (tpp = Tetraphenylporphyrin; oep = Octaethylporphyrin).

Tab. 32.6 Beispiele für Dimetallclusterkomplexe vom Halogenid-Typ mit M_2^{4+}- und M_2^{6+}-Zentren (die Komplexe enthalten meist zwei zusätzliche Liganden; vgl. auch Anm. 8)[a]

	V	Cr	Mo, W[b]	Tc, Re[c]	Ru, Os[d]	Rh
M_2^{4+}	$[V_2(form)_4]$	$[Cr_2(OAc)_4]$	$[M_2Cl_8]^{4-}$	$[M_2Cl_6]^{2-}$	$[Ru_2(OAc)_4]$	$[Rh_2(OAc)_4]$
(BO, EZ)	(3, 6 e)	(4, 8 e)	(4, 8 e)	(3, 10 e)	(2, 12 e)	(1, 14 e)
M_2^{6+}	–	–	$[M_2(OR)_6]$	$[M_2Cl_8]^{2-}$	$[Os_2Cl_8]^{2-}$	$[Rh_2(form)_4]^{2+}$
(BO, EZ)			(3, 6 e)	(4, 8 e)	(3, 10 e)	(2, 12 e)

a form$^-$ = RN⚌CH⚌NR$^-$; AcO$^-$ = RCOO$^-$; BO = Bindungsordnung; EZ = Elektronenzahl
b Auch $[M_2(OAc)_4]$ (BO = 4), $[M_2(NR_2)_6]$ (BO = 3).
c Statt $[Re_2Cl_6]^{2-}$ bisher nur $[Re_2Cl_4(PR_3)_2]$ (BO = 3).
d Auch $[Os_2(OAc)_4]^{2+}$ (BO = 3).

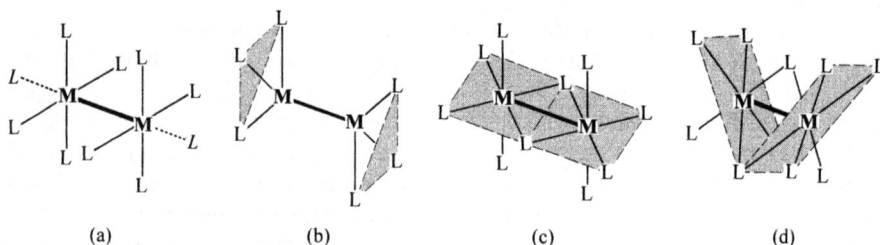

(a)   (b)   (c)   (d)

Abb. 32.11

Ecken eines Oktaeders besetzen, wobei die Liganden in Abb. 32.11a und b sowohl gestaffelt als auch ekliptisch konformiert vorkommen und ferner in Abb. 32.11a–d sowohl ein- als auch mehrzähnig sein können. Mehr als zwei Metallatome sind in Metallclustern vom Halogenid-Typ meist durch Einfachbindungen verknüpft. Es treten bevorzugt M_3-, M_6- und M_x-Cluster mit trigonal-planarem, oktaedrischem und ketten- bzw. schichtförmigem Bau auf. Bezüglich der Zentren der Metallcluster vom Carbonyl-Typ, die variabler hinsichtlich ihrer Größe und Strukturen sind, vgl. S. 2108.

Während Metallcluster vom Carbonyl-Typ in der Regel die 18-Elektronen-Abzählregel befolgen, trifft Entsprechendes nicht für die Metallcluster vom Halogenid-Typ zu (vgl. hierzu S. 1620). So kommen zwar den Cr^{2+}-Ionen wie $[Cr(OAc)_2]_2$ mit einer Cr≡Cr-Vierfachbindung nun $4(Cr^{2+}) + 4 \times 2(OAc^-) + 4$(Elektronen vom benachbarten Cr^{2+}) = 16 Elektronen zu. $[Cr_2(OAc)_4]$ addiert aber leicht zwei zusätzliche Liganden. Auch weist etwa der Nb_6-Cluster im Komplex $[Nb_6Cl_{18}]^{4-}$ statt der geforderten $6 \times 18 - 12 \times 2$ (NbNb-Bindungen) = 84 Elektronen nur 6×5(Nb) $+18$(Cl) $+4(e^-)$ = 52 Elektronen auf.

Bindungsverhältnisse in Dimetallclustern vom Halogenid-Typ. Während man zur Veranschaulichung der Bindungsverhältnisse einfacher Metallcluster vom Carbonyl-Typ M_pL_m (L = CO, PR$_3$, Cp$^-$ usw.; Ladungen nicht berücksichtigt) meist von Fragmenten ML$_r$ ausgeht, um diese dann – nach den Verknüpfungsregeln isolobaler Fragmente der Hauptgruppenelemente – zum Cluster zusammenzufügen (S. 2112), beschreitet man zur Deutung der Bindungsverhältnisse einfacher Metallcluster vom Halogenid-Typ M_pL_m (L = Cl, Br, OAc, NR$_2$ usw.; Ladungen nicht berücksichtigt) den umgekehrten Weg und baut die Komplexe aus den Metallzentren M_p^{m+}, deren Bindungsbeziehungen über eine MO-Betrachtung erklärt werden, und den vorliegenden m Liganden L auf. Nachfolgend seien Dimetallcluster vom Halogenid-Typ eingehender behandelt:

Da Atome der Nebengruppenelemente neben s- und p- auch d-Orbitale in der Valenzschale aufweisen, muss im Falle zweiatomiger Übergangsmetalle, die sich u. a. durch Verdampfen der betreffenden Elemente bei hohen Temperaturen gewinnen lassen, auch die Möglichkeit zur

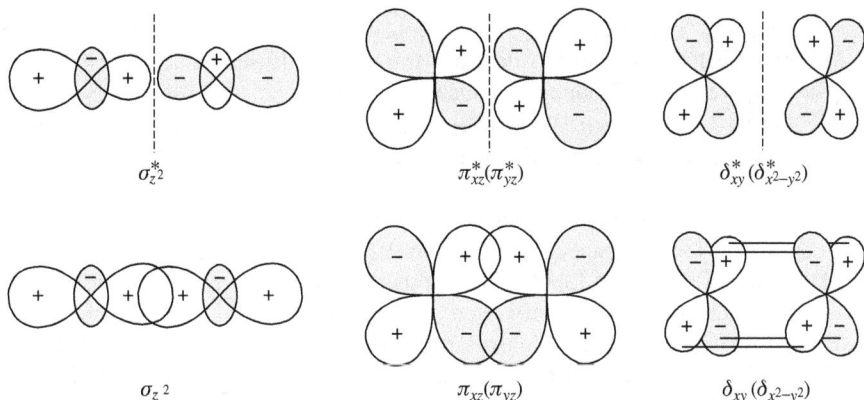

Abb. 32.12 Bindende und energiereichere antibindende σ_{z^2}-, π_{xz}-, π_{yz}-, δ_{xy}- und $\delta_{x^2-y^2}$- Molekülorbitale zweiatomiger Übergangsmetalle (die z-Achse verläuft jeweils parallel, die x- bzw. y-Achse senkrecht zur Bindungsachse; die gestrichelte Linie stellt eine senkrecht zur Bindungsachse orientierte Knotenebene dar).

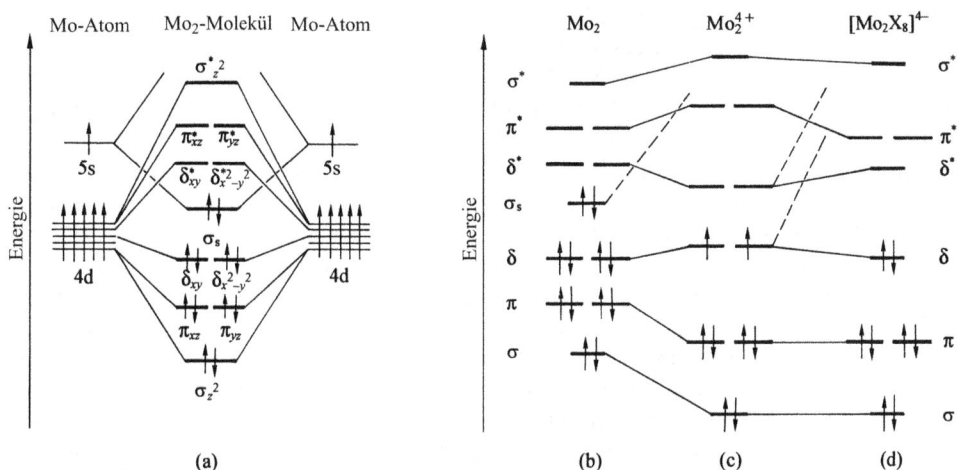

Abb. 32.13 Energieniveaus (a) der Bildung der σ-, π- und δ-Molekülorbitale des Mo_2-Moleküls aus den d-AOs von Mo-Atomen und (b), (c), (d) der $[Mo_2X_8]^{4-}$-Komplexe aus Mo_2-Molekülen über Mo_2^{4+}-Kationen (schematisch und nicht maßstabgerecht).

positiven und negativen Überlappung von d- mit d-Orbitalen berücksichtigt werden. Die betreffenden Interferenzen führen im Prinzip wieder zu ähnlichen Ergebnissen, wie die auf S. 380 und S. 384 besprochenen Wechselwirkungen von s- mit s- sowie p- mit p-Atomorbitalen. Dementsprechend kombinieren etwa d_{z^2}- mit d_{z^2}-Atomorbital zu bindenden und antibindenden σ_{z^2}-Molekülorbitalen, d_{xz}- bzw. d_{yz}- mit d_{xz}- bzw. d_{yz}-Atomorbital zu bindenden und antibindenden π_{xz}- bzw. π_{yz}-Molekülorbitalen und d_{xy}- bzw. $d_{x^2-y^2}$ mit d_{xy}- bzw. $d_{x^2-y^2}$-Atomorbital zu bindenden und antibindenden δ_{xy}- bzw. $\delta_{x^2-y^2}$-Molekülorbitalen (vgl. Abb. 32.12 sowie Abb. 27.5).

Die Abb. 32.13a veranschaulicht die Bildung der Molekülorbitale des Dimolybdäns Mo_2. Hiernach erhält man aus den zehn 4 d-Atomorbitalen sowie zwei 5 s-Atomorbitalen der Valenzschale der beiden Mo-Atome sechs bindende und sechs energiereichere antibindende Molekülorbitale (die durch Überlappung der sechs 5p-Atomorbitale resultierenden diffusen Molekülorbitale tragen nur insofern zur Bindung bei, als sie durch Wechselwirkung mit elektronenbesetzten bindenden Molekülorbitalen diese (z. B. σ_{z^2}) energetisch absenken). Das σ_{z^2}-Molekülorbital hat die niedrigste Energie. Es schließen sich – in energetischer Reihenfolge – das elektronenbesetzte bindende π_{xz}- bzw. π_{yz}, das δ_{xy}- bzw. $\delta_{x^2-y^2}$- und das σ_s-Molekülorbital an. Hiernach enthält Mo_2 eine Sechsfachbindung. Allerdings tragen die diffusen Molekülorbitale des Typs δ_{xy}, $\delta_{x^2-y^2}$ und σ_s wenig zur Bindung bei, sodass die experimentell gefundene Bindungslänge bzw. -energie (1.94 Å; $423\,kJ\,mol^{-1}$) den Werten einer MoMo-Dreifachbindung entspricht. Mit der vierfachen Ionisierung von Mo_2 erhöht sich der Energieabstand zwischen 4 d- und 5 s-AO deutlich und damit auch die Energie des σ_s-MO so weitgehend (vgl. Abb. 32.13b und c), dass diesem Molekülorbital nicht mehr bindende Funktionen im Ion Mo_2^{4+} zukommen. Nähert man nunmehr dem Mo_2^{4+}-Ion 8 Liganden in Richtung der x- und y-Achse, so wird die Entartung der Molekülorbitale des Typs δ_{xy} und $\delta_{x^2-y^2}$ aufgehoben, da sie hinsichtlich der betreffenden Achsen eine unterschiedliche Lage aufweisen (in Achsenrichtung bzw. zwischen den Achsen, vgl. Abb. 32.13d). Während das δ_{xy} Molekülorbital nach wie vor an der MM-Bindung beteiligt ist, gilt Entsprechendes dann nicht mehr für das $\delta_{x^2-y^2}$ Molekülorbital. Vielmehr interferieren die zugrundeliegenden $d_{x^2-y^2}$-Atomorbitale mit den 8 Ligandenorbitalen. Somit sind die MoMo-Atome in $[Mo_2Cl_8]^{4-}$ und Derivaten durch eine Vierfachbindung miteinander verknüpft (Besetzung der σ_{z^2}-, π_{xz}-, π_{yz}- und δ_{xy}-MOs mit den vorhandenen 8 Clusterelektronen, vgl. Tab.32.6). Allerdings trägt das δ_{xy}-MO nach wie vor nur wenig (ca. $10\,\%$) zur MoMo-Bindung bei, ist aber für die meist vorliegende ekliptische Konformation der betreffenden Verbindungen verantwortlich (da die zur Molekülverdrillung aufzuwendenden Kräfte klein sind, können sich aus sterischen Gründen auch gestaffelte Konformationen ausbilden).

In entsprechender Weise wie die Mo_2^{4+}-Ionen in $[Mo_2Cl_8]^{4-}$ sind die Metallatome von Dimetallclustern wie Cr_2^{4+}, W_2^{4+}, Tc_2^{6+}, Re_2^{6+} mit 8 Clusterelektronen (vgl. Tab. 32.6) in Komplexen des Strukturtyps (Abb. 32.13a) durch eine Vierfachbindung verknüpft, während solche mit 6 bzw. 10 Clusterelektronen (z.B. V_2^{4+}, Tc_2^{4+}, Re_2^{4+}, Os_2^{6+}; Tab. 32.6) eine Dreifachbindung, solche mit 4 oder 12 Clusterelektronen (z.B. Ru_2^{4+}, Rh_2^{6+}) eine Zweifachbindung und solche mit 2 oder 14 Clusterelektronen (z.B. Rh_2^{4+}, Pt_2^{6+}) eine Einfachbindung enthalten, weil ein, zwei oder drei der bindenden MOs elektronenleer bzw. ein, zwei oder drei der antibindenden MOs elektronenbesetzt vorliegen (das δ-MO kann wie in Os_2^{6+} energetisch über, aber auch wie in Ru_2^{4+} unter dem π^*-MO liegen). Die Verhältnisse lassen sich auf Dimetallclusterkomplexe des Strukturtyps (Abb. 32.13b) übertragen (z.B. M_2Y_6 mit Mo_2^{6+}- oder W_2^{6+}-Clustern, Tab. 32.6), während sich in Abb. 32.13c und d die Zahl und energetische Lage der MM-Molekülorbitale aufgrund der vorhandenen Brückenliganden von der in Abb. 32.13a und b unterscheidet (z.B. in Abb. 32.13c nur ein bindendes und antibindendes π-MO; Beitrag des π-und δ-MOs zur MM-Bindung wesentlich geringer als der des σ-MOs).

Bildungstendenzen. Im Allgemeinen wächst die Neigung zur Clusterbildung der Nebengruppenmetalle innerhalb einer Gruppe mit wachsender Ordnungszahl und abnehmender Wertigkeit. Demgemäß bildet etwa Tc bzw. Re zum Unterschied von Mn, ferner Cr(II) zum Unterschied von Cr(III) Dimetallcluster (bei Elementen der III. und IV. Hauptgruppe wächst umgekehrt die Metallclusterbildungstendenz mit abnehmender Ordnungszahl des Gruppenelements; vgl. $Cl_2C=CCl_2$ und $:SnCl_2$). Auch die Liganden des clusterbildenden Übergangsmetalls beeinflussen dessen Tendenz zur Clusterbildung. So liegen z.B. in $[Cr(O_2CCH_3)_2]$, aber nicht in $CrCl_2$ Dichromcluster vor. Letzterer Sachverhalt lässt sich dadurch veranschaulichen, dass die Acetatreste die Cr-Atome in $Cr_2(OAc)_4$ gewissermaßen »zusammenklammern« (eine entsprechende Klammer reicht zur Stabilisierung von V_2- bzw. Mn_2-Clustern (Dreifachbindung) offensichtlich noch nicht aus.

1.2.3   Übergangsmetallcyanide

Überblick. Das »Cyanid-Ion« $:C\equiv N:^-$ bildet als typisches Pseudohalogenid – wie bei den einzelnen Nebengruppen (Kapitel XXII–XXXI) bereits eingehend erörtert wurde – analog Halogenid Hal$^-$ mit jedem Übergangsmetall mindestens eine Verbindung und ergänzt wie isoelektronisches »Kohlenmonoxid« $:C \equiv O:$ in den Metallcarbonylen $M_n(CO)_m$ (vgl. S. 2108) die Außenelektronenzahl der Metallzentren vielfach zu einer Edelgasschale. So besitzen etwa die Zentralmetalle folgender einkerniger Cyanometallate der ersten Übergangsreihe 18 Außenelektronen ($X = CN$):

$$18\,e^-: \quad Cr^0X_6^{6-} \quad Mn^IX_6^{5-} \quad Fe^{II}X_6^{4-} \quad Co^IX_5^{4-} \quad Ni^{II}X_5^{3-} \quad Cu^IX_4^{3-} \quad Zn^{II}X_4^{2-},$$

während von den Metallen der zweiten und dritten Übergangsreihe folgende Cyanokomplexe mit Oktadezett des Zentrums gebildet werden:

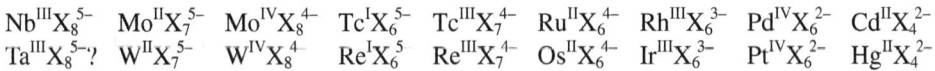

$$Nb^{III}X_8^{5-} \quad Mo^{II}X_7^{5-} \quad Mo^{IV}X_8^{4-} \quad Tc^IX_6^{5-} \quad Tc^{III}X_7^{4-} \quad Ru^{II}X_6^{4-} \quad Rh^{III}X_6^{3-} \quad Pd^{IV}X_6^{2-} \quad Cd^{II}X_4^{2-}$$
$$Ta^{III}X_8^{5-}? \quad W^{II}X_7^{5-} \quad W^{IV}X_8^{4-} \quad Re^IX_6^{5} \quad Re^{III}X_7^{4-} \quad Os^{II}X_6^{4-} \quad Ir^{III}X_6^{3-} \quad Pt^{IV}X_6^{2-} \quad Hg^{II}X_4^{2-}$$

Ersichtlicherweise stabilisiert CN^- also zum Unterschied zu CO (S. 2115) bevorzugt Metalle mit positiven Oxidationsstufen, was auf die negative Ligandenladung, d. h. den höheren σ-Donorcharakter der CN^--Gruppe zurückgeht. Da die Stabilität höherer Oxidationsstufen mit wachsender Ordnungszahl des Elements einer Nebengruppe zunimmt, enthalten die zugänglichen »elektronengesättigten Cyanometallate« niedriger oxidierte Metalle der ersten und höher oxidierte Metalle der zweiten und dritten Übergangsreihe.

Zugleich kommt CN^- ein geringerer π-Akzeptor- und größerer π-Donorcharakter als CO mit der Folge zu, dass die 18 Elektronenregel von Cyanokomplexen weniger streng als von Carbonylkomplexen befolgt wird. So existieren neben den erwähnten »elektronengesättigten« Cyanometallaten auch mehrere einkernige Komplexe, in welchen die Zentralmetalle 16 Außenelektronen besitzen:

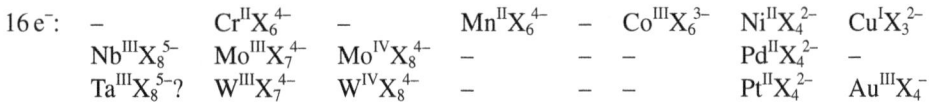

$$16\,e^-: \quad - \qquad Cr^{II}X_6^{4-} \qquad - \qquad\quad Mn^{II}X_6^{4-} \quad - \quad Co^{III}X_6^{3-} \quad Ni^{II}X_4^{2-} \quad Cu^IX_3^{2-}$$
$$Nb^{III}X_8^{5-} \quad Mo^{III}X_7^{4-} \quad Mo^{IV}X_8^{4-} \quad - \qquad\quad - \quad\quad - \qquad\quad Pd^{II}X_4^{2-} \quad -$$
$$Ta^{III}X_8^{5-}? \quad W^{III}X_7^{4-} \quad W^{IV}X_8^{4-} \quad - \qquad\quad - \quad\quad - \qquad\quad Pt^{II}X_4^{2-} \quad Au^{III}X_4^-$$

Ferner bilden die Metalle – insbesondere die der ersten Übergangsreihe – einige Komplexe mit 17, 15, 14 und 12 Außenelektronen des Metallzentrums:

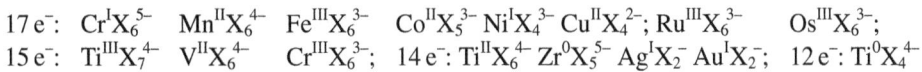

$$17\,e^-: \quad Cr^IX_6^{5-} \quad Mn^{II}X_6^{4-} \quad Fe^{III}X_6^{3-} \quad Co^{II}X_5^{3-} \; Ni^IX_4^{3-} \; Cu^{II}X_4^{2-}; \; Ru^{III}X_6^{3-} \qquad Os^{III}X_6^{3-};$$
$$15\,e^-: \quad Ti^{III}X_7^{4-} \quad V^{II}X_6^{4-} \quad Cr^{III}X_6^{3-}; \quad 14\,e^-: \; Ti^{II}X_6^{4-} \; Zr^0X_5^{5-} \; Ag^IX_2^- \; Au^IX_2^-; \quad 12\,e^-: \; Ti^0X_4^{4-}$$

Cyanokomplexe, deren Zentren mehr als 18 Elektronen aufweisen, werden in der Regel nicht aufgefunden.

Mehrkernige Cyanometallate mit Metallclustern trifft man – anders als mehrkernige Metallcarbonyle mit Metallclustern – vergleichsweise selten an. Beispiele hierfür sind die binären Verbindungen $[Co^0(CN)_4^{4-}]_2$, $[Co^{II}(CN)_5^{3-}]_2$, $[NiI(CN)_3^{2-}]_2$ (s. unten) sowie einige gemischte Komplexe wie etwa $[CoFe(CN)_{11}]^{6-}$ und $[FeRu(CN)_{11}]^{6-}$. Polymeren Bau ohne Metallcluster weisen – mit Ausnahme von $Hg(CN)_2$ – alle neutralen Metallcyanide auf. Allerdings bilden nicht alle Übergangselemente derartige Verbindungen:

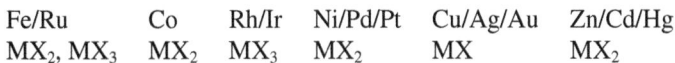

Fe/Ru	Co	Rh/Ir	Ni/Pd/Pt	Cu/Ag/Au	Zn/Cd/Hg
MX_2, MX_3	MX_2	MX_3	MX_2	MX	MX_2

Polymeren Bau ohne Metallcluster weisen auch viele gemischtvalente Cyanometallate (vgl. z. B. Cyanoferrate(II,III) S. 1950, und das dort Besprochene) sowie Cyanometallate mit zwei unterschiedlichen Übergangsmetallsorten auf. Derartigen Komplexen kommt häufig eine vergleichsweise hohe »Curie-Temperatur« (S. 1667) zu, z. B. T_C für die hydratisierten Komplexe $[Mn^{II}Mn^{III}Mo^{II}(CN)_7]/K[V^{II}Cr^{III}(CN)_6]/[Cr^{II}_3Cr^{III}_2(CN)_{12}] = 51/103/240 K$.

Unter allen aufgeführten Cyanokomplexen haben ersichtlicherweise nur drei Verbindungen ein isoelektronisches Metallcarbonyl-Analogon: $Cr(CN)_6^{6-} \cong Cr(CO)_6$, $Co_2(CN)_8^{8-} \cong Co_2(CO)_8$ und $Ni(CN)_4^{4-} \cong Ni(CO)_4$. Die ebenfalls denkbaren Cyanometallate $Mn_2(CN)_{10}^{10-} \cong Mn_2(CO)_{10}$ und $Fe(CN)_5^{5-} \cong Fe(CO)_5$ sind bisher unbekannt. Es existieren aber eine Reihe gemischter »Carbonylcyanometallate« wie $[V_2(CN)_4(CO)_8]^{4-} \cong [V(CO)_6]_2$, $[Fe(CN)(CO)_4]^- \cong Fe(CO)_5$, $[Fe(CN)_5(CO)]^{3-}$ sowie trans-$[Fe(CN)_4(CO)_2]^{2-} \cong [Fe(CN)_6]^{4-}$ und – da CN^- nicht nur mit CO, sondern auch mit Hal^- verwandt ist – gemischte »Cyanohalogenometallate«.

Strukturen. Der Cyanid-Ligand ist in den einkernigen Cyanometallaten wie der CO-Ligand in den einkernigen Metallcarbonylen stets »end-on« über den Kohlenstoff mit den Metallzentren verbunden (a). Verbrückend wirkt CN^- – anders als CO – als η^2-Ligand über sein Kohlenstoff- und Stickstoffatom unter Ausbildung linearer Gruppierungen des Typs (b)[6].

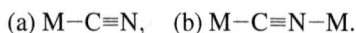

$$\text{(a) } M-C\equiv N, \quad \text{(b) } M-C\equiv N-M.$$

Verbindungen mit CN-Brücken werden von einigen Cyanometallaten wie $[Cu(CN)_2^-]_x$, vielen gemischten Komplexen $MM'(CN)_n^{p-}$ und allen Metallcyaniden gebildet. Sind die Metallatome mehrkerniger Cyanide unterschiedlich, so koordiniert das weichere (härtere) Metallzentrum mit dem Kohlenstoff (dem Stickstoff) des Liganden CN^-, z. B.: $[(CN)_5Ru^{II}-C\equiv N-Fe^{III}(CN)_6]^{6-}$ (vgl. hierzu Berliner Blau, S. 1951). Entsprechend dem geringeren π-Akzeptorcharakter von CN^- verlängert sich der CN-Abstand bzw. verkleinert sich die Wellenzahl der CN-Valenzschwingung nach Ligandenkoordination weniger deutlich als nach Koordination von CO (CN^--Abstand $= 1.16$ Å; $\tilde{v}(CN^-) = 2080$ cm^{-1}). Ein guter Hinweis auf die π-Akzeptortendenz von CN^- ist die MC-Abstandsverkürzung beim Übergang von $Fe^{III}(CN)_6^{3-}$ (1.93 Å) nach $Fe^{II}(CN)_6^{4-}$ (1.90 Å) als Folge der wachsenden π-Rückbindung bei abnehmender Metallatomladung (beim Übergang $Fe(H_2O)_6^{3+} \longrightarrow Fe(H_2O)_6^{2+}$ wächst der FeO-Abstand).

Metallzentrum. Cyanometallate $M(CN)_n^{p-}$ (immer low-spin Zustand) weisen in Abhängigkeit von der »Koordinationszahl« n des Metallzentrums folgende Geometrien auf:

$n =$	2	3	4	5	6	7	8
	digonal	trigonal	tetraedrisch, quadratisch	trigonal-bipyramidal, quadratisch-pyramidal	oktaedrisch	pentagonal-bipyramidal	dodekaedrisch, antikubisch

Hierzu ist nachzutragen, dass unter den Cyanometallaten mit $n = 4$ nur die d^8-Verbindungen $M(CN)_4^{2-}$ (M = Ni, Pd, Pt) sowie $Au(CN)_4^-$ (jeweils 16 Außenelektronen einschließlich der Elektronenpaare der CN-Liganden) quadratisch-planar, alle anderen tetraedrisch gebaut sind, während Cyanometallate mit $n = 5$ sowie 8 in Abhängigkeit vom Gegenkation unterschiedlich strukturiert sein können (Näheres vgl. bei den betreffenden Elementen). »Metall-Metall-Bindungen« beobachtet man bei Cyanometallaten im Unterschied zu Carbonylmetallaten nur selten, zum Beispiel: $[(CN)_4Co-Co(CN)_4]^{8-}$, $[(CN)_5Co-Co(CN)_5]^{6-} \rightleftharpoons 2\,[Co(CN)_5]^{3-}$, $[(CN)_3Ni-Ni(CN)_3]^{4-}$, $[M(CN)_4^{2-}]_x$ (M = Ni, Pd, Pt; vgl. hierzu S. 1994, 2028, 2049).

---

[6] Über das C-Atom der Cyanogruppe sollen die beiden V-Atome in $[(CO)_4(CN)V(\mu\text{-}CN)_2V(CN)(CO)_4]^{4-}$ verbrückt sein, während in $[CuCN \cdot ENH_3]$ jeweils zwei CuI-Ionen mit C und zugleich ein CuI-Ion mit N einer Cyanogruppe und in $[Cp_2Mo_2(CO)_4(CN)]^-$ ein Mo-Atom mit C und das andere mit einer π-Bindung der Cyanogruppe verknüpft vorliegt.

Darstellung, Eigenschaften. Wegen der meist sehr großen Bildungskonstanten der Cyanokomplexe lassen sich letztere in der Regel durch Zugabe von Cyanid-Ionen zu einer wässerigen Lösung der betreffenden Metallionen gewinnen und sind vielfach selbst in saurem Milieu beständig (CN^- wird – wegen der geringen Dissoziationskonstanten von HCN – schon in kleinster Konzentration von Protonen »abgefangen«). Die Bildungstendenz von Cyanokomplexen der elektropositiven Übergangsmetalle Sc, Y, La, Ac ist in Wasser allerdings gering. Es ließen sich in diesen Fällen $Y(CN)_3$ und $La(CN)_3$ durch Kochen von MBr_3 mit LiCN in Tetrahydrofuran gewinnen.

Wegen der reduzierenden Wirkung von Cyanid ($2\,CN^- \rightleftharpoons (CN)_2 + 2\,e^-$) ist die Bildung von Cyanokomplexen in einigen Fällen mit einer Metallreduktion verbunden, so z. B.: $Cu^{2+} + 2\,CN^- \longrightarrow CuCN + \frac{1}{2}(CN)_2$. In analoger Weise entstehen aus Mo, W, Re in höher oxidiertem Zustande bei Cyanidanwesenheit Cyanokomplexe von Mo(IV), W(II) bzw. Re(III). Das Anion CN^- wirkt zudem oxidierend, doch sind die Redoxvorgänge wie $CN^- + 3\,H + 2\,e^- \longrightarrow H_2C{=}NH$ kinetisch gehemmt, sodass man Cyanokomplexe höher oxidierter Metalle durch Zugabe von Cyanid zu wässerigen Metallionen-Lösungen in Anwesenheit von Luftsauerstoff synthetisiert, z. B.: Mn(II) $\longrightarrow$ Mn(III), Co(II) $\longrightarrow$ Co(III), W(III) $\longrightarrow$ W(IV). Zur Gewinnung von Cyanokomplexen mit Metallen in besonders niedrigen oder hohen Oxidationsstufen verwendet man Amalgame in Wasser (z. B. Synthese von V(II)-, Mn(I)-, Ni(I)-cyanid), Alkalimetalle in Ammoniak, Peroxodisulfat in Wasser (z. B. Synthese von Pd(IV)-cyanid) oder eine Anode.

Die Bildung gemischter »Carbonyl-Cyano-Komplexe« kann sowohl durch Einwirkung von CN^- auf Metallcarbonyle (z. B. $Ni(CO)_4 \longrightarrow Ni(CO)_3(CN)^- \longrightarrow Ni(CO)_2(CN)_2^{2-} \longrightarrow Ni(CO)(CO)_3^{3-}$) als auch – in seltenen Fällen – durch Einwirkung von CO auf Cyanometallate erfolgen. In analoger Weise gelangt man zu gemischten »Halogeno-Cyano-Komplexen« durch Substitution sowohl von Halogenid gegen Cyanid in Metallhalogeniden als auch durch Ersatz von Cyanid gegen Halogenid in Cyanometallaten.

1.2.4 Übergangsmetallazide

Überblick. Wie den Beispielen gut charakterisierter (meist polymerer) Übergangsmetallazide sowie (meist niedermolekularer) Azidometallate entnommen werden kann ($X = N_3$), ergänzt das »Azid-Ion« $N{=}N{=}N^-$, das neben dem »Cyanid-Ion« $C{\equiv}N^-$ ein weiteres typisches Pseudohalogenid darstellt, die Außenschale der Metallzentren – anders als CN^- – in der Regel nicht zu einer Edelgasschale. Auch stabilisiert die Azidgruppe im Mittel höhere Oxidationsstufen des Zentralelements als die Cyanidgruppe (z. B. existieren $Mo(N_3)_6$ und $W(N_3)_6$ aber kein $Mo(CN)_6$ und $W(CN)_6$, s. Tab. 32.7).

Darstellung, Struktur, Eigenschaften. Man gewinnt die Übergangsmetallazide und ihre Azidokomplexe – wie auf S. 775 bereits näher ausgeführt wurde – meist durch Azidierung geeigneter Übergangsmetallhalogenide mit Alkalimetallaziden $M^I N_3$ oder Trimethylsilylazid Me_3SiN_3 (für Einzelheiten vgl. bei den betreffenden Elementen, Kapitel XXII–XXXI). Die Azidgruppen sind an die Übergangsmetallkationen teils endständig, teils brückenständig gebunden (vgl. hierzu das auf S. 775 Besprochene). In letzten Fällen kann das α-N-Atom der N_3-Gruppe zwei oder mehr Kationen miteinander verknüpfen (z. B. μ_2-Brücken in $[Fe(N_3)_5^{2-}]_2$, $[CuN_3]_x$, $[Cu(N_3)_3^-]_2$,

Tab. 32.7

4.	5.	6.	7.	8.	9.	10.	11.	12. Gruppe
TiX_4	NbX_5/TaX_5	MoX_6/WX_6	–	–	CoX_2/CoX_3	NiX_2, PdX_2	MX/CuX_2	MX_2, Hg_2X_2
TiX_5^-	–	–	MnX_3^-	FeX_5^{2-}	CoX_4^{2-}	NiX_6^{4-}	CuX_4^{2-}	ZnX_4^{2-}
TiX_6^{2-}	–	–	MnX_4^{2-}	FeX_6^{3-}	CoX_6^{3-}	–	CuX_4^{3-}	–
–	NbX_6^-	MoX_7^-	–	RuX_6^{3-}	RhX_6^{3-}	$PdX_4^{2-}, Pd_2X_6^{2-}$	AgX_2^-	CdX_4^{2-}
–	TaX_6^-	WX_7^-	–	–	IrX_6^{3-}	PtX_4^{2-}, PtX_6^{2-}	AuX_2^-/AuX_4^-	HgX_3^-

$[Pd(N_3)_3^-]_2$; μ_3-Brücken in $[Cd(N_3)_3^-]_x$), ferner vermag die N_3-Gruppe Kationen über ihr α- und zugleich γ-N-Atom zu verbinden (z. B. in $[Mn(N_3)_3^-]$, $[Cu(N_3)_3^-]_x$, $[AgN_3]_x$). Bezüglich Einzelheiten der Strukturen – sowie auch einiger Eigenschaften – der Übergangsmetallazide und ihrer Azidokomplexe vgl. bei den einzelnen Elementen. Eine charakteristische Eigenschaft vieler Übergangsmetallazide ist ihre hohe Thermolabilität, die vielfach zu gefährlichen Explosionen beim Umgang mit den betreffenden Verbindungen geführt hat und die Ursache dafür ist, dass Azide weniger eingehend als Cyanide der Übergangsmetalle untersucht wurden. Mit der Koordination zusätzlicher N_3^--Liganden verringert sich die Thermolabilität der Metallazide, weshalb von vielen Übergangsmetallen bisher zwar keine Neutralazide, aber davon abgeleitete Azidokomplexe isoliert werden konnten.

1.3   Sauerstoffverbindungen. Nichtstöchiometrie

Der Sauerstoff wird von den Übergangsmetallen, wie nachfolgend näher erläutert sei, sowohl als Mono- als auch als Disauerstoff gebunden. In erstem Falle erfolgt die Bildung von Oxiden, in letzterem Falle von Disauerstoff-Komplexen (in Form von Peroxiden und Superoxiden). Sauerstoff verhält sich hier ähnlich dem Wasserstoff und unähnlich dem Fluor.

1.3.1   Übergangsmetalloxide, Nichtstöchiometrie

Wie aus der Tabelle 32.8 hervorgeht, bildet jedes Übergangsmetall mindestens ein binäres Oxid. Charakteristika dieser, bei den einzelnen Nebengruppenmetallen (Kapitel XXII–XXXI) bereits eingehend besprochenen Verbindungen sind u. a.: (i) ihr polymerer Bau (molekular treten nur Mn_2O_7, Tc_2O_7, RuO_4, OsO_4 auf), (ii) ihre auf der Anwesenheit unterschiedlicher Metallwertigkeiten beruhende nichtstöchiometrische Zusammensetzung in vielen Fällen (vgl. Kursivdruck in Tab. 32.8; die verwandten Fluoride sind in der Regel stöchiometrisch zusammengesetzt), (iii) ihre Tendenz zur Bildung ternärer Phasen mit anderen Metalloxiden (vgl. Spinelle, Ilmenite, Perowskite) sowie (iv) ihr elektrisches und magnetisches Verhalten in vielen Fällen (Wirkung als Nichtleiter, Halbleiter, Leiter sowie Ferro-, Ferri-, Antiferromagnetika oder -elektrika). Die erwähnten Eigenschaften haben zu zahlreichen technischen Anwendungen der Oxide geführt (z. B. als Hochtemperatur-Werkstoffe, als Grundstoffe in der Elektrotechnik, Informationsspeicherung und Datenverarbeitung, als Magnete, in der Katalyse, als Buntpigmente, als Ionenleiter u. v. m.; vgl. bei den einzelnen Elementen).

Struktur- und Bindungsverhältnisse. Die Metallkationen der Oxide MO_n bevorzugen wie die der Fluoride MF_n eine oktaedrische Koordination ($KZ_M = 6$; vgl. Tab. 32.8), die dadurch erreicht wird, dass benachbarte MO_6-Oktaeder über gemeinsame Ecken, Kanten oder – selten – Flächen zu Raumstrukturen mit hohen Ionenanteilen der MO-Bindungen verknüpft sind (vgl. Formelbilder in Abb. 32.6a, b, c). Schichtstrukturen mit MO_6-Oktaedern bilden nur α-MoO_3 und Re_2O_7. Ketten- und Inselstrukturen mit MO_6-Baueinheiten treten nicht auf.

Strukturen mit anderer Koordination der Metallkationen haben sowohl Metallzähligkeiten > 6 (La_2O_3, ZrO_2, HfO_2, Ta_2O_5) als auch < 6 (CrO_3, Mn_2O_7, Tc_2O_7, Re_2O_7, RuO_4, OsO_4, Oxide von Pd, Pt, Cu, Ag, Au, Zn, Hg; vgl. Tab. 32.8). Ursache hierfür ist wie bei den Fluoriden (S. 2074) das Vorliegen eines ausreichend großen oder kleinen Ionenradienverhältnisses r_M/r_O bzw. eines speziellen Koordinationsverhaltens der Metallzentren. Ferner neigen die Übergangsmetalle in ihren Oxiden stärker als in ihren Fluoriden zur Bildung von Metallclustern, was Strukturverzerrungen zur Folge hat (z. B. Bildung von Dimetallclustern in VO_2, NbO_2, TaO_2, MoO_2, WO_2, von Polymetallclustern in TiO, VO, NbO). Auch liegen einer Reihe von Oxiden, wie erwähnt, un-

Tab. 32.8 Strukturen der Übergangsmetalloxide MO_x (bei nichtstöchiometrischem Verhalten Kursivdruck)[a,b]

	Ti	V	Cr	Mn	Fe	Co	Ni	Cu	Zn	Zr Hf	Nb Ta	Mo W	Tc Re	Ru Os	Rh Ir	Pd Pt	Ag Au	Cd Hg
$MO_{<1}$	Ti_nO	V_2O	Cr_3O	–	–	–	–	Cu_2O	–	–	Ta_4O	M_3O	–	–	–	–	Cu_2O	–
MO	N[c]	N[c]	N?	N	N	N	N	C	W	N	N[c]	N[a]	–	–	–	C	C	N[d]
M_3O_4	–	–	S	S	iS	S	S?	–	–	–	–	–	–	–	–	Pt_3O_4	Ag_3O_4	–
M_2O_3	K	K	K	L[e]	K[e]	K?	K?	–	–	–	–	K?[a]	–	–	K	–	Ag_2O_3	–
MO_2	R	R[c]	R	R	–	R?	R?	–	–	F[c]	R[c]	R[c]	R[c]	R	R	R	R	–
$MO_{>2}$	–	–	$CrO_{<3}$	–	–	–	–	–	–	–	–	–	ReO_3	–	–	–	–	–
	–	V_2O_5	CrO_3	Mn_2O_7	–	–	–	–	–	–	M_2O_5	MoO_3[f]	M_2O_7	MO_4	–	–	–	–

Strukturen (KZ_M)[b,g,h]: C = Cooperit PtS (4); K = Korund Al_2O_3 (6); N = NaCl (6); W = Wurtzit ZnS (4); F = Fluorit CaF_2 (8); R = Rutil TiO_2 (6); S = Spinell $MgAl_2O_4$ (4, 6; i = invers); L = C-Ln_2O_3-Struktur (6).

a Man kennt zudem Sc_2O_3/Y_2O_3 (C-Ln_2O_3-Strukt.), La_2O_3 (A-Ln_2O_3-Strukt.), LaO (NaCl-Strukt.). Es existiert kein WO, W_2O_3, AuO.

b Bezüglich der wiedergegebenen Strukturen vgl. bei den betreffenden Elementen. Alle Oxide bilden Raumstrukturen bis auf α-MoO_3/Re_2O_7 (Schichtstrukturen), CrO_3 (Kettenstruktur), $Mn_2O_7/Tc_2O_7/RuO_4/OsO_4$ (Inselstrukturen).

c Metallcluster-haltig.

d CdO; HgO bildet Zick-Zack-Ketten mit $KZ_{Hg} = 2$.

e α-Form; γ-Form = Spinell.

f ReO_3-Strukturen im Falle von β-MoO_3 und WO_3; α-MoO_3 = komplex mit $KZ_{Mo} = 6$.

g Strukturen zum Teil verzerrt; z. B. im Falle von Cr(II), Mn(III) aufgrund des Jahn-Teller-Effekts, bei anderen Oxiden aufgrund von MM-Bindungen.

h γ-Form $\approx$ β-Form; α-Form = komplex mit $KZ_M = 7$.

terschiedliche Metallwertigkeiten zugrunde, was zu nichtstöchiometrischen Phasen führen kann (vgl. Kursivdruck in Tab. 32.8)[7].

Nichtstöchiometrische Verbindungen. Unter Nichtstöchiometrie versteht man die Erscheinung einer Abweichung der Festkörperzusammensetzung von der nach dem Dalton'schen Gesetz zu erwartenden Verbindungsstöchiometrie (»nichtstöchiometrische Verbindungen« = »nichtdaltonide Verbindungen« = »Berthollide«). Sie ist unter den Übergangsmetallverbindungen MX_n weit verbreitet und bewegt sich in der Regel – ausgehend von einer bestimmten Wertigkeit des Übergangsmetalls (z. B. Cu_2O, Fe_2O_3) – bevorzugt in Richtung einer nahegelegenen anderen stabilen Metallwertigkeit (z. B. CuO, Fe_3O_4). Ist letztere größer als erstere (z. B. $Cu_2O \longrightarrow$ CuO), so liegt der betrachteten ionisch gebauten nichtstöchiometrischen Phase ein Kationendefizit $M_{1-x}X_n$ oder ein Anionenüberschuss MX_{n+x}, andernfalls (z. B. $Fe_2O_3 \longrightarrow Fe_3O_4$) ein Kationenüberschuss $M_{1+x}X_n$, oder ein Anionenunterschuss MX_{n-x} im Teilgitter des Gegenions zugrunde. Zum Ladungsausgleich nehmen in der nichtstöchiometrischen Ionenverbindung ausreichend viele Kationen den nächst höheren bzw. niedrigeren stabilen Oxidationszustand ein.

Im Prinzip ist jeder polymere Festkörper, der mit dem Dampf einer seiner Komponenten in Kontakt steht – zumindest zu einem sehr kleinen Prozentsatz – nichtstöchiometrisch. Größere Abweichungen von der Stöchiometrie werden vielfach bei den Übergangsmetall-hydriden, -chalkogeniden, -penteliden, -carbiden, -siliciden, -boriden aufgefunden. Auch bei Verbindungen dieser binären Systeme untereinander ($\rightarrow$ ternäre Systeme usw.) tritt vielfach Nichtstöchiometrie auf (vgl. z. B. M'_xMO_3 mit M' = Alkalimetall, Cu, Ag, Ti, Pb usw., M = Ti, Nb, Ta, Mo, W usw., siehe bei den Wolframbronzen).

In diesem Zusammenhang sei darauf hingewiesen, dass das der Betrachtung zugrunde gelegte »stöchiometrische« Metalloxid wie jeder andere Kristall nur am absoluten Temperaturnullpunkt eine vollständig »geordnete Idealstruktur« einnehmen kann. Bei Temperaturen über 0 K bilden aber alle Kristalle unter Erhöhung der inneren Energie und zugleich unter Vermehrung der Entropie als vorgangsauslösendem Faktor »ungeordnete Realstrukturen« mit Gitterfehlern (»Gitterde-

---

7 Gewisse Eigenschaftsähnlichkeiten weisen die Oxide der nebenstehenden Übergangsmetalle in dem abgegrenzten Bereich auf (vgl. allgemeinen Text).

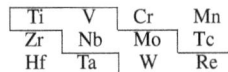

Ti	V	Cr	Mn
Zr	Nb	Mo	Tc
Hf	Ta	W	Re

fekten«). Diese Defekte, deren Zahl mit wachsender Temperatur zunimmt, entstehen in einem Ionenkristall gemäß Abb. 32.14a sowie b sowohl durch gleichzeitige Wanderung von Kationen und Anionen an die Kristalloberfläche unter Zurücklassen von Kationen- und Anionenleerstellen (Bildung von Schottky-Fehlstellen) als auch durch Wanderung ausschließlich von Kationen bzw. Anionen auf Zwischengitterplätze unter Zurücklassen von Kationen- bzw. Anionenleerstellen (Bildung von Frenkel-Fehlstellen). Letzterer Typ von Defekten spielt erwartungsgemäß in Kristallen, die wie ZnS, $MgAl_2O_4$, CaF_2 unbesetzte tetraedrische, oktaedrische, kubische Lücken usw. aufweisen, eine große Rolle, während ersterer Typ von Gitterfehlern bevorzugt in Kristallen mit Strukturen auftritt, die keine geeigneten Lücken für eine Besetzung mit den betreffenden Kationen oder Anionen aufweisen (z. B. Alkalimetallhalogenide, Erdalkalimetalloxide).

Nichtstöchiometrische Oxide.

Nichtstöchiometrische Monoxide mit Ionendefizit bzw. -Überschuss. Das Oxid ZnO (weiß, ZnS-Struktur)[8], das sich beim Erhitzen unter Abdiffusion von etwas Sauerstoff gelb färbt, bietet ein Beispiel für das Vorliegen eines »Kationenüberschusses«, das Oxid CdO (gelb, »NaCl-Struktur«)[8], welches ebenfalls in der Wärme unter Farbvertiefung etwas Sauerstoff abgibt, ein Beispiel für das Vorliegen eines »Oxidionenunterschusses«. Im gebildeten nichtstöchiometrischen $Zn_{1+x}O$ ($x = 7 \cdot 10^{-15}$ bei 800 °C) besetzen Zn-Atome tetraedrische Oxidionen-Zwischengitterplätze[8], im nichtstöchiometrischen CdO_{1-x} ($x = 5 \cdot 10^{-4}$ bei 650 °C) finden sich – da oktaedrische Zwischengitterplätze für Cd^{2+} fehlen[8] – Leerstellen im Oxidgitter (die Abb. 32.14e und f geben den Sachverhalt stark vereinfacht wieder). Andererseits bildet das mit NaCl-Struktur kristallisierende schwarze Oxid FeO (Analoges gilt für die Monoxide der benachbarten Übergangselemente) wegen des leicht erfolgenden Übergangs des Eisens von der Zwei- in die Dreiwertigkeit Phasen mit »Kationenunterschuss«: $Fe_{1-x}O$ (Abb. 32.14g; Ersatz von jeweils drei Fe^{2+} durch zwei Fe^{3+}; Cu_2O bildet wegen des leicht erfolgenden Übergangs $Cu^+ \longrightarrow Cu^{2+}$ aus gleichen Gründen nichtstöchiometrisches $Cu_{2-x}O$). Tatsächlich lässt sich stöchiometrisch zusammengesetztes FeO (anders als CrO, MnO, CoO, NiO) unter normalen Bedingungen überhaupt nicht gewinnen: FeO existiert nur als nichtstöchiometrische Phase $Fe_{0.84-0.95}$ (»Wüstit«), deren Fe^{2+}-Leerstellen und Fe^{3+}-Ionen im NaCl-Gitter zudem geordnete Positionen einnehmen (Bildung von Bereichen mit »defekter NaCl-Struktur«, in denen alle Kationenpositionen leer und Fe^{3+} tetraedrische statt oktaedrische Lücken besetzt). Ein Monoxid der äußeren Übergangsmetalle mit »Oxidionenüberschuss« (Abb. 32.14h) ist unbekannt (CaF_2-strukturiertes UO_2 bildet dagegen bei 1150 °C mit Sauerstoff UO_{2+x}, wobei überschüssige O^{2-}-Ionen kubische Lücken besetzen).

Nichtstöchiometrische Monoxide mit Eigenfehlordnung. Die TiO-Phase (bronzefarben, »NaCl-Struktur«) besitzt eine sehr große Eigenfehlordnung (Schottky-Fehlstellen, Abb. 32.14a). Selbst bei Vorliegen idealer Stöchiometrie $TiO_{1.00}$ haben deshalb im Sinne der Formulierung $Ti_{1-x}O_{1-x}$ (x ca. 0.15) nur etwa $\frac{1}{3}$ der Ti^{2+}-Ionen sechs O^{2-}-Nachbarn, der Rest weniger. Oberhalb 900 °C sind jeweils 15 % Leerstellen im Kationen- und Anionengitter statistisch verteilt, Bei Raumtemperatur sind sie ähnlich wie in NbO (je 25 % Leerstellen, S. 1839) geordnet. Die nichtstöchiometrischen TiO-Phasen sind bei Raumtemperatur nur metastabil (beim Tempern Disproportionierung in Ti_nO mit $n = 2, 3, 6$ und TiO bzw. Ti_2O_3 und TiO). Die Ursache der bei den Monoxiden der frühen Übergangsmetallmonoxide (TiO, VO, NbO), aber nicht bei den Monoxiden der späteren Übergangsmetalle beobachteten hohen Eigenfehlordnung ist in den ausgedehnten d-Valenzorbitalen ersterer Übergangsmetalle zu suchen, welche – bevorzugt über O^{2-}-ionenfreie Stellen – mit entsprechenden d-Orbitalen benachbarter Metallionen wechselwirken. Die Bildung derartiger, sich über den Kristall ausdehnender Metallcluster erklärt die hohe metallische Leitfähigkeit von TiO, VO und NbO. Zudem kann der Sauerstoffgehalt der Oxide als

---

[8] In ZnO liegt eine hexagonal-dichteste O^{2-}-Ionenpackung mit Zn^{2+} in der Hälfte aller tetraedrischen Lücken vor, in CdO eine kubisch-dichteste O^{2-}-Ionenpackung mit Cd^{2+} in allen oktaedrischen Lücken.

$$
\begin{array}{cccccc}
\text{M}^+ & \text{X}^- & \text{M}^+ & \text{X}^- & \text{M}^+ \\
\text{X}^- & \square & \text{X}^- & \text{M}^+ & \text{X}^- \\
\text{M}^+ & \text{X}^- & \text{M}^+ & \text{X}^- \\
\text{X}^- & \text{M}^+ & \square & \text{M}^+ \\
\text{M}^+ & \text{X}^- & \text{M}^+ & \text{X}^-
\end{array}
\qquad
\begin{array}{cccc}
\text{M}^+ & \text{X}^- & \text{M}^+ & \text{X}^- \\
\text{X}^- & \text{M}^+ & \text{X}^- & \text{M}^+ \\
\text{M}^+ & \text{X}^- & \text{M}^+ & \text{X}^- \\
\text{X}^- & \text{M}^+ & \text{X}^- & \text{M}^+ \\
\text{M}^+ & \text{X}^- & \text{M}^+ & \text{X}^-
\end{array}
\qquad
\begin{array}{cccc}
\text{M}^+ & \text{X}^- & \text{M}^+ & \text{X}^- \\
\text{X}^- & \text{M}^+(\text{M}^+) & \text{X}^- & \text{M}^+ \\
\text{M}^+ & \text{X}^- & \text{M}^+ & \text{X}^- \\
\text{X}^- & \square & \text{X}^- & \text{M}^+ \\
\text{M}^+ & \text{X}^- & \text{M}^+ & \text{X}^-
\end{array}
$$

Schottky-Fehlstellen	Idealkristall	Frenkel-Fehlstellen
(a)	(b)	(c)

$$
\begin{array}{ccc}
\text{M}^+ & \text{X}^-(\text{M}) & \text{M}^+ \\
\text{X}^- & \text{M}^+ & \text{X}^- \\
\text{M}^+ & \text{X}^- & \text{M}^+ \\
\text{X}^- & \text{M}^+ & \text{X}^-
\end{array}
\quad
\begin{array}{ccc}
\text{M}^+ & \text{X}^- & \text{M}^+ \\
\text{X}^- & \text{M} & \text{X}^- \\
\text{M}^+ & \square & \text{M}^+ \\
\text{X}^- & \text{M}^+ & \text{X}^-
\end{array}
\quad
\begin{array}{ccc}
\text{M}^+ & \text{X}^- & \text{M}^{2+} \\
\text{X}^- & \square & \text{X}^- \\
\text{M}^+ & \text{X}^- & \text{M}^+ \\
\text{X}^- & \text{M}^+ & \text{X}^-
\end{array}
\quad
\begin{array}{ccc}
\text{M}^+ & \text{X}^-(\text{X}^-) & \text{M}^{2+} \\
\text{X}^- & \text{M}^+ & \text{X}^- \\
\text{M}^+ & \text{X}^- & \text{M}^+ \\
\text{X}^- & \text{M}^+ & \text{X}^-
\end{array}
$$

(e)	(f)	(g)	(h)

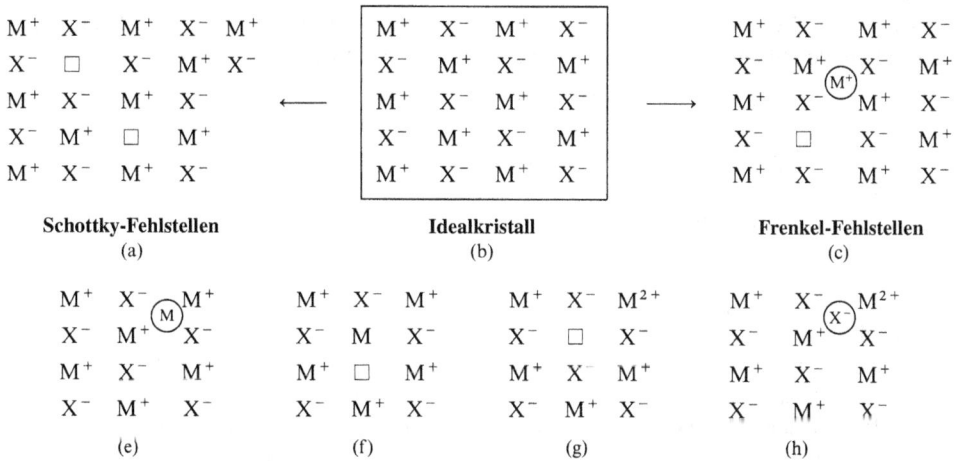

Abb. 32.14 Veranschaulichung (schematisch) der Bildung (a) von Schottky-Fehlstellen, (c) von Frenkel-Fehlstellen, (e, f, g, h) von nichtstöchiometrischen Verbindungen mit M-Überschuss (e), X-Unterschuss (f), M-Unterschuss (g), X-Überschuss (h) (jeweils nur eine M- sowie X-Ladung berücksichtigt).

Folge einer ungleichen Anzahl von Kationen- und Anionen-Leerstellen in gewissen Grenzen variieren ($TiO_{0.64-1.27}$, $VO_{0.86-1.27}$, $NbO_{0.980-1.008}$). Die dann vorliegenden nichtstöchiometrischen Phasen $M_{1-x}O_{1-y}$ besitzen für $MO_{<1}$ ($x < y$) bzw. $TiO_{>1}$ ($x > y$) einen Oxidionen- bzw. einen Kationenunterschuß (Bildung von überwiegend O- bzw. überwiegend M-Leerstellen im Falle von $TiO_{0.6}$ bzw. $TiO_{1.3}$ sowie von ausreichend vielen Ionen $Ti^{<2+}$ bzw. Ti^{3+} aus Ti^{2+}.

Nichtstöchiometrische Sesquioxide. Die γ-Form des Oxids Fe_2O_3 kann im Sinne der Formulierung $Fe_{2+x}O_3$ geringen Metallionenüberschuss (vgl. Abb. 32.14e) aufweisen. Die Abweichung der Stöchiometrie erfolgt hierbei in Richtung $Fe_3O_4 = Fe_{2.25}O_3$ (Abgabe von Oberflächensauerstoff bei gleichzeitigem Übergang von Fe^{3+} in Fe^{2+}; Eindiffusion von Fe^{2+} in den Kristall). Entsprechendes gilt für Mn_2O_3.

Nichtstöchiometrische Dioxide. Die Oxide TiO_2 und VO_2 bilden eine Reihe von sauerstoffärmeren Phasen $MO_{2-x} = M_nO_{2n-1}$ ($n > 3$), deren Sauerstoffdefizit in der vorliegenden Rutilstruktur dadurch »ausgeheilt« wird, dass kleine Rutilblöcke untereinander über eine vermehrte Anzahl von gemeinsamen MO_6-Oktaederkanten oder auch -flächen miteinander verknüpft sind (»Scherstrukturen«). Ferner existieren im Falle des Vanadiums einige sauerstoffreichere Phasen V_nO_{2n+1} ($n = 3, 4, 6$). Bezüglich des Oxids β-ZrO_2 (weiß; verzerrte »CaF$_2$-Struktur«; Frenkel-Fehlstellen mit O^{2-} in kubischen Lücken) und seiner Verwendung in der λ-Sonde der Autoabgaskatalysatoren vgl. S. 809.

Nichtstöchiometrische Trioxide. Von den Oxiden MoO_3, WO_3 und ReO_3 existieren eine Reihe sauerstoffärmerer Phasen MO_{3-x} (Mo: $x = 0.12-0.25$; W: $x = 0.05-0.28$; Re: $x = 0.14-0.21$; Formeln vielfach M_nO_{3n-1} und M_nO_{3n-2} für M = Mo, W), deren Strukturen sich von der ReO_3-Struktur durch Scherung ableiten (s. oben und S. 1878). Man vgl. auch die Übergangsmetall-Bronzen M'_xMO_3 (M' z. B. Alkalimetalle; M = Nb, Ta, Mo, W, Re; s. unten).

Darstellung und Eigenschaften. Die bei den einzelnen Elementen bereits ausführlich geschilderte Gewinnung von Übergangsmetalloxiden (s. dort) erfolgt im Prinzip wie die der Halogenide durch »Oxygenierung« (z. B. Verbrennung der Elemente, Rösten von Sulfiden, vgl. Bildung von Oxidschichten auf Metallen an Luft), durch »Oxidierung« (z. B. Erhitzen von Hydroxiden, Säuren oder leicht zersetzlichen Sauerstoffverbindungen wie Carbonaten, Nitraten) sowie »Deoxygenierung« (z. B. Reaktion der Metalloxide mit Wasserstoff oder mit den betreffenden Übergangsmetallen). Beim Vergleich der durch Oxygenierung gebildeten und sicher nachgewiesenen höchsten Oxide in kondensierter Phase mit entsprechenden höchsten Fluoriden:

CrF_5	MnF_4	FeF_3	CoF_3	NiF_2	CuF_2	CrO_3	Mn_2O_7	Fe_2O_3	Co_2O_3	NiO	CuO
MoF_6	TcF_6	RuF_6	RhF_6	PdF_4	AgF_2	MoO_3	Tc_2O_7	RuO_4	RhO_2	PdO	Ag_2O_3
WF_6	ReF_7	OsF_7	IrF_6	PtF_6	AuF_5	WO_3	Re_2O_7	OsO_4	IrO_2	PtO_2	Au_2O_3

fällt auf, dass die mittleren Übergangsmetalle mit einer deutlichen Zahl freier d-Valenzorbitale von Sauerstoff weitgehender oxidiert werden können als von Fluor (vgl. Mn, Tc, Ru, Os; Sauerstoff wirkt als stärkerer π-Donator), während die späteren Übergangsmetalle (ausgenommen Ag) mit fast vollständiger Elektronenbesetzung der d-Valenzorbitale umgekehrt mit Fluor höhere Wertigkeiten als mit Sauerstoff bilden (vgl. Rh, Ir, Pd, Pt, Au; Fluor ist das elektronegativere Element).

Ebenfalls an früheren Stellen wurden bereits die Eigenschaften der Übergangsmetalloxide besprochen. So »thermolysieren« die Oxide bei ausreichend hohen Temperaturen unter Sauerstoffabspaltung (z. B. $V_2O_5 \longrightarrow V_2O_{5-x} + \frac{x}{2} O_2$) oder unter Disproportionierung (z. B. $3 \, ReO_3 \longrightarrow Re_2O_7 + ReO_2$). Ferner wirken sie als »Redoxmittel« und lassen sich oxidieren und reduzieren. Man vgl. hierzu etwa die Bildung von farbigen nichtstöchiometrischen Bronzen wie »Titanbronzen« M_xTiO_2, »Vanadiumbronzen« $M_xV_2O_5$, »Niobium-« und »Tantalbronzen« M_xNbO_3, M_xTaO_3, »Manganbronzen« M_xMnO_2, »Rheniumbronzen« M_xReO_3, »Palladium-« und »Platinbronzen« $M_xPd_3O_4$, $M_xPt_3O_4$ oder von nichtstöchiometrischen »Molybdän-« bzw. »Wolframblau« MoO_{3-x}, WO_{3-x} z. B. durch Reduktion von Oxiden mit Alkali- oder Erdalkalimetallen M bzw. mit Wasserstoff sowie von Alkali- oder Erdalkalimetallaten mit Ti, V, Nb, Ta, Re, usw. Schließlich wirken die Oxide als »Säuren« bzw. »Basen« (vgl. hierzu S. 1544) und bilden mit Alkalihydroxiden bzw. Elementsauerstoffsäuren »Salze« oder mit geeigneten Metalloxiden »Metallate« wie Spinelle, Ilmenite, Perowskite usw.

Metallate $M_xO_m^{p-}$. In den Metallaten sind die Metallkationen häufig tetraedrisch und oktaedrisch, aber auch mit anderen Komplexgeometrien (z. B. digonal, trigonal, quadratisch, selten quadratisch-pyramidal) umgeben (für Einzelheiten vgl. Kap. XXII–XXXI). Die betreffenden Anionen treten in Form von Inseln MO_m^{p-}, aber auch über gemeinsame Ecken und Kanten von MO_m^{p-} zu Gruppen, Ketten, Schichten oder Raumstrukturen verknüpft auf. Beispiele für Inselmetallate mit folgender Metallkoordination sind:

digonal	trigonal	tetraedrisch	oktaedrisch
MO_2^{3-}	MO_3^{4-}	TiO_4^{4-}, MO_4^{3-} (V, Nb, Ta), $CrO_4^{2-/3-/4-}$	CoO_6^{8-}
(Fe, Co, Au)	(Fe, Co)	MO_4^{2-} (Mo, W), $MnO_4^{-/2-/3-/4-}$, MO_4^{-}	in
		(Tc, Re, Ru, Os), $FeO_4^{2-/4-/5-}$, CoO_4^{6-}, $RhO_4^{2-/3-}$	Li_8CoO_6

Gruppenmetallate z. B.: $M_4O_4^{4-}$ (Cu, Ag, Au; digonales M), $Cu_4O_9^{10-}$ (trigonales M), $Au_2O_6^{6-}$ (quadratisches M), $V_2O_7^{4-}/V_4O_{12}^{6-}/Cr_2O_7^{2-}/Fe_2O_7^{8-}/Co_2O_7^{6-}$ (tetraedrisches M), $V_{10}O_{28}^{6-}/Nb_6O_{19}^{8-}/Ta_6O_{19}^{8-}/Mo_7O_{24}^{6-}/W_7O_{24}^{6-}$ (oktaedrisches M). – Kettenmetallate z. B.: $CoO_3^{2-}/CuO_3^{4-}/CuO_2^{2-}/AuO_2^{-}$ (quadratisches M), FeO_3^{3-}/ZnO_2^{2-} (oktaedrisches M). – Schichtmetallate z. B.: $Fe_2O_5^{4-}/ZnO_2^{2-}$ (tetraedrisches M), TiO_4^{2-} (oktaedrisches M). – Raummetallate z. B.: $FeO_2^{-}/NiO_2^{-}/ZnO_2^{2-}$ (tetraedrisches M), $TiO_3^{2-}/ZrO_3^{2-}/HfO_3^{2-}/NbO_3^{-}/TaO_3^{-}$ (oktaedrisches M).

1.3.2   Disauerstoffkomplexe der Übergangsmetalle

i | **Geschichtliches.** Der μ-Peroxokomplex $[Co_2(O_2)(NH_3)_{10}]^{4+}$ ist seit 1893 durch A. Werner, der η^2-Peroxokomplex $[IrCl(O_2)(CO)(PPh_3)_2]$ seit 1963 durch L. Vaska bekannt.

Für viele chemische Prozesse in Organismen spielt »Disauerstoff« eine wesentliche Rolle. Tatsächlich stellt O_2 das Substrat für über 200 Enzyme und andere Stoffe der Lebewesen dar. Die betreffenden Wirkstoffe transportieren den Sauerstoff (z. B. »Hämoglobin«, »Myoglobin«, »Hämerythrin«, »Hämcyanin«) bzw. katalysieren die Inkorporierung von Sauerstoffatomen aus O_2 in Biomaterie (»Oxygenasen«) sowie die Reduktion von O_2 zu O_2^-, O_2^{2-} usw. (»Oxidasen«). Als Wirkstoffzentren fungieren hierbei immer Übergangsmetallionen (vielfach Fe^{2+}, Cu^+), die auf dem Wege der Bildung von Disauerstoffkomplexen Sauerstoffmoleküle reversibel binden oder chemisch aktivieren.

Als Folge des Prinzips der Spinerhaltung bei chemischen Reaktionen ist normaler »Triplettsauerstoff« (S. 385) hinsichtlich organischer Moleküle im Singulettzustand inert, was den Organismen ein Leben in Sauerstoffatmosphäre erst ermöglicht; keine Barrieren bezüglich einer Reaktion mit O_2 bestehen demgegenüber für Metallzentren mit ungepaarten Elektronen. Als Folge der hohen Spin-Bahn-Kopplung von Elektronen insbesondere der schweren Übergangsmetalle und der dadurch ermöglichten teilweisen Aufhebung des Spinerhaltungssatzes reagieren allerdings selbst Metallkomplexe ohne ungepaarte Elektronen mit Triplettsauerstoff, z. B. $[Pt(PR_3)_2] + O_2 \longrightarrow [(R_3P)_2Pt(O_2)]$.

Nachfolgend sei auf Darstellung, Struktur- und Bindungsverhältnisse sowie Eigenschaften von Disauerstoffkomplexen (»Superoxide«, »Peroxide«) der Übergangsmetalle, auf deren Existenz bereits an anderer Stelle (S. 560) hingewiesen wurde, zusammenfassend eingegangen (vgl. hierzu u. a. auch S. 1701, 1853, 1997, 2015, 2053).

Darstellung. Man unterscheidet gemäß Abb. 32.15 Disauerstoffkomplexe mit einfach reduzierten O_2-Liganden (»Superoxo-« bzw. »Hyperoxokomplexe«) von solchen mit doppelt reduzierten O_2-Donatoren (»Peroxo-Komplexe«), wobei in beiden Fällen sowohl einkernige Addukte (»η^1-Superoxokomplexe«, »η^2-Peroxokomplexe«) als auch zweikernige Verbindungen (»μ-Superoxokomplexe«, »μ-Peroxokomplexe«) existieren. Das O_2^{2-}-Ion koordiniert allerdings nicht nur ein oder zwei, sondern auch drei, vier oder sechs Metallfragmente L_mM (z. B. ist O_2^{2-} in $[Ni_8L_{12}(CO)_2]^{2+}$ oktaedrisch von sechs Ni-Atomen umgeben).

Die Gewinnung von O_2-Komplexen der VIII. Nebengruppe erfolgt meist durch Einwirkung von molekularem Sauerstoff auf geeignete Komplexpartner ML_m (vgl. Abb. 32.15). Hierbei bilden Komplexe ML_m mit Zentren, die wie Fe^{II} oder Co^{II} leicht einer Einelektronenoxidation unterliegen, η^1-Superoxokomplexe bzw. bei ML_m-Überschuss μ-Peroxokomplexe (letztere lassen sich für $M = Co^{III}$ zu μ-Superoxokomplexen reduzieren), Komplexe ML_m mit Zentren, die wie $Ru^{0/II}$, $Os^{0/II}$, Co^I, Rh^I, Ir^I, Ni^0, Pd^0, Pt^0 zur Zweielektronenoxidation tendieren, η^2-Peroxokomplexe. Die von den Elementen der IV.–VII. Nebengruppe in ihrer jeweils höchsten Oxidationsstufe existierenden η^2-Peroxokomplexe stellt man andererseits durch Einwirkung von Peroxid (z. B. in Form von H_2O_2) auf die betreffenden Oxometallate dar (Substitution von Oxid O^{2-} gegen Peroxid O_2^{2-}). In der Regel bleibt hierbei die Oxidationsstufe des Komplexzentrums erhalten, im Falle von Cr^{VI} kann aber auch eine Reduktion zur fünfwertigen Stufe eintreten (Mn^{IV} wird von H_2O_2 immer zu Mn^{IV} reduziert). Schließlich konnten durch Einwirkung von Superoxid (z. B. in Form von KO_2) auf Halogenokomplexe von Metallen der VIII. Nebengruppe in einigen Fällen Superoxokomplexe synthetisiert werden.

Strukturverhältnisse. Die weitaus größte Klasse von Disauerstoff-Komplexen bilden die – meist diamagnetischen – η^2-Peroxokomplexe, in welchen der O_2-Ligand jeweils »side-on« an die Komplexzentren gebunden vorliegt (vgl. Abb. 32.15). Der OO-Abstand beträgt in den dreigliederigen MOO-Ringen 1.4–1.5 Å (zum Vergleich: r_{OO} in O_2^{2-} 1.49 Å); die beiden MO-

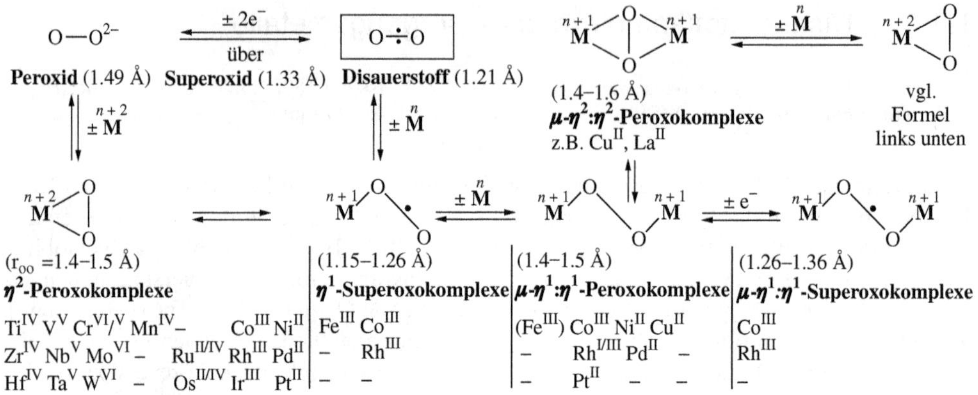

$$O-O^{2-} \; \underset{\text{über}}{\overset{\pm\,2e^-}{\rightleftharpoons}} \; \boxed{O \dotdiv O}$$

Peroxid (1.49 Å)   **Superoxid** (1.33 Å)   **Disauerstoff** (1.21 Å)

$\mu\text{-}\eta^2\text{:}\eta^2$**-Peroxokomplexe** (1.4–1.6 Å) z.B. Cu^{II}, La^{II}

vgl. Formel links unten

	η^2-Peroxokomplexe (r_{OO} =1.4–1.5 Å)	η^1-Superoxokomplexe (1.15–1.26 Å)	$\mu\text{-}\eta^1\text{:}\eta^1$-Peroxokomplexe (1.4–1.5 Å)	$\mu\text{-}\eta^1\text{:}\eta^1$-Superoxokomplexe (1.26–1.36 Å)
	Ti^{IV} V^V $Cr^{VI/V}$ Mn^{IV}–	Fe^{III} Co^{III}	(Fe^{III}) Co^{III} Ni^{II} Cu^{II}	Co^{III}
	Zr^{IV} Nb^V Mo^{VI} – $Ru^{II/IV}$ Rh^{III} Pd^{II}	– Rh^{III}	– $Rh^{I/III}$ Pd^{II} –	Rh^{III}
	Hf^{IV} Ta^V W^{VI} – $Os^{II/IV}$ Ir^{III} Pt^{II}	– –	– Pt^{II} – –	–

Abb. 32.15 Bildung und Strukturen von Disauerstoffkomplexen der Übergangsmetalle ($M = ML_m$; $n =$ Oxidationsstufe von M; Komplexladung nicht berücksichtigt; in Klammern OO-Abstände).

Bindungslängen unterscheiden sich häufig. Die η^2-Peroxokomplexe der frühen Übergangs-metalle sind vielfach verzerrt-tetraedrisch (z. B. $[CrO_2(O_2)_2]^{2-}$, $[CrO(O_2)_2(py)]$) und verzerrt-trigonal-bipyramidal (z. B. $[CrO(O_2)_2(bipy)]$), die der VIII. Nebengruppe verzerrt-oktaedrisch (z. B. $[Rh(O_2)(PR_3)_5]^+$) und verzerrt-trigonal-planar (z. B. $[(Pt(O_2)(PR_3)_2])$ gebaut (es zählt jeweils der Mittelpunkt des O_2-Liganden). Die η^1-Superoxokomplexe (z. B. Oxyhämoglo-bin oder $[Co(O_2)(CN)_5]^{3-}$) enthalten den O_2-Ligand »end-on« an die Metallzentren koordi-niert (vgl. Abb. 32.15); die OO-Abstände liegen im Bereich 1.15–1.26 Å (zum Vergleich: r_{OO} in $O_2^- = 1.33$ Å), die MOO-Winkel betragen 115–137°. In den μ-Peroxokomplexen (z. B. $[Co_2(O_2)(CN)_{10}]^{6-}$, $[Rh_2(O_2)Cl_2(py)_8]^{2+}$) sind die beiden Metallzentren immer an unterschied-liche O-Atome der O_2-Gruppe gebunden (vgl. Abb. 32.15), wobei der $O-O$-Abstand in $L_nM-O-O-ML_m$ 1.4–1.5 Å beträgt und die Metallatome der L_mM-Fragmente nicht in ei-ner Ebene mit O_2 liegen ($\sphericalangle MOOM \neq 0°, 180°$). Erwähnt sei in diesem Zusammenhang, dass die Protonierung der O_2-Liganden gemäß (Abb. 32.16a) → (Abb. 32.16b) zu einer Isomeri-sierung der MOOM-Gruppierung führen kann. Des Weiteren sei angemerkt, dass in einigen $\mu\text{-}\eta^1\text{:}\eta^1$-Peroxokomplexen ein oder beide O-Atome wie in Abb. 32.16c oder d eine zusätzlich schwache Koordination mit dem M-Atom der benachbarten L_mM-Gruppierung eingehen. Im Grenzfall besetzen M und O abwechselnd die Ecken einer planaren Raute sodass nunmehr ein $\mu\text{-}\eta^2\text{:}\eta^2$-Peroxokomplex vorliegt (vgl. Abb. 32.15). Als Beispiele seien Kupfer(II)-Komplexe mit kurzer $O-O$-Bindung (1.4–1.5 Å; vgl. S. 1701 sowie Oxyhämocyanin) und der Komplex $[La(\mu\text{-}\eta^2\text{:}\eta^2\text{-}O_2)(NR_2)_2(OPPh_3)]$ mit langer $O-O$-Bindung (1.65 Å) genannt (mit wachsender Elektronenübertragung von M auf die Peroxogruppe verlängert sich die $O-O$-Bindung und bricht schließlich auf; vgl. S. 1703). Die Bindung der $\mu\text{-}\eta^2\text{:}\eta^2$-Peroxokomplexe aus L_mM und O_2 erfolgt in der Regel auf dem Wege über η^2-Peroxokomplexe. Der reduktiv sich abwickelnde Übergang der $\mu\text{-}\eta^1\text{:}\eta^1$-Peroxokomplexe in $\mu\text{-}\eta^1\text{:}\eta^1$-Superperoxokomplexe ist von einer OO-Abstandsverkürzung sowie einer mehr oder minder starken MOOM-Gerüsteinebnung begleitet (vgl. Abb. 32.15).

Bindungsverhältnisse. Valence-Bond-Betrachtung. Unter der vereinfachenden Annahme, dass Disauerstoff in den nach

$$L_mM + O_2 \;\rightleftharpoons\; L_mM \cdot O_2 \tag{32.1}$$

gebildeten Disauerstoffkomplexen aufgrund seiner hohen Elektronegativität im wesentlichen als Elektronenakzeptor hinsichtlich des Ein- oder Zweielektronendonators L_mM wirkt (s. oben) und O_2 formal zu O_2^- bzw. O_2^{2-} reduziert, lassen sich die Komplexe $L_mM \cdot O_2$ als Addukte der

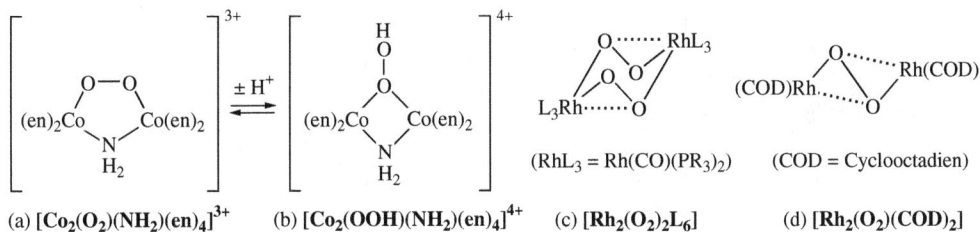

(a) $[Co_2(O_2)(NH_2)(en)_4]^{3+}$ (b) $[Co_2(OOH)(NH_2)(en)_4]^{4+}$ (c) $[Rh_2(O_2)_2L_6]$ (d) $[Rh_2(O_2)(COD)_2]$

Abb. 32.16

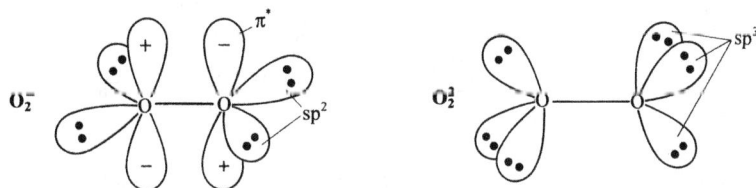

Abb. 32.17

Lewis-Säuren L_mM^+ bzw. L_mM^{2+} mit Lewis-basischem Superoxid O_2^- bzw. Peroxid O_2^{2-} beschreiben[9]. Betrachtet man zudem – und wiederum in grober Vereinfachung – die O-Atome des Superoxids als sp^2-, die des Peroxids als sp^3-hybridisiert, wobei jeweils ein Hybridorbital für die Disauerstoff-σ-Zweielektronenbindung, zwei bzw. drei Hybridorbitale für die freien Elektronenpaare und die verbleibenden p-Atomorbitale im Falle von O_2^- für die Disauerstoff-π-Einelektronenbindung genutzt werden (s. Abb. 32.17). so folgen die Strukturen der Disauerstoffkomplexe (vgl. Abb. 32.15) zwanglos, indem man ein oder zwei Elektronenpaare von O_2^- bzw. O_2^{2-} mit den Komplexzentren M koordiniert. Eine Auskunft darüber, welche Bindungsart der Disauerstoff (»end-on« oder »side-on«) in den Komplexen einnehmen wird, liefert diese VB-Betrachtungsweise der Komplexbindung nicht.

Molekülorbital-Betrachtung. Einen Einblick in die Konfiguration der Komplexe $L_mM \cdot O_2$ vermittelt eine qualitative MO-Betrachtung der Orbitalkombinationen im Zuge der der Komplexbildung (32.1) unter der näherungsweise zutreffenden Annahme, dass von den O_2-Molekülorbitalen (vgl. S. 385) nur die π^*-MOs, nicht aber die deutlich energieärmeren σ_{sp}- und π-MOs bzw. das energiereichere σ_{sp}^*-MO mit den d-Valenzorbitalen des Komplexzentrums wechselwirken (Energie: $\pi^* \approx d$; Methode von J. H. Enemark und R. D. Feltham, verallgemeinert durch R. Hoffmann, D. M. P. Mingos et al.). Wie sich der Abb. 32.18 (linke Seite) leicht entnehmen lässt, vermögen von den d-Atomorbitalen, deren Energieinhalt bei Vorliegen quadratisch-pyramidaler oder -bipyramidaler Komplexe $L_mM \cdot O_2$ ($m = 4,5$; O_2 als einzähliger Ligand gerechnet) in Richtung d_{xz}, $d_{yz} < d_{xy} < d_{z^2} < d_{x^2-y^2}$ anwächst (vgl. Ligandenfeld-Theorie, S. 1592), nur die d_{xz}- und d_{yz}-AOs, im Zuge der gegenseitigen Annäherung von M und O_2 in der angedeuteten Richtung (Abb. 32.18a bzw. b) (Bildung eines Komplexes mit end- bzw. side-on gebundenem Disauerstoff) wirkungsvoll mit den O_2-Molekülorbitalen des Typs π_x^* und π_y^* zu bindenden und antibindenden ($d_{xz} \pm \pi_x^*$)- sowie ($d_{yz} \pm \pi_y^*$)-Molekülorbitalen zu kombinieren.

---

[9] Die Frage nach dem Charakter der Metall-Sauerstoff-Bindung (kovalent oder ionisch; Ausmaß der σ-Hin- und π-Rückbindung) ist bis heute nicht eindeutig geklärt worden. So sollte sich mit wachsender π-Rückbindung von d-Elektronen in ein π^*-MO des Sauerstoffs der OO-Abstand in Disauerstoffkomplexen vergrößern. Tatsächlich liegen aber z.B. alle OO-Abstände der zahlreichen η^2-Peroxokomplexe $L_mM \cdot O_2$ unabhängig von der Art des Zentralmetalls M und der Komplexliganden L im Bereich 1.4–1.5 Å.

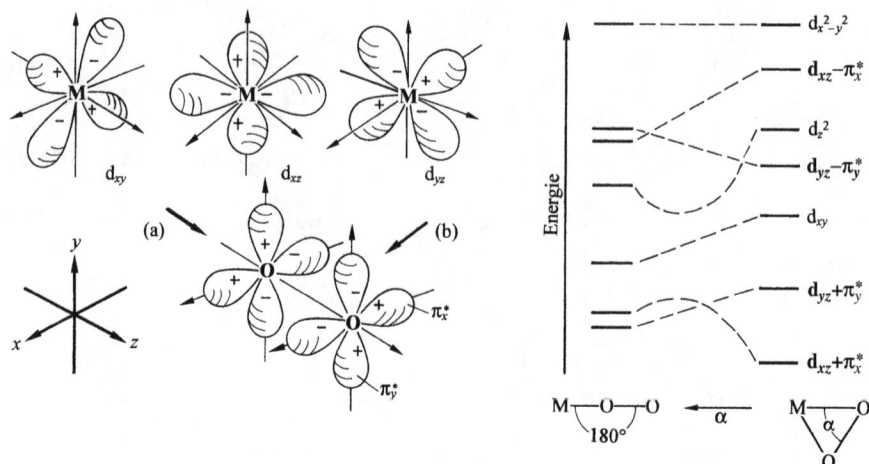

Abb. 32.18 Walsh-Diagramm (schematisch) des Übergangs von »end-on« zu »side-on« gebundenem O_2 in Disauerstoffkomplexen $L_mM \cdot O_2$ (quadratisch-pyramidal bzw. -dipyramidal; $m = 4, 5$).

Die Abb. 32.18 (rechte Seite) gibt ferner schematisch den Energieverlauf der Orbitalkombinationen beim Übergang von Disauerstoffkomplexen mit linearer zu solchen mit cyclischer MO_2-Gruppierung wieder (»Walsh-Diagramm«; vgl. S. 390)[10].

Um zu Aussagen über die Struktur der MO_2-Gruppe in Disauerstoffkomplexen $L_mM \cdot O_2$ zu kommen, müssen die einzelnen Energieniveaus der Reihe nach mit den in L_mM vorliegenden d-Außenelektronen des Metalls sowie den in O_2 vorhandenen beiden π^*-Elektronen aufgefüllt werden. Man gibt hierbei die Summe z der d- und π^*-Elektronen in Komplexen $L_mM \cdot XY$ durch das Symbol $\{MXY\}^z$ wieder, z. B. $\{MOO\}^4$, $\{MOO\}^6$ bzw. $\{MOO\}^{10}$ bei Disauerstoffkomplexen mit 2, 4 bzw. 8 Metall-d-Außenelektronen in L_mM und jeweils 2 Disauerstoff-π^*-Elektronen. Sind insgesamt 4 Elektronen (zwei d- und zwei π^*-Elektronen) zu berücksichtigen, so führt die Besetzung der beiden unteren Energieniveaus der rechten Spalte des Walsh-Diagramms mit je zwei Elektronen zu einer niedrigeren Systemenergie als die der beiden unteren Energieniveaus der linken Spalte. Dementsprechend liegt »side-on« gebundener Sauerstoff vor (zum Beispiel $[Mo^{IV}OF_4]^{2-} + O_2 \longrightarrow [MoOF_4(O_2)]^{2-}$). Wie sich weiter ergibt, enthalten Komplexe $L_mM \cdot O_2$ mit 6 bis 9 d- + π^*-Elektronen »end-on« gebundenen Disauerstoff (zum Beispiel $[Fe^{II}(porph)] + O_2 \longrightarrow [Fe(porph)(O_2)]$; $[Co^{II}(CN)_5]^{3-} + O_2 \longrightarrow [Co(CN)_5(O_2)]^{3-}$) und Komplexe mit 10 d- + π^*-Elektronen wiederum »side-on« gebundenen Disauerstoff (zum Beispiel $[Ir^ICl(CO)(PR_3)_2] + O_2 \longrightarrow [IrCl(CO)(O_2)(PR_3)_2]$). Natürlich bestimmen das Zentralmetall und die Liganden in $L_mM \cdot O_2$ wesentlich die relative Lage der MOs und damit die Geometrie der MO_2-Gruppierung (s. oben). Auch sollten nach dem in Abb. 32.18 wiedergegebenen, für Komplexe mit vier bzw. fünf Liganden L abgeleiteten Walsh-Diagramm Komplexe $L_mM \cdot O_2$ mit 12 d- + π^*-Elektronen instabil sein (Besetzung aller bindenden ($d_{xz/yz} + \pi_{x/y}^*$- und antibindenden ($d_{xz/yz} + \pi_{x/y}^*$)-MOs mit Elektronen); tatsächlich führt hier – wie sich zeigen lässt – eine Reduktion der Ligandenzahl von 5 bzw. 4 auf < 4 zur Bildung stabiler Komplexe mit »side-on« gebundenem Disauerstoff (z. B. $[Ni(NCR)_2] + O_2 \longrightarrow [Ni(O_2)(NCR)_2]$; $[Pt(PR_3)_2] + O_2 \longrightarrow [Pt(O_2)(PR_3)_2]$). Auskünfte über den bevorzugten Aufent-

---

[10] Das d_{z^2}-Atomorbital interferiert für α um 180° bzw. 60° schwach mit dem σ_{sp}-MO (um 180°) bzw. deutlicher mit dem π-MO (um 60°) von O_2, wodurch das σ_{sp}- bzw. π-MO energetisch schwach bis deutlich abgesenkt, das d_{z^2}-AO schwach bis deutlich angehoben wird, während es mit dem π^*-MO, wie sich leicht ableiten lässt, nur im Zwischenbereich (180° > α > 60°) wechselwirken kann und dort energetisch abgesenkt wird. Das $d_{x^2-y^2}$-Atomorbital beeinflusst die Bindungsverhältnisse der MO_2-Gruppierung näherungsweise nicht. Ähnliche Walsh-Diagramme gelten für andere Komplexe $L_mM \cdot XY$ (XY z. B. CO, NO, NN, vgl. hierzu S. 2154).

haltsort der Elektronen (Metall oder Disauerstoff) folgen aus dieser einfachen MO-Betrachtung aber nicht.

Eigenschaften. Die Bildung von Disauerstoffkomplexen auf dem Wege (32.1) erfolgt reversibel bis irreversibel und ist insgesamt mit einer Aktivierung molekularen Sauerstoffs verbunden. Beide Tatbestände sind von herausragender Bedeutung für biochemische Prozesse sowie für technische Oxidationsprozesse.

Reversible Disauerstoffkomplexbildung. Mit abnehmender Elektronendichte am Zentrum der Komplexe $L_mM \cdot O_2$ verschiebt sich das Gleichgewicht (32.1) in wachsendem Ausmaße auf die Seite der Edukte L_mM und O_2. Dementsprechend dissoziieren die η^2-Peroxokomplexe $[IrX(O_2)(CO)(L_2)]$ (S. 2013) zunehmend stärker in $[IrX(CO)L_2]$ und O_2 für X in Richtung I, Br, Cl und für L in Richtung PPh$_2$Et, PPh$_3$ (z.B. nimmt $[IrCl(CO)(PPh_3)_2]$ Disauerstoff unter Normalbedingungen reversibel, $[IrI(CO)(PPh_3)_2]$ nur irreversibel auf). Auch geben Komplexe $L_mM \cdot O_2$ bei wachsender Oxidationsstufe des Zentralmetalls zunehmend leicht Sauerstoff ab, weshalb zwar η^2-Dioxokomplexe von Ti^{IV} und V^{V} unter Normalbedingungen stabil sind, während solche von stärker oxidierend wirkendem Cr^{VI} leicht unter O$_2$-Abgabe zerfallen (Cr^{VI} $\longrightarrow$ Cr^{V}) und solche von sehr stark oxidierend wirkendem Mn^{VII} unbekannt sind (Mn^{VII} $\longrightarrow$ Mn^{IV}). Bezüglich der Bedeutung der reversiblen Bildung von η^1-Superoxo- und μ-η^2:η^2-Peroxokomplexen für den Sauerstofftransport in Lebewesen (vgl. S. 1965 und S. 1706).

Aktivierung molekularen Sauerstoffs. Mit der Bildung von Disauerstoff-Komplexen wächst die Basizität und Nucleophilie von O$_2$ als Folge des Übergangs von O$_2$ in O$_2^-$ bzw. O$_2^{2-}$ und damit die Reaktivität hinsichtlich saurer und elektrophiler Edukte. So reagieren etwa »Peroxokomplexe« mit H$^+$ unter Bildung von Mono- oder Diyhdrogenperoxid (z.B. Komplex (Abb. 32.18a) + H$^+$ $\longrightarrow$ (Abb. 32.18b); 2 [Pt(O$_2$)(PPh$_3$)$_2$] + H$_2$O + H$^+$ $\longrightarrow$ (Abb. 32.19e) + H$_2$O$_2$) oder mit SO$_2$ bzw. CO unter Bildung von (Abb. 32.19f) bzw. (Abb. 32.19fg) (die leicht erfolgende Einschiebung in die OO-Bindung entspricht einer – mit elementarem Sauerstoff unter Normalbedingungen nicht erfolgenden – Oxidation von SO$_2$ bzw. CO; vgl. S. 2053). Ähnlich reagieren viele andere »Elektrophile« wie NO, NO$_2$, CO$_2$, CS$_2$, CNR, RCHO, R$_2$CO, PR$_3$ mit Peroxokomplexen.

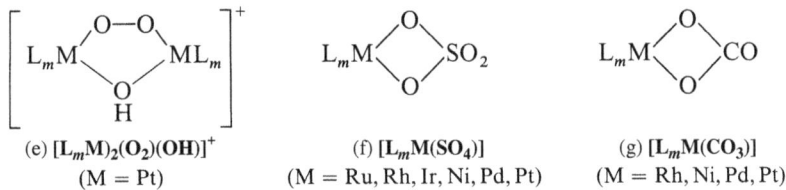

$$
\left[L_mM \diagup^{\displaystyle O-O}_{\displaystyle \underset{H}{O}} ML_m \right]^+
\qquad
L_mM \diagup^{\displaystyle O}_{\displaystyle O}\diagdown SO_2
\qquad
L_mM \diagup^{\displaystyle O}_{\displaystyle O}\diagdown CO
$$

(e) $[L_mM]_2(O_2)(OH)]^+$ (f) $[L_mM(SO_4)]$ (g) $[L_mM(CO_3)]$

(M = Pt)   (M = Ru, Rh, Ir, Ni, Pd, Pt)   (M = Rh, Ni, Pd, Pt)

Abb. 32.19

Auch die Oxidation vieler Übergangsmetallionen wie Fe^{2+} oder Cu$^+$ in wässrigem oder anderem Milieu mit molekularem Sauerstoff erfolgt wohl auf dem Wege über Peroxokomplexe der oxidierten Ionen (z.B. Fe^{3+}, Cu^{2+}), welche unter weiterer Reduktion ihres komplexierten Sauerstoffs ihrerseits die vorhandenen Übergangsmetallionen oxidieren (M $= L_mM$):

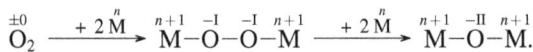

$$
\overset{\pm 0}{O_2} \xrightarrow{+2\overset{n}{M}} \overset{n+1}{M}-\overset{-I}{O}-\overset{-I}{O}-\overset{n+1}{M} \xrightarrow{+2\overset{n}{M}} \overset{n+1}{M}-\overset{-II}{O}-\overset{n+1}{M}.
$$

Der Lewis-basische Charakter der »η^1-Superoxokomplexe« zeigt sich u.a. in der leicht erfolgenden Addition Lewis-sauer wirkender Komplexe unter Bildung von μ-Peroxokomplexen (vgl. S. 1997). Eine spezifische Reaktion einiger dieser Verbindungen mit dem Superoxid-Liganden O$_2^-$ (ein ungepaartes Elektron) stellt ferner die Möglichkeit zur H-Abstraktion aus der chemischen Umgebung dar (Bildung von Radikalen R$\cdot$ aus RH).

Verwendung. In der Technik werden Übergangsmetallverbindungen sowohl zur heterogen als auch zur homogen katalysierten Oxidation anorganischer sowie organischer Verbindungen mit elementarem Sauerstoff genutzt (Weltjahresumsätze: Megatonnenmaßstab). Als Beispiele seien etwa die Schwefeldioxidoxidation (»Kontaktverfahren«; Vanadium-Katalysatoren; vgl. S. 654, 1822), die Ethylencarbonylierung (»Wacker-Prozess«; $PdCl_2/CuCl_2$-Katalysatoren; S. 2062) und die Epoxidation genannt (»Shell-Prozess«; Ti^{IV}- oder Mo^{VI}-Katalysatoren; vgl. hierzu auch Oxidationen mit $MeReO_3$ und OsO_4 als Katalysatoren, S. 19301634, 1977). Bezüglich der für Organismen wichtigen Oxidationsprozesse mit Oxygenasen oder Oxidasen als Katalysatoren vgl. Lehrbücher der Biochemie.

1.4   Stickstoffverbindungen

Der Stickstoff wird von den Übergangsmetallen sowohl als Mono- als auch Distickstoff gebunden. In erstem Falle erfolgt die Bildung von Nitriden im engeren Sinne, in letzterem Falle die von Distickstoffkomplexen. In dieser Beziehung verhält sich Stickstoff analog Sauerstoff. Nachfolgend sei auf Übergangsmetall-Nitridokomplexe und -Distickstoffkomplexe näher eingegangen. Bezüglich der Komplexe der Übergangsmetalle mit Stickstoffmonoxid NO, das hinsichtlich seiner Zusammensetzung eine Mittelstellung zwischen O_2 und N_2 einnimmt, vgl. S. 2150.

1.4.1   Übergangsmetallnitride

Überblick. Die binären Nitride M_nN_m der Übergangsmetalle sind deutlich weniger zahlreich als die oben besprochenen – thermodynamisch viel stabileren – Oxide M_nO_m, und von einigen Elementen (Platinmetalle bis auf Pt) kennt man bisher kein einziges Nitrid (anders als im Falle der Oxide finden sich praktisch keine Nitride in der Natur; Ausnahmen sind in Meteoriten vorkommender »Osbornit« TiN, »Carlsbergit« CrN und »Roaldit« Fe_4N sowie der im Vulkangestein entdeckte »Siderazot« = »Silvestrit« $\approx Fe_5N_2$). Auch kommen den Übergangsmetallen in ihren binären Verbindungen mit Stickstoff im Mittel kleinere Oxidationsstufen zu als in ihren binären Verbindungen mit Sauerstoff (die Maximalwertigkeit der Übergangsmetalle wird nur von den Sc- sowie schweren Ti- und V-Gruppenelementen in den Nitriden erreicht: ScN, YN, LaN, AcN, Zr_3N_4, Hf_3N_4, Ta_3N_5). Demgemäß enthalten viele Nitride formelmäßig mehr M- als N-Atome, d.h. $n > m$: M_4N (selten, z.B. metastabiles V_8N, Fe_8N), M_4N (M = Mn, Fe, Co, Ni), M_3N (M = Fe, Co, Ni, Cu, Ag, (Au), (Hg)), M_2N (M = Ti; V, Nb, Ta; Cr, Mo, W; Mn, (Tc), (Re); Fe, Co), ferner M_3N_2 (M = Mn, Ni, Zn, Cd, Hg). Des weiteren weisen viele Nitride etwa gleichviele M- wie N-Atome auf, d.h. $n \approx m$: MN (M = Sc, Y, La, Ac, Ln, An; Ti, Zr, Hf; Y, Nb, Ta; Cr, Mo, W; »Mn«, (Tc), (Re); Fe; Co, Pt). Nur wenige Nitride mit weniger M- als N-Atomen sind bekannt, d.h. $n < m$: $M_{<1}N$ (Zr_3N_4, Hf_3N_4, Nb_5N_6, Nb_4N_5, Ta_5N_6, Ta_4N_5, Ta_3N_5). Die (mehr formalen) Oxidationsstufen der Übergangsmetalle betragen also in ihren Nitriden $< I$ ($M_{>4}N$, M_4N), +I (M_3N), 1.5 (M_2N), +II (M_3N_2), +III (MN), +IV (M_3N_4) und +V (M_3N_5). Außer binären kennt man auch ternäre Nitride, die neben Stickstoff und M noch M′ enthalten: M′ = Übergangsmetall (z.B. $M_xTa_{1-x}N$ mit M = Ti, V, Cr, Mn, Fe, Co, Ni; MMn_3N mit M = Cu, Ag, Zn; Mo_3M_3N/W_3M_3N mit M = Fe, Co); M′ = Alkali-, Erdalkalimetall (»Nitridometallate«, s. unten). Ferner existieren Nitridhalogenide wie etwa TiHalN, $MoCl_3N$, WCl_3N, $ReCl_4N$, Os_2Cl_5N sowie Nitridoxide wie z.B. TiN_xO_{1-x}.

Darstellung. Man gewinnt Übergangsmetallnitride vielfach aus den Elementen bei höheren Temperaturen (N_2 kann durch elektrische Entladung aktiviert werden; anstelle von Stickstoff N_2 kann Ammoniak NH_3 verwendet werden). Zur Bildung der Nitride der Platinmetalle sowie der Übergangsmetalle in hohen Oxidationsstufen muss unter hohen bis höchsten N_2-Drücken gearbeitet werden (bisher praktiziert zur Gewinnung von PtN). Des weiteren führt die Nitridierung geeigneter Übergangsmetallverbindungen (Halogenide, Oxide) mit Ammoniak zu den betreffenden Nitriden (durch Ammonolyse von Halogeniden lassen sich metastabile, thermisch leicht in die Elemente zerfallende Nitride gewinnen). Schließlich kann man sehr reine, gut ausgebildete Nitridkristalle im Sinne des van-Arkel-Verfahrens aus Metallhalogeniden (z. B. $TiCl_4$, VCl_4) durch Reaktion mit Wasserstoff und Stickstoff an heißen Drähten (z. B. W bei 1000–1600 °C) gewinnen. In analoger Weise können heiße Materialien mit dünnen Nitridschichten überzogen werden.

Strukturen. Die zur Diskussion stehenden »Nitride« lassen sich ähnlich wie die »Carbide« (S. 1021) oder »Hydride« (S. 2068) strukturell meist als »Einlagerungsverbindungen« (»interstitielle Verbindungen«, früher nicht ganz richtig »Intercalations-Verbindungen«) von Nichtmetallatomen (hier N) in kubisch- oder hexagonal-dichteste (gelegentlich auch raumzentrierte oder andersartige) Metallatompackungen beschreiben (diese Vorstellung steht im Gegensatz zur Ermittlung der Metalloxidationsstufe von M_nN_m, wozu man von Metallkationen sowie räumlich größeren und deshalb nicht in Lücken der Kationenpackung passenden N^{3-}-Anionen ausgeht; tatsächlich übertragen die Übergangsmetalle nur bis zu 1 Elektron auf N, während die weitere Elektronen dem »Metallelektronengas« beisteuern). Die Nitride, deren Metallatompackung übrigens nicht mit der der Übergangsmetalle bei Raumtemperatur übereinstimmen muss, stellen demgemäß wie die Carbide oder Hydride nichtstöchiometrische Verbindungen (S. 2087) dar: viele der weiter oben aufgelisteten Übergangsmetallnitride weisen eine mehr oder weniger große Phasenbreite auf. Die N-Atome bevorzugen hierbei die Koordinationszahl 6 und besetzen vielfach oktaedrische Lücken (das kleine H-Atom besetzt in den Metallhydriden zunächst die kleinen tetraedrischen Lücken).

Besetzung aller oktaedrischen Lücken einer kubisch-dichtesten = kubisch-flächenzentrierten Metallatompackung führt zu Nitriden der Zusammensetzung MN mit »NaCl-Struktur« (Abb. 32.20a). Meist findet man große Phasenbreite (defekte NaCl-Struktur; im Falle von θ-$Mn_6N_5 \cong Mn_6N_{5.01-5.76}$ wird maximal nur die Grenzstöchiometrie $MnN_{0.96}$, aber nicht $MnN_{1.00}$ erreicht). Die schweren Gruppenmetalle bilden zum Teil andere MN-Strukturen aus: so kristallisiert WN mit »WC-Struktur« (N in trigonal-prismatischen Lücken einer primitiv-hexagonalen W-Atompackung), ε-TaN mit verzerrter »NiAs-Struktur« (N in allen oktaedrischen Lücken einer hexagonal-dichtesten Ta-Atompackung; es existiert auch eine Hochtemperaturmodifikation δ-TaN mit »NaCl-Struktur« und eine Hochdruckmodifikation υ-TaN mit »WC-Struktur«) und PtN mit unbekannter Struktur (N in der Hälfte der tetraedrischen Lücken einer kubisch-dichtesten Pt-Atompackung). Die Besetzung von $\frac{1}{4}$ der oktaedrischen Lücken einer kubisch dichtesten M-Atompackung führt des Weiteren zu Nitriden der Zusammensetzung M_4N mit »$CaTiO_3$-(Perowskit-)Struktur« (Abb. 32.20b), die von $\frac{1}{3}$ bis $\frac{1}{2}$ der oktaedrischen Lücken einer hexagonal-dichtesten M-Atompackung zu Nitriden der Zusammensetzung M_3N bis M_2N mit defekter »NiAs-Struktur« (Abb. 32.20c). Abweichend hiervon kommt Cu_3N (Analoges gilt wohl für Ag_3N) »ReO_3-Struktur« zu. Zn_3N_2/Cd_3N_2 sind isomorph mit Mn_2O_3 (S. 1951), Ta_3N_5

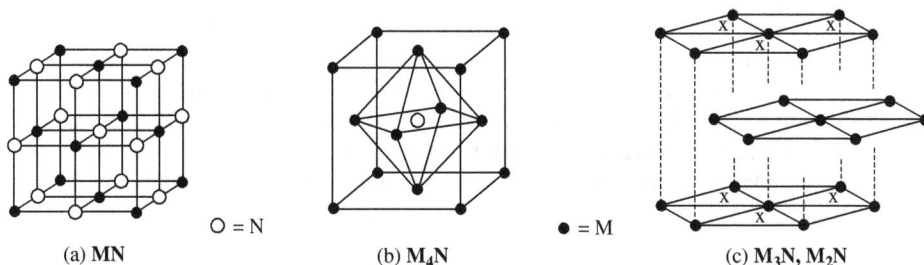

(a) **MN** $\bigcirc = N$ (b) **M_4N** $\bullet = M$ (c) **M_3N, M_2N**

Abb. 32.20 Kristallstrukturen von Übergangsmetallnitriden: (a) MN (NaCl-Typ), (b) M_4N ($CaTiO_3$, Perowskit-Typ; (c) M_3N/M_2N (defekter NiAs-Typ; die oktaedrischen Lücken liegen unter- und oberhalb der Kreuze).

ist mit Ti_3O_5 (S. 1800) verwandt. In Zr_3N_4 finden sich ecken-, kanten- und flächenverknüpfte ZrN_6-Oktaeder und trigonale ZrN_6-Prismen.

Die Übergangsmetalle V, Nb, Ta, Cr, Mo, W und Fe kristallisieren nicht mit dichtester, sondern mit kubisch-innenzentrierter Atompackung (S. 126), deren verzerrt-oktaedrische Lücken bei erhöhten Temperaturen nur in sehr geringem Ausmaße mit N-Atomen besetzt werden. Doch lassen sich unter besonderen Bedingungen metastabile Phasen mit höherer Besetzungsdichte derartiger Packungen realisieren. Beispielsweise folgt aus dem Zustandsdiagramm des Systems Eisen-Stickstoff (vgl. hierzu das System Fe/C, S. 1943), dass die Löslichkeit von Stickstoff in kubisch-raumzentriertem α-Fe bei 590 °C mit 0.4 Atom-% N ihr Maximum erreicht (»α-Nitridphase«). Die weitere Stickstoffaufnahme führt bei 600–700 °C zunächst zur Umwandlung von α- in kubisch-flächenzentriertes γ-Fe unter Bildung von $Fe_{10}N$ (»γ-Nitridphase«) und dann von γ-Fe in hexagonal-dichtest gepacktes Eisen unter Bildung von $Fe_{4.5-2.0}N$ (»ε-Nitridphase«; man kennt außer der ε-Fe_2N- noch die »γ-Fe_2N-Nitridphase«). Langsames Abkühlen von $Fe_{10}N$ (700 °C) führt zu α-Fe + Fe_4N (kubische »γ-Nitridphase«; auch durch Abkühlen der ε-Phase mit 20 Atom-% N unter 680 °C erhältlich), rasches Abkühlen von $Fe_{10}N$ liefert Fe_8N (N in Oktaederlücken einer mehr oder minder verzerrt-raumzentrierten Fe-Atompackung: ungeordnet/geordnet: »α'-/α''-Nitridphase«)[11].

Charakteristisch für Übergangsmetallnitride M_nN_m ist ihr – ausnahmslos – polymerer Bau (im Falle der Oxide M_nO_m treten einige Spezies mit hohen Oxidationsstufen von M molekular auf). Nitridhalogenide weisen – anders als Nitride – auch hohe Oxidationsstufen von M auf (s. oben); derartige Spezies sind molekular gebaut, wobei dem Stickstoff nicht wie in den Nitriden die Koordinationszahl 6 (bzw. 4 im Falle von PtN), sondern 2 (z. B. in $Cl_2Os{=}N{-}OsCl_5$) oder 1 (z. B. in $Cl_3Mo{\equiv}N$, $Cl_3W{\equiv}N$, $Cl_4Re{\equiv}N$) zukommt (Stickstoff bildet dann formal kovalente Einfach-, Zweifach-, Dreifachbindungen zu M).

Eigenschaften. Die Übergangsmetallnitride stellen mehr oder weniger thermo-, luft- und meist auch wasserstabile, in großer Verteilung dunkle, in kristalliner Form helldurchscheinende Verbindungen von zum Teil sehr großer Härte dar (TiN ist fast so hart wie Diamant; die Härte nimmt in Richtung Ti-, V-, Cr-, Mn-, Fe-, Co-, Ni-nitrid ab). Alle Nitride MN von Elementen der 3. bis 10. Gruppe leiten den elektrischen Strom (die nichtleitenden Nitride der Cu- und Zn-Gruppe sowie Ta_3N_5 stellen keine typischen Verbindungsbeispiele für interstitielle Metallnitride dar; ein Sauerstoffgehalt der Nitride verringert die Leitfähigkeit und führt zum Halb- bis Nichtleiter). Die Nitride verhalten sich meist paramagnetisch, CrN, Mn_3N_2/Mn_6N_5 antiferromagnetisch, Fe_nN ferromagnetisch. – Thermisches Verhalten. Die thermodynamische Stabilität der Übergangsmetallnitride sinkt mit zunehmender Ordnungzahl des Metalls innerhalb einer Periode und – meist auch – innerhalb einer Gruppe, ferner nimmt sie mit steigendem N-Gehalt des Nitrids ab. Demgemäß sind die Nitride der Sc- bis Cr-Gruppe vergleichsweise stabil (Zerfall in M bzw. niedrigere Nitride und N_2 erst bei sehr hohen Temperaturen), während die Fe-, Co-, Ni-, Cu-nitride zum Teil bereits instabil sind (Zerfall der metastabilen Verbindungen in M und N_2 bereits bei nicht allzu hohen Temperaturen) und Nitride der Pt-Gruppenelemente – bis auf PtN – unbekannt sind. – Redox-Verhalten. Aufgrund der vergleichsweise hohen Thermostabilität der Übergangsmetalloxide werden die Übergangsmetallnitride von Sauerstoff in der Hitze in erstere und Stickstoff übergeführt. – Säure-Base-Verhalten. Die Übergangsmetallnitride sind unter Normalbedingungen hydrolysestabil (nur die Lanthanoid- und Actinoidnitride mit den großen Ln^{3+}-/An^{3+}-Ionen sind hydrolyseempfindlich). Die betreffenden Nitride reagieren aber mit starken nichtoxidierenden bzw. nur mit oxidierenden Säuren, ferner mit starken Basen in der Hitze.

---

[11] Nomenklatur. Die – historisch gewachsenen – Bezeichnungen der Nitridphasen mit griechischen Symbolen folgen unterschiedlicher Systematiken. Speziell im System Eisen/Stickstoff beziehen sie sich auf die Fe-Anordnung in der Metallphase (Normaldruckphasen: α = kubisch-raumzentriert, γ = kubisch-flächenzentriert, δ = kubisch-raumzentriert; erste Hochdruckphase ε = hexagonal-dichtest, hcp). Epsilon steht traditionell für hcp-basierte Phasen. Die Striche an den griechischen Symbolen deuten Phasen an, die von den ungestrichenen abgeleitet sind und z. B. Überstrukturen letzterer darstellen.

Von besonderem Interesse ist die Lewis-Acidität der Übergangsmetallnitride hinsichtlich N^{3-} als Lewis-Base. Als Folge hiervon bilden sich, wie nachfolgend ausgeführt sei, Nitridokomplexe der Übergangsmetalle.

Nitridometallate $[M_nN_m]^{p-}$ (Gegenionen in der Regel Kationen der Alkali- bzw. Erdalkalimetalle M^I = Li–Cs, M^{II} = Ca, Sr, Ba) weisen durchschnittlich höhere Oxidationsstufen $3m + p$ der Übergangsmetalle M als die oben besprochenen Nitride auf. Demgemäß erreichen auch die Elemente Ti, V, Nb, Cr, Mo, W sowie Re in den Nitridokomplexen die maximal mögliche Wertigkeit IV, V, VI und VII (Mn/Co/Ni/Cu/Zn sind in den Nitridometallaten maximal fünf-/drei-/zwei-/ein-/zweiwertig; von Y, La, Ac, Tc, Os, Ru, Rh, Ir, Pd, Pt, Ag, Au, Cd sind bisher keine Nitridokomplexe bekannt). Die Darstellung der Nitridometallate erfolgt vielfach aus den Elementen (M^I, M^{II} + M + N_2) oder aus stickstoffhaltigen Vorstufen (Li_3N, $M^{II}_3N_2$, M^INH_2, $M^{II}(NH_2)_2$, $M^{I,II}/NH_3$ + M_nN_m) bei Temperaturen über 700 °C und gegebenenfalls in einem Autoklaven (die Umsetzungen können auch in Salzschmelzen durchgeführt werden). In einigen Fällen gelingt auch die Nitridierung von Oxokomplexen mit Ammoniak, wobei auch Oxonitridometallate als Nitridierungszwischenverbindungen zugänglich werden (führt man die »Ammonolyse« der Oxometallate mit sperrig substituierten Aminen RNH_2 durch, so gelangt man zu Imidometallaten). Bezüglich Einzelheiten der Darstellung vgl. bei den einzelnen Elementen.

Entsprechendes gilt auch für die Strukturen, die für Nitridometallate – aber nicht für Oxonitridometallate oder Imidometallate – nachfolgend kurz erörtert werden, und zwar geordnet nach den Koordinationszahlen KZ_M der Übergangsmetalle in $[M_nN_m]^{p-}$, die im Bereich 6–2 liegen:

KZ_M = 6: Während in vielen Oxometallaten den Zentralelementen die Koordinationszahl 6 zukommt, trifft Entsprechendes nicht für die Nitridometallate (exakter: »ternären Nitride«) zu. So wurden bisher nur einige schichtförmige Komplexanionen mit kantenverknüpften MN_6-Oktaedern ($SrZr^{IV}N_2$, $SrHf^{IV}N_2$, $NaNb^VN_2$, $NaTa^VN_2$; vgl. $MgCl_2$-Struktur) aufgefunden. $ScTa^{III}N_2$ weist kantenverknüpfte trigonale TaN_6-Prismen auf mit Ta−Ta-Bindungen innerhalb der Schichten aus trigonal-prismatisch koordiniertem Ta(III). Nitridometallate mit isolierten MN_6-Oktaedern existieren nicht. KZ_M = 5 findet sich bei den Nitridometallaten ähnlich selten wie KZ_M = 6. Die betreffenden Verbindungen ($SrTi^{IV}N_2$, $BaZr^{IV}N_2$, $BaHf^{IV}N_2$) enthalten Schichten aus allseitig basiskantenverknüpften quadratischen MN_5-Pyramiden, deren Spitzen abwechselnd nach oben und unten weisen.

KZ_M = 4 wird bei Nitridometallaten besonders häufig angetroffen, wobei vergleichbar mit den Silicaten (S. 1113) null-, ein-, zwei- oder dreidimensionale Nitridometallatgerüste ausgebildet werden, wie nachfolgend ausgeführt sei (falls nicht anders vermerkt, liegen Salze mit M^I- bzw. M^{II}-Gegenkationen vor): »Inselnitridometallate« mit isolierten MN_4-Tetraedern, z. B. $[M^VN_4]^{7-}$ (M = V, Nb, Ta), $[M^{VI}N_4]^{6-}$ (M = Cr, Mo, W), $[Mn^VN_4]^{7-}$, $[Re^{VII}N_4]^{5-}$; »Gruppennitridometallate« mit isolierten M_2N_7- bzw. M_2N_6-Einheiten aus ecken- bzw. kantenverknüpften MN_4-Tetraedern (Abb. 32.21a, b), z. B. $[M^V_2N_7]^{9-}$ (M = Mo, W), $[M^V_2N_6]^{8-}$ (M = Cr, Mo); »Ringnitridometallate« mit isoliertem Ring aus vier eckenverknüpften MN_4-Tetraedern in $[Ti_4^{IV}N_{12}]^{2-}_0$; »Kettennitridometallate« mit eindimensionalen $(MN_3)_x$- bzw. $(MN_2)_x$-Ketten aus ecken- bzw. kantenverknüpften MN_4-Tetraedern, z. B. $[M^VN_3]^{4-}$ (M = V, Nb, Ta), $[M^{VI}N_3]^{3-}$ (M = Mo, W), $[Fe^{III}N_2]^{3-}$ (die Tetraeder aus eckenverknüpften Ketten sind wie die der Silicate $[SiO_3]^{2-}$ in Abhängigkeit vom Gegenion unterschiedlich konformiert; vgl. Abb. 15.77 auf Seite 1116; Ketten aus kantenverknüpften Tetraedern sind bei Silicaten unbekannt); »Schichtnitridometallate« mit zweidimensionalen Schichten aus eckenverknüpften MN_4-Tetraedern, z. B. $[W^{VI}_7N_{19}]^{15-}$; »Gerüstnitridometallate« mit dreidimensionalen Gerüsten aus eckenverknüpften MN_4-Tetraedern, z. B. $[Sc^{III}N_2]^{3-}$ (vgl. SiO_2), $[M^VN_2]^-$ (M = Nb, Ta), $[W^{VI}N_{10}]^{6-}$, $[W^{VI}_6N_{15}]^{9-}$ (M = Mo, W), $[Zn^{II}N]^-$ (vgl. ZnS). Abweichend hiervon bilden die Teilgitter $[Cr^{III/IV}N_6]^{11-}$ sowie $[Mn^{IV}N_6]^{10-}$ in $Ca_6Cr_2N_6[H]$ sowie $Li_6Ca_2Mn_2N_6$ bzw. $Li_6Sr_2Mn_2N_6$ gestaffelt konformierte N_3M-MN_3-Einheiten mit tetraedrisch koordiniertem M (Abb. 32.21c) und MM-Bindungen ($d_{CrCr}/_{MnMn}$ = 2.26/2.54 Å) sowie die Teil-

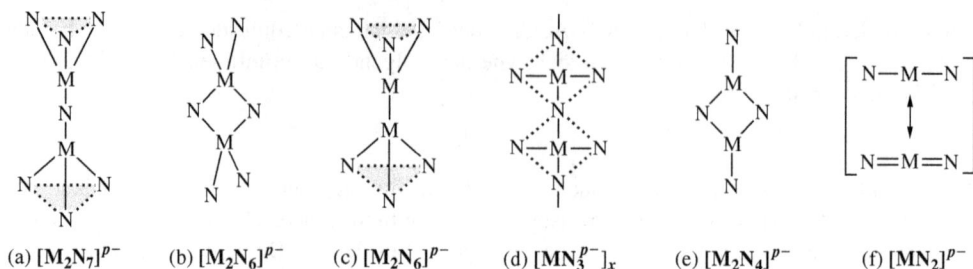

(a) $[M_2N_7]^{p-}$ (b) $[M_2N_6]^{p-}$ (c) $[M_2N_6]^{p-}$ (d) $[MN_3^{p-}]_x$ (e) $[M_2N_4]^{p-}$ (f) $[MN_2]^{p-}$

Abb. 32.21

gitter $[M^IN_3]^{8-}$ in M'_2MN_3 ($M' = Ce, Th, U$; $M = Cr, Mn$) Ketten aus eckenverknüpften planaren MN_4-Quadraten (Abb. 32.21d).

$KZ_M = 3$: Ähnlich wie den Zentralelementen in Oxometallaten kommen jenen einiger Nitridometallate die Koordinationszahlen 3 bzw. 2 zu. So liegen unverzerrte und verzerrte trigonal koordinierte Zentren in $[M^{III}N_3]^{6-}$ ($M = V, Cr, Mn, Fe, Co$) sowie $[Re^VN_3]^{4-}$ vor (regulär-planar mit D_{3h}-Symmetrie in Sr_3MN_3 und Ba_3MN_3, verzerrt-planar mit C_{2v}-Symmetrie in Ca_3MN_3 und pyramidal mit C_{3v}-Symmetrie in $Li_{24}[MnN_3]_3N_2$ sowie näherungsweise mit C_{3v}-Symmetrie in Na_4ReN_3). $[Fe^{II}_2N_4]^{8-}$ weist in $Ca_4Fe_2N_4$ planare $NFe(\mu\text{-}N)_2FeN$-Einheiten auf (Abb. 32.21e); diese sind in $LiSrFe_2N_3$ bzw. $LiBaFe_2N_3$ über gemeinsame terminale N-Atome zu Ketten verknüpft.

$KZ_M = 2$: Die Nitridometallate $[Fe^{II}N_2]^{4-}$, $[Co^IN_2]^{5-}$, $[Ni^{II}N_2]^{4-}$, $[Ni^IN_2]^{5-}$, $[Cu^IN_2]^{5-}$, $[Zn^{II}N_2]^{4-}$ mit ein- bzw. zweiwertigem Zentralmetall enthalten lineare NMN-Inseln Abb. 32.21(f), $[Cu_2N_3]^{7-}$ sowie $[Cu_3N_4]^{5-}$ Gruppen NMNMN und NMNMNMN (in ersterem Falle – abhängig vom Gegenion – linear oder V-förmig, in letzterem Falle Z-förmig) und $[M^IN^{2-}]_x$ ($M =$ Mn, (Fe), Co, Ni, Cu) Ketten ···· NMNM····, wobei letztere in Abhängigkeit vom Gegenion linear, zickzack-konformiert oder helical gebaut sind mit linearen NMN- und teils linearen, teils gewinkelten MNM-Abschnitten. Die Phasen $Li_2[Li_{1-x}M_xN]$ ($M =$ Mn, Fe, Co, Ni, Cu; x läuft von 0 bis zu einem oberen, von M abhängigen Wert) leiten sich von dem auf S. 1488 behandelten Lithiumnitrid Li_3N dadurch ab, dass in den vorliegenden linearen Ketten ···· NLiNLi···· mehr oder weniger Li^+-Ionen gegen M^+-Ionen ersetzt sind (die Metallate $Li_2[Li_{1-x}M_xN]$ weisen demgemäß für niedrige x-Werte durch Li^+-Ionen koordinierte NMN-Inseln, bei höheren x-Werten durch Li^+-Ionen koordinierte $(\cdots NM\cdots)_n$-Kettenfragmente und im Grenzfall für $x = 1$ $(\cdots NM\cdots)_x$-Ketten auf (am ehesten für $M =$ Fe(I) realisierbar).

Eigenschaften. Die hervorstechendste Eigenschaft der Nitridoübergangsmetallate ist ihre Hydrolyseempfindlichkeit. Diese nimmt von Alkali- über die Erdalkali- zu den Seltenerdnitridometallaten hin ab und korreliert mit dem Gehalt des elektropositiven Metalls (z. B. $Li_7MnN_4 >$ $Ca_6(MnN_3)N_2 > Ca_3MnN_3 \gg Ce_2MnN_3$). Erfahrungsgemäß hydrolysieren metallische Phasen langsamer als (transparente) Isolatoren gleicher Kristallteilchengröße. Es gibt Hinweise darauf, dass sich Nitridometallate als solche in Salzschmelzen lösen können, z. B. unter Bildung von $[Mo_2N_7]^{9-}$ und $[MoN_4]^{6-}$-Ionen in Alkalimetallsalzschmelzen.

Verwendung. Die zum Teil ungewöhnlichen mechanischen, thermischen, elektrischen, magnetischen und katalytischen Eigenschaften der Übergangsmetallnitride und ihrer Nitridokomplexe finden zunehmend anwendungsorientierte Beachtung. So lassen sich aus den Nitriden der Ti- und V-Gruppenelementen Cermets (s. dort) von großer Härte, hohen Schmelzpunkten und geringen Ausdehnungskoeffizienten herstellen, die etwa zum Bau von Düsenantrieben, Raketentriebwerken, feuerfesten Gefäßen für Metallschmelzen genutzt werden. Die Nitridierung von Stahloberflächen macht diese härter und geeignet für Schneidwerkzeuge. Die Phasen $Li_2[Li_{1-x}M_xN]$ wirken als Ionenleiter (mögliche Anwendung für billige Li-Batterien). Die geringe Reaktivität der Nitride, verbunden mit guter Leitfähigkeit, ermöglichen deren Verwendung als Elektroden-material in flüssigen Salzelektrolyten. α''-Fe_8N besitzt ein sehr hohes magnetisches Moment. Die Curie-Temperatur von Sm_2Fe_{17} (398 K) erhöht sich nach Überführung in $Sm_2Fe_{17}N_3$ (752 K) beachtlich. Besser als der derzeit genutzte Fe_nN Katalysator für den Haber-Bosch-Prozess der NH_3-Gewinnung beschleunigt das Cobaltmolybdännitrid Co_3Mo_3N die NH_3-Bildung. Bzgl. wei-terer Anwendungen der Metallnitride vgl. bei den einzelnen Elementen.

1.4.2   Distickstoffkomplexe der Übergangsmetalle

Geschichtliches. Nachdem die Existenz von Distickstoffkomplexen aufgrund der isoelektronischen Verwandtschaft von N_2 mit CO und der – lange bekannten – biologischen Stickstofffixierung bereits in der ersten Hälfte des 20. Jahrhunderts vermutet wurde, gelang es A. D. Allen und C. V. Senoff im Jahre 1965, mit $[Ru(NH_3)_5(N_2)]^{2+}$ erstmals eine derartige Koordinationsverbindung zu isolieren und strukturell zu charakterisieren. Die Zahl neuer identifizierter N_2-Komplexe stieg in der Folgezeit sehr rasch an. Die ersten Reaktionen an koordiniertem N_2 (Acylierung, Protonierung) fanden 1972 J. Chatt, G. A. Heath und G. J. Leigh.

Überblick. Das mit dem Kohlenstoffmonoxid-Molekül sowie dem Cyanid-Anion und Nitrosyl-Kation isoelektronische Distickstoff-Molekül:

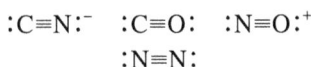

$$:C{\equiv}N:^- \quad :C{\equiv}O: \quad :N{\equiv}O:^+$$
$$:N{\equiv}N:$$

(Ersatz sowohl von C in CO durch isoelektronisches N^+ als auch von O durch isoelektronisches N^-) kann als Komplexligand auftreten und – trotz seiner sehr geringen Brönsted-Basizität – sogar andere Liganden aus ihrer Bindung mit einem Metallatom verdrängen (s. unten), sodass man – zusätzlich zu den sehr lange bekannten Cyanido-, Carbonyl- und Nitrosylkomplexen (S. 2084, 2108, 2150) – bis heute viele solche »Distickstoffkomplexe« kennt (s. Geschichtliches). Al-lerdings existieren von N_2 unter Normalbedingungen – anders als von CO – keine homolepti-schen Komplexe $M(N_2)_n$. Letztere bilden sich aber beim Abschrecken von Metallatom/N_2-Gas-mischungen auf Temperaturen um 10 K als in der Tieftemperaturmatrix metastabile, beim Er-wärmen unter N_2-Abgabe zerfallende Produkte, z. B.: $Ti(N_2)_6$ (gelbrot, Zers. ab 40 K), $V(N_2)_6$, $Cr(N_2)_6$, $Rh(N_2)_4$, $Ni(N_2)_4$, $Pd(N_2)_3$, $Pt(N_2)_3$, $Cu(N_2)_x$. Demgegenüber sind zahlreiche ein- und zweikernige heteroleptische Komplexe $L_mM(N_2)_n$ bzw. $L_mM_2(N_2)_n$ mit bis zu drei N_2-Liganden je Metallatom und verschiedenartigsten Liganden L oder Ligandenkombinationen bei Raum-temperatur und darüber isolierbar (L z. B. H_2O, NH_3, H^-, Hal^-, PR_3, CO, CN^-, π-Organyle). Es sind darüber hinaus drei- und höherkernige N_2-Komplexe bekannt.

Man kennt bisher von allen Nebengruppenelementen bis auf Sc, Pd, Pt sowie den Ele-menten der Cu- und Zn-Gruppe N_2-Komplexe, die sich bei Raumtemperatur isolieren las-sen. Charakteristische Verbindungsbeispiele der betreffenden Elemente gibt die Tab. 32.9 wie-der (vgl. hierzu auch das bei den einzelnen Elementen Besprochene). In fast jedem Falle erreicht dabei das Zentralelement durch Komplexbildung eine Edelgasschale (Krypton-, Xenon-, Radonschale). Eine Ausnahme bildet unter den N_2-Komplexen der Tab. 32.9 einerseits die Verbindung $Cp^*_2Ti{-}N{\equiv}N{-}TiCp^*_2$, in welcher jedem Ti-Atom die effektive Elektronenzahl $4(Ti) + 2 \times 5(Cp^*) + 2(N_2) = 16$ zukommt. Dass auch hier eine gewisse Tendenz zur Ausbil-dung einer Edelgaselektronenschale besteht, folgt daraus, dass jedes Ti-Atom unterhalb $-78\,°C$ nochmals ein N_2-Molekül unter Bildung von $\{Cp^*_2Ti(N_2)\}_2N_2$ zu binden vermag (oberhalb $-42\,°C$ werden die beiden N_2-Moleküle, oberhalb $0\,°C$ auch das dritte N_2-Molekül abgegeben: $\{Cp^*_2TiN_2\}_2N_2 \rightleftharpoons \{Cp^*_2Ti\}_2N_2 + 2\,N_2 \rightleftharpoons 2\,Cp^*_2Ti + 3\,N_2$). Eine effektive Zahl von weni-ger als 18 Elektronen findet man nicht nur bei N_2-Komplexen der leichten frühen, sondern auch der schweren späten Übergangsmetalle. Z. B. besitzen die Ti-Atome in $LL'ClTi{-}N{\equiv}N{-}TiCILL'$ ($L = N(SiMe_3)_2$; $L' = Me_2NCH_2CH_2NMe_2$) formal nur $4(Ti) + 1(Cl) + 1(L) + 4(L') + 2(N_2) = 12$ Elektronen, die Rh- und Ir-Atome in $MHal(PR_3)_2(N_2)$ $9(M) + 1(Hal) + 2 \times 2(PR_3) + 2(N_2) =$

Tab. 32.9 Beispiele für Distickstoffkomplexe von Elementen der 4.–9. Gruppe des Periodensystems[a,b]

4	5	6	7	8	9
$[\{Cp*_2Ti\}_2N_2]$	$[VL_4(N_2)]^-$	$[BzCr(CO)_2(N_2)]$	$[CpMn(CO)_2(N_2)]$	$[FeH_2L_3(N_2)]$	$[CoHL_3(N_2)]$
$[\{Cp*_2Zr(N_2)\}_2N_2]$	$[\{NbX_3L_2\}_2N_2]$	$[MoL_{6-n}(N_2)_n]$	$[TcXL_4(N_2)]$?	$[Ru(NH_3)_5(N_2)]^{2+}$	$[RhXL_2(N_2)]$
$[\{Cp_2Hf(N_2)\}_2N_2]$	$[\{TaX_3L_2\}_2N_2]$	$[\{WL_3(N_2)_2\}_2N_2]$	$[ReXL_4(N_2)]$	$[Os(NH_3)_4(N_2)_2]^{4+}$	$[IrXL_2(N_2)]$

a Man kennt auch N_2-Komplexe der Sc-Gruppenelemente (z. B. $[\{YL_2(THF)\}_2(N_2)]$ mit L = $N(SiMe_3)_2$, $[\{LaL_2(THF)\}_2(N_2)]$ mit L = C_5Me_5 sowie des Nickels (z. B. $[\{NiL_3(N_2)\}]$ mit L = PR_3).

b Cp = C_5H_5; Cp* = C_5Me_5; Bz = C_6H_6; L = PR_3 bzw. $\frac{1}{2}$ $R_2PCH_2CH_2PR_2$; X = Cl, Br; $n = 1, 2, 3$.

16 Elektronen sowie die Ni-Atome in $(R_3P)_2Ni-N\equiv N-Ni(PR_3)_2$ $10(Ni) + 2 \times 2(PR_3) + 2(N_2) = 16$ Elektronen.

Strukturverhältnisse.

N_2-Bindungstypen. Der N_2-Ligand ist in den ein- und zweikernigen Komplexen im Sinne von Abb. 32.22a oder b vielfach end-on an ein oder zwei Metallzentren unter Ausbildung linearer oder nahezu linearer Komplexbaueinheiten, aber auch gemäß Abb. 32.22c side-on an zwei Metallzentren unter Ausbildung planar-rautenförmiger (gelegentlich schmetterlingsförmiger) Komplexbaueinheiten geknüpft (vgl. hierzu Disauerstoffkomplexe, S. 2093).

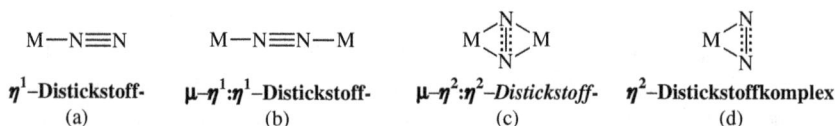

$$M-N\equiv N \qquad M-N\equiv N-M \qquad M{\overset{N}{\underset{N}{<}}}M \qquad M{\overset{N}{\underset{N}{<}}}$$

η^1–Distickstoff- μ-η^1:η^1–Distickstoff- μ-η^2:η^2–Distickstoff- η^2–Distickstoffkomplex

(a)   (b)   (c)   (d)

Abb. 32.22

Zweikernige N_2-Komplexe $M_2N\equiv N$, in welchen ein N-Atom der N_2-Liganden an zwei Metallzentren koordiniert vorliegt (vgl. Metallcarbonyle), sind ähnlich wie einkernige N_2-Komplexe des Typs (Abb. 32.22d), in welchen beide N-Atome des N_2-Liganden sich nur an ein Metallzentrum knüpfen, offensichtlich selten.

Die NN-Abstände liegen für Komplexe des Typs (Abb. 32.22a) im Bereich von 1.10–1.13 Å, für Komplexe des Typs (Abb. 32.22b) im Bereich 1.1–1.3 Å (NN-Abstand in molekularem Stickstoff 1.098 Å), die MNN-Winkel für beide Komplextypen im Bereich 172–180°. Komplexe des Typs (Abb. 32.22c) weisen NN-Abstände im Bereich 1.1–1.5 Å und Winkel zwischen den beiden MNN-Ebenen von näherungsweise 180° (gelegentlich < 180°) auf. – N_2-Komplextypen. Der Abb. 32.23, welche Strukturen einiger Distickstoffkomplexe wiedergibt, ist hierbei zu entnehmen, dass die N_2-Komplexe sowohl oktaedrisch (Abb. 32.23a, e, f, g, h, i; häufigste Koordinationsgeometrie) als auch trigonal-bipyramidal (Abb. 32.23b, l, s; hierzu gehört auch $CoH(PR_3)_3(N_2)$), quadratisch-planar (Abb. 32.23c), tetraedrisch (Abb. 32.23d, k, m, n, p) oder trigonal-planar (Abb. 32.23r; hierzu gehört auch $(R_3P)_2Ni-N\equiv N-Ni(PR_3)_2$) gebaut sein können (es zählt bei side-on-N_2-Komplexen der Mittelpunkt des N_2-Liganden). Des Weiteren erkennt man, dass erstens zwei oder drei end-on-gebundene N_2-Liganden unterschiedliche Oktaederpositionen einnehmen können (Abb. 32.23e, f, g), zweitens end-on-gebundene N_2-Liganden in einem Komplex zugleich terminal und zugleich brückenständig koordiniert sein können (Abb. 32.23h, i, k), drittens Komplexfragmente über end-on-gebundene N_2-Liganden zu Oligomeren (Polymeren?) verknüpft sein können (Abb. 32.23c), viertens zwei Komplexfragmente sowohl über eine als auch über zwei side-on-gebundene N_2-Liganden verknüpft sein können (Abb. 32.23m, p, r, s oder Abb. 32.23n), fünftens auch innere Übergangsmetalle N_2-Komplexe bilden (Abb. 32.23m) und sechstens Komplexfragmente mit N_2-Liganden end- und side-on-gebunden sein können (Abb. 32.23o).

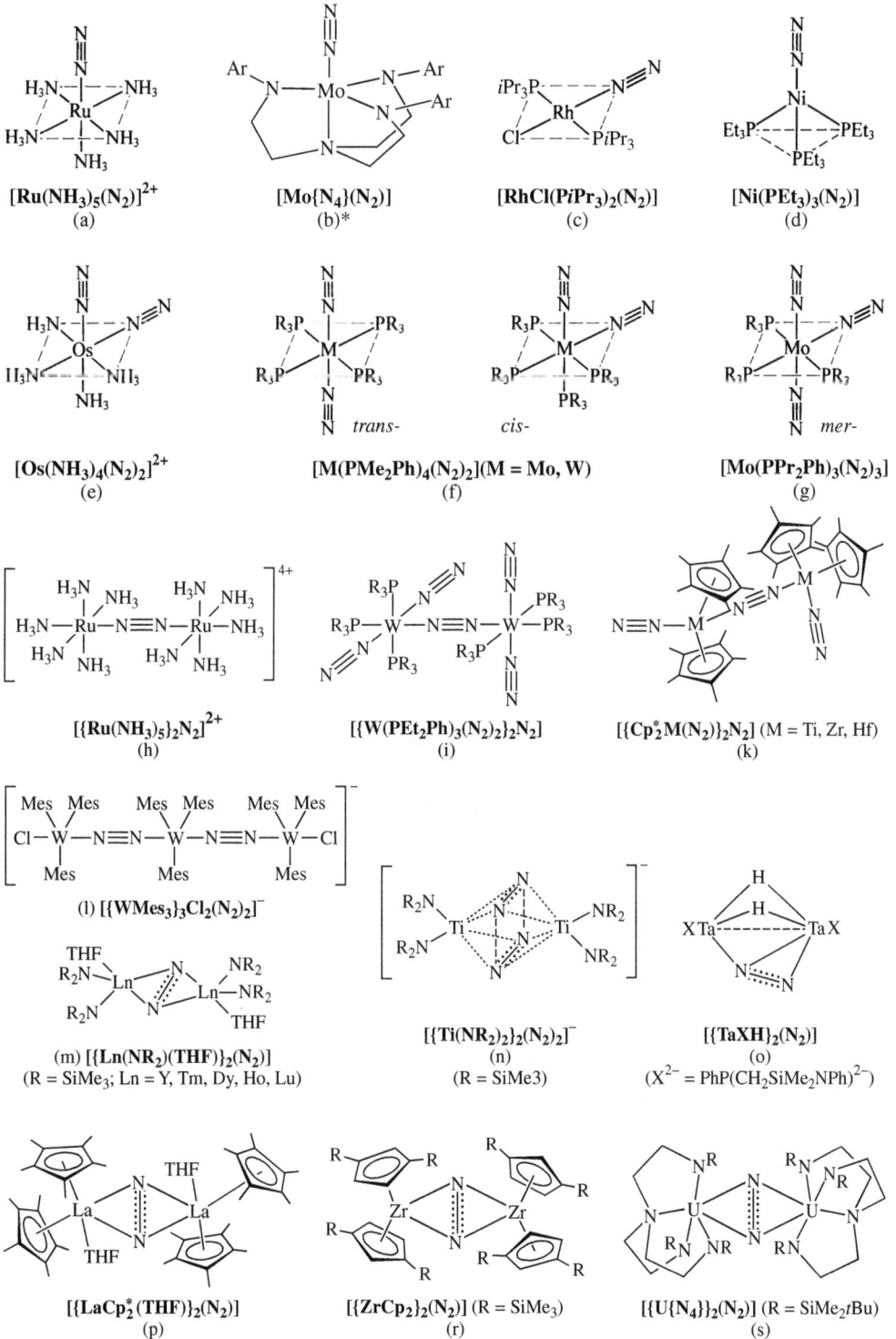

Abb. 32.23 Strukturen einiger Distickstoffkomplexe. *) Ar = 2,4,6-$C_6H_2iPr_3$ (Tip), 3,5-$C_6H_3Tip_2$.

Bindungsverhältnisse. Distickstoff N_2 stellt einen sehr schwachen σ-Donor dar (schwächer als Kohlenstoffmonoxid CO), der seine Donorwirkung bevorzugt gegenüber starken Akzeptoren wie dem O-Atom oder dem NH-Radikal entfaltet: Bildung von Distickstoffoxid $N\equiv N \longrightarrow O$ bzw. Stickstoffwasserstoffsäure $N\equiv N \longrightarrow NH$. Dass er mit geeigneten Fragmenten L_mM zu stabilen, zum Teil bis 300 °C haltbaren N_2-Komplexen zusammentreten kann, lässt wie in den Metallcarbonylen auf eine komplexstabilisierende π-Rückbindung schließen. Dieser Sachverhalt kann im Rahmen einer Valence-Bond-Betrachtung gemäß Gl. (32.2e) zum Ausdruck gebracht werden (n = Oxidationstufe des Metalls). Wegen der erforderlichen Stabilisierung durch Rückkoordination von Metall-d-Elektronen bilden sich N_2-Komplexe wie im Falle der CO-Komplexe bevorzugt mit den mittleren Übergangsmetallen in niedrigen Oxidationsstufen, die über eine ausreichende Zahl nicht zu fest an den Atomkern gebundenen d-Elektronen verfügen. Die auf π-Rückkoordination (32.2e) zurückgehende NN-Abstandsverlängerung und -Bindungsschwächung ist in N_2-Komplexen des Typs (Abb. 32.22a) in der Regel klein (Erniedrigung der Wellenzahlen der NN-Valenzschwingung von $\nu(N\equiv N) = 2331\,\mathrm{cm}^{-1}$ auf $\nu(MN\equiv N) = 2200\text{--}1900\,\mathrm{cm}^{-1}$). In N_2-Komplexen des Typs (Abb. 32.22b und c) kann gemäß Gl. (32.2f) eine Reduktion des komplexgebundenen Distickstoffs erfolgen, was zu einer NN-Abstandsverlängerung – ausgehend von 1.1 Å (Dreifachbindung) – über 1.2 bis 1.3 Å (Zweifachbindung) bis auf Werte von 1.5 Å (Einfachbindung) führen kann (z. B. d_{NN} in den Verbindungen der Abb. 32.23 s/p/r = 1.11/1.23/1.47 Å).

$$(e)\ [\overset{n}{M}]-N\equiv N \underset{}{\overset{\overset{n+1}{M}=N=N}{\rightleftharpoons}} \qquad (f)\ :N\equiv N: \underset{}{\overset{\pm 2\,e^-}{\rightleftharpoons}} [\overset{..}{N}=\overset{..}{N}] \underset{}{\overset{\pm 2\,e^-}{\rightleftharpoons}} [:\overset{..}{N}-\overset{..}{N}:]^{4-} \quad (32.2)$$

$$\text{»Diazin«} \qquad\qquad \text{»Diazindiid«} \qquad\qquad \text{»Diazintriid«}$$

Die Reduktion (32.2f) kann intramolekular durch das Metallzentrum des N_2-Komplexes erfolgen oder intermolekular durch ein Reduktionsmittel wie M^I oder $M^IC_{10}H_8$ (M^I = Na, K usw.) ausgelöst werden, z. B. $[\{NN\}Fe-N\equiv N-Fe\{NN\}]$ ($d_{NN} = 1.18$ Å) $+ 2\,Na \longrightarrow$ $Na_2[\{NN\}Fe-N\equiv N-Fe\{NN\}]$ ($d_{NN} = 1.24$ Å); $\{NN\}^- = ArN\cdots CtBu\cdots CH_2\cdots CtBu\cdots NAr^-$).

Im Rahmen einer Molekülorbital-Betrachtung lässt sich der Bindungszustand der MN_2-Gruppierung in einkernigen Komplexen mit end- und side-on gebundenem N_2 durch Abb. 32.22g und h veranschaulichen.

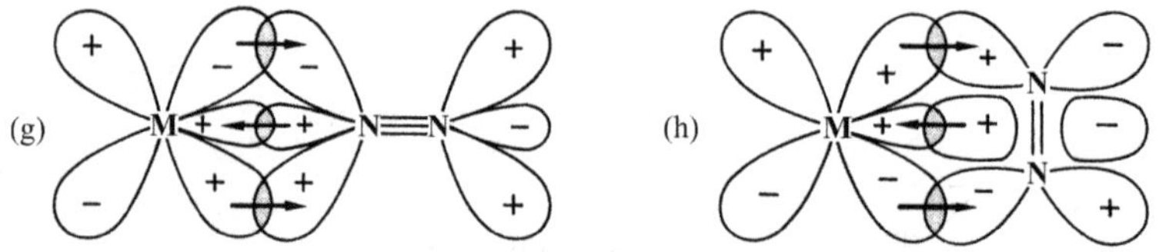

Abb. 32.24

Darstellung. N_2-Komplexe gewinnt man durch N_2-Addition an Komplexzentren, ferner durch Ligandensubstitution gegen N_2 oder Ligandenumwandlung in N_2.

Distickstoffaddition. Die Bildung von homoleptischen N_2-Komplexen durch Abschrecken von Metallatom/Stickstoff-Gasgemischen wurde bereits erwähnt. Eine direkte Addition von N_2 an Metallzentren ist häufig auch an »elektronenungesättigte« Koordinationsverbindungen möglich, z. B.:

$$2\,[Cp*_2Ti] + N_2 \rightleftharpoons [\{Cp*_2Ti\}_2(N_2)];$$
$$[Mo(CO)L_2] + N_2 \rightleftharpoons [trans\text{-}Mo(CO)(N_2)L_2]\ (L = Ph_2PCH_2CH_2PPh_2);$$
$$[RuH_2L_2] + N_2 \rightleftharpoons [RuH_2(N_2)L_2]\ (L = PPh_3).$$

Vielfach erzeugt man die »ungesättigten« Komplexfragmente durch Reduktion höherwertiger Metallverbindungen in Anwesenheit geeigneter Liganden und molekularem Stickstoff, z. B.:

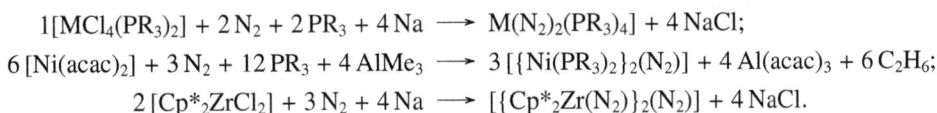

$$1[MCl_4(PR_3)_2] + 2\,N_2 + 2\,PR_3 + 4\,Na \longrightarrow M(N_2)_2(PR_3)_4 + 4\,NaCl;$$
$$6\,[Ni(acac)_2] + 3\,N_2 + 12\,PR_3 + 4\,AlMe_3 \longrightarrow 3\,[\{Ni(PR_3)_2\}_2(N_2)] + 4\,Al(acac)_3 + 6\,C_2H_6;$$
$$2\,[Cp^*_2ZrCl_2] + 3\,N_2 + 4\,Na \longrightarrow [\{Cp^*_2Zr(N_2)\}_2(N_2)] + 4\,NaCl.$$

Ligandensubstitution. Auch durch Einwirkung von molekularem Stickstoff auf $[Ru(NH_3)_5(H_2O)]^{2+}$, $[Mo(N_2)_2(PR_3)_2]$ oder auf $[CoH_3(PR_3)_3]$ können in reversiblen Reaktionen unter Ligandenaustausch die N_2-Komplexe $[Ru(NH_3)_5N_2]^{2+}$ (isolierbar z. B. als Chlorid, Bromid, Iodid, Fluoroborat, Fluorophosphat) $[Mo(N_2)_3(PR_3)_4]$ und $[CoH(N_2)(PR_3)_3]$ gewonnen werden:

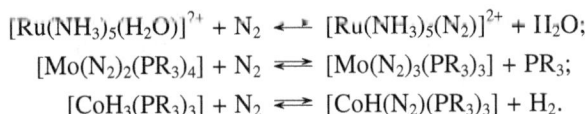

$$[Ru(NH_3)_5(H_2O)]^{2+} + N_2 \rightleftharpoons [Ru(NH_3)_5(N_2)]^{2+} + H_2O;$$
$$[Mo(N_2)_2(PR_3)_4] + N_2 \rightleftharpoons [Mo(N_2)_3(PR_3)_3] + PR_3;$$
$$[CoH_3(PR_3)_3] + N_2 \rightleftharpoons [CoH(N_2)(PR_3)_3] + H_2.$$

In analoger Weise sind viele andere Stickstoffkomplexe zugänglich.

Ligandenumwandlung. Beispiele für die Umwandlung komplexgebundener stickstoffhaltiger Liganden wie NH_3, N_2H_4 oder N_3^- in N_2 sind etwa:

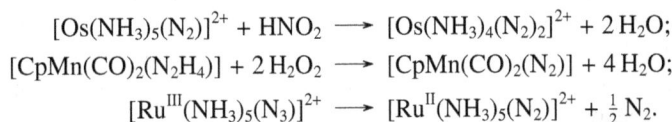

$$[Os(NH_3)_5(N_2)]^{2+} + HNO_2 \longrightarrow [Os(NH_3)_4(N_2)_2]^{2+} + 2\,H_2O;$$
$$[CpMn(CO)_2(N_2H_4)] + 2\,H_2O_2 \longrightarrow [CpMn(CO)_2(N_2)] + 4\,H_2O;$$
$$[Ru^{III}(NH_3)_5(N_3)]^{2+} \longrightarrow [Ru^{II}(NH_3)_5(N_2)]^{2+} + \tfrac{1}{2}\,N_2.$$

Eigenschaften. Edelgaskonfigurierte N_2-Komplexe sind vielfach farblos bis rot (man vergleiche hierzu den blauen 16 Elektronenkomplex $\{Cp^*_2Ti\}_2(N_2)$). Sie thermolysieren in einigen Fällen unter reversibler N_2-Eliminierung (z. B. $Ti(N_2)_6$ bei 40 K, $\{Cp^*_2M\}_2(N_2)$ mit M = Ti, Zr, Sm oder $Mo(CO)(N_2)L_2$ mit L = $Ph_2PCH_2CH_2Ph_2$ um Raumtemperatur) und sind in anderen Fällen aber vergleichsweise zersetzungsstabil. Interessant ist in diesem Zusammenhang die photolytische Spaltung des Komplexes $Mes_3Mo-N\equiv N-MoMes_3$ (vgl. Abb. 27.21d auf Seite 1894) in zwei Hälften $Mes_3Mo\equiv N$. Ist der N_2-Ligand nur schwach an das Metallzentrum gebunden, lässt er sich leicht durch andere Liganden substituieren. Beispielsweise wird $[Mo(N_2)_2L_2]$ (L = $Ph_2PCH_2CH_2PPh_2$) durch H_2, NH_3, CNR, RCN bzw. CO in $[MoH_4L_2]$, $[Mo(N_2)(NH_3)L_2]$, $[Mo(CNR)_2L_2]$, $[Mo(N_2)(NCH)L_2]$ bzw. $[Mo(CO)_2L_2]$ überführt. Des Weiteren kann man an einige einkernige N_2-Komplexe, für welche die rechte Grenzformel der Mesomerie (32.2e) größeres Gewicht hat, Lewis-Säuren an das äußere N-Atom der N_2-Gruppe »addieren«, z. B. $2\,L_4ClRe-N\equiv N + MoCl_4(THF)_2 \longrightarrow L_4ClRe-N\equiv N-MoCl_4-N\equiv N-ReClL_4 + 2\,THF$ (L = PMe_2Ph).

Besonders eingehend studierte man – in Hinblick auf das »Verständnis der biologischen Stickstofffixierung«[2112a] (S. 1967) – die Reduktion komplexgebundener N_2-Liganden zu Hydrazin bzw. Ammoniak. Es wurde gefunden, dass der Stickstoff ein- und zweikerniger N_2-Komplexe von Ti, Zr, V, Nb, Ta, Mo, W, Re durch Protonierung teilweise in N_2H_4 bzw. NH_3 überführt werden kann; als Reaktionszwischenstufen sollen sich hierbei 1,1- und 1,2-Diazenidokomplexe bilden (n = Oxidationsstufe von $L_nM = [M]$):

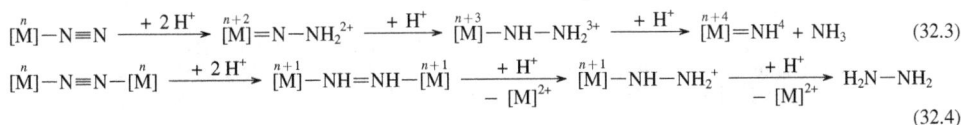

$$\overset{n}{[M]}-N\equiv N \xrightarrow{+\,2\,H^+} \overset{n+2}{[M]}=N-NH_2^{2+} \xrightarrow{+\,H^+} \overset{n+3}{[M]}-NH-NH_2^{3+} \xrightarrow{+\,H^+} \overset{n+4}{[M]}=NH^+ + NH_3 \quad (32.3)$$

$$\overset{n}{[M]}-N\equiv N-\overset{n}{[M]} \xrightarrow{+\,2\,H^+} \overset{n+1}{[M]}-NH=NH-\overset{n+1}{[M]} \xrightarrow[-\,[M]^{2+}]{+\,H^+} \overset{n+1}{[M]}-NH-NH_2^+ \xrightarrow[-\,[M]^{2+}]{+\,H^+} H_2N-NH_2$$
$$(32.4)$$

Erwähnenswerterweise lässt sich Distickstoff des Komplexes [W(PMe$_2$Ph)$_4$(N$_2$)$_2$] mit [RuCl(η^2-H$_2$)(diphos)$_2$]$^+$ bzw. [Cp*Ir(μ-SH)$_3$IrCp*] oder [(triphos)Fe(μ-SH)$_3$Fe(triphos)] in hohen Ausbeuten zu NH$_3$ reduzieren (»Zusammenwirken zweier Metallkomplexe«; diphos = Ph$_2$PCH$_2$CH$_2$CH$_2$PPh$_2$; triphos = PhP(CH$_2$CH$_2$PPh$_2$)$_2$).

Was die Stickstofffixierung in der Biosphäre betrifft, bei der nach folgender Summengleichung unter obligatorischer H$_2$-Bildung molekularer Stickstoff enzymatisch zu Ammoniak reduziert wird (in Anwesenheit von Deuterium D$_2$ bildet sich zusätzlich HD):

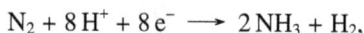

$$N_2 + 8\,H^+ + 8\,e^- \longrightarrow 2\,NH_3 + H_2,$$

so kennt man zwar die Struktur eines »FeMo-Proteins«, welches den Vorgang ermöglicht (enthält einen Fe-haltigen, die Reduktion auslösenden P-Cluster und einen Fe- und Mo-haltigen, die Reduktion katalysierenden FeMo-Cofaktor; vgl. S. 1967), doch ist der Mechanismus der Produktion noch weitgehend ungeklärt und es sind Fragen wie folgende zu beantworten: wird N$_2$ vom FeMo-Cofaktor gemäß Abb. 32.23a, b oder c gebunden, erfolgt die N$_2$-Reduktion über 1,1- oder 1,2-Diazenidokomplexe gemäß (32.3) oder (32.4) als Zwischenstufe, erfolgt etwa die N$_2$-Spaltung gemäß μ-η^2:η^2-N$_2$-Komplex → (μ-N)$_2$-Komplex? Erwähnenswert ist in diesem Zusammenhang der in Abb. 32.23b wiedergegebene Komplex (R = 3,5-C$_6$H$_3$Tip$_2$), der in Anwesenheit von CrCp*$_2$ (Cp* = C$_5$Me$_5$) als Reduktionsmittel und 2,6-Dimethylpyridinium Me$_2$C$_5$NH$_6^+$ als Protonierungsreagens N$_2$ katalytisch in NH$_3$ verwandelt. Die hohe Raumerfüllung des Amidliganden verhindert hierbei einerseits die Bildung zweikerniger, end-on-verbrückter N$_2$-Komplexe (entstehen, wenn R wenig raumerfüllend ist) und führt andererseits zur Ausbildung einer Tasche, welche die Aufnahme nur kleiner Spezies (z. B. den Reaktanden N$_2$ oder das Reduktionsprodukt NH$_3$) zulässt. Des Weiteren sei auf den Diazenkomplex [{Ru(S$_4$)(PR$_3$)}$_2$(N$_2$H$_2$)] (Abb. 29.16c auf Seite 1981) verwiesen, der bei Einwirkung von Deuterium seinen stickstoffgebundenen Wasserstoff H leicht gegen das schwere Isotop D gemäß [M]−N$_2$H$_2$ + D$_2$ ⟶ [M]−N$_2$D$_2$ + 2 HD austauscht. Allerdings ist in vivo (s. oben) pro gebildetem HD- bzw. HH-Molekül ein Elektron erforderlich, sodass zwar die Möglichkeit des H/D-Austauschs, aber nicht der − Elektronen erfordernde − Mechanismus der obligatorischen H$_2$-Bildung modellmäßig geklärt ist.

2 Metallcarbonyle und verwandte Komplexe

Unter der Bezeichnung Metallcarbonyle fasst man eine Reihe neutraler oder geladener Kohlenmonoxid-Komplexe M$_n$(CO)$_m$ (und im weiteren Sinne L$_p$M$_n$(CO)$_m$) der Übergangsmetalle zusammen. Verwandt mit den Metallcarbonylen sind Komplexe, in welchen die CO-Liganden (10 Außenelektronen) durch isovalenzelektronische Gruppen ersetzt sind (Y = S, Se, Te):

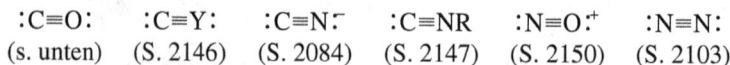

:C≡O:	:C≡Y:	:C≡N:$^-$	:C≡NR	:N≡O:$^{·+}$	:N≡N:
(s. unten)	(S. 2146)	(S. 2084)	(S. 2147)	(S. 2150)	(S. 2103)

2.1 Die Metallcarbonyle

Geschichtliches. Das erste binäre Metallcarbonyl, Nickeltetracarbonyl Ni(CO)$_4$, synthetisierten im Jahre 1890 L. Mond, C. Langer und F. Quincke aus Ni-Metall und CO, nachdem zuvor (1868) von M. P. Schützenberger mit [PtCl$_2$(CO)$_2$] erstmals ein Komplex des Kohlenmonoxids gewonnen werden konnte (Fe(CO)$_5$ wurde 1891 von Mond et al. gewonnen; ein 1834 von J. Liebig durch Reaktion von Kalium mit CO gewonnenes »Kaliumcarbonyl« K(CO) erwies sich als Acetylendiolat K$^+$[O−C=C−O]$^{2-}$K$^+$). Die Zufallsentdeckung von Mond setzte eine Entwicklung in Gang, die in der ersten Hälfte des 20. Jahrhunderts entscheidend durch Walter Hieber (1895–1976) geprägt wurde (nobelpreiswürdige Studien zur Synthese sowie Reaktivität der Metallcarbonyle; Entdeckung der Metallcarbonyl-Anionen und -Wasserstoffe mit $Fe(CO)_4^{2-}$ und $H_2Fe(CO)_4$ im Jahre 1931, der Metallcarbonyl-Kationen mit $Mn(CO)_6^+$ im Jahre 1961). Frühzeitig erkannte man auch die Bedeutung der Metallcarbonyle als Katalysatoren für organische Prozesse wie Olefinhydrierung mit Ni-Katalysatoren (P. Sabatier, 1897), Kokshydrierung zu Flüssigbenzin mit Fe/Co-Katalysatoren (F. Fischer, H. Tropsch; 1922), Oxosynthese mit Co-Katalysatoren (O. Roelen; 1938), Carbonylierungsreaktion sowie Alkinoligomerisierung mit Ni-, Co-, Fe-Katalysatoren (W. Reppe; ab 1940).

2.1.1   Grundlagen, Metallcluster-Komplexe vom Carbonyl-Typ

Überblick

Tab. 32.10 und Tab. 32.11 geben die Zusammensetzung bisher bekannter binärer (»homoleptischer«[12]) Übergangsmetallverbindungen mit CO wieder. Unter ihnen sind die einkernigen Metallcarbonyle $M(CO)_m$ (Tab. 32.10) vergleichsweise flüchtig.

Tab. 32.10 Einkernige Metallcarbonyle

4 IV	5 V	6 VI	7 VII	8		9 VIII	10	11 I
$(Ti(CO)_6)^a$ grün Matrix < 10 K	$V(CO)_6^b$ schwarzblau Zers. 70 °C	$Cr(CO)_6$ farblos Zers. 150 °C	Mn	$Fe(CO)_5$ gelb $-20.5/103\,°C^c$		Co	$Ni(CO)_4$ farblos $-19.3/42.1\,°C^c$	Cu
Zr	Nb	$Mo(CO)_6$ farblos Zers. 180 °C	Tc	$Ru(CO)_5$ farblos Smp. -22 °C		Rh	$(Pd(CO)_4)$? Matrix < 80 K	Ag
Hf	Ta	$W(CO)_6$ farblos Zers. 180 °C	Re	$Os(CO)_5$ farblos Smp. -15 °C		Ir	$(Pt(CO)_4)$? Matrix < 80 K	Au

a Erwartete Zusammensetzung $Ti(CO)_7$; in Form des Substitutionsprodukts $Ti(CO)_5L_2$ mit $L_2 = Me_2PCH_2CH_2PMe_2$ bekannt.
b Erwartete Zusammensetzung: $V_2(CO)_{12}$; vgl. Tab. 26.2.
c Smp./Sdp.

Sie werden – abgesehen von Vanadium – ausschließlich von den Metallen mit gerader Ordnungszahl – also den Elementen Chrom, Eisen, Nickel und ihren Homologen – gebildet. Offensichtlich sind hier die Formeln – wie bei vielen anderen Komplexverbindungen (vgl. S. 1587) – eine Folge des Bestrebens der Metalle, durch Einbau freier Elektronenpaare anderer Atome die Elektronenzahl des nächsthöheren Edelgases zu erlangen. Gemäß dieser 18-Elektronenregel benötigen die Metalle Cr, Mo, W der 6. Gruppe (VI. Nebengruppe; 6 Außenelektronen) 12, die Metalle Fe, Ru, Os der 8. Gruppe (VIII. Nebengruppe; 8 Außenelektronen) 10 und die Metalle Ni, Pd, Pt der 10. Gruppe (VIII. Nebengruppe; 10 Außenelektronen) 8 Elektronen bis zur Erreichung der Achtzehnerkonfiguration, d. h. 6, 5 bzw. 4 CO Moleküle (Formeln: $M(CO)_6$, $M(CO)_5$, $M(CO)_4$). Nur die Zusammensetzung des Vanadiumcarbonyls $V(CO)_6$, in welchem die Elektronenkonfiguration des Vanadiums ($5 + 6 \times 2 = 17$ Elektronen) der des Eisens in $Fe(CN)_6^{3-}$ entspricht (V^0 und Fe^{3+} sind isoelektronisch), weicht von dieser Bauregel ab (s. unten).

---

[12] Als homoleptisch (heteroleptisch) bezeichnet man Komplexe, in denen gleichartige (ungleichartige) Liganden an ein bestimmtes Zentralmetall gebunden sind. Isoleptische Komplexe enthalten unterschiedliche Metalle, aber gleichviele gleichartige Liganden.

Tab. 32.11 Mehrkernige Metallcarbonyle[a]

7 VII	8	9 VIII	10	11 I
$Mn_2(CO)_{10}$, goldgelb Smp. 155 °C (Subl. Vak.)	$Fe_2(CO)_9$, goldgelb Smp. 100 °C (Zers.)	$Co_2(CO)_8$, orangefarben Smp. 100 °C (Zers.)	Ni	$(Cu_2(CO)_6)$ Matrix 30 K
–	$Fe_3(CO)_{12}$, tiefgrün[b] Smp. 140 °C (Zers.)	$Co_4(CO)_{12}$, schwarz[b] Smp. 60 °C (Zers.)		
–		$Co_6(CO)_{16}$, schwarz Smp. 105 °C (Zers.)		
$Tc_2(CO)_{10}$, farblos Smp. 160 °C (Subl. Vak.)	$Ru_2(CO)_9$ Zers. > –40 °C	$Rh_2(CO)_8$ Zers. –48 °C	Pd	$(Ag_2(CO)_6)$ Matrix 30 K
–	$Ru_3(CO)_{12}$, orangerot[b] Smp. 155 °C	$Rh_4(CO)_{12}$, dunkelrot[b] Smp. 150 °C (Zers.)		
–	–[c]	$Rh_6(CO)_{16}$, schwarz Smp. 220 °C (Zers.)		
$Re_2(CO)_{10}$, farblos Smp. 177 °C (Subl. Vak.)	$Os_2(CO)_9$, orangegelb Smp. 67 °C (Zers.)	$(Ir_2(CO)_8)$ Matrix < 40 K	Pt	Au
–	$Os_3(CO)_{12}$, hellgelb[b] Smp. 224 °C (Subl. Vak.)	$Ir_4(CO)_{12}$, kanariengelb[b] Smp. 210 °C (Zers.)		
–	$Os_5(CO)_{16}$, $Os_6(CO)_{18}$ $Os_7(CO)_{21}$, $Os_8(CO)_{23}$[d]	$Ir_6(CO)_{16}$, rotbraun		

a Es gibt auch gemischte mehrkernige Metallcarbonyle wie $(CO)_5MnRe(CO)_5$, $(CO)_5MnCo(CO)_4$, $(CO)_5ReCo(CO)_4$, $FeMn_2(CO)_{14}$, $Co_2Rh_2(CO)_{12}$, $Pt_2M_4(CO)_{18}$ (M = Ru, Os).
b Man kennt auch die gemischten Spezies $M_nM'_{3-n}(CO)_{12}$ und $M_nM_{4-n}(CO)_{12}$.
c Man kennt ein $Ru_6C(CO)_{17}$ (früher als $Ru_6(CO)_{18}$ formuliert: rot, Smp. 235 °C, Zers.).
d Die vier festen Osmiumcarbonyle sind rosa, braun, orangefarben, gelborangefarben.

Bei den weniger bis nichtflüchtigen mehrkernigen Metallcarbonylen $M_n(CO)_m$ (Tab. 32.11) erreicht die auf jedes Metallatom entfallende Gesamtelektronenzahl nicht ganz die Elektronenzahl des nächsten Edelgases. Denn während die einkernigen Typen (mit Ausnahme von $V(CO)_6$) die Zusammensetzung $M(CO)_n$ besitzen (wobei $2n$ die zur nächsten Edelgasschale fehlende Elektronenzahl des Metalls M bedeutet), kommt den zweikernigen Gliedern die Bruttozusammensetzung $M(CO)_{m-0.5}$ (z. B. »$Fe(CO)_{4.5}$«), den dreikernigen die Bruttozusammensetzung $M(CO)_{m-1}$ (z. B. »$Fe(CO)_4$«) und den vierkernigen die Bruttozusammensetzung $M(CO)_{m-1.5}$ (z. B. »$Co(CO)_3$«) zu:

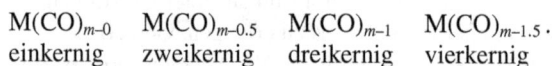

$$M(CO)_{m-0} \quad M(CO)_{m-0.5} \quad M(CO)_{m-1} \quad M(CO)_{m-1.5} \, .$$

einkernig   zweikernig   dreikernig   vierkernig

Da jedes Kohlenoxidmolekül ein Elektronenpaar beisteuert, fehlen hier also den einzelnen Metallatomen in obigen Formeln ein (zweikernige Carbonyle), zwei (dreikernige Carbonyle) bzw. drei (vierkernige Carbonyle) Elektronen bis zur nächsten Edelgasschale, was die Zusammenlagerung zu größeren (diamagnetischen) Molekülverbänden mit Metallclustern bedingt.

Strukturverhältnisse

Allgemeines. In den neutralen bzw. geladenen Metallcarbonylen $M_n(CO)_m$ ist der Komplexligand CO stets »end-on«, über das C-Atom mit dem Metallzentrum verbunden, wobei er, wie auf S. 1039 bereits besprochen wurde, in mehrkernigen Carbonylen sowohl nichtverbrückend mit einem Zentrum (Abb. 32.25a) (lineare MCO-Gruppierung) als auch zweifach (μ_2) oder

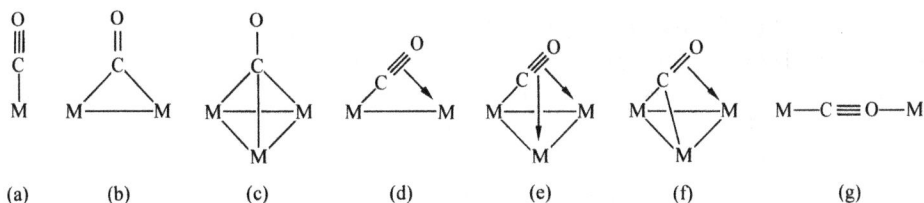

Abb. 32.25

sogar dreifach (μ_3) verbrückend mit zwei oder drei Metallatomen (Abb. 32.25b, c) (nicht-lineare MCO-Gruppierung) verknüpft sein kann (die M-Atome sind in letzteren Fällen zusätzlich untereinander verbunden; in $Fe_3(CO)_{11}^{2-}$ treten alle CO-Bindungstypen (Abb. 32.25a, b, c) zugleich auf, S. 2132). In »Metallcarbonyl Derivaten« tritt CO gelegentlich im Sinne der Formeln (Abb. 32.25d, e, f) und – selten, z. B. in $Cp(CO)_2Mo-CO-TiCp_2-$ (Abb. 32.25g) auch als mehrzähniger Ligand auf.

Zur Ableitung des Baus der Metallcarbonyle (neutral oder geladen) bedient man sich noch keiner einheitlichen Vorgehensweise, sondern man deutet die Koordinationsgeometrie der einkernigen Metallcarbonyle mithilfe der Pauling'schen Hybridisierungstheorie (S. 394, 1587), die Metallclusterstrukturen der zwei- bis vierkernigen bzw. fünf- bis zehnkernigen Metallcarbonyle mithilfe des Hoffmann'schen Isolobalprinzips (S. 1622) bzw. der – durch D. M. P. Mingos erweiterten – Wade'schen Regeln (S. 1235), während der Bau der Metallclusterzentren noch höherkerniger Metallcarbonyle häufig aus dichtesten Metallatompackungen (S. 124) und die Struktur der Ligandenhüllen über das Konzept der $(CO)_n$-Ligandenpolyeder (s. unten) hergeleitet wird.

Einkernige Metallcarbonyle (vgl. Tab. 32.10). Für die Carbonyle $M(CO)_6$ (M = Ti, V, Cr, Mo, W) ist eine Anordnung der CO-Moleküle an den sechs Ecken eines regulären Oktaeders, für die Carbonyle $M(CO)_4$ (M = Ni, Pd, Pt) eine solche an den Ecken eines regulären Tetraeders nachgewiesen (vgl. Abb. 32.28; O_h- bzw. T_d-Molekülsymmetrie; jeweils 6 oder 4 gleiche MC-Abstände von 1.92, 2.06, 2.07, 1.84 Å im Falle von $Cr(CO)_6$, $Mo(CO)_6$, $W(CO)_6$, $Ni(CO)_4$; der CO-Abstand beträgt rund 1.15 Å). Die Carbonyle $M(CO)_5$ (M = Fe, Ru, Os) besitzen die Konfiguration einer trigonalen Bipyramide (vgl. Abb. 32.28; D_{3h}-Molekülsymmetrie), wobei die beiden axialen MC-Abstände in $Fe(CO)_5$ (1.806 Å) etwas kürzer sind als die drei äquatorialen (1.833 Å). Die Strukturen lassen sich wie folgt über eine Hybridisierungs-Betrachtung (L. Pauling; vgl. S. 1592) deuten: Nach der paarigen Besetzung von 3, 4 bzw. 5 d-Außenatomorbitalen mit 6, 8 bzw. 10 Außenelektronen der Chrom-, Eisen- bzw. Nickelgruppenelemente (der CO-Ligand führt immer zu low-spin Komplexen) verbleiben noch 2, 1 bzw. 0 elektronenleere d-Orbitale, welche mit den unbesetzten s- und p-Außenorbitalen der betreffenden Metalle oktaedrisch ausgerichtete d^2sp^3-, trigonal-bipyramidal ausgerichtete dsp^3- bzw. tetraedrisch ausgerichtete sp^3-Hydridorbitale für 6, 5 bzw. 4 CO-Liganden bilden (s. Abb. 32.26).

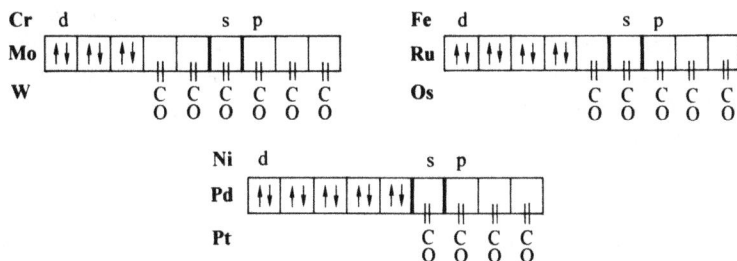

Abb. 32.26

Im Falle von $V(CO)_6$ bzw. $Ti(CO)_6$ verbleibt ein d-Orbital halb- bzw. unbesetzt. Dass hierbei $V(CO)_6$ nicht wie $Mn(CO)_5$ oder $Co(CO)_4$ dimerisiert, und die Formel des Titancarbonyls nicht $Ti(CO)_7$ lautet, hat wohl sterische und – insbesondere im Falle des Titancarbonyls – auch elektronische Gründe (die Anzahl rückkoordinierender d-Elektronen pro CO-Ligand ist in $Ti(CO)_7$ vergleichsweise klein).

Zwei-, drei- und vierkernige Metallcarbonyle (vgl. 32.11). Die Metallatome der hypothetischen einkernigen Pentacarbonyle $M(CO)_5$ der Mangangruppe, der einkernigen Tetracarbonyle $M(CO)_4$ der Cobaltgruppe und der einkernigen Tricarbonyle $M(CO)_3$ der Kupfergruppe weisen ähnlich wie Vanadium in $V(CO)_6$ ein halbbesetztes d-Orbital und damit insgesamt nur 17 Außenelektronen auf. Durch Kombination zweier derartiger Fragmente unter Ausbildung einer MM-Elektronenpaarbindung erlangen die Metallatome jeweils ein Elektronenoktadezett. Demgemäß sind in den Carbonylen $M_2(CO)_{10}$ (M = Mn, Tc, Re), $M_2(CO)_8$ (M = Co, Rh, Ir) und $M_2(CO)_6$ (M = Cu, Ag) beide Metallatome oktaedrisch, trigonal-bipyramidal bzw. tetraedrisch von fünf, vier bzw. drei CO-Liganden und einem $M(CO)_n^-$Rest ($n = 5, 4$ bzw. 3) umgeben, d. h. man hat sich gemäß der Formulierung $(CO)_mM-M(CO)_m$ zwei Oktaeder, trigonale Bipyramiden bzw. Tetraeder mit gemeinsamer Spitze vorzustellen (vgl. Abb. 32.28 für $M_2(CO)_{10}$ und $M_2(CO)_8$; CO-Gruppen jeweils auf Lücke entsprechend einer D_{4d}- und D_{3d}-Molekülsymmetrie; MnMn/TcTc/ReRe-Abstände = 2.977/3.04/3.02 Å; CoCo-Abstand 2.88 Å; in Lösung erfolgt Rotation der $M(CO)_m$-Gruppen um die MM-Bindung). $Co_2(CO)_8$ existiert zusätzlich in einer um ca. 26 kJ mol^{-1} energieärmeren Form, welche sich von der besprochenen Form durch einen Übergang zweier end- in brückenständige CO-Liganden ableitet (vgl. Abb. 32.28; C_{2v}-Molekülsymmetrie; CoCo-Abstand = 2.52 Å; Abb. 32.27).

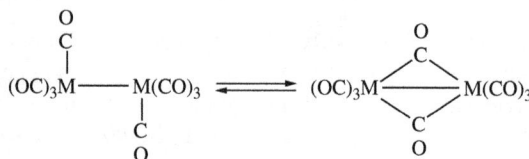

Abb. 32.27

Im Zuge dieses Übergangs ändert sich naturgemäß nichts an der Zahl der M-Außenelektronen (in der linken Formel liefert jedes CO einem Metallatom jeweils zwei, in der rechten Formel zwei Metallatomen jeweils ein Elektron). Im Festzustand liegt ausschließlich das energieärmste, in Lösung und in der Gasphase zusätzlich das energiereichere Isomer vor.

Die Strukturen der erwähnten zweikernigen Metallcarbonyle folgen – wie die der drei- und vierkernigen – auch aus einer Isolobal-Betrachtung (R. Hoffmann): Gemäß dem auf S. 1622 Besprochenen bestehen nämlich zwischen den Fragmenten d^7-ML_5 (M = Mn, Tc, Re), d^8-ML_4 (M = Fe, Ru, Os), d^9-ML_4 bzw. d^9-ML_3 (M = Co, Rh, Ir) und CH_3, CH_2 sowie CH folgende Isolobalbeziehungen (L hier CO) (s. Abb. 32.29).

Da die Strukturen anorganischer, organischer und metallorganischer Moleküle, wie ebenfalls auf S. 1622 angedeutet wurde, aus einer Vereinigung isolobaler Fragmente hervorgehen, entsprechen die zweikernigen Carbonyle $(CO)_mM-M(CO)_m$ der Mangan- und Cobaltgruppe ($m = 5, 4$) dem Ethan H_3C-CH_3 (man kennt auch »gemischte« Verbindungen wie $(CO)_mM-CH_3$ oder $(CO)_mM-M'(CO)_{m'}$), z. B.:

$$(CO)_5Mn-Mn(CO)_5 \longrightarrow (CO)_5Mn-CH_3 \longrightarrow H_3C-CH_3.$$

Die Fragmente $M(CO)_4$ der Eisengruppe sowie $M(CO)_3$ der Cobaltgruppe treten andererseits analog den Teilchen Methylen CH_2 bzw. Methylidin CH, die u. a. in Form von Cyclopropan $(CH_2)_3$ bzw. von Derivaten des Tetrahedrans $(CH)_4$ existieren, zu Trimeren $M_3(CO)_{12}$ (M =

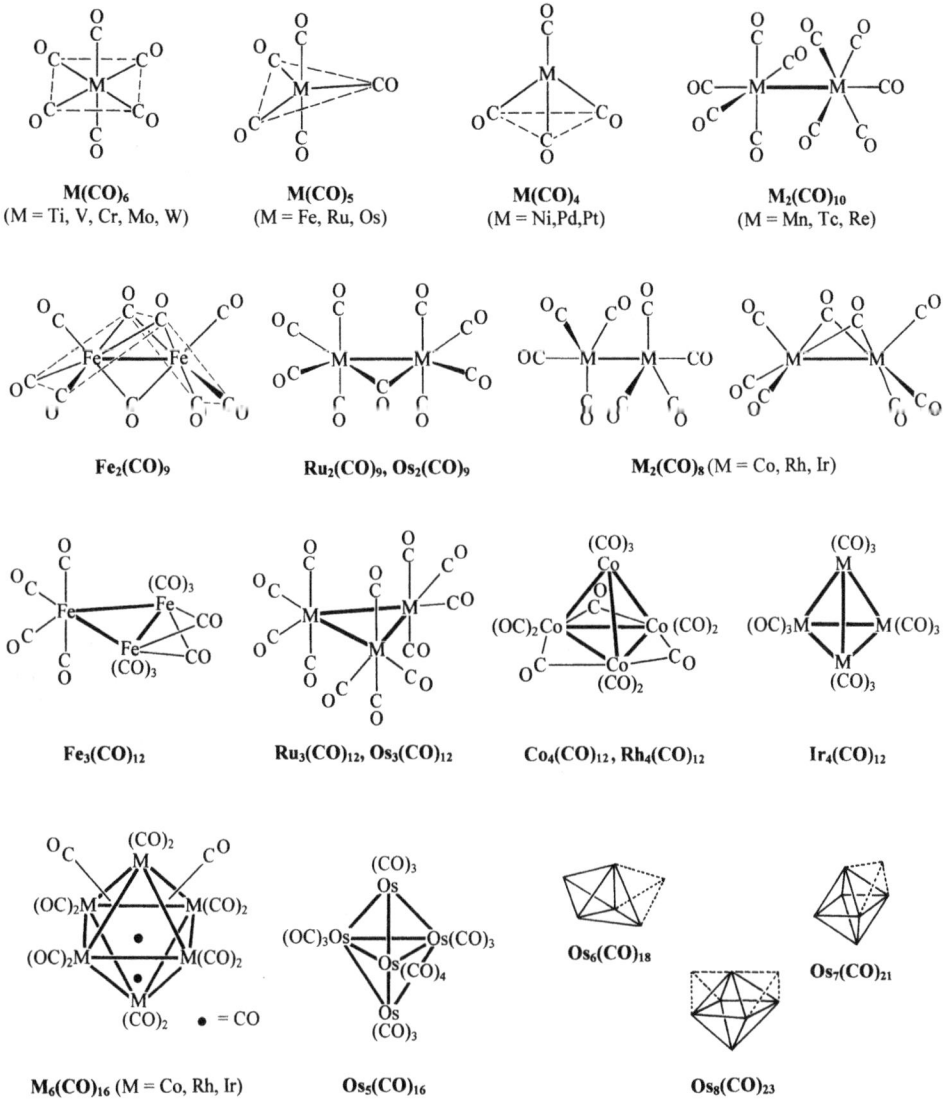

Abb. 32.28 Strukturen ein- und mehrkerniger Metallcarbonyle (der Übersichtlichkeit halber wurde in $M_6(CO)_{16}$ die CO-Gruppe über der vorderen und hinteren unteren M_3-Fläche weggelassen; die Ecken der höheren Os-Carbonyle stellen $Os(CO)_3$-Gruppen dar, die mittlere obere Ecke in $Os_8(CO)_{23}$ steht für $Os(CO)_2$).

Fe, Ru, Os) bzw. Tetrameren $M_4(CO)_{12}$ (M = Co, Rh, Ir) zusammen, wobei jeweils die leichtesten Glieder einer homologen Gruppe neben end- auch brückenständige CO-Liganden aufweisen (vgl. Abb. 32.28; wieder existieren auch »gemischte« Verbindungen wie $(CH_2)_2Fe(CO)_4$, $(CH_2)Fe_2(CO)_8$, $(RC)Co_3(CO)_9$, $(RC)_2Co_2(CO)_6$, $(RC)_3Co(CO)_3$), (s. Abb. 32.30).

In $Ru_3(CO)_{12}/Os_3(CO)_{12}$ bzw. $Ir_4(CO)_{12}$ bilden die Metallatome demgemäß ein gleichseitiges Dreieck (C_{3h}-Molekülsymmetrie) bzw. ein Tetraeder (T_d-Molekülsymmetrie), wobei jedes Metallatom verzerrt oktaedrisch von vier bzw. drei CO-Gruppen und zwei bzw. drei anderen Metallatomen umgeben ist, während die Metallatome in $Fe_3(CO)_{12}$ bzw. $Co_4(CO)_{12}/Rh_4(CO)_{12}$ an den Ecken eines gleichschenkeligen Dreiecks (C_{2v}-Symmetrie) bzw. einer trigonalen Pyra-

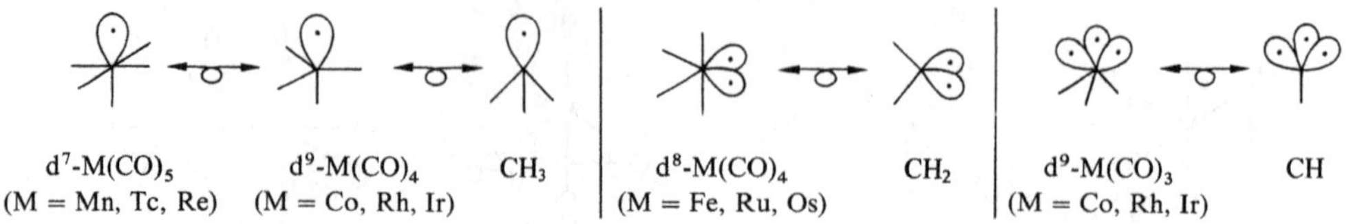

d^7-M(CO)$_5$ d^9-M(CO)$_4$ CH$_3$ | d^8-M(CO)$_4$ CH$_2$ | d^9-M(CO)$_3$ CH
(M = Mn, Tc, Re)   (M = Co, Rh, Ir)   (M = Fe, Ru, Os)   (M = Co, Rh, Ir)

Abb. 32.29

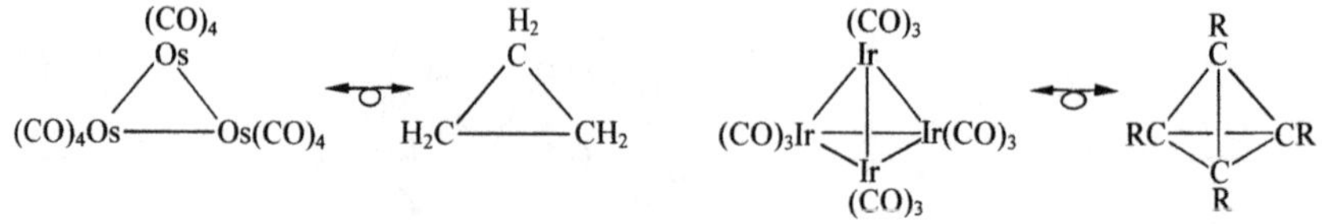

Abb. 32.30

mide (C$_{3v}$-Symmetrie) lokalisiert sind (FeFe-Abstände einmal 2.56 Å, zweimal 2.68 Å; CoCo-Abstände im Mittel 2.49 Å).

Dem Ethylen H$_2$C=CH$_2$ bzw. Acetylen HC≡CH entsprechende Carbonyle (CO)$_4$M=M(CO)$_4$ der Eisengruppe bzw. (CO)$_3$M≡M(CO)$_3$ der Cobaltgruppe existieren unter Normalbedingungen nicht. Allerdings wurde das Carbonyl (CO)$_4$Fe=Fe(CO)$_4$ bzw. eine Variante mit CO-Brücken in einer Tieftemperaturmatrix beobachtet (man kennt auch die »gemischte« Verbindung R$_2$C=Fe(CO)$_4$). Es bildet unter Aufnahme von CO leicht das stabile Molekül Fe$_2$(CO)$_9$, ein zweikerniges Carbonyl der allgemeinen Zusammensetzung M$_2$(CO)$_9$ (M = Fe, Ru, Os). Letztere Metallcarbonyle stellen Isolobale des Cyclopropanons dar, das sich allerdings nicht spontan aus Ethylen und Kohlenstoffmonoxid bildet (s. Abb. 32.31).

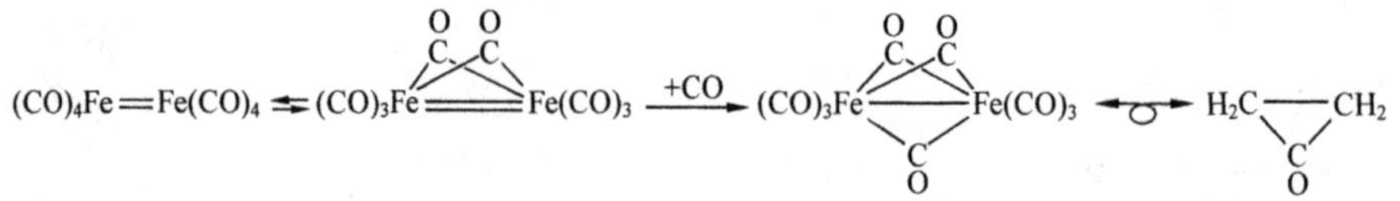

Abb. 32.31

Den Verbindungen Ru$_2$(CO)$_9$ und Os$_2$(CO)$_9$ liegt in der Tat ein dreigliederiger Dimetallacyclopropanonring zugrunde (Abb. 32.28; C$_{2v}$-Molekülsymmetrie), während das leichtere Homologe Fe$_2$(CO)$_9$ noch zwei zusätzliche CO-Brücken enthält (vgl. Abb. 32.28). In letzterem Molekül ist mithin das Eisen verzerrt oktaedrisch von drei end- und drei brückenständigen CO-Liganden koordiniert, d.h. die Verbindung setzt sich aus zwei M(CO)$_6$-Oktaedern mit gemeinsamer Fläche zusammen. Zusätzlich sind die Metallatome noch durch eine Metall-Metall-Bindung (2.523 Å in Fe$_2$(CO)$_9$) miteinander verknüpft.

Analog den einkernigen Carbonylen befolgen auch die zwei-, drei- und vierkernigen die 18-Elektronen-Abzählregel, wie sich leicht durch einen Vergleich der für einen Metallcluster geforderten Anzahl von $(18n - 2p)$ Elektronen (»magische Elektronenanzahl«, »effective atomic number« = EAN-Zahl; p = Anzahl der M-Atome, p = Zahl der MM-Bindungen) mit der tatsächlich vorhandenen Zahl von Elektronen, die sich für den betreffenden Metallcluster bei Berücksichtigung der von den Liganden gelieferten Elektronen errechnet, ergibt (bei Clustern mit Haupt- und Nebengruppenelementen beträgt die magische Elektronenzahl $8n_H + 18n_N - 2p$). Aus der Formel errechnen sich für zwei-, drei- und vierkernige Metallcarbonyle mit digonalen M$_2$-, trigonal-planaren M$_3$- und tetraedrischen M$_4$-Gruppierungen die magischen (EAN-)Zahlen von 34, 48 und 60 Elektronen (tatsächliche Elektronenzahl für Mn$_2$ in

$Mn_2(CO)_{10}$: $2 \times 7 + 10 \times 2 = 34$, für Fe_3 in $Fe_3(CO)_{12}$: $3 \times 8 + 12 \times 2 = 48$, für Co_4 in $Co_4(CO)_{12}$: $4 \times 9 + 12 \times 2 = 60$ Elektronen). Enthalten die Metallcluster zudem Mehrfachbindungen, so verringern sich die magischen (EAN-)Elektronenzahlen um jeweils 2 pro zusätzliche π-Bindung (z. B. $Fe_2(CO)_8$ mit FeFe-Doppelbindung: gefordert 32 Elektronen; laut Elektronenabzählung: $2 \times 8(Fe) + 8 \times 2(CO) = 32$ Elektronen; $Cp_2Cr_2(CO)_4$ mit CrCr-Dreifachbindung: gefordert 30 Elektronen; laut Elektronenabzählung: $2 \times 6(Cr) + 2 \times 5(Cp) + 4 \times 2(CO) = 30$ Elektronen).

Fünf-, sechs-, sieben- und achtkernige Metallcarbonyle (vgl. Tab. 32.11). Die in den höheren Osmiumcarbonylen sowie in $M_6(CO)_{16}$ (M = Co, Rh, Ir) u. a. enthaltenen Fragmente $Os(CO)_3$ bzw. $M(CO)_2$ sind isolobal mit einer BH-Gruppe bzw. einem B-Atom. Folglich führt die Fragment-Zusammenlagerung zu Molekülen mit Elektronenmangelbindungen (vgl. S. 1236), sodass naturgemäß die 18-Elektronenregel nicht mehr zuverlässig arbeitet. Zur Strukturdeutung nutzt man hier mit Vorteil die Skelettelektronen-Abzählregel (K. Wade, D. M. P. Mingos, S. 1235). Hiernach kommen einem Übergangsmetallcluster aus n Atomen, der durch $(2n + 2)$, $2n$ oder $(2n - 2)$ Elektronen zusammengehalten wird, eine Polyederstruktur ohne fehlende Ecke (*closo*-Struktur) bzw. mit einer überkappten oder mit zwei überkappten Flächen zu (*präcloso*- oder hypopräcloso-Struktur). Dabei steuert jedes Übergangsmetall $(v + l - 12)$ Gerüstelektronen bei (v = Anzahl der Valenzelektronen des Metalls, l = Anzahl der koordinativ betätigten Ligandenelektronen), sodass den Clustern insgesamt $(V + L - 12n)$ Gerüstelektronen zukommen ($V = n \times v$; $L = n \times l$; vgl. S. 1235). Entsprechend dieser Regel enthalten die Metallcarbonyle $Os_5(CO)_{16}$ sowie $M_6(CO)_{18}$ $(2n + 2)$-, die Carbonyle $Os_6(CO)_{18}$ sowie $Os_7(CO)_{21}$ $(2n)$- bzw. das Carbonyl $Os_8(CO)_{23}$ $(2n - 2)$-Käfigelektronen und bilden demgemäß Cluster mit einer trigonalen Os_5-Bipyramide sowie einem M_6-Oktaeder (M = Co, Rh, Ir), einer einfach-überkappten trigonalen Os_5-Bipyramide sowie einem einfach-überkappten Os_6-Oktaeder bzw. einem zweifach-überkappten Os_6-Oktaeder (vgl. Abb. 32.28). Im Falle von $M_6(CO)_{18}$ (M = Co, Rh, Ir) trägt jedes an einer Oktaederecke lokalisierte M-Atom zwei endständige CO-Liganden; die restlichen $16 - (6 \times 2) = 4$ CO-Moleküle sitzen über vier der acht Dreiecksflächen des Oktaeders, sodass jeweils drei M-Atome zusätzlich über einen CO-Liganden untereinander verbunden sind (vgl. Abb. 32.28).

Hypothetisches $Os_4(CO)_{13}$ wäre mit $2n + 2$ Käfigelektronen ebenfalls eine *closo*-Verbindung (Os_4-Tetraeder), während die weiter oben behandelten Spezies $M_4(CO)_{12}$ (M = Co, Rh, Ir) $2n + 4$ Käfigelektronen aufweisen und somit formal nido-Verbindungen darstellen (trigonale Bipyramide mit fehlender Ecke).

Geometrie der Metallcarbonyl-Ligandenhülle. Die Anordnung der CO-Liganden um einen (neutralen oder geladenen) Cluster aus Übergangsmetallatomen wird weniger durch starke, gerichtete Metall-Ligand-Bindungen bestimmt (die terminale (Abb. 32.25a) und brückenständige (Abb. 32.25b, c) Bindungssituation ist energetisch vergleichbar), als vielmehr durch schwache, nichtgerichtete Ligand-Ligand-Wechselbeziehungen (van-der-Waals-Bindungen; der effektive Radius der näherungsweise kugelförmigen CO-Gruppen beträgt ca. 3.0 Å). Demgemäß können Metallcarbonyle in Lösung wie etwa $Co_2(CO)_8$ (s. oben) im Gleichgewicht stehende Isomere bilden, deren Ligandenhülle unterschiedliche Geometrie, aber vergleichbaren Energieinhalt aufweist. Des Weiteren zeigen die meisten Metallcarbonyle als Folge fehlender gerichteter chemischer Bindungen zwischen M und CO fluktuierendes Verhalten ihrer Ligandenhüllen (in den intramolekularen CO-Umlagerungsprozess können – wie im Falle von $Fe_3(CO)_{12}$ – alle oder – wie im Falle von $Co_3Rh(CO)_{12}$ – nur einige CO-Gruppen eingebunden sein; auch erfolgt die Umlagerung teils – wie im Falle von $Os_6(CO)_{18}$ – nur an einem, teils – wie im Falle von $Rh_6(CO)_{15}I^-$ – an keinem Metallatom ($Fe_3(CO)_{12}$ bleibt bis unter $-150\,°C$ fluktuierend, $Rh_6(CO)_{15}I^-$ stellt ein starres, nicht fluktuierendes Ion dar).

Die m »kugelförmigen« CO-Gruppen der Metallcarbonyle $M_n(CO)_m$ bilden als Folge ihrer nicht gerichteten zwischenmolekularen van-der-Waals-Wechselwirkungen einen möglichst dicht-gepackten, durch Drei- oder Vierecksflächen begrenzten $(CO)_m$-Polyeder um den Clus-

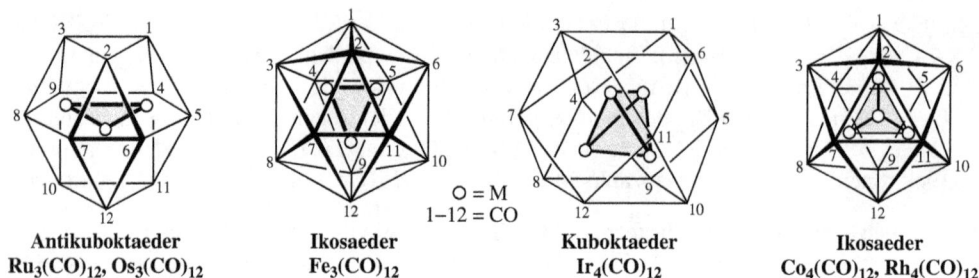

| Antikuboktaeder | Ikosaeder | Kuboktaeder | Ikosaeder |
| $Ru_3(CO)_{12}$, $Os_3(CO)_{12}$ | $Fe_3(CO)_{12}$ | $Ir_4(CO)_{12}$ | $Co_4(CO)_{12}$, $Rh_4(CO)_{12}$ |

$O = M$
$1{-}12 = CO$

Abb. 32.32

ter aus n Metallatomen. Die Geometrie des Polyeders wird dabei wesentlich durch die Geometrie und den Raumbedarf des Metallatomclusters bestimmt. Dies sei anhand von $M_3(CO)_{12}$ (M = Fe, Ru, Os) und $M_4(CO)_{12}$ (M = Co, Rh, Ir), also mehrkernigen Metallcarbonylen mit jeweils zwölf CO-Liganden, verdeutlicht:

Polyeder mit 12 Ecken stellen das Ikosaeder sowie das Kub- oder Antikuboktaeder dar (vgl. hierzu Abb. 32.32 ohne M_n-Zentren sowie Abb. 20.7a, b und Abb. 20.8a, b). Der Hohlraum in einem $(CO)_{12}$-Ikosaeder ist hierbei kleiner als der in einem $(CO)_{12}$- Kub- oder Antikuboktaeder (vgl. S. 1562). Im Falle von $Fe_3(CO)_{12}$ (C_{2v}-Symmetrie) besetzen die CO-Gruppen die Ecken eines Ikosaeders, wobei die experimentell gefundene Verbindungsstruktur mit 2 CO-Brücken eine zwingende Folge der Zentrierung des Polyeders mit einem Fe_3-Ring ist (vgl. Abb. 32.32: zwei Fe-Atome sind durch die CO-Gruppen 1 und 2 verbrückt und tragen zugleich drei terminale CO-Gruppen (3,4,8/5,6,11); das dritte Fe-Atom ist mit den CO-Gruppen 8,9,10,12 terminal verknüpft). Für einen Ru_3- bzw. Os_3-Ring bietet der Hohlraum innerhalb des (dichtestgepackten) $(CO)_{12}$-Ikosaeders nicht ausreichend Platz, weshalb sich im Falle von $Ru_3(CO)_{12}$ bzw. $Os_3(CO)_{12}$ (C_{3v}-Symmetrie) ein – weniger dicht-gepacktes und deshalb energieungünstigeres – $(CO)_{12}$-Antikuboktaeder als Ligandenhülle ausbildet (vgl. Abb. 32.32: die drei Ru- bzw. Os-Atome sind jeweils mit zwei axialen CO-Gruppen (3,10/2,12/1,11) und zwei äquatorialen CO-Liganden (8,9/4,5/6,7) terminal verknüpft). Auch das Ir_4-Tetraeder des Carbonyls $Ir_4(CO)_{12}$ (T_d-Symmetrie) besetzt diesen größeren Hohlraum, wobei sich allerdings kein $(CO)_{12}$-Antikuboktaeder, sondern ein $(CO)_{12}$-Kuboktaeder ausbildet (vgl. Abb. 32.32: die Ir-Atome sind jeweils mit drei CO-Gruppen (2,3,7/1,5,6/7,8,12/5,9,10) terminal verknüpft). Demgegenüber nehmen die trigonalen M_4-Pyramiden von $Co_4(CO)_{12}$ bzw. $Rh_4(CO)_{12}$ (C_{3v}-Symmetrie) den kleineren Hohlraum eines $(CO)_{12}$-Ikosaeders ein (vgl. Abb. 32.32: drei Co bzw. Rh-Atome sind durch CO-Liganden verbrückt (3/6/12) und tragen zugleich zwei terminale CO-Gruppen (1,2/10,11/7,8); das vierte – in Abb. 32.32 unterhalb der drei angesprochenen Atome liegende – Co- bzw. Rh-Atom ist mit den CO-Gruppen 4,5,9 terminal verknüpft). Der intramolekulare CO-Gruppenaustausch in $Co_4(CO)_{12}$ bzw. $Rh_4(CO)_{12}$ erfolgt in beiden Fällen durch reversiblen Übergang »Ikosaeder $\rightleftharpoons$ Kuboktaeder«: das in Abb. 32.32 wiedergegebene Ikosaeder geht hierbei durch Einebnung von vier Paaren miteinander kondensierter Dreiecke (z. B. 1,6,2,3) unter Aufbrechen und Verlängerung der gemeinsamen Eckenverbindung (hier: 1,2) in das für $Ir_4(CO)_{12}$ gezeichnete $(CO)_{12}$-Kuboktaeder über; die Umkehrung dieses Vorgangs, die Faltung der Quadrate des Kuboktaeders in der einen bzw. anderen Richtung (Ausbildung von van-der-Waals-Bindungen 1,2 bzw. 3,6), führt zum Ausgangsikosaeder zurück oder zu einem – hinsichtlich der Nummerierung der CO-Gruppen – isomeren Produktikosaeder (vgl. die Isomerisierung des Dicarbadodecaborans $C_2B_{10}H_{12}$, S. 1248).

Für Metallcarbonyle $M_n(CO)_m$ mit mehr als zwölf CO-Gruppen in der Ligandenhülle ($m > 12$) gelten entsprechende Überlegungen. Die $(CO)_m$-Polyeder weisen dann für $m = 13, 14, 15, 16$ u. a. die Geometrie des nachfolgend wiedergegebenen Dokosaeders, Ikosatetraeders, Ikosahexaeders,

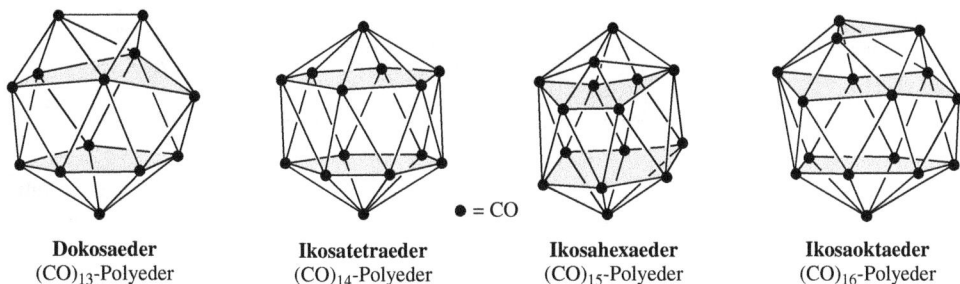

• = CO

Dokosaeder	**Ikosatetraeder**	**Ikosahexaeder**	**Ikosaoktaeder**
$(CO)_{13}$-Polyeder	$(CO)_{14}$-Polyeder	$(CO)_{15}$-Polyeder	$(CO)_{16}$-Polyeder

Abb. 32.33

Ikosaoktaeders auf (vgl. hierzu auch »supraikosaedrische Hydridoborate«, S. 1265). Sie leiten sich vom $(CO)_{12}$-Ikosaeder dadurch ab, dass CO-Gruppen an den CO-Liganden 1 angegliedert oder in den Ring aus 5 CO-Gruppen (2,3,4,5,6/7,8,9,10,11) eingeschoben werden. Betrachtet man den Bau des $(CO)_{12}$-Ikosaeders als Folge übereinander liegender Schichten mit einer, fünf, fünf, einer CO-Gruppe, was durch die Zahlenreihe $1:5:5:1$ symbolisiert werden kann, so liegen den abgebildeten $(CO)_{13/14/15/16}$-Polyedern die Schichtfolgen $2:5:5:1/1:6:6:1/2:6:6:1/3:6:6:1$ zugrunde (kursive Zahlen weisen auf gewellte Ringe; die Schichtfolge des Kub- und Antikuboktaeders lautet $3:6:3$). Als Beispiele derartiger CO-gruppenreicher (neutraler bzw. geladener) Metallcarbonyle seien genannt: $[Fe_4(CO)_{13}]^{2-}$ (zentrales Fe_4-Tetraeder), $[Co_4Ni_2(CO)_{14}]^{2-}$ (zentrales Co_4Ni_2-Oktaeder; in $[Co_6(CO)_{14}]^{4-}$ ist das Co_6-Oktaeder von einem sechsfach mit CO überkappten $(CO)_8$-Würfel koordiniert), $[Co_6(CO)_{15}]^{2-}$ (zentrales Co_6-Oktaeder), $[Os_5(CO)_{16}]$ (zentrale trigonale Os_5-Bipyramide), $[M_6(CO)_{16}]$ (M = Co, Rh, Ir; zentrales M_6-Oktaeder) (s. Abb. 32.33).

Bindungsverhältnisse

Für die relativ hohe Stabilität der MC-Bindung in Übergangsmetallcarbonylen $M(CO)_m$ im Vergleich zur Instabilität der MC-Bindung in vielen Übergangsmetallalkylen (vgl. S. 2159) ist im Rahmen der Valence-Bond-Betrachtung des Bindungszustandes vor allem die Möglichkeit der Carbonylgruppe CO zur Aufnahme von Metallelektronen durch π-Rückbindungen verantwortlich; denn wie schon auf S. 1590 erwähnt, zieht der Carbonyl-Ligand nach Addition an ein Metallatom ($:M + :C≡O \longrightarrow :M{\leftarrow}C≡O$) im Sinne der Mesomerie

$$[:\overset{\ominus}{M}{\leftarrow}C≡\overset{\oplus}{O} \leftrightarrow M{\rightleftarrows}C=\overset{..}{\underset{..}{O}}]$$

freie d-Elektronenpaare des Zentralmetalls ab und verstärkt auf diese Weise die Bindung zwischen M und C durch eine zusätzliche π-Bindung. Die rechte Grenzformel trägt überdies dazu bei, das zentrale Atom der Metallcarbonyle von seiner energetisch ungünstigen negativen Ladung zu entlasten (Nebengruppenelemente besitzen nur geringe Elektronegativität). Damit sind die Beiträge der Hin- und Rückbindung naturgemäß voneinander abhängig (»Synergismus«, vgl. Alkenkomplexe, S. 2177). Erst die Doppelbindungsbildung im Zuge der wiedergegebenen Resonanz führt zu relativ stabilen Metall-Kohlenstoff-Bindungen.

Die Rückbindung von Elektronen zum Kohlenoxid hin bedingt Änderungen der Bindungsabstände, nämlich eine Verkürzung des MC-Abstands im Vergleich zur Einfachbindung (erwartete MC-Bindungsordnung im Bereich 1–2) und eine Verlängerung des CO-Abstandes im Vergleich zur Dreifachbindung (erwartete CO-Bindungsordnung im Bereich 3–2). Experimentell findet man für MCO-Gruppierungen mit endständigem Kohlenoxid in ein- und mehrkernigen Metallcarbonylen MC-Abstände, die um 0.3 bis 0.4 Å kürzer als normale MC-Einfachbindungen sind, und CO-Abstände von rund 1.15 Å (zum Vergleich freies CO: 1.13 Å; der CO-Abstand ändert sich im Zwei- bis Dreifachbindungsbereich nur wenig). Etwas längere CO-Abstände weisen μ_2-

Tab. 32.12

	freies CO	terminales CO	μ_2-CO	μ_3-CO
Valenzschwingungsbereich	2143	2120–1850	1850–1750	1730–1620 cm^{-1}

CO-Gruppen (z. B. $Co_2(CO)_8$: 1.21 Å), noch längere μ_3-CO-Gruppen auf (auch Cyanid, Isonitrile, das Nitrosylkation oder Verbindungen wie PR_3, AsR_3 mit zur Schalenerweiterung neigenden Elementen als Ligatoren sind aus dem gleichen Grunde bevorzugte Komplexliganden für niedrigwertige Metallzentren).

Die Abnahme der CO-Bindungsordnung in Richtung verbrückender CO-Gruppen geht besonders anschaulich aus der Erniedrigung der Frequenzen bzw. der hiermit proportionalen Wellenzahlen der Valenzschwingungen der CO-Gruppen hervor (s. Tab. 32.12). So zeigt z. B. das Infrarotspektrum des CO-brückenfreien Osmiumcarbonyls $Os_3(CO)_{12}$ in Übereinstimmung mit der in Abb. 32.28 wiedergegebenen Struktur keine Banden in der Brückengruppenregion, während das entsprechende Eisencarbonyl $Fe_3(CO)_{12}$, welches 10 terminale und 2 brückenständige CO-Moleküle enthält, Absorptionsbanden in beiden Regionen aufweist.

Zu analogen und darüber hinaus gehenden Aussagen verhilft eine Molekülorbital-Betrachtung des Bindungszustandes von Übergangsmetall-Carbonylen. Die Abb. 32.34 (linke Seite) veranschaulicht in Form eines Energieniveauschemas die Bildung der Molekülorbitale des freien Kohlenoxids aus den Atomorbitalen der Valenzschale des Kohlenstoff- und Sauerstoffatoms. Ersichtlicherweise stellt unter den aus den 8 Atomorbitalen resultierenden 8 Molekülorbitalen ein σ_s*-MO das HOMO und ein π*-MO-Paar das LUMO des Systems dar (vgl. hierzu O_2 bzw. N_2 mit π* bzw. σ_p als HOMO und σ_p* und π* als LUMO; S. 386)[13].

Was koordiniertes Kohlenoxid betrifft, so führt, wie Abb. 32.34 (rechte Seite) veranschaulicht, die Wechselwirkung des HOMO von CO mit einem symmetriegerechten elektronenleeren AO des Metalls zu einer σ-Hinbindung, die – in der Regel vernachlässigbare – Interferenz der beiden π-MOs von CO mit geeigneten elektronenleeren AOs von M zu π-Hinbindungen und die – z. B. zum Ladungsausgleich – wichtige Überlappung der π*-MOs von CO mit symmetriegerechten elektronenbesetzten d-AOs von M zu π-Rückbindungen.

Der Übergang vom Fragment MCO zum vollständigen Metallcarbonyl $M(CO)_m$ führt zu keinen prinzipiell neuen Aspekten. Ganz allgemein sind im Oktaederfall (z. B. $Cr(CO)_6$) die elektronenbesetzten d_{xy}-, d_{xz}- und d_{yz}-, im Tetraederfall (z. B. $Ni(CO)_4$) die elektronenbesetzten $d_{x^2-y^2}$ und d_{z^2}-Orbitale der Zentralmetalle infolge ihrer räumlichen Lage befähigt, π-Rückbindungen durch Überlappung mit π*-MOs des Kohlenoxids auszubilden. Das heißt aber, dass der Doppelbindungsanteil pro Metall-Kohlenstoff-Bindung im Falle sowohl sechs- als auch vierfacher Koordination vergleichbar groß ist. Entsprechendes gilt auch für den Fall der fünffachen Koordination (z. B. $Fe(CO)_5$), wie sich schon daraus ergibt, dass der CO-Abstand in $Cr(CO)_6$, $Fe(CO)_5$ und $Ni(CO)_4$ gleich groß ist. Das Ausmaß der π-Rückbindung wächst (sinkt) allerdings entscheidend mit der negativen (positiven) Ladung des Metallcarbonyl-Zentrums, wie sich etwa aus der

---

[13] CO-Bindungsordnung, -Bindungslänge. Von den 8 MOs des Kohlenmonoxids sind vier »bindende« und ein »antibindendes« MO mit je 2 Elektronen besetzt. Formal verbleiben nach Abzug des elektronenbesetzten antibindenden MOs, von den vier bindenden MOs insgesamt drei bindende, mit Elektronen besetzte MOs, entsprechend einer Ordnung = 3 für die CO-Bindung. Wegen des schwach antibindenden Charakters des σ_s*-MOs führt die Ionisation des CO-Moleküls zu einer Verkürzung der CO-Bindung (von 1.13 auf 1.11 Å), während sich die Bindung nach Anregung eines Elektrons in das stark antibindende π*-MO verlängert (von 1.13 auf 1.20 Å). Mit der σ-Hinbindung von CO zu einem Metallatom (M←CO) wird ebenfalls Elektronendichte aus dem CO-HOMO (σ_s*-MO) abgezogen. Dass hierbei – bei fehlender π-Rückbindung[14] eine Verkürzung der CO-Bindungslänge (eine Erhöhung der CO-Wellenzahl) beobachtet wird, beruht darauf, dass das Metallion aufgrund seiner positiven Ladung den beim elektronegativen Sauerstoff liegenden Schwerpunkt der Elektronendichte zum Kohlenstoff hin verschiebt, was mit einer Stärkung der Kovalenz der CO-Bindung verbunden ist. Nachdem neuere theoretische Studien das σ_s*-MO (HOMO) von CO als schwach bindend ausweisen (Folge einer Mischung von s- mit p-AOs), muss auch die Bindungsverkürzung des CO-Moleküls nach Ionisierung auf eine Verschiebung der CO-Elektronen-Polarisierung zurückgeführt werden (Bildung einer positiven Partialladung am C-Atom nach Abspaltung eines Elektrons aus dem dominant C-zentrierten σ_s*-MO) (s. unten).

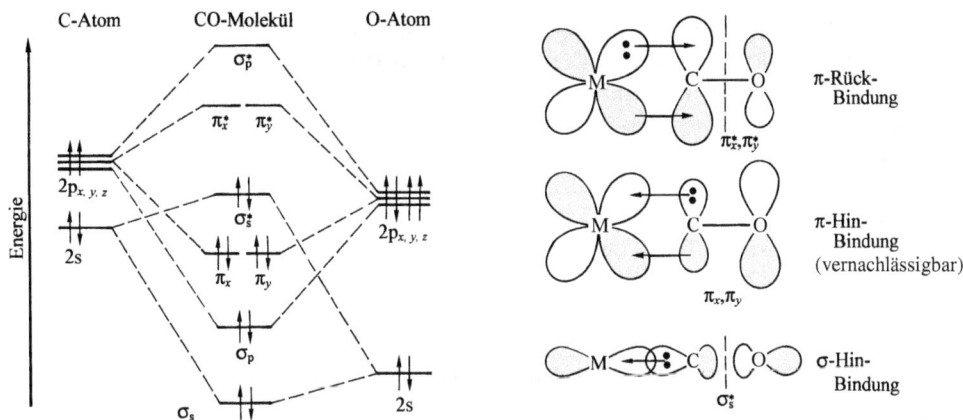

Abb. 32.34 Energieniveauschema der Bildung der σ- und π-Molekülorbitale des CO-Moleküls (links); Bindungsmechanismus der MCO-Gruppe (rechts; die gestrichelten Linien deuten Knotenebenen an).

Erniedrigung der Wellenzahlenlage der CO-Valenzschwingungen in gleicher Richtung ergibt (ist die Wellenzahl von gebundenem CO niedriger bzw. höher als die von freiem CO, so spricht man auch – in nicht sehr glücklicher Weise – von »klassischen« bzw. »nichtklassischen Metall-carbonylen«)[14]. Entsprechendes bewirken elektronenschiebende Liganden in Metallcarbonylen des Typs $L_pM(CO)_m$. Folgende Reihe abnehmender π-Akzeptortendenz wurde für Liganden L (einschließlich CO) aus der CO-Valenzschwingungsfrequenz von $L_pM(CO)_m$ abgeleitet (Ligator jeweils fett):

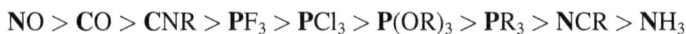

$$NO > CO > CNR > PF_3 > PCl_3 > P(OR)_3 > PR_3 > NCR > NH_3$$

2.1.2 Darstellung

Metallcarbonyle $M(CO)_n$ werden (i) unter Erhalt der Metalloxidationsstufe aus Metall und Koh-lenoxid sowie durch energetische Zersetzung von Metallcarbonylen, (ii) unter Erniedrigung der Metalloxidationsstufe durch Reduktion von Metallverbindungen in Anwesenheit von Kohlen-oxid oder (iii) unter Erhöhung der Metalloxidationsstufe durch Oxidation von Carbonylmetalla-ten gewonnen.

Erhalt der Metalloxidationsstufe. Die klassische Darstellung der Metallcarbonyle beruht auf der direkten Einwirkung von Kohlenoxid auf Metall (Carbonylierung von Metallen). Das Metall muss dabei in »aktiver Form«, d. h. in genügend feiner Zerteilung vorliegen. So wird »Nickel-tetracarbonyl« $Ni(CO)_4$ technisch durch Überleiten von CO bei 80 °C und Atmosphärendruck über ein bei 400 °C durch Reduktion des Oxids mit Wassergas gewonnenes Nickelpulver darge-stellt. In analoger Weise gewinnt man »Eisenpentacarbonyl« $Fe(CO)_5$ technisch durch Erhitzen von feinverteiltem Eisen mit CO unter 100 bar Druck auf 150–200 °C (reines Eisen ohne Oxid-schicht reagiert mit CO bereits bei Raumtemperatur unter Normaldruck).

Auch die Carbonyle $Mo(CO)_6$, $Ru(CO)_5$ und $Co_2(CO)_8$ lassen sich in dieser Weise gewinnen, werden aber mit Vorteil auf anderem Wege dargestellt (s. unten). Weitere Metallcarbonyle las-sen sich durch Abschrecken von Metalldampf zusammen mit CO und Inertgasen auf rund 10 K

---

[14] Freies CO: $\tilde{v} = 2143\,cm^{-1}$ im IR-Spektrum. Wellenzahlerniedrigung wegen des π-Rückbindungseffekts, der stärker ist als die eine Wellenzahlenerhöhung bedingenden Effekte: d^6-Ionen $Mn(CO)_6^+/Cr(CO)_6/V(CO)_6^-$: $\tilde{v} = 2096/1988/1859\,cm^{-1}$; $W(CO)_6/Ta(CO)_6^-/Hf(CO)_6^{2-}$: $\tilde{v} = 2085/1977/1850/1757\,cm^{-1}$; d^{10}-Ionen $Ni(CO)_4/Co(CO)_4^-/Fe(CO)_4^{2-}/Mn(CO)_4^{3-}/Cr(CO)_4^{4-}$: $\tilde{v} = 2044/1883/1788/1670/1462\,cm^{-1}$. Wellenzahlenerhöhung wegen zu geringer bzw. fehlender π-Rückbindung: d^6-Ionen $Os(CO)_6^{2+}/Re(CO)_6^+$: $\tilde{v} = 2254/2190\,cm^{-1}$; d^8-Ionen $Pd(CO)_4^{2+}/Pt(CO)_4^{2+}/Ir(CO)_6^{3+}$: $\tilde{v} = 2248/2244/2268\,cm^{-1}$; d^{10}-Ionen $Cu(CO)_2^+/Ag(CO)_2^+/Au(CO)_2^+/Hg(CO)_2^{2+}$: $\tilde{v} = 2171/2208/2236/2278\,cm^{-1}$. Man vgl. auch $H(CO)^+/H_3B(CO)$: $\tilde{v} = 2184/2164\,cm^{-1}$.

in Form einer Tieftemperaturmatrix erhalten und in dieser Form IR-spektroskopisch identifizieren. Beispiele sind die Carbonyle $Ti(CO)_6$, $Rh_2(CO)_8$, $Ir_2(CO)_8$, $Pd(CO)_4$, $Pt(CO)_4$, $Cu_2(CO)_6$, $Ag_2(CO)_6$. Neben $Ti(CO)_6$ konnten durch Matrixtechnik eine Reihe anderer einkerniger Carbonyle ohne Elektronenoktadezett der Metallzentren erzeugt werden, zum Beispiel $Ta(CO)_5$, $M(CO)_5$ (M = Mn, Tc, Re; $\longrightarrow$ $M_2(CO)_{10}$), $Fe(CO)_4$ ($\longrightarrow$ $Fe_2(CO)_8$ $\longrightarrow$ $Fe_2(CO)_9$), $Fe(CO)_3$ ($\longrightarrow$ $Fe_3(CO)_{12}$), $Co(CO)_4$ ($\longrightarrow$ $Co_2(CO)_8$), $Co(CO)_3$ ($\longrightarrow$ $Co_4(CO)_{12}$), $M(CO)_3$ (M = Cu, Ag; $\longrightarrow$ $M_2(CO)_6$).

Eine weitere klassische Darstellungsmethode beruht auf der Umwandlung von Metallcarbonylen. So gehen die niederkernigen Metallcarbonyle bei Energiezufuhr in Form von Licht oder Wärme (Photolyse, Thermolyse) unter »CO-Abspaltung« vielfach in die höherkernigen Typen über, die ihrerseits bei noch höherem Erhitzen in Metall und CO zerfallen (s. unten). Beispielsweise verwandelt sich $Fe(CO)_5$ am Sonnenlicht allmählich in »Dieisenenneacarbonyl« $Fe_2(CO)_9$: $2\,Fe(CO)_5$ $\longrightarrow$ $Fe_2(CO)_9$ + CO.

Besonders thermolyse- und lichtempfindlich sind $Ru(CO)_5$ und $Os(CO)_5$ hinsichtlich ihrer Umwandlung in die zweikernigen Verbindungen $Ru_2(CO)_9$ und $Os_2(CO)_9$ sowie die dreikernigen Verbindungen $Ru_3(CO)_{12}$ und $Os_3(CO)_{12}$. Analoges gilt für die zweikernigen Carbonyle $Rh_2(CO)_8$ und $Ir_2(CO)_8$, die bereits bei > 225 bzw. > 40 K in die vierkernigen Carbonyle $Rh_4(CO)_{12}$ und $Ir_4(CO)_{12}$ übergehen. Ferner lassen sich durch Thermolyse von $Os_3(CO)_{12}$ oberhalb 100 °C die höherkernigen Verbindungen $Os_5(CO)_{16}$, $Os_6(CO)_{18}$, $Os_7(CO)_{21}$ und $Os_8(CO)_{23}$ erzeugen. Mechanistisch erfolgt die Umwandlung niederkerniger Metallcarbonyle in höherkernige teils durch CO-Abspaltung mit nachfolgender Oligomerisierung der CO-ärmeren niederkernigen Metallcarbonylbruchstücke, teils durch Spaltung der Edukte in Monometallcarbonylbruchstücke, welche im Zuge der CO-Abspaltung zu den Produkten oligomerisieren. Es gelingt auch, höherkernige Metallcarbonyle durch »CO-Anlagerung« in niederkernige Metallcarbonyle zu verwandeln, so z. B. $Ru_3(CO)_{12}$ bei 180 °C unter 200 bar CO-Druck in $Ru(CO)_5$ oder $Rh_4(CO)_{12}$ bei −19 °C unter 490 bar CO-Druck in $Rh_2(CO)_9$.

Erniedrigung der Metalloxidationsstufe. Die Methoden zur Darstellung von Metallcarbonylen durch Reduktion von Metallsalzen in CO-Anwesenheit sind äußerst zahlreich und je nach Art der Metallverbindung und des Reduktionsmittels jeweils nur zur Synthese bestimmter Carbonyle geeignet. Mit Erfolg verwendet man hierbei vielfach Kohlenstoffoxid als Reduktionsmittel, indem man dieses bei erhöhter Temperatur und unter Druck auf Metallverbindungen einwirken lässt.

So reagieren etwa die Oxide von Mo, Tc, Re, Ru, Os, Co, Ir, die Halogenide von W, Re, Fe, Ru, Os, Ir, Ni sowie die Sulfide von Mo, Re mit CO unter Bildung der entsprechenden Metallcarbonyle, wobei CO zu CO_2, COX_2 (X = Halogen) bzw. COS oxidiert wird. Beispielsweise entstehen »Triruthenium-« und »Triosmiumdodecacarbonyl« $Ru_3(CO)_{12}$ und $Os_3(CO)_{12}$ neben »Ruthenium-« sowie »Osmiumpentacarbonyl« $Ru(CO)_5$ und $Os(CO)_5$ bei der Umsetzung von $RuCl_3$ bzw. OsO_4 mit CO bei erhöhter Temperatur und höherem Druck (> 100 °C, > 100 bar) und »Ditechnetium«- sowie »Dirheniumdecacarbonyl« $Tc_2(CO)_{10}$ und $Re_2(CO)_{10}$ bei der Reaktion von CO mit Tc_2O_7, Re_2O_7 bzw. Re_2S_7. Besonders bewährt hat sich eine mit 90%-iger Ausbeute verlaufende Darstellung von »Chromhexacarbonyl« $Cr(CO)_6$, bei der wasserfreies $CrCl_3$ in Benzol mit Aluminium – in Anwesenheit von $AlCl_3$ als Katalysator – bei 140 °C unter gleichzeitigem Einpressen von CO (300 bar) reduziert wird:

$$CrCl_3 + Al + 6\,CO \longrightarrow Cr(CO)_6 + AlCl_3.$$

Auch beim Arbeiten in flüssiger Phase kann das Kohlenoxid selbst als Reduktionsmittel fungieren, wie die Darstellung von »Nickeltetracarbonyl« $Ni(CO)_4$ aus CO und wässrig-ammoniakalischen Ni^{2+}-Lösungen bei 180 °C und 150 bar:

$$[Ni(NH_3)_6]^{2+} + 5\,CO + 2\,H_2O \longrightarrow Ni(CO)_4 + (NH_4)_2CO_3 + 2\,NH_4^+ + 2\,NH_3$$

und die Bildung von $Rh_6(CO)_{16}$ sowie $Ir_4(CO)_{12}$ durch Umsetzung von $RhCl_3$ bzw. $IrCl_3$ mit CO bei 60 °C und 40 bar in Methanol-Lösung zeigt.

Häufig lässt sich eine wesentliche Erhöhung der Ausbeute an Metallcarbonyl dadurch erzielen, dass man dem Reaktionsgemisch zusätzlich ein Beimetall als Reduktionsmittel zumischt, welches den an das carbonylbildende Metall gebundenen Säurerest aufzunehmen vermag. So lässt sich z. B. die Ausbeute an $Co_2(CO)_8$ bei der Einwirkung von CO auf $CoBr_2$ bei 200 bar und 250 °C durch Zugabe von Cu, Ag oder Zn auf ein Mehrfaches steigern. In gleicher Weise wirkt die Anwesenheit von Metallen, besonders Cu, bei der technischen Darstellung von $Ni(CO)_4$ und $Fe(CO)_5$ aus sulfidhaltigem Metall vorteilhaft.

Technische Bedeutung für die Synthese von Metallcarbonylen haben ferner Umsetzungen von Metallverbindungen mit CO in Anwesenheit von Triethylaluminium oder Wasserstoff als Reduktionsmittel erlangt. So lassen sich etwa »Molybdän-« und »Wolframhexacarbonyl« $Mo(CO)_6$ und $W(CO)_6$ sowie »Dimangandecacarbonyl« $Mn_2(CO)_{10}$ durch Einwirkung von CO und Et_3Al auf $MoCl_5$, WCl_6 bzw. $Mn(OAc)_2$ bei leicht erhöhter Temperatur unter CO-Druck in Benzol bzw. Ether gewinnen, z. B.:

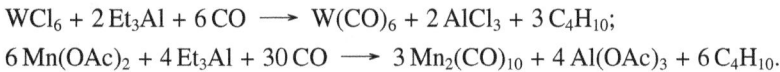

$$WCl_6 + 2\,Et_3Al + 6\,CO \longrightarrow W(CO)_6 + 2\,AlCl_3 + 3\,C_4H_{10};$$
$$6\,Mn(OAc)_2 + 4\,Et_3Al + 30\,CO \longrightarrow 3\,Mn_2(CO)_{10} + 4\,Al(OAc)_3 + 6\,C_4H_{10}.$$

Ein wichtiger technischer Einstufenprozess zur Darstellung von »Dicobaltoctacarbonyl« $Co_2(CO)_8$ besteht ferner in der Umsetzung von $Co(OAc)_2$ in Essigsäureanhydrid Ac_2O mit H_2 und CO im Molverhältnis 1 : 4 bei 160–180 °C; in analoger Weise lässt sich »Trirutheniumdodecacarbonyl« $Ru_3(CO)_{12}$ aus $Ru(acac)_3$ (acac = Acetylacetonat) herstellen:

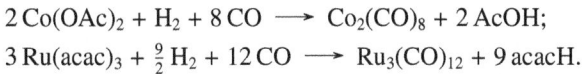

$$2\,Co(OAc)_2 + H_2 + 8\,CO \longrightarrow Co_2(CO)_8 + 2\,AcOH;$$
$$3\,Ru(acac)_3 + \tfrac{9}{2}\,H_2 + 12\,CO \longrightarrow Ru_3(CO)_{12} + 9\,acacH.$$

Auch Lithiumalanat $LiAlH_4$ in Ether wurde mit Erfolg als Reduktionsmittel für Halogenide von Mo, W, Co, Rh eingesetzt. Entsprechendes gilt für Dithionit, das etwa alkalische Ni^{2+}-Lösungen in Gegenwart von CO praktisch quantitativ in $Ni(CO)_4$ verwandelt:

$$Ni^{2+} + S_2O_4^{2-} + 4\,OH^- + 4\,CO \longrightarrow Ni(CO)_4 + 2\,SO_3^{2-} + 2\,H_2O.$$

Erhöhung der Metalloxidationsstufe. Gelegentlich sind die »Carbonylmetallate« $M(CO)_n^{m-}$ (S. 2130) leichter zugänglich als die zugehörigen Metallcarbonyle, sodass letztere zweckmäßig über erstere und deren anschließende Oxidation dargestellt werden.

So lässt sich das Anion $Co(CO)_4^-$ (z. B. gewinnbar nach $Co^{2+} + 1\tfrac{1}{2}\,S_2O_4^{2-} + 6\,OH^- + 4\,CO \longrightarrow Co(CO)_4^- + 3\,SO_3^{2-} + 3\,H_2O$) bzw. das Anion $V(CO)_6^-$ (gewinnbar nach $VCl_3 + 4\,Na + 6\,CO + 2\,diglyme \longrightarrow [Na(diglyme)_2]^+[V(CO)_6]^- + 3\,NaCl$; diglyme = $MeOCH_2CH_2OCH_2CH_2OMe$) leicht mit konzentrierter Phosphorsäure bei Raumtemperatur unter H_2-Entwicklung in »Dicobaltoctacarbonyl« $Co_2(CO)_8$ bzw. »Vanadiumhexacarbonyl« $V(CO)_6$ (bisher bester Zugang) überführen:

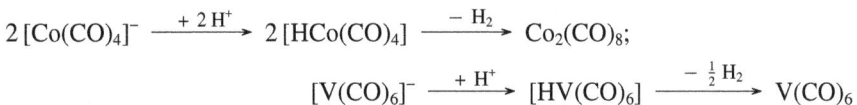

$$2\,[Co(CO)_4]^- \xrightarrow{\;+\,2\,H^+\;} 2\,[HCo(CO)_4] \xrightarrow{\;-\,H_2\;} Co_2(CO)_8;$$
$$[V(CO)_6]^- \xrightarrow{\;+\,H^+\;} [HV(CO)_6] \xrightarrow{\;-\,\tfrac{1}{2}\,H_2\;} V(CO)_6$$

Durch milde Oxidationsmittel (z. B. $FeCl_3$) lassen sich ferner die Anionen $M_6(CO)_{15}^{2-}$ (M = Co, Rh, Ir) im wässerigen Medium in $M_6(CO)_{16}$ umwandeln.

Durch Umsetzung von Metallcarbonylhalogeniden (S. 2126) als Oxidationsmittel mit Carbonylmetallaten als Reduktionsmittel ist darüber hinaus die Darstellung gemischter Metallcarbonyle möglich, z. B.:

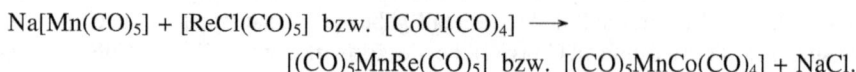

$$Na[Mn(CO)_5] + [ReCl(CO)_5] \text{ bzw. } [CoCl(CO)_4] \longrightarrow$$
$$[(CO)_5MnRe(CO)_5] \text{ bzw. } [(CO)_5MnCo(CO)_4] + NaCl.$$

Auch bei der thermischen Zersetzung von Metallcarbonyl-Salzen wie $[(CO)_6Re]^+[Mn(CO)_5]^-$ oder $[(CO)_6Mn]^+[Co(CO)_4]^-$ bilden sich in einer intramolekularen Redoxreaktion die beiden wiedergegebenen gemischt-zweikernigen Metallcarbonyle.

2.1.3   Eigenschaften. Die Metalltrifluorphosphane und -carbonylhalogenide

Die physikalischen Eigenschaften der einzelnen Metallcarbonyle gehen aus den Tabellen 32.10 und 32.11 hervor. Ihnen ist u. a. zu entnehmen, dass die höherkernigen Metallcarbonyle $M_n(CO)_m$ (Entsprechendes gilt für Carbonylmetallate) trotz der Edelgaskonfiguration ihrer Metallatome farbig sind, was auf nahe benachbarte elektronenbesetzte und -leere Energieniveaus – einem Charakteristikum der elementaren Metalle (S. 1670) – hindeutet. Die Metallcarbonyle $M(CO)_m$ brennen leicht an Luft, und die Flüssigkeiten $Fe(CO)_5$ und $Ni(CO)_4$ sollten wegen ihrer toxischen Eigenschaften und der Bildung explosiver Gemische mit Luft vorsichtig gehandhabt werden. Die chemischen Eigenschaften der – heute auch technisch immer wichtiger werdenden – Verbindungen (vgl. S. 2130) lassen sich in Thermolyse- bzw. Photolyse-, in Substitutions-, Oxidations-, Reduktions- und Additionsreaktionen unterteilen. Bezüglich der Insertion von CO in Metall-Kohlenstoff-Bindungen vgl. S. 2005, 2019, 2037.

Thermolyse, Photolyse. Alle Metallcarbonyle zersetzen sich thermisch bei mehr oder minder hohen Temperaturen letztendlich in Metalle und Kohlenoxid. Beispielsweise zerfallen $Ti(CO)_6$, $Pd(CO)_4$, $Pt(CO)_4$, $Cu_2(CO)_6$, $Ag_2(CO)_6$ auf diese Weise bereits bei sehr tiefen Temperaturen (vgl. Tab. 32.10), $Ni(CO)_4$ rasch bei 120 °C (vgl. Ni-Reinigung nach dem Mondverfahren), $Fe(CO)_5$ bei 150 °C (Bildung von »Carbonyleisen«), $Ru_3(CO)_{12}$ bei rund 230 °C (das Beständigkeitsmaximum liegt bei den Carbonylen von Metallen der VI. Nebengruppe). Vielfach erfolgt die Thermolyse (Analoges gilt für die Photolyse) auf dem Wege über höherkernige Metallcarbonyle (vgl. hierzu das bei der Darstellung Gesagte).

Der erste Schritt der Thermolyse und Photolyse der Metallcarbonyle besteht meist in einer M−CO-Bindungsspaltung. So geht tetraedrisch gebautes »Nickeltetracarbonyl« in einer Tieftemperaturmatrix (15 K) beim Bestrahlen unter CO-Eliminierung in $Ni(CO)_3$ über, das sich zu instabilem $Ni_2(CO)_6$ dimerisieren soll. In analoger Weise führt offensichtlich die thermische Zersetzung von $Ni(CO)_4$ auf dem Wege über CO-Eliminierungen und »Verclusterung« der gebildeten Nickelcarbonyl-Fragmente zu elementarem Nickel. Das aus einer Photolyse von »Eisenpentacarbonyl« hervorgehende und einer Tieftemperaturmatrix isolierbare Fragment $Fe(CO)_4$ (verzerrt-tetraedrisch; C_{2v}-Molekülsymmetrie; Triplett-Grundzustand; der energiereichere Singulett-Zustand lässt sich durch Addition von Xe oder CH_4 an $Fe(CO)_4$ stabilisieren) lagert sich an unzersetztes $Fe(CO)_5$ unter Bildung von »Dieisenenneacarbonyl« $Fe_2(CO)_9$ an, das sich in einer Tieftemperaturmatrix unter CO-Eliminierung zu $Fe_2(CO)_8$ (unverbrückte und isomere CO-verbrückte Form; vgl. $Co_2(CO)_8$) photolysieren lässt. Die Thermolyse von $Fe_2(CO)_9$ führt – wohl auf dem Wege über $Fe_2(CO)_8$ – zu $Fe_3(CO)_{12}$.

Neben der M−CO-Spaltung kann bei mehrkernigen Metallcarbonylen zudem eine M−M-Bindungsspaltung eintreten. So soll die thermische Belastung von »Dimangandecacarbonyl« u. a. zur Bildung von $Mn(CO)_5$-Radikalen führen (Entsprechendes trifft für $Tc_2(CO)_{10}$ und $Re_2(CO)_{10}$ zu). Der in vielen Fällen unter CO-Druck mögliche Clusterabbau höherkerniger Metallcarbonyle muss naturgemäß unter MM-Spaltung ablaufen. So bildet sich etwa »Tetracobalt-dodecacarbonyl« reversibel aus »Dicobaltoctacarbonyl«:

$$2\,Co_2(CO)_8 \;\rightleftarrows\; Co_4(CO)_{12} + 4\,CO + 123\,kJ.$$

Der erste Schritt des Übergangs von $Co_4(CO)_{12}$ in $Co_2(CO)_8$ besteht hier in einem reversiblen Aufbrechen einer CoCo-Bindung des Co_4-Tetraeders, gefolgt von der Spaltung einer zweiten CoCo-Bindung und der Aufnahme von Kohlenmonoxid. Umgekehrt leitet eine CO-Eliminierung den Übergang von $Co_2(CO)_8$ in $Co_4(CO)_{12}$ ein.

Unter besonderen Bedingungen erfolgt die thermische Metallcarbonyl-Clusterbildung unter Einbau von C-Atomen. Erhitzt man etwa $Ru_3(CO)_{12}$ 6 Stunden in Dibutylether auf 142 °C, so bildet sich u. a. in 30%-iger Ausbeute der tiefrote Carbidokomplex $[Ru_6C(CO)_{17}]$ mit der Struktur (Abb. 32.35b), während beim Erhitzen von $Fe_3(CO)_{12}$ in Kohlenwasserstoff/Alkin-Gemischen der schwarze Cluster $[Fe_5C(CO)_{15}]$ (Abb. 32.35a) entsteht. Als weitere Beispiele für Carbidokomplexe seien genannt: $[Ru_5C(CO)_{15}]$ (rot), $[Os_5C(CO)_{15}]$ (orangefarben), $[Os_8C(CO)_{21}]$ (purpurrot), $[Rh_8C(CO)_{19}]$ (schwarz), $[Rh_{12}C_2(CO)_{25}]$ (schwarz; enthält C_2-Einheiten)[15]. Die Bildung der interstitiellen C-Atome erfolgt offensichtlich auf dem Wege einer Disproportionierung $2\,CO \longrightarrow$ »C« $+ CO_2$ von zwei an einem Metallatom gebundenen CO-Gruppen. Den Carbidokomplexen, die als molekulare Ausschnitte aus Metallcarbiden anzusehen sind, lassen sich entsprechende »Nitridokomplexe« wie etwa $[Fe_5N(CO)_{14}]^-$ (Abb. 32.35c) an die Seite stellen[15] (bezüglich des »Hydridokomplexes« $[HCo_6(CO)_{15}]^-$ mit H im Zentrum eines Co_6-Oktaeders; vgl. S. 2136.

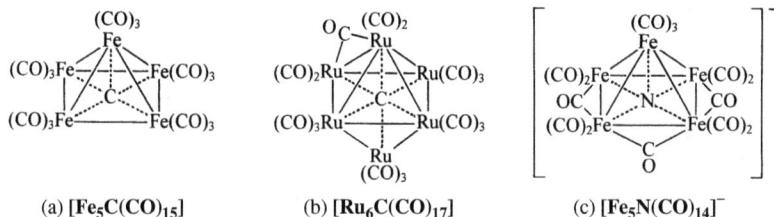

(a) $[Fe_5C(CO)_{15}]$ (b) $[Ru_6C(CO)_{17}]$ (c) $[Fe_5N(CO)_{14}]^-$

Abb. 32.35

Die Strukturen der Carbidocluster lassen sich mithilfe der Skelettelektronen-Abzählregeln (Wade'sche Regeln) unter der Annahme deuten, dass das Kohlenstoffatom 4 Elektronen zum Cluster beisteuert. Somit ergeben sich – da jedes Metallatom $(v+l-12)$ Gerüstelektronen liefert (S. 2112) – für Abb. 32.35a insgesamt 5×8 (Fe) $+4$ (C) $+15 \times 2$ (CO) $-5 \times 12 = 14$ Gerüstelektronen, für Abb. 32.35b insgesamt 6×8 (Ru) $+4$ (C) $+17 \times 2$ (CO) $-6 \times 12 = 14$ Gerüstelektronen, was im ersteren Falle einer nido-Struktur mit $(2n+4)$ Elektronen, im letzteren

---

[15] Man kennt auch eine Reihe gelber, roter, brauner bis schwarzer anionischer Carbidokomplexe der Carbonyle von Mn-, Fe-, Co-, Ni-Gruppenelementen, z. B. $[Re_6C(CO)_{18}]^{4-}$ (Re_6-Oktaeder, diprotoniert), $[Re_7C(CO)_{21}]^{3-}$ (überkapptes Re_6-Oktaeder), $[Re_8C(CO)_{24}]^{2-}$ (doppelt überkapptes Re_6-Oktaeder; Kappen in *trans*-Stellung), $[Re_7C(CO)_{21}]^{3-}$ (überkapptes Re_6C-Oktaeder, monoprotoniert). $[Fe_5C(CO)_{14}]^{2-}$ (quadratische Fe_5-Pyramide), $[Fe_6C(CO)_{16}]^{2-}$ (Fe_6-Oktaeder), $[Ru_6C(CO)_{16}]^{2-}$ (Ru_6-Oktaeder), $[M_{10}C(CO)_{24}]^{2-}$ (M = Ru, Os; vierfach-überkapptes M_6-Oktaeder), $[M_6C(CO)_{15}]^{2-}$ (M = Mn, Rh; trigonales M_6-Prisma), $[Co_8C(CO)_{18}]^{2-}$ (doppelt-überkapptes trigonales Co_6-Prisma; Kappen über Co_3-Flächen). Ihre Bildung kann u. a. durch Basenreaktion aus neutralen Carbidokomplexen erfolgen. Bestehen Metallcarbonyle aus miteinander kondensierten M_n-Polyedern, so können auch mehrere dieser Polyeder durch C zentriert vorliegen, z. B. $[Ru_{10}C_2(CO)_{24}]^{2-}$ (Ru_6C-Oktaeder mit gemeinsamer Kante), $[Rh_{12}C_2(CO)_{24}]^{2-}$ (eckenverknüpfte Rh_6C-Oktaeder), $[Rh_{14}C_2(CO)_{33}]^{2-}$ (kappenverknüpfte Spezies Rh_7C = trigonales Rh_6C-Prisma mit überkappter Rh_3-Fläche), $[Co_{13}C_2(CO)_{24}]^{4-}$ und $[Rh_{15}C_2(CO)_{28}]^-$ (Co_{13}- und Rh_{15}-Cluster mit C in zwei trigonalen Co_6-Prismen bzw. Rh_6-Oktaedern). Beispiele für anionische Nitrido-, Phosphido-, Arsenido- und Sulfidokomplexe sind neben $[Fe_5N(CO)_{14}]^-$ (Abb. 32.35c) z. B. $[Ru_6N(CO)_{16}]^-$ (Ru_6-Oktaeder; vgl. $Ru_6C(CO)_{16}^{2-}$), $[Ru_{10}N(CO)_{24}]^-$ (vierfach-überkapptes Ru_6-Oktaeder, vgl. $Ru_{10}C(CO)_{24}^{2-}$), $[Rh_{14}(N)_2(CO)_{25}]^{2-}$, $[Rh_{23}(N)_4(CO)_{38}]^{3-}$, $[Rh_9P(CO)_{21}]^{2-}$, $[Rh_{10}As(CO)_{22}]^{3-}$, $[Rh_{10}S(CO)_{22}]^{2-}$, $[Rh_{17}(S)_2(CO)_{32}]^{3-}$. Man kennt auch einen Boridokomplex $[Ru_6B(CO)_{18}]^{3-}$ (trigonales Ru_6B-Prisma; dreifach protoniert).

Falle einer *closo*-Struktur mit $(2n + 2)$ Elektronen ($n = $ Anzahl der Metallatome im Cluster) entspricht. Vergleichbaren Bau haben somit M_n-Cluster in $[M_n(CO)_m]$ und $[M_nC(CO)_{m-2}]$, d. h. die Struktur des Fe_5- bzw. Ru_6-Clusters in Abb. 32.35a bzw. b entspricht der der hypothetischen Metallcarbonyle $Fe_5(CO)_{17}$ bzw. $Ru_6(CO)_{19}$ (das aus $Ru_6(CO)_{19}$ folgende Anion $Ru_6(CO)_{18}^{2-}$ lässt sich gewinnen). Von bekannten und unbekannten Carbidokomplexen $[M_nC(CO)_m]$ leiten sich Anionen $[M_nC(CO)_{m-1}]^{2-}$ ab[15].

Substitutionsreaktionen (vgl. [10]). In vielen Fällen ist es möglich, die Kohlenoxid-Liganden in den Metallcarbonylen in der Wärme bzw. bei Lichteinwirkung teilweise oder – in einigen Fällen – ganz durch andere Donoren wie CNR, NO, PX_3, PR_3, OR_2, SR_2 usw. zu ersetzen, z. B.:

$$Fe_2(CO)_9 + 4\,NO \longrightarrow 2\,Fe(CO)_2(NO)_2 + 5\,CO;\ Co_2(CO)_8 + 2\,NO \longrightarrow 2\,Co(CO)_3(NO) + 2\,CO.$$

Derartige Substitutionsreaktionen, die eine Standardmethode zur Synthese von niedrigwertigen Metallkomplexen darstellen, wurden hauptsächlich mit solchen Donoren untersucht, deren freies, die komplexe Bindung eingehendes Elektronenpaar sich am Kohlenstoff (IV. Hauptgruppe) oder an einem Element der V. bzw. VI. Hauptgruppe befindet.

Maßgebend für die Substitutionsmöglichkeit ist neben anderen Faktoren die Stärke der Elektronenakzeptor- und -donator-Wirkung der Liganden. Der Stickstoff in den zu den Phosphanen gruppenhomologen Aminen hat anders als Phosphor keine zur Bildung von π-Rückbindungen heranziehbaren Orbitale. Die Einwirkung von Aminen auf Metallcarbonyle führt daher vielfach nicht zur Substitution, sondern zur Valenzdisproportionierung (s. unten). Es sind jedoch einige Beispiele für teilweise Substitution bekannt. So ersetzt Ammoniak drei CO-Gruppen in $Cr(CO)_6$ und eine CO-Gruppe in $Fe(CO)_5$ unter Bildung von $[Cr(CO)_3(NH_3)_3]$ bzw. $[Fe(CO)_4(NH_3)]$ (auch Wasser vermag CO-Moleküle in $Cr(CO)_6$ zu substituieren).

Liganden wie NH_3 und H_2O sowie deren Derivate sind weniger fest als CO-Gruppen gebunden, sodass sie sich leicht substituieren lassen. Man macht sich diesen Sachverhalt dadurch zu Nutze, dass man in Metallcarbonyle intermediär labil gebundene Liganden auf photochemischem Wege einführt. Beispiele für derartige Metallcarbonylüberträger (»aktivierte Metallcarbonyle«) sind etwa $[Cr(CO)_5(CH_2Cl_2)]$, $[Cr(CO)_3(CH_3CN)_3]$, $[Re_2(CO)_8(THF)_2]$, $[Mo(CO)_5(THF)]$, $[Fe(CO)_3(Cycloocten)_2]$, $[Os_3(CO)_{10}(CNR)_2]$, $[Os_3(CO)_{11}(CNR)]$.

Der Mechanismus der Substitution der CO-Gruppen der Metallcarbonyle mit 18 Valenzelektronen der Metallatome besteht in einer CO-Abspaltung, z. B. (DE = Dissoziationsenergie der M−CO-Bindung):

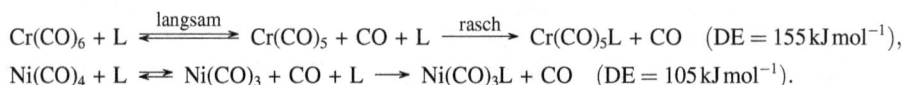

$$Cr(CO)_6 + L \underset{\text{langsam}}{\rightleftharpoons} Cr(CO)_5 + CO + L \xrightarrow{\text{rasch}} Cr(CO)_5L + CO \quad (DE = 155\,kJ\,mol^{-1}),$$

$$Ni(CO)_4 + L \rightleftharpoons Ni(CO)_3 + CO + L \longrightarrow Ni(CO)_3L + CO \quad (DE = 105\,kJ\,mol^{-1}).$$

Hierbei wächst die Substitutionsgeschwindigkeit in Richtung $Cr(CO)_6 < Fe(CO)_5 < Ni(CO)_4$ (Geschwindigkeitsverhältnis rund $1 : 10^5 : 10^{10}$ bzw. $Cr(CO)_6$, $W(CO)_6 < Mo(CO)_6$ an. Demgegenüber werden die CO-Gruppen von Metallcarbonylen mit 17 Valenzelektronen der Metallatome auf assoziativ-aktiviertem Wege unter Bildung eines 19-Valenzelektronen-Komplexes substituiert, z. B.:

$$V(CO)_6 + L \underset{\text{langsam}}{\rightleftharpoons} V(CO)_6L \xrightarrow{\text{rasch}} V(CO)_5L + CO$$

(Geschwindigkeitsverhältnis für $Cr(CO)_6$ und $V(CO)_6$ rund $1 : 10^{10}$. Man nutzt den Effekt der leichten Substitution von Liganden in 17-Valenzelektronen-Komplexen in der Elektronentransfer-Katalyse, indem man etwa katalytische Mengen von $M(CO)_m$ (18-Valenzelektronen) in Kationen $M(CO)_m^+$ (17-Valenzelektronen) überführt, die mit Liganden L rasch zu Substitutionsprodukten $M(CO)_{m-1}L^+$ abreagieren, welche dann ihrerseits unter Bildung von $[M(CO)_{m-1}L]$ Eduktmoleküle $M(CO)_m$ zu $M(CO)_m^+$ oxidieren usw. Auch die CO-Substitution in $M_2(CO)_{10}$ (M = Mn, Tc, Re) verläuft möglicherweise auf dem Wege über $M(CO)_5$ (17-Valenzelektronen).

Als Beispiele für Substitutionsprodukte seien an dieser Stelle Metallcarbonylamine, -phosphane, -arsane, und -stibane näher betrachtet (bezüglich der Cyano-, Isocyano-, Nitrosylsubstitutionsprodukte der Metallcarbonyle vgl. S. 2084, 2147, 2150; vgl. auch Organylmetallcarbonyle, S. 2201). Die Tendenz von Aminen, Phosphanen, Arsanen und Stibanen zur Substitution von CO in Metallcarbonylen nimmt ganz allgemein in folgender Reihe ab (E = P, As, Sb; X = Halogen):

$$PF_3 > ECl_3 > EH_3 > ER_3 > NR_3 \text{ und } PX_3 > AsX_3 > SbX_3.$$

So bilden sich bei der Einwirkung von PX_3 auf $Ni(CO)_4$ diamagnetische, in organischen Medien lösliche »Tetrakis(trihalogenphosphan)nickel-Komplexe« $[Ni(PX_3)_4]$ (X = F/Cl/Br: farblose Fl./hellgelbe Krist./orangerote Krist.). Mit den homologen Chloriden $AsCl_3$ und $SbCl_3$ lassen sich nur noch partiell substituierte Derivate wie $[Mo(CO)_3(AsCl_3)_3]$, $[Ni(CO)_3(SbCl_3)]$ und $[Fe(CO)_3(SbCl_3)_2]$ isolieren. Analoges gilt für die Donoren PPh_3, $AsPh_3$, $SbPh_3$ (z. B. Bildung von $[Fe(CO)_3(PPh_3)_2]$, $[Ni(CO)_2(PPh_3)_2]$) oder für mehrzähnige Phosphane. Als Beispiele für Komplexe mit »Monophosphan« PH_3 (stärkerer σ-Donator, schwächerer π-Akzeptor als CO) und »Monoarsan« AsH_3 seien genannt: $[CpV(CO)_3(PH_3)]$ (rotbraun, Smp. 110 °C), $[Cr(CO)_5(PH_3)]$ (blassgelb, Smp. 116 °C), $[Cr(CO)_4(PH_3)_2]$ (gelb, Smp. 124 °C), $[CpMn(CO)_2(PH_3)]$ (rotbraun, Smp. 72 °C), $[Fe(CO)_4(PH_3)]$ (hellgelb, Smp. 36 °C), $[CpMn(CO)_2(AsH_3)]$ (gelb). Auch CO-Gruppen höherkerniger Metallcarbonyle lassen sich durch Donoren ersetzen, z. B. $[Ru_3(CO)_{12-p}(PPh_3)_p]$ ($p = 1, 2, 3$)[16].

Besonders eingehend sind die Trifluorphosphanmetall-Komplexe [9] untersucht worden. Auf sie sei nachfolgend näher eingegangen. Als Folge des CO-analogen σ-Donor- und π-Akzeptorcharakters von PF_3 (Protonenaffinität von $CO/PF_3 \approx 600/660\,kJ\,mol^{-1}$; bzgl. des π-Akzeptorverhaltens vgl. die auf S. 2118 vorgestellte Ligandenreihe) bilden CO und PF_3 viele homoleptische Metallkomplexe (vgl. Tab. 32.10, Tab. 32.11, Tab. 32.13), die sich sowohl in ihrer Zusammensetzung als auch in ihren Strukturen und physikalischen Eigenschaften ähneln. Die insgesamt etwas höhere σ-Donor- und π-Akzeptortendenz des PF_3-Liganden äußert sich etwa in der Stabilität von $Pd(PF_3)_4$ und $Pt(PF_3)_4$ ($Pd(CO)_4$ und $Pt(CO)_4$ sind nur in der Matrix unterhalb von 80 K fassbar) sowie in der Instabilität von $Mn_2(PF_3)_{10}$ und $Co_2(PF_3)_8$ (bisher im Gegensatz zu $Mn_2(CO)_{10}$ und $Co_2(CO)_8$ nicht isoliert) und anderen mehrkernigen Komplexen (anders als im Falle der CO-Komplexe $M_n(CO)_m$ konnte bisher kein PF_3-Komplex mit mehr als zwei M-Atomen mit Sicherheit nachgewiesen werden). Andererseits kennt man viele heteroleptische Metallkomplexe $L_pM(PF_3)_m$ des PF_3- wie solche des CO-Moleküls (L z. B. H, Hal, CO, CN^-, CNR, NO, PR_3, π-Organyle usw.). Eine Besonderheit der Fluorphosphangruppe besteht darin, dass sie auch in Form von PF_2 eine Brückenfunktion einnehmen kann (z. B. $[M_2[\mu\text{-}PF_2)_2(PF_3)_6]$ mit M = Fe/Co).

Die Darstellungsweisen für PF_3-Komplexe entsprechen denen der CO-Komplexe. So lässt sich $Ni(PF_3)_4$ bei 50 bar und 100 °C quantitativ aus Nickelpulver und PF_3 synthetisieren (Ni + $4\,PF_3 \longrightarrow Ni(PF_3)_4$), während die anderen Metalltrifluorphosphane zweckmäßig durch Einwirkung von PF_3 auf Metall(0)-Komplexe wie Metallcarbonyle sowie Aromatenkomplexe (z. B. $Cr(C_6H_6)_2 + 6\,PF_3 \longrightarrow Cr(PF_3)_6 + 2\,C_6H_6$) oder auf Metallsalze in Gegenwart von Beimetallen unter Druck bei erhöhter Temperatur (z. B. $FeI_2 + 2\,Cu + 5\,PF_3 \longrightarrow Fe(PF_3)_5 + 2\,CuI$) dargestellt werden.

In Substitutionsreaktionen sind die komplexgebundenen PF_3-Moleküle durch andere Donoren wie NR_3, PR_3, CNR, CO ersetzbar (z. B. Bildung von $M(PF_3)_2(PPh_3I_2$, $Ni_2(PF_3)\{P(OPh)_3\}_3$, $Ni(CO)_4$). Der PF_3- und CO-Ligand können sich in den Metall(0)-Komplexen uneingeschränkt und reversibel vertreten (z. B. $Ni(PF_3)_{4-n}(CO)_n$, $Mo(PF_3)_{6-n}(CO)_n$; in letzterem Falle konnten alle Verbindungen einschließlich Strukturisomeren isoliert werden). In Reduktionsreaktionen

---

[16] Besonders häufig finden sich Phosphankomplexe $[Pd_n(CO)_m(PR_3)_p]$: $n/m/p$ etwa 10/12/6; 12/12/6; 16/13/9; 23/22/10; 34/24/12; 35/23/15; 39/23/16; 54/40/14; 59/32/21; 69/36/18; 145/60/30. Die zentralen Metallcluster bestehen hierbei aus kanten- und flächenüberkappten, meist miteinander kondensierten Kuboktaedern, Antikuboktaedern bzw. Ikosaedern mit einer Hülle aus terminal sowie verbrückend gebundenen CO-Gruppen und terminalen PR_3-Liganden.

Tab. 32.13 Trifluorphosphan-Komplexe (M/M′ = alle/die beiden schweren Gruppenelemente)

V, Nb, Ta	Cr, Mo, W	Mn, Tc, Re	Fe, Ru, Os	Co, Rh, Ir	Ni, Pd, Pt
$V(PF_3)_6$	$M(PF_3)_6{}^a$	$M'_2(PF_3)_{10}$	$M(PF_3)_5$	$M'_2(PF_3)_8{}^b$	$M(PF_3)_4$
Braunrote Krist.	Farblose Krist.	Farblose Krist.	Farblose Krist.	Rote/Gelbe Krist.	Farbl. Flüssigk.
$HV(PF_3)_6$	–	$HM(PF_3)_5$	$H_2M(PF_3)_4$	$HM(PF_3)_4$	–
Farblose Krist.	Farbl. Fl./Krist.	Farblose Krist.	Farblose Krist.	Farblose Krist.	
–	–	$M(PF_3)_5{}^-$	$M(PF_3)_4{}^{2-}$	$M(PF_3)_4{}^-$	–
		Farblose Salze	Farblose Salze	Farblose Salze	

a Man kennt auch $U(PF_3)_6$.
b Die Existenz von $Rh_4(PF_3)_{12}$ wird vermutet.

kann man durch Einwirkung u. a. von Alkalimetallen auf Trifluorphosphan-Komplexe bzw. auf Halogenotrifluorphosphan-Komplexe (s. unten) diamagnetische, gegen Oxidationsmittel sehr beständige Trifluorphosphanmetallate des in Tab. 32.13 wiedergegebenen Typs erhalten, welche sich durch Ansäuern mit Schwefel- oder Phosphorsäure – auch durch reduktive Trifluorphosphanierung von Metallsalzen in Gegenwart von H_2 herstellbare – in Metalltrifluorphosphanwasserstoffe (vgl. Tab. 32.13) umwandeln (Beispiele von hiervon abgeleiteten Substitutionsprodukten sind etwa hellgelbes $[HCo(PF_3)_3(CO)]$, farbloses $[HCo(PF_3)_3(PPh_3)]$, orangefarbenes $[HFe(PF_3)_3(NO)]$; jeweils trigonal-bipyramidaler Bau mit äquatorialen PF_3-Liganden). Aus der Klasse der von den Trifluorphosphanwasserstoffen durch Ersatz von H gegen Halogen abgeleiteten Halogentrifluorphosphan-Komplexe seien genannt: $[ReCl(PF_3)_5]$ (farblos; gewinnbar aus $ReCl_5/Cu/PF_3$), $[FeX_2(PF_3)_4]$ (X = Cl/Br/I; gelb/orangefarben/tiefrot; aus $Fe(PF_3)_5/X_2$) und $[MI(PF_3)_4]$ (M = Co/Ir: braun/gelb; aus $HCo(PF_3)_4$ bzw. $Ir_2(PF_3)_4$ und I_2).

Oxidationsreaktionen. Unter den Oxidationsreaktionen der Metallcarbonyle ist besonders deren Umsetzung mit Halogenen wichtig, da sie zu der wichtigen Klasse der Metallcarbonylhalogenide $M(CO)_mX_p$ führt (vgl. Tab. 32.14), unter denen $Pt(CO)_2Cl_2$ als »erstes« aller Metallcarbonyle entdeckt wurde (vgl. Geschichtliches auf Seite 2108).

Tab. 32.14 Metallcarbonylhalogenide (M/M′ = alle/die beiden schweren Gruppenelemente; X = Cl, Br, I).

Cr, Mo, W	Mn, Tc, Re	Fe, Ru, Os		Co, Rh, Ir		Ni, Pd, Pt
$[M(CO)_4X_2]$	$[M(CO)_5X]$	$[M(CO)_4X_2]^a$	$[M(CO)_2X_2]_x$	$[Co(CO)_4X]$	$[M'(CO)_2X_2]$	$[M'(CO)_2X_2]^b$
$[M(CO)_5X]^-$	$[M(CO)_4X]_2$	$[M(CO)_3X_2]_2$	$Os(CO)_4X$	$[Co(CO)X_2]$	$[Ir(CO)_3F_3]^c$	Cu, Ag, Au
			$[M'(CO)_3X]^d$		$[Ir(CO)_2X_3]_2$	$[M(CO)Cl]_2$

a Auch $[Fe(CO)_3X_3]^-$, $[Fe(CO)_2X_4]^{2-}$.
b Kein $[Ni(CO)_2X_2$, aber von $Ni(CO)_4$ abgeleitetes $[Ni(CO)_3X]^-$.
c Kein $[Ir(CO)_3X_3]^-$, aber $[Ir(CO)_3X_4]^-$ und $[Ir(CO)_3X_5]^{2-}$.
d Auch $[Ir(CO)_3X_2]^-$.

Die Carbonylhalogenide besitzen vielfach Edelgaskonfiguration und stellen ihrerseits wichtige Ausgangsverbindungen für weitere Synthesen dar (z. B. für gemischte Metallcarbonyle, Metallcarbonyl-Kationen, vgl. S. 2122, 2142).

Da die Zentralatome in den Carbonylhalogeniden formal positiv geladen sind, also weniger Elektronen für π-Rückbindungen zur Verfügung stellen können als in den reinen Carbonylen, wird das Beständigkeitsmaximum, das bei den Metallcarbonylen in der VI. Nebengruppe liegt, für die Metallcarbonylhalogenide um eine oder zwei Gruppen im Periodensystem nach rechts zu den elektronenreicheren Metallen hin verschoben. Dementsprechend treten bei den Metallen Pd und Pt der VIII. Nebengruppe, die keine beständigen Carbonyle bilden, die stabilen Carbonylhalogenide $M(CO)_2X_2$ in den Vordergrund (Entsprechendes gilt für die Elemente der I. Nebengruppe), während von Chrom der VI. Nebengruppe nur das wenig beständige, paramagnetische

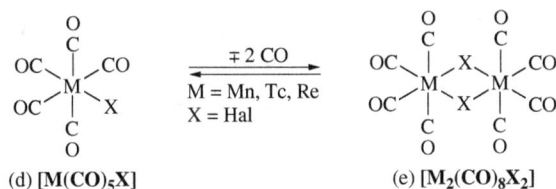

$$\text{(d) } [M(CO)_5X] \qquad\qquad \text{(e) } [M_2(CO)_8X_2]$$

Abb. 32.36

Carbonylhalogenid $Cr(CO)_5I$ (17-Valenzelektronen) bekannt ist. Die im Vergleich mit den reinen Metallcarbonylen schwächere $M-CO$-Bindung der Carbonylhalogenide ermöglicht naturgemäß einen besonders leichten Austausch der CO-Moleküle gegen Liganden L wie PR_3, CNR usw. So sind eine Vielzahl von Derivaten $M(CO)_mX_pL_o$ der Metallcarbonylhalogenide bekannt, deren Zentralatome ebenfalls Edelgaskonfiguration besitzen.

Besonders zahlreich sind die Verbindungen in der Eisengruppe Fe, Ru, Os. So lassen sich bei Einwirkung von Chlor, Brom oder Iod auf Eisenpentacarbonyl $Fe(CO)_5$ bei tiefen Temperaturen (-35, -10 bzw. $0\,°C$) auf dem Wege über CO-abspaltende Eisenpentacarbonyldihalogenide $[Fe(CO)_5X_2]$, »Eisentetracarbonyldihalogenide« $[Fe(CO)_4X_2]$ ($X = Cl, Br, I$) isolieren (braune Feststoffe, die sich bei 10, 55 bzw. $75\,°C$ zersetzen). In diesen Verbindungen hat das (formal) positiv zweiwertige Eisen Edelgaskonfiguration (Fe^{2+} besitzt 24 Elektronen; hinzu kommen $6 \times 2 = 12$ Elektronen der Liganden, sodass dem Eisen insgesamt $24 + 12 = 36$ Elektronen angehören). Mit zunehmender Temperatur verlieren die Eisencarbonylhalogenide $[Fe(CO)_4X_2]$ erst ein, dann zwei CO unter Bildung von $[Fe(CO)_3X_2]$ und $[Fe(CO)_2X_2]$. Die Edelgaskonfiguration des Eisens bleibt in diesen Verbindungen dadurch erhalten, dass die Eisenatome über Halogenbrücken $Fe-X-Fe$ miteinander verbunden sind. Die CO-Gruppen in $Fe(CO)_4X_2$ lassen sich gegen X^- austauschen. Die »Ruthenium-« und »Osmiumcarbonylhalogenide« sind stabiler als die entsprechenden Eisenverbindungen. Hier wurden z. B. die Verbindungen $[Ru(CO)_4X_2]$, $[Ru(CO)_2X_2]_x$, $Os(CO)_4X_2$, $[Os(CO)_4X]_2$, $[Os(CO)_3X_2]_2$ und $[Os(CO)_2X_2]_x$ isoliert.

In den zweikernigen Carbonylen $M_2(CO)_{10}$ der Mangangruppe ($M = Mn, Tc, Re$) ist eine oxidative Öffnung der Metall-Metall-Bindung durch Halogen möglich; es bilden sich dabei Verbindungen des Typus $[Mn(CO)_5X]$ und $[Re(CO)_5X]$ (Abb. 32.36d), die Edelgaskonfiguration besitzen ($24 + 6 \times 2 = 36$ bzw. $74 + 6 \times 2 = 86$ Elektronen) und thermisch zu dimeren Verbindungen $[M(CO)_4X]_2$ zersetzt werden können, in denen die Verbrückung zwischen den Metallatomen M gemäß (Abb. 32.36e) über Halogenbrücken erfolgt, sodass ebenfalls Edelgasstruktur vorliegt. Durch Einwirkung von Pyridin können die dimeren Verbindungen (Abb. 32.36e) unter Erhaltung der Edelgaskonfiguration zu monomeren Verbindungen $M(CO)_3(py)_2X$ depolymerisiert werden; z. B.: $[Mn(CO)_4I]_2 + 4\,py \longrightarrow 2\,[Mn(CO)_3(py)_2I] + 2\,CO$.

Auch die zu den Carbonylhalogeniden $[M(CO)_5X]$ der Mangangruppe isoelektronischen und daher einfach negativ geladenen Carbonyliodide der Chromgruppe, $[M(CO)_5I]^-$ ($M = Cr, Mo,$ W), sind bekannt. Weiterhin entstehen durch Behandlung der Hexacarbonyle $M(CO)_6$ ($M = Mo,$ W) mit Halogen X_2 ($X = Br, I$) bei UV-Bestrahlung die Carbonylhalogenide $[M(CO)_4X_2]_2$, in denen das Zentralatom M 7-fach koordiniert ist und deshalb Edelgaskonfiguration besitzt.

Die Einwirkung von Halogenen X_2 bei Raumtemperatur auf die Carbonyle der Metalle der Cobalt- und Nickelgruppe führt zur vollständigen Zersetzung der Carbonyle; es entstehen die entsprechenden Metallhalogenide MX_n. Bei tiefer Temperatur konnten die Carbonylhalogenide $[Co(CO)_4X]$ (Kr-Elektronenkonfiguration des Cobalts von $26 + 10 = 36$ Elektronen) nachgewiesen werden (stabil sind davon abgeleitete Phosphanderivate $[Co(CO)_2(PR_3)_2X]$); auch lässt sich $Ir_4(CO)_{12}$ durch XeF_2 in HF(fl.) zu $Ir(CO)_3F_3$ fluorieren. Im Falle von Rh, Ir, Pd und Pt kann man umgekehrt in die Metallhalogenide Kohlenstoffmonoxid einführen und erhält so $[Co(CO)X_2]$, $[M'(CO)_3X]$ und $[M'(CO)_2X]_2$ ($M' = Rh, Ir$), $[Ir(CO)_2X_3]_2$ und $[M'(CO)_2X_2]$ ($M' = Pd, Pt$). $[Ir(CO)_2X]$ sowie $[Ir(CO)_2X_3]_2$ bilden die Halogenokomplexe $[Ir^I(CO)_2X_2]^-$,

$[Ir^{III}(CO)_2X_4]^-$, $[Ir^{III}(CO)_2X_5]^{2-}$. Für Elemente der Kupfergruppe gilt Entsprechendes (z. B. Bildung von $[Cu(CO)Cl]_2$, $[Cu(en)(CO)]Cl$) oder $Au(CO)Cl$).

Reduktionsreaktionen. Die Reduktion der Metallcarbonyle mit Alkalimetallen in flüssigem Ammoniak, mit Natriumamalgam in Ether usw. führt zu den Carbonylmetallaten $M(CO)_n^{m-}$, die weiter unten (S. 2130) eingehend behandelt werden sollen. Ihre hohe Bildungstendenz folgt u. a. daraus, dass in einigen Fällen sogar das in den Carbonylen gebundene Kohlenoxid als Reduktionsmittel wirkt, wenn man die Carbonyle mit starken Basen zur Umsetzung bringt).

Lässt man z. B. »Eisenpentacarbonyl« $Fe(CO)_5$ oder »Chromhexacarbonyl« $Cr(CO)_6$ auf eine $Ba(OH)_2$-Lösung einwirken, so wird eines der fünf bzw. sechs CO-Moleküle durch Basenreaktion der Carbonyle hydrolytisch als Kohlensäure abgespalten und als Bariumcarbonat $BaCO_3$ gefällt:

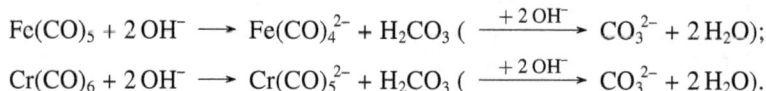

$$Fe(CO)_5 + 2\,OH^- \longrightarrow Fe(CO)_4^{2-} + H_2CO_3\ (\xrightarrow{+\,2\,OH^-} CO_3^{2-} + 2\,H_2O);$$

$$Cr(CO)_6 + 2\,OH^- \longrightarrow Cr(CO)_5^{2-} + H_2CO_3\ (\xrightarrow{+\,2\,OH^-} CO_3^{2-} + 2\,H_2O).$$

Ganz entsprechend bilden sich aus den mehrkernigen Eisencarbonylen $Fe_2(CO)_9$ und $Fe_3(CO)_{12}$ die mehrkernigen Carbonylmetalle $Fe_2(CO)_8^{2-}$ bzw. $Fe_3(CO)_{11}^{2-}$ (bezüglich des Bildungsmechanismus vgl. weiter unten).

Verwendet man schwache Basen wie Ammoniak, Ethylendiamin (en), Pyridin (py), o-Phenanthrolin, Alkohole usw., so bilden sich die Carbonylmetallate unter Valenzdisproportionierung des Zentralmetalls, z. B. nach $2\,Fe^0 \longrightarrow Fe^{2+} + Fe^{2-}$ oder $3\,Co^0 \longrightarrow Co^{2+} + 2\,Co^-$. Lässt man etwa »en« auf $Fe_3(CO)_{12}$ einwirken, so entstehen je nach der Temperatur drei-, zwei- bzw. einkernige Carbonylferrate:

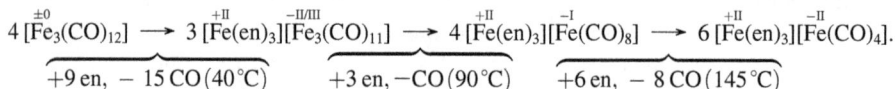

$$4\,[\overset{\pm II}{Fe_3}(CO)_{12}] \xrightarrow{\substack{\\ +9\,en,\ -15\,CO\,(40\,°C)}} 3\,[\overset{+II}{Fe}(en)_3][\overset{-II/III}{Fe_3}(CO)_{11}] \xrightarrow{\substack{\\ +3\,en,\,-CO\,(90\,°C)}} 4\,[\overset{+II}{Fe}(en)_3][\overset{-I}{Fe}(CO)_8] \xrightarrow{\substack{\\ +6\,en,\ -8\,CO\,(145\,°C)}} 6\,[\overset{+II}{Fe}(en)_3][\overset{-II}{Fe}(CO)_4].$$

Mit »py« kann in reversibler Reaktion sogar ein vierkerniges Carbonylferrat aufgebaut werden:

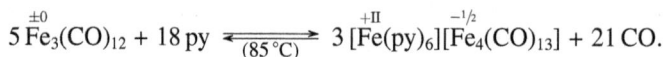

$$5\,\overset{\pm 0}{Fe_3}(CO)_{12} + 18\,py \underset{(85\,°C)}{\rightleftharpoons} 3\,[\overset{+II}{Fe}(py)_6][\overset{-1/2}{Fe_4}(CO)_{13}] + 21\,CO.$$

Dicobaltoctacarbonyl reagiert mit Ammoniak im wässrigen Medium gemäß: $3\,Co_2(CO)_8 + 12\,NH_3 \longrightarrow 2\,[Co(NH_3)_6][Co(CO)_4]_2 + 8\,CO$. Die Disproportionierung ist hier sogar mit Hydroxid-Ionen OH^- als Base möglich; in diesem Falle verläuft jedoch gleichzeitig noch die oben erwähnte Basenreaktion:

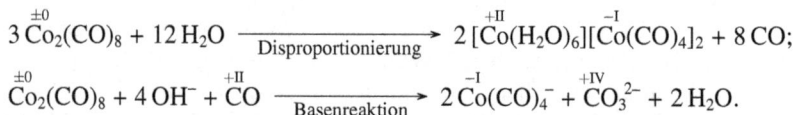

$$3\,\overset{\pm 0}{Co_2}(CO)_8 + 12\,H_2O \xrightarrow[\text{Disproportionierung}]{} 2\,[\overset{+II}{Co}(H_2O)_6][\overset{-I}{Co}(CO)_4]_2 + 8\,CO;$$

$$\overset{\pm 0}{Co_2}(CO)_8 + 4\,OH^- + \overset{+II}{CO} \xrightarrow[\text{Basenreaktion}]{} 2\,\overset{-I}{Co}(CO)_4^- + \overset{+IV}{CO_3^{2-}} + 2\,H_2O.$$

Dimangandecacarbonyl reagiert mit Tetrahydrofuran THF in Anwesenheit von $AlMe_3$ (als CO-Fänger) gemäß: $3\,Mn_2(CO)_{10} + 12\,THF \longrightarrow 2\,[Mn(THF)_6][Mn(CO)_5]_2 + 10\,CO$. Unter geeigneten Bedingungen erhält man – möglicherweise als Kondensationsprodukt des Salzes – auch die Verbindung $(CO)_5Mn-Mn(THF)_2-Mn(CO)_5$ (Abb. 32.37f), in welcher die mit unterschiedlichen Donoren koordinierten Mn-Zentren nicht elektro-, sondern kovalent unter Ausbildung einer Kette aus drei Mn-Atomen miteinander verknüpft sind. Es lässt sich des Weiteren die Verbindung $Mn[Mn_7(THF)_6(CO)_{12}]_2$ isolieren, in welcher zwei $[Mn_7(THF)_6(CO)_{12}]^-$-Ionen (Abb. 32.37g) über O-Atome von jeweils 3 CO-Gruppen mit Mn^{2+} (oktaedrische Koordination) sandwich-artig verknüpft sind (vgl. hierzu auch $[In\{Mn(CO)_4\}_5]^{2-}$, S. 2136). In entsprechender Weise führt die Redoxdisproportionierung von $Fe(CO)_5$ bzw. $Co_2(CO)_8$ mit Pyridin py

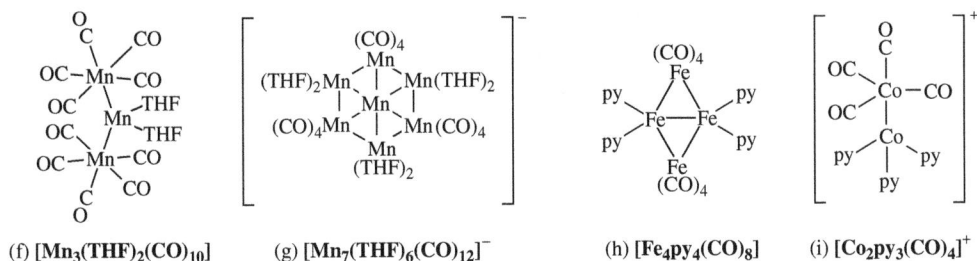

(f) [Mn$_3$(THF)$_2$(CO)$_{10}$]   (g) [Mn$_7$(THF)$_6$(CO)$_{12}$]$^-$ (h) [Fe$_4$py$_4$(CO)$_8$]   (i) [Co$_2$py$_3$(CO)$_4$]$^+$

Abb. 32.37

unter geeigneten Bedingungen zu den Spezies (Abb. 32.37h bzw. i), in welchen mit unterschiedlichen Donoren koordinierte Metallatome kovalent miteinander verbunden sind (man kennt auch den mit (Abb. 32.37h) verwandten Komplex [Mn$_2$Fe$_2$(THF)$_4$(CO)$_8$]).

Die angesprochenen (neutralen oder ionischen) Metallclusterverbindungen stellen als Metallclusterkomplexe vom gemischten Typ ein Bindeglied zwischen den Metallclusterkomplexen vom Halogenid-Typ (S. 2080) einerseits und vom Carbonyl-Typ (S. 2108) andererseits dar und enthalten sowohl durch härtere Donoren wie Hal$^-$, OR$_2$, NR$_3$ ohne wesentlichen π-Akzeptorcharakter koordinierte Metallatome in höherer Oxidationsstufe (Halogenid-Typ), als auch durch weichere Donoren wie CO mit deutlichem π-Akzeptorcharakter koordinierte Metallatome (Carconyl-Typ), z.B. (Abb. 32.37f): (CO)$_5$Mn^{-I}–Mn^{II}(THF)$_2$–Mn^{-I}(CO)$_5$; (Abb. 32.37g) zerfällt in Lösung in donorstabilisiertes Mn^{2+} und Mn(CO)$_4^{3-}$. Während Verbindungen des Halogenid- und Carbonyl-Typs »geschlossene« Metallcluster enthalten, weisen solche vom gemischten Typ »offene« Metallcluster auf (Abb. 32.37f, g, h, i).

Säure-Base-Reaktionen. Bei einer Reihe von Reaktionen wirken die Metallcarbonyle als (Lewis)-Säuren und addieren basische Agentien an Kohlenstoff eines CO-Liganden. So wird die »Basenreaktion« der Metallcarbonyle mit Laugen (s. oben) durch einen Angriff eines Hydroxidions OH$^-$ auf eine CO-Gruppe eingeleitet (vgl. Abb. 32.38).

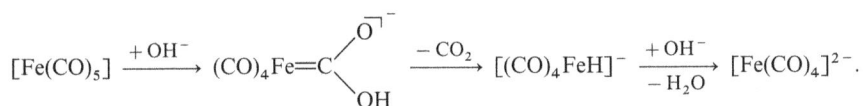

Abb. 32.38

Bei der Reaktion von W(CO)$_6$ mit Azid N$_3^-$ (vgl. Abb. 32.39) wird nach entsprechendem Mechanismus ein CO-Ligand in Isocyanat CNO$^-$ übergeführt.

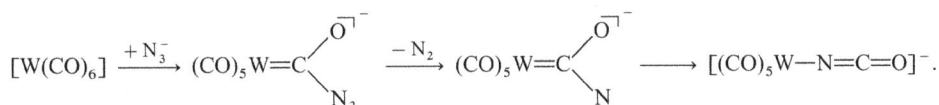

Abb. 32.39

Bei der Umsetzung von Metallcarbonylen wie M(CO)$_6$ (M = Cr, Mo, W) mit Organyl-Anionen R$^-$ (z.B. CH$_3^-$, C$_6$H$_5^-$) lassen sich die Additionsprodukte sogar als solche isolieren; sie können in »Carbenkomplexe« (Näheres S. 2165) umgewandelt werden, welche ihrerseits in einigen Fällen in »Carbinkomplexe« (Näheres S. 2168) überführbar sind (vgl. 32.40).

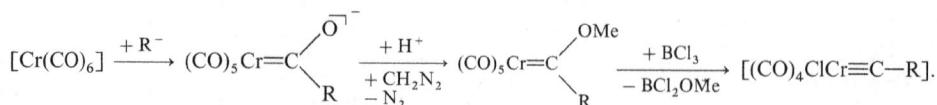

$$[Cr(CO)_6] \xrightarrow{\;+\,R^-\;} (CO)_5Cr=C{\overset{O^-}{\underset{R}{\big<}}} \xrightarrow[\substack{+\,CH_2N_2 \\ -\,N_2}]{+\,H^+} (CO)_5Cr=C{\overset{OMe}{\underset{R}{\big<}}} \xrightarrow[-\,BCl_2OMe]{+\,BCl_3} [(CO)_4ClCr\equiv C{-}R].$$

Abb. 32.40

Metallcarbonyle wirken allerdings nicht nur als Säuren, sondern in einigen Fällen auch als Basen. So vermag z. B. $Fe(CO)_5$, $Ru_3(CO)_{12}$, $Os_3(CO)_{12}$, $Ir_4(CO)_{12}$ Protonen unter Bildung von $HFe(CO)_5^+$, $HRu_3(CO)_{12}^+$, $HOs_3(CO)_{12}^+$, $H_2Ir_4(CO)_{12}^{2+}$ zu addieren. Auch lassen sich Lewis-Säuren aus Sauerstoffatome der CO-Gruppen von Metallcarbonylen anlagern.

2.1.4   Verwendung

Wegen vieler struktureller und bindungsbezogener Ähnlichkeiten zwischen katalytisch wirksamen Metalloberflächen und Metallclustern hat man höherkernige Metallcarbonyle bzw. Carbonylmetallate eingehend hinsichtlich ihres katalytischen Potentials studiert. Tatsächlich weisen letztere vielfach homogenkatalytische Aktivitäten auf (z. B. $Rh_{12}(CO)_{34}^{2-}$ bezüglich der Fischer-Tropsch-Synthese), haben aber aufgrund ihrer zu geringen Stabilität als Katalysatoren bisher keine praktische Bedeutung erlangt. Auch ist ihre katalytische Aktivität wegen der koordinativen Sättigung der Clusteroberflächen meist geringer als die der nur mäßig mit Liganden belegten Metalloberflächen (Clusteroberflächen müssen durch Ligandenablösung erst aktiviert werden). Andererseits spielen einkernige Komplexe einiger Übergangsmetalle M die neben anderen Liganden auch koordiniertes CO aufweisen, eine wichtige Rolle als »Katalysatoren« bei einer Reihe organischer Synthesen (vgl. S. 2216), z. B. der Alken- und Alkincarbonylierung ($M = Ni, Co, Fe$), der Hydroformylierung ($M = Co$), der Alkenisomerisierung ($M = Co$), der Alkinoligomerisierung ($M = Ni$), der Methancarbonylierung ($M = Rh$), der Alkenmetathese ($M = Mo$). Ferner finden Metallcarbonyle zur »Metall-Reindarstellung« (besonders wichtig: Ni-Reinigung nach dem Mondverfahren) sowie zur »CO-Entfernung« aus Gasen Verwendung (Bildung von $[Cu(CO)Cl]_2$ bzw. $[Cu(NH_3)_2(CO)]^+$ bei der Einwirkung von Konvertgas auf $CuCl_2^-$- oder $Cu(NH_3)_n^+$-haltige Lösungen; S. 287). Früher setzte man Metallcarbonyle auch als Antiklopfmittel ein.

2.2   Die Metallcarbonyl-Anionen, -Hydride und -Kationen

Wegen des hohen π-Elektronenakzeptor-Charakters von Kohlenstoffmonoxid vermag der CO-Ligand Übergangsmetall-Anionen in besonderer Weise zu stabilisieren, während er umgekehrt weniger zur Komplexbildung mit Übergangsmetall-Kationen tendiert. Hydride, Halogenide und verwandte Verbindungen MX_n mit M der Oxidationsstufen +I oder +II komplexieren in einigen Fällen CO (vgl. S. 2126, 2142). Demgemäß ist die Zahl und Clustervielfalt von »Metallcarbonyl-Anionen« (»Carbonylmetallate«) bzw. der davon abgeleiteten protonierten Spezies (»Metallcarbonylhydride«, »Metallcarbonylwasserstoffe«) viel größer als die der bisher bekannten neutralen Metallcarbonyle, die Zahl der »Metallcarbonyl-Kationen« (»Metallcarbonyl-Salze«) eher bescheiden. Die Stabilisierung der Anionen (sichtbarer Ausdruck: CO-Wellenzahlenerniedrigung[14] ist so groß, dass viele mehrkernige Carbonylmetallate existieren, zu denen keine isoelektronischen Metallcarbonyle bekannt sind.

2.2.1   Metallcarbonyl-Anionen

Überblick. Wie die Tab. 32.15 lehrt, bilden die Übergangsmetalle einfach, zweifach und auch mehr als zweifach geladene ein- sowie mehrkernige Carbonylmetallate $M_n(CO)_m^{p-}$. In

Tab. 32.15   Homoleptische Metallcarbonyl-Anionen (Carbonylmetallate; n = Nuklearität)^a

n	Ti, Zr, Hf	V, Nb, Ta	Cr, Mo, W	Mn, Tc, Re	Fe, Ru, Os	Co, Rh, Ir	Ni, Pd, Pt
1^b	$M(CO)_6^{2-}$	$M(CO)_6^{-}$	$M(CO)_5^{2-}$	$M(CO)_5^{-}$	$M(CO)_4^{2-}$	$M(CO)_4^{-}$	$-^c$
	$M(CO)_5^{4-\,d}$	$M(CO)_5^{3-}$	$M(CO)_4^{4-}$	$M(CO)_4^{3-}$	$-^e$	$M(CO)_3^{3-}$	$-^c$
2	–	–	$M_2(CO)_{10}^{2-}$	$M_2(CO)_9^{2-}$	$Fe_2(CO)_8^{2-}$	$-^f$	$Ni_2(CO)_6^{2-}$?
3	–	–	$M_3(CO)_{14}^{2-}$	$M_3(CO)_{12}^{3-\,g}$	$Fe_3(CO)_{11}^{2-}$	$Co_3(CO)_{10}^{-}$	$Ni_3(CO)_8^{2-}$?
4	–	–	$Mo_4(CO)_{17}^{2-}$?	$Re_4(CO)_{16}^{2-}$	$M_4(CO)_{13}^{2-\,h}$	$M'_4(CO)_{11}^{2-\,i}$	–
5	–	–	$Mo_5(CO)_{19}^{2-}$?	–	$Os_5(CO)_{15}^{2-}$	$Rh_5(CO)_{15}^{-}$	$Ni_5(CO)_{12}^{2-}$
6	–	–	–	–	$Ru_6(CO)_{18}^{2-}$	$M_6(CO)_{15}^{2-}$	$Ni_6(CO)_{12}^{2-}$
	–	–	–	–	$Os_6(CO)_{18}^{2-}$	$M'_6(CO)_{14}^{4-\,j}$	$Pt_6(CO)_{12}^{2-}$
> 6	$Ru_{14}(CO)_{25}^{4-}$	$Os_n(CO)_{2n+6}^{2-}$ $(n = 7-10)$	$Rh_7(CO)_{16}^{3-}$	$Rh_{14}(CO)_{25}^{4-}$	$Ir_8(CO)_{20}^{2-}$	$[Ni_3(CO)_6]_x^{2-}$	$[Pt_3(CO)_6]_y^{2-}$
		$Os_{17}(CO)_{36}^{2-}$	$Rh_{12}(CO)_{30}^{2-}$	$Rh_{15}(CO)_{27}^{3-}$	$Ir_8(CO)_{22}^{2-}$	$Ni_9(CO)_{18}^{2-}$	$Pt_{19}(CO)_{22}^{4-}$
		$Os_{20}(CO)_{40}^{p-}$	$Rh_{13}(CO)_{24}^{3-}$	$Rh_{17}(CO)_{30}^{3-}$	$Ir_9(CO)_{19}^{3-}$	$Ni_{12}(CO)_{21}^{4-}$	$Pt_{26}(CO)_{32}^{2-}$
		$(p = 0-4)$	$Rh_{14}(CO)_{26}^{2-}$	$Rh_{22}(CO)_{37}^{4-}$	$Ir_{14}(CO)_{25}^{2-}$	$Ni_{38}(CO)_{44}^{2-}$ $(x = 2-5)$	$Pt_{38}(CO)_{44}^{2-}$ $(y = 2-6)$

a Man kennt auch eine Reihe gemischter Carbonylmetallate $[M_nM'_{n'}(CO)_m]^{p-}$ z. B. $M_3M'(CO)_{13}$ mit M = Ru, Os und M' = Co, Rh, Ir; $Ni_{16}Pd_{16}(CO)_{40}^{6-}$, $Ni_{26}Pd_{20}(CO)_{54}^{6-}$, $Ni_{36}Pt_4(CO)_{45}^{6-}$, $Ni_{37}Pt_4(CO)_{46}^{6-}$, $Ni_{38}Pt_6(CO)_{48}^{6-}$, ferner Heterocarbonylmetallate $[M_n(CO)_m E_o]^{p-}$ mit Heteroatomen E in Metallatomkäfigen M_n, z. B. Nitrido- und Carbidocarbonylmetallate (vgl. Anm.[15]).

b Die in der 2. Reihe stehenden Anionen werden zu den hochreduzierten Metallcarbonylanionen (»Ellis-Carbonylate«) gezählt.

c In Form von $M(CO)_3^{2-}$ bzw. $M(CO)_2^{4-}$ zu erwarten.

d In Form von Stannylderivaten $(R_3Sn)_p M(CO)_5^{p-4}$ bekannt.

e In Form von $M(CO)_3^{3-}$ zu erwarten.

f In Form von $M_2(CO)_7^{2-}$ zu erwarten.

g Man kennt auch $Mn_3(CO)_{14}^{-}$

h Man kennt auch $Ru_4(CO)_{12}^{4-}$

i M' = Rh, Ir

j M' = Co, Rh

ihnen wird fast immer eine Edelgaskonfiguration der Zentralatome durch Ausbildung normaler oder Elektronenmangel-Bindungen erreicht (s. unten), weshalb die Anionen in der Regel diamagnetisch sind. Die Formeln der Carbonylmetallate leiten sich dementsprechend wie folgt von den Formeln der neutralen diamagnetischen Metallcarbonyle (Tab. 32.10, Tab. 32.11) ab: (i) durch Ersatz einer CO-Gruppe gegen zwei Elektronen bzw. – in Ausnahmefällen – von zwei CO-Gruppen gegen vier Elektronen (z. B. $Fe(CO)_5 \longrightarrow Fe(CO)_4^{2-}$; $Cr(CO)_6 \longrightarrow Cr(CO)_5^{2-} \longrightarrow Cr(CO)_4^{4-}$); (ii) durch Ersatz von MM-Bindungen durch jeweils ein Elektron (z. B. $Mn_2(CO)_{10} \longrightarrow 2\,Mn(CO)_5^{-}$; $Co_2(CO)_8 \longrightarrow 2\,Co(CO)_4^{-}$); (iii) durch Ersatz des Zentralmetalls M' in $M'_n(CO)_m$ gegen ein n-fach negativ geladenes, p Gruppen links von M' im Periodensystem stehendes Metallanion M^{p-} (isovalenzelektronische Metallcarbonyle; zum Beispiel $Ni(CO)_4 \longrightarrow Co(CO)_4^{-} \longrightarrow Fe(CO)_4^{2-} \longrightarrow Mn(CO)_4^{3-} \longrightarrow Cr(CO)_4^{4-}$; $Mn_2(CO)_{10} \longrightarrow Cr_2(CO)_{10}^{2-}$; $Fe_3(CO)_{12} \longrightarrow Mn_3(CO)_{12}^{3-}$). Die durch Anwendung dieser Regeln in umgekehrtem Sinne aus den Carbonylmetallaten folgenden neutralen Metallcarbonyle existieren allerdings in vielen Fällen nicht (z. B. $Fe_4(CO)_{13}^{2-} \,\not\!\longrightarrow\, Fe_4(CO)_{14}$; $2\,V(CO)_6^{-} \,\not\!\longrightarrow\, V_2(CO)_{12}$).

Strukturen. Die einkernigen Carbonylmetallate (Tab. 32.15) sind analog den mit ihnen isovalenzelektronischen Metallcarbonylen strukturiert (vgl. Abb. 32.28). Demgemäß besitzen $M(CO)_6^{2-}$ (M = Ti, Zr, Hf) sowie $M(CO)_6^{-}$ (M = V, Nb, Ta) wie $M(CO)_6$ (M = Cr, Mo, W) oktaedrischen Bau, $M(CO)_5^{3-}$ (M = V, Nb, Ta), $M(CO)_5^{2-}$ (M = Cr, Mo, W) sowie $M(CO)_5^{-}$ (M = Mn, Tc, Re) wie $M(CO)_5$ (M = Fe, Ru, Os) trigonal-bipyramidalen Bau und $M(CO)_4^{4-}$ (M = Cr, Mo, W), $M(CO)_4^{3-}$ (M = Mn, Tc, Re), $M(CO)_4^{2-}$ (M = Fe, Ru, Os) sowie $M(CO)_4^{-}$ (M =

Tab. 32.16

$Z = V + L + p^- - 12n =$	$(2n+6)$	$(2n+4)$	$(2n+2)$	$(2n)$	$(2n-2)$	$(2n-4)$	$(2n-6)$
Polyeder	zweifach-entkappt	einfach-entkappt	unver-ändert	einfach-	zweifach-überkappt	dreifach-	vierfach-
Struktur	*arachno*	*nido*	*closo*		*präcloso*	*hypopräcloso*	–	–

Co, Rh, Ir) wie $M(CO)_4$ (M = Ni, Pd, Pt) tetraedrischen Bau ($Mn(CO)_5^-$ ist in $Mn(THF)_6^{2+}$-Salz trigonal-bipyramidal, im PPh_4^+-Salz quadratisch-pyramidal gebaut). Für die Strukturen der zwei- und dreikernigen Carbonylmetallate gilt Analoges: $M_2(CO)_{10}^{2-}$ (M = Cr, Mo, W) $\hat{=}$ $M_2(CO)_{10}$ (M = Mn, Tc, Re); $M_2(CO)_9^{2-}$ (M = Mn, Tc, Re) $\hat{=}$ $M_2(CO)_9$ (M = Fe, Ru, Os); $Mn_3(CO)_{12}^{3-} \hat{=} Fe_3(CO)_{12}$; $Ni_2(CO)_6^{2-} \hat{=} Cu_2(CO)_6$ (dem Carbonylat $Mn_3(CO)_{14}^-$ kommt Kettenstruktur $(CO)_5Mn-Mn(CO)_4-Mn(CO)_5^-$ zu). Allerdings können sich isovalenzelektronische Verbindungen in der Zahl brückengebundener CO-Liganden unterscheiden. So enthält $Fe_2(CO)_8^{2-}$ im Gegensatz zu $Co_2(CO)_8$ in fester Phase (zwei verbrückende CO-Gruppen) nur endständige CO-Moleküle.

Auch der Übergang neutraler Metallcarbonyle $M_n(CO)_m$ in verwandte, CO-ärmere Di- oder Tetraanionen $M_n(CO)_{m-1}^{2-}$ bzw. $M_n(CO)_{m-2}^{4-}$ ist in der Regel mit einer Umgruppierung von CO-Liganden verbunden. Z. B. weist $Fe_3(CO)_{12}$ (Abb. 32.28) neben endständigen nur μ_2-gebundene, $Fe_3(CO)_{11}^{2-}$ (Abb. 32.41) aber zusätzlich μ_3-gebundene CO-Gruppen auf (vgl. hierzu auch $M_4(CO)_{12}/M_4(CO)_{11}^{2-}$ mit M = Rh, Ir und $M_6(CO)_{16}/M_6(CO)_{15}^{2-}/M_6(CO)_{14}^{4-}$ mit M = Co, Rh, Ir). Die Struktur von $Co_3(CO)_{10}^-$ (Abb. 32.41) lässt sich aus der von $Co_4(CO)_{12}$ herleiten, indem man eine $Co(CO)_3^+$-Ecke durch ein hiermit isolobales CO ersetzt. Die Carbonylmetallate $Fe_3(CO)_{11}^{2-}$ und $Co_3(CO)_{10}^-$ enthalten hierbei alle bei Metallcarbonylen auftretenden Strukturmerkmale: Metall-Metall-Bindungen, endständige CO-Liganden, CO-Brücken zwischen zwei sowie zwischen drei Metallatomen.

Den vier- bis zehnkernigen Carbonylmetallaten (Tab. 32.15) kommen die in Abb. 32.41 wiedergegebenen Strukturen zu. Der Clusterbau lässt sich hier wie im Falle der neutralen Metallcarbonyle (s. dort) über die Skelettelektronen-Abzählregel veranschaulichen. Gemäß dieser schon häufiger angewandten Regeln von Wade und Mingos (S. 1235, 2115) nehmen Cluster aus n Übergangsmetallatomen bei Vorliegen von $(2n + \cdots 3, 2, 1, 0, -1, -2, -3, \cdots)$ Clusterelektronen die nachfolgend wiedergegebenen Strukturen aus entkappten, unveränderten oder überkappten Polyedern ein (eine Aussage darüber, welche Ecke im Polyeder entkappt oder überkappt wird, machen die Wade-Mingos-Regeln nicht). Die Clusterelektronenzahl Z ergibt sich hierbei als Summe der Valenzelektronen V aller M-Atome sowie der Summe der den Metallatomen bereitgestellten Ligandenelektronen L, zuzüglich der negativen Ladungen und abzüglich von 12 Elektronen für jedes der n-Clusteratome (s. Tab. 32.16).

Hiernach liegt dem Metallgerüst von $Re_4(CO)_{16}^{2-}$ ($Z = 14 = 2n + 6$) ein zweifach entkapptes Oktaeder, dem von $Fe_4(CO)_{13}^{2-}/Ru_4(CO)_{13}^{2-}/Rh_4(CO)_{11}^{2-}/Ir_4(CO)_{11}^{2-}$ ($Z = 12 = 2n + 4$) eine einfache entkappte trigonale Bipyramide, dem von $Os_5(CO)_{15}^{2-}$ ($Z = 12 = 2n + 2$) eine trigonale Bipyramide und dem von $Ru_6(CO)_{18}^{2-}/Os_6(CO)_{18}^{2-}/Co_6(CO)_{15}^{2-}/Rh_6(CO)_{15}^{2-}/Ir_6(CO)_{15}^{2-}$ ($Z = 14 = 2n + 2$) ein Oktaeder zugrunde, während die zentralen Gerüste von $Rh_7(CO)_{16}^{3-}/Os_8(CO)_{22}^{2-}/Os_9(CO)_{24}^{2-}/Os_{10}(CO)_{26}^{2-}$ ($Z = 14 = 2n$ bzw. $2n - 2$ bzw. $2n - 4$ bzw. $2n - 6$) einfach/zweifach/dreifach/vierfach überkappt oktaedrisch gebaut sind (vgl. Abb. 32.41). Die Strukturen der Komplexe $Rh_5(CO)_{15}^{2-}/Ni_5(CO)_{12}^{2-}$ (trigonal bipyramidal), $Ni_6(CO)_{12}^{2-}$ (oktaedrisch) und $Pt_6(CO)_{12}^{2-}$ (trigonal-prismatisch) lassen sich allerdings nicht mittels der Mingos-Wade'schen Regeln herleiten. Gelegentlich weisen Carbonylmetallate conjuncto-Strukturen (S. 1235) auf, so im Falle von $Ir_8(CO)_{22}^{2-}$ und $Rh_{12}(CO)_{30}^{2-}$ (zwei über eine MM-Bindung verknüpfte tetraedrische $Ir_4(CO)_{10}$-bzw. oktaedrische $Rh_6(CO)_{14}$-Einheiten; in letzterem Falle erfolgt die Verknüpfung über zwei zusätzliche μ_2-CO-Liganden). Die Verknüpfung der M_n-Polyeder kann aber auch über ge-

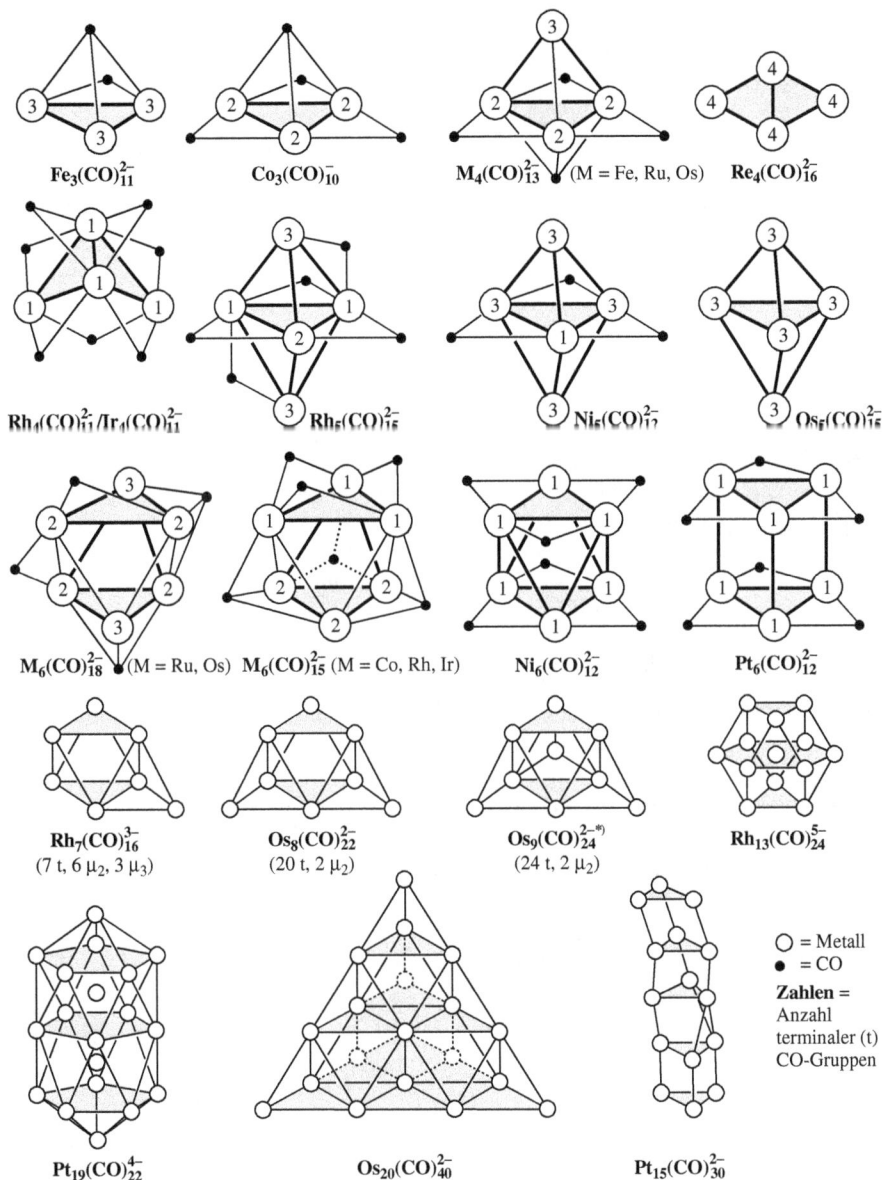

Abb. 32.41 Strukturen mehrkerniger Carbonylmetallate (t, μ_2, μ_3 = terminale, zwei-, dreifach über-brückende CO-Gruppen). *) In $Os_{10}(CO)_{26}^{2-}$, $Os_{10}C(CO)_{24}^{2-}$ bzw. $Ru_{10}N(CO)_{24}^-$ ist die obere Fläche des nicht zentrierten, C- und N-zentrierten Oktaeders von $Os_9(CO)_{24}^{2-}$ überkappt.

meinsame Kanten und Flächen erfolgen, z. B. kantenverknüpfte, C-zentrierte Os_6-Oktaeder in $Os_{10}C_2(CO)_{24}^{2-}$ bzw. flächenverknüpfte Ir_6-Oktaeder in $Ir_9(CO)_{19}^{3-}$.

Die Metallgerüste der höherkernigen Carbonylmetallate lassen sich in vielen Fällen auch als (zum Teil verzerrte) Ausschnitte dichtester Metallatompackungen deuten (vgl. Abb. 32.41). So enthalten etwa die Komplexe $Rh_7(CO)_{16}^{3-}$, $Os_8(CO)_{22}^{2-}$, $Os_9(CO)_{24}^{2-}$ sowie $Os_{10}(CO)_{26}^{2-}$ zwei dich-test gepackte, übereinander angeordnete Schichten aus 4 + 3 bzw. 5 + 3 bzw. 6 + 3 bzw. 7 + 3 Me-tallatomen, die Komplexe $Rh_{13}(CO)_{24}^{5-}$, $Rh_{14}(CO)_{26}^{2-}$, $Ru_{14}(CO)_{25}^{2-}$ sowie $Pt_{26}(CO)_{32}^{2-}$ drei Schich-ten aus 3 + 7 + 3 bzw. 3 + 7 + 4 bzw. 7 + 12 + 7 Metallatomen und die Komplexe $Os_{20}(CO)_{40}^{2-}$,

$Rh_{22}(CO)_{26}^{4-}$ sowie $Pt_{38}(CO)_{44}^{2-}$ vier Schichten aus $10 + 6 + 3 + 1$ bzw. $6 + 7 + 6 + 3$ bzw. $7 + 12 + 12 + 7$ Metallatomen. Durch Überkappung von Os_3-Flächen geht $Os_4(CO)_{13}^{2-}$ (Schichtfolge 1 : 3) in das Carbonylat $Os_{10}(CO)_{24}^{2-}$ (Schichtfolge 1 : 3 : 6) und dieses in über (Schichtfolge 1 : 3 : 6 : 10). Die drei Verbindungen (Abb. 32.41) stellen pyramidale Ausschnitte aus dichtesten M-Atompackungen dar, in welchen aufeinanderfolgende Schichten die »magische Zahl« von 1, 3, 6, 10, 15, 21 … M-Atomen aufweisen. Einen derartigen Ausschnitt mit 6 Schichten (geforderte M-Atomzahl = 56) bildet das Zentrum des gemischten Carbonylats $[Ni_{36}Pt_4(CO)_{45}]^{6-}$ (innenliegendes Pt_4-Tetraeder), in welchem allerdings drei Kanten (insgesamt 16 M-Atome) und damit die oberste Schicht (1 M-Atom) fehlen. In $[Ni_{38}(CO)_{44}^{2-}-]$ sowie einigen gemischten Metallcarbonylaten bilden die Schichten nicht wie in $[Os_{20}(CO)_{40}]^{2-}$ Pyramiden, sondern wie in $[Pt_3(CO)_6]_6^{2-}$ Zylinder. Der Bau von $Rh_{13}(CO)_{24}^{5-}$ lässt sich auch als innenzentriert kuboktaedrisch (Abb. 32.41), der von $Ni_{12}(CO)_{21}^{4-}$ als kuboktaedrisch und der von $Rh_{14}(CO)_{26}^{2-}/_{25}^{4-}$ bzw. von $Rh_{15}(CO)_{27}^{3-}$ als einfach bzw. zweifach überkappt innenzentriert antikuboktaedrisch beschreiben (in letzteren Fällen liegen quadratisch überkappte Flächen vor). In den Carbonylmetallaten $[Ni_3(CO)_6]_x^{2-}$ ($x = 2$ bis 5) und $[Pt_3(CO)_6]_y^{2-}$ ($y = 2$ bis 6) sind $M_3(CO)_6$-Einheiten mit M an den Ecken eines gleichschenkeligen Dreiecks zu Stapeln gepackt (vgl. $Pt_{15}(CO)_{30}^{2-}$ in Abb. 32.41), wobei aufeinanderfolgende $M_6(CO)_{30}$-Einheiten Strukturen zwischen einem M_6-Oktaeder und einem trigonalen M_6-Prisma einnehmen (Abb. 32.41). Keine dichteste Metallatompackung weist schließlich der Komplex $Pt_{19}(CO)_{22}^{4-}$ auf, dessen Struktur die Elemente innenzentrierter Ikosaeder aufweist.

Bindungsverhältnisse. Vgl. hierzu das auf S. 1591 und S. 2115 Besprochene.

Darstellung. Die Carbonylmetallate werden in der Regel durch Reduktion der Metallcarbonyle gewonnen, wobei als Reduktionsmittel Kohlenmonoxid dienen kann, vielfach aber Alkalimetalle in geeigneten Lösungsmitteln genutzt werden. Mit der Bildung der höherkernigen Carbonylmetallate ist häufig auch eine Bildung anionischer Carbidokomplexe verbunden (vgl. S. 2123 sowie Anm.[15]).

Der klassische Zugang zu den Carbonylmetallaten besteht in der Basenreaktion (vgl. S. 2128), z. B.:

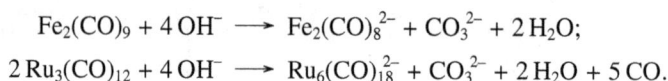

$$Fe_2(CO)_9 + 4\,OH^- \longrightarrow Fe_2(CO)_8^{2-} + CO_3^{2-} + 2\,H_2O;$$

$$2\,Ru_3(CO)_{12} + 4\,OH^- \longrightarrow Ru_6(CO)_{18}^{2-} + CO_3^{2-} + 2\,H_2O + 5\,CO.$$

Ferner führt in einigen Fällen die Valenzdisproportionierung (S. 2128) zu Carbonylmetallaten, z. B.:

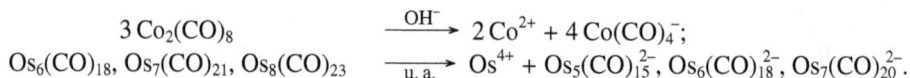

$$3\,Co_2(CO)_8 \xrightarrow{\ OH^-\ } 2\,Co^{2+} + 4\,Co(CO)_4^-;$$

$$Os_6(CO)_{18},\ Os_7(CO)_{21},\ Os_8(CO)_{23} \xrightarrow{\ u.\,a.\ } Os^{4+} + Os_5(CO)_{15}^{2-},\ Os_6(CO)_{18}^{2-},\ Os_7(CO)_{20}^{2-}.$$

Besonders wichtig ist die Darstellung der Carbonylmetallate durch Reduktion neutraler Metallcarbonyle mit Alkalimetallen in flüssigem Ammoniak, Tetrahydrofuran sowie ähnlichen Medien oder mit Natriumamalgam in Ethern. Z. B. lässt sich $Fe(CO)_5$ durch Natrium in $NH_3(fl)$ leicht in »Tetracarbonylferrat(−II)« $Fe(CO)_4^{2-}$ verwandeln: $Fe(CO)_5 + 2\,e^- \longrightarrow Fe(CO)_4^{2-} + CO$. Das »Hexacarbonylvanadat(−I)« $V(CO)_6^-$ (Analoges gilt für die Homologen $Nb(CO)_6^-$ und $Ta(CO)_6^-$) wird in Diglyme $MeOCH_2CH_2OCH_2CH_2OMe$ aus Na und VCl_3 (bzw. $NbCl_3$, $TaCl_5$) und CO bei 90–120 °C, das »Hexacarbonyltitanat(−II)« $Ti(CO)_6^{2-}$ (Analoges gilt für die Homologen $Zr(CO)_6^{2-}$ und $Hf(CO)_6^{2-}$) in entsprechender Weise aus K, $M(CO)_4L$ (L = $MeC(CH_2PMe_2)_3$; M = Ti bzw. Zr, Hf) und CO in Anwesenheit von Naphthalin und Cryptanden dargestellt ($Ti(CO)_6^{2-}$ und $Zr(CO)_6^{2-}$ sind auch aus K, MCl_4 und CO zugänglich).

Vielfach können die einkernigen Carbonylmetallate bzw. Derivate $M(CO)_mL_o$ mit Alkalimetallen in flüssigem Ammoniak weiter in hochreduzierte Carbonylmetallate überführt werden. So bilden sich etwa gemäß der allgemeinen Gleichung

$$M(CO)_m^{p-} + 3\,e^- \longrightarrow M(CO)_{m-1}^{(p+2)-} + \tfrac{1}{2}\,^-O-C\equiv C-O^-.$$

die Anionen $V(CO)_5^{3-}$, $Nb(CO)_5^{3-}$, $Ta(CO)_5^{3-}$, $Mn(CO)_4^{3-}$, $Tc(CO)_4^{3-}$, $Re(CO)_4^{3-}$, $Co(CO)_3^{3-}$, $Rh(CO)_3^{3-}$ und $Ir(CO)_3^{3-}$. Nicht auf diese Weise reduzierbar sind die Carbonylmetallate $M(CO)_5^{2-}$ (M = Cr, Mo, W). Die Anionen $Cr(CO)_4^{4-}$, $Mo(CO)_4^{4-}$ und $W(CO)_4^{4-}$ erhält man jedoch bei der Reaktion von Natrium mit $M(CO)_4$(tmeda) (tmeda = $Me_2NCH_2CH_2NMe_2$).

Die Reduktion von Metallcarbonylen kann unter Abbau, unter Erhalt sowie unter Aufbau von Metallclustern verlaufen. So lassen sich viele mehrkernige Metallcarbonyle leicht durch Einwirkung von Natrium reduktiv an der Metall-Metall-Bindung spalten: $[M(CO)_m]_x + 2\,x\,Na \longrightarrow 2\,x\,Na[M(CO)_m]$ ($x = 2, 3$; M = Mn, Tc, Re, Fe, Ru, Os, Co, Rh, Ir), z. B.:

$$[Mn(CO)_5]_2 + 2\,e^- \rightleftharpoons 2\,Mn(CO)_5^- \quad (E^\circ = -0.68\,V);$$

$$[Fe(CO)_4]_3 + 6\,e^- \rightleftharpoons 3\,Fe(CO)_4^{2-} \quad (E^\circ = -0.74\,V);$$

$$[Co(CO)_4]_2 + 2\,e^- \rightleftharpoons 2\,Co(CO)_4^- \quad (E^\circ = -0.4\,V).$$

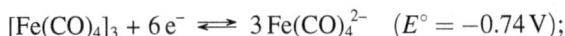

Andererseits ändert sich im Zuge der reversiblen elektrochemischen oder chemischen Reduktion $Os_6(CO)_{18} + 2\,e^- \rightleftharpoons Os_6(CO)_{18}^{2-}$ nicht die Zusammensetzung des sechskernigen Clusters, sondern nur dessen Struktur (zweifach-überkapptes Os_4-Tetraeder $\rightleftharpoons$ Os_6-Oktaeder). Hochkernige Cluster lassen sich aber vielfach auch ohne Änderung der Zusammensetzung und des Baus reversibel reduzieren (Wirkung als Elektronenschwamm, z. B.: $Os_{10}C(CO)_{24}^{0\;bis\;4-}$, $Ni_{32}C_6(CO)_{36}^{5-\;bis\;10-}$, $Ni_{38}C_6(CO)_{42}^{5-\;bis\;9-}$). Schließlich wird $Ni(CO)_4$ unter Clusteraufbau von Natrium in flüssigem Ammoniak in protoniertes $Ni_2(CO)_6^{2-}$ und in THF in $Ni_5(CO)_{12}^{2-}$, $Ni_6(CO)_{12}^{2-}$ und höhere »Carbonylnickelate« überführt. In analoger Weise gelangt man durch Reduktion von $PtCl_6^{2-}$ mit Alkalimetallen in einer CO-Atmosphäre zu »Carbonylplatinaten« $[Pt_3(CO)_6]_y^{2-}$ ($y = 2$ bis 6). Interessanterweise ist es bisher unmöglich, analoge Carbonylpalladate zu synthetisieren.

Auch durch Thermolyse von Carbonylmetallaten lassen sich in einigen Fällen neue Carbonylmetallate gewinnen. So wandelt sich etwa $Pt_9(CO)_{18}^{2-}$ beim Kochen in Acetonitril in $Pt_{19}(CO)_{22}^{4-}$ um.

Eigenschaften. Bezüglich der Farbigkeit der mehrkernigen Carbonylmetallate vgl. S. 2122. Die Thermolyse der Carbonylmetallate kann zu neuen Carbonylmetallaten bzw. zu Carbidocarbonylmetallaten führen (vgl. Thermolyse von Metallcarbonylen). Die thermische Umwandlung von $Pt_9(CO)_{18}^{2-}$ in $Pt_{19}(CO)_{22}^{4-}$ wurde bereits erwähnt. Die gemäß

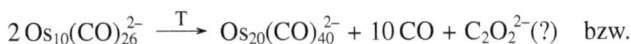

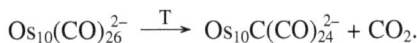

$$2\,Os_{10}(CO)_{26}^{2-} \xrightarrow{\ T\ } Os_{20}(CO)_{40}^{2-} + 10\,CO + C_2O_2^{2-}(?) \quad \text{bzw.}$$

$$Os_{10}(CO)_{26}^{2-} \xrightarrow{\ T\ } Os_{10}C(CO)_{24}^{2-} + CO_2.$$

verlaufende Thermolyse von $Os_{10}(CO)_{26}^{2-}$ stellt ein weiteres Beispiel dar (bei 230 °C betragen die Ausbeuten an $Os_{20}(CO)_{40}^{2-}/Os_{10}C(CO)_{24}^{2-}$ 5/85 %, bei 300 °C 60/25 %; für Strukturen vgl. Abb. 32.41). Die CO-Liganden der Carbonylmetallate sind wegen ihrer vergleichsweise festen Bindung an das Zentralatom in der Regel weniger leicht durch Substitution austauschbar als die der zugehörigen neutralen Metallcarbonyle. Eine besonders charakteristische Eigenschaft der Carbonylmetallate ist ihr basisches (nucleophiles) Verhalten. So lassen sie sich alkylieren, acylieren, silylieren, stannylieren usw. (z. B. Bildung von $Me_2Fe(CO)_4$ oder $MeRe(CO)_5$ aus $Fe(CO)_4^{2-}$ oder $Re(CO)_5^-$ und Methyliodid MeI, von $(Ph_3Sn)_3Cr(CO)_4^-$/$(Ph_3Sn)_2Ti(CO)_5^{2-}$ aus $Cr(CO)_4^{4-}$ oder »$Ti(CO)_5^{4-}$« und Stannylchlorid Ph_3SnCl). Auch vermögen sie Halogenid in Elementhalogeniden zu verdrängen wie etwa die Umsetzung $InCl_3 + 3\,Mn(CO)_5^- \longrightarrow In[Mn(CO)_5]_3 + 3\,Cl^-$ lehrt (mit dem Carbonylat

$Mn_3(CO)_{12}^{3-}$ reagiert $InCl_3$ u. a. zu $In[Mn(CO)_5]_5^{2-}$ mit pentagonal-planarem In). Die interessanteste Reaktion der Carbonylmetallate ist die mit Säuren unter Bildung von Metallcarbonylhydriden. So lassen sich aus den alkalischen $Fe(CO)_4^{2-}$- und $Co(CO)_4^-$-Lösungen nach Ansäuern mit Phosphorsäure die zersetzlichen Metallcarbonylwasserstoffe $H_2Fe(CO)_4$ und $HCo(CO)_4$ abdestillieren (s. unten). Da dem Wasserstoff in den Carbonylhydriden definitionsgemäß die Oxidationsstufe −I zukommt, sind die betreffenden Protonierungen als Oxidationsreaktionen zu klassifizieren. Tatsächlich wirkt der Wasserstoff in den Metallcarbonylhydriden sowohl hydridisch als auch inert oder protisch (s. unten). Da die Protonierung zumindest zu einer teilweisen Oxidation der Metallzentren führt, kann sie unter Normalbedingungen von einer H_2-Entwicklung begleitet sein, z. B. $2\,Co(CO)_4^- + 2\,H^+ \longrightarrow Co_2(CO)_8 + H_2$; $V(CO)_5^{3-} + 2\,NH_4^+ \longrightarrow [V(CO)_5NH_3]^- + NH_3 + H_2$ Ganz allgemein sind alle Carbonylmetallate oxidationsempfindlich und vermögen in Umkehrung der Bildungsreaktion in neutrale Metallcarbonyle überzugehen. Dementsprechend sind sogar die Valenzdisproportionierungen mit schwachen Basen unter CO-Druck reversibel.

Verwendung. Bezüglich der Anwendungen von Carbonylmetallaten vgl. bei den Metallcarbonylen. Besondere Verwendung hat $Na_2Fe(CO)_4$ als »Collman's Reagens« in der organischen Synthese zur Funktionalisierung von Organyl- oder Acylhalogeniden erlangt, z. B. $Fe(CO)_4^{2-} + RI + CO \longrightarrow [RFe(CO)_4]^- + I^- + CO \longrightarrow [RCOFe(CO)_4]^- + I^- (+ R'OH \longrightarrow RCOOR' + HFe(CO)_4^- + I^-)$.

2.2.2   Metallcarbonylwasserstoffe

Überblick. Die in Tab. 32.17 wiedergegebenen, bisher bekannt gewordenen neutralen sowie anionischen farblosen ein- und farbigen mehrkernigen Metallcarbonylwasserstoffe (»Metallcarbonylhydride«, »Hydridocarbonylmetallate«) stellen in vielen Fällen Protonierungsprodukte der in Tab. 32.15 zusammengestellten Carbonylmetallate dar (die Verbindungen lassen sich zum Teil auch aus Metallcarbonylen durch Austausch von Kohlenoxid CO gegen Hydrid H^- herleiten). Allerdings ließen sich von einigen Carbonylmetallaten bisher keine Protonenaddukte und umgekehrt von einigen Metallcarbonylwasserstoffen keine protonenfreien Produkte isolieren. Bezüglich der kationischen Metallcarbonylwasserstoffe vgl. S. 2142.

Strukturen. Der H-Ligand kann in den Metallcarbonylwasserstoffen wie der CO-Ligand sowohl nichtverbrückend mit einem Zentrum (Abb. 32.42a) als auch zweifach (μ_2) oder dreifach (μ_3) verbrückend mit zwei oder drei Metallatomen (Abb. 32.42b, c) verknüpft sein. In höherkernigen Carbonylwasserstoffen überspannt er gemäß (Abb. 32.42d, e) in einigen Fällen sogar vier (μ_4) oder sechs (μ_6) Metallatome (vgl. hierzu auch Übergangsmetallhydride, S. 2068).

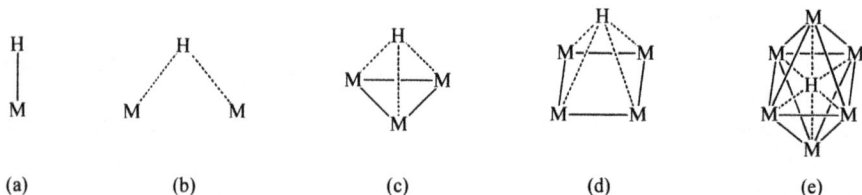

(a)   (b)   (c)   (d)   (e)

Abb. 32.42

In den einkernigen Metallcarbonylwasserstoffen nehmen die Wasserstoffatome eine normale Koordinationsstelle am Metall ein. Demgemäß besitzen $HM(CO)_5^-$ (M = Cr und wohl auch Mo, W), $HM(CO)_5$ (M = Mn, Tc, Re), cis- bzw. trans-$H_2Re(CO)_4^-$ sowie cis-$H_2M(CO)_4$ (M = Fe, Ru, Os) oktaedrischen und $HM(CO)_4$ (M = Co und wohl auch Rh, Ir) trigonal-bipyramidalen Bau. Andererseits weisen in den zweikernigen Metallcarbonylwasserstoffen nur

Tab. 32.17 Neutrale (Fettdruck) und anionische Metallcarbonylhydride (n = Nuklearität)[a]

n	Cr, Mo, W	Mn, Tc, Re	Fe, Ru, Os	Co, Rh, Ir	Ni
1	$H_2Cr(CO)_5$ Nicht isoliert	$HMn(CO)_5$, farblos Smp. $-20\,°C$, Zers. $\approx 50\,°C$	$H_2Fe(CO)_4$, farblos Smp. $-70\,°C$; Zers. $\approx -10\,°C$	$HCo(CO)_4$, hellgelb Smp. $-26\,°C$; Zers. $\approx -20\,°C$	–
	$H_2Mo(CO)_5$ Nicht isoliert	$HTc(CO)_5$, farblos Nicht rein isoliert	$H_2Ru(CO)_4$, farblos Smp. $-63\,°C$; Zers. $\approx 20\,°C$	$HRh(CO)_4$ Nur unter CO/H_2-Druck	
	$H_2W(CO)_5$ Nicht isoliert	$HRe(CO)_5$, farblos Smp. $12.5\,°C$; Zers. $\approx 100\,°C$	$H_2Os(CO)_4$, farblos Smp. $-38\,°C$; stabil	$HIr(CO)_4$ Nur unter CO/H_2-Druck	
	$HM(CO)_5^-$	$H_2Re(CO)_4^-$	$HM(CO)_4^-$		
2	$HM_2(CO)_{10}^-$ $H_2W_2(CO)_8^{2-}$	$H_2Mn_2(CO)_9$?, $H_2Re_2(CO)_8$ $HM_2(CO)_9^-$, $H_3Re_2(CO)_6^-$	$H_2Fe_2(CO)_8$?, $H_2Os_2(CO)_8$ $HFe_2(CO)_8^-$	–	[b]
3	– – –	$H_3M_3(CO)_{12}$, $HRe_3(CO)_{14}$ $H_4Re_3(CO)_9^-$, $H_{3-p}Re_3(CO)_{12}^{p-}$ $H_4Re_3(CO)_{12}^-$, $H_{3-p}Re_3(CO)_{12}^{p-}$	$H_2Os_3(CO)_{10}$, $H_2M_3(CO)_{11}$ $H_2M'_3\cdot(CO)_{12}$ $(M' = Ru, Os)$ $HM_3(CO)_{11}^-$	$HCo_3(CO)_9$ – –	[b] – –
4	– – –	$H_4Re_4(CO)_{12}$ $H_6Re_4(CO)_{12}^{2-}$, $H_4Re_4(CO)_{13}^{2-}$ $H_4Re_4(CO)_{15}^{2-}$, $H_5Re_4(CO)_{16}^-$	$H_2M_4(CO)_{13}$, $H_4M'_4(CO)_{12}$ $HM_4(CO)_{13}^-$, $H_{4-p}M'_4(CO)_{12}^{p-}$ $(M' = Ru, Os)$	$H_2Ir_4(CO)_{11}$ $HIr_4(CO)_{24}^-$, $H_2Ir_4(CO)_{10}^{2-}$ –	– – –
5	– –	$H_5Re_5(CO)_{20}$ $H_4Re_5(CO)_{20}^-$	$H_2Os_5(CO)_{15}$, $H_2Os_5(CO)_{16}$ $HOs_5(CO)_{15}^-$	– –	– –
6	– –	– $H_5Re_6(CO)_{24}^-$	$H_2M'_6(CO)_{18}$, $HM_6'(CO)_{18}^-$ $(M' = Ru, Os)$	– $HCo_6(CO)_{15}^-$, $HRh_6(CO)_{15}^-$	[b] –
> 6	– –	– –	$H_2Os_n(CO)_{2n+6}$ $(n = 6,7,8)$[c] $HOs_n(CO)_{2n+6}^-$, $H_4Os_{10}(CO)_{24}^{2-}$	$H_{5-p}Rh_{13}(CO)_{24}^{p-}$, $HRh_{14}(CO)_{25}^{3-}$ $H_xRh_{22}(CO)_{35}^{4-/5-}$	[b] –

a Man kennt auch gemischte Metallcarbonylhydride wie $HMnOs_3(CO)_{12}$, $HFeCo_3(CO)_{12}$, $HReOs_3(CO)_{16}$, $H_2FeRu_3(CO)_{13}$, $H_3MnOs_3(CO)_{13}$, $H_4FeOs_3(CO)_{12}$, $H_2Re_2Os_3(CO)_{19/20}$.

b $H_2Ni_2(CO)_6$?, $HNi_2(CO)_6^-$, $H_2Ni_3(CO)_8^-$?, $H_2Ni_{12}(CO)_{21}^{2-}$, $HNi_{12}(CO)_{21}^{3-}$.

c Man kennt kein höherkerniges Rutheniumcarbonylhydrid, aber Anionen $HRu_6(CO)_{18}^-$, $H_2Ru_8(CO)_{21}^{2-}$, $H_2Ru_{10}(CO)_{25}^{2-}$, $HRu_{11}(CO)_{27}^-$.

$HRe_2(CO)_9^-$ (analog gebaut möglicherweise $HTc_2(CO)_9^-$, $HMn_2(CO)_9^-$) sowie $H_2Os_2(CO)_8$ ausschließlich endständig gebundenen Wasserstoff auf. Die Verbindungen leiten sich von $Re_2(CO)_{10}$ und $Os_2(CO)_9$ (Tab. 32.11) durch Ersatz einer CO-Gruppe gegen H^- ab (hierbei resultierendes $HOs_2(CO)_8^-$ liegt dann in protonierter Form vor). Sie enthalten Metallatome mit oktaedrischer Ligandenumgebung: $(CO)_4HRe-Re(CO)_5^-$ bzw. $(CO)_4HOs-OsH(CO)_4$ (H jeweils äquatorial gebunden). In den anderen zweikernigen Carbonylhydriden liegen brückenständige H-Atome vor. So resultiert etwa $HCr_2(CO)_{10}^-$ (Abb. 32.43f) aus einer Protonierung der CrCr-Bindung in $Cr_2(CO)_{10}^{2-}$ (Tab. 32.15).

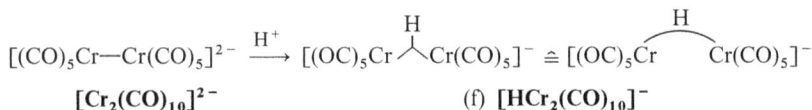

$$[(CO)_5Cr-Cr(CO)_5]^{2-} \xrightarrow{\;H^+\;} [(OC)_5Cr \overset{H}{\diagup\!\diagdown} Cr(CO)_5]^- \rightleftharpoons [(OC)_5Cr \overset{H}{\frown} Cr(CO)_5]^-$$

$$[Cr_2(CO)_{10}]^{2-} \qquad\qquad\qquad (f)\ [HCr_2(CO)_{10}]^-$$

Abb. 32.43

Die beiden Cr-Atome sind in $HCr_2(CO)_{10}^-$ durch eine anionische Wasserstoffbindung (Zweielektronen-Dreizentrenbindung; vgl. Borwasserstoffe) miteinander verknüpft. Die Verbindung lässt sich als σ-Komplex sowohl zwischen H^+ und $(OC)_5Cr-Cr(CO)_5^{2-}$ als auch zwischen $(OC)_5Cr$ und $H-Cr(CO)_5^-$ beschreiben. Entsprechend $HCr_2(CO)_{10}^-$ sind $HMo_2(CO)_{10}^-$ und $HW_2(CO)_{10}^-$ aufgebaut (CrCr-/MoMo-/WW-Abstände rund 3.37/3.41/3.4 Å; HCr-/HMo-/HW-Abstände rund 1.7/1.8/1.9 Å; CrHCr-/MoHMo-WHW-Winkel rund 158/133/130°). $HFe_2(CO)_8^-$ (Abb. 32.44g) leitet sich von $Fe_2(CO)_8^{2-}$ (Tab. 32.15) durch Protonierung der FeFe-Einfachbindung ab, während $H_2Re_2(CO)_8$ (Abb. 32.44h) bzw. $H_3Re_2(CO)_6^-$ (Abb. 32.44i) das

Di- bzw. Triprotonierungsprodukt einer ReRe-Zwei- bzw. -Dreifachbindung in hypothetischem $(OC)_4Re=Re(CO)_4^{2+}$ bzw. $(OC)_3Re\equiv Re(CO)_3^{4-}$ darstellt.

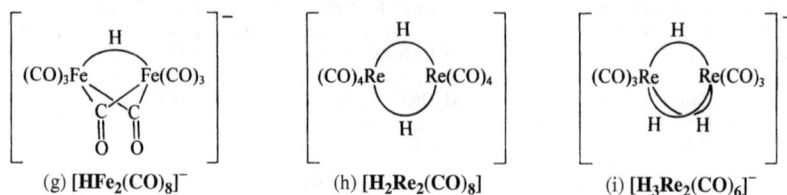

(g) $[HFe_2(CO)_8]^-$ (h) $[H_2Re_2(CO)_8]$ (i) $[H_3Re_2(CO)_6]^-$

Abb. 32.44

Das nach Abspaltung von CO aus $HRe(CO)_5$ hervorgehende, als solches wohl nur in einer Tieftemperaturmatrix isolierbare »Rheniumtetracarbonylhydrid« $HRe(CO)_4$ (16 Außenelektronen) ist mit Monoboran BH_3 (6 Außenelektronen) isolobal und liegt demgemäß wie dieses in dimerer Form vor: $[BH_3]_2 \longleftarrow\!^\circ\!\longrightarrow [HRe(CO)_4]_2$ (Abb. 32.44h). Anders als BH_3 existieren aber von $HRe(CO)_4$ auch farblose tri-, tetra-, penta- und hexamere Formen $[HRe(CO)_4]_n \,\widehat{=}\,$ $[H_nRe_n(CO)_{4n}]$ ($n = 3, 4, 5, 6$), in welchen die Re-Atome an den Ecken eines Dreirings, planaren Vierrings, halbsesselförmigen Fünfrings bzw. sesselförmigen Sechsrings lokalisiert und durch ReHRe-Brücken verknüpft sind (vgl. Abb. 32.45; es sind auch orangegelbe Monodeprotonierungsprodukte $[H_{n-1}Re_n(CO)_{4n}]^-$ bekannt.

Die dreikernigen Metallcarbonylwasserstoffe müssen nach der 18-Elektronen-Abzählregel $18n - 2p$ Gesamtaußen-Elektronen aufweisen, (n = Anzahl der M-Atome = 3; p = Anzahl der MM-Bindungen), d. h. bei acyclischem Bau $M-M-M$ ($p = 2$) bzw. bei cyclischem Bau $M-M-M'$ ($p = 3$) bzw. bei ein- fach-ungesättigtem cyclischem Bau $M=M-M'$ ($p = 4$) 50 bzw. 48 bzw. 46 Elektronen. Tatsächlich besitzen $HRe_3(CO)_{14}$ und $H_2Os_3(CO)_{12}$ mit jeweils 50 Außenelektronen bzw. $H_3M_3(CO)_{12}$ (M = Mn, Tc, Re) und $HM_3(CO)_{11}^-/H_2M_3(CO)_{11}$ (M = Fe, Ru, Os) mit jeweils 48 Außenelektronen die erwarteten Strukturen (vgl. Abb. 32.45, erste und zweite Reihe). Die Doppelbindung ist hierbei in $H_4Re_3(CO)_{10}^-$ und $H_2Os_3(CO)_{10}$ lokalisiert und zweifach-protoniert, während das π-Elektronenpaar in $HCo_3(CO)_9$ über den Co_3-Ring delokalisiert und einfach-protoniert ist. Ersichtlicherweise kann der Übergang eines Carbonylmetallats in seine verschiedenen protonierten Zustände mit einer Änderung von Zahl und Art brückenständiger CO-Gruppen begleitet sein (vgl. z. B. $Fe_3(CO)_{11}^{2-}/HFe_3(CO)_{11}^-$ bzw. $HRu_3(CO)_{11}^-/H_2Ru_3(CO)_{11}$). Interessehalber sei noch erwähnt, dass die Protonierung von $HM_3(CO)_{11}^-$ (M = Fe, Ru, Os) zunächst am Sauerstoff der CO-Brücke unter Bildung des Produkts $HM_3(CO)_{10}(COH)$ erfolgt, das sich in $H_2M_3(CO)_{11}$ umlagert (die Fe-Verbindung zerfällt bei −40 °C).

Unter den vierkernigen Metallcarbonylwasserstoffen enthalten alle Verbindung mit 60 Gesamtaußenelektronen in Übereinstimmung mit der 18-Elektronen-Abzählregel tetraedrische M_4-Cluster mit MM-Einfachbindungen (Ausnahme: $HFe_4(CO)_{13}^-$!), solche mit 64 Außenelektronen $(H_4Re_4(CO)_{15}^{2-})$ ein an zwei Seiten geöffnetes M_4-Tetraeder und solche mit 56 Außenelektronen $(H_4Re_4(CO)_{12})$ ein doppelt ungesättigtes M_4-Tetraeder (Abb. 32.45, dritte und vierte Reihe). Den fünfkernigen Metallcarbonylwasserstoffen $HOs_5(CO)_{15}^-$ (72 Außenelektronen) und $H_2Os_5(CO)_{16}$ (74 Außenelektronen) liegt andererseits ein trigonal-bipyramidaler bzw. ein einseitig geöffneter trigonal-bipyramidaler M_5-Cluster zugrunde (Abb. 32.45, fünfte Reihe). Interessanterweise besitzt jeder der bekannten sechskernigen Metallcarbonylwasserstoffe eine andere Struktur. Die Skelettelektronen-Abzählregel (Clusterelektronenzahl = Zahl der Valenz- und der koordinierenden Elektronen abzüglich 12 Elektronen pro Metallatom) führt hier in jedem Falle zu $2n + 2$ Clusterelektronen, also zu einer *closo*-Struktur. Tatsächlich enthalten alle Verbindungen bis auf eine Ausnahme ($H_2Os_6(CO)_{18}$) oktaedrische M_6-Cluster, die teils ausschließlich endständige CO-Liganden, teils zusätzlich μ_2- bzw. μ_3-brückenständige CO-Gruppen aufweisen (vgl.

Abb. 32.45; fünfte und sechste Reihe). Die H-Atome sind teils endständig, teils μ_2-, μ_3- oder μ_6-brückenständig gebunden. Das Metallcarbonylhydrid $H_2Os_6(CO)_{18}$ enthält eine einfach überkappte quadratische M_5-Pyramide, d. h. einen überkappten nido-Metallcluster, dem nach der Skelettelektronen-Abzählregel ebenfalls $2n + 2$ Clusterelektronen zukommen sollten.

Die sieben- bis zehnkernigen Metallcarbonylwasserstoffe (Tab. 32.17) lassen sich als einfach-, zweifach-, dreifach- bzw. vierfach-überkappte Oktaeder deuten (vgl. Abb. 32.41), wobei die Struktur der Decaosmiumverbindung $H_4Os_{10}(CO)_{24}^{2-}$ der des in Abb. 32.41 wiedergegebenen Carbonylmetallats $Os_{20}(CO)_{40}^{2-}$ – abzüglich der unteren Schicht – entspricht (zwei der vier H-Atome überspannen als μ_3-Brücke die nicht überkappten Flächen des zentralen Oktaeders, die verbleibenden zwei H-Atome bilden μ_2-Brücken aus). Somit liegt diesem Hydridocarbonylmetallat eine dichteste Metallatompackung zugrunde. Analoges gilt auch für die höherkernigen Metallcarbonylwasserstoffe mit Rh- und Ni-Atomclustern (Tab. 32.17). Zum Beispiel enthält $H_{5-p}Rh_{13}(CO)_{24}^{p-}$ einen zentrierten Rh_{12}-Antikuboktaeder (vgl. Abb. 32.41), dessen H-Atome Rh_4-Quadrate überspannen. Allerdings treten auch andere Metallatompackungen auf. So ist der Os_9-Cluster in $HOs_9(CO)_{24}^-$ dreifach-überkappt-trigonal-prismatisch gebaut (H besetzt als μ_6-H die prismatische Lücke).

Darstellung. Die Metallcarbonylwasserstoffe lassen sich aus geeigneten Vorstufen durch Protolyse, Hydridolyse sowie Hydrogenolyse gewinnen (vgl. Darstellung der Elementwasserstoffe S. 311), ferner in einigen Fällen durch Carbonylierungs- und Decarbonylierungsreaktionen.

Besonders häufig wird die Protonierung von Carbonylmetallaten genutzt, z.B. (in Klammern jeweils M):

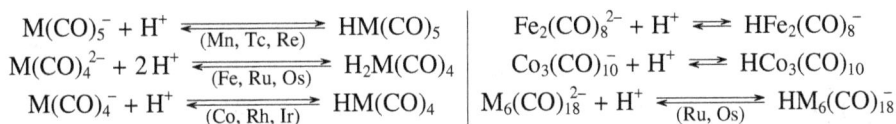

$$M(CO)_5^- + H^+ \underset{(Mn, Tc, Re)}{\rightleftharpoons} HM(CO)_5 \qquad Fe_2(CO)_8^{2-} + H^+ \rightleftharpoons HFe_2(CO)_8^-$$

$$M(CO)_4^{2-} + 2\,H^+ \underset{(Fe, Ru, Os)}{\rightleftharpoons} H_2M(CO)_4 \qquad Co_3(CO)_{10}^- + H^+ \rightleftharpoons HCo_3(CO)_{10}$$

$$M(CO)_4^- + H^+ \underset{(Co, Rh, Ir)}{\rightleftharpoons} HM(CO)_4 \qquad M_6(CO)_{18}^{2-} + H^+ \underset{(Ru, Os)}{\rightleftharpoons} HM_6(CO)_{18}^-$$

In entsprechender Weise werden $Fe_3(CO)_{11}^{2-}$ in $HFe_3(CO)_{11}^-$, $M_3(CO)_{12}^{3-}$ in $H_3M_3(CO)_{12}$ (M = Mn, Tc, Re), $M_2(CO)_{10}^{2-}$ in $HM_2(CO)_{10}^-$ (M = Co, Rh) oder $Os_n(CO)_{2n+6}^{2-}$ in $H_2Os_n(CO)_{2n+6}$ (n = 6, 7, 8) überführt. Vielfach kombiniert man die Synthese der Carbonylmetallate durch Basenreaktion (S. 2128) mit der Protonierung von $M_n(CO)_m^{p-}$, z.B. $M_3(CO)_{12} \longrightarrow HM_3(CO)_{11}^-$ (M = Fe, Ru, Os), $Ir_4(CO)_{12} \longrightarrow HIr_4(CO)_{11}^- \longrightarrow H_2Ir_4(CO)_{10}^{2-}$. Dabei kann sowohl die Protonierung als auch die Basenreaktion unter bestimmten pH-Bedingungen zudem mit einer Veränderung der Clustergröße verbunden sein: $+ H^+$: z.B. $M(CO)_5^- \longrightarrow HM(CO)_5$, $H_3M_3(CO)_{12}$, $HRe_3(CO)_{14}$ (M = Mn, Tc, Re); $HRu_3(CO)_{11}^- \longrightarrow H_2Ru_3(CO)_{11}$, $H_2Ru_4(CO)_3$, $H_4Ru_4(CO)_{12}$, $HRu_6(CO)_{18}^-$; $Mn_2(CO)_{10} \longrightarrow H_3Mn_3(CO)_{12}$. $-$ $+ OH^-$: z.B. $Re_2(CO)_{10} \longrightarrow HRe(CO)_4^-$, $H_4Re_4(CO)_{15}^{2-}$; $Ru_3(CO)_{12} \longrightarrow H_4Ru_4(CO)_{12}$, $H_6Ru_4(CO)_{13}$; $Os_6(CO)_{18} \longrightarrow HOs_5(CO)_{15}^-$.

Zur Gewinnung der Metallcarbonylwasserstoffe durch Hydridolyse von Metallcarbonylen nutzt man in der Regel Natriumboranat $NaBH_4$, welches unter H^--Übertragung auf das Metallzentrum oder einen CO-Liganden des Carbonyls $M_n(CO)_m$ reagiert. Die hierbei gebildete Formylverbindung $M_n(CO)_{m-1}(CHO)^-$ eliminiert dann mehr oder minder rasch Kohlenmonoxid und geht in $HM_n(CO)_{m-1}^-$ über, z.B.:

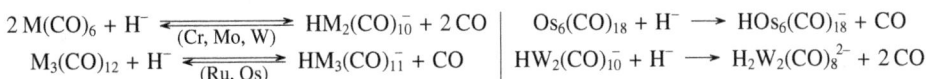

$$2\,M(CO)_6 + H^- \underset{(Cr, Mo, W)}{\rightleftharpoons} HM_2(CO)_{10}^- + 2\,CO \qquad Os_6(CO)_{18} + H^- \longrightarrow HOs_6(CO)_{18}^- + CO$$

$$M_3(CO)_{12} + H^- \underset{(Ru, Os)}{\rightleftharpoons} HM_3(CO)_{11}^- + CO \qquad HW_2(CO)_{10}^- + H^- \longrightarrow H_2W_2(CO)_8^{2-} + 2\,CO$$

Durch Protonierung der gebildeten Hydridocarbonylmetallate lassen sich weitere Wasserstoffverbindungen erhalten (z.B. $M_2(CO)_{10} \longrightarrow M_2(CO)_9^{2-} \longrightarrow HM_2(CO)_9^- \longrightarrow H_2M_2(CO)_9$ mit M = Mn, Tc, Re). Die Hydridolyse kann wie die Protolyse zu einer Clustergrößenveränderung führen (z.B. $Re_2(CO)_{10} \longrightarrow HRe_2(CO)_9^-$, $HRe_3(CO)_{12}^{2-}$, $H_6Re_4(CO)_{12}^{2-}$; $M_3(CO)_{12} \longrightarrow HM_3(CO)_{11}^-$, $H_3M_4(CO)_{12}^-$, $HM_4(CO)_{13}^-$ mit M = Ru, Os). Zur Clustervergrößerung kann man anstelle von Hydrid auch Hydridocarbonylmetallate auf Metallcarbonyle (bevorzugt

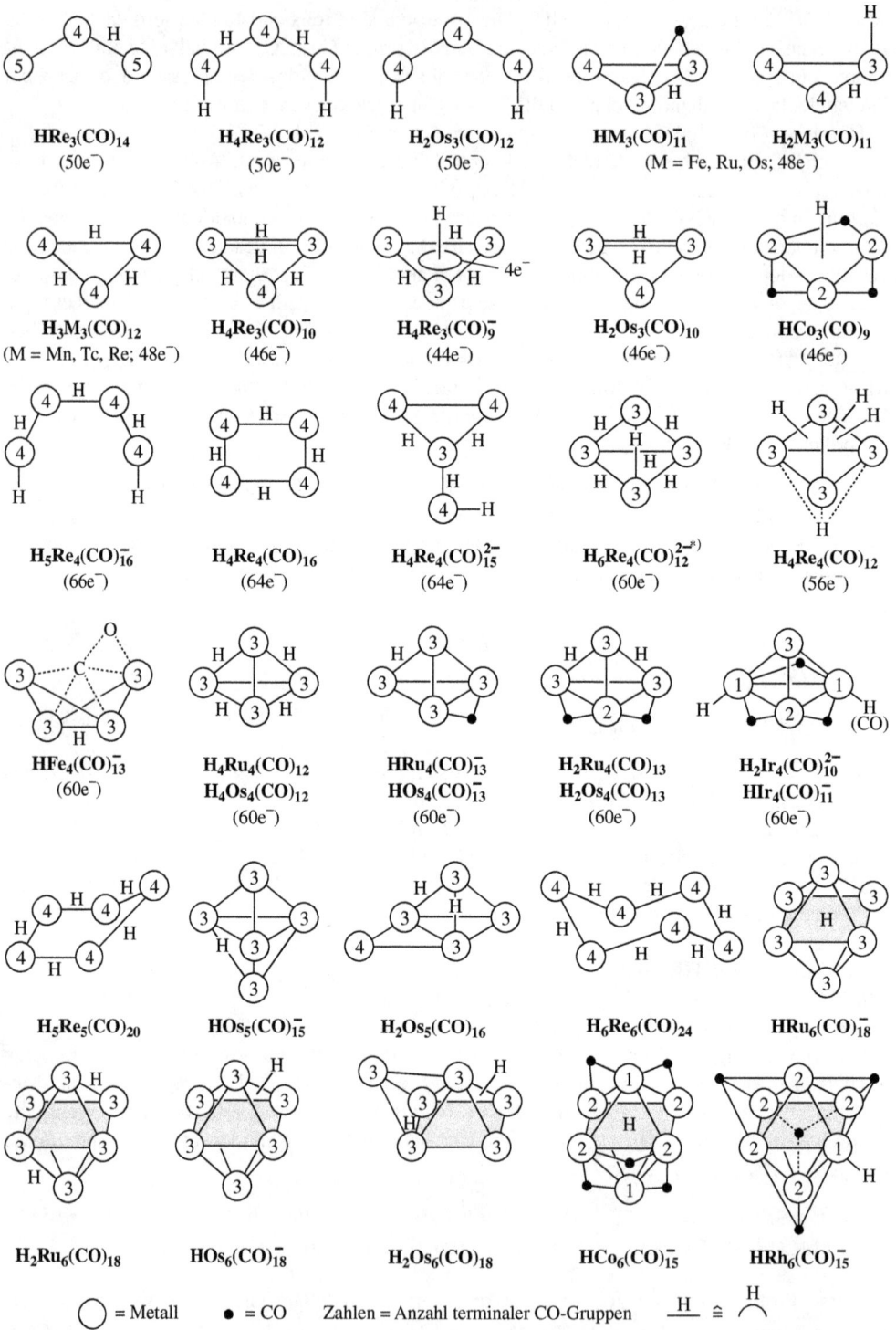

Abb. 32.45 Strukturen drei- bis sechskerniger Metallcarbonylhydride und Hydridocarbonylmetallate. * $H_4Re_4(CO)_{13}^-$ leitet sich von $H_6Re_4(CO)_{12}^{2-}$ ab: es fehlen zwei H-Brücken, und das Re-Atom an der Spitze trägt 4 terminale CO-Gruppen.

in aktivierter Form, S. 2124) einwirken lassen, z. B.: $[H_4Re_3(CO)_{12}]^-/[H_5Re_4(CO)_{16}]^- +$ $[Re_2(CO)_8(THF)_2] \longrightarrow [H_4Re_5(CO)_{12}]^-/[H_5Re_6(CO)_{16}]^- + 2\,THF$.

Beispiele für Hydrogenolysen von Metallcarbonylen, die meist mit Veränderungen der Clustergröße einhergehen, sind etwa folgende, unter H_2-Druck in der Hitze ablaufende Umsetzungen:

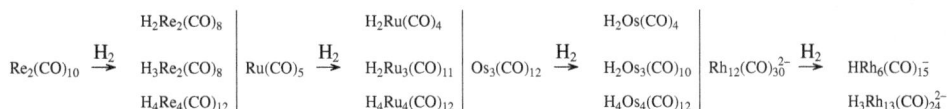

$$
Re_2(CO)_{10} \xrightarrow{H_2}
\begin{array}{c} H_2Re_2(CO)_8 \\ H_3Re_2(CO)_8 \\ H_4Re_4(CO)_{12} \end{array}
\quad\bigg|\quad
Ru(CO)_5 \xrightarrow{H_2}
\begin{array}{c} H_2Ru(CO)_4 \\ H_2Ru_3(CO)_{11} \\ H_4Ru_4(CO)_{12} \end{array}
\quad\bigg|\quad
Os_3(CO)_{12} \xrightarrow{H_2}
\begin{array}{c} H_2Os(CO)_4 \\ H_2Os_3(CO)_{10} \\ H_4Os_4(CO)_{12} \end{array}
\quad\bigg|\quad
Rh_{12}(CO)_{30}^{2-} \xrightarrow{H_2}
\begin{array}{c} HRh_6(CO)_{15}^- \\ H_3Rh_{13}(CO)_{24}^{2-} \end{array}
$$

Bei sehr hohem H_2-Druck bilden sich vielfach die einkernigen Carbonylwasserstoffe, z. B. $HCo(CO)_4$ bei 30 bar aus $Co_2(CO)_8$ oder $HMn(CO)_5$ bei 200 bar aus $Mn_2(CO)_{10}$. Auch im Zuge der thermischen Carbonylierungen und Decarbonylierungen erfolgen in der Regel Veränderungen der Metallcarbonyl-Clustergrößen, z. B. (weitere Produkte der Thermolyse des Osmiumcarbonyls $Os_3(CO)_{10}(NCMe)_2$ sind $Os_5(CO)_{16}$, $Os_6(CO)_{18}$, $Os_7(CO)_{21}$, $Os_8(CO)_{23}$, $Os_{10}(CO)_{26}^{2-}$, $Os_{10}C(CO)_{24}^{2-}$, $Os_{17}(CO)_{36}^{2-}$, $Os_{20}(CO)_{40}^{2-}$; vgl. Abb. 32.28/32.41 auf Seite 2113/2133).

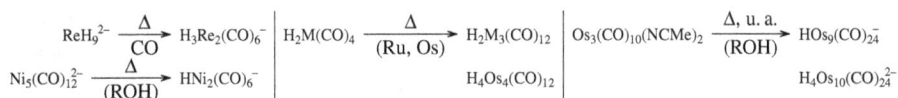

$$
\begin{array}{c}
ReH_9^{2-} \xrightarrow[CO]{\Delta} H_3Re_2(CO)_6^- \\
Ni_5(CO)_{12}^{2-} \xrightarrow[(ROH)]{\Delta} HNi_2(CO)_6^-
\end{array}
\quad\bigg|\quad
H_2M(CO)_4 \xrightarrow[(Ru,\,Os)]{\Delta}
\begin{array}{c} H_2M_3(CO)_{12} \\ H_4Os_4(CO)_{12} \end{array}
\quad\bigg|\quad
Os_3(CO)_{10}(NCMe)_2 \xrightarrow[(ROH)]{\Delta,\,u.\,a.}
\begin{array}{c} HOs_9(CO)_{24}^- \\ H_4Os_{10}(CO)_{24}^{2-} \end{array}
$$

Ohne Clustergrößenveränderung verlaufen etwa die Carbonylierung von $H_2Os_3(CO)_{10}$ zu $H_2Os_3(CO)_{11}$ oder die von $H_2Os_5(CO)_{15}$ zu $H_2Os_5(CO)_{16}$. Eine Kombination von Hydrogenolyse und Carbonylierung stellt die Totalsynthese von $HCo(CO)_4$ aus Cobaltmetall, Wasserstoff (50 bar) und Kohlenoxid (200 bar) bei 200 °C dar: $Co + \frac{1}{2}H_2 + 4\,CO \longrightarrow HCo(CO)_4$.

Eigenschaften. Die Metallcarbonylwasserstoffe sind zum Teil wesentlich unbeständiger als die zugehörigen Anionen (die für die starken π-Bindungen in den Carbonylmetallaten verantwortlichen freien »Anion«-Elektronenpaare sind ja bei den Carbonylwasserstoffen durch Wasserstoff gebunden). Demgemäß unterliegen die einkernigen Carbonylwasserstoffe leicht der Thermolyse unter Abspaltung von Wasserstoff:

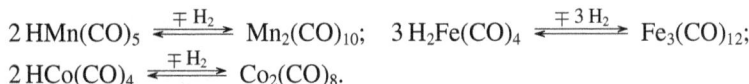

$$2\,HMn(CO)_5 \xleftrightarrow{\mp H_2} Mn_2(CO)_{10}; \quad 3\,H_2Fe(CO)_4 \xleftrightarrow{\mp 3\,H_2} Fe_3(CO)_{12};$$
$$2\,HCo(CO)_4 \xleftrightarrow{\mp H_2} Co_2(CO)_8.$$

Hierbei sinkt die (kinetische) Stabilität in gleicher Reihenfolge. So ist $HMn(CO)_5$ noch bis 50 °C beständig, während sich $H_2Fe(CO)_4$ um −10 °C und $HCo(CO)_4$ bereits um −20 °C zersetzen. Unter erhöhtem Wasserstoffdruck werden allerdings umgekehrt die Carbonylwasserstoffe (thermodynamisch) stabil und entstehen aus den betreffenden Metallcarbonylen. Bei den unter sich gruppenhomologen Verbindungen $H_2Fe(CO)_4$, $H_2Ru(CO)_4$ und $H_2Os(CO)_4$ steigt die thermische Beständigkeit mit zunehmender Atommasse des Metalls, während das Umgekehrte für die gruppenhomologen Carbonylwasserstoffe $HCo(CO)_4$, $HRh(CO)_4$ und $HIr(CO)_4$ gilt. Die Thermolyse von $H_2Ru(CO)_4$ und $H_2Os(CO)_4$ führt zu mehrkernigen Carbonylwasserstoffen (vgl. Darstellung). $H_2Os(CO)_4$ ist ein – auch gegen Sauerstoff und Licht – sehr stabiles Carbonylhydrid. Die Carbonylwasserstoffe $H_2M(CO)_6$ (M = Ti, Zr, Hf), $HM(CO)_6$ (M = V, Nb, Ta) und $H_2M(CO)_5$ (M = Cr, Mo, W) lassen sich andererseits wegen ihrer hohen Instabilität überhaupt nicht fassen. Beispiele instabiler mehrkerniger Carbonylwasserstoffe sind etwa $H_2Fe_3(CO)_{11}$ und $H_2Fe_4(CO)_{13}$, die bereits um −40 °C zerfallen.

Auffallend ist die starke Acidität des einkernigen Cobalt- und Eisencarbonylwasserstoffs; zum Unterschied davon reagieren die einkernigen Carbonylwasserstoffe des Mangans, Rheniums und Osmiums weit weniger sauer:

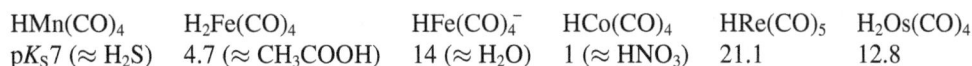

$HMn(CO)_4$	$H_2Fe(CO)_4$	$HFe(CO)_4^-$	$HCo(CO)_4$	$HRe(CO)_5$	$H_2Os(CO)_4$
$pK_S\,7\ (\approx H_2S)$	$4.7\ (\approx CH_3COOH)$	$14\ (\approx H_2O)$	$1\ (\approx HNO_3)$	21.1	12.8

Die Acidität neutraler einkerniger Metallcarbonylwasserstoffe $H_pM(CO)_m$ wächst hiernach für M innerhalb einer Periode von links nach rechts, innerhalb einer Gruppe von unten nach oben.

Insbesondere die Hydridocarbonylmetallate weisen zudem Basizität auf. Die Protonenaddition erfolgt hierbei in einer Reihe von Fällen zunächst an einem brückenständigen CO-Liganden unter Bildung eines »Carbin-Komplexes«, der sich in einen Komplex mit MH-Gruppierung umlagern kann; schematisch:

$$M{=}C{=}O^- + H^+ \rightleftharpoons M{\equiv}C{-}OH \rightleftharpoons HM{=}C{=}O.$$

Als Beispiele seien $HFe_3(CO)_{11}^-$, $HFe_4(CO)_{13}^-$ und $HRu_3(CO)_{11}^-$ genannt. Von Interesse ist in diesem Zusammenhang die Möglichkeit der einfachen und zweifachen Protonierung von $H_2Os_2(CO)_{10}$ unter Bildung von $H_3Os_3(CO)_{10}^+$ und $H_4Os_3(CO)_{10}^{2+}$ (isoelektronisch und wohl auch isoster mit $H_4Re_3(CO)_{10}^-$; vgl. Abb. 32.45 sowie unten).

Verwendung. Bezüglich der Anwendungen von Carbonylkomplexen vgl. bei den Metallcarbonylen. Die Möglichkeit einer Nutzung von Hydridocarbonylferraten und -ruthenaten als Katalysatoren der CO-Konvertierung $CO + H_2O \longrightarrow CO_2 + H_2$ wird derzeit untersucht. Cobalttetracarbonylhydrid $HCo(CO)_4$ spielt eine Rolle als Katalysator für Alkenisomerisierungen (S. 2006) sowie für Hydroformylierungen (S. 2005, 2005). Schließlich stellen große Hydridocarbonylmetallate wie $H_4Os_4(CO)_{24}^{2-}$ ideale Modellsysteme zum Studium der Chemisorption von H_2 und CO (Synthesegas) an der Oberfläche größerer oder kolloider Metallpartikel dar.

2.2.3   Metallcarbonyl-Kationen

Überblick. Die Formeln der homoleptischen einkernigen Kationen $M(CO)_m^{p+}$ leiten sich von den neutralen Metallcarbonylen $M'(CO)_m$ durch Ersatz der Zentralmetalle M' gegen p-fach positiv geladene, p-Gruppen rechts von M' im Periodensystem stehende Metallkationen M^{p+} ab (z. B. $Cr(CO)_6 \longrightarrow Mn(CO)_6^+ \longrightarrow Fe(CO)_6^{2+} \longrightarrow Ir(CO)_6^{3+}$; $Ni(CO)_4 \longrightarrow Cu(CO)_4^+$; vgl. Metallcarbonyl-Anionen, S. 2130). Des Weiteren gehen sie aus Cyanometallaten $M(CN)_m^{p-m}$ (S. 2084) durch Ersatz aller CN^--Liganden gegen CO-Gruppen hervor (z. B. $Pt(CN)_4^{2-} \longrightarrow Pt(CO)_4^{2+}$; $Au(CN)_2^- \longrightarrow Au(CO)_2^+$). Allerdings kennt man, wie der Tab. 32.18, die die bisher bekannt gewordenen homoleptischen Metallcarbonyl-Kationen auflistet, zu entnehmen ist, weit weniger Beispiele für Kationen $M(CO)_m^{p+}$ als für Neutralmoleküle $M(CO)_m$ oder Anionen $M(CO)_m^{p-}$ (vgl. Tab. 32.10, Tab. 32.11, Tab. 32.15). Dies gilt in besonderem Maße für zweikernige Metallcarbonyl-Kationen, für die bisher nur drei Verbindungsbeispiele existieren (vgl. Tab. 32.18; höher als zweikernige kationische Spezies sind bisher unbekannt). Tatsächlich ist die Bildung homoleptischer Metallcarbonyl-Kationen u. a. deshalb weniger bevorzugt, weil die nur schwach Lewis-basischen CO-Moleküle als starke π-Akzeptoren weniger zur Koordination mit Metallkationen neigen, denen ja geringere π-Donortendenz zukommt als neutralen Metallaomen oder gar Metallanionen (s. unten).

Auch in Metallcarbonylhalogeniden $M(CO)_mX_p$ und deren Derivaten (Ersatz von X gegen andere elektronegative Reste) weisen die Metallzentren positive Oxidationsstufen auf. Beispiele für Halogenide (X = Hal) wurden auf S. 2126 behandelt, Beispiele für Derivate sind etwa Fluorsulfonate wie $M(CO)_5(SO_3F)$ (M = Mn, Re), $Ir(CO)_3(SO_3F)_3$, $M(CO)_2(SO_3F)_2$ (M = Pd, Pt), $Au(CO)SO_3F$. Mit $Pt(CO)_2Cl_2$ wurde erstmals ein Metallcarbonyl synthetisiert (vgl. Geschichtliches). Tatsächlich sind die betreffenden Spezies weder kationisch, noch homoleptisch. Carbonylverbindungen weisen aber hinsichtlich der MCO-Bindungsverhältnisse Ähnlichkeiten mit homoleptischen Metallcarbonyl-Kationen auf und dienen darüber hinaus als Edukte für die Synthese letzterer Spezies (s. unten). Auch die Derivate $M(CO)_mL_o^{p+}$ (vgl. hierzu Tab. 32.18) zählen nicht zu den homoleptischen Metallcarbonyl-Kationen, tragen aber positive Ladungen und stellen ebenfalls Edukte für die Gewinnung von $M(CO)_m^{p+}$ dar. Bezüglich der ebenfalls bekannten Metallcarbonylwasserstoff-Kationen $H_oM(CO)_m^{p+}$ vgl. 32.18.

Strukturen. Entsprechend der oben besprochenen Verwandtschaft von einkernigen Metall-carbonyl-Kationen mit Metallcarbonylen und Cyanometallaten sind die M-Zentren in $M(CO)_6^+$ (M = Mn, Tc, Re), $M(CO)_6^{2-}$ (M = Fe, Ru, Os) und $M(CO)_6^{3+}$ (M bisher nur Ir) oktaedrisch, in $M(CO)_4^+$ (M bisher nur Cu) tetraedrisch, in $M(CO)_4^{2+}$ (M = Pd, Pt) quadratisch-planar und in $M(CO)_2^+$ (M = Cu, Ag, Au) digonal mit sechs, vier bzw. zwei CO-Gruppen koordiniert ($Cu(CO)_3^+$ und $Ag(CO)_3^+$ weisen wohl trigonal-planaren Bau auf). Die Kationen mit quadratisch-planarer und digonaler Koordinationsgeometrie sind ohne Beispiel in der Chemie der Metallcarbonyle und deren Anionen. Die bisher unbekannten, aber möglicherweise gewinnbaren Spezies $M(CO)_7^+$ (M = Cr, Mo, W), $M(CO)_5^+$ bzw. $M(CO)_4^+$ (M = Co, Rh, Ir), $Ni(CO)_4^{2+}$ könnten überkappt-oktaedrisch, trigonal-bipyramidal, quadratisch-planar oder tetraedrisch strukturiert sein. Bezüglich der Strukturen der zweikernigen Metallcarbonyl-Kationen, vgl. Abb. 32.46a, b, c: Die planaren Kationen $Pd(\mu\text{-}CO)_2Pd^+$ (Abb. 32.46a) mit PdPd-Einfachbindung sind über SO_3F^--Ionen zu Schichten verknüpft; Pd wird näherungsweise quadratisch-planar von 2 CO- und 2 SO_3F-Gruppen koordiniert.

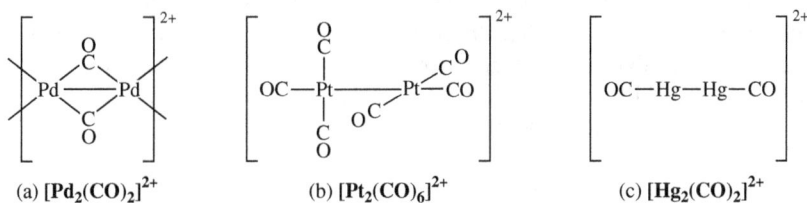

(a) $[Pd_2(CO)_2]^{2+}$ (b) $[Pt_2(CO)_6]^{2+}$ (c) $[Hg_2(CO)_2]^{2+}$

Abb. 32.46

Während die in geeigneten Lösungsmitteln (s. unten) frei beweglichen Metallcarbonyl-Kationen nur geringe Wechselbeziehungen mit den dazugehörigen Gegenionen eingehen, bestehen in fester Phase signifikante interionische Kontakte der Kationen und Anionen (z. B. Fluorid des Antimonats $Sb_2F_{11}^-$ mit den C-Atomen – selten der M-Atome – der Metallcarbonyl-Kationen); darüber hinaus werden intermolekulare Kontakte der Ionenpaare beobachtet. Die betreffenden Wechselbeziehungen erhöhen in den Salzen mit Metallcarbonyl-Kationen die Gitterenergie und führen zur Ausbildung dreidimensionaler Strukturen.

Tab. 32.18 Homoleptische Metallcarbonyl-Kationen (n = Nuklearität)[a,b]

n	Cr, Mo, W	Mn, Tc, Re	Fe, Ru, Os	Co, Rh, Ir	Ni, Pd, Pt	Cu, Ag, Au	Zn, Cd, Hg
1	$-^{c\ d}$	$Mn(CO)_6^{+\ d}$	$Fe(CO)_6^{2+}$	$-^e$	$-^f$	$Cu(CO)_{1,2,3,4}^+$	–
	$-^c$	$Tc(CO)_6^{+\ d}$	$Ru(CO)_6^{2+}$	$-^e$	$Pd(CO)_4^{2+}$	$Ag(CO)_{1,2,3}^+$	–
	$-^c$	$Re(CO)_6^{+d}$	$Os(CO)_6^{2+}$	$Ir(CO)_6^{3+e}$	$Pt(CO)_4^{2+g}$	$Au(CO)_2^+$	$Hg_2(CO)_2^{2+}$
2	–	–	–	–	$Pd(CO)_2^{2+}$	–	–
	–	–	–	–	$Pt(CO)_6^{2+}$	–	$Hg_2(CO)_2^{2+}$

a Man kennt auch Metallcarbonylwasserstoff-Kationen wie $HFe(CO)_5^+$, $HRu_3(CO)_{12}^+$, $H_3Os_3(CO)_{10}^+$, $H_4Os_3(CO)_{10}^{2+}$, $HOs_3(CO)_{12}^+$, $H_2Ir_4(CO)_{12}^{2+}$; sie bilden sich durch Protonierung von Metallcarbonylen und -carbonylwasserstoffen $Fe(CO)_5$, $Ru_3(CO)_{12}$, $H_2Os_3(CO)_{10}$, $Os_3(CO)_{12}$, $Ir_4(CO)_{12}$ (vgl. S. 2029, 2141).
b Man kennt auch eine Reihe von Derivaten der Metallcarbonyl-Kationen, z. B. $Cp_2Zr(COMe)(CO)_2^+$, $CpM(CO)_3^+$ (M = Mo, W), $Mn(CO)_5(PR_3)^+$, $Mn(CO)_4(PR_3)_2^+$, $Tc(CO)_3(H_2O)_3$, $CpFe(CO)_2^+$, $OsO_2(CO)_4^{2+}$, $Co(CO)_3(PR_3)_2^+$, $MCl(CO)_5^{2+}$ (M = Rh, Ir).
c Zu erwarten $M(CO)_7^{2+}$; in Form des Derivats $(CO)_6W\!-\!F\!-\!SbF_5^-$ (überkappt-oktaedrisch) zugänglich.
d Man kennt auch Kationen $M(CO)_5^+$ (quadratisch-pyramidal), die aber auch in Anwesenheit schwach koordinierender Anionen durch ein Solvensmolekül stabilisiert vorliegen $[(CO)_5Mn\text{-}Solvens]^+$ (verzerrt-oktaedrisch).
e Zu erwarten $M(CO)_6^{3+}$, aber auch $M(CO)_5^+$, $M(CO)_4^+$.
f Zu erwarten $Ni(CO)_4^{2+}$.
g Man kennt auch solvensstabilisiertes $Pt(CO)_2^{2+}$.

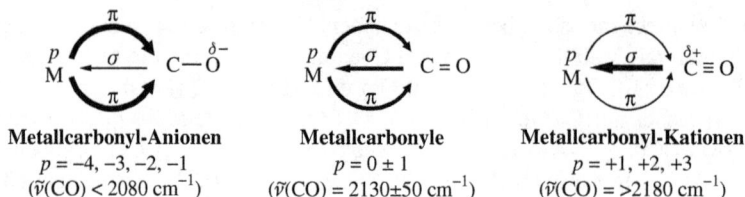

Metallcarbonyl-Anionen
$p = -4, -3, -2, -1$
$(\tilde{v}(CO) < 2080 \text{ cm}^{-1})$

Metallcarbonyle
$p = 0 \pm 1$
$(\tilde{v}(CO) = 2130 \pm 50 \text{ cm}^{-1})$

Metallcarbonyl-Kationen
$p = +1, +2, +3$
$(\tilde{v}(CO) = >2180 \text{ cm}^{-1})$

Abb. 32.47

Bindungsverhältnisse. Hinsichtlich der M-CO-Bindungen der Metallcarbonyl-Kationen gilt das bei den neutralen und anionischen Metallcarbonylen Gesagte (S. 2117, 2134). Allerdings verletzen erstere Spezies zum Teil die 18-Elektronenregel (vgl. z. B. $Pt(CO)_4^{2+}$ mit 16 und $Au(CO)_2^+$ mit 14 Außenelektronen). Auch ist die π-Rückkoordination von Metall-d-Elektronen aus d-Atomorbitalen geeigneter Symmetrie in die beiden π^*-Molekülorbitale von $:C \equiv O:$ der Metallcarbonyl-Kationen (positv geladene Metallzentren) deutlich schwächer als im Falle der Metallcarbonyle (neutrale Metallzentren) und – insbesondere – der Metallcarbonyl-Anionen (negativ geladene Metallzentren). In gleicher Richtung verstärkt sich – als Folge des synergetischen Effekts (S. 2117, 2177) – die σ-Hinkoordination des freien C-Elektronenpaars von $:C \equiv O:$ in ein unbesetztes d-Atomorbital des Metallzentrums (in $H \leftarrow C \equiv O^+$ und $H_3B \leftarrow C \equiv O$ besteht ausschließlich eine σ-Hinkoordination) Dieser Sachverhalt sei anhand nachfolgender M−CO-Bindungsmodelle verdeutlicht (Abb. 32.47).

In Richtung abnehmend negativer (zunehmend positiver) Ladung der Metallcarbonyl-Zentren verstärkt sich, d. h. verkürzt sich hiernach die CO-Bindung, erhöht sich die mittlere Wellenzahl der CO-Valenzschwingung und wandelt sich die negative Partialladung am Sauerstoff in eine positive Partialladung am Kohlenstoff um. Die CO-Bindungsabstände sind in den Metallcarbonyl-Kationen (Analoges gilt für $M(CO)_mX_p$) zum Teil sogar etwas kleiner, die mittleren Wellenzahlen der CO-Valenzschwingungen größer als in freiem CO (1.13 Å; 2143 cm^{-1}; vgl. hierzu Anm.[13] auf S. 2118).

Darstellung. Die Bildung homoleptischer Metallcarbonyl-Kationen erfolgt fast ausschließlich durch Substitution von X in MX_p gegen Kohlenstoffmonoxid unter Reaktionsbedingungen, welche die an X gebundenen Metallkationen freisetzen, d. h. in »nackte«, CO addierende Metallkationen umwandeln. Man arbeitet hierzu mit Vorteil in supersauren Lösungsmitteln wie H_2SO_4, HSO_3F, HSO_3CF_3, SbF_5, SbF_5/HSO_3F (magische Säure, S. 274). Man kann aber auch von MX_p-Salzen mit schwach koordinierenden Anionen X^- ausgehen, in welchen bereits »nackte«, CO-addierende Metallkationen vorliegen.

Die Gewinnung der Spezies $[M(CO)_6]^+$ (M = Mn, Tc, Re) durch Carbonylierung von Salzen ohne Lösungsmittel kann etwa auf dem Wege des Entzugs von Chlorid aus den Carbonylchloriden ($M(CO)_5Cl$ mithilfe von Chloridakzeptoren wie $AlCl_3$, $FeCl_3$, $ZnCl_2$ bei hohen Temperaturen (um 100 °C) unter hohen CO-Drücken (ca. 300 bar) erfolgen:

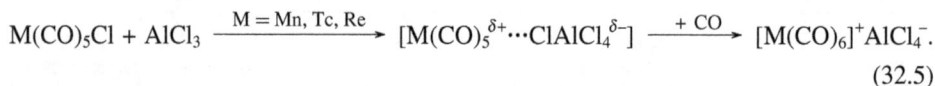

$$M(CO)_5Cl + AlCl_3 \xrightarrow{M = Mn, Tc, Re} [M(CO)_5^{\delta+} \cdots ClAlCl_4^{\delta-}] \xrightarrow{+ CO} [M(CO)_6]^+ AlCl_4^-.$$

$$(32.5)$$

Die Übertragung dieser Reaktion auf die Bildung von $[M(CO)_6]^{2+}$ (M = Fe, Ru, Os) aus $M(CO)_4Cl_2$/Chlorid-Akzeptor/CO stößt allerdings bereits auf Schwierigkeiten, sodass die Dikationen auf anderen Wegen synthetisiert werden müssen (s. unten). $CuAsF_6$ vermag demgegenüber CO unter Bildung von $[Cu(CO)_m]^+ AsF_6^-$ aufzunehmen (wachsendes m mit wachsendem CO-Druck). Führt man (32.5) in Abwesenheit von CO durch, so gelangt man zum wiedergegebenen Reaktionszwischenprodukt, das mit Vorteil durch Metathese gemäß $M(CO)_5Cl + AgY \longrightarrow [M(CO)_5^{\delta+} \cdots Y^{\delta-}] + AgCl$ gewonnen wird. Je schwächer koordinierend das Anion Y^-

ist $(BF_4^- > SbF_6^- > Sb_2F_{11}^- > CB_{11}F_{11}Me^- > B(C_6F_5)_4^- > Sb(OTeF_5)_6^- > Al\{OC(CF_3)_3\}_4^-$; vgl. hierzu S. 278), desto mehr ist der kationische Charakter von $M(CO)_5^+$, d.h. die Lewis-Acidität des Kations ausgeprägt (koordiniert Y^- weniger stark als das Reaktions-Lösungsmittel, z.B. CH_2Cl_2, so besetzt letzteres die freie $M(CO)_5^+$-Koordinationsstelle).

Eine Carbonylierung von Salzen in supersauren Medien (insbesondere SbF_5) ermöglichte den erstmaligen erfolgreichen Zugang zu vielen in Tab. 32.18 aufgeführten Metallcarbonyl-Kationen etwa nach folgender Summengleichung (CO reduziert, SbF_5 oxidiert gegebenenfalls die Metallzentren der genutzten Edukte):

$$MX_p + m\,CO + (2\,p + r)\,SbF_5 \longrightarrow [M(CO)_m]^{p+} + p\,Sb_2F_{11}^- + r\,\text{»}SbF_4X\text{«}. \quad (32.6)$$

Besonders glatt verläuft hierbei die zu $M(CO)_m^{p+}$-Salzen mit den $Sb_2F_{11}^-$-Anionen führende Umsetzung von $M(SO_3F)_p$ in SbF_5 mit CO unter – meist geringem – Druck (die Synthese von $M(SO_3F)_p$ kann in einfacher Weise durch Reaktion der betreffenden Metalle M mit Bis(fluorsulfonyl)peroxid $S_2O_6F_2$ (S. 634) in HSO_3F erfolgen, z.B.: $Pd + S_2O_6F_2 \longrightarrow Pd(SO_3F)_2$), z.B.: $M(SO_3F)_3 \longrightarrow [M(CO)_6]^{2+}$ (M = Fe?, Ru, Os; $Fe(CO)_6^{2+}$ wurde aus $Fe(CO)_5$ und CO in SbF_5 gewonnen); $Pd(SO_3F)_2/Pt(SO_3F)_4 \longrightarrow [M(CO)_4]_2^+$; $Pd_2(CO)_2^{2+}$ bildet sich durch Thermolyse aus $Pd(CO)_2(SO_3F)_2$ in HSO_3F, $Cu(SO_3F)Ag(SO_3F)/Au(SO_3F)_3 \longrightarrow [M(CO)_m]^+$; $Cu(CO)_m^+$ mit 1–4 CO-Liganden bildet sich in H_2SO_4 oder HSO_3F aus Cu^+ und CO unter Druck), $Hg_n(SO_3F)_2 \longrightarrow [Hg_n(CO)_2]^{2+}$ $(n = 1, 2)$. Anstelle von SbF_5 nutzt man häufig die »magische Säure« SbF_5/HSO_3F, aus welcher die Metallcarbonyl-undecafluorodiantimonate(V) leichter auskristallisieren, anstelle von $M(SO_3F)_p$ gelegentlich auch Halogenide und sogar Oxide. So reagieren in Antimonpentafluorid $[Rh(CO)_2Cl]_2$ bzw. $[Ir(CO)_3Cl]$ mit CO zu $[M(CO)_5Cl]^+$ (M = Rh, Ir), IrF_6 zu $[Ir(CO)_6]_3^+$, OsO_4 zu $[OsO_2(CO)_4]_2^+$. In konz. H_2SO_4 setzt sich PtO_2 mit CO auf dem Weg über $[Pt(CO)_2]_{Solvens}^{2+}$ zu $[Pt_2(CO)_6]^{2+}$ um.

Schließlich lassen sich Carbonylierungen von Salzen in nicht sauren Lösungsmitteln durchführen. So ist H_2O in fac-$[Tc(H_2O)_3(CO)_3]^+$ (wässrige Lösung) sukzessive durch CO unter Druck ersetzbar ($\longrightarrow Tc(CO)_6^+$). Auch führt die Einwirkung von CO auf $Ag[B(OTeF_5)_4]$ in wenig polaren Medien wie CH_2Cl_2 zu $Ag(CO)_m^+$ $(m = 1, 2, 3)$; zwei und drei CO-Gruppen werden nur unter Druck bzw. bei tiefen Temperaturen aufgenommen).

Auf den beschriebenen Wegen lassen sich auch substituierte Metallcarbonyl-Kationen synthetisieren. So erwies sich etwa für die Darstellung von Phosphanderivaten wie $[Mn(CO)_4(PR_3)_2]^+$ oder $[Co(CO)_3(PR_3)_2]^+$ die drucklose Umsetzung von CO mit einer Benzolsuspension von $AlCl_3$ und $[Mn(CO)_3(PR_3)_2Cl]$ bzw. $[Co(CO)_2(PR_3)_2]^+$ als besonders günstig, z.B. $[Co(CO)_2(PR_3)_2Cl] + AlCl_3 + CO \longrightarrow [Co(CO)_3(PR_3)_2]^+AlCl_4^-$. Auch durch Spaltung von Carbalkoxy-metallcarbonylen sind derartige Substitutionsprodukte zugänglich, z.B.: $3\,[Mn(CO)_4(PR_3)(COOR)] + 4\,BF_3 \longrightarrow 3\,[Mn(CO)_5(PR_3)]^+BF_4^- + B(OR)_3$. Durch Eliminierung von Cl^-, H^-, Me^- mit Ph_3C^+ lassen sich schließlich Verbindungen wie $[CpMo(CO)_3]^+$, $[CpW(CO)_3]^+$, $[CpFe(CO)_2]^+$ gewinnen.

Eigenschaften. Die Salze $[M(CO)_m]^{p+}[Sb_2F_{11}^-]_p$ sind in der Regel bis über $100\,°C$ thermostabil ($Hg_2(CO)_2^{2+}$ bzw. $Ag(CO)_3^+$ zerfallen bei Raumtemp. bzw. tiefen Temp.). Im Falle von $M(CO)_6^+$ (M = Mn, Tc, Re) konnte keine Substitution von CO gegen CO nachgewiesen werden. Substitutionsprodukte von X^- bilden sich andererseits sehr leicht bei Verwendung von Salzen $[M(CO)_5^+\cdots X^-]$ mit schwach koordinierenden Anionen. So erhält man etwa mit Wasser Hydrate $[M(CO)_5(H_2O)]^+$, mit Ammoniak Ammoniakate $[M(CO)_5(NH_3)]^+$, mit stärker koordinierenden Anionen Y^- wie SCN^-, ReO_4^-, NO_3^- Acidokomplexe $[M(CO)_5Y]$, mit Carbonylmetallaten gemischte Metallcarbonyle (vgl. S. 2120) oder mit Ethylen π-Komplexe $[M(CO)_5(C_2H_4)]^+$, welche ihrerseits mit Carbonylmetallaten $M(CO)_5^-$ zu $[(CO)_5M-CH_2-CH_2-M(CO)_5]$ abreagieren. Die CO-Gruppen von $Pd(CO)_4^{2+}$, $Pt(CO)_4^{2+}$, $Au(CO)_2^+$, $Hg(CO)_2^{2+}$ und $Hg_2(CO)_2^{2+}$ lassen sich leicht durch stärkere Liganden austauschen, z.B.: $Au(CO)_2^+ + 2\,MeCN \longrightarrow Au(NCMe)_2^+ + 2\,CO$; $Au(CO)_2^+ + 2\,PF_3 \longrightarrow Au(PF_3)_2^+ + 2\,CO$.

Die Additionen von Lewis-Basen wie H_2O, OH^-, OR^-, SH^-, NH_3, NR_2^-, N_3^-, N_2H_4 erfolgen am C-Atom einer CO-Gruppe von $M(CO)_6^+$ (M = Mn, Tc, Re) wesentlich leichter als am C-Atom einer solchen von $M(CO)_m$ (M = Cr, Mo, W). So lagert sich Hydroxid OH^- rasch und reversibel unter Bildung von $M(CO)_5(COOH)$ an $M(CO)_6^+$ an (Austausch von ^{16}O der Carbonylgruppen gegen ^{18}O beim Auflösen von $M(CO)_6^+$ in $^{18}OH_2$); gebildetes $[M(CO)_5(COOH)]$ zerfällt dann langsam unter CO_2-Entwicklung in $HM(CO)_5$ (Abb. 32.48).

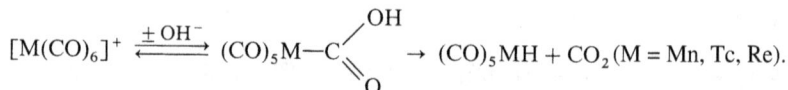

$$[M(CO)_6]^+ \; \overset{\pm\, OH^-}{\rightleftharpoons} \; (CO)_5M-C\!\!\overset{\displaystyle OH}{\underset{\displaystyle O}{\diagup}} \; \rightarrow \; (CO)_5MH + CO_2 \,(M = Mn, Tc, Re).$$

Abb. 32.48

In entsprechender Weise entstehen mit Alkoxid OR^- oder Dialkylamid NR_2^- Komplexe des Typs $[M(CO)_5(COOR)]$ bzw. $[M(CO)_5(CONR_2)]$. Bei der Reaktion mit Azid N_3^- wird eine CO- in eine NCO^--Gruppe umgewandelt (vgl. S. 2129).

2.3   Die Verwandten der Metallcarbonyle

2.3.1   Thio-, Seleno- und Tellurocarbonyl-Komplexe

Überblick, Strukturen. Bisher konnten keine unter Normalbedingungen stabilen binären Metallkomplexe mit den CO-verwandten, aber nicht isolierbaren Teilchen CS, CSe bzw. CTe gewonnen werden. Ein bei Raumtemperatur nicht haltbares »Nickeltetrathiocarbonyl« $Ni(CS)_4$ entsteht allerdings bei der Kokondensation von – intermediär erzeugten – CS-Molekülen mit Nickelatomen in einer Argonmatrix bei 10 K. Ferner existieren einige gemischte CO/CS- sowie CO/CSe-Komplexe:

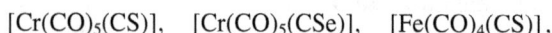

$$[Cr(CO)_5(CS)], \quad [Cr(CO)_5(CSe)], \quad [Fe(CO)_4(CS)],$$

die bei Normalbedingungen thermostabil, flüchtig sowie luftempfindlich und analog den Stammverbindungen $M(CO)_m$ strukturiert sind[17].

Des Weiteren kennt man eine Reihe von Verbindungen, die neben CO und CS, CSe bzw. CTe noch andere Liganden (Phosphane, Cyclopentadienyl) enthalten. So gelang etwa die Synthese von $[OsCl_2(PPh_3)_2(CO)(CY)]$ (Abb. 32.49a) mit Y = S, Se bzw. Te. Der Thiocarbonyl-Ligand kann hierbei, wie ebenfalls gefunden wurde, ähnlich wie der Carbonyl-Ligand sowohl endständig mit einem Metallatom (Abb. 32.49b) als auch μ_2- bzw. μ_3-brückenständig (Abb. 32.49c, d) mit zwei oder drei Metallatomen verknüpft sein.

Thiocarbonyl wirkt in Metallkomplexen als stärkerer π-Akzeptor als Carbonyl, d. h. im Falle von CS haben die zweite und dritte Grenzformel der Mesomerie

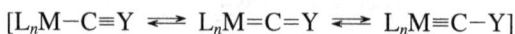

$$[L_nM-C\equiv Y \; \rightleftharpoons \; L_nM=C=Y \; \rightleftharpoons \; L_nM\equiv C-Y]$$

mehr Gewicht als im Falle von CO. Als Folge hiervon sind (i) die M-CS-Abstände in gemischten CO/CS-Komplexen wie (Abb. 32.49a) oder (Abb. 32.49b) kürzer als die M-CO-Abstände, nehmen (ii) in gemischten zweikernigen Komplexen wie (Abb. 32.49c) die CS- vor den CO-Liganden die Brückenpositionen ein und vermögen (iii) komplexgebundene CS-Liganden leichter als CO-Liganden, Lewis-Säuren an ein Chalkogenatom zu addieren (z. B. Bildung von $[(Toluol)(CO)_2Cr-C\equiv S-Cr(CO)_5]$).

---

[17] Im Unterschied zu CS-, CSe- und CTe-Komplexen (Ersatz von Sauerstoff in CO durch die Gruppenhomologen S, Se, Te) kennt man bisher keine SiO-, GeO-, SnO-Komplexe (Ersatz von Kohlenstoff durch die Gruppenhomologen Si, Ge, Sn).

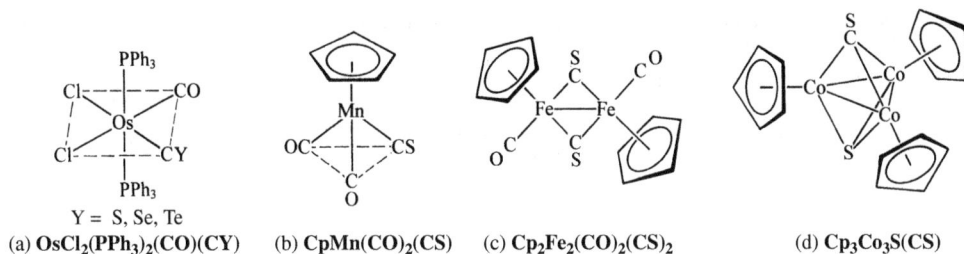

Y = S, Se, Te
(a) **OsCl₂(PPh₃)₂(CO)(CY)**   (b) **CpMn(CO)₂(CS)**   (c) **Cp₂Fe₂(CO)₂(CS)₂**   (d) **Cp₃Co₃S(CS)**

Abb. 32.49

Darstellung. In jedem Falle wird der CS-, CSe- bzw. CTe-Ligand am Metallkomplexzentrum erzeugt. Hierzu geht man u. a. von CY_2-, CYOR- oder CCl_2-haltigen Komplexen aus und eliminiert Y, OR^- bzw. $2\,Cl^-$, z. B.:

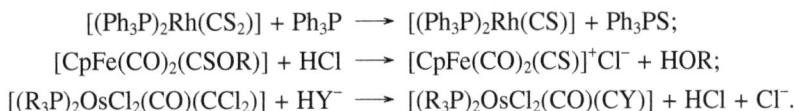

$$[(Ph_3P)_2Rh(CS_2)] + Ph_3P \longrightarrow [(Ph_3P)_2Rh(CS)] + Ph_3PS;$$

$$[CpFe(CO)_2(CSOR)] + HCl \longrightarrow [CpFe(CO)_2(CS)]^+Cl^- + HOR;$$

$$[(R_3P)_2OsCl_2(CO)(CCl_2)] + HY^- \longrightarrow [(R_3P)_2OsCl_2(CO)(CY)] + HCl + Cl^-.$$

2.3.2   Isocyanido-(Isonitril-)Komplexe

Geschichtliches. Während kationische Metallisocyanide lange bekannt sind, wurde Ni(CNPh)₄ als erstes neutrales Metallisocyanid 1950 durch W. Hieber und gleichzeitig F. Klages, Co(CNXyl)₄⁻ als erstes anionisches Metallisocyanid 1989 durch Cooper et al. synthetisiert.

Überblick. Die »Isocyanid-Moleküle« (»Isonitril-Moleküle«) CNR sind im weiteren Sinne isoelektronisch mit dem Kohlenstoffmonoxid-Molekül CO (NH verhält sich nach dem Grimm'schen Hydridverschiebungssatz zu O hydridisoster):

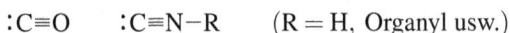

$$:C{\equiv}O \qquad :C{\equiv}N{-}R \qquad (R = H,\ Organyl\ usw.)$$

Demgemäß sind viele neutrale Isocyanidokomplexe analog den Metallcarbonylen zusammengesetzt; doch existieren auch Komplexe ohne Carbonylanaloga und umgekehrt (vgl. Tab. 32.10, Tab. 32.11, Tab. 32.19). Den Metallzentren kommt wie denen der Metallcarbonyle Edelgaskonfiguration zu.

Die σ-Donator- und π-Akzeptorfähigkeit der Isocyanide liegt zwischen der des CO-Liganden (schwächerer σ-Donor, stärkerer π-Akzeptor) und der des CN⁻-Liganden (stärkerer σ-Donor, schwächerer π-Akzeptor; das π-Akzeptor- und δ-Donator-Verhalten von CNR wird naturgemäß etwas durch den Rest R beeinflusst). Demgemäß bildet CNR – verglichen mit CO – leichter kationische Isocyanidokomplexe (Tab. 32.19). In ihnen nehmen die Metallzentren in der Regel Edelgaskonfiguration mit 18 Außenelektronen ein; insbesondere die schweren späten Übergangsmetalle bilden aber auch Komplexe mit weniger Metall-Außenelektronen. Die Neigung von CNR zum Aufbau anionischer Isocyanidokomplexe ist gering (vgl. Tab. 32.19).

Außer den besprochenen binären Isocyanidokomplexen kennt man auch eine große Anzahl von gemischten Verbindungen, die neben CNR andere Liganden wie CO, CN⁻, NO⁺, PR₃ usw. enthalten.

Stukturen und Bindungsverhältnisse. Der Isocyanid-Ligand ist in den einkernigen Komplexen wie der CO-Ligand stets »end-on« über das C-Atom an das Metallzentrum gebunden. In mehrkernigen, stets metallclusterhaltigen Isocyanidokomplexen kann er sowohl nichtverbrückend mit einem (Abb. 32.50a) als auch verbrückend mit zwei bzw. drei Metallatomen verknüpft sein, wobei in letzteren Fällen sowohl ausschließlich das C-Atom (Abb. 32.50b) als auch das C- und N-Atom (Abb. 32.50c, d) Brückenfunktionen ausüben.

Tab. 32.19 Neutrale, anionische und kationische Metallisocyanide (Ox. = Oxidationsstufe; M/M′ = alle Metalle/die beiden schweren Metalle einer Gruppe)[a]

Ox.	V, Nb, Ta	Cr, Mo, W	Mn, Tc, Re	Fe, Ru, Os	Co, Rh, Ir	Ni, Pd, Pt	Cu, Ag, Au
0	–	$M(CNR)_6$	–	$M(CNR)_5$ $M_2(CNR)_9$	– $Co_2(CNR)_8$	$Ni(CNR)_4$ $M_3(CNR)_6$ $Ni_4(CNR)_6$ $Pt_7(CNR)_{12}$	–
< 0	–	–	$Mn(CNR)_5^-$	$Ru(CNR)_4^{2-}$	$Co(CNR)_4^-$	–	–
> 0	$V(CNR)_6^+$ $M'(CNR)_7^+$	$Cr(CNR)^{+/2+/3+}$ $M(CNR)_7^{2+}$	$M(CNR)_6^+$	$Fe(CNR)_5^{2+}$ $M'_2(CNR)_{10}^{2+}$	$Co(CNR)_5^{+/2+}$ $Co_2(CNR)_{10}^{2+}$ $M'(CNR)_4^+$ $M'_2(CNR)_8^{2+}$	$M(CNR)_4^{2+}$ $M'(CNR)_6^{2+}$ $PdPt(CNR)_8^{2+}$ $Pd_3(CNR)_8^{2+}$	$Cu(CNR)_4$ $M'(CNR)_2^+$

a Die Gruppen R der neutralen und kationischen Metallisocyanide sind in weiten Grenzen variabel. Im Falle der anionischen Metallisocyanide bewährten sich sperrige Gruppen R wie $2,6\text{-}C_6H_3Me_2$ oder tBu.

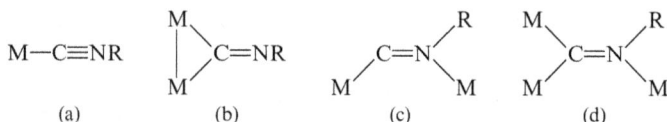

Abb. 32.50

Die MCNR-Gruppe ist in Abb. 32.50a teils linear, teils am N-Atom gewinkelt strukturiert. Wie im Falle der anionischen, neutralen und kationischen Metallcarbonyle wächst die CY-Bindungs-stärke (Y = O) der entsprechenden anionischen, neutralen und kationischen Metallisocyanide (Y = NR) mit der Oxidationsstufe des Zentralmetalls (ν(CN) in $[Co(CNAr)_4]^-/[Co(CNAr)_4]_2/$ $CNR/[Co(CNR)_5]^+$ gleich $1815/2010/2116/2132\,\text{cm}^{-1}$; Ar = $2,6\text{-}C_6H_3Me_2$).

Die zwei- bis achtzähligen (m-zähligen) Metallzentren der einkernigen Komplexe $M(CNR)_m^p$ ($p = 2-,1-,0,1+,2+$) sind digonal ($m = 2$), tetraedrisch ($m = 4$; bei d^{10}-Elek-tronenkonfiguration) bzw. quadratisch-planar ($m = 4$; bei d^8-Elektronenkonfiguration), trigonal-bipyramidal ($m = 5$) bzw. quadratisch-pyramidal ($m = 5$; bei geeignetem Gegenion von CoX_5^+, CoX_5^{2+}), oktaedrisch ($m = 6$), verzerrt überkappt-prismatisch ($m = 7$) und dodekaedrisch ($m = 8$; z. B. in Form von $M(CN)_4(CNR)_4$ mit M = Mo, W) gebaut. Unter den zweikernigen Komplexen besitzen $M_2(CNR)_{10}^{2+}$ (M = Co, Ru, Os) einen $M_2(CO)_{10}$-ähnlichen Bau (Liganden aber auf De-ckung; oktaedrische M-Atome; vgl. Abb. 32.28), $M_2(CNR)_9$ (M = Fe, Ru, Os?) einen $M_2(CO)_9$-analogen Bau (2 CNR-Brücken des Typs (Abb. 32.50b) in Fe-Komplexen), $Co_2(CNR)_8$ einen $Co_2(CO)_8$-analogen Bau (2 CNR-Brücken des Typs (Abb. 32.50b)) und $M_2(CNR)_6^{2+}$ (M = Rh, Ir) sowie $M_2(CNR)_6^{2+}$ (M = Pd, Pt) einen von $Mn_2(CO)_{10}$ abgeleiteten Bau (fehlende axiale Li-ganden in erstem, fehlende äquatoriale Liganden in letztem Falle; Liganden jeweils auf Lücke; quadratisch-pyramidale bzw. quadratische Metallatome). In den höherkernigen Komplexen $Ni_4(CNR)_7$, $Pd_3(CNR)_8^{2+}$ und $Pt_3(CNR)_6$ liegen die Ni-Atome an Tetraederecken (Abb. 32.51e), die Pd-Atome auf einer Geraden (Abb. 32.51f) und die Pt-Atome an den Ecken eines gleichseiti-gen Dreiecks (Abb. 32.51g) (alle Metallatome tragen endständige CNR-Gruppen (Abb. 32.50a); zudem sind die Ni- bzw. Pt-Atome teilweise gemäß Abb. 32.50c bzw. b verbrückt). Der Cluster $Pt_7(CNR)_{12}$ weist einen komplexen Bau mit Brücken des Typs (Abb. 32.50d).

Darstellung. Reine oder ligandenhaltige Isocyanidokomplexe $M_n(CNR)_m$ oder $M_nL_p(CNR)_m$ (Komplexladung nicht berücksichtigt) gewinnt man in der Regel durch Substitution aller oder einiger Liganden wie CO oder Hal$^-$ in Übergangsmetallkomplexen gegen Isonitrile.

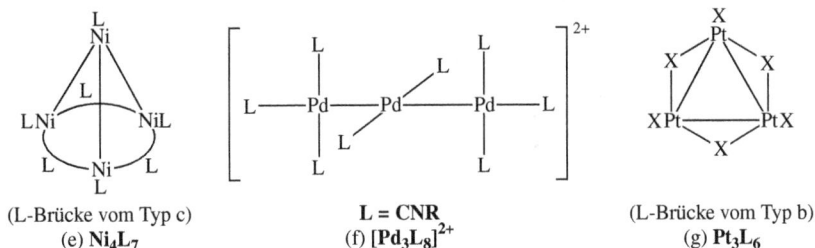

(L-Brücke vom Typ c)   **L = CNR**   (L-Brücke vom Typ b)
(e) Ni_4L_7 (f) $[Pd_3L_8]^{2+}$ (g) Pt_3L_6

Abb. 32.51

Substitution von Kohlenoxid. Da CNR ein stärkerer σ-Donor als CO ist, werden bei der Einwirkung von Isonitrilen auf Metallcarbonyle Isocyanidokomplexe gebildet:

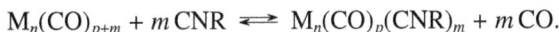

$$M_n(CO)_{p+m} + m\,CNR \rightleftharpoons M_n(CO)_p(CNR)_m + m\,CO.$$

So führt z. B. die Umsetzung von $Ni(CO)_4$ mit Methylisonitril CNMe zum blassgelben »Monocarbonyltris(methylisocyanido)nickel(0)« $Ni(CO)(CNMe)_3$, während bei der entsprechenden Einwirkung von Phenylisonitril CNPh »Tetrakis(phenylisocyanido)nickel(0)« $Ni(CNPh)_4$ entsteht, das in prächtigen kanariengelben, in Chloroform leicht löslichen Prismen kristallisiert. Die Ersetzbarkeit von Kohlenoxid durch Isonitrile nimmt in der Reihenfolge Cr, Mn, Fe, Co, Ni zu. Nur beim Nickelcarbonyl $Ni(CO)_4$ und – langsamer – beim Cobaltcarbonyl $Co_2(CO)_8$ entstehen mit Isonitrilen beim Rückflusskochen in hochsiedenden organischen Lösungsmitteln die total substituierten Produkte $Ni(CNR)_4$ und $Co_2(CNR)_8$, während die gleiche Behandlung der Carbonyle $Fe(CO)_5$, $Mn_2(CO)_{10}$ und $Cr(CO)_6$ zu Carbonylisocyanidokomplexen führt, die im Falle des Eisens und Mangans wenigstens noch 3, und im Falle des Chroms noch 5 CO-Moleküle pro Metallatom enthalten (Bildung von $Fe(CO)_3(CNR)_2$, $Mn_2(CO)_6(CNR)_4$, $Cr(CO)_5(CNR)$). Doch lassen sich in Gegenwart eines heterogenen Katalysators wie $CoCl_2$, Aktivkohle oder Platinmetall auf einem oxidischen Träger auch alle CO-Liganden in $Fe(CO)_5$ bzw. $M(CO)_6$ (M = Cr, Mo, W) ersetzen (Bildung von $Fe(CNR)_5$, $M(CNR)_6$). Auch in mehrkernigen Carbonylen kann die Ersetzbarkeit von CO gegen CNR (3 CO in $M_3(CO)_{12}$ der Eisengruppe oder 4 CO in $M_4(CO)_{12}$ der Cobaltgruppe) durch heterogene Katalyse erhöht werden (z. B. Bildung von $M_4(CO)_5(CNR)_7$).

Substitution anderer Liganden. Kationische Isocyanidokomplexe lassen sich in einigen Fällen auch durch Substitution von komplexgebundenem Wasser (z. B. $Cr(H_2O)_6^{2+} + 6(7)\,CNR \longrightarrow Cr(CNR)_{6(7)}^{2+} + 6\,H_2O$; $Co(H_2O)_6^{2+} + 5\,CNR \longrightarrow Co(CNR)_5^{2+} + 6\,H_2O$) oder Halogenid (z. B. $MCl_4^{2-} + 4\,CNR \longrightarrow M(CNR)_4^{2+} + 4\,Cl^-$; M = Pd, Pt) gewinnen. Ferner kann die Einwirkung von Isonitrilen auf Metallcarbonylhalogenide (z. B. $[MCl(CO)_2]_2 + 8\,CNR \longrightarrow 2\,M(CNR)_4^+ + 4\,CO + 2\,Cl^-$; M = Rh, Ir) oder auf Metall-π-Komplexe zu Isocyanidokomplexen führen (z. B. bildet sich aus $M(COD)_2$ und CNR u. a. $Ni_4(CNR)_7$, $Pd_3(CNR)_6^{2+}$, $Pt_3X_6^{2+}$, $Pt_3(CNR)_6^{2+}$; COD = Cyclooctadien). Wichtig sind schließlich Umsetzungen von Acetaten des Typs $M_2(OAc)_4^{p+}$ mit Isonitrilen, die unter OAc/CNR-Austausch und Spaltung der MM-Mehrfachbindungen zu einkernigen Isocyanidokomplexen führen können (z. B. $Mo_2(OAc)_4 + 14\,CNR \longrightarrow 2\,Mo(CNR)_7^{2+} + 4\,OAc^-$).

Umwandlung von Isocyanidokomplexen. Die durch Substitutionsreaktion gewonnenen Isocyanidokomplexe lassen sich auf verschiedenste Weise in andere Komplexe umwandeln, wie folgende Beispiele lehren: (i) Die »Photolyse« von $Fe(CNR)_5$ führt zu $Fe_2(CNR)_9$ (vgl. Bildung von $Fe_2(CO)_9$). – (ii) Die »Gleichgewichte« $2\,Co(CNR)_5^+ \rightleftharpoons Co_2(CNR)_{10}^{2+}$ und $2\,M(CNR)_4^+ \rightleftharpoons M_2(CNR)_8^{2+}$ (M = Rh, Ir) liegen in Anwesenheit sperriger (wenig sperriger) CNR-Liganden auf der linken (rechten) Seite. Auch führt die H_2O-Einwirkung auf $M(CNR)_4^+$ zu $M_2(CNR)_6^{2+}$ (M = Pd, Pt). – (iii) Durch »Redoxreaktionen« lässt sich der Komplex $Cr(CNR)_6^{2+}$ in $Cr(CNR)_6^{3+}$,

$Cr(CNR)_6^+$ und $Cr(CNR)_6$, der Komplex $Co(CNR)_5^{2+}$ in $Co(CNR)_5^+$ und $Co(CNR)_5$, der Komplex $Co_2(CNR)_8$ in $Co_2(CNR)_8^-$, der Komplex $Ru(CNR)_4Cl_2$ in $Ru(CNR)_4^{2-}$ sowie der Komplex $Mn(CNR)_5Cl$ in $Mn(CNR)_5^-$ überführen. – (iv) Eine Umwandlung in weiterem Sinne stellt auch die »Protonierung« von Cyanido-Komplexen dar, die zu den Muttersubstanzen der Isocyanido-komplexe führen kann, z. B.: $Fe(CN)_6^{4-} + 6\,H^+ \longrightarrow Fe(CNH)_6^{2+}$.

Eigenschaften. Die chemischen Eigenschaften der Isocyanidokomplexe lassen sich wie die der Carbonylkomplexe in »Thermolysereaktionen« (vgl. z. B. Spaltung von $Rh_2(CNR)_8^{2+}$ in $Rh(CNR)_4^+$, oben), in »Substitutionsreaktionen« (z. B. $Co(CNR)_5^+ + PR_3 \longrightarrow Co(CNR)_4(PR_3)^+ + CNR$), in »Redoxreaktionen« (z. B. $Co(CNR)_5^+ \longrightarrow Co(CNR)_5^{2+} + e^-$; s. oben) und Säure-Base-Reaktionen unterteilen. Unter letzteren sind die – zum Teil recht leicht erfolgenden – Additionen von Alkoholen oder Aminen an Isocyanidokomplexe u. a. des Eisens, Rutheniums, Osmiums, Rhodiums, Nickels, Palladiums, Platins, Golds als Syntheseweg zu Carbenkomplexen (S. 2165) von großem Interesse (s. Abb. 32.52).

$$L_nM{=}C{\diagup}^{OR'}_{\diagdown NHR} \xleftarrow{\;+\,HOR'\;} L_nM{-}C{\equiv}NR \xrightarrow{\;+\,HNR_2'\;} L_nM{=}C{\diagup}^{NR_2'}_{\diagdown NHR}$$

Abb. 32.52

Die anionischen Metallisocyanide lassen sich mit $RHal$, Me_2SiCl_2, Ph_3SnCl alkylieren, silylieren, stannylieren.

2.3.3 Nitrosyl-Komplexe

Geschichtliches. Der erste Nitrosylkomplex, das Kation $[Fe(H_2O)_5(NO)]^{2+}$, wurde 1790 von J. Priestley, der zweite Nitrosylkomplex, das Anion $[Fe(CN)_5(NO)]^{2-}$, 1849 von K. L. Playfair entdeckt. F. Seel fand dann 1942 den »Nitrosylverschiebungssatz«. Die ersten Strukturuntersuchungen wurden an $[Co(NO)(S_2CNMe_2)_2]$ (Alderman, Owston, Rowe; 1962) und an $[IrCl(CO)(NO)(PPh_3)_2]^+$ (Hodgson, Ibers; 1968) durchgeführt.

Grundlagen

Überblick. Bisher kennt man nur drei homoleptische Nitrosylkomplexe $M(NO)_m$, nämlich $Cr(NO)_4$, $Fe(NO)_4$ und $Co(NO)_3$, wobei eine eindeutige Existenzbestätigung für $Fe(NO)_4$ und $Co(NO)_3$ noch aussteht (letztere Verbindungen enthalten neben Nitrosyl- wohl auch Hyponitrit-Liganden, s. unten). Es sind jedoch zahlreiche ein- und mehrkernige heteroleptische Nitrosyl-komplexe $L_pM(NO)_m$ und $L_pMn(NO)_m$ mit gleichartigen oder auch unterschiedlichen Liganden L wie etwa H_2O, NH_3, Hal^-, SR^-, PR_3, CO, CN^-, CNR, π-Organyle bekannt.[18]

Als Beispiele seien genannt der Nitrosylaqua-Komplex $[Fe(H_2O)_5(NO)]^{2+}$, der Nitrosyl-ammin-Komplex $[Co(NH_3)_5(NO)]^{2+}$, die Nitrosylhalogeno-Komplexe $[FeCl_3(NO)]^-$, $[FeCl(NO)_2]_2$ und $[FeCl(NO)_3]$, die Nitrosylsulfido-Komplexe $[Fe(SR)(NO)_2]_2$ und $[Co(S_2CNR_2)_2(NO)]$ (vgl. hierzu auch die Roussin'schen Salze, S. 1961), der Nitrosylphosphan-Komplex $[Rh(PR_3)_3(NO)]$, der Nitrosylcarbonyl-Komplex $[Mn(CO)_4(NO)]$, der Nitrosylcyano-Komplex $[Fe(CN)_5(NO)]^{2-}$, die Nitrosylcyclopentadienyl-Komplexe $[CpM(NO)_2]^+$ (M = Cr, Mo, W), $[CpNi(NO)]$.

Der Einbau des »Stickstoffmonoxid-Moleküls« NO in einen Übergangsmetall-Komplex führt zu valenzchemischen Besonderheiten, die dadurch bedingt werden, dass NO ein Elektron

---

[18] Hinweis. Man kennt auch eine Reihe von »Thionitrosyl-Komplexen« $L_pM(NS)_m$ (Ersatz von Sauerstoff in NO durch gruppenhomologen Schwefel; vgl. S. 676), aber bisher nur sehr wenige »Phosphoryl-Komplexe« $LpM(PO)_m$ (Ersatz von Stickstoff in NO durch gruppenhomologen Phosphor).

mehr als CO besitzt und dementsprechend auch ein Elektron mehr als dieses, insgesamt also drei Elektronen, zur effektiven Elektronenzahl des zentralen Metallatoms beisteuern kann (Wirkungsweise als Dreielektronendonator). Infolge des zusätzlichen Elektrons vermag ja NO im Gegensatz zu CO und in Analogie zu den Alkalimetallen Salze wie $NO[BF_4]$, $NO[ClO_4]$, $NO[AsF_6]$, $NO[SbCl_6]$, $(NO)_2[PtCl_6]$ zu bilden, in denen die NO-Gruppe das Kation darstellt (S. 826). Tritt demgemäß ein »Stickstoffmonoxid-Molekül« NO als Bestandteil in einen Komplex ein, so kann es das überzählige Elektron an das Zentralmetall abgeben, um sich dann als »Nitrosyl-Kation« NO^+ mithilfe seines freien Stickstoff-Elektronenpaars an das Metall in ganz analoger Weise wie das isoelektronische Kohlenoxid oder das ebenfalls isoelektronische Cyanid anzulagern:

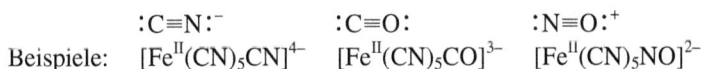

$$:C\equiv N:^- \qquad :C\equiv O: \qquad :N\equiv O:^+$$

Beispiele: $[Fe^{II}(CN)_5CN]^{4-}$ $[Fe^{II}(CN)_5CO]^{3-}$ $[Fe^{II}(CN)_5NO]^{2-}$

Ersetzt man daher z. B. im $Ni(CO)_4$ ein oder zwei oder drei oder vier CO-Moleküle durch eine entsprechende Zahl von NO-Molekülen, so muss man – falls man zu analog zusammengesetzten und isoelektronischen Nitrosylcarbonyl-Komplexen kommen will – gleichzeitig das Ni-Atom durch Co bzw. Fe bzw. Mn bzw. Cr (welche ein bzw. zwei bzw. drei bzw. vier Elektronen weniger besitzen) ersetzen, um der durch den Eintritt des Stickstoffmonoxids bedingten Vermehrung der effektiven Elektronenzahl des Zentralmetalls Rechnung zu tragen (»Nitrosyl-Verschiebungssatz«) (vgl. Geschichtliches):

$[Ni(CO)_4]$	$[Co(CO)_3(NO)]$	$[Fe(CO)_2(NO)_2]$	$[Mn(CO)(NO)_3]$	$[Cr(NO)_4]$
farblos	rot	tiefrot	tiefgrün	dunkelbraun
Smp. −19.3 °C	Smp. −1 °C	Smp. 18.4 °C	Smp. 27 °C	Smp. 39 °C
Sdp. 43 °C	Sdp. 79 °C	Sdp. 110 °C		

Weitere Beispiele bilden die Verbindungspaare $Fe(CO)_5/Mn(CO)_4(NO)$, $Fe_2(CO)_9/Mn_2(CO)_7(NO)_2$ und $Cr(CO)_6/V(CO)_5(NO)$.

Will man andererseits in einem Metallcarbonyl CO-Moleküle ohne Wechsel des Zentralmetalls gegen NO-Moleküle vertauschen, so muss man – falls das betreffende Metall seine Edelgasschale beibehalten soll – die Ladung der Verbindung pro CO/NO-Tausch um eine positive Einheit erhöhen (z. B. $Ni(CO)_4 \longrightarrow [Ni(CO)_3(NO)]^+$). Man kann aber auch je 3 CO-Moleküle (Lieferant von $3 \times 2 = 6$ Elektronen) durch 2 NO-Moleküle (Lieferant von $2 \times 3 = 6$ Elektronen) ersetzen. So entsprechen sich etwa die Verbindungspaare $Cr(CO)_6/Cr(NO)_4$, $Mn(CO)_4(NO)/Mn(CO)(NO)_3$, $Fe(CO)_5/Fe(CO)_2(NO)_2$ und $Co(CO)_3(NO)/Co(NO)_3$, die alle Kryptonelektronenkonfiguration besitzen und dementsprechend diamagnetisch sind.

Ähnlich wie in Metallcarbonyle lässt sich der Dreielektronendonor NO auch in Metalltrifluorphosphane (S. 2125) unter Bildung von Carbonyltrifluorphosphan-Komplexen einführen, wobei sich dieselben Besonderheiten wie bei den Carbonylnitrosyl-Komplexen ergeben. Dies zeigen etwa nachfolgende isoelektronische Verbindungen, in denen alle Metalle Edelgaskonfiguration (Kr, bzw. Xe) besitzen:

$[Ni(PF_3)_4]$	$[Co(PF_3)_3(NO)]$	$[Fe(PF_3)_2(NO)_2]$	$[Pd(PF_3)_4]$	$[Rh(PF_3)_3(NO)]$
farblos	orangefarben	rot	farblos	orangefarben

Verwandt mit den Nitrosylcarbonyl-Komplexen sind die Nitrosylcyano-Komplexe (»Nitrosyl-Prussiate« im weiteren Sinne; vgl. S. 1953), deren effektive Elektronenzahl vielfach ebenfalls der eines Edelgases entspricht. Zum Beispiel kommt den Metallen folgender diamagnetischer Komplexe:

$[\overset{+I}{V}(CN)_5NO]^{3-}$	$[\overset{\pm 0}{Cr}(CN)_5NO]^{4-}$	$[\overset{+I}{Mn}(CN)_5NO]^{3-}$	$[\overset{+II}{Fe}(CN)_5NO]^{2-}$	$[\overset{-I}{Co}(CN)_3NO]^{3-}$	$[\overset{\pm 0}{Ni}(CN)_3NO]^{2-}$
orangefarben	blau	blaurot	rot	tiefviolett	tiefviolett

Kryptonelektronenkonfiguration zu. Wie auf S. 2084 besprochen wurde, vermag aber CN^- – anders als CO – auch als Ligand in Komplexen zu fungieren, deren effektive Elektronenzahl nicht ganz an die eines Edelgases herankommt. Demgemäß lassen sich etwa $[Cr^0(CN)_5NO]^{4-}$ und $[Mn^I(CN)_5NO]^{3-}$ zu paramagnetischem grünem $[Cr^I(CN)_5NO]^{3-}$ und gelbem $[Mn^{II}(CN)_5NO]^{2-}$ oxidieren ($\mu_{mag} = 1.87\,BM$ bzw. $1.73\,BM$ = ein ungepaartes Elektron), während $[Fe(CN)_5NO]^{2-}$ zu paramagnetischem goldbraunem $[Fe(CN)_5NO]^{3-}$ bzw. CN^--ärmerem blauem $[Fe(CN)_4NO]^{2-}$ reduziert werden kann (μ_{mag} in beiden Fällen ca. $1.75\,BM$).

Das NO-Molekül lässt sich nicht nur mit dem CO-, sondern auch mit dem O_2-Molekül vergleichen, von dem es sich dadurch unterscheidet, dass es ein Elektron weniger besitzt.

Beim Einbau von NO in Übergangsmetall-Komplexe kann demnach das Stickstoffmonoxid-Molekül im Prinzip auch ein Elektron vom Zentralmetall aufnehmen, um sich dann als »Nitroxyl-Anion« NO^- (»Oxonitrat(I)«) mithilfe seines freien Stickstoff-Elektronenpaars an das Metall in analoger Weise wie der isoelektronische Sauerstoff anzulagern:

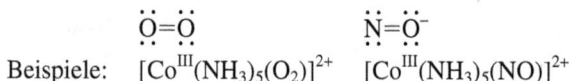

$$\overset{..}{\underset{..}{O}}=\overset{..}{\underset{..}{O}} \qquad \overset{..}{N}=\overset{..}{\underset{..}{O}}{}^-$$

Beispiele:　$[Co^{III}(NH_3)_5(O_2)]^{2+}$　$[Co^{III}(NH_3)_5(NO)]^{2+}$

Insgesamt trägt NO in diesem Falle also nur ein Elektron zur effektiven Elektronenzahl des Metallatoms bei (Wirkungsweise als Einelektronendonator).

Strukturverhältnisse. Der NO-Ligand ist in den einkernigen Komplexen im Grundzustand stets »end-on« über das N-Atom an das Metallzentrum gebunden (bei Lichteinwirkung können sich wie z. B. im Falle des Nitroprussiats $Fe(CN)_5(NO)^{2-}$ aber auch metastabile Zustände mit »side-on« bzw. über das O-Atom von NO »end-on« an M gebundene NO-Gruppen ausbilden, die bei 50 K sehr langlebig sind. Die MNO-Gruppierung – anders als die MCO-Gruppierung – sowohl linear (Abb. 32.53a) bis fast linear als auch gewinkelt (Abb. 32.53b) strukturiert sein kann (vgl. Tab. 32.20). Entsprechendes gilt in der Regel auch für einkernige Komplexe mit mehreren Nitrosylliganden; doch liegen die NO-Gruppen in solchen Verbindungen auch ausnahmsweise gemäß Abb. 32.53c in dimerer Form als Hyponitrit-Liganden vor. In mehrkernigen Komplexen kann NO über Stickstoff zudem zweifach (Abb. 32.53d) oder sogar dreifach verbrückend (Abb. 32.53e) mit zwei oder drei Metallatomen koordiniert sein. Auch tritt er gelegentlich im Sinne der Formeln in Abb. 32.53f und g als end- und side-on gebundener Brückenligand auf. In Abb. 32.54 sind einige Strukturen von Nitrosylkomplexen wiedergegeben.

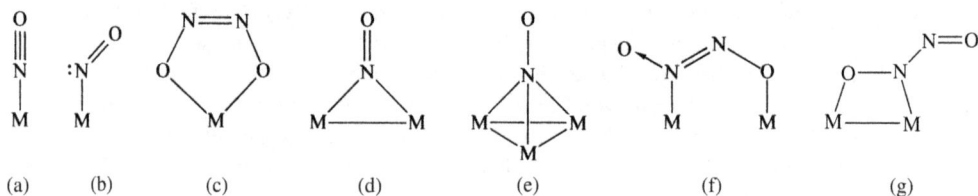

(a)　(b)　(c)　(d)　(e)　(f)　(g)

Abb. 32.53

Hinsichtlich des Baus der MNO-Gruppierung in Nitrosylkomplexen mit endständigen NO-Liganden gelten folgende Regeln: Die MN- und NO-Abstände sind vergleichsweise kurz (Abstand für komplexgebundenes NO rund $1.16\,\text{Å}$, für freies $NO^+ = 1.06\,\text{Å}$, für freies $NO = 1.14\,\text{Å}$); die MNO-Winkel liegen im Bereich $180 - 110°$, betragen aber häufig rund 180 bzw. 120°. Das Ausmaß der MNO-Abwinkelung in $L_pM(NO)_m$ hängt hierbei u. a. von den Liganden L, der Geometrie der Komplexe und der Stellung von NO im Koordinationspolyeder ab (vgl. Tab. 32.20; Abb. 32.54). Von Einfluss ist ferner die Zahl der d-Außenelektronen des Zentralmetalls (s. unten) und die Art des Zentralmetalls.

Tab. 32.20 Nitrosylkomplexe^a: Geometrie G^b, Elektronenzahl {MNO}^{Z}, MNO-Winkel ∢MNO

	G	Z	∢MNO		G	Z	∢MNO		G	Z	∢MNO
Cr(CN)$_5$NO^{3-}	O	5	176°	Co(L$_2'$)$_2$NO	QP$_{ax}$	8	135°	Mn(CO)$_4$NO	TB$_{äq}$	8	180°
RuCl$_3$L$_2$NO	O	6	180°	RuClL$_2$(NO)$_2^+$	QP$_{ax}$	8	136°	Os(CO)$_2$L$_2$NO	TB$_{äq}$	7	177°
Co(NH$_3$)$_5$NO^{2+}	O	8	119°		QP$_{äq}$		178°	Co(CO)$_3$NO	T	10	180°
RuL$_2'$)$_2$NO	QP$_{ax}$	6	170°	IrHL$_3$NO$^+$	QP$_{ax}$	8	175°	IrL$_3$NO	T	10	180°
IrCl(CO)L$_2$NO$^+$	QP$_{ax}$	8	124°					CpNiNO	(T)	10	180°

a L = PPh$_3$, L$_2'$ = S$_2$CNR$_2$, Cp = C$_5$H$_5$.
b O = oktaedrische, QP = quadratisch-pyramidale, TB = trigonal-bipyramidale, T = tetraedrische Koordination; ax = axiale, äq = äquatoriale Stellung von NO.

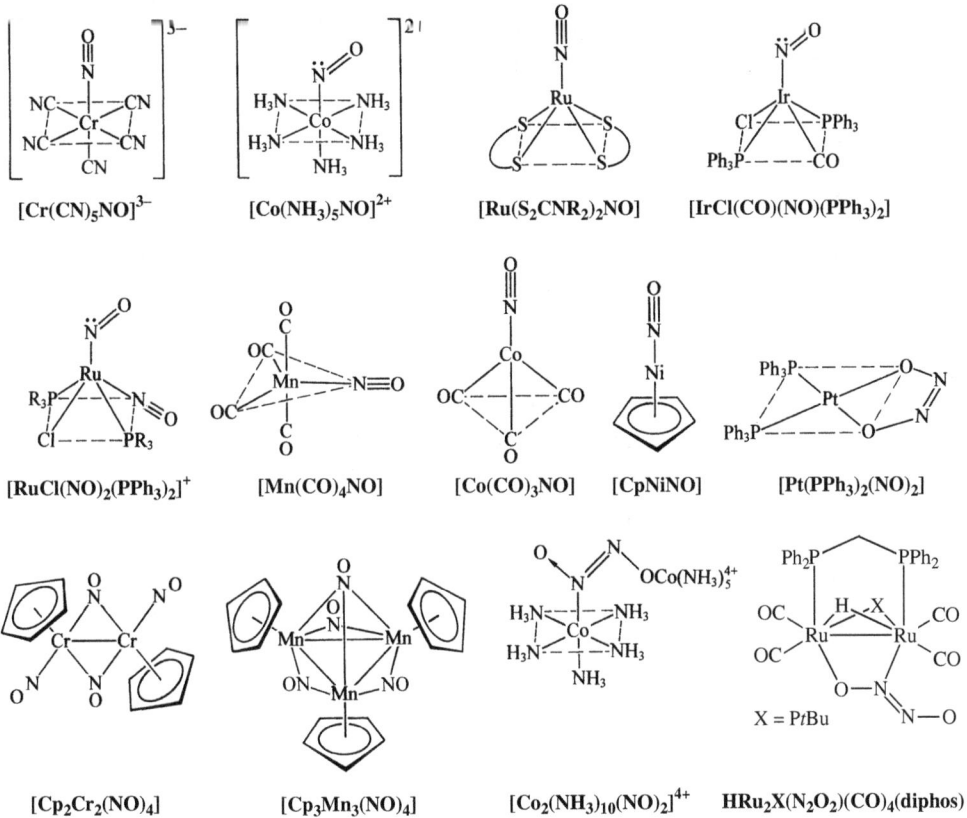

[Cr(CN)$_5$NO]$^{3-}$ [Co(NH$_3$)$_5$NO]$^{2+}$ [Ru(S$_2$CNR$_2$)$_2$NO]   [IrCl(CO)(NO)(PPh$_3$)$_2$]

[RuCl(NO)$_2$(PPh$_3$)$_2$]$^+$ [Mn(CO)$_4$NO]   [Co(CO)$_3$NO]   [CpNiNO]   [Pt(PPh$_3$)$_2$(NO)$_2$]

[Cp$_2$Cr$_2$(NO)$_4$]   [Cp$_3$Mn$_3$(NO)$_4$]   [Co$_2$(NH$_3$)$_{10}$(NO)$_2$]$^{4+}$ HRu$_2$X(N$_2$O$_2$)(CO)$_4$(diphos)

Abb. 32.54 Strukturen einiger Nitrosylkomplexe.

Bindungsverhältnisse.

Valenz-Bond-Betrachtung. Die Stabilität der Nitrosylkomplexe beruht wie die der Carbonylkomplexe auf der Möglichkeit des Liganden :N≡O: zur Aufnahme von Metallelektronen durch π-Rückbindungen, d. h. zur Ausbildung folgender Mesomerie:

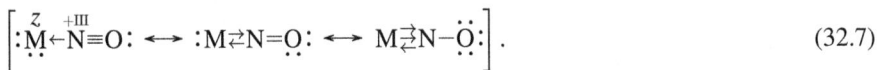

$$\left[\overset{z\;\;+III}{:\ddot{M}\!\leftarrow\!N\!\equiv\!O:} \longleftrightarrow :M\!\underset{\rightleftharpoons}{}\!N\!=\!\ddot{O}: \longleftrightarrow M\!\underset{\rightleftharpoons}{}\!N\!-\!\ddot{O}: \right]. \tag{32.7}$$

(z = Oxidationsstufe von M). Wachsende π-Rückbindung führt zu einer Verstärkung der MN-Bindung, einer Schwächung der NO-Bindung[19] und gegebenenfalls einer Abwinkelung der NO-Gruppe (das π-Akzeptorvermögen von NO^+ ist größer als das von CO). Letzterer Sachverhalt lässt sich damit erklären, dass der $:N \equiv O:^+$-Ligand den Charakter eines $\ddot{N} = \ddot{O}^-$-Liganden annimmt:

$$\left[\overset{z+II}{:M} \leftarrow \overset{+I}{\ddot{N}} \diagdown \underset{\ddot{O}:}{} \quad \longleftrightarrow \quad M \rightleftharpoons \ddot{N} \diagdown \underset{\ddot{O}:}{} \right]. \tag{32.8}$$

Der Übergang (32.7)$\rightarrow$ (32.8) entspricht formal einer Oxidation von M und einer Reduktion von N um jeweils zwei Einheiten. Die realen Verhältnisse liegen zwischen den Grenzsituationen (32.7) und (32.8).

Über eine Valence-Bond-Betrachtung lässt sich bei Berücksichtigung der Edelgasregel in vielen Fällen auf einfache Weise die »Geometrie« der MNO-Gruppierung (»linear« oder »gewinkelt«) in Nitrosylkomplexen vorhersagen. So kommt etwa Mangan in $[Mn(CO)_4NO]$ oder Cobalt in $[Co(NH_3)_5NO]^{2+}$ nur dann die effektive Elektronenzahl eines Edelgases zu, falls NO in ersterem Falle als Drei-, in letzterem Falle als Einelektronendonator wirkt: $7(Mn) + 4 \times 2(CO) + 3(NO) = 18$ bzw. $7(Co^{2+}) + 5 \times 2(NH_3) + 1(NO) = 18$ Außenelektronen. Folglich weist $[Mn(CO)_4NO]$ (NO^+-Ligand) eine lineare, $[Co(NH_3)_5NO]^{2+}$ (NO^--Ligand) eine gewinkelte MNO-Gruppierung auf (vgl. Tab. 32.20). Da das Metallatom in der linken Grenzformel der Mesomerie (32.7) mehr freie Elektronenpaare aufweist als in den übrigen, stabilisieren Liganden L in $L_pM(NO)$ mit π-Akzeptorcharakter diese Grenzformel und damit einen linearen MNO-Bau. Umgekehrt erhöhen Liganden mit π-Donatorcharakter wie Hal^-, SR^- das Gewicht der rechten Grenzformel der Mesomerie (32.7) und erleichtern damit die Abwinkelung der MNO-Gruppierung. So enthalten etwa $[IrCl_4(NO)]^{2-}$ und $[Co(S_2CNR_2)_2(NO)]$ gewinkelte MNO-Baueinheiten, obwohl die Metallzentren zur Erzielung einer Edelgaselektronenkonfiguration NO als Dreielektronendonator benötigen: $7(Ir^{2+}, Co^{2+}) + 4 \times 2(Cl^-, S_2(NR_2^-)) + 3(NO) = 18$ Außenelektronen.

Molekülorbital-Betrachtung. Nach der MO-Theorie beruht die π-Rückbindung in Nitrosylkomplexen auf einer mehr oder minder starken Wechselwirkung von d-Außenelektronen der Metallzentren mit den beiden entarteten π^*-Molekülorbitalen der NO-Gruppe (die Energieniveau-Schemata der Bildung der σ- und π-MOs des NO^+-Kations und des N_2-Moleküls (S. 386) gleichen einander; im NO-Molekül bzw. NO^--Anion sind die π^*-MOs mit einem bzw. zwei Elektronen besetzt). Um – unabhängig von Betrachtungen der Metalloxidationsstufen – zu Aussagen über die Struktur der MNO-Gruppe in Nitrosylkomplexen zu kommen, müssen – wie auf S. 2096 allgemein für Komplexe $L_pM \cdot XY$ (XY z. B. CO, NO, NN) abgeleitet wurde – nur die in der d-Außenschale des Metalls M sowie in den π^*-Molekülorbitalen des Liganden XY vorhandenen Elektronen $\{MXY\}^z$ berücksichtigt und in die einzelnen Energieniveaus eines Walsh-Diagramms für MXY der Reihe nach eingefüllt werden (z entspricht für Nitrosylkomplexe der d-Außenelektronenzahl des Metalls, vermehrt um je ein Elektron für jede komplexgebundene NO-Gruppe). Wie dort bereits angedeutet wurde, spielen für die MXY-Geometrie quadratisch-pyramidaler bzw. -bipyramidaler Komplexe $L_pM \cdot XY$ nur die Orbitale d_{xy}, d_{xz}, d_{yz} und d_{z^2} eine Rolle. Da sich die Energie ersterer drei Metallorbitale bei MNO-Abwinkelung durch Wechselwirkung mit dem π^*-Orbital von NO zunächst erhöht, und die Orbitale d_{xy}, d_{xz} und d_{yz} energetisch unter dem d_{z^2}-Orbital liegen, bevorzugen Nitrosylkomplexe des

---

[19] Wie im Falle der Carbonylkomplexe führen die π-Rückbindungen auch im Falle der Nitrosylkomplexe zu keiner wesentlichen Änderung der NO-Abstände (Bereich 1.1 – 1.2 Å sowohl für NO^+- wie für NO^--Komplexe; Abstand im NO-Molekül = 1.14 Å). Die Abnahme des Bindungsgrades der NO-Bindungen infolge der Rückkoordination (32.7) lässt sich wie die im Falle der CO-Bindung in CO-Komplexen an der im Vergleich zur Schwingungswellenzahl $\tilde{\nu}$ in NO^+ wesentlich niedrigeren Schwingungswellenzahl in den Nitrosylkomplexen erkennen: $\tilde{\nu}(NO^+) = 2250\,cm^{-1}$; $\tilde{\nu}(NO) = 1878\,cm^{-1}$; $\tilde{\nu}(NO^+\text{-Komplexe}) = 1950–1600\,cm^{-1}$; $\tilde{\nu}(NO^-\text{-Komplexe}) = 1720–1520\,cm^{-1}$; $\tilde{\nu}(\mu_2\text{-}, \mu_3\text{-NO-Komplexe}) = 1600–1350\,cm^{-1}$.

Typus $\{MNO\}^{\leq 6}$ linearen MNO-Bau (vgl. Tab. 32.20). Andererseits führt die Interferenz des d_{z^2}- mit dem π^*-Orbital im Zuge der MNO-Abwinkelung zu einer Erniedrigung der Orbitalenergie, sodass die MNO-Geometrie von Komplexen des Typus $\{MNO\}^{7\,bzw.\,8}$ davon abhängt, ob die d_{z^2}-Energieabsenkung bei MNO-Abwinkelung größer oder kleiner als die Energieanhebung der übrigen d-Orbitale ausfällt. Tatsächlich enthalten quadratisch-bipyramidale Komplexe sowie quadratisch-pyramidale Komplexe mit axialem NO für $\{MNO\}^{7\,bzw.\,8}$ gewinkelte MNO-Gruppen, während quadratisch-pyramidale Komplexe mit äquatorialem NO für $\{MNO\}^{7\,bzw.\,8}$ lineare MNO-Gruppen bevorzugen; der lineare Bau gilt auch für tetraedrische $\{MNO\}^{10}$-Komplexe (vgl. Tab. 32.20).

Die relative, durch eine Wechselwirkung mit dem π^*-Orbital bedingte Erhöhung bzw. Erniedrigung der d-Orbitalenergien im Zuge der MXZ-Abwinkelung hängt naturgemäß auch von der Energie der π^*-Orbitale der XY-Gruppen ab: abnehmender Energieinhalt der π^*-MOs begünstigt insgesamt die MXY-Abwinkelung. So ist etwa in einkernigen Komplexen die Gruppierung MCO bzw. MNN (hohe Energie der π^*-MOs von CO, N$_2$) stets linear, die Gruppierung MOO (niedrige Energie der π^*-MOs von O$_2$) stets gewinkelt strukturiert, während die Gruppe MNO (mittlere Energie der π^*-MOs von NO) sowohl linear als auch gewinkelt gebaut sein kann.

Für Nitrosylkomplexe besteht vielfach die Möglichkeit eines – formal mit einer Oxidation des Zentralmetalls verbundenen – reversiblen Übergangs von Nitrosyl- in Nitroxylkomplexe. Die komplexgebundene NO-Gruppe kann deshalb als »Elektronenpaarreservoir« fungieren und als solche unerwartete Reaktionen an Metallzentren ermöglichen (vgl. S. 1625).

Darstellung

Nitrosylkomplexe $L_p M(NO)_m$ werden einerseits durch Einführung stickstoffhaltiger Liganden (NO, NO$^+$, NO$^-$) in einen Komplex, andererseits durch Umwandlung stickstoffhaltiger Liganden (NO$_2^-$, NO$_3^-$) am Komplex erzeugt. NO wird hierbei gelegentlich unter Dimerisierung an ein Metallzentrum koordiniert.

Einwirkung von NO. Vielfach gewinnt man Nitrosylkomplexe $L_p M(NO)_m$ aus solchen Vorstufen, welche NO unter Addition bzw. unter Substitution von Liganden (gegebenenfalls unter gleichzeitiger Oxidation oder Reduktion des Zentralmetalls) aufnehmen, z.B.:

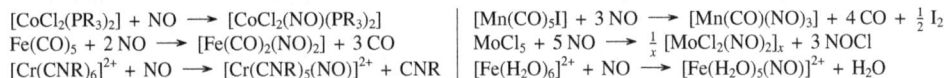

$[CoCl_2(PR_3)_2] + NO \longrightarrow [CoCl_2(NO)(PR_3)_2]$

$Fe(CO)_5 + 2\,NO \longrightarrow [Fe(CO)_2(NO)_2] + 3\,CO$

$[Cr(CNR)_6]^{2+} + NO \longrightarrow [Cr(CNR)_5(NO)]^{2+} + CNR$

$[Mn(CO)_5I] + 3\,NO \longrightarrow [Mn(CO)(NO)_3] + 4\,CO + \tfrac{1}{2}\,I_2$

$MoCl_5 + 5\,NO \longrightarrow \tfrac{1}{x}\,[MoCl_2(NO)_2]_x + 3\,NOCl$

$[Fe(H_2O)_6]^{2+} + NO \longrightarrow [Fe(H_2O)_5(NO)]^{2+} + H_2O$

Letztere Reaktion, die Bildung von braunem $[Fe(H_2O)_5(NO)]^{2+}$, wird zum qualitativen Nachweis von NO$_2^-$ und NO$_3^-$ genutzt (vgl. S. 1957). Genannt sei in diesem Zusammenhang auch die Bildung des roten bzw. schwarzen Roussin'schen Salzes $[Fe_2S_2(NO)_4]^{2-}$ bzw. $[Fe_4S_3(NO)_7]^-$ durch Einleiten von NO in eine Suspension von FeS in einer verdünnten Natriumsulfidlösung (S. 1961), sowie die Möglichkeit der Substitution π-gebundener organischer Gruppen durch NO (z.B. Bildung von $[CpV(NO)_2]_2$ aus Cp_2V und NO).

Einwirkung von NO$^+$. Des Weiteren werden Nitrosylkomplexe häufig aus NO$^+$ und geeigneten Edukten synthetisiert, wobei man NO$^+$ in Form von Salzen [NO]$^+$X$^-$ oder potentiellen NO$^+$-Lieferanten NOX wie Salpetriger Säure NO(OH) und ihren Derivaten (Halogeniden NOCl, Estern NOOR, Amiden NONR$_2$ usw.) einsetzt, z.B.:

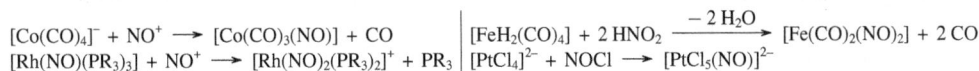

$[Co(CO)_4]^- + NO^+ \longrightarrow [Co(CO)_3(NO)] + CO$

$[Rh(NO)(PR_3)_3] + NO^+ \longrightarrow [Rh(NO)_2(PR_3)_2]^+ + PR_3$

$[FeH_2(CO)_4] + 2\,HNO_2 \xrightarrow{-2\,H_2O} [Fe(CO)_2(NO)_2] + 2\,CO$

$[PtCl_4]^{2-} + NOCl \longrightarrow [PtCl_5(NO)]^{2-}$

Es lassen sich sogar Nitrosylkomplexe als NO$^+$-Überträger nutzen. So bildet sich etwa durch Einwirkung von $[CoBr(NO)_2]_2$ auf $[CpV(CO)_4]$ die Verbindung $[CpV(CO)(NO)_2]$.

Einwirkung von NO⁻. Schließlich können Nitrosylkomplexe durch Einwirkung von NO^- auf geeignete Reaktionspartner hergestellt werden, wobei man NO^- durch Reduktion von HNO_2 bzw. Oxidation von NH_2OH gewinnt. So sind z.B. NO-Komplexe in einfacher Weise durch Einwirkung von Hydroxylamin auf Cyanokomplexe in alkalischer Lösung darstellbar, wobei eine der eintretenden NO-Menge äquivalente Menge Ammoniak entbunden wird:

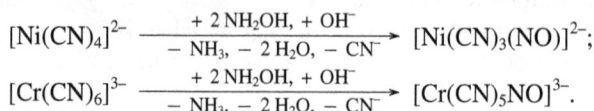

$$[Ni(CN)_4]^{2-} \xrightarrow[- NH_3, - 2 H_2O, - CN^-]{+ 2 NH_2OH, + OH^-} [Ni(CN)_3(NO)]^{2-};$$

$$[Cr(CN)_6]^{3-} \xrightarrow[- NH_3, - 2 H_2O, - CN^-]{+ 2 NH_2OH, + OH^-} [Cr(CN)_5NO]^{3-}.$$

Hierbei wirkt NH_2OH im Sinne von $2 NH_2OH \longrightarrow NH_3 + H_3O^+ + NO^-$ in Anwesenheit von Base als NO^--Quelle. Die Bildung der violetten Verbindung $[Ni(CN)_3(NO)]^{2-}$ dient als qualitativer Nachweis für intermediär gebildetes NO^-.

Umwandlung von komplexgebundenem NO_2^- und NO_3^-. In einigen Fällen lassen sich Nitritokomplexe durch Säure unter Erhalt der Oxidationsstufe des Stickstoffs, in anderen Fällen Nitratokomplexe z.B. durch Kohlenoxid unter Erniedrigung der Oxidationsstufe des Stickstoffs in Nitrosylkomplexe umwandeln, z.B.:

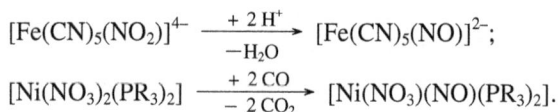

$$[Fe(CN)_5(NO_2)]^{4-} \xrightarrow[-H_2O]{+ 2 H^+} [Fe(CN)_5(NO)]^{2-};$$

$$[Ni(NO_3)_2(PR_3)_2] \xrightarrow[- 2 CO_2]{+ 2 CO} [Ni(NO_3)(NO)(PR_3)_2].$$

Eigenschaften

Wegen der im Vergleich mit der koordinativen Bindung des Kohlenstoffmonoxids größeren Festigkeit der koordinativen Bindung des Stickstoffmonoxids nimmt es nicht wunder, dass bei Substitutionen von Liganden etwa in Nitrosylcarbonyl-Komplexen gegen PR_3, NR_3, CNR usw. stets das CO, nicht das aber NO ersetzt wird. Der L/CO-Austausch erfolgt hierbei rascher als in vergleichbaren reinen Carbonylkomplexen und zudem auf assoziativem Wege, weil der NO-Ligand als »Elektronenpaarspeicher« wirkt (s. oben), sodass der assoziativ-aktivierte CO-Austausch unter zwischenzeitlicher Erhöhung der Oxidationsstufe des Substitutionszentrums ablaufen kann.

Auch die Redoxreaktionen der Nitrosylkomplexe unterscheiden sich vielfach von denen der Carbonylkomplexe (S. 2128, 2126). So führt Sauerstoff viele NO-Komplexe in Anwesenheit von Basen oder bei Bestrahlung unter »Oxidation« in Nitro- oder Nitrato-Komplexe über, z.B.:

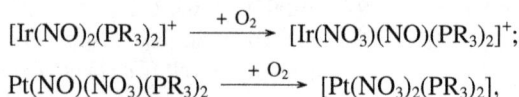

$$[Ir(NO)_2(PR_3)_2]^+ \xrightarrow{+ O_2} [Ir(NO_3)(NO)(PR_3)_2]^+;$$

$$Pt(NO)(NO_3)(PR_3)_2 \xrightarrow{+ O_2} [Pt(NO_3)_2(PR_3)_2],$$

während die CO-Komplexe unter entsprechenden Bedingungen hinsichtlich einer Überführung der CO- in CO_2- und CO_3^{2-}-Liganden vergleichsweise stabil sind. Die Oxidationsreaktionen beruhen wohl darauf, dass komplexgebundenes NO^+ im Zuge der Addition von Basen am Komplexzentrum M bzw. nach Bestrahlung des Komplexes »M−N≡O« in komplexgebundenes NO^- übergeht (Oxidation des Zentrums bzw. Reduktion von N um jeweils 2 Einheiten, s. oben). Koordiniertes NO^- addiert dann O_2 unter Bildung von komplexgebundenem Peroxonitrit, das sich in komplexgebundenes Nitrat oder – nach Addition eines Eduktmoleküls – in komplexgebundenes Nitrit verwandelt (vgl. Abb. 32.55).

Komplexgebundenes NO lässt sich andererseits durch »Reduktion« auch in komplexgebundenes NH_2OH oder NH_3 umwandeln. Von Interesse ist in diesem Zusammenhang die Überführbarkeit der Nitrosyl- in Nitrido-Komplexe durch Abspaltung des Nitrosylsauerstoffs mit Kohlenstoffmonoxid. So ergeben etwa $[M(CO)_3(NO)]^-$ (M = Fe, Mn) in Anwesenheit von $M_3(CO)_{12}$

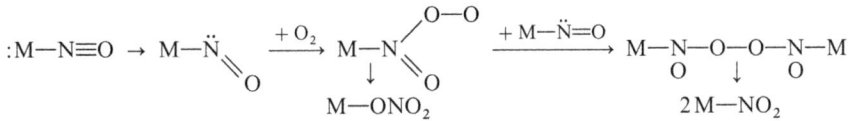

Abb. 32.55

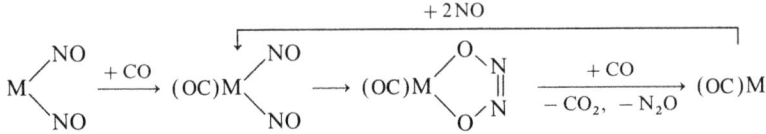

Abb. 32.56

die Komplexe $[M_4N(CO)_{12}]^-$. Erwähnenswert ist weiterhin die katalytische Aktivität einiger Nitrosylkomplexe wie $[M(NO)_2(PPh_3)_2]^+$ (M = Rh, Ir) hinsichtlich der Reaktion:

$$2\,NO + CO \xrightarrow{\text{(Kat.)}} N_2O + CO_2 + \text{Energie}.$$

Offensichtlich verwandelt sich hier der Komplex $[M(NO)_2(PR_3)_2]^+$ nach CO-Addition intermediär in den Komplex $[M(CO)(N_2O_2)(PR_3)_2]^+$ (vgl. Abb. 27.5), der mit CO unter Bildung von N_2O, CO_2 und $[M(CO)(PR_3)_2]$ abreagiert (vgl. Abb. 32.56).

Schließlich gehen Nitrosylkomplexe Säure-Base-Reaktionen ein. So addieren sich vielfach »Nucleophile« wie Hydroxid oder Sulfid an den Nitrosylstickstoff, z. B. an den des Eisennitrosylprussiats, unter Bildung eines Nitro- oder Thionitro-Komplexes:

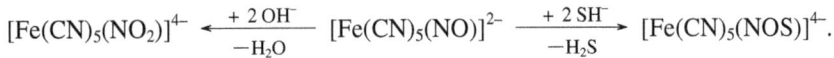

$$[Fe(CN)_5(NO_2)]^{4-} \xleftarrow[-H_2O]{+\,2\,OH^-} [Fe(CN)_5(NO)]^{2-} \xrightarrow[-H_2S]{+\,2\,SH^-} [Fe(CN)_5(NOS)]^{4-}.$$

Die Bildung von violettem $[Fe(CN)_5(NOS)]^{4-}$ dient etwa zum qualitativen Nachweis von Sulfid. Die Addition von »Elektrophilen« kann ebenfalls am Nitrosylstickstoff erfolgen, z. B.:

$$[OsCl(CO)(NO)(PR_3)_2] \xrightarrow{+\,HCl} [OsCl_2(CO)(HNO)(PR_3)_2].$$

Während Metallcarbonylhalogenide $M(CO)_mX_p$ in einfacher Weise durch Halogenierung von Metallcarbonylen gewinnbar sind, verbietet sich eine entsprechende Darstellungsweise für Metallnitrosylhalogenide $M(NO)_mX_p$ wegen der Unzugänglichkeit von homoleptischen Metallnitrosylen. Man stellt letztere Verbindungen daher u. a. durch Verdrängung von CO durch NO aus Metallcarbonylhalogeniden oder durch Addition von NO an Metallhalogenide – gegebenenfalls bei gleichzeitiger Reduktion von MX_p durch zugesetztes M – oder durch Halogenierung von Metallnitrosylcarbonylen dar (z. B. $Fe(CO)_4I_2 + 2\,NO \longrightarrow 4\,CO + Fe(NO)_2I + \tfrac{1}{2}\,I_2$; $FeX_2 + Fe + 4\,NO \longrightarrow 2\,Fe(NO)_2X$; $2\,Fe(CO)_2(NO)_2 + I_2 \longrightarrow 2\,Fe(NO)_2I + 4\,CO$; $CoX_2 + Co + 4\,NO \longrightarrow 2\,Co(NO)_2X$). Unter den gewonnenen Metallnitrosylhalogeniden sind diamagnetisches $Co(NO)_2X$ und $Fe(NO)_2X$ (X = Cl, Br, I) im Sinne von Abb. 32.57h und l dimer ($Fe(NO)_2X_2$-Tetraeder mit gemeinsamer X_2-Kante) und erreichen hierdurch Edelgaskonfiguration $9(Co) + 2 \times 3(NO) + 1(X) + 2(\text{Brückenbindung}) = 18$ Elektronen; um 1 Elektron ärmeres Fe bildet zusätzlich eine FeFe-Bindung aus (die MNO-Gruppen sind nicht linear). $[Fe(NO)_2X]_2$ bildet in reversibler Reaktion mit NO das edelgaskonfigurierte Nitrosylhalogenid $Fe(NO)_3X$ (Abb. 32.57i) (tetraedrisch, nichtlineare FeNO-Gruppen), welches sich durch Substitution von X^- durch schwach koordinierende Anionen Y^- in das Kation $Fe(NO)_3^+ \cdots Y^-$ (Abb. 32.57k) (pyramidal) verwandeln lässt (vgl. die Bildung von $Mn(CO)_5^+$ aus $Mn(CO)_5X$, S. 2144). Als weiteres Beispiel eines Nitrosylhalogenids sei $Ni(NO)X$ genannt, das offensichtlich tetramer gebaut ist. Bezüglich der Insertion von NO-Gruppen in Metall-Kohlenstoffverbindungen vgl. S. 2164.

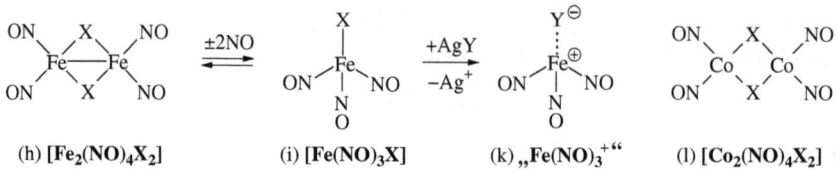

(h) [Fe$_2$(NO)$_4$X$_2$]   (i) [Fe(NO)$_3$X]   (k) „Fe(NO)$_3^+$"   (l) [Co$_2$(NO)$_4$X$_2$]

Abb. 32.57

3   Einige Klassen organischer Übergangsmetallverbindungen

Zu den metallorganischen Verbindungen rechnet man alle Moleküle mit Metall-Kohlenstoff-Bindungen, also auch solche, die wie die Metallcarbonyle M(CO)$_n$ (S. 2108) oder die Cyano-komplexe M(CN)$_n^{m-}$ (S. 2084) metallkoordinierte anorganische Liganden (CO, CN$^-$) enthalten. Diese große Variationsbreite der kohlenstoffhaltigen Liganden, verbunden mit der Möglichkeit der Metallzentren zur Ausbildung unterschiedlicher Ligandenkoordinationen, zum Wechsel ihrer Oxidationsstufen und Koordinationszahlen sowie zur Bildung von Clustern begründet die faszinierende Vielfalt der Organoübergangsmetallchemie.

Man teilt die aus Lewis-sauren Zentren L$_m$M (L = Ligand ohne C-Ligator) und Lewis-basischen Liganden R (= Ligand mit C-Ligator) zusammengesetzten metallorganischen Verbindungen L$_m$MR$_n$ zweckmäßig hinsichtlich des vom Liganden R für eine Koordinationsbindung bereitgestellten Elektronenpaars ein und unterscheidet – je nachdem es sich hierbei um ein freies n-, ein gebundenes σ- oder ein gebundenes π-Elektronenpaar handelt – zwischen n-, σ- und π-Komplexen (früher – vor der Entdeckung »echter« σ-Komplexe – bezeichnete man n-Komplexe auch als σ-Komplexe) (s. Abb. 32.58).

L$_m$MR$_n$ n-Komplexe   σ-Komplexe   π-Komplexe

R z.B.

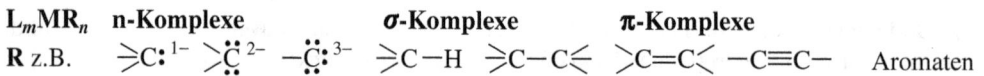

Abb. 32.58

Die aufgeführten Liganden R können mit einem einzigen Komplexzentrum oder mit mehreren Zentren gleichzeitig verknüpft sein. Auch bilden die R-Liganden über die erwähnte σ-Bindungsbeziehung hinaus vielfach zusätzliche π-Wechselbeziehungen aus (π-Hinbindungen im Falle der Alkyliden- und Alkylidin-Anionen $>$C^{2-} und −C^{3-}, π-Rückbindungen im Falle der Alkene, Alkine, Aromaten; Bindungsbeziehung jeweils vom Liganden aus gesehen). Wie bereits an früherer Stelle (S. 1557) angedeutet wurde, beschreibt man die n-Komplexe mit Alkyliden- und Alkylidin-Anionen vielfach auch als n-Komplexe mit neutralen Carben- und Carbin-Liganden $>$C: und −C:, wobei man dann π-Rückbindungen vom Metall zum Liganden berücksichtigen muss.

Nachfolgend sei zunächst auf metallorganische n-Komplexe, dann auf metallorganische σ- und π-Komplexe (S. 2112, 2174) und schließlich auf katalytische Prozesse mit Metllorganylen (S. 2216) eingegangen.

3.1   Organische n-Komplexe der Übergangsmetalle

Ersetzt man in Methan CH$_4$ bzw. dessen Derivaten ein, zwei bzw. drei H-Atome durch ein einziges Fragment ML$_m$, so gelangt man zu den Metallorganylen, den Alkylidenkomplexen (Carbenkomplexen) bzw. den Alkylidinkomplexen (Carbinkomplexen), s. Abb. 32.59.

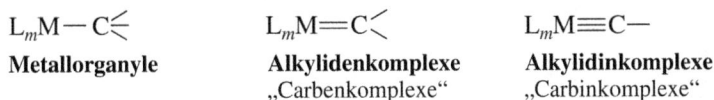

$$L_mM-C{\leqslant} \qquad L_mM{=}C{\leq} \qquad L_mM{\equiv}C-$$

Metallorganyle   **Alkylidenkomplexe**   **Alkylidinkomplexe**
                            „Carbenkomplexe"   „Carbinkomplexe"

Abb. 32.59

3.1.1   Metallorganyle

Überblick. Je nach der Art des organischen Restes R (Alkyl mit sp^3-, Alkenyl bzw. Aryl mit sp^2- oder Alkinyl mit sp-hybridisiertem metallgebundenem C-Atom) unterscheidet man wie in Abb. 32.60 dargestellt. Hierbei können an ein Kohlenstoffatom einer Organylgruppe mehrere Komplexfragmente zugleich gebunden sein: $(L_mM)_2C$, $(L_mM)_3C^-$, $(L_mM)_4C$ (vgl. hierzu die Abb. 32.61b und c, unten). Zudem kann natürlich ein Metallatom mit mehreren Organylgruppen verknüpft sein, ähnlich wie es auch mehrere CN⁻-, CNR-, CO-Liganden koordiniert (vgl. vorstehende Unterkapitel). Metallalkinyle des letzteren Typus (z. B. $M(C_2H)_n^{m-}$, $M(C_2R)_n^{m-}$ weisen hierbei, da der Ligand C≡CH⁻ (»Acetylid«) mit dem Liganden CN⁻ isoelektronisch (hydridisoster) ist, vielfach sogar vergleichbare Eigenschaften (Stöchiometrien, Farben, magnetische Eigenschaften) wie Cyanokomplexe $M(CN)_n^{m-}$ auf.

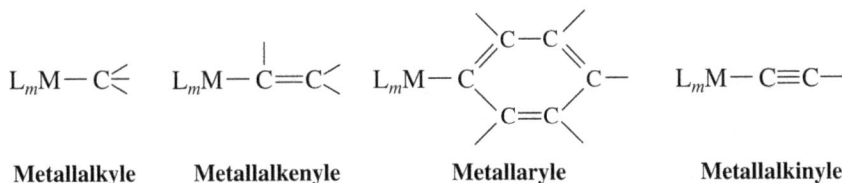

$$L_mM-C{\leqslant} \qquad L_mM-\overset{|}{C}{=}C{\leq} \qquad L_mM-C\begin{smallmatrix}\nearrow C-C\searrow\\ \searrow C=C\nearrow\end{smallmatrix}C- \qquad L_mM-C{\equiv}C-$$

Metallalkyle   **Metallalkenyle**   **Metallaryle**   **Metallalkinyle**

Abb. 32.60

Von den Übergangsmetallen existieren eine Reihe homoleptischer Metallorganyle MR_n (n maximal sechs: MR_6 mit M = Mo, W, Re), darüber hinaus Addukte MR_nL_m mit Neutralliganden L z. B. CO, NR_3, PR_3, OR_2, SR_2 oder anionischen Liganden L = R⁻ (Tab. 32.21). Den in letzteren Fällen resultierenden Anionen $[MR_{n+m}]^{m-}$ (Organylmetallate) stehen nur wenige Kationen $[MR_{n-m}]^{m+}$ gegenüber, die zudem immer durch Donoren stabilisiert vorliegen (z. B. $MnR_2L_2^+$, $AuMe_2L^+$, $HgMeL^+$). Schließlich kennt man eine große Anzahl heteroleptischer Metallorganyle $R_{n-m}MX_m$ (X z. B. H, Hal, CN, OR, NR_2), welche sowohl als neutrale als auch geladene Spezies existieren und zudem donorfrei oder donorhaltig sein können (für Einzelheiten vgl. das bei den betreffenden Metallen – »Organische Verbindungen von M« – Besprochene).

Wegen der leicht erfolgenden β-Eliminierung (z. B. $L_mM-CH_2-CH_3 \longrightarrow L_mMH + CH_2CH_2$) stellt man mit Vorteil Metallalkyle MR_n mit β-wasserstofffreien Alkylgruppen R wie CH_3, $CH_{3-p}tBu_p$, $CH_{3-p}(SiMe_3)_p$, $CH_{3-p}Ph_p$ ($p = 1, 2, 3$) oder Kohlenstoffkäfigverbindungen mit tertiären C-Atomen wie 1-Norbornyl oder 1-Adamantyl dar. Entsprechende Vorsichtsmaßnahmen sind im Falle der Synthese von Metallalkylenen, -arylen und -alkinylen nicht notwendig.

Struktur- und Bindungsverhältnisse. Unter den monomeren Metallorganylen MR_n haben die Diorganyle MR_2 digonalen Bau (M z. B. Mn, Zn, Cd, Hg), die Triorganyle MR_3 pyramidalen Bau bzw. – bei Vorliegen raumerfüllender Reste R – trigonal-planaren Bau (M z. B. Sc, Y, La, Ti, V, Cr), die Tetraorganyle MR_4 tetraedrischen Bau (M z. B. Ti, Zr, Hf, V, Cr, Mn, Fe, Co), die Pentamethyle MMe_5 quadratisch-planaren Bau (M z. B. Nb, Ta, Mo, W) und die Hexamethyle MMe_6 trigonal-prismatischen Bau (M = Re) bzw. C_{3v}-verzerrt-trigonal-prismatischen Bau (M = Mo, W; drei längere MC-Bindungen mit kleineren CMC-Winkeln und drei kürzere MC-Bindungen mit größeren CMC-Winkeln, vgl. S. 400). Die monomeren Addukte MR_nL_m und $[MR_{n+m}]^{m-}$ sind wie folgt strukturiert: für $n+m = 2$ digonal (z. B. MRL, MMe_2^- mit M = Cu, Ag, Au);

Tab. 32.21 Einige Übergangsmetallmethyle MR_n mit R = CH_3 (Me), CH_2SiMe_3(R'), $CH(SiMe_3)$(R''), ferner Metallate $[MR_{n+m}]^{m-}$ sowie Addukte MR_nL_m (MMe_n durch Fettdruck hervorgehoben; M bezieht sich auf alle, M' auf die beiden schweren Gruppenmetalle; Ox. = Oxidationsstufe von M)[a]

Ox.	Sc, Y, La	Ti, Zr, Hf	V, Nb, Ta	Cr, Mo, W	Mn, Tc, Re	Fe, Ru, Os	Co, Rh, Ir	Ni, Pd, Pt	Cu, Ag, Au	Zn, Cd, Hg
+ I, + II	–	$(TiR'_2)_x^b$	$(VR'_2)_x$	$(CrR'_2)_x$	$\mathbf{MnMe_2}^c$	$\mathbf{FeMe_2}^a$	–	a	$(MMe)_x^c$	$\mathbf{MMe_2}$
+ III	$MR'_3{}^b$	$TiR''_3{}^b$	$VR''_3{}^b$	$MR_3{}^d$	$\mathbf{(ReMe_3)_3}$	$(RuR'_3)_2$	a	–	$\mathbf{(AuMe_3)_2}^c$	–
+ IV	–	$\mathbf{MMe_4}^c$	VR'_4	$CrR'_4{}^a$	MnR'_4	a	a	–	–	–
+ V, + VI	–	–	$\mathbf{M'Me_5}$	$\mathbf{M'Me_{5/6}}$	$\mathbf{ReMe_6}$	–	–	–	–	–
+ I, + II	–	–	a	$MMe_4^{2-e,f}$	$MnMe_4^{2-e}$	$FeMe_4^{2-e}$	$CoMe_4^{2-e}$	MMe_4^{2-}	MMe_2^-	MMe_4^{2-g}
+ III	YMe_6^{3-a}	h	–	$CrMe_6^{3-e}$	MMe_4^{-f}	–	–	a	$AuMe_4^{-i}$	–
+ IV	–	MMe_6^{2-h}	–	–	$MnMe_6^{2-}$	–	$RhMe_6^{2-}$	$PtMe_6^{2-}$	–	–
+ V, + VI	–	–	MMe_6^-	$M'Me_7^{-j}$	$ReMe_8^{2-}$	–	–	–	–	–
+ I	–	–	–	–	$MMeL_5$	–	$MMeL_3^k$	$(PdMeL_2)_2$	$MMeL$	–
+ II	–	$TiMe_2L_4$	VMe_2L_4	$CrMe_2L_4$	$MnMe_2L_4$	$MMe_2L_4{}^l$	$CoMe_2L_3$	MMe_2L_2	–	$MMe_2L_{1/2}{}^g$
+ III	M'_3L_2	–	VR'_3L	$CrMe_3L_3$	$ReMe_3L_2$	–	MMe_3L_3	–	$AuMe_3L$	–
+ IV, + V	–	$TiMe_4L$	$M'Me_5L_2$	–	–	–	–	$PtMe_4L_2$	–	–

a Die Thermostabilität von MR_n wächst mit der Raumerfüllung von R (Aryle sind häufig vorteilhafter als räumlich vergleichbare Alkyle); auch führt eine Adduktbildung mit neutralen und anionischen Liganden L z. B. CO, NR_3, PR_3, OR_2, SR_2, R^- zur Stabilisierung von MR_n. Demgemäß existieren im Falle der aufgeführten Me-Derivate jeweils auch R'- sowie R''-Derivate und im Falle fehlender Me-, R'-, R''-Derivate häufig solche mit anderen Resten R, z. B. $LaPh_4^-$, VPh_6^{4-}, $Mo(o\text{-}Tol)_4$, $W(o\text{-}Tol)$, $W(o\text{-}Tol)_4$, FeR_4^N, $RuCy_4$, $OsCy_4$, RuR_4^N, OsR_4^N, $RhMes_3$, CoR_4^N (auch CrR_4, MnR_4^N), $NiMes_2$, $Pt(C_6Cl_5)_4$ (R^N = 1-Norbornyl C_7H_{11}, Cy = Cyclohexyl C_6H_{11}).

b u. a. auch $ScPh_3$, $(YMe_6)_2$, YPh_3, $TiPh_2$, $TiPh_3$, $Ti(CH_2Ph)$, $V(CH_2Ph)_4$, $CrPh_4^-$, $CrPh_6^{3-}$, $(CrPh_3)_2^-$, $CrPh_4^-$, $FeMes_3^-$, $FePh_6^{4-}$.

c Vergleichsweise thermolabil. Isolierbar sind etwa $TiPh_4$, $(MnR'_2)_2$, $[Mn(CH_2Bu)_2]_4$, $(FeR_2)_2$, $FeMes_2$, $MnMes_3$, $(CuMes)_5$, $(AgMes)_6$, $(AuMes)_6$ (AuMes); instabiles ReR'_2 lässt sich durch N_2-Koordination stabilisieren.

d Z. B. CrR''_3, $(MoR'_3)_2$, $(WR'_3)_2$, monomeres $MoMes_3$.

e Auch $MnMe_3^-$, $FeMe_3^-$, $CoMe_3^-$, $MnMes_3^-$, $FePh_6^{4-}$.

f Dimer im Falle von $CrMe_4^-$, $MoMe_4^-$, WMe_4^{2-}, $TcMe_4^-$, $ReMe_4^-$; man kennt auch $MnMe_5^{2-}$.

g Keine Hg-Verbindungen.

h Man kennt $Ti(C_6F_5)_5^{2-}$, $TiMe_6^{2-}$ unbekannt; dafür existieren $TiMe_5^-$, $Ti_2Me_9^-$.

i Man kennt $Ag(CF_3)_4^-$.

j Die Existenz von WMe_8^{2-} ist unsicher.

k Im Falle M = Co: $CoMeL_4$.

l Auch FeR'_2L_2.

für $n + m = 3$ trigonal-planar (z. B. MR_2L mit M = Zn, Cd); für $n + m = 4$ tetraedrisch (z. B. VR_3L, MMe_4^{2-} mit M = Mn, Fe (?), Co, Ni, Zn, Cd) bzw. quadratisch-planar (z. B: $MnMe_4^-$, MMe_4^{2-}/MMe_2L_2 mit M = Pd, Pt; $AuMe_4^-/AuMe_3L$); für $n + m = 5$ trigonal-bipyramidal (z. B. MR_3L_2 mit M = Sc, Y, La; $TiMe_5^-/TiMe_4L$; ReR_3L_2, CoR_2L_3) bzw. quadratisch-pyramidal (z. B. $TiMe_5^-$, $MnMe_5^{2-}$), für $n + m = 6$ oktaedrisch (z. B. YMe_6^{3-}; MMe_6^{2-} mit M = Mn, Rh, Pt; MR_4L_2 mit M = Ti, Pt; MR_2L_4 mit M = Ti, V, Cr, Mn, Ru, Os; MR_3L_3 mit M = Cr, Co, Rh, Ir) bzw. trigonal-prismatisch (z. B. $ZrMe_6^{2-}$, $HfMe_6^{2-}$, VMe_6^-, $NbMe_6^{2-}$, $TaMe_6^-$, $TaPh_6^-$); für $n + m = 7$ überkappt-oktaedrisch ($NbMe_7^{2-}$, $TaMe_7^{2-}$); für $m + n = 8$ quadratisch-antiprismatisch (WMe_8^{2-}, $ReMe_8^{2-}$).

Die quadratisch-pyramidale Konfiguration von $NbMe_5$ sowie $TaMe_5$ und C_{3v} verzerrt-trigonal-prismatische Konfiguration von $MoMe_6$ und WMe_6, also von Komplexen mit d^0-Zentralmetallen, ist – nach ab initio Berechnungen – begünstigt, wenn starke, nicht allzu polare Bindungen von M zu wenig sperrigen Liganden ohne π-Donortendenz ausgebildet werden (vgl. hierzu VSEPR-Modell, S. 343). Demgemäß ist auch $ZrMe_6^{2-}$ trigonal-prismatisch, während WX_6 (X = NMe_2, OMe, F) mit recht polaren MX-Bindungen oktaedrischen Bau zeigt. Dass $SbMe_5$ sowie $BiMe_5$ anders als $NbMe_5$ sowie $TaMe_5$ trigonal-bipyramidal und $TeMe_6$ anders als WMe_6 oktaedrisch konfiguriert sind, geht darauf zurück, dass die d-Atomorbitale von Sb, Bi und Te nicht an der Hybridisierung des Zentralelements mitwirken (vgl. S. 398), die von Nb, Ta und W aber schon (begünstigte Bildung von verzerrt oder unverzerrt trigonal-prismatisch bzw. quadratisch-pyramidal orientierten sd^4- bzw. sd^5-Hybridorbitalen). Komplexe ML_7 mit d^0-Übergangsmetallen weisen sowohl bei weniger elektronegativen Liganden wie Me (z. B. $NbMe_7^{2-}$, $TaMe_7^{2-}$), als auch bei stärker elektronegativen Liganden wie F^- (z. B. MoF_7^-, WF_7^-) – anders als entsprechende pentagonal-bipyramidal gebaute Hauptgruppenelementkomplexe (z. B. TeF_7^-, IF_7) – überkappt-oktaedrische Konfiguration auf.

Die Zusammenlagerung von Nebengruppenmetallorganylen zu di-, tri-, tetra-, ... polymeren Komplexen kann sowohl über Metall-Organyl-Metall-Dreizentrenbindungen (Abb. 32.61a) erfolgen (nicht zu verwechseln mit den Verknüpfungen (Abb. 32.61b oder c) wie sie in $[Fe_2(CO)_8(\mu_2\text{-}CR_2)]$ oder $[Co_3(CO)_9(\mu_3\text{-}CR)]$ vorliegen) als auch über Metall-Metall-Zweizentrenbindungen (Abb. 32.61d, e). Beispiele für den Strukturtyp (Abb. 32.61a) bieten die »Kupfer(I)«- sowie »Mangan(II)-organyle«. So enthält $[CuCH_2SiMe_3]_4$ einen achtgliederigen Ring $(-CuC-)_8$ mit gewinkelten CuCCu- und linearen CCuC-Baueinheiten (vgl. S. 1708 sowie auch Ag(I)- und Au(I)-organyle), während die Mn-Atome in $[Mn(CH_2CMe_2Ph)_2]_2$ und $[Mn(CH_2CMe_3)_2]_x$ – anders als die Cu-Atome mit je einer Organylbrücke zwischen Cu-Atompaaren – jeweils über zwei Organylbrücken miteinander verbunden sind und damit in ersterem Falle trigonal-planar, im letzteren tetraedrisch koordiniert vorliegen (vgl. Abb. 32.61h sowie S. 1913). Erwähnt sei auch das Metallat $Ti_2Me_9^-$, das im Sinne der Formulierung $Me_4Ti(\mu\text{-}CH_3)TiMe_4$ zwei über eine planare CH_3-Gruppe verbrückte $TiMe_4$-Gruppen aufweist (trigonal-bipyramidale Koordination von Ti). Die Strukturtypen (Abb. 32.61d, e und f) wurden in anderem Zusammenhang bereits eingehend besprochen. Als Beispiele für Abb. 32.61d seien $M_2(CH_2SiMe_3)_6$ (M = Mo, W, Ru), für Abb. 32.61e $M_2Me_8^{4-}$ (M = Cr, Mo, W) sowie $Re_2Me_8^{2-}$ und für Abb. 32.61f Re_3Me_9 (enthält neben ReRe-Bindungen zusätzlich ReMeRe-Brücken) genannt.

Die Metall-Kohlenstoff-Bindungsabstände entsprechen in allen Metallorganylen näherungsweise Einfachbindungen. Dies gilt nicht nur für die Metallalkyle, sondern auch für die Metallalkenyle, -aryle und -alkinyle, in welchen sich aufgrund vorhandener π^*-MOs der Organylreste im Prinzip π-Rückbindungen ausbilden könnten. Tatsächlich kommt aber letzteren nur geringe Bedeutung zu, sodass Metallalkenyle, -aryle und -alkinyle weder verkürzte MC-, noch verlängerte CC-Bindungen aufweisen. Auch wirken die komplexgebundenen ähnlich wie die metallfreien Organylreste als gute π-Liganden. Genannt seien etwa die Kupferalkinyle $CuC{\equiv}CR$, die einen polymeren Bau mit π-Alkin-Kupfer-Brücken aufweisen (vgl. Abb. 32.61i sowie auch Goldalkinyle, S. 1742).

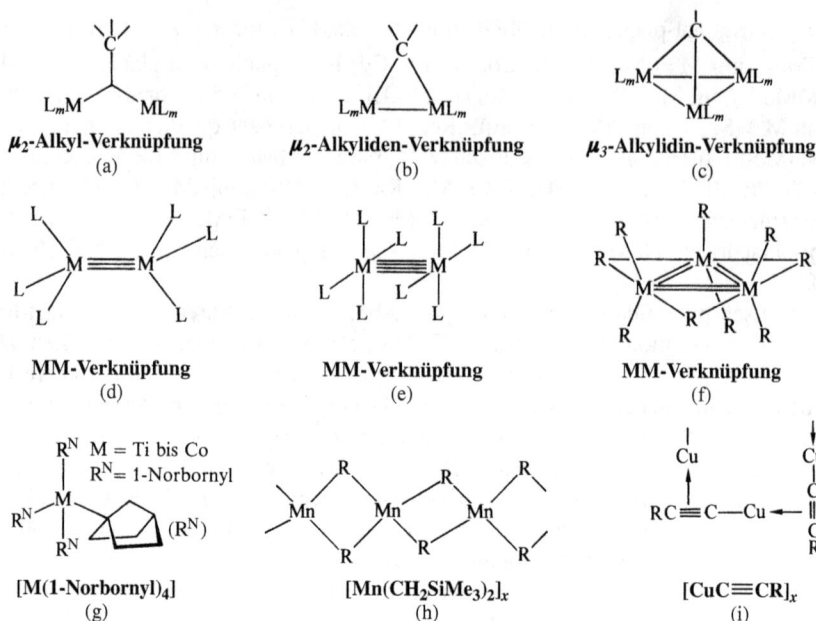

μ$_2$-Alkyl-Verknüpfung
(a)

μ$_2$-Alkyliden-Verknüpfung
(b)

μ$_3$-Alkylidin-Verknüpfung
(c)

MM-Verknüpfung
(d)

MM-Verknüpfung
(e)

MM-Verknüpfung
(f)

R^N M = Ti bis Co
R^N = 1-Norbornyl

[M(1-Norbornyl)$_4$]
(g)

[Mn(CH$_2$SiMe$_3$)$_2$]$_x$
(h)

[CuC≡CR]$_x$
(i)

Abb. 32.61

Darstellung. Die Organyle der Nebengruppenelemente werden wie die der Hauptgruppenelemente bevorzugt durch Metathese aus (gegebenenfalls ligandenkoordinierten) Übergangsmetallhalogeniden, -acetaten, -alkoxiden MX$_n$ und Metallorganylen wie LiR, RMgBr, AlR$_3$, ZnR$_2$ in
organischen Medien (Ethern, Kohlenwasserstoffen) gewonnen, z. B. (Me = Methyl CH$_3$; Ph =
Phenyl C$_6$H$_5$; Vi = Vinyl CH=CH$_2$; C$_2$R = Alkinyl C≡CR; Li$_2$(CH$_2$)$_4$ = LiCH$_2$CH$_2$CH$_2$CH$_2$Li;
Pt(CH$_2$)$_4$ = Baueinheit mit fünfgliederigem PtC$_4$-Ring).

$$WCl_6 + 6\,LiMe \longrightarrow WMe_6 + 6\,LiCl \qquad NbCl_5 + ZnMe_2 \longrightarrow [Me_2NbCl_3] + ZnCl_2$$
$$TiCl_4 + 4\,LiPh \longrightarrow TiPh_4 + 4\,LiCl \qquad [PtCl_2(PR_3)_2] + 2\,LiR \longrightarrow [PtR_2(PR_3)_2] + 2\,LiCl$$
$$ZnCl_2 + 2\,LiVi \longrightarrow ZnVi_2 + 2\,LiCl \qquad [PtCl_2(PR_3)_2] + Li_2(CH_2)_4 \longrightarrow [Pt(CH_2)_4(PR_3)_2] + 2\,LiCl$$
$$CuCl + KC_2R \longrightarrow CuC_2R + KCl \qquad 2\,CuI + K_2C_2 \longrightarrow Cu_2C_2 + 2\,KI$$

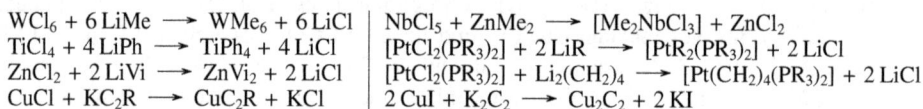

Wegen der vergleichsweise hohen Basizität des Acetylid-Ions C≡CR$^-$ lassen sich
Alkinylkomplexe M(C$_2$R)$_n^{m-}$ anders als Cyanokomplexe M(CN)$_n^{m-}$ nur durch Zugabe
des Liganden zu einer Lösung des betreffenden (komplexierten) Metallions in flüssi-
gem Ammoniak herstellen (in Wasser erfolgt Hydrolyse gemäß C$_2$R$^-$ + H$_2$O $\longrightarrow$ HC$_2$R +
OH$^-$), z. B. Cr(CN)$_6^{3-}$ + 6 C$_2$H$^-$ $\longrightarrow$ Cr(C$_2$H)$_6^{3-}$ + 6 CN$^-$.
Die Darstellung von Übergangsmetallorganylen kann in einigen Fällen – falls komplexier-
te Übergangsmetallanionen existieren – auch umgekehrt durch Reaktion dieser Anionen mit
Organyl- oder Arylhalogeniden erfolgen, zum Beispiel NaMn(CO)$_5$ + MeI $\longrightarrow$ MeMn(CO)$_5$ +
NaI; NaMn(CO)$_5$ + MeCOCl $\longrightarrow$ MeCOMn(CO)$_5$ + NaCl $\longrightarrow$ MeMn(CO)$_5$ + CO + NaCl.
Letzteres Verfahren wird mit Vorteil zur Synthese von Metallperfluororganylen genutzt.
Weitere Zugänge zu Übergangsmetallorganylen sind u. a. die Hydrometallierung (L$_m$M−H +
>C=C< $\longrightarrow$ L$_m$M−>C=CH< und die oxidative Addition (L$_m$M + RX $\longrightarrow$ L$_m$MXR).

[(R$_3$P)$_2$PtClH] + CH$_2$=CH$_2$ $\longrightarrow$ [(R$_3$P)$_2$PtCl−CH$_2$−CH$_3$] | Zn + MeCl $\longrightarrow$ [MeZnCl]
[(R$_3$P)$_2$IrBr(CO)] + MeBr $\longrightarrow$ [(R$_3$P)$_2$IrBr$_2$Me(CO)] | Fe(CO)$_5$ + CF$_3$I $\longrightarrow$ [CF$_3$FeI(CO)$_4$] + CO.

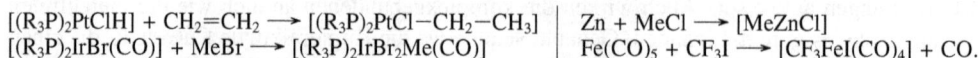

Weniger bedeutungsvoll für die Übergangsmetallorganyl-Gewinnung ist die Direktsynthese
(2 M + n RX $\longrightarrow$ R$_x$MX$_y$ + R$_y$MX$_x$ mit x + y = n).

Eigenschaften. Die Übergangsmetallorganyle zeichnen sich vielfach durch charakteristische Farben (z. B. gelbes $TiMe_4$, dunkelrotes WMe_6, grünes $ReMe_6$, orangegelbes $CoMe_4^{2-}$), durch Hydrolysestabilität sowie Luftempfindlichkeit aus. Ihre thermische Stabilität ist teils sehr klein (z. B. zerfällt AuMe bereits bei sehr tiefen Temperaturen, $TiMe_4$ langsam bereits ab $-70\,°C$, AgMe bei $-50\,°C$, $(AuMe_3)_2$ bei $-40\,°C$, CuMe bei $-15\,°C$), teils vergleichsweise groß (z. B. $ZnMe_2$; vgl. hierzu auch Tab. 32.21, Anm. a). Die Bindungen zwischen Kohlenstoff und den Nebengruppenelementen sind hierbei nicht – wie man früher annahm – deutlich schwächer als die zwischen Kohlenstoff und den Hauptgruppenelementen, sondern von vergleichbarer Stärke (Bindungsenergiebereich: $120 - 350\,kJ\,mol^{-1}$)[20]. Die Zersetzlichkeit vieler Übergangsmetallorganyle hat demzufolge weniger thermodynamische als vielmehr kinetische Ursachen[20].

Der letztendlich zu den Übergangsmetallen selbst oder zu C- und H-haltigen, wenig flüchtigen Übergangsmetallverbindungen führende thermische Zerfall von MR_n bzw. L_mMR_n beruht auf Eliminierungen. Besonders leicht erfolgt hierbei eine β-Eliminierung von $[M]-H$ ($[M]$ = Komplexfragment) unter Bildung von Alkenen (32.9a), weniger leicht eine β-Eliminierung von $R-H$ unter Bildung von Carbenkomplexen (32.9b) oder eine α-Eliminierung von $R-R$ unter Bildung von organylärmeren metallorganischen Verbindungen (32.9c); die primären Zersetzungsprodukte können anschließend weiter zerfallen, z. B. unter intramolekularer (32.9c) oder intermolekularer (32.9d)-Eliminierung von $R-H$:

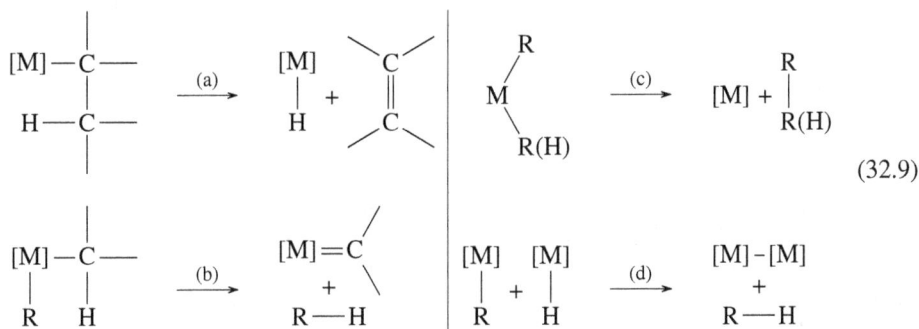

$$(32.9)$$

Gelegentlich lassen sich die »primären Zersetzungsprodukte« fassen. So wandelt sich etwa *trans*-$[(R_3P)_2PtClEt]$ beim Erhitzen auf $180\,°C$ unter Ethylenabspaltung gemäß (32.9a) in *trans*-$[(R_3P)_2PtClH]$ um. Auch erhält man bei der Einwirkung von überschüssigem Neopentyllithium $LiCH_2tBu$ auf $TaCl_5$ nicht das Pentaorganyl $Ta(CH_2tBu)_5$, sondern dessen nach (32.9b) zu erwartendes Zersetzungsprodukt $(tBuCH_2)_3Ta=CHtBu$ neben Neopentan CH_3tBu. Und schließlich zerfällt $TiPh_4$ bei Raumtemperatur im Sinne von (32.9)c unter Bildung von $TiPh_2$ und Biphenyl $Ph-Ph$. Eingeleitet werden die Eliminierungen (32.9a) und (32.9b) vielfach durch eine β- bzw. α-Wasserstoffatom-Übertragung (32.10) auf das Zentralmetall unter Bildung eines π-Alken- bzw. eines Carbenkomplexes, aus dem dann das Alken austritt bzw. ein Alken gemäß (32.9c) eliminiert wird (Näheres vgl. S. 2169):

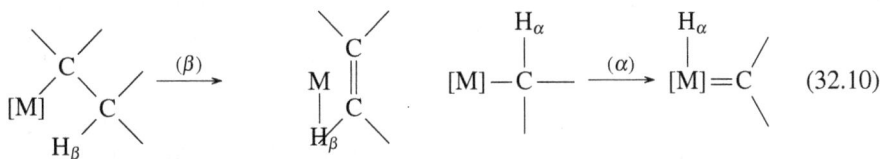

$$(32.10)$$

---

[20] Die MC-Bindungsenergie wächst innerhalb einer Gruppe mit zunehmender Ordnungszahl des Nebengruppenelements und abnehmender Ordnungszahl des Hauptgruppenelements, z. B.: $TiR_4/ZrR_4/HfR_4$ mit $R = CH_2SiMe_3$: $188/227/224\,kJ\,mol^{-1}$; $SiR_4/GeR_4/SnR_4/PbR_4$ mit $R = Et$: $287/243/195/130\,kJ\,mol^{-1}$. Die Zersetzungsaktivierungsenergien sind für Organyle der Übergangsmetalle meist kleiner als für vergleichbare Hauptgruppenelemente. Während demgemäß $TiMe_4$ ab $-70\,°C$ thermolysiert, zersetzt sich $SiMe_4$ erst ab ca. $500\,°C$ und $PbMe_4$ – trotz kleinerer PbC-Bindungsenergie – erst oberhalb $200\,°C$.

Voraussetzung für beide Übertragungsreaktionen, die ja mit einer Erhöhung der Koordinationszahl des Metalls verbunden sind, stellen freie Koordinationsstellen am Metallzentrum dar, d. h. die effektive Elektronenzahl der Zentralmetalle muss < 18 sein. Andererseits verlaufen die Eliminierungen (32.9c) und (32.9d) teils einstufig (Näheres vgl. S. 2174), teils mehrstufig über Radikale: $[M]-R \longrightarrow [M]^* + R^*$. Hiernach lässt sich eine »kinetische Stabilisierung« von Übergangsmetallorganylen u. a. durch Organylgruppen ohne β-Wasserstoffatom (Alkenbildung nach (32.9a) unmöglich), durch koordinative Absättigung des Zentralmetalls (α- bzw. β-Wasserstofffumlagerung behindert) bzw. durch sperrige Organylgruppen (Alkanbildung nach (32.9c) bzw. (32.9d) behindert) erreichen. So ist etwa $TiEt_4$ – anders als $TiMe_4$ – selbst bei sehr tiefen Temperaturen nicht isolierbar und das 2,2'-Bipyridyl-Addukt von $TiMe_4$ thermostabiler als $TiMe_4$; auch zersetzt sich sperriges $Ti(CH_2tBu)_4$ erst um 105 °C und das sterisch noch stärker behinderte TiR^N_4 mit R^N = 1-Norbornyl (vgl. Abb. 32.61g) erst bei sehr hohen Temperaturen.[21]

Typische Reaktionen der Übergangsmetallorganyle stellen neben den Eliminierungen die – vielfach reversiblen – Insertionen ungesättigter Moleküle wie Kohlenstoffmonoxid (32.11a), Stickstoffmonoxid (32.11b), Alkene (32.11c), Schwefeldioxid (32.11d) in eine MC-Bindung dar:

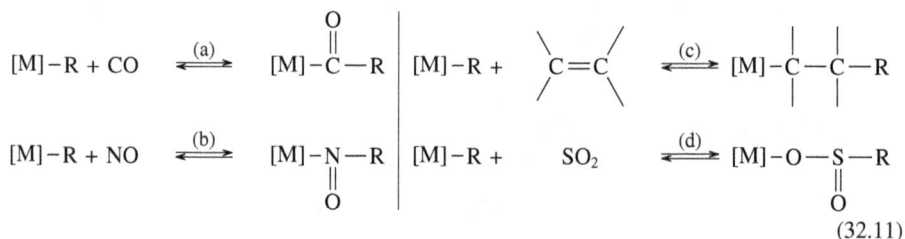

$$[M]-R + CO \rightleftarrows [M]-\overset{\overset{O}{\|}}{C}-R \qquad [M]-R + \;\overset{\diagdown}{_{\diagup}}C{=}C\overset{\diagup}{_{\diagdown}}\; \rightleftarrows [M]-\overset{|}{\underset{|}{C}}-\overset{|}{\underset{|}{C}}-R$$

$$[M]-R + NO \rightleftarrows [M]-\overset{}{\underset{\underset{O}{\|}}{N}}-R \qquad [M]-R + \;SO_2\; \rightleftarrows [M]-O-\overset{}{\underset{\underset{O}{\|}}{S}}-R$$

$$(32.11)$$

Allerdings bildet sich etwa bei Einwirkung von CO auf $[MeMn(CO)_5]$ der Acylkomplex $[MeCOMn(CO)_5]$ in der Weise, dass der in sehr kleiner Konzentration mit dem 18-Elektronenkomplex $[MeMn(CO)_5]$ im Gleichgewicht stehende 16-Elektronenkomplex $[MeCOMn(CO)_4]$ durch die Base CO (analog wirken andere Liganden L wie PR_3, I⁻) herausgefangen wird:

$$[MeMn(CO)_5] \overset{\rightharpoonup}{\leftharpoondown} [MeCOMn(CO)_4] \xrightarrow{+L} [MeCOMn(CO)_4L].$$

Gleiches gilt für CO-Insertionen (32.11a) in andere MC-Bindungen, die als »Organylwanderungen« zu klassifizieren sind. Die Umwandlungen von Alkyl- in Acylkomplexe nehmen bei einer Reihe technischer, durch Übergangsmetallkomplexe katalysierter Prozesse Schlüsselstellungen des Reaktionsablaufs ein (vgl. hierzu S. 2005, 2019). Anders als die CO-Insertionen in MC-Bindungen sind solche in MH-Bindungen thermodynamisch meist nicht bevorzugt und verlaufen demgemäß in umgekehrter Richtung.

Die Stickstoffmonoxid-Insertionen (32.11b) in MC-Bindungen erfolgen analog den CO-Insertionen und werden daher ebenfalls durch Basen ausgelöst, z. B. $[CpCoR(NO)] + PR_3 \longrightarrow [Cp(R_3P)CoN(O)R]$. Die Sauerstoffinstabilität vieler Metallorganyle beruht offensichtlich ebenfalls auf der leicht erfolgenden Insertion von O_2 in die MC-Bindung. Bezüglich der Alkeninsertion sowie der Hydrogenolyse von MC-Bindungen ($[M]-R + H_2 \longrightarrow [M]-H + HR$) vgl. S. 2169.

Viele Metallorganyle MR_n wirken als Lewis-Säuren und reagieren mit Donoren L unter Bildung von Addukten MR_nL_m sowie MR_{n+m}^{m-} (vgl. Tab. 32.21). Erwähnt sei in diesem Zusammenhang die Möglichkeit einiger Metallorganyle, sich sogar an molekularem Stickstoff

---

[21] Die im Falle einer MR^N-Gruppe im Prinzip mögliche β-Eliminierung unter Alkenbildung ist aus energetischen Gründen (vgl. Bredt'sche Regeln der Organischen Chemie) behindert. Der 1-Norbornylrest R^N stabilisiert demgemäß vergleichsweise hohe Oxidationsstufen wie V(IV), Cr(IV), Mn(IV), Fe(IV), Co(IV). Auch Metallorganyle perfluorierter Organylliganden sind vielfach stabiler als solche mit entsprechenden Kohlenwasserstoffliganden (z. B. zerfällt $CH_3Co(CO)_4$ bei -30 °C, während sich $CF_3Co(CO)_4$ bei 91 °C unzersetzt destillieren lässt.

anzulagern: $2 MR_n + N_2 \longrightarrow R_nM-N\equiv N-MR_n$ (MR_n z. B. $V(CH_2tBu)_3$, $MoMes_3$, $MnMes_3$, $Re(CH_2SiMe_3)_2$).

3.1.2   Alkylidenmetallkomplexe (Carben-Komplexe)

Geschichtliches. Die ersten Carbenkomplexe, $(CO)_2M=CMe(OMe)$ mit M = Co, Mo, W wurden von E. O. Fischer (Nobelpreis) und A. Maasböl synthetisiert. Die Verbindungen $L_mM=CXY$ leiten sich von den Metall-Carbonylen durch Ersatz des CO-gegen den CXY-Liganden ab. Man nannte sie deshalb Carbenkomplexe. Sie werden, da der Name Carben dem freien Teilchen CXY vorbehalten bleiben soll, auch als Alkylidenkomplexe bezeichnet. Man unterscheidet »Fischer-Carbenkomplexe« (»elektrophile Carbenkomplexe«; erstmals isoliert 1964), die niedriger oxidierte Metalle mit einer 18-Elektronenaußenschale aufweisen (X und/oder Y meist Heterosubstituenten) und »Schrock-Carben-komplexe« (»nucleophile Carbenkomplexe«; erstmals isoliert 1974 durch R. R. Schrock; Nobelpreis 2005), die höher oxidierte Metalle mit einer 18-Elektronenaußenschale enthalten (X, Y = H, Organyl, Silyl). Als Sonderfälle der Fischer-Carbenkomplexe haben die Komplexe mit Wanzlick-/Arduengo-Carbenen (erstmals isoliert 1968 durch H.-W. Wanzlick) in neuerer Zeit Bedeutung als Katalysatoren erlangt (z. B. für Metathesereaktionen, Arylhalogenid-Kupplungen; bzgl. der Arduengo-Carbene vgl. Text).

Überblick. Alkyliden-(Carben-)Komplexe (vgl. Geschichtliches) des Typs $L_mM=CXY$ (Abb. 32.62a) werden von allen Übergangsmetallen des Periodensystems gebildet. Die Substituenten X und Y (z. B. H, R, OR, SR, NR_2) können hierbei ebenso wie die Liganden L (z. B. CO, NO, PR_3, Hal^-, OR^-, SR^-, NR_2^-, R^-, CXY) gleich- oder ungleichartig sein. Homoleptische Alkyli-denkomplexe mit »labileren« Carbenen (z. B. planares $Pt(=CX_2)_4^{2+}$; X = NHMe) wurden bisher nur in Ausnahmefällen gefunden, solche mit »stabileren« Arduengo-Carbenen (S. 1045) häufi-ger (Abb. 32.63e, f, g). Beispiele für heteroleptische Alkylidenkomplexe mit labileren Carbenen bieten die Verbindungen (Abb. 32.63a, b, c, d), solche mit stabilen Carbenen etwa die Carbony-le $Cr(CO)_5(Carben)$, $Cr(CO)_4(Carben)$, $Fe(CO)_4(Carben)$, $Ni(CO)_3(Carben)_2$, $Ni(CO)_2(Carben)_2$ sowie die Halogenide $CpCrCl(Carben)$, $RuCl_2(CHPh)(Carben)$, $PdCl_2(Carben)_2$.

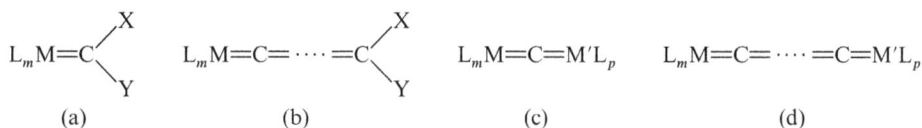

$$L_mM=C\overset{X}{\underset{Y}{\big\langle}} \qquad L_mM=C=\cdots=C\overset{X}{\underset{Y}{\big\langle}} \qquad L_mM=C=M'L_p \qquad L_mM=C=\cdots=C=M'L_p$$

(a)   (b)   (c)   (d)

Abb. 32.62

Außer dem Komplextyp (Abb. 32.63a) kennt man Komplexe des Typs (Abb. 32.63b, c, d), die man als »Metalla« bzw. »Dimetallaallene«, »-tetratriene«, »-pentatetraene«, »-hexapentaene« usw. bezeichnen kann z. B. (tpp = Tetraphenylporphyrin, {Mn} = $CpMn(CO)_2$, {Re} = $Cp^*Re(NO)(CO)$, Cp^* = Pentamethylcyclopentadienyl):

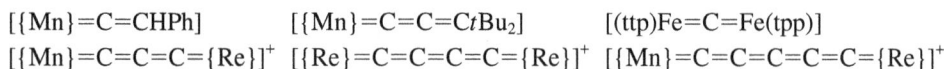

$[\{Mn\}=C=CHPh]$ $[\{Mn\}=C=C=CtBu_2]$ $[(ttp)Fe=C=Fe(tpp)]$

$[\{Mn\}=C=C=C=\{Re\}]^+$ $[\{Re\}=C=C=C=C=\{Re\}]^+$ $[\{Mn\}=C=C=C=C=\{Re\}]^+$

Auch die Gruppenhomologen des Kohlenstoffs vermögen Verbindungen vom Ty-pus (Abb. 32.63a bzw. c) zu bilden, z. B. $[(CO)_2Cr=GeR_2]$ mit R = $CH(SiMe_3)_2$, $[Cp(CO)_2Mn=Pb=Mn(CO)_2Cp]$ (vgl. bei den betreffenden Elementen).

Struktur- und Bindungsverhältnisse. In den Alkylidenkomplexen $L_mM=CXY$ ist das Zentral-metall vielfach tetraedrisch von vier oder oktaedrisch von sechs Liganden umgeben (vgl. z. B. Abb. 32.63a, b, c, f, g sowie $(tBuCH_2)_3Ta=CHtBu$, $Cp(CO)_2Mn=CMe_2$, $Cp(CO)_2Re=CHSiR_3$, $[Ni(CO)_{4-n}(CXY)_n]$, $Cr(CO)_{6-n}(CXY)_n$, $CpCrCl(Carben)$), ferner trigonal-bipyramidal von fünf, quadratisch-planar von vier oder digonal von zwei Liganden (vgl. Abb. 32.63d, f, e) sowie

(a) [Cp₂MeTaCH₂]   (b) [Cp(CO)(NO)CrCPh₂]   (c) [(CO)₅CrCMe(OMe)]   (d)[(PR₃)₂(NO)ClOsCH₂]

(e) [M(Carben)₂]$^{0/+/2+}$
(Ni⁰,Pd⁰,Pt⁰,Cu⁺,Ag⁺,Au⁺,Hg²⁺;
R u.a. tBu, Ph, Mes)

(f) [M(Carben)₄]$^{2+/0}$
(Ni²⁺,Pd²⁺,Pt²⁺;
R u.a. Me, Et, tBu)

(g) [M(Carben)₄]⁻
(Se³⁺,V³⁺;
R u.a. Me, Bu)

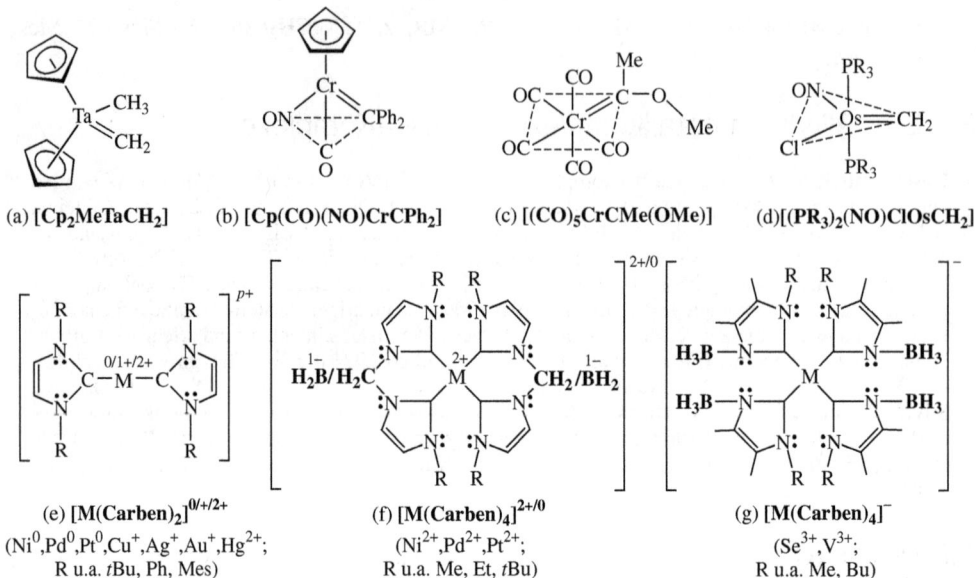

Abb. 32.63 Strukturen einiger Alkyliden-Metallkomplexe. *) Man kennt auch [Pt(Carben)₄]²⁺ mit Arduengo-Carbenen [−RN−CH=CH−NR−]C: (vgl. z. B. linke Hälfte der Verbindung (e).

Fe(CO)$_{5-n}$(Carben)$_n$, (PR₃)Cl₂Pt=C(NHMe)₂, Ru₂Cl₂(CHPh)(Carben). Das Carbenkohlenstoffatom ist aber in jedem Falle näherungsweise sp²-hybridisiert und trigonal-planar von drei Bindungsnachbarn koordiniert. Dabei führen π-Rückbindungen vom Metall bzw. von X/Y (falls diese Substituenten freie Elektronenpaare aufweisen) zum Carbenkohlenstoff zu einer Stabilisierung der Akylidenkomplexe.

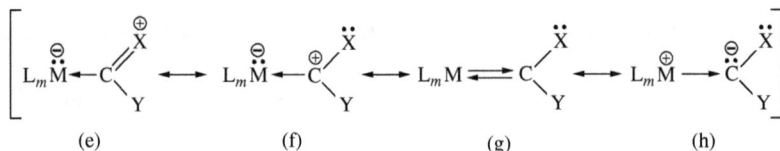

(e)   (f)   (g)   (h)

Abb. 32.64

Als Folge der Mesomerie (Abb. 32.64e) ⟷ (Abb. 32.64h) sind die Bindungen zwischen M und dem Carbenkohlenstoffatom kürzer als zwischen M und einem Alkylkohlenstoffatom (z. B. 2.03/2.24 Å für TaCH₂/TaCH₃ in Cp₂Ta(CH₂)(CH₃)). Der π-Akzeptorcharakter von Carbenliganden ist aber deutlich schwächer als der von Kohlenstoffoxidliganden. Dies trifft in besonderem Maße für Alkylidenkomplexe zu, in welchen X und/oder Y ein freies zur Mesomerie (Abb. 32.64f) ⟷ (Abb. 32.64e) geeignetes Elektronenpaar aufweist (z. B.: 2.13/ 1.85 Å für Cr(CXY)/Cr(CO) in (CO)₅Cr=C(OMe)(NMe₂)). Für das Gewicht der Grenzformel (Abb. 32.64e) spricht neben dem verkürzten CX- bzw. CY-Abstand auch, dass etwa die beiden Methylgruppen in (CO)₅Cr=CMe(OMe) eine *trans*-Stellung zueinander einnehmen, was auf eine gehinderte Rotation hindeutet (Rotationsbarriere ca. 52 kJ mol⁻¹).

Darstellung. Die Gewinnung von Alkylidenkomplexen kann durch Komplexumwandlung eines komplexgebundenen Organyl- in einen Carbenliganden erfolgen, z. B. durch Addition von Nucleophilen am C-Atom von Carbonyl- oder Isocyanidokomplexen gemäß (32.12) oder (32.13) (vgl. hierzu S. 2129, 2150) bzw. durch Deprotonierung, Dehydrierung oder durch Entzug anderer Anionen aus metallgebundenen Organylgruppen gemäß (32.14), (32.15) oder (32.16). Des Weiteren lassen sich Alkylidenkomplexe durch Komplexaufbau, d. h. durch Substitution von Komplexliganden gegen in situ erzeugte labilere oder stabilere Carbene synthetisieren. Erstere entstehen etwa durch Thermolyse oder Photolyse von Diazoalkanen gemäß $R_2C=N=N \longrightarrow CR_2 + N_2$ (32.17). Letztere durch HZ-Eliminierung aus Alkanen X_2CHZ mit Basen (32.18) oder durch thermische Spaltung von Alkenen gemäß $X_2C=CX_2 \rightleftharpoons 2\,CX_2$ (32.19) ($X_2 = $ z. B. $-RN-CH=CH-NR^-$, Abb. 32.63e):

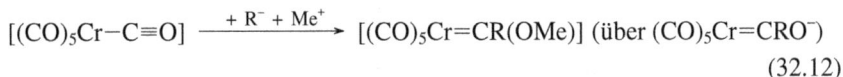

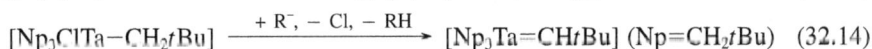

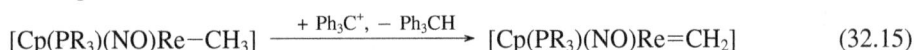

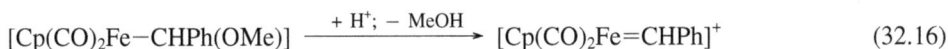

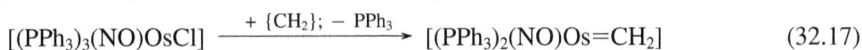

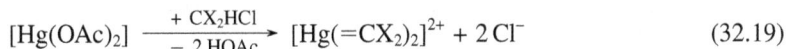

$$[(CO)_5Cr-C\equiv O] \xrightarrow{\;+\,R^-\,+\,Me^+\;} [(CO)_5Cr=CR(OMe)] \text{ (über } (CO)_5Cr=CRO^-) \tag{32.12}$$

$$[(R_3P)Cl_2Pt\ C=NR] \xrightarrow{\;+\,RNH_2\;} [(R_3P)Cl_2Pt=C(NHR)_2] \tag{32.13}$$

$$[Np_3ClTa-CH_2t Bu] \xrightarrow{\;+\,R^-,\,-\,Cl,\,-\,RH\;} [Np_3Ta=CHt Bu]\;(Np=CH_2t Bu) \tag{32.14}$$

$$[Cp(PR_3)(NO)Re-CH_3] \xrightarrow{\;+\,Ph_3C^+,\,-\,Ph_3CH\;} [Cp(PR_3)(NO)Re=CH_2] \tag{32.15}$$

$$[Cp(CO)_2Fe-CHPh(OMe)] \xrightarrow{\;+\,H^+;\,-\,MeOH\;} [Cp(CO)_2Fe=CHPh]^+ \tag{32.16}$$

$$[(PPh_3)_3(NO)OsCl] \xrightarrow{\;+\,\{CH_2\};\,-\,PPh_3\;} [(PPh_3)_2(NO)Os=CH_2] \tag{32.17}$$

$$[(PR_3)_3RuCl_2] \xrightarrow{\;+\,4\,CX_2;\,-\,3\,PPh_3\;} [Cl_2Ru(=CX_2)_4] \tag{32.18}$$

$$[Hg(OAc)_2] \xrightarrow[\;-\,2\,HOAc\;]{\;+\,CX_2HCl\;} [Hg(=CX_2)_2]^{2+} + 2\,Cl^- \tag{32.19}$$

Fe(II)-Porphyrine reagieren mit perhalogenierten Kohlenwasserstoffen unter Bildung von halogenierten Alkylidenkomplexen. So bildet tppFe^{II} mit CCl_4 [tppFe=CCl_2]. Derartige Reaktionen sind sowohl für die Giftigkeit der perhalogenierten Kohlenwasserstoffe als auch für deren Abbau in den Organismen verantwortlich (in letzterem Falle Beteiligung des Enzymsystems Cytochrom P 450). Die oben erwähnten Verbindungen in Abb. 32.62b, c, d mit kumulierten Doppelbindungen werden nach speziellen Verfahren gewonnen, z. B. Metallallene gemäß: $\{M\} + HC\equiv CR \longrightarrow \{M(\pi\text{-}HC\equiv CR)\} \longrightarrow \{M=C=CHR\}$.

Eigenschaften. In den niedrigvalenten Alkylidenkomplexen $L_mM=CXY$ mit elektronenliefernden Substituenten X und/oder Y, die sich insgesamt vergleichsweise reaktionsträge verhalten, wirkt das Carbenkohlenstoffatom elektrophil (s. Geschichtliches) (hohes Gewicht der Grenzformel in Abb. 32.64f) und reagiert mit vielen Nucleophilen unter X/Nu- bzw. Y/Nu-Austausch (z. B. $(CO)_5Cr=CMe(OMe) + RNH_2 \longrightarrow (CO)_5Cr=CMe(NHR) + MeOH$; $(CO)_5W=CPh(OMe) + LiPh \longrightarrow (CO)_5WCPh_2 + LiOMe$). Wesentlich reaktiver sind die höhervalenten Alkylidenkomplexe mit Substituenten X/Y = H, Organyl, Silyl, in welchen das Kohlenstoffatom nucleophil (s. Geschichtliches) wirkt (hohes Gewicht der Grenzformel in Abb. 32.64h; z. B. $Cp_2MeTa=CH_2 + \frac{1}{2}Al_2Me_6 \longrightarrow Cp_2MeTa-CH_2(AlMe_3)$. Die unterschiedlichen Polaritäten der C-Atome zeigen sich auch im inversen Verhalten der Carbenkomplexe hinsichtlich Wittig-analoger Reaktionen (S. 921): sie wirken in ersten Fällen wie die Ketonkomponente, in letzten Fällen wie die Alkylidenphosphorankomponente der Wittig-Reaktion: $Ph_2C=W(CO)_5 + Ph_3P=CH_2 \longrightarrow Ph_2C=CH_2 + Ph_3P=W(CO)_5$; $Ph_2C=O + Np_3Ta=CHt Bu \longrightarrow Ph_2C=CHt Bu + \frac{1}{x}[Np_3Ta=O]_x$ ($Np = CH_2t Bu$).

Verwendung. Präparativ findet das gemäß $Cp_2TiCl_2 + Al_2Me_6 \longrightarrow Cp_2Ti=CH_2\cdot Me_2AlCl + Me_2AlCl + CH_4$ in Toluol gewinnbare »Reagens von Tebbe« $Cp_2Ti=CH_2\cdot Me_2AlCl \rightleftharpoons Cp_2Ti=CH_2 + Me_2AlCl$ für »Methylentransfer-Reaktionen« dann Anwendung, wenn Wittig-Reagenzien versagen (z. B. Überführung von PhCOOR in $PhC(OR)=CH_2$; anstelle von $Cp_2TiCH_2\cdot Me_2AlCl$ mit einem viergliedrigen TiCAlC-Ring lässt sich auch das hieraus durch Umsetzung mit MePrC=CH$_2$ gewinnbare $[2+2]$-Cycloaddukt von $Cp_2Ti=CH_2$ und

MePrC=CH$_2$ mit einem viergliederigen TiCCC-Ring nutzen). Einige Übergangsmetall-Carben-komplexe spielen ferner eine wichtige Rolle als Zwischenprodukte der »Alkenmetathese«, die technisch in größerem Maßstabe durchgeführt wird (vgl. S. 1895, 1931).

3.1.3 Alkylidinmetallkomplexe (Carbinkomplexe)

i **Geschichtliches.** Die ersten Carbinkomplexe $(CO)_4XM\equiv CR$ (X = Hal, M = Cr, Mo, W) wurden 1973 von E. O. Fischer et al. synthetisiert.

Überblick. Alkylidin-(Carbin-)Komplexe des Typs $L_mM\equiv CX$ werden von den Übergangsmetallen M der 5.–8. Gruppe (V.–VIII. Nebengruppe, erste Spalte) gebildet. Typische Beispiele sind in Abb. 32.65a, b, c, d wiedergegeben.

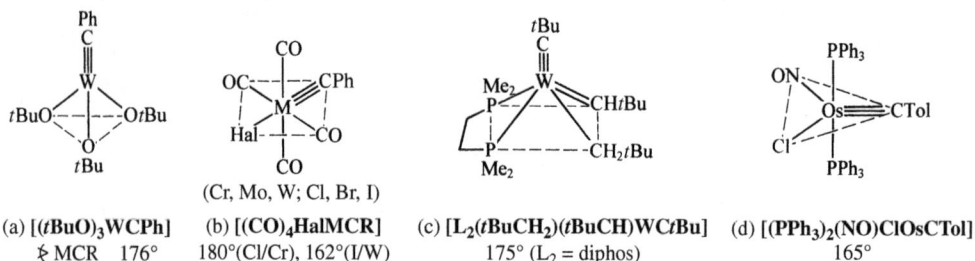

(a) [(tBuO)$_3$WCPh]   (b) [(CO)$_4$HalMCR]   (c) [L$_2$(tBuCH$_2$)(tBuCH)WCtBu]   (d) [(PPh$_3$)$_2$(NO)ClOsCTol]
∢ MCR 176°   180°(Cl/Cr), 162°(I/W)   175° (L$_2$ = diphos)   165°

Abb. 32.65 Strukturen einiger Alkylidinkomplexe.

Struktur- und Bindungsverhältnisse. In den Alkylidinkomplexen $L_mM\equiv CX$ ist das Zentralmetall wie in den Alkylidenkomplexen $L_nM=CXY$ vielfach tetraedrisch von vier oder oktaedrisch von sechs Liganden koordiniert (vgl. z. B. Abb. 32.65a, b, aber auch [Cp(Me$_3$P)ClTa≡CtBu], [Cp(CO)$_2$Mn≡CR]$^+$, [(R$_3$P)$_4$ClMo≡CPh] mit R = OMe, [(Me$_3$P)$_4$ClW≡CH]), ferner quadratisch-pyramidal oder trigonal-bipyramidal von fünf Liganden (vgl. Abb. 32.65c, d, aber auch [Cp*(Me$_3$P)$_2$ClTa≡CPh], [R$_3'$ClRe≡CSiMe$_3$] mit R′ = CH$_2$SiMe$_3$, [(Ph$_3$P)(CO)$_3$Fe≡CNiPr$_2$]). Das Carbinkohlenstoffatom ist vielfach näherungsweise sp-hybridisiert, die MCX-Achse also linear bis näherungsweise linear; man beobachtet aber auch deutliche Abweichungen von der Linearität (vgl. Abb. 32.65, untere Zeile). Die MC-Abstände sind in den Alkylidinkomplexen erwartungsgemäß kürzer als in den Alkylidenkomplexen. Einen direkten Vergleich erlaubt die Verbindung (Abb. 32.65c), in welcher die W−C/W=C/W≡C-Abstände 2.25/1.94/1.78 Å betragen.

Darstellung, Eigenschaften. Alkylidinkomplexe können – wie bereits besprochen wurde (S. 2129) – ausgehend von Carbenkomplexen $(CO)_5M=CR(OMe)$ durch OMe$^-$-Entzug mit BHal$_3$ gemäß (32.20) gewonnen werden, darüber hinaus u. a. durch Eliminierung (32.21) oder durch Metathese mit Alkinen (32.22).

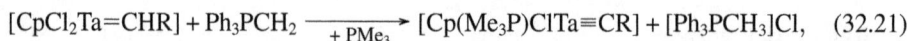

$$[(CO)_5M=CR(OMe)] + BHal_3 \xrightarrow[(Cr,Mo,W)]{} [(CO)_5HalM\equiv CR] + BHal_2(OMe), \quad (32.20)$$

$$[CpCl_2Ta=CHR] + Ph_3PCH_2 \xrightarrow{+ PMe_3} [Cp(Me_3P)ClTa\equiv CR] + [Ph_3PCH_3]Cl, \quad (32.21)$$

$$[(tBuO)_3W\equiv W(OtBu)_3] + RC\equiv CR \longrightarrow 2\,[(tBuO)_3W\equiv CR]. \quad (32.22)$$

Durch Addition geeigneter Metallkomplexfragmente ML$_m$ an Alkylidinkomplexe lassen sich u. a. Metallcluster gewinnen, in welchen ein Ring aus drei Metallatomen von einer μ_3-gebundenen CR-Gruppe überspannt wird (Tetraeder mit drei M-Atomen und einem C-Atom an den

Ecken) (vgl. Abb. 32.61c). Die Deprotonierung von Carbinkomplexen $L_mM{\equiv}CH$ führt zu Anionen $L_mM{\equiv}C^-$ (isoelektronisch mit $L_mM{\equiv}N$, $L_mM{\equiv}P$, vgl. S. 757, 857), die sich wie etwa $(R_3N)_3MoC^-$ ($NR_2 = NtBu(3,5\text{-}Me_2C_6H_3)$) alkylieren, silylieren, phosphanylieren usw. lassen (z. B. $+ PhCl_2 \longrightarrow (R_2N)_3Mo{\equiv}C{-}PClPh$).

Verwendung. Einige Übergangsmetall-Carbinkomplexe katalysieren die »Alkin-Metathese«: $R'C{\equiv}CR' + R''C{\equiv}CR'' \rightleftharpoons 2\,R'C{\equiv}CR''$ (Katalysatoren z. B. $(tBuO)_3W{\equiv}CMe$, $(tBuO)_3W{\equiv}W(OtBu)_3$ oder in situ aus $Mo(CO)_6/ArOH/R'C{\equiv}CR'$ gebildetes $(ArO)_3Mo{\equiv}CR'$; ArOH z. B. *p*-Chlorphenol; vgl. hierzu auch S. 1895).

3.2   Organische σ-Komplexe der Übergangsmetalle

Analog dem molekularen Wasserstoff $H{-}H$ (vgl. S. 2071) vermögen sich Moleküle $H{-}CR_3$ über ihre H—C-Bindung an geeignete elektronenungesättigte Zentren von Metallkomplexen ML_m unter Bildung von σ-Komplexen (a) mit »agostischen« CH-Wechselwirkungen (S. 1554) zu addieren, wobei die CH-Gruppen zugleich eine »chemische Aktivierung« erfahren:

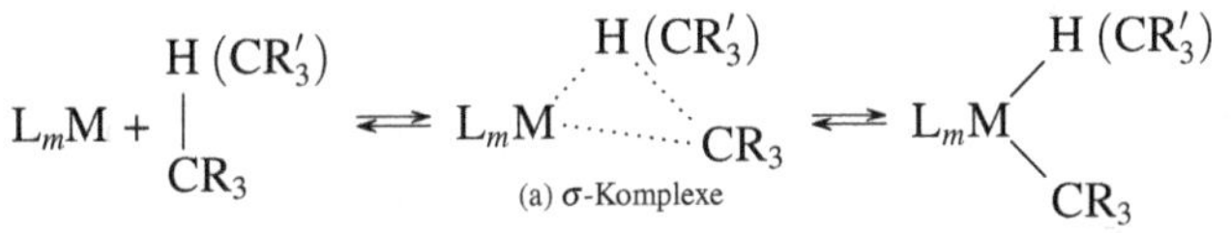

$$L_mM + \begin{matrix}H\,(CR_3')\\ |\\ CR_3\end{matrix} \rightleftharpoons L_mM\cdots\overset{H\,(CR_3')}{\underset{}{\cdots CR_3}} \rightleftharpoons L_mM\overset{H\,(CR_3')}{\diagdown CR_3} \qquad (32.23)$$

(a) σ-Komplexe

In analoger Weise können sich offensichtlich auch Moleküle $X_mE{-}EFY_p$ über E—E-Bindungen an Fragmente ML_m zu σ-Komplexen anlagern ($EX_m/E'Y_p$ anstelle CR_3/H in (32.23)). Die Komplexe (a) sind in einer Reihe von Fällen als solche isolierbar; vielfach spielen sie aber nur die Rolle von reaktiven Zwischenprodukten oder von Übergangsstufen im Zuge der oxidativen Addition von $H{-}CR_3$ bzw. $R_3C{-}CR_3'$ an ML_m oder der reduktiven Eliminierung von $H{-}CR_3$ bzw. $R_3C{-}CR_3'$ aus $L_mMH(CR_3)$ bzw. $L_mM(CR_3)(CR_3')$ gemäß (32.23). Letzteres trifft in der Regel auch für die σ-Komplexe von $H{-}EX_m$ und $X_mE{-}E'Y_p$ (E z. B. Elemente der III.–VI. Hauptgruppe) zu.

Nachfolgend sei kurz auf die η^2-Koordination von C—H-, C—C- und verwandten Gruppierungen eingegangen.

3.2.1   σ-Metallkomplexe der Alkane

σ-CH-Metallkomplexe

Allgemeines. Im Zuge der Bildung eines σ-CH-Komplexes (a) aus L_mM und Alkanen (E $=$ C in (32.23)) nähert sich eine CH-Bindung des Alkans end-on dem Metallzentrum unter Ausbildung einer MH-Bindungsbeziehung (Abb. 32.66b). Danach bewegt sich das Kohlenstoffatom im Sinne von Abb. 32.66c und d auf das Metallzentrum hin zu, wodurch die CH-Bindung hinsichtlich M eine side-on Stellung einnimmt. Schließlich geht der »nichtklassische« Alkankomplex – falls er nur Zwischenprodukt einer oxidativen Alkanaddition ist – in einen »klassischen« Hydridoorganylkomplex (Abb. 32.66e) über.

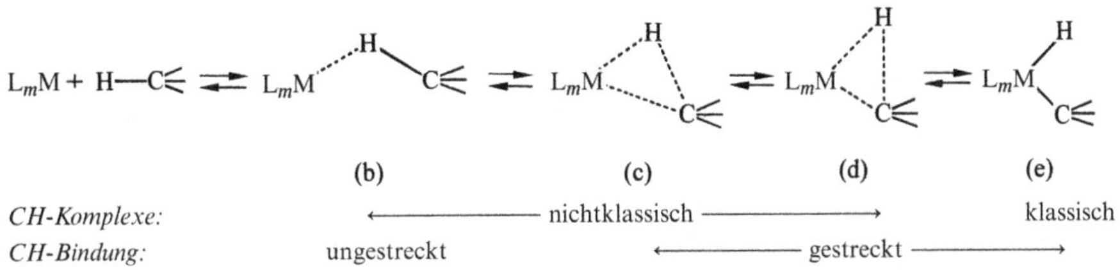

	(b)	(c)	(d)	(e)
CH-Komplexe:		←—— nichtklassisch ——→		klassisch
CH-Bindung:	ungestreckt		←—— gestreckt ——→	

Abb. 32.66

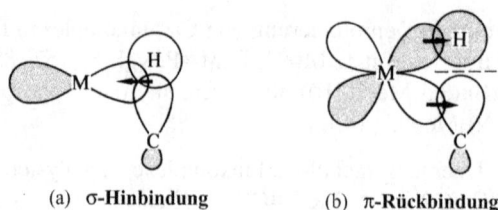

(a) σ-Hinbindung   (b) π-Rückbindung

Abb. 32.67 Veranschaulichung der Bindungsverhältnisse in nichtklassischen Alkankomplexen: (a) σ-Donorbindung. (b) π-Akzeptorbindung (jeweils hinsichtlich des Alkanliganden gesehen; dunkle und helle Orbitalbereiche symbolisieren unterschiedliche Orbitalphasen).

In den σ-Komplexen fungiert das – die CH-Bindung repräsentierende – elektronenbesetzte σ-Molekülorbital im Sinne der Abb. 32.67 a als Zweielektronen-Donator hinsichtlich eines elektronenleeren Orbitals des als Elektronenakzeptor wirkenden Metallatoms (Bildung einer »σ-Hinbindung«; »Dreizentren-Zweielektronen-Bindung«). Im Falle side-on koordinierter CH-Gruppen kann die Bindung zwischen CH und M gemäß Abb. 32.67b durch »π-Rückbindung« eines Metallelektronenpaars in das σ*-Molekülorbital der CH-Bindung noch verstärkt werden. Allerdings führt die π-Rückbindung, deren Gewicht in Richtung (Abb. 32.66b, c, d) anwächst, unter Verlängerung (d. h. Schwächung) der CH-Bindung von Komplexen mit »ungestreckten« zu solchen mit »gestreckten« CH-Bindungen und letztendlich zu Komplexen Abb. 32.66(e) ohne H/C-Wechselbeziehungen (vgl. H_2-Komplexe, S. 2071).

Spezielles. Das Zentrum eines bestimmten Metallkomplexes bindet Alkane über eine seiner CH-Bindungen schwächer (Bindungsenergien im Bereich 30–45 kJ mol^{-1}) als molekularen Wasserstoff über seine HH-Bindung. Dies beruht möglicherweise auf dem geringeren Donorcharakter und der stärkeren sterischen Abschirmung der CH-Bindung. Demgemäß ließen sich bisher noch keine σ-CH-Komplexe freier Alkane unter Normalbedingungen isolieren, doch bilden sich offensichtlich CH_4-Komplexe nach photochemischer Freisetzung von $M(CO)_5$ aus $M(CO)_6$ (M = Cr, Mo, W) in einer Methan/Edelgas-Tieftemperaturmatrix. Ferner ließen sich Alkankomplexe als Reaktionszwischenstufen nachweisen (z.B.: [Cp(CO)Rh] + CMe$_4$ ⇌ [Cp(CO)Rh(H−CH$_2t$Bu)] ⇌ [Cp(CO)RhH(CH$_2t$Bu)]; Enthalpie der σ-Komplexbildung ≈ 20 kJ mol^{-1}; Aktivierungsenergie des σ-Komplexzerfalls in das Produkt ≈ 19 kJ mol^{-1}). Auch verlaufen viele der beobachteten »oxidativen Additionen« von Kohlenwasserstoffen wohl über σ-CH-Alkankomplex-Zwischenstufen des Typs (Abb. 32.66b–d), so die Addition schwacher CH-Säuren wie HC≡CR, H_3CCN, HC(CN)$_3$, H_3CNO$_2$, HCp an einige Übergangsmetallkomplexe (z.B. L$_4$ClIr + H$_3$CCN ⟶ L$_4$ClIrH(CH$_2$CN) mit L$_2$ = R$_2$PCH$_2$CH$_2$PR$_2$), die Addition von Benzol an photochemisch aus Cp$_2$WH$_2$ generiertes Cp$_2$W (Cp$_2$W + HPh ⟶ Cp$_2$WH(Ph)) sowie die Addition von Methan und anderen Alkanen an photochemisch aus Cp*Re(PMe$_3$)$_3$ generiertes Cp*Re(PMe$_3$)$_2$ (Cp*Re(PMe$_3$)$_2$ + CH$_4$ ⟶ Cp*ReH(CH$_3$)(PMe$_3$)$_2$). Analoges gilt für »reduktive Eliminierungen« von Kohlenwasserstoffen, wie sie etwa im Zuge der Thermolyse von Metallorganylen (S. 2163) oder im Zuge der Hydrogenolyse von MC-Bindungen (L$_m$MR + H$_2$ ⇌ L$_m$M(H$_2$)R ⇌ L$_m$MH(HR) ⇌ L$_m$MH + HR) beobachtet werden.

Auch der durch bestimmte Metallkomplexe katalysierbare Austausch von Wasserstoff bzw. von Organylresten in Alkanen H−R kann auf dem Wege über σ-CH-Komplexe verlaufen. Ein Beispiel stellt der rasche Austausch von H gegen D in Alkanen in Anwesenheit von PtCl$_4^{2-}$ und DCl dar (R−H + D$^+$ ⇌ R−D + H$^+$). Der katalytische Effekt beruht hier auf der mit der CH-Komplexierung verknüpften starken Aciditätserhöhung der CH-Gruppe (pK_S-Erniedrigung um viele Einheiten; vgl. H_2-Komplexe). Da diese CH-Aktivierung aus sterischen Gründen in der Reihe primäres > sekundäres > tertiäres C-Atom abnimmt, ist der H/D-Austausch insbesondere am tertiären C-Atom nicht begünstigt (die Selektivität nimmt bei unkatalysierten Alkanreaktionen umgekehrt in der Reihe tertiäres > sekundäres > primäres C-Atom ab). Ein weiteres Beispiel für einen Wasserstoff- bzw. Organylaustausch ist die durch Komplexe wie Cp*$_2$MCH$_3$ (M etwa Lu) katalysierte Reaktion Cp*$_2$MCH$_3$ + ^{14}CH$_4$ ⇌ Cp*$_2$M^{14}CH$_3$ + CH$_4$. Im Sinne einer CH-Alkanmetathese wandelt sich diesmal der primär gebildete σ-Komplex [M]CH$_3$(H−^{14}CH$_3$) reversibel in den σ-Komplex [M](H−CH$_3$)(^{14}CH$_3$) um, der CH$_4$ eliminiert.

Eine Möglichkeit zur Isolierung von CH-Alkankomplexen besteht in der Nutzung des Chelateffekts (s. Abb. 32.68): σ-CH-Komplexe komplexgebundener Alkylliganden des Typus (Abb. 32.68f) mit agostischen MH-Wechselwirkungen, wie sie etwa dem aus (Cy$_3$P)$_2$(CO)$_2$W(H$_2$) (S. 2071) nach H$_2$-Eliminierung vorliegenden Komplex (Abb. 32.68g) oder den Komplexen (Abb. 32.68h) und (Abb. 32.68i) zugrundeliegen, enthalten – laut Röntgenstrukturanalyse – »nichtgestreckte« CH-Bindungen (1.13–1.19 Å; CH-Abstand in ungebundenem CH$_4$: 1.08 Å).

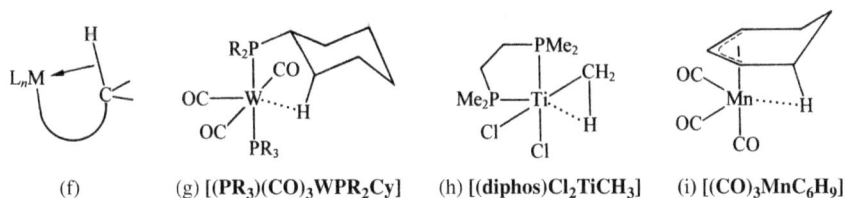

(f)   (g) [(PR$_3$)(CO)$_3$WPR$_2$Cy]   (h) [(diphos)Cl$_2$TiCH$_3$]   (i) [(CO)$_3$MnC$_6$H$_9$]

Abb. 32.68

Komplexe des Typus (Abb. 32.68f) werden auch als Zwischenprodukte vieler metallorganischer Reaktionen durchlaufen. Von besonderer Bedeutung (z. B. für die Bildung von Metallorganylen oder für katalytische Prozesse, S. 2216) ist hier die »β-Alkeneliminierung« unter Bildung von MH-Bindungen bzw. – als Umkehrung dieser Reaktion – die »β-Alkeninsertion« in MH-Bindungen, die im Sinne der Reaktionsgleichung (32.24) über die Zwischenprodukte (k) und (l) abläuft (gelegentlich schließt sich der Alkeninsertion in die MH-Bindung eine solche in die MC-Bindung des nach (32.24) gebildeten Produkts (m) an; vgl. Alkenpolymerisation). Die Zwischenprodukte (k) und (l) lassen sich nur in Ausnahmefällen als solche isolieren, z. B. *trans*-[(PiPr$_3$)$_2$RhH(C$_2$H$_4$)] (die C$_2$H$_4$-Insertion erfolgt hier erst nach thermischer oder photochemischer Isomerisierung des Komplexes in *cis*-[(PiPr$_3$)$_2$RhH(C$_2$H$_4$)]) und [Cp*(R$_3$P)Co(H−CH$_2$CH$_3$)] (Grundzustand des Reaktionssystems (32.24)). Die Insertion von 1-Alkenen CH$_2$=CHR verläuft gemäß (32.24) aus sterischen Gründen ca. 50-mal rascher als die von 2-Alkenen CH$_3$−CH=CHR. Die 1-Alkene können sich hierbei im Sinne einer Markownikow- oder Antimarkownikow-Reaktion in MH-Bindungen unter Bildung von [M]−CH$_2$−CH$_2$R oder [M]−CHR−CH$_3$ einschieben. Die Umkehrung ersterer Insertion führt stets zum eingesetzten 1-Alken zurück (bei Verwendung von L$_n$M−D entsteht naturgemäß auch CH$_2$=CDR), die Umkehrung letzterer Insertion zudem auch zu R'CH = CH−CH$_3$ (R=CH$_2$R' in obiger Formel). Somit vermögen Hydridokomplexe L$_n$M−H (z. B. HCo(CO)$_4$, HRh(CO)(PPh$_3$)$_2$) gegebenenfalls die Verschiebung von Doppelbindungen in Alkenen zu katalysieren (vgl. S. 2005).

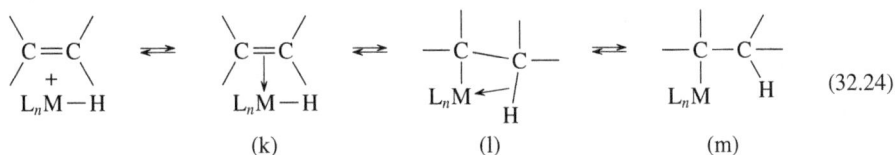

(k)   (l)   (m)

$$(32.24)$$

Neben der β-H-Umlagerung (m) ⇌ (l) ⇌ (k) spielt für Metallorganyle auch die »α-H-Umlagerung« eine Rolle, die häufig über σ-CH-Komplexe abläuft. So kann sich etwa im Zuge der Thermolyse von Methylverbindungen $CH_3-[M]-CH_3$ durch α-H-Umlagerung der Komplex $CH_3-[MH]=CH_2$ bilden (vgl. Abb. 32.68h), der dann unter CH_3-H-Eliminierung (s. oben) in $[M]=CH_2$ zerfällt.

Wichtige, über die Zwischenbildung von σ-Alkan-Komplexen führende Reaktionen stellen weiterhin die »Cyclometallierungen« dar, bei denen im Sinne der Reaktionsgleichung (32.25) Komplexe des Typs (n) auf dem Wege über (o) unter Insertion des Metallzentrums in β-, γ-, δ- oder ε-ständige CH-Bindungen in Komplexe des Typs (p) mit 3-, 4-, 5- oder 6-gliederigen Ringen übergehen (der Komplex (p) kann gegebenenfalls noch HX unter Bildung des Komplexes (q) eliminieren. Beispiele bieten die Übergänge (m) $\longrightarrow$ (k), $(Me_3P)_5Fe \longrightarrow$ (r) + PMe_3, $(Ph_3P)_3IrCl \longrightarrow$ (s) (= »Orthometallierung«; (s) spaltet HCl ab), $L_nMCH_2SiMe_3 \longrightarrow$ (t), $(R_3P)_2Pt(o\text{-Xylyl})_2 \longrightarrow$ (u) (das im Vorprodukt von (u) an Pt gebundene H und o-Xylyl wird als Xylol abgespalten).

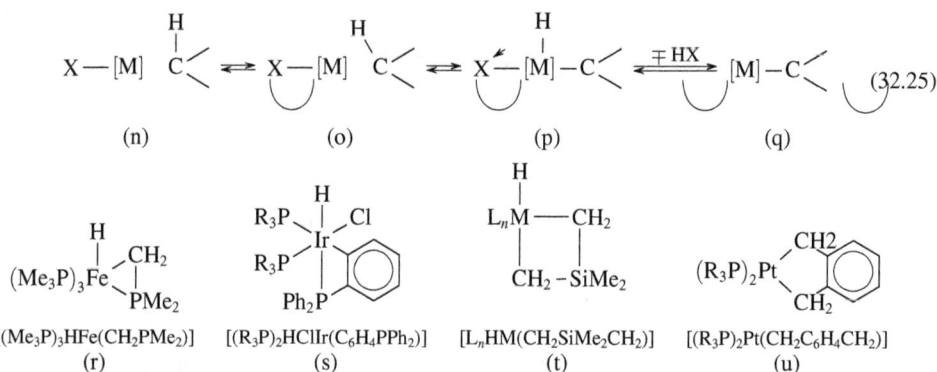

$$(32.25)$$

(n) (o) (p) (q)

$[(Me_3P)_3HFe(CH_2PMe_2)]$ $[(R_3P)_2HClIr(C_6H_4PPh_2)]$ $[L_nHM(CH_2SiMe_2CH_2)]$ $[(R_3P)_2Pt(CH_2C_6H_4CH_2)]$
(r) (s) (t) (u)

σ-CC-Metallkomplexe

Die CC-Bindungen der Alkane bilden aus sterischen Gründen meist nur schwache σ-Wechselbeziehungen mit Metallkomplexzentren aus. Demgemäß ließen sich bisher noch keine σ-CC-Alkankomplexe isolieren. Doch treten letztere wohl als Zwischenstufen bei einigen Reaktionen der Metallorganyle auf, so z. B. der thermischen Alkaneliminierung und -insertion $R-[M]-R \rightleftharpoons [M]\cdots R-R \rightleftharpoons [M] + R-R$ (S. 2163) oder der Alkylumlagerung $(1,1\text{-}[C_5H_4Me_2](PR_3)_2Ir]^+ \rightleftharpoons [(PR_3)_2Ir\cdots C_5H_4Me-Me]^+ \rightleftharpoons [(C_5H_4Me)(PR_3)_2IrMe^+]$. Die Isolierung von CC-Alkankomplexen dürfte bei Nutzung des Chelateffekts möglich werden (s. oben). Von Interesse ist in diesem Zusammenhang die CC-Aktivierung (nämlich einer Aryl-Methyl-Bindung) des Diphosphans $1,3,5,2,6\text{-}C_6HMe_3(CH_2PR_2)_2$ in Gegenwart geeigneter Rh(I)-, Ir(I)- oder Pt(II)-Komplexe. So insertiert Rh(I) des aus $[RhL_2Cl]$ (L = Cycloocten) mit dem betreffenden Diphosphan (R = tBu) hervorgehenden Komplexes (Abb. 32.69v) bei Raumtemperatur sowohl in eine CH-Bindung unter Bildung des Komplexes (Abb. 32.69v_{CH}) als auch in eine CC-Bindung unter Bildung des Komplexes (Abb. 32.69v_{CC}).

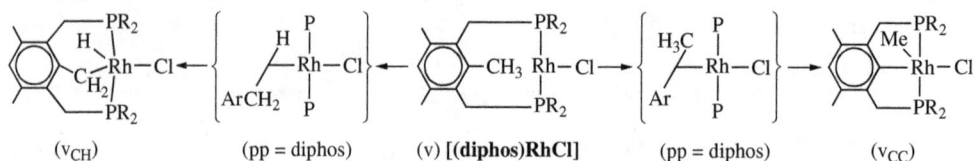

(v_{CH}) (pp = diphos) (v) **[(diphos)RhCl]** (pp = diphos) (v_{CC})

Abb. 32.69

3.2.2   σ-Metallkomplexe der Silane und anderer Hydride

σ-SiH-Komplexe. Die Stärke der EH-Wechselwirkung eines Elementwasserstoffs X_mEH wird durch den Energieinhalt der σ- und σ*-Molekülorbitale von EH mitbestimmt: Ein energiereiches σ-MO entspricht einer Lewis-basischen EH-Bindung, die zu starken M(EH)-Hinbindungen führt, ein energiearmes σ*-MO eine Lewis-saure EH-Bindung, die ihrerseits starke M(EH)-Rückbindungen und verlängerte EH-Bindungen bedingt (Abb. 32.67). Da Silane – verglichen mit Alkanen – energiereichere σ- und energieärmere σ*-MOs aufweisen, nimmt es nicht Wunder, dass σ-SiH-Silankomplexe – anders als σ-CH-Alkankomplexe – in der Regel gestreckte EH-Bindungen aufweisen (Abstände gebundener SiH-Gruppen 1.70–1.85 Å, freier SiH-Gruppen: 1.48 Å; Summe der van-der-Waals-Radien von Si und H: 3.1 Å; die EH-Bindungsstreckung beträgt in vergleichbaren σ-CH- sowie SiH-Komplexen ca 10 % sowie ca. 20 %). Auch verkürzt sich die MSi-Bindung bzw. verlängert sich die SiH-Bindung in Silankomplexen $L_mM(HSiR_3)$ mit wachsendem Elektronenakzeptorcharakter der siliciumgebundenen Reste R und wachsendem Elektronendonorcharakter der metallgebundenen Liganden L (z. B. d_{SiH} in $(C_5H_4Me)(CO)_2LMn(HSiR_3)$ für L/HSiR$_3$ gleich CO/HSiPh$_3$ 2.364 Å, CO/HSiCl$_3$ 2.254 Å, CO/H$_2$SiPh$_2$ 2.05 Å, PPh$_3$/H$_2$SiPh$_2$ 1.91 Å, PMe$_3$/H$_2$SiPh$_2$ 1.88 Å). In gleicher Richtung erschwert sich die thermische Abspaltung der Silane aus den Komplexen. Als Folge hiervon ließen sich eine Reihe von σ-SiH-Silankomplexen unter Normalbedingungen isolieren, unter denen die Komplexe (Abb. 32.70a, b und c) hervorgehoben seien, in welchen die Zentralmetalle mit einer SiH-Bindung des Monosilans SiH$_4$ oder zwei SiH-Bindungen des Anions Ph$_3$SiH$_2^-$ bzw. des Moleküls SiH$_4$ wechselwirken (in (PPh$_3$)$_3$Ru(H$_3$SiPyr$_3$) bindet Ruthenium alle drei H-Atome von Pyr$_3$SiH$_3^{2-}$ agostisch; Pyr = Pyrolyl). Die mit der σ-Komplexbildung einhergehende SiH-Aktivierung der Silane nutzt man etwa bei der Hydrosilylierung (Katalysatoren z. B. Pt-Komplexe) oder bei der Silanalkoholyse (wirksame Katalysatoren [(R$_3$P)$_2$H$_2$Ir(HOMe)$_2$]$^+$).

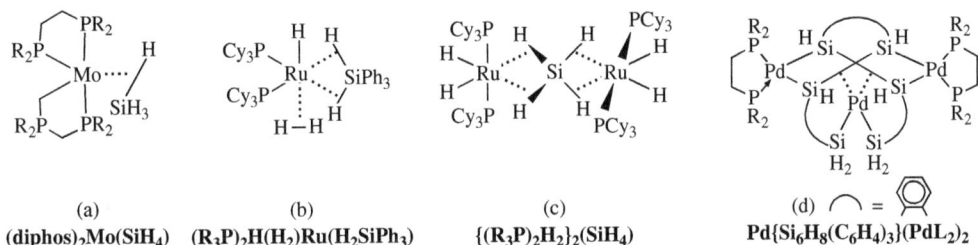

(a)	(b)	(c)	(d) $\frown$ = $\bigcirc$
(diphos)$_2$Mo(SiH$_4$)	(R$_3$P)$_2$H(H$_2$)Ru(H$_2$SiPh$_3$)	{(R$_3$P)$_2$H$_2$}$_2$(SiH$_4$)	Pd{Si$_6$H$_8$(C$_6$H$_4$)$_3$}(PdL$_2$)$_2$

Abb. 32.70

Ähnliches wie für Silankomplexe, nur in verstärktem Maße, gilt für Stannankomplexe (z. B. d_{SnH} in (C$_5$H$_4$Me)(CO)$_2$Mn(HSnPh$_3$) = 2.16 Å; in ungebundenem Ph$_3$SnH: 1.6 Å). Als starke Elektronendonatoren wirken des Weiteren auch die BH-Bindungen in Borankomplexen, die somit sehr stabil sind. So bildet etwa das Boranat BH$_4^-$ – anders als isoelektronisches Methan CH$_4$ – viele stabile Komplexe mit Übergangsmetallen, in welchen BH$_4^-$ über ein, zwei oder drei seiner H-Atome an ein Metallzentrum unter Ausbildung gewinkelter MHB-Brücken gebunden sein kann (Näheres S. 1248). Entsprechendes trifft für Alanat AlH$_4^-$ in Alankomplexen zu. Darüber hinaus kennt man auch einige Amin-, Phosphan- und Sulfankomplexe mit agostischen MH-Bindungen. Allerdings bilden Amine, Phosphane und Sulfane über ihre freien Elektronenpaare mit Übergangsmetallen in der Regel nur starke MN-, MP- und MS-Koordinationsbindungen aus.

σ-SiSi-Komplexe. Stärker als die σ-CC-Alkankomplexe sind auch die σ-SiSi-Silankomplexe. So eliminieren die silylhaltigen Verbindungen [(PMe$_3$)$_3$HIr(CH$_3$)(SiEt$_3$)] und *mer*-[(CO)$_4$Fe(CH$_3$)(SiR$_3$)] in ersterem Falle CH$_4$ und CH$_3$SiEt$_3$, in letzterem Falle CH$_3$SiR$_3$. Auch fungieren im isolierbaren Komplex (Abb. 32.70d) sogar zwei Si—Si-Bindungen als σ-Donoren hinsichtlich des zentralen Pd(II)-Ions.

3.3   Organische π-Komplexe der Übergangsmetalle

Wie auf S. 1554 bereits angedeutet wurde, vermögen Metallkomplexzentren ungesättigte organische Moleküle »side-on« unter Bildung von π-Komplexen zu koordinieren, ein Vorgang, der eine zentrale Rolle bei einer Reihe von Katalysen mit Übergangsmetallkomplexen spielt (vgl. S. 2216). Als π-Liganden kommen hierbei nichtradikalische oder radikalische Kohlenwasserstoffe (einschließlich ihrer Derivate) mit isolierten, konjugierten und kumulierten Mehrfachbindungen in Frage (s. Abb. 32.71).

| Ethene | Ethine | Butadiene | Allene | Allyle |

Abb. 32.71

Ähnlich wie mit den aufgeführten Spezies bilden ungesättigte cyclische Kohlenwasserstoffe, die man wegen ihrer magischen Zahl von $(4n+2)$ konjugierten (delokalisierten) π-Elektronen zu den »Aromaten« (»Arenen«, S. 1025) zählt, sowie deren Derivate π-Komplexe mit Übergangsmetallen bzw. Übergangsmetallfragmenten. Sie zeichnen sich häufig durch besondere Stabilität aus. Wichtige derartige – teils neutrale, teils geladene – Aromaten C_mH_m mit 2, 6 und 10 π-Elektronen ($n = 0, 1, 2$ in obiger Gleichung) sind nachfolgend wiedergegeben (in Klammern Zahl der π-Elektronen) (s. Abb. 32.72).

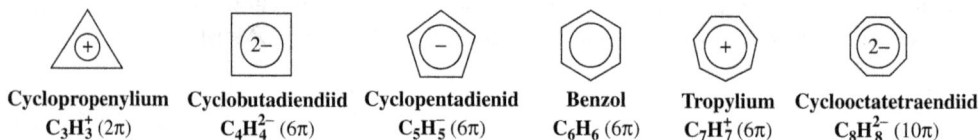

| Cyclopropenylium | Cyclobutadiendiid | Cyclopentadienid | Benzol | Tropylium | Cyclooctatetraendiid |
| $C_3H_3^+$ (2π) | $C_4H_4^{2-}$ (6π) | $C_5H_5^-$ (6π) | C_6H_6 (6π) | $C_7H_7^+$ (6π) | $C_8H_8^{2-}$ (10π) |

Abb. 32.72

Von ihnen leiten sich durch Ersatz von Wasserstoffatomen gegen andere Gruppen (»Substituenten«), durch Angliederung (»Anellierung«) von Arenen sowie durch Ersatz von Kohlenstoffatomen gegen Nichtkohlenstoffatome (»Heteroatome«) weitere Aromaten (»Arenderivate«) ab.

Zur Ermittlung der effektiven Elektronenzahl des Zentrums eines Komplexes ML_m (L = ausschließlich oder teilweise – neben anderen Liganden – ein π-Donor) geht man meist von neutralen Metallatomen und neutralen π-Komponenten aus. Man berücksichtigt also anstelle der oben wiedergegebenen Aromaten den 3e-/4e-/5e-/6e-/7e-/8e-Donor Cyclopropenyl/Cyclobutadien/Cyclopentadienyl/Benzol/Cycloheptatrienyl/Cyclooctatetraen (Cycloheptatrienyl bzw. -enylium = Tropyl bzw. Tropylium). Für das Fe-Atom in [Fe(C₅H₅)₂] errechnet sich hiernach die effektive Elektronenzahl zu $8(\text{Fe}) + 2 \times 5(\text{C}_5\text{H}_5) = 18$, für [Ti(C₇H₇)₂] zu $4(\text{Ti}) + 2 \times 7(\text{C}_7\text{H}_7) = 18$ und für [Ni(C₃H₃)₂]²⁻ zu $10(\text{Ni}) + 2 \times 3(\text{C}_3\text{H}_3) + 2(\text{e}^-) = 18$. Zur Ermittlung der Oxidationsstufe des Zentrums eines Komplexe ML_m spaltet man andererseits die M : L-Bindungen in der Weise, dass das Elektronenpaar beim elektronegativen Liganden verbleibt. Die Metalle in [Fe(C₅H₅)₂], [Ti(C₇H₇)₂], [Ni(C₃H₃)₂]²⁻ haben dann die Oxidationsstufe Fe^{II}, $\text{Ti}^{-\text{II}}$, Ni^0. Zur Bezeichnung der π-Komplexe nennt man in der Regel zunächst den neutralen π-Liganden, dem man das »Hapto-Symbol« η^n vorsetzt (n = Anzahl der mit M verknüpften C-Atome, vgl. S. 2041), dann das Metallatom; zu seiner Formulierung verfährt man aber in umgekehrter Weise, z. B. Bis(η^5-cyclopentadienyl)eisen [Fe(η^5-C₅H₅)₂]. Doch findet man in der Literatur auch die Bezeichnung Eisen-bis(cyclopentadienid) und die Formel [(C₅H₅)₂Fe].

Nachfolgend sollen zunächst Alkenkomplexe (einschließlich der Komplexe mit acyclisch konjugierten Alkaoligoenen), dann Alkinkomplexe und schließlich Cyclopentadienyl-, Benzol-

und sonstige Aromatenkomplexe (einschließlich der Komplexe mit cyclischen aromatenähnlichen Systemen) besprochen werden.

3.3.1   Alkenmetallkomplexe (Olefinkomplexe)

i **Geschichtliches.** Der erste Alkenkomplex, das Zeise'sche Salz $K[PtCl_2(C_2H_4)] \cdot H_2O$ wurde 1827 von dem dänischen Apotheker W. C. Zeise durch Reaktion von K_2PtCl_4 mit Ethanol C_2H_5OH ($\longrightarrow C_2H_4 + H_2O$) synthetisiert. Als ersten Butadienkomplex erhielten H. Reilein et al. 1930 $Fe(CO)_3(C_2H_4)$ durch Einwirkung von C_4H_6 auf $Fe(CO)_5$ bei 135 °C.

Wichtige Alkenliganden für Übergangsmetalle sind folgende π-Elektronendonatoren und deren Derivate (s. Abb. 32.73).

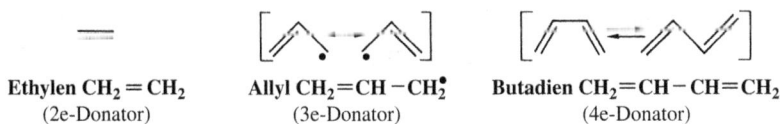

Ethylen $CH_2=CH_2$ Allyl $CH_2=CH-CH_2^\bullet$ Butadien $CH_2=CH-CH=CH_2$
(2e-Donator)   (3e-Donator)   (4e-Donator)

Abb. 32.73

Metallkomplexe mit Ethylen und seinen Derivaten

Überblick. Von fast jedem Übergangsmetall kennt man eine große Anzahl von π-Komplexen mit Alkenen des Typus $>C=C<$. Zu derartigen »Enen« zählen etwa das Monoolefin »Ethylen« und dessen Derivate $C_2H_{4-n}X_n$ ($n = 0-4$), ferner die in Abb. 32.74 wiedergegebenen »nichtkonjugierten Di- und Triolefine« »1,5-Cyclooctadien«, »Norbornadien«, »Dewar-Benzol«, »trans-trans-trans-« und »cis-cis-cis-1,5,9-Cyclododecatrien« (auch konjugierte Oligoolefine sind gelegentlich nur über eine, meist jedoch über mehrere π-Bindungen an ein Komplexzentrum geknüpft; S. 2179, 2182).

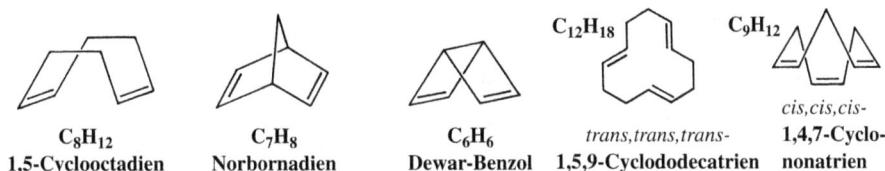

C_8H_{12} C_7H_8 C_6H_6 $C_{12}H_{18}$ C_9H_{12}
1,5-Cyclooctadien   Norbornadien   Dewar-Benzol   trans,trans,trans-   cis,cis,cis-
                                                         1,5,9-Cyclododecatrien   1,4,7-Cyclo-
                                                                                    nonatrien

Abb. 32.74

Außer mit den erwähnten Olefinen bilden Übergangsmetalle auch mit »Heteroethylenen« wie $>C=O$, $>C=S$, »Allen« $H_2C=C=CH_2$, »Keten« $>C=C=O$ und »Heterokumulenen« wie $O=C=O$, $S=C=S$ π-Komplexe.

Olefine können einem Komplexzentrum je Doppelbindung zwei Elektronen zur Verfügung stellen. Demgemäß leitet sich die Verbindung $[PtCl_3(C_2H_4)]^-$ durch Austausch eines Cl^--Ions im planaren $[PtCl_4]^{2-}$ gegen ein Molekül Ethylen ab (vgl. Abb. 32.75a, b) [20]. In entsprechender Weise lassen sich im planaren dimeren Komplex $[PtCl_3^-]_2 \hat{=} [Cl_2Pt(\mu\text{-}Cl)_2PtCl_2]^{2-}$ zwei Cl^--Liganden und im planaren dimeren Komplex $[PtCl(CO)_2]_2 \hat{=} [(CO)_2Pt(\mu\text{-}Cl_2)_2Pt(CO)_2]$ sogar vier CO-Liganden durch Ethylen unter Bildung der in Abb. 32.75c, d wiedergegebenen Komplexe austauschen.

Beispiele für homoleptische Alkenmetallkomplexe bieten die Ethylenkomplexe $[Ni(C_2H_4)_3]$ (Abb. 32.75e; analog $[Pt(C_2H_4)_3]$) sowie die Kationen $[Ag(C_2H_4)_2]^+$ und $[Ag(C_2H_4)_3]^+$ (Gegenion

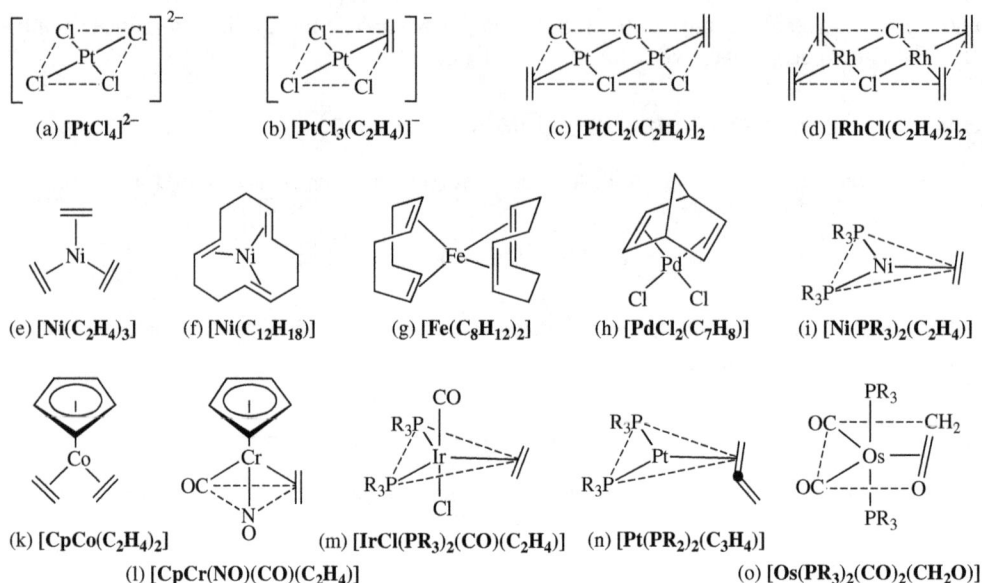

(a) [PtCl$_4$]$^{2-}$ (b) [PtCl$_3$(C$_2$H$_4$)]$^-$ (c) [PtCl$_2$(C$_2$H$_4$)]$_2$ (d) [RhCl(C$_2$H$_4$)$_2$]$_2$

(e) [Ni(C$_2$H$_4$)$_3$]   (f) [Ni(C$_{12}$H$_{18}$)]   (g) [Fe(C$_8$H$_{12}$)$_2$]   (h) [PdCl$_2$(C$_7$H$_8$)]   (i) [Ni(PR$_3$)$_2$(C$_2$H$_4$)]

(k) [CpCo(C$_2$H$_4$)$_2$]   (m) [IrCl(PR$_3$)$_2$(CO)(C$_2$H$_4$)]   (n) [Pt(PR$_2$)$_2$(C$_3$H$_4$)]

(l) [CpCr(NO)(CO)(C$_2$H$_4$)]   (o) [Os(PR$_3$)$_2$(CO)$_2$(CH$_2$O)]

Abb. 32.75 Strukturen einiger Ethylenkomplexe sowie eines Allen- und Aldehydkomplexes.

im ersten Falle NO$_3^-$, im zweiten Falle Al$\{$OC(CF$_3$)$_3\}_4^-$), ferner die Komplexe [Ni(C$_{12}$H$_{18}$)] bzw. [Fe(C$_8$H$_{12}$)$_2$] (Abb. 32.75f, g; analog [Ni(C$_8$H$_{12}$)$_2$]) mit den Liganden *trans,trans,trans*-Cyclododecatrien bzw. Cyclooctadien. Ethylenkomplexe wie [Co(C$_2$H$_4$)$_2$], [Pd(C$_2$H$_4$)$_3$], [Cu(C$_2$H$_4$)$_3$] oder [Au(C$_2$H$_4$)] bilden sich nur in der Tieftemperaturmatrix aus Metallatomen und Ethylen (Zersetzung beim Aufwärmen der Matrix). Beispiele aus der mächtigen Verbindungsklasse der heteroleptischen Alkenmetallkomplexe bieten die in Abb. 32.75b, c, d, h, i, k, l, m wiedergegebenen Verbindungen mit Ethylenliganden. Dewar-Benzol und *cis,cis,cis*-Cyclononatrien liegen den Komplexen [Cr(CO)$_4$(C$_6$H$_6$)] und [Mo(CO)$_3$(C$_9$H$_{12}$)] zugrunde. Die Formelbilder in Abb. 32.75n, o veranschaulichen Komplexe mit Allen und Formaldehyd. Die Ketene $>$C=C=O bilden sowohl mit ihrer CC- als auch CO-Doppelbindung π-Komplexe; es konnten sogar isomere Ketenkomplexe isoliert werden, z.B.: [(Indenyl)(PiPr$_3$)Rh(Ph$_2$C=CO)] und [(Indenyl)(PiPr$_3$)Rh(Ph$_2$CC=O)].

Die Metallzentren der Alken-Komplexe erhalten durch die Ligandenkoordination in einigen Fällen wie den in Abb. 32.75 g (Ni anstelle Fe) sowie Abb. 32.75 k, l, m wiedergegebenen Verbindungen, eine 18-Elektronenaußenschale, während das Oktadezett in anderen Fällen wie den in Abb. 32.75b, i wiedergegebenen Komplexen sowie Ag(C$_2$H$_4$)$_n$ ($n = 2, 3$) nicht ganz erreicht wird.

Strukturverhältnisse. In den Komplexen mit Alkenen ist die Koordinationsgeometrie der Liganden teils digonal wie im Ag(C$_2$H$_4$)$_2^+$ oder trigonal-planar wie in Abb. 32.75e, f, i, k oder Ag(C$_2$H$_4$)$_3^+$, teils tetraedrisch wie in Abb. 32.75g, h, l, quadratisch-planar wie in Abb. 32.75b, c, d oder trigonal-bipyramidal wie in Abb. 32.75m (es zählt jeweils der Mittelpunkt der Alken- bzw. Cyclopentadienyl-Gruppierung). Die CC-Achse von $>$C$-$C$<$ verläuft teils in der Ligandenebene wie in Abb. 32.75e, f, teils senkrecht hierzu wie in Abb. 32.75b, c, d.

Mit der Koordination eines Alkens X$_2$C=CX$_2$ verlängert sich dessen CC-Abstand geringfügig (z.B. von 1.35 Å in freiem C$_2$H$_4$ auf 1.37 Å in [PtCl$_3$(C$_2$H$_4$)]$^-$). Auch geht bei der Koordination die Planarität des Alkens verloren: Die Doppelbindungssubstituenten bewegen sich gemäß (1) aus der Alkenebene in Richtung der metallabgewandten Seite, d.h. der Winkel zwischen den X$_2$C-Ebenen (Interplanarwinkel) wird $< 180°$ (s. Abb. 32.76), der Winkel α zwi-

Abb. 32.76

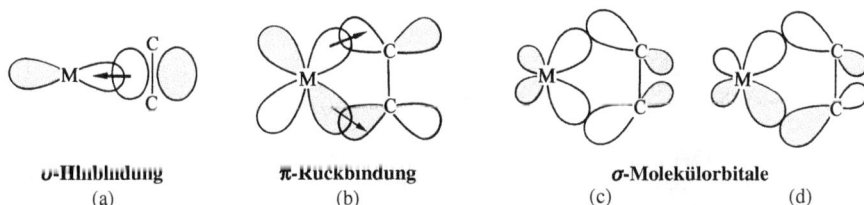

σ-Hinbindung   π-Rückbindung   σ-Molekülorbitale
(a)   (b)   (c)   (d)

Abb. 32.77 Veranschaulichung der Bindungsverhältnisse in Alken-Komplexen mit σ-Donator-Bindung (a) und π-Akzeptorbindung (b) (jeweils hinsichtlich des Liganden gesehen) sowie in Metallacyclopropan-Komplexen mit den beiden elektronenbesetzten σ-Molekülorbitalen (c) und (d) der MC-Bindungen (dunkle und helle Orbitalbereiche deuten unterschiedliche Orbitalphasen an).

schen den X_2C-Flächennormalen $> 0°$. So beträgt etwa der Interplanarwinkel im Komplex $[PtCl_3(C_2H_4)]^-$ 146° ($\alpha = 34°$). In analoger Weise erfolgt in Komplexen mit Kumulenen wie $CH_2=C=CH_2$, $H_2C=C=O$, $O=C=O$, $S=C=S$ eine Abwinkelung des doppelt gebundenen Substituenten am zentralen Kohlenstoff (CCC-Winkel in $[(R_3P)_2Pt(C_3H_4)] = 142°$; CC-Abstand der komplexierten/unkomplexierten Bindung gleich 1.48/1.31 Å). Während die Alkengruppe in der Regel eine zentrische oder nahezu zentrische Stellung über dem Metall einnimmt, gilt Analoges nicht für Heteroalkene $>C=E$ (E = O, S, Se, Te). Beispielsweise ist Formaldehyd in $[Cp_2V(O=CH_2)]$ side-on mit kürzerer VO- und längerer VC-Bindung an Vanadium(II), Aceton in $[Cp_2V(O=CMe_2)]^+$ end-on an das – weniger zu π-Rückbindungen befähigte – Vanadium(III) gebunden.

Bindungsverhältnisse. In den Alkenkomplexen fungiert im Sinne der Abb. 32.77 a das elektronenbesetzte π-Molekülorbital der side-on gebundenen $>C=C<$-Gruppe als Zweielektronen-Donator hinsichtlich eines elektronenleeren Metallorbitals geeigneter Symmetrie (Hybridorbital mit d_{z^2}-, $d_{x^2-y^2}$-, s-, p_z-Komponente; z-Achse = M-Alken-Bindungsachse). Die resultierende σ-Hinbindung (»Dreizentren-Zweielektronen-Bindung«) erfährt nach diesem Bindungsmodell (M. J. S. Dewar , J. Chatt; 1953) im Sinne der Abb. 32.77b durch π-Rückbindung von Elektronen aus einem elektronenbesetzen Metallorbital geeigneter Symmetrie (d_{xz}- bzw. d_{yz} und p_x- bzw. p_y-AO) in das elektronenleere π^*-MO des Alkens zusätzliche Verstärkung. Die Beiträge der σ-Hin- und π-Rückbindung sind – als Folge der Wahrung des Elektroneutralitätsprinzips – nicht unabhängig voneinander (Synergismus): mit dem »Anwachsen« einer Bindungskomponente wächst »synergetisch« auch die andere Bindungskomponente an. Insbesondere die π-Rückbindung führt zu einer Schwächung und damit Verlängerung der CC-Bindung. Mit wachsendem Elektronenfluss geht der Alkenkomplex unter sukzessiver Verlängerung der CC-Bindung und Verkleinerung des Interplanarwinkels (Vergrößerung von α) in einen Metallacyclopropan-Komplex mit verzerrt tetraedrischen C-Atomen über (bezüglich der Bindungsverhältnisse vgl. Abb. 32.77c und d; ersichtlicherweise korrelieren Abb. 32.77a mit c und Abb. 32.77b mit d).

Die π-Rückbindung ist in den Alkenkomplexen für die behinderte Alkenrotation um die Metall-Alkenachse verantwortlich. Haben etwa die Metallorbitale d_{xz} und d_{yz} wie in den Komplexen Abb. 32.75b, c, d, e, i unterschiedlichen Energieinhalt, so wechselwirken sie unterschiedlich stark mit dem π^*-MO des Alkens. Das Alken nimmt dann hinsichtlich der anderen Komplexliganden eine bevorzugte Konformation ein, und die Rotationsbarrieren sind vergleichsweise hoch (50 kJ mol^{-1} und mehr). Sind andererseits die Orbitale d_{xz} und d_{yz} energieentartet wie etwa in [(CO)$_4$Fe(C$_2$H$_4$)], so besteht keine elektronische, sondern nur noch eine sterische Rotationshinderung. Die Rotationsbarrieren sind dann vergleichsweise klein (< 40 kJ mol^{-1}).

Das Ausmaß der σ-Hin- und π-Rückbindung hängt in [L$_n$M(X$_2$C=CX$_2$)] von der Art des Metallzentrums M, der metallgebundenen Liganden L und der ethylengebundenen Substituenten X ab: (i) Eine hohe Elektronenaffinität der »Metallzentren« M fördert die σ-Hinbindungen, eine niedrige Elektronenanregungsenergie die π-Rückbindungen. Gemäß der nachfolgend wiedergegebenen Reihen:

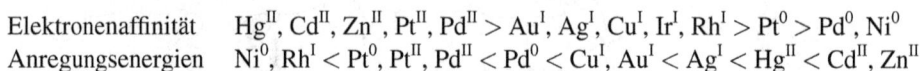

Elektronenaffinität   Hg^{II}, Cd^{II}, Zn^{II}, Pt^{II}, Pd^{II} > Au^I, Ag^I, Cu^I, Ir^I, Rh^I > Pt^0 > Pd^0, Ni^0

Anregungsenergien   Ni^0, Rh^I < Pt^0, Pt^{II}, Pd^{II} < Pd^0 < Cu^I, Au^I < Ag^I < Hg^{II} < Cd^{II}, Zn^{II}

ist etwa Hg^{II} ein starker σ-Elektronenakzeptor und schwacher π-Elektronendonator, Ni^0 ein schwacher σ-Elektronenakzeptor und starker π-Elektronendonator, während Pd^{II} sowohl als guter σ-Akzeptor als auch π-Donator wirkt (tatsächlich bildet Hg^{II}, da die π-Rückbindung wesentlich für die Stabilität von Alkenkomplexen ist, keine isolierbaren Olefin-π-Komplexe)[22]. – (ii) Elektronenabziehende »Metallliganden L« wie CO oder Cl$^-$ stärken die σ-Alkenhin- und schwächen die π-Alkenrückbindungen hinsichtlich elektronenliefernder Liganden wie Cp$^-$ oder CN^{-22}. – (iii) Alkene mit elektronenabziehenden »Alkensubstituenten« X wie F, CN, COOH wirken als schlechte σ-Donatoren sowie gute π-Akzeptoren, solche mit elektronenliefernden Substituenten wie SiR$_3$ umgekehrt als gute σ-Donatoren und schlechte π-Akzeptoren. Da der CC-Abstand insbesondere auf π-Rückbindungen anspricht, weist demgemäß das komplexgebundene C$_2$H$_4$ in [CpRh(C$_2$H$_4$)(C$_2$F$_4$)] eine kürzere Doppelbindung auf als das komplexgebundene C$_2$F$_4$ (1.35 gegenüber 1.40 Å); auch ist die Rotationsbarriere in ersterem Falle (Interplanarwinkel 138°; $\alpha = 42°$) niedriger als im letzteren (Interplanarwinkel 106°; $\alpha = 74°$). Komplexe mit C$_2$F$_4$ und C$_2$(CN)$_4$ zählt man aufgrund ihrer Geometrie besser zu den Metallacyclopropan-Komplexen.

Darstellung. Metallkomplexe mit Mono- und nichtkonjugierten Oligoolefinen werden vielfach durch Ligandensubstitution gewonnen. So kann etwa der Halogenid/Olefin-Austausch im Zuge der Einwirkung von Olefinen auf Metallhalogenide bei Druck und Temperatur (32.26) oder in Anwesenheit von Lewis-Säuren wie AlHal$_3$ oder Ag$^+$ (32.27) erzwungen werden. Der Kohlenoxid/Olefin-Austausch lässt sich thermisch oder photochemisch bewerkstelligen (32.28), während für den Olefin/Olefin-Austausch häufig die Einwirkung eines Überschusses des einzuführenden Olefins auf einen Alkenkomplex genügt (32.29). Ein weiteres Darstellungsverfahren besteht in der Olefinaddition an elektronenungesättigte Komplexe, die unter Normalbedingungen existieren (vgl. (32.30) und AgNO$_3$ + 2 Olefin $\longrightarrow$ [Ag(Olefin)$_2$]NO$_3$) oder durch Reduktion geeigneter Vorstufen wie Metallhalogenide (32.31) oder Cyclopentadienylkomplexe (32.32) intermediär erzeugt werden. Bei Verwendung von konjugierten Dienen kann es hierbei zu einer Oligomerisation am Metallzentrum kommen, wie die Umsetzung von NiCl$_2$ in Anwesenheit von Butadien C$_4$H$_6$ und AlR$_3$ als Reduktionsmittel zu C$_{12}$H$_{18}$ (f; S. 2175) lehrt. Auch die direkte Vereinigung von Metallatomen und Olefinen führt vielfach zum Ziel (s. oben). Schließlich sei noch die Hydridabstraktion (32.33) erwähnt. Sie spielt auch bei der über σ-Alkankomplexe führenden Umwandlung von Metallalkylen mit β-Alkylwasserstoff in Alkenkomplexe eine Rolle (vgl.

---

[22] Wachsende M-Alken-Bindungsstärke bedingt – insbesondere als Folge starker π-Rückbindungen – zunehmende CC-Bindungsabstände und damit abnehmende Wellenzahlen der C=C-Valenzschwingung: z. B. freies C$_2$H$_4$: $\tilde{\nu} = 1623$ cm^{-1}; [Ag(C$_2$H$_4$)$_2$]$^+$: $\tilde{\nu} = 1584$ cm^{-1}; [Fe(CO)$_4$(C$_2$H$_4$)]: $\tilde{\nu} = 1551$ cm^{-1}; [PdCl$_2$(C$_2$H$_4$)]$_2$: $\tilde{\nu} = 1525$ cm^{-1}; [PtCl$_3$(C$_2$H$_4$)]$^-$: $\tilde{\nu} = 1516$ cm^{-1}; [CpRh(C$_2$H$_4$)$_2$]: $\tilde{\nu} = 1493$ cm^{-1}. Die Wellenzahlen der C=C-Valenzschwingung von Alkinkomplexen liegen im Bereich zwischen $\tilde{\nu}$ für freies Acetylen (2100 cm^{-1}) und freies Ethylen (1623 cm^{-1}).

S. 2172)^{23}.

$$[PtCl_4]^{2-} + C_2H_4 \xrightarrow{60\,bar} [PtCl_3(C_2H_4)]^- + Cl^- \tag{32.26}$$

$$[CpFeCl(CO)_2] + Ag^+ + C_2H_4 \longrightarrow [CpFe(CO)_2(C_2H_4)]^+ + AgCl \tag{32.27}$$

$$[Fe(CO)_5] + C_8H_{12} \xrightarrow[\text{vgl. (c)}]{h\nu} [Fe(CO)_3(C_8H_{12})] + 2\,CO \tag{32.28}$$

$$[Ni(C_{12}H_{18})] + 3\,C_2H_4 \xrightarrow[\text{vgl. (b)}]{} [Ni(C_2H_4)_3] + C_{12}H_{18} \tag{32.29}$$

$$[IrCl(CO)(PR_3)_2] + C_2H_4 \rightleftharpoons [IrCl(CO)(PR_3)_2(C_2H_4)] \tag{32.30}$$

$$NiCl_2 + Mn + 2\,C_8H_{12} \xrightarrow[\text{vgl. (c)}]{} [Ni(C_8H_{12})_2] + MnCl_2 \tag{32.31}$$

$$[Cp_2Co] + K + 2\,C_2H_4 \longrightarrow [CpCo(C_2H_4)_2] + KCp \tag{32.32}$$

$$[CpFe(CO)_2(CHMe_2)] + CPh_3^+ \longrightarrow [CpFe(CO)_2(CH_2CHMe)]^+ + HCPh_3 \tag{32.33}$$

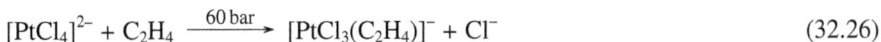

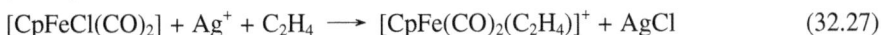

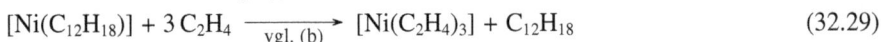

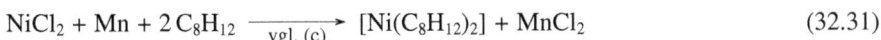

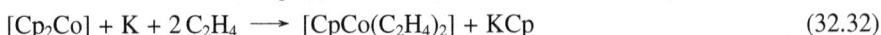

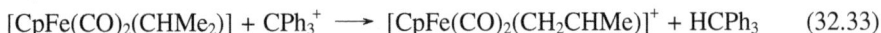

Eigenschaften. Insbesondere die Monoolefinkomplexe sind thermisch vergleichsweise labil. So zersetzen sich etwa $[Ni(C_2H_4)_3]$, $[Fe(CO)_4(C_2H_4)]$ oder $[CpCo(C_2H_4)_2]$ bereits langsam bei Raumtemperatur unter Olefinabgabe und stellen demgemäß bewährte Überträger für Ni^0, $Fe^0(CO)_4$ bzw. CpCoI dar. Etwas stabiler sind meist Komplexe mit zweizähnigen, nichtkonjugierten Diolefinen wie 1,5-Cyclooctadien oder Norbornadien, doch fungieren selbst die Alkenkomplexe (Abb. 32.75g und h) noch als gute Quellen für Fe^0 oder Pd^{II}. Andererseits ist der Komplex (Abb. 32.75f) mit dem mehrzähnigen Ligand *trans-trans-trans*-1,5,9-Cyclododecatrien wegen der gespannten Koordinationsbindungen extrem reaktiv. Er wird demgemäß auch als »nacktes Nickel« bezeichnet und reagiert leicht unter Ligandenaustausch zum Beispiel mit Ethylen zu (Abb. 32.75e) bzw. mit 1,5-Cyclooctadien zu (Abb. 32.75g) (Ni anstelle von Fe). In analoger Weise lassen sich die Olefine vieler Alkenkomplexe durch andere Liganden ersetzen (zum Beispiel $[(R_3P)_2Ni(C_2H_4)] + O_2 \longrightarrow [(R_3P)_2Ni(O_2)] + C_2H_4$). Eine weitere wichtige Reaktion der Alkenkomplexe stellt die Basenaddition am ungesättigten Komplexliganden dar, z.B. $[PdCl_3(C_2H_4)]^- + OR^- \longrightarrow \{[PdCl_3C_2H_4OR]^{2-}\} \longrightarrow Pd + 2\,Cl^- + HCl + CH_2{=}CHOR$ (R = H, Alkyl, Acyl); $[CpFe(CO)_2(C_2H_4)]^+ + R^- \longrightarrow [CpFe(CO)_2(C_2H_4R)]$. Man vgl. hierzu auch die über Alkenkomplexe führende Einschiebung von Olefinen in MH-Bindungen (S. 2172). Die Komplexierung von Ethylenen an Metallzentren kann zur teilweisen oder vollständigen Spaltung der CC-Bindung führen. In ersteren Fällen (π-Bindungsspaltung) entstehen Metallacyclopropane. Ein Beispiel für eine ($\sigma + \pi$-Bindungsspaltung) bietet das Gleichgewicht $[(diphos)XIr(Ph_2C{=}CO)] \rightleftharpoons [(diphos)Ir(CPh_2)(CO)]^+X^-$ (diphos = $tBu_2PCH_2PtBu_2$), das für $X^- = Cl^-$ auf der linken, für $X^- = PF_6^-$ auf der rechten Seite liegt.

Metallkomplexe mit Butadien und seinen Derivaten

Überblick. Ähnlich wie die Alkene $\diagdown$C=C$\diagup$ bilden auch die 1,3-Alkadiene des Typus $\diagdown$C=C–C=C$\diagup$ mit fast jedem Übergangsmetall π-Komplexe. Typische derartige »Diene« stellen neben Butadien C_4H_6 und seinen Derivaten etwa »Cyclopentadien«, »Heterocyclopentadiene« und »Cyclohexadien« dar. Auch Kohlenwasserstoffe mit mehr als zwei konjugierten Doppelbindungen wie Benzol, Naphthalin, Anthracen (S. 1025) sind in einigen Fällen nur über ein 1,3-Diensystem an Komplexzentren geknüpft (s. Abb. 32.78).

---

[23] Die Bildung von Heteroalken-Komplexen erfolgt in der Regel durch Aufbau des Heteroalkens am Komplexzentrum, z.B. $[Cp_2ZrH_2] + CO$ (150 bar) $\longrightarrow [Cp_2Zr(CH_2{=}O)]$ sowie $[(R_3P)_3OsHCl(CS)] + 2\,CO \longrightarrow [(R_3P)_2(CO)_2OsCl(HCS)] + PR_3$; $[(R_3P)_2(CO)_2OsCl(HCS)] + H^- \longrightarrow [(R_3P)_2(CO)_2Os(H_2CS)] + Cl^-$. Die homologe, aus $[(R_3P)_3Os(CO)_2]$ und CH_2O erhältliche Verbindung $[(R_3P)_2(CO)_2Os(H_2CO)]$ zerfällt thermisch über $[(R_3P)_2(CO)_2OsH(HCO)]$ in $[(R_3P)_2(CO)_2Os(CO)_3]$ und H_2.

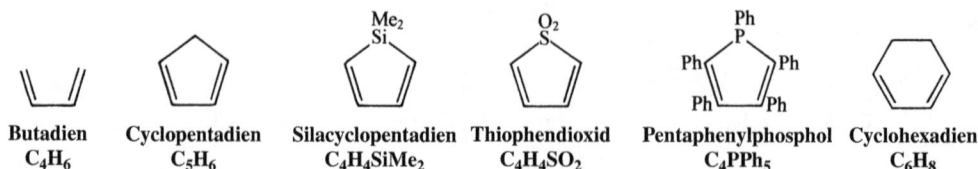

Butadien	Cyclopentadien	Silacyclopentadien	Thiophendioxid	Pentaphenylphosphol	Cyclohexadien
C_4H_6	C_5H_6	$C_4H_4SiMe_2$	$C_4H_4SO_2$	C_4PPh_5	C_6H_8

Abb. 32.78

1,3-Diene können 4 Elektronen (zwei π-Elektronenpaare) pro Molekül einem Komplex-zentrum zur Verfügung stellen. Dementsprechend leitet sich die Verbindung $[Fe(CO)_3(C_4H_6)]$ (Abb. 32.79a) durch Austausch zweier CO-Gruppen in $Fe(CO)_5$ gegen ein Molekül Butadien ab[22]. In analoger Weise lassen sich 4 CO-Gruppen in $Fe(CO)_5$ gegen $2\,C_4H_6$-Moleküle sub-stituieren, wobei der verbleibende CO-Ligand im resultierenden Komplex $[Fe(CO)(C_4H_6)_2]$ (Abb. 32.79b) durch viele andere Liganden ersetzt werden kann, u. a. durch Butadien, das allerdings im Sinne der Abb. 32.79c nur η^2-gebunden vorliegt. Weitere derartige homolep-tische Dienkomplexe stellen die in Abb. 32.79d wiedergegebenen Verbindungen $[M(C_4H_6)_3]$ mit M = Mo, W dar (von $M(CO)_6$ mit M = Cr, No, W leiten sich auch Komplexe des Typs $[M(CO)_4(C_4H_6)]$ und $[M(CO)_2(C_4H_6)_2]$ ab). Beispiele für heteroleptische Dienkomplexe sind die in Abb. 32.79a, b, c, e, f, g, h wiedergegebenen Komplexe. Cyclopentadien und Cyclo-hexadien liegen etwa den Komplexen $Fe(CO)_3L$ (L = betreffender Ligand) zugrunde. Bei-spiele für η^4-Komplexe mit Aromaten (Naphthalin) bieten die Anionen $[Zr(C_{10}H_8)_3]^{2-}$ und $[Co(C_{10}H_8)_2]$ (Abb. 32.79i, k); es existiert ein analog gebauter – thermostabilerer – Co-Komplex mit η^4-gebundenem Anthracen $C_{14}H_{10}$. Auch Benzol C_6H_6 kann wie etwa in den Komplexen $[M(\eta^4\text{-}C_6H_6)(\eta^6\text{-}C_6H_6)]$ (M = Fe, Ru, Os) als η^4-Ligand (vgl. S. 2400; 4π-Elektronenlieferant) wirken.

Wie im Falle der Alken-Komplexe (S. 2175) erreichen die Metallzentren auch im Falle der Alkadien-Komplexe teils vollständig eine 18 Elektronenaußenschale (vgl. Abb. 32.79a, b, c, d, f, g, h, i, k), teils wird das Oktadezett nicht ganz erreicht (vgl. Abb. 32.79e). Die $C_{10}H_8$-Liganden in Abb. 32.79i, k bzw. $C_{14}H_{10}$-Liganden (Anthracen anstelle Naphthalin) wirken hierbei formal als benz- bzw. naphthanellierte 1,3-Cyclohexadiene, d. h. die 4π-Untereinheiten der Aromaten sind in den vorliegenden Fällen fast vollständig von den verbleibenden 6π- bzw. 10π-Unter-einheiten getrennt. Entsprechendes gilt für eine Doppelbindung des η^4-gebundenen Benzols in $[M(\eta^4\text{-}C_6H_6)(\eta^6\text{-}C_6H_6)]$ (der Fe-/Ru-/Os-Komplex ist bis $-50/0/100\,°C$ thermostabil). Ana-log gebaut sind die Hexamethylbenzol-Komplexe des Rutheniums und Osmiums, während der Eisen-Komplex im Sinne der Formulierung $Fe(\eta^6\text{-}C_6Me_6)_2$ nur η^6-gebundenes Aren aufweist, wodurch Fe eine 20-Außenelektronenschale erhält (2 ungepaarte Elektronen).

Strukturverhältnisse. In den Komplexen mit Alkadienen findet man gemäß Abb. 32.79 u. a. tri-gonale (Abb. 32.79f), tetraedrische (Abb. 32.79g, h, k) quadratisch-bipyramidale (Abb. 32.79a, b, c, e) und trigonal-prismatische (Abb. 32.79d, i) Koordinationsgeometrie (es zählt die En- bzw. Cyclopentadienylgruppierung). Allerdings sind Komplexe wie (Abb. 32.79i, k) fluktuie-rend, d. h. »konformationslabil«. In der Regel werden Butadien und seine Derivate in ihrer *cis*-Konformation in der Weise gebunden, dass die vier zentralen C-Atome des Diens in einer Ebe-ne liegen, deren Normale der Bindungsachse Metall-Dien entspricht (vgl. Abb. 32.79a, b, c, d, e, f, g). Nur in Ausnahmefällen beobachtet man bei frühen Nebengruppenelementen auch die Koordination von Dienen in ihrer – thermodynamisch günstigeren – *trans*-Form, wobei aller-dings dann die C-Atome nicht mehr exakt in einer Ebene angeordnet sind (vgl. Abb. 32.79h). Man kennt ferner Komplexe, in welchen das Dien in seiner *cis*- oder *trans*-Form Dimetall-Cluster überspannen. Mit der Koordination von *cis*-konformierten Dienen verlängern sich die terminalen CC-Abstände und verkürzt sich die mittlere CC-Einfachbindung geringfügig (z. B. von 1.36/1.45 Å in C_4H_6 nach 1.46/1.46 Å in Abb. 32.79a bzw. 1.45/1.40 Å in Abb. 32.79g), sodass also die resultierenden CC-Bindungslängen in Dienkomplexen mehr oder weniger ausgeglichen sind. Auch bewegen sich die terminalen Doppelbindungssubstituenten im Zuge der Komplexbildung aus der Dien-Ebene in Richtung der metallabgewandten Seite, die zentralen Doppelbindungsubstituenten in Richtung des Metalls. Die Abstände der Metallzentren zu den endständigen C-Atomen der *cis*-konformierten Diene sind länger als jene zu den mittelständigen C-Atomen, während für Komplexe mit *trans*-konformierten Dienen das Umgekehrte gilt (bei Raumtemperatur liegen die in Abb. 32.79g und h wiedergegebenen Isomeren mit fast gleichen Mengen im thermischen Gleichgewicht vor; 1,4-Substitution der C_4H_6-Liganden fördert die Gleichgewichtsform Abb. 32.79h, 2,5-Substitution die Form Abb. 32.79g).

Bindungsverhältnisse. In den Komplexen mit *cis*-Alkadienen bilden von den vier durch Wechselwirkung der vier p_z-Orbitalen der C_4-Kette erzeugten π-Molekülorbitalen (zwei elektronenbesetzte bindende und zwei elektronenleere antibindende) eines eine σ- und eines eine π-Hinbindung mit elektronenleeren Metallorbitalen geeigneter Symmetrie (Hybridorbitale mit d_{z^2}-, p_z- und s-Komponente in ersterem, mit d_{yz}- und p_y-Komponente in letzterem Falle; z-Achse = M-Dien-Bindungsachse; vgl. Abb. 32.80a und b), während die verbleibenden elektronenleeren π^*-Molekülorbitale eine π- bzw. δ-Rückbindung mit dem elektronenbesetzten d_{xz}- oder p_x-Orbital bzw. d_{xy}-Orbital eingehen (vgl. Abb. 32.80c und d sowie synergetisches Bindungsmodell von Dewar und Chatt, S. 2177).

Insbesondere die π-Rückbindung führt zu einer Schwächung, d. h. Verlängerung, der terminalen und Stärkung, d. h. Verkürzung, der zentralen CC-Bindung des Diens. Mit wachsendem Elektronenfluss gehen die Dienkomplexe (Abb. 32.81a) unter Verlängerung der terminalen und Verkürzung der mittleren CC-Bindung letztendlich in Metallacyclopenten-Komplexe (Abb. 32.81b) über, in welchen die terminalen CC-Bindungen der C_4-Einheit länger als die mittlere CC-Bindung sind und die terminalen C-Atome über σ-Bindungen, die mittleren C-Atome über eine π-Bindung mit dem Metallzentrum koordinieren (vgl. Ethylenkomplexe, Abb. 32.77). Hierbei weisen die Strukturmerkmale der Dienkomplexe früher (später) Übergangsmetalle auf den Butadien- (den Metallacyclopenten-) Beschreibungstypus. Die π-Hin-, π-Rück- und δ-Rückbindung ist in den Dienkomplexen für die starke Rotationsbehinderung um die M-Dien-Bindungsachse verantwortlich. Dementsprechend sind chirale Metallkomplexe aus prochiralen Dienen wie CH_2=CR−CR=CH_2 und chiralen Metallkomplexfragmenten »konfigurationsstabil« und lassen sich in Enantiomere trennen, falls sie nicht vom Metallacyclopenten-Komplextypus

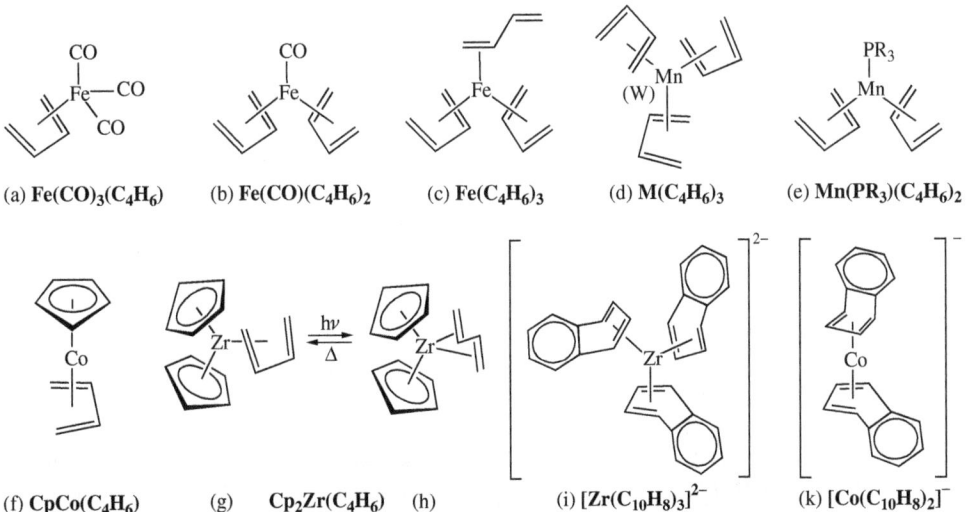

(a) **Fe(CO)₃(C₄H₆)**   (b) **Fe(CO)(C₄H₆)₂**   (c) **Fe(C₄H₆)₃**   (d) **M(C₄H₆)₃**   (e) **Mn(PR₃)(C₄H₆)₂**

(f) **CpCo(C₄H₆)**   (g)   **Cp₂Zr(C₄H₆)**   (h)   (i) **[Zr(C₁₀H₈)₃]²⁻**   (k) **[Co(C₁₀H₈)₂]⁻**

Abb. 32.79 Strukturen einiger Butadienmetallkomplexe.

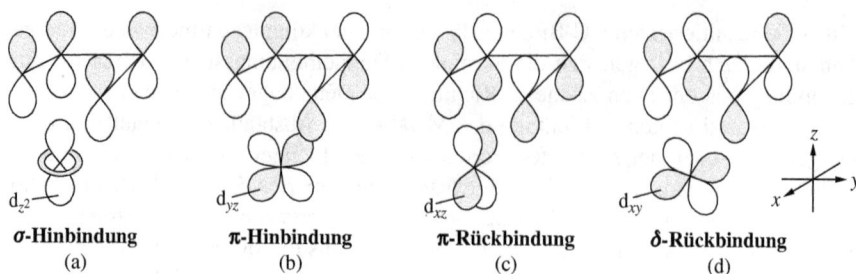

σ-Hinbindung (a) π-Hinbindung (b) π-Rückbindung (c) δ-Rückbindung (d)

Abb. 32.80 Veranschaulichung der Bindungsverhältnisse in Butadienkomplexen mit σ-Donator- (a), π-Donator- (b), π-Akzeptor- (c) und δ-Akzeptor-Bindung (d) (jeweils hinsichtlich des Liganden gesehen; dunkle und helle Bereiche deuten unterschiedliche Orbitalphasen an).

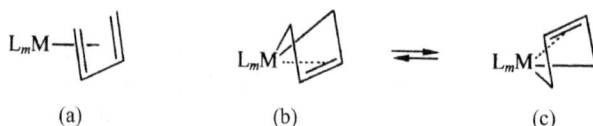

(a)   (b)   (c)

Abb. 32.81

sind. In letzteren Fällen erfolgt zwar ebenfalls keine Dien-Rotation, aber eine Dien-Inversion an beiden metallgebundenen C-Atomen des komplexgebundenen Diens gemäß (Abb. 32.81b) $\rightleftharpoons$ (Abb. 32.81c).

Darstellung, Eigenschaften. Butadien-Komplexe lassen sich wie Ethylen-Komplexe u. a. durch Ligandenaustausch oder durch Olefinaddition an elektronenungesättigte Komplexe gewinnen, die durch Reduktion geeigneter Vorstufen als reaktive Intermediate erhalten werden (z. B. M-Atome + 3 Butadien-Moleküle $\longrightarrow$ M(C$_4$H$_6$)$_3$ mit M = Mo, W; MnCl$_2$ + 2 C$_4$H$_6$ + PMe$_3$ + Mg $\longrightarrow$ (Abb. 32.77e) + MgCl$_2$). Metallkoordinierte Butadiene verhalten sich vergleichsweise reaktionsträge und unterliegen weder katalytischen Hydrierungen noch Diels-Alder-Reaktionen. Sie vermögen aber vielfach Elektrophile E$^+$ an ein terminales C-Atom unter Bildung metallkoordinierter Allyle zu addieren (vgl. weiter unten), wobei das mit der Addition entstehende elektronenungesättigte Metallatom durch Donoren im Komplex selbst (z. B. Bildung agostischer MH-Beziehungen; vgl. S. 2171) oder durch zugefügte Liganden stabilisiert wird (z. B. [Fe(CO)$_3$(C$_4$H$_6$)] + H$^+$ + CO $\longrightarrow$ [Fe(CO)$_4$(C$_4$H$_7$)]$^+$). Auch eine Addition von Nucleophilen Nu$^-$ an einem C-Atom des komplexierten Diens ist im Falle einiger Dien-Komplexe möglich (Näheres s. unten). Besonders reaktiv sind die η^4-Arenkomplexe, da sie leicht die Arenliganden (z. B. Benzol, Naphthalin, Anthracen) unter Vergrößerung ihres aromatischen Elektronensystems abspalten und dadurch als Metallatomspender zu wirken vermögen. So reagiert etwa [Co(C$_{14}$H$_{10}$)$_2$]$^-$ bereits bei $-30\,°$C mit CO, CNR, PR$_3$, $\frac{1}{2}$ R$_2$PCH$_2$CH$_2$PR$_2$, $\frac{1}{2}$ Cyclooctatetraen C$_8$H$_8$ zu Komplexen [CoL$_4$]$^-$ ab (L = betreffender Ligand).

Metallkomplexe mit Allyl und seinen Derivaten

Überblick. Das »Allylradikal« CH$_2$=CH−CH$^{\cdot}_2$ leitet sich vom Ethylen CH$_2$=CH$_2$ durch Ersatz eines Wasserstoffs gegen eine Methylengruppe CH$_2$ ab. Anders als Ethylen oder auch Butadien, welche als Donoren an Metallzentren eine gerade Zahl von Elektronen (2 bzw. 4; vgl. S. 2175, 2179) abgeben, sind die Radikale »Allyl« C$_3$H$_5$ (3 Elektronendonator) und dessen Vinylogen »Pentadienyl« C$_5$H$_7$ (5 Elektronendonator) sowie »Heptatrienyl« C$_7$H$_9$ (7 Elektronendonator) Lieferanten einer ungeraden Zahl von Elektronen. Ein Spezialfall stellt schließlich das Diradikal »Trimethylenmethyl« C$_4$H$_6$ (4 Elektronendonator; Isomer von Butadien) dar, das sich vom

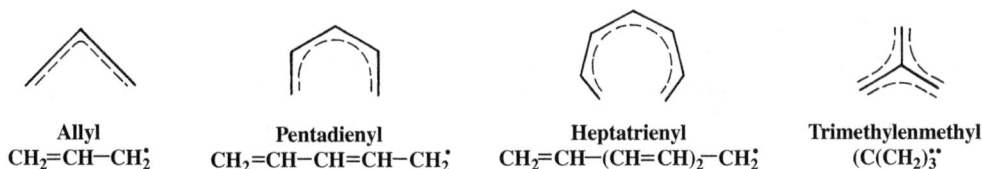

Allyl	Pentadienyl	Heptatrienyl	Trimethylenmethyl
$CH_2=CH-CH_2^{\bullet}$	$CH_2=CH-CH=CH-CH_2^{\bullet}$	$CH_2=CH-(CH=CH)_2-CH_2^{\bullet}$	$(C(CH_2)_3^{\bullet\bullet}$

Abb. 32.82

(a)	(b)	(c)	(d)	(e)	(f)
$[M(C_3H_5)_2]$	$[M(C_3H_5)_3]$	$[M(C_3H_5)_4]$	$[Co(CO)_3(C_3H_5)]$	$[FeI(CO)_3(C_3H_5)]$	$[CpNi(C_3H_5)]$
(Ni, Pd, Pt)	(V, Cr, Fe, Co, Rh)	(Zr, Nb, Ta, Mo, W)			

(g)	(h)	(i)	(k)	(l)	(m)
$[CpFe(CO)(C_3H_5)]$	$[Fe(C_5H_7)_2]$	$[Fe(C_6H_6)(C_6H_5Me_2)]^+$	$[Fe(C_6H_5Me_2)]_2$	$[Cr(CO)_3(C_8H_9)]^+$	$[Fe(CO)_3(C_4H_6)]$

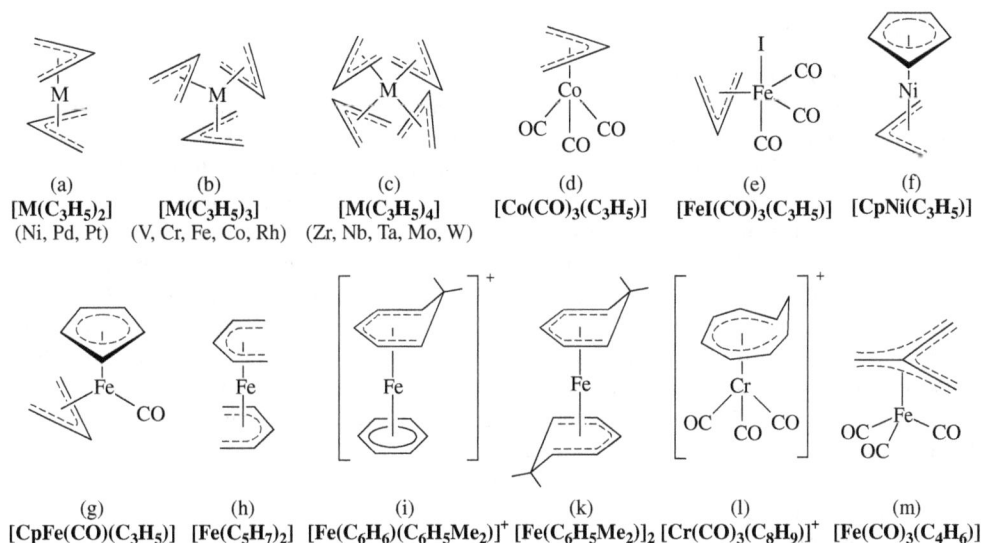

Abb. 32.83 Strukturen einiger Allyl- und verwandter Komplexe.

Ethylen durch Ersatz zweier an ein C-Atom gebundener H-Atome gegen CH_2-Gruppen ablei-tet [20] (s. Abb. 32.82).

»Allyl« und seine Vinylogen bilden mit fast allen Übergangsmetallen Komplexe. So kennt man etwa vom Grundkörper folgende homoleptischen Allylmetallkomplexe: $[M(C_3H_5)_2]$ mit M = Ni, Pd, Pt (Abb. 32.83a), ferner $[M(C_3H_5)_3]$ mit M = V, Cr, Fe, Ge, Rh (Abb. 32.83b) und $[M(C_3H_4)_4]$ mit M = Zr, Nb, Ta, Mo, W (Abb. 32.83c). Beispiele für heteroleptische Al-lylmetallkomplexe bieten die in Abb. 32.83d, e, f, g wiedergegebenen Verbindungen, Beispiele für Komplexe mit »Pentadienyl«, »Heptatrienyl« und »Trimethylenmethyl« die in Abb. 32.83h, i, k, l, m veranschaulichten Verbindungen. Als weitere Allylderivate treten u. a. Cyclopentenyl und -hexenyl, Cycloheptadienyl und -trienyl, Benzyl und sogar Cyclopentadienyl, aber auch Heteroallyle wie $O=CR-CR_2'$, $RN=CR-CR_2'$ oder $RP=CR-PR^{\bullet}$ in Komplexen auf. Auch kennt man Komplexe, in welchen der Allylligand Dimetallcluster überspannt.

Strukturverhältnisse. Die Zentren mit komplexgebundenem Allyl sind u. a. digonal (Abb. 32.83a, f), trigonal-planar (Abb. 32.83b, g), tetraedrisch (Abb. 32.83c, d) oder trigonal-bipy-ramidal (Abb. 32.83e) mit Liganden umgeben (es zählt jeweils der Mittelpunkt der Allyl- und Cyclopentadienylgruppierung). Die beiden CC-Abstände sind in Allylkomplexen gleich lang (um 1.35 Å), die Abstände zwischen M und dem terminalen/zentralen C-Atom ungleich lang (z. B. 2.06/2.10 Å in $[PdCl(C_3H_5)]_2$). Die Allylsubstituenten liegen außerhalb der C_3-Ebene und weisen vom Metallzentrum weg (terminale Substituenten) bzw. zum Metallzentrum hin (zentra-ler Substituent). Komplexgebundene Pentadienyle zeichnen sich durch Planarität und ausgegli-chene CC-Abstände aus. Da die beiden Dienylreste in Bis(pentadienyl)-Metallkomplexen (z. B.

Abb. 32.83h) zudem wie in den Bis(cyclopentadienyl)-Metallkomplexen, d. h. den Metallocenen, näherungsweise parallel zueinander angeordnet sind (»Sandwich-Struktur«), bezeichnet man erstere Komplexe gelegentlich auch als »offene Metallocene« (ein Beispiel für einen »Halbsandwich« ist etwa [Mn(CO)$_3$(C$_5$H$_7$)]; Beispiele für Komplexe mit »überbrückten« Pentadienylen geben die Abb. 32.83i, k, l wieder). Auch in den komplexgebundenen Heptatrienylen liegen die durch sechs vergleichbar lange Bindungen verknüpften C-Atome des Trienylsystems in einer Ebene (ein Beispiel für einen Komplex mit »überbrücktem« Heptatrienyl gibt Abb. 32.83l wieder). Analoges gilt für das System Trimethylenmethyl in Komplexen. Dementsprechend ist z. B. in Abb. 32.83k der Metallabstand zum zentralen C-Atom (1.93 Å) kürzer als zu den terminalen C-Atomen (2.12 Å).

Bindungsverhältnisse. In den Allylkomplexen bilden von den drei (aus einer Interferenz der p$_z$-Orbitale der Allyl-C-Atome hervorgehenden) π-Molekülorbitalen des Allyl-Liganden das mit 2 Elektronen besctztc bindende π-MO eine σ-Hinbindung mit elektronenleeren Metallorbitalen geeigneter Symmetrie (Hybridorbitale mit d$_{z^2}$-, p$_z$- und s-Komponente; z-Achse in Richtung der C$_3$-Flächennormalen; vgl. Abb. 32.84a), das mit 1 Elektron besetzte nichtbindende π_n-MO eine π-Hin-/Rückbindung mit einem halbbesetzten d$_{yz}$- bzw. p$_y$-Metallorbital (Abb. 32.84b) und das elektronenleere antibindende π*-MO eine π-Rückbindung mit einem elektronenbesetzten d$_{xz}$- bzw. p$_x$-Metallorbital (Abb. 32.84 c; vgl. hierzu synergetisches Bindungsmodell, S. 2177). Die π-Hin/Rückbindung hat ersichtlicherweise eine Verstärkung der M-Bindungen mit den terminalen C-Atomen des Allylliganden zur Folge. Auch sorgt sie für eine Behinderung der Allyl-Rotation um die Allylflächennormale. Diese Rotation führt durch zwei Energieminima, bei welchen der Ligand die in Abb. 32.84 wiedergegebene Konformation einnimmt oder um 180° verdreht vorliegt (32.34a). Demgemäß bildet etwa der Komplex (Abb. 32.83e) zwei Konformere, die sich zwar bei Raumtemperatur nicht getrennt isolieren, aber immerhin NMR-spektroskopisch nebeneinander beobachten lassen. Außer durch Rotation fluktuieren Allylliganden bei erhöhter Temperatur – insbesondere in Anwesenheit von Basen – zudem im Sinne des Vorgangs (32.34b) (gemäß (32.34b) verläuft etwa die thermische Isomerisierung des Komplexes [Co(CO)$_3$(η^3-CH$_2$⋯CH⋯CHCH$_3$)] mit cis-konformierter in einen solchen mit trans-konformierter C$_4$-Kette).

$$[\text{M}] \rightleftharpoons^{(a)} [\text{M}] \qquad [\text{M}] \rightleftharpoons^{(b)} [\text{M}] \tag{32.34}$$

Die Bindungsverhältnisse in Pentadienyl-, Heptatrienyl- und Trimethylenmethyl-Komplexen lassen sich ähnlich wie die der Allylkomplexe über Hin- und Rückbindungen beschreiben (vgl. bzgl. der Pentadienylkomplexe die Bindungsverhältnisse in Metallocenen, S. 2194).

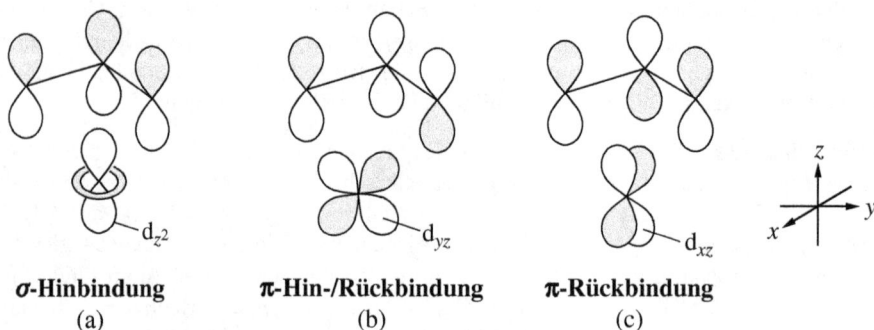

σ-Hinbindung	π-Hin-/Rückbindung	π-Rückbindung
(a)	(b)	(c)

Abb. 32.84 Veranschaulichung der Bindungsverhältnisse in Allylkomplexen mit σ-Donator (a), π-Donatorakzeptor- (b) und π-Akzeptor-Bindung (c).

Darstellung. Da die Radikale Allyl, Pentadienyl, Heptatrienyl und Trimethylenmethyl als solche unter Normalbedingungen nicht existieren, entfällt als Darstellungsmethode von Komplexen der erwähnten Radikale der zur Gewinnung von Ethylen- und Butadienkomplexen genutzte Weg des Ligandenaustauschs sowie der Ligandenaddition. Andererseits hat man mit Metallsalzen wie C_3H_5MgBr, $C_5H_7SnMe_3$ oder Halogeniden wie C_3H_5Hal, $CH_2=C(CH_2Cl)_2$ Quellen anionischer bzw. kationischer Formen der betreffenden Radikale in Händen, die sich etwa gemäß

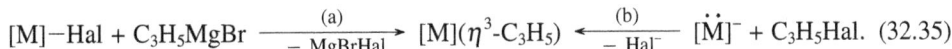

$$[M]-Hal + C_3H_5MgBr \xrightarrow[-\ MgBrHal]{(a)} [M](\eta^3\text{-}C_3H_5) \xleftarrow[-\ Hal^-]{(b)} [\ddot{\overset{\cdot}{M}}]^- + C_3H_5Hal. \quad (32.35)$$

durch eine Reaktion der Quellen mit Übergangsmetallhalogeniden oder nucleophilen Übergangsmetallkomplexen auf dem Wege einer Metathese an Metallzentren freisetzen lassen (vielfach bildet sich zunächst der η^1-Komplex $[M]-CH_2-CH=CH_3$, der sich – gegebenenfalls unter Änderung der Ligandensphäre des Komplexfragments [M] – in den erwünschten η^3-Komplex umlagert). Beispiele für (32.35a): $MHal_n + n\,C_3H_5MgBr \longrightarrow$ (Abb. 32.83a, b, c) $+ MgBrHal$; $FeCl_2 + 2\,C_5H_5Me_2Li \longrightarrow$ (Abb. 32.83h) $+ 2\,LiCl$. – Beispiele für (32.35b): $Mn(CO)_5^- + C_3H_5Cl \longrightarrow [Mn(CO)_5(\eta^1\text{-}C_3H_5)] + Cl^- \longrightarrow [Mn(CO)_4(\eta^3\text{-}C_3H_5) + Cl^-] + CO$; $[CpCo(CO)_2] + C_3H_5I \longrightarrow [CpCoI(C_3H_5)] + 2\,CO$; $Fe_2(CO)_9 + C_4H_6Cl_2 \longrightarrow Fe(CO)_3(C_4H_6)$ (Abb. 32.83m) $+ FeCl_2 + 6\,CO$.

Die Allyl-, Pentadienyl- und Heptatrienylkationen und -anionen lassen sich auch am Komplexzentrum aus geeigneten Alken- bzw. Alkadien-Komplexvorstufen durch Hydrid- oder Protonen-Abstraktion bzw. -Addition erzeugen, z. B. R in (32.36a, b) bzw. (32.36c,d) gleich H bzw. CH_3):

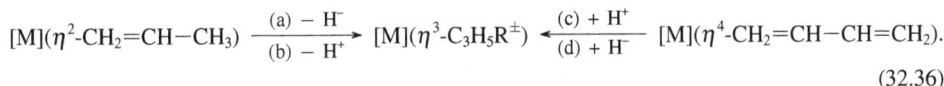

$$[M](\eta^2\text{-}CH_2=CH-CH_3) \xrightarrow[\text{(b)}\ -\ H^+]{\text{(a)}\ -\ H^-} [M](\eta^3\text{-}C_3H_5R^{\pm}) \xleftarrow[\text{(d)}\ +\ H^-]{\text{(c)}\ +\ H^+} [M](\eta^4\text{-}CH_2=CH-CH=CH_2).$$

$$(32.36)$$

In analoger Weise funktioniert die Abspaltung oder Addition von Nucleophilen oder Elektrophilen. Zur Hydridabstraktion nutzt man mit Vorteil Ph_3C^+ (z. B. als BF_4^--Salz: $Ph_3C^+ + H^- \longrightarrow Ph_3CH$), gelegentlich auch das Metallzentrum selbst, zur X^--Abspaltung bzw. zur Protonierung starke Säuren wie HBF_4, zur Deprotonierung Basen wie CO_3^{2-} und zur Hydridaddition Hydridokomplexe wie BH_4^-. Beispiele für (32.36a): $[CpMn(CO)_2(CH_2=CMe-CH_2OH)] \longrightarrow [CpMn(CO)_2(C_3H_4Me)]^+ + OH^-$; $[Cr(CO)_3L] \longrightarrow$ (i) $+ H^-$ mit $L = 1,3,5$-Cyclooctatrien. – Beispiele für (32.36b): $[PdCl_3(CH_2=CH-CH_3)]^- \longrightarrow \frac{1}{2}[PdCl(C_3H_5)]_2 + H^+ + 2\,Cl^-$; $[L_2RuH_4] + 2\,CH_2=CHMe \longrightarrow [L_2Ru(CH_2CHMe)_2] + 2\,H_2 \longrightarrow [L_2RuH_2(C_3H_5)_2] + 2\,H_2 \longrightarrow [L_2Ru(C_3H_5)_2] + 3\,H_2$. – Beispiele für (32.36c): $[Fe(CO)_3(CH_2=CH-CH=CH_2) + H^+Cl^- \longrightarrow [Fe(CO)_3Cl(C_3H_4Me)]$; $[CpIr(CH_2=CMe-CMe=CH_2)] + H^+ + CO \longrightarrow [CpIr(CO)(C_3H_2Me_3)]^+$; $[CpCoL] + H^+ \longrightarrow [CpCo(LH)]^+$ mit $L = 1,3,5$-Cyclooctatrien. – Beispiele für (32.36d): $[Mn(CO)_3(C_6H_6)]^+ + H^- \longrightarrow [Mn(CO)_3(C_6H_7)]$; $[Fe(CO)_3(CH_2=CH-CH=CH_2)] + Me^- \longrightarrow [Fe(CO)_3(C_3H_4Et)]^-$.

Eine weitere Methode zur Darstellung von Allylkomplexen stellt schließlich die Hydrometallierung von Butadienen dar, z. B. $[HCo(CO)_4] + CH_2=CH-CH=CH_2 \longrightarrow [Co(CO)_4(CH_2-CH=CH-CH_3)] \longrightarrow [Co(CO)_3(C_3H_4Me)] + CO$. Auch lassen sich Pentadienylkomplexe gelegentlich durch Umwandlung in Allylkomplexe überführen, z. B. $[Mn(CO)_3(\eta^5\text{-}C_5H_7)] + PMe_3 \longrightarrow [Mn(CO)_3(PMe_3)(\eta^3\text{-}C_3H_4Vi)]$.

Eigenschaften. Mit der Komplexierung von Alkenen wie Ethylen, Butadien, Allyl nimmt deren Bereitschaft zur Addition von Nucleophilen – insbesondere bei Vorliegen kationischer Metallzentren – wegen der Ladungsübertragung von den Alkenen auf das Komplexzentrum deutlich zu, sodass man Allyl- oder Pentadienyl-Komplexe in der organischen Synthese zu elektrophilen Allylierungen oder Pentadienylierungen nutzen kann, wie etwa folgende durch PdL_4 ($L = PPh_3$) katalysierte, stereospezifisch unter Konfigurationserhalt erfolgende Substitution:

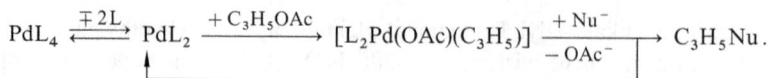

$$PdL_4 \underset{\mp 2L}{\rightleftharpoons} PdL_2 \xrightarrow{+ C_3H_5OAc} [L_2Pd(OAc)(C_3H_5)] \xrightarrow[-OAc^-]{+ Nu^-} C_3H_5Nu.$$

Abb. 32.85

$CH_2=CH-CH_2OAc + Nu^- \longrightarrow CH_2=CH-CH_2Nu + OAc^-$ lehrt (Analoges gilt für Derivate von $CH_2=CH-CH_2OAc$) (s. Abb. 32.85).

Sind zwei Alkene mit unterschiedlicher π-Elektronenzahl an ein Metallzentrum koordiniert, so reagieren offene Oligoolefinliganden mit Nucleophilen rascher als geschlossene und Liganden mit einer geraden π-Elektronenanzahl (Nu^--Angriff immer am terminalen Ende eines offenen π-Systems) rascher als solche mit einer ungeraden π-Elektronenanzahl (Nu^--Angriff meist in der Mitte eines offenen π-Systems). Demgemäß führt die H^--Addition an $[Cp_2W(C_3H_5)]^+$ zu $[Cp_2W(C_3H_6)]$ mit Metallacyclobutanring $W(CH_2)_3$ und die an $[(C_6H_6)Mo(C_3H_5)(C_4H_6)]^+$ zu $[(C_6H_6)Mo(C_3H_5)(C_3H_4Me)]$. Allylkomplexe können auch Zwischenprodukte der durch einige Übergangsmetallkomplexe des Eisens, Rutheniums und Palladiums katalysierten Olefinisomerisierung sein. So kann sich das thermisch aus $Fe_3(CO)_{12}$ bildende $Fe(CO)_4$ mit Alkenen $CH_2=CH-CH_2R$ zu Ethylenkomplexen $[Fe(CO)_4(CH_2=CH-CH_2R)]$ vereinigen, welche unter H^--Verschiebung vom Alken zum Eisen und wieder zurück zum Alken bei gleichzeitiger CO-Eliminierung und -Addition auf dem Wege über Allylkomplexe $[HFe(CO)_3(CH_2\cdots CH\cdots CHR)]$ in isomere Ethylenkomplexe $[Fe(CO)_4(CH_3-CH=CHR)]$ übergehen, die ihrerseits unter CO-Aufnahme und Rückbildung des Katalysators $Fe(CO)_4$ Alkene $CH_3-CH=CHR$ abspalten (letztere Olefinisomerisierungen haben etwa Bedeutung für die Synthese des Vitamins A oder der terpenoiden Duftstoffe; bezüglich eines weiteren Isomerisierungsmechanismus vgl. S. 2006). Auch bei katalysierten Olefindimerisierungen können Allylkomplexe als Zwischenstufen auftreten, s. Abb. 32.86. (Vgl. hierzu auch S. 2182.)

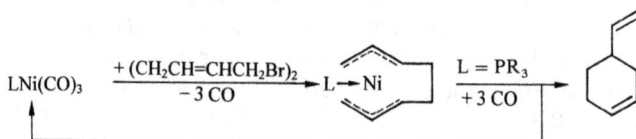

Abb. 32.86

3.3.2   Alkinmetallkomplexe (Acetylen-Komplexe)

Überblick. Alkine des Typus $-C≡C-$ bilden mit den Metallen der 4.–10. Gruppe (IV.–VIII. Nebengruppe) π-Komplexe. Zu derartigen »Inen« zählen das »Acetylen« und dessen Derivate $C_2H_{2-n}X_n$ ($n = 1,2$), ferner auch Alkine, die sich wie »Cyclohexin«, »Benz-in« oder »Benz-diin« in freiem Zustande nur als reaktive Zwischenstufen nachweisen lassen sowie schließlich meta- und instabile »Heteroalkine« wie etwa »Phosphaalkine« (die homologen »Nitrile« $R-C≡N$: bilden meist nur n-Komplexe $L_nM \longleftarrow N≡CR$, während die Phosphaalkine $R-C≡P$: in der Regel π-Komplexe liefern; vgl. Abb. 32.87).

Acetylene vermögen einem Komplexzentrum zwei oder vier Elektronen zur Verfügung zu stellen. So leitet sich der Komplex $[Fe(CO)_4(C_2tBu_2)]$ (Abb. 32.88i) von $Fe(CO)_5$ durch Austausch einer CO-Gruppe (2 Elektronendonator) gegen das Alkin $tBuC≡CtBu$, der Komplex $[CpMoCl(CO)(C_2Ph_2)]$ von $[CpMoCl(CO)_3]$ durch Austausch zweier CO-Gruppen gegen das Alkin $PhC≡CPh$ ab. Da andererseits im Komplex $[W(CO)(C_2Et_2)_3]$ (Abb. 32.88g) 5 CO-Gruppen des Hexacarbonyls $W(CO)_6$ gegen 3 Alkinliganden $EtC≡CEt$ ersetzt sind, wirken zur

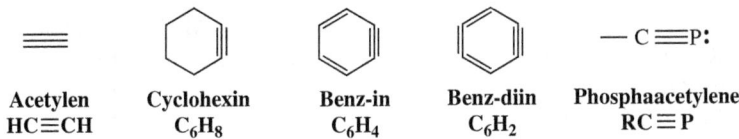

| Acetylen $HC{\equiv}CH$ | Cyclohexin C_6H_8 | Benz-in C_6H_4 | Benz-diin C_6H_2 | Phosphaacetylene $RC{\equiv}P$ |

Abb. 32.87

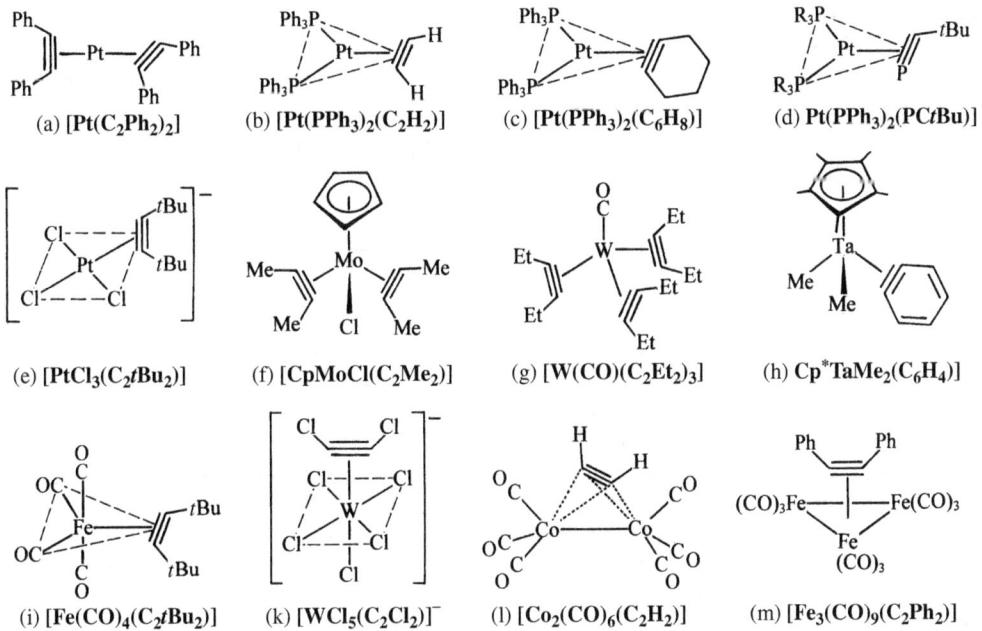

(a) $[Pt(C_2Ph_2)_2]$ (b) $[Pt(PPh_3)_2(C_2H_2)]$ (c) $[Pt(PPh_3)_2(C_6H_8)]$ (d) $Pt(PPh_3)_2(PCtBu)$

(e) $[PtCl_3(C_2tBu_2)]$ (f) $[CpMoCl(C_2Me_2)]$ (g) $[W(CO)(C_2Et_2)_3]$ (h) $Cp^*TaMe_2(C_6H_4)$

(i) $[Fe(CO)_4(C_2tBu_2)]$ (k) $[WCl_5(C_2Cl_2)]^-$ (l) $[Co_2(CO)_6(C_2H_2)]$ (m) $[Fe_3(CO)_9(C_2Ph_2)]$

Abb. 32.88 Strukturen einiger Alkinkomplexe (d_{CC} in a/k/c/h/l = 1.28/1.28/1.30/1.36/1.46 Å; $\sphericalangle$ CCX in a/k = 153/144°).

Erreichung einer effektiven Elektronenzahl von 18 für das Zentralmetall formal ein Alkinmolekül als 2-, zwei Alkin-Moleküle als 4-Elektronendonatoren (da die drei Liganden C_2Et_2 in $CpMoCl(C_2Me_2)_2$ (Abb. 32.88f) gleichartig gebunden sind, muss der Bindungszustand des Komplexes durch Mesomerie von drei Grenzstrukturen beschrieben werden, in welcher jeweils ein anderes Alken als 2-Elektronendonator wirkt).

Nur in Ausnahmefällen lassen sich Komplexe wie die in Abb. 32.88b, l mit dem Grundkörper der Alkine, dem Acetylen, gewinnen (stabiler sind insbesondere Komplexe mit sperrig substituierten Alkinen, s. unten). Auch stellen homoleptische Alkinkomplexe die Ausnahme dar (Abb. 32.88a). Einige Beispiele aus der großen Verbindungsklasse der heteroleptischen Alkinkomplexe mit »einfachem« Metallzentrum bieten die in Abb. 32.88b, c, d, e, f, g, h, i, k wiedergegebenen Substanzen. Sie enthalten meist niedriger-valente und nur selten (Abb. 32.88k) höher-valente Metalle. Die Komplexzentren können hierbei mit ein, zwei oder gar drei Alkinliganden koordiniert sein (Abb. 32.88e, f, g). Als Beispiele für Komplexe mit den instabilen Alkinen Benz-in und Cyclohexin seien die Verbindungen (Abb. 32.88c, h), als Beispiel für einen Komplex mit dem Heteroalkin tert-Butylphosphaacetylen die Verbindung Abb. 32.88d und als Beispiel für einen Komplex mit Benz-diin der Zweikernkomplex $[(dipos)Ni(\mu\text{-}\eta^2{:}\eta^2\text{-}C_6H_2)Ni(dipos)]$ (dipos = $Cy_2PCH_2CH_2PCy_2$) genannt. Außer Komplexen mit einfachen Metallzentren kennt man ferner solche mit Metallclusterzentrum (Abb. 32.88l, m). Analogen Bau wie $[Co_2(CO)_6(C_2H_2)]$ (Abb. 32.88l) haben andere Co-Komplexe $[Co_2(CO)_6(C_2R_2)]$, aber auch Ni- und Pd-Komplexe $[Cp_2M_2(C_2R_2)]$ sowie Fe-Komplexe $[Fe_2(CO)_6(C_2R_2)]$ und $[Fe_2(CO)_4(C_2R_2)_2]$ (C_2R_2 ober- und unterhalb der FeFe-Bindung; jeweils FeFe-Doppelbindung), analogen Bau wie $[Fe_3(CO)_9(C_2Ph_2)]$ (Abb. 32.88m) die Ru- und Os-Komplexe $[M_3(CO)_{12}(C_2R_2)]$, $[M_3(CO)_9(C_2R_2)_2]$ (Alkinliganden auf beiden M_3-Flächenseiten) und $[Ru_4(CO)_{12}(C_2Ph_2)]$ (C_2Ph_2 über einer Ru_4-Tetraederfläche).

Strukturverhältnisse. Die Metallzentren der Alkinkomplexe sind teils digonal, trigonal-planar oder quadratisch-planar (Abb. 32.88a, b, c, d, e), teils tetraedrisch, trigonal-bipyramidal oder oktaedrisch (Abb. 32.88f, g, h, k) strukturiert (es zählt jeweils der Mittelpunkt der Alkin- bzw. Cyclopentadienylgruppierung). Die CC-Achse von $-C\equiv C-$ verläuft teils in der Ligandenebene (vgl. Abb. 32.88b, c, i), teils senkrecht hierzu (vgl. Abb. 32.88e, f, g, h). In Komplexen mit Dimetallclustern sind die MM- und CC-Achsen, in Trimetallclustern die M_3-Fächennormalen und die CC-Achse senkrecht zueinander ausgerichtet (vgl. Abb. 32.88l, m). Mit der Koordination eines Alkins $X-C\equiv C-X$ verlängert sich dessen CC-Abstand von 1.20 Å in $HC\equiv CH$ teilsweise bis auf über 1.35 Å (vgl. Abb. 32.88). Auch geht bei der Koordination die Linearität des Alkins verloren: die Substituenten X bewegen sich in Richtung der metallabgewandten Seite, d. h. der Winkel CCX wird < 180° (vgl. Abb. 32.88). Hierbei entspricht eine CC-Abstandsverlängerung in der Regel einer CCX-Winkelverkleinerung.

Bindungsverhältnisse. In den Alkinkomplexen fungiert das elektronenbesetzte π_z-Molekülorbital der side-on gebundenen Gruppe $-C\equiv C-$ als Zweielektronen-Donator hinsichtlich eines elektronenleeren Metallorbitals geeigneter Symmetrie (Hybridorbital mit d_{z^2}-, $d_{x^2-y^2}$, s-, p_z-Komponente; z-Achse = M-Alkin-Bindungsachse; vgl. Abb. 32.89a). Die resultierende σ-Hinbindung (»Dreizentren-Zweielektronen-Bindung«) erfährt wie im Falle der Alkenkomplexe (S. 2177) durch π-Rückbindung von Elektronen aus einem elektronenbesetzten Metallorbital geeigneter Symmetrie (d_{yz}, p_y) in das elektronenleere π_z^*-MO des Alkins zusätzlich Verstärkung (Abb. 32.89b). Darüber hinaus kann das elektronenbesetzte π_x-MO des Alkins eine π-Hinbindung mit elektronenleeren AOs des Metalls geeigneter Symmetrie (z. B. d_{xz}, p_x; x-Achse senkrecht zur Papierebene; vgl. Abb. 32.89c), das elektronenleere π_x^*-MO des Alkins eine – meist weniger wichtige – δ-Rückbindung mit dem elektronenbesetzten d_{xy}-AO des Metalls ausbilden (Abb. 32.89d). Insbesondere die π-Rückbindung führt zu einer Schwächung und damit Verlängerung der CC-Bindung. Mit wachsendem Elektronenfluss geht der Alkin-Komplex unter sukzessiver Verlängerung der CC-Bindung und Verkleinerung des CCX-Winkels in einen Metallacyclopropen-Komplex über (CC-Abstände in $HC\equiv CH$ 1.20 Å, in $H_2C=CH_2$ 1.35 Å)[22]. Analoges gilt in besonderem Maße für Alkin-Metallcluster-Komplexe, sodass etwa die Formulierung der Verbindung (Abb. 32.88l) als Alkin-Komplex etwas willkürlich ist; man könnte sie ebenso als Dimetalltetrahedran-Komplex bezeichnen.

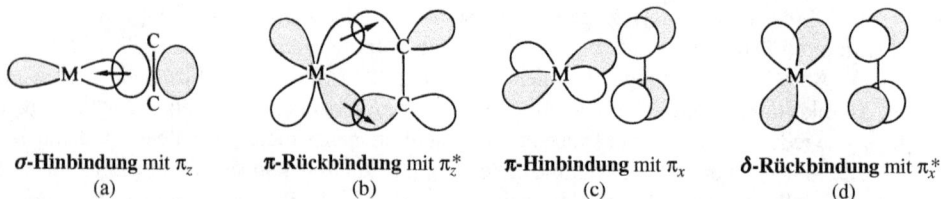

σ-Hinbindung mit π_z	π-Rückbindung mit π_z^*	π-Hinbindung mit π_x	δ-Rückbindung mit π_x^*
(a)	(b)	(c)	(d)

Abb. 32.89 Veranschaulichung der Bindungsverhältnisse in Acetylenkomplexen mit σ-Donator- (a), π-Akzeptor- (b), π-Donator- (c) und δ-Akzeptor-Bindung (d) (jeweils hinsichtlich des Liganden gesehen; dunkle und helle Bereiche symbolisieren unterschiedliche Orbitalphasen).

Darstellung. Die Alkinkomplexe gewinnt man wie die Alkenkomplexe durch Ligandensubstitution (z. B. Austausch von Halogenid, Kohlenstoffmonoxid, Alkenen gegen Alkine) (Gl. (32.37), (32.38)) sowie durch Alkinaddition an elektronenungesättigte Komplexe, die unter Normalbedingungen existieren (32.39) oder durch Reduktion geeigneter Vorstufen erzeugt werden (32.40). Der Komplex (Abb. 32.88c) wird andererseits durch Abfangen des Intermediats der Enthalogenierung von Dibromcyclohexen mit Natrium (32.41), der Komplex (Abb. 32.88h) durch thermische Methaneliminierung (32.42) hergestellt.

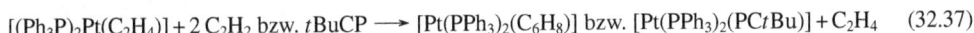

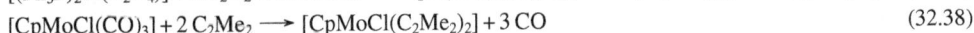

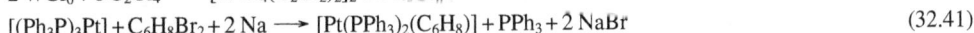

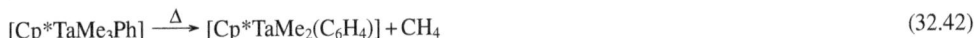

$$[(Ph_3P)_2Pt(C_2H_4)] + 2\,C_2H_2 \text{ bzw. } tBuCP \longrightarrow [Pt(PPh_3)_2(C_6H_8)] \text{ bzw. } [Pt(PPh_3)_2(PCtBu)] + C_2H_4 \quad (32.37)$$

$$[CpMoCl(CO)_3] + 2\,C_2Me_2 \longrightarrow [CpMoCl(C_2Me_2)_2] + 3\,CO \quad (32.38)$$

$$[Co_2(CO)_8] + C_2H_2 \longrightarrow [Co_2(CO)_6(C_2H_2)] + 2\,CO \quad (32.39)$$

$$2\,WCl_6 + 6\,C_2Cl_4 \longrightarrow [WCl_4(C_2Cl_2)_2]_2 + 4\,C_2Cl_6 \quad (32.40)$$

$$[(Ph_3P)_3Pt] + C_6H_8Br_2 + 2\,Na \longrightarrow [Pt(PPh_3)_2(C_6H_8)] + PPh_3 + 2\,NaBr \quad (32.41)$$

$$[Cp^*TaMe_3Ph] \xrightarrow{\Delta} [Cp^*TaMe_2(C_6H_4)] + CH_4 \quad (32.42)$$

Eigenschaften. Alkinkomplexe spielen eine wesentliche Rolle als Zwischenprodukte der – auch technisch durchgeführten (vgl. S. 2036) – Oligomerisierung von Alkinen zu Cyclobutadienen, Benzolderivaten, Cyclooctatetraenen bzw. – unter Beteiligung von Kohlenoxid oder Nitrilen – zu Cyclopentadienonen, Chinonen, Pyridinen usw. Tatsächlich lassen sich vielfach nur Alkinkomplexe $[L_mM(C_2X_2)]$ mit sperrigen Substituenten X isolieren, da anderenfalls rasche Folgereaktionen zu Komplexen der betreffenden Oligomeren führen. So erhält man etwa bei der Reaktion von $[CpCo(C_2H_4)_2]$ mit C_2Me_2 den in Abb. 32.90a wiedergegebenen Benzolkomplex und bei der Reaktion von $Fe(CO)_5$ mit C_2Ph_2, C_2H_2 bzw. C_2Me_2 die in Abb. 32.90b, c, d wiedergegebenen Cyclobutadien-, Cyclopentadienon- bzw. Chinonkomplexe. Als Reaktionszwischenprodukt mit C_2H_2 entsteht hierbei der in Abb. 32.90e wiedergegebene Komplex mit einem Ferrolyl-Ringlanden $C_4H_5Fe(CO)_3$ (»Ferracyclopentadien«). Als Folge der Reaktion von $[Cp(CO)_2M\equiv M(CO)_2Cp]$ (M = Cr, Mo) mit $RC\equiv CR$ lassen sich sogar der Reihe nach Komplexe mit zwei, drei sowie vier miteinander verknüpften Alkinliganden (Abb. 32.90f, g, h) isolieren.

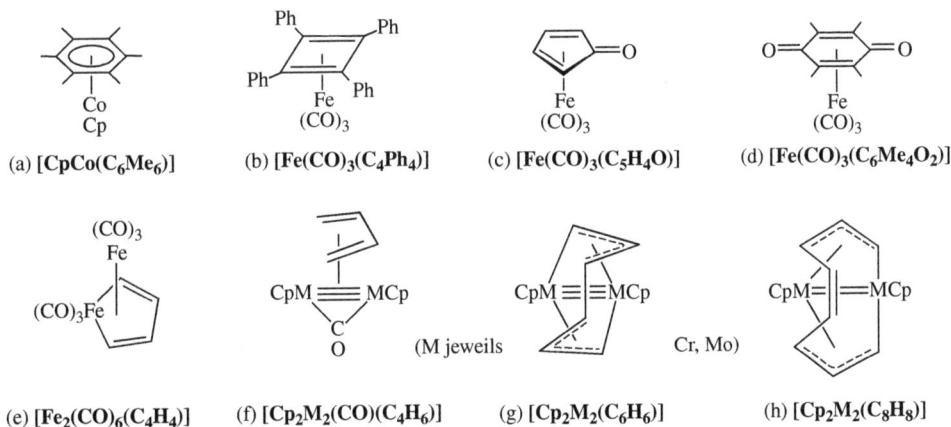

(a) $[CpCo(C_6Me_6)]$ (b) $[Fe(CO)_3(C_4Ph_4)]$ (c) $[Fe(CO)_3(C_5H_4O)]$ (d) $[Fe(CO)_3(C_6Me_4O_2)]$

(e) $[Fe_2(CO)_6(C_4H_4)]$ (f) $[Cp_2M_2(CO)(C_4H_6)]$ (g) $[Cp_2M_2(C_6H_6)]$ (h) $[Cp_2M_2(C_8H_8)]$

Abb. 32.90 Strukturen einiger Produkte von Alkinen mit Metallkomplexen.

3.3.3   Cyclopentadienyl-Metallkomplexe und Derivate

Homoleptische Cyclopentadienyl-Metallkomplexe und Derivate

Geschichtliches. Nach erstmaliger Gewinnung einer Cyclopentadienyl-Metallverbindung, Cyclopentadienylkalium KC_5H_5, aus C_5H_6 und K durch J. Thiele (1901) konnten H. Miller, J. A. Tebboth et al. sowie – unabhängig – T. J. Kealy, P. L. Pauson mit Biscyclopentadienyleisen $Fe(C_5H_5)_2$ (aus C_5H_6 + Fe bei 300 °C in der Gasphase bzw. C_5H_5MgBr + $FeCl_3$ bei 25 °C in der Lösung) im Jahre 1951 erstmals einen »Aromatenkomplex« eines Übergangsmetalls synthetisieren, dessen »Doppelkegel-« bzw. »Sandwich-Struktur« im Jahre 1952 von E. O. Fischer (Nobelpreis 1973), basierend auf röntgenstrukturanalytischen Studien, und – unabhängig – von G. Wilkinson (Nobelpreis 1973), basierend auf spektroskopischen Studien, erkannt wurde. Der Name »Ferrocen« für $Fe(C_5H_5)_2$ der sich von ferrum (lat.) = Eisen und benzene (engl.) = Benzol ableitet, deutet auf den aromatischen Charakter der Cyclopentadienid-Liganden in dieser Eisen(II)-(Ferro-)Verbindung hin. Wie Fe bilden andere Übergangsmetalle solche »Metallocene« MCp_2 (z. B. »Chromocen«, »Manganocen«, »Nickelocen«, »Ruthenocen«, »Osmocen«).

Überblick. »Cyclopentadienid« $C_5H_5^-$ (Cp^-) bildet mit jedem Übergangsmetall Komplexe (Entsprechendes trifft auch für fast alle anderen Elemente zu; s. dort). Die hier zu behandelnden homoleptischen Cyclopentadienyl-Übergangsmetallkomplexe weisen, wie aus Tab. 32.22 hervorgeht, meist die Formel MCp_2 auf und werden bei Vorliegen dieser Zusammensetzung allgemein als Metallocene, speziell als »Ferrocen« (M = Fe). »Cobaltocen« (M = Co) usw. bezeichnet (s. Geschichtliches). In einigen Fällen existieren aber auch – zusätzlich oder ausschließlich – Komplexe der Zusammensetzung MCp (M = Ni, Cu, Ag, Au), MCp_3 (M = Sc, Y, La, Ac, Ti) und MCp_4 (M = Ti, Zr, Hf, Nb, Ta). Wie der Tab. 32.22 ferner zu entnehmen ist, liegen die Metallocene teils monomer, teils di-, oligo- und polymer vor. In letzteren Fällen enthalten sie in der Regel einen strukturveränderten Cp-Liganden (s. unten) und stellen also – in strengem Sinne – keine Metallocene mehr dar. Es konnten aber viele dieser »aggregierten« Komplexe bei tiefen Temperaturen in Lösung, in der Tieftemperaturmatrix oder in der Gasphase in Form »echter« monomerer Metallocene isoliert bzw. nachgewiesen werden.

Tab. 32.22 Homoleptische Cyclopentadienyl-Metallkomplexe (dritte/vierte Reihe: Smp./μ_{mag}) [a].

Sc, Y, La[b]	Ti, Zr, Hf[c]	V, Nb, Ta[d]	Cr, Mo, W[e]	Mn, Tc, Re	Fe, Ru, Os	Co, Rh, Ir[f]	Ni, Pd, Pt[g]	Cu, Ag, Au[h]	Zn, Cd, Hg
$(ScCp_3)_x$	$(TiCp_2)_2$	VCp_2	$CrCp_2$	$(MnCp_2)_x$	$FeCp_2$	$CoCp_2$	$NiCp_2$	$(CuCp)_x$	$(ZnCp_2)_x$
farblos	grün	purpurf.	rot	braun	orangef.	schwarz	grün	–	farblos
240 °C	200 °C (Z)	167 °C	173 °C	173 °C	173 °C	173 °C	173 °C	–	Zers.
diamag.	0.84 BM	2.84 BM	3.20 BM	5.81 BM	diamag.	1.76 BM	2.86 BM	–	diamag.
$(YCp_3)_x$	$(ZrCp_2)_2$	$(NbCp_2)_2$	$(MoCp_2)_2$	$(TcCp_2)_2$	$RuCp_2$	$RhCp_2$	$(PdCp_2)_2$	$(AgCp)_x$	$(CdCp_2)_x$
farblos	d'rot	gelb	schwarz	–	cremef.	schwarz	rot	–	farblos
295 °C	Zers.	–	–	–	201 °C	–	–	–	Zers.
diamag.	diamag.	diamag.	–	–	diamag.	paramag.	diamag.	–	diamag.
$(LaCp_3)_x$	$(HfCp_2)_x$	$(TaCp_2)_2$	$(WCp_2)_2$	$(ReCp_2)_2$	$OsCp_2$	$IrCp_2$	$(PtCp_2)_2$	$(AuCp)_x$	$HgCp_2$
farblos	d'rot	–	grüngelb	–	farblos	dunkel	grün	gelb	farblos
320 °C	Zers.	–	–	–	230 °C	–	–	explosiv	–
diamag.	diamag.	–	–	–	diamag.	paramag.	diamag.	diamag.	diamag.

a Die Thermostabilität der Bis(cyclopentadienyl)-Metallkomplexe wächst mit der Raumerfüllung der Cyclopentadienyl-Liganden; demgemäß existieren anstelle der aufgeführten oder noch unbekannten Metallocene MCp_2 jeweils (stabilere) Bis(pentamethylcyclopentadienyl)-Metallkomplexe.
b Alle Lanthanoide bilden Cp-Komplexe der Zusammensetzung $LnCp_3$, viele Actinoide solche der Form $AnCp_3$ und $AnCp_4$.
c Jeweils mehrere isomere Formen (vgl. Text); man kennt auch $TiCp_3$ (grün; μ_{mag} ca. 2 BM), $TiCp_4$ (blauschwarz, Smp. 128 °C, diamag.), $ZrCp_4$ (diamag.), $HfCp_4$ (diamag.).
d Man kennt auch $NbCp_4$ und $TaCp_4$.
e Jeweils mehrere isomere Formen (vgl. Text).
f $RhCp_2$ und $IrCp_2$ sind nur bei tiefen Temperaturen metastabil. Unter Normalbedingungen dimer.
g Man kennt auch $(NiCp)_6$.
h Monomere Formen $CuCp$ und $AgCp$ sind nur in Form von Addukten isolierbar. $(AuCp)_x$ lässt sich mit PPh_3 in stabiles $CpAu(PPh_3)$ (Zers. 100 °C) verwandeln.

Außer Cyclopentadienid bilden auch sehr viele H-Substitutionsprodukte von $C_5H_5^-$ metallocenanaloge Komplexe. Substituenten in derartigen Derivaten (Derivate »im engeren Sinne«) sind u. a. Me, Ph, Cp, Hal, OR, SR, NR_2, PR_2, COOR, CRO, SiR_3, $B(OR)_2$, Li, HgHal (R jeweils H, Organyl, Silyl). Besonderes Interesse beanspruchen hierbei die »Decamethylmetallocene« MCp^*_2 mit metallgebundenem »Pentamethylcyclopentadienid-Liganden« $C_5Me_5^-(Cp^{*-})$, weil diese wegen der Sperrigkeit von Cp* meist auch in jenen Fällen, in welchen unter Normalbedingungen keine monomeren Metallocene MCp_2 existieren, monomeren Bau aufweisen. Ferner ist das – formal gemäß $2\,C_5H_5^- \longrightarrow C_5H_4-C_5H_4^{2-} + H_2$ gebildete »Fulvalen-Dianion« $C_{10}H_8^{2-}$ als π-Ligand, der gleichzeitig zwei Metallatome metallocenartig zu koordinieren vermag (vgl. unten, Abb. 32.92o) von Interesse. Schließlich seien »Metallocenophane« erwähnt. In ihnen sind die beiden Cp-Liganden eines Metallzentrums durch eine intramolekulare Brücke bzw. die Cp-Liganden von zwei oder mehreren Metallocenen durch intermolekulare Brücken verknüpft (die Brücken können aus Kohlenwasserstoffketten oder aus Gruppen mit Heteroatomen bestehen). Der Name bezieht sich auf Cyclophane, also Verbindungen, in welchen Aromaten von einer Elementkette wie von einem Henkel überbrückt vorliegen (früher als »Ansa-Verbindungen« bezeichnet; von lat. ansa = Henkel).

Da der Cp-Ligand ein Komplexzentrum von 5 Elektronen zur Verfügung stellen kann, kommen in homoleptischen Cyclopentadienyl-Metallkomplexen MCp_2 nur den Zentralmetallen Fe, Ru und Os mit η^5-gebundenen Cp Außenschalen $8(Fe,Ru,Os) + 2 \times 5(Cp) = 18$ Elektronen zu, während die Zentren der Komplexe MCp_2 mit Metallen vor (nach) der Eisengruppe Außenschalen mit weniger (mehr) als 18 Elektronen aufweisen. Als Folge hiervon tritt vielfach die oben erwähnte Aggregation der MCp_2-Moleküle ein. In heteroleptischen Cyclopentadienyl-Metallkomplexen $CpML_m$, die Gegenstand des nächsten Unterkapitels sind, weisen die Metallzentren andererseits praktisch immer eine Edelgaskonfiguration auf.

Strukturverhältnisse. Monomere Metallocene. Im »Ferrocen« $FeCp_2$ ist das Metallatom zwischen den beiden parallel angeordneten, η^5-gebundenen C_5H_5-Ringmolekülen eingebettet (»Sandwich-Struktur«), wobei die zwei fünfgliederigen Ringe so angeordnet sind, dass sie, gemäß Abb. 32.92a, linke Seite, auf »Deckung« liegen (ekliptischer Molekülbau, D_{5h}-Molekülsymmetrie; stabil im Kristall oberhalb $-109\,°C$ und in der Gasphase) bzw. um $9°$ von dieser ekliptischen Form abweichen (D_5-Molekülsymmetrie; stabil im Kristall unterhalb $-109\,°C$). Demgegenüber stehen die fünfgliederigen Ringe in »Decamethylferrocen« $FeCp^*_2$ im Sinne von Abb. 32.92a, rechte Seite, sowohl im Kristall als auch in der Gasphase auf »Lücke« (gestaffelter Molekülbau, D_{5d}-Molekülsymmetrie). Analog Ferrocen sind »Ruthenocen« $RuCp_2$ und »Osmocen« $OsCp_2$ strukturiert, während »Cobaltocen« $CoCp_2$ und »Nickelocen« $NiCp_2$ die $FeCp^*_2$-Struktur einnehmen. Sandwich-Strukturen bilden des Weiteren auch »Vanadocen« VCp_2, »Chromocen« $CrCp_2$ sowie gasförmiges bzw. gelöstes »Manganocen« $MnCp_2$ (in fester Phase polymer) und – möglicherweise – bei tiefen Temperaturen erzeugtes »Rhodocen« $RhCp_2$ sowie »Iridocen« $IrCp_2$ (beim Erwärmen Dimerisierung). Für MC-Abstände in den Metallocenen vgl. nachfolgende Zusammenstellung.

Einen Sandwich-Komplexbau findet man meist auch bei »Decamethylmetallocenen« MCp^*_2, die wegen der sperrigen Liganden – anders als die Metallocene – nicht zur Dimerisierung neigen (s. oben). So besteht etwa $TiCp^*_2$ im Unterschied zum dimeren $TiCp_2$ bei Raumtemperatur aus einem Gleichgewichtsgemisch einer paramagnetischen gelben, gestaffelt konformierten Sandwich-Form (Abb. 32.91a) sowie einer paramagnetischen grünen Form (Abb. 32.91b), welche aus ersterer durch Einschiebung von Ti in die CH-Bindung einer Methylgruppe entsteht (vgl. hierzu organische σ-Komplexe, S. 2169). Einen stabilen Sandwich-Komplex bildet $Ti\{C_5Me_3(SiMe_2tBu)_2\}_2$.

Anders als die erwähnten monomeren Metallocene MCp_2 enthalten die ebenfalls monomeren Komplexe $HgCp_2$ (Abb. 32.92i), $TiCp_2$ (Abb. 32.92l) und MCp_4 (M = Ti, Zr, Hf, Nb, Ta; Abb. 32.92m und n) ausschließlich oder teilweise η^1-gebundene Cp-Reste; auch liegen die η^5-

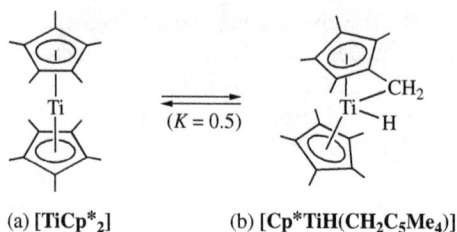

MC-Abstände in Metallocenen [Å]

VCp$_2$	2.25 (fest)	2.28 (gasf.)
CrCp$_2$	2.13 (fest)	2.17 (gasf.)
MnCp$_2$		2.43 (high-spin)
		2.14 (low-spin)
FeCp$_2$	2.04 (fest)	2.06 (gasf.)
CoCp$_2$	2.10 (fest)	2.12. (gasf.)
NiCp$_2$	2.18 (fest)	2.20 (gasf.)

(a) [TiCp*$_2$]   (b) [Cp*TiH(CH$_2$C$_5$Me$_4$)]

Abb. 32.91

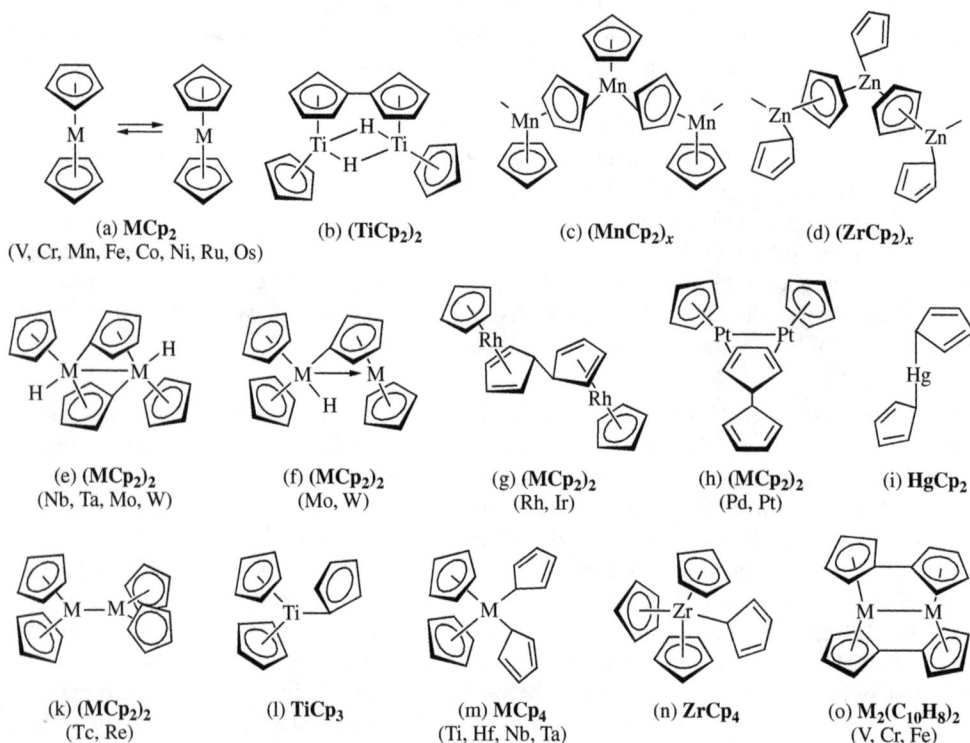

(a) **MCp$_2$**   (b) **(TiCp$_2$)$_2$**   (c) **(MnCp$_2$)$_x$**   (d) **(ZrCp$_2$)$_x$**
(V, Cr, Mn, Fe, Co, Ni, Ru, Os)

(e) **(MCp$_2$)$_2$**   (f) **(MCp$_2$)$_2$**   (g) **(MCp$_2$)$_2$**   (h) **(MCp$_2$)$_2$**   (i) **HgCp$_2$**
(Nb, Ta, Mo, W)   (Mo, W)   (Rh, Ir)   (Pd, Pt)

(k) **(MCp$_2$)$_2$**   (l) **TiCp$_3$**   (m) **MCp$_4$**   (n) **ZrCp$_4$**   (o) **M$_2$(C$_{10}$H$_8$)$_2$**
(Tc, Re)   (Ti, Hf, Nb, Ta)   (V, Cr, Fe)

Abb. 32.92 Strukturen homoleptischer Cyclopentadienyl-Komplexe der Übergangsmetalle (a–n) sowie von Komplexen des Fulvalens (o).

koordinierten Cp-Reste hier nicht mehr parallel, sondern schräg zueinander. Ausschließlich η^5-Koordination von vier Cp-Liganden an ein Zentralmetall liegt z. B. in UCp$_4$ vor. Als Beispiele für Sandwich-Komplexe mit dem »Fulvalendiid-Liganden« C$_5$H$_4$−C$_5$H$_4^{2-}$ seien [M$_2$(C$_{10}$H$_8$)$_2$] (M = V, Cr, Fe; Abb. 32.92o) genannt.

Dimere Metallocene. Die Verknüpfung zweier Moleküle MCp$_2$ zu (MCp$_2$)$_2$ erfolgt auf unterschiedliche Weise:

(i) Die Verknüpfung von »Niobocen« zu (NbCp$_2$)$_2$ resultiert aus einem gegenseitigen Einschieben der Metallzentren eines Moleküls NbCp$_2$ in eine CH-Bindung des anderen NbCp$_2$-Moleküls bei gleichzeitiger Ausbildung einer NbNb-Einfachbindung (vgl. Abb. 32.92e)[24]. Somit koordinieren die Nb-Atome in $(NbCp_2)_2$ jeweils ein Nb-Atom und ein H-Atom sowie zwei η^5- und einen η^1-Cp-Liganden. Die Nb-Atome, die in monomerem $NbCp_2$ nur $5(Nb) + 2 \times 5(Cp) = 15$ Außenelektronen hätten, erlangen auf diese Weise $5(Nb) + 1(Nb') + 1(H) + 2 \times 5(\eta^5\text{-}Cp) + 1(\eta^1\text{-}Cp) = 18$ Außenelektronen. Analog $(NbCp_2)_2$ ist wohl $TaCp_2$ strukturiert. Auch zwei der vier Formen von $(MoCp_2)_2$ sowie $(WCp_2)_2$ weisen den $(NbCp_2)_2$- sowie den $(TaCp_2)_2$-Bau auf (erste/zweite Form: *cis-/trans*-konfigurierte H-Atome). Eine dritte Form kommt der in Abb. 32.92f wiedergegebenen Struktur zu[24]. Beide M-Atome erlangen in ihr – wie sich leicht errechnen lässt – ein Elektronenoktadezett. Die Struktur der vierten Form leitet sich von der $(TiCp_2)_2$-Struktur (Abb. 32.92b; s. unten) dadurch ab, dass die H-Atome keine Brücken-, sondern terminale Stellungen einnehmen und dass eine MM-Bindung vorliegt[24].

(ii) In einer von mehreren Formen des dimeren »Titanocens« $TiCp_2$ sind die beiden Ti-Atome durch zwei H-Brücken sowie einen doppelt η^5-gebundenen Fulvalendiyl-Brückenliganden verknüpft (Abb. 32.92b; vgl. hierzu Abb. 32.92o)[24]. Die Ti-Atome, die in monomerem $TiCp_2$ nur eine effektive Zahl von $4(Ti) + 2 \times 5(Cp) = 14$ Außenelektronen besäßen, erlangen auf diese Weise 4 (Ti) $+5$(Fulvalendiyl) $+5$(Cp) $+3$(H) $= 17$ Außenelektronen (zusätzlich sehr schwache TiTi-Bindung). Einer anderen Form von $(TiCp_2)_2$ kommt möglicherweise die Struktur f in Abb. 32.92 zu[24].

(iii) Die Verknüpfung von »Rhodocen« $RhCp_2$ zu Dimeren erfolgt durch Ausbildung einer CC-Einfachbindung zwischen Cp-Ringen unterschiedlicher Metallocenmoleküle (vgl. Abb. 32.92g). Die Rh-Atome, die in monomerem $RhCp_2$ eine effektive Zahl von $9(Rh) + 2 \times 5(Cp) = 19$ Außenelektronen aufweisen würden, erlangen auf dem Wege dieser Dimerisierung[24] eine Außenschale mit 18 Elektronen. Entsprechend $(RhCp_2)_2$ ist auch dimeres »Iridocen« $IrCp_2$ strukturiert.

(iv) Dem dimeren »Platinocen« $PtCp_2$ kommt eine in Abb. 32.92h wiedergegebene Struktur zu, die sich von der $(RhCp_2)_2$-Struktur (Abb. 32.92g) durch Umlagerung der Cp-haltigen Liganden sowie Knüpfung einer PtPt-Bindung ableitet. In ihr hat Pt eine Außenschale mit $10(Pt) + 5(Cp) + 2(CpCp) + 1(Pt') = 18$ Elektronen. Entsprechend $(PtCp_2)_2$ ist möglicherweise dimeres »Palladocen« $PdCp_2$ strukturiert.

(v) Metall-Metall-Bindungen, wie sie den in Abb. 32.92e, f, h wiedergegebenen Spezies zukommen, liegen auch dem dimeren »Rhenocen« $ReCp_2$ zugrunde (Abb. 32.92k; Cp-Gruppen gestaffelt) (vgl. Geschichtliches). Analog $(ReCp_2)_2$ ist möglicherweise dimeres »Technetocen« $TcCp_2$ gebaut. Einen verzerrt oktaedrischen Ni_6-Metallcluster weist schließlich der Komplex $(NiCp)_6$ mit η^5-koordinierten Cp-Resten auf (der Cp-Ligand neigt weniger als der CO-Ligand zur Stabilisierung großer Metallcluster).

Polymere Metallocene. In polymerem »Manganocen« $MnCp_2$ sind CpMn-Einheiten über C_5H_5-Brückenliganden zu Ketten verknüpft (Abb. 32.92c), wobei die Bindungen der Cp-Brückenliganden (η^2-Koordination) und der terminalen Cp-Liganden (η^5-Koordination) offensichtlich deutliche Ionenanteile aufweisen (in $Cp-Mn^{2+}Cp^-$ kommt Mn^{2+} eine mit 5 Elektronen halbbesetzte Unterschale zu). Analoges gilt wohl auch für polymeres »Zinkocen« $ZnCp_2$, in welchem CpZn-Einheiten (η^1-Koordination) über beidseitig η^5 mit Zn verknüpften Brückenliganden zu Ketten verbunden sind (Abb. 32.92d). Entsprechend ist möglicherweise $CdCp_2$ gebaut. Auch $ScCp_3$ weist eine Kettenstruktur auf, worin Cp_2Sc-Einheiten (η^5-Koordination von Cp) über zwei C_5H_5-Brücken mit benachbarten $ScCp_2$-Einheiten verknüpft sind (die brückenständigen

---

[24] Die experimentell gefundenen Strukturen für Metallocene mit Elektronenmangel lassen sich durch folgenden hypothetischen Reaktionsweg veranschaulichen: MCp_2 dimerisiert unter Ausbildung einer MM-Bindung zu Produkten Cp_2M-MCp_2 vom Typus der Abb. 32.92k, die durch Insertion erst eines, dann des anderen M-Atoms in CH-Bindungen in Produkte vom Typus der Abb. 32.92f und e übergehen, wobei sich die doppelten Insertionsprodukte unter MC-Spaltung und CC-Knüpfung gegebenenfalls noch in Produkte vom Typus der Abb. 32.92b umwandeln (nach Eliminierung von H_2 resultieren dann Komplexe vom Typus der Abb. 32.92o). Metallocene mit Elektronenüberschuss dimerisieren andererseits durch CC-Verknüpfung zweier Cp-Reste, die sich hierdurch von 5- in 4-Elektronendonatoren verwandeln.

Cp-Liganden sind η^1 an die Sc-Atome koordiniert). Auch die Homologen der Scandiumverbindung, YCp_3 und $LaCp_3$ weisen polymeren Bau auf, ebenso »Zirconocen« $ZrCp_2$ und »Hafnocen« $HfCp_2$.

Metallocenophane. Während bei intramolekularer Verknüpfung der Cp-Ringe eines Metallocenmmoleküls durch eine »lange« Brücke die Sandwichstruktur erhalten bleibt (Abb. 32.93c), führen »kurze« Brücken zu einer Abwinkelung des Sandwichgerüsts (Abb. 32.93d). Letzteres trifft naturgemäß nicht bei intermolekularer Verknüpfung der Metallocenringe zu (Abb. 32.93e).

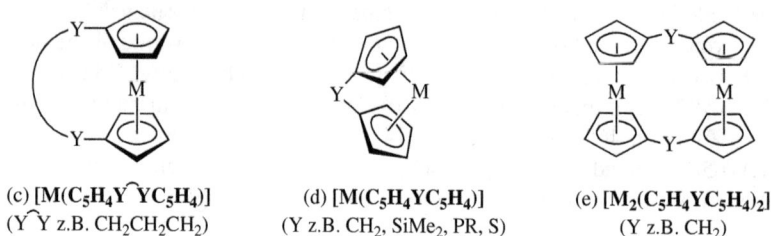

(c) $[M(C_5H_4Y\overgroup{Y}C_5H_4)]$
($Y\overgroup{Y}$ z.B. $CH_2CH_2CH_2$)

(d) $[M(C_5H_4YC_5H_4)]$
(Y z.B. CH_2, $SiMe_2$, PR, S)

(e) $[M_2(C_5H_4YC_5H_4)_2]$
(Y z.B. CH_2)

Abb. 32.93

Bindungsverhältnisse.

MO-Beschreibung. In Komplexen mit dem Cyclopentadienid-Liganden bilden von den fünf aus der Interferenz der fünf p_z-Orbitale des C_5-Rings hervorgehenden π-Molekülorbitalen (drei elektronenbesetzt, zwei elektronenleer) eines eine σ- und zwei eine π-Hinbindung mit elektronenleeren Metallorbitalen geeigneter Symmetrie (Hybridorbital mit d_{z^2}-, p_z- und s-Komponente im ersten, mit d_{yz}- und p_y-Komponente im zweiten und mit d_{xz}- und p_x-Komponente im dritten Falle; z-Achse $= M-Cp$-Bindungsachse; vgl. Abb. 32.94a, b und c), während die verbleibenden elektronenleeren π^*-MOs zwei δ-Rückbindungen mit den elektronenbesetzten d_{xy}- bzw. $d_{x^2-y^2}$-Orbitalen von M eingehen (vgl. Abb. 32.94 d und e sowie synergetisches Bindungsmodell von Dewar und Chatt, S. 2177).

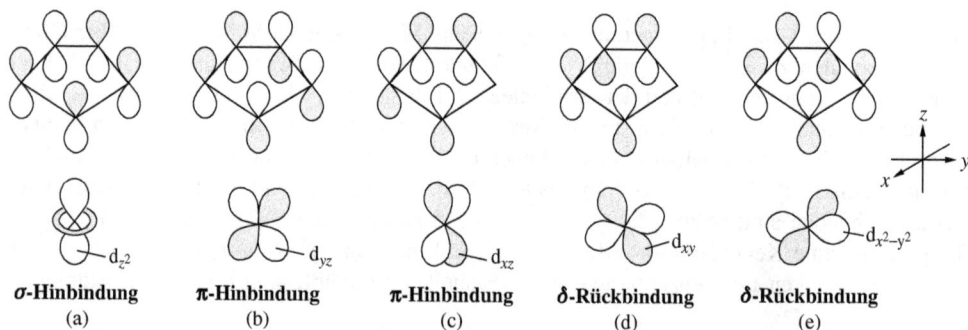

σ-Hinbindung	π-Hinbindung	π-Hinbindung	δ-Rückbindung	δ-Rückbindung
(a)	(b)	(c)	(d)	(e)

Abb. 32.94 Veranschaulichung der Bindungsverhältnisse in Cyclopentadienyl-Komplexen mit σ-Donator- (a), π-Donator- (b, c) und δ-Akzeptor-Bindung (d, e) (jeweils hinsichtlich des Liganden gesehen; dunkle und helle Bereiche charakterisieren unterschiedliche Orbitalphasen).

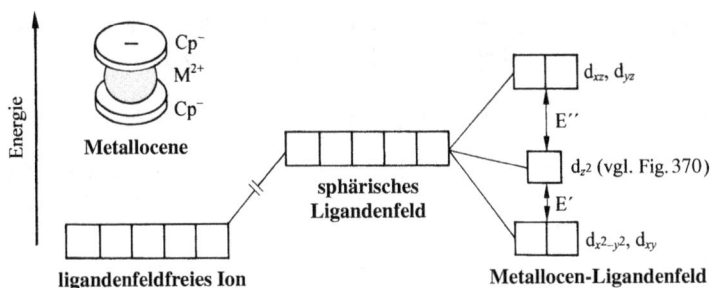

Abb. 32.95 Aufspaltung der energiegleichen d-Zustände eines Zentralatoms oder -ions in drei energieverschiedene Gruppen von d-Orbitalen im Ligandenfeld zweier negativ geladener Cp-Ringe.

Rotationsbarrieren. Wie sich aus dem MO-Bindungsschema ableiten lasst, ist die Bindungsenergie nahezu rotationsinvariant, denn die σ-Hinbindung (Abb. 32.94a) ist als solche rotationssymmetrisch, und Entsprechendes gilt für die Kombination der beiden energieentarteten π-Hinbindungen Abb. 32.94b, c): ein Energieverlust einer π-Hinbindung beim Drehen des Cp-Rests um die Flächennormale führt zu einem entsprechend großen Energiegewinn der anderen π-Hinbindung und umgekehrt. Demgemäß ist die Bevorzugung der ekliptischen oder gestaffelten Konformation der Cp-Ringe in Metallocenen im wesentlichen nur durch Gitterkräfte oder elektronische bzw. sterische Abstoßungskräfte der Cyclopentadienid-Substituenten geprägt (die Rotationsbarrieren sind sehr klein, z. B. 4 kJ mol^{-1} im Falle von Ferrocen Cp$_2$Fe).

LF-Beschreibung. Bei Berücksichtigung der Wechselwirkung aller zehn π-MOs der beiden Cp-Liganden in MCp$_2$ mit den fünf d-, einem s- und drei p-AOs des Zentralmetalls resultiert ein (wenig durchsichtiges) Energieniveau-Schema mit insgesamt 18 Metallocen-Molekülorbitalen. Häufig genügt jedoch für die Lösung einfacher Bindungsprobleme eine Ligandenfeld-Betrachtung: Im elektrostatischen Feld zweier parallel angeordneter negativer Ladungsschleifen spalten die fünf Metall-d-Orbitale gemäß Abb. 32.95 in drei Orbitalgruppen unterschiedlicher Energie auf (d$_{x^2-y^2}$-, d$_{xy}$-AOs mit Elektronenausdehnung parallel zu den Cp-Ringen, d$_{z^2}$-AO mit Elektronenausdehnung in Richtung der Cp-Ringe, d$_{xz}$-, d$_{yz}$-AOs mit Elektronenausdehnung parallel zu und in Richtung der Cp-Ringe). Die Besetzung der d-Orbitale der Abb. 32.95 mit den vorhandenen Außenelektronen der Metallzentren M^{2+} der Metallocene MCp$_2$ (3, 4, 5, 6 Elektronen im Falle M = V, Cr, Mn, Fe) kann in Abhängigkeit von der Größe der Energieaufspaltung E$'$ und E$''$ zu high- oder low-spin-Komplexen führen (vgl. S. 1598). Gemäß der aus den magnetischen Momenten (Tab. 19.3) ableitbaren Zahl ungepaarter Elektronen von MCp$_2$ (3, 2, 5, 0 für M = V, Cr, Mn, Fe) werden die d-Orbitale im Falle von VCp$_2$ und MnCp$_2$ einzeln mit ungepaartem Spin besetzt (high-spin-Komplexe), während im Falle von CrCp$_2$ und FeCp$_2$ die energiereichen Orbitale d$_{xz}$ und d$_{yz}$ unbesetzt bleiben (low-spin-Komplexe). Im Falle von TiCp*$_2$, CoCp$_2$ und NiCp$_2$ mit 2, 7 oder 8 d-Elektronen ist nur eine Besetzungsart der Orbitale möglich. Der high-spin-Zustand mit halbbesetzter d-Schale liegt für MnCp$_2$ nur wenige kJ/mol unterhalb, für MnCp*$_2$ energetisch bereits oberhalb des low-spin-Zustandes. Demgemäß besteht gasförmiges MnCp$_2$ aus einem Gemisch von high- und low-spin-Molekülen, während MnCp*$_2$ auch bei niedrigen Temperaturen im Festkörper einen low-spin-Zustand (1 ungepaartes Elektron) einnimmt (der Spinzustand von Mn(C$_5$H$_4$Me)$_2$ hängt von der Temperatur sowie dem Druck ab: »Spin-Crossover-Gleichgewicht«). Das 5 ungepaarten Elektronen entsprechende magnetische Moment von kristallinem MnCp$_2$ nimmt mit sinkender Temperatur aufgrund wachsender kooperativer Wechselwirkungen im Festkörper ab (antiferromagnetisches Verhalten).

Darstellung. Die Gewinnung von Komplexen MCp$_n$ auf direktem Wege durch Umsetzung von Cyclopentadien C$_5$H$_6$ (aus (C$_5$H$_6$)$_2$ durch Retro-Diels-Alder-Reaktion bei 180 °C vor Gebrauch erzeugt) mit Übergangsmetallen gelingt nur bei hohen Temperaturen oder mit Metallen hoher

Reduktionskraft und ist demgemäß höchstens zur Herstellung des besonders thermostabilen Ferrocens oder von salzartigen Metallcyclopentadieniden möglich, z. B.:

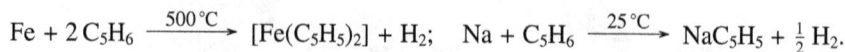

$$\text{Fe} + 2\,C_5H_6 \xrightarrow{\;500\,°C\;} [\text{Fe}(C_5H_5)_2] + H_2; \quad \text{Na} + C_5H_6 \xrightarrow{\;25\,°C\;} \text{Na}C_5H_5 + \tfrac{1}{2}\,H_2.$$

Leichter als durch »Reduktionsmittel« ($C_5H_6 + e^- \longrightarrow C_5H_5^- + \tfrac{1}{2}\,H_2$) lässt sich Cyclopentadien C_5H_6 durch »Basen« in $C_5H_5^-$ überführen ($C_5H_6 + B^- \longrightarrow C_5H_5^- + HB$). Demgemäß stellt man die Komplexe MCp_n in der Regel durch Metathese aus Metallverbindungen MX_x (X = Hal, OAc usw.) und C_5H_6 in Anwesenheit von Hilfsbasen wie Aminen oder – vorteilhafter – mit salzartigen Cyclopentadienylmetallen wie NaCp, KCp, CpMgBr, MgCp$_2$ in organischen Lösungsmitteln her, z. B.:

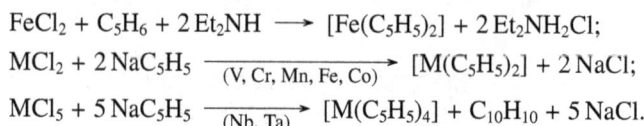

$$\text{FeCl}_2 + C_5H_6 + 2\,Et_2NH \longrightarrow [\text{Fe}(C_5H_5)_2] + 2\,Et_2NH_2Cl;$$

$$\text{MCl}_2 + 2\,\text{Na}C_5H_5 \xrightarrow{\text{(V, Cr, Mn, Fe, Co)}} [M(C_5H_5)_2] + 2\,\text{NaCl};$$

$$\text{MCl}_5 + 5\,\text{Na}C_5H_5 \xrightarrow{\text{(Nb, Ta)}} [M(C_5H_5)_4] + C_{10}H_{10} + 5\,\text{NaCl}.$$

Schließlich gelingt es in vielen Fällen, Metallocene durch chemische oder thermische Eliminierung von Liganden X und/oder Y aus heteroleptischen Komplexen des Typus Cp_2MXY zu erzeugen, z. B.:

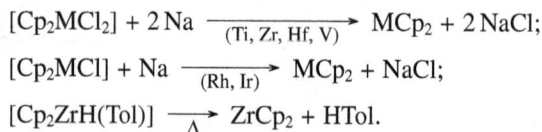

$$[Cp_2MCl_2] + 2\,\text{Na} \xrightarrow{\text{(Ti, Zr, Hf, V)}} MCp_2 + 2\,\text{NaCl};$$

$$[Cp_2MCl] + \text{Na} \xrightarrow{\text{(Rh, Ir)}} MCp_2 + \text{NaCl};$$

$$[Cp_2ZrH(Tol)] \xrightarrow{\;\Delta\;} ZrCp_2 + HTol.$$

Gelegentlich führen unterschiedliche Methoden zu unterschiedlich strukturierten MCp_2-Dimeren bzw. -Polymeren. So bildet sich aus $TiCl_2 + NaCp$ bzw. $Cp_2TiCl_2 + Na$ grünes $(TiCp_2)_2$ mit der in Abb. 32.92b wiedergegebenen Struktur, während die thermische H_2-Eliminierung aus Cp_2TiH_2 bzw. Cp_2TiH ein dunkelfarbiges Produkt anderer Struktur (möglicherweise Abb. 32.92f) liefert. Auch lassen sich Eliminierungen vielfach zur Darstellung monomerer Metallocene – falls diese Aggregationsneigung besitzen – nutzen, indem man die Na-Reduktion bei sehr tiefen Temperaturen in geeigneten Medien durchführt (z. B. Bildung von monomerem Rhodocen bzw. Iridocen oder Metallocene aus thermischen Eliminierungen zusammen mit Inertgas abschreckt bzw. photochemisch in der Tieftemperaturmatrix erzeugt.

Eigenschaften. Die Metallocene zeichnen sich durch charakteristische Farben (vgl. Tab. 32.22) sowie vergleichsweise hohe, in großen MCp-Dissoziationsenergien zum Ausdruck kommenden Thermostabilitäten aus und weisen hinsichtlich Luftsauerstoff und Feuchtigkeit recht unterschiedliche Reaktivitäten auf (bzgl. magnetischer Momente vgl. Tab. 32.22), vgl. Tab. 32.23.

Redoxreaktionen. Der Cp-Ligand neigt weniger als der CO-Ligand zur Stabilisierung negativer Ladungen, sondern vielmehr wie der CNR-Ligand zur Stabilisierung positiver Ladungen. Demgemäß lassen sich die Metallzentren von Ferrocen, Ruthenocen und Osmocen MCp_2 (M = Fe, Ru, Os), obwohl diese edelgaskonfiguriert sind, elektrochemisch bzw. chemisch (z. B. mit I_2,

Tab. 32.23

	VCp_2	$CrCp_2$	$MnCp_2$	$FeCp_2$	$CoCp_2$	$NiCp_2$
DE_{MCp} [kJ mol^{-1}]	145	178	201	260	237	285
Reaktivität: O_2	mittel	groß	sehr groß	sehr klein	groß	mittel
Reaktivität: H_2O	klein	groß	sehr groß	sehr klein	sehr klein	sehr klein

Fe^{3+}, Cu^{2+}, Ag^+) leicht zu »Monokationen« MCp_2^+ (Ferricinium, Ruthenicinium, Osmicinium) und – für M = Ru, Os – darüber hinaus zu Dikationen oxidieren, wogegen nur sehr starke Reduktionsmittel Ferrocen (nicht jedoch $RuCp_2$, $OsCp_2$) zu $FeCp_2^-$ zu reduzieren vermögen ($E°$ für $FeCp_2/FeCp_2^+ = +0.33\,V$, für $FeCp_2^-/FeCp_2 = -2.95\,V$):

$$MCp_2^- \;\underset{(Fe)}{\overset{\mp e^-}{\rightleftarrows}}\; MCp_2 \;\underset{(Fe,\,Ru,\,Os)}{\overset{\mp e^-}{\rightleftarrows}}\; MCp_2^+ \;\underset{(Fe,\,Os)}{\overset{\mp e^-}{\rightleftarrows}}\; MCp_2^{2+}.$$

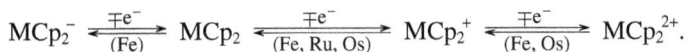

Die mit $TcCp_2$ und $ReCp_2$ isoelektronischen Ionen $RuCp_2^+$ und $OsCp_2^+$ liegen wie erstere Metallocene als Dimere $[Cp_2M{-}MCp_2]^{2+}$ vor, während blaurotes $FeCp_2^+$ (1 ungepaartes Elektron, low-spin; vgl. Abb. 32.92) oder auch $RuCp_2^{*+}$ und $OsCp_2^{*+}$ aus sterischen Gründen nicht dimerisieren.

Entsprechend der leicht erfolgenden Oxidation von $FeCp_2$ (18 Valenzelektronen) zu $FeCp_2^+$ (17 Valenzelektronen) nimmt es nicht wunder, dass unter den Metallocenen MCp_2 mit M = Mn, Tc, Re Manganocen $MnCp_2$ (17 Valenzelektronen) schwer reduzierbar ist. Demgegenüber konnten Decamethylmanganocen und -rhenocen MCp_2^* (M = Mn, Re) mit Alkalimetallen in Monoanionen MCp_2^{*-} überführt werden.

Die Neigung von Ti, V und Cr, hohe Oxidationsstufen auszubilden, zeigt sich darin, dass Titanocen, Vanadocen und Chromocen MCp_2 zu $TiCp_2^+$ (1 ungepaartes Elektron), VCp_2^+ bzw. VCp_2^{2+} (2 bzw. 1 ungepaartes Elektron) sowie $CrCp_2^+$ (3 ungepaarte Elektronen; high-spin; vgl. Abb. 32.92) oxidiert werden können. Sie reagieren demgemäß auch heftig mit Halogenen unter Bildung von Cp_2TiHal_2, Cp_2VHal_2, Cp_2CrI.

Cobaltocen, Rhodocen und Iridocen MCp_2 (M = Co, Rh, Ir; 19 Valenzelektronen) lassen sich leicht zu sehr stabilen Monokationen MCp_2^+ (Cobalticinium, Rhodicinium, Iridicinium mit 18 Valenzelektronen) oxidieren. So lässt sich $[Co(C_5H_4Me)_2]^+$ – ohne Zerstörung des Sandwichbaus – mit HNO_3 zu $[Co(C_5H_4COOH)_2]^+$ oxidieren; auch führen sogar Organylhalogenide $CoCp_2$ in $CoCp_2^+$ (diamagnetisch; low-spin; vgl. Abb. 32.92) über: $CoCp_2 + RHal \longrightarrow CoCp_2^+Hal^- + R^{\bullet}$; $CoCp_2 + R^{\bullet} \longrightarrow Co(Cp)(CpR)$ (vgl. Abb. 32.97k). Cobaltocen lässt sich darüber hinaus durch starke Reduktionsmittel zu stark basisch wirkenden Monoanionen $CoCp_2^-$ (20 Valenzelektronen) reduzieren:

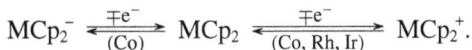

$$MCp_2^- \;\underset{(Co)}{\overset{\mp e^-}{\rightleftarrows}}\; MCp_2 \;\underset{(Co,\,Rh,\,Ir)}{\overset{\mp e^-}{\rightleftarrows}}\; MCp_2^+.$$

In analoger Weise kann unter den Metallocenen MCp_2 mit M = Ni, Pd, Pt Nickelocen $NiCp_2$ (20 Valenzelektronen) zu $NiCp_2^+$ (1 ungepaartes Elektron; 19 Valenzelektronen) und $NiCp_2^{2+}$ (diamagnetisch; 18 Valenzelektronen) oxidiert und zu $NiCp_2^-$ (21 Valenzelektronen) reduziert werden (Analoges gilt für $NiCp_2^*$):

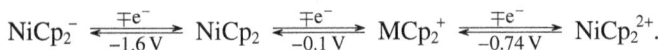

$$NiCp_2^- \;\underset{-1.6\,V}{\overset{\mp e^-}{\rightleftarrows}}\; NiCp_2 \;\underset{-0.1\,V}{\overset{\mp e^-}{\rightleftarrows}}\; MCp_2^+ \;\underset{-0.74\,V}{\overset{\mp e^-}{\rightleftarrows}}\; NiCp_2^{2+}.$$

Säure-Base-Reaktionen. Im Unterschied zu freiem Benzol C_6H_6 tragen die C_5H_5-Ringe im Ferrocen $FeCp_2$ negative Partialladungen, weshalb etwa Fe-gebundenes η^5-$C_5H_4NH_2$ eine stärkere Base als Anilin $C_6H_5NH_2$ und Fe-gebundenes η^5-C_5H_4COOH eine schwächere Säure als Benzoesäure C_6H_5COOH ist. Auch erfolgt die elektrophile Substitution von Wasserstoff in η^5-metallgebundenem C_5H_5 ca. 1 Million mal rascher als die des Wasserstoffs in freiem C_6H_6. Demgemäß lassen sich ein oder beide Cp-Ringe des Ferrocens leicht acylieren (»Friedel-Crafts-Reaktion«; z. B. Bildung von $[Fe(C_5H_4OMe)_2]$ mit $MeCOCl/AlCl_3$) oder aminomethylieren (»Mannich-Reaktion«; z. B. Bildung von $[Fe(C_5H_4CH_2NMe)_2]$ mit $HCHO/Me_2NH$). Die Elektrophile greifen hierbei von außen, also in exo-Richtung die Cp-Ringe an. Als Folge der Lewis-basischen Wirkung der Ringe vermögen Metallocene (z. B. $FeCp_2$, $NiCp_2$) den Lewis-sauer wirkenden, planaren (o-$C_6F_4Hg)_3$-Ring unter Bildung eines »Supersandwich-Komplexes« anzulagern, in welchen die betreffenden Ringe R' oberhalb und unterhalb der Cp-Ringe von MCp_2 lokalisiert sind: $R'{\cdots}CpMCp{\cdots}R'$.

Trotz der negativen Cp-Partialladungen wirken die Cp-Reste des Ferrocens als Brönsted-Säuren und lassen sich leicht wie folgt lithiieren

$$Fe(C_5H_5)_2 \xrightarrow{\text{+ LiBu; − BuH}} Fe(C_5H_5)(C_5H_4Li) \xrightarrow{\text{+ LiBu; − BuH}} Fe(C_5H_4Li)_2,$$

wobei das als Addukt $Fe(C_5H_4Li)_2 \cdot \frac{2}{3}$ tmeda isolierbare 1,1′-Dilithioferrocen mit Vorteil zur Gewinnung von Derivaten des Ferrocens genutzt wird. So reagiert die Lithiumverbindung etwa mit Me_2SiCl_2, Me_2BCl, Me_2GaCl unter Bildung von (Abb. 32.96f und g), wobei sich das Silylenderivat (Abb. 32.96f) thermisch in ein thermoplastisches Polymer umwandeln lässt (Verknüpfung von über 10 000 Ferrocenmolekülen über SiMe$_2$-Brücken), das Borylderivat (Abb. 32.96g) mit $Fe(C_5H_4Li)_2$ zum Metallocenophan (Abb. 32.96h) abreagiert, welches als sehr starker Li$^+$-Fänger Li$^+$ im Inneren des Rings einschließen kann, und das Gallylderivat (Abb. 32.96g), das in Abwesenheit von Donoren für die Ga-Atome in das Polymere (Abb. 32.96i) übergeht.

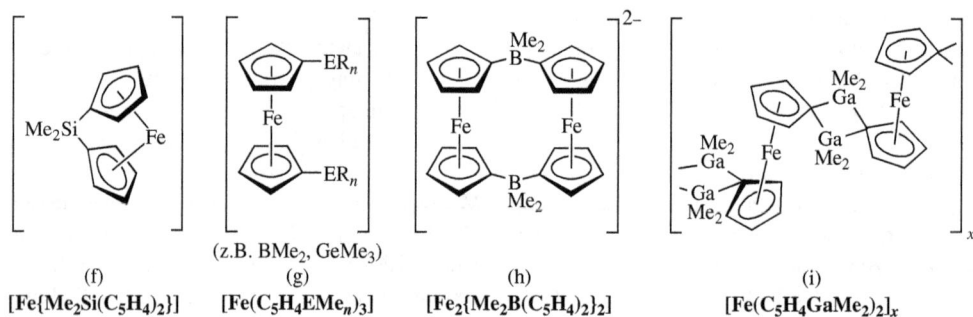

(f)	(g)	(h)	(i)
	(z.B. BMe$_2$, GeMe$_3$)		
[Fe{Me$_2$Si(C$_5$H$_4$)$_2$}]	[Fe(C$_5$H$_4$EMe$_n$)$_3$]	[Fe$_2${Me$_2$B(C$_5$H$_4$)$_2$}$_2$]	[Fe(C$_5$H$_4$GaMe$_2$)$_2$]$_x$

Abb. 32.96

Metallocene können schließlich als Brönsted-Basen wirken. Während Ferrocen FeCp$_2$ Protonen sehr starker Säuren wie HBF$_4$ am Eisen anlagert (FeCp$_2$ + H$^+$ ⟶ HFeCp$_2^+$), addiert Nickelocen NiCp$_2$ Protonen umgekehrt am C$_5$H$_5$-Liganden. Das sich bildende Addukt (Abb. 32.97k), welches mit dem H-Atomaddukt von CoCp$_2$ (Abb. 32.97k) isoelektronisch ist, lässt sich allerdings nicht isolieren (stabil ist nur das Decamethylderivat); es geht unter C$_5$H$_6$-Eliminierung in das Kation [Ni$_2$Cp$_3$]$^+$ (Abb. 32.97l), eine Verbindung aus der Klasse der Mehrfachdecker-Sandwichkomplexe über (2 NiCp$_2$ + H$^+$ ⟶ NiCp + CpH + NiCp$_2$ ⟶ (Abb. 32.97l) + CpH). Weitere Beispiele für derartige »Tripeldecker« sind etwa das aus RuCp*$_2$ und [Cp*Ru(NCMe)$_3$]$^+$ resultierende Kation (Abb. 32.97m) oder die durch Thermolyse von [Co(CO)$_2$L]$_2$ erhältliche ungeladene Verbindung (Abb. 32.97n) mit C$_4$H$_4$BMe^{2-}-Liganden (Ersatz von CH in C$_5$H$_5^-$ gegen BMe$^-$). Beispiele für »Oligo«- und »Polydecker« bieten die Verbindungen M$_{n-1}$(C$_3$B$_2$Me$_5$)$_n$ (M = Ni, Rh; n = 2, 3, 4, 5, 6, x) mit pentamethyliertem 2,3-Dihydro-1,3-diborolyl als 3 Elektronendonator (vgl. z. B. Abb. 32.97o).

Verwendung. Auf die besondere Bedeutung von Zirconocenderivaten als Katalysatoren für die homogenkatalysierte Olefinpolymerisation wurde bereits auf S. 1817 hingewiesen. Geeignet substituierte chirale Ferrocene dienen als Katalysatoren für stereoselektive Hydrierungen (z. B. zur technischen Gewinnung des Vitamins Biotin oder des Herbizids S-Metolachlor), Ferrocenhaltige Kronenether (oder Cryptanden) werden zum elektrochemisch geschalteten Kationentransport durch Membrane genutzt (Aufnahme/Abgabe des Kations bei Vorliegen von Fe^{2+}/Fe^{3+}). Ferrocene sind des Weiteren als Redoxvermittler im Zusammenhang mit der Glucosebestimmung sowohl zur Überwachung industrieller Gärungsprozesse als auch zur Bestimmung des Blutzuckers von Diabetespatienten in Gebrauch (das an der Elektrode erzeugte FeCp$_2^+$ oxidiert die reduzierte Form der Glucoseoxidase, dessen oxidierte Form Glucose zu Glucoselacton

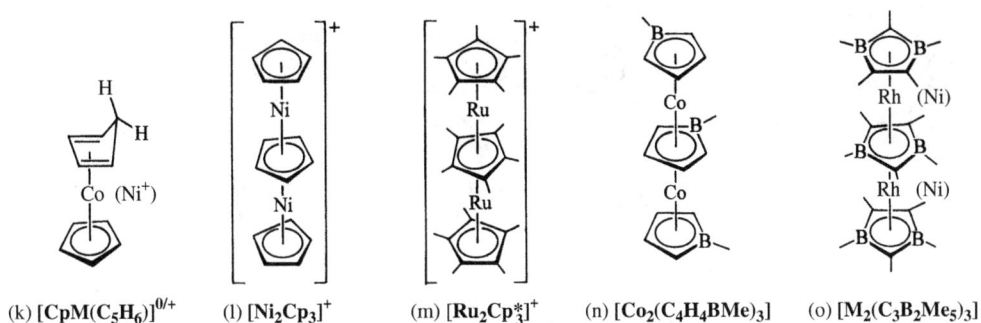

(k) $[CpM(C_5H_6)]^{0/+}$ (l) $[Ni_2Cp_3]^+$ (m) $[Ru_2Cp_3^*]^+$ (n) $[Co_2(C_4H_4BMe)_3]$ (o) $[M_2(C_3B_2Me_5)_3]$

Abb. 32.97

oxidiert). Intensive Forschungsaktivitäten löste die Entdeckung der cytostatischen Eigenschaften von Cp_2TiCl_2 aus (Cp_2TiCl_2 hemmt auch das Wachstum Cisplatin-resistenter Tumore). Das Ferrocenderivat $[Fe(C_5H_5)(C_5H_4R)]$ ($R = -CH=CH-C_7H_6Cr(CO)_3$ mit η^7-gebundenem Tropylium) weist eine besonders hohe nicht lineare optische (NLO-) Aktivität auf und ermöglicht wie etwa auch $LiNbO_2$ eine Frequenzverdoppelung des Lichts (weitere Anwendungsbereiche für Stoffe mit NLO-Eigenschaften: optische Signalverarbeitung und -schaltung, optische Datenspeicherung). Die aus $FeCp_2^*$ bzw. $MnCp_2^*$ mit Tetracyanethylen $(NC)_2C=C(CN)_2$ (TCNE) erhältlichen Produkte, die Stapel $\cdots MCp_2^{*+}TCNE^-MCp_2^{*+}TCNE^-\cdots$ enthalten, zeigen unterhalb 4.8 bzw. 8.8 K ferromagnetische Kopplungen und wirken somit als aus Einzelmolekülen (hier Ionen) aufgebaute Magnete (»molekulare Magnete«).

Heteroleptische Cyclopentadienyl-Metallkomplexe und Derivate

Man kennt eine große Anzahl heteroleptischer Komplexe Cp_nML_m, welche neben Cyclopentadienid noch andere Liganden L wie H^-, Hal^-, CO, NO enthalten. Nachfolgend sei auf derartige Verbindungen mit Halbsandwich-Struktur eingegangen, nämlich auf Cyclopentadienylmetallhydride, -halogenide, -carbonyle und -nitrosyle.

Cyclopentadienylmetallhydride. Zusammensetzung, Strukturen. Während den Zentren der Metallocene der Eisengruppe Edelgaskonfiguration zukommt, fehlen den Zentren von Metallocenen der Mangan-, Chrom- und Vanadiumgruppe ein, zwei bzw. drei Elektronen zum Oktadezett (s. oben). Durch Addition von einem, zwei bzw. drei Wasserstoffatomen erlangen aber auch letztere Metallocene 18-Elektronen-Außenschalen. Tatsächlich bilden die betreffenden 4d- und 5d-Metalle isolierbare Verbindungen dieses Typs Cp_2MH_m: $Cp_2Tc^{III}H/Cp_2Re^{III}H$, $Cp_2Mo^{II}H_2/Cp_2W^{II}H_2$ und Cp_2NbH_3/Cp_2TaH_3 mit trigonal-planarem, tetraedrischem und verzerrt-trigonal-bipyramidalem Bau (es zählt die Cp-Ringmitte; vgl. Abb. 32.98d, c, b). Entsprechende Komplexe der 3 d-Metalle Mn, Cr, V neigen demgegenüber zur Wasserstoffeliminierung (Bildung der zugrundeliegenden Metallocene), da sie weniger leicht die Oxidationsstufen III, IV bzw. V verwirklichen als ihre schwereren Homologen. Wegen der Maximalwertigkeit von IV in der vierten Nebengruppe können die Metallocene der Titangruppe höchstens zwei H-Atome unter Bildung von Verbindungen Cp_2MH_2 (tetraedrisch, Struktur analog Abb. 32.98c) aufnehmen, in welchen den Komplexzentren 16-Elektronenaußenschalen zukommen. Wiederum ist das leichte Homologe Cp_2TiH_2 vergleichsweise instabil und zerfällt auf dem Wege über Cp_2TiH (dimere violette Form (Abb. 32.98a) mit tetraedrisch koordiniertem Ti und polymere graugrüne Form) in dimeres Cp_2Ti (s. oben), während die schwereren Homologen Cp_2ZrH_2 und Cp_2HfH_2 thermostabiler sind und – zum Ausgleich ihres Elektronendefizits – über H-Brücken polymerisieren.

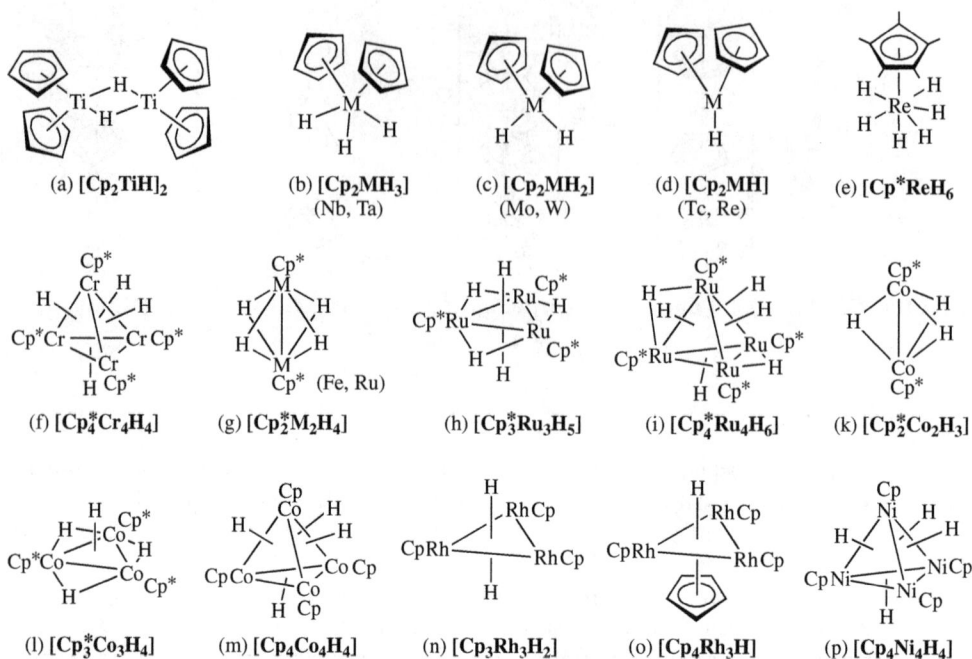

Abb. 32.98 Strukturen einiger Cyclopentadienylmetallhydride.

Da die Zentren von Metallocenen der Cobalt- und Nickelgruppenelemente mit 19 bzw. 20 Außenelektronen bereits einen Überschuss von einem bzw. zwei Elektronen über das Oktadezett hinaus aufweisen, zeigen sie natürlich keine Tendenz zur Aufnahme von Wasserstoff (tatsächlich erfolgt hier die H-Addition zur Minderung des Elektronenüberschusses nur am Cp-Ring; s. oben). Demgemäß liegen den Hydridokomplexen dieser Metalle weniger als 2 Cp-Reste pro M-Atom zugrunde (häufig ein Cp-Rest; vgl. aber Abb. 32.98o), und ihre Formeln lauten u. a. $CpMH_m$ (vgl. Abb. 32.98e) oder – da sie meist Metallatomcluster enthalten – $Cp_pM_nH_m$ (p meist gleich n). Beispiele sind die in Abb. 32.98k, l, m, n, o, p wiedergegebenen Verbindungen mit M_2-Hanteln, M_3-Dreiecken, M_4-Tetraedern ($Cp^* = C_5Me_5$). Auch die frühen Übergangsmetalle bilden derartige Cyclopentadienylmetallhydride, wie aus der Existenz der in Abb. 32.98f, g, h, i wiedergegebenen Komplexe hervorgeht (es existiert auch ein $Cp^*_5Ru_5H_6$).

Darstellung. Zur Gewinnung der Cyclopentsdienylmetallhydride hydriert man in der Regel Cyclopentadienylmetallhalogenide (bzw. Gemische aus $MHal_m$ und NaCp bzw. NaCp*) mit Hydridkomplexen wie $NaBH_4$ sowie $LiAlH_4$ oder – seltener – Cyclopentadienylmetallalkyle mit molekularem Wasserstoff z. B.:

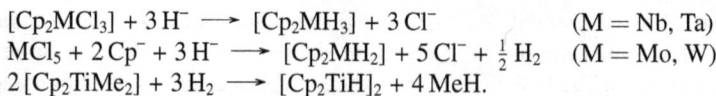

$$[Cp_2MCl_3] + 3\,H^- \longrightarrow [Cp_2MH_3] + 3\,Cl^- \qquad (M = Nb, Ta)$$
$$MCl_5 + 2\,Cp^- + 3\,H^- \longrightarrow [Cp_2MH_2] + 5\,Cl^- + \tfrac{1}{2}H_2 \quad (M = Mo, W)$$
$$2\,[Cp_2TiMe_2] + 3\,H_2 \longrightarrow [Cp_2TiH]_2 + 4\,MeH.$$

Entsprechendes gilt für die Cp- und Cp*-haltigen Metallclusterhydride. So bildet sich etwa $[Cp^*_2Fe_2H_4]$ und $[Cp^*_4Ru_4H_6]$ durch Hydrierung von $Cp^*FeCl(tmeda)$ und $Cp^*(C_3H_5)RuCl_2$ mit $LiAlH_4$ in THF.

Eigenschaften. Die – bei mehr oder minder hohen Temperaturen unter H_2-Abgabe thermolysierenden – Cyclopentadienylmetallhydride verhalten sich im Falle von $(Cp_2TiH)_2$, Cp_2ZrH_2, Cp_2HfH_2 sauer (z. B. Bildung von $Cp_2TiH(PR_3)$, Cp_2TiBH_4; Bau letzter Verbindung analog Abb. 32.98a mit BH_2 anstelle von $TiCp_2$), im Falle von Cp_2MoH_2, Cp_2WH_2,

Cp_2TcH, Cp_2ReH, $Cp*_3Ru_3H_5$ basisch (z. B. Bildung von $Cp_2MoH_3^+$, $Cp_2WH_3^+$, $Cp_2TcH_2^+$, $Cp_2ReH_2^+$, $Cp_2WH_2(BF_3)$, $Cp*_3Ru_3(\mu\text{-}H)_6^+$; Cp_2ReH ist eine Base von NH_3-Stärke), im Falle von Cp_2NbH_3, Cp_2TaH_3 neutral. Die H-Atome insbesondere der Metallclusterhydride lassen sich leicht substituieren, z. B. $Cp*_2Fe_2H_4/Ph_2SiH_2 \longrightarrow Cp*_2Fe_2H_2(\mu\text{-}SiPh_2) + 2H_2$; $Cp*_3Ru_3H_5/NH_3 \rightleftharpoons Cp*_3Ru_3(\mu\text{-}H)_4(\mu\text{-}NH_2) + H_2 \rightleftharpoons Cp*_3Ru_3(\mu\text{-}H)_3(\mu_3\text{-}NH) + 2H_2$; $Cp*_4Ru_4H_6/MR_n \longrightarrow Cp*_4Ru_4H_5(\mu_3\text{-}MR_{n-1}) + HR$ ($MR_n = LiMe$, $ZnEt_2$, $MgiPr_2$, $AlEt_3$, $GaMe_3$; es lässt sich auch $Cp*_2Ru_4H_4(\mu_3\text{-}ZnEt)_2$ gewinnen).

Cyclopentadienylmetallhalogenide und Derivate. Zusammensetzung, Strukturen. Den Cyclopentadienylmetallhalogeniden, die sich formal von den Cyclopentadienylmetallhydriden durch Ersatz von Hydrid gegen Halogenid ableiten, und – abgesehen von η^1-$CpHgX$ – η^5-gebundene Cp-Ringe enthalten, kommen die Formeln Cp_2MX_n ($n = 1-3$) sowie $CpMX_n$ ($n = 1-4$) zu. Unter den »Monohalogeniden« Cp_2MX (M = Ti, V, Cr, Fe, Co) und $CpMX$ (X = Pd, Hg) sind die Ti- und Pd-Verbindungen dimer (vgl. Struktur (Abb. 32.98a) für Cp_2TiCl), die V- und Cr-Verbindungen monomer, die Fe- und Co-Verbindungen im Sinne von $Cp_2M^+X_1^-$ salzartig, die Verbindung $CpHgX$ im Sinne von C_5H_5-Hg-X kovalent (digonal) gebaut. Den »Dihalogeniden« (Cp_2MX_2 (M = Sc, Y, La, Ti, Zr, Hf, V, Nb, Mo, W) kommt die monomere, tetraedrische Struktur (Abb. 32.98c) mit X anstelle von H, den Dihalogeniden $CpMX_2$ dimerer (Cr) bzw. polymerer (Rh) Bau zu. Sowohl die »Trihalogenide« Cp_2MX_3 (M = Nb, Ta; vgl. Abb. 32.98b) sowie $CpMX_3$ (M = Ti, V; tetraedrisch) als auch die »Tetrahalogenide« $CpMX_4$ (M = Mo; quadratisch-pyramidal) sind monomer strukturiert.

Darstellung, Eigenschaften Die Gewinnung der Cyclopentadienylmetallhalogenide erfolgt durch »Metathese« aus Metallhalogeniden und CpNa bzw. durch »Halogenierung« von Metallocenen oder Metallocenhydriden z. B.:

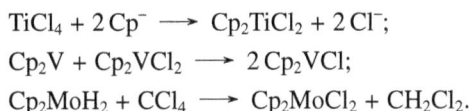

$$TiCl_4 + 2\,Cp^- \longrightarrow Cp_2TiCl_2 + 2\,Cl^-;$$

$$Cp_2V + Cp_2VCl_2 \longrightarrow 2\,Cp_2VCl;$$

$$Cp_2MoH_2 + CCl_4 \longrightarrow Cp_2MoCl_2 + CH_2Cl_2.$$

Die betreffenden Verbindungen stellen wertvolle Edukte zur Synthese anderer Cyclopentadienyl-Verbindungen (z. B. Cyclopentadienylorganylmetallen) dar. Praktische Bedeutung hat insbesondere das durch Hydrierung von Cp_2ZrCl_2 und $LiAlH_4$ zugängliche Hydridchlorid Cp_2ZrHCl (»Schwartz-Reagens«) in der organischen Synthese für Olefinhydrierungen sowie das durch Reaktion von Cp_2ZrCl_2 mit $(MeAlO)_n$ gebildete Kation Cp_2ZrMe^+ als Katalysator für Olefinpolymerisationen erlangt (vgl. S. 1817).

Derivate. Ersetzt man in den Cyclopentadienylmetallhalogeniden das Halogen gegen andere Nichtmetalle wie Chalkogene, Pentele oder Kohlenstoff, so gelangt man zu Cyclopentadienyl-metall-chalkogeniden, -penteliden, -carbiden, wobei die Nichtmetalle – anders als Halogene – als Folge ihrer Bindigkeiten > 1 ihrerseits »Nichtmetallcluster« bilden können. Beispiele sind etwa Bis(cyclopentadienyl)metallchalkogenide Cp_2MY_n wie Cp_2TiS_5 oder Cp_2WS_4 (vgl. Abb. 13.24) mit MY_n-Ringen (M = Ti, Zr, Hf, V, Nb, Mo, W; Y = S, Se) und die auf S. 2182 behandelten Bis(cyclopentadienylmetall)carbide wie etwa $Cp(CO)_2Mn=C=C=C=C=Mn(CO)_2Cp$. Beispiele für »Cyclopentadienylmetallpentelide« $CpMZ_n$ (M z. B. Fe, Mo; Z = P, As, Sb; $n = 2$ und größer; anstelle von Cp auch substituierte Cp-Liganden) bieten etwa die Verbindungen in Abb. 32.99a–d sowie $Cp*FeP_5$ und $(Cp*Mo)_2P_6$ (vgl. Abb. 14.39).

Cyclopentadienylmetallcarbonyle. Zusammensetzung, Strukturen. Gemäß Tab. 32.24 mit Formeln bisher bekannter Cyclopentadienylmetallcarbonyle existieren nur von der Titangruppe »Metallocencarbonyle« $Cp_2M(CO)_n$, in welchen den Zentralmetallen M = Ti, Zr, Hf für $n = 2$ insgesamt $4(M) + 10(Cp) + 4(CO) = 18$ Außenelektronen zukommen. Zwar besäßen auch die

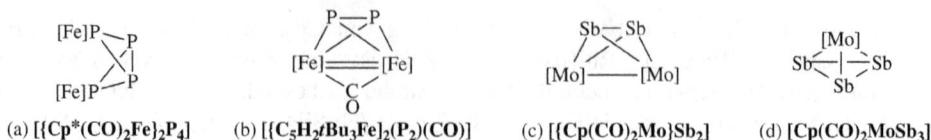

(a) [{Cp*(CO)₂Fe}₂P₄] (b) [{C₅H₂*Bu₃Fe]₂(P₂)(CO)] (c) [{Cp(CO)₂Mo}Sb₂] (d) [Cp(CO)₂MoSb₃]

Abb. 32.99

Tab. 32.24 Cyclopentadienylmetallcarbonyle [a]

Ti, Zr, Hf	V, Nb, Ta [b]	Cr, Mo, W	Mn, Tc, Re [c]	Fe, Ru, Os	Co, Rh, Ir [d]	Ni, Pd, Pt	Cu, Ag, Au
[Cp₂M(CO)₂]	[CpM(CO)₄]	–	[CpM(CO)₃]	–	[CpM(CO)₂]	–	[CpCu(CO)]
–		[CpM(CO)₃]₂	–		[CpM(CO)₂]₂	[CpMCO]₂	–
–	[CpV(CO)₃]₃	[CpM(CO)₂]₂		[CpFe(CO)]₄	[CpMCO]₃		
–	[Cp₂V₂(CO)₅]	–	[Cp₂Re₂(CO)₅]	–	[Cp₂M₂(CO)₃]	[Cp₃Ni₃(CO)₂]	–

a Es existieren entsprechende Verbindungen mit Cyclopentadienyl-Derivaten.
b Es existieren auch: [CpV(CO)₄] (?), [Cp₃Nb₃(CO)₃] und [Cp₃Nb₃(CO)₇].
c Man kennt auch [Cp*₂Re₂(CO)₃].
d Man kennt auch [CpCo(CO)]₂ sowie [Cp₃Ir₃(CO)₂].

Zentren M = Cr, Mo, W für $n = 1$ Edelgaskonfiguration, doch kennt man bisher keine Verbindungen dieser Zusammensetzung. Möglicherweise erbringt hier die CO-Koordination nicht genügend Energie für die bei CO-Addition notwendige Abwinkelung der beiden Cp-Liganden aus ihrer parallelen Lage in den Metallocenen. Bezüglich der Struktur von Cp₂M(CO)₂ mit M = Ti, Zr, Hf vgl. Abb. 32.100a.

Alle anderen Cyclopentadienylmetallcarbonyle weisen laut Tab. 32.24 nur einen Cp-Rest pro Metallatom auf und haben demgemäß die Summenformel CpM(CO)$_n$ (n = ganze und gebrochene Zahlen). Nur die Vanadium-, Mangan-, Cobalt- und Kupfergruppe, d. h. Metalle mit einer ungeraden Zahl (5, 7, 9, 11) von Außenelektronen bilden auch »einkernige Komplexe« (sogenannte »Halbsandwich«-Verbindungen) mit Edelgaskonfiguration der betreffenden Metalle (vgl. Tab. 32.24, erste Reihe, sowie Abb. 32.100b, c, d, e). Die Außenschalen von Metallen mit einer geraden Zahl (6, 8, 10) von Außenelektronen erlangen nach Koordination von 1 Cp-Rest (5 Elektronendonator) sowie von 3, 2, 1 CO-Liganden (2 Elektronendonator) nur 17 Elektronen und bilden demgemäß »zweikernige Komplexe« mit einer MM-Einfachbindung (vgl. 32.24, zweite Reihe, sowie die Formeln Abb. 32.100f, i, m; denkbare Komplexe der Zusammensetzung [CpM(CO)₅]₂ mit M = Ti, Zr, Hf existieren – u. a. wohl aus sterischen Gründen – nicht). Wie im Falle der dimeren Metallcarbonyle sind die CO-Moleküle jeweils terminal und/oder brückenständig mit den beiden Metallzentren verknüpft; auch beobachtet man Gleichgewichte zwischen Isomeren mit end- und brückenständigem Kohlenstoffmonoxid.

Entfernt man aus den erwähnten ein- oder zweikernigen Komplexen eine CO-Gruppe pro Metallatom, so muss das M-Atom zur Erhaltung seiner 18-Elektronenaußenschale zwei zusätzliche MM-Bindungen eingehen. Dies wird im Falle des Übergangs [CpM(CO)₃]₂ ⟶ [CpM(CO)₂]₂ (M = Cr, Mo, W) bzw. [CpCo(CO)₂] ⟶ [CpCoCO]₂ durch Ausbildung einer M≡M-Dreifach- bzw. Co=Co-Doppelbindung erreicht (Abb. 32.100g, l), während der Übergang [CpV(CO)₄] ⟶ [CpV(CO)₃]₃, [CpFe(CO)₂] ⟶ [CpFeCO]₄ bzw. [CpM(CO)₂] ⟶ [CpMCO]₃ (M = Co, Rh) mit der Bildung »mehrkerniger Komplexe« verbunden ist (Abb. 32.100 m, p; vgl. hierzu auch Tab. 32.24, dritte Reihe). Weniger einsichtig lassen sich die Strukturen jener Komplexe erklären, in welchen die Zahl der CO-Moleküle kein ganzes Vielfaches der M-Atome ist (vgl. Tab. 32.24, vierte Reihe, sowie Abb. 32.100h, k, n, o, r).

Darstellung. Die Gewinnung von Cyclopentadienylmetallcarbonylen erfolgt entweder »aus Metallcarbonylen« durch Einführung des Cyclopentadienylrestes (vgl. Gl. (32.43), (32.44), (32.45)) oder »aus Metallocenen« durch Einführung von Kohlenstoffmonoxid (vgl. (32.46), (32.47),

(a) [Cp$_2$M(CO)$_2$]
(Ti, Zr, Hf)

(b) [CpM(CO)$_4$]
(V, Nb, Ta)

(c) [CpM(CO)$_3$]
(Mn, Tc, Re)

(d) [CpM(CO)$_2$]
(Co, Rh, Ir)

(e) [CpCu(CO)]

(f) [CpM(CO)$_3$]$_2$
(Cr, Mo, W)

(g) [CpM(CO)$_2$]$_2$
(Cr, Mo$^{a)}$, W$^{n)}$)

(h) [Cp$_2$M$_2$(CO)$_5$]
(V$^{h)}$, Re)

(i) [CpM(CO)$_2$]$_2$
(Fe, Ru, Os$^{c)}$)

(k) [Cp$_2$M$_2$(CO)$_3$]
(Co, Rh)

(l) [CpM(CO)]$_2$
(Co$^{d)}$, Ni, Pt)

(m) [CpM(CO)]$_3$
(Co$^{e)}$, Rh, Ir)

(n) [Cp$_3$M$_3$(CO)$_3$]
(Ir, Ni)

a) lineare CpM≡MCp-Gruppe
b) 2 asymm. CO-Brücken
c) keine Brücken-CO-Liganden
d) mit Co=Co-Doppelbindung
e) wohl gleiches Gerüst in
   [CpV(CO)$_3$]$_3$: (m) + 6 CO

(o) [Cp$_3$Nb$_3$(CO)$_7$]

(p) [Cp$_3$Fe$_3$(CO)$_4$]

(r) [Cp$_2^*$Re$_2$(CO)$_3$]

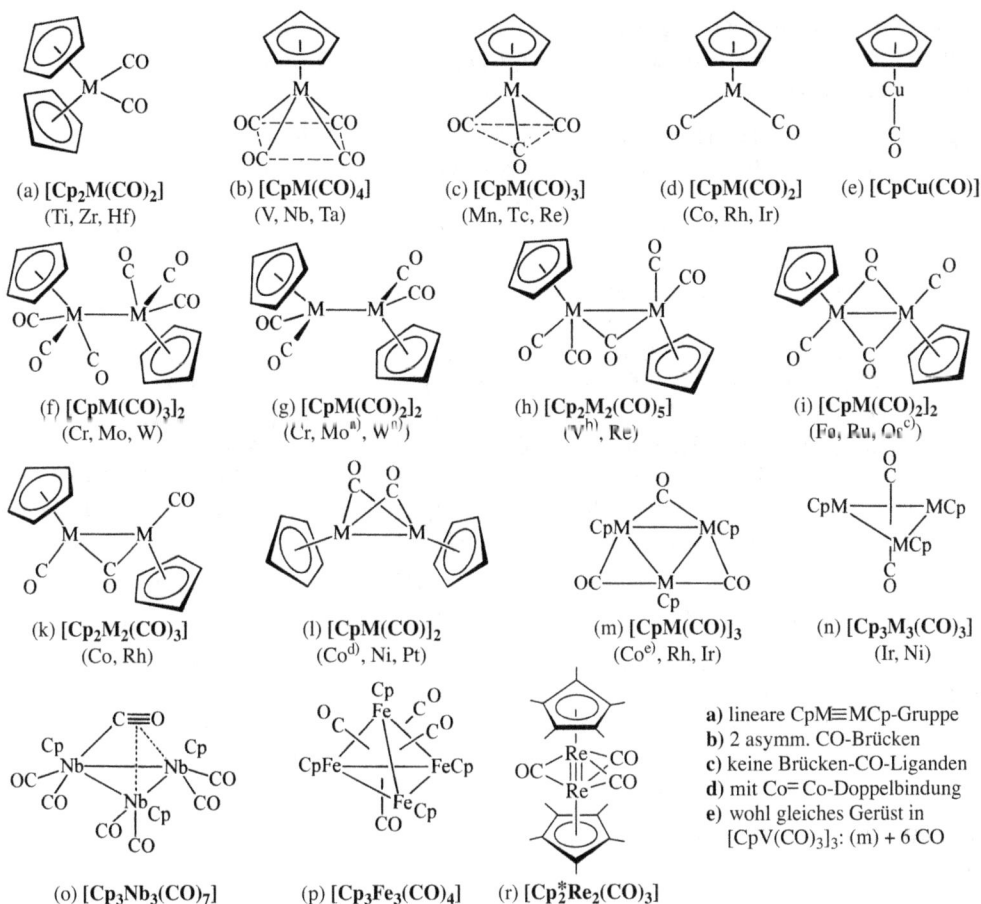

Abb. 32.100 Strukturen einiger Cyclopentadienylmetallcarbonyle.

(32.48)).

$$2\,Fe(CO)_5 + 2\,CpH \longrightarrow [CpFe(CO)_2]_2 + 6\,CO + H_2 \qquad (32.43)$$

$$Na[V(CO)_6] + CpHgCl \longrightarrow [CpV(CO)_4] + 2\,CO + Hg + NaCl \qquad (32.44)$$

$$[RhCl(CO)_2]_2 + 2\,CpTl \longrightarrow 2\,[CpRh(CO)_2] + 2\,TlCl \qquad (32.45)$$

$$Cp_2Mn + 3\,CO \xrightarrow{\text{Druck, }T} [CpMn(CO)_3] + \tfrac{1}{2}\,Cp_2 \qquad (32.46)$$

$$Cp_2Ni + Ni(CO)_4 \longrightarrow [CpNiCO]_2 + 2\,CO \qquad (32.47)$$

$$Cp_2TiCl_2 + Zn + 2\,CO \longrightarrow [Cp_2Ti(CO)_2] + ZnCl_2 \qquad (32.48)$$

$$Cp^*ReO_3 + 6\,CO \longrightarrow [Cp^*Re(CO)_3] \qquad (32.49)$$

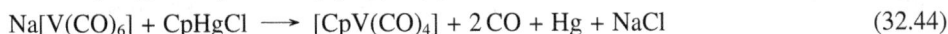

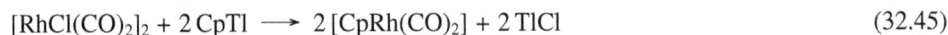

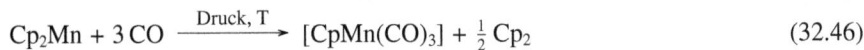

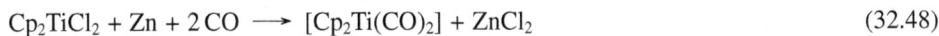

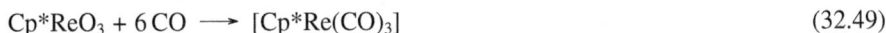

Ferner lassen sich Cyclopentadienylmetallcarbonyle vielfach auf thermischem oder photochemischem Wege in andere Cyclopentadienylmetallcarbonyle »umwandeln«. So geht etwa [CpCo(CO)$_2$] bei Bestrahlung unter CO-Eliminierung in instabiles [CpCoCO] über, das zu [CpCoCO]$_2$ dimerisiert (thermisch in [CpCoCO]$_3$ umwandelbar) oder mit unzersetztem [CpCo(CO)$_2$] zu [Cp$_2$Co$_2$(CO)$_3$] abreagiert. Auch kann [CpV(CO)$_4$] photochemisch leicht in den Komplex [Cp$_2$V$_2$(CO)$_5$] übergeführt werden, der sich beim Rückflusskochen in THF in [CpV(CO)$_4$], [CpVCO]$_4$ und [CpV(CO)$_3$]$_3$ umwandelt. Schließlich verwandelt sich der gemäß (32.49) aus Cp*ReO$_3$ zugängliche Komplex [Cp*Re(CO)$_3$] (Struktur analog CpRe(CO)$_3$, Abb. 32.100c) bei der Photolyse in [Cp*$_2$Re$_2$(CO)$_3$] (durch H$_2$O$_2$-Einwirkung in Cp*ReO$_3$ zurückverwandelbar).

Eigenschaften. Auf die »Thermolyse« und »Photolyse« der Cyclopentadienylmetallcarbonyle wurde im Zusammenhang mit der Darstellung bereits eingegangen. Ähnlich wie im Falle der Metallcarbonyle lassen sich auch bei Cyclopentadienylmetallcarbonylen CO-Gruppen durch nucleophile Substitution austauschen, z. B.: [CpMn(CO)$_3$] + L ⟶ [CpMn(CO)$_2$L] + CO; [CpCo(CO)$_2$] + 2 L ⟶ [CpCoL$_2$] + 2 CO; L z. B. PR$_3$, Alkene. Anders als bei den Metallcarbonylen ist bei den Cyclopentadienylmetallcarbonylen aber zudem eine elektrophile Substitution von Ringwasserstoffatomen wie in den zugrundeliegenden Metallocenen möglich (s. dort). Unter den Redoxreaktionen sind insbesondere die Umwandlungen der Cyclopentadienylmetallcarbonyle sowohl in Kationen Cp$_m$M(CO)$_n^+$ wie [Cp$_2$V(CO)$_2$]$^+$ (isoelektronisch mit [Cp$_2$Ti(CO)$_2$]), [CpM(CO)$_4$]$^+$ (M = Cr, Mo, W; isoelektronisch mit [CpM(CO)$_4$], M = V, Nb, Ta) und [CpFe(CO)$_3$]$^+$ (isoelektronisch mit [CpMn(CO)$_3$]) als auch in Anionen CpM(CO)$_n^-$ wie [CpV(CO)$_3$]$^{2-}$ (isoelektronisch mit [CpMn(CO)$_3$]), [CpM(CO)$_3$]$^-$ (M = Cr, Mo, W; isoelektronisch mit [CpM(CO)$_3$], M = Mn, Tc, Re), [CpFe(CO)$_2$]$^-$ (isoelektronisch mit [CpCo(CO)$_2$]) und [CpNiCO]$^-$ (isoelektronisch mit [CpCuCO]) zu erwähnen, z. B.:

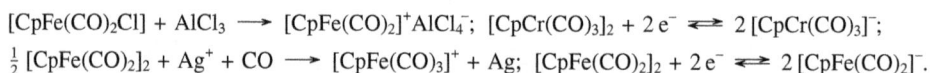

$$[CpFe(CO)_2Cl] + AlCl_3 \longrightarrow [CpFe(CO)_2]^+AlCl_4^-; \quad [CpCr(CO)_3]_2 + 2\,e^- \rightleftharpoons 2\,[CpCr(CO)_3]^-;$$

$$\tfrac{1}{2}\,[CpFe(CO)_2]_2 + Ag^+ + CO \longrightarrow [CpFe(CO)_3]^+ + Ag; \quad [CpFe(CO)_2]_2 + 2\,e^- \rightleftharpoons 2\,[CpFe(CO)_2]^-.$$

Die Anionen lassen sich ihrerseits zu »Cyclopentadienylmetallcarbonylhydriden« wie z. B. [CpWH(CO)$_3$] protonieren. Letztere sind gegebenenfalls auch durch Einwirkung von Wasserstoff auf Cyclopentadienylmetallcarbonyle zugänglich. Die Einwirkung von Halogenen kann andererseits zu »Cyclopentadienylmetallcarbonylhalogeniden« führen, z. B.: [CpFe(CO)$_2$]$_2$ + Cl$_2$ ⟶ 2 [CpFe(CO)$_2$Cl]; [CpCo(CO)$_2$] + Br$_2$ ⟶ [CpCo(CO)Br$_2$] + CO.

Cyclopentadienylmetallnitrosyle.

Zusammensetzung, Strukturen. Wie auf S. 2150 bereits näher ausgeführt wurde, leiten sich Nitrosylvon Carbonyl-Komplexen sowohl durch Ersatz von 3 CO-gegen 2 NO-Moleküle wie durch Ersatz einer CO-Gruppe + ein Metallelektron gegen einen NO-Liganden ab. Somit entsprechen sich etwa die Verbindungspaare CpV(CO)(NO)$_2$/CpV(CO)$_4$, CpCr(CO)$_2$NO/CpMn(CO)$_3$ und CpMn(CO)$_2$(NO)$^+$/CpMn(CO)$_3$. Die Cyclopentadienylmetallnitrosyle enthalten hierbei wie die Metallnitrosyle end- und brückenständige NO-Gruppen (vgl. z. B. die in Abb. 32.54 auf Seite 2153 wiedergegebenen Verbindungen [CpNiNO], [CpCr(NO)$_2$]$_2$ und [Cp$_3$Mn$_3$(NO)$_4$]), wobei endständige NO-Gruppen linear oder gewinkelt mit den Metallzentren verknüpft sein können.

Darstellung, Eigenschaften Die Gewinnung der Cyclopentadienylmetallnitrosyle erfolgt vielfach durch Einwirkung von NO oder NO$^+$-haltigen Verbindungen auf Metallocene oder Cyclopentadienylmetallcarbonyle, z. B.: 2 Cp$_2$Ni + 2 NO ⟶ 2 [CpNiNO] + C$_{10}$H$_{10}$; 2 [CpCo(CO)$_2$] + 2 NO ⟶ [CpCoNO)]$_2^+$4 CO; [CpMn(CO)$_3$] + NO$^+$ ⟶ [CpMn(CO)$_2$NO]$^+$ + CO. In letzterer Verbindung lässt sich durch Einwirkung von Phosphanen PR$_3$ ein CO-Molekül (nicht aber das stärker koordinierte NO-Molekül) substituieren: [CpMn(CO)$_2$(NO)]$^+$ + PR$_3$ ⟶ [CpMn*(CO)(NO)(PR$_3$)]$^+$. Man erhält ein Kation mit chiralem pseudotetraedrischem Metallzentrum, das sich durch Addition von optisch aktivem Alkoholat OR* in ein Gemisch neutraler Diastereomerer [CpMn*(COOR*)(NO)(PR$_3$)] überführen und als solches in die – für mechanistische Untersuchungen bedeutungsvollen – Komponenten auftrennen lässt (S. 1582).

Arenannellierte und heteroatomsubstituierte Cyclopentadienyl-Metallkomplexe

Es existieren eine Reihe homo- und heteroleptischer Metallocen-Derivate MCp$'_2$ und Cp$'$ML$_m$, in welchen Cyclopentadienid C$_5$H$_5^-$ mit Arenen anelliert vorliegt (in nachfolgenden Beispielen

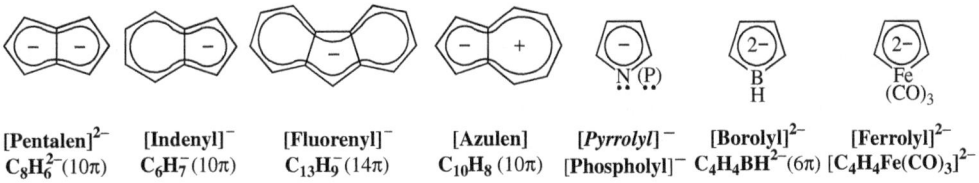

[Pentalen]$^{2-}$	[Indenyl]$^-$	[Fluorenyl]$^-$	[Azulen]	[Pyrrolyl]$^-$	[Borolyl]$^{2-}$	[Ferrolyl]$^{2-}$
$C_8H_6^{2-}$ (10π)	$C_6H_7^-$ (10π)	$C_{13}H_9^-$ (14π)	$C_{10}H_8$ (10π)	[Phospholyl]$^-$	$C_4H_4BH^{2-}$ (6π)	[$C_4H_4Fe(CO)_3$]$^{2-}$

Abb. 32.101

z. B. Cyclopentadienid, Benzol, Tropylium) oder in welchen eine bzw. mehrere CH-Gruppen der Cp-Metallkomplexe durch isoelektronische (isolobale) Fragmente ersetzt sind (in nachfolgenden Beispielen z. B. N, P, BH$^-$, Fe(CO)$_3^-$). Man kann beide Verbindungsklassen zu den Metallocenderivaten »in weiterem Sinne« zählen (s. Abb. 32.101).

Beispiele für Indenyl-Metallkomplexe, in welchen jeweils der C$_5$-Ring des Anions C$_9$H$_7^-$ an das Metallzentrum gebunden vorliegt, geben die Abb. 32.102a, b wieder. Den Zentralmetallen in Co(C$_9$H$_7$)$_2$ und Ni(C$_9$H$_7$)$_2$ kommen hierbei – anders als in Fe(C$_9$H$_7$)$_2$ – bei η^5-Koordination von C$_9$H$_7$ kein Oktadezett, sondern eine 19- bzw. 20-Außenelektronenschale zu (vgl. MCp$_2$ mit M = Fe, Co, Ni; S. 2191). Um in den vorliegenden Verbindungsfällen ein Oktadezett zu erreichen, nehmen Co und Ni eine azentrische Position zur C$_5$-Mitte ein; sie sind im Sinne von Abb. 32.102a–b »unterwegs« in Richtung auf eine allylische η^3-Koordination mit der Folge eines Abbaus des Elektronenüberschusses und einer Faltung des planaren C$_9$H$_7^-$-Ringgerüsts (gleit-falt bzw. slip-fold-Verzerrung; Faltungswinkel für Ni(C$_9$H$_7$)$_2$ gleich 167°). Der leicht erfolgende Übergang Abb. 32.102a–b erleichtert auch die assoziativ-aktivierte Ligandensubstitution (»Indenyl-Effekt«). So erfolgt die Substitution von CO gegen PPh$_3$ in (C$_9$H$_7$)Rh(CO)$_2$ (Abb. 32.102a) auf dem Wege über (C$_9$H$_7$)Rh(CO)$_2$(PPh$_3$) (Abb. 32.102b) 10^{8}mal schneller als der entsprechende CO/PPh$_3$-Ersatz in (C$_5$H$_5$)Rh(CO)$_2$.

Die Abb. 32.102c bietet Beispiele für Fluorenyl-Komplexe mit η^5-gebundenen C$_{10}$H$_8^-$-Liganden sowie zusätzlich drei CO- bzw. einem η^6-gebundenen C$_6$H$_6$-Liganden.

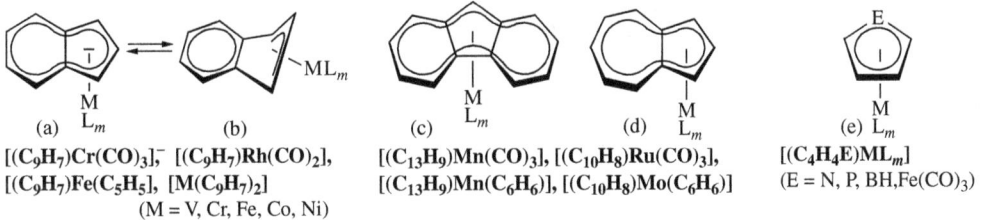

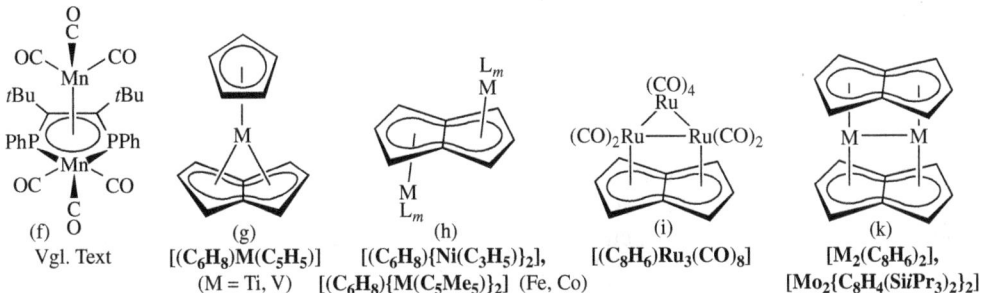

Abb. 32.102 Strukturen einiger arenannellierter und heteroatomsubstituierter Cyclopentadienyl-Metallkomplexe.

Beispiele für Pyrrolyl-, Phospholyl-, Boryl- und Ferrolyl-Komplexe $(C_4H_4E)ML$ (Abb. 32.102e) mit den η^5-gebundenen heteroatomsubstituierten Cyclopentadienid-6π-Liganden $C_4H_4N^-$, $C_4H_4P^-$, $C_4H_4BMe^{2-}$ und $C_4H_4Fe(CO)_3^{2-}$ sind etwa $[(C_4NH_4)Mn(CO)_3]$, $[(C_4H_4N)Fe(C_5H_5)]$, $[(C_4H_4P)Fe(C_4H_4P)]$, $[(C_4H_4BMe)Co(CO)_2]$ und $[\{C_4H_4Fe(CO)_3\}Fe(CO)_3]$. Letzterer Komplex ist – wie die in Abb. 32.102f aufgeführte Verbindung – ein Beispiel aus der Klasse der Metallkomplexe mit Metallacyclopentadienyl-Liganden (der Ringligand in Abb. 32.102f resultiert aus $C_5H_5^-$ durch Ersatz dreier CH-Gruppen gegen zwei isoelektronische PH^+-Gruppen (Ph-Derivate) und ein isolobales $Mn(CO)_3^{2-}$-Komplexfragment). Ferner kennt man Komplexe wie $[Cp*Fe(P_5)]$ sowie $[Ti(P_5)_2^{2-}]$ mit einem oder zwei Pentaphosphacyclopentadienid-Ringen P_5^- (vgl. S. 857), Komplexe mit Carboran-Anionen (vgl. S. 1271) sowie Mehrfachdecker-Komplexe mit boratomsubstituierten Cyclopentadienid-Liganden (S. 2198).

Der Ligand $C_8H_6^{2-}$ wirkt in Pentalen-Komplexen vielfach als nicht-planarer η^8-Donor, wie die Beispiele Abb. 32.102g lehren (weitere Beispiele $[\{C_8H_4(SiMe_3)_2\}TaCl_3]$, $[Cp(C_8H_6)TiCl]$, $[Cp(C_8H_6)ZrCl]$, $[(C_8H_6)ZnCl_2(THF)_2]$; Faltungswinkel 156–137°). Als planarer η^5-Donor tritt Pentalen andererseits als Brücke zwischen zwei *trans*- bzw. *cis*-gebundenen Komplexfragmenten auf (Abb. 32.102h, i). In letzterem Fall sind die Metallatomzentren in der Regel miteinander verknüpft. Entsprechendes gilt auch für Pentalen-Sandwich-Verbindungen mit M_2-Zentren (Abb. 32.102k). Der diamagnetische Komplex $[Mo_2\{C_8H_4(SiiPr_3)_2\}_2]$ weist eine vergleichsweise kurze MoMo-Bindung von 2.340 Å auf, die kürzer als eine typische MoMo-Doppelbindung (d_{MoMo} im Bereich 2.49–2.89 Å) und länger als eine typische MoMo-Vierfachbindung ist (d_{MoMo} im Bereich 2.01–2.24 Å). Im ersteren Falle bestünde eine η^5-, in letzterem Falle eine η^3-Koordination der beiden C_8H_6-Aromaten an die Mo-Atome.

3.3.4　Benzol-Metallkomplexe und Derivate

i　**Geschichtliches.** Der erste η^6-Aren-Sandwichkomplex, das Dibenzolchrom $Cr(C_6H_6)_2$, wurde im Jahre 1955 von E. O. Fischer (Nobelpreis 1973) und W. Hafner synthetisiert, nachdem F. Hein bereits 1919 durch Umsetzung von $CrCl_3$ mit PhMgBr derartige Verbindungen erhielt, aber nicht als Sandwichkomplexe erkannt hatte.

Sandwichkomplexe des Benzols und seiner Derivate

Überblick. Im Chromhexacarbonyl $[Cr(CO)_6]$ wird die Elektronenzahl des Chroms (= 24) durch die $6 \times 2 = 12$ Elektronen der sechs Moleküle Kohlenmonoxid zur Elektronenzahl des Kryptons ergänzt (S. 2108). Wie nun der deutsche Chemiker E. O. Fischer (Nobelpreis 1973) zeigte, kann die Auffüllung der Chrom- und Kryptonschale auch durch die sechs π-Elektronenpaare von zwei Molekülen Benzol erfolgen. Demgemäß lässt sich ein Dibenzolchrom $[Cr(C_6H_6)_2]$ gewinnen. Auch existieren, wie aus Tab. 32.25 hervorgeht, Dibenzolmolybdän $[Mo(C_6H_6)]$ und Dibenzolwolfram $[W(C_6H_6)_2]$ (jeweils 18 Außenelektronen des Komplexzentrums), während bei den Elementen der auf die Chromgruppe folgenden, höheren Nebengruppen die Dibenzolmetallkomplexe wegen der höheren Elektronenzahl des Zentralatoms naturgemäß als Kation auftreten: $[M(C_6H_6)_2]^+$ mit M = Mn, Tc, Re und $[M(C_6H_6)_2]^{2+}$ mit M = Fe, Ru, Os. Allerdings wird die Edelgasregel von den homoleptischen Benzolmetallkomplexen nicht sehr streng befolgt, wie schon aus der hohen Luftempfindlichkeit von $[M(C_6H_6)_2]$ mit M = Cr, Mo, W hervorgeht. Tatsächlich bilden letztere π-Komplexe stabile Monokationen $[M(C_6H_6)_2]^+$ (17 Valenzelektronen). Auch lassen sich von den Elementen vor und nach der Chromgruppe Neutralkomplexe $[M(C_6H_6)_2]$ mit M = V, Nb, Ta (17 Valenzelektronen), Ti, Zr, Hf (16 Valenzelektronen) und Fe, Ru, Os (20 Valenzelektronen) synthetisieren (vgl. Tab. 32.25). In letzten Komplexen ist allerdings ein C_6H_6-Ring nicht η^6-, sondern nur η^4-gebunden, was die Außenelektronenzahl der Metallzentren auf 18 erniedrigt.

Tab. 32.25 Homoleptische Benzolkomplexe der Übergangsmetalle (von den Metallen Co, Rh, Ir, Ni, Pd, Pt existieren keine neutralen Bis(benzol)-Komplexe)[a]

Ti, Zr, Hf [b]	V, Nb, Ta [c]	Cr, Mo, W [d]	Mn, Tc, Re [e]	Fe, Ru, Os [f]	Co, Rh, Ir [g]	Ni, Pd, Pt[h]
$[Ti(C_6H_6)_2]$	$[V(C_6H_6)_2]$	$[Cr(C_6H_6)_2]$	$[Mn(C_6H_6)_2]^+$	$[Fe(C_6H_6)_2]$	$[Co(C_6Me_6)_2]$	$[Ni(C_6H_6)_2]^{2+}$
tiefrot	schwarz	braun	blassrosa	schwarz	dunkelbraun	–
Zers. 80°	Smp. 227 °C	Smp. 284 °C	–	Zers. −50 °C	–	–
diamag.	$\mu_{mag.}$ 1.68 BM	diamag.	diamag.	diamag.	$\mu_{mag.}$ 1.86 BM	paramag.
$[Zr(C_6H_6)_2]$	$[Nb(C_6H_6)_2]$	$[Mo(C_6H_6)_2]$	$[Ta(C_6H_6)_2]^+$	$[Ru(C_6H_6)_2]$	$[Rh(C_6Me_6)_2]^{n+}$	$[Pd_2(C_6H_6)_2]^{2+}$
tiefrot	purpurrot	grün	–	orangefarben	$(n = 1.2)$	–
Zers. −100 °C	Zers. 90 °C	Smp. 115 °C	–	Zers. 0 °C	–	–
diamag.	paramag.	diamag.	diamag.	diamag.	paramag.	–
$[Hf(C_6H_6)_2]$	$[Ta(C_6H_6)_2]$	$[W(C_6H_6)_2]$	$[Re(C_6H_6)_2]^+$	$[Os(C_6H_6)_2]$	–	–
tiefrot	d'braunrot	grüngelb	–	orangefarben	–	–
Zers. −100 °C	Zers. 30 °C	Smp. 160 °C	–	Zers. 100 °C	–	–
diamag	paramag	diamag.	diamag.	diamag.	–	–

a Die Thermostabilität der Bis(aren)-Metallkomplexe wächst mit der Raumerfüllung der Arenliganden. Demgemäß existieren anstelle der aufgeführten oder noch unbekannten Bis(benzol)-Metallkomplexe (stabilere) Mesitylen- und Hexamethylbenzolderivate.

b Die Komplexe $[M(C_6H_6)_2]$ (M = Ti, Zr, Hf; 16 Außenelektronen) lassen sich durch Reduktion ($\longrightarrow$ $[Ti(C_6H_6)_2]^-$; blau) oder Donoraddition ($\longrightarrow$ $[M(C_6H_6)_2(PMe_3)]$ mit M = Zr, Hf; schwarzgrün) stabilisieren.

c $[V(C_6H_6)_2]$ lässt sich zu $[V(C_6H_6)_2]^-$ (schwarz; 18 Außenelektronen; isoelektronisch mit $[Cr(C_6H_6)_2]$) reduzieren und zu $[V(C_6H_6)_2]^+$ (braun; 16 Außenelektronen; isoelektronisch mit $[Ti(C_6H_6)_2]$) oxidieren (Analoges gilt für $[V(C_6H_3Me_3)_2]$ und $[V(C_6Me_6)_2]$). Die Methylderivate von $[M(C_6H_6)_2]^+$ (M = Nb, Ta) lassen sich durch Donoraddition ($\longrightarrow$ z. B. $[Nb(C_6H_5Me)_2)_2(PMe_3)]^+$; isoelektronisch mit $[Zr(C_6H_6)_2(PMe_3)]$) stabilisieren.

d In der Reihe $[Cr(C_6H_6)_2] < [Mo(C_6H_6)_2] < [W(C_6H_6)_2]$ bilden sich unter Elektronenabgabe zunehmend leichter paramagnetische Monokationen $[M(C_6H_6)_2]^+$ (19 Außenelektronen; μ_{mag}(Cr) 1.77 BM), unter Protonenaufnahme diamagnetische Kationen $[MH(C_6H_6)_2]^+$ (bisher nur $[WH(C_6H_6)_2]^+$).

e Unter den Kationen $[M(C_6Me_6)_2]^+$ lässt sich der Re-Komplex zum monomeren, bereits bei tiefen Temperaturen dimerisierenden Neutralkomplex $[Re(C_6Me_6)_2]$ (19 Außenelektronen) reduzieren.

f Tatsächlich handelt es sich um Komplexe $[M(\eta^6\text{-}C_6H_6)(\eta^4\text{-}C_6H_6)]$ (18 Außenelektronen). Analog gebaut sind $[Ru(C_6Me_6)_2]$ und $[Os(C_6Me_6)_2]$, während $[Fe(C_6Me_6)_2]$ nur η^6-gebundenes C_6Me_6 enthält (20 Außenelektronen). Stabiler als $[Fe(C_6Me_6)_2]$ ist das Monokation $[Fe(C_6Me_6)_2]^+$ (19 Außenelektronen: $\mu_{mag} = 1.84$ BM); auch existieren stabile Dikationen $[Fe(C_6Me_6)_2]^{2+}$, $[Ru(C_6Me_6)_2]^{2+}$ und $[Os(C_6Me_6)_2]^{2+}$.

g $[Co(C_6Me_6)_2]$ (21 Außenelektronen: nicht beide Ringe η^6-gebunden) lässt sich zu $[Co(C_6Me_6)_2]^+$ und $[Co(C_6Me_6)_2]^{2+}$ oxidieren (20 bzw. 19 Außenelektronen; beide Ringe η^6-gebunden; im Zuge der Disproportionierung des Dikations in Wasser soll $[Co(C_6Me_6)_2]^{3+}$ (18 Außenelektronen) als Zwischenprodukt entstehen). Der Neutralkomplex $[Rh(C_6Me_6)_2]$ ist unbekannt; das Mono- und Dikation haben den Bau $[Rh(\eta^6\text{-}C_6Me_6)(\eta^4\text{-}C_6Me_6)]^+$ (18 Außenelektronen) und $[Rh(\eta^6\text{-}C_6Me_6)_2]^{2+}$ (19 Außenelektronen). Dikationen $[Ir(C_6Me_6)_2]^{1+/2+}$ sind unbekannt; es existieren $[M(\eta^5\text{-}C_5Me_5)(\eta^6\text{-}C_6Me_6)]^{2+}$, $[Rh(\eta^5\text{-}C_5Me_5)(\eta^6\text{-}C_6Me_6)]^{2+}$ und $[M(\eta^5\text{-}C_5Me_5)(\eta^4\text{-}C_6Me_6)]$ (M = Rh; Ir; 18 Außenelektronen).

h Man kennt auch $[Ni(C_6Me_6)_2]^{2+}$ ($\mu_{mag} = 3.00$ BM), $[Ni(\eta^6\text{-}C_6Me_6)(\eta^4\text{-}C_4Me_4)]^{2+}$ (18 Außenelektronen) und $[Pt(\eta^6\text{-}C_6H_6)(\eta^4\text{-}C_4Me_4)]^{2+}$ (18 Außenelektronen). Bezüglich $[Pd_2(C_6H_6)_2]^{2+}$ (Gegenion z. B. $AlCl_4^-$, $GeBr_4^-$) vgl. Text. Man kennt auch $[Pd(\eta^6\text{-}C_6Me_6)(\eta^3\text{-}C_3H_4Me)]^+$ (18 Außenelektronen).

Man kennt ferner eine große Anzahl von Derivaten $[M(Aren)_2]$ der Bis(benzol)metallkomplexe. So existieren viele Komplexe $[M(C_6H_{6-n})_2]$ (Derivate »im engeren Sinne«), welche aus $[M(C_6H_6)_2]$ durch Substitution von Wasserstoffatomen gegen Substituenten X wie Hal, OR, SR, NR_2, Me, Ph, COOR, SiR_3, $B(OR)_2$, Li (R jeweils H, Organyl) hervorgehen. Mesitylen 1,3,5-$C_6H_3Me_3$ und insbesondere Hexamethylbenzol C_6Me_6 führen zu vergleichsweise stabilen Diarenmetallkomplexen, weshalb in einigen Fällen zwar keine neutralen oder kationischen Bis(benzol)metallkomplexe, aber deren Dodecamethylderivate $[M(C_6Me_6)_2]$ (M = Re, Co) sowie $[Rh(C_6Me_6)_2]^{n+}$ (n = 1,2) existieren. Ferner bilden arenannellierte Benzole sowie Nichtmetalla- und Metallabenzole homoleptische Metallkomplexe von $M(C_6H_6)_2$, »im weiteren Sinne«: vgl. hierzu auch »Borazol-Komplexe«, S. 1301, 2212, s. Abb. 32.103).

Strukturverhältnisse. In $[Cr(C_6H_6)_2]$ ist das Metallatom wie in $[Fe(C_5H_5)_2]$ zwischen den beiden parallel angeordneten Ringmolekülen eingelagert (»Sandwich-Struktur«), wobei

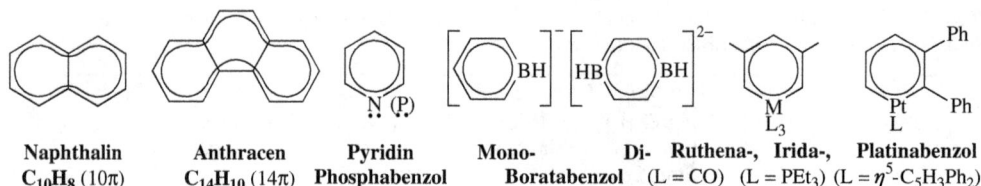

| Naphthalin | Anthracen | Pyridin | Mono- | Di- Ruthena-, Irida-, Platinabenzol |
| $C_{10}H_8$ (10π) | $C_{14}H_{10}$ (14π) | Phosphabenzol | Boratabenzol | (L = CO) (L = PEt$_3$) (L = η^5-C$_5$H$_3$Ph$_2$) |

Abb. 32.103

die zwei C$_6$H$_6$-Ringe im Sinne der Abb. 32.104a exakt auf »Deckung« liegen (»ekliptischer« Komplexbau, D$_{6h}$-Molekülsymmetrie: CrC-Abstand 2.13 Å, Abstand der C$_6$H$_6$-Ringe 3.22 Å). Analog gebaut sind alle in Tab. 32.25 wiedergegebenen neutralen und geladenen Bis(benzol)metallkomplexe bis auf die Komplexe [M(C$_6$H$_6$)$_2$] mit M = Fe, Ru, Os, welche zum Erreichen einer 18-Elektronenaußenschale einen Ring η^6-, den anderen aber η^4-gebunden enthalten (vgl. Abb. 32.104b), ferner der Komplex [Pd$_2$(C$_6$H$_6$)$_2$]$^{2+}$, in welchem gemäß Abb. 32.104k eine – mit Gegenionen verknüpfte – Pd$_2^{2+}$-Hantel senkrecht zur Verbindungsachse der Benzolringe lokalisiert ist. Unter den Bis(hexamethylbenzol)metallkomplexen haben [Ru(C$_6$Me$_6$)$_2$], [Os(C$_6$Me$_6$)$_2$], [Rh(C$_6$Me$_6$)$_2$]$^+$ ebenfalls den η^6-/η^4-Bau, während [Re(C$_6$Me$_6$)$_2$] durch Dimerisierung ein Oktadezett der Zentralatome erreicht (gemäß Abb. 32.104m ist ein Ring η^6- der andere η^5-gebunden). Auch in [Co(C$_6$Me$_6$)$_2$]$^+$ weisen die Ringliganden unterschiedliche Haptizität auf. Beispiele für arenanellierte Bis(benzol)metallkomplexe sind »Bis(diphenyl)dichrom« (Abb. 32.104c; bildet paramagnetische Mono- und Dikationen, vgl. »Bis(fulvalendiyl)eisen«, S. 2192), »Bis(anthracen)chrom« (Abb. 32.104d; im Falle höher anellierter Arene werden immer die äußeren C$_6$-Ringe von M komplexiert) und »Paracyclophanchrom« (Abb. 32.104e; der Ringabstand des komprimierten SandwichKomplexes beträgt nur 2.90 Å). Aus der Klasse der heterosubstituierten Bis(benzol)metallkomplexe seien genannt: »Bis(pyridin)chrom« (Abb. 32.104f; thermisch labiler als Cr(C$_6$H$_6$)$_2$), »Bis(phosphabenzol)chrom« und »Bis(arsabenzol)chrom« Abb. 32.104g, h; stabiler als Cr(C$_5$H$_5$N)$_2$, »Bis(methylborata)chrom« (Abb. 32.104i; anstelle Cr auch V, Fe, Mn, Os, Co; die Metalle sind aus der Ringmitte etwas von B weggerückt) sowie »Bis(ruthenabenzoltricarbonyl)ruthenium« (Abb. 32.104l). Schließlich seien Tripeldeckerkomplexe mit Benzolderivaten erwähnt (Abb. 32.104n, o, p, r; Hexaphosphabenzol ist nur komplexgebunden zugänglich).

Bindungsverhältnisse. Die Beschreibung von Bindungen in π-Komplexen mit Benzol als Liganden gleicht der der Bindungsverhältnisse in Cyclopentadienyl-Komplexen (S. 2194): von den sechs aus der Interferenz der sechs p$_z$-Orbitale der C$_6$-Ringe hervorgehenden π-Orbitalen (drei elektronenbesetzt, drei elektronenleer) bildet eins eine σ- und zwei eine π-Hinbindung mit elektronenleeren Metallorbitalen geeigneter Symmetrie (Hybridorbitale mit d$_z^2$, p$_z$- und s-Komponente im erstem, mit d$_{yz}$-/p$_y$- im zweiten und mit d$_{xz}$-/p$_x$-Komponente im dritten Falle; z-Achse = M−C$_6$H$_6$-Bindungsachse; vgl. Abb. 32.105a, b, c), während die verbleibenden zwei elektronenleeren π*-MOs zwei δ-Rückbindungen mit den elektronenbesetzten d$_{xy}$- bzw. d$_{x^2-y^2}$-Orbitalen von M eingehen (Abb. 32.105d, e) und das σ*-MO in keine Wechselwirkung mit M tritt. Den δ-Rückbindungen kommt hierbei im Falle der Benzolmetallkomplexe stärkeres Gewicht zu als im Falle der Cyclopentadienylmetallkomplexe (vernachlässigbar klein), da ja die negative Ringladung in Richtung C$_5$H$_5^-$ ⟶ C$_6$H$_6$ abnimmt. Für Cycloheptatrienylmetallkomplexe mit dem positiven 6π-Liganden C$_7$H$_7^+$ stellt die δ-Rückbindung naturgemäß den wesentlichen Beitrag zur Bindung. Umgekehrt nimmt die Bedeutung der π-Hinbindung in den Komplexen mit den Liganden C$_5$H$_5$, C$_6$H$_6$, C$_7$H$_7^+$ in gleicher Richtung ab. In neutralen Bis(benzol)metallkomplexen tragen allerdings die Benzolliganden noch negative, die Metallatome positive Partialladungen (z. B. −0.35 und +0.70 in [Cr(C$_6$H$_6$)$_2$]). Die Metall-Aren-Bindungen

(a) [Cr(C₆H₆)₂] (b) [Fe(C₆H₆)₂] (c) [Cr₂(C₁₂H₁₀)₂] (d) [Cr(C₁₄H₁₀)₂] (e) [Cr(C₁₆H₁₆)]

(f) [Cr(C₃H₃N)₂] (g) [Cr(C₅H₅P)₃] (h) [Cr(C₅H₅As)₂] (i) [Cr(C₅H₅BMe)₂] (k) [Pd₂(C₆H₆)₂]2X

(l) [Ru{C₅H₃Me₂Ru(CO)₃}₂] (m) [Re(C₆Me₆)₂]₂ (n) [Cr₂(C₆H₆)₂(C₁₀H₈)] (o) [Cr₂(C₆H₃Me₃)₃]

(p) [Cp₂*Rh₂(C₄B₂H₄Me₂)] (r) [Cp₂*Mo₂P₆]

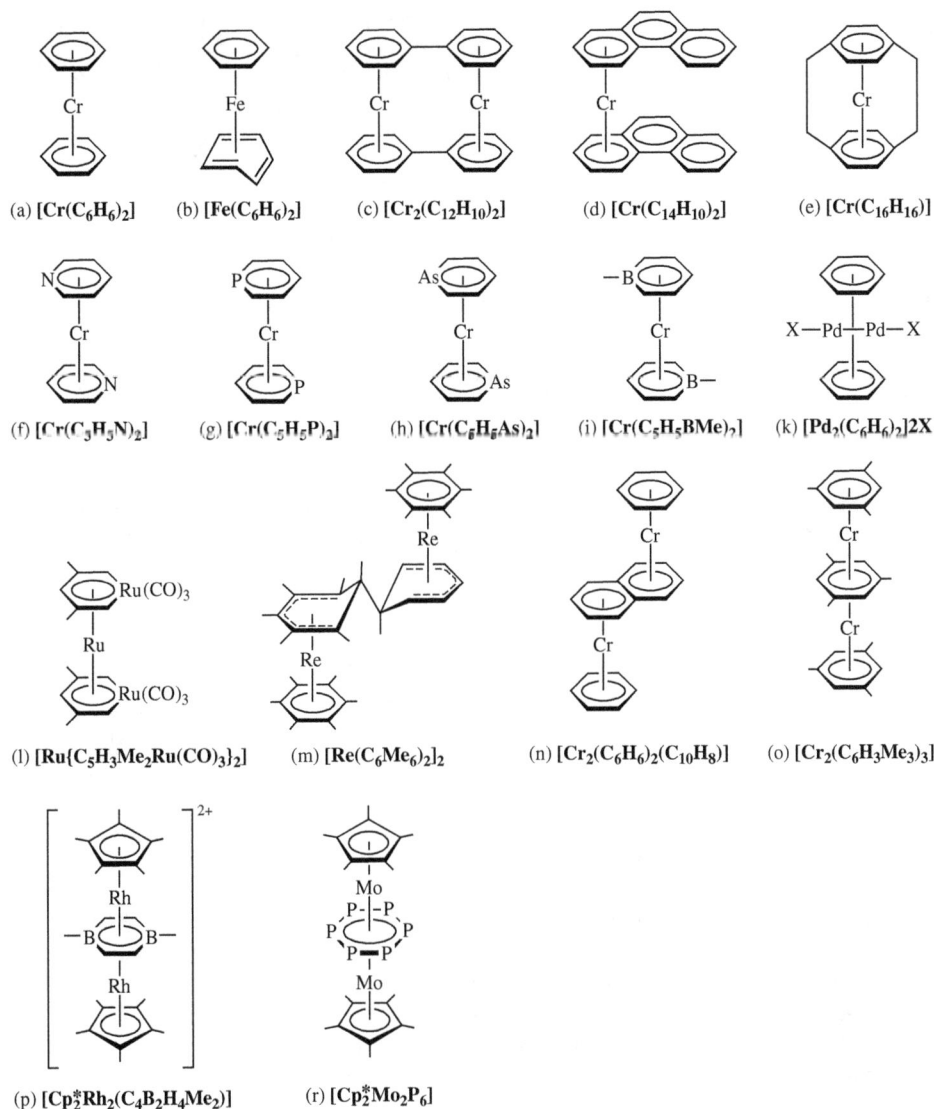

Abb. 32.104 Strukturen einiger Sandwichkomplexe des Benzols und seiner Derivate.

sind in den Arenmetallkomplexen insgesamt etwas schwächer als die Metall-Cyclopentadienyl-Bindungen in vergleichbaren Cp-Metallkomplexen (mittlere Metall-Ring-Dissoziationsenergie in [Cr(C₆H₆)₂] und [Fe(C₅H₅)₂] gleich 170 und 260 kJ mol⁻¹).

Darstellung. Die Gewinnung von Arenmetallkomplexen auf direktem Wege gelingt durch »Abschrecken« von Gasgemischen aus Metallatomen (erzeugt bei hoher Temperatur) und den betreffenden Arenen auf tiefe Temperaturen (»Co-Kondensationsmethode«):

$$M + 2\,\text{Aren} \longrightarrow [M(\text{Aren})_2].$$

Auf diese Weise konnten etwa Verbindungen wie [M(C₆H₆)₂]/[M(C₆H₃Me₃)₂] (M = Ti, Zr, Hf, Nb, Ta, Mo, W, Re, Os, U) sowie [M(C₆H₅Cl)₂] und [M(C₆H₅NMe₂)₂] (M jeweils Cr, Mo) oder [Cr(C₅H₅E)₂] (E = N, P, As) synthetisiert werden, ferner Sandwich-Komplexe mit anellierten Arenen. Eine besonders wichtige und vielseitig anwendbare Methode zur Synthese von

σ-Hinbindung	π-Hinbindung	π-Hinbindung	δ-Rückbindung	δ-Rückbindung
(a)	(b)	(c)	(d)	(e)

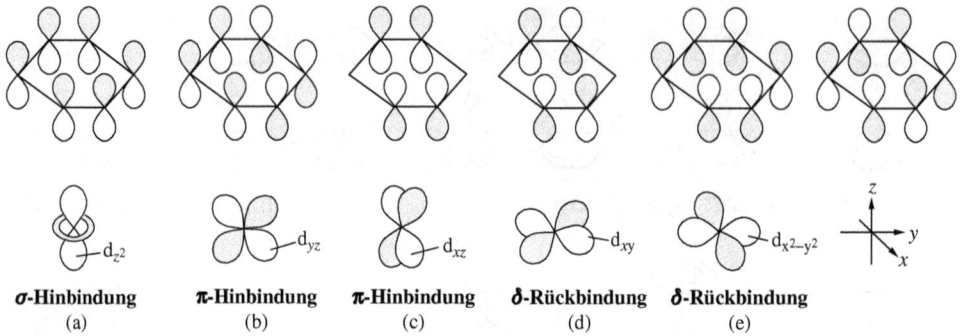

Abb. 32.105 Veranschaulichung der Bindungsverhältnisse in Benzolkomplexen mit σ-Donator- (a), π-Donator- (b, c) und δ-Akzeptorbindung (d, e) (jeweils hinsichtlich des Liganden gesehen; dunkle und helle Bereiche charakterisieren unterschiedliche Orbitalphasen).

»Bis(aren)metallkationen« besteht in der Reduktion von Metallhalogeniden mit Aluminium in Anwesenheit von $AlCl_3$ im betreffenden Aren als Reaktionsmedium (»Fischer-Hafner-Synthese«), z. B.:

$$3\,CrCl_3 + 2\,Al + AlCl_3 + 6\,C_6H_6 \longrightarrow 3\,[Cr(C_6H_6)_2]^+AlCl_4^-.$$

Das Metall lässt sich hierbei in weiten Grenzen variieren (M = V, Cr, Mo, W, Ta, Re, Fe, Ru, Os, Co, Rh, Ir, Ni), ebenso der Arenligand (letzterer muss allerdings gegen $AlCl_3$ inert sein, darf also keine basischen Substituenten aufweisen). Die Kationen lassen sich gegebenenfalls zu neutralen Bis(aren)metallkomplexen reduzieren (z. B. $2\,[Cr(C_6H_6)_2]^+ + S_2O_4^{2-} + 2\,OH^- \longrightarrow [Cr(C_6H_6)_2] + 2\,HSO_3$).

Eine Methode zur Umwandlung von Bis(aren)metallkomplexen besteht in der Ringderivatisierung. So lässt sich etwa die aus $[Cr(C_6H_6)_2]$ und LiBu erhältliche Verbindung $[Cr(C_6H_5Li)_2]$ mit $Me_2S_2/Ph_2PCl/Me_2GeCl_2$ in $[Cr(C_6H_5SMe)_2]/[Cr(C_6H_5PPh_2)_2]/[Cr\{Me_2Ge(C_6H_5)_2\}]$ (dachförmig angeordnete Benzolringe in letzterem Falle) überführen. Auch kann $[Cr(C_5H_5N)_2]$ aus $[Cr(2,6\text{-}C_5H_3R_2N)_2]$ durch Substitution von R = $SiMe_3$ gegen H gewonnen werden. Spezialfälle stellen die Synthesen von Bis(boratabenzol)- und Bis(ruthenabenzol)-Metallkomplexen dar; hier führt einerseits die Metathese (z. B. $MCl_2 + 2\,NaC_5H_5BR \longrightarrow [M(C_5H_5BR)_2] + 2\,NaCl$; M = V, Cr, Fe, Ru, Os, Co; R z. B. Me, Ph) andererseits der Ringaufbau zum Ziel: z. B. $Ru(C_5H_5Me_2)_2 + $ (»offenes Ruthenocen«; vgl. Abb. 32.83) $+ \frac{2}{3}\,Ru_3(CO)_{12} \longrightarrow Ru\{(C_5H_3Me_2Ru(CO)_3\}_2 + 2\,H_2 + 2\,CO$; vgl. Abb. 32.104l).

Eigenschaften. Die neutralen Bis(aren)metallkomplexe weisen wie die Metallocene charakteristische Farben und magnetische Momente auf (vgl. Tab. 32.25). Ihre Thermostabilität ist teils sehr klein (z. B. $[M(C_6H_6)_2]$ mit M = Zr, Hf), teils beachtlich (z. B. $[M(C_6H_6)_2]$ mit M = Cr, Mo, W). In der Regel verhalten sie sich sauerstoffempfindlich (O_2-stabil ist etwa $[Cr(C_6H_5Cl)_2]$ mit dem elektronenanziehenden Substituenten Cl; auch können Kationen wie $[Cr(C_6H_6)_2]^+$ oder $[Ru(C_6Me_6)_2]^{2+}$ inert gegen O_2 sein). Wegen der Oxidationsempfindlichkeit verbieten sich elektrophile Substitutionen an den Arenringen. Starke Basen wie Organylanionen vermögen Arene zu metallieren (η^6-gebundenes C_6H_6 wird rascher metalliert als freies Benzol). Z. B. lässt sich $[Cr(C_6H_6)_2]$ mit LiBu in Anwesenheit von $Me_2NCH_2CH_2NMe_2$ (tmeda) in $[Cr(C_6H_6)(C_6H_5Li)]$ und $[Cr(C_6H_5Li)_2]$ überführen. Letztere Verbindungen ermöglichen die Synthese substituierter Bis(benzol)metallkomplexe (s. oben). Austausch der Ringe in Bis(benzol)metallkomplexen durch andere Liganden gelingt nur in Gegenwart von $AlCl_3$ als Katalysator. Austauschlabil sind demgegenüber Metallkomplexe mit arenanellierten Benzolliganden, z. B. Naphthalin: $[Cr(C_{10}H_8)_2] + 3\,bipy \longrightarrow [Cr(bipy)_3] + 3\,C_{10}H_8$ oder $3\,Cr(C_{10}H_8) + 3\,C_6H_6 \longrightarrow [Cr(C_6H_6)(C_{10}H_8)] + [Cr_2(C_6H_6)_2(C_{10}H_8)]$ (vgl. Abb. 14.26n). Dieser »Naphthalin-

Effekt« beruht wie der »Indenyl-Effekte« (S. 2205) auf der Bildung einer Koordinationslücke am Metall durch Übergang des η^6-$C_{10}H_8$- in einen η^4-gebundenen $C_{10}H_8$-Liganden.

Halbsandwichkomplexe des Benzols und seiner Derivate

Überblick, Strukturen. Man kennt eine große Anzahl heteroleptischer Komplexe $[(Aren)ML_m]$, welche neben nacktem, ringsubstituiertem, arenanelliertem oder heteroatomsubstituiertem Benzol als Aren (vgl. oben , Sandwichkomplexe) noch andere Liganden L enthalten und vielfach Zentren mit Edelgaskonfiguration aufweisen. Als Beispiele für derartige Komplexe mit »Halbsandwich-Struktur« seien genannt: »Arenmetallorganyle« (Abb. 32.106a), »Arenmetallhalogenide« (Abb. 32.106b, c, d), »Aren- und Heteroarenmetallkomplexe« (Abb. 32.106e, f, g, h, i). Ferner vermögen »Fullerene« wie C_{60} (S. 1004) als Arenliganden zu wirken (Abb. 32.106k, m); auch können Metallcluster aus zwei oder drei Metallatomen Arenliganden überspannen (Abb. 32.106l, m).

Darstellung, Eigenschaften. Arenmetallhalogenide lassen sich u. a. durch Reaktion geeigneter Metallhalogenide mit nicht- oder teilhydrierten Arenen gewinnen, z. B. $RuCl_3$ + Cyclohexadien $\longrightarrow$ $[(C_6H_6)RuCl_2]_2$ (Abb. 32.106b); $TiCl_4$ + Mesitylen in Anwesenheit von Et_2AlCl $\longrightarrow$ $[(C_6H_3Me_3)Ti(AlCl_4)_2]$ (Abb. 32.104d). Die Verbindungen $[(C_6H_6)MCl_2]$ (M = Ru, Os) können dann durch Cl^--Abstraktion z. B. mit $AlCl_3$ in Kationen wie $[C_6H_5)_2Ru_2Cl_3]^+$ (Abb. 32.106c) verwandelt werden, wobei letztere als Überträger für die Halbsandwicheinheiten $(C_6H_6)M^{2+}$ wirken, z. B. Bildung von $[(C_6H_6)M(PR_3)_2]$ (Abb. 32.105i) durch Reaktion mit PR_3. – Aren- und Heteroarenmetallcarbonyle lassen sich durch Austausch von Kohlenstoffmonoxid (32.50), (32.51), von schwach koordinierten Donoren (32.52), (32.53) oder von Arenen (32.54) gegen Arene gewinnen.

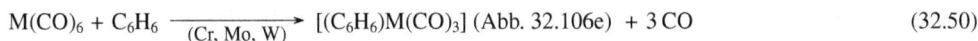

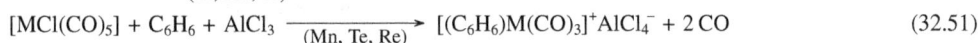

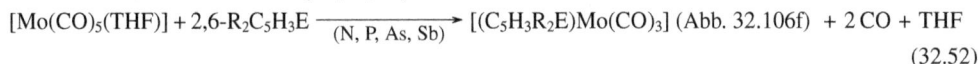

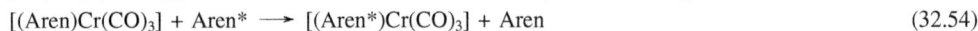

$$M(CO)_6 + C_6H_6 \xrightarrow{(Cr, Mo, W)} [(C_6H_6)M(CO)_3]\ (Abb.\ 32.106e)\ + 3\,CO \tag{32.50}$$

$$[MCl(CO)_5] + C_6H_6 + AlCl_3 \xrightarrow{(Mn, Te, Re)} [(C_6H_6)M(CO)_3]^+AlCl_4^- + 2\,CO \tag{32.51}$$

$$[Mo(CO)_5(THF)] + 2{,}6\text{-}R_2C_5H_3E \xrightarrow{(N, P, As, Sb)} [(C_5H_3R_2E)Mo(CO)_3]\ (Abb.\ 32.106f)\ + 2\,CO + THF \tag{32.52}$$

$$[Cr(CO)_3(NCMe)_3] + B_3N_3Me_6 \longrightarrow [(B_3N_3Me_6)Cr(CO)_3]\ (Abb.\ 32.106\,g)\ + 3\,MeCN \tag{32.53}$$

$$[(Aren)Cr(CO)_3] + Aren^* \longrightarrow [(Aren^*)Cr(CO)_3] + Aren \tag{32.54}$$

Die Basizität der Heteroatome in C_5H_5E (R = H in Gl. (32.52)) nimmt in Richtung C_5H_5N > C_5H_5P > C_5H_5As > C_5H_5Sb ab. Als Folge hiervon liefern nur letztere beiden Liganden η^6-Komplexe, während erstere beide zu Komplexen C_5H_5E $\longrightarrow$ $Mo(CO)_5$ mit η^1-gebundenen Heteroarenen führen. Erst bei sterischer Abschirmung von E durch Substituenten R wie Me, Et, Ph in 2- und 6-Stellung erhält man mit Pyridinen und Phosphabenzolen η^6-Komplexe. Wegen der negativen Partialladungen der Benzolliganden in Arencarbonylkomplexen verhalten sich Komplexe des Typus $[(C_6H_6)M(CO)_3]$ (M = Cr, Mo, W; Abb. 32.106e) bezüglich elektrophiler (nucleophiler) Ringsubstitutionen träger (reaktiver) als die freien Ringliganden. Z. B. lässt sich Chlorid in $[(C_6H_5Cl)Cr(CO)_3]$ leicht durch Alkoholat OR^- substituieren. Reaktionszwischenstufen (gegebenenfalls isolierbar) sind hierbei Addukte der Nucleophile an die Benzolliganden.

3.3.5 Cyclopropenyl- , Cyclobutadien- , Cycloheptatrienyl- und Cyclooctatetraen-Metallkomplexe und Derivate

i | **Geschichtliches.** Erster Cyclopropenyl-Komplex: $[(C_3Ph_3)NiBr(CO)]_2$ (S. F. A. Kettle, 1965); erster Cyclobutadien-Komplex $[(C_4Me_4)NiCl_2]_2$ (R. Criegee, 1959); erster homoleptischer Cyclobutadien-Komplex $[Ni(C_4Ph_4)_2]$ (H. Hoberg, 1978).

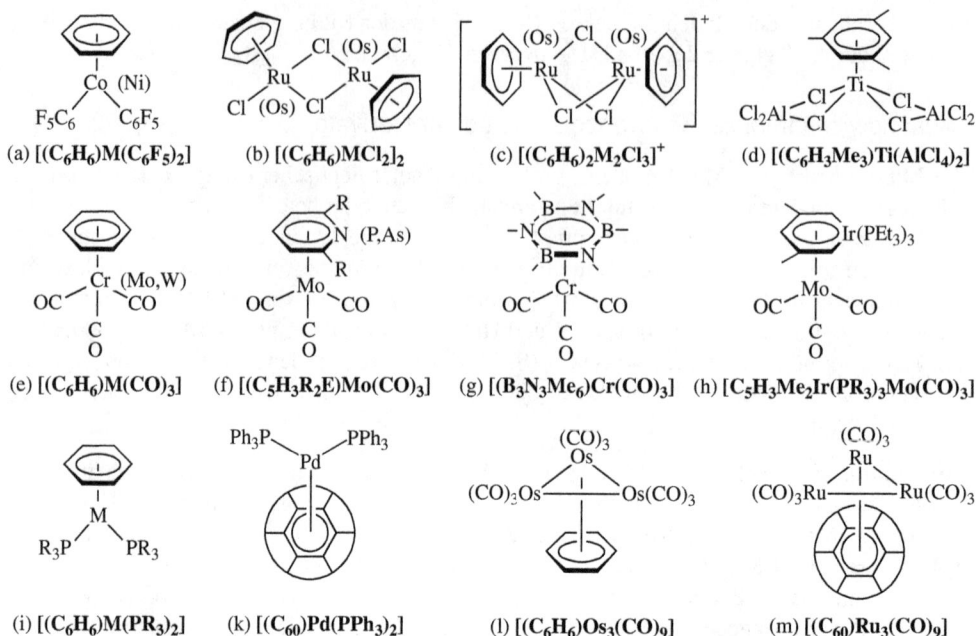

(a) [(C$_6$H$_6$)M(C$_6$F$_5$)$_2$] (b) [(C$_6$H$_6$)MCl$_2$]$_2$ (c) [(C$_6$H$_6$)$_2$M$_2$Cl$_3$]$^+$ (d) [(C$_6$H$_3$Me$_3$)Ti(AlCl$_4$)$_2$]

(e) [(C$_6$H$_6$)M(CO)$_3$] (f) [(C$_5$H$_3$R$_2$E)Mo(CO)$_3$] (g) [(B$_3$N$_3$Me$_6$)Cr(CO)$_3$] (h) [C$_5$H$_3$Me$_2$Ir(PR$_3$)$_3$Mo(CO)$_3$]

(i) [(C$_6$H$_6$)M(PR$_3$)$_2$] (k) [(C$_{60}$)Pd(PPh$_3$)$_2$] (l) [(C$_6$H$_6$)Os$_3$(CO)$_9$] (m) [(C$_{60}$)Ru$_3$(CO)$_9$]

Abb. 32.106 Strukturen einiger Halbsandwichkomplexe des Benzols und seiner Derivate.

Überblick. Ähnlich wie die 6π-Aromaten »Cyclopentadienid« C$_5$H$_5^-$ sowie »Benzol« C$_6$H$_6$ sollten auch der 2π-Aromat »Cyclopropenylium« C$_3$H$_3^+$, die 6π-Aromaten »Cyclobutadiendiid« C$_4$H$_4^{2-}$ sowie »Cycloheptatrienylium« (»Tropylium«) C$_7$H$_7^+$ und der 10π-Aromat »Cyclooctatetraendiid« C$_8$H$_8^+$ (vgl. hierzu S. 2174) zur Ausbildung homoleptischer Sandwichkomplexe [M(Aren)$_2$] befähigt sein. Ihnen müssten (einschließlich der auf S. 2189 und S. 2208 behandelten C$_5$H$_5^-$ und C$_6$H$_6$-Komplexe) – bei Berücksichtigung der 18-Elektronenregel – u. a. folgende Formeln (Abb. 32.107a–f) zukommen.

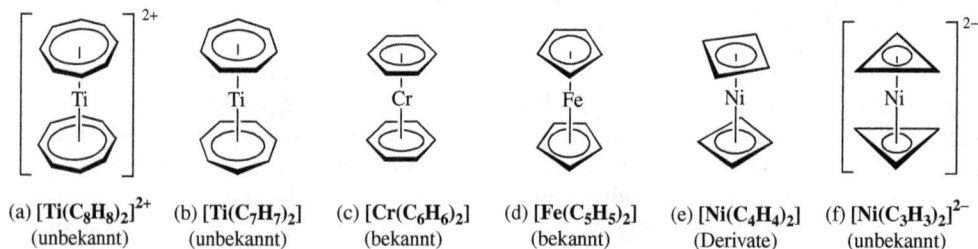

(a) [Ti(C$_8$H$_8$)$_2$]$^{2+}$ (b) [Ti(C$_7$H$_7$)$_2$] (c) [Cr(C$_6$H$_6$)$_2$] (d) [Fe(C$_5$H$_5$)$_2$] (e) [Ni(C$_4$H$_4$)$_2$] (f) [Ni(C$_3$H$_3$)$_2$]$^{2-}$
(unbekannt)   (unbekannt)   (bekannt)   (bekannt)   (Derivate)   (unbekannt)

Abb. 32.107

Tatsächlich wird die Edelgasregel von derartigen Komplexliganden nicht streng befolgt, worauf schon bei den Bis(cyclopentadienyl)- und Bis(benzol)metallkomplexen hingewiesen wurde. Demgemäß existiert statt des Dikations [Ti(C$_8$H$_8$)$_2$]$^{2+}$ die Neutralverbindung [Ti(C$_8$H$_8$)$_2$], in welcher zudem nur ein C$_8$H$_8$-Ring η^8-, der andere aber η^4-gebunden vorliegt, wodurch Ti eine 16-Außenelektronenschale erlangt.

Man kennt eine Reihe von Bis(cyclooctatetraen)-Metallkomplexen:

[M(C$_8$H$_8$)$_2$]: M = Sc$^-$, Y$^-$, La$^-$, Ac$^-$; Ti, Zr, Hf; V; Fe, Ru. – [M$_2$(C$_8$H$_8$)$_3$]: M = Ti, V, Cr, Mo, W. – [Ni(C$_8$H$_8$)$_2$].

Abgesehen von den anionischen C_8H_8-Komplexen der Scandiumgruppenmetalle (oder von denen der Lanthanoide bzw. Actinoide (S. 2344) liegen aber in keinem anderen Falle echte Sandwichkomplexe vor, sondern Komplexe, in welchen zumindest ein Ligand keine η^8-Koordination aufweist. Unter den Bis(cycloheptatrienyl)metallkomplexen existiert der Vanadiumkomplex $[V(C_7H_7)_2]^{2+}$ (17 Außenelektronen) mit Sandwich-Struktur. Unbekannt sind bisher Bis(cyclobutadien)- und Bis(cyclopropenyl)metallkomplexe, doch kennt man mit $[Ni(C_4Ph_4)_2]$ ein $[M(C_4H_4)_2]$-Derivat mit Sandwich-Struktur.

Für die heteroleptischen Sandwichkomplexe $[M(Aren)(Aren^*)]$ gilt Analoges wie für die homoleptischen. In Abb. 32.108 sind Beispiele dieser Bindungssysteme mit einem planaren, zentrisch gebundenen C_8H_8-, C_7H_7-, C_4H_4- sowie C_3H_3-Arenen und einem weiteren Aromat (Aren*; meist C_5H_5, C_6H_6 und dessen Derivate) aufgeführt (in Klammern Außenelektronenzahl von M).

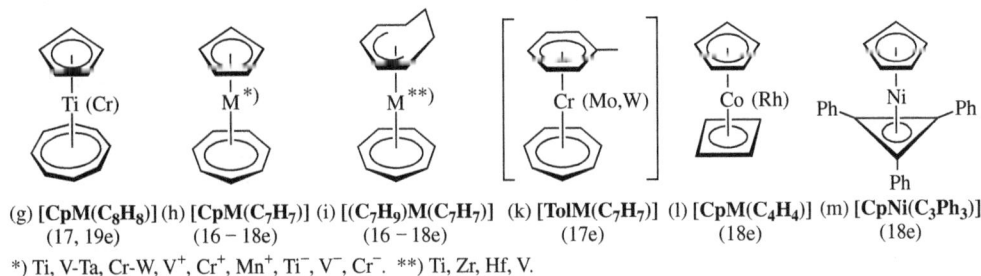

(g) $[CpM(C_8H_8)]$ (h) $[CpM(C_7H_7)]$ (i) $[(C_7H_9)M(C_7H_7)]$ (k) $[TolM(C_7H_7)]$ (l) $[CpM(C_4H_4)]$ (m) $[CpNi(C_3Ph_3)]$
     (17, 19e)   (16 – 18e)   (16 – 18e)   (17e)   (18e)   (18e)

*) Ti, V-Ta, Cr-W, V^+, Cr^+, Mn^+, Ti^-, V^-, Cr^-. **) Ti, Zr, Hf, V.

Abb. 32.108

In großer Zahl sind des Weiteren Halbsandwichkomplexe $[M(Aren)L_m]$ mit C_8H_8-, C_7H_7-, C_4H_4- und C_3H_3-Arenliganden und Nichtarenliganden L wie Hal^-, PR_3, CO bekannt (s. unten). Andererseits kennt man nur wenige Komplexe mit heteroatomsubstituierten C_8H_8-, C_7H_7-, C_4H_4-, C_3H_3-Arenliganden. Beispiele sind etwa $[Cp^*Co(C_2P_2tBu_2)]$ und $[(C_6BH_7)Mo(CO)_3]$.

Strukturverhältnisse. Der Cyclopropenyl-Ligand C_3H_3 (vgl. Geschichtliches) ist an das Zentralmetall in Komplexen teils symmetrisch wie in $[CpNi(C_3Ph_3)]$ (Abb. 32.108m), $[(C_3Ph_3)Co_3]$ (Abb. 32.109a), $[(C_3Ph_3)NiBr(CO)]_2$ oder $[(C_3Ph_3)Ni(py)_2(CO)]$, teils asymmetrisch mit einer kurzen und zwei längeren Bindungen wie in $[(C_3Ph_3)Ni(PPh_3)_2]^+$ bzw. einer langen und zwei kurzen Bindungen wie in $[(C_3Ph_3)Pt(PPh_3)_2]^+$ koordiniert (im Komplex $[(C_3Ph_3)IrCl(CO)(PMe_3)_2]$ liegt Ir in der C_3-Ebene; er enthält somit Iridacyclobutadien).

Der Cyclobutadien-Ligand C_4H_4 (vgl. Geschichtliches) nimmt demgegenüber in Metallkomplexen immer eine zentrische Lage bezüglich der Metalle ein und ist zudem immer quadratisch-planar konformiert (freies C_4H_4 weist rechteckigen Bau auf). Beispiele bieten $[Ni(C_4Ph_4)_2]$ (Abb. 32.107e; Ph-Derivat), $[CpM(C_4H_4)]$ (Abb. 32.108l), $[(C_4H_4)Fe(CO)_3$ (Abb. 32.109b), $[(C_4Me_4)NiCl_2]_2$. Ebenso wie C_4H_4 vermag Fetraselacyclobutadien Se_4H_4 in Metallkomplexen als Ligand zu wirken, wie die Isolierung von $[(Se_4R_4)Fe(CO)_3]$ (R = $SeMetBu_2$) lehrt.

Auch der Cycloheptatrienyl-Ligand C_7H_7 ist am Komplexzentrum immer planar koordiniert, bildet aber nur mit den frühen Übergangsmetallen (4.–6. Gruppe) Komplexe mit zentrisch gebundenem C_7H_7-Ring, während die späten Übergangsmetalle dazu neigen, den Liganden C_7H_7 lediglich über einen Teil seines π-Systems zu koordinieren. Beispiele für ersteren Bindungstypus sind etwa $[CpM(C_7H_7)]$ (Abb. 32.108h), $[M(C_7H_9)(C_7H_7)]$ (Abb. 32.108i), $[M(C_6H_5Me)(C_7H_7)]^+$ (Abb. 32.108k), $[(C_7H_7)M(CO)_3]$ (Abb. 32.109c), Beispiele für letzteren Bindungstypus $[(\eta^5\text{-}C_7H_7)M(CO)_3]$ (Abb. 32.109 d) und $[(\eta^3\text{-}C_7H_7)M(CO)_{3/4}]$ (Abb. 32.109e). Partiell mit ML_m koordinierte C_7H_7-Liganden können zusätzlich ein zweites, mit ML_m meist durch eine MM-Bindung verknüpftes Metallfragment $M'L_p$ koordinieren. So ist Fe−Rh in $(CO)_3Fe−Rh(CO)_2$ an ein planares (sich drehendes, fluktuierendes) Cycloheptatrienyl $\eta^5\text{-}/\eta^4$-gebunden (vgl. hierzu $Ni_2(C_8H_8)_2$, Abb. 32.109 s).

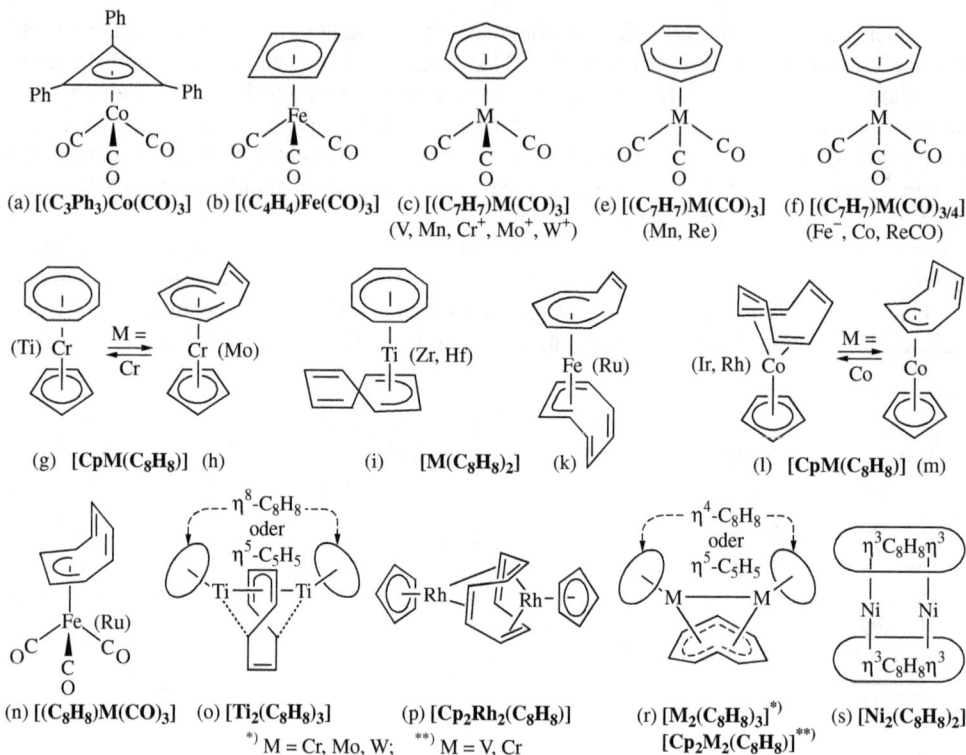

(a) [(C$_3$Ph$_3$)Co(CO)$_3$] (b) [(C$_4$H$_4$)Fe(CO)$_3$] (c) [(C$_7$H$_7$)M(CO)$_3$] (e) [(C$_7$H$_7$)M(CO)$_3$] (f) [(C$_7$H$_7$)M(CO)$_{3/4}$]
(V, Mn, Cr$^+$, Mo$^+$, W$^+$)   (Mn, Re)   (Fe$^-$, Co, ReCO)

(g) [CpM(C$_8$H$_8$)] (h)   (i) [M(C$_8$H$_8$)$_2$] (k)   (l) [CpM(C$_8$H$_8$)] (m)

(n) [(C$_8$H$_8$)M(CO)$_3$] (o) [Ti$_2$(C$_8$H$_8$)$_3$] (p) [Cp$_2$Rh$_2$(C$_8$H$_8$)] (r) [M$_2$(C$_8$H$_8$)$_3$]$^{*)}$ (s) [Ni$_2$(C$_8$H$_8$)$_2$]
$^{*)}$ M = Cr, Mo, W; $^{**)}$ M = V, Cr   [Cp$_2$M$_2$(C$_8$H$_8$)]$^{**)}$

Abb. 32.109 Strukturen einiger C$_n$H$_n$-Komplexe ($n = 3, 4, 7, 8$).

Der Cyclooctatetraen-Ligand C$_8$H$_8$ kann – als besonders vielseitiger Donator – Metallzentren terminal bzw. brückenständig η^8, η^6, η^4 und η^2 (in Zweikernkomplexen auch η^3 und η^5) koordinieren, wobei er im Falle η^8 planar und zentrisch, in den Fällen $\eta^2 - \eta^6$ nichtplanar (häufig wannenförmig) und azentrisch an das Komplexzentrum gebunden vorliegt.

(i) Terminale zentrische C$_8$H$_8$-Liganden: [CpM(η^8-C$_8$H$_8$)] (Abb. 32.109a; M = Ti, Cr; analog ist Cp*M(C$_8$H$_8$) mit M = Ti, Zr, Hf gebaut), [M(η^8-C$_8$H$_8$)(η^4-C$_8$H$_8$)] (Abb. 32.109i; M = Ti, Zr, Hf), [(η^8-C$_8$H$_8$)TiCl]$_4$, [M(η^8-C$_8$H$_8$)$_2$] (Sandwichkomplexe; M = Sc$^-$, Y$^-$, La$^-$, Ce$^-$ – Tb$^-$, Th bis Pu, Np$^-$ bis Am$^-$).

(ii) Terminale azentrische C$_8$H$_8$-Liganden: [CpM(η^6-C$_8$H$_8$)] (Abb. 32.109h; M = Cr, Mo; der Cr-Komplex steht mit CpCr[η^8-C$_8$H$_8$] (Abb. 32.109g) im Gleichgewicht und lässt sich leicht zum Monokation CpCr(C$_8$H$_8$)$^+$ oxidieren), [M(η^8-C$_8$H$_8$)(η^4-C$_8$H$_8$)] (Abb. 32.109i; M = Ti, Zr, Hf), [M(η^6-C$_8$H$_8$)(η^4-C$_8$H$_8$)] (Abb. 32.109k; M = Fe, Ru), [CpM(η^4-C$_8$H$_8$)] (Abb. 32.109l; M = Co, Rh, Ir; im Falle M = Co liegt der starre Komplex mit dem fluktuierenden Komplex Abb. 32.109m im Gleichgewicht), [(η^4-C$_8$H$_8$)Fe(CO)$_3$] (Abb. 32.109n, fluktuierend), [Cp$_2$Nb(η^2-C$_8$H$_8$)]. Der in Abb. 32.109 l wiedergegebene Bindungstypus wird von späten Übergangsmetallen in positiven Oxidationsstufen verwirklicht [CpM(η^4-C$_8$H$_8$)] mit M = Co^I, Rh^I, Ir^I und [(η^4-C$_8$H$_8$)MCl$_2$] mit M = Pd^{II}, Pt^{II}), während der in Abb. 32.109m veranschaulichte Bindungstypus bei frühen nullwertigen Übergangsmetallen zu finden ist (vgl. z. B. Abb. 32.109n).

(iii) Brückenständige C$_8$H$_8$-Liganden: Man beobachtet *trans*-Stellung (*anti*-Stellung) der verbrückten M-Atome bzgl. C$_8$H$_8$ in [Ti$_2$(η^8-C$_8$H$_8$)$_3$]$^{2-}$ (Tripeldecker mit planaren C$_8$H$_8$-Liganden), [Ti$_2$(η^8-C$_8$H$_8$)$_2$(μ-η^5:η^5-C$_8$H$_8$)] (Abb. 32.109o), [Cp$_2$Rh$_2$(μ-η^4:η^4-C$_8$H$_8$)] (Abb. 32.109p). Der Ligand C$_8$H$_8$ kann ähnlich wie C$_7$H$_7$ (s. oben) oder C$_6$H$_6$ (vgl. Abb. 32.104) auch zwei in *cis*-Stellung (*syn*-Stellung) zu C$_8$H$_8$ angeordnete M-Zentren verbrücken: [M$_2$(η^4-C$_8$H$_8$)$_2$(μ-η^5:η^5-C$_8$H$_8$)] (Abb. 32.109r; M = Cr, Mo, W; bei Vorliegen einer MM-Dreifachbindung erreichen die M-

Atome 18-Außenelektronen), $[Cp_2M_2(\mu\text{-}\eta^5\text{:}\eta^5\text{-}C_8H_8)]$ (Abb. 32.109r, M = V, Cr; bei Vorliegen einer MM-Dreifachbindung (V), bzw. -Doppelbindung (Cr) erreichen die M-Atome 18 Außenelektronen), $[Ni_2(\mu\text{-}\eta^3\text{:}\eta^3\text{-}C_8H_8)_2]$ (Abb. 32.109s).

Bindungsverhältnisse. Die Beschreibung der Bindungen in π-Komplexen mit den cyclischen Verbindungen C_3H_3, C_4H_4, C_7H_7 und C_8H_8 als Liganden gleicht der der Bindungsverhältnisse in den acyclischen Verbindungen C_3H_5 (S. 2184) und C_4H_6 (S. 2181) bzw. ähnelt der der Bindungsverhältnisse in den cyclischen Verbindungen C_5H_5 (S. 2194) und C_6H_6 (S. 2208).

Darstellung und Eigenschaften. Die Gewinnung von Cyclopropenylkomplexen erfolgt durch Substitution von Liganden gegen $C_3R_3^+$ (32.55), (32.56) oder durch Einführung von Liganden in C_3R_3-haltige Komplexe (32.57):

$$2\,Ni(CO)_4 + 2\,Ph_3C_3Br \longrightarrow [(C_3Ph_3)NiBr(CO)]_2 + 6\,CO \tag{32.55}$$

$$[(C_2H_4)M(PPh_3)_2] + C_3Ph_3^+ \longrightarrow [(C_3Ph_3)M(PPh_3)_2]^+ + C_2H_4(Ni,Pt) \tag{32.56}$$

$$[(C_3Ph_3)NiBr(py)_2] + TlCp \longrightarrow [CpNi(C_3Ph_3)] + 2\,py + CO + LiBr \tag{32.57}$$

In entsprechender Weise erhält man Cyclobutadienkomplexe durch Ligandensubstitution (32.58), ferner durch Ligandenübertragung (32.59) im Zuge der Einwirkung der betreffenden freien oder koordinativ gebundenen C_4R_4-Liganden auf Komplexzentren (im Falle des unter Normalbedingungen instabilen Cyclobutadiens C_4H_4 und seiner Derivate geht man von halogenierten Vorstufen $C_4H_4X_2$ aus). Zu Cyclobutadienkomplexen kann man zudem durch Metathese (32.60), (32.61) oder Alkindimerisierungen an Komplexzentren (32.62) gelangen:

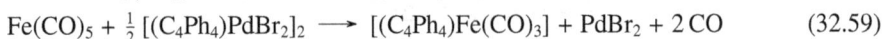

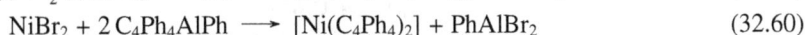

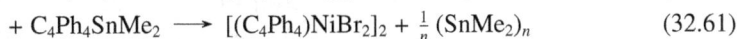

$$Fe_2(CO)_9 + C_4H_4Cl_2 \longrightarrow [(C_4H_4)Fe(CO)_3] + FeCl_2 + 6\,CO \tag{32.58}$$

$$Fe(CO)_5 + \tfrac{1}{2}\,[(C_4Ph_4)PdBr_2]_2 \longrightarrow [(C_4Ph_4)Fe(CO)_3] + PdBr_2 + 2\,CO \tag{32.59}$$

$$NiBr_2 + 2\,C_4Ph_4AlPh \longrightarrow [Ni(C_4Ph_4)_2] + PhAlBr_2 \tag{32.60}$$

$$+ C_4Ph_4SnMe_2 \longrightarrow [(C_4Ph_4)NiBr_2]_2 + \tfrac{1}{n}\,(SnMe_2)_n \tag{32.61}$$

$$[CpCo(CO)_2] + 2\,C_2R_2 \longrightarrow [CpCo(C_4R_4)](u.\,a.) + 2\,CO \tag{32.62}$$

Diamagnetisches »Cyclobutadieneisentricarbonyl« $[(C_4H_4)Fe(CO)_3]$ (Smp. 26 °C) gibt in Anwesenheit von Ce(IV) C_4H_4 ab und dient so als Quelle für freies Cyclobutadien, das sich als reaktives »Intermediat« durch geeignete Reaktionspartner »abfangen« lässt (z. B. $C_4H_4 + HC\equiv CR \longrightarrow C_6H_5R$ mit Dewar-Benzol-Struktur). Der aromatische Charakter von gebundenem Cyclobutadien zeigt sich in der Möglichkeit zur elektrophilen Substitution des Wasserstoffs von komplexgebundenem C_4H_4 in $[(C_4H_4)Fe(CO)_3]$ (z. B. + RCl/AlCl₃ $\longrightarrow (C_4H_3R)Fe(CO)_3$ mit RCl = MeCOCl, PhCOCl, CHO, CH₂Cl).

Die Cycloheptatrienylkomplexe werden vielfach auf dem Wege über Komplexe mit dem Cycloheptatrien-Liganden C_7H_8 synthetisiert: Hierbei erfolgt deren Bildung durch Ligandensubstitution (32.63), (32.64), (32.65), (32.66), durch reduktive Ligandensubstitution (32.67), (32.68); Reduktionsmittel sind etwa Mg, iPrMgBr) oder auf direktem Wege aus – bei hohen Temperaturen erzeugten – Metallatomen und C_7H_8 (32.69) und deren Umwandlung in den C_7H_7-Komplex durch thermische Dehydrogenierung ((32.63), (32.64), (32.68); $C_7H_8 \longrightarrow C_7H_7 + \tfrac{1}{2}\,H_2$), durch Dehydridierung (32.65), (32.67); $C_7H_8 + Ph_3C^+ \longrightarrow C_7H_7^+ + Ph_3CH$), durch Deprotonierung (32.66); $C_7H_8 + Bu^- \longrightarrow C_7H_7^- + BuH$) bzw. durch Umlagerung (32.69). Zu Cycloheptatrienylkomplexen kann man ferner durch photolytisch ausgelöste Haptizitätsänderung eines η^1-gebundenen C_7H_7-Liganden (32.70) oder durch Ligandenaustausch in C_7H_7-Metallkomplexen (32.71) kommen.

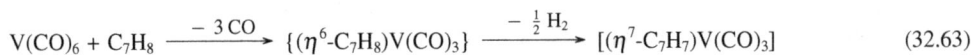

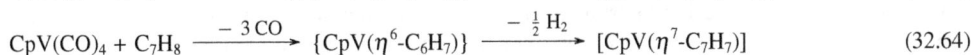

$$V(CO)_6 + C_7H_8 \xrightarrow{\;-3\,CO\;} \{(\eta^6\text{-}C_7H_8)V(CO)_3\} \xrightarrow{\;-\tfrac{1}{2}\,H_2\;} [(\eta^7\text{-}C_7H_7)V(CO)_3] \tag{32.63}$$

$$CpV(CO)_4 + C_7H_8 \xrightarrow{\;-3\,CO\;} \{CpV(\eta^6\text{-}C_6H_7)\} \xrightarrow{\;-\tfrac{1}{2}\,H_2\;} [CpV(\eta^7\text{-}C_7H_7)] \tag{32.64}$$

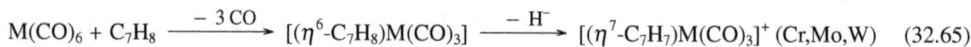

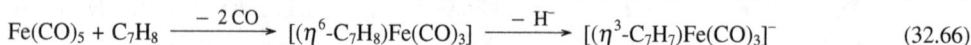

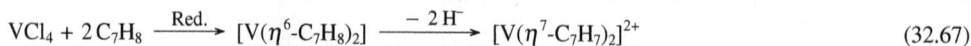

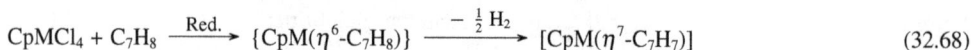

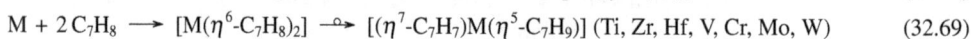

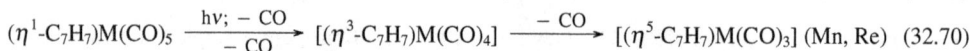

$$M(CO)_6 + C_7H_8 \xrightarrow{-3\,CO} [(\eta^6\text{-}C_7H_8)M(CO)_3] \xrightarrow{-H^-} [(\eta^7\text{-}C_7H_7)M(CO)_3]^+ \ (Cr,Mo,W) \qquad (32.65)$$

$$Fe(CO)_5 + C_7H_8 \xrightarrow{-2\,CO} [(\eta^6\text{-}C_7H_8)Fe(CO)_3] \xrightarrow{-H^-} [(\eta^3\text{-}C_7H_7)Fe(CO)_3]^- \qquad (32.66)$$

$$VCl_4 + 2\,C_7H_8 \xrightarrow{Red.} [V(\eta^6\text{-}C_7H_8)_2] \xrightarrow{-2\,H^-} [V(\eta^7\text{-}C_7H_7)_2]^{2+} \qquad (32.67)$$

$$CpMCl_4 + C_7H_8 \xrightarrow{Red.} \{CpM(\eta^6\text{-}C_7H_8)\} \xrightarrow{-\frac{1}{2}\,H_2} [CpM(\eta^7\text{-}C_7H_7)] \qquad (32.68)$$

$$M + 2\,C_7H_8 \longrightarrow [M(\eta^6\text{-}C_7H_8)_2] \overset{-\circ}{\longrightarrow} [(\eta^7\text{-}C_7H_7)M(\eta^5\text{-}C_7H_9)] \ (Ti, Zr, Hf, V, Cr, Mo, W) \qquad (32.69)$$

$$(\eta^1\text{-}C_7H_7)M(CO)_5 \xrightarrow[-CO]{h\nu;\,-CO} [(\eta^3\text{-}C_7H_7)M(CO)_4] \xrightarrow{-CO} [(\eta^5\text{-}C_7H_7)M(CO)_3] \ (Mn, Re) \qquad (32.70)$$

$$[(\eta^7\text{-}C_7H_7)M(CO)_3]^+ \xrightarrow{Red.} [(\eta^7\text{-}C_7H_7)M(C_6H_5R)] + 3\,CO \ (Cr, Mo, W) \qquad (32.71)$$

Die Verbindungen $[M(C_5H_5)(C_7H_7)]$ (Handhabung an Luft möglich) sind oxidationsstabiler als die Isomeren $[M(C_6H_6)_2]$, die Verbindungen $[M(C_5H_5)(C_7H_7)]$ (M = Ti, Nb, Cr) lassen sich zu Monoanionen reduzieren. Des Weiteren wirken Komplexe $[M(C_5H_5)(C_7H_7)]$ als Säuren und können mit Lithiumorganylen in Monoanionen überführt werden. Hierbei werden teils der C_7H_7-Ring (M = Ti), teils der C_5H_5-Ring (M = V) und teils beide Ringe (M = Cr) deprotoniert.

Zu Cyclooctatetraenkomplexen kommt man durch Ligandensubstitution (32.72), (32.73), (32.74), (32.75), ferner durch Metathese von Metallhalogeniden und $K_2C_8H_8$ (32.76), (32.77), (32.78) oder auf direktem Wege aus C_8H_8 und Metallatomen – erzeugt bei hohen Temperaturen – (32.79) bzw. durch Reduktion von Metallverbindungen (32.80), (32.81):

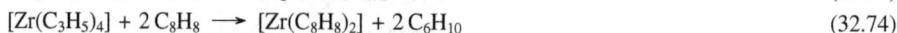

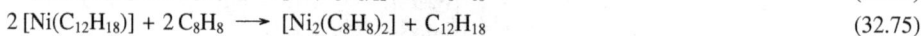

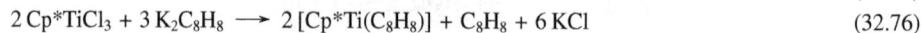

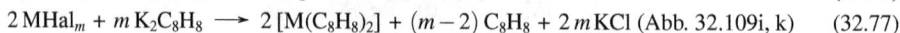

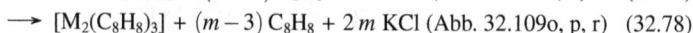

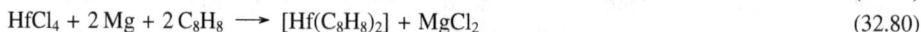

$$Fe(CO)_5 + C_8H_8 \longrightarrow [(C_8H_8)Fe(CO)_3] + 2\,CO \qquad (32.72)$$

$$CpCo(CO)_2 + C_8H_8 \longrightarrow [CpCo(C_8H_8)] + 2\,CO \qquad (32.73)$$

$$[Zr(C_3H_5)_4] + 2\,C_8H_8 \longrightarrow [Zr(C_8H_8)_2] + 2\,C_6H_{10} \qquad (32.74)$$

$$2\,[Ni(C_{12}H_{18})] + 2\,C_8H_8 \longrightarrow [Ni_2(C_8H_8)_2] + C_{12}H_{18} \qquad (32.75)$$

$$2\,Cp^*TiCl_3 + 3\,K_2C_8H_8 \longrightarrow 2\,[Cp^*Ti(C_8H_8)] + C_8H_8 + 6\,KCl \qquad (32.76)$$

$$2\,MHal_m + m\,K_2C_8H_8 \longrightarrow 2\,[M(C_8H_8)_2] + (m-2)\,C_8H_8 + 2\,m\,KCl \ (\text{Abb. 32.109i, k}) \qquad (32.77)$$

$$\longrightarrow [M_2(C_8H_8)_3] + (m-3)\,C_8H_8 + 2\,m\,KCl \ (\text{Abb. 32.109o, p, r}) \qquad (32.78)$$

$$2\,Cr(\text{gasf.}) + 3\,C_8H_8 \longrightarrow [Cr_2(C_8H_8)_2] \qquad (32.79)$$

$$HfCl_4 + 2\,Mg + 2\,C_8H_8 \longrightarrow [Hf(C_8H_8)_2] + MgCl_2 \qquad (32.80)$$

$$FeCl_2 + 2\,i\,PrMgCl + 2\,C_8H_8 \longrightarrow [Fe(C_8H_8)_2] + 2\,MgCl_2 + 2\,CH_2CHMe + H_2 \qquad (32.81)$$

3.4 Katalytische Prozesse unter Beteiligung von Metallorganylen

Viele Übergangsmetallkomplexe mit freien Koordinationsstellen vermögen kinetisch gehemmte, aber thermodynamisch mögliche Reaktionen zu katalysieren, indem sie die betreffenden Reaktionspartner durch Koordination an ein Komplexzentrum einerseits in räumliche Nähe bringen und andererseits in einen aktivierten Zustand versetzen. Man führt die Katalyse vielfach in homogener Phase durch; doch wird die Katalysatorrückgewinnung dadurch sehr vereinfacht, dass man den betreffenden Katalysator auf einen polymeren Träger, der in der Reaktionsmischung unlöslich ist, fixiert oder dass man im Zweiphasensystem aus Wasser und einem wasserunlöslichen Medium arbeitet, wobei der Katalysator durch geeignete Liganden wie sulfoniertes PPh_3 wasserlöslich gemacht wird (der Katalysator lässt sich dann leicht durch Extraktion der organischen Phase, welche die Reaktionsprodukte enthält, mit Wasser abtrennen).

Die technisch durchgeführten katalytischen Prozesse betreffen im Wesentlichen Umwandlungen, Hydrierungen, Carbonylierungen und Organylierungen von Alkanen, Alkenen, Alkinen, Aromaten bzw. von deren Derivaten, wie der Tab. 32.26 entnommen werden kann, welche

Tab. 32.26 Katalytische Prozesse unter Beteiligung von Metallorganylen.

Prozess	Prozesskatalysatoren	Näheres
Alken-, Alkinumwandlungen		
Alkenpolymerisation	$TiCl_4/Et_3Al$, $Cp_2ZrCl_2/(MeAlO)_n$	S. 1807, 1817
Butadienoligomerisation	$(Allyl)_2Ni$, $TiCl_4/R_3Al_2Cl_3$	S. 2037
Alkinoligomerisation	$Ni(II)$	S. 2037
Alkenmetathese	$Mo(CO)_6/Al_2O_3$, WCl_6/R_2AlCl, $MeReO_3$	S. 1895, 1931
Alken-(Olefin-)Isomerisierung	$HCo(CO)_4$, $HNi(PR_3)_2$, $Fe_3(CO)_{12}$	S. 2006
Aldehydolefinierung	$MeReO_3/PR_3$	S. 1930
Hydrierungen		
Alkenhydrierung	u. a. $RhCl(PPh_3)_3$, $HRh(CO)(PPh_3)_3$	S. 2019
CO-Konvertierung	$HCo(CO)_4$, $HFe(CO)_4^-$, $HRu(CO)_4^-$	Erprobung
Oxidation		
Alkenepoxidation	$MeReO_3$	S. 1931
Olefindiolation	OsO_4	S. 1978
Alkenoxidation	$PdCl_2/CuCl_2$	S. 2062
Carbonylierungen		
Hydroformylierung	$Co_2(CO)_8$, $HRh(CO)(PPh_3)_2$	S. 2005, 2005
Alken-, Alkincarbonylierung	$Ni(CO)_4$, $Fe(CO)_5$, $HCo(CO)_4$	S. 2038
Methanolcarbonylierung	$cis\text{-}[RhI_2(CO)_2]^-$	S. 2005
Organylierungen		
Alkenorganylierung	$Pd(OAc)_2/PR_3$	S. 2063
Organylorganylierung	$Pd(OAc)_2PR_3$	S. 2064
Aminorganylierung	$Pd(OAc)_2/PR_3$	S. 2064
Gruppenadditionen		
Hydrocyanierung	$Ni(PR_3)_4$	S. 2038
Hydrosilylierung	H_2PtCl_6	S. 1143

wichtige katalytische Prozesse unter Beteiligung von Metallorganylen sowie die eingesetzten Prozesskatalysatoren zusammenfasst. Auch verweist sie auf Stellen im Lehrbuch, wo nähere Einzelheiten hinsichtlich der betreffenden Katalyseprozesse zu finden sind.

Literatur zu Kapitel XXXII

Einige Klassen anorganischer Übergangsmetallverbindungen

[1] **Wasserstoffverbindungen**

J. C. Green, M. L. H. Green: »Transition Metal Hydrogen Compounds«, Compr. Inorg. Chem. **4** (1973) 355–452; E. L. Muetterties: »Transition Metal Hydrides«, Dekker, New York 1974; Compr. Coord. Chem. I/II: »Hydrides« (vgl. Vorwort); Ullmann: »Hydrides«, **A13** (1989) 199–226; R. H. Crabtree: »An Übergangsmetalle koordinierte σ-Bindungen«, Angew. Chem. **105** (1993) 828–845; Int. Ed. **32** (1993) 789; R. G. Jessop, R. H. Morris: »Reactions of Transition Metal Dihydrogens Complexes«, Coord. Chem. Rev. **121** (1992) 155–284; R. G. Jessop, D. M. Heinekey; W. J. Oldham, jr.: »Coordination Chemistry of Dihydrogen«, Chem. Rev. **93** (1993) 913–926; W. Bronger: »Komplexe Übergangsmetallhydride«, Angew. Chem. **103** (1991) 776–784; Int. Ed. **30** (1991) 759; M. Y. Darensbourg, C. E. Ash: »Anionic Transition Metal Hydrides«, Adv. Organomet. Chem. **27** (1987) 1–50;

R. G. Pearson: »The Transition-Metal-Hydrogen-Bond«, Chem. Rev. **85** (1985) 41–49; M. A. Ester-nelas, L. A. Ovo: »Dihydrogen Complexes as Homogeneous Reduction Catalysts«, Chem. Rev. **98** (1998) 577–588; F. Maseras, A. Lledés, E. Clot, O. Eisenstein: »Transition Metal Polyhydrides; From Qualitative Ideas to Reliable Computional Systems«, Chem. Rev. **99** (1999) 601–636; R. B. King: »Structure and bonding in homoleptic transition metal hydride anions«, Coord. Chem. Rev. **202** (2000) 813–829; G. S. McGrady, G. Guileva: »The multifarious world of transition metal hydrides«, Chem. Soc. Rev. **32** (2003) 283–392; D. M. Heinekey, A. Lledés, J. M. Lluchi: »Elongated dihydrogen complexes: what remains of the H—H bond?«, Chem. Soc. Rev. **33** (2004) 175–182; V. I. Bakhamutov: »Proton Transfer to Hydride Ligands with Formation of Dihydrogen Complexes: A Physicochemical View«, Eur. J, Inorg. Chem. (2005) 245–255.

[2] **Übergangsmetallhalogenide**

R. Colton, J. H. Canterford: »Halides of the First Row Transition Metals«, »Halides of the Second and Third Row Transition Metals«, Wiley, London 1969, 1968; A. F. Wells: »Halides of Metals« und »Complex Halides« in »Structural Inorganic Chemistry«, Clavendon Press, Fifth Ed. 1984, 408–444; K. J. Edwards: »Halogens as Ligands«, Comprehensive Coord. Chem. **2** (1987) 675–688.

[3] **Übergangsmetallcyanide**

A. G. Sharpe: »The Chemistry of Cyano Complexes of the Transition Metals«, Acad. Press, London 1976; B. M. Chadwick, A. G. Sharpe: »Transition Metal Ligands and their Complexes«, Adv. Inorg. Radiochem. **8** (1966) 83–176; J. G. Leipoldt, S. S. Basson, A. Roodt: »Octacyano and Oxo- and Nitri-dotetracyano Complexes of Second and Third Series Early Transition Metals«, Adv. Inorg. Chem. **40** (1993) 241–322; K. R. Dunbar, R. A. Heintz: »Chemistry of Transition Metal Cyanides Complexes: Modern Perspectives«, Progr. Inorg. Chem. **45** (1997) 283–392; J. Èernàk et al.: »Cyanocomplexes with one-dimensional structures: preparations, crystal structures and magnetic properties«. Coord. Chem. Rev. **224** (2002) 51–66.

[4] **Übergangsmetallazide**

Vgl. hierzu [8].

[5] **Übergangsmetalloxide, Nichtstöchiometrie**

A. F. Wells: »Binary Metal Oxides«, »Complex Oxides«, »Metal Hydroxides, Oxyhydroxides and Hydroxy-Salts«, »Water and Hydrates« in »Structural Inorganic Chemistry«, Clavedon Press, Fifth Ed. 1984, 531–574, 575–625, 626–652, 653–698; N. N. Greenwood: Ionic Crystals, Lattice Defects, and Nonstoichiometry", Butterworth, London 1968; D. J. M. Beran: »Non-stoichiometric Compounds: An Introductory Essay«, Comprehensive Inorg. Chem. **4**, (1973) 453–540; T. Sørensen: »Nonstoichiometric Oxides«, Acad. Press, New York 1981; P. Hagenmuller: »Tungsten Bronzes, Vanadium Bronzes and Related Compounds«, Comprehensive Inorg. Chem. **4** (1973) 541–605; G. Parkin: »Terminal Chalcogenido Complexes of Transition Metals«, Progr. Inorg. Chem. **47** (1998) 1–166; H. Roesky, I. Haiduc, N. S. Hosmane: »Organometalic Oxides of Main Group and Transition Elements Downsizing Inorganic Solids to Small Molecular Fragments«, Chem. Rev. **103** (2003) 2579–2632.

[6] **Disauerstoffkomplexe der Übergangsmetalle**

J. S. Valentine: »The Dioxygen Ligand in Mononuclear Group VIII Transition Metal Complexes«, Chem. Rev. **73** (1973) 235–245; G. Henrici-Olivié, S. Olivié: »Die Aktivierung molekularen Sauerstoffs«, Angew. Chem. **86** (1974) 1–12; Int. Ed. **13** (1974) 29; L. Vaska: »Dioxygen-Metal Complexes. Toward a Unified View«, Acc. Chem. Res. **9** (1976) 175–183; R. W. Erskine, B. O. Field: »Reversible Oxygenation«, Struct. Bond **28** (1976) 1–50; G. M. McLendon, A. E. Martell: »Inorganic Oxygen Carriers as Models for Biological Systems«, Coord. Chem. Rev. **19** (1976) 1–39; R. D. Jones, D. A. Summerville, F. Basolo: »Synthetic Oxygen Carriers Related to Biological Systems«, Chem. Rev. **79** (1979) 139–179; H. Taube: »Interaction of Dioxygen Species and Metal Ions – Equilibrium Aspects«, Progr. Inorg. Chem. **34** (1986) 607–625; K. D. Karlin, Y. Gultneh: »Binding and Activation of Molecular Oxygen by Copper Complexes«, Progr. Inorg. Chem. **35** (1987) 219–327; H. A. O. Hill: »Dioxygen, Superoxide and Peroxide«, Comprehensive Coord. Chem. **2** (1987) 315–333; H. Mimoun: »Metal Complexes in Oxidation«, M. N. Hughes: »Dioxygen in Biology«, Comprehensive Coord. Chem. **6** (1987) 317–410, 681–711.

[7] **Übergangsmetallnitride**

R. Juza: »Nitrides of Metals of the First Transition Series«, Adv. Inorg. Radiochem. **9** (1966) 81–131; N. E. Brese, M. O: »Crystal Chemistry of Inorganic Nitrides«, Struct. Bond. **79** (1992) 307–378;

R. Niewa, H. Jakobs: »Group V and VI Alkali Nitridometallates: A Growing Class of Compounds with Structures Related to Silicate Chemistry«, Chem. Rev. **96** (1996) 2053–2062; R. Kniep: »Ternary and quaternary metal nitrides: A new challenge for solid state chemistry«, Pure Appl. Chem. **69** (1997) 185–191; R. Niewa, F. J. DiSalvo: »Recent Developments in Nitride Chemistry«, Chem. Mater. **10** (1998) 2733–2752; J. K. Brask, T. Chivers: »Imido-Analoga einfacher Oxoanionen. Ein neuer Abschnitt in der Chemie der Clusterverbindungen«, Angew. Chem. **113** (2001) 4082–4098; Int. Ed. **40** (2001) 3960; K. Dehnicke, J. Strähle: »Nitridokomplexe von Übergangsmetallen«, Angew. Chem. **104** (1992) 978–1000; Int. Ed. **31** (1992) 955; »Die Übergangsmetall-Stickstoff-Mehrfachbindung«, Angew. Chem. **93** (1981) 451–564; Int. Ed. **20** (1981) 413; R. A. Eikey, M. M. Abu-Omar: »Nitrido and imido transition metal complexes of groups 6–8«, Coord. Chem. Rev. **243** (2003) 83–124; Y. Li, W.-T. Wong: »Low valent transition metal clusters containing nitrene/imido Ligands«, Coord. Chem. Rev. **243** (2003) 191–212.

[8] **Distickstoffkomplexe der Übergangsmetalle**

A. D. Allen, R. O. Harris, B. R. Loescher, J. R. Stevens, R. N. Whiteley: »Dinitrogen Complexes of the Transition Metals«, Chem. Rev. **73** (1973) 11–20; D. Sellmann: »Distickstoff-Übergangsmetall-Komplexe. Synthese, Eigenschaften und Bedeutung«, Angew. Chem. **86** (1974) 692–702; Int. Ed. **13** (1974) 639; W.-G. Zumft: »The Molecular Basis of Biological Dinitrogen Fixation«, Struct. Bond. **29** (1976) 1–65; J. Chatt, L. M. da Camâra Pina, R. L. Richards: »New Trends in the Chemistry of Nitrogen Fixation«, Acad. Press, London 1980; P. Pelikán, R. Boèa: »Geometric and Electronic Factors of Dinitrogen Activation of Transition Metal Complexes«, Coord. Chem. Rev. **55** (1984) 55–112; R. A. Henderson, G. J. Leigh, C. J. Pickett: »The Chemistry of Nitrogen Fixation and Models for the Reactions of Nitrogenase«, Adv. Inorg. Radiochem. **27** (1983) 197–292; M. Hidai, Y. Mizobe: »Reactions of Coordinated Dinitrogen and Related Species« in P. S. Braterman (Hrsg.): »Reactions of Coordinated Ligands« **2** (1989) 53–114; G. J. Leigh: »Protonation of Coordinated Dinitrogen«, Acc. Chem. Res. **25** (1992) 177–181; M. Hidai, Y. Mizobe: »Recent Advances in the Chemistry of Dinitrogen Complexes«, Chem. Rev. **95** (1995) 1115–1133; S. Gambarotta, J. Scott: »Kooperative Distickstoff-Aktivierung durch mehrere Metallzentren«, Angew. Chem. **116** (2004) 5412–5422; Int. Ed. **43** (2004) 5298; siehe auch: Compr. Coord. Chem. I/II sowie Compr. Organomet. Chem. I/II/III (vgl. Vorwort).

Metallcarbonyle und verwandte Komplexe

[9] **Die Metallcarbonyle**

Übersichten. E. W. Abel: »The Metal Carbonyls«, Quart. Rev. **17** (1963) 133–159; W. Hieber: »Metal Carbonyls, Fourty Years of Research«, Adv. Organomet. Chem. **8** (1970) 1–28; J. Grobe: »Metallcarbonyle«, Chemie in unserer Zeit **5** (1971) 50–56; W. P. Griffith: »Carbonyls, Cyanides, Isocyanides and Nitrosyls«, Comprehensive Inorg. Chem. **4** (1973) 105–195; H. Behrens: »Four Decades of Metal Chemistry in Liquid Ammonia: Aspects and Prospects«, Adv. Organomet. Chem. **18** (1980) 1–53; W. A. Herrmann: »100 Jahre Metallcarbonyle«, Chemie in unserer Zeit **22** (1988) 113–122; H. Werner: »Komplexe von CO und seinen Verwandten: Eine Klasse metallorganischer Verbindungen feiert Geburtstag«, Angew. Chem. **102** (1990) 1109–1121; Int. Ed. **29** (1990) 1077; P. J. Dyson, J. S. McIndoe: »Transition Metal Carbonyl Cluster Chemistry«, Gordon and Breach Science Publishers, Amsterdam 2000. Spezielle Aspekte. T. A. Manuel: »Lewis-Base Metal-Carbonyl-Complexes«, Adv. Organomet. Chem. **3** (1965) 181–261; G. R. Dobson, I. W. Stolz, R. K. Sheline: »Substitution Products of the Group VI B Metal Carbonyls«, Adv. Inorg. Radiochem. **8** (1966) 1–82; W. Strohmeier: »Kinetik und Mechanismus von Austausch- und Substitutionsreaktionen an Metallcarbonylen«, Fortschr. Chem. Forsch. **10** (1968) 306–346; E. W. Abel, F. G. A. Stone: »The Chemistry of Transition-Metal Carbonyls – Synthesis and Reactivity«, Quart. Rev. **24** (1970) 498–552; P. Chini, G. Longoni, V. G. Albano: »High Nuclearity Metal Carbonyl Clusters«, Adv. Organomet. Chem. **14** (1976) 285–344; F. A. Cotton: »Metal Carbonyls: Some New Observations in an Old Field«, Progr. Inorg. Chem. **21** (1976) 1–28; I. Wender, P. Pino: »Organic Synthesis via Metal Carbonyls«, Interscience, New York 1977; R. D. Adam, I. T. Horváth: »Novel Reactions of Metal Carbonyl Cluster Compounds«, Prog. Inorg. Chem. **33** (1985) 127–181; M. D. Vargas, J. N. Nicholls: »High-Nuclearity Carbonyl Clusters: Their Synthesis and Reactivity«, Adv. Inorg. Radiochem. **30** (1986) 123–222; D. J. Sikova, D. W. Macomber, M. D. Rausch: »Carbonyl Derivates of Titanium, Zirconium and Hafnium«, Adv. Organomet. Chem. **25** (1986) 318–379; A. J. Lupinetti, S. H. Strauss, G. Frenking: »Nonclassical Metal Carbonyls«, Progr. Inorg. Chem. **49** (2001) 1–112; J. E. Ellis, W. Beck: »Neue Überraschungen aus der Chemie der Metallcarbonyle«, Angew. Chem. **107** (1995) 2695–2697; Int. Ed. **34** (1995) 2489; B. F. G. Johnson, R. E. Benfield: »Stereochemistry of Transition Metal Carbonyl Clusters«, Topics in Stereochem. **12** (1981) 253–335; vgl. auch J. Chem. Soc., Dalton Trans. (1978)

1554–1568, (1980) 1743–1767; Th. Kruck: »Trifluorphosphin-Komplexe von Übergangsmetallen«, Angew. Chem. **79** (1967) 27–43; Int. Ed. **6** (1967) 53; J. F. Nixon: »Recent Progress in the Chemistry of Fluorophosphines«, Adv. Inorg. Radiochem. **13** (1970) 364–469; »Trifluorphosphine Complexes of Transition Metals«, Adv. Inorg. Radiochem. **29** (1985) 41–141; R. J. Clark, M. A. Bush: »Stereochemical Studies of Metal Phosphorus Trifluoride Complexes«, Acc. Chem. Res. **6** (1973) 246–252. Vgl. auch [10–14].

[10] **Eigenschaften. Die Metalltrifluorphosphane und -carbonylhalogenide**

D. F. Shriver, H. D. Kaesz (Hrsg.): »The Chemistry of Metall Cluster Complexes«, VCH, Weinheim 1990. – Carbidokomplexe. M. Tachikawa, E. L. Muetterties: »Metal Carbide Clusters«, Progr. Inorg. Chem. **28** (1981) 203–238. – Substitutionsreaktionen. A. E. Stiegmann, D. R. Tyler: »Reactivity of Seventeen- and Nineteen-Valence Electron Complexes in Organometallic Chemistry«, Comments Inorg. Chem. **5** (1986) 215–245. – Oxidationsreaktionen. F. Calderazzo: »Halogeno Metal Carbonyls and Related Compounds« in V. Gutmann: »Halogen Chemistry«, Band **3** (1967) 383–483. – Reduktionsreaktionen. Vgl. [11]. – Additionsreaktionen. W. Beck: »Addition des Azid-Ions und anderer N-Nucleophile an koordinierte Kohlenmonoxid- und CO-ähnliche Liganden und verwandte Reaktionen der Azido- und Isocyanato-Carbonyl-Metallkomplexe«, J. Organomet. Chem. **383** (1990) 143–160.

[11] **Die Metallcarbonyl-Anionen, -Hydride und -Kationen**

Carbonylmetallate. W. Hieber, W. Beck, G. Braun: »Anionische Kohlenoxid-Komplexe«, Angew. Chem. **72** (1960) 795–802; R. B. King: »Reactions of Alkali Metal Carbonyls and Related Compounds«, Adv. Organomet. Chem. **2** (1964) 157–256; M. I. Bruce, F. G. A. Stone: »Nucleophile Reaktionen von Carbonylmetall-Anionen mit Fluorkohlenstoffverbindungen«, Angew. Chem. **80** (1968) 835–841; Int. Ed. **7** (1968) 747; P. Chini, G. Longoni, V. G. Albano: »High Nuclearity Metal Carbonyl Clusters«, Adv. Organomet. Chem. **14** (1976) 285–344; M. Y. Darensbourg: »Ion Pairing Effects on Transition Metal Carbonyl Anions«, Progr. Inorg. Chem. **33** (1985) 221–274; J. E. Ellis: »Highly Reduced Metal Carbonyl Anions: Synthesis, Characterisation and Chemical Properties«, Adv. Organomet. Chem. **31** (1990) 1–51; »Adventures with Substances Containing Metals in Negative Oxidation States«, Inorg. Chem. **45** (2006) 3167–3186. –Metallcarbonylhydride. R. Bau, R. G. Teller, S. W. Kirtley, T. F. Koetzle: »Structures of Transition-Metal-Hydride Complexes«, Acc. Chem. Res. **12** (1979) 176–183; R. G. Pearson: »The Transition-Metal Hydrogen Bond«, Chem. Rev. **85** (1985) 41; A. P. Humphries, H. D. Kaesz: »The Hydrido-Transition Metal Cluster Complexes«, Progr. Inorg. Chem. **25** (1979) 145–222. –Metallcarbonylkationen. E. W. Abel, S. P. Tyfield: »Metal Carbonyl Cations«, Adv. Organomet. Chem. **8** (1970) 117–165; W. Beck, K. Sünkel: »Metal Complexes of Weakly Coordinating Anions. Precursors of Strong Cationic Organometallic Lewis Acids«, Chem. Rev. **88** (1988) 1405–1421; H. Willner, F. Aubke: »Homoleptische Carbonylkomplex-Kationen der elektronenreichen Metalle: Bindung in supersauren Medien sowie spektroskopische und strukturelle Charakterisierung«, Angew. Chem. **109** (1997) 2506–2530; Int. Ed. **36** (1997) 2402; Q. Xu: »Metal carbonyl cations: generation, characterization, and catalytic application«, Coord. Chem. Rev. **231** (2002) 83–108.

[12] **Thio-, Seleno- und Tellurocarbonyl-Komplexe**

I. S. Butler: »Transition Metal Thiocarbonyls and Selenocarbonyls«, Acc. Chem. Res. **10** (1977) 359–365; P. V. Yaneff: »Thiocarbonyl and Related Complexes of the Transition Metals«, Coord. Chem. Rev. **23** (1977) 183–220; P. V. Broadhurst: »Transitionmetal Thiocarbonyl Complexes«, Polyhedron **4** (1985) 1801–1846; H. Werner: »Novel Coordination Compounds Formed from CS_2 and Heteroallenes«, Coord. Chem. Rev. **43** (1982) 165–185.

[13] **Isocyanido-(Isonitril-)Komplexe**

L. Malatesta, F. Bonati: »Isocyanide Complexes of Metals«, Wiley, New York 1969; P. M. Treichel: »Transition Metal-Isocyanide Complexes«, Adv. Organomet. Chem. **11** (1973) 21–86; Y. Yamamoto: »Zerovalent Transition Metal Complexes of Organic Isocyanides«, Coord. Chem. Rev. **32** (1980) 193–233; S. J. Lippard: »Seven and Eight Coordinate Molybdenum Complexes, and Related Molybdenum (IV) Oxo Complexes, with Cyanide and Isocyanide Ligands«, Progr. Inorg. Chem. **21** (1976) 91–103; E. Singleton, H. E. Oosthuizen: »Metall Isocyanide Complexes«, Adv. Organomet. Chem. **22** (1983) 209–310; F. E. Hahn: »Koordinationschemie mehrzähniger Isocyanid-Liganden«, Angew. Chem. **105** (1993) 681–696; Int. Ed. **32** (1993) 650; L. Weber: »Homoleptische Isocyanidmetallate«, Angew. Chem. **110** (1998) 1597–1599; Int. Ed. **37** (1998) 1515.

[14] **Nitrosyl-Komplexe**

B. F. G. Johnson, J. A. McCleverty: »Nitric Oxide Compounds of Transition Metals«, Progr. Inorg. Chem. **7** (1966) 277–359; W. P. Griffith: »Organometallic Nitrosyls«, Adv. Organometal. Chem. **7** (1968) 211–239; N. G. Conelly: »Recent Developments in Transition Metal Nitrosyl Chemistry«, Inorg. Chim. Acta Rev. **6** (1972) 47–89; J. H. Enmark, R. D. Feltham: »Principles of Structure, Bonding and Reactivity for Metal Nitrosyl Complexes«, Coord. Chem. Rev. **13** (1974) 339–406; K. G. Caulton: »Synthetic Methods in Transition Metal Nitrosyl Chemistry«, Coord. Chem. Rev. **14** (1975) 317–355; R. Eisenberg, C. D. Meyer: »The Coordination Chemistry of Nitric Oxide«, Acc. Chem. Res. **8** (1975) 26–34; F. Bottomley: »Electrophilic Behavior of Coordinated Nitric Oxide«, Acc. Chem. Res. **17** (1978) 158–163; J. A. McCleverty: »Reactions of Nitric Oxide Coordinated to Transition Metals«, Chem. Rev. **79** (1979) 53–76; W. L. Gladfelter: »Organometallic Metal Clusters Containing Nitrosyl and Nitrido Ligands«, Adv. Organometal. Chem. **24** (1985) 41–86; B. F. G. Johnson, B. L. Haymore, J. R. Dilworth: »Nitrosyl Complexes«, Comprehensive Coord. Chem. **2** (1987) 100–118; G. B. Richter-Addo, P. Legzdins: »Recent Organometallic Nitrosyl Chemistry«, Chem. Rev. **88** (1988) 991–1010; D. M. P. Mingos, D. J. Sherman: »Transition Metal Nitrosyl Complexes«, Adv. Inorg. Chem. **34** (1989) 293–377; F. Bottomley: »Reactions of Nitrosyls« in P. S. Braterman: »Reactions of Coordinated Ligands« **2** (1989) 115–222; G. B. Richter-Addo, P. Legzdins: »Metal Nitrosyls«, Oxford University Press, New York 1992; P. Coppens, I. Novozhilova, A. Kovalevsky: »Photoinduced Linkage Isomers of Transition-Metal Nitrosyl Compounds and Related Complexes«, Chem. Rev. **102** (2002) 861–884; M. Wolak, R. van Eldik: »To be or not to be, NO in coordination chemistry? A mechanistic approach«, Coord. Chem. Rev. **230** (2002) 263–282.

Einige Klassen organischer Übergangsmetallverbindungen

[15] **Organische n-Komplexe der Übergangsmetalle**

Bücher. Compr. Organomet. Chem. I/II/III (vgl. Vorwort); G. E. Coates, M. L. H. Green, K. Wade: »Organometallic Compounds«, 2 Bände, Methuen, London 1967/1968; »Einführung in die metallorganische Chemie«, Enke Verlag, Stuttgart 1972; I. Haiduc, J. J. Zuckerman: »Basic Organometallic Chemistry«, Walter de Gruyter, Berlin 1985; P. Powell: »Principles of Organometallic Chemistry«, Chapman and Hall, London 1988; A. W. Parkins, R. C. Poller: »An Introduction to Organometallic Chemistry«, Macmillan, London 1986; A. Yamamoto: »Organotransition Metal Chemistry«, Wiley, New York 1986; A. J. Pearson: »Metallo-Organic Chemistry«, Wiley, New York 1985; P. L. Pauson: »Organometallic Chemistry«, Arnold, London 1968; F. R. Hartley, S. Patai: »The Chemistry of Metal-Carbon Bond«, 4 Bände, 1982–1986; S. G. Davies: »Organotransition Metal Chemistry: Applications to Organic Synthesis«, Pergamon Press, Oxford 1982; H. Alper: »Transition Metal Organometallics in Organic Synthesis«, Acad. Press, New York 1976/1978; Ch. Elschenbroich: »Organometallchemie«, Teubner, 5. Aufl., Stuttgart 2005. – Zusammenfassende Überblicke. M. R. Churchill, R. Mason: »The Structural Chemistry of Organo-Transition Metal Complexes: Some Recent Developments«, Adv. Organomet. Chem. **5** (1967) 93–135; F. G. A. Stone, R. West: »Advances in Organometallic Chemistry«, Acad. Press, New York 1964–1994; H. Werner: »Metallorganische Komplexchemie – ein zentrales Gebiet chemischer Forschung«, Chemie in unserer Zeit **3** (1969) 152–158; P. L. Timms, T. W. Turney: »Metal Atom Synthesis of Organometallic Compounds«, Adv. Organomet. Chem. **15** (1977) 53–112; M. Herberhold: »Komplexchemie mit nackten Metallatomen«, Chemie in unserer Zeit **10** (1976) 120–129; U. Zenneck: »Die Chemie freier Metallatome«, Chemie in unserer Zeit **27** (1993) 208–219; B. L. Shaw, N. I. Tucker: »Organo-Transition Metal Compounds and Related Aspects of Homogeneous Catalysis«, Compr. Inorg. Chem. **4** (1973) 781–994; M. I. Bruce, P. J. Low: »Transition Metal Complexes Containing All-Carbon Ligands«, Adv. Organmet. Chem. **50** (2004) 180–444.–Vgl. auch [16–21,23–25].

[16] **Metallorganyle**

P. J. Davidson, M. F. Lappert, R. Pearce: »Metal σ-Hydrocarbyls, MR_n. Stochiometry, Structures, Stabilities and Thermal Decomposition Pathways«, Chem. Rev. **76** (1976) 219–242; R. R. Schrock, G. W. Parshall: »σ-Alkyl and σ-Aryl Complexes of Group 4–7 Transition Metals«, Chem. Rev. **76** (1976) 243–368; W. Beck, B. Niemer, M. Wieser: »Methoden zur Synthese von (μ-Kohlenwasserstoff)-Übergangsmetall-Komplexen ohne Metall-Metall-Bindung«, Angew. Chem. **105** (1993) 969–996; Int. Ed. 32 (1993) 923; J. Y. Corey, J. Braddock-Wilking: »Reactions of Hydrosilanes with Transition Metal Complexes: Formation of Stable Transition – Metal Silyl Compounds«, Chem. Rev. **99** (1999) 175–242. Vgl. auch Literaturangaben bei den einzelnen Elementen (Unterkapitel: Organische Verbindungen der Elemente).

[17] **Alkylidenmetallkomplexe (Carben-Komplexe)**

D. J. Cardin, B. Cetinkaya, M. J. Doyle, M. F. Lappert: »The Chemistry of Transition Metal Carbene Complexes and their Role as Reaction Intermediate«, Chem. Soc. Rev. **2** (1973) 99–144; F. Cotton, C. M. Lukehart: »Transition Metal Complexes Containing Carbenoid Ligands«, Prog. Inorg. Chem. **16** (1974) 487–613; E. O. Fischer: »On the Way to Carbene and Carbyne Complexes«, Adv. Organomet. Chem. **14** (1976) 1–32; F. J. Brown: »Stoichiometric Reactions of Transition Metal Carbene Complexes«, Progr. Inorg. Chem. **27** (1980) 1–122; R. R. Schrock: »Alkylidene Complexes of Niobium and Tantalum«, Acc. Chem. Res. **12** (1979) 98–104; H. Fischer, F. R. Kreissl, U. Schubert, P. Hofmann, K. H. Dötz, K. Weiss: »Transition Metal Carbene Complexes«, Verlag Chemie, Weinheim 1984; M. Brookhart, W. B. Studebaker: »Cyclopropanes from Reactions of Transition-Metal-Carbene Complexes with Olefins«, Chem. Rev. **87** (1987) 411–432; W. A. Nugent, J. M. Mayer: »Metal Ligand Multiple Bonds«, Wiley, New York 1988; M. A. Gallop, W. R. Roper: »Carbene and Carbyne Complexes of Ruthenium, Osmium and Iridium«, Adv. Organomet. Chem. **25** (1986) 129–198; J. Feldman: »Recent Advances in the Chemistry of d yogree Alkylidene and Metallacyclobutane Complexes«, Progr. Inorg. Chem. **39** (1991) 1–74; J. R. Bleeke: »Metallabenzene Chemistry«, Acc. Chem. Res. **24** (1991) 271–277; W. A. Herrmann, T. Weskamp, V. P. W. Böhm: »Metal Complexes of Stable Carbenes«, Adv. Organomet. Chem. **48** (2000) 1–71; R. R. Schrock: »High Oxidation State Multiple Metal-Carbon Bonds«, Chem. Rev. **102** (2002) 145–179; J. C. Garrison, W. J. Youngs: »Ag(I) N-Heterocyclic Carbene Complexes: Syntheses, Structure, and Applications«, Chem. Rev. **105** (2005) 3978–4008; R. B. King (Hrsg.): »Vinylidene, allenylidene, and metallacumulene complexes«, Coord. Chem. Rev. **248** (2004) 1531–1716; F. E. Hahn: »Heterocyclische Carbene«, Angew. Chem. **118** (2006) 1374–1375; Int. Ed. **45** (2006) 1348.

[18] **Alkylidinmetallkomplexe (Carbinkomplexe)**

R. R. Schrock: »High-Oxidation-State Molybdenum and Tungsten Alkylidyne Complexes«, Acc. Chem. Res. **19** (1986) 342–348; W. A. Nugent, J. A. Mayer: »Metal Ligand Multiple Bonds«, Wiley, New York 1988; M. A. Gallop, W. R. Roper: »Carbene and Carbyne Complexes of Ruthenium, Osmium and Iridium«, Adv. Organomet. Chem. **25** (1986) 129–198; H. P. Kim, R. J. Angelici: »Transition Metal Complexes with Terminal Carbyne Ligands«, Adv. Organomet. Chem. **2** (1987) 51–111; U. F. Bunz, L. Kloppenburg: »Alkinmetathese als neues Synthesewerkzeug: ringschließend, ringöffnend und acyclisch«, Angew. Chem. **111** (1999) 503–505; Int. Ed. **38** (1999) 478; Ch. C. Cummins: »Anionische Übergangsmetallkomplexe mit terminalen Carbid-, Nitrid- und Phosphidliganden als Synthesebausteine für niederkoordinierte Phosphorverbindungen«, Angew. Chem. **118** (2006) 876–884; Int. Ed. **45** (2006) 862.

[19] **σ-Metallkomplexe der Alkane**

R. H. Crabtree: »An Übergangsmetalle koordinierte σ-Bindungen«, Angew. Chem. **105** (1993) 828–845; Int. Ed. **32** (1993) 789; M. Brookhart, M. L. H. Green, L.-L. Wong: »Carbon-Hydrogen-Transition Metal Bonds«, Progr. Inorg. Chem. **36** (1988) 1–124; U. Schubert: »η²-Coordination of Si−H σ-Bonds in Transition Metals«, Adv. Organomet. Chem. **30** (1990) 151–187; »Bildung und Bruch von Si−E-Bindungen (E = C, Si) durch reduktive Eliminierung bzw. oxidative Addition«, Angew. Chem. **106** (1994) 435–437; Int. Ed. **33** (1994) 419; J. J. Schneider: »Si−C und C−H-Aktivierung durch Übergangsmetallkomplexe – gibt es bald auch isolierbare Alkankomplexe«, Angew. Chem. **108** (1996) 1132–1139; Int. Ed. **35** (1996) 1068; Ch. Hall, N. R. Perutz: »Transition Metal Alkane Complexes«, Chem. Rev. **95** (1995) 3125–3146; K. A. Horn: »Regio- and Stereochemical Aspects of the Palladium-Catalyzed Reactions of Silanes«, Chem. Rev. **95** (1995) 1317–1350; H. K. Sharma, K. H. Paunell: »Activation of the SiSi-Bond by Transition Metal Complexes«, Chem. Rev. **95** (1995) 1351–1374; B. Rybtchinski, D. Milstein: »Metallinsertion in C−C-Bindungen in Lösung«, Angew. Chem. **111** (1999) 918–932; Int. Ed. **38** (1999) 870; G. I. Nikonov: »Die Welt jenseits der σ-Komplexierung: nichtklassische Interligand-Wechselwirkungen von Silylgruppen mit zwei und mehr Hydriden«, Angew. Chem. **113** (2001) 3457–3459; Int. Ed. **40** (2001) 3353; Z. Lin: »Structural and bonding characteristics in transition-silane complexes«, Chem. Soc. Rev. **31** (2002) 239–245.

[20] **Alkenmetallkomplexe (Olefinkomplexe)**

M. A. Bennett: »Olefin and Acetylene Complexes of Transition Metals«, Chem. Rev. **62** (1962) 611–652; R. G. Guy, B. L. Shaw: »Olefin, Acetylene, π-Allylic Complexes of Transition Metals«, Adv. Inorg. Radiochem. **4** (1962) 77–131; G. Wilke: »Cyclooligomerisation von Butadien und Übergangsmetall-π-Komplexen«, Angew. Chem. **75** (1963) 10–20; M. L. H. Green, P. L. I. Nagy: »Allyl Metal Complexes«, Adv. Organomet. Chem. **2** (1965) 325–363; G. Wilke et. al.: »Allyl-Übergangsmetall-Systeme«, Angew. Chem. **78** (1966) 157–172; Int. Ed. **5** (1966) 151; E. O. Fischer,

H. Werner, M. Herberhold: »Metal-π-Complexes«, Band 1 (1966): »Complexes with Di- and Oligo-Olefinic Ligands«, Band 2 (1972/74): »Complexes with Mono-Olefinic Ligands«, Elsevier, Amsterdam; J. Jones: »Metal π-Complexes with Substituted Olefins«, Chem. Rev. 68 (1968) 785–806; H. W. Quinn, J. H. Tsai: »Olefin Complexes of the Transition Metals«, Adv. Inorg. Radiochem. 12 (1969) 217–373; F. R. Hartley: »Olefin and Acetylene Complexes of Platinum and Palladium«, Chem. Rev. 69 (1969) 799–844; L. D. Pettit, D. S. Barnes: »The Stability and Structures of Olefin and Acetylene Complexes of Transition Metals«, Fortschr. Chem. Forsch. 28 (1972) 85–139; P. Powell: »Acyclic Pentadienyl Metal Complexes«, Adv. Organomet. Chem. 26 (1986) 125–164; T. A. Albright: »Rotational Barriers and Conformations in Transition-Metal Complexes«, Acc. Chem. Res. 15 (1982) 149–155; R. D. Ernst: »Metal Pentadienyl Chemistry«, Acc. Chem. Res. 18 (1985) 56–62; G. Deganello: »Transition Metal Complexes of Cyclic Polyolefins«, Acad. Press, New York 1979; H. Werner, E. Bleuel: »Metallassistierte Spaltung einer C=C-Doppelbindung: einfach und reversibel«, Angew. Chem. 113 (2001) 149–150; Int. Ed. 40 (2001) 145.

[21] Alkinmetallkomplexe (Acetylen-Komplexe)

M. A. Bennett: »Olefin and Acetylene Complexes of Transition Metals«, Chem. Rev. 62 (1962) 611–652; R. G. Guy, B. L. Shaw: »Olefin, Acetylene, π-Allylic Complexes of Transition Metals«, Adv. Inorg. Radiochem. 4 (1962) 77–131; F. R. Hartley: »Olefin and Acetylene Complexes of Platinium and Palladium« Chem. Rev. 69 (1969) 799–844; L. Pettit, D. S. Barnes: »The Stability and Structures of Olefin and Acetylene Complexes of Transition Metals«, Fortschr. Chem. Forsch. 28 (1972) 85–139; U. Rosenthal et al.: »Zirconocenes: Their Recent Chemistry and Reactions with Lewis Acids«, Eur. J. Inorg. Chem. (2004) 4739–4749.

[22] Cyclopentadienyl-Metallkomplexe und Derivate

G. Wilkinson, F. A. Cotton: »Cyclopentadienyl and Arene Metal Complexes«, Progr. Inorg. Chem. 1 (1959) 1–124; E. O. Fischer, H.-P. Fritz: »π-Komplexe benzoider Systeme mit Übergangsmetallen«, Angew. Chem. 73 (1961) 353–364; K. Plesske: »Ringsubstitutionen und Folgereaktionen an Aromaten-Metall-π-Komplexen«, Angew. Chem. 74 (1962) 301–316, 347–352; P. L. Pauson: »Aromatic Transition-Metal Complexes – The First 25 Years«, Pure Appl. Chem. 49 (1977) 839–855; H. Werner: »Elektronenreiche Halbsandwich-Komplexe – Metall-Basen par excellance«, Angew. Chem. 95 (1983) 932–954; Int. Ed. 22 (1983) 927; W. F. Little: »Metallocenes«, Survey Progr. Chem. 1 (1963) 133–210; J. M. Birmingham: »Synthesis of Cyclopentadienyl-Metal Compounds«, Adv. Organomet. Chem. 2 (1964) 365–413; M. Rosenblum: »Chemistry of the Iron Group Metallocenes: Ferrocene, Ruthenocene, Osmocene«, Wiley, New York 1965; K. Schlögl: »Stereochemie von Metallocenen«, Fortschr. Chem. Forsch. 6 (1966) 479–514; A. Haaland: »Molecular Structures and Bonding in the 3d Metallocenes«, Acc. Chem. Res. 12 (1979) 415–422; M. J. Winter: »Unsaturated Dimetal Cyclopentadienyl Carbonyl Complexes«, Adv. Organomet. Chem. 29 (1989) 102–162; C. B. Hunt: »Metallocenes – The First 25 Years«, Educ. Chem. 14 (1977) 110–113; K. Jonas: »Reactive Organometallic Compounds from Metallocenes«, Angew. Chem. 97 (1985) 292–307; Int. Ed. 24 (1985) 295; A. Togni, R. L. Haltermann (Hrsg.): »Metallocenes«, Blackwell Science, Oxford 1998; A. J. Ashe III, S. Ahmd: »Diheteroferrocenes and Related Derivatives of the Group 15 Elements Arsenic, Antimony, Bismuth«, Adv. Organomet. Chem. 39 (1996) 325–354; N. Grimes: »Metal Sandwich Complexes of Cyclic Planar and Pyramidal Ligands Containig Boron«, Coord. Chem. Rev. 28 (1979) 47–96; G. Herberich, H. Ohst: »Borabenzene Metal Complexes«, Adv. Organomet. Chem. 24 (1985) 199–236; W. Siebert: »2,3-Dihydro-1,3-diborol-Metallkomplexe mit aktivierten CH-Bindungen, Bausteine für viellagige Sandwichverbindungen«, Angew. Chem. 97 (1985) 924–936; Int. Ed. 24 (1985) 924; W. Siebert: »Di- and Trinuclear Metal Complexes of Diboraheterocycles«, Adv. Organomet. Chem. 35 (1993) 187–210; A. J. Hoskin, D. W. Stephan: »Early transitron metal hydride complexes: synthesis and reactivity«, Coord. Chem. Rev. 233/234 (2002) 107–129.

[23] Benzol-Metallkomplexe und Derivate

E. L. Muetterties, J. R. Bleeke, E. J. Wucherer, T. A. Albright: »Structural, Stereochemical and Electronic Features of Aren-Metal-Complexes«, Chem. Rev. 82 (1982) 499–525; M. J. Glinchey: »Slowed Tripodal Rotation in Arene Chromium Complexes: Steric and Electronic Barrieres«, Adv. Organomet. Chem. 34 (1992) 285–325; H. Wadepohl: »Benzol und seine Derivate als Brückenliganden in Übergangsmetallkomplexen«, Angew. Chem. 104 (1992) 253–268; Int. Ed. 31 (1992) 247; W. E. Silverthorn: »Arene Transition Metal Chemistry«, Adv. Organomet. Chem. 13 (1975) 47–137; J. R. Bleke: »Metallabenzenes«, Chem. Rev. 101 (2001) 1205–1228; G. Jia: »Progress in the Chemistry of Metallobenzynes« Acc. Chem. Res. 37 (2004) 479–486.

[24] **Cyclopropenyl- , Cyclobutadien- , Cycloheptatrienyl- und Cyclooctatetraen-Metallkomplexe und Derivate**

P. M. Matilis: »Cyclobutadiene-Metal-Complexes«, Adv. Organomet. Chem. **4** (1966) 95–143; M. A. Bennet: »Metal π-Complexes Formed by Seven-Membered and Eight-Membered Carbonylic Compounds«, Adv. Organomet. Chem. **4** (1966) 353–387; H. Werner: »Neue Varietäten von Sandwichkomplexen«, Angew. Chem. **89** (1977) 1–10; Int. Ed. **16** (1977) I; A. Efraty: »Cyclobutadiene Metal Complexes«, Chem. Rev. **77** (1977) 691–744.

[25] **Katalytische Prozesse unter Beteiligung von Metallorganylen**

Compr. Organomet. Chem. I/II/III (vgl. Vorwort); G. Süss-Fink, G. Meister: »Transition Metal Clusters in Homogeneous Catalysis«, Adv. Organomet. Chem. **35** (1993) 41–134; W. A. Herrmann, B. Cornils: »Metallorganische Homogenkatalyse – Quo vadis?«, Angew. Chem. **109** (1997) 1074–1095; Int. Ed. **36** (1997) 1048; B. Comils, W. A. Herrmann: »Applied Homogeneous Catalysis with Organometallic Compounds«, Wiley-VCH, Weinheim 2000; W. Parschall, S. Ittel: »Homogeneous Catalysis«, 2nd ed., Wiley-Interscience 1942; U. H. F. Bunz, L. Kloppenburg: »Alkinmetathese als neues Synthesewerkzeug: ringschließend, ringöffnend und acyclisch«, Angew. Chem. **111** (1999) 503–505; Int. Ed. **38** (1999) 478; W. A. Herrmann: »N-Heterocyclische Carbene: ein neues Konzept in der metallorganischen Katalyse«, Angew. Chem. **114** (2002) 1342–1363; Int. Ed. **41** (2002) 1290; Ch. Copéret, M. Chabanas, R. P. Saint-Arroman, J.-M. Basset: »Homogene und heterogene Katalyse – Brückenschlag durch Oberflächen-Organometallchemie«, Angew. Chem. **115** (2003) 164–191; Int. Ed. **42** (2003) 156; K. C. Nicolaou, P. G. Bulger, D. Sarlah: »Palladiumkatalysierte Kreuzkupplungen in der Totalsynthese«, »Metathesereaktionen in der Totalsynthese«, Angew. Chem. **117** (2005) 4516–4563; 4564–4601; Int. Ed. **44** (2005) 4442, 4490. Vgl. auch die in Tab. 32.26 wiedergegebenen Seitenhinweise.

Teil D
Lanthanoide, Actinoide, Transactinoide

Innere Übergangsmetalle

Lanthanoide

58	59	60	61	62	63	64	65	66	67	68	69	70	71
Ce	Pr	Nd	Pm	Sm	Eu	Gd	Tb	Dy	Ho	Er	Tm	Yb	Lu

Actinoide

90	91	92	93	94	95	96	97	98	99	100	101	102	103
Th	Pa	U	Np	Pu	Am	Cm	Bk	Cf	Es	Fm	Nd	No	Lr

Transactinoide

Nebengruppen

104	105	106	107	108	109	110	111	112
Rf	Db	Sg	Bh	Hs	Mt	Ds	Rg	Cn

Hauptgruppen

113	114	115	116	117	118
Nh	Fl	Mc	Lv	Ts	Og

»R. Rutherford beobachtete im Jahre 1919 beim Beschuss von Stickstoff N_2 mit Heliumkernen He^{2+} auf einem dahinter gestellten Leuchtschirm neben hellen, von He^{2+} stammenden Szintillationen schwächere Blitze und gab diesem Befund die kühne Deutung, dass im Zuge der Vereinigung der Stickstoff- mit den Heliumkernen jeweils ein Proton aus ersteren herausgeschossen worden sei, wodurch diese in Sauerstoffkerne übergingen. Heute müssen wir den Scharfsinn menschlichen Geistes bewundern, aus dem Aufblitzen einiger weniger Lichtpunkte die Lösung eines so uralten Rätsels und Wunschtraums der Menschheit, die künstliche Elementumwandlung, abzuleiten.«

EGON WIBERG

Kapitel XXXIII

Lanthanoide und Actinoide
(Innere Übergangsmetalle)

1 Periodensystem (Teil IV) der Lanthanoide und Actinoide

Teil I: 78, Teil II: S. 327, Teil III: S. 1537

In der auf Seite 1538 wiedergegebenen Tab. 19.1 für die Elektronenanordnungen der Übergangselemente und in dem daraus abgeleiteten Periodensystem (S. 1538) wurden nach dem Lanthan (Ordnungszahl 57) und dem Actinium (Ordnungszahl 89) je 14 Elemente mit den Ordnungszahlen 58–71 (Lanthanoide Ln)[1] bzw. 90–103 (Actinoide An)[1] ausgelassen. Wie damals schon angedeutet, erfolgt bei diesen Elementen der 6. bzw. 7. Periode ein Ausbau der noch nicht gesättigten drittäußersten (4. bzw. 5.) Schale durch vierzehn f-Elektronen von 18 auf 32 Elektronen (»f-Block-Elemente«). Im Folgenden wollen wir uns etwas näher mit Elektronenkonfigurationen dieser »inneren« Übergangselemente, sowie mit ihrer Einordnung in das Periodensystem, zusammen mit Trends einiger ihrer Eigenschaften befassen.

1.1 Elektronenkonfigurationen der Lanthanoide und Actinoide

Die Elektronenanordnungen der Lanthanoide (»4f-Metalle«) und Actinoide (»5f-Metalle«), die alle der III. Nebengruppe (3. Gruppe) des Periodensystems angehören, sind in der Tab. 33.1 wiedergegeben. Ersichtlicherweise besitzen alle Elemente zwei s-Elektronen in der äußersten (6. bzw. 7.) Schale. Die zweitäußerste (5. bzw. 6.) Schale enthält neben jeweils zwei s- und sechs p-Elektronen kein d-Elektron (Pr, Nd, Pm, Sm, Eu, Tb, Dy, Ho, Er, Tm, Yb bei den Lanthanoiden bzw. Pu, Am, Bk, Cf, Es, Fm, Md, No bei den Actinoiden), ein d-Elektron (La, Ce, Gd, Lu bei den Lanthanoiden bzw. Ac, Pa, U, Np, Cm, Lr bei den Actinoiden) oder zwei d-Elektronen (Th bei den Actinoiden). Die mit steigender Ordnungszahl der Lanthanoide und Actinoide neu hinzukommenden Elektronen werden in der drittäußersten (4. bzw. 5.) Schale – gegebenenfalls zusammen mit einem d-Elektron aus der zweitäußersten (5. bzw. 6.) Schale – als f-Elektronen eingebaut. Eine Ausnahme bildet nur das Thorium, dessen neu eingebautes Elektron ein d-Elektron ist. Die neu hinzukommenden Elektronen sind in der Spalte »Elektronenkonfiguration« der Tab. 33.1 durch fetteren Druck hervorgehoben (bezüglich einer Erläuterung der Spalte »Elektronenkonfiguration« vgl. S. 98 und S. 102).

Ähnlich wie bei den äußeren Übergangsmetallen, bei welchen vielfach ein s-Außenelektron (im Falle von Pd sogar zwei s-Elektronen) in die nächstinnere d-Unterschale übergeht, wechselt somit bei einem inneren Übergangsmetalle das d-Elektron der zweitäußersten Schale häufig

---

[1] Zu den Lanthanoiden/Actinoiden (Lanthan-/Actinium-ähnliche Elemente) werden vielfach Lanthan und Actinium hinzugezählt.

Tab. 33.1 Aufbau der Elektronenhülle der Lanthanoide und Actinoide im Grundzustand

Nr.	E	Name	Symbol	Term	$1s+2sp+3spd$	$4spdf$	$5spdf$	$6spd$	$7sp$
57	La	Lanthan	[Xe] $5d^16s^2$	$^2D_{3/2}$	$2+8+18$	$18+0$	$8+1$	2	
58	Ce	Cer	[Xe] $4f^15d^16s^2$	$^3H_4$	$2+8+18$	$18+1$	$8+1$	2	
59	Pr	Praseodym	[Xe] $4f^36s^2$	$^4I_{9/2}$	$2+8+18$	$18+3$	8	2	
60	Nd	Neodym	[Xe] $4f^46s^2$	$^5I_4$	$2+8+18$	$18+4$	8	2	
61	Pm	Promethium	[Xe] $4f^56s^2$	$^6H_{5/2}$	$2+8+18$	$18+5$	8	2	
62	Sm	Samarium	[Xe] $4f^66s^2$	$^7F_0$	$2+8+18$	$18+6$	8	2	
63	Eu	Europium	[Xe] $4f^76s^2$	$^8S_{7/2}$	$2+8+18$	$18+7$	8	2	
64	Gd	Gadolinium	[Xe] $4f^75d^16s^2$	$^9D_2$	$2+8+18$	$18+7$	$8+1$	2	
65	Tb	Terbium	[Xe] $4f^96s^2$	$^6H_{15/2}$	$2+8+18$	$18+9$	8	2	
66	Dy	Dysprosium	[Xe] $4f^{10}6s^2$	$^5I_8$	$2+8+18$	$18+10$	8	2	
67	Ho	Holmium	[Xe] $4f^{11}6s^2$	$^4I_{15/2}$	$2+8+18$	$18+11$	8	2	
68	Er	Erbium	[Xe] $4f^{12}6s^2$	$^3H_6$	$2+8+18$	$18+12$	8	2	
69	Tm	Thulium	[Xe] $4f^{13}6s^2$	$^2F_{7/2}$	$2+8+18$	$18+13$	8	2	
70	Yb	Ytterbium	[Xe] $4f^{14}6s^2$	$^1S_0$	$2+8+18$	$18+14$	8	2	
71	Lu	Lutetium	[Xe] $4f^{14}5d^16s^2$	$^2D_{5/2}$	$2+8+18$	$18+14$	$8+1$	2	
89	Ac	Actinium	[Rn] $6d^17s^2$	$^2D_{3/2}$	$2+8+18$	32	$18+0$	$8+1$	2
90	Th	Thorium	[Rn] $6d^27s^2$	$^3F_2$	$2+8+18$	32	$18+0$	$8+2$	2
91	Pa	Protactinium	[Rn] $5f^26d^17s^2$	$^4K_{11/2}$	$2+8+18$	32	$18+2$	$8+1$	2
92	U	Uran	[Rn] $5f^36d^17s^2$	$^5L_6$	$2+8+18$	32	$18+3$	$8+1$	2
93	Np	Neptunium	[Rn] $5f^46d^17s^2$	$^6L_{11/2}$	$2+8+18$	32	$18+4$	$8+1$	2
94	Pu	Plutonium	[Rn] $5f^67s^2$	$^7F_0$	$2+8+18$	32	$18+6$	8	2
95	Am	Americium	[Rn] $5f^77s^2$	$^8S_{7/2}$	$2+8+18$	32	$18+7$	8	2
96	Cm	Curium	[Rn] $5f^76d^17s^2$	$^9D_2$	$2+8+18$	32	$18+7$	$8+1$	2
97	Bk	Berkelium	[Rn] $5f^97s^2$	$^6H_{15/2}$	$2+8+18$	32	$18+9$	8	2
98	Cf	Californium	[Rn] $5f^{10}7s^2$	$^5I_8$	$2+8+18$	32	$18+10$	8	2
99	Es	Einsteinium	[Rn] $5f^{11}7s^2$	$4I_{15/2}$	$2+8+18$	32	$18+11$	8	2
100	Fm	Fermium	[Rn] $5f^{12}7s^2$	$^3H_6$	$2+8+18$	32	$18+12$	8	2
101	Md	Mendelevium	[Rn] $5f^{13}7s^2$	$^2F_{7/2}$	$2+8+18$	32	$18+13$	8	2
102	No	Nobelium	[Rn] $5f^{14}7s^2$	$^1S_0$	$2+8+18$	32	$18+14$	8	2
103	Lr	Lawrencium	[Rn] $5f^{14}6d^17s^2$	$^2D_{5/2}$	$2+8+18$	32	$18+14$	8	$2+1$

(Die Elemente 57–71 sind mit "(Ac + Actinoide)", die Elemente 89–103 mit "(La + Lanthanoide)" gekennzeichnet.)

in die nächstinnere f-Unterschale über (bei Thorium wechselt umgekehrt ein f-Elektron in die nächstäußere d-Unterschale). Ein Faktor, der u. a. diesen Elektronenwechsel bedingt, ist wieder die Tendenz zur bevorzugten Ausbildung nicht-, halb- bzw. vollbesetzter Unterschalen. So führt etwa die Übernahme des d-Elektrons als f-Elektron in der drittäußersten Schale bei »Europium« (Ordnungszahl 63) und »Americium« (Ordnungszahl 95) zu einer halb-, bei »Ytterbium« (Ordnungszahl 71) und »Nobelium« (Ordnungszahl 102) zu einer vollbesetzten Schale, während die Übernahme des f-Elektrons als d-Elektron in der zweitäußersten Schale im Falle des »Thoriums« (Ordnungszahl 90) eine nicht besetzte f-Unterschale bedingt. Andererseits führt die Aufnahme des d-Elektrons in die nächstinnere f-Unterschale jeweils zu einer nicht besetzten d-Unterschale. Ausnahmen bilden die Elemente »Cer«, »Protactinium«, »Uran«, »Neptunium«, »Berkelium«, für welche weder die f-, noch die d-Unterschale nicht-, halb- bzw. vollbesetzt ist. Die Ursache des Übergangs eines 6d-Elektrons des »Lawrenciums« in die 7p-Unterschale ist relativistischer Art (vgl. S. 372).

1.2   Einordnung der Lanthanoide und Actinoide in das Periodensystem

Da sich, wie aus Tab. 33.1 hervorgeht, die Lanthanoide Ln (Ordnungszahlen 58–71) und Actinoide An (Ordnungszahlen 90–103) voneinander im Wesentlichen nur im Bau der drittäußersten (4. bzw. 5.) Elektronenschale unterscheiden, welche nur von sehr geringem Einfluss auf die chemischen Eigenschaften ist, sind sich die »inneren Übergangselemente« untereinander chemisch viel ähnlicher als die »äußeren Übergangselemente« (Ausbau der zweitäußersten Elektronenschale; vgl. S. 328) oder als die »Hauptgruppenelemente« (Ausbau der äußersten Elektronenschale; vgl. S. 329). Man beobachtet aber auch hier beim Fortschreiten von einem zum nächsten Element noch eine gewisse, für die Lanthanoide und Actinoide in der Regel analoge und im Falle der Actinoide stärker als im Falle der Lanthanoide ausgeprägte Änderung der Eigenschaften. Dieser Gang im Verhalten der beiden Elementgruppen lässt sich durch folgende Anordnung der inneren Übergangselemente zum Ausdruck bringen:

58	59	60	61	62	63	64	65	66	67	68	69	70	71	
Ce	Pr	Nd	Pm	Sm	Eu	Gd	Tb	Dy	Ho	Er	Tm	Yb	Lu	Ln
90	91	92	93	94	95	96	97	98	99	100	101	102	103	
Th	Pa	U	Np	Pu	Am	Cm	Bk	Cf	Es	Fm	Md	No	Lr	An

Im Langperiodensystem (Tafel I) sind die auf das Lanthan und Actinium folgenden und mit diesen beiden Elementen chemisch verwandten Lanthanoide und Actinoide durch einen gestrichelten Pfeil ersetzt und unterhalb des Systems getrennt aufgeführt.

Hinsichtlich einiger ihrer Eigenschaften weisen Lanthan und die Lanthanoide (Ordnungszahl 59–71) sowie Actinium und die Actinoide (Ordnungszahlen 89–103) darüber hinaus eine – allerdings nur schwach ausgeprägte – doppelte Periodizität auf, die es rechtfertigt, die beiden Gruppen innerer Übergangselemente gleich den äußeren Übergangselementen oder den Hauptgruppenelementen in ein eigenes Periodensystem einzuordnen, dem zweckmäßigerweise die dreiwertigen Ionen zugrunde gelegt werden (vgl. das kombinierte Periodensystem, Tafel VI):

Lanthanoide Ln^{3+} $(4f^x5d^06s^0)$ Actinoide An^{3+} $(5f^x6d^07s^0)$

| La^{3+} (f^0) | Ce^{3+} (f^1) | Pr^{3+} (f^2) | Nd^{3+} (f^3) | Pm^{3+} (f^4) | Sm^{3+} (f^5) | Eu^{3+} (f^6) | Gd^{3+} (f^7) |
| Gd^{3+} (f^7) | Tb^{3+} (f^8) | Dy^{3+} (f^9) | Ho^{3+} (f^{10}) | Er^{3+} (f^{11}) | Tm^{3+} (f^{12}) | Yb^{3+} (f^{13}) | Lu^{3+} (f^{14}) |

| Ac^{3+} (f^0) | Th^{3+} (f^1) | Pa^{3+} (f^2) | U^{3+} (f^3) | Np^{3+} (f^4) | Pu^{3+} (f^5) | Am^{3+} (f^6) | Cm^{3+} (f^7) |
| Cm^{3+} (f^7) | Bk^{3+} (f^8) | Cf^{3+} (f^9) | Es^{3+} (f^{10}) | Fm^{3+} (f^{11}) | Md^{3+} (f^{12}) | No^{3+} (f^{13}) | Lr^{3+} (f^{14}) |

Entsprechend dieser Einordnung in ein Periodensystem, in welchem die Ionen La^{3+}, Gd^{3+} und Lu^{3+} bzw. Ac^{3+}, Cm^{3+} und Lr^{3+} als »Edelionen« die Stelle der Edelgase oder Edelmetalle des Haupt- oder Nebensystems einnehmen, vermögen die nach La^{3+} und Gd^{3+} bzw. Ac^{3+} und Cm^{3+} stehenden Ionen unter Elektronenabgabe, die vor Gd^{3+} und Lu^{3+} bzw. Cm^{3+} und Lr^{3+} stehenden Ionen unter Elektronenaufnahme in den La^{3+}-, Gd^{3+}-, Lu^{3+}- bzw. Ac^{3+}-, Cm^{3+}-, Lr^{3+}-analogen Zustand überzugehen. Die besondere Stabilität von La^{3+} (»Xenon-Struktur«), Ac^{3+} (»Radon-Struktur«), Lu^{3+} und Lr^{3+} erklärt sich hierbei aus der Vollbesetzung aller vorhandenen Elektronenunterschalen (Tab. 33.1); die Stabilität des Gd^{3+}- und Cm^{3+}-Ions rührt – wie schon erwähnt – daher, dass der in diesem Falle vorhandenen 4f- bzw. 5f-Unterschale von 7 Elektronen (Tab. 33.1) als einer »halbbesetzten« Unterschale eine bevorzugte Beständigkeit zukommt.

Bezüglich der bis zum Jahre 1941 üblichen Einordnung der Elemente Th, Pa und U als schwerste Endglieder der IV.-, V.- und VI. Nebengruppe (Eka-Hf, -Ta, -W) vgl. S. 2331.

2 Trends einiger Eigenschaften der Lanthanoide und Actinoide (Tafel V)

Die Eigenschaften von Lanthan und den Lanthanoiden bzw. von Actinium und den Actinoiden sind vielfach aperiodischer Natur, d.h. sie ändern sich stetig und gleichlaufend beim Fortschreiten von einem zum nächsten Glied. Doch lässt sich in manchen Eigenschaften – wie oben bereits erwähnt – auch ein schwach ausgeprägter periodischer Verlauf erkennen.

Aperiodische Eigenschaften. Unter den aperiodischen Eigenschaften ist die sogenannte »Lanthanoid-Kontraktion«, d. h. die Abnahme der Ln^{3+}-Ionenradien der Lanthanoide Ln mit steigender Atommasse von 1.172 (La^{3+}) bis 1.001 Å (Lu^{3+}), eine der wichtigsten (Koordinationszahl jeweils 6; vgl. S. 2295). Ihr entspricht die »Actinoid-Kontraktion«, also die Abnahme der – bis jetzt ermittelten – An^{3+}-Ionenradien der Actinoide An in gleicher Richtung von 1.26 (Ac^{3+}) bis 1.09 (Cf^{3+}) (vgl. S. 2320). Sie erklärt sich durch die Zunahme der positiven Kernladung von 57 (La^{3+}) bzw. 89 (Ac^{3+}) bis 71 (Lu^{3+}) bzw. 103 (Lr^{3+}) und die dadurch bedingte festere Bindung der Elektronenunterschalen an den Kern (vgl. hierzu auch relativistische Effekte, S. 372; die Außenelektronenkonfiguration der Ionen Ln^{3+} ändert sich kontinuierlich von $4f^0$ für La^{3+} bis $4f^{14}$ für Lu^{3+}; Entsprechendes gilt im Falle der Ionen An^{3+}).

Die Lanthanoid- und Actinoid-Kontraktion ist für einen großen Teil der mit dem Vorkommen und der Gewinnung der inneren Übergangselemente zusammenhängenden Fragen bedeutungsvoll (S. 2289, 2291, 2313). Auch bestimmt sie jene Eigenschaften, die wie die Hydratations-Enthalpien der dreiwertigen Ionen von den Ln^{3+}- bzw. An^{3+}-Radien abhängen ($-\Delta H_{\mathrm{Hydr.}}$ wächst etwa gemäß Tafel V mit abnehmendem Ionenradius). Schließlich ist sie dafür verantwortlich, dass die auf die Lanthanoide in der sechsten Periode folgenden Elemente »Hafnium«, »Tantal«, »Wolfram« usw. nahezu die gleichen Radien für M^{3+} aufweisen wie ihre leichten Homologen »Zirconium«, »Niobium«, »Molybdän« usw. in der vorhergehenden (fünften) Periode (vgl. S. 1793, 1819, 1844), während sonst die Ionenradien innerhalb einer senkrechten Gruppe des Periodensystems mit steigender Atommasse wachsen.

Periodische Eigenschaften. Unter den periodischen Eigenschaften von Lanthan und den Lanthanoiden bzw. Actinium und den Actinoiden ist vor allem die Wertigkeit zu nennen. So gehen die eine Stelle nach den »Edelionen« La^{3+} und Gd^{3+} im Periodensystem der Lanthanoide stehenden Ionen Ce^{3+} und Tb^{3+} unter Abgabe je eines Elektrons leicht in den La^{3+}- und Gd^{3+}-analogen vierwertigen, die eine Stelle vor den »Edelionen« Gd^{3+} und Lu^{3+} stehenden Ionen Eu^{3+} und Yb^{3+} unter Aufnahme je eines Elektrons leicht in den Gd^{3+}- und Lu^{3+}-analogen zweiwertigen Zustand über. Mit zunehmender Entfernung von den Randgliedern La^{3+}, Gd^{3+} und Lu^{3+} schwindet allerdings bei den Lanthanoiden diese Neigung zum Übergang in die La^{3+}-, Gd^{3+}- und Lu^{3+}-analoge Elektronenkonfiguration mehr und mehr. So kommen außer »Cer« und »Terbium« nur noch »Praseodym«, »Neodym« und »Dysprosium« in vierwertiger, »Samarium« und »Thulium« in zweiwertiger Form vor. Die beständigste Oxidationsstufe ist in jedem Falle die dreiwertige:

La	Ce	Pr	Nd	Pm	Sm	Eu	Gd	Tb	Dy	Ho	Er	Tm	Yb	Lu
3	3–4	3–4	3–4	3	2–3	2–3	3	3–4	3–4	3	3	2–3	2–3	3

Die Actinoide unterscheiden sich von den Lanthanoiden hinsichtlich ihres Wertigkeitsverhaltens hauptsächlich dadurch, dass ihre 5f-Elektronen weniger fest gebunden sind als die entsprechenden (weiter innen als bei den Actinoiden lokalisierten und deshalb gegen ihre Umgebung besser abgeschirmten) 4f-Elektronen der Lanthanoide, sodass sie valenzmäßig ganz (bis »Neptunium«) oder teilweise (ab »Plutonium«) beansprucht werden können. Die Actinoide betätigen somit außer den beiden äußersten 7s-Elektronen, die die Zweiwertigkeit der Elemente als niedrigste Wertigkeit bedingen (»Americium« und »Nobelium« erzielen hierdurch die Konfiguration der »Edelionen« Cm^{3+} und Lr^{3+}), und dem dritten Valenzelektron in der 6d-Schale (Dreiwertigkeit) teilweise auch noch die über die beständige $5s^2p^6d^{10}$-Achtzehnerschale hinausgehenden f-Elektronen der 5. Schale, sodass »Thorium« maximal vierwertig, »Protactinium« maximal fünfwertig, »Uran« maximal sechswertig und »Neptunium« maximal siebenwertig ist (die dadurch in allen Fällen erreichte Ac^{3+}-Konfiguration entspricht der des Radons). Bei den darauffolgenden Elementen werden die 5f-Elektronen wegen der wachsenden positiven Kernladung zunehmend fester gebunden, sodass beispielsweise »Plutonium« die Achtwertigkeit praktisch nicht mehr erreicht und auch »Americium«, »Plutonium« nicht über die Siebenwertigkeit, »Curium« wohl nicht über die Sechswertigkeit als maximale Oxidationsstufe hinauskommt (Cm(V) und Cm(VI) sind noch fraglich). Die dann folgenden Elemente »Berkelium« und »Californium« sind maxi-mal vierwertig (Bk erreicht hierdurch die Konfiguration des »Edelions« Cm^{3+}), die Elemente »Einsteinium« bis »Lawrencium« maximal dreiwertig. In ihren beständigsten Oxidationsstufen sind Th 4-, Pa 5-, U 6-, Np 5-, Pu 4-, Am–Md 3-, No 2-, Lr 3-wertig:

Ac	Th	Pa	U	Np	Pu	Am	Cm	Bk	Cf	Es	Fm	Md	No	Lr
3	3–4	3–5	3–6	3–7	3–7	2–7	3–6?	3–4	2–4	2–3	2–3	2–3	2–3	3

Der periodische Verlauf der Wertigkeiten ist ebenso wie der aperiodische Verlauf der Radien-kontraktion (s. oben) für das Vorkommen und die Gewinnung der Lanthanoide und Actinoide von Bedeutung. Auch bestimmt er jene Eigenschaften, die wie die Atomvolumina, Schmelz-punkte, Dichten, Verdampfungsenthalpien, Ionisierungspotentiale, magnetischen Momente, Far-ben in einer Beziehung mit der Wertigkeit der inneren Übergangselemente stehen (vgl. hierzu S. 2295, 2320 sowie Tafel V).

Unabhängig vom aperiodischen oder periodischen Eigenschaftsverlauf innerhalb der Lant-hanoide bzw. Actinoide beobachtet man hinsichtlich aller inneren Übergangselemente eine Pe-riodizität vieler Eigenschaften. Unter den Fakten, die diese Analogie zwischen Lanthanoiden und Actinoiden zum Ausdruck bringen, seien nur einige herausgegriffen: (i) die sowohl für die Lanthanoide wie für die Actinoide charakteristische Dreiwertigkeit, (ii) die der besprochenen Lanthanoid-Kontraktion entsprechende Actinoid-Kontraktion, (iii) die Isomorphie der Trichlo-ride, Dioxide sowie vieler Salze und Komplexsalze der Lanthanoide mit den entsprechenden Verbindungen der Actinoide, (iv) der parallele Kurvenverlauf der magnetischen Momente der Lanthanoid- und Actinoid-Ionen M^{3+} (vgl. Abb. 35.9), (v) die bemerkenswerten Ähnlichkei-ten der Absorptionsspektren entsprechender Lanthanoid- und Actinoid-Ionen (z.B. Nd^{3+}/U^{3+}; Sm^{3+}/Pu^{3+}; Eu^{3+}/Am^{3+}), (vi) das analoge Verhalten der Lanthanoide bei der Trennung durch das Ionenaustauschverfahren, bei dem in beiden Fällen die Elemente mit zunehmender Atommasse schwerer adsorbiert und leichter eluiert werden (vgl. Abb. 35.3). Die angesprochene Analo-gie zwischen Lanthanoiden und Actinoiden besteht allerdings nicht in allen Eigenschaften. So weisen etwa einige Actinoide zum Teil andere Konfigurationen der Außenelektronen auf als ent-sprechende Lanthanoide (vgl. Tab. 33.1). Auch unterscheiden sich die Höchstwertigkeiten einer Reihe von Actinoiden von denen der homologen Lanthanoide (s. oben).

Die 28 Lanthanoide +Actinoide machen allein etwa 25 % der knapp 120 bisher bekannten Elemente (Transactinoide eingeschlossen) aus und gehören zusammen mit den schon besproche-nen vier Stammelementen Sc, Y, La, Ac alle der III. Nebengruppe (3. Gruppe des Langperioden-systems) an, die damit als umfangreichste Gruppe des Periodensystems insgesamt 32 Elemente, d.h. etwa 30 % des gesamten Periodensystems umfasst. Bevor wir uns nun der Besprechung der Lanthanoide (S. 2288), Actinoide (S. 2312) sowie der jenseits der Actinoide angesiedelten Transactinoide (S. 2349) zuwenden, sei noch ein Kapitel über die Grundlagen der Kernchemie vorausgeschickt, da das Lanthanoid Promethium und alle Actinoide sowie Transactinoide radio-aktiv sind und abgesehen von den Anfangsgliedern der Actinoide (Th, Pa, U) in der Natur nicht oder nur in Spuren (Np, Pu) vorkommen, sodass sie synthetisch gewonnen werden müssen.

Kapitel XXXIV

Grundlagen der Kernchemie

Geschichtliches. Der französische Forscher Henri Becquerel (1852–1908) beobachtete 1896, dass von Uranverbindungen eine unsichtbare Strahlung ausgeht, die photographische Platten schwärzte (nach Entwickeln einer photographischen, der Strahlung von Uran ausgesetzten Platte, auf der zufällig ein Schlüssel liegengeblieben war, ergab sich ein Abbild des Schlüssels); ferner macht sie die umgebende Luft leitend und bringt gewisse Stoffe wie $BaPt(CN)_4$ oder ZnS zum Leuchten. Ähnliches fand der deutsche Physiker Gerhard Carl Schmidt (1865–1949) an Thoriumpräparaten. Das in Becquerels Labor arbeitende Forscherpaar Pierre (1859–1906) und Marie (1867–1934) Curie entdeckte dann 1898 das in der Pechblende U_3O_8 enthaltene stark radioaktive Polonium und Radium (1902 berichtet M. Curie über die Isolierung von 0.1 g $RaCl_2$ aus 2 t U_3O_8). Kurz darauf (1899/1900) entdeckten der englische Forscher Ernest Rutherford (1871–1937) und andere Physiker (P. und M. Curie, H. Becquerel, P. Villard), dass die von radioaktiven Stoffen ausgehende Strahlung nicht einheitlich ist, sondern entsprechend ihrer Ablenkung in entgegengesetzte Richtungen bzw. Nichtablenkung im magnetischen Feld (vgl. hierzu Massenspektrometrie, S. 66) aus positiv geladenen Heliumkernen (»α-Strahlen«), negativ geladenen Elektronen (»β^--Strahlen«) und ungeladenen Photonen (»γ-Strahlen«) besteht. Die genauere Untersuchung der Erscheinungen führten dann Rutherford und Soddy 1903 zur kühnen Hypothese, dass die drei Strahlungspartner ihren Ursprung dem freiwilligen Zerfall radioaktiver Elemente verdanken. Erst viel später (1939) entdeckten A. Petrzhak und G. N. Flerov (Dubna), dass Nuklide wie ^{235}U nicht nur induziert, sondern auch spontan unter Neutronenemission in Bruchstückpaare zerfallen können. Den ersten überzeugenden Hinweis auf einen Cluster-Zerfall (Spaltung von $^{232}_{88}Ra$) fanden 1984 H. J. Rose und G. A. Jones (Oxford).

Wie aus den Ausführungen über den Bau der Atomkerne (S. 92) hervorgeht, ist jedes Element durch eine bestimmte Anzahl von Protonen im Kern seiner Atome charakterisiert. Soll sich daher ein Element in ein anderes verwandeln, so muss die Zahl der Kernprotonen verändert werden. Dies geschieht in der Natur bei einer Reihe von Elementnukliden freiwillig (»natürliche Elementumwandlung«, vgl. nachfolgendes Unterkapitel 1) und lässt sich bei praktisch allen Nukliden durch »Hineinschießen« von Protonen in den Atomkern oder »Herausbombardieren« von Kernprotonen mit »Geschossen« (Elementarteilchen oder Atomkerne) erzwingen (»künstliche Elementumwandlung«; vgl. Unterkapitel 2).

1 Die natürliche Elementumwandlung

Alle Nuklide mit höheren Kernladungszahlen als der des Bismuts sind »radioaktiv«. Selbst das bisher als stabil angesehene Bismut $^{209}_{83}Bi$ zerfällt noch, wie erst im Jahre 2003 von einem französischen Forscherteam gefunden wurde, sehr langsam ($\tau_{1/2} = 1.9 \cdot 10^{19}$ Jahre), sodass Blei nach heutiger Kenntnis das schwerste Element mit stabilen Nukliden ($^{206,207,208}_{92}Pb$) darstellt (das als stabil deklarierte Nuklid ^{204}Pb zerfällt ebenfalls extrem langsam; $\tau_{1/2} = 1.4 \cdot 10^{17}$ Jahre). Die Zerfallshalbwertszeit von $^{209}_{83}Bi$ beträgt das Millionenfache der Zeit, die seit dem Urknall vergangen ist. Der natürliche radioaktive Zerfall geht hierbei vom Atomkern, nicht von der Elektronenhülle des Atoms aus und führt demzufolge zu einer Elementumwandlung. Er verläuft nach dem Schema A $\longrightarrow$ B bzw. A $\longrightarrow$ B + C (s. unten) und entspricht damit einer monomolekularen Reaktion (S. 408). Die »Zerfalls-Halbwertszeiten«, d. h. die Zeiten, nach denen die betreffenden radioaktiven Elemente noch zur Hälfte vorliegen, sind infolgedessen – wie im Falle monomolekularer Reaktionen (S. 409) – unabhängig von der Menge bzw. Konzentration der betrachteten »Radionuklide« (vgl. S. 2246).

Wir wollen uns im Folgenden zunächst mit dem natürlichen radioaktiven Zerfall selbst beschäftigen (Abschnitt 1.1) und Kenntnisse über spontane Kernreaktionen und natürliche Radionuklide erwerben, um dann näher auf die Energie (Abschnitt 1.2), die Geschwindigkeit (Abschnitt 1.3) sowie den Mechanismus (Abschnitt 1.4) des radioaktiven Zerfalls einzugehen.

1.1   Natürlicher radioaktiver Zerfall

Die Erscheinung des natürlichen radioaktiven Kernzerfalls findet sich insbesondere bei den Elementen mit hoher Kernladungszahl (> 82), da offenbar die Anhäufung von sehr vielen positiven Ladungen den Atomkern instabil macht. Der Zerfall äußert sich in der Regel so, dass aus den Atomkernen des betreffenden Elementnuklids einzelne Bausteine herausgeschleudert werden. Da der Nuklidkern aus Protonen und Neutronen besteht (S. 65, 69) und durch wechselseitige Umwandlung der letzteren auch Negatronen und Positronen entstehen können (S. 95), wäre beim radioaktiven Elementzerfall prinzipiell eine Emission von Protonen und Neutronen (bzw. irgendwelcher Kombinationen beider Bausteine) sowie von negativen und positiven Elektronen möglich. Die Erfahrung zeigt aber in Übereinstimmung mit energetischen Betrachtungen (S. 2244), dass die »spontanen Kernreaktionen« hauptsächlich nur zwei dieser verschiedenen Wege wählen: Aus dem Atomkern wird entweder ein aus 2 Protonen und 2 Neutronen bestehender positiver Heliumkern He^{2+} (»α-Teilchen«, »Helion«) oder ein negatives Elektron e^- (»β^--Teilchen«, »Negatron«) herausgeschleudert. Im ersteren Falle einer »spontanen Kernspaltung« spricht man von einem »α-Zerfall« (»α-Radioaktivität«), im letzteren Falle einer »spontanen Kernumwandlung« von einem »β-Zerfall« (»β^--Radioaktivität«).

Die freiwillige Abspaltung anderer Kombinationen aus Protonen und Neutronen (z. B. ^{14}C-, ^{24}Ne- oder massenreichere Kerne) ist ebenfalls möglich, aber meist weit weniger wahrscheinlich. Man bezeichnet derartige – vielfach unter gleichzeitiger Emission von Neutronen ablaufende – Fragmentierungsprozesse als »spontane asymmetrische« sowie als »spontane superasymmetrische Spaltungen« (Näheres s. S. 2237).

Zum Unterschied von Elektronen (β^--Zerfall) und Neutronen werden Positronen (»β^+-Zerfall«) und Protonen (»p-Zerfall«) als weitere mögliche Elementarteilchen im Zuge der natürlichen Elementumwandlung nicht abgegeben (Ausnahme: $^{40}_{19}K$ geht unter β^+-Zerfall in $^{40}_{18}Ar$ über). Wohl aber treten derartige Kerntrümmer bei der durch hohe Energiezufuhr erzwungenen künstlichen Elementumwandlung (S. 2253) und der hierbei beobachtbaren Begleiterscheinung des »künstlichen« radioaktiven Zerfalls (S. 2268) auf. Auch lässt sich die Spaltung von Kernen durch Beschuss mit Neutronen künstlich herbeiführen (S. 2272).

Einen besonderen Typus einer spontanen Kernumwandlung stellt der »K-Einfang« dar. Er besteht nicht im Herausschleudern, sondern umgekehrt im Einfangen eines Teilchens, nämlich eines Elektrons (»Elektroneneinfang«) aus einer inneren Elektronenschale (meist K-Schale) im Kern des betreffenden Nuklids. Der K-Einfang ist bei den natürlichen Radionukliden ein äußerst selten anzutreffender Prozess (gefunden bei $^{40}_{19}K$, $^{50}_{23}V$, $^{123}_{52}Te$, $^{138}_{57}La$, $^{180}_{114}Ta$) und soll im Zusammenhang mit den induzierten Kernreaktionen näher besprochen werden (vgl. S. 2268).

Nachfolgend sei zunächst auf den α- sowie β-Zerfall, dann auf die spontane und superasymmetrische Spaltung eingegangen.

1.1.1   Der α- sowie β-Zerfall

Verschiebungssatz

Bei der Emission eines Heliumkerns $^4_2He^{2+}$ (»α-Zerfall«) nimmt naturgemäß die positive Ladung des ursprünglichen Atomkerns um zwei, seine Masse um vier Einheiten ab. Es entsteht dabei also der Kern eines Elements, das im Periodensystem 2 Stellen vor dem Ausgangselement steht und das gegenüber letzterem eine um 4 Einheiten verringerte Massenzahl besitzt, z. B.:

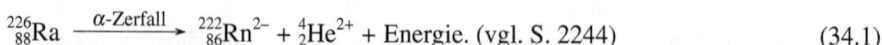

$$\ce{^{226}_{88}Ra} \xrightarrow{\alpha\text{-Zerfall}} \ce{^{222}_{86}Rn^{2-}} + \ce{^{4}_{2}He^{2+}} + \text{Energie. (vgl. S. 2244)} \tag{34.1}$$

Die Aussendung eines Elektrons e^- (»β-Zerfall«; Übergang eines Kern-Neutrons in ein Kern-Proton; vgl. S. 93) führt zur Vermehrung der positiven Ladung des ursprünglichen Atoms um eine Einheit, sodass das neu entstehende Element im Periodensystem 1 Stelle nach dem Ausgangselement steht und die gleiche Massenzahl wie dieses hat (Bildung eines Isobaren des Ausgangselements, vgl. S. 94). Da das Elektron eine verschwindend geringe Masse besitzt und zudem vom zurückbleibenden, positiv geladenen Elemention in der Außenhülle wieder aufgenommen wird (s. unten), ändert sich bei dieser Art der radioaktiven Umwandlung die Masse praktisch nicht, z. B.:

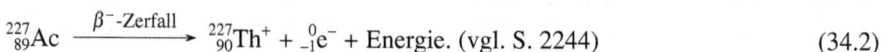

$$\ce{^{227}_{89}Ac} \xrightarrow{\beta^-\text{-Zerfall}} \ce{^{227}_{90}Th^+} + \ce{^{0}_{-1}e^-} + \text{Energie. (vgl. S. 2244)} \tag{34.2}$$

Die Aussendung eines Positrons (»β^+-Zerfall«); Übergang eines Kernprotons in ein Kernneutron, vgl. S. 95) führt ähnlich wie der – 1927 von L. W. Alvarez entdeckte – Einfang eines Elektrons (»K-Einfang«, da meist ein Elektron der K-Schale aufgenommen wird, sonst »L-Einfang«; Übergang eines Kernprotons in ein Kernneutron, vgl. S. 95) zur Erniedrigung der positiven Ladung des ursprünglichen Atomkerns um eine Einheit, sodass das neuentstehende Tochterelement im Periodensystem 1 Stelle vor dem Ausgangselement steht und – wie beim β^--Zerfall – die gleiche Massenzahl wie das Mutter-Element hat (Bildung eines Isobaren, vgl. S. 94), z. B.:

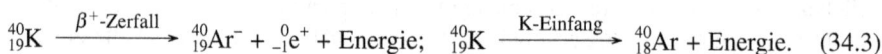

$$\ce{^{40}_{19}K} \xrightarrow{\beta^+\text{-Zerfall}} \ce{^{40}_{19}Ar^-} + \ce{^{0}_{-1}e^+} + \text{Energie;} \quad \ce{^{40}_{19}K} \xrightarrow{K\text{-Einfang}} \ce{^{40}_{18}Ar} + \text{Energie.} \tag{34.3}$$

Bei der Formulierung der kernchemischen Gleichungen wie (34.1), (34.2) oder (34.3) kann auf die Kennzeichnung der Ladungen verzichtet werden, da sich die gebildeten positiven und negativen Ionen schon bald nach ihrer Entstehung durch Aufnahme bzw. Abgabe von Außenelektronen wieder neutralisieren.

Die vorstehenden Grundgesetze der radioaktiven Umwandlung, gemäß denen je nach der Art der aus dem Atomkern emittierten Teilchen eine gesetzmäßige »Verschiebung« der Elemente innerhalb des Periodensystems erfolgt, bilden den Inhalt des im Jahre 1913 von K. Fajans, A. S. Russell und F. Soddy aufgestellten »radioaktiven Verschiebungssatzes«.

Zerfallsreihen

Das bei der radioaktiven Umwandlung neu entstehende Element ist meist seinerseits wieder radioaktiv, sodass der Zerfall weitergeht und zu einer ganzen »Zerfallsreihe« Veranlassung gibt. Man fand in der Natur zunächst drei derartige Zerfallsreihen. Sie verlaufen über das Thoriumisotop $\ce{^{232}_{90}Th}$ (Halbwertszeit $1.405 \cdot 10^{10}$ Jahre; »Thorium-Zerfallsreihe«), das Uranisotop $\ce{^{238}_{92}U}$ (Halbwertszeit $4.468 \cdot 10^9$ Jahre; »Uran-Zerfallsreihe«) und das Actiniumisotop $\ce{^{227}_{89}Ac}$ (Halbwertszeit 21.77 Jahre; »Actinium-Zerfallsreihe«) (vgl. Tab. 34.1). Die Massenzahlen der Einzelglieder dieser drei Zerfallsreihen entsprechen den Werten $4n + 0$ (Thorium-Zerfallsreihe), $4n + 2$ (Uran-Zerfallsreihe) und $4n + 3$ (Actinium-Zerfallsreihe), wobei n jeweils eine ganze Zahl darstellt. Die fehlende Zerfallsreihe mit den Massenzahlen $4n + 1$ wurde später als »künstliche« radioaktive Zerfallsreihe (»Neptunium-Zerfallsreihe«, Tab. 34.1) aufgefunden. Da das Neptuniumisotop $\ce{^{237}_{93}Np}$ (Halbwertszeit $2.14 \cdot 10^6$ Jahre), wie später entdeckt wurde, auch in der Natur – allerdings nur in sehr geringen Mengen (vgl. S. 2313) – vorkommt, ist die Neptunium-Zerfallsreihe auch zu den natürlichen Zerfallsreihen zu zählen. (Bezüglich der Zerfallsreihe künstlich synthetisierter Actinoide vgl. S. 2331).

Als Anfangsglieder der Thorium- und Actinium-Zerfallsreihe fungieren die Plutoniumisotope $\ce{^{244}_{94}Pu}$ (Halbwertszeit $8.26 \cdot 10^7$ Jahre) bzw. $\ce{^{239}_{94}Pu}$ (Halbwertszeit $2.411 \cdot 10^4$ Jahre), die auf

Abb. 34.1 Thorium-, Neptunium-, Uran- und Actiniumzerfallsreihe: Zerfallsschritte[a], Halbwertszeiten[b], alte Namen der Nuklide in Klammern (Th = Thorium, U = Uran, Ac = Actinium)

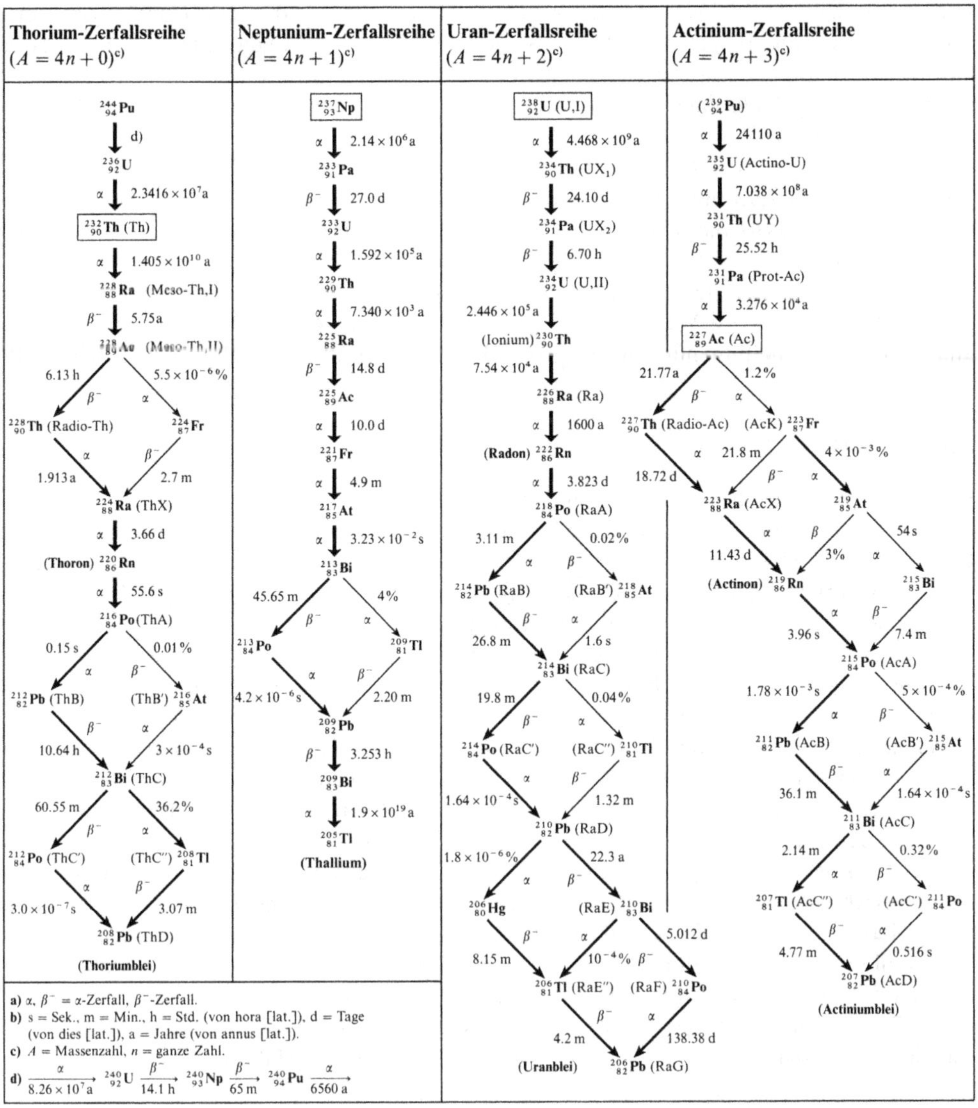

Thorium-Zerfallsreihe $(A = 4n + 0)^{c)}$

$^{244}_{94}$Pu
↓ d)
$^{236}_{92}$U
α ↓ 2.3416×10^7 a
$^{232}_{90}$Th (Th)
α ↓ 1.405×10^{10} a
$^{228}_{88}$Ra (Meso-Th,I)
β⁻ ↓ 5.75 a
$^{228}_{89}$Ac (Meso-Th,II)
6.13 h (β⁻) / 5.5 × 10⁻⁶ % (α)
$^{228}_{90}$Th (Radio-Th) $^{224}_{87}$Fr
1.913 a (α) / 2.7 m (β⁻)
$^{224}_{88}$Ra (ThX)
α ↓ 3.66 d
(Thoron) $^{220}_{86}$Rn
α ↓ 55.6 s
$^{216}_{84}$Po (ThA)
0.15 s (α) / 0.01 % (β⁻)
$^{212}_{82}$Pb (ThB)   (ThB') $^{216}_{85}$At
10.64 h (β⁻) / 3 × 10⁻⁴ s (α)
$^{212}_{83}$Bi (ThC)
60.55 m (β⁻) / 36.2 % (α)
$^{212}_{84}$Po (ThC')   (ThC'') $^{208}_{81}$Tl
3.0 × 10⁻⁷ s (α) / 3.07 m (β⁻)
$^{208}_{82}$Pb (ThD)
(Thoriumblei)

Neptunium-Zerfallsreihe $(A = 4n + 1)^{c)}$

$^{237}_{93}$Np
α ↓ 2.14×10^6 a
$^{233}_{91}$Pa
β⁻ ↓ 27.0 d
$^{233}_{92}$U
α ↓ 1.592×10^5 a
$^{229}_{90}$Th
α ↓ 7.340×10^3 a
$^{225}_{88}$Ra
β⁻ ↓ 14.8 d
$^{225}_{89}$Ac
α ↓ 10.0 d
$^{221}_{87}$Fr
α ↓ 4.9 m
$^{217}_{85}$At
α ↓ 3.23×10^{-2} s
$^{213}_{83}$Bi
45.65 m (β⁻) / 4 % (α)
$^{213}_{84}$Po $^{209}_{81}$Tl
4.2 × 10⁻⁶ s (α) / 2.20 m (β⁻)
$^{209}_{82}$Pb
β⁻ ↓ 3.253 h
$^{209}_{83}$Bi
α ↓ 1.9×10^{19} a
$^{205}_{81}$Tl
(Thallium)

Uran-Zerfallsreihe $(A = 4n + 2)^{c)}$

$^{238}_{92}$U (U,I)
α ↓ 4.468×10^9 a
$^{234}_{90}$Th (UX₁)
β⁻ ↓ 24.10 d
$^{234}_{91}$Pa (UX₂)
β⁻ ↓ 6.70 h
$^{234}_{92}$U (U,II)
2.446×10^5 a ↓ α
(Ionium) $^{230}_{90}$Th
7.54×10^4 a ↓ α
$^{226}_{88}$Ra (Ra)
α ↓ 1600 a
(Radon) $^{222}_{86}$Rn
α ↓ 3.823 d
$^{218}_{84}$Po (RaA)
3.11 m (α) / 0.02 % (β⁻)
$^{214}_{82}$Pb (RaB)   (RaB') $^{218}_{85}$At
26.8 m (β⁻) / 1.6 s (α)
$^{214}_{83}$Bi (RaC)
19.8 m (β⁻) / 0.04 % (α)
$^{214}_{84}$Po (RaC')   (RaC'') $^{210}_{81}$Tl
1.64 × 10⁻⁴ s (α) / 1.32 m (β⁻)
$^{210}_{82}$Pb (RaD)
1.8 × 10⁻⁶ % (α) / 22.3 a (β⁻)
$^{206}_{80}$Hg   (RaE) $^{210}_{83}$Bi
8.15 m (β⁻) / 5.012 d   10⁻⁴ % β⁻
$^{206}_{81}$Tl (RaE'')   (RaF) $^{210}_{84}$Po
4.2 m (β⁻) / 138.38 d (α)
$^{206}_{82}$Pb (RaG)
(Uranblei)

Actinium-Zerfallsreihe $(A = 4n + 3)^{c)}$

($^{239}_{94}$Pu)
α ↓ 24110 a
$^{235}_{92}$U (Actino-U)
α ↓ 7.038×10^8 a
$^{231}_{90}$Th (UY)
β⁻ ↓ 25.52 h
$^{231}_{91}$Pa (Prot-Ac)
α ↓ 3.276×10^4 a
$^{227}_{89}$Ac (Ac)
21.77 a (β⁻) / 1.2 % (α)
$^{227}_{90}$Th (Radio-Ac)   (AcK) $^{223}_{87}$Fr
18.72 d — 21.8 m (α) / 4 × 10⁻³ % (β⁻)
$^{223}_{88}$Ra (AcX) $^{219}_{85}$At
11.43 d (α) / 3 % (β) — 54 s (α)
(Actinon) $^{219}_{86}$Rn $^{215}_{83}$Bi
3.96 s (α) / 7.4 m (β⁻)
$^{215}_{84}$Po (AcA)
1.78 × 10⁻³ s (α) / 5 × 10⁻⁴ % (β⁻)
$^{211}_{82}$Pb (AcB)   (AcB') $^{215}_{85}$At
36.1 m (β⁻) / 1.64 × 10⁻⁴ s (α)
$^{211}_{83}$Bi (AcC)
2.14 m (α) / 0.32 % (β⁻)
$^{207}_{81}$Tl (AcC'')   (AcC') $^{211}_{84}$Po
4.77 m (β⁻) / 0.516 s (α)
$^{207}_{82}$Pb (AcD)
(Actiniumblei)

a) α, β⁻ = α-Zerfall, β⁻-Zerfall.
b) s = Sek., m = Min., h = Std. (von hora [lat.]), d = Tage (von dies [lat.]), a = Jahre (von annus [lat.]).
c) A = Massenzahl, n = ganze Zahl.
d) $\xrightarrow[8.26 \times 10^7 a]{\alpha}$ $^{240}_{92}$U $\xrightarrow[14.1 h]{\beta^-}$ $^{240}_{93}$Np $\xrightarrow[65 m]{\beta^-}$ $^{240}_{94}$Pu $\xrightarrow[6560 a]{\alpha}$

der Erde die Nuklide mit der höchsten Ordnungszahl darstellen, welche – allerdings nur in verschwindender Menge (vgl. S. 2313) – natürlich vorkommen. Sie gehen in mehreren Schritten unter α- sowie β⁻-Zerfall auf dem Wege über längerlebige Uranisotope $^{236}_{92}$U (Halbwertszeit $2.342 \cdot 10^7$ Jahre) und $^{235}_{92}$U (Halbwertszeit $7.038 \cdot 10^8$ Jahre) in $^{232}_{90}$Th und $^{227}_{89}$Ac über (Tab. 34.1). Die Neptunium- und Uran-Zerfallsreihe, die u. a. die längerlebigen Uranisotope $^{233}_{92}$U (Halbwertszeit $1.592 \cdot 10^5$ Jahre) und $^{234}_{92}$U (Halbwertszeit $2.446 \cdot 10^5$ Jahre) enthalten, beginnen mit den in Tab. 34.1 wiedergegebenen Nukliden $^{237}_{93}$Np bzw. $^{238}_{92}$U; denn die Vorstufen beider Nuklide, Americium $^{241}_{95}$Am (Halbwertszeit 432.6 a) und Plutonium $^{242}_{94}$Pu (Halbwertszeit $3.763 \cdot 10^5$ Jahre) kommen im Unterschied zu $^{244}_{94}$Pu und $^{239}_{94}$Pu nicht mehr natürlich vor (s. unten).

Besonders bemerkenswert als Zwischenglieder der Zerfallsreihen sind neben den erwähnten langlebigen Isotopen des auf der Erde noch in großen Mengen vorkommenden Urans die drei gasförmigen Zerfallsprodukte (»Emanationen«, lat. = emanatio = Ausfluss), »Actinon«, »Thoron« und »Radon«, welche die Kernladungszahl 86 besitzen und Isotope des Edelgases Radon sind ($^{219}_{86}Rn$, $^{220}_{86}Rn$, $^{222}_{86}Rn$). Sie sind die Ursache dafür, dass jeder in die Nähe eines »emanierenden« radioaktiven Stoffs gebrachte Körper selber radioaktiv wird (»induzierte Radioaktivität«), indem sich die aus dem Stoff entweichende Emanation überallhin verbreitet und sich auf allen Körpern der Umgebung unter Abgabe von α-Teilchen als festes Polonium niederschlägt, das seinerseits wieder radioaktiv zerfällt.

Als Endglieder des radioaktiven Zerfalls entsteht bei der U-, Ac- und Th-Zerfallsreihe inaktives Blei, bei der Np-Zerfallsreihe inaktives Thallium (Tab. 34.1). Das $_{82}$Blei muss entsprechend dem Verschiebungssatz die relative Atommasse 206 (»Uranblei«), 207 (»Actiniumblei«) bzw. 208 (»Thoriumblei«) besitzen, während die rel. Atommasse des gewöhnlichen Bleis 207.2 beträgt. In der Tat ergeben die Atommassenbestimmungen für das in reinen (thoriumfreien) Uranerzen enthaltene Blei den Wert 206 und für das in reinen Thoriumerzen gefundene Blei den Wert 208. Dem $_{81}$Thallium muss als Folge des Verschiebungssatzes die relative Atommasse 205 zukommen.

Natürliche Radionuklide

Überblick. Wie aus Tab. 34.1 hervorgeht, gibt es unter den natürlich vorkommenden Elementen mit den Kernladungszahlen 82–94 (Blei bis Plutonium) – abgesehen von dem extrem langlebigen $^{209}_{83}Bi$ – nur 4 Nuklide, die genügend lange Halbwertszeiten besitzen, um das Alter der Erde ($4.6 \cdot 10^9$ Jahre) zu überdauern: $^{232}_{90}Th$, $^{235}_{92}U$, $^{238}_{92}U$ und $^{244}_{94}Pu$. Diese drei langlebigen Isotope sind dafür verantwortlich, dass auf der Erde die Reihe der natürlich vorkommenden Elemente nicht schon beim Bismut abbricht. Dass die Elemente zwischen $_{83}$Bi und $_{90}$Th sowie das Protactinium $_{91}$Pa trotz ihrer relativ kleinen Halbwertszeiten auf der Erde noch existieren, ist dem Umstand zuzuschreiben, dass sie aus ihren Muttersubstanzen ständig nachgebildet werden und sich mit diesen in einem »radioaktiven Gleichgewicht« (»Säkulargleichgewicht«; S. 2249) befinden. Der langen Halbwertszeit des spaltbaren Urans $^{235}_{92}U$ (0.7 Milliarden Jahre) verdanken wir es, dass noch ein geringer Teil der ursprünglich gegebenen $^{235}_{92}U$-Menge vorhanden ist und uns in Zukunft mit Kernenergie und mit spaltbarem Plutonium $^{239}_{94}Pu$ versorgen kann (S. 2316).

Außer den natürlichen Radionukliden der vier Zerfallsreihen (Tab. 34.1) im besprochenen Ordnungszahlenbereich 82–94 kennt man auch solche mit Kernladungszahlen < 82. So stellen gemäß Tab. 34.1 Bleinuklide (Ordnungszahl 82) nicht die Zerfallsglieder mit der kleinsten Ordnungszahl dar, sondern Thallium (Ordnungszahl 81) in der Th-, Np- und Ac-Zerfallsreihe und Quecksilber (Ordnungszahl 80) in der U-Zerfallsreihe. Unter den zudem aufgefundenen »leichteren« Radionukliden weisen die folgenden nur schwächere natürliche Radioaktivität auf und sind demzufolge langlebiger (in Klammern jeweils Zerfallsart und Halbwertszeit $\tau_{1/2}$):

$^{40}_{19}K$ ($\beta^{\pm}$, K; $1.28 \cdot 10^9$ a)	$^{123}_{52}Te$ (K; $1.24 \cdot 10^{13}$ a)	$^{147}_{62}Sm$ (α; $1.06 \cdot 10^{11}$ a)	$^{180}_{73}Ta$ (β^-;K; $> 10^{13}$ a)
$^{87}_{37}Rb$ (β^-; $4.8 \cdot 10^{10}$ a)	$^{128}_{52}Te$ (β^-; $1.5 \cdot 10^{24}$ a)	$^{148}_{62}Sm$ (α; $7 \cdot 10^{15}$ a)	$^{187}_{75}Re$ (β^-; $5 \cdot 10^{10}$ a)
$^{113}_{48}Cd$ (β^-; $9 \cdot 10^{15}$ a)	$^{130}_{52}Te$ (β^-; $1.0 \cdot 10^{21}$ a)	$^{152}_{64}Gd$ (α; $1.1 \cdot 10^{14}$ a)	$^{186}_{76}Os$ (α; $2 \cdot 10^{15}$ a)
$^{115}_{49}In$ (β^-; $4 \cdot 10^{14}$ a)	$^{138}_{57}La$ (β^-, K; $1.35 \cdot 10^{11}$ a)	$^{176}_{71}Lu$ (β^-; $3.6 \cdot 10^{10}$ a)	$^{190}_{78}Pt$ (α; $6.1 \cdot 10^{11}$ a)
	$^{144}_{60}Nd$ (α; $2.1 \cdot 10^{15}$ a)	$^{174}_{72}Hf$ (α; $2.0 \cdot 10^{15}$ a)	$^{204}_{82}Pb$ (α; $> 1.4 \cdot 10^{17}$ a)

Die Bildung von schwerem Argon $^{40}_{18}Ar$ aus dem schweren Kaliumisotop $^{40}_{19}K$ durch β^+-Strahlung oder K-Einfang (S. 2234) im Laufe geologischer Zeitepochen ist möglicherweise dafür verantwortlich, dass Argon im Sinne der auf S. 116 erwähnten »Inversion« isotopen-gemittelt schwerer als das im Periodensystem folgende Kalium ist.

Während früher die Reihe der natürlich vorkommenden Elemente mit den Radionukliden der Ordnungszahl 94 endete (s. oben), finden sich heute in der Natur als Folge der künstlichen Erzeugung von Transuranen in Kernreaktoren und bei Atombombenexplosionen (S. 2278) auch solche mit Kernladungszahlen > 94 wie $^{241/243}_{95}Am$ ($\tau_{1/2} = 432.6/7370$ Jahre) oder $^{245/246/247/248}_{96}Cm$ ($\tau_{1/2} = 8500/4730/1.56 \cdot 10^7/3.397 \cdot 10^5$ Jahre).

Anwendungen. Die Radionuklide ermöglichen in besonders einfacher Weise eine Markierung (»radioaktive Markierung«) bestimmter nicht radioaktiver Elemente, da sich die von ihnen ausgehende Strahlung auch von Nuklidspuren stets mit großer Empfindlichkeit (vgl. S. 2260) nachweisen lässt. Sie gestatten damit, den Weg und das Schicksal der betreffenden Elemente im Verlaufe chemischer, biochemischer und medizinischer Reaktionen zu verfolgen und sind in dieser Hinsicht den zu gleichen Zwecken genutzten, aber weniger leicht analytisch nachweisbaren nichtradioaktiven Nukliden (vgl. »Isotopenmarkierung«, S. 71) überlegen. Da für die Organismen die wichtigen Elemente hauptsächlich am Anfang des Periodensystems stehen (C, H, O, N, S, P) und ihre natürlich vorkommenden Nuklide daher nicht radioaktiv sind, muss man hier künstlich-radioaktive Nuklide als Reaktions-Indikatoren verwenden (S. 2268). Beispiele einiger anorganisch-chemischer, durch radioaktive Markierung gelöster Probleme sind etwa (i) Nachweis von Bleiwasserstoff: leitet man das durch Protolyse von Mg_2Pb – radiomarkiert mit $^{212}_{82}Pb$ – entwickelte Gas ($Mg_2Pb + 4H^+ \longrightarrow$ viel $Pb + 2H_2 + 2Mg^{2+}$/wenig $PbH_4 + 2Mg^{2+}$) durch ein erhitztes Glasrohr, so lässt sich nach F. A. Paneth (1920) der infolge Zersetzung von PbH_4 entstehende – unsichtbare – Bleispiegel wegen seiner Radioaktivität eindeutig nachweisen. – (ii) Bestimmung der Löslichkeit von Bleichromat: Fällt man gemäß $Pb^{2+} + CrO_4^{2-} \rightleftharpoons PbCrO_4$ in Wasser gelöstes Chromat mit einem Pb^{2+}-Salz – radioaktiviert mit $^{212}_{82}Pb$ – aus, so kann man durch Vergleich der Radioaktivität des Verdampfungrückstandes der filtrierten Lösung mit der Radioaktivität des ursprünglichen Gemischs die Menge des gelösten $PbCrO_4$ errechnen. – (iii) Bestimmung von Oberflächen und Oberflächenänderungen: Mischt man einer Substanz durch Mischkristallbildung einen Emanations-abgebenden radioaktiven Stoff bei, so kann man aus der Menge des von der Oberfläche aus abgegebenen Gases Rückschlüsse auf die Oberfläche der untersuchten Substanz ziehen (Hahn »Emaniermethode«). Ebenso lässt sich etwa die Wirksamkeit eines Schmieröls dadurch testen, dass man die Menge des Abriebs eines ölgeschmierten Motors, dessen Metallteile ein Radionuklid enthalten, durch Messung der Aktivität des Öls nach bestimmter Betriebsdauer ermittelt.

1.1.2   Asymmetrische und superasymmetrische Kernspaltung

Wie oben bereits angedeutet wurde, können Radionuklide außer He^{2+}-Kernen vielfach zusätzlich (mit geringer Wahrscheinlichkeit) andere Kerne im Zuge von Spontan- und Cluster-Spaltungen ausschleudern. Die spontane Kernspaltung (spontaneous fission; sf-Zerfall; »asymmetrische Kernspaltung« wird nur bei schweren Elementen – nämlich fast allen Nukliden mit Massenzahlen ab 230, jedoch keinem Nuklid mit Massenzahlen unter 230 – beobachtet. Er gewinnt mit wachsender Ordnungszahl des Nuklids, falls dessen Verhältnis von Neutronen zu Protonen hoch ist, an Bedeutung. Die Spaltung führt meist unter Neutronen-Strahlung bei Erhalt der Summe der Kernladungen und Nukleonen zu Paaren massenähnlicher Bruchstücke, ferner zusätzlich zu Neutronen, z. B.:

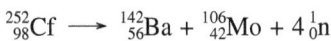

$$^{252}_{98}Cf \longrightarrow {}^{142}_{56}Ba + {}^{106}_{42}Mo + 4{}^{1}_{0}n$$

Man beobachtet die Spontan-Spaltung – in der Regel als langsamen Prozess – neben dem α- oder gelegentlich β^--Zerfall oder – bei den Transplutoniumelementen – auch ausschließlich. Nuklide mit gerader Protonen- und/oder Neutronenzahl unterliegen diesem Zerfall bevorzugt. Einige diesbezügliche Zerfallshalbwertzeiten seien nachfolgend wiedergegeben (für weitere Zerfälle vgl. Tab. 36.2):

$^{230}_{90}\text{Th}$	$7.54\cdot10^4$ a	$^{237}_{93}\text{Np}$	$>10^{18}$ a	$^{243}_{95}\text{Am}$	$3.3\cdot10^{13}$ a	$^{249}_{98}\text{Cf}$	$6.5\cdot10^{10}$ a	$^{246}_{100}\text{Fm}$	$2.0\cdot10^1$ s
$^{232}_{90}\text{Th}$	$>10^{21}$ a	$^{236}_{94}\text{Pu}$	$3.5\cdot10^9$ a	$^{242}_{96}\text{Cm}$	$6.5\cdot10^6$ a	$^{250}_{98}\text{Cf}$	$1.7\cdot10^4$ a	$^{248}_{100}\text{Fm}$	10^1 h
$^{232}_{92}\text{U}$	$8\cdot10^{13}$ a	$^{238}_{94}\text{Pu}$	$5\cdot10^{10}$ a	$^{244}_{96}\text{Cm}$	$1.3\cdot10^7$ a	$^{251}_{98}\text{Cf}$	10^8 a	$^{254}_{100}\text{Fm}$	$2.46\cdot10^2$ d
$^{233}_{92}\text{U}$	$1.2\cdot10^{17}$ a	$^{239}_{94}\text{Pu}$	$5.5\cdot10^{15}$ a	$^{246}_{96}\text{Cm}$	$1.8\cdot10^7$ a	$^{252}_{98}\text{Cf}$	$8.5\cdot10^1$ a	$^{255}_{100}\text{Fm}$	$9.6\cdot10^3$ a
$^{234}_{92}\text{U}$	$1.6\cdot10^{16}$ a	$^{240}_{94}\text{Pu}$	$1.4\cdot10^{11}$ a	$^{248}_{96}\text{Cm}$	$4.2\cdot10^6$ a	$^{254}_{98}\text{Cf}$	$6.1\cdot10^1$ d	$^{256}_{100}\text{Fm}$	6.63 h
$^{235}_{92}\text{U}$	$3.5\cdot10^{17}$ a	$^{242}_{94}\text{Pu}$	$7\cdot10^{10}$ a	$^{249}_{97}\text{Bk}$	$1.7\cdot10^9$ a	$^{253}_{99}\text{Es}$	$6.4\cdot10^5$ a	$^{252}_{102}\text{No}$	8.5 s
$^{236}_{92}\text{U}$	$2\cdot10^{16}$ a	$^{244}_{94}\text{Pu}$	$6.6\cdot10^{10}$ a	$^{246}_{98}\text{Cf}$	$2.0\cdot10^3$ a	$^{254}_{99}\text{Es}$	$2.5\cdot10^7$ a	$^{256}_{102}\text{No}$	$1.1\cdot10^3$ s
$^{238}_{92}\text{U}$	$9\cdot10^{15}$ a	$^{241}_{95}\text{Am}$	$2.3\cdot10^{14}$ a	$^{248}_{98}\text{Cf}$	$3.2\cdot10^4$ a	$^{255}_{99}\text{Es}$	$2.44\cdot10^3$ a		

Der Cluster-Spaltung (»superasymmetrische Kernspaltung«) können mittelschwere bis schwere Teilchen mit mehr als 40 Kernprotonen unterliegen. Die Spaltung führt unter Erhalt der Summe der Kernladungen und Nukleonen ausschließlich zu Paaren massenähnlicher Bruchstücke und gegebenenfalls zu Neutronen. Stark bevorzugt ist in jedem Falle die Emission von Heliumkernen, während die Emission von protonen- und neutronenreichen Kernen (Cluster-Spaltung im engeren Sinne) mit weit geringerer Wahrscheinlichkeit eintritt (bevorzugte Cluster-Kerne sind etwa $^{14}_6\text{C}$, $^{24}_{10}\text{Ne}$, $^{25}_{10}\text{Ne}$, $^{28}_{12}\text{Mg}$). Wegen der Schwierigkeit des experimentellen Nachweises der extrem schwachen Cluster-Emissionen (Halbwertszeiten 10^{11}–10^{26} Jahre) neben der starken α-Emission ist die Zahl bisher ermittelter Cluster-Zerfälle noch klein. U. a. wurden folgende Cluster-Spaltungen beobachtet (in Klammern relative Häufigkeit, bezogen auf die Häufigkeit 1 des entsprechenden α-Zerfalls des Nuklids):

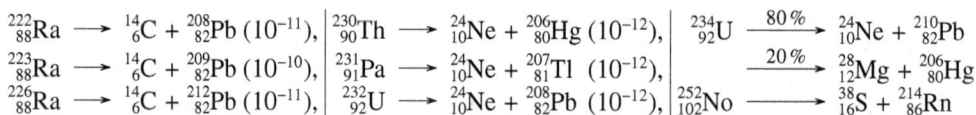

$$^{222}_{88}\text{Ra} \longrightarrow {}^{14}_6\text{C} + {}^{208}_{82}\text{Pb}\ (10^{-11}),$$
$$^{223}_{88}\text{Ra} \longrightarrow {}^{14}_6\text{C} + {}^{209}_{82}\text{Pb}\ (10^{-10}),$$
$$^{226}_{88}\text{Ra} \longrightarrow {}^{14}_6\text{C} + {}^{212}_{82}\text{Pb}\ (10^{-11}),$$

$$^{230}_{90}\text{Th} \longrightarrow {}^{24}_{10}\text{Ne} + {}^{206}_{80}\text{Hg}\ (10^{-12}),$$
$$^{231}_{91}\text{Pa} \longrightarrow {}^{24}_{10}\text{Ne} + {}^{207}_{81}\text{Tl}\ (10^{-12}),$$
$$^{232}_{92}\text{U} \longrightarrow {}^{24}_{10}\text{Ne} + {}^{208}_{82}\text{Pb}\ (10^{-12}),$$

$$^{234}_{92}\text{U} \xrightarrow{80\,\%} {}^{24}_{10}\text{Ne} + {}^{210}_{82}\text{Pb}$$
$$\xrightarrow{20\,\%} {}^{28}_{12}\text{Mg} + {}^{206}_{80}\text{Hg}$$
$$^{252}_{102}\text{No} \longrightarrow {}^{38}_{16}\text{S} + {}^{214}_{86}\text{Rn}$$

Der Nuklidkern $^{234}_{92}\text{U}$ ist der erste Kern, der nachweislich unter Emissionen dreier verschiedener Fragmente – nämlich Helium, Neon und Magnesium – zerfallen kann.

1.2   Energie des radioaktiven Zerfalls

1.2.1   Energieinhalt und -art der radioaktiven Strahlung

Der im vorausgegangenen Unterkapitel behandelte natürliche radioaktive Zerfall der Atomkerne erfolgt freiwillig unter Abgabe großer Energiemengen, denen im Sinne des Einstein'schen Gesetzes $E = m \cdot c^2$ (S. 18) ein Massenverlust beim Übergang der Zerfallsausgangs- in die Zerfallsendprodukte entspricht (Näheres S. 2244). Die betreffende Energie wird in Form kinetischer Energie der ausgeschleuderten »Korpuskular-Strahlen« und Schwingungsenergie der zugleich ausgesandten »elektromagnetischen Strahlen« freigesetzt. Beide Strahlenarten fasst man in etwas unglücklicher Weise unter dem »pleonastischen« Begriff »radioaktive Strahlung« zusammen (radius (lat.) = Strahl). Hierbei muss man zudem beachten, dass eine strenge Unterscheidung zwischen Korpuskular- und elektromagnetischer Strahlung nach heutiger Auffassung gar nicht möglich ist, da auch eine scheinbar so typische Korpuskularstrahlung wie die der α-Teilchen – welche aufgefangen das Gas Helium ergibt – in anderer Beziehung als interferenzfähige Wellenstrahlung aufgefasst werden kann (vgl. S. 108 und Lehrbücher der physikalischen Chemie).

Energieverhältnisse des α-Zerfalls

Den von radioaktiven Substanzen emittierten »α-Teilchen« kommen Energien von durchschnittlich 6 Millionen eV zu (Grenze: 4–9 MeV; zum Vergleich: die Reaktion $H_2 + \frac{1}{2}O_2 \longrightarrow H_2O$ liefert weniger als 3 eV je Molekül H_2O). Diese Energien verleihen ihnen – gemäß der Beziehung $e \cdot U = m \cdot v^2/2$ (vgl. Massenspektrometrie, S. 67) – eine Anfangsgeschwindigkeit von rund 6 % der Lichtgeschwindigkeit. Allerdings besitzen die bei einem bestimmten Zerfallsvorgang von Atomkernen ausgesandten »α-Strahlen« nicht alle die gleiche Energie. Z. B. sendet das Radium $^{226}_{88}$Ra beim Übergang in Radon $^{222}_{86}$Rn (vgl. Gl. (34.1)) zwei Gruppen von α-Strahlen aus, deren Energie 4.78 und 4.59 MeV beträgt. Die Energiedifferenz von 0.19 MeV entspricht nun genau der Energie von 0.187 MeV, welche die den α-Zerfall des Radiums begleitenden »γ-Strahlen« aufweisen. Man muss also annehmen, dass der zwischen Ra und Rn bestehende Energieunterschied entweder in Form eines energiereichen α-Teilchens oder verteilt in Form eines energieärmeren α-Teilchens und eines γ-Strahls ausgesandt werden kann. Dies bedeutet aber, dass auch der Kern wie die Atomhülle in verschiedenen Energiezuständen (»Kernisomere«; z. B. Grundzustand Rn, Angeregter Zustand Rn*) auftreten kann (Ra $\longrightarrow$ Rn + α + 4.78 MeV; Ra $\longrightarrow$ Rn* + α + 4.59 MeV), bei deren Übergang in den unangeregten Normalzustand (Rn* $\longrightarrow$ Rn + 0.19 MeV) die γ-Strahlung frei wird. Das Bismutnuklid $^{212}_{83}$Bi ergibt bei seinem α-Zerfall zu $^{208}_{81}$Tl sogar 5 Arten von α-Strahlen (6.084/6.044/5.762/5.620/ 5.601 MeV), indem das entstehende Thallium entweder im Grundzustand oder in einem seiner vier angeregten Zustände auftritt, die ihrerseits unter Abgabe von γ-Energie in den Grundzustand übergehen (erfolgt der Übergang in den Grundzustand vergleichsweise langsam, so klassifiziert man die angeregten Kerne als »metastabile Nuklide«). Die Energie der γ-Strahlen von rund 1 Million eV (Majoritätsbereich 0.1–2 MeV), die als elektromagnetische Strahlen Lichtgeschwindigkeit besitzen, entspricht gemäß der Beziehung $e \cdot U = h \cdot \nu = h \cdot c / \lambda$ eine durchschnittliche Wellenlänge von 10^{-10} cm = 1 pm) (vgl. S. 108).

Anstelle der γ-Quanten treten in manchen Fällen auch »Konversionselektronen« e$^-$ auf, indem der Atomkern seine Anregungsenergie durch direkte Wechselwirkung auf ein Elektron der Atomhülle (meist K-Schale) überträgt, welches dann herausgeschleudert wird (»e$^-$-Zerfall«; gefunden u. a. bei $^{176}_{71}$Lu, $^{219}_{86}$Rn, $^{228}_{88}$Ra, $^{227}_{89}$Ac, $^{232}_{90}$Th, $^{234}_{91}$Pa, $^{228}_{92}$U, $^{237}_{93}$Np, $^{244}_{94}$Pu). Der e$^-$-Zerfall kann hierbei an der bei der Auffüllung durch ein äußeres Elektron der Atomhülle auftretenden Röntgen- (X-) Strahlung (S. 115) erkannt werden (die γ-Strahlung stellt eine Folge von Prozessen der Atomkerne, die X-Strahlung eine Folge von Prozessen der Atomhülle dar).

Energieverhältnisse des β-Zerfalls

Die Energie der »β^--Teilchen« beträgt im Durchschnitt 1 Million eV (Grenze 0.02–4; Majorität 0.5–2 Millionen eV), welche ihm eine Anfangsgeschwindigkeit von über 99 % der Lichtgeschwindigkeit verleiht[1]. Zum Unterschied von der α-Strahlung weist die »β-Strahlung« kontinuierliche Spektren auf. Man sollte daher erwarten, dass sich die dadurch nahegelegten Energiestufen der Atomkerne durch die Aussendung eines ebenfalls kontinuierlichen Spektrums der »γ-Strahlung« zu erkennen gäbe. Dies ist aber nicht der Fall, was dem Gesetz von der Erhaltung der Energie widerspricht. Zur Beseitigung dieser Schwierigkeit ist man nach W. Pauli (1931; weiterentwickelt von E. Fermi 1934) gezwungen, anzunehmen, dass der Kern neben den negativ geladenen Elektronen (»Negatronen«) noch eine andere, ladungsfreie Teilchenart, die »Antineutrinos« $\bar{\nu}$ (exakt: Elektronen-Antineutrinos $\bar{\nu}_e$; von E. Fermi, dem Namensgeber, anfangs als Neutrino bezeichnet) ausstrahlt, deren kinetische Energie die Energie der β^--Strahlen zum jeweils beobachteten Höchstwert E_{max} ergänzt. Letzterer hängt wie im Falle der α-Strahlen davon ab, ob der entstehende Tochterkern im Grund- oder angeregten Zuständen auftritt: so sendet $^{198}_{79}$Au beim β^--Zerfall zu $^{198}_{80}$Hg β-Strahlen von 1.37, 0.96 sowie 0.29 MeV aus, die Differenzen von 1.08

---

[1] Bei der Berechnung der Geschwindigkeit der Elektronen aus ihrer Energie gemäß $e \cdot U = m \cdot v^2 / 2$ muss man für m statt der gewöhnlichen »ruhenden Masse« (»Ruhemasse«) die – infolge der außerordentlich hohen Geschwindigkeit v wesentlich größere – »bewegte Masse« $m' = m / \sqrt{1 - v^2 / c^2}$ (c = Lichtgeschwindigkeit) und für die Zahl 2 den Ausdruck $1 + \sqrt{1 - v^2 / c^2}$ einsetzen (für den Grenzfall $v = 0$ ist damit $e \cdot U = m \cdot v^2 / 2$). Der Massenzuwachs $\Delta m = m' - m$ steigt mit zunehmender Geschwindigkeit v rasch an und beträgt beispielsweise bei Elektronen von 0.1 MeV ($v = 0.548 c$) 20 %, von 0.5 MeV (0.863 c) 98 %, von 1 MeV (0.94 c) 196 % und von 5 MeV (0.996 c) 1080 %.

(Hg** $\longrightarrow$ Hg), 0.67 (Hg** $\longrightarrow$ Hg*) sowie 0.41 MeV (Hg* $\longrightarrow$ Hg) als γ-Strahlung. Andererseits wird z. B. beim β^--Zerfall von ^{14}C zu ^{14}N als Energieäquivalent des dabei auftretenden Massenverlusts von 14.003242(C) – 14.003074(N) = 0.000168 g mol^{-1} gemäß dem Einstein'schen Gesetz $E = m \cdot c^2$ (S. 18) ein Energiebetrag von $0.000168 \cdot 931 = 0.155$ MeV/Atom frei, der sich als kinetische Energie auf das β^--Teilchen e$^-$ und das – fast masselose – Antineutrino $\bar{\nu}_e$ verteilt. In analoger Weise nimmt man bei der Emission von positiv geladenen Elektronen (»Positronen«), d. h. beim β^+-Zerfall, die gleichzeitige Aussendung von Neutrinos ν (exakt: Elektronen-Neutrinos ν_e; früher Antineutrinos) an.

Ein direkter experimenteller Nachweis des Elektronen-Antineutrinos gelang erst 1956 (Umsetzung mit Protonen des Wassers in einem großen Tank gemäß $\bar{\nu}_e + \mathrm{p}^+ \longrightarrow \mathrm{e}^+ + \mathrm{n}$ zu Positronen und Neutronen). Der analoge Nachweis des Neutrinos (Reaktion mit Neutronen nach $\nu_e + \mathrm{n} \longrightarrow \mathrm{p}^+ + \mathrm{e}^-$ zu Protonen und Negatronen) erfolgte drei Jahre später (1959). Durch Wechselwirkung mit Chlor und Gallium wurden des weiteren in neuerer Zeit Neutrinos und Antineutrinos »sichtbar« gemacht ($\nu_e + {}^{37}_{17}\mathrm{Cl} \longrightarrow {}^{37}_{18}\mathrm{Ar} + \mathrm{e}^-$; $\nu_e + {}^{71}_{31}\mathrm{Ga} \longrightarrow {}^{71}_{32}\mathrm{Ge} + \mathrm{e}^-$). Bezüglich Neutrinos und Antineutrinos vgl. auch das auf S. 95 sowie S. 2257 Besprochene.

1.2.2   Strahlungswechselwirkung mit Materie

Strahlungsenergieabgabe an Materie

Allgemeines. Ihrer hohen Energie entsprechend vermögen die α-, β- und γ-Strahlen Materie zu durchqueren, wobei sie durch Zusammenstöße mit den Materieteilchen stufenweise ihre kinetische Energie verlieren. Die Energieabgabe pro Wegstrecke (»linear energy transfer«, »LET«) verhält sich hierbei für α- und β^--Teilchen wie 3000 : 1.

Demgemäß sind die verhältnismäßig großen »α-Teilchen« am wenigsten durchdringend. Die α-Strahlen des Radiums werden z. B. bereits durch ein Aluminiumblatt von $^1/_{200}$ mm Dicke zur Hälfte zurückgehalten und durch eine Luftschicht von 3 cm Dicke absorbiert. Die »β^--Strahlen« des Radiumzerfalls werden erst durch eine hundertmal dickere Aluminiumschicht von $^1/_2$ mm und die noch durchdringenderen »γ-Strahlen« sogar erst durch eine Aluminiumplatte von 8 cm Dicke zur Hälfte absorbiert. Man kann demgemäß die radioaktiven Strahlen statt durch ihren Energieinhalt auch durch ihre Reichweite R in einem definierten Medium charakterisieren, das die Strahlung zur Hälfte zurückhält (»Halbwertsdicke«). Die Reichweite der α-Strahlen hat etwa in Luft (0 °C, 1 atm) gemäß der Beziehung $E = 2.12 \cdot R^{2/3}$ einen Wert von 2.5–9 cm (E = 4–9 MeV), in Aluminium einen Wert von 0.02–0.06 mm. Die der β^--Strahlen in Luft ist bei vergleichbarer Energie etwa 500-mal größer: 150–850 cm (0.5–2 MeV).

Die Endform, in der alle von den radioaktiven Strahlen mitgeführte Energie nach mannigfacher Umwandlung (s. unten) schließlich erscheint, ist die Wärme (1 g Ra entwickelt ca. 400 kJ h^{-1}). Daher besitzen radioaktive Substanzen (z. B. Radiumsalze) immer eine höhere Temperatur als ihre Umgebung.

Anwendungen. Entsprechend der außerordentlich hohen kinetischen Energie der α-, β-, und γ-Strahlen sind die beim radioaktiven Zerfall freiwerdenden Wärmemengen naturgemäß gewaltig (z. B. werden beim Übergang von 1 mol Ra in Pb 3400 Millionen kJ frei, was der Wärmemenge entspricht, die bei der vollständigen Verbrennung von rund 100 000 kg Kohle oder bei der Bildung von rund 250 000 kg Wasser aus Knallgas entwickelt wird.). Daraus ergeben sich wichtige geologische Folgerungen: Bekanntlich reicht die Erwärmung der Erde durch die Sonnenstrahlung nicht aus, um die Konstanz der Erdtemperatur zu erklären. Der radioaktive Zerfall (hauptsächlich von $^{40}_{19}$K, $^{232}_{90}$Th, $^{235,238}_{92}$U) stellt nun zusammen mit der aus der Ursprungszeit der Erde ererbten Wärmemenge eine Wärmequelle dar, welche den Überschuss der Wärmeausstrahlung der Erde gegenüber der Einstrahlung von der Sonne her zu kompensieren vermag. Eine Gesteinsschicht von 16 km Tiefe würde – falls ihr Gehalt an radioaktiven Substanzen im Durchschnitt der gleiche wie an der untersuchten Oberfläche ist – bereits genügen, um den Wärmeverlust der Erde zu decken (im Erdmantel und erst recht im Erdkern ist der Gehalt um Größenordnungen kleiner). Ebenso lassen sich viele rätselhafte Tatsachen der Erdgeschichte (geologische Zyklen, Gebirgsbildungen, Verschiebungen von Kontinenten) sowie die Erscheinungen des Vulkanismus auf Grund der Annahme verstehen, dass auch die tieferen Schichten der Erdkruste radioaktive Substanzen enthalten, die infolge der gewaltigen Wärmeentwicklung während geologischer Zeiträume zum Schmelzen von Tiefenschichten und damit zu gewaltigen Bewegungen im Erdinnern Veranlassung geben.

Die Wärmeentwicklung radioaktiver Stoffe wird z. B. in der Raumfahrttechnik zur Herstellung von Energiequellen, die keiner Wartung bedürfen, ausgenutzt. So werden in den sogenannten SNAP-Generatoren durch die Wärmeerzeugung radioaktiver Nuklide wie ^{90}Sr, ^{147}Pm, ^{210}Po, ^{238}Pu, ^{242}Cm Thermoelemente erwärmt, deren Thermostrom zum Betrieb elektrischer oder elektronischer Geräte dient (SNAP = System for Nuclear Auxiliary Power).

Strahlungsenergieaufnahme von Materie

Allgemeines. Wenn radioaktive Strahlen beim Durchgang durch Materie mit Atomen zusammenstoßen, so treffen sie fast ausschließlich auf deren Elektronenhülle, während der im Vergleich zum Gesamtatom winzige Atomkern nur äußerst selten direkt getroffen wird. Im letzteren Falle kommt es – bei Einwirkung hochenergetischer Strahlung – zu einer Atomumwandlung, von der erst später (S. 2253) die Rede sein soll. Im ersteren Falle wird das Atom »angeregt« oder »ionisiert«. Ist hierbei das Atom Bestandteil eines Moleküls, so kann dieses als Folge des Zusammenstoßes zudem chemisch verändert werden. Studien derartiger strahlenbedingter Molekülreaktionen sind Gegenstand der »Strahlenchemie« bzw. »Strahlenbiologie« (vgl. einschlägige Lehrbücher).

Entlang der Bahnen radioaktiver Strahlen (auch als »ionisierende Strahlung« bezeichnet) entstehen in »Primärprozessen« Zigtausende von angeregten und ionisierten Teilchen, welche durch »Sekundärprozesse« wie Fragmentierungen, Rekombinationen, Lumineszenzen wieder verschwinden (die angeregten Teilchen bilden sich teilweise auch durch Ion-Elektron-Rekombination). Als Folge der Wechselwirkung elektromagnetischer γ-Strahlung (Entsprechendes gilt für harte Röntgenstrahlung) bilden sich einerseits Kationen- und Elektronenstrahlen (»Photoeffekt«; vollständige Übertragung der Photonenenergie) oder Kationen-, Elektronen- und Photonenstrahlen (»Comptoneffekt«; teilweise Übertragung der Photonenenergie), andererseits – im Falle hochenergetischer γ-Strahlung (> 1.02 MeV) Elektronen- und Positronenstrahlen (»Paarbildung«; vollständige Umwandlung der Photonenenergie, vgl. S. 2362). α- und β$^{\pm}$-Strahlen führen zu angeregten und ionisierten Teilchen im Verhältnis von ca. 1.5:1, wobei e$^+$ nach Energieverlust schließlich mit e$^-$ aus einer Atomhülle unter Bildung zweier γ-Quanten abreagiert (»Zerstrahlung«, vgl. S. 2362).

Anwendungen. Das blaue Leuchten von Radiumverbindungen an der Luft beruht z. B. auf der Anregung von »Stickstoffmolekülen« (vgl. S. 744) und deren Übergang in den Grundzustand: $N_2^* \longrightarrow N_2 + h \cdot \nu$. Bei sehr schwach radioaktiven Präparaten findet man solche »Lumineszenz«-Erscheinungen nur dann, wenn man Substanzen in ihre Nähe bringt, die sich besonders leicht anregen lassen. Ein solcher Stoff ist z. B. »Zinksulfid«. Zinksulfidpräparate, denen geringe Mengen radioaktiver Substanzen (z. B. $^{228}_{90}$Th; heute durch billigere Spaltprodukte aus Kernreaktoren ersetzt) beigemischt sind, zeigen daher ein beständiges, von äußeren Energiequellen unabhängiges Leuchten. Sie dienten früher als »radioaktive Leuchtfarben« zum Bestreichen der Zeiger und Ziffern von Uhren und dergleichen.

Auch die wissenschaftliche Forschung macht von der leichten Anregbarkeit des Zinksulfids Gebrauch für die Sichtbarmachung von α-Strahlen: jedes auf einen als Spinthariskop[2] bezeichneten Zinksulfid-Leuchtschirm auftreffende α-Teilchen ruft einen im Dunkeln sichtbaren Lichtblitz (»Szintillation«) hervor, sodass man hier die Möglichkeit hat, einzelne Atome zu »sehen«

---

[2] spinther (griech.) = Funke; skopein (griech.) = beobachten; scintilla (lat.) = Funke; dosis (griech.) = Gabe.

und zu »zählen« (»Szintillationszähler«). So kann man z. B. die »Reichweite von α-Strahlen« bestimmen, indem man die Entfernung misst, in welcher ein Zinksulfidschirm durch ein radioaktives Präparat eben noch zum Aufblitzen angeregt wird. In gleicher Weise lässt sich die »Dicke von Werkstücken« dadurch feststellen, dass man die Abschwächung (»Absorption«) der Strahlung beim Stoffdurchgang misst. Auch kann mithilfe des Spinthariskops recht genau die »Avogadrosche Konstante« (S. 45) ermittelt werden, indem man z. B. die von einer bestimmten Radiummenge in einer bestimmten Zeit ausgestrahlte Zahl von α-Teilchen ($4.53 \cdot 10^{18}$ Heliumatome je Jahr und g Radium) zählt und das von der gleichen Radiummenge in der gleichen Zeit entwickelte Heliumgasvolumen ($167\ mm^3$ je Jahr und g Radium) erfasst.

Anwendungen. Zur experimentellen Messung der Aktivität von radioaktiven Präparaten (vgl. S. 2247) lässt man die Strahlen in eine »Ionisationskammer« (Abb. 34.2) eintreten und misst den durch die Ionisierung der Luft hervorgerufenen, zwischen zwei geladenen Elektroden übergehenden Ionisationsstrom. Meist ermittelt man dabei nur die durch die γ-Strahlen bewirkte Luftionisation, indem man die übrigen radioaktiven Strahlen ausfiltert; zur Kennzeichnung der Stärke gibt man u. a. die Anzahl mg »Radium« an, welche die gleiche γ-Strahlen-Intensität wie das untersuchte Präparat ergeben. Auf dem Prinzip der Ionisationskammer beruhen u. a. der »Geiger-Zähler« und eine Reihe moderner Zählgeräte zur Bestimmung von α-, β^-- und γ-Strahlen.

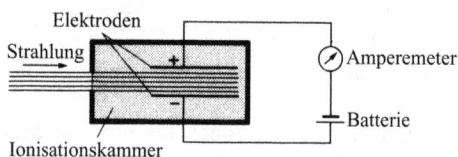

Abb. 34.2 Ionisationskammer.

Als Beispiel für eine durch radioaktive Strahlen hervorgerufene chemische Reaktion sei die Bildung von Ozon angeführt: in der Nähe jedes stark strahlenden Präparats ist der charakteristische Geruch von Ozon wahrnehmbar (S. 561). Träger des durch die Strahlung hervorgerufenen Anregungszustandes ist in diesem Falle der »Sauerstoff« der Luft, welcher den Energieüberschuss nicht wie der Stickstoff (s. oben) zur Emission von Licht, sondern zur Reaktion mit weiterem Sauerstoff verwendet: $O_2^* + 2\,O_2 \longrightarrow 2\,O_3$. »Wasser« wird durch radioaktive Strahlen in Wasserstoff und Sauerstoff gespalten (eine wässrige Radiumsalzlösung entwickelt täglich mehr als $30\ cm^3$ Knallgas je g Radium); Primärprodukte der – insbesondere für biologische Systeme folgenreichen – Wasser-Zersetzung sind über angeregtes Wasser H_2O^* gebildete Radikale ($H\cdot$, $HO\cdot$) und hydratisierte Wasserkationen H_2O^+ sowie Elektronen. »Wasserstoff« wird so stark aktiviert, dass er sich bereits bei Zimmertemperatur mit Schwefel, Arsen und Phosphor zu Schwefelwasserstoff, Arsenwasserstoff und Phosphorwasserstoff vereinigt.

Treffen radioaktive Strahlen auf »Silberbromid« (Ag^+Br^-) auf, so wird das aus dem Bromid-Ion abgelöste Elektron ($Br^- \longrightarrow Br + e^-$) vom benachbarten Silber-Ion aufgenommen ($Ag^+ + e^- \longrightarrow Ag$), sodass in summa die dem photographischen Prozess bei der Belichtung (S. 1722) zugrunde liegende Spaltung des Silberbromids in Brom und Silber stattfindet ($AgBr \longrightarrow Ag + Br$). Dementsprechend wirken radioaktive Strahlen auf photographische Platten ein (vgl. Geschichtliches auf Seite 2232). Das bisweilen in der Natur vorkommende »blaue Steinsalz« verdankt seine blaue Farbe »gelöstem« freien Natrium, welches in ganz analoger Weise durch Zersetzung von Natriumchlorid ($NaCl \longrightarrow Na + Cl$) unter dem Einfluss radioaktiver Strahlen entsteht. In analoger Weise kommt z. B. der »violette Flussspat« CaF_2 durch radiolytische Bildung von freiem Calcium oder der »Rauchquarz« SiO_2 durch radiolytische Ausscheidung von freiem Silicium zustande (für Einzelheiten vgl. »Farbzentren«, S. 193).

Die Einwirkung radioaktiver Substanzen auf den lebenden Organismus erfolgt von außen hauptsächlich über die stark durchdringenden »γ-Strahlen« und findet mannigfaltige Anwendung in der Medizin (von den inkorporierten Radionukliden sind »α-Strahler« am gefährlichsten). Zwar wirkt radioaktive Strahlung auch auf gesundes Gewebe ein und vermag dort gefährliche Schädigungen hervorzurufen. Da aber das normale Gewebe in den meisten Fällen widerstandsfähiger gegen die Strahlen als das erkrankte ist, gelingt es doch, durch entsprechende Dosierung Hautkrankheiten und auch innere Erkrankungen günstig zu beeinflussen. Namentlich bei Krebserkrankung wird die heilende oder wenigstens bessernde Wirkung der γ-Strahlen vielfach angewandt. Als γ-Strahler dienten früher in der Medizin natürliche radioaktive Stoffe wie das Radium $^{226}_{88}$Ra oder $^{228}_{88}$Ra. Heute sind an deren Stelle künstliche radioaktive Elemente getreten, z. B. $^{60}_{27}$Co oder $^{137}_{55}$Cs in der Strahlentherapie, $^{170}_{69}$Tm zu Durchleuchtungszwecken (vgl. auch S. 2270).

Dosimetrie. Die Messung der Stärke einer Veränderung in einem chemischen System durch Strahleneinwirkung (z. B. α-, β-, γ-, Neutronen-Strahlen) (»Dosimetrie«) erfolgt mithilfe geeigneter Instrumente (»Dosimeter«), welche u. a. das Ausmaß der Ionisierung (»Ionisierungsdosimeter«), einer chemischen Reaktion (»chemische Dosimeter«; z. B. Reaktion mit Ammoniumeisen(II)-sulfat), der Schwärzung einer Photoplatte (»photographische Dosimeter«), der Leitfähigkeit und andere Festkörpereigenschaften (»Festkörper-Dosimeter«) messen. Die Überwachung der persönlichen Strahlungsbelastung geschieht etwa mit füllfederhalterartigen »Ionisationsdosimetern« (Messung des Abfalls einer vorgegebenen Kondensatorladung) bzw. mit sogenannten »Filmplaketten« (Messung der Schwärzung einer photographischen Schicht).

Das Maß für die Menge der einem Bestrahlungsgut zugeführten Strahlungsenergie pro Gewichtseinheit ist die »Dosis«, wobei man zwischen Energie-, Ionen- und Äquivalentdosis unterscheidet. Die Einheit der in J kg^{-1} gemessenen »Energiedosis« (vor 1986 »Rad« (rd) von radiation absorbed dose) ist zu Ehren des englischen Physikers und Radiologen H. Gray (1905–1965) das »Gray« (Gy) : 1 Gy = 100 rd = 1 J kg^{-1}. Die »Ionendosis« wird in Coulomb kg^{-1} angegeben (vor 1986: »Röntgen« (R) : 1 R = $2.082 \cdot 10^9$ erzeugte Ionenpaare pro cm^3 Luft; veraltet: »Rep« von Röntgen equivalent physical: 1 Rep = Absorption ionisierender Strahlung der Energie 0.0093 Gy = 0.0093 J kg^{-1}).

Die für die Beurteilung der Strahlenbelastung des Menschen genutzte »Äquivalentdosis« H stellt das Produkt von Energiedosis $D = E/m$ und einem von der Strahlungsart (α-, β-, γ-, Röntgen-, Neutronen-Strahlung) abhängigen Qualitätsfaktor Q dar.

$$H = D \cdot Q = \frac{E \cdot Q}{m}$$

Strahlen	α	β^-	γ	X	n
Q	20	1	1	1	3–10

Ihre Einheit (vor 1986 »Rem« von »Röntgen equivalent man«) ist zu Ehren des schwedischen Radiologen R. M. Sievert (1896–1966) das »Sievert« (Sv): 1 Sv = 100 rem = 1 J kg^{-1}. Der erwähnte Qualitätsfaktor Q (»Bewertungsfaktor«, »relative biologische Wirksamkeit«, »RBW«) stellt das Verhältnis der Energiedosis einer Referenzstrahlung (meist 200 keV-Röntgenstrahlung oder $^{60}_{77}$Co-γ-Strahlung), die in lebenden Organismen oder Teilen von Organismen eine bestimmte biologische Wirkung erzeugt, zur Energiedosis der untersuchten Strahlung mit gleicher biologischer Wirkung dar. Die an Zellschädigungen und -tötungen sowie Mutationen erkennbare Wirkung von α-, β^--, γ- und Neutronenstrahlen (Folgeerscheinungen: Haarausfall, Blutkrankheiten, Magenblutungen, Verdauungsstörungen, Störungen des zentralen Nervensystems, Unfruchtbarkeit, Krebs) verhält sich etwa wie 20 : 1 : 1 : 3–10. Die unvermeidliche jährliche Strahlungsbelastung des Menschen (im Mittel 10^{-3} Sv/a = 1 mSv/a) geht auf die kosmische Strahlung (0.3–0.5 mSv/a), terrestrische (Gesteins-, Baustoff-) Strahlung (0.2–0.5 mSv/a) sowie auf die Strahlung inkorporierter natürlicher Radionuklide wie $^{40}_{19}$K, $^{87}_{37}$Rb (bis zu 1.6 mSv/a) zurück. Hinzu kommen Belastungen wie z. B. durch den Fallout, die Höhenstrahlung bei Flugreisen, medizinische Untersuchungen, Tabakrauch (^{210}Po; Belastung des Körpers mit 0.07 mSv pro Zigarette). Ganzkörperbestrahlungen mit 1–2 Sv lösen die »akute Strahlen-Krankheit« aus, Äqui-valentdosen > 6 Sv wirken in der Regel tödlich. Nach Schätzungen der Internationalen Strah-lenschutzkommission ist bei 10 000 mit 1 Sv/a belasteten Personen mit 125 strahlenbedingten Krebsfällen zu rechnen (Entsprechendes gilt für 10 000 000 mit je 1 mSv/a belasteten Personen). Genutzt werden kann die schädigende Strahlenwirkung etwa zum Konservieren von Nahrungs-mitteln (Abtötung von Bakterien).

1.2.3   Radioaktiver Energieumsatz

Massenverlust durch Strahlung

Wie auf S. 2235 erwähnt, ergibt sich aus den rel. Atommassen des Urans und des Heliums für das Endprodukt der Uranzerfallsreihe, das Uranblei, ein rel. Atommassenwert 206, der auch ex-perimentell bestätigt wurde (gefunden z. B. an einem in Dakota gefundenen Uranit: 206.01 statt normal 207.19). Verwendet man nun zur Berechnung die genauen rel. Atommassen von Uran und Helium, so resultiert eine kleine Diskrepanz. Entsprechend der Abgabe von 8 Heliumato-men $^4_2$He (rel. Atommasse 4.0026) aus dem Uranatom $^{238}_{92}$U (rel. Atommasse 238.0508) sollte man nämlich für das Uranblei $^{206}_{82}$Pb eine rel. Atommasse von $238.0508 - 8 \cdot 4.0026 = 206.0300$ erwarten, während der wirkliche Wert für $^{206}_{82}$Pb 205.9745 beträgt. Das entspricht einem Massen-verlust von $206.0300 - 205.9745 = 0.0555$ Atommasseneinheiten. Die β^--Strahlung, die beim Uranzerfall noch auftritt, kann für diesen Massenverlust nicht verantwortlich gemacht werden, da – wie früher erwähnt – die ausgestrahlten Elektronen als Außenelektronen wieder in die Atomhülle aufgenommen werden. Somit scheinen je Mol Uran 55.5 mg spurlos zu verschwin-den.

Eine genauere Betrachtung zeigt nun, dass diese Masse in Form der gewaltigen Zerfallsener-gie von insgesamt über 50 Millionen Elektronenvolt je Uranatom (entsprechend mehr als 50 Millionen Faradayvolt je Mol Uran) wieder erscheint, welche beim Übergang von Uran in Blei frei wird. Denn nach der früher (S. 18) schon erwähnten Einstein'schen Masse-Energie-Glei-chung

$$E = m \cdot c^2 \tag{34.4}$$

entspricht einer Masse m von 1 g eine Energiemenge E von 931.5 Millionen Faradayvolt. Dem-nach sind die 55.5 mg Massenverlust einer Energiemenge von $0.0555 \cdot 931.5 = 51.7$ Millionen Faradayvolt äquivalent, was mit dem experimentell festgestellten Wert übereinstimmt. Somit erleidet das Uranatom $^{238}_{92}$U bei seinem Übergang in ein Bleiatom $^{206}_{82}$Pb außer einem materi-ellen Massenverlust von 32.0208 Atommasseneinheiten (Abgabe von 8 Heliumatomen) noch einen energetischen Massenverlust von 0.0555 Atommasseneinheiten (Abgabe von 51.7 MeV je Uranatom).

Der Übergang von Radium in Blei ist mit einer Energieentwicklung von insgesamt 35 Millio-nen eV je Radiumatom – in Form kinetischer Energie der α-, β^-- und γ-Strahlung – verknüpft. Diese 35 Millionen eV/Atom bzw. 35 Millionen Faradayvolt/Mol entsprechen einer Wärmemen-ge von ca. $3 \cdot 10^9$ kJ pro Mol Radium, was sich in Übereinstimmung mit der experimentell ge-messenen Wärmeentwicklung (S. 2240) befindet. Das Massen-Äquivalent dieser Energiemenge beträgt nach (34.4) 38 mg, welche somit beim Übergang von 1 mol Radium in Blei »verschwin-den«.

Kernbindungsenergie

Die Masse eines jeden aus Protonen und Neutronen zusammengesetzten Atomkerns ist kleiner als die Summe der Massen seiner Bestandteile. Die Differenz Δm (»Massendefekt«) entspricht gemäß der Beziehung (34.4) der Bindungsenergie E, welche beim Aufbau des Atomkerns aus den beiden Bausteinen frei wird, und stellt ein Maß für die Beständigkeit des Atomkerns dar.

So beträgt z. B. die genaue rel. Atommasse des Heliumkerns $^4_2\text{He}^{2+}$ 4.00260, während sich als Summe der rel. Atommassen von 2 Protonen $^1_1\text{H}^+$ und 2 Neutronen ^1_0n der Wert $(2 \cdot 1.007276) + (2 \cdot 1.008665) = 4.03188$ ergibt. Der Massendefekt $\Delta m = 4.03188 - 4.00260 = 0.02928$ entspricht einer bei der Bildung von Heliumkernen aus Protonen und Neutronen freiwerdenden Bindungsenergie von $0.02928 \cdot 931.5 = 27.3$ Millionen Faradayvolt je Mol Helium, was einer Wärmeentwicklung von 2634 Millionen kJ je Mol oder von 662 Milliarden kJ je kg Helium äquivalent ist:

$$2\,\text{H}^+ + 2\,\text{n} \longrightarrow \text{He}^{2+} + 2\,634\,000\,000\,\text{kJ}. \tag{34.5}$$

Wollte man demnach Heliumkerne in Protonen und Neutronen aufspalten, so müsste man dazu den ungeheuren Energiebetrag von 2634 Millionen Kilojoule je Mol (4.00260 g) aufwenden. Dies lässt uns verstehen, warum beim radioaktiven Zerfall Heliumkerne und nicht deren Bausteine ausgeschleudert werden (vgl. S. 2233). Ein »Zusammenschmelzen« von je 4 Wasserstoffkernen zu Heliumkernen (»Kernfusion«) gelingt beim Erhitzen auf viele Millionen Grad, also bei der Wasserstoffbombe (S. 2285) z. B. im Explosionszentrum einer Uran- oder Plutoniumbombe, und spielt sich – über Zwischenstufen hinweg – u. a. in der Sonne ab (S. 2273), deren Energieausstrahlung dadurch gedeckt wird.

Zur Charakterisierung der relativen Beständigkeit von Atomkernen pflegt man meist nicht den oben definierten Massendefekt Δm, sondern die daraus gemäß (34.4) (s. oben) errechenbare »Kernbindungsenergie« E (in MeV) anzugeben, wobei man diese Bindungsenergie des besseren Vergleichs halber jeweils auf 1 Nukleon (Proton oder Neutron) bezieht, die Gesamtbindungsenergie des Kerns also durch die Zahl seiner Nukleonen dividiert (»Nukleonenbindungsenergie«). Ganz allgemein liegt die Bindungsenergie pro Nukleon, wie Abb. 34.3 zeigt, bei allen Kernen, abgesehen von einigen sehr leichten Kernen (s. unten), zwischen 7 und 9 (Durchschnitt: 8) MeV. Je höher ein Element in der Kurve von Abb. 34.3 steht, um so beständiger sind seine Atomkerne. Das Maximum der Stabilität liegt in der Mittelsektion (Fe, Co, Ni; der Erdkern besteht zu 86 % aus Fe neben 7 % Ni, 1 % Co, 6 % S) und ist der Grund dafür, dass sowohl die Spaltung von schweren zu leichteren Kernen (S. 2271) wie die Verschmelzung von leichten zu schwereren Kernen (S. 2273) nukleare Energie liefert, da in beiden Fällen die zunehmend festere Bindung (höhere Bindungsenergie) der Nukleonen zum Freiwerden großer Mengen von Kernbindungsenergie führt.

Da bei der Spaltung von schweren Kernen wesentlich mehr Nukleonen betroffen werden (im Falle von $^{236}_{92}\text{U}$ z. B. 236 Nukleonen) als bei der Verschmelzung von leichten Kernen (bei der

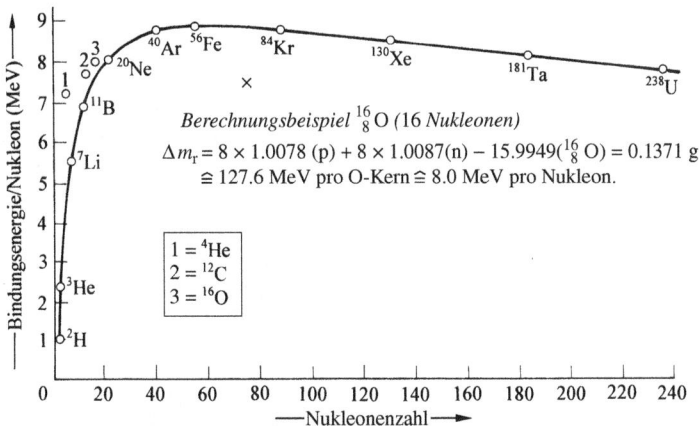

Abb. 34.3 Abhängigkeit der Kernbindungsenergie pro Nukleon von der Nukleonenzahl der Elementatome.

Bildung von $^4_2$He z. B. 4 Nukleonen), ist die je »Mol« entwickelte nukleare Energie im ersteren Falle wesentlich größer als im letzteren; bezogen auf die »Masseneinheit« ist aber wegen der kleineren Atommasse der leichten Elemente die Energieentwicklung bei der Verschmelzung leichter Elemente wesentlich größer als bei der Spaltung schwerer Elemente (vgl. S. 2273).

Hervorzuheben ist die vergleichsweise geringe Stabilität einiger leichter Kerne. So beträgt die Kernbindungsenergie im Falle des Lithiums $^7_3$Li 5.6, des Tritiums $^3_1$H 2.8 und des Deuteriums $^2_1$H gar nur 1.1 MeV/Nukleon. Andererseits fällt die im Vergleich zu den Nachbarkernen große Stabilität des Heliumkerns $^4_2$He (und seiner Vielfachen $^{12}_6$C und $^{16}_8$O) auf, die sich durch ihre Lage oberhalb der sonst recht stetigen Kurve zu erkennen gibt (der ebenfalls oberhalb der Kurve, aber noch unter $^4_2$He liegende Kern $^8_4$Be zerfällt mit einer Halbwertszeit von $3 \cdot 10^{-16}$ Sekunden spontan in zwei $^4_2$He-Kerne). Der geringe Energieinhalt von Heliumkernen lässt das Auftreten von α-Teilchen beim radioaktiven Zerfall einleuchtend verstehen und bildete die Grundlage zur Entwicklung der »Wasserstoffbombe« (S. 2285), welche die bei der Umwandlung von Wasserstoff in Helium gemäß (34.5) freiwerdende ungeheure Energie (die auch die Quelle der Sonnenenergie ist; S. 2273) »auszunutzen« sucht. Bezüglich einiger Gründe der unterschiedlichen Stabilität der Nuklidkerne vgl. den Abschnitt 1.4.

1.3   Geschwindigkeit des radioaktiven Zerfalls

1.3.1   Zerfallskonstante, Halbwertszeit, Aktivität

Allgemeines. Die Geschwindigkeit des radioaktiven Zerfalls entspricht, wie erwähnt (S. 2232), der einer monomolekularen Reaktion, d. h. die je Zeiteinheit zerfallende Menge dN/dt eines radioaktiven Stoffs ist gemäß (34.6a) in jedem Augenblick der noch vorhandenen Mol-Menge proportional:

$$\text{(a)} \; - \frac{dN}{dt} = \lambda \cdot n, \quad \text{(b)} \; \ln \frac{N_0}{N_t} = \lambda \cdot t, \quad \text{(c)} \; \tau_{1/2} = \frac{0.693}{\lambda} \tag{34.6}$$

Dementsprechend nimmt die Geschwindigkeit einer radioaktiven Zerfallsreaktion mit der Zeit immer mehr ab und nähert sich asymptotisch dem Wert Null. Der Proportionalitätsfaktor λ, den wir früher allgemein als Geschwindigkeitskonstante $k_\rightarrow$ bezeichneten (S. 208), hat hier den speziellen Namen »Zerfallskonstante«. Sie gibt die Menge eines radioaktiven Stoffs an, die je Sekunde zerfällt, wenn die Mengeneinheit des Stoffs vorliegt (für $N = 1$ wird $-dN/dt = \lambda$)[3]. Die Größe λ ist bei jedem radioaktiven Element wegen der außerordentlich großen Energieentwicklung bei radioaktiven Prozessen von allen äußeren Bedingungen unabhängig (eine Ausnahme hiervon bildet der K-Einfang, S. 2234). Die Zerfallsgeschwindigkeit bleibt also stets die gleiche, gleichgültig ob man den radioaktiven Stoff bei −273 °C, bei +3000 °C, in elementarer Form oder in Form chemischer Verbindungen untersucht.

Zwischen den Grenzen N_0 (ursprünglich vorhandene Menge) und N_t (nach t Sekunden noch vorhandene Menge) integriert (vgl. S. 408), ergibt die Differentialgleichung (34.6a) die Beziehung (34.6b), aus der sich bei experimenteller Bestimmung von N_0 und N_t (anstelle der Stoffmengen N können auch die ihnen gemäß (34.6a) proportionalen Strahlungsintensitäten eingesetzt werden) die Zerfallskonstante λ eines radioaktiven Stoffs ergibt. Ist λ auf diese Weise einmal ermittelt, so kann man (34.6b) dazu benutzen, um für gegebenes N_0 und N_t die Größe t zu berechnen. So ergibt sich z. B. die Zeit $t = \tau_{1/2}$, in der gerade die Hälfte einer radioaktiven

---

[3]   Zerfall von Radium. λ hat z. B. für $^{226}_{88}$Ra den Wert $1.373 \cdot 10^{-11}$ s^{-1}; d. h. von 1 g Radium zerfallen je Sekunde $1.373 \cdot 10^{-11}$ g und je Jahr also 0.433 mg. Dass man letztere Menge so berechnen kann, als ob eine lineare Mengenabnahme erfolgt (obwohl sie ja gemäß (34.6) durch eine Differentialgleichung zu berechnen ist), rührt daher, dass im Laufe eines Jahres die Ausgangsmenge von 1000 mg Ra nur unwesentlich abnimmt, also praktisch konstant bleibt. Da bis zur Stufe von langlebigem $^{210}_{82}$Pb vier He-Kerne je Ra-Kern emittiert werden, entspricht dies einer jährlichen He-Menge von 0.17 cm^3 g^{-1} Ra. Die experimentell gefundene He-Menge befindet sich damit in Übereinstimmung.

Tab. 34.1

p	1	2	3	4	5	6	7	8	9	10
$\left(\frac{1}{2}\right)^p$	$\frac{1}{2}$	$\frac{1}{4}$	$\frac{1}{8}$	$\frac{1}{16}$	$\frac{1}{32}$	$\frac{1}{64}$	$\frac{1}{128}$	$\frac{1}{256}$	$\frac{1}{512}$	$\frac{1}{1024}$

Substanz umgewandelt wird ($N_t = N_0/2$; vgl. S. 408) gemäß (34.6c). In Form dieser »Halbwertszeit« $\tau_{1/2}$ wird die Zerfallskonstante λ meist angegeben, weil $\tau_{1/2}$ anschaulicher als λ ist. Für »Radium« $^{226}_{88}$Ra beträgt nach (34.6c) $\tau_{1/2} = 0.693/1.373 \cdot 10^{-11} = 5.047 \cdot 10^{10}$ Sekunden, was 1600 Jahren entspricht. Jede zu irgendeiner Zeit betrachtete beliebige Menge Radium ist demnach 1600 Jahre später zur Hälfte zerfallen. Ganz allgemein erfordert die Abnahme der Menge einer radioaktiven Substanz von 100 auf 50, von 50 auf 25 und von 25 auf 12.5 % (erkennbar an der analogen Abnahme der zugehörigen Radioaktivität) jeweils die gleiche Zeit (Halbwertszeit). Die Halbwertszeiten der radioaktiven Elemente können die extremsten Werte besitzen und variieren bei den in der Natur vorkommenden Nukliden zwischen einer zehnmillionstel Sekunde ($^{212}_{84}$Po) und mehr als 10 Trillionen Jahren $\approx 10^{26}$ Sekunden ($^{209}_{83}$Bi). Die Zeit $\tau_{1/1000}$, nach der nur noch ein Tausendstel der ursprünglichen Substanz vorhanden, letztere also zu 99.9 %, zerfallen ist, ergibt sich nach (34.6) zu $\tau_{1/1000} = 6.908/\lambda = 9.9 \cdot \tau_{1/2}$, entsprechend dem rund Zehnfachen der Halbwertszeit (34.6). Nach $1600 \cdot 10 = 16\,000$ Jahren ist demnach eine gegebene Radiummenge praktisch völlig zerfallen. Ganz allgemein ist nach n Halbwertszeiten von der ursprünglich vorliegenden Menge eines radioaktiven Elements noch $\left(\frac{1}{2}\right)^n$ vorhanden (s. Tab. 34.1).

Bei Halbwertszeiten, die $^1/_8$, $^1/_9$ oder $^1/_{10}$ des Maximal-Alters der Erde ($4.6 \cdot 10^9$ Jahre) betragen, war also die anfangs vorhandene Menge des betreffenden Elements rund 250, 500 bzw. 1000 mal größer als heute, und von radioaktiven Elementen mit Halbwertszeiten z. B. von $3 \cdot 10^8$ ($n = 20$), $2 \cdot 10^8$ ($n = 30$) bzw. $1.5 \cdot 10^8$ Jahren ($n = 40$) ist heute nur noch 1 Millionstel bzw. 1 Milliardstel bzw. 1 Billionstel der ursprünglichen Menge übrig, sodass solche Elemente (etwa die Transurane) heute praktisch von der Erde verschwunden sind, sofern sie nicht aus langlebigen Elementen immer wieder nachgebildet werden (vgl. Zerfallsreihen), während z. B. Elemente wie $^{187}_{75}$Re mit Halbwertszeiten von mehr als dem 10 fachen Wert des Erdalters (für $p = \frac{1}{10}$ ist $\left(\frac{1}{2}\right)^p = \frac{1}{1.07}$) heute noch zu mehr als 93 % ihrer Anfangsmenge vorliegen.

Die Aktivität A eines radioaktiven Zerfalls, d. h. die je Zeiteinheit zerfallende Menge (Zahl der Atome) dN/dt eines radioaktiven Stoffs ist wie die Geschwindigkeit des betreffenden Zerfalls gemäß (34.6) in jedem Augenblick der noch vorhandenen Menge (Atomzahl) m proportional. Somit gilt unter Berücksichtigung der Gleichung (34.6c):

$$A = -\frac{dN}{dt} = \lambda \cdot N = \frac{0.693}{\tau_{1/2}} \cdot N$$

D. h., die Aktivität einer bestimmten Menge eines radioaktiven Stoffs ist umso kleiner je größer die Zerfallshalbwertszeit und je kleiner die Menge dieses Stoffs ist.

Unter der »Aktivität« »1 Curie« (Ci) versteht man ab 1950 zu Ehren von M. und P. Curie diejenige Menge einer radioaktiven Substanz, die je Sekunde genau $3.7 \cdot 10^{10}$ Teilchen emittiert (tausendster, millionster, millionenfacher, milliardenfacher, billionenfacher Wert: mCi, µCi, MCi, GCi, TCi). Die Aktivität von Radium beträgt z. B. ca. 1 Ci pro Gramm. Ab 1970 bezeichnet man die Anzahl n der Zerfälle (Umwandlungen) pro Sekunde zu Ehren von A. H. Becquerel als »n Becquerel« (Bq) (millionen-, milliarden-, billionenfacher Wert: MBq, GBq, TBq). Es gilt der Zusammenhang: $1\,\text{Bq} = 1\,\text{s}^{-1} \approx 2.7 \cdot 10^{-11}$ Ci bzw. $1\,\text{Ci} = 3.7 \cdot 10^{10}$ Bq. (Die Einheit Becquerel in s^{-1} wird für statistische, die Einheit Hertz ebenfalls in s^{-1} für zeitlich periodische Vorgänge verwendet.)

Radionuklide mit Halbwertszeiten $> 10^9$ Jahre haben selbst in größeren Mengen auf den Menschen keinen Einfluss mehr. Sind andererseits die Zerfallshalbwertszeiten wie die der Radioisotope kurz, so erzeugen selbst die winzigen, als Emanation des allgegenwärtigen Thoriums $^{232}_{90}$Th und Urans $^{238}_{92}$U sowie $^{235}_{92}$U an die Umgebung abgegebenen Mengen $^{219}_{86}$Rn ($\tau_{1/2} = 3.96$ Sekunden), $^{220}_{86}$Rn ($\tau_{1/2} = 55.6$ Sekunden) und $^{222}_{86}$Rn ($\tau_{1/2} = 3.8$ Tage) deutliche Aktivitäten (im Freien ca. 15 Bq m^{-3}, in Häusern ca. 40 Bq m^{-3}.

Anwendungen. Unter den praktischen Nutzanwendungen der Beziehung (34.8) zwischen umgewandelter Stoffmenge N und Zeit t sei die Altersbestimmungen von Mineralien angeführt, die uns Auskunft über das Mindestalter der Erde gibt (unter »Alter« von Mineralien versteht man die Zeit, die seit Aufnahme der Radionuklide wie Uran im erstarrenden Gestein verstrichen ist). Wie aus der Uranzerfallsreihe (Tab. 34.1, S. 2235) folgt, geht jedes Uranatom beim radioaktiven Zerfall schließlich in ein inaktives Bleiatom über. Ermittelt man daher in einem Uranmineral analytisch den Gehalt an Uranblei, so lässt sich natürlich mithilfe von (2 b) die Anzahl Jahre t berechnen, die zum Zerfall der dieser Bleimenge entsprechenden Uranmenge erforderlich war (Bleimethode; der Gehalt an natürlichem Pb-Isotopengemisch wird an $^{204}_{82}$Pb erkannt und gemäß dem bekannten Isotopenverhältnis 204/206/207/208 als Blei nichtradiogenen Ursprungs abgezogen). So ergab z. B. die Analyse des in Afrika vorkommenden »Monogero-Erzes« ein Atomverhältnis $^{205}_{82}$Pb : $^{238}_{92}$U $= 0.107$. Auf 1 mol Uran sind demnach 0.107 mol Uranblei (entstanden aus 0.107 ursprünglich noch zusätzlich vorhandenen Molen Uran) enthalten, sodass $N_0 : N_t = (1+0.107) : 1 = 1.107$ ist. Hieraus berechnet sich, dass λ für Uran den Wert $1.54 \cdot 10^{10}$ Jahre besitzt, der etwas zu klein ist, da bei der Rechnung die Zwischenprodukte des U-Zerfalls und das im Uran immer vorliegende Thorium unberücksichtigt blieben (das Alter der Erde wird wie das der Sonne auf rund $4.6 \cdot 10^9$ Jahre, das Alter des Universums auf rund $(15 \pm 3) \cdot 10^9$ Jahre, wahrscheinlich $(13-14) \cdot 10^9$ Jahre geschätzt. In analoger Weise lassen sich die Verhältnisse $^{207}_{82}$Pb : $^{235}_{92}$U bzw. $^{208}_{82}$Pb : $^{232}_{90}$Th bzw. $^{206}_{82}$Pb : $^{207}_{82}$Pb : $^{208}_{82}$Pb zur Altersbestimmung von Mineralien heranziehen. Durch Messung der Zerfallsmenge von $^{238}_{92}$U in einem Stern ließ sich dessen Alter auf 12.5 Milliarden Jahre abschätzen.

Von den bisher nach der »Bleimethode« untersuchten Mineralien erwies sich als eines der jüngsten (60 Millionen Jahre) ein in der oberen Kreideformation vorkommender Uraninit, als eines der ältesten (3500 Millionen Jahre) ein im unteren Präkambrium enthaltener Uraninit. Das Alter der oberen Kreideformation beträgt somit 60 Millionen Jahre, das des unteren Präkambriums 3.5 Milliarden Jahre.

Nimmt man an, dass bei der Entstehung des Urans die beiden Isotope $^{238}_{92}$U und $^{235}_{92}$U in praktisch gleichen Mengen gebildet wurden, dann errechnet sich aus ihren Halbwertszeiten ($4.47 \cdot 10^9$ bzw. $7.04 \cdot 10^8$ Jahre) und ihrer heutigen – auch in Meteoriten aufgefundenen – relativen Häufigkeit (99.2739 bzw. 0.7205 %), dass der Zeitpunkt x, zu dem dies der Fall war, um $5.85 \cdot 10^9$ Jahre zurückliegt. Hiernach betrüge das Alter des Erdurans rund 6 Milliarden Jahre. Entstand andererseits die Erde vor rund $4.6 \cdot 10^9$ Jahren, wie heute allgemein angenommen wird, so ist zu folgern, dass das Verhältnis von $^{235}_{92}$U zu $^{238}_{92}$U damals um 1 : 3 betragen haben muss.

Statt des Bleis kann man zur Altersbestimmung von Uranmineralien und Meteoriten auch das entwickelte Heliumgas (1 g Uran erzeugt zusammen mit seinen Zerfallsprodukten jährlich $1.1 \cdot 10^{-7}$ cm^3 Heliumgas) ermitteln, das in vielen Fällen zum überwiegenden Teil innerhalb des Minerals eingeschlossen bleibt und erst beim Auflösen, Schmelzen oder Erhitzen der gepulverten Erzprobe entweicht und dann aufgefangen und genau gemessen werden kann (Heliummethode). Die auf diese Weise gefundenen Alterswerte stimmen mit den nach der »Bleimethode« erhaltenen in allen den Fällen überein, in denen während des Zerfalls noch kein Helium nach außen entwichen ist; andernfalls sind sie naturgemäß etwas kleiner. Der Heliummethode beim Uran entspricht die Argonmethode beim Kalium, da das Kaliumisotop $^{40}_{19}$K mit einer Halbwertszeit von $1.28 \cdot 10^9$ Jahren durch β^+-Strahlung wie durch K-Einfang (S. 2234, 2268) in $^{40}_{18}$Ar übergeht, sodass man aus dem Verhältnis $^{40}_{18}$Ar : $^{40}_{19}$K das Alter des betreffenden Kaliumminerals ermitteln kann (da $^{40}_{19}$K auch durch β^--Strahlung in $^{40}_{20}$Ca übergeht, hängt die Genauigkeit der Altersbestimmung von der genauen Kenntnis des Zerfallsverzweigungsverhältnisses ab).

Eine andere geologische Zeitmessung gründet sich auf dem Vorgang $^{87}_{37}$Rb (β^--Strahlung; $\tau_{1/2} = 4.7 \cdot 10^{10}$ Jahre) $\longrightarrow$ $^{87}_{38}$Sr (Ermittlung des Verhältnisses $^{87}_{37}$Sr : $^{87}_{38}$Rb). Der höchste nach dieser Strontiummethode an einem Steinmeteoriten erhaltene Wert entspricht fast dem Erdalter. Des Weiteren kann der Vorgang $^{176}_{71}$Lu (β^--Strahlung; $\tau_{1/2} = 4.7 \cdot 10^{10}$ Jahre) $\longrightarrow$ $^{176}_{72}$Hf (Ermittlung des Verhältnisses $^{176}_{72}$Hf : $^{176}_{71}$Lu) zur Altersbestimmung herangezogen werden. Da Zirkon-Kristalle immer $^{176}_{71}$Lu enthalten, dabei sehr widerstandsfähig sind und erhalten bleiben, auch wenn ihr Muttergestein längst erodiert ist, sind derartige Bestimmungen an Zirkon sehr aussagekräftig. Der Befund, dass die Zirkone hierbei zum Teil 4.4 Milliarden Jahre alt sind, bedeutet, dass die 4.6 Milliarden alte Erde bereits 200 Millionen Jahre nach ihrer Entstehung eine feste Oberfläche besaß. Bei rheniumhaltigen Mineralien kann man die Umwandlung von $^{187}_{75}$Re ($\tau_{1/2} = 4.3 \cdot 10^{10}$ Jahre) in $^{186}_{76}$Os zur Altersbestimmung heranziehen (Osmiummethode). Bezüglich der Kohlenstoffmethode zur Altersbestimmung organischer Stoffe mittels des Gehalts an radioaktivem Kohlenstoff vgl. S. 2270.

1.3.2 Radioaktives Gleichgewicht

Wenn reines »Radium« $^{226}_{88}$Ra unter Emission von α-Strahlen in »Radon« $^{222}_{86}$Rn und dieses unter α-Strahlung in »Polonium« $^{218}_{84}$Po übergeht, so entspricht die je Zeiteinheit zerfallende Ra- bzw. Rn-Menge $-dN_{Ra}/dt$ bzw. $-dN_{Rn}/dt$ der je Zeiteinheit gebildeten Rn- bzw. Po-Menge $+dN_{Rn}/dt$ bzw. $+dN_{Po}/dt$ und es gelten unter Berücksichtigung von (34.6a) die Bezeichnungen (34.7):

$$\text{(a)} \quad -\frac{dN_{Ra}}{dt} = \lambda_{Ra} \cdot N_{Ra} = +\frac{dN_{Rn}}{dt} \qquad \text{(b)} \quad -\frac{dN_{Rn}}{dt} = \lambda_{Rn} \cdot N_{Rn} = +\frac{dN_{Po}}{dt} \qquad (34.7)$$

Zunächst wird die Menge N_{Rn} des unzersetzt vorliegenden Radons mit der Zeit zunehmen, da anfangs $+dN_{Rn}/dt > -dN_{Rn}/dt$ ist, d.h. mehr Radon gebildet wird als zerfällt. Nach und nach steigt aber infolge dieser Zunahme von N_{Rn} die je Zeiteinheit zerfallende Radonmenge gemäß (34.7b) so an, dass schließlich die Beziehung (34.8a) gilt. Von jetzt ab ändert sich die Radonmenge nicht mehr, da in der Zeiteinheit ebensoviele Radonatome gebildet werden, wie wieder zerfallen. Das damit eingestellte Gleichgewicht heißt »radioaktives Gleichgewicht«. Die Gleichgewichtsbedingung hierfür lautet nach Einsetzen von (34.7a) sowie (34.7b): $\lambda_{Ra} \cdot N_{Ra} = \lambda_{Rn} \cdot N_{Rn}$ und geht – nach gleichzeitiger Berücksichtigung von (34.8c) in die Beziehung (34.8b) über:

$$\text{(a)} \quad +\frac{dN_{Rn}}{dt} = -\frac{dN_{Rn}}{dt} \qquad \text{(b)} \quad \frac{N_{Ra}}{N_{Rn}} = tfrac\lambda_{Rn}\lambda_{Ra} = tfrac\tau_{1/2,Ra}\tau_{1/2,Rn} \qquad (34.8)$$

In Worten: Die im radioaktiven Gleichgewicht befindlichen Atommengen radioaktiver Elemente verhalten sich wie die Halbwertszeiten bzw. umgekehrt wie die Zerfallskonstanten. Im obigen Fall z.B. hat λ_{Rn} den Wert $2.10 \cdot 10^{-6}$ s^{-1} und λ_{Ra} den Wert $1.37 \cdot 10^{-11}$ s^{-1}. Dementsprechend stehen Radium und Radon dann im radioaktiven Gleichgewicht, wenn $(2.10 \cdot 10^{-6}) : (1.37 \cdot 10^{-11}) =$ 153 000-mal mehr Radium- als Radonatome vorhanden sind.

Im radioaktiven Gleichgewicht sind im Sinne von (34.8b) die Aktivitäten von Mutter- und Tochterelement, gemessen in Becquerel- (bzw. Curie-)Einheiten, gleich groß, da ja in der Zeiteinheit ebensoviele Atome des Tochterelements durch Zerfall einer gleich großen Zahl von Atomen des Mutterelements gebildet werden, wie ihrerseits wieder zerfallen. Bevor das radioaktive Gleichgewicht erreicht ist, nimmt die Aktivität naturgemäß zu oder ab, je nachdem ob das Tochterelement eine kürzere oder längere Halbwertszeit besitzt als das Ausgangselement. In diesem Sinne beobachteten Rutherford und Soddy 1902, dass eine frischpräparierte Thoriumprobe zum Unterschied von einer alten Probe ihre Aktivität über eine längere Zeitperiode hinweg spontan vermehrte (Bildung der kürzerlebigen Zerfallsprodukte).

Die Gesetzmäßigkeit (34.8b) kann naturgemäß auf sämtliche – benachbarte oder nicht benachbarte – Glieder einer Zerfallsreihe ausgedehnt werden. Daher kann man z.B. aus der Tatsache, dass das Atomverhältnis vom Radium zu Uran in den Uranerzen konstant ist ($N_{Ra} : N_{\rightarrow} =$

$3.60 \cdot 10^{-7}$ bzw. $N_{\rightarrow} : N_{Ra} = 2.78 \cdot 10^6$, den Schluss ziehen, dass diese beiden Elemente im radioaktiven Gleichgewicht miteinander sind, d. h., dass das Uran die – allerdings nicht unmittelbare – »Muttersubstanz« des Radiums ist.

Anwendung. Bei Kenntnis des Gleichgewichtsverhältnisses $N_A : N_B$ und der Zerfallskonstante λ (bzw. Halbwertszeit $\tau_{1/2}$) einer Substanz A kann man die Beziehung (34.8b) zur Bestimmung der Zerfallskonstanten (Halbwertszeit) einer anderen Substanz B nutzen. Auf diese Weise ermittelt man z. B. die Halbwertszeit besonderes langlebiger Elemente, deren Zerfallskonstante auf direktem Wege nicht bestimmbar ist. So folgt z. B. aus dem obigen Atomverhältnis $N_{Ra} : N_U$ = $3.60 \cdot 10^{-7}$, dass die Halbwertszeit des Urans $1600 : (3.60 \cdot 10^{-7}) = 4.44 \cdot 10^9$ Jahre beträgt. In analoger Weise ergibt sich aus den Halbwertszeiten von $^{238}_{92}U$ ($4.47 \cdot 10^9$ Jahre) und $^{230}_{90}Th$ ($7.52 \cdot 10^4$ Jahre) gemäß (34.7), dass auf 1 mol $^{238}_{92}U$ im radioaktiven Gleichgewicht ($7.52 \cdot 10^4$): ($4.47 \cdot 10^9$) $= 1.68 \cdot 10^{-5}$ mol $^{230}_{90}Th$ bzw. auf 1 g $^{238}_{92}U$ ($1.68 \cdot 10^{-5}$) $\cdot 230/238 = 1.62 \cdot 10^{-5}$ g $^{230}_{90}Th$ entfallen, sodass in Uranerzen 16 mg $^{230}_{90}Th$ pro kg $^{238}_{92}U$ enthalten sind.

Bei besonders kurzlebigen Elementen lässt sich die Zerfallskonstante (Halbwertszeit) aus einer von H. Geiger und J. M. Nuttall empirisch aufgefundenen logarithmischen Beziehung zwischen Zerfallskonstante λ und Reichweite R der α-Strahlen in Luft (»Geiger-Nuttall'sche Regel«, 1911) errechnen. So folgt z. B. aus der für die Uran-Zerfallsreihe geltenden Gleichung: $\log \lambda = -37.7 + 53.9 \cdot \log R$, dass die Zerfallskonstante λ von Polonium $^{214}_{84}Po$ ($R = 6.60$ cm) in der Größenordnung von 10^6 liegen muss.

1.4   Mechanismus des radioaktiven Zerfalls

Das im vorstehenden Abschnitt über die Geschwindigkeit des radioaktiven Zerfalls Gesagte regt zu Fragen wie folgende an: Was bestimmt die Zerfallsgeschwindigkeit der Atomkerne? Warum unterliegen bestimmte Nuklide einer Kernspaltung, andere aber nicht? Wieso haben zerfallende Kerne derart unterschiedliche Spaltungsstabilitäten? Nach welchem Mechanismus erfolgen die spontanen (wie induzierten) Kernreaktionen? Eine Beantwortung dieser Fragen ist mit dem »Zweizentren-Schalenmodell« möglich geworden. Es stellt eine logische Weiterentwicklung der zuvor von anderen Atomphysikern erarbeiteten Vorstellungen über die Struktur der Atomkerne dar, auf die nachfolgend zunächst eingegangen werden soll (bezüglich des Baus der Atomkerne vgl. S. 92).

Struktur der Atomkerne

Tröpfchenmodell. Wie auf S. 95 angedeutet wurde, ist mit dem schrittweisen Einbau von Nukleonen in den Atomkern ein etwa gleichbleibender Raumzuwachs verbunden. Dieses Ergebnis führte neben anderen Befunden zu der Vorstellung, dass sich die Nukleonen eines Atomkerns ähnlich wie die Moleküle eines Flüssigkeitstropfens verhalten (»Tröpfchenmodell der Kerne«; N. Bohr, 1935). Den Zusammenhalt der – wie in einer Flüssigkeit frei beweglichen – Nukleonen im Kern (Durchmesser um einige Femtometer $=$ Fermi $= 10^{-15}$ m) bedingt hierbei die für Protonen und Neutronen etwa gleich große Nukleonen-Anziehungskraft (starke Bindungskraft), die ihrerseits eine Folgeerscheinung der starken Wechselwirkung zwischen den Konstituenten (»Quarks«) der Nukleonen ist (vgl. S. 90). Sie ist bei kleinen Nukleonenabständen sehr stark und übertrifft hier die Protonen-Abstoßungskraft (Coulomb'sche Abstoßung), welche eine Folgeerscheinung der elektromagnetischen Wechselwirkung zwischen den positiv geladenen Nukleonen ist: bei 1 fm Distanz ist erstere Kraft 100 mal größer als letztere. Mit der Entfernung nimmt aber die starke Bindungskraft außerordentlich rasch ab, sodass sie bereits bei Abständen um 10 fm nur noch $\frac{1}{10}$ der Coulomb'schen Abstoßungskraft beträgt. Mit dem Tröpfchenmodell ließ sich der Verlauf der Kernbindungsenergie, bezogen auf ein Nukleon, d. h. die Abnahme der effektiven Kernbindungsenergie sowohl bei den leichten wie den schweren Kernen (vgl. Abb. 34.3) erstmals in großen Zügen richtig deuten.

Während nämlich in einem Kern nur benachbarte Nukleonen über die starke, aber nicht weitreichende Anziehung in Wechselwirkung stehen (auch in Flüssigkeiten wechselwirken praktisch nur nächste Partner), ist die Coulomb'sche Abstoßung auch zwischen entfernten Protonen in großen Kernen bedeutungsvoll und trägt zur Minderung der Kernstabilität bei. Dies erklärt die Abnahme der effektiven Kernbindungsenergie bei den großen Kernen mit zunehmender Protonenzahl und der damit verbundenen wachsenden Coulomb'schen Abstoßungsenergie. Bei den leichten Kernen (kleine Massenzahlen), bei denen das Verhältnis von Oberfläche zur Masse hoch ist, setzt umgekehrt die Oberflächenenergie die Nukleonenbindungsenergie unter den Durchschnitt herab; denn ähnlich wie in einem Flüssigkeitstropfen sind die an der Kernoberfläche liegenden Teilchen weniger fest gebunden als im Kerninneren, wobei der energiemindernde Einfluss mit wachsender Nukleonenzahl ständig abnimmt, weil prozentual mehr Nukleonen im Kerninneren fest gebunden werden.

Schalenmodell. Feinheiten des Verlaufs der Kernbindungsenergie – z. B. die im Vergleich zu Nachbarnukliden mit ungerader Protonen- und/oder Neutronenzahl höhere Stabilität der Nuklide mit gerader Protonen- und Neutronenzahl ($^4_2$He sowie Vielfache hiervon, S. 2244; vgl. auch die Mattauch'sche Isobarenregelung S. 93) – vermag das Tröpfchenmodell nicht zu erklären. Auch wäre im Rahmen des Tröpfchenmodells entgegen der Erfahrung bei Atomkernen bis zu hundert Protonen eine beliebige Beteiligung von Neutronen am Kernaufbau denkbar. Kerne mit einer über 100 steigenden Kernladungszahl müssten wegen der wachsenden Protonen/Protonen-Abstoßung zunehmend instabiler werden und sollten – wiederum entgegen der Erfahrung – bei 107, 108 oder gar 109 Kernprotonen nicht mehr existenzfähig sein. Es lag nahe, die besondere Stabilität bestimmter Nukleonenkonfigurationen der Atomkerne ähnlich wie die erhöhte Stabilität bestimmter Elektronenkonfigurationen der Atomhüllen (»Edelgas-Konfigurationen« mit 2, 10, 18, 36, 54, 86 Elektronen) durch ein »Schalenmodell der Elementarteilchen« zu erklären. Quantenmechanische Berechnungen erhärteten ein derartiges Modell und führten zum Ergebnis, dass Kernen mit den »magischen Zahlen« von 2, 8, 20, 28, 40, 50, 82, 126 oder 184 Protonen bzw. Neutronen besondere Stabilität zukommt (»Schalenmodell des Kerns«; M. Goeppert-Mayer sowie unabhängig J. H. D. Jensen, O. Haxel, H. E. Suess; 1948).

Die Protonen bzw. Neutronen des Kerns besetzen hiernach wie die Elektronen der Hülle diskrete, durch Energielücken getrennte Zustände, charakterisiert durch bestimmte räumliche Aufenthaltswahrscheinlichkeiten der Elementarteilchen (kein Teilchen kann als Folge des Pauli-Prinzips einen Zustand besetzen, den bereits ein entsprechendes Teilchen innehat). Einige größere Energielücken teilen die einzelnen Zustände für Protonen bzw. Neutronen in Gruppen von Zuständen auf, wobei eine vollständige Besetzung dieser als »Schalen« interpretierbaren Gruppen eine besondere Stabilität des Atomkerns bedingt (Entsprechendes gilt für die Elektronen der Hülle, vgl. S. 98f). Die innerste Protonen- bzw. Neutronenschale kann hierbei maximal zwei Elementarteilchen entgegengesetzten Spins aufnehmen, die zweite (»Haupt«-)Schale maximal sechs Protonen bzw. Neutronen usw. (1. bzw. 2. Elektronenschale: 2 bzw. 8 Elektronen; vgl. S. 98). Im Kerngrundzustand besetzen die Protonen wie Neutronen die Energiezustände – beginnend mit dem energieärmsten Zustand – der energetischen Reihe nach. Angeregte Kernzustände (»Kernisomere«, S. 2239), die sich durch Energieaufnahme (γ-Quanten) aus dem Grundzustand bilden können und unter Energieabgabe wieder in diesen übergehen, sind dadurch charakterisiert, dass gewisse Nukleonen nicht die energieärmsten, sondern energiereichere Schalen besetzen.

Die magischen Zahlen dokumentieren sich u. a. durch folgende Tatsachen: (i) Nuklidkerne mit einer magischen Zahl von Protonen und Neutronen (»doppelt-magische Kerne«) wie etwa $^4_2$He, $^{16}_8$O, $^{208}_{82}$Pb zählen zu den besonders stabilen Kernen. (ii) Nuklidkerne mit einer magischen Zahl von Protonen oder Neutronen (»einfach-magische Kerne«) zeichnen sich, verglichen mit Nachbarnukliden, durch eine besonders große Zahl stabiler Isotope bzw. Isotone aus ($_{20}$Ca: 6 Isotope, $_{50}$Sn: 10 Isotope; $^{k+50}_k$E: 6 Isotone, $^{k+82}_k$E: 7 Isotone). (iii) Nuklide eines Elements mit doppelt-

oder einfach-magischem Kern weisen, verglichen mit anderen Isotopen des betreffenden Elements, eine besonders große Häufigkeit auf: $^{4}_{2}$He: 99.9999 %, $^{16}_{8}$O: 99.759 %, $^{40}_{20}$Ca: 96.97 %; $^{51}_{23}$V: 99.76 %, $^{88}_{38}$Sr: 82.56 %, $^{140}_{58}$Ce: 88.48 %. (iv) Drei der vier natürlichen radioaktiven Zerfallsreihen (S. 2235) enden bei einem Nuklid mit einer magischen Zahl von 82 Protonen ($^{206}_{82}$Pb, $^{207}_{82}$Pb, $^{208}_{82}$Pb), eine bei einem extrem langlebigen Nuklid mit der magischen Zahl von 126 Neutronen ($^{209}_{83}$Bi). (v) Nuklide wie $^{136}_{54}$Xe oder $^{208}_{82}$Pb, die eine magische Zahl von 82 bzw. 126 Neutronen enthalten, nehmen bei der Beschießung mit Neutronen nicht leicht Neutronen auf (kleiner »Neutroneneinfangsquerschnitt«), während dies bei den um 1 Masseneinheit leichteren Nukliden $^{135}_{54}$Xe und $^{207}_{82}$Pb, denen ein Neutron zur magischen Zahl 82 bzw. 126 fehlt, nicht der Fall ist (großer Neutroneneinfangsquerschnitt).

Kollektivmodell. Sowohl für das Tröpfchen- wie für das Schalenmodell besteht eine grundsätzliche Schwierigkeit: die nicht-kugelförmige (»deformierte«), meist zigarren-, aber auch diskusförmige Gestalt vieler Kerne, die aus dem Bestehen von Kernquadrupol-Momenten der betreffenden Nuklidkerne gefolgert werden muss, lässt sich schwer erklären. Erst die Kombination einiger Aspekte des Tröpfchenmodells (freie Bewegungsmöglichkeit der Nukleonen, Verformbarkeit des Kerns) mit Aspekten des Schalenmodells (bestimmte Aufenthalts-Wahrscheinlichkeitsräume der Nukleonen, feste sphärische Struktur der Kerne) ermöglicht eine Deutung der Gestalten sowie auch Deformierbarkeiten der Kerne (»Kollektivmodell der Kerne«; A. N. Bohr, B. R. Mottelson, 1952).

Aus dem Kollektivmodell folgt u. a.: Kerne mit magischen Nukleonenzahlen sind sphärisch und nur schwer deformierbar. Man bezeichnet sie als hart. Mit wachsender Entfernung der Kernnukleonenzahl von einer magischen Zahl weicht die Kerngestalt zunehmend von der einer Kugel ab: die Deformation der Kerne erhöht sich (wie deren Kernquadrupol-Momente; vgl. Lehrbücher der physikalischen Chemie); auch werden die Kerne deformierbarer (weicher). Die effektive – experimentell messbare – Kernbindungsenergie ergibt sich im Rahmen des Kollektivmodells aus der nach dem Tröpfchenmodell (Zugrundelegen eines strukturlosen, homogenen, geladenen Tröpfchens aus Kernmaterie) errechenbaren Kernbindungsenergie, zu der man die Energie addiert, die aus der Einordnung der – vordem ungeordneten – Nukleonen in Schalen resultiert (vollständige Besetzung aller inneren Schalen und gegebenenfalls auch der äußeren Schale). Die »Schalenkorrektur«, d. h. die Differenz der effektiven von der nach dem Tröpfchenmodell berechneten Energie gewinnt mit wachsender Zahl von Kernprotonen an Bedeutung. Sie liegt bei kleiner bis mittlerer Protonenzahl unter 1 % der effektiven Kernbindungsenergie und bedingt bei Kernen mit mehr als 106 Protonen deren Stabilität (derartige Kerne wären als Tröpfchen ohne Schalenstruktur nicht erzeugbar, s. oben).

Spaltung und Aufbau der Atomkerne

Nähert man zwei positiv geladene Atomkerne einander, so nimmt der Energiegehalt des Systems beider Kerne aufgrund der wachsenden elektrostatischen Abstoßung zunächst zu, um dann bei jenen kleinen Kernabständen, bei welchen die nicht sehr weit reichenden, aber starken Nukleonenbindungskräfte wirksam werden, sehr rasch abzunehmen. Umgekehrt muss im Zuge der Spaltung eines Mutterkerns in zwei Tochterkerne zunächst zur Überwindung der Kernbindungskräfte solange Energie in das System hineingesteckt werden, bis ein Abstand der Tochterkerne voneinander erreicht ist, bei welchem die elektrostatische Abstoßung der Fragmente die Anziehung der Nukleonen übertrifft. Somit führt die Reaktionskoordinate der Spaltung und des Aufbaus von Atomkernen über ein Energiemaximum (»Aktivierungsenergie«, »Potential-« oder »Spaltbarriere«). Entsprechend der relativen energetischen Stabilitäten von Mutter- und Tochterkernen erfolgt dabei die Kernspaltung entweder unter Energieabgabe oder Energiezufuhr, d. h. freiwillig oder erzwungenermaßen (z. B. durch Kernzusammenschluss).

Die hier interessierende kinetische Stabilität von Kernen, welche freiwillig zerfallen können, wird allerdings nicht durch den Energiegehalt von Mutter- und Tochternukliden, sondern

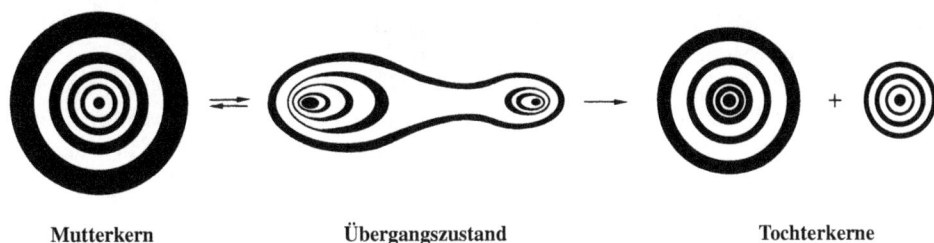

| Mutterkern | Übergangszustand | Tochterkerne |

Abb. 34.4 Kernspaltung nach dem Zweizentren-Schalenmodell (weiße Bereiche: Protonenschalen; schwarze Bereiche: Neutronenschalen).

durch die Höhe der Spaltbarriere bestimmt. Zur freiwilligen Spaltung von Atomkernen muss diese Barriere im Zuge einer – durch das Kollektivmodell nicht erklärbaren – großen Kerndeformation überwunden werden. Tatsächlich ist die den Kernen innewohnende (Schwingungs-, Nullpunkts-)Energie aber viel kleiner als die zur Kernspaltung aufzubringende Aktivierungsenergie, sodass eine spontane Kernspaltung nur dann erfolgen kann, wenn eine bestimmte – durch quantenmechanische Berechnungen erfassbare – Wahrscheinlichkeit für Kernfragmente besteht, die Spaltbarriere zu »durchtunneln« (bezüglich des »Tunneleffekts« und der empfindlich von der Höhe und Breite des Aktivierungsberges abhängenden »Tunnelwahrscheinlichkeit«, vgl. Anm. 5 auf Seite 765 sowie Lehrbücher der physikalischen Chemie). Eine Aussage darüber, welche Nuklide bevorzugt, d. h. mit höherer Wahrscheinlichkeit aus einem Mutternuklid hervorgehen bzw. zu einem Nuklid verschmelzen ist mithilfe des »Zweizentren-Schalenmodells der Kerne« (W. Greiner, U. Mosel, J. A. Maruhn und andere, ab 1969) möglich geworden. Es führte inzwischen zur Vorhersage einer Reihe von neuen und später experimentell erwiesenen Kernfissionen (z. B. Cluster-Zerfälle, s. dort) und Kernfusionen (z. B. Bildung superschwerer Elemente mit über 103 Kernprotonen, s. dort). Auch ließen sich viele Eigenschaften von Kernen mit dem Modell sehr genau beschreiben.

Das Zweizentren-Schalenmodell stellt eine Erweiterung des Kollektivmodells dar und behandelt den Übergangszustand der Kernspaltung (bzw. der Kernverschmelzung) wie einen »aktivierten Komplex« (vgl. S. 209), in welchem die beiden durch Spaltung zu erzeugenden Kernbruchstücke als »Protokerne« mit bereits vorgebildeter Schalenstruktur der Nukleonen vorliegen (vgl. Abb. 34.4). Die aus dem Mutterkern durch Deformation hervorgehenden Protokern-Strukturen verwandeln sich entweder zurück in den Mutterkern oder weiter in die Tochterkerne. Das Modell ermöglicht eine Berechnung des Verlaufs der Kernenergie in Abhängigkeit vom gegenseitigen Abstand der Protokerne und von deren Nukleonenzahl. Nur besonders niederenergetische Protokern-Konfigurationen haben eine gewissse Bildungswahrscheinlichkeit. Bevorzugt entstehen vielfach Tochterkerne mit einer magischen Nukleonenzahl. Z. B. ist die Bildung von »doppelt-magischem« $^4_2$He als Folge des α-Zerfalls besonders häufig anzutreffen; auch entsteht aus $^{232}_{92}$U unter $^{24}_{10}$Ne-Emission doppelt-magisches $^{208}_{82}$Pb (vgl. S. 2238; die Abspaltung von $^4_2$He aus $^{232}_{92}$U erfolgt allerdings ca. 10^{12} mal häufiger als die von $^{24}_{10}$Ne). Dass neben der Nukleonenzahl noch andere Effekte eine Rolle für den Weg des Zerfalls spielen, zeigt sich etwa darin, dass sich $^{252}_{102}$No nach Berechnung und experimenteller Bestätigung nicht in einfach-magisches $^{44}_{20}$Ca und doppelt-magisches $^{208}_{82}$Pb, sondern in nicht-magischen Schwefel $^{38}_{16}$S und nicht-magisches Radon $^{214}_{86}$Rn aufspaltet.

2   Die künstliche Elementumwandlung

Vergrößert man die Kernprotonenzahl von Elementnukliden durch »Hineinschießen« von Protonen in den Kern, so entsteht ein im Periodensystem auf das Ausgangselement folgendes Element;

verkleinert man sie durch »Herausbombardieren« von Protonen aus dem Kern, so gelangt man zu einem im Periodensystem vorstehenden Grundstoff mit kleinerer Kernladung. Als »Geschosse« dienen zweckmäßig die Atomkerne mit den kleinsten Kernladungen 0 (Neutronen), 1 (Wasserstoffkerne) und 2 (Heliumkerne), da Teilchen mit geringer positiver Ladung besonders leicht in andere, ebenfalls positiv geladene Atomkerne einzudringen vermögen. Doch sind in neuerer Zeit auch z. B. mit fünffach positiv geladenen »Bor-«, sechsfach positiv geladenen »Kohlenstoff«-, siebenfach positiv geladenen »Stickstoff«-, achtfach positiv geladenen »Sauerstoff-«, neunfach positiv geladenen »Fluor-«, zehnfach positiv geladenen »Neon-« und noch höher positiv geladenen Atom-Kernen erfolgreiche Elementumwandlungen vorgenommen worden (S. 2267, 2318, 2349). Man hat bis heute bereits Tausende derartiger »induzierter Kernreaktionen« untersucht. Dabei wurden bis jetzt über die schon vorhandenen (ca. 260 stabilen und über 70 radioaktiven) natürlichen Nuklide hinaus noch fast 2000 künstliche (radioaktive) Nuklide gewonnen, sodass man zur Zeit schon fast 2500 verschiedene Atomarten der knapp 120 Elemente kennt.

Im Folgenden seien im Zusammenhang mit den induzierten Kernreaktionen zunächst die Kern-Einzelreaktionen, bei denen jeder »Treffer« nur einen einzigen Elementarakt auslöst, behandelt. Anschließend werden dann die Kern-Kettenreaktionen besprochen, bei denen nach Art der Chlorknallgas-Reaktion (S. 426) jeder ausgelöste Elementarakt weitere exotherme Elementarakte zur Folge hat, sodass bei gesteuertem Ablauf eine ständige Entnahme von Energie und Reaktionsprodukten möglich ist (»Atomkraftwerk«), während bei ungesteuertem Ablauf eine Explosion von verheerender Wirkung erfolgt (»Atombombe«).

2.1   Die Kern-Einzelreaktion

Um positiv geladene Helium- oder Wasserstoffkerne mit anderen, mehrfach positiv geladenen Atomkernen in Wechselwirkung zu bringen, muss man ersteren zur Überwindung der bei der Annäherung wachsenden gegenseitigen Abstoßung eine hohe kinetische Energie mit auf den Weg geben, was in »Zirkularbeschleunigern« oder »Linearbeschleunigern« (z. B. »Zyklotron«, »Synchroton«) erfolgen kann.

Das unter den Zirkularbeschleunigern von den amerikanischen Physikern E. Lawrence und M. S. Livingstone im Jahre 1930 erstmals entwickelte »Zyklotron« besteht gemäß Abb. 34.5 aus zwei halbkreisförmigen, flachen Hohlräumen (»D-Elektroden«), die in einer evakuierten, zwischen den Polen eines starken Magneten (Magnetpole oberhalb und unterhalb der Papierebene) befindlichen Entladungskammer untergebracht und mit einer hochfrequenten Wechselspannung verbunden sind. Die im Spalt zwischen den beiden Elektroden bei A erzeugten Teilchen werden von dem dort herrschenden elektrischen Feld erfasst und in das Innere eines der beiden Hohlräume gerissen, wo sie – wie in einem Faraday-Käfig dem elektrischen Feld entzogen – unter dem

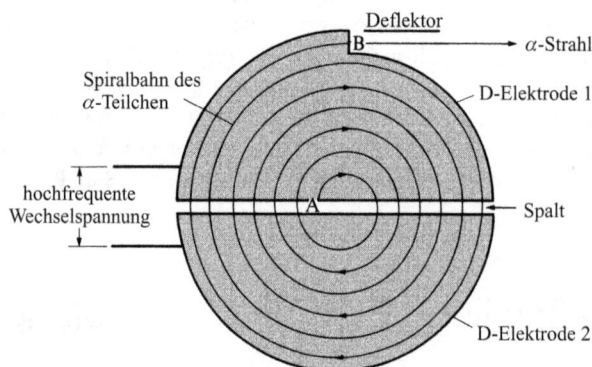

Abb. 34.5 Wirkungsweise des Zyklotrons (schematisch).

Einfluss des senkrecht zur Papierebene gerichteten homogenen Magnetfeldes einen Halbkreis beschreiben (vgl. S. 67). Bei Wiedereintritt in den Spalt zwischen den beiden Hohlräumen werden die Teilchen durch das synchron mit der Umlaufzeit sein Vorzeichen wechselnde elektrische Feld nachbeschleunigt und so fort, wobei sich der Krümmungsradius des Halbkreises infolge der wachsenden Geschwindigkeit ständig vergrößert, sodass sich die Teilchen auf einer aus Halbkreisen zusammengesetzten Spiralbahn vom Zentrum wegbewegen, bis sie schließlich nach Erreichen der gewünschten Geschwindigkeit bei B durch eine Ablenkplatte (»Deflektor«; von lat. deflectere = ablenken) aus ihrer Spiralbahn abgelenkt und dem Bestimmungsort, d. h. der Probe (»Target«) zugeführt werden. Das erste Versuchszyklotron hatte einen Durchmesser von nur 10 cm. Inzwischen sind cyclische Beschleunigungsstrecken mit mehreren Kilometern Durchmesser gebaut worden. Weiterentwicklungen stellen frequenzmodulierte Zirkularbeschleuniger (»Synchrozyklotrone«) und Zirkularbeschleuniger mit variablen magnetischen Feldern (»Synchrotrone«) dar.

Der auf Entwicklungen von R. Wideroe (1928) und T. S. Walton (1932) zurückgehende »Linearbeschleuniger« arbeitet im Prinzip ähnlich wie ein Zirkularbeschleuniger, aber ohne Magnetfeld. Bei ihm werden Teilchen beim Durchfliegen eines langen, aus Abschnitten zunehmender Länge bestehenden Rohres durch eine fortlaufende elektrische Welle, die eine rasche Umpolung der abwechselnd negativ und positiv geladenen Rohrabschnitte bewirkt, beschleunigt. Demgemäß wird ein in den ersten, negativ geladenen Abschnitt gezogenes positives Teilchen nach der rasch erfolgenden Abschnittsumpolung in den längeren, zu diesem Zeitpunkt negativ gepolten zweiten Abschnitt zugleich gestoßen und gezogen usf. Der am Ende aus dem Rohr tretende, linear beschleunigte Teilchenstrahl trifft auf das dort lokalisierte Target. Typische Linearbeschleuniger haben eine Länge von mehreren Kilometern.

Heliumkerne. In den α-Strahlen radioaktiver Substanzen liegen Teilchen vor, deren Energie mehrere Millionen eV – entsprechend einer Anfangsgeschwindigkeit von einigen zehntausend Kilometern je Sekunde – beträgt (S. 2238). In den Anfangszeiten der Kernzertrümmerung bediente man sich daher dieser natürlichen α-Teilchen zur Beschießung von Atomkernen. Heutzutage ist man nicht mehr auf natürliche radioaktive Strahlenquellen angewiesen, welche α-Teilchen nur in kleiner Menge und mit begrenztem Energieinhalt liefern, sondern man erzeugt »künstliche« α-Strahlen beliebigen Energieinhalts in Beschleunigungskammern (s. oben).

Wasserstoffkerne benötigen zum Eindringen in andere positiv geladene Atomkerne keine so große kinetische Energie wie Heliumkerne, da sie im Vergleich zu letzteren eine nur halb so große positive Ladung tragen. Daher genügt hier zur Kernumwandlung schon eine Energie von mehreren hunderttausend eV, entsprechend einer Anfangsgeschwindigkeit der Wasserstoffteilchen von einigen tausend Kilometern je Sekunde. Ja selbst mit Wasserstoffkernen von nur einigen zehntausend eV konnten, wenn auch mit relativ schlechter Ausbeute, Atomumwandlungen beobachtet werden. Als Wasserstoffkerne können sowohl Kerne der Masse 1 (Protonen) wie Kerne der Masse 2 (Deuteronen) oder 3 (Tritonen) dienen. Die Deuteronen und Tritonen sind dabei wegen ihrer größeren Masse wirksamer als die Protonen. Die Erzeugung energiereicher Wasserstoffkerne erfolgt zweckmäßig im Zyklotron (Abb. 34.5).

Der Durchmesser eines im Europäischen Kernforschungsinstitut in Genf (»CERN« = Conseil Europeen pour la Recherche Nucleaire) errichteten »Protonen-Synchrotrons« (Beschleunigung von Protonen bis auf 28 Milliarden eV = 28 GeV) beträgt über 200 m. Als Ausgangs-Ionen dienen bei diesem Zyklotron Wasserstoffkerne, die in einem »Linearbeschleuniger« auf 50 Millionen eV vorbeschleunigt werden. Darüber hinaus unterhält CERN ein 450 GeV »Super Protonensynchrotron«, das auch als 900 GeV »Protonen-Antiprotonen-Kollider« genutzt werden kann. Weitere wichtige, zurzeit in Betrieb befindliche Protonenbeschleuniger sind u. a.: das Synchrotron im Fermi National Accelerator Laboratory (»FNAL«) in den USA in der Nähe von Chicago, das amerikanische Protonensynchrotron in Brookhaven und das russische Protonensynchrotron in Serpuchow. Für das Lawrence-Radiation-Laboratory in Berkeley (USA) ist ein Vielzweckbeschleuniger (»Omnitron«) in Planung, der Ionen aller Elemente von Wasserstoff bis Uran in einem weiten Geschwindigkeitsbereich erzeugen soll (schwerere Ionen mit Maximalwerten von 300–500 MeV).

Neutronen. Wegen der positiven Ladung von Helium- und Wasserstoffkernen gelingt die Umwandlung eines Atomkerns durch Beschießung mit diesen Geschossen um so schwieriger, je höher die positive Kernladung des umzuwandelnden Atoms ist. Keine solche Einschränkung gilt für die Beschießung von Atomkernen mit Neutronen. Diese vermögen auch in die schwersten Atomkerne leicht einzudringen, da sie als ungeladene Teilchen keine Abstoßung durch die positiven Ladungen des Kerns erfahren. Und selbst ganz »langsame« Neutronen mit Energien von 1 eV (entsprechend einer Geschwindigkeit von immerhin einigen 10 Kilometern je Sekunde) können noch Kernreaktionen auslösen. Als Neutronenquelle dienen dabei im einfachsten Fall (Neutronenausstoß $\sim 10^4$–10^7 Neutronen pro Sekunde und cm^2) Gemische von α-Strahlern (wie $^{210}_{82}$Pb, $^{210}_{84}$Po, $^{226}_{88}$Ra, $^{228}_{90}$Th, $^{239}_{94}$Pu, $^{241}_{95}$Am) oder γ-Strahlern (wie $^{124}_{51}$Sb) mit »Berylliumpulver« (S. 2261, 2263), während die Erzeugung höherer Neutronenintensitäten ($\sim 10^8$–10^{10} Neutronen je s und cm^2 zweckmäßig durch Einwirkung Zyklotron-beschleunigter »Deuteronen« auf Deuterium $^2_1$H, Tritium $^3_1$H oder Beryllium $^9_4$Be (S. 2263) oder noch vorteilhafter (10^8–10^{16} Neutronen je s und cm^2) im »Uran-Reaktor« (S. 2279f) sowie durch Einsatz von »Californium« $^{252}_{98}$Cf vorgenommen wird.

Elektronen. Ähnliche Vorrichtungen wie für die Beschleunigung von α-Teilchen, Deuteronen und Protonen wurden auch für die Beschleunigung von Elektronen entwickelt (»Betatron«, »Elektronen-Synchrotron«). Mit ihrer Hilfe ist die Möglichkeit gegeben, auch mittels β^--Strahlen Kernumwandlungen vorzunehmen. Zudem sind die wichtigsten Entdeckungen auf dem Gebiet der Elementarteilchen (Mesonen, Protonen, Neutronen) aus der Anwendung von Elektronenbeschleunigern hervorgegangen.

Im Europäischen Kernforschungsinstitut in Genf (vgl. oben) befindet sich ein solcher Elektronenbeschleuniger großen Ausmaßes (»Synchrozyklotron«; 0.6 GeV). Das »Deutsche Elektronen-Synchrotron« (»DESY«) in Hamburg vermag Elektronen bis zu 7.5 GeV zu beschleunigen. Noch größer ist die Leistung des seit 1970 in Betrieb befindlichen Elektronenbeschleunigers »SLAC« (Stanford Linear Accelerator) in Palo Alto (USA) (Linearbeschleuniger von rund 3 km Länge, Endenergie von 34 GeV).

Schwere Elementkationen. Die Synthese superschwerer Elemente (S. 2349) kann nur durch Beschuss geeigneter Targets mit hochbeschleunigten schweren Elementkationen erfolgen. Der der Gesellschaft für Schwerionenforschung (GSI) in Darmstadt zur Verfügung stehende universal linear accelerator (UNILAC) kann derartige energiereiche Ionen bis hinauf zu Urankationenstrahlen erzeugen.

Kosmische Strahlung. Auf einer außerordentlich starken Beschleunigung der von der Sonne ausgesandten bzw. im Universum herumfliegenden Elementarteilchen durch magnetische Wirbelfelder der Sonne und anderer Fixsterne beruht offenbar die erstaunlich hohe Energie (bis 10^{10} und mehr GeV/Teilchen; Teilchen von nahezu Lichtgeschwindigkeit) der aus dem Weltall zu uns dringenden, von V. F. Hess entdeckten »Höhenstrahlung« (»Ultrastrahlung«, »kosmische Strahlung«). Sie besteht in 30–40 km Höhe – also vor Eintritt in die Erdatmosphäre – aus Kernen von ungeladenen Teilchen (z. B. Neutronen, Neutrinos), elektromagnetischer Strahlung (Photonen) und geladenen Teilchen (ca. 75 % Protonen, 20 % α-Teilchen, 1 % schwere Kerne u. a. von B, C, N, O, Ne, Na, Si, P, Ca, V, Fe). Beim Auftreffen dieser Primärstrahlung auf die Atmosphäre werden die »Luftmoleküle« zu Protonen, Neutronen, α-Teilchen, Mesonen (π-, K-Mesonen; vgl. Tab. 34.2), positiven und negativen Elektronen oder großen Kerntrümmern zersplittert und darüber hinaus zu Photonen zerstrahlt. Die so entstehende Sekundärstrahlung stößt innerhalb der Lufthülle auf weitere Kerne und löst zusätzliche, zur Tertiärstrahlung führende Reaktionen aus,

Tab. 34.2 Einige wichtige Elementarteilchen und ihr Bau aus Quarks^{a,b,c,d,e,f}

Substruktur fraglich

Leptonen (Spin 1/2)						Quarks (Spin 1/2) (nicht in freiem Zustande existent)			
Name	Symbol^c	Masse^d (MeV)	$\tau_{1/2}$ (s)	Ladung^e q q̄		Name	Symbol^c q q̄	Masse^d (MeV)	Ladung q q̄
e-Neutrinos	ν_e $\bar\nu_e$	kleiner als 0.000 008	stabil	0 0		up	u ū	300	$+2/3$ $-2/3$
μ-Neutrinos	ν_μ $\bar\nu_\mu$		stabil	0 0		down	d d̄	300	$-1/3$ $+1/3$
τ-Neutrinos	ν_τ $\bar\nu_\tau$		stabil	0 0		strange	s s̄	450	$-1/3$ $+1/3$
Elektron	e^- e^+	0.5	stabil	-1 $+1$		charmed	c c̄	1 500	$+2/3$ $-2/3$
Myon	μ^- μ^+	106	$\approx 10^{-6}$	-1 $+1$		bottom^e	b b̄	4900	$-1/3$ $+1/3$
Tauon	τ^- τ^+	1800		-1 $+1$		top^f	t t̄	$>18\,000$	$+2/3$ $-2/3$

Substruktur

Hadronen

Mesonen (Spin 0)^h					Baryonen (Spin 1/2)^h				
Name	Symbol^c	Masse^d (MeV)	$\tau_{1/2}$ (s)	Quark-struktur	Name	Symbol^c	Masse^d (MeV)	$\tau_{1/2}$ (s)	Quark-struktur
Pionen	π^0	135	$<10^{-16}$	ūu/d̄d	**Nukleonen**				
	π^+ π^-	140	$\approx 10^{-8}$	d̄u	Proton	p^+ p^-	938	stab.	uud
Kaonen	k^+ $\bar k^-$	494	$\approx 10^{-8}$	s̄u	Neutron	n n̄	940	$\approx 10^3$	udd
	k^0 $\bar k^0$	498	$\approx 10^{-10}$	s̄d	Hyperonen				
η-Meson	η^0	549	$\approx 10^{-19}$	ūu/d̄d/s̄s	Λ^0 $\bar\Lambda^0$		1116	$\approx 10^{-10}$	uds
charmante Mesonen	D^0 $\bar D^0$	1863		ūc	Σ^+ $\bar\Sigma^+$		1189	$\approx 10^{-10}$	uus
	D^+ $\bar D^-$	1868		d̄c	Σ^0 $\bar\Sigma^0$		1192	$\approx 10^{-19}$	uds
	η_c^0	2980		c̄c	Σ^- $\bar\Sigma^-$		1197	$\approx 10^{-10}$	dds
	B^- B^+	5260		ūb	Ξ^0 $\bar\Xi^0$		1315	$\approx 10^{-10}$	uss
	B^0 $\bar B^0$	5260		d̄b	Ξ^- $\bar\Xi^-$		1321	$\approx 10^{-10}$	dss
	y^0	9460		b̄b	Λ_c^+ $\bar\Lambda_c^+$		2273		udc

a Als Träger der in der Natur zu beobachtenden Wechselwirkungen sind zusätzlich folgende Teilchen zu nennen: »Gluonen« für die starke Wechselwirkung (S. 91), »Photonen« für den Elektromagnetismus (S. 107), »W- u. Z-Bosonen« für die schwache Wechselwirkung (S. 91) und »Gravitonen« für die Gravitation.
b Man kennt außer den aufgeführten Mesonen (Spin 0; Spinausrichtung ↑↓ der 2 Mesonenquarks) und Baryonen (Spin ½; Spinausrichtung ↑↓↑ der 3 Baryonenquarks) auch energiereiche – also schwerere – Mesonen und Baryonen mit paralleler Ausrichtung der Quarkspins (↑↑ bzw. ↑↑↑). Der Gesamtspin beträgt bei ihnen somit 1 bzw. ³⁄₂ (Namen: ρ-, K*-, φ-Mesonen; Δ-, Σ*-, Ξ*-, Ω-Baryonen). Teilchen mit Spin 0 oder 1 sind »Bosonen«, solche mit Spin ½ oder ³⁄₂ »Fermionen«.
c Links: Teilchen; rechts: Antiteilchen; Mitte: Teilchen, die zugleich ihr Antiteilchen sind; am Symbol rechts oben: Ladung des Teilchens bzw. Antiteilchens.
d Es handelt sich jeweils um Ruhemassen (abgerundet) pro Teilchen. $1\,\text{eV} \triangleq 1.0735 \cdot 10^{-12}\,\text{kg}$.
e Auch »beauty«.
f Auch »truth«.

wobei man die Sekundär-und Tertiärstrahlung sogar noch in Bergwerken oder in 1300 m Tiefe des Ozeans nachweisen kann.

Bei der Erforschung der kosmischen Strahlung wurde 1937 von dem amerikanischen Forscher Charles David Anderson, der bereits 1932 das Positron (S. 90) als Bestandteil der Höhenstrahlung entdeckt hatte, eine neue Art von Elementarteilchen, das »Myon«, gefunden, das wie das Elektron eine negative oder positive Ladung (μ^-, μ^+), aber eine 206.8 mal größere Masse als dieses besitzt (rel. Atommasse ≈ 0.1) und unter Abgabe des Massenunterschieds in Form von kinetischer Energie und von 2 Neutrinos (S. 95) rasch in ein negatives bzw. positives Elektron übergeht (Zerfallshalbwertszeit $\tau_{1/2} = 2.1994 \cdot 10^{-6}\,\text{s}$). 1947 wurde dann von C. F. Powell in der Höhenstrahlung das »Pion« (»π-Meson«) aufgefunden, das schon 12 Jahre vorher (1935) von dem Japaner H. Yukawa vorausgesagt worden war und als positiv oder negativ geladenes Teilchen (π^+, π^-) eine 272.2-fache, als ungeladenes Teilchen (π^0) eine 264.2 fache Elektronenmasse besitzt (rel. Atommasse ≈ 0.15). Die geladenen π^+- bzw. π^--Mesonen zerfallen unter

Abgabe des Massenunterschieds in Form kinetischer Energie letztendlich in Elektronen e^+ bzw. e^- und Neutrinos ($\tau_{1/2} = 2.6024 \cdot 10^{-8}$ s), das ungeladene π^0-Meson ($\tau_{1/2} = 0.84 \cdot 10^{-16}$ s) ergibt zwei γ-Quanten oder ein e^-/e^+-Paar neben einem γ-Quant. Die geladenen π-Mesonen wandeln sich allerdings zunächst in Myonen gleicher Ladung, letztere in Elektronen gleicher Ladung um, z. B. (über den Pfeilen Halbwertszeiten):

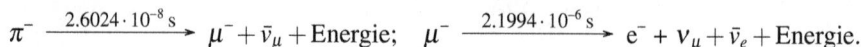

$$\pi^- \xrightarrow{\quad 2.6024 \cdot 10^{-8}\,\text{s} \quad} \mu^- + \bar{v}_\mu + \text{Energie}; \quad \mu^- \xrightarrow{\quad 2.1994 \cdot 10^{-6}\,\text{s} \quad} e^- + v_\mu + \bar{v}_e + \text{Energie}.$$

Auf die Erdoberfläche gelangen die Myonen und Pionen teils unzersetzt als »harte kosmische Strahlung«, teils in Form ihrer Zerfallsprodukte als »weiche kosmische Strahlung«. Im Zuge des Myonen- und Pionenzerfalls bilden sich die – an verschiedenen Stellen des Buches (z. B. S. 95, S. 2240) erwähnten – ungeladenen, fast masselosen Neutrinos v, welche mit Materie praktisch nicht wechselwirken und deshalb Materie (Sterne, Planeten, Organismen) ungehindert durchqueren, sodass sie – einmal erzeugt – Jahrmillionen im Weltall herumgeistern (bzgl. der sehr seltenen Wechselwirkungen von Elektronen-Neutrinos mit Chlor und Gallium vgl. S. 2240). Die μ-Neutrinos und μ-Antineutrinos v_μ und $\bar{v}_\mu$ unterscheiden sich hierbei von den e-Neutrinos und e-Antineutrinos v_e und $\bar{v}_e$ (Bildung z. B. nach: $n \longrightarrow p^+ + e^- + \bar{v}_e$; $\bar{n} \longrightarrow \bar{p}^- + e^+ + v_e$) dadurch, dass sie bei der – praktisch nicht erfolgenden – Vereinigung mit Neutronen bzw. Protonen keine Elektronen sondern Myonen liefern: in analoger Weise ergeben die beim Zerfall von positiv oder negativ geladenen Tauonen τ^+ oder τ^- gebildeten τ-Neutrinos oder τ-Antineutrinos v_τ oder $\bar{v}_\tau$ bei der – unwahrscheinlichen – Wechselwirkung mit Materie Tauonen. Ein Problem stellte hierbei lange Zeit (seit 1968) der Befund dar, dass der experimentell ermittelte Fluss der Elektronen-Neutrinos von der Sonne (gemessen anhand der Wechselwirkung mit Chlor (in C_2Cl_4) bzw. Gallium Ga, untergebracht in riesigen tiefunterirdischen Tanks) nur etwa ein Viertel der – aufgrund des Sonnenmodells – erwarteten Intensität aufwies. Inzwischen gilt als sicher, dass die Elektronen-Neutrinos auf ihrem Weg vom Zentrum an die Sonnenoberfläche und von dort zur Erde durch Neutrino-Oszillationen teilweise in Myon- sowie Tau-Neutrinos umgewandelt werden, die nicht in gleicher Weise wie die Elektronen-Neutrinos mit Materie wechselwirken. Grundbedingung für eine solche Umwandlung ist, dass Neutrinos eine von null verschiedene Ruhemasse haben, was hierdurch bewiesen wurde. Die drei bekannten Neutrinoarten (e, μ, τ) sind demzufolge nur Überlagerungen von verschiedenen Masse-Eigenzuständen, welche zwischen den Neutrinoarten umso schneller wechseln können, je »schwerer« d. h. energiereicher sie sind (tatsächlich konnte im Falle der durch Höhenstrahlung gebildeten Antineutrinos, deren Energie (10 Milliarden eV) viel größer als die der Sonnen-Antineutrinos (20 Millionen eV) ist, die Umwandlung von Myon- in Tau-Antineutrinos nachgewiesen werden.

Neben den hier und früher erwähnten leichteren Leptonen (Elektronen, Myonen) und den zu den Hadronen (S. 89) zu zählenden Mesonen (π^+, π^-, π^0) sowie Baryonen (Protonen, Neutronen) gibt es noch geladene schwerere Leptonen sowie geladene und ungeladene schwerere Hadronen, die meist künstlich durch Beschuss von Materie mit hochbeschleunigten Elektronen oder Protonen erzeugt wurden (man kennt bis heute einige Hundert solcher »Elementarteilchen«). Tab. 34.2 informiert über einige wichtige Leptonen (Substruktur noch fraglich; möglicherweise Bau aus Präonen) und Hadronen (Bau aus 2 Quarks (Mesonen) bzw. 3 Quarks (Baryonen), vgl. S. 89; Substruktur der Quarks noch fraglich).

Je nach der Energie der zur Bombardierung von Atomkernen benutzten Elementarteilchen sind die Ergebnisse der Umsetzung verschieden. Benutzt man Teilchen verhältnismäßig »geringer« Energie (bis zu einigen 10 Millionen eV), so findet eine einfache Kernreaktion statt, bei welcher das auftreffende Teilchen absorbiert wird oder ein oder zwei Elementarteilchen aus dem getroffenen Kern herausschießt. Sind dagegen die Projektile sehr energiereich (einige 100 Millionen eV), so erfolgt eine ausgesprochene Kernzersplitterung (engl. »spallation«), bei welcher der beschossene Kern bis zu 40 und mehr Masseneinheiten verlieren kann. Besonders interessant ist eine dritte Art der Kernreaktion, die Kernspaltung (engl. »fission«), bei welcher der Atomkern in zwei Bruchstücke zerfällt. Sie erfolgt bei den instabilen schwereren Kernen häufig schon bei der Bestrahlung mit ganz langsamen Neutronen, bei den stabileren leichten Kernen nur unter der Einwirkung sehr energiereicher Geschosse. Bei einer vierten Art der Kernreaktion, der Kernverschmelzung (engl. »fusion«) werden in Umkehrung der Kernspaltung leichte Kerne zu schwereren »zusammengeschweißt«. Im Folgenden werden diese verschiedenen Arten der Kernumwandlung näher besprochen.

2.1.1   Die einfache Kernreaktion

Methoden der Kernumwandlung

Zur einfachen Kernumwandlung werden Heliumkerne, Wasserstoffkerne, Neutronen und schwerere Kerne mit einer kinetischen Energie bis zu einigen 10 MeV oder kurzwellige γ-Strahlen verwendet. Die Einwirkung von α-Teilchen, Protonen, Deuteronen, Neutronen und γ-Strahlen führt hierbei in der Regel zu einer Vergrößerung oder Verkleinerung der Kernladungszahl des beschossenen Elements um maximal 2 Einheiten. Beispielsweise lässt sich Beryllium $^9_4$Be durch Beschuß mit α-Teilchen unter Herausschleuderung eines Deuterons $^2_1$H, Protons $^1_1$H bzw. Neutrons $^1_0$n in das im Periodensystem rechts stehende nächste Element Bor bzw. übernächste Element Kohlenstoff umwandeln:

$$^9_4\text{Be} + {}^4_2\text{He} \longrightarrow {}^2_1\text{H} + {}^{11}_5\text{B}; \quad {}^9_4\text{Be} + {}^4_2\text{He} \longrightarrow {}^1_1\text{H} + {}^{12}_5\text{B}; \quad {}^9_4\text{Be} + {}^4_2\text{He} \longrightarrow {}^1_0\text{n} + {}^{12}_6\text{C}.$$

In analoger Weise verwandelt sich $^9_4$Be bei der Einwirkung von Protonen in den rechten oder linken Periodennachbarn Bor oder Lithium, bei der Einwirkung von Deuteronen in Lithium, bei der Einwirkung von Neutronen in Lithium oder ein massenreicheres Berylliumisotop und bei der Einwirkung von γ-Strahlen in Lithium oder ein massenärmeres Berylliumisotop.

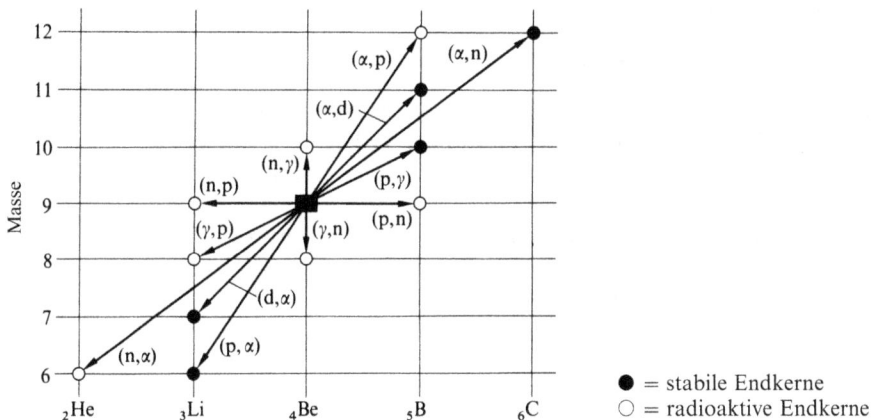

Abb. 34.6 »Umwandlungsspinne« des Berylliumkerns $^9_4$Be.

In übersichtlicher Form lassen sich die besprochenen Prozesse durch eine »Umwandlungsspinne« des Berylliumkerns $^9_4$Be darstellen (vgl. Abb. 34.6). Die möglichen Elementumwandlungen sind hierbei durch Klammerausdrücke symbolisiert, wobei in der Klammer zuerst das eingeschossene Teilchen, dann das abgestrahlte Teilchen genannt wird. Demgemäß vereinfachen sich etwa die oben wiedergegebenen drei Prozesse zu:

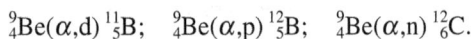

$$^9_4\text{Be}(\alpha,\text{d})\,{}^{11}_5\text{B}; \quad {}^9_4\text{Be}(\alpha,\text{p})\,{}^{12}_5\text{B}; \quad {}^9_4\text{Be}(\alpha,\text{n})\,{}^{12}_6\text{C}.$$

Besondere Bedeutung besitzt die Methode der einfachen Kernumwandlung mit leichten und schweren Kernen sowie Neutronen bei der Gewinnung der nicht oder nur in Spuren natürlich vorkommenden Elemente der Ordnungszahl 43 (Technetium; vgl. S. 1916), 61 (Promethium; S. 2294) 85 (Astat; S. 490), 87 (Francium; S. 1500), > 92 (Transurane; S. 2315) und

> 103 (Transactinoide; S. 2351). Nachfolgend sei auf Einzelheiten einfacher Kernreaktionen näher eingegangen.

Kernumwandlung mit Heliumkernen

Trifft ein Heliumkern (α-Teilchen) auf einen Atomkern auf, so wird er von diesem im Allgemeinen nicht einfach nur »eingefangen« (Beispiel: $^{7}_{3}\text{Li} + ^{4}_{2}\text{He} \longrightarrow ^{11}_{5}\text{B}$), sondern schleudert beim Aufprall meist zugleich einen Kernbaustein – ein Proton oder ein Neutron – heraus.

Emission von Protonen. Wird ein Proton aus dem Atomkern herausgeschleudert, so entsteht aus einem Element E der Kernladung k und der Masse m ein Element der Kernladung $k + 1$ und Masse $m + 3$:

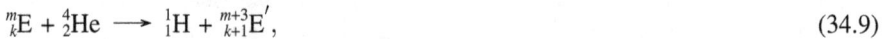

$$^{m}_{k}\text{E} + ^{4}_{2}\text{He} \longrightarrow ^{1}_{1}\text{H} + ^{m+3}_{k+1}\text{E}', \tag{34.9}$$

weil das herausgeschleuderte Proton von den in Form des Heliumkerns zugeführten 2 Ladungs- und 4 Masseneinheiten 1 Ladungs- und 1 Masseneinheit mit sich führt.

Der älteste – schon historisch gewordene – Versuch dieser Art wurde im Jahre 1919 von dem englischen Physiker Lord Rutherford durchgeführt (erste geglückte Elementumwandlung). Er ließ die beim Zerfall von $^{212}_{83}\text{Bi}$ freiwerdenden, sehr energiereichen α-Strahlen (6 MeV) auf Stickstoffgas einwirken und beobachtete auf einem dahinter gestellten Leuchtschirm neben den hellen Lichtblitzen der auftreffenden Heliumkerne (Reichweite bis 7 cm) auch schwächere Szintillationen (Reichweite bis 40 cm). Durch exakte mathematische Analyse des Phänomens konnte er zeigen, dass diese schwächeren Lichtblitze von Wasserstoffkernen herrührten.

Entsprechend der allgemeinen Gleichung (34.9) besitzt der bei der Beschießung von Stickstoff mit Heliumkernen neben Wasserstoff gebildete Sauerstoff die rel. Atommasse 17:

$$^{14}_{7}\text{N} + ^{4}_{2}\text{He} \longrightarrow ^{1}_{1}\text{H} + ^{17}_{8}\text{O}. \tag{34.10}$$

Da die Reaktion (34.10) mit einem Massenzuwachs von 16.999 130 ($^{17}_{8}\text{O}$) +1.007 825 ($^{1}_{1}\text{H}$) −14.003 074 ($^{14}_{7}\text{N}$) −4.002 603 ($^{4}_{2}\text{He}$) = 0.001 278 g verknüpft ist, der einer Energiemenge von $0.001\,278 \cdot 931.5 = 1.19$ MeV entspricht, benötigt man für diese Umsetzung α-Teilchen von ausreichend hoher Energie. Man nimmt an, dass sich beim Beschuss von Elementkernen $^{m}_{k}\text{E}$ energiereiche »Zwischenkerne« (»Compound-Kerne«) $^{m+4}_{k+2}\text{E}$ bilden (hier $^{19}_{9}\text{F}^{*}$), die dann Protonen oder Neutronen (s. unten) abgeben (hier $^{19}_{8}\text{F}^{*} \longrightarrow ^{17}_{8}\text{O}$ bzw. $^{17}_{9}\text{F}$; das Verzweigungsverhältnis hängt von der Energie der α-Teilchen ab).

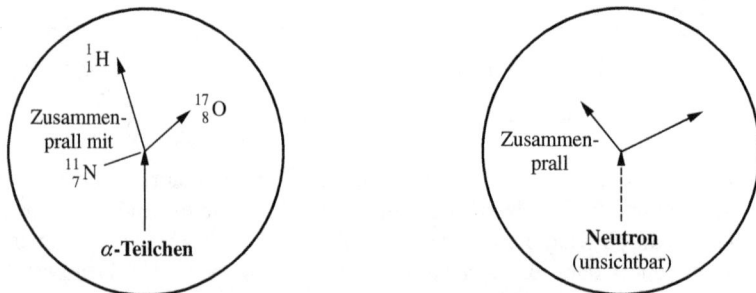

Abb. 34.7 Schematische Darstellung der Wilson-Aufnahme einer Kernumwandlung durch α-Teilchen bzw. Neutron.

Das Einfangen des α-Teilchens und die Entstehung zweier neuer Kerne bei der Kernreaktion (34.10) können dem Auge direkt sichtbar gemacht werden: Lässt man den Vorgang sich in einer mit gesättigtem Wasser- oder Alkoholdampf gefüllten Kammer (»Wilson-Kammer«,

»Nebelkammer«) abspielen, in der man durch plötzliche Expansion (Abkühlung) einen vorüber-gehenden Zustand der Übersättigung erzeugt, so wirken die längs der Bahn der Atomtrümmer durch Zusammenstoß mit Gasmolekülen erzeugten Ionen (vgl. S. 2242) als Kondensationskeime für Wasser- bzw. Alkoholtröpfchen (die Ionisationen durch α-, β- und γ-Strahlen verhalten sich etwa wie 100000 : 100 : 1; daher sind Bahnspuren von α-Teilchen in der Nebelkammer beson-ders stark ausgeprägt). Bei geeigneter Beleuchtung kann man daher die Bahnen als weiße »Kon-densstreifen« auf dunklem Hintergrund sehen oder photographieren. Auf solchen »Nebelaufnah-men« finden sich nun (Abb. 34.7) gelegentlich Bahnen von Heliumkernen, die an einer Stelle plötzlich abbrechen (Einfangen des Teilchens durch einen Stickstoffkern), während gleichzeitig zwei neue Bahnspuren von dieser Stelle ausgehen: eine dünne Spur des ausgeschleuderten Was-serstoffkerns und eine kräftige Spur des Sauerstoffkerns. Eine Analyse der Impulsbedingungen bei der Gabelung ergibt dabei in Übereinstimmung mit der obigen Reaktionsgleichung (34.10) die Massen 1 und 17. Eine solche Atomumwandlung findet allerdings bei Verwendung von α-Strahlen aus natürlichen radioaktiven Quellen nur äußerst selten statt.

In derselben Weise, in der man Stickstoff durch Bombardieren mit α-Strahlen in Sauerstoff überführen kann, kann man gemäß der allgemeinen Reaktionsgleichung (34.9) z. B. auch »Lithi-um« in Beryllium, »Bor« in Kohlenstoff, »Fluor« in Neon, »Natrium« in Magnesium, »Magne-sium« in Aluminium, »Aluminium« in Silicium, »Silicium« in Phosphor, »Phosphor« in Schwe-fel oder »Calcium« in Scandium umwandeln. Die Gesamtzahl bisher festgestellter derartiger (α, p)-Prozesse beträgt über 40.

Emission von Neutronen. Bei der Bombardierung von Atomkernen mit Heliumkernen können statt Protonen auch Neutronen herausgeschossen werden. In diesem Falle entsteht aus dem Ele-ment E von der Kernladung k und der Masse m ein Element von der Kernladung $k+2$ und der Masse $m+3$:

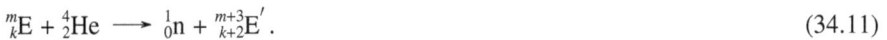

$$\mathrm{_k^m E} + \mathrm{_2^4 He} \longrightarrow \mathrm{_0^1 n} + \mathrm{_{k+2}^{m+3} E'} . \tag{34.11}$$

Eine besonders wichtige Reaktion dieser Art ist die Umsetzung zwischen »Helium«- und »Be-ryllium«kernen, die zur Bildung von Neutronen und Kohlenstoff führt:

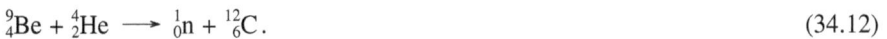

$$\mathrm{_4^9 Be} + \mathrm{_2^4 He} \longrightarrow \mathrm{_0^1 n} + \mathrm{_6^{12} C} . \tag{34.12}$$

Sie diente und dient noch als besonders einfache und ergiebige Neutronenquelle (»Neutronenka-none«) zur Laboratoriumsdarstellung von Neutronen für weitere Atomumwandlungen (S. 2261). Und zwar benutzt man zu diesem Zwecke ein in ein Glasröhrchen eingeschmolzenes Ge-misch von z. B. α-strahlendem Radium- ($^{226}_{88}$Ra) bzw. Americiumsalz ($^{241}_{95}$Am) mit metallischem Berylliumpulver oder eine in einen Edelstahlbehälter eingeschweißte Polonium-Beryllium-, Plutonium-Beryllium bzw. Americium-Beryllium-Legierung. Die durch α-Beschuss in gerin-ger Ausbeute gebildeten Neutronen (ca. 30 Neutronen pro 1 000 000 α-Teilchen), die im Falle der Verwendung von Radium eine maximale kinetische Energie von 7.8 Millionen eV (ent-sprechend einer Anfangsgeschwindigkeit von 39 000 km s^{-1}) besitzen, durchdringen als unge-ladene Teilchen leicht die Gefäßwand und können so zur Einwirkung auf außerhalb des Glas-röhrchens befindliche Materie gebracht werden. Höhere Neutronenintensitäten und -energien erreicht man durch Verwendung Cyclotron-beschleunigter α-Teilchen. Über weitere Neutro-nenquellen s. S. 2263, 2267, 2283, 2335.

Bei der Durchführung der Reaktion (34.12) wurden die Neutronen im Jahre 1930 von den deutschen Physikern W. Bothe und H. Becker erstmals entdeckt. Allerdings hielten die beiden Forscher die Neutronenstrahlung wegen ihres großen Durchdringungsvermögens zunächst für eine energiereiche γ-Strahlung. Das Ehepaar Joliot-Curie zeigte 1931, dass diese Strahlung aus Paraffinwachs Protonen hoher Energie herauszuschießen in der Lage ist, und der englische Phy-siker J. Chadwick bewies dann 1932 im Laboratorium von E. Rutherford, dass es sich in Wirk-lichkeit nicht um γ-Strahlen, sondern um ungeladene Teilchen von der Masse 1 (rel. Atommasse:

1.008 665 012) handelt, die 12 Jahre vorher (1920) schon von Rutherford postuliert worden waren und für die W. D. Harkins 1921 den Namen »Neutronen« vorgeschlagen hatte (Symbol: n). Die Neutronen sind im freien Zustande radioaktiv und zerfallen mit einer Halbwertszeit von 10.6 Minuten unter β-Strahlung in Protonen: $^1_0n \longrightarrow \, ^1_1p^+ + \, ^0_{-1}e^- + \, \bar{\nu}_e$ (S. 95). Entsprechend der Kernladung 0 ist das Neutron im Periodensystem vor dem Wasserstoff einzureihen. Da es keine Außenelektronen besitzt und daher auch keine chemischen Verbindungen einzugehen in der Lage ist, ist es chemisch inaktiv.

Gemäß der durch Gleichung (34.11) wiedergegebenen Atomumwandlungsmethode kann man z. B. »Lithium« in Bor, »Bor« in Stickstoff, »Kohlenstoff« in Sauerstoff, »Stickstoff« in Fluor, »Fluor« in Natrium, »Natrium« in Aluminium, »Magnesium« in Silicium, »Aluminium« in Phosphor, »Silicium« in Schwefel, »Phosphor« in Chlor oder »Kalium« in Scandium überführen. Insgesamt kennt man bereits weit über 100 solcher (α, n)-Prozesse. Bei genügend großem Energiegehalt der Heliumkerne können auch mehrere (z. B. bis zu 9) Neutronen aus dem getroffenen Atomkern ausgeschleudert werden. So sind über 60 $(\alpha, 2n)$- und über 60 $(\alpha, 3n)$-Prozesse bekannt. Obwohl die schweren Kerne die α-Partikel wesentlich stärker als die leichten abstoßen, sind auch einige von ihnen durch Heliumkerne hoher Energie (bis 300 MeV) umgewandelt worden, z. B.: $^{75}_{33}As + \, ^4_2He \longrightarrow \, ^1_0n + \, ^{78}_{35}Br$.

Kernumwandlung mit Wasserstoffkernen

Wegen der geringeren erforderlichen kinetischen Energie (vgl. S. 2255) werden die Wasserstoffkerne zum Unterschied von den Heliumkernen durch fremde Kerne häufig nur eingefangen, ohne dass es zur Emission irgendwelcher Kernbestandteile kommt. Andererseits können aber auch wie bei der Beschießung mit Heliumkernen Kernbausteine des bombardierten Atomkerns – Heliumkerne, Wasserstoffkerne, Neutronen – herausgeschossen und bei genügend hoher Energie sogar gespalten werden.

Einfangen von Wasserstoffkernen. Bei der einfachen Aufnahme von Wasserstoffkernen entsteht entsprechend der Vermehrung der positiven Kernladung um 1 Einheit unter gleichzeitiger Abgabe eines γ-Quants das im Periodensystem auf das Ausgangselement folgende Element:

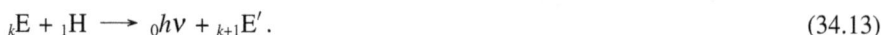

$$_kE + \, _1H \longrightarrow \, _0h\nu + \, _{k+1}E'. \tag{34.13}$$

Die Masse dieses Elements $_{k+1}E$ ist je nachdem, ob Protonen oder Deuteronen zur Anwendung gelangen, um 1 oder 2 Einheiten größer als die des ursprünglichen Grundstoffs ($^m_kE + \, ^1_1H \longrightarrow \, ^{m+1}_{k+1}E'$; $^m_kE + \, ^2_1H \longrightarrow \, ^{m+2}_{k+1}E'$).

So kann man auf diese Weise z. B. »Lithium« in Beryllium, »Beryllium« in Bor, »Kohlenstoff« in Stickstoff, »Fluor« in Neon oder »Silicium« in Phosphor umwandeln. Über 25 derartige (p, γ)-Prozesse sind bekannt.

Emission von α-Teilchen. Werden bei der Beschießung von Atomkernen mit Wasserstoffkernen Heliumkerne aus den Atomkernen herausgeschossen, so haben wir eine Umkehrung der Kernreaktion (34.9) vor uns:

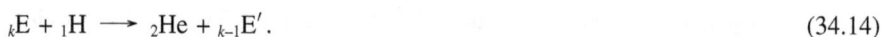

$$_kE + \, _1H \longrightarrow \, _2He + \, _{k-1}E'. \tag{34.14}$$

Die Masse des entstehenden, im Periodensystem links vom Ausgangselement stehenden Grundstoffs ist je nach der Art der verwendeten Wasserstoffkerne (^1H oder ^2H) um 3 oder 2 Einheiten kleiner als die des ursprünglichen Elements ($^m_kE + \, ^1_1H \longrightarrow \, ^4_2He + \, ^{m-3}_{k-1}E'$; $^m_kE + \, ^1_1H \longrightarrow \, ^4_2He + \, ^{m-2}_{k-1}E'$). Ein Beispiel für diesen Reaktionstyp ist die Umwandlung von »Lithium« ^7_3Li durch Protonen in Helium ^4_2He:

$$^7_3Li + \, ^1_1H \longrightarrow \, ^4_2He + \, ^4_2He. \tag{34.15}$$

Eine der Reaktion (34.15) ganz entsprechende Reaktion gibt das leichtere Lithiumisotop ^6_3Li mit Deuteronen:

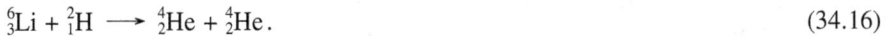

$$^6_3\text{Li} + ^2_1\text{H} \longrightarrow ^4_2\text{He} + ^4_2\text{He}. \tag{34.16}$$

Die dabei gebildeten α-Teilchen besitzen eine höhere kinetische Energie (11 MeV je Teilchen) als alle aus natürlichen radioaktiven Prozessen stammenden α-Strahlen; doch lassen sich im Cyclotron heute um 3–4 Zehnerpotenzen höhere Energien von Heliumkernen erzeugen. Auch das Berylliumnuklid ^9_4Be geht bei der Beschießung mit Deuteronen in zwei Heliumkerne über: $^9_4\text{Be} + ^2_1\text{H} \longrightarrow 2\,^4_2\text{He} + ^3_1\text{H}$ (bezüglich des entstehenden Tritiums ^3_1H vgl. auch Gl. (34.18) und (34.24)).

Sonstige Beispiele für den Reaktionstypus (34.14) sind die Umwandlungen von »Beryllium« in Lithium, »Bor« in Beryllium, »Kohlenstoff« in Bor, »Stickstoff« in Kohlenstoff, »Fluor« in Sauerstoff, »Natrium« in Neon, »Magnesium« in Natrium, »Aluminium« in Magnesium, »Silicium« in Aluminium oder »Eisen« in Mangan. Die Gesamtzahl der bisher untersuchten (p, α)- und (d, α)-Prozesse beträgt über 50.

Emission von Protonen. Werden bei der Beschießung mit Wasserstoffkernen Wasserstoffkerne aus anderen Atomkernen herausgeschossen, so kommt es naturgemäß nicht zu einer Elementumwandlung, da bei der Kernreaktion die Zahl der Kernprotonen in den Atomen des bombardierten Elements unverändert bleibt:

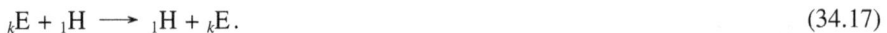

$$_k\text{E} + _1\text{H} \longrightarrow _1\text{H} + _k\text{E}. \tag{34.17}$$

Wohl aber geben solche Kernprozesse zur Bildung isotoper Kerne Veranlassung, wenn die aufgenom- menen und abgegebenen Wasserstoffkerne verschiedene Masse haben. Bombardiert man beispielsweise Elemente mit Deuteronen oder Tritonen und werden dabei Protonen emittiert, so gelangt man zu Isotopen mit einer um 1 bzw. 2 Einheiten größeren Masse ($^m_k\text{E} + ^2_1\text{H} \longrightarrow ^1_1\text{H} + ^{m+1}_k\text{E}$; $^m_k\text{E} + ^3_1\text{H} \longrightarrow ^1_1\text{H} + ^{m+2}_k\text{E}$).

Ein besonders interessanter Fall dieser Art liegt bei der Kernreaktion

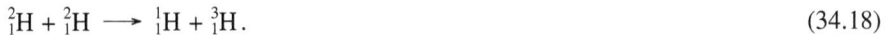

$$^2_1\text{H} + ^2_1\text{H} \longrightarrow ^1_1\text{H} + ^3_1\text{H}. \tag{34.18}$$

(Energieentwicklung 4 MeV) vor, bei der M. L. E. Oliphant, P. Harteck und E. Rutherford 1934 erstmals ein Wasserstoffisotop der rel. Masse 3 (»Tritium« T; vgl. S. 299) entdeckten, das mit einer Halbwertszeit von 12.346 Jahren unter β-Strahlung in ^3_2He (s. auch unten) übergeht: $^3_1\text{H} \longrightarrow ^3_2\text{He} + ^0_{-1}\text{e}$. In analoger Weise lassen sich »Lithium«, »Beryllium«, »Bor«, »Kohlenstoff«, »Stickstoff«, »Natrium« oder »Aluminium« in schwerere Isotope verwandeln. Insgesamt kennt man bereits über 160 solcher (d, p)-Prozesse. Weiterhin sind rund 15 (t, p)-Prozesse bekannt.

Emission von Neutronen. Die Bombardierung von Atomkernen mit Wasserstoffkernen unter Emission von Neutronen führt zur Bildung von Elementen, die im Periodensystem rechts vom Ausgangselement stehen:

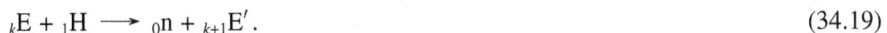

$$_k\text{E} + _1\text{H} \longrightarrow _0\text{n} + _{k+1}\text{E}'. \tag{34.19}$$

Je nach der Anwendung von Protonen, Deuteronen oder Tritonen ist die Masse dieses Elements $_{k+1}\text{E}$ gleich der Masse des Ausgangselements ($^m_k\text{E} + ^1_1\text{H} \longrightarrow ^1_0\text{n} + ^m_{k+1}\text{E}'$) oder um 1 bzw. 2 Einheiten größer ($^m_k\text{E} + ^2_1\text{H} \longrightarrow ^1_0\text{n} + ^{m+2}_{k+1}\text{E}'$; $^m_k\text{E} + ^3_1\text{H} \longrightarrow ^1_0\text{n} + ^{m+2}_{k+1}\text{E}'$). Vielfach werden auch 2 oder mehr (bis zu 14) Neutronen ausgeschleudert (rund 120 bisher bekannte (p, 2n)- und (d, 2n)-Prozesse, über 70 (p, 3n)- und (d, 3n)-Fälle).

Eine besonders interessante Reaktion der Art (34.19) ist die Umsetzung von Deuteronen mit Deuterium – vgl. (34.18):

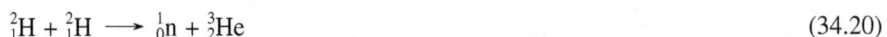

$$^2_1\text{H} + ^2_1\text{H} \longrightarrow ^1_0\text{n} + ^3_2\text{He} \tag{34.20}$$

(Energieentwicklung 3.2 MeV), welche zur Bildung von Helium mit der rel. Atommasse 3 führt (S. 461). Ein solches Helium wäre ein idealer Füllstoff für Gasballons und Luftschiffe, da es als Helium-Isotop ebenso unentflammbar und reaktionsträge wie das gewöhnliche Helium und dabei um 25 % leichter als dieses ist. Wegen der kleinen Ausbeuten bei künstlichen Elementum-wandlungen[4,5] ist aber an eine präparative Auswertung von Gleichung (34.20) vorerst noch nicht zu denken. Dagegen lässt sich die Reaktion (34.20) als ergiebige künstliche – d. h. von radioak-tiven Stoffen (wie im Falle (34.12)) unabhängige – Neutronenquelle (vgl. S. 2256) benutzen. So kann man auf diesem Wege mit dem Zyklotron unter günstigen Bedingungen Neutronenintensi-täten schaffen, die sonst nur ein Gemisch von 100 kg Emanation und Beryllium ergeben würde. Die Energie der Neutronen kann bei Verwendung entsprechend energiereicher Deuteronen bis auf 20 MeV gesteigert werden. Auch die Einwirkung Zyklotron-beschleunigter Deuteronen auf Tritium $^3_1$H (absorbiert an Titan oder Zirconium) oder auf Beryllium $^9_4$Be wird zur Erzeugung von Neutronen hoher Energie herangezogen:

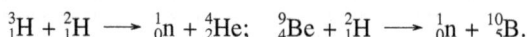

$$^3_1\text{H} + {}^2_1\text{H} \longrightarrow {}^1_0\text{n} + {}^4_2\text{He}; \quad {}^9_4\text{Be} + {}^2_1\text{H} \longrightarrow {}^1_0\text{n} + {}^{10}_5\text{B}.$$

Als weitere Beispiele für den Reaktionstypus (34.19) seien erwähnt: die Umwandlungen von »Lithium« in Beryllium, »Bor« in Kohlenstoff, »Kohlenstoff« in Stickstoff, »Stickstoff« in Sau-erstoff, »Sauerstoff« in Fluor, »Fluor« in Neon, »Natrium« in Magnesium oder »Aluminium« in Silicium. Die Gesamtzahl der bisher bekannten (p, n)- und (d, n)-Prozesse beträgt mehrere hundert.

Emissionen von β^+-Teilchen (Positronen). Die erwähnten Isotone (verschiedene Protonen-, gleiche Neutronenzahl) sind infolge des Protonenüberschusses häufig β^+-Strahler (vgl. S. 2233; für Beispiele vgl. S. 2268). Bedienungsleichte kompakte Zyklotrone ermöglichen in Kliniken die Herstellung kurzlebiger, positronenliefernder Nuklide (z. B. $^{11}_6$C, $^{13}_7$N, $^{15}_8$O, $^{18}_9$F) durch Beschuss geeigneter Targetkerne mit Zyklotron-beschleunigten Protonen oder Deuteronen am Ort ihrer Anwendung (essentiell in Zentren für die Positronen-Emissions-Tomographie = PET).

---

[4] Trefferhäufigkeit von α-Teilchen. Von 100 000 α-Teilchen stößt durchschnittlich nur ein einziges in geeigneter Weise mit einem Stickstoffkern zusammen. Daher ist auch eine chemische Isolierung und Charakterisierung der bei der Kernreakti-on (34.10) entstehenden Elemente Wasserstoff und Sauerstoff sehr erschwert, wie folgende Überschlagsrechnung zeigt: 1 g Radium entwickelt pro Jahr in Form von α-Strahlung 167 mm^3 Helium (S. 2241). Erzeugte jedes Heliumatom ein Wasserstoff- und ein Sauerstoffatom, so entstünden – da dann auf 2 Heliumatome 1 Wasserstoff- und 1 Sauerstoffmolekül entfielen – in 1 Jahr je rund 80 mm^3 Wasserstoff und Sauerstoff. Da aber 100 000 Heliumkernen nur einer wirksam ist, entwickeln sich bei einer einjährigen Bestrahlung von Stickstoff mit 1 g Radium nur je 80 : 100 000 = 0.0008 mm^3 (d. h. rund 1/1000 Kubikmillimeter) Wasserstoff und Sauerstoff (ermittelbar mit Methoden von A. Paneth, der diese für Altersbestimmungen nach der Heliummethode (S. 2248) entwickelte). Demgegenüber ist bei Verwendung Zyklotron-beschleunigter α-Teilchen infolge der höheren α-Strahlen-Intensität und der vermehrten Trefferausbeute die Gewinnung wägbarer Mengen an Kernreaktionsprodukten in erträglichen Reaktionszeiten durchaus möglich.

[5] Trefferhäufigkeit von Protonen. Dass die 1932 von J. D. Cockroft und E. T. S. Walton als erste mit künstlich beschle-nigten Geschossen erzwungene Transmutation (34.15) nicht dazu dienen kann, um Helium in messbaren Mengen aus Lithium und Wasserstoff zu erzeugen, sei wieder an Hand eines Zahlenbeispiels erläutert: Wendet man bei der Reakti-on (34.15) Protonen mit einer Energie von 0.2 MeV an, so dringt unter rund 100 Millionen Wasserstoffkernen nur ein einziger in einen Lithiumkern ein. Dies ist nicht verwunderlich, wenn man bedenkt, dass es sich – um einen früher (S. 95) gebrauchten Vergleich heranzuziehen – darum handelt, in einem Raum von 1000 Kubikmetern einen bestimmten Kubik-milimeter zu treffen, ohne zu zielen! Würde man einen Protonenstrom von 1 Milliampere Stärke (das ist die obere zur Zeit in Atomumwandlungs-Apparaturen erreichbare Grenze) ein ganzes Jahr lang auf Lithium richten, so entstünde in diesem Zeitraum nicht viel mehr als $^1/_{10}$ Kubikmillimeter Helium! An eine Umwälzung unserer »Stoffwirtschaft« durch das Verfahren der Beschießung von Atomkernen mit Protonen oder Deuteronen ist also wie im Falle der Beschießung von Atomkernen mit Heliumkernen (S. 2259) nicht zu denken. Gleiches gilt für die Frage einer etwaigen Umgestaltung unse-rer »Energiewirtschaft« durch die obigen Arten der Kernumwandlung. Zwar liefert der einzelne Kernvorgang (34.15) für je 0.2 MeV aufgewandter Energie als Äquivalent für den dabei auftretenden Massenverlust von 0.001 863 g mol^{-1} nach Abzug der 0.2 MeV einen Betrag von 17.3 MeV in Form kinetischer Energie der beiden entstehenden Heliumatome. Da aber 100 Millionen Wasserstoffkerne von 0.2 MeV Energie notwendig sind, um diese 17.3 Millionen eV zu erzeugen, muss in summa zur Gewinnung einer bestimmten Energiemenge doch ein milllionenmal größerer Energiebetrag aufge-wendet werden. Im Gegensatz dazu haben die durch Neutronen bei den schwersten Atomkernen (ab Th) ausgelösten Kern-Kettenreaktionen (S. 2278) eine Umwälzung der Stoff- und Energieerzeugung eingeleitet.

Kernumwandlung mit Neutronen

Einfangen von Neutronen. Erfolgt bei der Beschießung eine einfache Aufnahme des Neutrons durch den bombardierten Kern, so entsteht unter gleichzeitiger Ausstrahlung eines γ-Quants $^0_0 h\nu$ ein Isotop des ursprünglichen Elements E:

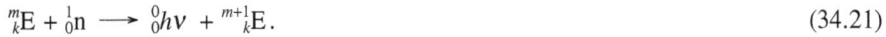

$$^m_k E + ^1_0 n \longrightarrow {}^0_0 h\nu + {}^{m+1}_k E. \tag{34.21}$$

Diese Art der Atomumwandlung ist heute bei fast jedem Element bekannt (festgestellt wurden bisher mehrere hundert derartige (n, γ)-Prozesse) und gelingt naturgemäß besonders leicht mit langsamen Neutronen (Energie um 1 eV). Solche Neutronen geringer Energie entstehen, wenn man schnelle Neutronen durch Wasser H_2O oder festes Paraffin C_mH_n hindurchtreten lässt, wobei sie infolge elastischer Zusammenstöße mit Wasserstoffkernen ihre Energie vermindern. Die Einfangreaktion (34.21) ist besonders wichtig bei den schweren Elementen (S. 2272), dient aber ebenso bei leichteren Kernen zur Gewinnung von Isotopen (z. B. $^{23}_{11}Na \longrightarrow {}^{24}_{11}Na$; $^{27}_{13}Al \longrightarrow {}^{28}_{13}Al$; $^{63}_{29}Cu \longrightarrow {}^{64}_{29}Cu$).

Emission von β-Teilchen (Negatronen). Die erwähnten Isotope (gleiche Protonen-, verschiedene Neutronenzahl), die sich naturgemäß von den Mutterisotopen chemisch nicht abtrennen lassen, sind infolge des Neutronenüberschusses im Allgemeinen β^--Strahler (vgl. S. 93, 2268). Hiervon macht man bei der von G. v. Hevesy (Nobelpreis 1943) eingeführten »Aktivierungsanalyse« Gebrauch, bei der ein – z. B. nur in Spuren vorhandenes – Element (in Gesteinen, Legierungen oder anderen Stoffen) durch Neutronenbeschuss zu einem radioaktiven Isotop aktiviert und mittels der so erzeugten Strahlung (meist γ-Strahlung) identifiziert wird (aus Halbwertszeit und γ-Strahlenintensität lässt sich die Art und Menge der Spurenelemente ableiten). So kann man etwa $^{55}_{25}Mn$, $^{75}_{33}As$ oder $^{197}_{79}Au$ mit Neutronen zu radioaktiven Isotopen $^{56}_{25}Mn$, $^{76}_{33}As$ bzw. $^{198}_{79}Au$ aktivieren, die mit Halbwertszeiten von 2.58 Stunden bzw. 26.4 Stunden bzw. 2.695 Tagen unter Aussendung von β^-- und γ-Strahlen zerfallen, wobei die Empfindlichkeit der Analysenmethode so groß ist, dass sich noch Mengen bis herab zu 10^{-10} g nachweisen lassen.

1936 zeigte E. Fermi als erster, dass eine Reihe von Elementen bei der Bestrahlung mit Neutronen radioaktiv wurden. Im gleichen Jahr wies G. v. Hevesy die Anwesenheit von 0.01 % Dy in einem Y-Präparat sowie von Spuren Eu in Gd-Präparaten nach, indem er die Proben mit Neutronen aus einer Ra-Be-Quelle bestrahlte. Eine eindrucksvolle Aktivierungsanalyse wurde 1961 mit einer Milligramm-Menge einer Haarsträhne von Napoleon I. durchgeführt, die seinerzeit einen Tag nach seinem Tod auf der Insel St. Helena (5. Mai 1821) abgeschnitten und seitdem aufbewahrt worden war. Sie führte zu dem Schluss, dass Napoleon offensichtlich keines natürlichen Todes starb, sondern das Opfer einer Arsenvergiftung wurde. Man konnte nicht nur die Anwesenheit und Menge von Arsen sicherstellen, sondern durch schrittweise Ermittlung des Arsengehalts in einigen 13 cm langen, dem Wachstum eines Jahres entsprechenden Haaren sogar zeigen, dass das Arsen während dieser einjährigen Zeitperiode mit Unterbrechungen gegeben wurde und zu welchen Zeitpunkten dies geschah.

Des Weiteren kann der Neutronenbeschuss in Verbindung mit der Elektronenemission auch zur Dotierung von Halbleitern (vgl. [5]) wie etwa Silicium genutzt werden: $^{30}_{14}Si + ^1_0 n \longrightarrow {}^{31}_{14}Si \longrightarrow {}^{31}_{15}P + ^0_{-1}e^- + \gamma$.

Emission von Neutronen. In gleicher Weise wie bei (34.21) entsteht ein Isotop (Masse $m-1$ statt $m+1$) des beschossenen Elements (z. B. $^{99}_{42}Mo$ aus $^{100}_{42}Mo$), wenn beim Aufprall des Neutrons 2 Neutronen aus dem Kern geschleudert werden ($^m_k E + ^1_0 n \longrightarrow 2\,^1_0 n + {}^{m-1}_k E$; Dutzende bisher bekannter (n, 2n)-Prozesse). Das Neutron muss dabei mindestens eine Energie von 8 MeV besitzen, da die Bindungsenergie des Neutrons in den meisten Kernen rund 8 MeV beträgt (S. 2245). Für das Herausschießen von 3 Neutronen – (n, 3n)-Prozesse – ist dementsprechend eine Mindestenergie des Neutrons von 16 (= 24–8) MeV erforderlich.

Emission von Protonen. Werden bei der »Bombardierung« mit (energiereichen) Neutronen Protonen aus dem Atomkern herausgeschossen, so entsteht in Umkehrung des Reaktionstypus (34.19) der im Periodensystem vor dem Ausgangselement stehende Grundstoff:

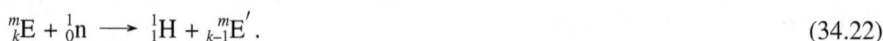

$$_k^m\text{E} + {}_0^1\text{n} \longrightarrow {}_1^1\text{H} + {}_{k-1}^m\text{E}'. \tag{34.22}$$

Ein besonders wichtiges Beispiel hierfür ist die – auch in der Natur sich abspielende (S. 2267) – Umwandlung von $_7^{14}\text{N}$ in ein β^--strahlendes und dadurch in $_7^{14}\text{N}$ zurückverwandeltes Kohlenstoffisotop der Masse 14:

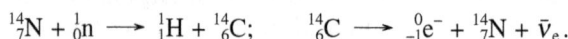

$$_7^{14}\text{N} + {}_0^1\text{n} \longrightarrow {}_1^1\text{H} + {}_6^{14}\text{C}; \qquad {}_6^{14}\text{C} \longrightarrow {}_{-1}^0\text{e}^- + {}_7^{14}\text{N} + \bar{\nu}_e.$$

Man benutzt dieses Isotop als radioaktiven Indikator zur Aufklärung von Mechanismen organischer Reaktionen und zur geschichtlichen Altersbestimmung pflanzlicher und tierischer Organismen (vgl. »Kohlenstoffuhr«, S. 2270).

Auf analoge Weise kann man z. B. »Fluor« in Sauerstoff, »Natrium« in Neon, »Magnesium« in Natrium, »Aluminium« in Magnesium, »Schwefel« in Phosphor, »Chrom« in Vanadium, »Eisen« in Mangan, »Nickel« in Cobalt, »Zink« in Kupfer, »Palladium« in Rhodium umwandeln usw. Rund 100 derartige (n, p)-Prozesse sind bis heute bekannt.

Anstelle des Protons $_1^1\text{H}$ (p) kann bei Einwirkung schneller Neutronen, z. B. auch ein Triton $_1^3\text{H}$ (t) aus einem Atomkern herausgeschossen werden. So können energiereiche, aus kosmischen Prozessen stammende Neutronen gemäß $_7^{14}\text{N} + {}_0^1\text{n} \longrightarrow {}_1^3\text{H} + {}_6^{12}\text{C}$ aus Luftstickstoff Tritium bilden, woher in der Hauptsache der geringe Gehalt der Atmosphäre an $_1^3\text{H}$ (vgl. S. 2270) und an $_2^3\text{He}$ ($_1^3\text{H}$ geht als β-Strahler in $_2^3\text{He}$ über) stammt.

Emission von α-Teilchen. Das Herausschießen von Heliumkernen durch energiereiche Neutronen führt in Umkehrung von Reaktionstypus (34.11) zur Bildung eines im Periodensystem zwei Stellen vor dem Ausgangsstoff stehenden Elements:

$$_k^m\text{E} + {}_0^1\text{n} \longrightarrow {}_2^4\text{He} + {}_{k-2}^{m-3}\text{E}'. \tag{34.23}$$

Man verwendet diesen Reaktionstyp z. B. zur Umwandlung von Lithium $_3^6\text{Li}$ in Tritium $_1^3\text{H}$ im Kernreaktor:

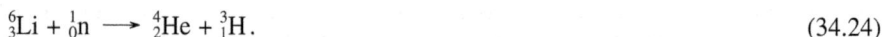

$$_3^6\text{Li} + {}_0^1\text{n} \longrightarrow {}_2^4\text{He} + {}_1^3\text{H}. \tag{34.24}$$

Das Tritium (S. 298) wird hierbei vom Uran als UT_3 absorbiert und beim Erhitzen auf $500\,°\text{C}$ wieder abgegeben. Es kann zur Trennung vom Helium auch in T_2O umgewandelt werden, das sich leicht von He abtrennen lässt.

In analoger Weise entsteht z. B. aus »Bor« Lithium, aus »Aluminium« Natrium, aus »Phosphor« Aluminium, aus »Chlor« Phosphor, aus »Scandium« Kalium, aus »Mangan« Vanadium, aus »Cobalt« Mangan, aus »Germanium« Zink, aus »Thorium« Radium usw. Gesamtzahl der bisher festgestellten (n, α)-Prozesse über 50.

Da die Neutronen als ungeladene Teilchen die Atome eines Gases frei durchfliegen, ohne sie zu ionisieren, offenbaren sie in einer Wilson-Kammer ihre Anwesenheit nur bei der Kollision mit einem anderen Atomkern. Die bei diesem Zusammenstoß gebildeten zwei Atomtrümmer machen sich durch das plötzliche Erscheinen zweier von einem Punkte ausgehender Nebelspuren bemerkbar (vgl. Abb. 34.7), während die Bahn des auftreffenden Neutrons unsichtbar bleibt.

Im Allgemeinen begünstigen langsame Neutronen (kinetische Energie $< 1\,\text{eV}$) den Vorgang (34.21), mittelschnelle (1–$10^5\,\text{eV}$) den Vorgang (34.22) und schnelle (1–$10^5\,\text{eV}$) den Vorgang (34.23). Zur Spaltung von Atomkernen mit Neutronen vgl. S. 2272.

Tab. 34.3

$^{58}_{28}\text{Ni} + {}^{6}_{3}\text{Li} \longrightarrow {}^{1}_{0}\text{n} + {}^{63}_{31}\text{Ga}$	$^{115}_{49}\text{In} + {}^{14}_{7}\text{N} \longrightarrow 4\,{}^{1}_{0}\text{n} + {}^{125}_{56}\text{Ba}$	$^{142}_{60}\text{Nd} + {}^{16}_{8}\text{O} \longrightarrow 6\,{}^{1}_{0}\text{n} + {}^{152}_{68}\text{Er}$
$^{12}_{6}\text{C} + {}^{11}_{5}\text{B} \longrightarrow 3\,{}^{1}_{0}\text{n} + {}^{20}_{11}\text{Na}$	$^{141}_{59}\text{Pr} + {}^{14}_{7}\text{N} \longrightarrow 6\,{}^{1}_{0}\text{n} + {}^{149}_{66}\text{Dy}$	$^{144}_{62}\text{Sm} + {}^{16}_{8}\text{O} \longrightarrow 6\,{}^{1}_{0}\text{n} + {}^{154}_{70}\text{Yb}$
$^{65}_{29}\text{Cu} + {}^{12}_{6}\text{C} \longrightarrow 3\,{}^{1}_{0}\text{n} + {}^{74}_{35}\text{Br}$	$^{165}_{67}\text{Ho} + {}^{14}_{7}\text{N} \longrightarrow 5\,{}^{1}_{0}\text{n} + {}^{174}_{74}\text{W}$	$^{181}_{73}\text{Ta} + {}^{16}_{8}\text{O} \longrightarrow 5\,{}^{1}_{0}\text{n} + {}^{192}_{81}\text{Tl}$
$^{75}_{33}\text{As} + {}^{12}_{6}\text{C} \longrightarrow 5\,{}^{1}_{0}\text{n} + {}^{82}_{39}\text{Y}$	$^{182}_{74}\text{W} + {}^{14}_{7}\text{N} \longrightarrow 5\,{}^{1}_{0}\text{n} + {}^{191}_{81}\text{Tl}$	$^{197}_{79}\text{Au} + {}^{16}_{8}\text{O} \longrightarrow 9\,{}^{1}_{0}\text{n} + {}^{204}_{87}\text{Fr}$
$^{79}_{35}\text{Br} + {}^{12}_{6}\text{C} \longrightarrow 3\,{}^{1}_{0}\text{n} + {}^{88}_{41}\text{Nb}$	$^{197}_{79}\text{Au} + {}^{14}_{7}\text{N} \longrightarrow 6\,{}^{1}_{0}\text{n} + {}^{205}_{86}\text{Rn}$	$^{141}_{59}\text{Pr} + {}^{19}_{9}\text{F} \longrightarrow 8\,{}^{1}_{0}\text{n} + {}^{152}_{68}\text{Er}$
$^{115}_{49}\text{In} + {}^{12}_{6}\text{C} \longrightarrow 4\,{}^{1}_{0}\text{n} + {}^{123}_{55}\text{Cs}$	$^{65}_{29}\text{Cu} + {}^{16}_{8}\text{O} \longrightarrow 2\,{}^{1}_{0}\text{n} + {}^{79}_{37}\text{Rb}$	$^{142}_{60}\text{Nd} + {}^{19}_{9}\text{F} \longrightarrow 8\,{}^{1}_{0}\text{n} + {}^{153}_{69}\text{Tm}$
$^{121}_{51}\text{Sb} + {}^{12}_{6}\text{C} \longrightarrow 7\,{}^{1}_{0}\text{n} + {}^{126}_{57}\text{La}$	$^{96}_{44}\text{Ru} + {}^{16}_{8}\text{O} \longrightarrow 5\,{}^{1}_{0}\text{n} + {}^{107}_{52}\text{Te}$	$^{144}_{62}\text{Sm} + {}^{19}_{9}\text{F} \longrightarrow 8\,{}^{1}_{0}\text{n} + {}^{155}_{71}\text{Lu}$
$^{181}_{73}\text{Ta} + {}^{12}_{6}\text{C} \longrightarrow 5\,{}^{1}_{0}\text{n} + {}^{188}_{79}\text{Au}$	$^{115}_{49}\text{In} + {}^{16}_{8}\text{O} \longrightarrow 5\,{}^{1}_{0}\text{n} + {}^{126}_{57}\text{La}$	$^{140}_{58}\text{Ce} + {}^{20}_{10}\text{Ne} \longrightarrow 8\,{}^{1}_{0}\text{n} + {}^{152}_{68}\text{Er}$
$^{197}_{79}\text{Au} + {}^{12}_{6}\text{C} \longrightarrow 9\,{}^{1}_{0}\text{n} + {}^{200}_{85}\text{At}$	$^{139}_{57}\text{La} + {}^{16}_{8}\text{O} \longrightarrow 6\,{}^{1}_{0}\text{n} + {}^{149}_{65}\text{Tb}$	$^{141}_{59}\text{Pr} + {}^{20}_{10}\text{Ne} \longrightarrow 8\,{}^{1}_{0}\text{n} + {}^{153}_{69}\text{Tm}$
$^{203}_{81}\text{Tl} + {}^{12}_{6}\text{C} \longrightarrow 5\,{}^{1}_{0}\text{n} + {}^{210}_{87}\text{Fr}$	$^{140}_{58}\text{Ce} + {}^{16}_{8}\text{O} \longrightarrow 6\,{}^{1}_{0}\text{n} + {}^{150}_{66}\text{Dy}$	$^{142}_{60}\text{Nd} + {}^{20}_{10}\text{Ne} \longrightarrow 8\,{}^{1}_{0}\text{n} + {}^{154}_{70}\text{Yb}$
$^{206}_{82}\text{Pb} + {}^{12}_{6}\text{C} \longrightarrow 5\,{}^{1}_{0}\text{n} + {}^{213}_{88}\text{Ra}$	$^{141}_{59}\text{Pr} + {}^{16}_{8}\text{O} \longrightarrow 7\,{}^{1}_{0}\text{n} + {}^{150}_{67}\text{Ho}$	$^{144}_{62}\text{Sm} + {}^{20}_{10}\text{Ne} \longrightarrow 7\,{}^{1}_{0}\text{n} + {}^{157}_{72}\text{Hf}$

Kernumwandlung mit schweren Atomkernen

Erheblich größere Änderungen der Kernladungszahl treten ein, wenn man Kerne mit schwereren Atomkernen als $_1$H oder $_2$He beschießt, z. B. mit $^{6}_{3}$Li, $^{9}_{4}$Be, $^{11}_{5}$B, $^{12}_{6}$C, $^{14}_{7}$N, $^{16}_{8}$O, $^{19}_{9}$F oder $^{20}_{10}$Ne. Da hierbei normalerweise nur Neutronen aus dem getroffenen Kern ausgeschleudert werden, vergrößert sich dabei die Kernladungszahl des Elements um 3, 4, 5, 6, 7, 8, 9 bzw. 10 Einheiten. Beispiele für solche Elementumwandlungen, die zu mittelschweren bis schweren Elementen führen, bringt Tabelle 34.3.

Man kennt heute u. a. schon rund 100 Fälle von Umwandlungen mit Kohlenstoffkernen, über 40 Umwandlungen mit Stickstoffkernen und über 70 Umwandlungen mit Sauerstoffkernen.

Besondere Bedeutung besitzt diese Methode der Kernumwandlung bei der Gewinnung der schweren Actinoide ab $_{98}$Cf (vgl. S. 2315) und der leichten Transactinoide bis $_{106}$Sg (vgl. S. 2350), während man zur Bildung der schweren Transactinoide ab $_{107}$Bh Elemente wie ^{208}Pb oder ^{209}Bi mit – auf ca. 10 % der Lichtgeschwindigkeit beschleunigten – sehr schweren Atomkernen wie ^{54}Cr, ^{58}Fe, ^{62}Ni, ^{64}Ni, ^{70}Zn und noch schwereren Kernen beschießt (vgl. S. 2350).

Kernumwandlung mit γ-Strahlen

Auch sehr kurzwellige γ-Strahlen – wie die des Thalliums $^{208}_{91}$Tl mit einer Energie von 2.6 MeV – können Atomumwandlungen bewirken (»Kernphotoeffekt«). Es handelt sich hier um die Umkehrung der Reaktionstypen (34.13) und (34.21), die ja wie alle exothermen Kernreaktionen stets mit der gleichzeitigen Emission von γ-Strahlung verknüpft sind. Erwähnt sei hier etwa die Aufspaltung von »Deuteronen« in Neutronen und Protonen:

$$^{2}_{1}\text{H} + {}^{0}_{0}h\nu \longrightarrow {}^{1}_{0}\text{n} + {}^{1}_{1}\text{H}.$$

Eine der bekanntesten Reaktionen dieser Art ist die γ-Bestrahlung von $^{9}_{4}$Be gemäß

$$^{9}_{4}\text{Be} + {}^{0}_{0}h\nu \longrightarrow {}^{1}_{0}\text{n} + 2\,{}^{4}_{2}\text{He},$$

die eine leicht zugängliche Neutronenquelle darstellt. Als γ-Strahler verwendet man hierbei z. B. $^{124}_{51}$Sb (Halbwertszeit 60.3 Tage), das γ-Strahlen mit Energien bis zu 2.09 MeV emittiert und zum Zwecke der Neutronenerzeugung mit Berylliumpulver innig gemischt wird. Andere verwendete γ-Strahler sind $^{24}_{11}$Na, $^{88}_{39}$Y, $^{116}_{49}$In und $^{140}_{57}$La.

Mit γ-Strahlen hoher und höchster Energie (20–250 MeV) gelingt auch die Umwandlung besonders stabiler Atomkerne wie etwa des Silbers oder Bors:

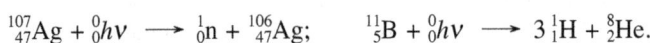

$$^{107}_{47}\text{Ag} + {}^{0}_{0}h\nu \longrightarrow {}^{1}_{0}\text{n} + {}^{106}_{47}\text{Ag}; \qquad {}^{11}_{5}\text{B} + {}^{0}_{0}h\nu \longrightarrow 3\,{}^{1}_{1}\text{H} + {}^{8}_{2}\text{He}.$$

Das in letzterem Fall gebildete Heliumisotop der Masse 8 geht mit einer Halbwertszeit von 122 Millisekunden unter β^--Strahlung in ^8_3Li über ($^8_2\text{He} \longrightarrow {}_{-1}^{0}e^- + {}^8_3\text{Li}$), welches seinerseits unter weiterer β^--Strahlung spontan in zwei Heliumkerne ^4_2He zerfällt ($^8_3\text{Li} \longrightarrow {}_{-1}^{0}e^- + 2\,^4_2\text{He}$; analog z. B. $^9_3\text{Li} \longrightarrow 2\,^4_2\text{He} + {}^1_0\text{n} + {}_{-1}^{0}e^-$, $^8_4\text{Be} \longrightarrow 2\,^4_2\text{He}$, $^8_5\text{B} \longrightarrow 2\,^4_2\text{He} + {}_{+1}^{0}e^+$, $^{12}_7\text{N} \longrightarrow 3\,^4_2\text{He} + {}_{+1}^{0}e^+$). Rund 50 (γ, n)- und (γ, p)-Prozesse sind bis heute bekannt.

Künstliche Radionuklide

Überblick. Die bei der vorstehend beschriebenen Beschießung von Elementen mit Helium-kernen, Wasserstoffkernen, Neutronen, höheren Kernen oder γ-Strahlen entstehenden neuen Elemente sind in der Mehrzahl der Fälle nicht beständig, sondern radioaktiv (»künstliche« bzw. – sinnvoller – »induzierte Radioaktivität«). Der erste Fall einer derartigen künstlichen Radioaktivität mit β^+-Strahlung wurde im Jahre 1934 von dem Forscherehepaar Iréne Curie (1897–1956) und Frédéric Joliot (1900–1958) beobachtet. Sie fanden, dass die bei der Be-schießung von »Aluminium« mit α-Strahlen des Poloniums neben stabilen Siliciumatomen $^{30}_{14}\text{Si}$ (95 %; $^{27}_{13}\text{Al} + {}^4_2\text{He} \longrightarrow {}^1_1\text{H} + {}^{30}_{14}\text{Si}$) entstehenden »Phosphoratome« $^{30}_{15}\text{P}$ (5 %) unter Abgabe von »Positronen« mit einer Halbwertszeit von 2.50 min radioaktiv zerfallen:

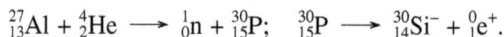

$$^{27}_{13}\text{Al} + {}^4_2\text{He} \longrightarrow {}^1_0\text{n} + {}^{30}_{15}\text{P}; \quad {}^{30}_{15}\text{P} \longrightarrow {}^{30}_{14}\text{Si}^- + {}^0_1e^+.$$

Dass die Positronenstrahlung in der Tat von radioaktiven Phosphoratomen ausging, konnte chemisch dadurch bewiesen werden, dass die Strahlung beim Auflösen des verwendeten Alu-miniumblechs in Salzsäure (Al + 3 H$^+$ $\longrightarrow$ Al^{3+} + 3 H) nicht in die Lösung, sondern in das entstehende PH$_3$-Gas (P + 3 H $\longrightarrow$ PH$_3$) überging, und dass beim Lösen des aktivierten Alu-miniums in Königswasser ($2\,\text{P} + 2\frac{1}{2}\,\text{O}_2 + 3\,\text{H}_2\text{O} \longrightarrow 2\,\text{H}_3\text{PO}_4$) und Zusatz von etwas Phosphat und Zirconiumsalz die Radioaktivität quantitativ mit dem ausfallenden Zirconiumphosphat aus der Lösung entfernt wurde.

Die Energie der Positronen im Augenblick der Aussendung lässt sich leicht aus dem Massenverlust bei der Elementumwandlung und dem Energie/Masse-Äquivalent des Positrons (0.51 MeV) errechnen. Für die Umwandlung

$$^{64}_{29}\text{Cu} \longrightarrow {}^{64}_{28}\text{Ni}^- + {}^0_1e^+,$$

die mit einem Massenverlust von 63.929 22 $(^{64}_{29}\text{Cu}) - 63.927\,97(^{64}_{28}\text{Ni}^-) = 0.001\,25$ g je mol, ent-sprechend 1.17 MeV Energie je Atom verknüpft ist, folgt so z. B. für die kinetische Energie der von Kupfer ausgesandten Positronen ein Wert von $1.17 - 0.51 = 0.66$ MeV, der auch in der Tat experimentell beobachtet wird.

Seitdem sind zahllose weitere Fälle von künstlicher Radioaktivität aufgefunden worden, so-dass man heute von jedem der knapp 120 bekannten Elemente mindestens ein, gewöhnlich je-doch mehrere radioaktive Isotope kennt. Die meisten künstlich gewonnenen radioaktiven Ele-mente zerfallen dabei entweder unter Ausstrahlung von positiven oder unter Ausstrahlung von negativen Elektronen (»β^-, β^+-Zerfall«). Der Ausstrahlung von Positronen aus dem Atomkern ist die Aufnahme von Negatronen (»Elektroneneinfang«) im Kern aus einer inneren Elektronen-schale des Atoms, gewöhnlich der K-Schale (»K-Einfang«; vgl. S. 2234), äquivalent.

In beiden Fällen wandelt sich das radioaktive Element in das im Periodensystem davorste-hende Element um. So geht z. B. radioaktives $^{40}_{19}\text{K}$ (S. 2234) zu 11 % durch K-Einfang in das beständige $^{40}_{18}\text{Ar}$ über (89 % verwandeln sich unter β^--Strahlung in $^{40}_{20}\text{Ca}$). Der Elektronenein-fang (erkennbar an der ausgesandten Röntgenstrahlung, S. 115) ist naturgemäß die einzige Art des radioaktiven Zerfalls, die durch die chemische Zusammensetzung beeinflusst wird (z. B. $\tau_{1/2}$ von ^7_4Be im Salz BeF$_2$ um 0.08 % größer als im elementaren Be). Bei diesem Prozess wächst die Kernmasse um die Masse eines Negatrons e$^-$ (0.511 MeV) und das Massenäquivalent, das der zur Bildung von Neutronen aus Protonen und Negatronen notwendige Energie von 0.738 MeV ent-spricht ($0.511 + 0.783 = 1.294$ MeV), bei der Positronenausstrahlung nimmt die Kernmasse um die Masse des Positrons e^+ (0.511 MeV) ab und um das Massenäquivalent, das der zur Bildung von Positronen und Neutronen aus Protonen notwendigen Energie von 1.805 MeV entspricht, zu (Summe: $-0.511 + 1.805 = 1.294$ MeV):

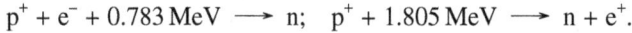

$$p^+ + e^- + 0.783\,\text{MeV} \longrightarrow n; \quad p^+ + 1.805\,\text{MeV} \longrightarrow n + e^+.$$

Daher ist in beiden Fällen der Massenzuwachs gleich groß (1.294 MeV), sodass das gebildete Nuklid in beiden Fällen die exakt gleiche Masse besitzt.

Eine Emission von Heliumkernen (»α-Zerfall«) wie bei den »natürlichen« radioaktiven Elementen wird bei den »künstlichen« radioaktiven Elementen fast ausschließlich bei den schweren Elementen, dagegen nur ganz vereinzelt bei den leichten Elementen (z. B. $^8_4$Be $\longrightarrow$ $^4_2$He $+$ $^4_2$He) beobachtet; umgekehrt ist der Zerfall unter Bildung von Protonen (»Protonenzerfall«) nur bei den künstlichen Nukliden bekannt. Darüber hinaus vermögen sich die künstlichen wie die natürlichen Nuklide unter Spontan- sowie Cluster-Zerfall (S. 2238) in Tochternuklide zu spalten.

Ob ein positives oder ein negatives Elektron ausgestrahlt wird, hängt davon ab, ob in dem durch Beschießen gewonnenen neuen Atomkern das Verhältnis von Protonen zu Neutronen gegenüber dem optimalen Zahlenverhältnis zu groß oder zu klein ist (vgl. S. 93). So sind z. B. die durch Einfangen von Neutronen gebildeten radioaktiven Elemente stets »negatronenaktiv«, indem die vermehrte Neutronenzahl durch Übergang von Neutronen in Protonen ($n \longrightarrow p^+ + e^-$) wieder verringert wird. Umgekehrt sind die durch Protonenaufnahme entstehenden radioaktiven Kerne »positronenaktiv«, indem sie sich durch Übergang von Protonen in Neutronen ($p^+ \longrightarrow$ $n + e^+$) stabilisieren. Die Geschwindigkeit des radioaktiven Zerfalls folgt in beiden Fällen den beim natürlichen radioaktiven Zerfall besprochenen Zerfallsgesetzen (S. 2246).

Anwendungen. Die künstlichen Radionuklide erweitern in willkommener Weise die Zahl der für radioaktive Bestrahlungs-, Energiegewinnungs- und Indikatorzwecke in Analytik, Forschung, Technik, Medizin und Biochemie brauchbaren Grundstoffe. Erleichtert wird deren Verwendung durch die Tatsache, dass die künstlichen Radionuklide heutzutage im Kernreaktor auch in größeren Mengen gewonnen werden können (vgl. S. 2283) und vielfach sogar leichter erhältlich und billiger sind als die natürlichen Radionuklide (S. 2236). Man nutzt hierbei sowohl »umschlossene Strahler«, d. h. Radionuklide in einer Umhüllung, welche für die betreffenden Radionuklide nicht, für deren Strahlung aber sehr wohl durchlässig ist, als auch »offene Strahler«. Erstere werden etwa zur Steuerung technischer Prozesse, Materialprüfung, Therapie von Tumoren, letztere in der analytischen, medizinischen und biochemischen Forschung sowie für reaktionsmechanistische Studien und in der medizinischen Diagnostik verwendet.

Als besonders wertvoll für Indikatorzwecke haben sich β^--strahlende sowie (insbesondere in der medizinischen regionalen Funktionsdiagnostik) β^+-strahlende Nuklide wie folgende erwiesen (s. Tab. 34.4, in Klammern: Zerfallshalbwertszeiten in Jahren, Tagen, Stunden bzw. Minuten). Die Nutzung der Radionuklide für radioaktive Markierungen sowie als Erzeuger radioaktiver Strahlung wurde bereits im Zusammenhang mit der natürlichen Radioaktivität erwähnt (vgl. S. 2237 und S. 2240). Ihre Verwendung in der Technik und zur Materialprüfung betrifft u. a. Messungen von Beschichtungs-, Folien- und Blechdicken (vgl. S. 2241), von Füllständen,

Tab. 34.4

β^--Strahler				β^+-Strahler			
$^3_1$H	(12.323 a)	$^{45}_{20}$Ca	(163 d)	$^{11}_6$C	(20.38 min)	$^{73}_{34}$Se	(7.1 h)
$^{14}_6$C	(5730 a)	$^{59}_{26}$Fe	(45.1 d)	$^{13}_7$N	(9.96 min)	$^{75}_{35}$Br	(1.6 h)
$^{24}_{11}$Na	(14.96 h)	$^{65}_{30}$Zn	(244 d)	$^{15}_8$O	(2.03 min)	$^{77}_{35}$Br	(57.0 h)
$^{32}_{15}$P	(14.3 d)	$^{89}_{38}$Sr	(50.5 d)	$^{18}_9$F	(109.7 min)	$^{122}_{53}$I	(3.6 min)
$^{35}_{16}$S	(87.5 d)	$^{131}_{53}$I	(8.02 d)	$^{30}_{15}$P	(2.50 min)		

von Verschleißvorgängen (S. 2237), von Strömungsgeschwindigkeiten und Volumina. Von Bedeutung ist in diesem Zusammenhang auch die radioaktive Markierung des Beginns einer neuen Ölcharge, die beim Transport durch Ölleitungen üblicherweise direkt auf die zuvor transportierte Charge gepumpt wird. In Analytik und Forschung nutzt man die Radionuklide u. a. zur Bestimmung kleinster Stoffmengen (vgl. S. 2237), von Dampfdrücken, Löslichkeiten und anderen physikalischen Größen (S. 2241), zur Überprüfung analytischer Verfahren, für Reinheits- und Gehaltsbestimmungen, für Studien von Reaktionsmechanismen und Katalysatorwirkungen, für Rückstandsuntersuchungen an Nahrungsmitteln, für Studien der Resorption, Verteilung, Speicherung, Ausscheidung und Metabolisierung von Pharmaka, Kosmetika, Umweltchemikalien (Pflanzenschutz, Futter- sowie Lebensmittelzusatz, Tensid).

Erwähnenswert ist ferner die Verwendung des β-strahlenden Kohlenstoffisotops $^{14}_{6}C$ zur Altersbestimmung kohlenstoffhaltiger historischer und prähistorischer Organismen (»Kohlenstoff-Uhr«). Unter der Einwirkung der kosmischen Strahlung (S. 2256), die Stickstoff in Kohlenstoff umzuwandeln vermag (vgl. S. 2266), hat sich in der Atmosphäre im Laufe der Jahrmillionen eine Gleichgewichtskonzentration von $^{14}CO_2$ eingestellt. Sie entspricht 16 ^{14}C-Atom-Zerfällen je g Kohlenstoff pro Minute, ist also außerordentlich gering. Analoges gilt für die Pflanzen, die bei der Assimilation, und für die Tiere, die über die Pflanzen die Gleichgewichtskonzentration von ^{14}C in sich aufnehmen und sie während ihrer Lebenszeit infolge des dauernden Ausgleichs mit der Umwelt konstant erhalten. Sobald aber ein lebender Organismus stirbt, vermag er keinen neuen radioaktiven Kohlenstoff mehr zu inkorporieren. Damit sinkt die ^{14}C-Aktivität nach Ablauf von 5730 Jahren auf die Hälfte (Zerfall von 8 ^{14}C-Atomen je g C pro Min.), nach Ablauf von 11460 Jahren auf ein Viertel (Zerfall von 4 ^{14}C-Atomen je g C pro Min.) usw. Umgekehrt kann man somit aus dem Maß der in einem abgestorbenen Organismus (z. B. der Holzplanke eines alten Schiffes, den Knochenresten eines prähistorischen Tieres) je Gramm C noch vorhandenen ^{14}C-Aktivität mithilfe der Halbwertszeit von ^{14}C zurückrechnen, zu welchem Zeitpunkt er noch volle Aktivität besaß, d. h. wann er gestorben ist. Auf diese Weise ist nach W. F. Libby (ab 1947) eine experimentelle Überprüfung geschichtlicher und vorgeschichtlicher Zeitangaben (Altersbestimmungen zwischen 400 und 30000 Jahren mit einer Fehlergrenze von durchschnittlich 5 %) möglich. So ließ sich etwa durch die Untersuchung eines Plankenstücks des großen Leichenschiffs des Königs Sesostris III. von Ägypten (1887–1849 v. Chr.) das von den Archäologen angegebene Alter von 3800 Jahren experimentell bestätigen.

In ähnlicher Weise wie bei dem in der Atmosphäre gemäß $^{14}_{7}N + ^{1}_{0}n \longrightarrow ^{1}_{1}H + ^{14}_{6}C$ gebildeten Kohlenstoffisotop $^{14}_{6}C$ hat sich auch bei dem in der Atmosphäre durch eine Nebenreaktion von $^{14}_{7}N$ gemäß $^{14}_{7}N + ^{1}_{0}n \longrightarrow ^{3}_{1}H + ^{12}_{6}C$ gebildeten Wasserstoffisotop Tritium $^{3}_{1}H$ (β^--Strahler) eine Gleichgewichtskonzentration an Tritium im Wasser eingestellt (1 Teil $^{3}_{1}H$ auf 10^{17} Teile $^{1}_{1}H$; die ganze Atmosphäre enthält etwa 6 g T), die sich bei Abtrennung des Wassers von der äußeren Atmosphäre infolge des Zerfalls von $^{3}_{1}H$ mit einer Halbwertszeit von 12.346 Jahren verringert. Man kann daher den Tritiumgehalt eines Wassers z. B. zur Altersnachprüfung von – bis 50 Jahre alten – Weinen oder zur Lösung der Frage heranziehen, ob Untergrund-Wasser aus neueren Regenfällen oder aus großen unterirdischen, von der Atmosphäre abgeschlossenen Reservoiren stammen (»Tritium-Uhr«).

Über die vorgenannten Anwendungen hinaus gewinnen die künstlichen radioaktiven Nuklide zunehmende medizinische und biochemische Bedeutung, da sie leichter dosierbar sind als die natürlichen radioaktiven Stoffe und zudem im Organismus verbleiben können, weil sie bei ihrem Abklingen vielfach in harmlose Stoffe übergehen. Unter diesen »Radionukliden« seien hier erwähnt das aus gewöhnlichem Natrium ($^{23}_{11}Na$) durch Neutronenbeschuss gewinnbare »Radio-Natrium« $^{24}_{11}Na$, das mit einer Halbwertszeit von 15.03 Stunden in Magnesium übergeht ($^{24}_{11}Na \longrightarrow ^{24}_{12}Mg + ^{0}_{-1}e + \gamma$), der aus normalem Phosphor ($^{31}_{15}P$) durch Neutronenbeschuss erhältliche »Radio-Phosphor« $^{32}_{15}P$, welcher mit 14.22 Tagen Halbwertszeit in normalen Schwefel zerfällt ($^{32}_{15}P \longrightarrow ^{32}_{16}S + ^{0}_{-1}e + \gamma$), das aus natürlichem $^{130}_{52}Te$ durch Neutronenbeschuss erhältliche »Radio-Iod« $^{131}_{53}I$, das mit einer Halbwertszeit von 8.02 Tagen in normales Xenon zerfällt

($^{131}_{53}\text{I} \longrightarrow {}^{131}_{54}\text{Xe} + {}^{0}_{-1}\text{e} + \gamma$) oder das aus natürlichem $^{98}_{42}\text{Mo}$ durch Neutronenbeschuss erhältliche »metastabile Radio-Technetium« $^{99\text{m}}_{43}\text{Tc}$, das mit einer Halbwertszeit von 6.03 Stunden in Technetium $^{99}_{43}\text{Tc}$ übergeht, welches seinerseits mit einer Halbwertszeit von $2.12 \cdot 10^5$ Jahren in nicht radioaktives Ruthenium zerfällt ($^{99\text{m}}_{43}\text{Tc} \longrightarrow {}^{99}_{43}\text{Tc} + \gamma \longrightarrow {}^{99}_{44}\text{Ru} + {}^{0}_{-1}\text{e} + \gamma$). Man injiziert etwa eine $^{24}_{11}\text{NaCl}$-Lösung zur Verfolgung des Blutkreislaufs, zur Aufspürung von Blutgerinnseln, zur Bestimmung des Blutvolumens ins Blut oder verabreicht einem Patienten zur Diagnose der Schilddrüsenfunktion, Lokalisierung von Gehirntumoren Na $^{131}_{53}\text{I}$ oder bringt zur Darstellung des Herzens komplexierte $^{99\text{m}}_{43}\text{Tc}$-Kationen ins Blut. Wichtige Anwendungen in Medizin und Biochemie betreffen ferner Studien der Protein- und Rezeptorbindung von Fremdstoffen, Bestimmung von Hormonspiegeln im Serum oder von tumorassoziierten Antigenen, Untersuchungen in der Histologie, Osteologie, Neurophysiologie, Gastroenterologie, Kardiologie. Zur Therapie von Tumoren, Blut- und Schilddrüsenerkrankungen wird u. a. umschlossenes Cobalt $^{60}_{27}\text{Co}$ eingesetzt (vgl. S. 2243).

Bezüglich der Verwendung von Radionukliden als Energiequellen vgl. S. 2241.

2.1.2   Die Kernzersplitterung

Wesentlich eingreifender als die besprochenen einfachen Kernreaktionen sind die Umwandlungen, die sich bei der Einwirkung von Geschossen sehr hoher Energie (einige 100 MeV) abspielen. Die Beschießung irgendwelcher Elemente des Periodensystems führt in diesem Falle durchweg zu einer überaus großen Anzahl radioaktiver Reaktionsprodukte, deren Ordnungzahl sich häufig über einen Bereich von 10–20 Einheiten erstreckt und deren Massenzahl oft um 20–50 Einheiten von der des Ausgangselements abweicht.

So befindet sich unter den zahlreichen Reaktionsprodukten der Beschießung von »Arsen« $^{75}_{33}\text{As}$ mit α-Teilchen von 400 MeV beispielsweise das 37.18-Minuten-Chlorisotop $^{38}_{17}\text{Cl}$, dessen Kernladungszahl um 16 und dessen Massenzahl um 37 Einheiten kleiner als die des Ausgangskerns ist. Die Bestrahlung von »Kupfer« $^{63,65}_{29}\text{Cu}$ mit Deuteronen von 200 und Heliumkernen von 400 MeV ergab allein in der »Manganfraktion« Manganisotope der Massenzahl 51 bis 56. Bei der Bestrahlung von »Eisen« ($_{26}\text{Fe}$) mit Protonen von 340 MeV wurden bisher schon zahlreiche radioaktive Isotope der Elemente Natrium (z. B. $^{22}_{11}\text{Na}$ und $^{24}_{11}\text{Na}$) bis Cobalt (z. B. $^{55}_{27}\text{Co}$ und $^{56}_{27}\text{Co}$) aufgefunden. »Aluminium« wird beim Beschuss mit Protonen von 1–3 GeV gemäß $^{27}_{13}\text{Al} + {}^{1}_{1}\text{H} \longrightarrow 10\,{}^{1}_{1}\text{H} + 11\,{}^{1}_{0}\text{n} + {}^{7}_{4}\text{Be}$ zu Protonen, Neutronen und Beryllium zersplittert. Daraus geht hervor, dass die Einwirkung von Partikeln sehr hoher Energie Kernzertrümmerung zur Folge hat, bei denen Dutzende von Protonen und Neutronen – als solche oder als leichte Atomkerne – emittiert werden.

Besonders leicht finden solche weitgehenden Kernzertrümmerungen bei den instabileren schweren Elementen statt. So genügen bereits Deuteronen von 50 MeV, um aus »Uran« $^{235,238}_{92}\text{U}$ Nuklide (wie $^{211}_{85}\text{At}$) zu machen, die sich um nahezu 10 Protonen und 20–30 Masseneinheiten vom Ausgangselement unterscheiden. Geradezu unübersehbar wird in solchen Fällen die Schar der gebildeten Kerntrümmer bei Anwendung von Geschossen höchster Energien. Beispielsweise liefert das Uran bei der Beschießung mit α-Teilchen von 400 MeV Isotope aller Elemente zwischen den Ordnungszahlen ~ 25 und 92, wobei die Elemente oberhalb der Ordnungszahl ~ 70 (Massenzahl $> \sim 180$) offensichtlich durch Kernzersplitterungsreaktionen der eben beschriebenen Art entstehen, während die Elemente unterhalb dieser Ordnungszahl (Kernladungszahl $46 \pm \sim 20$; Massenzahlen $120 \pm \sim 60$) wahrscheinlich durch Spaltung des Urankerns (Ordnungszahl 92) in zwei Bruchstücke (s. folgenden Abschnitt 2.1.3) gebildet werden.

Analoges gilt für die Bestrahlung von Elementen mit γ-Strahlen höchster Energie aus dem Betatron. So wandelt sich beispielsweise »Silicium« ($^{28}_{14}\text{Si}$) unter der Einwirkung elektromagnetischer Strahlung der Energie 100 MeV (Wellenlänge $\approx {}^1/_{100}\,\text{pm}$) in Natrium ($^{24}_{11}\text{Na}$) um, was besagt, dass 3 Protonen und 1 Neutron emittiert werden.

2.1.3   Die Kernspaltung

Geschichtliches. Als Folge des Beschusses von Atomkernen (^{235}U) mit langsamen Neutronen entdeckten Ende 1938 die deutschen Chemiker Otto Hahn und Fritz Strassmann die Kernspaltung, womit unser »Atomzeitalter« wissenschaftlich eingeleitet wurde. 1934 hatte schon E. Fermi solche Spaltprodukte in Händen gehabt, aber irrtümlich als Transurane gedeutet. Hätte er schon damals aus seinen Versuchen die richtigen Schlussfolgerungen gezogen, so hätte die Entwicklung des Kernreaktors und der Atombombe bereits 4 Jahre früher begonnen und angesichts der leicht vorauszusehenden militärischen Ausnutzbarkeit möglicherweise vom 2. Weltkrieg abgeschreckt, eine etwas nachdenklich stimmende Feststellung, die die beklemmende Abhängigkeit des Weltgeschehens vom Denkvermögen der Naturforscher erkennen lässt.

Neutroneninduzierte Kernspaltung. Bestrahlt man »Uran« mit langsamen, in ihrer Geschwindigkeit gewöhnlichen Gasmolekülen vergleichbaren Neutronen (»thermische Neutronen«), so spalten sich die Kerne des dabei aus dem Uranisotop $^{235}_{92}$U (Actino-Uran) durch Neutronenaufnahme primär gebildeten Zwischenkerns (»Compound-Kern«) $^{236}_{92}$U spontan unter ungeheurer Wärmeentwicklung (15 Milliarden kJ = 160 Millionen Faradayvolt je Mol Uran, entsprechend 65 Milliarden kJ je kg Uran) unter Freisetzen von 2 bis 3 Neutronen in je zwei unterschiedlich große Bruchstücke (Kernladungssummen jeweils 92; vgl. Abb. 34.8, [7]), z. B.:

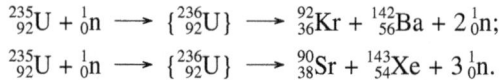

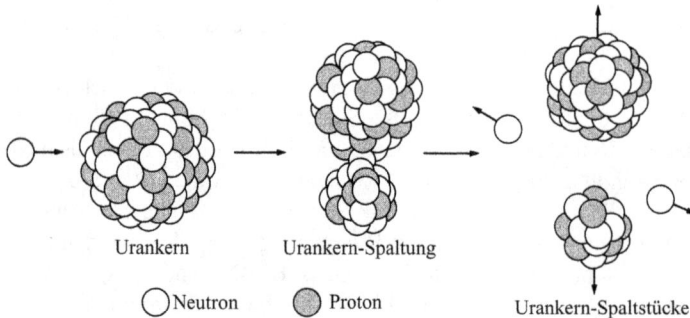

$$^{235}_{92}\text{U} + {}^{1}_{0}\text{n} \longrightarrow \{{}^{236}_{92}\text{U}\} \longrightarrow {}^{92}_{36}\text{Kr} + {}^{142}_{56}\text{Ba} + 2\,{}^{1}_{0}\text{n};$$

$$^{235}_{92}\text{U} + {}^{1}_{0}\text{n} \longrightarrow \{{}^{236}_{92}\text{U}\} \longrightarrow {}^{90}_{38}\text{Sr} + {}^{143}_{54}\text{Xe} + 3\,{}^{1}_{0}\text{n}.$$

Urankern   Urankern-Spaltung

○ Neutron   ● Proton   Urankern-Spaltstücke

Abb. 34.8 Spaltung des Urankerns $^{235}_{92}$U in zwei Bruchstücke bei der Beschießung mit Neutronen.

Die entstehenden neuen Elemente sind wegen des in ihren Atomkernen vorhandenen großen Neutronenüberschusses radioaktiv und zerfallen unter β^--Strahlung (Umwandlung von Kern-Neutronen in Kern-Protonen) weiter (vgl. S. 95), sodass ganze Zerfallsreihen auftreten und bis heute bereits 37 verschiedene Elemente ($^{72}_{30}$Zn bis $^{161}_{66}$Dy) mit Massenzahlen von 72 bis 161 in Form von fast 300 Isotopen (darunter rund 80 stabile Endglieder von über 30 Elementen) als direkte und indirekte Kerntrümmer der Uranspaltung bekannt oder wahrscheinlich gemacht sind. Die Ausbeuten an Spaltprodukten sind bei den Massenzahlen um 95 und 138 besonders hoch ($> 6\%$) und nehmen mit zunehmender Entfernung von diesen Massenwerten ab (Abb. 34.9).

Die beobachtete Zerfallsenergie beträgt zusammengenommen 19 Milliarden kJ je Mol Uran (vgl. S. 2283), übertrifft also die aller anderen bisher bekannten Kernreaktionen um ein Vielfaches. Die Rückbildung genügend energiereicher Neutronen beim Zerfall ermöglicht unter geeigneten Bedingungen (im »Kernreaktor«; S. 2278) eine selbsttätige Weiterführung der Uranspaltung in Form einer Kettenreaktion und damit eine Nutzbarmachung der hohen Zerfallsenergie und eine präparative Gewinnung der entstehenden Nuklide wie $^{90}_{38}$Sr, $^{99}_{43}$Tc, $^{137}_{55}$Cs, $^{147}_{61}$Pm (S. 2283).

Das zweite, häufigere (99.3 %) Uranisotop $^{238}_{92}$U geht bei der Bestrahlung mit langsamen Neutronen ($< 1\,\text{eV}$) bzw. mittelschnellen Neutronen (1–10^5 eV) über einen Zwischenkern $^{239}_{92}$U unter

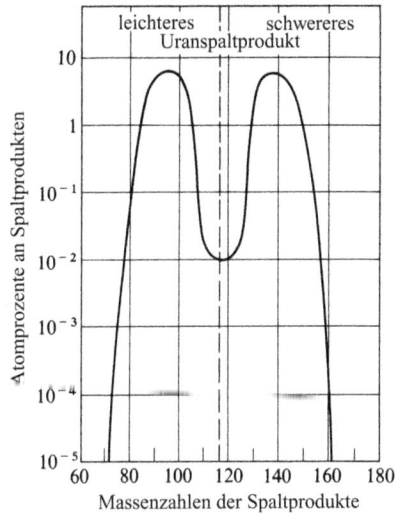

Abb. 34.9 Ausbeuten und Massenzahlen der Spaltprodukte des Urankernzerfalls, $^{235}_{92}$U.

Elektronenabgabe in Neptunium $^{239}_{93}$Np über, das seinerseits β^--radioaktiv unter Bildung von »Plutonium« $^{239}_{94}$Pu weiter zerfällt (S. 2283, 2316). Die Spaltung von $^{238}_{92}$U erfolgt nur durch schnelle Neutronen ($> 10^5$ eV).

Wie das Uranisotop $^{235}_{92}$U lassen sich auch zahlreiche andere schwere Nuklide durch Beschießen mit langsamen Neutronen leicht spalten, z. B. die Isotope $^{233}_{92}$U, $^{239}_{94}$Pu, $^{241}_{94}$Pu, $^{242}_{95}$Am. Praktische Anwendungen haben unter diesen Elementen bis jetzt nur $^{235}_{92}$U, $^{239}_{94}$Pu und $^{233}_{92}$U gefunden, die schon mit ganz langsamen Neutronen spaltbar sind (vgl. S. 2278). Die beiden letzteren werden durch Neutroneneinfang unter β^--Strahlung aus $^{238}_{92}$U bzw. $^{232}_{90}$Th in einem »Brutprozess« (S. 2283) gewonnen, wobei $^{239}_{94}$Pu vom Ausgangs- $^{238}_{92}$U bzw. $^{233}_{92}$U vom Ausgangs-$^{232}_{90}$Th durch einen Extraktionsprozess (»Purex«- bzw. »Thorex«-Prozess) abgetrennt wird (S. 2319). Zur Spaltung der weniger schweren, stabileren Nuklide sind wesentlich höhere Geschossenergien erforderlich. So gelingt die Spaltung von »Bismut« $_{83}$Bi und »Blei« $_{82}$Pb erst mit Neutronen von 100 MeV (untere Grenze: 50 MeV), die Spaltung von »Thallium« $_{81}$Tl mit Deuteronen von 200 MeV und die Spaltung von »Platin« $_{78}$Pt und »Tantal« $_{73}$Ta mit α-Teilchen von 400 MeV. Die Spaltprodukte sind in diesen Fällen zum Unterschied von den Spaltprodukten des Urans und Plutoniums bevorzugt etwa gleichschwer. Zur Erzeugung von Energie (vgl. S. 2278) lassen sich die Spaltungen solcher Elemente nicht verwenden, da wegen der erforderlichen extrem hohen Geschwindigkeit der zur Spaltung notwendigen Partikel die Energie der bei der Spaltung freiwerdenden Teilchen für eine Fortsetzung der Reaktionskette nicht ausreicht.

2.1.4 Die Kernverschmelzung. Evolution des Universums

Die Spaltung von schwereren Kernen zu leichteren (»Fission«) ist die Verschmelzung von leichten Kernen zu schwereren (»Fusion«) gegenüberzustellen. Letztere gibt wie erstere zur Freisetzung nuklearer Energie Veranlassung, da in beiden Fällen die Bindungsenergie je Nukleon in den Kernen steigt und die größte Stabilität bei den mittleren Elementen um $_{26}$Fe vorliegt (S. 2245). Die Kernverschmelzung ist für die Ausstrahlung der stellaren Energie ein wesentlicher Faktor und für die Bildung der stellaren Materie von ausschlaggebender Bedeutung (stellar von lat. stella = Stern). Auch hat sie – zusammen mit der Neutronenaufnahme seitens der Kerne und einigen anderen Prozessen – wesentlich zur Evolution des Universums und den heute vorzufindenden Elementhäufigkeiten im Kosmos beigetragen.

Stellare Energie. Ihren Ursprung verdankt die stellare Energie der Gravitation (S. 2256) sowie der Verbrennung (»Fusion«) des im Weltall als Urelement (s. unten) reichlich vorhandenen Wasserstoffs zu Helium unter β^+-Ausstrahlung:

$$4\,{}^1_1\mathrm{H}^+ \longrightarrow {}^4_2\mathrm{He}^{2+} + 2\,{}^0_1\mathrm{e}^+ + 2\,\nu_e + 26.72\,\mathrm{MeV}, \tag{34.25}$$

wobei je Mol ${}^4_2\mathrm{He}$ (4 g) 26.72 Milliarden eV = 2580 Millionen kJ entwickelt werden.

In »kühleren« Sternen ($\sim 10^7\,\mathrm{K}$) spielt sich die Wasserstofffusion (Wasserstoffverbrennung) (34.23) nach dem von Ch. Critchfield im Jahre 1938 aufgefundenen Deuterium-Zyklus (»Protonen-Protonen-Zyklus«; vgl. nachfolgende Zusammenstellung) ab, wobei ${}^4_2\mathrm{He}$ aus Protonen in drei Schritten (34.26a) oder aber sechs Schritten (34.26c) gebildet wird, in »heißeren« Sternen ($\sim 5 \cdot 10^7\,\mathrm{K}$) und bei Vorhandensein geringer Mengen (»katalytisch wirkendem) Kohlenstoff und Stickstoff (wie etwa in der Sonne) zusätzlich gemäß (34.26b) nach dem im Jahre 1937 von H. Bethe und C. F. von Weizsäcker entdeckten CNO-Zyklus (Kohlenstoff-Stickstoff-Sauerstoff-Zyklus«). Im Inneren der Sonne ($\sim 1.6 \cdot 10^7\,\mathrm{K}$) wird die Energie zu etwa gleichen Teilen nach (34.26a) und (34.26c) und nur zu 4 % nach (34.26b) erzeugt. Die Zeiten, innerhalb derer sich die einzelnen Elementarschritte im Mittel abspielen, sind allerdings zum Teil außerordentlich lang. Gleichwohl führt die Reaktion in Anbetracht der riesigen Wasserstoffmengen zu enormen Umsätzen. Bei der Positronenbildung oder dem Negatroneneinfang werden zugleich Neutrinos ν_e in den Weltraum ausgestrahlt, die damit auch auf die Erde gelangen (jeder cm^2 Erdoberfläche wird von $6 \cdot 10^{10}$ Sonnenneutrinos pro Sekunde durchdrungen; bezüglich ihrer Messung vgl. S. 2240).

Wasserstofffusion (»Wasserstoffverbrennung«; $> 10^7\,\mathrm{K}$)

$2 \times \mid {}^1_1\mathrm{H} + {}^1_1\mathrm{H}$	$\longrightarrow$	${}^2_1\mathrm{H} + {}^0_1\mathrm{e}^+ + \nu_e$	$+$ 1.44 MeV	$14 \cdot 10^9$ Jahre	**Deuterium-**
$2 \times \mid {}^1_1\mathrm{H} + {}^2_1\mathrm{H}$	$\longrightarrow$	${}^3_2\mathrm{He} + \gamma$	$+$ 5.49 MeV	0.6 Sekunden	**Zyklus** (34.26a)
${}^3_2\mathrm{He} + {}^3_2\mathrm{He}$	$\longrightarrow$	${}^4_2\mathrm{He} + 2\,{}^1_1\mathrm{H}$*)	$+$ 12.86 MeV	10^6 Jahre	
$4\,{}^1_1\mathrm{H}$	$\longrightarrow$	${}^4_2\mathrm{He} + 2\,{}^0_1\mathrm{e}^+ + 2\,\nu_e$	$+$ 26.72 MeV		
${}^1_1\mathrm{H} + {}^{12}_6\mathrm{C}$	$\longrightarrow$	${}^{13}_7\mathrm{N} + \gamma$	$+$ 1.95 MeV	$1.3 \cdot 10^7$ Jahre	
$+ {}^{13}_7\mathrm{N}$	$\longrightarrow$	${}^{13}_6\mathrm{C} + {}^0_1\mathrm{e}^+ + \nu_e$	$+$ 2.22 MeV	7 Minuten	
${}^1_1\mathrm{H} + {}^{13}_6\mathrm{C}$	$\longrightarrow$	${}^{14}_7\mathrm{N} + \gamma$	$+$ 7.54 MeV	$3 \cdot 10^6$ Jahre	**CNO-** (34.26b)
${}^1_1\mathrm{H} + {}^{14}_7\mathrm{N}$	$\longrightarrow$	${}^{15}_8\mathrm{O} + \gamma$	$+$ 7.35 MeV	$3 \cdot 10^5$ Jahre	**Zyklus**
$+ {}^{15}_8\mathrm{O}$	$\longrightarrow$	${}^{15}_7\mathrm{N} + {}^0_1\mathrm{e}^+ + \nu_e$	$+$ 2.70 MeV	82 Sekunden	
${}^1_1\mathrm{H} + {}^{15}_7\mathrm{N}$	$\longrightarrow$	${}^4_2\mathrm{He} + {}^{12}_6\mathrm{C}$	$+$ 4.96 MeV	$1.1 \cdot 10^5$ Jahre	
$+ 4\,{}^1_1\mathrm{H}$	$\longrightarrow$	${}^4_2\mathrm{He} + 2\,{}^0_1\mathrm{e} + + 2\,\nu_e + 26.72\,\mathrm{MeV}$			

*) Die gebildeten ${}^3_2\mathrm{He}$-Kerne können auch wie folgt (34.26c) auf dem Wege über Be und Li in ${}^4_2\mathrm{He}$ übergehen:

$$\begin{aligned} {}^4_2\mathrm{He} + {}^3_2\mathrm{He} &\longrightarrow {}^7_4\mathrm{Be} \\ {}^7_4\mathrm{Be} + {}^0_{-1}\mathrm{e}^- &\longrightarrow {}^7_3\mathrm{Li} + \nu_e \\ {}^7_3\mathrm{Li} + {}^1_1\mathrm{H}\,{}^8_4\mathrm{Be} &\longrightarrow 2\,{}^4_2\mathrm{He} \end{aligned} \tag{34.26c}$$

Die ungeheure Strahlungsleistung unserer Sonne ($3.72 \cdot 10^{23}\,\mathrm{kW} = 37.2 \cdot 10^{22}\,\mathrm{kJ\,s^{-1}}$, entsprechend $61\,300\,\mathrm{kW} = 61\,300\,\mathrm{kJ\,s^{-1}}$ je m^2 der Sonnenoberfläche von $6.072 \cdot 10^{18}\,\mathrm{m}^2$ wird aus der Energieentwicklung des Verschmelzungsvorgangs (34.25) gedeckt. Es müssen zu diesem Zweck pro Sekunde (!) rund 600 Millionen Tonnen Wasserstoff zu 595.5 Millionen Tonnen Helium »verbrannt« werden. Da aber der Wasserstoffvorrat der Sonne außerordentlich hoch ist ($10^{33}\,\mathrm{g}$), wurde seit Entstehung der Sonne (vor 4.6 Milliarden Jahren) pro Jahrmilliarde nur $1/_{50}$ ($0.02 \cdot 10^{33}\,\mathrm{g}$) des vorhandenen Wasserstoffs verbraucht, sodass sie noch eine viele Milliarden Jahre langes, unverändertes Leben vor sich hat. Der relativistische Massenschwund der Sonne (Massenäquivalent der ausgesandten Energie; vgl. S. 18) beträgt pro Jahrmilliarde (Entwicklung von $1.2 \cdot 10^{40}\,\mathrm{kJ}$) $1.3 \cdot 10^{29}\,\mathrm{g}$, entsprechend einem Zehntausendstel der Gesamtmasse. Trotz des beachtlichen Massenschwunds (4.1 Millionen Tonnen pro Sekunde (!)) bleibt also die Masse der Sonne im wesentlichen erhalten.

Zum Unterschied von der auf Kernspaltung (»Fission«) beruhenden nuklearen Reaktion ist es bis jetzt noch nicht gelungen, auch die auf Kernverschmelzung (»Fusion«) beruhende thermonukleare Wasserstoffverbrennung als gesteuerte Reaktion im Fusionsreaktor durchzuführen. Wenn es möglich wäre, auch hier eine Verschmelzung von Wasserstoff zu Helium in kontrollierter Weise durchzuführen, wäre die Menschheit nach Aufbrauchen der Kohle- und Uranvorräte für weitere lange Zeit von ihren Energiesorgen befreit, da dann die ungeheuren Vorräte an Wasserstoff in den Ozeanen als Ausgangsmaterial für die Kernfusion zur Verfügung stünden. Im Weltall spielt sich die Kernverschmelzung in den Sternen, wie etwa unserer Sonne, in gesteuerter Weise ab und spendet seit Jahrmillionen ohne Gleichgewichtsstörung thermonukleare Energie. Bei Störung des geregelten Energiehaushalts geht allerdings sowohl bei der Kernspaltung wie bei der Kernverschmelzung die gesteuerte in eine ungesteuerte Kern-Kettenreaktion über und führt dabei sowohl auf der Erde (»Uranbombe«, »Wasserstoffbombe«; S. 2284, 2285) wie im Weltall (»Nova«, »Supernova«, s. unten) zu Explosionen gewaltigen bis kosmischen Ausmaße.

Stellare Materie. Die Bildung weiterer Elemente – nach der um 10^7 K einsetzenden und während des größten Teils der Lebenszeit eines Sternes stattfindenden Wasserstofffusion – hat man sich am Ende des Lebens eines Sterns bei Temperaturen von ca. 10^8 bis über 10^9 K im Inneren der Sterne durch Verschmelzen der nach (34.25) gebildeten Heliumkerne $^4_2$He (Heliumfusion, Heliumverbrennung) sowie der hierbei erzeugten Kohlenstoffkerne $^{12}_6$C (»Kohlenstofffusion«, »Kohlenstoffverbrennung«) vorzustellen (vgl. nachfolgende Zusammenstellungen). In ersterem Falle entstehen die sogenannten »α-Kerne« ($^4_2$He)$_n$ wie $^8_4$Be, $^{12}_6$C, $^{16}_8$O, $^{20}_{10}$Ne usw. Und zwar bilden sich durch derartige α-Prozesse unterhalb 10^9 K nur Kohlenstoff, Sauerstoff und Neon, oberhalb von 10^9 K auch höhere α-Kerne (bis $^{44}_{22}$Ti; mit wachsender Kernladung der Elementkerne erfordert das Einfangen von α-Teilchen die Überwindung wachsender Aktivierungsbarrieren). Die Umwandlung von He- in Be-Kerne ist dabei nur reversibel schwach exotherm (vgl. Zusammenstellung), das Konzentrationsverhältnis c_{Be}/c_{He} bei 10^8 K deshalb klein (10^{-9}). Die geringe Gleichgewichtsmenge an Be ermöglicht aber die weitere – stark exotherme – Umwandlung von Be in C. Die Bildung von Ne aus O- und He-Kernen kommt ab 10^9 K in das Stadium der Reversibilität, wobei die durch Spaltung von Ne in diesem Temperaturbereich gebildeten α-Teilchen durch exothermere α-Prozesse verbraucht werden. Die Kohlenstofffusion setzt ab $6 \cdot 10^8$ K ein, die Sauerstoff- und Siliciumfusion um 10^9 K.

Heliumfusion (»Heliumverbrennung« bis $^{20}_{10}$Ne: $> 10^8$ K); α-Prozesse (ab $^{20}_{10}$Ne: $> 10^9$ K):

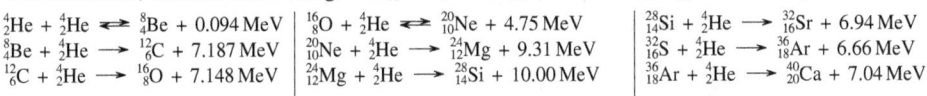

$^4_2$He + $^4_2$He $\rightleftharpoons$ $^8_4$Be + 0.094 MeV	$^{16}_8$O + $^4_2$He $\rightleftharpoons$ $^{20}_{10}$Ne + 4.75 MeV	$^{28}_{14}$Si + $^4_2$He $\longrightarrow$ $^{32}_{16}$Sr + 6.94 MeV
$^8_4$Be + $^4_2$He $\longrightarrow$ $^{12}_6$C + 7.187 MeV	$^{20}_{10}$Ne + $^4_2$He $\longrightarrow$ $^{24}_{12}$Mg + 9.31 MeV	$^{32}_{16}$S + $^4_2$He $\longrightarrow$ $^{36}_{18}$Ar + 6.66 MeV
$^{12}_6$C + $^4_2$He $\longrightarrow$ $^{16}_8$O + 7.148 MeV	$^{24}_{12}$Mg + $^4_2$He $\longrightarrow$ $^{28}_{14}$Si + 10.00 MeV	$^{36}_{18}$Ar + $^4_2$He $\longrightarrow$ $^{40}_{20}$Ca + 7.04 MeV

Kohlenstofffusion (»Kohlenstoffverbrennung« ab $6 \cdot 10^8$ K):

$^{12}_6$C + $^{12}_6$C $\longrightarrow$ $^{24}_{12}$Mg + 13.85 MeV	$^{12}_6$C + $^{12}_6$C $\xrightarrow[-\ ^1_1\text{H}]{}$ $^{23}_{11}$Na + 2.23 MeV	$^{12}_6$C + $^{12}_6$C $\xrightarrow[-\ ^4_2\text{He}]{}$ $^{20}_{10}$Ne + 4.62 MeV

Ab ca. $3 \cdot 10^9$ K, wie sie u. a. in einer Supernova vorherrschen (s. unten), stellt sich dann ein Gleichgewicht (engl. equilibrium) zwischen den verschiedenen Kernen, Protonen und Neutronen ein, wodurch insbesondere die sehr stabilen Elemente der Eisengruppe (Fe, Co, Ni) erzeugt werden (e-Prozess). Da $_{26}$Fe im Kurvenmaximum der Nukleonenbindungsenergie liegt (S. 2245), ist die Erzeugung der Elemente bis zum Eisen mit einer Energieabgabe, ab dem Eisen mit einer Energiezunahme verbunden.

Die Elemente oberhalb des Eisens bilden sich anders als die leichteren Elemente nicht mehr durch thermonukleare Prozesse, sondern durch Einfangen von langsamen bzw. raschen Neutronen (engl. slow bzw. rapid neutrons) im Zuge von s- bzw. r-Prozessen insbesondere durch die – sehr häufig auftretenden – Elemente in der Umgebung von $_{26}$Fe (vgl. S. 2245). Bei den – bis zu $_{83}$Bi-Kernen führenden – s-Prozessen erfolgt die Elektronenaufnahme entsprechend dem schwachen Neutronenfluss langsam, wobei sich die um einige Neutronen (meist 1, aber auch 2, 3, 4) reicheren Isomeren nach n/p-Umwandlung (n $\longrightarrow$ p + e$^-$ + $\bar{\nu}_e$; S. 95) in protonenärmere

Isobare umwandeln, sobald die Halbwertszeit des β^--Zerfalls die Halbwertszeit des Neutronen-einfangs unterschreitet (die betreffenden Neutronen gehen dabei aus Reaktionen wie $^{13}_6C$ (α,n) $^{16}_8O$ (2.20 MeV) oder $^{22}_{10}Ne(\alpha,n)$ $^{25}_{12}Mg$ (2.58 MeV) während der Heliumverbrennung hervor). Je kleiner der Neutroneneinfangsquerschnitt eines Nuklids ist, desto mehr reichert es sich an. Hierdurch erklärt sich die vergleichsweise große Häufigkeit der Nuklide wie $^{89}_{39}Y$, $^{90}_{40}Zr$, $^{138}_{56}Ba$, $^{140}_{58}Ce$, $^{208}_{82}Pb$, $^{209}_{83}Bi$ mit einer magischen Zahl von 50, 82, bzw. 126 Neutronen (S. 2251).

Actinoide bilden sich durch den s-Prozess nicht, und zwar wegen des raschen β^--Zerfalls der vor den Actinoiden stehenden leichteren Elemente. Zu diesen Elementen führen jedoch die r-Prozesse. Die aus Reaktionen in explodierenden Sternen (s. unten Supernovae) hervorgehenden gewaltigen Neutronenmengen ermöglichen wegen ihres starken Neutronenflusses eine Aufnahme sehr vieler Neutronen durch einen Atomkern, der dann erst bei extremer Instabilität einem mehrfachen β^-- oder einem α-Zerfall unterliegt (z. B. kann $^{209}_{83}Bi$ 35 Neutronen absorbieren bevor der neutronenreiche Kern dem α-Zerfall unterliegt). Wiederum spielen Kerne mit magischer Neutronenzahl wegen ihrer besonderen Stabilität eine Rolle, nur besitzen derartige »magische« Kerne (z. B. $^{130}_{48}Cd$ mit 82 Neutronen) eine exotisch hohe Neutronenzahl (das schwerste stabile Cd-Isotop weist 58 Neutronen auf): Die Wahrscheinlichkeit, dass diese Nuklide zerfallen bis sie weitere Neutronen aufgenommen haben, ist naturgemäß höher (z. B. $^{130}_{48}Cd \longrightarrow$ vergleichsweise stabiles $^{130}_{52}Te$).

Während s- und r-Prozesse neutronenreiche Kerne erzeugen, bilden sich im Zuge des ebenfalls möglichen p-Prozess in explodierenden Sternen durch (p,γ)-Reaktion protonenreiche Kerne wie z. B. $^{58}_{28}Ni$, $^{74}_{34}Se$, $^{78}_{36}Kr$ usw., doch entsteht bei letzteren Prozessen nur vergleichsweise wenig stellare Materie.

Evolution des Universums.

(i) Die ersten 3 Minuten. Man nimmt an, dass der Kosmos durch einen »Urknall« (»big bang«) vor 14–15 Milliarden Jahren entstand. Unsere heutigen Kenntnisse gestatten allerdings keine Beschreibung des Zustandes zum Zeitpunkt null der Geburt des Universums. Bereits 10^{-43} Sekunden später hat man sich das noch sehr kleine »Weltall« als Kosmos-Ursuppe enormer Dichte (10^{50} g cm^{-3}) und Temperatur (10^{30} K), bestehend aus miteinander im Gleichgewicht befindlichen, sich ineinander umwandelnden Photonen, Elektronen, Neutrinos und Quarks vorzustellen. In der Folgezeit dehnte sich das Universum – unter adiabatischer Abkühlung – schließlich bis auf die heute zutreffende Kosmostemperatur von 2.7 K aus. Etwa 0.00001 Sekunden nach dem Urknall entstanden in der nunmehr 10^{19} K heißen Ursuppe aus je drei Quarks die – miteinander im Gleichgewicht stehenden und sich ineinander umwandelnden – Neutronen und Protonen, und zwar zunächst im Verhältnis 1:1, welches sich im Laufe der nächsten 10 Sekunden und der weiteren Abkühlung von 10^{19} auf 10^{10} K (10 Milliarden K) in das Verhältnis n : p = 1 : 6 umwandelte. Die Bildung der $^4_2$He-Kerne setzte dann 200 Sekunden in der nunmehr nur noch 1 Milliarde K heißen Ursuppe ein (u. a. gemäß: p + n $\longrightarrow$ d; d + n $\longrightarrow$ t; t + p $\longrightarrow$ α). Kurze Zeit darauf endete als Folge zu niedriger Temperatur die Synthese von Atomkernen. Praktisch alle vorhandenen Neutronen waren zu dieser Zeit in den He-Kernen gebunden, wobei letztere 6 % der Nuklidteilchen neben 94 % Protonen und Spuren von $^2_1$H-, $^3_2$He-, $^7_3$Li- und $^9_4$Be-Kernen ausmachte.

(ii) Die Zeit 3 Minuten bis 300000 Jahre. Die erwähnten Kerne vereinigten sich in den nächsten 300000 Jahren (Abkühlung des Universums auf 3000 K) mit Elektronen zu Atomen, die H-Atome miteinander zu H_2-Molekülen. Dieser Urkosmos enthielt ca. 75 Massen % Wasserstoff, 25 Massen % schweres Helium und nur sehr geringe Anteile Deuterium, leichtes Helium, Lithium, Beryllium.

(iii) Die Zeit danach. Durch Dichtefluktuationen ballte sich die kosmische Urmaterie an gewissen Stellen des Universums überdurchschnittlich stark zusammen und kontrahierte sich aufgrund ihrer Gravitation in Richtung auf ihren Schwerpunkt. Hierdurch bildeten sich zunächst

ungeheuer große, kalte Gasbälle noch sehr kleiner Dichte, die aber mehr und mehr schrumpften und sich dabei mangels eines Wärmeaustauschs mit ihrer Umgebung adiabatisch aufheizten. Schließlich wurden sie so heiß (10^7 K), dass die oben geschilderte exotherme »Wasserstofffusion« zu Helium (34.26a) einsetzte und sich die Gasbälle in leuchtende Kosmossterne (Sterne der ersten Generation) umwandelten. Die weitere Erwärmung der Sterne (auf 10^9 K und mehr) – eine Folge von Kontraktionen und Wasserstofffusionen – ermöglichte dann die oben beschriebene »Nukleosynthese« (He-, C-, O-, Si-Fusionen; α-, s-, r-, e- und p-Prozesse). Nach Verbrauch des »Brennstoffs« kühlte sich der Stern ab und verlor sein »strahlendes Aussehen«, falls er nicht zuvor noch explodierte (s. unten) und dadurch seine »modifizierte« Materie im Kosmos verstreute, die sich dann erneut zu Sternen zusammenballen konnte usw. (Bildung von Sternen der zweiten und höheren Generationen), in welchen – dank der Anwesenheit von Kohlenstoff – die Wasserstofffusion auch gemäß (34.26b) ablaufen konnte (unsere Sonne – zur Zeit im Stadium der Wasserstoffverbrennung – hat bis heute noch keinen eigenen Kohlenstoff erzeugt). Nach $(14–15)\cdot10^9$ Jahren bietet sich uns nunmehr der heutige Zustand des Universums dar.

Die mit dem Leben eines Sterns verknüpften Vorgänge hängen wesentlich mit der Sternenmasse zusammen. So erscheinen Sterne nach Einsetzen der Wasserstofffusion rot bis orangefarben (Oberfläche 2000 bis 5000 K) bzw. gelb (5000 bis 6000 K) bzw. weiß bis blau (6000 bis über 25 000 K), falls ihre Massen kleiner als, vergleichbar mit bzw. größer als die Sonnenmasse sind. Gasballmassen kleiner 10 % der Sonnenmasse erwärmen sich durch Kontraktion nicht so stark, dass eine Wasserstoffverbrennung möglich würde. Sie bleiben – wie etwa die Erde (Entsprechendes gilt für andere Planeten und Monde) – dunkel (»Schwarze Zwerge«).

Wenn des weiteren eine mehr oder weniger große Menge des Wasserstoffs der Sterne zu Helium nach (34.26) verbrannt ist, findet erneut eine gravitationsbedingte, wärmeliefernde Kontraktion statt, wobei sich Helium in einem dichten, heißen Zentralkern ($d \sim 10^5\,\mathrm{g\,cm}^{-3}$) anreichert und sich Wasserstoff unter Ausdehnung des Sterns zu einem »Roten Riesen« oder gar »Superriesen« um das He-Zentrum in Form einer voluminösen Atmosphäre geringer Dichte als Hülle legt (10–1000facher Sonnenradius, Oberflächentemperatur 200–5000 K). Sterne, deren Masse vergleichbar der Sonnenmasse (viel größer als die Sonnenmasse) ist, erreichen diesen Zustand nach rund 10 Billionen Jahren (nach 5 Billionen Jahren). Unsere Sonne ist also erst auf halbem Wege zum Roten Riesen. Ab $2\cdot10^8$ K setzt die Heliumfusion im Inneren der Roten Riesen ein (Dauer ca. 10 Milliarden Jahre). Es folgen: wärmeliefernde Kontraktion unter Bildung eines dichten Zentralkerns aus Kohlenstoff, Sauerstoff sowie Neon; Einsetzen der etwa 1000 Jahre andauernden Kohlenstofffusion (ab $5\cdot10^8$ K), der α-Prozesse (ab 10^9 K) und des e-Prozesses (ab $3\cdot10^9$ K). Zugleich kontrahieren sich die Roten Riesen unter Abgabe von Materie in den interstellaren Raum im Laufe von 1 Milliarde Jahre zu kleinen, dichten »Weißen Zwergen«, die – falls sie die 1.2–1.5-fache Sonnenmasse aufweisen – Erdgröße annehmen ($d \sim 10^6$–$10^8\,\mathrm{g\,cm}^{-3}$, im Inneren bis 10^9 K heiß sind und sich nach 1 Milliarde Jahren in »Schwarze Zwerge« verwandeln (»ausgebrannte Sterne«). Wegen Überhitzung (Überwiegen der Energieerzeugung gegenüber der Energieausstrahlung) kann aber das stellare Temperaturgleichgewicht gestört sein (Erwärmung bis $5\cdot10^9$ K), wodurch die weißen Zwerge instabil werden und unter Explosionen (bei welchen r- und p-Prozesse in Sekundenschnelle ablaufen) enorme Materiemengen in den interstellaren Raum schleudern, wodurch sich ihre Masse verkleinert und sich die stellare Gleichgewichtstemperatur schließlich wieder einstellt. Während einer derartigen »Nova« oder »Supernova« leuchtet ein bis dahin ganz unauffälliger oder überhaupt noch nicht beobachteter Stern plötzlich als »Neuer Stern« (lat. nova stella) zu außerordentlicher Helligkeit auf (Nova/Supernova: bis auf das $10^5/10^9$fache der durchschnittlichen Helligkeit). Man schätzt, dass in der Milchstraße jährlich 30–50 Novae auftreten und auf 10^9 Sterne eine Supernova entfällt.

Weil Wasserstoff der Sterne in der Regel noch »brennt«, wenn die Heliumverbrennung im Kern der Sterne beginnt, können im Zwischenbereich Fusionen der Produkte beider Zonen erfolgen, die etwa auf den Wegen

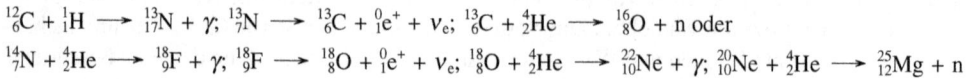

$${}^{12}_{6}C + {}^{1}_{1}H \longrightarrow {}^{13}_{7}N + \gamma;\ {}^{13}_{7}N \longrightarrow {}^{13}_{6}C + {}^{0}_{1}e^+ + \nu_e;\ {}^{13}_{6}C + {}^{4}_{2}He \longrightarrow {}^{16}_{8}O + n\ \text{oder}$$

$${}^{14}_{7}N + {}^{4}_{2}He \longrightarrow {}^{18}_{9}F + \gamma;\ {}^{18}_{9}F \longrightarrow {}^{18}_{8}O + {}^{0}_{1}e^+ + \nu_e;\ {}^{18}_{8}O + {}^{4}_{2}He \longrightarrow {}^{22}_{10}Ne + \gamma;\ {}^{20}_{10}Ne + {}^{4}_{2}He \longrightarrow {}^{25}_{12}Mg + n$$

langsame Neutronen liefern, welche den »s-Prozess« ermöglichen. Das hierbei letztendlich entstehende ${}^{56}_{26}Fe$ kann sich im Inneren des Sterns ansammeln, wobei die Kontraktionen bei Sternen ab der 3.5-fachen Sonnenmasse infolge der dann wesentlich stärkeren Gravitationswirkung noch über den Zustand des weißen Zwergs hinausgehen kann, indem sich die Protonen des Eisens mit den Elektronen des Sternenplasmas unter dem unvorstellbaren großen Binnendruck zu schnellen Neutronen unter Bildung von »Neutronensternen« (»Pulsaren« elektromagnetischer Strahlung) verwandeln, welche den in Sekundenschnelle ablaufenden »r-Prozess« ermöglichen und sich gegebenenfalls in einem »Gravitationskollaps« zerstrahlen (»Schwarzes Loch«) verwandeln.

Elementhäufigkeiten im Kosmos, welche Abb. 34.10 für Elemente bis Bi (Ordnungszahl $Z = 83$) wiedergibt, lassen sich durch die weiter oben geschilderten Gesetzmäßigkeiten des Materieaufbaus interpretieren, sieht man von der Häufigkeit der Nuklide ${}^{2}H$, ${}^{3}He$, ${}^{6}Li$, ${}^{7}Li$, ${}^{5}Be$, ${}^{10}B$ und ${}^{11}B$ ab. Die Kerne letzterer Elemente entstehen nämlich nicht (oder nur als kurzlebige Zwischenprodukte) durch thermonukleare Prozesse in Sternen, sodass sie viel kleinere Häufigkeiten als beobachtet haben sollten. Wahrscheinlich sind sie durch den sogenannten X-Prozess im interstellaren Raum auf dem Wege von Zusammenstößen der kosmischen Höhenstrahlung mit interstellarer Materie entstanden (z. B. ${}^{13}C\ (p,\ \alpha){}^{10}B$; ${}^{14}N\ (p,\ \alpha){}^{11}C \longrightarrow {}^{11}B + \beta^+$). Andererseits finden sich im Kosmos nur jene Radionuklide, deren Zerfallsreihen wie im Falle von ${}^{232}_{90}Th$ ($1.405 \cdot 10^{10}$ a), ${}^{235}_{92}U$ ($7.038 \cdot 10^8$ a) oder ${}^{238}_{92}U$ ($4.468 \cdot 10^9$ a) in der Größenordnung des Alters des Universums liegen, nicht jedoch kurzlebige Nuklide (z. B. Tc, Pm).

2.2   Die Kern-Kettenreaktion

Wir erwähnten schon auf S. 2272, dass der durch Neutronenbeschuss bewirkte hochexotherme Zerfall des Urankerns ${}^{235}_{92}U$ in zwei Bruchstücke zur gleichzeitigen Emission von 2 bis 3 Neutronen je Elementarakt Veranlassung gibt (Abb. 34.8). Diese Tatsache eröffnete die Möglichkeit zur Weiterführung der Kernspaltung und damit zur technischen Nutzbarmachung der bei der Uranspaltung freiwerdenden Energiemengen und entstehenden Zerfallsprodukte, wenn es gelang, die bei der Spaltung gebildeten Neutronen ihrerseits zur weiteren exothermen Spaltung neuer Urankerne zu veranlassen und auf diese Weise je nach der Steuerung des Prozesses eine gemäßigte oder eine lawinenartig sich steigernde »Kettenreaktion« zu erzielen. In beiden Fällen müssen eine Reihe von Vorbedingungen erfüllt werden, auf die wir im Folgenden näher eingehen wollen.

Auf dem Wege zum Endziel der Atomkraftgewinnung waren sehr große Schwierigkeiten zu überwinden, die aber in Amerika in einer erstaunlich kurzen Zeit von nur wenigen Jahren gemeistert wurden, da kurz nach der Entdeckung Otto Hahns der zweite Weltkrieg ausbrach und die militärische Bedeutung des Problems und die Furcht vor einer Überflügelung durch das Entdeckerland Deutschland in Amerika unbegrenzte Mengen an Mitteln und Menschen freimachte, die in atemberaubendem Tempo die Lösung eines Fragenkomplexes ermöglichten, dessen Realisierung in normalen Zeiten eine volle Generation erfordert hätte. Das Ergebnis dieser Bemühungen in dem mit Hunderttausenden von Mitarbeitern, darunter Zehntausenden von Wissenschaftlern und Ingenieuren, mit einem Aufwand von vielen Milliarden Dollar durchgeführten »Manhattan-Projekt« war 1942 das erfolgreiche Funktionieren des ersten »Kernreaktors« in Chicago sowie 1945 die Erprobung der ersten »Atombombe« in New Mexico und der anschließende Abwurf zweier Atombomben in Japan.

Man erkennt:

(i) Z_{gerade} häufiger als $Z_{ungerade}$
("*Harkinsche Regel*")

(ii) markante Peaks:
H, He, Fe

(iii) minimale Peaks im Vergleich:
Li, Be, B

H 2.66×10^{10}
He 1.8×10^{9}
Pm verschwindend
Tc verschwindend
Th 0.045
U   0.027

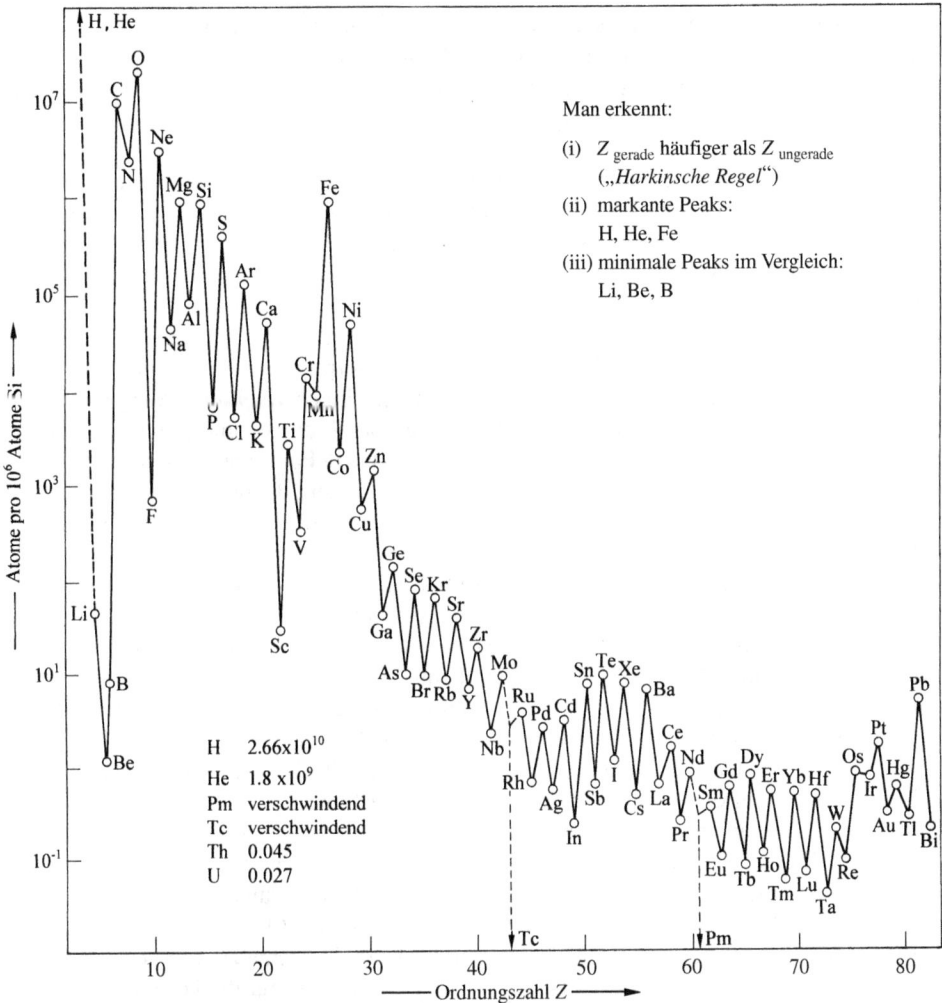

Abb. 34.10 Kosmische Häufigkeit der Elemente in Atomen pro 10^6 Atomen Silicium.

2.2.1 Die gesteuerte Kern-Kettenreaktion

Allgemeines. Lässt man auf reines natürliches Uran, das zu 99.3 % aus $^{238}_{92}\text{U}$, zu 0.7 % aus $^{235}_{92}\text{U}$ und zu 0.006 % aus $^{234}_{92}\text{U}$ besteht, langsame Neutronen einwirken, so findet keine Kettenreaktion statt. Denn die bei der Spaltung von $^{235}_{92}\text{U}$ gebildeten 2 bis 3 Neutronen:

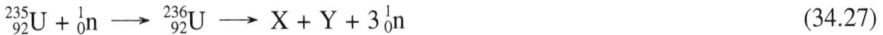

$$^{235}_{92}\text{U} + ^{1}_{0}\text{n} \longrightarrow {}^{236}_{92}\text{U} \longrightarrow \text{X} + \text{Y} + 3\,^{1}_{0}\text{n} \qquad (34.27)$$

(X und Y = Uranspaltstücke) werden vom Uranisotop $^{238}_{92}\text{U}$, das sich anders als das Uranisotop $^{235}_{92}\text{U}$ verhält (s. unten), unter Bildung eines radioaktiven Uranisotops $^{239}_{92}\text{U}$ absorbiert und dadurch der gewünschten Kettenreaktion entzogen:

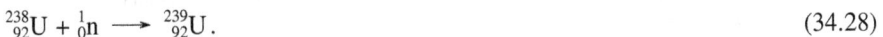

$$^{238}_{92}\text{U} + ^{1}_{0}\text{n} \longrightarrow {}^{239}_{92}\text{U}. \qquad (34.28)$$

Dadurch bleibt es bei einem einzelnen Spaltungsakt (34.27) je Neutronentreffer. Dem Umstand (34.28) haben wir es in der Tat zu verdanken, dass sich das natürlich vorkommende Uran trotz der aus kosmischen Quellen stammenden und auf das Uran auftreffenden Neutronen bis heute erhalten hat und nicht schon längst in einer Atomexplosion zerstört wurde[6].

Die Anlagerungsreaktion (34.28) erfolgt besonders leicht bei Einwirkung von Neutronen des Energieinhalts von 25 eV (Geschwindigkeit von über $70\,\mathrm{km\,s^{-1}}$), während die Spaltungsreaktion (34.27) bevorzugt durch langsamere Neutronen von tausendmal kleinerer Energie (0.025 eV), also der Energie etwa der Gasmoleküle bei Zimmertemperatur (entsprechend einer Geschwindigkeit von immerhin noch über $2.2\,\mathrm{km\,s^{-1}}$) ausgelöst wird. Es ist daher zur Effektivitätserhöhung der erwünschten Spaltungsreaktion (34.27) und zur Zurückdrängung der störenden Absorptionsreaktion (34.28) erforderlich, durch Einlagerung von »Bremssubstanzen« (»Moderatoren«) die hohe Geschwindigkeit der nach (34.27) gebildeten Neutronen (≈ 2 Millionen eV, entsprechend einer Geschwindigkeit von $20\,000\,\mathrm{km\,s^{-1}}$) möglichst rasch unter den kritischen Wert der »Resonanzenergie« von 25 eV, bei dem die Absorption durch $^{238}_{92}\mathrm{U}$ besonders leicht erfolgt, bis auf einen Wert von 0.025 eV, bei dem eine maximale Wechselwirkung mit $^{235}_{92}\mathrm{U}$ gegeben ist, herabzudrücken. Als Bremssubstanzen haben sich Protonen und Deuteronen in Form von leichtem und schwerem Wasser sowie Kohlenstoffkerne in Form von reinem (d. h. von neutronenabsorbierenden Verunreinigungen freiem) Graphit bewährt, die in Auswirkung elastischer Zusammenstöße Neutronen rasch zu verlangsamen vermögen, ohne sie zu absorbieren (schweres Wasser wirkt als Moderator besser als billigeres leichtes Wasser oder billigerer Graphit). Dementsprechend umspült man $^{235}_{92}\mathrm{U}$-haltige »Kernbrennstoffelemente« (»Brennelemente«, bestehend aus vielen »Brennstäben«, s. unten) mit Wasser oder man bettet sie in geeigneter Weise in eine Graphitmasse ein. Die Größe der ganzen Anordnung muss dabei einen bestimmten Schwellenwert (»kritische Größe«) übersteigen, damit durch die so bedingte Verkleinerung des Verhältnisses von Oberfläche zu Volumen die Möglichkeit eines Entweichens der im Reaktorvolumen gebildeten Neutronen durch die Oberfläche nach außen erschwert wird (verdoppelt man r einer Urankugel, so wächst die Neutronenproduktion auf das 8fache, der Neutronenverlust durch die Oberfläche nur auf das 4-fache, da der Inhalt/die Oberfläche einer Kugel mit r^3/r^2 wächst). Zudem verwendet man zur weiteren Erniedrigung des Neutronenverlustes noch einen »Reflektor« (z. B. aus Wasser, Graphit, Beryllium), der die aus der Oberfläche entweichenden Neutronen zurückstreut. In dieser Anordnung, die als Reaktor (vgl. Abb. 34.11 und unten) bezeichnet wird, gehen etwa gemäß dem Schema der Abb. 34.12 von je drei nach (34.27) gebildeten und durch den Moderator verlangsamten Neutronen zwei durch Absorption gemäß (34.28) bzw. durch Entweichen nach außen verloren, während das dritte den »Zündstoff« für die Fortführung der Kette (34.27) liefert. Durch Einschieben bzw. Herausziehen von »Kontrollstäben« (»Regelstäben«) aus borhaltigem Stahl, Borcarbid, Cadmium oder anderen Materialien (Gd, Sm, Eu, Y, Hf) kann die Kettenreaktion (34.27) nach Belieben verlangsamt bzw. beschleunigt werden, da diese Stoffe sehr wirksame Neutronenabsorber sind (aus diesem Grunde muss das genutzte Uran frei von solchen Elementen sein).

i

Geschichtliches. Da Moderatoren in natürlichen Uranvorkommen in der Regel fehlen, beobachtet man auf der Erde praktisch keine natürlichen Reaktoren. Eine Ausnahme bildet Oklo in Gabun an der Westküste Afrikas, wo vor etwa 1.8 Milliarden Jahren mindestens sechs natürliche Uranreaktoren ca. 1 Million Jahre lang kritisch waren (Gesamturanvorkommen in Oklo ca. 400 000 t; Uranverbrauch

---

[6] Hinweis. Dass sich die Uranisotope $^{235}_{92}\mathrm{U}$ und $^{238}_{92}\mathrm{U}$ in ihrer Reaktion mit Neutronen so verschieden verhalten, hat seinen Grund darin, dass $^{235}_{92}\mathrm{U}$, wie aus seiner ungeradzahligen Masse 235 hervorgeht, eine ungerade, $^{235}_{92}\mathrm{U}$ dagegen eine gerade Zahl von Neutronen enthält. Da Neutronen – gleiches gilt von den Protonen – bestrebt sind, sich im Atomkern zu paaren, wird bei der Vereinigung von ungeradzahligem $^{235}_{92}\mathrm{U}$ mit einem Neutron mehr Energie (6.8 MeV) frei als bei der Vereinigung von geradzahligem $^{238}_{92}\mathrm{U}$ mit einem Neutron (5.5 MeV). Sie übersteigt im ersteren Fall die erforderliche Aktivierungsenergie der Spaltung (6.5 MeV), während sie im letzteren Fall (erforderlich: 7.0 MeV) bei Anwendung langsamer Neutronen dazu nicht ausreicht und nur mit schnellen Neutronen erreicht werden kann, deren Eigenenergie die Differenz von Spaltungs- und Bindungsenergie übersteigt. Analoges gilt für die leichte Spaltung von $^{233}_{92}\mathrm{U}$ (Spaltungsenergie 6.0, Bindungsenergie 7.0 MeV) und $^{239}_{94}\mathrm{Pu}$ (Spaltungsenergie 6.6 MeV) sowie die erschwerte Spaltung von $^{232}_{90}\mathrm{Th}$ (Spaltungsenergie 7.5, Bindungsenergie 5.4 MeV).

während der kritischen Phase ca. 4–6 t; Energieausstoß 10–100 kW). Als Ursache für dieses »Oklo-Phänomen« betrachtet man Erznischen aus Urandioxid, die sich – durch besondere Bedingungen verursacht – in wasserhaltigem, aber Lithium- und Bor-armem Tongestein gebildet hatten (Li und B fungieren als neutronenabsorbierende »Gifte«). Hinsichtlich UO_2, das damals – vor $1.8 \cdot 10^9$ Jahren – noch 3 % $^{235}_{92}UO_2$ enthielt, wirkte das Wasser im Tongestein als Moderator (vgl. Leichtwasserreaktor, S. 2282), dessen Menge sich bei einer Reaktionsbeschleunigung (Reaktionsverlangsamung) wegen des hiermit verbundenen Temperaturanstiegs (Temperaturabfalls) der Reaktionszone durch Verdampfung verringerte (durch Kondensation erhöhte), was umgekehrt eine »regelnde« Verlangsamung (Beschleunigung) der Kernreaktion bewirkte. Als Folge der Reaktortätigkeit enthalten heute die »ausgebrannten« Minen bei Oklo Uran, das prozentual weniger $^{235}_{92}U$ enthält (zum Teil nur noch 0.296 %) als das normalerweise in Minen gefundene Uran (0.7202 ± 0.006 %). Der erste, von E. Fermi entwickelte künstliche Uranreaktor wurde am 2.12.1942, 15.25 Uhr Chicagoer Zeit, in Chicago »kritisch« (Geburtsstunde des technischen Atomzeitalters). Heute sind viele große Kernreaktoren von 100 bis 1000 MW Leistung in Betrieb, und erzeugen in einigen Ländern bereits einen Hauptanteil des Stroms.

Maßgeblich für das ordnungsgemäße Arbeiten eines Reaktors ist die Größe des sogenannten »Multiplikationsfaktors« (»Vermehrungsfaktors«) k, unter dem man das Verhältnis der – nach Abzug der Neutronenverluste (durch Absorption und Entweichen) – im Reaktor verbleibenden, kettenfortführenden, neugebildeten Neutronen ($n_{gebildet}$) zur Zahl der zur Bildung dieser wirksamen Neutronen bei den einzelnen Spaltungsakten verbrauchten Neutronen ($n_{verbraucht}$) versteht: $k = n_{gebildet}/n_{verbraucht}$. Ist $k < 1$, so bricht die Kette ab, der Reaktor kommt zum Stillstand; er ist unter- oder subkritisch. Ist $k > 1$, so geht die gesteuerte Kettenreaktion infolge der lawinenartig anwachsenden Neutronenzahl (vgl. Abb. 34.13, S. 2285) in eine unkontrollierbare Ketten-Explosion über: der Reaktor ist über- oder superkritisch und kommt gegebenenfalls zum Schmelzen (»Durchgehen« des Reaktors; vgl. Tschernobyl, April 1986). Durch die oben erwähnten – automatisch mittels einer Ionisationskammer nach Maßgabe der Neutronendichte regulierten – Neutronenabsorber muss dementsprechend bei einem Reaktor der Multiplikationsfaktor k dauernd auf dem Wert 1 gehalten werden (kritischer Reaktor). Dass dies möglich ist, wird mit dadurch bedingt, dass ein kleiner Teil der bei den Spaltungsvorgängen freiwerdenden Neutronen mit einer gewissen Verzögerung emittiert wird, sodass die Regelung durch die Neutronenabsorber nicht in Bruchteilen von Sekunden zu erfolgen braucht, sondern im Laufe von Minuten vorgenommen werden kann. Die »Zündung« eines Reaktors erfolgt durch Neutronenquellen (z. B. $^{252}_{98}Cf$; vgl. S. 2256), die man in die Nähe der Brennelemente bringt.

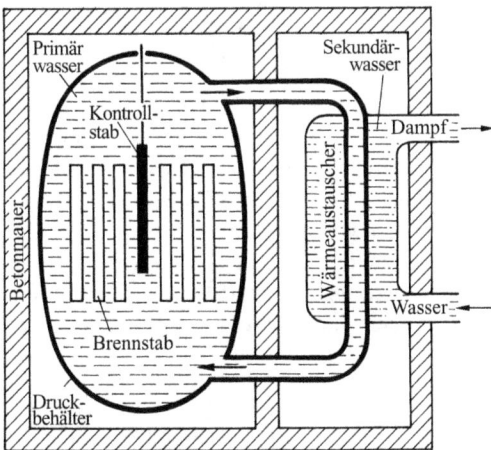

Abb. 34.11 Schema eines leichtwasser moderierten Druckwasserreaktors.

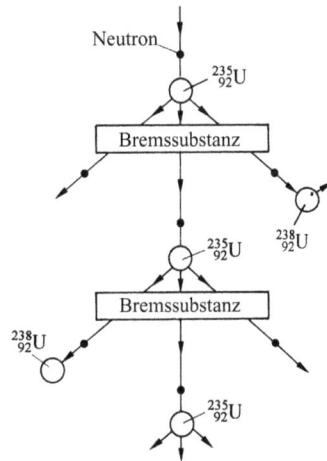

Abb. 34.12 Schema der gesteuerten Kern-Kettenreaktion ($k = 1$).

Nachfolgend sei näher auf heute gebräuchliche Reaktortypen, auf die in Reaktoren produzierten Stoffe sowie auf Nutzanwendungen der Reaktoren eingegangen.

Reaktortypen (Kern-, Atom-, Spaltreaktoren, Atommeiler). Am weitesten verbreitet ist heute der Leichtwasserreaktor (»LWR«) (vgl. Abb. 34.11), der sowohl als Druckwasser- wie als Siedewasserreaktor (»DWR«, »SWR«) betrieben wird und mit wasserumspülten, ca. 1 cm dicken und 4 m langen Brennstäben aus Edelstahl oder einer Zirconiumlegierung arbeitet, die mit UO_2-Tabletten (»pellets«) gefüllt sind.[7] Man verwendet als »Brennstoff« Urandioxid, in welchem $^{235}_{92}U$ auf 2–4 % angereichert vorliegt. Die Anreicherung ist bei Leichtwasserreaktoren (nicht dagegen Schwerwasserreaktoren) nötig, um die unvermeidliche Absorption von Neutronen durch die Protonen des Wassers (Bildung von Deuteronen) auszugleichen.

Neben Leichtwasserreaktoren sind eine Reihe anderer Reaktortypen in Gebrauch. Man klassifiziert die Reaktoren nach der Art des verwendeten Kernbrennstoffs (Uran-, Plutoniumreaktor), des genutzten Moderators (Leichtwasser-, Schwerwasser-, Graphitreaktor), der vorliegenden Kühlung (Gas-, Wasser-, Druck-, Hochtemperaturreaktor), der kinetischen Energie der kettenfortpflanzenden Neutronen (langsamer, schneller Reaktor), der gewonnenen Spaltstoffe (Normal-, Brutreaktor). Neben den Leichtwasserreaktoren sind insbesondere noch Brutreaktoren (s. unten) sowie Graphit-Reaktoren von größerer Bedeutung. Letztere werden sowohl gasgekühlt (Graphit-Gas-Reaktor, »GGR«; z.B. in England, Frankreich) als auch siedewassergekühlt (Graphit-Wasser-Reaktor, z.B. in Russland und u.a. in Tschernobyl-Ukraine) betrieben. Die Kernspaltungszone der Graphit-Gas-Reaktoren enthält Brennstäbe aus einer Magnesium-Aluminium-Legierung, die mit Uranmetall natürlicher Isotopenzusammensetzung gefüllt und in koaxiale Kanäle von Graphitblöcken eingelagert sind, welche zur Kühlung mit CO_2-Gas durchspült werden (man verwendet auch mit 2 % $^{235}_{92}UO_2$/98 % $^{238}_{92}UO_2$-pellets gefüllte Brennstäbe). Bedeutung haben ferner Reaktoren, die mit $^{233}_{92}U$ bzw. $^{239}_{94}Pu$ betrieben werden. Die Kerne beider Isotope spalten sich nämlich in exothermer Reaktion beim Beschuss mit langsamen Neutronen ähnlich wie $^{235}_{92}U$ unter Bildung von 2–3 schnellen Neutronen, wobei die Neutronen ihrerseits – nach Geschwindigkeitsverminderung – weitere Kernspaltungen auslösen können (bezüglich der Gewinnung von $^{233}_{92}U$ und $^{239}_{94}Pu$ s. unten).

Wegen der lebensgefährlichen radioaktiven Ausstrahlung des Reaktors und der Reaktionsprodukte müssen natürlich außergewöhnliche Vorsichtsmaßregeln für die Umgebung getroffen werden. So ist der Reaktor zum Schutz gegen die Strahlung von einer starken luftdichten Betonmauer umgeben, welche ihrerseits von einem kugelförmigen, stählernen Sicherheitsbehälter umschlossen wird (charakteristische Silhouette der Reaktoren). Zum Schutz vor mechanischen Einwirkungen (z.B. Flugzeugabsturz) ummantelt man den Sicherheitsbehälter zweckmäßigerweise nochmals mit einer starkwandigen Betonabschirmung (in Abb. 34.11 nicht wiedergegeben).

Reaktorprodukte. Die Betriebsdauer der Reaktorbrennelemente ist – da die spaltbaren Kerne verbraucht und neutronenabfangende Produkte gebildet werden – nicht unbegrenzt. Demgemäß wechselt man die Brennstäbe in der Regel nach 3 Betriebsjahren aus. Der »Abbrand« je Tonne Uran mit 3.2 % $^{235}_{92}U$ sowie 96.8 % $^{238}_{92}U$ besteht dann noch aus 0.76 % $^{235}_{92}U$ sowie 94.3 % $^{238}_{92}U$. Neu gebildet haben sich 0.44 % $^{236}_{92}U$, 0.9 % Plutonium (Isotopengemisch), 3.5 % Spaltprodukte (zu ca. ⅔ gebildet aus $^{235}_{92}U$, zu ⅓ aus zwischenzeitlich entstandenem $^{239}_{94}Pu$), 0.1 % weitere Transurane (Np, Am, Cm). Gleichzeitig wird Energie freigesetzt, welche zu 85 % auf die kinetische Energie der Spaltprodukte und Neutronen und zu 15 % auf die Strahlungsenergie zurückgeht.

---

[7] Hinweis. Die »Kernspaltungszone« (der »Reaktorkern«, »core«; vgl. linken Teil der Abb. 34.11) des leichtwassermoderierten Druckwasserreaktors in Biblis (Nähe Worms), Block B, enthält z.B. 193 Brennelemente aus jeweils 236 senkrecht angeordneten Brennstäben mit insgesamt ca. 100 Tonnen Uran. Diese werden von 470 m³ Wasser bei 157 bar Betriebsdruck sowie 306.5 °C mittlerer Temperatur von innen nach oben umspült (die mittlere Aufwärmspanne des umgepumpten »Primärwassers« beträgt 32.8 °C). Das Wasser dient im Falle der Leichtwasserreaktoren zugleich als Moderator, Reflektor und Kühlmittel. Als zusätzliche Moderatoren werden Kontrollstäbe aus einer AgInCd-Legierung verwendet.

Erstere wird als thermische Energie auf das Kühlmittel direkt übertragen, letztere indirekt auf dem Wege über Ionisations- und Anregungsprozesse. Die Beseitigung (»Entsorgung«) der gebildeten radioaktiven Produkte, die insbesondere bei gasförmigen Radionukliden ($^{85}_{36}$Kr, $^{135}_{54}$Xe) sehr aufwendig ist, sowie die »Wiederaufbereitung« des Brennstoffs erfordert naturgemäß größte Vorsicht (vgl. S. 2332f).

Reaktornutzung. Der Reaktor ist sowohl als Energie- als auch Neutronen- und Stoffgenerator von überragender wissenschaftlicher und praktischer Bedeutung. Die Energie-Entwicklung (insgesamt 200 Millionen Faradayvolt = 19 Milliarden kJ je mol = 81 Milliarden kJ je kg gespaltenen Urans) eröffnet die Möglichkeit einer laufenden Entnahme von thermischer und damit – auf dem Wege über Dampferzeugung (Sekundärwasser, vgl. Abb. 34.11 rechter Teil), Dampfturbinen und Generatoren – auch von elektrischer Energie und macht den Reaktor damit zu einer Energiequelle (»Kernkraftwerk«). Die Bildung von Neutronen beträchtlicher kinetischer Energie macht den Reaktor darüber hinaus zu einer Neutronenquelle, die zur präparativen Gewinnung von radioaktiven Isotopen aller Elemente verwendet werden kann (die Produktion lässt sich bis auf 10^{15} Neutronen je cm^2 und Sekunde steigern). Zur Ausnutzung der Neutronen werden die umzuwandelnden Elemente entweder an die Oberfläche des Reaktors herangebracht oder mit Sonden in das Reaktorinnere eingeführt. In letzteren Fällen müssen natürlich zur Kompensation des auftretenden Neutronenverlustes die Moderatoren etwas aus dem Reaktor herausgezogen werden. Die Erzeugung von Stoffen in Form der Uranspaltprodukte (z. B. Ln, An (wie Pu), Kr, Sr, Zr, Mo, Tc, Ru, I, Cs) dient schon heute zur Gewinnung vieler wissenschaftlich oder technisch wichtiger Isotope (vgl. S. 2268). So wurde durch die Kernreaktion eine Entwicklung angebahnt, die – entgegen ihrer ursprünglich mehr militärischen Ausgangsrichtung – in Anbetracht der mehr und mehr schwindenden Weltvorräte an fossilen Brennstoffen, wie Kohle und Erdöl, und angesichts der zunehmenden Wichtigkeit radioaktiver Isotope in Wissenschaft und Technik von Jahr zu Jahr steigende Bedeutung gewinnt. Dies gilt insbesondere für die mithilfe des Brutreaktors (s. unten) erschlossene Möglichkeit zur industriellen Erzeugung synthetischer, als Kernbrennstoffe nutzbarer Elemente wie Plutonium.

Brutreaktoren (Brüter). Die Bildung von (spaltbarem) Plutonium $^{239}_{94}$Pu aus – mit $^{235}_{92}$U angereichertem – natürlichem Uran, die man in Analogie zum artfortpflanzenden Brutvorgang der Vögel als »Brutprozess« bezeichnet, erfolgt so, dass das bei der Einwirkung von Neutronen (gebildet durch Spaltung von $^{235}_{92}$U) aus dem Uranisotop $^{238}_{92}$U entstehende Uranisotop $^{239}_{92}$U (Halbwertszeit: 23.54 Minuten) wegen Überschreitung des optimalen Verhältnisses von Neutronen zu Protonen unter β^--Ausstrahlung (Umwandlung eines Kernneutrons in ein Kernproton) über ein Neptuniumisotop $^{239}_{93}$Np (Halbwertszeit: 2.355 Tage) in das Plutoniumisotop $^{239}_{94}$Pu (Halbwertszeit: 24 390 Jahre) übergeht:

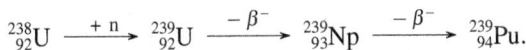

$$^{238}_{92}\text{U} \xrightarrow{\;+\,n\;} {}^{239}_{92}\text{U} \xrightarrow{\;-\,\beta^-\;} {}^{239}_{93}\text{Np} \xrightarrow{\;-\,\beta^-\;} {}^{239}_{94}\text{Pu.}$$

Ein anderer Brutprozess verwendet $^{232}_{90}$Th statt $^{238}_{92}$U als »Brutstoff« und führt das Nuklid durch Neutronenbeschuss (aus der Spaltung von $^{235}_{92}$U oder $^{239}_{94}$Pu) in $^{233}_{90}$Th (Halbwertszeit 22.3 Minuten) über, welches unter β^--Strahlung über $^{233}_{91}$Pa (Halbwertszeit 27.0 Tage) in $^{233}_{92}$U (Halbwertszeit 159 000 Jahre übergeht):

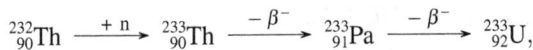

$$^{232}_{90}\text{Th} \xrightarrow{\;+\,n\;} {}^{233}_{90}\text{Th} \xrightarrow{\;-\,\beta^-\;} {}^{233}_{91}\text{Pa} \xrightarrow{\;-\,\beta^-\;} {}^{233}_{92}\text{U,}$$

das wie $^{235}_{92}$U und $^{239}_{94}$Pu in einer Kettenreaktion spaltbar ist. Dieser Brutprozess ist deshalb bedeutungsvoll, weil Thorium auf der Erde viermal häufiger ist als Uran und deshalb als besonders wichtiger potentieller Kernbrennstoff angesehen werden kann.

Um $^{233}_{92}$U bzw. $^{239}_{94}$Pu kontinuierlich zu erbrüten, verfährt man z. B. im druckgasgekühlten Hochtemperaturreaktor (»HTR«) so, dass man tennisballgroße Graphitkugeln, die jeweils ca.

5–10 g Brenn-/Brutstoff in Form vieler, ca. 0.2 mm großer, mit pyrolytischem Kohlenstoff überzogener Kügelchen (»coated particles«) enthalten, durch den Reaktor hindurchbewegt, indem man oben neues Material einfüllt und unten $^{233}_{92}$U- bzw. $^{239}_{94}$Pu-haltiges Material entnehmen kann. Der Brenn-/Brutstoff besteht im Falle der Gewinnung von $^{233}_{92}$U aus 1 Teil $^{235}_{92}$UO$_2$/9 Teilen $^{232}_{90}$ThO$_2$, im Falle der Gewinnung von $^{239}_{94}$Pu aus 1 Teil $^{235}_{92}$UO$_2$/9 Teilen $^{238}_{92}$UO$_2$. Als Kühlmittel dient Helium, das den Reaktor von oben nach unten durchströmt und dabei Temperaturen von 790 °C bei 40 bar erreicht (die thermische Energie des Heliums wird auf dem Wege über Wasserdampferzeuger und Turbinen in elektrische Energie verwandelt). Die Abtrennung des gebildeten $^{233}_{92}$U bzw. $^{239}_{94}$Pu aus dem entstandenen Kernreaktions-Gemisch erfolgt durch einen Lösungsmittel-Extraktionsprozess (»Thorex-Prozess« in ersterem, »Purex-Prozess« in letzterem Falle; vgl. S. 2319).

Brutreaktoren erzeugen mehr spaltbares Material als sie zu deren Bildung verbrauchen. Das rührt daher, dass 1 gespaltenes Atom 2–3 Neutronen aussendet, von denen nur eines zur Fortsetzung der Reaktionskette dient, während die restlichen (soweit sie nicht entweichen) zur Bildung von $^{239}_{94}$Pu aus $^{238}_{92}$U bzw. von $^{233}_{92}$U aus $^{232}_{90}$Th führen und damit je gespaltenen Kern mehr als einen spaltbaren Kern erzeugen können. Man charakterisiert die Wirksamkeit solcher Brutreaktoren z. B. durch die sogenannte »Verdoppelungszeit«, unter der man die Zeit versteht, in der sich eine gegebene Menge spaltbaren Materials jeweils verdoppelt. Sie liegt bei durchschnittlich 10 Jahren.

Sehr große Leistungsdichten erreicht man mit den schnellen Brütern (»SBR«), die mit schnellen, ungebremsten Neutronen (also ohne Moderatoren) arbeiten, sodass hierbei auch das – mit langsamen Neutronen nicht spaltbare – Uranisotop $^{238}_{92}$U spaltbar wird (S. 2272) und so als »Brennstoff« (Spaltneutronenlieferant) für die »Brutreaktion« (Umwandlung von $^{238}_{92}$U in $^{239}_{94}$Pu) dienen kann. Natürlich bereiten in diesem Fall die Regel- und Kühlprobleme besondere Schwierigkeiten. Als Kühlmittel verwendet man bisher praktisch ausschließlich flüssiges Natrium (»schneller natriumgekühlter Reaktor«, »SNR«; z. B. Kalkar/Niederrhein), welches im Primärkühlkreis (615 °C, 10 bar) die zu Brennelementen zusammengefassten Brennstäbe, gefüllt mit Brenn-/Brutstofftabletten aus $^{239}_{94}$PuO$_2$/$^{238}_{92}$UO$_2$), umspült.

Fusionsreaktoren. Zum Unterschied von der auf Kernspaltung (»Fission«) beruhenden nuklearen Reaktion ist es bis jetzt noch nicht gelungen, auch die auf Kernverschmelzung (»Fusion«) beruhende thermonukleare Reaktion als Kern-Kettenreaktion durchzuführen. Wenn es möglich wäre, auch hier z. B. eine Verschmelzung von Wasserstoff zu Helium in kontrollierter Weise durchzuführen, wäre die Menschheit nach Aufbrauchen der Kohle- und Uranvorräte für weitere lange Zeit von ihren Energiesorgen befreit, da dann die ungeheuren Vorräte an Wasserstoff in den Ozeanen als Ausgangsmaterial für die Kernfusion zur Verfügung stünden. Im Weltall spielt sich die Kernverschmelzung in den Sternen, wie etwa unserer Sonne, in gesteuerter Weise ab und spendet seit Jahrmilliarden ohne Gleichgewichtsstörung thermonukleare Energie (S. 2273). Bei Überwiegen der Energieerzeugung gegenüber der Energieausstrahlung geht allerdings sowohl bei der Kernspaltung wie bei der Kernverschmelzung die gesteuerte in eine ungesteuerte Kern-Kettenreaktion über und führt dabei sowohl auf der Erde (»Uranbombe«, »Wasserstoffbombe«; S. 2284) wie im Weltall (»Nova«, »Supernova«; S. 2277) zu Explosionen gewaltigen bis kosmischen Ausmaßes.

2.2.2   Die ungesteuerte Kern-Kettenreaktion

Uran- und Plutoniumbombe. Will man die kontrollierte Kern-Kettenreaktion des Uran-Reaktors in eine ungesteuerte Ketten-Explosion übergehen lassen, so muss man aus dem natürlichen Uran das neben $^{235}_{92}$U (0.7 %) im Überschuß (99.3 %) vorhandene, neutronenabsorbierende und damit kettenhemmende (S. 2272) Uranisotop $^{238}_{92}$U entfernen, d. h. von dem reinen »Urannuklid« $^{235}_{92}$U ausgehen. Die Trennung von $^{235}_{92}$U und $^{238}_{92}$U macht naturgemäß große Schwierigkeiten, da sich die beiden Atomarten als Isotope chemisch völlig gleichartig verhalten und daher nur

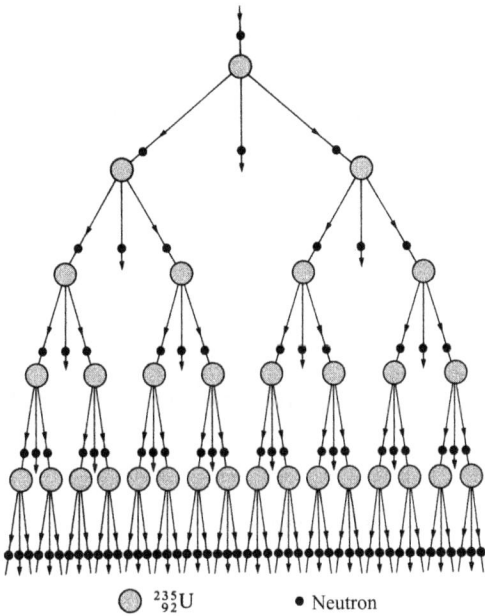

Abb. 34.13 Schema der ungesteuerten Kern-Kettenreaktion ($k = 2$). (Die Überschreitung der kritischen Größe einer Atombombe kann ganz allgemein mithilfe von Sprengstoffen durch Zusammenschießen zweier unterkritischer Stücke oder durch starkes Zusammenpressen eines unterkritischen Stückes (Verkleinerung der Oberfläche) erreicht werden.)

○ $^{235}_{92}$U   • Neutron

physikalisch aufgrund ihres sehr geringen Massenunterschieds trennbar sind. Zum Ziele führten (seit 1942) die fraktionierende Diffusion von gasförmigem Uranhexafluorid UF_6, die – noch wirksamere – Trennung in Massenseparatoren (»Calutron«; vgl. S. 67f) und andere Methoden (z. B. Gas-Ultrazentrifuge; vgl. Spezialliteratur).

Wie es nun eine »kritische Größe« gibt, bei der die Kern-Einzelreaktion eines mit natürlichem ^{235,238}U arbeitenden Uran-Reaktors in eine steuerbare Kern-Kettenreaktion übergeht (S. 2279), gibt es auch eine kritische Größe, oberhalb derer aus der Kern-Einzelreaktion eines Uran-Reaktors ($^{235}_{92}$U) eine gesteuerte bzw. ungesteuerte Ketten-Reaktion wird. Sie ist dann erreicht, wenn die Oberfläche im Verhältnis zum Volumen des Reaktors und damit der Neutronenverlust nach außen hin so klein geworden ist, dass der Multiplikationsfaktor k (S. 2281) gleich bzw. größer als 1 wird ($\sim 50\,kg\ ^{235}_{92}$U, entsprechend einer Urankugel vom Radius 8.4 cm; durch Neutronen-Reflektoren kann die kritische Menge herabgesetzt werden). Unterhalb der kritischen Größe ($k < 1$) ist ein $^{235}_{92}$U-Block harmlos, oberhalb dieser Größe ($k > 1$) kann er wegen der im Bruchteil von Sekunden lawinenartig anwachsenden Zahl kettenfortführender Neutronen (Abb. 34.13) mit verheerender Wirkung explodieren (»Atombombe«). Die erste gegen Ende des letzten Weltkrieges (am 6. 8. 1945) auf Hiroshima in Japan abgeworfene Atombombe – deren Herstellung im letzten Weltkrieg den eigentlichen Antriebsmotor zur rasanten Entwicklung der Kernforschung bildete – war eine Uranbombe und bestand aus solchem $^{235}_{92}$U. Sie verursachte Hunderttausende von Toten und Verletzten.

Analog dem Nuklid $^{235}_{92}$U explodiert auch das »Plutoniumnuklid« $^{239}_{94}$Pu bei Überschreitung der kritischen Menge mit ungeheurer Wucht und furchtbarer Wirkung (kritische Masse $\approx$ 10 kg $\hat{=}$ Plutoniumkugel vom Radius 5 cm; durch Neutronen-Reflektoren bis auf 0.5 kg herabsetzbar). Da $^{239}_{94}$Pu leichter gewinnbar als $^{235}_{92}$U ist (s. oben), stellt es einen noch »geeigneteren« Atom-Sprengstoff als dieses dar. So war schon die zweite während des letzten Weltkrieges (am 8.8.1945) auf Nagasaki in Japan abgeworfene Atombombe eine aus $^{239}_{94}$Pu bestehende »Plutoniumbombe«. Sie hatte die Kapitulation Japans und das Ende der Kampfhandlungen des Weltkrieges zur Folge.

Wasserstoffbombe. Eine noch stärkere Wirkung als die Uran- und Plutoniumbombe hat die »Wasserstoffbombe« (»thermonukleare Bombe«), die von den USA erstmals 1952 (am 1.11. 1952) auf der Insel Eniwetok (Marshall-Inseln) im Pazifik erprobt wurde (»Experiment Mike«). Ihr liegt nicht wie bei den beiden ersteren eine Kernspaltung (S. 2271), sondern eine Kernverschmelzung (S. 2273) zugrunde. Ihre Energie beruht wie die stellare Energie (S. 2273) auf der stark exothermen Bildung des stabilen Heliumkerns $_2^4He$ aus Wasserstoff, die an sich auf verschiedene Weise erreicht werden kann, z. B. nach:

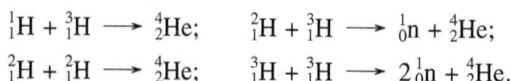

$$_1^1H + {}_1^3H \longrightarrow {}_2^4He; \qquad _1^2H + {}_1^1H \longrightarrow {}_0^1n + {}_2^4He;$$

$$_1^2H + {}_1^2H \longrightarrow {}_2^4He; \qquad _1^3H + {}_1^1H \longrightarrow 2\,{}_0^1n + {}_2^4He.$$

Da das Tritium $_1^3H$ u. a. gemäß $_3^6Li + {}_0^1n \longrightarrow {}_1^3H + {}_2^4He$ durch Neutronenbeschuss von $_3^6Li$ gewonnen werden kann (S. 2266), kann man diese Gleichung mit der vorletzten der vier obigen Gleichungen zu der Gesamtgleichung

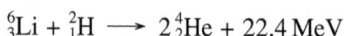

$$_3^6Li + {}_1^2H \longrightarrow 2\,{}_2^4He + 22.4\,\text{MeV}$$

kombinieren, die auf die nukleare Zersetzung von »Lithiumdeuterid« LiD hinausläuft, welche bei Temperaturen von 10^7–10^8 K (also stellaren Bedingungen) erreicht werden kann und 4-mal mehr Energie liefert als eine gleiche Masse $_{92}^{235}U$. Zur Erzeugung einer so hohen Temperatur nutzt man die Energie der Explosion einer Uran- oder Plutoniumbombe aus. Auch im Weltall beobachtet man bei Störung des stellaren Temperaturgleichgewichts solche »thermonukleare Bomben« in Form der »Novae« und »Supernovae« (vgl. S. 2277).

Literatur zu Kapitel XXXIV

Die natürliche Elementumwandlung

[1] **Natürlicher radioaktiver Zerfall**

K. H. Liesen: »Einführung in die Kernchemie«, 3. Aufl., Verlag Chemie, Weinheim 1991; »Nuclear and Radiochemistry«, 2nd revised Ed., Wiley-VCH, Weinheim 2001; C. Keller: »Grundlagen der Radiochemie«, 3. Aufl., Salle, Frankfurt 1993; L. Herforth, H. Koch: »Praktikum der Radioaktivität und der Radiochemie«, 3. Aufl., Barth, Leipzig 1992. Vgl. auch Anm. [2–9].

[2] **Altersbestimmungen von Mineralien**

S. C. Curran: »The Determination of Geological Age by Means of Radioactivity«, Quart. Rev. **7** (1953), 1–18; H. Meier: »Neuere Beiträge zur Geochronologie und Geochemie«, Fortschr. Chem. Forsch. **7** (1966/67), 233–321; H. Wänke: »Meteoritenalter und verwandte Probleme der Kosmochemie«, Fortschr. Chem. Forsch. **7** (1966/67), 322–408; G. B. Dalrymple, M. A. Lanphere: »Potassium-Argon Dating: Principles, Techniques and Applications to Geochronology«, Freeman, San Francisco 1969; F. Gönnenwein: »Altersbestimmung mit Radionukliden«, Physik in unserer Zeit **3** (1972) 81–87.

[3] **Mechanismus des radioaktiven Zerfalls**

W. Greiner, A. Sandulescu: »Neue radioaktive Zerfallsarten«, Spektrum der Wissenschaft, Heft **5** (1990) 62–71; W. Greiner, M. Ivascu, D. N. Poenaru, A. Sandulescu in D. A. Bromley (Hrsg.): »Treatise on Heavy Ion Science«, Bd. 8, Plenum Press 1989.

Die künstliche Elementumwandlung

[4] **Die Kern-Einzelreaktion**

G. Th. Seaborg: »Nuclear Milestones«, Freeman, San Francisco 1972; Ullmann (5. Aufl.): »Nuclear Technology« **A17** (1991) 589–814; P. Armbruster, G. Münzenberg: »Die schalenstabilisierten schwersten Elemente«, Spektrum der Wissenschaft, Heft **9** (1988) 42–52; G. Herrmann: »Vor fünf Jahrzehnten: Von den Transuranen zur Kernspaltung«, Angew. Chem. **102** (1990) 469–496; Int. Ed. **29** (1990) 439; A. Claxton: »Aspects of Mesonium Chemistry«, Chem. Soc. Rev. **24** (1995) 437–448.

[5] **Dotierung von Halbleitern**

J. W. Winchester: »Radioactivation Analysis in Inorganic Chemistry«, Progr. Inorg. Chem. **2** (1960) 1–32; d. h. F. Atkins, A. A. Smales: »Activation Analysis«, Adv. Inorg. Radiochem. **1** (1959) 315–345; V. Krivan: »Entwicklungsstand und Bedeutung der Aktivierungsanalyse«, Angew. Chem. **91** (1979) 132–155; Int. Ed. **18** (1979) 123; J. M. A. Lenihan, S. J. Thomson: »Advances in Activation Analysis«, Acad. Press, London 1969 (Bd. **1**), 1972 (Bd. **2**); S. S. Nargol- walla, E. P. Przybylowicz: »Activation Analysis with Neutron Generators«, Wiley, New York 1973; D. De Soete, R. Gijbels, J. Hoste: »Neutron Activation Analysis«, Wiley, New York 1972; P. Kruger: »Principles of Activation Analysis«, Wiley, New York 1971; F. Kuchar: »Halbleiterdotieren mit Neutronen«, Spektrum der Wissenschaft (Sept. 1999) 80–84.

[6] **Künstliche Radionuklide**

A. H. Soloway, W. Tjarks, B. H. Barnum, F.- Rong, R. T. Barth, I. M. Codoqui, J. G. Wilson: »The Chemistry of Neutron Capture Therapy«, Chem. Rev. **98** (1998) 1515–1562; Mehrere Artikel: »Medicinal Inorganic Chemistry«, Chem. Rev. **99** (1999) 2205–2842; N. Metzler-Nolte: »Markierung von Biomolekülen für medizinische Anwendungen – Sternstunden der Bioorganometallchemie«, Angew. Chem. **113** (2001) 1072–1076; Int. Ed. **40** (2001) 1040.

[7] **Die Kernspaltung**

O. Hahn: »Vom Radiothor zur Uranspaltung«, Vieweg, Braunschweig 1962; G. N. Walton: »Nuclear Fission«, Quart. Rev. **15** (1961), 71–98; D. C. Aumann: »Was wissen wir heute über die Kernspaltung?«, Angew. Chem. **87** (1975) 77–97; Int. Ed. **14** (1975) 117; G. Herrmann: »Vor fünf Jahrzehnten: Von den Transuranen zur Kernspaltung«, Angew. Chem. **102** (1990) 469–496; Int. Ed. **29** (1990) 439.

[8] **Die Kernverschmelzung. Evolution des Universums**

R. J. Taylor: »The Origin of the Chemical Elements«, Wykeham Publications, London 1972; L. H. Ahrens: »Origin and Distribution of the Elements«, Pergamon Press, Oxford 1979; J. D. Barrow, J. Silk: »The Left Hand of Creation: The Origin and Evolution of the Expanding Universe«, Heinemann, London 1984; C. K. Jørgensen: »Heavy Elements Synthesized in Supernovae and Detected in Peculiar A-Type Stars«, Struct. Bond. **73** (1990) 199–226; C. K. Jørgensen, G. B. Kauffmann: »Crookes and Marignac – A Centennial of an Intuitive and Pragmatic Appraisal of Chemical Elements and the Present Astrophysical Status of Nucleosynthesis and Dark Matter«, Struct. Bond. **73** (1990) 227–262; J. B. Jackson, H. F. Gove, R. F. Schwitters: »Nucleosyntheses«, Ann. Rev. Nucl. Part Sci. **34** (1984) 53–97; H. Beer, F. Käppeler, N. Klay, F. Voß, K. Wisshak: »Die Entstehung der chemischen Elemente in Roten Riesen – Laborexperimente zur Beschreibung stellarer Prozesse«, Nachr. des Kernforschungszentrums Karlsruhe, **20** (1988) 3–15; J. Müller, H. Lesch: »Die Entstehung der chemischen Elemente«, Chemie in unserer Zeit **39** (2005) 100–105.

[9] **Die Kern-Kettenreaktion**

W. P. Allis: »Nuclear Fusion«, Van Nostrand, New York 1960; R. G. Palmer, A. Platt: »Schnelle Reaktoren«, Vieweg, Braunschweig 1963; S. Glasstone, R. C. Lorberg: »Kontrollierte thermonukleare Reaktionen«, Thiemig, München 1964; L. H. Artimovich: »Gesteuerte thermonukleare Reaktionen«, Gordon und Breach, New York 1965; H. Adam: »Einführung in die Kerntechnik«, Oldenbourg, München 1967; H. J. Ashe: »Chemische Aspekte der Fusionstechnologie«, Angew. Chem. **101** (1980) 1–21; Int. Ed. **28** (1989) 1.

Kapitel XXXV

Die Lanthanoide

Zur Gruppe der auf das Lanthan (Ordnungszahl 57) folgenden 14 »Lanthanoide« Ln (früher »Lanthanide«[1]) oder »Seltenen Erdmetalle« bzw. »Seltenerdmetalle«[2] (Ordnungszahl 58–71) gehören die Elemente Cer (Ce), Praseodym (Pr), Neodym (Nd), Promethium (Pm), Samarium (Sm), Europium (Eu), Gadolinium (Gd), Terbium (Tb), Dysprosium (Dy), Holmium (Ho), Erbium (Er), Thulium (Tm), Ytterbium (Yb) und Lutetium (Lu). Bei ihnen erfolgt, wie früher (S. 2227) auseinandergesetzt, der Ausbau der drittäußersten (vierten) Elektronenschale von der Elektronenzahl 18 auf den Maximalwert $2 \times 4^2 = 32$. Dementsprechend sind sich die Lanthanoide chemisch außerordentlich ähnlich, sodass ihre Isolierung und Reindarstellung durch Fraktionierung früher die größten Schwierigkeiten bereitete und einen großen Aufwand an Arbeit und Zeit erfordert hat, während heute die reinen Lanthanoide durch neuentwickelte chemisch-physikalische Kombinationsmethoden rasch und elegant voneinander getrennt werden können (s. unten). Einige Eigenschaften der Lanthanoide, die in ihren Verbindungen in der Regel dreiwertig auftreten (Betätigung der äußeren s- und d-Elektronen), sind in Tafel V zusammengestellt.

Geschichtliches (Tafel II). In einem im Jahre 1787 bei Ytterby auf einer schwedischen Insel in der Nähe von Stockholm aufgefundenen Mineral (»Ytterbit«) entdeckte im Jahre 1794 der finnische Forscher J. Gadolin ein – später »Yttererde« bezeichnetes – Oxid des neuen Elements »Yttrium« (vgl. S. 1784). Wenige Jahre darauf (1803) erkannten die schwedischen Chemiker J. J. Berzelius und W. Hisinger in einem anderen schwedischen Mineral (»Cerit«) und – unabhängig hiervon – der deutsche Chemiker M. H. Klaproth in einem schwedischen »Schwerspat« ein – später als »Ceriterde« benanntes – Oxid des neuen Elements »Cer« (benannt von Klaproth nach dem im Jahre 1801 entdeckten Planetoid Ceres). Ytter- sowie Ceriterde wurden bis zum Jahre 1839, also noch 35 Jahre lang, für einheitliche Stoffe gehalten. In den Folgejahren konnten (u. A. durch fraktionierende Fällung bzw. Kristallisation von Lanthanoidhydroxiden, -oxalaten, -nitraten; vgl. S. 2292) einzelne Lanthanoidoxide isoliert werden:

(i) In den Jahren 1839–1843 gelang es einem Schüler und Mitarbeiter von Berzelius, C. C. Mosander, die Ceriterde (»Leichterde«; Lanthan- bis Europiumoxid) in Oxide der Elemente Cer (s. oben), »Lanthan« (S. 1784) und »Didym« (von didymos (griech.) = Zwilling; s. unten), die Yttererde (»Schwererde«; Gadolinium- bis Lutetiumoxid sowie Yttriumoxid) in Oxide der Elemente »Yttrium« (S. 1784) sowie Terbium und Erbium (beide Elemente benannt nach dem Ort Ytterby) zu zerlegen.

(ii) Aus »Yttererde« wurde ein Oxid des Elements Ytterbium (J. C. G. de Marignac, 1878; benannt nach dem Ort Ytterby) isoliert, das sich jedoch später als Oxidgemisch erwies, und aus dem 1907 noch das Oxid von Lutetium abgetrennt werden konnte (C. Auer von Welsbach, und – unabhängig hiervon – G. Urbain; Lu benannt von ersterem Entdecker als »Cassiopeium« nach dem Sternbild Cassiopeia, von letzterem Entdecker als »Lutetium« nach Lutetia dem alten Namen von Paris).

---

[1] In Anlehnung an die gängige Bezeichnung »Metalloide« für metallähnliche Elemente wurde von der internationalen Nomenklaturkommission die Bezeichnung »Lanthanoide« (lanthanähnliche Elemente $\cong$ Ce bis Lu, ein- oder ausschließlich La) gewählt, da die einfache Endung -id (Hydrid, Chlorid, Sulfid usw.) für binäre Salze reserviert ist.

[2] Zu den »Seltenerdmetallen« wird normalerweise Scandium, Yttrium und Lanthan hinzugerechnet. Die Bezeichnung stammt noch aus der Zeit ihrer Entdeckung und rührt daher, dass diese Elemente zuerst in seltenen Mineralien aufgefunden und aus diesen in Form von Oxiden (frühere Bezeichnung: »Erden«) isoliert wurden. Wie wir heute wissen, sind die Seltenen Erdmetalle aber entgegen ihrem Namen gar nicht so selten (vgl. S. 2290).

(iii) Aus »Ytterbit« (»Gadolinit«) erhielt man das Oxid von »Scandium« (S. 1784) sowie Dysprosium (L. de Boisbaudran, 1886; benannt nach seiner schweren Zugänglichkeit: dyspros (griech.) = schwierig).

(iv) Aus Mosanders »Erbiumoxid« (s. oben) wurden als weitere Bestandteile die Oxide von Holmium und Thulium abgetrennt (P. T. Cleve und – unabhängig hiervon – J. L. Soret; benannt nach den Fundorten Seltener Erden: Stockholm bzw. Thule, dem alten Namen für Skandinavien).

(v) Mosanders »Didymoxid« (s. oben) konnte in die Oxide von Praseodym und Neodym aufgetrennt werden (C. Auer von Welsbach, 1885; benannt nach praseos (griech.) = lauchgrün und neos (griech.) = neu: lauchgrünes und neues Didym).

(vi) Aus »Samarskit«, einem in Norwegen aufgefundenen Mineral (Uranotantalit) wurden die Oxide von Samarium (L. de Boisbaudran, 1879; benannt nach Samarskit), Gadolinium (J. C. G. de Marignac, 1880; benannt nach Gadolin, dem Pionier der Lanthanoidforschung) und Europium (E. A. Demarcay, 1901; benannt nach dem Kontinent Europa) isoliert. In analoger Weise wurden die Homologen von Gadolinium und Europium, das Curium und Americium, nach dem Ehepaar Curie, den Pionieren der Actinoidforschung, und dem Kontinent Amerika benannt.

(vii) Das Promethium wurde erstmals 1945 von den amerikanischen Forschern J. A. Marinsky, L. E. Glendenin und C. D. Coryell identifiziert. Sie wiesen nach, dass ein bei der Uranspaltung auftretendes Bruchstück der Halbwertszeit 2.62 Jahre ($^{147}_{61}$Pm) ein Isotop des Lanthanoids 61 ist[3] und schlugen für das neue Element zwei Jahre später den Namen Promethium (von Prometheus) vor, um »die Kühnheit und den möglichen Missbrauch menschlichen Geistes« bei der Synthese neuer Elemente zu symbolisieren (vgl. S. 2294). 1965 wurden in Lanthanoidkonzentraten eines Apatits geringste Spuren von $^{147}_{61}$Pm nachgewiesen, deren Bildung sich durch Beschuss von $^{146}_{60}$Nd mit Höhenstrahlen deuten lässt.

1   Vorkommen

Bei der ersten Phasentrennung des schmelzflüssigen Erdmagmas in eine Eisenschmelze (»Siderosphäre«), Sulfidschmelze (»Chalkosphäre«), Silicatschmelze (»Lithosphäre«) und Dampfhülle (»Atmosphäre«) sammelten sich die Lanthanoide als lithophile Elemente in der Lithosphäre. Im zweiten Stadium, dem der magmatischen Erstarrung, reicherten sie sich mit anderen selteneren Elementen vorwiegend in den Restschmelzen der lithophilen Gruppe an, aus denen sie sich dann nach genügender Konzentrierung in eigenen kristallisierten Phasen ausschieden. Diese typische Sonderung der dreiwertigen Lanthanoide ist auf ihre geringe kristallchemische Verwandtschaft zu anderen dreiwertigen Elementen zurückzuführen, indem ihre verhältnismäßig großen Ionenradien r (1.15–1.00 Å) einen Einbau in die Kristallstrukturen der gewöhnlichen gesteinsbildenden Mineralien weitgehend verhindern (die Ionenradien beziehen sich hier wie nachfolgend auf die Koordinatenzahl 6):

Elemention	B^{3+}	Al^{3+}	Cr^{3+}	V^{3+}	Fe^{3+}	Mn^{3+}
r in Å	0.41	0.68	0.76	0.78	0.79	0.79

Die nahe kristallchemische Verwandtschaft der dreiwertigen Lanthanoide untereinander dagegen, die in dem relativ kleinen Ionenradien-Intervall von insgesamt 0.15 Å zum Ausdruck kommt, ermöglicht isomorphe Austauschbarkeit, wodurch sich das ständig gemeinsame Vorkommen der Elemente dieser Gruppe erklärt.

---

[3] Die vermeintliche Entdeckung des Elements 61 in natürlichen Mineralien durch die amerikanischen Forscher J. A. Harris, L. F. Yntema und B. S. Hopkins im USA-Staat Illinois (1926; »Illinium« Il) und durch die italienischen Forscher L. Rolla und L. Fernandes an der Universität Florenz (1926; »Florentinum« Fl) hat sich nicht bestätigen lassen. M. L. Pool, J. D. Kurbatov und L. L. Quill, die 1941/43 die Bildung radioaktiver Isotope des Elements 61 bei der Bestrahlung der Nachbarelemente Praseodym und Neodym mit Cyclotron-beschleunigten α-Teilchen, Deuteronen und Neutronen wahrscheinlich machten (»Cyclonium« Cy), führten keine chemischen Abtrennungen durch.

Die Ionenradien der schon besprochenen drei Seltenen Erdmetalle Scandium, Yttrium und Lanthan (S. 1784) nehmen – wie ganz allgemein innerhalb einer Gruppe des Periodensystems – mit steigender Atommasse zu:

Elemention	Sc^{3+}	Y^{3+}	La^{3+}
r in Å	0.89	1.04	1.17

So kommt es, dass sich die Ionenradien der Lanthanoide (1.15–1.00 Å) in diesen Radienbereich von Scandium bis Lanthan (0.89–1.17 Å) einfügen und auf diese Weise auch Scandium, Yttrium und Lanthan in der Natur mit den Lanthanoiden vergesellschaftet sind. Dabei stehen naturgemäß die frühen Lanthanoide (Ceriterden; größere Ionenradien) dem Lanthan, die späten (Ytererden, kleinere Ionenradien) dem Yttrium am nächsten, während das Scandium mit seinem verhältnismäßig kleinen Ionenradius von 0.89 Å eine gewisse Sonderstellung einnimmt. Besonders hinzuweisen ist auf das Yttrium, das mit seinem Ionenradius von 1.04 Å mitten in den Bereich der Lanthanoide hineinfällt und dort neben dem Holmium mit dem Ionenradius 1.04 Å seinen Platz findet, was mit der praktischen Erfahrung in Einklang steht, dass Yttrium und Holmium außerordentlich schwer zu trennen sind.

Die Periodizität der Eigenschaften macht sich beim Vorkommen der Lanthanoide z. B. dadurch bemerkbar, dass das Europium, das gemäß dem Periodensystem der dreiwertigen Lanthanoide (S. 2229) auch zweiwertig auftreten kann ($r_{Eu^{2+}} = 1.31$ Å), sich häufig als Begleiter des Strontiums ($r_{Sr^{2+}} = 1.32$ Å), z. B. im Strontianit $SrCO_3$, findet.

Wichtige Mineralien. Größere Vorkommen an Lanthanoiden finden sich in Skandinavien, Südindien, Südafrika, Brasilien, Australien, Malaysia, GUS, Russland. Eines der wichtigsten Lanthanoidmineralien ist – neben dem in Zaire, in New Mexico und in der Sierra Nevada vorkommenden »Bastnäsit« (La,Ln) [CO_3F] – der »Monazit« (La,Th,Ln) [$(P,Si)O_4$], der sich vor allem in den südnorwegischen Granitpegmatiten findet. Die technische Gewinnung dieses Monazits ist allerdings wegen seiner unregelmäßigen Verteilung in dem harten Begleitgestein wenig lohnend. Von weit größerer Bedeutung für die Industrie der Lanthanoide sind daher die durch natürliche Verwitterungs- und Schlämmungsprozesse aus den primären Monazitlagerstätten entstandenen sekundären Ablagerungen (»Monazitsand«), in denen der Monazit wesentlich angereichert ist. Solche sekundären Lagerstätten finden sich vor allem in Brasilien, in Südindien, auf Sri Lanka und in den Vereinigten Staaten. Der Monazit enthält neben Lanthan (Ordnungszahl 57) und bis zu 20 % Thorium (Ordnungszahl 90) bevorzugt die leichteren Lanthanoide (»Ceriterden«; Ordnungszahlen 58–64; vgl. S. 2288). Gleiches gilt für die ebenfalls wichtigen Silicate vom sogenannten Orthit-Typus (z. B. »Cerit«, S. 1784), nur dass bei diesen Orthiten die Ceriterden gegenüber den schwereren Lanthanoiden noch etwas stärker am Gesamtbestand beteiligt sind als beim Monazit. Im Bastnäsit fehlen die schwereren Lanthanoide und auch Thorium praktisch vollständig. Umgekehrt finden sich die schwereren Lanthanoide (»Ytererden«; Ordnungszahlen 64–71; vgl. S. 2288) zusammen mit dem Yttrium (Ordnungszahl 39) bevorzugt in den Mineralien vom Typus des »Thalenits« $Y_2[Si_2O_7]$, »Thortveitits« $(Y,Sc)_2[Si_2O_7]$, »Gadolinits« $(Be^{II}, Fe^{III})_3(Ln^{III}, Y^{III})_2[Si_2O_{10}]$ und »Xenotims« YPO_4.

Häufigkeit. Betrachtet man die relative Häufigkeit der seltenen Erdmetalle in den Lanthanoid-Mineralien der Natur (Abb. 35.1), so macht man die interessante Beobachtung, dass die Elemente mit geraden Atomnummern häufiger sind (Anteile an der Erdrinde 10^{-3} bis 10^{-4} Gew.-%) als die ungeraden Elemente (Anteile an der Erdrinde 10^{-4} bis 10^{-5} Gew.-%; vgl. Tafel II). Ähnliches gilt auch bei den anderen Elementen (»Harkins'sche Regel«), sodass es sicher kein Zufall ist, dass alle in der Natur nicht oder nur spurenweise aufgefundenen Grundstoffe (Technetium, Promethium, Astat, Francium) ungerade Atomnummern aufweisen (43, 61, 85, 87). Das relativ seltenste Element unter den Lanthanoiden ist das Promethium ($< 10^{-9}$ %), das relativ häufigste das Cer ($4.3 \cdot 10^{-3}$ %). Es ist weit häufiger als z. B. Blei, Arsen, Antimon, Quecksilber, Cadmium und andere Elemente, welche im üblichen Sinne nicht als »seltene« Stoffe bezeichnet werden,

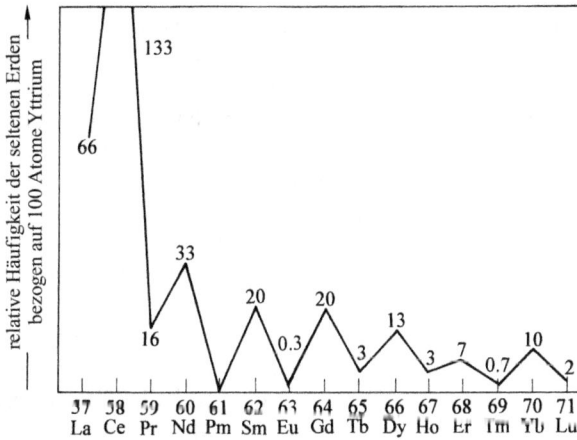

Abb. 35.1 Relative Häufigkeit der Lanthanoide.

und selbst das – nach Promethium – seltenste Lanthanoid, das Europium $(0.99 \cdot 10^{-5}\,\%)$, ist noch fast so häufig wie Silber $(10^{-5}\,\%)$, und häufiger als etwa Gold oder Platin. Insgesamt beträgt der Gehalt der festen Erdrinde an Lanthanoiden etwa 0.01 Gew.-%.

Isotope (vgl. Anh. III). Die in der Natur vorkommenden Nuklide der Lanthanoide sind in Tab. 35.1 wiedergegeben.

2   Gewinnung

Um die Lanthanoide aus ihren Mineralien von den übrigen Elementen (z. B. Th, Fe, Ti, Zr, Si) abzutrennen, werden Bastnäsit oder Monazit (s. oben) einem sauren oder basischen Aufschluss unterworfen. Im Falle des häufiger angewandten sauren Aufschlusses werden die fein gepulverten Mineralien zunächst mit konzentrierter Schwefelsäure bei 120–200 °C behandelt, wobei

Tab. 35.1 Natürliche Nuklide der Lanthanoide (Massen radioaktiver Elemente kursiv)

Ln	Massenzahl (% Häufigkeit)	Ln	Massenzahl (% Häufigkeit)
$_{57}$La	_138 (0.09)_, 139 (99.91)	$_{64}$Gd	_152 (0.20)_, 154 (2.1), 155 (14.8), 156 (20.6), 157 (15.7), 158 (24.8), 160 (21.8)
$_{58}$Ce	136 (0.19), 138 (0.25), 140 (88.48), 142 (11.08)	$_{65}$Tb	159 (100)
$_{59}$Pr	141 (100)	$_{66}$Dy	156 (0.06), 158 (0.10), 160 (2.34), 161 (19.0), 162 (25.5), 163 (24.9), 164 (28.1)
$_{60}$Nd	142 (27.16), 143 (12.18), _144 (23.80)_, 145 (8.29), 146 (17.19), 148 (5.75), 150 (5.63)	$_{67}$Ho	165 (100)
$_{61}$Pm	_147 (< 10^{-19})^a_	$_{68}$Er	162 (0.14), 164 (1.56), 166 (33.4), 167 (22.9), 168 (27.1), 170 (14.9)
$_{62}$Sm	144 (3.1), _146 ($2 \cdot 10^{-7}$)_, _147 (15.1)_, _148 (11.3)_, 149 (13.9), 150 (7.4), 152 (26.6), 154 (22.6)	$_{69}$Tm	196 (100)
$_{63}$Eu	151 (47.8), 153 (52.2)	$_{70}$Yb	168 (0.14), 170 (3.06), 171 (14.3), 172 (21.9), 173 (16.1), 174 (31.8), 176 (12.7)
		$_{71}$Lu	175 (97.39), _176 (2.61)_

_a_ Man kennt zusätzlich noch künstliche $_{61}$Pm-Isotope (^{132}Pm bis ^{154}Pm).

Lanthan, Thorium und die Lanthanoide[1] in lösliche Sulfate verwandelt werden (ungelöst bleiben u. a. SiO_2, TiO_2, $ZrSiO_4$, $FeTiO_3$, Sand). Dann löst man die Sulfate in Eiswasser auf (die Löslichkeit der Sulfate nimmt mit fallender Temperatur zu) und fällt nach partieller Neutralisation der Lösung mit Ammoniak zunächst basische Thorium-Salze, dann nach Zusatz von Oxalsäure $HOOC-COOH$ die Lanthanoide in Form von $Ln_2(C_2O_4)_3$ aus. Beim Erhitzen gehen die Oxalate in Oxide über. Vor der Oxalatfällung können aus der Ln^{3+}-Lösung durch Zusatz von Natriumsulfat zunächst die Ceriterden in Form unlöslicher Doppelsulfate $Ln_2(SO_4)_3 \cdot Na_2SO_4 \cdot n\,H_2O$ von den Yttererden, deren Doppelsulfate leichter löslich sind, abgetrennt werden.

Die Trennung des erhaltenen Oxidgemischs der Lanthanoide erfolgte früher in mühseliger Operation durch – oft mehrtausendfach wiederholte – fraktionierende Kristallisation, Fällung bzw. Zersetzung geeigneter Verbindungen. Diese Verfahren haben nur mehr historisches Interesse. Heute gelingt die Isolierung der Einzelglieder wesentlich leichter und schneller durch Lösungsextraktion oder mit Ionenaustauschern. In einzelnen Fällen ist aufgrund des periodischen Verhaltens der dreiwertigen Lanthanoide auch eine Trennung durch Wertigkeitsänderung, d. h. Oxidation (Reduktion) zu einer höheren (niederen) Wertigkeitsstufe möglich.

Trennung der dreiwertigen Lanthanoide

Fraktionierende Kristallisation. Bei dem Verfahren der – auf geringen Löslichkeitsunterschieden basierenden – fraktionierenden Kristallisation von Doppelnitraten, -sulfaten, -carbonaten, -oxalaten geht man gemäß nachstehendem stark gekürztem Fraktionierungsschema (Abb. 35.2) von einer Lösung L_0 aus, die teilweise zur Kristallisation gebracht wird, wobei man Kristalle K_1 (schwerer löslicher Anteil) und eine Mutterlauge L_1 (leichter löslicher Anteil) erhält. Die Kristalle K_1 werden erneut gelöst und fraktionierend kristallisiert, wobei Kristalle K_2 und eine Lösung L_2 erhalten werden, in welcher man die durch Weiterauskristallisieren der Lösung L_1 neben der Mutterlauge L_2' erhaltenen Kristalle K_2' auflöst usw. Auf diese Weise kommt man bei genügend häufiger (bis zu 40 000-maliger) Wiederholung der Operation schließlich zu einer Trennung in schwerer, mittelschwer und leichter lösliche Anteile, die ihrerseits wieder zum Ausgangspunkt für neue Fraktionierungen gemacht werden können. Die fraktionierende Kristallisation hat heute nur noch historische Bedeutung. Sie wird jedoch noch zur Trennung von Radium und Barium genutzt (S. 1456).

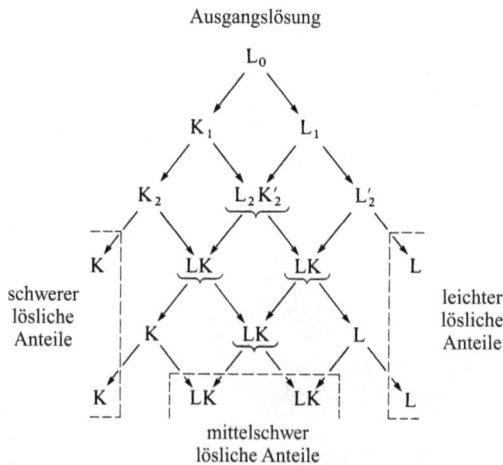

Abb. 35.2 Fraktionierende Kristallisation z. B. von Doppelnitraten $2\,Ln(NO_3)_3 \cdot 3\,Mg(NO_3)_2 \cdot 24\,H_2O$, gebildet aus Ln^{3+} und $2\,Bi(NO_3)_3 \cdot 3\,Mg(NO_3)_2 \cdot 24\,H_2O$ (Löslichkeitabnahme in Richtung Lu- ⟶ La-Salze).

Fraktionierende Lösungsextraktion. Bei der Lösungsextraktion werden die Lanthanoide z. B. aus 14M-Salpetersäure mit Tributylphosphat TBP gemäß der Stärke ihrer Adduktbildungstendenz fraktionierend als $Ln(NO_3)_3 \cdot 3\,TBP$ extrahiert. Nach diesem, erstmals 1952 entwickelten Verfahren wurden z. B. Kilogramm-Mengen von Nd, Sm, Gd und Dy gewonnen. Das Verfahren hat sich allerdings nicht allgemein durchsetzen können, da es eine sehr große Zahl von Extraktionsstufen und kompliziertere technische Einrichtungen voraussetzt.

Fraktionierende Fällung. Die Basizitäten und Löslichkeitsprodukte der Hydroxide der Lanthanoide nehmen mit steigender Atommasse von $1.0 \cdot 10^{-19}$ ($La(OH)_3$) bis auf $2.5 \cdot 10^{-24}$ ($Lu(OH)_3$) ab, da infolge des abnehmenden Ionenradius die Hydroxid-Gruppen in zunehmendem Maße fester an das Kation Ln^{3+} gebunden werden. Diese Abstufung kann man in der Weise zur Trennung der Lanthanoide benutzen, dass man die Lösung ihrer Salze fraktionierend mit Basen (z. B. Natronlauge, Ammoniak, Magnesia, Lanthanoidoxiden, siedendem Wasser) fällt, wobei zuerst die schwächer basischen (schwerer löslichen) Yttererden (schwerere Lanthanoide) und dann die stärker basischen (leichter löslichen) Ceriterden (leichtere Lanthanoide) ausfallen. Indem man die so erhaltenen Fraktionen ihrerseits wieder auftrennt und dabei jeweils die letzte Fraktion der ersten Fällung mit der ersten der zweiten Fällung vereinigt und diese Kombination erneut der Fraktionierung unterwirft, kommt man wie bei dem vorher erwähnten, ganz analog verlaufenden Verfahren der fraktionierenden Kristallisation nicht nur zu einzelnen Gruppen, sondern schließlich bis zu den Einzelgliedern.

Fraktionierende Zersetzung. Eine andere, ebenfalls auf den Basizitätsunterschieden beruhende Trennungsmethode ist die fraktionierende Zersetzung der Nitrate. Da die Nitrate schwacher Basen leichter zerlegbar sind als diejenigen starker Basen, zersetzen sich beim Erhitzen der Erdmetallnitrate auf steigende Temperaturen zuerst die Nitrate der Yttergruppe und dann die der Ceritgruppe. Durch Ausziehen mit Wasser kann man dabei jeweils die noch unzersetzten Nitrate von den zersetzten abtrennen.

Ionenaustausch und Komplexbildung. Die Tendenz der dreiwertigen Lanthanoid-Ionen Ln^{3+} zum Ionenaustausch (vgl. S. 588) mit Kationenaustauschern HR (oder deren Salzen; R^- = Anion des organischen Austauscherharzes) gemäß

$$Ln^{3+} \text{ (gelöst)} + 3\,HR \text{ (fest)} \rightleftharpoons LnR_3 \text{ (fest)} + 3\,H^+ \text{ (gelöst)}$$

wächst mit zunehmendem Ionenradius, also vom Lutetium zum Lanthan hin. Dieser Effekt allein ist aber nicht groß genug für eine ausreichende Trennung, sodass man ihn mit einem zweiten Effekt, der Tendenz zur Komplexbildung kombiniert. In umgekehrter Richtung wie die Ionenaustausch-Tendenz, d. h. vom Lanthan zum Lutetium hin, wächst nämlich die Tendenz der Lanthanoide zur Bildung anionischer Komplexe mit Komplexbildnern HA (oder deren Salzen: A^- = Anion des organischen Komplexbildners) gemäß LnR_3 (fest) $+ 4\,HA$ (gelöst) $\rightleftharpoons$ $HLnA_4$ (gelöst) $+ 3\,HR$ (fest).

Gießt man dementsprechend die wässrige Lösung eines Gemisches von Lanthanoid-Salzen auf eine Austauschersäule (z. B. Ammonium-polystyrol-sulfonat; vgl. S. 2319), so reichern sich oben die leichteren, unten die schwereren Lanthanoide an (also Lanthan zuerst, Lutetium zuletzt gebunden). Wäscht man anschließend die Säule mit der Lösung eines Komplexbildners (z. B. Pufferlösung von Citronensäure/Ammoniumcitrat vom pH-Wert ~ 5; vgl. S. 588) aus, so werden die unten befindlichen (schwereren) Lanthanoide leichter als die oberen (leichteren) in lösliche Komplexsalze übergeführt, sodass bei geeigneter Länge der Säule die verschiedenen Lanthanoid-Ionen Ln^{3+} in der abtropfenden Lösung (»Eluat«; von lat. eluere = auswaschen) in umgekehrter Reihenfolge ihrer Atommassen (also Lutetium zuerst, Lanthan zuletzt eluiert) erscheinen (vgl. Abb. 35.3a).

Bei einem anderen Trennverfahren durch Ionenaustausch wird auf die – zunächst mit Cu^{2+}-Ionen beladene – Austauschersäule eine salzsaure (0.1-molare) Lanthanoid-Lösung gegeben.

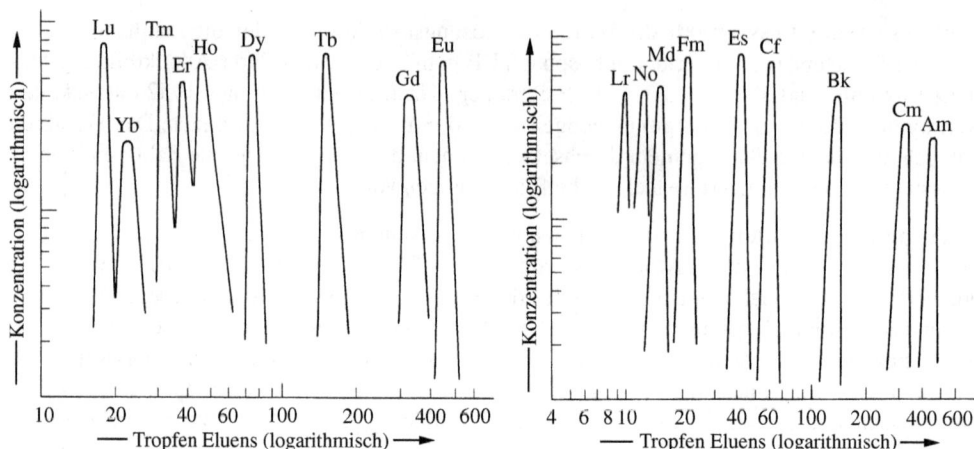

Abb. 35.3 Elution von Lanthanoid- (a) bzw. Actionoidionen (b) Ln^{3+} bzw. An^{3+} aus dem Ionenaustauscher-Harz Dowex-50 mit Ammonium-α-hydroxyisobutyrat.

Anschließend eluiert man mit einer Lösung von Ethylendiamintetraessigsäure (H_4EDTA, vgl. S. 1557, 1569) oder von Diethylentriaminpentaessigsäure bei pH $= 8.5$. Die so mögliche einfache Trennung von Lanthanoiden, die auf F. H. Spedding zurückgeht (1947), stellt heute die wirksamste Methode ihrer Fraktionierung dar und gestattet eine Gewinnung spektroskopisch reiner Lanthanoide in 100 kg-Mengen.

Trennung der Lanthanoide durch Wertigkeitsänderung

In einzelnen Fällen kann man sich zur Trennung von Lanthanoiden des Umstandes bedienen, dass einige zum Unterschied von den übrigen – durchweg dreiwertigen – Lanthanoiden zwei- bzw. vierwertig aufzutreten imstande sind. Entsprechend ihrer Stellung im Periodensystem der Lanthanoide (S. 2229) lassen sich z. B. Europium und Ytterbium durch Reduktionsmittel wie Zinkstaub ($2\,Eu^{3+} + Zn \longrightarrow 2\,Eu^{2+} + Zn^{2+}$) leicht zur zweiwertigen Stufe reduzieren (S. 2300), während Cer und Terbium durch Oxidationsmittel wie Peroxodisulfat ($2\,Ce^{3+} + S_2O_8^{2-} \longrightarrow 2\,Ce^{4+} + 2\,SO_4^{2-}$) leicht zum vierwertigen Zustand oxidiert werden können (vgl. hierzu S. 2301). Da die Elemente in dieser niedrigeren bzw. höheren Wertigkeitsstufe natürlich ganz andere chemische Eigenschaften als im dreiwertigen Zustande haben, sind sie leicht von den bei der Oxidation (Reduktion) unverändert gebliebenen Lanthanoiden abzutrennen (z. B. Eu^{2+} durch Fällung als $EuSO_4$ in schwefelsaurer, Ce^{4+} durch Fällung als $(NH_4)_2[Ce(NO_3)_6]$ in salpetersaurer Lösung).

Gewinnung der elementaren Lanthanoide

Die elementaren Lanthanoide werden mit Vorteil durch Reduktion der wasserfreien Chloride und insbesondere Fluoride mit Calcium bzw. der geschmolzenen Halogenide (z. B. $LnCl_3$/NaCl, $LnCl_3$/$CaCl_2$) mit elektrischem Strom bzw. der Oxide mit Lanthan (im Falle von Sm, Eu, Yb) gewonnen. Eine Reinigung der Lanthanoide kann durch Zonenschmelzen erfolgen. Die Gesamtweltproduktion an Lanthanoiden beträgt fast 20 000 Jahrestonnen (vgl. Verwendung, S. 2302).

Da Promethium in der Natur nur in verschwindenden Mengen ($< 10^{-19}\,\%$) vorkommt, muss es künstlich gewonnen werden. Man kennt bis heute 23 Promethiumisotope, deren Massenzahlen von 132 bis 154 und deren Halbwertszeiten von 4 Sekunden bis zu 17.7 Jahren variieren (je 2 Kernisomere der Massenzahlen 140, 148, 154; 3 Kernisomere der Masse 152). Sie entstehen bei der Beschießung des Nachbarelements Neodym ($_{60}$Nd) mit Protonen, Deuteronen oder

α-Teilchen sowie als (indirekte) Spaltungsprodukte des Urans (vgl. S. 2271) und gehen beim radioaktiven Zerfall unter β^+-Strahlung (bzw. K-Einfang; S. 2268) in Neodym ($_{60}$Nd) oder unter β^--Strahlung in Samarium ($_{62}$Sm) über.

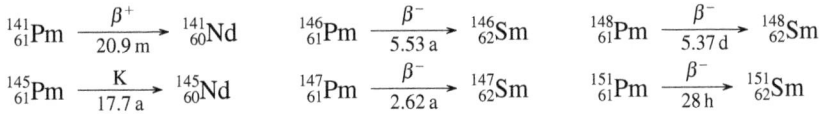

$$^{141}_{61}\text{Pm} \xrightarrow[20.9\,\text{m}]{\beta^+} {}^{141}_{60}\text{Nd} \qquad {}^{146}_{61}\text{Pm} \xrightarrow[5.53\,\text{a}]{\beta^-} {}^{146}_{62}\text{Sm} \qquad {}^{148}_{61}\text{Pm} \xrightarrow[5.37\,\text{d}]{\beta^-} {}^{148}_{62}\text{Sm}$$

$$^{145}_{61}\text{Pm} \xrightarrow[17.7\,\text{a}]{\text{K}} {}^{145}_{60}\text{Nd} \qquad {}^{147}_{61}\text{Pm} \xrightarrow[2.62\,\text{a}]{\beta^-} {}^{147}_{62}\text{Sm} \qquad {}^{151}_{61}\text{Pm} \xrightarrow[28\,\text{h}]{\beta^-} {}^{151}_{62}\text{Sm}$$

Von den aufgeführten Isotopen beansprucht das Isotop $^{147}_{61}$Pm das meiste Interesse, da es in Uran-Reaktoren mittlerer Leistung (100 MW) mit einer Spaltungsausbeute von 2.6 % in einer Menge von etwa $1\frac{1}{2}$ g täglich ($\sim \frac{1}{2}$ kg jährlich) produziert werden kann und sich wegen seiner Halbwertszeit von 2.62 Jahren noch bequem in substantiellen Mengen untersuchen lässt, zumal die ausgestrahlte β^--Strahlung verhältnismäßig weich ist (0.223 MeV). Es kann auch durch Bestrahlung von Neodym mit Reaktor-Neutronen gewonnen werden ($^{146}_{60}$Nd (n,γ) $^{147}_{60}$Nd $(\tau_{1/2} = 10.98\,\text{d}) \longrightarrow {}^{147}_{61}\text{Pm} + \beta^-$). Aus den Reaktorabbränden lässt sich $^{147}_{61}$Pm durch Überführen des bei der Aufarbeitung anfallenden Oxids in das Chlorid oder Fluorid und dessen Reduktion mit Calcium erhalten.

3   Physikalische Eigenschaften

Die freien Elemente stellen weiche, silberglänzende Metalle dar. Gd ist unterhalb 16 °C (Curie-Temperatur, S. 1666) ferromagnetisch. Auch Dy, Ho, Er werden beim Abkühlen mit flüssigem Stickstoff ferromagnetisch. In ihren Raumtemperatur-Modifikationen kristallisieren die Lanthanoide mit Ausnahme von Sm (rhomboedrisch) und Eu (kubisch raumzentriert) in dichtesten Kugelpackungen (teils hexagonal, teils kubisch). Bezüglich ihrer Dichten, Schmelzpunkte, Siedepunkte, Sublimationsenthalpien, Atom- und Ionenradien, Hydratationsenthalpien, Redoxpotentiale, Ionisierungspotentiale und anderer Daten vgl. Tafel V. Diese physikalischen Eigenschaften sind teils aperiodischer, teils periodischer Natur.

Unter den aperiodischen physikalischen Eigenschaften wurde bereits auf die Lanthanoid-Kontraktion, d. h. die Abnahme des Ln^{3+}-Ionenradius mit wachsender Kernladungszahl der Lanthanoide hingewiesen (vgl. S. 2229 und Abb. 35.4). In analoger Weise sind alle Eigenschaften, die wie das molare Ionenvolumen oder die Hydrationsenthalpien (Tafel V) von den Ln^{3+}-Radien abhängen, aperiodischer Natur.

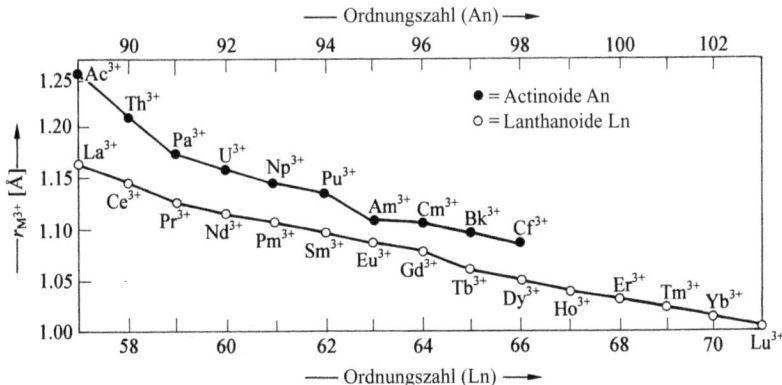

Abb. 35.4 Lanthanoid- und Actinoid-Kontraktion dreiwertiger Ionen M^{3+} = Ln^{3+}, An^{3+} (eine analoge Kontraktion beobachtet man bei den vierwertigen Ionen M^{4+}; vgl. Anhang IV).

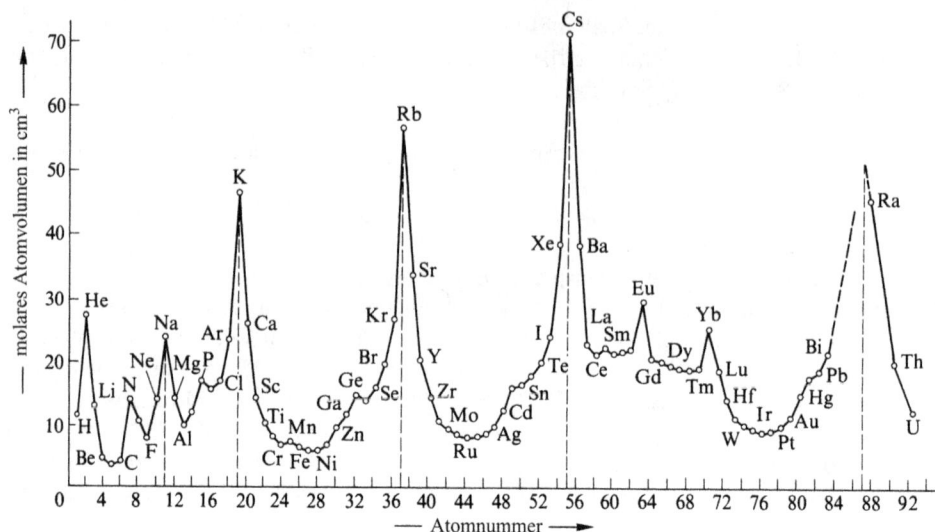

Abb. 35.5 Atomvolumenkurve der (festen) Elemente. Die »Atomvolumina« sind natürlich nur ein angenähertes Maß der aus den Atomradien hervorgehenden Volumina der Einzelatome, da die Atome ja nicht bei allen Stoffen in gleicher Weise angeordnet sind und dementsprechend auch nicht stets den gleichen Bruchteil des ihnen im Volumen eines Mols zur Verfügung stehenden Raums ausfüllen.

Unter den periodischen physikalischen Eigenschaften der freien Lanthanoide ist das molare Atomvolumen der Metalle zu nennen, unter dem man das je Mol Metall eingenommene Volumen versteht. Es nimmt zum Unterschied vom molaren Ionenvolumen nicht stetig ab, sondern weist, wie aus Abb. 35.5 hervorgeht, einen periodischen Verlauf auf. Die Maxima des Atomvolumens der Lanthanoide kommen den Elementen Europium und Ytterbium zu. Sie sind, wie magnetische Messungen zeigen (s. unten), darauf zurückzuführen, dass diese beiden Elemente im metallischen Zustande zum Unterschied von den übrigen dreiwertigen Lanthanoiden zweiwertig sind, also nur 2 Elektronen je Atom an das Elektronengas abgeben (Erreichung einer halb- bzw. vollbesetzten 4f-Schale). Die hierdurch bedingte geringere Anziehung zwischen Metallionen und Elektronengas, die auch Minima der Dichten (Abb. 35.6), der Schmelzpunkte (Tafel V), der Sublimationsenthalpien (Tafel V) und – korrespondierend – Maxima der Metallatomradien (Abb. 35.7) beim Europium und Ytterbium zur Folge hat, führt zu einer Ausweitung der Metallstrukturen und damit zu einer Volumenvergrößerung. In analoger Weise finden sich die vorhergehenden Maxima der Atomvolumenkurve bei den einwertigen Alkalimetallen Na, K, Rb, Cs und Fr (Abb. 35.5). Eine kleinere, bei metallischem »Cer« beobachtete entgegengesetzte Abweichung (Minimum der Atomvolumenkurve und – wenig augenfällig – des Atomradius, Maximum der Dichte; vgl. Abb. 35.5, Abb. 35.6, Abb. 35.7) geht auf die Anwesenheit von vierwertigen neben dreiwertigen Ce-Ionen zurück.

Einen periodischen Verlauf zeigen unter den Eigenschaften der Lanthanoid-Ionen neben ihren magnetischen Momenten (s. unten und Abb. 35.9) sowie ihren Farben (s. unten und Tab. 35.4) auch ihre dritten Ionisierungsenergien (Abb. 35.8). Maxima dieser Ionisierungsenergien kommen den zweiwertigen Elementen »Europium« und »Ytterbium«, Minima den zweiwertigen Elementen »Lanthan«, »Gadolinium« und »Lutetium« zu, was darauf zurückzuführen ist, dass Eu^{2+} bzw. Yb^{2+} eine halb- bzw. vollbesetzte 4f-Schale aufweisen, wogegen La^{2+}, Gd^{2+} bzw. Lu^{2+} zusätzlich zur nicht-, halb- bzw. vollbesetzten 4f-Schale ein überzähliges Elektron beherbergen.

Magnetisches Verhalten. Die magnetischen Momente der dreiwertigen inneren Übergangselemente hängen ähnlich wie deren Farben mit der Art und dem Energiegehalt der den betreffen-

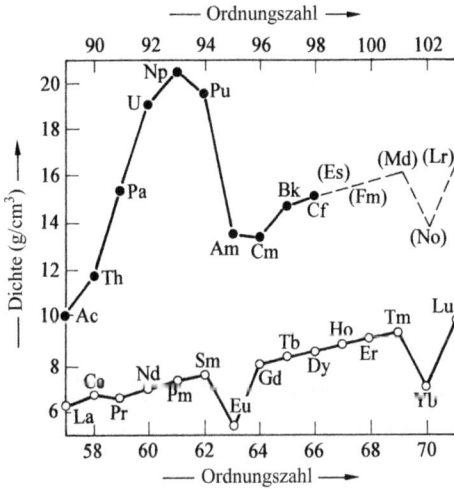

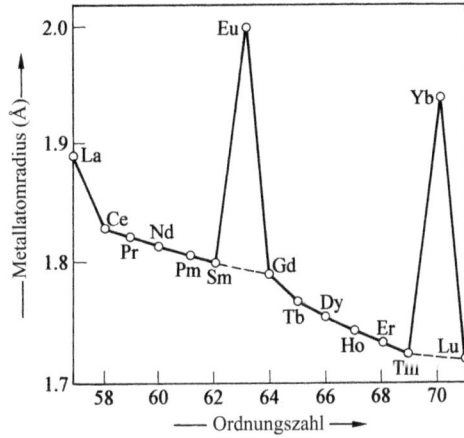

Abb. 35.6 Dichten der Lanthanoide und Actinoide. **Abb. 35.7** Metallatomradien der Lanthanoide.

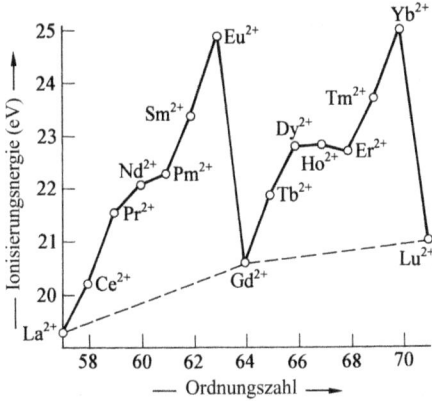

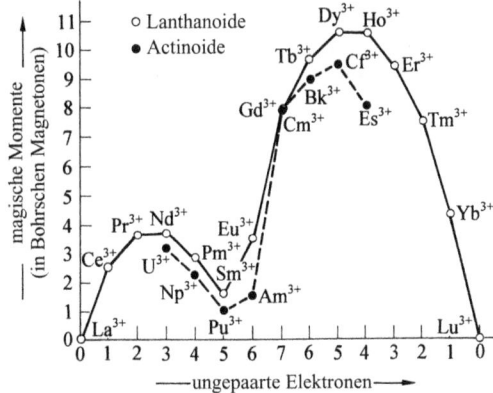

Abb. 35.8 Dritte Ionisierungsenergien der Lan- **Abb. 35.9** Magnetische Momente der Lanthanoid-
thanoide.   und Actinoid-Ionen M³⁺.

den Ionen zukommenden Mehrelektronenzustände (Terme) $^{2S+1}L_J$ der f-Elektronen zusammen
(in analoger Weise ergibt sich das magnetische und optische Verhalten der dreiwertigen äußeren
Übergangselemente aus Mehrelektronenzuständen der d-Elektronen; vgl. S. 1594, 1609). Näherungsweise lassen sich die Terme für Ln^{3+}-Ionen nach dem auf S. 104 besprochenen Russel-
Saunders-Kopplungsschema ableiten, wobei sich die nachfolgend wiedergegebenen Grundterme
der dreiwertigen Ionen mittels der Hund'schen Regeln (S. 105) ergeben (s. Tab. 35.2).

Bei Kenntnis der – im Termsymbol zusammengefassten – Quantenzahlen S (Gesamtspin-
Quantenzahl), L (Gesamtbahndrehimpuls-Quantenzahl) und J (Gesamtdrehimpuls-Quanten-

Tab. 35.2

La³⁺	Ce³⁺	Pr³⁺	Nd³⁺	Pm³⁺	Sm³⁺	Eu³⁺	Gd³⁺	Tb³⁺	Dy³⁺	Ho³⁺	Er³⁺	Tm³⁺	Yb³⁺	Lu³⁺
$(4f^0)$	$(4f^1)$	$(4f^2)$	$(4f^3)$	$(4f^4)$	$(4f^5)$	$(4f^6)$	$(4f^7)$	$(4f^8)$	$(4f^9)$	$(4f^{10})$	$(4f^{11})$	$(4f^{12})$	$(4f^{13})$	$(4f^{14})$
$^1S_0$	$^2F_{5/2}$	$^3H_4$	$^4I_{9/2}$	$^5I_4$	$^6H_{5/2}$	$^7F_0$	$^8S_{7/2}$	$^7F_6$	$^6H_{15/2}$	$^5I_8$	$^4I_{15/2}$	$^3H_6$	$^2F_{7/2}$	$^1S_0$
$\mu_{mag}^{ber.}=0$	2.54	3.58	3.62	2.68	0.85	0	7.94	9.72	10.65	10.60	9.58	7.56	4.54	0 [BM]

Tab. 35.3

	La	Ce	Pr	Nd	Pm	Sm	Eu	Gd	Tb	Dy	Ho	Er	Tm	Yb	Lu
$\mu_{mag}^{gef.} = 0$		2.3	3.5	3.7	?	2.1	8.3	7.8	9.0	10.9	10.6	9.5	7.6	0	0 [BM]

zahl) lässt sich das magnetische Moment der dreiwertigen Ionen der Lanthanoide verhältnismäßig leicht gemäß folgender Gleichung berechnen:

$$\mu_{mag} = g\sqrt{J(J+1)} \quad \text{mit} \quad g = \left[1.5 + \frac{S(S+1) - L(L+1)}{2J(J+1)}\right].$$

Für Ce^{3+} (Grundterm $^2F_{5/2}$: $2S + 1 = 2$, d. h. $S = \frac{1}{2}$; $L \stackrel{\wedge}{=} F = 3$; $J = \frac{5}{2}$) folgt dann in einfacher Weise $\mu_{mag.}^{ber.}$ zu 2.54 BM (für weitere Werte $\mu_{mag.}^{ber.}$ vgl. obige Zusammenstellung). Da der energetische Abstand zwischen Grund- und angeregtem Zustand bei Ionen Ln^{3+} mit Ausnahme von Sm^{3+} und Eu^{3+} derart groß ist, dass der erste angeregte Zustand thermisch unter Normalbedingungen unerreichbar ist, stehen die aus S-, L- und J-Werten der Grundterme berechneten magnetischen Momente der betreffenden Ionen in guter Übereinstimmung mit den gefundenen Momenten $\mu_{mag}^{gef.}$ (vgl. Tafel V; bei Sm^{3+} und Eu^{3+} wird erst bei tiefen Temperaturen Übereinstimmung erzielt).

Aus der Übereinstimmung von berechneten und gefundenen magnetischen Momenten lassen sich umgekehrt Rückschlüsse auf Wertigkeiten von Metallionen ziehen. Vergleicht man etwa die effektiven magnetischen Momente der Lanthanoide im metallischen Zustand (s. Tab. 35.3). mit berechneten Momenten verschiedener Wertigkeitsstufen der Lanthanoide[4] und setzt den geringen Paramagnetismus des Elektronengases der Metalle in Rechnung, so stellt man fest, dass Europium und Ytterbium – in Übereinstimmung mit ihrer Stellung im Periodensystem der Lanthanoide (vgl. S. 2229) – aus zweiwertigen Metallionen aufgebaut sind und dass Samarium neben drei- auch zweiwertige Metallionen im Kristall aufweist. Beim Cer und Terbium dürfte nach dem Ergebnis der magnetischen Messung – in Übereinstimmung mit ihrer Stellung im Lanthanoidsystem – neben drei- auch vierwertige Ionen am Aufbau des Metalls beteiligt sein. Bei den übrigen Lanthanoiden liegen im Metall praktisch nur dreiwertige Ionen vor.

In analoger Weise folgt aus den magnetischen Momenten von 0 BM für CeO_2, 2.6 BM für CeS_2 und 7.9 BM für $EuCl_2$, dass die betreffenden Verbindungen im Sinne der Formulierung $Ce^{4+}(O^{2-})_2$, $Ce^{3+}(S^{2-})(S_2^{2-})_{1/2}$, $Eu^{2+}(Cl^-)_2$ vierwertiges sowie dreiwertiges Cer bzw. zweiwertiges Europium enthalten.[4] Somit ist das Disulfid CeS_2 nicht analog dem formelgleichen Dioxid CeO_2 aufgebaut, auch liegt im Dichlorid $EuCl_2$ – anders als im Diiodid CeI_2 ($\stackrel{\wedge}{=} Ce(I^-)_2(e^-)$) – kein dreiwertiges Lanthanoid vor.

Optisches Verhalten. Während die dreiwertigen Lanthanoid-Ionen mit nicht-, halb- und vollbesetzter 4f-Schale (La^{3+}, Gd^{3+}, Lu^{3+}) farblos sind und auch die unmittelbar benachbarten Ionen (Ce^{3+}, Tb^{3+} bzw. Eu^{3+}, Yb^{3+}) praktisch keine Farbe aufweisen, zeigen die übrigen dreiwertigen Ionen der Lanthanoide mit zunehmender Entfernung von diesen Randgruppen eine charakteristische Färbung (Tab. 35.4). So sind die rechts bzw. links zunächst angrenzenden Glieder (Pr^{3+}, Dy^{3+} bzw. Sm^{3+}, Tm^{3+}) gelb bis grün, während die restlichen Mittelglieder (Nd^{3+}, Ho^{3+}, Pm^{3+}, Er^{3+}) mit Ausnahme von Ho^{3+} eine rote bis violette Farbe aufweisen. Für die »anomalen« Wertigkeiten +2 und +4 der Lanthanoid-Ionen gelten die in Tab. 35.4 ebenfalls wiedergegebenen Farben.

Da die optischen Absorptionsspektren der farbigen Salze für die einzelnen Lanthanoide charakteristisch sind, nutzt man sie zur Unterscheidung der Elemente. Farblose Verbindungen, wie

---

[4] Gemäß dem »Kossel'schen Verschiebungssatz« (S. 1547) haben die Paare La^{3+}/Ce^{4+}; Ce^{3+}/Pr^{4+}; Sm^{2+}/Eu^{3+}; Eu^{2+}/Gd^{3+}; Gd^{3+}/Tb^{4+}; Tb^{3+}/Dy^{4+}; Tm^{2+}/Yb^{3+}; Yb^{2+}/Lu^{3+}; Lu^{3+}/Hf^{4+} gleiche magnetische Momente.

Tab. 35.4 Farben von Lanthanoid-Ionen in wässriger Lösung

–	–	–	–	–	Sm^{2+} blutrot	Eu^{2+} farblos	–
La^{3+} farblos	Ce^{3+} farblos	Pr^{3+} gelbgrün	Nd^{3+} violett	Pm^{3+} violettrosa	Sm^{3+} tiefgelb	Eu^{3+} farblos	Gd^{3+} farblos
–	Ce^{4+} orangegelb	Pr^{4+} gelb	Nd^{4+} blauviolett	–	–	–	–
–	–	–	–	–	Tm^{2+} violettrot	Yb^{2+} gelbgrün	–
Gd^{3+} farblos	Tb^{3+} farblos	Dy^{3+} gelbgrün	Ho^{3+} gelb	Er^{3+} tiefrosa	Tm^{3+} blassgrün	Yb^{3+} farblos	Lu^{3+} farblos
–	Tb^{4+} rotbraun	Dy^{4+} orangegelb	–	–	–	–	–

sie etwa vom dreiwertigen Lanthan, Gadolinium oder Lutetium bekannt sind, geben im Sichtbaren kein Absorptionsspektrum, dagegen linienreiche Emissionsspektren. Ein weiteres wichtiges Hilfsmittel zur Erkennung und Reinheitsprüfung von Lanthanoiden sind Lumineszenzspektren, die diese seltenen Erdmetalle bei Gegenwart kleiner Verunreinigungen an anderen Erden (0.1–1 °C) im Vakuum unter dem Einfluss von Kathodenstrahlen ausstrahlen.

Die durch Lichtabsorption hervorgerufenen Farben der Ln^{3+}-Ionen gehen in der Regel auf f→f-Übergänge, seltener auf f→d-Übergänge zurück (vgl. S. 190, 1609). Zur Deutung der f→f-Übergänge geht man wie im Falle der Deutung der d→d-Übergänge (Methode des schwachen Feldes; S. 1611) von den durch Spin- und Bahnwechselwirkung hervorgerufenen Mehrelektronenzuständen (Termen) der M^{3+}-Ionen aus (s. oben). Während aber die Terme der dreiwertigen d-Elemente durch Ligandeneinflüsse vielfach eine beachtliche Aufspaltung in Unterterme erfahren (Energieabstände bis über $40\,000\,cm^{-1}$; vgl. S. 1612), führt das Ligandenfeld im Falle der dreiwertigen f-Elemente nur zu vernachlässigbar kleinen Termaufspaltungen, weil f-Elektronen der Ln^{3+}-Ionen durch die anderen Elektronen wirksam von ihrer chemischen Ligandenumgebung abgeschirmt werden (vgl. Lanthanoid-Kontraktion, oben). Die erwähnten charakteristischen Farben von Ln^{3+}-Ionen sind eine Folge dieses geringen Ligandeneinflusses. Die durch Spin-Bahn-Kopplung hervorgerufene Aufspaltung der Terme ^{2S+1}L (charakterisiert durch die Gesamtdrehimpuls-Quantenzahl J als Index am Termsymbol; vgl. S. 104) ist bei den Ln^{3+}-Ionen wesentlich größer (ca. $2000\,cm^{-1}$) als die durch Ligandenfeldeinflüsse bedingte (ca. $100\,cm^{-1}$). Sie reicht allerdings nicht für eine Elektronenanregung im sichtbaren, sondern nur im infraroten Bereich aus. Tatsächlich beruhen die f→f-Absorptionen sichtbaren Lichts auf Übergängen zwischen multiplizitätsgleichen Termen unterschiedlicher Gesamtbahndrehimpuls-Quantenzahlen L, hervorgerufen durch Bahn-Bahn-Kopplung. Fehlen derartige Terme in »richtigem« Energieabstand, so erscheinen die Ionen farblos (vgl. Tab. 35.4).

Wegen des geringen Ligandeneinflusses sind die f→f-Elektronen-Übergangsverbote der Ln^{3+}-Ionen weniger gelockert als die d→d-Übergangsverbote der dreiwertigen d-Elemente; aus gleichem Grunde werden die Absorptionsbanden nur wenig von bandenverbreiternden Ligandenschwingungen beeinflusst. Die f→f-Absorptionen von Ln^{3+}-Ionen sind demgemäß von geringer Intensität und kleiner Halbwertsbreite. Die Intensitäten einiger f→f-Absorptionen (»hypersensitive Banden«) von Ln^{3+}-Ionen hängen als Folge eines geringen Ligandeneinflusses immerhin etwas von der Art koordinierter Liganden ab (die durch das Ligandenfeld verursachten geringfügigen Termaufspaltungen können eine Feinstruktur der Absorptionsbanden verursachen). Liegt der Lichtabsorption andererseits ein f→d-Übergang wie im Falle von Ce^{3+} oder Tb^{3+} zugrunde, der zum Unterschied von den verbotenen f→f-Übergängen erlaubt ist (vgl. S. 1611), so beobachtet man naturgemäß intensivere Absorptionsbanden.[5]

4   Chemische Eigenschaften

Entsprechend ihren stark negativen Normalpotentialen $E°$ (Ln/Ln^{3+}) (vgl. Anh. VI) sind die Lanthanoide wie die im Langperiodensystem links benachbarten Alkali- und Erdalkalimetalle kräftige Reduktionsmittel (von der Stärke etwa des Magnesiums), die Wasser und Säuren unter H_2-Entwicklung zersetzen (⟶ Ln^{3+}-Lösungen), an Luft matt werden und bei erhöhter Temperatur verbrennen (⟶ CeO_2, Pr_6O_{11}, Tb_4O_7, sonst Ln_2O_3). Beim Erhitzen reagieren sie zudem mit den meisten anderen Nichtmetallen (vgl. S. 2302). Am weitaus reaktivsten ist Europium.

Auch bei den chemischen Eigenschaften der Lanthanoide kann man zwischen aperiodischen und periodischen Eigenschaften unterscheiden. Von den aperiodischen chemischen Eigenschaften haben wir die mit der Lanthanoid-Kontraktion (S. 2230) zusammenhängende Abnahme der Basizität der Oxide Ln_2O_3 und Hydroxide $Ln(OH)_3$ mit steigender Atommasse des Lanthanoids Ln bereits erwähnt (S. 2293). So stehen die stärker basischen Hydroxide der (leichteren) Ceriterdengruppe in ihrer Basizität dem Calcium nahe, während die schwächer basischen Hydroxide der (schwereren) Yttererdengruppe mehr mit dem Aluminium zu vergleichen sind. Entsprechend der Abnahme der Basizität nimmt bei den Salzen in der Richtung vom Lanthan zum Lutetium der Grad der Hydrolyse in wässriger Lösung und die Leichtigkeit der thermischen Zersetzung zu. Die mit NaOH fällbaren Lanthanoid-hydroxide $Ln(OH)_3$ sind zum Unterschied von $Al(OH)_3$ im Überschuss von NaOH unlöslich, also nicht amphoter. Lediglich die schwächer basischen beiden letzten Glieder der Lanthanoidreihe, $Yb(OH)_3$ und $Lu(OH)_3$, zeigen insofern einen gewissen amphoteren Charakter, als sie beim Erhitzen mit konz. NaOH im Autoklaven in ein »Ytterbat« $Na_3Yb(OH)_6$ bzw. »Lutetat« $Na_3Lu(OH)_6$ übergehen.

Unter den periodischen chemischen Eigenschaften ist vor allem auf die im Einklang mit dem Periodensystem der dreiwertigen Lanthanoid-Ionen (S. 2230) zusätzlich zu beobachtende Zweiwertigkeit von Europium und Ytterbium (in schwächerem Ausmaß auch bei Samarium und Thulium) und Vierwertigkeit von Cer und Terbium (in schwächerem Ausmaß auch bei Praseodym, Neodym und Dysprosium) hinzuweisen, die zur einfachen Abtrennung dieser Elemente von den übrigen Lanthanoiden benutzt werden kann (S. 2294). La, Gd und Lu sind praktisch nur dreiwertig (f^0, f^7, f^{14}). Dieselben stabilen f-Konfigurationen werden erreicht in Ce^{IV}, Tb^{IV}, Eu^{II} und Yb^{II}. Die Oxidationsstufen Sm^{II}, Tm^{II}, Pr^{IV}, Nd^{IV} und Dy^{IV}, bei denen dies nicht der Fall ist, sind instabil. Die beobachteten Wertigkeiten der Lanthanoide sind in Tab. 35.5 zusammengestellt. Bezüglich ihrer Oxidationsstufen ist im Einzelnen folgendes zu bemerken:

Zweiwertigkeit. Eu^{2+} ist durch Reduktion von Eu^{3+} mit Zinkamalgam oder durch kathodische Reduktion auch in wässeriger Lösung erhältlich ($E°$ für Eu^{2+}/Eu^{3+} = −0.35 V, vergleichbar mit $E°$ für Cr^{2+}/Cr^{3+} = −0.408 V):

$$2\,Eu^{3+} + Zn \longrightarrow 2\,Eu^{2+} + Zn^{2+}, \qquad\qquad Eu^{3+} + e^- \rightleftharpoons Eu^{2+},$$

während Yb^{2+}, Sm^{2+} und Tm^{2+} gemäß ihren stärker negativen Normalpotentialen Ln^{2+}/Ln^{3+} (Yb: −1.05, Sm: −1.55, Tm: −2.3 V) als starke Reduktionsmittel Wasser unter H_2-Entwicklung zersetzen und daher in wässriger Lösung instabil sind. Man kann dementsprechend zwar die Di-

---

[5] f→d-Übergänge sind im Falle von Ln^{3+}-Ionen energiereich und meist nicht sichtbar. Dass sie bei Ce^{3+} und Tb^{3+} Absorptionen im sichtbaren Bereich veranlassen, erklärt sich damit, dass nach Übergang eines f-Elektrons in einen d-Zustand eine nicht- bzw. halbbesetzte f-Schale verbleibt. Kleinere f/d-Energieabstände weisen auch Ln^{2+}-Ionen auf. Sie liefern deshalb intensivere Absorptionen, die wegen des größeren Ligandenfeldeinflusses auf Ln^{2+}-Ionen zudem vergleichsweise breit und wegen der ebenfalls möglichen f→f-Übergänge von starken Banden überlagert sind.

Tab. 35.5 Beobachtete Wertigkeiten (Oxidationsstufen) der Lanthanoide in Verbindungen[a]

La	Ce	Pr	Nd	Pm	Sm	Eu	Gd	Tb	Dy	Ho	Er	Tm	Yb	Lu
	(2)	(2)	2	(2)	2	2		(2)	2	(2)	(2)	2	2	
3	3	3	3	3	3	3	3	3	3	3	3	3	3	3
	4	4	4					4	4					

a Die beständigsten Oxidationsstufen sind umrandet; eingeklammerte Zweiwertigkeiten treten nur bei verdünnten festen Lösungen von LnX₂ in Erdalkalihalogeniden MX₂, *kursiv* gedruckte Wertigkeiten nicht in wässriger Lösung, sondern nur im Feststoff bzw. Komplexen auf.

halogenide LnX_2 von Eu, nicht aber die von Yb, Sm und Tm zur Umwandlung in andere Ln^{II}-Verbindungen im wässrigen System verwenden. Von zweiwertigen Nd, Sm, Eu, Dy, Tm, Yb konnten Komplexe isoliert werden. In flüssigem Ammoniak lösen sich Europium und Ytterbium wie die Erdalkali- und Alkalimetalle (S. 1505) mit blauer Farbe unter Bildung von Ln^{2+} und solvatisierten Elektronen.

Wichtige Koordinationszahlen zweiwertiger Lanthanoide sind 6 und 8 (z. B. LnO mit oktaedrisch koordiniertem Eu^{2+}, Yb^{2+} oder LnF_2 mit kubisch-koordiniertem Sm^{2+}, Eu^{2+}, Yb^{2+}; vgl. Tab. 36.5).

Dreiwertigkeit. Die Lanthanoide treten bevorzugt dreiwertig auf. Demgemäß bleibt ein Großteil der Lanthanoidchemie auf die Oxidationsstufe +III der Elemente beschränkt, die sich in jedem Falle in wässriger Lösung unter Wasserstoffentwicklung bildet ($H_2/H^+ = 0.00$ V bei pH $= 0$, -0.414 V bei pH $= 7$ und -0.828 bei pH $= 14$):

$$Ln \longrightarrow Ln^{3+} + 3\,e^- \qquad \text{(für } E^\circ \text{ vgl. Tafel V).}$$

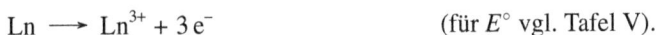

Ln(III)-Verbindungen entstehen darüber hinaus in der Regel als Produkte der Umsetzung von Lanthanoiden mit Nichtmetallen, und selbst Verbindungen der Lanthanoide, die wie die Dihalogenide LnX_2 oder Monochalkogenide LnY nach ihrer Summenformel zweiwertige Lanthanoide enthalten sollten, sind in vielen (jedoch nicht allen) Fällen Ln^{3+}-Verbindungen (vgl. S. 2303, 2305). Sie wirken dann als metallische Leiter und sind dementsprechend als $Ln^{3+}(X^-)_2e^-$ bzw. $Ln^{3+}(Y^{2-})e^-$ zu formulieren. Dass andererseits vierwertige Lanthanoide nur in Ausnahmefällen gebildet werden, erklärt sich mit der wachsenden energetischen Stabilisierung der 4f-Elektronen mit zunehmender Oxidationsstufe (vgl. Lanthanoid-Kontraktion, oben). Tatsächlich sind die verbleibenden 4f-Elektronen dreiwertiger Lanthanoide bereits so stark gebunden, dass ein zusätzliches f-Elektron nur noch dann chemisch ablösbar ist, wenn (i) die Kernladung wie bei den leichteren Lanthanoiden noch vergleichsweise klein ist (Ce^{3+}, Pr^{3+}, Nd^{3+}), (ii) nach Elektronenabgabe eine nicht- oder halbbesetzte f-Schale verbleibt (Ce^{3+}, Tb^{3+}) und/oder (iii) die Vierwertigkeit durch Komplexbildung stabilisiert wird (Nd^{3+}, Dy^{3+}).

Wegen ihrer vergleichsweise großen Ionenradien (vgl. Anhang IV) bevorzugen Ln^{3+}-Ionen hohe Koordinationszahlen im Bereich 6–9 (vgl. Tab. 36.5). Nur sehr sperrige Liganden führen zu Koordinationszahlen < 6 (z. B. $Ln[N(SiMe_3)_2]_3$), nur chelatbildende Liganden zu Koordinationszahlen > 9 (z. B. $[Ce(NO_3)_5]^{2-}$ oder $[Ce(NO_3)_6]^{3-}$; vgl. Tab. 36.5).

Vierwertigkeit. Von den im vierwertigen Zustand existierenden Lanthanoiden ist nur Ce^{4+} auch in wässriger Lösung erhältlich (E° für Ce^{3+}/Ce^{4+} in $HClO_4 = +1.72$ V), während Tb^{4+}, Pr^{4+}, Dy^{4+} und Nd^{4+} gemäß ihren weit stärker positiven Normalpotentialen Ln^{3+}/Ln^{4+} (Tb: +3.1, Pr: +3.2 V) als starke Oxidationsmittel Wasser (E° in saurer Lösung $+1.229$ V) unter O_2-Entwicklung zersetzen (die Oxidation von H_2O durch Ce^{4+}, obwohl thermodynamisch möglich, erfolgt aus mechanistischen Gründen sehr langsam). Der leicht erfolgende Übergang zwischen drei- und vierwertigem Cer gemäß

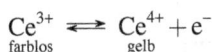

$$\underset{\text{farblos}}{Ce^{3+}} \;\rightleftharpoons\; \underset{\text{gelb}}{Ce^{4+}} + e^-$$

ermöglicht die Benutzung von Cer(IV)-sulfat-Lösungen als Oxidationsmittel in der oxidimetrischen Maßanalyse (»Cerimetrie«). Die umgekehrte Oxidation von Ce^{3+} zu Ce^{4+} gelingt nur mit starken Oxidationsmitteln wie MnO_4^- oder $S_2O_8^{2-}$.

Ähnlich wie die dreiwertigen Lanthanoide bevorzugen auch die vierwertigen Koordinationszahlen ≥ 6 (z. B. $CeCl_6^{2-}$ mit oktaedrisch koordiniertem Ce^{4+}; LnO_2 mit kubisch koordiniertem Ce^{4+}, Pr^{4+}, Tb^{4+}; $[Ce(NO_3)_6]^{2-}$ mit ikosaedrisch koordiniertem Ce^{4+}; vgl. Tab. 36.5).

Verwendung der Lanthanoide. Die »Lanthanoide« finden u. a. zur Herstellung von Leuchtfarbstoffen für Fernsehbildröhren (z. B. Y_2O_2S + 6 % Eu für die Rotkomponente), in Feststofflasern (z. B. Nd-Laser), als Legierungsbestandteile in Permanentmagneten, als NMR-Shift-Reagens (Eu(III)- und Pr(III)-Komplexe) Verwendung. Das »Neodym«, dessen Verbindungen eine Absorptionsbande im Gelben besitzen und daher violett erscheinen, ist ein Bestandteil des als Sonnenschutzbrille im Handel befindlichen »Neophan«-Glases. Mit »Neodym-« und »Praseodymoxid« gefärbte Gläser sind wegen ihrer eigentümlich schönen Färbung als Kunstgläser geschätzt. Die hohe Bildungsenthalpie des sehr beständigen »Cerdioxids« CeO_2 ($\Delta H_f = -976\,kJ\,mol^{-1}$) bedingt die Verwendung des metallischen Cers als Legierungsbestandteil der »Zündsteine« (70 % Ce + 30 % Fe) von Taschenfeuerzeugen. Cerdioxid wird auch zum Polieren von Glas und zur Behandlung der Innenwände »selbstreinigender« Haushaltsöfen (Verhinderung der Ablagerung teerartiger Verbrennungsprodukte) genutzt. Eine der wichtigsten Anwendungen der Lanthanoide besteht weiterhin in deren Verwendung bei der Herstellung niedriglegierter Stähle zur Blech- und Rohrverarbeitung, da bereits ein Zusatz von 1 % Ln/La die Festigkeit des Stahls wesentlich erhöht und seine Verarbeitbarkeit verbessert. Darüber hinaus dienen einige Ln-Mischoxide als Katalysatoren beim Cracken von Erdöl.

5   Verbindungen der Lanthanoide

5.1   Anorganische Verbindungen der Lanthanoide

Wasserstoffverbindungen

Mit Wasserstoff reagieren die Lanthanoide je nach Druck und Temperatur unter Bildung schwarzer, an der Luft pyrophorer, wasserzersetzlicher, fester binärer Hydridphasen der nichtstöchiometrischen Zusammensetzung $LnH_{<2}$ und $LnH_{<3}$. In ihnen werden in kubisch-dichtesten Lanthanoid-Atompackungen zunächst die tetraedrischen ($\longrightarrow MH_2$), dann die oktaedrischen Lücken ($\longrightarrow MH_3$) besetzt (S. 309). Dabei lassen sich die Oktaederlücken bei den leichten Lanthanoiden (La—Nd) vollständig, bei Yttrium und den schweren Lanthanoiden (Gd - Lu) jedoch nur teilweise – ohne Änderung der Metallstruktur – mit H-Atomen auffüllen (z. B. bis zur Grenzstöchiometrie $SmH_{2.55}$, $HoH_{2.24}$, $ErH_{2.31}$, $YbH_{2.55}$; im Falle von YbH_2 nimmt nur die metastabile Phase mit CaF_2-Struktur, nicht dagegen die stabile Phase mit $PbCl_2$-Struktur weiteren Wasserstoff auf). Bei höheren Wasserstoffdrücken bilden sich bei Yttrium und in den zuletzt genannten Fällen neue Hydridphasen aus, in welchen die Metallatome nicht mehr kubisch-, sondern (verzerrt) hexagonal-dicht gepackt sind und der Wasserstoff alle tetraedrischen sowie zusätzlich oktaedrischen Lücken besetzt (Grenzstöchiometrie LnH_3).

Man kennt auch ternäre Hydridphasen der Lanthanoide wie z. B. $Eu(MgH_3)_2$ und $EuMgH_4$. In ersterer Phase bildet MgH_3 wie ReO_3 eine dreidimensionale Raumstruktur aus allseitig eckenverknüpften MgH_6-Oktaedern, in welcher die Hälfte aller kuboktaedrischen Lücken mit Eu^{2+}-Ionen besetzt sind (in Perowskiten ABX_3 besteht vollständige Besetzung dieser Lücken; vgl. S. 2042). Im Falle von $EuMgH_4$ bildet der Mg/H-Teil nur eine zweidimensionale Schichtstruktur aus eckenverknüpften MgH_6-Oktaedern; die zwischen den Schichten eingelagerten Eu^{2+}-Ionen werden von neun H-Atomen an den Ecken eines verzerrten dreifach-überkappten trigonalen Prismas koodiniert.

Halogenverbindungen

Zusammensetzung, Farben und Schmelzpunkte bisher bekannter Lanthanoidhalogenide LnX_4, LnX_3, LnX_2 und $LnX_{<2}$ sind in Tab. 35.6 wiedergegeben. Ihre Darstellung erfolgt durch direkte Halogenierung der Elemente mit Halogenen (möglich im Falle aller Halogenide) oder mit 1,2-Diiodethan ICH_2-CH_2I (Diiodide) bzw. durch Reduktion der Trihalogenide mit Wasserstoff oder Lanthanoiden (Di- und andere Subhalogenide, vgl. Tab. 35.6). PrF_4 wird auf dem Wege über den Hexafluorokomplex Na_2PrF_6 (erhältlich aus NaF, F_2, PrF_3) gewonnen, der durch Extraktion mit flüssigem Fluorwasserstoff von NaF befreit wird. Die beständigeren Diiodide (SmI_2, EuI_2, YbI_2) lassen sich auch durch thermischen Zerfall der Triiodide gewinnen (das Gleichgewicht $LnX_3(f) \rightleftharpoons LnX_2(f) + \frac{1}{2}X_2$ liegt im Falle X = I auf der rechten, im Falle X = F, Cl, Br auf der linken Seite). Zudem können Ln^{2+}-Lösungen in kristallinem Fluorit hergestellt werden, indem man Ln^{3+}-haltiges CaF_2 mit Ca-Dampf reduziert. Wasserhaltige Fluoride $LnF_3 \cdot \frac{1}{2}H_2O$ erhält man beim Versetzen wässriger $Ln(NO_3)_3$-Lösungen mit Fluorwasserstoff HF als schwerlösliche Niederschläge, wasserhaltige Chloride, Bromide, Iodide in Lösung beim Behandeln von Ln_2O_3 oder $Ln_2(CO_3)_3$ mit wässrigen Halogenwasserstoffen HX. Sie lassen sich durch Entwässern in einer HX-Atmosphäre in die wasserfreien Trihalogenide überführen.

Strukturen. Die »Tetrafluoride« CeF_4, PrF_4 und TbF_4 sind isomorph mit UF_4 (antikubisch). Unter den »Trichloriden« hat $CeCl_3$ bis $GdCl_3$ hexagonale UCl_3-Raumstruktur (9-fache, dreifach-überkappt-trigonal-prismatische Koordination von Ln^{3+}, S. 2338), $TbCl_3$ eine hiervon abweichende Raumstruktur (8-fache, zweifach-überkappt-trigonal-prismatische Koordination von Ln^{3+}) und $DyCl_3$ bis $LuCl_3$ kubische $AlCl_3$-Schichtstruktur (6-fache, oktaedrische Koordination von Ln^{3+}, S. 1345). Die schwereren (kleineren) dreiwertigen Lanthanoide weisen also eine niedrigere Koordinationszahl auf als die leichteren (größeren). Die leichteren »Trifluoride« CeF_3 bis EuF_3 sind analog $CeCl_3-GdCl_3$, die schwereren Trifluoride GdF_3 bis LuF_3 analog $TbCl_3$ strukturiert, während die leichten, mittelschweren bzw. schweren »Tribromide« und »Triiodide« analog $CeCl_3-GdCl_3$, $TbCl_3$, $DyCl_3-LuCl_3$ gebaut sind. Die »Dihalogenide« entsprechen hinsichtlich der Struktur den Erdalkalihalogeniden. So ist etwa SmF_2 mit CaF_2, SrF_2, BaF_2 (Fluorit-Raumstruktur), TmI_2 mit MgI_2, CaI_2 (Brucit-Schichtstruktur), EuF_2 mit SrF_2 (Fluoritstruktur), YbI_2 mit CaI_2 (CdI_2-Schichtstruktur) isomorph. Die in Tab. 35.6 wiedergegebenen »Subhalogenide« $LnX_{<2}$ enthalten wie entsprechende Sc-, Y- und La-Halogenide (s. dort) Metallcluster (gegebenenfalls mit interstitiellen Atomen).

Eigenschaften. Die »Trihalogenide« stellen salzartige, hochschmelzende (Tab. 35.6) Substanzen dar. Die Fluoride sind wasserunlöslich, die übrigen Halogenide wasserlöslich und zerfließlich. Beim Erhitzen der wasserhaltigen Chloride, Bromide, Iodide entstehen »Halogenidoxide« LnOX. Die – ebenfalls salzartigen – Dihalogenide oxidieren sich mit Ausnahme von EuX_2 an Luft sehr leicht, reagieren mit Wasser unter H_2-Entwicklung und disproportionieren bei höheren Temperaturen gemäß: $3\,LnX_2 \longrightarrow 2\,LnX_3 + Ln$. Zum Unterschied von den übrigen Dihalogeniden zeigen die Iodide CeI_2, PrI_2 und GdI_2 im Sinne der Formulierung $Ln^{3+}(I^-)_2e^-$ metallischen Glanz und hohe elektrische Leitfähigkeit.

Während die zweiwertigen Lanthanoide ähnlich wie die schweren Erdalkalimetallionen keine größere Neigung zur Bildung von Halogenokomplexen aufweisen, kennt man von den dreiwertigen Lanthanoiden viele Koordinationsverbindungen mit Halogenid. U. a. existieren Komplexe des Typus $NaLnF_4$ (dreifach-überkappt-trigonal-prismatische Ln^{3+}-Koordination), $M^I_3LnF_6$ (M^I = K, Rb, Cs), $M^I_3LnX_6$ ((M^I = Alkalimetalle, NH_4, pyH usw., X = Cl, Br, I; meist oktaedrische Ln^{3+}-Koordination), $M^I_2LnX_5$ bzw. $M^I_3Ln_2X_9$ (eckenverknüpfte bzw. flächenverknüpfte LnX_6-Oktaeder). Unter den vierwertigen Lanthanoiden bilden die Tetrafluoride Fluorokomple-

Tab. 35.6 Farben und Schmelzpunkte (°C) binärer Lanthanoidhalogenide (Z = Zersetzung)[a]

	Ce	Pr	Nd	Pm	Sm	Eu	Gd
LnX$_4$	CeF$_4$ farbl.	PrF$_4$ cremef., Z. 90°	NdF$_4$ als NdF$_7^{3-}$	–	–	–	–
LnX$_3$	CeF$_3$ farbl. 1460 °C CeCl$_3$ farbl. 848 °C CeBr$_3$ farbl. 722 °C CeI$_3$ gelb 761 °C	PrF$_3$ grün 1399 °C PrCl$_3$ grün 786 °C PrBr$_3$ grün 693 °C PrI$_3$ grün 737 °C	NdF$_3$ violett 1410 °C NdCl$_3$ pink 784 °C NdBr$_3$ grün 684 °C NdI$_3$ grün 775 °C	PmF$_3$ rosa 1338 °C PmCl$_3$ violett 655 °C PmBr$_3$ rot 660 °C PmI$_3$ rot 695 °C	SmF$_3$ farbl. 1300 °C SmCl$_3$ gelb 682 °C SmBr$_3$ gelb 664 °C SmI$_3$ orange 850 °C	EuF$_3$ farbl. 1390 °C EuCl$_3$ gelb 623 °C EuBr$_3$ grau 702 °C EuI$_3$ farbl. ~ 877 °C	GdF$_3$ farbl. 1232 °C GdCl$_3$ farbl. 609 °C GdBr$_3$ farbl. 785 °C GdI$_3$ gelb 931 °C
LnX$_2$ [a]	– – – CeI$_2$ bronze 799 °C	– – – PrI$_2$ bronze 758 °C	– NdCl$_2$ grün 841 °C NdBr$_2$ grün 725 °C NdI$_2$ violett 562 °C	– – – –	SmF$_2$ purpur 1417 °C SmCl$_2$ braun 859 °C SmBr$_2$ braun 700 °C SmI$_2$ grün 527 °C	EuF$_2$ grüngelb 1416 °C EuCl$_2$ farbl. 757 °C EuBr$_2$ farbl. 683 °C EuI$_2$ grün 580 °C	– – – GdI$_2$ bronze 831 °C
Ln$_2$X$_3$	–	–	–	–	–	–	Gd$_2$X$_3$

	Tb	Dy	Ho	Er	Tm	Yb	Lu
LnX$_4$	TbF$_4$ farbl. Z. 300°	DyF$_4$ als DyF$_7^{3-}$	–	–	–	–	–
LnX$_3$	TbF$_3$ farbl. 1172 °C TbCl$_3$ farbl. 588 °C TbBr$_3$ farbl. 827 °C TbI$_3$ farbl. 955 °C	DyF$_3$ grün 1154 °C DyCl$_3$ farbl. 718 °C DyBr$_3$ farbl. 881 °C DyI$_3$ grün 955 °C	HoF$_3$ rosa 1143 °C HoCl$_3$ gelb 720 °C HoBr$_3$ gelb 914 °C HoI$_3$ gelb 1010 °C	ErF$_3$ rosa 1146 °C ErCl$_3$ violett 776 °C ErBr$_3$ violett 950 °C ErI$_3$ violett 1020 °C	TmF$_3$ farbl. 1158 °C TmCl$_3$ gelb 824 °C TmBr$_3$ farbl. 952 °C TmI$_3$ gelb 1021 °C	YbF$_3$ farbl. 1162 °C YbCl$_3$ farbl. 865 °C YbBr$_3$ farbl. Z. 956° YbI$_3$ gelb Z. 700 °C	LuF$_3$ farbl. 1184 °C LuCl$_3$ farbl. 892 °C LuBr$_3$ farbl. 1025 °C LuI$_3$ gelb 1050 °C
LnX$_2$ [a]	– – – –	– DyCl$_2$ schwarz, 721 °C DyBr$_2$ schwarz DyI$_2$ purpur 695 °C	– – – –	– – – –	– TmCl$_2$ grün 697 °C TmBr$_2$ dunkelgrün TmI$_2$ schwarz 756°	YbF$_2$ grau, 1407 °C YbCl$_2$ grün 720 °C YbBr$_2$ gelb 677 °C YbI$_2$ gelb 780 °C	– – – –
Ln$_2$X$_3$	Tb$_2$Cl$_3$	–	–	Er$_2$Cl$_3$	–	–	Lu$_2$Cl$_3$

[a] Alle Halogenide LnX sind Clusterverbindungen mit interstitiellen C- oder H-Atomen (Ausnahme LaI), ebenso Ln$_5$X$_{11}$, Ln$_{11}$X$_{24}$, Ln$_6$Br$_{13}$, Ln$_7$X$_{12}$ usw.

xe des Typus M$^I_3$LnF$_7$ (Ln = Ce, Pr, Nd, Tb, Dy; pentagonal-bipyramidale Ln^{4+}-Koordination), Na$_2$PrF$_6$, (NH$_4$)$_2$CeF$_6$, (NH$_4$)$_4$CeF$_8$ (in letzteren beiden Fällen quadratisch-antiprismatische Ce^{4+}-Koordination). Die Komplexe mit den Ionen NdF$_7^{3-}$ und DyF$_7^{3-}$ stellen die einzigen stabilen Verbindungen des vierwertigen Neodyms und Dysprosiums dar. Von Ce^{4+} sind auch Chlorokomplexe M$^I_2$CeCl$_6$ bekannt (M^I z. B. Cs, NH$_4$; oktaedrische Ce^{4+}-Koordination).

Sauerstoffverbindungen

Die Lanthanoide bilden Oxide LnO$_2$ (Ln = Ce, Pr, Tb), Ln$_2$O$_3$ (Ln = La bis Lu) und LnO (Ln = Nd, Sm, Eu, Yb). Darüber hinaus existieren von den Lanthanoiden nichtstöchiometrische Phasen LnO$_{1.5-2.0}$, ferner Hydroxide Ln(OH)$_3$, Hydrate [Ln(H$_2$O)$_n$]$^{3+}$ sowie Oxidhalogenide LnOX.

Darstellung. Durch Verbrennung gehen die Lanthanoide Ce, Pr, Tb in »Dioxide« LnO_2 (exakte Formeln: CeO_2, Pr_6O_{11}, Tb_4O_7), die übrigen Lanthanoide in »Sesquioxide« Ln_2O_3 über. Pr_6O_{11} und Tb_4O_7 lassen sich mit Sauerstoff weiter zu Dioxiden PrO_2 und TbO_2 oxidieren (Pr_6O_{11}: O_2 bei 280 bar/400 °C; Tb_4O_7: atomarer Sauerstoff bei 450 °C). Kontrollierte Reduktion mit Wasserstoff führt CeO_2, Pr_6O_{11} und Tb_4O_7 in Sesquioxide Ln_2O_3 über. Durch Reduktion einiger Sesquioxide Ln_2O_3 mit Lanthanoiden bilden sich zudem die »Monoxide« LnO (Ln = Nd, Sm, Eu, Yb), durch Teilhydrolyse von Trihalogeniden LnX_3 »Oxidhalogenide« LnOX.

Strukturen. Unter den Oxiden besitzen die »Dioxide« LnO_2 »CaF_2-Struktur« (auch $LnO_{<2}$ weisen Fluoritstruktur – allerdings mit Anionenleerstellen – auf). Den »Monoxiden« kommt andererseits »NaCl-Struktur« zu, wobei NdO und SmO im Sinne von $Ln^{3+}(O^{2-})e^-$ elektrische Leiter darstellen, wogegen EuO und YbO zweiwertige Lanthanoide enthalten. Im Falle der »Sesquioxide« unterscheidet man drei Strukturtypen: (i) hexagonaler »A-Oxid-Typ« (erhältlich von Ce_2O_3 bis Pm_2O_3, also von den leichten Lanthanoiden; enthält überkappt-oktaedrische LnO_7-Einheiten); (ii) monokliner »B-Oxid-Typ« (erhältlich von Pm_2O_3 bis Lu_2O_3 also von den mittelschweren bis schweren Lanthanoiden; enthält überkappt-trigonal-prismatische und überkappt-oktaedrische LnO_7-Einheiten); (iii) kubischer »C-Oxid-Typ« (erhältlich von Eu_2O_3 bis Lu_2O_3, also von den schweren Lanthanoiden; defekte Fluoritstruktur mit verzerrt-oktaedrischen LnO_6- und tetraedrischen OLn_4-Einheiten).

Die Oxidhalogenide LnOX (X = Cl, Br, I) kristallisieren mit der »PbClF-Struktur«, einer »Schichtstruktur«, die man häufig bei Salzen MXZ mit großen M-Kationen und stark unterschiedlich großen Anionen, nämlich größeren X- und kleineren Z-Ionen auffindet (X etwa Cl, Br, I; Z = F, H, O; z. B.: PbXF, BaXF, CaHCl, MOX mit M = Bi, Lanthanoide, Actinoide). In ihr bilden sowohl die großen wie die kleinen Anionen quadratisch-gepackte Schichten (Abb. 35.10a). Da die Z-Anionen jeweils über den Kanten der Quadrate der X-Schicht liegen, ist der ZZ-Abstand um den Faktor $\frac{1}{2}\sqrt{2} = 0.707$ kleiner als der XX-Abstand in Abb. 35.10a. Tatsächlich enthält die Z-Schicht doppelt so viele Ionen wie die X-Schicht, wobei je vier Z- und X-Ionen ein quadratisches Antiprisma mit zwei verschieden großen quadratischen Deckflächen aufspannen, in welchem sich das M-Kation befindet (Abb. 35.10b). Je zwei X-Schichten bilden mit einer mittleren Z-Schicht ein Schichtpaket (Abb. 35.10c). Die Schichtpakete sind im Kristall so gestapelt, dass die X-Ionen auf Lücke liegen, wodurch die Koordinationssphäre von M durch ein fünftes X-Ion ergänzt wird (in Abb. 35.10b und c gestrichelt; Koordinationszahl von M: $4+4+1 = 9$).

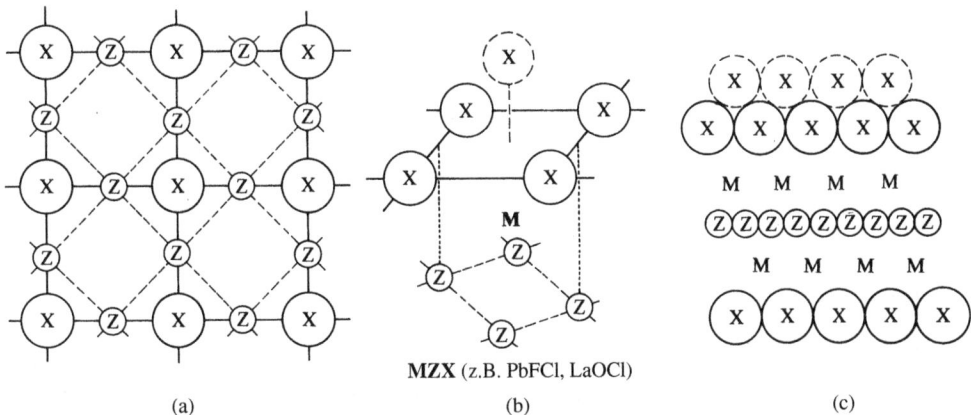

MZX (z.B. PbFCl, LaOCl)

(a)   (b)   (c)

Abb. 35.10

Eigenschaften. Unter den »Dioxiden« und »Monoxiden« sind nur CeO_2 (blassgelb, wasserunlöslich) und EuO (dunkelviolett) wasserbeständig, während PrO_2 (dunkelbraun) und TbO_2 (dunkelrot) bzw. NdO (goldgelb), SmO (goldgelb) und YbO (hellgrün) mit Wasser unter Bildung der dreiwertigen Stufe reagieren. Alle »Sesquioxide« Ln_2O_3 (ΔH_f negativer als im Falle von Al_2O_3) lösen sich – auch nach langem Glühen – in Säuren. Sie sind in Wasser unlöslich, nehmen aber H_2O unter Bildung der stark basisch wirkenden, ebenfalls wasserunlöslichen, aber säurelöslichen Hydroxide $Ln(OH)_3$ auf (vgl. hierzu auch S. 2293). Kristalline Trihydroxide (9fache, dreifach-überkappt-trigonal-prismatische Ln^{3+}-Koordination) erhält man durch längere Einwirkung von konzentrierter $NaOH$ auf Ln_2O_3 bei höheren Temperaturen und Drücken (»hydrothermale Alterung«). In Säuren lösen sich die Lanthanoid(III)-oxide bzw. -hydroxide unter Bildung der farbigen Hydrate $[Ln(H_2O)_n]^{3+}$ (bezüglich der Farben vgl. Tab. 35.4). Die Hydratationszahl n beträgt – unabhängig davon, ob die hydratisierten Ionen im Kristall oder in wässeriger Lösung vorliegen – in der Regel neun (dreifach-überkappt-trigonal-prismatische Ln^{3+}-Koordination). Die betreffenden Hydrate wirken als Kationsäuren und sind nur in saurem Milieu gegen Hydrolyse, d. h. Bildung hydratisierter Hydroxide wie $Ln(OH)^{2+}$, $Ln(OH)_2^+$ stabil (vgl. S. 2300). Auch existieren sie nur in Anwesenheit schwach Lewis-basischer Gegenionen X^-, da anderenfalls hydratisierte Komplexe des Typs LnX^{2+}, LnX_2^+ usw. entstehen. Im Falle der zweiwertigen Lanthanoide ist nur das farblose Hydrat von Eu^{2+} in Abwesenheit von Sauerstoff und Katalysatoren wie Pt für die (prinzipiell mögliche) Reaktion $Eu^{2+} + H_2O \longrightarrow Eu(OH)^{2+} + \frac{1}{2} H_2$ (vgl. S. 2300) über längere Zeit in Wasser haltbar. Demgegenüber oxidieren sich blassgrünes Yb_{aq}^{2+} bzw. blutrotes Sm_{aq}^{2+} in Wasser mit Halbwertszeiten von ca. 2.8 bzw. 4.6 h unter H_2-Entwicklung, die Ionen Tm_{aq}^{2+}, Er_{aq}^{2+} und Gd_{aq}^{2+} in Bruchteilen einer Sekunde. Unter den vierwertigen Lanthanoiden ist nur Ce_{aq}^{4+} (orangegelb) in Abwesenheit von Katalysatoren wie RuO_2 für die (prinzipiell mögliche) Reaktion $2\,Ce^{4+} + H_2O \longrightarrow 2\,Ce^{3+} + 2\,H^+ + \frac{1}{2}\,O_2$ wasserstabil (vgl. S. 2301 und Tab. 35.4), wobei das Aqua-Ion nur in starken Mineralsäuren vorliegt (bei pH-Erhöhung bildet sich über $Ce(OH)^{3+}$ und Isopolyoxokationen schließlich $CeO_2 \cdot x\,H_2O$). Pr^{4+} (gelb) sowie Tb^{4+} (rotbraun) sind nur in stark alkalischer Carbonatlösung redoxstabil.

Sonstige binäre Verbindungen

Mit Schwefel, Selen und Tellur reagieren die Lanthanoide unter Bildung schwarzer Monochalkogenide LnY mit »NaCl-Struktur«, welche mit Ausnahme der Verbindungen von Sm, Eu, Yb, Tm (Formulierung: $Ln^{2+}Y^{2-}$) metallische Leitfähigkeit zeigen (Formulierung: $Ln^{3+}(Y^{2-})e^-$) und leicht hydrolysieren bzw. in der Wärme mit Luftsauerstoff reagieren ($\longrightarrow$ Chalkogenwasserstoffe bzw. basische Ln^{3+}-Salze). Sesquichalkogenide Ln_2Y_3 bilden sich andererseits aus den Elementen unter verschärften Bedingungen oder durch Einwirkung von Chalkogenwasserstoff auf die Chloride. Die durch Erhitzen von Ln_2Y_3 mit überschüssigem Chalkogen bei 600 °C im geschlossenen Bombenrohr erhältlichen Dichalkogenide LnY_2 enthalten Ln^{3+}-Ionen und Polychalkogenid. Mit Stickstoff, Phosphor, Arsen, Antimon und Bismut bilden die Lanthanoide Pentelide LnZ, mit »NaCl-Struktur«. Kombination mit Kohlenstoff ergibt Carbide $Ln^{II}C_2$, $Ln^{III}C_3$ und $Ln^{III}_2C_3$ (S. 1021). Mit Bor entstehen Boride des Typus LnB_4 und LnB_6 (S. 1222).

Salze

Ln(III)-Salze. Die Carbonate $Ln_2(CO_3)_3$ lassen sich aus Ln^{3+}-Lösungen mit $NaHCO_3$ fällen. Die sehr leicht löslichen Nitrate $Ln(NO_3)_3$ vereinigen sich mit $Mg(NO_3)_2$ und NH_4NO_3 zu Doppelnitraten des Typus $2\,Ln(NO_3)_3 \cdot 3\,Mg(NO_3)_2 \cdot 24\,H_2O$ und $Ln(NO_3)_3 \cdot 2\,NH_4NO_3 \cdot 4\,H_2O$, deren Löslichkeiten mit wachsender Ordnungszahl der Lanthanoide zunehmen (vgl. S. 2292). Die Sulfate $Ln_2(SO_4)_3$ (deren Löslichkeit mit fallender Temperatur zunimmt) bilden keine Alaune $M^I Ln^{III}(SO_4)_2 \cdot 12\,H_2O$, da sich Ln^{3+}-Ionen mit mehr als $6\,H_2O$ assoziieren (s. oben), aber Doppelsulfate des Typus $Ln_2(SO_4)_3 \cdot 3\,Na_2SO_4 \cdot 12\,H_2O$ und $Ln_2(SO_4)_3 \cdot (NH_4)_2SO_4 \cdot 8\,H_2O$. Unter ihnen sind die Salze der leichteren Lanthanoide in Sulfatlösung nur wenig, die der schwereren Lanthanoide merklich löslich, was früher zur Trennung der Lanthanoide in zwei Gruppen verwendet wurde (S. 2292). Die Phosphate und Oxalate lösen sich in Wasser und verdünnten Säuren nur spärlich, wobei die Schwerlöslichkeit der Oxalate zur Abtrennung der Lanthanoide von anderen Elementen dienen kann (S. 2292).

Ln(II)-Salze. Ähnlich wie von dreiwertigen Lanthanoiden kennt man von den zweiwertigen Lanthanoiden Eu^{2+}, Yb^{2+}, Sm^{2+} und Tm^{2+} Salze (z. B. Carbonate, Phosphate, Sulfate, Chromate, Perchlorate). Sie sind den entsprechenden Erdalkali-, speziell Strontiumverbindungen vergleichbar (z. B. $EuSO_4$ wie $SrSO_4$ oder $BaSO_4$; deformierte NaCl-Struktur).

Ln(IV)-Salze. Unter den Ce(IV)-Salzen ist das wasserlösliche, für Oxidationen mit Ce^{4+} genutzte »Doppelnitrat« $(NH_4)_2[Ce(NO_3)_6]$ besonders wichtig. Genannt seien auch die »Sulfate« $Ce(SO_4)_2 \cdot n\,H_2O$ ($n = 0, 4, 8, 12$) und $(NH_4)_2Ce(SO_4)_3$.

Komplexe

Man kennt eine große Anzahl von Komplexen der zwei-, drei- und vierwertigen Lanthanoide mit ein- und mehrzähnigen Liganden. Unter den Verbindungen mit einzähnigen Liganden wurden die Halogenokomplexe und die Hydrate bereits besprochen (s. oben). Nachfolgend sei auf Beispiele des zweiten Typus eingegangen: Anionen EO_n^{m-} von Elementsauerstoffsäuren wie Nitrat, Sulfat, Carbonat wirken bezüglich Lanthanoid-Ionen vielfach als zweizähnige Chelatliganden und führen zu Chelatkomplexen mit hohen Koordinationszahlen der Lanthanoide, z. B. 12 in $[Ce(NO_3)_6]^{2-}$ bzw. $[Ce(NO_3)_6]^{3-}$ (ikosaedrische Ce^{4+}- bzw. Ce^{3+}-Koordination; oktaedrische Anordnung der NO_3-Liganden), 10 in $[Ln(NO_3)_5]^{2-}$ ($Ln^{3+} = Ce^{3+}, Eu^{3+}, Ho^{3+}, Er^{3+}$; zweifach-überkappt-dodekaedrische Ln^{3+}-Koordination; trigonal-bipyramidale NO_3-Anordnung). Mit Ethylendiamin $H_2N-CH_2CH_2-NH_2$ bilden die dreiwertigen Lanthanoide Komplexe des Typs $[Ln(en)_4]^{3+}$, mit β-Diketonaten $O{\cdots}CR{\cdots}CH{\cdots}CR{\cdots}O^-$ Komplexe wie $[Ce(acac)_4]$ (quadratisch-antiprismatische Ce^{4+}-Koordination mit Acetylacetonat $O{\cdots}CMe{\cdots}CH{\cdots}CMe{\cdots}O^-$) oder $[Ln(dpm)_3]$ (dpm = Dipivaloylmethanat $O{\cdots}CtBu{\cdots}CH{\cdots}CtBu{\cdots}O^-$, tBu = $(CH_3)_3C$). Letztere Komplexe liegen im kristallinen Zustand teils in dimerer Form (Ln = Ce – Dy), teils in monomerer Form vor (Ln = Tb−Lu; u. a. trigonal-prismatische Ln^{3+}-Koordination). In basischen Lösungsmitteln L wie H_2O, ROH, R_3PO bilden sich Addukte $[Ln(dpm)_3L]$ (u. a. überkappt-trigonal-prismatische Ln^{3+}-Koordination). Die erstaunlich flüchtigen, thermisch stabilen, in unpolaren Medien löslichen dmp-Komplexe werden als »NMR-Shiftreagenzien« genutzt (vgl. Lehrbücher der Spektroskopie). Ein weiterer wichtiger acyclischer Chelatligand für dreiwertige Lanthanoide ist Ethylendiamintetraacetat $EDTA^{4-}$, mit dem in Wasser Komplexe $[Ln(EDTA)(H_2O)_3]^-$ (Ln = Pr, Sm, Gd, Tb, Dy) und $[Ln(EDTA)(H_2O)_2]^{2-}$ (Ln = Eu, Yb) gebildet werden (vgl. S. 1557). Cyclische Liganden M wie Kronenether, Phthalocyanin, Kryptate (vgl. S. 1557) vereinigen sich mit dreiwertigen Lanthanoiden in Anwesenheit anderer Liganden L zu beständigen makrocyclischen Komplexen $[Ln(Makrocyclus)L_n]$, z. B. $[Nd(18\text{-Krone-}6)(NO_3)_3]$ mit der Koordinationszahl 12 von Nd^{3+} (Nd^{3+} inmitten des wannenförmig konformierten Kronenethers; zwei NO_3^- auf der einen, ein NO_3^- auf der anderen Komplexseite). Erwähnt sei schließlich u. a. die Stabilisierung der zweiwertigen Lanthanoide durch Komplexbildung. So ließen sich – abgesehen von Komplexen der stabilen Ionen Sm^{2+}, Eu^{2+}, Yb^{2+} – auch solche einiger weniger stabiler Ln^{2+}-Ionen in Form von $[LnI_2(DME)_3]$ (Ln = Nd, Dy, Tm; DME = $MeOCH_2CH_2OMe$), $[LnI_2(THF)_5]$ (Ln = Nd, Dy) und $[TmI_2(DME)_2(THF)]$ gewinnen. Die Ln^{2+}-Ionen sind hierbei verzerrt-pentagonal-bipyramidal koordiniert (Iodid in axialer Stellung; im Falle von $LnI_2(DME)_3$ liegen zwei DME Moleküle zweizähnig, eines einzähnig vor).

5.2   Organische Verbindungen der Lanthanoide

Geschichtliches. Nach ersten Erfolgen der Synthesen von Lanthanoidorganylen (LnCp$_3$ mit Ln = Ce, Pr, Nd, Sm, Gd, aber auch Sc, Y, La durch G. Wilkinson und seine Mitarbeiter um 1954) setzte erst in jüngster Zeit wieder eine bemerkenswerte Forscheraktivität auf dem Gebiet der organischen Verbindungen der 4f-Elemente ein, nachdem man deren Anwendungsmöglichkeiten in der organischen Synthese und der homogenen Katalyse (z. B. Olefinpolymerisation) erkannt hatte. Hervorgehoben sei die erstmalige Synthese eines »Lanthanoidocens«, SmCp*$_2$ im Jahre 1985 durch W. J. Evans und sein Forscherteam. Das Anion [Ce(C$_8$H$_8$)$_2$]$^-$ weist die gleiche Sandwichstruktur wie »Uranocen« U(C$_8$H$_8$)$_2$ (S. 2346) auf.

Insbesondere in jüngster Zeit wurden die Lanthanoidorganyle, die sich insgesamt durch extreme Wasser- und Luftempfindlichkeit, Unlöslichkeit in vielen organischen Medien und – als Folge ihrer hohen Lewis-Acidität – durch Adduktbildungsneigung auszeichnen, eingehend studiert (vgl. Geschichtliches). In ihren organischen Verbindungen weisen die Lanthanoide meist die Oxidationsstufe +III, seltener +II und +IV auf (bisher wurden nie alle drei Oxidationsstufen für das gleiche Element aufgefunden). Die Bindungen zwischen den 4f-Elementen und Kohlenstoff sind im Sinne der Formulierung Ln$^{\delta+}$C$^{\delta-}$ vorwiegend heterovalent (ionisch). Ferner zeigen die 4f-Elemente – anders als die d-Elemente – nur eine schwache Neigung zur Ausbildung von »Rückbindungen« Ln→C, sodass Lanthanoidorganyle mit typischen π-Akzeptorliganden wie CO, CNR oder C$_6$H$_6$ geringe Bildungstendenz aufweisen (C$_5$H$_5^-$ vereinigt sich demgegenüber wegen seiner negativen Ladung leicht mit den Ln-Kationen).

Lanthanoid(II)-organyle[6] sind mit Alkinylen C≡CR (R = Me, tBu, Ph) sowie mit substituierten Cyclopentadienylen Cp* = C$_5$Me$_5$ oder Cp′ = 1.3 -C$_5$H$_3$(SiMe$_3$)$_2$ zugänglich. Ihre Bildung kann aus Ln und HCCR sowie Hg(CCR)$_2$ bzw. LnI$_2$ und LiCp* sowie LiCp′ erfolgen.

Die Ln(II)-organyle weisen eine hohe Lewis-Acidität auf. Dementsprechend kommt den Alkinylen Ln(C≡CR)$_2$ polymerer Bau zu (Abb. 35.11a), während die Cyclopentadienyle LnCp*$_2$ (Ln = Sm, Er, Yb) als Folge der hohen Raumbeanspruchung der Cp*-Reste monomer (Abb. 35.11b) vorliegen (die gewinkelte Struktur der »Lanthanoidocene« beruht offenbar auf der van-der-Waals-Anziehung zwischen den Me-Gruppen der beiden Cp*-Reste). Letztere Verbindungen addieren leicht σ-Donatoren wie Tetrahydrofuran, Arduengo-Carbene (Bildung von (s. Abb. 35.11c), z. B. Cp*$_2$Ln(THF)$_n$, Cp*$_2$Ln(Carben)$_n$; n = 1, 2), aber auch π-Donatoren wie Acetylene C$_2$R$_2$ oder Stickstoff N$_2$ (Bildung von (Abb. 35.11c) oder (Abb. 35.11d)). In Cp*$_2$Yb(η^2-C$_2$H$_4$)Pt(PPh$_3$)$_2$ liegt π-gebundenes Ethylen (!) vor.

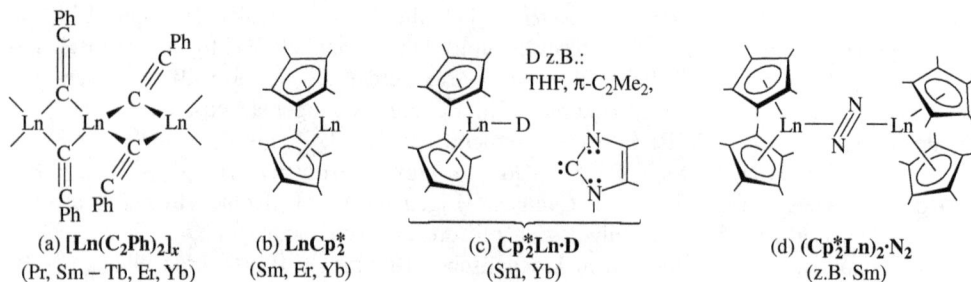

(a) [Ln(C$_2$Ph)$_2$]$_x$ (b) LnCp$_2^*$ (c) Cp$_2^*$Ln·D   (d) (Cp$_2^*$Ln)$_2$·N$_2$
(Pr, Sm – Tb, Er, Yb)   (Sm, Er, Yb)   (Sm, Yb)   (z. B. Sm)

D z. B.:
THF, π-C$_2$Me$_2$,

Abb. 35.11

---

[6] Niedrigwertige Lanthanoidorganyle lassen sich durch Cokondensation aller Lanthanoidatome sowie Sc, Y, La mit 1.3.5 -C$_6$H$_3$$tBu_3$ (Benzol*) bei 77 K gewinnen: Ln(g) + 2 Benzol* ⟶ Ln^0(η^6-Benzol*)$_2$ (Sandwichstruktur). Diese sind bis auf Verbindungen mit Ln = La, Ce, Sm, Eu, Tm, Yb selbst bei Raumtemperatur haltbar. Ansonsten kennt man nur η^6-C$_6$Me$_6$-Komplexe mit dem von LnCl$_3$ abgeleiteten Tetrachloraluminat Ln(AlCl$_4$)$_3$ (Ln = Nd, Sm, Gd, Yb): (η^6-C$_6$Me$_6$)Ln(AlCl$_4$)$_3$ (die AlCl$_4$-Anionen bilden jeweils zwei Cl-Brücken zu Ln^{3+} aus).

Lanthanoid(III)-organyle. Triorganyle LnR_3 mit σ-gebundenen Resten R (noch selten) lassen sich aus $LnHal_3$ und LiR gewinnen. Beispiele sind polymeres $LuMe_3$ (bildet mit $AlMe_3$ den Komplex $Lu(AlMe_4)_3$, in welchem von Lu(III) sechs oktaedrisch orientierte LuMeAl-Brücken ausgehen) sowie monomeres $Sm(Dsi)_3$ ($Dsi = CH(SiMe_3)_2$; der Verbindung kommt – wie $La(Dsi)_3$ und $U(Dsi)_3$ – pyramidale Struktur zu, die durch eine γ-agostische CH-Bindung zum Tetraeder ergänzt wird; vgl. Formel auf S. 2346). Durch Addition von Me^- lassen sich die Trimethyle $LnMe_3$ in stabile Komplexionen $[LnMe_6]^{3-}$ umwandeln (Ln = Pr, Nd, Sm, Er, Tm, Yb, Lu; Gegenion Li(tmeda)$^+$; oktaedrisch; gewinnbar aus $LnCl_3/LiMe$ in Et_2O/tmeda = $Me_2NCH_2CH_2NMe_2$). Triorganyle mit raumerfüllenderen Gruppen R wie CH_2SiMe_3, tBu, 2,6-$C_6H_3Me_2$ koordinieren nur ein Organylanion unter Bildung von $[LnR_4]^-$ (Ln = Sm, Er, Yb, Lu; Gegenion Li(THF)$_4^+$; tetraedrisch; gewinnbar aus $LnCl_3/LiR$ in THF). Auch neutrale Donoren wirken stabilisierend (z. B. Bildung von $Ln(CH_2SiMe_3)_3(THF)_2$; Ln = Er, Tm, Yb, Lu).

Leichter zugänglich sind Ln(III)-organyle LnR_3 mit π-gebundenen Resten R wie C_5H_5(Cp). Man kennt inzwischen (vgl. Geschichtliches auf S. 2308) von jedem 4f-Element – einschließlich der Elemente der Scandiumgruppe – unsolvatisierte »Tris(cyclopentadienyl)lanthanoide« $LnCp_3$. Die betreffenden luft- und wasserempfindlichen, bis auf thermolabiles $EuCp_3$ sublimierbaren Verbindungen (Smp. 240–435 °C) lassen sich durch Reaktion von $LnHal_3$ mit NaCp, KCp, $BeCp_2$, $MgCp_2$ gewinnen. Sie liegen in der festen Phase gemäß (Abb. 35.12e, f, g) polymer vor (jeweils tetraedrische Ln-Koordination), wobei die Cp-Reste teils η^5-, teils nur η^2- und η^1- gebunden sind und die Koordinationszahlen KZ_{Ln} mit abnehmendem Ionenradius von Ln^{3+}, also in Richtung $Ce^{3+} \longrightarrow Lu^{3+}$, abnehmen (alle C-Atome gezählt; die Verbindungen (Abb. 35.12f) sind nur schwach miteinander verknüpft und dementsprechend fast trigonal-planar gebaut). Komplexe mit ringsubstituierten Cp-Resten weisen naturgemäß geringere Neigung zur Assoziation auf. So liegt etwa $SmCp^*_3$ monomer vor.

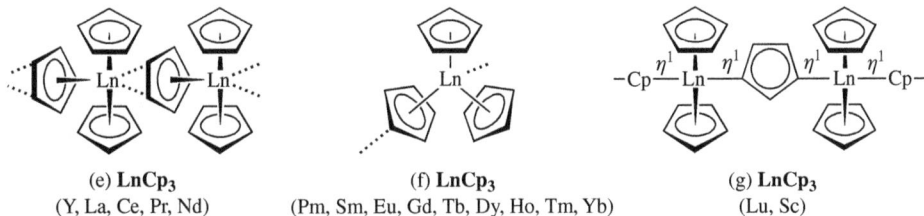

(e) **LnCp₃**
(Y, La, Ce, Pr, Nd)

(f) **LnCp₃**
(Pm, Sm, Eu, Gd, Tb, Dy, Ho, Tm, Yb)

(g) **LnCp₃**
(Lu, Sc)

Abb. 35.12

Die betreffenden Verbindungen verhalten sich – als Folge der »vollständigeren« Lanthanoidumhüllung – weniger Lewis-sauer als die Verbindungen $LnCp_2$ (s. oben). So bilden sie mit N_2 keine isolierbaren π-Komplexe; doch katalysieren sie (Ln = La, Ce, Pr, Nd, Sm, Eu) die Reduktion von N_2 zu NH_3 in Anwesenheit von $NaC_{10}H_8$, was eine intermediäre Addition von N_2 unter π-Komplexbildung andeutet. Doch lassen sich Addukte von $LnCp_3$ mit stärkeren Basen wie Cp^- gewinnen: Bildung von $LnCp_4^-$ mit Ln = La, Ce, Nd, Pr. Auch kennt man etwa $Cp_3Yb(CNR)$. Höhere Reaktivität zeigt die monomere Verbindung $SmCp^*_3$ gegenüber CO, THF, C_2H_4, H_2, RCN, Ph_3PSe usw. (in letzterem Falle Bildung von $Cp^*_3Sm(\mu$-η^2:η^2-$Se_2)SmCp^*_3$).

Thermisch lassen sich die Spezies $LnCp_3$ unter Bildung von elementaren Lanthanoiden zersetzen und damit zum Aufbringen dünner Schichten auf Substraten durch »metalorganic chemical vapor deposition« (MOCVD) oder Einbringen von Atomen in Halbleiter zu deren Dotierung verwenden (z. B. n-Halbleiter InP mit Yb oder Er dotiert).

Verbindungen des Typs Cp_2LnX und Cp^*_2LnX (X z. B. H, Organyl, Hal) wurden eingehend untersucht. Die aus $LnCl_3$ und NaCp oder TlCp zugänglichen Chloride Cp_2LnCl weisen dimeren Bau auf (zwei Cl^--Brücken; tetraedrisch koordiniertes Ln^{3+}) und lassen sich mit Donoren in

Monomere überführen (z. B. $(Cp_2LnCl)_2 + 2\,THF \longrightarrow 2\,Cp_2LnCl(THF)$; unsolvatisiert monomer ist nur $Cp*_2ScCl$ mit dem sehr kleinen Sc^{3+}-Ion). Halogenide Cp_2LnHal dienen der Gewinnung von unsolvatisierten oder solvatisierten, monomeren oder dimeren Derivaten z. B. gemäß (R = Alkyl, Aryl, Alkinyl):

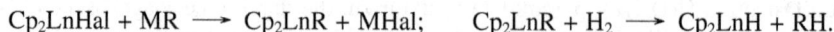

$$Cp_2LnHal + MR \longrightarrow Cp_2LnR + MHal; \qquad Cp_2LnR + H_2 \longrightarrow Cp_2LnH + RH.$$

Die Geschwindigkeit letzterer Hydrogenolyse hängt hierbei stark von der Natur des Lanthanoids, der Organylgruppe R und des Reaktionsmediums ab. So reagiert H_2 mit dimeren Verbindungen Cp_2LnMe (Ln = Y, Eu, Yb, Lu) in Toluol sehr langsam, mit monomeren Verbindungen Cp_2LntBu in Toluol rasch, in THF dagegen nicht (Bildung von $Cp_2LntBu(THF)$) und mit monomeren Verbindungen Cp_2LnMe in THF rasch (langsam), falls die Ln^{3+}-Ionen wie Y^{3+}, Er^{3+} groß sind (wie Yb^{3+}, Lu^{3+} klein sind), und zwar jeweils unter Bildung von dimeren Hydriden Cp_2LnH (in THF solvatisiert). Offensichtlich bildet H_2 mit Cp_2LnR zunächst einen σ-Komplex (Abb. 35.13h), der auf dem Weg über (Abb. 35.13i) in das Endprodukt (Abb. 35.13k) übergeht (»σ-Bindungsmetathese«).

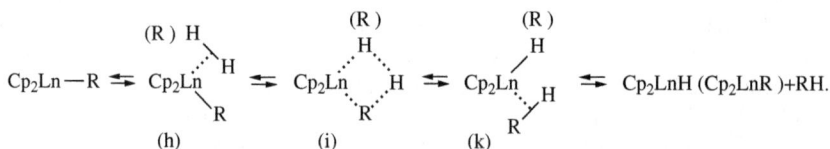

Abb. 35.13

Nach dem gleichen Mechanismus lassen sich auch Organylgruppen R in Cp_2LnR gegen andere Gruppen R' austauschen (z. B. $Cp*_2Ln-CH_3 + {}^{13}CH_4 \rightleftharpoons Cp*_2Ln-{}^{13}CH_3 + CH_4$; $2\,Cp_2LnMe + 2\,HC\equiv CR \longrightarrow (Cp_2LnC\equiv CR)_2$), was die Möglichkeit der Lanthanoidorganyle zur »CH-Aktivierung« andeutet (vgl. S. 2169).

Ähnlich wie Moleküle mit σ-Bindungen können sich auch solche mit π-Bindungen (z. B. $CH_2=CH_2$) an das Lanthanoid in Cp_2LnR addieren, um sich anschließend in die LnR-Bindungen einzuschieben; daraus hervorgehendes Cp_2LnR' (z. B. $Cp_2LnCH_2CH_2R$) kann wiederum ungesättigte Moleküle addieren usw. So vermögen Verbindungen des Typs $Cp*_2LnMe(OEt_2)$ Ethylen zu polymerisieren sowie Propylen zu oligomerisieren und damit als Katalysatoren für die Olefinpolymerisation zu wirken. Auch CO insertiert in LnC-Bindungen, z. B.: $Cp_2LntBu + CO \longrightarrow Cp_2Ln-CO(tBu)$ ($\longrightarrow$ Folgeprodukte).

Noch wenig eingehend sind Verbindungen vom Typ $CpLnX_2$ bzw. $Cp*LnX_2$ (X z. B. H, Organyl, Hal) untersucht worden. Verbindungsbeispiele sind etwa die Neutralkomplexe $CpNdCl_2(THF)_3$, $Cp*LnI_2(THF)_3$ (Ln = La, Ce), $Cp*Ce(Dsi)_2$ (solvatfrei; $Dsi = CH(SiMe_3)_2$) und der at-Komplex $Cp*LnMe_3^-$ (Gegenion $(Li(tmeda)_2^+)$.

Lanthanoid(IV)-organyle lassen sich selbst von Cer, das vergleichsweise leicht die Oxidationsstufe +IV annimmt, nur in Ausnahmefällen gewinnen, z. B.: Cp_3CeOR (R = iPr, tBu; tetraedrisch).

Literatur zu Kapitel XXXV

Die Lanthanoide

[1] **Vorkommen, Gewinnung, physikalische Eigenschaften**

F. H. Spedding, A. M. Daane (Hrsg.): »The Rare Earths«, Wiley, New York 1961; E. V. Kleber (Hrsg.): »Rare Earth Research«, Mac Millan, New York 1961; T. Moeller: »The Lanthanides«, Compr. Inorg.

Chem. **4** (1973) 1–102; Le Roy Eyring (Hrsg.): »Progress in the Science and Technology of the Rare Earths«, 3 Bände, Pergamon Press, London 1964/1967/1968; D. N. Trifonov: »The Rare Earths«, Pergamon Press, London 1963; N. E. Topp: »The Chemistry of the Rare Earth Elements«, Elsevier, New York 1965; R. J. Callow: »The Industrial Chemistry of the Lanthanous, Yttrium, and Uranium«, Pergamon Press, New York 1967; K. W. Bagnall (Hrsg.): »Lanthanides and Actinides«, Butterworth, New York 1972; K. A. Gschneider (Hrsg.): »Handbook of Physics and Chemistry of the Rare Earths«, über 20 Bände, North-Holland, Amsterdam ab 1978 bis heute; E. C. Subbarao, W. E. Wallace (Hrsg.) »Science and Technology of the Rare Earths Materials«, Acad. Press, New York 1980; D. A. Johnson: »Principles of the Lanthanoid Chemistry«, J. Chem. Educ. **57** (1980) 475–477; W. DeW. Horrocks, jr., M. Albin: »Lanthanide Ion Luminiscence in Coordination Chemistry and Biochemistry«, Progr. Inorg. Chem. **31** (1984) 1–104; J. G. Bünzli, C. Pignet: »Taking advantage of luminescent lanthanide ions«, Chem. Soc. Rev. **34** (2005) 1048–1077; G. R. Motson, J. S. Flemming, S. Brooker: »Potential Applications for the Use of Lanthanide Complexes as Luminescent Biolabels«, Adv. Inorg. Chem. **55** (2004) 361–432; T. Gunnlangsson, J. P. Leonard: »Responsive Lanthanide Luminescent cyclen complexes: from switching/sensing to supramolecular architectures«, Chem. Commun. (2005) 3114–3131; A. Düssing: »Luminescence from Lanthanoide (3+) Ions in solution«, Eur. J. Inorg. Chem. (2005) 1425–1434; A. Dahlén, G. Hilmerson: »Samarium(II) Iodide Mediated Reductions – Influence of Various Additives«, Eur. J. Inorg. Chem. (2004) 3393–3403; S. Cotton: »Lanthanides and Actinides« Macmillan, Basingstoke 1991; G. Meyer, L. R. Morss (Hrsg.) »Synthesis of Lanthanide and Actinide Compounds«, Kluwer, Dordrecht 1991; Ullmann: »Cerium Mishmetal, Cerium Alloys, Cerium Compounds«, **A6** (1986) 139–152; »Rare Earth Elements«, **A22** (1993); Compr. Coord. Chem. I/II: »Lanthanides« (vgl. Vorwort). Vgl. auch [2–4].

[2] Chemische Eigenschaften

L. B. Asprey, B. B. Cunningham: »Unusual Oxidation States of Some Actinide and Lanthanide Elements«, Prog. Inorg. Chem. **2** (1960) 267–302: D. A. Johnson: »Recent Advances in the Chemistry of the Less-Common Oxidation States of the Lanthanide Elements«, Adv. Inorg. Radiochem. **20** (1977) 1–132; A. Simon: »Kondensierte Metall-Cluster«, Angew. Chem. **93** (1981), 23–44; Int. Ed. **20** (1981) 1; N. B. Mikheev, A. N. Kamenskaya: »Complex Formation of the Lanthanides and Actinides in Lower Oxidation States«, Coord. Chem. Rev. **109** (1991) 1–59; H. Yersin (Hrsg.): »Transition Metal and Rare Earth Compounds I, II, III«, **213** (2001), **214** (2001), **241** (2004).

[3] Anorganische Verbindungen der Lanthanoide

K. M. Mackay: »Hydrides of Scandium, Yttrium and Lanthanons«, in Compr. Inorg. Chem. **1** (1973) 40–47; M. Ephrilikhine: »Synthesis, Structures, and Reactions of Hydride, Borohydride and Aluminiumhydride Compounds of the f-Elements«, Chem. Rev. **97** (1997) 2193–2242; D. Brown: »Halides of the Lanthanides and Actinides«, Wiley, New York 1968; J. Burgess, J, Kijowski: »Lanthanide, Yttrium and Scandium Trihalides. Peparation of the Anhydrous Materials and Solution Chemistry«, Adv. Inorg. Radiochem. **24** (1981) 57–117; J. C. Taylor: »Systematic Features in the Structural Chemistry of the Uranium Halides, Oxyhalides, and Related Transition Metals and Lanthanide Halides«, Coord. Chem. Rev. **20** (1976) 197–273; J. H. Hollaway, D. Laycock: »Preparations and Reactions of Oxide Fluorides of the Transition Metals, the Lanthanides and the Actinides«, Adv. Inorg. Radiochem. **28** (1984) 73–93; G. Meyer: »Praseodym und Neodym: Zwei (ungleiche) Didynium-Zwillinge«, Chemie in unserer Zeit **35** (2001) 116–123; D. K. Koppikar et al.: »Complexes of the Lanthanides with Neutral Oxygen Donor Ligands«, Struct. Bonding **34** (1978) 135–213; J. H. Forsberg: »Complexes of the Lanthanide(III)-Ions with Nitrogen Donor Ligands«, Coord. Chem. Rev. **10** (1973) 195–226; M. S. Wickleder: »Inorganic Lanthanide Compounds with Complex Anions«, Chem. Rev. **102** (2002) 2011–2087; K. Dehnicke, A. Greiner: »Ungewöhnliche Komplexchemie der Seltenerdelemente: großer Ionenradius – kleine Koordinationszahlen«, Angew. Chem. **115** (2003) 1378–1392; Int. Ed. **42** (2003) 1340; H. B. Kagan (Hrsg.): »Frontiers in Lanthanide Chemistry«, Chem. Rev. **102** (2002) 1805–2476; M. N. Bochkarev: »Molecular compounds of ,new' divalent lanthanides«, Coord. Chem. Rev. **248** (2004) 835–852.

[4] Organische Verbindungen der Lanthanoide

T. J. Marks: »Chemistry and Spectroscopy of f-Element Organometallics. Part I: The Lanthanides«, Progr. Inorg. Chem. **24** (1978) 51–107; W. J. Evans: »Organometallic Lanthanide Chemistry«, Adv. Organomet. Chem. **24** (1985) 131–177; C. J. Schaverien: »Organometallic Chemistry of the Lanthanides« Adv. Organomet. Chem. **36** (1994) 283–362; K. Izod: »Eine neue Ära in der Chemie der zweiwertigen Organolanthanoide?«, Angew. Chem. **114** (2002) 769–770; Int. Ed. **41** (2002) 743; Ch. Elschenbroich: »Organometallchemie«, 5. Aufl., Teubner, Stuttgart 2005, 735–768; Compr. Organomet. Chem. I/II/II: »Organolanthanides« (vgl. Vorwort).

Kapitel XXXVI

Die Actinoide

Die Gruppe der »Actinoide« An (früher Actinide[1]) umfasst die auf das Actinium (Atomnummer 89) folgenden 14 Elemente der Ordnungszahl 90–103, und zwar: Thorium (Th), Protactinium (Pa), Uran (U), Neptunium (Np), Plutonium (Pu), Americium (Am), Curium (Cm), Berkelium (Bk), Californium (Cf), Einsteinium (Es), Fermium (Fm), Mendelevium (Md), Nobelium (No) und Lawrencium (Lr; zunächst Lw). Man kennt von diesen Actinoiden bisher bereits rund 200 Isotope, die alle radioaktiv zerfallen und in Tab. 36.2 zusammengestellt sind und zu denen noch rund 50 kernisomere Isotope kommen. Die Elemente ab Ordnungszahl 93 werden auch als »Transurane« bezeichnet, da sie im Periodensystem der Elemente jenseits (lat.: *trans*) des Urans stehen. Einige Eigenschaften der Actinoide, die in ihren Verbindungen zwei- bis siebenwertig auftreten (Betätigung der äußeren s-, d- und gegebenenfalls f-Elektronen), sind in Tafel V zusammengestellt (vgl. hierzu auch S. 2322).

<table>
<tr><td>i</td></tr>
</table>

Geschichtliches. (Tafel II). Unter den natürlich vorkommenden Actinoiden Th, Pa, U, die früher (vor 1941) als schwerste Endglieder der Titan-, Vanadium- und Chromgruppe (Eka-Hf, Eka-Ta, Eka-W) angesehen wurden (vgl. S. 2331), ist Uran am längsten bekannt. Es wurde 1789 von M. H. Klaproth in einem aus Pechblende isolierten Oxid entdeckt (benannt von Klaproth nach dem 1781 von W. Herschel neu entdeckten Planeten Uranus). Die erstmalige Gewinnung von elementarem Uran gelang 1841 B. Peligot durch Reduktion des Tetrachlorids mit Kalium. In analoger Weise entdeckte 1828 J. J. Berzelius das Thorium als Oxid in einem als »Thorit« bezeichneten Erz und stellte es durch Reduktion von K_2ThF_6 mit Alkalimetallen im darauffolgenden Jahr erstmals in elementarer Form dar (benannt von Berzelius nach dem nordischen Kriegsgott »Thor«). Die Entdeckung des selteneren Actinoids Protactinium erfolgte erst relativ spät (1913) durch K. Fajans und O. Göhring als instabiles Zwischenglied der $^{238}_{92}U$-Zerfallsreihe ($\rightarrow$ $^{234}_{91}Pa$) und 1917 durch O. Hahn und L. Meitner sowie – unabhängig hiervon – durch F. Soddy und J. A. Cranston als Zwischenglied der $^{235}_{92}U$-Zerfallsreihe ($\rightarrow$ $^{231}_{91}Pa$; der von Hahn gewählte Name soll andeuten, dass Pa unter α-Strahlung in Actinium übergeht; protos (griech.) = zuerst).

Die in der Natur nicht oder nur in verschwindender Menge (Np, Pu) vorkommenden Transurane wurden allesamt künstlich in den Jahren 1940–1961 erzeugt (Np und Pu hatten erstmals 1934 E. Fermi und seine römische Arbeitsgruppe in den Händen, als sie Uran mit Neutronen bestrahlten, erkannten aber die wahre Natur der betreffenden Transurane nicht): Neptunium $^{239}_{93}Np$ im Jahr 1940 durch E. M. McMillan und P. Abelson (Beschuss von $^{238}_{92}U$ mit Neutronen; benannt nach dem jenseits des Uranus folgenden Planeten Neptun). – Plutonium $^{238}_{94}Pu$ im Jahre 1940 durch G. T. Seaborg, E. M. McMillan, J. W. Kennedy und A. Wahl (Beschuss von $^{238}_{92}U$ mit Deuteronen; benannt nach dem jenseits des Neptuns folgenden Planeten Pluto; angesichts der infernalischen Wirkung der Pu-Bombe erscheint die Ableitung des Namens von Pluto, dem Gott der Unterwelt, gerechtfertigter). – Americium $^{241}_{95}Am$ sowie Curium $^{242}_{96}Cm$ im Jahre 1944 durch G. T. Seaborg, R. A. James, A. Ghiorso und – im Falle Am – zudem L. O. Morgan (Beschuss von $^{239}_{94}Pu$ mit Neutronen sowie mit α-Teilchen; benannt entsprechend den homologen Lanthanoiden Europium (Erdteil Europa) und Gadolinium (Ln-Forscher Gadolin) nach dem Erdteil Amerika und dem Forscherehepaar Curie). – Berkelium $^{243}_{97}Bk$ im Jahre 1949 sowie Californium $^{245}_{98}Cf$ im Jahre 1950 durch S. G. Thompson, A. Ghiorso, G. T. Seaborg und – im Falle von Cf – zusätzlich K. Street (Beschuss von $^{241}_{95}Am$ sowie $^{242}_{96}Cm$ mit α-Teilchen;

---

[1] In Anlehnung an die gängige Bezeichnung »Metalloide« für metallähnliche Elemente wurde von der internationalen Nomenklaturkommission die Bezeichnung »Actinoide« (actiniumähnliche Elemente Th bis Lr, ein- oder ausschließlich Ac) gewählt, da die einfache Endung -id (Hydrid, Chlorid, Oxid) für binäre Salze reserviert ist.

benannt nach dem Entdeckungsort Berkeley (Calif.) sowie dem Entdeckerland Kalifornien). – Einsteinium $^{253}_{99}$Es sowie Fermium $^{255}_{100}$Fm im Jahre 1952 durch ein amerikanisches Forscherteam (Berkeley, Argonne, Los Alamos) im Staub der ersten thermonuklearen Explosion (Beschuss von $^{238}_{92}$U mit Neutronen; benannt nach den Forschern Einstein und Fermi). – Mendelevium $^{256}_{101}$Md im Jahre 1955 durch A. Ghiorso. B. H. Harvey, G. R. Choppin, S. G. Thompson und G. T. Seaborg (Beschuss von $^{253}_{99}$Es mit α-Teilchen; benannt nach dem Forscher D. J. Mendelejew). – Nobelium $^{252}_{102}$No im Jahre 1958 durch A. Ghiorso, T. Sikkeland, J. R. Walton und G. T. Seaborg (Beschuss von $^{246}_{96}$Cm mit Kohlenstoffkernen; benannt in Anlehnung an das nach A. Nobel benannte Stockholmer Institut, in dem das Element möglicherweise 1957 entdeckt wurde). – Lawrencium $^{257}_{103}$Lr im Jahre 1961 durch A. Ghiorso, T. Sikkeland, A. E. Larsh und R. M. Latimer (Beschuss von $^{252}_{98}$Cf mit Borkernen; benannt nach dem Forscher E. O. Lawrence). Unabhängig von den amerikanischen Forschern wurden $^{252}_{96}$No und $^{257}_{103}$Lr von russischen Forschern (z. B. G. N. Flerov) in Dubna etwa durch Beschuss von $^{241}_{94}$Pu und $^{243}_{95}$Am mit Sauerstoffkernen erzeugt. In Anerkennung ihrer besonderen Verdienste auf dem Gebiet der Actinoid-Forschung erhielten G. T. Seaborg und E. M. McMillan im Jahre 1951 den Nobelpreis für Chemie.

1   Vorkommen

In der Natur treten nur Thorium, Protactinium, Uran und – in Spuren – Neptunium sowie Plutonium auf (vgl. hierzu radiochemische Eigenschaften, S. 2332 und Tab. 36.1).

Hierbei sind die Nuklide $^{232}_{90}$Th, $^{235,238}_{92}$U und – möglicherweise – $^{244}_{94}$Pu bei der Bildung der Erdmaterie entstanden und noch heute vorhanden, während das Vorkommen der Nuklide $^{231,234}_{91}$Pa, $^{234}_{92}$U, $^{237}_{93}$Np und $^{239}_{94}$Pu auf kontinuierlich verlaufende radioaktive Prozesse zurückgeht. (Entsprechendes gilt für $^{227-231,234}_{90}$Th und $^{232,236}_{92}$U). Das Thorium ist in der Erdkruste etwa so häufig wie B, das Uran häufiger als Sb, Hg, Cd, Bi, Ag, Sn, Pb oder Au.

Das Element mit der höchsten Atommasse und Kernladung aller natürlich vorkommenden Elemente ist hiernach das Plutonium. Sieht man andererseits von den Elementen Neptunium und Plutonium wegen ihres außerordentlich geringen Vorkommens ab, so kommt dem Element Uran die höchste Atommasse und Kernladung zu. Es ist in den natürlichen Zerfallsreihen (vgl. Tab. 34.1), um ein Wortspiel zu gebrauchen, gewissermaßen der »Urahn« der nachfolgenden Elementfamilien. Demgemäß müssen alle Transurane auf künstlichem Wege erzeugt werden (s. unten).

Wichtige Mineralien. Das technisch wichtigste Ausgangsmaterial zur Gewinnung des Thoriums $^{232}_{90}$Th, das in enger Beziehung zu den Lanthanoiden steht und sich daher in der Natur zusammen mit diesen findet, stellt der »Monazitsand« (S. 2290) dar, der bis zu 20 % (meist 5–10 %) ThO_2 enthält und u. a. in Australien, Südafrika, Südindien, Brasilien, Malaysia gefunden wird. Geringere Bedeutung hat der in Kanada vorkommende, ca. 0.4 % Thorium enthaltende Uranothorit (Th- und U-haltiges Silicat). Protactinium $^{231}_{91}$Pa findet sich als radioaktives Zerfallsprodukt des Urannuklids $^{235}_{92}$U in Uranmineralien. Allerdings hat das Hauptmineral, die Joachimsthaler Pechblende, nur einen Pa-Gehalt bis zu einem Pa : U-Verhältnis von 10^{-7} : 1 (einige 100 mg Pa je Tonne U). Das wichtigste Mineral des Urans $^{234,235,238}_{92}$U ist das Uranpecherz (Uraninit, Pechblende) UO_2, das Sauerstoff etwa bis zum Verhältnis U_3O_8 aufnehmen kann. Die größten derartigen Pechblendelager finden sich in Zaire (Katanga), Kanada (am Bärensee) und

Tab. 36.1

Natürliche An-Nuklide	$^{232}_{90}$Th	$^{231}_{91}$Pa	$^{234}_{91}$Pa	$^{234}_{92}$U	$^{235}_{92}$U	$^{238}_{92}$U	$^{237}_{93}$Np	$^{239}_{94}$Pu	$^{244}_{94}$Pu
rel. Isotopenhäufigkeit (%)	100	100	Spuren	0.005	0.720	99.275	100	variabel	
Zerfallshalbwertszeit	$10^{10.1}$ a	$10^{4.5}$ a	6.7 h	$10^{5.4}$ a	$10^{8.8}$ a	$10^{9.6}$ a	$10^{6.3}$ a	$10^{4.4}$ a	$10^{7.9}$ a
Gew.-% in der Erdkruste	10^{-3}	$9 \cdot 10^{-11}$			$2 \cdot 10^{-4}$		$4 \cdot 10^{-17}$	$2 \cdot 10^{-19}$	

Tschechien (bei Joachimsthal). Weitere wichtige Uranerze sind (i) Mischoxide mit vorwiegend U^{IV} wie »Brannerit« MM'_2O_6 (M = U, Th, Ca, Ln, Y, Fe; M′ = Ti, Fe^{II}; in Kanada) und »Davidit« $MM'_{2.5}O_6$ (M = U, Ce, Fe, Ca, Zn, Th; M′ = Ti, Fe^{III}, Cr, V; in Australien), (ii) Silicate mit vorwiegend U^{IV} wie »Coffinit« $USiO_4$ (in USA) und »Uranothorit« $(U,Th)SiO_4$ (in Kanada, Madagaskar), (iii) »Uranglimmer« mit vorwiegend U^{VI} wie »Torbernit« $Cu(UO_2)_2(PO_4)_2 \cdot 8\,H_2O$ (in USA, Argentinien), »Autunit« $Ca(UO_2)_2(PO_4)_2 \cdot 8\,H_2O$ (in Frankreich, Portugal) und »Carnotit« $K(UO_2)(VO_4) \cdot 1.5\,H_2O$ (in Australien, Argentinien). Doch sind nur relativ wenige Uranerzlager wirtschaftlich nutzbar (Erze mit einem Gehalt von 0.1–0.5 %). Die gesicherten Reserven an Uran betragen in der westlichen Welt etwa 2.5 Millionen Tonnen, die vermuteten Reserven liegen nochmals in der gleichen Größenordnung.

2   Gewinnung

2.1   Gewinnung von Thorium, Protactinium und Uran

Als Ausgangsmaterial zur Gewinnung von Thorium dient insbesondere der Monazitsand. Zur Abtrennung des Thoriums von den seltenen Erden schließt man diesen mit heißer konzentrierter Schwefelsäure auf, löst den Aufschluss in Eiswasser und fällt aus der Lösung basische Thorium-Salze durch Zugabe von Ammoniak. Nach Lösen dieser Salze in Salpetersäure lässt sich das enthaltene Thorium mithilfe von Tributylphosphat Bu_3PO_4 (TBP), verdünnt mit Kerosin, als $[Th(NO_3)_4 \cdot (TBP)_2]$ extrahieren. Elementares Thorium wird durch Reduktion des Oxids mit Ca in einer Argonatmosphäre bei 1000 °C gewonnen ($ThO_2 + 2\,Ca \longrightarrow Th + 2\,CaO$); es fällt nach Weglösen von CaO mit verdünnten Säuren in Form eines Pulvers an, das gepresst und gesintert oder im Lichtbogenofen umgeschmolzen wird (Smp. 1750 °C). In analoger Weise erhält man es durch Reduktion von ThF_4 mit Ca oder $ThCl_4$ mit Mg. Reinstes Thorium lässt sich durch thermische Zersetzung des Iodids ThI_4 an einem Glühdraht erzeugen (vgl. S. 1795).

Das Protactinium findet sich in Erzen wie der Pechblende UO_2 nur in sehr kleiner Menge (s. oben), sodass die Isolierung des Elements große Schwierigkeiten bereitet. Es reichert sich bei der Aufbereitung von Erzen zur Urangewinnung in der Endfraktion an (s. unten), aus welcher es durch Lösungsmittelextraktion im 100 g-Maßstab isoliert werden kann (Reinigung durch Ionenaustausch). Die Darstellung von elementarem Protactinium erfolgt u. a. durch Reduktion des Tetrafluorids PaF_4 mit Ba oder Li bei 1400 °C oder durch Umsetzung des Oxids Pa_2O_5 mit Kohlenstoff zum Carbid PaC, welches mit Iod in das – an einem heißen W-Draht in Pa und I_2 zersetzbare – Iodid PaI_5 übergeführt wird.

Während Uran bis zur Entdeckung der Uranspaltung (1938) durch Otto Hahn und Fritz Strassmann (S. 2272) keine große technische Bedeutung besaß, ist es heute als »Brennstoff« der Kernreaktoren (S. 2278) und als Ausgangsstoff für die Darstellung des im Periodensystem nachfolgenden Plutoniums von weltweiter Bedeutung, sodass das radioaktive Element jetzt technisch in sehr großen Mengen gewonnen wird. Zu diesem Zwecke trennt man das Uran, das in uranhaltigen Erzen meist nur in kleiner Menge enthalten ist, zunächst von anderen Erzbestandteilen als Dioxid UO_2 ab und reduziert UO_2 dann zu elementarem Uran. Gegebenenfalls reichert man zuvor das Isotop $^{235}_{92}U$ an.

Zur Gewinnung von Urandioxid schließt man die fein gemahlenen und gerösteten Erze (insbesondere Pechblende) mit Schwefelsäure oder Soda auf:

$$UO_3 + 3\,H_2SO_4 + 3\,H_2O \rightleftharpoons 4\,H_3O^+ + [UO_2(SO_4)_3]^{4-};$$

$$UO_3 + Na_2CO_3 + 2\,NaHCO_3 \rightleftharpoons 4\,Na^+ + [UO_2(CO_3)_3]^{4-} + H_2O.$$

(Der saure Aufschluss mit Salpetersäure wird im Rahmen der »Wiederaufbereitung« zum Lösen abgebrannter Kernbrennstoffe genutzt; s. unten: »Purex-Prozess«.) Anschließend schickt man die gewonnenen uranhaltigen Lösungen über Anionenaustauscherharze, eluiert die Sulfatokomplexe mit einer Sulfatlösung, die Carbonatokomplexe mit einer Carbonatlösung und fällt das Uran aus den Eluaten durch Zugabe von Ammoniak bzw. Natronlauge als Polyuranatgemisch aus (Summenformel $(NH_4)_2U_2O_7$; vgl. S. 2330), das – getrocknet – als gelber Kuchen (»yellow cake«) anfällt:

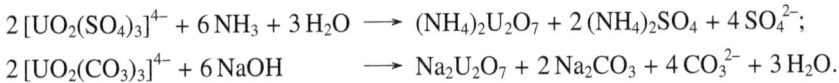

$$2\,[UO_2(SO_4)_3]^{4-} + 6\,NH_3 + 3\,H_2O \longrightarrow (NH_4)_2U_2O_7 + 2\,(NH_4)_2SO_4 + 4\,SO_4^{2-};$$

$$2\,[UO_2(CO_3)_3]^{4-} + 6\,NaOH \longrightarrow Na_2U_2O_7 + 2\,Na_2CO_3 + 4\,CO_3^{2-} + 3\,H_2O.$$

Nun löst man den gelben Kuchen in Salpetersäure, extrahiert gebildetes $UO_2(NO_3)_2$ mit Tributylphosphat (TBP), verdünnt mit Kerosin oder Dodecan, und erhält – nach Eindampfen der gewonnenen $[UO_2(NO_3)_2(TBP)_2]$-haltigen organischen Phase – reines Uranyldinitrat $UO_2(NO_3)_2$. Das hieraus durch Erhitzen auf 300 °C erzeugte Urantrioxid UO_3 wird durch Reduktion mit H_2 bei 700 °C in Urandioxid UO_2 verwandelt. (Die durch Extraktion von Uran befreite HNO_3-Lösung enthält noch Protactinium; vgl. Pa-Gewinnung.)

Die Gewinnung von elementarem Uran aus dem Dioxid UO_2 erfolgt auf dem Wege über Urantetrafluorid UF_4 (»grünes Salz«, Smp. 960 °C), das durch Reaktion von UO_2 mit wasserfreiem Fluorwasserstoff bei 550 °C gewonnen wird und sich mit Magnesium oder Calcium bei 700 °C reduzieren lässt:

$$UO_2 \xrightarrow[-\,2\,H_2O]{+\,4\,HF} UF_4 \xrightarrow[-\,2\,MgF_2]{+\,2\,Mg} U\,.$$

Zur Anreicherung des Urannuklids $^{235}_{92}U$, das als eigentlicher Kernbrennstoff dient, führt man das Tetrafluorid $^{235,238}_{92}UF_4$ zunächst durch Fluorierung mit elementarem Fluor in das Hexafluorid $^{235,238}_{92}UF_6$ über (farblose Festsubstanz, Sblp. 57 °C), in welchem man dann durch Diffusions-, Zentrifugen-, Trenndüsen- und sonstige Trenn-Verfahren (vgl. Lehrbücher der physikalischen Chemie) $^{235}_{92}U$ anreichert (zum Teil bis auf fast 100 %, häufig auf 2–4 %). Schließlich wird das mit $^{235}_{92}U$ angereicherte Hexafluorid auf dem Wege über das Trioxid UO_3 (Behandlung mit wässerigem Ammoniak) in das Dioxid UO_2 verwandelt, das meist direkt als Brennstoff für Reaktoren dient (S. 2282) oder zu elementarem Uran reduziert wird (s. oben). Das als Kernbrennstoff neben $^{235}_{92}U$ noch genutzte Urannuklid $^{233}_{92}U$ – lässt sich durch Neutronenbeschuss von $^{232}_{90}Th$ erzeugen und – nach seiner Oxidation – durch Lösungsmittelextraktion vom entstandenen Kernreaktionsgemisch abtrennen (s. unten: »Thorex-Prozess«).

2.2 Gewinnung der Transurane

Erzeugung der Transurane

Die durch Beschuss von Uran oder einem daraus synthetisierten höheren Element mit Neutronen oder beschleunigten Ionen künstlich gewonnenen Nuklide der Transurane, die alle radioaktiv zerfallen, sind in Tab. 36.2 zusammen mit ihren Zerfallshalbwertszeiten wiedergegeben. Da sich die Bildung der Transurane im Kernreaktor während seines Betriebs in großem Umfang abwickelt, nutzt man den »Abbrand« des Kernreaktors (vgl. S. 2282) mit Vorteil als Quelle für Transurane. Allerdings bilden sich diese nur im Gemisch mit vielen anderen chemischen Stoffen, sodass der Gewinnung elementarer Actinoide nicht nur eine sorgfältige Trennung der Actinoide untereinander, sondern auch eine Trennung der Actinoide von den Lanthanoiden und anderen Elementen vorausgehen muss. Nachfolgend sei zunächst auf Synthesemöglichkeiten der Transurane durch künstliche Elementumwandlung, dann auf Methoden der Actinoidabtrennung sowie -auftrennung und schließlich auf die Gewinnung der elementaren Actinoide eingegangen.

Gemäß dem auf S. 2265 Besprochenen kann der Kernbeschuss mit Neutronen zu Isotopen des ursprünglichen Elements mit größerer bzw. kleinerer Masse führen, je nachdem langsame bzw. schnelle Neutronen verwendet werden. Sind die erhaltenen Nuklide β^--Strahler, so bilden sich

Nuklide von Elementen der nächst höheren Ordnungszahl. Auf diese Weise entsteht Neptunium $^{239}_{93}\mathrm{Np}$ (β-Strahler, $\tau_{1/2} = 2.355\,\mathrm{d}$; in großen Mengen verfügbar) bzw. $^{237}_{93}\mathrm{Np}$ (α-Strahler, längstlebiges Np-Isotop, $\tau_{1/2} = 2.14 \cdot 10^6\,\mathrm{a}$; in großen Mengen verfügbar) aus $^{238}_{92}\mathrm{U}$ durch Beschuss mit langsamen bzw. schnellen Neutronen:

$$^{238}_{92}\mathrm{U} \xrightarrow[-\,\gamma]{+\,n} {}^{239}_{92}\mathrm{U} \xrightarrow[23.47\,\mathrm{m}]{-\,\beta^-} {}^{239}_{93}\mathrm{Np}; \qquad ^{238}_{92}\mathrm{U} \xrightarrow[-\,2\,n]{+\,n} {}^{237}_{92}\mathrm{U} \xrightarrow[6.75\,\mathrm{d}]{-\,\beta^-} {}^{237}_{93}\mathrm{Np}.$$

Das im »Uran-Reaktor« entstehende Nuklid $^{237}_{93}\mathrm{Np}$ wird hauptsächlich gewonnen, um daraus durch Neutronenbeschuss Plutonium $^{238}_{94}\mathrm{Pu}$ zu erhalten (in größeren Mengen verfügbar), das als α-Strahler ($\tau_{1/2} = 87.74\,\mathrm{a}$) für die Energieversorgung z. B. von Raumsatelliten, Tiefseetauchanzügen, Herzschrittmachern verwendet wird (vgl. S. 2335). Weit wichtiger als $^{238}_{94}\mathrm{Pu}$ ist aber das langlebige Plutoniumisotop $^{239}_{94}\mathrm{Pu}$ (α-Strahler, $\tau_{1/2} = 24\,110\,\mathrm{a}$), das sich aus $^{239}_{93}\mathrm{Np}$ bildet und als Folgeprodukt der Bestrahlung von $^{238}_{92}\mathrm{U}$ mit Neutronen im »Uran-Brutreaktor« technisch im Tonnen-Maßstab produziert wird.

> **Geschichtliches.** Die technische Großdarstellung von $^{239}_{94}\mathrm{Pu}$ im Brutreaktor (S. 2283) stellt eine Meisterleistung wissenschaftlicher Zusammenarbeit dar. So wurden die Riesenanlagen zur täglichen Gewinnung und Isolierung von Kilogrammengen $^{239}_{94}\mathrm{Pu}$ nach Forschungsergebnissen entworfen und errichtet, die B. B. Cunningham und Mitarbeiter 1942 an Mikrogrammmengen erzeugten Plutoniums $^{239}_{94}\mathrm{Pu}$ in »Reagensgläsern« und »Bechergläsern« von $^1/_{1\,000\,000}$ bis $^1/_{10}\,\mathrm{cm}^3$ Inhalt gewonnen hatten. Es war ein bewundernswertes Ergebnis dieser Forschungsarbeit, dass die gewaltigen Trennanlagen zur Großgewinnung von Plutonium sofort nach Inbetriebnahme erfolgreich arbeiteten, obwohl sich die hier produzierten Mengen zu den bei den ultramikrochemischen Orientierungsversuchen verwendeten Mengen wie $1\,000\,000\,000 : 1$ verhielten.

Es lässt sich gemäß dem auf S. 2319 Besprochenen – nach seiner Oxidation – durch Lösungsmittelextraktion (»Purex-Prozess«) vom entstehenden Kernreaktions-Gemisch abtrennen und unterliegt bei der Bestrahlung mit langsamen Neutronen einer Kettenspaltreaktion (vgl. Pu-Reaktor und -Bombe, S. 2282, 2284):

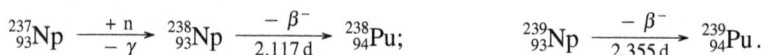

$$^{237}_{93}\mathrm{Np} \xrightarrow[-\,\gamma]{+\,n} {}^{238}_{93}\mathrm{Np} \xrightarrow[2.117\,\mathrm{d}]{-\,\beta^-} {}^{238}_{94}\mathrm{Pu}; \qquad ^{239}_{93}\mathrm{Np} \xrightarrow[2.355\,\mathrm{d}]{-\,\beta^-} {}^{239}_{94}\mathrm{Pu}.$$

Noch langlebiger als $^{238,239}_{94}\mathrm{Pu}$ sind die aus $^{239}_{94}\mathrm{Pu}$ durch wiederholte Neutronenaufnahme erhältlichen Isotope $^{242}_{94}\mathrm{Pu}$ (α-Strahler; $\tau_{1/2} = 376\,300\,\mathrm{a}$; in großen Mengen verfügbar) und insbesondere $^{244}_{94}\mathrm{Pu}$ (α-Strahler; längstlebiges Pu-Isotop, $\tau_{1/2} = 8.26 \cdot 10^7\,\mathrm{a}$; nur in kleinen Mengen verfügbar), instabiler als die Isotope $^{238,239}_{94}\mathrm{Pu}$ sind die durch Neutronenaufnahme aus $^{239}_{94}\mathrm{Pu}$ ebenfalls erhältlichen Plutoniumisotope $^{241}_{94}\mathrm{Pu}$ (β-Strahler; $\tau_{1/2} = 14.4\,\mathrm{a}$; nur in kleinen Mengen verfügbar) und insbesondere $^{243}_{94}\mathrm{Pu}$ (β^--Strahler; $\tau_{1/2} = 4.956\,\mathrm{h}$). Ein Gemisch aller erwähnten Pu-Isotope ($^{238-244}_{94}\mathrm{Pu}$) bildet sich – neben anderen Spaltprodukten – im Uran-Reaktor bzw. -Brutreaktor (Hauptkomponente in letzterem Falle $^{239}_{94}\mathrm{Pu}$). Insgesamt werden auf diese Weise weltweit über 50 Tonnen Pu pro Jahr gewonnen (man schätzt, dass der Weltbestand an Pu im Jahre 2000 um 2500 Tonnen betrug).

Letztere Isotope $^{241,243}_{94}\mathrm{Pu}$ gehen unter β^--Abgabe in Americium $^{241}_{95}\mathrm{Am}$ (α-Strahler; $\tau_{1/2} = 432.6\,\mathrm{a}$; verfügbar in kg-Mengen) und $^{243}_{95}\mathrm{Am}$ (α-Strahler; längstlebiges Am-Isotop; $\tau_{1/2} = 7380\,\mathrm{a}$; verfügbar in kg-Mengen) über:

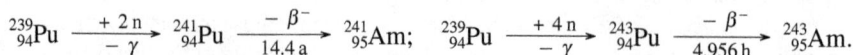

$$^{239}_{94}\mathrm{Pu} \xrightarrow[-\,\gamma]{+\,2\,n} {}^{241}_{94}\mathrm{Pu} \xrightarrow[14.4\,\mathrm{a}]{-\,\beta^-} {}^{241}_{95}\mathrm{Am}; \qquad ^{239}_{94}\mathrm{Pu} \xrightarrow[-\,\gamma]{+\,4\,n} {}^{243}_{94}\mathrm{Pu} \xrightarrow[4.956\,\mathrm{h}]{-\,\beta^-} {}^{243}_{95}\mathrm{Am}.$$

Tab. 36.2 Bis jetzt bekannte Nuklide der Actinoide (verfügbar bzw. im Handel: grau unterlegt): Massenzahlen; Zerfallsarten (α = Zerfall unter Abgabe von He-Kernen, $\beta^\mp$ = Zerfall unter Abgabe von Negatronen bzw. Positronen, e^- = Zerfall unter Abgabe von Konversionselektronen, K = Elektroneneinfang, sf = spontane Kernspaltung (spontaneous fission); meist zusätzlich γ-Strahlung); Halbwertszeiten (längstlebiges Isotop fett)[a,b].

Massen 222–241

	El	222	223	224	225	226	227	228	229	230	231	232	233	234	235	236	237	238	239	240	241
90	Th[c]	α / 2.2 ms	α / 0.66 s	α, e^- / 1.04 s	α, e^- / 8.72 m	α, K / 30.9 m	α, e^- / 18.72 d	α, e^- / 1.913 a	α, e^- / 7880 a	α, e^- / 75400 a	β^-, e^- / 25.52 h	α, sf / **1.405·10^10 a**	β^-, e^- / 22.3 m	β^-, e^- / 24.10 d	β^- / 7.1 m	β^- / 37.5 m	β^-, e^- / 5.0 m				
91	Pa[d]	α / 4.3 ms	α / 6.5 ms	α / 0.95 s	α / 1.8 s	α, K / 1.8 m	α, e^- / 38.3 m	α, K / 22 h	K, α / 1.50 d	K, β^- / 17.4 d	α / **32760 a**	β^-, e^- / 1.31 d	β^-, e^- / 27.0 d	β^-, e^- / 6.70 h	β^- / 24.2 m	β^- / 9.1 m	β^- / 8.7 m	β^- / 2.3 m	β^- / 1.8 h	β^- / ≈2 m	
92	U[e]	α / 1 μs	α / 18 μs	α / 0.7 s	α / 95 ms	α / 0.2 s	α, e^- / 1.1 m	α, K, e^- / 9.1 m	K, α, e^- / 58 m	α, e^- / 20.8 d	K, e^- / 4.2 d	α, e^- / 68.9 a	α, e^- / 1.592·10^5 a	α, e^-, sf / 245500 a	α, sf / 7.038·10^8 a	α, e^-, sf / 2.3416·10^7 a	β^-, e^- / 6.75 d	α, e^-, sf / **4.468·10^9 a**	β^-, e^- / 23.47 m	β^-, e^- / 14.1 h	β^- / ~5 m
93	Np[f]				α / ?	α / 31 ms	α / 0.51 s	α, K, sf / 61.4 s	K, α / 4.0 m	K, β^+ / 4.6 m	K, α / 48.8 m	K / 14.7 m	K, β^+ / 36.2 m	K, β^+ / 4.4 d	K, β^+ / 396.1 d	K, β^-, α / 1.54·10^5 a	β^-, e^-, α / **2.144·10^6 a**	β^-, e^- / 2.117 d	β^-, e^- / 2.355 d	β^-, e^- / 65 m	β^- / 13.9 m
94	Pu[g]													K, α / 8.8 h	K, e^-, α / 25.3 m	α, e^-, sf / 2.858 a	K, α, e^- / 45.2 d	α, e^- / 87.74 a	α, e^-, sf / 24110 a	α, e^-, sf / 6550 a	β^-, α, e^-, sf / 14.4 a
95	Am[h]																K, α / 73.0 m	α, e^-, K / 1.63 h	K, e^-, α / 11.9 h	α, e^-, K / 50.8 h	α, e^- / 432.2 a
96	Cm[i]																			α, sf / 27 d	K, α / 32.8 d
97	Bk[j]																			K, sf / 5 m	
98	Cf[k]																			α, sf / 1.06 m	

Massen 242–261

	El	242	243	244	245	246	247	248	249	250	251	252	253	254	255	256	257	258	259	260	261
94	Pu[g]	α, e^-, sf / 375000 a	β^- / 4.956 h	α, e^-, sf / **8.00·10^7 a**	β^- / 10.5 h	β^- / 10.85 d															
95	Am[h]	β^-, K, e^-, sf / 16.02 h	α, e^-, sf / **7370 a**	β^-, e^-, sf / 10.1 h	β^-, e^- / 2.05 h	β^-, e^- / 39 m	α, e^- / ~10 m														
96	Cm[i]	α, sf / 162.8 d	α, K, e^- / 28.5 a	α, sf / 18.11 a	α / 8500 a	α, sf / 4730 a	α / **1.56·10^7 a**	α, sf / 339700 a	β^- / 64.2 m	sf, α / 11300 a	β^- / 16.8 m										
97	Bk[j]	K, sf / 7 m	K, α / 4.5 h	K, sf / 4.35 h	α, K / 4.90 d	α, K, β^- / 1.80 d	α, e^-, sf / **1380 a**	β^-, K, e^-, sf / 23.7 h	β^-, α, sf / 320 d	β^- / 3.217 h	β^- / 55.6 m										
98	Cf[k]	α, sf / 3.68 m	K, α / 10.7 m	α, sf / 19.7 m	K, α / 43.6 m	α, e^-, sf / 35.7 h	K, α, e^- / 3.11 h	α, e^-, sf / 333.5 d	α, e^-, sf / 350.6 a	α, e^-, sf / 13.08 a	α / **898 a**	α, e^-, sf / 2.645 a	β^-, α, sf / 17.81 d	sf, α / 60.5 d	β^- / 1.4 h	sf / 12.3 m					
99	Es					K, α / 7.7 m	K, α / 4.55 m	K, α / 27 m	K, α / 1.70 h	α, K, sf / 8.6 h	α, K / 33 h	α, e^-, sf / **471.7 d**	α, K / 20.47 d	β^-, sf / 275.7 d	β^- / 39.8 d	β^-, α, sf / 25.4 m					
100	Fm	sf / 0.8 ms	α / 0.18 s	sf / 3.0 ms	α / 4.2 s	α, sf / 1.1 s	α, K / 35 s	α, sf / 36 s	K, α / 2.6 m	α, sf / 30 m	α, K, e^- / 5.30 h	α, sf, e^- / 25.39 h	K, α / 3.0 d	K / 3.24 h	α, sf / 20.1 h	sf, α / 2.63 h	α, K / **100.5 d**	sf / 0.38 ms	sf / 1.5 s	sf / ~4 ms	
101	Md[l]									K, α, sf / 52 s	K, α, sf / 4.0 m	K / 2.3 m	K / ~6 m	K / 28 m	K / 27 m	α, K / 1.3 h	K, α / 5.52 h	α, K / **51.5 d**		α, sf / 31.8 d	K, α / 40 m
102	No[m]							sf / < 2 μs	sf / 54 μs	sf / 0.25 ms	α, K / 0.8 s	α, sf / 2.3 s	α, sf / 1.7 m	α, K, sf / 55 s	α, K / 3.1 m	α, sf / 2.91 s	α / 26 s	sf / 1.2 ms	α, K / **58 m**	sf / 106 ms	
103	Lr[n]											α, K, sf / 0.36 s	α / 1.3 s	α, K, sf / 13 s	α, K / 21.5 s	α / 25.9 s	α / 0.65 s	α / 3.9 s	α, sf / 6.3 s	α / 3 m	sf, K / **39 m**

a Bei Kernisomeren ist $t_{1/2}$ des längstlebigen Teilchens angegeben.
b s/m/h/d/a = Sekunden/Minuten/Stunden/Tage.
c Weitere Th-Isotope der Massen: 209 (α, 3.8 ms), 210 (α, 9 ms), 211 (α, 37 ms), 212 (α, 30 ms), 213 (α, 0.14 s), 214 (α, 0.10 s), 215 (α, 1.2 s), 216 (α, 28 ms), 217 (α, 25 μs), 218 (α, 0.1 μs), 219 (α, 1.05 μs), 220 (α, 9.7 μs), 221 (α, 1.68 ms).
d Weitere Pa-Isotope der Massen: 213 (α, 5.3 ms), 214 (α, 17 ms), 215 (α, 14 ms), 216 (α, 0.2 s), 217 (α, 4.9 ms), 218 (α, 0.12 ms), 219 (α, 53 ns), 220 (α, 0.78 μs), 221 (α, 5.9 μs).
e Weitere U-Isotope der Massen: 217 (α, 16 ms), 218 (α, 1.5 ms), 219 (α, ~42 μs), 220 (α, ~60 ns), 221 (α, ~0.7 μs), 242 (β^-, 16.8 m).
f Weitere Np-Isotope der Masse 242 (β^-, 5.5 m), 243 (β^-, 1.85 m), 244 (β^-, 2.29 m).
g Weitere Pu-Isotope der Masse 228 (α, ?), 229 (α, ?), 230 (α, ?), 231 (K, α, 8.5 min).
h Weiteres Am-Isotop der Masse 231 (α, K, ~10 s).
i Weiteres Cm-Isotop der Masse 252 (β^-, < 2 d).
j Weiteres Bk-Isotop der Masse 235 (K, α, ~20 s), 236 (α, K, ~42 s), 237 (K, α, ~1 m), 238 (α, sf, 144 s).
k Weiteres Cf-Isotop der Masse 237 (sf, 2.1 s), 238 (sf, 21 ms), 239 (K, α, ~39 s).
l Weiteres Md-Isotop der Masse 262 (sf, α, 3 m).
m Weiteres No-Isotop der Masse 262 (sf, 5 ms), 263 (α, 20 m), 264 (α, 1 m).
n Weiteres Lr-Isotop der Masse 262 (K, 3.6 h), 264 (α, sf, 10 h), 265 (α, sf, 1 h).

Die so erhältlichen Isotope $^{241,243}_{95}$Am lassen sich ihrerseits durch (n,β)-Prozesse in Curium $^{242}_{96}$Cm (α-Strahler; $\tau_{1/2} = 162.8$ d; verfügbar in 100 g-Mengen) sowie $^{244}_{96}$Cm (α-Strahler; $\tau_{1/2} = 18.11$ a; verfügbar in kg-Mengen) verwandeln, während das für präparative Studien wichtige, langlebige Isotop $^{248}_{96}$Cm (α-Strahler; $\tau_{1/2} = 339\,700$ a; verfügbar in 10 mg-Mengen) aus $^{252}_{98}$Cf durch α-Zerfall gewonnen wird:

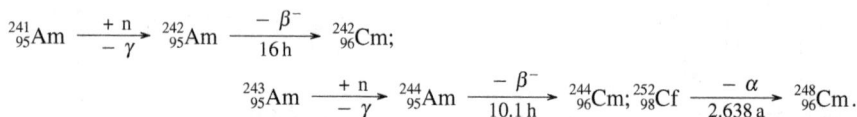

$$^{241}_{95}\text{Am} \xrightarrow[-\gamma]{+\,n} \, ^{242}_{95}\text{Am} \xrightarrow[16\,\text{h}]{-\,\beta^-} \, ^{242}_{96}\text{Cm};$$

$$^{243}_{95}\text{Am} \xrightarrow[-\gamma]{+\,n} \, ^{244}_{95}\text{Am} \xrightarrow[10.1\,\text{h}]{-\,\beta^-} \, ^{244}_{96}\text{Cm}; \, ^{252}_{98}\text{Cf} \xrightarrow[2.638\,\text{a}]{-\,\alpha} \, ^{248}_{96}\text{Cm}.$$

Durch entsprechende Prozesse kann auch das bisher stabilste Cm-Isotop $^{247}_{98}$Cm (α-Strahler; $\tau_{1/2} = 1.56 \cdot 10^7$ a) sowie das ebenfalls langlebige Isotop $^{245}_{98}$Cm bzw. das Isotop $^{246}_{98}$Cm (jeweils α-Strahler; vgl. Tab. 36.2) nahezu rein in mg-Mengen gewonnen werden.

Die Gewinnung der »Transcurium-Elemente« durch (n,β)-Prozesse gestaltet sich in Richtung Bk, Cf, Es, Fm, Md, No, Lr zunehmend schwieriger wegen der wachsenden Elementinstabilitäten in gleicher Richtung. So führte etwa die anderthalbjährige intensive Neutronenbestrahlung von 400 g $^{242}_{94}$Pu zur Isolierung von nur 0.4 mg Berkelium $^{249}_{97}$Bk und 5 mg Californium $^{249-254}_{98}$Cf (Hauptkomponente $^{252}_{98}$Cf, das als Quelle für $^{248}_{96}$Cm (s. unten) sowie für Neutronen dient), während zugleich 40 g $^{243}_{95}$Am und 150 g $^{244}_{96}$Cm gewonnen wurden[2]. Das Nuklid $^{249}_{97}$Bk (β^--Strahler; $\tau_{1/2} = 320$ d; verfügbar in mg-Mengen; Vorstufe für $^{252}_{99}$Es) sowie die erwähnten Cf-Isotope (in g-Mengen verfügbar) lassen sich für präparative Zwecke im Kernreaktor durch Neutronenbestrahlung von $^{239}_{94}$Pu (aus $^{238}_{92}$U) oder aus $^{239}_{94}$Pu-erzeugten Isotopen wie $^{241,243}_{95}$Am bzw. $^{244,248}_{96}$Cm synthetisieren, das Nuklid $^{249}_{98}$Cf (α-Strahler; $\tau_{1/2} = 350.6$ a; in mg-Mengen verfügbar) zudem durch β^--Zerfall des Nuklids $^{249}_{97}$Bk:

$$^{244}_{96}\text{Cm} \xrightarrow[-\gamma]{+\,4\,n} \, ^{248}_{96}\text{Cm} \xrightarrow[-\gamma]{+\,n} \, ^{249}_{96}\text{Cm} \xrightarrow[64.2\,\text{m}]{-\,\beta^-} \, ^{249}_{97}\text{Bk} \xrightarrow[320\,\text{d}]{-\,\beta^-} \, ^{249}_{98}\text{Cf}$$

Das längstlebige Bk-Isotop $^{247}_{97}$Bk ist wie das längstlebige Cf-Isotop $^{251}_{98}$Cf ein α-Strahler (vgl. Tab. 36.2).

Das Einsteinium und das Fermium wurden 1952/1953 von mehreren Arbeitsgruppen in den Trümmern der thermonuklearen Explosion »Mike« (S. 2313) entdeckt, die am 1.11.1952 im Pazifik erfolgte. Es entstanden hier als Folge des hohen Neutronenflusses im Explosionszentrum aus $^{238}_{92}$U durch wiederholte Neutronenaufnahme und β^--Emission die Nuklide $^{253}_{99}$Es und $^{255}_{100}$Fm. Dieser erste Nachweis erfolgte mit nicht mehr als einigen 100 Atomen, eine Meisterleistung der Experimentiertechnik. Später konnten dann im Kernreaktor wägbare Mengen Es und Fm in Form der Isotope $^{253,254,255}_{99}$Es (in mg-Mengen verfügbar; Hauptkomponente $^{253}_{99}$Es) und $^{255,256,257}_{100}$Fm (in μg-Mengen verfügbar; Hauptkomponente $^{257}_{100}$Fm) durch Neutronenbeschuss von $^{238}_{92}$U auf dem Wege über $^{239}_{94}$Pu gewonnen werden:

$$^{239}_{94}\text{Pu} \xrightarrow[-\,5\,\beta^-]{+14,\,15,\,16\,n} \, ^{253,254,255}_{99}\text{Es}; \qquad ^{239}_{94}\text{Pu} \xrightarrow[-\,6\,\beta^-]{+16,\,17,\,18\,n} \, ^{255,256,257}_{100}\text{Fm}.$$

$^{255}_{100}$Fm wird in mg-Mengen zudem aus $^{255}_{99}$Es durch einen β^--Prozess erzeugt. Die längstlebigen Es- und Fm-Isotope sind $^{252}_{99}$Es (aus $^{249}_{97}$Bk durch einen (α,n)-Prozeß; $\tau_{1/2} = 471.7$ d) und $^{257}_{100}$Fm ($\tau_{1/2} = 100.5$ d; vgl. Tab. 36.2). Eine Synthese der verbleibenden Actinoide Md, No sowie Lr gelingt nicht mehr durch Beschuss schwerer Kerne mit Neutronen, sondern nur noch durch

---

[2] Hauptweg der Bildung von Transplutoniumelementen bei Neutronenbeschuss von ^{239}Pu (in Klammern Ausbeuten gebildeter Nuklide sowie Verluste durch spontane Kernspaltung (sf); Ausbeuten ab Californium sehr klein): ^{239}Pu($\frac{2}{3}$ sf)
$\longrightarrow$ ^{240}Pu(30 %) $\longrightarrow$ ^{241}Pu($\frac{2}{3}$ sf) $\longrightarrow$ ^{243}Pu $\longrightarrow$ ^{243}Am $\longrightarrow$ ^{244}Am $\longrightarrow$ ^{244}Cm $\longrightarrow$ ^{245}Cm($\frac{4}{2}$ sf) $\longrightarrow$
^{246}Cm(1.5 %) $\longrightarrow$ ^{247}Cm($\frac{1}{2}$ sf) $\longrightarrow$ ^{248}Cm(0.8 %) $\longrightarrow$ ^{249}Cm $\longrightarrow$ ^{249}Bk $\longrightarrow$ ^{250}Bk $\longrightarrow$ ^{250}Cf $\longrightarrow$
^{251}Cf($\frac{1}{2}$ sf) $\longrightarrow$ ^{252}Cf(0.3 %) $\longrightarrow$ ^{253}Cf $\longrightarrow$ ^{253}Es $\longrightarrow$ $\longrightarrow$ ^{255}Es $\longrightarrow$ ^{255}Fm $\longrightarrow$ $\longrightarrow$ $\longrightarrow$ $\longrightarrow$ ^{259}Fm
$\longrightarrow$ ^{259}Md $\longrightarrow$ ^{260}Md $\longrightarrow$ ^{260}No $\longrightarrow$ $\longrightarrow$ $\longrightarrow$ $\longrightarrow$ $\longrightarrow$ ^{265}No $\longrightarrow$ ^{265}Lr.

Kernbeschuss mit Ionen (z. B. H-, He-, C-, N-, O-, F- oder Ne-Kernen), deren Kernladungszahl die des Ausgangselements auf die des erstrebten Transurans erhöhen. Hierdurch kann man z. B. Uran nach Belieben in Np, Pu, Cf, Es, Fm, No oder Plutonium nach Belieben in Am, Cm, No unter gleichzeitiger Neutronenabgabe umwandeln:

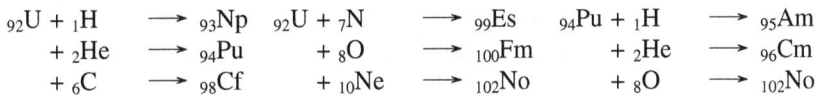

$$
\begin{array}{lll}
_{92}U + {}_1H \longrightarrow {}_{93}Np & _{92}U + {}_7N \longrightarrow {}_{99}Es & _{94}Pu + {}_1H \longrightarrow {}_{95}Am \\
+ {}_2He \longrightarrow {}_{94}Pu & + {}_8O \longrightarrow {}_{100}Fm & + {}_2He \longrightarrow {}_{96}Cm \\
+ {}_6C \longrightarrow {}_{98}Cf & + {}_{10}Ne \longrightarrow {}_{102}No & + {}_8O \longrightarrow {}_{102}No
\end{array}
$$

Das Mendelevium $_{101}^{256}$Md (α-Strahler, K-Einfang; $\tau_{1/2} = 1.3$ h) wurde hierdurch bei der Einwirkung energiereicher α-Strahlen (40 MeV) auf eine winzige Menge $_{99}^{253}$Es ($\approx$ 1 Milliarde Atome) entdeckt (vgl. S. 2313). Bei jedem einzelnen dieser Versuche entstand nur 1 Atom (!) Md; insgesamt kamen weniger als 20 Atome zur Untersuchung. Spätere Versuche mit größeren Es-Mengen führten dann zur Erzeugung von Millionen Md-Atomen (auch als $_{101}^{255}$Md), die die schwachen, aus den ersten Versuchen erschlossenen Hinweise bestätigten. In analoger Weise kann Nobelium $_{102}^{255}$No (α-Strahler, K-Einfang; $\tau_{1/2} = 3.1$ min; verfügbar in 1000-Atom-Mengen) durch Beschuss von $_{98}^{249}$Cf mit Kohlenstoffkernen und Lawrencium $_{103}^{256}$Lr (α-Strahler, K-Einfang; $\tau_{1/2} = 28$ s; verfügbar in 10-Atom-Mengen) beim Beschuss von $_{98}^{249}$Cf mit Borkernen erhalten werden (längstlebige, aber schlechter zugängliche Nuklide: $_{101}^{258}$Md, $_{102}^{259}$No, $_{103}^{260}$Lr; vgl. Tab. 36.2):

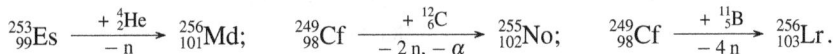

$$
_{99}^{253}Es \xrightarrow[-n]{+ {}_2^4He} {}_{101}^{256}Md; \qquad _{98}^{249}Cf \xrightarrow[-2n, -\alpha]{+ {}_6^{12}C} {}_{102}^{255}No; \qquad _{98}^{249}Cf \xrightarrow[-4n]{+ {}_5^{11}B} {}_{103}^{256}Lr.
$$

Trennung der Transurane

Bei der Abtrennung der einzelnen Actinoide aus bestrahltem Kernbrennstoff muss man zwei Probleme unterscheiden: 1. Abtrennung der Actinoidgruppe von der Lanthanoidgruppe (die ja bei der Kernbeschießung infolge Kernspaltung ebenfalls auftritt), 2. Trennung der Actinoide voneinander. Das erste Problem lässt sich z. B. durch Extraktion der dreiwertigen Actinoid-Ionen aus einer 8- bis 12-molaren LiCl-Lösung mit Aminharzen bewerkstelligen (»Tramex-Prozess«). Dreiwertige Lanthanoid-Ionen werden unter diesen Bedingungen praktisch nicht extrahiert. Durch 8-molare Salzsäure können die Actinoid-Ionen anschließend wieder eluiert werden. Das zweite Problem der Isolierung einzelner Glieder der so abgetrennten Actinoide kann wie bei den Lanthanoiden durch Fraktionierung (wichtig: Lösungsmittelextraktion, Ionenaustausch; weniger wichtig: fraktionierende Fällung, Kristallisation) oder durch Ausnutzung der verschiedenen Beständigkeit der Oxidationsstufen erfolgen.

Der Lösungsmittelextraktion bedient man sich u. a. zur Gewinnung des im »Brutreaktor« aus $_{92}^{238}$U bzw. $_{90}^{232}$Th gebildeten Plutoniums $_{94}^{239}$Pu bzw. Urans $_{92}^{233}$U (vgl. S. 2283). Auch werden Extraktionsmethoden bei der Wiederaufbereitung und Regenerierung bestrahlter Uranbrennelemente, d. h. zur Abtrennung von $_{94}^{239}$Pu und der Spaltprodukte von »unverbranntem« Uran genutzt. Zur Gewinnung und Abtrennung von $_{94}^{239}$Pu nach dem Purex-Prozess (Plutonium-Uran-Recovery-Extraction) löst man die Brennelemente – nach etwa 100-tägiger Verweilzeit in mit Wasser gefüllten »Abklingbecken« (Zerfall der kurzlebigen, hochradioaktiven Spezies wie $_{53}^{131}$I) – in 7 molarer HNO_3. Bei der nachfolgend durchgeführten Extraktion mit Tributylphosphat (TBP) in Kerosin (10–30 %-ige Lösung) gehen bevorzugt U^{VI} und Pu^{IV} in Form von $[UO_2(NO_3)_2(TBP)_2]$ und $[Pu(NO_3)_4(TBP)_2]$ in die organische Phase. Plutonium wird dann nach Reduktion zur dreiwertigen Oxidationsstufe zurückextrahiert, während das schwerer reduzierbare Uran anschließend durch Zugabe von Wasser zurückextrahiert wird. In analoger Weise erfolgt zur Gewinnung von $_{92}^{233}$U nach dem Thorex-Prozess (Thorium-Extraction) zunächst eine Extraktion von Th^{IV} und U^{VI} aus der Salpetersäure-Lösung mit Tributylphosphat in Kerosin (40 %-ige Lösung). Anschließend wird durch Zugabe von verdünnter Salpetersäure zuerst Thorium, dann Uran zurückextrahiert.

Das Ionenaustauschverfahren (vgl. S. 2293), das sich für kleinere und kleinste Mengen eignet und für die Trennung der Transamericium-Elemente unentbehrlich ist, beruht darauf, dass beim Aufgießen einer wässerigen Actinoidsalzlösung auf eine Austauschersäule die Actinoid-Ionen An^{3+} von dem Kationenaustauscherharz MR der Säule um so leichter festgehalten werden, je kleiner die Ordnungszahl des Actinoids ist (leichte Actinoide oben, schwere unten), während sie umgekehrt aus dieser Säule bei Behandlung mit der Lösung eines Komplexbildners MA (z. B. gepufferte Citrat- oder Lactat-Lösung) um so leichter infolge Bildung löslicher Komplexe gemäß AnR_3(fest) + 4 MA(gelöst) $\longrightarrow$ M[AnA$_4$] + 3 MR(fest) eluiert werden, je größer die Ordnungszahl des Actinoids ist (schwere Actinoide zuerst, leichte zuletzt; vgl. Abb. 35.3). G. T. Seaborg, der Entdecker zahlreicher Transurane, setzte das Verfahren selbst dann erfolgreich ein, wenn nur einige Atome des zu charakterisierenden Elements in Lösung waren. Andererseits lassen sich größere Mengen der Elemente nicht durch Ionenaustausch trennen, da das Austauscherharz (z. B. »Dowex-50« = sulfonsäurehaltiges Styrol/Divinylbenzol-Mischpolymerisat) durch die intensive radioaktive Strahlung zersetzt wird.

Bei der Trennung durch Wertigkeitsänderung bedient man sich z. B. der Tatsache, dass die Beständigkeit der An(VI)-Ionen in der Reihenfolge $UO_2^{2+} > NpO_2^{2+} > PuO_2^{2+} > AmO_2^{2+}$ ab-, die der An^{3+}-Ionen dagegen in gleicher Richtung zunimmt: $U^{3+} < Np^{3+} < Pu^{3+} < Am^{3+}$, sodass es durch Wahl geeigneter Oxidations- und Reduktionsmittel möglich ist, die Actinoide in einer Lösung in verschiedene Oxidationsstufen überzuführen, welche verschieden reagieren und so voneinander getrennt werden können. Beispielsweise kann man Pu als PuO_2^{2+} und Am als Am^{3+} erhalten, wobei PuO_2^{2+} durch Lösungsmittelextraktion, Am^{3+} durch Fällung als Fluorid abtrennbar ist, da ganz allgemein AnO_2^{2+}-Verbindungen zum Unterschied von An^{3+}-Verbindungen durch geeignete organische Lösungsmittel leicht extrahierbar und An^{3+}-Verbindungen zum Unterschied von AnO_2^{2+}-Verbindungen mit Fluoriden fällbar sind (vgl. hierzu Purex- und Thorex-Prozess, oben).

Gewinnung der elementaren Transurane

Die elementaren Transurane lassen sich durch Reduktion der Halogenide (insbesondere Fluoride) und Oxide mit Alkali- und Erdalkalimetallen bei höheren Temperaturen gewinnen (z. B. NpF_3/Ba bei 1200 °C; PuF_4/Li, Ca, Ba bei 1200 °C; CmF_3/Ba bei 1275 °C; BkF_3/Li bei 1025 °C; Cf_2O_3/La, Th; EsF_3/Li). Wägbare Mengen von elementarem Md, No und Lr wurden bisher noch nicht isoliert.

3   Physikalische Eigenschaften

Die in wägbaren Mengen zugänglichen freien Actinoide Th bis Es stellen wie die Lanthanoide silberglänzende Metalle dar. Sie kristallisieren – mit Ausnahme von Cf – in mehreren Modifikationen (z. B. 6 allotrope Pu-Modifikationen), wobei die Metallatome in den unter Normalbedingungen stabilen Modifikationen bevorzugt dichtest gepackt sind. Einige physikalische Eigenschaften der Actinoide wie Dichten, Schmelzpunkte, Siedepunkte, Atom- und Ionenradien, Redoxpotentiale fasst Tafel V zusammen. Sie zeigen wie entsprechende Eigenschaften der Lanthanoide teils aperiodischen, teils periodischen Verlauf.

Unter den physikalischen Eigenschaften mit aperiodischem Verlauf ist insbesondere die Actinoid-Kontraktion, d. h. die Abnahme des An^{n+}-Ionenradius mit wachsender Kernladungszahl der Actinoide zu nennen (vgl. Abb. 35.4 sowie Tafel V). Sie geht wie bei den dreiwertigen Lanthanoiden (vgl. Lanthanoid-Kontraktion) auf die in Richtung $Ac^{n+} \rightarrow Lr^{n+}$ wachsende Kernladung zurück, die hinsichtlich der f-Elektronen nur unvollständig durch die restlichen Elektronen abgeschirmt wird, sodass die f-Elektronen in gleicher Richtung stärker durch die Atomkerne angezogen werden. Allerdings wirkt sich die zusätzliche energetische Stabilisierung der

5f-Elektronen beim Übergang von den ungeladenen zu den geladenen Actinoiden weniger drastisch aus als die der 4f-Elektronen beim Übergang von den ungeladenen zu den geladenen Lanthanoiden (vgl. S. 2295). Demgemäß sind die f-Elektronen in Actinoid-Ionen weniger stark im Elektronenrumpf eingebettet und weniger wirkungsvoll gegen ihre chemische Umgebung abgeschirmt als die f-Elektronen der Lanthanoid-Ionen (s. unten und relativistische Effekte, S. 372). Auch kommt die mit steigender positiver Atomladung in Richtung ns $<$ (n $-$ 1)d $<$ (n $-$ 2)f-Elektronen wachsende energetische Stabilisierung der äußeren Atomelektronen bei den Actinoiden (zumindest den leichteren) weniger zum Tragen als bei den Lanthanoiden (S. 2295).

Da die schweren Actinoide ab Fermium (»Transeinsteinium-Elemente«) nur in geringsten (Fm) bzw. unwägbaren Mengen (Md, No, Lr) zugänglich sind, sodass über die makroskopischen Eigenschaften dieser Elemente bisher nichts bekannt ist, lassen sich zum Teil noch keine sicheren Aussagen darüber machen, inwieweit Dichten, Schmelzpunkte, Siedepunkte, Metallatomradien und andere physikalische Eigenschaften der freien Actinoide einen periodischen Verlauf zeigen. Die Dichten der Elemente durchlaufen gemäß Abb. 35.6 mit steigender Kernladung ein Maximum bei Neptunium, korrespondierend mit einem Minimum der Metallatomradien und einem Maximum der Siedepunkte (vgl. Tafel V). Im weiteren Dichteverlauf folgt ein Minimum im Bereich Am, Cm, Bk. Der Grund für den Anstieg der Dichten und die Verkleinerung der Metallatomradien in Richtung Ac $\rightarrow$ Np $\leftarrow$ Cm beruht wohl auf der wachsenden Anzahl von Elektronen, die von den Actinoiden in gleicher Richtung zur metallischen Bindung beigesteuert werden. Hiermit übereinstimmend erhöht sich der Wert der stabilsten Oxidationsstufe in der Elementreihe Ac bis Cm, wie weiter unten auseinandergesetzt wird, zunächst von drei (Ac) bis auf sechs (U), um dann wieder auf drei (Cm) abzusinken (im Falle der homologen Elemente La bis Gd findet sich – entsprechend der geringeren Neigung zur Ausbildung höherer Oxidationsstufen – nur ein kleines Dichtemaximum bei Ce; vgl. Abb. 35.6). Dass die Dichte beim Übergang von Cm zu Am nur wenig, beim Übergang von Am zu Pu besonders stark ansteigt, hängt möglicherweise mit der vergleichsweise geringen Tendenz von Am (Entsprechendes gilt für No) zur Abgabe von Elektronen zusammen (Erreichung einer halb- bzw. vollbesetzten 5f-Schale bei Bildung zweiwertiger Ionen Am^{2+}, No^{2+}; vgl. Eu^{2+}, Yb^{2+}). Einen periodischen Verlauf zeigen unter den Eigenschaften der Actinoid-Ionen auch das magnetische und optische Verhalten dieser Ionen, worauf nachfolgend eingegangen sei:

Magnetisches Verhalten. Der energetische Abstand des auf den Grundterm der dreiwertigen Actinoide folgenden Terms ist kleiner als der entsprechende energetische Abstand im Falle der homologen dreiwertigen Lanthanoide. Die betreffenden Energieniveaus liegen – zumindest bei den leichten An^{3+}-Ionen – so nahe beieinander, dass der erste angeregte Zustand thermisch erreichbar und bei Raumtemperatur teilweise besetzt wird. Dies führt zu einer Erschwernis der Vorhersage der magnetischen Momente für die Actinoid-Ionen. Die unter Normalbedingungen aufgefundenen magnetischen Momente der An^{3+}-Ionen sind in Abb 35.9 wiedergegeben. Ihre Größe und ihr Verlauf entspricht in etwa der Größe und dem Verlauf der experimentell bestimmten magnetischen Momente der Ln^{3+}-Ionen.

Optisches Verhalten. Die Actinoid-Ionen (vgl. Tab. 36.3) sind ähnlich wie die Lanthanoid-Ionen (Tab. 35.4) farblos oder fast farblos, falls sie eine nicht- oder halb-besetzte f-Außenschale besitzen (Ac^{3+}, Th^{4+}, PaO_2^+, UO_2^{2+}, Cm^{3+}, Bk^{4+}; No^{2+}, Lr^{3+} sind wohl farblos; die grüne Farbe von $Np^{VII}O_6^{5-}$ bzw. $Np^{VII}O_2^{3+}$ geht wohl ähnlich wie die violette Farbe von $Mn^{VII}O_4^-$ auf eine CT-Absorption zurück, vgl. S. 192). In den übrigen Fällen weisen die Actinoid-Ionen kräftige Farben auf.

Die durch Lichtabsorption hervorgerufenen Farben der An^{3+}-Ionen beruhen auf f$\rightarrow$f-, f$\rightarrow$d- und CT-Übergängen (vgl. S. 192). Die auf f$\rightarrow$f-Übergänge zurückgehenden Absorptionen liegen im sichtbaren und ultravioletten Bereich und bedingen die Farben der Lösungen einfacher Actinoidsalze (vgl. Tab. 36.2). Zur Deutung der f$\rightarrow$f-Übergänge der Actinoid-Ionen geht man wie im Falle der Deutung der f$\rightarrow$f-Übergänge der Lanthanoid-Ionen (S. 2299) von dem durch Spin-

Tab. 36.3 Farben von Actinoid-Ionen in wässriger Lösung.

Ac^{3+}	(Th^{3+})	(Pa^{3+})	U^{3+}	Np^{3+}	Pu^{3+}	Am^{3+}	Cm^{3+}	Bk^{3+}	Cf^{3+}	Es^{3+}
farblos	tiefblau	blauschwarz	purpurrot	purpurviolett	tiefblau	gelbrosa	farblos	gelbgrün	grün	blassrosa
–	Th^{4+}	Pa^{4+}	U^{4+}	Np^{4+}	Pu^{4+}	Am^{4+}	Cm^{4+}	Bk^{4+}	Cf^{4+}	–
	farblos	blassgelb	smaragdgrün	gelbgrün	orangebraun	gelbrot	blassgelb	beige	grün	
–	–	$Pa^{V}O_2^{+}$	$U^{V}O_2^{+}$	$Np^{V}O_2^{+}$	$Pu^{V}O_2^{+}$	$Am^{V}O_2^{+}$	–	–	–	–
		farblos	blasslila	grün	rotviolett	gelb				
–	–	–	$U^{VI}O_2^{2+}$	$Np^{VI}O_2^{2+}$	$Pu^{VI}O_2^{2+}$	$Am^{VI}O_2^{2+}$	–	–	–	–
			gelb	rosarot	rosagelb	zitronengelb				
–	–	–	–	$Np^{VII}O_2^{3+}$	$Pu^{VII}O_2^{3+}$	$(Am^{VII}O_6^{5-})$	–	–	–	–
				tiefgrün	blaugrün	dunkelgrün				

und Bahnkopplung hervorgerufenen Mehrelektronenzuständen (Termen) aus. Da jedoch die 5f-Elektronen stärker exponiert sind als die 4f-Elektronen (vgl. das weiter oben Besprochene) beobachtet man im Falle der An-Ionen anders als im Falle der Ln-Ionen einen deutlichen Ligandenfeldeinfluss der zu einer energetischen Aufspaltung der betreffenden Terme in Unterterme führt (vgl. hierzu Deutung der d→d-Übergänge, S. 1609). Als Folge des erhöhten Ligandeneinflusses, der zu Ligandenfeldaufspaltungen in der Größenordnung der Spin-Bahnkopplungen von 5f-Elektronen führt (ca. 2000–4000 cm^{-1}), sind die Absorptionsspektren der An-Ionen komplizierter und weniger charakteristisch als die der Ln-Ionen. Auch bedingt der Ligandeneinfluss eine Lockerung der f→f-Übergangsverbote und eine Verstärkung der Kopplungen von f→f-Übergängen mit Anregungen von Ligandenschwingungen. Die f→f-Absorptionen der An-Ionen sind demgemäß ca. 10 mal intensiver und 2 mal breiter als die f→f-Absorptionen der Ln-Ionen.

Zur Auslösung der f→d-Übergänge benötigt man im Falle der An-Ionen langwelligeres Licht als im Falle der Ln-Ionen, da der energetische Abstand zwischen 5f- und 6d-Orbitalen aus den oben diskutierten Gründen kleiner ist als der zwischen 4f- und 5d-Orbitalen. Die »erlaubten« und deshalb sehr intensiven f→d-Absorptionen liegen aber selbst im Falle der dreiwertigen Actinoide meist im ultravioletten Bereich und beeinflussen demgemäß die Farbe der An-Ionen in der Regel nicht.

Die erlaubten und damit ebenfalls intensiven Charge-Transfer-(CT-)Übergänge (vgl. S. 192) sind insbesondere für die Farben von Actinoidkomplexen verantwortlich, die Actinoide in hoher Oxidationsstufe und Liganden leichter Oxidierbarkeit enthalten. Da Lanthanoide in ihren Verbindungen maximal vierwertig vorliegen, spielen derartige CT-Absorptionen für die 4f-Elemente keine Rolle.

4 Chemische Eigenschaften

Die freien Actinoide schließen sich in ihrem unedlen Charakter den noch elektropositiveren benachbarten Erdalkali- und Alkalimetallen an und besitzen hohe chemische Aktivität (für $E°$-Werte vgl. Anh. VI). Sie laufen an der Luft an und entzünden sich in feinverteiltem Zustand spontan. Beim Erhitzen reagieren sie mit den meisten Nichtmetallen. Von Wasser und Alkalien werden die Actinoide nicht angegriffen. Siedendes Wasser führt zur Bildung einer Oxidschicht auf den Metalloberflächen. In Säuren wie Salzsäure lösen sich die Actinoide mehr oder weniger vollständig unter H_2-Entwicklung und Bildung von An-Ionen in ihrer beständigsten Oxidationsstufe (vgl. Tab. 36.4; unlösliche Rückstände im Falle von Th, Pa, U). Behandlung mit konzentrierter Salpetersäure führt zur Passivierung von Th, U, Pu. Letztere unterbleibt in Anwesenheit von Fluorid, sodass die betreffenden Elemente mit Vorteil in F^--haltiger Salpetersäure aufgelöst werden.

Gemäß Tab. 36.4, welche beobachtete Wertigkeiten der Actinoide zusammenfassend wiedergibt, vermögen die 5f-Elemente 2-, 3-, 4-, 5-, 6- und 7-wertig aufzutreten. Die höchsten Wertig-

Tab. 36.4 Beobachtete Wertigkeiten (Oxidationsstufen) der Actinoide in Verbindungen.[a]

Ac	Th	Pa	U	Np	Pu	Am	Cm	Bk	Cf	Es	Fm	Md	No	Lr
	(2)	(2)	(2)	(2)	(2)	2	(2)	(2)	2	2	2	2	2	
3	(3)	(3)	3	3	3	3	3	3	3	3	3	3	3	3
	4	4	4	4	4	4	4	4	4					
		5	5	5	5	5	5?							
			6	6	6	6	6?							
				7	7	7								

a Die beständigsten Oxidationsstufen sind umrandet; eingeklammerte Zweiwertigkeiten treten nur bei verdünnten festen Lösungen von Halogeniden AnX$_2$ in Erdalkalimetallhalogeniden MX$_2$, kursiv gedruckte Wertigkeiten nicht in wässriger Lösung, sondern nur im Feststoff auf. Die Iodide ThI$_2$, ThI$_3$ und PaI$_3$ entsprechen der Formulierung An^{4+}(X$^-$)$_2$(e$^-$)$_2$ bzw. An^{4+}(X$^-$)$_3$(e$^-$) mit vierwertigem Actinoid.

keiten 5, 6 und 7 sind dabei auf die Anfangsglieder Pa bis Am beschränkt (Cm^V und Cm^{VI} sind noch unsicher).

Wie ein Vergleich möglicher Oxidationsstufen der Actinoide mit denen homologer Lanthanoide lehrt, unterscheidet sich das Redoxverhalten der leichteren 5f-Elemente (bis Cm) deutlich von dem der leichteren 4f-Elemente. Tatsächlich zeigen die Actinoide Th, Pa, U hinsichtlich ihres Redoxverhaltens gewisse Ähnlichkeiten mit den Nebengruppenelementen Hf, Ta und W, weshalb die betreffenden Actinoide früher der IV., V. und VI. Nebengruppe zugeordnet wurden (vgl. S. 2331). Dass sie dennoch Glieder der Actinoidgruppe sind, geht allerdings nicht nur aus dem spektroskopisch ermittelten Bau ihrer Elektronenhüllen, sondern auch aus dem Gang einer Reihe physikalischer und chemischer Eigenschaften hervor (s. unten). Die redoxchemischen Ähnlichkeiten der Actinoide mit Nebengruppenelementen verschwinden bei den Transuranen in Richtung Np, Pu, Am zusehends. Deutliche Ähnlichkeiten des Redoxverhaltens mit dem der Lanthanoide weisen allerdings erst die schweren Actinoide ab Cm auf.

Im Zusammenhang mit den chemischen Eigenschaften der Actinoide (besonders eingehend untersucht: Th, U, Pu) sei nachfolgend das Redox-, Säure-Base-, Löslichkeits- und Hydrolyse-Verhalten der Actinoid-Ionen, geordnet nach ihren Oxidationsstufen, sowie ihre Darstellung eingehender besprochen (bezüglich der zum Eigenschaftsstudium angewandten experimentellen Methoden vgl. S. 2332). Eine Übersicht über die Stereochemie der An-Ionen unterschiedlicher Wertigkeiten gibt die Tab. 36.5 zusammen mit der Stereochemie entsprechender Ln-Ionen wieder.

Einwertigkeit. Einwertige Verbindungen von Mendelevium (vollbesetzte f-Schale) konnten bisher nicht gewonnen werden.

Zweiwertigkeit. Die zweiwertige Stufe ist für Actinoidverbindungen im Falle von Am sowie Cf bis No (insgesamt 6 Elemente) nachgewiesen. Ihre Darstellung ist durch Oxidation der betreffenden Actinoide mit milden Oxidationsmitteln (z. B. Am + HgX$_2$ $\longrightarrow$ AmX$_2$ + Hg bei 400–500 °C; X = Cl, Br, I) oder durch Reduktion der dreiwertigen Stufe möglich (z. B. Md^{3+}, No^{3+} + e$^-$ $\longrightarrow$ Md^{2+}, No^{2+}; Reduktionsmittel: Zn, Cr^{2+}, Eu^{2+}, V^{2+} in wässriger Lösung).

Redoxverhalten. Charakteristisch ist die Zweiwertigkeit insbesondere für das mit Europium elementhomologe Americium und das mit Ytterbium elementhomologe Nobelium, da die Elemente in diesem Valenzzustand eine halb- bzw. vollbesetzte f-Schale aufweisen. Während jedoch zweiwertiges Americium Am^{2+} redoxinstabiler ist als Eu^{2+} und – anders als Eu^{2+} – mit Wasser unter H$_2$-Entwicklung reagiert ($E° = -2.3$ V für Am^{2+}/Am^{3+}; -0.35 V für Eu^{2+}/Eu^{3+}), zeigt zweiwertiges Nobelium No^{2+} umgekehrt eine höhere Redoxstabilität als Yb^{2+} und verhält sich – anders als Yb^{2+} – wasserstabil ($E° = +1.45$ V für No^{2+}/No^{3+}; -1.05 V für Yb^{2+}/Yb^{3+}). Die zweiwertigen Stufen der vor Am und No stehenden Actinoide werden mit wachsendem Abstand des

Tab. 36.5 Stereochemie der Lanthanoide und Actinoide (Ox = Oxidationsstufe; KZ = Koordinationszahl; vgl. hierzu Tab. 10.3 und Tab. 20.5).

Ox	KZ	Koordinationsgeometrie	Beispiele
+II	6	oktaedrisch	YbI_2, LnO, AnO, LnY (Ln = Sm, Eu, Yb; Y = S, Se, Te)
	8	kubisch	LnF_2 (Sm, Eu, Yb)
+III	3	pyramidal	$[M\{N(SiMe_3)_2\}_3]$ (Nd, Eu, Yb, U)
	4	tetraedrisch	$[Ln\{N(SiMe_3)_2\}_3(OPPh_3)]$ (La, Eu, Lu), $LuMes_4^-$
	5	trigonal-bipyramidal	AcF_3, $[Ln(CH_2SiMe_3)_3(THF)_2]$ (Er, Tm)
	6	oktaedrisch	MX_6^{3-} (Ln, U bis Bk; X = Cl, Br), $LnCl_3$ (Dy bis Lu)
		trigonal-prismatisch	$[Pr\{S_2P(C_6H_{11})_2\}_3]$
	7	überkappt-trig.-prism.	$[Y(acac)_3 \cdot H_2O]$, $[Dy(O\text{⋯}CtBu\text{⋯}CH\text{⋯}CtBu\text{⋯}O)_3(H_2O)]$
		überkappt-oktaedrisch	$[Ho(O\text{⋯}CPh\text{⋯}CH\text{⋯}CPh\text{⋯}O)_3(H_2O)]$
	8	antikubisch	$[Eu(acac)_3(phen)]$
		dodekaedrisch	$[Eu(S_2CNEt_2)_4]^-$
		2-fach-überkappt-trig.-prismatisch	LnF_3 (Sm bis Lu), $TbCl_3$, CfF_3, $AnBr_3$ (Pu bis Bk)
	9	3-fach-überkappt-trig.-prismatisch	$[Ln(H_2O)_9]^{3+}$, MCl_3 (La bis Gd, U bis Es), UF_5^-
		überkappt-antikubisch	$[Pr(terpy)Cl_3(H_2O)_5] \cdot 3\,H_2O$
	10	2-fach-überkappt-dodekaedrisch	$[Ln(NO_3)_5]^{2-}$ (Ce, Eu, Ho, Er)
	12	ikosaedrisch	$[Ce(NO_3)_6]^{3-}$
+IV	4	verzerrt-tetraedrisch	$[U(NPh_2)_4]$
	5	trigonal-bipyramidal	$[U_2(NEt_2)_8]$, $[UH\{N(SiMe_3)_2\}_3]$
	6	oktaedrisch	$CeCl_6^{2-}$, AnX_6^{2-} (U, Np, Pu; X = Cl, Br), $[UCl_4(OPR_3)_2]$
	7	pentagonal-bipyramidal	UBr_4, UF_7^{3-}, $NpBr_4$
	8	kubisch	$[An(NCS)_8]^{4-}$ (Th bis Pu), LnO_2, AnO_2
		antikubisch	$[M(acac)_4]$ (Ce, Th bis Pu), MF_4 (Ce, Pr, Tb, Th bis Np), ThI_4, $[U(NCS)_8]^{4-}$
		dodekaedrisch	$[Th(ox)_4]^{4-}$, $[An(S_2CNEt_2)_4]$ (Th, U, Np, Pu)
	9	3-fach-überkappt-trig.-prismatisch	ThF_7^{3-}
		überkappt-antikubisch	$[Th(Tropolon)_4(H_2O)]$
	10	2-fach-überkappt-antikubisch	$[Th(NO_3)_4(OPPh_3)_2]$
	11	komplex	$[Th(NO_3)_4(H_2O)_3] \cdot 2\,H_2O$
	12	ikosaedrisch	$[M(NO_3)_6]^{2-}$ (Ce, Th, U, Np, Pu), $[An(BH_4)_4]$ (Np, Pu)
	14	2-fach-überk.-hexag.-antiprismatisch	$[An(BH_4)_4]$ (Th, Pa, U)
+V	6	oktaedrisch	AnF_6^- (U, Np, Pu), UF_5, UCl_5, $PaBr_5$
	7	pentagonal-bipyramidal	AnF_5 (Pa, U, Np), $PaCl_5$
	8	kubisch	AnF_8^{3-} (Pa, U, Np)
	9	3-fach-überkappt-trig.-prismatisch	PaF_7^{2-}, PuF_7^{2-}
+VI	6	oktaedrisch	AnF_6 (U, Np, Pu), UCl_6, $UO_2X_4^{2-}$ (X = Cl, Br)
	7	pentagonal-bipyramidal	$[UO_2(S_2CNEt_2)_2(ONMe_3)]$, $[UO_2(NCS)_5]^{3-}$, $[UO_2(H_2O)_5]^{2+}$
	8	hexagonal-bipyramidal	$[UO_2(NO_3)_2(H_2O_2)]$, $[UO_2(NO_3)_3]^-$, $[UO_2(O_2)_3]^{4-}$
+VII	6	oktaedrisch	AnO_6^{5-} (Np, Pu)

Elements zunehmend instabiler hinsichtlich ihres Übergangs in die dreiwertige Stufe. Dies hat wegen der vergleichsweise niedrigen Stabilität von Am^{2+} und hohen Stabilität von No^{2+} (stabilste Oxidationsstufe) zur Folge, dass das vor Am stehende Pu in Verbindungen nicht mehr zweiwertig auftritt, während die vor No stehenden Elemente Mendelevium und Fermium sogar wasserstabile zweiwertige Stufen bilden (Md^{2+} ist sogar noch stabiler als Eu^{2+}), und selbst von den Elementen Einsteinium und Californium noch zweiwertige Verbindungen existieren (Es^{2+} und Cf^{2+} zersetzen Wasser unter H_2-Entwicklung).

Säure-Base-Verhalten. In ihren Säure-Base-Reaktionen ähneln die wasserstabilen Actinoid-Ionen No^{2+} und Md^{2+} den Erdalkali-Ionen Ca^{2+} oder Sr^{2+}. Dementsprechend neigen Salze AnX_2 nicht zur Hydrolyse; auch wirken die Hydrate $An(H_2O)_n^{2+}$ nicht sauer.

Dreiwertigkeit. Die dreiwertige Stufe ist für die Actinoide U bis Lr (insgesamt 12 Elemente) nachgewiesen. Ihre Darstellung erfolgt im Falle von U^{3+}, Np^{3+} und Pu^{3+} durch Reduktion höherer Wertigkeiten (z. B. U^{IV}, Np^V, Pu^{IV}) auf elektrischem sowie chemischem Wege (z. B. Zink oder H_2/Pt), in den übrigen Fällen durch Oxidation der Actinoide (z. B. Lösen in Säure).

Redoxverhalten. Die dreiwertige Stufe der Actinoide ist hinsichtlich einer Überführung in die nullwertige Stufe sehr stabil. Nach Lage der in folgender Zusammenstellung wiedergegebenen Redoxpotentiale für die Prozesse An $\rightleftarrows$ An^{3+} + 3 e$^-$ können die An^{3+}-Ionen nicht durch Zink, wohl aber durch Alkalimetalle zu den Elementen reduziert werden (experimentelle Werte in 1M-$HClO_4$: -1.7 bis -2.1 V; eingeklammerte Werte berechnet; E° für Th/Th^{4+} = -1.83 V; für Pa/Pa^{5+} = -1.19 V, s. Tab. 36.6).

Hinsichtlich der Überführung der An^{3+}-Ionen in eine höherwertige Stufe nimmt die Stabilität der Ionen in der Reihe Thorium bis Lawrencium zu. So sind dreiwertiges Thorium Th^{3+} und Protactinium Pa^{3+} in Wasser wegen ihrer hohen Reduktionskraft nicht existenzfähig, und selbst Verbindungen wie ThI_3 oder PaI_3, die nach ihrer Summenformel dreiwertige Actinoide enthalten sollten, müssen entsprechend ihrer metallischen Leitfähigkeit im Sinne von $An^{4+}(I^-)_3e^-$ mit vierwertigem Actinoid formuliert werden. Dreiwertiges Uran U^{3+} ist bereits in Wasser erhältlich. Die wässrigen Lösungen zersetzen sich aber auch in Abwesenheit von Sauerstoff langsam unter H_2-Entwicklung ($E^\circ = -0.52$ für U^{3+}/U^{4+}). Die dreiwertige Stufe lässt sich durch Fällung von U(III)-Doppelsulfaten oder -chloriden, die sich ihrerseits zur Darstellung anderer U(III)-Komplexe in nichtwässrigen Medien eignen, stabilisieren. Wässrige Lösungen des dreiwertigen Neptuniums Np^{3+} sind anders als Lösungen von U^{3+} in Wasser bereits beständig, werden aber durch Luft leicht in Lösungen von Np^{4+} verwandelt. Verbindungen des dreiwertigen Plutoniums Pu^{3+} sind sowohl gegen Wasser als auch gegen Luft beständig, lassen sich jedoch in wässriger Lösung schon durch milde Oxidationsmittel leicht zu Pu^{4+} oxidieren (Oxidation erfolgt auch durch die Wirkung der α-Strahlung von $^{239}_{94}Pu$). Für die Elemente Americium bis Mendelevium sowie Lawrencium ist schließlich die Dreiwertigkeit der bevorzugte Zustand. Bezüglich der Überführbarkeit der An^{3+}-Ionen in den zweiwertigen Zustand s. oben. Eine ausgeprägte Neigung hierfür hat nur das dreiwertige Nobelium No^{3+} (vgl. Potential-Zusammenstellung).

Säure-Base-Verhalten. In ihren Fällungsreaktionen ähneln die Actinoid-Ionen An^{3+} den entsprechenden Lanthanoid-Ionen Ln^{3+}. So sind die Fluoride, Hydroxide und Oxalate in Wasser unlöslich, die Chloride, Bromide, Iodide, Nitrate, Sulfate, Perchlorate löslich. Die Basizität der dreiwertigen Actinoid-oxide An_2O_3 und -hydroxide $An(OH)_3$ sinkt als Folge der Actinoid-Kontraktion (S. 2301) ähnlich wie die der dreiwertigen Lanthanoid-oxide und -hydroxide

Tab. 36.6

[Volt]	U	Np	Pu	Am	Cm	Bk	Cf	Es	Fm	Md	No	Lr
I/III	-1.66	-1.79	-2.00	-2.07	-2.06	-1.96	-1.91	-1.98	-2.07	-1.74	-1.26	-2.1
II/III	(-4.7)	(-4.7)	(-3.5)	-2.3	(-3.7)	(-2.8)	(-1.6)	(-1.6)	(-1.2)	-0.15	$+1.45$	$-$

(S. 2295) mit steigender Atommasse des Ions An^{3+} In gleicher Richtung nimmt naturgemäß die Neigung von Salzen AnX_3 zur Hydrolyse zu. Die in saurer Lösung vorliegenden Ionen $[An(H_2O)_n]^{3+}$ ($n = 8–9$) stellen nur schwache Kationsäuren dar, deren Acidität mit wachsender Ordnungszahl ansteigt (pK_S ca. 7–5):

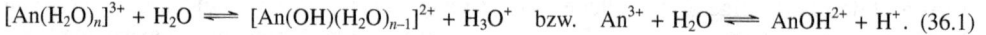

$$[An(H_2O)_n]^{3+} + H_2O \rightleftharpoons [An(OH)(H_2O)_{n-1}]^{2+} + H_3O^+ \quad bzw. \quad An^{3+} + H_2O \rightleftharpoons AnOH^{2+} + H^+. \quad (36.1)$$

Sie sind allerdings saurer als die hydratisierten zweiwertigen Actinoid-Ionen. Bei Zugabe von Alkali (Neutralisation der sauren An^{3+}-Lösungen) bilden sich unlösliche Niederschläge $An(OH)_3$ bzw. $An_2O_3 \cdot x\,H_2O$.

Stereochemie (vgl. Tab. 36.5). Ähnlich wie die Ln^{3+}-Ionen bevorzugen die An^{3+}-Ionen hohe Koordinationszahlen im Bereich 6–9 (z. B. $AnCl_6^{3-}$ mit oktaedrisch-koordiniertem Np^{3+}, Am^{3+}, Bk^{3+}; $AnBr_3$ mit zweifach-überkappt-trigonal-prismatisch koordiniertem Pu^{3+}, Am^{3+}, Cm^{3+}, Bk^{3+}; $AnCl_3$ mit dreifach-überkappt-trigonal-prismatisch koordiniertem U^{3+} bis Es^{3+}).

Vierwertigkeit. Die vierwertige Stufe konnte für die Actinoide Th bis Cf (insgesamt 9 Elemente) verwirklicht werden. Die Ionen M^{4+} treten damit bei den Actinoiden häufiger auf als bei den homologen Lanthanoiden, bei denen nur Ce^{4+}, Pr^{4+}, Nd^{4+}, Tb^{4+}, Dy^{4+} in Verbindungen (Ce^{4+} auch in wässriger Lösung) bekannt sind. Ihre Darstellung in wässriger Lösung erfolgt teils durch Oxidation niedriger Wertigkeiten (Th + HNO_3/F^-, U^{3+}/Np^{3+} + O_2; Pu^{3+}/Bk^{3+} + BrO_3^-, $Cr_2O_7^{2-}$, Ce^{4+}; Am^{3+}/Cm^{3+} + Strom (s. unten)), teils durch Reduktion höherer Wertigkeiten (Pa^V/U^{VI} + Strom, Zn, Cr^{2+}, Ti^{3+}; Np^V/Pu^{VI} + Fe^{2+}, I^-, SO_2).

Redoxverhalten. Charakteristisch ist die Vierwertigkeit insbesondere für das mit Cer elementhomologe Thorium und das mit Terbium elementhomologe Berkelium, da die Elemente in diesem Valenzzustand eine nicht- bzw. halbbesetzte f-Schale aufweisen. Vierwertiges Thorium Th^{4+} ist unter den Ionen An^{4+} besonders stabil. Thorium bildet sowohl in wässriger Lösung wie in anorganischen Verbindungen überhaupt keine anderen Wertigkeitsstufen (auch Substanzen wie ThI_2, ThS, ThI_3, Th_2S_3 enthalten vierwertiges Thorium; man kennt jedoch ThR_3 mit R = C_5H_5). In seiner ausschließlichen Vierwertigkeit unterscheidet sich Thorium vom elementhomologen Cer, das sowohl vier-, als auch dreiwertig auftritt (S. 2301).

Vierwertiges Berkelium Bk^{4+} (wasserstabil) lässt sich anders als Th^{4+} in den dreiwertigen Zustand überführen. Es ist bezüglich der Oxidationsstufe +III sogar instabiler als U^{4+}, Np^{4+} und Pu^{4+}, wie aus folgender Potential-Zusammenstellung hervorgeht, die Potentiale von Ionen-Umladungen III/IV und IV/V der Elemente Pa bis Es umfasst (1M-HClO_4-Lösung; eingeklammerte Werte berechnet, s. Tab. 36.7).

Den wiedergegebenen Potentialen ist zu entnehmen, dass (i) die Oxidationskraft (Reduzierbarkeit) der An^{4+}-Ionen in der Richtung U $\rightarrow$ Np $\rightarrow$ Pu $\rightarrow$ Am $\rightarrow$ Cm und ihre Reduktionskraft (Oxidierbarkeit) in umgekehrter Richtung zunimmt, (ii) die Oxidationskraft von Bk^{4+} beim Übergang Cm $\rightarrow$ Bk entgegen Regel (i) nicht zu-, sondern abnimmt, entsprechend der erwarteten herausragenden Stabilität von Bk^{4+} (halbbesetzte f-Schale).

Die auf Thorium folgenden Elemente Protactinium, Uran, Neptunium und Plutonium sind in vierwertigem Zustand wie Th^{4+} und Bk^{4+} wasserstabil (die mögliche Oxidation von Pa(IV) ist kinetisch gehemmt). Wegen der nahezu gleichen Größe des Redoxpotentials für Pu^{III}/Pu^{IV} (+1.01 V), Pu^{IV}/Pu^V (+1.04 V) und Pu^V/Pu^{VI} (+1.02 V) sind in wässriger Lösung alle vier Oxida-

Tab. 36.7

[Volt]	Pa	U	Np	Pu	Am	Cm	Bk	Cf	Es
III/IV	(−1.4)	−0.52	+0.15	+1.01	+2.62	+3.1	+1.67	(+3.2)	(+4.5)
IV/V	−0.05	+0.38	+0.64	+1.04	+0.82	–	–	–	–

tionsstufen III, IV, V und VI des Plutoniums nebeneinander beständig:

$$Pu^{4+} + Pu^VO_2^+ \rightleftharpoons Pu^{3+} + Pu^{VI}O_2^{2+}.$$

Beim Auflösen von Pu(IV)-Verbindungen in Wasser wandelt sich Plutonium in der Tat innerhalb weniger Stunden in ein Gleichgewichtsgemisch aller vier Oxidationsstufen um (3 Pu^{IV} $\rightleftharpoons$ 2 Pu^{III} + Pu^{VI}; Pu^{III} + Pu^{VI} $\rightleftharpoons$ Pu^{IV} + PuV). In konzentrierten Säuren (z. B. 6 M-HNO$_3$) ist Pu^{4+} demgegenüber disproportionierungsstabil. Durch Luft wird Pa^{4+} in Wasser rasch zu Pa(V), U^{4+} und Np^{4+} langsam zu U(VI) und Np(V) oxidiert (rasche Oxidation in Gegenwart von Oxidationsmitteln wie Ce^{4+}, MnO$_2$, H$_2$O$_2$, PbO$_2$, Cr$_2$O$_7^{2-}$); wässrige Pu^{4+}-Lösungen sind demgegenüber luftstabil.

Die auf Plutonium folgenden Elemente Americium und Curium sind ebenso wie das auf Berkelium folgende Element Californium im vierwertigen Zustand sehr starke Oxidationsmittel und anders als Th^{4+}, Pa^{4+}, U^{4+}, Np^{4+}, Pu^{4+} bzw. Bk^{4+} in Wasser, welches sie zu Sauerstoff oxidieren (Bildung von Am^{3+}, Cm^{3+}, Cf^{3+}), instabil. Im Falle von Am^{4+} beobachtet man zudem Disproportionierung in Am^{3+} und – seinerseits weiter in Am^{3+} und AmO$_2^{2+}$ disproportionierendes (s. unten) – AmO$_2^+$:

$$2\,Am^{4+} + 2\,H_2O \rightleftharpoons Am^{3+} + Am^VO_2^+ + 4\,H^+.$$

Es findet zudem eine rasche Selbstreduktion von Am^{4+} und Cm^{4+} als Folge der Wirkung der α-Aktivität statt. Stabilisiert werden Am^{4+}- und Cm^{4+}-Lösungen durch anwesendes Fluorid in hoher Konzentration (Bildung von AmF$_6^{2-}$, CmF$_6^{2-}$). Am^{4+} ist zudem in alkalischer Lösung beständiger, da das Redoxpotential III/IV dann um 2.1 V weniger positiv ist als in saurer Lösung (+0.5 V gegenüber +2.62 V). Demgemäß kann Am(OH)$_3$ im Alkalischen auch durch Hypochlorit leicht in Am(OH)$_4$ übergeführt werden. In saurer Lösung reicht demgegenüber das Redoxpotential von Am^{4+} an das des Fluors heran ($E^\circ = 3.05$ für F$^-$/F$_2$). Demgemäß lässt sich die Oxidation von Am^{3+} zu Am^{4+} in solchen Lösungen nicht einmal durch Ag^{2+}, wohl aber durch F$_2$ erzielen. Noch schwerer gelingt die Oxidation von Cm^{3+} zu Cm^{4+} ($E^\circ = +3.1$ V). Dies steht in Übereinstimmung damit, dass dem Cm^{3+}-Ion analog dem elementhomologen Gd^{3+}-Ion als einem Ion mit halbbesetzter f-Schale eine besondere Stabilität zukommt. Eine Oxidation von Cm^{3+} gelingt demgemäß nur mit starken Oxidationsmitteln oder durch anodische Oxidation, sofern Cm^{4+} durch Fluorid stabilisiert wird. Gebildetes CmF$_6^{2-}$ zersetzt sich in Wasser mit einer Halbwertszeit von ca. 1 h.

Säure-Base-Verhalten. In ihren Fällungsreaktionen ähneln die Actinoid-Ionen An^{4+} dem Cer-Ion Ce^{4+} (unlösliche Fluoride, Hydroxide, Oxalate; lösliche Nitrate, Sulfate, Perchlorate, Chloride; zersetzliche Sulfide). Als kleine hochgeladene Ionen neigen die An^{4+}-Ionen stärker als die An^{3+}-Ionen zur Hydrolyse und zur Komplexbildung (s. unten). Auch wirken die Ionen [An(H$_2$O)$_n$]$^{4+}$ ($n = 8$–9) bereits als mittelstarke Kationsäuren (pK_S ca. 1 bis 4) und sind damit saurer als die Ionen [An(H$_2$O)$_n$]$^{3+}$ (ganz allgemein wächst die Acidität hydratisierter Ionen M^{m+} mit der Ladung m):

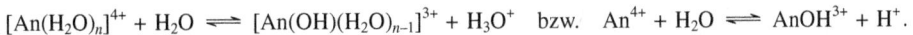

$$[An(H_2O)_n]^{4+} + H_2O \rightleftharpoons [An(OH)(H_2O)_{n-1}]^{3+} + H_3O^+ \quad \text{bzw.} \quad An^{4+} + H_2O \rightleftharpoons AnOH^{3+} + H^+.$$

Die Säurestärke der Ionen erhöht sich in der Reihe Th^{4+} < U^{4+}, Np^{4+} < Pu^{4+}, also mit zunehmender Ordnungszahl des Actinoids. Eine Ausnahme bildet nur Pa^{4+}, das saurer wirkt als Pu^{4+}. Ohne Hydrolyse sind die Hydrate [An(H$_2$O)$_n$]$^{4+}$ nur in überaus saurer Lösung existenzfähig, während sie in saurer bis schwach saurer Lösung unter Bildung von (hydratisierten) ein- oder mehrkernigen Kationen wie An(OH)$^{3+}$, An(OH)$_2^{2+}$, An$_2$(OH)$_2^{6+}$ (An^{4+} über zwei OH-Brücken miteinander verknüpft), An$_3$(OH)$_5^{7+}$, An$_4$(OH)$_8^{8+}$, An$_6$(OH)$_{15}^{9+}$ hydrolysieren. (Fünf-, sechs- und siebenfach geladene Ionen An^{m+} existieren selbst in überaus saurer Lösung nur hydrolysiert in Form von AnO$_2^+$, AnO$_2^{2+}$ und AnO$_2^{3+}$; s. unten) Die einkernigen Ionen An(OH)$^{3+}$ und An(OH)$_2^{2+}$ sind insbesondere in stark verdünnter saurer Lösung beständig, während sich in konzentrierter, weniger saurer Lösung Isopolyoxo-Kationen von kolloiden Dimensionen bilden können. Bei Zugabe von Alkali (Neutralisation der sauren Lösungen) entstehen unlösliche Niederschläge $An(OH)_4$ bzw. $AnO_2 \cdot x\, H_2O$.

Stereochemie (vgl. Tab. 36.5). Änlich wie die dreiwertigen Actinoide bevorzugen auch die vierwertigen Koordinationszahlen im Bereich 6–9 (z. B. $AnCl_6^{4-}$ mit oktaedrisch koordiniertem U^{4+}, Np^{4+}, Pu^{4+}; UBr_4 mit pentagonal-bipyramidal koordiniertem U^{4+}; $An(NCS)_8^{4-}/An(S_2CNEt_2)_4/$ $An(acac)_4$ mit kubisch-/dodekaedrisch-/quadratisch-antiprismatisch koordiniertem Th^{4+}, U^{4+}, Np^{4+}, Pu^{4+}; ThF_7^{3-} mit dreifach-überkappt-trigonal-prismatisch koordiniertem Th^{4+}). Nur raumbeanspruchende Liganden führen zu Koordinationszahlen < 6 (z. B. $U(NPh_2)_4$ mit verzerrt-tetraedrisch-, $U_2(NEt_2)_8$ mit trigonal-bipyramidal koordiniertem U^{4+}), nur chelatbildende Li­ganden zu Koordinationszahlen > 9 (z. B. $Th(ox)_4^{4-}$: 10-fache, zweifach-überkappt-quadratisch-antiprismatische Koordination; $[Th(NO_3)_4(H_2O)_3]$: 11-fache Koordination; $Th(NO_3)_6^{2-}$: 12-fache, ikosaedrische Koordination; $[U(BH_4)_4(THF)_2]$: 14-fache, zweifach-überkappt-hexagonal-antiprismatische Koordination).

Fünfwertigkeit. Die – bei den Lanthanoiden nicht beobachtete – fünfwertige Stufe wird im Falle der Actinoide Pa bis Am (insgesamt 5 Elemente) angetroffen (die Existenz von Cm(V) ist unsicher; Cf(V) mit halbbesetzter f-Schale konnte bisher nicht nachgewiesen werden). Ihre Darstellung erfolgt durch Oxidation niedriger Wertigkeiten (Pa + HNO_3/F^-; Np^{4+} + O_2, Cl_2; Am^{3+} + Strom, $S_2O_8^{2-}$ bei pH < 2; CmO_2 + Na_2O_2 im Ozonstrom?) bzw. Reduktion höherer Wertigkeiten (UO_2^{2+} + Strom, Zn-Amalgam, H_2; NpO_2^{2+} + HNO_2, H_2O_2, Sn^{2+}, SO_2; PuO_2^{2+} + I^-, SO_2) unter Bildung von $PaO(OH)^{2+}$, UO_2^+, NpO_2^+, PuO_2^+, AmO_2^+, Na_3CmO_4 (?). Die Actinoid(V)-Ionen AnO_2^+ sind linear gebaut (abnehmende Bindungsstärke mit steigender Ordnungszahl) und farbig (vgl. Tab. 36.3).

Redoxverhalten. Der fünfwertige Zustand stellt beim Protactinium den normalen stabilen Oxidationszustand dar. Eine Reduktion zur vierwertigen Stufe ($E° = -0.05$ für Pa(IV)/Pa(V)) ist etwa mit Zn, Cr^{2+}, Ti^{3+} möglich. Analog Pa(V) und zum Unterschied von U(V), Pu(V) und Am(V) ist fünfwertiges Neptunium NpO_2^+ wasser- und disproportionierungsstabil. Demgegenüber wandeln sich fünfwertiges Uran UO_2^+ bzw. Plutonium PuO_2^+ in Wasser rasch unter Disproportionierung in die vier- und sechswertige Stufe um, eine Reaktion, die im Falle von NpO_2^+ erst bei hohen Aciditäten beobachtet wird:

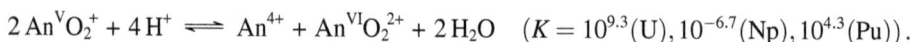

$$2\,An^VO_2^+ + 4\,H^+ \;\rightleftharpoons\; An^{4+} + An^{VI}O_2^{2+} + 2\,H_2O \quad (K = 10^{9.3}(U), 10^{-6.7}(Np), 10^{4.3}(Pu)).$$

(gebildetes Pu^{4+} setzt sich noch mit PuO_2^+ gemäß $Pu^{4+} + PuO_2^+ \rightleftharpoons Pu^{3+} + PuO_2^{2+}$ ins Gleichgewicht, s. oben). Am haltbarsten sind UO_2^+-Lösungen im pH-Bereich 2–4, PuO_2^+-Lösungen bei pH-Werten um 2. Auch fünfwertiges Americium AmO_2^+ vermag sich – allerdings nur in stark saurer Lösung – zu disproportionieren:

$$3\,Am^VO_2 + + 4\,H^+ \;\rightleftharpoons\; Am^{3+} + 2\,Am^{VI}O_2^{2+} + 2\,H_2O.$$

Unter der Wirkung der α-Aktivität von $^{241}_{95}Am$ zersetzt sich AmO_2^+ in Wasser zudem rasch unter Reduktion zu niedrigeren Wertigkeiten.

Säure-Base-Verhalten. Die Ionen AnO_2^+ (An = U, Np, Pu, Am) verhalten sich wie große, einfach geladene Kationen vom Alkalimetalltyp ohne nennenswerte Neigung für Fällungs- und Komplexbildungsreaktionen in wässeriger Lösung (möglich ist etwa die Ausfällung von AnO_2^+-Ionen aus starken Kaliumcarbonat-Lösungen als $K(AnO_2)[CO_3]$). Die Hydrolyseneigung und Acidität der Ionen $[AnO_2(H_2O)_n]^+$ ist demgemäß kleiner als die der entsprechenden Ionen $[An(H_2O)_n]^{4+}$. Pa(V) bildet in stark saurer Lösung das hydratisierte Ion $PaO(OH)^{2+}$, in schwach saurer Lösung das Ion $PaO(OH)_2^+$. Zugabe von Alkali zu AnO_2^+-Lösungen führt zur Fällung von Hydroxidniederschlägen bzw. Oxometallaten(V). In Lösung (insbesondere bei Verwendung von $Me_4N^+OH^-$

Tab. 36.8

[Volt]	U	Np	Pu	Am
IV/VI	+0.27	+0.94	+1.03	+1.21

als Base) verbleiben unter diesen Bedingungen hydratisierte Ionen des Typus $PaO(OH)_4^-$ und $AnO_2(OH)_2^-$, was auf einen amphoteren Charakter der fünfwertigen Stufe deutet:

$$AnO_2(OH)_2^- \xrightleftharpoons{\pm OH^-} AnO_2(OH) \xrightleftharpoons{\pm H^+} AnO_2^+ + H_2O.$$

Stereochemie (vgl. Tab. 36.5). Die fünfwertigen Actinoide treten wie die drei- und vierwertigen bevorzugt sechs- bis neunzählig auf (z.B. AnF_6^- mit oktaedrisch-koordiniertem U^{5+}, Np^{5+}, Pu^{5+}; $PaCl_5$ mit pentagonal-bipyramidal koordiniertem Pa^{5+}; AnF_8^{3-} mit kubisch koordiniertem Pa^{5+}, U^{5+}, Np^{5+}; PaF_7^{2-} mit dreifach-überkappt-trigonal-prismatisch koordiniertem Pa^{5+}).

Sechswertigkeit. Die – bei den Lanthanoiden nicht beobachtete – sechswertige Stufe lässt sich für die Actinoide U, Np, Pu, Am verwirklichen (die Existenz von Cm(VI), erzeugt gemäß $_{95}^{242}AmO_2^+$ $(-\beta^-, \tau = 16.07\,\text{h})$ $\longrightarrow$ CmO_2^{2+}, ist unsicher). Ihre Darstellung erfolgt ausschließlich durch Oxidation niedriger Wertigkeiten (U + HNO_3/F^-; U^{4+} + O_2; NpO_2^+ + Ce^{4+}, Ag^{2+}, Cl_2, O_3, MnO_4^-, BiO_3^-; Pu^{4+} + Ag^{2+}, $HOCl$, BrO_3^-; Am^{3+} + Strom (5 M-H_3PO_4), $S_2O_8^{2-}$ in Anwesenheit von Ag^+). Die An(VI)-Ionen AnO_2^{2+} sind wie die An(V)-Ionen AnO_2^+ linear gebaut und farbig (vgl. Tab. 36.3; das mit UO_2^{2+} isoelektronische, monomolekulare, matrixisolierte ThO_2 hat gewinkelte Struktur: $\sphericalangle$ OThO = 122°). Die AnO-Bindungsstärke nimmt mit steigender Ordnungszahl von An ab und entspricht im Falle des Uranyl-Ions im Sinne der Formulierung $O{\equiv}U{\equiv}O^{2+}$ einer Bindungsordnung > 2 (UO-Bindungsabstand um 1.80 Å).

Redoxverhalten. Die Stabilität der Actinoyl-Ionen AnO_2^{2+} nimmt mit steigender Ordnungszahl von An hinsichtlich der vierwertigen Stufe ab, wie aus folgender Zusammenstellung von Ionenumladungen des Typus IV/VI hervorgeht (s. Tab. 36.8).

Demgemäß bilden sich die gelben Salze des sechswertigen Urans UO_2^{2+} (wasserstabil) bei längerer Einwirkung von Luft und Feuchtigkeit letztendlich aus allen Uranverbindungen niedriger Wertigkeit. Uranyl-Verbindungen UO_2^{2+} stellen besonders typische Verbindungen des Urans dar. Mit Zink kann UO_2^{2+} in U^{4+} übergeführt werden. Leichter als UO_2^{2+} lässt sich sechswertiges Neptunium NpO_2^{2+} (wasserstabil) reduzieren, während Np^{4+} umgekehrt schwerer oxidierbar ist als U^{4+}. Dementsprechend wirken Neptunyl-Verbindungen NpO_2^{2+} stärker oxidierend als die isomorphen Uranyl-Verbindungen UO_2^{2+} und die Np(IV)-Verbindungen schwächer reduzierend als die entsprechenden U(IV)-Verbindungen. In noch erhöhtem Maße gilt dies für das in der Actinoidreihe auf Np folgende Element Plutonium. Beispielsweise werden Np^{4+}-Verbindungen – anders als U^{4+}-Verbindungen – zwar nicht mehr durch Brom, dagegen durch Dichromat, Bromat, Permanganat und Peroxodisulfat oxidiert, während Pu^{4+}-Verbindungen unter diesen Bedingungen nur noch durch Peroxodisulfat zu Plutonyl-Verbindungen PuO_2^{2+} (wasserstabil) oxidierbar sind. Auch wirkt PuF_6 bereits so stark oxidierend, dass es analog PtF_6 (vgl. S. 2046) sogar Xenon zu XeF_2 fluoriert. Von der Tatsache der abnehmenden Reduktionskraft in der Reihe U^{4+}, Np^{4+}, Pu^{4+} und wachsenden Oxidationskraft in der Reihe UO_2^{2+}, NpO_2^{2+}, PuO_2^{2+} macht man bei der Abtrennung des Neptuniums und Plutoniums vom Uran Gebrauch (vgl. Purex-Prozess, S. 2319). Sechswertiges Americium, das ähnlich wie PuO_2^{2+} nur durch stärkste Oxidationsmittel wie $S_2O_8^{2-}$ aus Am^{4+} bzw. Am^{3+} zugänglich ist, stellt in Form des Americyl-Ions AmO_2^{2+} (wasserstabil) ein sehr starkes Oxidationsmittel dar, das – wie auch das Plutonyl-Ion PuO_2^{2+} – unter der Wirkung der α-Aktivität des zugrundeliegenden Actinoids reduziert wird.

Säure-Base-Verhalten. Die Ionen AnO_2^{2+} (An = U, Np, Pu, Am) verhalten sich näherungsweise wie kleine, harte, zweiwertige Metallionen mit großer Komplexbildungstendenz für F^- und Liganden mit Sauerstoffligatoren (z.B. OH^-, SO_4^{2-}, NO_3^-, RCO_2^-). Demgemäß stellen die Hydrate

$[AnO_2(H_2O)_n]^{2+}$ ($n = 5$) Kationsäuren dar:

$$[AnO_2(H_2O)_n]^{2+} \xrightleftharpoons[\mp\,H_3O^+]{\pm\,H_2O} [AnO_2(OH)(H_2O)_{n-1}]^+ \quad \text{bzw.} \quad AnO_2^{2+} + H_2O \rightleftharpoons AnO_2(OH)^+ + H^+.$$

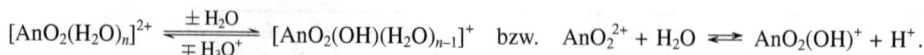

Die Acidität wächst hierbei in der Reihenfolge $PuO_2^{2+} < NpO_2^{2+} < UO_2^{2+}$ sowie $AnO_2^+ < An^{3+} < AnO_2^{2+} < An^{4+}$ (jeweils gleiches Actinoid). Lösungen von Actinoid(VI)-Salzen unterliegen aus den besprochenen Gründen der Hydrolyse und reagieren deutlich sauer. Die Actinoid(VI)-Ionen sind wie die An^{4+}-Ionen nur in stark saurer Lösung hydrolysestabil und kondensieren in saurer bis schwach saurer Lösung auf dem Wege über $AnO_2(OH)^+$ (existiert in stark verdünnter Lösung) unter Bildung von hydratisierten Isopolyoxo-Kationen wie $(AnO_2)_2(OH)_2^{2+}$ (AnO_2^{2+}-Ionen über 2 OH-Brücken miteinander verknüpft), $(AnO_2)_3(OH)_5^+$, $(AnO_2)_4(OH)_6^{2+}$, $(AnO_2)_5(OH)_8^{2+}$. Die Neigung zur Bildung kolloidaler Isopolyoxo-Kationen vor ihrer Fällung als Hydroxide $AnO_2(OH)_2$ ist im Falle von AnO_2^{2+} geringer als im Falle von An^{4+}. Zugabe von Alkali zu den AnO_2^{2+}-Lösungen führt zur Fällung von Oxometallaten(VI). Beispielsweise bildet sich bei Verwendung von Ammoniak als Base ein als »yellow cake« bezeichnetes Gemisch (früher als Diuranat $(NH_4)_2U_2O_7$ angesehen) aus $UO_3 \cdot 2\,H_2O$ und den Polyuranaten $(NH_4)_2U_6O_{19} \cdot 9\,H_2O$, $(NH_4)_2U_4O_{13} \cdot 6\,H_2O$, $(NH_4)_2U_3O_{10} \cdot 3\,H_2O$. In Lösung verbleiben (insbesondere bei Verwendung von $NMe_4^+OH^-$ als Base) Ionen des Typus $AnO_2(OH)_4^{2-}$ (als Dihydrate), was auf einen amphoteren Charakter der Hydroxide $AnO_2(OH)_2$ weist:

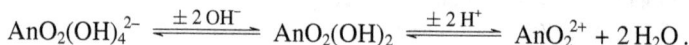

$$AnO_2(OH)_4^{2-} \xrightleftharpoons{\pm\,2\,OH^-} AnO_2(OH)_2 \xrightleftharpoons{\pm\,2\,H^+} AnO_2^{2+} + 2\,H_2O\,.$$

Stereochemie (vgl. Tab. 36.5). Abgesehen von einigen AnO_2^{2+}-freien Verbindungen (z.B. AnF_6 mit oktaedrisch-koordiniertem U^{6+}, Np^{6+}, Pu^{6+}) enthalten sechswertige Komplexe der Actinoide meist lineare Actinoyl-Ionen AnO_2^{2+}, in welchen das An^{6+}-Zentrum neben den zwei axial gebundenen Sauerstoffliganden noch weitere vier, fünf oder sechs äquatorial gebundene Liganden aufweist, was oktaedrische, pentagonal-bipyramidale bzw. hexagonal-bipyramidale Koordination bedingt (z.B. $UO_2Cl_4^{2-}$, $[UO_2(H_2O)_5]^{2+}$, $[UO_2(NO_3)_2(H_2O)_2]$).

Siebenwertigkeit. Im Jahre 1967 wurden erstmals Verbindungen beobachtet, in denen die Actinoide Neptunium und Plutonium siebenwertig auftreten. Die Existenz von siebenwertigem Americium ist noch unsicher.

Darstellung. Entsprechend der Normalpotentiale für die Oxidation von Np(VI) bzw. Pu(VI), die im sauren Milieu ($An^{VI}O_2^{2+} + H_2O \longrightarrow An^{VII}O_3^+ + 2\,H^+ + e^-$) mehr als +2 V, im alkalischen Milieu ($An^{VI}O_2(OH)_4^{2-} + 2\,H_2O \longrightarrow An^{VII}O_2(OH)_6^{3-} + 2\,H^+ + e^-$) aber nur +0.6 V (Np) bzw. 0.94 V (Pu) betragen, oxidiert man Np(VI) bzw. Pu(VI) mit Vorteil in stark alkalischer Lösung durch starke Oxidationsmittel wie Ozon oder auf elektrochemischem Wege. Die siebenwertige Stufe erhält man auch durch Erhitzen stöchiometrischer Mengen von Li_2O und AnO_2 im O_2-Strom auf $400\,°C$: $5\,Li_2O + 2\,AnO_2 + 1.5\,O_2 \longrightarrow 2\,Li_5AnO_6$ (An = Np, Pu). Am(VII) soll durch Disproportionierung von Am(VI)-Salzen in stark alkalischer Lösung gemäß $2\,AmO_2(OH)_2 + 3\,OH^- \longrightarrow AmO_2(OH) + AmO_5^{3-} + 3\,H_2O$ oder durch anodische Oxidation von Am(IV) in alkalischer Lösung bei $0\,°C$ entstehen.

Redoxverhalten. Die stark oxidierend wirkenden Neptunate(VII) und Plutonate(VII) sind in alkalischer Lösung (tiefgrün) beständig und zersetzen sich in saurer Lösung (grün) rasch (Np(VII)) bzw. sehr rasch (Pu(VII)) unter Bildung von Np(VI) und Pu(VI).

Säure-Base-Verhalten. In alkalischer Lösung liegen Np(VII) und Pu(VII) in Form der Anionen $AnO_2(OH)_6^{3-}$, in saurer Lösung in Form der (instabilen) Kationen AnO_2^{3+} bzw. AnO_3^+ vor, da die den Salzen zugrundeliegenden Actinoyl(VII)-Verbindungen $AnO_2(OH)_3$ sowohl als Säure wie als Base fungieren können (vgl. das analoge amphotere Verhalten der An(V)- und An(VI)-Verbindungen, oben):

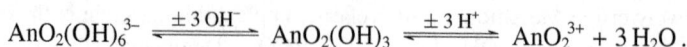

$$AnO_2(OH)_6^{3-} \xrightleftharpoons{\pm\,3\,OH^-} AnO_2(OH)_3 \xrightleftharpoons{\pm\,3\,H^+} AnO_2^{3+} + 3\,H_2O\,.$$

Tab. 36.9

	Cr	Mo	W	U
Dichte [g cm^{-3}]	7.14	10.28	19.26	19.16
Smp. [°C]	1903	2620	3410	1133

$NpO_2(OH)_3$ fällt als schwarzer Niederschlag bei der vorsichtigen Neutralisation einer alkalischen Np(VII)-Lösung im pH-Bereich 5–9 aus. $NpO_2(OH)_6^{3-}$ konnte als $[Co(NH_3)_6][NpO_2(OH)_6]$ isoliert werden. Salze mit AnO_2^{3+}- bzw. AnO_3^+-Kation bzw. $PuO_2(OH)_6^{3-}$-Anion sind unbekannt.

Achtwertigkeit. Achtwertige Verbindungen von Plutonium (unbesetzte f-Schale) konnten bisher nicht gewonnen werden.

Th, Pa und U als Actinoide. Die ausgeprägte »Vierwertigkeit« von Th, »Fünfwertigkeit« von Pa und »Sechswertigkeit« von U war die Veranlassung dafür, dass man bis zum Jahre 1941 die Elemente Thorium, Protactinium und Uran als schwerste Endglieder der Titan-, Vanadium- bzw. Chromgruppe (Eka-Hafnium, Eka-Tantal, Eka-Wolfram) ansah. Erst als man ab 1940 die Eigenschaften der zwei dann folgenden synthetischen Transurane Neptunium und Plutonium kennenlernte (s. unten), welche bei Fortführung dieser Einordnung die Endglieder der Mangan- und Eisengruppe (Eka-Rhenium, Eka-Osmium) hätten sein sollen, aber nur näherungsweise waren, postulierte G. T. Seaborg 1944, dass alle Elemente ab Actinium in Wirklichkeit Glieder einer den 14 Lanthanoiden (Ordnungszahl 58–71) homologen – von Niels Bohr bereits 1922 (Nobelvortrag) postulierten – Reihe von Actinoiden (Ordnungszahl 90–103) sind, bei denen wie im Falle der Lanthanoide die f-Zustände der drittäußersten Elektronenschale aufgefüllt werden. Erst die Elemente 104, 105, 106, 107, 108 usw. (»Transactinoide«) sind als Eka-Hafnium, Eka-Tantal, Eka-Wolfram, Eka-Rhenium, Eka-Osmium usw. zu behandeln (vgl. S. 2349).

Dass etwa Uran in seinen Eigenschaften den nachfolgenden Elementen Neptunium, Plutonium und Americium näher als der Chromgruppe, in die es zunächst als schwerstes Glied eingeordnet wurde (s. oben), steht, geht nicht nur aus dem Gang der Dichten und Schmelzpunkte in der Chromgruppe hervor (s. Tab. 36.9), sondern auch aus einer Reihe chemischer Eigenschaften, von denen die folgenden herausgegriffen seien: (i) Uran kommt in der Natur nicht vergesellschaftet mit Molybdän und Wolfram, sondern mit Thorium und den Lanthanoiden vor. – (ii) Das sechswertige Uran ist in Form der Uranate farbig (gelb). Wäre Uran ein Homologes des Wolframs, so müssten die Uranate wie die Molybdate und Wolframate farblos sein, da ganz allgemein in den Nebengruppen die Verbindungen der höchsten Wertigkeitsstufe mit steigender Atommasse farbloser werden (vgl. violettes MnO_4^-, blassgelbes TcO_4^-, farbloses ReO_4^-). – (iii) In den Nebengruppen nimmt ganz allgemein mit steigender Atommasse die Beständigkeit der höheren Wertigkeit zu, der niedrigeren ab. Man sollte daher bei der Beständigkeit der sechswertigen Wolframverbindungen erwarten, dass die Verbindungen des vierwertigen Urans schwer zugänglich und instabil seien, was der Erfahrung widerspricht. – (iv) Uran bildet analog den Lanthanoiden ein Hydrid UH_3, das in seinen Eigenschaften dem Lanthanhydrid LaH_3 ähnlich ist und wie dieses einen Übergangstypus zwischen salzartigen und legierungsartigen Hydriden darstellt. – (v) Urandioxid UO_2 kristallisiert wie alle Dioxide AnO_2 im Fluorittypus, während die Dioxide MoO_2 und WO_2 eine (verzerrte) Rutilstruktur bilden. – (vi) Aus den im sauren Milieu beständigen U^{VI}-Lösungen (Bildung von UO_2^{2+}) fallen bei Zusatz von Base unlösliche Alkalimetalluranate aus, während Mo^{VI}- und W^{VI}-Lösungen umgekehrt im alkalischen Bereich beständig sind (Bildung von Polymolybdaten und -wolframaten) und umgekehrt bei Säurezusatz in unlösliche Trioxid-Hydrate übergehen. – (vii) Während Chrom, Molybdän und Wolfram sehr stabile Hexacarbonyle $M(CO)_6$ bilden (vgl. S. 2109), konnte vom Uran keine derartige Verbindung dargestellt werden. Das wird verständlich, wenn Uran nicht als Eka-Wolfram, sondern als Actinoid (Eka-Neodym) betrachtet wird, da dann durch Aufnahme von 6 CO-Molekülen = 12 Elektronen nicht wie im Falle des Chroms, Molybdäns und Wolframs die Schale des nächsten Edelgases, sondern nur die des Eka-Hafniums erreicht würde (Eka-Radon hat bei Annahme einer zwischengeschalteten Actinoidreihe die Ordnungszahl 118, sodass Uran 26 Elektronen = 13 CO-Moleküle aufnehmen müsste, um zu einer Edelgasschale zu gelangen).

Analoge Betrachtungen beim Thorium und Protactinium zeigen, dass auch diese Elemente weniger als Eka-Hafnium und Eka-Tantal denn als Eka-Lanthanoide zu betrachten sind.

Verwendung der Actinoide. Eine praktische Verwendung finden insbesondere die Actinoide Thorium, Uran, Plutonium, Americium und Californium, wobei die Nutzung des radioaktiven Elementzerfalls als Energiequelle und Neutronenlieferant im Vordergrund steht (vgl. S. 2335). Weiterhin dient das beim Glühen von Thoriumhydroxid oder von Thoriumsalzen flüchtiger Säuren (z. B. Thoriumnitrat) hinterbleibende weiße Thoriumdioxid (Smp. 3220 °C) als hochfeuerfestes Material in der Feinmetallurgie. Da ThO_2, namentlich bei Gegenwart von 1 % CeO_2, in der Gasflamme ein helles Licht ausstrahlt, benutzt man es in Form eines feinmaschigen Oxidgerüstes (»Gasglühlichtstrumpf«, »Auer-Strumpf«) zur Erzeugung eines intensiven Lichts. Legiert mit Mg dient Thorium als Kernreaktorwerkstoff, auch als Legierungszusatz für die Heizdrähte elektrischer Öfen wird es genutzt. Wenig umfangreich ist demgegenüber die Verwendung von Uran zum Färben von Glas und Keramik.

5   Radiochemische Eigenschaften

Actinoid-Zerfallsreihen. Alle Actinoid-Nuklide sind radioaktiv und wandeln sich unter Helium-lieferndem α-Zerfall (Hauptzerfall), Elektronen-lieferndem β^--Zerfall, Strahlen lieferndem γ-Zerfall, Neutronen-liefernder spontaner Kernspaltung und anderen Prozessen (z. B. β^+-Zerfall, e^--Zerfall, K-Einfang, Cluster-Zerfall) in andere Elemente um (unter den Lanthanoiden existieren nur von einem Element, Promethium, ausschließlich radioaktive Isotope). Das hierbei aus einem künstlichen Radionuklid neu entstehende Element ist ähnlich wie das Tochterelement eines natürlichen Radionuklids meist seinerseits wieder radioaktiv, sodass der Zerfall weitergeht und zu vielen »künstlichen Zerfallsreihen« der Actinoide (»Actinoid Zerfallsreihen«) Veranlassung gibt. Die Tab. 36.10 gibt vier derartige Actinoid-Zerfallsreihen, geordnet nach Massenzahlen A = 4n + m (n = ganze Zahl; m = 0, 1, 2, 3), für die längstlebigen und/oder besser verfügbaren Transurane wieder, die letztendlich in die bereits besprochenen »natürlichen Zerfallsreihen« (Th-, Np-, U-, Ac-Zerfallsreihe; vgl. S. 2235) einmünden.

Die Zerfallshalbwertszeiten der Nuklide nehmen mit wachsender Ordnungszahl des Actinoids im Mittel stark ab (Tab. 36.2); dementsprechend sinkt in gleicher Richtung die Verfügbarkeit der Elemente so entscheidend, dass Berkelium, Californium sowie Einsteinium nur in mg-Mengen, Fermium in µg-Mengen und Mendelevium, Nobelium sowie Lawrencium in unwägbaren Mengen verfügbar sind (vgl. S. 2319 und s. unten).

Die aufwendige und begrenzte Zugänglichkeit sowie kleine Lebenserwartung vieler Actinoide macht für ihr chemisches Studium rasch durchführbare ultramikrochemische Manipulationen mit Substanzmengen im Mikro- bis Nanogrammbereich notwendig (vgl. Geschichtliches, S. 2316), wobei sich zur Substanzisolierung und -identifizierung Verfahren der Chromatographie und Lösungsmittelextraktion (S. 2319) bewährt haben. Mit »Tracer-Techniken« lassen sich sogar höchstverdünnte Lösungen ($< 10^{-12}$ mol dm^{-3}) der nur in unwägbaren Mengen zugänglichen Actinoide Md, No, Lr studieren. Hierzu führt man die chemischen Reaktionen (Fällungen, Komplexbildungen usw.) in Anwesenheit von wohlfeilen, ähnlich reagierenden Elementen (»Trägerelementen«) durch und bestimmt anhand der Radioaktivität der Reaktionsprodukte (Niederschläge, Komplexe usw.) den Actinoidanteil, der dann seinerseits Rückschlüsse auf bestimmte Actinoideigenschaften (Löslichkeiten, Komplexbildungstendenzen usw.) zulässt.

Tab. 36.10 Radioaktive Zerfallsreihen einiger künstlicher Elemente (umrandet: längstlebiges Element-Isotop; fett: verfügbare Nuklide)

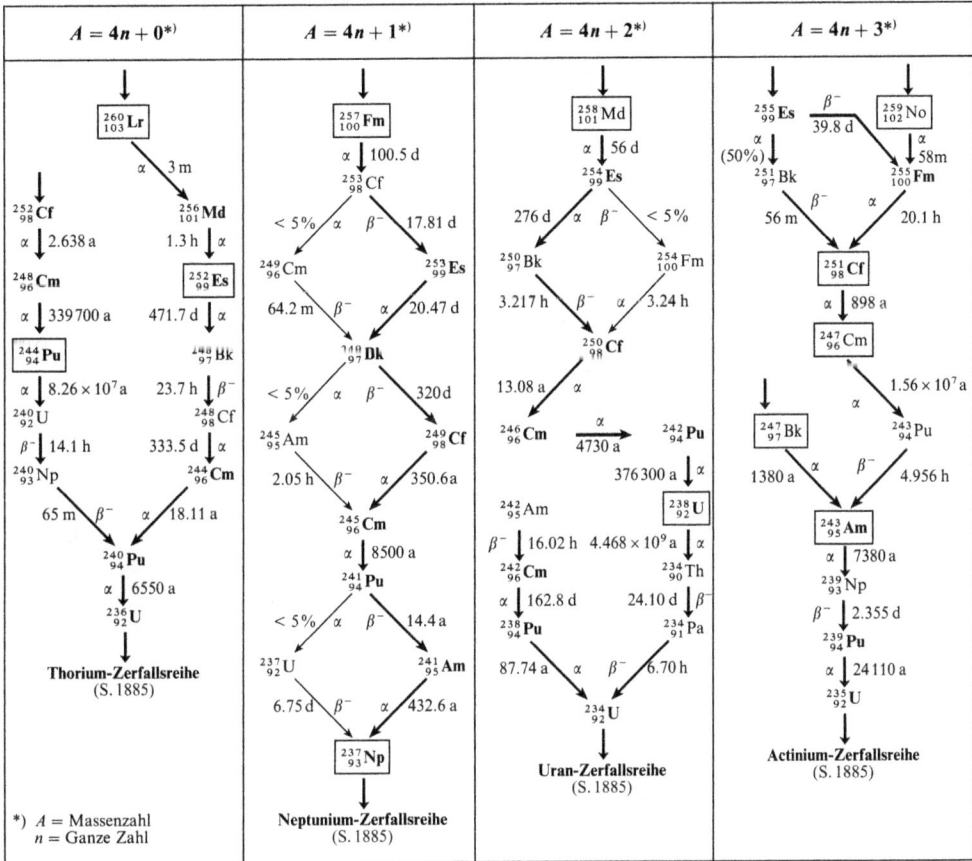

$A = 4n + 0^{*)}$	$A = 4n + 1^{*)}$	$A = 4n + 2^{*)}$	$A = 4n + 3^{*)}$

Thorium-Zerfallsreihe (S. 1885)

Neptunium-Zerfallsreihe (S. 1885)

Uran-Zerfallsreihe (S. 1885)

Actinium-Zerfallsreihe (S. 1885)

*) A = Massenzahl
   n = Ganze Zahl

Die mit der Radioaktivität verbundene α-, β-, und Neutronen-Strahlung bedingt nicht nur eine Erwärmung der chemischen Umgebung (kompaktes $^{238}_{94}$Pu erhitzt sich z. B. bis zur Weißglut; die beim Zerfall von Thorium und Uran freiwerdende Energie ist wohl im Wesentlichen für die hohen Temperaturen im Erdinneren verantwortlich), sondern sie löst auch Reaktionen aus, die gegebenenfalls Veränderungen der chemischen Umgebung bewirken (Bildung von Gitterdefekten in An-Verbindungen, von Wasserstoffperoxid in wässrigen An-Lösungen) oder lebensgefährliche Folgen für Organismen haben können. Insbesondere aus letzteren Gründen sind im Umgang mit Actinoiden und ihren Verbindungen (»heiße Chemie«) – sieht man von den schwach radioaktiven Elementen Thorium und Uran ab – außergewöhnliche Vorsichtsmaßregeln zu treffen: Alle Arbeitsvorgänge wie Auflösen, Fällen, Oxidieren, Reduzieren usw. müssen in geschlossenen Glove-Boxen über Gummihandschuhe oder – besser – in starkwandigen Betonzellen über eine Fernbedienung gesteuert und überwacht werden. Auch nutzt man unter den leichter zugänglichen Actinoid-Isotopen mit Vorteil die langlebigsten. Für chemische Studien wurden bisher insbesondere folgende Transurane herangezogen (vgl. Tab. 36.11, in Klammern: verfügbare Mengen, bezüglich der Halbwertszeiten vgl. Tab. 36.2).

Tab. 36.11

$^{237}_{93}$Np	$^{239,242,244}_{94}$Pu	$^{241,243}_{95}$Am	$^{242,244,248}_{96}$Cm	$^{249}_{97}$Bk	$^{249}_{98}$Cf	$^{253,254}_{99}$Es	$^{255,257}_{100}$Fm	$^{256}_{101}$Md	$^{255}_{102}$No	$^{256}_{103}$Lr
(groß)	(groß)	(groß)	(groß)	(mg)	(mg)	(mg μg^{-1})	(μg ng^{-1})	(10^6 Atome)	(10^3 Atome)	(10 Atome)

Unter ihnen sind Nuklide, die wie etwa $^{248}_{96}$Cm, $^{253}_{99}$Es einem häufigen Spontanzerfall mit starkem Neutronenausstoß unterliegen (vgl. S. 2237), besonders gefährlich (Neutronen lassen sich als ungeladene Teilchen – anders als die geladenen α- und β-Teilchen – durch einfache Schutzvorrichtungen weniger leicht zurückhalten). Aus letzterem Grunde wird etwa für präparative Studien statt des Nuklids $^{252}_{98}$Cf lieber das weniger verfügbare Isotop $^{249}_{98}$Cf verwendet.

Nachfolgend soll kurz auf Umweltaspekte, Toxizität sowie Anwendungen der Actinoide eingegangen werden.

Actinoide in der Umwelt. Verbreitung. Thorium $^{232}_{90}$Th und Uran $^{234,235,238}_{92}$U sind auf unserer Erde mehr oder weniger gleichmäßig verbreitet: jedes Gramm Erdkruste enthält ca. 5–20 µg Th und 1–10 µg U, jeder Liter Wasser bis zu 1 µg Th und 0.01–10 µg U (man schätzt den Gehalt an Uran in der Erdkruste bzw. im Meer auf ca. 10^{14} bzw. 10^{10} Tonnen). Der Erdaushub für ein Einfamilienhaus enthält durchschnittlich 1 kg Uran und 3 kg Thorium. Die lebenden Organismen müssen mit dieser »Radioaktivität« der Erde leben. Die Mengen an natürlich vorkommendem Protactinium $^{231}_{91}$Pa, Neptunium $^{237}_{93}$Np bzw. Plutonium $^{239,244}_{94}$Pu waren früher – verglichen mit den Th- und U-Anteilen – vernachlässigbar klein (vgl. S. 2313), wurden aber – wie auch die Mengen an nicht natürlich vorkommenden Transplutoniumelementen sowie anderen radioaktiven Stoffen – durch Menschenhand in den letzten Jahren deutlich erhöht. Ursache hierfür sind (i) nukleare, in den Jahren 1950–1963 durchgeführte Bombentestversuche in der Atmosphäre, wodurch 4.2 Tonnen Plutonium samt radioaktiven Explosionsfolgeprodukten in die Atmosphäre gelangten (90 % hiervon haben sich inzwischen auf der Erde abgelagert), (ii) nukleare Bombentestversuche auf bzw. unter der Erde mit 1.4 Tonnen Plutonium, (iii) Satelliten mit $^{238}_{94}$Pu-Energiequellen, die nach Eintritt in die Atmosphäre verglühen, (iv) Atomreaktoren, deren hochradioaktiver Abbrand entweder wiederaufgearbeitet oder endgelagert wird (der Abbrand eines mit 1 Tonne Uran beladenen Reaktors setzt sich nach 3-jähriger Brennzeit aus ca. 35 kg Spaltprodukten und 15 kg Plutonium sowie Transplutonium-Elementen zusammen).

Ablagerung. Die Art und Weise, in welcher sich die Elemente Uran bis Curium in der Umwelt ablagern (die Transcuriumelemente müssen wegen ihrer vernachlässigbaren Konzentration nicht berücksichtigt werden), ist durch deren chemische Eigenschaften bestimmt. In der Hydrosphäre sind nach den Ausführungen auf S. 2325f die Wertigkeiten $Np^V O_2^+$, $U^{VI} O_2^{2+}$, Pu^{4+}, Am^{3+} und Cm^{3+} beständig, wobei sich Pu^{4+}, Am^{3+} und Cm^{3+} unter den pH-Bedingungen im Ozean bei Abwesenheit von CO_2 vollständig in unlösliche Hydroxide oder Oxide umwandeln und als Meeressedimente absetzen (CO_2 aus der Atmosphäre erhöht in Form von Carbonat, $CO_2 + H_2O \rightleftharpoons$ $HCO_3^- + H^+$, die Löslichkeit der An-Ionen durch Komplexbildung). In der Lithosphäre liegen die Actinoide in Form von Isopolyoxokationen, an Gesteine adsorbiert, vor; auch werden sie bevorzugt von Tonmineralen mit Ionenaustauschqualitäten festgehalten. Die Endlagerung von Reaktorabbränden erfolgt mit Vorteil in tiefgelegenen Höhlen ohne Wasserzirkulation, die vor geologischen und menschlichen Katastrophen (Erdbeben, Vulkantätigkeit, Flugzeugabsturz) sicher sind und die großen, beim radioaktiven Zerfall entwickelten Wärmemengen gut abzuleiten vermögen. Bewährt haben sich insbesondere Salzlagerstätten. In die Biosphäre gelangen die Actinoide im Falle der Meereslebewesen durch Adsorption an der Körperoberfläche bzw. durch Wasseraufnahme, im Falle vieler Landeslebewesen durch Atmung bzw. durch die Nahrung. Bei den höheren Tieren erfolgt eine gewisse Anreicherung der eingeatmeten bzw. über die Körperflüssigkeiten transportierten Actinoide (z. B. Pu^{4+} als Transferrin- sowie Citratkomplex) in der Lunge bzw. in der Leber und insbesondere im Knochen. Die Ausscheidung einmal abgelagerter Actinoide wickelt sich über die Niere (Pu^{4+}, Am^{3+}, Cm^{3+} als Citratkomplexe, UO_2^{2+} als Bicarbonatkomplex, NpO_2^+ unkomplexiert) bzw. über den Kot (auf dem Wege Leber, Galle) nur langsam ab ($\tau_{1/2}$ des Pu-Abbaus aus den Knochen beträgt 65–130 Jahre). Eine Anreicherung der Actinoide in der Nahrungskette wurde nicht beobachtet. Die Einnahme geeigneter Komplexbildner wie Ethylendiamintetraessigsäure H_4EDTA (vgl. S. 1567) bewirkt eine rasche Ausscheidung von gelöstem – aber nicht von abgelagertem – Plutonium(IV).

Toxizität. Werden Transurane (aus Reaktorabbränden, Atomexplosionen usw.) in die Umwelt gebracht, und berücksichtigt man deren relative Anteile bei der Bildung (vgl. S. 2282) sowie Zerfallshalbwertszeiten der einzelnen Radionuklide und deren Tochternuklide (vgl. Tab. 36.10 sowie Tab. 34.1), so lässt sich ersehen, dass die Gefahren zunächst (bis zu 10 000 Jahren) auf einige Uran- und Plutoniumisotope, das Nuklid $^{241}_{95}$Am sowie einige Curiumisotope zurückgehen und dann im Wesentlichen auf die Nuklide $^{239,240}_{94}$Pu sowie $^{243}_{95}$Am. Die betreffenden Actinoide zeigen für den Menschen als Schwermetalle eine akute Wirkung wie andere Schwermetalle und als α-strahlende Nuklide eine Langzeitwirkung wie andere Radionuklide. Die α-Aktivität inkorporierten Plutoniums kann, wie aus Versuchen mit Tieren folgt, ab einer Aktivität von 37 Bq pro Gramm Lunge bzw. 0.06 Bq pro kg Knochen zu Karzinomen führen (bzgl. Bq vgl. S. 2247). Pu-Aktivitäten dieses Ausmaßes sind bisher bei keinem Menschen der Erde auch nur annähernd erreicht worden.

Verwendung der Actinoide. In radiochemischer Sicht dienen die Actinoide (insbesondere Th, U, Pu, Am, Cf) in Labor, Technik und Medizin der Erzeugung von Stoffen, Energie und energiereichen Helium- und anderen Atomkernen, Neutronen sowie γ-Quanten (für nichtradiochemische Anwendungen vgl. S. 2332).

Stofferzeugung. Auf die Gewinnung von in der Natur nicht vorkommenden Nukliden durch Kernspaltung aus Uran $^{233,235}_{92}$U und Plutonium $^{239}_{94}$Pu bzw. durch Neutroneneinfang aus Thorium $^{232}_{90}$Th, Uran $^{238}_{92}$U, Plutonium $^{239}_{94}$Pu und anderen Elementen wurde bereits auf S. 2269 bzw. S. 2283 hingewiesen. Im großen Maßstab wird im Brutreaktor $^{232}_{90}$Th in $^{233}_{92}$U und $^{238}_{92}$U in $^{239}_{94}$Pu verwandelt. Bedeutung hat darüber hinaus die Darstellung einiger Transneptuniumisotope durch α- bzw. β^--Prozesse, z. B.: $^{242}_{96}$Cm $\longrightarrow$ $^{238}_{94}$Pu (wegen hoher Isotopenreinheit für Herzschrittmacher geeignet), $^{252}_{98}$Cf $\longrightarrow$ $^{248}_{96}$Cm, $^{249}_{97}$Bk $\longrightarrow$ $^{249}_{98}$Cf, $^{255}_{99}$Es $\longrightarrow$ $^{255}_{100}$Fm.

Energieerzeugung. Die Verwendung von Uran $^{233,235}_{92}$U und Plutonium $^{239}_{94}$Pu als Kernbrennstoffe zur Erzeugung von elektrischer Energie bzw. zum Bau von Bomben wurde bereits eingehend besprochen (S. 2283, 2284). Darüber hinaus wird Plutonium $^{238}_{94}$Pu in Verbindung mit thermoelektrischen PbTe-Elementen als kompakte (kleindimensionierte) zuverlässige Stromquelle für Tauchanzugheizungen, Herzschrittmacher, Raumsatelliten usw. genutzt (die von 1 g $^{238}_{94}$Pu produzierte thermische Energie durch α-Zerfall in $^{234}_{92}$U beträgt ca. 0.56 W; $\tau_{1/2} = 87.74$ a; typische Herzschrittmacher enthalten 160 mg $^{238}_{94}$Pu, umgeben von einer Legierung aus Ta, Ir und Pt).

Erzeugung von α-Teilchen, γ-Quanten. Americium $^{241}_{95}$Am findet als Quelle monoenergetischer α-Teilchen (5.44 und 5.49 MeV) sowie γ-Strahlen (59.6 keV) vielseitige Anwendung und dient etwa zur Bestimmung von Stoffdichten und -dicken, zur Luftionisierung in Smoke-Detektoren und in Verbindung mit Beryllium als – vielfach genutzte (s. unten) – Neutronenquelle ($^9_4$Be + $^4_2$He $\longrightarrow$ $^1_0$n + $^{12}_6$C; vgl. S. 2261).

Erzeugung von Neutronen. Als Neutronenquelle wird heute neben der erwähnten Kombination $^{241}_{95}$Am/$^9_4$Be ($1.0 \cdot 10^7$ Neutronen pro Sekunde und Gramm Americium) hauptsächlich Californium $^{252}_{98}$Cf genutzt, das sowohl unter normalem Zerfall α-Teilchen als auch unter spontanem Zerfall Neutronen produziert. $^{252}_{98}$Cf-Neutronenquellen sind wegen des hohen Neutronenflusses ($2.4 \cdot 10^{12}$ Neutronen pro Sekunde und Gramm Californium) von kleinem Ausmaß und deshalb besonders geschätzt. Sie dienen u. a. zum »Zünden« von Reaktorbrennelementen (S. 2279), in der Aktivierungsanalyse (S. 2265) sowie in der Medizin (Therapie bestimmter Geschwüre).

Erzeugung energiereicher Atomkerne. Eine weitere Anwendung von $^{252}_{98}$Cf betrifft die Massenspektrometrie wenigflüchtiger Stoffe hoher Molekülmassen ($^{252}_{98}$Cf-Plasma-Desorptions-Massenspektroskopie, »Cf-PDMS«), wobei allerdings nicht die Neutronen, sondern die durch spontane Spaltung entstehenden hochenergetischen Bruchstücke der Cf-Kerne genutzt werden. Sie bringen die Stoffmoleküle, deren Masse bestimmt werden soll, durch Zusammenstöße in die Gasphase.

6   Verbindungen der Actinoide

6.1   Anorganische Verbindungen der Actinoide

Wasserstoffverbindungen

Gegenüber Wasserstoff verhalten sich die Actinoide wie die Lanthanoide (S. 2302): Es bilden sich nichtstöchiometrische Hydridphasen der Zusammensetzung $AnH_{<2}$ (An = Th, Np, Pu, Am, Cm, Bk), $AnH_{<3}$ (An = Pa, U, Np, Pu, Am, Cm) sowie $AnH_{<4}$ (Th_4H_{15}) mit Bildungsenthalpien ΔH_f von −100 bis −200 kJ mol^{-1} (AnH_2 mit Fluoritstruktur, AnH_3 mit komplexer Struktur, vgl. S. 308). Die Actinoidhydride eignen sich als reaktive Substanzen oft besser zur Darstellung von Actinoidverbindungen als die Metalle selbst. So reagiert etwa »Urantrihydrid« UH_3 mit Cl_2 bei 200 °C zu UCl_4, mit HCl bei 250–300 °C zu UCl_3, mit H_2O bei 350 °C zu UO_2, mit HF bei 400 °C zu UF_4 und mit H_2S bei 450 °C zu US_2. Beim Erhitzen hinterlässt UH_3 ($\Delta H_f = -127$ kJ mol^{-1}; $\Delta H_f(UD_3, UT_3) = -130$ kJ mol^{-1}) Uran als extrem reaktives, feinverteiltes Metall.

Halogenverbindungen

Zusammensetzung, Farben und Schmelzpunkte bisher bekannter Actinoidhalogenide AnX_6, AnX_5, AnX_4, AnX_3 und AnX_2 sind in Tab. 36.12 zusammen mit U_4F_{17}, Pu_4F_{17}, Pa_2F_9 sowie U_2F_9 wiedergegeben. Ersichtlicherweise existieren keine Heptahalogenide und nur vier Hexahalogenide (UF_6, UCl_6, NpF_6, PuF_6) sowie acht Pentahalogenide (PaX_5, UF_5, UCl_5, UBr_5, NpF_5). Die Stabilität der Tetrahalogenide nimmt ähnlich wie die der Pentahalogenide mit steigender Ordnungszahl des Actinoids sowie Halogens ab. Dementsprechend sind Tetrafluoride bis Californium, Tetrachloride und -bromide bis Neptunium und Tetraiodide bis Uran gewinnbar. Trihalogenide (Fluoride bis Iodide) lassen sich mit Ausnahme von ThX_3 und PaX_3 wohl von jedem Actinoid, Dihalogenide (Chloride, Bromide, Iodide) von Americium sowie von Californium bis Nobelium verifizieren (bezüglich ThI_3, ThI_2, PaI_3 s. unten).

Darstellung. Die Synthese der Actinoidhalogenide erfolgt durch Halogenierung, Halogenidierung sowie Dehalogenierung. Die Halogenierung mit elementarem Halogen führt zu hohen und höchsten Oxidationsstufen der betreffenden Actinoide:

$$An + \tfrac{n}{2} X_2 \longrightarrow AnX_n.$$

So lassen sich die Tetrafluoride AnF_4 (An = U, Np, Pu) mit Fluor in AnF_5 und AnF_6 überführen, die Trifluoride AnF_3 (An = Am, Cm, Bk, Cf) in AnF_4 und die elementaren Actinoide Th bis Np mit Chlor, Brom bzw. Iod in ThX_4, PaX_5, $UCl_{3,4,5}$, $UBr_{3,4,5}$, $NpCl_4$, $NpBr_4$. Das auf diese Weise großtechnisch gewonnene UF_6 ist für die Trennung der Uranisotope nach dem Gasdiffusionsverfahren und anderen Verfahren von Bedeutung (vgl. S. 2315). Mit geeigneten Halogenierungsmitteln sind allerdings auch niedrige Halogenide zugänglich, z. B. AmX_2 durch Halogenierung von Am mit Quecksilber(II)-halogenid HgX_2 bei 400–500 °C (X = Cl, Br).

Als Edukte für Halogenidierungen verwendet man in der Regel Actinoidoxide, die sich mit Halogenwasserstoffen gemäß ($n = 2m$)

$$AnO_m + 2m\,HX \longrightarrow AnX_n + m\,H_2O$$

beim Erhitzen in Actinoidhalogenide verwandeln lassen. So bilden sich aus Pa_2O_5 mit HX die Pentahalogenide PaX_5, aus AnO_2 (An = Th bis Pu) mit HF die Tetrafluoride AnF_4 (zur Verhütung der Oxidation von PaF_4 bzw. Reduktion von NpF_4 und PuF_4 wird in Anwesenheit von H_2 bzw. O_2 gearbeitet). Beim Erhitzen von AnO_2 (An = U bis Pu) mit HX in Anwesenheit von H_2 bzw. von An_2O_3 (An = Pu bis Cf) mit HX entstehen andererseits Trihalogenide AnX_3. Als Halogenidierungsmittel wirken darüber hinaus CCl_4, $AlBr_3$ und AlI_3 bei höheren Temperaturen und

Tab. 36.12 Farben und Schmelzpunkte (°C; Z = Zersetzung) binärer Actinoidhalogenide.

	Th	Pa	U	Np	Pu	Am	Cm	Bk	Cf	Es
AnX$_6$	–	–	UF$_6$[a] farbl. 64 °C	NpF$_6$[a] orangef. 55 °C	PuF$_6$[a] rotbraun 52 °C	–	–	–	–	–
	–	–	UCl$_6$ grün 178 °C	–	–	–	–	–	–	–
AnX$_5$	–	PaF$_5$[b] farblos	UF$_5$ farblos 348 °C	NpF$_5$ hellblau	–	–	–	–	–	–
	–	PaCl$_5$ gelb 306 °C	UCl$_5$ braun 327 °C	–	–	–	–	–	–	–
	–	PaBr$_5$ rot 310 °C	UBr$_5$ schwarz Z.	–	–	–	–	–	–	–
	–	PaI$_5$ schwarz	UI$_5$ als UI$_6^-$	–	–	–	–	–	–	–
AnX$_4$	ThF$_4$ farbl. 1110 °C	PaF$_4$[c] rotbraun	UF$_4$[c] grün 960 °C	NpF$_4$ grün	PuF$_4$[c] braun 1037 °C	AmF$_4$ fleischf.	CmF$_4$ graugrün	BkF$_4$ gelbgrün	CfF$_4$ hellgrün	–
	ThCl$_4$ farbl. 770 °C	PaCl$_4$ gelbgrün	UCl$_4$ grün 590 °C	NpCl$_4$ braun 538 °C	PuCl$_4$ (584 °C)	–	–	–	–	–
	ThBr$_4$ farbl. 679 °C	PaBr$_4$ orangerot	UBr$_4$ braun 519 °C	NpBr$_4$ rot 464 °C	–	–	–	–	–	–
	ThI$_4$ gelb 566 °C	PaI$_4$ schwarz	UI$_4$ schwarz 506 °C	–	–	–	–	–	–	–
AnX$_3$	–	–	UF$_3$ purpur 1140 °C	NpF$_3$ purpur	PuF$_3$ violett 1425 °C	AmF$_3$ rosa 1393 °C	CmF$_3$ farbl. 1406 °C	BkF$_3$ gelbgrün	CfF$_3$ gelbgrün	–
	–	–	UCl$_3$ rot 837 °C	NpCl$_3$ grün 800 °C	PuCl$_3$ grün 760 °C	AmCl$_3$ rosa 715 °C	CmCl$_3$ farbl. 695 °C	BkCl$_3$ grün 603 °C	CfCl$_3$ grün 545 °C	EsCl$_3$ orangef.
	–	–	UBr$_3$ rot 730 °C	NpBr$_3$ grün	PuBr$_3$ grün 681 °C	AmBr$_3$ hellgelb	CmBr$_3$ hellgrün 625 °C	BkBr$_3$ hellgrün	CfBr$_3$ grün	EsBr$_3$ weißgelb
	ThI$_3$ schwarz	PaI$_3$ schwarz	UI$_3$ schwarz 766 °C	NpI$_3$ braun 767 °C	PuI$_3$ grün 777 °C	AmI$_3$ hellgelb 950 °C	CmI$_3$ farblos	BkI$_3$ gelb	CfI$_3$ orangef.	EsI$_3$ bernsteinf.
AnX$_2$	–	–	–	–	–	AmCl$_2$ schwarz	–	–	CfCl$_2$ cremef. 685 °C	–
	–	–	–	–	–	AmBr$_2$ schwarz	–	–	CfBr$_2$ bernsteinf.	–
	ThI$_2$ golden	–	–	–	–	AmI$_2$ schwarz 700 °C	–	–	CfI$_2$ violett	–

a Flüchtig im Vakuum; Sblp. UF$_6$ = 57 °C; Sdp. NpF$_6$ = 56 °C; Sdp. PuF$_6$ = 62 °C.
b Sblp. 500 °C im Vakuum.
c Pa$_2$F$_9$: schwarz; U$_2$F$_9$: schwarz; U$_4$F$_{17}$: schwarz; Pu$_4$F$_{17}$: rot.

führen etwa ThO$_2$ in ThX$_4$, Pa$_2$O$_5$ in PaX$_5$ über. Auch die Bildung von UCl$_6$ erfolgt durch Halogenidierung von UF$_6$ mit AlCl$_3$. Wasserhaltige Fluoride AnF$_4 \cdot 2\frac{1}{2}$ H$_2$O und AnF$_3 \cdot$ H$_2$O erhält man beim Versetzen wässriger Lösungen der Ionen An^{4+} bzw. An^{3+} mit Fluorid als schwerlösliche Niederschläge.

Die Bildung niederer Actinoidhalogenide durch Dehalogenierung höherer Halogenide kann etwa mit Wasserstoff (Bildung von UF$_3$ aus UF$_4$, von CfX$_2$ aus CfX$_3$), mit den betreffenden Actinoiden (Bildung von ThI$_{<4}$ aus ThI$_4$, von CfX$_2$ aus CfX$_3$) oder durch Erwärmen (Bildung von PaI$_3$ aus PaI$_5$) erfolgen.

Strukturen (vgl. Tab. 36.5). Die Actinoide weisen ähnlich wie die Lanthanoide (S. 2303) in ihren Halogenverbindungen hohe Koordinationszahlen im Bereich 6–9 auf, wobei die Zähligkeit von An mit wachsender Oxidationsstufe sowie zunehmender Ordnungszahl des Actinoids (Actinoid-Kontraktion) sowie zunehmender Ordnungszahl des Halogens (Radienvergrößerung) abnimmt. In diesem Sinne beträgt die Koordinationszahl von An in den »Hexahalogeniden« UF$_6$, NpF$_6$, PuF$_6$, UCl$_6$ sechs (oktaedrische Koordination, d_{UF} = 1.994, d_{NpF} = 1.981, d_{PuF} = 1.969 Å), in den weniger hoch oxidierten »Pentahalogeniden« PaF$_5$, UF$_5$, NpF$_5$, PaCl$_5$ sieben (pentagonal-bipyramidale Koordination; über gemeinsame Kanten verknüpfte AnX$_7$-Polyeder, vgl. Abb. 32.63a), vermindert sich aber beim Übergang von PaCl$_5$ zu UCl$_5$ (schwereres Actinoid)

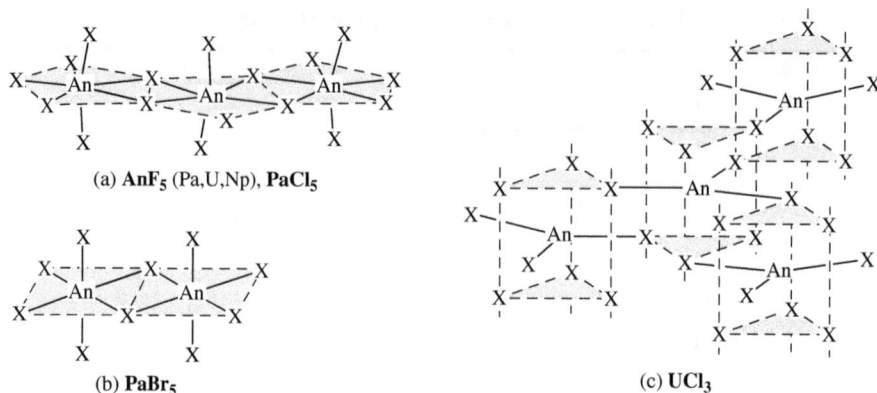

(a) **AnF₅** (Pa,U,Np), **PaCl₅**

(b) **PaBr₅**

(c) **UCl₃**

Abb. 36.1 Strukturen von Actinoidhalogeniden.

bzw. $PaCl_5$ zu $PaBr_5$ (schwereres Halogen) wieder um eine Einheit auf sechs (oktaedrische Koordination; über eine gemeinsame Kante verknüpfte AnX_6-Polyeder, vgl. Abb. 36.1b). Unter den »Tetrahalogeniden« haben die Actinoide in den Fluoriden AnF_4 und Chloriden $AnCl_4$ (An = Th, Pa, U, Np) sowie den leichteren Bromiden $AnBr_4$ (An = Th, Pa) die Koordinationszahl acht (Fluoride: quadratisch-antiprismatisch, Chloride, Bromide: dodekaedrisch), in den schwereren Bromiden $AnBr_4$ (An = U, Np) die Koordinationszahl sieben (pentagonal-bipyramidal) und in UI_4 die Koordinationszahl sechs (oktaedrisch). Im Falle der »Trihalogenide« beträgt die höchste beobachtbare Koordinationszahl »neun« (Tetrahalogenide: acht; Pentahalogenide: sieben; Hexahalogenide: sechs). Sie liegt allen Fluoriden bis BkF_3, allen bisher bekannten Chloriden und allen Bromiden bis $NpBr_3$ zugrunde (dreifach-überkappt-trigonal-prismatische An-Koordination) und vermindert sich beim Übergang von $BkF_3 \longrightarrow CfF_3$, von $NpBr_3 \longrightarrow PuBr_3$ bis $BkBr_3$ und von $UBr_3 \longrightarrow UI_3$ bis AmI_3 um eine Einheit auf acht (zweifach-überkappt-trigonal-prismatische An-Koordination), beim Übergang von $BkBr_3 \longrightarrow CfBr_3$ und von $AmI_3 \longrightarrow CmI_3$ bis CfI_3 um weitere zwei Einheiten auf sechs (oktaedrische An-Koordination). Unter den »Dihalogeniden« haben die Actinoide in den Verbindungen ThI_2 (Schichtstruktur) die Koordinationszahl 6, in $AmCl_2$ ($PbCl_2$-Struktur, s. unten), die KZ 9, in $AmBr_2$ ($SrBr_2$-Struktur) die KZ 8/7, in AmI_2 (SrI_2-Struktur) die KZ 7 und in $CfBr_2$ die KZ 8/7.

Die Trichloride $AnCl_3$ (An = U, Np, Pu, Am, Cm, Bk, Cf, Es) sowie Tribromide $AnBr_3$ (An = U) kristallisieren in der »Urantrichlorid-Struktur«: In ihr sind dreifach-überkappt-trigonal-prismatische AnX_9-Baueinheiten paarweise in der in Abb. 36.1c wiedergegebenen Weise so miteinander verknüpft, dass jeweils ein Basis- und ein überkappendes Halogen einer Einheit das überkappende bzw. Basis-Atom einer anderen Einheit bilden. Dabei fungiert jedes der drei überkappenden Halogene einer Einheit als Basisatom einer von drei anderen Baueinheiten (vgl. mittlere Einheit in Abb. 36.1c) und jedes der sechs Basishalogene einer Einheit als überkappendes Atom einer von sechs anderen Baueinheiten. Die AnX_9-Einheiten sind ihrerseits über gemeinsame Basisflächen zu Stapeln verknüpft. Insgesamt lassen sich auf diese Weise die AnX_9-Polyeder spannungsfrei zu einer Raumstruktur verbinden. Das X-Teilgitter bildet hierbei eine Packung mit dreifach-überkappt-trigonal-prismatischen Lücken, die teilweise mit An besetzt, teilweise unbesetzt sind. Die UCl_3-Struktur wird nicht nur von den erwähnten Actinoidhalogeniden, sondern auch von einigen Lanthanoidtrichloriden $LnCl_3$ (Ln = La bis Gd), -tribromiden $LnBr_3$ (Ln = La, Ce, Pr), -trihydroxiden $Ln(OH)_3$ (Ln = La, Pr, Nd, Sm, Gd, Yb) und von $Y(OH)_3$ eingenommen. Von der UCl_3-Struktur leitet sich die »Bleidichlorid-Struktur« dadurch ab, dass die Blei-Ionen an die Stelle der Uran-Ionen treten und zudem noch die erwähnten Lücken der UCl_3-Raumstruktur besetzen. Mit $PbCl_2$-Struktur kristallisieren außer $PbCl_2$ und $PbBr_2$ etwa auch $AmCl_2$, $EuCl_2$, $SmCl_2$, $BaBr_2$, BaI_2.

Eigenschaften. Der salzartige Charakter der Actinoidhalogenide wächst mit sinkender Oxidationsstufe des Actinoids und abnehmender Ordnungszahl des Halogens. Dementsprechend stellen die Hexahalogenide vergleichsweise flüchtige Substanzen mit niedrigen Schmelzpunkten, die Trihalogenide wenig flüchtige Substanzen mit hohen Schmelzpunkten dar (vgl. Tab. 36.12). Mit Ausnahme der Fluoride der vier- und dreiwertigen Actinoide, die wasserunlöslich sind, zerfließen bzw. hydrolysieren die Actinoidhalogenide in Kontakt mit Wasser (z.B. Bildung von $An^{VI}O_2X_2$, An^VO_2X, $An^{IV}O_2$, $[An^{III}X_2(H_2O)_6]^+$, $An^{III}OX$, $An_2^{III}O_3$). Die Hexahalogenide wirken als starke Halogenierungsmittel. Ihre Stabilität nimmt zum PuF_6 hin so stark ab, dass dieses nur bei tiefen Temperaturen aufbewahrt werden kann (AmF_6 ist bereits nicht mehr gewinnbar). Die Dihalogenide oxidieren sich an Luft und reagieren mit Wasser unter H_2-Entwicklung. ThI_2 und ThI_3 zeigen im Unterschied zu den anderen Di- und Trihalogeniden metallischen Glanz sowie elektrische Leitfähigkeit und müssen im Sinne von $Th^{4+}(I^-)_2(e^-)_2$ bzw. $Th^{4+}(I^-)_3(e^-)$ formuliert werden. Die Actinoidhalogenide bilden eine Reihe von Halogenokomplexen. So leiten sich von den »Trihalogeniden« ähnlich wie von den Lanthanoid(III)-halogeniden u. a. Komplexe des Typus M^IAnF_4 (An = U,Pu,Am; dreifach-überkappt-trigonal-prismatische An^{3+}-Koordination), $M^I_2AnCl_5$ (An = U, Np, Pu; einfach-überkappt-trigonal-prismatische An^{3+}-Koordination) und $M^I_3AnCl_6$ (An = U, Np, Pu, Bk) sowie $M^I_3AnBr_6$ (An = U, Pu; jeweils oktaedrische An^{3+}-Koordination) ab. Die »Tetrahalogenide« bilden u. a. Fluorokomplexe des Typus AnF_5^- (dreifach-überkappt-trigonal-prismatische An^{4+}-Koordination), AnF_6^{2-}/AnF_7^{3-} (9fache An^{4+}-Koordination), AnF_8^{4-} (dodekaedrische An^{4+}-Koordination), $An_6F_{31}^{7-}$ (viele Möglichkeiten für An = Th bis Bk). Die Chloro-, Bromo- und Iodokomplexe der vierwertigen Actinoide haben die Zusammensetzung AnX_6^{2-} (An = Th bis Pu, Bk; oktaedrische An^{4+}-Koordination). Von den Halogenokomplexen der »Pentahalogenide« lassen sich die komplexen Fluoride AnF_6^- (An = Pa, U, Np, Pu), PaF_7^{2-} und PaF_8^{3-} aus wässrigen HF-Lösungen fällen, die Fluorokomplexe AnF_7^{2-} (An = U, Np, Pu) und AnF_8^{3-} (An = U, Np) durch Fluorierung eines Gemischs von M^IF und AnF_4 mit Fluor darstellen. Der Bau der Anionen (sechs-, sieben-, acht- bzw. neunfache An^{5+}-Koordination) wird vom Actinoid sowie vom Gegenion diktiert. Interessanterweise ist An = Pa, U, Np in Na_3AnF_8 kubisch von Fluorid umgeben. Von den übrigen Halogeniden kennt man nur Komplexe AnX_6^- des fünfwertigen Protactiniums und Urans (oktaedrische An^{5+}-Koordination). Unter den »Hexahalogeniden« bildet UF_6 die Fluorokomplexe UF_7^-, UF_8^{2-}, UF_9^{3-} und UF_{10}^{4-}.

Sauerstoffverbindungen

Die Actinoide bilden nichtstöchiometrische Oxide der Grenzzusammensetzung AnO_3, An_3O_8, An_2O_5, AnO_2, An_2O_3 und AnO (vgl. Tab. 36.13). Darüber hinaus existieren wasserhaltige Oxide, Hydroxide bzw. Peroxide $AnO_4 \cdot x\,H_2O$ ($\widehat{=}\ UO_2(O_2) \cdot 2\,H_2O$), $AnO_3 \cdot H_2O$ ($\widehat{=}\ AnO_2(OH)_2$), $AnO_2 \cdot x\,H_2O$ ($\widehat{=}\ An(OH)_4$), $An_2O_3 \cdot x\,H_2O$ ($\widehat{=}\ An(OH)_3$) sowie Oxidhalogenide des Typus $AnOX_4$, AnO_2X_2, $AnOX_3$, AnO_2X, $AnOX_2$, $AnOX$.

Darstellung. Das »Trioxid« UO_3 (7 Modifikationen), welches als einziges An(VI)-Oxid in wasserfreiem Zustand zugänglich ist, entsteht beim Erhitzen von Uranylnitrat $UO_2(NO_3)_2$ (gewinnbar durch Lösen von UO_2 in Salpetersäure) auf 600 °C. Erwärmt man andererseits eine wässrige $UO_2(NO_3)_2$-Lösung im Autoklaven auf 300 °C, so bildet sich durch »Hydrothermalreaktion« ein Monohydrat $UO_3 \cdot H_2O = UO_2(OH)_2$ (»Uranyldihydroxid«; auch gewinnbar aus $UO_2(NO_3)_2$-Lösungen durch Fällung mit schwachen Basen wie Pyridin). Anders als im Falle von U(VI)-Salzen entstehen beim Erhitzen von Np(VI)- und Pu(VI)-Salzen flüchtiger Säuren statt der Trioxide sauerstoffärmere Dioxide. Es lassen sich jedoch durch Oxidation der in Wasser suspendierten Dioxide die Sauerstoffverbindung Np_2O_5 mit Ozon Monohydrate $AnO_3 \cdot H_2O = AnO_2(OH)_2$ (»Neptunyl-«, »Plutonyldihydroxid«) gewinnen. Im Falle von UO_3 erfolgt die Sauerstoffabgabe erst bei Erhitzen auf 700–900 °C. Es bildet sich hierbei das Oxid U_3O_8, das bei gleichen Temperaturen auch aus UO_2 oder anderen Uranoxiden an der Luft entsteht und zur »gravimetrischen Uranbestimmung« genutzt werden kann.

U_3O_8 lässt sich im Wasserstoffstrom bei 700 °C oder im Kohlenmonoxidstrom bei 350 °C auf dem Wege über weitere nichtstöchiometrische Phasen bis zur UO_2-Stufe reduzieren. U. a. wird hierbei die Stufe des »Pentaoxids« An_2O_5 durchlaufen, die auch im Falle von Pa und Np existiert und für beide Elemente das höchste, in wasserfreiem Zustand erhältliche Oxid darstellt. Pa_2O_5 entsteht bei Erhitzen von $Pa^{VI}O(OH)_3$ und anderen Pa-Verbindungen an Luft auf 650 °C, Np_2O_5 bei der Oxidation von NpO_2 mit Ozon oder beim Erhitzen von $Np^{VI}O_2(OH)_2$ im Vakuum auf 300 °C.

Eine häufig angewandte Methode zur Gewinnung der »Dioxide« AnO_2 besteht in der thermischen Zersetzung der An(IV)-oxalate bzw. im Erhitzen der An(IV)-hydroxide (im Falle von Cm und Cf in einer O_2-Atmosphäre). Zur PaO_2-Darstellung reduziert man Pa_2O_5. Die festen Dioxide zeichnen sich durch besondere Stabilität aus, sodass selbst Elemente wie Pa, Am, Cm, deren An^{4+}-Ionen in wässriger Lösung instabil sind, beständige feste Dioxide bilden. Die ab Pu erhältlichen »Trioxide« (»Sesquioxide«) An_2O_3 sind u. a. durch Erhitzen der An(III)-hydroxide, die ab Pa erhältlichen »Monoxide« AnO als Oberflächenschichten durch Erhitzen der elementaren Actinoide an der Luft gewinnbar.

Strukturen (vgl. Tab. 36.5). Die »Monoxide« MO kristallisieren alle in der »Steinsalz-Struktur« (»NaCl-Struktur«; oktaedrische An^{2+}-Koordination), die »Dioxide« MO_2 in der »Fluorit-Struktur« (»CaF_2-Struktur«; kubische An^{4+}-Koordination), während die »Sesquioxide« M_2O_3 ähnlich wie die Trioxide der Lanthanoide (S. 2305) den A-, B- oder C-Oxid-Typ einnehmen (7-fache und/oder 6-fache An^{3+}-Koordination).

Wie oben besprochen, nimmt UO_2 beim Erhitzen Sauerstoff bis zur Zusammensetzung $U_3O_8 = UO_{2.67}$ auf. Zunächst – bis zur Stöchiometrie $U_4O_9 = UO_{2.25}$ – werden kubische Lücken im CaF_2-strukturierten UO_2-Kristall von Sauerstoff besetzt. In U_3O_8 (α-Form) sind alle U-Atome 7-fach verzerrt-pentagonal-bipyramidal von Sauerstoff koordiniert, wobei die pentagonalen UO_7-Bipyramiden über gemeinsame äquatoriale Kanten zu zweidimensionalen Schichten verbunden sind, deren dreidimensionale Verknüpfung über gemeinsame axiale Sauerstoffatome erfolgt. Eine entsprechende Struktur kommt α-UO_3 zu, nur sind einige UO_7-Polyeder nicht

Tab. 36.13 Farben, Schmelzpunkte (°C) und Bildungsenthalpien (kJ mol^{-1}) der Actinoidoxide (berechnete Werte in Klammern).[a]

	Th	Pa	U	Np	Pu	Am	Cm	Bk	Cf	Es
VI	–	–	UO_3 (β-Form)[b] orangef. 650 °C −1220 kJ	$NpO_3 \cdot H_2O$ schwarz −1379 kJ	$PuO_3 \cdot H_2O$ goldbraun	–	–	–	–	–
V	–	Pa_2O_5 farblos	U_2O_5[c], schwarz (−2340 kJ)	Np_2O_5 dunkelbraun	–	–	–	–	–	–
IV	ThO_2 farblos 3390 °C −1226 kJ	PaO_2 farblos (−1109 kJ)	UO_2 schwarzbraun 2875 °C −1085 kJ	NpO_2 braun 2600 °C −1074 kJ	PuO_2 gelbgrün 2390 °C −1056 kJ	AmO_2 schwarzbraun −932 kJ	CmO_2 schwarzbraun −911 kJ	BkO_2 beigebraun (−1021 kJ)	CfO_2 schwarz (−858 kJ)	–
III	–	–	–	–	Pu_2O_3 schwarz 2085 °C (−1656 kJ)	Am_2O_3 rotbraun 2205 °C −1692 kJ	Cm_2O_3 farblos 2260 °C −1682 kJ	Bk_2O_3 gelbgrün 1920 °C (−1694 kJ)	Cf_2O_3 gelbgrün 1750 °C −1653 kJ	Es_2O_3 farblos (−1696 kJ)
II[d]	–	PaO	UO	NpO	PuO	AmO	CmO	BkO	CfO	–

a Halogenidoxide: UOF_4, $NpOF_4$, $PuOF_4$; UO_2X_2, NpO_2F_2, PuO_2F_2, PuO_2Cl_2, AmO_2F_2; $PaOBr_3$, $UOCl_3$, $UOBr_3$, $NpOF_3$; PaO_2F, PaO_2I, UO_2Cl, UO_2Br; $ThOX_2$, $PaOCl_2$, UOX_2, $NpOCl_2$; $UOCl$, $NpOI$, $PuOX$, $AmOX$, $CmOX$, $BkOX$, $CfOX$, $EsOX$.
b $UO_3 \cdot H_2O = UO_2(OH)_2$: grüngelb, $\Delta H_f = -1531$ kJ mol^{-1}.
c U_3O_8 (dunkelgrün, Smp. 1150 °C, $\Delta H_f = -3575$ kJ mol^{-1}) bildet sich als wichtiges Oxid beim Erhitzen aller Uranoxide an Luft auf 700–900 °C. Es stellt wie U_2O_5 und viele andere Uranoxide im Bereich UO_2 bis UO_3 eine nichtstöchiometrische Phase dar.
d Alle Oxide MO dunkel, glänzend.

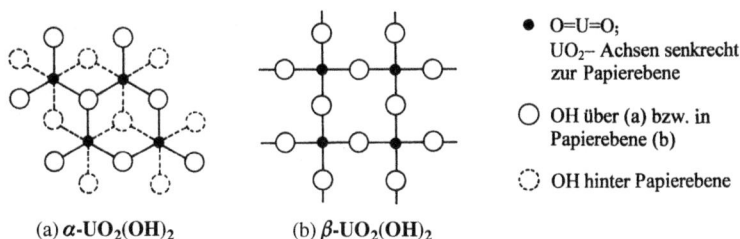

● O=U=O;
UO$_2$– Achsen senkrecht
zur Papierebene

○ OH über (a) bzw. in
Papierebene (b)

◌ OH hinter Papierebene

(a) α-UO$_2$(OH)$_2$ (b) β-UO$_2$(OH)$_2$

Abb. 36.2 Strukturen von UO$_2$(OH)$_2$.

mit Uran besetzt. In den anderen sechs UO$_3$-Modifikationen liegt teils 7-fache, teils 6-fache, teils 7- und 6-fache Koordination vor (δ-UO$_3$ kristallisiert in der »ReO$_3$«-Struktur (S. 1926) mit oktaedrischer U^{6+}-Koordination). »Uranyldihydroxid« UO$_2$(OH)$_2$ (»Urantrioxid-Hydrat« UO$_3 \cdot$ H$_2$O) kristallisiert in drei Formen. In der α-Form sind UO$_2$(OH)$_6$-Polyeder über gemeinsame Kanten in der in Abb. 36.2a wiedergegebenen Weise zu Schichten verknüpft: Uran(VI) ist hierbei 8fach (zweifach-überkappt-oktaedrisch) von 2 axial angeordneten Sauerstoffatomen und 6 äquatorial, an den Ecken eines gewellten Sechsrings lokalisierten Hydroxylgruppen koordiniert. Die β-Form (Abb. 36.2b) besteht andererseits aus Schichten eckenverknüpfter oktaedrischer UO$_2$(OH)$_4$-Einheiten (2 axiale O-Atome, 4 äquatoriale OH-Gruppen). Die γ-Form weist eine ähnliche Struktur auf wie die β-Form, die ihrerseits unter leichtem Druck (Erhöhung der Dichte von 5.73 auf 6.73 g cm^{-3}) in die α-Form übergeht. Analoge Strukturen wie UO$_2$(OH)$_2$ kommen den anderen Actinoyldihydroxiden zu.

Eigenschaften. Bezüglich der Farben, Schmelzpunkte und Bildungsenthalpien der Actinoidoxide vgl. Tab. 36.13. Die Oxide stellen gering-flüchtige Substanzen dar (ThO$_2$ ist das Oxid mit dem höchsten Schmelzpunkt). Sie wirken in Wasser, in welchem sie schwer löslich sind, als Basen und lassen sich (teils unter Oxidation) in Säuren lösen, z.B. ThO$_2$, NpO$_2$, PuO$_2$ in konzentrierter F$^-$-haltiger HNO$_3$, Pa$_2$O$_5$ in Flusssäure, alle Uranoxide in konzentrierter HNO$_3$ oder HClO$_4$. In stark saurer Lösung existieren Hydrate des Typus [An(H$_2$O)$_n$]$^{2+/3+/4+}$, [An^{V}O$_2$(H$_2$O)$_n$]$^+$, [An^{VI}O$_2$(H$_2$O)$_n$]$^{2+}$ sowie redoxinstabiles [An^{VII}O$_3$(H$_2$O)$_n$]$^+$ (vgl. S. 2325f). Bis auf [An(H$_2$O)$_n$]$^{2+}$ verwandeln sich diese bei Zugabe von Basen in wasserunlösliche basisch wirkende, säurelösliche (hydratisierte) Hydroxide (Oxidhydrate) An(OH)$_3$, An(OH)$_4$, AnO$_2$(OH), AnO$_2$(OH)$_2$, AnO$_2$(OH)$_3$ bzw. in unlösliche Oxometallate (s. unten) sowie lösliche, hydratisierte Hydroxometallate An^{V}O$_2$(OH)$_2^-$, An^{VI}O$_2$(OH)$_4^{2-}$, An^{VII}O$_2$(OH)$_6^{3-}$ (vgl. S. 2325f). Die wenig charakterisierten Tetrahydroxide An(OH)$_4$ und unbekannten Penta- und Hexahydroxide An(OH)$_5$ und An(OH)$_6$ lassen sich in Form von Alkoholaten An(OR)$_4$ (An = Th, U, Np, Pu), An(OR)$_5$ (An = Pa, U, Np) sowie An(OR)$_6$ (An = U) gewinnen.

Hinsichtlich Alkali- und Erdalkalimetalloxiden vermögen die höheren Actinoidoxide auch als Säuren zu wirken. Dementsprechend erhält man Oxometallate BaAn^{IV}O$_3$ (An = Th bis Am; Perowskit-Struktur (S. 1801); oktaedrische An-Koordination) beim Erhitzen von BaO mit AnO$_2$, wobei im Falle der Pa-, U-, Np- bzw. Pu-Verbindung unter strengem Ausschluss, im Falle der Am-Verbindung in Gegenwart von Sauerstoff gearbeitet werden muss. Fünfwertige, oktaedrisch koordinierte Actinoide An = Pa bis Am, Cm? liegen in den Alkalimetalloxometallaten M^{I}AnO$_3$ (Perowskit-Struktur), M$^I_3$AnO$_4$ (NaCl-Struktur mit Fehlstellen) und M$^I_7$AnO$_6$ (hexagonal-dichteste Sauerstoffpackung) vor. Ihre Darstellung erfolgt durch Erhitzen der An(IV)- bzw. An(V)-oxide mit M$_2$O in einer Sauerstoffatmosphäre (Ozon im Falle von CmO$_2$) oder von An(VI)-oxometallaten (s. unten) mit An^{IV}O$_2$.

Die Oxometallatbildung ist mit einer Stabilisierung der höheren Wertigkeitsstufen der Actinoide verbunden. Demgemäß existieren zwar keine An(V)-oxide des Plutoniums und Americiums, aber An(V)-oxometallate. Entsprechendes gilt für die Oxometallate der sechswertigen Actinoide An = U bis Am. Es ließen sich hier gemischte Oxide u. a. des Typus M$^I_2$AnO$_4$, M$^I_4$AnO$_5$,

$M^I_6AnO_6$ bzw. $M^{II}AnO_4$, $M^{II}_2AnO_5$, $M^{II}_3AnO_6$ (meist mit oktaedrischer An-Koordination) durch Erhitzen niederer An-oxide mit Alkali- oder Erdalkalimetalloxiden in einer Sauerstoffatmosphäre synthetisieren. Unter den – besonders eingehend untersuchten – »Uranaten« besitzt $CaUO_4$ eine verzerrte α-$UO_2(OH)_2$-Struktur (Abb. 36.2a, UO_2-Achsen nicht senkrecht zur Papierebene; O anstelle von OH; Ca^{2+} in Lücken), $SrUO_4$ sowie $BaUO_4$ die β-$UO_2(OH)_2$-Struktur (Abb. 36.2b) und Ca_3UO_6 eine Struktur mit isolierten UO_6-Oktaedern. Neben Uranaten sind von U(VI) auch »Polyuranate« $M^I_2U_nO_{3n+1}$/$M^{II}U_nO_{3n+1}$ $(n = 2, 3, 6, 7, 13, 16)$, $M^{II}_2U_3O_{11}$, $M^I_6U_7O_{24}$, $M^I_8U_{16}O_{52}$ bekannt.

Durch Oxometallatbildung lassen sich die Actinoide An = Np und Pu (Am noch fraglich) sogar in ihrer siebenwertigen Stufe in Form von $M^I_5AnO_6$ (M^I = Li, Na), $Ba_2M^INpO_6$ (M^I = Li, Na), M^INpO_4 (M^I = K, Rb, Cs), $M^I_3PuO_5$ (M^I = Rb, Cs) stabilisieren (jeweils oktaedrische An-Koordination). Die grünbraunen bis schwarzen, in Wasser mit grüner Farbe löslichen, in Säuren redoxinstabilen Verbindungen entstehen z. B. beim Erhitzen von AnO_2 mit Li_2O, M^IO_2 oder BaO im Sauerstoffstrom auf 400 bis 250 °C (vgl. S. 2330).

Außer Oxometallaten kennt man von U(VI) und Np(VI) Peroxometallate des Typus $M^I_4AnO_2(O_2)_3 \cdot 9\,H_2O$ (lineare AnO_2^{2+}-Gruppe mit drei Peroxogruppen O_2^{2-} in der äquatorialen Ebene; hexagonal-bipyramidale An^{6+}-Koordination mit O-Atomen). Auch bildet sich durch Reaktion von Uranylsalzen mit H_2O_2 bei pH = 3 gelbes Uranylperoxid $UO_2(O_2) = UO_4$ als Di- bzw. Tetrahydrat.

Sonstige binäre Verbindungen

Mit Schwefel, Selen, Tellur reagieren die Actinoide unter Bildung dunkelfarbiger Chalkogenide der Zusammensetzung AnY, An_3Y_4, An_2Y_3, AnY_2 und $AnTe_3$ (nicht alle Möglichkeiten verifiziert). Es handelt sich wie im Falle der Oxide um nichtstöchiometrische Phasen, wobei die Verbindungen mit Actinoiden in vergleichsweise niedrigen Oxidationsstufen halbmetallisches Verhalten zeigen. Mit Stickstoff bilden die Actinoide wie die Lanthanoide Nitride AnN (»NaCl-Struktur«), die übrigen Pentele (Phosphor, Arsen, Antimon, Bismut) Pentelide AnZ, An_3Z_4, AnZ_2. Kombination mit Kohlenstoff liefert Carbide AnC, An_2C_3, AnC_2, Kombination mit Bor Boride u. a. des Typus AnB_4, AnB_6, AnB_{12}.

Salze

Von den drei- und vierwertigen Actinoiden An^{3+} und An^{4+} sind ähnlich wie von den analogen Lanthanoiden $Ln^{3+/4+}$ (S. 2306) Salze mit Anionen der Elementsauerstoffsäuren bekannt, unter denen etwa die »Oxalate« und »Phosphate« in Wasser unlöslich, die »Carbonate«, »Nitrate«, »Sulfate«, »Perchlorate« löslich sind. Wegen der Basizität von CO_3^{2-} erhält man allerdings – mit Ausnahme von $Pu(CO_3)_4^{4-}$ – nur basische An(IV)-Carbonate. Stabile An(IV)-Nitrate $An(NO_3)_4 \cdot 5\,H_2O$ sind von Th und Pu erhältlich, wobei $Th(NO_3)_4 \cdot 5\,H_2O$ das wichtigste Salz des Thoriums darstellt (11-fach mit 4 zweizähnig wirkenden NO_3-Gruppen und 3 H_2O-Molekülen koordiniertes Th^{4+} bzw. Pu^{4+}). Beide Salze lösen sich in O-Donatoren wie Me_2SO oder Ph_3PO unter Bildung von $An(NO_3)_4(D)_2$ (10-fache An^{4+}-Koordination). Von Interesse sind weiterhin die durch Umsetzung der Tetrafluoride AnF_4 mit Aluminiumboranat $Al(BH_4)_3$ erhältlichen »Boranate« (Hydroborate) $An(BH_4)_4$:

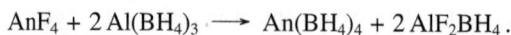

$$AnF_4 + 2\,Al(BH_4)_3 \longrightarrow An(BH_4)_4 + 2\,AlF_2BH_4 \,.$$

Unter ihnen sind $Np(BH_4)_4$ und $Pu(BH_4)_4$ unbeständig, leichtflüchtig, flüssig und monomer (12-fache, ikosaedrische An^{4+}-Koordination wie im Falle von $Zr(BH_4)_4$ mit vier dreizähnigen BH_4-Gruppen), $Th(BH_4)_4$, $Pa(BH_4)_4$ und $U(BH_4)_4$ beständig, schwerflüchtig, fest und polymer (14-fache, zweifach-überkappt-hexagonal-antiprismatische An^{4+}-Koordination mit zwei endständigen dreizähnigen und vier brückenständigen zweizähnigen BH_4-Gruppen).

Unter den Salzen $AnO_2^+X^-$ und $AnO_2^{2+}2X^-$ der fünf- und sechswertigen Actinoide Pa bis Am wurden Actinoyl(VI)-Verbindungen besonders eingehend untersucht. Sie enthalten linear gebaute AnO_2^{2+}-Ionen mit kurzen AnO-Bindungslängen (vgl. S. 2329). Dass hierbei etwa Uranylverbindungen UO_2X_2 zum Unterschied von den Chromylverbindungen CrO_2X_2 nicht kovalent, sondern salzartig aufgebaut sind, geht daraus hervor, dass sie in wässriger Lösung unter Bildung des gelben Ions UO_2^{2+} dissoziieren, wie durch Absorptions- und Ramanspektroskopie nachgewiesen werden konnte. Das wichtigste Uranylsalz ist das durch Lösen aller Uranoxide in konzentrierter Salpetersäure erhältliche Uranyldinitrat-Hexahydrat $UO_2(NO_3)_2 \cdot 6\,H_2O$. Es zeichnet sich durch Löslichkeit in Ethern, Alkoholen, Ketonen und Estern (z.B. Tributylphosphat) aus, was man zur Trennung des Urans von anderen, durch diese Lösungsmittel nicht in gleicher Weise extrahierbaren Metallnitraten ausnutzt. In $UO_2(NO_3)_2 \cdot 6\,H_2O$ ist das Uran ähnlich wie in den durch Umsetzung von $UO_2(NO_3)_2$ mit überschüssigem Nitrat oder mit H_2O_2 erhältlichen Anionen $UO_2(NO_3)_3^-$ und $UO_2(O_2)_3^{4-}$ 8-fach, hexagonal-bipyramidal koordiniert (vgl. Abb. 36.3a, b und c).

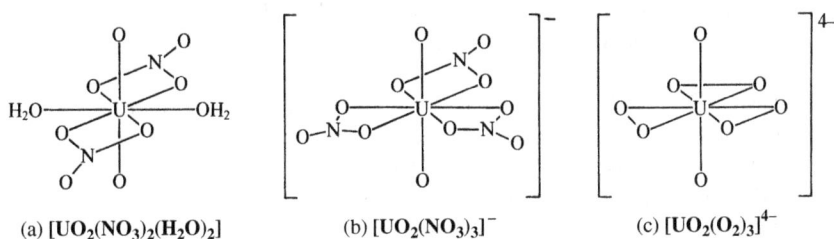

(a) $[UO_2(NO_3)_2(H_2O)_2]$ (b) $[UO_2(NO_3)_3]^-$ (c) $[UO_2(O_2)_3]^{4-}$

Abb. 36.3

Erstaunlich stabil sind die Actinoylphosphate $M^I(AnO_2)PO_4 \cdot x\,H_2O$ (M^I = Wasserstoff, Alkali- bzw. $\frac{1}{2}$ Erdalkalimetall; An = U, Np, Pu, Am) und die entsprechenden Actinoylarsenate. Die grünen Pu(VI)-phosphate spielen eine gewisse Rolle beim Purex-Prozess (S. 2319) als »nicht-extrahierbare« Komponente, die zitronengelben Am(VI)-phosphate und -arsenate gehören zu den beständigsten sechswertigen Am-Verbindungen.

Salze des Typs $AnO_2^+3X^-$ bzw. $AnO_3^+X^-$ mit den siebenwertigen Actinoiden Np und Pu konnten wegen der hohen Oxidationskraft von AnO_2^{3+} bzw. AnO_3^+ bisher nicht dargestellt werden. Es ließ sich aber im Falle des Neptuniums mit der Verbindung $[Co(NH_3)_6]^{3+}[AnO_2(OH)_6]^{3-}$ ein Salz mit anionischer An^{VII}-Komponente gewinnen.

Komplexe

Von den Actinoiden unterschiedlicher Oxidationsstufe kennt man ähnlich wie von den Lanthanoiden zahlreiche Komplexe mit ein- und mehrzähnigen Liganden. Unter den Verbindungen mit einzähnigen Liganden wurden die Halogenokomplexe und die Hydrate bereits besprochen (s. oben). Insgesamt wirken die Actinoid-Ionen etwas stärker komplexierend als die Lanthanoide. Als harte Zentren bilden sie mit F^-, H_2O sowie sauerstoffhaltigen Liganden starke Komplexe, während koordinierte Verbindungen mit den schwereren Halogeniden und Chalkogeniden, aber auch mit stickstoffhaltigen Liganden schwach sind. Dementsprechend lassen sich in wässriger Lösung zwar koordinierte Wassermoleküle an den Actinoid-Ionen leicht durch Fluorid und gegebenenfalls durch Donatoren mit Sauerstoffligatoren ersetzen, aber nicht durch Chlorid, Bromid, Iodid, Sulfid usw. (z.B. $U^{4+} + X^- \rightleftharpoons UX^{3+}$: $\log K = 8.96$ (F^-), 0.30 (Cl^-), 0.18 (Br^-); $UO_2^{2+} + X^- \rightleftharpoons UO_2X^+$: $\log K = 4.54$ (F^-), -0.10 (Cl^-), $-0.30\,Br^-$). Bezüglich eines bestimmten Liganden wie F^- wächst die Komplexstabilität eines Actinoid-Ions (i) bei gleichen Metallzentren unterschiedlicher Oxidationsstufe in Richtung $MO_2^+ < M^{3+}$, $MO_2^{2+} < M^{4+}$, (ii) bei ungleichen

Metallzentren gleicher Oxidationsstufe in Richtung zunehmender Ordnungszahl, d. h. abnehmendem Ionenradius (in letzterem Falle beobachtet man jedoch vielfach Irregularitäten). Die Koordinationszahlen der An^{3+}- und An^{4+}-Komplexe sind meist hoch und liegen im Bereich > 6. Entsprechendes gilt für Komplexe der AnO_2^{2+}-Ionen, welche weitere vier, fünf oder sechs Liganden (z. B. H_2O, R_3PO, py, Halogenid) in der Äquatorebene der linearen AnO_2^{2+}-Ionen koordinieren, sodass einschließlich der zwei mit An verknüpften Sauerstoffatome oktaedrische 6-fach-, pentagonal-bipyramidale 7-fach- bzw. hexagonal-bipyramidale 8-fach-Koordination resultiert.

Erhöhte Stabilität kommt den Actinoid-Komplexen mit zwei- und mehrzähnigen Chelatliganden zu. Beispiele bieten Anionen EO_n^{m-} von Elementsauerstoffsäuren, die in Richtung $NO_3^- < SO_4^{2-} < CO_3^{2-} < PO_4^{3-}$ Chelatkomplexe wachsender Stabilität bilden, z. B. $[An(NO_3)_6]^{2-}$ (ikosaedrische Koordination von Th^{4+}, U^{4+}, Np^{4+}, Pu^{4+}; oktaedrische Anordnung der NO_3-Liganden), $[An(CO_3)_5]^{6-}$ (10-fache Koordination von Th^{4+}, U^{4+}, Pu^{4+}; trigonal-bipyramidale CO_3-Anordnung), $[AnO_2(CO_3)_3]^{4-/5-}$ (hexagonal-bipyramidale An^{VI}- bzw. An^V-Koordination). Weitere zweizähnige Liganden, die mit An^{4+}- Ionen Chelatkomplexe bilden, sind Oxalat $C_2O_4^{2-}$ und Diethylthiocarbamat $Et_2NCS_2^-$. In letzterem Falle erhält man etwa Komplexe des Typs $[An(S_2CNEt_2)_4]$ (dodekaedrische Koordination von Th^{4+}, U^{4+}, Np^{4+}, Pu^{4+}). Starke Komplexe werden darüber hinaus mit β-Diketonaten $O{\cdots}CR{\cdots}CH{\cdots}CR{\cdots}O^-$ als zweizähnigen Liganden gebildet. Von Interesse sind etwa Komplexe $[An(acac)_4]$ der vierwertigen Actinoide mit Acetylacetonat $O{\cdots}CMe{\cdots}CH{\cdots}CMe{\cdots}O^-$ (quadratisch-antiprismatische An^{4+}-Koordination). Sie werden trotz ihrer Wasserlöslichkeit mit organischen Lösungsmitteln wie Benzol, Tetrachlorkohlenstoff vollständig aus Wasser extrahiert. Das Diketonat $O{\cdots}CR'{\cdots}CH{\cdots}CR''{\cdots}O$ ($R' = C_4H_3$, $R'' = CF_3$) wird zur Extraktion von Plutonium-Ionen aus Wasser in organischen Medien genutzt. Ein wichtiger mehrzähniger Ligand für drei- und vierwertige Actinoide ist schließlich Ethylendiamintetraacetat $EDTA^{4-}$ (vgl. S. 1557). EDTA-Komplexe werden zur Trennung von Actinoid-Ionen genutzt; ihre Stärke wächst in Richtung Pu^{3+} bis Cf^{3+} bzw. $An^{3+} < An^{4+}$ bzw. $Np^{4+} < U^{4+}$, Pu^{4+}.

6.2 Organische Verbindungen der Actinoide

i **Geschichtliches.** Mit Cp_3UCl wurde von G. Wilkinson 1956 das erste Actinoidorganyl synthetisiert. Eine große Überraschung war dann das durch A. Streitwieser 1968 gewonnene Uranorganyl $U(\eta^8\text{-}C_8H_8)_2$ (»Uranocen«), welches die Klasse der Sandwichverbindungen entscheidend erweiterte. Die hohe Radioaktivität der Transuraniumelemente schränkte die Erforschung der organischen Verbindungen der schweren 5f-Elemente naturgemäß ein.

Eingehender untersucht sind vor allem die organischen Verbindungen der leichten Actinoide Th, Pa und U, doch kennt man auch Organyle von Np, Pu, Am, Cm, Bk und Cf. In ihren organischen Verbindungen weisen die Actinoide im Wesentlichen die Oxidationsstufen +III und +IV auf. Die Bindungen zwischen den 5f-Elementen und Kohlenstoff sind etwas weniger heterovalent (etwas kovalenter) als die zwischen 4f-Elementen und Kohlenstoff (so wirkt etwa UCp_4 im Unterschied zu $NaCp$, $MgCp_2$ und $LnCp_3$ nicht als Cp^--Übertragungsreagenz). Auch weisen die Actinoide hinsichtlich π-Akzeptorliganden wie CO, CNR, C_6H_6 eine etwas ausgeprägtere Elektronen-Rückbindungstendenz als die Lanthanoide auf. Beide Sachverhalte (geringere Heterovalenz, größere Rückbindungstendenz) sind Folgen der – verglichen mit den Lanthanoid-Ionenradien – größeren Actinoid-Ionenradien und die für Actinoide bereits wesentlichen relativistischen Effekte (S. 372).

Actinoid(II)-organyle[3] Als Folge der hohen Oxidationskraft von 5f-Elementen ließen sich bisher keine Diorganyle AnR_2 der frühen Actinoide mit σ-gebundenen Organylresten R erzeu-

---

[3] Niedrigwertige Actinoidorganyle konnten – anders als niedrigwertige Ln-organyle (S. 2308) – bisher nicht unter normalen Bedingungen isoliert werden. In der Tieftemperaturmatrix ließ sich die Existenz von $U(CO)_6$ nachweisen.

gen (die Synthese von Verbindungen AnR$_2$ mit den späteren, leichter im zweiwertigen Zustande auftretenden Actinoiden wurde wegen der geringen zur Verfügung stehenden An-Mengen noch wenig eingehend studiert). Erwähnt sei in diesem Zusammenhang die »inverse« Sandwichverbindung (Abb. 36.4a), in welcher zwei Moleküle des Uran(II)-amids U(NR$_2$)$_2$ (NR$_2$ = NtBu(3,5-C$_6$H$_3$Me$_2$)) an Toluol π-gebunden vorliegen.

Actiniod(III)-organyle. Triorganyle AnR$_3$ mit σ-gebundenen Resten R sind in der Regel thermolabil. Doch führt die Umsetzung von An(OR)$_3$ (An = U, Np, Pu; R = 2,6-C$_6$H$_5$$tBu_2$) mit LiCH(SiMe$_3$)$_2$ = LiDsi zu monomeren, pyramidal gebauten Spezies An(Dsi)$_3$, welche im Sinne von Abb. 36.4c eine agostische CH$_2$Si-Me$_2$CH$_2$$-$H-Bindung aufweisen. Mithin sind die An^{3+}-Ionen in ihnen tetraedrisch von 3 Dsi-Gruppen und einer C$-$H-Funktion koordiniert (am thermostabilsten ist königsblaues U(Dsi)$_3$). Die Triorganyle wirken als starke Lewis-Säuren, weshalb sich durch Reaktion von UCl$_3$ mit LiDsi nicht U(Dsi)$_3$, sondern das Chloridaddukt [UCl(Dsi)$_3$]$^-$ bildet.

Leichter zugänglich sind Triorganyle AnR$_3$ mit π-gebundenen Resten R wie C$_5$H$_5$ (Cp). »Tris(cyclopentadienyl)actinoide« AnCp$_3$ (An = Th bis Cf; aber auch Ac) entstehen durch Reaktion von AnCl$_3$ mit geschmolzenem BeCp$_2$ (die Th-, Pa-, U-Verbindungen sind auch aus AnCl$_3$ und KCp oder MgCp$_2$ zugänglich). Sie zeichnen sich zum Teil durch hohe Radioaktvität aus (AmCp$_3$ leuchtet im Dunkeln) und sind analog LnCp$_3$ mit frühen bis mittleren Lanthanoiden gebaut (vgl. S. 2309). Als starke Lewis-Säuren addieren sie anionische und neutrale Donatoren z. B. unter Bildung von Cp$_3$UCl$^-$, Cp$_3$U(BH$_4$)$^-$, Cp$_3$UR$^-$ (R = H, Me, Bu, iPr, CH$_2$Ph, Cp usw.), Cp$_3$An(THF) (An = U, Np, Pu). Die THF-Addukte entstehen im Medium THF direkt aus AnCl$_3$ und NaCp bzw. Cp$_3$AnCl und Na, die Cp$^-$-Addukte durch elektrochemische Reduktion von AnCp$_4$ (s. unten; vgl. hierzu auch die Reduktion von Th(C$_3$H$_5$)$_4$ zum Anion Th(C$_3$H$_5$)$_4^-$). Es lassen sich sogar tetraedrisch gebaute CO-Addukte Cp*$_3$U(CO) und Cp'$_3$U(CO) gewinnen (Cp* = C$_5$Me$_5$; Cp' = C$_5$H$_4$SiMe$_3$), deren kurzer U$-$CO-Abstand und niedrige CO-Valenzschwingungsfrequenz auf deutliche Elektronen-Rückkoordination weisen: [U$\leftarrow$C$\equiv$O $\longleftrightarrow$ U$\leftrightarrows$C=O]. Auch Addukte mit Carbenen wie z. B. Cp$_3$U(CHPR$_3$) konnten isoliert werden.

Als Zwischenprodukte der AnCp$_3$-Bildung erhält man Chloride Cp$_2$AnCl bzw. Cp*$_2$AnCl, die sich leicht zu Cp$_2$AnX bzw. Cp*$_2$AnX derivatisieren lassen (X außer Hal z. B. H, Organyl, OR, NR$_2$; auch direkt durch Umsetzung von AnCp$_3$ mit HX zugänglich). Entsprechendes gilt wohl für Verbindungen des Typs CpAnX$_2$, die aber bisher noch wenig eingehend untersucht wurden. Erwähnt sei in diesem Zusammenhang der π-Komplex von U(BH$_4$)$_3$ mit Hexamethylbenzol (Abb. 36.4b).

Actinoid(IV)-organyle. Tetraorganyle AnR$_4$ mit σ-gebundenen Resten R sind ähnlich wie die Triorganyle AnR$_3$ in der Regel thermolabil. So bilden sich etwa als Folge der Umsetzung von UCl$_4$ mit LiR neben LiCl und elementarem U organische Produkte. Doch ließen sich einige tetraedrisch gebaute Th(IV)-organyle wie Th(CH$_2$Ph)$_4$ (aus ThCl$_4$/LiCH$_2$Ph in THF bei -20 °C) gewinnen. Donoraddukte der betreffenden Tetraorganyle verhalten sich etwas thermostabiler. Beispiele hierfür sind etwa: [UR$_6$]$_2^-$ (R = Me, Ph, CH$_2$SiMe$_3$; Gegenion z. B. Li(THF)$_4^+$; oktaedrisch), [ThMe$_7$]$_3^-$ (Gegenion Li(tmeda)$^+$; gelbe pyrophore Substanz, Zers. 82 °C; überkappt-trigonal-prismatisch), AnR$_4$(diphos) (An = Th, U; R = Me, CH$_2$Ph; diphos = Me$_2$PCH$_2$CH$_2$PMe$_2$), Beispiele für Derivate R$_{4-n}$AnX$_n$ der Tetraorganyle AnR$_4$ sind: RAn(Bsa)$_3$ (R = H, Me; An = Th, U; Bsa = N(SiMe$_3$)$_2$), (PhCH$_2$)$_2$U(OCtBu$_3$)$_2$. Leichter zugänglich sind Tetraorganyle AnR$_4$ mit π-gebundenen Resten R. So lassen sich »Tetra(π-allyl)actinoide« An(C$_3$H$_5$)$_4$ (Abb. 36.4d) aus AnCl$_4$ und C$_3$H$_5$MgBr gewinnen, wobei das zu [Th(C$_3$H$_5$)$_4$]$^-$ reduzierbare – verglichen mit U(C$_3$H$_5$)$_4$ thermostabilere – Th(C$_3$H$_5$)$_4$ als hervorragender Katalysator für Arenhydrierungen wirkt. Eingehend untersucht wurden die aus AnF$_4$ bzw. AnCl$_4$ und KCp oder geschmolzenem MgCp$_2$ sowie BeCp$_2$ zugänglichen »Tetra(η^5-cyclopentadienyl)actinoide« AnCp$_4$ (An = Th, Pa, U, Np; tetraedrisch). Die Einwirkung von Hal$_2$ oder HX (z. B. in Form von NH$_4$X) auf AnCp$_4$ führt zu Derivaten Cp$_3$AnX (hauptsächlich untersucht mit An = U, aber auch Th, Np). Sie lassen sich einfacher aus den durch Cyclopentadienylierung von AnCl$_4$ mit NaCp oder TlCp zugänglichen Chloriden Cp$_3$AnCl mit sich anschließender Substitution von Cl$^-$ gegen andere Anionen gewinnen (X$^-$ außer Hal$^-$ z. B. Pseudohal$^-$, BH$_4^-$, AlH$_4^-$, OR$^-$, SR$^-$, NR$_2^-$, PR$_2^-$, NO$_3^-$, $\frac{1}{2}$ SO$_4^{2-}$, $\frac{1}{2}$ C$_2$O$_4^{2-}$, H$^-$, Organyl$^-$, SiR$_3^-$; mit Na verwandelt sich Cp$_3$AnCl in AnCp$_3$). Die C-Organyl-Bindungen von Cp$_3$An(Organyl) insertieren bereitwillig ungesättigte Moleküle wie CO, CNR, CO$_2$, SO$_2$. Die von Cp$_3$UCl durch Bindungsheterolyse ableitbaren Kationen Cp$_3$U$^+$ sind in Gegenwart gering basischer Anionen wie BPh$_4^-$, Pt(CN)$_4^{2-}$ existenzfähig. Verbindungen des Typs Cp$_2$AnX$_2$ lassen sich mit sperrigen Gruppen X unsolvatisiert erhalten (z. B. Cp$_2$Th(NEt$_2$)$_2$, Cp$_2$U(BH$_4$)$_2$). Wiederum sind Halogenide Cp$_2$AnHal$_2$ oder Cp*$_2$AnHal$_2$ wichtige Synthone für Derivate (z. B. Bildung des Tetraorganyls Cp*$_2$Th(CH$_2$tBu$_2$), das bei 50 °C in die Verbindung Cp*$_2$Th($-$CH$_2$CMe$_2$CH$_2-$) mit einem ThC$_3$-Vierring übergeht, oder Bildung von Cp*$_2$ThH$_2$). Acetonitril führt Cp$_2$UI$_2$ in das Salz [Cp$_2$U(NCMe)$_5$]$^{2+}$2 I$^-$ über, worin der Cp$_2$U^{2+}-Einheit der Bau eines Metallocens zukommt (»Uranocen«; parallel ekliptisch ausgerichtete η^5-C$_5$H$_5$-Reste). Die fünf MeCN-Liganden umgeben das pentagonal-bipyramidal-koordinierte U(IV)-Ion als »Gürtel«. Verbindungen CpAnX$_3$ existieren nur als Addukte mit O- und N-haltigen Donoren.

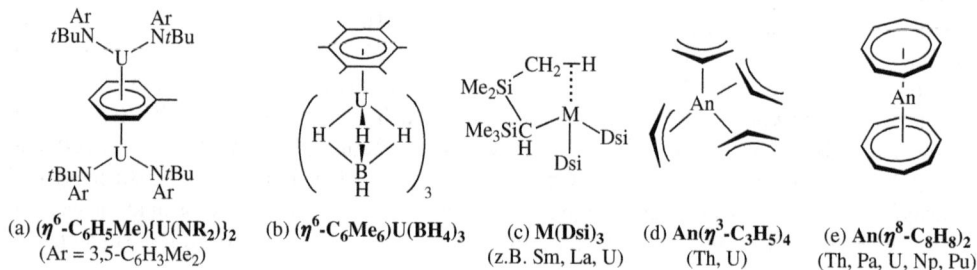

(a) (η^6-C$_6$H$_5$Me){U(NR$_2$)}$_2$ (b) (η^6-C$_6$Me$_6$)U(BH$_4$)$_3$ (c) M(Dsi)$_3$ (d) An(η^3-C$_3$H$_5$)$_4$ (e) An(η^8-C$_8$H$_8$)$_2$

(Ar = 3,5-C$_6$H$_3$Me$_2$)   (z.B. Sm, La, U)   (Th, U)   (Th, Pa, U, Np, Pu)

Abb. 36.4

Bei den aus K$_2$C$_8$H$_8$ und AnCl$_4$ erhältlichen thermostabilen »Bis(cyclooctatetraen)-actinoiden« An(C$_8$H$_8$)$_2$ (An = Th bis Pu) handelt es sich im Sinne von Abb. 36.4e um Sandwichverbindungen, in welchen planare C$_8$H$_8$-Ringe – ähnlich wie die C$_5$H$_5$-Ringe im Ferrocen Fe(C$_5$H$_5$)$_2$ (S. 2189) – auf beiden Seiten des Actinoids parallel angeordnet sind. Sie werden aus diesem Grunde ebenfalls (nicht ganz richtig) als Metallocene bezeichnet (isoelektronisch mit Ac^{IV}(C$_8$H$_8$)$_2$ sind Ln^{III}(C$_8$H$_8$)$_2^-$; auch die Komplexe An^{IV}(C$_8$H$_8$)$_2$ lassen sich zu An^{III}(C$_8$H$_8$)$_2^-$ reduzieren; An = U, Np, Ph, Am). »Uranocen« U(C$_8$H$_8$)$_2$ bildet hydrolysestabile, pyrophore grüne Kristalle, die in Kohlenwasserstoffen nur wenig löslich sind. Einen sandwichartigen Bau weist auch das aus UCl$_4$/C$_7$H$_8$/K in 18-Krone-6-haltigem THF zugängliche Anion [U(C$_7$H$_7$)$_2$]$^-$ auf, in welchem naturgemäß kein dreifach negatives Uran und einfach-positives C$_7$H$_7^+$ vorliegt. Nach quantenchemischen Rechnungen kommt dem Uran in der Verbindung die Ladung +2.54, dem C$_7$H$_7$-Liganden die Ladung -1.77 zu. Während sich hiernach die Liganden in An(C$_5$H$_5$)$_4$ bzw. An(C$_8$H$_8$)$_2$ als ($4n + 2$)-Aromaten klassifizieren lassen, trifft Entsprechendes nicht für den Liganden in [U(C$_7$H$_7$)$_2$]$^-$ zu.

Actinoid(V)-organyle. Pentaorganyle AnR$_5$ mit fünf σ- bzw. π-gebundenen Resten R sind noch unbekannt. Uran (V) enthalten wohl die at-Komplexe [UR$_8$]$^{3-}$ (R = CH$_3$, CH$_2$SiMe$_3$; Gegenion Li(OEt$_2$)$_4^+$). Auch bilden sich Verbindungen des Typus (C$_5$H$_4$Me)$_3$U=NAr mit fünfwertigem Uran durch Reaktion von p- bzw. m-Diazidobenzol C$_6$H$_4$(N$_3$)$_2$ mit (C$_5$H$_4$Me)$_3$U(THF).

Literatur zu Kapitel XXXVI

Die Actinoide

[1] **Vorkommen**

J. J. Katz, G. T. Seaborg, L. R. Morss: »The Chemistry of the Actinide Elements«, 2 Bände, Chapman and Hall, London 1986; K. W. Bagnall: »Actinides«, Compr. Inorg. Chem. **5** (1973) 1–635; A. J. Freeman, G. H. Landon, C. Keller (Hrsg.): »Handbook on the Physics and Chemistry of the Actinides«, mehrere Bände, North-Holland, Amsterdam ab 1984; G. T. Seaborg, W. D. Loveland: »The Elements beyond Uranium«, Wiley, New York 1990; G. T. Seaborg: »Transuranium Elements: Past, Present, and Future«, Acc. Chem. Res. **28** (1995) 257–264; L. R. Morss, J. Fuger (Hrsg.): »Transuranium Elements: A Half Century«, American Chem. Soc., Washington 1972; G. Meyer, L. R. Morss (Hrsg.): »Synthesis of Lanthanide and Actinide Compounds«, Kluwer Dordrecht 1991; Compr. Coord. Chem., I/II. »Actinideo« (vgl. Vorwort); Gmelin; »Thorium«, System-Nr. **44**, »Protactinium«, System-Nr. **51**, »Uran«, System-Nr. **55**, »Transuranium Elements«, System-Nr. **71**; Ullmann. »Thorium and Thorium Compounds«, A27 (1995); »Uranium and Uranium Alloys«, »Uranium Compounds« **A27** (1995); »Radionuclides«, **A22** (1993). Vgl. auch [2–5].

[2] **Gewinnung**

E. K. Hyde, I. Perlman, G. T. Seaborg: »Man-made Transuranium Elements«, Bände I – III, Prentice-Hall, New Jersey 1964; C. Keller: »Zum Aufbau von Transcurium-Elementen durch Kernreaktionen mit schweren Ionen«, Angew. Chem. **77** (1965) 981–993; Int. Ed. **4** (1965) 903; »Die künstlichen Elemente«, Chemie in unserer Zeit **2** (1968) 167–177; »Transurane«, Chemie in unserer Zeit **6** (1972) 37–43, 74–81; G. Herrmann: »Synthese schwerster chemischer Elemente – Ergebnisse und Perspektiven«, Angew. Chem. **100** (1988) 1471–1491; Int. Ed. **27** (1988) 1417; J. L. Spirlet, J. R. Peterson, L. B. Asprey: »Preparation and Purification of Actinide Metals«, Adv. Inorg. Chem. **31** (1987) 1–41.

[3] **Chemische Eigenschaften**

N. B. Mikheev, A. N. Kamenskaya: »Complex Formation of the Lanthanides and Actinides in Lower Oxidation States«, Coord. Chem. Rev. **109** (1991) 1–59; M. Pepper, B. E. Burster: »The Electronic Structure of Actinide-Containing Molecules: A Challenge to Applied Quantum Chemistry«, Chem. Rev. **91** (1991) 719–741; I. R. Beattie: »Eine kritische Bewertung der experimentellen Daten über Molekülstrukturen und Spektren der Halogenide, Oxide und Hydride der s-, d- und f-Block-Elemente«, Angew. Chem. **111** (1999) 3494–3507; Int. Ed. **38** (1999) 3294. – Thorium. J. F. Smith, O. N. Carlson, D. T. Peterson, T. E. Scott: »Thorium, Preparation and Properties«, Iowa State University Press, Iowa 1975; vgl. Uran. – Protactinium. C. Keller: »Die Chemie des Protactiniums«, Angew. Chem. **78** (1966) 85–98; Int. Ed. **5** (1966) 23; D. Brown: »Some Recent Preparative Chemistry of Protactinium«, Adv. Inorg. Radiochem. **12** (1969) 1–51. – Uran. J. H. Gittus: »Uranium«, Butterworths, London 1963; E. H. P. Cordfunke: »The Chemistry of Uranium including its Applications in Nuclear Technology«, Elsevier, Amsterdam 1969; I. Santos, A. P. de Matos, A. G. Maddock: »Compounds of Thorium and Uranium in Low (< IV) Oxidation State«, Adv. Inorg. Chem. **34** (1989) 65–144. – Neptunium. C. Keller: »Die Chemie des Neptuniums«, Fortschr. Chem. Forsch. **13** (1969/70) 1–124. – Plutonium. M. Taube: »Plutonium«, Pergamon Press, Oxford 1964; M. Taube: »Plutonium, ein allgemeiner Überblick«, Verlag Chemie, Weinheim 1974; F. L. Oetting: »The Chemical Thermodynamic Properties of Plutonium Compounds«, Chem. Rev. **67** (1967) 299–315; G. J. Wick: »Plutonium Handbook«, Gordon and Breach, New York 1967; J. M. Cleveland: »The Chemistry of Plutonium«, Gordon and Breach, New York 1970. – Transplutoniumelemente. F. Weigel: »Die Chemie der Transplutoniumelemente«, Fortschr. Chem. Forsch. **4** (1963) 51–137; P. R. Fields, Th. Moeller: »Lanthanide/Actinide-Chemistry«, Advances in Chemistry Series **71**, Am. Chem. Soc., Washington 1967; C. Keller: »The Chemistry of the Transuranium Elements«, Verlag Chemie, Weinheim 1971; O. L. Keller: »Chemistry of the Heavy Actinides and Light Transactinides«, Radiochim. Acta **37** (1984) 169–180.

[4] **Anorganische Verbindungen der Actinoide**

Compr. Coord. Chem. I/II: »Actinides« (vgl. Vorwort); K. M. Mackay: »Actinium und Actinide Hydrides«, Compr. Inorg. Chem. **1** (1973) 47–51; D. Brown: »Compounds of Actinides: Hydrides«, Compr. Inorg. Chem. **5** (1973) 141–150; J. J. Katz, I. Sheft: »Halides of Actinide Elements«, Adv. Inorg. Radiochem. **2** (1960) 195–236; N. Hodge: »The Fluorides of the Actinide Elements«, Adv. Fluorine Chem. **2** (1961) 138–182; K. W. Bagnall: »The Halogen Chemistry of the Actinides« in V. Gutmann: »Halogen Chemistry« **3** (1967) 303–382; D. Brown: »Halides of the Lanthanides and Actinides«, Wiley

New York 1968; J.C. Taylor: »Systematic Features in the Structural Chemistry of the Uranium Halides, Oxyhalides and Related Transition Metal and Lanthanide Halides«, Coord. Chem. **20** (1976) 197–273; L.E.J. Roberts: »The Actinide Oxides«, Quart. Rev. **15** (1961) 442–460; W. Bacher, E. Jakob: »Uranhexafluorid-Chemie und Technologie eines Grundstoffs des nuklearen Brennstoffkreislaufes«, Chemiker Zeitung **106** (1982) 117–136; J.H. Holloway, D. Laycock: »Preparations and Reactions of Oxide Fluorides of the Transition Metals, the Lanthanides, and the Actinides«, Adv. Inorg. Radiochem. **28** (1984) 73–93; U. Caselatto, M. Vidali, P.A. Vigato: »Actinide Complexes with Chelating Ligands Containing Sulfur and Amidic Nitrogen Donor Atoms«, Coord. Chem. Rev. **28** (1979) 231–277; N. Kaltsoyannis: »Recent developments in computational actinide chemistry«, Chem. Soc. Rev. **32** (2003) 9–16; C. Den Auwer, E. Simoni, S. Conradson, C. Madic: »Investigating Actinyl Oxo Cations by X-ray Absorption Spectroscopy«, Eur. J. Inorg. Chem. (2003) 2843–3859.

[5] **Organische Verbindungen der Actinoide**

Compr. Organomet. Chem. I/II/III: »Organoactinides« (vgl. Vorwort); Ch. Elschenbroich: »Organometallchemie« 5. Aufl., Teubner, Stuttgart 2005.

Kapitel XXXVII

Die Transactinoide
(»Superschwere Elemente«)

Von der Enträtselung einiger Geheimnisse chemischer Elemente, die viel schwerer als die aus unserer Umwelt zugänglichen sind, träumen Science Fiction Literaten und Naturwissenschaftler schon sehr lange. Nun wurde der Traum zum Erstaunen der wissenschaftlichen Welt in den vergangenen Jahren durch die Arbeiten verschiedener Forscherteams Wirklichkeit. Die Synthese »Superschwerer Elemente«, worunter man die nach (*trans*) dem Actinoid Lawrencium (Ordnungszahl 103) im Periodensystem (PS) angesiedelten »Transactinoide« (Ordnungszahl > 103) versteht, ist in Laboratorien mit Ionenbeschleunigern gelungen (Leicht merkbar: Ordnungszahl und Gruppe der Transactinoide 103–118 im PS = 100 + Gruppennummer des Transactinoids; demnach steht etwa das Element 108 (»Hassium«) in der 8. Gruppe des PS und ist somit ein Eka-Osmium.)

Geschichtliches. Das um 1930 entwickelte Tröpfchenmodell der Kerne (S. 2250), welches eine wachsende Wahrscheinlichkeit der Spontanspaltung mit zunehmender Ordnungszahl und – als Folge hiervon – ein Ende des Periodensystems beim Element 100 vorhersagte, ließ zunächst wenig Hoffnung auf eine Synthese superschwerer Elemente aufkommen. Das Schalenmodell der Kerne und insbesondere dessen Kombination mit dem Tröpfchenmodell (S. 2377) sagte dann 20 Jahre später »Inseln der Stabilität« superschwerer Elemente voraus, deren Protonen- oder Neutronenschalen vollständig besetzt sind (z. B. 108, 114, 120, 126 Protonen und 126, 162, 184 Neutronen; vgl. durchgezogene und gestrichelte Linien in Abb. 37.1). Nach den kühnsten Vorhersagen sollten superschwere Elemente um $^{298}_{114}$Fl (vollbesetzte Schalen mit 114 Protonen, 184 Neutronen) aufgrund ihrer großen Halbwertszeiten in der Natur aufzufinden sein, was weltweit eine »goldgräbervergleichbare« Suche nach ihnen in geeigneten Gesteinen selbst in kleinen Radiochemielabors auslöste.

Die Suche blieb vergeblich (neuere Berechnungen verkürzten die Inselelement-Halbwertszeiten mehr und mehr auf wenige Jahre oder gar bis zu Minuten herab), und die »Alchemisten« kehrten zu bewährten Traditionen zurück: Geduldig und in mühevoller Kleinarbeit wurde das Periodensystem Schritt um Schritt erweitert. Es folgte ab ca. 1960 bis heute die »Entdeckung« (richtiger »Erster-zeugung«) von nahezu 20 neuen Elementen. Und zwar wurden die Transfermium-Elemente Md (Ordnungszahl 101), No (102), Lr (103) (vgl. S. 2313), dann die Transactinoide Rutherfordium Rf (104), Dubnium Db (105), Seaborgium Sg (106) in den Jahren von 1955 bis 1974 am »Lawrence Berkeley National Laboratory« (LBNL) – teilweise in Zusammenarbeit mit einem Forscherteam vom »Lawrence Livermore National Laboratory« (LLNL), beide in Kalifornien – sowie am »Joint Institute for Nuclear Research« (JINR) in Dubna, 120 km nördlich von Moskau, erstmals durch Bombardierung dünner Schichten u. a. von Oxiden, Fluoriden des Plutoniums, Curiums, Californiums und Einsteiniums mit stark beschleunigten B-, He-, C-, O- und Ne-Ionenstrahlen gewonnen. Danach bestrahlte man in Dubna, aber auch bei der »Gesellschaft für Schwerionenforschung« (GSI) in Darmstadt, nahe Frankfurt, am dort stehenden Universal Linear Accelerator (UNILAC) ab 1976 Targets aus Blei und Bismut mit – auf 10 % der Lichtgeschwindigkeit – beschleunigten Ti-, Cr-, Fe-, Ni- und Zn-Ionen. Hierbei erzeugte das GSI-Forscherteam 1981 erstmals Bohrium Bh (Ordnungszahl 107), 1984 Hassium Hs (108), 1982 Meitnerium Mt (109), 1994 Darmstadtium Ds (110) sowie Röntgenium Rg (111) und 1996 Copernicium Cn (112), ferner ein Forscherteam am »Institute of Physical and Chemical Research« (RIKEN) in Wako, nahe Tokio, im Jahre 2004 Nihonium (113). Des Weiteren bestrahlten Forscher am JINR (Dubna) in den Jahren 1998 bis heute Targets aus Plutonium, Americium und Californium mit Ca-Ionenprojektilen; sie fanden hierbei offensichtlich die Elemente Flerovium (114),

Mosconium (115), Livermorium (116) und Oganesson (118). Das Element 113 entstand hierbei als Tochterprodukt des Elements 115 bei einer Messung im Jahre 2004 (es ist bisher unentschieden, ob Nh zuerst in Riken oder aber in Dubna »gesehen« wurde). Bezüglich weiterer Einzelheiten zur »Darstellung« der Transactinoide siehe das nachfolgende Unterkapitel, bezüglich einer Übersicht über bisher erzeugte Transactinoide vgl. Abb. 37.1.

1   Erzeugung und Radiochemie der Transactinoide

1.1   Allgemeines zur Gewinnung und zum Nachweis der Transactinoide

Die Transactinoide werden im Zuge des Durchtritts beschleunigter Ionenstrahlen durch dünne Folien eines anderen Elements (»Target«) auf dem Wege der Kernfusion erzeugt.

Apparatives. Die Schwerionenerzeugung erfolgt einschließlich der Trennung und dem Nachweis der betreffenden Ionen in Geräten, die Massenspektrometern bzw. -separatoren (vgl. S. 66) ähnlich sind. In der Ionenquelle dieser Apparaturen werden die Projektilstrahlen erzeugt. Im Falle des UNILAC in Darmstadt (GSI) dient hierzu eine Elektron-Zyklotron-Resonanz-Quelle (EZR-Quelle), welche stabile hohe Projektilströme hochpositiv geladener Ionen liefert. Dadurch kann die Ionenbeschleunigung bis auf 10 % der Lichtgeschwindigkeit mit geringem Aufwand erfolgen (Ströme bis zu $6 \cdot 10^{12}$ Ionen pro Sekunde) und der Materialverbrauch ($0.5–2$ mg h^{-1}) gering gehalten werden (die benötigten isotopenangereicherten Ausgangsstoffe sind meist sehr teuer). Inzwischen wurde in Dubna unter Leitung von Y. T. Oganessian eine EZR-Ionenquelle gebaut, die bei einem Materialverbrauch von 0.3 mg h^{-1} Ströme bis zu $8 \cdot 10^{12}$ Ionen pro Sekunde liefert, allerdings sind die Ionenströme im Pulsbetrieb bei GSI deutlich höher als in Dubna.

Die Trennung der Ionenstrahlen, welche die Targets verlassen, in solche aus »gesuchten« superschweren Elementionen und »störenden« Projektilionen bzw. »ebenfalls gebildeten« Kernbruchstückionen erfolgt dann durch »Schwerionenseparation« in elektrischen und magnetischen Feldern (vgl. Massenspektrometrie, S. 66). Ein Forscherteam um P. Armbruster, S. Hofmann und G. Münzenberg entwickelte hierzu in Darmstadt (GSI) zur Ionentrennung am UNILAC einen 11 m langen seperator of heavy ion reaction products (SHIP). Die Flugzeit der Fusionsprodukte durch dieses System, welche naturgemäß die gerade noch messbare Lebensdauer von Nukliden bestimmt, beträgt ca. 1 Mikrosekunde. Die Projektile treten durch dünne Trägerfolien aus Kohlenstoff (0.2 µm), auf denen das Targetmaterial (Pb, Bi) aufgedampft ist (Schichtdicke ca. 0.4 µm), in das SHIP. Die beschichteten Trägerfolien sind ihrerseits in ein sich 1.125 mal pro Minute drehendes Rad in Form von mehreren bananenförmigen Segmenten eingespannt. Das Drehen des Rads führt selbst bei hoher Projektilintensität nicht zum Schmelzen der Pb- bzw. Bi-Targets (Smp. 327 bzw. 271 °C; für Ströme bis zu $6 \cdot 10^{13}$ Ionen pro Sekunde sollte man besser PbS- bzw. Bi$_2$O$_3$-Targets (Smp. 1118 bzw. 817 °C) nutzen und gegebenenfalls mit Helium vom Druck 1 mbar kühlen). Die Trennung der Fusions- von anderen Projektilstrahlionen erfolgte in Dubna durch ein SHIP-analoges Gerät VASSILISSA (benannt nach einer Fee eines russischen Märchens) und in den letzten Jahren durch einen mit Wasserstoff gefüllten Separator (Dubna Gas-Filled Recoil Separator, DGFRS). Die Targets bestehen in letzterem Falle zum Teil aus Titan mit darauf – z. B. durch Elekto- oder Molekularplating – aufgebrachten Radionukliden (Pu, Am, Cm, Cf).

Zum Ionennachweis dienen schließlich mehrere extrem empfindliche Detektoren, die einzelne, zum Teil nur alle Tage oder Wochen erzeugte geladene superschwere Elementatome sowie deren Zerfallsprodukte und Zerfallshalbwertszeiten registrieren.

Nicht angesprochen wurden im Vorherstehenden eine Vielzahl apparativer Techniken und Entwicklungen, die für chemische Studien superschwerer Elemente bedeutungsvoll sind.

Experimentelles. Gewonnen werden die Transactinoide durch kalte oder heiße Fusion. Im Falle der kalten Fusion bestrahlt man Targets aus $^{208}_{82}Pb$ oder $^{209}_{83}Bi$ mit neutronenreichen mittelschweren Projektilkernen (u. a. Ca, Ti, Cr, Fe, Ni, Zn) und erzeugt hierbei wenig-angeregte »kalte« Compoundkerne $\{E^*\}$, die unter Abgabe meist nur eines Neutrons in die »Verdampfungsrestkerne« übergehen, falls sie sich nicht prompt spalten; z. B.:

$$^{208}_{82}Pb + {}^{m}_{k}E \longrightarrow \{^{208+m}_{82+k}E\}^* \xrightarrow{\;10^{-14}\,s\;} {}^{207+m}_{82+k}E + {}^{1}_{0}n\,.$$

Im Falle der heißen Fusion bestrahlt man andererseits Targets aus radioaktiven, neutronenreichen Actinoiden ($^{232}_{90}Th$, $^{238}_{92}U$, $^{252,244}_{94}Pu$, $^{243}_{95}Am$, $^{248}_{96}Cm$, $^{249}_{98}Cf$, $^{254}_{99}Es$) mit leichten bis mittelschweren Projektilkernen (O, N, F, Ne, Mg, Ca) und erzeugt hierbei angeregte »heiße« Compoundkerne, die unter Abgabe von meist drei bis fünf Neutronen in die Verdampfungsrestkerne – also die gewünschten Produkte – übergehen, z. B.:

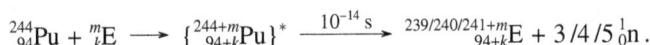

$$^{244}_{94}Pu + {}^{m}_{k}E \longrightarrow \{^{244+m}_{94+k}Pu\}^* \xrightarrow{\;10^{-14}\,s\;} {}^{239/240/241+m}_{94+k}E + 3\,/4\,/5\,{}^{1}_{0}n\,.$$

Trotz dieser »Neutronenabdampfung« sind die verbleibenden »Restkerne« im Falle der heißen Fusion neutronenreicher, als die durch kalte Fusion erzeugten (vgl. hierzu Abb. 37.1, rechte Seite). Somit ist es mit heißer Fusion eher möglich, an die ersehnte magische Neutronenzahl 184 und damit an das Zentrum der oben erwähnten »Stabilitätsinsel« heranzukommen oder zumindest langlebigere Isotope superschwerer Elemente zu gewinnen, die man für chemische Reaktionen der Transactinoide benötigt (s. unten). Allerdings sind die Verluste durch prompte Spaltung der Compoundkerne im Falle der heißen Fusion größer als im Falle der kalten.

Alle Transactinoide sind erwartungsgemäß radioaktiv und wandeln sich hauptsächlich durch α-Zerfall (Aussenden eines He-Kerns) sowie Spontanspaltung (spontaneous fission = sf) bzw. selten durch β^+-Zerfall sowie K-Einfang in protonenärmere Elemente um (Zerfallshalbwertszeiten im Bereich von Mikrosekunden bis zu Stunden; vgl. Abb. 37.1). Das aus einem Transactinoid durch α-Zerfall (gegebenenfalls β^+-Zerfall) neu entstehende Element ist seinerseits wieder radioaktiv, sodass der Zerfall weitergeht und zu α-Zerfallsreihen (gegebenenfalls mit β^+-Zerfallszwischenschritten) führt. Diese Ketten können bei Nukliden enden, die durch Spontanspaltung zerfallen, z. B.:

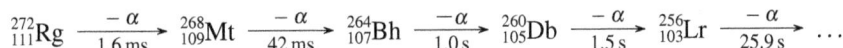

$$^{272}_{111}Rg \xrightarrow[1.6\,ms]{-\alpha} {}^{268}_{109}Mt \xrightarrow[42\,ms]{-\alpha} {}^{264}_{107}Bh \xrightarrow[1.0\,s]{-\alpha} {}^{260}_{105}Db \xrightarrow[1.5\,s]{-\alpha} {}^{256}_{103}Lr \xrightarrow[25.9\,s]{-\alpha} \cdots$$

Aus den bekannten, im Zerfall beobachteten Tochternukliden lassen sich umgekehrt Rückschlüsse auf die Existenz eines erzeugten neuen Nuklids ziehen.

1.2 Spezielles zur Gewinnung und zum Nachweis der Transactinoide

Rutherfordium Rf (»Eka-Hafnium«, »Element 104«). 1964 berichteten G. N. Flerov und Mitarbeiter (Kernforschungszentrum Dubna) erstmals über die Erzeugung einiger Atome von rasch zerfallendem $^{260}_{104}$Eka-Hafnium ($\tau_{1/2} = 20\,ms$) durch »heiße Fusion« (Bestrahlung von Pu-Targets mit Ne-Kernen der Energie 115 MeV), dem sie den Namen Kurchatovium (Ku) gaben (benannt nach dem russischen Physiker I. W. Kurchatov, 1903–1960). A. Ghiorso und Mitarbeiter in Berkeley konnten die Ergebnisse in dieser Weise nicht bestätigen (möglicherweise hatten die russischen Forscher $^{259}_{104}$Eka-Hf in Händen) und erzeugten dann gemäß (37.1) in »heißer Fusion« $^{257}_{104}$Eka-Hf und $^{259}_{104}$Eka-Hf durch Beschuss von Californiumtargets mit Kohlenstoffkernen (73 MeV) und später noch $^{261}_{104}$Eka-Hf durch Beschuss von Curiumtargets mit Sauerstoffkernen

(90–100 MeV). Das neue Element 104 bezeichneten die amerikanischen Forscher mit dem – nunmehr allgemein anerkannten – Namen Rutherfordium Rf ($^{259}_{104}$Rf entsteht auch in »heißer Fusion« durch Beschuss von $^{248}_{96}$Cm mit $^{16}_{8}$O-Kernen, ferner $^{257}_{104}$Rf in »kalter Fusion« durch Beschuss von $^{208}_{82}$Pb mit $^{50}_{22}$Ti-Kernen; bzgl. weiterer Isotope, vgl. Abb. 37.1). Die Isotope $^{257,259,261}_{104}$Rf (α-Strahler; $\tau_{1/2}$ = 4.7 s, 3.1 s, 78 s) wurden durch ihre Tochternuklide $^{253,255,257}_{102}$No ($\tau_{1/2}$ = 1.7 min, 3.1 min, 26 s) identifiziert (37.2).

$$^{249}_{98}\text{Cf} + ^{12}_{6}\text{C} \longrightarrow ^{257}_{104}\text{Rf} + 4\,\text{n}; \quad ^{249}_{98}\text{Cf} + ^{13}_{6}\text{C} \longrightarrow ^{259}_{104}\text{Rf} + 3\,\text{n};$$
$$^{248}_{96}\text{Cm} + ^{18}_{8}\text{O} \longrightarrow ^{261}_{104}\text{Rf} + 5\,\text{n};$$

(37.1)

$$^{257}_{104}\text{Rf} \xrightarrow[4.7\,\text{s}]{-\alpha} ^{253}_{102}\text{No}; \quad ^{259}_{104}\text{Rf} \xrightarrow[3.1\,\text{s}]{-\alpha} ^{255}_{102}\text{No}; \quad ^{261}_{104}\text{Rf} \xrightarrow[7.8\,\text{s}]{-\alpha} ^{257}_{102}\text{No}.$$

(37.2)

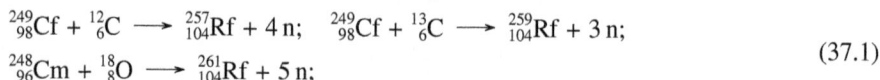

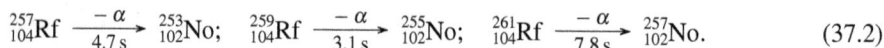

Die »Entdeckung« von Element 104 wurde, nach vorausgehendem jahrelangem Ringen um den Entdeckungsanspruch den Teams in Dubna und Berkeley zu gleichen Teilen zugesprochen.

Dubnium Db (»Eka-Tantal«, »Element 105«). Atome des Elements Eka-Tantal der Massen 260 und 261 wollen G. N. Flerov und Mitarbeiter am Kernforschungsinstitut in Dubna 1967 durch Beschuss von $^{243}_{95}$Am mit $^{22}_{10}$Ne-Kernen gewonnen haben (»heiße Fusion«). Die Forscher schlugen für das Element 105, dessen erzeugte Isotope sich nach deren Studien unter α-Strahlung in $^{256,257}_{103}$Lr umwandelten, zu Ehren von Niels Bohr den Namen »Nielsbohrium« vor. Von A. Ghiorso und Mitarbeitern in Berkeley konnten die russischen Befunde in dieser Form bis heute nicht bestätigt werden. Es gelang letzteren Forscherteam 1970/71 aber, durch Beschuss von Californiumtargets mit Stickstoffkernen bzw. Berkeliumtargets mit Sauerstoffkernen in »heißer Fusion« gemäß (37.3) je Stunde etwa 6 Atome des Elements 105 mit den Massen 260, 261 und 262 darzustellen. Zu Ehren des Kernforschungszentrums in Dubna erhielt das Element den Namen Dubnium Db. Die Isotope $^{260,261,262}_{105}$Db gehen als α-Strahler mit $\tau_{1/2}$ von 1.5 s, 18 s und 34 s in $^{256,267,258}_{103}$Lr über (37.4).

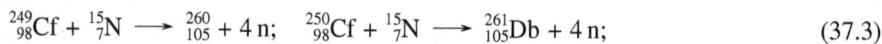

$$^{249}_{98}\text{Cf} + ^{15}_{7}\text{N} \longrightarrow ^{260}_{105} + 4\,\text{n}; \quad ^{250}_{98}\text{Cf} + ^{15}_{7}\text{N} \longrightarrow ^{261}_{105}\text{Db} + 4\,\text{n};$$

(37.3)

$$^{249}_{97}\text{Bk} + ^{16}_{8}\text{O} \longrightarrow ^{261}_{105}\text{Db} + 4\,\text{n}; \quad ^{249}_{97}\text{Bk} + ^{18}_{8}\text{O} \longrightarrow ^{262}_{105}\text{Db} + 5\,\text{n}.$$

(37.4)

Für das Element 105 (Db), von dem inzwischen noch einige andere Isotope erzeugt wurden (vgl. Abb. 37.1), und dessen Entdeckung den Teams in Dubna und Berkeley zu gleichen Teilen zugesprochen wurde, schlugen die amerikanischen Forscher zu Ehren von Otto Hahn – dem Altmeister der Kernchemie – zunächst den Namen »Hahnium« (Ha), die IUPAC-Kommission – zu Ehren von J. F. Joliot , dem Entdecker der künstlichen Radioaktivität (zusammen mit seiner Frau I. Joliot-Curie) – zunächst den Namen »Joliotium« (Jl) vor. Das Isotop $^{262}_{105}$Db ist wegen seiner Nutzung für Studien der chemischen Eigenschaften von Db bedeutungsvoll.

Seaborgium Sg (»Eka-Wolfram«, »Element 106«). Die russische Arbeitsgruppe um G. N. Flerov in Dubna berichtete 1974 über ein neues Nuklid, das beim Beschuss von Bleitargets mit Chromkernen in »kalter Fusion« entstehen soll: $^{208}_{82}$Pb + $^{54}_{24}$Cr $\longrightarrow$ $^{261}_{106}$Sg + n. Diese Studie wurde jedoch nicht als signifikanter Hinweis auf das Element 106 gewertet. Allein eine ebenfalls im Jahre 1974 durchgeführte Studie der amerikanischen Arbeitsgruppe um A. Ghiorso in Berkeley zur Erzeugung von Atomen dieses Elements durch Beschuss von Californiumtargets durch Sauerstoffkerne in »heißer Fusion« gemäß (37.5) wird als Entdeckungsexperiment für das Element 106 angesehen. Es zerfällt gemäß (37.6) unter α-Strahlung zunächst in Rf, dann in No. Des Weiteren ließen sich Isotope der Massen 265 und 266 in »heißer Fusion« durch Bestrahlung von Curium mit Ne-Kernen erzeugen (37.5); sie zerfallen mit $\tau_{1/2}$ von etwa 20 s in Rf (bezüglich weiterer Sg-Isotope vgl. Abb. 37.1). Das Element 106 erhielt zu Ehren des Kernforschers

G. T. Seaborg (Nobelpreis 1951) den Namen Seaborgium Sg.

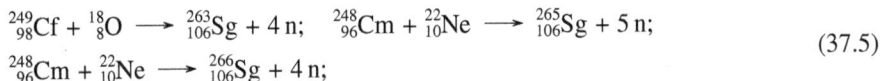

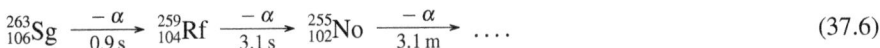

$$^{249}_{98}\text{Cf} + ^{18}_{8}\text{O} \longrightarrow ^{263}_{106}\text{Sg} + 4\,\text{n}; \quad ^{248}_{96}\text{Cm} + ^{22}_{10}\text{Ne} \longrightarrow ^{265}_{106}\text{Sg} + 5\,\text{n};$$
$$^{248}_{96}\text{Cm} + ^{22}_{10}\text{Ne} \longrightarrow ^{266}_{106}\text{Sg} + 4\,\text{n};$$
(37.5)

$$^{263}_{106}\text{Sg} \xrightarrow[0.9\,\text{s}]{-\alpha} ^{259}_{104}\text{Rf} \xrightarrow[3.1\,\text{s}]{-\alpha} ^{255}_{102}\text{No} \xrightarrow[3.1\,\text{m}]{-\alpha} \cdots$$
(37.6)

Zur Untersuchung chemischer Eigenschaften benutzt man die Sg-Nuklide der Massen 265 und 266.

Bohrium Bh (»Eka-Rhenium«, »Element 107«). Die deutsche Arbeitsgruppe um P. Armbruster und G. Münzenberg in Darmstadt (GSI) berichtete 1981 über ein Nuklid des Elements 107, das beim Beschuss eines Bismuttargets mit Chromkernen im UNILAC durch »kalte Fusion« gemäß (37.7) gewonnen wurde (der einwöchige Beschuss erbrachte sechs Atome des Elements). Für das neue Element, von dem noch weitere Isotope erzeugt wurden (vgl. Gl. (37.7) und Abb. 37.1), schlug das Darmstädter Forscherteam zu Ehren des Atomphysikers Niels Bohr den – inzwischen von der IUPAC-Kommission bestätigten – Namen Bohrium Bh vor. Unter α-Strahlung zerfällt $^{262}_{107}\text{Bh}$ im Sinne von (37.8) in $^{258}_{105}\text{Db}$ und $^{254}_{103}\text{Lr}$.

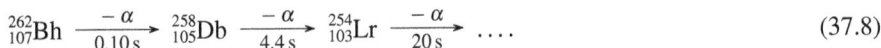

$$^{209}_{83}\text{Bi} + ^{54}_{24}\text{Cr} \longrightarrow ^{262}_{107}\text{Bh} + \text{n}; \quad ^{249}_{97}\text{Bk} + ^{22}_{10}\text{Ne} \longrightarrow ^{267}_{107}\text{Bh} + 4\,\text{n};$$
(37.7)

$$^{262}_{107}\text{Bh} \xrightarrow[0.10\,\text{s}]{-\alpha} ^{258}_{105}\text{Db} \xrightarrow[4.4\,\text{s}]{-\alpha} ^{254}_{103}\text{Lr} \xrightarrow[20\,\text{s}]{-\alpha} \cdots$$
(37.8)

(Möglicherweise sind einige Atomkerne des Elements 107 schon durch Y. T. Oganessian in Dubna gewonnen worden; die Entdeckung der russischen Arbeitsgruppe ist aber außerhalb Russlands umstritten.)

Hassium Hs (»Eka-Osmium«, »Element 108«). Im Jahre 1984 konnte die Arbeitsgruppe um P. Armbruster und G. Münzenberg in Darmstadt (GSI) durch einwöchigen Beschuss von Bleitargets mit Eisenkernen am UNILAC in »kalter Fusion« gemäß (37.9) erstmals drei Atome des Elements 108 herstellen (unter optimierten experimentellen Bedingungen erbrachte (37.9) 1994 dann 75 Atome des Elements 108 pro Woche). Für das Element, von dem inzwischen weitere Isotope bekannt sind (vgl. Gl. (37.9) und Abb. 37.1), schlug das Darmstädter Forscherteam zu Ehren des Landes Hessen den – von der IUPAC anerkannten Namen – Hassium Hs vor. Durch α-Strahlung geht $^{265}_{108}\text{Hs}$ in Sg und Rf über (37.10).

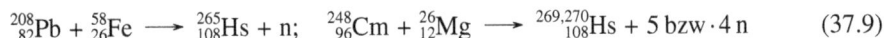

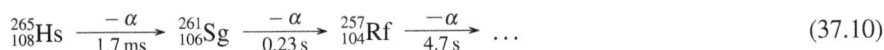

$$^{208}_{82}\text{Pb} + ^{58}_{26}\text{Fe} \longrightarrow ^{265}_{108}\text{Hs} + \text{n}; \quad ^{248}_{96}\text{Cm} + ^{26}_{12}\text{Mg} \longrightarrow ^{269,270}_{108}\text{Hs} + 5\,\text{bzw}\cdot 4\,\text{n}$$
(37.9)

$$^{265}_{108}\text{Hs} \xrightarrow[1.7\,\text{ms}]{-\alpha} ^{261}_{106}\text{Sg} \xrightarrow[0.23\,\text{s}]{-\alpha} ^{257}_{104}\text{Rf} \xrightarrow[4.7\,\text{s}]{-\alpha} \cdots$$
(37.10)

Chemische Untersuchungen des Elements wurden bisher mit $^{269,270}\text{Hs}$ durchgeführt.

Meitnerium Mt (»Eka-Iridium«, »Element 109«). Nach der gleichen Methode wie Bohrium im Jahre 1981 wurde im Jahre 1982 von der Arbeitsgruppe um P. Armbruster und G. Münzenberg in Darmstadt (GSI) erstmals das Element 109 am UNILAC durch Beschuss von Bismuttargets mit Eisenkernen in »kalter Fusion« gewonnen (37.10). Auf diese Weise bildete sich am 29. 8. 1982 nach einwöchigem Beschuss ein Atom, das durch seinen α-Zerfall in $^{262}_{107}\text{Bh}$ und über den weiteren, bereits bekannten α-Zerfall letzteren Nuklids charakterisiert wurde (37.11). Auf Vorschlag der Darmstädter Gruppe und der IUPAC-Kommission heißt das neue Element, von dem heute einige weitere Isotope bekannt sind (Abb. 37.1) – zu Ehren der Atomphysikerin L. Meitner – Meitnerium Mt.

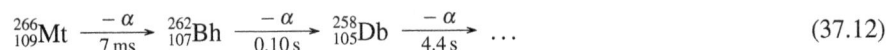

$$^{209}_{83}\text{Pb} + ^{58}_{26}\text{Fe} \longrightarrow ^{266}_{109}\text{Mt} + \text{n};$$
(37.11)

$$^{266}_{109}\text{Mt} \xrightarrow[7\,\text{ms}]{-\alpha} ^{262}_{107}\text{Bh} \xrightarrow[0.10\,\text{s}]{-\alpha} ^{258}_{105}\text{Db} \xrightarrow[4.4\,\text{s}]{-\alpha} \cdots$$
(37.12)

Darmstadtium Ds (»Eka-Platin«, »Element 110«). Nach der bei der Erzeugung von Bohrium bewährten Methhode wurde 1994 von der Gruppe S. Hofmann, P. Armbruster und G. Münzenberg in Darmstadt (GSI) erstmals auch das Element 110 am UNILAC durch Beschuss eines Bleitargets mit Nickelkernen der Masse 62 in »kalter Fusion« gewonnen (37.12). Auf diese Weise bildete sich am 9. 11. 1994 um 16.39 Uhr nach zweitägigem Beschuss das erste von drei Atomen der Masse 269, die durch ihren α-Zerfall in Hs und Sg charakterisiert wurden (37.13). In den folgenden Wochen produzierten die Darmstädter dann neun Atome des schwereren Isotops der Masse 271 des Elements 110 durch Bestrahlung von Bleitargets mit Nickelkernen der Masse 64 (37.12). Für das Element 110, von dem noch weitere Isotope erzeugt wurden (Abb. 37.1), schlug die Darmstädter Forschergruppe zu Ehren des GSI-Standorts Darmstadt den – von der IUPAC-Kommission bestätigten – Namen Darmstadtium Ds vor.

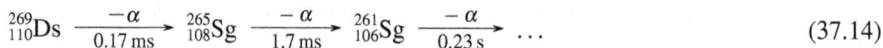

$$^{208}_{82}\text{Pb} + ^{62}_{28}\text{Ni} \longrightarrow ^{269}_{110}\text{Ds} + \text{n}; \quad ^{208}_{82}\text{Pb} + ^{64}_{28}\text{Ni} \longrightarrow ^{271}_{110}\text{Ds} + \text{n}; \tag{37.13}$$

$$^{269}_{110}\text{Ds} \xrightarrow[0.17\,\text{ms}]{-\alpha} ^{265}_{108}\text{Sg} \xrightarrow[1.7\,\text{ms}]{-\alpha} ^{261}_{106}\text{Sg} \xrightarrow[0.23\,\text{s}]{-\alpha} \cdots \tag{37.14}$$

Röntgenium Rg (»Eka-Gold«, »Element 111«). Am 8. 12. 1994 um 5.49 Uhr gewann die Arbeitsgruppe um S. Hofmann, P. Armbruster und G. Münzenberg in Darmstadt (GSI) am UNILAC nach dreitägigem Beschuss eines Bismuttargets mit beschleunigten Nickelkernen der Masse 64 in »kalter Fusion« das erste von drei Atomen des Elements 111 der Masse 272 (37.14), die durch den α-Zerfall in Mt und Bh charakterisiert wurden (37.15). Auf Vorschlag des Darmstädter Forschungsteams und der IUPAC-Kommission heißt das neue Element, von dem inzwischen weitere Isotope erzeugt wurden (vgl. Abb. 37.1) – zu Ehren des Physikers W. C. Röntgen – Röntgenium Rg.

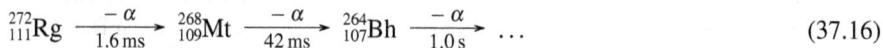

$$^{209}_{83}\text{Bi} + ^{64}_{28}\text{Ni} \longrightarrow ^{272}_{111}\text{Rg} + \text{n}; \tag{37.15}$$

$$^{272}_{111}\text{Rg} \xrightarrow[1.6\,\text{ms}]{-\alpha} ^{268}_{109}\text{Mt} \xrightarrow[42\,\text{ms}]{-\alpha} ^{264}_{107}\text{Bh} \xrightarrow[1.0\,\text{s}]{-\alpha} \cdots \tag{37.16}$$

Copernicium (»Eka-Quecksilber«, »Element 112«). Gut zwei Jahre nach der Entdeckung des Röntgeniums, nämlich am 9. 2. 1996, gelang der Arbeitsgruppe um S. Hofmann, P. Armbruster und G. Münzenberg in Darmstadt (GSI) am UNILAC durch Beschuss eines Bleitargets mit Zinkkernen der Masse 70 in »kalter Fusion« Atome des Elements 112 der Masse 277 zu erzeugen (37.16) und durch deren α-Zerfall in Ds, Hs, Sg, Rf, No und Fm zu charakterisieren (37.17).

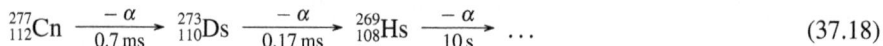

$$^{208}_{82}\text{Pb} + ^{70}_{30}\text{Zn} \longrightarrow ^{277}_{112}\text{Cn} + \text{n}; \tag{37.17}$$

$$^{277}_{112}\text{Cn} \xrightarrow[0.7\,\text{ms}]{-\alpha} ^{273}_{110}\text{Ds} \xrightarrow[0.17\,\text{ms}]{-\alpha} ^{269}_{108}\text{Hs} \xrightarrow[10\,\text{s}]{-\alpha} \cdots \tag{37.18}$$

Die Forschungsaktivitäten am UNILAC in Darmstadt aber auch an den Beschleunigern des RIKEN Labors in Wako (Japan) sowie in Dubna (Russland) erbrachten noch weitere neutronenreichere, längerlebige Nuklide von Copernicium, dem bisher schwersten Element der äußeren Übergangsmetalle (vgl. Abb. 37.1).

Nihonium (»Eka-Thallium«, »Element 113«). In einem groß angelegten Versuch gelang es dem Forscherteam am Beschleuniger des RIKEN Labors in Wako (Japan) nach zwanzigwöchiger Bestrahlung eines Bismuttargets mit Zinkkernen der Masse 70 am 23. 7. 2004 in »kalter Fusion« ein Atom des Elements 113 der Masse 278 zu erzeugen (37.18) und durch dessen α-Zerfall in Rg, Mt usw. zu charakterisieren (37.19).

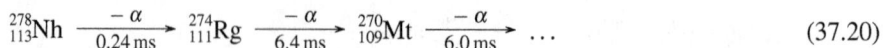

$$^{209}_{83}\text{Bi} + ^{70}_{30}\text{Zn} \longrightarrow ^{278}_{113}\text{Nh} + \text{n}; \tag{37.19}$$

$$^{278}_{113}\text{Nh} \xrightarrow[0.24\,\text{ms}]{-\alpha} ^{274}_{111}\text{Rg} \xrightarrow[6.4\,\text{ms}]{-\alpha} ^{270}_{109}\text{Mt} \xrightarrow[6.0\,\text{ms}]{-\alpha} \cdots \tag{37.20}$$

Der gemessene Bildungsquerschnitt des Nihoniums (inzwischen gibt es Hinweise auf zwei weitere Isotope, vgl. Abb. 37.1) ist mit 55 Femtobarn der kleinste bei dieser Art von Kernreaktionen gemessene Wert ($1\,b = 10^{-28}\,m^2$; zum Vergleich: Wirkungsquerschnitt der Bildung von Cn gemäß Reaktion (37.16) = 400 Femtobarn).

Elemente 114 bis 118 (»Flerovium« bis »Oganesson«). Vom Forscherteam in Dubna wurden in den Jahren von 1998 bis heute Targets aus $^{238}_{92}U$, $^{242,244}_{94}Pu$, $^{243}_{95}Am$, $^{245,248}_{96}Cm$ sowie $^{249}_{98}Cf$ mit $^{48}_{20}Ca$-Projektilionen bestrahlt sowie über Zerfallsreihen neu entstandener Nuklide berichtet. Die den jeweiligen Targets entsprechenden neuen Elemente hat diese Experimentiergruppe – bisher nicht allgemein anerkannt – dem $_{114}Fl$ (»Flerovium«), $_{115}Mc$ (»Mosconium«), $_{116}Lv$ (»Livermorium«) und – noch $_{118}Og$ (Oganesson) zugeordnet (das Tochterprodukt $_{113}Nh$ von $_{115}Mc$ soll bei einer Messung im Sommer 2004 – wie oben bereits erwähnt – entstanden sein). Die beobachteten α-Zerfälle der Elemente 114 bis 118 endeten nach mehreren Heliumkerne-liefernden Schritten jeweils mit einer Spontanspaltung, doch in keinem Fall bei einem bekannten Nuklid, was weder die eindeutige Massen- noch die Elementzuordnung der neu erzeugten Nuklide (d. h. die Bestimmung der Ordnungszahl und der im Zuge der heißen Fusion gebildeten Zahl an Neutronen) erlaubte. Verbesserte Experimentiertechniken ergaben allerdings in neuerer Zeit – trotz fehlender Anbindungen von Tochternukliden an bekannte Kerne – in sich konsistente Zuordnungsschemata (bezüglich der bisher – unter Vorbehalt – erzeugten Isotope der Elemente 114 bis 118, vgl. Abb. 37.1). Hingewiesen sei auf die vergleichsweise hohe Halbwertszeit von 21 s des $^{290}_{114}Fl$ (magische Zahl von 114 Protonen).

2   Eigenschaften der Transactinoide

Die physikalischen und chemischen Eigenschaften der Transactinoide sind wegen der winzigen bisher zugänglichen Elementmengen naturgemäß auf experimentellem Wege sehr schwer zugänglich, da immer nur einzelne kurzlebige Atome verfügbar sind. Doch ließen sich in den letzten Jahren einige chemische Eigenschaften von Rf, Db, Sg, Bh, Hs erforschen. Einblicke in die Reaktionen der Transactinoide erbrachten demgegenüber theoretische Studien. Hiernach unterscheiden sich die Eigenschaften der Elemente 104–118 nicht prinzipiell, sondern nur mehr oder weniger graduell von ihren leichteren Gruppenhomologen, sodass ihre in den Tafeln I und VI (vgl. Buchdeckelinnenseiten) getroffene Einordnung in das Periodensystem stimmig ist.

2.1   Physikalische Eigenschaften

Die relativistischen Effekte spielen bei den schwersten Elementen einer Gruppe eine besonders große Rolle. Sie führen in Atomen – wie auf S. 372 erörtert und in Abb. 37.2 veranschaulicht – zu einer energetischen Aufspaltung der drei p- bzw. fünf d- bzw. sieben f-Orbitale in ein energieärmeres $p_{1/2}$- und zwei energiereichere $p_{2/3}$-Orbitale bzw. zwei energieärmere $d_{3/2}$- und drei energiereichere $d_{5/2}$-Orbitale bzw. drei energieärmere $f_{5/2}$- und vier energiereichere $f_{7/2}$-Orbitale (relativistischer Spin-Bahn-Effekt), ferner zu einer energiestabilisierenden s- und $p_{1/2}$-Orbitalkontraktion (direkter relativistischer Effekt) sowie einer energiedestabilisierenden $p_{3/2}$-, d- und f-Orbitalexpansion (indirekter relativistischer Effekt). Bei gleicher Hauptquantenzahl n erniedrigt sich die Spin-Bahn-Aufspaltung mit zunehmender Nebenquantenzahl l, was bedeutet, dass die $n\,p_{1/2}$-/$n\,p_{2/3}$-Aufspaltung größer ist als die $n\,d_{3/2}$-/$n\,d_{5/2}$-Aufspaltung und diese wiederum größer ist als die $n\,f_{5/2}$-/$n\,f_{7/2}$-Aufspaltung. Die drei relativistischen Effekte sind von gleicher Größenordnung und verstärken sich – bei vergleichbarer Elektronenkonfiguration einer Elektronenschale – mit dem Quadrat der Kernladungszahl. Die Abb. 37.2 veranschaulicht diesen Sachverhalt anhand der $n\,s$- und $(n-1)\,d$- bzw. $n\,s$- und $n\,p$-Valenzorbitale der Elemente Ru, Os, Hs

Abb. 37.1 Nuklidkarte der Transactinoide: Ordinate/Abszisse = Protonen-/Neutronenzahl der durch Kästchen symbolisierten Nuklide. Die Kästchen, die durch ihre »Schraffur« die Zerfallsarten des Nuklids wiedergeben (zu < 5 % beschrittene Zerfallswege blieben unberücksichtigt), enthalten die Massenzahlen und Zerfallshalbwertszeiten der betreffenden Nuklide (bisher längstlebiges Nuklid eines Elements fett; bei 2 aufgeführten Halbwertszeiten bezieht sich der erste/zweite Wert auf die Bildung des Produktkerns im metastabilen/im Grundzustand).

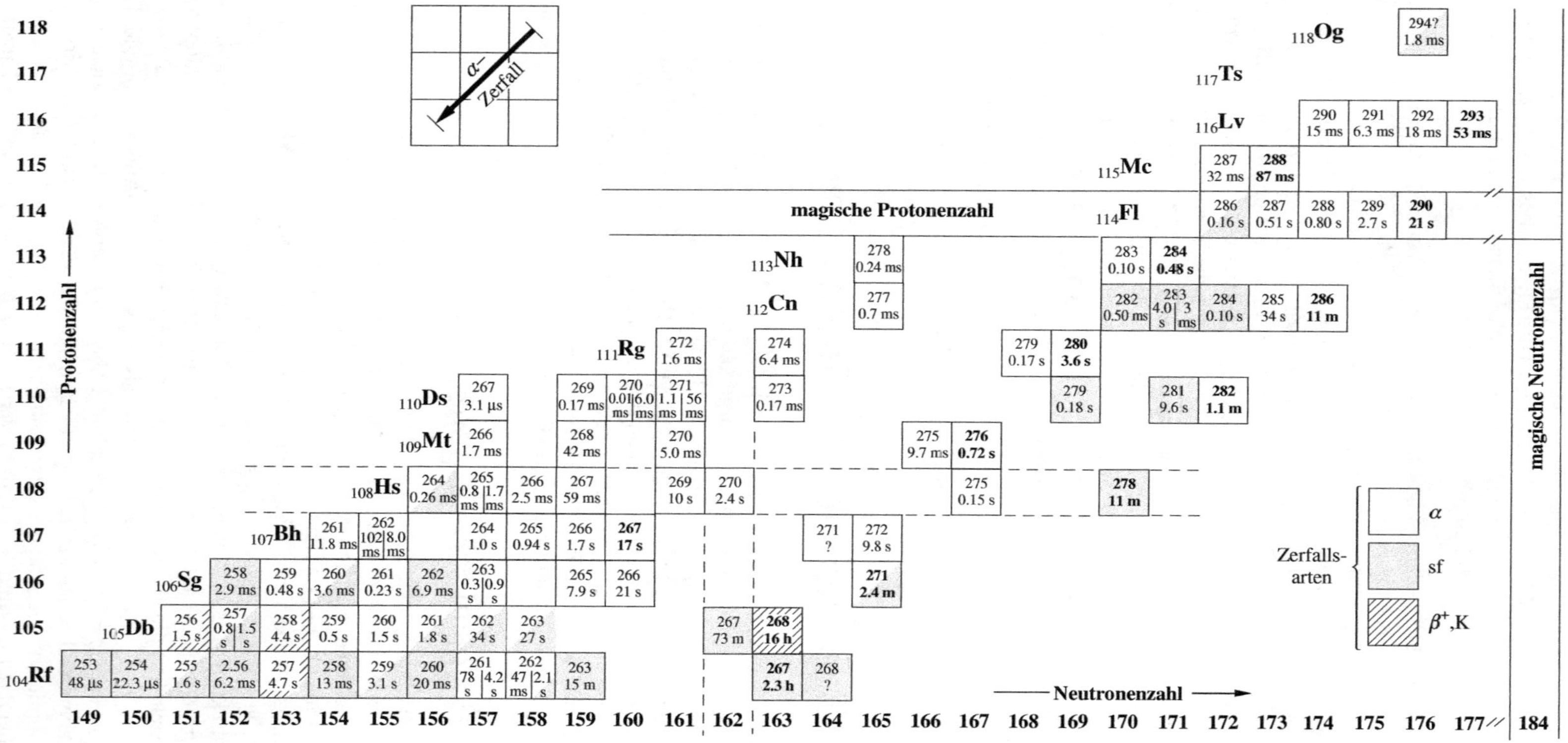

118 117 116 115 114 113 112 111 110 109 108 107 106 105
Protonenzahl
α-Zerfall
118Og 294? 1.8 ms
117Ts
116Lv 290 15 ms | 291 6.3 ms | 292 18 ms | 293 53 ms
115Mc 287 32 ms | 288 87 ms
114Fl 286 0.16 s | 287 0.51 s | 288 0.80 s | 289 2.7 s | 290 21 s
magische Protonenzahl
113Nh 278 0.24 ms | 283 0.10 s | 284 0.48 s
112Cn 277 0.7 ms | 282 0.50 ms | 283 4.0 s 3 ms | 284 0.10 s | 285 34 s | 286 11 m
111Rg 272 1.6 ms | 274 6.4 ms | 279 0.17 s | 280 3.6 s
110Ds 267 3.1 µs | 269 0.17 ms | 270 0.01 ms 6.0 ms | 271 1.1 ms 56 ms | 273 0.17 ms | 279 0.18 s | 281 9.6 s | 282 1.1 m
109Mt 266 1.7 ms | 268 42 ms | 270 5.0 ms | 275 9.7 ms | 276 0.72 s
108Hs 264 0.26 ms | 265 0.8 ms 1.7 ms | 266 2.5 ms | 267 59 ms | 269 10 s | 270 2.4 s | 275 0.15 s | 278 11 m
107Bh 261 11.8 ms | 262 102 ms 8.0 ms | 264 1.0 s | 265 0.94 s | 266 1.7 s | 267 17 s | 271 ? | 272 9.8 s
106Sg 258 2.9 ms | 259 0.48 s | 260 3.6 ms | 261 0.23 s | 262 6.9 ms | 263 0.3 s 0.9 s | 265 7.9 s | 266 21 s | 271 2.4 m
105Db 256 1.5 s | 257 0.8 s 1.5 s | 258 4.4 s | 259 0.5 s | 260 1.5 s | 261 1.8 s | 262 34 s | 263 27 s | 267 73 m | 268 16 h
104Rf 253 48 µs | 254 22.3 µs | 255 1.6 s | 2.56 6.2 ms | 257 4.7 s | 258 13 ms | 259 3.1 s | 260 20 ms | 261 78 s 4.2 s | 262 47 ms 2.1 s | 263 15 m | 267 2.3 h | 268 ?
149 150 151 152 153 154 155 156 157 158 159 160 161 162 163 164 165 166 167 168 169 170 171 172 173 174 175 176 177 184
Neutronenzahl
magische Neutronenzahl
Zerfalls-arten
α
sf
β+,K

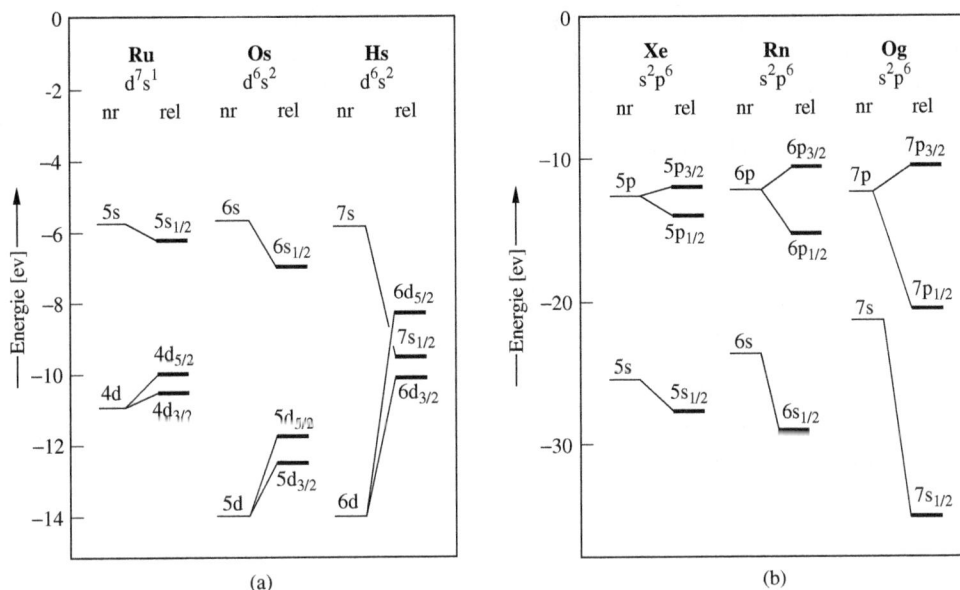

Abb. 37.2 Nichtrelativistische (nr) und relativistische (rel) Energieniveaus (a) der ns und $(n-1)$d Valenzorbitale der Eisengruppenelemente Ru, Os, Hs sowie (b) der ns und np Valenzorbitale der Edelgase Xe, Rn, Og (die $p_{1/2}$-/$p_{2/3}$-Energieaufspaltung beträgt bei Hs 11.8 eV).

der 8. Gruppe (VIII. Nebengruppe, erste Spalte) bzw. Xe, Rn, Og der 18. Gruppe (VIII. Hauptgruppe).

Als Folge der relativistischen Erniedrigung der Energien der 7s-Orbitale bzw. Erhöhung der Energien der 6d-Orbitale liegen die Energieniveaus beider »Valenzorbitale« bei den superschweren Übergangselementen 104–112 im gleichen Energiebereich (vgl. 37.2 a, Element Hs), was naturgemäß die gleichzeitige Abgabe der 7s- und 6d-Elektronen dieser Elemente an Reaktionspartner, d. h. die Bildung hoher Elementoxidationsstufen, erleichtert. Der Effekt der ns-Orbital-Kontraktion erreicht innerhalb der 7. Periode beim Element 112 (Copernicium) sein Maximum, während dieses Maximums innerhalb der 6. Periode nicht bei Hg (Element 80), sondern bereits bei Au (Element 79) liegt. Das rührt daher, dass die Grundzustands-Elektronenkonfigurationen zwar im Falle der Elemente 111 und 112 (Rg, Cn) vom gleichen Typ sind ($6d^9\,7s^2$ und $6d^{10}\,7s^2$), während sich diese im Falle der Elemente Au und Hg typmäßig unterscheiden ($5d^9\,6s^1$ und $5d^{10}\,6s^2$).

Die sich aus der Reihenfolge der Atomorbitale ergebende Elektronenkonfiguration der Atome bestimmt deren Einordnung in das Periodensystem und damit deren chemische Eigenschaften (s. unten). Eine Abweichung der Elektronenkonfiguration vom »Erwarteten« weist der linke Periodennachbar des Rutherfordiums Rf (104), das Lawrencium Lr (103), auf: die starke relativistische Energieabsenkung des $7p_{1/2}$-Orbitals führt hier zu einem $7s^2p_{1/2}^1$-Zustand anstelle des erwarteten, um 0.16 eV energiereicheren $6d^1\,7s^2$-Zustands (vgl. S. 2227; das leichtere Gruppenhomologe Lu liegt im $5d^1\,7s^2$-Zustand vor). Bedingt durch die relativistische Stabilisierung der 7s-Orbitale besitzen die Elemente 104–112 demgegenüber gemäß Tab. 37.2 ausnahmslos die »erwarteten« $6d^x\,7s^2$-Zustände ($x = 2$–10) und die superschweren Hauptgruppenelemente 113–118 die »erwarteten« $7s^2p^x$-Zustände ($x = 1$–6). Abweichungen davon beobachtet man hier bei den leichteren Homologen Pt und Au, welche $5d^9\,6s^1$- und $5d^{10}\,6s^1$-Elektronenkonfigurationen aufweisen (Tab. 37.2; die nichtrelativistische Elektronenkonfiguration für Rg (Element 111) wäre wie die von Au $d^{10}s^1$). Die relativistische Stabilisierung der $7p_{1/2}$-Elektronen manifestiert sich in einigen »unerwarteten« angeregten Zuständen der superschweren Elemente. So haben Hf und

Rf gemäß Tab. 37.2 gleiche Grundzustände d^2s^2-Hf($^3F_2$) und d^2s^2-Rf($^3F_2$), aber unterschiedliche erste angeregte Zustände d^2s^2-Hf*($^3F_3$) und $d^1s^2p^1_{1/2}$-Rf*($^3D_2$). Ferner spielt die relativistische Stabilisierung der $p_{1/2}$-Elektronen bei den nach Og folgenden-Elementen eine Rolle. So besitzen die Elemente 121 und 122 die Elektronenkonfigurationen $8s^2\,8p^1_{1/2}$ und $7d^1\,8s^2\,8p^1_{1/2}$ anstelle der energiereicheren »normalen« Konfigurationen $7d^1\,8s^2$ und $7d^2\,8s^2$. Element 122 ist vorerst das letzte Element, für das eingehende relativistische Berechnungen vorliegen. Nach dem Element 121 komplizieren sich die Verhältnisse dadurch, dass bei den noch schwereren Elementen die 7d, 6f und 5g-Zustände energetisch so benachbart sind, dass eine Klassifizierung der Elemente aufgrund einfacher Elektronenkonfigurationen schwierig wird.

Die Tab. 37.2 gibt die Ionisierungsenergien der Elemente Hafnium bis Radon (experimentelle Werte) sowie Rutherfordium bis Oganesson (berechnete Werte) wieder. In der zweiten Elementreihe durchlaufen die Ionisierungsenergien ein Maximum beim letzten äußeren Übergangsmetall Cn, wobei der Wert von Cn einer der höchsten aller Elementatome darstellt (höhere Ionisierungsenergien besitzen N, O, F, Cl, He–Xe). Die Ionisierung der Elemente der 6. und 7. Periode führt von (meist) gleichen Zuständen der ungeladenen, zu teils gleichen, teils unterschiedlichen Zuständen der einfach positiv geladenen Atome (Tab. 37.1).

Tab. 37.1

4. Hf/Rf	5. Ta/Db	6. W/Sg	7. Re/Bh	8. Os/Hs	9. Ir/Mt	10. Pt/Ds	11. Au/Rg	12. Gruppe Hg/Cn
d^2s^2-	d^3s^2-	d^4s^2-	d^5s^2-	d^6s^2-	d^7s^2-	d^9s^1/d^8s^2-	$d^{10}s^1/d^9s^2$-	$d^{10}s^2$—E
d^1s^2-	d^2s^2-	d^4s^1/d^3s^2-	d^5s^1/d^4s^2-	d^6s^1/d^5s^2-	d^7s^1/d^6s^2-	d^9/d^7s^2-	d^{10}/d^8s^2-	$d^{10}s^1/d^9s^2$—E$^+$

Als Folge der relativistischen Stabilisierung des $7p_{1/2}$-Orbitals der superschweren Elemente weist Element 113 (Nh; $7s^2\,7p^1_{1/2}$-Konfiguration) eine besonders hohe Elektronenaffinität auf (0.68 eV; zum Vergleich Tl: EA $= 0.4$ eV), während sich Element 114 (Fl) mit seiner abgeschlossenen Elektronenschale ($7s^2\,7p^2_{1/2}$-Konfiguration) edelgasähnlich verhält und eine niedrige Elektronenaffinität (ca. 0 eV), aber eine besonders hohe Ionisierungsenergie (8.54 eV) besitzt, und Element 115 (Mc; $7s^2\,7p^2_{1/2}\,7p^3_{3/2}$-Konfiguration) mit einem Elektron im destabilisierten energiereichen $p_{3/2}$-Orbital eine besonders niedrige Ionisierungsenergie (5.58) eV hat. Auch ist die Elektronenaffinität des Elements 117 (Ts; $7s^2\,7p^1_{1/2}\,7p^3_{3/2}$-Konfiguration) die kleinste der Halogene, die von Element 119 (Eka-Fr; $7s^2\,7p^6\,8s^1$-Konfiguration) als Folge der relativistischen Stabilisierung des 8s-Zustands die höchste (0.86 eV) der Alkalimetalle (die Ionisierungsenergie von

Tab. 37.2 Aufbau der Elektronenhülle sowie Ionisierungsenergien der Elemente Hafnium bis Radon sowie Rutherfordium bis Oganesson.

6. Periode des Periodensystems				7. Periode des Periodensystems			
Elemente E Nr. E Name	Elektronenkonfiguration		Ionisierungsenergie [eV]	Elemente E Nr. E Name	Elektronenkonfiguration		Ionisierungsenergie [eV]
72 Hf Hafnium	Xe $+ 4f^{14} +$	$5d^2 6s^2$	6.65	104 Rf Rutherfordium	Rn $+ 5f^{14} +$	$6d^2 7s^2$	6.01
73 Ta Tantal	Xe $+ 4f^{14} +$	$5d^3 6s^2$	7.89	105 Db Dubnium	Rn $+ 5f^{14} +$	$6d^3 7s^2$	6.9
74 W Wolfram	Xe $+ 4f^{14} +$	$5d^4 6s^2$	7.98	106 Sg Seaborgium	Rn $+ 5f^{14} +$	$6d^4 7s^2$	7.8
75 Re Rhenium	Xe $+ 4f^{14} +$	$5d^5 6s^2$	7.88	107 Bh Bohrium	Rn $+ 5f^{14} +$	$6d^5 7s^2$	7.7
76 Os Osmium	Xe $+ 4f^{14} +$	$5d^6 6s^2$	8.71	108 Hs Hassium	Rn $+ 5f^{14} +$	$6d^6 7s^2$	7.6
77 Ir Iridium	Xe $+ 4f^{14} +$	$5d^7 6s^2$	9.12	109 Mt Meitnerium	Rn $+ 5f^{14} +$	$6d^7 7s^2$	8.7
78 Pt Platin	Xe $+ 4f^{14} +$	$5d^9 6s^1$	9.02	110 Ds Darmstadtium	Rn $+ 5f^{14} +$	$6d^8 7s^2$	9.6
79 Au Gold	Xe $+ 4f^{14} +$	$5d^{10} 6s^1$	9.22	111 Rg Röntgenium	Rn $+ 5f^{14} +$	$6d^9 7s^2$	10.6
80 Hg Quecksilber	Xe $+ 4f^{14} +$	$5d^{10} 6s^2$	10.44	112 Cn Copernicium	Rn $+ 5f^{14} +$	$6d^{10} 7s^2$	11.97
81 Tl Thallium	Xe $+ 4f^{14} + {}_5d^{10} + 6s^2 6p^1$		6.11	113 Nh Nihonium	Rn $+ 5f^{14} + 6d^{10} + 7s^2 7p^1$		7.31
82 Pb Blei	Xe $+ 4f^{14} + 5d^{10} + 6s^2 6p^2$		7.42	114 Fl Flerovium	Rn $+ 5f^{14} + 6d^{10} + 7s^2 7p^2$		8.54
83 Bi Bismut	Xe $+ 4f^{14} + 5d^{10} + 6s^2 6p^3$		7.29	115 Mc Mosconium	Rn $+ 5f^{14} + 6d^{10} + 7s^2 7p^3$		5.58
84 Po Polonium	Xe $+ 4f^{14} + 5d^{10} + 6s^2 6p^4$		8.42	116 Lv Livermorium	Rn $+ 5f^{14} + 6d^{10} + 7s^2 7p^4$		6.6
85 At Astat	Xe $+ 4f^{14} + 5d^{10} + 6s^2 6p^5$		9.64	117 Ts Tennessine	Rn $+ 5f^{14} + 6d^{10} + 7s^2 7p^5$		7.7
86 Rn Radon	Xe $+ 4f^{14} + 5d^{10} + 6s^2 6p^6$		10.75	118 Og Oganesson	Rn $+ 5f^{14} + 6d^{10} + 7s^2 7p^6$		8.7

Eka-Fr beträgt 4.53 eV). Wegen der Stabilisierung des 8s-Orbitals von Element 118 (Og; $7s^2 7p^6$-Konfiguration) kommt dem Element sogar eine positive Elektronenaffinität von 0.056 eV zu (die Elektronegativität von Og soll die geringste der Elemente der Edelgasgruppe sein).

2.2   Chemische Eigenschaften

Theoretische Vorhersagen. Gemäß dem vorstehenden Unterkapitel schließen sich die 15 Transactinoide mit den Ordnungszahlen 104–118 hinsichtlich ihrer Elektronenkonfigurationen den leichteren Homologen mit den Ordnungszahlen 72–86 an (Ausnahmen Pt, Au; vgl. Tab. 37.2). Die superschweren Elemente sollten sich demgemäß chemisch vergleichbar wie ihre jeweilig leichteren Gruppenhomologen verhalten. Besäße etwa Rutherfordium nicht die Elektronenkonfiguration $6d^2 7s^2$, sondern $7s^2 7p_{1/2}^2$, so würde sich das Element in seinen chemischen Eigenschaften vielleicht teilweise nicht wie Hafnium, sondern wie Blei verhalten (wegen der sehr kleinen Promtionsenergie vom $7p_{1/2}$- zum 6d-Zustand und den häufig sehr viel stärkeren Bindungen mit den d-Orbitalen könnte das Verhalten von Rf aber trotzdem Hf-analog sein). Demgemäß können, wie theoretische Studien ergaben, Rf (104), Db (105), Sg (106), Bh (107) und Hs (108) mit den ihrer Gruppennummer entsprechenden maximalen Wertigkeiten 4, 5, 6, 7 und 8 auftreten und sollten in der Gasphase Verbindungen wie RfX_4, DbX_5, $DbOX_3$, SgF_6, $SgOX_4$, SgO_2X_2, SgO_3, BhO_3X, HsO_4 bilden (X = Hal). Als höchste Oxidationsstufe erwartet man für Mt (109), Ds (110) und Rg (111) – in Übereinstimmung mit den aufgefundenen höchsten Wertigkeiten der leichteren Homologen – die Werte 6, 6 und 5 (z. B. MtF_6 (bisher unbekannt), DsF_6, RgF_6^-). Als Folge der für Cn bzw. Nh hohen relativistischen Effekte sollten beide Elemente – anders als ihre maximal 2- bzw. 3-wertigen leichteren Homologen – auch 4- bzw. 5-wertig auftreten (Bildung von CnF_4 und NhF_6^- (bisher unbekannt)), während die Bildung chemischer Verbindungen von Mc(V), Lv(VI), Ts(VII) und Og(VIII) nicht mehr möglich sein soll (Bi(V)- und Po(VI)-Verbindungen sind selten und stellen sehr starke Oxidationsmittel dar, At(VII)- und Rn(VIII)-Verbindungen sind unbekannt; es existieren aber I(VII)- und Xe(VIII)-Verbindungen).

Bezüglich der niedrigen Wertigkeiten der Elemente 104–118 ergaben theoretische Studien Folgendes: Die stabilsten Oxidationsstufen der Elemente 107–109 sollen in wässriger Lösung +III (Bh), +IV bzw. +III (Hs) und I (Mt) sein (Rf, Db und Sg sind auch in Lösung bevorzugt 4-, 5-, und 6-wertig). Zugänglich sind offensichtlich des weiteren Verbindungen mit 2-wertigem Cn (112), 3- bzw. 1-wertigem Nh (113), 2-wertigem Fl (114), 3- und 1-wertigem Mc (115), 4- und 2-wertigem Lv (116), 5-, 3-, 1- bzw −1-wertigem Ts (117) und 6-, 4- bzw. 2-wertigem Og (118) (das Tetra- bzw. Difluorid von Og soll tetraedrisch bzw. gewinkelt gebaut sein). Für die Verbindungen von Nh(I), Fl(II), Mc(I), Lv(II), Ts(I, −I) und Og(II) erwartet man elektrovalenten (ionischen) Bau, für elementares Ds (Eka-Pt) und Cn (Eka-Hg) wie für Pt und Hg eine »edles« Verhalten.

Experimentelle Ergebnisse. Das Studium der chemischen Eigenschaften der superschweren Elemente (bisher Rf, Db, Sg, Bh, Hs) erfordert wegen des meist schnellen radioaktiven Elementzerfalls ein rasches Experimentieren. Demgemäß muss das gebildete superschwere Element schnell in eine Apparatur transportiert werden, wo es zur gewünschten Reaktion gebracht wird (Letzteres ist auch vor oder während des Transports möglich). Es folgt eine Abtrennung des (gegebenenfalls zunächst noch chemisch charakterisierten) Reaktionsprodukts.

Im Falle des Rutherfordiums (Element 104) ließ sich auf diese Weise die Bildung der Tetrahalogenide $RfCl_4$ sowie $RfBr_4$ nachweisen, die in Übereinstimmung mit theoretischen – relativistische Effekte einschließenden – Überlegungen flüchtiger als $HfCl_4$ sowie $HfBr_4$ sind, ferner in Anwesenheit von Sauerstoffspuren in weniger flüchtige Oxidhalogenide übergehen ($RfX_4 + \frac{1}{2} O_2 \rightleftharpoons RfOX_2 + Cl_2$). In stark HX-saurem Milieu (X = F, Cl, Br) liegt Rf(IV) in Form von Halogenidokomplexen vor, wobei die Tendenz zur Bildung von Fluoridokomplexen in Richtung Zr(IV) > Hf(IV) > Rf(IV) abnimmt.

Für die Pentahalogenide $DbCl_5$ und $DbBr_5$ des Dubniums (Element 105), deren Gewinnung wegen ihrer hohen Sauerstoff- und Wasserempfindlichkeit ($\longrightarrow$ $DbOCl_3$, $DbOBr_3$) experimentell sehr aufwendig ist, wurde anders als für die Tetrahalogenide $RfCl_4$ und $RfBr_4$ – entgegen der theoretischen Vorhersage für die reinen(!) Halogenide – eine geringere Flüchtigkeit als für die leichteren Homologen aufgefunden (möglicherweise waren bisher untersuchte Proben nicht frei von Oxidhalogeniden). In saurer wässriger Lösung bildet auch Db(V) Halogenidokomplexe, wobei die Fluoridokomplexe stabiler als die Chloridokomplexe und diese stabiler als die Bromidokomplexe sind. Mit wachsender Konzentration von HCl in Wasser bilden Nb(V), Ta(V), Db(V) der Reihe nach Komplexe des Typs $M(OH)_2Cl_4^-$, $MOCl_4^-$, $MOCl_5^{2-}$ und MCl_6^-.

Von Seaborgium (Element 106) ließen sich bisher keine Hexahalogenide gewinnen, wohl aber das Dichloriddioxid SgO_2Cl_2, dessen Flüchtigkeit geringer als von WO_2Cl_2 ist, und die hiervon abgeleitete Säure $SgO_2(OH)_2$ (Anion: SgO_4^{2-}), welche bei hoher Temperatur offensichtlich in ihr Anhydrid SgO_3 übergeht (ein dem Uranylkation UO_2^{2+} analoges Seaborgylkation SgO_2^{2+} existiert nicht: Sg ist eben ein Homologes des Übergangsmetalls Wolfram und nicht des Actinoids Uran). Seaborgium soll eines der schwerflüchtigsten Stoffe oder sogar das schwerstflüchtigste aller bekannten Elemente sein.

Auch von Bohrium (Element 107) konnten erwartungsgemäß – wie von den leichteren Elementen der 7. Nebengruppe – bisher keine binären Halogenide (z. B. BhX_7) synthetisiert werden, wohl aber das Chloridtrioxid BhO_3Cl, das hinsichtlich der Flüchtigkeit eine Mittelstellung zwischen SgO_2Cl_2 und HsO_4 einnimmt und das schwerstflüchtige der homologen Chloridtrioxide MO_3Cl (M = Tc, Re, Bh) darstellt. Die von Bh abgeleitete Säure BhO_3OH (Anion BhO_4^-; vgl. MnO_4^-, TcO_4^-, ReO_4^-) ist noch unbekannt.

Das Transactinoid Hassium (Element 108) bildet ein Tetraoxid HsO_4, das weniger flüchtig ist als das homologe Tetraoxid OsO_4 und mit NaOH unter Komplexbildung reagiert (HsO_4 + $2\,NaOH \rightleftharpoons Na_2HsO_4(OH)_2$).

Nach vorläufigen Berichten (Presse, 2006)[1] sollen sich Atome von Copernicium der Masse 283, welche im Heliumstrom über goldüberzogene Detektoren geblasen werden, wie das homologe (goldamalgambildende) Quecksilber mit dem Gold verbinden.

Literatur zu Kapitel XXXVII

Die Transactinoide (»Superschwere Elemente«)

[1] **Erzeugung, Gewinnung und Nachweis**

S. Hofmann, V. Pershina, D. Trubert, C. LeNaour, A. Türler, K. E. Gregorich, J. V. Kratz, B. und R. Eichler, H. W. Gäggeler, G. Herrmann in M. Schädel (Hrsg.): »The Chemistry of Superheavy Elements«, Kluwer Acad. Publishers, Dordrecht 2003; B. Fricke, W. Greiner: »Superschwere Elemente«, Physik in unserer Zeit **1** (1970) 21–30; B. Fricke: »Superheavy Elements – A Prediction of Their Chemical and Physical Properties«, Struct. Bonding **21** (1975) 89–144; G. Herrmann: »Synthese schwerster chemischer Elemente – Ergebnisse und Perspektiven«, Angew. Chem. **100** (1988) 1471–1491; Int Ed. **27** (1988) 1417; G. Münzenberg: »Die schalenstabilisierten schwersten chemischen Elemente«, Spektrum der Wissenschaft, Heft 9 (1988) 42–52; V. G. Pershina: »Electronic Structures and Properties of the Transactinides and Their Compounds«, Chem. Rev. **96** (1996) 1977–2010; V. G. Pershina: »The chemistry of the superheavy elements and relativistic effects«, in P. Schwerdtfeger (Hrsg.) »Relativistic Electronic Structure Theory, Part 2. Applications«, Elsevier 2004, 1–80; S. A. Cotton: »After the Actinides, then what?«, Chem. Soc. Rev. **25** (1996) 219–227; J. V. Kratz: »Chemie der schweren Elemente«, Chemie in unserer Zeit 29 (1995) 194–206; S. Hofmann: »Synthesis of Superheavy Elements Using Radioactive Beams and Targets«, Progress in Particle and Nuclear Physics **46** (2001) 293–302; S. Hofmann, G. Münzenberg: »The Discovery of the heaviest elements«, Rev. Modern Physics **72** (2000)

---

[1] Bemerkung. Die Unsitte, neuere Forschungsergebnisse vor Darlegung in einer begutachteten wissenschaftlichen Originalpublikation zunächst der Presse mitzuteilen, sollte nach Meinung des Buchautors tunlichst unterbunden werden.

733–767; M. Schädel: »The Chemistry of Transactinide Elements – Experimental Achievements and Perspectives«, J. Nucl. Radiochem. Sciences **3** (2002) 113–120; »The Chemistry of Superheavy Elements«, Acta Physica Polonica **34B** (2003) 1701–1728; S. Hofmann, G. Münzenberg, M. Schädel: »On the Discovery of Superheavy Elements«, Nucl. Physics News **14** (2004) 5–13; A. Türler, A. B. Yakushev: »Superheavy Element Chemistry«, Nucl. Physics News **14** (2004) 14–22; S. Hofmann: »Über die Entdeckung der Superschweren Elemente«, Phys. Journal **5** (2005) 37–43; M. Schädel: »Chemie superschwerer Elemente«, Angew. Chem. **118** (2006) 378–414; Int. Ed. **45** (2006) 368; L. R. Morss, N. M. Edelstein, J. Fuger (Hrsg.): »The Chemistry of the Actinide and Transactinide Elements«, Springer, Dordrecht 2006.

[2] **In der Science Fiction Literatur**

Vgl. z. B. Hans Dominik: »Atomgewicht 500«, Heyne Verlag Bd. 8112 (1997) 3-453-13375-7 ISBN.

Schlusswort
Die gegenseitige Umwandlung von Masse und Energie

Im Verlaufe einer Atomkern-Umwandlung ändert sich zwar die Verteilung, nicht aber die Gesamtzahl der Ladungs- und Masseneinheiten. Daher ist bei allen angegebenen Umwandlungsprozessen die Summe der unteren (Zahl der Ladungseinheiten) bzw. der oberen (Zahl der Masseneinheiten) Atom-Indizes auf beiden Seiten der Reaktionsgleichung dieselbe. Setzt man aber in die Reaktionsgleichung nicht die abgerundeten ganzzahligen, sondern die genauen Massenzahlen ein, so ergeben sich kleine Abweichungen (vgl. S. 2244). So beträgt beispielsweise bei der auf S. 2262 erwähnten Kernreaktion zwischen »Lithium« und »Wasserstoff«:

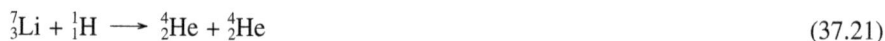

$$\mathrm{^{7}_{3}Li + {}^{1}_{1}H \longrightarrow {}^{4}_{2}He + {}^{4}_{2}He} \tag{37.21}$$

die Summe der genaueren rel. Atommassen auf der linken Seite 7.016005 ($\mathrm{^{7}_{3}Li}$) $+ 1.007825$ ($\mathrm{^{1}_{1}H}$) $= 8.023830$; auf der rechten Seite dagegen 2×4.002603 ($\mathrm{^{4}_{2}He}$) $= 8.005206$. Das ergibt einen Massenverlust von $8.023830 - 8.005206 = 0.018624$ Atommasseneinheiten. Je Mol Lithium verschwinden also bei der Reaktion mit Wasserstoff 18.624 mg Substanz. Da nach der Einstein'schen Masse-Energie-Äquivalenzbeziehung

$$m = \frac{E}{c^2} \tag{37.22}$$

eine Masse von 1.074 mg einer Energiemenge von 1 Million Faradayvolt äquivalent ist (S. 2244, 2363), entspricht dieser Massenverlust von 18.624 mg einer Energiemenge von $(10^6 \times 18.624) : 1.074 = 17.3$ MeV/Lithiumatom. Dies ist aber gerade die kinetische Energie der beiden nach (37.21) aus $\mathrm{^{7}_{3}Li}$ entstehenden Heliumatome (S. 2262).

Wir ersehen daraus (vgl. S. 22), dass das Gesetz von der Erhaltung der Masse nur begrenzte Gültigkeit besitzt und streng genommen ein Grenzfall des Gesetzes von der Erhaltung der Energie (S. 52) ist, so wie man das Gesetz von der Erhaltung der Energie als Grenzfall des Gesetzes von der Erhaltung der Masse (S. 17) ansehen kann, da Masse und Energie nur zwei verschiedene Erscheinungsformen der Materie sind. Nur in solchen Fällen, in denen die bei Materie-Umsetzung entwickelten oder aufgenommenen Energiemengen E im Hinblick auf die Gleichung (37.22) klein sind, gilt das Gesetz von der Erhaltung der Masse praktisch genau. Dies trifft z. B. für alle normalen chemischen Reaktionen zu, da deren Reaktionsenthalpie zu klein ist, um sich in Form eines messbaren Massendefekts zu äußern. So beträgt beispielsweise die Reaktionsenthalpie der stark exothermen Verbrennung des Kohlenstoffs zu Kohlenstoffdioxid 394 kJ je Mol Kohlendioxid. Das entspricht einem Massenverlust von 0.0000000044 g je Mol (44 g) Kohlenstoffdioxid, d. h. von 10^{-8} %. Da demgegenüber die von Landolt und von Eötvös zur Prüfung des Gesetzes von der Erhaltung der Masse benutzten Waagen eine maximale Genauigkeit von »nur« 10^{-6} % erreichten (S. 17), konnte bei chemischen Reaktionen die begrenzte Gültigkeit des Massengesetzes damals nicht festgestellt werden. Erst bei Kernreaktionen wie der obigen (37.21) mit ihren ungeheuren Energieumsätzen ergab sich die Notwendigkeit, den Gültigkeitsbereich des Gesetzes einzuschränken und die getrennten Einzelprinzipien der Erhaltung von Masse und Erhaltung von Energie durch das Gesamtprinzip der Erhaltung von Masse + Energie zu ersetzen.

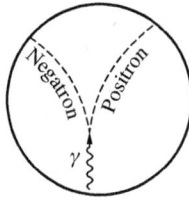

Abb. 37.3 Schematische Darstellung der Wilson-Aufnahme einer Negatron/Positron-Paarbildung im magnetischen Feld.

Im Falle der Kernreaktion zwischen Lithium und Wasserstoff (37.21) erfolgt eine Umwandlung von Masse in Energie. Auch der umgekehrte Weg einer Umwandlung von Energie in Masse ist möglich. So kann man beispielsweise Photonen, also Energieteilchen, in Elektronen, also Masseteilchen, verwandeln, sofern die Energie der Lichtquanten groß genug ist. Die Photonen von »rotem« Licht der Frequenz $4 \cdot 10^{14}$ s^{-1} (entsprechend einer Energiemenge von 1.6 eV) oder von »ultraviolettem« Licht der Frequenz $20 \cdot 10^{14}$ s^{-1} (entsprechend einer Energie von 8 eV) sind allerdings für eine Umwandlung in Elektronen viel zu energiearm. Lässt man dagegen Photonen von mehreren Millionen eV, wie sie in den γ-Strahlen radioaktiver Substanzen zur Verfügung stehen, auf ein Schwermetall auftreffen, so beobachtet man häufig – wie erstmals I. Curie und F. Joliot 1933 mit γ-Strahlung von $^{208}_{91}$Th der Energie 2.65 MeV nachwiesen – eine »Elektronen-Paarbildung«, d. h. die gleichzeitige Entstehung eines Negatrons und eines Positrons von einer gemeinsamen Ursprungsstelle aus (Abb. 37.3). Die Summe der kinetischen Energie beider Teilchen ist dabei um 1.022 MeV kleiner als die der angewandten γ-Strahlung. Es verschwindet also je »Mol« Licht eine Energiemenge von 1.022 Millionen Faradayvolt, während gleichzeitig in Form der positiven und negativen Elektronen (Summe der elektrischen Ladung gleich Null) eine äquivalente Massemenge von 2×0.5486 (Elektronenmasse) $= 1.097$ mg entsteht, wie es der Masse-Energie-Gleichung (37.22) entspricht, aus der sich die Äquivalenzbeziehungen

$$1 \text{ Million Faradayvolt } (= 96.485 \text{ Millionen kJ}) \mathrel{\widehat{=}} 1.0735 \text{ mg Masse}$$

$$1 \text{ mg Masse} \mathrel{\widehat{=}} 0.931\,54 \text{ Millionen Faradayvolt } (= 89.876 \text{ Millionen kJ})$$

ergeben.[2] In Übereinstimmung mit dieser Energiebilanz vermögen sich aus γ-Strahlen von geringerer Energie als 1 MeV keine Elektronenzwillinge zu bilden. Zwangsläufig ergibt sich damit die Schlussfolgerung, dass auf dem geschilderten Wege eine »Materialisierung von Energie« stattfindet.

Abb. 37.3 gibt die Nebelbahn einer Paarbildung in der Wilson-Kammer bei Vorhandensein eines Magnetfeldes wieder. Wie man sieht, werden Negatron und Positron entsprechend ihrer entgegengesetzten Ladung nach verschiedenen Richtungen hin abgelenkt. Durch derartige Nebelaufnahmen und ihre Auswertung wurde das Positron bei der Untersuchung der Höhenstrahlung (S. 2257) von C. D. Anderson im Jahre 1932 erstmals nachgewiesen.

Die Umkehrung der Elektronen-Paarbildung, die Vernichtung (»Annihilation«)[3] der Masse eines Negatrons und Positrons unter Bildung von γ-Strahlen von 1.022 MeV Gesamtenergie je Elektronenpaar (»Zerstrahlung von Materie«) lässt sich – wie erstmals J. Thibaud und F. Joliot 1934 zeigten – ebenfalls verwirklichen. Lässt man Positronen auf die Elektronen einer Aluminium- oder Bleischicht auftreffen, so beobachtet man für jedes sich mit einem Elektron vereinigende Positron 2 Quanten γ-Strahlung von je 0.511 MeV (entsprechend einer Wellenlänge von 2.427 pm) oder in anderen Fällen[4] auch 1 Quant γ-Strahlung von 1.022 MeV

---

[2] Je g Materie würde bei völliger Zerstrahlung somit eine Energiemenge von 931.876 Millionen Faradayvolt entstehen, welche der Wärmemenge entspricht, die bei der Verbrennung einer $2^1/2$ Milliarden mal größeren Masse von Kohle entwickelt würde. Im Uranreaktor, in dem 1‰ der Uranmasse in Energie übergeht, wird je g Uranmasse naturgemäß nur $^1/_{1000}$ des maximal denkbaren Energie/Masse-Äquivalentes frei.

[3] nihil (lat.) = nichts.

[4] Zum Beispiel bei der Vernichtung von Positronen durch sehr fest an Kerne gebundene Elektronen.

(entsprechend einer Wellenlänge von $\frac{1}{2} \times 2.427\,\text{pm}$). Bei der Vereinigung der beiden Elementarteilchen bildet sich, wie M. Deutsch 1951 feststellte, intermediär eine kurzlebige ($< 10^{-6}\,\text{s}$), dem Wasserstoffatom (Proton + Elektron) vergleichbare »Atomart«, das »Positronium«-Atom (Symbol: Ps), bei dem Positron und Elektron um den gemeinsamen Masse- und Ladungsschwerpunkt kreisen.[5]

Die Myonen und Pionen (S. 2257), die eine 207- bzw. 273-fache Elektronenmasse besitzen, sind einer Energiemenge von $207 \times 0.511 = 106$ bzw. $273 \times 0.511 = 140\,\text{MeV}$ äquivalent. Es muss daher analog der Elektronen-Paarbildung unter geeigneten Bedingungen möglich sein, kinetische Energie von $2 \times 106 = 212$ bzw. $2 \times 140 = 280\,\text{MeV}$ zur Myonen- und Pionen-Paarbildung (Summe der elektrischen Ladung gleich Null) zu nutzen. In der Tat konnte 1948 bei der Beschießung von Antikathoden aus Graphit, Beryllium, Kupfer und anderen Elementen mit α-Teilchen von 300–400 MeV Energie die Entstehung derartiger Paare photographisch nachgewiesen werden.

Als besonders weittragend ist das Problem der künstlichen Verwandlung von Energie in Protonen und Neutronen (1836.1- bzw. 1838.6-fache Elektronenmasse) anzusehen, da hierbei in Wiederholung des »Schöpfungsaktes« die Urbausteine der chemischen Grundstoffe erschaffen werden. Theoretisch ist zur Protonen- bzw. Neutronen-Paarbildung eine Mindestenergie von 1.88 GeV erforderlich. In der Tat wurde 1955 bei der Beschießung von Kupfer mit Protonen von 6.2 GeV die Bildung von negativen (»Antiprotonen«) und positiven Protonen (Summe der elektrischen Ladung gleich Null) beobachtet, die beim Zusammentreffen unter Bildung von zwei γ-Quanten von je 0.94 GeV Energie pro Protonenpaar zerstrahlen können bzw. – häufiger – in neue Teilchen (vornehmlich Mesonen) und γ-Quanten übergehen. Ein Jahr später (1956) gelang die Darstellung von »Antineutronen«, die zum Unterschied von den in Protonen und Elektronen (Negatronen) zerfallenden normalen Neutronen spontan in Antiprotonen und Antielektronen (Positronen) übergehen und beim Zusammentreffen mit normalen Neutronen zwei γ-Quanten von je 0.94 GeV Energie ergeben.

Möge sich der Mensch bei der Weiterentwicklung seiner hochfliegenden Pläne zur künstlichen Umwandlung von Energie in Masse und von Masse in Energie stets der Vermessenheit und möglichen Folgen solcher Eingriffe in den natürlichen Schöpfungsablauf unseres Planeten Erde bewusst bleiben!

Literatur zum Schlusswort

Die gegenseitige Umwandlung von Masse und Energie

[1] J. Green, J. Lee: »Positronium-Chemistry«, Academic Press, New York 1964; H. J. Ache: »Chemie des Positrons und Positroniums«, Angew. Chem. 84 (1972), 234–255; Int. Ed. 11 (1972) 179; H. J. Ache: »Positronium and Myonium Chemistry«,Advances in Chem. Series 175, Am. Chem. Soc. 1979.

---

[5] Man kennt zwei Formen des Positroniums: Energieärmeres (und demgemäß leichteres), kürzerlebiges ($1.25 \cdot 10^{-10}\,\text{s}$) »Parapositronium« mit antiparalleler Ausrichtung der Spins von Negatron und Positron, sowie energiereicheres (und demgemäß schwereres), längerlebiges ($1.4 \cdot 10^{-7}\,\text{s}$) »Orthopositronium« mit paralleler Ausrichtung der Elektronenspins. Als Folge des Massen- und Spinerhaltungssatzes zerstrahlt Parapositronium immer in zwei, Orthopositronium in drei Photonen ($E_\gamma^1 + E_\gamma^2 = 0.512 + 0.512 = 1.24\,\text{MeV}$; $E_\gamma^1 + E_\gamma^2 + E_\gamma^3 = 10.2\,\text{MeV}$). [1]

Anhang

Anhang I

Zahlentabellen

Atomare Konstanten[1]

Größe	Symbol	Wert
Atommasseneinheit	$u = 1\,\mathrm{g}/Z_A$	$1.660\,538\,86 \cdot 10^{-27}\,\mathrm{kg} \,\hat{=}\, 931.500\,848\,\mathrm{MeV}/c^2$
Avogadrosche Konstante/Zahl	N_A/Z_A	$6.022\,141\,5 \cdot 10^{23}\,\mathrm{mol}^{-1}/\mathrm{ohne\ Dim.}$
Bohr'sches Magneton	μ_B	$9.274\,009\,49 \cdot 10^{-24}\,\mathrm{A\,m^2}\ (\hat{=}\,\mathrm{JT}^{-1})$
Bohr'scher Radius	r_B, a_0	$5.291\,772\,108 \cdot 10^{-11}\,\mathrm{m}$
Boltzmann'sche Konstante	k_B	$1.380\,650\,5 \cdot 10^{-23}\,\mathrm{J\,K^{-1}}$
Elektron e, relative Masse[a]	$M_r\,(e)$	$0.000\,548\,279\,904\,5$
Ruhemasse	m_e	$0.000\,910\,938\,26 \cdot 10^{-27}\,\mathrm{kg}$
Energieäquivalent	$E_e = m_e \cdot c^2$	$0.510\,998\,918\,\mathrm{MeV}$
Ladung	e	$1.602\,176\,53 \cdot 10^{-19}\,\mathrm{C}$
mag. Moment	μ_e	$-1.001\,159\,652\,193\,1859\,\mu_B \,\hat{=}\, -9.284\,764\,12\,\mathrm{A\,m^2}\ [\hat{=}\,\mathrm{JT}^{-1}]$
Radius	r_e	$< 10^{-19}\,\mathrm{m}$
Einstein'sche Konstante	$E = N_A \cdot h$	$3.990\,312\,716\,\mathrm{J\,s\,mol^{-1}}$
Elektrische Feldkonst. (Permittivität)	$\varepsilon_0 = 1/\mu_0 \cdot c^2$	$8.854\,187\,817 \cdot 10^{-12}\,\mathrm{fm^{-1}}\ [\hat{=}\,\mathrm{C^2\,J^{-1}\,m^{-1}}]$
Elementarladung	e	$1.602\,176\,53 \cdot 10^{-19}\,\mathrm{C}$
Elementarlänge, Planck'sche	$\sqrt{G \cdot h/2\pi \cdot c^{-3}}$	$1.617 \cdot 10^{-35}\,\mathrm{m}$
Elementarzeit, Planck'sche	$\sqrt{G \cdot h/2\pi \cdot c^{-5}}$	$5.394 \cdot 10^{-44}\,\mathrm{s}$
Faraday'sche Konstante	$F = N_A \cdot e$	$96\,485.3383\,\mathrm{C\,mol^{-1}}$
Gaskonstante	$R = N_A \cdot k_B$	$8.314\,472\,\mathrm{J\,K^{-1}\,mol^{-1}}$
		$0.084\,246\,7\,\mathrm{1atm\,K^{-1}\,mol^{-1}}$
		$0.083\,145\,1\,1\mathrm{bar\,K^{-1}\,mol^{-1}}$
Gravitationskonstante	G	$6.6742 \cdot 10^{-11}\,\mathrm{m^3\,kg^{-1}\,s^{-2}}$
Kern-Magneton	μ_K	$5.050\,786\,6 \cdot 10^{-27}\,\mathrm{A\,m^2}\ (\hat{=}\,\mathrm{JT}^{-1})$
Landé-Faktor	$g_e = 2\mu_e/\mu_B$	$2.002\,319\,304\,386$
Lichtgeschwindigkeit (Vak.)	c	$2.997\,924\,58 \cdot 10^8\,\mathrm{m\,s^{-1}}$
Magnetische Feldkonstante	μ_0	$4\pi \times 10^{-7}\,\mathrm{H\,m^{-1}}$
Molares Gasvolumen	$V_m = RT_0/p_0$	$22.414\,09\,\mathrm{1mol^{-1}}$ (bei 1 atm)
		$22.711\,08\,\mathrm{1mol^{-1}}$ (bei 1 bar)
Neutron n, relative Masse[2]	$M_r(n)$	$1.008\,664\,915\,60$
Ruhemasse	m_n	$1.674\,927\,28 \cdot 10^{-27}\,\mathrm{kg}$
Energieäquivalent	$E_n = m_n \cdot c^2$	$939.565\,360\,\mathrm{MeV}$
mag. Moment	μ_n	$-1.041\,875\,63\,\mu_k \,\hat{=}\, -1.041\,875\,63 \cdot 10^{-26}\,\mathrm{A\,m^{-2}}\ [\hat{=}\,\mathrm{JT}^{-1}]$
Radius	r_n	$\approx 1.3 \cdot 10^{-15}\,\mathrm{m}$
Planck'sche Konstante	h	$6.626\,069\,3 \cdot 10^{-34}\,\mathrm{J\,s^{-1}}$
Proton p, relative Masse[2]	$M_r(p)$	$1.007\,276\,466\,88$
Ruhemasse	m_p	$1.672\,621\,71 \cdot 10^{-27}\,\mathrm{kg}$
Energieäquivalent	$E_p = m_p \cdot c^2$	$938.272\,029\,\mathrm{MeV}$
mag. Moment	μ_p	$2.792\,847\,351\,\mu_k \,\hat{=}\, 1.410\,607\,61 \cdot 10^{-26}\,\mathrm{A\,m^2}\ [\hat{=}\,\mathrm{JT}^{-1}]$
Radius	r_p	$\approx 1.3 \cdot 10^{-15}\,\mathrm{m}$
Rydberg'sche Konstante	R_∞	$1.097\,373\,156\,852\,5 \cdot 10^7\,\mathrm{m^{-1}}$
Wasserstoffatom ${}^1_1\mathrm{H}$, rel. Masse	$A_r(\mathrm{H})$	$1.007\,825\,032$
Ruhemasse	m_H	$1.008\,247 \cdot 10^{-27}\,\mathrm{kg}$
Energieäquiv.	$E_\mathrm{H} = m_\mathrm{H} \cdot c^2$	$938.783\,\mathrm{MeV}$
Ionisierungsenerg.	E_I	$13.5984\,\mathrm{eV}$

a Daten weiterer Elementarteilchen auf S. 2257, natürlicher Nuklide auf S. 2377.
$M_r(\mathrm{D^+}) = 2.013\,553\,213;\ M_r({}^3\mathrm{He^{2+}}) = 3.014\,932\,243;\ M_r({}^4\mathrm{He^{2+}}) = 4.001\,506\,179.$

[1] International Union of Pure and Applied Chemistry (IUPAC): »Größen, Einheiten und Symbole in der Physikalischen Chemie«, VCH, Weinheim 1996; P.J. Mohr, B.N. Taylor: »CODATA recomended values of the fundamental physical constants 2002«, Reviews of Modern Physics 7 (2005) 1–107. Das Lehrbuch nutzt in der Regel noch die geringfügig von obigen Werten abweichenden **Konstanten von 1979 bis 1997**.

Anhang I

Kosmische Daten

Himmels-körper[a]	mittl. Sonnenab-stand [10^6 km]	Durchmesser Äquator [km]	Masse [Erde]	mittlere Dichte [g cm^-3]	Rotationszeit um Achse	Rotationszeit um Sonne	mittl. Oberflächen-Temp. [K]	Oberflächen-Druck [bar]	Mond-zahl
Merkur	57.9	4879	0.055	5.44	59.6 d	0.24 a	620	–	–
Venus	108.2	12 104	0.815	5.27	243.0 d	0.62 a	740	93	–
Erde[b]	149.6	12 756	1.000[c]	5.514[d]	23.9 h	1.00 a	290	1	1
Mond	–	3470	0.012	3.342	365.24 d	–[e]	425/125[f]	–	–
Mars	227.9	6794	0.108	3.95	24.6 h	1.88 a	225	0.007	2
Jupiter	778.3	142 984	318.36	1.31	9.9 h	11.86 a	170	hoch	67
Saturn	1429.4	120 536	95.22	0.70	10.7 h	29.46 a	140	hoch	62
Uranus	2875.0	51 118	14.58	1.21	17.2 h	84.01 a	80	hoch	27
Neptun	4504.3	49 528	17.26	1.66	16.1 h	164.79 a	80	hoch	14
Pluto	5900.0	2300	0.0017	~ 1	6.4 d	248.43 a	80	–	5
Sonne[b]	–[g]	$1393 \cdot 10^5$	333 000[h]	1.409	26 d	–[i]	5500	hoch	–
Universum	–	$2.6 \cdot 10^{23}$	$\sim 10^{28}$	$\sim 10^{-29}$	–	–	–	–	–

a Alter: Sonne + Sonnenplaneten $4.6 \cdot 10^9$ a, Universum rund $14.5 \cdot 10^9$ a.
b Bahngeschwindigkeit: Erde 29.755 km s^{-1}, Sonne 250 km s^{-1}; Druck im Inneren: Erde $3.6 \cdot 10^6$ bar, Sonne $200 \cdot 10^9$ bar; Oberfläche: Erde $5.09 \cdot 10^8$ km^2 (davon 29.2 % Land, 70.8 % Meer), Sonne $6.07 \cdot 10^{12}$ km^2.
c Erdmasse: $5.976 \cdot 10^{21}$ t.
d Vgl. S. 84.
e Rotation um Erde: 27 d 7 h 43 m 11.5 s.
f Tagseite/Nachtseite.
g Abstand von Milchstr.-Zentr. 33 000 Lichtjahre $= 3 \cdot 10^{17}$ km.
h Relativistischer Massenschwund: $4.14 \cdot 10^6$ t s^{-1}; Strahlungsleistung $3.72 \cdot 10^{26}$ W ($=$ kJ s^{-1}).
i Rotation um Milchstraße: $200 \cdot 10^6$ a.

Wichtige Symbole (vgl. auch atomare Konstanten)

A	Arbeit	F	Kraft	N	Teilchenzahl
	freie Energie (Helmholtz-Energie)	G	freie Enthalpie (Gibbs-Energie)	n	Atomzahl (auch m, o usw.)
	Massenzahl	H	Enthalpie		Molzahl
	Aktivität des rad. Zerfalls	H	magnetische Feldstärke		Neutronenzahl
A_r	relative Atommasse	h	Höhe	ν	Frequenz
a	Aktivität	η	Überspannung	$\tilde{\nu}$	Wellenzahl
α	Dissoziationsgrad	I	Stromstärke	p	Druck
B	magnetische Induktion	K	Kraft		Protonenzahl
C	molare Wärmekapazität		Gleichgewichtskonstante	Q	Wärme (auch W)
c	Konzentration		– Basereaktionen K_B	R	Elektrischer Widerstand
χ	Elektronegativität		– Gasreaktionen K_p	r	Radius
	magnetische Suszeptibilität		– Lösungsreaktionen K_c	S	Entropie
d	Durchmesser, Abstand		– Säurereaktionen K_S	T	absolute Temperatur
	Dichte	k	Konstante	t	Celsiustemperatur
δ	Partialladung		Reaktionsgeschwindigkeitskonstante $k_\rightarrow$		Zeit
Δ	Differenz (z. B.	L	Löslichkeitsprodukt	$\tau_{1/2}$	Halbwertszeit
	ΔH = Reaktionsenthalpie	l	Abstand, Länge	U	Elektrische Spannung
	$= H_{Produkte} - H_{Edukte}$)	Λ	molare Leitfähigkeit		innere Energie
	Wärmezufuhr bei chem.	λ	Wellenlänge	V	Volumen
	Reaktionen		Zerfallskonstante rad. Stoffe	v	Geschwindigkeit
E	Energie	M	molare Masse		Reaktionsgeschwindigkeit $v_\rightarrow$
	– Aktivierungs E_a	M_r	relative Molekülmasse	y	Aktivitätskoeffizient
	– kinetische E_k	M	Magnetisierung	Z	Ionenladungszahl
	– potentielle E_p	m	Masse		Kernladungszahl
	– Redoxpotential $E°$		Atomzahl		
E_{MK}	elektromotorische Kraft	μ	Dipolmoment		
e	Elementarladung		magnetische Permeabilität		
ε	Dielektrizitätskonstante	μ_{mag}	magnetisches Moment		

Chemische Zahlentabellen

Anhang II

SI-Einheiten

SI-Grundeinheiten[1,2]

| Physikalische Größe | | SI-Einheit | |
Name	Symbol	Name	Symbol
Länge	l	Meter	m
Masse	m	Kilogramm	kg
Zeit	t	Sekunde	s
el. Stromstärke	I	Ampere[a]	A
Temperatur	T	Kelvin[b]	K
Stoffmenge	n	Mol	mol
Lichtstärke	I_V	Candela	cd

a Nach dem französischen Physiker und Mathematiker André-Marie Ampére.
b Nach dem englischen Physiker Lord Kelvin (Sir William Thomson).

Abgeleitete SI-Einheiten[1,3]

| Physikalische Größe | | SI-Einheit | | |
Name	Symbol	Name	Symbol und Definition	Dimension
Kraft (= Masse × Beschleunigung)	F	Newton[a]	$N\ (\widehat{=}\ 1\mathrm{kg}\cdot 1\mathrm{m/s}^2)$	$\mathrm{kg\,m\,s^{-2}}$
Arbeit, Energie (= Kraft × Weg)	E	Joule[b] (≙ Wattsekunde)	$J\ (\widehat{=}\ N\cdot m = W\cdot s = C\cdot V)$	$\mathrm{kg\,m^2\,s^{-2}}$
Druck (= Kraft/Fläche)	p	Pascal[c]	$\mathrm{Pa}\ (\widehat{=}\ \mathrm{N\,m^{-2}})$	$\mathrm{kg\,m^{-1}\,s^{-2}}$
Leistung (= Arbeit/Zeit)	P	Watt[d] (≙ Amperevolt)	$W\ (\widehat{=}\ \mathrm{J\,s^{-1}} = A\cdot V)$	$\mathrm{kg\,m^2\,s^{-3}}$
Elektrizitätsmenge (Ladung) (= Stromstärke × Zeit)	Q	Coulomb[e] (≙ Amperesekunde)	$C\ (\widehat{=}\ A\cdot s = \mathrm{J\,V^{-1}})$	$\mathrm{A\cdot s}$
Elektr. Spannung (= Energie/Ladung)	U	Volt[f]	$V\ (\widehat{=}\ \mathrm{J\,C^{-1}})$	$\mathrm{kg\,m^2\,A^{-1}\,s^{-3}}$
Elektr. Widerstand (= Spannung/Stromstärke)	R	Ohm[g]	$\Omega\ (\widehat{=}\ \mathrm{V\,A^{-1}})$	$\mathrm{kg\,m^2\,A^{-2}\,s^{-3}}$
Elektr. Leitvermögen (= Stromstärke/Spannung)	G	Siemens[h] (≙ reziproke Ohm)	$S\ (\widehat{=}\ \mathrm{A\,V^{-1}} = \Omega^{-1})$	$\mathrm{A^2\,s^3\,kg^{-1}\,m^{-2}}$
Frequenz (= Schwingungszahl/Sekunde)	v	Hertz[i]	Hz	$\mathrm{s^{-1}}$

a Nach dem englischen Physiker und Mathematiker Isaac Newton.
b Nach dem englischen Physiker James Prescott Joule.
c Nach dem französischen Mathematiker Blaise Pascal.
d Nach dem englischen Erfinder James Watt.
e Nach dem französischen Physiker Charles Augustin de Coulomb.
f Nach dem italienischen Physiker Alessandro Volta.
g Nach dem deutschen Physiker Georg Simon Ohm.
h Nach dem Begründer der Elektrotechnik Werner v. Siemens.
i Nach dem deutschen Physiker Heinrich Hertz.

---

[1] Vgl. Anm. [1] auf S. 2369.
[2] SI = Système International d'Unités (Abkürzung »SI« seit 1960). Das SI-System wurde vom IUPAC-Konzil in Cortina d'Ampezzo am 7. 7. 1969 zusammenfassend angenommen.
[3] Abgeleitet aus den SI-Grundeinheiten durch Multiplikation und/oder Division.

Vorsilben zur Bezeichnung von Vielfachen und Teilen einer Einheit[1]

Potenz	Name[a] Abkürzung		Herkunft (g = griech.)	Potenz	Name, Abkürzung		Herkunft (g = gr., l = lat., i = ital., d = dän.)
10^1	Deka-,	da	deka (g) = zehn	10^{-1}	Dezi-,	d	decimus (l) = Zehnter
10^2	Hekto-,	h	hekaton (g) = hundert	10^{-2}	Zenti-,	c	centisimus (l) = Hundertster
10^3	Kilo-,	k	chilioi (g) = tausend	10^{-3}	Milli-,	m	millesimus (l) = Tausendster
10^6	Mega-,	M	megas (g) = groß	10^{-6}	Mikro-,	μ[b]	mikros (g) = klein
10^9	Giga-,	G	gigas (g) = Riese	10^{-9}	Nano-,	n[c]	nannos (g) = Zwerg
10^{12}	Tera-,	T	teras (g) = Ungeheuer	10^{-12}	Piko-,	p[d]	piccolo (i) = klein
10^{15}	Peta-,	P	penta[e] ohne n	10^{-15}	Femto-,	f[f]	femten (d) = fünfzehn
10^{18}	Exa-,	E	hexa[g] ohne h	10^{-18}	Atto-,	a	atten (d) = achtzehn

a Deutsche Benennung: 10^3 Tausend, 10^6 Million, 10^9 Milliarde, 10^{12} Billion, 10^{15} Billiarde, 10^{18} Trillion usw.

b 1 μm (Mikrometer) = 10^{-6} m wurde früher 1μ (gesprochen: mü) genannt und als »1 Mikron« bezeichnet.

c 1 nm (Nanometer) = 10^{-9} m wurde früher 1 mμ genannt und als »1 Millimikron« bezeichnet. Die zehnmal kleinere Längeneinheit 0.1 nm = 10^{-10} m nennt man »1 Å«.

d 0.1 pm = 10^{-13} m wurde früher auch als »1 X-Einheit« bezeichnet.

e 10^{15} = 1000^5.

f 1 fm = 10^{-15} m wurde früher auch als »1 Fermi« bezeichnet.

g 10^{18} = 1000^6.

Definition der SI-Grundeinheiten[1]

Meter. Ursprünglich (1790) wurde das Meter definiert als der 40millionste Teil eines Erdmeridians, seit 1875 durch den Strichabstand auf einem im Internationalen Büro für Gewichte und Maße in Sévres bei Paris aufbewahrten Platin-Iridium-Normalstab (»Urmeter«). Als neuere und genauere Definition des Meters hat eine internationale Kommission 1960 das 1 650 763.73-fache der Wellenlänge der von den Atomen des Kryptonisotops $^{86}_{36}\text{Kr}$ beim Übergang vom Zustand 5 d_5 zum Zustand 2 p_{10} im Vakuum ausgesandten orangeroten Spektrallinie festgelegt. Seit 1983 ist die Grundeinheit der Länge als die Strecke definiert, die Licht im Vakuum während des Zeitintervalls von 1/299 792 458 Sekunden durchläuft.

Kilogramm. 1 Kilogramm ist definiert als die Masse eines im Internationalen Büro für Gewichte und Maße in Sévres bei Paris aufbewahrten Platin-Iridium-Zylinders (»Urkilogramm«) und wurde ursprünglich der Masse von 1 Liter reinem Wasser bei 4 °C gleichgesetzt. Die Tatsache, dass das Volumen von 1 kg Wasser bei 4 °C in Wirklichkeit nicht 1000, sondern 1000.028 cm^3 beträgt, gab dann 1964 Veranlassung, unter 1 Liter nicht mehr das Volumen von 1 kg Wasser bei 4 °C, sondern das Volumen von 1000 cm^3 zu verstehen.

Sekunde. Unter 1 Sekunde verstand man früher die aus der Erdumdrehung gewonnene »Weltzeitsekunde«, die gleich dem 86 400-sten Teil des mittleren Sonnentages ist. Sie wurde dann, um sich von den Schwankungen der Erdumdrehung unabhängig zu machen, 1956 als der 31 556 925.9747-te Teil eines (seinerseits genau definierten) tropischen Sonnenjahres definiert. Seit 1967 definiert man die Sekunde noch genauer als das 9 192 631 770-fache der Periodendauer der dem Übergang zwischen den beiden Hyperfeinstrukturniveaus des Grundzustandes von Atomen des Cäsiumisotops $^{133}_{55}\text{Cs}$ entsprechenden Strahlung (»Atomsekunde«).

Ampere. Als 1 Ampere wurde ursprünglich (seit 1908) eine Stromstärke von 1 Coulomb/Sekunde bezeichnet. 1948 wurde diese Definition wie folgt präzisiert: 1 Ampere ist die Stärke eines elektrischen Stroms, der beim Fluss durch zwei im Vakuum parallel im Abstand von 1 m voneinander angeordnete und genauer definierte Leiter zwischen diesen je 1 m Länge des Doppelleiters eine Kraft von $2 \cdot 10^{-7}$ N hervorruft.

Kelvin. 1 Kelvin ist der 273.16-te Teil der Differenz zwischen der Temperatur des absoluten Nullpunktes der Thermodynamik und der absoluten Temperatur des Tripelpunktes von reinem

Wasser. Nach einer 1967 erfolgten internationalen Übereinkunft soll der bis dahin übliche Zusatz Grad (°) bei der Angabe der Kelvintemperaturen entfallen.[4]

Mol. Unter 1 mol eines Stoffs verstand man ursprünglich eine numerisch der relativen Molekülmasse dieses Stoffes entsprechende Grammmenge. Seit 1969 bedeutet 1 mol die Stoffmenge eines Systems gegebener Zusammensetzung, die aus ebensovielen kleinsten Teilchen (Atomen, Molekülen, Ionen, Elektronen, Protonen, Radikalen, Formeleinheiten, Photonen, Elektronenvolt usw.) besteht, wie C-Atome in genau 12 g des Kohlenstoffisotops $^{12}_{6}C$ enthalten sind, nämlich Z_A (s. dort).

Candela. Ein Candela entspricht derjenigen Lichtstärke, die in senkrechter Richtung von 1/600 000-stel Quadratmeter eines schwarzen Körpers bei der Temperatur des erstarrenden Platins bei einem Druck von 101 325 N m^{-2} abgestrahlt wird.

Definition abgeleiteter SI-Einheiten[1]

1 Newton ist gleich der Kraft, die einem Körper der Masse 1 kg die Beschleunigung 1 m s^{-2} erteilt.[5]

1 Joule ist gleich der Arbeit, die geleistet wird, wenn der Angriffspunkt der Kraft 1 N in Richtung der Kraft um 1 m verschoben wird. Passiert eine Elektrizitätsmenge von 1 Coulomb (1 Amperesekunde) eine Potentialdifferenz von 1 Volt, so wird dabei eine Energiemenge von 1 Joule (= 1 Coulombvolt) frei.

1 Pascal ist gleich dem auf eine Fläche von 1 m^2 gleichmäßig und senkrecht wirkenden Druck von 1 N.

1 Watt ist gleich der Leistung, bei der während einer Zeit von 1 s eine Energie von 1 J umgesetzt wird.

1 Coulomb ist gleich der Elektrizitätsmenge, die während 1 s bei einer Stromstärke 1 A durch den Querschnitt eines Leiters fließt.

1 Volt ist gleich der elektrischen Spannung zwischen zwei Punkten eines Leiters, in dem bei einer Stromstärke 1 A zwischen den beiden Punkten eine Leistung von 1 W erbracht wird.

1 Ohm ist gleich dem elektrischen Widerstand zwischen zwei Punkten eines Leiters, durch den bei der Spannung 1 V zwischen den beiden Punkten ein Strom der Stärke 1 A fließt.

1 Siemens ist gleich dem elektrischen Leitwert eines Leiters vom elektrischen Widerstand 1 Ω.

1 Hertz ist gleich der Frequenz eines periodischen Vorgangs der Periodendauer 1 s.

1 Tesla ($\widehat{=}$ 10^4 Gauß). Zur Definition vgl. S. 1658.

---

[4] Die Temperaturskala von A. Celsius gründet sich auf den Schmelz- und Siedepunkt reinen luftgesättigten Wassers bei Atmosphärendruck: Smp. = 0 °C, Sdp. = 100 °C. 1 Celsiusgrad (1 °C) ist dementsprechend der hundertste Teil dieses Temperaturintervalls.

[5] Als Einheit des Gewichts benutzte man früher die Kraft, welche die Masse von 1 g bzw. 1 kg bei dem Normwert g_n der Schwerebeschleunigung (9.806 65 m s^{-2} bei 45° geographischer Breite, Meeresniveau) auf die Unterlage ausübt. Da somit Masse und Gewicht Größen verschiedener Art waren, hatte man für die Einheit des Gewichts die Bezeichnung Pond (p) bzw. Kilopond (kp) eingeführt (pondus (lat.) = Gewicht):

$$1 p = 1 g \cdot g_n; \quad 1 kp = 1 kg \cdot g_n = 9.80665 N; \quad 1 N = 0.1019716 kp.$$

Bei der üblichen Wägung spielt die Größe der Schwerebeschleunigung keine Rolle, da sie auf beide Waagschalen mit dem gleichen Wert wirkt. Man pflegte daher im täglichen Leben auch das Gewicht in Gramm bzw. Kilogramm anzugeben. Heute versteht man unter Gewichtsangaben immer Massenangaben. Gewicht als Kraft ist nicht mehr zulässig.

Umrechnungsfaktoren: Energie ↔ Masse ↔ Potential ↔ Wellenzahl[1]

(1 kJ = 0.238 846 kcal; 1 kcal = 4.186 80 kJ)

	kJ	kg	V	$\tilde{v}$
Eine Energiemenge von 1 kJ $\widehat{=}$	1	$1.1126 \cdot 10^{-14}$	$1.0364 \cdot 10^{-2}$	$8.3599 \cdot 10^{1}$
Eine Masse von 1 kg $\widehat{=}$	$8.9876 \cdot 10^{13}$	1	$9.3154 \cdot 10^{11}$	$7.5131 \cdot 10^{15}$
Ein Potential von 1 Volt $\widehat{=}$	$9.6485 \cdot 10^{1}$	$1.0735 \cdot 10^{-12}$	1	$8.0657 \cdot 10^{3}$
Eine Wellenzahl von 1 cm^{-1} $\widehat{=}$	$1.1963 \cdot 10^{-2}$	$1.3310 \cdot 10^{-16}$	$1.2398 \cdot 10^{-4}$	1

Mithilfe dieser Tabelle kann man kJ-Mengen[6] (z. B. Reaktionswärmen, freie Energien), Massen kg (z. B. Massenverluste bei Kernreaktionen, Massenäquivalente bei Materialisierung von Strahlung), Potentiale V (z. B. Normalpotentiale, Ionisierungspotentiale) und Wellenzahlen[7] v_0 (z. B. Ramanfrequenzen, Lichtwellenlängen) wechselseitig ineinander umrechnen. In grober Näherung gilt laut Tabelle:

$$1\,\text{kJ} \widehat{=} 10^{-14}\,\text{kg} \widehat{=} 0.01\,\text{V} \widehat{=} 100/\text{cm}$$

Beispiele

kJ → kg   Je 1 kJ Reaktionsenthalpie bei chemischen Umsetzungen tritt ein Massenverlust von $1.1126 \cdot 10^{-14}$ kg auf (vgl. S. 18).

kJ → V   Aus der freien Enthalpie 118.67 kJ des Vorgangs $\frac{1}{2}H_2 + \frac{1}{4}O_2 \longrightarrow \frac{1}{2}H_2O$ geht hervor, dass die Verbrennung von Wasserstoff im galvanischen »Knallgaselement« eine Potentialdifferenz von $118.67 \times 1.0364 \cdot 10^{-2} = 1.229$ V liefert (vgl. S. 243f).

kJ → $\tilde{v}$ Die Spaltung von Chlor gemäß $Cl_2 \longrightarrow 2\,Cl$, die die Zufuhr einer freien Enthalpie von 211.53 kJ erfordert, könnte mit Licht der Mindestwellenzahl $v = 211.53 \times 8.3599 \cdot 10^{1} = 17684$ cm^{-1}, entsprechend einer maximalen Wellenlänge $\lambda = 10^7/v = 565.5$ nm (gelbgrünes Licht) erzwungen werden. Da Chlor aber erst im blauen und violetten Spektralbereich absorbiert, ist für die Spaltung allerdings energiereicheres blaues Licht erforderlich (vgl. S. 109).

kg → kJ   Einem Massenverlust von 1 mg bei Kernreaktionen entspricht eine freiwerdende Energie von $10^6 \times 8.9876 \times 10^{13} = 98.876$ Millionen kJ (vgl. S. 2362).

kg → V   Bei der Annihilation von Negatron/Positron-Paaren (1.097 mg mol^{-1}) wird eine Energiemenge von $1.097 \cdot 10^{-6} \times 9.3154 \cdot 10^{11} = 1.022$ Millionen Faradayvolt mol^{-1} (= 1.022 MeV/Paar) frei (vgl. S. 2363).

kg → $\tilde{v}$ Die bei der Zerstrahlung von Negatron/Positron-Paaren (1.097 mg mol^{-1}) entstehende Strahlung hat eine Wellenzahl v von $1.097 \cdot 10^{-6} \times 7.5131 \cdot 10^{15} = 8.2420 \cdot 10^{9}$ cm^{-1}, entsprechend einer Wellenlänge $\lambda = 10^7/v$ von 0.001 213 nm, oder tritt in Form zweier Strahlen der doppelten Wellenlänge (= der halben Energie) auf (vgl. S. 2363).

V → kJ   Die Potentialdifferenz 2.714 V des Redoxvorgangs $Na + H^+ \longrightarrow Na^+ + \frac{1}{2}H_2$ entspricht einer freien Reaktionsenthalpie von $2.714 \times 9.6485 \cdot 10^{1} = 261.86$ kJ (vgl. S. 243).

---

[6] Bei Umrechnung von Reaktionsenthalpien in V oder $\tilde{v}$ (bzw. umgekehrt) ist die kJ-Menge pro Umsatz von 1 Faradayvolt ($N_A \cdot eV$) bzw. 1 Einstein ($N_A \cdot hv$) zu verstehen.

[7] Und damit auch Frequenzen $v(s^{-1}) = \tilde{v}(cm^{-1}) \cdot c(cm\,s^{-1})$ oder Wellenlängen $\lambda(nm) = 10^7/\tilde{v}(cm^{-1})$.

V → kg   Eine Strahlungsenergiemenge von 1 Million Faradayvolt pro Mol Photonen ($= 1\,\text{MeV/Photon}$) kann in eine Masse von $10^6 \times 1.0735 \times 10^{-6} = 1.0736\,\text{mg}$ umgewandelt werden (vgl. S. 2363).

V → $\tilde{\nu}$ Durch Elektronen einer Spannung von $2.10\,\text{V}$ wird die D-Linie des Natriums ($\lambda = 589.3\,\text{nm}$, entsprechend $v = 10^7 / \lambda = 16\,969\,\text{cm}^{-1}$) angeregt (»Elektronenstoßanregung«), was mit dem Beispiel $v \to V$ (siehe unten) übereinstimmt, wonach $2.1038\,\text{V}$ einer Wellenzahl v von $2.1038 \times 8.0657 \cdot 10^3 = 16\,969\,\text{cm}^{-1}$ entsprechen.

$\tilde{\nu}$ → kJ   Die zur Anregung der CC-Valenzschwingung $993\,\text{cm}^{-1}$ im Ethanmolekül H_3C-CH_3 erforderliche Energie beträgt $993 \times 1.1963 \cdot 10^{-2} = 11.88\,\text{kJ}\,\text{mol}^{-1}$.

Einer Wellenzahl $v = 14\,286\,\text{cm}^{-1}$ (rotes Licht der Wellenlänge 700 nm) entspricht ein Energieäquivalent von $14\,286 \times 1.1963 \cdot 10^{-2} = 170.90\,\text{kJ}$ pro Mol Photonen (vgl. S. 109).

$\tilde{\nu}$ → kg   1 »Mol« Licht der Wellenzahl $v = 8.2420 \times 10^9\,\text{cm}^{-1}$ (entsprechend einer Wellenlänge $\lambda = 10^7/v = 0.001\,213\,\text{nm}$) lässt sich in eine Masse von $8.2420 \cdot 10^9 \times 1.3310 \cdot 10^{-16} \times 10^6 = 1.097\,\text{mg}$ ($=$ Atommasse eines Negatron/Positron-Paares) umwandeln (vgl. S. 2363).

$\tilde{\nu}$ → V   Die Wellenzahl $v = 16\,969\,\text{cm}^{-1}$ der D-Linie des Natriums (Übergang von Elektronen vom 3p- zum 3s-Niveau) entspricht einer Potentialdifferenz von $16\,969 \times 1.2398 \cdot 10^{-4} = 2.1038\,\text{V}$ zwischen diesen beiden Unterschalen. – Lithium spaltet bei Bestrahlung mit Licht der maximalen Wellenlänge 318 nm (entsprechend einer Mindestwellenzahl $v = 10^7/\lambda = 31\,446\,\text{cm}^{-1}$) Elektronen ab, was einer »Austrittsarbeit« für die Elektronen von $31.446 \times 1.2398 \cdot 10^{-4} = 3.899\,\text{eV/Elektron}$ (»Photoeffekt«) entspricht.

Anhang III

Natürliche Nuklide

In nachfolgender Tabelle[1] enthält die erste Spalte Atomsymbole E mit Kernladungszahlen, die zweite Spalte Massenzahlen MZ der Nuklide, die dritte und vierte Spalte prozentuale Häufigkeiten und relative Massen, die fünfte und sechste Spalte Kernspins (I; in Einheiten $h/2\pi$) und kernmagnetische Momente (μ_{mag}; in Kernmagnetonen) des betreffenden Nuklids (die Summe der Nuklidhäufigkeit beträgt jeweils 100 %; Massenzahlen, Häufigkeiten, Massen und Momente von Radionukliden sind kursiv gedruckt; Radionuklide werden neben stabilen Nukliden des betreffenden Elements aufgeführt, wenn ihre Häufigkeit $> 10^{-3}$ % ist (Ausnahme Tritium ^{3}H); unter den natürlichen Radionukliden von Elementen ohne stabile Nuklide sind neben den häufigsten (fett) alle nachgewiesenen berücksichtigt).

Nuklide E	MZ	Häufig- keit %	relative Nuklidmasse	Nukleus I	μ_{mag}
$_1$H	1	99.985	1.007825	1/2	+2.7928
	2	0.015	2.014102	1	+0.8574
	3	*≈10^{-15}*	*3.01605*	*1/2*	*+2.9789*
$_2$He	3	0.000137	3.016029	1/2	−2.1276
	4	99.999863	4.002603	0	
$_3$Li	6	7.5	6.015123	1	+0.8220
	7	92.5	7.016005	3/2	+3.2564
$_4$Be	9	100	9.012183	3/2	−1.1775
$_5$B	10	19.9	10.012938	3	+1.8006
	11	80.1	11.009305	3/2	+2.6885
$_6$C	12	98.90	12.000000	0	
	13	1.10	13.003355	1/2	+0.7024
$_7$N	14	99.634	14.003074	1	+0.4036
	15	0.366	15.000109	1/2	−0.2831
$_8$O	16	99.762	15.994915	0	
	17	0.038	16.999130	5/2	−1.8937
	18	0.200	17.999159	0	
$_9$F	19	100	18.998403	1/2	+2.6283
$_{10}$Ne	20	90.48	19.992439	0	
	21	0.27	20.993845	3/2	−0.6618
	22	9.25	21.991384	0	
$_{11}$Na	23	100	22.989770	3/2	+2.2174
$_{12}$Mg	24	78.99	23.985045	0	
	25	10.00	24.985839	5/2	−0.8564
	26	11.01	25.982595	0	
$_{13}$Al	27	100	26.981541	5/2	+3.6413
$_{14}$Si	28	92.23	27.976928	0	
	29	4.67	28.976469	1/2	−0.5553
	30	3.10	29.973772	0	
$_{15}$P	31	100	30.973763	1/2	+1.1317
$_{15}$S	32	95.02	31.972072	0	
	33	0.75	32.971459	3/2	+0.6435
	34	4.21	33.967868	0	
	36	0.02	35.967079	0	
$_{17}$Cl	35	75.77	34.968853	3/2	+0.8218
	37	24.23	36.965903	3/2	+0.6841
$_{18}$Ar	36	0.337	35.967546	0	
	38	0.063	37.962732	0	
	40	99.600	39.962383	0	
$_{19}$K	39	93.2581	38.963708	3/2	+0.3914
	40	*0.0117*	*39.963999*	*4*	*−1.2981*
	41	6.7302	40.961825	3/2	+0.2149
$_{20}$Ca	40	96.941	39.962591	0	
	42	0.647	41.958622	0	
	43	0.135	42.958770	7/2	−1.3173
	44	2.086	43.955485	0	
	46	0.004	45.953690	0	
	48	0.187	47.952532	0	

Nuklide E	MZ	Häufig- keit %	relative Nuklidmasse	Nukleus I	μ_{mag}
$_{21}$Sc	45	100	44.955914	7/2	+4.7559
$_{22}$Ti	46	8.0	45.952633	0	
	47	7.4	46.951765	5/2	−0.7885
	48	73.8	47.947947	0	
	49	5.5	48.947871	7/2	−1.0417
	50	5.4	49.944786	0	
$_{23}$V	*50*	*0.250*	*49.947161*	*6*	*+3.3470*
	51	99.750	50.943962	7/2	+5.1485
$_{24}$Cr	50	4.345	49.946046	0	
	52	83.789	51.940510	0	
	53	9.501	52.940651	3/2	−0.4745
	54	2.365	53.938882	0	
$_{25}$Mn	55	100	54.938046	5/2	+3.449
$_{26}$Fe	54	5.8	53.939612	0	
	56	91.72	55.934939	0	
	57	2.2	56.935396	1/2	+0.0904
	58	0.28	57.933278	0	
$_{27}$Co	59	100	58.933198	7/2	+4.627
$_{28}$Ni	58	68.077	57.935347	0	
	60	26.223	59.930789	0	
	61	1.140	60.931059	3/2	−0.7500
	62	3.634	61.928346	0	
	64	0.926	63.927968	0	
$_{29}$Cu	63	69.17	62.929599	3/2	+2.2228
	65	30.83	64.927792	3/2	+2.3812
$_{30}$Zn	64	48.6	63.929145	0	
	66	27.9	65.926035	0	
	67	4.1	66.927129	5/2	+0.8752
	68	18.8	67.924846	0	
	70	0.6	69.925325	0	
$_{31}$Ga	69	60.108	68.925281	3/2	+2.0145
	71	39.892	70.924701	3/2	+2.5597
$_{32}$Ge	70	21.23	69.924250	0	
	72	27.66	71.922080	0	
	73	7.73	72.923464	9/2	−0.8792
	74	35.94	73.921179	0	
	76	7.44	75.921403	0	
$_{33}$As	75	100	74.921595	3/2	+1.439
$_{34}$Se	74	0.89	73.922477	0	
	76	9.36	75.919207	0	
	77	7.63	76.919908	1/2	+0.534
	78	23.78	77.917304	0	
	80	49.61	79.916520	0	
	82	*8.73*	*81.916709*	*0*	
$_{35}$Br	79	50.69	78.918336	3/2	+2.1055
	81	49.31	80.916289	3/2	+2.2696
$_{36}$Kr	78	0.35	77.920396	0	
	80	2.25	79.916375	0	

[1] »Radionuklide, Halbwertszeiten, Massen«, Pure Appl. Chem. **71** (1999); »Spontaneous fission, half lifes for ground state nuclides«, Pure Appl. Chem. **72** (2000) 1525–1562.

Nuklide E	MZ	Häufigkeit %	relative Nuklidmasse	Nukleus I	μ_{mag}
	82	11.6	81.913 482	0	
	83	11.5	83.914 134	9/2	−0.970
	84	57.0	83.911 506	0	
	86	17.3	85.910 614	0	
37Rb	85	72.165	84.911 800	5/2	+1.3524
	87	*27.835*	*86.913 358*	*3/2*	*+2.750*
38Sr	84	0.56	83.913 429		
	86	9.86	85.909 273	0	
	87	7.00	86.908 890	9/2	−1.093
	88	82.58	87.905 625	0	
39Y	89	100	88.905 856	1/2	−0.1373
40Zr	90	51.45	89.904 708		
	91	11.22	90.905 644	5/2	−1.303
	92	17.15	91.905 039		
	94	17.38	93.906 319		
	96	2.80	95.908 272		
41Nb	93	100	92.906 378	9/2	+6.167
42Mo	92	14.84	91.906 809	0	
	94	9.25	93.905 086	0	
	95	15.92	94.905 838	5/2	−0.9135
	96	16.68	95.904 675	0	
	97	9.55	96.906 018	5/2	−0.9327
	98	24.13	97.905 405	0	
	100	9.63	99.907 472	0	
43Tc	–	–	–	–	
44Ru	96	5.52	95.907 594	0	
	98	1.88	97.905 286	0	
	99	12.7	98.905 937	5/2	−0.413
	100	12.6	99.904 217	0	
	101	17.0	100.905 581	5/2	−0.7188
	102	31.6	101.904 347	0	
	104	18.7	103.905 422	0	
45Rh	103	100	102.905 503	1/2	−0.0883
46Pd	102	1.02	101.905 608	0	
	104	11.14	103.904 025	0	
	105	22.33	104.905 075	5/2	−0.642
	106	27.33	105.903 475	0	
	108	26.46	107.903 893	0	
	110	11.72	109.905 169	0	
47Ag	107	51.839	106.905 095	1/2	−0.1135
	109	48.161	108.904 753	1/2	−0.1305
48Cd	106	1.25	105.906 461	0	
	108	0.89	107.904 185	0	
	110	12.49	109.903 007	0	
	111	12.80	110.904 182	1/2	−0.5943
	112	24.13	111.902 761	0	
	113	*12.22*	*112.904 401*	*1/2*	*−0.6217*
	114	28.73	113.903 361	0	
	116	7.49	115.904 758	0	
49In	113	4.3	112.904 055	9/2	+5.5229
	115	*95.7*	*114.903 874*	*9/2*	*+5.5348*
50Sn	112	0.97	111.904 822		
	114	0.65	113.902 780	0	
	115	0.34	114.903 344	1/2	−0.9178
	116	14.53	115.901 743	0	
	117	7.68	116.902 954	1/2	−1.000
	118	24.23	117.901 607	0	
	119	8.59	118.903 310	1/2	−1.0461
	120	32.59	119.902 199	0	
	122	4.63	121.903 439	0	
	124	5.79	123.905 271	0	
51Sb	121	57.36	120.903 824	5/2	+3.3592
	123	42.64	122.904 222	7/2	+2.5466
52Te	120	0.096	119.904 021	0	
	122	2.603	121.903 055	0	
	123	*0.908*	*122.904 278*	*1/2*	*−0.7359*

Nuklide E	MZ	Häufigkeit %	relative Nuklidmasse	Nukleus I	μ_{mag}
	124	4.816	123.902 825	0	
	125	7.139	124.904 435	1/2	−0.8871
	126	18.95	125.903 311	0	
	128	*31.69*	*127.904 464*	*0*	
	130	*33.80*	*129.906 228*	*0*	
53I	127	100	126.904 476	5/2	+2.8091
54Xe	124	0.10	123.906 118	0	
	126	0.09	125.904 281	0	
	128	1.91	127.903 531	0	
	129	26.4	128.904 780	1/2	−0.7768
	130	4.1	129.903 509	0	
	131	21.2	130.905 076	3/2	+0.6908
	132	26.9	131.904 148	0	
	134	10.4	133.905 394	0	
	136	8.9	135.907 219	0	
55Cs	133	100	132.905 432	7/2	+2.5779
56Ba	130	0.106	129.906 277	0	
	132	0.101	131.905 042	0	
	134	2.417	133.904 489	0	
	135	6.592	134.905 668	3/2	+0.8365
	136	7.854	135.904 555	0	
	137	11.23	136.905 815	3/2	+0.9357
	138	71.70	137.905 235	0	
57La	*138*	*0.0902*	*137.907 113*	*5*	*+3.707*
	139	99.9098	138.906 354	7/2	+2.778
58Ce	136	0.19	135.907 135	0	
	138	0.25	137.905 996	0	
	140	88.48	139.905 441	0	
	142	*11.08*	*141.909 248*	*0*	
59Pr	141	100	140.907 656	5/2	+4.16
60Nd	142	27.13	141.907 730	0	
	143	12.18	142.909 822	7/2	−1.063
	144	*23.80*	*143.910 095*	*0*	
	145	*8.30*	*144.912 581*	*7/2*	*−0.654*
	146	17.19	145.913 126	0	
	148	5.76	147.916 900	0	
	150	5.64	149.920 899	0	
61Pm	*147*	*100*	*146.915 148*	*7/2*	*+2.62*
62Sm	144	3.1	143.912 008		
	147	*15.0*	*146.914 906*		
	148	*11.3*	*147.914 831*	*7/2*	*−0.813*
	149	13.8	148.917 192	7/2	−0.670
	150	7.4	149.917 285		
	152	26.7	151.919 741		
	154	22.7	153.922 218		
63Eu	151	47.8	150.919 860	5/2	+3.463
	153	52.2	152.921 242	5/2	+1.530
64Gd	*152*	*0.20*	*151.919 803*	*0*	
	154	2.18	153.920 876	0	
	155	14.80	154.922 629	3/2	−0.2584
	156	20.47	155.922 129	0	
	157	15.65	156.923 966	3/2	−0.3388
	158	24.84	157.924 110	0	
	160	21.86	159.927 060	0	
65Tb	159	100	158.925 350	3/2	+2.008
66Dy	156	0.06	155.924 286	0	
	158	0.10	157.924 412	0	
	160	2.34	159.925 202	0	
	161	18.9	160.926 939	5/2	−0.482
	162	25.5	161.926 805	0	
	163	24.9	162.928 736	5/2	+0.676
	164	28.2	163.929 181	0	
67Ho	165	100	164.930 331	7/2	+4.12
68Er	162	0.14	161.928 786	0	
	164	1.61	163.929 210	0	
	166	33.6	165.930 304	0	

Nuklide E	MZ	Häufigkeit %	relative Nuklidmasse	Nukleus I	μ_{mag}
	167	22.95	166.932 060	7/2	−0.5665
	168	26.8	167.932 383	0	
	170	14.9	169.935 476	0	
69Tm	169	100	168.934 225	1/2	−0.231
70Yb	168	0.13	167.933 907	0	
	170	3.05	169.934 772	0	
	171	14.3	170.936 337	1/2	+0.4919
	172	21.9	171.936 392	0	
	173	16.12	172.938 222	5/2	−0.6776
	174	31.8	173.938 872	0	
	176	12.7	175.942 576	0	
71Lu	175	97.41	174.940 784	7/2	+2.203
	176	2.59	175.942 693	7	+3.18
72Hf	174	0.162	173.940 064	0	
	176	5.206	175.941 420	0	
	177	18.606	176.943 232	7/2	+0.7935
	178	27.297	177.943 710	0	
	179	13.629	178.945 827	9/2	−0.6409
	180	35.100	180.946 560	0	
73Ta	180	0.012	179.947 569	0	
	181	99.988	180.948 013	7/2	+2.370
74W	180	0.13	179.946 726	0	
	182	26.3	181.948 225	0	
	183	14.3	182.950 244	1/2	+0.1178
	184	30.67	183.950 953	0	
	186	28.6	185.954 376	0	
75Re	185	37.40	184.952 976	5/2	+3.172
	187	62.60	186.955 764	5/2	+3.204
76Os	184	0.02	183.952 514	0	
	186	1.58	185.954 710	0	
	187	1.6	186.955 764	1/2	+0.0643
	188	13.3	187.955 850	0	
	189	16.1	188.958 155	3/2	+0.6565
	190	26.4	189.958 454	0	
	192	41.0	191.961 486	0	
77Ir	191	37.3	190.960 603	3/2	+0.1454
	193	62.7	192.962 942	3/2	+0.1583
78Pt	190	0.01	189.959 938	0	
	192	0.79	191.961 048	0	
	194	32.9	193.962 678	0	
	195	33.8	194.964 785	1/2	+0.6095
	196	25.3	195.964 947	0	
	198	7.2	197.967 878	0	
79Au	197	100	196.966 559	3/2	+0.1449
80Hg	196	0.15	195.965 812	0	
	198	9.97	197.966 758	0	
	199	16.87	198.968 269	1/2	+0.5027
	200	23.10	199.968 315	0	
	201	13.18	200.970 292	3/2	−0.5567
	202	29.86	201.970 632	0	

Nuklide E	MZ	Häufigkeit %	relative Nuklidmasse	Nukleus I	μ_{mag}
	204	6.87	203.973 480	0	
81Tl	203	29.524	202.972 335	1/2	+1.6115
	205	70.476	204.974 410	1/2	+1.6274
82Pb	204	1.4	203.973 035	0	
	206	24.1	205.974 455	0	
	207	22.1	206.975 885	1/2	+0.5783
	208	52.4	207.976 640	0	
83Bi	209	100	208.980 388	9/2	+4.080
84Po	210		209.982 864	0	
	211		210.986 641		
	212		211.988 856		
	214		213.995 191		
	215		214.999 420		
	216		216.001 899		
	218		218.005 595		
85At	215		214.998 646		
	216		216.002 401		
	217		217.004 704		
	218		218.008 695		
	219		219.011 30		
86Rn	215		214.998 734		
	216		216.000 263		
	217		217.003 918		
	218		218.005 595		
	219		219.009 480	5/2	
	220		220.011 378		
	222		222.017 574		
87Fr	223		223.019 734		
88Ra	223		223.018 502		
	224		224.020 196		
	226		226.025 406		
	228		228.031 069		
89Ac	227		227.027 751		+1.1
	228		228.031 020		
90Th	227		227.027 704		
	228		228.028 726		
	230		230.033 131		
	231		231.036 298		
	232	100	232.038 054		
	234		234.043 598		
91Pa	231		231.035 881		+2.01
	234		234.043 316		
92U	233		233.039 629		
	234	0.0055	234.040 947		
	235	0.7200	235.043 925		−0.43
	236		236.045 563		
	238	99.2745	238.050 786		
93Np	237		237.048 169		+3.14
94Pu	239		239.052 158		+0.203
	244		244.064 200		

Radien von Atomen und Ionen

Die nachfolgende Zusammenstellung[1] gibt für Elementatome und -ionen in Verbindungen (1. Spalte) mit der Koordinationszahl KZ (3. Spalte) die Radien r (4. Spalte) wieder, und zwar für folgende Radienarten R (2. Spalte): (i) Van-der-Waals-Radien (vgl. S. 106): Sie betreffen zwischenmolekulare Abstände und sind durch die Abkürzung W gekennzeichnet. – (ii) Kovalenzradien (vgl. S. 149): Sie betreffen kovalent-einfach-, -doppelt- oder -dreifach-gebundene Molekülatome und sind durch die Abkürzung K, K (2) oder K (3) symbolisiert. Zur Berechnung von Bindungsabständen aus Kovalenzradien muss gegebenenfalls korrigiert werden, wenn die Bindungspartner stark unterschiedliche Elektronegativität oder – im Falle leichter Atome – freie Elektronenpaare aufweisen (vgl. Anhang V). – (iii) Metallatomradien (vgl. S. 124): Sie sind durch die Abkürzung M symbolisiert und beziehen sich auf den halben Atomabstand im betreffenden Metall mit dichtester, kubisch-innenzentrierter oder anderer Metallatompackung. Gegebenenfalls erfolgt eine Umrechnung der Radien auf KZ = 12 (mit wachsender Koordinationszahl vergrößert sich der Metallatomradius). – (iv) Ionenradien (vgl. S. 139): Die Basis der aufgelisteten, durch die Abkürzung I symbolisierten »effektiven Ionenradien« von Shannon und Prewitt (vgl. Anm. [1]) stellt der Radius von F^- mit 1.19 Å dar. Die Radien sind für Kationen um 0.14 Å größer, für Anionen um 0.14 Å kleiner als die besten »traditionellen Ionenradien«. Es bedeuten hierbei in der 3. Spalte: q = quadratisch-planare Ligandenanordnung (in den übrigen Fällen für KZ = 4: tetraedrische Anordnung); p = pyramidale Struktur mit den betreffenden Ionen an der Pyramidenspitze; in der 2. Spalte: hs = high-spin: ls = low-spin.

Elem.	R	KZ	r [Å]	Elem.	R	KZ	r [Å]	Elem.	R	KZ	r [Å]	Elem.	R	KZ	r [Å]
Ac	M	12	1.878		K (1)	3	1.21		K	2	0.93	Ca^{2+}	I	6	1.14
Ac^{3+}	I	6	0.81		(2)	2	1.11	Be^{2+}	I	3	0.30		I	7	1.20
Ag	W		1.7	As^{3+}	I	6	0.72		I	4	0.41		I	8	1.26
	M	12	1.445	As^{5+}	I	4	0.475		I	6	0.59		I	9	1.32
Ag^+	I	2	0.81		I	6	0.60	Bi	W		2.4		I	10	1.37
	I	4	1.14	At	K	1	1.41		K	3	1.50		I	12	1.48
	I	4q	1.16	At^-	I	6	2.13		M	3	1.535	Cd	W		1.6
	I	5	1.23	Au	W		1.7		M	12	1.82		M	12	1.489
	I	6	1.29		M	12	1.442	Bi^{3+}	I	5	1.10	Cd^{2+}	I	4	0.92
	I	7	1.36	Au^+	I	6	1.51		I	6	1.17		I	5	1.01
	I	8	1.42	Au^{3+}	I	4q	0.82		I	8	1.31		I	6	1.09
Ag^{2+}	I	4q	0.93		I	6	0.99	Bi^{5+}	I	6	0.90		I	7	1.17
	I	6	1.08	Au^{5+}	I	6	0.71	Bk	M	12	1.703		I	8	1.24
Ag^{3+}	I	4q	0.81	B	K (1)	3	0.82	Bk^{3+}	I	6	1.10	Ce	M	12	1.825
	I	6	0.89			4	0.88	Bk^{4+}	I	6	0.97	Ce^{3+}	I	6	1.15
Al	M	12	1.432		K (2)	3	0.78		I	8	1.07		I	7	1.21
	K (1)	3	1.30		(3)	2	0.71	Br	W		1.9		I	8	1.283
	(2)	2	1.20	B^{3+}	I	3	0.15		K	1	1.14		I	9	1.336
	(3)	1	1.15		I	4	0.25	Br^-	I	6	1.82		I	10	1.39
Al^{3+}	I	4	0.53		I	6	0.41	Br^{3+}	I	4q	0.73		I	12	1.48
	I	5	0.62	Ba	M	8	2.174	Br^{5+}	I	3p	0.45	Ce^{4+}	I	6	1.01
	I	6	0.675		M	12	2.24	Br^{7+}	I	4	0.39		I	8	1.11
Am	M	12	1.730	Ba^{2+}	I	6	1.49		I	6	0.53		I	10	1.21
Am^{2+}	I	7	1.35		I	7	1.52	C	W		1.7		I	12	1.28
	I	8	1.40		I	8	1.56		K (1)	4	0.77	Cf	M	12	1.69
	I	9	1.45		I	9	1.61		(2)	3	0.67	Cf^{3+}	I	6	1.09
Am^{3+}	I	6	1.115		I	10	1.66		(3)	2	0.60	Cf^{4+}	I	6	0.961
	I	8	1.23		I	11	1.71	C^{4+}	I	3	0.06		I	8	1.06
Am^{4+}	I	6	0.99		I	12	1.75		I	4	0.29	Cl	W		1.8
Ar	W		1.9	Be	M	12	1.113		I	6	0.30		K	1	0.99
As	W		2.0					Ca	M	12	1.974	Cl^-	I	6	1.67

[1] R. D. Shannon, C. T. Prewitt: »Effective Ionic Radii in Oxides and Fluorides«, Acta Crystallogr. B 25 (1969) 925–946; R. D. Shannon: »Revised Effective Ionic Radii and Systematic Studies of Interatomic Distances in Halides and Chalcogenides«, Acta Crystallogr. A 32 (1976) 751–767; A. Haaland: »Periodic Variation of Prototype El-C, El-H and El-Cl Bond Distances where El is a Main Group Element«, J. Molecular Struct. 97 (1983) 115–128; R. Blom, A. Haaland: »A Modification of the Schomaker-Stevenson Rule for Prediction of Single Bond Distances«, J. Molecular Struct. 128 (1985) 21–27; D. Bergmann, J. Hinze: »Elektronegativität und Moleküleigenschaften«, Angew. Chem. 108 (1996) 162–176; Int. Ed. 35 (1996) 150.

Elem.	R	KZ	r [Å]	Elem.	R	KZ	r [Å]	Elem.	R	KZ	r [Å]	Elem.	R	KZ	r [Å]
Cl^{5+}	I	3p	0.26	Eu^{3+}	I	6	1.087		I	8	1.155	Mn^{6+}	I	4	0.395
Cl^{7+}	I	4	0.22		I	7	1.15		I	9	1.212	Mn^{7+}	I	4	0.39
	I	6	0.41		I	8	1.206		I	10	1.26		I	6	0.60
Cm	M	12	1.743		I	9	1.260	**I**	W		2.1	**Mo**	M	8	1.363
Cm^{3+}	I	6	1.11	**F**	W		1.5		K	1	1.33		M	12	1.40
Cm^{4+}	I	6	0.99		K (1)	1	0.64	I^-	I	6	2.06	Mo^{3+}	I	6	0.83
	I	8	1.09				(0.72)	I^{5+}	I	3p	0.58	Mo^{4+}	I	6	0.790
Co	M	12	1.253		(2)	1	0.60		I	6	1.09	Mo^{5+}	I	4	0.60
Co^{2+}	Ihs	4	0.72	F^-	I	2	1.145	I^{7+}	I	4	0.56		I	6	0.75
	I	5	0.81		I	3	1.16		I	6	0.67	Mo^{6+}	I	4	0.55
	Ils	6	0.79		I	4	1.17	**In**	W		1.9		I	5	0.64
	hs		0.885		I	6	1.19		K (1)	3	1.44		I	6	0.73
		8	1.04	**Fe**	M	8	1.241		K (2)	2	1.34		I	7	0.87
Co^{3+}	Ils	6	0.685		M	12	1.26		M	12	1.67	**N**	W		1.6
	Ihs		0.75	Fe^{2+}	Ihs	4	0.77	In^{3+}	I	4	0.76		K (1)	3	0.70
Co^{4+}	I	4	0.54			4q	0.78		I	6	0.940				(0.74)
	Ihs	6	0.67		Ils	6	0.75		I	8	1.06		(2)	2	0.60
Cr	M	8	1.249		Ihs		0.920	**Ir**	M	12	1.357		(3)	1	0.55
	M	12	1.29		Ihs	8	1.06	Ir^{3+}	I	6	0.82	N^{3-}	I	4	1.32
Cr^{2+}	Ils	6	0.87	Fe^{3+}	Ihs	4	0.63	Ir^{4+}	I	6	0.765	N^{3+}	I	6	0.30
	Ihs		0.94		I	5	0.72	Ir^{5+}	I	6	0.71	N^{5+}	I	3	0.044
Cr^{3+}	I	6	0.755		Ils	6	0.69	**K**	M	8	2.272		I	6	0.27
Cr^{4+}	I	4	0.55		Ihs		0.785		M	12	2.35	**Na**	M	8	1.858
	I	6	0.69		Ihs	8	0.92	K^+	I	4	1.51		M	12	1.91
Cr^{5+}	I	4	0.485	Fe^{4+}	I	6	0.725		I	6	1.52	Na^+	I	4	1.13
	I	6	0.63	Fe^{6+}	I	4	0.39		I	7	1.60		I	5	1.14
		8	0.71	**Fm**	–	–	–		I	8	1.65		I	6	1.16
Cr^{6+}	I	4	0.40	**Fr**	M	8	2.7		I	9	1.69		I	7	1.26
	I	6	0.58	Fr^+	I	6	1.94		I	10	1.73		I	8	1.32
Cs	M	8	(1.655	**Ga**	W		1.9		I	12	1.78		I	9	1.38
	M	12	2.72		K (1)	3	1.26	**Kr**	W		2.0		I	12	1.53
Cs^+	I	6	1.81		(2)	2	1.16	**La**	M	12	1.870	**Nb**	M	8	1.429
	I	8	1.88		M	7	1.35	La^{3+}	I	6	1.172		M	12	1.47
	I	9	1.92		M	12	1.53		I	7	1.24	Nb^{3+}	I	6	0.86
	I	10	1.95	Ga^{3+}	I	4	0.61		I	8	1.300	Nb^{4+}	I	6	0.82
	I	11	1.99		I	5	0.69		I	9	1.356		I	8	0.93
	I	12	2.02		I	6	0.760		I	10	1.41	Nb^{5+}	I	4	0.62
Cu	W		1.4	**Gd**	M	12	1.787		I	12	0.87		I	6	0.78
	M	12	1.278	Gd^{3+}	I	6	1.078	**Li**	M	8	1.52		I	7	0.83
Cu^+	I	2	0.60		I	7	1.14		M	12	1.57		I	8	0.88
	I	4	0.74		I	8	1.193	Li^+	I	4	0.730	**Nd**	M	12	1.814
	I	6	0.91		I	9	1.247		I	6	0.90	Nd^{2+}	I	8	1.43
Cu^{2+}	I	4	0.71	**Ge**	K (1)	4	1.22		I	8	1.06		I	9	1.49
	I	4q	0.71		(2)	3	1.12	**Lr**	–	–	–	Nd^{3+}	I	6	1.123
	I	5	0.79	Ge^{2+}	I	6	0.87	**Lu**	M	12	1.718		I	8	1.249
	I	6	0.87	Ge^{4+}	I	4	0.530	Lu^{3+}	I	6	1.001		I	9	1.303
Cu^{3+}	Ils	6	0.68		I	6	0.670		I	8	1.117		I	12	1.41
Dy	M	12	1.752	**H**	W		1.4		I	9	1.172	**Ne**	W		1.6
Dy^{2+}	I	6	1.21		K	1	0.37	**Md**	–	–	–	**Ni**	W		1.6
	I	7	1.27	H^+	I	1	-0.24	**Mg**	M	12	1.599		M	12	1.246
	I	8	1.33		I	2	-0.04	Mg^{2+}	I	4	0.71	Ni^{2+}	I	4	0.69
Dy^{3+}	I	6	1.052	**He**	W		1.8		I	5	0.80		I	4q	0.63
	I	7	1.11	**Hf**	M	12	1.564		I	6	0.860		I	5	0.77
	I	8	1.167	Hf^{4+}	I	4	0.72		I	8	1.03		I	6	0.830
	I	9	1.223		I	6	0.85	**Mn**	M	12	(1.37	Ni^{3+}	Ils	6	0.70
Er	M	12	1.734		I	7	0.90	Mn^{2+}	Ihs	4	0.80		Ihs		0.74
Er^{3+}	I	6	1.030		I	8	0.97		Ihs	5	0.89	Ni^{4+}	Ils	6	0.62
	I	7	1.085	**Hg**	W		1.5		Ils	6	0.81	**No**	–	–	–
	I	8	1.144		M	12	1.62		Ihs		0.970	No^{2+}	I	6	1.24
	I	9	1.202	Hg^+	I	3	1.11		Ihs	7	1.04	**Np**	M	12	1.503
Es	–	–	–		I	6	1.33		I	8	1.10	Np^{2+}	I	6	1.24
Eu	M	12	1.995	Hg^{2+}	I	2	0.83	Mn^{3+}	I	5	0.72	Np^{3+}	I	6	1.15
Eu^{2+}	I	6	1.31		I	4	1.10		Ils	6	0.72	Np^{4+}	I	6	1.01
	I	7	1.34		I	6	1.16		Ihs		0.785		I	8	1.12
	I	8	1.39		I	8	1.28	Mn^{4+}	I	4	0.53	Np^{5+}	I	6	0.89
	I	9	1.44	**Ho**	M	12	1.743		I	6	0.670	Np^{6+}	I	6	0.86
	I	10	1.49	Ho^{3+}	I	6	1.041	Mn^{5+}	I	4	0.47	Np^{7+}	I	6	0.85
O	W		(1.5	**Pr**	M	12	1.820	**Se**	W		(1.9	**Th**	M	12	1.798
	K (1)	2	0.66	Pr^{3+}	I	6	1.13		K (1)	2	1.17	Th^{4+}	I	6	1.08
			(0.74)		I	8	1.266		(2)	1	1.07		I	8	1.19

Anhang IV

Elem.	R	KZ	r [Å]	Elem.	R	KZ	r [Å]	Elem.	R	KZ	r [Å]	Elem.	R	KZ	r [Å]
	(2)	1	0.56		I	9	1.319	Se^{2-}	I	6	1.84		I	9	1.23
	(3)	1	0.55	Pr^{4+}	I	6	0.99	Se^{4+}	I	6	0.64		I	10	1.27
O^{2-}	I	2	1.21		I	8	1.10	Se^{6+}	I	4	0.42		I	11	1.32
	I	3	1.22	Pt	W		1.7		I	6	0.56		I	12	1.35
	I	4	1.24		M	12	1.373	Si	W		2.1	Ti	M	12	1.448
	I	6	1.26	Pt^{2+}	I	4q	0.74		K (1)	4	1.17		K	4	1.32
	I	8	1.28		I	6	0.94		(2)	3	1.07	Ti^{2+}	I	6	1.00
OH^-	I	2	1.18	Pt^{4+}	I	6	0.765		(3)	2	1.00	Ti^{3+}	I	6	0.810
	I	3	1.20	Pt^{5+}	I	6	0.71	Si^{4+}	I	4	0.40	Ti^{4+}	I	4	0.56
	I	4	1.21	Pu	M	12	(1.523)		I	6	0.540		I	5	0.65
	I	6	1.23	Pu^{3+}	I	6	1.14	Sm	M	12	1.802		I	6	0.745
Os	M	12	1.338	Pu^{4+}	I	6	1.00	Sm^{2+}	I	7	1.36		I	8	0.88
Os^{4+}	I	6	0.770		I	8	1.10		I	8	1.41	Tl	W		2.0
Os^{5+}	I	6	0.715	Pu^{5+}	I	6	0.88		I	9	1.46		M	12	1.700
Os^{6+}	I	5	0.63	Pu^{6+}	I	6	0.85	Sm^{3+}	I	6	1.098	Tl^+	I	6	1.64
	I	6	0.685	Ra	M	8	2.23		I	7	1.16		I	8	1.73
Os^{7+}	I	6	0.665		M	12	2.30		I	8	1.219		I	12	1.84
Os^{8+}	I	4	0.53	Ra^{2+}	I	8	1.62		I	9	1.272	Tl^{3+}	I	4	0.89
P	W		1.9		I	12	1.84		I	12	1.38		I	6	1.025
	K (1)	3	1.10	Rb	M	8	2.475	Sn	W		2.2		I	8	1.12
	(2)	2	1.01		M	12	2.50		K (1)	4	1.40	Tm	M	12	1.724
	(3)	1	0.93	Rb^+	I	6	1.66		(2)	3	1.30	Tm^{2+}	I	6	1.17
P^{3+}	I	6	0.58		I	7	1.70		M	6	1.53		I	7	1.23
P^{5+}	I	4	0.31		I	8	1.75		M	12	1.58	Tm^{3+}	I	6	1.02
	I	5	0.43		I	9	1.77	Sn^{4+}	I	4	0.69		I	8	1.134
	I	6	0.52		I	10	1.80		I	5	0.76		I	9	1.192
Pa	M	12	1.642		I	11	1.83		I	6	0.830	U	M	12	1.542
Pa^{3+}	I	6	1.18		I	12	1.86		I	7	0.89	U^{3+}	I	6	1.165
Pa^{4+}	I	6	1.04		I	14	1.97		I	8	0.95	U^{4+}	I	6	1.03
	I	8	1.15	Re	M	12	1.371	Sr	M	12	2.151		I	7	1.09
Pa^{5+}	I	6	0.92	Re^{4+}	I	6	0.77	Sr^{2+}	I	6	1.32		I	8	1.14
	I	8	1.05	Re^{5+}	I	6	0.72		I	7	1.35		I	9	1.19
	I	9	1.09	Re^{6+}	I	6	0.69		I	8	1.40		I	12	1.31
Pb	W		2.0	Re^{7+}	I	4	0.52		I	9	1.45	U^{5+}	I	6	0.90
	K	4	1.46		I	6	0.67		I	10	1.50		I	7	0.98
	M	12	1.750	Rh	M	12	1.345		I	12	1.58	U^{6+}	I	2	0.59
Pb^{2+}	I	4p	1.12	Rh^{3+}	I	6	0.805	Ta	M	8	1.430		I	4	0.66
	I	6	1.33	Rh^{4+}	I	6	0.74		M	12	1.47		I	6	0.87
	I	7	1.37	Rh^{5+}	I	6	0.69	Ta^{3+}	I	6	0.86		I	7	0.95
	I	8	1.43	Rn	–	–	–	Ta^{4+}	I	6	0.82		I	8	1.00
	I	9	1.49	Ru	M	12	1.325	Ta^{5+}	I	6	0.78	V	M	8	(1.311
	I	10	1.54	Ru^{3+}	I	6	0.82		I	7	0.83		M	12	1.35
	I	11	1.59	Ru^{4+}	I	6	0.760		I	8	0.88	V^{2+}	I	6	0.93
	I	12	1.63	Ru^{5+}	I	6	0.705	Tb	M	12	1.763	V^{3+}	I	6	0.780
Pb^{4+}	I	4	0.79	Ru^{7+}	I	4	0.52	Tb^{3+}	I	6	1.063	V^{4+}	I	5	0.67
	I	5	0.87	Ru^{8+}	I	4	0.50		I	7	1.12		I	6	0.72
	I	6	0.915	S	W		1.8		I	8	1.180		I	8	0.86
	I	8	1.08		K (1)	2	1.04		I	9	1.235	V^{5+}	I	4	0.495
Pd	W		1.6		(2)	1	0.94	Tb^{4+}	I	6	0.90		I	5	0.60
	M	12	1.376		(3)	1	0.87			8	1.02		I	6	0.68
Pd^+	I	2	0.73	S^{2-}	I	6	1.70	Tc	M	12	1.352	W	M	8	1.37
Pd^{2+}	I	4q	0.78	S^{4+}	I	6	0.51	Tc^{4+}	I	6	0.785		M	12	1.41
	I	6	1.00	S^{6+}	I	4	0.26	Tc^{5+}	I	6	0.74	W^{4+}	I	6	0.80
Pd^{3+}	I	6	0.90		I	6	0.43	Tc^{7+}	I	4	0.51	W^{5+}	I	6	0.76
Pd^{4+}	I	6	0.755	Sb	W		2.2		I	6	0.70	W^{6+}	I	4	0.56
Pm	M	12	1.810		K (1)	3	1.41	Te	W		(2.1		I	5	0.65
Pm^{3+}	I	6	1.11		(2)	2	1.31		K (1)	2	1.37		I	6	0.74
	I	8	1.233	Sb^{3+}	I	4p	0.90		(2)	1	1.27	Xe	W		2.2
	I	9	1.284		I	5	0.94	Te^{2-}	I	6	2.07	Xe^{8+}	I	4	0.54
Po	–	–	–		I	6	0.90	Te^{4+}	I	3	0.66		I	6	0.62
Po^{2-}	I	6	2.16	Sb^{5+}	I	6	0.74		I	4	0.80	Y	M	12	1.776
Po^{4+}	I	6	1.08	Sc	M	12	1.606		I	6	1.11	Y^{3+}	I	6	1.040
	I	8	1.22	Sc^{3+}	I	6	0.885	Te^{6+}	I	4	0.57		I	7	1.10
Po^{6+}	I	6	0.81		I	8	1.010		I	6	0.70		I	8	1.159
	I	9	1.215		I	7	1.065		I	5	0.82		I	6	0.86
Yb	M	12	1.940		I	8	1.125		I	6	0.880		I	7	0.92
Yb^{2+}	I	6	1.16		I	9	1.182		I	8	1.04		I	8	0.98
	I	7	1.22	Zn	W		1.4	Zr	M	12	1.590		I	9	1.03
	I	8	1.28		M	12	1.335	Zr^{4+}	I	4	0.73				
Yb^{3+}	I	6	1.008	Zn^{2+}	I	4	0.74		I	5	0.80				

Bindungslängen (ber.) zwischen Hauptgruppenelementen

Die Bindungslänge d_{AB} zweier durch eine ein-, zwei- oder dreifache Kovalenz miteinander verbundener Atome A und B lässt sich als Summe von Kovalenzradien r_A und r_B der Atome A und B (Anhang IV) wiedergeben. Dabei muss man die bindungsverkürzende Wirkung des durch verschiedene Atomelektronegativitäten χ_A und χ_B bedingten polaren Bindungscharakters durch Abzug eines Korrekturgliedes berücksichtigen: $d_{AB} = r_A + r_B - c|\chi_A - \chi_B|$ (c = Proportionalitätsfaktor; $|\chi_A - \chi_B|$ = Absolutwert der Elektronegativitätsdifferenz; vgl. Geschichtliches auf Seite 157). Der Faktor c beträgt bei allen Bindungen mit mindestens einem Atom der ersten Achterperiode 0.08, bei Bindungen von Si, P oder S mit einem nicht der ersten Achterperiode angehörenden elektronegativeren Atom 0.06, bei entsprechenden Bindungen von Ge, As, Se bzw. Sn, Sb, Te 0.04 bzw. 0.02, während bei entsprechenden Bindungen zwischen C und Elementen der V., VI. und VII. Hauptgruppe keine Korrektur anzubringen ist ($c = 0$). Einige auf diese Weise errechnete Bindungslängen für Einfach-, Doppel- und Dreifachbindungen in [Å] sind nachfolgend zusammengestellt (für N, O, F wurden die Radien 0.74, 0.74, 0.72 Å verwendet):

1. Achterperiode

B−B	1.76	B=B	1.56	B≡B	1.42	
B−C	1.61	B=C	1.40	B≡C	1.27	
B−N	1.56	B=N	1.28	B≡N	1.18	
B−O	1.50	B=O	1.26	B≡O	1.09	
B−S	1.89	B=S	1.69	B≡S	1.55	
B−F	1.43	B=F	1.21	–		
B−Cl	1.80	B=Cl	1.60	–		
B−Br	1.96	B=Br	1.76	–		
B−I	2.19	B=I	1.99	–		
C−C	1.54	C=C	1.33	C≡C	1.20	
C−N	1.47	C=N	1.22	C≡N	1.11	
C−O	1.43	C=O	1.19	C≡O	1.07	
C−F	1.36	C=F	1.14	–		
C−Cl	1.76	C=Cl	1.56	–		
C−Br	1.91	C=Br	1.71	–		
C−I	2.10	C=I	1.90	–		
N−N	1.48	N=N	1.20	N≡N	1.10	
N−O	1.45	N=O	1.17	N≡O	1.07	
N−F	1.38	N=F	1.14	–		
N−Cl	1.71	N=Cl	1.47	–		
N−Br	1.85	N=Br	1.61	–		
N−I	2.00	N=I	1.76	–		
O−O	1.48	O=O	1.20	O≡O	1.10	
O−F	1.41	O=F	1.10	–		
O−Cl	1.68	O=Cl	1.44	–		
O−Br	1.82	O=Br	1.58	–		
O−I	1.97	O=I	1.73	–		
F−F	1.44	F=F	1.20	–		

2. Achterperiode

Si−Si	2.34	Si=Si	2.14	Si≡Si	2.00	
Si−C	1.88	Si=C	1.67	Si≡C	1.54	
Si−N	1.80	Si=N	1.56	Si≡N	1.44	
Si−O	1.77	Si=O	1.53	Si≡O	1.41	
Si−S	2.17	Si=S	1.97	Si≡S	1.83	
Si−F	1.70	Si=F	1.48	–		
Si−Cl	2.09	Si=Cl	1.89	–		
Si−Br	2.25	Si=Br	2.05	–		
Si−I	2.47	Si=I	2.27	–		
P−C	1.87	P=C	1.67	P≡C	1.53	
P−N	1.76	P=N	1.52	P≡N	1.40	
P−P	2.20	P=P	2.00	P≡P	1.86	
P−O	1.72	P=O	1.48	P≡O	1.36	
P−S	2.11	P=S	1.91	P≡S	1.77	
P−F	1.66	P=F	1.52	–		
P−Cl	2.04	P=Cl	1.84	–		
P−Br	2.20	P=Br	2.00	–		
P−I	2.42	P=I	2.22	–		
S−C	1.81	S=C	1.61	S≡C	1.47	
S−N	1.73	S=N	1.49	S≡N	1.37	
S−O	1.70	S=O	1.46	S≡O	1.34	
S−S	2.08	S=S	1.88	S≡S	1.74	
S−F	1.63	S=F	1.41	–		
S−Cl	2.01	S=Cl	1.81	–		
S−Br	2.16	S=Br	1.96	–		
S−I	2.36	S=I	2.16	–		
Cl−F	1.61	Cl=F	1.39	–		
Cl−Cl	1.98	Cl=Cl	1.78	–		

3. Achterperiode des Kurzperiodensystems

As−N	1.88	As=N	1.64	–
As−O	1.85	As=O	1.61	–
As−S	2.24	As=S	2.04	–
As−F	1.78	As=F	1.56	–
As−Cl	2.17	As=Cl	1.97	–
Se−Se	2.34	Se=Se	2.14	–
Br−Br	2.28	Br=Br	2.08	–

4. Achterperiode des Kurzperiodensystems

Sb−N	2.05	Sb=N	1.81	–
Sb−O	2.02	Sb=O	1.78	–
Sb−S	2.44	Sb=S	2.24	–
Sb−F	1.95	Sb=F	1.73	–
Sb−Cl	2.38	Sb=Cl	2.18	–
Te−Te	2.74	Te=Te	2.54	–
I−I	2.66	I=I	2.46	–

Normalpotentiale

Die wiedergegebenen Normalpotentiale[1] $E°$ beziehen sich auf wässerige Lösungen (meist in Abwesenheit, teils auch in Anwesenheit von komplexbildenden Partnern wie F^-, Cl^-, Br^-, I^-, CN^-, NH_3) bei pH = 0 ($E°$, sauer) und pH = 14 ($E°$, basisch) der links stehenden, alphabetisch geordneten, für saures Milieu formulierten Redox-Systeme.

Redox-Syst.	$E^{\circ sauer}$/V	$E^{\circ bas.}$/V	Redox-Syst.	$E^{\circ sauer}$/V	$E^{\circ bas.}$/V	Redox-Syst.	$E^{\circ sauer}$/V	$E^{\circ bas.}$/V
Ac/Ac^{2+}	−0.7	–	**Au/Au$^+$**	+1.691	–	CH_3OH/CH_2O	+0.232	−0.59
Ac^{3+}	−2.13	−2.5	AuCl$_2^-$	+1.154	–	CH_2O/HCO_2H	+0.034	−1.07
Ac^{2+}/Ac^{3+}	−4.9	–	AuBr$_2^-$	+0.960	–	HCO_2H/CO_2	−0.20	−1.01
Ag/Ag$^+$	+0.7991	+0.342	AuI$_2^-$	+0.578	–	**Ca/Ca^{2+}**	−2.84	−3.02
AgCl	+0.222	–	Au(CN)$_2^-$	+0.20	–	**Cd/Cd^{2+}**	−0.4025	−0.824
AgBr	+0.071	–	Au^{3+}	+1.498	+0.70	Cd(NH$_3$)$_4^{2+}$	−0.622	–
AgI	−0.152	–	Au$^+$/Au^{3+}	+1.401	–	Cd(CN)$_4^{2+}$	−1.09	–
AgCN	–	−0.017	AuCl$_2^-$/AuCl$_4^-$	+0.926	–	**Ce/Ce^{3+}**	−2.34	−2.78
Ag(S$_2$O$_3$)$_2^{3-}$	+0.017	–	AuBr$_2^-$/AuBr$_4^-$	+0.802	–	Ce^{4+}	−1.33	−2.26
Ag(NH$_3$)$_2^+$	–	+0.373	AuI$_2^-$/AuI$_4^-$	+0.55	–	Ce^{3+}/Ce^{4+}	+1.72	−0.7
Ag(CN)$_2^-$	–	−0.31	**B$_2$H$_6$/B**	−0.14	−0.98	**Cf/Cf^{2+}**	−1.97	–
Ag^{2+}	+1.390	+0.473	B(OH)$_3$	−0.52	−1.11	Cf^{3+}	−1.91	–
AgO$^+$	+1.6	+0.562	B/B(OH)$_3$	−0.890	−1.24	Cf^{2+}/Cf^{3+}	−1.60	–
Ag$^+$/Ag^{2+}	+1.980	+0.604	BF$_4^-$	−1.284	–	Cf^{3+}/Cf^{IV}	+3.2	–
AgO$^+$	+2.0	+0.672	**Ba/Ba^{2+}**	−2.92	−2.166	**Cl$^-$/Cl$_2$**	+1.3583	−1.3583
Ag^{2+}/AgO$^+$	+2.1	+0.887	**Be/Be^{2+}**	−1.97	−2.62	HClO	+1.494	+0.890
Al/Al^{3+}	−1.676	−2.310	**BiH$_3$/Bi**	−0.97	–	ClO$_3^-$	+1.450	+0.692
AlF$_6^{3-}$	−2.067	–	Bi/Bi^{III}	+0.317	−0.452	Cl$_2$/HClO	+1.630	+0.421
Am/Am^{2+}	−1.95	–	Bi^V	+1	–	HClO$_2$	+1.659	+0.594
Am^{3+}	−2.07	−2.53	Bi^{III}/Bi^V	+2	–	ClO$_3^-$	+1.458	+0.474
Am^{IV}	−0.90	−1.77	**Bk/Bk^{2+}**	−1.54	–	HClO/HClO$_2$	+1.647	+0.681
Am^{2+}/Am^{3+}	−2.3	–	Bk^{3+}	−1.96	–	ClO$_3^-$	+1.428	+0.488
Am^{3+}/Am^{IV}	+2.62	+0.5	Bk^{2+}/Bk^{3+}	−2.80	–	HClO$_2$/ClO$_3^-$	+1.181	+0.295
AmO$_2^+$	+1.72	+0.6	Bk^{3+}/Bk^{IV}	+1.67	–	ClO$_2$	+1.188	+1.071
AmO$_2^{2+}$	+1.60	+0.7	**Br$^-$/Br$_2$**	+1.065	+1.065	ClO$_2$/ClO$_3^-$	+1.175	−0.481
Am^{IV}/AmO$_2^+$	+0.82	+0.7	HBrO	+1.335	+0.766	ClO$_3^-$/ClO$_4$	+1.201	+0.374
AmO$_2^{2+}$	+1.21	+0.8	BrO$_3^-$	+1.410	+0.584	**Cm/Cm^{2+}**	−1.2	–
AmO$_2^+$/AmO$_2^{2+}$	+1.60	+0.9	Br$_2$/HBrO	+1.604	+0.455	Cm^{3+}	−2.06	−2.53
AsH$_3$/As	−0.225	−1.37	BrO$_3^-$	+1.478	+0.485	Cm^{2+}/Cm^{3+}	−3.7	–
H$_3$AsO$_3$	+0.008	−1.03	HBrO/BrO$_3^-$	+1.447	+0.492	Cm^{3+}/Cm^{IV}	+3.1	+0.7
H$_3$AsO$_4$	+0.146	−0.94	BrO$_3^-$/BrO$_4^-$	+1.853	+1.025	**Co/Co^{2+}**	−0.277	−0.733
As/H$_3$AsO$_3$	+0.240	−0.68	**CH$_4$/C**	+0.132	–	Co^{3+}	+0.414	−0.432
H$_3$AsO$_4$	+0.368	−0.68	CO	+0.260	–	Co^{2+}/Co^{3+}	+1.808	+0.170
H$_3$AsO$_3$/H$_3$AsO$_4$	+0.560	−0.67	CO$_2$	+0.169	–	Co(CN)$_6^{4-/3-}$	−0.83	–
At$^-$/At$_2$	+0.25	+0.25	C/CO	+0.517	–	Co(NH$_3$)$_6^{2+/3+}$	+0.058	–
At$_2$/HAtO	+0.7	0.0	CO$_2$	+0.206	–	Co(ox)$_3^{4-/3-}$	+0.57	–
HAtO$_3$	+1.3	+0.1	CO/CO$_2$	−0.106	–	Co^{3+}/CoO$_2$	> +1.8	+0.7
HAtO/HAtO$_3$	+1.4	+0.5	CH$_4$/CH$_3$OH	+0.59	−0.2	**Cr/Cr^{2+}**	−0.913	–

[1] A.J. Bard, R. Parsons, J. Jordan (Hrsg.): »Standard Potentials in Aqueous Solution«, Dekker, New York 1985; L.R. Morss: »Thermodynamic Properties« in J.J. Katz, G.T. Seaborg, L.R. Morss (Hrsg.): »The Chemistry of the Actinide Elements«, Chapman and Hall, London 1986, Seiten 1278–1360.

Redox-Syst.	$E^{\circ sauer}$ /V	$E^{\circ bas.}$ /V	Redox-Syst.	$E^{\circ sauer}$ /V	$E^{\circ bas.}$ /V	Redox-Syst.	$E^{\circ sauer}$ /V	$E^{\circ bas.}$ /V
Cr^{3+}	−0.744	−1.33	GeO/GeO_2	−0.370	–	MnO_4^{2-}	+2.09	+0.60
$Cr_2O_7^{2-}$	+0.293	−0.72	H^-/H_2	−2.25	−2.25	MnO_4^-	+1.695	+0.60
Cr^{2+}/Cr^{3+}	−0.408	−1.33	H/H^+	−2.1065	−2.93	MnO_4^{3-}/MnO_4^{2-}	+1.28	+0.35
$[Cr(CN)_6]^{4-/3-}$		−1.28	H_2/H^+	0.000	−0.828	MnO_4^{2-}/MnO_4^-	+0.90	+0.564
Cr^{3+}/Cr^{IV}	+2.10	–	Hf/Hf^{IV}	−1.70	−2.50	Mo/Mo^{3+}	−0.20	–
Cr^V	+1.72	–	Hg/Hg_2^{2+}	+0.7889	–	$Mo_2(OH)_2^{4+}$	+0.005	–
$Cr_2O_7^{2-}$	+1.38	−0.11	Hg_2Cl_2	+0.2676	–	MoO_2	−0.152	−0.980
Cr^{IV}/Cr^V	+1.34	–	Hg_2Br_2	+0.1397	–	MoO_3	0.0	−0.913
$Cr^V/Cr_2O_7^{2-}$	+0.55	–	Hg_2I_2	−0.0405	–	Mo^{3+}/MoO_2	−0.008	–
Cs/Cs^+	−2.923	−2.923	Hg^{2+}	+0.8595	+0.0977	MoO_2/MoO_3	+0.646	−0.780
Cu/Cu^+	+0.521	−0.358	$HgCl_4^{2-}$	+0.40	–	$Mo_2O_4^{2+}$	+0.15	–
$CuCl$	+0.137	–	$HgBr_4^{2-}$	+0.223	–	$Mo_2O_4^{2+}/MoO_3$	+0.50	–
$CuBr$	+0.033	–	HgI_4^{2-}	−0.038	–	$NH_4^+/N_2H_5^+$	+1.275	+0.10
CuI	−0.185	–	$Hg(CN)_4^{2-}$	−0.37	–	NH_3OH^+	+1.35	+0.42
$Cu(NH_3)_2^+$	−0.100	−0.12	Hg_2^{2+}/Hg^{2+}	+0.920	–	N_2	+0.278	−0.74
$Cu(CN)_2^-$	−0.44	−0.429	Ho/Ho^{3+}	−2.33	−2.85	HNO_2	+0.866	−0.44
Cu^{2+}	+0.340	−0.219	I^-/I_2	+0.5355	+0.535	NO_3^-	+0.884	−0.33
Cu^+/Cu^{2+}	+0.159	−0.080	I_3^-	+0.536	–	$N_2H_5^+/NH_3OH^+$	+1.41	+0.73
$CuCl/Cu^{2+}$	+0.537	–	HIO	+0.988	+0.48	N_2	−0.23	−1.16
$CuBr/Cu^{2+}$	+0.641	–	HIO_3	+1.08	−0.26	NH_3OH^+/N_2	−1.87	−3.04
CuI/Cu^{2+}	+0.859	–	I_2/HIO	+1.44	+0.42	N_2O	−0.05	−1.05
$Cu(NH_3)_2^{+/2+}$	+0.10	–	HIO_3	+1.19	+0.20	$H_2N_2O_2$	+0.496	−0.76
$Cu(CN)_2^-/Cu^{2+}$	+1.12	+1.103	HIO/HIO_3	+1.13	+0.15	N_2/N_2O	+1.77	+0.94
Cu^{2+}/CuO^+	+1.8	–	HIO_3/H_5IO_6	+1.60	+0.65	$H_2N_2O_2$	+2.65	+1.52
Dy/Dy^{2+}	−2.2	–	In/In^+	−0.126	–	NO	+1.68	+0.97
Dy^{3+}	−2.29	−2.80	In^{3+}	−0.338	–	HNO_2	+1.45	+0.41
Dy^{2+}/Dy^{3+}	−2.5	–	In^+/In^{3+}	−0.444	–	NO_3^-	+1.25	+0.25
Dy^{3+}/Dy^{IV}	+5.7	+3.5	Ir/Ir^{3+}	+1.156	–	N_2O/NO	+1.59	+0.76
Er/Er^{3+}	−2.32	−2.84	$IrCl_6^{3-}$	+0.86	–	HNO_2	+1.297	+0.15
Es/Es^{2+}	−2.2	–	IrO_2	+0.923	–	$H_2N_2O_2/HNO_2$	0.0186	−0.14
Es^{3+}	−1.98	–	Ir^{3+}/IrO_2	+0.223	–	NO	+0.71	+0.18
Es^{2+}/Es^{3+}	−1.55	–	$IrCl_6^{3-/2-}$	+0.867	–	NO/NHO_2	+0.996	−0.46
Es^{3+}/Es^{IV}	+4.5	–	$IrBr_6^{3-/2-}$	+0.805	–	NO_3^-	+0.959	−0.15
Eu/Eu^{2+}	−2.80	–	$IrI_6^{3-/2-}$	+0.49	–	HNO_2/NO_2	+1.07	+0.867
Eu^{3+}	−1.99	−2.51	K/K^+	−2.925	−2.925	NO_3^-	+0.94	+0.01
Eu^{2+}/Eu^{3+}	−0.35	–	La/La^{3+}	−2.38	−2.80	NO_2/NO_3^-	+0.803	−0.86
FH/F_2	+3.053	+2.866	Li/Li^+	−3.040	−3.040	Na/Na^+	−2.713	−2.713
Fe/Fe^{2+}	−0.440	−0.877	Lr/Lr^{3+}	−2.1	–	Nb/Nb^{3+}	−1.099	–
$Fe(CN)_6^{4-}$	−1.16	–	Lu/Lu^{3+}	−2.30	−2.83	Nb_2O_5	−0.644	–
Fe^{3+}	−0.036	−0.81	Md/Md^{2+}	−2.53	–	Nb^{3+}/Nb_2O_5	+0.038	–
Fe^{2+}/Fe^{3+}	−0.771	−0.69	Md^{3+}	−1.74	–	Nd/Nd^{2+}	−2.2	–
$Fe(CN)_6^{4-/3-}$	+0.361	–	Md^{2+}/Md^{3+}	−0.15	–	Nd^{3+}	−2.32	−2.78
Fe^{3+}/Fe^{VI}	+2.20	+0.55	Mg/Mg^{2+}	−2.356	−2.687	Nd^{2+}/Nd^{3+}	−2.6	–
Fm/Fm^{2+}	−2.5	–	Mn/Mn^{2+}	−1.180	−1.55	Nd^{3+}/Nd^{IV}	+4.9	+2.5
Fm^{3+}	−2.07	–	Mn^{3+}	−0.28	−1.12	Ni/Ni^{2+}	−0.257	−0.72
Fm^{2+}/Fm^{3+}	−1.15	–	MnO_2	+0.025	−0.80	NiO_2	+0.711	−0.12
Fm^{3+}/Fm^{IV}	+5.2	–	MnO_4^-	+0.74	−0.20	Ni^{2+}/NiO_2	+1.678	−0.490
Fr/Fr^+	−2.9	–	Mn^{2+}/Mn^{3+}	+1.51	−0.25	No/No^{2+}	−2.6	–
Ga/Ga^{3+}	−0.529	−1.22	MnO_2	+1.23	−0.05	No^{3+}	−1.26	–
Gd/Gd^{3+}	−2.28	−2.28	MnO_4^-	+1.51	+0.33	No^{2+}/No^{3+}	+1.45	–
GeH_4/Ge	<−0.3	<−1.1	$Mn(CN)_6^{4-/3-}$	−0.22	–	Np/Np^{2+}	−0.3	–
Ge/GeO	+0.225	–	Mn^{3+}/MnO_2	+0.95	+0.15	Np^{3+}	−1.79	−2.23
GeO_2	−0.036	−0.89	MnO_2/MnO_4^{3-}	+2.90	+0.85	Np^{IV}	−1.30	−2.20

Redox-Syst.	E^{osauer}/V	$E^{\text{obas.}}$/V	Redox-Syst.	E^{osauer}/V	$E^{\text{obas.}}$/V	Redox-Syst.	E^{osauer}/V	$E^{\text{obas.}}$/V
Np^{2+}/Np^{3+}	−4.7	–	$PdBr_4^{2-}$	+0.49	–	**Ru/Ru^{2+}**	+0.81	–
Np^{3+}/Np^{IV}	+0.15	−2.1	PdO_2	+1.05	+1.18	Ru^{3+}	+0.623	–
NpO_2^+	+0.40	−0.9	Pd^{2+}/PdO_2	+1.194	+1.47	$RuCl_6^{3-}$	+0.60	–
NpO_2^{2+}	+0.68	−0.4	$PdCl_4^{2-}/PdCl_6^{2-}$	+1.47	–	RuO_2	+0.68	–
Np^{IV}/NpO_2^+	+0.64	+0.3	**Pm/Pm^{3+}**	−2.29	−2.76	RuO_4	+1.03	–
NpO_2^{2+}	+0.94	+0.5	**PoH_2/Po**	<−1.0	<−1.4	Ru^{2+}/Ru^{3+}	+0.249	–
NpO_2^+/NpO_2^{2+}	+1.24	+0.6	Po/Po^{2+}	+0.65	+0.65	RuO_2	+0.55	–
NpO_2^{2+}/NpO_3^+	+2.04	+0.6	PoO_2	+0.724	+0.748	$Ru(NH_3)_6^{2+/3+}$	+0.10	–
OH_2/O_2H_2	+1.763	+0.867	PoO_3	+0.99	+0.99	$Ru(CN)_6^{4-/3-}$	+0.86	–
OH	+2.85	+2.02	Po^{2+}/PoO_2	+0.798	+0.847	RuO_2/RuO_4^{2-}	+1.98	–
O_2	+1.229	+0.401	PoO_3	+1.161	+1.16	RuO_4^-	+1.52	–
O	+2.422	+1.594	PoO_2/PoO_3	+1.524	+1.474	RuO_4	+1.387	–
O_3	+2.075	+1.246	**Pr/Pr^{3+}**	−2.35	−2.79	RuO_4^{2-}/RuO_4^-	+0.593	–
O_2H_2/O_2H	+1.515	+0.20	Pr^{IV}	−0.96	−1.89	RuO_4^-/RuO_4	+1.00	–
O_2	+0.695	−0.065	Pr^{3+}/Pr^{IV}	+3.2	+0.8	**SH_2/S_8**	+0.144	−0.476
O_2/O_3	+2.075	+1.246	**Pt/PtO**	+0.980	+0.15	SO_2	+0.381	−0.598
$Os/OsCl_3^{3-}$	+0.71	–	Pt^{2+}	+1.188	–	SO_4^{2-}	+0.365	−0.566
OsO_2	+0.687	–	$PtCl_4^{2-}$	+0.758	–	$S_8/S_2O_3^{2-}$	+0.600	−0.742
OsO_4	+0.846	–	$PtBr_4^{2-}$	+0.698	–	SO_2	+0.500	−0.659
$Os(CN)_6^{4-/3-}$	+0.634	–	PtI_4^{2-}	+0.40	–	SO_4^{2-}	+0.386	−0.751
$OsCl_6^{3-/2-}$	+0.45	–	PtO_2	+1.01	–	$S_2O_3^{2-}/HS_2O_4^-$	+0.87	−0.04
$OsBr_6^{3-/2-}$	+0.45	–	PtO/PtO_2	+1.045	–	SO_2	+0.400	−0.576
OsO_2/OsO_4	+1.005	–	Pt^{2+}/PtO_2	+0.837	–	$HS_2O_4^-/SO_2$	−0.07	−1.12
$OsO_2(OH)_4^{2-}$	+1.61	–	$PtCl_4^{2-}/PtCl_6^{2-}$	+0.726	–	$SO_2/S_2O_6^{2-}$	+0.569	–
OsO_4^-	+1.31	–	$PtBr_4^{2-}/PtBr_6^{2-}$	+0.631	–	SO_4^{2-}	+0.158	−0.936
PH_3/P_4	−0.063	−0.89	PtI_4^{2-}/PtI_6^{2-}	+0.329	–	$S_2O_6^{2-}/SO_4^{2-}$	−0.253	–
P_2H_4	−0.006	−0.8	**Pu/Pu^{2+}**	−1.2	–	$SO_4^{2-}/S_2O_8^{2-}$	+2.01	+1.0
H_3PO_3	−0.283	−1.31	Pu^{3+}	−2.00	−2.46	**SbH_3/Sb**	−0.510	−1.338
H_3PO_4	−0.281	−1.26	Pu^{IV}	−1.25	−2.20	Sb_2O_3	−0.18	−0.989
P_4/H_3PO_2	−0.508	−2.05	Pu^{2+}/Pu^{3+}	−3.5	–	Sb_2O_5	+0.040	−0.858
H_3PO_3	−0.502	−1.73	Pu^{3+}/Pu^{IV}	+1.01	−1.4	Sb/Sb_2O_3	+0.150	−0.639
H_3PO_4	−0.412	−1.49	PuO_2^+	+1.03	−0.25	Sb_2O_5	+0.370	−0.569
H_3PO_2/H_3PO_3	−0.499	−1.57	PuO_2^{2+}	+1.02	−0.07	Sb_2O_3/Sb_2O_4	+0.342	–
$H_3PO_3/H_4P_2O_6$	+0.380	−0.061	Pu^{IV}/PuO_2^+	+1.04	+0.9	Sb_2O_5	+0.699	−0.465
H_3PO_4	−0.276	−1.12	PuO_2^{2+}	+1.03	+0.6	Sb_2O_4/Sb_2O_5	+1.055	–
$H_4P_2O_6/H_3PO_4$	−0.933	−2.18	PuO_2^{2+}/PuO_3^+	–	+0.94	**Sc/Sc^{3+}**	−2.03	−2.6
Pa/Pa^{2+}	+0.3	–	**Ra/Ra^{2+}**	−2.916	−1.319	ScF_3	−2.37	–
Pa^{3+}	−1.5	–	**Rb/Rb^+**	−2.924	−2.924	**SeH_2/Se_2H_2**	−0.11	−0.67
Pa^{IV}	−1.47	–	**Re/Re_2O_3**	+0.3	−0.333	Se	−0.40	−0.92
Pa^V	−1.19	–	ReO_2	+0.276	−0.552	H_2SeO_3	+0.36	−0.55
Pa^{2+}/Pa^{3+}	−5.0	–	$ReCl_6^{2-}$	+0.51	–	SeO_4^{2-}	+0.56	−0.40
Pa^{3+}/Pa^{IV}	−1.4	–	ReO_4^-	+0.415	−0.570	Se/H_2SeO_3	+0.74	−0.366
Pa^{IV}/Pa^V	−0.05	–	Re_2O_3/ReO_2	+0.2	−0.88	SeO_4^{2-}	+0.88	−0.23
Pb/Pb^{2+}	−0.125	−0.50	ReO_2/ReO_4^{2-}	+0.51	−0.446	H_2SeO_3/SeO_4^{2-}	+1.15	+0.03
$PbCl_2$	−0.268	–	ReO_4^-	+0.60	−0.594	**SiH_4/Si**	+0.102	−0.73
$PbBr_2$	−0.280	–	$ReCl_6^{2-}/ReO_4^-$	+0.12	–	Si/SiO	−0.808	–
PbI_2	−0.365	–	ReO_3/ReO_4^-	+0.768	−0.890	SiO_2	−0.909	−1.69
$PbSO_4$	−0.356	–	**Rh/Rh_2O_3**	+0.88	–	SiF_6^{2-}	−1.2	–
PbO_2	+0.7865	+0.97	Rh^{3+}	+0.76	–	**Sm/Sm^{2+}**	−2.67	–
Pb^{2+}/PbO_2	+1.698	+0.28	$RhCl_6^{3-}$	+0.44	–	Sm^{3+}	−2.30	−2.80
$PbSO_4/PbO_2$	+1.46	–	$Rh(CN)_6^{4-/3-}$	+0.9	–	Sm^{2+}/Sm^{3+}	−1.55	–
Pd/Pd^{2+}	+0.915	+0.897	$RhCl_6^{3-/2-}$	+1.2	–	SnH_4/Sn	−1.071	–
$PdCl_4^{2-}$	+0.62	–	$RhO_4^{3-/2-}$	+1.87	–	Sn/Sn^{2+}	−0.137	−0.909

Redox-Syst.	$E^{\circ sauer}$ /V	$E^{\circ bas.}$ /V	Redox-Syst.	$E^{\circ sauer}$ /V	$E^{\circ bas.}$ /V	Redox-Syst.	$E^{\circ sauer}$ /V	$E^{\circ bas.}$ /V
Sn/SnO	−0.104	–	Th^{2+}/Th^{3+}	−4.9	–	V/V^{2+}	−1.186	−0.820
Sn/SnO_2	−0.096	−0.92	Th^{3+}/Th^{IV}	−3.8	–	V/V^{3+}	−0.876	−0.709
SnF_6^{2-}	−0.25	–	Ti/Ti^{2+}	−1.638	−2.13	VO^{2+}	−0.567	−0.396
Sn^{2+}/Sn^{IV}	+0.154	−0.93	Ti^{3+}	−1.208	−2.07	VO_2^{+}	−0.254	−0.119
SnO/SnO_2	−0.088	–	TiO^{2+}	−0.882	−1.90	V^{2+}/V^{3+}	−0.256	−0.486
Sr/Sr^{2+}	−2.89	−2.99	TiF_6^{2-}	−1.191	–	VO^{2+}	+0.052	+0.028
Ta/Ta_2O_5	−0.812	–	Ti^{2+}/Ti^{3+}	−0.369	−1.95	V^{3+}/VO^{2+}	+0.359	+0.542
TaF_7^{2-}	−0.45	–	Ti^{3+}/TiO^{2+}	+0.099	−1.38	VO_2^{+}	+0.680	+0.767
Tb/Tb^{3+}	−2.31	−2.82	Tl/Tl^{+}	−0.3363	–	VO^{2+}/VO_2^{+}	+1.000	+0.991
Tb^{3+}/Tb^{IV}	+3.1	+0.9	$TlCl$	−0.557	–	W/WO_2	−0.119	−0.982
Tc/TcO_2	+0.28	–	$TlBr$	−0.658	–	WO_3	−0.090	−1.074
TcO_4^{-}	+0.48	–	TlI	−0.557	–	WO_2/W_2O_5	−0.031	–
TcO_2/TcO_4^{2-}	+0.825	–	Tl^{3+}	+0.72	–	WO_3	−0.030	−1.259
TcO_4^{-}	+0.738	–	Tl^{+}/Tl^{3+}	+1.25	–	$W(CN)_8^{4-/3-}$	+0.57	
TcO_4^{2-}/TcO_4^{-}	+0.569	–	Tm/Tm^{2+}	−2.3	–	W_2O_5/WO_3	−0.029	–
TeH_2/Te_2H_2	−0.64	−1.445	Tm^{3+}	−2.32	−2.83	Xe/XeF_2	+2.32	–
Te	−0.69	−1.143	Tm^{2+}/Tm^{3+}	−2.3	–	XeO_3	+2.12	+1.24
H_2TeO_3	+0.15	−0.661	U/U^{2+}	−0.1	–	H_4XeO_6	+2.18	+1.18
H_2TeO_4	+0.35	−0.478	U^{3+}	−1.66	−2.10	XeF_2/XeO_3	+1.92	–
Te_2H_2/Te	−0.74	−0.84	U^{IV}	−1.38	−2.23	XeO_3/H_4XeO_6	+2.42	+0.99
Te/H_2TeO_3	+0.57	−0.42	UO_2^{+}	−1.03		Y/Y^{3+}	−2.37	−2.85
$TeCl_6^{2-}$	+0.55	–	UO_2^{2+}	−0.83	−1.58	Yb/Yb^{2+}	−2.8	–
H_2TeO_4	+0.69	−0.26	U^{2+}/U^{3+}	−4.7	–	Yb^{3+}	−2.22	−2.74
H_2TeO_3/H_2TeO_4	+0.93	+0.07	U^{3+}/U^{IV}	−0.52	−2.6	Yb^{2+}/Yb^{3+}	−1.05	–
Th/Th^{2+}	+0.7	–	U^{IV}/UO_2^{+}	+0.38	–	Zn/Zn^{2+}	−0.7626	−1.285
Th^{3+}	−1.16	–	UO_2^{2+}	+0.27	−0.3	$Zn(CN)_4^{2-}$	−1.26	–
Th^{IV}	−1.83	−2.56	UO_2^{+}/UO_2^{2+}	+0.17	–	Zr/Zr^{IV}	−1.55	−2.36

Nobelpreise für Chemie und Physik

Chemielaureaten	Jahr	Physiklaureaten
J. H. van't Hoff (Berlin): Entdeckung der Gesetze der chemischen Dynamik und des osmotischen Drucks in Lösungen.	1901	W. C. Röntgen (München): Entdeckung der nach ihm benannten Strahlen (»Röntgenstrahlen«).
E. H. Fischer (Berlin): Synthetische Arbeiten auf dem Gebiet der Zucker- und Puringruppen.	1902	H. A. Lorentz (Leiden) und P. Zeemann (Amsterdam): Untersuchungen über die Einwirkung des Magnetismus auf die Strahlungsphänomene.
S. A. Arrhenius (Stockholm): Theorie der elektrolytischen Dissoziation.	1903	H. A. Becquerel (Paris): Entdeckung der natürlichen Radioaktivität. P. Curie und M. Sklodowska-Curie (Paris): Gemeinsame Untersuchungen über die von Becquerel entdeckten Strahlen.
Sir W. Ramsay (London): Entdeckung der Edelgase und deren Einordnung im Periodensystem.	1904	Lord Rayleigh (J. W. Strutt) (London): Arbeiten über die Dichte von Gasen und die Entdeckung des Argons.
A. v. Baeyer (München): Arbeiten über organische Farbstoffe und hydroaromatische Verbindungen.	1905	Ph. Lenard (Kiel): Arbeiten über Kathodenstrahlen.
H. Moissan (Paris): Untersuchung und Isolierung des Fluors und Einführung des elektrischen Ofens (»Moissan-Ofen«).	1906	Sir J. J. Thomson (Cambridge): Untersuchungen über den Transport der Elektrizität durch Gase.
E. Buchner (Berlin): Entdeckung und Untersuchung der zellfreien Gärung.	1907	A. A. Michelson (Chicago): Optische Präzisionsinstrumente und die damit ausgeführten spektrometrischen Arbeiten.
Sir E. Rutherford (Manchester): Untersuchungen über den Elementzerfall und die Chemie der radioaktiven Stoffe.	1908	G. Lipmann (Paris): Farbphotographisches Aufnahmeverfahren auf der Grundlage von Interferenzerscheinungen.
W. Ostwald (Leipzig): Arbeiten über Katalyse sowie über chemische Gleichgewichte und Reaktionsgeschwindigkeiten.	1909	G. Marconi (Bologna) und K. F. Braun (Straßburg): Entwicklung der drahtlosen Telegraphie.
O. Wallach (Göttingen): Pionierarbeiten über alicyclische Verbindungen.	1910	J. D. van der Waals (Amsterdam): Arbeiten über die Zustandsgleichung von Gasen und Flüssigkeiten.
M. Curie (Paris): Entdeckung des Radiums und Poloniums und Charakterisierung, Isolierung und Untersuchung des Radiums.	1911	W. Wien (Würzburg): Entdeckung der Gesetze der Wärmestrahlung.
V. Grignard (Nancy): Entdeckung der »Grignard-Reagenzien«. P. Sabatier (Toulouse): Hydrierung von organischen Verbindungen bei Anwesenheit feinverteilter Metalle.	1912	N. G. Dalén (Stockholm): Erfindung selbsttätiger Regulatoren zur Beleuchtung von Leuchttürmen und Leuchtbojen.
A. Werner (Zürich): Arbeiten über Bindungsverhältnisse der Atome in Molekülen.	1913	H. Kamerlingh Onnes (Leiden): Untersuchungen über das Verhalten der Materie bei tiefen Temperaturen (flüssiges Helium).
Th. W. Richards (Cambridge/USA): Genaue Bestimmung der rel. Atommasse zahlreicher chemischer Elemente.	1914	M. v. Laue (Berlin): Entdeckung der Röntgenstrahlen-Interferenz in Kristallen.
R. Willstätter (München): Untersuchungen über Pflanzenfarbstoffe, besonders das Chlorophyll.	1915	Sir W. H. Bragg (London) und Sir W. L. Bragg (Cambridge): Kristallstrukturanalysen mit Röntgenstrahlen.
(Keine Preisverteilung)	1916	(Keine Preisverteilung)
(Keine Preisverteilung)	1917	Ch. G. Barkla (Edinburgh): Entdeckung der charakteristischen Röntgenstrahlung der Elemente.
F. Haber (Berlin): Synthese des Ammoniaks aus den Elementen.	1918	M. K. E. L. Planck (Berlin): Verdienste um die Entwicklung der Physik durch die Entdeckung des Wirkungsquantums.
(Keine Preisverteilung)	1919	J. Stark (Greifswald, zuvor Aachen): Entdeckung des Doppler-Effektes bei Kanalstrahlen und Aufspaltung von Spektrallinien im elektrischen Feld.
W. H. Nernst (Berlin): Arbeiten auf dem Gebiet der Thermochemie.	1920	Ch. E. Guillaume (Sévres): Verdienste um die Präzisionsphysik durch die Entdeckung der Anomalien von Nickel-Stahl-Legierungen.
F. Soddy (Oxford): Arbeiten über Vorkommen und Natur der Isotope und Untersuchungen radioaktiver Stoffe.	1921	A. Einstein (Berlin, später Princeton): Verdienste um die theoretische Physik, besonders Entdeckung des für den photoelektrischen Effekt geltenden Gesetzes.
F. W. Aston (Cambridge): Entdeckung vieler Isotope in nichtradioaktiven Elementen mit dem Massenspektrographen.	1922	N. H. D. Bohr (Kopenhagen): Erforschung des Aufbaus der Atome und der von ihnen ausgehenden Strahlen.
F. Pregl (Graz): Entwicklung der Mikroanalyse organischer Stoffe.	1923	R. A. Millikan (Pasadena): Arbeiten über die elektrische Elementarladung und über den lichtelektrischen Effekt.
(Keine Preisverteilung)	1924	K. M. G. Siegbahn (Uppsala): Forschungsergebnisse auf dem Gebiet der Röntgenstrahlenspektroskopie.
R. A. Zsigmondy (Göttingen): Aufklärung der heterogenen Natur kolloidaler Lösungen.	1925	J. Franck (Göttingen) und G. L. Hertz (Berlin): Entdeckung der Stoßgesetze zwischen Elektronen und Atomen.
Th. Svedberg (Uppsala): Arbeiten über disperse Systeme.	1926	J. B. Perrin (Paris): Arbeiten über den diskontinuierlichen Aufbau der Materie und insbesondere Entdeckung des Sedimentationsgleichgewichtes.

Chemielaureaten	Jahr	Physiklaureaten
H. O. Wieland (München): Forschungen über die Konstitution der Gallensäuren und verwandter Substanzen.	1927	A. H. Compton (Chicago): Entdeckung des nach ihm benannten Effektes (»Compton-Effekt«). Ch. Th. R. Wilson (Cambridge): Verfahren, durch Nebelbildung die Bahnen elektrisch geladener Teilchen sichtbar zu machen.
A. Windaus (Göttingen): Erforschung des Aufbaues der Sterine und ihres Zusammenhangs mit den Vitaminen.	1928	Sir O. W. Richardson (London): Arbeiten über die Erscheinung der Glühemission und insbesondere Entdeckung des nach ihm benannten Gesetzes.
A. Harden (London) und H. v. Euler-Chelpin (Stockholm): Forschungen über Zuckervergärung und die dabei wirksamen Enzyme.	1929	L.-V. Duc de Broglie (Paris): Entdeckung der Wellennatur des Elektrons.
H. Fischer (München): Arbeiten über die Struktur der Blut- und Blattfarbstoffe und die Synthese des Hämins.	1930	Sir Ch. V. Raman (Kalkutta): Arbeiten über die Diffusion des Lichtes und Entdeckung des nach ihm benannten Effektes (»Raman-Effekt«).
C. A. Bosch und F. Bergius (Heidelberg): Entdeckung und Entwicklung chemischer Hochdruckverfahren.	1931	(Keine Preisverteilung)
I. Langmuir (New York): Forschungen und Entdeckungen im Bereich der Oberflächenchemie.	1932	W. Heisenberg (München): Aufstellung der Quantenmechanik, deren Anwendung u. A. zur Entdeckung der allotropen Formen des Wasserstoffs führte.
(Keine Preisverteilung)	1933	E. Schrödinger (Berlin) und P. A. M. Dirac (Cambridge): Entdeckung neuer fruchtbarer Formulierungen der Atomtheorie.
H. C. Urey (New York): Entdeckung des schweren Wasserstoffs.	1934	(Keine Preisverteilung)
F. Joliot und I. Joliot-Curie (Paris): Synthese neuer radioaktiver Elemente.	1935	Sir J. Chadwick (Liverpool): Entdeckung des Neutrons.
P. J. W. Debye (Berlin): Beiträge zur Molekülstruktur durch Arbeiten über Dipolmomente und über Diffraktion von Röntgenstrahlen und Elektronen in Gasen.	1936	V. F. Hess (Innsbruck) und C. D. Anderson (Pasadena): Entdeckung der kosmischen Strahlung und des Positrons.
Sir W. N. Haworth (Birmingham): Forschungen über Kohlenhydrate und Vitamin C. P. Karrer (Zürich): Forschungen über Carotinoide, Flavine und Vitamine A und B_2.	1937	C. J. Davisson (New York) und Sir G. P. Thomson (London): Experimenteller Nachweis von Interferenzerscheinungen bei der Bestrahlung von Kristallen mit Elektronen.
R. Kuhn (Heidelbereg): Arbeiten über Carotinoide und Vitamine.	1938	E. Fermi (Rom, Chicago): Erzeugung neuer Radioelemente durch Bestrahlung mit Neutronen und hierbei gemachte Entdeckung von Kernreaktionen mithilfe langsamer Neutronen.
A. Butenandt (Berlin): Arbeiten über Sexualhormone.	1939	L. Ruzicka (Zürich): Arbeiten über Polymethylene und höhere Terpenverbindungen.
(Keine Preisverteilung)	1940	(Keine Preisverteilung)
(Keine Preisverteilung)	1941	(Keine Preisverteilung)
(Keine Preisverteilung)	1942	(Keine Preisverteilung)
G. v. Hevesy (Stockholm): Arbeiten über die Verwendung von Isotopen als Indikatoren bei der Erforschung chemischer Prozesse.	1943	O. Stern (Pittsburgh): Beiträge zur Entwicklung der Molekularstrahlmethode und Entdeckung des magnetischen Moments des Protons.
O. Hahn (Göttingen): Entdeckung der Kernspaltung bei schweren Atomen.	1944	I. I. Rabi (New York): Resonanzmethode zur Registrierung magnetischer Eigenschaften des Atomkerns.
A. I. Virtanen (Helsinki): Entdeckung auf dem Gebiet der Agrikultur- und Ernährungschemie, insbesondere Methoden zur Konservierung von Futtermitteln.	1945	W. Pauli (Zürich): Aufstellung des nach ihm benannten Ausschließungsprinzips (»Pauli-Prinzip«).
J. B. Summer (Ithaca): Entdeckung der Kristallisierbarkeit von Enzymen. J. H. Northrop und W. M. Stanley (Princeton): Reindarstellung von Enzymen und Virus-Proteinen.	1946	P. W. Bridgman (Cambridge/USA): Apparatur zur Erzeugung extrem hoher Drücke und Entdeckungen auf dem Gebiete der Hochdruckphysik.
Sir R. Robinson (Oxford): Untersuchungen über biologisch wichtige Pflanzenprodukte, insbesondere Alkaloide.	1947	Sir E. V. Appleton (London): Arbeiten über die Physik der Atmosphäre, besonders Entdeckung der sogenannten Appletonschicht.
A. W. K. Tiselius (Uppsala): Arbeiten über Analysen mittels Elektrophorese und Adsorption, insbesondere Entdeckungen über die komplexe Natur von Serum-Proteinen.	1948	P. M. S. Blackett (Manchester, zuvor London): Verbesserung der Wilsonmethode und Entdeckungen auf dem Gebiete der Kernphysik und kosmischen Strahlung.
W. F. Giauque (Berkeley): Beiträge zur chemischen Thermodynamik, insbesondere Untersuchungen über das Verhalten der Stoffe bei extrem tiefen Temperaturen.	1949	H. Yukawa (Kyoto): Voraussage der Existenz der Mesonen im Zusammenhang mit theoretischen Untersuchungen über die Kernkräfte.
O. P. H. Diels (Kiel) und K. Alder (Köln): Entdeckung und Entwicklung der Dien-Synthese (»Diels-Alder-Synthese«).	1950	C. F. Powell (Bristol): Entwicklung der photographischen Methode zum Studium von Kernprozessen und dabei gemachte Entdeckungen betreffs der Mesonen.
E. M. McMillan und G. Th. Seaborg (Berkeley): Entdeckungen auf dem Gebiete der Transurane.	1951	Sir J. D. Cockcroft und E. Th. S. Walton (Cambridge): Umwandlung von Atomkernen mit künstlich beschleunigten atomaren Teilchen.
A. J. P. Martin (London) und R. L. M. Synge (Bucksburn): Erfindung der Verteilungschromatographie.	1952	F. Bloch (Stanford/Calif.) und E. M. Purcell (Cambridge): Entwicklung neuer Methoden für kernmagnetische Präzisionsmessungen und dabei gemachte Entdeckungen.
H. Staudinger (Freiburg): Entdeckungen auf dem Gebiet der makromolekularen Chemie.	1953	F. Zernike (Groningen): Erfindung des Phasenkontrastmikroskops und Entwicklung des Phasenkontrastverfahrens.

Chemielaureaten	Jahr	Physiklaureaten
L. C. Pauling (Pasadena): Forschungen über die chemische Bindung, insbesondere Strukturaufklärung von Proteinen (Helix).	1954	M. Born (Göttingen): Forschungsarbeiten zur Quantenmechanik; statistische Interpretation der Wellenfunktion. W. W. G. F. Bothe (Heidelberg): Koinzidenzmethode und damit gemachte Entdeckungen.
V. du Vigneaud (New York): Isolierung der Hormone der Hypophyse »Vasopressin« und »Oxytocin« und deren Totalsynthese.	1955	W. E. Lamb (Stanford/Calif.): Entdeckungen im Zusammenhang mit der Feinstruktur des Wasserstoffspektrums. P. Kusch (New York): Präzisionsbestimmung des magnetischen Moments des Elektrons.
Sir C. N. Hinshelwood (Oxford) und N. N. Semjonow (Moskau): Aufklärung der Mechanismen von Kettenreaktionen, besonders im Zusammenhang mit Explosionsphänomenen.	1956	W. B. Shockley (Pasadena), J. Bardeen (Urbana) und W. H. Brattain (Murray Hill): Untersuchungen an Halbleitern und Entdeckung des Transistoreffekts.
Sir A. Todd (Cambridge): Erforschung von Nucleinsäuren und Coenzymen und Synthese von Nucleotiden.	1957	Ch. N. Yang (Princeton) und T. D. Lee (New York): Arbeiten zum Problem der Parität, die zu wichtigen Entdeckungen der Elementarteilchenphysik führten.
F. Sanger (Cambridge): Aufklärung der Aminosäure-Sequenz des Insulins.	1958	P. A. Cherenkov (Tscherenkow), I. J. Tamm und I. M. Frank (Moskau): Entdeckung und Deutung des Cherenkov-Effektes.
J. Heyrovsky (Prag): Entdeckung und Entwicklung der polarographischen Analysenmethode.	1959	E. G. Segré , O. Chamberlain (Berkeley): Entdeckung des Antiprotons.
W. F. Libby (Los Angeles): Arbeiten über ^{3}H und über die Altersbestimmung mit ^{14}C.	1960	D. A. Glaser (Berkeley): Erfindung der Blasenkammer.
M. Calvin (Berkeley): Arbeiten über die photochemische CO_2-Assimilation.	1961	R. Hofstadter (Stanford/Calif.): Untersuchungen über die Elektronenstreuung an Atomkernen und dabei gemachte Entdeckungen betreffs der Struktur der Nukleonen. R. L. Mössbauer (München): Arbeiten zur Resonanzabsorption von γ-Strahlen und Entdeckung des nach ihm benannten Effekts (»Mössbauer-Effekt«).
J. C. Kendrew und M. F. Perutz (Cambridge): Röntgenographische Strukturbestimmung von Myoglobin und Hämoglobin.	1962	L. D. Landau (Moskau): Theorie der kondensierten Zustände, insbesondere des flüssigen Heliums.
K. Ziegler (Mülheim/Ruhr) und G. Natta (Mailand): Entdeckungen auf dem Gebiet der Chemie und Technologie von Hochpolymeren.	1963	J. H. D. Jensen (Heidelberg) und M. Goeppert-Mayer (La Jolla): Schalentheorie des Atomkerns. E. P. Wigner (Princeton): Beiträge zur Theorie der Atomkerne und Elementarteilchen, besonders Entdeckung und Anwendung grundlegender Symmetrieprinzipien.
D. Crowfoot-Hodgkin (Oxford): Strukturaufklärung biochemisch wichtiger Stoffe mittels Röntgenstrahlen.	1964	Ch. H. Townes (Cambridge/USA), N. G. Basov , A. M. Prochorov (Moskau): Arbeiten auf dem Gebiete der Quantenelektronik, die zur Herstellung von Oscillatoren und Verstärkern nach dem Maser-Laser-Prinzip führten.
R. B. Woodward (Cambridge/USA): Strukturaufklärung und Synthese von Naturstoffen.	1965	R. Feynman (Pasadena), J. Schwinger (Cambridge/ USA) und S. Tomonaga (Tokyo): Arbeiten auf dem Gebiete der Quanten-Elektrodynamik, mit tiefgreifenden Konsequenzen für die Physik der Elementarteilchen.
R. S. Mulliken (Chicago): Quantenmechanische Arbeiten, insbesondere Entwicklung der MO-Theorie.	1966	A. Kastler (Paris): Magnetische Resonanzuntersuchungen mit optischen Methoden und Entdeckung des Phänomens der optischen Pumpen.
M. Eigen (Göttingen), R. G. W. Norrish (Cambridge) und G. Porter (London): Untersuchung extrem schnell verlaufender chemischer Reaktionen.	1967	H. A. Bethe (Ithaca): Erforschung der Energieerzeugung in der Sonne.
I. Onsager (Connecticut): Untersuchungen zur Thermodynamik irreversibler Prozesse und deren mathematisch-theoretische Bewältigung.	1968	L. W. Alvarez (Berkeley): Arbeiten zur Entdeckung von Elementarteilchen und Methoden zur Feststellung auch äußerst kurzlebiger Elementarteilchen (Lebensdauer bis herab zu 10^{-24} s).
O. Hassel (Oslo) und D. H. Barton (London): Arbeiten über die Konformation chemischer Verbindungen.	1969	M. Gell-Mann (Pasadena): Untersuchungen zur Systematik der Elementarteilchen (»Quark-Theorie«).
L. F. Leloir (Buenos Aires): Entdeckung der Zuckernucleotide und ihre Rolle bei der Biosynthese der Kohlenhydrate.	1970	H. O. G. Alfvén (Stockholm): Arbeiten und Entdeckungen auf dem Gebiete der Magnetohydrodynamik und ihrer Anwendung in der Plasmaphysik. L. Neél (Grenoble): Entdeckungen auf dem Gebiete des Antiferromagnetismus.
G. Herzberg (Ottawa): Beiträge zur Kenntnis der Elektronenstruktur und Geometrie der Moleküle, insbesondere der freien Radikale.	1971	D. Gabor (London): Erfindung und Entwicklung der holographischen Methode.
Ch. B. Anfinsen (Bethesda), S. Moore und W. H. Stein (New York): Aufklärung und Bau der Ribonuclease; Untersuchungen zum Verständnis der biochemischen Wirkungsweise von Ribonuclease.	1972	J. Bardeen (Urbana), L. N. Cooper (Providence) und J. R. Schrieffer (Philadelphia): Entwicklung einer Theorie der Supraleitung (»BCS-Theorie«).
E. O. Fischer (München) und G. Wilkinson (London): Pionierarbeiten auf dem Gebiete der »Sandwich«-Verbindungen.	1973	L. Esaki (Yorktown Heigths), I. Giaever (Schenectady) und B. D. Josephson (Cambridge): Theoretische und experimentelle Entdeckungen auf dem Gebiete des »Tunneleffekts«.
P. J. Flory (Stanford/Calif.): Theoretische und experimentelle Arbeiten auf dem Gebiete der makromolekularen Chemie.	1974	A. P. Hewish und Sir M. Ryle (Cambridge): Entdeckung der »Pulsare« (Neutronensterne).
J. W. Cornforth (Sussex) und V. Prelog (Zürich): Stereochemischer Ablauf molekularer Reaktionen.	1975	A. Bohr , B. Mottelson (Kopenhagen) und J. Rainwater (New York): Weiterführende Theorie der Struktur der Atomkerne.

Chemielaureaten	Jahr	Physiklaureaten
W. N. Lipscomb (Cambridge/USA): Strukturklärende und bindungstheoretische Arbeiten im Zusammenhang mit Boranen.	1976	B. Richter (Stanford/Calif.) und S. C. C. Ting (Cambridge/USA): Entdeckung eines neuartigen schweren Elementarteilchens (»Psi-Teilchen«).
I. Prigogine (Brüssel): Beiträge zur Thermodynamik von Nichtgleichgewichtszuständen; Theorie »dissipativer« Strukturen.	1977	P. W. Anderson (Murray Hill), N. F. Mott (Cambridge) und J. H. van Vleck (Cambridge/USA): Fundamentale theoretische Arbeiten über die Elektronenstruktur magnetischer und ungeordneter Systeme.
P. Mitchell (Bodmin/Cornwall): Beiträge zum Verständnis der biologischen Energieübertragung; Entwicklung der »chemiosmotischen« Theorie.	1978	P. L. Kapitsa (Moskau): Entdeckungen auf dem Gebiet der Tieftemperaturphysik. A. A. Penzias (Holmdel) und R. W. Wilson (Holmdel): Entdeckung der kosmischen Hintergrundstrahlung (»3 K-Strahlung«, »Urknallstrahlung«).
H. C. Brown (Purdue) und G. Wittig (Heidelberg): Pionierarbeiten auf dem Gebiet der Organobor- und Organophosphorchemie.	1979	S. L. Glashow (Cambridge/USA), A. Salam (London) und S. Weinberg (Cambridge/USA): Aufstellung einer einheitlichen Theorie der schwachen und elektromagnetischen Wechselwirkung zwischen Elementarteilchen.
P. Berg (Stanford/Calif.), W. Gilbert (Cambridge/USA) und F. Sanger (Cambridge/USA): Untersuchungen zur Biochemie und zur Basen-Sequenz von Nucleinsäuren.	1980	J. W. Cronin (Chicago) und V. L. Fitch (Princeton): Entdeckung von Verletzungen der fundamentalen Symmetriegesetze beim Zerfall neutraler K-Mesonen.
K. Fukui (Kyoto) und R. Hoffmann (Ithaca): Quantenmechanische Studien zur chemischen Reaktivität.	1981	K. M. Siegbahn (Uppsala), N. Bloemenbergen (Cambridge/USA) und A. L. Schawlow (Stanford/Calif.): Weiterentwicklung der hochauflösenden Elektronen-Spektroskopie sowie Laser-Spektroskopie.
A. Klug (Cambridge): Klärung der molekularen Strukturen von Proteinen, Nucleinsäuren und deren Komplexen durch Elektronenmikroskopie.	1982	K. G. Wilson (Ithaca): Theorie kritischer Phänomene im Zusammenhang mit Phasenübergängen.
H. Taube (Stanford/Calif.): Erforschung von Elektronenübertragungsmechanismen der Metallkomplexe.	1983	S. Chandrasekar (Chicago) und W. A. Fowler (Pasadena): Theorien über wichtige physikalische Prozesse der Entstehung von Sternen sowie der Bildung von Elementen im Universum.
R. B. Merrifield (New York): Entwicklung einer Methode zur Synthese von Eiweißstoffen in fester Phase.	1984	C. Rubbia (Cambridge, USA) und S. van der Meer (Genf): Entdeckung der w- und z-Bosonen, Vermittler der schwachen Wechselwirkung.
H. A. Hauptmann (Buffalo, New York) und J. Karle (Washington): Aufdeckung eines Zusammenhangs zwischen Amplituden und Phasen von Beugungsexperimenten (Phasenproblem).	1985	K. von Klitzing (Stuttgart): Entdeckung des Quanten-Hall-Effekts.
D. R. Herschbach (Cambridge, USA) und A. T. Lee (Berkeley): Untersuchung chemischer Elementarreaktionen in Molekularstrahlen. J. C. Polany (Toronto): Nachweis der Produktenergieverteilung durch Infrarot-Chemilumineszenz.	1986	E. Ruska (Berlin): Entwicklung des Elektronenmikroskops. G. Binnig und H. Rohrer (IBM, Rüschlikon bei Zürich): Konstruktion des Raster-Tunnel-Mikroskops.
D. Cram (Los Angeles), J.-M. Lehn (Straßburg) und Ch. Pedersen (Dupont, Wilmington): Entwicklung und Verwendung von Molekülen mit strukturspezifischer Wirkung von hoher Selektivität.	1987	J. G. Bednorz und K. A. Müller (IBM, Rüschlikon bei Zürich): Entdeckung von Hochtemperatur-Supraleitern.
R. Huber (München-Martinsried), J. Deisenhofer (Dallas, USA), H. Michel (Frankfurt): Bestimmung der dreidimensionalen Struktur eines photosynthetischen Reaktionszentrums.	1988	L. M. Ledermann (Batavia, Illinois), M. Schwartz (Mountain View, Kalifornien), J. Steinberger (CERN in Genf): Entwicklung der Neutrino-Strahlenmethode. Nachweis der Paar-Struktur der Leptonen durch Entdeckung des Myonneutrinos.
S. Altmann (Montreal, Kanada), R. Ceck (Chicago, USA): Nachweis der enzymatischen Wirksamkeit von Ribonukleinsäure (RNS).	1989	N. F. Ramsey (Cambridge, USA): Methode voneinander getrennter oszillierender Felder und ihre Anwendung auf den Wasserstoffmaser und andere Atomuhren. W. Paul (Bonn) und H. G. Dehmelt (Washington, USA); Entwicklung der Ionenkäfigtechnik.
E. J. Corey (Cambridge, USA): Entwicklung von Methoden der experimentellen und computergesteuerten Synthese natürlicher Wirkstoffe.	1990	G. E. Friedman, H. W. Kendall (beide Cambridge, USA), R. E. Taylor (Dentford, USA): Experimentelle Bestätigung des Quarkmodells in der Teilchenphysik durch Studien der unelastischen Streuung von Elektronen an Protonen und Neutronen.
R. R. Ernst (ETH Zürich): Bahnbrechende Beiträge zur Entwicklung der Methode hochauflösender NMR-Spektroskopie.	1991	P.-G. de Gennes (Paris): Verallgemeinerung von Methoden zur Beschreibung der Ordnung in einfachen Systemen wie Flüssigkristallen, Polymeren, Supraleitern.
R. A. Marcus (Pasadena, USA): Entwicklung einer Theorie (»Marcus-Theorie«) der Elektronenübergangs-Reaktionen in chemischen Systemen.	1992	G. Charpak (CERN, Genf): Erfindung und Entwicklung von Teilchen-Detektoren auf dem Gebiet der Hochenergiephysik.
K. B. Mullis (San Diego, USA): Erfindung der Polymerase-Kettenreaktion (PCR). M. Smith (Vancouver, USA): Entwicklung der ortspezifischen Mutation.	1993	R. A. Hulse , J. H. Taylor (beide New Jersey, USA): Entdeckung eines Doppelpulsars (»Hulse-Taylor-Pulsar«).
G. A. Olah (Los Angeles): Bahnbrechende Arbeiten über die Struktur, Eigenschaften und Reaktionen von Carbokationen.	1994	B. Brockhouse (Kanada) und C. Shull (USA): Bahnbrechende Leistungen bei der Entwicklung von Neutronen-Streuungstechniken.
P. J. Grutzen (MPI, Mainz, Germany), M. J. Molina (MIT, Cambridge, USA), F. S. Rowland (UCA, Irvine, USA): Atmosphärische Chemie, insbesondere Bildung und Zerfall von Ozon.	1995	M. L. Perl (University Stanford, Stanford USA), F. Reines (UCA, Irvine, USA): Pionierleistung auf dem Gebiet der Leptonenphysik (Entdeckung der τ-Teilchen und Nachweis des Neutrinos).
R. F. Curl Jr. (Rice University, Houston, USA), H. W. Kroto (Sussex University, Brighton, UK), R. E. Smalley (Rice University, Houston, USA): Entdeckung der Fullerene.	1996	D. M. Lee (Cornell University, Ithaca, USA), D. D. Osheroff (Stanford University, Stanford, USA), R. C. Richardson (Cornell University, Ithaca, USA): Entdeckung von superfluidem Helium-3.

Chemielaureaten	Jahr	Physiklaureaten
P. D. Boyer (UCLA, Los Angeles, USA), J. E. Walker (MRC, Cambridge, UK): Pionierarbeiten über Enzyme, die an der ATP-Umwandlung beteiligt sind. J. C. Scou (Aarhus University, Aarhus, Denmark): Entde-ckung der ersten molekularen Pumpe: die ionen-transportierende Na^+-K^+-ATPase.	1977	S. Chu (Stanford University, Stanford, USA), C. Cohen-Tannoudji (École Normale Supérieure, Paris, France), W. D. Phillips (NIST, Gaithersberg, USA): Entwicklung von Methoden zur Kühlung und zum Abfangen neutraler Atome mit Laser-Licht.
J. A. Pople (NW University, Evanstone, USA), W. Kohn (UCA, Santa Barbara, USA): Bahnbrechende Beiträge zur numerischen Quantenchemie (ab initio Programmpakete für Chemiker).	1998	R. Laughlin (Stanford University, Stanford, USA), H. L. Störmer (Columbia University, New York, USA), D. C. Tsui (Princeton University, Princeton, USA): Entdeckung einer neuen Art von Quantenflüssigkeit mit fraktionell geladenen Anregungen
H. Zewail (Caltech, Pasadena, USA): Studien des Übergangszustands chemischer Reaktionen mithilfe der Femtosekundenspektralanalyse.	1999	M. J. G. Veltman (Utrecht, Niederlande), G. t'Hooft (Utrecht University, Niederlande): Erarbeitung der mathematischen Basis für die Theorie der Elementarteilchenphysik.
A. G. MacDiarmid (University of Pensylvania, PA, USA), A. J. Heegor (UCA, Santa Barbara, USA), H. Shirakawa (University of Tsukuba, Tokyo, Japan; Arbeiten der Laureaten in Philadelphia): Entdeckung und Entwicklung elektrisch leitender Kunststoffe.	2000	Z. I. Alferov (PTI, St. Petersburg, Russland), H. Kroemer (UCA, Santa Barbara, USA), J. S. Kilby (TI, Dallas, USA): Erfindung schneller Transistoren, Laserdioden sowie integrierter Schaltkreise (Chips).
W. S. Knowles (Fa. Monsanto, St. Louis, USA), R. Noyori (Nagoya University, Nagoya, Japan), K. B. Sharpless (The Scripps Research Inst., La Jolla, USA): Pionierarbeiten auf dem Gebiet der enantioselektiven Synthese.	2001	E. A. Cornell (University of Colorado, JILA, Boulder, Colorado, USA), W. Ketterle (MIT, Cambridge, USA), C. E. Wieman (University of Boulder, Colorado, USA): Erzeugung der ersten Bose-Einstein-Kondensate in Gasen aus Alkalimetallatomen.
K. Wüthrich (Swiss FIT, Zürich, Switzerland): Strukturaufklärung von Biomolekülen in natürlicher Umgebung durch Kernspintechnik. J. Fenn (Virginia Commonwealth University, Richmond, USA), K. Tanaka (Shimazu Corp., Kyoto, Japan): Klärung der Zusammensetzung von (großen) Biomolekülen durch Elektrospray- bzw. Laser-Ionisation im Massenspektrometer.	2002	R. Davis Jr. (University of Pensylvania, PA, USA), M. Koshiba (University of Tokyo, Japan): Nachweis der von der Sonne und Supernovae ausgehenden Neutrinostrahlung. R. Giacconi (AUI, Washington, USA): Begründer der Röntgenastronomie (Nachweis der von Neutronensternen, schwarzen Löchern, Supernovae ausgehenden Röntgenstrahlung).
Peter Agre (John S. Hopkins University, Baltimore, USA), R. MacKinnon (Rockefeller University, New York, USA): Wesentliche Beiträge zum Verständnis des Ionen- und Wasserstoffmolekültransports durch biologische Membranen.	2003	A. A. Abrikosov (Argonne National Laboratory, USA), V. L. Ginzburg (Lebedev-Physical-Institute, Moskau, Russia), A. J. Leggett (University of Illinois, Urbana, USA): Bedeutende Beiträge zur Theorie der Supraleitung bzw. Suprafluidität.
A. Hershko , A. A. Ciechanover (beide Technion, Haifa, Israel), I. Rose (UCA, Irvine, USA): Entdeckung des intrazellulären ubiquitin-abhängigen Abbaus von Proteinen (Protein Ubiquin benannt nach lat. ubique = überall).	2004	David Cross (UCA, Santa Barbara, USA), D. Politzer (Caltech. Pasadena, USA), F. Wilczek (MIT, Cambridge, USA): Entdeckung der asymptotischen Freiheit in der Theorie der starken Wechselwirkung.
Y. Chauvin (Institut Francais du Pétrol, Rueil-Malmaison, France), R. H. Grubbs (Caltech, Pasadena, USA), R. R. Schrock (MIT, Cambridge, USA): Entwicklung der Metathesereaktionen und ihre Erschließung für eine (»grüne«) organische Chemie.	2005	R. J. Glauber (Harvard University, Cambridge, USA): Arbeiten zur Quantenthorie der optischen Kohärenz. J. L. Hall (University of Colorado, Boulder, USA), T. W. Hänsch (Universität München, MPI, Garching, Deutschland): Beiträge zur Entwicklung der Laser-Präzisions-Spektroskopie, einschließlich der optischen Frequenzkammtechnik.
R. Korngold (Stanford University, Stanford, Kalifornien, USA): Aufdekung des Informationsflusses von den Genen zum fertigen Protein in allen höheren Organismen.	2006	J. Mather (Goddard Spaceflight Center der Nasa, Maryland, USA), G. Smoot (University of California, Berkeley, USA): Beatwortung der Fragen nach dem Ursprung des Weltalls, der Galaxien und der Sterne durch Erforschung der kosmischen Hintergrundstrahlung. Die Untersuchungen belegen die Theorie vom Urknall.
G. Ertl (Fritz-Haber Institut der Max-Planck-Gesellschaft, Berlin, Deutschland): Für Studien von chemischen Verfahren auf festen Oberflächen.	2007	A. Fert (Université Paris-Sud, Orsay, Frankreich), P. Grünberg (Forschungszentrum Jülich, Jülich, Deutschland): Entdeckung des Riesenmagnetwiderstands (GMR).
O. Shimomura (Marine Biological Laboratory (MBL), Woods Hole, MA, USA, Boston University Medical School, Massachusetts, MA, USA), M. Chalfie (Columbia University, New York, NY, USA), R. Tsien (University of California, San Diego, CA, USA, Howard Hughes Medical Institute): Entdeckung und Weiterentwicklung des grün fluoreszierenden Proteins.	2008	Y. Nambu (Enrico Fermi Institute, University of Chicago, Chicago, IL, USA): Entdeckung des Mechanismus der spontanen Symmetriebrechung in der Elementarteilchenphysik. M. Kobayashi (High Energy Accelerator Research Organization (KEK), Tsukuba, Japan), T. Maskawa (Kyoto Sangyo University, Kyoto, Japan, Yukawa Institute for Theoretical Physics (YITP), Kyoto University, Kyoto, Japan): Entdeckung des Ursprungs der Symmetrie, welche die Existenz von mindestens drei Quarkfamilien voraussagt.
V. Ramakrishnan (MRC Laboratory of Molecular Biology, Cambridge, United Kingdom), T. A. Steitz (Yale University, New Haven, CT, USA, Howard Hughes Medical Institute), A. Yonath (Weizmann Institute of Science, Rehovot, Israel): Für Studien zur Struktur und Funktion des Ribosoms.	2009	C. K. Kao (Standard Telecommunication Laboratories, Harlow, United Kingdom, Chinese University of Hong Kong, Hong Kong, China): Für bahnbrechende Erfolge auf dem Gebiet der Lichtleitung mittels Fiberoptik für optische Kommunikation. W. Boyle, G. E. Smith (beide Bell Laboratories, Murray Hill, NJ, USA): Erfindung des CCD-Sensors.
R. F. Heck (University of Delaware, USA), E. Negishi (Purdue University, West Lafayette, IN, USA), A. Suzuki (Hokkaido University, Sapporo, Japan): Für Palladium-katalysierte Kreuzkupplungen in organischer Synthese.	2010	A. Geim, K. Novoselov (beide University of Manchester, Manchester, United Kingdom): Grundlegende Experimente mit dem zweidimensionalen Material Graphen.

Chemielaureaten	Jahr	Physiklaureaten
D. Shechtman (Technion – Israel Institute of Technology, Haifa, Israel): Entdeckung der Quasikristalle.	2011	S. Perlmutter (Lawrence Berkeley National Laboratory, Berkeley, CA, USA, University of California, Berkeley, CA, USA), B. P. Schmidt (Australian National University, Weston Creek, Australia), A. Riess (Johns Hopkins University, Baltimore, MD, USA, Space Telescope Science Institute, Baltimore, MD, USA): Entdeckung der beschleunigten Expansion des Universums durch Beobachtungen weit entfernter Supernovae.
R. Lefkowitz (Howard Hughes Medical Institute, Duke University Medical Center, Durham, NC, USA), B. Kobilka (Stanford University School of Medicine, Stanford, CA, USA): Für Studien zu G-Protein-gekoppelten Rezeptoren.	2012	S. Haroche (Collège de France, Paris, France, École Normale Supérieure, Paris, France), D. J. Wineland (National Institute of Standards and Technology, Boulder, CO, USA, University of Colorado, Boulder, CO, USA): Entwicklung bahnbrechender experimenteller Methoden, die es ermöglichen, Quantensysteme zu manipulieren.
M. Karplus (Université de Strasbourg, Strasbourg, France, Harvard University, Cambridge, MA, USA), M. Levitt (Stanford University School of Medicine, Stanford, CA, USA), A. Warshel (University of Southern California, Los Angeles, CA, USA): Entwicklung von multiskalen Modellen für komplexes chemische Systeme.	2013	F. Englert (Université Libre de Bruxelles, Brussels, Belgium), P. Higgs (University of Edinburgh, Edinburgh, United Kingdom): Theoretische Entdeckung eines Mechanismus, der zum Verständnis des Ursprungs der Masse subatomarer Teilchen durch die Entdeckung des vorhergesagten Elementarteilchens durch ATLAS- und CMS-Experimente am Large Hadron Collider des CERN bestätigt wurde.
E. Betzig (Janelia Research Campus, Howard Hughes Medical Institute, Ashburn, VA, USA), S. Hell (Max Planck Institute for Biophysical Chemistry, Göttingen, Germany, German Cancer Research Center, Heidelberg, Germany), W. Moerner (Stanford University, Stanford, CA, USA): Entwicklung von superauflösender Fluoreszenzmikroskopie.	2014	I. Akasaki (Meijo University, Nagoya, Japan, Nagoya University, Nagoya, Japan), H. Amano (Nagoya University, Nagoya, Japan), S. Nakamura (University of California, Santa Barbara, CA, USA): Erfindung effizienter, blaues Licht ausstrahlender Dioden, die helle und energiesparende Lichtquellen ermöglicht haben.
T. Lindahl (Francis Crick Institute, Hertfordshire, United Kingdom, Clare Hall Laboratory, Hertfordshire, United Kingdom), P. Modrich (Howard Hughes Medical Institute, Durham, NC, USA, Duke University School of Medicine, Durham, NC, USA), A. Sancar (University of North Carolina, Chapel Hill, NC, USA): Für mechanische Studien der DNA-Reparatur.	2015	T. Kajita (University of Tokyo, Kashiwa, Japan), A. McDonald (Queen's University, Kingston, Canada): Entdeckung von Neutrinooszillationen, die zeigen, dass Neutrinos eine Masse haben.
J.-P. Sauvage (University of Strasbourg, Strasborug, France), Sir J. F. Stoddart (Northwestern University, Evanston, IL, USA), B. L. Feringa (University Groningen, Groningen, The Netherlands): Für das Design und die Synthese molekularer Maschinen.	2016	D. J. Thouless (University of Washington, Seattle, WA, USA), F. D. M. Haldane (Princeton University, Princeton, NJ, USA), J. M. Kosterlitz (Brown University, Providence, RI, USA): Für theoretische Entdeckungen topologischer Phasenübergänge und topologischer Materiephasen.

Anhang VIII

Nomenklatur der Anorganischen Chemie

Nachfolgend sei – in stark verkürzter Form – auf die Nomenklatur[1] anorganischer Verbindungen und im Zusammenhang hiermit auch auf die Nomenklatur organischer Verbindungen – soweit sie für den Anorganiker von Interesse ist – behandelt. Die derzeit gültigen – in diesem Lehrbuch genutzten – Nomenklaturregeln gehen auf Empfehlungen der »International Union for Pure and Applied Chemistry« (IUPAC) von 1990 zurück.[2] Eine Bearbeitung dieser Empfehlungen, die in Vorbereitung ist und in die nachfolgenden Betrachtungen mit einbezogen wurde, dürfte demnächst in Kraft treten.

Die Benennung chemischer Verbindungen erfolgt in der anorganischen Chemie hauptsächlich nach den Regeln der additiven und substitutiven Nomenklatur. Die Basis für die additive Nomenklatur ist die Verbindungszusammensetzung (s. unten: »chemische Elemente«, »einfache« und »komplexe chemische Verbindungen«, »Elementsauerstoffsäuren«), ferner – zusätzlich – die Verbindungskonstitution und -konformation (s. unten: »Elementhydride und Derivate«, »Metallorganyle«, »Stereoisomere«). Die substitutive Nomenklatur gründet sich andererseits auf Namen von Elementhydriden, die als »Stammverbindungen« durch namentlich angedeuteten Ersatz von H-Atomen gegen andere Atome oder Atomgruppen bzw. von Gerüstelementatomen gegen andere Atome die Bezeichnung der vorliegenden Verbindung ergeben (s. unten: »Elementhydride und Derivate«; als Stammverbindungen der substitutiven Nomenklatur fungieren auch Elementsauerstoffsäuren, s. unten: »Elementsauerstoffsäuren und Derivate«).

Da die Nomenklatur der anorganischen und organischen Chemie griechische Zahlen zur Angabe der Anzahl gleicher Atome oder Atomgruppen und griechische Buchstaben zur Beschreibung von Strukturverhältnissen chemischer Verbindungen nutzt, seien den nachfolgenden Unterkapiteln noch Tabellen mit einigen griechischen Zahlworten und dem griechischen Alphabet vorausgestellt (Tab. A1, Tab. A2).

Nomenklatur neutraler und geladener chemischer Elemente

Die Nomenklatur der Elemente erfolgt durch Symbole und Namen, welche in der Elementtabelle (Tafel II) aufgeführt sind. Viele Elementsymbole wurden von dem schwedischen Chemiker Jöns Jakob Berzelius (1779–1848) im Jahre 1814 eingeführt und sind im allgemeinem den lateinischen (latinisierten) oder griechischen (gräzisierten) Namen der Elemente entlehnt, z. B.: Antimon (Stibium Sb), Gold (Aurum Au), Kupfer (Cuprum Cu), Quecksilber (Hydrogyrum Hg), Blei (Plumbum Pb), Zinn (Stannum Sn), Eisen (Ferrum Fe), Silber (Argentum Ag), Schwefel (Sulfur S), Wasserstoff (Hydrogen H), Sauerstoff (Oxygen O), Stickstoff (Nitrogen N), Kohlenstoff (Carbon C). Damit löste Berzelius die zwei Jahre zuvor (1812) von Dalton vorgeschlagenen, etwas schwerfälligen Elementsymbole (Kreise mit eingefügten Punkten, Strichen, Zeichen, Buchstaben, Schattierungen) ab.

---

[1] Herkunft. nomenclatio (lat.) = Benennung mit Namen; suffixum (lat.) = Angeheftetes; praefixus (lat.) = vorn befestigen; infigare (lat.) = hineinheften (Praefixe, Infixe, Suffixe weisen am Anfang, in der Mitte oder am Ende eines Verbindungsnamens auf vorliegende Funktionen, funktionelle Gruppen usw.); haptein (griech.) = befestigen.

[2] IUPAC-Recommendations 1990: »Nomenclature of Inorganic Chemistry, I«, Ed. G. J. Leigh, Blackwell, Oxford 1990 (deutsche Fassung von W. Liebscher, J. Neels: »Nomenklatur der Anorganischen Chemie«, VCH, Weinheim 1994); IUPAC-Recommendations 2000: »Nomenclature of Inorganic Chemistry II«, Eds. J. A. McCleverty, N. G. Connelly, Royal Soc. Chem., Cambridge 2001; vorläufige IUPAC-Recommendations 2004: »Nomenclature of Inorganic Chemistry« (Eds. N. G. Connelly, T. Damaskus; Überarbeitung der Recommendations I/II; Akzeptanz in naher Zukunft erwartet), erhältlich bei Deutschem Zentralausschuss für Chemie Postfach 90 04 40, 60444 Frankfurt/M; »Nomenclature of Coordination Compounds«, Compr. Coord. Chem. I/II (vgl. Vorwort); E. O. Fluck, R. S. Laitinen: »Nomenklatur of Inorganic Chains and Ring Compounds«, Pure Appl. Chem. **69** (1997) 1659–1692. – Siehe auch H. Reimlinger: »Nomenklatur Organisch-Chemischer Verbindungen«, de Gruyter, Berlin 1998.

Tab. A1 Griechische Zahlworte

Einfache Zahlen		Multiplikativ-Zahlen	
ein-	móno-	zweimal	dis[a]
zwei-	di-	dreimal	tris
drei-	tri-	viermal	tetrákis
vier-	tétra-	fünfmal	pentákis
fünf-	pénta-	sechsmal	hexákis
sechs-	héxa-	siebenmal	heptákis
sieben-	hépta-	achtmal	octákis
acht-	ócta-[b]	neunmal	ennákis
neun-	ennéa-[c]	zehnmal	decákis
zehn-	déca-[b]	elfmal	hendecákis
elf-	héndeca-[bc]	zwölfmal	dodecákis
zwölf-	dódeca-[b]		

a Statt des griechischen »dis« wird meist das lateinische »bis« verwendet.
b Entsprechend dem Gebrauch im Englischen werden die zur Angabe der Atomzahl in einer Verbindung genutzten Zahlworte trotz ihres griechischen Ursprungs mit »c« statt »k« geschrieben.
c Statt des griechischen »ennea« und »hendeca« wird meist das lateinische »nona« und »undeca« verwendet.

Tab. A2 Griechisches Alphabet

Buchstabe		Name	Aussprache	Buchstabe		Name	Aussprache
A	α	álpha	a	N	ν	nü	n
B	β	béta	b	Ξ	ξ	xi	x
Γ	γ	gámma	g	O	o	ómikron	o (kurz)
Δ	δ	délta	d	Π	π	pi	p
E	ε	épsilon	e (kurz)	P	ρ	rho	r
Z	ζ	zéta	z	Σ	σ, ς[a]	sigma	s
H	η	éta	e (lang)	T	τ	tau	t
Θ	ϑ, θ[b]	théta	th	Υ	υ	ýpsilon	y
I	ι	jóta	i	Φ	φ	phi	ph
K	κ	káppa	k	X	χ	chi	ch
Λ	λ	lámbda	l	Ψ	ψ	psi	ps
M	μ	mü	m	Ω	ω	ómega	o (lang)

a σ am Anfang und in der Mitte, ς am Ende eines Wortes.
b ϑ im deutschen, θ im anglo-amerikanischen Schrifttum.

Die – meist mit dem Suffix[1] »ium« versehenen – Elementnamen deuten auf irgendeinen Sachverhalt des betreffenden Elements (z. B. Vorkommen, Entdeckung, Eigenschaft).[3] Um dabei zu einer erwünschten Übereinstimmung der Anfangsbuchstaben von Elementnamen und -symbolen zu kommen, wird im Falle der leichteren Elemente »Wasserstoff« (H), »Kohlenstoff« (C), »Stickstoff« (N) und »Sauerstoff« (O) der Gebrauch der Namen »Hydrogen«, »Carbon«, »Nitrogen« und »Oxygen« empfohlen. Ferner findet für »Schwefel« (S) in Verbindungen der Name »Sulfur« und entsprechend für »Zinn« (Sn), »Blei« (Pb), »Antimon« (Sb), »Eisen« (Fe), »Silber« (Ag), »Gold« (Au) bzw. »Quecksilber« (Hg) der Wortstamm von »Stannum«, »Plumbum«, »Stibium«, »Ferrum«, »Argentum«, »Aurum« bzw. »Mercurium« Verwendung. Zur rationellen Benennung (wichtig für die superschweren, erst kürzlich entdeckten unbenannten Elemente)

---

[3] M. E. Weeks, H. M. Leicester: »Discovery of the Elements«, J. chem. Educ., Easton 1968; N. A. Figurovskii: »Die Entdeckung der chemischen Elemente und der Ursprung ihrer Namen«, Deubner, Köln 1981.

werden die betreffenden Grundstoffe – entsprechend ihrer Kernladungszahl (Ordnungszahl) – durch Aneinanderreihung lateinischer bzw. griechischer Zahlwortwurzeln mit dem Suffix »ium« gebildet (nil, un, bi, tri, quad, pent, hex, sept, oct, enn für 0 bis 9; z. B. Element 116 = Ununhexium Uuh, Element 120 = Unbinilium Ubn; meist spricht man aber kurz von Element 116, Element 120 usw.).

Tab. A3 Nomenklatur chemischer Elemente.

Formel	Systematischer Name	Trivialname
H_2	Diwasserstoff (Dihydrogen)	»Wasserstoff«
O_2	Disauerstoff (Dioxygen)	»Sauerstoff«
O_3	Trisauerstoff (Trioxygen)	»Ozon«
P_4	Tetraphosphor[a]	»weißer Phosphor«
S_8	Octaschwefel (Octasulfur)[a]	»Schwefel«
S_x	Polyschwefel (Polysulfur)[a]	»μ-Schwefel«

a Auch *tetrahedro*-Tetraphosphor, *cyclo*-Octasulfur, *catena*-Polysulfur.

Die Zahl der Atome in einem Elementmolekül kann durch ein Präfix[1] in Form eines griechischen Zahlworts (mono, di, tri, tetra, ... poly), die Struktur niedermolekularer Elementmoleküle durch geeignete Suffixe[1] (z. B. *catena* für kettenförmig, *cyclo* für ringförmig, *tetrahedro* für tetraederförmig) zum Ausdruck gebracht werden (vgl. Tab. A3 und unten). Will man bestimmte Modifikationen hochmolekularer Elemente (»Allotrope«) benennen, so nutzt man traditionsgemäß griechische Buchstaben (z. B. α-, β-, δ-Eisen) oder Trivialnamen (z. B. Graphit sowie Diamant für polymeren Kohlenstoff, schwarzer, violetter sowie faseriger Phosphor für polymeren Phosphor; bezüglich der Klassifizierung durch Kristallsysteme vgl. S. 136).

Zur Bezeichnung von Elementkationen und -anionen setzt man vor den Namen des entsprechenden Elements multiplikative Präfixe (»mono« kann entfallen) und nach diesem bei Kationen die Ladung $m+$ in Klammern, bei Anionen zunächst das Suffix »id«, dann die Ladung $m-$ in Klammern (für Beispiele vgl. Tab. A4).

Tab. A4 Nomenklatur von Elementkationen und -anionen.

Kationen (für H^+ wird der Name »Hydron« empfohlen)

H^+	Hydrogen(1+)	O_2^+	Dioxygen(1+)	N_5^+	Pentanitrogen(1+)	Cr^{3+}	Chrom(3+)	Na^+	Natrium(1+)
Br_3^+	Tribrom(1+)	S_4^{2+}	Tetrasulfur(2+)	Bi_5^{4+}	Pentabismut(4+)	Hg_2^{2+}	Diquecksilber(2+)	Au^+	Gold(1+)

Anionen (in Klammern Trivialnamen)

H^-	Hydrid(1−)	O^{2-}	Oxid(2−)	S^{2-}	Sulfid(2−)	P^{3-}	Phosphid(3−)	Si^{4-}	Silicid(4−)
F^-	Fluorid(1−)	O_2^-	Dioxid(1−)	Se_2^{2-}	Diselenid(2−)	As^{3-}	Arsenid(3−)	Ge^{4-}	Germid(4−)
Cl^-	Chlorid(1−)		(Superoxid)	Te^{2-}	Tellurid(2−)	Sb^{3-}	Antimonid(3−)	Sn^{4-}	Stannid(4−)
Br^-	Bromid(1−)	O_2^{2-}	Dioxid(2−)	Po^{2-}	Polonid(2−)	Bi^{3-}	Bismutid(3−)	Pb^{4-}	Plumbid(4−)
I^-	Iodid(1−)		(Peroxid)	N^{3-}	Nitrid(3−)	C^{4-}	Carbid(4−)	Na^-	Natrid(1−)
I_3^-	Triiodid(1−)	O^{3-}	Trioxid(1−)	N_3^-	Trinitrid(1−)	C_2^{2-}	Dicarbid(2−)	K^-	Kalid(1−)
At^-	Astatid(1−)		(Ozonid)		(Azid)		(Acetylid)	Au^-	Aurid(1−)

(aber auch: Borid, Aluminid, Gallid, Thallid, Ferrid, Cobaltid, Nickelid, Zinkid usw.)

Nomenklatur einfacher chemischer Verbindungen

Verbindungsnamen. Zur Benennung der aus Atomen A und B zusammengesetzten binären Verbindungen $A_m B_n$ nennt man – im Sinne der »additiven Nomenklatur« – unabhängig vom vorliegenden (mehr kovalenten, elektrovalenten, metallischen) Bindungstyp und unabhängig davon, ob A_mB_n eine Verbindung erster oder höherer Ordnung ist (vgl. S. 122f) zunächst das elektropositivere Molekülatom mit seinem unveränderten Namen, dann das elektronegativere Molekülatom mit seinem – manchmal abgekürzten – Namen, an den man die Endung »id« hängt. Die Zahlen m und n der Elementatome in der Molekülformel sind durch ein dem jeweiligen Elementnamen vorangestelltes griechisches Zahlwort angegeben (mono, di, tetra, ... poly; »mono« kann entfallen). Als elektropositiven/elektronegativen Molekülbestandteil behandelt man – zum Teil in Abweichung vom Elektronegativitätsprinzip – jenes Element, das in nachfolgender Reihe früher/später angeordnet ist:

Metall, Rn, Xe, Kr, B, Si, C, Sb, As, P, N, H, Te, Se, S, At, I, Br, Cl, O, F.

Die Metalle werden nach steigender Gruppennummer (1–12, Al–Tl, Ge–Pb, Bi, Po) und – innerhalb einer Gruppe – nach abnehmenden Periodennummern geordnet. Verbleiben in Metalllegierungen A_mB_n (z. B. Hume-Rothery Phasen, S. 1655) beide Metallatome nach Abgabe ihrer Valenzelektronen an ein »Elektronengas« (S. 122, 1670) als Kation, so werden die Metallatome – versehen durch multiplikative Präfixe – auch ohne Suffix »id« aneinandergereiht und mit dem nachgestellten Begriff »Legierung« versehen.

Die Tab. A5, welche neben systematischen Namen – »rationelle Nomenklatur« – auch Trivialnamen binärer Verbindungen enthält, soll das Besprochene verdeutlichen.

Besteht eine chemische Verbindung wie die tri- und ternären Verbindungen $A_mB_nC_o$ oder $A_mB_nC_oD_p$ aus mehreren positivierten und/oder negativierten Elementatomen, so werden diese mit Ausnahme von Wasserstoff (Hydrogen), der unter den positiven Partnern immer an letzter Stelle steht, ohne Berücksichtigung etwaiger multiplikativer Präfixe in alphabetischer Reihenfolge genannt, und zwar erstere mit vollem Elementnamen, letztere mit dem – zum Teil gekürzten – Namen, erweitert durch die Endung »id«, z. B. (negative Molekülatome unterstrichen): $KMgF_3$ = Kaliummagnesiumtrifluorid; $MgTiO_3$ = Magnesiumtitantrioxid; $LiHS$ = Lithiumhydrogensulfid; $SOCl_2$ = Schwefeldichloridoxid; $BiOCl$ = Bismutchloridoxid; $PBrClF$ = Phosphorbromidchloridfluorid; $SiBr_2ClF$ = Siliciumdibromidchloridfluorid (bei neutralen Molekülen muss die Summe der positiven und negativen Atomladungen gleich null sein).

Vielfach fasst man Elementatome einer chemischen Verbindung zu einer insgesamt positivierten bzw. negativierten Atomgruppe zusammen und vereinfacht dadurch den Verbindungsnamen, z. B.: anstelle von Schwefeldichloriddioxid für SO_2Cl_2 Sulfurylchlorid ($SO_2{'}$ = Sulfuryl; vgl. Koordinationsverbindungen, unten), anstelle von Dinatriumschwefeltetraoxid für Na_2SO_4

Tab. A5 Nomenklatur binärer anorganischer Verbindungen.

Formel	Rationeller Name	Trivialname
H_2O	Dihydrogenoxid	»Wasser«
NH_3	Stickstofftrihydrid (Nitrogentrihydrid)	»Ammoniak«
N_2O	Distickstoffoxid (Dinitrogenoxid)	»Lachgas«
CS_2	Kohlenstoffdisulfid (Carbondisulfid)	»Schwefelkohlenstoff«
OF_2	Sauerstoffdifluorid (Oxygendifluorid)	–
Cl_2O	Dichloroxid	–
SCl_2	Schwefeldichlorid (Sulfurdichlorid)	»Chlorschwefel«
$NaCl$	Natriumchlorid	»Steinsalz«
CaF_2	Calciumdifluorid (Calciumfluorid)[a]	»Fluorit«
Al_2O_3	Dialuminiumtrioxid (Aluminiumoxid)[a]	»Korund«
$NiAs$	Nickelarsenid	»Rotnickelkies«
Cu_5Zn_8	Pentakupferoctazinkid[b]	»Gelbmessing«

a Sind andere Zusammensetzungen ausgeschlossen, so kann man die Zahlwort-Präfixe auch weglassen.
b Auch Pentakupferoctazink-Legierung.

Dinatriumsulfat (SO_4^{2-} = Sulfat(2−); vgl. Elementsauerstoffsäuren, unten), anstelle von Natriumdihydrogennitrid für $NaNH_2$ Natriumamid (NH_2^- = Amid).

Verbindungsformeln. In den Molekülformeln einfacher chemischer Verbindungen ordnet man die Elemente in der Reihenfolge wie im Verbindungsnamen (vgl. Tab. A5, linke Spalte). In Formeln kovalenter Elementhalogenidoxide wird zudem vielfach zunächst der Sauerstoff, dann das Halogen wiedergegeben (z. B. $SOCl_2$).Zur Verdeutlichung der Molekülstruktur sind aber auch Strukturformeln mit anderer Elementreihenfolge zulässig (z. B. Cyansäure HOCN, Knallsäure HCNO).

Wertigkeiten. Will man die Wertigkeit eines Elements in einer Verbindung zusätzlich zum Ausdruck bringen, so kann man diese als eingeklammerte römische Zahl hinter dem Elementnamen einfügen (»Stock'sches Nomenklatursystem«). Im Falle von A_mB_n-Molekülen gibt man dabei im allgemeinen nur die Wertigkeit des elektropositiveren Verbindungspartners an und verzichtet dabei auf die Angabe der Zahl n der elektronegativeren Atome, z. B. $PbCl_2$ = Blei(II)-chlorid (gelesen: Blei-zwei-chlorid; formelmäßige Wiedergabe auch $Pb^{II}Cl_2$); $PbCl_4$ = Blei(IV)-chlorid ($Pb^{IV}Cl_4$); Pb_3O_4 = Diblei(II)-blei(IV)-oxid ($Pb^{II}_2Pb^{IV}O_4$). In früherer Zeit erfolgte die Angabe der Wertigkeit des Zentralatoms nicht gemäß der »Stock'schen Wertigkeitsbezeichnung« durch römische Zahlen, sondern durch charakteristische Endungen wie »o« und »i«, z. B. Ferro- = Fe(II)- und Ferri- = Fe(III)-Salze; Mercuro- = Hg(I)- und Mercuri- = Hg(II)-Verbindungen.

Verbindungsstrukturen. Die strukturelle Charakterisierung kann wie im Falle der Elemente durch entsprechende Angaben vor dem Verbindungsnamen erfolgen. So wird die Molekülgestalt durch die Vorsilben *catena* für Kettenstruktur oder *cyclo* für Ringstruktur symbolisiert (z. B. Se_xS_y = *catena*-Polyselenpolysulfid, P_6Cl_6 = *cyclo*-Hexaphosphorhexachlorid; vgl. auch Tab. A3). Die Angabe der räumlichen Atomanordnung erfolgt u. a. durch die Vorsilben *triangulo* (trigonal-planar), *quadro* (quadratisch), *tetrahedro* (tetraedrisch, z. B. *tetrahedro*-Tetraphosphor), *hexahedro* (kubisch), *octahedro* (oktaedrisch), *triprismo* (trigonal-prismatisch), *antiprismo* (quadratisch-antiprismatisch). Die Benennung bestimmter Modifikationen hochmolekularer Elementverbindungen (»Polymorphe«) erfolgt durch griechische Buchstaben (z. B. α-, γ-Aluminiumoxid) oder Trivialnamen (z. B. Quarz, Cristobalit, Tridymit für Siliciumdioxid). Zur Bezeichnung der Kristallstruktur eines Festkörpers fügt man seinem Namen das Kristallsystem bzw. den Kristalltypus an (Tab. 6.3, S. 136, z. B. cub, hex für kubisch, hexagonal; dazu c bzw. f für innen- bzw. flächenzentriert). Als Beispiele seien genannt: Natrium(c.cub.), Magnesium(hex.), Aluminium(f.cub.), Kaliumchlorid(NaCl-Typ), Bariumdifluorid(CaF_2-Typ), Magnesiumdihydrid(Rutil-Typ).

Nomenklatur komplexer chemischer Verbindungen (Koordinationsverbindungen)

Verbindungsnamen. Zur rationellen Bezeichnung von Komplexsalzen im Sinne der »additiven Nomenklatur« gibt man zuerst den Namen des Kations (gleichgültig ob komplex oder nicht) und dann den Namen des Anions an, wobei man für beide Komplexionen – jeweils der Reihe nach – erst die Zahl der Liganden, dann die Art der Liganden und schließlich das Zentralatom nennt: Für die Angabe der Ligandenzahl verwendet man griechische Zahlworte (di, tri, tetra usw.; mono kann entfallen) oder – um Zweideutigkeiten zu vermeiden – zusätzlich aus adverbialen Formen griechischer Zahlwörter abgeleitete Vorsilben (dis, tris, tetrakis usw.; Tab. A6; anstelle dis nutzt man das lateinische Zahlwort »bis«, z. B. $Pb(SO_4)_2$ = Blei-bis(sulfat), PbS_2O_7 = Blei-disulfat). Die Benennung der Liganden erfolgt im Falle von Anionen durch Anhängen der Endung »o« an deren – mit »id«, »at« sowie »it« endenden oder suffixfreien – Namen bzw. Trivialnamen (in naher Zukunft sollen alle anorganischen Liganden durch die Suffixe »ido«, »ato«, »ito« charakterisiert werden):

Tab. A6 Nomenklatur komplexer anorganischer Verbindungen (anstelle Fluorido, Chlorido, Hydroxido, Oxido, Cyanido bisher Fluoro, Chloro, Hydroxo, Oxo, Cyano).

Formel[a]	Rationeller Name[a]	Trivialname
OF_2	Difluoridooxygen	–
$SbCl_5$	Pentachloridoantimon	–
$Si(OH)_4$	Tetrahydroxidosilicium	»Kieselsäure«
Na_3AlF_6	Trinatrium-hexafluoridoaluminat	»Kryolith«
$Na_2S_2O_3$	Dinatrium-trioxidosulfidosulfat[b]	»Fixiersalz«
$Na_2[Sn(OH)_4]$	Dinatriumtetrahydroxidostannat	»Natriumstannit«
$[Mg(OH_2)_6]SO_4 \cdot H_2O$	Hexaaquamagnesium-tetraoxidosulfat-Wasser(1/1)[c]	»Bittersalz«
$HClO_4$	Hydrogentetraoxidochlorat	»Perchlorsäure«
$NaHSO_3$	Natriumhydrogentrioxidosulfat	»Natrium-bisulfit«
H_2SiF_6	Dihydrogenhexafluoridosilicat	»Fluorokieselsäure«
$K_4[Fe(CN)_6]$	Tetrakalium-hexacyanidoferrat[d]	»Gelbes Blutlaugensalz«
$NH_4[Cr(NH_3)_2(SCN)_4]$	Ammonium diammintetrathiocyanatochromat[d]	»Reineckesalz«
$NH_4[Co(NH_3)_2(NO_2)_4]$	Ammonium-diammintetranitritocobaltat[d]	»Erdmannsches Salz«
$[Co(NH_3)_6]Cl_3$	Hexaammincobalt-trichlorid[e]	»Cobaltluteochlorid«
$[Pt(NH_3)_3Cl_3]Cl$	Triammintrichloridoplatin-chlorid[e]	»Clevesalz«
$[Ru(NH_3)_5(OH)]Cl_2$	Pentaamminhydroxidoruthenium-dichlorid[e]	»Rutheniumroseochlorid«
$[AuXe_4][SbF_6]_2$	Tetraxenonidogold-bis(hexafluoridoantimonat)[e]	–

a Der zur Bestimmung der alphabetischen Ligandenreihenfolge dienende Buchstabe ist fett gedruckt (bei gleichem Donoratom zählt der Buchstabe des mit dem Donoratom verbundenen Elements).

b In einfachen Anionen mit Oxido- (früher Oxo-)Liganden kann auf dessen Nennung verzichtet werden, also: SO_4^{2-} = Sulfat, $S_2O_3^{2-}$ = Thiosulfat, PO_4^{3-} = Phosphat usw. Aber ClO_4^- = Perchlorat.

c Enthalten Koordinationsverbindungen zusätzliche Neutralmoleküle (z. B. in der Festphase), so fügt man deren Namen – durch einen Bindestrich getrennt – an den Komplexnamen und fügt das Molverhältnis Komplex zu assoziiertem Molekül in Klammern zu.

d $[Fe^{II}(CN)_6]^{4-}$ = Hexacyanidoferrat(II) bzw. -ferrat(4−), $[Cr^{III}(NH_3)_2(SCN)_4]^-$ = Diammintetrathiocyanatochromat(III) bzw. -chromat(1−), $[Co^{III}(NH_3)_2(NO_2)_4]^-$ = Diammintetranitritocobaltat(III) bzw. -cobaltat(1−).

e $[Co^{III}(NH_3)_6]^{3+}$ = Hexaammincobalt(III). $[Pt^{IV}(NH_3)_3Cl_2]^+$ = Triamminotrichloridoplatin(IV), $[Ru^{III}(NH_3)_5(OH)]^{2+}$ = Pentaamminhydroxidoruthenium(III), $[Au^{II}Xe_4]^{2+}$ = Tetraxenonidogold(II).

F^- »Fluoro« (Fluorido),	CN^- »Cyano« (Cyanido)	OH^- »Hydroxo« (Hydroxido, Oxanido),
Cl^- »Chloro« (Chlorido),	O_2^- »Oxo« (Oxido),	OOH »Hydrogenperoxo«
Br^- »Bromo« (Bromido),	O_2^{2-} »Peroxo« (Peroxido),	(Hydrogenperoxido, Dioxanido),
I^- »Iodo« (Iodido),	O_2^- »Superoxo« (Superoxido),	NH_2^- »Amido«; NH^{2-} = »Imido«.

Neutrale Liganden werden ohne Endung »o« sowie teilweise durch Spezialbezeichnungen wie H_2O = »Aqua«, NH_3 = »Ammin« symbolisiert. Die Nennung der Liganden erfolgt dabei ohne Berücksichtigung ihrer Zahl in alphabetischer Reihe. Das Zentralatom erhält als Anionenbestandteil die Endung »at«, während es als Kationenbestandteil endungsfrei bleibt. Letzteres gilt des weiteren für Neutralkomplexe, zu denen man auch die kovalent aufgebauten einfachen chemischen Verbindungen (S. 2396) zählen kann.

Einige Beispiele mögen das Besprochene verdeutlichen (vgl. Tab. A6, aus der zusätzlich hervorgeht, dass Säuren als Salze mit Wasserstoffkationen und komplexen Anionen behandelt werden; H immer an letzter Stelle des Kations; bezüglich weiterer Ligandennamen vgl. Tab. 20.2 auf Seite 1552).

Ergänzend sei hierzu noch folgendes gesagt: (i) Liganden mit vorgesetzter Zahl (z. B. Trifluorphosphan) oder Liganden mit längerem Namen (z. B. Ethylendiamin) fasst man in runden Klammern zusammen und gibt ihre Anzahl durch vorgesetzte Multiplikativ-Zahlen (tris, tetrakis, pentakis, hexakis usw.) wieder:

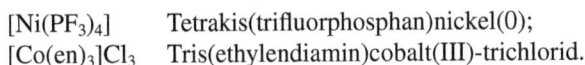

$[Ni(PF_3)_4]$ Tetrakis(trifluorphosphan)nickel(0);

$[Co(en)_3]Cl_3$ Tris(ethylendiamin)cobalt(III)-trichlorid.

(ii) Die Verbrückung zweier, dreier, vierer Zentralatome über Liganden wird durch Vorsetzen des »My«-Symbols μ_m (μ_2, μ_3, μ_4) vor dem betreffenden Liganden zum Ausdruck gebracht, wobei der Index m die Anzahl der verbrückten Metallatome oder -ionen zum Ausdruck bringt ($m = 2$ kann entfallen):

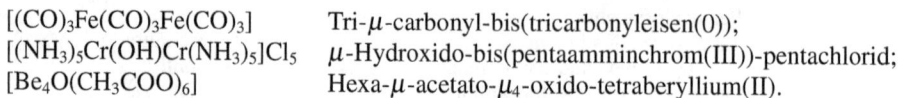

$[(CO)_3Fe(CO)_3Fe(CO)_3]$ Tri-μ-carbonyl-bis(tricarbonyleisen(0));

$[(NH_3)_5Cr(OH)Cr(NH_3)_5]Cl_5$ μ-Hydroxido-bis(pentaamminchrom(III))-pentachlorid;

$[Be_4O(CH_3COO)_6]$ Hexa-μ-acetato-μ_4-oxido-tetraberyllium(II).

(iii) Die Zahl n der Verknüpfungsatome eines π-gebundenen Liganden zeigt man durch Vorsetzen des »Hapto«-Symbols η^n vor dem betreffenden organischen Rest an (η^2, η^5; gesprochen eta-zwei, eta-fünf oder hapto-zwei, hapto-fünf[1]; vgl. hierzu S. 1553, 2174):

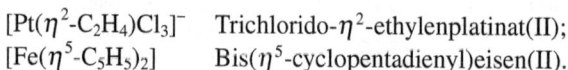

$[Pt(\eta^2\text{-}C_2H_4)Cl_3]^-$ Trichlorido-η^2-ethylenplatinat(II);

$[Fe(\eta^5\text{-}C_5H_5)_2]$ Bis(η^5-cyclopentadienyl)eisen(II).

(iv) Die Zahl der Metallatome eines Clusterzentrums drückt man durch vorgesetzte griechische Zahlwörter aus, die Anordnung der Metallatome gegebenenfalls durch kursiv geschriebene Präfixe wie triangolo, quadro, tetrahedro, octahedro, triprismo, hexahedro, dodecahedro, icosahedro für trigonalen, quadratischen, tetraedrischen, oktaedrischen, trigonal-prismatischen, kubischen, dodekaedrischen, ikosaedrischen Bau, die Zahl n der vorliegenden Metall-Metall-Verknüpfungen durch eingeklammerte Suffixe (nM–M), z. B.:

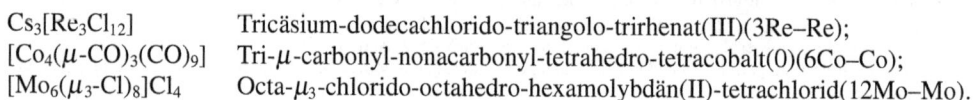

$Cs_3[Re_3Cl_{12}]$ Tricäsium-dodecachlorido-triangolo-trirhenat(III)(3Re–Re);

$[Co_4(\mu\text{-}CO)_3(CO)_9]$ Tri-μ-carbonyl-nonacarbonyl-tetrahedro-tetracobalt(0)(6Co–Co);

$[Mo_6(\mu_3\text{-}Cl)_8]Cl_4$ Octa-μ_3-chlorido-octahedro-hexamolybdän(II)-tetrachlorid(12Mo–Mo).

Verbindungsformeln. In Formeln von Koordinationsverbindungen wird – anders als im Namen – das Symbol des Zentralatoms eines komplexen Ions an den Anfang gesetzt. Anschließend führt man die Liganden (bei mehratomigen Liganden jeweils in runden Klammern) auf. Die Formel des Komplex-Ions wird in eckige Klammern gesetzt (vgl. Tab. A6; bei einfachen Komplex-Ionen wie NH_4^+, BF_4^-, SO_4^{2-}, in welchen die Liganden Atomionen darstellen, verzichtet man im Allgemeinen auf die Klammern). Die Reihenfolge der Liganden wird durch die alphabetische Reihenfolge der Symbole für die koordinierenden, in den Formeln nach Möglichkeit zum Zentralatom hin ausgerichteten Ligandenatome bestimmt (vgl. Tab. A6). Es sind aber auch andere Ligandenreihenfolgen zulässig. So ist und war es vielfach üblich, zunächst die (jeweils alphabetisch geordneten) anionischen, dann die neutralen Liganden zu nennen (z. B. $NH_4[Co(NO_2)_4(NH_3)_2]$ anstelle $NH_4[Co(NH_3)_2(NO_2)_4]$, vgl. Tab. A6).

Wertigkeit. Die Wertigkeit des Zentralatoms eines komplexen Ions wird diesem häufig als römische Zahl in Klammern beigefügt (Tab. A6, Anm. [d,e]), wobei dann gegebenenfalls auf die Angabe der Zahl der komplexen Kationen und/oder Anionen in der Koordinationsverbindung verzichtet werden kann, z. B.: $Mg[ClO_4]_2$ = Magnesium-chlorat(VII); $Na_2[Sn(OH)_4]$ = Natrium-tetrahydroxidostannat(II). In Formeln vermerkt man die Oxidationsstufe des Zentralelements auch als hochgestellt römische Zahl (vgl. Tab. A6, Anm.[d,e]). Auch kann die Ladung der komplexen Ionen einer Koordinationsverbindung dieser Ionen in Klammern beigefügt werden (vgl. Tab. A6, Anm.[d]).

Nomenklatur der Elementhydride und ihrer Derivate

Rationelle Nomenklatur der Elementhydride. Im Sinne des auf S. 2396 Besprochenen (»Nomenklatur einfacher chemischer Verbindungen«) geht die »additive Nomenklatur« der Verbindungen EH_n davon aus, dass der Wasserstoff in Kombination mit Elementen bis zur 15. Gruppe (V. Hauptgruppe) des Periodensystems als negativer Verbindungspartner und ab der 16. Gruppe (VI. Hauptgruppe) als positiver Verbindungspartner auftritt. Demgemäß bezeichnet man die Wasserstoffverbindungen von Elementen der Kohlenstoff- bzw. Stickstoffgruppe – CH_4, SiH_4, GeH_4, SnH_4, PbH_4 bzw. NH_3, PH_3, AsH_3, SbH_3, BiH_3 – nach der rationellen Nomenklatur als Kohlenstoff-(Carbon-), Silicium-, Germanium-, Zinn-, Bleitetrahydrid bzw. Stickstoff-(Nitrogen-), Phosphor-, Arsen-, Antimon-, Bismuttrihydrid und formuliert sie unter Angabe zunächst des Element-, dann des Wasserstoffsymbols, wogegen die Wasserstoffverbindungen von Elementen der Sauerstoff- bzw. Fluorgruppe – H_2O, H_2S, H_2Se, H_2Te, H_2Po bzw. HF, HCl, HBr, HI, HAt – als Dihydrogenoxid, -sulfid, -selenid, -tellurid, -polonid bzw. Hydrogenfluorid, -chlorid, -bromid, -iodid, -astatid benannt und durch Angabe zunächst des Wasserstoff-, dann des Elementsymbols formelmäßig wiedergegeben werden. Zur Bezeichnung von Wasserstoffverbindungen E_mH_n mit mehr als einem Elementatom erhält der Elementname noch ein multiplikatives Präfix, z.B. B_4H_{10} = »Tetrabordecahydrid«, C_5H_{12} = »Pentacarbondodecahydrid«, Si_3H_8 = »Trisiliciumoctahydrid«, N_2H_4 = »Dinitrogentetrahydrid«, P_5H_{10} = »Pentaphosphordecahydrid«, H_2O_2 = »Dihydrogendioxid«, H_2S_6 = »Dihydrogenhexasulfid«. Bezüglich der strukturellen Charakterisierung der betreffenden Wasserstoffverbindungen siehe weiter unten. Gebräuchlich sind auch Bezeichnungen wie Bor-, Kohlen-, Stickstoff- bzw. Halogenwasserstoffe usw. als Sammelnamen für alle Wasserstoffverbindungen eines Elements (B, C, N) bzw. einer Elementgruppe (Chalkogene, Halogene). Ebenso werden Verbindungen wie H_2S, HF, HCl, HBr, HI – also die einfachsten Wasserstoffverbindungen eines Elements – noch als »Schwefel«-, »Fluor«-, »Chlor«-, »Brom«-, »Iodwasserstoff« benannt (empfohlen: Dihydrogensulfid, Hydrogenfluorid, -chlorid, -bromid, -iodid), die wässerigen Lösungen von HF, HCl, HBr, HI als »Fluor«-, »Chlor«-, »Brom«-, »Iodwasserstoffsäure«.

»An«-Nomenklatur der Elementhydride. Neben der erwähnten ist noch eine weitere »additive Nomenklatur« von Wasserstoffverbindungen der Elemente ab der 13. Gruppe (III. Hauptgruppe), die »an-Nomenklatur«, allgemein gebräuchlich, die nachfolgend beschrieben sei. Man bildet hierbei die Namen der Verbindungen E_mH_n im Sinne der Tab. A7 durch Anfügen der Endung »an« an den – zum Teil verkürzten – Wortstamm des Elementnamens (entfällt bei Wasserstoffverbindungen des Kohlenstoffs), wobei die Zahl der Elementatome der Hydride durch ein griechisches, dem Verbindungsnamen vorausgestelltes Zahlwort, die Zahl der Wasserstoffatome der Bor- und Phosphorhydride durch eine, dem Verbindungsnamen nachgestellte arabische Zahl in Klammern berücksichtigt wird (»mono« entfällt), z.B.: B_5H_{11} = »Pentaboran(11)«, B_5H_9 = Pentaboran(9), C_5H_{12} = »Pentan«, Si_3H_8 = »Trisilan«, P_5H_{12} = »Pentaphosphan(12)«, P_5H_{10} = »Pentaphosphan(10)«, H_2O_2 = »Dioxidan«, H_2S_6 = »Hexasulfan«. Die Trivialnamen »Methan« für CH_4, »Ethan« für C_2H_6, »Propan« für C_3H_8, »Butan« für C_4H_{10}, »Ammoniak« für NH_3, »Hydrazin« für N_2H_4 und »Wasserstoffperoxid« für H_2O_2 werden beibehalten.

Die – nur in Form von Derivaten existierenden – wasserstoffreicheren und -ärmeren Stammhydride, in welchen die Zahl der H-Atome von der in Tab. A7 wiedergegebenen Zahl abweicht, werden durch ein vor dem betreffenden Elementwasserstoffnamen gesetztes, durch einen Strich getrenntes Zeichen λ^n (λ^4, λ^6; gesprochen lambda vier, lambda sechs; n = Zahl der H-Atome) benannt, z.B. PH_5 = »λ^5-Phosphan«, PH = »λ^1-Phosphan«, H_4S = »λ^4-Sulfan«, H_6S = »λ^6-Sulfan«, H_3Cl = »λ^3-Chloran«, H_5Cl = »λ^5-Chloran«, H_7I = »λ^7-Iodan«, SnH_2 = »λ^2-Stannan«. Verwendet werden noch (insbesondere für Organylderivate) die Bezeichnungen »Sulfuran« für H_4S, »Phosphoran« für PH_5, »Arsoran« für AsH_5, »Stiboran« für SbH_5, »Bismoran« für BiH_5, »Carben« für CH_2, »Azen« (»Nitren«) für NH, »Phosphen« für PH, »Silylen«, »Germylen«, »Stannylen«, »Plumbylen«, »Borylen«, »Alumylen« (»Aluminylen«), »Gallylen«, »Indylen«, »Thallylen« für SiH_2, GeH_2, SnH_2, PbH_2, AlH, GaH, InH, TlH. Die H-ärmeren Stammhydride EH_{n-2} können auch durch Anfügen von »yliden« an den »an«-Namen benannt werden, z.B. »Phosphanyliden« für PH (auch »Phosphaniden«; vgl. den Namen Phosphanyliden für die Gruppe =PH in Verbindungen, unten).

Von »an«-Stammhydriden abgeleitete Radikale und Ionen. Die Namen, der durch Abspaltung von H-Atomen aus einkernigen Stammhydriden EH_n hervorgehenden Radikale $EH_{n-1}^{\cdot}$,

Tab. A7 Nomenklatur einkerniger Elementhydridstammverbindungen.

BH_3	Boran	CH_4	Methan[a]	NH_3	Azan[b]	H_2O	Oxidan[c]	HF	Fluoran
AlH_3	Alan[d]	SiH_4	Silan	PH_3	Phosphan[e]	H_2S	Sulfan	HCl	Chloran
GaH_3	Gallan	GeH_4	German	AsH_3	Arsan[e)]	H_2Se	Selan	HBr	Broman
InH_3	Indan[f]	SnH_4	Stannan	SbH_3	Stiban[e)]	H_2Te	Tellan	HI	Iodan
TlH_3	Thallan	PbH_4	Plumban	BiH_3	Bismutan[e)]	H_2Po	Polan	HAt	Astatan

a Der systematische Namen wäre »Carban« oder – da bei Wasserstoffverbindungen des Kohlenstoffs »carb« entfällt – »Monan«.

b Der Trivialname »Ammoniak« für NH_3 wird beibehalten; Azan soll nur zur Benennung von NH_3-Derivaten genutzt werden, welche allerdings – gewohnheitsmäßigerweise – als »Amine« bezeichnet werden, z. B. Hydroxylamin anstelle von Hydroxylazan für NH_2OH.

c Der Trivialname »Wasser« für H_2O wird beibehalten; Oxidan soll nur zur Benennung von H_2O-Derivaten genutzt werden, welche allerdings – gewohnheitsmäßigerweise – als Hydroxide bzw. Oxide bezeichnet werden, z. B. Chlorhydroxid anstelle von Chlorooxidan für ClOH bzw. Dichloroxid anstelle von Dichlorooxidan für Cl_2O. Der von Oxygen für H_2O sich ableitende Name »Oxan« bezeichnet die Verbindung Tetrahydropyran.

d Empfohlen wird »Aluman«.

e Die Verwendung der früher genutzten Bezeichnungen Phosphin, Arsin, Stibin, Bismutin wird nicht empfohlen.

f Der Name Indan bezeichnet die Verbindung 2,3-Dihydroinden; empfohlen wird deshalb die Bezeichnung »Indigan«, welche sich auf die indigoblaue Flammenfärbung von Indium, die auch dem Element den Namen gegeben hat, bezieht.

EH_{n-2}^{2-}, EH_{n-3}^{3-} usw. werden durch Anfügung der Endung »yl«, »diyl«, »triyl« usw. an den »an«-Namen des Hydrids gebildet (vgl. Tab. A8; das Suffix »an« entfällt im Falle der um ein H-Atom ärmeren Tetreltetrahydride; also Silyl anstelle von Silanyl). Sind die wasserstoffärmeren Stammhydride EH_{n-2} bzw. EH_{n-3} nicht mit zwei bzw. drei Resten einfach verbunden, sondern mit einer Gruppe zweifach oder dreifach verknüpft, so verwendet man die Suffixe »yliden« bzw. »ylidin« (vgl. Tab. A8). Zur Benennung der Protonenaddukte EH_{n+1}^{+}, EH_{n+2}^{2+} usw. nutzt man die Suffixe »ium«, »diium« usw. Tab. A8, zur Benennung der Deprotonierungsprodukte EH_{n-1}^{-}, EH_{n-2}^{2-} usw. die Suffixe »id« und »diid« usw. (Tab. A8), zur Benennung der Hydrid-ärmeren Kationen EH_{n-1}^{+}, EH_{n-2}^{2+} usw. die Suffixe »ylium«, »diylium« usw. (Tab. A8) und zur Benennung der Hydrid-reicheren Anionen EH_{n+1}^{-}, EH_{n+2}^{2-} usw. die Suffixe »uid« und »diuid« usw. (Tab. A8). Letztere Anionen werden allerdings in der Regel als Koordinationsverbindungen behandelt und dementsprechend bezeichnet (vgl. S. 2398 und Tab. A8; ihre Benennung durch Anfügen der Endung »at« an den betreffenden »an«-Hydridnamen – z. B. Boranat für BH_4^-, Alanat für AlH_4^- – wird nicht empfohlen).

Tab. A8 Nomenklatur von Elementhydridradikalen, -kationen, -anionen (charakteristische Suffixe fett)[a]

	$-EH_{n-1}$	$>EH_{n-2}$	$=EH_{n-2}$[b]	EH_{n+1}	EH_{n-1}^{+}	EH_{n-1}^{-}
B	Bora**nyl**	Boran**diyl**	Borany**liden**	Bora**nium**	Borany**lium**	Bora**nid**
C	Meth**yl**	Methan**diyl**	Methany**liden**	Metha**nium**	Methy**lium**	Metha**nid**
Si	Sil**yl**	Silan**diyl**	Silany**liden**	Sila**nium**	Sily**lium**	Sila**nid**
N	Azan**yl**	Azan**diyl**	Azany**liden**	Aza**nium**	Azany**lium**	Aza**nid**
P	Phosphan**yl**	Phosphan**diyl**	Phosphany**liden**	Phospha**nium**	Phosphany**lium**	Phospha**nid**
O	Oxidan**yl**	Oxidan**diyl**	Oxidany**liden**	Oxida**nium**	Oxidany**lium**	Oxida**nid**

a Die Bezeichnung der nichtaufgeführten – insbesondere für Borgruppenelemente wichtigen – Hydridaddukte EH_{n+1}^{-}, lauten z. B. für BH_4^- oder AlH_4^- »Bora**nuid**« oder »Aluma**nuid**« bzw. – meist – »Tetrahydridoborat« oder »-aluminat«.

b Für $\equiv EH_{n-3}$ analog: Boran-, Methan-, Silan-, Azan-, Phosphan-, Oxidany**lidin**.

In entsprechender Weise bezeichnet man die aus mehrkernigen Stammhydriden E_mH_n bzw. aus wasserstoffreichen oder -armen Stammhydriden $EH_{n\pm2}$ hervorgehenden Radikale, Kationen und Anionen, wobei in ersteren Fällen ein dem »an«-Namen vorausgestelltes griechisches Zahlwort die Anzahl der Elementatome, in letzteren Fällen ein, dem »an«-Namen vorangestelltes Zeichen λ^n die Anzahl der Wasserstoffatome anzeigt, z. B. »Dioxidanyl« $-OOH$, »Diazanyliden« $=N-NH_2$, »Diphosphanium« $P_2H_5^+$, »Triazanid« $N_3H_4^-$, »λ^5-Phosphanyl« $-PH_4$. Die Trivialnamen »Amino« für $-NH_2$ und $>NH$, »Imino« für $=NH$, »Ammonium« für NH_4^+, »Amid«

für NH$_2^-$, »Hydrazinium« für N$_2$H$_5^+$, »Hydrazindium« für N$_2$H$_6^{2+}$, »Hydroxy« (»Hydroxyl«) für −OH, »Oxy« für $>$O, »Oxo« für =O, »Oxonium« für H$_3$O$^+$ (»Hydronium« für in Wasser vorliegendes hydratisiertes H$^+$), »Hydroxid« für OH$^-$, »Hydroperoxy« für −OOH, »Hydroperoxid« für OOH$^-$ (u. A.) werden beibehalten. Auch kann man die Ionen PH$_4^+$, AsH$_4^+$, SbH$_4^+$ als »Phosphonium«, »Arsonium«, »Stibonium« bezeichnen.

Strukturelle Informationen über die Stammhydride werden durch Präfixe, Suffixe sowie Lokanten angezeigt, wobei letztere – u. a. in Form arabischer Ziffern – zur Angabe der Stellung (»Position«) von Substituenten an einem vorgegebenen Elementgerüst dienen. So berücksichtigt man im Falle der acyclischen Elementhydride alle Mehrfachbindungs-freien Spezies (»gesättigte Elementhydride«) – wie weiter oben (S. 2401) besprochen wurde – mit dem (zum Teil gekürzten) Elementnamen (entfällt bei Kohlenstoff), einer griechischen Zahl als Präfix (Anzahl der Elementatome) und dem Suffix »an«. Ab $m = 4$ existieren von den Tetrel- und Pentelhydriden Konstitutionsisomere (S. 357). Zu deren Benennung nummeriert man die Atome der längsten unverzweigten Kette durch und beschreibt die Verzweigungsäste als Substituenten (die Verzweigungsstellen sollen möglichst kleine Lokanten erhalten). Dies sei anhand der Hydride C$_4$H$_{10}$ (Name nicht Tetran, sondern Butan) und der hiervon abgeleiteten Radikale C$_4$H$_9$ illustriert (n = normal, i = iso, s = sec = sekundär, t = tert = tertiär; in Klammern Trivialnamen; n kann entfallen).

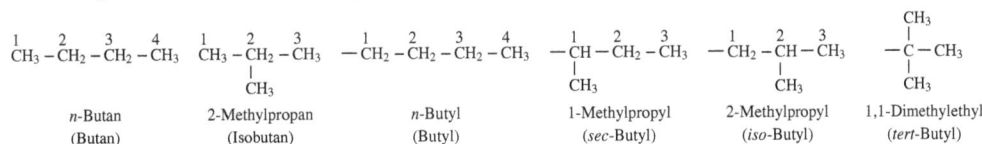

$\overset{1}{CH_3}-\overset{2}{CH_2}-\overset{3}{CH_2}-\overset{4}{CH_3}$	$\overset{1}{CH_3}-\overset{2}{CH_2}-\overset{3}{CH_3}$ $\quad\ \ |$ $\quad CH_3$	$-\overset{1}{CH_2}-\overset{2}{CH_2}-\overset{3}{CH_2}-\overset{4}{CH_3}$	$-\overset{1}{CH}-\overset{2}{CH_2}-\overset{3}{CH_3}$ $\ \ |$ $\ CH_3$	$-\overset{1}{CH_2}-\overset{2}{CH}-\overset{3}{CH_3}$ $\qquad\ |$ $\qquad CH_3$

n-Butan	2-Methylpropan	n-Butyl	1-Methylpropyl	2-Methylpropyl
(Butan)	(Isobutan)	(Butyl)	(*sec*-Butyl)	(*iso*-Butyl)

CH_3
$\ |$
$-C-CH_3$
$\ |$
CH_3

1,1-Dimethylethyl
(*tert*-Butyl)

Enthalten die Elementhydride auch Doppel und/oder Dreifachbindungen (»ungesättigte Elementhydride«), so bezeichnet man diese mit dem (zum Teil verkürzten) Elementnamen (entfällt bei Kohlenstoff), eine griechische Zahl als Präfix (Anzahl der Elementatome) sowie dem Suffix »en« und/oder »in« (bei mehreren Doppel- und Dreifachbindungen: »dien«, »trien«, »diin« usw.), wobei ein (möglichst niedriger) Lokant vor »en« oder »in« die Lage der Mehrfachbindungen anzeigt, z. B.:

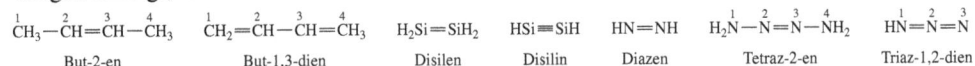

$\overset{1}{CH_3}-\overset{2}{CH}=\overset{3}{CH}-\overset{4}{CH_3}$	$\overset{1}{CH_2}=\overset{2}{CH}-\overset{3}{CH}=\overset{4}{CH_3}$	$H_2Si=SiH_2$	$HSi\equiv SiH$	$HN=NH$	$\overset{1}{H_2N}-\overset{2}{N}=\overset{3}{N}-\overset{4}{NH_2}$	$\overset{1}{HN}=\overset{2}{N}=\overset{3}{N}$
But-2-en	But-1,3-dien	Disilen	Disilin	Diazen	Tetraz-2-en	Triaz-1,2-dien

Die erste, zweite, fünfte, sechste und siebte Verbindung bezeichnet man auch als 2-Buten, 1,3-Butadien, Diimin, 2-Tetrazen, Stickstoffwasserstoffsäure (Hydrogenazid). Im Falle von 2-Buten können die Methylgruppen auf der gleichen Seite (»*cis*«) bzw. auf der entgegengesetzten Seite (»*trans*«) angeordnet sein (vgl. S. 358).

Das für acyclische Elementhydride Besprochene lässt sich auf cyclische Elementhydride übertragen. Den ringförmigen Bau charakterisiert man hierbei (i) durch das Präfix »*cyclo*«. Ferner (ii) legt man den ringförmigen Verbindungen organische cyclische Verbindungen zugrunde (vorteilhaft bei mehrcyclischen Spezies), in welchen man einzelne oder alle Kohlenstoffatome durch die vorliegenden Nichtkohlenstoffatome (Namen mit dem Suffix »a«; s. unten) ersetzt. Schließlich (iii) nutzt man den für die betreffenden gesättigten oder ungesättigten Ringverbindungen zutreffenden Hantzsch-Widman-Namen (vgl. S. 1304; vorteilhaft bei aus mehreren Atomsorten gebildeten Ringen). Beispiele mögen die Vorgehensweise verdeutlichen (bezüglich polycyclischer Elementhydride vgl. Phosphorhydride, S. 867, 876, s. Abb. A1).

Die Gerüste der Borhydride werden anders als die der Tetrel- und Pentelhydride durch Dreizentren-Zweielektronen-Bindungen (3z2e-Bindungen) zusammengehalten. Als Folge hiervon liegen käfigartige Elementhydride vor, die in Richtung B$_m$H$_{m+2}$ (»*closo*-Borane«), B$_m$H$_{m+4}$ (»*nido*-Borane«), B$_m$H$_{m+6}$ (»*arachno*-Borane«), B$_m$H$_{m+8}$ (»*hypho*-Borane«) zunehmend größere Öffnungen der aus kondensierten B$_3$-Ringen aufgebauten Käfige aufweisen. Bezüglich Einzelheiten der Nomenklatur von Borhydriden vgl. S. 1229.

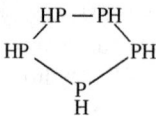

(i)   Cyclopentaphosphan
(ii) Pentaphosphacyclopentan
(iii) Pentaphospholidin

(i)   Cyclotrisilen
(ii) Trisilacyclopropen
(iii) 1H-Trisiliren

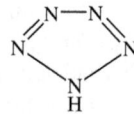

(i)   Cyclopentaaz-1,3-dien
(ii) Pentaazacyclopenta-1,3-dien
(iii) 1H-Pentazol

Abb. A1

Derivate der Stammhydride. Von den Stammhydriden E_mH_n kommt man durch Ersatz von Wasserstoffatomen gegen andere Atome oder Atomgruppen wie $-Cl$, $-OH$, $-NH_2$, $=O$, $=NH$, $\equiv N$ zu substituierten Elementhydriden. Man kann diesen Substitutionsvorgang durch Präfixe sowie Suffixe und – gegebenenfalls – Lokanten (s. oben) im Verbindungsnamen zum Ausdruck bringen. Hierbei werden die Gruppen zum Teil als Präfixe sowie Suffixe, zum Teil ausschließlich als Suffixe zitiert, s. Tab. A9.

Tab. A9

Präfixe/Suffixe ($-OH$ auch Hydroxyl)				Präfixe (alle Elementhydridradikale)	
$-OH$	Hydroxy-/-ol	$=NH$	Imino-/-imin	$-Hal$	Fluoro-, Chloro-, Bromo-, Iodo-
$=O$	Oxo-/-on	$\equiv N$	Nitrilo-/-nitril		(Fluor-, Chlor-, Brom-, Iod-)
$-SH$	Sulfanyl-/thiol	$-CN$	Cyano-/-carbonitril	$-N_3$, $-NC$	Azido, Isocyano
$=S$	Thioxo-/-thion	$-COOH$	Carboxy-/-carbons.	$-NO$, $-NO_2$	Nitroso-, Nitro-
$-NH_2$	Amino-/-amin	$-SO_3H$	Sulfo-/-sulfonsäure	$-OR$, $-OOR$	R-oxy, R-dioxy, Hydroperoxy

Bei mehreren Substituenten nutzt man in der Regel die »wesentliche« Gruppe als Suffix, die übrigen Gruppen – in alphabetischer Reihenfolge – als Präfixe. Multiplikative Präfixe (bi, tri, tetra …) weisen auf zwei oder mehrere identische Gruppen hin (sind die Substituenten ihrerseits substituiert, so nutzt man bis, tris, tetrakis …). Bei mehreren Möglichkeiten für die Wahl des Stammhydrids bezieht man sich in der Regel auf das Elementhydrid, dessen Element in nachfolgender Reihe zunächst aufgeführt ist, z. B. H_2Si-NH_2 = Silylamin (Silylazan), nicht Aminosilan (spielen Elemente die Rolle von »Zentren«, so kann auch anders verfahren werden):

N, P, As, Sb, Bi, Si, Ge, Sn, Pb, B, Al, Ga, In, Tl, O, S, Se, Te, C, F, Cl, Br, I.

Die in Tab. A10 zusammengestellten Beispiele mögen das Gesagte erläutern.

Von den Stammhydriden E_mH_n kommt man ferner durch Ersatz von Elementatomen gegen andere Elementatome zu heteronuklearen Elementhydriden. Man bringt diesen Substitutionsvorgang im Verbindungsnamen dadurch zum Ausdruck, dass man vor dem Namen des unsubstituierten Stammhydrids, die durch Suffixe »a« erweiterten (zum Teil verkürzten) Namen anderer

Tab. A10 Präfix/Suffix-Nomenklatur substituierter Elementstammhydride.

Formel	Name	Formel	Name
PH_2Cl [a]	Chlorophosphan/–	$Si_3H_7NH_2$ [b]	(Aminotrisilan)/Trisilylamin
SiH_3OH	Hydroxysilan/Silanol	$PhGeCl_2SiCl_3$ [a]	Trichloro[dichloro(phenyl)germyl]silan
$H_2S_6O_6$ [c]	–/Tetrasulfandisulfonsäure	$PrSn_3H_4BrCl_2$ [a,d]	1-Bromo-2,2-dichloro-3-propyl-tristannan
SF_6 [a]	Hexafluoro-λ^6-sulfan/–	$HN=N-NHMe$	3-Methyltriaz-1-en
$GeH(SiMe_3)_3$	Tris(trimethylsily)german/–	$B(BF_2)_3$ [a]	2-Difluoroboranyl-1,1,3,3-tetrafluorotriboran(5)

a Früher auch Chlorphosphan, Hexafluorsulfuran usw.
b $(H_3Si)_3N$ = Trisilylamin.
c Hexathionsäure $HO_3S-S-S-S-S-SO_3H$.
d $\cong C_3H_7SnH_2SnCl_2SnH_2Br$.

Tab. A11 »a«-Terme und ihre Rangfolge ($\downarrow \nearrow \downarrow \nearrow$).

F	Fluora	O	Oxa	N	Aza	C	Carba	B	Bora
Cl	Chlora	S	Thia	P	Phospha	Si	Sila	Al	Alumina
Br	Broma	Se	Selena	As	Arsa	Ge	Germa	Ga	Galla
I	Ioda	Te	Tellura	Sb	Stiba	Sn	Stanna	In	Inda
At	Astata	Po	Polona	Bi	Bisma	Pb	Plumba	Tl	Thalla

Elementatome unter Berücksichtigung ihrer Rangfolge setzt (s. Tab. A11); an die 13. Element-gruppe schließen sich die Elemente der 12., 11., 10., ... Gruppe an).

Bei mehreren gleichen Austauschelementen werden multiplikative Präfixe verwen-det, z. B. $SiH_3GeH_2SiH_2GeH_2SiH_3$ = »2,4-Digermapentasilan«. Für den Ersatz von H-Atomen in den Heteroelementhydriden gelten die oben erwähnten Regeln, z. B. $H_2NCH_2CH_2OCH_2NHCH_2OCH_2NH_2$ (abgeleitet von Octan $CH_3CH_2CH_2CH_2CH_2CH_2CH_3$) = 2,6-Dioxa-4-azaoctan-1,8-diamin. Besteht das Gerüst von Heteroelementhydriden aus einer al-ternierenden Folge $E-E'-E-E'-\ldots-E-E'-E$ von Nichtkohlenstoffelementen, so nennt man zunächst das Element E (vgl. S. 2404) mit multiplikativem Präfix und »a«-Suffix, dann das Element E′ mit Suffix »an« (beginnt E′ mit einem Vokal, so entfällt das »a« bei E), z. B. $H_3SiOSiH_3$ = »Disiloxan«, $H_3SiNHSiH_3$ = »Disilazan«, $H_3SnOSnH_2OSnH_2OSnH_3$ = »Tetra-stannoxan«, $H_3SiSSiH_2SSiH_3$ = »Trisilathian«, $[-SiH_2O-]_4$ = »Cyclotetrasiloxan«. Von großer Bedeutung ist die »a-Terminologie« für das Hantzsch-Widman-System (S. 1304).

Nomenklatur der Elementsauerstoffsäuren und ihrer Derivate

Elementsauerstoffsäureanionen (ohne Sauerstoff-gebundenen Wasserstoff). In Abweichung des bei den Komplexen chemischer Verbindungen Besprochenen ist es im Falle des anionischen Teils EO_n^{m-} der Salze von Elementsauerstoffsäuren (Analoges gilt für mehrkernige Spezies) auch üblich, die Anwesenheit von Sauerstoffliganden und ihr Mengenverhältnis ohne deren Nennung mithilfe bestimmter, dem Namen (oder eines Namenteils) des Elements E vor- oder nachgesetz-ter Silben anzugeben. Und zwar benutzt man (i) das Suffix »at« zur Bezeichnung von EO_n^{m-} mit E in einer gebräuchlichen hohen Oxidationsstufe, (ii) das Suffix »it« bzw. – nachrangig – das Präfix »hypo«[4] für einen um zwei Einheiten niedrigeren, das Präfix »per«[4] für einen um zwei Einheiten höheren Oxidationszustand von E, (iii) griechische Zahlworte (mono, di, tri, ... poly; mono kann entfallen) für die Anzahl der Atome E, (iv) das Präfix »Ortho«[4], falls die Zen-tralelemente der »at«-Anionen zusätzliche O^{2-}-Ionen enthalten bzw. »Meta«[4], falls von ihnen O^{2-} abgespalten ist (vgl. Tab. A12; Präfix »Meso«/»Ortho« bei Addition von einem/zwei O^{2-}, z. B.: $IO_4^-/IO_5^{3-}/IO_6^{5-}$: Periodat/Mesoperiodat./Orthoperiodat), (v) das Suffix »onat« bzw. »in-at«, falls Sulfit SO_3^{2-} oder Phosphit PO_3^{3-} bzw. Hyposulfit SO_2^{2-} oder Hypophosphit PO_2^{3-} ein Element-gebundenes H^+-Ion trägt (Analoges gilt für die homologen Elementsauerstoffsäuren). Als Komplexbestandteile erhalten die aufgeführten – und andere nicht aufgeführten – Sau-erstoffsäureanionen anstelle der Suffixe »at« und »it« die Nachsilben »ato« und »ito«, z. B. $[Cr^{III}(SO_4)_3]^{3-}$ = Trisulfatochromat(III) bzw. Trisulfatochromat(3−), $[Co^{III}(NO_2)_6]^{3-}$ = Hexa-nitritocobalt(III) bzw. Hexanitritocobalt(3−) (vgl. Koordinationsverbindungen, S. 2398).

Eine »einfachere« Nomenklatur der Elementsauerstoffsäureanionen gründet sich auf den Be-griff der Wertigkeit (Oxidationsstufe) des Zentralatoms, indem man diese als römische Zahl dem Elementnamen in Klammern beifügt und die Anionen – unabhängig von der Wertigkeit des Zentralatoms – durch Anhängen der Endung »at« zum Ausdruck bringt, z. B.: Chlorat(I) ClO^-,

---

[4] Herkunft. hypo (griech.) = unterhalb; pera (griech.) = darüber; theion (griech.) = Schwefel (letzteres griechische Wort bezeichnet zugleich »das Göttliche«, weil Räucherungen mit Schwefel, deren desinfizierende Wirkung schon im Alter-tum bekannt war, damals mit religiösen Handlungen durchgeführt wurden); orthos (griech.) = gerade, richtig, wahr; met (griech.) = neben, mit, zwischen, nach.

Tab. A12 Nomenklatur von Elementsauerstoffsäureanionen ohne O-gebundene H-Atome (vgl. auch bei den einzelnen Elementen)

ClO_4^-	Perchlorat^a	SO_4^{2-}	Sulfat^a	$S_2O_5^{2-}$	Disulfit	PO_4^{3-}	Phosphat^a	SiO_4^{4-}	Silicat
ClO_3^-	Chlorat^a	SO_3^{2-}	Sulfit^a	NO_3^-	Nitrat	$P_2O_7^{4-}$	Diphosphat	$Si_2O_7^{6-}$	Disilicat
ClO_2^-	Chlorit^a	SHO_3^-	Sulfonat^{ab}	NO_4^-	Orthonitrat	PO_3^{3-}	Phosphit^a	SiO_3^{2-}	Metasilicat
ClO^-	Hypochlorit^a	SHO_2^-	Sulfinat^{ab}	NO_2^-	Nitrit	PHO_3^{2-}	Phosphonat^{ab}	BO_3^{3-}	Borat
IO_6^{5-}	Orthoperiodat	$S_2O_6^{2-}$	Dithionat	$N_2O_2^{2-}$	Hypodinitrit	PHO_2^{2-}	Phosphinat^{ab}	BO_4^{5-}	Orthoborat
TeO_6^{6-}	Orthotellurat	$S_2O_4^{2-}$	Dithionit	$N_2O_3^{2-}$	Oxidodinitrit	CO_3^{2-}	Carbonat	BO_2^-	Metaborat

a Analog: Perbromat, Bromat, Bromit, Hypobromit; Periodat, Iodat, Iodit, Hypoiodit; Selenat, Selenit, Selenonat, Seleninat; Tellurat, Tellurit; Arsenat, Arsenit, Arsonat, Arsinat
b Mit Element-gebundenem H$^+$-Ion.

Chlorat(III) ClO_2^-, Chlorat(V) ClO_3^-, Chlorat(VII) ClO_4^-, Orthoperiodat(VII) IO_6^{5-} usw. Die »rationelle« Nomenklatur der Anionen erfolgt nach den in vorhergehenden Unterkapiteln aufgestellten Regeln, z. B. »Trioxochlorat(V) bzw. $(1-)$« ClO_3^- (empfohlen: Trioxidochlorat(V) bzw. $(1-)$), »μ-Oxo-bis(trioxosilicat)(6−)« $Si_2O_7^{6-}$ (empfohlen: μ-Oxido-bis(trioxidosilicat(6−)), »Bis(trioxosulfat(V)(S−S)« bzw. $(2-)(S-S)$ $S_2O_6^{2-}$ (empfohlen: Bis(trioxidosulfat(V)(S−S) bzw. $(2-)(S-S)$).

Elementsauerstoffsäuren. Die Benennung von einkernigen Elementsauerstoffsäuren H_mEO_n (Entsprechendes gilt für mehrkernige Spezies), die sich von auf »at« (auf »it«) endenden Anionen EO_n^{m-} ableiten, erfolgt durch Anhängen des Worts »säure« (des Ausdrucks »...ige Säure«) an den Element- bzw. einen Spezialnamen, z. B.: »Chlorsäure« $HClO_3$, »Bromsäure« $HBrO_3$, »Iodsäure« HIO_3, »Schwefelsäure« H_2SO_4, »Schweflige Säure« H_2SO_3, »Sulfonsäure« HSO_3H, »Hyposchweflige Säure« H_2SO_2, »Sulfinsäure« HSO_2H, »Dithionsäure« $H_2S_2O_6$, »Selensäure« H_2SeO_4, »Salpetersäure« HNO_3, »Phosphorsäure« H_3PO_4, »Phosphorige Säure« H_3PO_3, »Phosphonsäure« HPO_3H_2, »Hypophosphorige Säure« H_3PO_2, »Phosphinsäure« H_2PO_2H, »Arsensäure« H_3AsO_4, »Kohlensäure« H_2CO_3, »Kieselsäure« H_4SiO_4, »Dikieselsäure« $H_6Si_2O_7$, »Borsäure« H_3BO_3. Die Vorsilbe »per« wird zur Kennzeichnung einer Säure H_mEO_n mit E in einer um 2 Einheiten höheren als der oben erwähnten Oxidationsstufe benutzt, z. B.: »Perchlorsäure« $HClO_4$, »Orthoperiodsäure« H_5IO_6, die Vorsilbe »hypo« (früher auch »unter«) zur Benennung einer um zwei Einheiten niedriger oxidierten Säure z. B.: »Hypochlorige Säure« $HClO$.

Eine »einfachere« Nomenklatur gründet sich wie im Falle der Säureanionen auf die Wertigkeit des Säurezentralatoms, indem man diese als römische Zahl dem Elementnamen in Klammern beifügt und die Spezies durch Anhängen der Endung »-säure« zum Ausdruck bringt, z. B. »Chlor(I)-säure« $HClO$, »Chlor(III)-säure« $HClO_2$, »Chlor(V)-säure« $HClO_3$, »Chlor(VII)-säure« $HClO_4$.

Zur Benennung teilprotonierter oder protonierter Elementsauerstoffsäuren setzt man dem Säureanion (vgl. Tab. A12) das Wort »Hydrogen« voraus und gibt als Präfix die Zahl der H-Atome, als Suffix die Ladung der Verbindung in Klammern an, z. B. »Hydrogensulfat(1−)« HSO_4^-, »Trihydrogensulfat(1+)« $H_3SO_4^+$, »Hydrogensulfit(1−)« SO_3H^- (aber »Sulfonat(1−)« HSO_3^- mit einem S-gebundenen H$^+$-Ion), »Dihydrogennitrat(1+)« $H_2NO_3^+$, »Dihydrogenphosphat(1−)« $H_2PO_4^-$, »Dihydrogenphosphit(1−)« $PO_3H_2^-$ (aber »Hydrogenphosphonat(1−)« HPO_3H^- mit einem P-gebundenen H$^+$-Ion), »Hydrogenphosphat(1−)« HPO_4^-, »Tetrahydrogenphosphat(1+)« $H_4PO_4^+$, »Hydrogencarbonat(1−)« HCO_3^-, »Dihydrogenborat(1−)« $H_2BO_3^-$ (auf die Angaben der negativen Ladungen kann verzichtet werden; die Verwendung von »bi« als Präfix wie in Bicarbonat HCO_3^- oder »acidium« als Suffix wie in Nitratacidium $H_2NO_3^-$ wird nicht empfohlen).

Zur »rationellen« Benennung der neutralen, deprotonierten und protonierten Elementsauerstoffsäuren nutzt man die »additive Nomenklatur« für Koordinationsverbindungen, z. B. »Hydroxidodioxidochlor« $HClO_3 \mathrel{\widehat{=}} ClO_2(OH)$, »Pentahydroxidooxidoiod« $H_5IO_6 \mathrel{\widehat{=}} IO(OH)_5$, »Dihydroxidodioxidosulfur« $H_2SO_4 = SO_2(OH)_2$, »Trihydroxidooxidosulfur(1+)« $H_3SO_4^+ \mathrel{\widehat{=}}$

$SO(OH)_3^+$, »μ-Oxido-bis(hydroxidodioxidosulfur)« $H_2S_2O_7 \; \hat{=} \; (HO)O_2S-O-SO_2(OH)$, »Bis(hydroxidodioxidosulfur)(S—S)« $H_2S_2O_6 = (HO)O_2S-SO_2(OH)$, »Trihydroxidophosphor« $H_3PO_3 \; \hat{=} \; P(OH)_3$, »Hydridodihydroxidooxidophosphor« $H_3PO_3 = PHO(OH)_2$, »Dihydrido-hydroxidonitrogen« NH_2OH, »Dihydroxidodinitrogen(N—N)« $H_2N_2O_2 \; \hat{=} \; HON=NOH$.

Bezüglich der Nomenklatur von Heteropolysäuren vgl. S. 1885.

Derivate von Elementsauerstoffsäuren. In den Elementsauerstoffsäuren H_mEO_n lassen sich die Sauerstoff- oder Element-gebundenen H-Atome oder die O-Atome durch andere Gruppen ersetzen. In ersteren Fällen (Ersatz von H) verfährt man wie bei den Elementhydriden und bezeichnet etwa das Trimethylderivat der Phosphorsäure $PO(OMe)_3$ als »Trimethylphosphat«, das Chlorderivat $ClSO_3H$ der Sulfonsäure HSO_3H als »Chlorosulfonsäure« oder Chlorsulfonsäure, das Phenylderivat $PhAsO_3H_2$ der Arsonsäure $HAsO_3H_2$ als »Phenylarsonsäure«. In letzteren Fällen (Ersatz von O) erfolgt die Benennung im Sinne der »additiven Nomenklatur« (S. 2396; z.B. $HNO_4 = NO_2(OOH) = $»(Dioxidanido)dioxidonitrogen«, $POCl_3 = $»Trichloridooxidophosphor«) oder im Sinne der »substitutiven Nomenklatur« (S. 2397; z.B.: $H3O3Cl - SClHO_3 = $»Chloridohydridotrioxido-λ^6-sulfan«). Aus Gewohnheit nutzt man für die Bezeichnung der Derivate aber vielfach eine »substitutive Nomenklatur«, die sich auf die Elementsauerstoffsäuren als »Stammverbindungen« bezieht. So kann man den Ersatz einer OH-Gruppe analog dem Ersatz eines H-Atoms in einem Stammhydrid durch gruppenspezifische Präfixe und Suffixe (vgl. S. 2404) andeuten, z.B.: Schwefelsäure $SO_2(OH)_2 \longrightarrow SO_2Cl(OH)$: »Chloroschwefelsäure« bzw. »Chloridoschwefelsäure«; $\longrightarrow SO_2(OH)(OOH)$: »Peroxoschwefelsäure«; $\longrightarrow SO_2(NH_2)(OH)$: »Amidoschwefelsäure« bzw. »Schwefelsäureamid«; $\longrightarrow SO_2(OH)(SH)$: »Thioschwefelsäure«.

Die nach Abspaltung aller OH-Gruppen aus Elementsauerstoffsäuren verbleibenden Reste haben vielfach eigene Bezeichnungen bekommen, z.B. $HOX \longrightarrow -XO$ »Chlorosyl«, »Bromosyl«, »Iodosyl«; $HOXO_2 \longrightarrow -XO_2$: »Chloryl«, »Bromyl«, »Iodyl«; $HOXO_3 \longrightarrow -XO_3$: »Perchloryl«, »Perbromyl«, »Periodyl«; $(HO)_2SO \longrightarrow {>}SO$: »Sulfinyl«, »Thionyl«; $(HO)_2SO_2 \longrightarrow {>}SO_2$: »Sulfuryl«; $(HO_2)SeO \longrightarrow {>}SeO$: »Seleninyl«; $(HO)_2SeO_2 \longrightarrow {>}SeO_2$: »Selenonyl«, $HONO \longrightarrow -NO$: »Nitrosyl«; $HONO_2 \longrightarrow -NO_2$: »Nitryl«; $(HO)_3PO \longrightarrow -PO$: »Phosphoryl«; $(HO)_3AsO \longrightarrow -AsO$ »Arsoryl«. Bei Verwendung dieser Gruppenbezeichnungen vereinfachen sich vielfach die Namen von Säurederivaten, z.B. $SO_2Cl_2 = $»Sulfurylchlorid« (oder -dichlorid), $POCl_3 = $»Phosphorylchlorid«.

Nomenklatur metallorganischer Verbindungen

Verbindungsnamen. Zur rationellen Bezeichnung metallorganischer Verbindungen, also chemischer Verbindungen mit mindestens einer Metall-Kohlenstoff-Bindung, nutzt man in der Regel für Metalle der 1.–12. Gruppe (Gruppen der Alkali-, Erdalkali-, Übergangsmetalle) die »additive Nomenklatur« und für Metalle ab der 13. Gruppe (Metalle der Bor-, Kohlenstoff-Gruppe usw.) die »substitutive Nomenklatur«. Bei Anwendung der additiven Nomenklatur bildet man Verbindungsnamen wie im Falle der komplexen chemischen Verbindungen (Koordinationsverbindungen, S. 2398) durch Angabe zunächst der alphabetisch geordneten Namen der Liganden, welche gegebenenfalls multiplikative Präfixe (di, tri, tetra, ... bis, tris tetrakis, ...) und – falls sie negativ geladen sind – Suffixe »ido« erhalten, dann den Namen des Metalls mit dem Suffix »$(m+)$« bzw. »at$(m-)$«, falls der metallorganische Verbindungsteil positiv oder negativ geladen ist, z.B. $CrtBu_4 = $»Tetra-tert-butylchrom«, $[OsEt(NH_3)_5]^+Cl^- = $»Pentaammin(ethyl)osmium(+1)-chlorid«, $Li^+CuMe_2^- = $»Lithium-dimethylcuprat(1–)«. Da der Ladungszustand der organischen Liganden meist im Bereich ungeladen bis negativ geladen liegt, existieren vielfach zwei Verbindungsnamen, z.B. $TiCl_3Me = $»Trichlorido(methyl)titan« bzw. »Trichlorido(methanido)titan«. Enthalten die metallorganischen Verbindungen andererseits vorwiegend heterovalente MC-Bindungen, so kann man diese auch im Sinne einfacher chemischer Verbindungen bezeichnen, z.B. $LiCH_3$ neben »Methyllithium« und »Methanidolithium«

auch »Lithium-methanid«, KC_5H_5 neben »Cyclopentadienylkalium« und »Cyclopentadienido-kalium« auch »Kalium-cyclopentadienid«.

Bei Anwendung der substitutiven Nomenklatur modifiziert man den Namen des Stamm-elementhydrids durch den als Präfix genutzten Namen des oder der H-ersetzenden Sub-stituenten (Methyl, Chloro usw.; alphabetische Reihenfolge, multiplikative Zahlenpräfixe), z. B.: $AlMe_3$ = »Trimethylalan« (empfohlen »Trimethylaluman«), $SbMe_5$ = »Pentamethyl-λ^5-stiban«, $SnMe_2$ = »Dimethyl-λ^2-stannan«, $Et_3Pb-PbEt_3$ = »Hexaethyldiplumban«, $PhSb=SbPh$ = »Diphenyldistiben«, $H_2As-CH_2-CH_2-SO_3H$ = »2-Arsanyl-ethan-1-sulfon-säure«, $MeH_2Si-O-PH-O-CH_2Me$ (abgeleitet von Heptan) = »3,5-Dioxa-4-phospha-2-silaheptan«. Enthält das Metallorganyl mehrere Metalle der 13. Gruppe, so bildet das Hydrid mit dem höchstrangigen Element (S. 2404) das Stammhydrid z. B. $para$-$H_2Sb-C_6H_4-AsH_2$ = »4-(Stibanyl)phenyl)arsan«. Enthält es sowohl Metalle der 1.–12. als auch solche ab der 13. Gruppe, so wendet man die additive Nomenklatur an.

Bildet ein organischer Ligand zu einem oder mehreren Metallatomen mehrere Metall-Kohlen-stoff-Bindungen aus, so ergibt sich der Ligandenname aus dem Stammhydrid nach den Regeln der »substitutiven Nomenklatur«, wobei folgendes zu beachten ist: 1. μ_m steht für eine Organyl-brücke zu m Metallzentren ($m = 2$ kann entfallen). Bezüglich einiger Beispiele vgl. die Grup-pierungen (a)–(e), (i) (M steht für ein Metallfragment). – 2. Wirkt die Organylgruppe als Chelat-ligand und ist demgemäß mehrfach mit einem Metallzentrum verknüpft, so entfällt naturgemäß das Zeichen μ (vgl. (f)). – 3. Die Namen der zwei- und dreifach gebundenen Organylgruppen erhalten die Suffixe »yliden« und »ylidin« (vgl. (g), (i)). – 4. Die Haptizität[1] η^n steht für die An-zahl n von C-Atomen eines ungesättigten Carbonhydrids zu einem Metallzentrum (vgl. (k), (n)). Anstelle von η^n können zur Lokalisierung der C-Atome vor das Präfix η deren Lokanten gesetzt werden (vgl. (o)). – 5. Sind in organischen Liganden H- und/oder C-Atome durch andere Atome bzw. Atomgruppen ersetzt, so erfolgt deren Benennung – wie besprochen – durch die »substi-tutive Nomenklatur« (vielfach nutzt man hier auch Trivialnamen). Einige Verbindungsbeispiele (vgl. (p)–(v)) mögen das Besprochene verdeutlichen.

Viele Übergangsmetalle bilden Bis(cyclopentadienyl)-Komplexe $M(C_5H_5)_2$ = MCp_2 mit par-allel zueinander angeordneten Cp-Resten. Dann, und nur dann bezeichnet man diese in stren-gem Sinne als Metallocene (vgl. S. 2190) und bildet – ausgehend von ihnen – Derivate, z. B. $Fe(C_5H_5)(C_5H_4Li)$ = »Lithiumferrocen« bzw. »Ferrocenyllithium«, $Os(C_5H_4COMe)_2$ = »1,1'-Diacetylosmocen« bzw. »Osmocen-1,1'-diylbis(ethan-1-on)«. Die Bezeichnung von Bis(cyclo-octatetraen)-Komplexen der inneren Übergangsmetalle als Metallocene wird nicht empfohlen (s. Abb. A2).

Verbindungsformel. In den Formeln wird – anders als im Namen – das Symbol des Zentral-atoms eines metallorganischen Komplexes an den Anfang gesetzt. Anschließend werden die Formeln der Liganden (bei mehratomigen Liganden in runden Klammern) in alphabetischer Rei-henfolge aufgeführt. Die Formel der metallorganischen Verbindung wird in eckige Klammern gesetzt (bei einfach zusammengesetzten Verbindungen wie $AlMe_3$, $SbMe_5$, $FeCp_2$ verzichtet man im Allgemeinen auf die Klammer).

Wertigkeit. Die Wertigkeiten (Oxidationsstufen) der Zentralmetalle metallorganischer Kom-plexe gehen vielfach nicht aus deren Formeln hervor, da der Ladungszustand der gebundenen Organylgruppen nicht bekannt ist. So kommt etwa dem Ruthenium in $[Ru(CH_2)Cl_2(PPh_3)_2]$ die Oxidationsstufe 0 bzw. die Oxidationsstufe IV zu, falls CH_2 als Neutralligand $:CH_2$ (d. h. 2-Elek-tronendonor) bzw. als anionischer Ligand $\ddot{C}H_2^{2-}$ (d. h. 4-Elektronendonor) wirkt. Demgemäß verzichtet man meist auf die Angabe der Wertigkeit des Zentralmetalls.

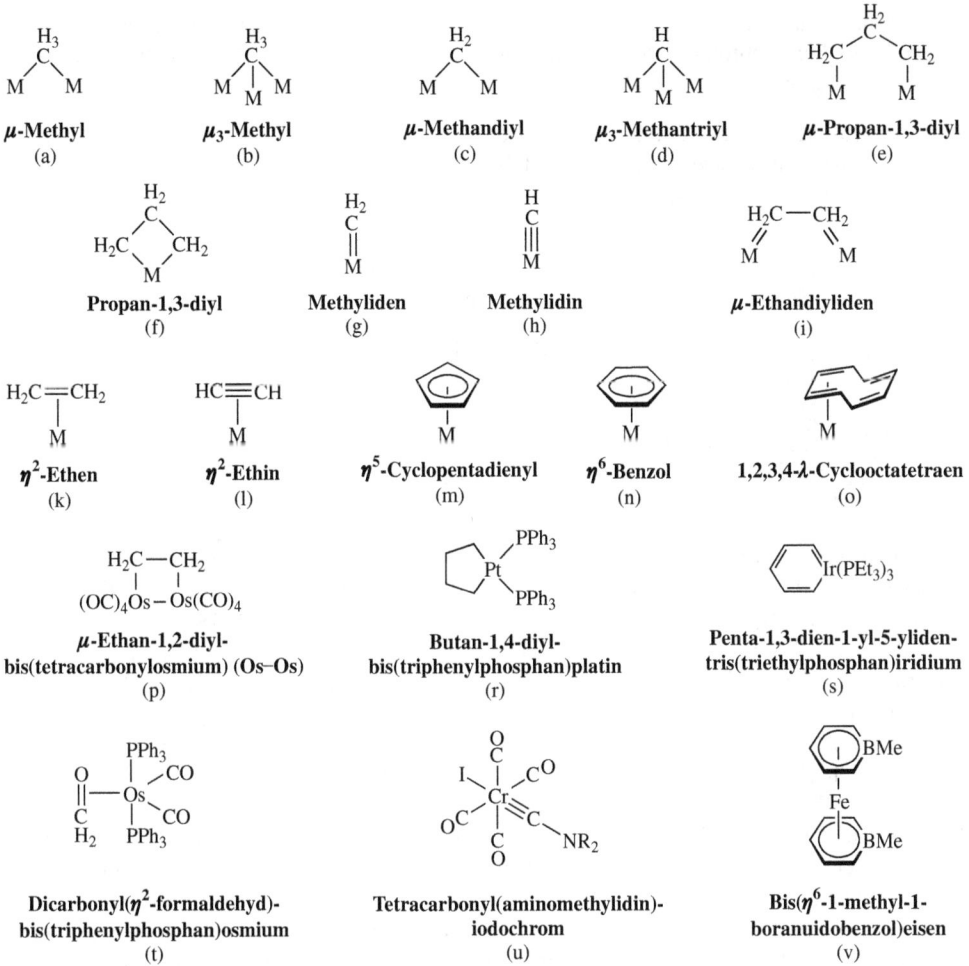

Abb. A2

Nomenklatur der Stereoisomeren

Die benachbarte und nicht benachbarte Stellung zweier gleicher Liganden in einem quadratischen oder oktaedrischen Komplex wird durch die Vorsilbe *cis* bzw. *trans*[5], die Stellung dreier gleicher Liganden an den Ecken einer Oktaederfläche bzw. der drei Ecken einer Äquatorialfläche des Oktaeders durch die Vorsilben *fac* bzw. *mer*[4] angegeben (vgl. S. 1584).

[CoCl₂(NH₃)₄]Cl   Tetraammin-*cis*- bzw. *trans*-dichloridocobalt(III)-chlorid;
[RuCl₃py₃]   *fac*- bzw. *mer*-Trichloridotris(pyridin)ruthenium(III).

Die Terme dextro oder laevo (Symbole *d* oder *l* bzw. (+) oder (−))[5] weisen andererseits auf eine rechte oder linke Drehung der Ebene des polarisierten Lichts bei Durchgang durch den zu benennenden Komplex.

Mit den Präfixen *cis, trans, fac, mer* lassen sich komplizierter gebaute diastereomere Systeme nicht eindeutig beschreiben; auch sagt die Drehrichtung polarisierten Lichts nichts über die Struktur enantiomerer Systeme aus. Zur systematischen Nomenklatur stereoisomerer Koordinationsverbindungen setzt man dem Namen des betreffenden Isomers ML$_n$ ein Zeichensymbol (in eckigen Klammern) voraus, das der Reihe nach aus folgenden vier Teilen besteht: 1. Symbol für die Koordinationsgeometrie von ML$_n$, 2. Zahlensymbol für die geometrische Anordnung der Komplexliganden (Konfigurationsnummer), 3. Buchstabensymbol zur Charakterisierung der spiegelbildlichen Anordnung der Komplexliganden (Chiralitätssymbol), 4. Buchstabensymbol (in runden Klammern) zur Charakterisierung der Ligandenkonfiguration, falls notwendig.

Koordinationsgeometrie. Die Symbole für die Koordinationsgeometrie von ML_n (»Polyeder-Symbole«) bestehen aus den Anfangsbuchstaben des betreffenden Polyeders (englischer Name)[5] mit nachfolgender Angabe der Zahl n:

ML_2	linear	L-2	ML_6	trigonal-prismatisch	TPR-6
	gewinkelt	A-2	ML_7	pentagonal-bipyramidal	PBPY-7
ML_3	trigonal-planar	TP-3		überkappt-oktaedrisch	OCF-7
	pyramidal	TPY-3		überkappt-trigonal-prismatisch	TPRS-7
	T-förmig	TS-3	ML_8	kubisch	CU-8
ML_4	tetraedrisch	T-4		quadratisch-antiprismatisch	SAPR-8
	quadratisch-planar	SP-4		dodekaedrisch	DD-8
	wippenförmig	SS-4		hexagonal-bipyramidal	HBPY-8
ML_5	trigonal-bipyramidal	TBPY-5		*trans*-bikappt-oktaedrisch	OCT-8
	quadratisch-pyramidal	SPY-5		bikappt-trigonal-prismatisch	TPRS-8
ML_6	oktaedrisch	OC-6	ML_9	trikappt-trigonal-prismatisch	TPRS-9

Konfigurationsnummer, Chiralitätssymbol. Bei tetraedrischen Komplexen (keine Diastereo-mere) entfällt die Konfigurationsnummer, und das Chiralitätssymbol lautet R oder S (zur Bestimmung der Symbole s. unten); z. B. (+)- oder (−)-Mn(CO)(NO)(PPh₃)(η^5-C₅H₅) = [T-4-R] und [T-4-S]-Carbonyl-η^5-cyclopentadienylnitrosyltriphenyl-phosphanmangan). Bei quadratisch-planaren Komplexen (keine Enantiomere) entfällt das Chiralitätssymbol, und die Konfigurationsnummer ist gleich der Priorität des Liganden in *trans*-Stellung zum Liganden mit höchster Rangfolge (Priorität 1) nach der Cahn-Ingold-Prelog'sche» Sequenzregel« (CIP-Regel; s. unten). Für Beispiele vgl. Komplexe Ma₂b₂, Ma₂bc und Mabcd auf S. 451 (angenommene Priorität: a > b > c > d). Zur Festlegung der Konfigurationsnummern und des Chiralitätssym-bols oktaedrischer Komplexe ML_6 unterteilt man letztere in die Hauptachse ML_2 und in die dazu senkrecht angeordnete quadratisch-planare Teilgruppe ML_4, wobei die Hauptachse stets den Liganden der Priorität 1 im CIP-System (s. unten) enthalten muss und – falls der Komplex mehrere Liganden der Priorität 1 aufweist – zusätzlich jenen von mehreren möglichen Liganden, dem die kleinste Priorität zukommt. Die zweiziffrige Konfigurationsnummer besteht (i) aus der Priorität des Liganden in *trans*-Stellung zum Liganden höchster Priorität der Hauptachse ML_2 und (ii) aus der Priorität des Liganden in *trans*-Stellung zum Liganden höchster Priorität im quadratisch-planaren Teil ML_4. Zur Festlegung des Chiralitätssymbols oktaedrischer Komple-xe mit einzähnigen und höchstens einem zweizähnigen Liganden betrachtet man den Komplex in Richtung der Hauptachse in der Weise, dass der Ligand höherer Priorität vor, der Ligand geringerer Priorität hinter dem asymmetrischen Metallzentrum angeordnet ist. Liegt nunmehr im quadratisch-planaren Teil ML_4 der Ligand höherer Priorität im Uhr- oder Gegenuhrzeiger-sinn neben dem Liganden höchster Priorität, so lautet das Chiralitätssymbol der Komplexe C oder A[5]. Die – nach anderen Regeln abgeleiteten – Chiralitätssymbole für oktaedrische Kom-plexe mit zwei oder drei zweizähnigen Liganden sind Δ oder Λ[5] (für Beispiele vgl. Komplexe Ma₄b₂, Ma₃b₃, Ma₂b₂c₂, M(a⌢a)₃, M(a⌢a)₂b₂ und M(a⌢b⌢c⌢b)c₂ auf S. 1585, 1585, 1586; ange-nommene Priorität a > b > c).

Ligandenkonfiguration. Die Chiralität tetraedrischer oder pseudotetraedrischer Atome des Li-ganden L (Ligandenkonfiguration) wird durch die Symbole R oder S, die spiegelbildliche Kon-formation von Chelatringen durch die Symbole δ oder λ[5] charakterisiert.

Sequenzregel. Die namentliche Wiedergabe chiraler Moleküle mit einem tetraedrischen oder pyramidalen Asymmetriezentrum erfolgt nach der Sequenzregel von Cahn, Ingold und Prelog (CIP-Regel) in der Weise, dass man die Gruppen a, b, c, d der Enantiomeren Eabcd nach abneh-mender Priorität ordnet, d. h. nach abnehmender Ordnungszahl (bzw. Masse bei Isotopen) des direkten Bindungspartners von E und – nachrangig – nach abnehmender Ordnungszahl (Masse) der übernächsten, dann überübernächsten Bindungspartner (doppelt oder dreifach gebundene Bindungspartner erhalten doppelte oder dreifache Ordnungszahl (Masse)):

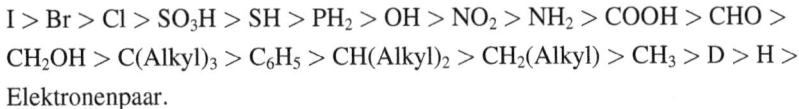

$$I > Br > Cl > SO_3H > SH > PH_2 > OH > NO_2 > NH_2 > COOH > CHO >$$
$$CH_2OH > C(Alkyl)_3 > C_6H_5 > CH(Alkyl)_2 > CH_2(Alkyl) > CH_3 > D > H >$$
Elektronenpaar.

Das betreffende Chiralitätsisomere Eabcd wird nun so betrachtet, dass die Gruppe von niedrigster Priorität (z. B. H-Atom oder Elektronenpaar) hinter das Asymmetriezentrum zu liegen kommt. Die Aufeinanderfolge der drei dem Betrachter zugewandten Gruppen nach abnehmender Priorität im Uhrzeiger- oder Gegenuhrzeigersinn ergibt die Konfiguration R bzw. S^5 am Chiralitätszentrum. Man charakterisiert die Enantiomeren dementsprechend durch die Namenspräfixe (R) und (S) und bezeichnet im Falle der spiegelbildisomeren Glycerinaldehyde $C(OH)(CHO)(CH_2OH)(H)$ (Gruppen geordnet nach abnehmender Priorität) die (+)-Form als (R)-Glycerinaldehyd, die (−)-Form als (S)-Glycerinaldehyd (vgl. S. 443). Früher benannte man die betreffenden Isomeren nach Fischer auch als (D)- und (L)-Glycerinaldehyd, da in der Fischer-Projektion des Moleküls mit obenstehender CHO-Gruppe die OH-Gruppe einmal rechts und einmal links der Kohlenstoffkette angeordnet ist (in entsprechender Weise lassen sich andere Verbindungen nach Fischer einer (D)- und (L)-Form zuordnen).[6]

Die durch (R) und (S) bzw. (D) und (L) charakterisierte Konfiguration eines Enantiomeren hat nichts mit der beobachtbaren optischen Drehung des betreffenden Isomeren zu tun. Die absolute Konfiguration eines bestimmten rechtsdrehenden (+)- bzw. (d)- oder linksdrehenden (−)- bzw. (l)-Enantiomeren kann auf dem Wege einer direkten Strukturbestimmung durch anomale Röntgenstreuung oder durch chemische Korrelation der Konfiguration des betreffenden Isomeren mit der Konfiguration eines anderen Enantiomeren, dessen absolute Konfiguration bekannt ist, erfolgen (ist letztere unbekannt, so führt die chemische Korrelation zur relativen Konfiguration des betrachteten Enantiomeren). Bei Kenntnis des Zusammenhangs von optischem Drehsinn und absoluter Konfiguration wird der optische Drehsinn mit in das Namenspräfix aufgenommen, z. B. (R)-(+)- bzw. (S)-(−)-Glycerinaldehyd.

i   **Geschichtliches.** Die Frage nach der absoluten Konfiguration einer chiralen Verbindung (des Natriumrubidium-Salzes der (+)-Weinsäure) löste 1951 erstmals J. M. Bijovoet durch die von ihm entdeckte anomale Röntgenstrukturdiffraktion.

Abkürzungen von Liganden und Radikalen

Zur Vereinfachung der Schreibweise chemischer Formeln ist es üblich, Liganden und Radikale durch geeignete »Kürzel« zu symbolisieren. Diese bestehen für neutrale und anionische Liganden, welche dem Komplexzentrum 2 Elektronen liefern, aus einer Reihe von kleinen Buchstaben (z. B. bipy für 2,2'-Bipyridyl $NC_5H_4-C_5H_4N$, acac⁻ für Acetylacetonat $Me-CO-CH=C(O-)Me$), und für Radikale, die den Komplexen 1 Elektron liefern, aus einem großen Buchstaben mit einem oder mehreren nachfolgenden kleinen Buchstaben (z. B. Bu

---

[5]   Herkunft. *cis* (lat.) = dieselbe; *trans* (lat.) = jenseits; *fac* von facies (facial, lat.) = Gesicht; *mer* von meridonalis (lat.) = Nord-Süd-Richtung, gewinkelt = angular (engl.); quadratisch = square (engl); Fläche = face (engl.); in OCF bzw. TPRS weist F bzw. S auf eine Überkappung der oktaedrischen bzw. quadratischen Flächen; C von clockwise, A von anticlockwise (engl. clock = Uhr); Δ = D von dexter (lat.) = rechts, Λ = L von Laeuns (lat.) = links (statt großer griechischer Buchstaben Δ und Λ zur Angabe der Komplexkonfiguration verwendet man kleine griechische Buchstaben δ und λ zur Angabe der Chelatkonformation vgl. Beispiele auf S. 1586).

[6]   Die (+, −)-, (R, S)- oder (D, L)-Enantiomeren-Zuordnung hat unterschiedliche Ursachen (optischer Drehsinn, Sequenzregel, Fischer-Projektion); eine Übereinstimmung von (+) mit (R) oder (D) wie im Falle von rechtsdrehendem Glycerinaldehyd ist deshalb zufällig. Auch beschreiben die Bezeichnungen (R) und (S) Molekülkonfigurationen zwar eindeutig, gleiche Konfigurationen verwandter Moleküle werden aber gelegentlich als Folge der Sequenzregel (z. B. bei Substitution eines leichten Atoms eines Substituenten durch ein schwereres) unterschiedlich bezeichnet.

C_4H_9 für Butyl, Tsi für Tris(trimethylsilyl)methyl $C(SiMe_3)_3$). Manche Liganden werden vielfach auch durch eine Reihe nur großer anstelle nur kleiner Buchstaben symbolisiert (z. B. THF für Tetrahydrofuran C_4H_8O). Wichtige Kürzel für Liganden und Radikale findet man auf S. 1061, 1552 und 1557 des Lehrbuchs.

Personenregister

Sachregister

Tafeln

Tafeln

Tafel II Elemente

Element (radioak. rot)	Nummer Symbol	relative Atommasse[a]	Entdecker (Jahr) und/oder Erstgewinner (Jahr)	Verteilung der Elemente Gew.-%[b]	$\frac{mg}{kg}$ Kruste[c]	$\frac{mg}{l}$ Meer[c]	$\frac{mg}{kg}$ Mensch
Actinium	89 Ac	227.027 751	Debierne (1899)	6×10^{-14}	6×10^{-10}	–	–
Aluminium	13 Al	26.981 539(5)	Oersted (1825), Wöhler (1827)	7.7	81 600	0.005	0.5
Americium	95 Am	241.056 824 6	Seaborg, James, Morgan	–	–	–	–
		243.061 374 1	Ghiorso (1944)				
Antimon	51 Sb	121.760(1)	Valentin (1492)	2×10^{-5}	0.02	0.001	–
Argon	18 Ar	39.948(1)	Raleigh, Ramsey (1894)	3.6×10^{-4}	–	0.45	–
Arsen	33 As	74.921 60(1)	Albertus Magnus (ca. 1250)	1.7×10^{-4}	1.8	0.0023	0.05
Astat	85 At	209.987 143	Corson, McKenzie, Segré (1940)	3×10^{-24}	3×10^{-20}	2×10^{-14}	–
Barium	56 Ba	137.327(7)	Scheele (1774), Davy (1809)	0.04	425	0.05	0.3
Berkelium	97 Bk	249.074 984 4	Thomson, Ghiorso, Seaborg (1949)	–	–	–	–
Beryllium	4 Be	9.012 182(3)	Wöhler (1828)	2.7×10^{-4}	2.8	6×10^{-7}	–
Bismut[d]	83 Bi	208.980 40(1)	unbekannt (Antike)	2×10^{-5}	0.2	2×10^{-5}	–
Blei[e]	82 Pb	207.2(1)	unbekannt (vor 1480)	1.2×10^{-5}	13	3×10^{-5}	0.5
Bor	5 B	10.811(5)	Gay-Lussac, Thenard, Davy (1808)	0.001	10	4.5	0.2
Brom	35 Br	79.904(1)	Balard (1826)	6×10^{-4}	2.5	68	2
Cadmium	48 Cd	112.411(8)	Stromeyer (1817)	2×10^{-5}	0.2	5×10^{-5}	0.4
Cäsium	55 Cs	132.905 19(2)	Bunsen, Kirchhoff (1860)	3×10^{-4}	3	5×10^{-4}	–
Calcium	20 Ca	40.078(4)	Berzelius, Pontin (1808)	3.4	36 400	410	15 000
Californium	98 Cf	249.074 848 6	Thompson, Street, Ghiorso	–	–	–	–
		252.081 622	Seaborg (1950)				
Cer	58 Ce	140.116(1)	Berzelius, Hisinger, Klaproth	0.006	6.0	1.2×10^{-6}	–
Chlor	17 Cl	35.4527(9)	Scheele (1774, 1803)	0.11	130	18 100	1400
Chrom	24 Cr	51.9961(6)	Vauquelin (1791, 1798)	0.01	100	6×10^{-4}	0.03
Cobalt	27 Co	58.931 95(5)	Brandt (1735)	2.4×10^{-3}	25	8×10^{-5}	0.03
Curium	96 Cm	244.062 747 7	Seaborg, James, Morgan	–	–	–	–
		248.072 345	Ghiorso (1944)				
Darmstadtium	110 Ds	208.16/281.17	Armbruster, Münzenberg(1994)	–	–	–	–
Dubnium	105 Db	268.13/270.13	Flerov et al. (1967), Ghiorso et al. (1967)	–	–	–	–
Dysprosium	66 Dy	162.50(3)	de Boisbaudran (1886)	3×10^{-4}	3.0	9.1×10^{-7}	–
Einsteinium	99 Es	253.084 822 6	amerikanisches	–	–	–	–
		254.088 021	Forscherteam (1952)				
Eisen[e]	26 Fe	55.845(2)	unbekannt (Antike)	4.7	50 200	0.003	60
Erbium	68 Er	167.259(3)	Mosander (1843)	2.7×10^{-4}	2.8	9×10^{-7}	–
Europium	63 Eu	151.964(1)	Demarcay (1901)	1.1×10^{-4}	1.2	1.3×10^{-7}	–
Fermium	100 Fm	255.089 958	amerikanisches	–	–	–	–
		257.095 103	Forscherteam (1952)				
Flerovium	114 Fl	288.19	Vereinigtes Institut für Kernforschung bei Dubna (Russland),	–	–	–	–
		289.19	Lawrence Livermore National Laboratory (1999)				
Fluor	9 F	18.998 403 2(9)	Moissan (1886)	0.06	625	1.4	10
Francium	87 Fr	223.019 734	Perey (1939)	1.3×10^{-21}	1.3×10^{-17}	6×10^{-16}	–
Gadolinium	64 Gd	157.25(3)	de Marignac (1880)	5.2×10^{-4}	5.4	7×10^{-7}	–
Gallium	31 Ga	69.723(1)	de Boisbaudran (1875)	1.6×10^{-3}	15	3×10^{-5}	–
Germanium	32 Ge	72.61(2)	Winkler (1886)	1.4×10^{-4}	1.5	6×10^{-5}	–
Gold[e]	79 Au	196.966 54(3)	unbekannt (Antike)	4×10^{-7}	0.004	5×10^{-5}	–
Hafnium	72 Hf	178.49(2)	Coster, Hevesy (1922.1923)	3×10^{-4}	3	–	–
Helium	2 He	4.002 602(2)	Janssen, Lockyer (1868), Ramsay, Cleve (1895)	4.2×10^{-7}	–	7.2×10^{-6}	–
Holmium	67 Ho	164.930 32(3)	Cleve, Soret (1879)	1.1×10^{-4}	1.2	2×10^{-7}	–
Indium	49 In	114.818(3)	Reich, Richter (1863)	1×10^{-5}	0.1	1×10^{-7}	–
Iod[d]	53 I	126.904 47(3)	Courtois (1811)	5×10^{-5}	0.5	0.06	1
Iridium	77 Ir	192.22(3)	Tennant (1804)	1×10^{-7}	0.001	–	–
Kalium	19 K	39.0983(1)	Davy (1807)	2.4	26 000	380	2200
Kohlenstoff[e]	6 C	12.011(1)	unbekannt (prähist. Zeit)	0.02	200	28	181 000
Krypton	36 Kr	83.80(1)	Ramsay, Travers (1898)	1.9×10^{-8}	–	2.1×10^{-4}	–
Kupfer[e]	29 Cu	63.546(3)	unbekannt (Antike)	0.005	55	0.003	3
Lanthan	57 La	138.9055(2)	Mosander (1839)	0.003	30	3.4×10^{-6}	–

[a] In Klammern Standardabweich. der letzt. Ziffer. Radionuklide: jeweils wichtigste vermerkt (U: nat. Isotopengemisch; für längstlebige Nuklide vgl. Tafeln III–V).
[b] Erdhülle.
[c] mg/kg = g/t = mg/l Wasser.
[d] Früher: Wismut, Kobalt, Jod, Niob, Vanadin.
[e] In Verbindungen (empfohlener Name: fett): **Plumbum** (Pb), **Ferrum** (Fe), **Aurum** (Au), **Cuprum** (Cu), **Carbon** (C), **Niccolum** (Ni), **Mercurium** (Hg), **Oxygen** (O), **Sulfur** (S), **Argentum** (Ag), **Nitrogen** (N), **Hydrogen** (H), **Stannum** (Sn).

Tafel II Elemente

Element (radioak. rot)	Nummer Symbol	relative Atommasse^a	Entdecker (Jahr) und/oder Erstgewinner (Jahr)	Verteilung der Elemente Gew.-%^{b}	$\frac{mg}{kg}$ Kruste^c	$\frac{mg}{l}$ Meer^c	$\frac{mg}{kg}$ Mensch
Lawrencium	103 Lr	256.098 57 260.105 36	Ghiorso, Sikkeland, Larsh, Latimer (1961)	–	–	–	–
Lithium	3 Li	6.941(2)	Arfevedson (1817), Davy (1818)	0.002	20	0.18	0.03
Lutetium	71 Lu	174.967(1)	v. Weisbach, Urbain (1905)	5×10^{-5}	0.5	1×10^{-7}	–
Magnesium	12 Mg	24.3050(6)	Davy (1809)	2.0	21 000	1300	470
Mangan	25 Mn	54.938 05(1)	Scheele (1774), Gahn (1774)	0.091	950	0.002	0.3
Mendelevium	101 Md	256.093 85 258.098 57	Ghiorso, Harvey, Choppin, Thompson, Seaborg (1955)	–	–	–	–
Molybdän	42 Mo	95.94(1)	Scheele (1778), Hjelm (1782)	1.4×10^{-4}	1.5	0.01	0.07
Natrium	11 Na	22.989 768(6)	Davy (1803)	2.7	28 400	11 000	1500
Neodym	60 Nd	144.24(3)	v. Welsbach (1885)	2.7×10^{-3}	28	2.8×10^{-6}	–
Neon	10 Ne	20.1797(6)	Ramsey, Travers (1898)	5×10^{-7}	–	1.2×10^{-4}	–
Neptunium	93 Np	237.048 168 8	McMillan, Abelson (1940)	4×10^{-17}	4×10^{-13}	–	–
Nickel^e	28 Ni	58.6934(2)	Cronstedt (1751)	7.2×10^{-3}	75	0.002	0.014
Niobium	41 Nb	92.906 38(2)	Hatchett (1801)	0.002	20	1×10^{-6}	0.8
Nobelium	102 No	255.093 26 259.100 941	Ghiorso, Sikkeland, Walton, Seaborg (1958)	–	–	–	–
Osmium	76 Os	190.23(3)	Tennant (1804)	5×10^{-7}	0.005	–	–
Palladium	46 Pd	106.42(1)	Wollaston (1803)	1×10^{-6}	0.01	–	–
Phosphor	15 P	30.973 762(4)	Brand (1669)	0.1	1000	0.07	10 000
Platin	78 Pt	195.08(3)	unbekannt (Antike)	1×10^{-6}	0.01	–	–
Plutonium	94 Pu	239.052 157 8 244.064 200	Seaborg, Kennedy, McMillan, Wahl (1941)	2×10^{-19}	2×10^{-15}	–	–
Polonium	84 Po	209.982 864	M. Curie (1898)	2×10^{-14}	2×10^{-10}	–	–
Praseodym	59 Pr	140.907 65(3)	v. Welsbach (1885) (1945)	8.0×10^{-4}	8,2	–	–
Promethium	61 Pm	146.915 148	Marinsky, Glendenin, Corvell	1×10^{-19}	1×10^{-15}	–	–
Protactinium	91 Pa	231.035 880 9	Fajans (1913), Göhring (1913)	9×10^{-11}	9×10^{-7}	2×10^{-19}	–
Quecksilber^e	80 Hg	200.59(2)	unbekannt (Antike)	8×10^{-6}	0.08	5×10^{-5}	–
Radium	88 Ra	226.025 406	Curie (1898), Debierne (1910)	1×10^{-10}	1×10^{-6}	1×10^{-10}	–
Radon	86 Rn	222.017 574	Dorn, Rutherford, Soddy (1900)	6×10^{-16}	6×10^{-12}	–	–
Rhenium	75 Re	186.207(1)	Noddack, Tacke, Berg (1925, 1926)	1×10^{-7}	0.001	1×10^{-6}	–
Rhodium	45 Rh	102.905 50(3)	Wollaston (1803)	5×10^{-7}	0.05	–	–
Rubidium	37 Rb	85.4678(3)	Bunsen, Kirchhoff (1861, 1862)	0.009	90	0.12	16
Ruthenium	44 Ru	101.07(2)	Claus (1844)	1×10^{-6}	0.01	7×10^{-7}	–
Samarium	62 Sm	150.36(3)	de Boisbaudran (1879)	6×10^{-4}	6.0	4.5×10^{-7}	–
Sauerstoff^e	8 O	15.9994(3)	Scheele (1772), Priestley (1774)	48.9	467 600	860 500	654 000
Scandium	21 Sc	44.955 910(9)	Nilson (1879)	2.1×10^{-3}	22	1.5×10^{-6}	–
Schwefel^e	16 S	32.066(6)	unbekannt (Antike)	0.030	260	928	2500
Selen	34 Se	78.96(3)	Berzelius (1818)	5×10^{-6}	0.05	4.5×10^{-4}	0.2
Silber^e	47 Ag	107.8682(2)	unbekannt (prähist. Zeit)	7×10^{-6}	0.07	1×10^{-4}	–
Silicium	14 Si	28.0855(3)	Berzelius (1824)	26.3	278 600	1	20
Stickstoff	7 N	14.006 74(7)	Scheele (1772)	0.017	20	0.5	30 000
Strontium	38 Sr	87.62(1)	Grawford (1790), Davy (1809)	0.036	375	8.5	4
Tantal	73 Ta	180.9479(1)	Ekeberg (1802), Berzelius (1825)	2×10^{-4}	2	2×10^{-5}	–
Technetium	43 Tc	98.906 252	Perrier, Segré (1937)	–	–	–	–
Tellur	52 Te	127.60(3)	v. Reichenstein (1782)	1×10^{-6}	0.01	–	–
Terbium	65 Tb	158.925 34(3)	Mosander (1843)	9×10^{-5}	0.9	1.4×10^{-7}	–
Thallium	81 Tl	204.3833(2)	Crookes (1861), Lamy (1862)	5×10^{-5}	0.5	1×10^{-6}	–
Thorium	90 Th	232.038 053 8	Berzelius (1828)	0.0011	11	4×10^{-8}	–
Thulium	69 Tm	168.934 21(3)	Cleve, Soret (1879)	5×10^{-5}	0.5	2×10^{-7}	–
Titan	22 Ti	47.88(3)	Gregor (1791), Berzelius (1825)	0.42	4400	0.001	–
Uran	92 U	238.0289(1)	Klaproth (1789), Peligot (1841)	1.7×10^{-4}	1.8	0.0033	–
Vanadium^d	23 V	50.9415(1)	Sefström (1830), Roscoe (1867)	0.013	135	1.5×10^{-3}	0.3
Wasserstoff^e	1 H	1.007 94(7)	Cavendish (1766)	0.74	1400	107 300	101 000
Wolfram	74 W	183.84(1)	Scheele (1871), d' Elhuyar (1783)	1.5×10^{-4}	1.5	1.2×10^{-4}	–
Xenon	54 Xe	131.29(2)	Ramsay, Travers (1898)	2.5×10^{-4}	–	5×10^{-6}	–
Ytterbium	70 Yb	173.04(3)	de Marignac (1878)	3.3×10^{-4}	3.4	8×10^{-7}	–
Yttrium	39 Y	88.905 85(2)	Gadolin (1794), Wöhler (1828)	3.2×10^{-3}	33	1.3×10^{-5}	–
Zink	30 Zn	65.39(2)	13. Jahrh., Marggraf (1746)	0.007	70	0.005	40
Zinn^e	50 Sn	118.710(7)	unbekannt (Antike)	2×10^{-4}	2	1×10^{-5}	2
Zirconium	40 Zr	91.224(2)	Klaproth (1789), Berzelius (1824)	0.016	165	2.6×10^{-6}	4

Rutherfordium	104 Rf		Meitnerium	109 Mt	Flerovium	114 Fl	
Dubnium	105 Db		Darmstadtium	110 Ds	Mosconium	115 Mc	
Seaborgium	106 Sg		Roentgenium	111 Rg	Livermorium	116 Lv	
Bohrium	107 Bh		Copernicium	112 Cn	Tennessine	117 Ts	
Hassium	108 Hs		Nihonium	113 Nh	Oganesson	118 Og	

Bezüglich Einzelheiten vgl. Transactionoide, S. 2349

Tafel III Hauptgruppenelemente

Elementeigenschaften[a]	Li	Be	B	C	N	O	F	Ne
Rel. Atommasse A_r[b]	6.941	9.012 182	10.811	12.011	14.006 74	15.9944	18.998 403	20.1797
Nat. Isotope Z_{Isotop}[c]	2	1	2	2 + 1	2	3	1	3
1. Ionisierungsenergie IE [eV]	5.320	9.321	8.297	11.257	14.53	13.36	17.42	21.563
2. Ionisierungsenergie IE [eV]	75.63	18.21	25.15	24.38	29.60	35.11	34.97	40.96
3. Ionisierungsenergie IE [eV]	122.4	153.9	37.93	47.88	47.44	54.93	62.70	63.45
Elektronenaffinität EA [eV]	−0.618	+0.5	−0.277	−1.263	+0.07	−1.461	−3.399	1.2
Atomradius r_{Atom} [Å][d]	1.57	1.113	0.82/α-B	0.77	0.70	0.66	0.64	−
Dichte d [g cm^{-3}]	0.534	1.8477	2.46/α-B	3.514/Dia	0.880/Sdp.	1.140/Sdp.	1.513/Sdp.	1.207/Sdp.
Schmelzpunkt Smp. [°C]	180.54	1278	−	−	−209.99	−218.75	−219.62	−248.606
Siedepunkt Sdp. [°C]	1347	≈ 2500	2250/Sblp.	3370/Sblp.	−195.82	−182.97	−188.14	−246.08
Schmelz-Enthalpie H_S [kJ]	4.93	9.80	22.2	105.0	0.720	0.444	0.51	0.324
Verdampfg.- " H_V [kJ]	147.7	308.8	504.5	710.0	5.577	6.82	6.54	1.736
Spez. Leitfähigkeit Λ_s [S cm^{-1}]	1.17×10^5	2.50×10^5	5.56×10^{-7}	7.27×10^2 Gra	−	−	−	−
Elektronegativität EN[e]	0.97/1.0	1.47/1.5	2.01/2.0	2.50/2.5	3.07/3.0	3.50/3.7	4.10/4.3	4.8/−
Atomisierg.-Enthalpie AE [kJ]	159.37	324.6	562.7	716.682	472.704	249.170	78.99	0
E$_2$-Dissoziat.- " DE [kJ]	106.48	10	297	607	945.33	498.34	157.9	3.93
Hydratisierg.- " $\Delta H_{Hydr.}$ [kJ][f]	−521^I	−2455^{II}					−458^{-I}	
Normalpotential $E°$ [V][f,g]	−3.040^I	−1.97^{II}	−0.890^{III}	+0.206^{IV}	+1.45^{III}	+1.229^{-I}	+3.053^{-I}	−
Element essentiell?[h]	−	−	+ (Pflanz.)	⊕	⊕	⊕	⊕	−
Element/Ion toxisch?[i]	+ (t,s)	+ + + (c)	−	−	−	+ + + (O$_3$)	+ + (F$^-$)	−

Elementeigenschaften[b]	Na	Mg	Al	Si	P	S	Cl	Ar
Rel. Atommasse A_r[b]	22.989 768	24.3050	26.981 539	28.0855	30.973 762	32.066	35.4527	39.948
Nat. Isotope Z_{Isotop}[c]	1	3	1	3	1	4	2	3
1. Ionisierungsenergie IE [eV]	5.138	7.642	5.984	8.151	10.485	10.360	12.966	15.759
2. Ionisierungsenergie IE [eV]	47.28	15.03	18.83	16.34	19.72	23.33	23.80	27.62
3. Ionisierungsenergie IE [eV]	71.63	80.14	28.44	33.49	30.18	34.83	39.65	40.71
Elektronenaffinität EA [eV]	−0.546	+0.4	−0.456	−1.385	−0.747	−2.077	−3.617	+1.0
Atomradius r_{Atom} [Å][d]	1.91	1.599	1.432	1.17	1.10	1.04	0.99	−
Dichte d [g cm^{-3}]	0.971	1.738	2.699	2.328	1.8232/P$_4$	2.06	1.565/Sdp.	1.381/Sdp.
Schmelzpunkt Smp. [°C]	97.82	648.8	660.37	1410	44.25/P$_4$	119.6	−101.00	−189.37
Siedepunkt Sdp. [°C]	881.3	1105	2330	2477	280.5/P$_4$	444.6	−34.06	−185.88
Schmelz-Enthalpie H_S [kJ]	2.64	9.04	10.67	39.6	2.51/P$_4$	2.49	6.41	1.21
Verdampfg.- " H_V [kJ]	99.2	127.6	290.8	383.3	51.9/P$_4$	10.76	20.40	6.53
Spez. Leitfähigk. Λ_s [S cm^{-1}]	2.38×10^5	2.25×10^5	3.767×10^5	um 10^{-6}	1×10^{-11}/P$_4$	5×10^{-16}	−	−
Elektronegativität EN[e]	1.01/0.9	1.23/1.2	1.47/1.5	1.74/1.8	2.06/2.1	2.44/2.5	2.83/3.0	3.2/−
Atomisierg.-Enthalpie AE [kJ]	107.32	147.70	326.4	455.6	314.64/P$_4$	278.805	121.679	0
E$_2$-Dissoziat.- " DE [kJ]	77	8.552	186.2	326.8	489.5	425.01	242.58	4.73
Hydratisierg.- $\Delta H_{Hydr.}$ [kJ][f]	−406^I	−1922^{II}	−4616^{III}	−	−	−	−384^{-I}	−
Normalpotential $E°$ [V][f,g]	−2.713^I	−2.356^{II}	−1.676^{III}	−0.909^{IV}	−0.502^{III}	+0.144^{-II}	+1.358^{-I}	−
Element essentiell?[h]	⊕	⊕	−	⊕	⊕	⊕	⊕	−
Element/Ion toxisch?	−	−	−	−	+ + + (P$_4$)	−	− (Cl$^-$)	−

Elementeigenschaften[a]	K	Ca	Ga	Ge	As	Se	Br	Kr
Rel. Atommasse A_r[b]	39.0983	40.078	69.723	72.61	74.921 59	78.96	79.904	83.80
Nat. Isotope Z_{Isotop}[c]	2 + 1	6	2	5	1	5 + 1	2	6
1. Ionisierungsenergie IE [eV]	4.340	6.111	5.998	7.898	9.814	9.751	11.814	13.998
2. Ionisierungsenergie IE [eV]	31.62	11.87	20.51	15.93	18.63	21.18	21.80	24.35
3. Ionisierungsenergie IE [eV]	45.71	50.89	30.71	34.22	28.34	30.82	36.27	36.95
Elektronenaffinität EA [eV]	−0.502	+0.3	−0.30	−1.244	−0.80	−2.021	−3.365	+1.0
Atomradius r_{Atom} [Å][d]	2.35	1.974	1.53	1.22	1.21	1.17	1.14	−
Dichte d [g cm^{-3}]	0.862	1.54	5.907	5.323	5.72	4.82	3.14	2.413/Sdp.
Schmelzpunkt Smp. [°C]	63.60	839	29.780	937.4		220.5	−7.25	−157.20
Siedepunkt Sdp. [°C]	753.8	1482	2403	2830	616/Sblp.	684.8	58.78	−153.35
Schmelz-Enthalpie H_S [kJ]	2.40	9.33	5.59	34.7	27.7	6.20	10.8	1.64
Verdampfg.- " H_V [kJ]	79.1	150	270.3	327.6	31.9	90	30.4	9.05
Spez. Leitfähigk. Λ_s [S cm^{-1}]	1.63×10^5	2.56×10^5	5.77×10^4	2.17×10^{-2}	3.00×10^4	1.00	−	−
Elektronegativität EN[e]	0.91/0.8	1.04/1.0	1.82/1.6	2.02/1.8	2.20/2.0	2.48/2.4	2.74/2.8	2.9/−
Atomisierg.-Enthalpie AE [kJ]	89.24	178.2	277.0	376.6	302.5	227.07	111.884	0
E$_2$-Dissoziat.- " DE [kJ]	57.3	14.98	138	273.6	382.0	332.6	193.87	5.4
Hydratisierg.- $\Delta H_{Hydr.}$ [kJ][f]	−322^I	−1577^{II}	−4641^{III}	−	−	−	−351^{-I}	−
Normalpotential $E°$ [V][f,g]	−2.925^I	−2.84^{II}	−0.529^{III}	−0.036^{IV}	+0.240^{III}	+0.40^{-II}	+1.065^{-I}	−
Element essentiell?[h]	⊕	⊕	−	−	⊕	⊕	+	−
Element/Ion toxisch?	−	−	− (s)	− (s)	+ + + (c,s)	+ + + (c,t,s)	− (Br$^-$)	−

Die Spaltenüberschriften H (s. unten) und He (s. unten) stehen über den Elementen.

Tafel III Hauptgruppenelemente

Elementeigenschaften[a]	Rb	Sr	In	Sn	Sb	Te	I	Xe
Rel. Atommasse A_r[b]	85.4678	87.62	114.818	118.710	121.757	127.60	126.904 47	131.29
Nat. Isotope Z_{Isotop}[c]	1+1	4	1+1	10	2	6+2	1	9
1. Ionisierungsenergie IE [eV]	4.177	5.695	5.786	7.344	8.640	9.008	10.450	12.130
2. Ionisierungsenergie IE [eV]	27.28	11.03	18.87	14.63	18.59	18.60	19.13	21.20
3. Ionisierungsenergie IE [eV]	40.42	43.63	28.02	30.50	25.32	27.96	33.16	32.10
Elektronenaffinität EA [eV]	−0.486	+0.3	−0.30	−1.254	−1.047	−1.971	−3.059	+0.8
Atomradius r_{Atom} [Å][d]	2.50	2.151	1.67	1.58	1.41	1.37	1.33	−
Dichte d [g cm^{-3}]	1.532	2.63	7.31	7.285/β-Sn	6.69	6.25	4.942	2.939/Sdp
Schmelzpunkt Smp. [°C]	38.89	768	156.61	231.91	630.7	449.5	113.6	−111.80
Siedepunkt Sdp. [°C]	688	1380	2070	2687	1635	1390	185.2	−107.1
Schmelz-Enthalpie H_S [kJ]	2.20	9.16	3.27	7.20	20.9	13.5	15.27	3.10
Verdampfg.- " H_V [kJ]	75.7	154.4	231.8	296.2	165.8	104.6	41.67	12.65
Spez. Leitfähigkeit Λ_s [S cm^{-1}]	8.0×10^4	4.35×10^4	1.19×10^5	9.09×10^4	2.29	7.69×10^{10}	−	
Elektronegativität EN[e]	0.89/0.8	0.99/1.0	1.49/1.7	1.72/1.8	1.82/1.9	2.01/2.1	2.21/2.5	2.4/−
Atomisierg.-Enthalpie AE [kJ]	80.88	164.4	243.30	302.1	262.3	196.73	106.838	0
E_2-Dissoziat.- " DE [kJ]	48.90	15.5	92	187.1	299.2	258.8	151.1	5.23
Hydratisierg.- " $\Delta H_{Hydr.}$ [kJ][f]	−301^{I}	−1415^{II}	−4065^{III}	−	−	−	−307^{-I}	+0.536^{-I}	+2.32^{II}
Normalpotential $E°$ [V]	−2.924^{I}	−2.89^{II}	−0.338^{III}	−0.137^{II}	+0.150^{III}	−0.69^{-II}	+0.536^{-I}	+2.32^{II}
Element essentiell?[h]	−	−	−	⊕	−	−	⊕	−
Element/Ion toxisch?[i]	+ (s)	−	+ + (s,t)	−	+ (s,t)	+ + + (t)	+ + /− (I$_2$/I$^-$)	−

Elementeigenschaften[a]	Cs	Ba	Tl	Pb	Bi	Po	At	Rn
Rel. Atommasse A_r[b]	132.905 43	137.327	204.3833	207.2	208.980 37	209.9829	209.9871	222.0176
Nat. Isotope Z_{Isotop}[c]	1	7	2	4	1	7	4	3
1. Ionisierungsenergie IE [eV]	3.894	5.211	6.107	7.415	7.289	8.42	9.64	10.75
2. Ionisierungsenergie IE [eV]	25.08	10.00	20.43	15.03	16.69	18.66	16.58	−
3. Ionisierungsenergie IE [eV]	35.24	37.31	29.83	31.94	25.56	27.98	30.06	−
Elektronenaffinität EA [eV]	−0.471	+0.48	−0.31	−1.14	−1.14	−1.87	−2.80	+0.4
Atomradius r_{Atom} [Å][d]	2.72	2.24	1.700	1.750	1.82	?	1.41	−
Dichte d [g cm^{-3}]	1.873	3.65	11.85	11.34	9.80	9.20	?	4.400/Sdp.
Schmelzpunkt Smp. [°C]	28.45	710	303.5	327.43	271.3	254	−300	−71.1
Siedepunkt Sdp. [°C]	678	1537	1453	1751	1580	962	335	−61.8
Schmelz-Enthalpie H_S [kJ]	2.09	7.66	4.31	5.121	10.48	10	23.8	2.7
Verdampfg.- " H_S [kJ]	66.5	150.9	166.1	177.8	179.1	100.8	−	−
Spez. Leitfähigk. Λ_s [S cm^{-1}]	5.00×10^4	2.00×10^4	5.56×10^4	4.84×10^4	9.36×10^3	7.14×10^3	−	−
Elektronegativität EN[e]	0.86/0.7	0.97/0.9	1.44/1.8	1.55/1.9	1.67/1.9	1.76/2.0	1.96/2.2	2.11/−
Atomisierg.-Enthalpie AE [kJ]	76.065	180	182.21	195.0	207.1	146	−	0
E_2-Dissoziat.- " DE [kJ]	41.75	−	63	81	200.4	185.8	≈ 116	−
Hydratisierg.- " $\Delta H_{Hydr.}$ [kJ][f]	−277^{I}	−1361^{II}	−4140^{III}	−	−	−	−276^{-1}	−
Normalpotential $E°$ [V][f,g]	−2.923^{I}	−2.92^{II}	−0.336^{I}	−0.125^{II}	0.317^{III}	< −1.0^{-II}	+0.25^{-I}	−
Element essentiell?[h]	−	+ (s)	−	−	−	−	−	−
Element/Ion toxisch?	−	−	+ + + (t)	+ + + (c,t)	−	+ + +	+ + +	+ + +

Elementeigenschaften[a]	Fr	Ra	H	He	Elementeigenschaften
Rel. Atommasse A_r[b]	223.0197	226.0254	1.007 94	4.002 602	
Nat. Isotope Z_{Isotop}[c]	1	4	2+1	2	
1. Ionisierungsenergie IE [eV]	4.15	5.278	13.60	24.586	
2. Ionisierungsenergie IE [eV]	21.76	10.15	−	54.41	
3. Ionisierungsenergie IE [eV]	32.13	34.20	−	−	
Elektronenaffinität EA [eV]	−0.46	−	−0.756	≈ +0.5	
Atomradius r_{Atom} [Å][d]	−	2.30	0.37	−	
Dichte d [g cm^{-3}]	−	5.50	0.0708/Sdp.	0.1248/Sdp.	
Schmelzpunkt Smp. [°C]	≈ 27	≈ 700	−259.19	−	
Siedepunkt Sdp. [°C]	≈ 660	≈ 1140	−252.76	−268.935	
Schmelz-Enthalpie H_S [kJ]	−	7.15	0.12	0.021	
Verdampfg.- " H_V [kJ]	−	136.7	0.46	0.082	
Spez.Leitfähigk. Λ_s [S cm^{-1}]	−	1.00×10^4	−	−	
Elektronegativität EN[e]	0.86/0.7	0.97/0.9	2.20/2.1	5.5/−	
Atomisierg.-Enthalpie AE [kJ]	72.8	159	217.965	0	
E_2-Dissoziat.- " DE [kJ]	−	−	436.002	−	
Hydratisierg.- " $\Delta H_{Hydr.}$ [kJ][f]	−	−1231^{II}	−1168^{I}	−	
Normalpotential $E°$ [V][f,g]	−2.9^{I}	−2.916^{II}	±0.00^{I}	−	
Element essentiell?[h]	−	−	⊖	−	
Element/Ion toxisch?[i]	+ + +	+ + +	−	−	

[a] 298 K, 1 atm, stabile Modifikation (fehlt Smp.-Angabe, dann Schmelzen nur unter Druck möglich). Kursiv: ausschließlich radioaktive Elemente.

[b] Für Nuklidmassen, -häufigkeiten, -spins, -kernmomente vgl. Anhang III, für Elektronenkonfiguration Kap. IX auf Seite 327, XIX auf Seite 1537, XXXIII auf Seite 2227. Radioaktive Elemente: A_r des längstlebigen Isotops; Po/Pm: A_r des häufigsten Isotops; U: A_r des natürlichen Isotopengemischs.

[c] Häufigkeit $> 10^{-3}$ % (Ausnahme: $^3_1$H, $^{14}_6$C).

[d] Metallatomradien (KZ = 12) bzw. Kovalenzradien; für Ionenradien vgl. Anhang III.

[e] Allred-Rochow/Pauling.

[f] Hochgestellte Zahlen (I,II,III,IV) beziehen sich auf die Oxidationsstufe des Elements.

[g] M $\rightarrow$ M^{n+} + e$^-$ (pH = 0); vgl. Anhang IV.

[h] ?/+/⊕ = Biologische Funktion vermutet/für mindestens eine Spezies/ auch für Menschen.

[i] Metalle in ihren in Wasser beständigen Oxidationsstufen; c = carcinogen (krebserzeugend); t = teratogen (mißbildungserzeugend); s = stimulierend.

Tafeln

Tafel IV Nebengruppenelemente

Vgl. Taf. III	Sc	Ti	V	Cr	Mn	Fe	Co	Ni	Cu	Zn
A_r	44.95591	47.88	50.9415	51.9961	54.83805	55.847	58.93320	58.6934	63.546	65.39
$Z_{Isotop/nat.}$	1	2	2	4	1	4	1	5	2	5
IE [eV] 1.	6.54	6.82	6.74	6.764	7.435	7.869	7.876	7.635	7.725	9.393
2.	12.80	13.58	14.65	16.50	15.64	16.18	17.06	18.17	20.29	17.96
3.	24.76	27.48	29.31	30.96	33.67	30.65	33.50	35.16	36.84	39.72
EA [eV]	≈ 0	-0.21	-0.52	-0.66	≈ 0	-0.25	-0.73	-1.15	-1.226	≈ 0
r_{Atom} [Å]	1.606	1.448	1.35	1.29	1.37	1.26	1.253	1.246	1.278	1.335
d [g cm^{-3}]	2.985	4.506	6.092	7.14	7.44	7.873	8.89	8.908	8.92	7.140
Smp. [°C]	1539	1667	1915	1903	1244	1535	1495	1453	1083.4	419.6
Sdp. [°C]	2832	3285	3350	2640	2030	3070	3100	2730	2595	908.5
H_S [kJ mol^{-1}]	15.9	20.9	17.6	15.3	14.4	14.9	15.2	17.6	13.0	6.67
H_V "	376.1	425.5	459.70	341.8	220.5	340.2	382.4	374.8	306.7	114.2
Λ_s [S cm^{-1}]	1.64×10^4	2.38×10^4	4×10^4	7.75×10^4	5.41×10^3	1.03×10^5	1.60×10^5	1.46×10^5	5.959×10^5	1.690×10^5
EN	1.20/1.3	1.32/1.5	1.45/1.6	1.56/1.6	1.60/1.5	1.64/1.8	1.70/1.8	1.75/1.8	1.75/1.9	1.66/1.6
AE [kJ mol^{-1}]	377.8	469.9	514.21	396.6	280.7	416.3	424.7	429.7	338.32	130.729
E_2-DE "	159	119	240	172	≈ 80	87	92	202	194	5
$\Delta H_{Hydr.}$ "	–	-1.867^{II}	-1897^{II}	-1850^{II}	-1845^{II}	-1920^{II}	-2054^{II}	-2106^{II}	-2100^{II}	-2044^{II}
	-3960^{III}	-4300^{III}	-4400^{III}	-4402^{III}	–	-4376^{III}	-4700^{III}	–	-582^{I}	–
$E°$ [V]	–	-1.63^{II}	-1.186^{II}	-0.913^{II}	-1.180^{II}	-0.440^{II}	-0.277^{II}	-0.257^{II}	$+0.340^{II}$	-0.763^{II}
	-2.03^{III}	-1.21^{III}	-1.876^{III}	-0.744^{III}	-0.28^{III}	-0.036^{III}	$+0.414^{III}$	–	$+0.521^{I}$	–
Essentiell?	–	–	fscrp	fscrp	fscrp	fscrp	fscrp	fscrp	fscrp	fscrp
Toxisch?	– (c)	– (s)	+ + (s)	+ (s,c)	+ + (c)	–	– (c)	+ (c,s)	+	+ (c)

Vgl. Taf. III	Y	Zr	Nb	Mo	Tc	Ru	Rh	Pd	Ag	Cd
A_r	88.90585	91.224	92.90638	95.94	97.9072	101.07	102.90550	106.42	107.8682	112.411
$Z_{Isotop/nat.}$	1	5	1	7	–	7	1	6	2	7 + 1
IE [eV] 1.	6.38	6.84	6.88	7.099	7.28	7.37	7.46	8.34	7.576	8.992
2.	12.24	13.13	14.32	16.15	15.25	16.76	18.07	19.43	21.48	16.90
3.	20.52	22.99	25.04	27.16	29.54	28.47	31.06	32.92	34.83	37.47
EA [eV]	≈ 0	-0.52	-1.04	-1.04	-0.72	-1.14	-1.24	-0.62	-1.303	≈ 0
r_{Atom} [Å]	1.776	1.590	1.47	1.40	1.352	1.325	1.345	1.376	1.445	1.489
d [g cm^{-3}]	4.472	6.508	8.581	10.28	11.49	12.45	12.41	12.02	10.491	8.642
Smp. [°C]	1523	1857	2468	2620	2172	2310	1966	1554	961.9	320.9
Sdp. [°C]	3337	4200	4758	4825	4700	4150	3670	2930	2215	767.3
H_S [kJ mol^{-1}]	17.2	23.0	27.2	27.6	23.81	23.7	21.55	17.2	11.3	6.11
H_V "	367.4	566.7	680.19	589.9	585.22	567	494.34	361.5	257.7	100.0
Λ_s [S cm^{-1}]	1.75×10^4	2.50×10^4	8.0×10^4	1.9×10^5	–	1.3×10^5	2.22×10^5	0.949×10^5	6.305×10^5	1.46×10^4
EN	1.11/1.2	1.22/1.4	1.23/1.6	1.30/1.8	1.36/1.9	1.42/2.2	1.45/2.2	1.3/2.2	1.42/1.9	1.46/1.7
AE [kJ mol^{-1}]	421.3	608.8	725.9	658.1	678	642.7	556.9	378.2	284.55	112.01
E_2-DE "	156	309	480	423	306	317	282	99.4	159	4
$\Delta H_{Hydr.}$ "	-3576^{III}	–	–	–	–	-1880^{II}	-2030^{II}	-2110^{II}	-486^{I}	-1776^{II}
$E°$ [V]	-2.37^{III}	-1.55^{IV}	-1.099^{III}	-0.20^{III}	$+0.28^{IV}$	$+0.623^{III}$	$'0.76^{IV}$	$+0.915^{II}$	$+0.799^{I}$	-0.403^{II}
Essentiell?	–	–	–	fscrp	–	–	–	–	–	?
Toxisch?	– (c)	–	+	+ (t)	+ +	–	–	–	–	+ + (c,t,s)

Vgl. Taf. III	La + Ln	Hf	Ta	W	Re	Os	Ir	Pt	Au	Hg
A_r	↓	178.49	180.9479	183.84	186.207	190.23	192.22	195.08	196.96654	200.59
$Z_{Isotop/nat.}$	Vgl.	5 + 1	1 + 1	5	1 + 1	6 + 1	2	5 + 1	1	7
IE [eV] 1.	Tafel V	6.65	7.89	7.98	7.88	8.71	9.12	9.02	9.22	10.44
2.		14.92	15.55	17.62	13.06	16.58	17.41	18.56	20.52	18.76
3.		23.32	21.76	23.84	26.01	24.87	26.95	29.02	30.05	34.20
EA [eV]		≈ 0	-0.62	-0.62	-0.16	-1.14	-1.66	-2.128	-2.308	≈ 0
r_{Atom} [Å]	1.564	1.47	1.41	1.371	1.338	1.357	1.373	1.442	≈ 1.62	
d [g cm^{-3}]	13.31	16.677	19.26	21.03	22.61	22.65	21.45	19.32	13.55	
Smp. [°C]	2227	3000	3410	3180	3045	2410	1772	1064.4	-38.84	
Sdp. [°C]	4450	5534	5700	5870	5020	4530	3830	2660	356.6	
H_S [kJ mol^{-1}]	25.5	31.4	35.2	33.1	29.3	26.4	19.7	12.7	2.331	
H_V "	570.7	758.22	824.2	704.25	738.06	612.1	469	343.1	59.11	
Λ_s [S cm^{-1}]		2.85×10^4	8.032×10^4	1.77×10^5	5.18×10^4	1.1×10^5	1.9×10^5	0.943×10^5	4.517×10^5	1.02×10^4
EN		1.23/1.3	1.33/1.5	1.40/1.7	1.46/1.9	1.52/2.2	1.55/2.2	1.42/2.2	1.42/2.4	1.44/1.9
AE [kJ mol^{-1}]	330	619.2	782.0	849.4	769.9	791	665.3	565.3	336.1	61.317
E_2-DE "	400	500	410	410	360	358	221	7		
$\Delta H_{Hydr.}$ "	Vgl.	–	–	–	–	-1860^{II}	-2000^{II}	-2190^{II}	-645^{I}	–
$E°$ [V]	Tafel V	-1.70^{IV}	-0.812^{V}	-0.119^{IV}	$+0.22^{IV}$	$+0.687^{IV}$	$+1.156^{III}$	$+1.188^{II}$	$+1.691^{I}$	$+0.860^{II}$
Essentiell?		–	–	?	–	–	–	–	–	–
Toxisch?	↑	–	–	+	–	+ +	–	–	–	+ + + (t)
S. 2349	Ac + An	Rf	Db	Sg	Bh	Hs	Mt	Ds	Rg	Cn

Tafel V Lanthan und Lanthanoide, Actinium und Actinoide

Vgl. Taf. III	La	Ce	Pr	Nd	Pm	Sm	Eu	Gd	Tb	Dy	Ho	Er	Tm	Yb	Lu
A_r	138.9055	140.115	140.9077	144.24	146.9151	150.36	151.965	157.25	158.9253	162.50	164.9303	167.26	168.9342	173.04	174.967
$Z_{\mathrm{Isotop/nat.}}$	1+1	4	1	6+1	1	5+2	2	6+1	1	7	1	6	1	7	1+1
IE [eV] 1.	5.577	5.466	5.421	5.489	5.554	5.631	5.666	6.140	5.851	5.927	6.018	6.101	6.184	6.254	5.425
2.	11.06	10.85	10.55	10.73	10.90	11.07	11.24	12.09	11.52	11.67	11.80	11.93	12.05	12.19	13.89
3.	19.17	20.20	21.62	22.07	22.28	23.42	24.91	20.62	21.91	22.80	22.84	22.74	23.68	25.03	20.96
r_{Atom} [Å]	1.870	1.825	1.820	1.814	1.810	1.802	1.995	1.787	1.763	1.752	1.734	1.743	1.724	1.940	1.718
$\mu_{\mathrm{mag}}^{\mathrm{ber.}}$ M^{3+} [BM]	0	2.54	3.58	3.62	2.68	0.85	0	7.94	9.72	10.65	10.60	9.58	7.56	4.54	0
$\mu_{\mathrm{mag}}^{\mathrm{gef.}}$ [BM]	0	2.3–2.5	3.4–3.6	3.5–3.6	–	1.4–1.7	3.3–3.5	7.9–8.0	9.5–9.8	10.4–10.6	10.4–10.7	9.4–9.6	7.1–7.5	4.3–4.9	0
d [g cm^{-3}]	6.162	6.773	6.475	7.003	7.22	7.536	5.245	7.886	8.253	8.559	8.78	9.045	9.318	6.972	9.843
Smp. [°C]	920	798	931	1010	1080	1072	822	1311	1360	1409	1470	1522	1545	824	1656
Sdp. [°C]	3454	3468	3017	3027	2730	1804	1439	3000	2480	2335	2720	2510	1725	1193	3315
H_S [kJ mol^{-1}]	10.04	8.87	11.3	7.113	12.6	10.9	10.5	15.5	16.3	17.2	17.2	17.2	18.4	9.20	19.2
H_V 〃	402.1	398	357	328	–	164.8	176	301	391	293	303	280	247	159	428
λ_s [S cm^{-1}]	1.75×10^5	1.33×10^4	1.47×10^4	1.56×10^4	–	1.14×10^4	1.11×10^4	7.12×10^3	–	1.75×10^5	1.15×10^5	9.35×10^3	1.27×10^3	3.45×10^4	1.27×10^4
EN	1.08	1.08	1.07	1.07	1.07	1.07	1.10	1.11	1.10	1.10	1.10	1.11	1.11	1.06	1.14
AE [kJ mol^{-1}]	431.0	423	355.6	327.6	–	206.7	175.3	397.5	388.7	290.4	300.8	317.1	232.2	152.3	427.6
E_2–DE 〃	241	243	–	<163	–	–	33.5	–	131.4	–	84	–	–	20.5	142
$\Delta H_{\mathrm{Hydr.}}$ 〃	−3238	-3370^{III}	-3413^{III}	-3442^{III}	-3478^{III}	-3515^{III}	-3547^{III}	-3571^{III}	-3605^{III}	-3637^{III}	-3667^{III}	-3691^{III}	-3717^{III}	-3739^{III}	-3760^{III}
$E°$ [V]	–	-1.33^{IV}	-0.96^{IV}	-2.1^{II}	–	-2.67^{II}	-2.80^{II}	–	-0.9^{IV}	-2.5^{II}	–	–	-2.3^{II}	-2.8^{II}	–
$E°$ [V]	-2.38^{III}	-2.34^{III}	-2.35^{III}	-2.32^{III}	-2.29^{III}	-2.30^{III}	-1.99^{III}	-2.28^{III}	-2.31^{III}	-2.29^{III}	-2.33^{III}	-2.32^{III}	-2.32^{III}	-2.22^{III}	-2.30^{III}

Vgl. Taf. III	Ac	Th	Pa	U	Np	Pu	Am	Cm	Bk	Cf	Es	Fm	Md	No	Lr
A_r	227.0278	232.0381	231.0359	238.0289	237.0482	244.0642	243.0614	247.0703	247.0703	251.0796	252.0828	257.0951	258.0986	259.1009	260.1054
$Z_{\mathrm{Isotop/nat.}}$	2	6	2	3	1	–	–	–	–	–	–	–	–	–	–
IE [eV] 1.	5.17	6.08	5.89	6.194	6.266	6.062	5.993	6.021	6.229	6.298	6.422	6.50	6.58	6.65	4.6
2.	11.87	11.89	11.7	11.9	11.7	11.7	12.0	12.4	12.3	12.5	12.6	12.7	12.8	13.0	14.8
3.	19.69	20.50	18.8	19.1	19.4	21.8	22.4	21.2	22.3	23.6	24.1	24.4	25.4	27.0	23.0
r_{Atom} [Å]	1.878	1.798	1.642	1.542	1.503	1.523	1.730	1.743	1.703	1.69	–	–	–	–	–
d [g cm^{-3}]	10.07	11.724	15.37	19.16	20.45	19.86	13.6	13.5	14.79	15.10	–	–	–	–	–
Smp. [°C]	1050	1750	1572	1133	639	640	1173	1345	1050	900	(860)	–	–	–	–
Sdp. [°C]	3300	4850	4227	3930	3902	3230	2607	–	–	–	–	–	–	–	–
H_S [kJ mol^{-1}]	14.2	<19.2	16.7	15.5	9.46	2.8	14.4	–	–	–	–	–	–	–	–
H_V 〃	293	513.67	481	417.1	336.6	343.5	238.5	–	–	–	–	–	–	–	–
λ_s [S cm^{-1}]	–	7.69×10^4	–	3.33×10^4	8.20×10^3	7.07×10^3	1.47×10^4	–	–	–	–	–	–	–	–
EN	1.00	1.11	1.14	1.22	1.22	1.22	1.2	1.2	1.2	1.2	1.2	1.2	1.2	1.2	1.2
AE [kJ mol^{-1}]	418	598	570	536	465	342	284	388	310	196	133	(130)	(128)	(126)	(341)
E_2–DE 〃	–	<289	–	222	–	–	–	–	–	–	–	–	–	–	–
$\Delta H_{\mathrm{Hydr.}}$ 〃	-3266^{III}	-3268^{III}	-3289^{III}	-3326^{III}	-3406^{III}	-3400^{III}	-3439^{III}	-3477^{III}	-3510^{III}	-3533^{III}	-3567^{III}	-3604^{III}	-3642^{III}	-3681^{III}	-3723^{III}
$E°$ [V]	–	-1.83^{IV}	-1.19^{IV}	-0.83^{VI}	-1.01^{IV}	-1.25^{IV}	-1.95^{II}	-1.2^{II}	-1.54^{II}	-1.97^{II}	-2.2^{II}	-2.5^{II}	-2.53^{II}	-2.6^{II}	-2.0^{II}
$E°$ [V]	-2.13^{III}	-1.16^{III}	-1.5^{III}	-1.66^{III}	-1.79^{III}	-2.00^{III}	-2.07^{III}	-2.06^{III}	-1.96^{III}	-1.91^{III}	-1.98^{III}	-2.07^{III}	-1.74^{III}	-1.26^{III}	-2.1^{III}